Herausgeberbeirat

Molekulare Medizin

Bereits erschienene Bände aus diesem Themenbereich sind am Ende des Buches aufgeführt.

Springer

Berlin
Heidelberg
New York
Hongkong
London
Mailand
Paris
Tokio

Detlev Ganten Klaus Ruckpaul (Hrsg.)

Grundlagen der Molekularen Medizin

2., überarbeitete und erweiterte Auflage

Mit Beiträgen von

Michael Bader, Jürgen Behrens, Carmen Birchmeier, Stefan Britsch, Thomas Brümmendorf, Oliver Brüstle, Stefanie Denger, Sören T. Eichhorst, Holger Eickhoff, Volker Erdmann, Jens P. Fürste, Carl Friedrich Gethmann, Wolfgang Goedecke, Jens Hanke, Udo Heinemann, Hanspeter Herzel, Ralf Herwig, Jörg D. Hoheisel, Peter H. Krammer, Jens Kurreck, Peter Langen, Hans Lehrach, Klaus Lindpaintner, Eckart Matthes, Burkhard Micheel, Moritz Moeller-Herrmann, Martina Muckenthaler, Yves A. Muller, Bertram Müller-Myhsok, Heidemarie Neitzel, Petra Pfeiffer, Thomas Preiss, Rüdiger Rüger, Björn Scheffler, Johannes Schuchhardt, Stefan Seeber, Sabina Solinas-Toldo, Karl Sperling, Michael Strehle, Jochen Taupitz, Felix Thiele, Marius Wernig, Peter Westermann, Bernd Wissinger, Brigitte Wittmann-Liebold, Anna M. Wobus, Simone Würtz

Mit 334 Abbildungen und 28 Tabellen

Springer

Prof. Dr. med. Detlev Ganten
Prof. Dr. Klaus Ruckpaul
Max-Delbrück-Centrum
für Molekulare Medizin
Robert-Rössle-Str. 10
13122 Berlin-Buch

ISBN 3-540-43207-8 Springer-Verlag Berlin Heidelberg New York

Die Deutsche Bibliothek – CIP-Einheitsaufnahme
Grundlagen der Molekularen Medizin / Hrsg.: Detlev Ganten; Klaus Ruckpaul. 2., überarb. und erw. Aufl. – Berlin; Heidelberg; New York; Hongkong; London; Mailand; Paris; Tokio: Springer, 2003
(Molekulare Medizin)
ISBN 3-540-43207-8

Springer-Verlag Berlin Heidelberg New York
ein Unternehmen der BertelsmannSpringer Science+Business Media GmbH

http://www.springer.de/medizin

Herstellung: PRO EDIT GmbH, 69126 Heidelberg
Umschlaggestaltung: design & production, 69121 Heidelberg
Satz: K+V Fotosatz GmbH, 64743 Beerfelden-Airlenbach

Gedruckt auf säurefreiem Papier 27/3130/göh-5 4 3 2 1 0

Vorwort

Die Zunahme unserer Kenntnisse über die molekularen Mechanismen u.a. von Wachstums-, Entwicklungs- und Differenzierungsprozessen hat die Grundlagen der molekularen Medizin innerhalb weniger Jahre erheblich erweitert. In besonderer Weise hat die Aufklärung der Basensequenz des menschlichen Genoms zu dieser Entwicklung beigetragen und die Bildung neuer Forschungsfelder wie „Genomics“ und „Proteomics“ ausgelöst. Die vorliegende Neuauflage der molekular- und zellbiologischen Grundlagen der molekularen Medizin will diesen Fortschritt begleiten und damit eine Brücke von der biomedizinischen Grundlagenforschung zu ihrer klinischen Anwendung schlagen.

Die molekulare Medizin des gerade vergangenen Jahrhunderts war – sehr vereinfacht – durch die Aufdeckung funktioneller Veränderungen von Genprodukten (Proteine und Enzyme) zur Erkennung von Krankheitsursachen gekennzeichnet. Für eine routinemäßige Diagnostik von veränderten Basensequenzen der kodierenden Gene fehlten die Voraussetzungen. Das änderte sich mit der biochemischen Charakterisierung der funktionellen Eigenschaften der Nukleinsäuren und der Aufklärung ihrer Struktur. Damit rückte die Suche nach veränderten DNA-Strukturen in den Blickpunkt der molekularen Medizin und erhielt durch die Sequenzierung der Basensequenz des menschlichen Genoms einen enormen Entwicklungsschub. Die Diagnostik von veränderten Genprodukten zur Analyse der ihnen zugrunde liegenden DNA-Veränderungen kehrte sich im Zug dieser Entwicklung um und führte von der Ermittlung von Genveränderungen (Gendiagnostik, Genchiptechnik) zur Analyse von Dysfunktionen der entsprechenden Genprodukte. Die Genstruktur wird zum unmittelbaren Zielobjekt für die Ermittlung von Krankheitsursachen und damit Gegenstand diagnostischer und therapeutischer Interventionen.

Die Sequenzierung der Basenfolge des menschlichen Erbguts ist ein Meilenstein in der Aufdeckung der molekularen Grundlagen des Lebens. Dieser Schritt wirft naturgemäß die weitere Frage nach der Zuordnung von Teilsequenzen zu bestimmten funktionsbestimmenden Genen auf. Bisher wurden aber erst einige wenige Chromosomen mit solcher Genauigkeit analysiert, dass von etwa 10.000 sequenzierten Bausteinen nur 1 falsch sein darf (Abschlussqualität). So besitzt beispielsweise das 1999 in dieser Qualität analysierte Chromosom 22 33 Mio. Basenpaare mit 545 Genen. Defekte auf diesem Chromosom sind vermutlich Ursache von Krankheiten wie Schizophrenie, Leukämie, Immunstörungen, Knochenkrebs und Hirntumoren. Einem deutsch-japanischen Forscherteam gelang 2000 die vollständige Entschlüsselung des kleinsten menschlichen Erbgutträgers (Chromosom 21) mit 225 Genen, von denen einige bei Krankheiten wie Alzheimer, ALS (amyotrophe Lateralsklerose), der myoklonischen Epilepsie, der angeborenen Taubheit und beim Down-Syndrom eine Rolle spielen. Das Chromosom 20 (2001) mit 59 Mio. Basenpaaren und 727 Genen ist das dritte mit 99,5% vollständig entzifferte Chromosom. Es enthält die Gene für die Creutzfeld-Jakob-Krankheit, Typ-2-Diabetes und Fettsucht. Die sich daraus ergebenden diagnostischen Möglichkeiten geben einer präventiven Medizin eine solide wissenschaftliche Grundlage.

Der vorliegende Band soll die Konturen dieser Entwicklung durch Vermittlung des aktuellen Kenntnisstands schärfen und so die Einbeziehung der genomischen Ebene in die molekulare Medizin verdeutlichen. Voraussetzung für die Verwirklichung dieses anspruchsvollen Anliegens sind die Kompetenz der Autoren und die Aktualität ihrer Beiträge. Die rasante Entwicklung der biomedizinischen Erkenntnisse in jüngster Zeit hat Verlag und Herausgeber veranlasst, nach nur 5 Jahren eine Neuauflage der „Molekular- und zellbiologische Grundlagen der Molekularen Medizin“ (vormals Band 1 des Handbuchs „Molekulare Medizin“) vorzusehen.

Verständlicherweise hat dieser Erkenntnisfortschritt seinen Niederschlag in einer Umstrukturierung des Inhalts gefunden. So ist der ehemalige

Abschnitt „Diagnostik" im vorliegenden Band in die Abschnitte „Allgemeine Grundlagen" und „Diagnostik" geteilt und durch Einfügung neuer Kapitel in den Abschnitt „Allgemeine Grundlagen" erheblich erweitert worden. Die Genomik und die Proteomik eröffnen neue diagnostische und therapeutische Möglichkeiten für die molekulare Medizin. Gendiagnostik, Genchiptechnik und Arzneimittelentwicklung sind die daraus abgeleiteten Anwendungsfelder, die den Bogen zur molekularen Medizin schlagen und in den neu aufgenommenen Kapiteln dargestellt werden.

Auch in den Abschnitt „Modelle" haben neue Kapitel Eingang gefunden, die dem durch die Aufklärung des Genoms vermittelten Erkenntniszuwachs Rechnung tragen. Schließlich wurden in den Abschnitt 4 „Therapie" auch die rechtlichen und ethischen Aspekte integriert. Des Weiteren wurde die Zeittafel anders gestaltet. Wegen der thematischen Breite wurde auf eine umfassende einheitliche Zeittafel am Ende des Bands verzichtet. Statt dessen wurde eine nach Kapiteln geordnete und chronologisch gegliederte Übersicht über hervorragende Beiträge von Wissenschaftlern zur Entwicklung des Forschungsgebiets angefügt.

Besonders hinweisen möchten wir auf die Kapitel zu den Stammzellen. Hier werden sich in Zukunft möglicherweise ganz neue Forschungsfelder und Anwendungen ergeben. Die bioethischen Fragen werden aus sehr unterschiedlichen Blickwinkeln besonders hinsichtlich dieser Thematik diskutiert. Der vorliegende Band enthält 4 Kapitel, die sich mit den biologischen, medizinischen und bioethischen Aspekten der Stammzellen auseinandersetzen. Trotz der noch nicht abgeschlossenen und kontrovers geführten öffentlichen Diskussion über die Frage nach den ethischen Grenzen ihrer Anwendung ergibt sich aus Sicht der Herausgeber ein wesentlicher Teil des Dilemmas aus der teilweise überschätzten Aussagekraft der Genomanalyse sowie der daraus resultierenden praktischen Konsequenzen und Anwendungen. Es kann nicht Aufgabe des vorliegenden Bandes sein, in diese Debatte Stellung nehmend einzugreifen. Die wissenschaftliche Verantwortung, die natürlich auch ethische Prinzipien impliziert, gebietet es, die biologischen Grundlagen und die medizinischen Möglichkeiten, die sich aus diesem neuen zellbiologischen Forschungsgebiet ergeben, vorurteilsfrei darzustellen.

In insgesamt 23 Kapiteln, die überarbeitet wurden und von denen die Hälfte neu hinzugekommen ist, wird von kompetenten Autoren ein dem aktuellen Kenntnisstand entsprechender Überblick über die molekularen und zellbiologischen Grundlagen der molekularen Medizin gegeben. Mit dieser Neuauflage hat die Darstellung der Grundlagen der molekularen Medizin eine erhebliche Verbreiterung erfahren. Durch die Einbeziehung neuester wissenschaftlicher Befunde wurde der dynamischen Entwicklung dieses interdisziplinären Forschungsfelds Rechnung getragen. Die Herausgeber, die diesen Prozess seit vielen Jahren begleiten, hoffen, dass die Leser auch diesem Band wie schon der gesamten Buchreihe *Molekulare Medizin* Interesse entgegen bringen. Schließlich möchten die Herausgeber den Autoren, dem Verlag und dem Hersteller für die stets konstruktive Zusammenarbeit danken. Ohne ihre Mithilfe, Aufgeschlossenheit gegenüber Änderungswünschen und große Sorgfalt hätte dieser Band nicht so kurzfristig und aktuell fertig gestellt werden können.

Berlin, im Herbst 2002

Detlev Ganten
Klaus Ruckpaul

Inhaltsverzeichnis

Autorenverzeichnis

Priv.-Doz. Dr. Michael Bader
Hypertonieforschung
Max-Delbrück-Zentrum für Molekulare Medizin
Robert-Rössle-Straße 10, 13092 Berlin

Prof. Dr. Jürgen Behrens
Lehrstuhl für Experimentelle Medizin II
Nikolaus-Fiebiger-Zentrum
für Molekulare Medizin
Friedrich-Alexander-Universität
Erlangen-Nürnberg
Glückstraße 6, 91054 Erlangen
e-mail: jbehrens@molmed.uni-erlangen.de

Priv.-Doz. Dr. Carmen Birchmeier
Max-Delbrück-Zentrum für Molekulare Medizin,
Robert-Rössle-Straße 10, 13092 Berlin
e-mail: cbirch@mdc-berlin.de

Dr. Stefan Britsch
Max-Delbrück-Zentrum für Molekulare Medizin
Robert-Rössle-Straße 10, 13122 Berlin
e-mail: sbritsch@mdc-berlin.de

Dr. Thomas Brümmendorf
Max-Delbrück-Zentrum für Molekulare Medizin
Robert-Rössle-Straße 10, 13092 Berlin
neue Adresse ab 1. 11. 2001:
MetaGen Pharmaceuticals GmbH
Oudenarder Straße 16, 13347 Berlin
e-mail: thomas.bruemmendorf@metagen.de

Prof. Dr. Oliver Brüstle
Institut für Rekonstruktive Neurobiologie
Universitätsklinikum Bonn
Sigmund-Freud-Straße 25, 53105 Bonn
e-mail: brustle@uni-bonn.de

Dr. Stefanie Denger
c/o Frank Gannon
Europäisches Laboratorium
für Molekularbiologie (EMBL)
Meyerhofstraße 1, 69117 Heidelberg
e-mail: denger@embl-heidelberg.de

Dr. Sören T. Eichhorst
Ludwigs-Maximilians-Universität München
Klinikum Großhadern, Medizinische Klinik II
Forschungslabor B5 E01 308
Marchionistraße 15, 81377 München
e-mail: S.Eichhorst@web.de

Dr. Holger Eickhoff
Scienion AG
Vollmerstraße 7a, 12489 Berlin
e-mail: eickhoff@scienion.de

Prof. Dr. Volker A. Erdmann
Freie Universität Berlin
Institut für Chemie/Biochemie
Otto-Hahn-Bau
Thielallee 63, 14195 Berlin
e-mail: erdmann@chemie.fu-berlin.de

Dr. Jens P. Fürste
Freie Universität Berlin
Institut für Chemie/Biochemie
Otto-Hahn-Bau
Thielallee 63, 14195 Berlin

Prof. Dr. Carl Friedrich Gethmann
Europäische Akademie zur Erforschung
von Folgen wissenschaftlich-technischer
Entwicklungen Bad Neuenahr-Ahrweiler GmbH
Wilhelmstraße 56, 53474 Bad Neuenahr-Ahrweiler
e-mail: europaeische.akademie@dlr.de

Dr. Wolfgang Goedecke
Universität Essen
Institut für Genetik, FB 9
Universitätsstraße 5, 45117 Essen
e-mail: wolfgang.goedecke@uni-essen.de

Dr. Jens Hanke
Deutsches Krebsforschungszentrum
Funktionelle Genomanalyse
Im Neuenheimer Feld 280, 69120 Heidelberg

Udo Heinemann
Abteilung für Kristallographie
Max-Delbrück-Zentrum für Molekulare Medizin
Robert-Rössle-Straße 10, 13092 Berlin
e-mail: heinemann@mdc-berlin.de

Dr. Ralf Herwig
Max-Planck-Institut für Molekulare Genetik
Ihnestraße 73, 14195 Berlin
e-mail: herwig@molgen.mpg.de

Dr. Hanspeter Herzel
Humboldt-Universität Berlin
Innovationskolleg Theoretische Biologie
Invalidenstraße 43, 10115 Berlin
e-mail: h.herzel@biologie.hu-berlin.de

Dr. Jörg Hoheisel
Deutsches Krebsforschungszentrum
Funktionelle Genomanalyse
Im Neuenheimer Feld 280, 69120 Heidelberg
e-mail: j.hoheisel@dkfz.de

Peter H. Krammer
Deutsches Krebsforschungszentrum
Forschungsschwerpunkt Tumorimmunologie
Abteilung für Immungenetik
Im Neuenheimer Feld 280, 69120 Heidelberg
e-mail: p.krammer@dkfz-heidelberg.de

Dr. Jens Kurreck
Freie Universität Berlin
Institut für Chemie/Biochemie
Otto-Hahn-Bau
Thielallee 63, 14195 Berlin
e-mail: jkurreck@chemie.fu-berlin.de

Prof. Dr. Peter Langen
Max-Delbrück-Zentrum
Robert-Rössle-Straße 10, 13092 Berlin

Prof. Dr. Hans Lehrach
Max-Planck-Institut für Molekulare Genetik
Ihnestraße 73, 14195 Berlin
e-mail: lehrach@molgen.mpg.de

Prof. Dr. Klaus Lindpaintner
F. Hoffmann-La Roche Ltd.
Roche Genetics, Bau 93, Raum 582
Grenzacher Straße 124, CH-4070 Basel
e-mail: klaus.lindpaintner@roche.com

Priv.-Doz. Dr. Eckart Matthes
Max-Delbrück-Zentrum
Robert-Rössle-Straße 10, 13092 Berlin

Prof. Dr. Burkhard Micheel
Universität Potsdam
Institut für Biochemie und Biologie
Karl-Liebknecht-Straße 24–25, Haus 25
14476 Golm
e-mail: bmicheel@rz.uni-potsdam.de

Moritz Moeller-Herrmann
Institut für Deutsches, Europäisches
und Internationales Medizinrecht
Gesundheitsrecht und Bioethik IMGB, 4. OG
Universitäten Heidelberg und Mannheim
Kaiserring 10–12, 68161 Mannheim
e-mail: mmh@gmx.de

Dr. Martina Muckenthaler
Gene Expression Programme
Europäisches Laboratorium
für Molekularbiologie (EMBL)
Meyerhofstraße 1, 69117 Heidelberg
e-mail: muckenthaler@embl-heidelberg.de

Priv.-Doz. Dr. Yves A. Muller
Abteilung für Kristallographie
Max-Delbrück-Zentrum für Molekulare Medizin
Robert-Rössle-Straße 10, 13092 Berlin
e-mail: yam@mdc-berlin.de

Priv.-Doz. Dr. Bertram Müller-Myhsok
Abteilung für Molekulare Medizin
Bernhard-Nocht-Institut für Tropenmedizin
Bernhard-Nocht-Straße 74
20359 Hamburg
e-mail: bmm@bni-hamburg.de
Privatadresse:
Lieth 36, 25336 Elmshorn
e-mail: muemy@web.de

Priv.-Doz. Dr. Heidemarie Neitzel
Universitätsklinikum Charité
Medizinische Fakultät der Humboldt-Universität
Institut für Humangenetik
Campus Virchow-Klinikum
Augustenburger Platz 1, 13353 Berlin

Priv.-Doz. Dr. Petra Pfeiffer
Universität Essen
Institut für Genetik, FB 9
Universitätsstraße 5, 45117 Essen

Dr. Thomas Preiss
Gene Expression Programme
Europäisches Laboratorium
für Molekularbiologie (EMBL)
Meyerhofstraße 1, 69117 Heidelberg
e-mail: Preiss@embl-heidelberg.de

Dr. Rüdiger Rüger
Roche Diagnostics GmbH
Pharma Research
Nonnenwald 2, 82372 Penzberg
e-mail: ruediger.rueger@roche.com

Dr. Björn Scheffler
Institut für Rekonstruktive Neurobiologie
Universitätsklinikum Bonn
Sigmund-Freud-Straße 25, 53105 Bonn
e-mail: bscheffler@gmx.de

Dr. Johannes Schuchhardt
Micro Discovery GmbH
Immanuelkirchstraße 12, 10405 Berlin
e-mail: jo@microdiscovery.com

Stefan Seeber
Roche Diagnostics GmbH
Pharma Research
Nonnenwald 2, 82372 Penzberg

Dr. Sabina Solinas-Toldo
Deutsches Krebsforschungszentrum
Funktionelle Genomanalyse
Im Neuenheimer Feld 280, 69120 Heidelberg

Prof. Dr. Karl Sperling
Universitätsklinikum Charité
Medizinische Fakultät der Humboldt-Universität
Institut für Humangenetik
Campus Virchow-Klinikum
Augustenburger Platz 1, 13353 Berlin
e-mail: karl.sperling@charite.de

Dr. Michael Strehle
Max-Delbrück-Zentrum für Molekulare Medizin
Robert-Rössle-Straße 10, 13092 Berlin
e-mail: mstrehle@mdc-berlin.de

Prof. Dr. Jochen Taupitz
Institut für Deutsches, Europäisches
und Internationales Medizinrecht
Gesundheitsrecht und Bioethik IMGB
Universitäten Heidelberg und Mannheim
Kaiserring 10–12, 68161 Mannheim
e-mail: taupitz@jura.uni-mannheim.de

Dr. Felix Thiele
Europäische Akademie zur Erforschung
von Folgen wissenschaftlich-technischer
Entwicklungen Bad Neuenahr-Ahrweiler GmbH
Wilhelmstraße 56, 53474 Bad Neuenahr-Ahrweiler
e-mail: Felix.Thiele@DLR.de

Dr. Marius Wernig
Institut für Rekonstruktive Neurobiologie
Universitätsklinikum Bonn
Sigmund-Freud-Straße 25, 53105 Bonn
e-mail: r.neuro@uni-bonn.de

Dr. Peter Westermann
Max-Delbrück-Zentrum für Molekulare Medinzin
Robert-Rössle-Straße 10, 13092 Berlin
e-mail: westerm@mdc-berlin.de

Dr. Bernd Wissinger
Universitätsklinikum Tübingen
Augenklinik
Molekulargenetisches Labor
Forschungs-Verfügungsgebäude
Auf der Morgenstelle 15, 72076 Tübingen
e-mail: wissinger@uni-tuebingen.de

Prof. Dr. Brigitte Wittmann-Liebold
WITA GmbH
Warthestr. 21, 14513 Teltow
e-mail: info@wita.de

Priv.-Doz. Dr. Anna M. Wobus
Institut für Pflanzengenetik
und Kulturpflanzenforschung
Corrensstraße 3, 06466 Gatersleben
e-mail: wobusam@ipk-gatersleben.de

Dr. Simone Würtz
Deutsches Krebsforschungszentrum
Funktionelle Genomanalyse
Im Neuenheimer Feld 280, 69120 Heidelberg

Abkürzungen und Erläuterungen

A — Adenosin

AAG — 3-MeA-DNA-Glykosylase

AAV — Adenoassoziierte Viren: Gehören zu den Parvoviridae (einzelsträngige DNA-Viren); benötigen zur Replikation so genannte Helferviren (Adeno- oder Herpesviren)

ABI — Format der Fa. Applied Bioscience zur Abspeicherung von Daten aus Sequenziermaschinen

ACT — Autologe Chondrozytentransplantation: Gewinnung patienteneigener Knorpelzellen und ihre In-vitro-Vermehrung zur Behandlung von Knorpeldefekten (z. B. bei Arthrose) im erkrankten Gelenk des Patienten

ACV — Acyclovir: 9-(2-Hydroxyethoxymethyl)-Guanin, Guanosinderivat, in dem der Zucker durch einen Alkylrest ersetzt ist, Virostatikum

ADA — Adenosindeaminase

ADCC — Antibody-dependent cellular cytotoxicity, s. antikörperabhängige zelluläre Zytotoxizität (s. dort)

Adjuvans — Substanz, die die Immunantwort gegen ein Antigen erhöht, ohne selbst eine spezifische Immunantwort zu induzieren

α-Fetoprotein — AFP: Glykoprotein, das während der Embryonalentwicklung und im adulten Organismus von Tumorzellen der Leber exprimiert wird

Affinität — Maß für die Bindungsstärke zwischen einer Antigenbindungsregion eines Antikörpers und einer monovalenten Antigendeterminante. Die Gesamtbindungsstärke zwischen einem Antikörper und einem Antigen, an der mehrere Bindungen beteiligt sind, wird als Avidität bezeichnet. Der Begriff Affinität wird im Zusammenhang mit allen nicht kovalenten Bindungen zwischen biologischen Molekülen verwendet

AFP — s. α-Fetoprotein

Agglutination — Aggregation zwischen partikulären Antigenen und Antikörpern, betrifft z. B. Erythrozyten oder Bakterien. Tests, die auf einer Agglutination beruhen, werden als Agglutinationstests bezeichnet

Agglutinationstest — s. Agglutination

AICD — Activation-induced cell death, aktivierungsinduzierter Zelltod: Form des Zelltods, den aktivierte T-Zellen durchlaufen, die durch spezifischen Antigenkontakt über den T-Zell-Rezeptor aktiviert worden sind. Diese Form des Zelltods trägt dazu bei, eine Immunantwort zu begrenzen, indem sie die Proliferation der spezifischen T-Zell-Klone durch Apoptose einschränkt

Aids — Acquired immune deficiency syndrom: Durch das HIV (human immunodeficiency virus) ausgelöste Erkrankung, die zum Verlust der T-Helfer-Lymphozyten führt, wodurch eine Immunantwort gegen, auch normalerweise harmlose, Mikroorganismen nicht mehr möglich ist

Alignment-Faktor — Protein oder Proteinkomplex, der für die korrekte Ausrichtung der DNA-Enden beim NHEJ notwendig ist

ALL — Akute lymphatische Leukämie: Subform der akuten Leukämie

Allel — Kopie eines Gens oder einer DNA-Sequenz am gleichen Ort homologer Chromosomen

ALPS — Autoimmunlymphoproliferatives Syndrom (Canale-Smith-Syndrom):

	Lymphadenopathie mit Akkumulation von nichtmalignen T-Zellen und Zeichen von Autoimmunität. Ursachen sind u.a. Mutationen im CD95-Rezeptor
Alu-Elemente	Benannt nach einer charakteristischen Schnittstelle für das Restriktionsenzym AluI
AML	Akute myeloische Leukämie: Subform der akuten Leukämie
AMP	Adenosinmonophosphat
AMV	Avian myoblastosis virus
ANOVA	Analysis of variance: Statistische Methoden zur Auswertung von linearen Modellen mit qualitativen Einflussfaktoren
Antigen	Fremdsubstanz, die spezifisch von einem Antikörper oder Lymphozyten gebunden wird; im weitesten Sinn auch für Substanzen gebraucht, die nach Kontakt zu einer Immunantwort führen und von Komponenten des Immunsystems gebunden werden (ursprünglich abgeleitet von Antikörpergenerator) (s. auch Immunogen)
Antigen-bindungsort	Antigenbindungsregion
Antigenbindungsregion	Teil eines Antikörpermoleküls (oder eines T-Zell-Rezeptors), der das Antigen spezifisch bindet
Antigen-determinante	Epitop
Antigen-präsentation	Präsentation von Antigenen an der Oberfläche von Zellen in Form von Peptidfragmenten, die an MHC-Moleküle gebunden sind; T-Zellen erkennen Antigene nur in dieser Form
Antigen-rezeptor	Spezifischer Antigen bindender Rezeptor auf B- oder T-Lymphozyten; auf B-Lymphozyten handelt es sich um zellständige Immunglobulinmoleküle, auf T-Lymphozyten um T-Zell-Rezeptoren (TcR). Antigenrezeptoren werden von Genen kodiert, die durch somatische Rekombination entstanden sind [V, (D), J-Rekombination]
Antikörper	Serumprotein, das als Antwort auf eine Immunisierung von B-Lymphozyten synthetisiert wird und das spezifisch mit dem Antigen reagiert, das zu seiner Bildung geführt hat
Antikörper-abhängige zelluläre Zytotoxizität	Antibody-dependent cellular cytotoxicity (ADCC): Effekt, bei dem antikörperbeladene Zellen (Zielzellen, target cells) durch zytotoxische Zellen (wie natürliche Killerzellen) zerstört werden, die Rezeptoren für das Fc-Fragment der Antikörper besitzen und die über diese Rezeptoren an die antikörperbeladenen Zielzellen gebunden werden
Antikörper-repertoire	Gesamtheit an Antikörperspezifitäten, die durch die B-Lymphozyten eines Organismus gegen ein einzelnes Antigen oder die Gesamtheit aller potenziellen Antigene gebildet werden können
Antiserum	s. Immunserum
APC	Adenomatous polyposis coli oder auch Anaphase promoting complex
APE1	Enzym, das das Zucker-Phosphat-Rückgrat an einer AP-Stelle hydrolysiert
APM	Affected-pedigree-member-Methode: Methode zur modellfreien Kopplungsanalyse in allgemeinen Stammbäumen. Verwendet in ihrer ursprünglichen Form IBS-Information
Apoptose	Form des Zelltods, der spezifische morphologische und molekulare Charakteristika aufweist, die die Unterscheidung von anderen Todesarten der Zelle (z.B. Nekrose) ermöglichen. Typischerweise werden bei der Apoptose folgende morphologische Veränderungen gefunden: Kondensation des Chromatins, Ausstülpungen der Zellmembran (Meiose) und Abschnürung von Zellbestandteilen in membranumhüllte apoptotische Körperchen. Wichtige molekulare Marker sind: DNA-Fragmentierung und Ausbildung einer DNA-Leiter und/oder 50.000-DNA-Fragmenten sowie Externalisierung von Phosphatidylserin. Diese Veränderungen sind auch die Grundlagen der häufig verwendeten Apoptosenachweissysteme. Im Gegensatz zur Nekrose finden sich bei der Apoptose keine entzündlichen Veränderungen
AP-Stelle	Position einer fehlenden Purin- oder Pyrimidinbase

AraA	Arabinofuranosyladenin: Adenosinderivat, in dem die Ribose durch Arabinose ersetzt ist, Virostatikum
AraC	Arabinofuranosylcytosin (Cytosinarabinosid): Cytidinderivat, in dem die Ribose durch Arabinose ersetzt ist, Zytostatikum
ARS	Autonomously replicating sequence: Replikationsursprung
AS	Angelman-Syndrom
ASA	Allelspezifische Amplifikation: Methode zur Identifizierung von Sequenzmutationen über eine enzymatische Amplifikation der DNA
ASF	Alternativer Spleißfaktor
ASO	Allelspezifische Oligonukleotidbindung: Methode zur Identifizierung von Sequenzmutationen über das Bindungsverhalten von Oligonukleotiden
ASP	Affected-sibpairs-Analyse: Methode zur modellfreien Kopplungsanalyse in Paaren betroffener Geschwister. Verwendet in ihrer ursprünglichen Form IBD-Information (s. dort)
Astrozyt	Neben nutritiven und strukturellen Funktionen werden diesem Gliazelltyp des Nervensystems auch wichtige funktionelle Eigenschaften des Nervensystems zugesprochen. Beteiligt am Aufbau der Blut-Hirn-Schranke
AT	Ataxia teleangiectatica
Ataxia teleangiectatica	Genetisch bedingte Krankheit des Menschen, die zu Chromosomenbrüchen führt
ATCC	„American Type Culture Collection“: Zellbank zur Sammlung, Aufbewahrung und Verteilung von lebenden Kulturen von Mikroorganismen, Viren, DNA-Proben, menschlichen und tierischen Zellen (Rockville, USA)
ATM	Für Ataxia teleangiectatica verantwortliches Gen
ATP	Adenosintriphosphat
ATR	Zu ATM verwandtes Protein
Auflösung	Experimentelle Genauigkeit, mit der eine Röntgenstrukturanalyse durchgeführt wird. Vergleichbar mit der Auflösung eines Lichtmikroskops. Ab einer Auflösung von 2,8 Å kann ein atomares Modell erstellt werden. Details über einen Reaktionsmechanismus können erst bei einer Auflösung von 2,2 Å oder besser zuverlässig beschrieben werden
Autolog	Das eigene Individuum betreffend, z. B. autologe Transplantation
Autologer Zellersatz	Transplantation mit autologem Spendergewebe, d. h. dem Patienten selbst entnommen
Avidin	Aus dem Ei von Vögeln isoliertes Glykoprotein, das mit extrem hoher Affinität an Biotin bindet; aus diesem Grund für immunologische Nachweisverfahren eingesetzt; das aus Bakterien isolierte Streptavidin zeigt bei gleicher Bindungsstärke für Avidin eine geringere Tendenz zur unspezifischen Bindung
AzT	3′-Azido-3′-Desoxythymidin: Thymidinderivat, in dem die OH-Gruppe am C3 der Desoxyribose durch eine Azidogruppe ersetzt ist, Virostatikum
BAC	Bacterial artificial chromosome: Künstliches bakterielles Chromosom
β-clamp-Protein	Strukturverwandtes Protein zu PCNA in Prokaryonten
BER	Basenexzisionsreparatur: Reparatur durch Ausschneiden von Basen
BIA	Biomolekulare Interaktionsanalyse
Biotin	Vitamin H: niedermolekulare Substanz mit weiter Verbreitung in verschiedenen Zellen, die an zahlreichen Karboxylierungsreaktionen beteiligt ist; wird aufgrund der extrem hohen Bindung an Avidin für immunologische Nachweisverfahren eingesetzt
Bipartite substrate recognition system	DNA-Schadenserkennung, die auf chemische Modifikation und strukturelle Abweichung von der helikalen Struktur der DNA angewiesen ist
BLAST	Basic local alignment search tool: Weit verbreitete Analysemethode zum paarweisen Vergleich zweier Sequenzen
Blastozyste	Frühes Embryonalstadium (beim Menschen etwa 4.–7. Tag der Entwicklung). Die Blastozyste besteht aus einer äußeren Zellgruppe, aus der sich die Plazentaanteile entwickeln (Trophoblast), und der inne-

ren Zellmasse, aus der sich der Fetus entwickeln wird

Blut-Hirn-Schranke Barriere zwischen Blutsystem und Gehirn, bestehend aus einem spezialisierten Gefäßendothel und Astrozytenfortsätzen

B-Lymphozyt B-Zelle: Eine der beiden Populationen der Lymphozyten; sie sind Vorläufer der Antikörper produzierenden Plasmazellen; sie tragen Immunglobulin auf ihrer Oberfläche; jeder B-Lymphozyt exprimiert nur Immunglobulin einer einzigen Spezifität; nach Aktivierung differenzieren B-Lymphozyten in Plasmazellen, die Antikörper der gleichen Spezifität produzieren; die Reifung der B-Lymphozyten erfolgt im Knochenmark (engl. bone marrow, daher B-lymphocyte)

Bottleneck-Hypothese Populationsgenetisches Modell zur Erklärung der Fixierung mitochondrialer Mutationen und der raschen Entmischung heteroplasmatischer mtDNA-Genotypen in der Generationsfolge. Durch eine Reduktion in der Ausgangszahl der Mitochondrien bzw. mtDNA-Moleküle (bottleneck) in der weiblichen Keimbahn wird genetischer Drift begünstigt, der dazu führt, dass starke Schwankungen im mtDNA-Genotyp der Nachkommenschaft auftreten

bp Basenpaare: Maßeinheit für genomische Sequenzen

BPS Base pair sequencing (Einzelbasensequenzierung): Methode zur Identifizierung von Sequenzmutationen durch Bestimmung der Base eines enzymatisch eingebauten Nukleotids

Bulky aduct DNA-Schaden, bei dem es zu einer Verzerrung der DNA-Helix kommt

BVaraU Arabinofuranosyl-(E)-5-(2-Bromvinyl)-Uracil: Thymidinderivat mit verändertem Basen- und Zuckerteil, Virostatikum

BVdU (E)-5-(2-Bromvinyl)-2′-Desoxyuridin: Thymidinderivat mit C5-modifiziertem Uracil, Virostatikum

B-Zelle s. B-Lymphozyt

C Cytosin

Caenorhabditis elegans Fadenwurm, der häufig zur Apoptosegrundlagenforschung eingesetzt wird. Die Bedeutung dieses Modellorganismus liegt darin, dass das Schicksal aller Zellen im Verlauf der Entwicklung des Wurms genau bekannt ist. Von den 1090 somatischen Zellen sterben 131 durch Apoptose

CAK CDK aktivierende Kinase

Calpaine Calpaine sind ubiquitär im Körper vorkommende Endopeptidasen mit einem Cystein im aktiven Zentrum. Sie besitzen aber im Gegensatz zu den Caspasen keine definierte Erkennungssequenz. Calpaine tragen zur Apoptose durch Spaltung unterschiedlicher Substrate bei

cAMP Zyklisches Adenosinmonophosphat

Cap Am 5′-Ende eukaryontischer RNA über eine 5′-5′-Triphosphat-Gruppe gebundenes, methyliertes Nukleosid

Cap-Bindekomplex Proteinkomplex aus den Initiationsfaktoren 4E, 4A und 4G, der die Bindung der kleinen Untereinheit in der Nähe der Cap-Struktur ermöglicht

Caspasen Caspasen sind Schlüsselenzyme bei der Initiation und Exekution der Apoptose. Viele verschiedene zelluläre Substrate werden durch Caspasen gespalten. Sie spalten auch Procaspasen, sodass sie zur Aktivierung von Caspasen beitragen. Dadurch ergibt sich eine Caspasenkaskade, die zur Übermittlung des apoptotischen Signals dient. Der Name Caspasen leitet sich von Cystein (Caspasen haben ein Cystein im aktiven Zentrum) und Aspartat (Caspasen schneiden nach Aspartatresten) ab

Cathepsin D Cathepsin D ist eine Aspartatprotease, die unter bestimmten Bedingungen zum apoptotischen Zelltod beiträgt

CCM Chemical cleavage of mismatch: Chemisches Schneiden an Basenfehlpaarungen der Basen Cytosin und Thymidin, wenn diese einzelsträngig vorliegen

CDK Cyclin-dependent protein kinase, cyclinabhängige Kinase: Die Familie der CDK bildet gemeinsam mit den

	Cyclinen das Kontrollsystem des Zellzyklus in Eukaryonten
CD-Marker	Zelloberflächenmoleküle auf Leukozyten und Plättchen, die mit Hilfe von monoklonalen Antikörpern nachweisbar sind und zur Differenzierung von Zellpopulationen genutzt werden; abgeleitet von der englischen Abkürzung für cluster of differentiation; s. auch Differenzierungsantigen
cDNA	Complementary DNA, komplementäre DNA: stabile klonierte Kopie einer mRNA-Sequenz
CDR	Complementarity-determining region, s. hypervariable Regionen
CE	Kapillarelektrophorese
CEA	Karzinoembryonales Antigen: Glykoprotein, das während der Embryonalentwicklung und im adulten Organismus von Tumorzellen epithelialen Ursprungs exprimiert wird
CEA	Cultured epithelial autografts, kultivierte autologe Hautzellen zur Regeneration von Hautgewebe, z. B. bei Verbrennungen
CED	Chronisch entzündliche Darmerkrankungen
CF	Zystische Fibrose
CFE	Colony forming unit, Kolonie bildende Einheit: Maß der Reproduktionskapazität kultivierter Zellen, insbesondere von hämatopoetischen Zellen
CGH	Comparative genomic hybridisation (vergleichende genomische Hybridisierung): Analyse des Zugewinns bzw. Verlusts von chromosomalem Material in einem Genom durch Vergleich der Signalintensitäten von Test-DNA und Referenz-DNA nach gleichzeitiger Hybridisierung auf Metaphasechromosomen
CHAPS	3-[3-(Cholamidopropyl)-Dimethylamino]-1-Propansulfonat
Check-point-Kontrolle	Kontrollmechanismen, die die Integrität der DNA bzw. die korrekte Anordnung der Chromosomen in der Metaphase überprüfen und im Falle eines Fehlers zur Arretierung des Zellzyklus führen, bis der Defekt behoben ist
Chimäre	Mythisches Mischwesen, das Körperteile verschiedener Tiere besitzt; der Ausdruck wird deshalb für Individuen benutzt, die Zellen anderer Individuen enthalten, und für Moleküle, die aus Teilen verschiedener Ursprungsmoleküle bestehen
Chimäre Antikörper	Durch rekombinante DNA-Technik hergestellte Antikörper, die z. B. die konstante Region eines humanen Immunglobulins und die variable Region eines murinen monoklonalen Antikörpers enthalten
Chondriom	Das mitochondriale Genom eines Organismus
Chorea Huntington	Autosomal-dominant vererbte Erkrankung, die auf einer genomischen Vermehrung von Trinukleotiden im Huntington-Gen beruht. Dies führt zur pathologischen Aggregation des Genprodukts und letztlich zur Degeneration von striatalen Neuronen. Der Nervenzelluntergang bewirkt Fehlsteuerungen von Bewegungsabläufen in Form von überschießenden Bewegungen
CISS	Chromosomal in situ suppression hybridization, chromosomale In-situ-Suppressionshybridisierung: Unterdrückung repetitiver Signale einer Hybridisierungssonde durch eine Kompetitionsreaktion mit hochrepetitiver DNA; nichtisotopisches Verfahren zur selektiven Hybridisierung und Identifizierung chromosomaler Abschnitte
CJD	Creutzfeld-Jacob-disease
CLSM	Confocal laser scanning microscope, konfokales Laserrastermikroskop
cM	Zentimorgan s. M
CMV	Zytomegalievirus: Zu den Herpesviren gehörendes DNA-Virus. Infektion verursacht in fast allen Organen eine lymphozytäre-plasmazelluläre interstitielle Entzündung mit Riesenzellbildung, Aktivierung der humoralen Immunität, Depression der zellulären Immunität
CNTF	Ciliary neurotrophic factor: Wachstumsfaktor für die Entwicklung von neuronalen und Gliazellen
CO	Kohlenmonoxid

CR-Domäne — Complement regulatory domain oder Complement control protein (CCP) domain. In verschiedenen Zelloberflächenproteinen und Proteinen der Komplementkaskade vorkommende Proteindomäne. Besteht aus mehreren β-Strängen

Cre — DNA-Rekombinase des Bakteriophagen ITEM

C-Region — s. konstante Region

Cross-over — Reziproker Austausch zwischen Schwesterchromatiden homologer Chromosomen. Es wird im Kreuzungsexperiment als Faktorenaustausch nachgewiesen. Das zytogenetische Korrelat sind die Chiasmata zwischen den homologen Chromosomen in der Meiose

CS — Cockayne-Syndrom

CSA-CSB — Proteine, die für das Cockayne-Syndrom verantwortlich sind

CSBI–III — *C*onserved *s*equence blocks: Evolutionär konservierte Sequenzelemente in der mtDNA-Kontrollregion, die an der Ausbildung eines stabilen R-Loops bei der H-Strang-Replikation beteiligt sind

CTD — C-terminale Domäne: Untereinheit des RNA-Polymerase-II-Enzymkomplexes; besitzt eine wichtige regulative Funktion bei der Initiation der Transkription

C-terminal — Karboxyterminal

C-Typ-Lektin-Domäne — Kohlenhydrat bindende Domäne, die in verschiedenen Lektinen, z. B. in den Selektinen, vorkommt

CVS — Chorionic villus samples, Chorionvilliproben: Methode der pränatalen Diagnose, die vorrangig im ersten Trimester der Schwangerschaft angewendet wird. Transzervikal oder transabdominal entnommene Gewebefragmente des Zytotrophoblasten des Fetus werden entweder direkt oder nach enzymatischer Dissoziation und Kultivierung zur Karyotypisierung eingesetzt

Cy3 — Zyaninfarbstoff, der Licht im Wellenlängenbereich von 510–550 nm (grün) emittiert

Cy5 — Zyaninfarbstoff, der Licht im Wellenlängenbereich von 630–660 nm (rot) emittiert

d4T — 2′,3′-Didehydro-2′,3′-Didesoxythymidin: 2′,3′-ungesättigte Form des ddT, Virostatikum

DABITC — Dimethylaminoazobenzenisothiozyanat

DAG — Diacylglyzerol

DC-CHOL — 3β-[N-(N′,N′-Dimethylaminoethan) carbomoyl]-Cholesterol

ddC — 2′,3′-Didesoxycytidin: Cytidinderivat, in dem die OH-Gruppen am C2 und C3 der Ribose durch Wasserstoff ersetzt sind, Virostatikum

ddI — 2′,3′-Didesoxyinosin: Inosinderivat, in dem die OH-Gruppen am C2 und C3 der Ribose durch Wasserstoff ersetzt sind, Virostatikum

ddN — Didesoxynukleoside: Sammelbegriff für antiviral wirksame Nukleosidderivate, in denen die OH-Gruppen am C2 und C3 der Ribose durch andere Substituenten ersetzt sind

ddT — 2′,3′-Didesoxythymidin: Thymidinderivat, in dem die OH-Gruppe am C3 der Desoxyribose durch Wasserstoff ersetzt ist

DE — Delayed extraction

Depurinierung — Verlust einer Purinbase, es entsteht eine AP-Stelle (s. dort)

Depyrimidierung — Verlust einer Pyrimidinbase, es entsteht eine AP-Stelle (s. dort)

Desamidierung — Hydrolyse einer Aminogruppe

Desoxyribozym oder DNA-Enzym — DNA-Molekül mit enzymatischer Aktivität

Determinate — s. Antigendeterminante

D-Gene — Von engl. diversity: Antikörpergensegmente, die die 3. hypervariable Region der Antigenbindungsregion der schweren Kette der meisten Antikörper kodieren; D-Gene werden als multiple Gensegmente über die Keimbahn weitergegeben; zur Kodierung der gesamten variablen Region eines Antikörpers ist die Rekombination [s. V(D)J-Rekombination] mit

	einem V-Gen und einem J-Gen erforderlich
DGGE	Denaturierende Gradientengelelektrophorese: DNA-Elektrophorese in einem Gel, das eine zunehmende Konzentration einer Chemikalie enthält, durch die die DNA-Doppelstrangstruktur aufgelöst wird
dGTP	2′-Desoxyguanosintriphosphat: Für die DNA-Synthese erforderliches Desoxynukleosidtriphosphat
Differenzierung	Veränderung des Phänotyps von unreifen Vorläuferzellen in mature Zelltypen des Körpers
Differenzierungsantigen	Oberflächenantigen, das nur in bestimmten Differenzierungsstadien bestimmter Zellpopulationen nachweisbar ist und damit als Differenzierungsmarker genutzt werden kann
Dihedralwinkel	Beschreibt den Rotationswinkel um eine chemische Bindung. Man benötigt 4 Atompositionen, um die Rotation um die chemische Bindung zwischen den beiden mittleren Atomen beschreiben zu können
Dipol	2 räumlich getrennte entgegengesetzte Ladungen erzeugen einen elektrostatischen Dipol. Aufgrund der unterschiedlichen Elektronegativität von Kohlenstoff und Sauerstoff, sowie von Wasserstoff und Stickstoff besitzt die Peptidbindung 2 parallel ausgerichtete schwache Dipole
DISC	Tod induzierender Signalkomplex (death-inducing signalling complex): Proteinkomplex an der intrazellulären Seite verschiedener Todesrezeptoren, der für die Übermittlung des apoptotischen Signals verantwortlich ist
Diskontinuierliches Epitop	s. Konformationsepitop
DLBL	Diffuse large cell lymphoma: DLCL, gehört zu einer Gruppe von Krebserkrankungen, die als aggressive Non-Hodgkin-Lymphome zusammengefasst werden
DLCL	s. DLBL
D-Loop	Verdrängungsschlaufe: 3-strängige DNA-Struktur, bestehend aus den beiden parentalen mtDNA-Strängen und dem partiell replizierten H-Strang im Bereich der mtDNA. Stellt ein stabiles Intermediärprodukt der mtDNA-Replikation bzw. ein Zwischenprodukt der HRR dar
DMEM	Dulbecco's modified Eagle medium, Dulbeccos modifiziertes Eagle-Medium: Häufig verwendetes Kulturmedium, besonders geeignet für Zellen der Maus
dmin	Double minute chromatin bodies
DMRIE	1,2-Dimyristyloxypropyl-3-Dimethylhydroxyethylammoniumbromid
DMSO	Dimethylsulfoxid: Lösungsmittel, das in der Zellkultur als Differenzierungsinduktor und als Bestandteil des Kryokonservierungsmediums Anwendung findet
DNA	Deoxynucleic acid: Desoxyribonukleinsäure, Träger der genetischen Information
DNA-Glykosylasen	Enzyme, die modifizierte Basen der DNA erkennen und hydrolysieren, es entsteht eine AP-Stelle
DNA-Leiter	Typische Ausbildung von 180-bp-DNA-Fragmenten und deren Vielfachen, die bei den meisten Apoptoseformen auftritt. Diese Fragmentierung kann elektrophoretisch relativ einfach nachgewiesen werden
DNA-Marker	Eine einmalig im Genom vorkommende DNA-Sequenz, deren chromosomale Lokalisation bekannt ist
DNA-PK	DNA-abhängige Proteinkinase, bestehend aus den Untereinheiten Ku70, Ku80 und der DNA-PK_{CS}
DNA-PK_{CS}	Katalytische Untereinheit der DNA-PK
dNTP	2′-Desoxynukleosidtriphosphate: Sammelbegriff für die zur DNA-Synthese erforderlichen Desoxynukleosidtriphosphate aller 4 Nukleinsäurebasen
Domäne	Kompaktes Segment einer Immunglobulinkette
DOPE	Dioleoylphosphatidylethanolamin
DOTAP	1,2-Dioleoyloxy-3-(Trimethylammonium)propan
DOTMA	1,2-Dioleoyloxypropyl-3-Trimethylammoniumbromid
DSB	Doppelstrangbrüche

DSBA-Modell	Double-strand-break-repair-Modell
DTT	Dithioerythritol
EBV	Epstein-Barr-Virus: DNA-Virus, zu den Herpesviren gehörender Erreger der infektiösen Mononukleose, onkogene Eigenschaften
ECACC	European Collection of Animal Cell Cultures: Europäische Zellbank zur Aufbewahrung, Sammlung und Verteilung von Zellkulturen (Porton Dawn, UK)
ECC	Embryonic carcinoma cells, embryonale Karzinomzellen, EC-Zellen: Permanente Linien pluripotenter maligner Stammzellen aus Teratokarzinomen; bei der Maus experimentell induziert durch Transplantation embryonaler Zellen an extrauterine Orte
ECM	Extracellular matrix, extrazelluläre Matrix: Komplexes Gemisch von Proteinen (z. B. Kollagenen, Fibronektin, Laminin, Proteoglykane) und hochmolekularen Polysacchariden (z. B. Glykosaminoglykane), welches die meisten Zellen vielzelliger Tiere umgibt. Die ECM bildet ein geordnetes azelluläres Gerüst, in dem Zellen migrieren und kommunizieren können, und dient somit als Strukturelement der Gewebe. Die ECM zwischen Epithelzellen und Bindegewebe wird als Basalmembran bezeichnet. Die ECM reguliert die Entwicklung und Funktion vieler Zelltypen
EDN/R	Endothelinrezeptor
EDTA	Ethylendiamintetraessigsäure
eEF	Eukaryontischer Translationselongationsfaktor
Effektormoleküle	Moleküle (in erster Linie Komplement), die eine Zerstörung bzw. Inaktivierung von Pathogenen oder Antigenen bewirken und Antikörpern diese Funktion vermitteln
Effektorzellen	Zellen, die eine Entfernung von Pathogenen oder Antigenen aus dem Organismus bewirken und Antikörpern diese Funktion vermitteln
EGC	Embryonic germ cells, embryonale Keimzellen, EG-Zellen: Permanente Linien pluripotenter/totipotenter undifferenzierter Zellen, die aus primordialen Keimzellen von Embryonen isoliert und kultiviert werden können
EGF	Epidermal growth factor (epidermaler Wachstumsfaktor) sowie epithelial growth factor, epithelialer Wachstumsfaktor
EGF-Domäne	Proteindomäne mit Ähnlichkeit zum epidermalen Wachstumsfaktor. Kommt in verschiedenen Zelloberflächenproteinen und ECM-Proteinen vor und enthält 6 konservierte Cysteinreste
Egr-1	Early growth response factor-1, Transkriptionsfaktor
EG-Zellen	s. EGC (embryonic germ cells)
EHS	Engelbreth-Holm-Swarm: Tumor mit einem hohen Gehalt an ECM-Proteinen und Wachstumsfaktoren
eIF	Eukaryontischer Translationsinitiationsfaktor
Einzelkettenantikörper	scAb, single chain antibody, auch scFv, single chain antigen-binding fragment: Rekombinante Antikörperfragmente, die aus den variablen Bereichen der leichten und der schweren Kette bestehen und die über ein Peptidfragment zu einer Kette verknüpft sind
ELISA	Enzyme-linked immunosorbent assay: Variante eines Enzymimmuntests; s. Enzymimmuntest
Endosymbiontenhypothese	Erklärungsmodell zur Herkunft der Mitochondrien (und der Chloroplasten). Demnach stammen die Zellorganellen von ursprünglich autonomen Bakterien (bzw. Blaualgen) ab. Über die Zwischenstufen einer intrazellulärer Symbiose (Endosymbiose) haben sich diese Prokaryonten zu abhängigen Bestandteilen der Eukaryontenzelle entwickelt
Enhancer	Transkriptionsinitiation stimulierendes DNA-Element
ENS	Enterisches Nervensystem
Entzündung	Akute oder chronische Antwort auf eine Infektion oder Gewebeschädigung, gekennzeichnet durch Ansammlung von Leukozyten, Plasmaproteinen und Flüssigkeit

Enzymimmuntest	Immunologischer Test zum Nachweis von Antigenen oder Antikörpern, bei dem einer der Reaktionspartner mit einem Enzym markiert ist und das Produkt der Enzymreaktion gemessen wird
Epitop	Antigendeterminante; der Teil eines Antigens, der von einer Antigenbindungsregion spezifisch gebunden wird; s. auch Konformationsepitop und Sequenzepitop
Epstein-Barr-Virus	Humanes DNA-Virus der Herpesgruppe, das B-Lymphozyten infiziert und eine Proliferation der Zellen (in einigen Fällen auch eine maligne Transformation) hervorruft
ER	Endoplasmatisches Retikulum
erbB	Familie von Rezeptortyrosinkinasen
eRF	Eukaryontischer Freisetzungsfaktor für neu synthetisierte Proteine
ESC	Embryonic stem cells, embryonale Stammzellen, pluripotente Stammzellen aus der inneren Zellmasse der Blastozyste, ES-Zellen: Permanente Linien pluripotenter/totipotenter embryonaler undifferenzierter Stammzellen. ES-Zellen bilden die Grundlage der Methode des „gene targeting“ zur Schaffung von Mäusen mit spezifischen genetischen Defekten
ESI-MS	Elektrospraymassenspektrometrie
ESR	Elektronenspinresonanzspektroskopie
EST	Expressed sequence tag: Kurzer Genabschnitt bekannter Sequenz, der zur Lokalisierung großer genomischer Fragmente dient
ES-Zellen (embryonic stem cells)	Embryonale, pluripotente Stammzellen der inneren Zellmasse aus der Blastozyste, s. auch ESC
Exo1	Exonuklease 1 (beim Menschen und bei *E. coli*)
Exon	Bestandteil von Primärtranskripten, der nach deren Prozessierung in der reifen RNA erhalten bleibt
Ex-vivo-Gentherapie	Transfer von exogenen Genen in die Zellen des Patienten außerhalb des Körpers, Reimplantation dieser Zellen in den Körper des Patienten
F(ab')2	Antikörperfragment, das 2 Antigenbindungsregionen enthält; entsteht durch Spaltung mit Pepsin, s. auch Fab
Fab	Fragment antigen-binding: Antikörperfragment, das nur eine Antigenbindungsregion enthält; entsteht durch Spaltung mit Papain
FACS	Fluorescence-activated cell sorter, fluoreszenzaktivierter Zellsorter: Gerät zur Zellsortierung mittels Fluoreszenzmarkierung, s. auch fluoreszenzaktivierter Zellsortierer
FAD	Flavinadenindinukleotid
$FADH_2$	Hydriertes Flavinadenindinukleotid
FAK	Focal-adhesion-Kinase
Fc	Fragment crystallizable: Antikörperfragment ohne Antigenbindungsregion, das die C-terminalen Domänen enthält; entsteht durch Spaltung mit Papain
FCS	Fluoreszenzkorrelationsspektroskopie
FCV	Famciclovir: Diazetyl-6-Deoxyguanin-Derivat des Panciclovir, oral wirksames Virostatikum
FEN1	DNA-Struktur-abhängige Nuklease
FGF	Fibroblastenwachstumsfaktor (fibroblast growth factor)
FIAC	2′-Desoxy-2′-Fluorarabinofuranosyl-5-Jodcytosin: Cytidinderivat mit Basen- und Zuckermodifikation, Virostatikum
FIAU	2′-Desoxy-2′-Fluorarabinofuranosyl-5-Joduracil: Thymidinderivat mit Basen- und Zuckermodifikation, Metabolit des FIAC, Virostatikum
FISH	Fluorescence in situ hybridization, Fluoreszenz-in-situ-Hybridisierung: Methode zur chromosomalen Lokalisierung von DNA-Proben
FITC	Fluoreszeinisothiozyanat
FKS	Fetales Kälberserum: Wichtiger Bestandteil des Mediums zur Kultivierung tierischer Zellen und Gewebe
Flp	DNA-Rekombinase von *Saccharomyces cerevisiae*
FLT	2′,3′-Didesoxy-3′-Fluorthymidin: Thymidinderivat, in dem die OH-Gruppe am C3 der Desoxyribose durch Fluor ersetzt ist
Fluoreszeinisothiozyanat	FITC: Fluoreszenzfarbstoff mit gelbgrüner Fluoreszenz, der häufig für die Markierung von Antikörpern und anderen Proteinen genutzt wird

Fluoreszenz-aktivierter Zellsortierer	Fluorescence-activated cell sorter (FACS): Gerät zur Identifizierung und Sortierung von Zellen, an die fluoreszenzfarbstoffmarkierte Antikörper gebunden wurden
FMAU	2′-Desoxy-2′-Fluorarabinofuranosyl-5-Methyluracil: Thymidinderivat mit Zuckermodifikation, Metabolit des FIAC, Virostatikum
FNIII-Domäne	Fibronektin-Typ-III-Domäne: In Zelladhäsionsmolekülen häufig vorkommende Proteindomäne, die aus 2 β-Faltblättern besteht
Frameshift	Das Einfügen oder Deletieren von Nukleotiden in der kodierenden Region führt zur Verschiebung des Leserasters. Dies führt zum Einbau von falschen Aminosäuren und zum Abbruch der Translation, sobald das Ribosom im veränderten Leseraster auf ein Stoppkodon trifft
Freund-komplettes Adjuvans	Adjuvans auf Ölbasis, das abgetötete Mykobakterien enthält; nach Mischen mit einem Antigen wird eine Wasser-in-Öl-Emulsion gewonnen, die nach Injektion eine starke Immunreaktion gegen das Antigen hervorruft
FRT	Erkennungssequenz der Flp-Rekombinase
FTC	5-Fluor-2′,3′-Didesoxy-3′-Thiacytidin: Modifiziertes ddC-Derivat, in dem der 3′-Ringkohlenstoff des Zuckers durch eine Schwefelgruppe ersetzt ist; als L-Form hochselektives Virostatikum
FTIR	Fourier-Transform-Infrarotspektroskopie
G	Guanosin
GATA	Familie von *trans* aktivierenden Transkriptionsfaktoren
GCCP	Good cell culture practice: Richtlinien einer guten Zellkulturpraxis
GCV (DHPG)	9-(1,3-Dihydroxy-2-Propoxymethyl)-Guanin (Ganciclovir): Guanosinderivat, in dem die Ribose durch einen Alkylrest ersetzt ist
GDB	Genome Database: Internationale Genomdatenbank
GDNF	Glial cell line-derived neurotrophic factor
Gelenkregion	Hinge region: Flexible Region des Antikörpermoleküls, die eine Beweglichkeit der Antigenbindungsregionen ermöglicht
Genetik	Lehre von der Vererbung spezifischer Varianten eines Gens von einer Generation zur nächsten, mit dem Resultat der individuellen Variation von Eigenschaften und Merkmalen
Genkonversion	s. somatische Genkonversion
Genomik	Lehre von der systematischen Erfassung der Gene, die im (menschlichen) Genom vorhanden sind, primär ungeachtet individueller Genvariationen
Gezielte Differenzierung	Verfahren zur Gewinnung eines bestimmten Zelltyps aus pluripotenten Stammzellen. Ziel dieses Ansatzes ist es, die Differenzierung der gesamten Zellpopulation mittels definierter, in einer festgelegten zeitlichen Reihenfolge extrinsisch applizierter Faktoren in Richtung eines ganz bestimmten Phänotyps zu dirigieren
GFAP	Glia fibrillary acidic protein, gliafibrilläres saures Protein: Bestandteil der Intermediärfilamentproteine des Zytoskeletts von Gliazellen
GFP	Green fluorescent protein, grün fluoreszierendes Protein
GFR	GDNF family receptor
GGR	Global genome repair
Glia	Man unterscheidet Makro- und Mikroglia des zentralen Nervensystems, wobei die Makroglia wiederum in Astrozyten und Oligodendrozyten zerfallen (s. dort). Mikrogliazellen stammen aus dem hämatopoetischen System und werden zur Familie der Monozyten/Makrophagen gerechnet
GLP	Good laboratory praxis: Grundsätze guter experimenteller (Labor-)Praxis
Glu-C	Glutamylkarboxylproteinase
GMP	Good manufacturing practice: Zertifikat für geprüfte gute Herstellungspraxis
GPI	Glykosylphosphatidylinositol
GPI-Anker	Glykosylphosphatidylinositolanker: Posttranslationale Modifikation vieler Zelloberflächenproteine, die als Plas-

	mamembrananker dient. Enthält u. a. Mannose, Glukosamin, Myoinositol und Diacylglyzerin
G-Protein	GTP bindendes Protein, das die Signalübertragung zwischen Rezeptoren und Second Messenger freisetzenden Proteinen vermittelt
GSK	Glykogensynthasekinase
GTP	Guanosintriphosphat: Für die RNA-Synthese erforderliches Ribonukleosidtriphosphat
HAART	Highly active antiretroviral therapy: HIV-Therapie mit mehreren, gegen unterschiedliche virale Targets gerichtete Virostatika
Halophile Proteine	Proteine, welche bei hohen Salzkonzentrationen biologisch aktiv sind
Hapten	Niedermolekulare Verbindung, die selbst nicht immunogen ist, gegen die aber nach Kopplung an ein Trägerprotein Antikörper gewonnen werden können und die dann von diesen Antikörpern erkannt wird
HAT	Histonazetyltransferase: Enzym, das Azetylreste auf die Aminosäure Lysin überträgt. Dies führt zu einer geringeren Bindung von Histonen an DNA, die Nukleosomenstruktur wird aufgelockert und die Transkription ermöglicht
HAT-Medium	Selektionsmedium, das Hypoxanthin, Aminopterin bzw. Azaserin und Thymidin enthält und das in der Hybridomtechnik zur Selektion der fusionierten Hybridzellen eingesetzt wird; Myelomzellen können im HAT-Medium aufgrund eines Enzymdefekts nicht wachsen
Haupthistokompatibilitätskomplex	s. MHC
HBV	Hepatitis-B-Virus: DNA-Virus, Erreger der Hepatitis-B-Infektionen, ursächlich beteiligt am primären Leberzellkarzinom
HCV	Hepatitis-C-Virus
HDAC	Histondeazetylasen: Enzyme, die Azetylreste entfernen, damit die Promotorzugänglichkeit reduzieren und letztendlich die Transkription verhindern
HdV	Hepatitis-δ-Virus: 1700 Nukleotide großes RNA-Satelliten-Virus des Hepatitis-β-Virus
Helfer-Zellen	s. T-Helfer-Lymphozyten
Hetero-/Homoplasmie	Gemischt-/Reinerbigkeit der mtDNA. Im Gegensatz zum Kerngenom existieren keine ausgeprägten Regelmechanismen für die Kopienzahl der mtDNA und deren Verteilung auf die Tochtermitochondrien. Daher kommt es bei verschiedenen mtDNA-Genotypen (d. h. bei Mutation in einem mtDNA-Molekül) zu graduierten Verhältnisanteilen zwischen den Genotypen
Heterochromatin	Unter „konstitutivem Heterochromatin“ ist eine – vermutlich inaktive – Chromatinfraktion zu verstehen, die in allen Zellen eines Individuums gefunden wird, aus überwiegend oder ausschließlich repetitiver DNA besteht und bei den homologen Chromosomen an identischen Stellen vorkommt. Das „fakultative Heterochromatin“ kennzeichnet einen nur vorübergehend inaktiven, stärker färbbaren Chromatinzustand, wie im Fall des inaktiven X
HGF	Hepatocyte growth factor, Hepatozytenwachstumsfaktor
hGH	Human growth hormone, humanes Wachstumshormon
Hinge region	s. Gelenkregion
Histokompatibilität	In der Immunologie Identität in allen Transplantationsantigenen; die entsprechenden Antigene werden vom MHC-Locus kodiert
HIV	Human immunodeficiency virus, humanes Immundefizienzvirus: Retrovirus, Erreger des erworbenen Immunschwächesyndroms (Aids)
HIV-(1), (2)	Human immunodeficiency virus (type 1,2), humanes Immundefizienzvirus Typ 1 und 2
HIV-RT	Reverse Transkriptase von HIV: Viruseigene Polymerase, die Synthese einer doppelsträngigen DNA aus dem einzelsträngigen RNA-Genom des HIV katalysiert

H-Kette — s. schwere Kette

HLA — Human leukocyte antigens: Der MHC-Komplex des Menschen; s. MHC

HMBA — Hexamethylenbisazetamid: Wird in der Zellkultur neben Retinsäure und DMSO als Differenzierungsinduktor verwendet

HNPCC — Hereditary nonpolyposis colon cancer

hnRNP — Heterogene nukleäre Ribonukleoproteinpartikel

Holliday-Struktur — Überkreuzte Struktur, Zwischenprodukt der HRR (s. dort)

Homologe Rekombination — Biologisches Phänomen, das in der Molekularbiologie ausgenutzt wird, um gezielt genetische Veränderungen in das Erbgut einzubringen. Das Prinzip beruht darauf, dass ein DNA-Fragment mit „homologer" d. h. ähnlicher Sequenz zu einem Genabschnitt an genau dieser Stelle eingebaut wird und die ursprüngliche Sequenz ersetzt (Strangtausch zwischen homologen DNA-Molekülen). Dieses Phänomen tritt natürlicherweise während der Meioseteilungen auf, bei denen auf diese Weise paternale und maternale Genabschnitte „rekombiniert" werden

Hox — Homöobox enthaltende Genfamilie

HPLC — High performance liquid chromatography

HPMPA — (S)-9-(3-Hydroxy-2-Phosphonylmethoxypropyl)-Adenin: Adenosinmonophosphatderivat, in dem eine Alkylgruppe den Zucker ersetzt und eine Phosphonatgruppe die 5′-Phosphatgruppe imitiert, Virostatikum

HPMPC — (S)-1-(3-Hydroxy-2-Phosphonylmethoxypropyl)-Cytosin: Cytidinmonophosphatderivat, in dem eine Alkylgruppe den Zucker ersetzt und eine Phosphonylgruppe die 5′-Phosphatgruppe imitiert, Virostatikum

HPV — Humanes Papillomavirus

HRR — Homologe Rekombinationsreparatur

HSAS — Hydrocephalus due to stenosis of the aqueduct of Sylvius: Hydrozephalus, der im Zusammenhang mit Mutationen im L1-CAM auftreten kann (McKusick 307000)

hSMUG1 — Menschliche DNA-Glykosylase, die Uracil in einzelsträngiger DNA eliminiert

HSP/LSP — Heavy bzw. light strand promotor der mitochondrialen DNA im Bereich der mtDNA-Kontrollregion

HSR — Homogeneously staining regions

H-Strang/L-Strang — Die beiden komplementären DNA-Stränge der mtDNA werden auch als Heavy- bzw. Light-Strang bezeichnet. Die Differenzierung ergibt sich aus der unterschiedlichen Dichte der beiden Stränge bei der denaturierenden Cäsiumchloriddichtezentrifugation aufgrund der Basenzusammensetzung

HSV — Herpes-simplex-Virus gehört zur Familie der Herpesviridae mit etwa 80 Virustypen

HSV-1(2) — Herpes-simplex-Virus Typ 1 (2): DNA-Viren, Erreger vielfältiger Haut- und Schleimhauterkrankungen mit bläschenartigem Ausschlag, z. B. Herpes labialis, Herpes corneae, Herpes genitalis

HSV-1-TK — HSV-1-kodierte Thymidinkinase: Viruseigenes Enzym, phosphoryliert im Gegensatz zu den zellulären Thymidinkinasen auch stark veränderte Nukleoside, was zur Entwicklung von Antiherpetika genutzt wird

Humanisierung — Gentechnisches Verfahren, mit dem die Gensegmente, die die hypervariablen Regionen eines spezifischen murinen Antikörpers kodieren, mit humanen Genen kombiniert werden, die den gesamten anderen Teil des Immunglobulinmoleküls kodieren; dadurch entsteht ein Antikörper mit humanen Effektorfunktionen, dessen Spezifität identisch mit der des ursprünglichen Mausantikörpers ist; die Immunogenität des Antikörpers nach Injektion in Menschen ist im Vergleich zum ursprünglichen Mausantikörper reduziert

Hybridom — Immortalisierte Hybridzelle, die durch Fusion von Antikörper produzierenden B-Lymphozyten mit Myelomzellen entstanden ist; Hybridomzellen vermehren sich unbegrenzt und produzieren kontinuierlich Antikörper ohne zusätzliche Antigenstimulation; sie werden in der Hybridomtechnik zur Produktion monoklonaler Antikörper eingesetzt

Hybridomtechnik s. Hybridoma und monoklonale Antikörper

Hydrophober Kern Das Innere von Proteinen besteht hauptsächlich aus Aminosäuren mit hydrophoben Seitenketten. Die Überführung dieser Aminosäuren aus der wässerigen Phase in eine hydrophobe Umgebung wird als treibende Kraft bei der Proteinfaltung angesehen

8-Hydroxyguanin Oxidationsprodukt des Guanins

Hyperimmunisierung Mehrmalige Immunisierung, in der Regel unter Zusatz von Adjuvanzien, mit dem Ziel einer starken Immunreaktion, z. B. zur Gewinnung großer Mengen von Antikörpern bzw. B-Lymphozyten

Hypervariable Regionen Auch CDR (complementarity-determining regions): Teile der leichten und schweren Ketten der Immunglobuline, die beim Vergleich verschiedener Antikörper in ihrer Aminosäuresequenz hochvariabel sind; die hypervariablen Regionen bilden die Antigenbindungsregion des Antikörpermoleküls (und auch der T-Zell-Rezeptoren)

I Inosin

IBD Identity by descent: Identität zweier Allele an einem Locus aufgrund gemeinsamer Herkunft

IBS Identity by state: Identität zweier Allele an einem Locus aufgrund gemeinsamen Allelzustands. Dies kann, muss aber nicht aufgrund einer IBD bestehen

ICAM-1 Intercellular adhesion molecule-1: Zelladhäsionsmolekül der IgSF, das an der Leukozyten-Endothel-Interaktion beteiligt ist

ICAT Isotopkodierte Affinitätstags

IDENT 2,4-Dichlorbenzyljodazetamid

IDU 5-Jod-2′-Desoxyuridin: Thymidinderivat, in dem die C5-Methylgruppe durch eine Jodgruppe ersetzt ist, Virostatikum nur für lokale Anwendung, zytotoxische Wirkungen

Ig s. Immunglobulin

Ig-Domäne Proteindomäne aus 2 β-Faltblättern, die häufig durch eine Disulfidbrücke stabilisiert werden. Wurde ursprünglich in Antikörpermolekülen gefunden, kommt aber in mehreren Varianten in vielen Zelladhäsionsmolekülen vor

IgG Immunglobulin G

IgSF Immunglobulinsuperfamilie: Zelloberflächenproteine, die mindestens eine Ig-Domäne enthalten

IMAG Metallaffinitätschromatographie

Immunblotting Immunologische Technik zur Identifizierung von Antigenen in einem Gemisch; Antigene, die mit einer Gelelektrophorese getrennt wurden, werden auf einen Flächenträger (z. B. Nitrozellulose) übertragen, mit Hilfe markierter spezifischer Antikörper werden die entsprechenden Antigene identifiziert

Immundefizienz Immundefekt; verminderte Immunreaktivität, die aus dem Fehlen bzw. der Inaktivierung bestimmter Komponenten des Immunsystems resultiert

Immunglobulin Bezeichnung für die Gesamtheit aller Antikörpermoleküle; jedes Immunglobulinmolekül ist in seiner Grundstruktur aus 2 identischen schweren und 2 identischen leichten Ketten aufgebaut und hat 2 Antigenbindungsregionen

Immunglobulinklasse Isotyp; Antikörper, die sich in der Aminosäuresequenz der konstanten Regionen der schweren Klasse voneinander unterscheiden; entscheidend für die Effektorfunktion der Antikörper; der Stopp der Produktion von Antikörpern einer Klasse durch einen B-Lymphozyten und der Beginn der Produktion von Antikörpern einer anderen Klasse mit identischer Antigenbindungsregion wird als Klassenswitch oder Isotypswitch bezeichnet; beim Menschen und bei der Maus kommen die Immunglobulinklassen IgM, IgD, IgG, IgE und IgA vor, eini-

	ge Klassen werden noch in Subklassen unterschieden
Immunglobulinsuperfamilie	Proteine, die Funktionen in der zellulären Erkennung und in der Zell-Zell-Wechselwirkung haben und die strukturell und genetisch mit Immunglobulinen verwandt sind
Immunität	Generelle Bezeichnung für Schutz; in der Biologie Resistenz gegenüber einem Krankheitserreger
Immunogen	Substanz, die in der Lage ist, eine Immunantwort zu induzieren und dann auch mit Komponenten des Immunsystems (wie Antikörpern) zu reagieren; nicht alle Substanzen, die mit Komponenten des Immunsystems reagieren, müssen selbst auch immunogen sein, der Begriff Immunogen wird deshalb oft vom Begriff Antigen unterschieden; s. auch Antigen und Hapten
Immunprivilegierte Orte	Orte im Körper, in denen die Immunantwort unterdrückt wird. Dies kann z. B. durch Induktion von Apoptose in den Immuneffektorzellen geschehen. Beispiele für den Menschen sind die vordere Augenkammer und die Hoden
Immunserum	Flüssige Komponente des Bluts eines immunisierten Individuums, die Antikörper gegen das Antigen enthält, das für die Immunisierung benutzt wurde
Imprinting	Modifikation des Erbguts, die z. B. für die unterschiedliche genetische Aktivität mütterlicher oder väterlicher Erbanlagen in der frühen Embryogenese verantwortlich ist, sodass z. B. nur ein Gen vom Allel eines Elternteils exprimiert wird
Initiator $tRNA_{Met}$	Transfer-RNA, die das Startkodon AUG der kodierenden Region erkennt
Intrabody	Intrazellulär exprimiertes rekombinantes Antikörperkonstrukt; s. auch Einzelkettenantikörper
Intron	Bestandteil von Primärtranskripten, der nach deren Prozessierung in der reifen RNA nicht mehr vorkommt
In vitro	„Im Glas" (Reagenzglas usw.): Gemeint ist außerhalb des Organismus, im Unterschied zu in vivo, im lebenden Organismus
In-vivo-Gentherapie	Direktes Einbringen von exogenen Genen in den Körper eines Patienten, entweder lokal oder systemisch
Inzuchtlinie	s. Inzuchtstamm
Inzuchtstamm	Inzuchtlinie: Versuchstiere, in erster Linie Mäuse, die durch kontinuierliche Bruder-Schwester-Kreuzung gezüchtet werden, die genetisch einheitlich sind und die demzufolge Haut- und Organtransplantate aufgrund der identischen MHC-Moleküle nicht abstoßen
Ion trap	Ionenfalle
IP_3	Inositol-1,4,5-Triphosphat
IPG-strips	Immobilisierte pH-Gradienten-Gelstreifen bzw. Polyacrylamidstreifen
IR	Insulinrezeptor
IRES (internal ribosomal entry site)	Ein RNA-Element, welches die direkte Bindung von Ribosomen an interne Bereiche der mRNA erlaubt. In IRES enthaltender mRNA beginnt die Translation unabhängig von der Cap-Struktur
IRS	Insulinrezeptorsubstrat
Isotyp	s. Immunglobulinklasse
J-Gene	Von engl. joining: Antikörpergensegmente, die die J-Segmente in der Antigenbindungsregion der Antikörper kodieren; J-Gene werden als multiple Gensegmente über die Keimbahn weitergegeben
Karzinoembryonales Antigen	CEA: Glykoprotein, das während der Embryonalentwicklung und im adulten Organismus von Tumorzellen epithelialen Ursprungs exprimiert wird
kb	Kilobasen (1000 bp)
Keimbahn	s. Keimbahngene
Keimbahngene	Gene der Keimzellen, als Gegensatz zu den Genen der somatischen Zellen; die für die Synthese der Antikörper (und T-Zell-Rezeptoren) erforderlichen V-, D- und J-Gene werden über die Keimbahn als multiple, nicht rekombinierte Gensegmente an die Nachkommen weitergegeben, sie rekombinieren in somatischen Zellen nach dem Zufallsprinzip zu funktionellen Genen, die die Antikörper und

	T-Zell-Rezeptoren kodieren; s. V(D)J-Rekombination
Killer-T-Zelle	T-Lymphozyten mit zytotoxischer Aktivität
Klasse	s. Immunglobulinklasse
Klonale Selektion	Selektion immunologisch reaktiver Zellen aus dem Repertoir vorgebildeter Lymphozyten; durch Antigenkontakt werden Zellen mit den entsprechenden Antigenrezeptoren zur Teilung und Differenzierung angeregt und wachsen zu Klonen aus; das Prinzip wurde als klonale Selektionstheorie zuerst durch Burnet formuliert
Klonale Selektionstheorie	s. klonale Selektion
Klonierung	Kopieren und identisches Vermehren. Wird im Zusammenhang mit Molekülen, Zellen, Geweben, Tieren und Menschen verwendet
K_M	Michaelis-Menten-Konstante
K-means	Methode zur statistischen Clusteranalyse, die aus Daten anhand eines Kriteriums eine optimale Partition des Datensatzes errechnet
Knochenmark	Bone marrow; Ort der Hämatopoese; hier werden Erythrozyten, Monozyten, Granulozyten, Plättchen und in Säugern auch B-Lymphozyten gebildet; ist in Säugern neben dem Thymus das 2. primäre lymphatische Organ; das Knochenmark enthält pluripotente Stammzellen, aus denen nach ihrer Wanderung in den Thymus auch T-Lymphozyten gebildet werden; das Knochenmark kann demzufolge zur Wiederherstellung sämtlicher Blutzellen, einschließlich der Zellen des Immunsystems dienen
Knockout-Mäuse	Mauslinien, bei denen mit Hilfe transgener Techniken bestimmte Gene inaktiviert wurden
Komplement	Eine Reihe von Serumproteinen, die an Immunreaktionen als Effektormoleküle beteiligt sind; eine Komplementkaskade, die zur Lyse von Zellen führen kann, wird durch Bakterien bzw. durch Antigen-Antikörper-Komplexe ausgelöst
Konditionelle Mutagenese	Mutagenese durch die DNA-Rekombinasen Cre und Flp
Konformationelle Freiheitsgrade	Beschreibt die Summe der möglichen räumlichen Anordnungen einer Polypeptid- oder Nukleinsäurekette. Da die Bindungsabstände und Bindungswinkel von chemischen Bindungen feste Werte besitzen, beziehen sich die konformationellen Freiheitsgrade ausschließlich auf die Rotationsmöglichkeiten um Einfachbindungen entlang der Hauptkette und Seitenketten
Konformationsepitop	Diskontinuierliches Epitop: Epitop auf einem Proteinmolekül, das nur in der Sekundärstruktur vorhanden ist und von Aminosäuren gebildet wird, die in der Primärstruktur nicht aufeinander folgen; Konformationsepitope sind demzufolge nicht auf denaturierten Proteinen nachweisbar
Konstante Region	Konstanter Teil, C-Region (constant region): Der C-terminale Teil eines Antikörpermoleküls, der innerhalb einer Immunglobulinklasse bzw. -subklasse einer Spezies identisch in seiner Aminosäuresequenz ist
Kontinuierliches Epitop	s. Sequenzepitop
Kraftfeld	Ein detailliertes Kraftfeld ermöglicht es, die potenzielle und kinetische Energie jedes einzelnen Atoms innerhalb eines Atomverbands zu beschreiben. Kraftfelder ermöglichen es, z. B. Vorhersagen über die energetischen Auswirkungen von Punktmutationen auf die Proteinstruktur zu machen
Kreuzreaktivität	Reaktion eines Antikörpers mit mehreren Antigenen; die Kreuzreaktivität kann ein Maß für die strukturelle Verwandtschaft zwischen Antigenen sein
Ku70/Ku80	DNA-Enden bindendes Protein
L1-CAM	Neural cell recognition molecule L1: Zelladhäsionsmolekül der IgSF, das an der Entwicklung des Nervensystems beteiligt ist
LAD-I	Leukozytenadhäsionsdefizienz Typ I: Erbkrankheit, bei der zelluläre Wech-

	selwirkungen von Leukozyten beeinträchtigt sind. Verursacht durch Mutationen in β_2-Integrinen (McKusick 116920)
LAD-II	Leukozytenadhäsionsdefizienz Typ II: Seltene Erbkrankheit, bei der zelluläre Wechselwirkungen von Leukozyten beeinträchtigt sind. Ursache ist ein Fehler in der Biosynthese fukosehaltiger Kohlenhydratstrukturen (McKusick 266265)
LCR	Ligase chain reaction (Ligasekettenreaktion): Methode zur Identifizierung von Sequenzmutationen über einen Test auf eine exponentielle Amplifikation eines Ligationsprodukts
LDL	Low-density-Lipoprotein: Lipid bindendes Serumprotein
Leichte Kette	L-Kette (light chain): Die Kleinere der beiden Ketten, aus denen ein Antikörpermolekül aufgebaut ist
Leukämie	Unkontrollierte Vermehrung eines maligne transformierten Leukozyten
Leukozyten	Weiße Blutzellen: Bestehen aus Lymphozyten, Monozyten bzw. Makrophagen und polymorphkernigen Leukozyten oder Granulozyten (Neutrophile, Basophile, Eosinophile)
LFA-1	Leukozytenintegrin $\alpha L\beta_2$ (CD11a/CD18): Vermittelt zelluläre Wechselwirkungen von Leukozyten
LIF	Leukemia inhibitory factor
Ligand	Molekül oder Teil eines Moleküls, das an einen Rezeptor bindet
Lineage-Selektion	Verfahren zur Gewinnung eines bestimmten Zelltyps aus pluripotenten Stammzellen. Die Stammzellen werden weitgehend ungerichtet differenziert, um dann in einem 2. Schritt den gewünschten Phänotyp über ein Selektionsverfahren zu isolieren
Lineare Epitope	s. Sequenzepitope
LINES	Long interspersed nucleotide elements
Lipide	Moleküle, welche einen polaren und nicht polaren Anteil besitzen und in wässriger Lösung Doppelschichten oder Lamellen bilden (so genannter Bilayer)
L-Kette	s. leichte Kette
LOH	Loss of heterozygosity: Verlust eines von 2 Allelen eines diploiden Organismus
LOI	Loss of imprinting
Long patch	Reparaturzweig der BER, bei der bis zu 8 Nukleotide eingebaut werden
Long term patch repair	DNA-Schäden mit mehr als 1500 Nukleotiden (s. a. short patch repair)
Loss of heterozygosity	s. LOH
LoxP	Erkennungssequenz der Cre-Rekombinase
LR	Likelihood ratio: Wichtiges statistisches Hilfsmittel zur gegenseitigen Abwägung zweier Hypothesen
LTR	Long terminal repeat: Sequenz am 5'- bzw. 3'-Ende des retroviralen Genoms, das den Promotor enthält, Regulationseinheit der Retroviren
Lymphknoten	Sekundäre lymphatische Organe, in denen reife B- und T-Lymphozyten mit freien Antigenen oder mit Antigenen reagieren, die über Antigen präsentierende Zellen mit den Lymphozyten in Kontakt gebracht werden
Lymphom	Unkontrollierte Vermehrung eines maligne transformierten Lymphozyten
Lymphozyten	Kleine Leukozyten, die spezifische Antigenrezeptoren auf ihrer Oberfläche tragen; sie sind für die spezifische Immunantwort verantwortlich, die durch Unterscheidung von „fremd“ und „selbst“, Spezifität, Diversität, Adaptivität und das immunologische Gedächtnis charakterisiert ist
Lys-C	Lysinkarboxylprotease
M, Morgan, cM Zentimorgan	Maß für die genetische Entfernung zweier Loci: 1 cM entspricht einer erwarteten Zahl von 1 Rekombination auf 100 Meiosen. Grobe Faustregel: 1 cM entspricht 1 Mio. Basenpaare
m7Gppp-Cap-Struktur	Ein an der Base methyliertes GTP, das durch eine „verdrehte“ 5'-5'-Bindung am Kopfende der mRNA angefügt ist. Die Cap-Struktur beeinflusst den Transport der mRNA aus dem Zellkern, die Stabilität und die Translation der mRNA

Mac-1	Leukozytenintegrin $\alpha M\beta_2$ (CD11b/CD18): Vermittelt zelluläre Wechselwirkungen von Leukozyten
MACS	s. magnetischer Zellsortierer
MAdCAM-1	Mucosal adressin cell adhesion molecule-1: Zelladhäsionsmolekül der IgSF, das an der Leukozyten-Endothel-Interaktion beteiligt ist
Magnetischer Zellsortierer	MACS (magnetvermittelte Zellsortierung): In Anlehnung an den FACS, s. fluoreszenzaktivierter Zellsortierer, gewählte Bezeichnung für ein Gerät zur Sortierung von Zellen, an die Antikörper gebunden wurden, die an magnetisierbare Kügelchen gekoppelt sind
Major histocompatibility complex	s. MHC
Makrophagen	Große phagozytierende Leukozyten aus dem Gewebe, Vorläuferzellen sind Monozyten aus dem Blut
MALDI-MS	Matrix-assisted laser desorption ionization mass spectrometry
MAPC	Multipotent adult progenitor cells: Zellpopulation aus dem Knochenmark, von der ein multipotentes Differenzierungsvermögen angenommen wird
MASA	Mental retardation, aphasia, shuffling gait, und adducted thumbs: Symptomenkomplex im Zusammenhang mit L1-CAM-assoziierten Gehirnentwicklungsstörungen (McKusick 303350)
MEL	Mouse erythroleukemia, Mauserythroleukämiezellen
MEPS	Meiosis processing sequences
3-Methyladenin (3MeA)	Methylierungsprodukt der DNA
5-Methylcytosin	Methylierungsprodukt des Cytosins
MGMT	O^6-Methylguanin-DNA-Methyltransferase
MHC	Major histocompatibility complex, Haupthistokompatibilitätskomplex: Komplex von Genen, die polymorphe Oberflächenmoleküle kodieren, die für eine Wechselwirkung mit T-Lymphozyten verantwortlich sind; die T-Zell-Rezeptoren der T-Lymphozyten binden an einen Komplex aus MHC-Molekülen und Fremdpeptiden; MHC-Moleküle sind die wichtigsten Transplantationsantigene, die zur Abstoßung transplantierter Gewebe von genetisch differenten Spendern führen
MHC-Moleküle	s. MHC
Milz	Größtes sekundäres lymphatisches Organ; enthält neben reifen T- und B-Lymphozyten auch Erythrozyten und Makrophagen
Min	Multiple intestinal neoplasia
Mitochondriopathien	Durch Mutationen in der mtDNA bzw. in Genen für kernkodierte mitochondriale Funktionen verursachte Erkrankungen
Mitotische Segregation	Verteilung der Mitochondrien bzw. mtDNA bei mitotischen Zellteilungen. Die Verteilung erfolgt dabei ungeregelt und weitgehend stochastisch
MLH	MutL-homologe Proteine
M-MLV	Moloney-murine-leukemia-Virus
µMol	Mikromol
MMR	Mismatch repair
MODY	Maturity onset of diabetes in the young
Molekulares Mimikry	Identität oder Ähnlichkeit von Epitopen unterschiedlichen Ursprungs oder unterschiedlicher chemischer Struktur, kann bei Ähnlichkeit von Antigenen des menschlichen Organismus und Antigenen von Infektionserregern zu immunologischen Reaktionen gegen eigenes Gewebe und damit zu Autoimmunerkrankungen führen
MoMuLV	Moloney-murine-leukemia-Virus: Ein Mausretrovirus, welches Grundlage der meisten retroviralen Gentherapievektoren ist
Monoklonal	Von einem einzigen Klon, d.h. von einer einzigen biologischen Einheit, z.B. einer Zelle, ausgehend
Monoklonale Antikörper	Antikörper, die von einem B-Lymphozyten-Klon produziert werden; sie sind demzufolge in ihrer Aminosäuresequenz und damit in ihren Bindungseigenschaften identisch; da B-Lymphozyten unter natürlichen Bedingungen nur begrenzt lebensfähig

	sind, können monoklonale Antikörper in größeren Mengen nur nach Immortalisierung der produzierenden Zellen (z. B. mit Hilfe der Hybridomtechnik) gewonnen werden
Morbus Parkinson (Parkinson-Syndrom)	Eine der häufigsten neurodegenerativen Erkrankungen. Die Erkrankung geht v. a. mit motorischen Störungen wie Rigor, Tremor und Akinese einher. Der Krankheit zugrunde liegt die Degeneration von dopaminergen Neuronen der Substantia nigra, wodurch ein Mangel an dopaminerger Innervation im Striatum resultiert
MPF	Maturation promoting factor, auch Mitosis promoting factor, Mitose auslösender Faktor und Maturation promoting factor
MRE11	Nuklease, die an homologer und nicht homologer Rekombination beteiligt ist, Komponente des MRX-Komplexes
mRNA	Messenger- oder Boten-RNA
MRX-Komplex	Proteinkomplex aus MRE11, RAD50, XRS2 (bzw. NBS1)
MSH	MutS-homologe Proteine
mtDNA	Mitochondriale DNA
mTERF	Mitochondrialer Terminationsfaktor, kernkodiert, ist für die spezifische Termination der rRNA-Vorläufertranskripte verantwortlich
mtRNAse P	Mitochondriale Ribonuklease P: Kernkodierter Ribonukleoproteinkomplex; Prozessierung der mitochondrialen Vorläufertranskripte durch Spaltung am 5′-Ende der tRNA
mtTFA	Mitochondrialer Transkriptionsfaktor A, kernkodiert: Ist essenziell für die Transkription der mtDNA und die Initiation der H-Strang-Replikation. Mutationen im Gen für mtTFA führen zu einem Verlust an mtDNA
Muller's ratchet	Erstmals von Hermann Muller formulierte Hypothese über die schleichende Degeneration von Organismen, die sich rein ungeschlechtlich (asexuell) fortpflanzen. Aufgrund von Mutationen kommt es zur Anreicherung „negativer Eigenschaften", die wegen der fehlenden Rekombination nicht eliminiert werden können
Mutation	Vererbbare Änderung der DNA-Sequenz
Mutator-phänotyp	Zellen, die eine um den Faktor 100–1000 gegenüber Wildtypzellen erhöhte Mutationsrate aufweisen
MutH	Nur in Bakterien vorkommende Nuklease des MutHLS-Systems
MutHLS-System	Mechanismus zur Erkennung und Eliminierung von Basenfehlpaarungen
MutL	Bakterielles Enzym der MMR (s. dort)
MutS	Bakterielles Enzym der MMR (s. dort)
Myelom	Plasmozytom: Entstanden aus der unkontrollierten Proliferation einer maligne transformierten Plasmazelle; produziert im Allgemeinen Antikörper einer einzigen Spezifität; Myelomzellen werden in der Hybridomtechnik zur Immortalisierung von B-Lymphozyten eingesetzt
NAD	Nikotinadenindinukleotid
NADH	Hydriertes Nikotinadenindinukleotid
Natürliche Killerzellen	NK-Zellen, natural killer cells: Große granulozytenähnliche Lymphozyten, die verschiedene virusinfizierte Zellen und Tumorzellen lysieren können, sie spielen auch eine Rolle als Effektorzellen in der antikörperabhängigen zellulären Zytotoxizität (s. dort); sie stammen, wie B- und T-Lymphozyten, von lymphoiden Vorläuferzellen, reagieren aber im Gegensatz zu B- und T-Lymphozyten nicht antigenspezifisch
NBS1	Homologes Protein des Menschen zu XRS2, verantwortlich für Nijmegen-breakage-Syndrom
NCAM	Neural cell adhesion molecule: Zelladhäsionsmolekül der IgSF, das an der Entwicklung des Nervensystems beteiligt ist
NcoR	Nukleärer Korepressor: Proteine, die an spezifische Sequenzen von nukleären Rezeptoren binden und die Transkription unterbinden
Nekrose	Form des Zelltods, der durch Desintegration von Zellen charakterisiert ist. Es kommt zu einem Anschwellen der Zellen (Onkose) und letztlich zu einer Ruptur der Zellmembran. Zell-

	inhalt wird in den Extrazellulärraum freigesetzt. Es kommt zu einer Entzündungsreaktion
Neo	Neomycintransferasegen
NEPHGE	Non-equilibrium pH gel electrophoresis
NER	Nukleotidexzisionsreparatur
Neurale Stammzellen	Zellen mit Stammzelleigenschaften und der Fähigkeit, in Neuronen, Astrozyten und Oligodendrozyten auszureifen. Neurale Stammzellen können sowohl aus dem fetalen als auch aus dem erwachsenen Organismus gewonnen werden
Neutralisation	Fähigkeit eines Antikörpers, die pathogenen Effekte eines Virus oder eines Toxins zu inhibieren
NGF	Nerve growth factor, Nervenwachstumsfaktor
NHEJ	Nicht homologes End-joining
Nijmegen-breakage-Syndrom	Genetisch bedingte Krankheit des Menschen, die zu Chromosomenbrüchen führt, ähnlicher Phänotyp wie AT (s. dort)
NK-Zelle	s. natürliche Killerzellen
NLS	Nuclear localization signal: Für den Kernimport notwendige Aminosäuresequenz nukleärer Proteine
nMol	Nanomol
NMR	Nuklearmagnetische Resonanz, auch MRT, MRI
NNRTI	Nicht nukleosidische Hemmstoffe der reversen Transkriptase von HIV: Gruppe chemisch sehr verschiedener Verbindungen, die das Enzym außerhalb des aktiven Zentrums hemmen
NO	Stickstoffmonoxid
NOD	Non obese diabetic
Nondisjunction	Fehlverteilung von Chromosomen in der Meiose bzw. von Schwesterchromatiden in der Mitose
NRTI	Nukleosidische Hemmstoffe der reversen Transkriptase von HIV: Gruppe von Nukleosidanaloga, die nach Phosphorylierung zum Triphosphat das Enzym im aktiven Zentrum hemmen und in das Virusgenom eingebaut werden können
N-terminal	Aminoterminal
Nth1	DNA-Glykosylase zur Entfernung des 8-Hydroxyguanins
Nu	nude
O_H/O_L	Initiationsorte der Replikationssynthese für H- bzw. L-Strang der mtDNA
Oligodendrozyt	Myelin bildende Gliazelle des zentralen Nervensystems
Onkose	Anschwellen der Zellen, welches v.a. bei der Nekrose beobachtet wird
ori	Origin of replication: Bakterieller Replikationsursprung
8-OxoG	8-Hydroxyguanin
p53	Protein, das DNA-Reparatur und Zellzyklus integriert
PAB	Poly(A) bindendes Protein
PAC	P1 artificial chromosome: Künstliches P1-Klon-Chromosom
PAGE	Polyacrylamidgelelektrophorese
Pathogen	Agens, das Erkrankungen hervorrufen kann
PCC	Premature chromosome condensation
PCNA	Proliferating-cell-nuclear-Antigen
PCR	Polymerase chain reaction, Polymerasekettenreaktion: Methode zur enzymatischen Amplifikation von Nukleotidsequenzen, erlaubt die Amplifikation von definierten DNA-Sequenzen in großen Mengen durch wiederholte Synthesezyklen
PCV	Penciclovir: Guanosinderivat, in dem der Zucker durch einen Alkylrest ersetzt ist, Virostatikum
PDGF	Platelet-derived growth factor, Plättchenwachstumsfaktor
PE	Plating efficiency, Plattierungseffizienz: Maß für das klonale Wachstum einer Zellpopulation
Peptidpräsentation	s. Antigenpräsentation
Periphere Blutlymphozyten	Lymphozyten, die aus dem Blut isoliert werden können
PFA	Phosphonoformiat: Antimetabolit des Pyrophosphats, Virostatikum
PGA	Polyglykolsäure: Trägermaterial im Tissue engineering
PH	Pleckstrin-Homologie

Pharmakogenetik	*Fragestellung*: Was ist die interindividuelle Variation in der Regulation eines oder mehrerer Gene, welche von einem bestimmten Wirkstoff beeinflusst werden? *Medizinisches Ziel*: patienten- bzw. krankheitsspezifische Behandlung. *Forschungsansatz:* ein einziger Wirkstoff vis-à-vis vieler Genome bzw. Patienten. *Strategiefokus*: Unterschiede zwischen Patienten. *Aufgaben*: Empirisch-klinische Untersuchung der unterschiedlichen Auswirkungen eines Medikaments – in vivo – in verschiedenen Patienten in Abhängigkeit vom Vorhandensein erblich erworbener Genvarianten, die für die molekulare Pathologie der Erkrankung oder des Wirkmechanismus des betreffenden Medikaments entscheidend sind; Untersuchung auf genetischer Ebene (Sequenzvariation), aber auch durch Expressionsprofilierung
Pharmakogenomik/ -proteomik	*Fragestellung*: Welche Gene, Genprodukte werden in ihrer Regulation vom Wirkstoff beeinflusst? Welche Proteine werden in ihrer Regulation oder posttranslationalen Modifikation beeinflusst? *Medizinisches Ziel*: Ein einziger Wirkstoff für viele Genome bzw. Patienten. *Forschungsansatz*: Wirkstoffauswahl, Arzneimittelentdeckung. *Strategiefokus*: Unterschiede zwischen Wirkstoffen. *Aufgaben*: Systematische Untersuchung – in vitro oder in vivo – der (differenziellen) Einflüsse von (verschiedenen) Wirkstoffen auf die Expression jedes Einzelnen der im Genom vorhandenen Gene; Untersuchung hauptsächlich auf der Ebene der Expressionsprofilierung. *Rahmenbedingungen*: rechtliche, soziale, ethische Fragen weitgehend beantwortet
Phasenproblem	Zum Berechnen der Elektronendichte aus den einzelnen Streuwellen des Diffraktionsexperiments werden zuzüglich zu den Amplituden der Streuwellen auch deren Phasen benötigt. Im einzelnen Beugungsexperiment können die Phasen jedoch nicht direkt gemessen werden. Das Phasenproblem muss durch weitere Experimente gelöst werden
PI	Hemmstoff(e) der HIV-Protease
pI	Isoelektrischer Punkt
Pixel	Picture element: Kleinste Einheit zur digitalen Quantifizierung von Farbelementen
PKC	Proteinkinase C
PLA	Polylaktat: Trägermaterial im Tissue engineering
Plasmozytom	s. Myelom
Pluripotenz	Stammzelleigenschaft: Fähigkeit einer Zellpopulation, in mehrere („pluri") Zell- oder Gewebetypen zu differenzieren
PMEA	9-(2-Phosphonylmethoxyethyl)-Adenin: Adenosinmonophosphatderivate, in welchen unterschiedliche Alkylgruppen den Zucker ersetzen und eine Phosphonatgruppe das 5′-Phosphat imitiert, Virostatika
pMol	Pikomol
PMPA	9-(2-Phosphonylmethoxypropyl)-Adenin: Adenosinmonophosphatderivate, in denen unterschiedliche Alkylgruppen den Zucker ersetzen und eine Phosphonatgruppe das 5′-Phosphat imitiert, Virostatika
PMS	Proteine: Sind homolog zu MutL, die Bezeichnung leitet sich von Hefeproteinen ab, die an der postmeiotischen Segregation beteiligt sind
PNS	Peripheres Nervensystem
PolII/PolIII	RNA-Polymerasen II und III: Die RNA-Polymerase II transkribiert lange, Protein kodierende Gene, die RNA-Polymerase III synthetisiert kurze RNA-Spezies wie tRNA und die 5S-rRNA
PolIII-Holoenzym	Multienzymkomplex der Replikation
Poly(A)-Schwanz	Der Poly(A)-Schwanz wird im Nukleus posttranskriptionell am 3′-Ende der mRNA synthetisiert. Wichtig dafür ist die Erkennung des Hexanukleotidmotivs AAUAAA durch die Poly(A)-Polymerase. Im Zytoplasma kann der Poly(A)-Schwanz durch enzymatische Aktivitäten verkürzt oder verlängert werden

Polymerase-kettenreaktion	s. PCR
ppm	Parts per million
Präinitiationskomplex	Vor der Bindung an die mRNA bildet die 40 S-ribosomale Untereinheit einen Komplex mit dem Initiationsfaktor 3 und dem ternären Komplex, welcher aus der Initiator-Methionyl-tRNA ($tRNA_{Met}$), eIF2 und GTP besteht
Präzipitation	Bindungen von löslichen Antigenen und Antikörpern, die zur Entstehung von unlöslichen Antigen-Antikörper-Komplexen führen und demzufolge als Präzipitate ausfallen; Tests, die auf einer Präzipitation beruhen, werden als Präzipitationstests bezeichnet
Präzipitationstest	s. Präzipitation
Primer	Kurzes Oligonukleotid als Ansatzpunkt für Polymerasen
Primordiale Keimzelle	Vorläuferzellen der Keimzellen. Primordiale Keimzellen haben im Gegensatz zu reifen Keimzellen den normalen, doppelten Chromosomensatz wie andere Körperzellen
Proofreading	3′-5′-Exonukleaseaktivität, die mit DNA-Polymerasen assoziiert ist
Proteinfamilie	Gruppe von Proteinen mit mindestens 50% Sequenzidentität
Proteinsuperfamilie	Gruppe von Proteinen mit signifikanter Ähnlichkeit untereinander, aber <50% Sequenzidentität
Proteomik	Untersuchung aller in einem Gewebe oder in einem Organismus exprimierter Proteine
PrP	Prionprotein
PSA	Polysialinsäure: Lineares Polymer aus α2,8-verknüpften Sialinsäureeinheiten. Überwiegend beschränkt auf das NCAM-Protein
Pseudogen	s. somatische Genkonversion
PTH	Phenylthiohydantoin
PVDF	Polyvinylidendifluorid
RA	Retinoic acid: Retinsäure, Oxidationsprodukt im Metabolismus von Vitamin A, wird in der Zellkultur als Differenzierungsinduktor verwendet
Rab	Für die Vesikelsortierung wichtige Proteinfamilie
RACE	Rapid amplification of cDNA ends: Methode zur Isolation der terminalen Gensequenzen
RAD50	Protein, das an homologer und nicht homologer Rekombination beteiligt ist, Komponente des MRX-Komplexes
RAD51	Für homologe Rekombination essenzielles Protein
RAD52	DNA-Enden bindendes Protein, das vermutlich ein Ende für die homologe Rekombination determiniert
Radioimmuntest	Immunologischer Test zum Nachweis von Antigenen oder Antikörpern, bei dem einer der Reaktionspartner mit einem radioaktiven Isotop markiert ist, wodurch eine Messung der Reaktion möglich wird
Ran	Für den Kernimport essenzielle GTPase
RAP-PCR	RNA arbitrary primed PCR: Zufällig initiierte PCR an RNA
Rb	(Retinoblastom)-Tumorsuppressorgen
RB	Retinoblastom: Tumor in neuralen Vorläuferzellen der unausgereiften Retina. Das Retinoblastomgen wirkt als Tumorsuppressorgen
RCC1	Regulation of chromosome condensation
RCR	Replikationskompetente Retroviren
Rekombination	s. V(D)J-Rekombination
REM	Rasterelektronenmikroskopie
Repertoire	Gesamtheit an Antikörper- und T-Zell-Rezeptor-Spezifitäten, die durch B-Lymphozyten und T-Lymphozyten eines Organismus gegen ein einzelnes Antigen oder die Gesamtheit aller potenziellen Antigene gebildet werden können
Reprogrammierung	Umkehrung der Differenzierung: Eine Reprogrammierung des Zellkerns einer Körperzelle auf das Differenzierungsniveau einer befruchteten Eizelle wurde durch Vereinigung der Körperzelle mit einer entkernten Eizelle im Fall von Schafen, Mäusen und Rindern erreicht („Dolly-Klonierungsmethode“). Der Mechanismus dieses Vorgangs ist noch ungeklärt

Rezeptor	Transmembranmolekül an der Zelloberfläche, das einen Liganden binden kann; die Bindung führt zu biochemischen Veränderungen in der Zelle, wie z. B. zur Aktivierung bestimmter zellulärer Gene
R-Faktor	Qualitätskriterium für das erhaltene Modell. Beschreibt die Übereinstimmung zwischen dem Modell und den gemessenen Diffraktionsdaten. Bei biologischen Makromolekülen sollte dieser Wert <20% betragen
RF-C	Replikationsfaktor C: Nötig für die Bildung des PCNA-DNA-Komplexes
RFLP	Restriction fragment length polymorphism, Restriktionsfragmentlängenpolymorphismus: Homologe Chromosomen verschiedener Individuen zeigen Unterschiede in der DNA-Sequenz. Häufigste Ursache hierfür sind Punktmutationen, seltener Deletionen. Dadurch können veränderte Schnittstellen für Restriktionsenzyme entstehen, die nach der Behandlung mit Restriktionsenzymen zur Bildung unterschiedlich langer Fragmente führen. Genetischer Polymorphismus liegt vor bei einer Allelfrequenz von >1% in der Bevölkerung. Sonderfall eines SNP (s. dort)
Ribosom	Komplexe biologische Maschine, die den genetischen Kode der mRNA in Protein übersetzt. Ein Ribosom besteht aus einer kleinen (40 S) und einer großen (60 S) Untereinheit. Diese setzen sich zusammen aus über 50 ribosomalen Proteinen und 4 verschiedenen ribosomalen RNA(rRNA)-Molekülen
Ribozym	RNA-Molekül mit enzymatischer Aktivität
R-Loop	DNA-RNA-Hybridstruktur: Bezeichnet in tierischen Mitochondrien die Ausbildung eines spezifischen DNA-RNA-Komplexes im Bereich der mtDNA-Kontrollregion. Er ist das Substrat für die RNA-Primer-Prozessierung durch die RNAse MRP bei der Initiation der H-Strang-Replikation
RNA	Ribonucleic acid, Ribonukleinsäure: Transfer (tRNA), ribosomale (rRNA) und messenger (Boten) RNA (mRNA). Die mRNA wird bei der Transkription synthetisiert und dient als Zwischenstufe bei der Synthese von Proteinen
RNAse MRP	Ribonuklease MRP (mitochondrial RNA processing): Kernkodierter Ribonukleoproteinkomplex, spaltet den RNA-Primer bei der Initiation der H-Strang-Replikation der mtDNA
RNP	Ribonukleoproteinpartikel
RPA	Replikationsprotein A: Komplex aus mehreren Proteinen zur Stabilisierung einzelsträngiger DNA während der Replikation und Reparatur
RP-HPLC	Reverse phase high performance liquid chromatography
rRNA	Ribosomale RNA
RSV	Respiratory-syncytial-Virus: RNA-Virus, Erreger von Entzündungen der unteren Atemwege bei Kindern
RT	Reverse Transkriptase: Polymerase in Retroviren, die die Synthese von DNA an einer RNA-Matrize katalysiert (cDNA)
RTK	Rezeptortyrosinkinase
RT-PCR	Reverse-transcriptase-PCR, Reverse-Transkriptase-PCR: Methode zur Amplifikation von spezifischen RNA-Sequenzen mit Hilfe reverser Transkriptase
S	Svedberg-Konstante
SAR	Scaffold attachment region: DNA-Region, die Chromosomen an das Kernskelett bindet
SBH	Sequencing by hybridization (Sequenzieren durch Hybridisieren): Bestimmung der Sequenz eines DNA-Fragments durch die Bindung an einen vollständigen Satz kurzer Oligonukleotide (z. B. 65.536 Oktamere)
Scanning	Vorgang der Suche des Ribosoms (40 S ribosomale Untereinheit) nach dem Translationsstartkodon AUG entlang des 5′-Endes der mRNA – von der Cap-Struktur zum Initiationskodon
SCE	Sister chromatid exchanges
SCF	Datenformat zur Abspeicherung von Daten aus Sequenziermaschinen

Schwere Kette	H-Kette (heavy chain): Die größere der beiden Ketten, aus denen ein Antikörpermolekül aufgebaut ist
SCID, scid	Severe combined immune deficiency: Erkrankung, die auf eine Hemmung der frühen Differenzierung der B- und T-Lymphozyten zurückzuführen ist und zur Areaktivität der spezifischen Immunabwehr führt; SCID-Mäuse werden zu immunologischen Modellversuchen genutzt. Die genetischen Ursachen beim Mausmodell und des Severe-combined-immune-deficiency-Syndroms des Menschen sind nicht identisch
SDS	Natriumdodecylsulfat
SDSA-Modell	Synthesis-dependent-strand-annealing-Modell
Second Messenger	Kleinmolekül, das die Aktivierung eines Rezeptors in der Zelle weiterleitet
SELDI	Surface-enhanced laser desorption/ionization
Sequenzepitop	Kontinuierliches Epitop: Epitop auf einem Proteinmolekül, das von Aminosäuren gebildet wird, die in der Primärstruktur aufeinander folgen; Sequenzepitope sind demzufolge auch auf denaturierten Proteinen nachweisbar
Serum	Die nach der Blutgerinnung gewonnene, u.a. Antikörper enthaltende Flüssigkeit
SH	Sulfhydryl
SH2, SH3	Sarc-Homologiedomäne 2 bzw. 3
Short patch	Reparaturzweig der BER, bei der genau 1 Nukleotid eingebaut wird
Short patch repair	Ausschneiden von etwa 20 Nukleotiden um den Ort des DNA-Schadens (einschließlich des unmittelbaren Schadensorts) und die Wiederherstellung der daraus entstehenden Lücke durch die DNA-Polymerase. Dabei wird der erhaltene Strang als Template genutzt
Signalübertragungskaskade	Signaltransduktion: Prozesse, die ein Signal von der Zelloberfläche (wie z.B. die Bindung eines Antigens an einen Antigenrezeptor) in den Zellkern übertragen, woraus z.B. eine veränderte Genexpression resultiert
Silencer	Die Transkriptionsinitiation hemmendes DNA-Element
SINES	Short interspersed nucleotide elements
snoRNA	Small nucleolar RNA: Kleine RNA im Nukleolus, die an der Prozessierung einer Prä-RNA beteiligt ist
SNP	Single nucleotid polymorphism, Einzelnukleotidpolymorphismus, d.h. einzelner Basenaustausch in einem Gen: Im Wesentlichen wie RFLP aufgrund von Punktmutationen, jedoch ist das Entstehen einer veränderten Schnittstelle für Restriktionsenzyme nicht nötig, damit ein SNP existiert
snRNP	Small nuclear ribonucleoprotein: Kleine nukleäre RNP-Proteinkomplexe, die Spleißvorgänge von Introns katalysieren
SOM	Self-organizing maps: Methode zur statistischen Clusteranalyse, die in der Theorie der neuronalen Netze entwickelt wurde
Somatische Genkonversion	Nichtreziproker Genaustausch: Mechanismus, der unter Nutzung von normalerweise nicht aktiven Pseudogenen in Hühnern zur Entstehung der Antikörpervariabilität auf somatischer Ebene führt; bei Mäusen und Menschen führt die V(D)J-Rekombination (s. dort) zur Antikörpervariabilität
Somatische Gentherapie	Genetische Behandlung von Zellen eines Individuums, welche nicht aus der Keimbahn stammen
Somatische Hypermutation	Nach Antigenstimulation in den variablen Regionen von Antikörpern auftretende Mutationen, die zur Erhöhung der Affinität führen
Somatische Rekombination	s. V(D)J-Rekombination
Somatische Zelle	„Körperzelle“: Jede Zelle eines Embryos, Fetus oder geborenen Menschen, die nicht dazu bestimmt ist, sich zu einer Keimzelle zu entwickeln
sORF	Short open reading frame; kurzes offenes Leseraster: Kodierender Bereich in Sequenzen, die normalerweise nicht für Strukturproteine kodieren, z.B. in 5′-untranslatierten Regionen der RNA

Spacer	Bestandteil von Primärtranskripten, der vor der Prozessierung reife RNA voneinander trennt (rRNA)
Spezifität	Grad der Einzigartigkeit einer Bindungsreaktion zwischen 2 Molekülen, z. B. einer Antigen-Antikörper-Reaktion
SPG1	X-linked spastic paraplegia syndrome: Symptomenkomplex im Zusammenhang mit L1-CAM-assoziierten Gehirnentwicklungsstörungen (McKusick 312900)
Spleißen	Prozessierung von Primärtranskripten
Spleißosom	Ribonukleoproteinpartikel, der das Spleißen von mRNA durchführt
SRA	Steroid receptor-related activator: RNA, die als Koaktivator für nukleäre Rezeptoren dient
SRP	Signal recognition particle: Die Signalsequenz sekretorische Proteine bindender Ribonukleoproteinpartikel
SSCP	Single-strand conformation polymorphism (Einzelstrangkonformations-polymorphismus): Methode zur Identifizierung von Sequenzmutationen durch den gelelektrophoretischen Nachweis einer veränderten Sekundärstruktur der Einzelstrang-DNA
Stammzelle	Jede Zelle, die die Fähigkeit besitzt, sich selbst durch Zellteilung zu reproduzieren und die sich zu Zellen unterschiedlicher Spezialisierung entwickeln kann
Startkodon	Die kodierende Region der meisten eukaryontischen mRNA-Moleküle beginnt mit einem Kodon der Basenfolge AUG (Startkodon). Es wird von der an die 40 S-ribosomale Untereinheit gebundenen Initiator-t-RNA_{Met} durch Kodon-Antikodon-Basenpaarung erkannt und in ein Methionin translatiert
Stoppkodon	Treffen Ribosomen auf die Basentripletts UAG, UAA oder UGA (Stoppkodons), führt dies zur Dissoziation des Ribosoms in die beiden Untereinheiten und zur Freisetzung des fertigen Polypeptids. Dieser Vorgang wird durch so genannte „Releasefaktoren" katalysiert
Striatum	Basales Kerngebiet des Großhirns. Sitz von GABAergen Neuronen, die bei der Chorea Huntington zugrunde gehen
STS	Sequence-tagged site: Kurzer, genomischer DNA-Bereich bekannter Sequenz, der zur Lokalisierung großer genomischer Fragmente dient
STSG	Split-thickness skin grafts: Künstliche Hautsubstitute aus Fibroblasten, extrazellulärer Matrix und Epithelzellen zur Geweberegeneration
Substantia nigra	Kerngebiet des ventralen Mittelhirns, in dem pigmentierte, dopaminerge Neuronen vorkommen, die in das Striatum projizieren. Diese Zellen haben wichtige Funktionen für die Steuerung der Motorik. Eine Schädigung der dopaminergen Neuronen führt zum Parkinson-Syndrom
Super wobble	Erweiterte Kodon-/Antikodonerkennung bei der Translation in tierischen Mitochondrien. Im Gegensatz zur Translation an zytoplasmatischen Ribosomen können alle Kodons eines einheitlichen Kodonquartetts von einer einzelnen Aminoacyl-tRNA erkannt werden
Syngen	Betrifft den Ursprung aus einem genetisch identischen Individuum, z. B. syngene Transplantation zwischen Individuen einer identischen Inzuchtlinie

T	Thymidin
TAF	TBP-assoziierte Faktoren: Proteine, die bei der Transkription mit dem TATA-bindenden Protein zusammenwirken
TATA-Box	DNA-Sequenz in vielen eukaryontischen Promotoren unmittelbar vor der Transkriptionsinitiationsstelle
Tautomerie	Beschreibung der chemischen Eigenschaften von funktionellen Gruppen anhand von elektronischen Grenzstrukturen. Die tautomeren Grenzstrukturen der Peptidbindung erklären deren Doppelbindungscharakter. Die freie Rotation um die C-N-Bindung ist nicht möglich
T-Body	Rekombinantes Antikörperfragment, das auf zytotoxischen T-Lymphozyten

exprimiert wird und damit T-Lymphozyten über eine Antigen-Antikörper-Bindung aktiviert, ohne dass die durch diese Zellen unter natürlichen Bedingungen erforderliche Erkennung eines MHC-Peptid-Komplexes erforderlich ist (s. auch T-Zell-Rezeptor)

TBP TATA-Box bindendes Protein: Komponente des Transkriptionsfaktors TFIID, bindet an die Promotorsequenz TATAAA. Wichtige Komponente der Transkriptionsinitiation

3TC β-L-2′,3′-Didesoxy-3′-Thiacytidin: L-Form eines Desoxycytidinderivats, in dem der C3-Kohlenstoff der Desoxyribose durch Schwefel ersetzt ist, Virostatikum

TC-NER Transkriptionsgekoppelte Nukleotidexzisionsreparatur

TCR T cell receptor, s. T-Zell-Rezeptor; auch transkriptionsgekoppelte Reparatur

Tc-Zellen Zytotoxische T-Lymphozyten: Die meisten zytotoxischen T-Lymphozyten tragen den Oberflächenmarker CD8

TDG Thymin-DNA-Glykosylase

TDP Thymidindiphosphat: Thymidinnukleotid, 2. Phosphorylierungsstufe des Thymidins

TDT Transmission-disequilibrium-Test: Methode aus dem Bereich der familienbasierten Assoziationsstudien. Erlaubt einen Test der Nullhypothese „keine Assoziation oder keine Kopplung“

TF Transkriptionsfaktor

TFII Transkriptionsfaktoren der RNA-Polymerase II: Ermöglichen der RNA-Polymerase II, an DNA zu binden und die Transkription zu starten

TfIIH Transkriptionsfaktor, der an der DNA-Reparatur beteiligt ist

TFT 5-Trifluormethyl-2′-Desoxyuridin: Thymidinderivat mit modifizierter C5-Methylgruppe, nur lokal anwendbares Virostatikum, zytotoxische Wirkungen

TGF Transformierender Wachstumsfaktor

TGFb Transforming growth factor β, transformierender Wachstumsfaktor β

TGGE Temperature gradient gel electrophoresis: Temperaturgradientengelelektrophorese

T-Helfer-Lymphozyten TH-Zellen: T-Lymphozyten, die B-Lymphozyten bei der Antikörpersynthese unterstützen (TH2-Zellen) bzw. Makrophagen aktivieren (TH2-Zellen); sie produzieren bestimmte Zytokine, die für die jeweilige Funktion erforderlich sind; sie tragen den Oberflächenmarker CD4

Thermostabile Proteine Proteine, welche bei Temperaturen >80 °C noch biologisch aktiv sind

Thymozyten Lymphoide Zellen des Thymus: Es handelt sich in erster Linie um verschiedene Reifungsstadien von T-Lymphozyten

TK Thymidinkinase: Enzym, das die Monophosphorylierung von Thymidin und Desoxyuridin katalysiert

TLS Transläsionssynthese: Überspringen eines Schadens einer Replikationsgabel, keine Reparatur

T-Lymphozyten T-Zellen: Eine der beiden Populationen der Lymphozyten; sie spielen eine Rolle bei der Regulation der Immunantwort (T-Helfer-Lymphozyten) sowie als zytotoxische Zellen (Tc-Zellen); ihre Reifung erfolgt im Thymus (daher ihre Bezeichnung)

TMP Thymidinmonophosphat: Thymidinnukleotid, 1. Phosphorylierungsstufe des Thymidins

TNF s. Tumornekrosefaktor

TOF Time-of-flight (s. MALDI-MS)

Toleranz Antigenspezifische Areaktivität von B- oder T-Lymphozyten

Trägerprotein Carrier protein: Immunogenes Protein, an das nicht immunogene Substanzen (wie z. B. Haptene oder Peptide) gebunden werden, um Antikörper gegen diese nicht immunogenen Substanzen zu induzieren

Transduktion Bakteriengenetik: Über Bakteriophagen vermittelter Transfer von genetischer Information in eine Bakterienzelle. Eukaryonte Genetik: Transfer

	von genetischer Information in eukaryonte Zellen mit viralen Vektoren
Transfektion	Transfer von genetischer Information in eine eukaryonte Zelle mit einem nichtviralen Vektor oder einer physikalischen Transfertechnologie
Transformation	Bakteriengenetik: Transfer von genetischer Information in prokaryonte Zellen. Eukaryonte Genetik: Erlangen von ungehemmtem und unkontrolliertem Wachstum von Zellen
Transgen	Nicht einheitlich verwendeter Begriff. Bezeichnet üblicherweise eine künstlich generierte Mutation, die durch Einschleusen eines zusätzlichen Gens in das Genom erzeugt wird
Transgene Mäuse	Mäuse, in deren Keimbahn eingeschleuste Fremd-DNA stabil integriert ist
Transkriptionsfaktoren	Proteine, die durch Bindung an Promotoren/Enhancer für die Regulation der Genaktivität (Transkription) mitverantwortlich sind
Translationsfaktoren	Proteine, die an den 3 Abschnitten der Translation beteiligt sind. Es werden unterschieden: Translationsinitiationsfaktoren (eIF, eukaryotic initiation factor), die eine Rolle bei der Bindung des Ribosoms an die mRNA spielen; Translationselongationsfaktoren (eEF), die für die Ausbildung der Peptidbindungen zuständig sind, und Releasefaktoren (eRF), die die Freisetzung des fertigen Peptids katalysieren
Transplantation	Gewebeübertragung von einem Individuum auf ein anderes; führt in der Regel zur Abstoßung aufgrund der immunologischen Reaktion gegen Fremdantigene auf den übertragenen Zellen, die durch Immunsuppressiva verhindert werden kann; nur im autologen und syngenen System bzw. zwischen eineiigen Zwillingen ist eine Transplantation ohne Abstoßungsreaktionen möglich
t-RNA	Transfer-RNA-Adaptermolekül für die Übersetzung eines Nukleotidtripletts in eine Aminosäure. t-RNA bilden eine typische kleeblattähnliche Sekundärstruktur aus. Der Antikodonarm erkennt über Basenpaarung den genetischen Kode der mRNA. An den Aminoacylarm ist diejenige Aminosäure kovalent gekoppelt, die dem Antikodon entspricht
TTD	Trichothiodystrophie
TTD-A	Noch nicht klonierter Faktor, der an Trichothiodystrophie beteiligt ist
TTP	Thymidintriphosphat: Thymidinnukleotid, 3. Phosphorylierungsstufe des Thymidins, für die Synthese von DNA erforderliches Desoxynukleosidtriphosphat
Tumorantigene	Antigene von Tumorzellen, die vom autologen Immunsystem erkannt werden bzw. die mit Hilfe monoklonaler Antikörper anderer Spezies nachweisbar sind
Tumor-Counterattack	Apoptosemechanismus, der zu einem relativen Schutz von Tumorgewebe vor Attacken des Immunsystems führt. Der Tumor produziert proapoptotische Moleküle, die zur Apoptoseauslösung in angreifenden Immuneffektorzellen führen
Tumornekrosefaktor	TNF: Zytokin mit einer Vielzahl von Funktionen (Aktivierung von Immunzellen, Zerstörung einiger Tumorzellen)
T-Zell-Rezeptor	T cell receptor, TCR: Der Antigenrezeptor der T-Lymphozyten, der in seiner Struktur dem Fab-Fragment eines Antikörpers ähnelt; T-Zell-Rezeptoren werden von Genen kodiert, die, wie im Fall von Antikörpern, durch somatische Rekombination von V-, (D-) und J-Gen-Segmenten entstehen; T-Zell-Rezeptoren erkennen Antigenfragmente (Peptide), die an der Zelloberfläche von MHC-Molekülen präsentiert werden
U	Uracil
UBF	Upstream binding factor: Für die Transkriptionsinitiation an rRNA-Genen notwendiger Faktor
UCE	UBF-Bindestelle
UDG	Uracil-DNA-Glykosylase
UDP	Uridindiphosphat: Uridinnukleotid, 2. Phosphorylierungsstufe des Uridins

UMP — Uridinmonophosphat: Uridinnukleotid, 1. Phosphorylierungsstufe des Uridins

UPD — Uniparentale Disomie

UTP — Uridintriphosphat: Uridinnukleotid, 3. Phosphorylierungsstufe des Uridins; für die Synthese von RNA erforderliches Ribonukleosidtriphosphat

UTR (untranslated region) — Die mRNA enthält sowohl 5′ als auch 3′ ihrer kodierenden Region-Sequenzen, die nicht translatiert werden. Am 5′-Ende (5′-UTR) sind sie dem Initiationskodon vorangestellt, am 3′-Ende (3′-UTR) folgen sie dem Stoppkodon. Diese Sequenzen enthalten häufig regulatorische Elemente, die die mRNA-Stabilität, -Lokalisation oder die Translation beeinflussen

UV — Ultraviolett

V(D)J-Rekombination — Somatischer Rekombinationsmechanismus, der zur Entstehung der Antigenrezeptoren (Immunglobuline) auf B-Lymphozyten (und auch der T-Zell-Rezeptoren auf T-Lymphozyten) führt; hierbei werden nach dem Zufallsprinzip V-, D- und J-Gen-Segmente zu einem neuen Gensegment verknüpft, das die variable Region des jeweiligen Antikörpers kodiert

VACV — Valacyclovir: Valinesterderivat des Acyclovirs, im Gegensatz zu diesem oral wirksames Virostatikum (Prodrug)

Vakzinierung — Immunisierung, die zu einem aktiven Schutz gegen einen Infektionserreger führt; abgeleitet von der Pockenimmunisierung mit Hilfe des weniger virulenten Kuhpockenvirus (Vakziniavirus)

Variable Region — Variabler Teil, V-Region (variable region): Der N-terminale Teil eines Antikörpermoleküls, der die Antigenbindungsregion enthält; die variable Region wird von den rekombinierten V-, (D-) und J-Gen-Segmenten kodiert und unterscheidet sich in ihrer Aminosäuresequenz von einem Antikörper zum anderen

VCAM-1 — Vascular cell adhesion molecule-1: Zelladhäsionsmolekül der IgSF, das an der Leukozyten-Endothel-Interaktion beteiligt ist

Vektor — Genetische Einheiten, welche für ein oder mehrere Gene kodieren und entsprechende Regulationseinheiten enthalten, zum Transfer von funktionellen Genen in prokaryonte oder eukaryonte Zellen

V-Gene — Variable: Gensegmente, die in etwa die ersten 95 Aminosäuren eines Antikörpers kodieren; V-Gene werden als multiple Gensegmente über die Keimbahn weitergegeben; zur Kodierung der gesamten variablen Region eines Antikörpers ist die Rekombination [s. V(D)J-Rekombination] mit einem J-Gen bzw. mit einem J- und einem D-Gen erforderlich

VLDL — Very low density lipoprotein: Lipid bindendes Serumprotein

V_{max} — Maximalgeschwindigkeit

VNTR — Variable number of tandem repeats: Aufgrund einer variablen Anzahl von hintereinander geschalteten Wiederholungen von DNA-Sequenzen bedingte Polymorphismusart. Lässt sich als Spezialfall von RFLP auffassen

Vorläufer-B-Zellen — Zellen der B-Lymphozyten-Reihe, die schon rekombinierte Gene für die schweren Ketten, aber noch keine rekombinierten Gene für die leichten Ketten enthalten und damit noch keinen funktionsfähigen Antigen bindenden Rezeptor exprimieren

V-Region — s. variable Region

VZV — Varizella-zoster-Virus: DNA-Virus, zu den Herpesviren gehörender Erreger der Gürtelrose

WD — Tryptophan-Asparaginsäure-(Domäne)

Western-Blot — s. Immunblotting

WNT — Signalmolekül

Xenogen — Betrifft den Ursprung aus einer anderen Spezies, z. B. xenogene Transplantation

XenoMaus — Transgene Mauslinie mit humanen Immunglobulingenen, die demzufolge

	zur Gewinnung humaner Antikörper genutzt werden kann
Xenotrans-plantation	Spezies übergreifende Transplantation
Xist	X inactive specific transcript
XP	Xeroderma pigmentosum
XP-A–XP-G	Komplementationsgruppen von XP: Proteine, die bei Xeroderma-pigmentosum-Patienten defekt sind
XPC/ hHR23B	Erkennungskomplex der NER
XRS2	Hefeprotein, Komponente des MRX-Komplexes
YAC	Yeast artificial chromosome, künstliches Hefechromosom
Zeisose	Begriff für den Vorgang „blebbing“, bei dem Ausstülpungen (Bläschen) der Zelle entstehen. Die Zeisose ist ein Merkmal der Apoptose
Zellkern-transfer	Technik, mit deren Hilfe ein Zellkern einer anderen Körper- oder Keimzelle in eine Zelle übertragen wird, deren Zellkern zuvor entfernt wurde. Die DNA des transplantierten Zellkerns dirigiert dann die weitere Entwicklung der Zelle
Zentromer	Ansatzstelle für die Spindelfasern in der Mitose und der Meiose. Die zentromerische DNA besteht aus bestimmten repetitiven Sequenzen, an die sich ein Proteinkomplex, das Kinetochor, anlagert, der der Verankerung der Spindelfasern dient
Zytokeratin	Bestandteil des Zytoskeletts in der Zelle; bestimmte Zytokeratine sind nur in bestimmten Zellpopulationen, wie z. B. Epithelzellen, vorhanden
Zyto-toxische Zellen	In erster Linie zytotoxische T-Lymphozyten (Tc-Zellen) und natürliche Killerzellen, die andere Zellen zerstören können

1 Allgemeine Grundlagen

1.1 Grundlagen der molekularen Zellbiologie

MICHAEL BADER und JÜRGEN BEHRENS

Inhaltsverzeichnis

1.1.1 Vom Kern zur extrazellulären Matrix – Aufbau der eukaryontischen Zelle

1.1.1.1 Übersicht

Die Zelle ist die kleinste Organisationseinheit des Lebens. Einfache Lebewesen bestehen aus einer oder mehreren gleichartigen Zellen. Höher entwickelte Organismen setzen sich aus einer Vielzahl von Zellen zusammen, die arbeitsteilig zusammenarbeiten und dadurch neuartige, einzelnen Zellen nicht immanente Funktionen erfüllen.

Alle Zellen haben einen gemeinsamen Grundaufbau. Sie sind von einer Membran umschlossen, die es ihnen ermöglicht, ein chemisch von der Außenwelt völlig unabhängiges Innenmilieu zu erhalten, die aber dennoch offen genug ist, um den notwendigen Stoffaustausch mit der Umwelt zu gestatten. Jede Zelle enthält die Information, aufgeteilt in Gene, die zu ihrer Duplikation notwendig ist, in Form von Desoxyribonukleinsäure (DNA) und die gesamte Maschinerie, diese Gene zu exprimieren, d.h. in Funktion umzusetzen. Die dabei auftretenden grundlegenden Mechanismen des Lebens sind in allen Zellen nahezu identisch. Es gibt allerdings auch wesentliche Unterschiede zwischen eukaryontischen und prokaryontischen Zellen. So sind eukaryontische Zellen bedeutend größer und besitzen im Innern durch Membranen umschlossene Räume, so genannte Kompartimente, deren Inhalt sich in Zusammensetzung und Funktion von der sie umgebenden Intrazellulärflüssigkeit, dem Zytosol, grundlegend unterscheiden kann (Abb. 1.1.1). Im ersten Teil dieses Kapitels werden diese Strukturkomponenten der Zelle, soweit sie in tierischen Organismen vorkommen, eingehender beschrieben. Zellkompartimente, die nur in pflanzlichen Zellen auftreten, wie Chloroplasten und Vakuolen, sowie der Aufbau der prokaryontischen Zelle bleiben im Rahmen dieses Kapitels unberücksichtigt.

1.1.1.2 Membranen

Biologische Membranen bilden die Außenhaut jeder Zelle. Bei eukaryontischen Zellen trennen sie zusätzlich innere Kompartimente vom Zytosol ab.

Ganten / Ruckpaul (Hrsg.)
Grundlagen der Molekularen Medizin,
2. Auflage

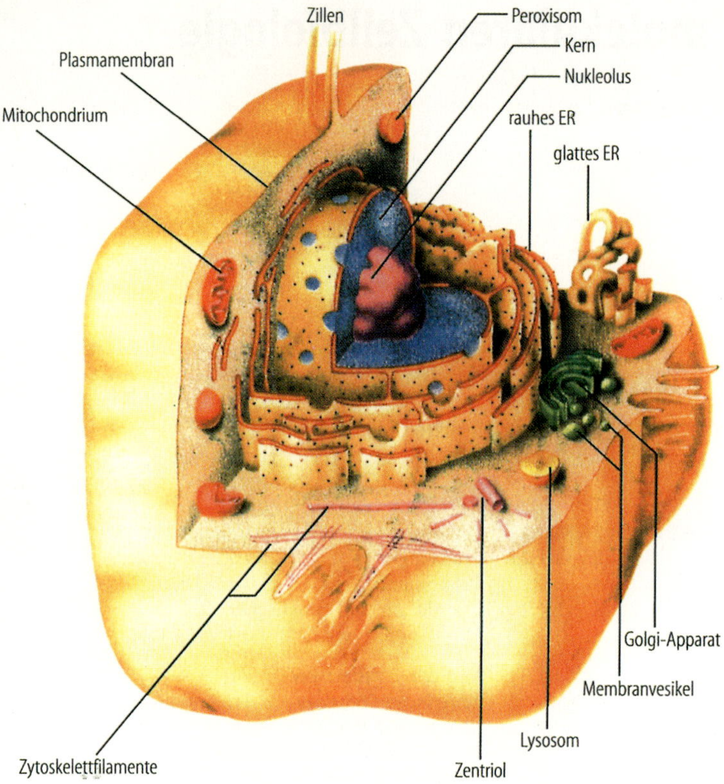

Abb. 1.1.1. Struktur tierischer Zellen, wiedergegeben mit Genehmigung aus Lodish et al. (1995), S 145

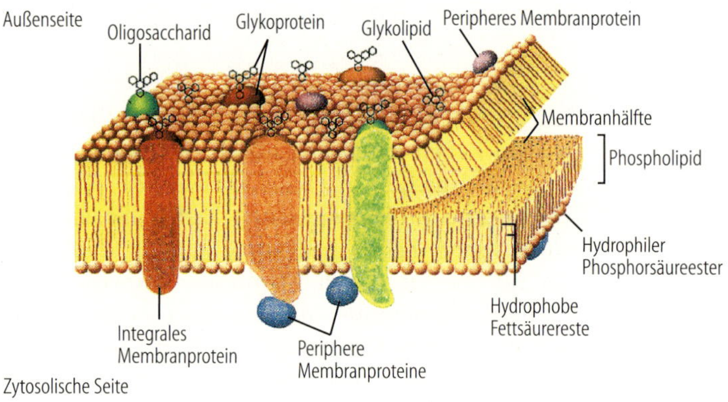

Abb. 1.1.2. Struktur biologischer Membranen. Biologische Membranen bestehen aus einer Doppelschicht von Phospholipiden, in die integrale und periphere Membranproteine eingelagert sind. Diese sind an der Außenseite oft glykosyliert. Wiedergegeben mit Genehmigung aus Lodish et al. (1995), S 596

Ihr Aufbau ist in allen lebenden Organismen im Wesentlichen identisch. Sie bestehen aus einer Lipiddoppelschicht, in die Proteine eingelagert sind (Abb. 1.1.2). Das prozentuale Verhältnis Lipid zu Protein ist bei Membranen verschiedener Lokalisation extrem unterschiedlich und kann $<1:4$ oder $>3:1$ betragen. Der Lipidanteil der Membran besteht aus Phospholipiden (Abb. 1.1.3). Diese besitzen einen polaren, hydrophilen Kopf, an welchem 2 oder 4 hydrophobe Fettsäureschwänze gekoppelt sind. Zusätzlich sind an viele Phospholipid- und Proteinmoleküle in der Membran kurzkettige Oligosaccharidreste kovalent gebunden. Die bipolaren Eigenschaften der Phospholipide nötigen sie in wässriger Lösung zur Bildung von Doppelschichten, bei denen sich die hydrophoben Fettsäureschwänze gegenüberstehen und durch die hydrophilen Köpfe von der wässrigen Phase abgeschirmt werden. Dadurch bilden diese Phospholipiddoppelschichten hydrophobe Barrieren, die, wenn sie dreidimensional geschlossen sind, ein wässriges Innen- von einem wässrigen Außenmilieu trennen. In die Membran integriert bzw. mit ihr assoziiert sind verschiedene Arten von Proteinen. Bei integralen Transmembranproteinen durchspannen hydrophobe Aminosäurereste die Membran und hy-

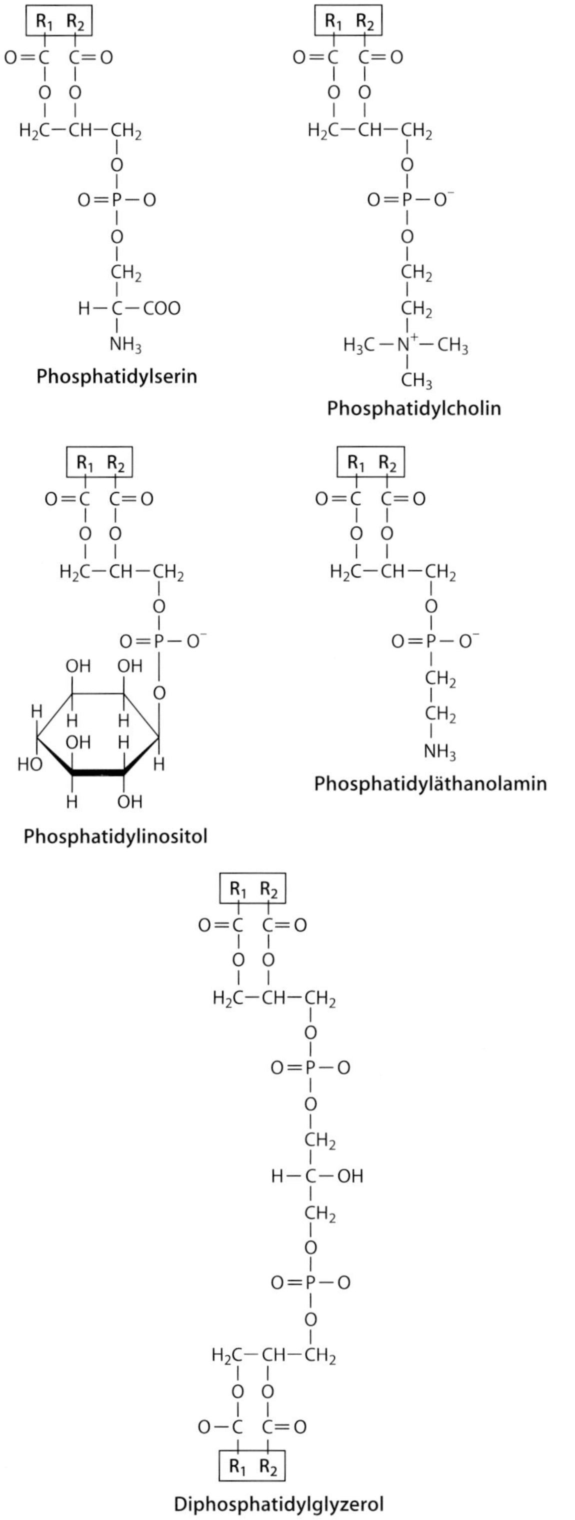

Abb. 1.1.3. Chemischer Aufbau einiger Phospholipide. Phospholipide bestehen aus einem polaren Molekül, an das 2 oder 4 Fettsäurereste (*R*) gebunden sind. Wiedergegeben mit Genehmigung aus Lodish et al. (1995), S 597

drophile Reste ragen auf einer oder auf beiden Seiten aus ihr heraus. Periphere Membranproteine sind dagegen nicht in die Membran integriert. Sie assoziieren vielmehr mit den zytoplasmatischen Teilen der Transmembranproteine, wodurch diese häufig mit dem Zytoskelett verknüpft werden. Durch ein solches Proteinnetzwerk wird z. B. die charakteristische Morphologie der Erythrozyten bestimmt. Bei $37\,^{\circ}C$ besitzen Biomembranen eine extrem niedrige Viskosität und damit beinahe flüssige Eigenschaften. Dadurch ist eine schnelle, zweidimensionale Diffusion von Lipidmolekülen, aber auch von eingelagerten Proteinen, sofern sie keine Zytoskelettverbindung besitzen, innerhalb der Membran möglich. Durch die Einlagerung von Cholesterin kann die Zelle die Fluidität von Membranbereichen gezielt beschränken.

Der Durchtritt durch die Phospholipiddoppelschichtmembran ist nur kleinen hydrophoben Molekülen, wie z. B. Steroiden, durch Diffusion möglich. Für hydrophile Moleküle stellt sie ein beinahe unüberwindbares Hindernis dar. Da eine lebende Zelle jedoch auf einen regen Stoffaustausch mit ihrer Umgebung und mit den Innenmilieus ihrer Organellen angewiesen ist und die ausgetauschten Stoffe meist hydrophiler Natur sind, enthalten biologische Membranen Proteine, die als Transporter oder Kanäle dienen (Abb. 1.1.4). Durch Regulation der Aktivität dieser Proteine kann die Zelle den Stoffaustausch gezielt steuern. Membranproteine dienen jedoch nicht nur dem Stoffaustausch, sondern auch der Übertragung von Informationen über die Außenwelt in das Innere der Zelle. Membranständige Rezeptorproteine binden von außen kommende Agonisten, die in mehrzelligen Organismen von anderen Zellen freigesetzt wurden und als Hormone wirken, oder aus der Außenwelt stammende Substanzen, wie Odoranzien und Photonen (Abb. 1.1.5). Die Bindung führt zu einer Konformationsänderung des Rezeptorproteins, die intrazellulär zu einer Veränderung der Aktivität desselben Proteins, aber auch anderer interagierender Proteine führen kann (s. Abschnitt 1.1.1.11 „Mechanismen der Signalübertragung"). Andere Transmembranproteine, so genannte Zelladhäsionsmoleküle, vermitteln den Kontakt der Zellen zu Komponenten der extrazellulären Matrix bzw. zu benachbarten Zellen. Diese Moleküle sind häufig in spezialisierten Zellorganellen, den *Cell Junctions* organisiert (s. Abschnitt 1.1.1.10 „Extrazelluläre Matrix und Zellkontaktorganellen").

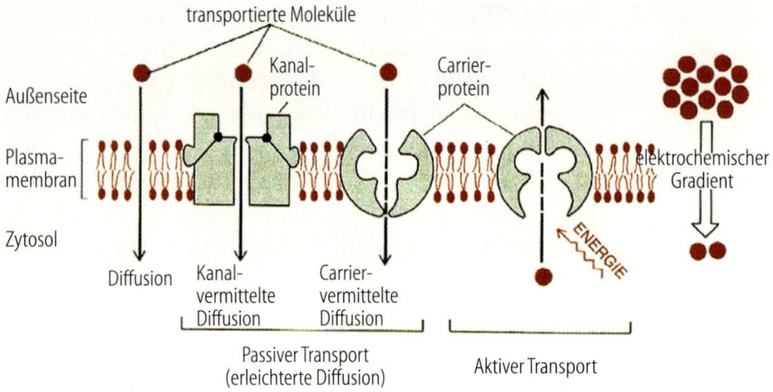

Abb. 1.1.4. Klassen von Kanälen und Transportern. Kanäle öffnen Tunnel durch die Plasmamembran, die spezifische Moleküle durchlassen. Carrier binden Moleküle auf der Außenseite, ändern ihre Konformation und entlassen das Molekül ins Zellinnere. Manche Carrier benötigen dazu Energie, die entweder aus ATP oder aus dem elektrochemischen Gradienten über die Membran stammt. Wiedergegeben mit Genehmigung aus Alberts et al. (1990), S 357

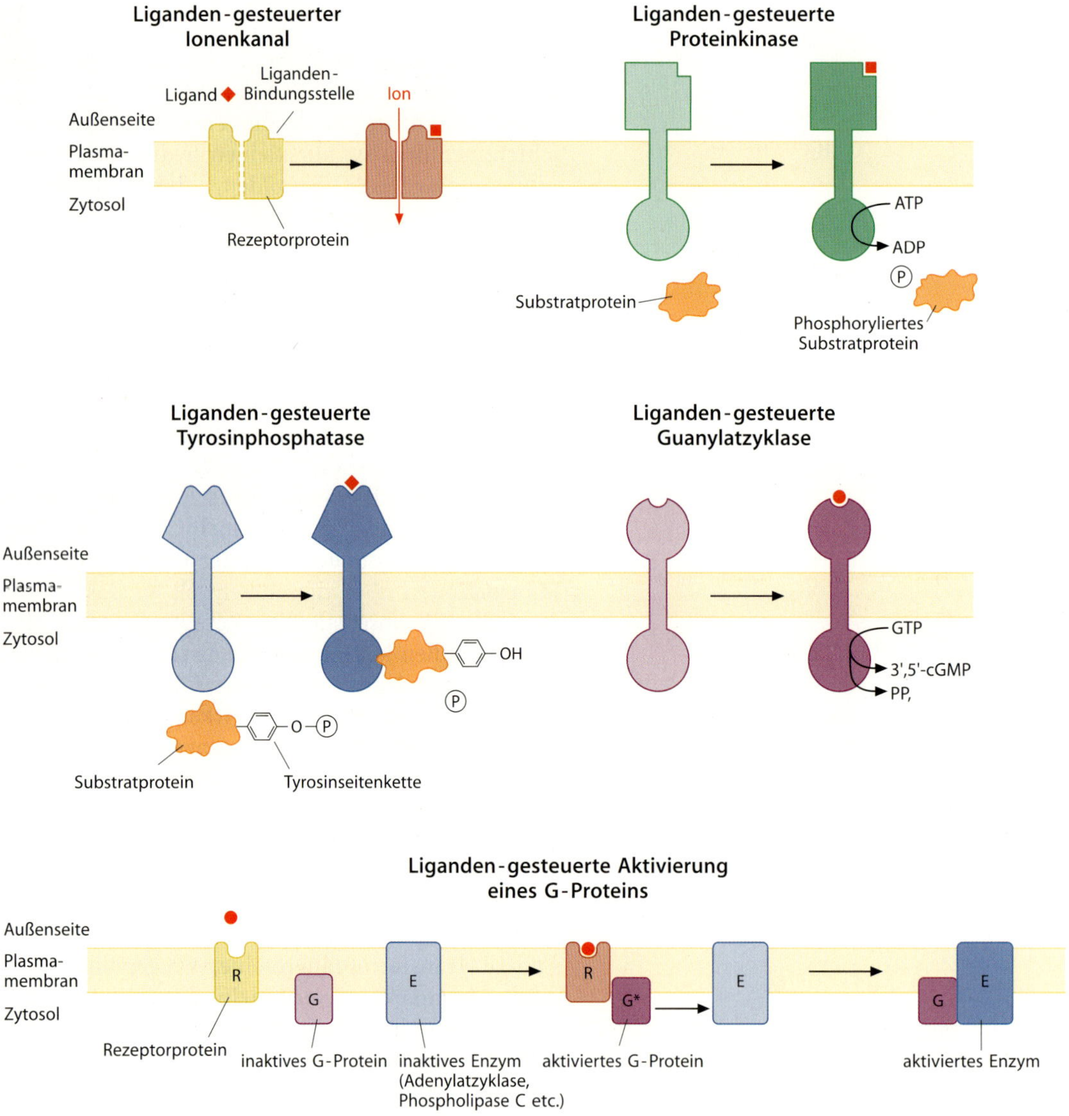

Abb. 1.1.5. Klassen von Rezeptoren mit ihrem Second Messenger. Nach Bindung des Liganden aktivieren verschiedene Rezeptorklassen unterschiedliche Signalsysteme: Sie öffnen Ionenkanäle, phosphorylieren oder dephosphorylieren andere Proteine an Serin-, Threonin- oder Tyrosinresten, zyklisieren GTP zu cGMP oder aktivieren G-Proteine, die ihrerseits die gleichen und andere Second Messenger beeinflussen können. Wiedergegeben mit Genehmigung aus Darnell et al. (1990), S 822

Abb. 1.1.6. Elektronenmikroskopische Innenansicht der inneren Kernmembran mit Kernporenkomplexen und dem Laminnetzwerk. Wiedergegeben mit Genehmigung aus Aebi et al. (1986)

Tabelle 1.1.1. Intermediärfilamentproteine

Protein	Molmasse ($\times 10^{-3}$)	Anzahl der Polypeptide	Gewebeexpression
Typ I			
Saure Keratine	40–57	>15	Epithelien
Typ II			
Basische Keratine	53–67	>15	Epithelien
Typ III			
Desmin	53	1	Muskel
Glial fibrillary acidic protein (GFAP)	50	1	Astrozyten
Vimentin	57	1	Mesenchym
Peripherin	57	1	Neuronen
Typ IV (Neurofilamentproteine)			
NF-L	62	1	Neuronen
NF-M	102	1	Neuronen
NF-H	110	1	Neuronen
Internexin	66	1	Embryonales Nervensystem
Typ V (Lamine)			
Lamin A	70	1	Alle Zellen (Kernmatrix)
Lamin B	67	1	Alle Zellen (Kernmatrix)
Lamin C	67	1	Alle Zellen (Kernmatrix)

1.1.1.3 Zellkern

Der Zellkern oder Nukleus ist die Steuerzentrale der Zelle. In der Regel besitzt jede Zelle nur einen Kern - mit Ausnahme einiger Zelltypen, wie Skelettmuskelzellen, die durch die Fusion mehrerer Zellen entstanden sind. Der Kern wird von 2 Membranschichten umschlossen, die die perinukleäre Zisterne umschließen (Abb. 1.1.1). Das Lumen dieses Zwischenraums steht mit dem Lumen des rauhen endoplasmatischen Retikulums in Verbindung. Einige tausend Kernporenkomplexe, die beide Membranen durchspannen, erlauben auch den Austausch von sehr großen Molekülen zwischen dem Zytoplasma und dem Inneren des Kerns, dem Nukleoplasma (Abb. 1.1.6). Der Kern enthält eine von Spezies zu Spezies unterschiedliche Anzahl von Chromosomen, die aus je einem DNA-Molekül und daran assoziierten Proteinen bestehen. Dort finden alle enzymatische Reaktionen statt, die zur Expression, Erhaltung und Vervielfältigung der genetischen Information auf den Chromosomen nötig sind. Da es sich bei all diesen Prozessen um sehr komplizierte Vorgänge handelt, an denen viele verschiedene Komponenten beteiligt sind, ist jeder einzelne von ihnen auf bestimmte Bereiche des Kerns beschränkt, an denen die involvierten Proteine und Nukleinsäuren konzentriert werden. Solche Regionen, in denen die Vorstufen der Ribosomen produziert werden, sind ohne spezielle Markierung im Lichtmikroskop erkennbar und werden Nukleoli genannt. Diese intranukleäre Organisation wird durch ein Netzwerk von Proteinfibrillen ermöglicht, der nukleären Matrix. Dazu gehört auch die die Kernmembran stabilisierende Außenhülle, ein Netzwerk aus Laminen (s. auch Tabelle 1.1.1), welches über spezifische, membranständige Rezeptoren mit der inneren Kernmembran verbunden ist (Abb. 1.1.6).

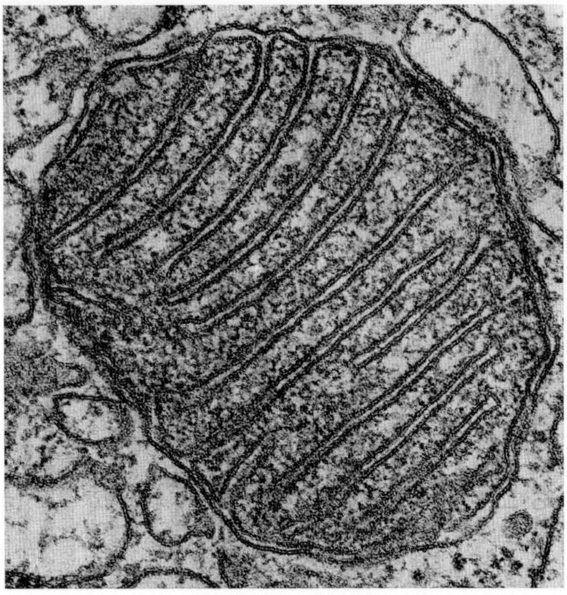

Abb. 1.1.7. Elektronenmikroskopische Aufnahme eines Schnitts durch ein Leberzellmitochondrium. Wiedergegeben mit Genehmigung aus Alberts et al. (1990), S 407

1.1.1.4 Mitochondrien

Mitochondrien sind die Kraftwerke der Zelle, deren Hauptaufgabe im oxidativen Katabolismus von Zucker- und Lipidmolekülen liegt, durch die ATP erzeugt wird. Jede Zelle besitzt etwa 1000 Mitochondrien. Diese sind von einer doppelten Membran umgeben, die den Intermembranraum einschließt (Abb. 1.1.7). In die stark gefaltete innere Membran sind die wesentlichen Enzyme der Atmungskette eingebettet. Sie umschließt die mitochondriale Matrix, die die DNA und alle zur Genexpression notwendigen Elemente enthält. Diese ähneln jedoch stärker den Bestandteilen prokaryontischer Zellen als den funktionsgleichen Komponenten im Kern und Zytosol der gleichen Zelle. Auf dieser überraschenden Entdeckung beruht die Endosymbiontentheorie, die besagt, dass Mitochondrien und auch die pflanzlichen Chloroplasten während der Evolution in eukaryontische Zellen eingewanderte Bakterien darstellen. Diese haben im weiteren Verlauf der Entwicklung ihre Selbständigkeit verloren, sodass nur noch etwa 10 Proteine im eigenen Genom dieser Organellen kodiert sind; alle anderen werden von der Gastgeberzelle zur Verfügung gestellt.

1.1.1.5 Endoplasmatisches Retikulum

Das endoplasmatische Retikulum (ER) ist ein Netzwerk von miteinander verbundenen, geschlossenen Membranvesikeln. Aufgrund lichtmikroskopischer Beobachtungen werden glattes und rauhes ER unterschieden. In den meisten Zellen überwiegt das rauhe ER, dessen dem Zytosol zugewandte Membranseite mit Ribosomen bedeckt ist (Abb. 1.1.8). An diesen Ribosomen werden Proteine synthetisiert, die entweder in die Membran eingebaut oder durch sie hindurch transportiert und später aus der Zelle sezerniert werden sollen. Da die Synthese und initiale Modifikation derartiger Proteine die Hauptaufgabe des rauhen ER ist, besteht ein Großteil des Zellvolumens sekretorischer Zellen aus diesen Vesikeln. Das glatte ER ist nicht von Ribosomen besetzt und dient der Synthese von Fettsäuren und Phospholipiden. Die meisten Zellen haben nur wenig glattes ER, mit Ausnahme von Leberzellen, in denen es zusätzlich zur Entgiftung von in den Körper gelangten niedermolekularen Fremdstoffen, wie z. B. Kanzerogenen, genutzt wird.

1.1.1.6 Golgi-Apparat

Golgi-Apparate sind Stapel von flachen Membranvesikeln, die sich in 3 Regionen unterteilen lassen (Abb. 1.1.8, 1.1.9). In der *cis*-Region fusionieren vom rauhen ER abgeschnürte Vesikel, deren Inhalt, frisch synthetisierte Proteine, in der mittleren (medialen) Region weiter modifiziert wird, bevor er in der *trans*-Region in neue, so genannte *trans*-Golgi-Vesikel verpackt und weitertransportiert wird. Im Golgi-Apparat wird, wie in einem Postverteiler, festgelegt, wohin ein bestimmtes Protein transportiert wird. Durch Fusion des *trans*-Golgi-Vesikels mit anderen Membranen wird das Protein entweder durch Exozytose zur Außenseite der Zelle oder ins Innere anderer Organellen geschleust.

1.1.1.7 Lysosomen

Primäre Lysosomen sind spezialisierte *trans*-Golgi-Vesikel, in denen eine hohe Konzentration abbauender Enzyme gefunden wird (Abb. 1.1.10). Sie verschmelzen mit ausgedienten Organellen oder mit endozytotischen Vesikeln, die durch Einwölbung und Abschnürung der Plasmamembran Stoffe aus der Außenwelt in die Zelle transportieren.

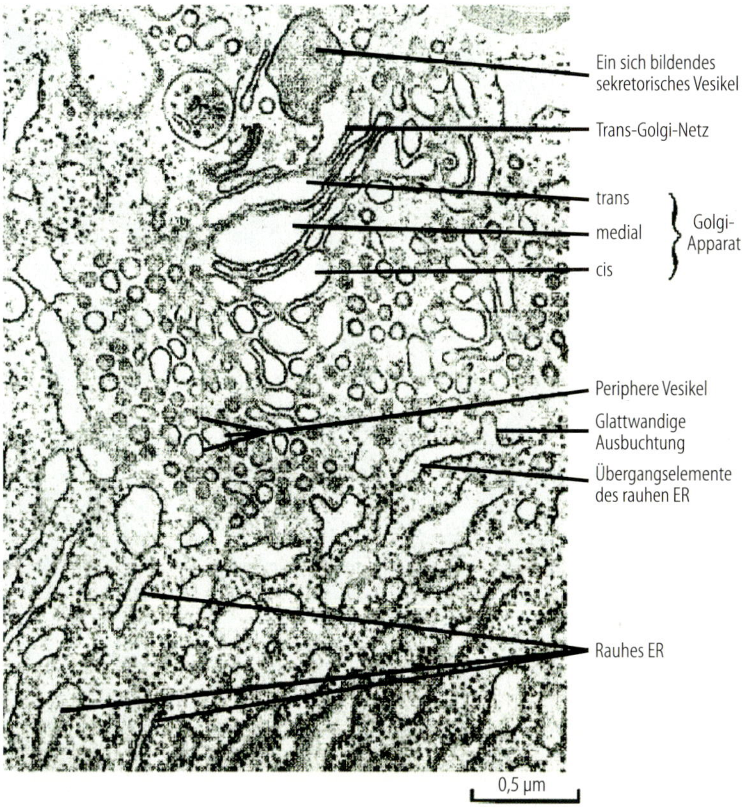

Abb. 1.1.8. Elektronenmikroskopische Aufnahme eines Schnitts durch eine sekretorische Zelle des Pankreas mit rauhem ER und Golgi-Apparaten. Vesikel schnüren sich als glatte Ausbuchtung vom rauhen ER ab und verschmelzen mit dem *cis*-Golgi. Wiedergegeben mit Genehmigung aus Darnell et al. (1990), S 758

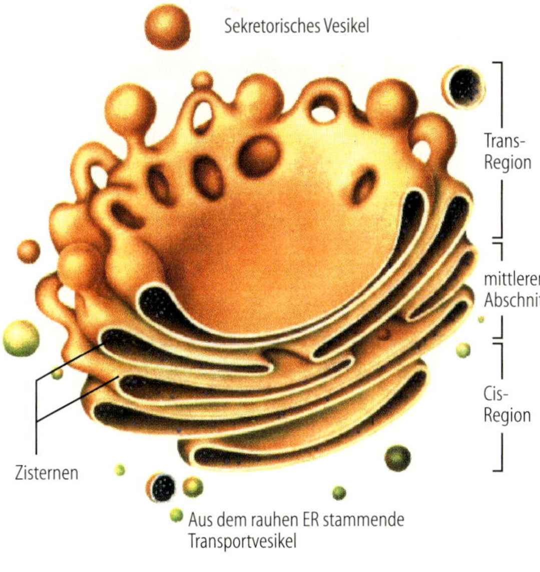

Abb. 1.1.9. Schematische Darstellung eines Golgi-Apparats. Der Golgi-Apparat ist ein dynamisches Gebilde aus Membranstapeln, in dessen *cis*-Region Vesikel aus dem rER fusionieren und aus dessen *trans*-Region Vesikel mit unterschiedlichem Bestimmungsort abgegeben werden. Wiedergegeben mit Genehmigung aus Darnell et al. (1990), S 166

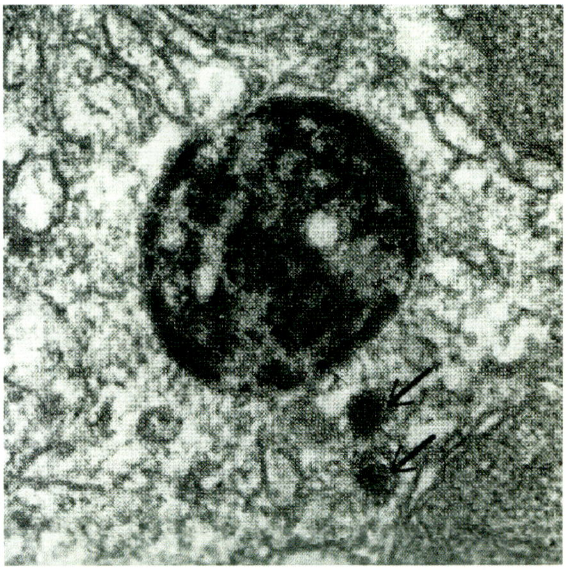

Abb. 1.1.10. Elektronenmikroskopische Aufnahme eines Schnitts durch ein Lysosom, gefärbt für das Markerenzym saure Phosphatase. *Pfeile* Vesikel, die neu synthetisierte Enzyme aus dem *trans*-Golgi-Apparat zum Lysosom transportieren. Wiedergegeben mit Genehmigung aus Alberts et al. (1990), S 544

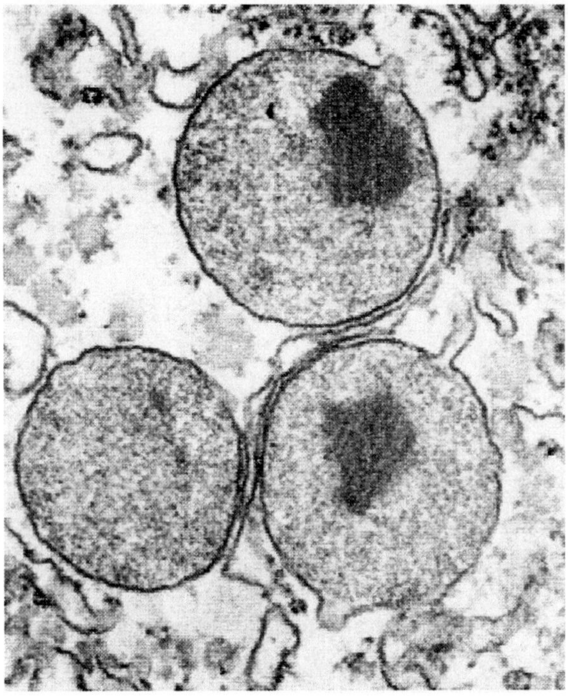

Abb. 1.1.11. Elektronenmikroskopische Aufnahme eines Schnitts durch 3 Leberperoxisomen. Die eingeschlossenen kristallartigen Strukturen bestehen aus Uratoxidase. Wiedergegeben mit Genehmigung aus Alberts et al. (1990), S 511

In den Fusionsprodukten, den sekundären Lysosomen, herrscht ein pH-Wert <5, der durch spezielle Protonenpumpen in der Membran der Lysosomen hergestellt wird. Bei diesem niedrigen pH-Wert denaturieren die meisten Proteine und können damit leichter von den säurestabilen lysosomalen Enzymen abgebaut werden. Diese Enzyme sind in ihrer Aktivität vom sauren Milieu abhängig, sodass bei der Freisetzung des vollständig verdauten Lysosomeninhalts ins pH-neutrale Zytosol der Zelle kein Schaden durch diese Enzyme entstehen kann. Lysosomen stellen somit die Verdauungsorgane einer Zelle dar.

1.1.1.8 Peroxisomen

Peroxisomen ähneln in ihrer Struktur Lysosomen, enthalten aber eine völlig andere Zusammensetzung von Enzymen (Abb. 1.1.11). Die Hauptkomponenten peroxisomaler Enzyme sind die Katalase, die Wasserstoffperoxid abbaut, sowie Enzyme, die zum Abbau von langkettigen Fettsäuren genutzt werden. Die Proteine in Peroxisomen werden jedoch nicht durch *trans*-Golgi-Vesikel zugestellt,

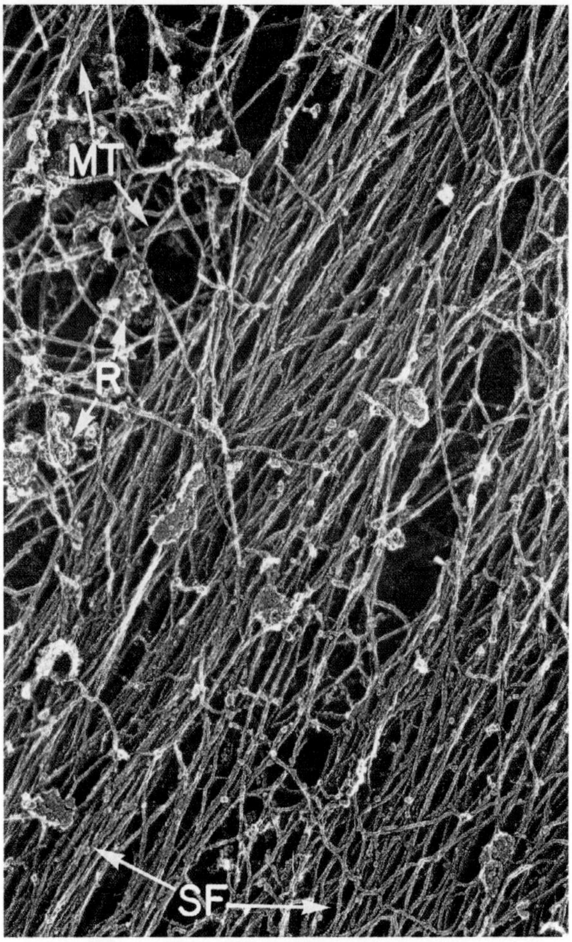

Abb. 1.1.12. Elektronenmikroskopische Aufnahme eines Gefrierätzpräparats des Fibroblastenzytoskeletts mit Aktinfilamentbündeln (stress fibers, *SF*), Mikrotubuli (*MT*) und dem dazwischen liegenden Netzwerk von Intermediärfilamenten, an die Polyribosomen (*R*) angelagert sind. Wiedergegeben mit Genehmigung aus Heuser u. Kirschner (1980)

sondern im Zytoplasma synthetisiert und durch die Membran der Peroxisomen importiert.

1.1.1.9 Zytosol und Zytoskelett

Das Zytosol ist die flüssige Phase, die im Zellinnern die Organelle umgibt. Der größte Teil des Stoffwechsels der Zelle findet in diesem Kompartiment statt, u. a. die Synthese von Proteinen, die nicht durch eine Membran geschleust werden sollen. In spezialisierten Zelltypen dient es auch als Speicher für energiegeladene Moleküle wie Glykogen oder Fett. Das Zytosol ist jedoch nicht – wie ursprünglich angenommen – eine homogene Lösung, sondern wird von einem hochgradig ver-

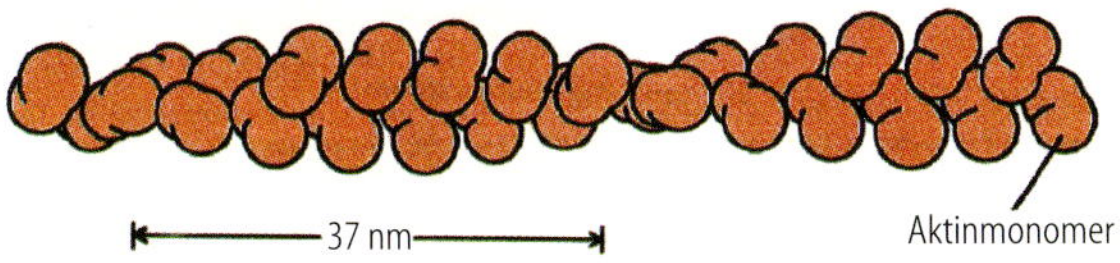

Abb. 1.1.13. Schematische Darstellung von F-Aktin mit einzelnen G-Aktin-Monomeren. Wiedergegeben mit Genehmigung aus Alberts et al. (1990), S 738

netzten Gerüst von Proteinfasern verschiedener Dicke und Zusammensetzung, dem Zytoskelett, durchzogen (Abb. 1.1.12). Vermutlich sind die meisten Organellen, Enzymkomplexe und Ribosomen an dieses Netz gebunden. Dadurch kann die Zelle metabolische Aktivitäten in definierten Bereichen konzentrieren, wodurch sich sowohl Diffusionszeiten verkürzen und damit die Produktivität erhöhen lassen als auch eine lokale Anhäufung des Reaktionsprodukts möglich wird. Das Zytoskelett besteht aus 3 Klassen von Proteinfilamenten:

- Aktinmikrofilamente,
- Mikrotubuli und
- Intermediärfilamente.

Aktinmikrofilamente. Aktin ist das häufigste Protein einer eukaryonten Zelle und kann in Muskelzellen bis zu 10% und in Nichtmuskelzellen bis zu 5% des Proteins ausmachen. Aktinfilamente (F-Aktin) bestehen aus globulären G-Aktin-Untereinheiten, die in Selbstorganisation helikal polymerisiert sind (Abb. 1.1.13). Aktinfilamente sind durch quer vernetzende Proteine miteinander verbunden und bilden Bündel oder netzwerkartige Strukturen. Der dynamische Prozess der Polymerisation und Depolymerisation von Aktin kann in vitro durch Veränderung der Ionenkonzentration rekapituliert werden, wodurch es möglich ist, die Funktion der quer vernetzenden Proteine zu analysieren. Über weitere assoziierte Proteine sind Aktinfilamente an der Plasmamembran verankert und bestimmen dadurch die Form der Zelle. Die Zelle kann die Mikrofilamente gezielt auf- oder abbauen und dadurch Zytoplasmaausläufer vorschieben oder zurückziehen. Aktin bildet nicht nur die Grundlage für diese sehr einfachen Bewegungsvorgänge, sondern ist auch eine der Komponenten eines viel effizienteren, Mobilität erzeugenden Apparats der Zelle. Die eigentlich aktive, einem Motor ähnelnde Komponente ist dabei das Myosin, dessen aus einer schweren und mehreren leichten Untereinheiten bestehende Filamente mit Hilfe der aus ATP gewonnenen Energie an Aktinfilamenten entlanggleiten können. In den auf Kontraktion spezialisierten Muskelzellen liegen Aktin- und Myosinfila-

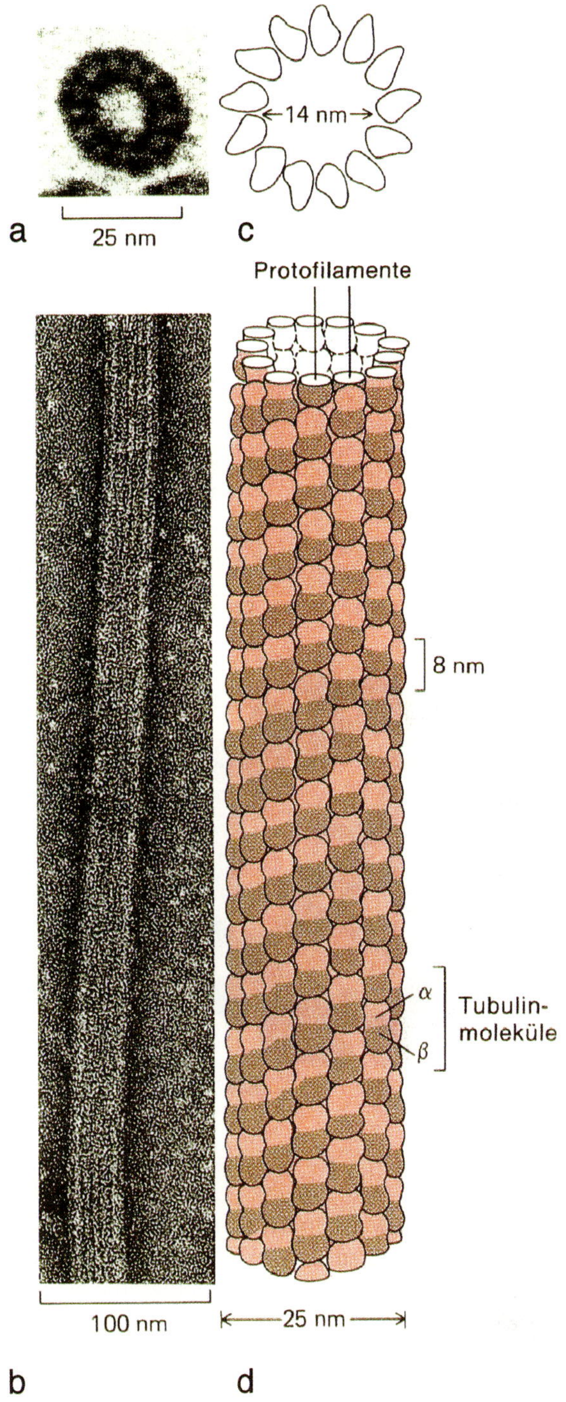

Abb. 1.1.14a–d. Aufbau der Mikrotubuli in elektronenmikroskopischen Aufnahmen und schematisch im Querschnitt (**a,c**) und in der Aufsicht (**b,d**). Mikrotubuli bestehen aus Tubulin-α-β-Dimeren, die einen Hohlzylinder ausbilden. Wiedergegeben mit Genehmigung aus Alberts et al. (1990), S 772

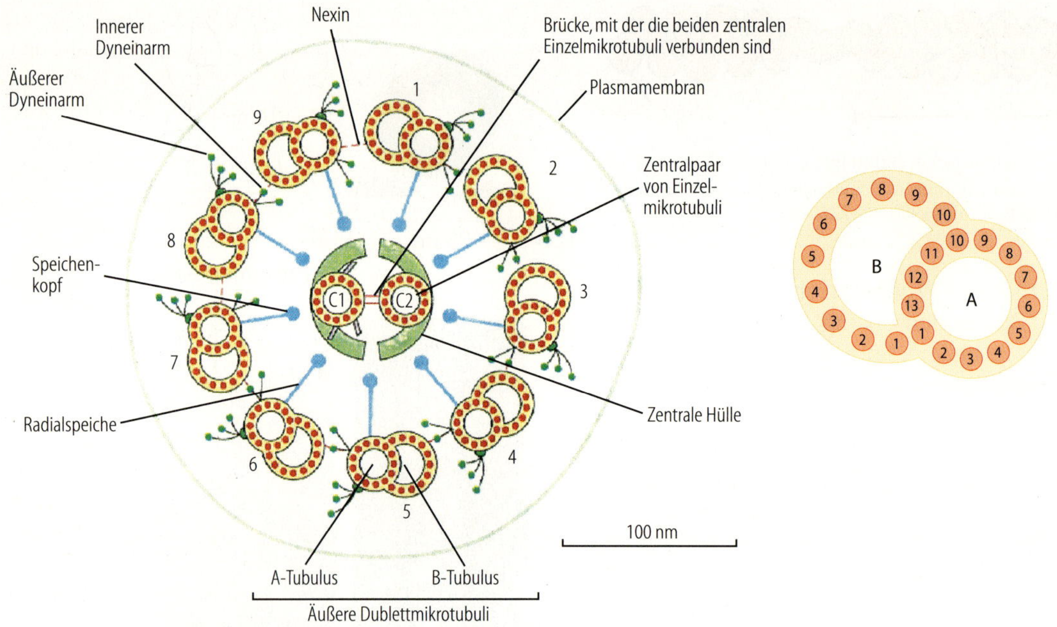

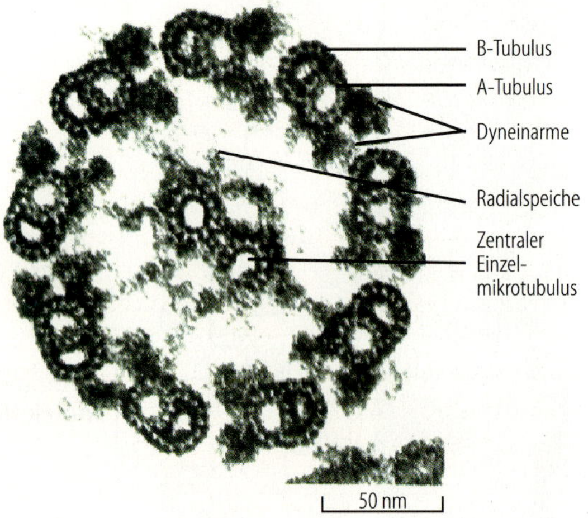

Abb. 1.1.15 a–c. Aufbau einer Zilie schematisch (**a, b**) und in der elektronenmikroskopischen Aufnahme (**c**). 23 Tubulinmoleküle liegen im Querschnitt der 9 Doppelringe, die die beiden Zentralmikrotubuli umgeben. Dyneine erzeugen die Bewegung und Nexin vernetzt benachbarte Doppelmikrotubuli elastisch. Wiedergegeben mit Genehmigung aus Darnell et al. (1990), S 958

mente in parallelen Bündeln vor, deren koordiniertes Ineinandergleiten zur Kontraktion des Muskels führt. Eine Erhöhung des intrazellulären Kalziums ist der Auslöser für die Kontraktion. Mit dem Akto-Myosin-Komplex assoziierte Proteine, wie Tropomyosin und Troponin im Skelettmuskel, oder Caldesmon und Calponin, sowie die Phosphorylierung der leichten Kette des Myosins im glatten Muskel regulieren diesen Vorgang.

Mikrotubuli. Mikrotubuli sind die Zelle durchspannende Röhren, die von einem Mikrotubulusorganisationszentrum aus durch Anlagerung von Tubulinmolekülen helikal wachsen. Tubulin, ein Dimer aus einer α- und einer β-Untereinheit, lagert sich dabei in Selbstorganisation unter Bindung und Spaltung von GTP an den wachsenden Mikrotubulus an (Abb. 1.1.14). Die Zelle nutzt diese Strukturen als Halteseile, an denen entlang Organellen oder kleinere Partikel mit Hilfe von Motorproteinen, wie Kinesin oder Dynein, unter ATP-Spaltung bewegt werden können. Darüber hinaus bilden Mikrotubuli Flagellen oder Zilien, die der Fortbewegung der Zelle dienen. Dabei lagern sich 9 Mikrotubulipaare zu einer größeren Röhre zusammen, die 2 einzelne Mikrotubuli im Zentrum umschließt (Abb. 1.1.15). Flagellares Dynein erlaubt das Aneinanderentlanggleiten der Mikrotubulipaare in der Außenwand, was zur Krümmung der Flagelle führt und bei entsprechender Koordination und Ge-

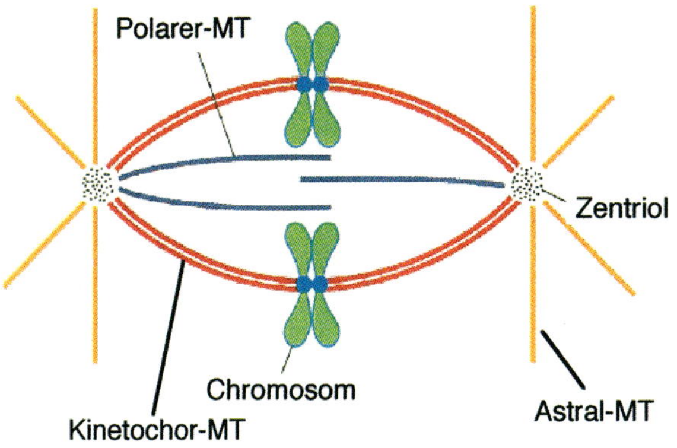

Abb. 1.1.16. Anordnung der Mikrotubuli bei der Mitose. Kinetochormikrotubuli binden direkt an die Chromosomen, und polare Mikrotubuli verbinden beide Zentriolen und drücken sie auseinander. Wiedergegeben mit Genehmigung aus Lodish et al. (1995), S 1093

schwindigkeit zum Zilienschlag die Zelle fortbewegen kann. Während der Zellteilung binden Mikrotubuli die Chromosomen und ziehen sie, indem sie sich durch Depolymerisation verkürzen, in die beiden noch verbundenen Tochterzellen (Abb. 1.1.16). Auch hier gehen die Mikrotubuli vom Mikrotubulusorganisationszentrum aus, das in dieser Situation Zentriol (Abb. 1.1.1) genannt wird und sich bereits sehr früh während der Zellteilung reproduziert und auf die beiden zukünftigen Tochterzellen aufgeteilt hat. Die beiden Zentriolen unterstützen die Bewegung der Chromosomen, indem sich von ihnen ausgehende Mikrotubuli in der Mitte der sich teilenden Zelle aneinander lagern und sie unter Zuhilfenahme von kinesinähnlichen Motorproteinen auseinander schieben.

Intermediärfilamente. Intermediärfilamente sind im Gegensatz zu den dynamisch strukturierten Mikrofilamenten und Mikrotubuli eher statische Gebilde und bilden das stabile Grundgerüst des Zytoskeletts. Die Proteingrundbausteine unterscheiden sich von Zelltyp zu Zelltyp, und es konnten bisher mehr als 50 verschiedene Proteine in 5 Klassen unterschieden werden (Tabelle 1.1.1). Aufgrund ihrer gewebespezifischen Expression können Intermediärfilamente, insbesondere Zytokeratine und Vimentin, nach immunhistochemischer Färbung zum Nachweis der Herkunft eines Tumors verwendet werden.

Intermediärfilamente sind α-helikale Stäbchen, von denen sich je 2 zu einer Superhelix umeinander winden. Durch weiteres Aneinanderlagern dieser Dimere bilden sich Protofilamente, die sich wiederum zylinderförmig anordnen und damit das Intermediärfilament bilden (Abb. 1.1.17). Die ansonsten gewünschte Stabilität der Intermediärfilamente ist in bestimmten Situationen, wie bei der Zellteilung oder der Fortbewegung, für die Zelle störend. In diesen Fällen kann sie durch Phosphorylierung der Intermediärfilamentproteine das Fasergerüst auflösen, wie z. B. bei den im Kern lokalisierten Laminen während der Mitose.

1.1.1.10 Extrazelluläre Matrix und Zellkontaktorganellen

In multizellulären Organismen bilden Zellen Verbände, die als Gewebe oder Organe spezifische Funktionen übernehmen. Die Einzelzellen müssen dazu Kontakte untereinander und zu der sie umgebenden extrazellulären Matrix herstellen. Besonders deutlich wird dies am Beispiel der Epithelzellen, die durch stabile Kontaktorganellen, die *Junctions*, zusammengehalten werden und darüber hinaus Verbindungen zur unter ihnen liegenden Basalmembran entwickeln. Diese Zellkontaktorganellen wurden zuerst durch elektronenmikroskopische Untersuchungen identifiziert. Sie sind charakterisiert durch elektronendichte Bereiche mit enger Apposition benachbarter Zellmembranen, an die häufig Zytoskelettstrukturen assoziieren. In ihnen liegen Zelladhäsionsmoleküle in konzentrierter Form vor. Neben den primär der Adhäsion dienenden *Adherens Junctions*, Desmosomen und Hemidesmosomen gehören die nichtadhäsiven *Tight Junctions*, *Gap Junctions* und Synapsen zu dieser Gruppe. Durch diese Kontaktorganellen ist es möglich, dass Epithelien Organoberflächen, wie z. B. der Haut oder des Verdauungstrakts, effektiv nach außen abschirmen. In anderen Geweben, wie dem Nervengewebe, sind die Verbindungen weniger eng geknüpft, der Aufbau der neuronalen Netzwerke hängt jedoch vom Zusammenspiel einer Vielzahl von spezifischen Zelladhäsionsmolekülen ab.

Kollagene und Proteoglykane. Die Hauptklasse der extrazellulären Matrixproteine sind die Kollagene. Im endoplasmatischen Retikulum bildet sich aus 3 neu synthetisierten Kollagensträngen die typische Tripelhelixstruktur dieser Proteinklasse. Nach der Sekretion lagern sich diese Tripelhelices zu übergeordneten Strukturen in Kollagenfibrillen zusammen (Abb. 1.1.18). Sie sind der Hauptbestandteil des Bindegewebes von Haut, Knorpel, Sehnen, Knochen und Muskeln.

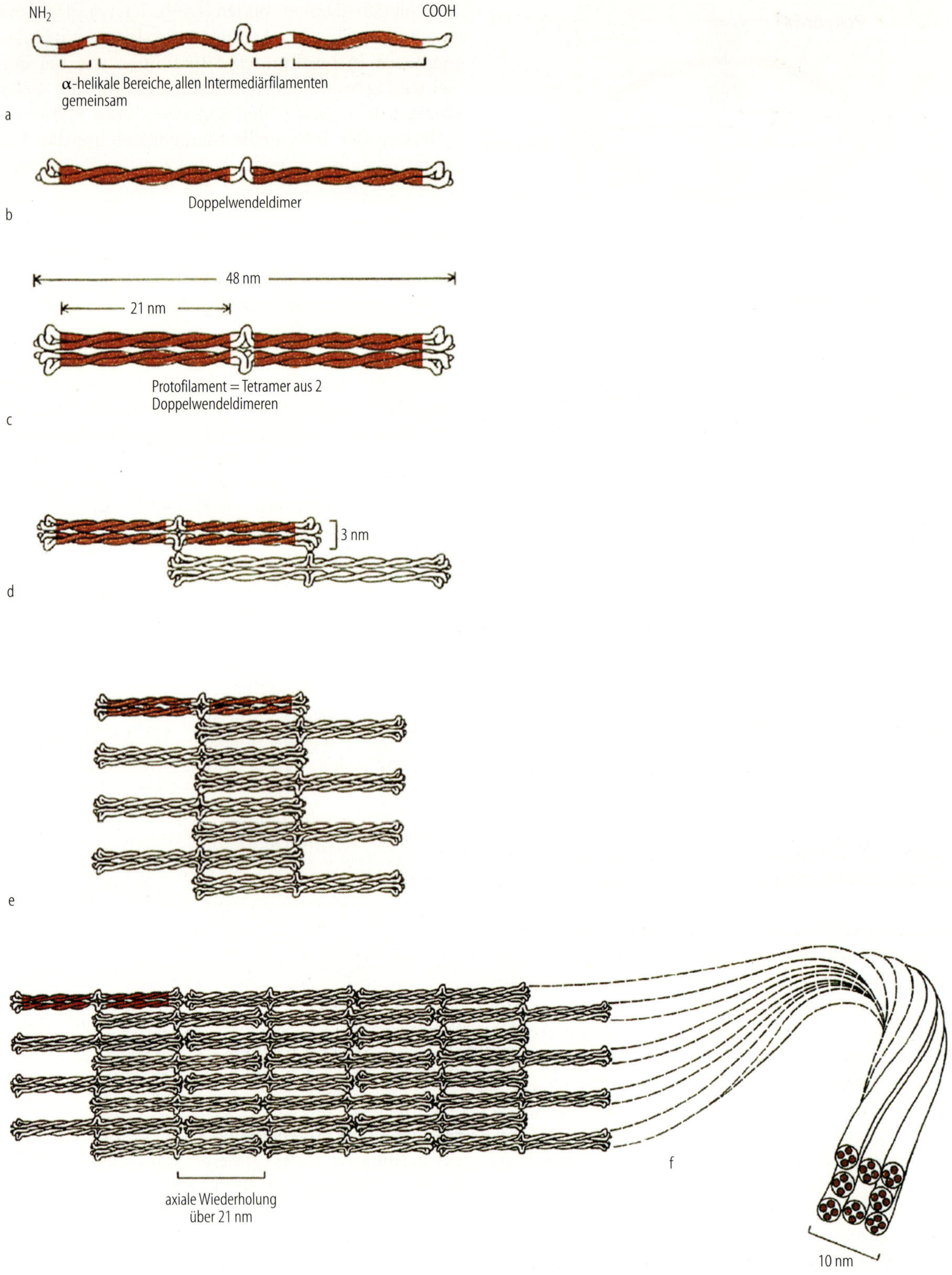

Abb. 1.1.17 a–f. Schematischer Aufbau der Intermediärfilamente. 2 Monomere (**a**) lagern sich zu einer Doppelhelix (**b**) zusammen, von denen wieder 2 ein Protofilament bilden (**c**). Protofilamente interagieren zu immer größeren Strukturen (**d, e**), bis das seilähnliche Filament entsteht (**f**). Wiedergegeben mit Genehmigung aus Alberts et al. (1990), S 792

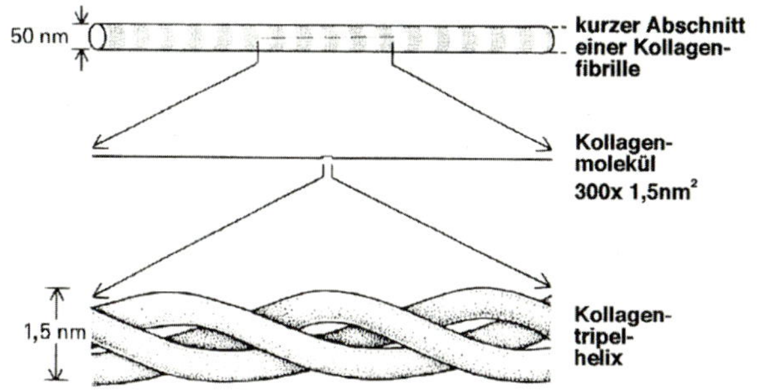

Abb. 1.1.18. Schematischer Aufbau einer Kollagenfibrille aus tripelhelikalen Kollagenmolekülen. Wiedergegeben mit Genehmigung aus Alberts et al. (1990), S 127

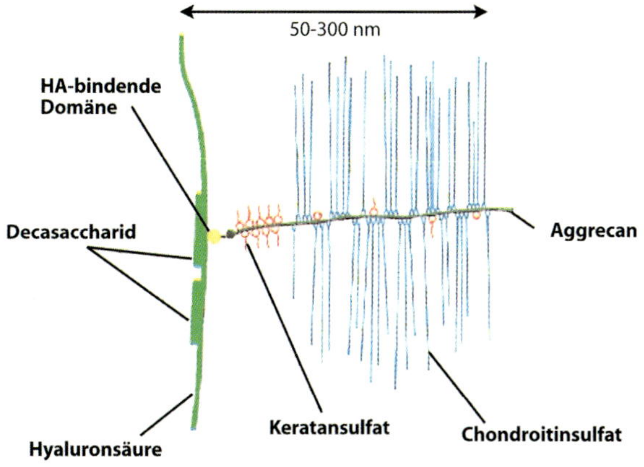

Abb. 1.1.19. Schematischer Aufbau eines Proteoglykans aus dem Aggrecan-core-Protein, Keratansulfat- und Chondroitinsulfatmolekülen und Hyaluronsäure (HA). Wiedergegeben mit Genehmigung aus Lodish et al. (1995), S 1141

Daneben liegt im Knorpelgewebe eine weitere Klasse von extrazellulären Matrixmolekülen vor, die Proteoglykane (Abb. 1.1.19). Sie bestehen aus langkettigen Polysaccharidmolekülen, wie Hyaluronsäure, Heparin und Chondroitinsulfaten, die oft über Polypeptidketten mit der Plasmamembran der in die Matrix eingebetteten Zellen verankert sind. Proteoglykanmatrizes schwellen durch die Aufnahme von Wasser zu einem Vielfachen ihres Trockenvolumens an und erzeugen dadurch einen Innendruck im Gewebe, der Druck von außen abfedern kann. Darüber hinaus binden Proteoglykane Wachstumsfaktoren und modulieren deren Wirkung auf die Zellen.

Basalmembran. Die Basalmembran besteht aus einem Netzwerk von extrazellulären Matrixproteinen, wie Laminin, Nidogen, Kollagen IV und Proteoglykanen. Sie wird u. a. von epithelialen Zellen und Endothelzellen der Blutgefäße als stabilisierende Grundlage synthetisiert (Abb. 1.1.20 und 1.1.21).

Abb. 1.1.20. Rasterelektronenmikroskopische Aufnahme einer Basallamina (*BL*) mit aufsitzenden Epithelzellen (*E*) und darunter liegenden Kollagenfibrillen (*C*). Wiedergegeben mit Genehmigung aus Alberts et al. (1990), S 976

Integrine und Focal adhesions. Fibronektin ist wie Laminin ein hochmolekulares Glykoprotein, das durch multiple Bindestellen Zellen mit verschiedensten extrazellulären Matrizes verbinden kann. Fibronektin bindet über die Tripeptidsequenz Arginin-Glyzin-Asparaginsäure (RGD) an Integrine (Abb. 1.1.22). Es handelt sich dabei um Transmembranproteine, die aus 2 unterschiedlichen nicht kovalent verknüpften α- und β-Untereinheiten bestehen. Da es von beiden Untereinheiten mehrere Subtypen gibt, können zahlreiche unterschiedliche Kombinationen auftreten und neben Fibronektin auch andere Matrixmoleküle gebunden werden. Die Zelle kann also durch die Art der von ihr exprimierten Integrinheterodimere ihre Interaktion mit der extrazellulären Matrix steuern. Mehrere Integrinmoleküle werden an Stellen enger Zell-Matrix-Kontakte zu Focal adhesions zusammengefasst, an die über vermittelnde Proteine (Talin, Vinculin und α-Actinin) das Aktinzytoskelett bindet (Abb. 1.1.23). Nach Bindung des Liganden vollziehen die Integrine eine Konformationsänderung, die, u. a. über die Aktivierung der Focal-adhesion-Kinase (FAK), intrazellulär zur Phosphorylierung von Proteinen und damit zu Veränderungen im Zellmetabolismus und in der Genexpression führt.

Zell-Zell-Adhäsionsmoleküle. Die Erkennung und Bindung der Nachbarzelle wird durch eine Vielzahl von Zelladhäsionsproteinen, die in der Membran verankert und im Zellinnern an das Zytoskelett gekoppelt sind, ermöglicht. Sie bewirken, dass sich gleichartige Zellen erkennen und Verbände bilden können. Jeder Zelltyp exprimiert also unterschiedliche Zelladhäsionsmoleküle, die sich in 3 Hauptklassen aufteilen lassen:

1. in die Cadherine,
2. in die Selektine und
3. in Mitglieder der Immunglobulinsuperfamilie (Abb. 1.1.24a).

Cadherine benötigen für ihre Funktion Kalziumionen, die die extrazelluläre Domäne stabilisieren. Diese besteht aus 5 repetierten Aminosäuresegmenten, zwischen denen jeweils ein Kalziumion angelagert ist. Cadherine auf einer Zelle bilden Homodimere, die die entsprechenden Dimere der benachbarten Zelle kontaktieren, wodurch sich eine reißverschlussartige Struktur ergibt (Abb. 1.1.24b). Cadherine werden gewebespezifisch exprimiert. So tritt E-Cadherin v.a. in Epithelien, N-Cadherin im Nervengewebe und M-Cadherin in Muskelzellen auf. Cadherine bilden homophile Kontakte aus, d.h. ein bestimmtes Cadherin auf einer Zelle interagiert mit dem gleichen Cadherin auf der Nachbarzelle, nicht aber mit einem verwandten Cadherin. Dadurch können Cadherine Gewebegrenzen festlegen und spielen möglicherweise beim Aussortieren von Geweben während der Embryonalentwicklung eine wichtige Rolle. Der Verlust von Cadherinen ist beim Auswandern von Tumorzellen während der Invasion und Metastasierung in andere Organe von Bedeutung. Die zytoplasmatische Domäne von Cadherinen assoziiert mit Adaptorproteinen, den Cateninen, die an Aktinfilamente binden (Abb. 1.1.24b).

Selektine tragen in ihrem extrazellulären Teil eine Lektindomäne, die an Zuckerstrukturen von Oberflächenproteinen binden kann. Sie sind v.a. auf Endothelzellen und Leukozyten exprimiert und bewirken das Anhaften und Rollen von Leukozyten an der Endothelzellwand, was die Voraussetzung für die Extravasation der Immunzellen bei Entzündungsvorgängen ist. Die Zelladhäsionsmoleküle der Immunglobulinsuperfamilie erhielten diese Bezeichnung, da ihr extrazellulärer Teil aus immunglobulinähnlichen Domänen aufgebaut ist. Sie treten in einer großen Vielzahl v.a. im Nervengewebe auf, wie z.B. als N-CAM (neural cell adhesion molecule), oder bei Kontakten zwischen Immunzellen.

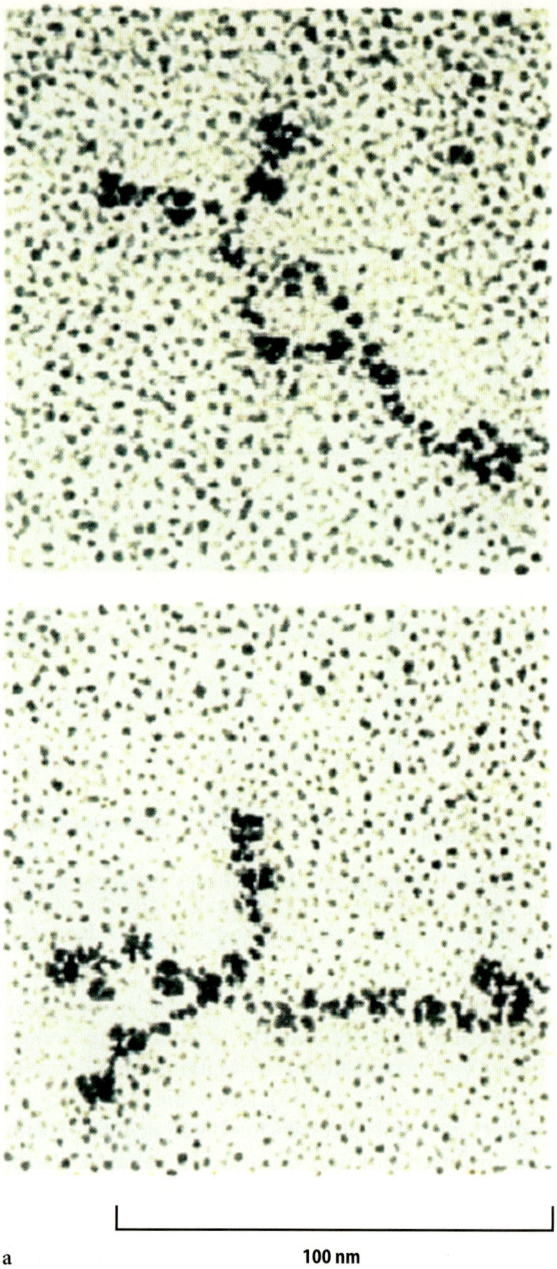

a

Abb. 1.1.21. Aufbau von Laminin in elektronenmikroskopischen Aufnahmen (**a**) und schematisch (**b**). Es besteht aus 3 umeinander gewundenen Proteinketten mit globulären Domänen, die an andere Bestandteile der extrazellulären Matrix binden. Wiedergegeben mit Genehmigung aus Alberts et al. (1990), S 976

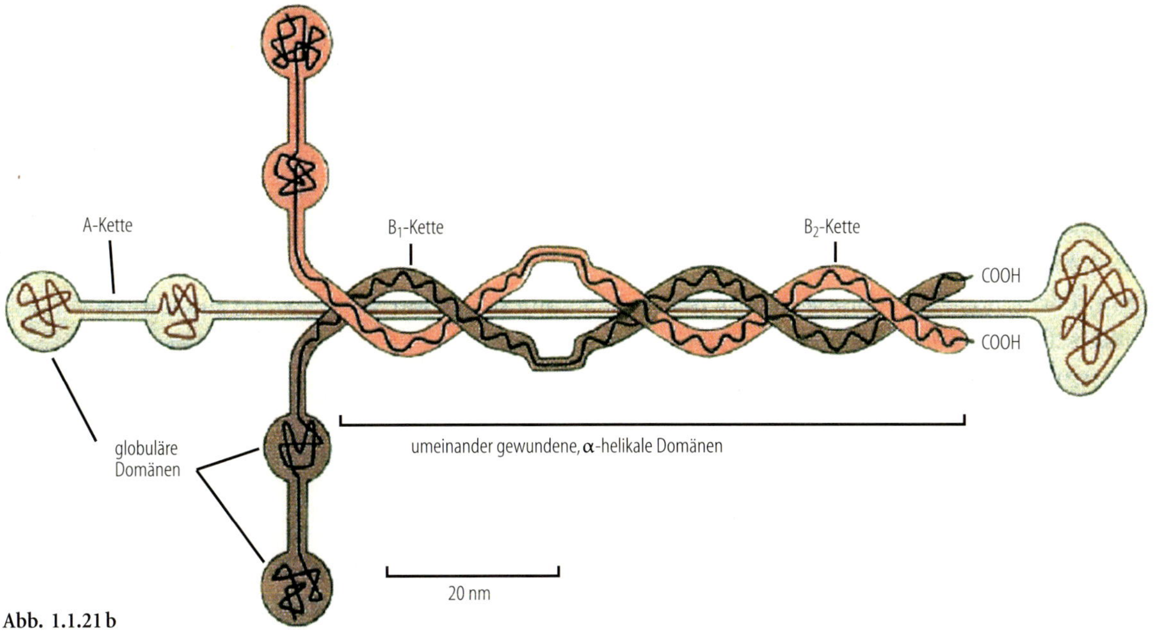

Abb. 1.1.21 b

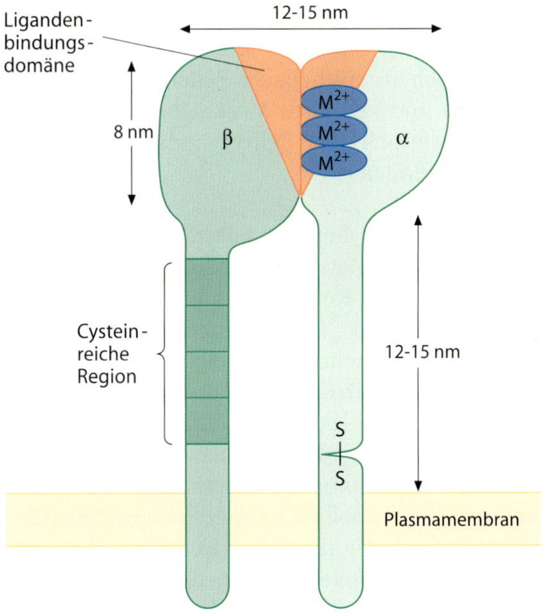

Abb. 1.1.22. Schematischer Aufbau von Integrinen aus einer 2-teiligen, durch eine Disulfidbrücke verbundenen, 2-wertige Metallionen (M^{2+}) bindenden α-Untereinheit und einer β-Untereinheit, die zusammen die Ligandenbindungsdomäne bilden. Wiedergegeben mit Genehmigung aus Lodish et al. (1995), S 1145

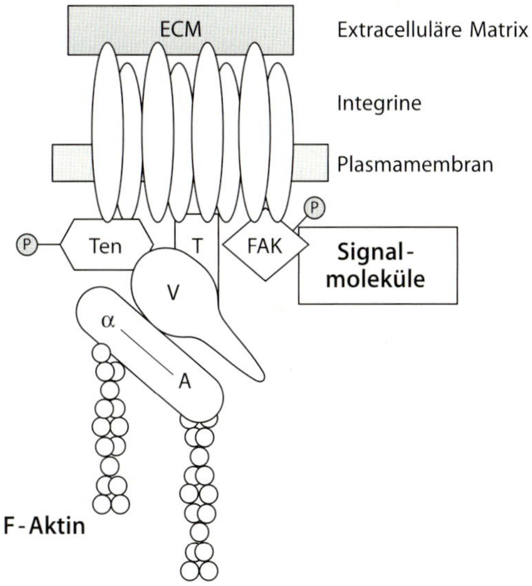

Abb. 1.1.23. Signaltransduktionskette der Integrine. Nach Bindung des extrazellulären Matrixliganden (*ECM*) werden Integrinmoleküle in Focal adhesions gebündelt, Tensin (*Ten*) und Focal-adhesion-Kinase (*FAK*) binden und werden an Tyrosin phosphoryliert. Danach lagern sich Talin (*T*), Vinculin (*V*) über α-Actinin (α-*A*) an F-Aktin an, und andere Signalmoleküle werden aktiviert. Wiedergegeben mit Genehmigung aus Craig u. Johnson (1996)

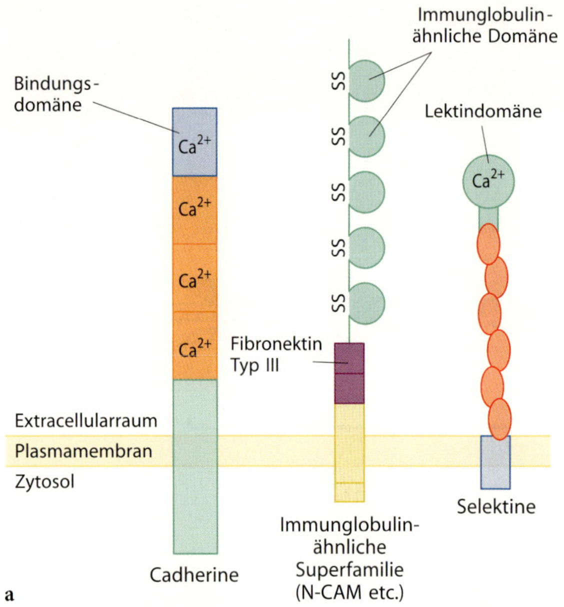

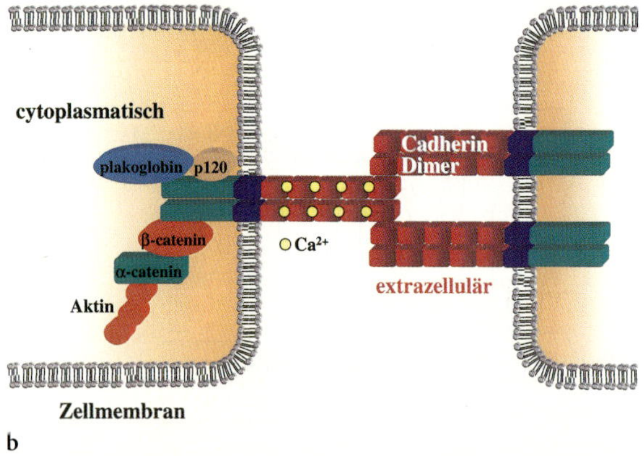

Abb. 1.1.24. a Familien von Zelladhäsionsmolekülen. Cadherine binden an gleichartige Moleküle auf anderen Zellen über die äußerste von 4 Kalzium (Ca^{2+}) bindenden Domänen. Die immunglobulinähnlichen Proteine enthalten mehrere immunglobulin- und fibronektinähnliche Domänen und binden kalziumunabhängig an gleichartige und andere Proteine von Nachbarzellen. Selektine bestehen ebenfalls aus mehreren repetitiven Sequenzabschnitten und binden kalziumabhängig über eine endständige Lektindomäne an Oligosaccharidketten auf Nachbarzellen. Wiedergegeben mit Genehmigung aus Lodish et al. (1995), S 1151, **b** Struktur der Cadherine. Cadherine sind Transmembranproteine, die aus einer extrazellulären Domäne (*rot*), einer Transmembrandomäne (*blau*) und einem zytoplasmatischen Teil bestehen (*grün*). Die extrazelluläre Domäne ist aus 5 repetierten Aminosäuresegmenten aufgebaut. Über das 1. Segment erfolgt die Interaktion mit dem gegenüber liegenden Cadherinmolekül der Nachbarzelle (Transdimere). Darüber hinaus bilden Cadherine parallel ausgerichtete Homodimere in der Plasmamembran (Cisdimere). Durch die abwechselnde Folge von Trans- und Cisdimeren ergibt sich eine reißverschlussartige Struktur, die zur Stabilität der Zelladhäsion beiträgt. Der zytoplasmatische Teil der Cadherine assoziiert mit p120, das für die Cisdimerisierung wichtig ist und mit β-Catenin, das über α-Catenin den Kontakt zum Aktinzytoskelett herstellt

Adherens Junctions. Diese Verbindungen sind besonders in Epithelien ausgeprägt und enthalten das epitheliale E-Cadherin, das zytoplasmatisch mit den Cateninen assoziiert, die wiederum den Kontakt zu bandförmig um die innere Zellmembran verlaufenden Aktinfilamenten herstellen (Abb. 1.1.24b). Die Verbindung zum Zytoskelett ist für die zelladhäsive Funktion der Cadherine essenziell, da beim Fehlen der zytoplasmatischen Domäne bzw. eines der Catenine die Zell-Zell-Adhäsion massiv gestört ist. Offenbar sorgt das Zytoskelett für eine hohe lokale Konzentration der Cadherinmoleküle und trägt zu deren optimaler Ausrichtung bei.

Desmosomen. In den Desmosomen, die wie Klebepunkte die Plasmamembranen zweier Nachbarzellen zusammenhalten, stellen die zur Cadherinsuperfamilie gehörenden Desmogleine und Desmocolline den Kontakt zwischen den Nachbarzellen her (Abb. 1.1.25). Die Desmosomen sind innerhalb der Zelle durch Keratinfilamente miteinander verbunden, die über Desmoplakin oder Plakoglobin und weitere Komponenten den intrazellulären Teil des Desmosoms binden. Diese Konstruktion wird hauptsächlich in epithelialen Zellen und in Zellen der glatten und kardialen Muskulatur, in denen sie zur Stabilisierung des Zellverbands entscheidend beiträgt, gefunden.

Hemidesmosomen. Bei Hemidesmosomen handelt es sich um Zell-Matrix-Verbindungen, die v.a. in Epithelien an den Kontaktpunkten zur Basalmembran auftreten. Ihr Namen rührt von ihrem elektronenmikroskopischen Erscheinungsbild her, da sie Ähnlichkeit mit den Hälften von Desmosomen besitzen. Der molekulare Aufbau weist jedoch deutliche Unterschiede zwischen beiden Strukturen auf. Hemidesmosomen enthalten keine Desmogleine oder -colline, sondern $\alpha_6\beta_4$-Integrine, welche extrazellulär mit Laminin und im Zytoplasma mit der Zytoskelettkomponente Plektin assoziiert sind. Über weitere Zwischenkomponenten wird der Kontakt zu Keratinen hergestellt. Die genetische Ausschaltung von $\alpha_6\beta_4$-Integrinen in Mäusen führt zur Ablösung der Epidermis von der Dermis.

Tight Junctions. Epitheliale Zellverbände bilden eine weitere Zell-Zell-Kontakt-Struktur aus, die Tight Junctions, die keinen Stofftransport an ihnen vorbei zulassen (Abb. 1.1.26). Die gürtelartig verlaufende Tight Junctions versiegeln dabei sämtliche Zellzwischenräume, sodass von Epithelien aus-

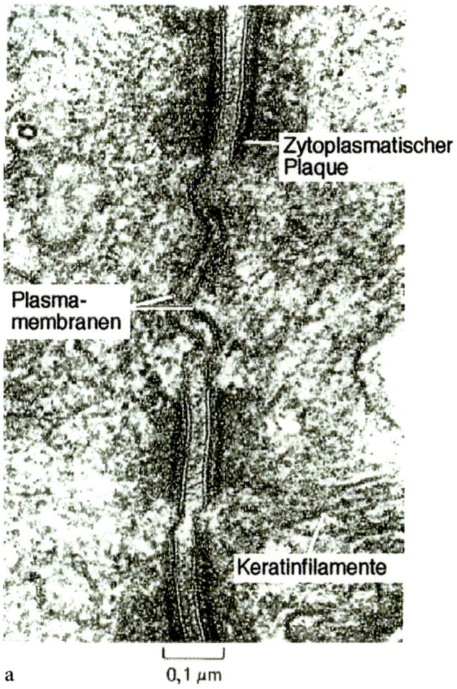

a

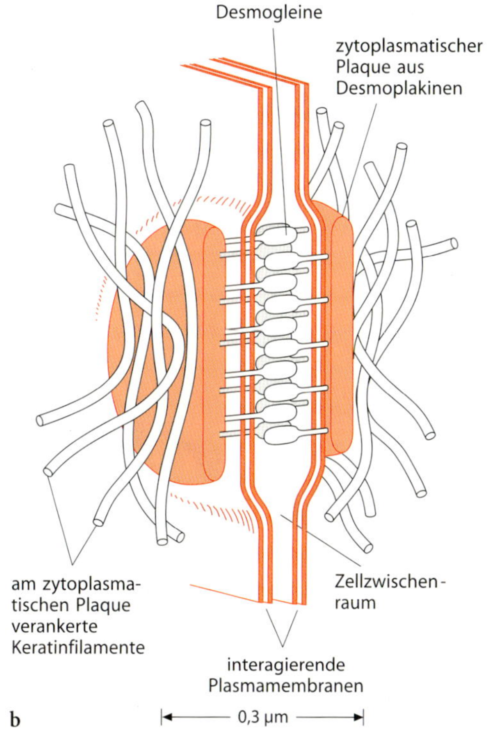

b

Abb. 1.1.25 a, b. Aufbau eines Desmosoms in der elektronenmikroskopischen Aufnahme (**a**) und schematisch (**b**). Desmogleine verbinden die beiden interagierenden Plasmamembranen über den Zellzwischenraum und sind intrazellulär über Desmoplakine und Plakoglobin an Keratinfilamenten verankert. Wiedergegeben mit Genehmigung aus Alberts et al. (1990), S 950

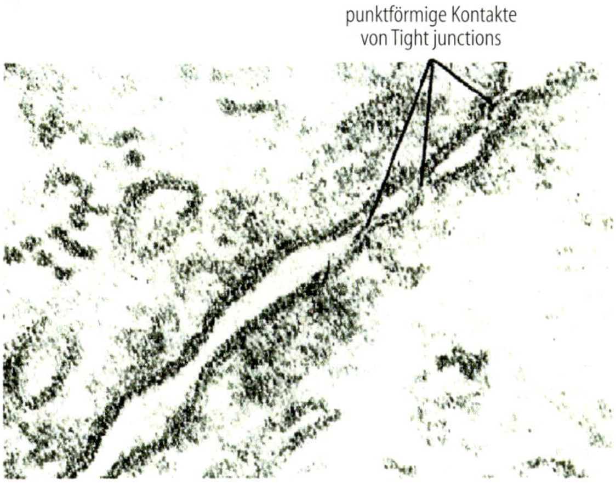

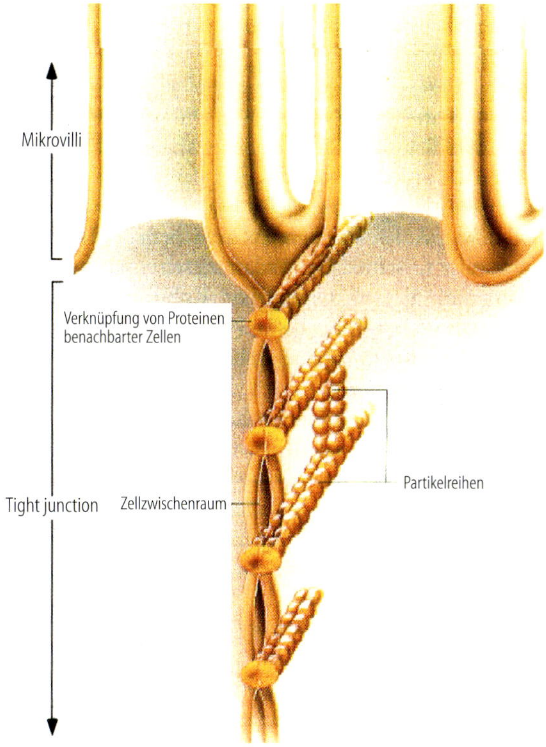

Abb. 1.1.26 a, b. Aufbau einer Tight Junction in der elektronenmikroskopischen Aufnahme (**a**) und schematisch (**b**). Partikelreihen aus Okkludin verbinden die beiden interagierenden Plasmamembranen von Epithelzellen an deren luminalem Pol. Wiedergegeben mit Genehmigung aus Darnell et al. (1990), S 605

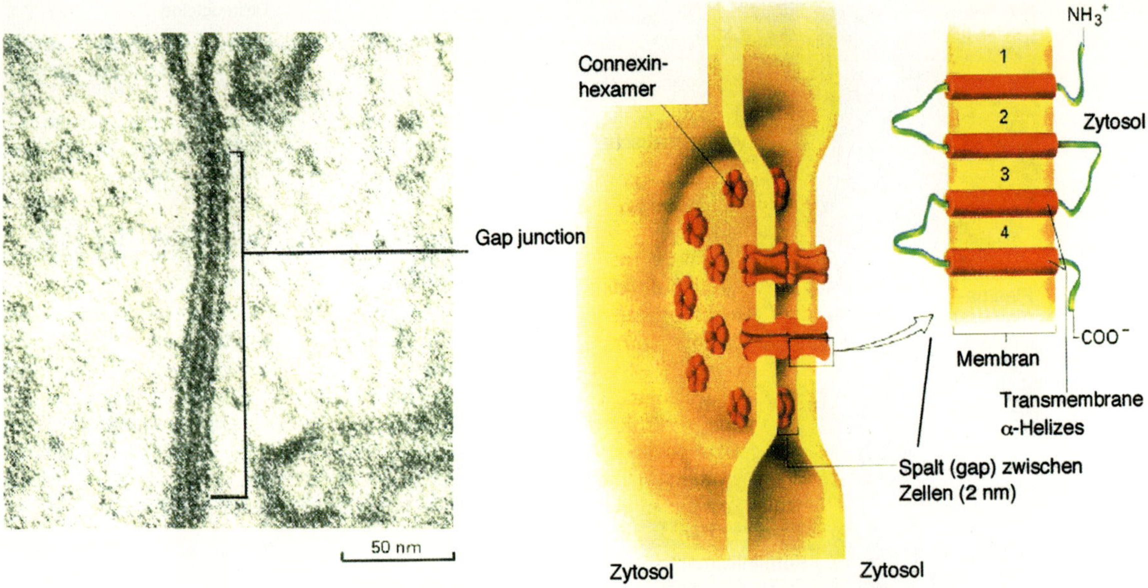

Abb. 1.1.27 a, b. Aufbau einer Gap Junction in der elektronenmikroskopischen Aufnahme (**a**) und schematisch (**b**). Connexin ist ein 4-mal die Membran durchspannendes Molekül, das als Hexamer mit gleichartigen Molekülen der Nachbarzelle interagiert und einen die beiden Zytosole verbindenden Kanal eröffnet. Wiedergegeben mit Genehmigung aus Lodish et al. (1995), S 1158–1159

gekleidete Lumina vom umliegenden Gewebe getrennt werden. Hauptproteine der Tight Junctions sind Okkludin und die Claudine, die die Zellmembran mehrmals durchspannen. Es ist jedoch nicht klar, ob die Versiegelungsfunktion durch diese Proteine allein bewirkt wird oder ob möglicherweise Lipidstrukturen eine Rolle spielen. Auch die Tight Junctions sind mit Zytoskelettstrukturen wie Aktinfilamenten assoziiert, deren Funktion aber noch nicht klar ist.

Gap Junctions. Einen noch engeren Kontakt mit der Nachbarzelle, der sogar einen Stoffaustausch ermöglicht, kann die Zelle durch Gap Junctions aufbauen. Sie bestehen aus je einem Membran durchspannenden Zylinder aus 6 Connexinpolypeptidketten in beiden Nachbarzellen, die miteinander eine Röhre bilden (Abb. 1.1.27). Dadurch werden die Zytosole der beiden Zellen miteinander verbunden, und Substanzen von einer Molmasse bis zu 2000 können frei von Zelle zu Zelle diffundieren. Zu diesen Substanzen gehören die Second Messenger cAMP und Kalziumionen sowie andere Ionen, mit denen auch elektrische Potenziale übertragen werden können. Dadurch können Zellen Erregungen fast ohne Verzögerungen an die Nachbarzellen weitergeben, und Zellverbände können simultan auf Stimulation reagieren. Insbesondere bei Fischen existieren in elektrischen Synapsen bestimmter Neuronen große Verbände solcher Gap Junctions, womit eine Signalübertragung von Zelle zu Zelle durch elektrische Kopplung möglich ist. Diese Art der Signalübertragung ist zwar sehr schnell, hat aber den Nachteil, nicht regulierbar zu sein. Die regulierbare Signalübertragung von Neuron zu Neuron bzw. von Neuron zu Muskelzellen erfolgt deswegen meist über chemische Synapsen.

Synapsen. An einer Synapse lagert sich die Axonendigung eines Neurons eng an die Plasmamembran einer nachgeschalteten Zelle an (Abb. 1.1.28). Dabei sind die beiden Zellen nur durch einen dünnen Spalt, den so genannten synaptischen Spalt, voneinander getrennt. Die Axonendigung enthält eine Vielzahl von sekretorischen Vesikeln, deren Inhalt in den synaptischen Spalt entleert wird, sobald ein Aktionspotenzial, d.h. eine Depolarisation der neuronalen Plasmamembran, die Axonendigung erreicht. Die Vesikel enthalten Neurotransmitter, Substanzen, deren chemische Natur vom Typ des Neurons abhängt und für die die nachgeschaltete Zelle spezifische Rezeptoren besitzt. Bekannte Neurotransmitter sind Azetylcholin, Aminosäuren wie Glyzin und Glutamat und Aminosäureabkömmlinge wie Dopamin, Noradrenalin, Adrenalin, Serotonin, Histamin und γ-Aminobuttersäure (GABA) sowie Nukleoside und Nukleotide und längerkettige Peptide (Abb. 1.1.29). Die Bin-

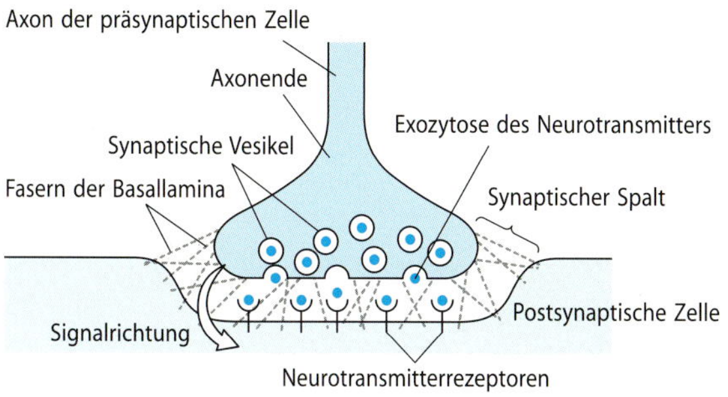

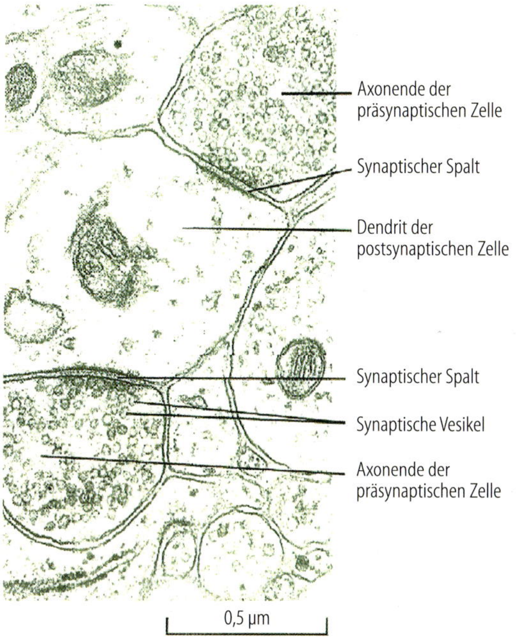

Abb. 1.1.28 a, b. Aufbau einer Synapse schematisch (**a**) und in der elektronenmikroskopischen Aufnahme (**b**). Nach Eintreffen einer elektrischen Erregung am Axonende der präsynaptischen Zelle verschmelzen die sekretorischen Vesikel mit der Plasmamembran und setzen den Neurotransmitter in den synaptischen Spalt frei. Rezeptoren auf der postsynaptischen Zelle binden den Neurotransmitter und leiten das Signal in diese Zelle weiter. Wiedergegeben mit Genehmigung aus Lodish et al. (1995), S 929

dung an einen Rezeptor in der postsynaptischen Zelle führt zu deren Erregung und im Fall des Neurons zur Weiterleitung des ankommenden Signals oder im Fall einer Muskelzelle zur Kontraktion des Muskels.

1.1.1.11 Mechanismen der Signalübertragung

Hormone und Rezeptoren. Im Prinzip handelt es sich bei chemischen Synapsen um eine sehr spezialisierte Form von Zell-Zell-Interaktionen, bei denen bestimmte Zellen Stoffe sezernieren, die durch spezifische Rezeptoren von anderen Zellen erkannt werden. Zellen sind ständig verschiedenen Signalen ausgesetzt, die ihren Aktivitätszustand, ihre Wanderung, ihre Vermehrung und ihr Absterben steuern oder die metabolischen Aktivitäten verschiedener Organe verändern. Die beteiligten Signalmoleküle, die Hormone, interagieren dabei als Liganden mit spezifischen Rezeptoren auf der Plasmamembran oder im Zytosol der Empfängerzelle. Zu den Hormonen gehören neben den oben genannten Neurotransmittern eine Vielzahl weiterer Peptide, Proteine, Steroide und so einfache Moleküle wie die Gase Stickstoffmonoxid (NO) und Kohlenmonoxid (CO). Es wird je nach Reichweite zwischen

- autokriner, d.h. auf die selbe Zelle zurückwirkender,
- parakriner, d.h. Nachbarzellen betreffender, oder
- endokriner, d.h. den gesamten Körper durch das Blutgefäßsystem beeinflussender,

Hormonwirkung unterschieden. Hormone sind also die zentralen informationsübertragenden Moleküle innerhalb eines vielzelligen Organismus. Selbst das Nervensystem mit seiner hoch entwickelten Signalübertragung beruht im Grunde auf der Wirkung von Hormonen, die allerdings auf den synaptischen Spalt beschränkt bleibt.

Nach der Bindung der Hormone an ihre Rezeptoren kommt es zur Signaltransduktion, der Übertragung des Signals in das Zellinnere und der Auslösung der physiologischen Folgeschritte (Abb. 1.1.5). Dabei sind die verschiedenen Signalwege von den Grundprinzipien her sehr ähnlich konstruiert. Die Bindung der Liganden löst in den Rezeptoren Konformationsänderungen aus, die dann eine biochemische Aktivität entweder der Rezeptoren selbst oder von assoziierten Proteinen bewirken. Daraufhin werden zusätzliche Komponenten der Signalkaskade aktiviert, was schließlich die sekundären Reaktionen der Zelle auslöst. Dabei kann es sich um Veränderungen der Aktivität von Ionenkanälen, der Genexpression oder des Zytoskeletts handeln. So öffnet z.B. der Azetylcholinrezeptor nach Bindung des Liganden einen intrinsischen Ionenkanal, der zur Depolarisation der postsynaptischen Plasmamembran und somit zur Erregungsweiterleitung führt. In einigen Rezeptormolekülen werden durch Ligandenbindung Tyrosinkinasen und -phosphatasen oder durch die Umwandlung von GTP zum Second Messenger cGMP Guanylatzyklasen aktiviert. Durch andere Rezeptorklassen werden G-Proteine aktiviert. Diese bestehen aus 3 Untereinheiten (α, β, γ) und sind

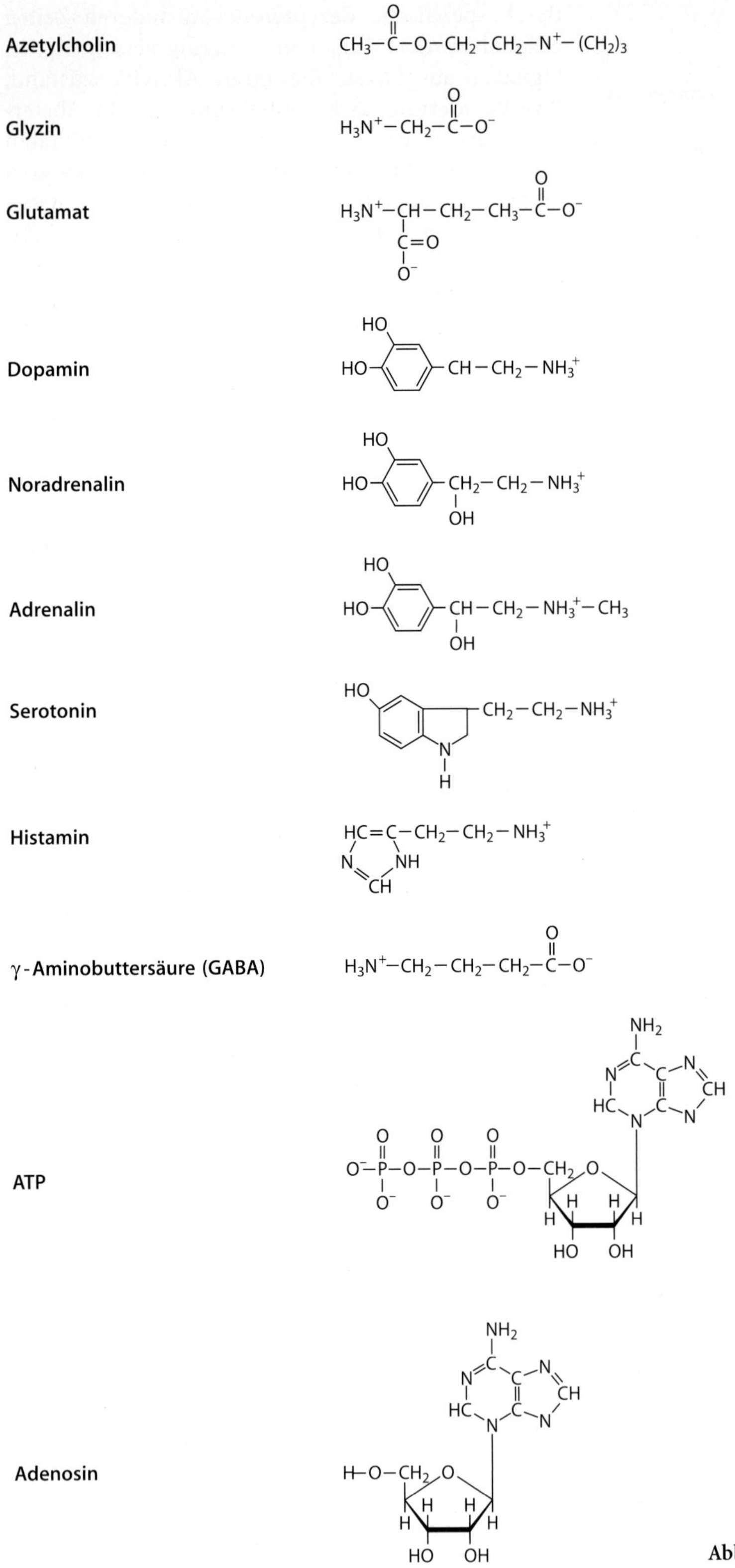

Abb. 1.1.29. Struktur wichtiger Neurotransmitter

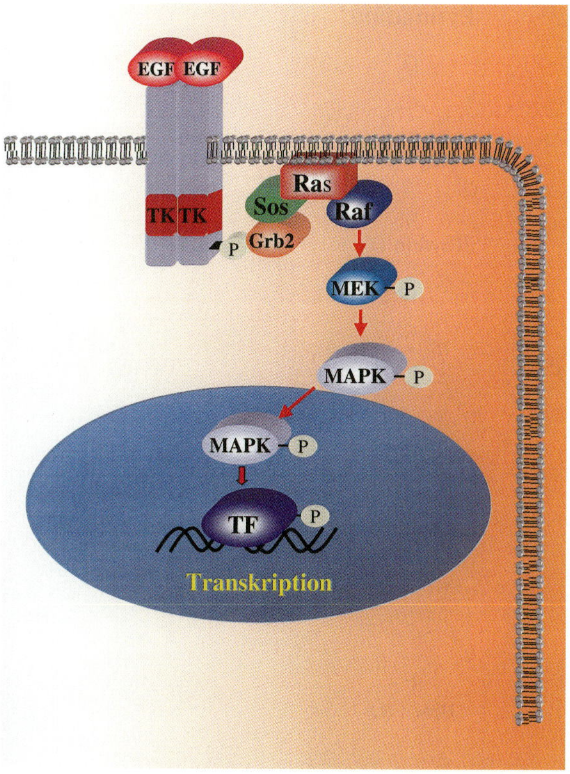

Abb. 1.1.30. Signalübertragung durch Tyrosinkinaserezeptoren am Beispiel des EGF-Rezeptors. Der EGF-Rezeptor ist ein Transmembranprotein, das in der extrazellulären Domäne die Bindungsstelle für *EGF* enthält und im zytoplasmatischen Teil eine Tyrosinkinasedomäne. Durch die Bindung von *EGF* dimerisieren die Rezeptoren und können sich gegenseitig an bestimmten Tyrosinen phosphorylieren. Die Phosphotyrosine (*P*) bilden Andockungsstellen für zytoplasmatische Adaptorproteine, wie *Grb2*. Durch weitere Proteinassoziationen kommt es zur Rekrutierung und damit Aktivierung der Proteinkinase *Raf*, die dann eine Kaskade von weiteren Proteinkinasen aktiviert. Die MAP-Kinase (*MAPK*) aktiviert schließlich durch Phosphorylierung spezifische Transkriptionsfaktoren (*TF*) im Zellkern, was zur Transkription von Zielgenen führt

im inaktiven Zustand mit GDP beladen. Nach der Aktivierung durch Rezeptoren, deren Peptidkette die Membran 7-mal durchspannt, wird GDP durch GTP ausgetauscht und die aktive α-Untereinheit wird frei. Sie aktiviert oder inaktiviert – je nach Art des G-Proteins – Enzyme, wie z.B. die Adenylatzyklase, die aus ATP den Second Messenger cAMP herstellt, oder die Phospholipase C, die ein Membranlipid in 2 ebenfalls als Second Messenger agierende Moleküle, das Diacyglyzerol (DAG) und das Inositol-1,4,5-Triphosphat (IP_3), spaltet. Die Second Messenger wiederum können, wie cAMP, direkt die Genexpression beeinflussen, andere Second Messenger regulieren, wie IP_3 die Kalziumionenfreisetzung aus intrazellulären Speichern, oder Phosphorylierungskaskaden auslösen, wie DAG, das die Proteinkinase C zusammen mit Kalziumionen aktivieren kann.

Rezeptortyrosin- und -Serin-Threonin-Kinasen dimerisieren nach Anlagerung des Hormons und werden dadurch aktiv (Abb. 1.1.30). Im Fall der Tyrosinkinasen, die durch Wachstumsfaktoren stimuliert werden, erfolgt zunächst eine wechselseitige Phosphorylierung der beiden Tyrosinkinasen. An die resultierenden Phosphotyrosine können verschiedene Substratproteine andocken, die dann weitere biochemische Reaktionen katalysieren. Durch diese Wege kann eine direkte Modulation der Genexpression erfolgen. Durch die Aktivierung anderer Substrate der Tyrosinkinasen können aber auch Veränderungen des Zytoskeletts ausgelöst werden. Ein einziger Ligand ist somit aufgrund der multiplen Interaktionen zur Auslösung verschiedener zellulärer Antworten fähig.

Eine Sonderform der Signaltransduktion ist die Wirkungsweise von Steroidhormonen, die aufgrund ihrer chemischen Eigenschaften die Membran durchdringen können und im Zytoplasma an Rezeptoren binden, die dadurch eine andere Konformation einnehmen, in den Zellkern wandern und direkt die Genexpression der Zelle beeinflussen können.

1.1.2 Von der DNA zum Protein – Molekulare Grundlagen des Lebens

1.1.2.1 Struktur der DNA

Gene, die Erbanlagen der Zelle, sind Abschnitte auf der DNA, die die Information für die regulierte Produktion einer Ribonukleinsäure (RNA) oder eines Proteins enthalten. DNA ist ein langkettiges Molekül aus 4 Nukleotidmonomeren, das jedes aus

- einer Base [Adenin (A), Guanin (G), Cytosin (C) und Thymin (T)],
- einem Zucker (Desoxyribose) und
- einem Phosphatmolekül besteht (Abb. 1.1.31).

Die genetische Information ist in der Abfolge der Bausteine wie in einer Schrift gespeichert. Die DNA liegt jedoch nicht als einzelner Strang vor, sondern ein 2. Strang ist in einer Doppelhelix mit dem 1. Strang assoziiert. Die Verbindung zwischen den beiden Strängen wird durch Basenpaarungen zwischen A und T sowie G und C gewährleistet.

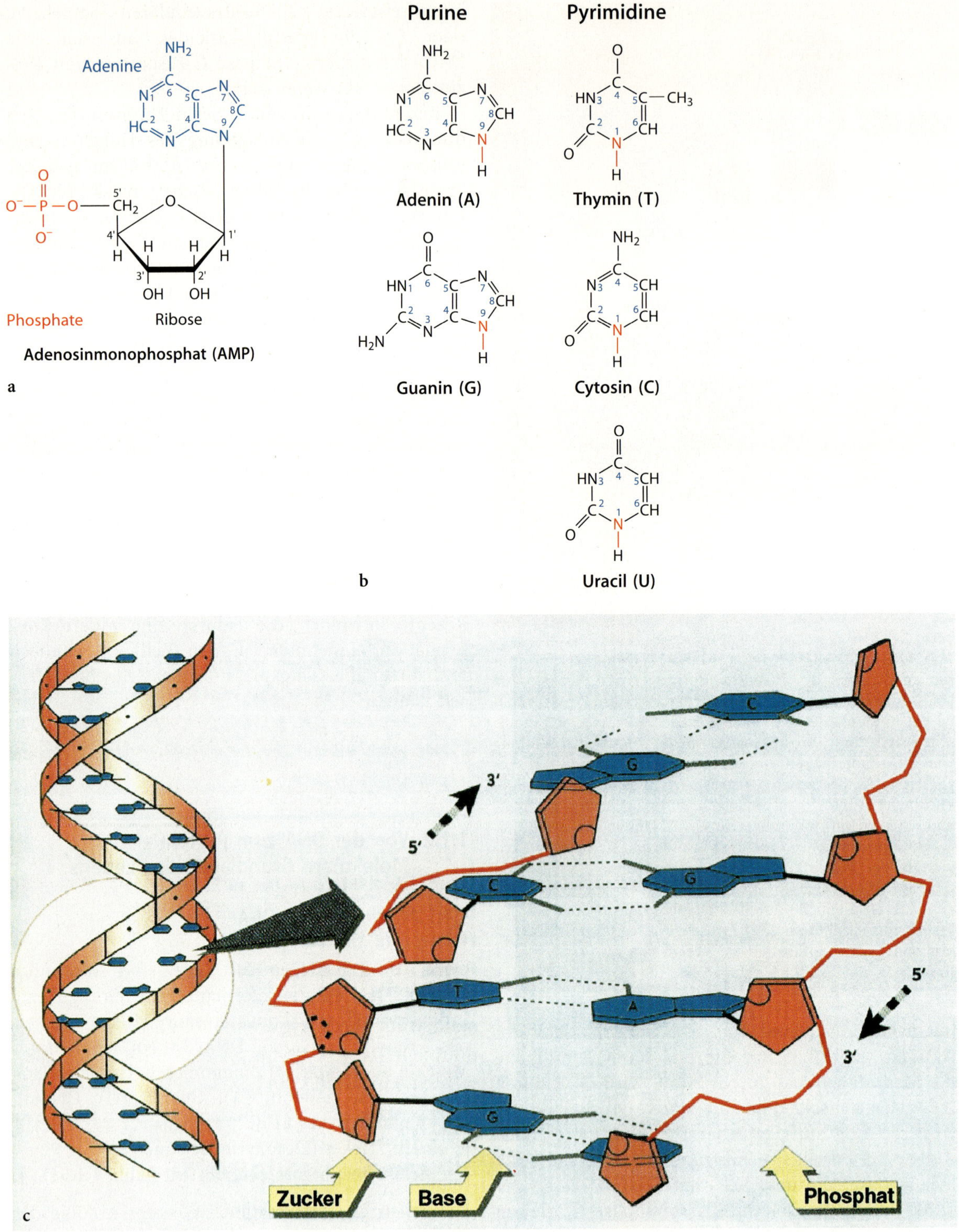

Abb. 1.1.31 a–c. Struktur eines typischen (RNA)-Nukleotids (*AMP*, **a**) aus Base (*blau*), Zucker (*schwarz*) und Phosphat (*rot*) und den in DNA (*A, G, C, T*) und RNA (*A, G, C, U*) vorkommenden Basen (**b**). Wiedergegeben mit Genehmigung aus Lodish et al. (1995), S 102–103. **c** Struktur der DNA-Doppelhelix. Zucker- und Phosphatreste bilden das Rückgrat der beiden Stränge, die antiparallel über Wasserstoffbrückenbindungen zwischen den Basen zur Doppelhelix verbunden sind. Wiedergegeben mit Genehmigung aus Lewin (1994), S 93

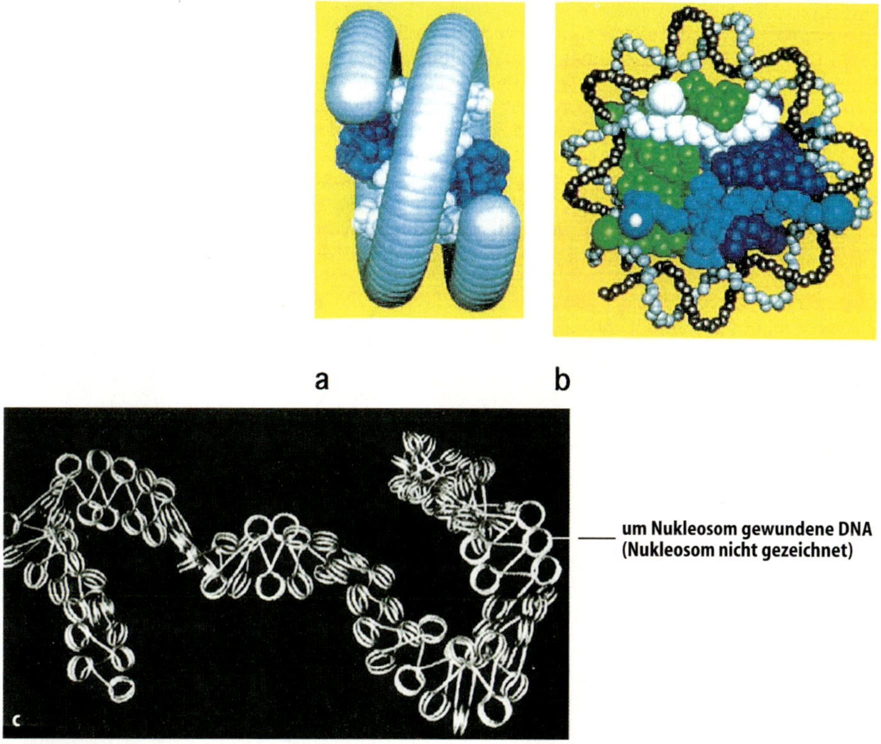

Abb. 1.1.32 a–c. Struktur des Nukleosoms und des 30-nm-Solenoids, **a** Seildarstellung des Nukleosoms und der DNA, **b** Doppelhelix aus Nukleosom und DNA. Histone: *hellblau* H2A, *dunkelblau* H2B, *grün* H3, *weiß* H4. Wiedergegeben mit Genehmigung aus Arents u. Moudrianakis (1993). **c** Potenzielle Zick-Zack-Struktur des 30-nm-Solenoids. Wiedergegeben mit Genehmigung aus Woodcock u. Horowitz (1995)

Die G-C-Paarung erfolgt über 3 Wasserstoffbrückenbindungen und ist deshalb stabiler als die A-T-Paarung, die nur 2 Wasserstoffbrückenbindungen enthält. Da G immer nur mit C und A immer nur mit T paart, enthalten beide Stränge der Doppelhelix die gleiche Information; der eine Strang ist nur eine Art Negativ des anderen. Daraus folgt, dass bei Trennung beider Stränge jeder einzelne als Matrize zur Herstellung einer, mit dem Ausgangsmolekül identischen Doppelhelix dienen kann.

Im Kern einer eukaryontischen Zelle liegt DNA nicht als ausgestreckte Doppelhelix vor, sondern wird durch die Interaktion mit spezifischen Proteinen in einer kondensierten Überstruktur, dem Chromatin, organisiert. Zunächst winden sich Abschnitte von 146 Nukleotiden um eine Scheibe, das Nukleosom, das aus je 2 Molekülen der Histone 2A, 2B, 3 und 4 besteht (Abb. 1.1.32 a, b). Diese Nukleosomen sind auf der DNA wie auf einer Perlenschnur angeordnet, wobei sie einen Abstand von etwa 50 Nukleotiden einhalten. Hierbei handelt es sich wahrscheinlich um die aktive Form der DNA, in der ihre Information abgeschrieben und vervielfältigt werden kann. Die Zugänglichkeit der DNA für solche Prozesse wird durch Azetylierung von basischen Lysinresten in den Histonen erleichtert, da dadurch deren Assoziation mit den sauren Phosphatgruppen der DNA gestört wird. Darüber hinaus gibt es Chromatin modulierende Proteinkomplexe, die in einer ATP-abhängigen Reaktion Nukleosomen von der DNA verdrängen können.

Durch die Interaktion der Nukleosomen mit dem Histon H1 bildet sich eine weitere Überstruktur, das 30-nm-Solenoid, dessen Geometrie noch nicht völlig geklärt ist. Wahrscheinlich handelt es sich nicht, wie bisher angenommen, um eine regelmäßige Helix, in die sich die Perlenschnur des DNA-Nukleosomen-Komplexes aufwindet, sondern um eine unregelmäßigere Zick-Zack-Struktur (Abb. 1.1.32 c). Im Abstand von 30 000–100 000 Nukleotiden bindet die so aufgefaltete DNA über spezifische Sequenzen, die SAR (scaffold attachment regions), an die nukleäre Matrix, die z. T. aus dem Enzym Topoisomerase 2 besteht (Abb. 1.1.33). Dieses Enzym ist wichtig, wenn ein DNA-Doppelstrang zur Anfertigung einer Kopie getrennt und

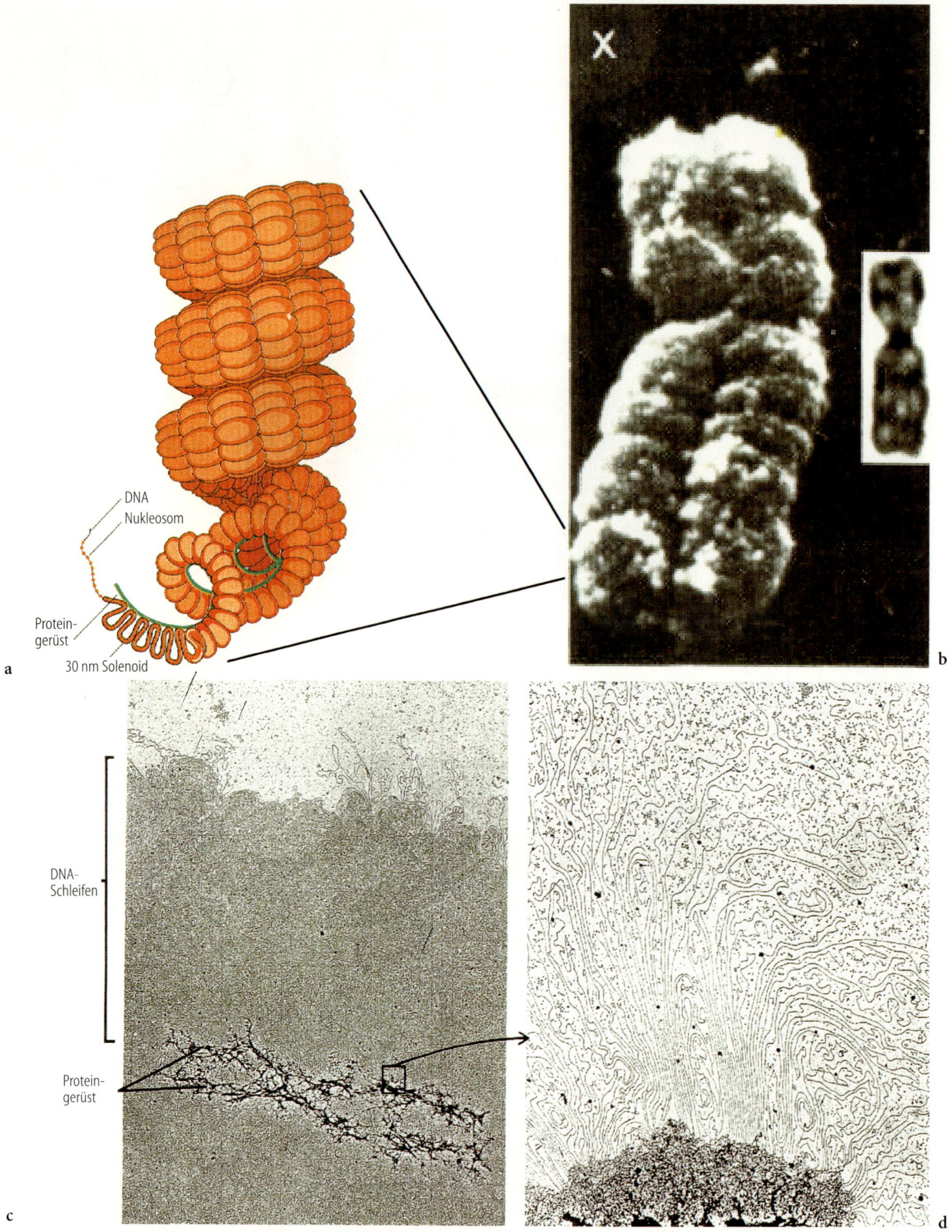

Abb. 1.1.33 a–d. Struktur des Metaphasechromosoms. Das 30-nm-Solenoid bindet in unregelmäßigen Abständen über SAR an ein Proteingerüst, das die DNA durch weitere Auffaltung noch enger packt (**a**), bis ein Metaphase-(X)-Chromosom entsteht (**b**). Wiedergegeben mit Genehmigung aus Darnell et al. (1990), S 372. **c, d** Nach leichter Detergenzbehandlung wird in der elektronenmikroskopischen Aufnahme das Proteingerüst mit den daran gebundenen DNA-Schleifen sichtbar. Wiedergegeben mit Genehmigung aus Lodish et al. (1995), S 372

entwunden wird, wobei sich angrenzend an die entwundene Stelle überdrehte Bereiche ausbilden, die die weitere Entwindung hemmen. Das Enzym kann die doppelsträngige DNA schneiden, die überdrehten Enden entwinden und wieder verbinden. Abschnitte zwischen 2 SAR sind also durch Topoisomerasemoleküle flankiert und werden dadurch in ihrer helikalen Spannung vom restlichen DNA-Molekül entkoppelt. Es wird angenommen, dass diese Bereiche auch funktionell getrennt sind, dass also Gene in ihnen gemeinsam reguliert und repliziert werden. Bei der Zellteilung wird durch Überspiralisierung des Proteingerüsts die DNA noch stärker kondensiert, und es entstehen die bereits im Lichtmikroskop sichtbaren Metaphasechromosomen, die dann auf die beiden Tochterzellen verteilt werden (Abb. 1.1.33 a).

Im Interphasekern können aufgrund der Anfärbbarkeit der DNA durch bestimmte Farbstoffe bzw. der Elektronendichte im Elektronenmikroskop das Heterochromatin vom Euchromatin unterschieden werden. Heterochromatin erscheint dunkler als das Euchromatin. Es ist häufig mit der Kernlamina assoziiert und enthält offenbar stärker kondensierte inaktive DNA, während im Euchromatin aktive DNA konzentriert ist.

1.1.2.2 Replikation

Bevor sich die Zelle teilen kann, muss sie zuerst im Prozess der Replikation ihre DNA kopieren. Die Replikation beginnt an einigen tausend, über das ganze Genom verteilten Replikationsursprüngen (auch *Ori* genannt), an die neben Initiationsfaktoren das Enzym Helikase bindet und die Stränge entspiralisiert, gefolgt von der Primase, einem Enzym, das an der DNA-Matrize eine kurze Ribonukleinsäure(RNA)-Kopie, einen Primer, erzeugt (Abb. 1.1.34). Dieser dient als Ansatzpunkt für die DNA-abhängige DNA-Polymerase α (Pol α), die den DNA-Strang durch Anlagerung von Nukleosidtriphosphaten unter Abspaltung von Pyrophosphat verlängert. Vom Ori aus werden beide Stränge in beide Richtungen repliziert. Da die Verlängerung der neuen DNA-Stränge nur am 3′-Ende erfolgen kann, ist die Synthese je einer Richtung unproblematisch und folgt der Wanderung der Replikationsmaschinerie entlang der Doppelhelix. Dabei übernimmt die DNA-Polymerase δ (Pol δ) von der Polymerase α die Verlängerung des neuen Strangs. Auf dem Gegenstrang erfolgt die Neusynthese entgegen der Richtung der sich öffnenden DNA-Doppelhelix. Dieser Strang wird in kurzen,

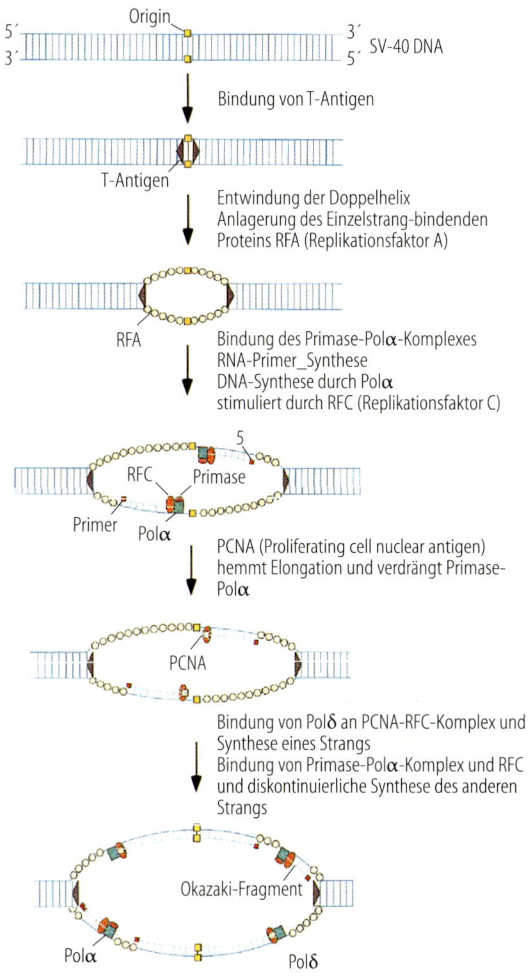

Abb. 1.1.34. Schema der eukaryontischen Replikation am Beispiel des Affenvirus SV40 (weitere Erläuterungen s. Text). Wiedergegeben mit Genehmigung aus Lodish et al. (1995), S 379

von Primase und Polymerase α synthetisierten Stücken, den Okazaki-Fragmenten, synthetisiert, die durch Ersetzen der RNA durch DNA und Zusammenkleben der Stücke durch DNA-Ligase zu einem Strang verschmelzen. An den Enden der Chromosomen, den Telomeren, ergibt sich dabei das Problem, dass die RNA-Primer nicht mehr durch DNA ersetzt werden können, wodurch sich die Chromosomen bei jeder Replikation an den Enden verkürzen. Sie besitzen jedoch dort eine funktionslose hochrepetitive Sequenz aus einigen Hundert Wiederholungen von GGTTAG, sodass zunächst keine wichtigen Gene betroffen sind. Dennoch ist dieser Verlust an DNA wahrscheinlich an der Alterung und am Tod von Zellen beteiligt.

Einige Zellen, z. B. Keimzellenvorläufer, aber auch Tumorzellen aktivieren daher eine Telomerase, ei-

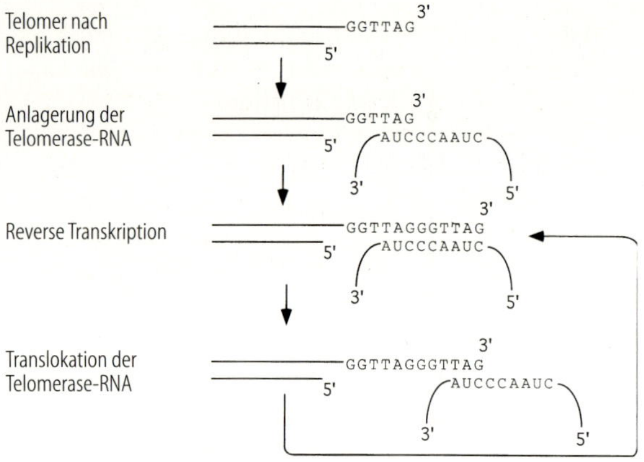

Abb. 1.1.35. Mechanismus der durch Telomerase ausgelösten Wiederherstellung der Telomeren nach Replikation. Der nach der unvollständigen Replikation am Telomer überhängende DNA-Einzelstrang wird durch wiederholte Anlagerung der Telomerase und reverse Transkription entlang der Telomerase-RNA verlängert und kann danach wieder als Ansatzpunkt für die Replikationsmaschinerie dienen

Tabelle 1.1.2. Typen von DNA-Schäden

Schaden	Mögliche Ursachen
Fehlende Base	Depurinierung durch Säure oder Hitze
Falsche Base	Ionisierende Strahlung, alkylierende Agenzien
Insertion oder Deletion von Basen	Alkylierende Agenzien
Pyrimidindimere (meist Thymidin)	UV-Strahlung verursacht Zyklobutylringbildung benachbarter Thymidine
Strangbrüche	Ionisierende Strahlung, freie radikale oder chemische Substanzen brechen die Phosphodiesterbindung
Strangbrücke	Kovalente Verknüpfung zweier Stränge durch bifunktionelle alkylierende Agenzien

nen Komplex aus einer 560 Basen langen RNA mit Proteinen (Abb. 1.1.35). Dieses Ribonukleoproteinpartikel (RNP) hybridisiert mit seinem RNA-Anteil an das nach der Replikation überstehende Ende des als Matrize dienenden DNA-Einzelstrangs. An der RNA entlang wird der DNA-Strang durch die Reverse-Transkriptase-Aktivität der Telomerase verlängert, wobei entsprechend der RNA-Sequenz ein weiteres Mal GGTTAG angehängt wird. Daran bindet die gleiche RNA und startet einen erneuten Elongationszyklus. Ist der neu synthetisierte DNA-Einzelstrang lang genug, kann ein neues Okazaki-Fragment initiiert werden und die Länge des Chromosoms bleibt erhalten.

1.1.2.3 Mutation und Reparatur

Bei der DNA-Synthese auftretende Fehler können teilweise von der Polymerase δ selbst repariert werden, indem sie rückwärts die neu synthetisierte DNA abbaut und erneut synthetisiert. Darüber hinaus besitzen Zellen weitere DNA-Reparaturmechanismen für Schäden, die sich durch Umwelteinflüsse in der DNA anhäufen (Tabelle 1.1.2). Dabei wird meist das defekte Stück herausgeschnitten und von der DNA-Replikationsmaschinerie neu synthetisiert. Dennoch bleiben auch nach dem Korrekturlesen einige solcher Veränderungen (Mutationen) der DNA erhalten und werden an die Tochterzellen weitergegeben. Wenn dies in der befruchteten Eizelle geschieht, kann es manchmal zu phänotypischen Veränderungen im entstehenden Organismus kommen, die meist als Erbkrankheiten offensichtlich werden. Dann wird von dominanten Mutationen gesprochen. Meist sind Genmutationen aber rezessiv, d.h. sie treten nicht in Erscheinung, da jede Zelle eine intakte 2. Version (Allel) des betroffenen Gens enthält. In seltenen Fällen bringen Mutationen jedoch sogar Vorteile und setzen sich in der Evolution durch. Die Replikationsmaschinerie darf also nicht perfekt sein, wenn eine evolutionäre Höherentwicklung von Organismen erwünscht ist.

Da im Genom der höheren Eukaryonten jedoch nur ein kleiner Teil der DNA aus Genen besteht – der größere Teil sind oft hochrepetitive, funktionell wahrscheinlich unwichtige Sequenzen – wirken sich Mutationen meist überhaupt nicht auf den Phänotyp aus, führen aber zu Polymorphismen, d.h. interindividuellen Unterschieden auf dem Genom, die in der genetischen Forschung genutzt werden können.

1.1.2.4 Zellzyklus

Der Zellzyklus einer eukaryontischen Zelle wird in 4 Hauptphasen unterteilt: In der G_1-Phase erfolgt die Vorbereitung der Zellen auf die DNA-Replikation, die in der S-Phase stattfindet (Abb. 1.1.36). Danach schließt sich die G_2-Phase an, auf die die Mitose folgt, die wiederum in verschiedene Stufen unterteilt ist. Die Chromosomen kondensieren in

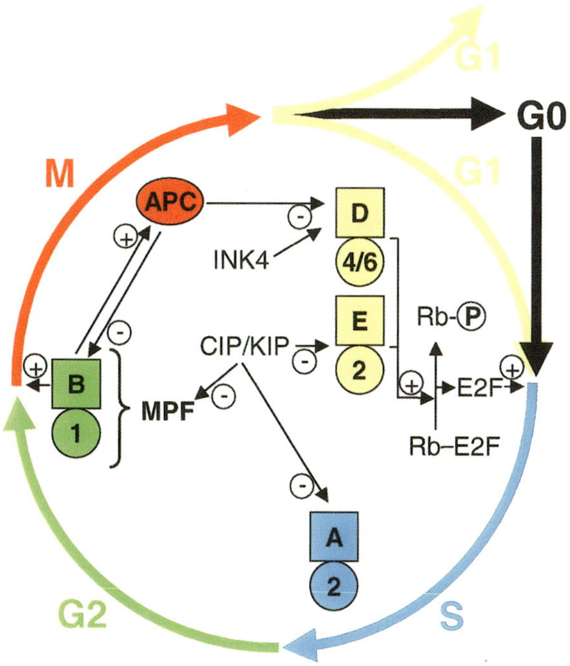

Abb. 1.1.36. Schema des Zellzyklus. *Quadrate* Cycline *A*, *B*, *D* und *E*, *Kreise* mit den Cyclinen assoziierte cyclinabhängige Proteinkinasen (CDK) *1*, *2*, *4* und *6*. Die Farben der Komplexe entsprechen den Farben der Zellzyklusphasen während derer sie akkumulieren und dadurch die nächste Phase initiieren, *APC* anaphase promoting complex; *MPF* maturation (oder M-Phase) promoting factor (weitere Erläuterungen s. Text)

der Prophase und werden in der Metaphase im Zentrum der Zelle aneinander ausgerichtet. In der folgenden Anaphase werden die Schwesterchromatiden mit Hilfe von Mikrotubuli auseinander gezogen. Es schließt sich die eigentliche Zellteilung, die Zytokinese an.

Die meisten Zellen eines Organismus durchlaufen gar keinen Zellzyklus, sondern befinden sich in der Ruhephase, der G_0-Phase. Nur wenn sie durch Wachstumsfaktoren zur Vermehrung stimuliert werden, gelingt es ihnen, diesen Block zu überwinden, sie überqueren den so genannten Restriktionspunkt, und ein voller Zellzyklus wird durchlaufen. Die Zugabe von Wachstumsfaktoren induziert zunächst die Expression von so genannte „early response genes", wie z.B. *c-fos* und *c-jun*. Deren Genprodukte wiederum regulieren die Expression der „delayed response genes", die für die eigentliche Regulation des Zellzyklus verantwortlich sind. Dazu gehören zunächst die Proteine Cyclin D und E, die in der G_1-Phase produziert werden und die cyclinabhängigen Kinasen 2, 4 und 6 (CDK2, CDK4, CDK6), die durch Cycline aktiviert werden. Die Kinasen phosphorylieren und inhibieren u.a. das Protein Rb. Dieses inhibiert den Faktor E2F, der für die Expression von Polymerasen, Desoxyribonukleotid synthetisierenden Enzymen und Replikationsinitiationsfaktoren, also Komponenten, die für die Replikation benötigt werden, verantwortlich ist. Wird Rb phosphoryliert, entfällt die Hemmung von E2F, und der Eintritt in die S-Phase kann durch E2F induziert werden. Rb bleibt während des restlichen Zellzyklus phosphoryliert. Erst wenn nach der Mitose die Cycline und CDK abgebaut werden, wird es wieder dephosphoryliert. Schon während der S-Phase wird Cyclin E massiv abgebaut und die neu synthetisierten Cycline A und B binden an das frei werdende CDK2. Nach Abschluss der Replikation geht die Zelle in die G_2-Phase über, während der sich immer mehr Cyclin B anhäuft, bis seine Konzentration einen Schwellenwert übersteigt und die Zelle in die M-Phase übergeht, die Mitosephase. Cyclin B bildet zusammen mit CDK1 den Mitose auslösenden Faktor MPF (maturation promoting factor), der nukleäres Lamin phosphoryliert (Abb. 1.1.6) und damit dessen Depolymerisation und die Auflösung der Kernmembran verursacht. Darüber hinaus aktiviert er während der Mitose ein Protein degradierendes System, den APC (anaphase promoting complex), das sowohl ihn selbst durch Proteolyse von Cyclin B zerstört als auch die Anaphase, also die Auftrennung der Chromosomenhälften (Chromatiden) in die Tochterzellen, auslöst. Der APC stimuliert die Übertragung von mehreren Einheiten des kurzen Polypeptids Ubiquitin auf Cycline und andere Komponenten. Dadurch werden diese Proteine vom Proteasom, einem Komplex aus intrazellulären Proteasen, erkannt und abgebaut. Wird durch eine vorschnelle Aktivierung des Mechanismus die Anaphase zu früh gestartet, kann es zu Chromosomenfehlverteilungen kommen und damit z.B. zu Trisomien in Tochterzellen. Nach der Mitose gehen die beiden Tochterzellen wieder in die G_1-Phase über und durchlaufen erneut den Zellzyklus, solange der mitogene Stimulus anhält.

Der Zellzyklus wird durch eine Reihe von Faktoren inhibiert. Zum Beispiel assoziieren INK4- Proteine mit Cyclin-CDK-Komplexen der G_1-Phase und inhibieren diese, während CIP-KIP-Proteine, wie z.B. p21CIP, alle Cyclin-CDK-Komplexe blockieren. p21CIP spielt eine wichtige Rolle bei der Kontrolle der DNA-Integrität während des Zellzyklus. Um zu verhindern, dass DNA, die durch mutagene Agenzien geschädigt ist, auf die Tochterzellen übertragen wird, kann der Zellzyklus durch p21CIP angehalten werden. Dies ermöglicht die Reparatur der DNA oder die Entfernung der geschädigten Zelle durch Apoptose (s. 1.1.3.3). Entscheidend daran beteiligt ist das Protein p53, das die Expression von p21CIP nach DNA-Schädigung induziert.

1.1.2.5 Onkogene und Tumorentstehung

Ein Zellzyklus kann aber auch ohne exogenen Stimulus ausgelöst werden, wenn in einer Zelle Mutationen in proliferationsregulierenden Genen auftreten, die zu Aktivitätsänderungen ihrer Produkte führen. Die betroffene Zelle beginnt sich unkontrolliert zu teilen und bildet einen Tumor. Gene, deren mutierte Form Krebs auslösend sein kann, werden Onkogene genannt und kodieren meist für Proteine, die in mitogenen Signalwegen eine Rolle spielen, wie Wachstumsfaktoren und ihre Rezeptoren, Enzyme in Second-Messenger-Systemen, genexpressions- und zellzyklusregulierende Proteine (Tabelle 1.1.3). Durch Mutation in diesen Genen werden die Produkte häufig konstitutiv aktiv, d.h. sie unterliegen nicht mehr der normalen negativen Regulation, die ihre Aktivität oder Expression zeitlich einschränkt. Zum Beispiel können Rezeptortyrosinkinasen, die normalerweise durch Wachstumsfaktoren stimuliert werden müssen, nach Mutation unabhängig vom Vorhandensein dieser Faktoren Signale in die Zelle geben und damit den Zellzyklus stimulieren.

Einige Onkogene sind als Bestandteil Krebs erzeugender Retroviren entdeckt worden. Diese besitzen ein RNA-Genom, das sie nach Infektion einer Zelle durch eine mitgebrachte Reverse Transkriptase in DNA umschreiben, die in das Genom der Zelle integrieren kann (Abb. 1.1.37). Dort kann das Virusgenom zelluläre Gene aufnehmen und nach Transkription der DNA in RNA und Freisetzung in andere Zellen mitschleppen. Dabei haben Viren, die ein aktiviertes Onkogen in sich tragen, einen Selektionsvorteil, da die infizierte Zelle sich zu teilen beginnt und damit das Retrovirus schon auf der DNA-Ebene vermehrt.

Tumorsuppressorgene kodieren für Proteine, deren Verlust nach Mutation zum unkontrollierten Zellwachstum führt. Sie wirken rezessiv, d.h. beide Allele eines Gens müssen mutiert sein, um einen Phänotyp, d.h. einen Tumor auszulösen. Dazu gehören Faktoren, die den Zellzyklus hemmen, wie die oben erwähnten Proteine Rb und p53. Ein Ausfall von Rb, z.B. durch Mutation beider Allele, führt nämlich, wie die Inaktivierung von Rb durch CDK4, zur Auslösung einer S-Phase und damit zur Zellteilung und Tumorbildung. Es gibt familiär

Tabelle 1.1.3. Onkogene

Onkogen	Lokalisation	Funktion
abl	Zytoplasma und Kern	Tyrosinkinase
crk	Zytoplasma	Tyrosinkinaseaktivator
erbA	Zytoplasma	Thyroidhormonrezeptor
erbB	Plasmamembran	EGF-Rezeptor, Tyrosinkinase
ets	Kern	Transkriptionsfaktor
fes (*fps*)	Zytoplasma	Tyrosinkinase
fgr	Zytoplasma	Tyrosinkinase
fms	Plasmamembran	CSF-1-Rezeptor, Tyrosinkinase
fos	Kern	Transkriptionsfaktor
jun	Kern	Transkriptionsfaktor
kit	Plasmamembran	Tyrosinkinase
mas	Plasmamembran	G-Protein-gekoppelter Rezeptor
met	Plasmamembran	Tyrosinkinase
mil/*raf*	Zytoplasma	Serin-Threonin-Kinase
mos	Zytoplasma	Serin-Threonin-Kinase
myb	Kern	Transkriptionsfaktor
myc	Kern	Transkriptionsfaktor
neu (*erbB-2*)	Plasmamembran	Tyrosinkinase
Ha-*ras*	Plasmamembran	G-Protein
Ki-*ras*	Plasmamembran	G-Protein
N-*ras*	Plasmamembran	G-Protein
rel	Zytoplasma und Kern	Transkriptionsfaktor
ros	Plasmamembran	Tyrosinkinase
sea	Plasmamembran	Tyrosinkinase
sis	extrazellulär	Wachstumsfaktor
ski	Kern	Transkriptionsfaktor
src	Zytoplasma	Tyrosinkinase
yes	Zytoplasma	Tyrosinkinase

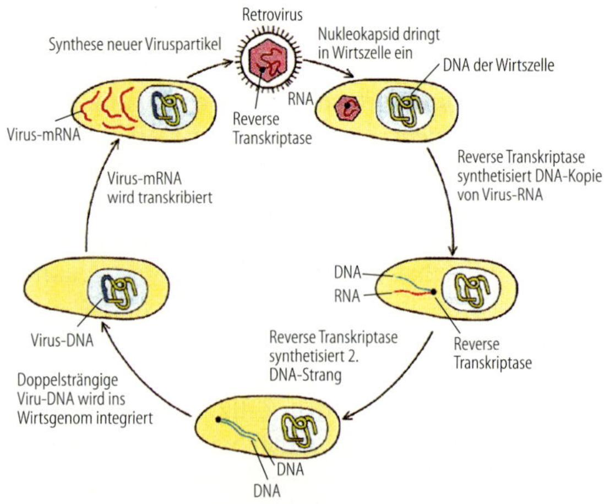

Abb. 1.1.37. Lebenszyklus eines Retrovirus. Wiedergegeben mit Genehmigung aus Lodish et al. (1995), S 212

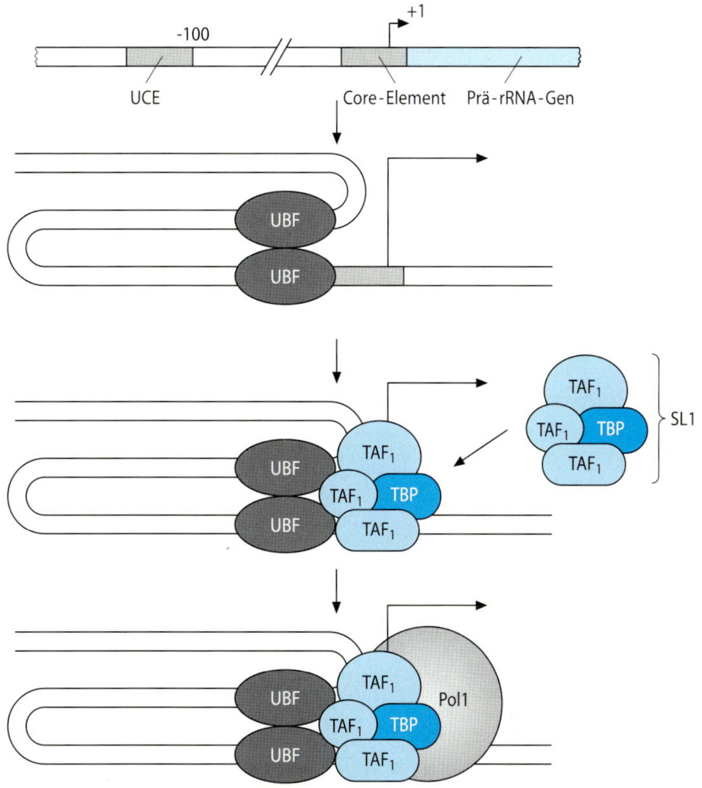

Abb. 1.1.38. Initiation der Transkription an einem rRNA-Gen. Der Upstream-binding-Faktor (*UBF*) bindet als Dimer an das Upstream-control-Element (*UCE*) und das Core-Element direkt an der Initiationsstelle. Danach binden das TATA-Box bindende Protein (*TBP*) und mit TBP assoziierte Faktoren (*TAF*). Dieser SL1-Komplex bindet die RNA-Polymerase I (*PolI*), die die Transkription des rRNA-Gens durchführt. Wiedergegeben mit Genehmigung aus Lodish et al. (1995), S 470

vererbte Tumorarten wie die familiäre adenomatöse Polyposis coli, bei der ein Allel eines Tumorsuppressorgens, hier des APC-Gens, mutiert an die Nachkommen weitergegeben wird. Dies ist die Grundlage einer genetischen Prädisposition für Krebs, da eine einzelne Mutation im anderen Allel (loss of heterozygosity: LOH) einer einzelnen somatischen Zelle ausreicht, die Tumorentstehung auszulösen.

1.1.2.6 Transkription

Um die in der DNA gespeicherte Information in Funktion umzusetzen, stellt die Zelle zunächst eine Abschrift der DNA in Form von RNA her. Dieser als Transkription bezeichnete erste Schritt in der Expression eines Gens unterliegt einer komplexen Regulation. Reguliert wird dabei hauptsächlich die Bindung der RNA-Polymerase an den Startpunkt der Transkription. Eukaryontische Zellen besitzen 3 verschiedene RNA-Polymerasen, die unterschiedliche Klassen von Genen transkribieren. Die RNA-Polymerase I ist für die Synthese der 3 größeren ribosomalen RNA (rRNA) verantwortlich (Abb. 1.1.38), RNA-Polymerase II transkribiert alle Protein kodierenden Gene und die Gene für einige kleine RNA-Moleküle (Abb. 1.1.39), und RNA-Polymerase III produziert die kleinste rRNA, alle Transfer-RNA-(tRNA-) und weitere kleine RNA-Moleküle (Abb. 1.1.40).

Initiation. Alle 3 Polymerasen besitzen distinkte, durch die Sequenz der DNA und mit ihr interagierende Proteine definierte Ansatzstellen, die Promotoren. Transkriptionsfaktoren genannte Proteine binden spezifisch an die Promotorsequenzen und werden ihrerseits wieder von der jeweiligen RNA-Polymerase erkannt und in einem Initiationskomplex gebunden. Die Transkriptionsfaktoren sind für alle 3 RNA-Polymerasen verschieden, mit Ausnahme eines Proteins, das in allen Initiationskomplexen vorkommt, das TATA-Box bindende Protein (TBP). Es war ursprünglich gefunden worden als das Protein mit der zentralen Rolle bei der Bildung des Initiationskomplexes an die häufigsten Promotoren. Diese werden von der RNA-Polymerase II transkribiert und enthalten etwa 30 Basenpaare (bp) vor dem Startpunkt, die nach ihrer Sequenz benannte TATA-Box (Abb.1.1.39). An diese bindet das TBP als Komplex mit einem TBP-assoziierten Faktor (TAF) als Transkriptionsfaktor IID (TFIID). Danach

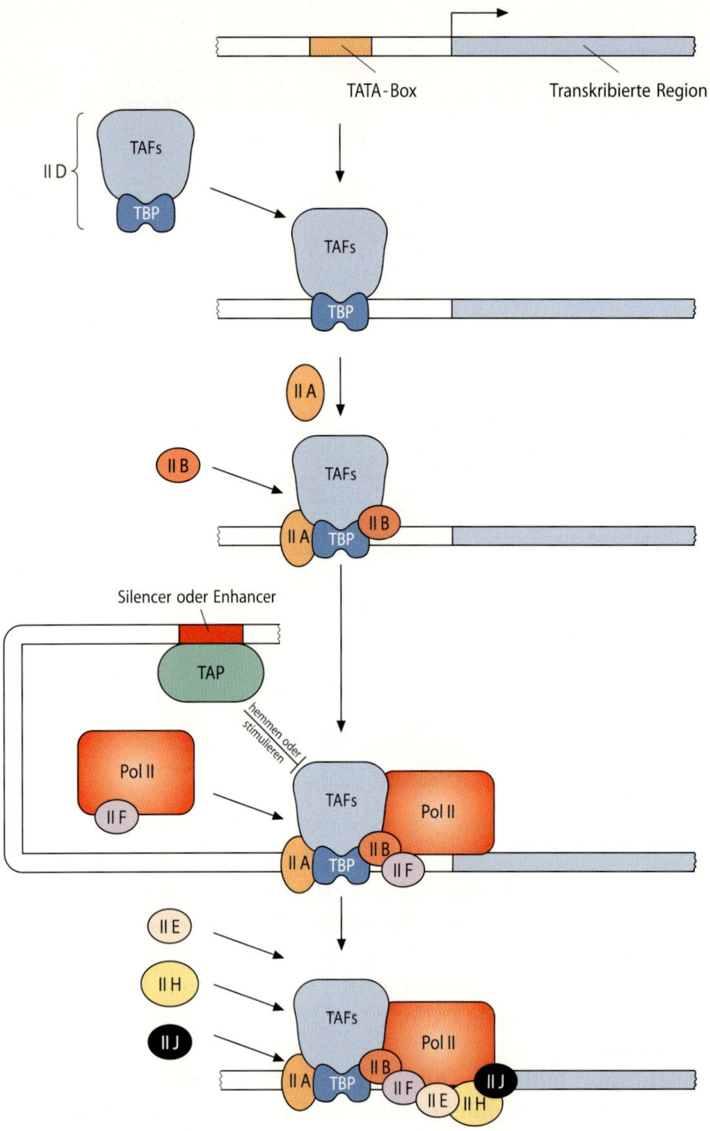

Abb. 1.1.39. Initiation der Transkription an einem mRNA kodierenden Gen. An die TATA-Box bindet *TFIID*, bestehend aus *TBP* und *TAF*. Weitere Initiationsfaktoren assoziieren (*TFIIA*, *TFIIB*), und die RNA-Polymerase II bindet als Komplex mit *TFIIF*. Dieser Schritt wird durch *trans*-aktive Proteine (*TAP*), die an andere *cis*-aktive Elemente auf dem gleichen DNA-Molekül binden und mit den *TAF* wechselwirken, reguliert. Je nach der Wirkung dieser Elemente werden sie Enhancer oder Silencer genannt. Vor dem Start der Transkription binden die Transkriptionsfaktoren *TFIIE*, *TFIIH* und *TFIIJ*. Wiedergegeben mit Genehmigung aus Lodish et al. (1995), S 454

lagern sich die Transkriptionsfaktoren IIA und IIB und die RNA-Polymerase II zusammen mit TFIIF an. Aber erst nach der Bindung von TFIIE, TFIIH und TFIIJ kann die Transkription beginnen.

Regulation. Die Aktivität dieser Transkriptionsfaktoren und damit die Bildung des Initiationskomplexes kann durch *trans*-aktive regulierende Proteine beeinflusst werden (Abb. 1.1.39). Diese binden an spezifische Sequenzen, die meist innerhalb der ersten Kilobasen (kb) 5′ vom Transkriptionsstartpunkt eines Gens liegen, die aber auch viel weiter entfernt im Gen selbst oder in dessen 3′-Region lokalisiert sein können. Je nachdem, ob der Einfluss auf die Transkription hemmend oder stimulierend ist, werden diese Bindungsstellen *Silencer* oder *Enhancer* genannt. Dabei sind meist die Orientierung der Bindestelle und ihre Entfernung vom Promotor für die Aktivität irrelevant, da die dazwischen liegende DNA eine Schleife bildet,

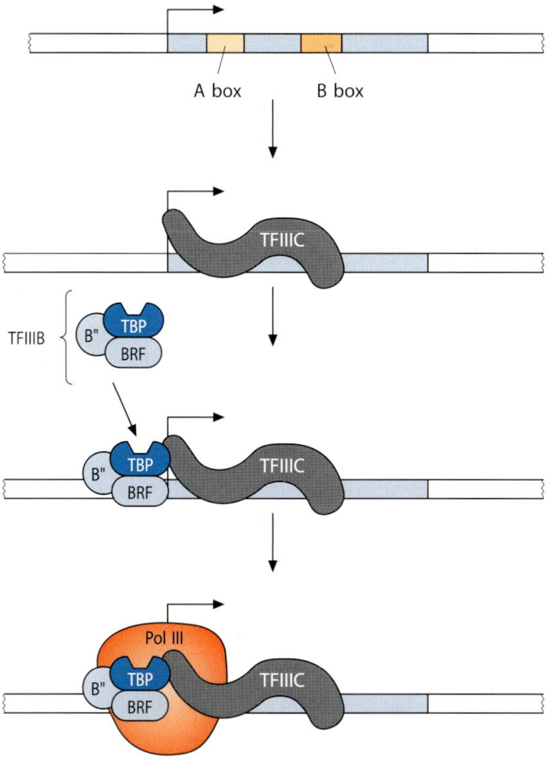

Abb. 1.1.40. Initiation der Transkription an einem Hefe-tRNA-Gen. Transkriptionsfaktor IIIC (*TFIIIC*) bindet an 2 Sequenzabschnitte im tRNA-Gen, die A- und die B-Box. Nach Anlagerung des TFIIIB-Komplexes kann RNA-Polymerase III binden und das tRNA-Gen transkribieren. Wiedergegeben mit Genehmigung aus Lodish et al. (1995), S 472

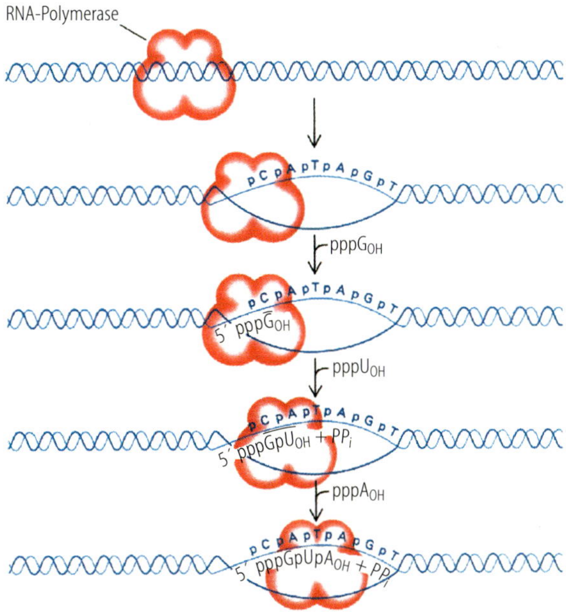

Abb. 1.1.41. Schema der Transkriptionselongation. Die RNA-Polymerase synthetisiert die RNA in 5'-3'-Richtung durch Anlagerung des zur DNA-Vorlage komplementären Nukleotidtriphosphats und Abspaltung eines Pyrophosphatrests (*PP$_i$*). Wiedergegeben mit Genehmigung aus Lodish et al. (1995), S 116

wenn der den Enhancer bindende Transkriptionsfaktor mit dem basalen Transkriptionsfaktor am Promotor wechselwirkt. Obwohl alle Zellen eines Organismus identische, regulatorische Sequenzen geerbt haben, können sie doch durch Veränderungen in der Konzentration und in der Aktivität von Transkriptionsfaktoren Gene unterschiedlich exprimieren. So gibt es DNA-Sequenzelemente, die von nur in bestimmten Zelltypen produzierten Transkriptionsfaktoren erkannt werden und damit gewebespezifisch die Transkription des Gens aktivieren. Hormonresponsive Elemente aktivieren die Genexpression nur beim Vorhandensein eines bestimmten Hormons. So liegen Steroidrezeptoren im Zytosol der Zelle mit einem Inhibitor komplexiert vor, bis das passende Hormon durch die Plasmamembran in die Zelle gelangt, den Inhibitor vom Rezeptor verdrängt und dadurch dessen Import in den Kern und dessen Interaktion mit den spezifischen responsiven Elementen ermöglicht. Andere Hormone vermitteln über ihre Rezeptoren die Phosphorylierung von Transkriptionsfaktoren und regulieren damit die Genexpression (Abb. 1.1.30).

Die in Vertebraten auftretende Methylierung von 50–80% der Cytosinreste in der Basenabfolge CG korrespondiert ebenfalls oft mit der Ausschaltung von Genen insbesondere beim *Imprinting* und bei der Inaktivierung der meisten Gene eines der beiden X-Chromosomen in weiblichen Tieren. Während beim Imprinting einige Gene nur auf einem Chromosom transkribiert werden, wobei genspezifisch entweder immer nur das von der Mutter stammende (maternale) oder immer nur das vom Vater stammende (paternale) Allel als Matrize dienen, wechselt die parentale Herkunft des inaktivierten X-Chromosoms von Zelle zu Zelle. Der Zusammenhang zwischen Methylierung und Geninaktivierung ist, wie die Funktion dieser Prozesse, noch ungeklärt.

Elongation und Termination. Nachdem der Initiationskomplex am Promotor gebildet ist, wandert er entlang eines Strangs der DNA, wobei TFIIH als Helikase die beiden Stränge der Doppelhelix entwindet und synthetisiert eine RNA-Kopie des Gens in 5'-3'-Richtung (Abb. 1.1.41). Diese Kopie entspricht genau der Basenabfolge des DNA-Gegen-

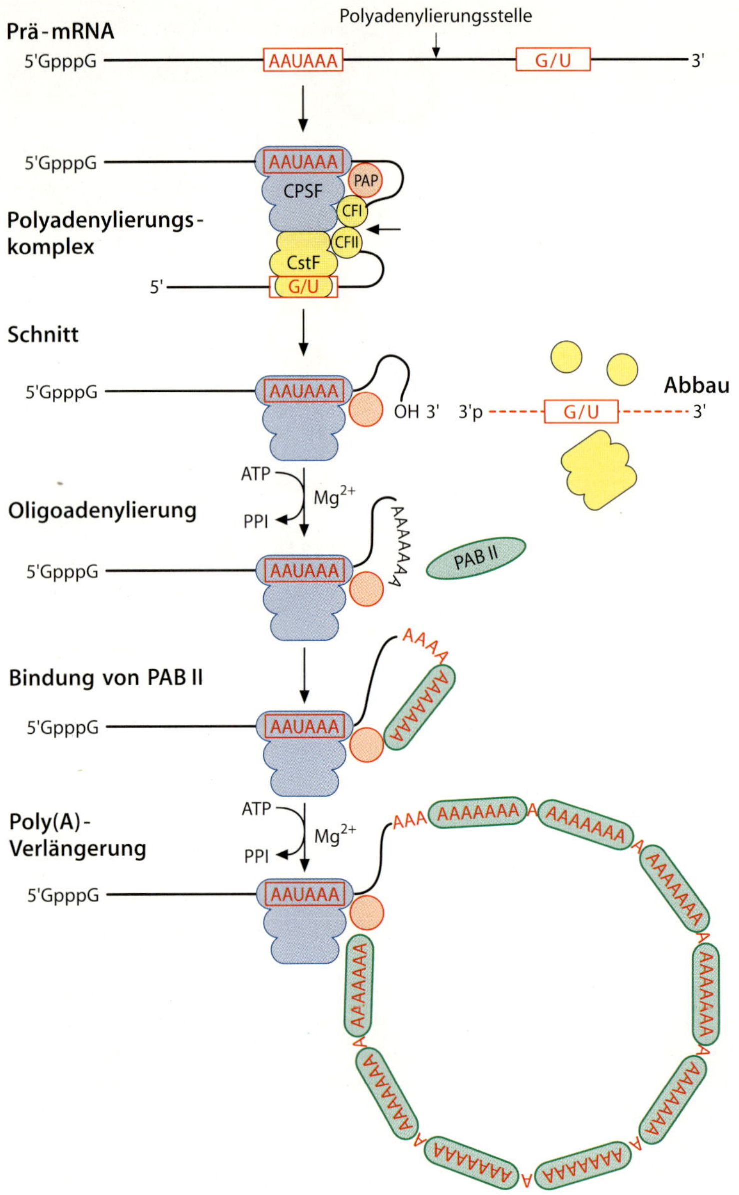

Abb. 1.1.42. Schema der Polyadenylierung von Prä-mRNA. Cleavage-and-polyadenylation-specific-Faktor (*CPSF*) bindet an das Polyadenylierungssignal *AAUAAA* und der Cleavage-stimulatory-Faktor (*CStF*) bindet an die GU-reiche Region 3′ von der Polyadenylierungsstelle. 2 Cleavage-Faktoren (*CFI* und *CFII*) bilden mit *CPSF* und *CStF* und der Poly(A)-Polymerase (*PAP*) den Polyadenylierungskomplex. Die RNA wird gespalten, *CFI*, *CFII* und *CStF* dissoziieren ab, und das abgespaltene 3′-Ende wird abgebaut. *PAP* hängt etwa 12 Adenosinreste an, das Poly(A)-bindende Protein II (*PABII*) bindet und stimuliert die weitere Polyadenylierung durch PAP. Wiedergegeben mit Genehmigung aus Keller (1995)

strangs mit der Ausnahme, dass Thymin in der RNA durch Uracil (U) ersetzt ist (Abb. 1.1.31). Die Termination der Transkription erfolgt durch spezifische DNA-Sequenzen. Bei RNA-Polymerase III handelt es sich um eine T-reiche Region und bei RNA-Polymerase I um eine 18 bp lange Sequenz, die von einem Terminationsfaktor erkannt wird. Für die RNA-Polymerase II ist die Termination nicht völlig geklärt. Für sie ist die Polyadenylierungsstelle die erste Region, nach welcher sie terminieren kann; die Terminierung erfolgt aber oft erst einige hundert bp weiter.

Um das 3′-Ende der RNA exakt zuzuschneiden, bindet an der Polyadenylierungsstelle ein aus mehreren Untereinheiten bestehender Faktor (Abb. 1.1.42). 2 verschiedene Untereinheiten erkennen

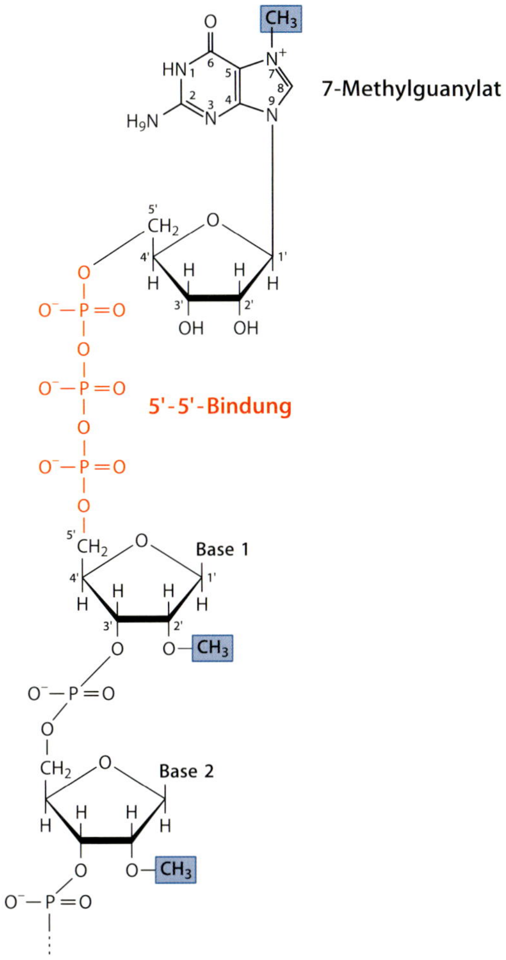

Abb. 1.1.43. Struktur des 5′-Endes eukaryontischer mRNA (Cap). Über eine 5′-5′-Triphosphatbrücke (*rot*) wird während der Transkription durch ein spezifische Capping-Enzym ein methyliertes Guanosin (*blau*) an die 5′-terminalen Basen angehängt, die oft methyliert sind. Wiedergegeben mit Genehmigung aus Lodish et al. (1995), S 119

dabei die beiden für diese Stelle spezifischen Sequenzabschnitte, AAUAAA kurz vor der Schnittstelle und eine GU-reiche Region kurz hinter der Schnittstelle. Dazwischen schneidet der Faktor die mRNA und erlaubt die Bindung der Poly(A)-Polymerase, eines Enzyms, das ans Ende der mRNA 200–250 A-Reste anhängt. Diese schützen die mRNA vor dem Angriff exonukleolytischer RNAsen. Am 5′-Ende der RNA übernimmt die Cap-Struktur, ein dort über eine 5′-5′-Triphosphat-Gruppe gebundenes, methyliertes Guanosin (Abb. 1.1.43), die gleiche Aufgabe. Die Cap-Struktur wird kurz nach dem Start der Transkription von einem spezifischen Enzym angekoppelt und bildet de facto ein 2. 3′-Ende.

1.1.2.7 Prozessierung der Primärtranskripte

Die Produkte der Aktivität aller 3 RNA-Polymerasen, die Primärtranskripte, müssen weiter prozessiert werden, um reife funktionsfähige RNA zu erhalten. Prä-tRNA werden am 5′-Ende verkürzt und erhalten am 3′-Ende zusätzlich die Basensequenz CCA angehängt, an die später die Aminosäure angekoppelt werden kann (Abb. 1.1.44). Außerdem werden etwa 10% der Basen einer Prä-tRNA chemisch modifiziert, z. B. durch Methylierung. Einige tRNA besitzen darüber hinaus Introns. Dies sind Sequenzabschnitte im Innern eines Vorläufer-RNA-Moleküls, die in der reifen Form nicht mehr vorkommen und von Exons flankiert sind, die nach der Prozessierung das aktive RNA-Molekül bilden. Das Herausschneiden der Introns aller RNA-Moleküle erfolgt im Zellkern. Unprozessierte RNA-Moleküle können nicht ins Zytoplasma gelangen. Bei den Prä-tRNA werden die Enden des Introns durch die Faltung des Primärtranskripts nahe zueinander gebracht, durch eine spezifische Endonuklease geschnitten und die Exons durch eine Ligase wieder verbunden.

Die Prä-rRNA enthält alle 3 großen rRNA-Moleküle in einem Primärtranskript. Schon die Transkription findet in den Nukleoli statt, wo die Primärtranskripte sofort mit spezifisch bindenden Proteinen und RNA-Protein-Komplexen, den kleinen nukleolären Ribonukleoproteinpartikeln (snoRNP), assoziieren. Danach werden sie in mehreren Schritten gespalten, wobei Sequenzen zwischen den reifen rRNA-Molekülen, die Spacer, herausgeschnitten werden (Abb. 1.1.45). Es entstehen die reife 18S-rRNA, die mit den assoziierten Proteinen die kleine 40S-Untereinheit des Ribosoms bildet, und die 28S- und 5,8S-rRNA, zu denen die außerhalb des Nukleolus von RNA-Polymerase III produzierte 5S-rRNA hinzustößt und mit den assoziierten Proteinen die große 60S-Untereinheit des Ribosoms bildet. Beide Untereinheiten werden getrennt durch die Kernporen ins Zytoplasma geschleust. Im Gegensatz zu höheren Eukaryonten enthalten die Prä-rRNA einiger Protozoen, wie *Tetrahymena thermophila*, Introns im Vorläufer für die größte rRNA. Diese Introns sind in der Lage, sich selbst ohne Beteiligung von Proteinen aus den Prä-rRNA herauszuschneiden, was auf der katalytischen Aktivität in ihnen enthaltener RNA-Sequenzen, der Ribozyme, beruht (Abb. 1.1.46).

Auch die Herstellung und Prozessierung von RNA-Polymerase-II-Transkripten ist auf wenige Stellen im Kern beschränkt, an denen sich alle beteiligten Faktoren ansammeln. Schon in der frühen

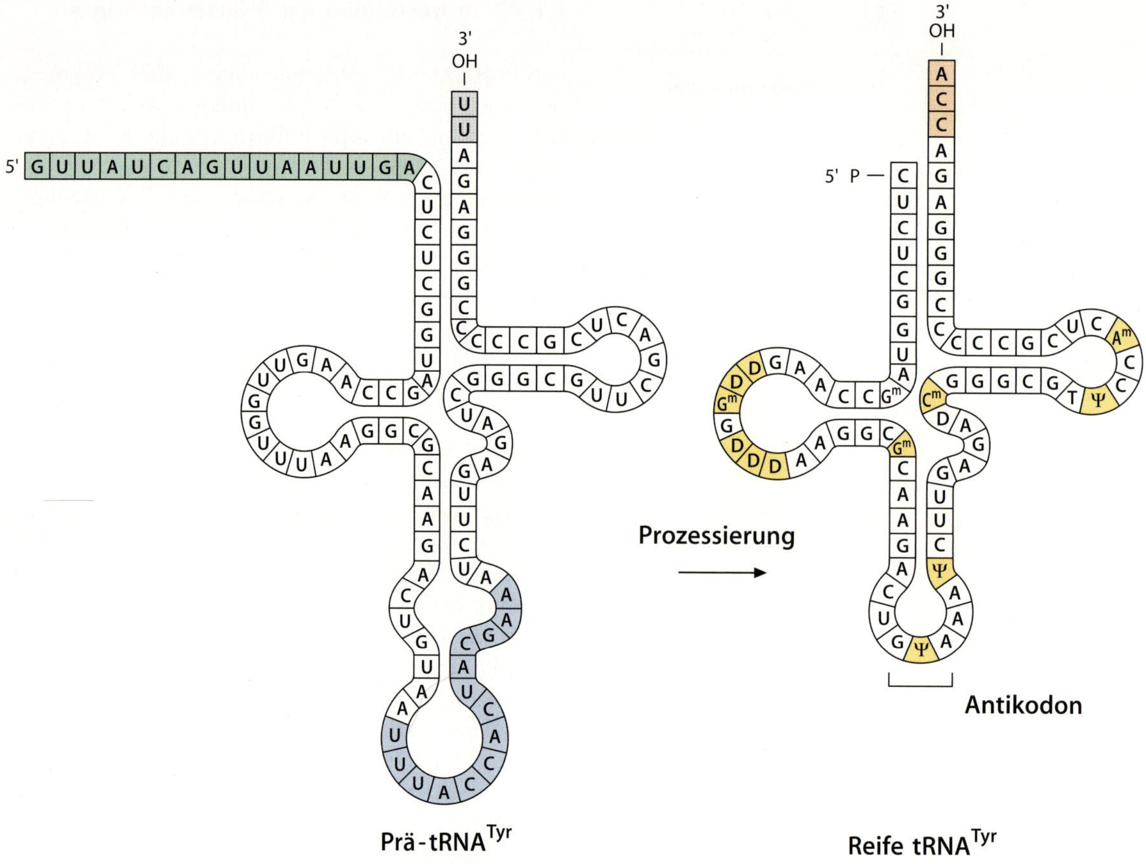

Abb. 1.1.44. Prozessierung von Tyrosin-Prä-tRNA. Ein 14 Nukleotide langes Intron (*blau*) wird entfernt, 16 Nukleotide (*grün*) werden am 5′-Ende durch RNAse P abgeschnitten und U-Reste am 3′-Ende werden durch CCA (*rot*) ersetzt. Mehrere Nukleotide (*gelb*) werden chemisch modifiziert (veränderte Basen: *D* Dihydrouridin, *Ψ* Pseudouridin). Wiedergegeben mit Genehmigung aus Lodish et al. (1995), S 533

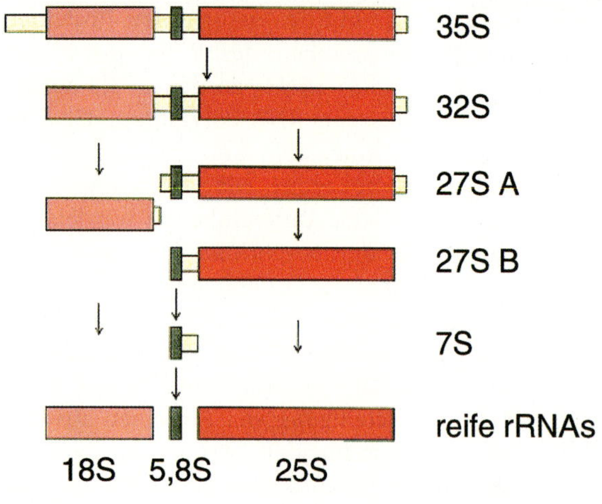

Abb. 1.1.45. Prozessierung der Prä-rRNA in Hefe. Ein gemeinsamer Vorläufer wird über mehrere Zwischenstufen zu den 3 reifen rRNA abgebaut. Wiedergegeben mit Genehmigung aus Lodish et al. (1995), S 530

Phase der Transkription lagern sich an das Primärtranskript Proteine an. Sie bilden mit der Prä-mRNA die hnRNP, die heterogenen nukleären Ribonukleoproteinpartikel. Mit diesen hnRNP interagieren snRNP (small nuclear ribonucleoprotein particles), die die snRNA U1, U2, U4, U5 und U6 enthalten (Abb. 1.1.47). Der gesamte Komplex aus hnRNP und snRNP wird auch Spleißosom genannt, da in ihm der Vorgang des Prozessierens oder Spleißens der Prä-mRNA erfolgt. Zunächst bindet das U1-snRNP mit Hilfe des Proteins ASF/SF2 durch spezifische Basenpaarung an das 5′-Ende des Introns und das 3′-Ende des davor gelegenen Exons, die Spleißdonorstelle (Abb. 1.1.47b). Das 3′-Ende des Introns, die Spleißakzeptorstelle, ist ebenfalls durch eine bestimmte Abfolge von Basen definiert, die von dem Protein U2AF erkannt wird, das wiederum die Assoziation des U2-snRNP vermittelt. In Vertebratengenen mit meist kurzen Exons (50–300 bp) und mehrere kb langen Introns

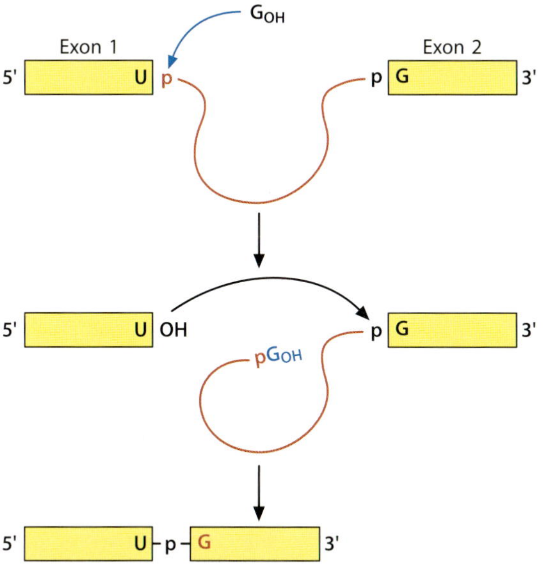

Abb. 1.1.46. Selbstspleißen von Introns der Gruppe I von *Tetrahymena*. Ein Guanosin (*blau*) interagiert als Kofaktor bei der Spleißreaktion, die die beiden Exons (*gelb*) verbindet und das Intron (*rot*) freisetzt. Wiedergegeben mit Genehmigung aus Darnell et al. (1990), S 1208

werden Exons wahrscheinlich „definiert", indem U1- und U2-snRNP, unterstützt durch Exon bindende Serin-Arginin-reiche (SR-)Proteine, miteinander interagieren, um die korrekten Spleißakzeptor- und -donorstellen und damit die Exons zu finden. Durch Anlagerung eines Komplexes aus U4-, U5-, U6-snRNP wird das Spleißosom komplettiert. Spleißdonor- und -akzeptorstelle werden durch das U5-snRNP zusammengeführt, wobei das dazwischen liegende Intron eine Schleife ausbildet. Die Exon-Intron-Grenze an der Spleißdonorstelle wird gespalten, und das 5′-Ende des Introns bindet über eine 2′-5′-Verbindung an den Verzweigungspunkt, der einige Basen vor dem 3′-Ende des Introns liegt. Danach wird auch die Intron-Exon-Grenze an der Spleißakzeptorstelle gespalten, das 3′-Ende des einen Exons mit dem 5′-Ende des anderen Exons verbunden und das nun in einer Lasso- oder Lariatstruktur vorliegende Intron mit den snRNP freigesetzt. Während das Intron sofort von Ribonukleasen verdaut wird, werden die snRNP in weiteren Prozessierungsrunden wieder verwendet. Der biologische Sinn dieser aufwändigen Prozessierung, bei der in manchen RNA weit mehr als 20 Introns und mehr als 3/4 der Primärtranskriptsequenzen entfernt werden, ist nicht völlig geklärt. Möglicherweise bietet es einen evolutionären Vorteil, funktionell wichtige Genbereiche durch unwichtige Sequenzen voneinander zu trennen und dadurch die Neukombination funktioneller Abschnitte auf DNA-Ebene zu erleichtern. Darüber hinaus erlaubt diese Exon-Intron-Struktur alternatives Spleißen, ein Vorgang, bei dem durch die Aktivität alternativer Spleißfaktoren (ASF) zusätzlich Exons eingebaut oder aber aus der reifen mRNA herausgelassen werden können. Dies eröffnet für die Zelle die Möglichkeit, von einem Gen mehrere verschiedene Genprodukte zu erhalten.

Das gleiche Ziel hat vermutlich das RNA-Editing, bei dem einige wenige Prä-mRNA schon vor dem Spleißen im Kern sequenzspezifisch modifiziert werden, wobei C in U, U in C oder A in Inosin (I) umgewandelt werden können.

Sobald die mRNA vollständig prozessiert ist, wird sie durch die Kernporen ins Zytoplasma geschleust, wobei nukleäre, Cap bindende Proteine den Transport vermitteln. Im Zytoplasma dissoziieren die nukleären, RNA bindenden Proteine von der mRNA, und zytoplasmatische Proteine nehmen ihren Platz ein, darunter das Poly(A)-bindende Protein, das das 3′-Ende der RNA bedeckt.

1.1.2.8 Translation und genetischer Kode

Übersicht. Sobald die prozessierte mRNA ins Zytoplasma gelangt ist, beginnt die Translation, der Prozess der Übersetzung der auf ihr in der Sprache der 4 Nukleotide gespeicherten Information in die Sprache der Proteine mit ihren 20 Aminosäuren (Abb. 1.1.48). Als die kleinste mögliche Zahl werden dabei 3 Nukleotide zu einem Wort zusammengefasst, das für eine Aminosäure kodiert (Abb. 1.1.49). Außerdem gibt es ein Startkodon (AUG), das gleichzeitig für Methionin kodiert, und 3 Stoppkodons (UAA, UAG und UGA), die das Ende des Proteins anzeigen. Die Nukleotidtripletts auf der mRNA werden dabei von komplementären Tripletts, den Antikodons, auf den tRNA erkannt (Abb. 1.1.44). Für die Kodon-Antikodon-Bindung ist das 3. Nukleotid des Kodontripletts oft nicht entscheidend, da das Antikodon bei einigen tRNA an der homologen Stelle ein I trägt, das mit A, C und U paaren kann. Darüber hinaus können G und U zusätzlich zu ihren normalen Partnern Basenpaarungen miteinander eingehen. Das führt zur Redundanz des Kodes, da eine tRNA mehrere Kodons erkennen kann, sodass etwa 50 tRNA statt der erwarteten 61 (4^3 mögliche Tripletts minus 3 Stoppkodons) in Eukaryonten vorkommen, immer noch bedeutend mehr als für die 20 Aminosäuren eigentlich erforderlich wären. Aminoacyl-tRNA-

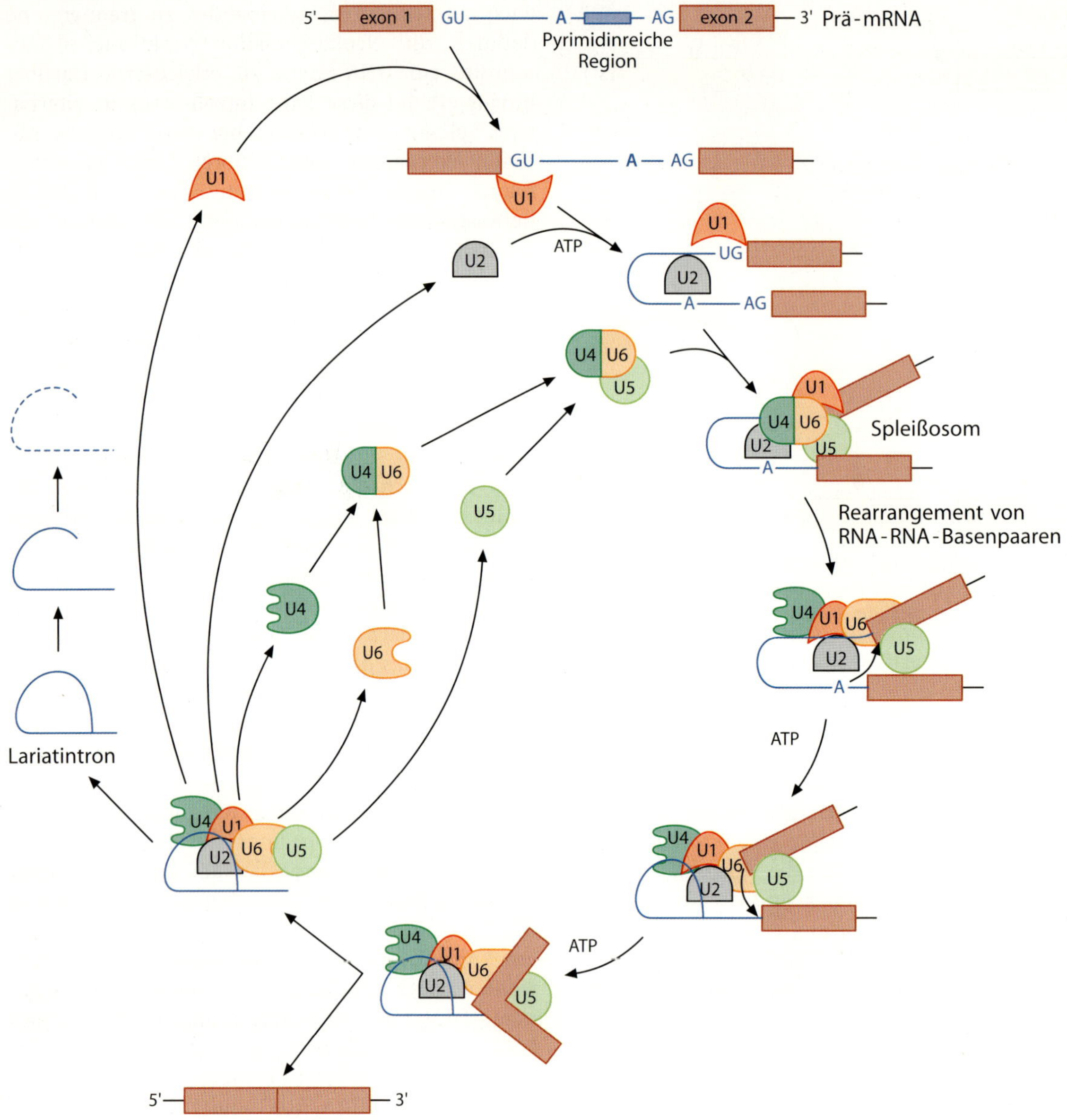
5'
exon 1
GU
A
AG
exon 2
3' Prä-mRNA
Pyrimidinreiche Region
U1
U2
ATP
U4
U6
U5
Spleißosom
Rearrangement von RNA-RNA-Basenpaaren
ATP
ATP
Lariatintron
5'
3'
gespleißte Exons

a

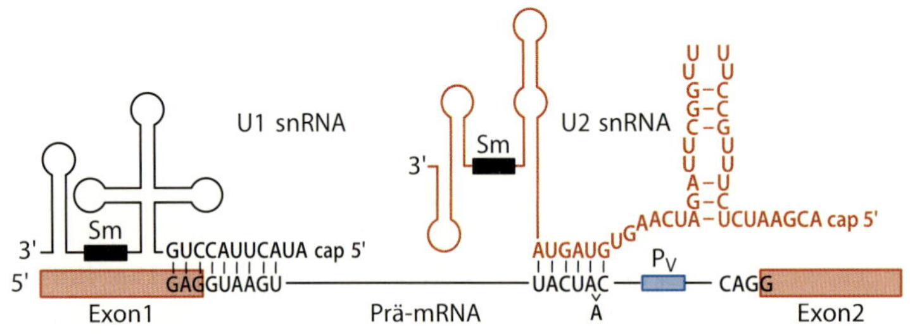
U1 snRNA
U2 snRNA
Sm
3'
5'
GUCCAUUCAUA cap 5'
GAGGUAAGU
AUGAUGUGAACUA–UCUAAGCA cap 5'
UACUAC
A
P_V
CAGG
Exon1
Prä-mRNA
Exon2

b

Abb. 1.1.47

Synthetasen sind dafür verantwortlich, dass die tRNA-Moleküle mit einem bestimmten Antikodon mit einer definierten Aminosäure an ihrem 3′-Ende beladen werden, und setzen damit den genetischen Kode fest (Abb. 1.1.50). Ribosomen stabilisieren die Kodon-Antikodon-Wechselwirkung zwischen mRNA und tRNA und verknüpfen die an tRNA gebundenen Aminosäuren entsprechend der Abfolge der Kodons auf der mRNA. Im Einzelnen läuft der Vorgang der Proteinsynthese folgendermaßen ab:

Initiation

Die mRNA wird zunächst von einem Proteinkomplex aus eukaryontischen Initiationsfaktoren (eIF) an ihrer Cap-Struktur gebunden. An diesen lagert sich die 40S-Untereinheit an, die ebenfalls bereits mehrere eIF, GTP sowie die mit Methionin beladene und das Startkodon AUG erkennende Initiator-tRNA, trägt (Abb. 1.1.51). Die Zelle kann auf dieser Stufe ihre gesamte Proteinsynthese durch Phosphorylierung des eIF-2 regulieren, da phosphorylierter eIF-2 die Bindung von GTP nicht zulässt. Der 48S-Initiationskomplex bewegt sich entlang des 5′-Endes der RNA (scanning), bis die Methionyl-tRNA auf das AUG-Startkodon stößt. In den meisten Fällen ist dies das erste AUG-Kodon auf der mRNA. Da aber auch die benachbarten Nukleotide bei der Erkennung eine Rolle spielen, können ein oder mehrere AUG-Kodons übergangen werden. Der nichtkodierende 5′-Bereich kann je nach mRNA-Spezies einige wenige bis über tausend Nukleotide lang sein und durch Ausbildung von Sekundärstrukturen eine wichtige Rolle in der Regulation der Proteinsynthese und damit der Genexpression spielen. Sobald die 40S-Untereinheit mit der Methionyl-tRNA an das Startkodon gebunden hat, assoziiert die große 60S-Untereinheit, GTP wird zu GDP gespalten und die eIF dissoziieren ab.

Elongation und Termination

Nach Abschluss der Initiation befindet sich die Methionyl-tRNA am ribosomalen Peptidyl-tRNA-Bindungsort (P-Ort) (Abb. 1.1.52). Das Ribosom besitzt eine weitere tRNA-Bindungsstelle, den Akzeptorort oder A-Ort, an die die für das nächste Kodon spezifische Aminoacyl-tRNA bindet. Die beiden an benachbarte tRNA gebundenen Aminosäuren werden durch die Peptidyltransferaseaktivität des Ribosoms kovalent über eine Peptidbindung verknüpft. Die Aktivität eines eukaryontischen Elongationsfaktors (eEF) rückt das Ribosom auf der mRNA 3 Nukleotide weiter vor (Translokation), wobei die am P-Ort gebundene tRNA zunächst an die 3. ribosomale tRNA-Bindungsstelle, den E-Ort, transportiert und danach freigesetzt wird und die peptidtragende tRNA vom A-Ort zum P-Ort vorrückt. In der nächsten Runde wird der A-Ort wieder von der zum folgenden Kodon der mRNA passenden Aminoacyl-tRNA besetzt und die Peptidkette um eine weitere Aminosäure verlängert.

Während sich ein Ribosom in der Elongationsphase befindet, kann bereits das nächste Ribosom auf derselben mRNA eine neue Proteinsynthese initiieren, sodass aktiv translatierte mRNA Polysomen bilden, mit einem Ribosom auf etwa 120 Nukleotide. Erreicht das Ribosom ein Stoppkodon, für das es keine tRNA gibt, binden eukaryontische Releasing-Faktoren (eRF). Das fertiggestellte Protein wird freigesetzt und ribosomale Untereinheiten und mRNA dissoziieren.

Alle mRNA besitzen zwischen dem Stoppkodon und dem Poly(A)-Schwanz eine bis zu mehreren hunderten Nukleotiden lange nichtkodierende 3′-Region. Diese kann Sequenzen enthalten, die durch Wechselwirkung mit Proteinen die Stabilität der mRNA beeinflussen, wie AU-reiche Regionen, oder sie an das Zytoskelett binden und damit ihre Lokalisation in der Zelle bestimmen. Die Zelle kann dadurch sowohl die Menge des von einem mRNA-Moleküls produzierten Proteins als auch dessen intrazelluläre Verteilung regulieren.

Abb. 1.1.47 a, b. Prozessierung von Prä-mRNA. **a** Überblick. **b** Zunächst bindet das *U1-snRNP* durch spezifische Basenpaarung an das 5′-Ende des Introns und das 3′-Ende des davor gelegenen Exons. Das 3′-Ende des Introns wird ebenfalls durch spezifische Basenpaarung vom *U2-snRNP* erkannt. **a** Durch Anlagerung eines Komplexes aus *U4-*, *U5-*, *U6- snRNP* wird das Spleißosom komplettiert. Spleißdonor- und -akzeptorstelle werden durch das *U5-snRNP* zusammengeführt, wobei das dazwischen liegende Intron eine Schleife ausbildet. Die Exon-Intron-Grenze an der Spleißdonorstelle wird gespalten, und das 5′-Ende des Introns bindet über eine 2′-5′-Verbindung an den Verzweigungspunkt, der einige Basen vor dem 3′-Ende des Introns liegt. Danach wird auch die Intron-Exon-Grenze an der Spleißakzeptorstelle gespalten, das 3′-Ende des einen Exons mit dem 5′-Ende des anderen Exons verbunden und das nun in einer Lariatstruktur vorliegende Intron mit den snRNP freigesetzt. Während das Intron sofort von Ribonukleasen verdaut wird, werden die snRNP in weiteren Prozessierungsrunden wieder verwendet. Wiedergegeben mit Genehmigung aus Lodish et al. (1995), S 505–506

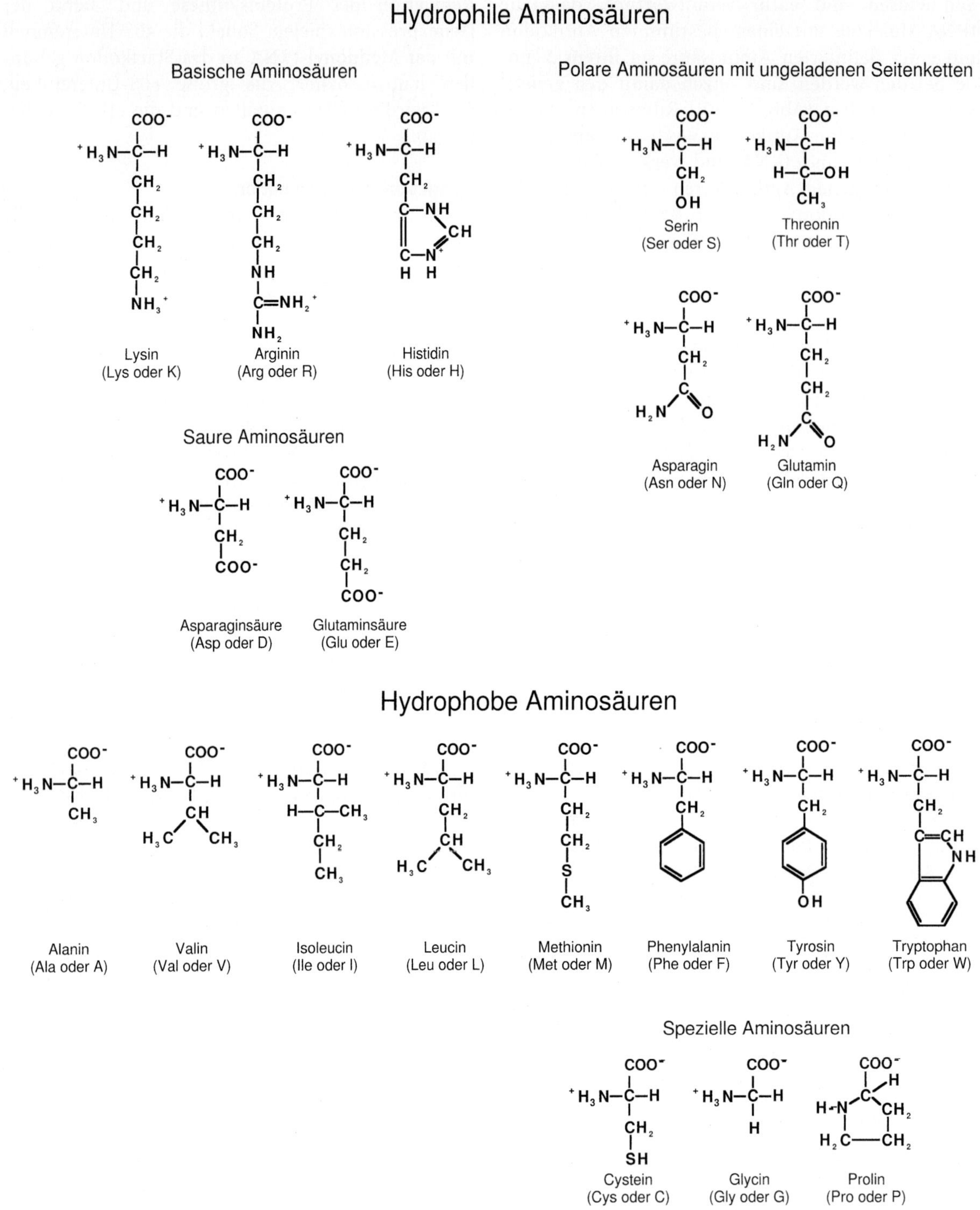

Abb. 1.1.48. Struktur der in Proteinen vorkommenden Aminosäuren. Wiedergegeben mit Genehmigung aus Lodish et al. (1995), S 55

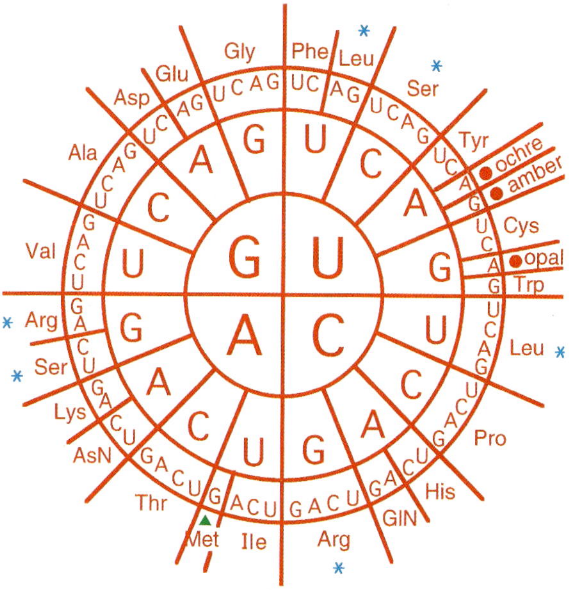

Abb. 1.1.49. Der genetische Kode. Von innen nach außen gelesen ergeben die Basentripletts die Kodons für die ganz außen angegeben Aminosäuren, *Stern* 2-mal auftretende Aminosäure, *Kreis* Stoppkodon, *Dreieck* Startkodon

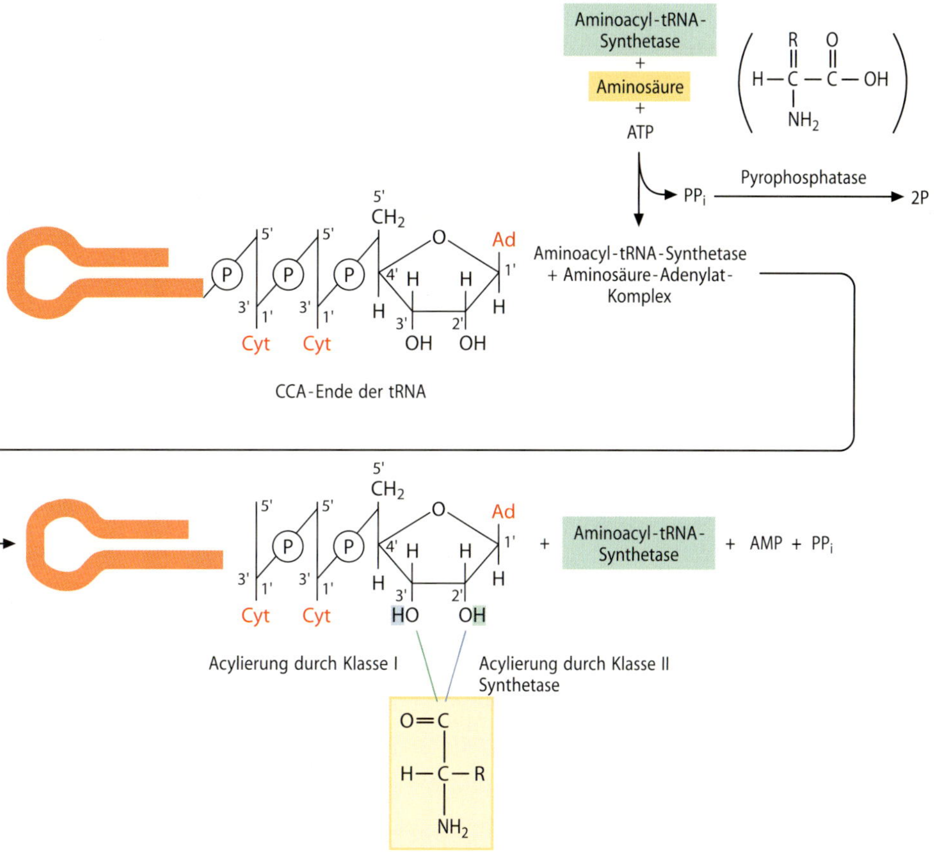

Abb. 1.1.50. Aminoacylierung von tRNA. Die für die tRNA passende Aminosäure (*gelb*) wird durch die Aminoacyl-tRNA-Synthetase (*grün*) erkannt und unter Pyrophosphatabspaltung an Adenylat gebunden. Im 2. Schritt wechselt die Aminosäure an das A des CCA-Endes der tRNA (*rot*), wobei die koppelnde OH-Gruppe von der Synthetaseklasse abhängt. Wiedergegeben mit Genehmigung aus Lodish et al. (1995), S 127

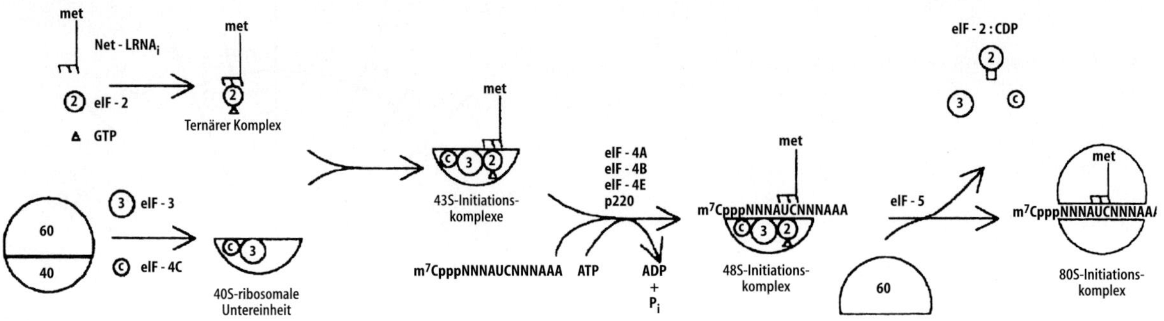

Abb. 1.1.51. Initiation der Translation. Die Initiator Methionyl-tRNA bildet mit *eIF-2* und *GTP* den ternären Komplex, welcher mit der 40S-Untereinheit, *eIF-3* und *-4C* zusammen den 43S-Initiationskomplex bildet. An diesen lagert sich die mRNA über *eIF-4A*, *-4B*, *-4E* und *p220*, die die Cap der RNA binden, an und der 48S-Initiationskomplex entsteht. Unter ATP-Spaltung bewegt sich dieser Komplex am 5′-Ende der mRNA entlang (scanning), bis das Antikodon der Met-tRNA das Startkodon AUG gefunden hat und sich die 60S-Untereinheit unter Vermittlung von *eIF-5* und Freisetzung aller Initiationsfaktoren anlagert. Wiedergegeben mit Genehmigung aus Trachsel (1991)

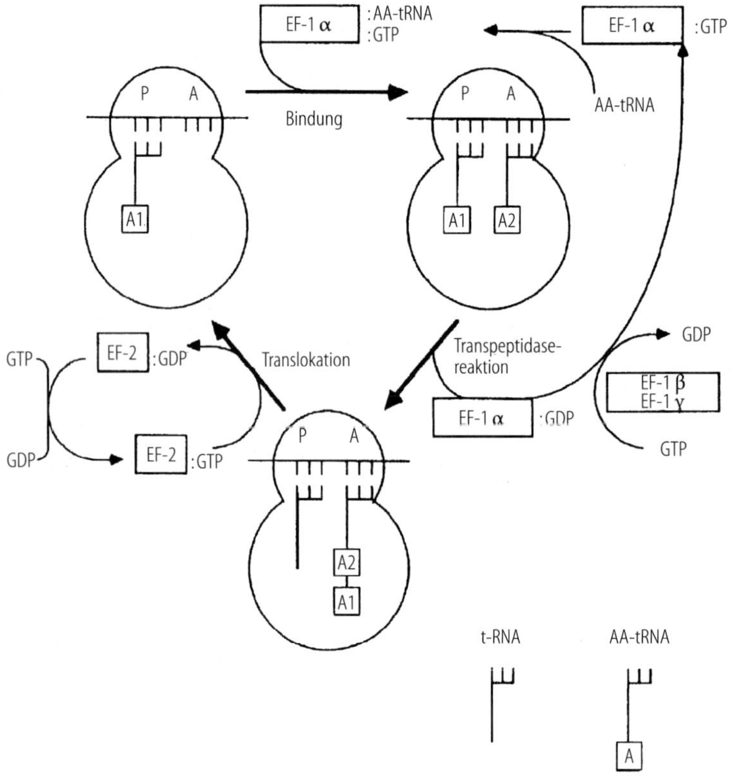

Abb. 1.1.52. Elongation der Translation. Vor jedem Elongationsschritt befindet sich die Peptidyl-tRNA am *P-Ort*. Der *eEF-1α-GTP*-Komplex vermittelt die Bindung der für das nächste Kodon auf der mRNA spezifischen Aminoacyl-tRNA an den *A-Ort*. In der Transpeptidasereaktion wird unter GTP-Spaltung das Peptid am *P-Ort* an die am *A-Ort* angelagerte Aminosäure kovalent über eine Peptidbindung gebunden; das am *eEF-1α* gebundene GDP wird durch *eEF-1β* und *γ* gegen *GTP* ausgetauscht. *eEF-2* rückt das Ribosom ebenfalls unter GTP-Spaltung 3 Nukleotide weiter auf der mRNA vor (Translokation), wobei die am *P-Ort* gebundene freie *tRNA* zunächst an die 3. ribosomale tRNA-Bindungsstelle, den E-Ort (nicht eingezeichnet), transportiert und danach freigesetzt wird und die peptidtragende *tRNA* vom *A-Ort* zum *P-Ort* vorrückt. Wiedergegeben mit Genehmigung aus Trachsel (1991)

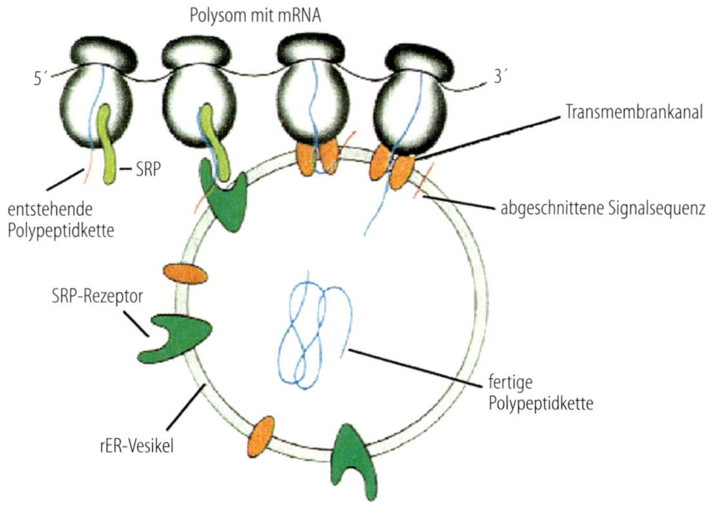

Abb. 1.1.53. Proteinimport in das ER. Proteine, die in das ER transportiert werden sollen, besitzen eine Signalsequenz (*rot*) am zuerst synthetisierten Aminoende, die nach ihrer Synthese mit dem *SRP* (signal recognition particle, *hellgrün*) interagiert und damit die weitere Translation blockiert. Der Komplex bindet an den SRP-Rezeptor (*dunkelgrün*) in der ER-Membran und wird dadurch mit einem Transmembrankanal (*gelb*) in Kontakt gebracht. Die Blockade der Translation wird aufgehoben und das entstehende Protein (*blau*) wird durch den Kanal ins Innere des ER befördert, wo die Signalsequenz durch eine Signalpeptidase abgespalten wird. Wiedergegeben mit Genehmigung aus Lodish et al. (1995), S 685

1.1.2.9 Modifikation und Transport von Proteinen

Transport in das ER. Proteine können auch selbst den Ort ihrer Synthese bestimmen, indem sie bereits als naszierende Peptidkette mit anderen Proteinen wechselwirken. So besitzen die meisten membranständigen und sekretorischen Proteine an ihrem Aminoterminus eine Signalsequenz aus etwa 20 hydrophoben Aminosäuren, die, sobald sie aus den Ribosomen herausragt, vom SRP (signal recognition particle) erkannt wird (Abb. 1.1.53). Die Bindung dieses RNP an das Ribosom blockiert zunächst die Elongation der Translation. Das SRP bindet nun mit dem Ribosom an einen spezifischen Rezeptor in der Membran des rauhen ER. Die Elongation wird fortgesetzt und die naszierende Proteinkette wird durch einen Kanal in der Membran in das ER-Lumen hindurchgeschoben. Sobald die Signalsequenz im ER-Lumen angekommen ist, wird sie durch eine Signalpeptidase abgeschnitten. Proteine, die in eine Membran integriert werden sollen, besitzen topogene Signale, d.h. hydrophobe Sequenzabschnitte, die den Transport durch die Membran abbrechen und damit das Protein in der Membran verankern. Die durch die Membran transportierten Polypeptidketten werden von Chaperonproteinen im ER gebunden und an ihrer Faltung gehindert, bis sie vollständig im ER-Lumen angekommen sind. Dort dissoziieren die Chaperone und entlassen die neue Peptidkette, die spontan die richtige Tertiärstruktur annimmt. Derartige Chaperone sorgen in fast allen Kompartimenten der Zelle für die korrekte Faltung von Proteinen.

Glykosylierung. Der überwiegende Anteil der Proteine, die ins ER gelangen, wird glykosyliert. Spezifische Enzyme koppeln Saccharide sowohl an die OH-Gruppe von Serinresten (O-Glykosylierung) als auch an die NH_2-Gruppe von Asparagin (N-Glykosylierung) (Abb. 1.1.54). Während bei der O-Glykosylierung einzelne Saccharidreste angehängt werden und sich relativ kurze Oligosaccharidketten bilden, wird auf das Asparagin ein bereits vorsynthetisiertes, verzweigtes Oligosaccharid übertragen. Es besteht u.a. aus Mannose und N-Azetylglukosamin und ist vor seiner Übertragung über ein langkettiges Lipidmolekül, das Dolichol, in der Membran des ER verankert. Die meisten Proteine werden nach der Glykosylierung zum Golgi-Apparat transportiert; diejenigen, die im ER verbleiben sollen, werden dort von einem Rezeptor festgehalten, der die Aminosäuresequenz am C-Terminus dieser Proteine, Lysin-Asparagin-Glutamin-Leucin (KDEL), erkennt. Im Golgi-Apparat werden die Oligosaccharidketten weiter modifiziert. So entstehen z.B. die Blutgruppenantigene A, B und 0 durch das Anhängen von N-Azetylgalaktosamin (A), Galaktose (B) oder keiner weiteren Saccharide (0) an bestimmte O-glykosylierte Proteine durch Enzyme, die nur die Träger einer Blutgruppe synthetisieren können.

Transport in Lysosomen. Proteine, die in Lysosomen transportiert werden sollen, werden im Golgi-Apparat durch Phosphorylierung von an Asparagin gebundenen Mannoseresten modifiziert (Abb. 1.1.55). Derart phosphorylierte Proteine werden im *trans*-Golgi-Apparat von membranständigen Mannose-6-Phosphat-Rezeptoren erkannt und ge-

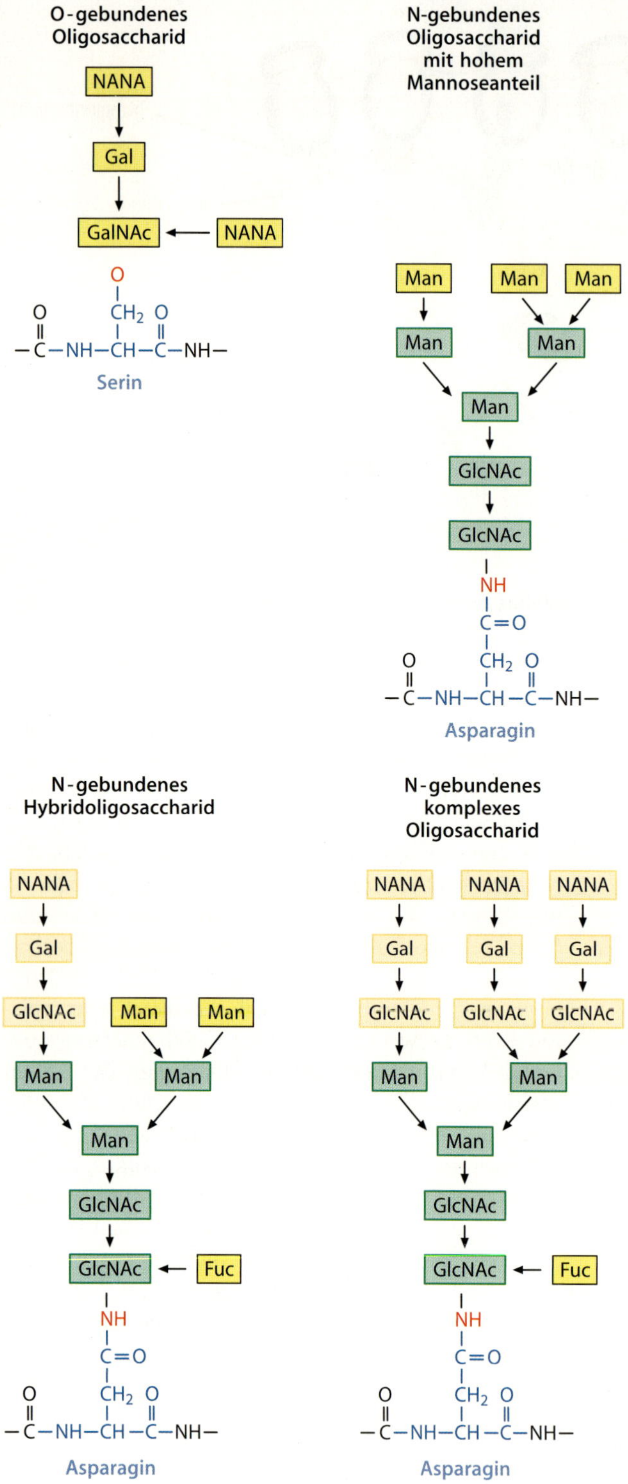

Abb. 1.1.54. Struktur typischer Oligosaccharidseitenketten, *NANA* N-Azetylneuraminsäure (Sialinsäure), *Gal* Galaktose, *GlcNAc* N-Azetylglukosamin, *GalNAc* N-Azetylgalaktosamin, *Man* Mannose, *Fuc* Fukose, *grün* die 5 Zuckerreste, die in allen N-glykosylierten Proteinen vorkommen. Wiedergegeben mit Genehmigung aus Lodish et al. (1995), S 701

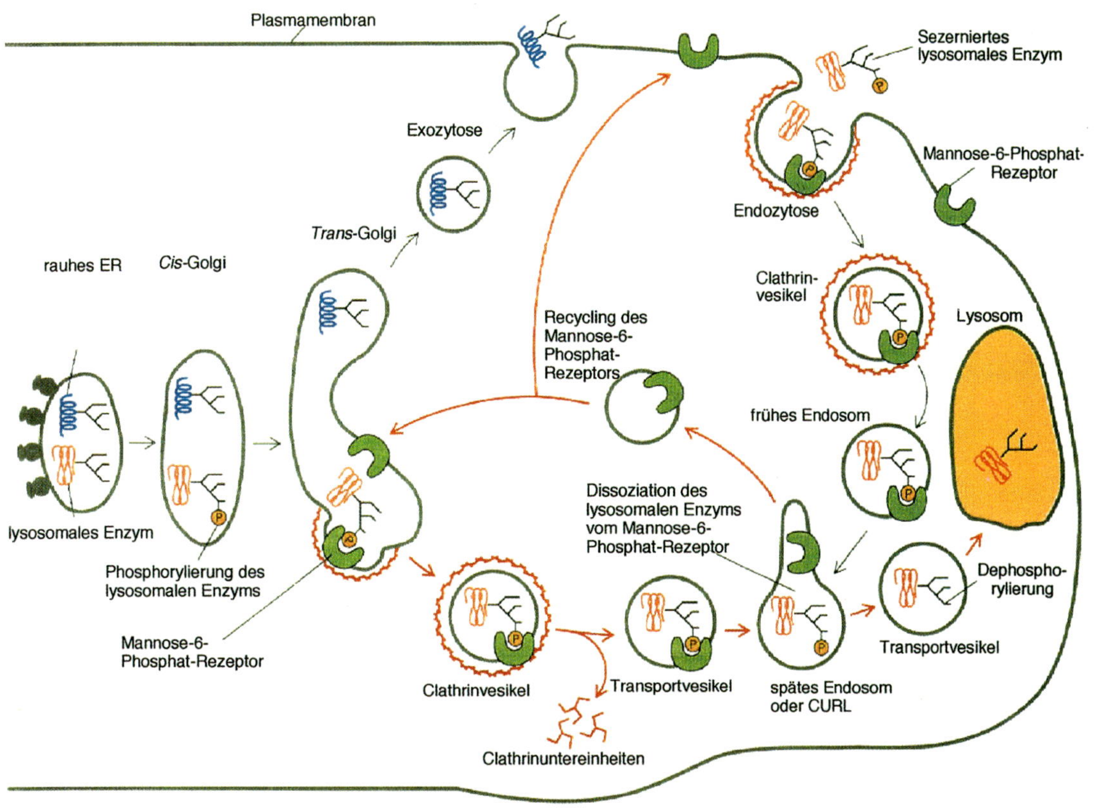

Abb. 1.1.55. Proteinimport in Lysosomen über den Mannose-6-Phosphat-Weg (weitere Erläuterungen s. Text). Wiedergegeben mit Genehmigung aus Lodish et al. (1995), S 710

bunden. Danach schnüren sich Vesikel ab, die von einem Fasernetz aus Clathrin eingeschlossen sind, das aus 12 Fünfecken und 8 Sechsecken besteht und damit einem Fußball ähnelt (Abb. 1.1.56). Über eine weitere Zwischenstufe, in der die Proteine wieder dephosphoryliert werden, gelangen sie schließlich durch Vesikelfusion in das Lysosom. Manche lysosomalen Proteine werden sogar sezerniert und von plasmamembranständigen Mannose-6-Phosphat-Rezeptoren durch Endozytose in clathrinummantelte Vesikel aufgenommen und zu Lysosomen transportiert.

Sekretion. Die Sekretion von Proteinen wird durch verschiedene Vesikel vom *trans*-Golgi-Apparat aus durchgeführt. Wie schon beim Transport in Lysosomen, erkennen spezifische Proteine, wie die rab-Superfamilie, bestimmte Vesikel am Phosphorylierungszustand der Phosphatidylinositollipide (Abb. 1.1.3) und fusionieren diese unter GTP-Spaltung mit der Zielmembran (Abb. 1.1.57). Während kontinuierlich sezernierte Proteine durch nicht von Clathrin umgebene Vesikel zur Plasmamembran transportiert werden, werden Proteine, die reguliert auf einen Stimulus hin sezerniert werden sollen, zunächst in clathrinummantelte Vesikel eingepackt. Dort werden bei vielen Hormonvorläuferproteinen (Prohormonen) die aktiven Hormone durch spezifische Enzyme (Konvertasen) abgespalten. Für die richtige Sortierung sorgen im *trans*-Golgi-Apparat Proteine wie Chromogranin B und Sekretogranin, die für die regulierte Sekretion vorgesehene Proteine binden und in die richtigen Vesikel einschließen. Wird die Zelle stimuliert, z. B. durch den Einstrom von Kalziumionen, verschmelzen die sekretorischen Vesikel mit der Plasmamembran und setzen das aktive Hormon frei.

Transport in die Mitochondrien. Proteine, die im Zellkern kodiert sind und in Mitochondrien importiert werden sollen, werden zunächst durch zytosolische Ribosomen synthetisiert und von Chaperonen unter ATP-Spaltung in einem ungefalteten Zustand gehalten (Abb. 1.1.58). Sie besitzen am

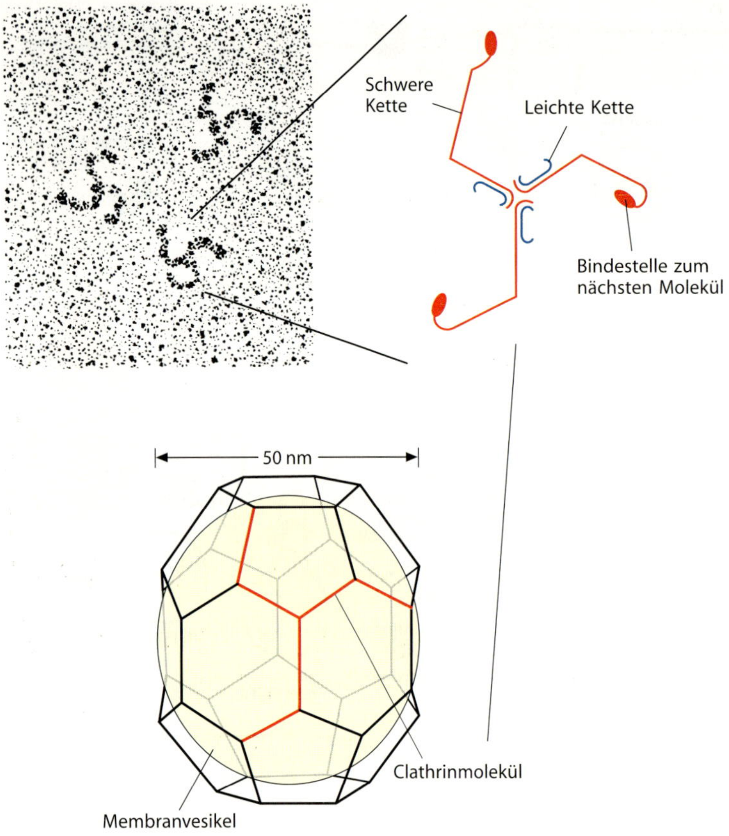

Abb. 1.1.56. Struktur (in elektronenmikroskopischer Aufnahme und schematisch) von Clathrin und Bildung eines clathrinummantelten Vesikels. Ein Clathrinmolekül besteht aus 3 schweren und 3 leichten Ketten und ist leicht gewölbt (nicht sichtbar in Abbildung). 36 Clathrinmoleküle lagern sich zu dem ein Membranvesikel umschließenden „Ball" aus 12 Fünf- und 8 Sechsecken zusammen. Wiedergegeben mit Genehmigung aus Lodish et al. (1995), S 712

N-Terminus eine matrixspezifische Signalsequenz, die von einem Rezeptorprotein in der äußeren Membran des Mitochondriums erkannt wird. Es transportiert das Protein zu einer Stelle, an der die innere und äußere Membran des Mitochondriums direkten Kontakt haben und durch einen von Proteinen gebildeten Transportkanal durchspannt werden. Das Protein wird nun durch den Kanal in die Matrix des Mitochondriums transportiert, wo es von anderen Chaperonen gebunden und korrekt gefaltet wird und eine Protease die Signalsequenz abspaltet. In den Intermembranraum der Mitochondrien gelangen Proteine wahrscheinlich über den gleichen Weg durch einen nachgeschalteten Rücktransport nur durch die innere Membran nach außen. Proteine, die in die innere oder äußere Membran eingelagert werden sollen, enthalten topogene Signalsequenzen, die einen der erwähnten Transportprozesse blockieren und das Protein damit in der richtigen Membran verankern.

Transport in Peroxisomen. Proteine, die in Peroxisomen transportiert werden sollen, werden ebenfalls im Zytoplasma synthetisiert und enthalten entweder, wie die mitochondrialen Proteine, eine N-terminale Signalsequenz oder die Sequenz Serin-Lysin-Leucin (SKL) an ihrem C-Terminus. Der Import in die Peroxisomen wird ähnlich wie beim Mitochondrium über für diese Sequenzen spezifische membranständige Rezeptoren vermittelt.

Transport in den Kern. Da der Zellkern keine Proteinsynthesemaschinerie besitzt, werden Proteine, die dort benötigt werden, wie Transkriptionsfaktoren, Polymerasen, aber auch ribosomale Proteine, zunächst im Zytoplasma synthetisiert und dann in den Kern importiert. Proteine mit einer Molmasse <60 000 können frei durch die Poren in den Kern diffundieren, größere Proteine besitzen ein nukleäres Lokalisationssignal (NLS), das meist aus mehreren aufeinander folgenden, positiv geladenen Aminosäuren besteht. Das neu synthetisierte Protein wird über das NLS an Proteine im Zytoplasma, wie das Importin, gebunden, die es mit Hilfe der GTPase Ran durch die Kernporen in den Zellkern schleusen, wo das dann an Ran gebundene GDP durch RCC1 gegen GTP ausgetauscht wird (Abb. 1.1.59). Dieser Prozess kann durch Inhibito-

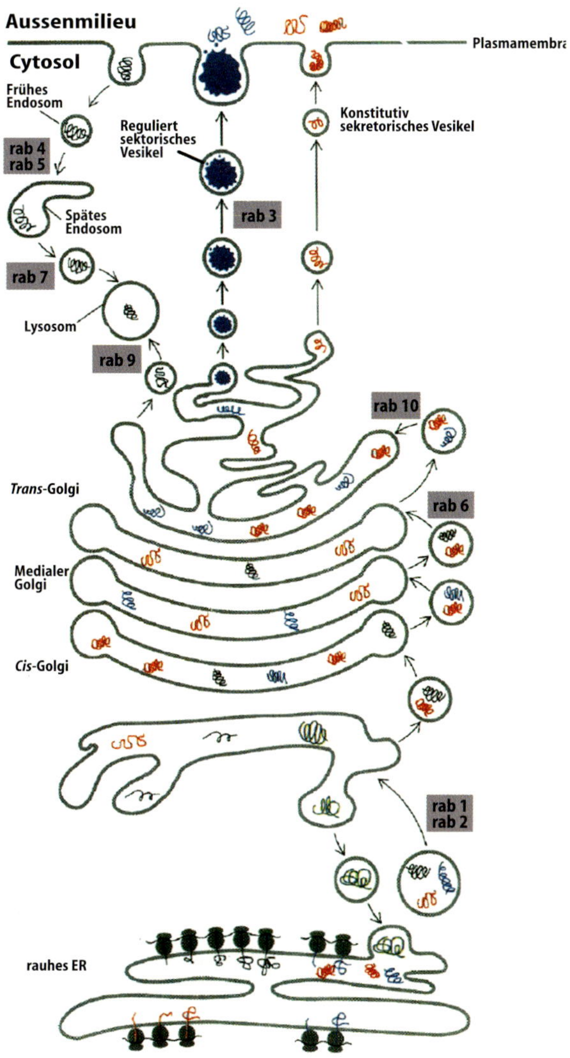

Abb. 1.1.57. Schema der Sekretion von Proteinen. Die angegebenen rab-Proteine steuern die einzelnen Vesikelfusionen (weitere Erläuterungen s. Text). Wiedergegeben mit Genehmigung aus Lodish et al. (1995), S 718

ren gehemmt werden, die das NLS maskieren und erst auf einen Stimulus hin das Protein für den Kernimport freigeben.

1.1.3 Von der Eizelle zum Organismus – genetische Steuerungen der Entwicklung

1.1.3.1 Meiose und Rekombination

Ein entscheidender Faktor in der Evolution höherer Organismen war die Erfindung der sexuellen Reproduktion, die Produktion von Nachkommen, deren Genom aus den Chromosomen zweier Elternteile zusammengesetzt ist. Dazu bilden diese Elternteile Keimzellen aus, die nur den einfachen Chromosomensatz besitzen, also haploid sind, im Gegensatz zu den restlichen Körperzellen, die diploid sind, also 2 Chromosomensätze aufweisen. Der betreffende Vorgang ist die Meiose, für die die Chromosomen, wie bei der Mitose, zunächst dupliziert werden, sich dann aber die beiden entstehenden Chromatiden mit den beiden Chromatiden des 2. Chromosoms gleichen Typs zusammenlagern (Abb. 1.1.60). Durch den Vorgang der Rekombination können Abschnitte des paternalen und maternalen Chromosoms ausgetauscht werden, wodurch sich die in der sexuellen Reproduktion gewünschte Alleldurchmischung noch verstärkt (Abb. 1.1.61). Vermutlich kommt es dabei zu Strangbrüchen in beiden Chromatiden, und die freien DNA-Stränge hybridisieren mit den komplementären Strängen des anderen Chromatids unter Verdrängung des ursprünglichen Gegenstrangs. Der verdrängte Strang paart mit dem Gegenstrang des anderen, wodurch 2 Heteroduplizes entstehen, also Doppelstränge, die, aufgrund der unterschiedlichen Herkunft der beiden DNA-Einzelstränge, einzelne Fehlpaarungen enthalten können. Reparaturmechanismen setzen ein, die die Sequenz eines der beiden Stränge auf dem Doppelstrang festschreiben. Durch Ligation der eindringenden Gegenstränge mit den bereits vorhandenen Strängen entsteht eine Holliday-Struktur, die nur durch weitere Einzelstrangbrüche wieder in 2 getrennte DNA-Doppelstränge aufgelöst werden kann. Dabei werden entweder die alten Chromatiden wieder hergestellt, oder es entstehen neu rekombinierte Chromatiden. Selbst wenn es nicht zur Rekombination kommt, kann durch die Heteroduplexbildung und die anschließende Reparatur eine genetische Veränderung im Bereich des Rekombinationsereignisses zurückbleiben, was zum Phänomen der Genkonversion führt.

In der ersten meiotischen Teilung werden die Chromosomenpaare getrennt und in die beiden entstehenden Tochterzellen verbracht. Es schließt sich die 2. meiotische Teilung an, die wie eine Mi-

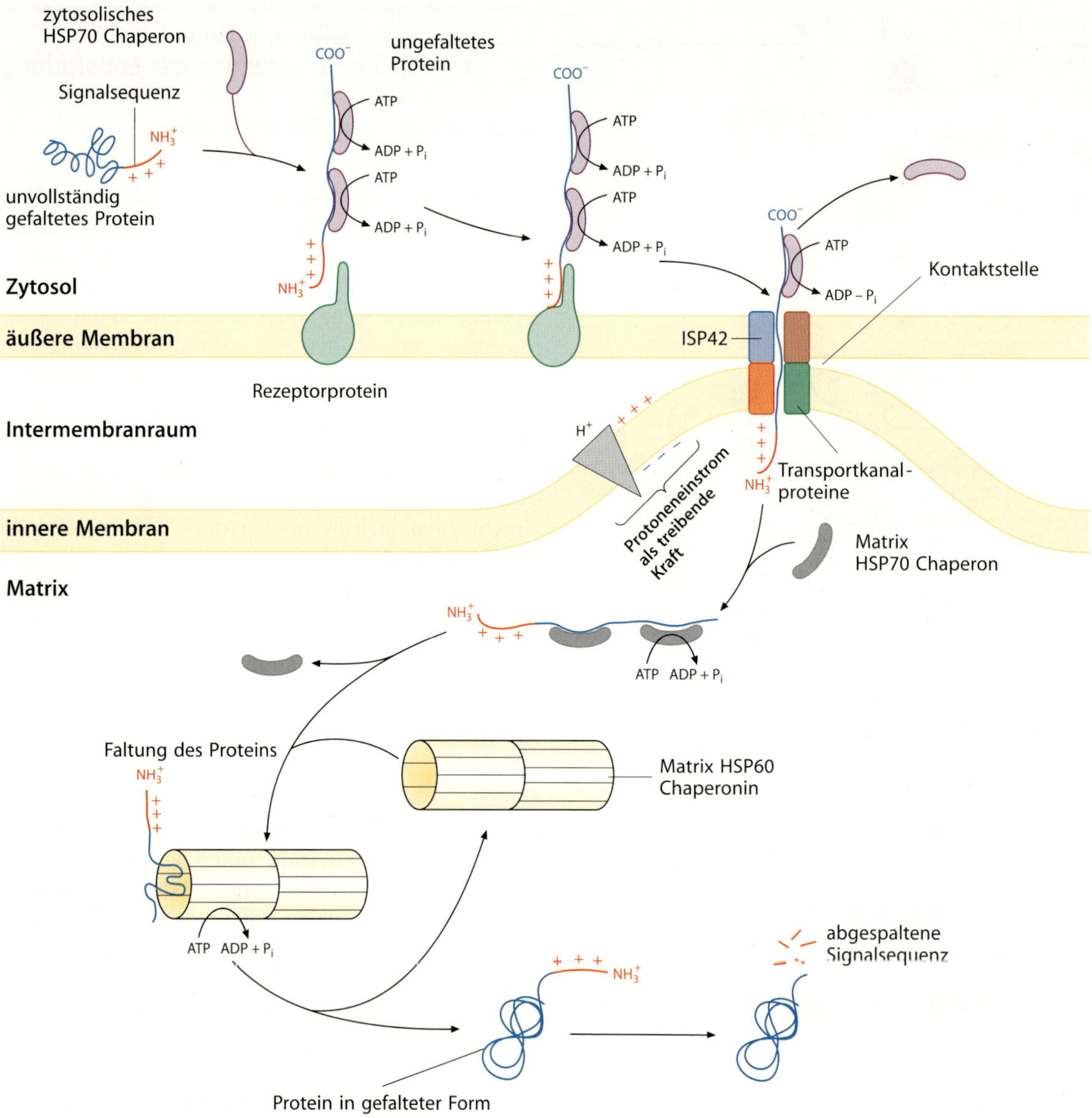

Abb. 1.1.58. Proteinimport in Mitochondrien. Die meisten mitochondrialen Proteine (*blau*) werden im Zytoplasma synthetisiert und durch Chaperone (*violett*) im partiell ungefalteten Zustand gehalten. Die für den Mitochondrienimport notwendige Signalsequenz (*rot*) interagiert mit einem Rezeptor auf der äußeren Mitochondrienmembran (*grün*). Der Rezeptor bringt das Protein zu einer Kontaktstelle, wo es durch einen beide Membranen durchspannenden Kanal direkt in die Matrix transportiert wird. Dabei wirkt der Protoneneinstrom über die innere Membran als treibende Kraft. In der Matrix binden andere Chaperone und sorgen für eine korrekte Faltung des Proteins, bevor die Signalsequenz abgespalten wird. Wiedergegeben mit Genehmigung aus Lodish et al. (1995), S 821

tose abläuft. In dieser 2. Teilung werden die Schwesterchromatiden getrennt und es entstehen haploide Keimzellen.

1.1.3.2 Frühe Embryonalentwicklung

Im Vorgang der Befruchtung verschmelzen die Keimzellen zweier Individuen zu einer diploiden Zygote, bei Vertebraten ist das die befruchtete Eizelle. Die zunächst noch getrennten maternalen und paternalen Kerne (Pronuklei) verschmelzen ebenfalls, und das Ei beginnt sich zu teilen. Bei

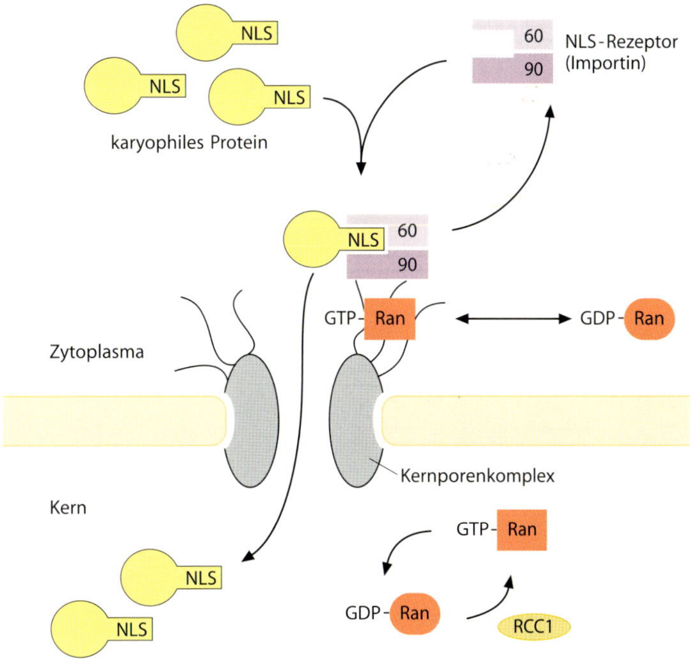

Abb. 1.1.59. Proteinimport in den Zellkern (Erläuterung s. Text). Für den Kernimport bestimmte (karyophile) Proteine (*gelb*) besitzen ein *NLS* (nuclear localization signal), das durch einen spezifischen Rezeptor (Importin, *violett*) erkannt wird. Der Komplex interagiert mit Hilfe von *Ran-GTP* (*rot*) mit dem Kernporenkomplex (*grau*), und das Protein wird unter GTP-Spaltung in den Kern transportiert. Proteine wie *RCC1* (*ocker*) tauschen das GDP an Ran wieder gegen GTP aus und machen dadurch einen neuen Importzyklus möglich. Wiedergegeben mit Genehmigung aus Zabel u. Hurt (1995)

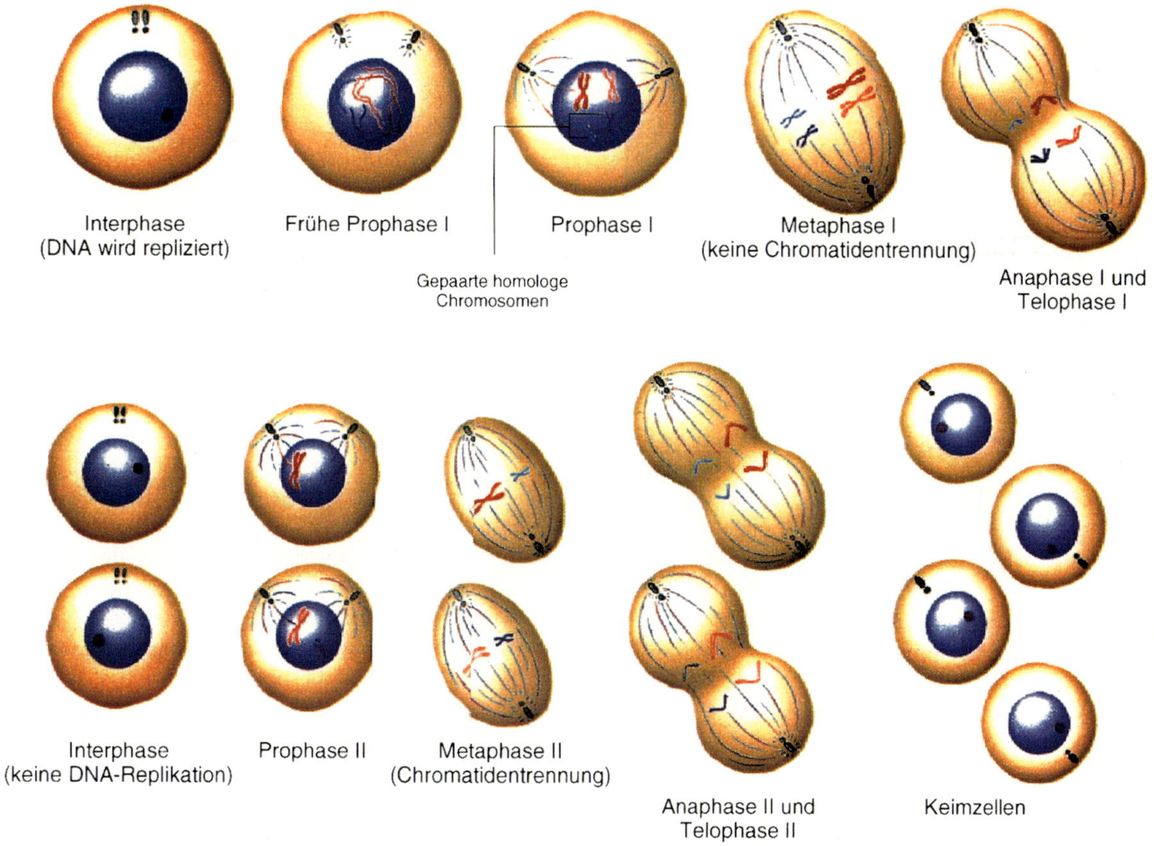

Abb. 1.1.60. Ablauf der Meiose. Die 2. Zellteilung entspricht im Ablauf der Mitose. In *Prophase I* paaren die in der *Interphase I* replizierten homologen Chromosomen (insgesamt also 4 DNA-Stränge). In *Metaphase*, *Anaphase* und *Telophase I* wird je ein Chromosom in jede der sich bildenden Tochterzellen transportiert. In *Prophase*, *Metaphase*, *Anaphase* und *Telophase II* werden wie in einer Mitose die beiden Chromatiden eines Chromosoms in je 2 Tochterzellen aufgeteilt, sodass 4 haploide Keimzellen entstehen. Wiedergegeben mit Genehmigung aus Lodish et al. (1995), S 184

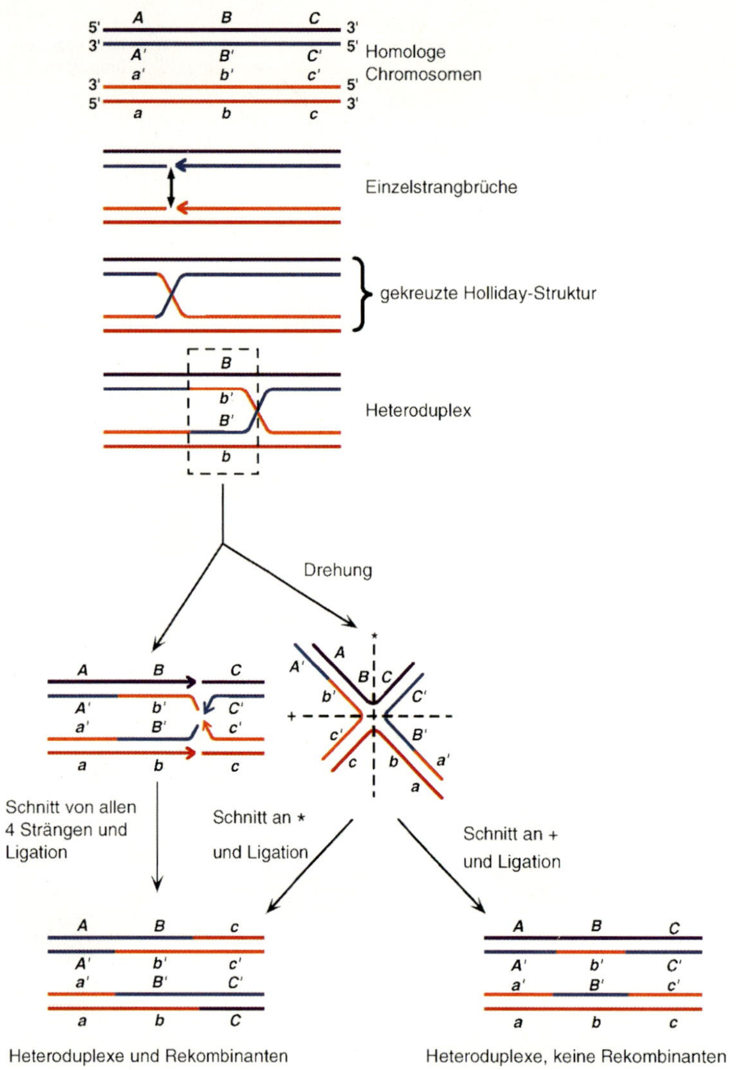

Abb. 1.1.61. Schema der Rekombination (Erläuterung s. Text). Wiedergegeben mit Genehmigung aus Lodish et al. (1995), S 390

der Maus wird nach 3 Tagen ein Stadium mit 16 Zellen erreicht, die alle noch totipotent sind, also einen vollständigen Organismus bilden könnten. Aus dieser Morula bildet sich die Blastozyste, die nun erstmals 2 unterschiedlich differenzierte Zelltypen enthält. Die außen liegenden Zellen der Morula haben sich zum Trophektoderm entwickelt, einer Zellschicht, die einen Hohlraum einschließt, in dem sich die innere Zellmasse befindet. Während sich aus der inneren Zellmasse später der ganze Embryo entwickelt, bildet das Trophektoderm die Plazenta und andere extraembryonale Gewebe.

Der bis zum Blastozystenstadium frei schwimmende Embryo setzt sich nun in der Uteruswand fest. Es schließt sich der Prozess der Gastrulation an, bei dem sich eine Zellschicht ins Innere des Embryos einfaltet und der Embryo eine dreischichtige Struktur annimmt. Das interne Epithel, das *Endoderm*, bildet in der weiteren Embryogenese den Darm und die assoziierten Organe Lunge und Leber aus, das externe Epithel, das *Ektoderm*, bildet die Epidermis, und die dazwischen eingewanderten Zellen des *Mesoderms* sind die Vorläufer für Bindegewebe, Muskeln, das Gefäß- und das Urogenitalsystem. Matrixmoleküle spielen bei dieser Dreiteilung wahrscheinlich eine wichtige Rolle. Während ektodermale und endodermale Zellen E-Cadherin produzieren, verlieren Mesodermzellen diese Eigenschaft und können sich aus dem Verband lösen. Induziert wird die Mesodermbildung durch Wachstumsfaktoren z. B. aus der FGF(fibroblast growth factor)- oder TGFβ(transforming growth factor β)-Superfamilie.

Auch in nachfolgenden Differenzierungsprozessen sind diese und andere Hormone als Induktoren aktiv, die in Zielzellen die Expression von Matrix-

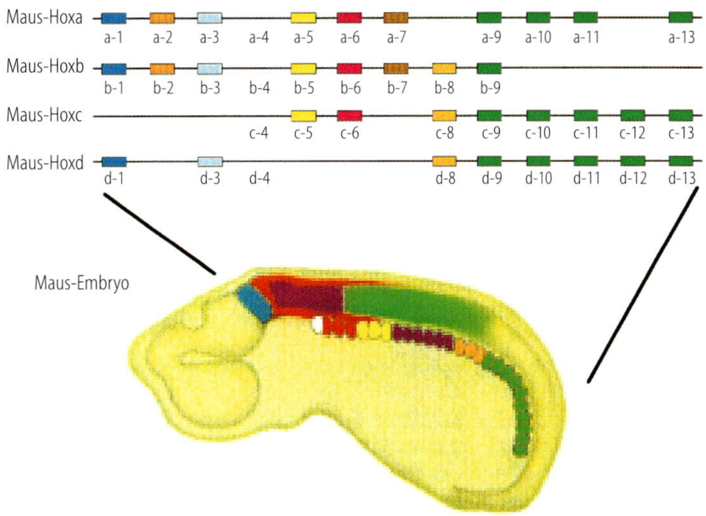

Abb. 1.1.62. Hox-Gen-Familie der Maus mit in der gleichen Farbe markierten Bereichen der Aktivität einzelner Gene im Mausembryo. Wiedergegeben mit Genehmigung aus Carroll (1995)

molekülen und Transkriptionsfaktoren modulieren und damit die Zelle determinieren, d.h. auf eine Differenzierungsrichtung festlegen. Im nächsten Schritt der Ontogenese, der Neurulation, werden vom Mesoderm ähnliche Faktoren freigesetzt, die benachbarte Ektodermzellen zur Ausbildung des Neuralrohrs und der Neuralplatte veranlassen. Dieser Vorgang wird ebenfalls von Veränderungen in der Cadherinsynthese begleitet: Die betroffenen Ektodermzellen verlieren die Fähigkeit, E-Cadherin herzustellen, und beginnen die Synthese von N-Cadherin.

1.1.3.3 Gene und Differenzierung

An einigen ausgewählten Beispielen sollen im Folgenden molekulare Vorgänge bei der weiteren Ausdifferenzierung des Organismus und die daran beteiligten Faktoren dargestellt werden.

Ausbildung von anterior-posterior (a.-p.)-Achsen. Die Ausbildung der a.-p.-Achse wird durch homöotische oder Hox-Gene gesteuert. Diese Gene kodieren auch für Transkriptionsfaktoren, die eine Vielzahl nachgeschalteter Gene aktivieren und damit die Differenzierung eines bestimmten Körperabschnitts auslösen. Die Hox-Gene sind als Genfamilie nebeneinander auf dem Chromosom aufgereiht und werden in ihrer Reihenfolge auf dem Chromosom von anterior nach posterior im Embryo von Morphogenen angeschaltet, die Konzentrationsgradienten über die embryonale Längsachse bilden (Abb. 1.1.62).

Die Ausbildung der a.-p.-Polarität von Gliedmaßen, also z.B. der unterschiedlichen Gestaltung von kleinem Finger und Daumen, wird wahrscheinlich durch *Sonic hedgehog* induziert, das von einzelnen Zellen am posterioren Ende der sich entwickelnden Gliedmaßen sezerniert wird, dadurch den benachbarten Zellarealen ihre Position mitteilt und dort Hox-Gene anschaltet, die die Differenzierung festschreiben.

Organentwicklung. Bei der Organentwicklung spielen Interaktionen von Nachbarzellen unterschiedlicher Herkunft durch matrixvermittelte Zell-Zell-Kontakte oder parakrine Hormonwirkung eine entscheidende Rolle. So werden endodermale Zellen durch mesodermale Zellen, von denen sie durch eine Basallamina getrennt sind, zur Speicheldrüsenentwicklung induziert. An der Nierenentwicklung sind 2 verschiedene mesodermale Zelltypen beteiligt, wobei der direkte Zell-Zell-Kontakt für die korrekte Ausbildung der Tubuli entscheidend ist.

Hämatopoese. Die Hämatopoese, d.h. die Bildung aller Blutzellen, hat ihren Ursprung im Mesoderm, wobei die Signale, die diese Differenzierungsrichtung induzieren, unbekannt sind. Die pluripotenten Vorläuferzellen bilden mehrere stärker differenzierte Subpopulationen von Stammzellen aus, die nur noch eine Klasse von Blutzellen bilden können (Abb. 1.1.63). Bei dieser Determinierung spielen auch wieder Transkriptionsfaktoren, z.B. aus der GATA-Familie, eine entscheidende Rolle. Dieser Vorgang findet im Embryo im Dottersack und später hauptsächlich in der Leber statt, nach der Geburt aber in ähnlicher Weise im Knochenmark. Die Stammzellen bleiben also über das ge-

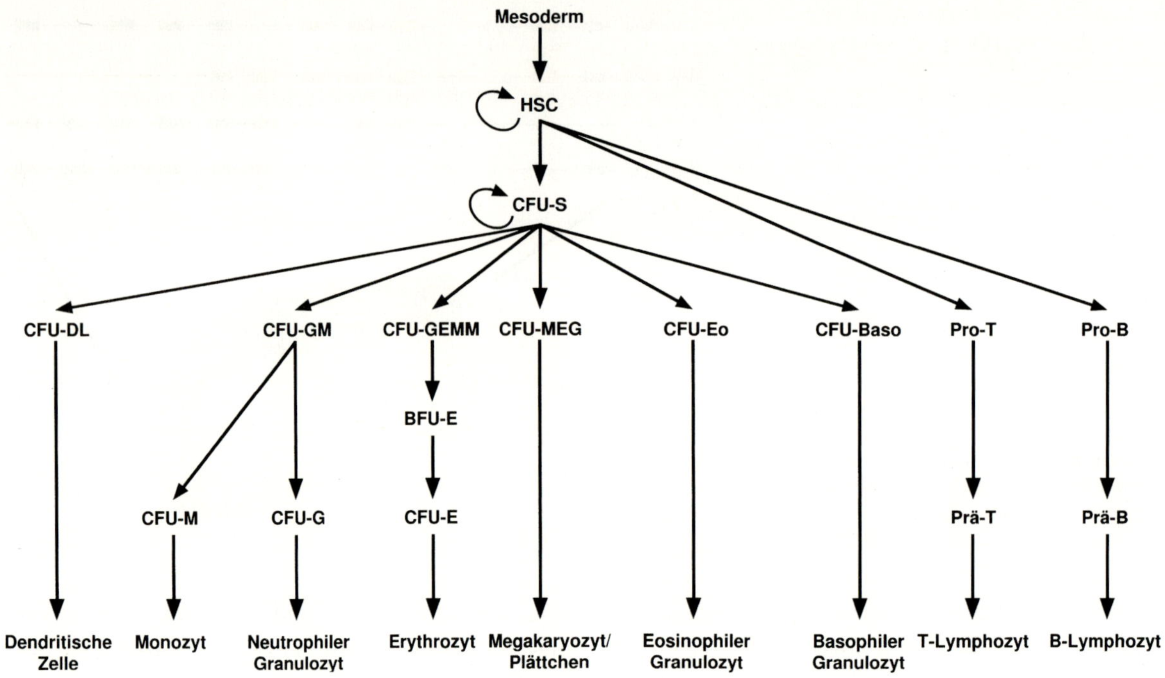

Abb. 1.1.63. Hämatopoetische Differenzierung. Aus dem Mesoderm differenzieren hämatopoetische Stammzellen (*HSC*) aus, die sich unter Erhaltung ihrer Pluripotenz vermehren können. Über mehrere Zwischenstufen entstehen aus diesen Zellen alle zirkulierenden Blutzellen

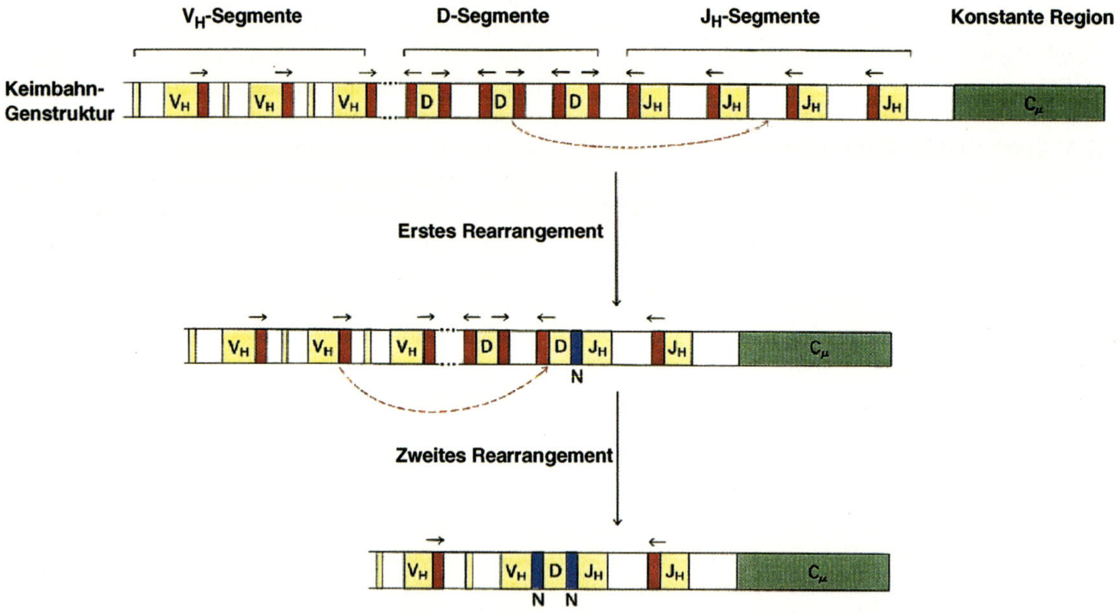

Abb. 1.1.64. Rearrangement der Immunglobulin-schwere-Ketten-Gene. Im Genom liegen zunächst eine große Anzahl von V_H-Sequenzen, gefolgt von etwa 20 D- und 4 J_H-Segmenten und der konstanten Region (*C*) vor. In zwei Rearrangementschritten werden unter Deletion der dazwischen liegenden DNA-Fragmente neue Gene gebildet, die je eines dieser Segmente enthalten, wobei durch Ungenauigkeiten bei der Segmentzusammenfügung zusätzliche Nukleotidvariationen (*N*) entstehen. Wiedergegeben mit Genehmigung aus Lodish et al. (1995), S 1320

samte Leben erhalten und sorgen für einen ständigen Nachschub an Erythrozyten und Leukozyten.

Genrearrangement in der Entwicklung des Immunsystems. Aus Knochenmarkstammzellen entwickeln sich die Vorläufer von B- und T-Lymphozyten. Beide Zelltypen besitzen membranständige Proteine, Antikörper und T-Zell-Rezeptoren, die eine Vielzahl von Antigenen erkennen können, wobei praktisch jede Zelle eine andere Spezifität trägt. Dies wird gewährleistet, indem die Gene für diese beiden Klassen von Proteinen während der Differenzierung der Zellen auf der DNA-Ebene aus modularen Elementen zusammengesetzt werden (Abb. 1.1.64). Von jedem DNA-Modul sind mehrere verschiedene Versionen im Genom vertreten, die über homologe Sequenzen mit jeder Version eines anderen Moduls durch Rekombination verbunden werden können. Da an den Verbindungsstellen zusätzlich Nukleotide eingebaut oder herausgelassen werden können, ergibt sich eine zusätzliche Variabilität der entstehenden rearrangierten Gene und deren Produkte, sodass ein Mensch in der Lage ist, 10^{11} verschiedene Antikörper und ähnlich viele T-Zell-Rezeptoren zu bilden.

Apoptose. Die B- und T-Zell-Vorläufer, die körpereigenes Gewebe erkennen, begehen noch während der Embryonalentwicklung Selbstmord in Form von Apoptose. Wenn sie an ihr Antigen binden wird eine Kaskade von Genen aktiviert, die letztlich zur Fragmentierung ihrer DNA und ihrer Selbstauflösung in einzelne Vesikel führt, die von Makrophagen phagozytiert werden. Dieser programmierte Zelltod wird an vielen Stellen während der Embryonalentwicklung induziert, um Zellen zu beseitigen, die in einem Gewebe überflüssig geworden sind. Korrekte Musterbildung und Differenzierung hängen also nicht nur von der induzierten Proliferation und Wanderung determinierter Zellen ab, sondern auch von der gezielten Ausschaltung zuviel gebildeter Zellen.

1.1.4 Literatur

Aebi U, Cohn J, Buhle L, Gerace L (1986) The nuclear lamina is a meshwork of intermediate-type filaments. Nature 323:561–567

Alberts B, Bray D, Lewis J, Raff M, Roberts K, Watson JD (1990) Molekularbiologie der Zelle. VCH, Weinheim

Aplin AE, Howe AK, Juliano RL (1999) Cell adhesion molecules, signal transduction and cell growth. Curr Opin Cell Biol 11:737–744

Arents G, Moudrianakis EN (1993) The histone fold: a ubiquitous architectural motif utilized in DNA compaction and protein dimerization. Proc Natl Acad Sci USA 90:10489–10493

Carroll SB (1995) Homeotic genes and the evolution of arthropods and chordates. Nature 376:479–485

Craig SW, Johnson RP (1996) Assembly of focal adhesions: progress, paradigms, and portents. Curr Opin Cell Biol 8:74–85

Darnell J, Lodish H, Baltimore D (1990) Molekulare Zellbiologie. de Gruyter, Berlin New York

Heuser JE, Kirschner MW (1980) Filament organization revealed in platinum replicas of freeze-dried cytoskeletons. J Cell Biol 86:212–234

Keller W (1995) No end yet to messenger RNA 3′ processing. Cell 81:829–832

Lewin B (1994) Genes V. Oxford University Press, Oxford, p 93

Lodish H, Baltimore D, Berk A, Zipurski SL, Matsudaira T, Darnell J (1995) Molecular cell biology, 2nd edn. Scientific American Books, New York

Lodish H, Berk A, Zipursky SL, Matsudaira T, Baltimore D, Darnell J (2000) Molecular cell biology, 4th edn. Freeman & Co, New York

Trachsel H (1991) Translation in eukaryotes. CRC Press, Boca Raton, FA, p 110

Woodcock CL, Horowitz RA (1995) Chromatin organization reviewed. Trends Cell Biol 5:272–277

Yagi T, Takeichi M (2000) Cadherin superfamily genes: functions, genomic organization, and neurologic diversity. Genes Dev 14:1169–1180

Zabel U, Hurt EC (1995) Importin oder Karopherin – der Rezeptor für Kernlokalisationssequenzen. Biospektrum 4:27–29

1.2 Zytogenetische Grundlagen der molekularen Medizin

Karl Sperling und Heidemarie Neitzel

Inhaltsverzeichnis

1.2.1 Einleitung

Die molekulare Medizin ist eine analytische Wissenschaft mit dem Ziel, einen medizinischen Sachverhalt bis hin zu seinen molekularen Ursachen aufzuklären. Die Zytogenetik dagegen stellt die Verbindung zytologischer, speziell chromosomaler Beobachtungen mit genetischen Sachverhalten dar und wird daher als eine deskriptive Disziplin angesehen.

Diese Sichtweise ist aus mehrfachen Gründen zu einfach:

1. Die Zytogenetik ist nicht rein deskriptiv, da sie auf einem höheren Niveau biologischer Organisation als der DNA entscheidende biologisch-medizinische Sachverhalte in einem logischen Zusammenhang darzustellen vermag. Sie relativiert damit zugleich eine weit verbreitete Ansicht, dass ein zellbiologisches Phänomen dann aufgeklärt und verstanden ist, wenn die beteiligten Moleküle identifiziert und benannt wurden.
2. Die Zytogenetik hat durch ihren neuen Zweig, die molekulare Zytogenetik, unmittelbar Anschluss an die molekulare Genetik und damit auch die molekulare Medizin gefunden.

Einige der größten Erfolge der molekularen Medizin basieren auf zytogenetischen Beobachtungen, wie die folgenden 3 Beispiele aus der Entwicklungsgenetik, der medizinischen Genetik und der Tumorgenetik belegen sollen.

1. Der erste Fall betrifft einen Befund von 1959, wonach Individuen mit der Chromosomenkonstitution 47,XXY männlich und solche mit der Konstitution 45,XO weiblich sind. Dies sprach dafür, dass beim Vorliegen eines Y-Chromosoms die ontogenetische Entwicklung in männliche Richtung verläuft. Später konnte gezeigt werden, dass hierfür nur ein kleiner Bereich im kurzen Arm des Y-Chromosoms verantwortlich ist. Dies führte zur Identifizierung des SRY-Gens (sex determining region on Y), dem Schaltergen, das beim Menschen und beim Säuger allgemein die Entwicklung des undifferenzierten Embryos in männliche Richtung bestimmt. Die Mutation nur eines einzigen Basenpaars in diesem Gen, die dessen Funktionsverlust bedingt, führt zur Entstehung weiblicher Individuen mit einem ansonsten normal männlichen Chromosomensatz. Diese sind als Kinder phänotypisch normal weiblich, entwickeln aber in der Pubertät keine sekundären Geschlechtsmerkmale und sind aufgrund fehlender Gonaden steril. Die molekulare

Ganten / Ruckpaul (Hrsg.)
Grundlagen der Molekularen Medizin,
2. Auflage

Analyse hat dabei nicht nur diese besondere Form von Sterilität aufklären können, sondern zugleich dasjenige Gen beim Säuger identifiziert, das für die Geschlechtsbestimmung verantwortlich ist [Übersicht bei Wolf (1995)].

2. Eine zytogenetische Auffälligkeit war es auch, die mit einer der häufigsten genetisch bedingten Ursachen geistiger Behinderung einhergeht, dem so genannten fragilen X-Syndrom. Zytogenetisch auffällig war eine brüchige (fragile) Stelle im terminalen Bereich des langen Arms des X-Chromosoms. Gestützt auf die Lokalisation konnten das Gen identifiziert und zugleich ein vollkommen neuer Mutationsmechanismus beschrieben werden. Es handelt sich um eine Vermehrung von Basentripletts der Folge $(CCG)_n$ im nichtkodierenden Bereich des FMR1-Gens (fragile X mental retardation-1).

   Es kommt aber nur dann zu klinischen Konsequenzen, wenn bereits eine so genannte Prämutation, also eine geringfügigere Vermehrung des Basentripletts vorliegt. Durchlaufen diese so veränderten Sequenzen die Oogenese, nicht die Spermatogenese, kann es zur erneuten Vermehrung des Basentripletts und damit zur Ausprägung klinischer Symptome kommen. Mit der Aufdeckung dieses Mechanismus wurde zugleich die Erklärung für ein bislang vollkommen rätselhaftes Phänomen geliefert, die Antizipation. Gemeint ist damit, dass bei bestimmten genetisch bedingten Erkrankungen das Erkrankungsrisiko und die Schwere der Erkrankung von Generation zu Generation zunehmen. Das gleiche Phänomen konnte inzwischen für mehr als ein Dutzend weiterer neurologischer Erkrankungen belegt werden [Übersicht Kaufmann u. Reiss (1999)], bei denen die Schwere der Erkrankung und das Manifestationsalter mit der zunehmenden Länge der Basentripletts korreliert.

3. Ein letztes Beispiel soll den Stellenwert zytogenetischer Beobachtungen für das Verständnis der Tumorgenese illustrieren. Kennzeichnend für das Burkitt-Lymphom, eine in Deutschland seltene Krebserkrankung, sind charakteristische Translokationen der Krebszellen zwischen einem Chromosom 8 und einem Chromosom 2, 14 oder 22, die jeweils die gleichen Bruchstellen betreffen. Es bedeutete einen wissenschaftlichen Durchbruch auf dem Gebiet der Tumorgenetik, als im Oktober 1982 2 Arbeitsgruppen unabhängig voneinander zeigen konnten, dass als Folge dieser Translokationen das c-myc-Gen auf Chromosom 8 in Nachbarschaft zu den Genen der schweren (Chromosom 14) oder der leichten Ketten der Immunglobulingene (Chromosom 2 und 22) gelangt, die gerade in diesen Zellen besonders aktiv sind. Als Folge der Translokation kommt es zu einer gesteigerten Expression des c-myc-Gens als entscheidendem frühen Schritt in der Genese dieser Tumoren. Zum 1. Mal konnte damit für die Kanzerogenese ein Zusammenhang zwischen einer strukturellen Chromosomenveränderung und der Expression der davon betroffenen Genen hergestellt werden. Im Gegensatz zu den beiden vorausgegangenen Beispielen handelt es sich hier nicht um Veränderungen in der Keimbahn, sondern um Mutationen in somatischen Zellen [Übersicht bei Look (1998)].

Diese 3 speziellen Beispiele illustrieren einen allgemeinen Sachverhalt: Die Zytogenetik ist schon deshalb eine wesentliche Grundlage der molekularen Medizin, weil die Gene auf den Chromosomen angeordnet sind. Die Genkarte stellt das entscheidende Ordnungsprinzip in der Genetik dar, durchaus vergleichbar mit der Orientierungshilfe mittels Landkarten im täglichen Leben. So können strukturelle Veränderungen der Chromosomen, die die Keimbahn betreffen und mit klinischen Auffälligkeiten einhergehen oder die maligne Zellen auszeichnen, den Weg zu den jeweils betroffenen Genen weisen. Der Lageort des Gens lässt zudem Hinweise auf die Genexpression zu, da die Chromosomen selbst funktionell untergliedert sind.

Darüber hinaus stellen bestimmte Chromosomenmutationen das lichtmikroskopische Äquivalent einer DNA-Schädigung dar. Eine erhöhte Rate an Chromosomenbrüchen kann so auf eine mutagene Exposition hinweisen. Liegt eine derartige „Chromosomeninstabilität“ aber als Symptom einer genetisch bedingten Erkrankung vor, deutet dies darauf hin, dass der zugrunde liegende Defekt direkt oder indirekt mit einem zentralen zellulären Geschehen, der DNA-Reparatur und der Zellzykluskontrolle zusammenhängt.

Ein wichtiger Aspekt blieb bislang unerwähnt: Chromosomale Veränderungen selbst sind Gegenstand der molekularen Medizin, einmal im Hinblick auf ihre Ätiologie und zum anderen bezüglich ihrer klinischen Konsequenzen. So weisen nahezu 30% aller befruchteten Eizellen eine Chromosomenanomalie auf, unter Neugeborenen sind es noch etwa 0,6%, wobei die Mehrzahl auch klinisch auffällig ist. Chromosomenmutationen tragen daher entscheidend zur Mortalität und Morbidität im Kindesalter bei. Zudem gibt es kaum eine Krebsform, die nicht mit chromosomalen Veränderungen einhergeht.

Angesichts dieser Sachlage ist es nicht verwunderlich, dass zytogenetische Befunde in vielen Kapiteln dieses Werkes angesprochen werden. Es kann daher nicht Aufgabe dieses Beitrags sein, die einzelnen Bereiche ausführlich abzuhandeln; dies ist den speziellen Abschnitten vorbehalten. Ebenso können hier nicht die elementaren Grundlagen von Mitose und Meiose besprochen werden, die jedem einschlägigen Lehrbuch zu entnehmen sind. Zudem bleibt das Gebiet der menschlichen Chromosomopathien weitgehend ausgespart, da dies Gegenstand eines eigenen Kapitels in Band „Monogen bedingte Erbkrankheiten 2", Kapitel „Chromosomopathien" (Ganten u. Ruckpaul 2000) ist.

Hier soll vielmehr der Versuch unternommen werden, gestützt auf die allgemeinen Grundlagen der Chromosomentheorie, der Vererbung und der Chromosomenphysiologie, die molekularen Grundlagen zytogenetischer Phänomene darzustellen und ihre Bedeutung für das Verständnis medizinischer Sachverhalte aufzuzeigen, ganz im Sinn der einleitend angeführten Beispiele.

1.2.2 Chromosomentheorie der Vererbung

Die etwa 30 000–40 000 Gene des Menschen verteilen sich auf 23 Chromosomenpaare. Von der Mutter und vom Vater wird jeweils ein einfacher, haploider Chromosomensatz an die Nachkommen vererbt. Die befruchtete Eizelle, die Zygote, weist danach in der Regel einen normalen diploiden Satz aus 46 Chromosomen auf. Sämtliche Körperzellen gehen durch Zellteilung, Mitose, aus der befruchteten Eizelle hervor. Sie enthalten daher ebenfalls 46 Chromosomen und im Prinzip auch sämtliche Erbanlagen. Dass sich die verschiedenen Gewebe in morphologischer und physiologischer Hinsicht unterscheiden, beruht letztlich darauf, dass jeweils nur bestimmte Gene aktiv sind. Die entwicklungs- und gewebespezifische Regulation der Genaktivität ist Grundlage jeden Entwicklungs- und Differenzierungsgeschehens. Die Bedeutung der Chromosomen als Träger der Erbanlagen liegt deshalb einmal darin, die korrekte Verteilung der Gene auf die Tochterzellen zu gewährleisten, und zum anderen darin, die korrekte Weitergabe der Gene bei der Keimzellbildung, der Meiose, zu sichern. Zugleich sind die Chromosomen der Interphase (das Chromatin) aber auch das Substrat der Genregulation.

Diese Erkenntnisse haben Anfang dieses Jahrhunderts ihren Niederschlag in der „Chromosomentheorie der Vererbung" gefunden, die zugleich die Geburtsstunde der Zytogenetik markiert. Dabei ergab sich eine vollständige Korrelation zwischen den im Kreuzungsexperiment ermittelten Befunden und den zytogenetischen Beobachtungen (Abb. 1.2.1). Das paarweise Vorhandensein der Erbanlagen in den Körperzellen entsprach dem paarweisen Vorliegen der Chromosomen, das einfache Vorhandensein in den Keimzellen der Reduktion der diploiden auf die haploide Chromosomenzahl während der Meiose. Die lichtmikroskopisch sichtbaren Chiasmata der Prophase der Meiose stellen das Korrelat für den im Kreuzungsexperiment ermittelten Austausch von Genen zwischen homologen Chromosomen (Cross-over) dar. Diese genetischen Austauschereignisse ermöglichten T. H. Morgan und seinen Schüler in den 20er Jahren die Erstellung der ersten Genkarten bei der Taufliege *Drosophila*. Die auf diese Weise ermittelte Entfernung der Gene wird in cM (Zentimorgan) angegeben. Hierbei entspricht die genetische Distanz von 1 cM einer Rekombinationsrate zwischen 2 Genen von 1%.

Es war ein fast einmaliger Zufall in der Wissenschaft, als Heitz und Bauer 1933 in Berlin (und unabhängig von ihnen Painter in den USA) zeigen konnten, dass das damals genetisch am besten analysierte Objekt, die Drosophila, sich zugleich auch zytogenetisch in besonderer Weise auszeichnet. In den Speicheldrüsen der Larven finden sich so genannte Riesenchromosomen. Es handelt sich dabei um Interphasechromosomen, die aus mehr als 1000 gepaarten Chromatiden bestehen, was ihre große Länge und Dicke erklärt. Sie weisen eine spezifische Bandenstruktur auf, wobei ein bestimmtes Gen einer distinkten Bande zugeordnet und damit die lineare Anordnung der Gene auf den Chromosomen sichtbar gemacht werden konnten. Durch die Arbeiten von Beermann und seinen Schülern in den 50er Jahren konnte hieran sogar gezeigt werden, dass sich genetisch aktive und inaktive Gene im Lichtmikroskop in ihrer Konformation unterscheiden.

Damals schien es ausgeschlossen, jemals die Reihenfolge der Gene auch auf den menschlichen Mitosechromosomen oder die Expression der Gene lichtmikroskopisch nachweisen zu können. Heute ist dies dank des Fortschrittes auf dem Gebiet der molekularen Zytogenetik möglich. Mittels der Technik der Fluoreszenz-in-situ-Hybridisierung (FISH) können die Gene beim Menschen rasch kartiert und ihr Verlust bei bestimmten Erkran-

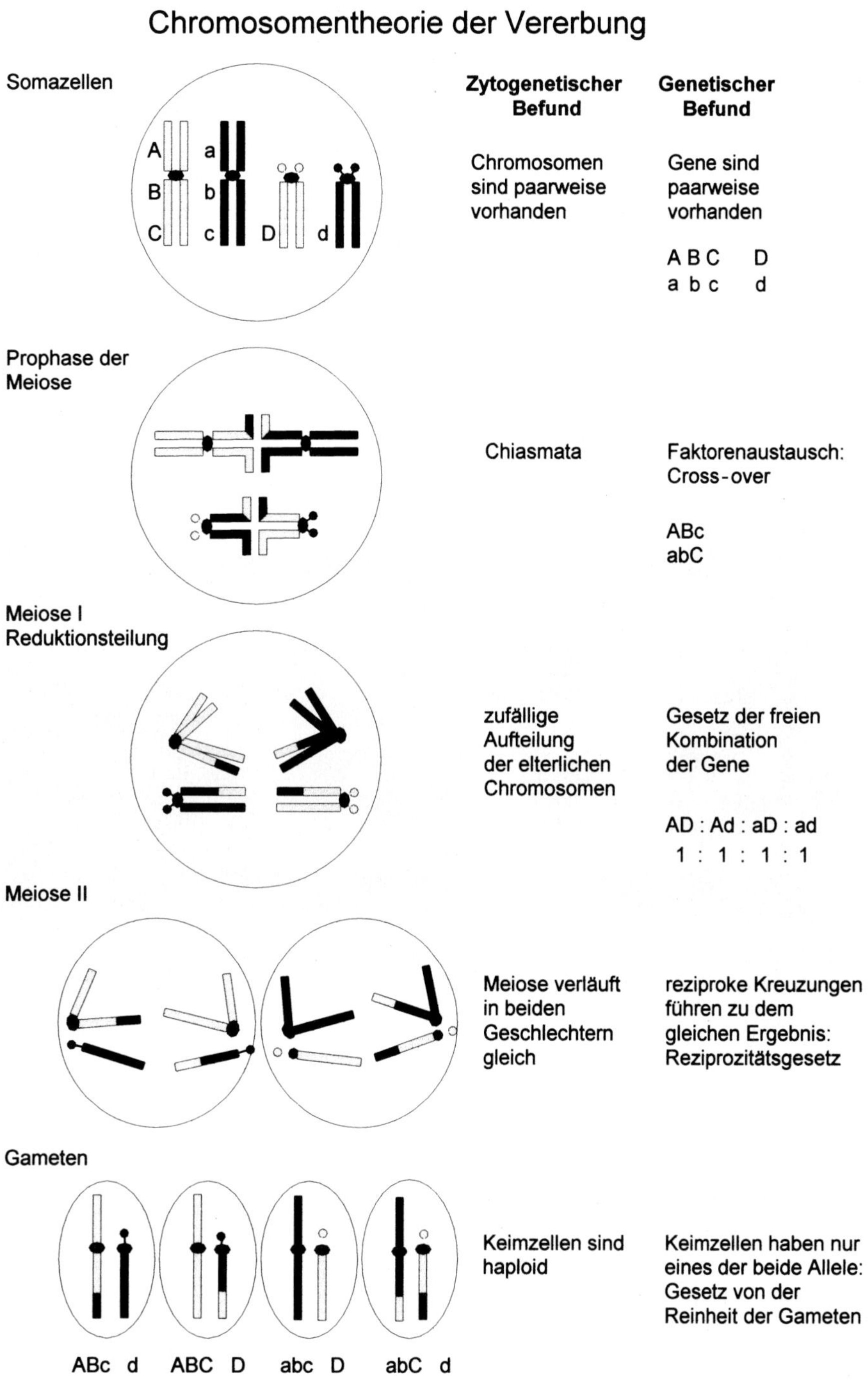

Abb. 1.2.1. Gegenüberstellung von zytogenetischen Beobachtungen mit den entsprechenden genetischen Befunden, die durch das Kreuzungsexperiment erschlossen wurden, die zusammen dann die „Chromosomentheorie der Vererbung" begründet haben

kungen lichtmikroskopisch nachgewiesen werden (Abb. 1.2.2). Noch wesentlich größer ist die Auflösung, wenn die Hybridisierung nicht an Mitosechromosomen, sondern an DNA-Fibrillen erfolgt. Hierbei können Längenunterschiede von wenigen Tausend Basenpaaren erfasst werden. Mit Hilfe des so genannten Padlock-Verfahrens können sogar einzelne Basenaustausche lichtmikroskopisch erkannt werden (Baner et al. 2001). Einzelheiten zu diesen Verfahren finden sich in Band „Monogen bedingte Erbkrankheiten 2", Kapitel „Chromosomopathien" (Ganten u. Ruckpaul 2000).

Die FISH-Analyse kann mit Einzelsonden erfolgen, aber auch mit einem Gemisch von Proben, die repräsentativ für ein einzelnes Chromosom (chromosome painting) oder einzelne Chromoso-

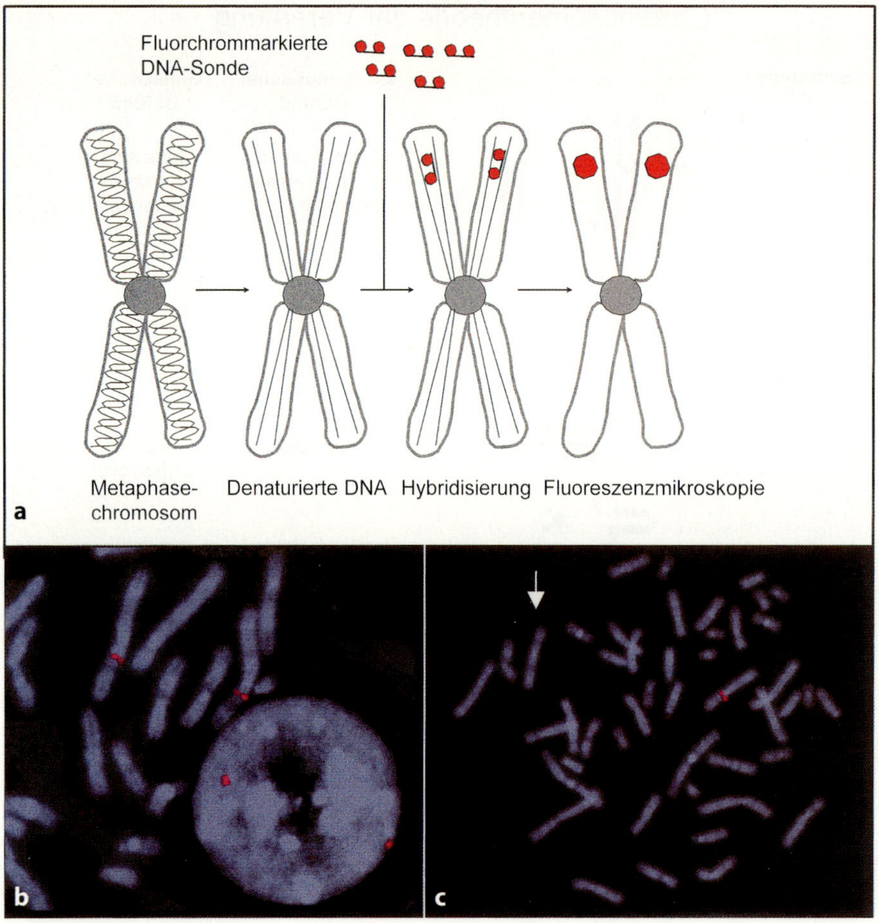

Abb. 1.2.2. **a** Schematische Darstellung der Fluoreszenz-in-situ-Hybridisierung (FISH). Hierzu wird eine DNA-Probe, die mit einem Fluorochrom markiert ist, auf menschliche Metaphasechromosomen hybridisiert. Deren DNA wurde zuvor in den einzelsträngigen Zustand überführt, **b** Ausschnitt aus einer Metaphase nach FISH mit einer Sonde von Chromosom 3: das Fluoreszenzsignal ist auf beiden Chromosomen 3 im kurzen Arm nachweisbar, außerdem sind deutlich 2 Signale in dem unten rechts liegenden Interphasekern sichtbar, **c** Metaphase einer Patientin, die eine Deletion für den oben genannten Bereich im kurzen Arm von Chromosom 3 aufweist: Das FISH-Signal ist nur auf einem der beiden Chromosomen 3 nachweisbar; *Pfeil* 2, deletiertes Chromosom 3

menabschnitte sind. Werden unterschiedliche Fluorochrome verwendet, ergibt sich ein chromosomales Bandenmuster, das der Kodierung durch ein Strichmuster entspricht und als „chromosomal bar code“ bezeichnet wird. Wie aus Abb. 1.2.2 hervorgeht, kann dieser Nachweis auch an Zellkernen vorgenommen werden, sodass man dank der FISH-Technik für eine zytogenetische Untersuchung nicht mehr auf Metaphasechromosomen und damit auf proliferierende Zellen angewiesen ist (Interphasezytogenetik).

Ebenso kann heute für jedes Gen die entwicklungs- und gewebespezifische Expression auf RNA-Ebene durch In-situ-Hybridisierung ermittelt werden. Hierzu wird z.B. an Gewebeschnitten der Maus die betreffende mRNA durch Hybridisierung

Abb. 1.2.4. **a, b** Chromosomale Verteilung zweier repetitiver Elemente im Genom der Erdmaus *Microtus agrestis* nach In-situ-Hybridisierung. Beide Elemente kommen bei den nächsten Verwandten nur in wenigen Kopien vor und wurden im Lauf der Evolution der Art *Microtus agrestis* in großem Maß amplifiziert. **a** Die Lage des einen repetitiven Elements von 3 kbp Länge ist auf das Heterochromatin der beiden großen Gonosomen begrenzt. **b** Das andere Retroposon tritt bevorzugt im Heterochromatin auf, ist jedoch auch weit über das Euchromatin verteilt. Der Nachweis wurde mit FITC-markierten Sonden durchgeführt, **c, d** Nachweis der Transkriptionsaktivität des in (**b**) gezeigten Elements in der Oogenese der Erdmaus *Microtus agrestis*, **c** Pachytänchromosomen nach DAPI-Färbung. Das Heterochromatin des X-Bivalents tritt deutlich hervor. **d** Dieselbe Zelle nach DNA-RNA-in-situ-Hybridisierung, wobei das Retroposon von **b** als Sonde eingesetzt wurde. Deutlich ist die Markierung über dem Heterochromatin und Teilen des Euchromatins zu erkennen, was mit der chromosomalen Lage des Retroposons (**b**) korreliert, aus Sperling (1999)

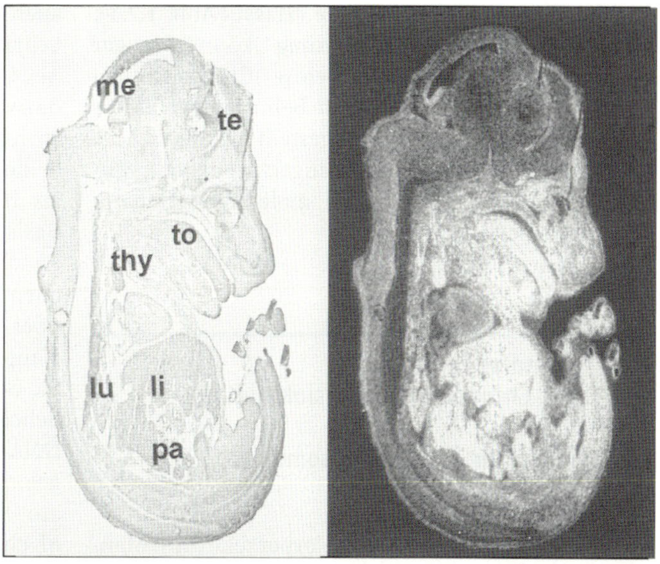

Abb. 1.2.3 a, b. Nachweis des Expressionsmusters eines Mausgens durch DNA-RNA-Hybridisierung an einem 14,5 Tage alten Mausembryo. Es handelt sich um das so genannte NBS-Gen (Nijmegen-breakage-Syndrom), das in die Reparatur von DNA-Doppelstrangbrüchen, die meiotische Rekombination sowie die Umbauten der Immunglobulingene einbezogen ist. Als Sonde wurde eine ^{35}S-makierte Antisense-RNA-Probe eingesetzt und autoradiographisch nachgewiesen. Die Silberkörnchen des Autoradiogramms erscheinen nach Dunkelfeldbeleuchtung als leuchtende Pünktchen (**b**). Die Markierung findet sich bevorzugt über allen teilungsaktiven Geweben, *me* Mesenzephalon, *te* Telenzephalon, *to* Zunge, *thy* Thymus, *Lu* Lunge, *Li* Leber, *pa* Pankreas, aus Wilda et al. (2000)

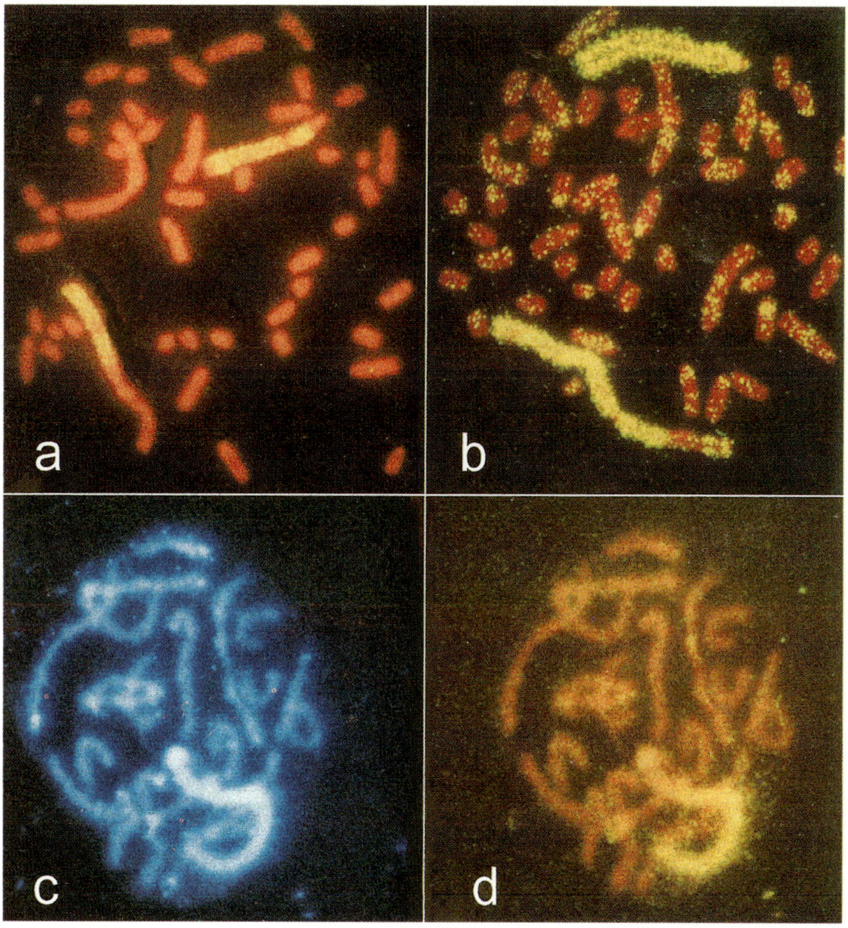

Abb. 1.2.4 a–d

mit der betreffenden Gensonde erfasst (Abb. 1.2.3). Mittels DNA-RNA-Hybridisierung können sogar die Transkripte an den (Meiose-)Chromosomen nachgewiesen und damit auch beim Säuger aktive Gene lichtmikroskopisch dargestellt werden (Abb. 1.2.4). Damit hat auch die Säugerzytogenetik unmittelbaren Anschluss an die molekulare Genetik gefunden.

1.2.3 Grundlagen der Chromosomenphysiologie

1.2.3.1 Struktur der Chromosomen und des Chromatins

Das Erbgut einer normalen Körperzelle des Menschen besteht aus etwa 6×10^9 Basenpaaren (bp), die aneinandergereiht einen DNA-Faden von etwa 4 m Länge und 2 nm Durchmesser ergeben würden. Tatsächlich ist dieser nicht durchgehend, sondern in die 46 Chromosomen des diploiden Satzes aufgeteilt. Das lichtmikroskopisch sichtbare Chromosom besteht aus 2 identischen Spalthälften, den Chromatiden, die jeweils eine durchgehende DNA-Doppelhelix aufweisen. Die DNA ist hier mit gleichen Mengen an Histon- und Nichthistonproteinen verbunden und um das mehr als 10000fache kondensiert (Abb. 1.2.5). Diese Verkürzung erfolgt in mehreren Stufen, wobei zunächst ein Nukleosomenfaden von 10 nm in die elektronenmikroskopisch darstellbare 30-nm-Fibrille (solenoide Superhelix) überführt wird, die auch im Interphasekern sichtbar ist. Der letzte Schritt besteht in der dichten helikalen Packung eines Chromatinfadens von etwa 300 nm. Der Schritt dazwischen ist noch nicht endgültig geklärt. Es spricht jedoch vieles dafür, dass die Chromatinfibrille im Interphasekern Schleifen von 50 bis mehr als 100 Kilobasenpaare (kb) DNA ausbildet, deren Basis aus einem mehrere 100 bp großen, AT-reichen Abschnitt besteht. Dieser ist mit einem schwer löslichen Proteinkomplex verbunden, der Kernmatrix oder SAR (scaffold-associated region). Deren Hauptkomponente stellt die Topoisomerase II dar. Sie ist u. a. dafür verantwortlich, dass DNA-Doppelhelices von Schwesterchromatiden, die als Folge der DNA-Replikation miteinander verkettet sind, wieder gelöst werden. Hinzu kommt das SC2-Protein, das zur SMC-Proteinfamilie zählt (stable maintenance of chromosomes) und eine wichtige Rolle bei der Chromosomenkondensation spielt [Übersicht Earnshaw (1988), Koshland u. Strunnikov (1996), Hart u. Laemmli (1998)].

Beim Übergang in die Mitose kommt es zum Zusammentreten einzelner dieser Proteinkomplexe unter Ausbildung einer durchgehenden Achse, dem eigentlichen „scaffold". Diese Struktur ist zwar an intakten Chromosomen oder Dünnschnitten davon nicht sichtbar, doch lässt sie sich mittels Antikörpern gegen Topoisomerase II nachweisen und aufgrund ihrer reduzierenden Eigenschaften durch eine Silberfärbung darstellen (Giménez-Abián et al. 1995). Durch anschließende helikale Faltung kommt es dann zur Ausbildung der Chromatiden mit etwa 700 nm Durchmesser.

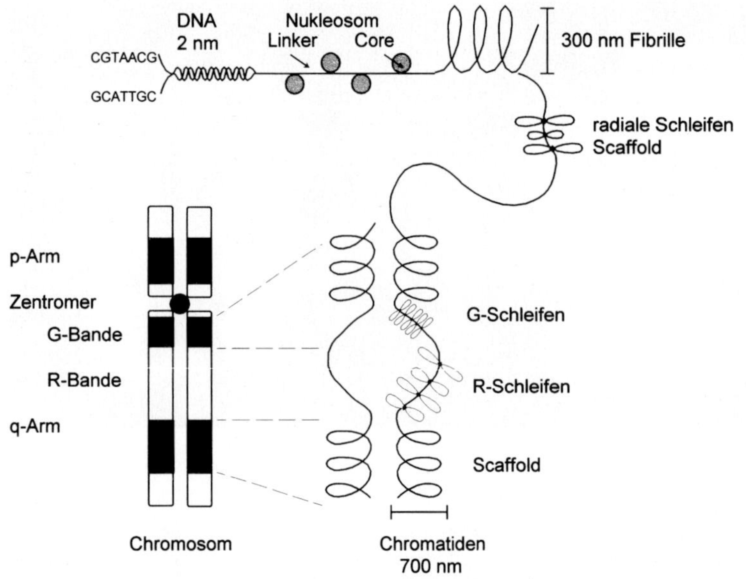

Abb. 1.2.5. Schematische Darstellung der Chromosomenorganisation, ausgehend von der DNA bis hin zum lichtmikroskopisch sichtbaren Chromosom. Nähere Einzelheiten s. Text. Nach Hart u. Laemmli (1998)

Die chromosomalen Proteine von Mitose- und Interphasechromosomen stimmen weitgehend überein. Es findet daher keine vollständige Reorganisation statt, wie im Fall der Spermien-DNA nach der Befruchtung, sondern eine Modifikation der Proteine, insbesondere durch Phosphorylierung und Azetylierung. Mit dem Übergang von der Interphase zur Metaphase ist eine Verkürzung um das 5- bis 10fache verbunden. Dies lässt sich durch In-situ-Hybridisierung zeigen, indem die Distanzen zweier Loci im Interphasekern und auf den Metaphasechromosomen verglichen werden. Zugleich zeigt sich dabei, dass die Gene auf den Schwesterchromatiden charakteristische, spiegelbildliche Positionen einnehmen. Dies wird unter der Annahme verständlich, dass die helikalen Windungen der Schwesterchromatiden gegensätzlich verlaufen [Übersicht Bridger u. Bickmore (1998), Hart u. Laemmli (1998)].

In dem kompakten Zustand der Metaphasechromosomen, der Transportform, ist das genetische Material inaktiv. In der Interphase liegt das Chromatin in dekondensierter Form vor, die einzelnen Chromosomen sind nicht mehr sichtbar. Sie können jedoch nach In-situ-Hybridisierung als distinkte Bereiche im Interphasekern nachgewiesen werden (Abb. 1.2.2). Hierfür wurde bereits 1909 von Boveri der Begriff „Chromosomenterritorium" geprägt. Er unterstreicht, dass die Chromosomen nicht miteinander verknäult vorliegen. Sie weisen, zumindest in teilungsaktivem Gewebe, eine Polarität auf, die durch die Orientierung in der Anaphase vorgegeben ist und von Rabl bereits 1885 beschrieben wurde. Hierbei sind die Zentromere und Telomere zu unterschiedlichen Polen gerichtet und die Chromosomenarme V-förmig abgeknickt. Innerhalb der Chromosomenterritorien scheinen die aktiven Gene bevorzugt auf deren Oberfläche zu liegen. Der Zellkern selbst besteht aus einer Reihe weiterer Kompartmente, die für den geordneten Stoffaustausch und die RNA-Prozessierung unerlässlich sind [Übersicht Cremer et al. (1982), Marshall et al. (1997), Bridger u Bickmore (1998), Belmont et al. (1999)]. Die Chromosomen können ihre Position im Interphasekern verändern; wenn die Zelle jedoch ausdifferenziert ist, scheint ihre Anordnung stabil zu sein [Übersicht Zink u. Cremer (1998)].

In Zellen mit stark reduzierter genetischer Aktivität liegt auch das Chromatin in kompakter Form vor, wie z. B. in den Spermien oder in den Zellkernen der Lymphozyten des peripheren Bluts. Die Regel aber ist, dass das Chromatin der Zellkerne aus stärker und schwächer anfärbbarer Anteilen, d. h. unterschiedlich kondensierten Bereichen, besteht. Hierfür hat Gutherz (1907) den Begriff Heteropyknosis vorgeschlagen. Durchgesetzt hat sich dagegen jedoch die von Heitz (1928, 1929) eingeführte Bezeichnung Heterochromatin für die gegenüber dem Euchromatin stärker angefärbten Bereiche.

Die Zellkerne der verschiedenen Gewebe können eine sehr charakteristische Morphologie aufweisen. So lassen sich die Zellkerne z. B. der Granulozyten sehr einfach von denen der Leberzellen oder denen des Neuroektoderms unterscheiden, und zwar bei nahezu allen Wirbeltieren (Manuelidis 1990). Unter anderen Bedingungen, z. B. wenn diese Zellen in die Gewebekultur überführt werden, ändert sich die Morphologie wieder. Es handelt sich also um einen grundsätzlich reversiblen Zustand. Diese charakteristische Morphologie der Interphasekerne hängt mit der Lage der Chromosomen und der unterschiedlichen Kondensation einzelner Chromosomenabschnitte zusammen. Letztlich dürfte es sich um den lichtmikroskopisch sichtbaren Ausdruck unterschiedlicher Genexpressivität der einzelnen Gewebe handeln. Allerdings stellen sich keinesfalls alle inaktiven Bereiche auf diese Weise dar. Die verschiedenen biochemischen Modifikationen des Chromatins und die daran beteiligten Signalstrukturen sind nicht Gegenstand dieses Beitrags. Übersichten hierzu finden sich bei Dreyfuss u. Stuhl (1999), Ng u. Bird (1999), Eissenbarg u. Elgin (2000) und Festenstein u. Kioussis (2000).

1.2.3.2 Funktionelle Gliederung der Chromosomen

Weitere Einsichten in die funktionelle Gliederung des Genoms haben verschiedene Verfahren der differenziellen Anfärbung der Chromosomen in Verbindung mit der Genkartierung erbracht. Das verbreitetste Verfahren hierfür ist die so genannte G-Banden-Technik, die auf einer speziellen Vorbehandlung der Chromosomen und anschließender Giemsa-Färbung beruht. An Chromosomen der Prophase können so mehr als 850 dunkle und helle G-Banden unterschieden werden (Abb. 1.2.6). Die hellen G-Banden werden auch als R-Banden (reversed bands) bezeichnet. Eine Untergruppe davon bilden die T-Banden, die sich bevorzugt an den Chromosomenenden befinden.

Mittels der C-Banden-Technik werden die zentromernahen Bereiche spezifisch angefärbt (Abb. 1.2.6), wobei die besonders großen C-Banden der

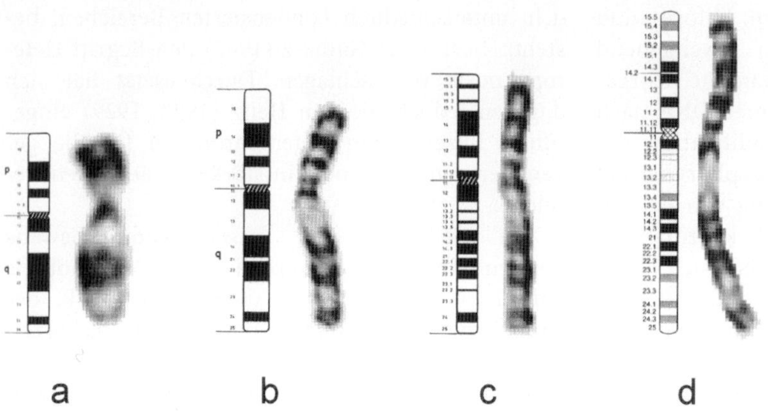

Abb. 1.2.6 a–d. Darstellung des Bandenmusters des Chromosoms 11 mit unterschiedlicher Auflösung. (**a**) Etwa 200 Banden/haploidem Genom. Im mittleren Abschnitt des langen Arms von Chromosom 11 ist eine dunkle Bande erkennbar. Diese ist auf dem 400-Banden-Stadium (**b**) eindeutig in 2 Banden aufgeteilt. Eine gute Bänderungsqualität mit etwa 550 Banden ist in (**c**) gezeigt, wobei der kurze Arm 3 distinkte dunkle Banden aufweist. Auf dem 850-Banden-Stadium (**d**) kann die Bande 11p14.1 deutlich von 11p14.3 unterschieden werden. Die Schemazeichnungen **b, c, d** stammen aus ISCN, 1995, aus Sperling et al. (1997)

Chromosomen 1, 9, 16 und Y auffallen. Diese können zwischen verschiedenen Individuen erheblich variieren (chromosomale Heteromorphismen).

Mittels In-situ-Hybridisierung kann heute sogar das Bandenmuster der Chromosomen im Interphasekern nachgewiesen und gezeigt werden, dass deren Größe etwa einem 600-Banden-Stadium entspricht. Das heißt, die Gesamtlänge von Interphase- und Mitosechromosomen ist kaum verschieden, die Unterschiede betreffen die Ausbildung und die Anordnung der Chromatinfibrille (Lemke, pers. Mitteilung).

Nach Zugabe des Basenanalogons Bromdesoxyuridin (BrdU) während der DNA-Replikation können die neu synthetisierten Bereiche aufgrund ihrer geringen Anfärbung nachgewiesen werden. Hierbei zeigt sich, dass die R-Banden in der ersten Hälfte der S-Phase repliziert werden, die G-Banden in der 2. Hälfte und ganz zum Schluss die C-Banden sowie das genetisch inaktive X-Chromosom im weiblichen Geschlecht.

Bemerkenswert ist, dass die Zahl der Replikationsbanden praktisch der maximalen Anzahl von Banden entspricht, die nach differenzieller Färbung darstellbar sind. Wird von 1000 Banden/haploidem Genom, d. h. pro 3×10^9 bp ausgegangen, entspricht eine Bande bzw. eine Replikationseinheit im Durchschnitt etwa 3×10^6 bp oder 3 Mbp. Da die Initiationsstellen für die Replikation (replication origins) etwa 50 bis mehr als 100 kbp auseinander liegen, sollten in einer Replikationseinheit etwa 10–50 derartiger Replikons zusammengefasst sein [Übersicht Holmquist (1992), Craig u. Bickmore (1993)].

Erste Einsicht in die Natur der verschiedenen Banden haben enzymhistochemische Untersuchungen ergeben. Werden die Mitosechromosomen mit DNAse I behandelt und die Schnittstellen in der DNA mittels der Nicktranslationstechnik immunzytochemisch nachgewiesen (Abb. 1.2.7), ergibt sich ein charakteristisches Bandenmuster, wobei die D-Banden (DNAse-Banden) eine gute Übereinstimmung mit den R-Banden aufweisen. Da mittels DNAse I bevorzugt genetisch aktive und potenziell aktive Bereiche geschnitten werden, ist dies ein indirekter Hinweis darauf, dass die R-Banden genreicher als die G-Banden sind [Übersicht bei Sperling (1990)].

Wird die DNA der Mitosechromosomen mit Restriktionsenzymen geschnitten und danach angefärbt, wird in Abhängigkeit von der Erkennungssequenz des Enzyms ein G- oder C-Banden-ähnliches Muster erhalten (Abb. 1.2.7). Der Färbeeffekt wird darauf zurückgeführt, dass sich die DNA zwischen eng benachbarten Schnittstellen ablöst und die Chromosomen dort entsprechend schwächer angefärbt sind. Nach Restriktion mit der Endonuklease HaeIII (Erkennungssequenz GGCC) ergibt sich ein typisches G-Banden-Muster, wobei die großen C-Banden der Chromosomen 1, 9, 16 und Y ausgenommen sind, die sich daher von den kleineren C-Banden der Zentromerregion der anderen Chromosomen unterscheiden. Wie weiter unten gezeigt wird, dürften sie auch in ihrer molekularen Organisation verschieden sein. Ein G-Banden-Muster resultiert aber auch nach schonender Restriktion mit dem Restriktionsenzym

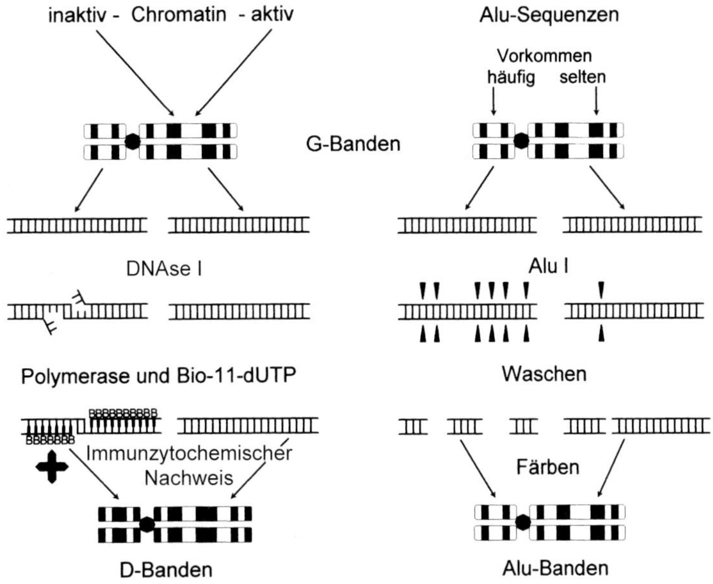

Abb. 1.2.7. Zytogenetischer Nachweis *DNAse-I-* und *Alu-I-*empfindlicher Chromosomenabschnitte. Im 1. Fall beruht die Empfindlichkeit auf einer offenen Chromatinkonformation. Nach Behandlung der Metaphasechromosomen mit DNAse I werden diese Bereiche (R-, T-Banden) bevorzugt geschnitten, was durch Einbau von biotinyliertem *dUTP* und nachfolgender immunzytochemischen Färbung nachgewiesen werden kann (*D-Banden*). Im 2. Fall beruht die Empfindlichkeit auf der Häufung von Erkennungssequenzen für das Restriktionsenzym *Alu I* in den R-Banden. Nach Behandlung von Metaphasechromosomen mit Alu I kommt es in diesen Bereichen zu kleinen Fragmenten, die durch das nachfolgende Waschen entfernt werden, wodurch sich die Chromosomen an diesen Stellen heller färben (*Alu-Banden*)

Alu I. Dies bedeutet, dass die R-Banden besonders viele Alu-I-Schnittstellen aufweisen sollten, was in guter Übereinstimmung mit den dort befindlichen repetitiven Alu-Elementen steht (s. unten).

1.2.3.3 Kartierung von Genen und repetitiver DNA

Direkte Hinweise auf die genetische Ausstattung der einzelnen chromosomalen Banden lieferte die Kartierung von Genen und repetitiven DNA mittels In-situ-Hybridisierung. Die Befunde werden ausführlich „Monogen bedingte Erbkrankheiten 2", Kapitel „Chromosomopathien" (Ganten u. Ruckpaul 2000), abgehandelt und lassen sich folgendermaßen zusammenfassen:

1. Die Chromosomen 13, 18 und 21 sind die Autosomen mit der niedrigsten Anzahl von Genen. Es sind auch die einzigen Autosomen, für die eine Trisomie mit dem Leben vereinbar ist, alle anderen Trisomien enden als Spontanaborte bzw. bereits vor der Implantation.
2. Die T-Banden sind die genreichsten Regionen, gefolgt von den R-Banden. Speziell finden sich hier die so genannten „house-keeping genes", die für den Grundmetabolismus der Zellen verantwortlich und in nahezu sämtlichen Zellen aktiv sind. Die G-Banden dagegen enthalten wesentlich weniger, entwicklungs- und gewebespezifisch exprimierte Gene. Die C-Banden sind praktisch genleer [Übersicht Holmquist (1992), Craig u. Bickmore (1993)].
3. Die chromosomalen Banden unterscheiden sich auch hinsichtlich der vorherrschenden repetitiven Elemente. So weisen die T- und R-Banden überwiegend kurze repetitive Elemente von etwa 300 bp Länge auf (SINES: short interspersed nucleotide elements), deren wichtigste Vertreter die Alu-Elemente sind (genannt nach einer charakteristischen Schnittstelle für das Restriktionsenzym Alu I). In den G-Banden finden sich überwiegend längere repetitive Elemente (LINES: long interspersed nucleotide elements), die weit über 1000 bp lang sein können [Übersicht bei Smit (1996)].
4. Das C-Banden-Material im Bereich der Zentromere besteht überwiegend aus sehr kurzen, millionenfach vorhandenen, repetitiven Elementen (so genannte Satelliten-DNA). Die großen C-Banden der Chromosomen 1, 9, 16 und Y sind jedoch deutlich komplexer aufgebaut. In Analogie zu Befunden an Drosophila und Erdmaus dürften sie dem β-Heterochromatin entsprechen, jene dem α-Heterochromatin (Neitzel et al. 1998).

Werden diese Befunde zur genetischen Zusammensetzung der verschiedenen chromosomalen Strukturen in Bezug gesetzt zu den Vorstellungen ihrer molekularen Organisation, ergibt sich folgendes Chromosomenmodell: Die Schleifen des Interphasechromatins, die durch SAR voneinander getrennt werden, stimmen hinsichtlich ihrer Länge gut mit einzelnen Replikons und DNAse-I-sensitiven Bereichen überein. Vermutlich handelt es sich dabei um die gleichen funktionellen Grundeinheiten (funktionelle Domänen). Ein Cluster aus 10–50 dieser

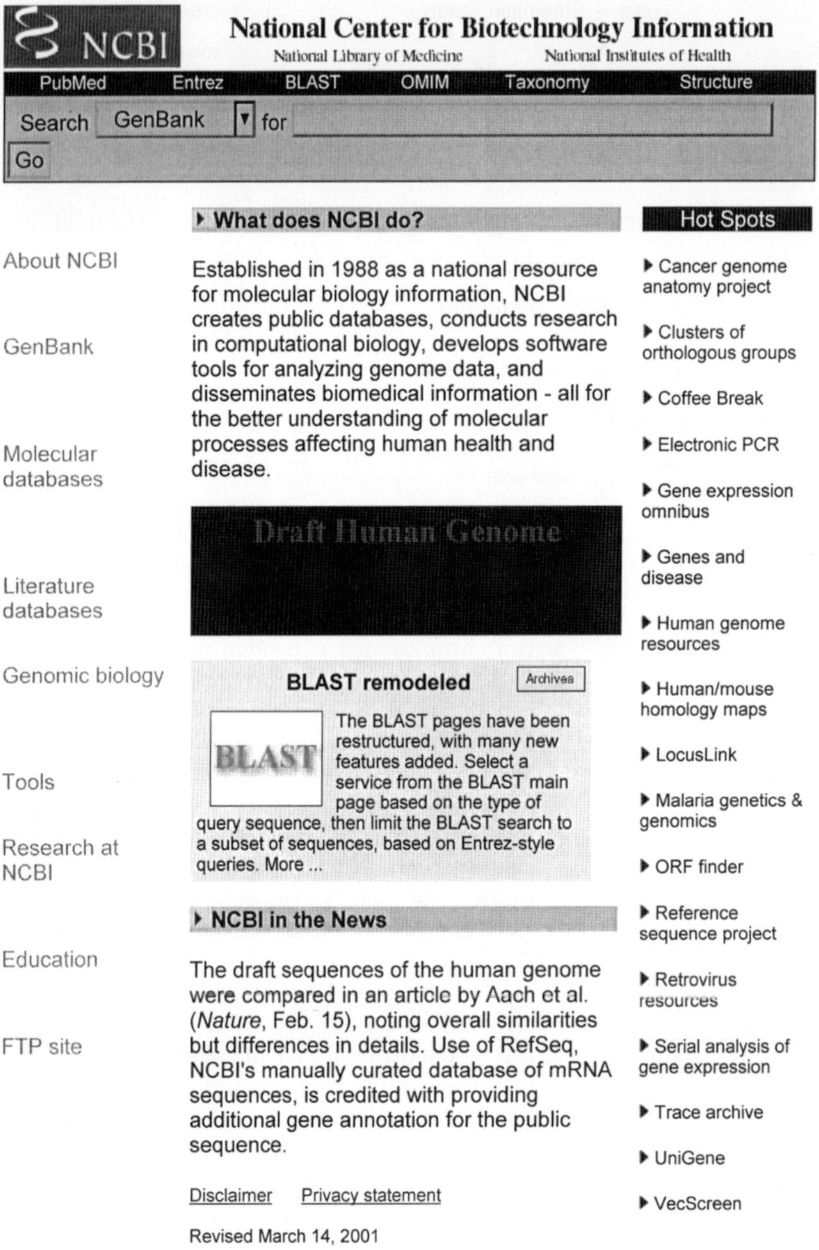

Abb. 1.2.8. Website des NCBI (National Center for Biotechnology), die einen raschen Zugang zu den wichtigsten Datenbanken der Humangenomforschung eröffnet (http://www.ncbi.nlm.nih.gov)

Elemente dürfte einer chromosomalen Bande von 3 Mbp entsprechen.

Diese Bereiche weisen zudem eine recht übereinstimmende Basenzusammensetzung auf. Es handelt sich um so genannte Isochore, die sich im Dichtegradienten abtrennen lassen. Das Isochor mit dem höchsten GC-Gehalt ist bevorzugt in den T-Banden anzutreffen. Bei diesen Isochoren handelt es sich um ein Kennzeichen der Warmblüter und vermutlich eine evolutionäre Anpassung an die hohe Körpertemperatur, die eine entsprechende Stabilität der DNA erfordert (Bernardi 1989).

Die R- und T-Banden sind besonders genreich, sie replizieren in der frühen S-Phase, haben eine offene Konformation, wie aus der DNAse-I-Empfindlichkeit hervorgeht und dürften größere Schleifen ausbilden als die G-Banden. Diese weisen deutlich weniger Gene und dabei speziell die gewebespezifisch exprimierten Gene auf. Ihre Schleifen sind kleiner, der Kondensationsgrad in der Mitose größer. Aus klinischer Sicht ist bedeutsam, dass sich Veränderungen von R-Banden-Material gravierender auf die Entwicklung auswirken als von G-Banden-Material [s. Band „Monogen bedingte

Erbkrankheiten 2", Kapitel „Chromosomopathien" (Ganten u. Ruckpaul 2000)]. Die C-Banden bestehen nahezu ausschließlich aus repetitiver DNA. Dies erklärt, weshalb Unterschiede in ihrer Menge ohne offenkundige klinische Auswirkungen sind.

Neben diesen globalen Vergleichen erlaubt die vergleichende Genkartierung aber auch Einsichten, die die Regulation der Genaktivität betreffen. Aus der menschlichen Genkarte wird ersichtlich, dass Gene, die an der Ausbildung eines bestimmten Organs beteiligt sind oder aufeinander folgende Schritte bestimmter Stoffwechselprozesse steuern, generell auf unterschiedlichen Chromosomen bzw. chromosomalen Abschnitten gelegen sind, anders als bei Bakterien, bei denen sie in ein Operon eingeschlossen sind. Dies trifft auch auf solche Gene zu, die verschiedene Untereinheiten eines Proteins kodieren und daher in stöchiometrischen Verhältnissen vorliegen müssen. Ihre Regulation muss daher individuell erfolgen (Sperling 1999a).

Das tatsächliche Bild ist aber noch wesentlich komplexer. Aus der Genkarte wird ersichtlich, dass nah verwandte Gene oftmals als Cluster angeordnet sind, wie z.B. die Gene für die ε-, γ, β- und δ-Globin-Ketten auf dem Chromosom 11 sowie die ζ- und α-Globin-Gene auf Chromosom 16. Dies weist auf ihre jeweilige Entstehung durch ungleiches Cross-over hin. Sie werden als Globingenfamilie zusammengefasst. Ein besonders instruktives Beispiel bilden die 38 Gene der Homöobox(HOX)-Genfamilie, die beim Menschen in 4 Gruppen auf den Chromosomen 2, 7, 12 und 17 angeordnet sind. Sie spielen in der Embryonalentwicklung eine zentrale Rolle und werden entwicklungs- und gewebespezifisch exprimiert. Dabei spiegelt die Reihenfolge im Genom zugleich die Abfolge ihrer Aktivierung wieder (Wright 1991). Die Mitglieder der einzelnen Genfamilie lassen sich auf ein Gencluster zurückführen, das sich bereits bei der Taufliege *Drosophila* findet. Inzwischen gibt es eine Reihe weiterer Beispiele von Genen und Genfamilien, die bei Invertebraten nur einmal vorkommen, bei höheren Wirbeltieren dagegen in bis zu 4 Kopien vorliegen. Eine Erklärung dafür könnte sein, dass es im Lauf der Vertebratenevolution 2 Genomverdopplungen gegeben hat. In vielen Fällen sind die duplizierten Gene durch Mutation inaktiviert und in Pseudogene überführt worden, in anderen Fällen sind durch ungleiches Cross-over neue Gene hinzu gekommen (Sperling 1999a).

Die Genkarte stellt das entscheidende Ordnungsprinzip in der Genetik dar. Die Angabe, wo welche Gene, klonierte DNA-Fragmente oder bereits sequenzierte Abschnitte gelegen sind, war die Voraussetzung für die Erstellung der vollständigen Basensequenz des menschlichen Genoms. Der Genkartierung kommt daher im Rahmen des humanen Genomprojekts eine zentrale Rolle zu. Ebenso wichtig ist der rasche Zugriff auf diese Daten. Eine Übersicht der wichtigsten Datenbanken findet sich bei Borsani et al. (1998). Hier soll nur auf die Datenbank des NCBI (http://www.ncbi.nlm.nih.gov/) hingewiesen werden, die viele Banken zusammenfasst und Verbindungen von der Chromosomenkarte bis hinunter zu der Sequenz des Gens und seiner Beschreibung herstellt (Abb. 1.2.8).

1.2.4 Zellzyklus und Chromosomenzyklus

Charakteristische Kennzeichen proliferierender Zellen sind

- das Zellwachstum und
- die Zellteilung.

Der gesamte Zellzyklus setzt sich danach aus der Interphase sowie der Kern- und der Zellteilung (Zytokinese) zusammen, bei der die Chromosomen sichtbar werden. Beide werden häufig als „Mitose" zusammengefasst, obwohl der Begriff streng genommen nur für die Kernteilung gilt. Die Dauer der Mitose beträgt ca. 1 h. Die Interphase dagegen ist sehr viel länger und variiert in dieser Hinsicht auch erheblich zwischen verschiedenen Geweben. Sie wird in 3 Phasen unterteilt:

- die G_1-Phase (G vom engl. „gap", Lücke), dem Zeitabschnitt vom Ende der Mitose bis zu Beginn der S-Phase,
- die S-Phase (S von Synthese), in der die Verdoppelung des genetischen Materials stattfindet,
- die G_2-Phase, dem Abschnitt zwischen dem Ende der S-Phase und dem Beginn der Mitose.

Zur Kennzeichnung solcher Zellen, die sich nicht mehr teilen (z.B. die Nerven- oder Muskelzellen des Erwachsenen) oder nur nach einem bestimmten Stimulus (z.B. die Lymphozyten des peripheren Bluts) wurde der Begriff G_0-Phase eingeführt (Abb. 1.2.9).

Eine genaue Erforschung dieser Vorgänge wurde erst möglich, nachdem die Zellen in der Gewebekultur, in vitro, vermehrt werden konnten. Hierbei zeigte sich einmal, dass diploide Zellen nur eine begrenzte Zahl von Zellteilungen durchführen können, bis sie in das Stadium der Seneszenz ein-

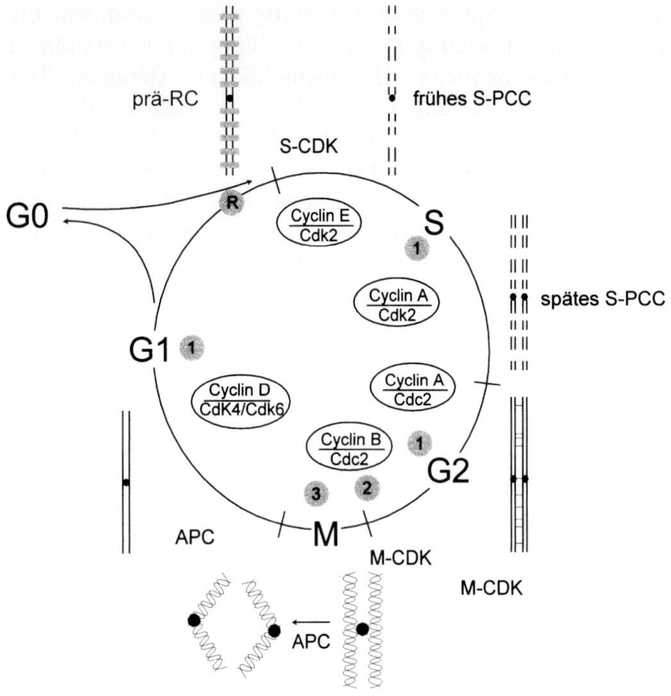

Abb. 1.2.9. Schematische Darstellung von Zellzyklus und Chromosomenzyklus. Der Ablauf des Zellzyklus wird entscheidend durch spezifische cyclinabhängige Proteinkinasen [innerer Bildteil, nach Shackelford et al. (1999)], die hier als *S-CDK* und *M-CDK* zusammengefasst wurden, und den *APC* (anaphase promoting complex) gesteuert. Zugleich erfahren die Chromosomen charakteristische Veränderungen. In der G_1-Phase bestehen sie aus einer Chromatide, an die sich der *Prä-RC* (pre replication complex) anlagert. Die R-Banden replizieren in der frühen S-Phase, was sich an vorzeitig kondensierten S-Phase-Chromosomen (*S-PCC*) als Färbelücke darstellt, in der späten S-Phase sind diese Bereiche doppelsträngig und die replizierenden G-Banden ungefärbt. Beim Übergang in die Mitose kommt es durch helikale Faltung zu einer weiteren Verkürzung der Chromosomen. Weitere Einzelheiten s. Text, *1* Checkpoints nach Schädigung der DNA, *2* Topoisomerase-II-abhängiger Checkpoint, *3* Spindel(Kinetochor)-Checkpoint, *R* Restriktionspunkt

treten (Hayflick u. Moorhead 1961). Eine Ausnahme bilden die Zellen von Tumoren. Zum anderen wurde deutlich, dass eine Vermehrung diploider Zellen nur dann möglich ist, wenn in der frühen G_1-Phase bestimmte Faktoren, Mitogene, zugegen sind. Hier greifen auch die Faktoren ein, die in vivo die Gewebedifferenzierung steuern, sowie antiproliferative Zytokine, die den Eintritt der Zellen in die G_0-Phase veranlassen.

Der Ablauf des Zellzyklus kann in jeder Phase verlangsamt oder ganz blockiert werden, wenn eine Schädigung der DNA vorliegt bzw. die Chromosomen nicht exakt in der Äquatorialplatte der Metaphase angeordnet sind. Hierfür sind genetisch gesteuerte Kontrollprozesse verantwortlich, die die Integrität des Erbguts „checken". 1988 wurde hierfür der etwas missverständliche Begriff der „Checkpoint-Kontrolle" eingeführt. Tatsächlich handelt sich um komplexe „pathways", die die Arretierung des Zellzyklus bewirken, bis der Schaden behoben ist [Übersicht Nurse (1997), Shackelford et al. (1999)] und eng mit den molekularen Prozessen gekoppelt sind, die für die Regulation des Zellzyklus und der DNA-Reparatur verantwortlich sind.

Inzwischen sind die zugrunde liegenden Mechanismen teilweise aufgeklärt und etliche der beteiligten Gene identifiziert worden. Hierbei zeigte sich, dass diese evolutionär hoch konserviert sind und dass sich nicht selten Homologien von der Hefe bis hin zum Menschen nachweisen lassen.

Einige der grundlegenden Prozesse konnten daher an Modellorganismen (Hefe, *Drosophila*, *Xenopus*) analysiert, andere aus zytogenetischen Beobachtungen erschlossen werden. Gestützt auf diese Befunde sollen im Folgenden die entscheidenden Mechanismen dargestellt und in Bezug zur molekularen Medizin gesetzt werden.

1.2.4.1 Regulation des Zellzyklus

Werden Mitosezellen mit solchen der G_1-, S- oder G_2-Phase fusioniert, kommt es in Letzteren sofort zum Eintritt eines mitoseähnlichen Prozesses unter Ausbildung vorzeitig kondensierter Chromosomen (PCC: premature chromosome condensation). Erwartungsgemäß bestehen die Chromosomen der G_1-Phase nur aus einer Chromatide, die der G_2-Phase aus 2 noch eng gepaarten Chromatiden. Die Chromosomen der S-Phase dagegen zeigen ein „pulverisiertes" Aussehen (Abb. 1.2.10). Hierbei ist die Chromosomenkontinuität jedoch nicht aufgehoben, die ungefärbten Bereiche zwischen den einzelnen Fragmenten stellen vielmehr die Orte der DNA-Verdoppelung dar. So werden in der frühen S-Phase nur einzelsträngige, in der späten S-Phase dagegen nahezu ausschließlich doppelsträngige Fragmente gefunden (Abb. 1.2.10). Dies zeigt, dass bestimmte Bereiche der Chromosomen zu diskreten Zeiten der S-Phase repliziert werden.

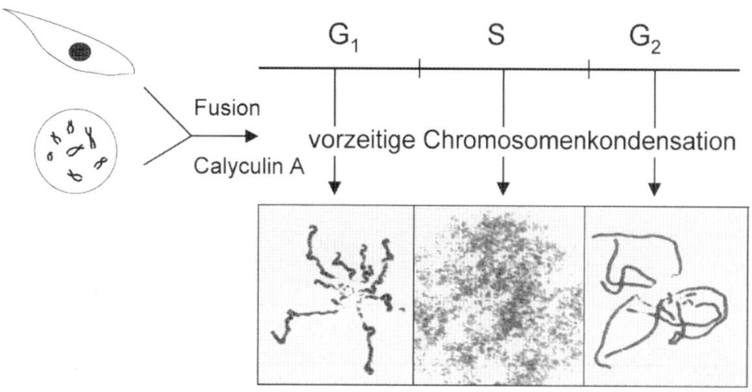

Abb. 1.2.10. Darstellung vorzeitig kondensierter Chromosomen der G_1-, S- und G_2-Phase nach Fusion von Mitose- mit Interphasezellen bzw. Zugabe des Phosphataseinhibitors Calyculin A. Es handelt sich um die Chromosomen des indischen Muntjaks, der mit 2n=6E/7W die niedrigste Chromosomenzahl bei Säugern aufweist. Deutlich erkennbar ist die polare Ausrichtung der Zentromere (Rabl-Orientierung). Weitere Einzelheiten s. Text

Die Zahl der so sichtbaren Replikationseinheiten entspricht der Anzahl Banden an differenziell gefärbten Chromosomen und spiegelt eine funktionelle Untergliederung des Genoms wider (s. S. 61).

Bei Messung der Länge der vorzeitig kondensierten Chromosomen sind eine Zunahme derselben von der frühen bis zur späten G_1-Phase und eine Abnahme im Lauf der G_2-Phase zu sehen, sodass in Analogie zum Zellzyklus hier auch von einem Chromosomenzyklus gesprochen werden kann [Übersicht Sperling u. Rao (1974), Sperling (1982)]. Zugleich zeigen diese Versuche, dass sich im Zytoplasma der Mitosezellen ein Faktor befindet, MPF (maturation promoting factor), dessen Vorhandensein bestimmt, wann eine Zelle in die Mitose eintritt, und durch den alle nachfolgenden Prozesse wie

- die Chromosomenkondensation,
- die Auflösung der Kernmembran und
- die Ausbildung des Spindelapparats

gesteuert werden [Übersicht bei Lewin (1990)].

Dieser Faktor ist nicht artspezifisch. Er ist auch für die Ausbildung der Chromosomen in der Meiose verantwortlich, und zwar im gesamten Tier- und Pflanzenreich. Werden z.B. schonend isolierte Pflanzenzellkerne in Froschoozyten injiziert, bei denen es gerade zur Auflösung der Kernmembran und Herausbildung der Chromosomen kommt (germinal vesicle breakdown), tritt bei den Pflanzenzellkernen ebenfalls eine vorzeitige Chromosomenkondensation ein (von der Haar et al. 1981).

In gleicher Weise konnte durch Zellfusion gezeigt werden, dass es nach Verschmelzung von S- mit G_1-Phase-Zellen in Letzteren zu einer vorzeitigen Initiation der DNA-Synthese kommt, nicht dagegen in G_2-Phase-Zellen [Übersicht bei Stillman (1996)]. Das bedeutet, dass auch die S-Phase durch bestimmte Faktoren induziert wird, allerdings nur dann, wenn die Mitose abgelaufen und Trennung der Schwesterchromatiden erfolgt ist. Auf diese Weise wird verhindert, dass ein DNA-Abschnitt gleich mehrfach nacheinander verdoppelt wird. Zytogenetischer Ausdruck eines Fehlers in diesem Kontrollsystem ist das Auftreten von Endoreduplikationen (Abb. 1.2.11b). Bei der temperatursensitiven Hamsterzelllinie ts-41 kommt es als Folge einer rezessiven Mutation dazu, dass die Zellen nach der S-Phase sofort erneut die DNA replizieren (Handeli u. Weintraub 1992). Ein solches Phänomen tritt nicht selten in Tumorzellen auf und trägt zur großen Variabilität in der DNA-Menge bei. Zweifellos sind verschiedene Gene in dieses Kontrollsystem einbezogen (Stewart et al. 1999).

Heute sind die Faktoren identifiziert, die den Eintritt in die Mitose und die S-Phase steuern. Es handelt sich um spezifische, cyclinabhängige Proteinkinasen, CDK (cyclin-dependent protein kinase). Die katalytischen Untereinheiten dieser Kinasen sind nur dann aktiv, wenn sie mit einer regulatorischen Untereinheit, bestimmten Cyclinen, zusammentreten. Die Mitose wird durch die M-CDK (synonym MPF) gesteuert, die sich aus der Proteinkinase Cdc2 (cdc: cell division control entspricht CDK1) und Cyclin A oder B zusammensetzt, die S-Phase durch die S-CDK (Abb. 1.2.9). Die Aktivität der Proteinkinasen variiert mit dem Zellzyklus, was entscheidend von der Verfügbarkeit der jeweiligen Cycline abhängt, die, wie der Name bereits verrät, zyklisch synthetisiert und nach Ubiquitinilierung durch das Proteasom degradiert werden [Übersicht Solomon et al. (1990), Ohi u. Gould (1999), Tyers u. Jorgensen (2000), Pines u. Rieder (2001)].

Bei der Hefe erfolgen die Chromosomenkondensation und der Eintritt in die Mitose durch Aktivierung des Komplexes Cycin-B-CDK1. Im Gegen-

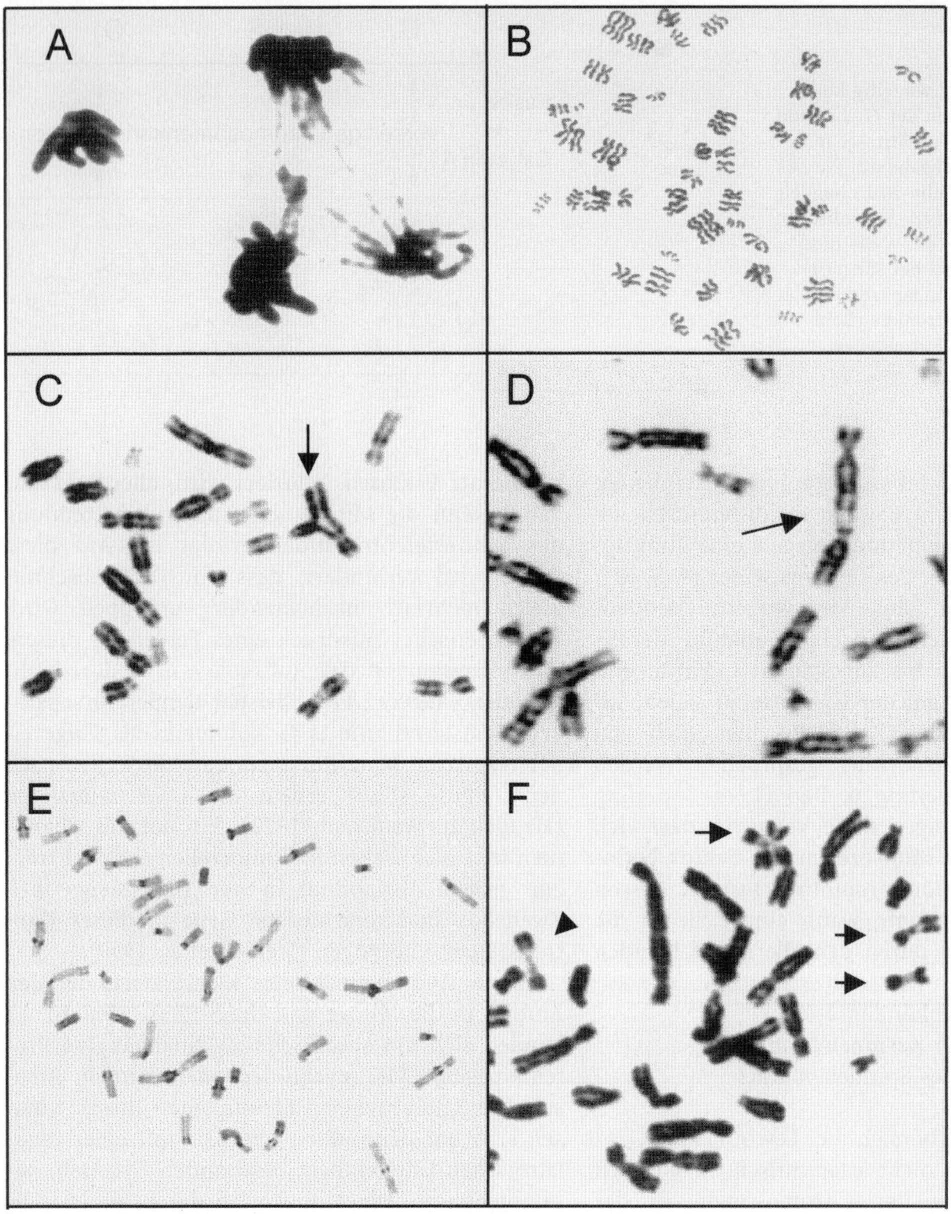

Abb. 1.2.11 A–F. Aberrante Metaphasen und Anaphasen, **A** Multipolare Mitose, **B** Endoreduplikation, **C** Chromatidtranslokation zwischen heterologen Chromosomen (*Pfeil*), **D** Telomerfusion von Chromosomen (*Pfeil*), **E** „Abstoßung" heterochromatischer Chromosomensegmente beim Roberts-Syndrom nach C-Banden-Färbung, **F** ICF-Syndrom. *Pfeile* Chromosomen mit dekondensiertem Heterochromatin

satz dazu sind die Vorgänge bei Vertebraten deutlich komplexer. Die G_2-Phase des Zellzyklus ist durch die zunehmende Aktivierung des Komplexes Cyclin-A-CDK2 charakterisiert, der seine größte Aktivität in der späten Prophase erreicht. Zu diesem Zeitpunkt ist noch keine signifikante Aktivierung des MPF-Cyclin-B1-CDK1-Komplexes nachweisbar. Es konnte gezeigt werden, dass die Chromosomenkondensation in HeLa-Zellen durch Mikroinjektion von Cyclin-A-CDK2 induziert werden kann und dass Inhibitoren von Cyclin-A-CDK2 die Chromosomenkondensation in der frühen Prophase verhindern (Furuno et al. 1999). In Säugerzellen scheinen somit die Vorgänge, die die Zellen in der G_2-Phase für die Mitose vorbereiten und die die Chromosomenkondensation initiieren, nicht durch die Aktivierung von Cyclin-B1-CDK1 bedingt, sondern durch Cyclin-A-CDK2. Während der G_2-Phase ist Cyclin-B1-CDK1 im Zytoplasma lokalisiert und wird durch Phosphorylierung an den Aminosäuren Thr14 und Tyr15 in der inaktiven Form gehalten (Takizawa u. O Morgan, 2000). Die Aktivierung von Cyclin-B1-CDK1 erfolgt durch die Dephosphorylierung an Thr14 und Tyr15 durch die Phosphatase Cdc25 und die Phosphorylierung von Thr161 durch die CDK aktivierende Kinase CAK. In der späten Prophase wird der aktivierte Cyclin-B1-CDK1-Komplex in den Kern transloziert und die Zelle überschreitet den so genannten „point of no return“, der dem Zeitpunkt entspricht, nach dem eine Inaktivierung von Cyclin-B1-CDK1 und damit eine Rückkehr in die G_2-Phase des Zellzyklus, z. B. nach einer Schädigung durch ionisierende Strahlen, nicht mehr möglich ist. Da CDK1 auch in der Lage ist, Cdc25 durch Phosphorylierung zu aktivieren, kommt es zu einem positiven Rückkopplungsprozess der Aktivierung (Rieder u. Cole 1998, Hagting et al. 1999). Die tatsächlichen Gegebenheiten sind allerdings noch wesentlich komplexer, da 2 weitere Phosphatasen, PP-1 und PP-2A, ebenfalls an der Aktivierung von Cdc25 bzw. der Inaktivierung von Cdc2 beteiligt sind (Pallen et al. 1992). Diese Phosphatasen werden spezifisch durch Calyculin A inhibiert, ein Toxin des Meeresschwamms *Discoderma calyx*. Wird diese Substanz zu menschlichen Zellen gegeben, kommt es bei diesen zu einer vorzeitigen Chromosomenkondensation, bevorzugt der G_2-Phase-Chromosomen. Von besonderer praktischer Bedeutung ist dies für die Analyse chromosomaler Schäden nach Mutagenbehandlung, bei der es infolge der Aktivierung des „DNA damage checkpoints“ zu einer Arretierung im Zellzyklus gekommen ist (Abb. 1.2.10). Innerhalb 1 h nach Zugabe von Calyculin A können die geschädigten G_1- oder G_2-Phase-Chromosomen analysiert werden (Gotoh et al. 1995).

Durch Veränderung des Phosphorylierungsstatus von Cdc2 kann es bei der Hefe zu einem vorzeitigen Eintritt in die Mitose kommen. Ganz entsprechend lässt sich bei Säugerzellen in vitro durch Austausch von Tyr15 gegen eine nicht phosphorylierbare Aminosäure in Cdc2 ebenfalls eine vorzeitige Chromosomenkondensation auslösen (Krek u. Nig 1991). Ebenso kann es als Folge einer Genmutation zu einer vorzeitigen Chromosomenkondensation kommen, wie 1978 an einer temperatursensitiven Hamsterzellmutante, tsBN2, gezeigt wurde. Hierbei ist das RCC1-Gen (regulation of chromosome condensation) defekt (Kai et al. 1986). Es kodiert den Guanin-Nukleotid-Austauschfaktor für das Ran-Protein (Renault et al. 1998) und greift in bislang unbekannter Weise in die Regulation der M-CDK ein, die dadurch vorzeitig aktiviert wird.

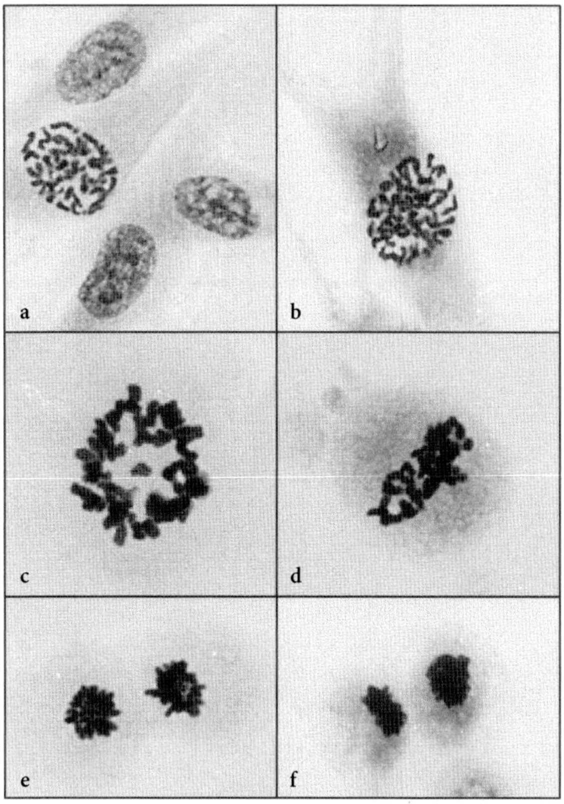

Abb. 1.2.12 a–f. Fibroblastenkultur von einem Patienten, bei dem die G_2-Phase des Zellzyklus stark verkürzt ist, und die G_2-Phase-Chromosomen in die Mitose eintreten. Bemerkenswert ist der hohe Anteil spontaner Mitosen, der normalerweise bei 1% liegt (**a, b**). Der Ablauf der Mitose erfolgt jedoch ungestört, wie die Bilder von Meta-, Ana- und Telophase belegen (**c–f**)

Inzwischen wurde erstmalig auch eine genetisch bedingte Erkrankung beim Menschen gefunden, bei der die Patienten in allen daraufhin untersuchten Geweben eine stark verkürzte G_2-Phase in Verbindung mit einem vorzeitigen Eintritt in die Mitose aufweisen (Abb. 1.2.12). Die Mutation betrifft jedoch nicht das RCC1-Gen, sondern vermutlich ein anderes Protein, das in die Regulation der M-CDK einbezogen ist. Die betroffenen Kinder weisen einen ausgeprägten Minderwuchs in Verbindung mit geistiger Retardierung und Mikrozephalie auf. Durch Kopplungsanalysen konnten das RCC1-Gen, die verschiedenen Cycline und Kinasen ausgeschlossen werden, sodass es sich um ein bislang unbekanntes Gen der Mitoseinitiation handeln dürfte (Neitzel et al. 2002).

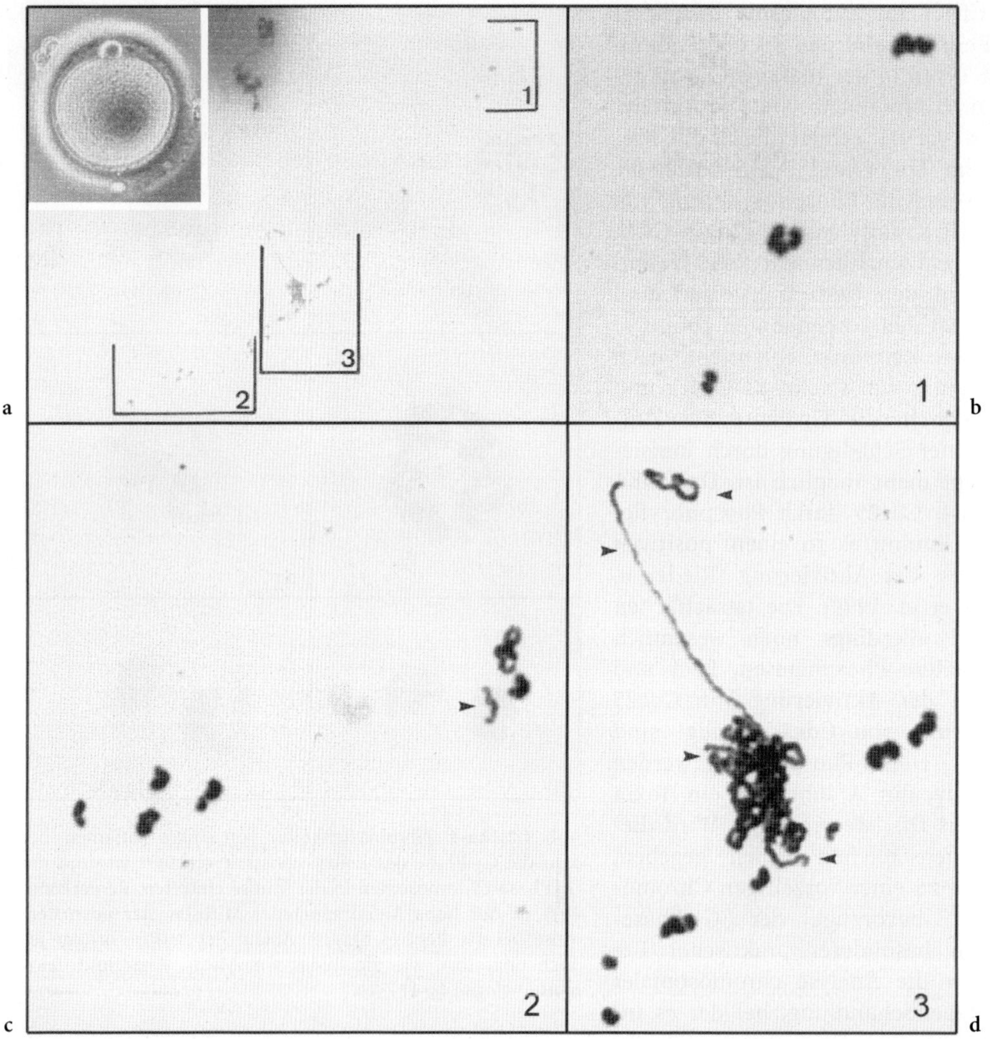

Abb. 1.2.13 a–d. Vorzeitig kondensierte Spermienchromosomen nach In-vitro-Fertilisation einer Eizelle mit Arretierung in der Metaphase II. **a** Übersicht, **c, d** *Pfeile* vorzeitig kondensierte Spermienchromosomen. Bei den anderen Chromosomen handelt es sich um die Metaphase-II-Chromosomen der Oozyte, aus Schmiady et al. (1986)

Nach Eintritt in die Mitose ordnen sich die Chromosomen in der Äquatorialplatte der Metaphase an. Erst nachdem alle Chromosomen so ausgerichtet sind, setzt wie auf ein Signal die Trennung in der Zentromerregion ein. Hierfür ist der „anaphase-promoting complex" (APC oder Cyclosom) verantwortlich, der u. a. diejenigen Proteine abbaut, die die Schwesterzentromere verbinden (Abb. 1.2.9). Seine Aktivierung ist daher Voraussetzung für den Eintritt in die Anaphase. Darüber hinaus trägt der APC-Komplex zum Abbau des Spindelapparats und der M-CDK bei. Zugleich wird dadurch der Block beseitigt, der die Anlagerung des Präreplikationskomplexes an die Chromatiden als Voraussetzung für die nachfolgende DNA-Synthese verhindert. Dank dieser dualen Funktion sorgt der APC dafür, dass eine erneute DNA-Synthese erst nach der Anaphase erfolgt und die Mitose nur in einer Richtung ablaufen kann [Übersicht bei Allshire (1997), Wolf u. Jackson (1998)].

Wie bereits angeführt wurde, ist die M-CDK auch für die Chromosomenkondensation in der Meiose verantwortlich. Der wesentliche Unterschied zur Mitose liegt in der unterschiedlichen Regulation ihrer Aktivität. In den Oozyten gibt es hierfür eine spezifische Proteinkinase, c-mos, die auch dafür verantwortlich zu sein scheint, dass es zwischen der ersten und zweiten Reifeteilung, MI und MII, zu keiner DNA-Verdopplung kommt (Heikinheimo u. Gibbons 1998). Ferner bildet das Protein MOS zusammen mit einer Kinase, MAPK (mitogen-activated protein kinase), den so genannten zytostatischen Faktor, CSF, der die Arretierung der Chromosomen in der MII bedingt (Sagata 1998). In diesem Stadium werden die Oozyten ovuliert, und erst nach dem Eindringen des Spermiums wird dieser Block aufgehoben. Geschieht dies jedoch nicht, kommt es zu einer vorzeitigen Chromosomenkondensation des Spermiumkerns, der hierbei G_1-Phase-Chromosomen ausbildet (Abb. 1.2.13). Es handelt sich um ein Phänomen, das nicht selten im Rahmen der In-vitro-Fertilisation an entwicklungsunfähigen Oozyten beobachtet wird (Schmiady et al. 1986).

An dieser Stelle soll auf einen wichtigen Unterschied zwischen Mitose und Meiose hingewiesen werden. In der Anaphase der ersten Reifeteilung bleiben die Schwesterchromatiden miteinander verbunden, da ja die homologen Chromosomen voneinander getrennt werden. Der Zusammenhalt der Zentromere in diesem Stadium muss daher verschieden von dem der Mitose und der MII sein. Bei der Taufliege *Drosophila* wurde ein Protein gefunden, Mei S322 (Biggins u. Murray 1998), das hierbei eine Rolle spielen dürfte, da es bis zur Anaphase I an das Zentromer bindet und danach dissoziiert. Ganz entsprechend verhält sich das Rec8-Protein der Hefe. Eine Deletion dieses Gens führt dazu, dass sich bereits in der MI die Schwesterchromatiden voneinander trennen (Watanabe u. Nurse 1999). Homologe beider Gene finden sich auch beim Menschen.

Theoretisch wäre zu erwarten, dass ein genetischer Defekt beim Menschen, der diesen spezifischen Vorgang betrifft, nur zu einer Arretierung der Chromosomen in der MI führt und keine weiteren klinischen Auswirkungen zeigt. Tatsächlich wurde ein derartiger Fall im Rahmen der In-vitro-Fertilisation bei 2 Schwestern aus einer Verwandtenehe gefunden. Sämtliche Oozyten wiesen kein Polkörperchen auf, wohl aber 23 Bivalente in der MI. Nach der In-vitro-Fertilisation kam es zu einer Ausbildung vorzeitig kondensierter Spermienchromosomen und einem Entwicklungsstopp.

Interessanterweise gibt es einen Mäusestamm, LT/Sv, bei dem es in einem hohen Prozentsatz der Oozyten ebenfalls zu einer Arretierung in der Metaphase I kommt. Damit geht ein Anstieg der Cdc2-Kinase-Aktivität einher. Durch Zugabe von 6-DMAP, einem Inhibitor der Proteinphosphorylierung, konnten die Cdc2-Kinase-Aktivität gesenkt und die Arretierung aufgehoben werden (Hampl u. Eppig 1995). Der gleiche Effekt stellte sich auch nach der Injektion von Mos-antisense-Oligonukleotiden ein (Hirao u. Eppig 1997). Es spricht daher einiges dafür, dass in diesem Fall MOS auch bei der MI-Arretierung eine Rolle spielt.[1]

Das „Gegenstück" zum Kinetochor bildet das Zentrosom (synonym Zentriol), ein Organell, das an der Ausbildung des Spindelapparats beteiligt ist. Es teilt sich kurz vor dem Eintritt in die Mitose und wandert zu gegenüber liegenden Zellpolen. Hierdurch wird die Achse bei der Zellteilung festgelegt. In Tumorzellen finden sich nicht selten multipolare Mitosen statt (Abb. 1.2.11 a), die auf dem Vorhandensein mehrerer Zentrosome in den Zellen basieren. Auch wenn die Biologie der Zentrosome noch wenig verstanden ist, gibt es inzwischen erste Hinweise, dass die Überexpression einer Kinase, STK15, die mit dem Zentrosom assoziiert ist, auch mit der Vermehrung der Zentrosome in den Krebszellen korreliert ist und auf diese Weise entscheidend zur großen Variabilität der Chromosomenzahl und -zusammensetzung von Tumorzellen beitragen dürfte [Übersicht Doxsey 1998].

1.2.4.2 Checkpoint-Kontrolle

Für den geregelten Ablauf des Zellzyklus ist entscheidend, dass die Mitose erst beginnt, wenn die DNA vollständig repliziert ist, und dass die Anaphase nicht eintritt, bevor sämtliche Chromosomen korrekt in der Äquatorialplatte angeordnet sind. Hierfür sind die bereits erwähnten Kontrollmechanismen verantwortlich, die eng mit den Regulatoren des Zellzyklus kooperieren.

Von besonderer Bedeutung ist der „DNA damage checkpoint" (Abb. 1.2.9), da die DNA das einzige Molekül der Zelle ist, das im Fall einer Schädigung nicht ersetzt, sondern repariert wird. Nach einer Schädigung der DNA kommt es zu einer Verlangsamung oder Arretierung des Zellzyklus in der G_1-, S- oder G_2-Phase, bis der Schaden behoben ist. Allerdings gibt es in der späten G_2-Phase einen bestimmten Zeitpunkt (point of no return), von dem an auch hohe Strahlendosen oder andere exogene Noxen den Eintritt in die Mitose nicht mehr aufhalten können. Bei einer Reihe höherer

---

[1] In diesem Zusammenhang ist erwähnenswert, dass eine MII-Arretierung bei nahezu sämtlichen Vertebraten zu finden ist, jedoch bei Insekten, verschiedenen Mollusken und der Seescheide normalerweise eine Arretierung in MI vorliegt (Sagata 1998). In letzterem Fall konnte gezeigt werden, dass der MAPK für die Arretierung in MI verantwortlich ist und Veränderungen im intrazellulären Kalziumspiegel mit dem Eintritt in die MII einhergehen (Russo et al. 1998).

Tiere liegt dieser Punkt erst in der mittleren Prophase (Pines u. Rider 2001).

Im Fall einer besonders schweren Schädigung kann es statt zur reversiblen Arretierung der Zellen und DNA-Reparatur zur Einleitung der Apoptose und damit zur Elimination der betroffenen Zellen kommen [Übersicht bei Weinert (1998a, b)]. Eine zentrale Rolle bei diesen Prozessen kommt dem TP53-Gen zu. Es kodiert den Transkriptionsfaktor p53, der als Folge einer DNA-Schädigung aktiviert wird und seinerseits die Expression des p21-Gens induziert, das diejenigen CDK inhibiert, die den Eintritt in die S-Phase kontrollieren. Zellen der G_1-Phase bleiben daher in diesem Stadium arretiert, bis der Schaden behoben ist. Alternativ kann p53 auch den Eintritt in die Apoptose einleiten, also den genetisch gesteuerten Zelltod [Übersicht Rudin u. Thompson (1998)]. Es nimmt in praktisch sämtlichen Zellen diese wichtige Kontrollfunktion war. Fällt das Gen infolge somatischer Mutationen aus, bedeutet dies in vielen Fällen einen entscheidenden Schritt in der Tumorgenese, liegt dagegen bereits eine Keimbahnmutation vor, führt dies zum Li-Fraumeni-Syndrom. Die Betroffenen haben ein sehr hohes Risiko, bereits in jungen Jahren Tumoren ganz unterschiedlicher Art und nicht selten sogar mehrere Primärtumoren gleichzeitig zu entwickeln.

Verschiedene Gene sind in die Erkennung von DNA-Schäden einbezogen und damit in die Aktivierung von p53. Im Fall von DNA-Doppelstrangbrüchen (DSB) zählen das ATM- und das NBS-Gen dazu. Eine Mutation in diesen Genen führt zu den autosomal-rezessiven Krankheiten Ataxia teleangiectatica bzw. dem Nijmegen-breakage-Syndrom. Die betreffenden Patienten sind durch ein hohes Tumorrisiko gekennzeichnet. Ihre Zellen weisen eine erhöhte Chromosomeninstabilität und eine extreme Empfindlichkeit gegenüber ionisierenden Strahlen auf, durch die bevorzugt DSB ausgelöst werden. Zugleich kommt es zu einer verzögerten und verringerten Aktivierung von p53. Auch diese Erkrankungen sind ein Beispiel dafür, wie eine zytogenetische Auffälligkeit, die erhöhte spontane und strahleninduzierte Chromosomenbrüchigkeit, den Weg zur Isolation des zugrunde liegenden Gens eröffnet hat (Digweed et al. 1999, Sperling et al. 1998).

Am „DNA damage checkpoint“ sind eine Vielzahl von Genen beteiligt:

- Gene, die der Schadenserkennung (Sensoren) dienen,
- Gene, die die Weiterleitung des jeweiligen Signals (signal transducer) veranlassen, sowie
- Gene für die Strukturen (target), die die Signale erhalten und die Arretierung des Zellzyklus bewirken [Übersicht Weinert (1998a, b)].

Hierbei besteht eine enge Kopplung mit den Prozessen, die für die Regulation des Zellzyklus und die DNA-Reparatur verantwortlich sind.

Daneben existiert ein weiteres Kontrollsystem, das in der G_2-Phase das Ausmaß der Verkettung zwischen den DNA-Helices der Schwesterchromatiden misst (Abb. 1.2.9). Es ist abhängig von der Topoisomerase II. Wird diese blockiert, kommt es zu einer Arretierung der Zellen in der G_2-Phase. Wird der Block künstlich durch Koffeinzugabe aufgehoben, treten die Chromosomen mit noch zusammenhängenden Schwesterchromatiden in die Anaphase ein und bilden bizarre Teilungsstrukturen aus (Downes et al. 1994).

Die Checkpoint-Kontrolle betrifft aber nicht nur DNA-Veränderungen, sondern auch die vollständige Anordnung der Chromosomen in der Äquatorialplatte der Metaphase als Voraussetzung für ihre korrekte Aufteilung (Abb. 1.2.9). Vereinfacht ausgedrückt wirken hierbei 2 Kräfte gegeneinander:

- die Trennkräfte durch die Mikrotubuli des Spindelapparats und
- die dagegen gerichteten Kohäsionskräfte der Schwesterchromatiden und -zentromere.

Für den Zusammenhalt der Schwesterchromatiden sind 2 Mechanismen verantwortlich:

1. Bei der DNA-Verdopplung kommt es regelmäßig zur Verkettung der neu synthetisierten DNA-Helices der Schwesterchromatiden, deren Trennung durch die Topoisomerase II erfolgt (s. S. 60).
2. Es gibt bestimmte Proteine, die gleichsam wie Klebstoff die Schwesterchromatiden zusammenhalten. Sie werden von bestimmten SMC-Genen (stable maintenance of chromosomes) gebildet [Übersicht bei Gottschling u. Berg (1998), Jessberger et al. (1998), Murray (1999)].

Dieser Zusammenhalt erklärt auch, warum z.B. nach der Induktion von Chromatidbrüchen die Bruchstücke noch in der Metaphase mit der Schwesterchromatide assoziiert sind bzw. sich im Fall von Translokationen charakteristische Quadriradiale ausbilden, die auf dem Zusammenhalt der Schwesterchromatiden basieren (Abb. 1.2.11c).

Der Zusammenhalt der Schwesterchromatiden und -zentromere in der Metaphase ist Voraussetzung für die bipolare Ausrichtung der Zentromere, genauer der Kinetochoren, zu gegenüber liegenden Spindelpolen und damit für die korrekte Aufteilung in der Anaphase. Bei den Kinetochoren handelt es sich um Proteinstrukturen, die sich an die DNA der Zentromere anlagern und u.a. der Verankerung der Spindelfasern dienen. Erst wenn sämtliche 46 Chromosomen in der Äquatorialplatte angeordnet sind, kommt es zur Aktivierung des APC, und die Anaphase setzt ein. Ein einzelnes, fehlorientiertes Chromosom führt zur Blockierung in der Metaphase [Übersicht Rieder u. Salmon (1998), Dobie et al. (1999), Zachariae (1999)]. Dies gilt auch für die Metaphase I der Spermatogenese beim Menschen, jedoch nicht für die Oogenese (Hunt et al. 1995) und dürfte zur hohen Rate an Non-disjunction im weiblichen Geschlecht beitragen (s. S. 71):

Bei der Hefe, *Saccharomyces cerevisiae*, sind bereits 7 Gene bekannt, die in diesen „Spindel-Checkpoint" oder besser „kinetochor attachement checkpoint" einbezogen sind [MAD1-3 und BUB1-3, MPS1, Übersicht bei Hardwick (1998), Amon (1999), Burk (2000)]. Im Fall einer Mutation in diesen Genen treten die Zellen auch dann in die Anaphase ein, wenn der Spindelapparat nicht ausgebildet ist. Entsprechend hoch ist die Chromosomenfehlverteilung. Ein derartiges Phänomen zeigen auch bestimmte menschliche Tumorzellen in Kultur, die sich zugleich durch die Variabilität ihrer Chromosomenzahl auszeichnen. Eine verringerte Aktivität des menschlichen MAD2-Gens (Li u. Benezra 1996, Takahashi et al. 1999) bzw. eine Mutation im BUB1-Gen (Cahill et al. 1998) wurden in diesen Fällen als Erklärung für den Checkpoint-Defekt angegeben.

Bemerkenswerterweise gibt es auch eine Reihe familiärer Fälle, bei denen der Verdacht auf einen Mitosedefekt besteht. Anlass für die zytogenetische Untersuchung der Patienten sind in der Regel das Auftreten wiederholter Aborte oder der Verdacht auf Infertilität. Dabei zeigte sich, dass ein erheblicher Prozentsatz der Mitosen vorzeitig getrennte Schwesterchromatiden aufweist und dass dieses Merkmal dominant erblich ist (Rudd et al. 1983). In 2 Fällen zeigten beide Eltern dieses Merkmal, und jeweils 1 ihrer Kinder war offensichtlich homozygot hierfür. Diese homozygoten Kinder wiesen u.a. eine schwere Wachstumsretardierung auf und verstarben mit 2 Jahren. In den meisten Metaphasen fand sich eine vorzeitige Trennung der Schwesterchromatiden, zusätzlich aber noch ein hohes Ausmaß an Aneuploidien, die ganz verschiedene Chromosomen betrafen und als Mosaik vorlagen (Kajii et al. 1998). Nach Colcemidzugabe kommt es nicht zur Arretierung in der Mitose, das heißt, der Defekt betrifft den Spindel-Checkpoint (Matsuura et al. 2000). Daneben gibt es Fälle, in denen nur einzelne, aber bestimmte Chromosomen eine vorzeitige oder auch verzögerte Trennung der Zentromere zeigen (Mehes 1978). Im Fall des X-Chromosoms nimmt diese Eigenschaft mit dem Alter deutlich zu und könnte für das häufigere Auftreten von 45,XO-Zellen bei älteren Frauen verantwortlich sein (Fitzgerald et al. 1986).

Ein erhöhtes Risiko für meiotische und mitotische Non-disjunction wurde kürzlich für eine arabische Familie beschrieben. 3 von 10 Kindern wiesen eine Trisomie 21 auf, wobei das zusätzliche Chromosom von der Mutter stammte. Überraschenderweise zeigte sich, dass auch in ihren Lymphozyten das Chromosom 21 – nicht jedoch das Chromosom 22 – eine stark erhöhte Rate von Fehlverteilungen aufwies. Die molekulare Grundlage hierfür ist noch unverstanden (Ramel, pers. Mitteilung).

Von diesen Formen zu trennen ist eine rezessive Erkrankung, das Roberts-Syndrom [Übersicht Van Den Berg u. Francke (1993)], bei dem es zu einer frühzeitigen Trennung der Zentromere kommt, die aber auf einem fehlenden Zusammenhalt des zentromerischen Heterochromatins beruht (Abb. 1.2.11e). Die Kinder weisen u.a. schwere Skelettfehlbildungen auf. Manches spricht dafür, dass das Roberts-Syndrom, wie auch die oben genannten Erkrankungen, genetisch heterogen ist. Erst nach Identifizierung der jeweiligen Gene wird herausgefunden werden können, in welche „pathways" sie eingreifen.

1999 gelang es, das Gen zu identifizieren, das dem autosomal-rezessiven ICF-Syndrom (*i*mmunodeficiency, *c*entromeric instability, *f*acial anomalies) zugrunde liegt (Okano et al. 1999, Xu et al. 1999). Zytogenetisch sind die Patienten durch eine „Instabilität" des Heterochromatins der Chromosomen 1, 9 und 16 gekennzeichnet (Abb. 1.2.11f). Diese beruht auf einer Hypomethylierung dieser Chromatinfraktion infolge eines Defekts der DNA-Methyltransferase, DNMT3B. Damit einher geht auch eine Hypomethylierung des inaktiven X-Chromosoms im weiblichen Geschlecht, das zugleich DNAse I empfindlich ist, früher repliziert (s. S. 62) und vermutlich nicht mehr der vollständigen Inaktivierung unterliegt (Hansen et al. 2000). Auch hier hat der zytogenetische Befund entscheidend zur Aufklärung dieses komplexen Krankheitsbilds beigetragen.

1.2.4.3 Regulation der Zellproliferation

Eine der grundlegenden Methoden der Zytogenetik und auch der molekularen Medizin stellt die Kultivierung von Zellen in vitro dar, z. B. von Fibroblasten, die aus einer Hautbiopsie stammen. Hierbei zeigte sich, dass eine Voraussetzung für deren Proliferation extrazelluläre Faktoren sind, die Mitogene oder Wachstumsfaktoren, die in der frühen G_1-Phase zugegen sein müssen, um bestimmte CDK zu aktivieren, damit der Zellzyklus durchlaufen werden kann. Der Restriktionspunkt (R) gibt an, ab wann der Zellzyklus auch ohne diesen Stimulus weiterläuft (Abb. 1.2.9).

Eine zentrale Rolle kommt hierbei dem Retinoblastomprotein, pRb, zu. In G_0-Zellen ist es hypophosphoryliert und bindet bestimmte Transkriptionsfaktoren, z. B. E2F, die dadurch inaktiviert werden. Der R-Punkt ist dann überwunden, wenn die CDK das pRB phosphorylieren, wodurch der Transkriptionsfaktor freigesetzt wird. Dieser aktiviert verschiedene Gene, die die Zellproliferation regulieren, u. a. auch ein bestimmtes Cyclin [Übersicht Assoian u. Zhu (1997)]. Auch hier liegt ein komplexes Netzwerk der Genwirkung vor (Zhang 1999), auf das hier nicht näher eingegangen werden kann.

Die Zellvermehrung in vitro hört dann auf, wenn die Fibroblasten den Boden des Kulturgefäßes als einschichtige Lage bedecken (Kontaktinhibition). Durch Vereinzeln der Zellen und Aufteilen auf 2 neue Kulturgefäße (Passagieren) kann diese Inhibition aufgehoben werden. Die Zahl der Passagen ist jedoch begrenzt, sodass die Zellen nach einer logarithmischen Vermehrungsphase relativ abrupt in das Stadium der Seneszenz eintreten (Hayflick u. Moorhead 1961). Die Zahl der möglichen Passagen hängt vom Alter des Individuums ab, von dem die Fibroblasten stammen und ist bei bestimmten genetisch bedingten Erkrankungen, die mit einer vorzeitigen Alterung verbunden sind, stark reduziert. Es muss daher einen Kontrollmechanismus geben (mitotic clock), durch den das Alter der Zellen bestimmt wird.

Wie heute bekannt ist, verkürzen sich die Enden der Chromosomen, die Telomere, bei jeder Passage. Die telomerische DNA besteht aus Repeats der Sequenz TTAGG/CCCTAA, die in Zellen der Keimbahn etwa 15 kbp lang ist. Wird ein bestimmter Schwellenwert unterschritten, stellen die Zellen die Teilung ein. In den Keimzellen findet sich das Enzym Telomerase, das in der Lage ist, diese Repeats wieder zu verlängern. Letztendlich ist dies die entscheidende Voraussetzung für die „Kontinuität der Keimbahn“) (s. S. 57). In den meisten diploiden Zellen dagegen ist die Telomerase nur gering exprimiert, was eine der Gründe für deren begrenzte Teilungsfähigkeit und gleichsam ein Schutzmechanismus gegen maligne Entartung ist (Bodnar et al. 1998).

Der Abbau und Verlust des Telomers geht zugleich mit einer zytogenetischen Auffälligkeit einher: der Fusion von Chromosomenenden mit der Ausbildung dizentrischer und Ringchromosomen oder langer Ketten aneinander hängender Chromosomen. Hierzu kommt es auch, wenn das Protein TRF2, das spezifisch an das Chromosomenende bindet, mutiert ist. Zugleich führt dies zum Proliferationsstopp und zum vorzeitigen Eintritt in die Seneszenz (van Steensel et al. 1998). Ebenso greifen hier das ATM- und das NBS-Gen an, die im Fall der Ataxia teleangiectatica und dem Nijmegen-breakage-Syndrom mutiert sind und dann ebenfalls mit gehäuften Telomerfusionen einhergehen (Abb. 1.2.11 d, Digweed et al. 1999). Besonders ausgeprägt fand es sich bei einem Patienten mit Thiberge-Weissenbach-Syndrom (Dutrillaux et al. 1977). In seneszenten und Tumorzellen tritt dieses Phänomen dann auf, wenn die Telomere stark verkürzt sind [Übersicht de Lange (1995)]. Eine einfache Erklärung hierfür wäre, dass kurze Enden nicht mehr genügend TRF2 binden, durch das normalerweise die End-zu-End-Fusionen verhindert werden. Die damit verbundene Chromosomeninstabilität begünstigt zugleich die maligne Entartung der Zellen (Artandi u. DePinho 2000).

Bereits 1938 hatte Muller nach Bestrahlungsexperimenten bei *Drosophila* gezeigt, dass freie Chromosomenenden instabil sind und daher nicht vorkommen. So konnte er an den Riesenchromosomen keine Deletionen, sondern stets Translokationen finden. Die besondere Struktur der Telomere, also der natürlichen Chromosomenenden, verhindert daher, dass sie von der DNA-damage-checkpoint-Kontrolle als Bruch angesehen und repariert (fusioniert) werden. Zum anderen stellen sie die Voraussetzung für die DNA-Replikation der Chromosomenenden dar [Übersicht bei Henderson (1995)]. Die Sequenzübereinstimmung sämtlicher Chromosomenenden könnte auch dafür mitverantwortlich sein, dass in einem kurzen Stadium der meiotischen Prophase, dem Bukett-Stadium, sämtliche Telomere miteinander assoziiert sind (Price 1999, Scherthan et al. 1996).

Ein Kennzeichen von Tumorzellen ist, dass sie das Stadium der Seneszenz überwunden haben und unbegrenzt teilungsfähig sind. Beim Menschen kommt es praktisch nicht vor, dass diploide

Zellen in der Gewebekultur spontan immortalisieren. Eine Ausnahme bilden Zellen von Patienten, bei denen mittel- oder unmittelbar die DNA-Reparatur defekt und die Mutationsrate entsprechend erhöht sind. Dies ist aber nur die Grundlage für weitere genetisch bedingte Veränderungen, wie den Verlust der Kontaktinhibition, das Vermögen in Suspension zu wachsen und in einem Medium, dem keine Wachstumsfaktoren zugesetzt sind.

Es ist bereits lange bekannt, dass bestimmte Viren in der Lage sind, diploide menschliche Zellen zu immortalisieren. Im Fall von B-Lymphozyten ist dies das Epstein-Barr-Virus, bei Fibroblasten z.B. das menschliche Papilloma- oder das SV40-Virus. Der Nachweis, welche Gene bzw. Genabschnitte dieser Viren für die Umwandlung normal diploider in Tumorzellen verantwortlich sind, hat entscheidend zum Verständnis der Tumorgenese beigetragen. Dies soll an nur einem Beispiel illustriert werden. Menschliche Fibroblasten lassen sich allein dadurch immortalisieren, dass die Telomeraseaktivität erhöht wird (Bodnar et al. 1998). Sie werden dadurch aber nicht zu Tumorzellen. Werden in diese Zellen zusätzlich das Gen für das große T-Antigen des SV40-Virus eingebracht, ein virales Onkoprotein, sowie ein aktiviertes zelluläres Onkogen, H-rasV12, dann zeigen sie alle Eigenschaften von Tumorzellen. Sie können in Suspension wachsen und bilden in immundefizienten, so genannten Nacktmäusen Tumoren aus. Diese Transformation gelingt auch bei Epithelzellen.

Mindestens 4 Prozesse sind von dieser Manipulation betroffen:

1. Durch die Telomerase wird die Verkürzung der Telomere unterbunden.
2. Das SV40 T-Antigen inaktiviert das p53.
3. Das SV40 T-Antigen inaktiviert das pRb, also damit 2 zentrale Proteine der Proliferationskontrolle.
4. Das mutierte ras-Gen macht die Zellen unabhängig von Wachstumsfaktoren und überwindet damit den R-Punkt (Kiyono et al. 1998).

Generell handelt es sich bei der Tumorgenese um einen Mehrschrittprozess, wobei die jeweiligen molekularen Veränderungen für jeden Zelltyp mehr oder weniger spezifisch sind. Die meisten der über 100 bekannten Protoonkogene und Tumorsuppressorgene sind in die hier aufgeführten Vorgänge der Zellzyklusregulation, der Checkpoint-Kontrolle und DNA-Reparatur einbezogen, was die überragende Bedeutung dieser Kontrollmechanismen, aber auch deren Komplexität unterstreicht.

Die Kontrolle der Zellproliferation ist selbstverständlich auch für das normale Entwicklungs- und Differenzierungsgeschehen von entscheidender Bedeutung. Auch hier sind die „signaling pathways" evolutionär hoch konserviert. So kommt es z.B. bei der Entwicklung der Extremitäten von Vertebraten durch Zusammenspiel des Proteins „sonic hedgehog" mit den Wachstumsfaktoren FGF4 und FGF8 zur Festlegung der a.-p.- und der Proximal-distal-Achsen, während das Wnt-7-Gen die dorsal-ventrale Ausrichtung bestimmt. Auch wenn die genaue Wirkungsweise dieser Gene im Hinblick auf die Regulation des Zellwachstums noch nicht geklärt ist, zeigen doch Mutationen in diesen Genen beim Menschen, dass hierdurch ein sehr komplexes, pleiotropes Muster von Fehlbildungen ausgelöst wird, worauf im vorliegenden Buch eingegangen wird.

1.2.5 Chromosomopathien

Die Chromosomopathien werden in einem eigenen Kapitel im Band „Monogen bedingte Erbkrankheiten 2", Kapitel „Chromosomopathien" (Ganten u. Ruckpaul 2000) abgehandelt. Hier werden nur die Ergebnisse kurz zusammengefasst, die unmittelbar die molekulare Medizin berühren.

Bei den verschiedenen Chromosomopathien können strukturelle von numerischen Mutationen unterschieden werden. Hinzukommen Mosaike und Chimären, worunter das Vorliegen mehrerer chromosomal unterschiedlicher Zelllinien in einem Individuum verstanden wird. Der unterschiedlichen Klassifikation liegt auch ein verschiedener Entstehungsmechanismus zugrunde (Sperling u. Neitzel 2000). Hinsichtlich der Häufigkeit von Chromosomenanomalien zum Zeitpunkt der Befruchtung nimmt der Mensch eine Sonderstellung ein, da vermutlich >30% aller Zygoten einen aberranten Chromosomensatz aufweisen, insbesondere eine Aneuploidie. Als eine Erklärung hierfür wird der fehlende Checkpoint gegenüber Chromosomenfehlverteilungen im weiblichen Geschlecht angenommen (s. S. 66).

Die Zellteilungen nach der Befruchtung laufen rasch nacheinander ab und scheinen ebenfalls besonders fehleranfällig zu sein, da ein Großteil von 6–10 Zellembryonen nach FISH-Analyse eine Mosaikkonstitution aufweist und etwa 10% vollkommen aberrante (chaotic) Karyotypen (Delhanty et al. 1997). Diese Befunde sprechen dafür, dass die

Checkpoint-Kontrolle bei den ersten Zellteilungen noch nicht wirkungsvoll funktioniert [Übersicht bei Handyside u. Delhanty (1997)]. Sie erklären zugleich, dass diskrepante chromosomale Befunde zwischen dem extraembryonalen Gewebe und dem eigentlichen Fetus nicht selten sind (Sperling et al. 1997).

Ein erheblicher Anteil chromosomal aberranter Embryonen geht bereits vor der Implantation zugrunde, darunter praktisch sämtliche Monosomien, ein weiterer Teil führt zu einem Spontanabort. Der Anteil Neugeborener mit einem auffälligen Karyotyp liegt bei 0,6%.

1.2.5.1 Aneuploidien

Die ungleiche Überlebensrate der verschiedenen Chromosomenanomalien ist Ausdruck der jeweiligen genetischen Imbalance. Beispielhaft hat Gropp (1982) dies für die Maus gezeigt, da hier Spezialstämme zur Verfügung stehen, mit denen für jedes Autosom gezielt trisome bzw. monosome Feten erzeugt werden können. Entsprechend wie beim Menschen sind bald nach der Implantation nur noch trisome Feten zu finden, deren charakteristische Überlebensrate von dem jeweils betroffenen Chromosom abhängt (Abb. 1.2.14). Dabei können – ebenso wie beim Menschen – verschiedene Trisomien gleiche Fehlbildungen aufweisen, während andere Fehlbildungsmuster charakteristisch für bestimmte Trisomien sind. Diese „Semispezifität" kann damit erklärt werden, dass komplexe morphogenetische Prozesse durch zahlreiche Gene gesteuert werden, die auf unterschiedlichen Chromosomen gelegen sind.

Die Veränderungen in der Dosis jedes einzelnen Gens mündet dabei in einen recht übereinstimmenden pathogenetischen Prozess ein. Wird hierdurch z.B. die Proliferation bestimmter Zellen während der Embryogenese verlangsamt, führt dies zu einer Hypoplasie. Wenn dadurch in einer kritischen Phase der Differenzierung eines Blastems weniger Zellen als normal zur Verfügung stehen, kann nach dem Alles-oder-nichts-Gesetz die Morphogenese gerade noch normal ablaufen oder so gestört sein, dass es zu einer Fehlbildung kommt. Dabei dürften auch stochastische Effekte eine Rolle spielen, ob ein kritischer Schwellenwert über- oder unterschritten wird. Zum Verständnis der Ätiologie derartiger Chromosomopathien ist also nicht nur die genetische Ausstattung des jeweiligen Chromosoms zu berücksichtigen, sondern auch der Zufall.

1.2.5.2 Imprinting

Der hohe Prozentsatz trisomer Zygoten und die Fehlerrate der ersten Zellteilungen kann auch dazu führen, dass es durch Anaphaseverlust oder Nondisjunction des überzähligen Chromosoms zur

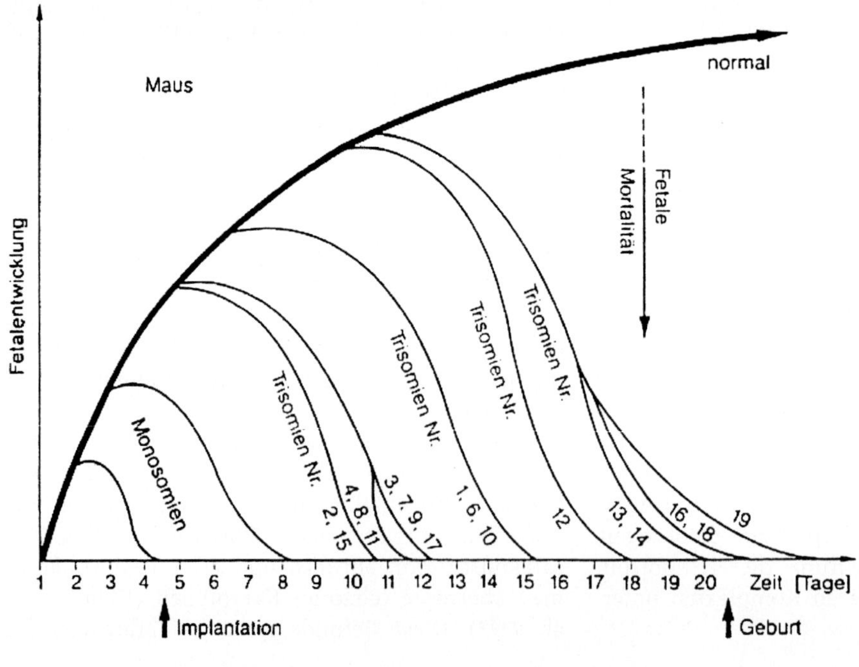

Abb. 1.2.14. Entwicklungsprofile unterschiedlicher Aneuploidien der Maus, aus Gropp (1982)

Entstehung einer diploiden Zelllinie kommt. In 1/3 der Fälle stammen dann beide Chromosomen nur von einem Elternteil, es liegt eine uniparentale Disomie vor (UPD). Als Folge davon können Chromosomenabschnitte auftreten, die vollkommen identisch sind, d.h. die gleichen Allele aufweisen (uniparentale Isodisomie). Dies kann zur Homozygotie für seltene rezessive Erkrankungen führen, obwohl nur ein Elternteil heterozygoter Genträger ist (Engel 1998).

Darüber hinaus kann es als Folge einer UPD zu Entwicklungsstörungen kommen, die auf einen Imprintingeffekt zurückgehen. Gemeint ist damit, dass die Expression bestimmter Gene von der elterlichen Herkunft abhängig ist. So ist in bestimmten Arealen des Gehirns (Hippocampus, Zerebellum) nur das mütterliche UBE3A-Gen auf dem Chromosom 15 aktiv. Im Fall einer paternalen UPD 15 wird daher das betreffende Protein dort nicht gebildet, und es kommt zum Angelman-Syndrom (AS). Der gleiche Effekt stellt sich ein, wenn das mütterliche Gen infolge einer Deletion verloren ging. Betrifft die Deletion das väterliche bzw. die UPD das mütterliche Chromosom 15, führt dies zum Prader-Willi-Syndrom. Hier ist das klinische Bild durch den Ausfall bestimmter väterlicher Gene bestimmt. Die Aktivität dieser Gene wird durch ein „imprinting center" über eine größere Entfernung hinweg gesteuert und führt zu charakteristischen gametenspezifischen Methylierungsmustern. Es handelt sich hierbei also auch um ein chromosomales Phänomen (Brannan u. Bartolomei 1999, Bern-Porath u. Cedar 2000, Sleutels et al. 2000).

Ein gesicherter Imprintingeffekt fand sich neben dem Chromosom 15 für

- paternale UPD 6 (transienter neonataler Diabetes mellitus),
- materne UPD 7 (Silver-Russell-Syndrom),
- paternale UPD 11 (Beckwith-Wiedemann-Syndrom),
- materne UPD 14 (Minderwuchs und vorzeitige Pubertät) und
- paternale UPD 14 (starker Minderwuchs mit Skelettdysplasie).

Auch dies ist ein Beispiel, wie erst durch die Zytogenetik ein molekulargenetischer Befund verständlich gemacht wurde.

Derartige epigenetische Prozesse, bei denen die elterlichen Erbanlagen unterschiedlich programmiert sind, spielen in der frühen Entwicklung eine wesentliche Rolle. Erste Belege hierfür lieferte der zytogenetische Hinweis auf parthenogenetische Entwicklungen beim Menschen (Surani 1995). Einmal betreffen diese Prozesse gutartige Geschwülste, die so genannten ovarialen Teratome. Diese können differenzierte Strukturen aller 3 Keimblätter ausbilden und weisen stets einen weiblichen Chromosomensatz auf. Sie gehen auf eine unbefruchtete Eizelle zurück, die die 1. Reifeteilung durchlaufen hat und infolge Verdopplung des haploiden Satzes wieder diploid wurde. Im anderen Fall handelt es sich um eine – abortive – Entwicklung mit ausschließlich väterlichem Erbgut. Durch Befruchtung einer kernlosen Eizelle mit einem X-haltigen Spermium und anschließender Verdopplung des haploiden Satzes kommt es zu vollständigen Blasenmolen, die keinen Embryo, sondern ausschließlich extraembryonales Gewebe aufweisen. Das heißt, die väterlichen Gene steuern bevorzugt die Entwicklung des extraembryonalen Gewebes, die mütterlichen die des eigentlichen Embryos.

Ein weiteres epigenetisches Phänomen betrifft die X-Inaktivierung im weiblichen Geschlecht. Der so genannte Dosiskompensationsmechanismus führt dazu, dass im weiblichen Geschlecht eines der beiden X-Chromosomen inaktiviert wird und dadurch die Zahl aktiver X-chromosomaler Gene in beiden Geschlechtern annähernd gleich ist. Die X-Inaktivierung findet in der frühen Embryogenese zufällig zwischen dem väterlichen und mütterlichen X statt, bleibt dann aber über die Zellteilungen hinweg erhalten. Das heißt, dass jede Zelle monosom für die X-gebundenen Gene ist und weibliche Individuen Mosaike aus Zellen darstellen, in denen entweder das väterliche oder das mütterliche X aktiv ist [Übersicht bei Migeon (1994)]. Dieser Mosaikstatus manifestiert sich besonders eindrucksvoll im Fall von X-chromosomalen Hautkrankheiten [Übersicht bei Happle (1998)].

Die Inaktivierung des X-Chromosoms ist ein reversibler Prozess, da in den Oozyten beide X aktiv sind, in der Spermatogenese dagegen X- und Y-Chromosom inaktiviert werden. Sichtbarer Ausdruck davon ist das kompakte „Sexvesikel" im Pachytän. Auch in weiblichen somatischen Zellen hat der inaktive Zustand des einen X-Chromosoms sein morphologisches Korrelat in Form des Geschlechtschromatins (synonym Barr-Körperchen). Damit lassen sich weibliche von männlichen Zellen einfach unterscheiden. Ganz entsprechend sind 47,XXY-Individuen geschlechtschromatinpositiv, 45,X0-Individuen geschlechtschromatinnegativ. 47,XXX-Individuen weisen in einem hohen Prozentsatz ihrer Zellen 2 Geschlechtschromatinkörperchen auf. Im Prinzip erklären die Inaktivierung überzähliger X-Chromosomen bzw. die fehlende Inaktivierung im Fall der XO Konstitution die geringen klinischen Auswirkungen gonosomaler gegenüber autosomalen Aneuploidien.

Ein weiteres Kennzeichen der X-Inaktivierung sind die DNA-Replikation in der späten S-Phase (s. S. 64), die DNAse-I-Unempfindlichkeit, der hohe Grad an Methylierung der DNA und die Azetylierung der Histone [Übersicht bei Migeon (1994)].

1.2.5.3 Strukturelle Chromosomenmutationen

Es waren strukturelle Mutationen des X-Chromosoms, die die Voraussetzung zur Aufklärung des Mechanismus der Inaktivierung legten. Generell gilt hierbei, dass beim Vorhandensein eines normalen und eines aberranten X-Chromosoms letzteres praktisch stets inaktiv ist, was die geringen klinischen Auswirkungen vom Grundsatz her verständlich macht. Überraschend war jedoch, dass Isochromosomen für den langen Arm nicht selten sind, solche für den kurzen Arm aber unter Neugeborenen bislang nicht gefunden wurden. Diese Isochromosomen sind jedoch genetisch aktiv, die genetische Imbalance ist daher so groß, dass die Embryonen frühzeitig zugrunde gehen. Das heißt aber auch, dass das für die Inaktivierung verantwortliche Segment auf dem langen Arm gelegen sein muss. Durch weitere strukturelle Chromosomenmutationen konnte das Inaktivierungszentrum auf Xq13.2 lokalisiert und das entscheidende Gen Xist (X inactive specific transcript) identifiziert werden [Übersicht bei Lee u. Jaenisch (1997), Brockdorff (1998), Kelley u. Kuroda (2000)]. Diese Inaktivierung kann im Fall von X-Autosomen-Translokationen auch auf das angrenzende autosomale Material übergreifen und die betreffenden Gene – teilweise – inaktivieren [Übersicht bei Lyon (1998)].

Im Fall balancierter X-Autosomen-Translokationen ist das Translokationschromosom bei den Trägerinnen regelmäßig aktiv und das normale X-Chromosom inaktiv. Es kommt daher zu keiner genetischen Imbalance, sodass in der Regel damit keine klinischen Konsequenzen verbunden sind. Betrifft die Bruchstelle jedoch ein Gen, z. B. das für die Muskeldystrophie vom Typ Duchenne, sind die heterozygoten Genträgerinnen erkrankt, da das normale Gen ja auf dem inaktiven X-Chromosom gelegen ist, nicht exprimiert wird und das andere Allel infolge der Chromosomenmutation defekt ist.

Strukturelle Chromosomenanomalien der Autosomen können direkt den Weg zu Genen mit Krankheitswert weisen. Offensichtlich ist dies im Fall „balancierter" Translokationen, bei denen eine Bruchstelle innerhalb des Gens gelegen ist und dabei eine dominante Mutation bedingt. Etwa 6% derartiger Träger sind klinisch auffällig. Im Rahmen einer großen internationalen Kooperation werden diese Fälle systematisch gesammelt und analysiert (Ropers 1998).

Nicht immer ist der Karyotyp-Phänotyp-Bezug jedoch so einfach. Die Bruchstellen können auch mehrere Hundert kb vom eigentlichen Gen entfernt sein und dessen Expression beeinflussen. Es handelt sich dabei um einen „Positionseffekt", der nicht auf DNA-, sondern auf Chromosomen(Chromatin)ebene erklärt werden muss. Im Gegensatz zum Menschen ist dieses Phänomen bei Hefe, *Drosophila* und mit Einschränkungen auch der Maus bereits gut analysiert [Übersicht bei Wallrath (1998), Cockell u. Gasser (1999), Dobie et al. (1997)].

Ebenso wie Translokationen können auch Mikrodeletionen wegweisend für die Identifizierung betroffener Einzelgene oder ganzer Genkomplexe sein. Größere Deletionen und/oder Duplikationen bestimmter Chromosomenabschnitte, wie sie insbesondere unter den Nachkommen von Personen mit balancierten Translokationen gefunden werden, stellen die Zwischenglieder zu kompletten Trisomien oder Monosomien dar. Dennoch ist es angesichts der großen klinischen Variabilität nur sehr eingeschränkt möglich, einzelne Komponenten des klinischen Bildes der reinen Trisomien bestimmten Chromosomenabschnitten zuzuordnen. Allgemein zeigte sich jedoch, dass Veränderungen von T- und R-Banden größere klinische Auswirkungen zeigen als die von G-Banden. Dies entspricht ihrem Gehalt von Genen (s. S. 63) und ist für die Beurteilung des genetischen Risikos der Nachkommen von Trägern balancierter Chromosomentranslokationen von praktischer Bedeutung. Exakte Vorhersagen sind jedoch nicht möglich, sodass man in der genetischen Beratung auf empirische Daten angewiesen ist (Stengel-Rutkowski et al. 1988).

Ein besonderer Aspekt aus molekularer Sicht betrifft die Entstehung struktureller Chromosomenmutationen. So ist die Mutationsrate für Robertson-Translokationen, bei denen es zur „Fusion" zweier akrozentrischer Chromosomen kommt, mit 4×10^{-4} höher als für jede Genmutation, betrifft aber ganz bevorzugt die Fusion zwischen den Chromosomen 13 und 14 sowie 14 und 21. Ebenso ist die Mutationsrate für Mikrodeletionen bzw. -duplikationen auf Chromosom 17p12, die das Myelingen, PMP22, betreffen und mit 2 neurologischen Erkrankungen einhergeht (HNPPP und CMT1) mit 1×10^{-4} ungewöhnlich hoch.

In beiden Fällen ergab die Analyse, dass an der Entstehung der Umbauten bestimmte repetitive Elemente beteiligt sind. So weisen die Chromosomen 13, 14 und 21 Repeats auf, die eine starke Homologie miteinander zeigen. Wird zusätzlich angenommen, dass diese Sequenzen auf Chromosom 14 invertiert sind, würde ein Cross-over in diesem Bereich während der Oogenese die bevorzugte Entstehung derartiger Translokationschromosomen erklären (Sullivan et al. 1996). Im Fall des Chromosoms 17 geht die hohe Mutationsrate auf ungleiches Cross-over zwischen 2 Repeats von 24 kb zurück, die das PMP22-Gen flankieren. Diese Repeats enthalten zudem Signalstrukturen, die bei der Rekombination eine wichtige Rolle spielen (MEPS: meiosis processing sequences), was eine Erklärung für die besonders hohe Cross-over-Rate in diesem Bereich sein dürfte.

Vermutlich wird dieser Entstehungsmechanismus noch bei einer Reihe weiterer Mikrodeletionssyndrome vorliegen, da Repeats der erforderlichen Länge und Sequenzübereinstimmung für ein (ungleiches) Cross-over auch am Genlocus für das Williams-Beuren-, das Angelman- und Prader-Willi-, aber auch das DiGeorge-Syndrom gefunden wurden [Übersicht bei Lupski (1998)].

Einen Spezialfall stellen Repeats mit gegenläufiger Orientierung auf dem gleichen Chromosom dar, so genannte inverted Repeats. Im Fall des Gens für den Blutgerinnungsfaktor VIII, das auf Xq gelegen ist, befindet sich ein Repeat innerhalb des Gens, 2 andere etwa 500 kb entfernt. Kommt es zur Rekombination zwischen diesen Repeats, entsteht eine Inversion, durch die das Gen inaktiviert wird. Diese Situation liegt bei nahezu der Hälfte aller Patienten mit schwerer Hämophilie vor. Die Neumutationen treten nahezu ausschließlich im männlichen Geschlecht auf. Eine Erklärung hierfür liegt auf der Hand: In der Spermatogenese liegt der lange Arm des X-Chromosoms ungepaart vor, sodass es infolge der intrachromosomalen Paarung zu derartigen Rekombinationsereignissen kommt, im weiblichen Geschlecht dagegen paaren sich die homologen X-Chromosomen normal (Pratt et al. 1994). Diese Beispiele zeigen aber auch, dass eine zytogenetische Analyse erforderlich ist, um die Ätiologie dieser monogen bedingten Krankheiten zu verstehen.

1.2.6 Somatische Chromosomenmutationen

Die Zahl der Zellen des menschlichen Körpers mit etwa 10^{14} liegt weit über der Rate somatischer (Gen-) und Chromosomenmutationen. Das heißt, jede beliebige Mutation dürfte in den Zellen jedes Individuums wiederholt aufgetreten sein. Hier geht es

1. um regelmäßig auftretende Chromosomenveränderungen, die eine konstitutive Eigenschaft des Genoms sind (mitotisches Cross-over und Schwesterchromatidaustausche),
2. um eine stark erhöhte somatische Mutationsrate als Folge von Genmutationen der Keimbahn (Chromosomeninstabilitätssyndrome) und
3. um solche somatischen Chromosomenmutationen, die den Zellen einen Vorteil verschafften und sich daher ausbreiten konnten (Tumorgenese).

1.2.6.1 Somatische Rekombination

Das Auftreten von somatischem (synonym mitotischem) Cross-over ist aus der Drosophilagenetik schon seit mehr als 60 Jahren bekannt. Eine der Voraussetzungen hierfür ist die regelmäßige Assoziation der homologen Chromosomen auch in den Somazellen, die in den Zellen des Menschen und der Säuger offensichtlich nicht stattfindet. Dennoch gibt es alte zytogenetische Beobachtungen, die einen Hinweis auf mitotisches Cross-over liefern. Wie bereits erwähnt wurde, bleiben die Schwesterchromatiden bis in die Metaphase hinein gepaart. Hat sich in der vorausgegangenen Interphase ein somatisches Cross-over ereignet, sollte dies zu Translokationsfiguren zwischen 2 homologen Chromosomen führen, die identische Bruchstellen betreffen.

Bei der Auswertung normaler Lymphozytenmetaphasen zeigt sich, dass die spontane Häufigkeit dieser Austauschereignisse (etwa 1 auf 1000 Metaphasen) praktisch ebenso hoch ist wie die zwischen allen heterologen Chromosomen zusammen (Therman u. Kuhn 1976) und bevorzugt genreiche Chromosomenabschnitte betrifft (Therman u. Kuhn 1981). Dieses Phänomen ist im Fall einer autosomal-rezessiven Krankheit, dem Bloom-Syndrom, extrem erhöht (Abb. 1.2.16). Hier konnte auch der direkte molekulargenetische Beweis erbracht werden, dass es an homologen Stellen zur Rekombination kommt (German u. Ellis 1998).

Bei Patienten mit dem Bloom-Syndrom, die heterozygot für 2 unterschiedliche Mutationen waren

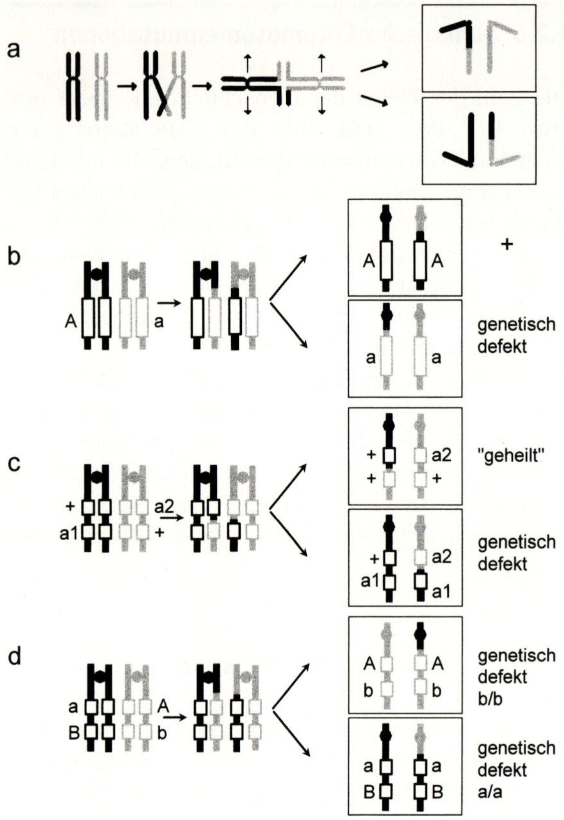

Abb. 1.2.15 a–d. Genetische Konsequenzen von somatischem Cross-over. **a** Paarung der homologen Chromosomen mit somatischem Cross-over in der Interphase, Anordnung der Chromosomen in der Metaphase (*Pfeile* Zellpole) und Ergebnis nach Auftrennung in der Anaphase. Die homologen Chromosomen sind durch unterschiedliche *Grautöne* gekennzeichnet. **b–d** Genetische Konsequenzen von somatischem Cross-over. **b** Entstehung von Homozygotie bei Heterozygotie für ein rezessives Gen, **c** Entstehung normaler Zellen bei Compound-Heterozygoten, **d** Entstehung von „Zwillingsflecken" bei doppelt Heterozygoten. Nähere Erläuterungen s. Text

(Compound-Heterozygote), kam es als Folge eines somatischen Cross-overs innerhalb des Gens zur Bildung von Schwesterchromatiden mit der normalen Sequenz bzw. den beiden Mutationen. Nach der Mitose führt dies zu Zellen, die unverändert den Defekt aufweisen und solchen, die „geheilt" sind (Abb. 1.2.15). Das gleiche Phänomen wurde inzwischen auch bei Patienten mit der Fanconi-Anämie gefunden und durch Sequenzanalyse bestätigt (Lo Ten Foe et al. 1997). Es ist zu erwarten, dass eine derartige „somatische Gentherapie" auch das Krankheitsgeschehen beeinflusst.

Dieses Phänomen sollte sich stets dann zeigen, wenn Individuen heterozygot für ein rezessives Gen sind, da als Folge des somatischen Cross-overs Zellen gebildet werden, die homozygot für den Defekt sind (Abb. 1.2.15). Die pigmentlosen Flecken, die häufig bei Patienten mit dem Bloom-Syndrom zu finden sind, werden in diesem Sinn gedeutet. Da vermutlich jeder Mensch heterozygot für mehrere rezessive Gene ist, dürfe dieses Phänomen gar nicht so selten sein, allerdings ist die Beweisführung nicht einfach [Übersicht bei Happle (1998)].

Ein besonders instruktives Beispiel für somatisches Cross-over stellen so genannten Zwillingsflecken dar, wie sie bei *Drosophila* und vielen anderen Organismen beschrieben wurden. Die benachbarten Areale weisen 2 verschiedene mutante Phänotypen auf. Die Tiere selbst sind phänotypisch normal, aber doppelt heterozygot für 2 gekoppelte rezessive Gene (Abb. 1.2.15). Durch somatische Rekombination entstehen die jeweiligen homozygoten Zellareale. Für den Menschen hat Happle (1998) entsprechende Beobachtungen zusammengestellt.

Regelmäßige Rekombinationsereignisse finden auch zwischen Schwesterchromatiden statt. Dies lässt sich zytogenetisch nachweisen, indem Zellen in Gegenwart des Basenanalogons BrdU kultiviert werden, wonach sich die Schwesterchromatiden differenziell anfärben lassen (Abb. 1.2.16). Etwas 5–8 Schwesterchromatidaustausche, SCE (sister chromatid exchanges), können so pro Metaphase nachgewiesen werden. Es wurde lange diskutiert, ob es sich hierbei um ein natürliches oder infolge der DNA-Markierung induziertes Phänomen handelt. Die Antwort darauf haben 2 zytogenetische Beobachtungen geliefert:

- Im Fall von Ringchromosomen führt ein einfacher Schwesterchromatidaustausch zu großen dizentrischen Ringen, ein doppelter zu ineinander verhakten Ringen, was ohne Markierung der DNA nachweisbar ist und damit die „spontane" Natur der SCE belegt.
- Zudem hat sich gezeigt, dass bei Patienten mit dem Bloom-Syndrom die SCE-Rate drastisch erhöht ist (Abb. 1.2.16), d. h. das defekte Protein ist in diesen Prozess involviert.

Die biologische Bedeutung dieser Rekombinationsvorgänge ist nicht offensichtlich, da sie keine genetischen Konsequenzen haben sollten. Im Fall ungleicher SCE allerdings kann es zur Vermehrung bzw. Verminderung bestimmter Sequenzen kommen. Dies wird als eine Erklärung für die variable Größe des Y-Heterochromatins herangezogen, da meiotische Rekombination dafür nicht in Frage kommt. Die SCE-Rate wird durch bestimmte mu-

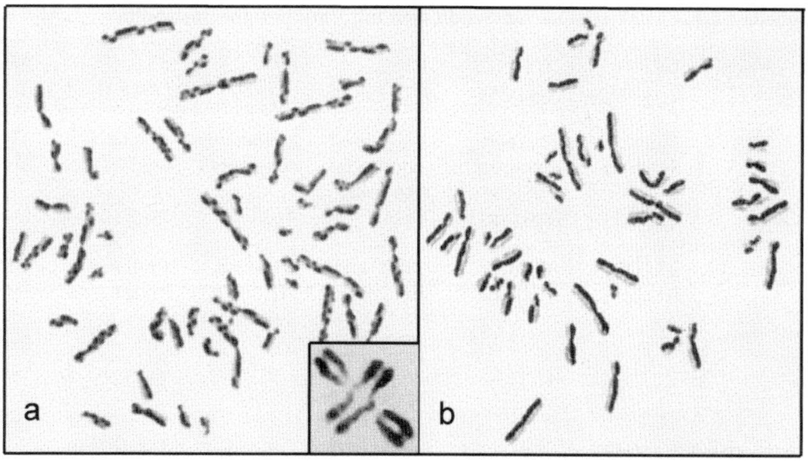

Abb. 1.2.16 a, b. Zytologische Auffälligkeiten bei Patienten mit Bloom-Syndrom, **a** Metaphase eines Patienten mit stark erhöhter Rate an Schwesterchromatidaustauschen (SCE). Zur differenziellen Darstellung der Schwesterchromatiden werden die Zellen für 2 Zellzyklen in BrdU-haltigem Medium kultiviert. *Insert* Reunionsfigur zwischen homologen Chromosomen, die charakteristisch für diese Erkrankung ist. **b** Metaphase mit normaler SCE-Rate

tagene Noxen stark erhöht, sodass angenommen werden kann, dass es sich um einen Prozess handelt, der bei der DNA-Reparatur eine Rolle spielt [Übersicht bei Tucker et al. (1993)]. Auch dies ist ein Beispiel dafür, dass ein grundlegendes zellbiologisches Phänomen erst durch die Zytogenetik entdeckt wurde und jetzt im Hinblick auf seine pathogenetische Relevanz gewertet werden muss.

1.2.6.2 Chromosomeninstabilität

Einzelne Chromosomenbrüche treten in einem kleinen Prozentsatz der Metaphasen auf. Nach Exposition gegenüber ionisierenden Strahlen steigen sie dosisabhängig an und können auch noch Jahre nach einer Exposition zur biologischen Dosisabschätzung herangezogen werden. Der Grund liegt in der langen Lebensdauer der Lymphozyten des peripheren Bluts. Eine erhöhte Chromosomenbrüchigkeit kann auch als Folge der Exposition gegenüber chemischen Mutagenen oder bestimmten Virusinfektionen auftreten [Übersicht bei Obe u. Müller (1999)].

Hier ist eine kleine Ergänzung angebracht. Aus dem Aberrationsmuster der Chromosomen in der ersten Mitose nach Bestrahlung wird ersichtlich, ob das Chromosom uninem oder bereits verdoppelt war. So führt eine Exposition in der G_1-Phase zu Aberrationen vom Chromosomentyp, in der späteren S- und G_2-Phase vom Chromatidtyp (Abb. 1.2.17). Eine hohe Strahlendosis zum Zeitpunkt der Mitose führt zu Verklebungen der Chromatiden als Folge einer unvollständigen Trennung der bestehenden Verbindungen (s. S. 72).

Eine Gruppe von Chemomutagenen, die als Radiomimetika zusammengefasst werden, erzeugt ein

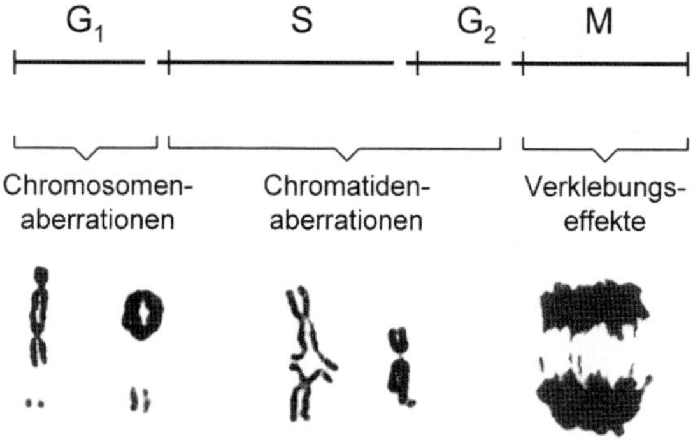

Abb. 1.2.17. Zusammenhang zwischen dem Stadium des Zellzyklus, zu dem eine Exposition mit ionisierenden Strahlen erfolgt und dem chromosomalen Aberrationsmuster in der darauf folgenden Mitose, aus Sperling u. Obe (1977)

vergleichbares Aberrationsmuster. Viele andere Substanzen jedoch führen ausschließlich zu Chromatidtypaberrationen, auch nach Zugabe in der G_1-Phase, da sie zu ihrer Manifestation auf die S-Phase angewiesen sind. Das weitere Schicksal der Zellen hängt davon ab, wie groß die genetische Imbalance nach der Zellteilung ist. Besonders langlebig sind balancierte reziproke Translokationen, die mittels „chromosome painting" sehr empfindlich nachgewiesen werden können [Übersicht bei Obe u. Müller (1999)].

Einzelne Chromosomenbrüche stellen gesundheitlich kein besonderes Risiko dar. Findet sich dagegen eine erhöhte Chromosomeninstabilität bei Patienten mit einer genetisch bedingten Erkrankung, kommt dieser plötzlich ein großes Gewicht zu: Der Befund weist darauf hin, dass das betreffende Gen direkt oder indirekt in die Aufrechterhaltung der DNA-Integrität involviert ist, d.h. in ein zentrales zellbiologisches Geschehen (s. S. 72).

Tabelle 1.2.1. Charakteristika von Syndromen mit Chromosomeninstabilität

Syndrom (OMIM)	BS (210900)	WS (277700)	RTS (268400)	DKC (305000)	AT (208900)	ATLD (604391)	NBS (251260)	FA
	Bloom-Syndrom	Werner-Syndrom	Rothmund-Thomsen-Syndrom	Dyskeratosis congenita	Ataxiatelangiectatica	AT-like disorder	Nijmegen-breakage-Syndrom	Fanconi-Anämie
Locus	15q25.1	8p12–p11	8q24.3	Xq28	11q22.3	11q21	8q21	mind. 7 Loci
Protein	RECQ2-Helikase	RECQ3-Helikase	RECQ4-Helikase	Dyskerin (Telomerase-dysfunktion?)	Proteinkinase	MRE11 als Teil eines DSB-Reparaturkomplexes	Nibrin als Teil eines DSB-Reparaturkomplexes	Proteinkomplex, der mit dem BRCA1-Reparaturkomplex kolokalisiert
Krebsrisiko	Insgesamt erhöht	Weichteilsarkome	Osteosarkome	Epitheliale und hämatologische Krebse	T-Zell-Lymphome und Leukämien	?	Insbesondere B-Zell-Lymphome	Insbesondere Leukämien
Spontane Chromosomeninstabilität	+	+	+	–	+	+	+	+
	Homologe Translokation	Mosaik aus variierenden Translokationen	Aneuploidien und Isochromosomen	Lymphozyten	In Lymphozyten gehäuft Aberrationen der Chromosomen 7 und 14	In Lymphozyten gehäuft Aberrationen der Chromosomen 7 und 14	In Lymphozyten gehäuft Aberrationen der Chromosomen 7 und 14	Gehäuft Rekombinationen nichthomologer Chromosomen
				+ Fibroblasten und Knochenmarkzellen				
Homologe Rekombination (Schwesterchromatidaustausch)	++	–	(+)	–	–	–	–	–
Überempfindlichkeit	UV	4-NQO, Camptothecin	4-NQO	–	γ-Strahlen, Camptothecin	γ-Strahlen	γ-Strahlen, Cross-linker	DEB, Crosslinker

Jeder Bruch repräsentiert einen DNA-Schaden, der so besonders empfindlich lichtmikroskopisch nachgewiesen werden kann. Die betroffenen Patienten zeichnen sich durch ihr hohes Krebsrisiko und oftmals ihre spezifische Empfindlichkeit gegenüber bestimmten Mutagenen aus. So weisen die Zellen von Patienten mit der Ataxia teleangiectatica oder dem Nijmegen-breakage-Syndrom eine Überempfindlichkeit gegenüber ionisierenden Strahlen auf, die von Patienten mit der Fanconi-Anämie gegenüber Agenzien, die die einzelnen DNA-Stränge vernetzen (Tabelle 1.2.1). Diese zytogenetische Auffälligkeit dient als differenzialdiagnostisches Kriterium.

1.2.6.3 Chromosomenmutationen in der Tumorgenese

Auf die zentrale Rolle von Chromosomenveränderungen im Krebsgeschehen wurde wiederholt hingewiesen und wird detailliert in den Bänden „Molekularmedizinische Grundlagen von hereditären Tumorerkrankungen" (Ganten u. Ruckpaul 2001) sowie „Molekularmedizinische Grundlagen von nichthereditären Tumorerkrankungen" (Ganten u. Ruckpaul 2002) eingegangen. Hier sollen nur die unterschiedlichen Typen kurz dargestellt werden.

Numerische Chromosomenanomalien wie Polyploidien und Aneuploidien sind in Tumorzellen kei-

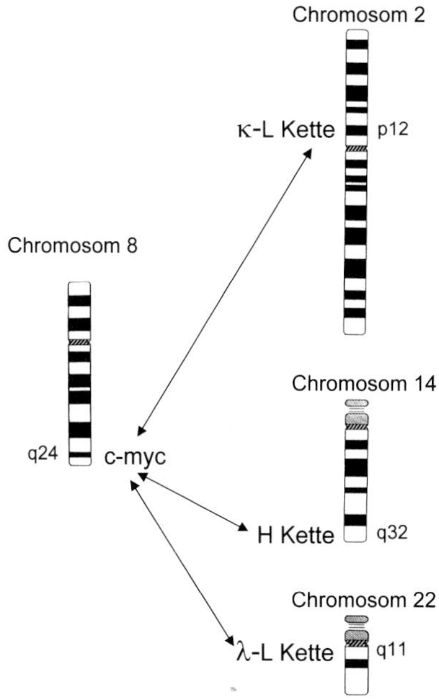

Abb. 1.2.18. Chromosomale Umbauten beim Burkitt-Lymphom. Als Folge einer Translokation kommt das c-myc-Gen auf Chromosom 8q24 in die Nachbarschaft der Gene für die leichten (κ, λ) Ketten oder das Gen für die schwere (H) Kette der Immunglobuline

ne Seltenheit, lassen aber angesichts ihrer großen Variabilität wenig Rückschlüsse auf die eigentliche Tumorpathogenese zu. Zu ihrer Entstehung tragen u.a. Endoreduplikationen und Endomitosen, Zellfusionen sowie das Auftreten multipolarer Mitosen bei [Übersicht bei Therman u. Kuhn (1989)]. Diese Veränderungen sind jedoch Folge der malignen Entartung und nicht ursächlich dafür.

Entscheidende Einblicke in die Tumorgenese haben spezifische Chromosomenumbauten ermöglicht, durch die bestimmte Protoonkogene aktiviert (z.B. Burkitt-Lymphom, Abb. 1.2.18) oder neue Fusionsgene generiert werden (z.B. 9/22-Translokation bei der chronisch-myeloischen Leukämie). Hierauf wurde bereits einleitend hingewiesen (s. S. 55). Mikrodeletionen der Bande 15q14 finden sich bei etwa 5% aller Patienten mit dem Retinoblastom und trugen entscheidend dazu bei, das Rb-Gen zu identifizieren und seine Natur als Tumorsuppressorgen aufzuklären. Im diesem Fall handelt es sich um eine Keimbahnmutation. Als Folge somatischer Mikrodeletionen können derartige Genverluste ebenfalls eintreten und durch FISH-Analyse nachgewiesen werden (LOH: loss of heterozygosity). Dabei zeigte sich, dass in vielen Tumoren ein bestimmtes elterliches Chromosom bevorzugt betroffen ist, in der Mehrzahl das materne Chromosom [Übersicht bei Feinberg (1998)].

Am Beispiel embryonaler Tumoren (z.B. Wilms-Tumor) bei Kindern mit dem Wiedemann-Beckwith-Syndrom ließ sich nachweisen, dass hier genomisches Imprinting eine Rolle spielt, da das andere Allel in diesen Zellen nicht aktiv ist. Überraschenderweise zeigte sich für das IGF2-Gen im Wilms-Tumor, dass beide Allele aktiv sind, obwohl normalerweise nur das väterliche Gen exprimiert wird. Hier und in vielen anderen Tumoren kommt es daher zu einem „loss of imprinting“ (LOI), einer der häufigsten Veränderungen in Tumoren überhaupt [Übersicht bei Feinberg (1998)].

Auf weitere spezielle zytogenetische Veränderungen in Tumoren wie Fusion von Chromoso-

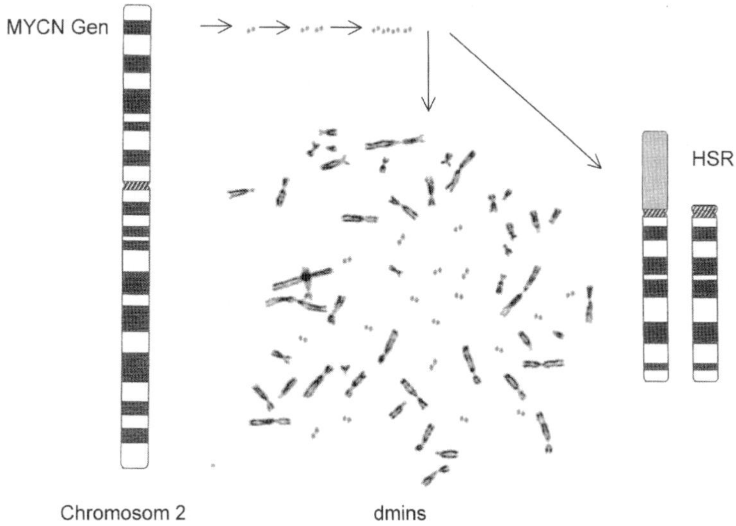

Abb. 1.2.19. Zytogenetische Auffälligkeiten beim Neuroblastom. Als Folge einer Amplifikation des MYCN-Gens auf Chromosom 2 kommt es zur Entstehung kleiner, extrachromosomaler Fragmente (double minutes: *dmin*). Gelegentlich kommt es zur Integration in ein Chromosom und weiterer Amplifikation, was zu einer homogen angefärbten Region führt (homogeneously staining region: *HSR*). Nach Gutmann u. Collins (1998)

men oder vorzeitige Trennung von Schwesterchromatiden wurde bereits hingewiesen.

Hier soll nur noch auf 2 Auffälligkeiten eingegangen werden, die speziell beim Neuroblastom eine pathogenetisch wichtige Rolle spielen [Übersicht bei Gutmann u. Collins (1998)]. Es handelt sich um die Bildung kleiner Chromatinfragmente (dmin: double minute chromatin bodies) und längere, einheitlich gefärbte Chromosomenabschnitte (HSR: homogeneously staining regions). Diese sind Ausdruck der Amplifikation des MYCN-Onkogens auf Chromosom 2. Hierdurch werden extrachromosomale Elemente gebildet, die vermutlich ringförmig sind, kein Zentromer (Kinetochor) besitzen und daher bei der Mitose zufällig verteilt werden. Sie verleihen den Zellen offensichtlich einen Proliferationsvorteil. Sehr selten kommt es zur Integration in das Genom und zur Ausbildung der HSR (Abb. 1.2.19).

Diese wenigen Beispiele sollen die zentrale Rolle der molekularen Zytogenetik in der Tumorforschung unterstreichen. In dem Katalog von Mitelman et al. (1994) sind mehr als 84000 derartiger Fälle zusammen gestellt.

1.2.7 Ausblick

In diesem Kapitel wurde die Zytogenetik als medizinische Grundlagenwissenschaft herausgestellt, die zu ganz neue Einsichten in die molekulare Ursache von Krankheiten geführt hat. Tatsächlich hat die Zytogenetik zugleich auch eine wesentliche angewandte Seite. Jährlich werden in Deutschland mehr als 100000 zytogenetischer Analysen durchgeführt, etwa 70000 davon im Rahmen der vorgeburtlichen Diagnostik. Der diagnostische Umfang liegt daher deutlich über dem derzeitigen molekulargenetischen Nachweis schwerer monogen bedingter Erkrankungen. Vermutlich wird er in den kommenden Jahren noch deutlich zunehmen. Es spricht vieles dafür, dass bestimmte genomische Imbalancen, die sich bislang einem allgemeinen Nachweis weitgehend entzogen haben, als ursächlich für einen beträchtlichen Teil ungeklärter Krankheitsfälle in Frage kommen. Es handelt sich um submikroskopische Deletionen und -duplikationen als Folge von Neumutationen oder familiärer, kryptischer Translokationen. So liegt eine Mikrodeletion am Locus 22q11.2 etwa 6% aller angeborenen Herzfehler und mehr als 10% aller pränatal diagnostizierten Herzfehlbildungen zugrunde, bei denen die anderen bekannten Ursachen ausgeschlossen wurden. Submikroskopische Imbalancen im Bereich der Telomerregionen finden sich bei etwa 10% aller geistig schwer behinderter Kinder, wobei die Werte zwischen einzelnen Untersuchern zwischen 7% und 23% variieren (Knight u. Flint 2000). Als wichtigsten Entstehungsmechanismus derartiger Imbalancen werden die auf S. 79 angesprochenen inter- und intrachromosomalen Rekombinationsereignisse angenommen, die auf repetitive Elemente im Genom zurückzuführen sind. Solche Elemente, die im Bereich der Telomerregionen liegen und sich nur geringfügig zwischen unterschiedlichen Chromosomen unterscheiden, begünstigen die Entstehung chromosomaler Translokationen, die nach der Meiose zu genetisch unbalancierte Nachkommen führen können (Ballif et al. 2000, Flint et al. 1995, Varley et al. 2000). Jene Repeats, die bestimmte chromosomale Bereiche flankieren, erhöhen das Risiko für ungleiches Cross-over (Lopez et al. 2000, Trost et al. 2000). Als Folge davon kommt es zu Mikrodeletionen und -duplikationen. Bei einer systematischen, genomweiten Suche nach derartigen Imbalancen wird sicherlich bei wesentlich mehr Patienten mit angeborenen Fehlbildungen und geistiger Behinderung als bisher die eigentliche Ursache gefunden werden.

Den entscheidenden diagnostischen Durchbruch zum genomweiten Nachweis von Mikrodeletionen dürften DNA-Chips geordneter DNA-Fragmente darstellen, deren Prototyp mit einer Auflösung von 1 Mio. bp bereits vorliegt (Snijders et al. 2000). Die jeweilige Anzahl der Genkopien wird dabei durch Comparative genomic hybridization bestimmt (Array-CGH). Es ist zu erwarten, dass die Auflösung zukünftig noch deutlich gesteigert werden kann.

Der Zeitaufwand ist vergleichsweise gering, da die DNA des Testgewebes ohne vorherige Kultivierung eingesetzt werden kann und der Ablauf zudem automatisierbar ist. Da hiermit selbstverständlich auch vollständige Aneuploidien nachgewiesen werden und die Auflösung deutlich größer ist als bei der klassischen Zytogenetik, dürfte die Array-CGH in den nächsten Jahren – vorausgesetzt sie kann die in sie gesetzten Erwartungen tatsächlich erfüllen – die bisherige personal- und zeitaufwändige zytogenetische Diagnostik in der medizinischen Genetik zunehmend ersetzen.

Den betroffenen Familien kann bei bekannter Ursache eine umfassende, individuelle Beratung angeboten werden. Beim Vorliegen einer Neumutation wird das Wiederholungsrisiko generell vernachlässigbar sein, bei familiären kryptischen

Translokationen dagegen kann es präzisiert und auf die Möglichkeit einer pränatalen Diagnostik hingewiesen werden.

Aus wissenschaftlicher Sicht eröffnen derartige Mikrodeletionen und -duplikationen zudem einen besonders einfachen, direkten Weg, die zugrunde liegenden Gene zu identifizieren. Von der verantwortungsbewußten Einführung dieser Methode in die medizinische Praxis wird es abhängen, ob die neuen diagnostischen Möglichkeiten im Sinn der Patienten und Rat Suchenden eingesetzt werden und gleichzeitig die bemerkenswerten wissenschaftlichen Optionen genutzt werden können. Der Qualitätssicherung kommt hierbei nicht nur im Hinblick auf die Zuverlässigkeit der Befundung, sondern auch bezüglich des Kontextes insgesamt, in dem diese Untersuchung angeboten und in Anspruch genommen werden, eine zentrale Bedeutung zu (Sperling et al. 1997). Hierbei sind 3 Bereiche zu unterscheiden:

1. Strukturqualität
   Hierzu zählen die Qualifikation des Untersuchers sowie die Rahmenbedingungen für die Inanspruchnahme der jeweiligen Leistung insgesamt, z.B. die Sicherstellung eines angemessenen Beratungsangebots
2. Prozessqualität
   Diese betrifft die praktische Durchführung der Untersuchung mit interner und externer Qualitätskontrolle. So haben z.B. erste Untersuchungen gezeigt, dass Mikrodeletionen auch bei den unauffälligen Eltern der Probanden vorliegen können und daher nicht in jedem Fall klinisch relevant sein müssen (Ballif et al. 2000).
3. Ergebnisqualität
   Dazu rechnen die medizinischen und gesellschaftlichen Konsequenzen, die sich aus diesen neuen diagnostischen Möglichkeiten ergeben.

Die zukünftige Entwicklung wird zeigen, ob diese methodische Revolution molekularzytogenetischer Diagnostik zugleich einen Fortschritt der molekularen Medizin bedeutet.

1.2.8 Literatur

Allshire RC (1997) Centromeres, checkpoints and chromatid cohesion. Curr Opin Genet Dev 7:264–273

Amon A (1999) The spindle checkpoint. Curr Opin Genet Dev 9:69–75

Artandi SE, DePinho RA (2000) A critical role for the telomeres in suppressing and facilitating carcinogenesis. Curr Opin Genet Dev 10:39–46

Assoian RK, Zhu X (1997) Cell anchorage and the cytoskeleton as partners in growth factor dependent cell cycle progression. Curr Opin Cell Biol 9:93–98

Ballif BC, Kashork CD, Shaffer LG (2000) FISHing for mechanisms of cytogenetically defined terminal deletions using chromosome-specific subtelomeric probes. Eur J Hum Genet 8:764–770

Ballif BC, Kashork CD, Shaffer LG (2000) The promise and pitfalls of telomere region-specific probes. Am J Hum Genet 67:1356–1359

Baner J, Nielsson M, Isaksson A, Mendel-Hartvig M, Antson D Landegren U (2001) More keys to padlock probes: mechanisms for high-throughput nucleic acid analysis. Curr Opin Biotechnol 1:11–15

Bedell MA, Jenkins NA, Copeland NG (1996) Good genes in bad neighbourhoods. Nat Genet 12:229–232

Belmont AS, Dietzel S, Nye AC, Strukov YG, Tumbar T (1999) Large-scale chromatin structure and function. Curr Opin Cell Biol 11:307–311

Ben-Porath I, Cedar H (2000) Imprinting: focusing on the center. Curr Opin Genet Dev 10:550–554

Bernardi G (1989) The isochore organization of the human genome. Annu Rev Genet 23:637–661

Biggins S, Murray AW (1998) Sister chromatid cohesion in mitosis. Curr Opin Cell Biol 10:769–775

Bodnar AG, Ouellette M, Frolkis M et al. (1998) Extension of life-span by introduction of telomerase into normal human cells. Science 279:349–352

Borsani G, Ballabio A, Banfi S (1998) A practical guide to orient yourself in the labyrinth of genome databases. Hum Mol Genet 7:1641–1648

Brannan CI, Bartolomei MS (1999) Mechanisms of genomic imprinting. Curr Opin Genet Dev 9:164–170

Bridger JA, Bickmore WA (1998) Putting the genome on the map. Trends Genet 14:403–409

Brockdorff N (1998) The role of Xist in X-inactivation. Curr Opin Genet Dev 8:328–333

Burke DJ (2000) Complexity in the spindle checkpoint. Curr Opin Genet Dev 10:26–31

Cahill DP, Lengauer C, Yu J et al. (1998) Mutations of mitotic checkpoint genes in human cancers. Nature 392:300–303

Cockell M, Gasser SM (1999) Nuclear compartments and gene regulation. Curr Opin Genet Dev 9:199–205

Craig JM, Bickmore WA (1993) Chromosome bands – flavours to savour. Bioessays 15:349–354

Cremer T, Cremer C, Baumann H et al. (1982) Rabl's model of the interphase chromosome arrangement tested in Chinese hamster cells by premature chromosome condensation and laser-UV-microbeam experiments. Hum Genet 60:46–56

deLange T (1995) Telomere dynamics and genome instability in human cancer. In: Blackburn EH, Greider CW (eds) Telomeres. Cold Spring Harbor Press, Cold Spring Harbor New York, pp 265–293

Delhanty JD, Harper JC, Ao A, Handyside AH, Winston RM (1997) Multicolour FISH detects frequent chromosomal mosaicism and chaotic division in normal preimplantation embryos from fertile patients. Hum Genet 99:755–760

Digweed M, Reis A, Sperling K (1999) Nijmegen breakage syndrome: consequences of defective DNA double strand break repair. Bioessays 21:649–656

Dobie K, Mehtali M, McClenaghan M, Lathe R (1997) Variegated gene expression in mice. Trends Genet 13:128–129

Dobie KW, Hari KL, Maggert KA, Karpen GH (1999) Centromere proteins and chromosome inheritance: a complex affair. Curr Opin Genet Dev 9:206–217

Downes CS, Clarke DJ, Mullinger AM, Giménez-Abián JF, Creighton AM, Johnson RT (1994) A topoisomerase II-

dependent G2 cycle checkpoint in mammalian cells. Nature 372:467–470
Doxsey S (1998) The centrosome – a tiny organelle with big potential. Nat Genet 20:104–106
Dreyfuss G, Struhl K (1999) Nucleus and gene expression. Multiprotein complexes, mechanistic connections and nuclear organization. Curr Opin Cell Biol 11:303–306
Dutrillaux B, Aurias A, Couturier J, Croquette MF, Viegas-Pequignot E (1977) Multiple telomeric fusions and chain configurations in human somatic chromosomes. Chromosomes Today 6:37–44
Earnshaw WC (1988) Mitotic chromosome structure. Bioessays 9:147–150
Eichenlaub-Ritter U, Schmiady H, Kentenich H, Soewarto D (1995) Recurrent failure in polar body formation and premature chromosome condensation in oocystes from a human patient: indicators of asynchrony in nuclear and cytoplasmatic maturation. Hum Reprod 10:2343–2349
Engel E (1998) Uniparental disomies in unselected populations. Am J Hum Genet 63:962–966
Feinberg AP (1998) Genomic imprinting and cancer. In: Vogelstein B, Kinzler KW (eds) The genetic basis of human cancer. McGraw-Hill, New York, pp 95–108
Festenstein R, Kioussis D (2000) Locus control regions and epigenetic chromatin modifiers. Curr Opin Genet Dev 10:199–203
Field C, Li R, Oegema K (1999) Cytokinesis in eukaryotes: a mechanistic comparison. Curr Opin Cell Biol 11:68–80
Fitzgerald PH, Archer SA, Morris CM (1986) Evidence for the repeated primary non-disjunction of chromosome 21 as a result of premature centromere division (PCD). Hum Genet 72:58–62
Flint J, Wilkie AOM, Buckle VJ et al. (1995) The detection of subtelomeric chromosomal rearrangements in idiopathic mental retardation. Nat Genet 9:132–139
Furuno N, Elzen N den, Pines J (1999) Human cyclin A is required for mitosis until mid prophase. J Cell Biol 147:295–306
Ganten D, Ruckpaul K (2000) Monogen bedingte Erbkrankheiten 2. Springer, Berlin Heidelberg New York
Ganten D, Ruckpaul K (2001) Molekularmedizinische Grundlagen von hereditären Tumorerkankungen. Springer, Berlin Heidelberg New York
Ganten D, Ruckpaul K (2002) Molekularmedizinische Grundlagen von nicht-hereditären Tumorerkankungen. Springer, Berlin Heidelberg New York
German J, Ellis NA (1998) Bloom syndrome. In: Vogelstein B, Kinzler KW (eds) The genetic basis of human cancer. McGraw-Hill, New York, pp 301–316
Giménez-Abián JF, Clarke DJ, Mullinger AM, Downes CS, Johnson RT (1995) A postprophase topoisomerase II-dependent chromatid core separation step in the formation of metaphase chromosomes. J Cell Biol 131:7–17
Gotoh E, Asakawa Y, Kosaka H (1995) Inhibition of protein serine/threonine phosphatases directly induces premature chromosome condensation in mammalian somatic cells. Biomed Res Tokyo 16:63–68
Gottschling D, Berg BL (1998) Chromosome dynamics: yeast pulls it apart. Curr Biol 8:R76–R79
Gropp A (1982) Value of an animal model for trisomy. Virchows Arch 395:117–131
Gutmann DH, Collins FS (1998) Neurofibromatosis type I. In: Vogelstein B, Kinzler KW (eds) The genetic basis of human cancer. McGraw-Hill, New York, pp 423–442
Hagting A, Jackman M, Simpson K, Pines J (1999) Translocation of cyclin B1 to the nucleus at prophase requires a phosphorylation-dependent nuclear import signal. Curr Biol 9:680–689
Hampl A, Eppig JJ (1995) Analysis of the mechanism(s) of metaphase I arrest in maturing mouse oocytes. Development 121:925–933
Handeli S, Weintraub H (1992) The ts41 mutation in Chinese hamster cells leads to successive S phases in the absence of intervening G2, M, and G1. Cell 71:599–611
Handyside AH, Delhanty JDA (1997) Preimplantation genetic diagnosis: strategies and surprises. Trends Genet 13:270–275
Hansen RS, Stoger R, Wijmega C et al. (2000) Escape from gene silencing in ICF syndrome: evidence for advanced replication time as a major determinant. Hum Mol Genet 9:2575–2587
Happle R (1998) Manifestation genetischer Mosaike in der menschlichen Haut. In: Parthier B (Hrsg) Jahrbuch 1997 der Deutschen Akademie der Naturforscher, Reihe 3, Jahrgang 43. Leopoldina, Halle/Saale, S 307–334
Hardwick KG (1998) The spindle checkpoint. Trends Genet 14:1–4
Hart CM, Laemmli UK (1998) Facilitation of chromatin dynamics by SARs. Curr Opin Genet Dev 8:519–525
Hayflick L, Moorhead PS (1961) The serial cultivation of human diploid cell strains. Exp Cell Res 25:585–621
Heikinheimo O, Gibbons WE (1998) The molecular mechanisms of oocyte maturation and early embryonic development are unveiling new insights into reproductive medicine. Mol Hum Reprod 4:745–756
Henderson E (1995) Telomere structure. In: Blackburn EH, Greider CW (eds) Telomeres. Cold Spring Harbor Press, Cold Spring Harbor New York, pp 11–34
Hirao Y, Eppig JJ (1997) Analysis of the mechanism(s) of metaphase I arrest in strain LT mouse oocytes: participation of MOS. Development 124:5107–5113
Holmquist GP (1992) Chromosome bands, their chromatin flavors, and their functional features. Am J Hum Genet 51: 17–37
Hunt PA, LeMaire R, Embury P et al (1995) Analysis of chromosome behavior in intact mammalian oocytes: monitoring the segregation of a univalent chromosome during female meiosis. Hum Mol Genet 4:2007–2012
Hurst LD, McVean GT (1997) Growth effects of uniparental disomies and the conflict theory of genomic imprinting. Trends Genet 13:436–443
Jessberger R, Frei C, Gasser SM (1998) Chromosome dynamics: the SMC protein familiy. Curr Opin Genet Dev 8:254–259
Jiang Y, Tsai TF, Bressler J et al. (1998) Imprinting in Angelman and Prader-Willi syndromes. Curr Opin Genet Dev 8:334–342
Kai R, Ohtsubo M, Sekiguchi M, Nishimoto T (1986) Molecular cloning of a human gene that regulates chromosome condensation and is essential for cell proliferation. Mol Cell Biol 6:2027–2032
Kajii T, Kawai T, Takumi T et al. (1998) Mosaic variegated aneuploidy with multiple congenital abnormalities: homozygosity for total premature chromatid separation trait. Am J Med Genet 78:245–249
Kaufmann WE, Reiss AL (1999) Molecular and cellular genetics of fragile X syndrome. Am J Med Genet 88:11–24
Kelley RL, Kuroda MI (2000) The role of chromosomal RNA in making the X for dosage compensation. Curr Opin Genet Dev 10:555–561
Kiyono T, Foster SA, Koop JI, McDougall JK, Galloway DA, Klingelhutz AJ (1998) Both Rb/p16^{INKA4a} inactivation

and telomerase activity are required to immortalize human epithelial cells. Nature 396:84–88

Kleinjan D-J, Heyningen V van (1998) Position effect in human genetic disease. Hum Mol Genet 7:1611–1618

Knight SJL, Flint J (2000) Perfect endings: a review of subtelomeric probes and their use in clinical diagnosis. J Med Genet 37:401–409

Koshland D, Strunnikov A (1996) Mitotic chromosome condensation. Ann Rev Cell Dev Biol 12:305–333

Krek W, Nig EA (1991) Mutations of $p34^{cdc2}$ phosphorylation sites induce premature mitotic events in HeLa cells: evidence for a double block to $p34^{cdc2}$ kinase activation. EMBO J 10:3331–3341

Lee JT, Jaenisch R (1997) The (epi)genetic control of mammalian X-chromosome inactivation. Curr Opin Genet Dev 7:274–280

Lewin B (1990) Driving the cell cycle: M phase kinase, its partners, and substrates. Cell 61:743–752

Li Y, Benezra R (1996) Identification of a human mitotic checkpoint gene: hsMAD2. Science 274:246–248

Lo Ten Foe JR, Kwee ML, Rooimans MA et al. (1997) Somatic mosaicism in Fanconi anemia: molecular basis and clinical significance. Eur J Hum Genet 5:137–148

Look AT (1998) Genes altered by chromosomal translocations in leukemias and lymphomas. In: Vogelstein B, Kinzler KW (eds) The genetic basis of human cancer. McGraw-Hill, New York, pp 109–142

López Correa C, Brems H, Lázaro C, Marynen P, Legius E (2000) Unequal meiotic crossover: a frequent cause of *NF1* microdeletions. Am J Hum Genet 66:1969–1974

Lupski JR (1998) Genomic disorders: structural features of the genome can lead to DNA rearrangements and human disease traits. Trends Genet 14:417–422

Lyon MF (1998) X-chromosome inactivation: a repeat hypothesis. Cytogenet Cell Genet 80:133–137

Manuelidis L (1990) A view of interphase chromosomes. Science 250:1533–1540

Marshall WF, Fung JC, Sedat JW (1997) Deconstructing the nucleus: global architecture from local interactions. Curr Opin Genet Dev 7:259–263

Matsuura S, Ito E, Tauchi H, Komatsu K, Ikeuchi T, Kajii T (2000) Chromosomal instability syndrome of premature chromatid separation with mosaic variegated aneuploidy is defective in mitotic-spindle checkpoint. Am J Hum Genet 67:483–486

Mehes K (1978) Non-random centromere division: a mechanism of non-disjunction causing aneuploidy? Hum Hered 28:255–260

Migeon BR (1994) X-chromosome inactivation: molecular mechanisms and genetic consequences. Trends Genet 10:230–235

Mitelman F, Johansson B, Mertens F (1994) Catalog of chromosome aberrations in cancer, 5th edn. Wiley-Liss, New York

Murray A (1999) A snip separates sisters. Nature 400:19–21

Neitzel H, Kalscheuer V, Henschel S, Digweed M, Sperling K (1998) Beta-heterochromatin in mammals: evidence from studies in *Microtus agrestis* based on the extensive accumulation of L1 and non-L1 retroposons in the heterochromatin. Cytogenet Cell Genet 80:165–172

Neitzel H, Neumann LM, Schindler D, Wirges A, Tonnies H, Trimborn M, Krebsova A, Richter R, Sperling K (2002) Premature chromosome condensation in humans associated with microcephaly and mental retardation: a novel autosomal recessive condition. Am J Hum Genet 70: 1015–1022

Ng H-H, Bird A (1999) DNA methylation and chromatin modification. Curr Opin Genet Dev 9:158–163

Nowell P, Rowley J, Knudson A (1998) Cancer genetics, cytogenetics – defining the enemy within. Nat Med 4:1107–1111

Nurse P (1997) Checkpoint pathways come of age. Cell 91:865–867

Obe G, Müller W-U (1999) Zytogenetik in der genetischen Toxikologie und Strahlenbiologie. Med Genet 11:373–377

Ohi R, Gould KL (1999) Regulating the onset of mitosis. Curr Opin Cell Biol 11:267–273

Okano M, Bell DW, Haber DA, Li E (1999) DNA methyltransferases Dnmt3a and Dnmt3b are essential for de nove methylation and mammalian develoment. Cell 99:247–257

Pallen CJ, Tan YH, Guy GR (1992) Protein phosphatases in cell signalling. Curr Opin Cell Biol 4:1000–1007

Pines J, Rieder CL (2001) Re-staging mitosis:a contemporary view of mitotic progression. Nat Cell Biol 3:E3–E6

Pratt Rossiter J, Young M, Kimberland ML et al. (1994) Factor VII gene inversions causing severe hemophilia A originate almost exclusively in male germ cells. Hum Mol Genet 3:1035–1039

Price CM (1999) Telomeres and telomerase: broad effects on cell growth. Curr Opin Genet Dev 9:218–224

Renault L, Nassar N, Vetter I et al. (1998) The 1.7 A crystal structure of the regulator of chromosome condensation (RCC1) reveals a seven-bladed propeller. Nature 392:97–101

Rieder CL, Salmon ED (1998) The vertebrate cell kinetochore and its roles during mitosis. Trends Cell Biol 8:310–318

Ropers H-H (1998) Die Erforschung des menschlichen Genoms: Ein Zwischenbericht. Dtsch Ärztebl 95:A-663-A670

Rudd NL, Teshima IE, Martin RH, Sisken JE, Weksberg R (1983) A dominantly inherited cytogenetic anomaly: a possible cell division mutant. Hum Genet 65:117–121

Rudin CM, Thompson CB (1998) Apoptosis and cancer. In: Vogelstein B, Kinzler KW (eds) The genetic basis of human cancer. McGraw-Hill, New York, pp 193–204

Russo GL, Wilding M, Marino M, Dale B (1998) Ins and outs of meiosis in ascidians. Semin Cell Dev Biol 9:559–567

Sagata N (1998) Introduction: meiotic maturation and arrest in animal oocytes. Semin Cell Dev Biol 9:535–537

Scherthan H, Weich S, Schwegler H, Heyting C, Harle M, Cremer T (1996) Centromere and telomere movements during early meiotic prophase of mouse and man are associated with the onset of chromosome pairing. J Cell Biol 134:1109–1125

Schmiady H, Sperling K, Kentenich H, Stauber M (1986) Prematurely condensed human sperm chromosomes after in vitro fertilization (IVF). Hum Genet 74:441–443

Shackelford RE, Kaufman WK, Paules RS (1999) Cell cycle control, checkpoint mechanisms, and genotoxic stress. Environ Health Perspect [Suppl 1] 107:5–24

Sleutels F, Barlow DP, Lyle R (2000) The uniqueness of the imprinting mechanism. Curr Opin Genet Dev 10:229–233

Smit AF (1996) The origin of interspersed repeats in the human genome. Curr Opin Genet Dev 6:743–748

Snijders AM, Hindle R, Segraves S et al. (2000) Quantitative DNA copy number analysis across the human genome with ~ 1 megabase resolution using array CGH. Am J Hum Genet [Suppl 2] 67:31

Solomon MJ, Glotzer M, Lee TH, Philippe M, Kirschner W (1990) Cyclin Activation of $p34^{cdc2}$. Cell 63:1013–1024

Sperling K (1982) Cell cycle and chromosome cycle: morphological and functional aspects. In: Rao PN, Johnson

RT, Sperling K (eds) Premature chromosome condensation. Application to basic, clinical, and mutation research. Academic Press, New York, pp 43–78

Sperling K (1990) The DNase I-nick translation technique: a cytogenetic approach to map active chromatin. In: Sharma T (ed) Trends in chromosome research. Narosa Publishing House, New Delhi, Springer, Berlin Heidelberg New York, pp 251–264

Sperling K (1999a) Die Genkarte des Menschen: Grundlage einer molekularen Anatomie. In: Parthier B (Hrsg) Jahrbuch 1998 der Deutsche Akademie der Naturforscher, Reihe 3, Jahrgang 45. Leopoldina, Halle/Saale, S 431–447

Sperling K (1999b) Das humane Genomprojekt. In: Niemitz C, Niemitz S (Hrsg) Genforschung und Gentechnik – Ängste und Hoffnungen. Springer, Berlin Heidelberg New York, S 109–133

Sperling K, Obe G (1977) Chromosomen und Zellzyklus. In: Linner G (Hrsg) Cytogenetisches Praktikum. Fischer, Stuttgart, S 155–170

Sperling K, Rao PN (1974) The phenomenon of premature chromosome condensation: its relevance to basic and applied research. Humangenetik 23:235–258

Sperling K, Wegner R-D (1995) Ätiologie und Pathogenese chromosomal bedingter embryofetaler Fehlbildungen und Spontanaborte. In: Schneider J, Weitzel H (Hrsg) Pränatale Diagnostik und Therapie. Wissenschaftliche Verlagsgesellschaft, Stuttgart, S 47–86

Sperling K, Neitzel H, Wegner R-D (1997) Der Einsatz der Zytogenetik in der Pränataldiagostik unter qualitätssicherndem Aspekt. In: Arndt D, Obe G (Hrsg) Qualitätssicherung in der Zyto-und Molekulargenetik. Robert-Koch-Institut Schriften (RKI) 1/97. MMV Medizin Verlag, München

Sperling K, Digweed M, Stumm M, Wegner RD, Reis A (1998) Chromosomeninstabilität, Strahlenempfindlichkeit und Krebs: Ataxia-telangiektasia und das Nijmegen Breakage Syndrom. Med Genet 10:274–277

Spriggs EL, Rademaker AW, Martin RH (1996) Aneuploidy in human sperm: the use of multicolor FISH to test various theories of nondisjunction. Am J Hum Genet 58:356–362

Stengel-Rutkowski S, Stene J, Gallano P (1988) Risk estimates in balanced parental reciprocal translocations. Monographie des Annales de Génétique. Exp Sci Franc Ed, Paris

Stewart ZA, Leach SD, Pietenpol JA (1999) p21 (Waf1/Cip1) inhibition of cyclin E/Cdk2 activity prevents endoreduplication after mitotic spindle disruption. Mol Cell Biol 19:205–215

Stillman B (1996) Cell cycle control of DNA replication. Science 274:1659–1664

Strain L, Warner JP, Johnston T, Bonthron DT (1995) A human parthenogenetic chimaera. Nat Genet 11:164–169

Sullivan BA, Jenkins LS, Karson EM, Leana-Cox J, Schwartz S (1996) Evidence of structural heterogeneity from molecular cytogenetic analysis of dicentric Robertsonian translocations. Am J Hum Genet 59:167–175

Surani MA (1995) Parthogenesis in man. Nat Genet 11:111–113

Takahashi T, Haruki N, Nomoto S, Masuda A, Saji S, Osada H (1999) Identification of frequent impairment of the mitotic checkpoint and molecular analysis of the mitotic checkpoint genes, hsMAD2 and p55CDC, in human lung cancers. Oncogene 18:4295–4300

Takizawa CG, Morgan DO (2000) Control of mitosis by changes in the subcellular location of cyclin-B1-Cdk1 and Cdc25C. Curr Opin Cell Biol 12:658–665

Therman E, Kuhn EM (1976) Cytological demonstration of mitotic crossing-over in man. Cytogenet Cell Genet 17:254–267

Therman E, Kuhn EM (1981) Mitotic crossing-over and segregation in man. Hum Genet 59:93–100

Therman E, Kuhn EM (1989) Mitotic modifications and aberrations in cancer. Crit Rev Oncog 1:293–305

Trost D, Wiebe W, Uhlhaas S, Schwindt P, Schwanitz G (2000) Investigation of meiotic rearrangements in DGS/VCFS patients with a microdeletion 22q11.2. J Med Genet 37:452–454

Tucker JD, Auletta A, Cimino MC et al. (1993) Sister-chromatid exchange: second report of the gene-tox program. Mutat Res 297:101–180

Tyers M, Jorgensen P (2000) Proteolysis and the cell cycle: with this RING I do thee destroy. Curr Opin Genet Dev 10:54–64

Van Den Berg DJ, Francke U (1993) Roberts syndrome: a review of 100 cases and a new rating system for severity. Am J Med Genet 47:1104–1123

Van Steensel B, Smogorzewska A, Lange T de (1998) TRF2 protects human telomeres from end-to-end fusions. Cell 92:401–413

Varley H, Di S, Scherer SW, Royle NJ (2000) Characterization of terminal deletions at 7q32 and 22q13.3 healed by de novo telomere addition. Am J Hum Genet 67:610–622

Von der Haar B, Sperling K, Gregor D (1981) Maturing *Xenopus* oocytes induce chromosome condensation in somatic plant nuclei. Exp Cell Res 134:477–481

Wallrath LL (1998) Unfolding the mysteries of heterochromatin. Curr Opin Gen Dev 8:147–153

Watanabe Y, Nurse P (1999) Cohesin Rec8 is required for reductional chromosome segregation at meiosis. Nature 400:461–464

Weinert T (1998a) DNA damage and checkpoint pathways: molecular anatomy and interactions with repair. Cell 94:555–558

Weinert T (1998b) DNA damage checkpoints update: getting molecular. Curr Opin Gen Dev 8:185–193

Wilda M, Demuth I, Concannon P, Sperling K, Hameister H (2000) Expression pattern of the Nijmegen breakage syndrome, NBS, gene during murine development. Hum Mol Genet 9:1739–1744

Wolf U (1995) The molecular genetics of human sex determination. J Mol Med 73:325–331

Wolf DA, Jackson PK (1998) Cell cycle: oiling the gears of anaphase. Curr Biol 8:R636-R639

Wright CVE (1991) Vertebrate homeobox genes. Curr Opin Cell Biol 3:976–982

Xu GL, Bestor TH, Bourc'his D et al. (1999) Chromosome instability and immunodeficiency syndrome caused by mutations in a DNA methyltransferase gene. Nature 402:187–191

Zachariae W (1999) Progression into and out of mitosis. Curr Opin Cell Biol 11:708–716

Zhang P (1999) The cell cycle and development: redundant roles of cell cycle regulators. Curr Opin Cell Biol 11:655–662

Zink D, Cremer T (1998) Cell nucleus: chromosome dynamics in nuclei of living cells. Curr Biol 8:R321–R324

1.3 Molekulargenetische Grundlagen der molekularen Medizin unter Berücksichtigung der genetischen Epidemiologie

Bertram Müller-Myhsok

Inhaltsverzeichnis

1.3.1 Kurzes Vorwort

Ziel dieses Kapitels ist, die molekulargenetischen Grundlagen der molekularen Medizin unter Berücksichtigung der genetischen Epidemiologie darzustellen. Damit soll ein kurzer Einblick in die grundlegenden Konzepte gegeben werden, ohne sich im Technischen und Speziellen zu verlieren. Dieses Kapitel kann und soll weder ein Lehrbuch der Humangenetik noch eines der genetischen Epidemiologie, geschweige denn der Biomathematik, ersetzen. Die verschiedenen Konzepte sollen kurz und deutlich erläutert werden. Vieles konnte nicht berücksichtigt, manches musste sehr stark vereinfacht dargestellt werden. Es ist die Hoffnung des Autors, dass die Vereinfachung nicht auf Kosten des Inhalts und der korrekten Darstellung ging.

1.3.2 Aufgaben und Ziele der genetischen Epidemiologie im Rahmen einer molekularen medizinischen Genetik

1.3.2.1 Genetische Epidemiologie – Definition und Entwicklung des Fachs

Die Wurzeln des Fachs „Genetische Epidemiologie" sind weit verstreut, sie liegen im Bereich der Epidemiologie, der Humangenetik, der Populationsgenetik, der Biometrie, der Biomathematik, der Biostatistik und der Bioinformatik. Ebenso spielen die klinisch-genetische Nosologie und allgemein der Bereich Datenverarbeitung und Dokumentation eine Rolle.

Allgemein akzeptiert ist wohl die Aussage, dass die genetische Epidemiologie sich u.a. damit beschäftigt, die genetischen Anteile an Erkrankungen zu identifizieren und zu charakterisieren, d.h. insbesondere auch ihre Wirkung zu beschreiben. Dies gilt v.a. auch für die Untersuchung des Zusammenspiels mit anderen Faktoren, wie etwa Umweltfaktoren.

Ganten / Ruckpaul (Hrsg.)
Grundlagen der Molekularen Medizin,
2. Auflage

Die oben erwähnten einzelnen Disziplinen werden nun im Folgenden in ihrer Bedeutung für die genetische Epidemiologie schematisch dargestellt.

Epidemiologie im klassischen Sinn. Eine der wichtigsten Wurzeln der genetischen Epidemiologie stellt die Epidemiologie an sich dar, die allein schon aus manchen ihrer Fragestellungen, wie etwa der Beschreibung und Identifizierung von Risikofaktoren, große Überschneidungen mit der genetischen Epidemiologie hat.

Populationsgenetik und formale (Human)genetik. Die Populationsgenetik und die formale (Human)genetik stellen ebenfalls wichtige Ursprünge der genetischen Epidemiologie dar. Sie beschäftigen sich u.a. mit der Beschreibung von genetischen Vorgängen auf Bevölkerungs- und Familienebene.

Biomathematik, Biometrie, Biostatistik und Bioinformatik. Wichtige Methoden, Ideen und Verfahren (wie etwa die Methoden um den Begriff der Likelihood) sind hier in die genetische Epidemiologie eingeflossen. Diese Fächer haben ebenfalls eine nicht zu unterschätzende Bedeutung für die genetische Epidemiologie.

Klinisch-genetische Nosologie. Eine gute Kenntnis der klinisch-genetischen Nosologie, d.h. der Erkrankungen, der bereits bekannten Krankheitsursachen, diagnostischer Fallstricke und Ähnlichem, sind für die Durchführung genetisch-epidemiologischer Studien ebenfalls von größter Bedeutung.

Dokumentation und Datenverarbeitung. Die Dokumentation und Datenverarbeitung der gewonnenen Daten stellen eine große Aufgabe im Bereich der genetischen Epidemiologie dar, die auch in Zukunft noch an Bedeutung gewinnen wird. Hier bestehen selbstverständlich große Überlappungen mit der Bioinformatik und anderen Fächern.

1.3.2.2 Genetische Faktoren als Ursache von Fehlbildungen und bei der Entstehung und dem Verlauf von Entwicklungsstörungen und Krankheiten – ätiologische Modellvorstellungen

Genetische Modelle. Genetische Modelle im hier gebrauchten Sinn sind Vorstellungen über die Auswirkung eines (oder mehrerer) Gene auf einem Merkmal (Phänotyp), wobei durchaus auch Vorstellungen über Umweltfaktoren in die Beschreibung des genetischen Modells einfließen können. In aller Regel handelt es sich bei genetischen Modellen um eine mathematische Beschreibung dieser Faktoren und der Wirkweisen.

Monogene Erbgänge

Im Folgenden sind kurz die Charakteristika gängiger monogener Erbgänge skizziert. Diese Erbgänge stellen die wahrscheinlich einfachsten gängigen genetischen Modelle dar. Diese Darstellung ist oftmals vereinfacht, soll aber gerade dadurch helfen, das wesentliche herauszuarbeiten.

1. Autosomal-rezessiver Erbgang
   Beim autosomal-rezessiven Erbgang tritt eine Erkrankung nur dann auf, wenn beide Kopien des für die Krankheit verantwortlichen Gens in veränderter (mutierter) Form vorliegen. Dies bedeutet, dass für die Eltern eines Kinds mit einer autosomal-rezessiv bedingten Erkrankung ein Wiederholungsrisiko von 25% besteht. Gesunde Geschwister eines betroffenen Kinds sind mit einer Wahrscheinlichkeit von 2/3 nicht Genträger und mit einer Wahrscheinlichkeit von 1/3 Genträger. Wenn mögliche Neumutationen nicht berücksichtigt werden, müssen beide Elternteile Genträger sein.
   Häufige autosomal-rezessive Erkrankungen sind etwa die Mukoviszidose (CF) mit einer Frequenz an homozygoten Merkmalsträgern von etwa 1:2000 und die Phenylketonurie mit einer Häufigkeit von etwa 1:10000 (Zahlen jeweils je nach Bevölkerung leicht variierend).
   Typisches Erscheinungsbild in einem Stammbaum für den autosomal-rezessiven Erbgang ist das Vorkommen von Betroffenen in einer Kernfamilie, d.h. eine so genannte vertikale Transmission (Weitergabe von einer Generation zur nächsten) ist eher selten. Abb. 1.3.1 zeigt einen typischen autosomal-rezessiven Stammbaum.
2. Autosomal-dominanter Erbgang
   Beim autosomal-dominanten Erbgang genügt es per definitionem, dass nur 1 von 2 Allelen an

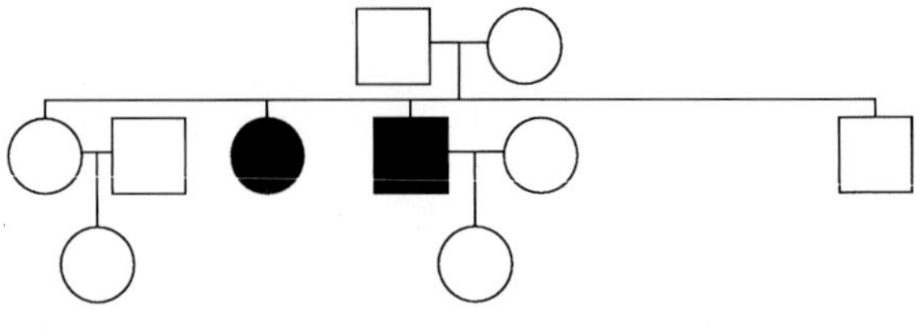

Abb. 1.3.1. Typischer autosomal-rezessiver Stammbaum zeigt die Verwandtschaftsverhältnisse der Familienmitglieder, nur 2 Mitglieder in einer Generation sind betroffen (horizontale Weitergabe), *Kreis* weiblich, *Quadrat* männlich

einem Genort verändert sein muss, damit das betreffende Merkmal (der betreffende Phänotyp) zum Ausdruck kommt. Dementsprechend beträgt das Wiederholungsrisiko für Eltern eines betroffenen Kinds 50% (wiederum unter Vernachlässigung der Möglichkeit von Neumutationen und inkompletter Penetranz, s. unten). Typischerweise finden sich beim autosomal-dominanten Erbgang Stammbäume, bei denen die Erkrankung in mehreren Generationen vorkommt (so genannte vertikale Transmission). Zur Abgrenzung von X-chromosomaler Vererbung ist außerdem der Nachweis der Weitergabe von einem betroffenen Mann an einen männlichen Sohn von Bedeutung. Typische Vertreter autosomal-dominanter Erkrankungen sind die Neurofibromatose Typ 1 (NF1, Morbus Recklinghausen) und die Chorea Huntington (HD). Abb. 1.3.2 zeigt einen typischen autosomal-dominanten Stammbaum.

3. X-chromosomal-rezessive Vererbung
Bei der X-chromosomal-rezessiven Vererbung handelt es sich um einen relativ häufigen Vererbungsmodus. Die entsprechenden Genorte sind auf dem weiblichen Geschlechtschromosom (X-Chromosom) lokalisiert. Da eine Frau 2 X-Chromosomen, ein Mann jedoch nur 1 X-Chromosom (und 1 Y-Chromosom) besitzt, ergeben sich bei diesen Erkrankungen Geschlechtsunterschiede. Bei einer X-chromosomal-rezessiven Erkrankung handelt es sich, wie der Name schon sagt, um einen rezessiven Phänotyp. Dies bedeutet, dass eine veränderte Kopie eines Gens im Beisein einer 2., nicht veränderten Kopie nicht zum Auftreten eines Krankheitsbilds führt. Da ein Mann nur 1 X-Chromosom besitzt, daher also für die X-chromosomalen Anteile außerhalb der so genannten pseudoautosomalen Region hemizygot ist, tritt ein Phänotyp beim Mann jedoch in der Regel bereits beim Vorliegen einer veränderten Kopie eines Gens auf. Bei der Frau, die 2 X-Chromosomen besitzt, ist ein solcher Phänotyp in der Regel wesentlich seltener. Für Söhne und Töchter von Überträgerinnen X-chromosomal-rezessiver Erkrankungen gilt, dass die Wahrscheinlichkeit einer Übertragung an Kinder jeweils 50% beträgt. Konkret heißt dies, dass 50% der Töchter Überträgerinnen sein werden, 50% der Söhne werden erkranken. Für die Kinder eines Merkmalsträgers gilt, dass alle Töchter Überträgerinnen sind, das Merkmal jedoch niemals von einem betroffenen Mann an seine Söhne weitergegeben wird. Typische Vertreter solcher Erkrankungen sind die Hämophilie A und B sowie die Muskeldystrophie Duchenne. Abb. 1.3.3 zeigt einen X-chromosomal-rezessiven Stammbaum.

4. X-chromosomal-dominanter Erbgang
Der X-chromosomal-dominante Erbgang unterscheidet sich vom X-chromosomal-rezessiven Erbgang dadurch, dass bereits eine Kopie eines veränderten Gens ausreicht, um einen Phänotyp hervorzurufen. Dementsprechend ergeben sich folgende Merkmale für X-chromosomal-dominante Erkrankungen:
   - Für eine betroffene Frau besteht ein Risiko von 50%, ein betroffenes Kind mit der Erkrankung zu bekommen (unter der Annahme kompletter Penetranz), zunächst unabhängig vom Geschlecht dieses Kinds.
   - Die Tochter eines betroffenen Manns wird in 100% der Fälle Genträgerin und damit auch krank sein. Der Sohn eines betroffenen Manns jedoch (wiederum unter Vernachlässigung von Neumutationen usw.) niemals.

Einschränkend muss gesagt werden, dass X-chromosomal-dominante Phänotypen oft für eine

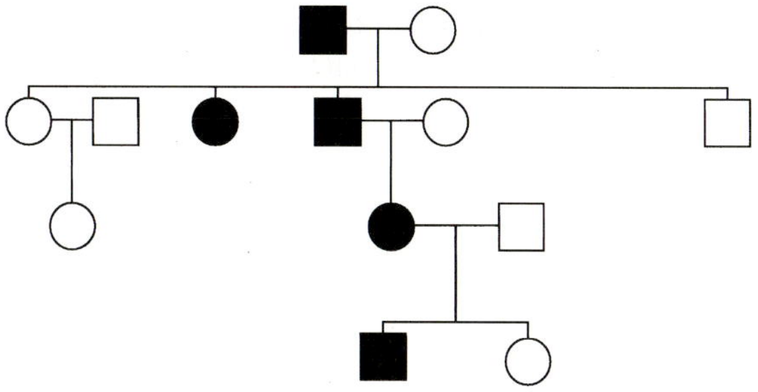

Abb. 1.3.2. Typischer autosomal-dominanter Stammbaum. Deutlich erkennbar ist die Weitergabe der Erkrankung über mehrere Generationen (vertikale Weitergabe), wobei auch die Übertragung von einem betroffenen Mann auf seinen Sohn zu beobachten ist, *Kreis* weiblich, *Quadrat* männlich

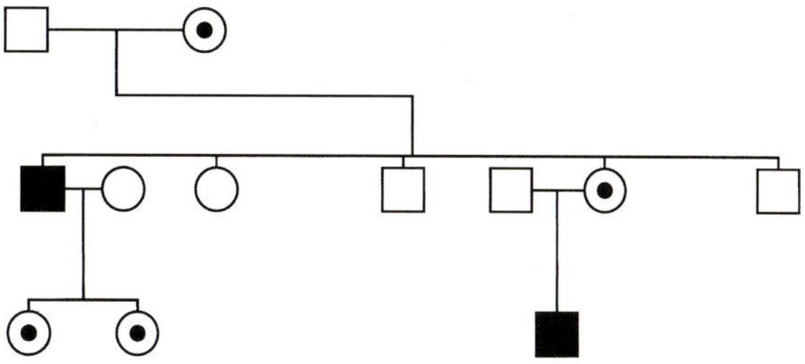

Abb. 1.3.3. Stammbaum einer Familie mit einer X-chromosomal-rezessiven Erkrankung, *Kreis* weiblich, *ausgefüllte Kreise innerhalb eines offenen Kreises* Überträgerinnen, *Quadrat* männlich. Es sind nur Männer betroffen, und alle Töchter eines Betroffenen sind Überträgerinnen

männliche Zygote als tödlich angesehen werden, sodass betroffene Männer nur sehr selten vorkommen. Ein Vertreter einer X-chromosomal-dominanten Erkrankung ist etwa eine Form der Incontinentia pigmenti.

Oligogene und polygene Ätiologie

Im Gegensatz zu den monogenen Erbgängen wird bei der polygenen und oligogenen Ätiologie von mehreren beteiligten Genen ausgegangen, die in unterschiedlicher Weise zusammenwirken können, um schließlich einen Phänotyp hervorzurufen. Diese Modelle sind, wie von Passarge (1994) beschrieben, nicht unbedingt vom so genannten multifaktoriellen Modell (s. Abschnitt 1.3.2.4 „Gene-environment-Interaktion, multifaktorielle Ätiologie", Unterabschnitt „Multifaktorielle Ätiologie") zu trennen, da die vermuteten Gene und Faktoren in der Regel im Einzelnen nicht bekannt sind. Ein solches genetisches Modell wird v. a. für quantitative Phänotypen wie etwa die Körpergröße vermutet.

Mitochondriale Vererbung

Die mitochondriale Vererbung, oftmals auch mütterliche Vererbung genannt, ist dadurch gekennzeichnet, dass einige Anteile des menschlichen Genoms nicht auf den Chromosomen, sondern auf der DNA der Mitochondrien, der mtDNA, lokalisiert sind. Mitochondrien werden fast ausschließlich über die Eizellen an die Nachkommen weitergegeben, sodass hier folgende Regel gilt: Nachkommen eines Manns mit einer mitochondrialen Erkrankung werden diese in der Regel nicht bekommen, Nachkommen einer betroffenen Frau jedoch durchaus. Diese Wahrscheinlichkeit ist nicht exakt anzugeben, da zu dieser Fragestellung das Problem der Heteroplasmie zu berücksichtigen ist.

Genetische Heterogenität. Mit genetischer Heterogenität wird die Vorstellung bezeichnet, dass ein und derselbe Phänotyp durch verschiedene genetische Ursachen hervorgerufen werden kann. Es werden hierbei unterschieden:

1. Allelische Heterogenität
2. Nichtallelische Heterogenität, Locusheterogenität.

Allelische Heterogenität

Gibt es in der Bevölkerung mehrere verschiedene Mutationen an einem Genort, die alle zum gleichen Phänotyp führen können, wird dies als allelische Heterogenität bezeichnet. Ein gutes Beispiel ist die zystische Fibrose, von der mehrere 100 verschiedener Mutationen bekannt sind. Andere Beispiele sind die Muskeldystrophie Duchenne oder auch die Hämophilie A. In der Tat scheint allelische Heterogenität eher die Ausnahme als die Regel zu sein.

Locusheterogenität – nichtallelische Heterogenität

Die Locusheterogenität besagt, dass der gleiche Phänotyp durch Mutationen in verschiedenen Genen verursacht sein kann. Es kann sich hierbei um 2 oder auch mehr unterschiedliche Gene handeln. Diese Gene können durchaus auf verschiedenen Chromosomen liegen. Ein bekanntes Beispiel hierfür ist die Charcot-Marie-Tooth-Erkrankung, von der mehrere Genorte bekannt sind, und zwar auf Chromosom 1, Chromosom 17 und auch auf dem X-Chromosom.

Mutations-Selektions-Gleichgewichte. Zur Beschreibung eines genetischen Modells gehören nicht nur die Beschreibung der Wirkweise eines Gens, sondern auch die Beschreibung des Gleichgewichts zwischen Mutation und Selektion.

Mutation und Selektion können (im sehr vereinfachten Fall) als 2 gegenläufige Kräfte angesehen werden, von denen die eine Kraft die Frequenz eines mutierten Allels in der Bevölkerung erhöht, die andere Kraft diese erniedrigt. Diese beiden Faktoren können nun zueinander im Gleichgewicht stehen, sodass sich die Häufigkeit eines mutierten Allels über die Zeit nicht verändert. Unter einem Mutations-Selektions-Gleichgewicht ist die Beschreibung dieses Gleichgewichtszustands zu verstehen.

Am Beispiel der Duchenne-Muskeldystrophie (DMD) soll dies kurz erläutert werden: Bei der DMD handelt es sich um eine so genannte genetisch letale, X-chromosomal-rezessive Erkrankung. Dies bedeutet, dass betroffene Jungen in der Regel keine Kinder haben. Damit geht jeweils ein Teil der mutierten Allele von Generation zu Generation verloren. Dieser wird jedoch durch neu entstehende Mutationen ersetzt, sodass sich die Häufigkeit des Gens in der Bevölkerung nicht ändert. Es lässt sich dann zeigen, dass die Allelhäufigkeiten der mutierten Allele sowohl bei den Frauen als auch bei den Männern in einer Bevölkerung nur vom Ausmaß der Selektion (im Beispiel DMD bei den Männern komplett, bei den Frauen fast 0) und den Wahrscheinlichkeiten für eine neu entstandene Mutation abhängen. Die Beschreibung dieses Zusammenhangs wird als Mutations-Selektions-Gleichgewicht bezeichnet. Das Mutations-Selekti-

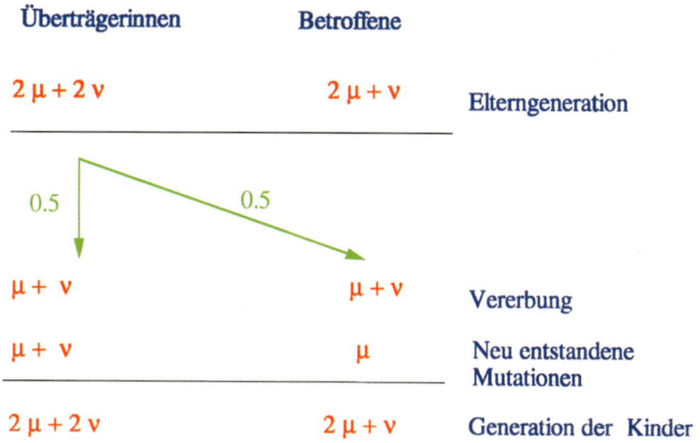

Abb. 1.3.4. Mutations-Selektions-Gleichgewicht bei der DMD Von Generation zu Generation bleiben die Inzidenzen von Trägern von mutierten DMD-Allelen konstant, μ weibliche Mutationsrate, ν männliche Mutationsrate

ons-Gleichgewicht bei der DMD ist in Abb. 1.3.4 dargestellt.

Mosaike. Allgemein bekannt ist, dass der Mensch aus einer Vielzahl von Körperzellen und -geweben besteht. Ist nun eine Mutation nur in einem Teil der Körperzellen vorhanden, wird von einem Mosaik gesprochen.

Keimzellmosaik

Ein Spezialfall des Mosaiks ist das so genannte Keimzellmosaik, das per definitionem die Keimzellen einer Person betrifft. Zur Erläuterung des Keimzellmosaiks soll Abb. 1.3.5 dienen. Wie dieser Stammbaum zeigt, tragen beide von der Muskeldystrophie Duchenne betroffenen Knaben eine Deletion (Δ+), während die Mutter diese Deletion nicht aufweist (Δ–). Ein solches Ereignis ist unter dem herkömmlichen genetischen Modell der DMD nur mit extrem geringer Wahrscheinlichkeit zu erwarten.

Diese Wahrscheinlichkeit entspricht der weiblichen Mutationsrate (μ), die nach Cavalli-Sforza u. Bodmer (1971) im Bereich von 7×10^{-5}–9×10^{-5} liegt. Genauer betrachtet ist die Mutationsrate eine obere Grenze für diese Wahrscheinlichkeit, da in unserem Beispiel der 2. Junge nicht irgendeine Duchenne-Mutation hat, sondern die gleiche wie sein Bruder.

Mit anderen Worten: Das Risiko für den 2. Jungen ist nach herkömmlichen Annahmen vernachlässigbar klein. Empirische Studien allerdings finden in dieser Situation ein Risiko von 14–20% (Bakker et al. 1989, Essen et al. 1992), wenn der 2. Junge im Bereich des Duchenne-Gens dasselbe X-Chromosom wie sein betroffener Bruder von seiner Mutter bekommen hat. Die Ursache für diese immense Risikoerhöhung ist das Vorliegen eines Keimzellmosaiks bei der Mutter der beiden Jungen. Das Keimzellmosaik äußert sich also als (deutlich) erhöhtes Wiederholungsrisiko für scheinbare Neumutationen.

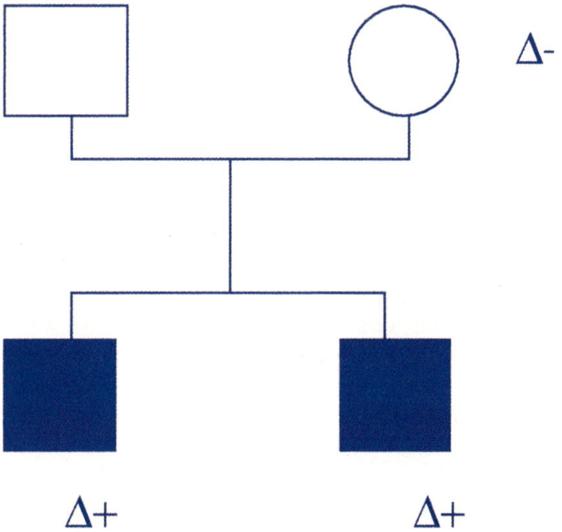

Abb. 1.3.5. Stammbaum einer Familie mit Keimzellmosaik (DMD). Obwohl sich im peripheren Blut der Mutter die verantwortliche Mutation (Δ+) nicht nachweisen lässt (sie ist Δ–), sind doch beide Söhne aufgrund des Vorhandenseins von Δ+ betroffen

Bei einem Keimzellmosaik hat die Mutation bei der Mutter erst nach der Trennung der Urkeimzellen von den übrigen Zellen der Mutter stattgefunden. Dementsprechend sind bei einer Frau, die ein Keimzellmosaik trägt, anders als bei einer Überträgerin, nicht alle diploiden Keimzellvorstufen und nicht die Hälfte der haploiden Keimzellen Träger der Mutation.

Es ist nun möglich, ein neues genetisches Modell der Muskeldystrophie Duchenne, das im Gegensatz zu den herkömmlichen genetischen Modellen die Möglichkeit eines Keimzellmosaiks bein-

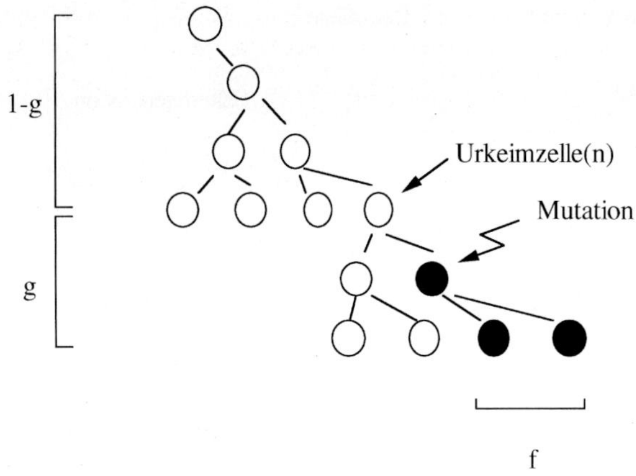

Abb. 1.3.6. Die beiden Faktoren g und f beschreiben das Keimzellmosaik, g Anteil der Mutationen, der zu einem Keimzellmosaik führt, f Anteil der (diploiden) Ei- bzw. Samenzellenvorstufen mit dem Risikohaplotyp

haltet und damit die Krankheit einer mathematisch-statistischen Analyse zugänglich macht, zu entwerfen. Auch die Berechnung des genetischen Risikos mit Hilfe eines Bayes-Ansatzes (1763) ist mit diesem Modell möglich, das gegenüber anderen Modellen des Keimzellmosaiks (Harti 1971, Jeanpierre 1992, Murphy et al. 1974, Wijsman 1991) den deutlichen Vorteil geringerer mathematischer Komplexität hat: Das genetische Modell der Duchenne-Muskeldystrophie musste lediglich um 2 Parameter erweitert werden.

Diese zusätzlichen Parameter seien im Folgenden g und f genannt (Abb. 1.3.6). Der Parameter g kennzeichnet den Anteil an Mutationen, der zu einem Keimzellmosaik führt, sodass bei der Frau (hier sei g g_f) gilt:

$$\mu_{\text{gesamt}} = g_f \mu + (1 - g_f)\mu \qquad (1.3.1)$$

Analog gilt beim Mann (hier sei g g_m):

$$\nu_{\text{gesamt}} = g_m \nu + (1 - g_m)\nu \qquad (1.3.2)$$

Der Faktor f steht sowohl beim Mann (f_m) als auch bei der Frau (f_f) für den Anteil der (diploiden) Ei- bzw. Samenzellvorstufen mit dem Risikohaplotyp, d.h. mit dem Haplotyp, der die Mutation trägt. Damit entspricht f/2 dem genetischen Risiko bei gesichertem Keimzellmosaik. Abb. 1.3.7 zeigt das Mutations-Selektions-Gleichgewicht bei der DMD unter Berücksichtigung des Keimzellmosaiks.

Somatische Mosaike

Mosaike können auch in anderen Geweben als den Keimzellen vorkommen. Solche Mosaike werden somatische Mosaike genannt. Sie können prinzipbedingt für praktisch jede Mutation in vielen unterschiedlichen Gewebeverteilungsmustern auftre-

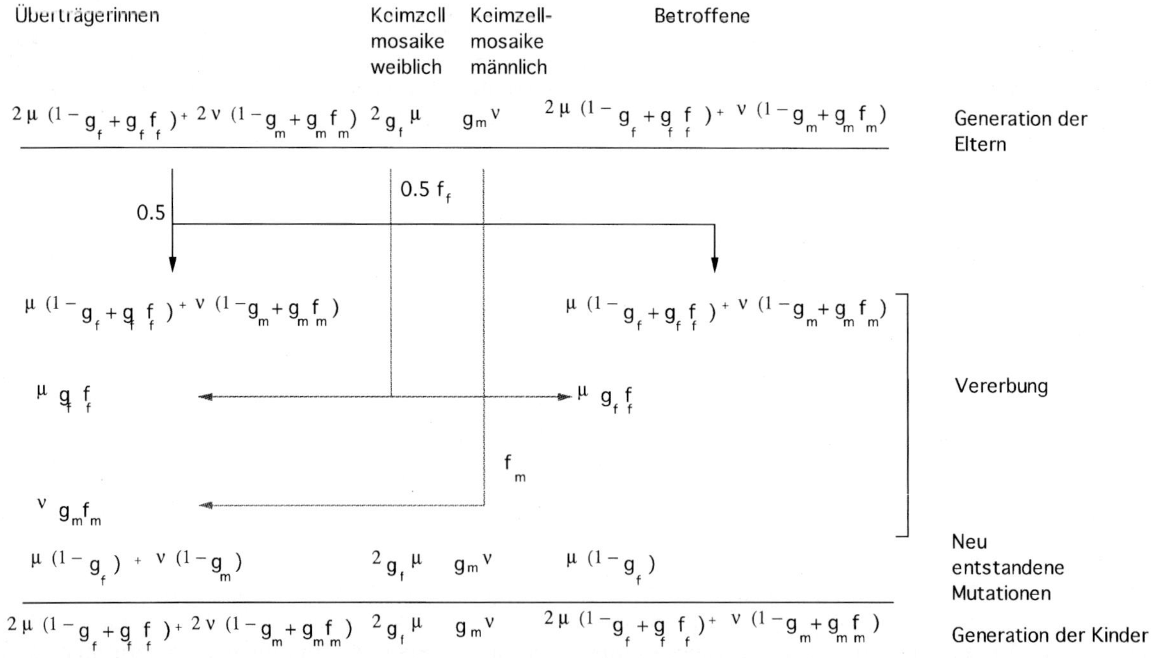

Abb. 1.3.7. Mutations-Selektions-Gleichgewicht bei der DMD unter Berücksichtigung des Keimzellmosaiks

ten. Oft treten in der Wirklichkeit somatische Mosaike und Keimzellmosaike gemeinsam auf.

X-Chromosom-Inaktivierung (Lyonisierung)
Auch hier handelt es sich um eine Form von Mosaikbildung, da bei weiblichen Individuen in der Regel in jeder Zelle nur eines der beiden X-Chromosomen aktiv ist. Dieses Phänomen wird nach Mary Lyon auch als Lyonisierung beschrieben. In gewissem Sinn ist ein weibliches Individuum also bezüglich der X-chromosomalen Loci ein (funktionales) Mosaik.

Heteroplasmie bei mitochondrialen Defekten
Vom mitochondrialen Genom existieren in fast jeder Körperzelle mehrere Kopien. Diese können nun im Bezug auf das Vorliegen einer Mutation recht unterschiedlich sein. Überdies kann das Verhältnis von die Mutation tragenden Mitochondrien und nicht die Mutation tragenden Mitochondrien von Gewebe zu Gewebe differieren, sodass beispielsweise in den Fibroblasten eines Individuums nur 20% der Mitochondrien eine bestimmte Mutation tragen, während dies bei 95% der Muskelzellen der Fall ist. Dieses Phänomen wird als Heteroplasmie bezeichnet. Es ist ein wesentlicher Grund für die weiten Unterschiede in der Ausprägung von mitochondrial bedingten Phänotypen.

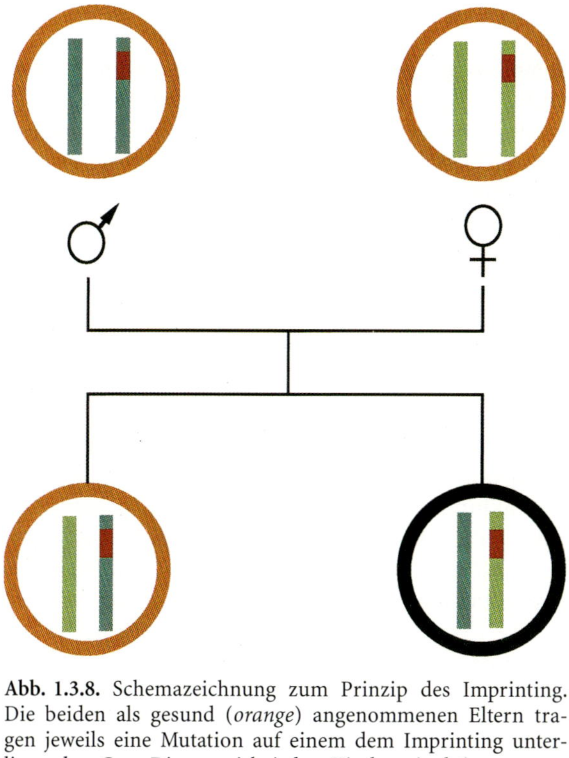

Abb. 1.3.8. Schemazeichnung zum Prinzip des Imprinting. Die beiden als gesund (*orange*) angenommenen Eltern tragen jeweils eine Mutation auf einem dem Imprinting unterliegenden Gen. Dieses sei bei den Kindern inaktiv, wenn es vom Vater kommt. Dementsprechend ist beim *orangefarben* gekennzeichneten Kind keine Erkrankung zu erwarten, da das mutierte Allel in diesem Fall das väterliche, inaktive Allel ist. Das *schwarz* gekennzeichnete Kind jedoch ist betroffen, da das väterliche, nicht mutierte Allel in diesem Fall inaktiv ist. Das mütterliche, mutierte Allel wiederum ist aktiv und verursacht die Erkrankung

Imprinting. Es ist seit einiger Zeit bekannt, dass Gene je nach ihrer Herkunft vom Vater oder der Mutter unterschiedliche Expressionsmuster zeigen, d.h. in verschiedenen Geweben kann entweder nur (oder präferenziell) das väterliche oder das mütterliche Allel aktiv sein. Dieses Phänomen wird als Imprinting bezeichnet (Abb. 1.3.8).

1.3.2.3 Exogene Faktoren

Nur genetische Faktoren als Ursache von Erkrankungen anzuerkennen, ginge an der Realität unbestrittenerweise vorbei. Auch exogene Faktoren können auf das Genom einwirken und genetisch bedingte Phänotypen modifizieren. Beispiele hierfür gibt es reichlich, es sei nur etwa an die Berichte über die Effekte von radioaktiver Strahlung auf durch eine Veränderung des Genoms verursachte maligne Erkrankungen gedacht.

Teratogene. Teratogene, d.h. selbst Fehlbildungen auslösende Substanzen, können genetisch bedingte Erkrankungen zumindest imitieren. Vielleicht das bekannteste Beispiel hierfür ist das Thalidomid, von dem von Widukind Lenz (1961) erkannt wurde, dass es bei der Einnahme unter der Schwangerschaft zu Fehlbildungen führen kann, wie sie in ähnlicher Weise auch bei genetischen Erkrankungen beschrieben worden sind.

1.3.2.4 Gene-environment-Interaktion, multifaktorielle Ätiologie

Gene-environment-Interaktion. Nicht immer kann zwischen Veranlagung und Umwelt so klar unterschieden werden, wie bei den monogenen Erkrankungen einerseits und den Teratogenen andererseits. Oft bestimmt der Genotyp die Reaktion auf einen Umwelteinfluss oder, in umgekehrter Richtung, ein Umwelteinfluss, ob ein Phänotyp entstehen kann. Diese Interaktion zwischen Veranlagung und Umwelt ist sicherlich eine der interessantesten Forschungsrichtungen in der genetischen Epidemiologie insgesamt. Ein Beispiel für Gene-environment-Interaktion ist das Beispiel der Interaktion zwischen Malaria und Personen, die für die Sichelzellanämie heterozygot sind. Mit dem Malariaparasiten ist ein eindeutiger, notwendiger Faktor für die Entstehung der Malaria gegeben. Ohne diesen Faktor kann eine Person an dieser Erkrankung nicht erkranken. Jedoch modifiziert der genetische Faktor „Träger für die Sichelzellanämie" das Risiko dergestalt, dass das Erkrankungsrisiko bei sonst gleichen Risikofaktoren deutlich gesenkt wird.

Multifaktorielle Ätiologie. Oftmals sind die verantwortlichen Faktoren für eine Erkrankung, seien sie nun genetisch oder aber umweltbedingt, nicht ohne Weiteres zu identifizieren. Dies ist insbesondere dann der Fall, wenn viele Faktoren an der Entstehung eines Phänotyps beteiligt sind. Es wird dann von multifaktorieller Ätiologie gesprochen. Von Bedeutung bei der multifaktoriellen Ätiologie ist das so genannte Schwellenwertmodell, bei dem mehrere Faktoren (genetisch oder nicht genetisch) eine Prädisposition definieren. Diese wird als normalverteilt angenommen. Bei einem Prädispositionswert oberhalb des Schwellenwerts kommt es zur Erkrankung, bei einem Wert darunter nicht.

Pharmakogenetik. Von besonderer Bedeutung ist das Gebiet der Pharmakogenetik. Hierunter ist die Untersuchung von Gene-environment-Interaktionen im Bezug auf Pharmaka zu verstehen. Bei der Einnahme von Pharmaka, wie bei anderen Stoffen auch, werden diese Stoffe metabolisiert. Diese Metabolisierung kann von Person zu Person recht unterschiedlich verlaufen und sich etwa in veränderten Halbwertszeiten eines Pharmakons äußern. Ein sehr dramatisches Beispiel ist die maligne Hyperthermie, bei der unter der Narkose mit bestimmten Pharmaka, wie etwa Halothan, eine lebensbedrohliche Krise entstehen kann (Passarge 1994, S. 309). Die maligne Hyperthermie wird autosomal-dominant vererbt.

Modifiergene – Major vs. Minor genes Oftmals sind zwar mehrere Gene an der Entstehung eines Phänotyps beteiligt, die Beiträge derselben jedoch nicht alle gleich. Je nach dem Grad des Einflusses auf die Entwicklung des Phänotyps lassen sich so genannte Major genes (Hauptgene) und Minor genes (Nebengene) unterscheiden. Während Mutationen an Hauptgenen einen ganz wesentlichen Einfluss auf die Entstehung eines Phänotyps haben, gelegentlich sogar eine notwendige Bedingung sein können, ist der Einfluss von Nebengenen diskreter. Oftmals modifizieren diese den Krankheitsverlauf, indem sie der Entwicklung bestimmter Komplikationen Vorschub leisten oder diese behindern können. Modifiergene werden u. a. bei der zystischen Fibrose postuliert.

1.3.2.5 Genotyp-Phänotyp-Relation

Zufall als Teil der genetischen Ätiologie. Den Schritt von der Kenntnis eines Genotyps zum Phänotyp zu machen, ist nicht immer trivial, oftmals spielen hierbei viele weitere Faktoren eine Rolle. So ist beispielsweise bekannt, dass bei der Chorea Huntington eine Korrelation zwischen der Zahl der Triplettrepeats (gewissermaßen also dem Ausmaß der Mutation) und dem Erkrankungsalter besteht. Allerdings ist der Vorhersagewert dieser Korrelation sehr begrenzt, es finden sich für die individuelle Vorhersage große Schwankungsbreiten, die mehrere Jahre bis Jahrzehnte betragen können. Verschiedene Faktoren, von denen nur manche bekannt sind, spielen eine Rolle. Ob auch evtl. der Zufall eine Rolle spielt, ist nicht klar und vielleicht auch eine eher philosophische Frage. Für die Praxis sind völlige Determinierung durch unbekannte Faktoren und echter Zufall weitgehend deckungsgleich.

Komplexe genetische Erkrankungen – warum komplex? Komplexe genetische Erkrankungen sind in gewisser Weise ein in letzter Zeit recht häufig benutzter Terminus. Komplex im Sinn dieser Bezeichnung bedeutet zum einen das Gegenteil von einfach, zum anderen wohl auch das Zusammenspiel mehrerer Faktoren bei der Entstehung eines Phänotyps. Diese Faktoren können sowohl genetischer als auch umweltbedingter Art sein. Sie können zusammenwirken, jedoch auch gegenläufige Effekte haben. Es kann notwendige Bedingungen geben, diese müssen aber nicht vorhanden sein. Das Zusammenwirken zwischen Umweltfaktoren und Erbanlagen kann je nach weiteren Umweltfaktoren, aber auch nach weiteren genetischen Faktoren, sehr unterschiedlich ausfallen. Insbesondere gilt dies für Unterschiede zwischen verschiedenen Populationen. Unter diesen Gesichtspunkten ist der Begriff komplex eine gute Wahl für die Bezeichnung dieser Gruppe von Phänotypen.

Häufigkeitsunterschiede komplexer vs. monogener Erkrankungen. Als allgemeine Regel gilt, dass so genannte komplexe Erkrankungen häufiger in der Bevölkerung vorkommen als monogene Erkrankungen. So ist etwa die autosomal-rezessive zystische Fibrose mit einer Häufigkeit von etwa 1:2000 eine sehr häufige monogene Erkrankung. Als Beispiel für eine autosomal-dominante Erkrankung mag die Chorea Huntington gelten, deren Häufigkeit in der Größenordnung von 1:10 000 angegeben wird. Komplexe Phänotypen, wie Diabetes mellitus, sind deutlich häufiger, beim Diabetes mellitus beträgt die Häufigkeit etwa 1–2%, also bereits ungefähr das 100Fache der Häufigkeit der Chorea Huntington. Andere ebenfalls komplexe Phänotypen wie die Malaria (s. oben) sind deutlich häufiger, von der Malaria sind weltweit etwa 500 Mio. Menschen betroffen.

1.3.3 Methoden der genetischen Kartierung

1.3.3.1 Methoden zum Nachweis und zur Identifizierung genetischer Faktoren

Hinweise auf eine genetische Ursache und/oder einen genetischen Beitrag

Familiäre Häufung

Familiäre Häufung ist ein erstes Indiz für einen genetischen Beitrag zu einem Phänotyp. Das beobachtete Grundphänomen ist die Beobachtung, wie oft Merkmalsträger Angehörige der gleichen Familie sind und ob dies häufiger ist, als es rein nach dem Prinzip des Zufalls erwartet werden könnte. Studien über familiäre Häufungen können sehr wertvolle Beiträge zur Identifizierung möglicher genetisch bedingter Phänotypen leisten, für weitergehende Schlüsse ist ihre Aussagekraft jedoch beschränkt.

Zwillingsstudien

Zwillingsstudien gehören zu den klassischen Methoden, die über die genetischen Beiträge zu verschiedenen Merkmalen Aufschluss geben sollen. Das grundlegende Prinzip ist der Vergleich der Konkordanzraten bzw., bei qualitativen Merkmalen, der Korrelation bezüglich eines Merkmals zwischen ein- und zweieiigen Zwillingen. Falls möglich, auch unterteilt in solche Zwillingspaare, die gemeinsam aufgewachsen sind, und solche, bei denen dies nicht der Fall war. Auch hier sind wertvolle Hinweise auf den genetischen Beitrag zu einem Phänotyp möglich.

Heritabilitätsschätzungen

Ein weiteres Maß für den Grad an Erblichkeit eines Merkmals ist die Rentabilität. Sie ist ein Maß für den Anteil der so genannten additiven genetischen Varianz und der Gesamtvarianz eines Merkmals. Die Rentabilität ist in der Genetik von quantitativen Merkmalen das am häufigsten benutzte Maß für die relative Bedeutung der transmissiblen genetischen Anteile an der Gesamtvarianz eines Merkmals. Beobachtungseinheiten sind auch hier, wie bei den Zwillingsstudien, Paare von Verwandten, etwa Zwillinge oder sonstige Geschwisterpaare. Die zugrunde liegende Statistik ist relativ komplex und würde an dieser Stelle zu weit führen.

Segregationsanalyse

Die Beobachtungseinheit der Segregationsanalyse sind Familienstammbäume. Es werden unterschieden:

1. Klassische Segregationsanalyse
   Die so genannte klassische Segregationsanalyse untersucht die Transmissionswahrscheinlichkeiten eines Phänotyps in einem Stammbaum. Diese werden dann mit den nach den Mendel-Regeln erwarteten Werten verglichen. Die klassische Segregationsanalyse geht auf Arbeiten zu Beginn des letzten Jahrhunderts zurück, so etwa auf die Weinberg-Probandenmethode (Weinberg 1927).
2. Komplexe Segregationsanalyse
   Die komplexe Segregationsanalyse unterscheidet sich von der klassischen Segregationsanalyse v.a. in der Art der geprüften genetischen Modellvorstellungen. Während in der klassischen Segregationsanalyse v.a. auf die unter einem einfachen genetischen Modell erwarteten Transmissionswahrscheinlichkeiten geprüft wird, sind bei der komplexen Segregationsanalyse deutlich komplexere genetische Modelle möglich, die etwa multifaktorielle Einflüsse mit berücksichtigen, aber auch gleichzeitig die Möglichkeit der Existenz von Haupt- und Nebengenen prüfen (Lalouel et al. 1983).

1.3.3.2 Genetische Kartierung

Die oben genannten Methoden können zwar die Existenz eines genetischen Faktors zumindest nahe legen, erlauben jedoch nicht, diesen Faktor zu lokalisieren oder zu identifizieren.

Diese Möglichkeit besteht mit den unten genannten Methoden, die allerdings ein wesentliches Hilfsmittel benötigen, nämlich Markergene und genetische Polymorphismen.

Markergene und genetische Polymorphismen. Diese sind zentrales Hilfsmittel zur Kartierung von Genen.

Polymorphismusdefinition

Zunächst sei der Begriff des Polymorphismus definiert (Passarge 1994): Als Polymorphismus wird das Vorkommen von 2 oder mehr durch verschiedene Allele determinierte unterschiedliche Phänotypen bezeichnet, wobei die seltenste Form nicht durch wiederholte Mutation aufrechterhalten werden kann. Ein Genlocus wird als polymorph bezeichnet, wenn das oder die seltenen Allele eine Häufigkeit von mindestens 1% haben.

Seltene Varianten des Polymorphismus

Die obige Definition beinhaltet ein quantitatives Maß, nämlich die Mindestfrequenz von 1%. Liegt die Frequenz einer Ausprägung eines Genorts <1%, wird diese als seltene Variante bezeichnet. Diese Grenzziehung ist offensichtlich in gewissem Maß willkürlich.

Allelhäufigkeiten

Unter einem Allel ist eine bestimmte Ausprägung eines Genorts (Locus) zu verstehen. Allelhäufigkeit bezeichnet die Häufigkeit eines Allels unter allen Exemplaren dieses Genorts. Bezugsgröße ist also die Anzahl von Kopien eines Genorts, nicht etwa die Anzahl von Personen in einer Stichprobe.

Hardy-Weinberg-Gleichgewicht

Das Hardy-Weinberg-Gleichgewicht beschreibt die erwarteten Genotyphäufigkeiten in Abhängigkeit von den gefundenen Allelhäufigkeiten. Betrachtet wird ein autosomaler Genlocus mit den Allelen A und B, die wiederum die Häufigkeiten p und q haben. Es soll gelten, dass $p+q=1$, d.h. dass A und B die einzigen vorkommenden Allele sind. Wenn das Hardy-Weinberg-Gleichgewicht gilt, so lauten die erwarteten Häufigkeiten für die Genotypen AA, AB und BB nach den Werten der Expansion von $(p+q)^2$ p^2, $2pq$ und q^2. Für Marker mit mehreren Allelen ist die Erweiterung des Hardy-Weinberg-Gleichgewichts sehr einfach. Bei einem Markerlocus mit den Allelen A, B und C und den Allelhäufigkeiten p, q, r folgen sie aus der Expansion von $(p+q+r)^2$.

Abweichungen vom Hardy-Weinberg-Gleichgewicht und Implikationen

Die in einer Population gefundenen Genotyp- und Allelhäufigkeiten lassen sich in der Regel daraufhin überprüfen, ob signifikante Abweichungen von den unter dem Hardy-Weinberg-Gleichgewicht vorhergesagten Proportionen existieren. Sollten diese vorhanden sein, kann das auf Verletzungen der dem Hardy-Weinberg-Gleichgewicht zugrunde liegenden Voraussetzungen zurückzuführen sein. Diese Voraussetzungen sind

- Panmixie, d.h. zufällige Paarungen in der Bevölkerung
- ausreichende Populationsgröße, um Zufallsschwankungen in der Allelhäufigkeitsverteilung (genetische Drift) auszuschließen
- Abwesenheit von Mutation und Selektion.

In der Regel sind diese Voraussetzungen in hinreichender Weise erfüllt, sodass bei Abweichungen vom Hardy-Weinberg-Gleichgewicht v.a. auch an andere Ursachen, insbesondere Fehltypisierungen im Labor, gedacht werden sollte.

Bei der Benutzung von Polymorphismen für die genetische Kartierung ist darauf zu achten, dass das Hardy-Weinberg-Gleichgewicht erfüllt ist, da dies die Analyse sehr vereinfacht und für viele Analysemethoden Voraussetzung ist.

Typen von Polymorphismen

Genetische Polymorphismen sind auf mehreren Ebenen beschrieben, etwa auf chromosomaler Ebene, Proteinebene und auf der Ebene der DNA.

Polymorphismen auf chromosomaler Ebene: Strukturvarianten, Heteromorphismen

Bei Betrachtung der Chromosomendarstellungen verschiedener Menschen unter dem Mikroskop ist festzustellen, dass an bestimmten Stellen die Struktur bzw. Form der Chromosomen voneinander abweicht. Manche dieser Formabweichungen sind etablierte genetische Polymorphismen. Im Prinzip sind diese Polymorphismen auch für die genetische Kartierung verwendbar, jedoch sind sie, nicht zuletzt aufgrund der aufwändigen Technik im Vergleich etwa zur Polymerasekettenreaktion (PCR), in den Hintergrund geraten.

Polymorphismen auf Proteinebene

Proteinpolymorphismen sind von zweierlei Bedeutung, da sie zum einen als Markerpolymorphismen benutzbar sind, zum anderen aufgrund des Polymorphismus eine Veränderung der Eiweißfunktion möglich erscheint (funktioneller Polymorphismus).

Major-histocompatibility-Komplex

Ein bekanntes Beispiel für Polymorphismen auch auf Proteinebene ist der MHC (major histocompatibility complex). Hierbei handelt es sich um eine Serie hoch polymorpher, immunrelevanter Gene auf dem menschlichen Chromosom 6. Diese sind, nicht zuletzt auch aufgrund ihrer Immunrelevanz, stets Objekt intensiver Forschung gewesen. Ebenso spielen sie in der Transplantationsmedizin eine bedeutende Rolle. Sie sind aufgrund ihres hohen Polymorphismusgrads hervorragende Markerloci für die entsprechende genetische Region.

Proteinvarianten in Plasma und Serum

Nicht nur für die MHC-Moleküle lassen sich im Plasma oder Serum Polymorphismen nachweisen, dies ist für eine Vielzahl von Molekülen der Fall, so etwa für die Moleküle des bekannten GC-Systems (Hirschfeld 1959). Auch dieses System kann als genetischer Markerpolymorphismus benutzt werden.

DNA-Polymorphismen

Die obigen Polymorphismussysteme können auch als klassische Markersysteme bezeichnet werden. Sie sind im Prinzip als Markerpolymorphismen durchaus verwendbar, aber durch die technische Entwicklung, insbesondere der PCR, wohl derzeit eher von untergeordneter Bedeutung. Bedeutsamer sind die Polymorphismen auf DNA-Ebene, d.h. auf der Ebene der Erbsubstanz direkt, von denen mehrere 1000 existieren (J. Weissenbach, persönliche Mitteilung).

Von den DNA-Polymorphismen existieren verschiedene Varianten, die im Folgenden aufgeführt werden.

1. Einzelbasenvarianten (SNP)
   Bei den Einzelbasenvarianten handelt es sich, wie der Name bereits sagt, um Varianten in der DNA-Sequenz in einer einzelnen Base. Handelt es sich bei der varianten Stelle um eine für die Erkennung durch ein DNA schneidendes Enzym (Restriktionsenzym) wichtige Stelle, kann eine Erkennungsstelle vorhanden sein oder eben auch nicht. Dieses Vorhandensein lässt sich durch den Nachweis von DNA-Bruchstücken unterschiedlicher Größe nach Verdau mit dem spezifischen Enzym in einem speziellen Hybridisierungsverfahren, dem Southern-Blot-Verfahren, überprüfen. Ein solcher Polymorphismus, der durch unterschiedliche Längen der Restriktionsfragmente gekennzeichnet ist, wird als Restriktionsfragmentlängenpolymorphismus (RFLP) bezeichnet. Oftmals wird er auch mittels PCR durch für die variante Sequenz spezifische Primer dargestellt. Des Weiteren sind RFLP natürlich nicht nur auf der Basis von Einzelbasenmutationen, sondern auch durch (kleinere) Insertionen, Deletionen u.a. möglich. Generell sind SNP insbesondere für Assoziationsuntersuchungen in der Diskussion. Die Anzahl der bekannten SNP liegt bereits jetzt jenseits der 100000.
2. VNTR (variable number of tandem repeats)
   Die so genannten VNTR-Marker sind durch die aneinander gefügte Wiederholung von bestimmten DNA-Sequenzen bedingt. Je nach der Anzahl der Wiederholungen sind nach Inkubation mit einem Restriktionsenzym unterschiedliche Restriktionsfragmentlängen möglich. Daher sind für die meisten VNTR deutlich mehr als nur 2 Allele beschrieben. Die VNTR lassen sich als besonders informativer Spezialfall von RFLP auffassen (Beaudet 1991).
3. Short tandem repeats, Mikrosatelliten
   Die Short tandem repeats sind die derzeit wohl vorherrschende Klasse von DNA-Polymorphismen. Ähnlich wie die VNTR lassen sie sich auf die aneinander gereihte Wiederholung von DNA-Sequenzen zurückführen. Allerdings sind die Sequenzen im Fall der Short tandem repeats (STR) in der Regel wesentlich kürzer als bei VNTR. Bei VNTR können die Repeatlängen durchaus Größen von mehreren 100 Basenpaaren (Nukleotiden) annehmen. Bei den STR betragen die Repeatlängen meist 2, 3 oder 4 Nukleotide. Sie werden daher auch gelegentlich als Di-, Tri- oder Tetranukleotidmarker bezeichnet. Sie eignen sich sehr gut für die Untersuchung mittels maschineller Sequenzierung und damit für Kartierungsprojekte größeren Maßstabs.

Vor- und Nachteile hoher und niedriger Polymorphie

Genetische Markerloci können mehr oder minder polymorph sein. Der Grad an Polymorphie ergibt sich aus der Anzahl der unterschiedlichen Allele und der Verteilung der Allelfrequenzen. In der Regel gilt: Je höher die Anzahl der Allele und je weniger die Verteilung der Allelfrequenzen von einer Gleichverteilung abweicht, desto höher ist der Polymorphiegrad. Es gibt hierzu auch 2 Maßzahlen, die Heterozygotie und den Polymorphismusinformationsgehalt (PIC), die beide aus der Anzahl der Allele und der Verteilung der Allelfrequenzen hervorgehen.

Die Vorteile hoher Polymorphie liegen auf der Hand – für Untersuchungen auf Kopplung ist es eminent wichtig, so viel Information wie möglich über den Vererbungsweg eines Markerallels in einer Familie zu haben. Je höher der Polymorphiegrad eines Systems, desto eher lässt sich die Herkunft eines chromosomalen Segments innerhalb einer Familie eindeutig nachweisen. Bei niedrigerer Polymorphie ist dies oftmals nicht ohne Weiteres möglich. Hohe Polymorphie kann jedoch auch nachteilig sein. Sie ist nicht zuletzt auch eine Folge einer relativ hohen Neumutationsrate der

Marker, d.h. des Übergangs von einem Allel in ein anderes, möglicherweise ein noch nicht bekanntes. Solche Neumutationen können die Ergebnisse von Studien, die auf Populationsebene durchgeführt werden, sehr behindern. Dies betrifft v.a. die Ergebnisse von Assoziationsstudien. Hier sind oftmals stabilere, weniger polymorphe Systeme vorteilhaft.

Karten genetischer Polymorphismen

Es existieren mittlerweile verschiedene Karten genetischer Polymorphismen, die neben der relativen Anordnung der einzelnen Marker untereinander und zu den Chromosomen auch die genetischen Distanzen voneinander (s. auch unter „Rekombinationsfrequenz und genetische Distanz") enthalten. Die Karten werden ständig verbessert, sodass die besten Informationsquellen hierzu wohl im Internet liegen, führend ist hier die folgende www-Adresse: http://www.ncbi.nlm.nih.gov.

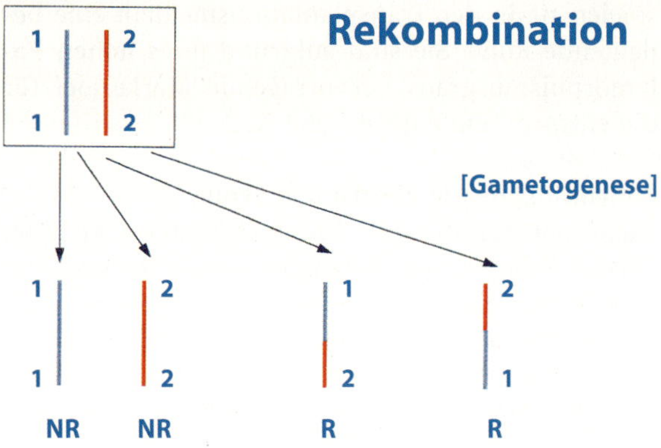

Abb. 1.3.9. 4 verschiedene Möglichkeiten von Gameten, die bezüglich zweier Markerloci gebildet werden können. In dem durch den Kasten gekennzeichneten Individuum sind jeweils die beiden Allele *1* und die beiden Allele *2* in Phase (*cyan* bzw. *rot*). Tritt nun in der Gametogenese ein Phasenwechsel auf, wird von einer Rekombination gesprochen (*R*, *gemischt farbig*), tritt ein solcher Wechsel nicht auf, handelt es sich um eine nichtrekombinante Gamete (*NR*)

Kopplungsanalyse. Die vielleicht am häufigsten benutzte Methode der genetischen Kartierung ist die Kopplungsanalyse. Das dabei beobachtete Phänomen ist die Häufigkeit von Rekombination vs. Nichtrekombination.

Rekombination

Die Kopplungsanalyse betrachtet das Phänomen der Rekombination. Rekombination kann vereinfacht als die getrennte Vererbung von 2 Loci angesehen werden. Eine benachbarte Lage zweier Loci im Genom führt in der Regel zu einer gemeinsamen Weitervererbung von mütterlichen oder väterlichen Allelen an 2 Loci an die eigenen Nachkommen. Besitzt ein Nachkomme jedoch an einem Locus das väterlicherseits und an einem anderen das mütterlicherseits erhaltene Allel, wird von einer Rekombination zwischen diesen Loci gesprochen. Eine Nichtrekombination ist das Gegenteil einer Rekombination, d.h. die gemeinsame Weitergabe entweder der väterlichen oder der mütterlichen Allele. Eine Rekombination entsteht in der Regel dadurch, dass die beiden Loci nicht auf dem gleichen Chromosom (in diesem Fall werden ebenso viele Rekombinationen wie Nichtrekombinationen erwartet) oder aber zwar auf dem gleichen Chromosom, aber sehr weit voneinander entfernt (in diesem Fall werden in der Regel ebenfalls gleich viele Rekombinationen wie Nichtrekombinationen erwartet) oder schließlich benachbart auf dem gleichen Chromosom lokalisiert sind. In letzteren Fällen hat zwischen den beiden Loci ein Crossing-over stattgefunden, was mit zunehmender Nähe zwischen den Loci seltener wird. Rekombination lässt sich auf der Ebene der Gametogenese verstehen (Abb. 1.3.9).

Da sich solche Phänomene nur in Familien untersuchen lassen, sind Kopplungsuntersuchungen stets Familienuntersuchungen.

Rekombinationsfrequenz

Wie oben geschildert, ist das zugrunde liegende Phänomen einer Kopplungsuntersuchung die Rekombination, wobei bei einer Kopplung weniger Rekombinationen als Nichtrekombinationen erwartet werden. Das Verhältnis Rekombination zu Rekombinationen und Nichtrekombinationen wird auch als Rekombinationsfrequenz bezeichnet. Bei einer Nichtkopplung werden ebenso viele Rekombinationen wie Nichtrekombinationen erwartet, sodass der Erwartungswert der Rekombinationsfrequenz (oft auch mit dem griechischen Symbol θ bezeichnet) bei einer Nichtkopplung 0,5 beträgt. Bei einer Kopplung werden weniger Rekombinationen als Nichtrekombinationen erwartet, d.h. $\theta < 0{,}5$.

Rekombinationsfrequenz und genetische Distanz

Bei Betrachtung der Karte eines Chromosoms ist festzustellen, dass nicht 1, sondern mehrere Loci auf diesem lokalisiert sind. Der Abstand zwischen diesen Loci wird im Allgemeinen nicht in der Rekombinationsfrequenz angegeben, sondern in der so genannten genetischen Distanz, mit der Maßeinheit Morgan (M) oder Zentimorgan (cM). Diese Maßeinheit hat gegenüber der Rekombinationsfrequenz den Vorteil, dass sie sich über mehrere Intermarkerintervalle addieren lässt. Die genetische Distanz wird aus der Rekombinationsfrequenz errechnet, hierzu dienen verschiedene so genannte Kartierungsfunktionen, die nach den Beschreibern benannt sind. Sie gehen jeweils von verschiedenen Modellvorgaben aus, die jedoch empirisch nur schwer zu ermitteln sind. Bei sehr niedrigen Rekombinationsfrequenzen, in der Größenordnung von <10% Rekombinationsfrequenz, gilt grob: 1% Rekombinationsfrequenz entspricht 1 cM. Für höhere Werte der Rekombinationsfrequenz ist dies nicht mehr gegeben.

Parametrische Verfahren

Bei Kopplungsanalysen lassen sich in der Regel 2 Typen von Verfahren unterscheiden – so genannte parametrische und nichtparametrische Verfahren. Bei Ersteren ist eine gewisse Kenntnis des genetischen Modells sowohl am Marker- als auch am Krankheitsgenort nötig. Bei den nichtparametrischen Methoden ist nur die Kenntnis des genetischen Modells am Markergenort nötig. Dadurch liegt das Hauptanwendungsgebiet der parametrischen Verfahren bei den monogenen Erkrankungen, bei den komplexen Phänotypen ist wohl eher den nichtparametrischen Verfahren der Vorzug zu geben.

Genetisches Modell am Markergenort

Das genetische Modell am Markergenort beinhaltet die Kenntnis um die Anzahl verschiedener Allele am Markergenort, die Allelhäufigkeiten in der untersuchten Bevölkerung und, was bei den heutigen Markern sehr selten ist, etwaige Dominanzen von Markerallelen über andere Markerallele (d.h. dass in der Gegenwart eines Markerallels ein anderes, ebenfalls vorhandenes nicht mehr nachweisbar ist).

Genetisches Modell am Krankheitsgenort

Um eine parametrische Kopplungsanalyse durchführen zu können, ist eine gewisse Vorkenntnis über den Mechanismus des postulierten Gens Voraussetzung. Eine solche Vorkenntnis besteht z.B. in der Nennung eines Erbgangs (z.B. autosomal-dominanter, autosomal-rezessiver, X-chromosomal-rezessiver Erbgang), aber auch in der Kenntnis genauerer Parameter dieses Erbgangs, wie etwa der Zahl und der Frequenzverteilungen der verschiedenen Allele am Krankheitsgenort, der Häufigkeit von neu entstehenden Mutationen und der Häufigkeiten von Personen, die aus anderen Gründen als durch das Vorhandensein eines mutierten Allels am Krankheitsgenort erkrankt sind (so genannte Phänokopien). Ebenso sollten die Penetranzen (die Wahrscheinlichkeiten, je nach Genotyp am Krankheitsgenort zu erkranken) bekannt sein.

2-Punkt-Kopplungsanalyse und Lod-Score

Die Lod-Score-Methode ist die derzeit noch am häufigsten verwendete Methode zur Kartierung von krankheitsrelevanten Genen. Die Methode basiert auf einem Likelihood-Ratio-Test, wobei die beiden alternativen Hypothesen Kopplung, entsprechend einer Rekombinationsfrequenz <0,5 (zwischen dem postulierten Krankheitsgen und einem Markerlocus), und keine Kopplung, entsprechend einer Rekombinationsfrequenz von 0,5, gegeneinander abgewogen werden. Dies geschieht mit Hilfe einer Likelihood-Ratio, wobei deren dekadischer Logarithmus als Lod-Score bezeichnet wird (Morton 1955).

Generell wird als auf dem 5%-Niveau signifikante Evidenz für Kopplung ein Lod-Score von mindestens +3 angesehen. Dieser entspricht einer Likelihood-Ratio von 1000:1 für die Hypothese Kopplung. In analoger Weise wird ein Lod-Score <–2 als Ausschlusskriterium angesehen. Ein Lod-Score von –2 bedeutet eine Likelihood-Ratio von 1:100 für die Hypothese Kopplung, d.h. die Hypothese keine Kopplung hat eine Likelihood-Ratio, die 100-mal so groß ist wie die der Hypothese Kopplung.

Aus theoretischen Überlegungen lässt sich herleiten, dass eine falsche Angabe des genetischen Modells wohl zu einer Reduzierung der statistischen Mächtigkeit einer Studie führen kann, in der Regel aber nicht zu einer erhöhten Rate an falsch-positiven Ergebnissen führen wird, d.h. dass in dieser Richtung, d.h. für den Nachweis von Kopplung, die Lod-Score-Methode robust gegenüber einer Fehlspezifikation des genetischen Modells ist. Anders verhält es sich mit dem Ausschlusskriterium von –2. Hier verhält es sich so, dass eine Fehlspezifikation des genetischen Modells durchaus zu fälschlicherweise angenommenen Ausschlüssen von Abschnitten des Genoms führen kann. In diesem Fall ist die Lod-Score-Methode somit nicht robust. In der Praxis bedeutet dies, dass die Ausschlussergebnisse mit mehr Zurückhaltung interpretiert werden sollten als positive Hinweise für eine Kopplung.

Mehrpunktkopplungsanalyse (Multipoint-lod-Score)

Wird in der klassischen Lod-Score-Methode die Rekombinationsfrequenz zwischen einem Marker und einem Krankheitsgenort betrachtet (2 Punkte), wird bei der Mehrpunktanalyse die Lage eines Krankheitsgenorts auf einer (in der Regel als bekannt angenommenen) Karte von genetischen Markerloci zum Gegenstand der Betrachtung. Es wird hier, analog zur 2-Punkt-Analyse, eine Likelihood-Ratio gebildet, wieder entsprechend den Hypothesen Kopplung und keine Kopplung. Kopplung wird durch verschiedene Lokalisationen in der Karte der Markergenorte untersucht, die Nichtkopplung durch eine Lokalisation außerhalb der betrachteten Karte mit einem genetischen Abstand von der Markerkarte, der einer Rekombinationsfrequenz von 0,5 entspricht. Der dekadische Logarithmus der gebildeten Likelihood-Ratio wird als Multipoint-Iod-Score bezeichnet. Ein früher benutzter Ausdruck war auch der Location-Score, der ebenfalls aus der Likelihood-Ratio gebildet wurde [Location-Score = 2-mal ln(Likelihood-Ratio)] (Lathrop et al. 1984). Dieser Begriff ist allerdings in den letzten Jahren kaum mehr gebräuchlich.

Ein wesentlicher Vorteil der Mehrpunktkopplungsanalyse besteht in der Nutzung der Information mehrerer Marker gleichzeitig, d.h. in der verbesserten Ausschöpfung der bereits in einem Experiment gewonnenen Information. Dem steht gegenüber, dass die Mehrpunktanalyse je nach Art der Marker, der Struktur der betrachteten Familie und der Zahl der verwendeten Marker sehr schnell die Grenzen auch der heute gebräuchlichen Computersysteme übersteigen kann.

Modellfreie (nichtparametrische) Verfahren zur Kopplungsanalyse

Sowohl die 2-Punkt- als auch die Mehrpunktkopplungsanalyse gehören zu den so genannten parametrischen Verfahren zur Kopplungsanalyse. Parametrisch in diesem Sinn bedeutet, dass zur Berechnung der entsprechenden Teststatistik, eben des Lod-Scores, Annahmen über gewisse Parameterwerte des genetischen Modells gemacht werden. Dies ist für monogene Erkrankungen durchaus möglich, jedoch im Bereich der komplexen Erkrankungen nicht mehr ohne Weiteres.

Aus diesem Grund sind für diese Erkrankungen im Wesentlichen die so genannten modellfreien (nichtparametrischen) Methoden besser geeignet, die auf folgendem Prinzip basieren:

Es sei eine Familienstruktur mit mehreren Mitgliedern einer Familie, die einen gemeinsamen Phänotyp zeigen, gegeben. Bei Betrachtung eines Markerlocus ist, falls dieser Locus bzw. die ihm benachbarte Umgebung des Genoms keine Kopplung zu dem untersuchten Phänotyp zeigt, davon auszugehen, dass die Vererbung des Markergenorts unabhängig vom untersuchten Phänotyp erfolgt und daher die Verteilung der Markerphänotypen unter den betroffenen Familienmitgliedern den so genannten Mendel-Proportionen folgt. Besteht aber eine Kopplung zwischen dem untersuchten Markerlocus und dem Phänotyp, wird sich zeigen, dass betroffene Familienmitglieder in der Regel bezüglich der Markerallele untereinander ein höheres Maß an Ähnlichkeit zeigen, als dies nach den Mendel-Regeln der Fall sein dürfte.

Identity by state (IBS) im Vergleich zu Identity by descent (IBD)

Es gibt 2 Möglichkeiten, die Markerinformationen bezüglich des Maßes der Ähnlichkeit zu verwenden.

1. Bewertung der Ähnlichkeit nach dem Allelzustand
   Diese Möglichkeit heißt Identity by state (IBS). Die beiden Geschwister A und B aus Abb. 1.3.10 tragen beide am Markerlocus jeweils 2 Allele 1. Nach der Identity-by-state-Methode sind diese beiden Kinder völlig identisch. Deren Eltern tragen ebenfalls jeweils 2 Allele 1.
2. Identität-nach-dem-Ursprung(identity by descent)-Methode (IBD)
   Mit dieser Methode wird untersucht, ob die beiden Kinder von ihren Eltern tatsächlich das

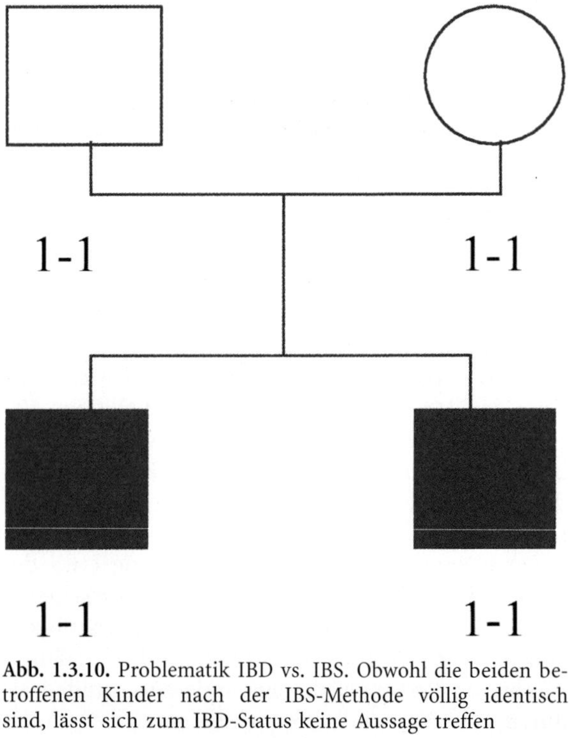

Abb. 1.3.10. Problematik IBD vs. IBS. Obwohl die beiden betroffenen Kinder nach der IBS-Methode völlig identisch sind, lässt sich zum IBD-Status keine Aussage treffen

gleiche Allel erhalten haben. Wie aus obigem Beispiel ersichtlich, lässt sich diese Frage nicht beantworten, die beiden Geschwister könnten von ihren Eltern tatsächlich 2-mal jeweils das gleiche Allel bekommen haben (IBD = 2), sie könnten nur 1 Allel gemeinsam haben (IBD = 1) oder aber keines (IBD = 0). Im Allgemeinen wird IBD-basierten Methoden der Vorzug vor IBS-basierten Analysen gegeben, wohl meist zu Recht, wie dieses Beispiel zeigt.

Untersuchung betroffener Geschwisterpaare [affected sib pairs (ASP)]

Die klassische Methode zur nichtparametrischen Kopplungsanalyse besteht in der Untersuchung der Genotypen der betroffenen Geschwisterpaare und deren Eltern. Sie geht ursprünglich auf Penrose (1935) zurück. Anschließend wird der IBD-Status der Geschwister ermittelt. Dieser kann, komplette Informativität des Markers bei den Eltern vorausgesetzt, in einzelnen Familien die Werte 2 (2 Allele IBD), 1 (1 Allel IBD) und 0 (kein Allel IBD) annehmen. Unter der Nullhypothese „keine Kopplung" beträgt die Wahrscheinlichkeit für IBD = 2 25%, für IBD = 1 50% und für IBD = 0 25%. Die gefundenen Häufigkeiten für die IBD-Verteilung lassen sich gegen die unter der Nullhypothese erwarteten Werte mit Hilfe von Signifikanztests vergleichen. Es existieren eine Unzahl von möglichen Tests auf dieser einfachen Grundidee, die Darstellung dieser Methoden ist im Rahmen dieses Beitrags nicht möglich.

Untersuchung von Paaren betroffener Verwandter [affected-pedigree-member-Methode (APM-Methode) und verwandte Methoden]

Die ASP-Methode lässt sich natürlich auch auf größere Stammbäume erweitern, wobei dann nicht nur Geschwisterpaare, sondern auch andere Paare betroffener Familienmitglieder untersucht werden können. Die erste Methode dieser Art war die Affected-pedigree-member-Methode (APM) (Weeks u. Lange 1988), die eine IBS-basierte Methode war und inzwischen hauptsächlich von 2 IBD-basierten Methoden abgelöst wurde, SIMIBD (Davis et al. 1995) und ERPA (Curtis u. Sham 1994). Beide Methoden sind auf Stammbäume beliebiger Komplexität anwendbar und beruhen im Wesentlichen auf IBD-Information.

Die meisten der oben beschriebenen Methoden lassen sich nicht ohne den Einsatz von Computerprogrammen berechnen. Die wohl beste Bezugsquelle hierfür liegt im Internet und wird von Jürg Ott unterhalten: http://www.linkage.rockefeller.edu.

Assoziationsanalyse. Der Assoziationsanalyse liegt ein anderes Grundphänomen als der Kopplungsanalyse zugrunde. Das beobachtete Grundphänomen ist eine veränderte Frequenz eines Allels bei Merkmalsträgern gegenüber Nichtmerkmalsträgern. Im Vergleich zur Kopplungsanalyse handelt es sich also nicht um eine Eigenschaft von 2 Loci, sondern von Allelen. Ein sehr bekanntes Beispiel ist die erhöhte Frequenz von HLA-B27-positiven Individuen unter Patienten mit Morbus Bechterew gegenüber Nichtbetroffenen.

Phänotypische und allelische Assoziation.

1. Phänotypische Assoziation
   Unter der phänotypischen Assoziation ist das gehäufte Vorkommen eines (genetischen) Merkmals unter den Trägern eines 2. Merkmals (etwa einer Erkrankung) zu verstehen. So wird etwa bei den HLA-B27-positiven Merkmalsträgern nicht danach unterschieden, ob diese 2 Allele HLA-B27 (homozygot) oder nur 1 (heterozygot) tragen.
2. Allelische Assoziation
   Allelische Assoziation besagt, dass beim Vorliegen eines bestimmten Allels an einem Locus (evtl. ein mutiertes Krankheitsallel) die Wahrscheinlichkeit für das Vorliegen eines anderen Allels an einem 2. Locus (auf dem gleichen Chromosom) nicht der Frequenz in der Gesamtbevölkerung entspricht, d.h. keine Unabhängigkeit der beiden Ereignisse vorliegt.

Relatives Risiko

Das relative Risiko lässt sich nach Ott (1991) als Maß für die Stärke einer phänotypischen Assoziation auffassen. Wenn angenommen wird, dass von 100 unverwandten Patienten mit Morbus Bechterew 95 den Phänotyp HLA-B27-positiv zeigten (und damit 5 HLA-B27-negativ wären) und wiederum von 100 unverwandten Kontrollpersonen nur 20 HLA-B27-positiv wären, errechnete sich das relative Risiko R als $95(20+80)/[20(5+95)] = 4{,}75$.

Fall-Kontroll-Studien

Fall-Kontroll-Studien sind das klassische Design für Assoziationsstudien. Hierbei sollten eine gewisse Anzahl von unverwandten Patienten und eine entsprechende Anzahl von Kontrollen gesammelt werden. Die Patienten und die Kontrollen sollten sich, soweit möglich, bis auf den Krankheitsphänotyp entsprechen. Insbesondere sollten Kontroll- und Fallgruppe bezüglich der Altersstruktur, der sozialen und ethnischen Herkunft, der Geschlechtsstruktur und anderen Faktoren, etwa der Berufstätigkeit, weitestgehend vergleichbar sein. Ist dies der Fall, kann in den beiden Gruppen nach einer Assoziation, etwa mit einem vermeintlichen Risikofaktor (z.B. einem genetisch determinierten Phänotyp) gesucht werden.

Effekte von Populationsstratifikationen auf Fall-Kontroll-Studien

Nicht erkannte Populationsstratifikationen können die Ergebnisse von Fall-Kontroll-Studien verfälschen, sie können insbesondere nicht vorhandene Assoziationen vorspiegeln. Für die Fragestellung der Assoziation mit einem oder mehreren Allelen gibt es jedoch eine ebenso einfache wie elegante Lösung, nämlich die Assoziationsstudien mit elterlichen Kontrollen.

Assoziationsstudien mit elterlichen Kontrollen

Unter diesem Titel verbirgt sich eine Reihe unterschiedlicher Analysemethoden, denen gemeinsam ist, dass die gesuchte Kontrollgruppe nicht aus unverwandten Kontrollindividuen besteht, sondern in den von den Eltern an betroffene Kinder nicht weitergegebenen Allelen. Unter der Nullhypothese „keine Assoziation“ sollten sich die Allelfrequenzen in den beiden Gruppen der an betroffene Kinder weitergegebenen und nicht weitergegebenen Allele nicht unterscheiden. Es gibt hierbei eine Vielzahl von Statistiken, eine sehr gute, wenn auch nicht mehr ganz vollständige Übersicht gaben Schaid u. Sommer (1994).

Strategische Überlegungen zur Planung einer Studie zur Identifizierung genetischer Faktoren

Vor Durchführung einer Studie zur Identifizierung genetischer Faktoren sollte, wie bei jeder anderen Studie auch, eine sorgfältige Studienplanung durchgeführt werden.

1. Überlegungen zur Wahl der Stichprobe und der Analysemethode

   Eine wichtige Überlegung betrifft die Wahl der Stichprobe und der Analysemethode:
   - Soll eine familienbasierte oder eine Fall-Kontroll-Studie durchgeführt werden?
   - Falls eine familienbasierte Studie durchgeführt werden soll, eine familienbasierte Assoziationsstudie oder eine Kopplungsanalyse?
   - Sollen Affected sib pairs oder große Stammbäume untersucht werden?
   - Wird eine parametrische oder nichtparametrische Analyse durchgeführt?

   Die Wahl der Analysemethode ist nicht trivial, sie hängt sehr stark von den Annahmen über mögliche genetische Mechanismen ab. Andere Überlegungen betreffen die Wahl der Studienpopulation – sollte evtl. eine Studie in einer relativ isolierten genetischen Population durchgeführt werden? Zum einen kann auf diesem Weg evtl. die Gefahr der Locusheterogenität eingeengt werden, auch die Mächtigkeit von Assoziationsstudien mag sich erhöhen, andererseits mögen die gefundenen Ergebnisse nicht ohne Weiteres auf andere Populationen übertragbar sein. Hierzu gibt es derzeit und wahrscheinlich auch in absehbarer Zukunft keine schnellen und einfachen Antworten.
2. Abschätzung der Mächtigkeit einer geplanten Studie

   Auch die Abschätzung der Mächtigkeit, also gewissermaßen der Erfolgsaussicht einer geplanten Studie, sollte vor deren Durchführung erfolgen. Um ein Beispiel zu nennen: Selbst um einen für komplexe Phänotypen relativ starken Effekt mit einem ASP-Design zu entdecken (etwa statt der erwarteten 50% IBD der Allele 59,7% IBD) sind nach Risch u. Merikangas (1996) bei einer Sicherheit von 80% etwa 185 Familien erforderlich. Der Versuch, mit 50 Familien in diesem Fall zum Erfolg zu kommen, würde sich kaum lohnen. Daher ist eine solche Abschätzung in jedem Fall anzuraten.

1.3.4 Nach der Kartierung: Charakterisierung von krankheitsrelevanten Genorten

Ist eine Kartierung gelungen, ist dies eigentlich erst der Anfang neuer Untersuchungen. Zum einen sollten nun die ursächlich wirksamen Veränderungen des Genoms identifiziert, zum anderen deren Wirkungen genauer untersucht werden.

1.3.4.1 Positional cloning – Candidate by location

Eine inzwischen wohl etablierte Methode ist die so genannte Positionsklonierung. Hierbei wird aufgrund der Kartierung eines krankheitsrelevanten Genorts mittels der Methoden der physikalischen Kartierung nach Kandidatengenen in der betreffenden Region gesucht. Diese werden bei Patienten auf Mutationen hin untersucht (s. auch Kapitel 3.1 „Genomanalyse und Gendiagnostik“).

1.3.4.2 Candidate by function

Nicht nur die Lage eines Gens im Genom kann dieses zum Kandidaten für eine genetische Erkrankung machen, sondern auch seine Funktion. So sind z.B. bei einer Neigung zu Infektionskrankheiten primär alle möglichen immunrelevanten Gene Kandidaten, mit etwaigen Prioritäten je nach dem, was über den Pathomechanismus bekannt ist. Wenn alle menschlichen Gene bekannt sein werden, wird sich aller Wahrscheinlichkeit nach zeigen, dass Gene sowohl aufgrund ihrer Lage als auch aufgrund ihrer Funktion Kandidaten sind, wie es jetzt schon z.T. gefunden wird.

1.3.4.3 Charakterisierung der Wirkweise eines Kandidatengenorts

Auch von genetisch-epidemiologischer Seite her gesehen sind die Entdeckung eines Kandidatengenorts oder auch der Nachweis der Beteiligung an der Pathogenese einer Erkrankung der Auftakt weiterer Untersuchungen. Es kann nun unter Zuhilfenahme der Information gekoppelter Marker eine verbesserte Aussage über den Wirkmechanismus eines Kandidatengenorts gemacht werden. Ein Beispiel für solche Methoden ist die so genannte MASC-Methode.

MASC-Methode. Die unter Federführung von Clerget-Darpoux, Paris, entwickelte MASC-Methode (marker-association-segregation-chisquare) (Clerget-Darpoux et al. 1988) benutzt, anders als etwa die herkömmliche Segregationsanalyse, Informationen sowohl über segregations- als auch assoziationsgekoppelte Marker. Durch die Benutzung dieser Information ist wesentlich mehr an Information über den Genotyp auch am Kandidatengenort vorhanden. Aussagen über die mögliche Wirkweise des Kandidatengenorts, Zahl der Allele, Frequenzen, Penetranzen, möglicherweise vorhandene Nebengene und andere Parameter des genetischen Modells werden dadurch leichter und mit größerer Präzision möglich als bei der herkömmlichen Segregationsanalyse.

Abb. 1.3.11. Prinzip der Reverse mathematical genetics

1.3.5 Ausblick – Reverse mathematical genetics

Oftmals wird die Hauptaufgabe der genetischen Epidemiologie nur in der Kartierung von krankheitsrelevanten Genorten gesehen. Ebenso wichtig, vielleicht in Zukunft sogar noch wichtiger, wird die Charakterisierung der Wirkweise von Kandidatengenorten für komplexe Erkrankungen sein. Die daraus gewonnenen Ergebnisse werden wiederum für die Suche nach weiteren Kandidaten von Bedeutung sein, sodass sich ein Kreis schließt: Aus der Kartierung wird eine verbesserte Beschreibung der Wirkweise, daraus wiederum eine verbesserte Kartierung: Reverse mathematical genetics (Abb. 1.3.11).

Die Erkenntnisse des fortschreitenden humanen Genomprojekts werden für die molekulare Medizin im Allgemeinen und für die genetische Epidemiologie im Speziellen von größter Bedeutung sein. Sie bringen neue Möglichkeiten, aber auch neue Herausforderungen. Auch bezüglich seltener Analysemethoden, sowohl im Labor als auch in der statistischen Analyse, wird die Entwicklung neuer Methoden eine große und interessante Herausforderung darstellen. Insbesondere neue Methoden zur Untersuchung von Kandidatengenen werden an Bedeutung gewinnen.

1.3.6 Weiterführende Internetseiten

- http://linkage.rockefeller.edu
- http://www.ncbi.nlm.nhi.gov

1.3.7 Literatur

Bakker E, Veenema H, Dünnen JHT den et al. (1989) Germinal mosaicism increases the recurrence risk for 'new' Duchenne muscular dystrophy mutations. J Med Genet 26:553–559

Bayes T (1763) An essay towards solving a problem in the doctrine of chances. Philos Trans 53:185–211

Beaudet A (1991) Molecular genetics and medicine. In: Wilson JD, Braunwald E, Isselbacher KI et al. (eds) Harrison's principles of internal medicine, 12th edn. McGraw-Hill, New York

Cavalli-Sforza LL, Bodmer WF (1971, Neuauflage 1977) The genetics of human populations. Freeman, San Francisco

Clerget-Darpoux F, Babron MC, Prum B, Lathrop GM, Deschamps I, Hors J (1988) A new method to test genetic models in HLA associated diseases: the MASC method. Ann Hum Genet 52:247–258

Curtis D, Sham PC (1994) Using risk calculation to implement an extended relative pair analysis. Ann Hum Genet 58:151–162

Davies S, Schroder M, Goldin LR, Weeks DE (1995) Nonparametric simulation-based statistics for detecting linkage in general pedigrees. Am J Hum Genet 57:A190

Essen AJ van, Abbs S, Baiget M et al. (1992) Parental origin and germline mosaicism of deletions and duplications of the dystrophin gene: a European study. Hum Genet 88:249–257

Harti DL (1971) Recurrence risks for germinal mosaics. Am J Hum Genet 23:124–134

Hirschfeld J (1959) Immune-electrophoretic demonstration of qualitative differences in human sera and their relation to the haptoglobins. Acta Pathol Microbiol Scand 47:160–168

Jeanpierre M (1992) Germinal mosaicism and risk calculation in X-linked diseases. Am J Hum Genet 50:960–967

Lalouel JM, Rao DC, Moton NE, Eiston RC (1983) A unified model for complex segregation analysis. Am J Hum Genet 35:816–826

Lathrop GM, Lalouel JM, Julier C, Ott J (1984) Strategies for multilocus linkage analysis in humans. Proc Natl Acad Sci USA 81:3443–3446

Lenz W (1961) Kindliche Mißbildungen nach Medikamenteneinnahme während der Gravidität. Dtsch Med Wochenschr 52:2555–2556

Morton NE (1955) Sequential tests for the detection of linkage. Am J Hum Genet 7:277–318

Murphy EA, Cramer DW, Kryscio RJ, Brown CC, Pierce ER (1974) Gonadal mosaicism and genetic counselling for X-linked recessive lethals. Am J Hum Genet 26:207–222

Ott J (1991) Analysis of human genetic linkage, revised edn. Hopkins University Press, Baltimore London

Passarge E (1994) Taschenatlas der Genetik. Thieme, Stuttgart New York

Penrose LS (1935) The detection of autosomal linkage in data which consist of pairs of brothers and sisters of unspecified parentage. Ann Eugen 6:133–138

Risch N, Merikangas K (1996) The future of genetic studies of complex human diseases. Science 273:1516–1517

Schaid DJ, Sommer SS (1994) Comparison of statistics for candidate-gene association studies using cases and parents. Am J Hum Genet 55:402–409

Weeks DE, Lange K (1988) The affected-pedigree-member method of linkage analysis. Am J Hum Genet 42:315–326

Weinberg W (1927) Mathematische Grundlagen der Probandenmethode. Z Ind Abst Vererb Lehre 48:179–228

Wijsman EM (1991) Recurrence risk of a new dominant mutation in children of unaffected parents. Am J Hum Genet 48:654–661

1.4 Mitochondriale DNA des Menschen

Bernd Wissinger

Inhaltsverzeichnis

1.4.1 Struktur und Funktion der Mitochondrien

Ein Hauptmerkmal eukaryontischer Organismen ist der Besitz von Mitochondrien, in sich abgeschlossenen Zellorganellen, als Bestandteile des Zytoplasma. Mitochondrien sind zumeist stäbchenförmig und messen zwischen 0,2 und 1 μm im Durchmesser und 2–8 μm in Längsrichtung. Ihre Zahl schwankt je nach Zelltyp zwischen wenigen Dutzenden in den Spermien und primordialen Keimzellen bis zu Zehntausenden in Leberzellen oder reifen Oozyten. Einige Protisten besitzen sogar lediglich ein singuläres Mitochondrium (Trypanosomen, *Physarum*).

In der Zelle flottieren die Mitochondrien nicht frei, sondern sind mit Zytoskelettelementen verbunden und bilden dabei regelmäßig Netzwerke oder Aggregate (mitochondriales Retikulum), die eine physiologische Einheit bilden (Rutter u. Rizzuto 2000, Skulachev 2001).

Mitochondrien besitzen 2 Membranen, die äußere und die innere Mitochondrienmembran. Dadurch werden 2 in sich abgeschlossene Kompartimente geschaffen, der Intermembranraum und der innere Matrixraum (Abb. 1.4.1). Die innere Mitochondrienmembran ist stark aufgefaltet und bildet dadurch Invaginationen die so genannten Cristae, die in den Matrixraum hineinreichen. Durch die Cristae wird die Fläche der inneren Mitochondrienmembran stark vergrößert. Neuere Untersuchungen mittels Elektronenmikroskoptomographie zeigen, dass die Cristae je nach Zelltyp tubulär, lamellenförmig oder unregelmäßig mit sackartigen Ausstülpungen gestaltet sind und lediglich durch dünne Tubuli mit dem anliegenden Rest der Innenmembran in Verbindung stehen (Frey u. Manella 2000). Die äußere und inneren Mitochondrienmembran unterscheiden sich erheblich in ihrem Aufbau und ihren biophysikalischen Eigenschaften. Die äußere Membran ähnelt in ihrer Lipidzusammensetzung derjenigen typischer eukaryontischer Membransysteme (z. B. dem endoplasmatischen Retikulum). Sie enthält einen relativ geringen Anteil an Protein und besitzt Poren (Porine), die eine hohe Permeabilität für Ionen und Metaboliten gewährleisten. Im Gegensatz dazu ist die Lipidzusammensetzung der inneren Mitochondrienmembran ungewöhnlich: Es findet sich kein Cholesterin, dafür ein hoher Anteil von Kardiolipin – Merkmale wie sie für die Membran von Bakterien typisch sind. Die innere Mitochondrienmembran enthält einen extrem hohen Anteil an Proteinen (etwa 80%) und ist weitgehend impermeabel für Metaboliten, sodass der Stoffaustausch von spezifischen Translokatorproteinen abhängig ist (Palmieri 1994).

Die Mitochondrien sind der Ort der aeroben Energiegewinnung (oxidative Phosphorylierung) und wichtiger Knotenpunkt im Stoffwechsel der Zelle (Abb. 1.4.1). Von besonderer Bedeutung ist dabei der Citratzyklus (Krebszyklus), der im Matrixraum der Mitochondrien angesiedelt ist. Hier wird das aus der Decarboxylierung von Pyruvat und dem Abbau von Fettsäuren gewonnene Acetyl-CoA in einem zyklischen Reaktionsprozess zu CO_2 oxidiert. Dabei entstehen Reduktionsäquivalente in Form von $NADH+H^+$ bzw. $FADH_2$, die in die Atmungskette eingespeist werden.

Ganten / Ruckpaul (Hrsg.)
Grundlagen der Molekularen Medizin,
2. Auflage

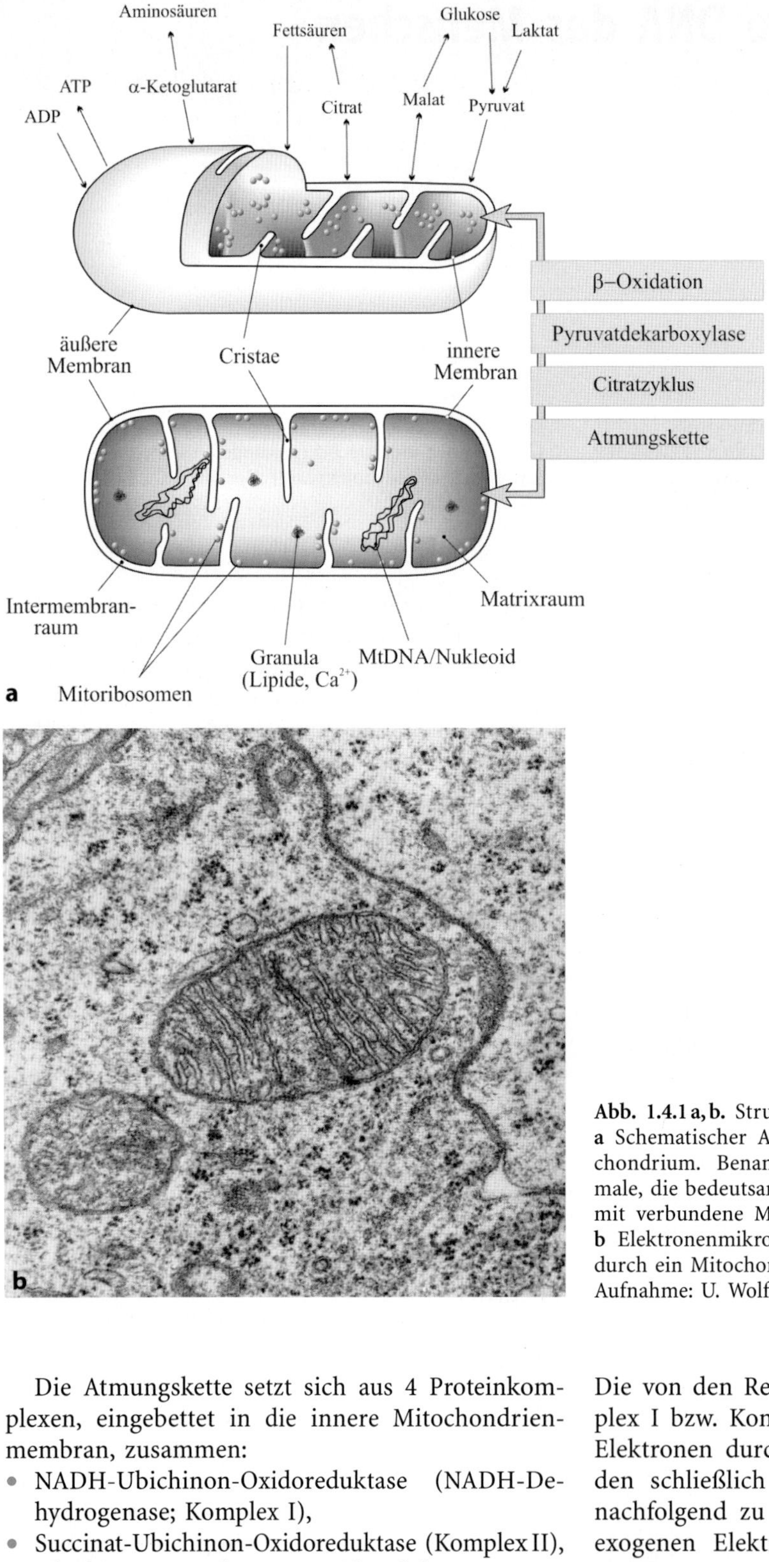

Abb. 1.4.1 a, b. Struktur und Funktion des Mitochondriums. **a** Schematischer Aufriss und Längsschnitt durch ein Mitochondrium. Benannt sind die wichtigsten Strukturmerkmale, die bedeutsamsten Stoffwechselfunktionen und der damit verbundene Metabolitenaustausch mit dem Zellplasma. **b** Elektronenmikroskopische Aufnahme eines Dünnschnitts durch ein Mitochondrium in der Niere. Vergr. 30 000 : 1; EM-Aufnahme: U. Wolfrum, Mainz

Die Atmungskette setzt sich aus 4 Proteinkomplexen, eingebettet in die innere Mitochondrienmembran, zusammen:

- NADH-Ubichinon-Oxidoreduktase (NADH-Dehydrogenase; Komplex I),
- Succinat-Ubichinon-Oxidoreduktase (Komplex II),
- Ubichinon-Cytochrom-c-Oxidoreduktase (Komplex III) und
- Cytochrom-c-Oxidase (Cytochromoxidase; Komplex IV).

Die von den Reduktionsäquivalenten in den Komplex I bzw. Komplex II (für $FADH_2$) eingespeisten Elektronen durchlaufen eine Redoxkette und werden schließlich auf O_2-Moleküle übertragen, die nachfolgend zu H_2O reduziert werden. An diesen exogenen Elektronentransport ist ein gerichteter Transport von Protonen in den Intermembranraum gekoppelt. Dadurch entsteht eine elektrochemische Potenzialdifferenz für Protonen (Protonengradient) zwischen dem Intermembran- und dem Matrixraum. Der Rückfluss der Protonen entlang dieses Gradienten wird durch den membranständigen ATPase-Komplex kanalisiert und treibt dabei die Synthese von ATP aus ADP und freiem Phosphat an (chemiosmotische Theorie nach Mitchell).

Neben der Bereitstellung von Reduktionsäquivalenten für die Atmungskette nehmen der Citratzyklus und die vorgeschaltete Pyruvatdecarboxylase eine Zentralstellung im katabolen und anabolen Stoffwechsel der Zelle ein. Dazu gehört beispielsweise die Bereitstellung von Ausgangssubstraten für die Biosynthese bestimmter Aminosäuren, für die Fettsäuresynthese, die Glukoneogenese und die Porphyrinbiosynthese. Eine weitere besondere Bedeutung der Mitochondrien besteht in ihrer Funktion als intrazellulärer Kalziumspeicher.

Bereits Ende des 19. Jahrhunderts wurde von Richard Altmann die Vermutung aufgestellt, dass Mitochondrien und Chloroplasten von ursprünglich selbstständigen Organismen abstammen, die im Lauf einer zellulären Symbiose zu Organellen „domestiziert" worden sind. An dieser Endosymbiontenhypothese zur Erklärung des Ursprungs der Organellen gibt es kaum mehr ernsthafte Zweifel [zur Übersicht s. Margulis (1981)]. Vergleichende Sequenzanalysen deuten auf eine Verwandtschaft der Vorläufer der Mitochondrien mit Vertretern aus der Gruppe der α-Proteobakterien hin. Obwohl zwischen den verschiedenen Eukaryontengruppen eine sehr große Variabilität bezüglich Größe und Struktur des mitochondrialen Genoms sowie der Zahl und Anordnung der kodierten Gene besteht, verstärken sich Hinweise auf einen monophylogenetischen Ursprung der Mitochondrien [Übersicht s. Gray et al. (1999)]. So ist beispielsweise die Aminosäuresequenz mitochondrial kodierter Proteine zwischen den verschiedenen Eukaryontengruppen weit besser konserviert als im Vergleich zu den nächstverwandten homologen Proteinen bei Bakterien. Auch mit der Identifizierung „primitiver" mitochondrialer Genome, wie kürzlich jenes des heterotrophen Flagellaten *Reclinomonas americana* mit insgesamt 97 Genen, gelingt es zunehmend, Bindeglieder in der Evolutionslinie der Mitochondrien zu rekonstruieren (Lang et al. 1997).

1.4.2 Mitochondriales Genom des Menschen

Die Beobachtung von nicht-mendelnden Erbgängen und das daraus entwickelte Konzept von extrachromosomalen, plasmatischen Erbfaktoren geht auf Arbeiten von Bauer und Correns zu Anfang des 20. Jahrhunderts zurück (Correns 1937). Die Ausgangsbasis für eine eigenständige Genetik der Mitochondrien bildeten jedoch insbesondere Untersuchungen von Ephrussi über die Erzeugung und das Kreuzungsverhalten von atmungsdefizienten *Petite*-Mutanten (kleine Kolonien) bei der Bäckerhefe. Ephrussi schloss aus seinen Beobachtungen, dass bestimmte zytoplasmatische Faktoren für die Heredität dieser Defizienz verantwortlich sind und umgekehrt diese Faktoren letztlich für die Synthese respiratorischer Enzyme notwendig sind (Ephrussi 1953). Mit dem definitiven Nachweis von DNA in Mitochondrien (mtDNA) im Jahr 1963 und der nachfolgenden Entwicklung von Methoden zur Isolierung der mtDNA mittels Dichtezentrifugation im Jahr 1967 wurde schließlich die Ära der Molekulargenetik der Mitochondrien eingeleitet (Nass et al. 1963 a, b, Radloff et al. 1967). Die frühen Untersuchungen über die Struktur, die Zusammensetzung und die Komplexität der mtDNA gipfelten schließlich im Jahr 1981 in der Komplettsequenzierung des humanen mitochondrialen Genoms und kurz darauf auch des mitochondrialen Genoms der Maus (Anderson et al. 1981, Bibb et al. 1981). Die damals ermittelte Sequenz des humanen mitochondrialen Genoms mit einer Gesamtlänge von 16.569 bp gilt noch heute als Referenzsequenz (Cambridge reference sequence). Bei der kürzlichen Resequenzierung unter Verwendung der Original-DNA (Andrews et al. 1999) wurden lediglich 11 Sequenzfehler in der Referenzsequenz gefunden (Fehlerrate 0,07%); eine bemerkenswert niedrige Fehlerrate angesichts der damaligen technischen Möglichkeiten. Andererseits gibt es nicht die eine Sequenz des humanen, mitochondrialen Genoms. Vielmehr zeichnet sich die mtDNA durch ihre Sequenzvariabilität aus, sodass bei einer vergleichenden Untersuchung zweier Individuen typischerweise Unterschiede an 10–20 Sequenzpositionen gefunden werden. Darüber hinaus gibt es sogar auch kleinere Unterschiede ($\pm$10 bp) in der Gesamtgröße der humanen mtDNA (Ingman et al. 2000).

Das mitochondriale Genom des Menschen unterscheidet sich in seiner Größe nur unwesentlich von dem anderer tierischer Spezies (Wolstenholme 1992). Andererseits gibt es bei Protisten, Pilzen und Pflanzen durchaus mtGenome wesentlich höherer Komplexität mit einer Größe von bis zu 2,4 Mbp (Ward et al. 1981). Das mitochondriale Genom wird manchmal auch als Chondriom bezeichnet, in Anlehnung an den Begriff Plastom für das Genom der Chloroplasten.

Das humane mitochondriale Genom ist ein singuläres, doppelsträngiges Ringmolekül (Abb. 1.4.2).

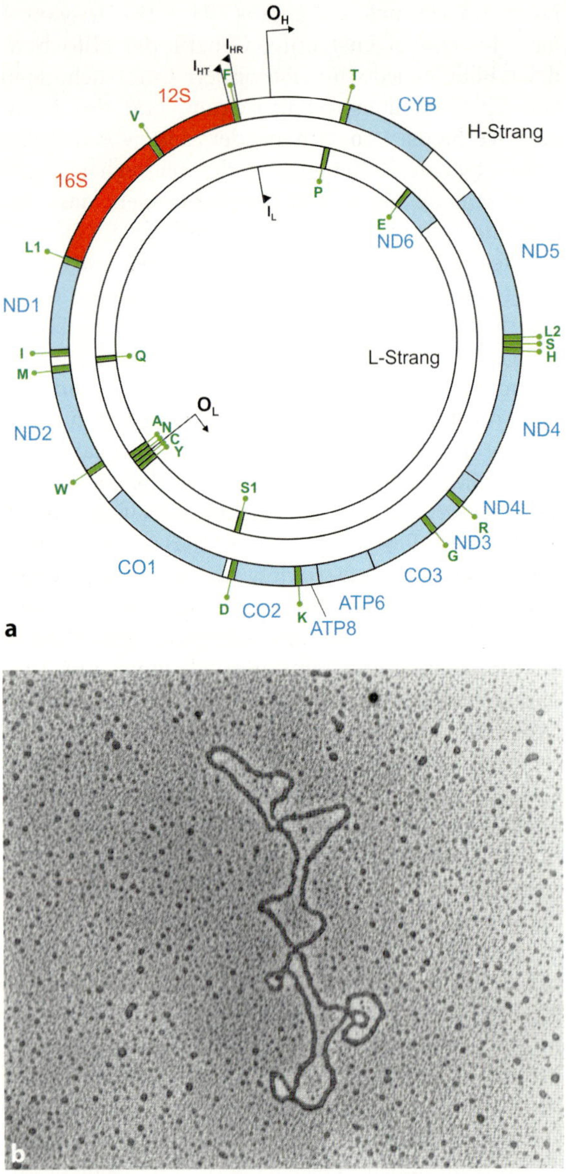

Abb. 1.4.2 a, b. Mitochondriales Genom des Menschen. **a** Schematische Darstellung der Struktur und des Aufbaus des humanen mitochondrialen Genoms. Der äußere Kreis stellt den H-Strang und der innere Kreis den L-Strang der mtDNA dar, *rot* rRNA-Gene (12S, 16S), *blau* proteinkodierende Gene (ND1–6, CO1–3, ATP6, ATP8 und CYB), *grün* tRNA-Gene (benannt im 1-Buchstaben-Kode für die jeweils spezifizierte Aminosäure). O_H, O_L Replikationsursprung des H- bzw. L-Strangs, I_{HR}, I_{HT}, I_L Initiationsorte für die Transkription der vom H- bzw. L-Strang kodierten Gene. **b** Elektronenmikroskopische Aufnahme eines partiell entfalteten mtDNA-Moleküls aus menschlichen HeLa-Zellen, Vergr. 75 000 : 1

Im nativen Zustand ist dieses Ringmolekül in eine negativ gewundene Supercoil-Konformation aufgedrillt. Bei der mtDNA wird historisch zwischen H- (heavy) und L-Strang (light) des Ringmoleküls unterschieden. Diese Bezeichnung leitet sich aus der Dichtebestimmung der Einzelstränge in denaturierenden CsCl-Dichtegradienten ab. Dabei weist der H-Strang aufgrund seines höheren Anteils an Guanin und Thymin (Verhältnis G+T:A+C etwa 1,6:1) eine höhere Dichte auf als der L-Strang. Der GC-Gehalt der humanen mtDNA ist mit 44% nur unwesentlich höher als der des Kerngenoms (Anderson et al. 1981).

Tabelle 1.4.1. Gene im humanen mitochondrialen Genom

Klasse/Komplex	Zahl	Gensymbol
rRNA	2	12 S, 16 S
tRNA	22	$tRNA^{Trp}$, etc.
Proteinkodierende Gene für Untereinheiten der	13	
NADH-Ubiquinon-Oxidoreduktase (Komplex I)	7	ND1, ND2, ND3, ND4, ND4L, ND5, ND6
Ubiquinon-Cytochrom-c-Oxidoreduktase (Komplex III)	1	CYB
Cytochrom-c-Oxidase (Komplex IV)	3	CO1, CO2, CO3
ATPase	2	ATP6, ATP8

Das mitochondriale Genom des Menschen enthält insgesamt 37 Gene, darunter Gene für 2 ribosomale RNAs (12S- und 16S-rRNA), für 22 Transfer-RNAs (tRNA) und für 13 proteinkodierende Gene (Tabelle 1.4.1). Die Letzteren kodieren allesamt für Untereinheiten der mitochondrialen Atmungskettenkomplexe: Komplex I (7 Gene; ND1–6), Komplex III (1 Gen; CYB) und Komplex IV (3 Gene; CO1–3) bzw. Untereinheiten der mitochondrialen ATPase (2 Gene; ATP6 und ATP8) (Anderson et al. 1981, Chomyn et al. 1985, 1986). Die Mehrzahl der Proteine, aus denen sich die Atmungskettenkomplexe und die ATPase zusammensetzen (insgesamt etwa 100 Proteine), sind jedoch kernkodiert. Die Atmungskettenkomplexe I, III und IV und der ATPase-Komplex stellen genetisch somit interessanterweise Mosaikstrukturen, aufgebaut aus kern- und mitochondrial kodierten Bestandteilen, dar.

Hinsichtlich der Genkodierung und Transkription des humanen mitochondrialen Genoms hat sich in der Literatur leider eingebürgert, den Matrizenstrang als den kodierenden Strang zu benennen und auch den zugehörigen Promotor diesem Matrizenstrang zuzuordnen; dies soll auch hier beibehalten werden. Dieser Zuordnung entsprechend wird die überwiegende Mehrzahl der mitochondrialen Gene (28/37) vom H-Strang kodiert, lediglich 8 tRNA-Gene und das ND6-Gen sind auf dem L-Strang lokalisiert.

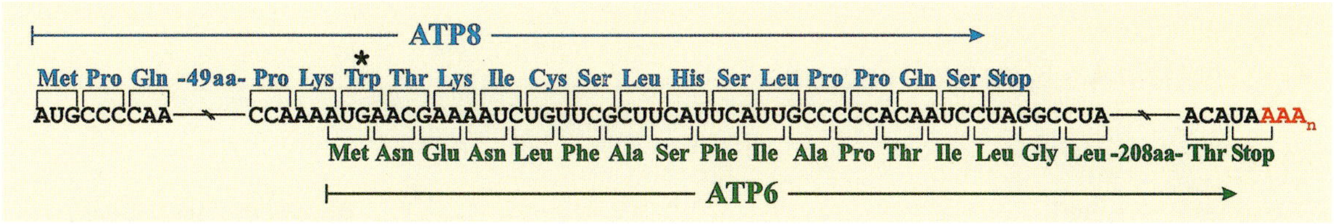

Abb. 1.4.3. Überlappende Leseraster zwischen dem ATP8- und dem ATP6-Gen. Die beiden Gene überlappen in einem 46 bp langen Abschnitt. Dargestellt sind die Transkriptsequenz (*schwarz*) und die von den beiden Genen genutzten Leseraster samt der zugehörigen Aminosäuresequenz (ATP8 in *blau*, ATP6 in *grün*). Gezeigt ist weiterhin die Vervollständigung des UAA-Stoppkodons für das ATP6-Gen durch die Polyadenylierung des Transkripts und die vom „universellen" genetischen Kode abweichende Verwendung des UGA-Tripletts für die Kodierung der Aminosäure Tryptophan (*Stern*)

Das mitochondriale Genom des Menschen – und dies gilt für alle höheren Tiere – zeichnet sich durch seine Kompaktheit und äußerst ökonomische Anordnung und Struktur der Gene aus. Sie enthalten keine Introns und grenzen mit ihren kodierenden Sequenzen zumeist unmittelbar aneinander. In 3 Fällen findet man sogar eine überlappende Kodierung von Genen; so zwischen den Genen für die $tRNA^{Tyr}$ und $tRNA^{Cys}$ mit einem einzelnen Nukleotid an Überlappung, zwischen dem ND4L- und dem ND4-Gen mit 7 Nukleotiden und schließlich zwischen den Genen ATP8 und ATP6 mit sogar 46 Nukleotiden überlappender Sequenz. Dabei werden in den beiden letztgenannten Fällen verschiedene Leseraster innerhalb des überlappenden Abschnitts genutzt (Abb. 1.4.3). Weiterhin fehlen den proteinkodierenden Genen die sonst üblichen nichttranslatierten Sequenzabschnitte vor und hinter dem Leseraster einschließlich der Ribosomenbindungsstelle. Schließlich werden in der Mehrzahl der Fälle die letzten Basen der Terminationskodons erst durch die Polyadenylierung der prozessierten Transkripte ergänzt (Abb. 1.4.3, s. auch Kapitel 1.4.3 „Transkription und RNA-Prozessierung").

Die Kompaktheit des humanen mitochondrialen Genoms mit seiner engen Aneinanderreihung der Gene spiegelt sich in der extrem hohen mittleren Gendichte von 447,8 bp/Gen wieder. Der etwa 1100 bp lange Abschnitt zwischen den Genen für die $tRNA^{Pro}$ und die $tRNA^{Phe}$, der die Promotoren und den Replikationsursprung für den H-Strang enthält, ist der einzige größere Sequenzanteil der mtDNA, der keine kodierende Funktion besitzt (Abb. 1.4.2).

Bei der geringen Anzahl mitochondrial kodierter Gene ist auch der genetische Apparat der Mitochondrien größtenteils von kernkodierten Genfunktionen abhängig. Alle für die Replikation und die Transkription notwendigen Faktoren und alle Proteinkomponenten des Translationsapparats sind vom Kern kodiert und müssen in die Mitochondrien importiert werden. Es stellt sich dabei die Frage, wie sich dieses geringe genetische Potenzial mit der Endosymbiontenhypothese in Einklang bringen lässt. Es wird angenommen, dass im Lauf der Evolution die Mehrzahl der ursprünglichen Gene des Endosymbionten in den Kern transferiert worden ist. Für einen solchen Gentransfer spricht die funktionelle und strukturelle Konservierung vieler dieser nunmehr kernkodierten Faktoren mit ihren prokaryontischen Homologen (z. B. SSB, EF-Tu; Cai et al. 2000, Tiranti et al. 1993). Der Gentransfer vom Endosymbionten bzw. Mitochondrium zum Kern ist in verschiedenen Organismen unterschiedlich weit entwickelt. So sind eine Reihe von Proteinen bei Pilzen und bei Pflanzen nach wie vor mitochondrial kodiert (z. B. ATP9, ribosomale Proteine), während diese Gene bei Tieren bereits ins Kerngenom integriert sind (Foury et al. 1998, Unseld et al. 1997). Andererseits fehlen die ND-Gene im mitochondrialen Genom der Hefe. Ein Beispiel dafür, wie sich der Gentransfer zum Kern vollzieht, liefert das ATP9-Gen bei Neurospora. Hier gibt es sowohl eine Kopie des Gens im Kern als auch eine im mitochondrialen Genom. Letztere wird jedoch nur noch in bestimmten Entwicklungsstadien (Konidienkeimung) exprimiert und ist wohl im Begriff, eliminiert zu werden (Bittner-Eddy et al. 1994, Van den Boogart 1982). Der Gentransfer in den Kern ist nicht immer erfolgreich. Im Kerngenom des Menschen werden z. B. vielfach Bruchstücke des rezenten mitochondrialen Genoms gefunden (Perna u. Kocher 1996).

1.4.3 Transkription und RNA-Prozessierung

Die Transkription der Gesamtheit aller Gene des humanen mitochondrialen Genoms wird von lediglich 2 Promotoren, je einem für den H- und einem für den L-Strang, gesteuert. Die beiden Promotoren

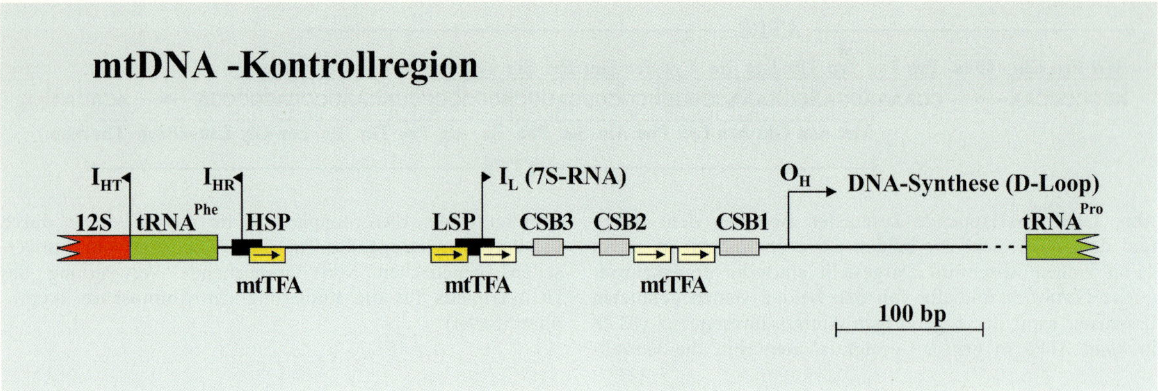

Abb. 1.4.4. Funktionelle Organisation der mtDNA-Kontrollregion. Schematische Darstellung und Positionierung der für die Initiation der Transkription und der H-Strang-Replikation bedeutsamsten Sequenzelemente. Die Promotoren für die Transkription des H- (*HSP*) und L-Strangs (*LSP*) setzen sich aus der „Core"-Sequenz (*schwarz*) um den Initiationsort der RNA-Synthese (I_{HR} bzw. I_L) und den benachbarten Bindungsstellen für den Transkriptionsfaktor mtTFA (*gelb*, Orientierung in *Pfeilrichtung*) zusammen. Weitere sekundäre mtTFA-Bindungsstellen im Bereich des LSP sind *hellgelb* dargestellt. Die Transkription der Gene auf dem H-Strang erfolgt von 2 Initiationsorten aus. Am I_{HR} initiiert die Transkription der rRNA-Gene, am I_{HT} die Transkription des kompletten H-Strangs mit der Mehrzahl der tRNA-Gene und Protein kodierenden Gene. Am I_L initiiert die Synthese des RNA-Primers (7S-RNA) als Ausgangspunkt für die Replikation des H-Strangs. Für die Stabilisierung und Prozessierung dieses RNA-Primers ist die Präsenz evolutionär konservierter Sequenzelemente (*CSB1–3*, in *grau*) essenziell. Ansetzend an den prozessierten RNA-Primer beginnt am O_H die Replikationssynthese des H-Strangs (vgl. Abb. 1.4.7a).

(HSP/LSP – heavy/light strand promotor) liegen nur etwa 100 bp voneinander entfernt in der nichtkodierenden Region des mtGenoms (Abb. 1.4.4). Sie setzen sich aus 2 Sequenzelementen, einer etwa 10–15 Basenpaare langen Sequenz um die Initiationsstelle der Transkription und der sich davor anschließenden Bindungsstelle für den Transkriptionsfaktor mtTFA zusammen. Sowohl die Sequenz als auch der Abstand zwischen diesen beiden Sequenzelementen ist für eine effektive Transkription wichtig. Dabei sind die Sequenzelemente im Vergleich zwischen HSP und LSP nur partiell konserviert. Die daraus abzuleitende Konsensussequenz für die Initiationsstelle lautet 5′-ACC$(G)_{0-1}$CC$(A)_{3-4}$GA-3′, wobei die Transkription an der Position der zentralen Adenosinnukleotide initiiert. Die mtTFA-Bindungsstellen von HSP und LSP zeigen bezüglich der Transkriptionsrichtung eine gegensätzliche Orientierung, d.h. die Aktivierung der Transkription durch mtTFA erfolgt unabhängig von der Orientierung der entsprechenden Bindungsstelle. Die Bindungsaffinität von mtTFA für den LSP ist weitaus höher als für den HSP. Zusätzlich befinden sich weitere, schwächere mtTFA-Bindungsstellen stromab des LSP. Diese Faktoren tragen zur effektiveren Transkriptionsinitiation am LSP unter In-vitro-Bedingungen bei (Fisher u. Clayton 1988).

Der Transkriptionsfaktor mtTFA besitzt 2 so genannte HMG-box-Motive, wie sie für die nukleären DNA-Bindungsproteine aus der Familie der HMG-Proteine (HMG: high mobility group) charakteristisch sind (Parisi u. Clayton 1991). Die physikalische Interaktion zwischen mtTFA und den entsprechenden mtDNA-Bindungsstellen ist jedoch hochkomplex. Es kommt dabei zu einer Krümmung des DNA-Moleküls und Entwindung der Stränge als Voraussetzung für das Angreifen der RNA-Polymerase (Fisher et al. 1992). Die mitochondriale RNA-Polymerase (mtRNAPol) besteht aus einer einzelnen Polypeptidkette und zeigt Verwandtschaft zu den RNA-Polymerasen von Bakteriophagen (T7, T3, SP6) (Masters et al. 1987). Ein zusätzlicher Kofaktor für die Spezifizierung der Transkriptionsinitiation, wie er bei Hefe und Xenopus nachgewiesen ist, konnte bei Säugern bislang nicht identifiziert werden (Bogenhagen 1996).

Ausgehend von den Initiationsstellen können beide Stränge des mtGenoms in nahezu ihrer gesamten Länge transkribiert werden. Dabei entstehen polycistronische Vorläufertranskripte (Abb. 1.4.5). Pulsmarkierungsexperimente zeigten, dass der L-Strang etwa 2- bis 3fach stärker transkribiert wird als der H-Strang. Mit Ausnahme der 7S-RNA, die als RNA-Vorläufer für die Initiation der DNA-Replikation benötigt wird (s. unten), haben die L-Strang-Transkripte jedoch eine sehr geringe Lebensdauer und sind nur in geringer Menge im Transkriptpool nachweisbar. Diese hohe Turnover-

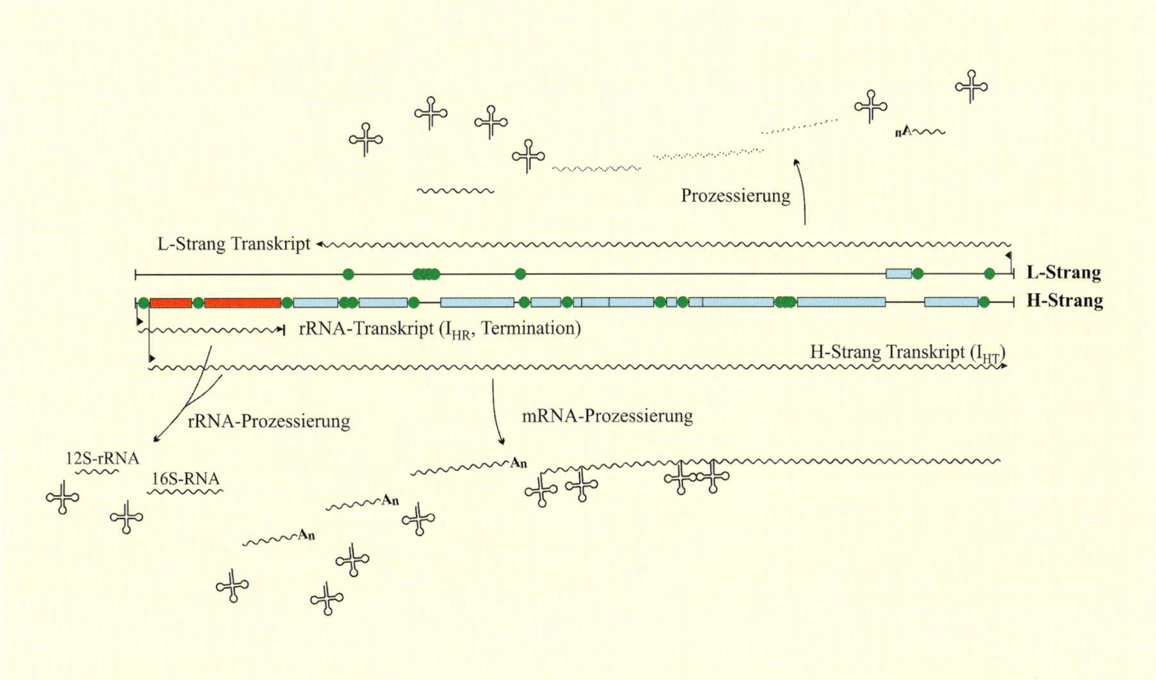

Abb. 1.4.5. Transkription und Prozessierung der mtDNA-Transkripte. Linearisierte Darstellung der mtDNA [*rot* rRNA-Gene (12S, 16S), *blau* proteinkodierende Gene (ND1–6, CO1–3, ATP6, ATP8 und CYB), *grün* tRNA-Gene (benannt im 1-Buchstaben-Kode für die jeweils spezifizierte Aminosäure)] mit der Übersicht über die vom H- und L-Strang abgelesenen Primärtranskripte und deren nachfolgende Prozessierung. 2 verschiedene Primärtranskripte werden vom H-Strang abgelesen, die durch die alternative Transkriptionsinitiation am I_{HR} bzw. I_{HT} spezifiziert sind. Das kürzere rRNA-Vorläufertranskript terminiert am Ende des 16S-rRNA-Gens und liefert die Hauptmasse der rRNA. Die Zerlegung der Primärtranskripte erfolgt durch endonukleolytisches „Ausschneiden" der tRNA bereits während der Transkription. Die proteinkodierenden mRNAs werden nachfolgend durch Polyadenylierung vervollständigt und stabilisiert. Im Gegensatz dazu werden die nichtkodierenden Abschnitte des L-Strang-Transkripts rasch abgebaut

Rate der L-Strang-Primärtranskripte verhindert offensichtlich eine Antisense-Interferenz mit den komplementären Transkripten des H-Strangs.

Im Transkriptpool der Mitochondrien überwiegen kürzere RNA-Spezies definierter Länge, die aus der Prozessierung der Primärtranskripte hervorgehen. In der Tat akkumulieren die Primärtranskripte in kaum nachweisbaren Mengen, ein Beleg dafür, dass die Primärtranskripte noch während der Transkription prozessiert werden (Ojala et al. 1981) (Abb. 1.4.5). Für die Spaltung des Primärtranskripts ist die in der Organisation des mtGenoms auffällige Positionierung der tRNA zwischen den Protein kodierenden Genen und Abschnitten von Bedeutung. Die Primärtranskripte werden nämlich durch spezifische endonukleolytische Spaltungsreaktionen am 5′- und 3′-Ende der tRNA unter Beteiligung einer RNAse P und einer 3′-tRNA-Prozessierungsendonuklease in die einzelnen rRNAs, tRNAs und proteinkodierenden mRNAs zerlegt (Ojala et al. 1981, Rossmanith et al. 1995). Lediglich in den 2 Fällen (ND4L/ND4 und ATP8/ATP6/CO3) bleibt eine di- bzw. tricistronische Transkripteinheit erhalten. Die Transkriptspaltung durch die mitochondriale RNAse P (mtRNAse P) erfolgt analog zum Mechanismus der tRNA-Prozessierung bei Bakterien bzw. im Kern der Eukaryonten (Altman et al. 1986). Dies wird auch dadurch belegt, dass die mtRNAse P in vitro bakterielle tRNA-Vorläufertranskripte effizient und spezifisch prozessieren kann (Doersen et al. 1985). Die mtRNAse P ist ein Ribonukleoproteinkomplex mit einem 340 Nukleotide langen RNA-Anteil. Es konnte gezeigt werden, dass dieser RNA-Anteil identisch ist mit der H1-RNA der nukleären RNAse P (Puranam u. Attardi 2001). Von wesentlicher Bedeutung in diesem Zusammenhang ist die Schlussfolgerung, dass Mitochondrien einen geregelten RNA-Importmechanismus für die kernkodierte H1-RNA und auch den RNA-Anteil der an der Replikation beteiligten RNAse MRP (s. unten) haben müssen. Dies ist jedoch kein Spezifikum für Säugermitochondrien. Bei niederen Tieren, Pilzen und Pflanzen ist der RNA-Import in Mitochondrien sogar noch weitaus umfangreicher. Dort sind einige oder sogar alle mitochondrialen tRNAs kernkodiert und müssen aus dem Zytosol in die Mitochondrien aufgenommen werden (Schneider u. Marechal-Drouard 2000).

Dass sich aus diesem RNA-Import auch interessante therapeutische Ansätze für mitochondriale Erkrankungen (Mitochondriopathien) ergeben, beweist eine kürzliche Studie von Kolesnikova et al. (2000). Sie konnten in vitro tRNA in humane Mitochondrien einschleusen (Kolesnikova et al. 2000).

Neben der endonukleolytischen Spaltung der Vorläufertranskripte sind weitere posttranskriptionelle Modifikationen der mitochondrialen Transkripte erforderlich. In frühen Untersuchungen konnte bereits gezeigt werden, dass die reifen mRNA-Transkripte einen 50–60 Nukleotide langen poly(A)-Schwanz tragen. Auch die rRNA-Transkripte werden am 3′-Ende adenyliert, jedoch finden sich hier nur Abschnitte mit 5–10 Adenosinnukleotiden. Im Gegensatz dazu sind die reifen tRNAs nicht 3′-adenyliert, stattdessen muss – wie bei den zytosolischen tRNAs – das typische 3′-terminale CCA-Trinukleotid durch eine Nukleotidyltransferase angehängt werden (Reichert u. Mörl 2000). Bei der Prozessierung der Vorläufertranskripte für $tRNA^{Tyr}$ und $tRNA^{Cys}$, deren Gene um ein Nukleotid überlappen, muss zusätzlich das fehlende Nukleotid am 3′-Ende der $tRNA^{Tyr}$ eingebaut werden (Reichert et al. 1998). 7 der 13 Leseraster für proteinkodierende Gene (ND1-ND4, ATP6, CO3, CYB) enden ohne vollständiges Terminationskodon. Erst durch die Polyadenylierung der prozessierten Transkripte wird das Ende des Leserasters zu einem funktionellen Stoppkodon ergänzt (Anderson et al. 1981) (Abb. 1.4.3).

Aus dem bisher vorgestellten Modell der mitochondrialen Transkription und Prozessierung wäre ein stöchiometrisches Verhältnis zwischen den mRNA-, tRNA- und rRNA-Transkriptspezies zu folgern. Im Transkriptpool der Mitochondrien sind jedoch lediglich die verschiedenen mRNAs in annähernd gleichem Mengenverhältnis vorhanden, während die rRNAs in einem 15- bis 60fachen Überschuss vorliegen (Attardi 1985). Nur ein Teil dieses Überschusses resultiert aus der höheren Lebensdauer der rRNA. Der entscheidende Unterschied ist durch eine deutlich erhöhte Neusyntheserate der rRNA begründet (Gelfand u. Attardi 1981). Wie wird in den Mitochondrien dieser Unterschied in der Syntheserate bewerkstelligt? In einer Reihe von Untersuchungen konnte gezeigt werden, dass bei der Transkription des H-Strangs 2 alternative Wege existieren. Sie sind durch die Verwendung unterschiedlicher Transkriptionsinitiationsstellen gekennzeichnet. Die Transkription des kompletten H-Strang-Vorläufertranskripts, aus welchem die reifen mRNAs hervorgehen, initiiert am 5′-Ende des 12S-rRNA-Gens (I_{HT}). Im Gegensatz dazu erfolgt die Transkriptionsinitiation für die Hauptmenge der rRNAs direkt am etwa 90 bp weiter stromauf gelegenen HSP (I_{HR}) und schließt das Gen für die $tRNA^{Phe}$ mit ein (Gaines u. Attardi 1984, Montoya et al. 1983) (Abb. 1.4.4). Diese am I_{HR} initiierte Transkription terminiert frühzeitig bereits am 3′-Ende des 16S-rRNA-Gens (Abb. 1.4.5). Von entscheidender Bedeutung für diese vorzeitige Termination ist ein kernkodierter Terminationsfaktor (mTERF), der spezifisch an ein Sequenzmotiv am 5′-Ende des $tRNA^{Leu(UUR)}$-Gens bindet (Kruse et al. 1989). Der Terminationsprozess basiert offensichtlich nicht auf einer spezifischen Interaktion zwischen der mtRNA-Polymerase und mTERF. Vielmehr wird angenommen, dass die Polymerase die physikalische Blockade, die durch die feste Bindung von mTERF an der Bindungsstelle entsteht, nicht auflösen kann. Darüber hinaus ist gezeigt worden, dass mTERF eine Krümmung des DNA-Doppelstrangs am Terminationsort induziert, die ihrerseits zur Termination der Transkription beitragen könnte (Shang u. Clayton 1994). Das Gen für mTERF konnte kürzlich identifiziert werden. Es kodiert für ein Protein mit einem Molekulargewicht (MG) von 34 kD mit 2 basischen Abschnitten für die Bindung an die DNA und 3 Leucinzipperdomänen, die an der Ausbildung einer stabilen Tertiärstruktur des Proteins beteiligt sind. In vitro synthetisiertes mTERF wird in Mitochondrien importiert und bindet in Form eines Monomers die Sequenz des Terminationsmotivs mit hoher Affinität. Andererseits ist mTERF allein nicht zur Transkriptionstermination befähigt, was auf die Beteiligung weiterer Faktoren in vivo schließen lässt (Fernandez-Silva et al. 1997).

Störungen in der Effizienz des Terminationsprozesses für die rRNA-Transkripte sind möglicherweise auch der Schlüssel zum Verständnis einer Mitochondriopathie des Menschen. Die Punktmutation A:G an Nukleotidposition 3243 ist mit einer Reihe von Krankheitsbildern, wie MELAS (*m*itochondrial *e*ncephalopathy with *l*actic *a*cidosis and *s*troke-like episodes) (Goto et al. 1990), CPEO (*c*hronic *p*rogressive *e*xternal *o*phthalmoplegia) (Johns u. Hurko 1991) bzw. maternal vererbtem Diabetes mellitus mit Schwerhörigkeit (van den Ouweland et al. 1992) assoziiert (vgl. Tab. 1.4.3). Diese Mutation im DHU-Loop der $tRNA^{Leu(UUR)}$

betrifft die zentrale Position im Bindungsmotiv für mTERF und führt in vitro zu einer drastischen Reduktion der Bindungsaffinität von mTERF und folglich einer reduzierten Effizienz der Transkriptionstermination (Hess et al. 1991, Shang u. Clayton 1994).

Ungeklärt ist bislang die Spezifizierung der Transkriptionstermination für Transkripte, die am I_{HR} initiieren, während die vom I_{HT} startende Transkription davon unbeeinflusst bleibt. Es gibt keinen Hinweis darauf, dass bei der Transkription in Säugermitochondrien verschiedene RNA-Polymerasen involviert sind. Auch eine Beteiligung des 5′-terminalen Leader-Abschnitts der rRNA-Vorläufertranskripte an der Termination erscheint unwahrscheinlich, da die Vorläufertranskripte noch während der Transkription prozessiert werden. Es wird spekuliert, dass möglicherweise durch eine Bindung von mTERF an das Terminationsmotiv die Transkriptionsinitiation am I_{HR} determiniert wird. Für eine regulatorische Eigenschaft von mTERF spricht auch die geringe Häufigkeit des Faktors, die auf 3 Moleküle pro mtDNA-Molekül geschätzt wird (Daga et al. 1993).

1.4.4 Translation

Mitochondrien unterhalten einen eigenen Proteinbiosyntheseapparat, der beim Menschen für die Synthese von lediglich 13 verschiedenen Polypeptidketten benötigt wird. Wesentliche funktionelle Bestandteile des Proteinbiosyntheseapparats wie z. B. die ribosomalen Proteine, die Aminoacyl-tRNA-Synthetasen und die Initiations-, Elongations- und Terminationsfaktoren der Translation werden alle vom Kern kodiert und müssen importiert werden. Lediglich die RNA-Bestandteile des Proteinbiosyntheseapparats – rRNA und tRNA – sind mitochondrial kodiert. Die mitochondrialen Ribosomen (Mitoribosomen) unterscheiden sich in ihrer Zusammensetzung deutlich von der zytoplasmatischer und auch prokaryontischer Ribosomen. Die Sedimentationskoeffizienten der intakten Monosomen bzw. der großen und der kleinen Untereinheit betragen in Säugermitochondrien 55S, 39S und 28S (Matthews et al. 1982, Patel et al. 2000). Die Gesamtmolekularmasse eines solchen Mitoribosoms beträgt etwa $3{,}5 \times 10^6$ und ist damit deutlich größer als die bei *E. coli*. Sehr ungewöhnlich ist das relative Massenverhältnis von RNA zu Protein, welches bei den Mitoribosomen immerhin 1:3 beträgt. Ausschlaggebend dafür ist einerseits der hohe Anteil und die große Anzahl ribosomaler Proteine (etwa 85–90 beim Rind), die deutlich über derjenigen in Prokaryonten und auch der zytoplasmatischer Ribosomen liegt, und anderseits die geringe Größe der mitochondrialen rRNA-Moleküle. Die tierischen Mitoribosomen enthalten lediglich 2 rRNA-Spezies, 16S- und 12S-rRNA, mit einer Länge von etwa 1560 bzw. 950 Nukleotiden. Eine kleine rRNA, wie sie bei anderen Systemen (5S-rRNA bei Eubakterien bzw. 5,8S-rRNA bei Eukaryonten), aber auch bei Pflanzenmitochondrien vorkommt, fehlt bei tierischen Mitoribosomen. Ein kurzer Abschnitt am 3′-Ende der 16S-rRNA zeigt jedoch Sequenzhomologie und strukturelle Ähnlichkeit zu prokaryontischen 5S-rRNA-Molekülen und stellt daher möglicherweise das Rudiment einer ursprünglichen 5S-rRNA dar (Nierlich 1982). Trotz ihrer geringeren Größe zeigen Faltungsmodelle für die beiden mitochondrialen rRNA deutliche strukturelle Ähnlichkeit mit der 23S- und 16S-rRNA von *E. coli*. Der Größenunterschied spiegelt sich dabei insbesondere im Fehlen einiger Sekundärstrukturelemente wieder (Wolstenholme 1992). Am Auffälligsten ist das Fehlen einer Anti-Shine-Dalgarno-Sequenz am 3′-Ende der 12S-rRNA (Shine u. Dalgarno 1974). Bei *E. coli* ist die Interaktion dieses Abschnitts am 3′-Ende der homologen 16S-rRNA mit einer purinreichen Sequenz am 5′-Ende der mRNA (Shine-Dalgarno-Sequenz) für eine effiziente Translation notwendig. Andererseits wurde bereits angeführt, dass die Mehrzahl der reifen mitochondrialen Transkripte unmittelbar mit dem Initiationskodon der Translation beginnt. Auch fehlt den mitochondrialen Transkripten ein 5′-terminales (7-Methyl-Guanosin-) $m^7G(5')$ppp-cap, welches für die Translation eukaryontischer mRNA wichtig ist. Es stellt sich daher die Frage nach dem Mechanismus der Transkripterkennung und Translationsinitiation durch die Mitoribosomen. Es wird spekuliert, dass Sequenzkomplementaritäten interner Transkriptabschnitte mit dem 3′-Anteil der 12S-rRNA und/oder Sekundärstrukturfaltungen der Transkripte an der Erkennung zwischen Ribosom und mRNA beteiligt sein könnten (Gadaleta et al. 1989, O'Brien et al. 1990). Aufgrund der geringen Komplexität mitochondrialer Transkripte – es müssen bei Metazoen lediglich 13 verschiedene Polypeptide synthetisiert werden – haben sich möglicherweise spezifische Erkennungsmechanismen entwickelt. In diesem Zusammenhang sei erwähnt, dass bei der Proteinbiosynthese in Hefemitochondrien transkriptspezifische Translationsaktivatoren beteiligt sind, die mit ribo-

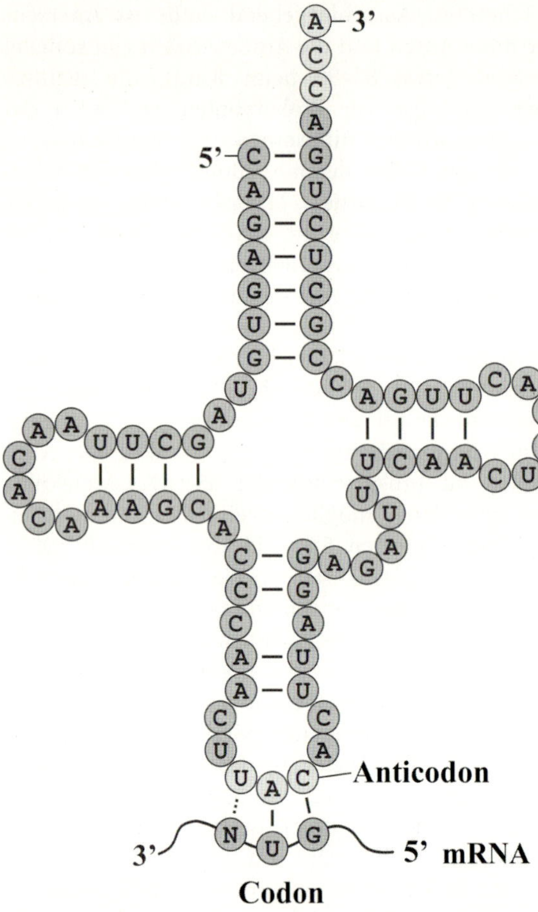

Abb. 1.4.6. tRNA-Struktur und Codon-Anticodon-Erkennung in Mitochondrien. Sekundärstruktur der mitochondrialen $tRNA^{Val}$ mit der Anticodonsequenz UAC. Die Uridinbase an der ersten Anticodonposition interagiert mit allen 4 Basen an der 3. Codonposition und erlaubt damit eine Erkennung aller 4 Codons (GUN) für Valin („super-wobble"). Zusätzlich hervorgehoben ist das CCA-Trinukleotid am 3′-Ende der tRNA. Die Anbindung dieses Trinukleotids erfolgt posttranskriptional durch eine Nukleotidyltransferase

somalen Proteinen interagieren (Haffter et al. 1990).

Anders als bei zytoplasmatischen Ribosomen sind Sekundärmodifikationen der rRNA-Komponenten in den mitochondrialen Ribosomen selten. Der Methylierungsgrad der rRNA ist vergleichsweise gering, und es finden sich keine Pseudouridinsubstitutionen (Dubin u. Taylor 1978). Die Mitoribosomen enthalten im Vergleich mit den zytoplasmatischen Ribosomen einen geringeren Anteil basischer Proteine. Antikörper gegen die ribosomalen Proteine der Mitoribosomen zeigen keine Kreuzreaktion mit denen der zytoplasmatischen Ribosomen, und es ist offensichtlich, dass der größte Teil, wenn nicht sogar alle ribosomalen Proteine der Mitoribosomen von distinkten nukleären Genen kodiert werden (Pietromonaco et al. 1991).

Tabelle 1.4.2. Genetischer Kode in Mitochondrien

Codon	„Universeller" Kode	Säugermitochondrien
UGA	Stopp	Trp
AUA	Ile	(f-)Met
AGA, AGG	Arg	Stopp
AUU, AUC	Ile	f-Met/Ile [a]

[a] Neben AUG dienen auch AUA, AUU und AUC als Initiationskodons der Translation. Interne AUU und AUC werden als Ile übersetzt

Die Einzelprozesse der mitochondrialen Translation – Initiation, Elongation und Termination – sind nur in Ansätzen erforscht. Einzelne Komponenten wie die Elongationsfaktoren EF-Tu, EF-Ts und EF-G und der Terminationsfaktor RF1 konnten isoliert und die zugehörigen Gene kloniert werden. In ihrer Aminosäuresequenz ähneln sie den homologen Faktoren von *E. coli*. Auch die bislang spärlichen biochemischen Untersuchungen zum Elongationszyklus zeigen deutliche Similarität zur Translation bei Prokaryonten (Cai et al. 2000, Zhang u. Spremulli 1998). Die Proteinbiosyntheseleistung der Mitochondrien ist jedoch vergleichsweise gering und beträgt nur einen Bruchteil der Gesamtmasse der in der Zelle synthetisierten Polypeptide. Entsprechend niedrig ist die Konzentration der Proteinbiosynthesekomponenten in den Mitochondrien. Bei vergleichbarem Volumeninhalt beträgt die Zahl der Mitoribosomen bzw. die Konzentration der tRNA und der Translationsfaktoren nur etwa 0,1–1% derjenigen einer stoffwechselaktiven Prokaryontenzelle (Cai et al. 2000). Der größte Teil der Mitoribosomen ist mit der inneren Mitochondrienmembran assoziiert. Offensichtlich erfolgt hier ein unmittelbarer Einbau der neu synthetisierten Proteine in die Membran (Liu u. Spremulli 2000).

Eines der Schlüsselerkenntnisse bei der Analyse des mitochondrialen Genoms war die Entdeckung, dass Mitochondrien einen vom „universellen" Kode abweichenden genetischen Kode verwenden (Barrell et al. 1979). In den humanen Mitochondrien wird das Codon AUA mit Methionin statt Isoleucin „übersetzt", UGA kodiert für Tryptophan anstatt der Terminationsfunktion im universellen Kode und die üblicherweise für Arginin kodierenden Tripletts AGA und AGG dienen als Stoppcodons (Tabelle 1.4.2). Schließlich werden zusätzlich zum AUG auch die Tripletts AUA und AUU (im mtGenom anderer Säuger darüber hinaus auch AUC; Wolstenholme 1992) als Initiationscodons verwendet. An internen Codons werden AUU und AUC jedoch regelrecht als Isoleucin translatiert. Die genannten Abweichungen vom universellen genetischen Kode gelten, soweit bekannt, für die Mitochondrien aller Vertebraten. Im Chondriom niederer Tiere, Einzeller, Pilze und Pflanzen finden sich jedoch auch andere Kodeabweichungen, und zwischenzeitlich gibt es auch zahlreiche Beispiele für abweichende genetische Kodes im Kerngenom (Knight et al. 2001). Die Abänderung des genetischen Kodes ist eng mit der Evolution einer unkonventionellen Codonerkennung durch die tRNAs verknüpft. Die vom humanen mitochondrialen Genom kodierten 22 tRNAs sind ausreichend für die komplette Dekodierung aller 60 translatierten Tripletts. Grundlage dafür ist, dass alle Codons der einheitlich „übersetzten" Codonquartette (CUN-Leucin, GUN-Valin, UCN-Serin, CCN-Prolin, ACN-Threonin, GCN-Alanin, CGN-Arginin und GGN-Glycin) von einer einzigen tRNA-Spezies erkannt werden. Bei dem als „super wobble" bezeichneten Mechanismus paart eine unmodifizierte Uridinbase an erster Position in der Anticodonsequenz mit allen 4 Basen an der 3. Stelle im Codon (Barrell et al. 1980) (Abb. 1.4.6). Bei Codonquartetten, die für 2 unterschiedliche Aminosäuren kodieren (z. B. CAU/CAC-Histidin und CAA/CAG-Glutamin) erfolgt jedoch eine Spezifizierung der „wobble"-Erkennung. Codons mit Purinbasen an der 3. Codonposition werden von tRNAs mit einem modifizierten Uridin an der ersten Anticodonposition spezifiziert, während die mit Pyrimidinbasen endenden Codons von tRNAs mit Guanin an der ersten Anticodonposition erkannt werden. Näheres Interesse verdient auch die differenzielle Aminoacylierung und ungewöhnliche Codon-Anticodon-Paarung der $tRNA^{Met}$. Das einzelne $tRNA^{Met}$-Gen im mtGenom kodiert für 2 Aminoacylvarianten, die Methionin für den internen Einbau bzw. Formylmethionin bei der Initiation übertragen (Anderson et al. 1981, Aujame u. Freeman 1979). Die CAU-Anticodonsequenz dieser tRNA erkennt interne AUG- und AUA-Codons, folglich eine C:A-Paarung an der „wobble"-Position, und bei der Initiation zusätzlich AUU-Codons (bzw. AUC bei anderen Säugern, s. oben). Möglicherweise spielen Basenmodifikationen der $tRNA^{Met}$ für die Aminoacylierung mit Methionin oder Formylmethionin und der differenziellen Erkennung der Codons eine entscheidende Rolle.

Die mitochondrialen tRNAs zeigen einen ungewöhnlich hohen Anteil von Adenosin- und Uridinnukleotiden und sind in ihrer Struktur und Sequenz weit weniger stark konserviert als die tRNAs bei Prokaryonten und die nukleär kodierten tRNAs von Eukaryonten. Insbesondere die Größe und Sequenz der üblicherweise konservierten Loops des DHU- und des TYC-Arms ist sehr variabel. Ein extremes Beispiel ist die $tRNA^{Ser(AGY)}$, bei der der DHU-Arm durch eine kurze ungepaarte Ausfaltung ersetzt ist. Untersuchungen zur Tertiärstruktur zeigen jedoch eine hohe Übereinstimmung mit der Raumstruktur konventioneller tRNA-Moleküle (de Bruijn u. Klug 1983).

1.4.5 Replikation

Die Replikation der beiden mtDNA-Stränge verläuft asynchron. Zunächst erfolgt eine Replikation des H-Strangs, bis nach etwa 2/3 des Molekülumfangs die Signalsequenz für die Initiation der L-Strang-Replikation freigelegt wird (Clayton 1982). Die Initiation der Replikation am O_H, dem Replikationsursprung für den H-Strang im nichtkodierenden Abschnitt der mtDNA, ist eng mit dem Prozess der Transkriptionsinitiation am L-Strang-Promotor (HSP) verknüpft. Ähnlich wie bei einigen prokaryontischen Replikons (z. B. ColE1, Phage T7) bilden bei der Replikation des H-Strangs RNA-Primer die Ausgangssubstrate für die DNA-Synthese (Chang u. Clayton 1985). Daher muss zu Beginn der Replikation zunächst ausgehend vom HSP eine RNA-Synthese initiiert werden. Die Synthese des RNA-Primers erfolgt analog der herkömmlichen Transkription unter Beteiligung des Initiationsfaktors mtTFA und der mtRNA-Polymerase (Abb. 1.4.4). Es ist noch ungeklärt, inwieweit sich die Synthese von RNA-Primern (als 7S-RNA in der älteren Literatur bezeichnet) als Ausgangspunkt für die Replikation vom ordinären Transkriptionsprozess unterscheidet; ob also auch die üblichen L-Strang-Transkripte ein Substrat für die Replikationsinitiation darstellen. Kennzeichnend für den Beginn des Replikationsprozesses ist die Ausbildung eines stabilen RNA-DNA-Hybrids (R-Loop) zwischen dem neu synthetisierten RNA-Primer und dem L-Strang (Abb. 1.4.7). Nukleaseprotektionsexperimente zeigen, dass sich die Hybridbildung auf einen 90–125 bp langen Bereich zwischen den Nukleotidpositionen 70 und 200 des Transkripts beschränkt (Xu u. Clayton 1996). Die Ausbildung des R-Loops wird durch evolutionär konservierte Sequenzabschnitte,

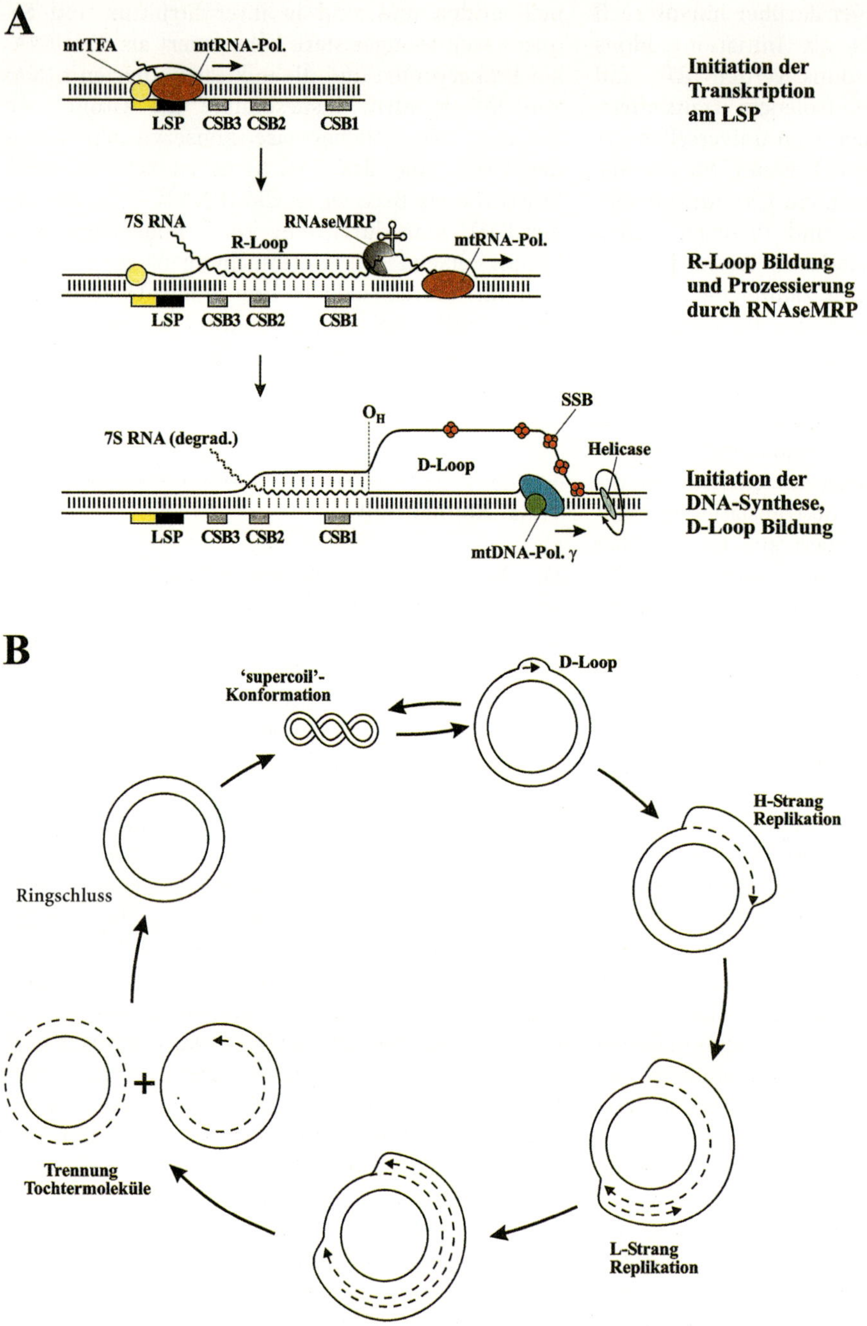

Abb. 1.4.7 A, B. Replikation des humanen mitochondrialen Genoms. **A** Initiationsprozesse der H-Strang-Replikation. Zunächst erfolgt ausgehend vom *LSP* und initiiert durch den Transkriptionsfaktor *mtTFA* die Synthese eines RNA-Primers (7S-RNA) durch die mtRNA-Polymerase. Anteile des Transkripts verbleiben am *Template*-Strang und bilden dabei eine komplexe RNA-DNA-Hybridstruktur (*R-Loop*) aus, die durch evolutionär konservierte Sequenzelemente (*CSB1–3*) stabilisiert wird. Die Ausbildung des R-Loops und die tRNA-ähnliche Rückfaltungsstruktur des freie Transkriptendes sind Voraussetzung für die endonukleolytische Spaltung des Transkripts durch die RNAse MRP. Das prozessierte 3′-Ende des Transkripts dient dann als Ansatzpunkt für die mtDNA-Polymerase γ und ist damit Ausgangspunkt (O_H) für die DNA-Synthese bei der H-Strang-Replikation. Es kommt dabei zur Ausbildung der typischen 3-strängigen D-Loop-Struktur. Vor der Replikationsgabel müssen die elterlichen DNA-Stränge durch eine DNA-Helicase entwunden und der freigelegte elterliche H-Strang durch Einzelstrangbindeproteine (SSB) fixiert werden. **B** Übersicht über den Replikationszyklus der humanen mtDNA. Die Replikation des DNA-Moleküls verläuft asynchron. Zunächst erfolgt die Replikation des H-Strangs, bis nach etwa 2/3 des Molekülumfangs der Replikationsursprung des L-Strangs freigelegt wird und die L-Strang-Replikation initiiert, nach Clayton (1982)

die so genannten „conserved sequence blocks“ (CSBI-III), stabilisiert (Xu u. Clayton 1996). In-vitro-Untersuchungen haben gezeigt, dass es sich beim R-Loop nicht um ein simples RNA-DNA-Hybrid handelt. Funktionelle R-Loops können nämlich nur dann rekonstituiert werden, wenn RNA-Primer und partiell denaturierte, Supercoil-DNA als Ausgangsprodukte verwendet werden (Chang u. Clayton 1987a, Lee u. Clayton 1996). Offensichtlich handelt es sich beim R-Loop am mitochondrialen O_H (H-Strang origin of replication) um eine komplexe Struktur, die den verdrängten DNA-Strang mit einbezieht und durch die erhöhte Torsionsspannung des partiell entwundenen DNA-Moleküls konfiguriert wird. Strukturuntersuchungen deuten darauf hin, dass dabei der RNA-Anteil des R-Loops eine Faltungsstruktur einnimmt, die für die nachfolgende Prozessierung durch die RNAse MRP wichtig ist (Lee u. Clayton 1997). Einige Autoren vermuten darüber hinaus die Ausbildung einer tRNA-ähnlichen Sekundärstruktur des benachbarten, freien 3′-Anteils des RNA-Primers (Brown et al. 1986, Lee u. Clayton 1997). Die Ausbildung des R-Loops ist Voraussetzung für die Prozessierung des RNA-Anteils durch eine sequenzspezifische Endoribonuklease, die mitochondriale RNAse MRP (Abb. 1.4.7). Die Prozessierung des RNA-Primers durch die mtRNAse MRP zeigt eine funktionelle Verwandtschaft mit der Prozessierung der polycistronischen Vorläufertranskripte durch die mtRNAse P. Wie bei der mtRNAse P handelt es sich auch bei der mtRNAse MRP um einen Ribonukleoproteinkomplex (RNP-Komplex) mit einem RNA- und einem Proteinanteil (Chang u. Clayton 1987b). Der RNA-Anteil der mtRNAse MRP besteht aus einem kernkodierten, etwa 270 Nukleotide langen RNA-Molekül mit ausgeprägter Sekundärstruktur (Chang u. Clayton 1989). Gold et al. (1989) konnten zeigen, dass die mtRNAse MRP mit dem so genannten ThRNP, einem spezifischen Antigen bei bestimmten Formen der Autoimmunerkrankung *Lupus erythematodes*, identisch ist. Bei immunzytologischen Untersuchungen lässt sich das ThRNP-Antigen im granulären Bereich des Nukleolus lokalisieren. Dies deutet darauf hin, dass die RNAse MRP neben ihrer spezifischen Funktion bei der Replikationsinitiation in den Mitochondrien auch an der Prozessierung der Vorläufer-rRNA-Transkripte im Kern beteiligt ist (Chu et al. 1994, Lygerou et al. 1996).

Die Funktion der RNAse MRP in den Mitochondrien besteht in der endonukleolytischen Spaltung des RNA-Primers im Bereich des R-Loops. Die Spaltungsreaktion ist jedoch nicht vollkommen spezifisch. So konnten bei In-vitro-Untersuchungen neben einer prädominierenden Schnittstelle etwa 20 Nukleotide stromab der *CSBI* weitere sekundäre Schnittstellen im Bereich zwischen *CSBIII* und *CSBI* identifiziert werden (Lee u. Clayton 1997, 1998). Diese Heterogenität der RNAse-MRP-Prozessierung deckt sich mit den Ergebnissen der Kartierung der 3′-Enden in vivo prozessierter RNA-Primer (Chang et al. 1985). Die Tatsache, dass diese Sequenzpositionen der RNA-Primer-Prozessierung exakt mit den 5′-DNA-Enden des sich replizierenden H-Strangs übereinstimmen, ist bereits früh als Indiz für eine RNA-initiierte DNA-Replikation des H-Strangs erkannt worden (Gillum u. Clayton 1979). Weitere Belege dafür fanden sich bei Replikationsstudien der murinen mtDNA, bei der noch vereinzelt Ribonukleotide am 5′-Ende der H-Strang-Replikationsintermediate nachzuweisen sind (Clayton 1982). Schließlich konnten kürzlich Lee u. Clayton (1998) in einem In-vitro-Experiment die Initiation einer DNA-Synthese an RNAse-MRP-prozessierten R-Loops zeigen. Noch während der Replikationssynthese wird der RNA-Primer am 5′-Ende des neu synthetisierten H-Strangs abgebaut.

Die mitochondriale DNA-Synthese erfordert eine spezifische, kernkodierte Polymerase, die DNA-Polymerase γ. Dieses Enzym setzt sich aus 2 Polypeptidketten zusammen: Einer größeren, katalytisch aktiven Untereinheit mit einem MG von etwa 125–140 kD mit DNA-Polymerase- und 3′-5′- Exonuklease-Aktivität und einer kleineren, akzessorischen β-Untereinheit (Gray u. Wong 1992, Lecrenier u. Foury 2000). Neuere Untersuchungen zur Funktion der β-Untereinheit zeigen, dass sie die DNA-Bindungsaffinität des Polymerasekomplexes erhöht und die Prozessivität der DNA-Synthese steigert (Lim et al. 1999). Interessanterweise zeigt die β-Untereinheit strukturelle Ähnlichkeit mit Aminoacyl-tRNA-Synthetasen. Da sich im Bereich des R-Loops tRNA-ähnliche Rückfaltungen ausbilden können, wird vermutet, dass die β-Untereinheit an der Erkennung des RNA-Primers mitwirkt (Fan et al. 1999). Die mit der großen Untereinheit assoziierte Exonukleaseaktivität hat offensichtlich *Proof-reading*-Funktion (Wernette et al. 1998). Die für die mtDNA typische, hohe Mutationsrate ist daher offensichtlich nicht durch eine mangelnde Genauigkeit der DNA-Synthese bei der Replikation bedingt.

Die Initiation der DNA-Synthese am RNA-Primer gewährleistet jedoch nicht unmittelbar die vollständige Replikation des mitochondrialen Genoms. Typisch für die mtDNA bei Wirbeltieren ist das Auftreten von Molekülen mit partiell dupliziertem H-Strang. Im Bereich benachbart zum O_H bildet sich ein so genannter D-Loop, eine Triplexstruktur aus den beiden Elternsträngen und einem etwa 570–650 Nukleotide langen Tochter-H-Strang (7S-DNA) (Abb. 1.4.7). Diese Struktur entsteht durch einen frühen Replikationsabbruch des H-Strangs, wobei Tochter- und Template-Strang weiter assoziiert bleiben (Clayton 1982). Die Beobachtung, dass die 7S-DNA-Moleküle einheitliche 3′-Enden aufweisen, impliziert die Beteiligung eines spezifischen Terminationsmechanismus. Diese 3′-Enden der 7S-DNA sind durch evolutionär konservierte Sequenzmotive (TAS: termination associated sequences) auf dem Template-Strang charakterisiert. Ein TAS bindendes Protein mit einem MG von 48 kD, welches möglicherweise am Replikationsarrest beteiligt ist, konnte kürzlich identifiziert werden (Madsen et al. 1994).

Die Frequenz von mtDNA-Molekülen mit D-Loops variiert zwischen Zellen und Gewebe und ist von den jeweiligen physiologischen Bedingungen abhängig. Zum Teil sind Präparationen mit einem über 75%igen Anteil an mtDNA-Molekülen mit D-Loops beschrieben worden (Hallberg 1974, Robberson u. Clayton 1972). Ob die Ausbildung von D-Loops lediglich Ausdruck eines replikationskompetenten Zustands ist oder ob er eine regulatorische Funktion hat, ist bislang nicht geklärt. Interessanterweise konnte gezeigt werden, dass u.a. Sequenzabschnitte des D-Loops Verankerungspunkte mit der inneren Mitochondrienmembran darstellen (Jackson et al. 1996). Es fehlen bislang auch schlüssige Erkenntnisse darüber, ob die im D-Loop terminierten Tochter-H-Stränge in vivo tatsächlich auch weiter verlängert werden können oder ob für einen erfolgreichen Replikationszyklus vollständig neu synthetisierte Stränge, die der Termination an den TAS entgehen, notwendig sind.

Wie bei anderen Replikationssystemen sind bei der mitochondrialen DNA-Replikation neben der DNA-Polymerase γ weitere akzessorische Proteine beteiligt. Dazu gehören eine DNA-Helicase zur Entwindung der DNA vor der Replikationsgabel und ein Einzelstrangbindeprotein (SSB) zur Stabilisierung der Einzelstränge (Abb. 1.4.7). Das Gen für das humane mitochondriale SSB konnte kloniert werden und zeigt Sequenzhomologie zum SSB von *E. coli*. Das mtSSB ist ein Tetramer mit sehr ähnlichen biophysikalischen Eigenschaften wie sein Homolog in *E. coli* (Tiranti et al. 1993).

Die Replikationsgabel des H-Strangs erreicht erst nach etwa 2/3 des Molekülumfangs den Initiationsort für die Replikation des L-Strangs (ori L oder O_L). Der O_L umfasst einen etwa 30 Nukleotide langen Abschnitt zwischen den Genen für $tRNA^{Asn}$ und $tRNA^{Cys}$. In diesem Bereich kann sich der freigelegte elterliche H-Strang in eine thermodynamisch stabile Haarnadelstruktur auffalten (Martens u. Clayton 1979). Auch die Initiation der L-Strang-Replikation erfordert zunächst die Synthese eines RNA-Primers. Diese Primersynthese erfolgt aber unabhängig von sonstigen Transkriptionsprozessen und erfordert eine spezifische mtDNA-Primase. Die RNA-Synthese initiiert an einem thymidinreichen Sequenzmotiv im Loop der O_L-Haarnadelstruktur und setzt sich bis zu einem konservierten Sequenzabschnitt an der Basis der Haarnadelstruktur fort (Hixson et al. 1986). An dieser Stelle erfolgt die Transition von der RNA- zur DNA-Synthese, wobei das 3′-Ende des RNA-Primers der DNA-Polymerase γ als Angriffspunkt dient (Wong u. Clayton 1985). Von hier aus erfolgt die weitere Elongation und Replikation des L-Strangs entsprechend der am H-Strang, nur in gegenläufiger Richtung (Abb. 1.4.7).

Noch vor Beendigung der L-Strang-Replikation werden die beiden Tochter-mtDNA-Moleküle voneinander getrennt, und die verbleibende Lücke im neu synthetisierten L-Strang wird rasch aufgefüllt (Berk u. Clayton 1974). Die RNA-Primer an den 5′-Enden der neu synthetisierten Tochterstränge werden abgebaut und die Enden durch eine DNA-Ligase geschlossen. Schließlich werden die vollständig replizierten Tochter-mtDNA-Moleküle durch eine DNA-Gyrase in ihre übliche *Supercoil*-Struktur aufgedrillt, wobei jedes Molekül etwa 100 negativ superhelikale Windungen erhält (Bogenhagen u. Clayton 1978). Die Enzymatik dieser Vorgänge zum Abschluss der Replikation und die Identität der beteiligten Faktoren sind bislang noch weitgehend unerforscht.

Anders als im Kern gibt es keinen spezifischen Mechanismus, der dafür sorgt, dass die Tochtermoleküle bei der Teilung regelrecht auf die Tochtermitochondrien verteilt werden. Für eine ungeregelte Verteilung spricht auch die Beobachtung, dass bei gemischterbigen Mitochondrien eine weitgehend zufällige Verteilung der Mitochondrien bzw. der mtDNA-Moleküle bei der mitotischen Teilung erfolgt. Infolgedessen kommt es auch zur Entmischung gemischterbiger mtDNA-Populationen im Soma eines Organismus (Howell et al. 1994; s. unten).

Die mtDNA ist jedoch innerhalb der Mitochondrien nicht frei verteilt. Mikroskopische Beobachtungen zeigen, dass die mtDNA mit Proteinen assoziiert und in Form von Nukleoidkomplexen vorliegt, die an der inneren Mitochondrienmembran verankert sind (Jackson et al. 1996, Kuroiwa 1982, Satoh u. Kuroiwa 1991). Während die Replikation der mtDNA offensichtlich nicht streng mit der Mitochondrienteilung synchronisiert ist, geht der Organellenteilung jedoch eine Segregation der Nukleoidkomplexe an die beiden Pole des Mitochondriums voraus (Kuroiwa et al. 1994). Dieser Mechanismus sorgt zwar für eine Verteilung der mtDNA auf die Tochtermitochondrien, die Aufteilung der individuellen mtDNA-Moleküle ist dabei jedoch weitgehend zufällig. Die Teilung der Mitochondrien selbst erfolgt durch eine Durchschnürung mittels eines kontraktilen Komplexes (MD ring) an der Außenseite des Mitochondriums (Kuroiwa et al. 1998).

Eine intensive Vermehrung von Mitochondrien und die damit korrelierte hohe Replikationsrate der mtDNA wird insbesondere in Perioden aktiver Zellteilung, bei Ausdauertraining, elektrischer Muskelstimulierung und bestimmter Hormonstimulation beobachtet. Dabei sind die Prozesse der Replikation und Transkription des mitochondrialen Genoms und die Expression kernkodierter Mitochondrienproteine eng miteinander verkoppelt. So aktivieren die nukleären Transkriptionsaktivatoren NRF-1 und NRF-2 sowohl die Gene für kernkodierte Bestandteile der Atmungskettenkomplexe als auch die Gene für mtTFA und den RNA-Anteil der RNAse MRP (Virbasius u. Scarpulla 1994, Virbasius et al. 1993). Die Bedeutung dieser nukleären Faktoren für die Replikation und damit letztlich den Erhalt der mtDNA wird durch *Knockout*-Experimente an Mäusen unterstrichen. Sowohl die gezielte Ausschaltung des NRF1-Gens als auch die des mtTFA-Gens führen im homozygoten Zustand zu einem drastischen Verlust an mtDNA und zum frühen Absterben der Embryonen (Huo et al. 2001, Larsson et al. 1998).

Trotz der Tatsache, dass die Replikation der mitochondrialen DNA einer nur relaxierten Kontrolle unterliegt, d.h. nicht streng synchronisiert mit der Replikation der nukleären DNA und der Zellteilung erfolgt, ist die Zahl der Mitochondrien und der Gehalt an mtDNA in einem gegebenen Zelltyp doch relativ konstant (Bogenhagen u. Clayton 1977). Innerhalb einer Zelle gibt es jedoch deutliche Unterschiede in der Replikationsrate der mtDNA. In-situ-Untersuchungen zum Einbau des Thymidinanalogs BrdU (5′-Bromo-2′-Desoxyuridin) haben gezeigt, dass die Replikationsrate in der Nähe des Zellkerns deutlich höher ist als in der Peripherie (Davis u. Clayton 1996). Möglicherweise liefert der Kern hier limitierende Faktoren (z.B. den RNA-Anteil der RNAse MRP, s. unten), die in den kernnahen Mitochondrien besser verfügbar sind. Nach längeren Inkubationszeiten mit BrdU wird eine schnelle Ausbreitung der Markierung in die Zellperipherie beobachtet. Dies spricht dafür, dass die Mitochondrien bzw. mtDNA-Moleküle in der Zelle aktiv transportiert und durchmischt werden (Davis u. Clayton 1996, Hayashi et al. 1994).

1.4.6 Mitochondriale Vererbung

Die mitochondriale DNA und die damit verbundenen Merkmale werden bei Säugern praktisch rein mütterlich (maternal) vererbt (Birky 1995, Giles et al. 1980). Dieser Vererbungsmodus bedingt, dass die mtDNA und die damit verbundenen mitochondrialen Merkmale aller Kinder allein vom mitochondrialen Genotyp der Mutter abhängen (Abb. 1.4.8).

Während bei Mäusen in einer einzelnen Studie ein sehr geringer Anteil väterlicher mtDNA in der Nachkommenschaft nachgewiesen werden konnte (Gyllenstein et al. 1991), gibt es bislang keinen schlüssigen Beleg dafür, dass beim Menschen väterliche mtDNA in die Keimbahn gelangt. Ausschlaggebend für die rein maternale Vererbung sind das große Plasmavolumen und die darin enthaltenen Mitochondrien der Eizelle (etwa 100000) gegenüber der Spermazelle (< 100 Mitochondrien) und effektive physikalische und biochemische Barrieren, die das Eindringen väterlicher Mitochondrien in die Zygote weitestgehend ausschließen. Bei der Befruchtung dringen das Mittelteil und der Schwanz des Spermiums mit den darin enthaltenen Mitochondrien zwar häufig in die Eizelle ein, offenbar sind diese Mitochondrien jedoch funktionell geschädigt und/oder werden aktiv eliminiert. Für eine funktionelle Defizienz von Spermienmitochondrien sprechen ihre mangelnde Fähigkeit zur Rekolonisierung von mitochondriendepletierten Zellen (rho^--Zellen) und der hohe Anteil von mtDNA-Molekülen mit Deletionen (Cummins et al. 1998, King u. Attardi 1989). Andererseits wird vermutet, dass nach dem Eindringen in die Eizelle die Reste des Spermiums spezifisch durch den 26S-Proteasom-Komplex degradiert werden (Sutovsky et al. 1996).

Mutationen in der mitochondrialen DNA führen zu einem gemischterbigen Genotyp, der als Hete-

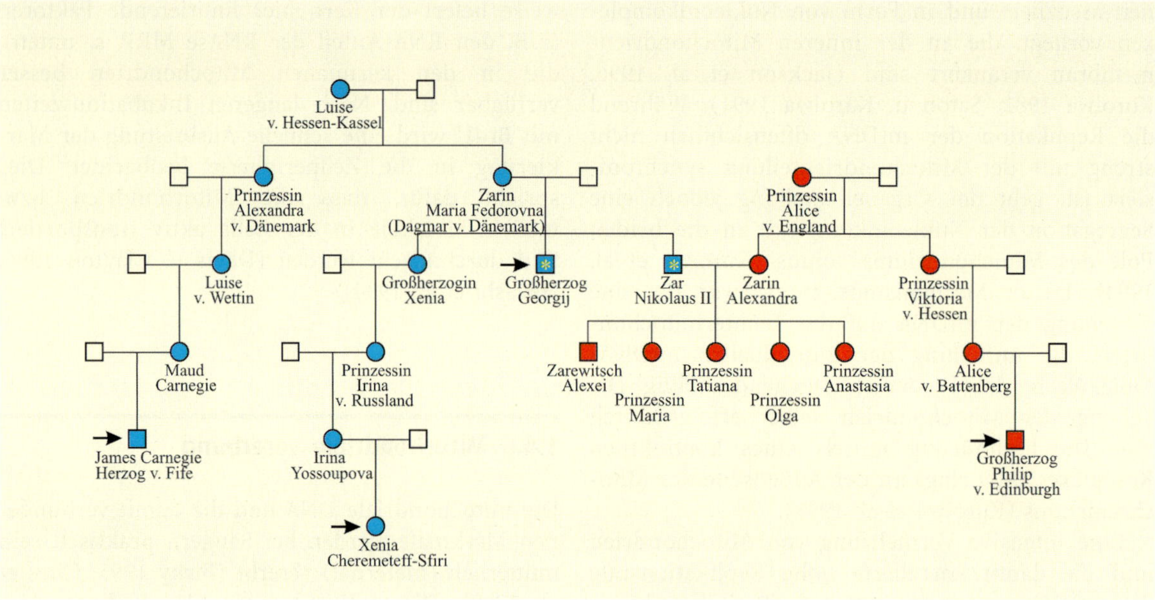

Abb. 1.4.8. Maternale Vererbung und Anwendung der mtDNA-Analyse für forensische Fragestellungen. Dargestellt sind Teile des Stammbaums der Zarenfamilie mit farblicher Kennzeichnung der beiden maternalen Erblinien. Durch forensische Vergleichsanalysen der mtDNA zwischen Knochenfunden aus einem Massengrab in der Nähe von Jekatarinenburg und Proben von Familienmitgliedern der beiden maternalen Erblinien (*Pfeile*) konnte die Identität der sterblichen Überreste der Zarenfamilie bewiesen werden. Eine beim Zar Nikolaus vorhandene Heteroplasmie an einer Nukleotidposition der mtDNA (*Stern*) zeigte sich auch bei der Untersuchung der mtDNA seines Bruders Georgij, nicht jedoch bei den weiter entfernt verwandten Familienmitgliedern

roplasmie bezeichnet wird und der Homoplasmie (Reinerbigkeit) gegenübergestellt wird. Da sowohl die Verteilung der mtDNA-Moleküle bei der Teilung der Mitochondrien als auch die Aufteilung der Mitochondrien bei der Zellteilung weitgehend ungeregelt erfolgen, tritt Heteroplasmie in jedwedem graduiertem Verhältnis auf. Ausgeprägte Schwankungen im Heteroplasmiegrad lassen sich bereits zwischen verschiedenen Geweben innerhalb eines Individuums feststellen (mitotische Segregation) (Howell et al. 1994, Matthews et al. 1994). Neuere Untersuchungen bei heteroplasmatischen Mäusen zeigen für einige Gewebe eine rein zufällige Segregation, für andere jedoch eine altersabhängige Selektion bestimmter mtDNA-Genotypen (Jenuth et al. 1997).

Betrachtet man dagegen jedoch die vergleichsweise geringe Zahl an Zellteilungen in der mütterlichen Keimbahn, dann überrascht, dass auch zwischen Geschwistern große Unterschiede im Heteroplasmiegrad beobachtet werden und in der Generationsabfolge heteroplasmatische Genotypen rasch in Reinerbigkeit übergehen. Ein Paradebeispiel dafür sind Untersuchungen an Holsteinrindern, bei denen zwischen dem Auftreten einer Heteroplasmie und der Entmischung zur Reinerbigkeit lediglich 2–3 Generationen liegen (Laipis et al. 1988). In einem Extremfall wurde sogar ein vollständiger Austausch des mtDNA-Genotyps innerhalb einer Generation beobachtet (Koehler et al. 1991). Entsprechende Beispiele für eine solche rasche, generative Segregation heteroplasmatischer mtDNA sind auch mehrfach bei Familien mit pathogenen mtDNA-Mutationen beschrieben (Blok et al. 1997, Hao et al. 1995). In Anlehnung an populationsgenetische Modelle ist daher die so genannte *bottleneck*-Hypothese zur Erklärung dieses Phänomens aufgestellt worden (Ashley et al. 1989, Hauswirth u. Laipis 1982). Danach beruht die rasche Entmischung heteroplasmatischer Genotypen auf einem Prozess, der dafür sorgt, dass nur eine geringe Zahl an mtDNA-Molekülen effektiv zur mtDNA-Population in der Nachkommenschaft beiträgt. Eine solche Einengung (bottleneck) der effektiven mtDNA-Population erklärt den beobachtbaren genetischen Drift im relativen Verhältnis zweier mtDNA-Populationen. In einem eleganten Ansatz konnten Jenuth et al. (1996) die *bottleneck*-Hypothese experimentell erhärten: Durch Fusion zweier Maus-Zelllinien gelang es, heteroplasmatische Mäuse zu erzeugen. Eine vergleichende Untersuchung zwischen der Nachkommenschaft und verschiedenen Stadien der Oogenese ergab, dass die hohe Variabilität im Heteroplasmiegrad der Nachkommenschaft bereits in den primären Oozyten angelegt ist, während die frühen Keimzellen (primordiale Keimzellen) eine geringe Variabilität zeigen. Die primordialen Keimzellen enthalten selbst nur etwa 40 Mitochondrien. Sie differenzieren sich zu Oogonien, die sich dann im Lauf multipler mitotischer Teilungen zu den primären Oozyten weiterentwickeln. Die geringe mtDNA-Population der primordialen Keimzellen und die nachfolgenden mitotischen Teilungen während der Oogenese können die Variabilität im Heteroplasmiegrad der Oozyten und letztlich der Nachkommenschaft erklären. Die zwischen den Stadien der primordialen Keimzellen und der Oozyten zu beobachtende mtDNA-Segregation deckt sich nämlich mit der theoretischen Erwartung einer reinen Zufallsverteilung. Wird eine Zahl von $n=15$ mitotischen Teilungen zwischen primordialen Keimzellen und reifen Oozyten zugrunde gelegt, errechnet sich – für die experimentell beobachtete Varianz im Heteroplasmiegrad der Oozyten – eine effektive mtDNA-Ausgangspopulation von etwa 200 Molekülen. Bei einer durchschnittlichen Kopienzahl von 5 mtDNA-Molekülen pro Mitochondrium ergibt sich daraus der DNA-Gehalt von 40 Mitochondrien in exakter Übereinstimmung mit der durchschnittlichen Zahl an Organellen in den primordialen Keimzellen (Jenuth et al. 1996). Neuere Untersuchungen an Humanoozyten deuten darauf hin, dass diese Ergebnisse weitgehend auch auf den Menschen übertragbar sind (Brown et al. 2001). Dies bedeutet aber auch, dass bereits während der Embryonalentwicklung der Mutter der Heteroplasmiegrad der Nachkommenschaft determiniert wird.

Der *bottleneck* bei der Weitergabe der mtDNA von einer Generation zur nächsten ist daneben aber auch für die Evolution der mtDNA von immenser Bedeutung. Im Vergleich zu nukleären Genen zeigt die mitochondriale DNA eine etwa 10fach erhöhte Divergenzrate, d.h. die mtDNA evolviert rascher als das Kerngenom (Brown et al. 1982). Ein Grund dafür ist die wesentlich höhere Mutationsrate (Khrapko et al. 1997, Shenkar et al. 1996), die mit der Exposition der mtDNA gegenüber mutagenen Sauerstoffderivaten und ineffizienten DNA-Reparaturmechanismen begründet wird (Shadel u. Clayton 1997). Tritt aber eine neue Mutation auf, kann sie sich bei einer großen effektiven Ausgangspopulation an mtDNA-Molekülen nur schwer etablieren und nur über sehr lange Zeiträume in der Population „durchsetzen". Ist die effektive Ausgangspopulation aber klein – wie beim *bottleneck* – kann eine Mutation durch den genetischen Drift sehr schnell akkumulieren. Der *bottleneck* begünstigt daher die Fixierung neuer mtDNA-Mutationen in der Keimbahn und trägt wesentlich zur hohen Diversität und raschen Evolution der mtDNA bei (Howell et al. 1996).

Die meisten Experten betrachten die mitochondriale Vererbung als rein asexuellen Prozess mit einer ausschließlich klonalen Weitergabe der mtDNA in strikt getrennten Erblinien. Über längere Zeiträume kommt es in solchen rein klonalen Erblinien jedoch zur Anreicherung von nachteiligen Mutationen, die nicht durch Rekombination eliminiert werden können. Geht man gedanklich von einem ursprünglichen Genotyp mit maximaler „Fitness" aus, kommt es durch die natürliche Mutationsrate zu einer ständig fortschreitenden Zersetzung der Ursprungspopulation in Subpopulationen mutierter Genotypen mit einer eher reduzierten „Fitness". Nur stark destruktive Mutationen können durch Selektion effektiv eliminiert werden. Konsequenterweise akkumulieren in einer klonalen Erblinie daher zunächst mutierte Genotypen mit nur geringfügig reduzierter „Fitness", der Ursprungsgenotyp stirbt nach und nach aus und es kommt in der Folge zu einer fortschreitenden Erosion durch weitere Mutationen und zur weiteren Abschwächung der „Fitness". Dieser Degenerationsprozess wird nach der erstmalig theoretisch begründeten Formulierung durch Hermann Muller als „Muller's ratchet" bezeichnet (Muller 1964). Die hohe interindividuelle mtDNA-Sequenzvariabilität beim Menschen und die strukturelle Erosion der mitochondrialen tRNAs sind als Hinweise für einen solchen Degenerationsprozess der mtDNA gewertet worden (Lynch 1996, Nachman et al. 1996). Kann etwas diesen Prozess aufhalten oder ist damit das Schicksal des mitochondrialen Genoms besiegelt? Es scheint so, als ob die Mitochondrien Strategien entwickelt hätten, „Muller's ratchet" zu blockieren oder zumindest zu verlangsamen. Allein schon die geringe Größe des mitochondrialen Genoms verringert bereits die effektive Zahl potenzieller Mutationen. Von großer Bedeutung ist dabei wohl auch der *bottleneck* bei der Weitergabe der Mitochondrien von einer zur nächsten Generation. Durch den damit verbundenen genetischen Drift werden Neumutationen rasch exponiert und können im Fall nachteiliger Eigenschaften durch Selektion besser eliminiert werden (Hoekstra 2000). Eine andere, einfache Lösung des Problems böte sich durch Rekombination, entweder zwischen mtDNA-Molekülen einer Erblinie (z.B. bei Heteroplasmie) oder durch den

Eintrag paternaler mtDNA-Moleküle in die Eizelle bei der Befruchtung. In-vitro-Experimente mit mitochondrialen Lysaten belegen, dass die für eine Rekombination notwendigen Enzymaktivitäten in den Mitochondrien durchaus vorhanden sind (Thyagarajan et al. 1996). Auch das Auftreten von mtDNA-Oligomeren und deren Zerlegung in Monomere deutet darauf hin, dass zumindest in einigen Zelltypen eine intramolekulare Rekombination vorkommt (Holt et al. 1997). Trotz allem konnte eine intermolekulare Rekombination der mtDNA bei Säugern nie eindeutig belegt werden. Weder bei der experimentellen Fusion von Zellen mit unterschiedlichem mitochondrialem Genotyp noch bei den selten zu beobachtenden Fällen multipler Heteroplasmie konnte das Auftreten rekombinanter Genotypen detektiert werden (Bidooki et al. 1997, Lightowlers et al. 1997, King u. Attardi 1988). Möglicherweise verhindert die rein physikalische Trennung der mtDNA-Moleküle in separate Mitochondrien oder in verschiedene Nukleoide innerhalb eines Mitochondriums die intermolekulare Rekombination, auch wenn bei Säugern vereinzelt eine Fusion von Mitochondrien beobachtet wurde (Hayashi et al. 1994, Smith u. Alcivar 1993). Der fehlende experimentelle Beweis schließt das Vorkommen einer Rekombination verschiedener mtDNA-Genotypen zwar nicht aus, zeigt aber doch, dass solche Ereignisse, wenn überhaupt, selten sind. Vor kurzem sind durch populationsgenetische Untersuchungen neue Argumente für eine Rekombination der mtDNA ins Feld geführt worden. Awadalla et al. (1999a, b) konnten bei der Untersuchung von Primaten-mtDNA zeigen, dass die paarweise Kopplung von Sequenzvarianten (linkage disequilibrium) mit dem Abstand der betreffenden Sequenzpositionen abnimmt. Ein solcher Zusammenhang ist typisch für Rekombinationsereignisse, deren Wahrscheinlichkeit primär eine Funktion des Abstands zwischen 2 Sequenzpositionen ist. Eine solche Abhängigkeit ist durch unabhängige Mutationsereignisse nicht zu erklären. Darüber hinaus wurde argumentiert, dass, wenn für die Rekonstruktion phylogenetischer mtDNA-Stammbäume ausschließlich Mutationen in Betracht gezogen werden, sehr unterschiedliche Mutationsraten innerhalb der mtDNA und wiederholte Neumutationen an bestimmten Nukleotidpositionen gefordert werden müssen. Auch diese so genannten Homoplasien ließen sich einfacher durch Rekombination erklären (Eyre-Walker 2000). Die erhobenen Daten und Schlussfolgerungen sind derzeit Gegenstand heftiger Kontroversen (Awadalla et al. 1999a, b, Kumar et al. 2000). Ergebnisse von Hagelberg et al. (1999) und Eyre-Walker (2000), die die Rekombinationshypothese unterstützen, mussten zwischenzeitlich zum Teil revidiert werden, und neuere Untersuchungen kompletter mtDNA-Sequenzen negieren eine abstandsabhängige Kopplungsbeziehung innerhalb der mtDNA (Ingman et al. 2000).

1.4.7 Mitochondriale Erkrankungen

Eine Übersicht über das menschliche mitochondriale Genom und den genetischen Apparat der Mitochondrien wäre unvollständig, ohne zumindest kurz auf dessen medizinische Bedeutung einzugehen. Für eine ausführliche Abhandlung dieser Thematik sei auf eine Reihe ausführlicher Übersichtsarbeiten verwiesen: Brown u. Wallace (1994), Howell (1999) und Schon (2000).

Mutationen im mitochondrialen Genom sind für eine Reihe, z. T. sehr schwerwiegender Erkrankungen (Mitochondriopathien) verantwortlich (Tabelle 1.4.3; für eine komplette Übersicht s. auch MITOMAP-Datenbank: http://www.gen.emory.edu/mitomap.html). Schätzungen für Großbritannien gehen von einer Gesamtprävalenz pathogener mtDNA-Mutationen in der Größenordnung von 1:8000 aus (Chinnery et al. 2000). Deletionen und/oder partielle Duplikationen der mtDNA sind die Ursache für spezifische Krankheitsbilder, wie das Kearns-Sayre-Syndrom (KSS, Multisystemerkrankung), die mildere progressive externe Ophthalmoplegie (PEO, Myopathie der äußeren Augenmuskulatur) und das Pearson-Syndrom (Erkrankung des Knochenmarks und der Bauchspeicheldrüse).

Diese Erkrankungen treten immer sporadisch auf, was für einen somatischen Ursprung der Deletionen spricht. Es sind Dutzende verschiedener Deletionen beschrieben. Sie variieren in ihrer Ausdehnung zwischen 1 und 10 kb und erfolgen zumeist zwischen kurzen Sequenzwiederholungen der mtDNA. Die häufigste Deletion (*common deletion*) betrifft einen 4977-bp-Abschnitt zwischen dem ATP8- und dem ND5-Gen. MtDNA-Deletionen liegen immer heteroplasmatisch vor und sind häufig mit partiellen mtDNA-Duplikationen assoziiert.

Dutzende mutmaßlich pathogene Punktmutationen der mtDNA sind in den letzten Jahren beschrieben worden. Dabei ist aufgrund der interindividuellen Sequenzvariabilität der mtDNA die Bewertung einer Mutation als pathogen oftmals schwierig, gerade wenn es sich um Einzelbeobach-

Tabelle 1.4.3. Wichtigste pathogene mtDNA-Mutationen

Mutation (Nukleotidaustausch)	Gen (Proteinveränderung)	Homoplasmie bzw. Heteroplasmie	Erkrankung[a]
Deletionen (1–10 kb)	Diverse	Heteroplasmie	Kearns-Sayre-Syndrom Pearson-Syndrom PEO
1555A:G	12SrRNA	Homoplasmie	Taubheit
3243A:G	$tRNA^{Leu(UUR)}$	Heteroplasmie	MELAS/DMDF
3260A:G	$tRNA^{Leu(UUR)}$	Heteroplasmie	MMC
3271T:C	$tRNA^{Leu(UUR)}$	Heteroplasmie	MELAS
3302A:G	$tRNA^{Leu(UUR)}$	Heteroplasmie	Myopathie
8344A:G	$tRNA^{Lys}$	Heteroplasmie	MERRF/MELAS
8356T:C	$tRNA^{Lys}$	Heteroplasmie	MERRF
8993T:G	ATP6 (Leu156Arg)	Heteroplasmie	Morbus Leigh/NARP
8993T:G	ATP6 (Leu156Pro)	Heteroplasmie	Morbus Leigh/NARP
3460G:A	ND1 (Ala52Thr)	Homoplasmie/Heteroplasmie	LHON
11778G:A	ND4 (Arg340His)	Homoplasmie/Heteroplasmie	LHON
14484T:C	ND6 (Met64Val)	Homoplasmie/Heteroplasmie	LHON

[a] *PEO* progressive external ophthalmoplegia; *MELAS* mitochondrial encephalopathy, lactic acidosis and stroke-like episodes; *DMDF* diabetes mellitus and deafness; *MMC* maternal myopathy and cardiomyopathy; *MERRF* myoclonic epilepsy and ragged-red fibers; *NARP* sensory neuropathy, ataxia and retinitis pigmentosa; *LHON* Lebers hereditary optic neuropathy

tungen handelt. Anders als bei den sporadisch auftretenden Deletionen ist bei den Punktmutationen typischerweise der mütterliche Erbgang erkennbar. Der Grad der Erblichkeit hängt jedoch davon ab, ob Heteroplasmie oder Homoplasmie für die Mutation vorliegt. Die meisten der bekannten Punktmutationen betreffen die Gene für die mitochondrialen tRNAs, wobei in diesen Fällen immer Heteroplasmie vorliegt. Klassische Beispiele für solche tRNA-Mutationen sind das MERRF-Syndrom (myoclonic epilepsy and ragged-red fibers), verursacht durch Mutationen im $tRNA^{Lys}$-Gen, und das MELAS-Syndrom (mitochondrial encephalopathy, lactic acidosis and stroke-like episodes) mit Mutationen insbesondere im Gen für die $tRNA^{Leu(UUR)}$.

Andere häufig mit tRNA-Mutationen assoziierte Krankheitsbilder und Symptome sind Myopathien (Skelettmuskelmyopathien, Kardiomyopathien, PEO), Enzephalopathien bzw. Diabetes mellitus und Taubheit.

Dabei ist das klinische Bild und die Ausprägung der Einzelsymptome in starkem Maß vom Heteroplasmiegrad in den verschiedenen Geweben abhängig. So wird beispielsweise ein und dieselbe Mutation (3243A:G) im Gen für die $tRNA^{Leu(UUR)}$ sowohl bei MELAS-Patienten als auch bei Patienten mit PEO oder Diabetes mellitus plus Taubheit gefunden. Sehr spezifisch dagegen ist die klinische Ausprägung der 1555A:G-Mutationen im Gen für die 12S-rRNA in Form einer Schwerhörigkeit.

Das Spektrum der Punktmutationen in den Protein kodierenden Genen des mtGenoms ist vergleichsweise gering. Neben sporadischen Einzelfällen mit Mutationen im CYB- bzw. den CO-Genen gibt es 3 klassische Krankheitsbilder, die durch *missense*-Mutationen in proteinkodierenden Genen verursacht werden: Die maternal vererbte Form des Morbus Leigh ist eine meist tödlich verlaufende, neurodegenerative Erkrankung der Basalganglien und des Stammhirns, die durch die Mutationen 8993T:G (Leu156Arg) oder 8993T:C (Leu156Pro) im ATP6-Gen verursacht wird. Die Mutationen liegen dabei heteroplasmatisch vor, und Leigh-Patienten zeigen einen sehr hohen Anteil (>90%) mutierter mtDNA. Interessanterweise führen die gleichen Mutationen bei einem geringeren Anteil mutierter mtDNA-Moleküle (70–90%) zu einem gänzlich anderen Krankheitsbild, dem NARP-Syndrom (*n*europathy, *a*taxia and *r*etinitis *p*igmentosa), welches durch eine axonale Neuropathie, Gleichgewichtsstörungen und eine Netzhautdegeneration gekennzeichnet ist. Weitaus häufiger als der Morbus Leigh oder das NARP-Syndrom tritt die Lebersche hereditäre Optikusneuropathie (LHON) auf. LHON ist eine spezifische Erkrankung des Sehnervs, die mit einem hochgradigen Verlust des Sehvermögens einhergeht. Typisch für LHON ist das Auftreten einer Punktmutation im ND1- (3460G:A; Ala52Thr), ND4- (11778G:A; Arg340His) oder ND6-Gen (14484T:C; Met64Val). Im Gegensatz zu anderen mtDNA-Mutationen liegt bei LHON-Patienten überwiegend eine Homoplasmie für die jeweilige Mutation vor, die sich auch über viele Generationen hinweg zeigen lässt. Weitere Besonderheiten der LHON sind die reduzierte

Penetranz, das weitaus höhere Erkrankungsrisiko für Männer im Vergleich zu Frauen und das sehr dramatische kurzfristige Auftreten der Erkrankung.

Die Bedeutung von mtDNA-Mutation bei neurodegenerativen Erkrankungen des Alters wie der Parkinson-Erkrankung und der Alzheimer-Erkrankung ist nach wie vor sehr umstritten [zur Diskussion s. Howell (1999)]. Es gibt zwar zunehmende Hinweise auf subtile Defekte der Atmungskettenkomplexe I und IV bei solchen Patienten, es stellt sich jedoch die Frage, ob diese Defekte ursächlich sind oder Sekundärerscheinungen dieser Erkrankungen darstellen. Zwar konnte eine Übertragung des biochemischen Defekts durch das Plasma in Hybridexperimenten gezeigt werden (Davis et al. 1997, Swerdlow et al. 1996), spezifische mtDNA-Mutationen konnten hierbei jedoch nicht nachgewiesen werden (Ikebe et al. 1995). Einige Autoren mutmaßen daher, dass möglicherweise das Zusammenwirken verschiedener Sequenzvarianten in der mtDNA bzw. spezifische mtDNA-Haplotypen ein erhöhtes Risiko für diese Erkrankungen mit sich bringen (Shoffner et al. 1993).

Ähnlich kontrovers wird über einen möglichen kausalen Zusammenhang zwischen der Akkumulation somatischer mtDNA-Mutationen und dem generellen Prozess des Alterns diskutiert. Aufgrund des hohen Sauerstoffumsatzes bei der oxidativen Phosphorylierung in den Mitochondrien ist die mtDNA ständig hohen Konzentrationen an reaktiven Sauerstoffderivaten (Peroxid, Sauerstoff- und Superoxidradikalen) mit hohem mutagenem Potenzial ausgesetzt. In der Tat ist der Anteil oxidierter Basen in der mtDNA etwa 16-mal höher als in der nukleären DNA (Richter 1994). Leider ist der Nachweis einer unterschwelligen Akkumulation von somatischen Punktmutationen technisch sehr schwierig. Anders dagegen können größere Deletionen mit hoher Sensitivität detektiert werden. Entsprechende Untersuchungen zeigen, dass insbesondere im Gehirn eine altersabhängige Akkumulation solcher Deletionen in einer Größenordnung von bis zu 2% aller auf DNA-Moleküle zu beobachten ist (Corral-Debrinski et al. 1992). Ob ein solch geringer Anteil von Deletionen einen Effekt nach sich zieht, kann aber bislang nicht beantwortet werden. Der kürzlich für Aufsehen sorgende Befund über eine altersabhängige, hochgradige Anreicherung von Mutationen in der Promotorregion der mtDNA (Michikawa et al. 1999) konnte in einer Folgestudie allerdings nicht bestätigt werden (Chinnery et al. 2001). Ein kausaler Zusammenhang zwischen mtDNA-Mutationen und dem Altern ist daher bislang nicht eindeutig belegt.

Dem Studium mitochondrialer Erkrankungen mangelte es bisher an der Verfügbarkeit geeigneter Tiermodelle. Durch die Generierung eines Mausstamms mit einer in der Keimbahn vererbten, heteroplasmatischen mtDNA-Deletion ist hier kürzlich ein wichtiger Fortschritt hinsichtlich der weiteren klinischen und genetischen Erforschung der Mitochondriopathien gelungen (Inoue et al. 2000).

1.4.8 mtDNA als molekularer Marker

Die mtDNA wird sehr häufig als Marker bei forensischen Untersuchungen und für phylogenetische Fragestellungen angewendet. Die wesentlichen Gründe dafür sind die im Vergleich zur nukleären DNA hohe Kopienzahl der mtDNA in biologischen Proben, die hohe interindividuelle Sequenzvariabilität und die klonale Weitergabe der mtDNA.

Letzteres ist beispielsweise dann wichtig, wenn die Identität bzw. die Verwandtschaft einer Person geklärt werden sollen, für die nur Vergleichsproben von entfernten Familienmitgliedern zur Verfügung stehen. Ein Paradebeispiel für den Wert der mtDNA-Analyse in der Forensik ist die Identifikation der sterblichen Überreste der letzten Zarenfamilie. Soweit aus Aufzeichnungen und Zeugenaussagen bekannt, wurde die Zarenfamilie in der Nacht vom 16. auf den 17. Juli 1918 im Keller des Ipatijev-Hauses in Jekatarinenburg von bolschewikischen Revolutionären erschossen. Danach wurden die Leichen fortgeschafft und in einer Grube am Straßenrand verscharrt. Im Jahr 1991 wurde von 2 russischen Amateurhistorikern 30 km von Jekatarinenburg entfernt ein Massengrab mit 9 Skeletten aus dieser Zeit entdeckt. Für die forensische Untersuchung wurde mtDNA aus den Knochenresten extrahiert und ein Sequenzvergleich mit der mtDNA von lebenden Verwandten der mütterlichen Erblinie durchgeführt (Abb. 1.4.8). Dabei konnte mit großer Sicherheit die Identität der Funde als die sterblichen Überreste von Zar Nickolaus II, der Zarin Katharina und 3 ihrer Töchter bestimmt werden (Gill et al. 1994). Die zunächst bestehende Unsicherheit über die Identität des Zaren aufgrund einer Heteroplasmie im untersuchten mtDNA-Abschnitt konnte durch deren Bestätigung an Proben des exhumierten Bruders des Zaren, Georgij, ausgeräumt werden (Ivanov et al. 1996).

Durch die klonale Weitergabe der mtDNA in der mütterlichen Linie lassen sich insbesondere auch Rückschlüsse auf die Populationsgeschichte und die Herkunft des modernen Menschen ziehen. Grundlage dafür ist die Sequenzvariabilität der mtDNA innerhalb und zwischen Populationen, Volksstämmen oder Sprachgruppen. Die gefundenen mtDNA-Haplotypen können in einen „Stammbaum" integriert werden, mit dem versucht wird, die Entstehung und Entwicklung der rezenten Haplotypen aus einer gemeinsamen Wurzel zu strukturieren (*maximum parsimony analysis*). Aufsehen erregt haben hier insbesondere die Untersuchungen von Cann et al. (1987) und Vigilant et al. (1991) über den Ursprung und die Herkunft der mütterlichen Erblinie. Die Autoren kamen aufgrund einer vergleichenden Untersuchung der mtDNA von 134 verschiedenen Individuen verschiedener Rassen und geographischer Herkunft zum dem Schluss, dass alle rezenten mtDNA-Haplotypen auf eine gemeinsame Wurzel (Stammmutter, „Eva") in Afrika zurückgeführt werden können. Auch wenn diese „out of Africa"-Hypothese aufgrund der fossilen Belege weitgehend unstrittig ist, hat doch die Datierung dieser Stammmutter auf etwa 200 000 Jahre vor unserer Zeit für sehr viele kontroverse Diskussionen gesorgt. Der Streit entzündet sich darüber, ob und inwieweit *Homo erectus*, der bereits vor etwa 1 Mio. Jahren aus Afrika kommend weite Gebiete Europas und Asiens besiedelt hat, zur Evolution des modernen Menschen außerhalb Afrikas beigetragen hat, oder ob er durch eine 2. Einwanderungswelle vor etwa 50 000–100 000 Jahren vollständig vom *Homo sapiens* verdrängt worden ist. Letztere Hypothese wird durch die Untersuchung der mtDNA aus Knochenfunden des Neandertalers gestützt, bei der große Abweichungen im Vergleich mit der mtDNA-Sequenz des modernen Menschen gefunden wurden (Krings et al. 1997). Dies deutet darauf hin, dass der von der frühen *Homo erectus*-Besiedlung abstammende Neandertaler zwar eine Zeitlang neben dem neu eingewanderten *Homo sapiens* in Europa gelebt hat, es aber offensichtlich zu keiner merklichen Vermischung zwischen beiden Spezies gekommen ist.

Es ist bemerkenswert, dass unser heutiges Bild vom Ursprung des modernen Menschen, von seiner Besiedlung der Kontinente und der Herkunft von Volks- und Sprachgruppen insbesondere durch Untersuchungen der mtDNA geprägt ist.

1.4.9 Literatur

Altman S, Baer M, Guerrier-Takada C, Vioque A (1986) Enzymatic cleavage of RNA by RNA. Trends Biochem Sci 11:515–518

Anderson S, Bankier AT, Barrell BG et al. (1981) Sequence and organization of the human mitochondrial genome. Nature 290:457–465

Andrews RM, Kubacka I, Chinnery PF, Lightowlers RN, Turnbull DM, Howell N (1999) Reanalysis and revision of the Cambridge reference sequence for human mitochondrial DNA. Nat Genet 23:147

Ashley MV, Laipis PJ, Hauswirth WW (1989) Rapid segregation of heteroplasmic bovine mitochondria. Nucleic Acids Res 17:7325–7331

Attardi G (1985) Animal mitochondrial DNA: an extreme example of genetic economy. Int Rev Cytol 93:93–145

Aujame L, Freeman KB (1979) Mammalian mitochondrial transfer RNAs: chromatographic properties, size and origin. Nucleic Acids Res 6:455–470

Awadalla P, Eyre-Walker A, Maynard Smith J (1999a) Questioning evidence for recombination in human mitochondria. Science 288:1931

Awadalla P, Eyre-Walker A, Maynard Smith J (1999b) Linkage disequilibrium and recombination in human mitochondria. Science 286:2524–2525

Barrell BG, Bankier AT, Drouin J (1979) A different genetic code in human mitochondria. Nature 282:189–194

Barrell BG, Anderson S, Bankier AT et al. (1980) Different pattern of codon recognition by mammalian mitochondrial tRNAs. Proc Natl Acad Sci USA 77:3164–3166

Berk AJ, Clayton DA (1974) Mechanism of mitochondrial DNA replication in mouse L-cells: asynchronous replication of strands, segregation of circular daughter molecules, aspects of topology and turnover of an initiation sequence. J Mol Biol 86:801–824

Bibb MJ, Van Etten RA, Wright CT, Walberg MW, Clayton DA (1981) Sequence and gene organization of mouse mitochondrial DNA. Cell 26:167–180

Bidooki SK, Johnson MA, Chrzanowska-Lightowlers Z, Bindoff LA, Lightowlers RN (1997) Intracellular mitochondrial triplasmy in a patient with two heteroplasmic base changes. Am J Hum Genet 60:1430–1438

Birky CW (1995) Uniparental inheritance of mitochondrial and chloroplast genes: mechanisms and evolution. Proc Natl Acad Sci USA 92:11 331–11 338

Bittner-Eddy P, Monroy AF, Brambl R (1994) Expression of mitochondrial genes in the germinating conidia of *Neurospora crassa*. J Mol Biol 235:881–897

Blok RB, Gook DA, Thorburn DR, Dahl HH (1997) Skewed segregation of the mtDNA nt8993 (T → G) mutation in human oocytes. Am J Hum Genet 60:1495–1501

Bogenhagen DF (1996) Interaction of mtTFB and mtRNA polymerase at core promoters for transcription of *Xenopus laevis* mtDNA. J Biol Chem 271:12 036–12 041

Bogenhagen DF, Clayton DA (1977) Mouse L cell mitochondrial DNA molecules are selected randomly for replication throughout the cell cycle. Cell 11:719–727

Bogenhagen DF, Clayton DA (1978) Mechanism of mitochondrial DNA replication in mouse L-cells: introduction of superhelical turns into newly replicated molecules. J Mol Biol 119:49–68

Brown MD, Wallace DC (1994) Molecular basis of mitochondrial DNA disease. J Bioenerg Biomembr 26:273–289

Brown GG, Gadaleta G, Pepe G, Saccone C, Sbisa E (1986) Structural conservation and variation in the D-loop containing region of vertebrate mitochondrial DNA. J Mol Biol 192:503–511

Brown DT, Samuels DC, Michael EM, Turnbull DM, Chinnery PF (2001) Random genetic drift determines the level of mutant mtDNA in human primary oocytes. Am J Hum Genet 68:533–536

Cai YC, Bullard JM, Thompson NL, Spremulli LL (2000) Interaction of mitochondrial elongation factor Tu with aminoacyl-tRNA and elongation factor Ts. J Biol Chem 275: 20308–20314

Cann RL, Stoneking M, Wilson AC (1987) Mitochondrial DNA and human evolution. Nature 325:31–36

Chang DD, Clayton DA (1985) Priming of human mitochondrial DNA replication occurs at the light-strand promotor. Proc Natl Acad Sci USA 82:351–355

Chang DD, Clayton DA (1987a) A novel endoribonuclease cleaves at a priming site of mouse mitochondrial replication. EMBO J 6:409–417

Chang DD, Clayton DA (1987b) A mammalian mitochondrial RNA processing activity contains nuclear-encoded RNA. Science 235:1178–1184

Chang DD, Clayton DA (1989) Mouse RNAse MRP RNA is encoded by a nuclear gene and contains a decamer sequence complementary to a conserved region of mitochondrial RNA substrate. Cell 56:131–139

Chang DD, Hauswirth WW, Clayton DA (1985) Replication priming and transcription initiate from precisely the same site in mouse mitochondrial DNA. EMBO J 6:1559–1567

Chinnery PF, Johnson MA, Wardell TM et al. (2000) Epidemiology of pathogenic mitochondrial DNA mutations. Ann Neurol 48:188–193

Chinnery PF, Taylor GA, Howell N, Brown DT, Parsons TJ, Turnbull DM (2001) Point mutations of the mtDNA control region in normal and neurodegenerative human brains. Am J Hum Genet 68:529–532

Chomyn A, Mariottini P, Cleeter MW et al. (1985) Six unidentified reading frames of human mitochondrial DNA encode components of the respiratory-chain NADH dehydrogenase. Nature 314:592–597

Chomyn A, Cleeter MW, Ragan CI, Riley M, Doolittle RF, Attardi G (1986) URF6, last unidentified reading frame of human mtDNA, codes for an NADH dehydrogenase subunit. Science 234:614–618

Chu S, Archer RH, Zengel JM, Lindahl L (1994) The RNA of RNAse MRP is required for normal processing of ribosomal RNA. Proc Natl Acad Sci USA 91:659–663

Clayton DA (1982) Replication of animal mitochondrial DNA. Cell 28:693–705

Corral-Debrinski M, Horton T, Lott MT, Shoffner JM, Beal MF, Wallace DC (1992) Mitochondrial DNA deletions in human brain: regional variability and increase with advanced age. Nat Genet 2:324–329

Correns C (1937) Nichtmendelnde Vererbung. Bornträger, Berlin

Cummins JM, Jequier AM, Martin R, Mehmet D, Goldblatt J (1998) Semen levels of mitochondrial deletions in men attending an infertility clinic do not correlate with phenotype. Int J Androl 21:47–52

Daga A, Micol V, Hesse D, Aebersold R, Attardi G (1993) Molecular characterization of the transcription termination factor from human mitochondria. J Biol Chem 268:8123–8130

Davis AF, Clayton DA (1996) In situ localization of mitochondrial DNA replication in intact mammalian cells. J Cell Biol 135:883–893

Davis RE, Miller S, Hermstadt C et al. (1997) Mutations in mitochondrial cytochrome c oxidase genes segregate with late-onset Alzheimer disease. Proc Natl Acad Sci USA 94:4526–4531

De Bruijn MH, Klug A (1983) A model for the tertiary structure of mammalian mitochondrial transfer RNAs lacking the entire 'dihydrouridine' loop and stem. EMBO J 2:1309–1321

Doersen CJ, Guerrier-Takada C, Altman S, Attardi G (1985) Characterization of an RNAse P activity from HeLa cell mitochondria. Comparison with the cytosolic RNAse P activity. J Biol Chem 260:5942–5949

Dubin DT, Taylor RH (1978) Modification of mitochondrial ribosomal RNA from hamster cells: the presence of GmG and late-methylated UmGmU in the large subunit (17 S) RNA. J Mol Biol 121:523–540

Ephrussi B (1953) Nucleo-cytoplasmic relations in microorganisms. Oxford University Press, London

Eyre-Walker A (2000) Do mitochondria recombine in humans? Phil Trans R Soc Lond B 355:1573–1580

Fan L, Sanschagrin PC, Kaguni LS, Kuhn LA (1999) The accessory subunit of mtDNA polymerase shares structural homology with aminoacyl-tRNA-synthetases: implications for a dual role as a primer recognition factor and processivity clamp. Proc Natl Acad Sci USA 96:9527–9532

Fernandez-Silva P, Martinez-Azorin F, Micol V, Attardi G (1997) The human mitochondrial transcription termination factor (mTERF) is a multizipper protein but binds to DNA as monomer, with evidence pointing to intramolecular leucine zipper interaction. EMBO J 16:1066–1079

Fisher RP, Clayton DA (1988) Purification and characterization of human mitochondrial transcription factor 1. Mol Cell Biol 8:3496–3509

Fisher RP, Lisowsky T, Parisi MA, Clayton DA (1992) DNA wrapping and bending by a mitochondrial high mobility group-like transcriptional activator protein. J Biol Chem 267:3358–3367

Foury F, Roganti T, Lecrenier N, Purnelle B (1998) The complete sequence of the mitochondrial genome of *Saccharomyces cerevisiae*. FEBS Lett 440:325–331

Frey TG, Manella CA (2000) The internal structure of mitochondria. Trends Biochem Sci 25:319–324

Gadaleta G, Pepe G, De Candia G, Quagliariello C, Sbisa E, Saccone E (1989) The complete nucleotide sequence of the *Rattus norvegicus* mitochondrial genome: cryptic signals revealed by comparative analysis. J Mol Evol 28:497–516

Gaines GL, Attardi G (1984) Intercalating drugs and low temperatures inhibit synthesis and processing of ribosomal RNA in isolated human mitochondria. J Mol Biol 172:451–466

Gelfand R, Attardi G (1981) Synthesis and turnover of mitochondrial ribonucleic acids in HeLa cells: the mature ribosomal and messenger ribonucleic acid species are metabolically unstable. Mol Cell Biol 1:497–511

Giles RE, Blanc H, Cann HM, Wallace DC (1980) Maternal inheritance of human mitochondrial DNA. Proc Natl Acad Sci USA 77:6715–6719

Gill P, Ivanov PL, Kimpton C et al. (1994) Identification of the remains of the Romanov family by DNA analysis. Nat Genet 6:130–135

Gillum AM, Clayton DA (1979) Mechanism of mitochondrial DNA replication in mouse L-cells: RNA priming during the initiation of heavy-strand synthesis. J Mol Biol 135:353–368

Gold HA, Topper JN, Clayton DA, Craft J (1989) The RNA processing enzyme RNAse MRP is identical to the ThRNP and related to RNAse P. Science 245:1377–1380

Goto YI, Nonaka I, Horai S (1990) A mutation in the tRNA-Leu(UUR) gene associated with the MELAS subgroup of mitochondrial encepholomyopathies. Nature 348:651–653

Gray H, Wong TW (1992) Purification and identification of subunit structure of human mitochondrial DNA polymerase. Biochemistry 37:6050–6058

Gray MW, Burger G, Lang BF (1999) Mitochondrial evolution. Science 283:1476–1481

Haffter P, McMullin TW, Fox TD (1990) A genetic link between an mRNA-specific translational activator and the translation system in yeast mitochondria. Genetics 125:495–503

Hagelberg E, Goldman N, Lio P et al. (1999) Evidence for mitochondrial recombination in a human population of island Melanesia. Proc R Soc Lond B Biol Sci 266:485–492

Hallberg RL (1974) Mitochondrial DNA in *Xenopus laevis* oocytes. I. Displacement loop occurrence. Dev Biol 38:346–355

Hao H, Bonilla E, Manfredi G, DiMauro S, Moraes CT (1995) Segregation patterns of a novel mutation in the mitochondrial tRNA glutamic acid gene associated with myopathy and diabetes mellitus. Am J Hum Genet 56: 1017–1025

Hauswirth WW, Laipis PJ (1982) Mitochondrial DNA polymorphism in a maternal lineage of Holstein cows. Proc Natl Acad Sci USA 79:4686–4690

Hayashi JL, Takemitsu M, Goto Y, Nonoak I (1994) Human mitochondria and mitochondrial genome function as a single dynamic cellular unit. J Cell Biol 125:43–50

Hess JF, Parisi MA, Bennett JL, Clayton DA (1991) Impairment of mitochondrial transcription termination by a point mutation associated with the MELAS subgroup of mitochondrial encephalomyopathies. Nature 351:236–239

Hixson JE, Wong TW, Clayton DA (1986) Both the conserved stem-loop abd divergent 5′-flanking sequences are required for initiation at the human mitochondrial origin of light-strand DNA replication. J Biol Chem 261:2384–2390

Hoekstra RF (2000) Evolutionary origin and consequences of uniparental mitochondrial inheritance. Hum Reprod [Suppl 2] 15:102–111

Holt IJ, Dunbar DR, Jacobs HT (1997) Behaviour of a population of partially duplicated mitochondrial DNA molecules in cell culture: segregation, maintenance and recombination dependent on the nuclear background. Hum Mol Genet 6:1251–1260

Howell N (1997) mtDNA recombination: what do in vitro data mean? Am J Hum Genet 61:19–22

Howell N (1999) Human mitochondrial disease: answering questions and questioning answers. Int Rev Cytol 186: 49–116

Howell N, Xu M, Halvorson S, Bodis-Wollner I, Sherman J (1994) A heteroplasmic LHON family: tissue distribution and transmission of the 11778 mutation. Am J Hum Genet 55:203–206

Howell N, Kubacka I, Mackey DA (1996) How rapidly does the human mitochondrial genome evolve? Am J Hum Genet 59:501–509

Huo L, Scarpulla RC (2001) Mitochondrial DNA instability and peri-implantation lethality associated with targeted disruption of nuclear respiratory factor 1 in mice. Mol Cell Biol 21:644–654

Ikebe SI, Tanaka M, Ozawa T (1995) Point mutations of mitochondrial genome in Parkinson's disease. Mol Brain Res 28:281–295

Ingman M, Kaessmann H, Pääbo S, Gyllenstein U (2000) Mitochondrial genome variation and the origin of modern humans. Nature 408:708–712

Inoue K, Nakada K, Ogure A et al. (2000) Generation of mice with mitochondrial dysfunction by introducing mouse mtDNA carrying a deletion into zygotes. Nat Genet 26:176–181

Ivanov PL, Wadhams MJ, Roby RK, Holland MM, Weedn VW, Parsons TJ (1996) Mitochondrial DNA sequence heteroplasmy in the Grand Duke of Russia Georgij Romanov establishes the authenticity of the remains of Tsar Nicholas II. Nat Genet 12:417–420

Jackson DA, Bartlett J, Cook PR (1996) Sequences attaching loops of nuclear and mitochondrial DNA to underlying structures in human cells: the role of transcription units. Nucleic Acids Res 24:1212–1219

Jenuth JP, Peterson AC, Fu K, Shoubridge EA (1996) Random genetic drift in the female germline explains the rapid segregation of mammalian mitochondrial DNA. Nat Genet 14:146–151

Jenuth JP, Peterson AC, Shoubridge EA (1997) Tissue-specific selection for different mtDNA genotypes in heteroplasmic mice. Nat Genet 16:93–95

Johns DR, Hurko O (1991) Mitochondrial leucine transfer-RNA mutation in neurological diseases. Lancet 337:927–928

Khrapko K, Collier HA, Andre PC, Li XC, Hanekamp JS, Thilly W (1997) Mitochondrial mutation spectra in human cells and tissues. Proc Natl Acad Sci USA 94:13798–13803

King MP, Attardi G (1988) Injection of mitochondria into human cells leads to a rapid replacement of the endogenous mitochondrial DNA. Cell 52:811–819

King MP, Attardi G (1989) Human cells lacking mtDNA: repopulation with exogenous mitochondria by complementation. Science 246:500–503

Knight RD, Freeland SJ, Landweber L (2001) Rewiring the keyboard: evolvability of the genetic code. Nat Rev 2:49–58

Koehler CM, Lindberg GL, Brown DR et al. (1991) Replacement of bovine mitochondrial DNA by a sequence variant within one generation. Genetics 129:247–255

Kolesnikova OA, Entelis NS, Mireau H, Fox TD, Martin RP, Tarassov IA (2000) Suppression of mutations in mitochondrial DNA by tRNAs imported from the cytoplasm. Science 289:1931–1934

Krings M, Stone A, Schmitz RW, Krainitzki H, Stoneking M, Pääbo S (1997) Neandertal DNA sequences and the origin of modern humans. Cell 90:19–30

Kruse B, Narasimhan N, Attardi G (1989) Termination of transcription in human mitochondria: identification and purification of a DNA binding protein factor that promotes termination. Cell 58:391–397

Kumar S, Hedrick P, Stoneking M (2000) Questioning evidence for recombination in human mitochondrial DNA. Science 288:1931

Kuroiwa T (1982) Mitochondrial nuclei. Int Rev Cytol 75:1–59

Kuroiwa T, Ohta T, Kuroiwa H, Shigeyuki K (1994) Molecular and cellular mechanisms of mitochondrial nuclear division and mitochondriokinesis. Microsc Res Tech 27:220–232

Kuroiwa T, Kuroiwa H, Sakai A, Takahashi H, Toda K, Itoh R (1998) The division apparatus of plastids and mitochondria. Int Rev Cytol 181:1–41

Laipis PJ, Van de Walle MJ, Hauswirth WW (1988) Unequal partitioning of bovine mitochondrial genotypes among siblings. Proc Natl Acad Sci USA 85:8107–8110

Lang BF, Burger G, O'Kelly CJ et al. (1997) An ancestral mitochondrial DNA resembling a eubacterial genome in miniature. Nature 387:493–497

Larsson NG, Wang J, Wilhelmsson H et al. (1998) Mitochondrial transcription factor A is necessary for mtDNA maintenance and embryogenesis in mice. Nat Genet 18:231–236

Lecrenier N, Foury F (2000) New features of mitochondrial DNA replication system in yeast and man. Gene 246:37–48

Lee DY, Clayton DA (1996) Properties of a primer RNA-DNA hybrid at the mouse mitochondrial DNA leading-strand origin of replication. J Biol Chem 271:24262–24269

Lee DY, Clayton DA (1997) RNAse mitochondrial RNA processing correctly cleaves a novel R loop at the mitochondrial DNA leading-strand origin of replication. Genes Dev 11:582–592

Lee DY, Clayton DA (1998) Initiation of mitochondrial DNA replication by transcription and R-loop processing. J Biol Chem 273:30.614–30.621

Lim SE, Longley MJ, Copeland WC (1999) The mitochondrial p55 accessory subunit of human DNA polymerase γ enhances DNA binding, promotes processive DNA synthesis and confers *N*-ethylmaleimide resistance. J Biol Chem 274:38197–38203

Liu M, Spremulli L (2000) Interaction of mammalian mitochondrial ribosomes with the inner membrane. J Biol Chem 275:29400–29406

Lygerou Z, Allmang, C, Tollervey D, Seraphin B (1996) Accurate processing of a eukaryotic precursor ribosomal RNA by RNAse MRP in vitro. Science 272:268–270

Lynch M (1996) Mutation accumulation in transfer RNA: molecular evidence for Muller's ratchet in mitochondrial genomes. Mol Biol Evol 13:209–220

Madsen CS, Ghivizzani SC, Hauswirth WW (1993) Protein binding to a single termination-associated sequence in the mitochondrial DNA D-loop region. Mol Cell Biol 13:2162–2171

Margulis L (1981) Symbiosis in cell evolution. Freeman, San Francisco

Masters BS, Stohl LL, Clayton DA (1987) Yeast mitochondrial RNA polymerase is homologous to those encoded by bacteriophages T3 and T7. Cell 51:89–99

Matthews DE, Hessler RA, Denslow ND, Edwards JS, O'Brien TW (1982) Protein composition of the bovine mitochondrial ribosome. J Biol Chem 257:8788–8794

Matthews PM, Hopkin J, Brown R, Stephenson J, Hilton-Jones D, Brown GK (1994) Comparison of the relative levels of the 3243 A → G mtDNA mutation in heteroplasmic adult and fetal tissues. J Med Genet 31:41–44

Michikawa Y, Mazzucchelli F, Bresolin N, Scarlato G, Attardi G (1999) Aging-dependent accumulation of point mutations in the human mtDNA control region for replication. Science 286:774–779

Montoya J, Gaines GL, Attardi G (1983) The pattern of transcription of the human mitochondrial rRNA genes reveals two overlapping transcription units. Cell 34:151–159

Muller HJ (1964) The relation of recombination to mutational advance. Mutat Res 1:2–9

Nachman MW, Brown WM, Stoneking M, Aquadro CF (1996) Nonneutral mitochondrial DNA variation in humans and chimpanzees. Genetics 142:953–963

Nass MMK, Nass S (1963a) Intramitochondrial fibers with DNA characteristics: I. Fixation and electron staining reaction. J Cell Biol 19:593–611

Nass S, Nass MMK (1963b) Intramitochondrial fibers with DNA characteristics: II. Enzymatic and other hydrolytic treatments. J Cell Biol 19:613–629

Nierlich DP (1982) Fragmentary 5S-rRNA gene in the human mitochondrial genome. Mol Cell Biol 2:207–209

O'Brien TW, Denslow ND, Anders J, Coutney BC (1990) The translation system of mammalian mitochondria. Biochim Biophys Acta 1050:174–178

Ojala D, Montoya J, Attardi G (1981) tRNA punctuation model of RNA processing in human mitochondria. Science 290:470–474

Palmieri F (1994) Mitochondrial carrier proteins. FEBS Lett 246:48–54

Parisi MA, Clayton DA (1991) Similarity of human mitochondrial transcription factor 1 to high mobility group proteins. Science 252:965–969

Patel VB, Cunningham CC, Hantgan RR (2001) Physiochemical properties of rat liver mitochondrial ribosomes. J Biol Chem 276:6739–6746

Perna NT, Kocher TD (1996) Mitochondrial DNA: molecular fossils in the nucleus. Curr Biol 6:128–129

Pietromonaco SF, Denslow ND, O'Brien TW (1991) Proteins of mammalian mitochondrial ribosomes. Biochimie 73:827–836

Puranam RS, Attardi G (2001) The RNase P associated with HeLa cell mitochondria contains an essential RNA component identical in sequence to that of the nuclear RNase P. Mol Cell Biol 21:548–561

Radloff R, Bauer W, Vinograd J (1967) A dye-buoyant-density method for the detection and isolation of closed circular duplex DNA: the closed circular DNA in HeLa cells. Proc Natl Acad Sci USA 57:1514–1521

Reichert A, Mörl M (2000) Repair of tRNAs in metazoan mitochondria. Nucleic Acids Res 28:2043–2048

Reichert A, Rothbauer U, Mörl M (1998) Processing and editing of overlapping tRNAs in human mitochondria. J Biol Chem 273:31977–31984

Richter C (1994) Role of mitochondrial DNA modifications in degenerative diseases and aging. Curr Topics Bioenerg 17:1–16

Robberson DL, Clayton DA (1972) Replication of mitochondrial DNA in mouse L cells and their thymidine kinase$^-$ derivatives: displacement replication on a covalently-closed circular template. Proc Natl Acad Sci USA 69: 3810–3814

Rossmanith W, Tullo A, Potuschak T, Karwan R, Sbisa E (1995) Human mitochondrial tRNA processing. J Biol Chem 270:12885–12891

Rutter GA, Rizzuto R (2000) Regulation of mitochondrial metabolism by ER Ca^{2+} release: an intimate connection. Trends Biochem Sci 25:215–221

Satoh M, Kuroiwa T (1991) Organization of multiple nucleoids and DNA molecules in mitochondria of human cells. Exp Cell Res 196:137–140

Schneider A, Marechal-Drouard L (2000) Mitochondrial tRNA import: are there distinct mechanisms? Trends Cell Biol 10:509–513

Schon EA (2000) Mitochondrial genetics and disease. Trends Biochem Sci 25:555–560

Shadel GS, Clayton DA (1997) Mitochondrial DNA maintenance in vertebrates. Annu Rev Biochem 66:409–435

Shang J, Clayton DA (1994) Human mitochondrial transcription termination exhibits RNA polymerase independence and biased bipolarity in vitro. J Biol Chem 269:29112–29120

Shenkar R, Navidi W, Tavare S et al. (1996) The mutation rate of the human mtDNA deletion mtDNA4977. Am J Hum Genet 59:772–780

Shine J, Dalgarno L (1974) The 3′-terminal sequence of *Escherichia coli* 16S ribosomal RNA: complementarity to nonsense triplets and ribosome binding sites. Proc Natl Acad Sci USA 71:1342–1346

Shoffner JM, Brown MD, Torroni A et al. (1993) Mitochondrial DNA variants observed in Alzheimer and Parkinson disease patients. Genomics 17:171–184

Skulachev VP (2001) Mitochondrial filaments and clusters as intracellular power-transmitting cables. Trends Biochem Sci 26:23–29

Smith LC, Alcivar AA (1993) Cytoplasmic inheritance and its effects on development and performance. J Reprod Fertil [Suppl] 48:31–43

Sutovsky P, Navara CS, Schatten G (1996) Fate of the sperm mitochondria and the incorporation, conversion and disassembly of the sperm tail structures during bovine fertilization. Biol Reprod 55:1195–1205

Swerdlow RH, Parks JK, Miller SW et al. (1996) Origin and functional consequences of the complex I defect in Parkinson's disease. Ann Neurol 40:663–671

Tiranti V, Rocchi M, DiDonato S, Zeviani M (1993) Cloning of human and rat cDNAs encoding the mitochondrial single-stranded DNA-binding protein (SSB). Gene 126:219–225

Thyagarajan B, Padua RA, Campbell C (1996) Mammalian mitochondria possess homologous recombination activity. J Biol Chem 271:27536–27543

Unseld M, Marienfeld JR, Brandt P, Brennicke A (1997) The mitochondrial genome of *Arabidopsis thaliana* contains 57 genes in 366,924 nucleotides. Nat Genet 15:57–61

Van den Boogaart P, Samallo J, Agsteribbe E (1982) Similar genes for a mitochondrial ATPase subunit in the nuclear and mitochondrial genomes of Neurospora crassa. Nature 298:187–189

Van den Ouweland JMW, Lemkes HHPJ, Ruitenbeek W et al. (1992) Mutation in mitochondrial transfer RNALeu(UUR) gene in a large pedigree with maternally inherited type-II diabetes-mellitus and deafness. Nat Genet 1:368–371

Vigilant L, Stoneking M, Harpending H, Hawkes K, Wilson AC (1991) African populations and the evolution of human mitochondrial DNA. Science 253:1503–1507

Virbasius CA, Scarpulla RC (1994) Activation of the human transcription factor A gene by nuclear respiratory factors: a potential link between nuclear and mitochondrial gene expression in organelle biogenesis. Proc Natl Acad Sci USA 91:1309–1313

Virbasius CA, Virbasius JV, Scarpulla RC (1993) NRF-1, an activator involved in nuclear-mitochondrial interactions, utilizes a new DNA-binding domain conserved in a family of developmental regulators. Genes Dev 7:2431–2445

Wallace DC, Singh G, Lott MT et al. (1998) Mitochondrial DNA mutation associated with Leber's hereditary optic neuropathy. Science 242:1427–1430

Ward BL, Anderson RS, Bendich AJ (1981) The mitochondrial genome is large and variable in a family of plants (cucurbitaceae). Cell 25:793–803

Wernette CM, Conway MC, Kaguni LS (1988) Mitochondrial DNA polymerase from *Drosophila melanogaster* embryos: kinetics, processivity, and fidelity of DNA polymerisation. Biochemistry 27:6046–6054

Wolstenholme DR (1992) Animal mitochondrial DNA: structure and evolution. Int Rev Cytol 141:173–216

Wong TW, Clayton DA (1985) Isolation and characterization of a DNA primase from human mitochondria. J Biol Chem 260:11530–11535

Wu Z, Puigserver P, Andersson U et al. (1999) Mechanisms controlling mitochondrial biogenesis and respiration through the thermogenic co-activator PGC-1. Cell 98: 115–124

Xu B, Clayton DA (1996) RNA-DNA hybrid formation at the human mitochondrial heavy-strand origin ceases at replication start sites: an implication for RNA-DNA hybrids serving as primers. EMBO J 15:3135–3143

Zhang Y, Spremulli LL (1998) Identification and cloning of human mitochondrial translational release factor 1 and the ribosome recycling factor. Biochim Biophys Acta 1443:245–250

1.5 Regulationsmechanismen der Transkription in Eukaryonten

STEFANIE DENGER

Inhaltsverzeichnis

1.5.1 Transkription: Der Weg von der DNA zur RNA

Das folgende Kapitel beschäftigt sich mit der Frage, wie die im Zellkern gespeicherte Information die Funktion einer Zelle steuern und regulieren kann.

Im genetischen Kode ist festgelegt, welche Proteine von einer Zelle produziert werden. Die Information zur Proteinsynthese ist in der Desoxyribonukleinsäure (DNA) gespeichert. Die Matrize für die Synthese von Proteinen stellt jedoch nicht die DNA direkt, sondern die Ribonukleinsäure (RNA) dar. Alle RNA-Moleküle oder RNAs werden von RNA-Polymerasen synthetisiert, die ihre Information von DNA-Strängen bekommen. Als Informationsüberträger zwischen der genetischen Information, die in der DNA als Nukleotidsequenz vorliegt, und der Proteinbiosynthese dient eine spezielle Gruppe von RNA-Molekülen, die „Boten-RNA“ oder Messenger-RNA (mRNA). Für jedes Strukturgen, das exprimiert, d.h. als Protein synthetisiert werden soll, wird ein mRNA-Molekül hergestellt.

Dieser Prozess der RNA-Synthese wird als *Transkription* bezeichnet und findet bei Eukaryonten im Zellkern statt. Die allgemeine Regulation der Genexpression wird beschrieben, und Veränderungen, die zu Krankheiten führen, werden anhand von Beispielen erläutert.

Andere RNA-Subklassen, beispielsweise die Transfer-RNA (tRNA), die Aminosäuren in ihrer aktivierten Form zum Ribosom transportieren, sowie die ribosomalen RNA (rRNA), die katalytische Funktion haben, spielen bei der Proteinbiosynthese, der *Translation*, eine wichtige Rolle. In diesem Prozess dient die in der mRNA festgelegte Sequenz als Matrize für die Aminosäuresequenz eines Proteins. Der Vorgang der Translation in Eukaryonten wird in einem späteren Kapitel detailliert besprochen.

Ganten / Ruckpaul (Hrsg.)
Grundlagen der Molekularen Medizin,
2. Auflage

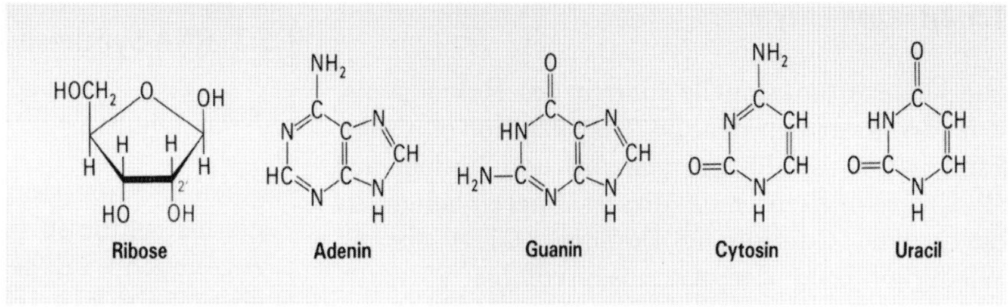

Abb. 1.5.1. Bei der RNA-Synthese werden die Ribose sowie die Basen Adenin, Guanin, Cytosin und, als Besonderheit, das Uracil anstelle von Thymin eingesetzt

Die RNA-Synthese ist bei Eukaryonten kompartmentiert. Die Transkription findet im Zellkern statt. Die aus der DNA entstehende Prä-mRNA wird anschließend zur mRNA prozessiert und nachfolgend im Zytoplasma in Protein translatiert. Diese Trennung erlaubt eine regulierte Genexpression, die den evolutionären Vorteil der erhöhten Variabilität mit sich bringt. Hingegen finden die Transkription und Translation bei Prokaryonten ohne räumliche Trennung statt. Auch zeitlich sind in diesen Organismen beide Vorgänge eng miteinander verknüpft. So werden Bakterienproteine bereits während der Transkription, also der Bildung der mRNA, synthetisiert.

Die Grundlagen unseres heutigen Wissens über die Regulation der Genexpression beruhen auf den Entdeckungen von Francois Jacob, Jaques Monod und Andre Lwoff aus dem Jahr 1961. Ihr Forschungsprojekt war die genetische Analyse des Laktosestoffwechsels in Bakterien. Sie identifizierten dabei das *lac*-Operon, das die Strukturgene *lac*Z, *lac*Y und *lac*A enthält. Die Proteinprodukte dieser Gene üben strukturelle Aufgaben in der Zelle aus und sind dafür verantwortlich, dass die Zelle Laktose aus der Umgebung aufnehmen und verstoffwechseln kann. Ist keine Laktose in der Zelle vorhanden, ist ein Repressor an den Promotor gebunden und die Transkription des *lac*-Operons ist blockiert. In Anwesenheit von Laktose bindet der Repressor an Allolaktose. Dies bewirkt eine Konformationsänderung des Repressors, der folglich nicht länger an den Operator binden kann. Dies führt zum Beginn der Transkription der Strukturgene des *lac*-Operons.

Die RNA besteht aus den Nukleosiden

- Adenin (A),
- Guanin (G),
- Cytosin (C) und
- Uracil (U),

die an Ribosemoleküle (Abb. 1.5.1) gebunden sind, welche über $3' \rightarrow 5'$-Phosphodiesterbindungen ein langes, unverzweigtes Makromolekül bilden. Mit Ausnahme einiger Virus-RNA stellt die RNA ein einzelsträngiges Molekül dar. Es können jedoch durch die Bildung von Haarnadelschleifen regionale Doppelhelixstrukturen entstehen. Dabei kommt es zu den Basenpaarungen Adenin-Uracil und Guanin-Cytosin, wobei Letztere aufgrund der Bindungsverhältnisse stabiler sind. In den 50er Jahren bahnten die Studien von Erwin Chargaff über die chemische Zusammensetzung der DNA und die Basenverhältnisse den Weg für eine korrekte Strukturaufklärung von DNA- und RNA-Molekülen.

1.5.2 RNA-Polymerasen

Der Zellkern von Eukaryonten enthält 3 unterschiedliche RNA-Polymerasen. Die RNA-Polymerase I ist für die Synthese ribosomaler RNA (28S-, 18S- und 5,8S-rRNA) verantwortlich (Bendich et al. 2000, Struhl 1999). Die Sequenz für diese RNA liegt im Eukaryontengenom 100fach hintereinander als Cluster vor. Die Polymerase III synthetisiert tRNA sowie die 5S-rRNA.

Für die Synthese der mRNA sowie kleiner RNA-Moleküle (snRNA) ist die RNA-Polymerase II verantwortlich. Bei der RNA-Polymerase II handelt es sich nicht um ein einzelnes Enzym, sondern sie besteht aus einem Proteinkomplex aus bis zu 80 Untereinheiten und Proteinen, der im Nukleoplasma lokalisiert ist. Dieser Gesamtkomplex der RNA-Polymerase wird Holoenzym genannt. Abhängig von physiologischen Bedingungen einer Zelle kann die Zusammensetzung des Komplexes variieren. Da die DNA als Matrize dient, wird dieser Enzymkomplex auch als DNA-abhängige RNA-Polymerase bezeichnet. Die Struktur und Komponenten des Gesamtkomplexes sind bislang noch nicht vollständig bekannt. Die Aufklärung der Zusammensetzung ist derzeit Gegenstand intensiver Forschungsbemühungen.

1.5.2.1 Core-Enzym

Die kleinste funktionelle Einheit des Holoenzyms, d.h. der Komplex, der die Transkription auslösen kann, wird Core-Enzym genannt und besteht aus 12 Untereinheiten. Eine dieser Untereinheiten ist durch eine C-terminale Domäne (CTD) aus 52 Wiederholungen der Aminosäurenfolge YSPTSPS charakterisiert und besitzt eine wichtige regulative Funktion bei der Transkriptionsinitiation. Die CTD-Einheit dient als Andockstation weiterer Untereinheiten der RNA-Polymerase. Nicht aktive Polymerasen liegen unphosphoryliert vor und sind deshalb fähig, über den C-terminalen Schwanz mit DNA Kontakt aufzunehmen (Ushera 1992). Im Verlauf der Verlängerung der RNA (Elongation) wird CTD mehrfach phosphoryliert (P-CTD) (McCracken et al. 1997). Als Konsequenz der daraus folgenden, zunehmenden sterischen Hinderung löst sich das Core-Enzym vom Promotor ab („*promotor clearance*").

1.5.2.2 Holoenzym

Zur Aktivierung der Transkription reicht das Core-Enzym nicht aus. Das vollständige und funktionelle Holoenzym besteht zusätzlich zum Core-Enzym aus weiteren Transkriptionsfaktoren und Kopplungskomplexen, die an Chromatin, einen Komplex aus DNA und Proteinen, binden können (Mizzen u. Allis 1998). Bevor das Holoenzym Zugang zur DNA bekommt und Gene transkribiert werden können, muss eine Änderung in der Chromatinstruktur erfolgen (*chromatin remodeling*) (Jackson et al. 2000). Chromatin stellt keine statische Struktur dar, sondern erlaubt die Transkription durch Dissoziation, Modifikation und Mobilität der in der DNA vorhandenen Proteine, den Histonen (Wolffe u. Gushin 2000).

Histone stellen den mengenmäßig größten Proteinanteil des Chromatins dar. Aufgrund ihrer positiven Ladung binden sie negativ geladene DNA (Phosphatrückgrat) und erlauben somit eine erstaunlich effiziente und Platz sparende Verpackung chromosomaler DNA in der Zelle.

Ob ein Gen transkriptionell aktiv oder inaktiv ist, hängt u.a. von Modifikationen der Histone, wie beispielsweise Methylierungen, Azetylierungen oder Phosphorylierungen ab (s. Abschnitt 1.5.11 „Modifikationen Protein kodierender Gene").

1.5.3 RNA-Synthese

Kinetisch kann die Transkription eingeteilt werden in

- einen Derepressionsschritt, bei dem die Chromatinstruktur so verändert wird, dass die DNA zugänglich wird, gefolgt von
- einem Initiationsschritt, bei dem der RNA-Polymerase-Komplex zusammengesetzt und die RNA-Synthese von der Initiationsstelle aus ermöglicht wird.

Prinzipiell wird die RNA-Synthese wieder in 3 Schritte unterteilt:

- Initiation,
- Elongation und
- Termination.

1.5.3.1 Initiation

Beim 1. Schritt der RNA-Synthese müssen der Enzymkomplex an die entsprechende Position im Gen dirigiert und die DNA entspiralisiert werden. Ohne die Unterstützung von Transkriptionsfaktorkomplexen wäre die RNA-Polymerase II nicht in der Lage, DNA zu binden und die RNA-Synthese zu starten. Es sind bislang 6 Transkriptionsfaktoren der RNA-Polymerase II (TFII A–H) bekannt, die bei der Transkriptionsinitiation eine wesentliche Rolle spielen (Roeder 1996) (Abb. 1.5.2).

Die RNA-Synthese wird durch die Bindung von TFIID an die eine Promotorsequenz auf der DNA, die so genannte TATA-Box (s. unten) initiiert. TFIID enthält als eine Komponente das TATA-Box-bindende Protein (TBP) sowie TBP-assoziierte Faktoren (TAF) (Ushera et al. 1992). Die TATA-Box wird vom TBP erkannt und gebunden, und die Bindung wird nachfolgend durch TAF stabilisiert (Hoffmann et al. 1997). Dies führt zu einer Konformationsänderung der gebundenen DNA. Es entsteht ein asymmetrischer Komplex, der die spezifische Transkription lediglich in eine Richtung erlaubt. Nachfolgend stabilisieren TFIIA und TFIIB den TF-Komplex auf der DNA. Die Effizienz einer Transkription ist maßgeblich von der Stabilität der Komplexe abhängig. Zusätzlich rekrutiert TFIIB die an TFIIF gebundene RNA-Polymerase II zum TBP-TFIIA-TFIIB-Komplex. Die weiteren Transkriptionsfaktoren TFIIE und TFIIH ermöglichen der RNA-Polymerase II den Zugang zur doppelsträngigen DNA. TFIIE bewirkt eine Aufschmelzung der DNA. Die Stelle, an der die Transkription

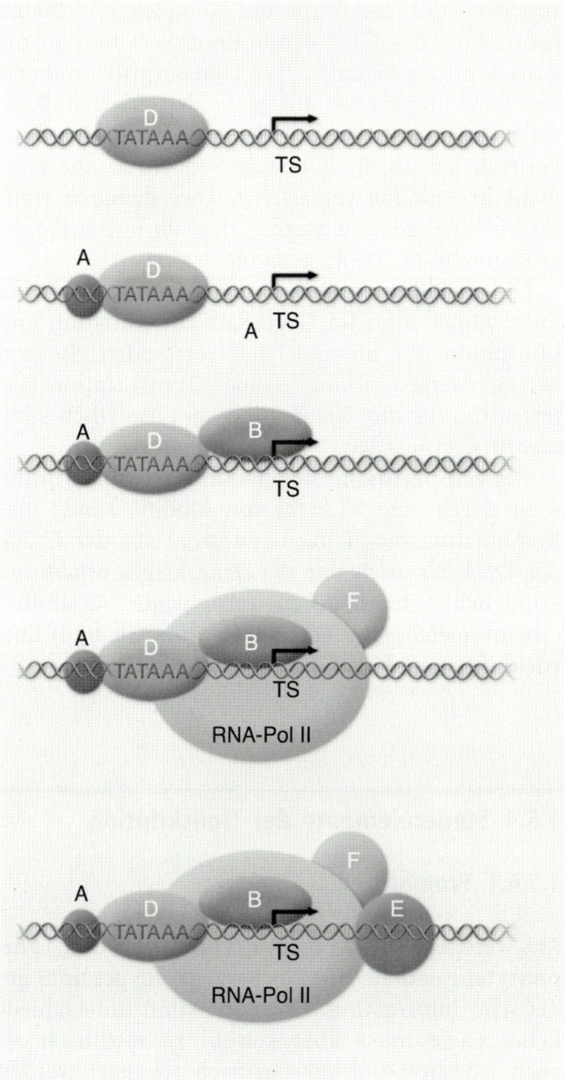

Abb. 1.5.2. Die Transkriptionsfaktoren *TFIIA*, *-B*, *-D* und *-E* sind für die Initiation der Transkription durch die RNA-Polymerase II essenziell. Der Zusammenbau dieses generellen Proteinkomplexes beginnt mit der Bindung von *TFIID* an die TATA-Box. Die an TFIIF gebundene Polymerase kann an den Komplex binden, nachdem *TFIIA*, *-B* und *-D* auf dem Promotorbereich der DNA positioniert sind. Dabei ermöglichen *TFIIE* und *TFIIF* der Polymerase den Zugang zur DNA. *Pfeil* Stelle des Transkriptionsstarts (*TS*)

startet, wird als +1 oder Transkriptionsstart (TS) bezeichnet und beginnt meistens mit einem A (Abb. 1.5.2, Tabelle 1.5.1).

TFIIH (Tabelle 1.5.1) wirkt einerseits als Helikase, die die schraubig gewundene DNA-Helix entwindet und führt andererseits als Proteinkinase durch die Phosphorylierung von CTD zur Elongation. Damit dieser so genannte *basale Transkriptionsapparat* möglichst effizient und selektiv arbei-

Tabelle 1.5.1. Funktion von Transkriptionsfaktoren bei der Initiation

Basaler Transkriptions-apparat	Funktion
TFIIA	Verankerung des TF-Komplexes Stabilisierung des Komplexes an DNA
TFIIB	Rekrutierung der komplexierten Polymerase II Festlegung der Transkriptionsstarts Stabilisierung des Komplexes an DNA
TFIID	TATA-Box-Bindung
TFIIE	Aufschmelzung des Promotors Elongation
TFIIH	Helikasefunktion (DNA-Aufwindung)

tet, werden zusätzliche Transkriptionsfaktoren rekrutiert.

Der Initiationsprozess wird mit dem als *Promotor clearing* bezeichneten Schritt abgeschlossen.

1.5.3.2 Elongation

Die sich an die Initiation anschließende Elongation kann einen wesentlichen Einfluss auf die Effizienz der Transkription ausüben.

Analog der DNA-Synthese verläuft die Synthese der RNA in 5′→3′-Richtung (Abb. 1.5.3).

Auch der Verlängerungsmechanismus ist vergleichbar, da die 3′-OH-Gruppe am Ende der wachsenden Kette das Phosphoratom des Nukleosidtriphosphats nukleophil angreift. Grundsätzlich wird nur ein DNA-Strang (*Sense-Strang*) des Gens transkribiert, wobei der wachsende RNA-Strang in der Basenfolge komplementär zur DNA-Matrize ist. Die neu synthetisierte RNA ist in der Sequenz identisch mit dem nichttranskribierten DNA-Strang, der als *Antisense-Strang* bezeichnet wird (mit Ausnahme der Verwendung von Uracil statt Thymidin). Er kodiert für das neu synthetisierte Protein. Da Antisense-Oligonukleotide zelluläre RNA spezifisch binden, werden sie heute in der Forschung als effiziente Inhibitoren der RNA-Synthese eingesetzt (Vanhee-Brossollet u. Vaquero 1998).

Die benötigte Energie für die Elongation wird durch die Hydrolyse von Pyrophosphat erzeugt. Heute ist bekannt, dass es eine Vielzahl von generellen Elongationsfaktoren (TFIIF, ELL) gibt, die die Aktivität der RNA-Polymerase II während der mRNA-Kettenverlängerung beeinflussen können (Shilatifard 1998, Uptain et al. 1997). Ein interessanter Aspekt der Elongation ist die Beobachtung, dass die Transkription bestimmter Gene etwa 30

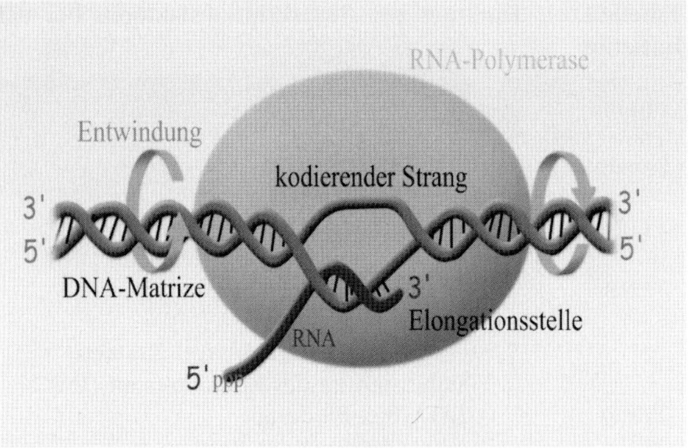

Abb. 1.5.3. Modell der Transkriptionselongation. Zum Andocken der RNA-Polymerase wird die DNA-Doppelhelix am 5′-Ende entwunden und am 3′-Ende wieder gewunden. Die neu entstehende RNA wächst in 5′→3′-Richtung

Nukleotide stromabwärts der Initiationsstelle pausiert (*transcriptional pausing*) und diese Unterbrechung erst durch die Rekrutierung regulativer Transkriptionsfaktoren aufgehoben wird. Auch die Erfahrung, dass der RNA-Strang *in vivo* pro Minute um bis zu 2000 Nukleotide elongiert wird (Shilatifard 1998), im Reagenzglas (*in vitro*) dieser Prozess dagegen viel langsamer verläuft, weist darauf hin, dass zusätzliche aktive Elongationsfaktoren bei der biochemischen Aufreinigung verloren gehen. Diese Analysen führten zur Charakterisierung regulativer und genereller Elongationsfaktoren. Regulative Transkriptionsfaktoren (z.B. TFIIH) unterstützen beispielsweise die CTD-Phosphorylierung, führen dadurch zum Promotor clearing und ermöglichen so den Beginn der Elongation. Die Wirkungsweise der generellen Transkriptionsfaktoren wie beispielsweise ELL oder Elongin ist dagegen nur unzureichend aufgeklärt. Es wird allerdings vermutet, dass sie mit der Pathogenese oder Progression von Tumorerkrankungen assoziiert sind.

Weltweit kommt es zu mehr als 100 Todesfällen als Folge des Verzehrs des grünen Knollenblätterpilzes *Amanita phalloides*. Die Elongation der RNA-Synthese wird durch geringe Konzentrationen (10^{-9} M) von α-Amanitin, dem Gift dieses Pilzes, gehemmt, indem die Polymerase II blockiert wird.

1.5.3.3 Termination

Mit der kompletten Umschreibung eines Gens in RNA wird die Transkription beendet. Am Schluss der Elongation löst sich die RNA-Polymerase II von der DNA ab. Bevor der Komplex reinitiieren kann, wird das CTD dephosphoryliert und so die RNA-Synthese beendet. Das Transkriptionsende eines Strukturgens ist durch die Basenfolgen UAG, UAA, UGA festgelegt. Viele eukaryontische Gene besitzen jedoch noch weitere Sequenzen, die zwar nicht in Proteine translatiert, aber dennoch transkribiert werden. Sie werden deshalb untranslatierte Regionen (3′-UTR) genannt.

Die detaillierten Prozesse der Termination bei Eukaryonten sind im Gegensatz zur Initiation und Elongation nur unzureichend verstanden. So sind beispielsweise bislang keine Transkriptionsfaktoren, die für die Termination verantwortlich sind, identifiziert worden.

Die zellspezifische Regulation der Transkription wird durch eine Vielzahl von Modifikations- und Kombinationsmöglichkeiten sowohl auf der Ebene der DNA als auch der der Transkriptionsfaktoren ermöglicht. Die dadurch entstehende Variabilität erlaubt gleichermaßen die Kontinuität und Entwicklung komplexer Organismen.

1.5.4 Steuerelemente der Transkription

1.5.4.1 Promotoren

Mit wenigen Ausnahmen (Erythrozyten und Lymphozyten) enthält jede Körperzelle die gesamte genetische Information. Die Expression unterschiedlicher Gene muss aber sowohl zeitspezifisch als auch gewebe- und zellspezifisch reguliert werden können. Um dies zu gewährleisten, sind vor der eigentlichen Transkriptionsstartstelle regulative Elemente, Promotoren (Abb. 1.5.4), *Enhancer* und *Silencer*, lokalisiert (Tabelle 1.5.2). Diese Steuerelemente werden auch *cis agierende* Elemente genannt, da sie sich auf demselben Gen befinden. Im Gegensatz dazu gehören Transkriptionsfaktoren zu *trans agierenden* Elementen. Dies sind Regulatorproteine, die auf einem anderen Gen kodiert werden, aber dennoch durch ihre Bindung an *cis* agierende Promotorelemente auf der DNA die Transkription beeinflussen können.

Die Startstelle der Transkription wird durch die Bindung der DNA-abhängigen RNA-Polymerase an spezifische Steuerregionen auf der DNA-Matrize, den so genannten Promotoren, festgelegt. Basale Promotorelemente eukaryontischer Gene sind kurze Konsensussequenzen von 6–12 Basen, die in vielen Genen gefunden werden. Als Konsensus-

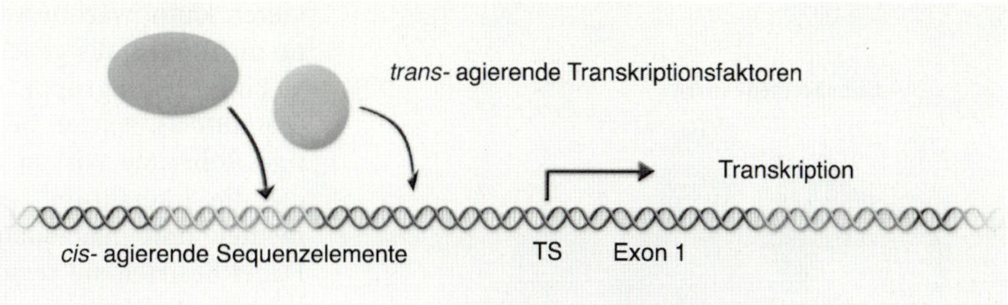

Abb. 1.5.4. Struktur eines Gens. In Abhängigkeit vom Transkriptionsstart (*TS*) wird ein Gen in stromaufwärts (upstream) bzw. stromabwärts (downstream) liegende Regionen unterteilt. Es befinden sich basale, proximale und sehr weit entfernte distale Promotorelemente auf der DNA. Sie werden deshalb als *cis* agierende Elemente bezeichnet. *Trans* agierende Elemente werden von anderen DNA-Abschnitten kodiert. Diese Transkriptionsfaktoren wirken als trans agierende Elemente, indem sie an Promotorsequenzen binden und so die Transkription aktivierend oder hemmend beeinflussen

Tabelle 1.5.2. Einteilung der Promotorelemente

Promotorelemente	Beispiel	Steuerfunktion
Basal	TATA, Inr	Definition der Initiation
Proximal	CAAT	Effizienz der Transkription
Distal	Enhancer, Silencer	Effizienz der Transkription

Tabelle 1.5.3. Promotorelemente und ihre Basensequenzen

Bezeichnung	Basensequenz
Inr-Element (Initiationsstelle)	TCACTCTCT
CAAT-Box	GGNCAATCT
AP-1 (JUN/FOS)	TGACTCA
SRE (serum response element)	CCATATTAGG
C/EBP (CAAT enhancer binding protein)	CCAAT
GC-Box	GGGCGG
ERE (estrogen response element)	AGGTCA

sequenz werden die durch einen statistischen Vergleich vieler DNA-Sequenzen abgeleiteten Idealsequenzen bezeichnet, in der an allen Positionen jeweils das Nukleotid angegeben wird, welches in der untersuchten Sequenz an der betreffenden Stelle am häufigsten vertreten ist. Sie können auf dem Gen entweder singulär oder in Kombination mit anderen Promotorsequenzen vorliegen und dienen der Lokalisierung des Startpunkts der Transkription. Die so genannte TATAAA-Konsensussequenz (TATA-Box oder Hogness-Box) liegt 25 Basen vor dem eigentlichen Transkriptionsstartpunkt (stromaufwärts, upstream) und ist in den meisten Eukaryontengenen vorhanden (Nikolov et al. 1992, Greenblatt et al. 1992). Die Mutation einer einzelnen Base in diesem Heptanukleotid vermindert die Promotoraktivität dramatisch. Die TATA-Box ist im so genannten Core-Promotorbereich (bis −45 bp stromaufwärts vom Transkriptionsstart) lokalisiert.

Das Vorhandensein der TATA-Box allein reicht für eine effiziente Promotoraktivität nicht aus. Es gibt zahlreiche weitere Konsensussequenzen, die benötigt werden, und einige Beispiele sind in Tabelle 1.5.3 dargestellt.

Konstitutive Gene sind Gene, die ständig in allen Zellen exprimiert werden. Sie werden deshalb auch Haushaltsgene genannt, da sie für Proteine kodieren, die für den normalen Ablauf des menschlichen Stoffwechsels unentbehrlich sind. Interessant ist, dass diese Gene häufig keine Promotoren besitzen, jedoch so genannte CpG-Inseln, eine Häufung der Basenfolge Cytosin und mehrerer Guanine.

1.5.4.2 Enhancer

Eine besondere Eigenschaft eukaryontischer Gene ist das Vorhandensein von Enhancersequenzen (Abb. 1.5.5) auf der DNA, die sich weit stromaufwärts, in der Mitte oder stromabwärts von Promotorsequenzen befinden und dennoch die Transkriptionsinitiation anregen oder verstärken können und in beiden Orientierungen funktionieren. Interessanterweise können durch eine Schleifenbildung der DNA auch Faktoren, die auf der linearen DNA weit entfernt liegen, in die Nähe des zu transkribierenden DNA-Abschnitts gebracht werden und dort aktiv zur effizienten Transkription beitragen, unabhängig davon, auf welchem Strang sie liegen (Blackwood u. Kadonaga 1998). Enhancer besitzen selbst keine Promotoraktivität. Da die Wirkung von Enhancern oft von der Bindung an-

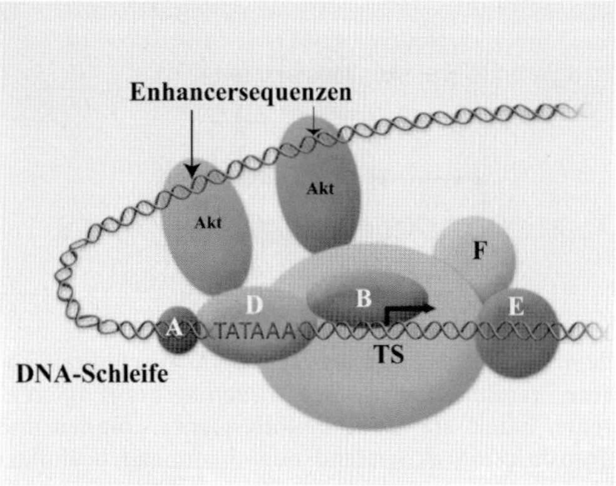

Abb. 1.5.5. Die Schleifenbildung der DNA ermöglicht es aktivierenden Proteinen (*Akt*), die an weit entfernte Enhancersequenzen binden können, mit dem TFII-Polymerase-Komplex zu interagieren und die Effizienz der Transkription positiv zu beeinflussen

derer zellulärer Proteine (Transkriptionsfaktoren) abhängt, wirken sie häufig nur spezifisch in bestimmten Zellen oder Geweben, die diese Faktoren synthetisieren. Auffällig häufig sind diese Enhancerelemente in Virus-DNA zu finden, die nach der viralen Infektion eukaryontischer Zellen mit Hilfe von Wirtsproteinen aktiviert werden.

1.5.4.3 Silencer

Viele menschliche Gene sind inaktiv, werden also nicht transkribiert. Sie müssen jedoch auf kleinste physiologische Veränderungen flexibel reagieren, d.h. schnell aktiviert, aber auch in kürzester Zeit wieder abgeschaltet werden können. Dies kann durch Modifikationen wie Phosphorylierungen und Methylierungen (s. Abschnitt 1.5.11 „Modifikationen Protein kodierender Gene"), aber auch durch spezifische, negativ regulierende Basenfolgen, die so genannten Silencersequenzen, geschehen. Ähnlich den Enhancern wirken Silencer unabhängig vom Abstand zum Transkriptionsstart und von der Orientierung im Strang (Ogbourne u. Antalis 1998).

1.5.4.4 Isolatoren

Enhancer haben die Fähigkeit, die Genexpression über lange Distanzen zu regulieren. Es ist offensichtlich, dass es Regelmechanismen geben muss, die eine Aktivierung benachbarter Transkriptionseinheiten verhindern. Wenn ein Enhancer ein mehrere Kilobasen entfernt lokalisiertes Gen aktivieren kann, warum werden dann benachbarte Gene nicht ebenfalls gleichzeitig aktiviert?

Eine Proteingruppe, die so genannten Isolatoren (*Insulators*), spielen bei diesem Prozess eine wichtige Rolle. Sie wirken als dominante Repressoren, die die Interaktion zwischen *cis* agierenden Elementen und inadäquaten Promotoren verhindern. Dabei besitzen sie regulatorische Eigenschaften, da selektiv Enhancer, nicht aber Silencer geblockt werden (Kellum u. Schedl 1991, Muller 2000).

1.5.5 Regulatorproteine der Transkription

1.5.5.1 Koaktivatoren

Koaktivatoren sind aktivierende Transkriptionsfaktoren, die selbst nicht an DNA binden, sondern über die Bindung an Aktivierungsdomänen anderer Transkriptionsfaktoren indirekt Einfluss auf die Transkription ausüben. Sie sind für den effizienten Prozessablauf des Transkriptionsapparats jeder Zelle nötig. Ein Beispiel ist der Koaktivator CBP/p300. Die Hauptfunktion dieser Proteine ist die Förderung von Wechselwirkungen zwischen stromaufwärts gebundenen Faktoren und den Proteinkomplexen des Transkriptionsapparats am Promotor. Die Aktivität der Kofaktoren wird oft über Phosphorylierungsreaktionen oder über ihre Funktion als Azetyltransferasen reguliert. Die Azetylierung von Histonproteinen oder anderen Substraten wie beispielsweise p53 durch CBP/p300 resultiert in einer Aktivierung der Gentranskription (Burley et al. 1997, Glass u. Rosenfeld 2000, Hampsey u. Reinberg 1999, Sterner u. Berger 2000).

Ein erst kürzlich charakterisierter Koaktivator für nukleäre Rezeptoren ist ein steroidabhängiger Aktivator (*steroid related activator, SRA*) (Lanz et al. 1999). Das Besondere an SRA war die Feststellung, dass es sich bei diesem Koaktivator um ein RNA-Molekül handelt und nicht – wie üblich – um ein Protein. SRA kann synergistisch mit Koaktivatorproteinen wirken und spezifisch Steroidhormonrezeptoren aktivieren.

1.5.5.2 Korepressoren

Es wird davon ausgegangen, dass Silencer ihre Funktion durch die Bindung negativ regulierender Repressorproteine ausüben. Beispiele sind

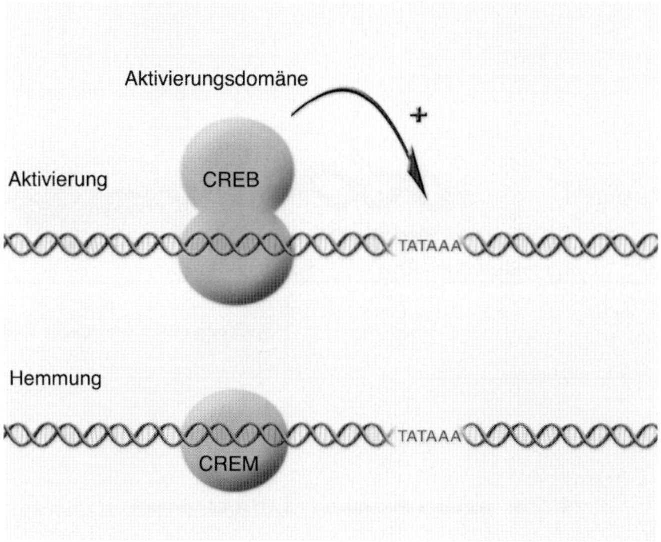

Abb. 1.5.6. Regulatorproteine beeinflussen die Transkription aktivierend oder hemmend. Im Fall des CREB/CREM-Proteins wird die Funktion durch Spleißmechanismen reguliert

1. die Bindung des Repressors I-κb, der den Transport des Aktivators nf-κb in den Zellkern blockiert, und
2. NcoR, Proteine die an bestimmte Sequenzen von nukleären Rezeptoren binden und die Transkription unterbinden (Horlein et al. 1995).

Ein weiteres Beispiel ist das CRE bindende Protein CREB, das an das *c*AMP-*r*esponsive *E*lement in Promotorregionen von Zielgenen bindet. Unter bestimmten Bedingungen kommt es in dem aus mehreren Exons bestehenden Gen zum alternativen Spleißen des Primärtranskripts (s. Abschnitt 1.5.8 „Alternatives Spleißen“). Dies führt zur Bildung des modifizierten Proteins CREM (CRE-*Mo*difikation), das keine Aktivierungsdomäne besitzt und deshalb zwar an die DNA binden, jedoch nicht aktivierend wirken kann. Daraus folgt eine Blockierung der induzierbaren Genaktivierung. Abhängig von physiologischen Bedingungen ist die Zelle in der Lage, die Genaktivität zu beeinflussen, indem entweder der Aktivator CREB oder der Repressor CREM (Abb. 1.5.6) synthetisiert werden (Sassone-Corsi 1998, Calkhoven u. Geert 1996).

1.5.6 RNA-Prozessierung

1.5.6.1 5′-Capping

Das 5′-Ende der neu entstehenden mRNA wird sofort nach der Transkriptionsinitiation modifiziert, indem ein Phosphatrest hydrolysiert und somit entfernt wird. Nachfolgend greift das verbleibende 5′-Diphosphatende das α-Phosphoratom eines Guanosintriphosphats (GTP) an und bildet eine äußerst seltene, verdrehte 5′5′-Diphosphatbindung. GTP wird anschließend methyliert. Dieses ungewöhnliche 5′-Ende (m^7GpppN), das ausschließlich bei mRNA und snRNA, nicht aber bei tRNA und rRNA zu finden ist, wird auch 5′-Cap (Kappe) genannt. Diese Struktur dient als Schutz vor Phosphatasen und Nukleasen und unterstützt somit die Stabilität des Transkripts (Herbert u. Rich 1999). Außerdem bewirkt das 5′-Cap, dass die mRNA mit Transportmolekülen interagieren und nachfolgend aus dem Nukleus exportiert werden kann.

1.5.6.2 3′-Polyadenylierung

Die Mehrzahl eukaryontischer mRNA-Moleküle werden unmittelbar nach der Transkription (posttranskriptionell) am 3′-Ende polyadenyliert. Ausnahmen stellen lediglich einige Histon kodierende mRNA und mitochondriale mRNA dar. Das sequenzunabhängige Anhängen der mehr als 200 Adenosinmoleküle durch die Poly(A)-Polymerase erfolgt, nachdem eine Endonuklease zuvor das Primärtranskript an der spezifischen Sequenz AAUUAAA, die ungefähr 10–30 Nukleotide von der Schnittstelle entfernt ist, erkannt und geschnitten hat (Wahle u. Ruegsegger 1999). Mutationen in diesem Sequenzbereich können die Polyadenylierung verhindern. Die Funktion der Polyadenylierung besteht in einem Schutz vor Abbau durch Nukleasen sowie einer größeren Translationseffi-

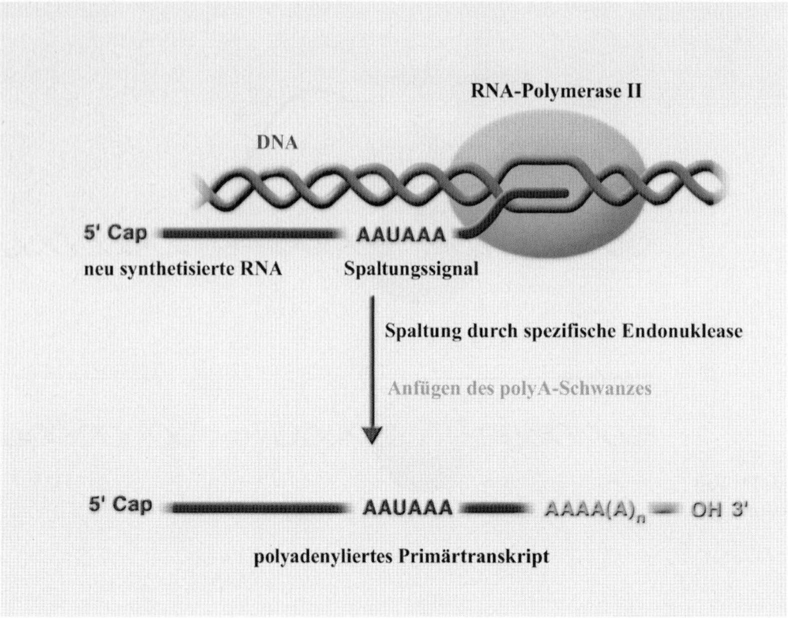

Abb. 1.5.7. Spaltung und Polyadenylierung des Primärtranskripts. Eine spezifische Endonuklease erkennt das Spaltungssignal und spaltet das Primärtranskript. Anschließend wird ein Schwanz aus etwa 250 Adenosinmolekülen durch das Enzym PolyA-Polymerase an das 3′-Ende angefügt. Die Reifung der Prä-mRNA findet im Zellkern statt, wobei die reife mRNA entsteht, die nachfolgend ins Zytoplasma transportiert und dort zum Protein translatiert wird. Das Primärtranskript enthält eine 5′-Cap-Struktur, die auch nach der Prozessierung erhalten bleibt

zienz durch eine erleichterte Translationsinitiation. Die Modifikation des 3′-Endes ist wichtig für die Termination der Transkription und den RNA-Export (Tanguay u. Gallie 1996, Zhao et al. 1999). Dabei korreliert die Länge des PolyA-Schwanzes direkt mit der Translationseffizienz des neu synthetisierten Proteins (Abb. 1.5.7).

1.5.6.3 Spleißen

Die meisten eukaryontischen Gene sind diskontinuierlich und mosaikartig aus so genannten Introns (*inter*venierende Regi*on*en) und Exons (*ex*primierte Regi*on*en) aufgebaut (Sharp 1994). Ausnahmen hiervon stellen beispielsweise die intronlosen Histongene und die Gene für Interferone dar. Eukaryontische Gene bestehen in der Regel aus wenigstens 2 und bis zu 400 Exons. Zytoplasmatische mRNA sind meistens sehr viel kürzer als ihre nukleären Vorläufermoleküle. Im menschlichen Genom sind Exons durch Intronsequenzen getrennt, die im Extremfall mehrere Megabasen lang sein können. Bei der Evolution höherer Eukaryonten mag die Flexibilität des RNA-Spleißens eine sehr wichtige Rolle gespielt haben (Herbert u. Rich 1994).

Bei der Transkription werden zunächst Exons und Introns von der RNA-Polymerase abgelesen, und eine so genannte Vorläufer-RNA oder Prä-mRNA wird synthetisiert. Nachfolgend werden die Intronsequenzen herausgeschnitten (gespleißt), sodass eine mRNA mit kontinuierlichen Exons entsteht. Der komplizierte Vorgang des Spleißens wird von Spleißosomen, Enzymkomplexen aus Proteinen und kleinen RNA-Molekülen, durchgeführt. Der Beginn und das Ende des Introns sind durch eine bestimmte Basenfolge festgelegt und werden von dem Enzymkomplex erkannt (Cooper u. Mattox 1997, Horowitz u. Krainer 1994). Das Spleißsignal nahezu aller Introns beginnt am 5′-Ende mit der Basenfolge GU (Spleißdonor) und endet am 3′-Ende nach einem Pyrimidinstrang mit AG (Spleißakzeptor). Aufgrund des Triplettkodes ist es wichtig, dass das Spleißen äußerst präzise abläuft, da Fehler im Spleißmechanismus nachfolgend zu einem verschobenen Leseraster und folglich zu einem veränderten Protein führen können, wie am nachfolgenden Beispiel der Thalassämie erläutert wird:

Menschen mit einem Thalassämiesyndrom weisen eine ungewöhnlich niedrige Hämoglobinkonzentration auf. Die Ursache dafür sind Mutationen im Gen, das für die β-Globin-Kette des Hämoglobins kodiert. Für mehr als 50 solcher Mutanten wurden die Veränderungen in der DNA-Sequenz identifiziert. Ein wesentlicher Prozentsatz dieser Mutationen wird durch fehlerhafte Spleißmechanismen verursacht. Eine Variante weist beispielsweise eine neue Spleißakzeptorstelle auf. Die daraus gebildete RNA enthält eine Stoppsequenz, die normalerweise nicht vorhanden ist. Dies führt zur Synthese eines verkürzten und funktionslosen Proteins (Abb. 1.5.8). Im homozygoten Zustand führt

Normale Basenfolge:
5′CCTATTGGTCTATTTTCCACCC*TTAG*GCTGCTG3′

β-Thalassämie:
5′CCTAT*TAG*TCTATTTTCCACCCTTAGGCTGCTG3′

Abb. 1.5.8. Mutation bei *β*-Thalassämie

diese Krankheit zu schweren Entwicklungsstörungen und zum frühzeitigen Tod, falls keine permanenten Bluttransfusionen durchgeführt werden, die für einen kontinuierlichen Nachschub an intaktem Hämoglobin sorgen.

Ein Sequenzvergleich der Globingene (*α*- und *β*-Globin) in Mensch, Maus und Kaninchen, die beide je 2 Introns besitzen, zeigt eine große Übereinstimmung der Basenfolge im Exonbereich, während die Intronsequenzen variabler sind. Daraus folgt, dass in Intronsequenzen größere Veränderungen ohne Konsequenzen tolerabel sind als in Protein kodierenden Bereichen. Auch die Exon-Intron-Übergänge zeigen eine strengere Konservierung der Sequenzen im Verlauf der Evolutionsgeschichte (Moore 2000).

Andere Spleißvarianten im Globingen führen zur Synthese eines ganzen Satzes verschiedener Globinproteine, die sich in der Länge unterscheiden.

Im Gegensatz zu höheren Eukaryonten besitzen niedriger entwickelte Eukaryonten wie beispielsweise die Hefe vorwiegend kontinuierliche Gene. In Bakterien sind bislang lediglich Gruppe-II-Introns bekannt. Diese sind große katalytische RNA, die als selbst spleißende Elemente fungieren (s. Abschnitt 1.5.7 „Katalytische RNA"). Heute wird angenommen, dass Introns in den Urgenen vorhanden waren und im Lauf der Evolution in Organismen, die sich sehr schnell vermehren, wie beispielsweise Bakterien, zunehmend verloren gegangen sind. Damit besitzen Bakterien den Vorteil der kleineren DNA mit entsprechend kürzeren Replikationszeiten und schnelleren Generationsfolgen, aber auch den Nachteil der verminderten evolutionären Vielfältigkeit.

Der Vorteil des Spleißens liegt in der damit verbundenen Variabilität, denn aus einer Vorläufer-RNA können durch das Spleißen unterschiedliche Proteine entstehen, was letztendlich zu einem größeren Repertoire an Proteinen in Eukaryonten führt. Zusätzlich können durch Spleißmechanismen bestimmte Strukturen mehrfach verwendet werden. Beispielsweise kommen aufgrund des Spleißens dieselben Proteindomänen bei unterschiedlichsten Proteinen vor, ohne dass sie im Lauf der Evolution jedesmal neu entstehen mussten. Dieser Mechanismus, der einen evolutionären Vorteil darstellt, wird als *Domain shuffling* bezeichnet.

Manche Introns beinhalten jedoch kurze kodierende Sequenzen, die *Short open reading frames* (sORF), die aufgrund der vorhandenen Basenfolge AUG für kleine Peptide kodieren und deshalb nicht herausgeschnitten werden. Heute ist bekannt, dass einige dieser kurzen Intronsequenzen nicht wie bislang angenommen funktionslos sind, sondern beispielsweise die Stabilität des synthetisierten Proteins beeinflussen können. Dies kann selbst dann der Fall sein, wenn keine Peptide aus der Intronsequenz entstehen. Die genaue regulative Funktionsweise von Introns ist bisher noch nicht vollständig geklärt.

SnRNA und snoRNA. Eukaryontische Gene kodieren für weitere Subklassen von RNA, die kleinen nukleären RNA (*small nuclear RNA*, snRNA) sowie die snoRNA (*small nucleolar RNA*) (Tollervey u. Kiss 1997). Die snRNA sind mit Proteinen zu Komplexen, so genannten snRNP (small nuclear ribonucleoprotein particles) verbunden, die Spleißvorgänge von Exons katalysieren (Zhao et al. 1999). Sie bestehen aus weniger als 200 Nukleotiden und sind Bestandteile der Spleißosomen.

Aufbau eines Spleißosoms. Der Spleißvorgang (Abb. 1.5.9) beginnt mit der Erkennung der 5′-Spleißstelle durch snRNP. Bislang sind 5 snRNP (U1-, U2-, U4-, U5- and U6snRNP) bekannt. Aufgrund einer komplementären Sequenz bindet zunächst U1snRNP an das 5′-Ende des Introns. Das 3′-Ende des Introns wird von *U2 auxiliary factor* (U2AF) gebunden. Anschließend bindet U2snRNP an einen so genannten Verzweigungspunkt (40–60 bp stromaufwärts vom 3′-Ende), an den nachfolgend U4–U6snRNP und U5snRNP koppeln und somit das Spleißosom vervollständigen (Wu u. Maniatis 1993). Das Entfernen des Introns erfolgt nachfolgend in 2 Schritten:

1. Öffnen der 5′-Spleißstelle und Bildung einer Verzweigung
   Durch die Aufspaltung der Exon-5′-Intron-Verbindung und der Phosphodiesterbindung des ersten Intronnukleotids am Verzweigungspunkt bildet sich eine Struktur aus, die an ein Lasso erinnert (Lasso- oder Lariatstruktur). Es kommt zur Abtrennung des 5′-Endes (1. Transesterifizierung), welches anschließend die Akzeptorstelle angreift.

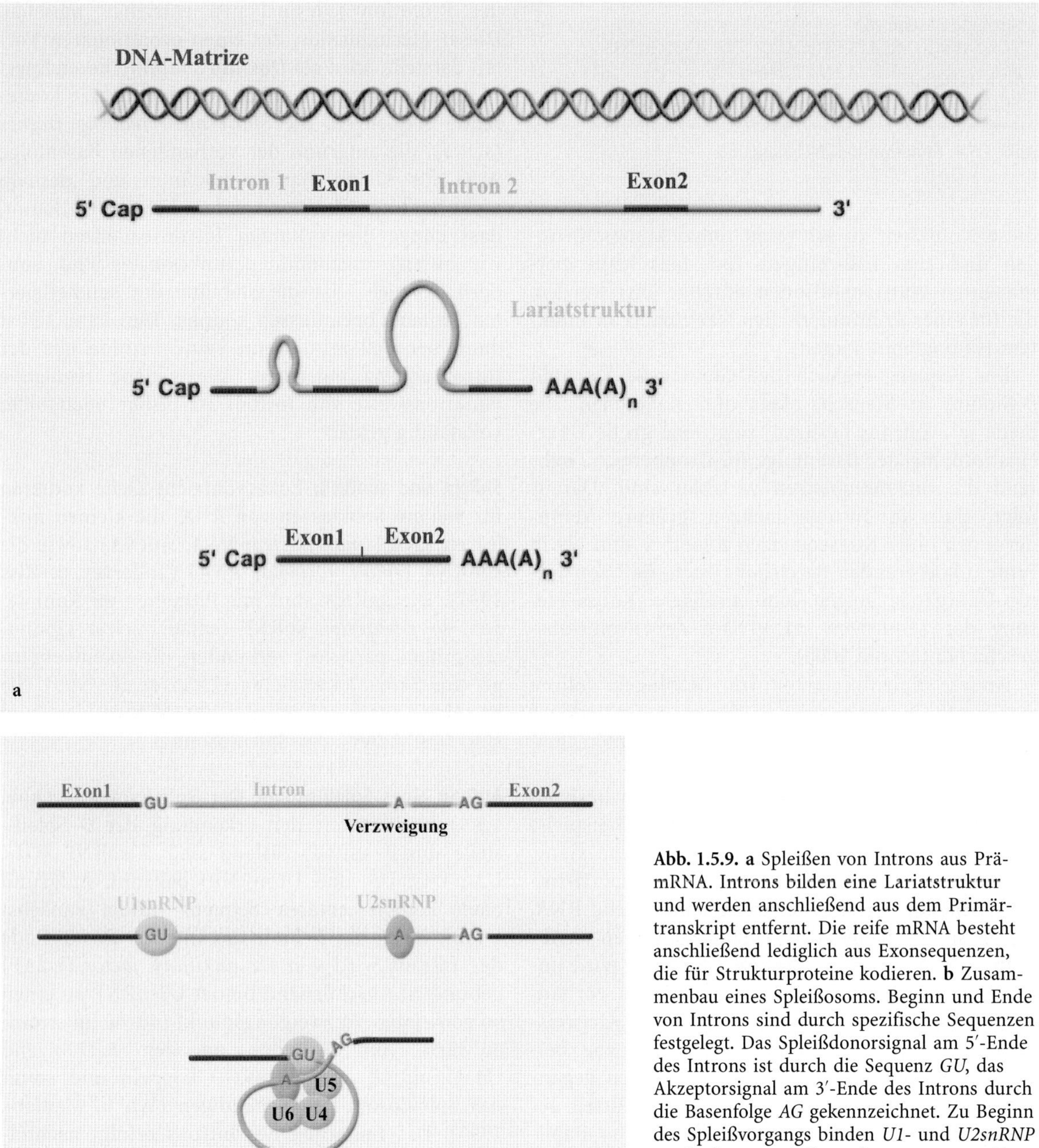

Abb. 1.5.9. **a** Spleißen von Introns aus Prä-mRNA. Introns bilden eine Lariatstruktur und werden anschließend aus dem Primärtranskript entfernt. Die reife mRNA besteht anschließend lediglich aus Exonsequenzen, die für Strukturproteine kodieren. **b** Zusammenbau eines Spleißosoms. Beginn und Ende von Introns sind durch spezifische Sequenzen festgelegt. Das Spleißdonorsignal am 5′-Ende des Introns ist durch die Sequenz *GU*, das Akzeptorsignal am 3′-Ende des Introns durch die Basenfolge *AG* gekennzeichnet. Zu Beginn des Spleißvorgangs binden *U1*- und *U2snRNP* an die Start- und Verzweigungssequenz. Danach bindet der Komplex aus *U4–U6* und komplettiert das Spleißosom

2. Öffnen der 3′-Spleißstelle und Verbinden der Exons
   Durch die Öffnung der Phosphodiesterbindung an der 3′-Spleißstelle sowie eine 2. Transesterifizierungsreaktion verbinden sich die beiden Exons miteinander und die vollständig abgeschnittene Lassostruktur des Introns wird freigesetzt und abgebaut.

1.5.7 Katalytische RNA

1.5.7.1 Selbst spleißende RNA

Geradezu revolutionär war die Entdeckung von Thomas Cech, der bereits 1981 in dem Ciliaten *Tetrahymena* beweisen konnte, dass RNA-Moleküle sich selbst spleißen können und damit eine auto-

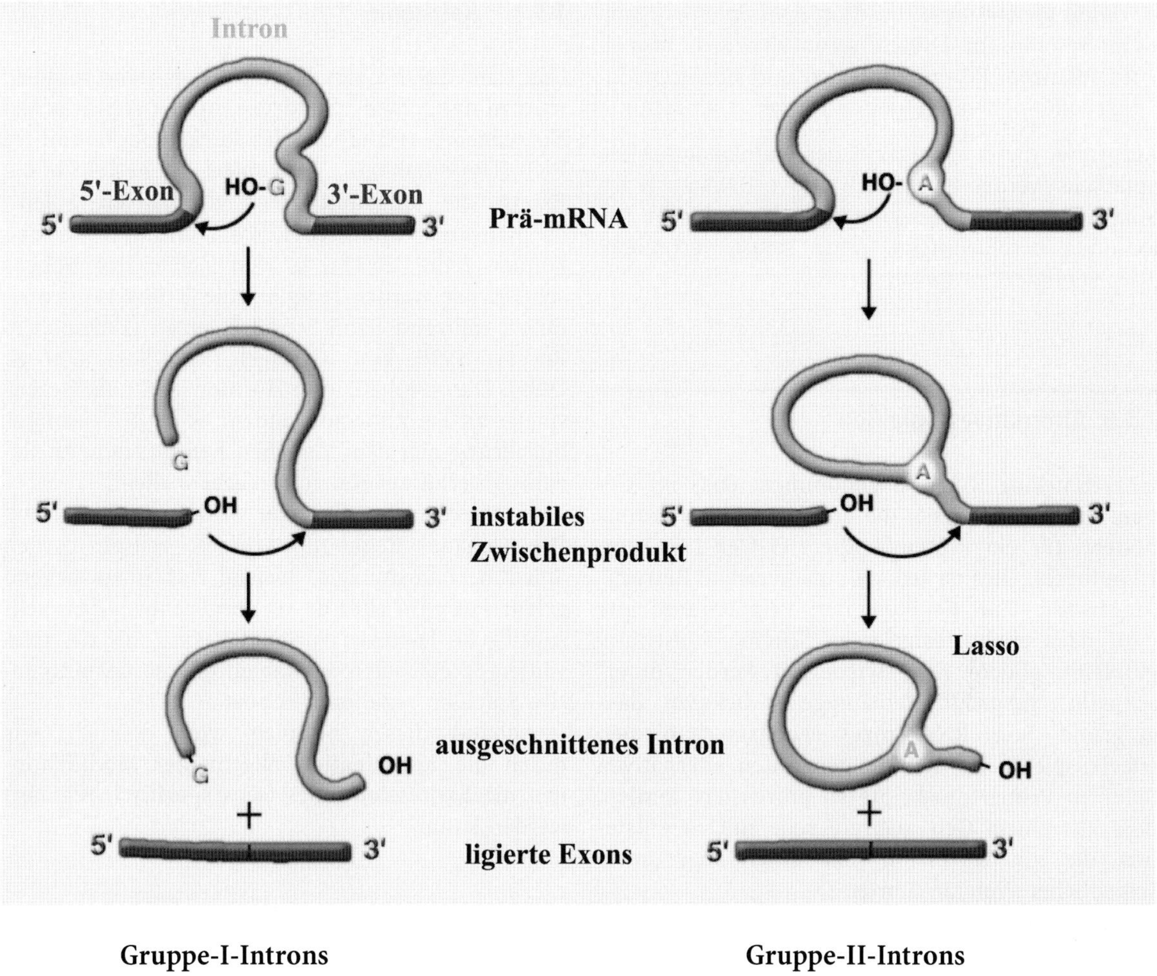

Abb. 1.5.10. Autokatalytische Introngruppen. Introns der Gruppe I binden ein freies Guanosin, um die Reaktion auszulösen. Introns der Gruppe II benutzen ein spezielles reaktives Adenosin aus der Intronsequenz für diese Spleißreaktion und bilden eine Lassostruktur aus. Der Prozess wird zwar durch zusätzliche Proteine unterstützt, die katalytische Reaktion wird im Wesentlichen jedoch durch die RNA im Intron bewirkt

katalytische Fähigkeit besitzen (Abb. 1.5.10). Das Besondere dieser Entdeckung bestand darin, dass bis dato angenommen wurde, dass lediglich Proteine als biologische Katalysatoren (Enzyme) wirken können. Manche RNA-Moleküle werden im Reagenzglas jedoch ohne die Unterstützung von Proteinkomplexen gespleißt, es werden lediglich Magnesiumsalze sowie Guanosin als Kofaktor benötigt. Nach dieser Beobachtung wurde das autokatalytische Spleißen auch in anderen Organismen entdeckt.

Es sind 2 Gruppen von autokatalytischen Introns bekannt, die sich in der Struktur der RNA und dem Spleißmechanismus unterscheiden:

1. Gruppe-I-Introns
   Gruppe-I-Introns (Abb. 1.5.10) benötigen Guanosin als katalysierenden Kofaktor und leiten die Spleißreaktion durch Bindung eines Guanosinnukleotids an die Intronsequenz ein. Dadurch wird das Guanosin aktiviert, eine angreifende Gruppe auszubilden, die nachfolgend die erste Phosphodiesterbindung während des Spleißvorgangs spaltet.
2. Gruppe-II-Introns
   Gruppe-II-Introns (Abb. 1.5.10) wurden 1993 erstmals beschrieben, nachdem durch die fortschreitenden Sequenzierungen bakterieller Genome zahlreiche Gruppe-II-Intronsequenzen in Datenbanken entdeckt wurden.
   Gruppe-II-Introns benötigen kein Guanosin als Kofaktor, da das Selbstspleißen allein durch die gegebene Sekundärstruktur stattfinden kann.

Damit gleicht diese Reaktion dem Spleißvorgang im Spleißosom. Dieser Introntyp wurde bislang in Pflanzen, Pilzen, Bakterien und niederen Eukaryonten (Hefe) gefunden (Siegel et al. 2000).

Aufgrund dieser Fähigkeit des autokatalytischen Spleißens werden katalytisch aktive RNA auch Ribozyme genannt. Ribozyme können chemische Reaktionen beschleunigen, ohne selbst verbraucht oder verändert zu werden.

1.5.8 Alternatives Spleißen

Jahrzehntelang wurde angenommen, dass im Genom eine Gensequenz, die aus Exons und Introns besteht, für ein Protein kodiert (1-Gen-1-Enzym-Hypothese). Dies ist jedoch eine veraltete Betrachtungsweise. Ein Großteil der Primärtranskripte wird nach einem festgelegten Schema konstitutiv gespleißt, andere Gene wiederum werden unterschiedlich gespleißt. Heutzutage ist bekannt, dass aufgrund von RNA-Prozessierungsmechanismen wie beispielsweise dem so genannten alternativen Spleißen Primärtranskripte so prozessiert werden, dass aus einem Gen mehrere reife mRNA entstehen, die zur Expression verwandter, aber unterschiedlicher Proteine führen.

Dabei werden häufig Exons aus Strukturprotein-kodierenden Regionen entfernt oder unterschiedliche AUG als Transkriptionsstart benutzt. Dabei kann alternatives Spleißen durch die Generierung eines Stoppkodons auch zu einem vorzeitigen Abbruch der Proteinsynthese führen.

Alternativ gespleißte mRNA werden in Organismen oft gewebe- oder zellspezifisch, aber auch entwicklungsabhängig exprimiert. Manchmal sind verschiedene alternativ gespleißte mRNA im gleichen Zelltyp zu finden (Denger et al. 2001).

Die wichtige Frage der Regulation einer zellspezifischen Genexpression ist heute Gegenstand zahlreicher Forschungsbemühungen. Neuere Erkenntnisse zeigten, dass etwa 15% aller genetischen Erkrankungen beim Menschen auf Mutationen, die ein korrektes Spleißen verhindern oder neue Spleißstellen schaffen, zurückzuführen sind. Nachfolgend aufgeführte Beispiele sollen dies erläutern.

1.5.8.1 Kalzitonin

Das Gen, das für das Hormon Kalzitonin kodiert, wird in der Nebenschilddrüse, in den sensorischen Nervenzellen (Ganglien) des Rückenmarks und im ZNS (Hypothalamus) exprimiert. Es besteht aus 6 Exons, die aufgrund eines alternativen Spleißmechanismus unterschiedlich verknüpft werden können (Abb. 1.5.11). In den Zellen der Nebenschilddrüse werden lediglich die Exons 1–4 exprimiert, während Exon 5 und 6 fehlen (Coleman u. Roesser 1998, Lou u. Gagel 1998, Sexton et al. 1999). Das synthetisierte Hormon wirkt als Gegenspieler zu Parathormon, indem es die Kalziummobilisierung aus dem Knochen hemmt, falls im Serum ein erhöhter Kalziumspiegel vorliegt.

In Nervenzellen dagegen wird Exon 4 entfernt. Die genaue Regulation dieses zellspezifischen Spleißmechanismus ist bislang nur unzureichend geklärt, es wird aber davon ausgegangen, dass zellspezifische Faktoren vorhanden sind, die die relevanten Spleißstellen auswählen und so das alternative Spleißen regulieren können.

Anhand dieses Beispiels wird deutlich, wie durch die Kombination allgemeiner Modifikationen die Expression eines Gens spezifisch reguliert werden kann.

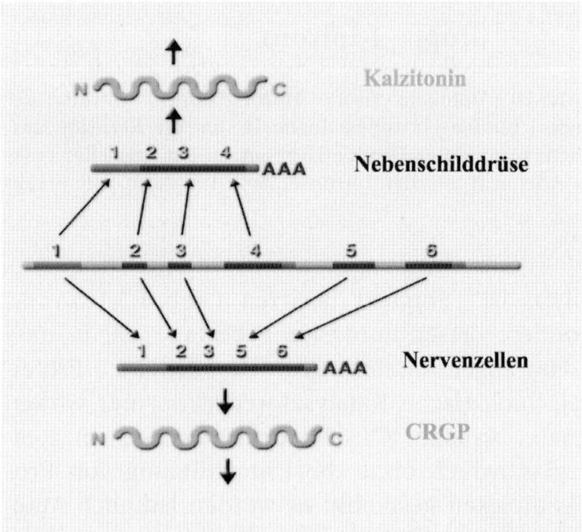

Abb. 1.5.11. Gewebespezifisches RNA-Spleißen der mRNA für Kalzitonin. Kalzitonin wird in den Zellen der Nebenschilddrüse aus den Exons 1–4 gebildet, während Exon 5 und 6 fehlen. In Nervenzellen hingegen wird das Kalzitonin-related-Genprodukt (*CRGP*) synthetisiert. Durch alternatives Spleißen wurde bei diesem Protein Exon 4 entfernt

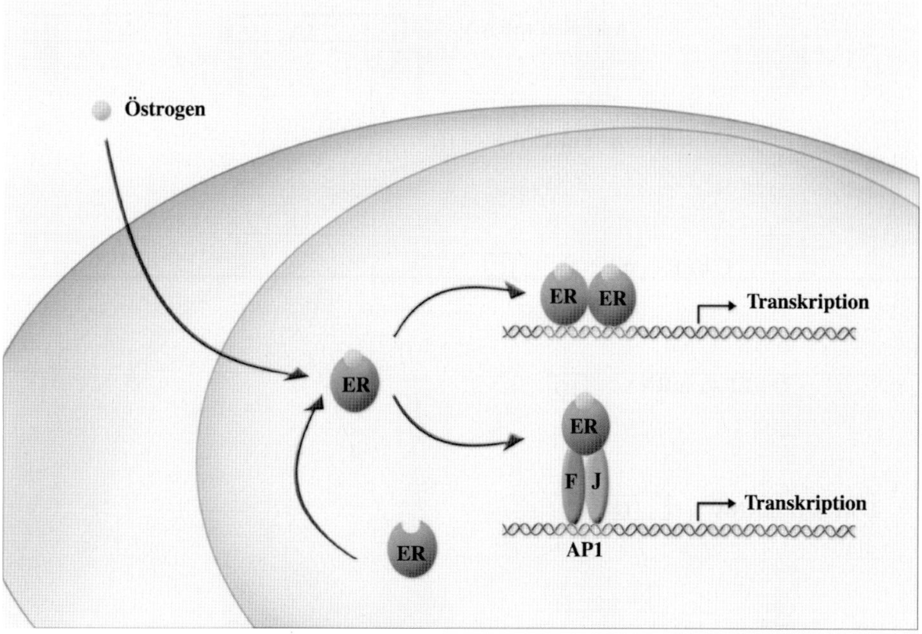

Abb. 1.5.12. Östrogenrezeptoren (*ER*) können entweder direkt als nukleäre Transkriptionsfaktoren fungieren und die Transkription beeinflussen, indem sie als Dimer an Konsensussequenzen von Zielzellen binden (Protein-DNA-Wechselwirkungen). Eine indirekte Funktion üben Östrogenrezeptoren aus, wenn sie nicht selbst an DNA binden, sondern über Protein-Protein-Wechselwirkungen, beispielsweise durch Bindung an AP-1 über Fos und Jun, indirekt einen Effekt haben

1.5.8.2 Östrogenrezeptor α

Das Steroidhormon Östrogen spielt in vielen physiologischen Prozessen eine wichtige Rolle, beispielsweise bei der Reproduktion, im kardiovaskulären und neuroendokrinen System sowie im Knochenstoffwechsel. Im Alter produziert der Körper weniger Östrogen, und die verminderte Hormonkonzentration im Körper resultiert in der Pathogenese vieler Krankheiten wie beispielsweise Osteoporose, Arteriosklerose und Alzheimer. Östrogen wird hauptsächlich in den weiblichen Ovarien, aber auch in geringen Mengen in männlichen Geschlechtsorganen, den Hoden, synthetisiert.

Östrogene können durch Diffusion in Zellen gelangen. Das Hormon vermittelt seine Wirkung über Rezeptorproteine, an die es in der Zelle bindet. In den Zielzellen liegen die Östrogenrezeptoren im inaktivierten Zustand vor, gebunden an einen zytoplasmatischen Proteinkomplex, die Hitzeschockproteine. Durch die Bindung von Östrogen wird der Rezeptor von den Hitzeschockproteinen abgelöst und aktiviert. Es bildet sich ein Dimer aus 2 Rezeptormonomeren, das nachfolgend durch die Bindung an gegenläufige (palindrome) Konsensussequenzen (*estrogen response element*, ERE, Tabelle 1.5.3) auf der DNA von Zielgenen die Transkription von Genen aktivieren oder reprimieren kann (Beato 1989). Diese Konsensussequenz ist folglich auf der Promotorregion von östrogensensitiven Zielgenen zu finden. Der Östrogenrezeptor kann deshalb auch als regulativer Transkriptionsfaktor bezeichnet werden. Die Hormonbindung stellt für den DNA-bindenden Schritt des Östrogenrezeptors einen molekularen Schalter dar.

Interessanterweise ist die Transkriptionsregulation durch den Östrogenrezeptor nicht ausschließlich von der DNA-Bindung abhängig. In diesem Fall bindet der Östrogenrezeptor nicht selbst an die DNA, sondern wirkt indirekt regulierend auf die Transkription durch Protein-Protein-Wechselwirkungen mit anderen Transkriptionsfaktoren (z.B. AP-1), die ihrerseits an die DNA binden. Der Östrogenrezeptor fungiert also als hormonabhängiger indirekter Transkriptionsfaktor (Abb. 1.5.12).

2 Östrogenrezeptoren (α und β) sind bislang bekannt (Green et al. 1986, Mosselman et al. 1996). Das Gen, das den Östrogenrezeptor α kodiert, ist eine komplexe genomische Einheit mit zahlreichen alternativen Spleißmöglichkeiten und differenzieller Promotornutzung.

Alternatives Spleißen im 5′-UTR des Östrogenrezeptor-α-Gens. Die Transkription des Östrogenrezeptorgens kann an 6 verschiedenen Promotoren (A–F) (Abb. 1.5.13) initiiert werden, die gewebe- und

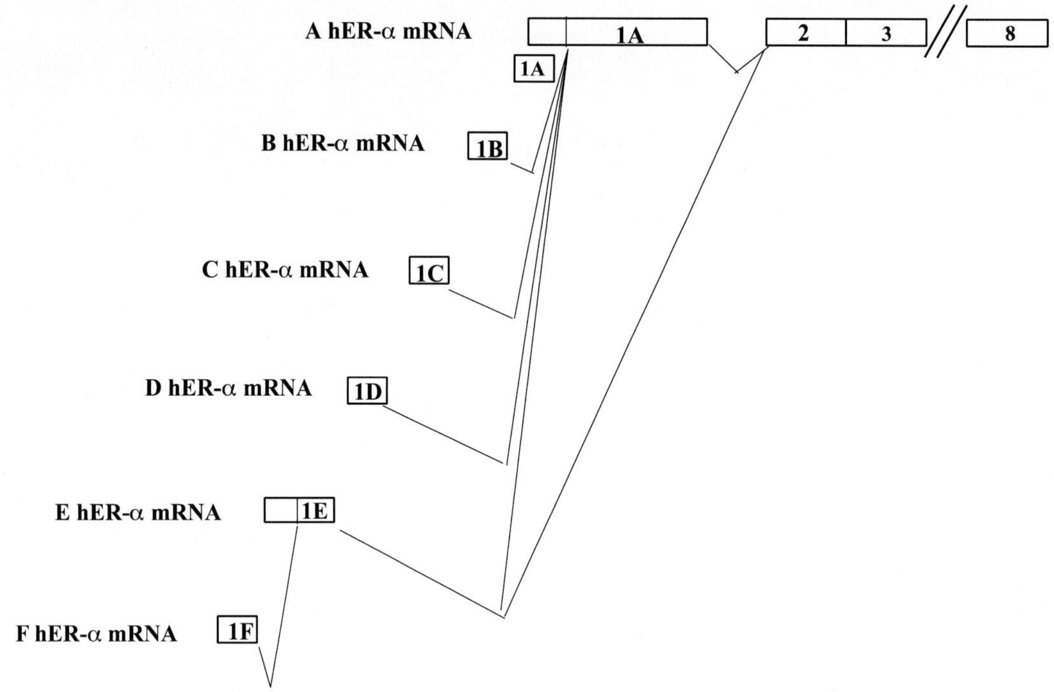

Abb. 1.5.13. Schematische Darstellung der alternativen Spleißmöglichkeiten in der 5′-Region des humanen Östrogenrezeptors (*hER-α*). 6 Promotoren (*A–F*) können für die gewebe- und zellspezifische Expression des Steroidrezeptors verantwortlich sein. Alle 5′-Exons (*1A–1F*) spleißen in eine gemeinsame Spleißstelle im Exon 1 der Protein-kodierenden Region des Rezeptors (*Pfeil*). Ausnahme: Exon *1F* spleißt zunächst zu Exon *1E* und kann zusätzlich zur gemeinsamen Spleißstelle in Exon 1 auch direkt zu Exon 2 spleißen. Das Resultat dieses Prozesses ist ein Transkript, dem Exon 1 fehlt

zellspezifisch exprimiert werden können. In der Brustkrebszelllinie MCF7 sind alle Promotoren aktiv, und es entstehen Transkripte mit 6 verschiedenen 5′-Enden (Flouriot et al. 1998, 2000). Dabei stellt die mRNA-Variante A mit 50% den größten Anteil dar und wird in Brustkrebs weitaus häufiger gefunden als in normalem Brustgewebe. Dies weist auf eine Überaktivität des A-Promotors in Brustkrebs hin. In Knochen dagegen ist lediglich der F-Promotor für die Transkription des Östrogenrezeptors verantwortlich, während keine anderen Promotoren aktiv sind (Denger et al. 2001). Alle mRNA-Varianten (A–F-mRNA) können an einer gemeinsamen Spleißstelle vor dem Translationsstart spleißen, sodass das nachfolgend synthetisierte Protein unabhängig von der Wahl des Promotors dieselbe Sequenz und dasselbe Molekulargewicht von 66 000 besitzen kann.

Die Wahl der Promotoren trägt bei diesem Beispiel also zur spezifischen Expression des Rezeptorproteins bei. Auch die Menge des synthetisierten Proteins kann so reguliert werden. In MCF-7-Zellen, einer Brustkrebszelllinie, bei der das Gen von allen Promotoren synergistisch exprimiert wird, sind quantitativ viele Rezeptormoleküle nachweisbar. In Geweben, in denen nur ein Promotor aktiv ist, wird häufig weniger Protein synthetisiert.

Alternatives Spleißen im kodierenden Bereich des Östrogenrezeptor-*α*-Gens. Alternatives Spleißen kommt nicht nur in Promotorbereichen, sondern auch in kodierenden Bereichen vor. Durch alternatives Spleißen können zusätzlich zu dem erwähnten Rezeptorprotein mit einem MG von 66 000 auch kürzere Isoformen des Proteins entstehen (Abb. 1.5.14). Beim Östrogenrezeptorgen kann das 5′-Exon 1F an eine interne Spleißakzeptorstelle in Exon 2 spleißen, was einen Verlust des Exons 1 im kodierenden Bereich zur Folge hat. Im entstehenden verkürzten Primärtranskript wird die nächste Basenfolge AUG, die sich am Anfang von Exon 2 befindet, als Translationsstart für die Proteinsynthese verwendet. Dem aus dieser Sequenz synthetisierten Rezeptorprotein fehlen 174 Aminosäuren am N-Terminus, und es hat lediglich ein Molekulargewicht von 46 000. Dem N-terminal verkürzten Rezeptormolekül fehlt die Aktivierungsdomäne,

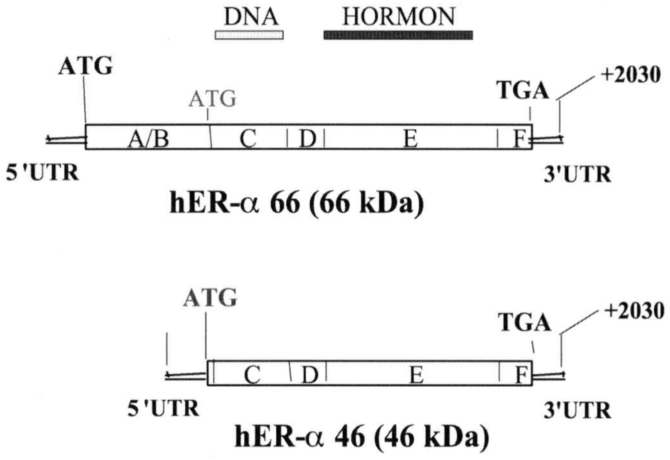

Abb. 1.5.14. Durch alternative Spleißmechanismen innerhalb der Protein-kodierenden Sequenz können Isoformen des Östrogenrezeptors entstehen. Die Nutzung des ersten Startkodons führt zur Synthese des Gesamtmoleküls mit einem MG von 66 000, während aufgrund des Verlusts von Exon 1 im Spleißprodukt der Translationsstart in Exon 2 beginnt und zur Expression eines verkürzten Proteins führt

die unabhängig von der Östrogenbindung durch Zytokine usw. aktiviert werden kann. In MCF-7-Zellen, aber auch in Knochenzellen, werden beide Östrogenrezeptorproteine gebildet. Das Vorhandensein beider Östrogenrezeptorproteine führt in diesen Geweben dazu, dass die Aktivität des Proteins mit einem MG von 66 000 durch das Protein mit dem MG von 46 000 inhibiert wird (Flouriot et al. 2000).

1.5.9 Editing

Beim Prozess des RNA-Editing wird der Informationsgehalt einer mRNA nach der Transkription (posttranskriptionell) so verändert, dass aus der modifizierten Form im Vergleich zur nicht editierten Form ein anderes Protein entsteht. RNA-Editing verändert also den Inhalt der Botschaft und soll am Beispiel von Apolipoprotein erläutert werden.

1.5.9.1 Apolipoprotein

Apolipoprotein B (Apo B) fungiert als ein wichtiges Transportprotein von Cholesterin im Blut, indem es eine amphipathische Hülle um das hydrophobe Cholesterinmolekül bildet und an den LDL-Rezeptor auf der Zelloberfläche binden kann. Von Apo B gibt es 2 Formen:

1. Apo B 100 mit einem Molekulargewicht von 512 000 wird in der Leber synthetisiert,
2. Apo B 48 mit einem MG von 240 000 wird im Dünndarm gebildet und besteht nur aus der N-terminalen Hälfte des Proteins. Als Folge kann Apo B 48 nicht an den LDL-Rezeptor binden.

Es wäre theoretisch durchaus vorstellbar, dass das kürzere Protein durch proteolytische Spaltung oder Spleißvorgänge entstehen kann. Es handelt sich hierbei jedoch um eine enzymatische Änderung der Nukleotidsequenz der mRNA nach der Synthese. Das Enzym Desaminase, das im Dünndarm, nicht aber in der Leber lokalisiert ist, bewirkt eine Desaminierung von Cytosin zu Uridin. Diese Basenumwandlung hat ein Stoppsignal zur Folge und resultiert in der Synthese eines verkürzten Proteins (Yamashita et al. 2000).

In der biologischen Forschung ermöglicht die Polyadenylierung von mRNA deren effiziente und spezifische Isolation aus einem zellulären RNA-Gemisch durch Poly-dT-Bindung der mRNA-Moleküle. Dieses Ausgangsmaterial kann dann als Basis für zahlreiche molekularbiologische Methoden, z. B. die Polymerasekettenreaktion (polymerase chain reaction, PCR) und für cDNA-Klonierungen benutzt werden.

1.5.10 Abbau und Stabilität von mRNA

Die Stabilität individueller mRNA-Moleküle in einer Zelle ist sehr variabel. Manche mRNA-Moleküle einer Zelle sind über Stunden oder Tage stabil, während andere innerhalb von Minuten abgebaut werden (Tabelle 1.5.4). Der regulierte Abbau von mRNA ist zellphysiologisch ebenso wichtig wie die Transkription. Durch den kontrollierten Abbau von mRNA-Molekülen wird gewährleistet, dass lediglich eine gewisse Menge an RNA in der Zelle vorhanden ist. Eine Akkumulation von mRNA würde das physiologische Gleichgewicht einer Zelle stören. Es ist heute bekannt, dass mRNA-

Tabelle 1.5.4. mRNA-Stabilität

RNA	Halbwertszeit
MCP-1, IL-1, *c-fos*, *c-myc*	10 min bis zu 3 h
Östrogenrezeptor, Alkalische Phosphatase	4–6 h
Globin	>1 Tag

Moleküle, die für konstitutiv exprimierte Haushaltsgene kodieren, eine längere Lebensdauer haben als beispielsweise mRNA von Zytokinen, die oft eine lokale und kurzzeitige Wirkung haben sollen (Beelman u. Parker 1995).

Der Abbau von mRNA wird durch die Verkürzung des PolyA-Schwanzes eingeleitet, gefolgt von einem Abbau der CAP-Struktur (*decapping*) und einer Degradierung der mRNA durch 5′→3′- oder 3′→5′-Exonukleasen.

Die Stabilität und Lebensdauer von mRNA-Molekülen hängt vom Vorhandensein eines spezifischen, *cis* aktivierenden Basenmotivs (AUUUA) im 3′-untranslatierten Bereich (3′-UTR) ab, das eine kurze Halbwertszeit der Transkripte garantiert (Chen et al. 1994a). Destabilisierende Sequenzen (AU-reiche Elemente, ARE) sind aber nicht auf den Bereich der 3′-UTR beschränkt, sondern sind auch im kodierenden Bereich von mRNA-Molekülen zu finden. Sie wurden zuerst in den mRNA-Molekülen von sehr instabilen RNA entdeckt. Die mRNA der Protoonkogene *c-fos* und *c-myc* enthält destabilisierende Basenfolgen im kodierenden Bereich, die dann benutzt werden, wenn die Transkription als Antwort auf eine Stimulation durch Wachstumsfaktoren erhöht ist (Bernstein et al. 1992). Dies verursacht, dass die mRNA in der Zelle schnell wieder abgebaut wird, wodurch eine kontinuierliche Transkription von *c-fos* und *c-myc* verhindert wird (Brewer 1999, Chen et al. 1994b, Wilson u. Treisman 1995). Aber auch *trans* aktivierende Proteine, die an RNA binden, können zur Regulation der mRNA-Stabilität beitragen (Day u. Tuite 1998).

1.5.10.1 Stabilität humaner Östrogenrezeptor-mRNA

Von vielen Hormonen ist bekannt, dass sie die Expression ihrer eigenen Rezeptorproteine auf posttranskriptioneller Ebene beeinflussen können. Auch beim Steroidhormon Östrogen wurde dies kürzlich demonstriert. Der entsprechende Rezeptor (ERα) besitzt eine außergewöhnlich lange 3′-UTR, die mit etwa 4 kb doppelt so lang ist wie die für das Rezeptorprotein kodierende Region. Die Analyse dieser Sequenz ergab, dass die 3′-UTR zahlreiche Kopien des AUUUA-Motivs aufweist. Eine 1 kb lange Sequenz innerhalb der 3′-UTR zeigt eine destabilisierende Funktion. Interessanterweise sind jedoch 4 aufeinander folgende AUUUA-Motive innerhalb dieses 1-kb-Stücks per se nicht für den Prozess verantwortlich. Ein Zusammenspiel verschiedener Regionen dieses Subfragments ist nötig, um die Destabilisierung der ERα-mRNA einzuleiten (Kenealy et al. 2000).

1.5.11 Modifikationen Protein-kodierender Gene

1.5.11.1 Phosphorylierung

Auch exogene Signale wie beispielsweise Zytokine und Wachstumsfaktoren können zur Aktivierung von Transkriptionsfaktoren führen. Diese Moleküle binden an Rezeptoren in der Zellmembran und leiten die Aktivierung von Signalkaskaden über eine Reaktionskette von Phosphatübertragungen im Zellinneren ein (Lania et al. 1999, Meek u. Street 1992). Ein Proteinkomplex, der an DNA gebunden ist, kann diese Signale letztendlich empfangen und durch diese Aktivierung die Transkription beeinflussen. Das p53-Tumorsuppressor-Protein ist ein nukleäres Phosphoprotein, das die zelluläre Transformation und das Zellwachstum unterdrückt und Apoptose induziert. Mutationen in diesem Gen stellen häufige Ursachen, die zur Krebsentstehung führen, dar. Die Suppressoraktivität wird auch durch virale Onkogene blockiert, da Tumorviren die Phosphorylierung von p53 modulieren können (Wilcock u. Lane 1991). Der molekulare Mechanismus, der dem supprimierten Zellwachstum durch p53 unterliegt, ist noch nicht vollständig aufgeklärt, stellt jedoch ein Hauptziel der heutigen Krebsforschung dar.

1.5.11.2 Azetylierung

Durch das Enzym Histonazetyltransferase (HAT) können Azetylreste auf die Aminosäure Lysin an N-terminalen Enden von Histonproteinen übertragen werden. Diese Modifizierung führt zu einer Neutralisierung der positiven Ladung der Lysinreste mit der Folge, dass die Bindungsaffinität zur negativ geladenen DNA aufgehoben wird. Dies führt zur Lockerung der Nukleosomenstruktur, die dem für die Transkription verantwortlichen Enzymkomplex eine Promotorbindung ermöglicht. Die Azetylierung von Histonen aktiviert also die Transkription. Aufgrund dieser Eigenschaft wurden HAT auch als Koaktivatoren bezeichnet (Burley et al. 1997, Sterner u. Berger 2000). HAT-Aktivität besitzen beispielsweise generelle Koaktivatoren wie p300 und CREB-Bindungsprotein, nukleäre Rezeptorkoaktivatoren SRC-1 und TIF2 sowie TATA-Bindeprotein-assoziierte Faktoren (TAF).

Die Azetylreste können durch Histondeazetylasen (HDAC) wieder entfernt werden, was die Zugänglichkeit des Promotors reduziert und so zur Inaktivierung der Transkription führt (Kuo u. Allis 1998).

1.5.11.3 Methylierung

Im Gegensatz zur Azetylierung unterbindet eine Methylierung (Abb. 1.5.15) die Transkription. Die Basenfolge Cytidin gefolgt von mehreren Guanidinen (CpG) ist in den meisten Fällen methyliert, d.h. das Cytidin erhält durch das Enzym DNA-Methyltransferase eine Methylgruppe und wird dadurch zum 5'-Methylcytosin. Durch eine Desaminierung dieser Base entsteht das Thymin, das von den anderen, nicht methylierten Thymidinresten in der DNA nicht zu unterscheiden ist. Da es deshalb von Reparaturenzymen nicht erkannt und korrigiert werden kann, stellt diese Modifikation eine häufige Ursache von Spontanmutationen dar.

Die CpG-Inseln befinden sich im Genom meistens vor Haushaltsgenen (s. Abschnitt 1.5.4 „Steuerelemente der Transkription“). Diese Gene sind im Allgemeinen nicht methyliert, da sie in der Zelle ständig aktiv sind. Im Gegensatz dazu sind CpG-Inseln methyliert, wenn die stromabwärts liegenden Gene stumm, also nicht transkriptionell aktiv sind. Durch die Verwendung von 5-Azacytidin lassen sich die Methylierung von Promotorregionen aufheben und die Transkription aktivieren. Auch dieser Prozess stellt einen Mechanismus dar, der zur zellspezifischen und entwicklungsspezifischen Regulation der Genexpression beiträgt.

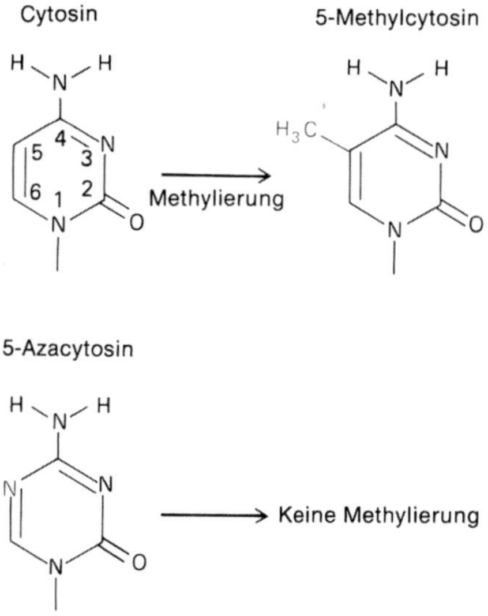

Abb. 1.5.15. Methylierung

1.5.11.4 RNA-Interferenz (RNAi)

In vielen Spezies, von Trypanosomen bis zur Maus, induziert die Einbringung von synthetisch hergestellter doppelsträngiger RNA die spezifische Abschaltung von Genen (gene silencing) auf posttranskriptioneller Ebene. Die RNA-Interferenz stellt dabei einen Mechanismus dar, der die Expression aberranter oder viraler Gene verhindern kann und in Versuchen mit *C. elegans* wesentlich effizienter wirksam war als Antisense-RNA. Der genaue Wirkmechanismus ist jedoch noch ungeklärt. Da diese neue Technik bereits in Mäusen Erfolg versprechende Resultate ergeben hat, wird versucht, RNAi zur Untersuchung und Bekämpfung von Krebs und Infektionskrankheiten einzusetzen.

1.5.12 Resümee

Zusammenfassend stellt die Transkription einen zeitlich und räumlich genau regulierten zellulären Mechanismus dar, der durch viele Faktoren und in zahlreichen Schritten beeinflusst werden kann. Bereits geringe Störungen führen zu dramatischen Auswirkungen, die letztendlich Krankheitsauslöser sein können.

Eine Herausforderung der Zukunft wird es sein, die molekularen Mechanismen, die für die Auslösung von Krankheiten verantwortlich sind, besser zu verstehen und folglich spezifischere Therapiemöglichkeiten zu entwickeln.

1.5.13 Literatur

Beato M (1989) Gene regulation by steroid hormones. Cell 56:335–344

Beelman CA, Parker R (1995) Degradation of mRNA in eukaryotes. Cell 81:179–183

Bendich AJ, Drelica K (2000) Prokaryotic and eukaryotic chromosomes: what's the difference? Bioessays 22:481–486

Bernstein PL, Herrick DJ, Prokipcak RD, Ross J (1992) Control of c-*myc* mRNA half-life in vitro by a protein capable of binding to a codon region stability determinant. Genes Dev 6:642–654

Blackwood EM, Kadonaga JT (1998) Going the distance: a current view of enhancer action. Science 281:61–63

Brewer G (1999) Evidence for a 3′–5′ decay pathway for c-*myc* mRNA in mammalian cells. J Biol Chem 274:16 174–16 179

Burley SK, Xie X, Clark KL, Shu F (1997) Histone-like transcription factors in eukaryotes. Curr Opin Struct Biol 7:94–102

Calkhoven CF, Geert AB (1996) Multiple steps in the regulation of transcription-factor level and activity. Biochem J 317:329–342

Cech TR, Blass BL (1986) Biological catalysis by RNA. Annu Rev Biochem 55:599–629

Chen C, Shyu A (1994) Selective degradation of early response gene mRNAs: functional analysis of sequence features of the AU-rich elements. Mol Cell Biol 14:8471–8482

Chen CY, Chen TM, Shyu AB (1994) Interplay of two functionally and structurally distinct domains of the c-*fos* AU-rich specifies its mRNA-destabilizing function. Mol Cell Biol 14:416–426

Coleman TP, Roesser JR (1998) RNA secondary structure: an important *cis*-element in rat calcitonin/CGRP pre messenger RNA splicing. Biochemistry 10:15941–15950

Cooper TA, Mattox W (1997) The regulation of splice-site selection, and its role in human disease. Am J Hum Genet 61:259–266

Day DA, Tuite MF (1998) Post-transcriptional gene regulatory mechanisms in eukaryotes: an overview. J Endocrinol 157:361–371

Denger S, Flouriot G, Kos M et al. (2001) ERalpha gene expression in human primary osteoblasts: evidence for the expression of two receptor proteins. Mol Endocrinol 15:2064–2077

Flouriot G, Griffin C, Kenealy MR, Sonntag-Buck V, Gannon F (1998) Differentially expressed messenger RNA isoforms of the human estrogen receptor-*α* gene are generated by alternative splicing and promoter usage. Mol Endocrinol 12:1939–1954

Flouriot G, Brand H, Denger S et al. (2000) Identification of a new isoform of the human estrogen receptor-alpha (hER-*α*) that is encoded by distinct transcripts and that is able to repress hER-*α* activation function 1. EMBO J 19:4688–4700

Glass CK, Rosenfeld MG (2000) The coregulator exchange in transcriptional functions of nuclear receptors. Genes Dev 14:121–141

Green S, Walter P, Kumar V et al. (1986) Human estrogen receptor cDNA: sequence, expression and homology to v-erbA. Nature 320:134–139

Greenblatt J (1992) Riding high on the TATA-box. Nature 360:16–17

Hampsey M, Reinberg D (1999) RNA polymerase II as a control panel for multiple coactivator complexes. Curr Opin Genet Dev 9:132–139

Herbert A, Rich A (1999) RNA processing and the evolution of eukaryotes. Nat Genet 21:265–269

Hoffmann A, Oelgeschlaeger T, Roeder RG (1997) Considerations of transcriptional control mechanisms: do TFIID-core promoter complexes recapitulate nucleosome-like functions? Proc Natl Acad Sci USA 94:8928–8935

Horlein AJ, Naar AM, Heinzel T et al (1995) Ligand-independent repression by the thyroid hormone receptor mediated by a nuclear receptor co-repressor. Nature 377:397–404

Horowitz DS, Krainer S (1994) Mechanisms for selecting 5′ splice sites in mammalian pre-mRNA splicing. Trends Genet 10:100–106

Jackson DA, Pombo A, Iborra F (2000) The balance sheet for transcription: an analysis of nuclear RNA metabolism in mammalian cells. FASEB J 14:242–254

Kellum R, Schedl P (1991) A position-effect assay for boundaries of higher order chromosomal domains. Cell 64:941–950

Kenealy MR, Flouriot G, Sonntag-Buck V, Dandekar T, Brand H, Gannon F (2000) The 3′ untranslated region of the human estrogen receptor *α*-gene mediates rapid messenger ribonucleic acid turnover. Endocrinology 141:2805–2813

Kuo MH, Allis CD (1998) Roles of histone acetyltransferases and deacetylases in gene regulation. Bioessays 20:615–626

Lania L, Majello B, Napolitano G (1999) Transcriptional control by cell-cycle regulators: a review. J Cell Physiol 179:134–141

Lanz RB, McKenna NJ, Onate SA et al. (1999) A steroid receptor coactivator, SRA functions as an RNA and is present in an SRC-1 complex. Cell 97:17–27

Lou H, Gagel RF (1998) Alternative RNA-processing – its role in regulating expression of calcitonin/calcitonin gene-related peptide. J Endocrinol 156:401–405

McCracken S, Fong N, Yankulov K et al. (1997) The C-terminal domain of RNA-polymerase II couples mRNA processing to transcription. Nature 385:357–361

McKenna NJ, Lanz RB, O'Malley BW (1999) Nuclear receptor coregulators: cellular and molecular biology. Endocr Rev 20:321–344

Meek DW, Street AJ (1992) Nuclear protein phosphorylation and growth control. Biochem J 287:1–15

Mizzen CA, Allis CD (1998) Linking histone acetylation to transcriptional regulation. Cell Mol Life Sci 54:6–20

Moore MJ (2000) Intron recognition comes of age. Nat Struct Biol 7:14–16

Mosselman S, Polman J, Dijkema R (1996) ER beta: identification and characterization of a novel human receptor. FEBS 392:49–53

Muller J (2000) Transcriptional control: the benefits of selective insulation. Curr Biol 10:R241–244

Nikolov DB, Hu SH, Lin J et al. (1992) Crystal structure of TFIID TATA box binding protein. Nature 360:40–46

Ogbourne S, Antalis TM (1998) Transcriptional control and the role of silencers in transcriptional regulation in eukaryotes. Biochem J 331:1–14

Roeder RG (1996) The role of general initiation factors in transcription by RNA polymerase II. Trends Biochem Sci 21:327–335

Sassone-Corsi P (1998) Regulating the balance between differentiation and apoptosis: role of CREM in the male germ cells. J Mol Med 76:811–817

Sexton PM, Findlay DM, Martin TJ (1999) Calcitonin. Curr Med Chem 6:1067–1093

Sharp PA (1994) Split genes and RNA splicing. Cell 77:805–815

Shilatifard A (1998) The RNA polymerase II general elongation complex. Biol Chem 379:27–31

Siegel RK, Vaidya A, Pyle AM (2000) Metal ion binding sites in a group II intron core. Nat Struct Biol 7:1111–1116

Sterner DE, Berger SL (2000) Acetylation of histones and transcription-related factors. Microbiol Mol Biol Rev 64:435–459

Struhl K (1999) Fundamentally different logic of gene regulation in eukaryotes and prokaryotes. Cell 98:1–4

Tanguay R, Gallie D (1996) Translational efficiency is regulated by the length of the 3′ untranslated region. Mol Cell Biol 16:146–156

Tollervey D, Kiss T (1997) Function and synthesis of small nucleolar RNAs. Curr Opin Cell Biol 9:337–342

Uptain SM, Kane CM, Chamberlin MJ (1997) Basic mechanisms of transcript elongation and its regulation. Annu Rev Biochem 66:117–172

Ushera A, Maldonado E, Goldring A et al. (1992) Specific interactions between the nonphosphorylated form of RNA polymerase II and the TATA binding protein. Cell 69:871–881

Vanhee-Brossollet C, Vaquero C (1998) Do natural antisense transcripts make sense in eukaryotes? Gene 211:1–9

Wahle E, Ruegsegger U (1999) 3′ end processing of pre-mRNA in eukaryotes. FEMS Microbiol Rev 23:277–295

Wilcock D, Lane DP (1991) Localization of p53, retinoblastoma and host replication proteins at sites of viral replication in herpes-infected cells. Nature 349:429–431

Wilson T, Treisman R (1995) Removal of poly(A) and subsequent degradation of *c-fos* mRNA facilitated by 3′ AU-rich sequences. Nature 336:396–399

Wolffe AP, Guschin D (2000) Chromatin structural features and targets that regulate transcription. J Struct Biol 129:102–122

Wu JY, Maniatis T (1993) Specific interactions between proteins implicated in splice site selection and regulated alternative splicing. Cell 75:1061–1070

Yamashita S, Hirano K, Sakai N, Matsuzawa Y (2000) Molecular biology and pathophysiological aspects of plasma cholesteryl ester transfer protein. Biochem Biophys Acta 1529:257–275

Zhao J, Hyman L, Moore C (1999) Formation and mRNA 3′ ends in eukaryotes: mechanism, regulation, and interrelationships with other steps in mRNA synthesis. Microbiol Mol Biol Rev 63:405–445

1.6 Mechanismen der Translationskontrolle in Eukaryonten

Martina Muckenthaler und Thomas Preiss

Inhaltsverzeichnis

1.6.1 Einleitung

Das Ribosom ist eine komplexe, biologische Maschine, die den genetischen Kode der mRNA in Protein übersetzt. Dieser mehrstufige Prozess wird als Translation bezeichnet und ist ein essenzieller und vielfach regulierter Schritt in der Genexpression. Die Translation kann durch physiologische und pathophysiologische Faktoren beeinflusst werden.

Vielfältige Mechanismen kontrollieren die Translation von Genen, die frühe entwicklungsbiologische Prozesse steuern, das Zellwachstum mitbestimmen oder eine Rolle in der Apoptose spielen. Doch auch während zellulärer Stresssituationen, im Wirkmechanismus des Insulins oder im Eisenstoffwechsel ist die Translationsregulation ein wichtiger Kontrollschritt. Viren verfolgen eine Reihe von unkonventionellen Strategien, mit denen sie sich den zellulären Translationsapparat zu Nutze machen.

Dieses Kapitel bietet eingangs einen Überblick über den Vorgang der Translation und die daran beteiligten Komponenten. Der Schwerpunkt des Beitrags liegt jedoch auf den verschiedenen Kontrollmechanismen, die die Translation und insbesondere die Translationsinitiation regulieren.

1.6.2 Ablauf der Translation

1.6.2.1 Translationsmaschinerie

In der Translation muss der aus 4 Nukleotiden (A, U, C, G) bestehende genetische Kode in 20 Aminosäuren übersetzt werden. 3 Nukleotide (1 Triplett) stehen dabei für eine Aminosäure. Manche Aminosäuren wie Serin, Leucin oder Arginin werden von 6 verschiedenen Tripletts kodiert; für Tryptophan oder Methionin gibt es nur 1 Triplett. Die Translation beginnt in der Regel an einem für Methionin kodierenden AUG-Triplett, dem so genannten Startkodon. Die Tripletts UAG, UAA und UGA kodieren nicht für eine Aminosäure, sondern sind, von bestimmten Ausnahmen abgesehen, die Stoppsignale der Translation.

Für die Übersetzung eines Nukleotidtripletts in eine Aminosäure bedarf es eines Adaptermoleküls, der Transfer-RNA (tRNA). Dabei handelt es sich um 75–80 Nukleotide lange RNA-Moleküle, welche eine typische kleeblattähnliche Sekundärstruktur ausbilden. Mit dem so genannten Antikodonarm erkennt die tRNA über Basenpaarung den genetischen Kode der mRNA. Am Aminoacylarm ist diejenige Aminosäure kovalent gekoppelt, die dem

Ganten / Ruckpaul (Hrsg.)
Grundlagen der Molekularen Medizin,
2. Auflage

Antikodon entspricht. Für jede tRNA gibt es ein spezifisches Enzym, welches diese mit einer Aminosäure belädt. Die Hybridisierung von Kodon und Antikodon erlaubt eine gewisse Flexibilität an der 3. Position, sodass nicht für jede Aminosäurekodierende Triplett eine eigene tRNA vorhanden sein muss.

Für den mechanischen Rahmen der Translation, das Ablesen der mRNA und die Katalyse der Formation von Peptidbindungen sind die Ribosomen zuständig. Eukaryontische zytoplasmatische Ribosomen bestehen aus über 50 ribosomalen Proteinen und 4 verschiedenen ribosomalen RNA-Molekülen (rRNA). Unterscheiden lassen sich 2 Untereinheiten, die 40 S- und die 60 S-Untereinheit (die Einheit „S" steht für Svedberg und ist ein Maß für das Sedimentationsverhalten bei Gradientenzentrifugationen). mRNA-Moleküle werden meist von mehreren Ribosomen gleichzeitig translatiert, es wird dann von Polysomen gesprochen.

Die Translation wird generell in 3 Phasen eingeteilt:
1. Translationsinitiation,
2. Translationselongation und
3. Translationstermination.

Jede Phase benötigt sowohl eine Reihe an spezifischen Proteinen als auch ATP bzw. GTP als Energieträger (Sonenberg et al. 2000).

1.6.2.2 Translationsinitiation

Unter Translationsinitiation werden Vorgänge verstanden, die dazu führen, dass ein Ribosom an der mRNA zusammengesetzt wird und die Proteinsynthese am Startkodon, in den meisten Fällen dem ersten AUG-Triplett, beginnen kann. Während in Bakterien die kleine ribosomale Untereinheit über eine Basenpaarung der 16 S-rRNA mit einer komplementären Sequenz, der Shine-Dalgarno-Sequenz, in der Nähe des AUG direkt an die mRNA binden kann, wird in eukaryontischen Zellen die kleine ribosomale Untereinheit über Translationsinitiationsfaktoren an die mRNA rekrutiert. Vereinfachend kann die Initiation an einer typischen mRNA in 3 Abschnitte unterteilt werden (Abb. 1.6.1):
1. die Bindung der 40 S-ribosomalen Untereinheit und damit assoziierter Faktoren nahe dem 5′-Ende der mRNA (Schritt 1 und 2 in Abb. 1.6.1);
2. eine laterale Bewegung, das so genannte „Scanning", dieses Präinitiationskomplexes entlang der mRNA (Schritt 3 in Abb. 1.6.1);
3. Erkennen des Startkodons und Anlagerung der 60 S-Untereinheit zur Bildung des 80 S-Ribosoms (Schritt 4 in Abb. 1.6.1).

Die Bindung der 40 S-ribosomalen Untereinheit wird entscheidend durch die beiden im Nukleus angefügten, posttranskriptionalen Modifikationen an den Enden der mRNA – die Cap-Struktur (m^7GpppN) und den Poly(A)-Schwanz – beeinflusst (Preiss u. Hentze 1998). Der *e*ukaryontische *I*nitiations*f*aktor (eIF) 4F bindet an die Cap-Struktur der mRNA. eIF4F besteht aus dem Cap-bindenden Protein eIF4E, welches die interagierenden Proteine eIF4G und eIF4A an das 5′-Ende der mRNA bringt. Die Bindung von eIF4E an die Cap-Struktur ist ein limitierender Schritt der Translation. eIF4A ist eine ATP-abhängige Helikase und kann, stimuliert durch den Translationsfaktor eIF4B, Sekundärstrukturen in der Cap-nahen Region der mRNA auflösen (Hershey u. Merrick 2000). eIF4G ist ein multifunktioneller Adapter, der verschiedene Komponenten des Translationsinitiationsapparats zusammenführt (Hentze 1997). eIF4G bindet weiterhin an das Poly(A)-bindende Protein (PABP) und kann so zur Zirkularisierung der mRNA führen (Wells et al. 1998). Diese Zirkularisierung ist für die effiziente mRNA-Translation bedeutsam (Preiss u. Hentze 1999).

eIF4G kann auch an eIF3 binden und so die 40 S-ribosomale Untereinheit an die mRNA rekrutieren. Die 40 S-ribosomale Untereinheit bindet in Form des so genannten 43 S-Präinitiationskomplexes an die mRNA, der neben der kleinen ribosomalen Untereinheit auch eIF3 und den ternären Komplex enthält. Der ternäre Komplex besteht wiederum aus der Initiator-Methionyl-tRNA ($tRNA_{Met}$), eIF2 und GTP, und seine Ausbildung wird durch eIF2α katalysiert (Hershey u. Merrick 2000).

Ein gängiges Modell der Translationsinitiation besagt, dass sich dann der 43 S-Komplex in 3′-Richtung an der mRNA entlang bewegt, bis er auf ein AUG-Kodon trifft. Dieser Vorgang wird als „Scanning" bezeichnet, und er benötigt ATP-Hydrolyse (Kozak 1999). Das Scanning endet mit dem Erreichen des Startkodons. Dort bindet die Initiator-$tRNA_{Met}$ über ihr Antikodon an das AUG. Das im ternären Komplex gebundene GTP wird durch eIF2 hydrolysiert. Daraufhin werden eIF2-GDP und eIF3 von der 40 S-ribosomalen Untereinheit freigesetzt (Hershey u. Merrick 2000). eIF2 ist inaktiv und muss zu eIF2-GTP regeneriert werden, um wieder in einem neuen Translationsinitiationszyklus teilnehmen zu können. Dieser Schritt wird durch den Guaninnukleotidaustauschfaktor (eIF2B)

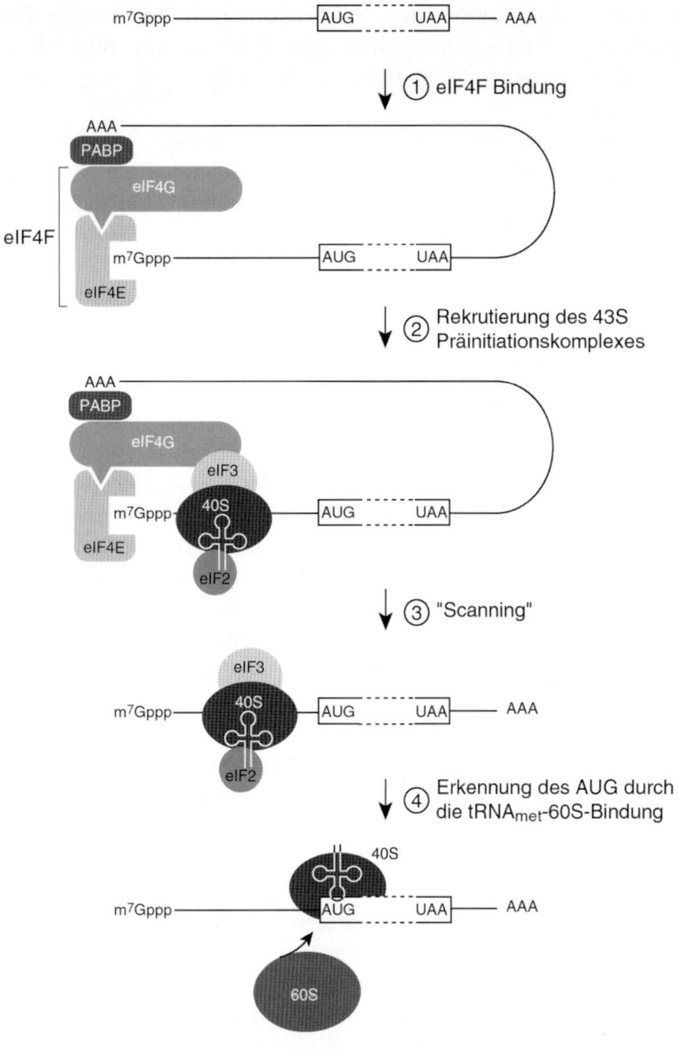

Abb. 1.6.1. Initiationsphase der Translation. Eukaryontische mRNA mit den 2 typischen, posttranskriptionalen Modifikationen, der Cap-Struktur (*m^7Gppp*) und dem Poly(A)-Schwanz (*AAA*). Das Protein-kodierende offene Leseraster ist durch ein Start- und ein Stoppkodon markiert. In einem ersten Schritt (*1*) bindet ein Komplex (*eIF4F*), der aus eIF4E, eIF4G und eIF4A (hier nicht gezeigt) besteht, an die Cap-Struktur. Die Bindung des Poly(A)-bindenden Proteins (*PABP*) an eIF4G führt zur Zirkularisierung der mRNA. In einem 2. Schritt (*2*) wird die kleine ribosomale Untereinheit (*40 S*) mit den Initiationsfaktoren *eIF2* und *eIF3* und der Methionyl-Initiator-$tRNA_{Met}$ an die mRNA rekrutiert. Dieser so genannte 43 S-Präinitiationskomplex bewegt sich in einem Vorgang, der als „Scanning" bezeichnet wird, in 3′-Richtung entlang der mRNA (*3*). Die Kodon-Antikodon-Interaktion der Initiator-$tRNA_{Met}$ identifiziert das Startkodon *AUG* (*4*). Daraufhin erfolgt die Freisetzung von *eIF2* und *eIF3* und die Bindung der großen ribosomalen Untereinheit (*60 S*). Dieses 80 S-Ribosom kann die Proteinbiosynthese im offenen Leseraster beginnen

katalysiert und ist ein wichtiger Kontrollschritt der Translationsinitiation (s. Abschnitt 1.6.3.1 „Regulation der Translationsinitiation durch Phosphorylierung", Unterabschnitt „Regulation der Translationsinitiation durch Phosphorylierung von eIF2α", Abb. 1.6.2). Unter dem Einfluss von eIF5B und der Spaltung eines weiteren GTP lagert sich die 60 S-ribosomale Untereinheit an (Pestova et al. 2000). Das Ribosom ist jetzt für die erste Peptidbindung bereit.

Die Proteinsynthese beginnt fast immer (zu etwa 95%) am ersten Initiationskodon nach der Cap-Struktur. Neu synthetisierte Polypeptide tragen deshalb am Aminoterminus zunächst die Aminosäure Methionin.

1.6.2.3 Translationselongation

Die Translationselongation besteht aus 3, immer wiederkehrenden Schritten. Sobald sich das 80 S-Ribosom am Initiationskodon ausgebildet hat, kann die Proteinbiosynthese beginnen. Die Initiator-$tRNA_{Met}$ ist an der Peptid(P)-Stelle des Ribosoms gebunden. Die Aminoacyl-tRNA, die zum 2. Kodon gehört, bindet mit ihrem Antikodon an die mRNA, und zwar so, dass sie an der Eingangsstelle (A-Stelle) des Ribosoms sitzt. Daran beteiligt ist der Elongationsfaktor 1 (eEF1). Katalysiert durch die 60 S-ribosomale Untereinheit kommt es zur Peptidbindung zwischen dem Initiatormethionin und der darauf folgenden Aminosäure. Das entstandene Dipeptid befindet sich vorerst noch an der A-Stelle des Ribosoms und wird dann im 3. Schritt zusammen mit der mRNA an die P-Stelle transloziert. Dieser Schritt benötigt eEF2. Durch

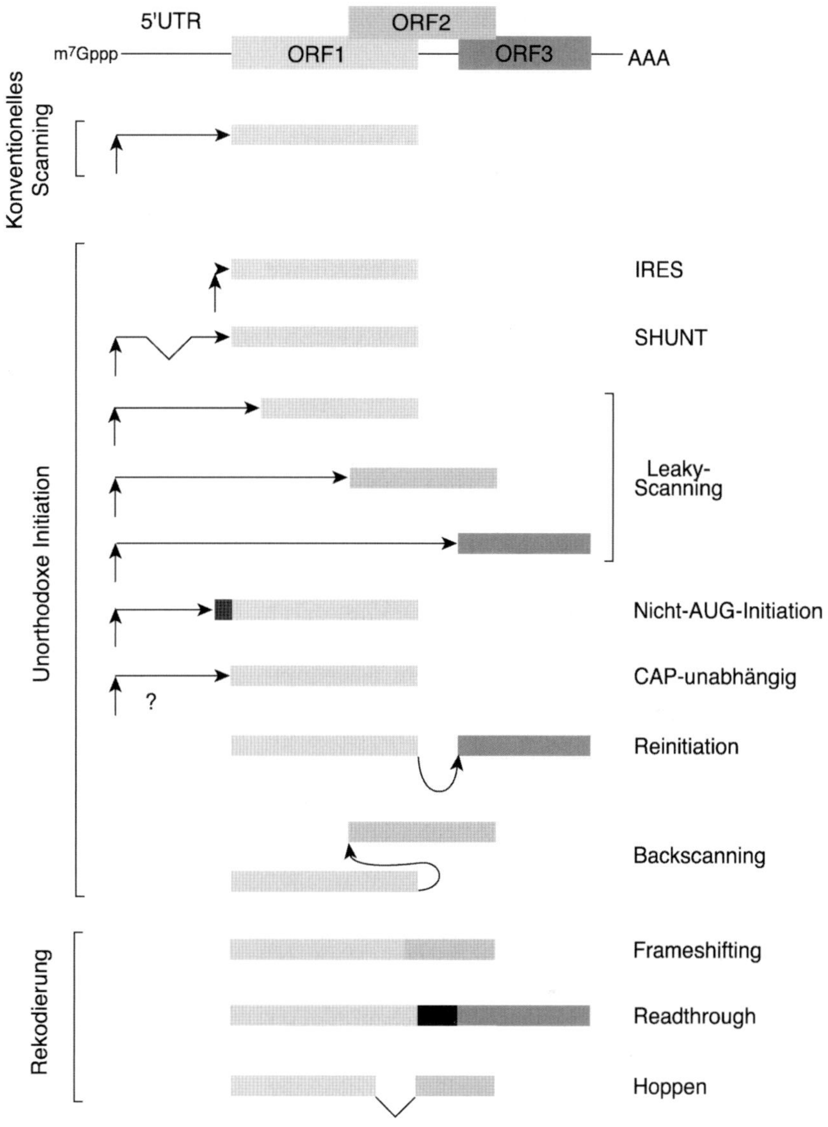

Abb. 1.6.2. Virale Translationsstrategien. Viren verwenden eine Vielfalt von translationalen Strategien zur Expression ihres Genoms. Im oberen Teil der Abbildung ist eine hypothetische virale mRNA dargestellt. Sie enthält insbesondere mehrere, überlappende kodierende Bereiche. Darunter befindet sich eine ausführliche Sammlung von Translationsmechanismen, die zur Expression der unterschiedlichen genetischen Informationen führen können. Dazu gehören unorthodoxe Translationsinitiationsmechanismen, aber auch Vorgänge während der Elongationsphase, die von dem normalen Dechiffrieren der Protein-kodierenden Regionen abweichen. Ein Virus bedient sich typischerweise einer Kombination einiger (jedoch nicht aller) dieser Mechanismen. Weitere Informationen im Text

diese Bewegung wird die A-Stelle für die Bindung der nächsten (3.) Aminoacyl-tRNA frei gemacht. Der Zyklus beginnt wieder mit Schritt 1 – und zwar solange bis die mRNA Triplett für Triplett dekodiert wurde und das Ribosom auf ein Stoppkodon trifft (UAG, UAA oder UGA). Jedes einzelne Triplett muss exakt in die richtige Aminosäure übersetzt werden – nur so ist gewährleistet, dass ein funktionstüchtiges Protein entsteht. Katalysiert durch 2 Translationselongationsfaktoren werden 2 Qualitätskontrollen durchgeführt.

1. Es wird überprüft, ob nur tRNA-Moleküle mit dem korrekten Antikodon an der A-Stelle gebunden haben.
2. Es wird getestet, ob im Translokationsschritt die mRNA exakt 3 Nukleotide weiter gerückt ist.

Diese Qualitätskontrollen benötigen Energie – und zwar 2 Moleküle GTP pro Ausbildung einer Peptidbindung (Merrick u. Nyborg 2000).

Durch Mutationen in der DNA, die durch Einfügung oder Deletion von Nukleotiden entstehen, kann das Leseraster verschoben werden (Frameshift). Dies führt zum Einbau von falschen Aminosäuren und zum Abbruch der Translation, sobald das Ribosom auf ein Stoppkodon trifft. Dieser Mutationstyp wird als Frameshift-Mutation bezeichnet. In seltenen Fällen können von Ribosomen ausgeführte Frameshifts aber auch gezielt für die Regulation der Genexpression eingesetzt werden (s. Abschnitt 1.6.5 „Unkonventionelle Translationsstrategien“, Abb. 1.6.2).

1.6.2.4 Translationstermination

Sobald sich ein Stoppkodon in der A-Stelle befindet, bindet dort ein Komplex aus den Releasefaktoren (RF) 1 und 3. RF-1 ist in seiner Struktur einer tRNA ähnlich. Er besetzt die A-Stelle und katalysiert die Freisetzung des fertigen Polypeptids von der letzten tRNA. Das Ribosom zerfällt dann wieder in seine kleine und große Untereinheit (Welch et al. 2000).

In bestimmten Fällen kann aber ein Stoppkodon einfach überlesen werden, was dann zu einem verlängerten Protein führt (s. Abschnitt 1.6.5 „Unkonventionelle Translationsstrategien", Abb. 1.6.2).

Auch in Proteinen, die die seltene Aminosäure Selenocystein enthalten, wird die Funktion des Stoppkodons unterdrückt. Die mRNA für die selenabhängige Glutathionperoxidase 1 (Se-GPX1) oder die im Schilddrüsenstoffwechsel wichtige Deiodase enthalten ein UGA-Kodon, welches durch die Aminosäure Selenocystein dekodiert wird. Die Übersetzung eines Stoppkodons in ein Selenocystein wird gesteuert durch eine sekundärstrukturreiche Sequenz in der 3′-nicht-translatierten Region (*un*translated *r*egion, UTR) von Selenocysteinenthaltenden Proteinen, der „Selenocystein insertion sequence" oder SECIS-Element (Berry et al. 1993, Hill et al. 1993). Bei geringen Selenmengen in der Zelle kommt es zum Abbau der Se-GPX1-mRNA, weil die Zelle das für Selenocystein kodierende Stoppkodon als frühzeitigen Stopp erkennt. Die mRNA wird durch den „nonsense mediated decay (NMD) pathway" abgebaut (Berry 2000).

Nonsense mediated decay (NMD). NMD ist ein Überwachungsmechanismus in der Zelle, der aktiviert wird, wenn Ribosomen auf ein frühzeitiges Stoppkodon stoßen (Hentze u. Kulozik 1999). Solche Stoppkodons können aufgrund von Leserasterverschiebungen oder Punktmutationen entstehen und führen potenziell zu einem C-terminal verkürzten Polypeptid. Interessanterweise kann die Translationsmaschinerie unterscheiden, ob es sich um ein reguläres Stoppkodon oder um ein frühzeitiges Stoppkodon (Nonsense-Kodon) handelt. Die Identifizierung eines Nonsense-Kodons führt zum Abbau der mRNA. Damit wird verhindert, dass funktionsuntüchtiges Protein hergestellt wird. In diesem Fall wird von „*n*onsense *m*ediated *d*ecay" (NMD) gesprochen (Hentze u. Kulozik 1999). Die genauen Mechanismen, wie Ribosomen zwischen einem frühzeitigen Stopp und einem physiologischen Stopp unterscheiden können, sind noch weitgehend ungeklärt. Ein kritischer Punkt für die Auslösung des NMD ist, ob weiter als 50 Nukleotide „downstream" des Stoppkodons ein Exon-Exon-Übergang in der mRNA vorliegt. Es wird davon ausgegangen, dass Exon-Exon-Übergänge im Nukleus beim Vorgang des Spleißens markiert werden (Nagy u. Maquat 1998, Thermann et al. 1998).

Nonsense-Mutationen sind ursächlich an über 240 verschiedenen Erbkrankheiten beteiligt (z.B. zystische Fibrose, Hämophilie, muskuläre Duchenne-Dystrophie und Marfan-Syndrom) (McKusick u. Amberger 1994). Zusätzlich werden viele Formen von Kolon-, Brust- und Blasenkrebs durch Leserasterverschiebungen in regulatorischen Genen verursacht (z.B. *p53*, *BRCA1*, *BRCA2*) (McKusick u. Amberger 1994). Anhand von Nonsense-Mutationen im *β*-Globin-Gen lässt sich die Bedeutung des NMD veranschaulichen. Unterliegt eine mRNA dem NMD, folgen die Mutationen einem rezessiven Vererbungsmuster einer β-Thalassämie. Andere Nonsense-Mutationen im *β*-Globin-Gen, deren mRNA dem NMD entgehen, führen schon bei Patienten mit heterozygotem Genotyp zu klinisch signifikanten Ausprägungen der Erkrankung.

1.6.3 Globale Kontrolle der Translationsinitiation

Die Synthese von Proteinen verbraucht etwa 5% der menschlichen Kalorienaufnahme und etwa 30–50% der Energie eines wachsenden Bakteriums (Meisenberg u. Simmons 1998). Viele Ressourcen werden in das Translationssystem investiert – in die Ribosomen, tRNA und beteiligte Enzyme. Der Translationsprozess ist daher streng reguliert, und zwar überwiegend im ersten Schritt – der Translationsinitiation. Die Anbindung der kleinen ribosomalen Untereinheiten an die mRNA kann auf vielfältige Weise kontrolliert werden:

- durch die Phosphorylierung von Initiationsfaktoren (s. Abschnitt 1.6.3.1 „Regulation der Translationsinitiation durch Phosphorylierung"),
- durch die Interaktion von Translationsfaktoren mit Repressorpeptiden (s. Abschnitt 1.6.3.2 „Regulation durch molekulares Mimikry") und
- durch die Proteolyse von eIF4G (s. Abschnitt 1.6.3.3 „Proteolyse von eIF4G").

Als Konsequenz dieser Vorgänge ändert sich in erster Linie die generelle Translationsaktivität in der Zelle. Dies schließt jedoch nicht spezifische Effekte auf einzelne mRNA-Spezies aus, die drastisch von diesem generellen Trend abweichen können (s. Abschnitt 1.6.5 „Unkonventionelle Translationsstrategien").

1.6.3.1 Regulation der Translationsinitiation durch Phosphorylierung

Der Phosphorylierungsstatus der Translationsinitiationsfaktoren wird beispielsweise durch den Zellzyklus, Virusinfektionen oder Zellstress beeinflusst. Die reversible Phosphorylierung von Translationsinitiationsfaktoren ist eine wichtige Strategie, die Translationsinitiation zu regulieren.

Viele der Translationsfaktoren, die die Bindung der mRNA an Ribosomen vermitteln (eIF4E, eIF4G, eIF4B, eIF2, eIF2α und eIF3), können phosphoryliert werden. Dies führt zu einer Veränderung ihrer Aktivität. Die Phosphorylierung der 4E-BP (s. Abschnitt 1.6.3.2 „Regulation durch molekulares Mimikry"), von eIF3, eIF4B, eIF4E, eIF4G und dem ribosomalen Protein S6 korreliert mit der Aktivierung der Proteinsynthese, während eine Phosphorylierung von eIF2α zur Hemmung der Translation führt (s. Abschnitt 1.6.3.1 „Regulation der Translationsinitiation durch Phosphorylierung", Unterabschnitt „Regulation der Translationsinitiation durch Phosphorylierung von eIF2α"). Die Proteinkinasen und Phosphatasen, die für die reversible Phosphorylierung der Translationsfaktoren zuständig sind, werden hauptsächlich über 2 Signaltransduktionswege reguliert (Abb. 1.6.3). Beide führen, stimuliert durch Mitogene, Wachstumsfaktoren, Hormone oder Zytokine, zur Aktivierung der Proteinbiosynthese. Signaltransduktionswege, die die zytoplasmatische, translationale Genexpression kontrollieren, sind

1. Ras-Signalweg
   Der Ras-Signalweg führt durch die Serin-Threonin-Tyrosin-Kinase MEK und die Serin-Threonin-Kinase ERK zur Aktivierung von Mnk-1, einer an eIF4G gebundenen Kinase (s. Abschnitt 1.6.3.2 „Regulation durch molekulares Mimikry"). Mnk-1 kann den Cap-Struktur-bindenden Faktor eIF4E phosphorylieren.
2. PI3-K(*P*hosphatidyl*i*nositol-*3*-*K*inase)-Signalweg
   Der PI3-K(*P*hosphatidyl*i*nositol-*3*-*K*inase)-Signalweg führt durch PDK (*p*hosphoinositide-*d*ependent *k*inase), PKB (*p*rotein *k*inase B) und FRAP/mTOR zur Phosphorylierung des riboso-

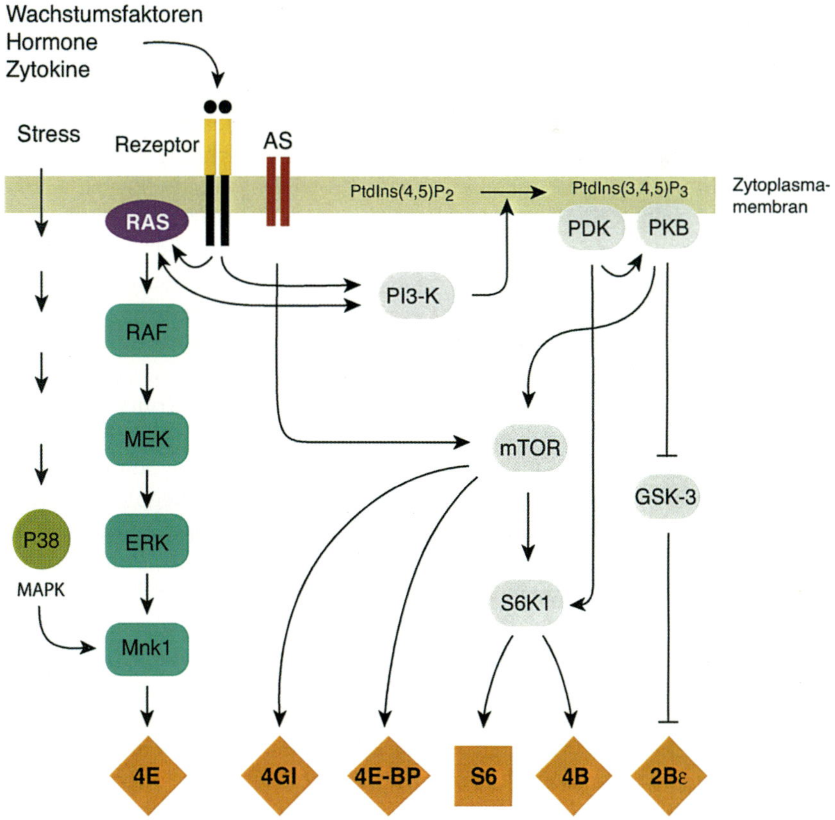

Abb. 1.6.3. Intrazelluläre Signalwege zur Regulation der Translation. In diesem Modell sind der *RAS*-Signalweg durch *türkisfarbene Ovale* und der *TOR*-Signalweg durch *graue Ovale* dargestellt. Rezeptoren erkennen extrazelluläre Signale, wie Wachstumsfaktoren, Hormone oder Zytokine. Weiterhin sind ein Kanal für den Transport von Aminosäuren (*AS*) und ein Signalweg über Phosphatidylinositol-4,5-Bisphosphat [*PtdIns(4,5)*P_2] und Phosphatidylinositol-3,4,5-Triphosphat [*PtdIns(3,4,5)*P_3] gezeigt. *Orange Rauten* Translationsinitiationsfaktoren, *oranges Quadrat* ribosomales Protein *S6*

malen Proteins S6, eIF4B, eIF4G und den 4E-BP (s. Abschnitt 1.6.3.2 „Regulation durch molekulares Mimikry"). Ein Seitenarm dieses Signaltransduktionswegs führt auch zur Phosphorylierung der ε-Untereinheit von eIF2B, einem Faktor, der für das Recycling von eIF2 zwischen seiner GTP- und seiner GDP-Form verantwortlich ist (s. Abschnitt 1.6.2.2 „Translationsinitiation").

Andere Signalwege führen zur Veränderung von IP_3 (Inositoltriphosphat) und der Kalziumionenkonzentration und beeinflussen somit die Proteinkinase C (PKC) und die doppelsträngige, RNA-abhängige eIF2α-Kinase (PKR) (s. Abschnitt 1.6.3.1 „Regulation der Translationsinitiation durch Phosphorylierung", Unterabschnitt „Regulation der Translationsinitiation durch Phosphorylierung von eIF2α") (Raught et al. 2000 a, b).

Translationskontrolle und Krebs. Der Translationsapparat wird reguliert durch mitogen stimulierte Signaltransduktionskaskaden. Onkogene wie c-*myc*, *ras* oder virale Onkogene können Teile des Translationsapparats regulieren. eIF4E und eIF2α zeigen eine erhöhte Expression in c-*myc*-transformierten Zellen (Rosenwald et al. 1993 a, b). Das heißt, Veränderungen in den Signaltransduktionswegen können zu Veränderungen in der Translationsaktivität der Zelle führen und damit zur malignen Zelltransformation. In transformierten Zellen wird eine größere Translationsrate als in normalen Zellen beobachtet (Heys et al. 1991). Die noch ungeklärte Schlüsselfrage ist, ob die erhöhte Proteinsyntheserate selbst Krebs verursachen kann oder ob die erhöhte Translationsrate in der malignen Zelle eine nötige Konsequenz der erhöhten Zellproliferation ist.

Im Modellsystem der Hefe führt das experimentelle Abschalten des Cap-bindenden Proteins eIF4E zum Abbruch des Zellzyklus an der Grenze zwischen G_1- und S-Phase (Polymenis u. Schmidt 1997). Daher ist es vorstellbar, dass eine veränderte Genexpression von Translationsfaktoren Zellen transformieren kann. eIF4E erfüllt tatsächlich die Kriterien eines Onkogens. Zum einen führt die Überexpression von eIF4E in einer immortalisierten Zelllinie zur malignen Transformation (Lazaris-Karatzas et al. 1990). Zum anderen aktiviert eine eIF4E-Überexpression das *ras*-Onkogen und führt zusammen mit den Onkogenen v-*myc* und Adenovirus E1A zur Immortalisierung von embryonalen Fibroblasten aus Ratten. Damit erfüllt eIF4E die Definition eines Onkogens im klassischen „2-Onkogen-Transformationstest" (Lazaris-Karatzas et al. 1992).

eIF4E spielt aber auch eine Rolle in der Hemmung des programmierten Zelltods (Apoptose) der transformierten Zelle. Ras-transformierte Fibroblasten sind nur so lange apoptoseresistent, so lange eIF4E aktiv ist. Wird die eIF4E-Aktivität durch die Überexpression von 4E-BP1 (s. Abschnitt 1.6.3.2 „Regulation durch molekulares Mimikry") experimentell gehemmt, erhöht sich die Anfälligkeit der Zellen für die Apoptose (Tan et al. 2000).

Erhöhte eIF4E-Mengen werden in einem breiten Spektrum von Tumoren nachgewiesen. Überdurchschnittlich erhöhte eIF4E-Mengen liegen in Brustkarzinomen vor (Anthony et al. 1996, Miyagi et al. 1995), sodass es in diesem Fall sogar als prognostischer Tumormarker diskutiert wird (Li et al. 1997, Nathan et al. 1997).

Auch andere Translationsinitiationsfaktoren werden in Tumoren in erhöhter Konzentration gefunden. Erhöhte eIF4A-Werte wurden z. B. in menschlichen Melanomen nachgewiesen (Eberle et al. 1997) und erhöhte eIF4G-Werte in 30% der Fälle von Lungenkarzinomen (Brass et al. 1997). Verschiedene Untereinheiten von eIF3 sind in mehreren Krebsarten überexprimiert (Bachmann et al. 1997, Nupponen et al. 1999). eIF3 ist ein weiterer Initiationsfaktor, für den im Modellsystem der Hefe eine Rolle in der Kontrolle des Zellzyklus nachgewiesen werden konnte. Auch für den Elongationsfaktor eEF1A werden in Tumoren des Pankreas, des Kolons, der Brust, der Lunge und des Magens erhöhte Werte gefunden (Grant et al. 1992). Ribosomale Proteine sind im Prostatakarzinom überexprimiert (Vaarala et al. 1998). Limitierend für die oben genannten Studien ist, dass nur einzelne Translationsinitiationsfaktoren in Tumorgeweben untersucht wurden. Genomweite Analysen mit Hilfe von Mikroarrays (s. Kapitel 2.4 u. 3.1 in diesem Band) werden in Zukunft über Expressionsmuster aller Translationsfaktoren in verschiedenen Krebsarten Aufschluss geben können.

Wie kann eine veränderte Proteinsyntheserate zur Regulation der Zellproliferation führen? Eine weitgehend akzeptierte Hypothese ist die folgende: Ist das Potenzial zur Translationsinitiation hoch, d. h. sind alle Komponenten des Translationsapparats in ausreichender Menge vorhanden, wird die Translationsrate von schlecht translatierten mRNA stärker stimuliert im Vergleich zu gut translatierten mRNA. Ist dagegen das Translationspotenzial durch einen Mangel an Translationsinitiationsfaktoren begrenzt, trifft dies insbesondere schlecht translatierte mRNA. Diese können unter Wettbewerbsbedingungen nur unzureichend den Translationsapparat an sich rekrutieren. Diese ineffizient translatierten mRNA-Moleküle haben oft lange, stark strukturierte 5'-UTR, die möglicherweise die Bindung oder das Scanning der 40 S-ribosomalen Untereinheit hemmen. In diese Kategorie fallen viele Wachstumsfaktoren, Rezeptoren und Tyrosinkinasen – alles Proteine, die das Zellwachstum kontrollieren (Kozak 1991). Eine Aktivierung der Translationsinitiation führt daher zur verstärkten Translation speziell dieser mRNA-Moleküle. Diese Hypothese wird durch folgende Befunde unterstützt:

Die Ornithindecarboxylase hat ausgeprägte Sekundärstrukturen in ihrer 5'-UTR. Sie ist das limitierende Enzym für die Polyaminsynthese. Polyamine sind wichtig für den Eintritt in die S-Phase des Zellzyklus. In mit eIF4E transformierten Zellen wird die Ornithindecarboxylase-mRNA mit 30fach höherer Effizienz translatiert (Rousseau et al. 1996, Shantz u. Pegg 1994), und zwar am Übergang von der G_1- zur S-Phase des Zellzyklus. Eine Überexpression der eIF4E-BP dagegen hemmt die OCD-Synthese (Pyronnet et al. 2000). Ein alternativer Translationsmechanismus (IRES-abhängig, s. Abschnitt 1.6.5.1 „internal ribosome entry sites") führt dagegen zur verstärkten Expression der ODC-mRNA am G_2-M-Übergang des Zellzyklus, ein Zeitpunkt an dem die generelle Proteinbiosynthese herunterreguliert ist. Weitere in eIF4E-transformierten Zellen überexprimierte mRNA-Moleküle sind Cyclin D1 (involviert in der Regulation einer Kinase, die den Übergang von der G_1- zur S-Phase reguliert), (Rosenwald et al. 1993 a, b), c-*myc* (Transkriptionsfaktor) (De Benedetti et al. 1994) und der Fibroblastenwachstumsfaktor FGF2 (Kevil et al. 1996).

Regulation der Translationsinitiation durch Phosphorylierung von eIF2*α*. Eine weitere wichtige Kontrollstelle in der Regulation der globalen Proteinsynthese ist die Phosphorylierung von eIF2*α*, des Initiationsfaktors, der für die Ausbildung des ternären Komplexes zuständig ist (s. Abschnitt 1.6.2.2 „Translationsinitiation"). 4 eIF2*α*-phosphorylierende Kinasen sind bekannt. Sie hemmen die zelluläre Proteinsynthese als Antwort auf Virusinfektionen, bei Eisenmangel in den erythroiden Vorläuferzellen, bei Aminosäuremangel und bei zellulären Stresszuständen.

1. Doppelsträngige RNA(dsRNA)-abhängige eIF2*α*-Kinase (PKR)
   Die doppelsträngige RNA(dsRNA)-abhängige eIF2*α*-Kinase (PKR) wird durch doppelsträngige RNA aktiviert, wie z. B. die genomische RNA von Viren (Stark et al. 1998). Die Bindung von dsRNA an PKR exponiert die ATP-Bindestelle (Bischoff u. Samuel 1989, Galabru u. Hovanessia 1987) und induziert eine Dimerisierung. Die Dimerisierung stimuliert eine Autophosphorylierung der Kinase (Ortega et al. 1996, Thomis u. Samuel 1992), was diese in die katalytisch aktive Form bringt (Kostura u. Mathews 1989, Wu u. Kaufmann 1997). PKR ist in der Zelle mit Ribosomen assoziiert. Eine virale Infektion führt auch zur Ausschüttung von IFN-*β*, welches die Transkription von PKR stimuliert (Samuel et al. 1997).
2. Häm-regulierte eIF2*α*-Kinase oder Häm-regulierter Inhibitor (HRI) (Chen u. London 1995)
   HRI spielt eine wichtige Rolle in der eisenabhängigen Regulation der Translation in erythroiden Vorläuferzellen. Eisen, als wichtiger Bestandteil des Häms, stimuliert die Hämoglobinsynthese und die erythroide Differenzierung. Es wird im letzten Schritt der Hämoglobinsynthese durch die Ferrochelatase in das Protoporphyrin eingebaut. Eisenmangel führt zu hypochromischen, mikrozytären Erythrozyten. Eisendefizienz hemmt die Translation, und die Polysomen zerfallen. Diese translationale Hemmung kann durch Eisenionen oder Häm verhindert werden. Der Mechanismus, der diesen Befunden zugrunde liegt, ist, dass die HRI, selbst ein Häm-enthaltendes Protein, durch Hämoglobinzugabe gehemmt wird. Hämin (die oxidierte Form von Häm mit Fe^{3+}) bindet an HRI und hemmt sowohl die Autophosphorylierung als auch die Phosphorylierung von eIF2*α* (Chen 2000).
3. GCN2-Proteinkinase
   Die GCN2-Proteinkinase in der Hefe reguliert die Aminosäurebiosynthese (Hinnebusch 2000).
4. *P*KR-ähnliche *ER-K*inase (*PERK*)
   Die im *e*ndoplasmatischen *R*etikulum (ER) lokalisierte *P*KR-ähnliche *ER-K*inase (*PERK*) wurde vor kurzem in der Maus identifiziert. Sie vermittelt das Abschalten der Proteinbiosynthese, wenn im ER viele Proteine vorliegen, die nicht korrekt gefaltet werden können (Ron u. Harding 2000). Ein menschliches Homolog von PERK ist die im Pankreas vorkommende eIF2*α*-Kinase (PEK) (Shi 1999). Mutationen in PEK konnten in 2 Familien mit Wolcott-Rallison-Syndrom nachgewiesen werden (Delepine 2000). Diese seltene, autosomal-rezessiv vererbte Erkrankung zeichnet sich durch eine permanente, neonatal bzw. früh in der Kindheit einsetzende insulinabhängige Diabetes aus.

Die oben genannten Kinasen zeigen große Homologie in ihren katalytischen Kinasedomänen (z. B. Harding et al. 1999, Meurs et al. 1990). Die regulatorischen Domänen und die Regulationskreise, die zu ihrer Aktivierung führen, sind aber unterschiedlich. Gemeinsam haben sie die Fähigkeit, eIF2α zu phosphorylieren. Die Phosphorylierung von eIF2α führt zur reduzierten Ausbildung des ternären Komplexes (Met-tRNA-eIF2-GTP) (s. Abschnitt 1.6.3.1 „Regulation der Translationsinitiation durch Phosphorylierung") und damit zur Hemmung der Translation. Alle oben genannten Kinasen phosphorylieren eIF2α am Ser-51 (Colthurst et al. 1987, Dever et al. 1993, Harding et al. 1999). Die Phosphorylierung von eIF2α führt zur Inaktivierung von eIF2B, dem Faktor, der für das Recycling von eIF2 von seiner GDP- zur GTP-Form verantwortlich ist (s. Abschnitt 1.6.3.1 „Regulation der Translationsinitiation durch Phosphorylierung") (Hinnebusch 2000). Wird die Regulation von eIF2α experimentell verhindert, indem die Aktivität einer der eIF2α-phosphorylierenden Kinasen (PKR) in der Zelle gehemmt wird (Barber et al. 1994, Koromilas et al. 1992) oder indem eine nicht zu phosphorylierende, mutante Form von eIF2α in der Zelle überexprimiert wird (Donze et al. 1995), führt dies zur malignen Transformation von Zellen.

1.6.3.2 Regulation durch molekulares Mimikry

In der frühen Initiationsphase der Translation macht die zentrale Adapterfunktion von eIF4G (Hentze 1997) die Interaktionen mit diesem Faktor zu einem bevorzugten Objekt für regulative Eingriffe. Dies spielt etwa für die Insulinwirkung in Zielzellen ein Rolle und ist beim apoptotischen Zelltod sowie in der Krebsentstehung bedeutsam. eIF4G kann in 3 etwa gleich große Regionen unterteilt werden (Abb. 1.6.4):

1. An das aminoterminale Drittel binden das Poly-(A)-Schwanz-bindende Protein PABP und eIF4E (Imataka et al. 1998, Lamphear et al. 1995, Mader et al. 1995).
2. An das mittlere Drittel binden eIF4A und eIF3 (Imataka u. Sonenberg 1997).
3. An das C-terminale Drittel binden ein 2. eIF4A-Molekül (Imataka u. Sonenberg 1997) und die Proteinkinase Mnk-1 (Pyronnet et al. 1999).

Zur Steuerung der eIF4G-Funktionen besitzt die Zelle eine Reihe von Proteinen, die zu Teilbereichen von eIF4G homolog sind und daher in Konkurrenz zu eIF4G an Initiationsfaktoren binden können (Raught et al. 2000 a, b).

Die bereits erwähnten 4E-BP (s. Abschnitt 1.6.3.1 „Regulation der Translationsinitiation durch Phosphorylierung") regulieren die Bindung zwischen eIF4G und eIF4E. Die 3 4E-BP in Säugerzellen besitzen eine Molekularmasse von etwa 10 000–12 000 und sind untereinander zu etwa 40–56% identisch (Abb. 1.6.4 a). Alle 3 Isoformen enthalten ein hoch konserviertes eIF4E-Bindungsmotiv, wie es auch in eIF4G vorkommt. Die 4E-BP imitieren so die eIF4E-bindende Region von eIF4G auf molekularer Ebene und inhibieren die Aktivität von eIF4E, indem sie dessen Bindung an eIF4G blockieren (Gingras et al. 1999). Insulin sowie eine Vielzahl anderer extrazellulärer Stimuli können über den PI3-K-Weg eine Phosphorylierung der 4E-BP bewirken (s. Abschnitt 1.6.3.1 „Regulation der Translationsinitiation durch Phosphorylierung") (Gingras et al. 1999, Lawrence u. Abraham 1997). Die hypophosphorylierten 4E-BP binden gut an eIF4E, während hyperphosphorylierte Proteine keine eIF4E-Bindung zeigen (Abb. 1.6.4 b). Somit kann Insulin die Translationsrate in insulin-

Abb. 1.6.4 a, b. Initiationsfaktor eIF4G und homologe Proteine. **a** eIF4G kommt in menschlichen Zellen in 2 Isoformen vor (*eIF4GI&II*), die beide die gleiche Domänenstruktur aufweisen und in analoger Weise an weitere Initiationsfaktoren binden. Die beiden mit den mRNA-Enden interagierenden Proteine *eIF4E* und *PABP* binden an das N-terminale Drittel von *eIF4G*, während das zentrale Drittel mit *eIF3* und *eIF4A* interagiert. Das C-terminale Drittel enthält eine weitere Bindestelle für *eIF4A* sowie für die Kinase Mnk-1 (nicht dargestellt). Viele Picornaviren spalten *eIF4G* mit Hilfe eigener Proteasen zwischen dem 1. und 2. Drittel (dargestellt ist hier die Spaltstelle der Poliovirusprotease 2A, s. Abschnitt 1.6.5.1 „Internal ribosome entry sites"). 3 eng verwandte eIF4E-Bindeproteine, *4E-BP1,2,3,* sind molekulare Ebenbilder der eIF4E-bindenden Region von *eIF4G*. Das Protein *4E-T* besitzt am N-Terminus ein ähnliches Modul und weist an anderen Stellen in seiner Polypeptidsequenz nukleäre Import- (*NLS*) bzw. Exportsignale (*NES*) auf, die für seine Funktion bedeutsam sind (s. Text). 2 unterschiedliche Proteine mit Homologie zum zentralen Drittel von eIF4G sind ebenfalls bekannt: *p97/NAT1/DAP-5* sowie *Paip-1*. *Paip-1* besitzt außerdem eine PABP-bindende Domäne, die jedoch auf der Ebene der Aminosäuresequenz keine Ähnlichkeit mit der entsprechenden Domäne von eIF4G hat. **b** Extrazelluläre Stimuli können durch Regulierung des Phosphorylierungsstatus der *4E-BP* die Menge an verfügbarem eIF4F-Komplex beeinflussen und so die Translation steuern

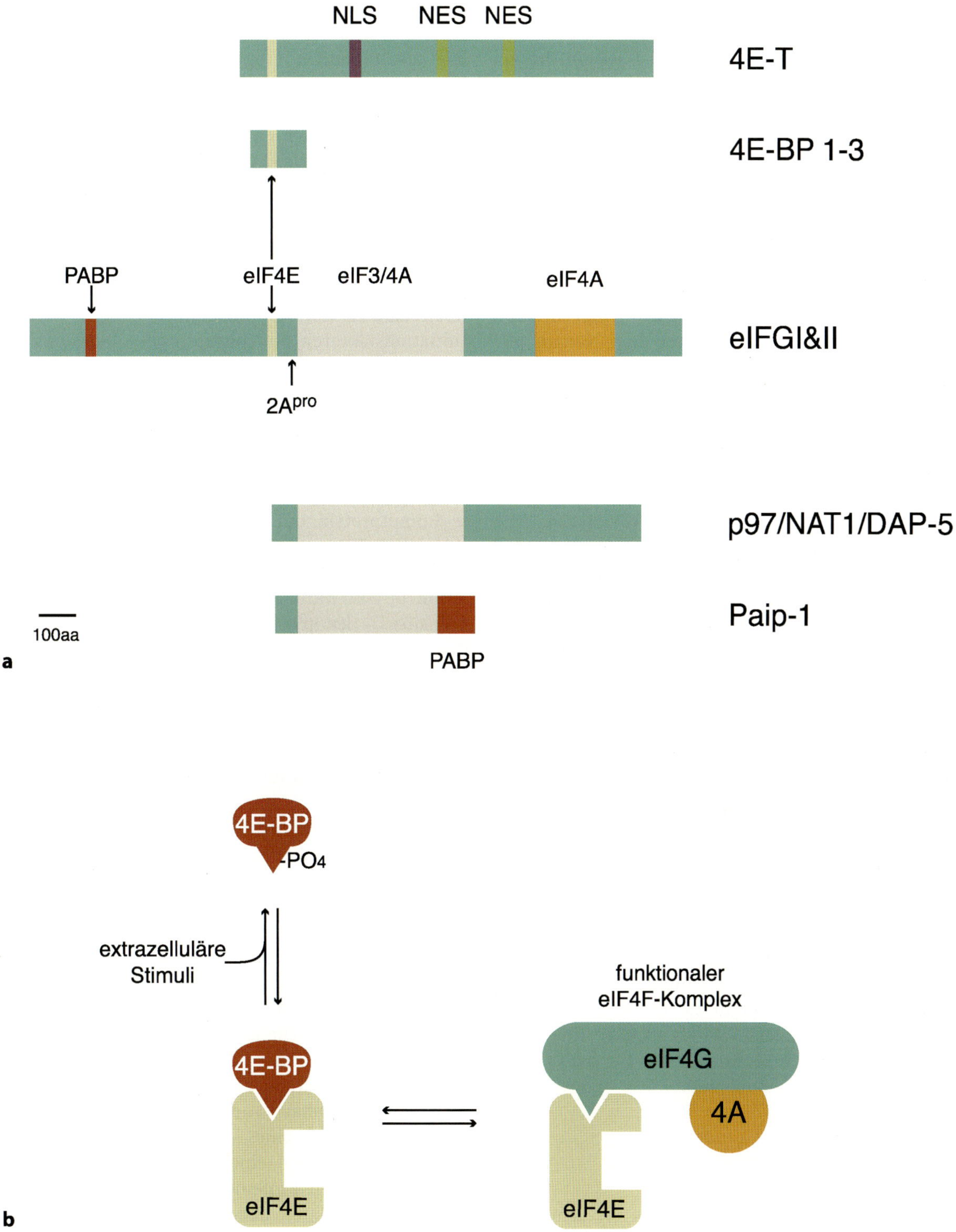

NLS NES NES
4E-T
4E-BP 1-3
PABP
eIF4E
eIF3/4A
eIF4A
eIFGI&II
2Apro
p97/NAT1/DAP-5
100aa
Paip-1
PABP
a
4E-BP
-PO4
extrazelluläre
Stimuli
funktionaler
eIF4F-Komplex
eIF4G
4E-BP
4A
eIF4E
eIF4E
b

Abb. 1.6.4 a, b

sensitiven Zellen stimulieren. Ein weiteres menschliches eIF4E-bindendes Protein ist 4E-T (für eIF4E-Transporter, Abb. 1.6.4). 4E-T ist ein Protein mit einem MG von etwa 108000 und alterniert zwischen Nukleus und Zytoplasma. Es sorgt für den Import eines geringen Teils der eIF4E-Moleküle in den Zellkern (Dostie et al. 2000). Die Rolle der nukleären Subpopulation von eIF4E ist ungeklärt, sie könnte zur Integration von nukleären und zytoplasmatischen Schritten der Genexpression beitragen.

Ein Protein mit weit reichender Homologie zu eIF4G wurde in ganz unterschiedlichen Studien beschrieben. So wurde es unter dem Namen p97 durch seine Homologie zu eIF4G identifiziert (Imataka et al. 1997), als NAT1 fiel es als bevorzugtes Ziel für die mRNA-Editierung in Leberkarzinomzellen auf (Yamanaka et al. 1997), und ein Fragment des Proteins wurde als DAP-5 in einem Screen für Apoptoseblocker gefunden (Levi-Strumpf et al. 1997). p97/NAT1/DAP-5 ist zu 28% identisch mit den C-terminalen 2/3 von eIF4G und bindet eIF3 und eIF4A (Abb. 1.6.4). Erwartungsgemäß bindet es jedoch nicht an eIF4E und inhibiert damit die zelluläre Translation. Die zelluläre Rolle von p97/NAT1/DAP-5 könnte die eines proapoptotischen Faktors sein (s. Abschnitt 1.6.3.3 „Proteolyse von eIF4G“), die Editierung (und damit Inaktivierung) der p97-mRNA in Leberkrebszellen könnte eine Verbindung zu malignem Wachstum haben (s. Abschnitt 1.6.3.1 „Regulation der Translationsinitiation durch Phosphorylierung“, Unterabschnitt „Translationskontrolle und Krebs“).

PAIP-1 (für Poly(A)-binding-protein-interacting-Protein) ist ein Protein mit Homologie zum mittleren Drittel von eIF4G und interagiert mit eIF4A (Abb. 1.6.4). Entdeckt wurde es jedoch durch die Fähigkeit, über seinen C-Terminus an das menschliche Poly(A)-Bindeprotein zu binden (Craig et al. 1998). PAIP-1 hat kein Bindungsmotiv für eIF4E, kann aber dennoch als Koaktivator für die Cap-abhängige Translation fungieren.

1.6.3.3 Proteolyse von eIF4G

Eine Reihe von Picornaviren nutzen die proteolytische Spaltung von eIF4G als Teil ihrer Infektionsstrategie. Dies fördert die virale Translation und inhibiert zugleich die zelluläre Translation (s. Abschnitt 1.6.5.2 „Translationale Alternativen zum Poly(A)-Schwanz“). Mittlerweile gibt es Hinweise darauf, dass dies in mancher Hinsicht zellulären Prozessen nachempfunden ist. So wird während der Apoptose eIF4G durch Caspase-3 gespalten. Die resultierenden Fragmente unterscheiden sich jedoch von denen, die durch virale Infektion hervorgerufen werden. Ein Fragment mit einem MG von 76000, mit der Fähigkeit an eIF4E, –4A und –3 zu binden, kann in apoptotischen Zellen akkumulieren (Bushell et al. 2000 a, b). Es ist unklar, ob dieses Fragment eine translationale Aktivität besitzt. In vielen Fällen korreliert die Spaltung von eIF4G während der Apoptose zeitlich mit der Verminderung der zellulären Proteinsynthese. In späteren Stadien der Apoptose werden noch weitere Initiationsfaktoren proteolytisch gespalten (Bushell et al. 2000 a, b). Es ist daher nicht sicher, ob die Spaltung von eIF4G eine aktive Rolle in der Apoptose spielt oder eher eine Begleiterscheinung darstellt. Auch p97/NAT1/DAP-5 wird während der Apoptose an einem Caspasemotiv gespalten (Henis-Korenblit et al. 2000). Das C-terminal verkürzte Rumpfprotein mit einem MG von 86000 kann weiterhin eIF3 und -4A binden und ist möglicherweise für die fortgesetzte IRES-abhängige Translation (s. Abschnitt 1.6.5.1 „internal ribosome entry sites“) der p97/NAT1/DAP-5-mRNA während der Apoptose verantwortlich (Henis-Korenblit et al. 2000, Holcik et al. 2000).

1.6.3.4 Stresszustände der Zelle regulieren die Translation

Verschiedene Stresszustände der Zelle, wie erhöhte Temperatur, Schwermetalle, Hypoxie und Glukosemangel, können eine so genannte „Heatshock“-Antwort hervorrufen. Diesen verschiedenen Stressarten ist gemeinsam, dass sie die generelle Translation hemmen und zur vermehrten Expression von Hitzeschockproteinen führen. Hitzeschockproteine (Hsp) können die Zelle vor dem Zelltod bewahren. Die meisten Mitglieder der Hsp-Familie sind molekulare Chaperone, die eine Rolle in der Proteinfaltung, im Proteintransport und dem Zusammenbau von Multiproteinkomplexen spielen. Während eines Zellstresses schützen sie die Proteine, spielen eine Rolle in der Reparatur von geschädigten Proteinen und beim Abbau von zerstörten Proteinen durch den Ubiquitin-Proteasom-Weg (Morimoto 1998).

Auch während eines Hitzeschocks wird eine Phosphorylierung von eIF2α beobachtet, die aber nur teilweise die allgemein reduzierte Translation erklären kann (Schneider 2000). Die Translation scheint vielmehr durch die Inaktivierung des eIF4F-Komplexes gehemmt zu werden. Das geschieht einerseits durch eine Dephosphorylierung von eIF4E (z. B. Duncan u. Hershey 1989, Duncan et al. 1987, Panniers u. Henshaw 1984, Zapata et al. 1991), eine Hyperphosphorylierung der eIF4E-bindenden Proteine (s. Abschnitt 1.6.3.2 „Regulation durch molekulares Mimikry"), die zur verminderten eIF4E-Bindung führt (Feigenblum u. Schneider 1996, Vries et al. 1997), andererseits durch eine Entfaltung von eIF4G durch den Hsp27/Hsp70-Komplex. Die Entfaltung von eIF4G führt zur Auflösung der PABP-, Mnk1-, eIF4A- und eIF3-Bindung (Cuesta et al. 2000 a, b).

Warum die Hitzeschockproteine selbst während eines zellulären Stresszustands weiterhin translatiert werden, ist nicht geklärt. Die 150–200 Nukleotide langen 5′-UTR der Hsp-mRNA-Moleküle weisen kaum Sekundärstruktur auf (Lindquist u. Petersen 1990). Mechanismen, wie „Ribosome shunting" (s. Abschnitt 1.6.5.3 „Beeinflussung des Scanningvorgangs") und IRES-vermittelte Translation (s. Abschnitt 1.6.5.1 „Internal ribosome entry sites") konnten in 2 isolierten Beispielen als alternativer Translationsinitiationsmechanismus identifiziert werden (Macejak u. Sarnow 1991, Yueh u. Schneider 2000). Eine Erklärung für die Translation aller Hsp-mRNA-Moleküle steht allerdings noch aus.

1.6.4 mRNA-spezifische Translationskontrolle

Während bei der globalen Translationskontrolle die meisten mRNA-Moleküle in einer Zelle reguliert werden, kommt es bei der mRNA-spezifischen Translationskontrolle zur Regulation einzelner Klassen an mRNA-Molekülen. Gut verstandene Beispiele für diesen Typ an Translationskontrolle sind in der Regulation des Eisenmetabolismus, im Zellwachstum und der Zelldifferenzierung und auch in der Embryogenese zu finden. Regulatorische Steuerelemente befinden sich oft in den 5′- und 3′-nicht-translatierten Regionen. Diese Steuerelemente binden häufig Proteine, welche dann die Translation regulieren.

1.6.4.1 5′-UTR-vermittelte Translationskontrolle

Im 5′-UTR der mRNA beginnt die Translation. Dort kommt es zur Bindung der 40 S-ribosomalen Untereinheit, dem Scanningprozess und dem Anfügen der 60 S-ribosomalen Untereinheit. Diese Vorgänge können durch stabile RNA Sekundärstrukturen in der 5′-UTR, wie sie häufig in den mRNA-Molekülen von Wachstumsgenen gefunden werden (s. Abschnitt 1.6.3.1 „Regulation der Translationsinitiation durch Phosphorylierung", Unterabschnitt „Regulation der Translationsinitiation durch Phosphorylierung von eIF2α"), gestört werden. Alternativ kann die Bindung von Repressorproteinen an Steuerelemente in der mRNA die Translation blockieren. Mehrere Beispiele einer 5′-UTR-vermittelten Translationskontrolle sind im Folgenden aufgeführt.

IRE/IRP-vermittelte Translationskontrolle. Ein gut verstandenes Beispiel einer 5′-UTR-vermittelten Translationskontrolle ist die Biosynthese des intrazellulären Eisenspeicherproteins Ferritin. Überschüssiges Eisen wird durch Ferritin gebunden und so entgiftet. Ein erhöhter zellulärer Eisengehalt führt zur vermehrten Ferritinproduktion. Bei geringem Eisengehalt wird die Ferritinproduktion vermindert. Maßgebend für diese Regulation ist eine Sekundärstruktur in der 5′-nicht-translatierten Region, das *I*ron-*r*esponsive *E*lement (IRE). Bei niedriger intrazellulärer Eisenmenge bindet daran das Iron-regulatory-Protein 1 oder 2 (IRP-1 oder IRP-2). Diese RNA-Protein-Interaktion blockiert die Translation des Ferritins. Eine Voraussetzung dafür ist, dass das IRE nicht weiter als 70 Nukleotide vom Cap entfernt lokalisiert ist. IRE, die mehr als 100 Nukleotide vom Cap entfernt sind, hemmen die Translation nur eingeschränkt (Goossen u. Hentze 1992). Dieser Befund stimmt damit überein, dass ein früher Schritt in der Translationsinitiation gehemmt wird, nämlich die Anbindung des 43 S-Präinitiationskomplexes an den Cap-Bindekomplex eIF4F (Muckenthaler et al. 1998) (Abb. 1.6.5). Steigt der Eisengehalt in der Zelle, fällt das IRP von der mRNA ab, und das jetzt benötigte Eisenspeicherprotein kann wieder translatiert werden. Mutationen im IRE des L-Ferritins, welche die IRP-Bindung verhindern, führen im Menschen zum erblichen Hyperferritinämie-Katarakt-Syndrom. Diese Erkrankung ist durch erhöhte Werte an Serumferritin und eine frühe Katarakterkrankung gekennzeichnet (Beaumont et al. 1995, Girelli et al. 1995). Die molekulare Pathogenese der Kataraktbildung ist noch nicht verstanden.

Neben der Eisenspeicherung werden auch der Eisenverbrauch und die zelluläre Eisenaufnahme über das IRE-IRP-System reguliert. Ähnlich wie das Ferritin wird auch die Translation des Enzyms eALAS, das den ersten Schritt der erythroiden Hä-

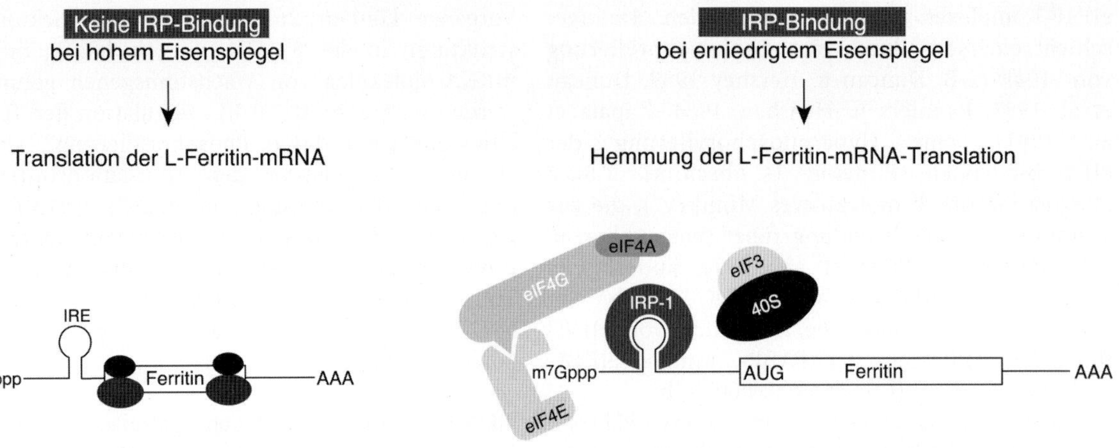

Abb. 1.6.5. Translationale Regulation des Eisenspeicherproteins Ferritin. In der 5′-UTR der Ferritin-mRNA befindet sich ein regulatorisches RNA-Steuerelement, das *IRE* (iron-responsive element). Bei niedrigem zellulärem Eisenspiegel bindet daran *IRP-1* (IRP: iron regulatory protein). Der IRE/IRP-1-Komplex hemmt die Translation in der Initiationsphase, weil der *eIF4F*-Komplex den Präinitiationskomplex nicht mehr an die mRNA rekrutieren kann

moglobinbiosynthese katalysiert, eisenabhängig reguliert (Melefors et al. 1993).

Dagegen trägt der Transferrinrezeptor (TfR) 5 IRE im 3′-UTR. In eisendefizienten Zellen führt dort die IRP-Bindung zur Stabilisierung der TfR-mRNA durch die Blockade einer Schnittstelle für eine Endonuklease (Binder et al. 1994). Durch die verstärkte Transferrinrezeptorsynthese wird dem Eisenmangel entgegen gesteuert.

Translationskontrolle der TOP-mRNA-Moleküle. Für das Wachstum einer Zelle ist es wichtig, dass die Bestandteile des Translationsapparats in ausreichender Menge vorhanden sind. Die Expression der ribosomalen Proteine, Elongationsfaktor 1A und 2 (nur in hämatopoietischen Zellen), oder des Poly(A)-bindenden Proteins wird wachstumsabhängig auf Translationsebene reguliert. In wachsenden Zellen befinden sich diese mRNA-Moleküle in Polysomen und in ruhenden Zellen in der subpolysomalen Population. Ihnen ist gemeinsam, dass sie im 5′-UTR einen *t*erminalen *O*ligopyrimidin*t*rakt (5′-TOP) haben. Auf den ersten Blick scheint es, dass eine ruhende Zelle viele Vorräte und Energie verschwendet, indem sie sich ein Reservoir an ineffizient translatierten mRNA-Molekülen leistet. Dies hat aber den Vorteil, dass die Zelle schnell auf eine beginnende Zellteilung reagieren kann. An dieser Stelle wird plötzlich eine große Translationskapazität benötigt (Meyuhas u. Hornstein 2000).

Bemerkenswerterweise beginnen alle mRNA-Moleküle dieser Familie mit einem Cytosin. Das ist vergleichsweise selten – nur etwa 17% der eukaryontischen mRNA-Moleküle beginnen mit einem Cytosin (Schibler et al. 1977) – der weitaus größere Teil der mRNA-Moleküle beginnt mit einem Adenosin (Bucher 1990). Dann folgt eine Reihe von 4–14 Pyrimidinen – das 5′-TOP-Motiv (Meyuhas u. Hornstein 2000). Die Position des 5′-TOP, gleich anschließend an das Cap, ist von großer Bedeutung.

TOP-mRNA-Moleküle werden wachstumsabhängig reguliert. Sie werden auch in poliovirusinfizierten Zellen translatiert, in denen die reguläre, Cap-Struktur-abhängige Translation gehemmt ist (s. Abschnitt 1.6.5.1 „Internal ribosome entry sites"). TOP-Sequenzen scheinen aber keine IRES-Aktivität (s. Abschnitt 1.6.5.1 „internal ribosome entry sites") zu besitzen (Cardinali et al. 1999). Die Aktivität von TOP-mRNA-Molekülen korreliert mit der Phosphorylierung des ribosomalen Proteins S6, welches bedingt durch die Aktivität von 2 Kinasen (S6K1 und S6K2) sowohl in mitogen stimulierten als auch in virusinfizierten Zellen phosphoryliert wird. Es ist möglich, dass diese Phosphorylierung zur effizienteren Translation von TOP-mRNA-Molekülen führt. Unbekannt sind sowohl Faktoren, die an ein 5′-TOP binden als auch Signaltransduktionskaskaden, die Wachstumssignale an die Translationsmaschinerie übermitteln (Meyuhas u. Hornstein 2000).

Upstream-ORF. In einigen Transkripten, die das Wachstum der Zelle regulieren (z.B. Onkogene, Wachstumsfaktoren und Zellrezeptoren), beginnt die Translation nicht immer am ersten AUG – d.h. es können noch weitere AUG-Tripletts vor dem Startkodon für das eigentliche Leseraster liegen –

so genannte Upstream-AUG (uAUG). Dabei gibt es folgende Möglichkeiten: Folgt auf dieses Startkodon noch im 5′-UTR ein Stoppkodon, wird von einem „upstream open reading frame" (uORF) gesprochen. Ein überlappender uORF hat dagegen sein Stoppkodon im eigentlichen, kodierenden Leseraster. Weiterhin kann sich ein uAUG im gleichen Leseraster befinden, wie das eigentliche AUG. Beide AUG benutzen dann ein gemeinsames Stoppkodon. Im letzteren Fall können 2 Proteine entstehen, wobei das eine um eine zusätzliche N-terminale Domäne verlängert ist (s. Abschnitt 1.6.4.2 „3′-UTR-vermittelte Kontrolle der Translation", Unterabschnitt „Entwicklungsbiologische Kontrollmechanismen: mRNA-Lokalisierung und Translation"). Solche regulatorischen Domänen üben oft wichtige Funktionen in der Zelle aus. Die Benutzung der verschiedenen AUG ist in solchen Fällen meist streng reguliert.

In den meisten Fällen schwächen vorgeschaltene Leseraster die Translation am eigentlichen Leseraster ab. Das liegt daran, dass eukaryontische Ribosomen an einem darauf folgenden Leseraster nicht mehr mit einer neuen Translationsrunde beginnen können. Dies ist ein Unterschied zu Bakterien, in denen oft mehrere Leseraster hintereinander geschaltet sind. Wie in Abschnitt 1.6.2.4 „Translationstermination", Unterabschnitt „Nonsense mediated decay (NMD)" bereits besprochen, können sich uORF auch auf die mRNA-Stabilität auswirken.

Funktionelle uORF finden sich häufig in Transkripten, die in der Wachstumskontrolle der Zelle involviert sind. Das spricht für eine regulatorische Rolle von uORF. Es konnte gezeigt werden, dass diese uORF die Genexpression kontrollieren. Das ist der Fall für *CLN3* (Polymenis u. Schmidt 1997), *bcl-2* (Harigai et al. 1996) und *c-mos* (Steel et al. 1996). Eine Mutation, die den uORF in der mRNA von G_1-Cyclin aufhebt, führt zu einem beschleunigten Zellzyklus (Polymenis u. Schmidt 1997).

In einigen Fällen ist die Translation des eigentlichen Leserasters davon abhängig, welche Sequenz der uORF hat. Es wird vermutet, dass das Peptid, welches durch die Translation des uORF entsteht, eine Rolle in der Translationstermination des uORF spielt und damit beeinflusst, ob das eigentliche Leseraster abgelesen wird oder nicht. Beispiele für sequenzspezifische uORF sind die *S*-Adenosyl-Methionin-Decarboxylase (AdoMetDC) (Hill et al. 1993, Mize et al. 1998) oder der zweite uORF im gp48-Transkript des menschlichen Zytomegalievirus (Alderete et al. 1999, Degnin et al. 1993). Eine Zugabe des Peptids führt nicht zur Regulation der Translation. Faktoren des Translationsapparats, mit denen die Peptide interagieren, sind nicht identifiziert.

In anderen Fällen dagegen ist die Sequenz des ORF unwichtig, aber die Länge und Position des uORF oder die Zusammensetzung der Sequenz, die sich zwischen dem uORF und dem eigentlichen Leseraster befinden, beeinflussen die Reinitiation am eigentlichen AUG-Kodon (Geballe u. Sachs 2000, Morris u. Geballe 2000).

1.6.4.2 3′-UTR-vermittelte Kontrolle der Translation

In den ersten Stunden des Lebens ist eine präzise, zeitliche und räumliche Kontrolle der Genexpression besonders wichtig. Dieser Zeitraum ist jedoch gleichzeitig durch weitgehende Abwesenheit von mRNA-Transkription gekennzeichnet. Entscheidende Vorgänge in dieser Phase beruhen daher auf Substanzen, mit denen die Eizelle bereits zuvor ausgestattet wurde. Materne mRNA-Moleküle und die Steuerung ihrer Expression spielen eine herausragende Rolle während der Eizellreifung und frühen Embryogenese (Wickens et al. 2000). Ihre Erforschung in einer Reihe von genetischen Modellsystemen aus der Entwicklungsbiologie, vom Wurm *Caenorhabditis elegans* über die Fruchtfliege *Drosophila melanogaster* bis hin zur Labormaus, findet ein ständig wachsendes Interesse. Fehler in der posttranskriptionalen Steuerung der maternen mRNA-Expression führen meist zu drastischen Fehlentwicklungen des Embryos. Es hat sich herausgestellt, dass die 3′-untranslatierten Regionen vieler mRNA-Moleküle in der Embryonalentwicklung zentrale Bedeutung haben, da sie *cis* agierende Elemente, die die Lokalisierung, Stabilität oder Translation regulieren, beherbergen. Translationskontrolle durch 3′-UTR-Elemente ist aber auch in späteren zellulären Differenzierungsvorgängen zu beobachten, und findet auch in somatischen Zellen mit aktivem Nukleus statt. Kontrollierte Translation ermöglicht besonders schnelle und große Anpassungen in der Synthese von Proteinen, wie sie beispielsweise für die neuronale Plastizität erforderlich sind.

Bei erster Betrachtung erscheint translationale Kontrolle, ausgehend von der 3′-UTR, als wenig elegante Lösung. Ein Vorteil der 3′-UTR ist jedoch, dass regulative Elemente in diesem Bereich keine anderen Funktionen der mRNA beeinträchtigen. Die 5′-UTR ist durch die Erfordernisse des Scanningprozesses und der translatierte Bereich ist

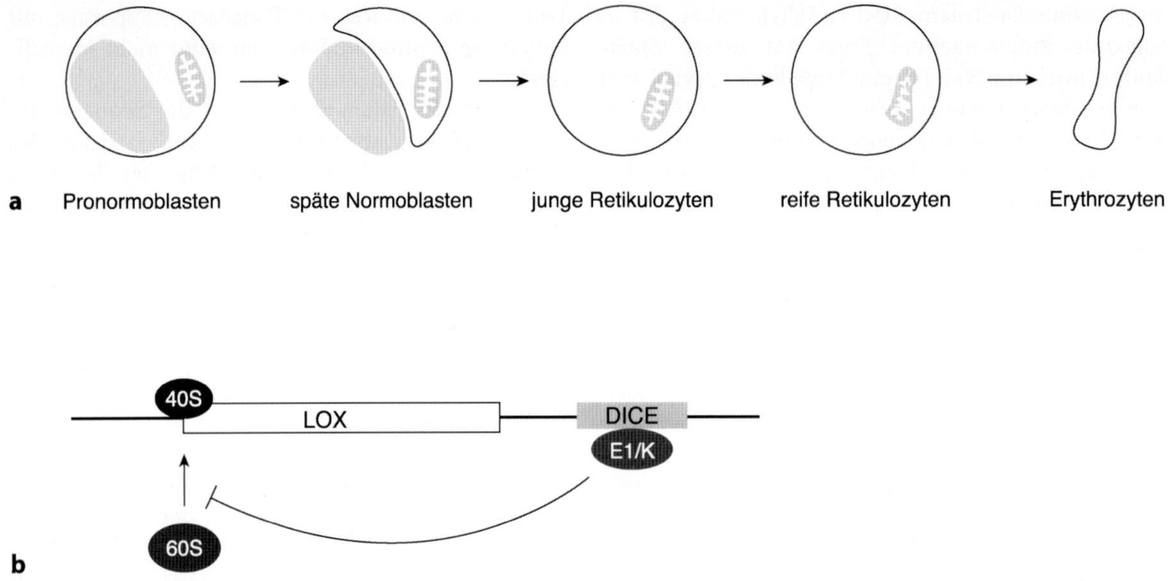

Abb. 1.6.6 a, b. Translationale Regulation der 15-Lipoxygenase. Die Bildung des Enzyms 15-Lipoxygenase (LOX) wird während der Erythropoese auf der Ebene der Translation reguliert. **a** Schematische Darstellung der Erythropoese. Während der Reifung der roten Blutzellen stoßen die späten Normoblasten ihren Zellkern aus. Alle für die weiteren Schritte nötigen mRNA-Moleküle müssen zu diesem Zeitpunkt schon gebildet worden sein. Die mRNA für 15-Lipoxygenase darf jedoch erst in reifen Retikulozyten translatiert werden, wenn das Enzym für den Abbau der Mitochondrien benötigt wird. **b** Die Translation der *LOX*-mRNA wird durch das *DICE*-Element im 3′-UTR reguliert. Die Proteine hnRNP-*K* und *-E1* binden an dieses Element und verhindern die Bildung ribosomaler 80 S-Komplexe am 5′-Ende der mRNA. Dazu blockieren sie die Anlagerung der 60 S-Untereinheit nach erfolgter Bindung der 40 S-Untereinheit

durch seinen Informationsgehalt für die Polypeptidsynthese eingeschränkt. Regulation über 3′-UTR-Elemente kann außerdem über eine Beeinflussung der Poly(A)-Schwanz-Funktion auf die Kommunikation zwischen den mRNA-5′- und -3′-Enden während der Translationsinitiation wirken (s. Abschnitt 1.6.2.2 „Translationsinitiation"). Im Folgenden sollen die oben eingeführten Konzepte anhand einiger ausgewählter Beispiele weiter entwickelt und erläutert werden.

Erythropoese: 15-Lipoxygenase-mRNA. Während der Reifung von Säugetierretikulozyten zu Erythrozyten werden die Mitochondrien abgebaut (Abb. 1.6.6 a). Das Enzym 15-Lipoxygenase (LOX) ist an der Zerstörung von internen Membranen und Mitochondrien beteiligt (Schewe et al. 1975). LOX-mRNA wird in frühen Reifestadien – vor Ausstoß des Zellkerns – transkribiert und zunächst in inaktiver Form im Zytoplasma gespeichert. Die 3′-UTR von Kaninchen-LOX-mRNA enthält 10 annähernd identische Kopien einer Sequenz von 19 Nukleotiden. Dieses Differentiation-control-Element (DICE) vermittelt die translationale Repression in frühen erythroiden Zellen durch Bindung an die heteronukleären Ribonukleoproteine (hnRNP) K und E1. Das DICE kann in die 3′-UTR anderer mRNA-Moleküle „transplantiert" werden und benötigt für seine Funktion *in vitro* weder eine 5′-Cap-Struktur noch einen Poly(A)-Schwanz. hnRNP K und E1 inhibieren die Initiation der LOX-mRNA-Translation auf der Ebene der Anlagerung der 60 S-ribosomalen Untereinheit (Abb. 1.6.6 b) (Ostareck et al. 1997, 2001). Eine offene Frage ist, ob Störungen in der Kontrolle der 15-LOX-Synthese als Ursache für klinische Befunde in Frage kommen. Die Untersuchung von Anämieformen, die mit einer gestörten Reifung der erythroiden Vorläuferzellen einhergehen, könnte darüber Aufschluss geben. Weiterhin ist 15-LOX auch bei der Reifung der Faserzellen der Augenlinse wichtig (van Leyen et al. 1998). Diese Zellen bauen ebenfalls ihre Organellen ab, um die nötige Transparenz zu erreichen (Hunt 1989).

Entwicklung der Keimbahn in *Caenorhabditis elegans*. Der Wurm *Caenorhabditis elegans* ist ein einfaches Beispiel eines vielzelligen Organismus. In *Caenorhabditis elegans* werden diverse Prozesse, wie Keimzellvermehrung und die Bildung charakteristischer Muster während der embryonalen Entwicklung, über translationale Kontrollmechanismen gesteuert. Am besten sind 3′-UTR-vermittelte Kontrollprozesse verstanden, die die Umstellung von anfänglicher Spermatogenese zur Oogenese in der Keimbahn des hermaphroditen Wurms beeinflussen. Das *tra-2*-Gen-Produkt fördert die feminine Zellentwicklung. Voraussetzung für den Beginn der Spermatogenese ist die translationale Repression der *tra-2*-mRNA in den L2- und L3-Stadien der Larvenentwicklung (Doniach 1986, Schedl u. Kimble 1988). *Tra-2*-mRNA-Repression funktioniert über 2 28 Nukleotide lange, direkt wiederholte Elemente (DRE oder TGE) im 3′-UTR (Goodwin et al. 1993). Das Protein GLD-1, ein Mitglied der evolutionär konservierten STAR-Familie, bindet spezifisch an TGE und befindet sich exklusiv im Zytoplasma von hermaphroditen Keimbahnzellen (Jones et al. 1996). GLD-1 kann die Translation von TGE-enthaltenden mRNA-Molekülen blockieren (Jan et al. 1999). Der Mechanismus dieser Translationsinhibition ist weitgehend unbekannt, es gibt jedoch Hinweise auf eine Beteiligung des Poly(A)-Schwanzes (s. Abschnitt 1.6.4.2 „3′-UTR-vermittelte Kontrolle der Translation“, Unterabschnitt „Entwicklungsbiologische Kontrollmechanismen: mRNA-Maskierung und Polyadenylierung“) (Thompson et al. 2000). Das *fem-3*-Gen-Produkt fördert die maskuline Entwicklung. In ganz analoger Weise steuert auch hier ein 3′-UTR-Element, das PME, die translationale Repression der *fem-3*-mRNA und eine Umschaltung von der Spermatogenese zur Eizellbildung (Barton et al. 1987). 2 Faktoren, FBF und NOS, regulieren die *fem-3*-Translation in PME-abhängiger Weise und sind die Wurmhomologen zweier translationaler Repressoren in Drosophila, Pumilio und Nanos (s. Abschnitt 1.6.4.2 „3′-UTR-vermittelte Kontrolle der Translation“, Unterabschnitt „Entwicklungsbiologische Kontrollmechanismen: mRNA-Maskierung und Polyadenylierung“) (Kraemer et al. 1999, Zhang et al. 1997).

Bestimmte Mutationen in den regulativen Elementen von *tra-2*- oder *fem-3*-mRNA bewirken über die Keimbahn hinaus eine gewisse Femininisierung des intestinalen Gewebes bzw. eine Maskulinisierung der Soma (Doniach 1986, Schedl u. Kimble 1988). Dies weist auf eine Rolle dieser Regelvorgänge auch in somatischen Geweben hin. Tatsächlich führt die ektopische Expression von TGE- oder PME-abhängigen Reporterkonstrukten in somatischen Zellen ebenfalls zur spezifischen Repression (Gallegos et al. 1998, Goodwin et al. 1997).

Entwicklungsbiologische Kontrollmechanismen: mRNA-Maskierung und Polyadenylierung. Während der Oogenese werden verschiedene mRNA-Moleküle aus einem zunächst translational inaktiven Zustand erweckt, und erst dann wird das zugehörige Protein hergestellt. Die mRNA-Maskierungs-Hypothese besagt, dass die Translation einer mRNA durch regulierte Bindung an Repressorproteine gesteuert werden kann (Spirin 1966). Diese Repressorproteine „maskieren“ die mRNA und verhindern so ihre Interaktion mit der zellulären Translationsmaschinerie. Ein anderes Modell zur Translationskontrolle spricht der regulierten Polyadenylierung der mRNA im Zytoplasma eine ähnliche Steuerfunktion zu. Ein verkürzter Poly(A)-Schwanz führt in diesem Modell zur Inaktivierung der mRNA-Translation, während seine Verlängerung eine translationale Aktivierung bewirkt. Verschiedene Beobachtungen zur translationalen Kontrolle von materner mRNA haben mittlerweile jedoch dazu geführt, dass diese ursprünglich recht unterschiedlichen Standpunkte sich einander annähern (Abb. 1.6.7).

Im Wesentlichen werden 3 mögliche Erklärungen für eine Verknüpfung zwischen Maskierung und Polyadenylierung der mRNA genannt (Wickens et al. 2000):

1. Ein 3′-UTR-Element blockiert die Translation der mRNA, indem es eine Verlängerung des Poly(A)-Schwanzes verhindert.
2. Die Polyadenylierung ist nötig, um ein 3′-UTR-Repressorelement bzw. -protein zu inaktivieren.
3. 3′-UTR-Elemente kontrollieren die Polyadenylierung und die Translation der mRNA unabhängig voneinander.

Volle Aktivierung der mRNA-Translation im 3. Szenario setzt sich also aus 2 separierbaren Schritten zusammen, einer polyadenylierungsunabhängigen Initiation der Derepression und einem zusätzlichen, polyadenylierungsabhängigen Schritt. Für sich allein genommen würden beide Prozesse nicht die volle bzw. vollständig regulierte Translation erreichen. Die Bedeutung der Poly(A)-Verlängerung könnte hierbei darin liegen, die aktivierte mRNA von der generellen Tendenz zur Deadenylierung während der Eizellreifung auszunehmen. Alternativ oder zusätzlich könnte so die individuelle Fähigkeit der mRNA, limitierende Komponenten der Translationsmaschinerie an sich zu binden, erhöht werden (Preiss et al. 1998).

In Mäusen kann zwischen dem Beginn der meiotischen Reifung der Eizelle und der vollständigen Aktivierung des embryonalen Genoms eine Periode von annähernd 2 Tagen weitgehender transkriptionaler Inaktivität liegen. Die mRNA für den Gewebeplasminogenaktivator (tissue-type plasminogen activator, tPA) wird vor Beginn dieser

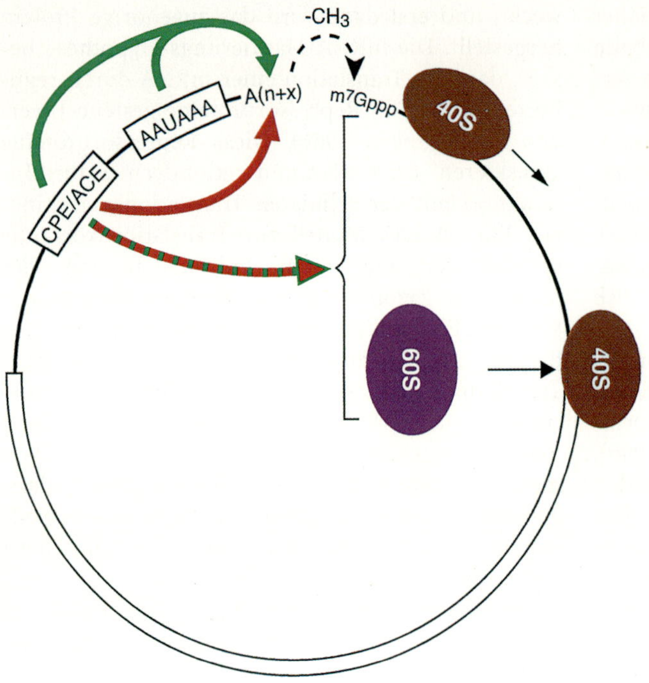

Abb. 1.6.7. Translationale Kontrollfunktion der 3′-untranslatierten Region während der Oogenese und frühen embryonalen Entwicklung. *CPE/ACE*-Elemente in der 3′-UTR vieler mRNA-Moleküle steuern deren translationale Aktivität, indem sie die Initiation der Translation am 5′-Ende direkt oder durch Einflussnahme auf den Polyadenylierungsstatus kontrollieren (s. Text). Die *Pfeile* deuten diese unterschiedlichen Prozesse an: *grün* aktivierende Wirkung, *rot* inhibierende Wirkung auf die Translation. *A(n+x)* Poly(A)-Schwanz, dessen Länge sich dynamisch verändert, *-CH_3* eine durch Poly(A)-Schwanz-Längenänderung stimulierte Methylierung an der Ribose der Cap-Struktur

Phase im Zellkern transkribiert und mit einem Poly(A)-Schwanz von etwa 300–400 Nukleotiden Länge versehen. Die mRNA wird jedoch im Zytoplasma sogleich wieder auf eine Länge von etwa 40–60 Adenosinen deadenyliert und in eine translational inerte Form überführt. Diese zytoplasmatische Deadenylierung benötigt ein UA-reiches Element, das ACE oder CPE (für Adenylation-control- oder Cytoplasmic-polyadenylation-Element), im 3′-UTR der tPA-mRNA. Erst der Beginn der meiotischen Reifung führt dann zur translationalen Aktivierung der tPA-mRNA sowie deren erneuter Polyadenylierung. Diese Verlängerung des Poly(A)-Schwanzes wird ebenfalls durch ACE gesteuert und benötigt darüber hinaus das übliche, nukleäre Polyadenylierungshexanukleotidmotiv (Huarte et al. 1992). Ein kurzer Poly(A)-Schwanz allein reicht jedoch nicht für die Inaktivierung der mRNA vor Beginn der Eizellreifung aus, ein titrierbarer Faktor muss dabei an ACE binden. Die experimentelle Entfernung dieses Faktors bewirkt andererseits eine translationale Aktivierung nur, wenn die mRNA bereits einen kurzen Poly(A)-Schwanz aufweist. Dies induziert dann eine beschleunigte Polyadenylierung der tPA-mRNA während der Reifung (Stutz et al. 1998). Insgesamt entsprechen die Beobachtungen mit der tPA-mRNA sehr gut dem oben beschriebenen Szenario 3.

Die Regulation der tPA-mRNA repräsentiert nur ein Element eines komplexen Programms zur translationalen Kontrolle der frühen embryonalen Entwicklungsschritte. Die Auswertung einer Maus-2-Zellembryo-cDNA-Bibliothek zeigte nämlich, dass etwa 1/3 der identifizierten 3′-UTR-Sequenzen ein putatives ACE enthalten (Oh et al. 2000).

Bei der Eizellreifung im Frosch *Xenopus laevis* werden ebenfalls eine Reihe von mRNA-Spezies durch zytoplasmatische Polyadenylierung translational aktiviert. Studien an diesem Modellsystem haben interessante Ansätze zur Klärung der zugrunde liegenden molekularen Mechanismen erbracht. C-*mos*-mRNA etwa wird frühzeitig während der Oozytenreifung aktiviert. Die Translation von Mos-Protein ist dann eine Voraussetzung für die spätere translationale Aktivierung weiterer mRNA-Moleküle, etwa Histon-B4- und Cyclin-B1-mRNA. Ein CPE-bindendes Protein (CPEB) ist für die zytoplasmatische Polyadenylierung erforderlich. Zusätzlich korreliert die Bindung von CPEB an CPE auch mit translationaler Repression. Dies weist darauf hin, dass CPEB zu verschiedenen Entwicklungsstadien positive und negative Effekte auf die Translation haben kann. Letzteres könnte über die Funktion eines mit CPEB interagierenden Proteins namens Maskin geschehen (Stebbins-Boaz et al. 1999). Maskin bindet in ähnlicher Weise wie die 4E-BP (s. Abschnitt 1.6.3 „Globale Kontrolle der Translationsinitiation“) an eIF4E. CPEB und Maskin bilden einen stabilen Komplex, während die Interaktion von Maskin mit eIF4E im Lauf der

Eizellreifung stark vermindert wird. Es ist plausibel, dass dies die Bildung funktioneller eIF4F-Komplexe an CPE-enthaltenden mRNA-Molekülen modulieren und dadurch deren Translation regulieren könnte.

CPEB ist außerdem ein Phosphoprotein. Eine spezifische Phosphorylierung von CPEB durch die Kinase Eg2 ist für die oben beschriebene Aktivierung von *c-mos*-mRNA erforderlich (Mendez et al. 2000 a, b). Diese Phosphorylierung steuert die Interaktion von CPEB mit dem Hexanukleotidmotivbindeprotein CPSF (cleavage and polyadenylation specificity factor) und kann so die zytoplasmatische Polyadenylierungsmaschinerie an die mRNA rekrutieren (Mendez et al. 2000 a, b). Eine weitere Phosphorylierung von CPEB durch die cdc-2-Kinase ist von einer vorherigen Mos-Synthese abhängig und fällt mit der Aktivierung von Histon-B4- und Cyclin-B1-mRNA zusammen (Hake u. Richter 1994). Darüber hinaus wurde auch beobachtet, dass eine regulierte Polyadenylierung die Methylierung des Ribosezuckeranteils der Cap-Struktur am anderen Ende der mRNA stimulieren kann (Kuge u. Richter 1995).

Die Untersuchung der Translation von maternen mRNA-Molekülen in der Muschel *Spisula solidissima* weist ebenfalls auf Zusammenhänge zwischen Maskierung und Polyadenylierung hin. Das Protein p82 bindet ein Maskierungselement im 3′-UTR der Ribonukleotidreduktase(RR)-mRNA (Walker et al. 1996) und bewirkt ihre translationale Repression *in vitro* (Minshall et al. 1999). Später konnte p82 als CPEB-Homolog der Muschel identifiziert werden (Walker et al. 1999). Das Maskierungselement enthält CPE-ähnliche Motive, die gemeinsam mit dem Hexanukleotidmotiv die p82-vermittelte Polyadenylierung der RR-mRNA unterstützen. Die Eizellbefruchtung führt zur translationalen Aktivierung der maskierten mRNA, gleichzeitig wird p82 phosphoryliert und dann abgebaut.

Entwicklungsbiologische Kontrollmechanismen: mRNA-Lokalisierung und Translation. Der Ablauf der Eizellreifung und Embryogenese in Drosophila folgt einem genauen, zeitlich und räumlich kontrollierten Programm der Proteinexpression. Durch präzise Verzahnung zwischen Translationskontrolle und Lokalisierung einer Reihe materner mRNA-Spezies wird eine Kaskade von gegenläufigen Proteingradienten aufgebaut, welche die Grundlage für die verschiedenen embryonalen Körperachsen bilden (Wickens et al. 2000). Auch hier liegen diese maternen mRNA-Moleküle in der Eizelle zunächst in inaktiver Form vor und werden nach der Befruchtung translational aktiviert. Diese Aktivierungsprozesse gehen häufig mit zytoplasmatischer Polyadenylierung einher (s. Abschnitt 1.6.4.2 „3′-UTR-vermittelte Kontrolle der Translation“, Unterabschnitt „Entwicklungsbiologische Kontrollmechanismen: mRNA-Maskierung und Polyadenylierung“). Beispiele hierfür sind die mRNA-Moleküle für bicoid, torso und toll, als zentrale Determinanten für die Ausbildung anteriorer, terminaler und dorso-ventraler Merkmale. Die mRNA-Moleküle für nanos und oskar dagegen, 2 posteriore Determinanten, werden translational reguliert, ohne detektierbare Veränderungen in ihrer Poly(A)-Schwanz-Länge. Dafür kontrolliert Nanos-Protein den Poly(A)-Status und die Translation von Hunchback-mRNA am posterioren Ende.

Eines der 4 maternen Systeme zur Musterbildung in der Fruchtfliege ist das System für posteriore Entwicklung (Lehmann u. Nusslein-Volhard 1991). Eine Anzahl lokal begrenzter Translationsregulationsvorgänge an verschiedenen mRNA-Spezies baut hierzu hierarchisch aufeinander auf (Abb. 1.6.8 a). Am Ende steht die translationale Repression von materner Hunchback-mRNA am posterioren Ende des Embryos. Hunchback ist ein transkriptionaler Repressor, der die Expression von Genen zur abdominalen Entwicklung blockiert. Die posteriore Repression von Hunchback-mRNA benötigt die Proteine Nanos und Pumilio (Barker et al. 1992, Lehmann u. Nusslein-Volhard 1991). Pumilio findet sich überall im Embryo und bindet spezifisch an Nanos-response-Elemente (NRE) im Hunchback-3′-UTR (Macdonald 1992, Murata u. Wharton 1995). Nanos-Protein ist hier die asymmetrische Komponente und befindet sich nur am posterioren Ende (Wang u. Lehmann 1991). Es wird von Pumilio an die NRE rekrutiert (Sonoda u. Wharton 1999). Der entstehende ternäre Komplex sorgt für Repression und Deadenylierung der Hunchback-mRNA am posterioren Ende (Abb. 1.6.8 b). Die *nanos*-mRNA ist im ganzen Embryo detektierbar, befindet sich jedoch in konzentrierter Form am posterioren Ende (Bergsten u. Gavis 1999). Das unlokalisierte Protein Smaug bindet an translationale Kontrollelemente im 3′-UTR von *nanos*-mRNA und sorgt für die Repression von unlokalisierter mRNA (Dahanukar et al. 1999, Smibert et al. 1996). Am posterioren Ende sorgt dann das lokalisierte Protein Oskar für die Aktivierung der *nanos*-mRNA-Translation. Die Kombination von Smaug und Oskar führt also zu einer Limitierung der Nanos-Expression am richtigen Ort und zur vorgesehenen Zeit. Die lokale Expres-

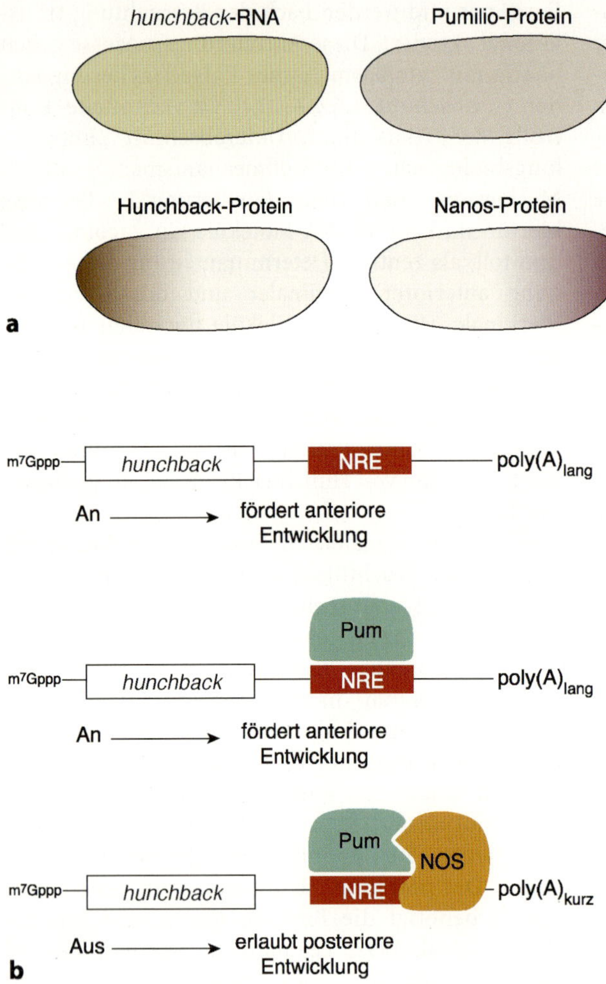

Abb. 1.6.8 a, b. Kopplung zwischen mRNA-Lokalisierung und regulierter Translation. Das materne System für posteriore Entwicklung der Fruchtfliege *Drosophila melanogaster* beruht auf der Kopplung von mRNA-Lokalisierung und regulierter Translation. **a** Hunchback-Protein wird am posterioren Ende des Embryos nicht gebildet, obwohl die zugehörige *hunchback*-mRNA gleichmäßig im Embryo verteilt ist. Die Voraussetzungen dafür sind gleichmäßig im Embryo verteiltes Pumilio-Protein in Verbindung mit posterior lokalisiertem Nanos-Protein. **b** Pumilio bindet spezifisch an Nanos-response-Elemente (*NRE*) im hunchback-3′-UTR. Nanos wird von Pumilio an die NRE rekrutiert, und der entstehende ternäre Komplex sorgt für translationale Repression der hunchback-mRNA am posterioren Ende

sion von Oskar-Protein erfolgt ganz analog zum Fall von Nanos. Die Inaktivierung unlokalisierter mRNA benötigt Bruno-response-Elemente (BRE) im 3′-UTR der *oskar*-mRNA. Bruno-Protein bindet an die BRE und verhindert gemeinsam mit anderen Repressorproteinen die vorzeitige Translation von unlokalisierter *oskar*-mRNA (Castagnetti et al. 2000, Kim-Ha et al. 1995, Lie u. Macdonald 1999). Ein separater Prozess unter direkter Beteiligung von Oskar-Protein, aber auch der RNA-Helicase Vasa (Markussen et al. 1997), dem CPEB-Homolog Orb (Chang et al. 1999), Stauffen (St Johnston et al. 1991) und Aubergine (Wilson et al. 1996) sorgt für die Aktivierung von Oskar-Translation am posterioren Ende. Oskar-Protein wird durch alternative Startkodonauswahl in 2 verschiedenen Isoformen translatiert. Ein RNA-Element zwischen diesen beiden Startkodons aktiviert die Translation ausschließlich von lokalisierter mRNA. Ein Protein, p50, bindet an dieses Derepressorelement und kann aber auch zugleich mit Bruno an die 3′ BRE- binden (Gunkel et al. 1998). Die Regulation sowohl von *nanos*- als auch von *oskar*-mRNA beruht demzufolge auf einer Repression der Translation in allen Regionen des Embryos außerhalb des posterioren Endes sowie auf einem separaten Mechanismus zur translationalen Aktivierung am posterioren Ende.

1.6.5 Unkonventionelle Translationsstrategien

Viren verfolgen eine Vielzahl von unkonventionellen Strategien, mit denen sie sich den zellulären Translationsapparat zu Nutze machen (Abb. 1.6.2) (Pe′ery u. Mathews 2000). Die meisten bisher untersuchten zellulären mRNA-Moleküle hingegen folgen dem in Abschnitt 1.6.2.2 „Translationsinitiation“ beschriebenen Scanningmodell für die Capstimulierte Translationsinitiation. Die Ursachen für diesen Unterschied liegen in den Beschränkungen, denen die virale Genexpression unterliegt. So ist es etwa besonders ökonomisch, durch den Gebrauch von Frameshifting oder Readthrough (s. Abschnitte 1.6.2.3 „Translationselongation", 1.6.2.4 „Translationstermination") die Kodierungskapazität eines größenlimitierten Genoms zu erweitern (Abb. 1.6.2). Charakteristisch für den Verlauf vieler viraler Infektionen ist auch eine selektive Inhibierung der Translation von zellulärer zugunsten der viralen mRNA (Belsham u. Jackson 2000). Virale mRNA-Moleküle weisen z.T. keine Cap-Struktur am 5′-Ende auf oder besitzen keinen Poly(A)-Schwanz. Die untranslatierten Regionen der viralen mRNA können darüber hinaus Strukturelemente enthalten, die für die Replikation oder die Verpackung benötigt werden, jedoch mit konventioneller Translationsinitiation unvereinbar sind. Diese Nachteile muss das Virus in geeigneter Form kompensieren und im Verlauf der Infektion in einen Vorteil für die virale Genexpression umwandeln. Dazu greift das Virus häufig in den zellulären Translationsablauf ein, indem es Vorgänge wie die Rekrutierung der 40 S-Untereinheit, das Scanning oder die Startkodonauswahl in „seinem Sinne" modifiziert. Die Untersuchung dieser Translationsinitiationsvarianten trägt daher sowohl zum Verständnis der viralen als auch der konventionellen zellulären Mechanismen bei. Im Folgenden soll dies durch einige prägnante Beispiele von viralen Translationsstrategien illustriert werden.

1.6.5.1 „Internal ribosome entry sites"

Internal ribosome entry sites (IRES) sind RNA-Strukturen, die Translationsinitiationskomplexe ohne Beteiligung des mRNA-5′-Endes direkt an interne Positionen auf der mRNA rekrutieren können (Pelletier u. Sonenberg 1988). Der übliche Labortest auf eine Funktion als IRES besteht daher darin, die zu untersuchende Sequenz zwischen 2 kodierende Bereiche einer bicistronischen Reporter-mRNA zu bringen (Abb. 1.6.9a). Normalerweise wird in dieser Anordnung das 2. Cistron nicht translatiert. Eine authentische IRES besitzt jedoch gerade diese Eigenschaft, selektiv die Translation des stromabwärts gelegenen 2. Cistrons zu stimulieren. IRES-Elemente können die sonst notwendige Cap-Struktur funktionell ersetzen, und viele virale IRES-Elemente benötigen zur Funktion nur eine Auswahl der sonst erforderlichen Initiationsfaktoren (Jackson 2000).

Die IRES-Elemente des Hepatitis-C-Viren (HCV) und der verwandten Pestiviren zeigen eine besonders weitgehende Umsetzung dieses Prinzips. Das HCV-IRES-Element ist eine komplexe RNA-Struktur, die aus etwa 350 Nukleotiden der untranslatierten Region sowie etwa 30–50 Nukleotiden des kodierenden Bereichs besteht. Sie kann ohne jede Beteiligung von Translationsinitiationsfaktoren direkt an 40 S-ribosomale Untereinheiten binden. Im Folgenden ist der ternäre Komplex einschließlich eIF2 zur Startkodonauswahl notwendig. Außerdem ist noch die Bindung von eIF3 an das IRES-Element für die Anlagerung der 60 S-Unter-

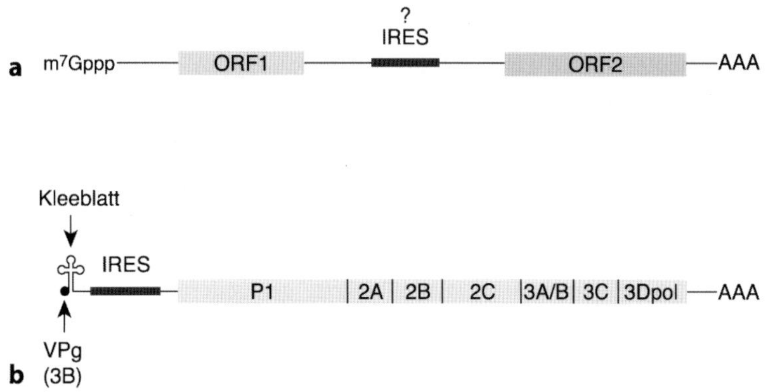

Abb. 1.6.9a, b. Translation durch interne Platzierung von Ribosomen. **a** Der experimentelle Test eines RNA-Elements auf *IRES*-Aktivität (internal ribosome entry site) erfolgt üblicherweise durch Einfügen in den intercistronischen Bereich einer bicistronischen Reporter-mRNA. In dieser Anordnung wird das 2. Cistron durch eukaryontische Ribosomen normalerweise nicht translatiert. Eine authentische *IRES* aktiviert jedoch selektiv dieses 2. Cistron. **b** Schematische Darstellung der Genomstruktur eines Picornavirus. In der 5′-untranslatierten Region der viralen mRNA befindet sich ein komplex strukturiertes RNA-Element mit IRES-Funktion. Dieses Element steuert die Translation eines viralen Polyproteins, das durch Proteaseaktivität in die einzelnen funktionellen Einheiten gespalten wird

einheit erforderlich. Es wird jedoch keiner der eIF4-Faktoren benötigt (Pestova et al. 1998).

Zu den Picornaviren gehören einige bedeutende Krankheitserreger von Mensch und Tier. Sie besitzen ein Plusstrang-RNA-Genom von etwa 8000 Nukleotiden Länge (Abb. 1.6.9b), das vollständig im Zytoplasma repliziert wird. Es enthält am 3′-Ende einen Poly(A)-Schwanz, während das 5′-Ende zunächst kovalent an das virale Protein VPg gebunden ist. Dieses Protein wird jedoch offenbar kurz nach der Ankunft in der Zelle abgetrennt, sodass die virale RNA effektiv als mRNA ohne Cap-Struktur translatiert wird. Die picornaviralen RNA besitzen alle ein etwa 450 Nukleotide langes IRES-Element mit extensiver Sekundärstruktur. Anhand von Primärsequenz sowie Sekundärstruktur der IRES-Elemente können die Picornaviren in 3 Gruppen eingeteilt werden:

1. Hepatitis-A-Virus,
2. Kardio- und Aphtoviren und
3. Enteroviren, etwa Poliovirus, sowie Rhinoviren (Belsham u. Jackson 2000, Jackson 2000).

Das Enzephalomyokarditisvirus (EMCV) ist ein Vertreter der 2. Gruppe und besitzt das am besten untersuchte IRES-Element in dieser Familie. Das EMCV-IRES-Element kann die 40 S-ribosomale Untereinheit nicht direkt binden, sondern benötigt eIF2, -3, -4A sowie das zentrale Drittel (die NIC/MIF4G-Domäne) von eIF4G für seine Funktion (Pestova et al. 1996a, b). Seine Aktivität wird durch eIF4B weiter stimuliert. Eine Bindungsstelle für eIF4G befindet sich etwa 50 Nukleotide stromaufwärts des Startkodons (Kolupaeva et al. 1998), und eIF4A, -B und -4G binden kooperativ an diese Region (Lomakin et al. 2000). Dies führt zur Rekrutierung der 40 S-Untereinheit direkt zum AUG-Triplett ohne eine Beteiligung des Cap-Bindeproteins eIF4E. Dies unterscheidet das EMCV-IRES sowie alle anderen picornaviralen IRES vom Hepatitis-A-Virus(HAV)-IRES, welches offenbar eIF4E-abhängig translatiert wird (Borman u. Kean 1997). Die Entero- und Rhinoviren folgen in etwa dem Beispiel von EMCV, wobei jedoch die Translation an einem weiter stromabwärts gelegenen AUG-Kodon initiiert wird.

Die verschiedenen IRES-Typen unterscheiden sich zudem in ihrer Abhängigkeit von weiteren zellulären RNA-Bindeproteinen, denen mittels multipler RNA-Bindedomänen eine Rolle bei der Stabilisierung der probaten Tertiärstruktur des IRES zukommt (Belsham u. Jackson 2000). Die meisten Picornaviren blockieren die Translation von zellulären mRNA-Molekülen durch die Modifikation von Initiationsfaktoren. Kardioviren steuern die Dephosphorylierung der 4E-BP und begünstigen so die Inaktivierung von eIF4E (s. Abschnitt 1.6.3.2 „Regulation durch molekulares Mimikry“) (Gingras et al. 1996). Entero-, Rhino- und Aphtovirusinfektionen führen zu einer proteolytischen Spaltung von eIF4G in ein N-terminales Drittel mit den Bindestellen für eIF4E und PABP sowie ein größeres C-terminales Fragment mit Bindungsstellen für eIF3 und -4A (Lamphear et al. 1995). Diese Modifikationen sind für die drastische Reduktion der Translation von zellulärer mRNA verantwortlich, während picornavirale IRES (mit Ausnahme von HAV) dadurch in ihrer Funktion nicht beeinträchtigt werden (Gradi et al. 1998).

IRES-Elemente gibt es jedoch nicht nur in viraler mRNA. Es gibt auch eine wachsende Liste von zellulären mRNA-Molekülen, die ein IRES-Element aufweisen. Sehr wenig ist bisher über die Mechanismen bekannt, die der Funktion von zellulären IRES-Elementen zugrunde liegen. In einigen Fällen ist dokumentiert, dass die Translation dieser mRNA-Moleküle selektiv an die zellulären Bedingungen angepasst werden kann. 2 Beispiele sind die mRNA-Moleküle für Ornithindecarboxylase (Pyronnet et al. 2000) sowie $p58^{PITSLRE}$ (Cornelis et al. 2000), deren IRES jeweils nur beim Übergang von der G_2- zur M-Phase im Zellzyklus aktiviert werden (s. Abschnitt 1.6.3.1 „Regulation der Translationsinitiation durch Phosphorylierung“, Unterabschnitt „Translationskontrolle und Krebs“). Die Anwendung der DNA-Chip-Technologie (s. Kapitel 2.4 u. 3.1 in diesem Band) zur Detektion ribosomenassoziierter mRNA-Moleküle ist ein viel versprechender Ansatz zur Untersuchung der Translation auf genomweiter Ebene. Die Untersuchung von mRNA-Molekülen, die unter Bedingungen reduzierter Cap-abhängiger Translation selektiv polyribosomale Komplexe bilden, hat bereits zur Identifizierung von weiteren zellulären mRNA-Molekülen mit IRES-Elementen geführt (Johannes et al. 1999).

1.6.5.2 Translationale Alternativen zum Poly(A)-Schwanz

Rotaviren sind eine Hauptursache für Diarrhö bei Kindern und tragen in erheblichem Maß zur weltweiten Kindersterblichkeitsrate bei. Die Viren der Reoviridaefamilie replizieren vollständig im Zytoplasma der Wirtszelle. Die entstehenden viralen mRNA-Moleküle besitzen eine Cap-Struktur, aber keinen Poly(A)-Schwanz. Stattdessen enden ihre 3′-UTR in einer kurzen, konservierten Sequenz, die an das retrovirale Nonstructural-Protein (NSP) 3 bindet. Mit Hilfe von NSP3 verfolgen die Rotaviren eine translationale Strategie, die besonders auf die Funktion der 3′-Enden der mRNA abzielt. NSP3 bindet nämlich auch an den zellulären Faktor eIF4G und unterbricht dadurch dessen Interaktion mit dem Poly(A)-Bindeprotein PABP (Piron et al. 1998). Das Virus erzielt damit eine 2fache Wirkung:

1. Auf diese Weise wird die PABP-abhängige zelluläre Translation selektiv inhibiert (s. Abschnitt 1.6.2.2 „Translationsinitiation").
2. Die Bindung von NSP3 an eIF4G kann eine Brücke zwischen den Enden der Rotavirus-mRNA aufbauen und so die Translation von Rotavirus-mRNA spezifisch stimulieren (Vende et al. 2000).

Ein zelluläres Gegenstück zu dieser Strategie könnten die S-Phase-spezifischen Histon-mRNA-Moleküle in Metazoen sein. Sie enden mit einer konservierten Haarnadelschleife, die viele Funktionen eines Poly(A)-Schwanzes übernimmt. Sie ist z.B. essenziell für die Histon-mRNA-Translation und bindet in somatischen Säugerzellen den Faktor SLBP (stem loop binding protein) (Gallie et al. 1996, Wang et al. 1999).

1.6.5.3 Beeinflussung des Scanningvorgangs

Der Vorgang des Shuntings ist eine Form des diskontinuierlichen Scannings, bei dem 40 S-ribosomale Untereinheiten die übliche laterale Migration vom 5′-Ende beginnen, um an einer Shuntdonorstelle zum Überspringen des restlichen 5′-UTR anzusetzen und dann an einer Shuntakzeptorstelle in der Nähe des Startkodons zu „landen" (Futterer et al. 1993). Die 35 S-RNA der Pflanzenpararetroviren weist eine etwa 600 Nukleotide lange 5′-UTR mit etlichen kurzen offenen Leserastern (sORF) auf. Ein Großteil dieser Region mit Ausnahme der ersten 80 Nukleotide und des Bereichs um das Startkodon faltet sich in eine komplexe, verlängerte Haarnadelstruktur. Diese Struktur bindet an das virale Coat-Protein (Guerra-Peraza et al. 2000). Der sORF A liegt dicht stromaufwärts der Haarnadelbasis. Die essenziellen Elemente für den Shunt sind der sORF A, die Haarnadelstruktur sowie die Distanz zwischen diesen Elementen (Hemmings-Mieszczak u. Hohn 1999). Translation des sORF A, gefolgt von einer partiellen Aufschmelzung der Haarnadelbasis durch das terminierende Ribosom sind das auslösende Signal für den Sprung in die Nähe des authentischen Startkodons (Hemmings-Mieszczak et al. 2000, Ryabova u. Hohn 2000). Die Fähigkeit zum sORF-abhängigen Shunt ist nicht auf pflanzliche Ribosomen beschränkt, sodass dieser Mechanismus der Translationsinitiation auch in anderen Eukaryonten eine Rolle spielen könnte.

Alle mRNA-Moleküle, die vom Major-late-Promotor des Adenovirus transkribiert werden, besitzen denselben, etwa 220 Nukleotide langen 5′-UTR oder Tripartite leader. Die 3′-Region dieser UTR zeigt eine Reihe von Haarnadelschleifen, während die ersten 25 Nukleotide unstrukturiert sind. Initiierende 40 S-Untereinheiten können das authentische Startkodon sowohl durch konventionelles Scanning als auch durch einen sORF-unabhängigen Shunt erreichen. Letzteres bedarf dreier Regionen mit Komplementarität zum 3′-Ende der 18 S-rRNA, obwohl eine direkte Basenpaarung nicht gezeigt worden ist (Yueh u. Schneider 2000). Shunting ist der vorherrschende Mechanismus im späten Infektionsstadium, wenn die Aktivität von eIF4F stark reduziert ist. Dies erreicht das Virus mittels des L4-100 K-Proteins, das die Dissoziation der Kinase Mnk1 von eIF4G induziert und dadurch die Phosphorylierung von eIF4E blockiert (Cuesta et al. 2000 a, b). Ähnliche 5′-UTR-Regionen mit 18 S-rRNA-Komplementarität wurden auch in menschlichen *hsp70*- und *c-fos*-mRNA gefunden (Yueh u. Schneider 2000). Tatsächlich werden diese mRNA-Moleküle unter zellulären Hitzeschockbedingungen (und damit einhergehender eIF4F-Inaktivierung, s. Abschnitt 1.6.3.4 „Stresszustände der Zelle regulieren die Translation") vorwiegend über einen Shuntmechanismus translatiert.

1.6.6 Zusammenfassung und Ausblick

Der Aufbau eines komplexen Organismus und dessen Fähigkeit, mit der sich ständig verändernden Umwelt zu interagieren, erfordert präzise Kontrollmechanismen zur Steuerung der Genexpression. In zunehmendem Maß zeigt sich, dass die Kontrolle der mRNA-Translation dazu einen wichtigen Beitrag liefert. Die molekularen Mechanismen der Translationsinitiation und ihre Steuerung sind Gegenstand intensiver Untersuchungen in der Grundlagenforschung, aber auch in der molekularen Medizin. Es zeigt sich an vielen Stellen, dass durch zunehmende Detailkenntnisse in einem Teilbereich Querverbindungen zu anderen Aspekten dieses Forschungszweigs entstehen.

Die Erforschung der Wechselwirkungen zwischen Translationsinitiationsfaktoren und der Regulation ihrer Funktion hat mittlerweile ein hohes Niveau erreicht. Dadurch werden Vorgänge wie die Aktivierung von Zielzellen durch Insulin oder die Zusammenhänge zwischen Translation und natürlichem sowie malignem Zellwachstum auf molekularer Ebene transparent. Aktuelle Beschreibungen des Translationsinitiationsmechanismus am 5′-Ende einer typischen mRNA beziehen mittlerweile eine wichtige Rolle des am 3′-Ende gelegenen Poly(A)-Schwanzes mit ein. Gemeinsam mit in der 3′-untranslatierten Region gelegenen Steuerelementen regelt der Poly(A)-Schwanz zentrale Vorgänge der Genexpression während der Embryogenese auf translationaler Ebene. Immer mehr Steuerelemente zur posttranskriptionalen Kontrolle der Genexpression werden in 5′- und 3′-untranslatierten mRNA-Regionen identifiziert. Dies hat mittlerweile auch zu der Erkenntnis geführt, dass Krankheiten auf Mutationen in solchen Steuerelementen beruhen können. Ein Beispiel ist der Zusammenhang zwischen einer Mutation im IRE-Element der L-Ferritin-mRNA und dem Hyperferritinämie-Katarakt-Syndrom. Das Studium der vielfältigen viralen Strategien zur Nutzung der zellulären Translationsmaschinerie ist ein wichtiger Aspekt der Erforschung der viralen Pathogenese und kann zur Entwicklung von Therapieansätzen führen. Erkenntnisse in diesem Bereich erlauben aber auch ein besseres Verständnis der Translationsmechanismen an zellulären mRNA-Molekülen.

Danksagung. Für das sorgfältige Lesen des Manuskripts bedanken sich die Autoren bei Dr. Matthias Hentze und Sandra Clauder-Münster. Vielen Dank auch Petra Riedinger für die Mithilfe beim Anfertigen der Abbildungen. Die Arbeit von T.P. wird durch die Deutsche Forschungsgemeinschaft gefördert (PR616/1-1&2).

1.6.7 Literatur

Alderete JP, Jarrahian S, Geballe AP (1999) Translational effects of mutations and polymorphisms in a repressive upstream open reading frame of the human cytomegalovirus UL4 gene. J Virol 73:8330–8337

Anthony B, Carter P, De Benedetti A (1996) Overexpression of the protooncogene-translation factor eIF4E in breast carcinoma cell lines. Int J Cancer 65:858–863

Bachmann F, Bänzinger R, Burger MM (1997) Cloning of a novel protein overexpressed in human mammary carcinoma. Cancer Res 57:988-994

Barber GN, Thompson S, Lee TG et al. (1994) The 58-kilodalton inhibitor of the interferon induced ds-RNA activated protein kinase is a tetratricopeptide repeat protein with oncogenic properties. Proc Natl Acad Sci USA 91:4278–4282

Barker DD, Wang C, Moore J, Dickinson LK, Lehmann R (1992) Pumilio is essential for function but not for distribution of the *Drosophila* abdominal determinant Nanos. Genes Dev 6:2312–2326

Barton MK, Schedl TB, Kimble J (1987) Gain-of-function mutations of *fem-3*, a sex-determination gene in *Caenorhabditis elegans*. Genetics 115:107–119

Beaumont C, Leneuve P, Devaux I et al. (1995) Mutation in the iron responsive element of the L ferritin mRNA in a family with dominant hyperferritinaemia and cataract. Nat Genet 11:444–446

Belsham GJ, Jackson RJ (2000) Translation initiation on picornavirus RNA. In: Sonenberg N, Hershey JBW, Mathews MB (eds) Translational control of gene expression. Cold Spring Harbor Laboratory Press, Cold Spring Harbor, NY, pp 869–900

Bergsten SE, Gavis ER (1999) Role for mRNA localization in translational activation but not spatial restriction of nanos RNA. Development 126:659–669

Berry MJ (2000) Recoding UGA as selenocystein. In: Sonenberg N, Hershey JBW, Mathews MB (eds) Translational control of gene expression. Cold Spring Harbor Laboratory Press, Cold Spring Harbor, NY, pp 763–784

Berry MJ, Banu L, Larsen PR (1991a) Type I iodothyronine deiodinase is a selenocysteine-containing enzyme. Nature 349:438–440

Berry MJ, Banu L, Chen YY et al. (1991b) Recognition of UGA as a selenocysteine codon in type I deiodinase requires sequences in the 3′ untranslated region. Nature 353:273–276

Berry MJ, Banu L, Harney JW, Larsen PR (1993) Functional characterization of the eukaryotic SECIS elements which direct selenocysteine insertion at UGA codons. EMBO J 12:3315–3322

Binder R, Horowitz JA, Basilion JP, Koeller DM, Klausner RD, Harford JB (1994) Evidence that the pathway of transferrin receptor mRNA degradation involves an endonucleolytic cleavage within the 3′ UTR and does not involve poly(A) tail shortening. EMBO J 13:1969–1980

Bischoff JR, Samuel CE (1989) Mechanism of interferon action. Activation of the human P1/eIF2α protein kinase by individual retrovirus s-class mRNAs: s1 mRNA is a potent activator relative to s4 mRNA. Virology 172:106–115

Borman AM, Kean KM (1997) Intact eukaryotic initiation factor 4G is required for hepatitis A virus internal initiation of translation. Virology 237:129–136

Brass N, Heckel D, Sabin U, Pfreundschuh M, Sybrecht GW, Meese E (1997) Translation initiation factor eIF-4γ is encoded by an amplified gene and induces an immune response in squamous lung carcinoma. Hum Mol Genet 6:33–39

Bucher P (1990) Weight matrix descriptions of four eukaryotic RNA polymerase II promoter elements derived from 502 unrelated promoter sequences. J Mol Biol 212:563–578

Bushell M, Poncet D, Marissen WE et al. (2000a) Cleavage of polypeptide chain initiation factor eIF4GI during apoptosis in lymphoma cells: characterisation of an internal fragment generated by caspase-3-mediated cleavage. Cell Death Differ 7:628–636

Bushell M, Wood W, Clemens MJ, Morley SJ (2000b) Changes in integrity and association of eukaryotic protein synthesis initiation factors during apoptosis. Eur J Biochem 267:1083–1091

Cardinali B, Fiore L, Campioni N, De Dominicis A, Pierandrei-Amaldi P (1999) Resistance of ribosomal protein mRNA translation to protein synthesis shutoff induced by poliovirus. J Virol 73:7070–7076

Castagnetti S, Hentze MW, Ephrussi A, Gebauer F (2000) Control of oskar mRNA translation by Bruno in a novel cell-free system from *Drosophila* ovaries. Development 127:1063–1068

Chang JS, Tan L, Schedl P (1999) The *Drosophila* CPEB homolog, orb, is required for oskar protein expression in oocytes. Dev Biol 215:91–106

Chen JJ, London IM (1995) Regulation of protein synthesis by heme-regulated eIF2α kinase. Trends Biochem Sci 20:105–108

Colthurst DR, Campbell DG, Proud CG (1987) Structure and regulation of eucaryotic initiation factor eIF-2. Eur J Biochem 166:357–363

Cornelis S, Bruynooghe Y, Denecker G, Van Huffel S, Tinton S, Beyaert R (2000) Identification and characterization of a novel cell cycle-regulated internal ribosome entry site. Mol Cell 5:597–605

Craig D, Howell MT, Gibbs CL, Hunt T, Jackson RJ (1992) Plasmid cDNA-directed protein synthesis in a coupled eukaryotic in vitro transcription-translation system. Nucleic Acids Res 20:4987–4995

Craig AW, Haghighat A, Yu AT, Sonenberg N (1998) Interaction of polyadenylate-binding protein with the eIF4G homologue PAIP enhances translation. Nature 392:520–523

Crucs S, Chatterjee S, Gavis ER (2000) Overlapping but distinct RNA elements control repression and activation of nanos translation. Mol Cell 5:457–467

Cuesta R, Laroia G, Schneider RJ (2000a) Chaperone hsp27 inhibits translation during heat shock by binding eIF4G and facilitating dissociation of cap-initiation complexes. Gen & Dev 14:1460–1470

Cuesta R, Xi Q, Schneider RJ (2000b) Adenovirus-specific translation by displacement of kinase Mnk1 from cap-initiation complex eIF4F. EMBO J 19:3465–3474

Dahanukar A, Walker JA, Wharton RP (1999) Smaug, a novel RNA-binding protein that operates a translational switch in *Drosophila*. Mol Cell 4:209–218

De Benedetti A, Joshi B, Graff JR, Zimmer SG (1994) CHO cells transformed by the initiation factor 4 E display increased c-*myc* expression but require overexpression of Max for tumorigenicity. Mol Cell Differ 2:347–371

Degnin CR, Schleiss MR, Cao J, Geballe AP (1993) Translational inhibition mediated by a short upstream open reading frame in the human cytomegalovirus gpUL4 (gp48) transcript. J Virol 67:5514–5521

Delepine MNM, Barrett T, Golamaully M, Lathrop GM, Julier C (2000) EIF2AK3, encoding translation initiation factor 2-alpha kinase 3, is mutated in patients with Wolcott-Rallison syndrome. Nat Genet 25:406–409

Dever TE, Chen JJ, Barber GN et al. (1993) Mammalian eIf-2α kinases functionally substitute for GCN2 in the GCN4 translational control mechanism in yeast. Proc Natl Acad Sci USA 90:4616–4620

Doniach T (1986) Activity of the sex-determining gene tra-2 is modulated to allow spermatogenesis in the *C. elegans* hermaphrodite. Genetics 114:53–76

Donze O, Jagus R, Koromilas AE, Hershey JW, Sonenberg N (1995) Abrogation of translation initiation factor eIF-2 phosphorylation causes malignant transformation of NIH 3T3 cells expression. EMBO J 14:3828–3834

Dostie J, Ferraiuolo M, Pause A, Adam SA, Sonenberg N (2000) A novel shuttling protein, 4E-T, mediates the nuclear import of the mRNA 5′ cap-binding protein, eIF4E. EMBO J 19:3142–3156

Duncan R, Hershey JW (1989) Protein synthesis and protein phosphorylation during heat stress, recovery, and adaption. J Cell Biol 109:1467–1481

Duncan R, Milburn SC, Hershey JWB (1987) Regulated phosphorylation and low abundance of HeLa cell initiation factor eIF-4F suggests a role in translational control. J Biol Chem 262:380–388

Eberle J, Krasagakis K, Orfanos CE (1997) Translation initiation factor eIF-4AI mRNA is consistently overexpressed in human melanoma cells in vitro. Int J Cancer 71:396–401

Ephrussi A, Lehmann R (1992) Induction of germ cell formation by oskar. Nature 358:387–392

Ephrussi A, Dickinson LK, Lehmann R (1991) Oskar organizes the germ plasm and directs localization of the posterior determinant nanos. Cell 66:37–50

Farrell PJ, Balkow K, Hunt T, Jackson RJ, Trachsel H (1977) Phosphorylation of initiation factor eIF-2 and the control of reticulocyte protein synthesis. Cell 11:187–200

Feigenblum D, Schneider RJ (1996) Cap-binding protein (eukaryotic initiation factor 4 E) and 4E-inactivating protein BP-1 independently regulate cap-dependent translation. Mol Cell Biol 16:5450–5457

Fox CA, Sheets MD, Wickens MP (1989) Poly(A) addition during maturation of frog oocytes: distinct nuclear and cytoplasmic activities and regulation by the sequence UUUUUAU. Genes Dev 3:2151–2162

Futterer J, Kiss-Laszlo Z, Hohn T (1993) Nonlinear ribosome migration on cauliflower mosaic virus 35 S RNA. Cell 73:789–802

Galabru J, Hovanessia A (1987) Autophosphorylation of the protein kinase dependent double-stranded RNA. J Biol Chem 262:15538–15544

Gallegos M, Ahringer J, Crittenden S, Kimble J (1998) Repression by the 3′ UTR of *fem-3*, a sex-determining gene, relies on a ubiquitous *mog*-dependent control in *Caenorhabditis elegans*. EMBO J 17:6337–6347

Gallie DR, Lewis NJ, Marzluff WF (1996) The histone 3′-terminal stem-loop is necessary for translation in Chinese hamster ovary cells. Nucleic Acids Res 24:1954–1962

Gavis ER, Lunsford L, Bergsten SE, Lehmann R (1996) A conserved 90 nucleotide element mediates translational repression of nanos RNA. Development 122:2791–800

Geballe AP, Sachs MS (2000) Translational control by upstream open reading frames. In: Sonenberg N, Hershey JBW, Mathews MB (eds) Translational control of gene expression. Cold Spring Harbor Laboratory Press, Cold Spring Harbor, NY, pp 595–614

Gingras A-C, Svitkin Y, Belsham GJ, Pause A, Sonenberg N (1996) Activation of the translational suppressor 4E-BP1 following infection with encephalomyocarditis virus and poliovirus. Proc Natl Acad Sci USA 93:5578–5583

Gingras A-C, Raught B, Sonenberg N (1999) eIF4 initiation factors: effectors of mRNA recruitment to ribosomes and regulators of translation. Annu Rev Biochem 68:913–963

Girelli D, Corrocher R, Bisceglia L et al. (1995) Molecular basis for the recently described hereditary hyperferritine-

mia-cataract syndrome: a mutation in the iron-responsive element of ferritin L-subunit gene. Blood 86:4050–4053
Goodwin EB, Okkema PG, Evans TC, Kimble J (1993) Translational regulation of tra-2 by its 3′ untranslated region controls sexual identity in *C. elegans*. Cell 75:329–339
Goodwin EB, Hofstra K, Hurney CA, Mango S, Kimble J (1997) A genetic pathway for regulation of tra-2 translation. Development 124:749–758
Goossen B, Hentze MW (1992) Position is the critical determinant for function of iron-responsive elements as translational regulators. Mol Cell Biol 12:1959–1966
Gradi A, Svitkin YV, Imataka H, Sonenberg N (1998) Proteolysis of human eukaryotic translation initiation factor eIF4GII, but not eIF4GI, coincides with the shutoff of host protein synthesis after poliovirus infection. Proc Natl Acad Sci USA 95:11 089–11 094
Grant AG, Flomen RM, Tizard ML, Grant DA (1992) Differential screening of a human pancreatic adenocarcinoma lambd gt11 expression library has identified increased transcription of elongation factor EF-1 alpha in tumor cells. Int J Cancer 50:740–745
Guerra-Peraza O, Tapia M de, Hohn T, Hemmings-Mieszczak M (2000) Interaction of the cauliflower mosaic virus coat protein with the pregenomic RNA leader. J Virol 74:2067–2072
Gunkel N, Yano T, Markussen FH, Olsen LC, Ephrussi A (1998) Localization-dependent translation requires a functional interaction between the 5′ and 3′ ends of oskar mRNA. Genes Dev 12:1652–1664
Hake LE, Richter JD (1994) CPEB is a specificity factor that mediates cytoplasmic polyadenylation during *Xenopus* oocyte maturation. Cell 79:617–627
Harding HP, Zhang Y, Ron D (1999) Protein translation and folding are coupled by an endoplasmic-reticulum-resident kinase. Nature 397:271–274
Harigai M, Miyashita T, Hanada M, Reed JC (1996) A *cis*-acting element in the *BCL-2* gene controls expression through translational mechanisms. Oncogene 12:1369–1374
Hemmings-Mieszczak M, Hohn T (1999) A stable hairpin preceded by a short open reading frame promotes nonlinear ribosome migration on a synthetic mRNA leader. RNA 5:1149–1157
Hemmings-Mieszczak M, Hohn T, Preiss T (2000) Termination and peptide release at the upstream ORF are required for downstream translation on synthetic shunt-competent mRNA leaders. Mol Cell Biol 20:6212–6223
Henis-Korenblit S, Strumpf NL, Goldstaub D, Kimchi A (2000) A novel form of DAP5 protein accumulates in apoptotic cells as a result of caspase cleavage and internal ribosome entry site-mediated translation. Mol Cell Biol 20:496–506
Hentze MW (1997) eIF4G: a multipurpose ribosome adapter? Science 275:500–501
Hentze MW, Kulozik AE (1999) A perfect message: RNA surveillance and nonsense mediated decay. Cell 96:307–310
Hentze MW, Caughman SW, Rouault TA et al. (1987) Identification of the iron-responsive element for the translational regulation of human ferritin mRNA. Science 238:1570–1573
Hershey JWB, Merrick WC (2000) Pathway and mechanism of initiation of protein synthesis. In: Sonenberg N, Hershey JBW, Mathews MB (eds) Translational control of gene expression. Cold Spring Harbor Laboratory Press, Cold Spring Harbor, NY, pp 33–88
Heys SD, Park KG, McNurlan MA et al. (1991) Measurement of tumor protein synthesis in vivo in human colorectal and breast cancer. Clin Sci 80:587–593
Hill KE, Lloyd RS, Burk RF (1993) Conserved nucleotide sequences in the open reading frame and 3′ untranslated region of selenoprotein P mRNA. Proc Natl Acad Sci USA 90:537–541
Hinnebusch AG (2000) Mechanism and regulation of initiator methionyl-tRNA binding to ribosomes. In: Sonenberg N, Hershey JBW, Mathews MB (eds) Translational control of gene expression. Cold Spring Harbor Laboratory Press, Cold Spring Harbor, NY, pp 185–245
Holcik M, Sonenberg N, Korneluk RG (2000) Internal ribosome initiation of translation and the control of cell death. Trends Genet 16:469–473
Huarte J, Stutz A, O'Connell ML et al. (1992) Transient translational silencing by reversible mRNA deadenylation. Cell 69:1021–1030
Hunt T (1989) On the translational control of suicide in red cell. Trends Biochem Sci 14:393–394
Iizuka N, Najita L, Franzusoff A, Sarnow P (1994) Cap-dependent and cap-independent translation by internal initiation of mRNAs in cell extracts prepared from *Saccharomyces cerevisiae*. Mol Cell Biol 14:7322–7330
Imataka H, Sonenberg N (1997) Human eukaryotic translation initiation factor 4G (eIF4G) possesses two separate and independent binding sites for eIF4A. Mol Cell Biol 17:6940–6947
Imataka H, Olsen HS, Sonenberg N (1997) A new translational regulator with homology to eukaryotic translation initiation factor 4G. EMBO J 16:817–825
Imataka H, Gradi A, Sonenberg N (1998) A newly identified N-terminal amino acid sequence of human eIF4G binds poly(A)-binding protein and functions in poly(A)-dependent translation. EMBO J 17:7480–7489
Jackson RJ (2000) Comparative View of Initiation Site Selection Mechanisms. In: Sonenberg N, Hershey JBW, Mathews MB (eds) Translational control of gene expression. Cold Spring Harbor Laboratory Press, Cold Spring Harbor, NY, pp 185–244
Jan E, Motzny CK, Graves LE, Goodwin EB (1999) The STAR protein, GLD-1, is a translational regulator of sexual identity in *Caenorhabditis elegans*. EMBO J 18:258–269
Johannes G, Carter MS, Eisen MB, Brown PO, Sarnow P (1999) Identification of eukaryotic mRNAs that are translated at reduced cap binding complex eIF4F concentrations using a cDNA microarray. Proc Natl Acad Sci USA 96:13 118–13 123
Jones AR, Francis R, Schedl T (1996) GLD-1, a cytoplasmic protein essential for oocyte differentiation, shows stage- and sex-specific expression during *Caenorhabditis elegans* germline development. Dev Biol 180:165–183
Kevil CG, De Benedetti A, Payne DK, Coe LL, Laroux FS, Alexander JS (1996) Translational regulation of vascular permeability factor by eukaryotic initiation factor 4E: implications for tumor angiogenesis. Int J Cancer 65:785–790
Kim-Ha J, Kerr K, Macdonald PM (1995) Translational regulation of oskar mRNA by bruno, an ovarian RNA-binding protein, is essential. Cell 81:403–412
Kolupaeva VG, Pestova TV, Hellen CU, Shatsky IN (1998) Translation eukaryotic initiation factor 4G recognizes a specific structural element within the internal ribosome entry site of encephalomyocarditis virus RNA. J Biol Chem 273:18 599–18 604

Koromilas AE, Roy S, Barber GN, Katze MG, Sonenberg N (1992) Malignant transformation of a mutant of the IFN-inducible dsRNA-dependent protein kinase. Science 257:1685–1689

Kostura M, Mathews MB (1989) Purification and activation of the double-stranded RNA-dependent eIF-2 kinase DAI. Mol Cell Biol 9:1576–1586

Kozak M (1978) How do eucaryotic ribosomes select initiation regions in messenger RNA? Cell 15:1109–1123

Kozak M (1986) Point mutations define a sequence flanking the AUG initiator codon that modulates translation by eukaryotic ribosomes. Cell 44:283–292

Kozak M (1991) An analysis of vertebrate mRNA sequences: intimations of translational control. J Cell Biol 115:887–903

Kozak M (1999) Initiation of translation in prokaryotes and eukaryotes. Gene 234:187–208

Kraemer B, Crittenden S, Gallegos M et al. (1999) NANOS-3 and FBF proteins physically interact to control the sperm-oocyte switch in *Caenorhabditis elegans*. Curr Biol 9:1009–1018

Kuge H, Richter JD (1995) Cytoplasmic 3′ poly(A) addition induces 5′ cap ribose methylation: implications for translational control of maternal mRNA. EMBO J 14:6301–6310

Lamphear BJ, Kirchweger R, Skern T, Rhoads RE (1995) Mapping of functional domains in eukaryotic protein synthesis initiation factor 4G (eIF4G) with picornaviral proteases. J Biol Chem 270:21 975–21 983

Lawrence JC Jr, Abraham RT (1997) PHAS/4E-BPs as regulators of mRNA translation and cell proliferation. Trends Biochem Sci 22:345–349

Lazaris-Karatzas A, Montine KS, Sonenberg N (1990) Malignant transformation by a eukaryotic initiation factor subunit that binds to mRNA 5′cap. Nature 345:544–547

Lazaris-Karatzas A, Smith MR, Frederickson RM, Jaramillo ML, Sonenberg N (1992) Ras mediates translation initiation factor 4E-induced malignant transformation. Genes Dev 6:1631–1642

Lehmann R, Nusslein-Volhard C (1991) The maternal gene nanos has a central role in posterior pattern formation of the *Drosophila* embryo. Development 112:679–691

Levi-Strumpf N, Deiss LP, Berissi H, Kimchi A (1997) DAP-5, a novel homolog of eukaryotic translation initiation factor 4G isolated as a putative modulator of gamma interferone-induced programmed cell death. Mol Cell Biol 17:1615–1625

Li BD, Liu L, Dawson M, De Benedetti A (1997) Overexpression of eucaryotic translation initiation factor 4E (eIF4E) in breast carcinoma. Cancer 79:2385–2390

Lie YS, Macdonald PM (1999) Apontic binds the translational repressor Bruno and is implicated in regulation of oskar mRNA translation. Development 126:1129–1138

Lindquist S, Petersen R (1990) Selective translation and degradation of heat-shock messenger RNAs in *Drosophila*. Enzyme 44:1–4

Lomakin IB, Hellen CU, Pestova TV (2000) Physical association of eukaryotic initiation factor 4G (eIF4G) with eIF4A strongly enhances binding of eIF4G to the internal ribosomal entry site of encephalomyocarditis virus and is required for internal initiation of translation. Mol Cell Biol 20:6019–6029

Macdonald PM (1992) The *Drosophila* pumilio gene: an unusually long transcription unit and an unusual protein. Development 114:221–232

Macejak DG, Sarnow P (1991) Internal initiation of translation mediated by the 5′ leader of a cellular mRNA. Nature 353:90–94

Mader S, Lee H, Pause A, Sonenberg N (1995) The translation initiation factor eIF-4E binds to a common motif shared by the translation factor eIF-4 gamma and the translational repressors 4E-binding proteins. Mol Cell Biol 15:4990–4997

Maquat LE, Kinniburgh AJ, Rachmilewitz EA, Ross J (1981) Unstable beta-globin mRNA in mRNA-deficient beta thalassemia. Cell 27:543–553

Markussen FH, Breitwieser W, Ephrussi A (1997) Efficient translation and phosphorylation of Oskar require Oskar protein and the RNA helicase Vasa. Cold Spring Harb Symp Quant Biol 62:13–17

Mathews MB, Sonenberg N, Hershey JWB (2000) Origins and principles of translational control. In: Sonenberg N, Hershey JBW, Mathews MB (eds) Translational control of gene expression. Cold Spring Harbor Laboratory Press, Cold Spring Harbor, NY, pp 1–32

McGrew LL, Dworkin-Rastl E, Dworkin MB, Richter JD (1989) Poly(A) elongation during *Xenopus* oocyte maturation is required for translational recruitment and is mediated by a short sequence element. Genes Dev 3:803–815

McKusick VA, Amberger JS (1994) The morbid anatomy of the human genome: chromosomal location of mutations causing disease. J Med Genet 31:265–279

Meisenberg G, Simmons WH (1998) Principles of medical biochemistry. Mosby, St Louis, MO

Melefors O, Goossen B, Johansson HE, Stripecke R, Gray NK, Hentze MW (1993) Translational control of 5-aminolevulinate synthase mRNA by iron-responsive elements in erythroid cells. J Biol Chem 268:5974–5978

Mendez R, Hake LE, Andersson T, Littlepage LE, Ruderman JV, Richter JD (2000 a) Phosphorylation of CPE binding factor by Eg2 regulates translation of c-*mos* mRNA. Nature 404:302–307

Mendez R, Murthy KGK, Ryan K, Manley JL, Richter J (2000 b) Phosphorylation of CPEB by Eg2 mediates the recruitment of CPSF into an active cytoplasmic polyadenylation complex. Mol Cell 6:1253–1259

Merrick WC, Nyborg J (2000) The protein biosynthesis elongation cycle. In: Sonenberg N, Hershey JBW, Mathews MB (eds) Translational control of gene expression. Cold Spring Harbor Laboratory Press, Cold Spring Harbor, NY, pp 89–126

Meurs E, Chong K, Galabru J et al. (1990) Molecular cloning and characterization of human double-stranded RNA activated protein kinase induced by interferon. Cell 62:379–390

Meyuhas O, Hornstein E (2000) Translational control of TOP mRNAs. In: Sonenberg N, Hershey JBW, Mathews MB (eds) Translational control of gene expression. Cold Spring Harbor Laboratory Press, Cold Spring Harbor, NY, pp 671–694

Minshall N, Walker J, Dale M, Standart N (1999) Dual roles of p82, the clam CPEB homolog, in cytoplasmic polyadenylation and translational masking. RNA 5:27–38

Miyagi Y, Sugiyama A, Asai A, Okazuki T, Kuchino Y, Kerr S (1995) Elevated levels of eukaryotic initiation factor eIF4E mRNA in a broad spektrum of transformed cell lines. Cancer Lett 91:247–252

Mize GJ, Ruan H, Low JJ, Morris DR (1998) The inhibitory upstream open reading frame from mammalian S-adeno-

sylmethionine decarboxylase mRNA has a strict sequence specificity in critical positions. J Biol Chem 273:32500–32555
Morimoto RI (1998) Regulation of the heat shock transcriptional response: cross talk between a family of heat shock factors, molecular chaperones and negative regulators. Genes Dev 12:3788–3796
Morris DR, Geballe AP (2000) Upstream open reading frames as regulators of mRNA translation. Mol Cell Biol 20:8635–8642
Muckenthaler M, Gray NK, Hentze MW (1998) IRP-1 binding to ferritin mRNA prevents the recruitment of the small ribosomal subunit by the cap-binding complex eIF4F. Mol Cell 1:383–388
Murata Y, Wharton RP (1995) Binding of pumilio to maternal hunchback mRNA is required for posterior patterning in *Drosophila* embryos. Cell 80:747–756
Nagy E, Maquat LE (1998) A rule for termination codon position within intron-contaning genes: when nonsense affects RNA abundance. Trends Biochem Sci 23:198–199
Nathan CA, Franklin S, Abreo FW et al. (1997) Expression of eIF4E during head and neck tumorigenesis: possible role in angiogenesis. Laryngoscope 109:1253–1258
Nupponen NN, Porkka K, Kakkola L et al. (1999) Amplification and overexpression of p40 subunit of eukaryotic translation initiation factor 3 in breast and prostate cancer. Am J Pathol 154:1777–1783
Oh B, Hwang S, McLaughlin J, Solter D, Knowles BB (2000) Timely translation during the mouse oocyte-to-embryo transition. Development 127:3795–3803
Ortega LG, McCotter MD, Henry GL, McCormack SJ, Thomis DC, Samuel CE (1996) Mechanisms of interferon action: biochemical and genetic evidence for the intermolecular association of the RNA-dependent protein kinase PKR from human cells. Virology 215:31–39
Ostareck DH, Ostareck-Lederer A, Wilm M, Thiele BJ, Mann M, Hentze MW (1997) mRNA silencing during erythroid differentiation: hnRNP K and hnRNP E1 regulate 15-lipoxygenase translation from the 3′ end. Cell 89:597–606
Ostareck DH, Ostareck-Lederer A, Shatsky IN, Hentze MW (2001) Lipoxygenase mRNA silencing in erythroid differentiation. The 3′UTR regulatory complex controls 60 S ribosomal subunit joining. Cell 104:281–290
Panniers R, Henshaw EC (1984) Mechanism of inhibition of polypeptide chain initiation in heat shock Ehrlich cells involves reduction of eukaryotic translation initiation factor 4F activity. J Biol Chem 260:9648–9653
Pause A, Belsham GJ, Gingras AC et al. (1994) Insulin-dependent stimulation of protein synthesis by phosphorylation of a regulator of 5′-cap function. Nature 371:762–767
Pe'ery T, Mathews MB (2000) Viral translational strategies and host defense mechanisms. In: Sonenberg N, Hershey JBW, Mathews MB (eds) Translational control of gene expression. Cold Spring Harbor Laboratory Press, Cold Spring Harbor, NY, pp 371–424
Pelham HR, Jackson RJ (1976) An efficient mRNA-dependent translation system from reticulocyte lysates. Eur J Biochem 67:247–256
Pelletier J, Sonenberg N (1988) Internal initiation of translation of eukaryotic mRNA directed by a sequence derived from poliovirus RNA. Nature 334:320–325
Pestova TV, Hellen CU, Shatsky IN (1996a) Canonical eukaryotic initiation factors determine initiation of translation by internal ribosomal entry. Mol Cell Biol 16:6859–6869
Pestova TV, Shatsky IN, Hellen CU (1996b) Functional dissection of eukaryotic initiation factor 4F: the 4A subunit and the central domain of the 4G subunit are sufficient to mediate internal entry of 43 S preinitiation complexes. Mol Cell Biol 16:6870–6878
Pestova TV, Shatsky IN, Fletcher SP, Jackson RJ, Hellen CU (1998) A prokaryotic-like mode of cytoplasmic eukaryotic ribosome binding to the initiation codon during internal translation initiation of hepatitis C and classical swine fever virus RNAs. Genes Dev 12:67–83
Pestova TV, Lomakin IB, Lee JH, Choi SK, Dever TE, Hellen CUT (2000) The ribosomal subunit joining reaction in eukaryotes requires eIF5B. Nature 403:332–335
Piron M, Vende P, Cohen J, Poncet D (1998) Rotavirus RNA-binding protein NSP3 interacts with eIF4GI and evicts the poly(A) binding protein from eIF4F. EMBO J 17:5811–5821
Polymenis M, Schmidt EV (1997) Coupling of cell division to cell growth by translational control of the G1 cyclin CLN3 in yeast. Genes Dev 19:2522–2531
Preiss T, Hentze MW (1998) Dual function of the messenger RNA cap structure in poly(A)-tail-promoted translation in yeast. Nature 392:516–520
Preiss T, Hentze MW (1999) From factors to mechanisms: translation and translational control in eukaryotes. Curr Opin Genet Dev 9:515–521
Preiss T, Muckenthaler M, Hentze MW (1998) Poly(A)-tail-promoted translation in yeast: implications for translational control. RNA 4:1321–1331
Pyronnet S, Imataka H, Gingras A-C, Fukunaga R, Hunter T, Sonenberg N (1999) Human eukaryotic translation initiation factor 4G (eIF4G) recruits Mnk1 to phosphorylate eIF4E. EMBO J 18:270–279
Pyronnet S, Pradayrol L, Sonenberg N (2000) A cell cycle-dependent internal ribosome entry site. Mol Cell 5:607–616
Raught B, Gingras A-C, Gygi SP et al. (2000a) Serum-stimulated, rapamycin-sensitive phosphorylation sites in the eukaryotic translation initiation factor 4GI. EMBO J 19:434–444
Raught B, Gingras A-C, Sonenberg N (2000b) Regulation of ribosomal recruitment in eukaryotes. In: Sonenberg N, Hershey JBW, Mathews MB (eds) Translational control of gene expression. Cold Spring Harbor Laboratory Press, Cold Spring Harbor, NY, pp 295–370
Ron D, Harding HP (2000) PERK and translational control by stress in the endoplasmatic reticulum. In: Sonenberg N, Hershey JBW, Mathews MB (eds) Translational control of gene expression. Cold Spring Harbor Laboratory Press, Cold Spring Harbor, NY, pp 547–560
Rosenwald IB, Lazaris-Karatzas A, Sonenberg N, Schmidt EV (1993a) Elevated levels of cyclin D1 protein in response to increased expression of eukaryotic initiation factor 4A. Mol Cell Biol 13:7358–7363
Rosenwald IB, Rhoads RE, Callanan LD, Isselbacher KJ, Schmidt EV (1993b) Increased expression of eukaryotic translation initiation factors eIf4E and eIF2a in response to growth induction by c-*myc*. Proc Natl Acad Sci USA 90:6175–6178
Rousseau D, Kaspar R, Rosenwald IB, Gehrke L, Sonenberg N (1996) Translation initiation of ornithine decarboxylase and nucleocytoplasmic transport of cyclin D1 mRNA are increased in cells overexpressing eukaryotic initiation factor 4E. Proc Natl Acad Sci USA 93:1065–1070

Ryabova LA, Hohn T (2000) Ribosome shunting in the cauliflower mosaic virus 35 S RNA leader is a special case of reinitiation of translation functioning in plant and animal systems. Genes Dev 14:817–829

Samuel CE, Kuhen KL, George CX, Ortega LG, Rende-Fournier R, Tanaka H (1997) The PKR protein kinase – an interferon-inducible regulator of cell growth and differentiation. Int J Hematol 65:227–237

Sarnow P (1989) Translation of glucose-regulated protein 78/ immunoglobulin heavy-chain binding protein mRNA is increased in poliovirus-infected cells at a time when cap-dependent translation of cellular mRNAs is inhibited. Proc Natl Acad Sci USA 86:5795–5799

Schedl T, Kimble J (1988) *fog*-2, a germ-line-specific sex determination gene required for hermaphrodite spermatogenesis in *Caenorhabditis elegans*. Genetics 119:43–61

Schewe T, Halangk W, Hiebsch C, Rapoport SM (1975) A lipoxygenase in rabbit reticulocytes which attacks phospholipids and intact mitochondria. FEBS Lett 60:149–152

Schibler U, Kelley DE, Perry RP (1977) Comparison of methylated sequences in messenger RNA and heterogeneous nuclear RNA from mouse L cells. J Mol Biol 115:695–714

Schneider RJ (2000) Translation during heat shock. In: Sonenberg N, Hershey JBW, Mathews MB (eds) Translational control of gene expression. Cold Spring Harbor Laboratory Press, Cold Spring Harbor, NY, pp 581–593

Shantz LM, Pegg AE (1994) Overproduction of ornithine decarboxylase caused by relief of translational repression is associated with neoplastic transformation. Cancer Res 54:3213–3216

Sheets MD, Wu M, Wickens M (1995) Polyadenylation of c-*mos* mRNA as a control point in *Xenopus* meiotic maturation. Nature 374:511–516

Shi YAJ, Liang J, Hayes SE, Sandusky GE, Stramm LE, Yang NN (1999) Characterization of a mutant pancreatic eIF-2alpha kinase, PEK, and co-localization with somatostatin in islet delta cells. J Biol Chem 274:5723–5730

Smibert CA, Wilson JE, Kerr K, Macdonald PM (1996) Smaug protein represses translation of unlocalized nanos mRNA in the *Drosophila* embryo. Genes Dev 10:2600–2609

Sonenberg N, Shatkin AJ (1977) Reovirus mRNA can be covalently crosslinked via the 5′ cap to proteins in initiation complexes. Proc Natl Acad Sci USA 74:4288–4292

Sonenberg N, Guertin D, Cleveland D, Trachsel H (1981) Probing the function of the eucaryotic 5′ cap structure by using a monoclonal antibody directed against cap-binding proteins. Cell 27:563–572

Sonenberg N, Hershey JWB, Mathews MB (2000) Translational control of gene expression. Cold Spring Harbor Laboratory Press, Cold Spring Harbor, NY

Sonoda J, Wharton RP (1999) Recruitment of Nanos to hunchback mRNA by Pumilio. Genes Dev 13:2704–2712

Spirin AS (1966) "Masked" forms of mRNA. Curr Top Dev Biol 1:1–38

Stark GR, Kerr IM, Williams BR, Silvermann RH, Schreiber RD (1998) How cells respond to interferons. Annu Rev Biochem 67:227–264

Stebbins-Boaz B, Cao Q, Moor CH de, Mendez R, Richter JD (1999) Maskin is a CPEB-associated factor that transiently interacts with eIF-4E [published erratum appears in Mol Cell 2000 Apr, 5(4):766]. Mol Cell 4:1017–1027

Steel LF, Telly DL, Leonard J, Rice BA, Monks B, Sawicki JA (1996) Elements in the murine c-*mos* messenger RNA 5′-untranslated region repress translation of downstream coding sequences. Cell Growth Differ 7:1415–1424

St Johnston D, Beuchle D, Nusslein-Volhard C (1991) Staufen, a gene required to localize maternal RNAs in the *Drosophila* egg. Cell 66:51–63

Stutz A, Conne B, Huarte J et al. (1998) Masking, unmasking, and regulated polyadenylation cooperate in the translational control of a dormant mRNA in mouse oocytes. Genes Dev 12:2535–2548

Tan AT, Bitterman PB, Sonenberg N, Peterson M, Polunovsky VA (2000) Inhibition of Myc-dependent apoptosis by eukaryotic translation initiation factor 4E requires cyclin D1. Oncogene 19:1437–1447

Tarun SZ Jr, Sachs AB (1995) A common function for mRNA 5′ and 3′ ends in translation initiation in yeast. Genes Dev 9:2997–3007

Thermann R, Neu-Yilik G, Deters A et al. (1998) Binary specification of nonsense codons by splicing and cytoplasmic translation. EMBO J 17:3484–3494

Thomis DC, Samuel CE (1992) Mechanism of interferon action: autoregulation of RNA dependent P1/eIF-2 alpha protein kinase (PKR) expression in transfected mammalian cells. Proc Natl Acad Sci USA 89:10837–10841

Thompson SR, Goodwin EB, Wickens M (2000) Rapid deadenylation and poly(A)-dependent translational repression mediated by the *Caenorhabditis elegans* tra-2 3′ untranslated region in *Xenopus* embryos. Mol Cell Biol 20:2129–2137

Vaarala MH, Porvari KS, Kyllonen AP, Mustonen MV, Lukkarinen O, Vihko PT (1998) Several genes encoding ribosomal proteins are over-expressed in prostate-cancer cell lines. Int J Cancer 78:27–32

Van Leyen K, Duvoisin RM, Engelhardt H, Wiedmann M (1998) A function for lipoxygenase in programmed organelle degradation. Nature 395:392–395

Vende P, Piron M, Castagne N, Poncet D (2000) Efficient translation of rotavirus mRNA requires simultaneous interaction of NSP3 with the eukaryotic translation initiation factor eIF4G and the mRNA 3′ end. J Virol 74:7064–7071

Vries RG, Flynn A, Patel JC, Wang X, Denton RM, Proud CG (1997) Heat shock increases the association of binding protein-1 with initiation factor 4E. J Biol Chem 272: 32779–32784

Walker J, Dale M, Standart N (1996) Unmasking mRNA in clam oocytes: role of phosphorylation of a 3′ UTR masking element-binding protein at fertilization. Dev Biol 173:292–305

Walker J, Minshall N, Hake L, Richter J, Standart N (1999) The clam 3′ UTR masking element-binding protein p82 is a member of the CPEB family. RNA 5:14–26

Wang C, Lehmann R (1991) Nanos is the localized posterior determinant in *Drosophila*. Cell 66:637–647

Wang ZF, Ingledue TC, Dominski Z, Sanchez R, Marzluff WF (1999) Two *Xenopus* proteins that bind the 3′ end of histone mRNA: implications for translational control of histone synthesis during oogenesis. Mol Cell Biol 19:835–845

Welch EM, Wang W, Peltz SW (2000) Translation termination: it's not the end of the story. In: Sonenberg N, Hershey JBW, Mathews MB (eds) Translational control of gene expression. Cold Spring Harbor Laboratory Press, Cold Spring Harbor, NY, pp 467–486

Wells SE, Hillner PE, Vale RD, Sachs AB (1998) Circularization of mRNA by eukaryotic translation initiation factors. Mol Cell 2:135–140

Wickens M, Stephenson P (1984) Role of the conserved AAUAAA sequence: four AAUAAA point mutants prevent messenger RNA 3′ end formation. Science 226:1045–1051

Wickens M, Goodwin EB, Kimble J, Strickland S, Hentze MW (2000) Translational control of developmental decisions. In: Sonenberg N, Hershey JBW, Mathews MB (eds) Translational control of gene expression. Cold Spring Harbor Laboratory Press, Cold Spring Harbor, NY, pp 295–370

Wilson JE, Connell JE, Macdonald PM (1996) Aubergine enhances oskar translation in the *Drosophila* ovary. Development 122:1631–1639

Wu M, Kaufmann RJ (1997) A model for the double-stranded RNA (dsRNA)-dependent dimerization and activation of the dsRNA-activated protein kinase PKR. J Biol Chem 272:1291–1296

Yamanaka S, Poksay KS, Arnold KS, Innerarity TL (1997) A novel translational repressor mRNA is edited extensively in livers containing tumors caused by the transgene expression of the apoB mRNA-editing enzyme. Genes Dev 11:321–323

Yueh A, Schneider R (2000) Translation by ribosome shunting on adenovirus and hsp70 mRNAs facilitated by complementarity to 18 S rRNA. Genes Dev 14:414–421

Zamecnik PC (1979) Historical aspects of protein synthesis. Ann NY Acad Sci 325:268–301

Zapata JM, Maroto FG, Sierra JM (1991) Inactivation of mRNA cap-binding protein complex in *Drosophila melanogaster* embryos under heat shock. J Biol Chem 266:16007–16014

Zhang B, Gallegos M, Puoti A et al. (1997) A conserved RNA-binding protein that regulates sexual fates in the *C. elegans* hermaphrodite germ line. Nature 390:477–484

1.7 Apoptose

SÖREN T. EICHHORST und PETER H. KRAMMER

Inhaltsverzeichnis

1.7.1 Programmierter Zelltod

Die Erforschung der Apoptose hat eine lange Geschichte. Schon der römische Arzt und Schriftsteller Galenus Galen (129–199) beschrieb anhand des *Foramen ovale* des Herzens, dass sich larvale und fetale Strukturen im Zug der Ontogenese durch programmierten Zelltod zurückbilden (Barclay et al. 1944, Clarke u. Clarke 1996). Die erste derartige Arbeit der Neuzeit wird Vesalius (1564) zugeschrieben (Barclay et al. 1944). Im 17. und 18. Jahrhundert folgten dann zahlreiche Veröffentlichungen über den Umbau von Strukturen des Herzens (z.B. Haller 1758, Harvey 1628); und im frühen 19. Jahrhundert entdeckte Rathke (1825), dass sich auch in Säugetierfeten vorübergehend Kiemenbögen entwickeln. Eine detaillierte Beschreibung der Metamorphose der Kaulquappe lieferte Dugès bereits 1835.

Ganten / Ruckpaul (Hrsg.)
Grundlagen der Molekularen Medizin,
2. Auflage

Auf der Basis der im fortschreitenden 19. Jahrhundert entwickelten Zellenlehre (Schleiden 1842, Schwann 1839) hat Carl Vogt 1842 erstmalig den Tod von Zellen im Verlauf des Gestaltwandels von Amphibien beschrieben (Vogt 1842). Weissmann prägte 1863 den Begriff der Histolyse (Weissmann 1863), und gegen Ende des 19. Jahrhunderts beschäftigte man sich hauptsächlich mit dem Zelltod in neuronalen Geweben. Basierend auf der Entdeckung der Desintegration des Chromatins wurde der „Chromatolytische Zelltod" definiert (Flemming 1885). Er gilt noch heute als ein wesentliches Merkmal des programmierten Zelltods. 1951 konnte Alfred Glucksmann den Tod embryonalen Gewebes auf den Tod einzelner Zellen zurückführen. John Kerr, Andrew Wyllie und Alastair Currie schließlich beobachteten an toxinbehandelten Leberzellen eine den sterbenden Embryonalzellen vergleichbare Morphologie und prägten hierfür den umfassenden Begriff „Apoptose" (Kerr et al. 1972). Er ist dem Griechischen entlehnt und beschreibt das Herabfallen der Blätter von den Bäumen.

Apoptose ist nicht nur in der Entwicklung von Bedeutung (Vaux u. Korsmeyer 1999), sie spielt auch bei der Gewebehomöostase eine große Rolle. So werden Zellen, die durch virale Infektion oder durch Mutation geschädigt sind, durch Apoptose eliminiert (Thompson 1995). Dabei ist die Apoptose durch eine Vielzahl von morphologischen Veränderungen definiert: Sie umfassen das Schrumpfen der Zelle und die Kondensation des Chromatins, das zumeist in der Peripherie des Zellkerns aggregiert. Zudem wird die DNA durch Endonukleasen zwischen den Nukleosomen gespalten. Dadurch entstehen DNA-Stücke mit einer Länge von 180 Basenpaaren und ganzzahligen Vielfachen davon, die sich als charakteristische „DNA-Leiter" in der Agarosegelelektrophorese auftrennen lassen. Durch die intrazellulären Veränderungen ähnelt die Zelle unter dem Mikroskop einem Kochtopf, in dem Wasser kocht, dieser Vorgang wird mit dem englischen Wort „boiling" treffend beschrieben. Die Zellmembranstabilität geht verloren, und Ausstülpungen der Zelle (Zeiose) werden beobachtet. Schließlich werden membranumschlossene Säckchen abgeschnürt (blebbing), die als apoptotische Körperchen bezeichnet werden. Diese Körperchen wurden schon früh bei verschiedenen Krankheiten als wichtiges Kennzeichen identifiziert, jedoch erst später als Folge der Apoptose erkannt (z.B. Hepatitis B – Councilman-Körperchen, s. oben). Parallel dazu wird ein Verlust der Membranasymmetrie beobachtet, der zur Exposition von Phosphatidylserin (PS) auf der Zelloberfläche führt. Diese Externalisierung wird in einem der geläufigsten Assays zur Apoptosedetektion ausgenutzt: Annexin V, ein Protein, hat eine natürliche Affinität zu PS und diese Bindung kann z.B. über Fluoreszenzfarbstoffe detektiert werden.

Apoptotische Zellen schrumpfen – im Gegensatz dazu ist die Nekrose durch ein Anschwellen der Zelle (Onkose) charakterisiert. Dieses Anschwellen führt zur Zerstörung der Plasmamembran und zur Freisetzung des Zytosols und von Zellorganellen in den interzellulären Raum. Eine inflammatorische Reaktion mit einhergehenden Gewebeschädigungen, die so nur bei der Nekrose und nicht bei der Apoptose gesehen wird, ist die Folge. Trotz der Unterschiede zwischen beiden Todesarten der Zelle lassen sich einige überschneidende Aspekte definieren (s. oben).

1.7.2 Fadenwurm *Caenorhabditis elegans* als Modell

Erste Hinweise auf die genetische Grundlage der Apoptose kamen aus der Entwicklungsbiologie. So wurden in dem Fadenwurm *Caenorhabditis elegans* mehrere Gene identifiziert, die Apoptose regulieren (Horvitz et al. 1994). Während der Entwicklung dieses Wurms sterben genau 131 seiner 1090 somatischen Zellen durch Apoptose. Dabei gehen in jedem Wurmembryo immer die gleichen Zellen zugrunde. Durch Mutationsanalysen ließen sich 3 Gene identifizieren, die für die Apoptose dieser Zellen wichtig sind:

- *ced-3* (ced: *ce*ll death *d*efective) und
- *ced-4*

sind für die Ausführung der Apoptose essenziell, während

- *ced-9*

die Aktivität von ced-3 und ced-4 hemmt und die Zellen somit vor Apoptose schützt (Ellis u. Horvitz 1986).

Mit *egl-1* konnte später ein weiteres Gen des Apoptoseprogramms identifiziert werden (Conradt u. Horvitz 1998). EGL-1 ist ein Apoptose induzierendes Protein, das mit CED-9 wechselwirken kann.

So entwickelte sich *Caenorhabditis elegans* als genetischer Modellorganismus zum Verständnis der Apoptosemaschinerie, da analoge Proteine zu CED-3, CED-4, CED-9 und EGL-1 auch in Säugerzellen identifiziert werden konnten:

- CED-3 stellt eine Caspase (entsprechend der Caspase 9 in Säugetierzellen, s. oben), ein Protein-spaltendes Enzym dar.
- CED-4 ist homolog zu dem Adaptorprotein Apaf-1 (Zou et al. 1997).
- CED-9 und EGL-1 weisen Homologien zu anti- bzw. proapoptotischen Mitgliedern der BCL2-Familie auf (s. oben).

1.7.3 Familien der Todesrezeptoren und Todesliganden

1.7.3.1 CD95-System

Mit CD95 (APO-1/Fas) wurde 1989 zum ersten Mal ein Zelloberflächenrezeptor beschrieben, der in der Lage ist, Apoptose auszulösen (Itoh et al. 1991, Oehm et al. 1992, Trauth et al. 1989, Yonehara et al. 1989). CD95 ist ein differenziell glykosyliertes Typ-I-Transmembranprotein mit einer molekularen Masse von 42 000–52 000, das in den meisten Säugetiergeweben exprimiert wird (Leithauser et al. 1993, Watanabe-Fukunaga et al. 1992 a, b). Als Typ-I-Protein durchspannt CD95 die Zellmembran einfach und das aminoterminale Ende liegt extrazellulär. Neben der Transmembranform gibt es auch lösliche Formen des Rezeptors (Spleißvarianten).

CD95 gehört zur NGF-TNF-Rezeptor-Superfamilie (Baker u. Reddy 1996, Smith et al. 1994). Charakteristisch für diese Familie sind 2–6 extrazelluläre cysteinreiche Domänen. Die biologischen Effekte, die von den Rezeptoren dieser Familie vermittelt werden, sind sehr unterschiedlich: Sie umfassen neben Apoptose so verschiedene Prozesse wie Differenzierung, Proliferation und Aktivierung (Smith et al. 1994). Tabelle 1.7.1 fasst die bisher identifizierten humanen Mitglieder der NGF-TNF-Rezeptor-Superfamilie zusammen.

Dabei bilden die so genannten Todesrezeptoren eine Subfamilie der NGF-TNF-Rezeptor-Superfamilie. Sie zeichnen sich dadurch aus, dass sie Apoptose auslösen (Peter u. Krammer 1998). Strukturell wichtig für die Induktion des programmierten Zelltods ist eine ungefähr 80 Aminosäuren lange intrazelluläre Domäne, die als Todesdomäne (engl.: death domain, DD) bezeichnet wird (Itoh u. Nagata 1993, Tartaglia et al. 1993 a, b). Diese zeigt bei allen Todesrezeptoren eine hohe Homologie (Abb. 1.7.1).

Todesrezeptoren wie CD95 und TNF-R1 können durch agonistische, stimulierende Antikörper aktiviert werden. Unter physiologischen Bedingungen werden sie aber durch die Bindung spezifischer Liganden aktiviert. Wie die Rezeptoren bilden auch die Liganden (mit Ausnahme von NGF) eine Familie, die TNF-Familie. Der Ligand von CD95, CD95L (APO-1L/FasL), ist ein glykosyliertes Typ-II-Transmembranprotein mit einer molekularen Masse von 40 000 (Suda et al. 1993, Takahashi et al. 1994 a, b, Yu et al. 1999). Bei CD95L als Typ-II-Protein liegt der Aminoterminus intrazellulär. Im Gegensatz zu CD95 ist die Expression von CD95L auf spezifische Zelltypen beschränkt. Dieser Todesligand findet sich auf aktivierten T-, B-, und natürlichen Killer(NK)-Zellen sowie auf Zellen einiger nichtlym-

Tabelle 1.7.1. Mitglieder der TNF-Rezeptor-Familie

Name	Alternative Bezeichnungen	Referenzen
CD95	APO-1, Fas	Itoh et al. (1991) Oehm et al. (1992)
TNF-RI	CD120a	Loetscher et al. (1990) Schall et al. (1990) Smith et al. (1990)
TNF-RII	CD120b	Dembic et al. (1990)
CD40		Stamenkovic et al. (1989)
CD30		Durkop et al. (1992)
CD27		Camerini et al. (1991)
OX-40		Mallett et al. (1990)
4-1BB	ILA	Kwon u. Weissman (1989)
NGF-R		Radeke u. Feinstein (1991)
DR3	APO-3, Wsl, TRAMP, LARD	Chinnaiyan et al. (1996 a, b) Bodmer et al. (1997) Kitson et al. (1996) Marsters et al. (1996) Screaton et al. (1997b)
HVEM	ATAR, TR2	Montgomery et al. (1996) Hsu et al. (1997 a, b) Kwon et al. (1997)
GITR		Nocentini et al. (1997)
TACI		von Bulow u. Bram (1997)
TRAIL-R1	DR4, APO-2	Schneider et al. (1997) Pan et al. (1997)
TRAIL-R2	DR5, KILLER, TRICK2	Walczak et al. (1997) Screaton et al. (1997 a) Sheridan et al. (1997)
TRAIL-R3	DR6, DcR1, LIT, TRID	Degli-Esposti et al. (1997 a, b) MacFarlane et al. (1997) Sheridan et al. (1997) Mongkolsapaya et al. (1998)
TRAIL-R4	DcR2, TRUNDD	Degli-Esposti et al. (1997 a, b)
DR6		Pan et al. (1998)
RANK		Anderson et al. (1997)
OPG		Simonet et al. (1997)
AITR		Kwon et al. (1999)
BCMA		Madry et al. (1998)
TAJ		Eby et al. (2000)
TR6	DcR3	Yu et al. (1999)

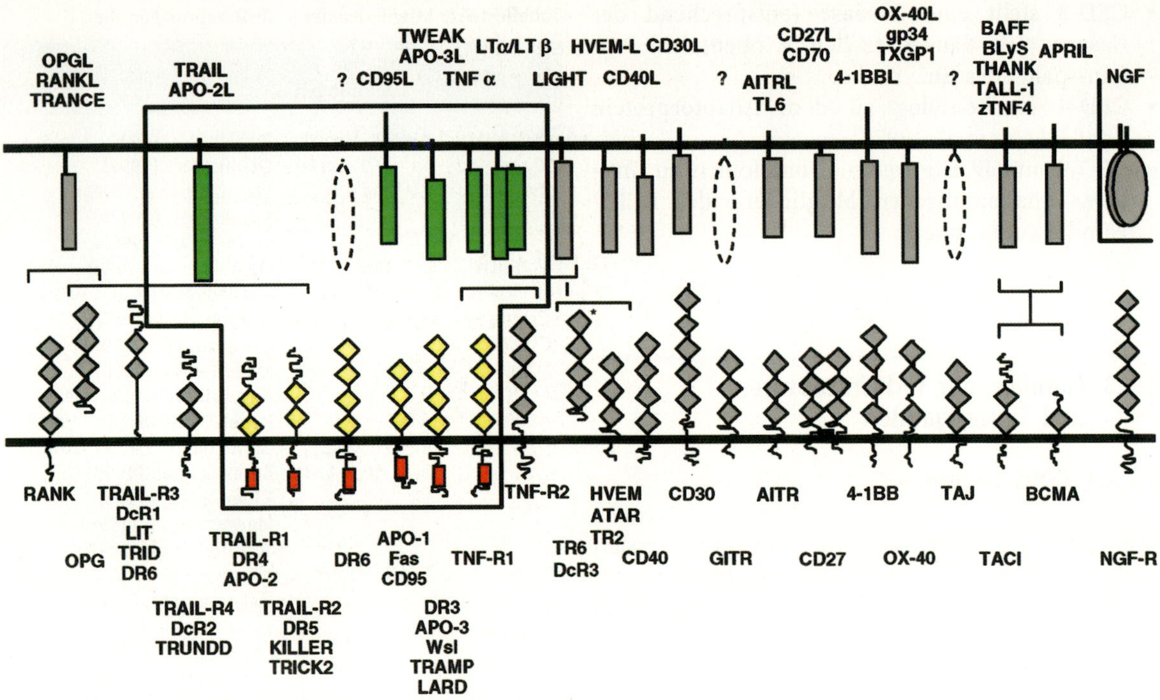

Abb. 1.7.1. Die TNF- und TNF-Rezeptor-Superfamilien, *unten* Rezeptoren, *oben* Liganden, *gelb* Untergruppe der Todesrezeptoren, *grün* Todesliganden, *rotes Rechteck* Todesdomäne

phoider Organe wie Hoden (Yu et al. 1999) und vordere Augenkammer (Griffith et al. 1995). Aber auch verschiedene neoplastische Zellen exprimieren CD95L (Hahne et al. 1996, O'Connell et al. 1996, Strand et al. 1996). Neben der membranständigen wurde auch eine lösliche Form von CD95L beschrieben, die dadurch entsteht, dass eine Metalloprotease CD95L oberhalb der Zellmembran schneidet (Kayagaki et al. 1995, Mariani et al. 1995, Tanaka et al. 1995).

Die Interaktionen zwischen den Mitgliedern der TNF-NGF-Rezeptor-Superfamilie und den Liganden überschneiden sich z.T. Beispielsweise bindet der Ligand TRAIL an 5 verschiedene Rezeptoren, TRAIL-R1–TRAIL-R4 und OPG, während TNF-R1 nicht nur TNFα, sondern auch den LT-α/β-Komplex bindet. Diese Redundanz (Abb. 1.7.1) stellt ein wesentliches Problem im Verständnis der Funktion der wachsenden NGF-TNF-Rezeptor-Super-familie dar.

1.7.3.2 TNF-System

Die Funktionen des TNF-TNF-R-Systems lassen sich bisher weniger klar fassen. Dies leitet sich v.a. aus seiner Rezeptor- und Ligandendiversität ab. Es gibt 2 unterschiedliche TNF-Rezeptoren,

- TNF-RI mit einem Molekulargewicht von 55 000 und
- TNF-RII mit einem Molekulargewicht von 75 000.

Darüber hinaus gibt es 2 Liganden,

- zum einen TNFα,
- zum anderen den Lymphotoxin-LT-α/β-Komplex,

die an beide Rezeptoren binden können. Zusätzlich haben die lösliche und die membrangebundene Form von TNFα unterschiedliche Bindungsaffinitäten für beide Rezeptoren (Beutler u. van Huffel 1994, Decoster et al. 1995, Perez et al. 1990). TNF wird von verschiedenen Zellen, z.B. Monozyten, Makrophagen, Lymphozyten und Fibroblasten, als Antwort auf Entzündungen und Zellstress produziert. Ebenso vielfältig wie die Herkunft sind die Wirkungen des Zytokins: TNF kann u.a. Fieber, Schock, Gewebeschädigung, Tumornekrose, Anorexie, Induktion von anderen Zytokinen, Zellproliferation, Zelldifferenzierung oder Apoptose hervorrufen. Die Expression von TNF-RI und TNF-RII wird zwar unterschiedlich reguliert, trotzdem sind beide Rezeptoren auf den meisten Zelltypen koexprimiert.

TNF-RI ist für die Mehrheit der biologischen Wirkungen von TNF verantwortlich – auch für die

Induktion von Apoptose. Nur er hat eine Todesdomäne (death-domain, DD). Somit ist nur dieser TNF-Rezeptor in der Lage, nach Ligandenbindung Apoptose auszulösen. TNF-RI ist auch der Rezeptor, der NF-κB aktiviert, wenn TNF gebunden hat. Dagegen ist die Funktion von TNF-RII eher modulatorischer Natur. Erstens kann TNF-RII von der Membran abgeschert werden. In dieser löslichen Form (sTNF-RII) kann der Rezeptor überschüssiges TNF abfangen und daher die Antwort auf TNF negativ modulieren. Zweitens wurde für TNF-RII ein „ligand passing" beschrieben: Der Rezeptor kann gebundenen Liganden an TNF-RI überreichen (Tartaglia et al. 1993 a, b). Dadurch kann er das vom TNF-RI ausgehende Signal positiv modulieren, sodass durch die Kooperativität der beiden Rezeptoren eine viel stärkere Signalantwort erreicht wird als durch einen singulären Rezeptor.

1.7.3.3 TRAIL(APO-2L)-System

Der TNF-related apoptosis inducing ligand (TRAIL) wurde 1995 allein durch Sequenzhomologien mit anderen Mitgliedern der TNF-Familie identifiziert. Innerhalb der Familie hat TRAIL die höchste Homologie zu CD95L und ist auch wie dieser in der Lage, Apoptose auszulösen (Walczak et al. 2000). Interessanterweise wurde bei TRAIL eine hohe Spezifität in der Apoptoseinduktion für Tumorzelllinien beobachtet, während in normalen humanen Körperzellen nur eine geringe Sensitivität auf TRAIL beobachtet wurde (Walczak et al. 1999).

2 Jahre nach der Entdeckung von TRAIL wurden die ersten zugehörigen Rezeptoren identifiziert. Der Ligand bindet an eine erstaunliche Vielfalt von Rezeptoren, bislang sind 5 bekannt. Darunter finden sich 2 apoptoseinduzierende Rezeptoren, TRAIL-Rezeptor 1 (TRAIL-R1, DR4) und TRAIL-Rezeptor 2 (TRAIL-R2, DR5, KILLER, TRICK2). Darüber hinaus gibt es 2 weitere membrangebundene Rezeptoren, TRAIL-Rezeptor 3 (TRAIL-R3, LIT, DcR1) und TRAIL-Rezeptor 4 (TRUNDD, DcR2), die kein Todessignal in die Zelle übertragen können. Schließlich gibt es noch einen löslichen Rezeptor, Osteoprotegerin (OPG), der neben TRAIL noch einen weiteren Liganden hat, den Osteoklastendifferenzierungsfaktor (ODF, OPGL, RANKL).

Die funktionellen Konsequenzen dieser hohen Rezeptorvielfalt sind weitgehend unklar. TRAIL-R3 und TRAIL-R4 sind Decoy-Rezeptoren. D.h., sie können die Wirkung von TRAIL negativ regulieren, indem sie den Liganden binden, ohne ein Signal in die Zelle weiterzuleiten. Anfänglich wurde angenommen, dass Tumorzellen gegenüber TRAIL besonders empfindlich sind, weil sie nicht über solche Decoy-Rezeptoren verfügen. Später zeigte sich jedoch, dass eher intrazelluläre Mechanismen Körperzellen vor TRAIL-induzierter Apoptose schützen. So sind auch Zellen mit starker Expression der beiden Todesrezeptoren TRAIL-R1 und TRAIL-R2 nicht grundsätzlich sensitiver für die TRAIL-induzierte Apoptose. Zudem wurden vor kurzem Daten publiziert, die TRAIL die Funktion zuschreiben, in primären humanen Hepatozyten Apoptose auszulösen (Jo et al. 2000). Die Bedeutung dieser Befunde muss sich noch zeigen.

1.7.3.4 Weitere Todesrezeptoren und Todesliganden

Neben CD95, TNF-RI, TRAIL-R1 und TRAIL-R2 sind weitere Rezeptoren aus der TNF-Rezeptor-Superfamilie beschrieben worden, die eine Todesdomäne (DD) besitzen und daher in der Lage sind, Apoptose auszulösen. Dies sind die Rezeptoren DR3 (APO-3, Wsl, TRAMP, LARD) und DR6.

Der Rezeptor DR3 ist eng mit TNF-RI verwandt (Chinnaiyan et al. 1996 a, b). Diese Ähnlichkeit auf Sequenzebene zeigt sich auch in der Funktion: DR3 ist ebenso wie TNF-RI in der Lage, neben der Induktion von Apoptose auch den Transkriptionsfaktor NF-κB zu aktivieren. Wie TNF-RI löst DR3 Apoptose über die Moleküle TRADD, FADD und Caspase 8 aus. Die Aktivierung von NF-κB erfolgt über die Proteine TRADD, TRAF2 und RIP. Der Ligand von DR3 heißt APO-3L (TWEAK, Abb. 1.7.1) und ist wiederum innerhalb der TNF-Familie am stärksten homolog zu TNF (Marsters et al. 1998). Daher ist APO-3L auch funktionell am ehesten mit TNF verwandt. Die Unterschiede zwischen APO-3L und TNF liegen im Wesentlichen im Expressionsmuster beider Liganden. Während TNF am stärksten in Makrophagen und Lymphozyten exprimiert wird, wird APO3-L in vielen Geweben konstitutiv gefunden. Die Rezeptorexpression verhält sich jedoch unterschiedlich: TNF-RI wird ubiquitär exprimiert, während DR3 vorrangig in Milz, Thymus und peripheren Blutzellen zu finden ist. Deshalb haben die Systeme TNF-RI/TNF und DR3/APO-3L trotz der hohen Ähnlichkeit wohl verschiedene biologische Funktionen.

Kürzlich wurde ein weiterer Todesrezeptor beschrieben, DR6 (Pan et al. 1998). Wie die anderen Mitglieder der TNF-Rezeptor-Familie ist auch DR6

Tabelle 1.7.2. Mitglieder der TNF-Familie

Name	Alternative Bezeichnung	Referenzen
CD95L	FasL, APO-1L	Suda et al. (1993)
TNFα	DIF	Pennica et al. (1984)
	Cachexin	Wang et al. (1985)
		Shirai et al. (1985)
LT-α	TNFβ	Gray et al. (1984)
LT-β		Browning et al. (1993)
CD40L	TRAP, gp39	Gauchat et al. (1994)
		Graf et al. (1992)
		Hollenbaugh et al. (1992)
CD30L		Smith et al. (1993)
CD27L	CD70	Goodwin et al. (1993 a, b)
OX-40L	gp34, TXGP1	Godfrey et al. (1994)
4-1BBL		Goodwin et al. (1993 a, b)
TWEAK	APO-3L	Chicheportiche et al. (1997)
		Marsters et al. (1998)
LIGHT		Mauri et al. (1998)
TRAIL	APO-2L	Wiley et al. (1995)
		Pitti et al. (1996)
RANKL	OPGL, TRANCE	Anderson et al. (1997)
		Lacey et al. (1998)
		Yasuda et al. (1998)
		Wong et al. (1997)
APRIL		Hahne et al. (1998)
BAFF	BlyS, THANK,	Schneider et al. (1999)
	TALL-1, zTNF-4	Shu et al. (1999)
		Mukhopadhyay et al. (1999)
HVEM-L		Harrop et al. (1998)
AITRL	TL6	Kwon et al. (1999)

ein Typ-I-Rezeptor. Das heißt, dass sich sein Aminoterminus extrazelllulär befindet und er die Zellmembran einfach durchspannt. Er besitzt 4 cysteinreiche extrazelluläre Domänen. Die größten mRNA-Mengen für DR6 werden in Herz, Gehirn, Plazenta, Pankreas, Thymus und in Lymphknoten gefunden. Darüber hinaus wird DR6 in verschiedenen nichtlymphoiden Tumorzelllinien exprimiert. Ähnlich wie DR3 ist auch DR6 in der Lage, über TRADD NF-κB zu aktivieren. Daten zur Funktion von DR6 fehlen allerdings bisher fast vollständig.

Eine Übersicht über die Todesrezeptoren und Todesliganden geben die Tabelle 1.7.1 und 1.7.2.

1.7.4 Apoptotische Signalwege

Die Entdeckung von spezifischen Rezeptoren, die Apoptose auslösen, war die Grundlage zum Studium der zur Apoptose führenden Signalwege. Die Struktur des TNF-R1 im Komplex mit LT-α/β lieferte erste Hinweise, wie das Todessignal ausgelöst wird. Dabei kommt es durch die Bindung von 3 Liganden zur Trimerisierung von CD95, was zur Weiterleitung des Todessignals in das Innere der Zelle führt (Banner et al. 1993). Vergleichende Modellstudien ließen darauf schließen, dass CD95 und andere Familienmitglieder ebenfalls durch ihre trimerisierten Liganden in eine Dreierkonformation gebracht werden (Peitsch u. Tschopp 1995). Tatsächlich kann ein CD95-Dimer auch keine Apoptose auslösen, wie funktionelle Studien ergaben, wohingegen ein multimerisierter Rezeptor in der Lage ist, das apoptotische Signal in die Zelle weiterzuleiten (Dhein et al. 1992). Daraus kann geschlossen werden, dass das erste Signal zur Apoptoseinduktion durch CD95 eine Tri- oder Multimerisierung des Rezeptors darstellt. Diese kann entweder durch die Bindung von CD95L oder von agonistischen, stimulierenden Antikörpern (Trauth et al. 1989) ausgelöst werden. Neuere Befunde lassen allerdings darauf schließen, dass CD95 wie TNF-RI unter bestimmten Umständen auch ohne Einwirkung der jeweiligen Liganden trimerisieren können. Die in beiden Rezeptoren vorhandene extrazelluläre Domäne, die hierfür verantwortlich ist, heißt PLAD. Diese Abkürzung steht für „*pre-li*gand-binding *a*ssembly *d*omain" (Chan et al. 2000, Siegel et al. 2000). Die genaue Rolle der Trimerisierung von CD95 und TNF-RI *in vivo* muss jedoch erst noch herausgearbeitet werden.

1.7.4.1 Der todinduzierende Signalkomplex (death inducing signalling complex: DISC)

Die Aggregation der Todesdomänen von CD95 ist für die Übermittlung des apoptotischen Signals essenziell (Huang et al. 1997 b, Itoh u. Nagata 1993). Da der intrazelluläre Teil von CD95 selbst keinerlei enzymatische Funktion aufweist, muss das Signal durch rezeptorassoziierte Moleküle übertragen werden. Die Identifizierung von Proteinen, die stimulationsabhängig nur an kreuzvernetztes CD95 binden, hat dieses Konzept bestätigt (Kischkel et al. 1995). So konnte gezeigt werden, dass verschiedene Proteine nur an stimulierte CD95-Rezeptoren binden. Der Komplex zwischen aktivierten CD95-Rezeptoren und den assoziierten Signalmolekülen wurde todinduzierender Signalkomplex genannt (death-inducing signaling complex, DISC, Abb. 1.7.2).

Die Bildung des DISC ist wie die Signaltransduktion von intakten Todesdomänen abhängig (Kischkel et al. 1995). Diese Erkenntnis wies erstmals auf eine Korrelation zwischen der Bildung des DISC und der Übertragung des apoptotischen

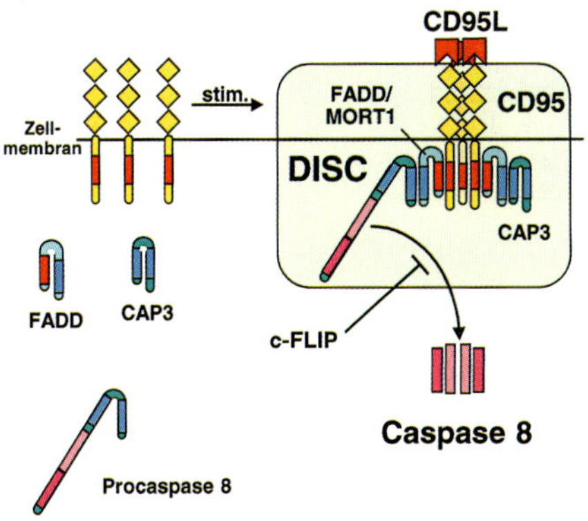

Abb. 1.7.2. Schema des Aufbaus eines Tod induzierenden Signalkomplexes (death-inducing signaling complex, *DISC*) am Beispiel von *CD95* (APO-1/Fas). Stimulation von mehreren CD95-Rezeptoren z.B. durch Bindung von trimerisiertem CD95-Liganden führt zur Ausbildung des *DISC* und zur Auslösung von weiteren Signalen in der Zelle, wie der Aktivierung von *Caspase 8*. *C-FLIP* kann mit der DISC-Bildung interferieren und wirkt daher antiapoptotisch

Signals hin. Tatsächlich wurde später herausgefunden, dass das Protein FADD/MORT-1 als Adaptor zur Bindung weiterer Signalmoleküle in den DISC rekrutiert wird. Dies erfolgt durch homologe Interaktion der Todesdomäne von FADD mit den DD von trimerisierten CD95-Rezeptoren. FADD hat aber auch noch eine so genannte Todeseffektordomäne (death effector domain, DED). Damit führt es – ebenfalls durch homologe Interaktion – zur Aufnahme der DED enthaltenden Procaspase 8 (ein Eiweiß spaltendes Enzym, s. oben) in den DISC. Dieses Proenzym (Zymogen) wird nun autokatalytisch gespalten und am DISC in aktives Enzym, die Caspase 8, überführt. Dies ist die erste Caspase einer Caspasenkaskade, weswegen sie auch Initiatorcaspase genannt wird. Aktive Caspase 8 spaltet und aktiviert weitere Caspasen (Effektorcaspasen), die schließlich zelluläre Substrate spalten. Die Spaltung dieser zellulären Substrate bestimmt das morphologische und biochemische Bild der Apoptose. Zu diesen Substraten gehören viele Proteine, u.a. Proteine des Zellgerüsts wie Aktin und Plektin. Kein Wunder also, dass die Zelle bei der Apoptose in so spektakulärer Weise stirbt (s. unten). Darüber hinaus spalten und inaktivieren die Effektorcaspasen Proteine, die DNA spaltende Enzyme (Endonukleasen) hemmen. Daraufhin wandern diese Enzyme in den Zellkern und zerstückeln dort die DNA zwischen den DNA-Schutzproteinen, den Nukleosomen. Da diese auf der DNA in definierten Abständen aufgereiht sind, stellt sich die zerstückelte DNA bei biochemischer Analyse auf einem Gel in charakteristischer Weise als „DNA-Leiter" dar (Alnemri et al. 1996, Boldin et al. 1996, Chinnaiyan u. Dixit 1996, Chinnaiyan et al. 1996a,b, Eberstadt et al. 1998, Fernandes-Alnemri et al. 1996, Halenbeck et al. 1998, Huang et al. 1996, Jeong et al. 1999, Liu et al. 1997, 1999, Muzio et al. 1996, Sakahira et al. 1998).

Die hier beschriebenen DISC-Moleküle interagieren mit einigen weiteren Molekülen im DISC, deren Funktion unklar ist. Dennoch sind wahrscheinlich die wesentlichen Komponenten der CD95-vermittelten Signalkette aufgeklärt.

Der Signalweg, der am TNF-R1 beginnt, ist in einigen Aspekten ähnlich zu CD95. So ist auch beim TNF-R1 die räumliche Nähe mehrerer intrazellulärer Todesdomänen erforderlich, um weitere Signale zu übermitteln. Ob zu der Tri- oder Multimerisierung der Todesdomänen von TNF-R1 gebundener Ligand erforderlich ist, ist wie für CD95 nicht abschließend geklärt. An die Todesdomänen können dann 2 Adaptoren binden:

- FADD und
- TRADD.

FADD rekrutiert in Analogie zu CD95 Procaspase 8 und leitet damit das apoptotische Signal von TNF-R1 ein. Im Gegensatz zu CD95 löst jedoch die Stimulation von TNF-R1 mit TNF meist keine Apoptose aus. Der Grund hierfür könnte die Aktivierung von antiapoptotischen Proteinen wie NF-κB sein. Über den 2. Adaptor, TRADD, können nämlich die Proteine RIP und TRAF2 an TNF-R1/TRADD binden. RIP und TRAF2 führen dann zur Aktivierung von NIK, einer Kinase, die wiederum IKK aktiviert. Aktiviertes IKK führt zur Phosphorylierung von I-kB, einem Inhibitor von NF-κB, der dadurch degradiert wird (Malinin et al. 1997). Die Folge sind die Translokation von NF-κB in den Kern der Zelle und der Start der Transkription von Genen, die antiapoptotisch wirken können. So kann das Todessignal vom TNF-R1 unterdrückt werden. Eine ähnliche Signalkaskade führt von TRAF2/RIP zur Aktivierung des Transkriptionsfaktors AP-1. Der Beitrag dieses Faktors zur Apoptose nach TNF-Triggerung ist jedoch weniger klar.

1.7.4.2 Caspasen

Die Klonierung des *Caenorhabditis-elegans*-Gens *ced-3* ergab, dass CED-3 Homologien zur menschlichen Protease ICE aufweist (Yuan et al. 1993). Dies war der erste Hinweis, dass Proteasen an der Induktion von Apoptose beteiligt sind. Bis heute

Tabelle 1.7.3. Mitglieder der Caspasenfamilie

Name	Alternative Bezeichnung	Referenz
Caspase 1	ICE	Cerretti et al. (1994) Thornberry et al. (1992)
Caspase 2	ICH-1, Nedd-2	Kumar et al. (1994) Wang et al. (1994)
Caspase 3	CPP-32, Yama, Apopain	Tewari et al. (1995) Fernandes-Alnemri et al. (1994) Nicholson et al. (1995)
Caspase 4	ICH-2, TX, ICE-rel-II	Faucheu et al. (1995) Kamens et al. (1995) Munday et al. (1995)
Caspase 5	ICE-rel-III, TY	Munday et al. (1995) Faucheu et al. (1996)
Caspase 6	Mch2	Fernandes-Alnemri et al. (1995 a, b)
Caspase 7	Mch3, ICE-LAP3, CMH-1	Fernandes-Alnemri et al. (1995 a, b) Duan et al. (1996 a, b) Lippke et al. (1996)
Caspase 8	FLICE, MACH, Mch5	Muzio et al. (1996) Boldin et al. (1996) Fernandes-Alnemri et al. (1996)
Caspase 9	Mch6, ICE-LAP6	Duan et al. (1996 a, b) Srinivasula et al. (1996 b)
Caspase 10	Mch4, FLICE2	Fernandes-Alnemri et al. (1996) Vincenz and Dixit (1997)
mCaspase 11	mICH-3, mCASP-11	Wang et al. (1996 a) Van de Craen et al. (1997)
mCaspase 12	mCASP-12	Van de Craen et al. (1997)
Caspase 13	ERICE	Humke et al. (1998)
Caspase 14		Van de Craen et al. (1998) Hu et al. (1998) Ahmad et al. (1998)

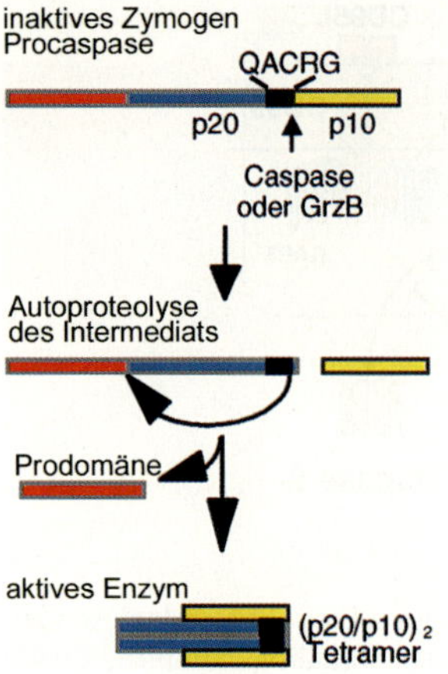

Abb. 1.7.3. Allgemeines Aktivierungsschema der Caspasen. Die (auto-)proteolytische Spaltung zwischen der großen und der kleinen Untereinheit führt zur Freisetzung der Prodomäne und zur Bildung des aktiven Enzyms, einem Heterotetramer, *GrzB* Granzyme B

sind 14 verschiedene ICE-homologe Proteasen aus Mensch und Maus identifiziert worden, die sich in verschiedene Gruppen aufteilen lassen. Diese sind in Tabelle 1.7.3 dargestellt.

Aufgrund eines Cysteins im aktiven Zentrum und der besonderen Spezifität dieser Proteasen, nach einem Aspartat zu spalten, wurden sie Caspasen (Cysteinaspartasen) genannt (Alnemri et al. 1996). Caspasen werden als inaktive Enzymvorstufen, also als Zymogene, synthetisiert. Die Aktivierung der Caspasen geschieht durch proteolytische Spaltung nach definierten Aspartatresten. Dies führt zur Freisetzung einer großen und einer kleinen aktiven Untereinheit (Abb. 1.7.3). Auf der großen Untereinheit liegt das aktive Zentrum. Analysen der Kristallstruktur von Caspase 1 und Caspase 3 ergaben, dass das aktive Enzym aus 2 großen und 2 kleinen Untereinheiten in Form eines $\alpha_2\beta_2$-Heterotetramers aufgebaut ist (Abb. 1.7.3) (Mittl et al. 1997, Rotonda et al. 1996, Walker et al. 1994, Wilson et al. 1994).

Die Aktivierung von Caspasen wurde für eine Vielzahl apoptotischer Stimuli beschrieben. Darüber hinaus ist Granzym B, eine Serinprotease, die zytotoxische T-Lymphozyten als Effektormolekül einsetzen, in der Lage, Caspasen zu aktivieren (Froelich et al. 1998).

Die Inhibition von Caspasen blockiert die meisten Formen von Apoptose. Caspasen nehmen daher eine wesentliche Rolle bei der Apoptose ein. Mit der Identifizierung von Caspase 8 war zum ersten Mal die Verbindung zwischen Todesrezeptoren und Caspasen hergestellt. Lange Zeit gelang es jedoch nicht, eine einzelne Caspase als essenziellen Teil der Apoptosemaschinerie zu identifizieren. So zeigen Caspase-3-defiziente Mäuse keinen generellen Apoptosedefekt (Kuida et al. 1996). Dies verdeutlicht, dass aufgrund der großen Anzahl von Caspasen eine gewisse Redundanz auf der Effektorebene besteht, sodass eine Caspase das Fehlen einer anderen Caspase ausgleichen kann. Im Gegensatz dazu spielt Caspase 8 als Bindeglied zwischen Todesrezeptoren und Effektorcaspasen eine essenzielle Rolle, da Caspase-8-defiziente Zellen resistent gegenüber CD95-vermittelter Apoptose sind (Varfolomeev et al. 1998).

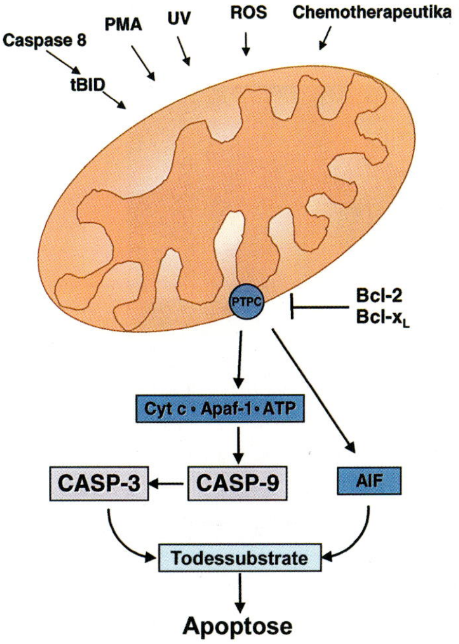

Abb. 1.7.4. Mitochondrien spielen eine zentrale Rolle in der Apoptose. Sie können durch verschiedene Stimuli aktiviert werden. Dazu gehören *Caspase 8*, die über die Spaltung von *Bid* in *tBid* wirkt, der Phorbolester *PMA*, *UV*-Strahlung, reaktive Sauerstoffradikale (*ROS*), *Chemotherapeutika* u.a. Die Aktivierung der Mitochondrien führt zur Öffnung des Permeabilitätstransitionsporenkomplexes (*PTPC*). Dadurch werden verschiedene Substanzen aus dem Intermembranraum der Mitochondrien freigesetzt. Cytochrom c (*Cyt c*), *Apaf-1* und *ATP* formen dann das Apoptosom, welches Procaspase 9 in die aktive Form überführt. In der Folge können weitere Caspasen wie Caspase 3 aktiviert werden. BCL2 und BCL-xL sind BCL2-Familien-Mitglieder, die in der Lage sind, die Öffnung des *PTPC* negativ zu modulieren. Neben caspasenabhängigen Wegen werden aber auch caspasenunabhängige Wege beschritten, die durch die Freisetzung von *AIF* aus dem Intermembranraum der Mitochondrien angestoßen werden können

1.7.4.3 Mitochondrien und mitochondriale Mediatoren

Neueren Studien zufolge sind Mitochondrien ein zentraler Bestandteil der Apoptose (Kroemer et al. 1998) (Abb. 1.7.4). So kann beim apoptotischen Prozess noch vor der DNA-Fragmentierung ein Abfall des mitochondrialen Transmembranpotenzials $\Delta\Psi_m$ beobachtet werden (Petit et al. 1996, Zamzami et al. 1995). Verursacht wird dieser Potenzialabfall durch einen Vorgang, der Permeabilitätstransition (PT) oder mitochondriale Membranpermeabilisation (MMP) genannt wird und durch das Öffnen von Poren der Mitochondrienmembran gekennzeichnet ist (Kroemer u. Reed 2000). Diese Poren sind permeabel für Moleküle bis zu einem Molekulargewicht von etwa 1500 und konstituieren einen hochmolekularen Komplex, den Permeabilitätstransitionsporenkomplex (PTPC). Der PTPC wird an den Kontaktstellen zwischen innerer und äußerer Mitochondrienmembran geformt. Die molekulare Zusammensetzung des PTPC ist noch nicht vollständig bekannt, doch wurde eine Beteiligung von Cyclophilin D (mitochondriale Matrix), Kreatinkinase (Intermembranraum), peripherem Benzodiazepinrezeptor (äußere Membran), dem Adeninnukleotidtranslokator (ANT, innere Membran), dem spannungsabhängigen Anionenkanal (VDAC, äußere Membran) sowie Hexokinase II (verbunden mit VDAC an der zytosolischen Seite der äußeren Membran) gezeigt (Kroemer 1998). Darüber hinaus scheinen auch BAX und BCL2, 2 BCL2-Familien-Mitglieder, die Bildung des PTPC zu beeinflussen.

Die Blockade der PTPC-Bildung hemmt verschiedene Formen der Apoptose (Kroemer u. Reed 2000, Petit et al. 1996). Dies bezieht sich sowohl auf den Signalweg in Typ-II-Zellen (s. oben) als auch auf den im Folgenden beschriebenen Signalweg, bei dem AIF eine Rolle spielt. Mit AIF (für apoptosis-inducing factor) konnte ein Faktor isoliert werden, der die DNA-Fragmentierung in Zellkernen auszulösen vermag (Susin et al. 1996, 1999a,b). AIF besitzt Proteaseaktivität und ist in der Lage, Caspase-3-ähnliche Caspasen zu aktivieren. Ferner verursacht AIF Chromatinkondensation (50-kbp-Fragmente) sowie die Exposition von Phosphatidylserin auf der Außenseite der Plasmamembran.

Ein weiterer Faktor, der von Mitochondrien während der Apoptose freigesetzt wird, ist Cytochrom c (Liu et al. 1996). Es handelt sich um einen essenziellen Bestandteil der mitochondrialen Atmungskette, der Elektronen von der Cytochrom-c-Reduktase auf die Cytochrom-c-Oxidase überträgt. Cytochrom c ist mit der inneren Mitochondrienmembran auf der Seite des Intermembranraums assoziiert. Das Cytochrom-c-Apoprotein wird im Zytoplasma synthetisiert und gelangt über einen speziellen Mechanismus in die Mitochondrien, wo es seine Hämgruppe erhält und zum komplett gefalteten Holocytochrom c wird. Dieses Holoprotein kann unter normalen Umständen den Intermembranraum nicht mehr verlassen. Ins Zytoplasma freigesetzt, aktiviert Cytochrom c über eine Komplexbildung mit Apaf-1 in einem ATP-abhängigen Prozess Caspase 9.

Durch die Erforschung dieses Prozesses wurde auch die Rolle der Mitglieder der BCL2-Familie bei der Regulation der Apoptose neu bewertet: So sind die antiapoptotischen BCL2-Familien-Mitglieder in der Lage, die PTPC-Bildung und die Freisetzung von AIF und Cytochrom c aus Mitochondrien zu hemmen (Kluck et al. 1997a, b, Susin et al. 1996, 1999a, b, Yang et al. 1997, Zamzami et al. 1996a, b). Die Grundlage für den BCL2-vermittelten Schutz von Mitochondrien vor apoptotischen Veränderungen ist noch unklar. Jedoch könnten die Fähigkeiten von BCL2 und BCL-xL, Poren in Membranen zu bilden, und die teilweise Lokalisation dieser Proteine in der äußeren Mitochondrienmembran mit dieser Funktion verknüpft sein (Zamzami et al. 1998a, b). Für das proapoptotische Familienmitglied BAX konnte eine direkte Interaktion mit dem an der PTPC-Poren-Bildung beteiligten ANT nachgewiesen werden, die als essenziell für die PTPC-Bildung postuliert wird (Marzo et al. 1998a, b).

Der Mechanismus der Cytochrom-c-induzierten Caspasenaktivierung wurde mittels zellfreier Systeme aufgeklärt und führte zur Identifizierung des menschlichen CED-4-Homologs Apaf-1 (Zou et al. 1997). Cytochrom c bindet an Apaf-1, was unter Verbrauch von ATP zur Aktivierung von Caspase 9 führt (Srinivasula et al. 1998a, b). Dies hat die Aktivierung weiterer Caspasen (u.a. Caspase 3) zur Folge und führt letztlich zur DNA-Fragmentierung.

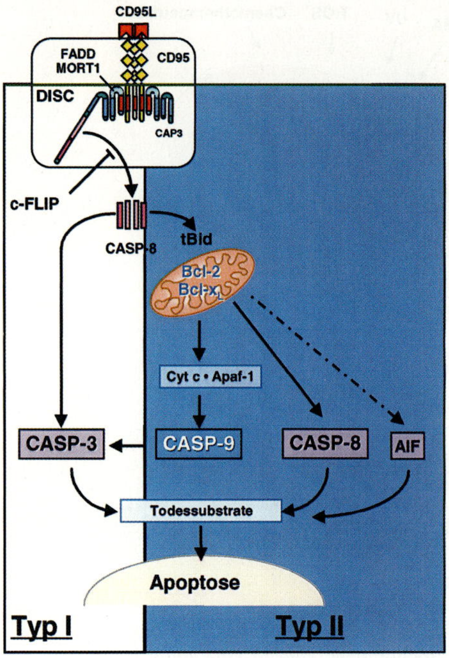

Abb. 1.7.5. Todesrezeptoren können ihr Todessignal über mindestens 2 verschiedene Signalwege übermitteln. In Typ-I-Zellen wird nach der Aktivierung des Todesrezeptors *CD95* innerhalb von Sekunden ein *DISC* gebildet, der in der Lage ist, ausreichende Mengen von Caspase 8 zu aktivieren, um den Zelltod direkt einzuleiten. In diesem Zelltyp werden Mitochondrien zur Auslösung des Zelltods nicht benötigt, die Apoptose kann daher nicht durch BCL2 oder BCL2-Familien-Mitglieder geblockt werden. In Typ-II-Zellen wird nur in geringen Ausmaß ein *DISC* gebildet. Daher findet sich auch nur wenig aktivierte Caspase 8. Dies reicht nicht aus, um die Apoptosenkaskade zur Apoptose anzustoßen. Es kann allerdings ein Signalverstärkungsmechanismus verwendet werden. *Bid* wird zu *tBid* gespalten, das in der Folge Mitochondrien aktiviert. Nach „Aktivierung" der Mitochondrien können verschiedene Apoptosewege angestoßen werden, u.a. kommt es auch zur Aktivierung von Caspase 8. Der Zelltod in Typ-II-Zellen kann daher effektiv durch BCL2 und BCL-xL blockiert werden

1.7.4.4 Typ-I- und Typ-II-Zellen

Es gibt also mehrere Apoptosesignalwege mit folgenden Signalschritten:

1. Signalweg mit Todesrezeptoraktivierung, DISC-Bildung, Aktivierung der Caspasenkaskade und Spaltung zellulärer Substrate (in Typ-I-Zellen),
2. Signalweg mit „wenig" DISC-Bildung, einer Signalamplifikation über gespaltenes BID (ein proapoptotisches BCL2-Familien-Mitglied), aktivierten Mitochondrien, der Bildung eines Apoptosoms und anschließender Effektorcaspasenaktivierung (in Typ-II-Zellen) und
3. Signalweg, bei dem AIF aus den Mitochondrien freigesetzt wird, das caspasenunabhängig wirkt (Abb. 1.7.5).

Typ-I-Zellen, wie z.B. die Zelllinien SKW6.4 und H9, bilden einen DISC und aktivieren Caspase 8 auf dem Level des CD95-Rezeptors innerhalb weniger Sekunden. In diesen Zellen ist Caspase 8 eine Initiatorcaspase. Aktive Caspase-8-Untereinheiten führen – ähnlich wie in Typ-II-Zellen – zur Aktivierung von Mitochondrien. Im Unterschied zu Typ-II-Zellen ist dieser Zelltyp jedoch aufgrund seiner relativ großen Menge an aktiver Caspase 8 in der Lage, Effektorcaspasen wie Caspase 3 unter Umgehung der Mitochondrien direkt zu aktivieren. Dieses Typ-I-Modell wird durch Befunde erhärtet, dass die Aktivierung von Caspase 3 in diesen Zellen nicht durch Überexpression des antiapoptotischen Proteins BCL2 geblockt werden kann.

Im Gegensatz zu Typ-I-Zellen zeigen Typ-II-Zellen (wie z.B. Jurkat-Zellen oder CEM-Zellen) nur minimale DISC-Bildung. Ihre geringe Menge aktiver Caspase 8 führt zu einer Spaltung von BID, welches wiederum die Mitochondrien in diesen Zellen aktiviert. Die Mitochondrien wirken dann als Signalverstärker, die Caspase 8 und Caspase 3 in einem Umfang aktivieren, der zum Zelltod führt. Konsequenterweise kann in Typ-II-Zellen die CD95-vermittelte Apoptoseinduktion durch Überexprimierung von *bcl2* und *bcl-xl* inhibiert werden. Ein weiterer Hinweis für die Existenz von verschiedenen Zelltypen in vivo ergibt sich aus der Analyse von *bid*-Knockout-Mäusen. Wildtypmäuse sterben nach der Injektion von agonistischen Anti-CD95-Antikörpern an hepatozellulärer Apoptose und hämorrhagischer Nekrose. In den Bid-Knockout-Mäusen ist die Letalität hingegen drastisch reduziert, und es findet sich keine Aktivierung der typischen Effektorcaspasen Caspase 3 und Caspase 7 (Yin et al. 1999).

Diese Befunde zeigen, dass auch in vivo Typ-I- und Typ-II-ähnliche Zellen existieren. So wie Hepatomzelllinien (z. B. HepG2) in vitro Typ-II-Zellen sind, verhalten sich auch Hepatozyten in vivo ähnlich wie Typ-II-Zellen. Nach Ausschalten von *bid* können Hepatozyten aber auch in vivo nur noch in geringem Umfang in die Apoptose übergehen.

Es ist anzunehmen, dass neben den hier geschilderten noch weitere Apoptosesignalwege existieren. Da wir diese aber bis jetzt weniger gut verstehen, ist zu erwarten, dass sich die Forschungsaktivität in Zukunft auf diese konzentriert. Die Aufklärung der Signalwege und die Charakterisierung der bei ihnen wichtigen molekularen Interaktionsmechanismen hat Konsequenzen für das Verständnis der Pathogenese vieler Erkrankungen. Darüber hinaus stehen uns nun Moleküle aus den Signalwegen zur Verfügung, die das Ziel therapeutischer Interaktionen sein können.

1.7.5 Weitere proapoptotische Moleküle

1.7.5.1 Perforin und Granzyme

Körperzellen verfügen neben der TNF-Superfamilie über weitere Effektoren, um in ihren Targets Apoptose auslösen zu können. Dazu gehört das Perforin-Granzym-System, bei dem die Apoptoseinduktion über die Freisetzung von Perforin und Granzymen verläuft. Perforin erleichtert dabei die Aufnahme von Granzymen durch die Zellmembran der zu tötenden Zelle, während Granzyme Proteasen sind, die die eigentlichen Effektoren des Systems sind, die den programmierten Selbstmord auslösen. Granzym B aktiviert über direkte Spaltung u. a. Caspase 8 und löst dadurch die Todesmaschinerie aus (Medema et al. 1997). Insbesondere ist die Serinprotease Granzym B die einzige heute bekannte Protease, die nicht der Caspasenfamilie angehört, aber die gleiche primäre Spezifität hat. (Wie Caspasen schneidet Granzym B Proteine nach Aspartatresten.)

Die initiale Hypothese über die Funktion von Perforin war auf den Befund gestützt, dass polymerisiertes Perforin in der Lage ist, in vitro Transmembrankanäle zu formen und dadurch osmotische Lyse zu verursachen (Podack 1989). Es erwies sich allerdings als schwierig, diese Kanäle auch in vivo nachzuweisen. Teleologisch betrachtet wäre es für die Killerzellen auch unsinnig, eine osmotische Lyse ihrer Targets herbeizuführen, denn die Zellen könnten beispielsweise lebensfähige Viruspartikel beinhalten. Erst später wurde erkannt, dass Perforin den Eintritt von Granzymen in die Zelle erleichtert, auch wenn es dafür nicht notwendig ist. Denn Granzyme können auch über rezeptorabhängige Endozytose in die Zelle aufgenommen werden (Trapani et al. 1998), wobei Perforin wiederum die Sekretion von Granzymen aus diesen intrazellulären Partikeln erleichtern kann.

Obwohl Granzym-B-induzierte Apoptose durch Caspaseinhibitoren stark gehemmt wird, schreitet ein Teil wohl über caspasenunabhängige Wege fort. Wahrscheinlich ist Granzym B direkt in der Lage, bestimmte Substrate in der Zelle zu spalten, deren Verlust dann zum Zelltod führt. Mit anderen Worten hat Granzym B auch eine caspasenähnliche Effektorfunktion. Insbesondere können auch direkte Caspase-Targets von Granzym B geschnitten werden (Andrade et al. 1998). In gleicher Weise führt auch Granzym A zu nukleärer Apoptose. Rekombinantes Granzym A kann DNA-Strangbrüche verursachen und lässt sich daran nicht durch Caspaseinhibitoren hindern. Da Granzym A keinen direkten Zugang zum Kern hat, müssen die Spaltung und Aktivierung einer bisher unbekannten zytoplasmatischen Endonuklease postuliert werden (Beresford et al. 1999).

Das Perforin-Granzym-System spielt möglicherweise auch bei der Tumorimmunüberwachung (Smyth et al. 1999) eine Rolle und hat daher neben seiner direkten Rolle im Immunsystem auch weiter reichende (patho-)physiologische Bedeutung.

1.7.5.2 Calpaine

Wie die Caspasen bilden auch die Calpaine eine Familie von Cysteinproteasen, d. h. sie besitzen ein Cystein im aktiven Zentrum. Calpaine sind neutrale, zytosolische, kalziumaktivierbare Cysteinendopeptidasen, die ubiquitär in allen Körperzellen vorkommen. Im Gegensatz zu den Caspasen haben Calpaine aber keine definierte Erkennungssequenz. Die Calpainfamilie hat mindestens 6 Mitglieder, die nach ihrer Verteilung im Körper 2 Gruppen zugeordnet werden können. Eine Gruppe wird ubiquitär exprimiert. Zu ihr gehören v.a. μ- und mCalpain. Die andere Gruppe zeigt eine zelltypspezifische Expression (Croall u. DeMartino 1991). Calpaine sind ebenfalls an der Auslösung von programmiertem Zelltod beteiligt. Ihre Targets sind v.a. Zellstrukturproteine, die das Zytoplasma mit aufbauen. Calpaininduzierte Apoptose spielt bei verschiedenen pathogenetischen Geschehen eine wichtige Rolle. So sind Calpaine wahrscheinlich an der Apoptose von Neuronen nach ischämischer Hirnschädigung, bei Morbus Alzheimer oder multipler Sklerose mitbeteiligt. Zusätzlich gibt es neue Hinweise darauf, dass Calpaine auch direkt Caspasen aktivieren können [z.B. Caspase 12 (Nakagawa u. Yuan 2000)].

1.7.5.3 Cathepsin D und AP24

Schließlich sind noch die Aspartatprotease Cathepsin D und die Serinprotease AP24 zu erwähnen, die ebenfalls unter bestimmtem Bedingungen zum apoptotischen Zelltod beitragen können. Neben seiner Rolle in der Proteolyse von lysosomalen Proteinen kann Cathepsin D auch die IFNγ-induzierte Apoptose positiv beeinflussen. Die Expression von Cathepsin-D-Antisense-Konstrukten verringert IFNη-, TNFα-, und CD95-induzierte Apoptose in HeLa-Zellen (Deiss et al. 1996).

1.7.6 Apoptoseinhibitoren

CD95-Rezeptoren sind auf den meisten Zellen exprimiert, und das Apoptoseprogramm ist den meisten Zellen inhärent. Dies ist eine gefährliche Situation, die bedingt,

- dass die Auslösung von Apoptose streng reguliert werden muss und
- dass es potente inhibitorische Mechanismen geben muss.

Die Modulation und besonders die Hemmung von Apoptose können auf vielen verschiedenen Ebenen stattfinden. Hier sollen nur 3 diskutiert werden. Eine Ebene sind die Mitochondrien, an denen Mitglieder der BCL2-Familie wirken (s. oben). Allgemein existiert das Prinzip der Mehrfachsicherung. Daher ist eine andere Ebene der Sicherung die des DISC, also direkt am Beginn der Apoptosesignalkaskade. Caspasen können allerdings auch direkt inhibiert werden, wie es z.B. die Familie der IAP-Proteine vermag.

1.7.6.1 FLIP

Unter den Namen FLIP, Casper, I-FLICE, FLAME-I, CASH, CLARP, MRIT und Usurpin wurden Moleküle beschrieben, die eine Homologie mit der DED zeigen und deren pro- oder antiapoptotische Funktion noch nicht ganz geklärt ist. Werden die FLIP von Viren (z.B. Herpesviren) hergestellt, heißen sie v-FLIP, werden sie von Zellen synthetisiert, heißen sie c-FLIP (c für cellular). C-FLIP gibt es als c-FLIP-s (s für short) und c-FLIP-l (l für long). Überexprimiert verhindern sie in artifiziellen In-vitro-Systemen die Apoptose, indem sie die Rekrutierung von Caspase 8 in den DISC und deren Aktivierung verhindern (FLIP steht für FLICE-inhibitory protein, wobei FLICE der ursprüngliche Name von Caspase 8 ist, s. Abb. 1.7.2 und 1.7.5). Vielleicht ist die Rettung der Zelle vor dem Tod auch die natürliche Rolle der c-FLIP, während Viren die v-FLIP möglicherweise verwenden, um die Apoptose ihrer Wirtszelle zu verhindern. Mit Sicherheit sind die c-FLIP wichtige Modulatoren der Apoptose (Irmler et al. 1997, Rasper et al. 1998, Scaffidi et al. 1999a,b).

1.7.6.2 BCL2-Familie

Eine prominente Rolle bei der Regulation der Apoptose spielen die Proteine der BCL2-Familie, deren Namensgeber ursprünglich das Onkogen *bcl2* war, das als Folge einer chromosomalen Translokation in B-Zell-Lymphomen überexprimiert ist (Tsujimoto et al. 1985a–c) (Tabelle 1.7.4). Im Gegensatz zu anderen Onkogenen besteht die Funktion von BCL2 nicht darin, Proliferation zu stimulieren. Vielmehr schützt es Zellen vor Apoptose (Hockenberry et al. 1990, Vaux et al. 1988). Die Familie der BCL2-ähnlichen Proteine umfasst antiapoptotische Moleküle (BCL2, BCL-xL, BCL-w, MCL-1, A1/BFL-1), aber auch Moleküle, die Apoptose auslösen oder verstärken können (BAX, BAK, BCL-xS, BAD, BID, BIK, BIM, HRK, BOK) (Bouillet et al. 1999, Cory 1995, Kroemer 1997). Die Funktion von BCL2 wird durch

Tabelle 1.7.4. Mitglieder der BCL2-Familie

Name	Alternative Bezeichnung	Referenz
Antiapoptotische Familienmitglieder		
Bcl2		Sentman et al. (1991)
		Strasser et al. (1995)
Bcl-xL		Boise et al. (1993)
Bcl-w		Gibson et al. (1996)
A1	Bfl-1	Choi et al. (1995)
		Karsan et al. (1996)
Mcl-1		Reynolds et al. (1994)
NR-13		Gillet et al. (1995)
Bod		Hsu et al. (1998)
Boo	Diva	Song et al. (1999)
		Inohara et al. (1998 a, b)
Proapoptotische Familienmitglieder		
Bax		Oltvai et al. (1993)
Bak		Chittenden et al. (1995)
Bok	Mtd	Hsu et al. (1997 a, b)
		Inohara et al. (1998 a, b)
Bcl-xs		Boise et al. (1993)
Bik	Nbk	Han et al. (1996)
Hrk	DP5/Harakiri	Inohara et al. (1997)
		Imaizumi et al. (1997)
Blk		Hegde et al. (1998)
Bim		O'Connor et al. (1998)
Noxa		Oda et al. (2000)
Bid		Wang et al. (1996 b)
Bad		Yang et al. (1995)

die Entdeckung unterstrichen, dass es mit CED-9 aus *Caenorhabditis elegans* homolog ist und auch gegen das antiapoptotische Wurmprotein funktionell austauschbar ist (Hengartner u. Horvitz 1994).

Ebenso weist das *Caenorhabditis-elegans*-Protein EGL-1 Homologien mit den proapoptotischen BCL2-Familien-Mitgliedern wie BIK, BID oder BAD auf (Conradt u. Horvitz 1998). Obwohl bisher viele Funktionen für BCL2 beschrieben sind, ist der genaue Grund für die antiapoptotische Wirkung dieses Proteins bisher unverstanden. BCL2 besitzt eine Transmembrandomäne am C-Terminus, die zu einer Insertion in die äußere Mitochondrienmembran, die Kernmembran und das endoplasmatische Retikulum führt (Jacobson et al. 1993, Krajewski et al. 1993, Monaghan et al. 1992). Durch Deletion dieser Domäne verliert BCL2 weitgehend seine antiapoptotische Wirkung (Tanaka et al. 1993).

Die Proteine der BCL2-Familie können miteinander interagieren (Wang u. Reed 1998). Die Signifikanz ihrer Dimerisierung ist bis heute noch unklar. Strukturanalysen von BCL-xL ließen eine Ähnlichkeit mit Poren-bildenden bakteriellen Toxinen erkennen (Muchmore et al. 1996, Parker u. Pattus 1993). Eine Poren-bildende Aktivität in künstlichen Membranen wurde für BCL2, BCL-xL und BAX gezeigt (Antonsson et al. 1997, Minn et al. 1997, Schendel et al. 1997). Die Verbindung zwischen dieser Funktion von BCL2 und der Inhibition von Apoptose ist allerdings weitgehend unverstanden. Dass die Porenbildung und die Heterodimerisierung bei der Regulation der Apoptose unabhängig voneinander eine Rolle spielen, wurde für BCL-xL berichtet (Minn et al. 1999).

Für BCL2 gibt es widersprüchliche Berichte über seine Fähigkeit, CD95-vermittelte Apoptose zu inhibieren. Die Berichte reichen von Inhibition (Armstrong et al. 1996, Jaattela et al. 1995, Lee et al. 1996, Mandal et al. 1996, Takayama et al. 1995, Van der Heiden et al. 1997) über einen partiellen inhibitorischen Effekt (Boise u. Thompson 1997, Itoh et al. 1993) bis hin zu keiner beobachteten Wirkung von BCL2 auf CD95-vermittelte Apoptose (Chinnaiyan et al. 1996 a, b, Chiu et al. 1995, Huang et al. 1997 a, Memon et al. 1995, Strasser et al. 1995). Neuere Ergebnisse zeigen, dass BCL2 die Signalgebung in so genannte Typ-I-Zellen, die auf der oben beschriebenen Caspasenkaskade beruht, nicht hemmt (Scaffidi et al. 1998, 1999 a, b). Wohl aber hemmt es die Signalgebung in so genannte Typ-II-Zellen, bei denen die Mitochondrien im Mittelpunkt stehen (s. unten). Hiermit bekommt auch die Lokalisation von BCL2 in der Mitochondrienmembran einen Sinn.

In Typ-II-Zellen sind die DISC-Bildung und die Caspase-8-Aktivierung aus bisher unbekannten Gründen nicht ausreichend, um eine Caspasenkaskade zur Apoptosesignalgebung zu ermöglichen. Das hier zu beobachtende Signal muss also verstärkt werden. Dies geschieht durch Spaltung von BID, einem Mitglied der BCL2-Familie, und Überführung in gespaltenes BID (Luo et al. 1998). Das gespaltene BID aktiviert nun die Mitochondrien (s. unten), die Cytochrom c freisetzen, welches mit zytoplasmatischem APAF-1 und ATP komplexiert das „Apoptosom" bildet. Dieses führt zur Attraktion und Aktivierung von Caspase 9, die schließlich weitere Effektorcaspasen aktiviert. Insgesamt spielen also bei diesem Apoptosesignalweg, wie oben beschrieben, die Mitochondrien eine wesentliche Rolle (Scaffidi et al. 1998).

1.7.6.3 IAP

Caspasen sind Schlüsselenzyme für die Apoptose. Wie bereits oben dargestellt, handelt es sich bei ihnen um Enzyme, die ein breites Spektrum von zellu-

Tabelle 1.7.5. Mitglieder der IAP-Familie

Name	Referenz
XIAP	Rajcan-Separovic et al. (1996)
c-IAP1	Rothe et al. (1995)
c-IAP2	Rothe et al. (1995)
NAIP-L	Roy et al. (1995)
NAIP-S	Liston et al. (1996)
Survivin	Ambrosini et al. (1997)
Apollon	Chen et al. (1999)
Livin	Kasof u. Gomes (2000)

lären Substraten mit großer Präzision und Spezifität schneiden. Die hierdurch erfolgende Aktivierung oder auch Inaktivierung von Zellbestandteilen führen in der Folge zum apoptotischen Untergang der Zelle. Dieser Prozess muss daher stringent und regulierbar inhibiert werden. Als einzige direkte physiologische Caspaseinhibitoren sind bisher die Familie der IAP (inhibitor of apoptosis) bekannt (Tabelle 1.7.5). Diese Familie umfasst Proteine, von denen gezeigt werden konnte, dass sie durch direkte Interaktion in der Lage sind, spezifische Caspasesubfamilien zu hemmen. Allerdings ist in der letzten Zeit klar geworden, dass die IAP auch andere Funktionen haben. So sind sie an der Regulation des Zellzyklus, an der Signaltransduktion und der Proteindegradation beteiligt (Deveraux u. Reed 1999). Neuere Befunde deuten darauf hin, dass einige der BIR-Domänen tragenden Proteine auch eine Rolle bei der Chromosomensegregation während der Mitose und der Zytokinese spielen (Chen et al. 2000). Die Rolle der IAP in der Zelle wird durch ihre hohen Expressionslevel unterstrichen.

Die erste Identifizierung der IAP erfolgte im Genom von Viren. Bestimmte Viren können mit ihrer Hilfe die apoptotische Maschinerie lahmlegen, die einer der zellulären Schutzmechanismen vor Viren ist. Diese Strategie wird von Viren auch mit Hilfe anderer Moleküle verfolgt. So können z.B inhibitorische BCL2-Familien-Mitglieder, FLIP-Proteine oder lösliche Zytokinrezeptoren produziert werden, die die Apoptose der Wirtszelle verhindern und damit das Überleben der Viren ermöglichen.

Die IAP-Gene wurden ursprünglich in Insektenviren, den Baculoviren, identifiziert. Wenn IAP durch Infektion von Zellen mit Baculoviren überexprimiert werden, sind die Zellen relativ unempfindlich gegen Apoptose und erlauben es dem Virus somit, sich in der Zelle zu vervielfältigen.

Die funktionell bedeutsame Domäne der IAP ist ein etwa 70 Aminosäuren langes Motiv, das so genannte Baculovirus-IAP-Repeat (BIR). Diese Domäne kann ein Zinkion komplexieren, ähnlich wie klassische Zinkfingerproteine. Als weitere Eigenschaft besitzen IAP ein Ringfingermotiv, ebenfalls eine Zink bindende Domäne, welche auch in anderen zellulären Produkten, wie z.B. den Protoonkogenen *c-cbl* und *c-pml*, der Rekombinase *RAG*-1 oder dem Mammakarzinomsuszeptibilitätsgen *BRCA-1*, gefunden wird.

Die bisher bekannten Familienmitglieder umfassen: c-IAP1, c-IAP-2, X-linked-inhibitor-of-apoptosis (XIAP), Neuronal-apoptosis-inhibitory-Protein (NAIPlong und NAIPshort), Survivin und BIR-repeat-containing-ubiquitin-conjugating-Enzym (BRUCE). Davon können c-IAP1, c-IAP2, X-IAP und Survivin an Caspasen binden und diese inhibieren. Andere Familienmitglieder wie NAIP können trotz ihrer Ähnlichkeit auf Aminosäureebene nicht an Caspasen binden, wirken aber trotzdem antiapoptotisch.

Darüber hinaus bindet Survivin beispielsweise zellzyklusabhängig an Tubulin. C-IAP1 und c-IAP2 bilden im Gegensatz zu den anderen IAP mit den TNF-Rezeptor-assoziierten Proteinen TRAF1 und TRAF2 einen Komplex. Diese Komplexbildung ist für die antiapoptotische Wirkung notwendig.

IAP können in Säugerzellen ein breites Spektrum von Apoptose induzierenden Stimuli blockieren, z.B. ionisierende Strahlung, Wachstumsfaktorenentzug und chemotherapeutische Substanzen. Dabei haben die einzelnen Familienmitglieder eine unterschiedliche Potenz, Apoptose zu inhibieren: Die Wirkung von XIAP ist am größten.

C-IAP ist Teil eines Fusionsproteins, das durch eine Translokation t(11,18) entsteht. Diese Mutation findet sich in etwa 50% der mukosaassoziierten Lymphome im Dünndarm (MALT-Lymphome) (Dierlamm et al. 1999). Hohe Expressionslevel von Survivin korrelieren außerdem mit einer schlechten Prognose bei Magen-, Kolon- und Blasenkarzinomen.

Der exakte Inhibierungsmodus ist noch nicht vollständig aufgeklärt, die physiologisch vorkommende Variante von XIAP hat beispielsweise eine präferenzielle Affinität zu Caspase 9, während eines der isolierten XIAP-BIR-Repeats Caspase 3 bereits in nanomolaren Konzentrationen hemmt. Für die anderen Familienmitglieder ist das Bindungsverhalten nur in geringem Umfang geklärt.

Bisher konnte die Caspaseninhibition für die Caspasen 3, 7 und 9 gezeigt werden. Die Bindung an die Caspasen 1, 2, 8 und 10 scheint jedoch nicht zu erfolgen.

Kürzlich hat sich durch die Entdeckung eines neuen Proteins, DIABLO/Smac, die Komplexität der Caspasenregulation weiter erhöht (Du et al. 2000, Verhagen et al. 2000). Damit verbunden ist allerdings auch, dass die Zelle im Bedarfsfall eine bessere Feineinstellung der Caspasenaktivität vornehmen kann. DIABLO/Smac kann an IAP binden und durch diese Interaktion den Hemmeffekt auf Caspasen aufheben. Genau wie Cytochrom c wird DIABLO/Smac auch im Intermembranraum der Mitochondrien gespeichert. Beide Proteine werden auch zusammen freigesetzt. Ist DIABLO/Smac im Zytoplasma, erlaubt es durch Enthemmung von Caspasen das Fortschreiten des Zelltods und wirkt somit synergistisch mit Cytochrom c.

1.7.7 Nicht-Caspasen-vermittelte Apoptose

Die Aktivierung von manchen Rezeptoren führt zur Apoptose von Zellen, ohne dass die typischen Charakteristika einer Caspasenaktivierung zu erkennen sind. Zu ihnen gehören die Glukokortikoidrezeptoren (Yang u. Ashwell 1999), CD2 (Deas et al. 1998), CD4 (Berndt et al. 1998), CD45 (Klaus et al. 1996), CD47 (Pettersen et al. 1999), CD99 (Bernard et al. 1997), MHCII (Drenou et al. 1999) und Chemokinrezeptoren wie CXCR4 (Berndt et al. 1998). Das typische Merkmal der caspaseninduzierten Apoptose, die Bildung von kurzkettigen DNA-Fragmenten (DNA-Leiter), fehlt in diesen Fällen. Typischerweise sind häufig nur ein Auftreten von langkettigen DNA-Stücken (etwa 50 kbp) und nur eine partielle Chromatinkondensation zu finden. Weitere apoptoseauslösende Faktoren, die ohne aktive Beteiligung von Caspasen ihre Wirkung entfalten, sind die Tumorsuppressorgene *pml* (Quignon et al. 1998), BAX und BAK, Chemotherapeutika, Bestrahlung, Staurosporin (Deas et al. 1998) und proapoptotische Second messenger (z. B. Zeramid, Ganglioside wie GD3, reaktive Sauerstoffspezies (ROS) sowie Stickstoffmonoxid (NO). Die durch diese Agenzien ausgelöste Apoptose schreitet auch in Anwesenheit von Caspaseinhibitoren fort.

Das auslösende Moment in diesen Fällen scheint ein Verlust des mitochondrialen Membranpotenzials zu sein (mitochondrial membrane permeabilization, MMP, s. unten). Caspasen werden in diesem Szenario (intrinsischer Apoptoseweg) allenfalls durch sekundäre Mechanismen nach dem Auftreten von MMP aktiviert (Green u. Amarante-Mendes 1998, Kroemer 1998). Als verantwortlicher Faktor für den caspasenunabhängigen Tod wird der Apoptose induzierende Faktor (AIF) diskutiert, ein Flavoprotein, das aus dem Intermembranraum der Mitochondrien freigesetzt wird. Dabei können 2 verschiedene Wege klar unterschieden werden, die beide zu nukleärer Apoptose führen, sich jedoch durch die Involvierung von Caspasen unterscheiden (Susin et al. 2000).

An der caspasenunabhängigen Apoptose sind andere Proteasen wie Granzym B, Cathepsin D, Calpaine und AP24 beteiligt (s. unten).

1.7.8 Physiologische und pathophysiologische Rolle der Apoptose

Apoptose spielt eine fundamentale Rolle im Organismus. Sie ist für die Homöostase von Geweben und für die Beseitigung von alten, verletzten, mutierten oder „gefährlichen“ Zellen verantwortlich. Im Immunsystem ist sie der Hauptmechanismus, über den potenziell autoreaktive oder nutzlose Immunzellen beseitigt werden. T-Zellen durchlaufen im Thymus die Prozesse der positiven und negativen Selektion. Durch negative Selektion findet die Eliminierung von T-Zellen statt, deren T-Zell-Rezeptoren (TCR) mit Komplexen aus körpereigenen Peptiden und MHC reagieren und die damit potenziell autoreaktiv sind (von Boehmer et al. 1989). Auf ähnliche Weise werden im Knochenmark B-Zellen mit einem nichtfunktionellen B-Zell-Rezeptor durch Apoptose beseitigt (Osmond 1993). Ferner scheint das CD95-System auch an der Homöostase der Leber (Adachi et al. 1995) beteiligt zu sein.

1.7.9 Gewebeschädigung oder Gewebeprotektion durch Apoptose

Die Aufklärung der Funktion des CD95-Systems hat Konsequenzen für das Verständnis der Entstehung von Krankheiten, die durch zu viel oder durch zu wenig Apoptose gekennzeichnet sind. Außer bei genetischen Defekten des CD95-Systems bei Maus und Mensch und den daraus resultierenden Autoimmunphänomenen gibt es bisher noch keine direkten Hinweise auf seine Störungen bei Autoimmunerkrankungen. Da jedoch das CD95-System an der Immunregulation und der peripheren Selbsttoleranz beteiligt ist, könnten sich bestimmte pathologische Konstellationen durch zu wenig Apoptose auszeichnen. Die Störungen könnten sich auch im Bereich der Regulatormoleküle finden und eine defekte Signalgebung verursachen. Somit könnte man sich die Entstehung von Autoimmunkrankheiten schließlich folgendermaßen vorstellen: Ständig präsente Autoantigene bewirken eine permanente Stimulation von autoreaktiven T-Zellen. Aufgrund der permanenten Stimulation schalten die T-Zellen den Apoptosesignalweg auf resistent, können nicht mehr absterben und schädigen den Organismus durch die Sekretion inflammatorischer Zytokine.

Auch die Massenzunahme von Tumoren ist erklärbar als die Summe von ungesteuertem Wachstum und reduziertem Zellsterben durch eine verminderte Apoptoserate. Hier könnten intrazelluläre antiapoptotische Programme, die durch genetische Veränderungen aktiviert sind, die Apoptosesensitivität negativ beeinflussen und bei der Tumorentstehung und bei der Resistenzentwicklung von Tumoren z.B. im Verlauf einer Chemotherapie mitwirken (Hahne et al. 1996, Strand et al. 1996).

Das Ziel der Therapie bei allen Erkrankungen mit einem zu hohen Apoptoseanteil ist es, diesen auf ein „Normalmaß“ zurückzuschrauben. Bei den Erkrankungen mit zu wenig Apoptose, wie bei Tumoren, wäre der genau entgegengesetzte therapeutische Ansatz angezeigt, nämlich Apoptoseresistenz zu brechen, Apoptosesensitivität wiederherzustellen und so die Tumorzellen auszuschalten. Es ist zu erwarten, dass sich die hier geschilderten therapeutischen Ansätze auf der Basis des Verständnisses der molekularen Grundlagen von Apoptose verwirklichen lassen. Da das Apoptoseprogramm jedoch ein in allen Körperzellen angelegtes Programm ist, müssen Therapieansätze erdacht werden, mit denen es gelingt, ein therapeutisches Fenster zu definieren, in dem im Wesentlichen kranke und nicht etwa gesunde Körperzellen erfasst werden. Eine besondere Herausforderung wäre, Apoptose gezielt nur in definierten Zellen zu verstärken oder zu verhindern. Hierzu sind in Zukunft Entwicklungen mit neuen und originellen Konzepten erforderlich.

1.7.10 Regulation des Immunsystems (aktivierungsinduzierter Zelltod: AICD)

Nach dem Gipfel einer Immunantwort werden aktivierte T-Zellen, die nicht mehr benötigt werden, durch Apoptose eliminiert (Shi et al. 1990). Dies wird als aktivierungsinduzierter Zelltod (AICD) bezeichnet (Combadiere et al. 1998, Dhein et al. 1995, Peter et al. 1997). Dasselbe Signal, das zu Beginn einer Immunantwort zur Stimulation der T-Zelle führt, löst in bereits aktiviertem Zustand der Zelle Apoptose aus. Die Aktivierung des T-Zell-Rezeptors (TCR) kann daher positive oder negative Konsequenzen für die Zelle haben, abhängig vom jeweiligen T-Zell-Aktivierungszustand. Nutzlose oder potenziell gefährliche T-Zellen werden also aus dem Organismus im Wesentlichen über 2 Mechanismen entfernt:

- AICD und
- Entzug von Wachstumsfaktoren, v.a. IL-2.

Die Stimulation des TCR auf bereits aktivierten T-Zellen führt zu einer verstärkten Produktion von CD95L, der an CD95 bindet. Dadurch werden autokriner Suizid oder parakriner Fratrizid ausgelöst und die Zellen durch Apoptose beseitigt (Alderson et al. 1995, Brunner et al. 1995, Dhein et al. 1995, Singer u. Abbas 1994, Van Parijs et al. 1996). Der AICD spielt damit eine wesentliche Rolle bei der Homöostase des Immunsystems. Des Weiteren benutzen auch zytotoxische T-Zellen das CD95-System, um virusinfizierte oder maligne entartete Zielzellen zu eliminieren (Rouvier et al. 1993). Zur Auslösung des AICD können aber auch andere Todessysteme verwendet werden. So trägt auch das TNF-System zum Tod von peripheren T-Zellen im Rahmen des AICD bei (Sytwu et al. 1996). Eine interessante Rolle beim AICD kommt IL-2 zu. Einerseits fungiert IL-2 als Wachstumsfaktor für T-Zellen, dessen Entzug zur Zellelimination beiträgt. Andererseits scheint IL-2 aber auch den AICD zu verstärken (Refaeli et al. 1998). IL-2 käme also eine ähnliche Rolle wie der Stimulation des TCR selbst zu: Die Wirkung ist vom Gesamtaktivierungszustand der T-Zelle abhängig. Anderen Untersuchungen zufolge spielen reaktive Sauerstoffintermediate (ROS, ROI) eine entscheidende Rolle für den AICD (Hildeman et al. 1999).

Kürzlich wurden Daten publiziert, die möglicherweise einen weiteren Signalweg zum Tod von T-Zellen aufzeigen. Aktivierung des TCR führt zur Aktivierung des Transkriptionsfaktors E2F-1, der wiederum einen weiteren Transkriptionsfaktor, p73, aktiviert (Lissy et al. 2000). P73 ist ein zu p53 verwandtes Protein und kann wie dieses unter bestimmten Umständen ebenfalls Apoptose auslösen.

1.7.11 Infektion mit HIV und Aids

Ein wesentliches Charakteristikum der Immunschwächekrankheit Aids ist eine erniedrigte Lymphozytenzahl. Dabei ist neben dem direkten Virusbefall eine gesteigerte Apoptose eine der Ursachen für die T-Helferzell-Depletion. Es gibt Hinweise darauf, dass bei HIV-infizierten Personen die durch das CD95-CD95L-System vermittelte Apoptose krankhaft gesteigert ist. Allerdings wurden auch CD95-unabhängige Mechanismen beschrieben, die zur verstärkten Apoptose von Lymphozyten bei Aids beitragen können. Die Steigerung der CD95-vermittelten Apoptose findet sich auch in nichtinfizierten Zellen. Generell sind in HIV-infizierten Personen sowohl die Expression von CD95 auf T-Lymphozyten als auch die Produktion von CD95L stark erhöht. In Modellsystemen mit virusinfizierten T-Lymphozyten in der Zellkultur konnte gezeigt werden, dass die Steigerung der CD95-vermittelten Apoptose u. a. auf einer durch virale Genprodukte erhöhten CD95L-Produktion beruht. Entscheidend hierfür ist das in virusinfizierten Zellen produzierte Molekül Tat.

Tat kann von HIV-infizierten T-Lymphozyten ausgeschieden und von nichtinfizierten T-Zellen aufgenommen werden. Auch in diesen T-Zellen sensibilisiert Tat auf CD95-vermittelte Apoptose und könnte so zum Tod und zur Depletion auch nichtinfizierter aktivierter T-Zellen beitragen. Ebenfalls verstärkend auf diesen Vorgang wirkt sich der Effekt eines Proteins der Virushülle, gp120, aus. Gp120 bindet an den CD4-Rezeptor von T-Helferzellen und sensibilisiert diese Zellen besonders für die CD95-vermittelte Apoptose. Das molekulare Verständnis dieser Zusammenhänge lässt die Entwicklung neuer therapeutischer Ansätze erhoffen. Noch ist keine direkte, ausreichend erfolgreiche Therapie zur Eliminierung der infizierenden Viren in Sicht. Deshalb zielen solche Ansätze darauf, durch Neutralisierung der Tat- oder gp120-Effekte die CD95-vermittelte Apoptose auf Normalmaß zu reduzieren (Berndt et al. 1998, Debatin et al. 1994, Westendorp et al. 1995).

1.7.12 Strahlungsinduzierte Apoptose

Sowohl UV-Strahlung als auch ionisierende Strahlung sind in der Lage, Apoptose zu induzieren. Dabei ist die Eliminierung von strahlungsgeschädigten Zellen von größter Bedeutung für die Integrität des Gesamtorganismus. Denn Strahlung verursacht häufig DNA-Schäden, und in der Folge können Mutationen akkumulieren. Die Zelle ist zwar prinzipiell in der Lage, Strahlenschäden zu reparieren. Jedoch ist dieses Reparatursystem häufig überfordert. Daher stellt die Eliminierung von Zellen einen Back-up-Mechanismus dar, der etwaige tumorigene Mutationen verhindert, wie etwa die Inaktivierung von Tumorsuppressorgenen.

Die Rolle der Apoptose wird dabei schon bei alltäglichen Krankheiten wie etwa einem Sonnenbrand deutlich. Entscheidend ist dabei die Eliminierung der durch zu lange UV-Einstrahlung geschädigten Zellen, sodass präkanzeröse Läsionen erst gar nicht entstehen. Interessanterweise ist die Bildung derartiger apoptotischer Keratinozyten vom CD95-System abhängig (Hill et al. 1999 a, b). Dem System kommt hierbei sozusagen die Rolle eines Polizisten zu, der die Bildung von Präkanzerosen verhindert. UV-Strahlung führt zu einer Induktion sowohl von CD95- als auch von CD95L-mRNA (Leverkus et al. 1997). Darüber hinaus scheint die verstärkte Expression von CD95L nach Bestrahlung auch zu einer systemischen Immunsuppression zu führen (Hill et al. 1999 a, b) (im Sinn eines „Counterattacks", s. oben).

Allerdings scheinen Strahlenschäden in bestimmten Geweben auch Todessysteme zu aktivieren, die vom CD95-System unabhängig sind: So führt die Bestrahlung von malignen Gliomen zur Apoptose dieser Zellen, die unter Umgehung des CD95-Systems verläuft (Streffer et al. 1999).

1.7.13 Virale Infektionen

Auch Virusinfektionen können zum Zelluntergang durch Apoptose führen. Dabei kann der Zellsuizid als Schutzmechanismus des Organismus gegen die weitere Virusvermehrung betrachtet werden. Die virusbedingte Apoptose kann sowohl durch intrinsische zelluläre Mechanismen als auch von außerhalb durch zytotoxische T-Zellen getriggert werden. Denn diese T-Zellen haben eine Surveillance-(Überwachungs-)Funktion: Sie fahnden nach Zellen, die Virusbestandteile mit Hilfe von MHCI-Molekülen präsentieren. Bei der Surveillance kommt den zytotoxischen T-Zellen allerdings auch das zelleigene Suizidprogramm zu Hilfe, etwa das CD95-System oder die Protease Granzym B.

Um das apoptotische Schutzprogramm des Organismus zu umgehen, haben verschiedene Viren ihrerseits wiederum Mittel entwickelt, die das Todesprogramm in den befallenen Zellen verhindern. Dazu kodieren sie für verschiedene, vor Apoptose schützende Proteine. Manche von ihnen sind oben bereits besprochen worden (z. B. die IAP der Baculoviren und das Kuhpockenvirusprotein CRMA). Weitere antiapoptotische Proteine sind das E1B-Protein der Adenoviren, das Protein p35 von Baculoviren, die Epstein-Barr-Virus-Proteine BHRF1 und LMP-1, das Herpesvirusprotein γ 34.5 und das afrikanische Schweinefiebervirusprotein LMW5-HL (Thompson 1995). BHRF1 und LMW5-HL zeigen dabei Sequenzähnlichkeit mit dem zellulären antiapoptotischen Protein BCL2 und haben auch eine ähnliche Funktion im Signalweg des Todesprogramms. Teilweise ist zudem eine supportive Funktion dieser Proteine für latente Virusinfektionen belegt. Das EBV-Protein LMP-1 führt zu einer spezifischen Hochregulation der Expression von BCL2 und damit zu einem selektiven Überlebensvorteil der virusbefallenen Zellen.

1.7.14 Leberhomöostase und pathogenetische Prozesse der Leber

Obwohl die Detektion von Apoptose in der Leber aufgrund ihres geringen Zellturnovers schwierig ist, findet sich doch bei verschiedenen Lebererkrankungen ein Überschuss an Apoptose. So können in der Leber unter physiologischen Bedingungen nur 1–5 apoptotische Zellen/10 000 Zellen beobachtet werden (Schulte-Hermann et al. 1995 a, b). Demgegenüber findet sich eine reduzierte Apoptoserate bei adaptivem und hyperplastischem Leberwachstum, wie etwa nach Applikation verschiedener Pharmaka [z. B. Phenobarbital (Schulte-Hermann et al. 1995 a, b)]. Darüber hinaus scheint der apoptotische Zellumsatz in der Leber auch von Faktoren wie der Zusammensetzung der Nahrung, dem Zeitpunkt der Nahrungsaufnahme und der Nahrungsmenge beeinflusst zu werden.

1.7.14.1 Virale Hepatitis

Es ist inzwischen experimentell gut belegt, dass Apoptose bei der Pathogenese viraler Hepatitiden eine wichtige Rolle spielt. Insbesondere gibt es Hinweise, dass bei Hepatitiden spezifische antivirale T-Zellen die virusbefallenen CD95-positiven Leberzellen angreifen und mit Hilfe des CD95L abtöten. Morphologisch wurde früh das Auftreten kleiner azidophiler Strukturen in der Leber bei Hepatitis B beschrieben. Es handelt sich um die so genannten Councilman-Körperchen. Später erwies es sich, dass diese Körperchen apoptotisch untergegangene Hepatozyten darstellen.

Die Rolle von Apoptose bei Hepatitis B wird auch durch Hepatitis-B-transgene Tiere unterstrichen. Diese Tiere zeigen Hepatozytenapoptose durch zytotoxische T-Lymphozyten (Ando et al. 1994). Kondo et al. (1997) konnten zeigen, dass für diesen Viruseliminationsprozess CD95-CD95L-Interaktionen notwendig sind, da sich in diesem Modell Apoptose in der Leber durch eine Administration von löslichem CD95 verhindern ließ.

Die Funktion des Hepatitis-C-Virus ist weniger klar. So schützt eine Überexpression des Hepatitis-C-Virus-Coreproteins vor bestimmten Apoptosestimuli (z. B. Chemotherapeutika), jedoch nicht vor Allen (z. B. UV-Strahlung) (Ray et al. 1996). Darüber hinaus reagiert die Hepatoblastomzelllinie HepG2, die das Coreprotein exprimiert, auf agonistische CD95-Antikörper mit Apoptose (Ruggieri et al. 1997).

Möglicherweise spielen auch weitere Apoptosesysteme, wie das TGFβ- und das TNF-System, eine Rolle. Die Konzentrationen von TGFβ und TNF steigen im Verlauf von Hepatitiden an (Spengler et al. 1996), und beide Zytokine sind in der Lage, unter bestimmten Bedingungen in Hepatozyten Apoptose auszulösen.

1.7.14.2 Alkoholhepatitis

Bei der Leberschädigung durch Alkohol stellen CD95-positive Leberzellen selbst CD95L her. Deshalb wird spekuliert, dass toxische Alkoholabbauprodukte ein CD95-abhängiges Apoptoseprogramm anschalten, das zur Selbstzerstörung der Leberzellen führt. In der Tat finden sich in alkoholgeschädigten Lebern azidophile Körperchen, die in Analogie zu den Councilman-Körperchen bei der viralen Hepatitis von apoptotisch untergegangenen Zellen herrühren.

Zudem unterstreichen verschiedene Tiermodelle die Rolle von Apoptose bei alkoholischem Leberschaden. So führt die chronische Alkoholexposition in Mäusen zu einem verstärkten Auftreten von apoptotischen Körperchen in der Leber. Diese Veränderungen sind dosisabhängig und nach Absetzen der Alkoholbehandlung reversibel (Goldin et al. 1993).

Die Rolle der verschiedenen Apoptosewege ist bei der alkoholischen Hepatitis bislang allerdings nicht abschließend geklärt. Bei der Apoptoseinduktion scheint das CD95-CD95L-System eine Rolle zu spielen. Denn in Leberproben von Patienten mit alkoholischer Hepatitis wird verstärkt CD95L exprimiert (Galle et al. 1995). Diese verstärkte Expression wird möglicherweise durch oxidative Sauerstoffradikale vermittelt (Hug et al. 1997), welche in alkoholgeschädigten Lebern in besonders hohen Konzentrationen zu finden sind (Kurose et al. 1996). Die Rolle der oxidativen Sauerstoffradikale wird noch dadurch unterstrichen, dass Glutathiondepletion zu einer verstärkten Apoptose nach Alkoholexposition führt und dass Antioxidanzien den Leberschaden reduzieren. Der Effekt der Sauerstoffradikale kann dabei neben der Induktion von CD95L auch direkt sein (Kurose et al. 1997). Die Sauerstoffradikale werden nach Alkoholeinwirkung hauptsächlich durch die Aktivität des Cytochroms P4502E1 (CYP2E1) gebildet, das in der Leber stark exprimiert wird. Schließlich kommt es auch zur Aktivierung von Caspasen, die möglicherweise durch einen Ca^{2+}-Einstrom und nachfolgende Cytochrom-c-Freisetzung aus Mitochondrien bedingt ist.

1.7.14.3 Cholestase

Cholestase spielt bei zahlreichen klinischen Syndromen eine Rolle. Prolongierte Cholestase kann schließlich zum Organversagen und zum Tod führen. Dabei kommt es durch den Aufstau toxischer Gallensäuren zur Induktion von Apoptose in der Leber. Hydrophobe Gallensäuren wie Chenodesoxycholsäure und Desoxycholsäure stehen schon seit langer Zeit unter dem Verdacht, Leberschäden zu induzieren (Schmucker et al. 1990). Dies reicht bis in die 60er Jahre zurück (Javitt 1966). Die Brücke zur Apoptose wurde jedoch erst später geschlagen, wobei das Bild in den letzten Jahren sehr viel detaillierter geworden ist: So können toxische Gallensäuren wie Glykodesoxycholate durch CD95L-unabhängige CD95-Rezeptor-Aggregation Apoptose induzieren (Faubion et al. 1999), und auch Cathepsin B scheint an der durch Gallensäure hervorgerufenen Apoptose beteiligt zu sein (Roberts et al. 1997). Darüber hinaus werden aber offenbar auch antiapoptotische Mechanismen durch Cholestase aktiviert: Bei experimentell hervorgerufenem Gallestau kommt es zu einer De-novo-Expression von BCL2 in Hepatozyten, die normalerweise kein *bcl2* exprimieren (Kurosawa et al. 1997). Cholangiozyten dagegen, die in ständigem direktem Kontakt mit Gallensäuren stehen, exprimieren *bcl2* konstitutiv (Charlotte et al. 1994). Gallensäuren scheinen auch sehr spezifisch antiapoptotische Programme zu aktivieren: So löst die Gallensäure Glykochenodesoxycholsäure in Hepatozyten Apoptose aus, während die Taurochenodesoxycholsäure antiapoptotisch wirkt. Dieser antiapoptotische Effekt scheint über einen PI3-Kinase abhängigen Mechanismus vermittelt zu sein (Rust et al. 2000).

1.7.14.4 Akkumulation von Metallen in der Leber (Hämochromatose und Morbus Wilson)

In einem Rattenmodell konnte gezeigt werden, dass Eisenakkumulation zu einer gesteigerten Apoptoserate in der Leber führt (Kato et al. 1996). Die Eisenakkumulation führt dabei insbesondere bei der Hämochromatose zu einer gesteigerten Apoptoserate der Hepatozyten. Im Gegenansatz dazu war die Apoptoserate bei verstärktem Eisengehalt der Leber durch andere Ursachen (z.B. durch gesteigerte Hämolyse oder hohe exogene Eisenzufuhr) nicht in demselben Ausmaß erhöht (Zhao et al. 1997). Die Gründe hierfür sind weitgehend unklar.

Ein weiteres Beispiel für einen CD95-mediierten Leberschaden ist der Morbus Wilson. Bei dieser Krankheit konnte ebenfalls gezeigt werden, dass der erhöhte Kupfergehalt der Leber zu einer Aktivierung des CD95-Systems in vivo und in vitro führt (Strand et al. 1998). Nicht nur die Behandlung von Hepatomzellen mit Chemotherapeutika führt zu einer transienten Erhöhung der *p53*-Tumorsuppressoraktivität, sondern auch die Gabe von Kupfer zu den Zellkulturen. Der progrediente Leberschaden durch verstärkte Apoptose beim Morbus Wilson kann dabei bis zum akuten Leberversagen führen. Darüber hinaus scheinen eisen- und kupferverursachter Leberschaden synergistisch zu wirken (Schilsky 1997).

1.7.14.5 Hepatozelluläres Karzinom

Im Gegensatz zu den bisher beschriebenen Situationen mit verstärkter Apoptose gibt es auch Hinweise darauf, dass verringerte Apoptose zu pathologischen Geschehnissen beitragen kann. Die wohl ausgeprägteste Manifestation mit verringerter Apoptose ist die Bildung von Neoplasien. Mehrere experimentelle Beobachtungen belegen, dass entartete Zellen, die normalerweise CD95-positiv sind, das CD95-System während der Tumorigenese herunterregulieren. Durch die verringerten Möglichkeiten dieser Zellen, Apoptose zu durchlaufen, entsteht ein Wachstumsvorteil, der zur Tumorentstehung beiträgt (Higaki et al. 1996, Leithauser et al. 1993). Der Wachstumsvorteil kann dabei sowohl durch ein verringertes Suizidpotenzial der Tumorzellen bedingt sein als auch durch die reduzierten Möglichkeiten von T-Lymphozyten, die Tumorzellen über das CD95-System abzutöten. In der Tat ergab die Analyse von 22 hepatozellulären Karzinomen, dass 9 der 22 Tumoren keine CD95-Expression mehr zeigen, während die übrigen 13 Tumoren nur noch in geringem Ausmaß CD95 exprimieren (Strand et al. 1996). Deshalb könnte die Wiedereinführung des CD95-Rezeptors, z.B. auf gentherapeutischem Weg, eine Therapieoption sein (Shimizu et al. 1996). Darüber hinaus scheint die Differenzierung der Tumorzellen ebenfalls mit dem CD95-Level zu korrelieren: Niedrig differenzierte Tumoren exprimieren weniger CD95 als hoch differenzierte Tumoren (Ito et al. 1998).

Unabhängig vom CD95-System spielt auch eine Dysregulation von TGF-β1 in der Hepatokanzerogenese eine Rolle. TGF-β1 ist nämlich in der Lage, in normalen Hepatozyten Apoptose auszulösen (Oberhammer et al. 1992). Der Signalweg von TGF-β1 verläuft über 2 Rezeptoren:

- TGF-R1 und
- TGF-R2.

Dabei bindet TGF-β1 selektiv an TGF-R2, der dann mit TGF-R1 aggregiert und die Signalkaskade über die Aktivierung von intrazellulären Signalmolekülen, den Smad, auslöst (Blobe et al. 2000). In hepatozellulären Karzinomen wird eine deutliche Reduktion der mRNA beider Rezeptoren gefunden, was somit zu einem verringerten Apoptosesignal führt (Bedossa et al. 1995).

Schließlich gibt es noch eine starke Korrelation zwischen den P53-Spiegeln in hepatozellulären Karzinomen und ihrer Malignität. Der Transkriptionsfaktor P53, der auch nichttranskriptionelle Veränderungen verursacht, ist ebenfalls in der Lage, Apoptose auszulösen. Die molekularen Targets von P53 sind sehr verschieden. Die Apoptoseinduktion kann z.B. über die transkriptionelle Induktion von BAX, einem proapoptotischen BCL2-Familien-Mitglied, oder über die Induktion von CD95 erfolgen (Muller et al. 1998). *p53*-Mutationen werden, wie generell in allen humanen Tumoren, auch mit großer Häufigkeit in hepatozellulären Karzinomen gefunden.

1.7.15 Apoptose im neurologischen Formenkreis: ischämischer zerebraler Insult und Neuro- bzw. Myodegeneration

Eine vermehrte Apoptose von Neuronen scheint an neurodegenerativen Erkrankungen wie Morbus Alzheimer, Morbus Parkinson, amyotropher Lateralsklerose, Retinitis pigmentosa und zerebellärer Degeneration sowie an multipler Sklerose (D'Souza et al. 1996) beteiligt zu sein. Darüber hinaus gibt es Hinweise, dass Apoptose auch entscheidend das Ausmaß des Zelluntergangs bei ischämischen Insulten mit beeinflusst. Insbesondere in der Penumbra von Infarktregionen finden sich zahlreiche apoptotische Zellen. Seit kurzer Zeit ist experimentell belegt, dass das CD95-CD95L-System an dieser Apoptose beteiligt ist. Weiterhin scheint auch ein Reperfusionsschaden in verschiedenen Organen Apoptose als pathogenetische Endstrecke zu benutzen. Berichte über einen direkten Zusammenhang von bestimmten Krankheitsbildern und der Aktivierung von Caspasen liegen seit kurzer Zeit für den Morbus Alzheimer und Caspase 3 (Gervais et al. 1999) sowie für Chorea Huntington und Caspase 1 vor (Ona et al. 1999).

1.7.16 Rolle bei Autoimmunkrankheiten

1.7.16.1 *lpr*- und *gld*-Mutationen

Bei Mäusen sind mehrere Mutationen im CD95-System beschrieben worden, die dessen Bedeutung für die Homöostase und korrekte Regulation des Immunsystems verdeutlichen. Diese Mäuse zeigen eine Vergrößerung von Lymphknoten und Milz (Lymphadenopathie) sowie Autoimmunsymptome. Die *lpr*-Mutation (für Lymphoproliferation) betrifft CD95, dessen Expression durch die Insertion eines Transposons in das 2. Intron des *cd95*-Gens stark verringert wird (Adachi et al. 1993, Mariani et al. 1994, Watanabe-Fukunaga et al. 1992a, b). Bei der *lpr*^{cg}-Mutation wird die Signaltransduktion von CD95 durch einen Aminosäureaustausch in der Todesdomäne verhindert (Matsuzawa et al. 1990). Gld-Mäuse (für generalized lymphoproliferative disease) haben dagegen einen Defekt im CD95L. Hier verhindert ein Aminosäureaustausch im extrazellulären Bereich von CD95L die Bindung des Liganden an den Rezeptor (Takahashi et al. 1994 a, b).

1.7.16.2 Autoimmunlymphoproliferatives Syndrom (ALPS)

Auch beim Menschen wurden Mutationen des CD95-Systems beschrieben (Fisher et al. 1995, Rieux-Laucat et al. 1995). Sie führen wie die Mausmutationen zur Ausbildung eines autoimmunlymphoproliferativen Syndroms (ALPS) oder Canale-Smith-Syndroms, das eine massive Lymphadenopathie, die Akkumulation von nichtmalignen T-Zellen und Anzeichen von Autoimmunität zeigt. Diese Krankheitsbilder und der Sterbedefekt der T-Lymphozyten verdeutlichen, dass das CD95-System maßgeblich an der Apoptose im Immunsystem beteiligt ist.

1.7.17 Bedeutung bei der Tumorentstehung und -abwehr

1.7.17.1 Immunprivilegierte Orte und Tumorcounterattack

Tumorzellen sind hoch selektierte Zellen, die eine Reihe von Mechanismen entwickelt haben, um den Attacken des Immunsystems zu entgehen. Beispiele sind z. B. die fehlende Expression von kostimulatorischen Molekülen oder der Verlust von MHC-Molekülen auf der Oberfläche von Tumorzellen. Diese Mechanismen können dazu führen, dass der Tumor entweder nicht mehr vom Immunsystem erkannt wird (im Fall des MHC-Verlusts) oder aber trotz Erkennung durch Immunzellen nicht mehr abgetötet werden kann, weil das kostimulatorische Signal fehlt. Ohne Kostimulation werden attackierende Killerzellen anerg, was insgesamt zu einer Toleranzsituation im Immunsystem führt.

In letzter Zeit gibt es zunehmend experimentelle Hinweise, dass die Immunevasion von Tumoren nicht nur ein passiver Prozess ist, sondern dass Tumorzellen auch Mechanismen erworben haben, die ihnen erlauben, den Tod attackierender Zellen aktiv einzuleiten: Es wird von Tumorcounterattack („Tumorgegenschlag“) gesprochen. Apoptose spielt dabei vielleicht ebenfalls eine zentrale Rolle (Igney et al. 2000).

Das Prinzip der Unterdrückung von Immunantworten findet sich aber auch in physiologischen Situationen im Bereich der immunprivilegierten Organe. Beispiele für solche Orte sind die vordere Augenkammer und die Hoden. Der Mechanismus der Immunprivilegierung wird auf die Expression von CD95L zurückgeführt. So exprimieren Zellen in den genannten Organen in hohem Ausmaß CD95L und sind so in der Lage, angreifende (CD95-positive) Immunzellen durch die Induktion von Apoptose zu eliminieren.

Dieser Mechanismus hat durchaus praktische Konsequenzen. So wird im Auge ein großer Prozentsatz von Korneatransplantaten ohne vorherige Gewebetypisierung oder postoperative Immunsuppression akzeptiert. In diesem Kontext konnten Stuart et al. (1997) zeigen, dass in einem Mausmodell für Korneatransplantation 45% der CD95L- positiven Transplantate anwuchsen, während alle CD95L-negativen Korneas abgestoßen wurden. Alle CD95L-positiven Korneaspenden, die in CD95- negative Mäuse (*lpr*-Mäuse) transplantiert wurden, wurden ebenfalls abgestoßen. Weiterhin wurden in der histologischen Aufarbeitung der Implantationsorte apoptotische mononukleäre Zellen nach der Transplantation gefunden (Stuart et al. 1997).

Aus Experimenten von Griffith et al. (1995) konnte auf eine ähnliche Beteiligung des CD95-Systems in der vorderen Augenkammer geschlossen werden. Zellen, die nach viraler Infektion des Auges in die vordere Augenkammer einwanderten, begingen in CD95-kompetenten Mäusen Apoptose und waren nicht in der Lage, Gewebeschäden zu induzieren. Dieses Bild änderte sich vollständig in CD95L-defizienten Mäusen (*gld*-Mäuse). Dort resultierte die Virusinfektion in einer voll ausgeprägten Entzündung der vorderen Augenkammer (Griffith et al. 1995). Diese Experimente zeigen eindrucksvoll die Bedeutung des CD95-Systems für die Entstehung von immunprivilegierten Orten.

In Analogie zur Situation in immunprivilegierten Orten wurde auch die Rolle des CD95-Systems bei der Unterdrückung der Immunantwort gegen Tumorzellen in vitro und in vivo diskutiert. Im engeren Sinn wird unter Tumorgegenschlag (Tumorcounterattack) ein Mechanismus verstanden, der zur Zerstörung der tumorinfiltrierenden Lymphozyten (TIL) führt.

Viele Tumoren exprimieren konstitutiv oder nach Induktion mit Chemotherapeutika funktionellen CD95L. Derartige Tumorzellen sind in der

Lage, in CD95-positiven und apoptosesensitiven Zellen in vitro und in vivo Apoptose auszulösen. Dementsprechend wurden apoptotische TIL auch in vivo in Tumormaterial von CD95L-positiven humanen Melanomen (Hahne et al. 1996), hepatozellulären Karzinomen (Strand et al. 1996), Magenadenokarzinomen (Bennett et al. 1999) und Ösophaguskarzinomen (Bennett et al. 1998) gefunden. Zudem wurde in vivo auch die Immunsuppression durch CD95L-positive Tumorzellen mit Hilfe verschiedener Mausmodelle demonstriert (Arai et al. 1997, Nishimatsu et al. 1999).

Aus den vorliegenden Daten kann gefolgert werden, dass der Tumorcounterattack ein aktiver Mechanismus in vivo ist, der den entarteten Zellen Schutz vor dem Immunsystem bietet. In diesem Sinn ist CD95L ein Janus-köpfiges Molekül, das positive und negative Effekte vermitteln kann. Einerseits kann die Expression von CD95L zur Tumoreradikation beitragen, z. B. nach der Gabe von Chemotherapeutika (Eichhorst et al. 2000). Andererseits wird die Eradikation des Tumors durch Inhibition des Immunsystems erschwert. Welcher dieser Mechanismen in vivo im jeweiligen Tumor überwiegt, ist zurzeit noch wenig geklärt – zumal manche Untersuchungen auch gegen das Counterattackmodell sprechen. So wurde in Transplantationsexperimenten mit Zellen, die CD95L stabil überexprimierten, kein Protektionseffekt erreicht. Vielmehr wurde sogar eine verstärkte Transplantatabstoßung beobachtet. Es kam zu einer verstärkten Einwanderung von Neutrophilen, die entscheidend zur Abstoßung beitragen (Allison et al. 1997, Takeuchi et al. 1999). Der Mechanismus der Abstoßung ist jedoch im Detail noch nicht geklärt. Zusammenfassend ist der Tumorcounterattack ein plausibler Mechanismus für die Verhinderung einer Immunantwort, seine tatsächliche Bedeutung in vivo muss jedoch noch durch weitere Experimente untermauert werden.

1.7.17.2 Chemotherapie und Radiotherapie von Tumoren

Die volle Sensitivität gegenüber Chemotherapeutika setzt die intakte Funktion von Todesrezeptoren und von intrazellulären Apoptosesignalwegen voraus. Dabei ist P53 der entscheidende Sensor für die DNA-Schädigung durch Zytostatika. Er kann DNA-Reparaturmechanismen, Zellzyklusarrest oder – wenn die Schädigung zu schwerwiegend ist – Apoptose einleiten. Ein wichtiger Bestandteil der „Apoptosemaschinerie“, die durch P53 aktiviert wird, ist BAX, ein proapoptotisches BCL2-Familien-Mitglied. Resistenz und Sensitivität gegenüber Chemotherapeutika werden jedoch auch durch weitere pro- und antiapoptotische BCL2-Familien-Mitglieder vermittelt (Abb. 1.7.6).

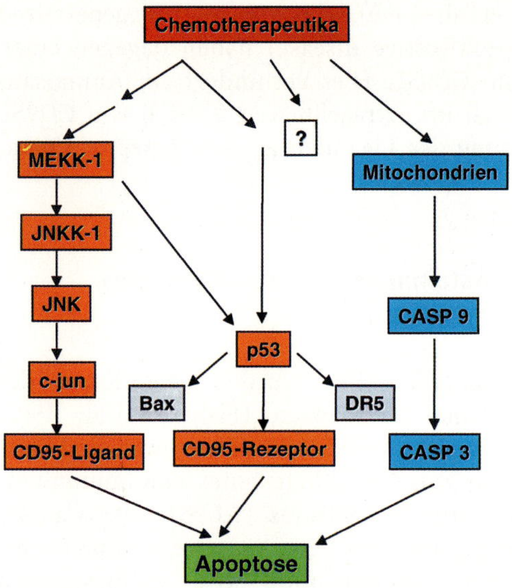

Abb. 1.7.6. Allgemeines Schema der Wirkungsweise von Chemotherapeutika. Es können mehrere Apoptosesignalwege angestoßen werden. Es kommt zur transkriptionellen Aktivierung von *CD95* über *p53* und von *CD95L* über *AP-1*. Interaktionen von *CD95* mit *CD95L* können dann Apoptose auslösen. *P53* hat weitere transkriptionelle Zielgene, die in die Apoptose eingreifen können (z. B. *bax*) und stellt eine zentrale Schaltstelle in der Reaktion auf zellschädigende Agenzien dar. Weitere Todesrezeptor-Todesliganden-Systeme wie das TRAIL-System sind möglicherweise ebenfalls beteiligt. Schließlich können chemotherapeutische Medikamente direkt eine Mitochondrienschädigung verursachen, welche ebenfalls zur Aktivierung der Apoptosemaschinerie führt

Seit kurzer Zeit ist auch die Rolle des CD95-Systems bei der Apoptose nach Einwirkung von Chemotherapeutika in Tumorzellen belegt. Die zytotoxischen Substanzen führen dabei zu einem autokrinen oder parakrinen Tötungsmechanismus über CD95. So kann eine Zelle, die sowohl CD95 als auch CD95L auf ihrer Oberfläche trägt, durch programmierten Zelltod Suizid begehen. CD95L kann durch transkriptionelle Mechanismen nach der Einwirkung von Chemotherapeutika aktiviert werden. So konnte gezeigt werden, dass für die transkriptionelle Aktivierung von CD95 das P53-Protein und von CD95L der Transkriptionsfaktor AP-1 erforderlich ist (Eichhorst et al. 2000). Zur Aktivierung des CD95-Systems scheinen aber auch andere Faktoren, wie der Second messenger Zeramid, beizutragen. Darüber hinaus greifen weitere Transkriptionsfaktoren in die Regulation ein.

Der Transkriptionsfaktor NF-κB wird durch reaktive Sauerstoffintermediate aktiviert, deren Produktion von den meisten Chemotherapeutika ausgelöst wird. Danach kann er den Ablauf des programmierten Zelltods entweder in positiver oder negativer Weise beeinflussen. Die genauen Umstände der pro- und antiapoptotischen Wirkung von NF-κB sind jedoch noch unklar.

CD95L ist nicht der einzige Auslöser von Apoptose durch Chemotherapie. Andere Apoptose induzierende Liganden wie z. B. TNFα oder TRAIL und die entsprechenden Rezeptoren werden ebenfalls durch die Gabe von Zytostatika beeinflusst. So wird z. B. die Transkription des TRAIL-Rezeptor-2(*dr5*)-Gens ähnlich wie CD95 durch ein intronisches Enhancerelement von P53 aktiviert (Takimoto u. El-Deiry 2000). Der Beitrag des TRAIL-Systems zur chemotherapieinduzierten Apoptose wird noch untersucht. Verstanden ist jedoch bereits heute, dass Chemotherapeutika die Wirkung von TRAIL synergistisch verstärken (Ashkenazi et al. 1999, Gibson et al. 2000).

Schließlich können Chemotherapeutika auch durch todesrezeptorunabhängige Systeme Apoptose auslösen. Denn viele dieser Substanzen führen zu einer direkten Mitochondrienaktivierung, die wiederum zur Freisetzung von proapoptotischen Molekülen wie Cytochrom c und dem Apoptose induzierenden Faktor (AIF) führt.

Die Integrität von Signalwegen, über die Apoptose ausgelöst wird, spielt somit für die Chemotherapiesensitivität und -resistenz einer Tumorzelle eine entscheidende Rolle und ist daher für die Entwicklung selektiverer Antitumorstrategien essenziell.

1.7.18 Literatur

Adachi M, Watanabe-Fukunaga R, Nagata S (1993) Aberrant transcription caused by the insertion of an early transposable element in an intron of the Fas antigen gene of lpr mice. Proc Natl Acad Sci USA 90:1756–1760

Adachi M, Suematsu S, Kondo T et al. (1995) Targeted mutation in the Fas gene causes hyperplasia in peripheral lymphoid organs and liver. Nat Genet 11:294–300

Ahmad M, Srinivasula SM, Hegde R, Mukattash R, Fernandes-Alnemri T, Alnemri ES (1998) Identification and characterization of murine caspase-14, a new member of the caspase family. Cancer Res 58:5201–5205

Alderson MR, Tough TW, Davis-Smith T et al. (1995) Fas ligand mediates activation-induced cell death in human T lymphocytes. J Exp Med 181:71–77

Allison J, Georgiou HM, Strasser A, Vaux DL (1997) Transgenic expression of CD95 ligand on islet beta cells induces a granulocytic infiltration but does not confer immune privilege upon islet allografts. Proc Natl Acad Sci USA 94:3943–3947

Alnemri ES, Livingston DJ, Nicholson DW, Salvesen G, Thornberry NA, Wong WW, Yuan J (1996) Human ICE/CED-3 protease nomenclature. Cell 87:171

Ambrosini G, Adida C, Altieri DC (1997) A novel anti-apoptosis gene, survivin, expressed in cancer and lymphoma. Nat Med 3:917–921

Anderson DM, Maraskovsky E, Billingsley WL et al. (1997) A homologue of the TNF receptor and its ligand enhance T-cell growth and dendritic-cell function. Nature 390:175–179

Ando K, Guidotti LG, Wirth S et al. (1994) Class I-restricted cytotoxic T lymphocytes are directly cytopathic for their target cells in vivo. J Immunol 152:3245–3253

Andrade F, Roy S, Nicholson D, Thornberry N, Rosen A, Casciola-Rosen L (1998) Granzyme B directly and efficiently cleaves several downstream caspase substrates: implications for CTL-induced apoptosis. Immunity 8:451–460

Antonsson B, Conti F, Ciavatta A et al. (1997) Inhibition of Bax channel-forming activity by Bcl-2. Science 277:370–372

Arai H, Chan SY, Bishop DK, Nabel GJ (1997) Inhibition of the alloantibody response by CD95 ligand. Nat Med 3:843–848

Armstrong RC, Aja T, Xiang J et al. (1996) Fas-induced activation of the cell death-related protease CPP32 is inhibited by Bcl-2 and by ICE family protease inhibitors. J Biol Chem 271:16.850–16.855

Ashkenazi A, Pai RC, Fong S et al. (1999) Safety and antitumor activity of recombinant soluble Apo2 ligand. J Clin Invest 104:155–162

Baker SJ, Reddy EP (1996) Transducers of life and death: TNF receptor superfamily and associated proteins. Oncogene 12:1–9

Banner DW, D'Arcy A, Janes W et al. (1993) Crystal structure of the soluble human 55 kd TNF receptor-human TNF beta complex: implications for TNF receptor activation. Cell 73:431–445

Barclay AE, Franklin KJ, Prichard MML (1944) The fetal circulation and cardiovascular system and the changes they undergo at birth. Blackwell, Oxford

Bedossa P, Peltier E, Terris B, Franco D, Poynard T (1995) Transforming growth factor-beta 1 (TGF-beta 1) and TGF-beta 1 receptors in normal, cirrhotic, and neoplastic human livers. Hepatology 21:760–766

Bennett MW, O'Connell J, O'Sullivan GC et al. (1998) The Fas counterattack in vivo: apoptotic depletion of tumor-infiltrating lymphocytes associated with Fas ligand expression by human esophageal carcinoma. J Immunol 160:5669–5675

Bennett MW, O'Connell J, O'Sullivan G et al. (1999) Expression of Fas ligand by human gastric adenocarcinomas: a potential mechanism of immune escape in stomach cancer. Gut 44:156–162

Beresford PJ, Xia Z, Greenberg AH, Lieberman J (1999) Granzyme A loading induces rapid cytolysis and a novel form of DNA damage independently of caspase activation [published erratum appears in Immunity 1999 Jun; 10(6):following 768]. Immunity 10:585–594

Bernard G, Breittmayer JP, Matteis M de, Trampont P, Hofman P, Senik A, Bernard A (1997) Apoptosis of immature thymocytes mediated by E2/CD99. J Immunol 158:2543–2550

Berndt C, Mopps B, Angermuller S, Gierschik P, Krammer PH (1998) CXCR4 and CD4 mediate a rapid CD95-independent cell death in CD4(+) T cells. Proc Natl Acad Sci USA 95:12 556–12 561
Beutler B, Huffel C van (1994) Unraveling function in the TNF ligand and receptor families. Science 264:667–668
Blobe GC, Schiemann WP, Lodish HF (2000) Role of transforming growth factor beta in human disease. N Engl J Med 342:1350–1358
Bodmer JL, Burns K, Schneider P et al. (1997) TRAMP, a novel apoptosis-mediating receptor with sequence homology to tumor necrosis factor receptor 1 and Fas(Apo-1/CD95). Immunity 6:79–88
Boehmer H von, Teh HS, Kisielow P (1989) The thymus selects the useful, neglects the useless and destroys the harmful. Immunol Today 10:57–61
Boise LH, Thompson CB (1997) Bcl-x(L) can inhibit apoptosis in cells that have undergone Fas-induced protease activation. Proc Natl Acad Sci USA 94:3759–3764
Boise LH, Gonzalez-Garcia M, Postema CE et al. (1993) bcl-x, a bcl-2-related gene that functions as a dominant regulator of apoptotic cell death. Cell 74:597–608
Boldin MP, Goncharov TM, Goltsev YV, Wallach D (1996) Involvement of MACH, a novel MORT1/FADD-interacting protease, in Fas/APO-1- and TNF receptor-induced cell death. Cell 85:803–815
Bouillet P, Metcalf D, Huang DC et al. (1999) Proapoptotic Bcl-2 relative Bim required for certain apoptotic responses, leukocyte homeostasis, and to preclude autoimmunity. Science 286:1735–1738
Browning JL, Ngam-ek A, Lawton P et al. (1993) Lymphotoxin beta, a novel member of the TNF family that forms a heteromeric complex with lymphotoxin on the cell surface. Cell 72:847–856
Brunner T, Mogil RJ, LaFace D et al. (1995) Cell-autonomous Fas (CD95)/Fas-ligand interaction mediates activation-induced apoptosis in T-cell hybridomas. Nature 373:441–444
Bulow GU von, Bram RJ (1997) NF-AT activation induced by a CAML-interacting member of the tumor necrosis factor receptor superfamily. Science 278:138–141
Camerini D, Walz G, Loenen WA, Borst J, Seed B (1991) The T cell activation antigen CD27 is a member of the nerve growth factor/tumor necrosis factor receptor gene family. J Immunol 147:3165–3169
Cerretti DP, Hollingsworth LT, Kozlosky CJ et al. (1994) Molecular characterization of the gene for human interleukin-1 beta converting enzyme (IL1BC). Genomics 20:468–473
Chan FK, Chun HJ, Zheng L, Siegel RM, Bui KL, Lenardo MJ (2000) A domain in TNF receptors that mediates ligand-independent receptor assembly and signaling. Science 288:2351–2354
Charlotte F, L'Hermine A, Martin N et al. (1994) Immunohistochemical detection of bcl-2 protein in normal and pathological human liver. Am J Pathol 144:460–465
Chen Z, Naito M, Hori S, Mashima T, Yamori T, Tsuruo T (1999) A human IAP-family gene, apollon, expressed in human brain cancer cells. Biochem Biophys Res Commun 264:847–854
Chen J, Wu W, Tahir SK et al. (2000) Down-regulation of survivin by antisense oligonucleotides increases apoptosis, inhibits cytokinesis and anchorage-independent growth. Neoplasia 2:235–241
Chicheportiche Y, Bourdon PR, Xu H et al. (1997) TWEAK, a new secreted ligand in the tumor necrosis factor family that weakly induces apoptosis. J Biol Chem 272:32 401–32 410
Chinnaiyan AM, Dixit VM (1996) The cell-death machine. Curr Biol 6:555–562
Chinnaiyan AM, O'Rourke K, Yu GL et al. (1996a) Signal transduction by DR3, a death domain-containing receptor related to TNFR-1 and CD95. Science 274:990–992
Chinnaiyan AM, Orth K, O'Rourke K, Duan H, Poirier GG, Dixit VM (1996b) Molecular ordering of the cell death pathway. Bcl-2 and Bcl-xL function upstream of the CED-3-like apoptotic proteases. J Biol Chem 271:4573–4576
Chittenden T, Harrington EA, O'Connor R et al. (1995) Induction of apoptosis by the Bcl-2 homologue Bak. Nature 374:733–736
Chiu VK, Walsh CM, Liu CC, Reed JC, Clark WR (1995) Bcl-2 blocks degranulation but not fas-based cell-mediated cytotoxicity. J Immunol 154:2023–2032
Choi SS, Park IC, Yun JW, Sung YC, Hong SI, Shin HS (1995) A novel Bcl-2 related gene, Bfl-1, is overexpressed in stomach cancer and preferentially expressed in bone marrow. Oncogene 11:1693–1698
Clarke PG, Clarke S (1996) Nineteenth century research on naturally occurring cell death and related phenomena. Anat Embryol (Berl) 193:81–99
Combadiere B, Reis e Sousa C, Trageser C, Zheng LX, Kim CR, Lenardo MJ (1998) Differential TCR signaling regulates apoptosis and immunopathology during antigen responses in vivo. Immunity 9:305–313
Conradt B, Horvitz HR (1998) The *C. elegans* protein EGL-1 is required for programmed cell death and interacts with the Bcl-2-like protein CED-9. Cell 93:519–529
Cory S (1995) Regulation of lymphocyte survival by the bcl-2 gene family. Annu Rev Immunol 13:513–543
Croall DE, DeMartino GN (1991) Calcium-activated neutral protease (calpain) system: structure, function, and regulation. Physiol Rev 71:813–847
Deas O, Dumont C, MacFarlane M et al. (1998) Caspase-independent cell death induced by anti-CD2 or staurosporine in activated human peripheral T lymphocytes. J Immunol 161:3375–3383
Debatin KM, Fahrig-Faissner A, Enenkel-Stoodt S, Kreuz W, Benner A, Krammer PH (1994) High expression of APO-1 (CD95) on T lymphocytes from human immunodeficiency virus-1-infected children. Blood 83:3101–3103
Decoster E, Vanhaesebroeck B, Vandenabeele P, Grooten J, Fiers W (1995) Generation and biological characterization of membrane-bound, uncleavable murine tumor necrosis factor. J Biol Chem 270:18 473–18 478
Degli-Esposti MA, Dougall WC, Smolak PJ, Waugh JY, Smith CA, Goodwin RG (1997a) The novel receptor TRAIL-R4 induces NF-kappaB and protects against TRAIL-mediated apoptosis, yet retains an incomplete death domain. Immunity 7:813–820
Degli-Esposti MA, Smolak PJ, Walczak H et al. (1997b) Cloning and characterization of TRAIL-R3, a novel member of the emerging TRAIL receptor family. J Exp Med 186:1165–1170
Deiss LP, Galinka H, Berissi H, Cohen O, Kimchi A (1996) Cathepsin D protease mediates programmed cell death induced by interferon-gamma, Fas/APO-1 and TNF-alpha. EMBO J 15:3861–3870

Dembic Z, Loetscher H, Gubler U et al. (1990) Two human TNF receptors have similar extracellular, but distinct intracellular, domain sequences. Cytokine 2:231–237

Deveraux QL, Reed JC (1999) IAP family proteins – suppressors of apoptosis. Genes Dev 13:239–252

Dhein J, Daniel PT, Trauth BC, Oehm A, Moller P, Krammer PH (1992) Induction of apoptosis by monoclonal antibody anti-APO-1 class switch variants is dependent on cross-linking of APO-1 cell surface antigens. J Immunol 149:3166–3173

Dhein J, Walczak H, Baumler C, Debatin KM, Krammer PH (1995) Autocrine T-cell suicide mediated by APO-1/(Fas/CD95). Nature 373:438–441

Dierlamm J, Baens M, Wlodarska I et al. (1999) The apoptosis inhibitor gene API2 and a novel 18q gene, MLT, are recurrently rearranged in the t(11;18)(q21;q21)p6 associated with mucosa-associated lymphoid tissue lymphomas. Blood 93:3601–3609

Drenou B, Blancheteau V, Burgess DH, Fauchet R, Charron DJ, Mooney NA (1999) A caspase-independent pathway of MHC class II antigen-mediated apoptosis of human B lymphocytes. J Immunol 163:4115–4124

D'Souza SD, Bonetti B, Balasingam V et al. (1996) Multiple sclerosis: Fas signaling in oligodendrocyte cell death. J Exp Med 184:2361–2370

Du C, Fang M, Li Y, Li L, Wang X (2000) Smac, a mitochondrial protein that promotes cytochrome c-dependent caspase activation by eliminating IAP inhibition. Cell 102:33–42

Duan H, Chinnaiyan AM, Hudson PL, Wing JP, He WW, Dixit VM (1996a) ICE-LAP3, a novel mammalian homologue of the *Caenorhabditis elegans* cell death protein Ced-3 is activated during Fas- and tumor necrosis factor-induced apoptosis. J Biol Chem 271:1621–1625

Duan H, Orth K, Chinnaiyan AM et al. (1996b) ICE-LAP6, a novel member of the ICE/Ced-3 gene family, is activated by the cytotoxic T cell protease granzyme B. J Biol Chem 271:16720–16724

Dugès A (1835) Recherche sur l'osteologie et la myologie des batracien à leurs différens ages. Mémoires présentés par divers savans à l'Academie royale de Science de l'Ínstitut de France, Science Mathématiques et Physiques 6:1

Durkop H, Latza U, Hummel M, Eitelbach F, Seed B, Stein H (1992) Molecular cloning and expression of a new member of the nerve growth factor receptor family that is characteristic for Hodgkin's disease. Cell 68:421–427

Eberstadt M, Huang B, Chen Z et al. (1998) NMR structure and mutagenesis of the FADD (Mort1) death-effector domain. Nature 392:941–945

Eby MT, Jasmin A, Kumar A, Sharma K, Chaudhary PM (2000) TAJ, a novel member of the tumor necrosis factor receptor family, activates the c-Jun N-terminal kinase pathway and mediates caspase-independent cell death. J Biol Chem 275:15.336–15.342

Eichhorst ST, Muller M, Li-Weber M, Schulze-Bergkamen H, Angel P, Krammer PH (2000) A novel AP-1 element in the CD95 ligand promoter is required for induction of apoptosis in hepatocellular carcinoma cells upon treatment with anticancer drugs. Mol Cell Biol 20:7826–7837

Ellis HM, Horvitz HR (1986) Genetic control of programmed cell death in the nematode *C. elegans*. Cell 44:817–829

Faubion WA, Guicciardi ME, Miyoshi H et al. (1999) Toxic bile salts induce rodent hepatocyte apoptosis via direct activation of Fas. J Clin Invest 103:137–145

Faucheu C, Diu A, Chan AW et al. (1995) A novel human protease similar to the interleukin-1 beta converting enzyme induces apoptosis in transfected cells. EMBO J 14:1914–1922

Faucheu C, Blanchet AM, Collard-Dutilleul V, Lalanne JL, Diu-Hercend A (1996) Identification of a cysteine protease closely related to interleukin-1 beta-converting enzyme. Eur J Biochem 236:207–213

Fernandes-Alnemri T, Litwack G, Alnemri ES (1994) CPP32, a novel human apoptotic protein with homology to *Caenorhabditis elegans* cell death protein Ced-3 and mammalian interleukin-1 beta-converting enzyme. J Biol Chem 269:30.761–30.764

Fernandes-Alnemri T, Litwack G, Alnemri ES (1995a) Mch2, a new member of the apoptotic Ced-3/Ice cysteine protease gene family. Cancer Res 55:2737–2742

Fernandes-Alnemri T, Takahashi A, Armstrong R et al. (1995b) Mch3, a novel human apoptotic cysteine protease highly related to CPP32. Cancer Res 55:6045–6052

Fernandes-Alnemri T, Armstrong RC, Krebs J et al. (1996) In vitro activation of CPP32 and Mch3 by Mch4, a novel human apoptotic cysteine protease containing two FADD-like domains. Proc Natl Acad Sci USA 93:7464–7469

Fisher GH, Rosenberg FJ, Straus SE et al. (1995) Dominant interfering Fas gene mutations impair apoptosis in a human autoimmune lymphoproliferative syndrome. Cell 81:935–946

Flemming W (1885) Über die Bildung von Richtungfiguren in Säugetiereiern beim Untergang Graaf'scher Follikel. Arch Anat Physiol 1885:221

Froelich CJ, Dixit VM, Yang X (1998) Lymphocyte granule-mediated apoptosis: matters of viral mimicry and deadly proteases. Immunol Today 19:30–36

Galle PR, Hofmann WJ, Walczak H et al. (1995) Involvement of the CD95 (APO-1/Fas) receptor and ligand in liver damage. J Exp Med 182:1223–1230

Gauchat JF, Mazzei G, Life P et al. (1994) Human CD40 ligand: molecular cloning, cellular distribution and regulation of IgE synthesis. Res Immunol 145:240–249

Gervais FG, Xu D, Robertson GS et al. (1999) Involvement of caspases in proteolytic cleavage of Alzheimer's amyloid-beta precursor protein and amyloidogenic A beta peptide formation. Cell 97:395–406

Gibson L, Holmgreen SP, Huang DC et al. (1996) bcl-w, a novel member of the bcl-2 family, promotes cell survival. Oncogene 13:665–675

Gibson SB, Oyer R, Spalding AC, Anderson SM, Johnson GL (2000) Increased expression of death receptors 4 and 5 synergizes the apoptosis response to combined treatment with etoposide and TRAIL. Mol Cell Biol 20:205–212

Gillet G, Guerin M, Trembleau A, Brun G (1995) A Bcl-2-related gene is activated in avian cells transformed by the Rous sarcoma virus. EMBO J 14:1372–1381

Godfrey WR, Fagnoni FF, Harara MA, Buck D, Engleman EG (1994) Identification of a human OX-40 ligand, a costimulator of $CD4^+$ T cells with homology to tumor necrosis factor. J Exp Med 180:757–762

Goldin RD, Hunt NC, Clark J, Wickramasinghe SN (1993) Apoptotic bodies in a murine model of alcoholic liver disease: reversibility of ethanol-induced changes. J Pathol 171:73–76

Goodwin RG, Alderson MR, Smith CA et al. (1993a) Molecular and biological characterization of a ligand for CD27 defines a new family of cytokines with homology to tumor necrosis factor. Cell 73:447–456

Goodwin RG, Din WS, Davis-Smith T et al. (1993b) Molecular cloning of a ligand for the inducible T cell gene 4-1BB: a member of an emerging family of cytokines with homology to tumor necrosis factor. Eur J Immunol 23: 2631–2641

Graf D, Korthauer U, Mages HW, Senger G, Kroczek RA (1992) Cloning of TRAP, a ligand for CD40 on human T cells. Eur J Immunol 22:3191–3194

Gray PW, Aggarwal BB, Benton CV et al. (1984) Cloning and expression of cDNA for human lymphotoxin, a lymphokine with tumour necrosis activity. Nature 312:721–724

Green DR, Amarante-Mendes GP (1998) The point of no return: mitochondria, caspases, and the commitment to cell death. Res Probl Cell Diff 24:45–61

Griffith TS, Brunner T, Fletcher SM, Green DR, Ferguson TA (1995) Fas ligand-induced apoptosis as a mechanism of immune privilege. Science 270:1189–1192

Hahne M, Rimoldi D, Schroter M et al. (1996) Melanoma cell expression of Fas(Apo-1/CD95) ligand: implications for tumor immune escape. Science 274:1363–1366

Hahne M, Kataoka T, Schroter M et al. (1998) APRIL, a new ligand of the tumor necrosis factor family, stimulates tumor cell growth. J Exp Med 188:1185–1190

Halenbeck R, MacDonald H, Roulston A, Chen TT, Conroy L, Williams LT (1998) CPAN, a human nuclease regulated by the caspase-sensitive inhibitor DFF45. Curr Biol 8: 537–540

Haller A (1758) Sur la formation du coeur dans le poulet. Bousquet, Lausanne

Han J, Sabbatini P, White E (1996) Induction of apoptosis by human Nbk/Bik, a BH3-containing protein that interacts with E1B 19K. Mol Cell Biol 16:5857–5864

Harrop JA, McDonnell PC, Brigham-Burke M et al. (1998) Herpesvirus entry mediator ligand (HVEM-L), a novel ligand for HVEM/TR2, stimulates proliferation of T cells and inhibits HT29 cell growth. J Biol Chem 273:27.548–27.556

Harvey W (1628) Exercitatio anatomica de motu cordis et sanguinis in animalibus. Sumptibus Gulielmi Fitzeri, Francoforti

Hegde R, Srinivasula SM, Ahmad M, Fernandes-Alnemri T, Alnemri ES (1998) Blk, a BH3-containing mouse protein that interacts with Bcl-2 and Bcl-xL, is a potent death agonist. J Biol Chem 273:7783–7786

Hengartner MO, Horvitz HR (1994) Activation of *C. elegans* cell death protein CED-9 by an amino-acid substitution in a domain conserved in Bcl-2. Nature 369:318–320

Higaki K, Yano H, Kojiro M (1996) Fas antigen expression and its relationship with apoptosis in human hepatocellular carcinoma and noncancerous tissues. Am J Pathol 149:429–437

Hildeman DA, Mitchell T, Teague TK et al. (1999) Reactive oxygen species regulate activation-induced T cell apoptosis. Immunity 10:735–744

Hill LL, Ouhtit A, Loughlin SM, Kripke ML, Ananthaswamy HN, Owen-Schaub LB (1999a) Fas ligand: a sensor for DNA damage critical in skin cancer etiology. Science 285:898–900

Hill LL, Shreedhar VK, Kripke ML, Owen-Schaub LB (1999b) A critical role for Fas ligand in the active suppression of systemic immune responses by ultraviolet radiation. J Exp Med 189:1285–1294

Hockenberry MJ, Coody DK, Bennett BS (1990) Childhood cancers: incidence, etiology, diagnosis, and treatment. Pediatr Nurs 16:239–246

Hollenbaugh D, Grosmaire LS, Kullas CD et al. (1992) The human T cell antigen gp39, a member of the TNF gene family, is a ligand for the CD40 receptor: expression of a soluble form of gp39 with B cell co-stimulatory activity. EMBO J 11:4313–4321

Horvitz HR, Shaham S, Hengartner MO (1994) The genetics of programmed cell death in the nematode *Caenorhabditis elegans*. Cold Spring Harb Symp Quant Biol 59:377–385

Hsu SY, Kaipia A, McGee E, Lomeli M, Hsueh AJ (1997a) Bok is a pro-apoptotic Bcl-2 protein with restricted expression in reproductive tissues and heterodimerizes with selective anti-apoptotic Bcl-2 family members. Proc Natl Acad Sci USA 94:12.401–12.406

Hsu H, Solovyev I, Colombero A, Elliott R, Kelley M, Boyle WJ (1997b) ATAR, a novel tumor necrosis factor receptor family member, signals through TRAF2 and TRAF5. J Biol Chem 272:13.471–13.474

Hsu SY, Lin P, Hsueh AJ (1998) BOD (Bcl-2-related ovarian death gene) is an ovarian BH3 domain-containing proapoptotic Bcl-2 protein capable of dimerization with diverse antiapoptotic Bcl-2 members. Mol Endocrinol 12:1432–1440

Hu S, Snipas SJ, Vincenz C, Salvesen G, Dixit VM (1998) Caspase-14 is a novel developmentally regulated protease. J Biol Chem 273:29.648–29.653

Huang B, Eberstadt M, Olejniczak ET, Meadows RP, Fesik SW (1996) NMR structure and mutagenesis of the Fas (APO-1/CD95) death domain. Nature 384:638–641

Huang DC, Cory S, Strasser A (1997a) Bcl-2, Bcl-XL and adenovirus protein E1B19kD are functionally equivalent in their ability to inhibit cell death. Oncogene 14:405–414

Huang QR, Morris D, Manolios N (1997b) Identification and characterization of polymorphisms in the promoter region of the human Apo-1/Fas (CD95) gene. Mol Immunol 34:577–582

Hug H, Strand S, Grambihler A et al. (1997) Reactive oxygen intermediates are involved in the induction of CD95 ligand mRNA expression by cytostatic drugs in hepatoma cells. J Biol Chem 272:28.191–28.193

Humke EW, Ni J, Dixit VM (1998) ERICE, a novel FLICE-activatable caspase. J Biol Chem 273:15.702–15.707

Igney FH, Behrens CK, Krammer PH (2000) Tumor counterattack-concept and reality. Eur J Immunol 30:725–731

Imaizumi K, Tsuda M, Imai Y, Wanaka A, Takagi T, Tohyama M (1997) Molecular cloning of a novel polypeptide, DP5, induced during programmed neuronal death. J Biol Chem 272:18.842–18.848

Inohara N, Ding L, Chen S, Nunez G (1997) Harakiri, a novel regulator of cell death, encodes a protein that activates apoptosis and interacts selectively with survival-promoting proteins Bcl-2 and Bcl-X(L). EMBO J 16:1686–1694

Inohara N, Ekhterae D, Garcia I et al. (1998a) Mtd, a novel Bcl-2 family member activates apoptosis in the absence of heterodimerization with Bcl-2 and Bcl-XL. J Biol Chem 273:8705–8710

Inohara N, Gourley TS, Carrio R et al. (1998b) Diva, a Bcl-2 homologue that binds directly to Apaf-1 and induces BH3-independent cell death. J Biol Chem 273:32.479–32.486

Irmler M, Thome M, Hahne M et al. (1997) Inhibition of death receptor signals by cellular FLIP. Nature 388:190–195

Ito Y, Takeda T, Umeshita K et al. (1998) Fas antigen expression in hepatocellular carcinoma tissues. Oncol Rep 5:41–44

Itoh N, Nagata S (1993) A novel protein domain required for apoptosis. Mutational analysis of human Fas antigen. J Biol Chem 268:10.932–10.937

Itoh N, Yonehara S, Ishii A et al. (1991) The polypeptide encoded by the cDNA for human cell surface antigen Fas can mediate apoptosis. Cell 66:233–243

Itoh N, Tsujimoto Y, Nagata S (1993) Effect of bcl-2 on Fas antigen-mediated cell death. J Immunol 151:621–627

Jaattela M, Benedict M, Tewari M, Shayman JA, Dixit VM (1995) Bcl-x and Bcl-2 inhibit TNF and Fas-induced apoptosis and activation of phospholipase A2 in breast carcinoma cells. Oncogene 10:2297–2305

Jacobson MD, Burne JF, King MP, Miyashita T, Reed JC, Raff MC (1993) Bcl-2 blocks apoptosis in cells lacking mitochondrial DNA. Nature 361:365–369

Javitt NB (1966) Cholestasis in rats induced by taurolithocholate. Nature 210:1262–1263

Jeong EJ, Bang S, Lee TH, Park YI, Sim WS, Kim KS (1999) The solution structure of FADD death domain. Structural basis of death domain interactions of Fas and FADD. J Biol Chem 274:16.337–16.342

Jo M, Kim TH, Seol DW et al. (2000) Apoptosis induced in normal human hepatocytes by tumor necrosis factor-related apoptosis-inducing ligand. Nat Med 6:564–567

Kamens J, Paskind M, Hugunin M et al. (1995) Identification and characterization of ICH-2, a novel member of the interleukin-1 beta-converting enzyme family of cysteine proteases. J Biol Chem 270:15.250–15.256

Karsan A, Yee E, Kaushansky K, Harlan JM (1996) Cloning of human Bcl-2 homologue: inflammatory cytokines induce human A1 in cultured endothelial cells. Blood 87:3089–3096

Kasof GM, Gomes BC (2001) Livin, a novel inhibitor-of-apoptosis (IAP) family member. J Biol Chem 276:3238–3246

Kato J, Kobune M, Kohgo Y et al. (1996) Hepatic iron deprivation prevents spontaneous development of fulminant hepatitis and liver cancer in Long-Evans Cinnamon rats. J Clin Invest 98:923–929

Kayagaki N, Kawasaki A, Ebata T et al. (1995) Metalloproteinase-mediated release of human Fas ligand. J Exp Med 182:1777–1783

Kerr JF, Wyllie AH, Currie AR (1972) Apoptosis: a basic biological phenomenon with wide-ranging implications in tissue kinetics. Br J Cancer 26:239–257

Kischkel FC, Hellbardt S, Behrmann I et al. (1995) Cytotoxicity-dependent APO-1 (Fas/CD95)-associated proteins form a death-inducing signaling complex (DISC) with the receptor. EMBO J 14:5579–5588

Kitson J, Raven T, Jiang YP et al. (1996) A death-domain-containing receptor that mediates apoptosis. Nature 384: 372–375

Klaus SJ, Sidorenko SP, Clark EA (1996) CD45 ligation induces programmed cell death in T and B lymphocytes. J Immunol 156:2743–2753

Kluck RM, Bossy-Wetzel E, Green DR, Newmeyer DD (1997a) The release of cytochrome c from mitochondria: a primary site for Bcl-2 regulation of apoptosis. Science 275:1132–1136

Kluck RM, Martin SJ, Hoffman BM, Zhou JS, Green DR, Newmeyer DD (1997b) Cytochrome c activation of CPP32-like proteolysis plays a critical role in a *Xenopus* cell-free apoptosis system. EMBO J 16:4639–4649

Kondo T, Suda T, Fukuyama H, Adachi M, Nagata S (1997) Essential roles of the Fas ligand in the development of hepatitis. Nat Med 3:409–413

Krajewski S, Tanaka S, Takayama S, Schibler MJ, Fenton W, Reed JC (1993) Investigation of the subcellular distribution of the bcl-2 oncoprotein: residence in the nuclear envelope, endoplasmic reticulum, and outer mitochondrial membranes. Cancer Res 53:4701–4714

Kroemer G (1997) The proto-oncogene Bcl-2 and its role in regulating apoptosis [published erratum appears in Nat Med 1997 Aug,3(8):934]. Nat Med 3:614–620

Kroemer G (1998) The mitochondrion as an integrator/coordinator of cell death pathways. Cell Death Differ 5:547

Kroemer G, Reed JC (2000) Mitochondrial control of cell death. Nat Med 6:513–519

Kroemer G, Dallaporta B, Resche-Rigon M (1998) The mitochondrial death/life regulator in apoptosis and necrosis. Annu Rev Physiol 60:619–642

Kuida K, Zheng TS, Na S et al. (1996) Decreased apoptosis in the brain and premature lethality in CPP32-deficient mice. Nature 384:368–372

Kumar S, Kinoshita M, Noda M, Copeland NG, Jenkins NA (1994) Induction of apoptosis by the mouse Nedd2 gene, which encodes a protein similar to the product of the *Caenorhabditis elegans* cell death gene ced-3 and the mammalian IL-1 beta-converting enzyme. Genes Dev 8:1613–1626

Kurosawa H, Que FG, Roberts LR, Fesmier PJ, Gores GJ (1997) Hepatocytes in the bile duct-ligated rat express Bcl-2. Am J Physiol 272:G1587–G1593

Kurose I, Higuchi H, Kato S, Miura S, Ishii H (1996) Ethanol-induced oxidative stress in the liver. Alcohol Clin Exp Res 20:77A–85A

Kurose I, Higuchi H, Miura S et al. (1997) Oxidative stress-mediated apoptosis of hepatocytes exposed to acute ethanol intoxication. Hepatology 25:368–78

Kwon BS, Weissman SM (1989) cDNA sequences of two inducible T-cell genes. Proc Natl Acad Sci USA 86:1963–1967

Kwon BS, Tan KB, Ni J et al. (1997) A newly identified member of the tumor necrosis factor receptor superfamily with a wide tissue distribution and involvement in lymphocyte activation. J Biol Chem 272:14.272–14.276

Kwon B, Yu KY, Ni J et al. (1999) Identification of a novel activation-inducible protein of the tumor necrosis factor receptor superfamily and its ligand. J Biol Chem 274: 6056–61

Lacey DL, Timms E, Tan HL et al. (1998) Osteoprotegerin ligand is a cytokine that regulates osteoclast differentiation and activation. Cell 93:165–176

Lee RK, Spielman J, Podack ER (1996) Bcl-2 protects against Fas-based but not perforin-based T cell-mediated cytolysis. Int Immunol 8:991–1000

Leithauser F, Dhein J, Mechtersheimer G et al. (1993) Constitutive and induced expression of APO-1, a new member of the nerve growth factor/tumor necrosis factor receptor superfamily, in normal and neoplastic cells. Lab Invest 69:415–429

Leverkus M, Yaar M, Gilchrest BA (1997) Fas/Fas ligand interaction contributes to UV-induced apoptosis in human keratinocytes. Exp Cell Res 232:255–262

Lippke JA, Gu Y, Sarnecki C, Caron PR, Su MS (1996) Identification and characterization of CPP32/Mch2 homolog 1, a novel cysteine protease similar to CPP32. J Biol Chem 271:1825–1828

Lissy NA, Davis PK, Irwin M, Kaelin WG, Dowdy SF (2000) A common E2F-1 and p73 pathway mediates cell death induced by TCR activation. Nature 407:642–645
Liston P, Roy N, Tamai K et al. (1996) Suppression of apoptosis in mammalian cells by NAIP and a related family of IAP genes. Nature 379:349–353
Liu ZG, Baskaran R, Lea-Chou ET et al. (1996) Three distinct signalling responses by murine fibroblasts to genotoxic stress. Nature 384:273–276
Liu X, Zou H, Slaughter C, Wang X (1997) DFF, a heterodimeric protein that functions downstream of caspase-3 to trigger DNA fragmentation during apoptosis. Cell 89: 175–184
Liu X, Zou H, Widlak P, Garrard W, Wang X (1999) Activation of the apoptotic endonuclease DFF40 (caspase-activated DNase or nuclease). Oligomerization and direct interaction with histone H1. J Biol Chem 274:13.836–13.840
Loetscher H, Pan YC, Lahm HW et al. (1990) Molecular cloning and expression of the human 55 kd tumor necrosis factor receptor. Cell 61:351–359
Luo X, Budihardjo I, Zou H, Slaughter C, Wang X (1998) Bid, a Bcl2 interacting protein, mediates cytochrome c release from mitochondria in response to activation of cell surface death receptors. Cell 94:481–490
MacFarlane M, Ahmad M, Srinivasula SM, Fernandes-Alnemri T, Cohen GM, Alnemri ES (1997) Identification and molecular cloning of two novel receptors for the cytotoxic ligand TRAIL. J Biol Chem 272:25.417–25.420
Madry C, Laabi Y, Callebaut I et al. (1998) The characterization of murine BCMA gene defines it as a new member of the tumor necrosis factor receptor superfamily. Int Immunol 10:1693–1702
Malinin NL, Boldin MP, Kovalenko AV, Wallach D (1997) MAP3K-related kinase involved in NF-kappaB induction by TNF, CD95 and IL-1. Nature 385:540–544
Mallett S, Fossum S, Barclay AN (1990) Characterization of the MRC OX40 antigen of activated CD4 positive T lymphocytes – a molecule related to nerve growth factor receptor. EMBO J 9:1063–1068
Mandal M, Maggirwar SB, Sharma N, Kaufmann SH, Sun SC, Kumar R (1996) Bcl-2 prevents CD95 (Fas/APO-1)-induced degradation of lamin B and poly(ADP-ribose) polymerase and restores the NF-kappaB signaling pathway. J Biol Chem 271:30.354–30.359
Mariani SM, Matiba B, Armandola EA, Krammer PH (1994) The APO-1/Fas (CD95) receptor is expressed in homozygous MRL/lpr mice. Eur J Immunol 24:3119–3123
Mariani SM, Matiba B, Baumler C, Krammer PH (1995) Regulation of cell surface APO-1/Fas (CD95) ligand expression by metalloproteases. Eur J Immunol 25:2303–2307
Marsters SA, Sheridan JP, Donahue CJ et al. (1996) Apo-3, a new member of the tumor necrosis factor receptor family, contains a death domain and activates apoptosis and NF-kappa B. Curr Biol 6:1669–1676
Marsters SA, Sheridan JP, Pitti RM, Brush J, Goddard A, Ashkenazi A (1998) Identification of a ligand for the death-domain-containing receptor Apo3. Curr Biol 8:525–528
Marzo I, Brenner C, Kroemer G (1998a) The central role of the mitochondrial megachannel in apoptosis: evidence obtained with intact cells, isolated mitochondria, and purified protein complexes. Biomed Pharmacother 52: 248–251
Marzo I, Brenner C, Zamzami N et al. (1998b) Bax and adenine nucleotide translocator cooperate in the mitochondrial control of apoptosis. Science 281:2027–2031
Matsuzawa A, Moriyama T, Kaneko T et al. (1990) A new allele of the lpr locus, lprcg, that complements the gld gene in induction of lymphadenopathy in the mouse. J Exp Med 171:519–531
Mauri DN, Ebner R, Montgomery RI et al. (1998) LIGHT, a new member of the TNF superfamily, and lymphotoxin alpha are ligands for herpesvirus entry mediator. Immunity 8:21–30
Medema JP, Toes RE, Scaffidi C et al. (1997) Cleavage of FLICE (caspase-8) by granzyme B during cytotoxic T lymphocyte-induced apoptosis. Eur J Immunol 27:3492–3498
Memon SA, Moreno MB, Petrak D, Zacharchuk CM (1995) Bcl-2 blocks glucocorticoid – but not Fas – or activation-induced apoptosis in a T cell hybridoma. J Immunol 155:4644–4652
Minn AJ, Velez P, Schendel SL et al. (1997) Bcl-x(L) forms an ion channel in synthetic lipid membranes. Nature 385:353–357
Minn AJ, Kettlun CS, Liang H et al. (1999) Bcl-xL regulates apoptosis by heterodimerization-dependent and -independent mechanisms. EMBO J 18:632–643
Mittl PR, Di Marco S, Krebs JF et al. (1997) Structure of recombinant human CPP32 in complex with the tetrapeptide acetyl-Asp-Val-Ala-Asp fluoromethyl ketone. J Biol Chem 272:6539–6547
Monaghan P, Robertson D, Amos TA, Dyer MJ, Mason DW, Greaves MF (1992) Ultrastructural localization of bcl-2 protein. J Histochem Cytochem 40:1819–1825
Mongkolsapaya J, Cowper AE, Xu XN et al. (1998) Lymphocyte inhibitor of TRAIL (TNF-related apoptosis-inducing ligand): a new receptor protecting lymphocytes from the death ligand TRAIL. J Immunol 160:3–6
Montgomery RI, Warner MS, Lum BJ, Spear PG (1996) Herpes simplex virus-1 entry into cells mediated by a novel member of the TNF/NGF receptor family. Cell 87:427–436
Muchmore SW, Sattler M, Liang H et al. (1996) X-ray and NMR structure of human Bcl-xL, an inhibitor of programmed cell death. Nature 381:335–341
Mukhopadhyay A, Ni J, Zhai Y, Yu GL, Aggarwal BB (1999) Identification and characterization of a novel cytokine, THANK, a TNF homologue that activates apoptosis, nuclear factor-kappaB, and c-Jun NH2-terminal kinase. J Biol Chem 274:15 978–15 981
Muller M, Wilder S, Bannasch D et al. (1998) p53 activates the CD95 (APO-1/Fas) gene in response to DNA damage by anticancer drugs. J Exp Med 188:2033–2045
Munday NA, Vaillancourt JP, Ali A et al. (1995) Molecular cloning and pro-apoptotic activity of ICErelII and ICErelIII, members of the ICE/CED-3 family of cysteine proteases. J Biol Chem 270:15.870–15.876
Muzio M, Chinnaiyan AM, Kischkel FC et al. (1996) FLICE, a novel FADD-homologous ICE/CED-3-like protease, is recruited to the CD95 (Fas/APO-1) death-inducing signaling complex. Cell 85:817–827
Nakagawa T, Yuan J (2000) Cross-talk between two cysteine protease families. Activation of caspase-12 by calpain in apoptosis. J Cell Biol 150:887–894
Nicholson DW, Ali A, Thornberry NA et al. (1995) Identification and inhibition of the ICE/CED-3 protease necessary for mammalian apoptosis. Nature 376:37–43
Nishimatsu H, Takeuchi T, Ueki T et al. (1999) CD95 ligand expression enhances growth of murine renal cell carcinoma in vivo. Cancer Immunol Immunother 48:56–61

Nocentini G, Giunchi L, Ronchetti S et al. (1997) A new member of the tumor necrosis factor/nerve growth factor receptor family inhibits T cell receptor-induced apoptosis. Proc Natl Acad Sci USA 94:6216–6221
Oberhammer FA, Pavelka M, Sharma S et al. (1992) Induction of apoptosis in cultured hepatocytes and in regressing liver by transforming growth factor beta 1. Proc Natl Acad Sci USA 89:5408–5412
O'Connell J, O'Sullivan GC, Collins JK, Shanahan F (1996) The Fas counterattack: Fas-mediated T cell killing by colon cancer cells expressing Fas ligand. J Exp Med 184:1075–1082
O'Connor L, Strasser A, O'Reilly LA et al. (1998) Bim: a novel member of the Bcl-2 family that promotes apoptosis. EMBO J 17:384–395
Oda E, Ohki R, Murasawa H et al. (2000) Noxa, a BH3-only member of the Bcl-2 family and candidate mediator of p53-induced apoptosis. Science 288:1053–1058
Oehm A, Behrmann I, Falk W et al. (1992) Purification and molecular cloning of the APO-1 cell surface antigen, a member of the tumor necrosis factor/nerve growth factor receptor superfamily. Sequence identity with the Fas antigen. J Biol Chem 267:10709–10715
Oltvai ZN, Milliman CL, Korsmeyer SJ (1993) Bcl-2 heterodimerizes in vivo with a conserved homolog, Bax, that accelerates programmed cell death. Cell 74:609–619
Ona VO, Li M, Vonsattel JP et al. (1999) Inhibition of caspase-1 slows disease progression in a mouse model of Huntington's disease. Nature 399:263–267
Osmond DG (1993) The turnover of B-cell populations [published erratum appears in Immunol Today 1993 Feb; 14(2):68]. Immunol Today 14:34–37
Pan G, O'Rourke K, Chinnaiyan AM et al. (1997) The receptor for the cytotoxic ligand TRAIL. Science 276:111–113
Pan G, Bauer JH, Haridas V et al. (1998) Identification and functional characterization of DR6, a novel death domain-containing TNF receptor. FEBS Lett 431:351–356
Parker MW, Pattus F (1993) Rendering a membrane protein soluble in water: a common packing motif in bacterial protein toxins. Trends Biochem Sci 18:391–395
Peitsch MC, Tschopp J (1995) Comparative molecular modelling of the Fas-ligand and other members of the TNF family. Mol Immunol 32:761–772
Pennica D, Nedwin GE, Hayflick JS et al. (1984) Human tumour necrosis factor: precursor structure, expression and homology to lymphotoxin. Nature 312:724–729
Perez C, Albert I, DeFay K, Zachariades N, Gooding L, Kriegler M (1990) A nonsecretable cell surface mutant of tumor necrosis factor (TNF) kills by cell-to-cell contact. Cell 63:251–258
Peter ME, Krammer PH (1998) Mechanisms of CD95 (APO-1/Fas)-mediated apoptosis. Curr Opin Immunol 10:545–551
Peter ME, Kischkel FC, Scheuerpflug CG, Medema JP, Debatin KM, Krammer PH (1997) Resistance of cultured peripheral T cells towards activation-induced cell death involves a lack of recruitment of FLICE (MACH/caspase 8) to the CD95 death-inducing signaling complex. Eur J Immunol 27:1207–1212
Petit PX, Susin SA, Zamzami N, Mignotte B, Kroemer G (1996) Mitochondria and programmed cell death: back to the future. FEBS Lett 396:7–13
Pettersen RD, Hestdal K, Olafsen MK, Lie SO, Lindberg FP (1999) CD47 signals T cell death. J Immunol 162:7031–7040
Pitti RM, Marsters SA, Ruppert S, Donahue CJ, Moore A, Ashkenazi A (1996) Induction of apoptosis by Apo-2 ligand, a new member of the tumor necrosis factor cytokine family. J Biol Chem 271:12687–12690
Podack ER (1989) Granule-mediated cytolysis of target cells. Curr Top Microbiol Immunol 140:1–9
Quignon F, De Bels F, Koken M, Feunteun J, Ameisen JC, de The H (1998) PML induces a novel caspase-independent death process. Nat Genet 20:259–265
Radeke MJ, Feinstein SC (1991) Analytical purification of the slow, high affinity NGF receptor: identification of a novel 135 kd polypeptide. Neuron 7:141–150
Rajcan-Separovic E, Liston P, Lefebvre C, Korneluk RG (1996) Assignment of human inhibitor of apoptosis protein (IAP) genes xiap, hiap-1, and hiap-2 to chromosomes Xq25 and 11q22-q23 by fluorescence in situ hybridization. Genomics 37:404–406
Rasper DM, Vaillancourt JP, Hadano S et al. (1998) Cell death attenuation by "Usurpin", a mammalian DED-caspase homologue that precludes caspase-8 recruitment and activation by the CD-95 (Fas, APO-1) receptor complex. Cell Death Differ 5:271–288
Rathke H (1825) Kiemen bey Säugethieren. Isis 747
Ray RB, Meyer K, Ray R (1996) Suppression of apoptotic cell death by hepatitis C virus core protein. Virology 226:176–182
Refaeli Y, Van Parijs L, London CA, Tschopp J, Abbas AK (1998) Biochemical mechanisms of IL-2-regulated Fas-mediated T cell apoptosis. Immunity 8:615–623
Reynolds JE, Yang T, Qian L et al. (1994) Mcl-1, a member of the Bcl-2 family, delays apoptosis induced by c-Myc overexpression in Chinese hamster ovary cells. Cancer Res 54:6348–6352
Rieux-Laucat F, Le Deist F, Hivroz C et al. (1995) Mutations in Fas associated with human lymphoproliferative syndrome and autoimmunity. Science 268:1347–1349
Roberts LR, Kurosawa H, Bronk SF et al. (1997) Cathepsin B contributes to bile salt-induced apoptosis of rat hepatocytes. Gastroenterology 113:1714–1726
Rothe M, Pan MG, Henzel WJ, Ayres TM, Goeddel DV (1995) The TNFR2-TRAF signaling complex contains two novel proteins related to baculoviral inhibitor of apoptosis proteins. Cell 83:1243–1252
Rotonda J, Nicholson DW, Fazil KM et al. (1996) The three-dimensional structure of apopain/CPP32, a key mediator of apoptosis. Nat Struct Biol 3:619–625
Rouvier E, Luciani MF, Golstein P (1993) Fas involvement in $Ca^{(2+)}$-independent T cell-mediated cytotoxicity. J Exp Med 177:195–200
Roy N, Mahadevan MS, McLean M et al. (1995) The gene for neuronal apoptosis inhibitory protein is partially deleted in individuals with spinal muscular atrophy. Cell 80:167–178
Ruggieri A, Harada T, Matsuura Y, Miyamura T (1997) Sensitization to Fas-mediated apoptosis by hepatitis C virus core protein. Virology 229:68–76
Rust C, Karnitz LM, Paya CV, Moscat J, Simari RD, Gores GJ (2000) The bile acid taurochenodeoxycholate activates a phosphatidylinositol 3-kinase-dependent survival signaling cascade. J Biol Chem 275:20210–20216
Sakahira H, Enari M, Nagata S (1998) Cleavage of CAD inhibitor in CAD activation and DNA degradation during apoptosis. Nature 391:96–99
Scaffidi C, Fulda S, Srinivasan A et al. (1998) Two CD95 (APO-1/Fas) signaling pathways. EMBO J 17:1675–1687

Scaffidi C, Kirchhoff S, Krammer PH, Peter ME (1999a) Apoptosis signaling in lymphocytes. Curr Opin Immunol 11:277–285
Scaffidi C, Schmitz I, Krammer PH, Peter ME (1999b) The role of c-FLIP in modulation of CD95-induced apoptosis. J Biol Chem 274:1541–1548
Schall TJ, Lewis M, Koller KJ et al. (1990) Molecular cloning and expression of a receptor for human tumor necrosis factor. Cell 61:361–370
Schendel SL, Xie Z, Montal MO, Matsuyama S, Montal M, Reed JC (1997) Channel formation by antiapoptotic protein Bcl-2. Proc Natl Acad Sci USA 94:5113–5118
Schilsky ML (1997) Ironic insult added to copper injury. Hepatology 25:776–778
Schleiden MJ (1842) Grundzuege der wissenschaftlichen Botanik. Engelmann, Leipzig
Schmucker DL, Ohta M, Kanai S, Sato Y, Kitani K (1990) Hepatic injury induced by bile salts: correlation between biochemical and morphological events. Hepatology 12:1216–1221
Schneider P, Bodmer JL, Thome M, Hofmann K, Holler N, Tschopp J (1997) Characterization of two receptors for TRAIL. FEBS Lett 416:329–334
Schneider P, MacKay F, Steiner V et al. (1999) BAFF, a novel ligand of the tumor necrosis factor family, stimulates B cell growth. J Exp Med 189:1747–1756
Schulte-Hermann R, Bursch W, Grasl-Kraupp B (1995a) Active cell death (apoptosis) in liver biology and disease. Prog Liver Dis 13:1–35
Schulte-Hermann R, Bursch W, Grasl-Kraupp B, Torok L, Ellinger A, Mullauer L (1995b) Role of active cell death (apoptosis) in multi-stage carcinogenesis. Toxicol Lett 82–83:143–148
Schwann T (1839) Mikroskopische Untersuchungen ueber die Uebereinstimmung in der Struktur und dem Wachstum der Tiere und Pflanzen. Sander, Berlin
Screaton GR, Mongkolsapaya J, Xu XN, Cowper AE, McMichael AJ, Bell JI (1997a) TRICK2, a new alternatively spliced receptor that transduces the cytotoxic signal from TRAIL. Curr Biol 7:693–696
Screaton GR, Xu XN, Olsen AL et al. (1997b) LARD: a new lymphoid-specific death domain containing receptor regulated by alternative pre-mRNA splicing. Proc Natl Acad Sci USA 94:4615–4619
Sentman CL, Shutter JR, Hockenbery D, Kanagawa O, Korsmeyer SJ (1991) bcl-2 inhibits multiple forms of apoptosis but not negative selection in thymocytes. Cell 67:879–888
Sheridan JP, Marsters SA, Pitti RM et al. (1997) Control of TRAIL-induced apoptosis by a family of signaling and decoy receptors. Science 277:818–821
Shi YF, Szalay MG, Paskar Let al. (1990) Activation-induced cell death in T cell hybridomas is due to apoptosis. Morphologic aspects and DNA fragmentation [published erratum appears in J Immunol 1990 Dec 1; 145(11):3945]. J Immunol 144:3326–3333
Shimizu M, Yoshimoto T, Nagata S, Matsuzawa A (1996) A trial to kill tumor cells through Fas (CD95)-mediated apoptosis in vivo. Biochem Biophys Res Commun 228: 375–379
Shirai T, Yamaguchi H, Ito H, Todd CW, Wallace RB (1985) Cloning and expression in *Escherichia coli* of the gene for human tumour necrosis factor. Nature 313:803–806
Shu HB, Hu WH, Johnson H (1999) TALL-1 is a novel member of the TNF family that is down-regulated by mitogens. J Leukoc Biol 65:680–683
Siegel RM, Frederiksen JK, Zacharias DA et al. (2000) Fas preassociation required for apoptosis signaling and dominant inhibition by pathogenic mutations. Science 288:2354–2357
Simonet WS, Lacey DL, Dunstan CR et al. (1997) Osteoprotegerin: a novel secreted protein involved in the regulation of bone density. Cell 89:309–319
Singer GG, Abbas AK (1994) The fas antigen is involved in peripheral but not thymic deletion of T lymphocytes in T cell receptor transgenic mice. Immunity 1:365–371
Smith CA, Davis T, Anderson D et al. (1990) A receptor for tumor necrosis factor defines an unusual family of cellular and viral proteins. Science 248:1019–1023
Smith CA, Gruss HJ, Davis T et al. (1993) CD30 antigen, a marker for Hodgkin's lymphoma, is a receptor whose ligand defines an emerging family of cytokines with homology to TNF. Cell 73:1349–1360
Smith CA, Farrah T, Goodwin RG (1994) The TNF receptor superfamily of cellular and viral proteins: activation, costimulation, and death. Cell 76:959–962
Smyth MJ, Thia KY, Cretney E et al. (1999) Perforin is a major contributor to NK cell control of tumor metastasis. J Immunol 162:6658–6662
Song Q, Kuang Y, Dixit VM, Vincenz C (1999) Boo, a novel negative regulator of cell death, interacts with Apaf-1. EMBO J 18:167–178
Spengler U, Zachoval R, Gallati H et al. (1996) Serum levels and in situ expression of TNF-alpha and TNF-alpha binding proteins in inflammatory liver diseases. Cytokine 8:864–872
Srinivasula SM, Fernandes-Alnemri T, Zangrilli J et al. (1996) The Ced-3/interleukin 1beta converting enzyme-like homolog Mch6 and the lamin-cleaving enzyme Mch2alpha are substrates for the apoptotic mediator CPP32. J Biol Chem 271:27 099–27 106
Srinivasula SM, Ahmad M, Fernandes-Alnemri T, Alnemri ES (1998a) Autoactivation of procaspase-9 by Apaf-1-mediated oligomerization. Mol Cell 1:949–957
Srinivasula SM, Ahmad M, MacFarlane M et al. (1998b) Generation of constitutively active recombinant caspases-3 and -6 by rearrangement of their subunits. J Biol Chem 273:10 107–10 111
Stamenkovic I, Clark EA, Seed B (1989) A B-lymphocyte activation molecule related to the nerve growth factor receptor and induced by cytokines in carcinomas. EMBO J 8:1403–1410
Strand S, Hofmann WJ, Hug H et al. (1996) Lymphocyte apoptosis induced by CD95 (APO-1/Fas) ligand-expressing tumor cells – a mechanism of immune evasion? Nat Med 2:1361–1366
Strand S, Hofmann WJ, Grambihler A et al. (1998) Hepatic failure and liver cell damage in acute Wilson's disease involve CD95 (APO-1/Fas) mediated apoptosis. Nat Med 4:588–593
Strasser A, Harris AW, Huang DC, Krammer PH, Cory S (1995) Bcl-2 and Fas/APO-1 regulate distinct pathways to lymphocyte apoptosis. EMBO J 14:6136–6147
Streffer JR, Schuster M, Pohl U et al. (1999) Irradiation induced clonogenic cell death of human malignant glioma cells does not require CD95/CD95L interactions. Anticancer Res 19:5265–5269
Stuart PM, Griffith TS, Usui N, Pepose J, Yu X, Ferguson TA (1997) CD95 ligand (FasL)-induced apoptosis is necessary for corneal allograft survival. J Clin Invest 99:396–402

Suda T, Takahashi T, Golstein P, Nagata S (1993) Molecular cloning and expression of the Fas ligand, a novel member of the tumor necrosis factor family. Cell 75:1169–1178

Susin SA, Zamzami N, Castedo M et al. (1996) Bcl-2 inhibits the mitochondrial release of an apoptogenic protease. J Exp Med 184:1331–1341

Susin SA, Lorenzo HK, Zamzami N et al. (1999a) Mitochondrial release of caspase-2 and -9 during the apoptotic process. J Exp Med 189:381–394

Susin SA, Lorenzo HK, Zamzami N et al. (1999b) Molecular characterization of mitochondrial apoptosis-inducing factor. Nature 397:441–416

Susin SA, Daugas E, Ravagnan L et al. (2000) Two distinct pathways leading to nuclear apoptosis. J Exp Med 192: 571–580

Sytwu HK, Liblau RS, McDevitt HO (1996) The roles of Fas/APO-1 (CD95) and TNF in antigen-induced programmed cell death in T cell receptor transgenic mice. Immunity 5:17–30

Takahashi T, Tanaka M, Brannan CI et al. (1994a) Generalized lymphoproliferative disease in mice, caused by a point mutation in the Fas ligand. Cell 76:969–976

Takahashi T, Tanaka M, Inazawa J, Abe T, Suda T, Nagata S (1994b) Human Fas ligand: gene structure, chromosomal location and species specificity. Int Immunol 6:1567–1574

Takayama S, Sato T, Krajewski S et al. (1995) Cloning and functional analysis of BAG-1: a novel Bcl-2-binding protein with anti-cell death activity. Cell 80:279–284

Takeuchi T, Ueki T, Nishimatsu H et al. (1999) Accelerated rejection of Fas ligand-expressing heart grafts. J Immunol 162:518–522

Takimoto R, El-Deiry WS (2000) Wild-type p53 transactivates the KILLER/DR5 gene through an intronic sequence-specific DNA-binding site. Oncogene 19:1735–1743

Tanaka S, Saito K, Reed JC (1993) Structure-function analysis of the Bcl-2 oncoprotein. Addition of a heterologous transmembrane domain to portions of the Bcl-2 beta protein restores function as a regulator of cell survival. J Biol Chem 268:10920–10926

Tanaka M, Suda T, Takahashi T, Nagata S (1995) Expression of the functional soluble form of human fas ligand in activated lymphocytes. EMBO J 14:1129–1135

Tartaglia LA, Ayres TM, Wong GH, Goeddel DV (1993a) A novel domain within the 55 kd TNF receptor signals cell death. Cell 74:845–853

Tartaglia LA, Pennica D, Goeddel DV (1993b) Ligand passing: the 75-kDa tumor necrosis factor (TNF) receptor recruits TNF for signaling by the 55-kDa TNF receptor. J Biol Chem 268:18.542–18.548

Tewari M, Quan LT, O'Rourke K et al. (1995) Yama/CPP32 beta, a mammalian homolog of CED-3, is a CrmA-inhibitable protease that cleaves the death substrate poly(ADP-ribose) polymerase. Cell 81:801–809

Thompson CB (1995) Apoptosis in the pathogenesis and treatment of disease. Science 267:1456–1462

Thornberry NA, Bull HG, Calaycay JR et al. (1992) A novel heterodimeric cysteine protease is required for interleukin-1 beta processing in monocytes. Nature 356:768–774

Trapani JA, Jans P, Smyth MJ et al. (1998) Perforin-dependent nuclear entry of granzyme B procedes apoptosis, and is not a consequence of nuclear membrane dysfunction. Cell Death Differ 5:488–496

Trauth BC, Klas C, Peters AM et al. (1989) Monoclonal antibody-mediated tumor regression by induction of apoptosis. Science 245:301–305

Tsujimoto Y, Cossman J, Jaffe E, Croce CM (1985a) Involvement of the *bcl-2* gene in human follicular lymphoma. Science 228:1440–1443

Tsujimoto Y, Gorham J, Cossman J, Jaffe E, Croce CM (1985b) The t(14;18) chromosome translocations involved in B-cell neoplasms result from mistakes in VDJ joining. Science 229:1390–1393

Tsujimoto Y, Jaffe E, Cossman J, Gorham J, Nowell PC, Croce CM (1985c) Clustering of breakpoints on chromosome 11 in human B-cell neoplasms with the t(11;14) chromosome translocation. Nature 315:340–343

Van de Craen M, Vandenabeele P, Declercq W et al. (1997) Characterization of seven murine caspase family members. FEBS Lett 403:61–69

Van de Craen M, Van Loo G, Pype S et al. (1998) Identification of a new caspase homologue: caspase-14. Cell Death Differ 5:838–846

Van der Heiden MG, Chandel NS, Williamson EK, Schumacker PT, Thompson CB (1997) Bcl-xL regulates the membrane potential and volume homeostasis of mitochondria. Cell 91:627–637

Van Parijs L, Ibraghimov A, Abbas AK (1996) The roles of costimulation and Fas in T cell apoptosis and peripheral tolerance. Immunity 4:321–328

Varfolomeev EE, Schuchmann M, Luria V et al. (1998) Targeted disruption of the mouse Caspase 8 gene ablates cell death induction by the TNF receptors, Fas/Apo1, and DR3 and is lethal prenatally. Immunity 9:267–276

Vaux DL, Korsmeyer SJ (1999) Cell death in development. Cell 96:245–254

Vaux DL, Cory S, Adams JM (1988) Bcl-2 gene promotes haemopoietic cell survival and cooperates with c-myc to immortalize pre-B cells. Nature 335:440–442

Verhagen AM, Ekert PG, Pakusch M et al. (2000) Identification of DIABLO, a mammalian protein that promotes apoptosis by binding to and antagonizing IAP proteins. Cell 102:43–53

Vincenz C, Dixit VM (1997) Fas-associated death domain protein interleukin-1beta-converting enzyme 2 (FLICE2), an ICE/Ced-3 homologue, is proximally involved in CD95- and p55-mediated death signaling. J Biol Chem 272:6578–6583

Vogt C (1842) Untersuchungen ueber die Entwicklung der Geburtshelferkroete (*Alytes obstetricans*). Jent & Gassmann, Solothurn

Walczak H, Degli-Esposti MA, Johnson RS et al. (1997) TRAIL-R2: a novel apoptosis-mediating receptor for TRAIL. EMBO J 16:5386–5397

Walczak H, Miller RE, Ariail K et al. (1999) Tumoricidal activity of tumor necrosis factor-related apoptosis-inducing ligand in vivo. Nat Med 5:157–163

Walczak H, Bouchon A, Stahl H, Krammer PH (2000) Tumor necrosis factor-related apoptosis-inducing ligand retains its apoptosis-inducing capacity on Bcl-2- or Bcl-xL-overexpressing chemotherapy-resistant tumor cells. Cancer Res 60:3051–3057

Walker NP, Talanian RV, Brady KD et al. (1994) Crystal structure of the cysteine protease interleukin-1 beta-converting enzyme: a (p20/p10)2 homodimer. Cell 78:343–352

Wang HG, Reed JC (1998) Mechanisms of Bcl-2 protein function. Histol Histopathol 13:521–530

Wang AM, Creasey AA, Ladner MB et al. (1985) Molecular cloning of the complementary DNA for human tumor necrosis factor. Science 228:149–154

Wang L, Miura M, Bergeron L, Zhu H, Yuan J (1994) Ich-1, an Ice/ced-3-related gene, encodes both positive and negative regulators of programmed cell death. Cell 78:739–750

Wang S, Miura M, Jung Y et al. (1996a) Identification and characterization of Ich-3, a member of the interleukin-1beta converting enzyme (ICE)/Ced-3 family and an upstream regulator of ICE. J Biol Chem 271:20.580–20.587

Wang K, Yin XM, Chao DT, Milliman CL, Korsmeyer SJ (1996b) BID: a novel BH3 domain-only death agonist. Genes Dev 10:2859–2869

Watanabe-Fukunaga R, Brannan CI, Copeland NG, Jenkins NA, Nagata S (1992a) Lymphoproliferation disorder in mice explained by defects in Fas antigen that mediates apoptosis. Nature 356:314–317

Watanabe-Fukunaga R, Brannan CI, Itoh N et al. (1992b) The cDNA structure, expression, and chromosomal assignment of the mouse Fas antigen. J Immunol 148:1274–1279

Weissmann A (1863) Die Entwicklung der Dipterien im Ei nach Beobachtung an *Chironomus* spec. Z Wiss Zool 14:187

Westendorp MO, Frank R, Ochsenbauer C et al. (1995) Sensitization of T cells to CD95-mediated apoptosis by HIV-1 Tat and gp120. Nature 375:497–500

Wiley SR, Schooley K, Smolak PJ et al. (1995) Identification and characterization of a new member of the TNF family that induces apoptosis. Immunity 3:673–682

Wilson KP, Black JA, Thomson JA et al. (1994) Structure and mechanism of interleukin-1 beta converting enzyme. Nature 370:270–275

Wong BR, Josien R, Lee SY et al. (1997) TRANCE (tumor necrosis factor [TNF]-related activation-induced cytokine), a new TNF family member predominantly expressed in T cells, is a dendritic cell-specific survival factor. J Exp Med 186:2075–2080

Yang Y, Ashwell JD (1999) Thymocyte apoptosis. J Clin Immunol 19:337–349

Yang E, Zha J, Jockel J, Boise LH, Thompson CB, Korsmeyer SJ (1995) Bad, a heterodimeric partner for Bcl-XL and Bcl-2, displaces Bax and promotes cell death. Cell 80:285–291

Yang J, Liu X, Bhalla K et al. (1997) Prevention of apoptosis by Bcl-2: release of cytochrome c from mitochondria blocked. Science 275:1129–1132

Yasuda H, Shima N, Nakagawa N et al. (1998) Osteoclast differentiation factor is a ligand for osteoprotegerin/osteoclastogenesis-inhibitory factor and is identical to TRANCE/RANKL. Proc Natl Acad Sci USA 95:3597–3602

Yin XM, Wang K, Gross A et al. (1999) Bid-deficient mice are resistant to Fas-induced hepatocellular apoptosis. Nature 400:886–891

Yonehara S, Ishii A, Yonehara M (1989) A cell-killing monoclonal antibody (anti-Fas) to a cell surface antigen co-downregulated with the receptor of tumor necrosis factor. J Exp Med 169:1747–1756

Yu KY, Kwon B, Ni J, Zhai Y, Ebner R, Kwon BS (1999) A newly identified member of tumor necrosis factor receptor superfamily (TR6) suppresses LIGHT-mediated apoptosis. J Biol Chem 274:13733–13736

Yuan J, Shaham S, Ledoux S, Ellis HM, Horvitz HR (1993) The *C. elegans* cell death gene ced-3 encodes a protein similar to mammalian interleukin-1 beta-converting enzyme. Cell 75:641–652

Zamzami N, Marchetti P, Castedo M et al. (1995) Reduction in mitochondrial potential constitutes an early irreversible step of programmed lymphocyte death in vivo. J Exp Med 181:1661–1672

Zamzami N, Marchetti P, Castedo M et al. (1996a) Inhibitors of permeability transition interfere with the disruption of the mitochondrial transmembrane potential during apoptosis. FEBS Lett 384:53–57

Zamzami N, Susin SA, Marchetti P et al. (1996b) Mitochondrial control of nuclear apoptosis. J Exp Med 183:1533–1544

Zamzami N, Brenner C, Marzo I, Susin SA, Kroemer G (1998a) Subcellular and submitochondrial mode of action of Bcl-2-like oncoproteins. Oncogene 16:2265–2282

Zamzami N, Marzo I, Susin SA et al. (1998b) The thiol crosslinking agent diamide overcomes the apoptosis-inhibitory effect of Bcl-2 by enforcing mitochondrial permeability transition. Oncogene 16:1055–1063

Zhao M, Laissue JA, Zimmermann A (1997) Hepatocyte apoptosis in hepatic iron overload diseases. Histol Histopathol 12:367–374

Zou H, Henzel WJ, Liu X, Lutschg A, Wang X (1997) Apaf-1, a human protein homologous to *C. elegans* CED-4, participates in cytochrome c-dependent activation of caspase-3. Cell 90:405–413

1.8 Molekulare Mechanismen von Zell-Zell-Wechselwirkungen

Thomas Brümmendorf

Inhaltsverzeichnis

1.8.1 Bedeutung zellulärer Wechselwirkungen

Molekulare Mechanismen für spezifische Wechselwirkungen zwischen Zellen entstanden schon früh in der Evolution, beim Übergang von einzelligen zu vielzelligen Eukaryonten. Bei Wirbeltieren spielen Zell-Zell-Wechselwirkungen in der Histogenese und Organogenese während der Embryonalentwicklung und im ausdifferenzierten Gewebe des adulten Organismus eine zentrale Rolle. Viele zelluläre Interaktionen in der Ontogenese sind überwiegend dynamisch, die meisten Zell-Zell-Wechselwirkungen im adulten Gewebe dagegen weitgehend statisch. Viele der nicht in einen stabilen Gewebeverband integrierten Zellen des Immunsystems gehen besonders dynamische, teilweise kurzlebige, zelluläre Interaktionen ein (Alberts et al. 1994, Lodish et al. 2000).

Zelluläre Wechselwirkungen in der Embryonalentwicklung

In der Embryonalentwicklung sind Zelladhäsionsprozesse schon bei der frühesten äußerlich erkennbaren Differenzierung beteiligt: während der Kompaktion des Embryos (bei der Maus im 8-Zell-Stadium), die mit einer Verstärkung interzellulärer Kontakte der Blastomeren einhergeht (Abb. 1.8.1 A). Zell-Zell-Wechselwirkungen sind an der nachfolgenden Gastrulation und an allen späteren morphogenetischen Prozessen beteiligt. Dabei werden Zellverbände gefaltet, Zellen lösen sich aus dem Gewebeverband, wandern durch das Gewebe und reaggregieren zu Zielstrukturen (Abb. 1.8.1 B, C, E). Neben der direkten Wechselwirkung von Zellen untereinander gewinnt schon früh in der Entwicklung ein 2. Aspekt an Bedeutung: Für viele Entwicklungsprozesse ist auch die Wechselwirkung von Zellen mit Komponenten der Extrazellulärmatrix (ECM) von Bedeutung, beispielsweise bei der Zellwanderung (Abb. 1.8.1 C). Außerdem werden auch das Wachstum und die Lenkung von Axonen in der Entwicklung des Nervensystems

Ganten / Ruckpaul (Hrsg.)
Grundlagen der Molekularen Medizin,
2. Auflage

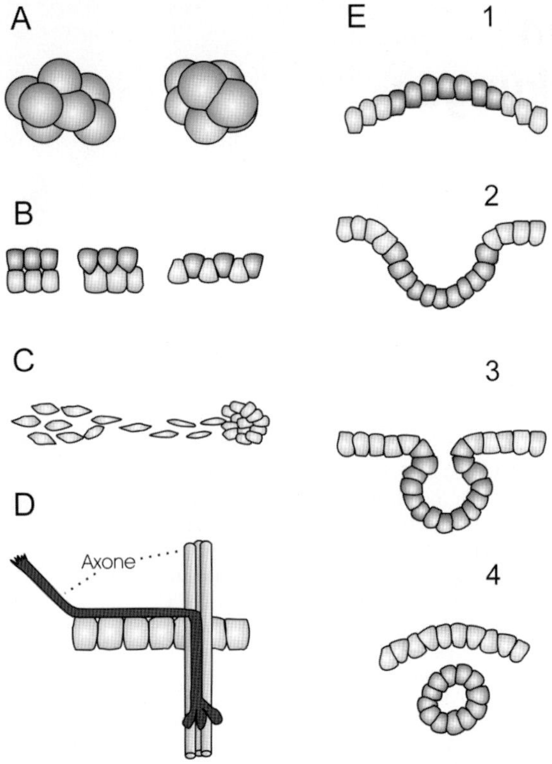

Abb. 1.8.1 A–E. Zell-Zell-Wechselwirkungen in der Embryonalentwicklung. Zelluläre Interaktionen tragen zur Kompaktion des frühen Embryos (**A**) und zur Zellinterkalation bei, ein Vorgang bei dem sich Zellverbände ineinander schieben (**B**). Bei der Auflösung und Bildung von Zellaggregaten werden Zell-Zell-Interaktionen reguliert (**C**). Bei Zellwanderungen spielen auch Wechselwirkungen mit der ECM eine Rolle. Zelluläre Wechselwirkungen sind am kontaktabhängigen Wachstum von Axonen über Zelloberflächen beteiligt (**D**). Auch bei komplexen Faltungsvorgängen, wie der Neurulation, spielen Zell-Zell-Interaktionen eine Rolle (**E**)

durch Zell-Zell- und durch Zell-Matrix-Wechselwirkungen reguliert (Abb. 1.8.1 D).

Zelluläre Interaktionen im ausdifferenzierten Gewebeverband

Im adulten Organismus sind die meisten Zellen in stabile Gewebeverbände integriert, aus denen wiederum die Organe aufgebaut sind. Verschiedene Gewebe unterscheiden sich dabei im Hinblick auf die relative Bedeutung direkter Zell-Zell-Interaktionen im Vergleich zu Zell-Matrix-Wechselwirkungen. Im Bindegewebe mit seinem hohen Anteil an ECM überwiegen Zell-Matrix-Interaktionen, und die mechanische Gewebeintegrität basiert hier überwiegend auf der Matrix, z. B. auf den Kollagenfasern. Im Gegensatz dazu überwiegen im Epithelgewebe die direkten Zell-Zell-Wechselwirkungen und die ECM ist auf die Basallamina beschränkt. Die mechanische Stabilität beruht hier u. a. auf Zytoskelettnetzwerken, die über so genannte Verankerungsverbindungen (anchoring junctions) mit gleichartigen Netzwerken in Nachbarzellen verbunden sind (Abb. 1.8.2). Im Epithelgewebe sind 2 Arten von intrazellulären Verankerungsverbindungen bekannt:

1. Adherens Junctions
2. Desmosomen.

Adherens Junctions sind ringförmige, den Umfang der Epithelzelle umfassende, elektronenoptisch darstellbare Strukturen, die auf der intrazellulären Seite der Membran mit Bündeln von Aktinfilamenten assoziiert sind (Abb. 1.8.2). Dagegen sind die Desmosomen scheibchenförmige Kontaktstrukturen, die mit Intermediärfilamenten verknüpft sind (s. Abschnitt 1.8.2.1.2). Diese Intermediärfilamente sind außerdem noch mit Hemidesmosomen verbunden, die den Kontakt zur Basalmembran herstellen (s. Abschnitt 1.8.2.2.3 „Integrin-$\alpha 6\beta 4$ und die Hemidesmosomen“).

Neben diesen Verankerungsverbindungen finden sich in Epithelzellen 2 weitere Arten von Zell-Zell-Kontaktstrukturen:

1. Tight Junctions
2. Gap Junctions.

Die Tight Junctions befinden sich am apikalen Ende der Zellen, unterhalb der Mikrovilli (Abb. 1.8.2). Sie stellen eine Diffusionsbarriere zwischen dem äußeren, apikalen Bereich und dem basolateralen Bereich her (s. Abschnitt 1.8.4 „Claudine, Occludin und Tight Junctions“). Die Gap Junctions dagegen verfügen über Öffnungen, die für kleine Moleküle permeabel sind. Sie verbinden die Zytoplasmen benachbarter Zellen und ermöglichen so deren metabolische Kopplung (s. Abschnitt 1.8.3 „Connexine und Gap Junctions“).

Dynamische Zell-Zell-Wechselwirkungen im Immunsystem

Während die meisten Zellen im adulten Organismus stabil in das Gewebe integriert bleiben, sind viele Zellen des Immunsystems beweglich und interagieren dynamisch mit verschiedenen anderen Zellen. Diese zellulären Wechselwirkungen sind für die Funktion des Immunsystems von zentraler Bedeutung, beispielsweise für die Erkennung virusinfizierter Zellen durch zytotoxische T-Zellen, für die Aktivierung von Helfer-T-Zellen durch Antigen präsentierende Zellen oder für die Aktivierung von B-Zellen durch Helfer-T-Zellen. Bei der Zirkulation von Leukozyten durch den Organismus tritt ein Sonderfall zellulärer Wechselwirkungen auf:

Abb. 1.8.2. Zellkontaktstrukturen einer Epithelzelle des Dünndarms. Die basale Oberfläche der Zelle ist auf der Basalmembran verankert, einer Extrazellulärmatrixstruktur, die aus einem Netzwerk von Laminin, Kollagen und Proteoglykanen aufgebaut ist (Lodish et al. 2000). Die mechanische Stabilität des Zellverbands wird durch die bandförmigen Adherens Junctions (*grün*), die scheibenförmigen Desmosomen (*blau*) und die Hemidesmosomen hergestellt (*rot*). Die Tight Junctions, zwischen den Adherens Junctions und der apikalen Oberfläche, bilden Diffusionsbarrieren zwischen Dünndarmlumen (apikal) und dem basolateralen Extrazellulärraum. Gap Junctions erlauben die Passage niedermolekularer Substanzen zwischen den Zellen. Aus: Lodish et al. (2000)

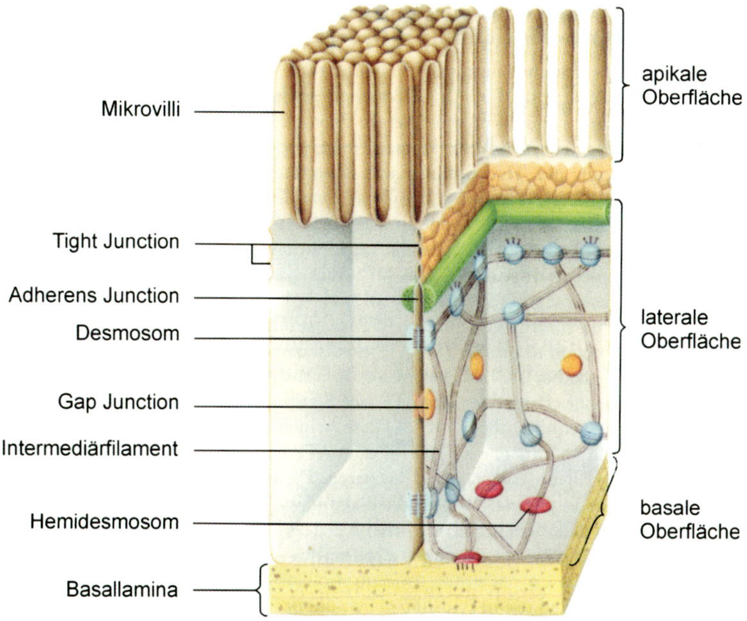

Mit dem strömenden Blut zirkulierende Leukozyten binden trotz der dabei auftretenden relativ starken Scherkräfte an aktivierte Regionen des Kapillarendothels und transmigrieren anschließend ins umgebende Gewebe (s. Abschnitt 1.8.2.4 „Selektine und Rekrutierung von Leukozyten").

Die meisten dieser Prozesse werden von Zelloberflächenmolekülen vermittelt, die als Zelladhäsionsproteine bezeichnet werden. In diesem Kapitel werden die am besten untersuchten Familien von Zelladhäsionsproteinen vorgestellt. Daneben wird auch auf Proteine eingegangen, die normalerweise nicht den Zelladhäsionmolekülen zugerechnet werden, die aber wichtige Bestandteile zellulärer Verbindungsstrukturen darstellen, nämlich der Tight Junctions und der Gap Junctions.

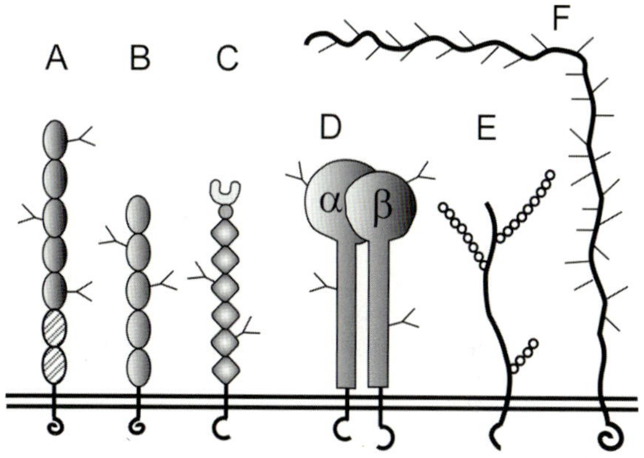

Abb. 1.8.3 A–F. Beispiele von Zelladhäsionsproteinen. Die Vertreter der IgSF (**A**), die Cadherine (**B**) und die Selektine (**C**) sind modular aufgebaut. Integrine bestehen aus 2 verschiedenen Untereinheiten (**D**). Membranständige Proteoglykane enthalten lange Ketten von Glykosaminoglykanen (**E**) und Sialomuzine eine große Zahl sialinsäurehaltiger O-glykosidisch gebundener Kohlenhydratketten (**F**). Die Aminotermini der Proteine befinden sich oben und N-glykosidisch gebundene Kohlenhydratanteile sind durch ein „Y" dargestellt. Die Doppellinie repräsentiert die Zellmembran

1.8.2 Zelladhäsionsmoleküle

Die meisten Zelladhäsionsmoleküle sind membranständige Glykoproteine (Abb. 1.8.3), die aufgrund ihrer Primärstruktur, also ihrer Aminosäuresequenz, in Gruppen eingeteilt werden (Alberts et al. 1994, Lodish et al. 2000). Generell wird eine Gruppe von Proteinen, die mindestens 50% Sequenzidentität untereinander haben, als Proteinfamilie bezeichnet. Dagegen wird unter einer Proteinsuperfamilie eine Gruppe von Proteinen, die zwar eine statistisch signifikante Sequenzähnlichkeit aufweisen, aber weniger als 50% Sequenzidentität erreichen, verstanden (Dayhoff et al. 1983). Einen Schwerpunkt dieses Kapitels bilden

- die Superfamilie der Cadherine (s. Abschnitt 1.8.2.1 „Cadherinsuperfamilie"),
- die Superfamilie der Integrine (s. Abschnitt 1.8.2.2 „Integrine"),

- die Immunglobulinsuperfamilie (IgSF) (s. Abschnitt 1.8.2.3 „Proteine der Immunglobulinsuperfamilie (IgSF)“) sowie
- die Familie der Selektine (s. Abschnitt 1.8.2.4 „Selektine und Rekrutierung von Leukozyten“).

Daneben gibt es eine Vielzahl weiterer Adhäsionsmoleküle auf Zelloberflächen, die nicht auf Grundlage ihrer Proteinstruktur eingeteilt werden, sondern aufgrund ihrer posttranslational angebrachten Kohlenhydratanteile (Abb. 1.8.3). Hierzu zählen z. B. die membranständigen Proteoglykane und die Sialomuzine, auf die hier nicht näher eingegangen werden kann.

Verankerung in der Zellmembran

Die meisten Zelladhäsionsproteine haben eine einzige Transmembrandomäne und eine Topologie vom Typ I, d. h. sie haben einen zytoplasmatischen C-Terminus und einen extrazellulären N-Terminus (Abb. 1.8.4). Membranproteine vom Typ II, die einen intrazellulären Aminoterminus haben, sind wesentlich seltener. Ein Beispiel hierfür sind das auf B-Zellen vorkommende Protein CD72 oder das Protein BP180 der Hemidesmosomen. So genannte polytopische Adhäsionsproteine haben mehrere Transmembrandomänen, wie die Claudine und die Occludine der Tight Junctions. Auch in der Cadherin- und Immunglobulinsuperfamilie finden sich Vertreter mit mehreren Transmembrandomänen. Einige Mitglieder der Cadherine, der IgSF und der membranständigen Proteoglykane sind nicht über eine Transmembrandomäne, sondern über einen posttranslational angebrachten Glykosylphosphatidylinositolrest (GPI-Rest) in der Zellmembran verankert.

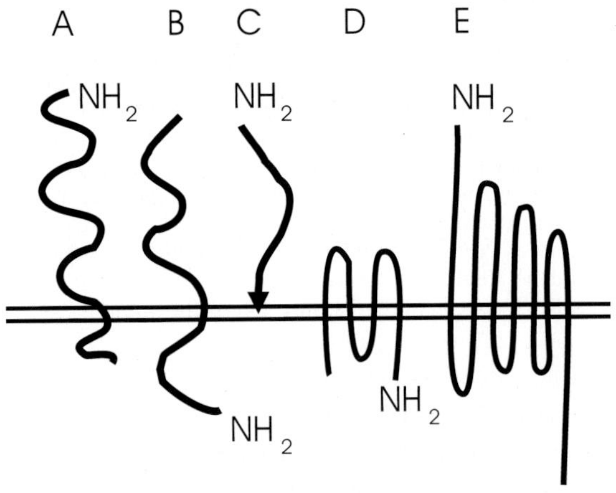

Abb. 1.8.4 A–E. Orientierung und Membranverankerung von Zelladhäsionsproteinen. Membranproteine vom Typ I haben einen extrazellulär gelegenen Aminoterminus (**A**) und bei Typ-II-Proteinen liegt er intrazellulär (**B**). Andere Proteine sind über einen GPI-Rest in der Zellmembran verankert (**C**) oder haben mehrere Transmembrandomänen (**D, E**)

Zelladhäsionsmoleküle sind modular aufgebaut

Proteine der Cadherin- und Immunglobulinsuperfamilie sowie die Selektine haben einen erkennbar modularen Aufbau, d. h. sie sind im extrazellulären Abschnitt aus Ketten von Proteindomänen aufgebaut (Abb. 1.8.3). Als Proteindomäne wird der Teil eines Proteins bezeichnet, der eine unabhängige stabile Struktur ausbilden kann (Branden u. Tooze 1998). Dieser Begriff wird jedoch häufig auch für kategorisierbare Sequenzabschnitte mit unbekannter Tertiärstruktur verwendet. Cadherine enthalten in der Regel mehrere Domänen des gleichen Typs, so genannte cadherintypische Domänen. Das charakteristische Merkmal der Mitglieder der IgSF ist dagegen die Immunglobulin(Ig)-Domäne, eine Struktur, die erstmals in Antikörpermolekülen beschrieben wurde. Bei der IgSF variiert die Zahl der Domänen von Protein zu Protein stärker als bei den Cadherinen, und es kommen häufig Kombinationen mit ganz anderen Domänentypen vor. Auch die Selektine sind modular aufgebaut und enthalten 3 unterschiedliche Typen von Domänen in ihrem extrazellulären Abschnitt. Obwohl die Tertiärstruktur der Integrine erst teilweise bekannt ist, lassen Sequenzanalysen den Schluss zu, dass auch diese Proteine teilweise repetitive Einheiten enthalten. Auch die membranständigen Proteoglykane sowie die Sialomuzine sind in der Regel aus repetitiven Sequenzmotiven zusammengesetzt.

Zelladhäsionsmoleküle interagieren auf vielfältige Art und Weise

Wenn 2 gleichartige Moleküle aneinander binden, wird von homophiler Interaktion gesprochen. Bei einer heterophilen Wechselwirkung interagieren dagegen 2 unterschiedliche Proteine miteinander (Abb. 1.8.5). Eine Wechselwirkung von Proteinen, die sich auf gegenüberliegenden Zellmembranen befinden, wird als *trans*-Interaktion bezeichnet, bei einer *cis*-Wechselwirkung dagegen interagieren die Proteine in der gleichen Membran. Sowohl *trans*- als auch *cis*-Interaktionen können homophil oder heterophil sein. Ein typisches Beispiel für *trans*-interagierende homophile Adhäsionsproteine sind die Cadherine, die u. a. an der Aggregation gleichartiger Zellen in der Histogenese beteiligt sind. Heterophile *trans*-Interaktionen finden sich häufig im Immunsystem, beispielsweise bei der Interaktion des B7-Proteins auf B-Zellen mit dem

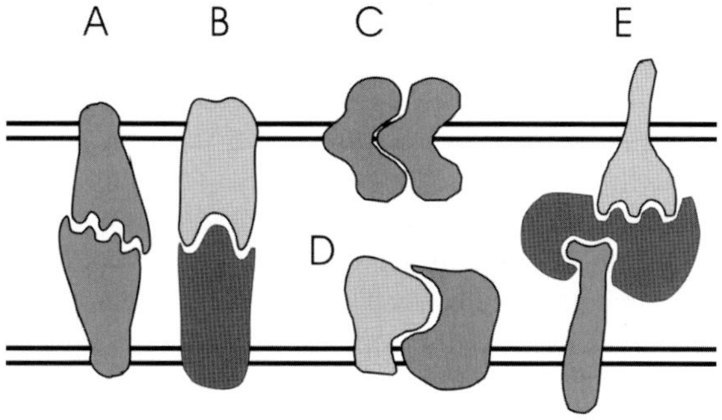

Abb. 1.8.5 A–E. Zelladhäsionsmoleküle interagieren miteinander. Dargestellt sind Wechselwirkungen von Zelloberflächenproteinen zweier sich gegenüberliegender Zellen, deren Membranen als Doppellinien dargestellt sind. Homophile Interaktionen können in *trans-* (**A**) oder *cis*-Orientierung (**C**) erfolgen. Auch heterophile Wechselwirkungen erfolgen in *trans-* (**B**) oder in *cis*-Orientierung (**D**). Zell-Zell-Wechselwirkungen können auch über zwischengeschaltete Linkerproteine vermittelt werden (**E**)

CD28-Protein auf T-Zellen. Homophile *cis*-Interaktionen werden beispielsweise beim P_0-Protein gefunden, einem Hauptbestandteil des Myelins im peripheren Nervensystem. Die genannten Interaktionen sind weitgehend dynamisch, d.h. die beteiligten Proteine sind auch als Monomer stabil, und es liegt ein Gleichgewicht zwischen Monomer und Di- bzw. Oligomer vor. Hiervon zu unterscheiden sind konstitutive Rezeptorkomplexe, deren Untereinheiten als Monomere weitgehend instabil sind. Hierzu zählen die Integrine, die als Heterodimere aus 2 Untereinheiten vorliegen und mit Komponenten der extrazellulären Matrix sowie mit anderen membranständigen Zelladhäsionsmolekülen interagieren.

Bei Zell-Zell-Interaktionen kann ein Phänomen auftreten, das als wechselseitiges *Capping* bezeichnet wird (Singer 1992). Hierbei diffundieren membranständige Rezeptor-Liganden-Paare zur Stelle eines initialen Zell-Zell-Kontakts und verstärken so kooperativ die Wechselwirkungen der beteiligten Zellen (Abb. 1.8.6 A–C). Im Gegensatz zur *cis*-Interaktion, die eine molekulare Wechselwirkung impliziert (Abb. 1.8.5 C), setzt das wechselseitige *Capping* keine direkte *cis*-Wechselwirkung voraus (Abb. 1.8.6 B). Ein wichtiger Nebeneffekt des *Capping*, der beispielsweise im Immunsystem vorkommt, ist das wechselseitige *Kocapping*. Hierbei können Rezeptor-Liganden-Paare, deren eigene Affinitäten zur Vermittlung einer Zell-Zell-Wechselwirkung nicht ausreichen, in die von einem anderen Rezeptor-Liganden-Paar ausgebildete Kontaktstelle rekrutiert werden (Abb. 1.8.6 D, E).

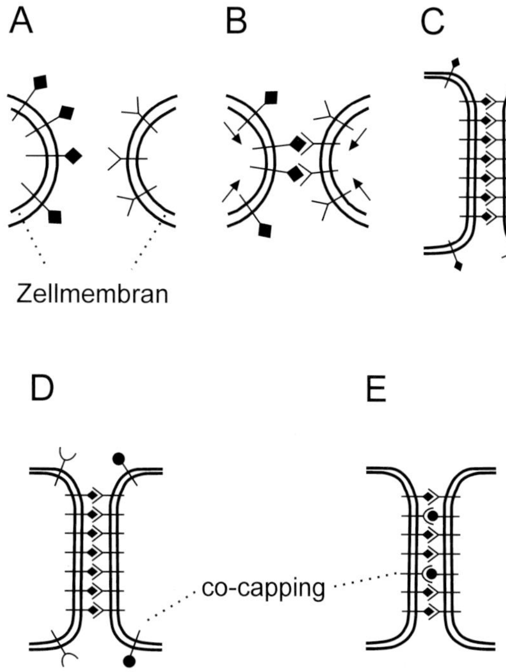

Abb. 1.8.6 A–E. Lateralmobilität von Zelladhäsionsproteinen. Membranständige Rezeptoren und Liganden mit geeigneter Lateralmobilität (**A**) können, nach initialem Zell-Zell-Kontakt (**B**), durch Diffusion zur Kontaktstelle hin rekrutiert werden und einen stabilen interzellulären Kontakt ausbilden (**C**). Andere Rezeptor-Liganden-Paare, die aufgrund ihrer Konzentrationen und Affinitäten selbst kein wechselseitiges Capping vollziehen (**D**), können in die Kontaktstelle diffundieren und dort interagieren (**E**)

Zelladhäsionsmoleküle sind an unterschiedlichen zellulären Wechselwirkungen beteiligt

In der Embryonalentwicklung spielen verschiedene Vertreter der Cadherine, der Integrine und der IgSF-Proteine wichtige Rollen bei morphogenetischen Prozessen (Abb. 1.8.7 a, b). Manche Cadherine sind beispielsweise bei der Aggregation von Zellen zu Zellverbänden beteiligt (Birchmeier u. Birchmeier 1993, Marrs u. Nelson 1996, Takeichi 1995, Vleminckx u. Kemler 1999). Verschiedene Integrine und Mitglieder der IgSF spielen bei der Zellmigration und der Regulation des axonalen Wachstums eine Rolle (Brümmendorf u. Rathjen 1995, Hemler 1998, Hynes u. Lander 1992, Sonderegger 1998, Tessier-Lavigne u. Goodman 1996).

In ausdifferenzierten Gewebeverbänden, beispielsweise in Epithelien, finden sich Cadherine und Integrine an Verankerungsverbindungen, die den interzellulären Kontakt und die Verbindung zur Basallamina herstellen (Abb. 1.8.7 e). Gemeinsames Strukturmerkmal dieser Multiproteinkomplexe sind, neben den Zelladhäsionsmolekülen

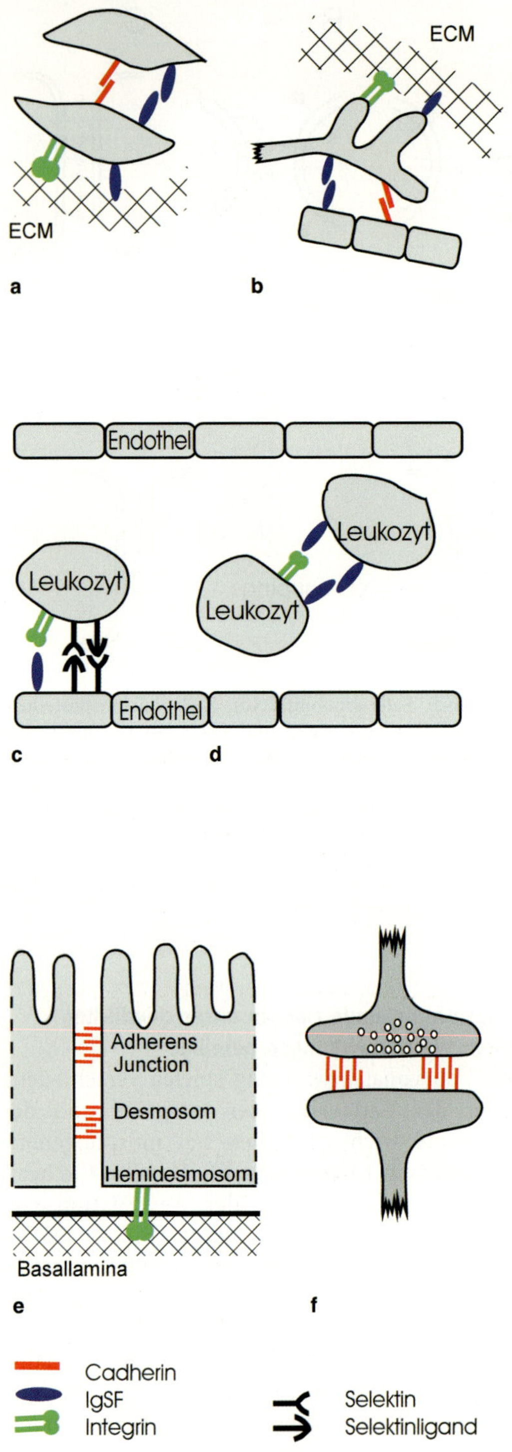

selbst, intrazelluläre Adaptorkomplexe, die die Verbindung zu Zytoskelettelementen herstellen (Gumbiner 1993). Cadherine finden sich dabei typischerweise an solchen Verankerungsverbindungen, die interzelluläre Kontakte herstellen, wie Adherens Junctions (Steinberg u. McNutt 1999, Yap et al. 1997 a) und Desmosomen (Garrod et al. 1996, Koch u. Franke 1994). Dagegen finden sich Integrine an solchen Kontaktstrukturen, die Verbindung zur Extrazellulärmatrix herstellen, wie fokale Adhäsionen (Giancotti u. Ruoslahti 1999, Jockusch et al. 1995) und Hemidesmosomen (Borradori u. Sonnenberg 1996, Jones et al. 1998). Unterschiedliche intrazelluläre Adaptorkomplexe vermitteln Interaktionen mit verschiedenen Zytoskelettkomponenten. Daher sind Adherens Junctions und fokale Adhäsionen mit dem Aktinzytoskelett verbunden, während Desmosomen und Hemidesmosomen mit Intermediärfilamenten interagieren (Abb. 1.8.2).

Befunde der letzten Jahre legen es nahe, dass bestimmte Cadherine auch zur Stabilisierung von Synapsen im Nervensystem beitragen (Abb. 1.8.7 f). Außerdem sprechen neuere Arbeiten dafür, dass Vertreter der IgSF auch in Synapsen, in Adherens Junctions und in Tight Junctions vorkommen.

Mitglieder der IgSF und der Integrine tragen neben einer großen Zahl weiterer Zelloberflächenproteine aus anderen Proteinfamilien auch zu Interaktionen von Zellen des Immunsystems bei (Abb. 1.8.7 d) (Barclay et al. 1993, Butcher u. Picker 1996, Clark u. Ledbetter 1994, Janeway u. Bottomly 1994, Springer 1994). Die Selektine sind spezialisierte Zelladhäsionsproteine, die an der initialen Bindung zirkulierender Leukozyten an das Kapillar-

Abb. 1.8.7 a–f. Beteiligungen der IgSF-Proteine, der Cadherine, der Integrine und der Selektine an verschiedenen Typen zellulärer Wechselwirkungen. In der Entwicklung des Organismus sind Vertreter der IgSF (*blau*), der Cadherine (*rot*) und der Integrine (*grün*) an Wechselwirkungen von Zellen miteinander und mit der Extrazellulärmatrix (ECM) beteiligt (**a**). Vertreter dieser 3 Superfamilien finden sich auch auf den Wachstumskegeln auswachsender Axone (**b**) und spielen bei deren kontaktabhängigem Wachstum über Zelloberflächen und Komponenten der ECM eine Rolle. Wechselwirkungen von Leukozyten untereinander (**d**) und mit Kapillarendothel (**c**) werden, u. a., von Integrinen und Vertretern der IgSF vermittelt. Selektine und ihre Liganden tragen zum initialen Kontakt von Leukozyten mit Kapillarendothel bei (**c**). Vertreter der Integrine finden sich in Hemidesmosomen von Epithelzellen (**e**). Vertreter der Cadherine sind wichtige Bestandteile von Adherens Junctions und Desmosomen verschiedener Gewebe (**e**) und stabilisieren Synapsen im Nervensystem (**f**). Die Moleküle sind nicht maßstabsgetreu wiedergegeben endothel beteiligt sind (Abb. 1.8.7c). Die Cadherine spielen im Immunsystem eine untergeordnete Rolle.

In den folgenden Abschnitten wird im Einzelnen auf die oben angesprochenen Familien von Zelladhäsionsproteinen eingegangen. Dabei wurden aus jeder Familie solche Proteine für eine eingehende Beschreibung ausgewählt, die entweder in einen auf molekularer Ebene im Ansatz verstandenen Krankheitsprozess involviert sind, deren Tertiärstruktur aufgeklärt wurde oder die geeignet sind, allgemeingültige Prinzipien der Zelladhäsion zu erläutern.

1.8.2.1 Die Cadherin Superfamilie

Die Proteine dieser Superfamilie bilden eine große Gruppe von mehr als 80 Zelladhäsionsmolekülen (Yagi u. Takeichi 2000). Sie befinden sich auf den meisten Zelltypen, wobei einzelne dieser Proteine oft spezifische Expressionsmuster im Gewebe zeigen. Die Expression der Cadherine wird im Verlauf der Entwicklung dynamisch reguliert (Gumbiner 2000). Sie interagieren überwiegend homophil, d.h. ein Cadherin eines bestimmten Typs bindet präferenziell an ein Cadherin des gleichen Typs (Nose et al. 1988, Sano et al. 1993). Diese Eigenschaften sind die Grundlage dafür, dass Cadherine während der Entwicklung des Organismus an morphogenetischen Prozessen beteiligt sind (Abb. 1.8.1, 1.8.7a,b). Dazu zählen Aggregations- und Umordnungsprozesse von Zellen (Birchmeier u. Birchmeier 1993, Geiger u. Ayalon 1992, Gumbiner 1996, Marrs u. Nelson 1996, Takeichi 1995, Vleminckx u. Kemler 1999) oder das axonale Wachstum in der Entwicklung des Nervensystems (Colman 1997, Tessier-Lavigne u. Goodman 1996).

Im Verlauf der Histogenese, mit zunehmender Stabilisierung von Zell-Zell-Wechselwirkungen, tragen Cadherine dann auch zur stabilen Verankerung von Zellen untereinander bei (Abb. 1.8.7e), beispielsweise an den Adherens Junctions (Steinberg u. McNutt 1999, Yap et al. 1997a) und an Desmosomen der Epithelgewebe (Garrod et al. 1996, Koch u. Franke 1994). Im Zentralnervensystem finden sich Cadherine auch im Bereich von Synapsen (Abb. 1.8.7f), die als eine spezialisierte Variante von Adherens Junctions interpretiert werden können (Shapiro u. Colman 1999, Yagi u. Takeichi 2000).

Proteine der Cadherinsuperfamilie sind, abgesehen von einer kleinen Subgruppe, Zellmembranproteine vom Typ I, d.h. sie haben eine einzige Transmembrandomäne und einen extrazellulär lokalisierten Aminoterminus (Abb. 1.8.4A). Charak-

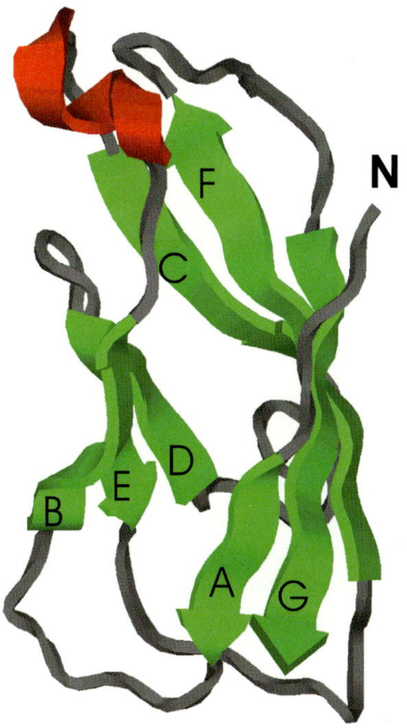

Abb. 1.8.8. Aminoterminale Domäne des N-Cadherins. Der Aminoterminus der Domäne ist mit „*N*" markiert, *grüne Pfeile* β-Stränge, *rot* kurzes helikales Element. Der Abbildung liegt der PDB-Datenbankeintrag 1NCG mit den darin enthaltenen Sekundärstrukturdefinitionen zugrunde (Shapiro et al. 1995a). Verwendet wurde das Programm RasTop, eine Weiterentwicklung des Programms RasMol (Sayle u. Milner 1995)

teristisch für die Cadherine sind mindestens 5 cadherintypische Domänen, die aus etwa 110 Aminosäuren bestehen (Abb. 1.8.8). Die Cadherinsuperfamilie lässt sich aufgrund struktureller Merkmale in mehrere Subgruppen einteilen:

- die „klassischen" Cadherine (>25 Vertreter),
- die desmosomalen Cadherine (6 Vertreter),
- die Protocadherine (52 Vertreter) und
- die atypischen Cadherine.

Der zytoplasmatische Abschnitt divergiert von Subgruppe zu Subgruppe, was zu unterschiedlichen intrazellulären Wechselwirkungen führt (Redies 1997, Suzuki 1996, Wu u. Maniatis 2000, Yagi u. Takeichi 2000).

1.8.2.1.1 „Klassische" Cadherine

Diese Cadherine haben, nach posttranslationaler Abspaltung einer für Zelladhäsionsmoleküle untypischen Prosequenz, 5 cadherintypische Domänen (Abb. 1.8.3B). Zu dieser Subgruppe zählen u.a. E-Cadherin (uvomorulin, „epitheliales Cadherin"),

N-Cadherin („neurales Cadherin"), M-Cadherin, P-Cadherin („plazentales Cadherin") und R-Cadherin (Redies 1997, Suzuki 1996, Yagi u. Takeichi 2000). Da die Eigenschaften des E-Cadherin am eingehendsten untersucht sind, beziehen sich die meisten der folgenden Aussagen auf dieses Protein.

Die Cadherin-typische Domäne

Die aminoterminale Domäne der „klassischen" Cadherine trägt maßgeblich zu deren Bindungsspezifität bei (Nose et al. 1990). Daher wurde die Tertiärstruktur dieser Domäne aufgeklärt, und zwar für N-Cadherin und E-Cadherin. Obwohl beide auf Sequenzebene nur etwa 60% identisch sind, sind sie sehr ähnlich gefaltet (Abb. 1.8.8). Cadherintypische Domänen bestehen aus 7 β-Strängen, die 2 in der Art eines Sandwich angeordnete β-Faltblätter bilden (Nagar et al. 1996, Pertz et al. 1999, Shapiro et al. 1995a). Diese Domänen sind daher ähnlich, aber nicht identisch aufgebaut wie Immunglobulindomänen. Obwohl es nicht definitiv ausgeschlossen werden kann, dass Immunglobulin- und Cadherindomänen auf einen gemeinsamen evolutionären Vorläufer zurückgehen, spricht vieles dafür, dass sie unabhängig voneinander entstanden sind (Shapiro et al. 1995b).

Wechselwirkungen von Cadherinen

Ein Charakteristikum der Cadherine sind ihre kalziumabhängigen homophilen *trans*-Interaktionen (Abb. 1.8.5), mit denen sie zu spezifischen Zell-Zell-Wechselwirkungen beitragen (Abb. 1.8.7). Eine aktuelle Modellvorstellung geht davon aus, dass die Cadherine in Abwesenheit von Kalzium als Monomere vorliegen. Die extrazellulären Domänen sind dabei relativ zueinander beweglich, und das Molekül ist proteasesensitiv. Unter physiologischen Bedingungen werden aber Kalziumionen im Verbindungsbereich zwischen jedem Domänenpaar gebunden (Abb. 1.8.9), die Flexibilität des Moleküls verringert sich dadurch, und es liegt in einer ausgestreckten Konformation vor (Nagar et al. 1996, Pertz et al. 1999). Je 2, in derselben Zellmembran befindliche Moleküle interagieren parallel und lateral miteinander (Yap et al. 1997b) und bilden eine X-förmige Anordnung ihrer beiden aminoproximalen Domänen aus (Abb. 1.8.10). Vieles spricht dafür, dass die Ausbildung dieses *cis*-Homodimers eine Voraussetzung für die *trans*-Interaktion zwischen benachbarten Zellen ist. Die molekularen Details der homophilen *trans*-Interaktion selbst sind umstritten (Koch et al. 1999, Leckband u. Sivasankar 2000), ein wichtiger Beitrag der aminoterminalen Domäne jedoch sehr wahrscheinlich (Nose et al. 1990). Daneben vermittelt die aminoterminale Domäne von E-Cadherin auch eine heterophile Wechselwirkung, nämlich die für Lymphozyten-Epithel-Interaktionen wichtige Bindung an das Integrin $\alpha E\beta 7$ (Cepek et al. 1994, Taraszka et al. 2000).

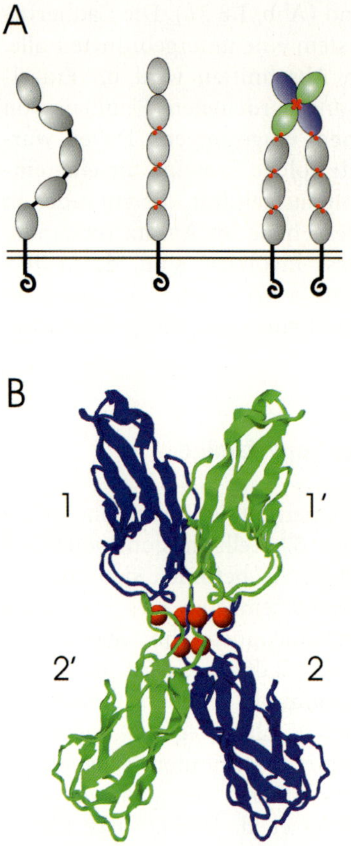

Abb. 1.8.9 A, B. Kalzium und die Struktur der Cadherine. **A** Kalziumionen (*rot*) stabilisieren die Cadherinstruktur und begünstigen die Bildung von *cis*-Dimeren. **B** Kalziumionen (*rot*) in einem Komplex der beiden aminoproximalen Domänen zweier E-Cadherin-Moleküle. Zur Darstellung wurde der Eintrag 1FF5 (Pertz et al. 1999) der PDB Datenbank mit den darin enthaltenen Sekundärstrukturdaten verwendet

E-Cadherin und N-Cadherin in der Entwicklung

E-Cadherin ist am ersten morphologisch erkennbaren Differenzierungsprozess in der Embryonalentwicklung beteiligt, der Kompaktion des Embryos im Morulastadium. Hierbei intensivieren die Blastomeren ihren Kontakt untereinander, flachen sich ab und polarisieren sich. Embryonen von Mäusen, denen das E-Cadherin aufgrund genetischer Manipulationen auf Keimbahnebene fehlt, sterben im Morulastadium ab (Riethmacher et al. 1995).

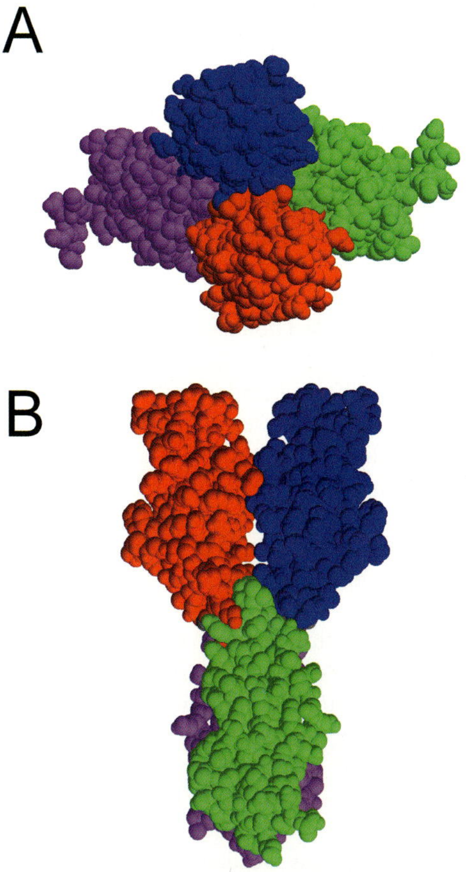

Abb. 1.8.10 A, B. *cis*-Interaktion von E-Cadherin. Parallele Interaktion der beiden aminoproximalen Domänen zweier E-Cadherin-Moleküle in einem *cis*-Dimer, dargestellt mit Blick auf die Aminotermini (**A**) und von der Seite (**B**). Die Domänen des einen Moleküls sind in *rot* und *magenta*, die des anderen in *blau* und *grün* dargestellt. Zur Darstellung wurde der PDB-Datenbankeintrag 1FF5 (Pertz et al. 1999) verwendet

Später in der Embryonalentwicklung spielen klassische Cadherine bei morphogenetischen Prozessen eine Rolle, v.a. bei der Aggregation von Zellen oder bei der Ablösung von Einzelzellen aus Gewebeverbänden. So ist beispielsweise E-Cadherin, ebenso wie N-Cadherin, an der Ablösung des Neuralrohrs vom darüber liegenden Ektoderm (Neurulation) beteiligt (Gumbiner 1996, Hynes u. Lander 1992). Während der Ausbildung des Neuralrohrs, das später das Zentralnervensystem bildet, wird E-Cadherin in den Zellen des Ektoderms herabreguliert und N-Cadherin gleichzeitig heraufreguliert. Die Zellen des entstandenen Neuralrohrs exprimieren nur N-Cadherin. Diese Expression wird von den Neuralleistenzellen, die später u.a. das periphere Nervensystem bilden, herabreguliert, sobald sie sich vom dorsalen Bereich des Neuralrohrs ablösen. Erst nach Abschluss ihrer Wanderung, sobald sie sich zu Zielstrukturen, beispielsweise Ganglien, reaggregieren, wird N-Cadherin wieder exprimiert (Takeichi 1987).

In den Adherens Junctions binden Cadherine an das Aktinzytoskelett

Klassische Cadherine, wie E-Cadherin, bilden in der Zellmembran vieler Zelltypen spezialisierte Multiproteinkomplexe aus, die als Adherens Junctions bezeichnet werden (Alberts et al. 1994, Lodish et al. 2000). Diese sind elektronenoptisch nachweisbar und stellen stabile Verbindungen zwischen den Zellen her. Im Epithelgewebe werden sie auch als „zonulae adhaerentes" oder „adhesion belts" bezeichnet, weil sie bandförmige Strukturen ausbilden, die sich über den ganzen Umfang des apikalen Zellbereichs, unterhalb der Tight Junction, erstrecken. Intrazellulär finden sich hier kontraktile Bündel von Aktinfilamenten, die parallel zur Zellmembran verlaufen (Abb. 1.8.2). Es wird davon ausgegangen, dass Kontraktionen dieser Aktinfilamente im Zusammenwirken mit transzellulären Wechselwirkungen der beteiligten Cadherine an Faltungsprozessen von Epithelien in der Embryonalentwicklung beteiligt sind (Abb. 1.8.1 e). Cadherinhaltige Adherens Junctions finden sich aber auch zwischen nichtepithelialen Zellen, wie Herzmuskelzellen, und in Synapsen des Zentralnervensystems (Abb. 1.8.7 f). Am Ranvier-Schnürring von Nervenfasern können sie auch zwischen Membranen ein und derselben Zelle, nämlich den Schwann-Zellen, auftreten (autotypic adherens junctions) (Yap et al. 1997 a).

Ein Sequenzabschnitt am C-Terminus von E-Cadherin, also intrazellulär, enthält eine Bindungsstelle für β-Catenin, einen Vertreter der Armadillo-Proteinfamilie (Cowin 1999). Dieses wiederum interagiert mit dem strukturell nicht verwandten α-Catenin (Huber u. Kemler 1999), welches die Verbindung zum Aktinzytoskelett herstellt (Abb. 1.8.11). Experimentell konnte gezeigt werden, dass diese cateninvermittelte Verbindung zum Zytoskelett für die Zelladhäsion wichtig ist. Dagegen ist die Bedeutung einer Vielzahl weiterer, in Adherens Junctions nachgewiesener oder mit dem Cadherin-Catenin-Komplex assoziierter Proteine noch wenig verstanden (Gumbiner 2000, Yap et al. 1997 a). Neben seiner Rolle in Adherens Junctions bindet β-Catenin an Transkriptionsfaktoren (Behrens et al. 1996, Molenaar et al. 1996) und ist am Wnt-Signaltransduktionsweg beteiligt (Gumbiner 1997, Wodarz u. Nusse 1998, Yap et al. 1997 a).

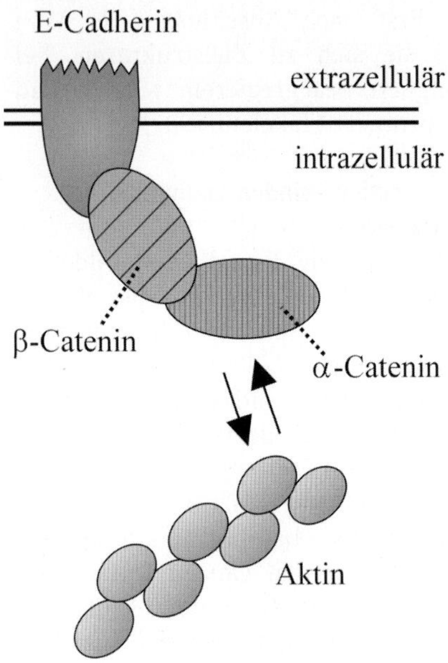

Abb. 1.8.11. Intrazelluläre Interaktionen von E-Cadherin. In den Adherens Junctions vermitteln α-Catenin und β-Catenin die Interaktion von E-Cadherin mit dem Aktinzytoskelett. Vom Cadherin ist nur die Transmembran- und zytoplasmatische Region wiedergegeben

E-Cadherin als Tumorsuppressor

Vom Epithelgewebe leiten sich >80% aller menschlichen Krebsformen ab. Am Ende des vielstufigen Prozesses der Onkogenese steht häufig der Verlust von Zelladhäsion, der mit invasivem Wachstum und Metastasierung einhergeht. Ein hierbei häufig betroffenes Protein ist E-Cadherin, das sowohl durch somatische Mutationen als auch bereits durch Mutationen auf Keimbahnebene verändert sein kann (Birchmeier 1995, Christofori u. Semb 1999, Perl et al. 1998). Somatische Mutationen im E-Cadherin-Gen wurden beispielsweise in Subtypen von Magen- und Mammakarzinomen gefunden, wobei entweder Teile des Proteins deletiert sein können oder das Protein im extrazellulären Bereich vorzeitig terminiert sein kann. Ein Verlust der E-Cadherin-abhängigen Zelladhäsion spielt sehr wahrscheinlich auch bei der Metastasierung von Ösophagus-, Kolon-, Prostata-, Leber-, Nieren- und Lungenkarzinomen eine Rolle. Keimbahnmutationen im Gen für E-Cadherin, die unterschiedliche Effekte auf die Proteinstruktur haben, können für familiäre Formen des Magenkarzinoms prädisponieren. Darüber hinaus wurden in verschiedenen Karzinomen, darunter Kolon-, Magen- und Prostatakarzinomen, auch Mutationen in molekularen Interaktionspartnern des E-Cadherins, wie β-Catenin, gefunden (Berx et al. 1998, Christofori u. Semb 1999, Guilford et al. 1998).

E-Cadherin und die Listeriose

E-Cadherin bindet an ein Zelloberflächenprotein von *Listeria monocytogenes*, dem Erreger der Listeriose, und vermittelt so die Bindung dieser Bakterien an epitheliale Zelloberflächen. Außerdem vermittelt das Cadherin unter experimentellen Bedingungen auch die Internalisierung dieser Bakterien in eukaryontische Zellen (Lecuit et al. 1999).

1.8.2.1.2 Desmosomale Cadherine

6 Vertreter der Cadherine finden sich überwiegend in Desmosomen, genannt Desmoglein-1, -2 und -3 sowie Desmocollin-1, -2 und -3 (Garrod et al. 1996, Johnson u. Takeichi 1999). Wie die klassischen Cadherine haben sie 5 cadherintypische Domänen im extrazellulären Abschnitt, jedoch mit anderen Interaktionsmotiven. Die Desmosomen (*Maculae adhaerentes*) sind scheibenförmige Zellkontaktstrukturen (Durchmesser bis 100 nm), die in verschiedenen Zelltypen vorkommen (Abb. 1.8.12). Besonders auffällig sind sie in mechanisch stark beanspruchten Geweben, wie Epithelien oder Herzmuskel (Garrod et al. 1996, Koch u. Franke 1994). Desmosomen einer Zelle interagieren mit gegenüberliegenden Desmosomen der Nachbarzellen. Diese Interaktionen werden über *trans*-Interaktionen der Desmocolline und Desmogleine, die ihrerseits in zytoplasmatischen Plaques verankert sind, vermittelt. Dort befinden sich u. a. die Proteine Plakoglobin, ein Vertreter der Armadillo-Genfamilie (Cowin 1999), und Desmoplakin, ein Vertreter der Plakingenfamilie (Green 1999). Für Plakoglobin konnte eine direkte Interaktion mit Des-

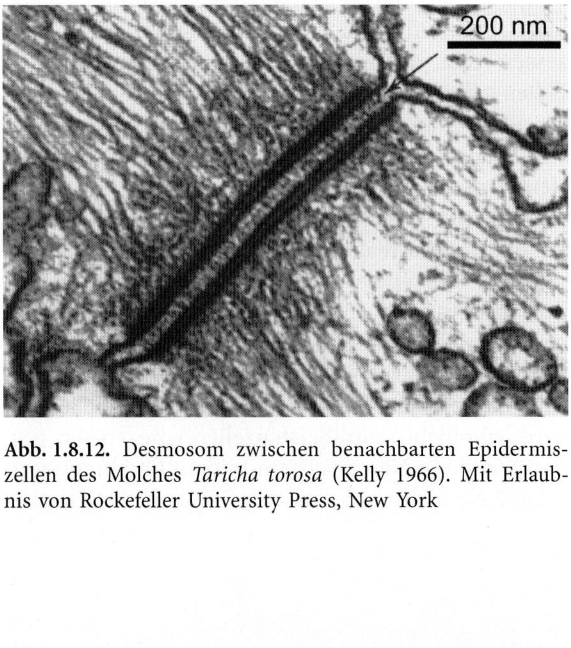

Abb. 1.8.12. Desmosom zwischen benachbarten Epidermiszellen des Molches *Taricha torosa* (Kelly 1966). Mit Erlaubnis von Rockefeller University Press, New York

moglein und Desmocollin nachgewiesen werden. Im desmosomalen Plaque sind Intermediärfilamente verankert, beispielsweise Zytokeratine im Epithelgewebe (Abb. 1.8.2) oder Desminfilamente im Herzmuskel. Dadurch entsteht eine mechanische Kopplung des Zytoskeletts benachbarter Zellen, wodurch der Gewebeverband stabilisiert wird.

Autoimmunkrankheiten
Autoantikörper gegen das Cadherin Desmoglein-1 führen zum *Pemphigus foliaceus*, Autoantikörper gegen Desmoglein-3 zum *Pemphigus vulgaris*. Beides sind Krankheitsbilder, bei denen die epidermale Zell-Zell-Adhäsion beeinträchtigt ist, was zur Ausbildung von Blasen führt (Moll et al. 1996).

Erbkrankheiten
Mutationen im Desmoglein- und im Desmoplakingen wurden mit einer Form von Palmoplantarkeratose in Zusammenhang gebracht, der *Keratosis palmoplantaris striata* (Küster 2000).

1.8.2.1.3 *Protocadherine*

Die Protocadherine, die ursprünglich im Zentralnervensystem identifiziert wurden, enthalten 6 oder 7 Cadherindomänen im extrazellulären Bereich und interagieren, soweit es untersucht wurde, homophil (Sano et al. 1993, Yamagata et al. 1999). Im zytoplasmatischen Abschnitt zeigen sie keine Ähnlichkeit zu den klassischen Cadherinen, was dafür spricht, dass sie andere intrazelluläre Interaktionspartner haben könnten. Die mehr als 60 identifizierten Protocadherine haben eine für Zelladhäsionsmoleküle ungewöhnliche Genorganisation, ähnlich der von Antikörpergenen und T-Zell-Rezeptor-Genen. Beispielsweise wurden auf Chromosom 5 des Menschen 3 Cluster von Protocadheringenen gefunden. In jedem Cluster gibt es eine Reihe hintereinander angeordneter ungewöhnlich langer Exons, die jeweils für eine andere extrazelluläre Domäne und Transmembrandomäne kodieren. Daneben gibt es invariante Exons für den zytoplasmatischen Abschnitt. Im Ergebnis können also variable extrazelluläre Bereiche mit konstanten zytoplasmatischen Bereichen kombiniert werden (Wu u. Maniatis 1999, Yagi u. Takeichi 2000).

Eine Subgruppe der Protocadherine, die auch als „cadherin-related neuronal receptors“ (CNR) bezeichnet wurde, hat eine charakteristische zytoplasmatische Domäne, die sich von der anderer Protocadherine unterscheidet und mit der Tyrosinkinase fyn interagiert. Diese Nichtrezeptortyrosinkinase spielt eine wichtige Rolle in der Entwicklung und Funktion des Gehirns. Einzelne Proteine dieser Subgruppe werden in verschiedenen Subpopulationen von Neuronen exprimiert, und zwar im Bereich von Synapsen (Kohmura et al. 1998). Da eine Reihe von Cadherinen, darunter das Protocadherin Arcadlin (Yamagata et al. 1999), aber auch das N-Cadherin (Tanaka et al. 2000), mit synaptischer Plastizität in Zusammenhang gebracht wurden, ist es denkbar, dass Synapsen durch verschiedene Cadherine nicht nur stabilisiert (Abb. 1.8.7 f), sondern auch in ihrer Aktivität reguliert werden (Yagi u. Takeichi 2000). Bemerkenswert ist, dass CNR mit einem Protein der ECM interagieren, nämlich mit Reelin (Senzaki et al. 1999). Dieses Protein ist an einer Reihe von Entwicklungsprozessen im Nervensystem beteiligt, z. B. an Zellwanderungen in der Entwicklung des Kortex (Frotscher 1998, Rice u. Curran 1999).

1.8.2.1.4 *Atypische Cadherine*

Das T-Cadherin (H-Cadherin) hat 5 cadherintypische Domänen, wie die „klassischen“ Cadherine, ist jedoch GPI-verankert (Ranscht u. Dours 1991). Eine verminderte Expression von T-Cadherin wurde mit Mammakarzinomen in Zusammenhang gebracht (Lee 1996). Eine weitere Gruppe von Cadherinen enthält neben 9 cadherintypischen Domänen auch 7 Transmembrandomänen und hat daher Ähnlichkeit mit G- Protein-gekoppelten Rezeptoren (Wu u. Maniatis 2000). Die Proteine FAT und FAT2 haben ungewöhnlich viele, nämlich 34, cadherintypische Domänen und könnten, in Analogie zu ihrer Funktion in *Drosophila*, als Tumorsuppressor wirken (Yagi u. Takeichi 2000).

1.8.2.2 Die Integrine

Die Integrine bilden eine Familie heterodimerer Transmembranproteine, die einerseits als zelluläre Rezeptoren für Komponenten der extrazellulären Matrix, andererseits auch als Zell-Zell-Adhäsionsmoleküle fungieren. Integrinabhängige Wechselwirkungen von Zellen kontrollieren eine Vielzahl zellulärer Prozesse, wie Zellproliferation, Zelldifferenzierung, Zellwanderung und Apoptose. Einzelne Vertreter dieser Zelladhäsionsmoleküle spielen auch bei der Wanderung von Leukozyten, bei der Hämostase, bei der Resorption von Knochensubstanz und bei der Metastasierung von Tumoren eine Rolle (Alberts et al. 1994, Lodish et al. 2000).

Integrine sind heterodimere Zelladhäsionsmoleküle

Integrine sind heterodimere Zelladhäsionsmoleküle und bestehen aus 2 Untereinheiten, der α-Kette und der β-Kette, die sehr wahrscheinlich globuläre Strukturen im aminoproximalen Bereich ausbilden (Abb. 1.8.3 D). Bisher wurden 16 bzw. 8 verschiedene Untereinheiten identifiziert, und von den theoretisch denkbaren 128 α-β-Kombinationen wurden bisher 22 beschrieben. Da beide Ketten an der Ligandenbindung mitwirken, unterscheiden sich die verschiedenen Integrine in ihrer Bindungsspezifität bezüglich verschiedener Liganden (Tabelle 1.8.1). Einerseits können bestimmte Integrine mit mehr als einem Liganden interagieren und andererseits einzelne Liganden von mehr als einem Integrin gebunden werden (Hemler 1999, Hynes 1992).

Die α-Ketten haben eine Länge von etwa 1000–1150 Aminosäuren. Ihre aminoproximale Hälfte besteht aus 7 Sequenzmotiven („β-Propellermotive"), die wahrscheinlich eine globuläre Struktur ausbilden. Bei einem Teil der α-Ketten findet sich, integriert zwischen dem 2. und 3. Sequenzmotiv, ein zusätzlicher Abschnitt, genannt I-Domäne (Abb. 1.8.13 A). Diese faltet sich autonom zu einer Einheit, die zur Ligandenbindung beiträgt und deren Struktur aufgeklärt werden konnte (Abb. 1.8.14). Viele der α-Ketten, denen diese I-Domäne fehlt, werden in der membranproximalen Region endoproteolytisch gespalten. Die entstehenden Teile bleiben aber über eine Disulfidbrücke miteinander verbunden.

Die β-Ketten haben, mit Ausnahme von β4, eine Länge von etwa 730–800 Aminosäuren. In der aminoproximalen Hälfte befindet sich eine der I-Domäne ähnliche konservierte Region, die zur Ligandenbindung beiträgt (Abb. 1.8.13 A). Die membranproximale Hälfte enthält 4 cysteinreiche Sequenzmotive.

Insgesamt ist die Ähnlichkeit der verschiedenen β-Ketten untereinander größer als die der α-Ketten. Die zytoplasmatischen Regionen beider Untereinheiten sind zwischen verschiedenen Spezies hoch konserviert, im Einklang damit, dass sie funktionell wichtige Wechselwirkungen mit intrazellulären Interaktionspartnern eingehen.

Tabelle 1.8.1. Ligandenbindungsspezifität verschiedener Integrine. Angegeben sind die von den jeweiligen Integrinen gebundenen Liganden. Freie Felder stehen für bisher nicht beschriebene Kombinationen von α- und β-Ketten. Bezeichnungen für membranständige Liganden (*trans*-Interaktionen) sind kursiv gedruckt. Zusammenstellung nach Hemler (1999), aktualisiert mit neueren Daten

	β1	β2	β3	β4	β5	β6	β7	β8
α1	Ko, Lm							
α2	Ko, Lm							
α3	Lm, Reelin							
α4	*VCAM-1*, Fn						*MAdCAM-1*, *VCAM-1*, Fn	
αE							*E-Cadherin*	
α5	Fn							
α6	Lm, *Fertilin*			Lm				
α7	Lm							
α8	Fn, Vn, Tn							
α9	Tn							
αV	Fn, Vn, Opn, Fb		Fn, Vn, Opn, Fn, vWF, Tn, *L1-CAM*, *PECAM-1*		Vn	Fn, Tn		Ko, Lm, Fn
αIIb			Fb, Vn, Fn, vWF					
αL		*ICAM-1*, *ICAM-2*, *ICAM-3*, TLN						
αM		*ICAM-1*, Fb, iC3b, FX						
αX		*ICAM-1*, Fb, iC3b						
αD		*ICAM-3*						

Fb Fibrinogen, *Fn* Fibronektin, *FX* Faktor X, *iC3B* Spaltprodukt der Komplementkomponente C3, *ICAM* intercellular adhesion molecule, *Ko* Kollagen, *L1-CAM* neurales Zelladhäsionsmolekül L1, *Lm* Laminin, *MAdCAM* mucosal addressin cell adhesion molecule, *Op* Osteopontin, *Tn* Tenascin, *TLN* Telenzephalin, *VCAM* vascular cell adhesion molecule, *Vn* Vitronektin, *vWF* Von-Willebrand-Faktor.

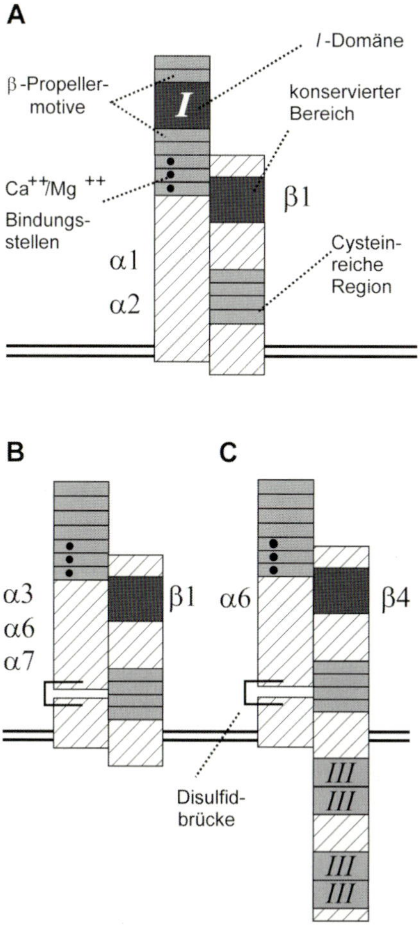

Abb. 1.8.13 A–C. Kollagen- und Lamininrezeptoren. Schematische und vereinfachte Darstellung der *α*- und *β*-Ketten von Kollagenrezeptoren (**A**), von Lamininrezeptoren (**B**) sowie des hemidesmosomalen Integrins *α*6*β*4 (**C**). *Doppellinie* Plasmamembran, *oben* extrazelluläre Aminotermini. Da die Tertiärstruktur ganzer Integrinuntereinheiten sowie die Details ihrer Wechselwirkung miteinander noch nicht bekannt sind, geben diese Schemen nur die Primärstrukturen wieder (Hemler 1999)

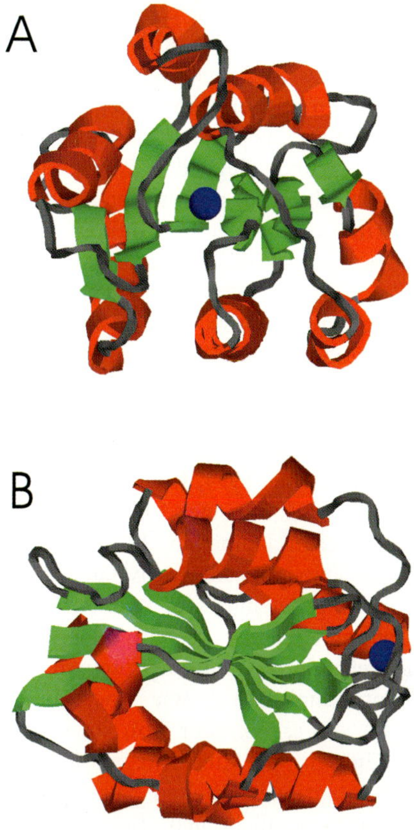

Abb. 1.8.14 A, B. I-Domäne der *α*-Kette des Leukozytenintegrins *α*M*β*2. Dargestellt ist die mit dem Liganden interagierende Seite (**A**) sowie eine seitliche Ansicht (**B**). Das für die Ligandenbindung wichtige Magnesiumion ist *blau* dargestellt, die *α*-Helices *rot* und die *β*-Stränge *grün*. Zur Darstellung wurde der Datenbankeintrag 1IDO (Lee et al. 1995) mit den darin enthaltenen Sekundärstrukturdaten verwendet

Integrine vermitteln Zell-Matrix- und Zell-Zell-Interaktionen

Integrinabhängige zelluläre Wechselwirkungen sind während der Embryonalentwicklung und im adulten Organismus von Bedeutung. Sie sind dabei nicht nur, wie ursprünglich angenommen, an Wechselwirkungen von Zellen mit der ECM (Abb. 1.8.7 a), sondern auch an Adhäsionsprozessen von Zellen untereinander beteiligt (Abb. 1.8.7 d).

Wechselwirkungen mit der ECM spielen bei dynamischen Prozessen, wie der Zellwanderung (Abb. 1.8.1C), z. B. der Wanderung von Mesodermzellen während der Gastrulation oder der Wanderung von Neuralleistenzellen später in der Entwicklung eine Rolle. Integrine können auch beim Wachstum von Axonen in der Entwicklung des Nervensystems mitwirken (Abb. 1.8.7 b), und zwar als Rezeptoren für Bestandteile der ECM (Gumbiner 1996, Hynes u. Lander 1992, Tessier-Lavigne u. Goodman 1996).

Die Bindung von Integrinen an Komponenten der ECM trägt aber auch zur Stabilisierung des entwickelten, adulten Gewebeverbands bei, z. B. bei der Anhaftung von Epithelzellen an die darunter liegende Basalmembran (Abb. 1.8.7 e). Allgemein gilt, dass verschiedene Zelltypen unterschiedlich auf Kontakt mit Komponenten der ECM reagieren können, und zwar u. a. mit Proliferation, Differenzierung, Wanderung oder Apoptose. Dies setzt biochemische Prozesse voraus, die Signale der ECM in die Zelle hinein vermitteln und letztendlich das Repertoire exprimierter Gene verändern. Bei diesen Signaltransduktionsprozessen sind, neben vielen anderen Zelloberflächenrezeptoren, auch die Integrine beteiligt (Clark u. Brugge 1995, Hanks u. Polte 1997, Juliano u. Haskill 1993, Keely et al. 1998). Da die meisten Zellen aber über mehrere Integrine verfügen und einzelne Integrine zudem verschiedene Proteine der ECM erkennen können, sind die zugrunde liegenden Zusammenhänge komplex und schwer zu analysieren.

Manche Integrine sind auch an direkten Zell-Zell-Kontakten beteiligt, v. a. im Immunsystem. Hier spielen sie bei der Kommunikation verschiedener Leukozyten untereinander (Abb. 1.8.7 d) oder bei deren Wechselwirkung mit dem Kapillarendothel eine Rolle (Abb. 1.8.7 c). Auch die Blutgerinnung, v. a. die Adhäsion der Thrombozyten an die Gefäßwand und ihre Aggregation, ist ein integrinabhängiger Prozess (Clark u. Ledbetter 1994, Clemetson 1999, Janeway u. Bottomly 1994, Springer 1994).

Die zytoplasmatischen Domänen der Integrine haben keine eigene enzymatische Aktivität, die an der Signalweiterleitung beteiligt sein könnte. Manche Integrine interagieren aber, direkt oder indirekt, mit einer Vielzahl von Adaptorproteinen wie Shc, mit Proteintyrosinkinasen, wie Focal-adhesion-Kinase (FAK), c-Src, Syk oder Abl, sowie mit Serin-Threonin-Kinasen, wie der Integrin-linked-Kinase. Bei der integrinvermittelten Signaltransduktion spielen wahrscheinlich auch *cis*-Interaktionen mit Transmembranproteinen wie Tetraspanine oder Mitglieder der IgSF eine Rolle (Clark u. Brugge 1995, Dans u. Giancotti 1999, Dedhar u. Hannigan 1996, Hemler 1998, Schlaepfer u. Hunter 1998, Schoenwaelder u. Burridge 1999).

Integrine und fokale Adhäsionen

Mit fokalen Adhäsionen (focal adhesions/focal contacts) sind Multiproteinkomplexe, die eine Verbindung zwischen Aktinfilamenten und der ECM herstellen (Abb. 1.8.15) und an Signaltransduktionsprozessen beteiligt sind, gemeint (Burridge u. Chrzanowska 1996, Critchley 2000, Gumbiner 1993, Jockusch et al. 1995). Sie enthalten neben Integrinen verschiedene Linkerproteine, darunter Talin, Vinculin, Filamin oder α-Aktinin. Talin ist ein flexibles, 60 nm langes Protein, das aus einer globulären und einer länglichen Domäne besteht. Es bildet antiparallel orientierte Homodimere aus, die an die zytoplasmatische Domäne der β-Ketten bestimmter Integrine binden und deren Verbindung zu Aktinfilamenten herstellen (Critchley 1999, Geiger 1999). Außerdem interagiert es mit der Focal-adhesion-Kinase (FAK), ein Vertreter evolutionär konservierter Nichtrezeptorproteintyrosinkinasen. Diese Kinase ist zwischen verschiedenen Spezies hoch konserviert und wurde mit der Regulation

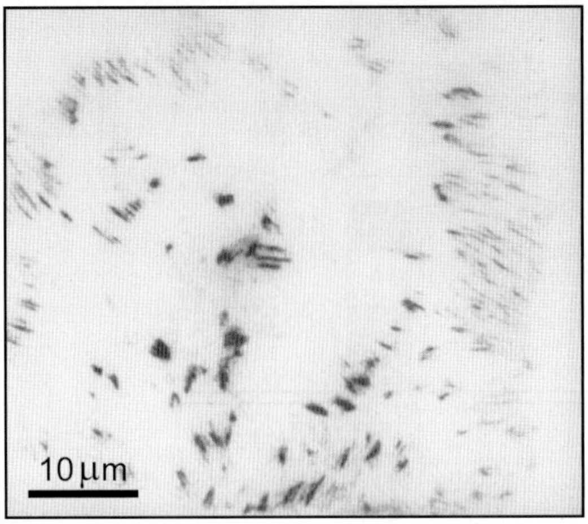

Abb. 1.8.15. Fokale Adhäsionen einer stationären Neuralleistenzelle, nachgewiesen mit einem integrinspezifischen Antikörper (Duband et al. 1988). Antikörpergefärbte Bereiche erscheinen *dunkel*, da das Bild invertiert wurde. Wiedergegeben mit Erlaubnis von Rockefeller University Press, New York

der Zellmigration, der Zellproliferation, des Turnovers von fokalen Adhäsionen und mit dem Transfer zelladhäsionsabhängiger antiapoptotischer Signale in Zusammenhang gebracht (Hanks u. Polte 1997, Shen u. Schaller 1999). Analysen FAK-defizienter Mäuse, die im Lauf der Embryonalentwicklung sterben, bestätigen eine zentrale Bedeutung dieser Kinase (Ilic et al. 1995). Ein weiteres wichtiges Protein im Zusammenhang mit fokalen Adhäsionen ist das Protein Rho, ein Vertreter einer Gruppe kleiner Guanosintriphosphatasen, die u. a. die Struktur verschiedener Spezialisierungen des Aktinzytoskeletts regulieren (Schwartz u. Shattil 2000). Während Rho an der Regulation fokaler Adhäsionen beteiligt ist, beeinflusst das Rho-verwandte Cdc42 die Entstehung von Filopodien und das Protein Rac die Entstehung von Lamellipodien (Hall 1998).

Im Folgenden wird auf die verschiedenen Integrine im Einzelnen eingegangen. Dabei wurde weitgehend die von Hemler (1999) vorgeschlagene, an strukturellen Merkmalen ausgerichtete Einteilung der Integrine in verschiedene Subgruppen übernommen.

1.8.2.2.1 Die Kollagenrezeptoren $\alpha1\beta1$ und $\alpha2\beta1$

Diese Integrine sind Rezeptoren für verschiedene Kollagene und binden zusätzlich an Laminin-1 (Abb. 1.8.13 A). Das Integrin $\alpha1\beta1$ (CD49a/CD29) kommt auf vielen Zelltypen vor, darunter Neuronen, Hepatozyten, Endothelzellen und Zellen der glatten Muskulatur (Hemler 1999). Dagegen findet sich das $\alpha 2\beta 1$ (CD49b/CD29) vorwiegend auf Thrombozyten. Im mehrstufigen Prozess der Hämostase bindet es an Kollagen, das bei Verletzungen der Gefäßwand exponiert wird (Clemetson 1999). Knockout-Mäuse, denen die $\alpha 1$-Kette fehlt, zeigen keine auffälligen Veränderungen, möglicherweise weil die Funktion des $\alpha 1\beta 2$ hier durch andere Integrine mit ähnlichen Liganden, wie $\alpha 2\beta 1$, übernommen werden kann (Hynes 1996).

1.8.2.2.2 Die Lamininrezeptoren $\alpha 3\beta 1$, $\alpha 6\beta 1$ und $\alpha 7\beta 1$

Die Integrine $\alpha 3\beta 1$ (CD49c/CD29), $\alpha 6\beta 1$ (CD49e/CD29) und $\alpha 7\beta 1$ sind in erster Linie Rezeptoren für Laminin. Die α-Ketten dieser Integrine haben keine I-Domäne und werden posttranslational in 2 Untereinheiten gespalten, die über Disulfidbrücken miteinander verbunden bleiben (Abb. 1.8.13 B). Zumindest für $\alpha 6\beta 1$ konnte belegt werden, dass diese Spaltung von funktioneller Bedeutung ist. Die Laminin bindenden Integrine sind weit verbreitet. Integrin $\alpha 3\beta 1$ befindet sich auf Endothel- und Epithelzellen, $\alpha 6\beta 1$ auf Thrombozyten und Lymphozyten und $\alpha 7\beta 1$ auf Herz- und Skelettmuskelfasern (Hemler 1999). Analysen $\alpha 3$-defizienter Knockout-Mäuse sprechen dafür, dass $\alpha 3\beta 1$ für die Entwicklung der Epidermis sowie von Nieren und Lungen wichtig ist (Kreidberg 2000). Außerdem legen Analysen entsprechender Knockout-Mäuse nahe, dass $\alpha 3\beta 1$ mit dem Extrazellulärmatrixprotein Reelin interagiert und dabei eine Rolle bei der Zellwanderung und Histogenese in der Gehirnentwicklung spielt (Dulabon et al. 2000). Mäuse, denen die $\alpha 7$-Untereinheit fehlt, entwickeln eine bald nach der Geburt beginnende Form von Muskeldystrophie, wahrscheinlich weil der Kontakt der Muskelfaser zur Basallamina beeinträchtigt ist (Mayer et al. 1997).

Erbkrankheit
Die für die Muskelfunktion wichtige Adhäsion der Muskelfaser an die Basallamina beruht u.a. auf der Bindung des Muskelfaserintegrins $\alpha 7\beta 1$ an Laminin in der Basallamina. Dementsprechend werden Mutationen im Gen der α-Kette des Integrins, die zu Insertionen und Deletionen im extrazellulären Bereich dieser Integrinuntereinheit führen, mit einer vererblichen Form von Muskelschwäche in Zusammenhang gebracht (Hayashi et al. 1998). Auch Mutationen in einem Liganden dieses Integrins, nämlich der Laminin-$\alpha 2$-Kette, führen zu einer Form erblicher Muskelschwäche (Helbling et al. 1995).

1.8.2.2.3 Integrin $\alpha 6\beta 4$ und die Hemidesmosomen

Auch das Integrin $\alpha 6\beta 4$ (CD49e/CD104) ist ein Lamininrezeptor. Die $\beta 4$-Untereinheit ist ungewöhnlich, da ihr zytoplasmatischer Anteil etwa 950 Aminosäuren länger ist als der von anderen β-Untereinheiten und u.a. 2 FNIII-ähnliche Domänen enthält (Abb. 1.8.13 C). Integrin $\alpha 6\beta 4$ ist ein zentraler Bestandteil des Hemidesmosoms (Abb. 1.8.16). Diese subzellulären Strukturen verankern Epithelzellen auf der darunter liegenden Basalmembran, indem sie eine Verbindung zu Keratinfilamenten des Zytoskeletts herstellen (Abb. 1.8.2). Der lange intrazelluläre Bereich des Integrins interagiert dabei mit Komponenten des hemidesmosomalen Plaques und der extrazelluläre Abschnitt mit Laminin-5 in der Basalmembran. Dementsprechend fehlen die Hemidesmosomen bei $\beta 4$-defizienten Mäusen, was zu einer Ablösung der Epithelzellen von der Basalmembran führt (Dowling et al. 1996, Van der Neut et al. 1996). Mäuse mit genetisch inaktivierter $\alpha 6$-Untereinheit zeigen ähnliche Symptome, wie ausgeprägte Blasenbildung der Haut, und sterben etwa zum Zeitpunkt der Geburt (Georges et al. 1996).

Neben dem Integrin $\alpha 6\beta 4$ enthalten die Hemidesmosomen ein weiteres prominentes Transmembranprotein, genannt BP180 (bullöses Pemphigoidantigen-2). Dieses Protein mit der relativ seltenen Typ-II-Orientierung (Abb. 1.8.4 B) hat einen extrazellulären Bereich mit Sequenzähnlichkeit

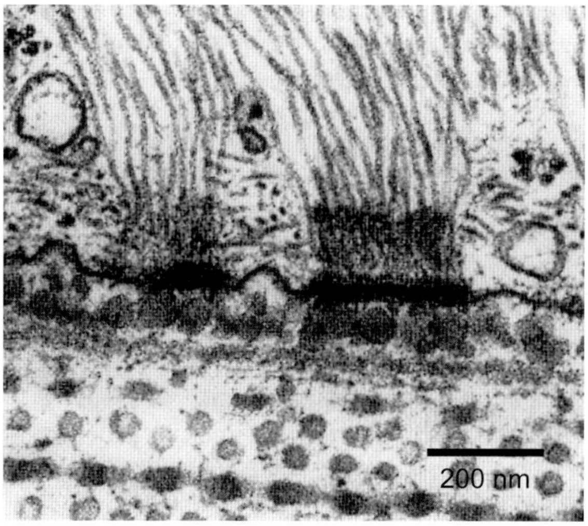

Abb. 1.8.16. Hemidesmosom einer Epidermiszelle des Molches *Taricha torosa* (Kelly 1966). Das Zytoplasma mit Bündeln von Intermediärfilamenten befindet sich *oben* in der Abbildung, die Basalmembran *unten*. Mit Genehmigung von Rockefeller University Press, New York

zu Kollagenen, der mit Komponenten der Basalmembran interagiert. Die Basalmembran ist im Bereich des Hemidesmosoms über Fibrillen aus Kollagen VII mit der darunter liegenden Dermis verbunden. Der zytoplasmatische Plaque des Hemidesmosoms, in dem Keratinfilamente verankert sind, enthält u.a. Proteine der Plakingenfamilie, beispielsweise das BP230 (bullöses Pemphigoidantigen-1) und das Plektin. Trotz ihrer ähnlichen Bezeichnung sind die Hemidesmosomen aus anderen Proteinen zusammengesetzt als die Desmosomen, deren spezifische Adhäsionsproteine zur Cadherinsuperfamilie gehören (Borradori u. Sonnenberg 1996, Green 1999, Jones et al. 1998).

Autoimmunkrankheiten

Eine Reihe von bullösen Dermatosen gehen auf Autoantikörper gegen BP180 und/oder BP230 zurück, beispielsweise das bullöse Pemphigoid, das mit einer Ablösung basaler Epidermiszellen von der Basalmembran einhergehen kann, oder das *Pemphigoid gestatonis*. Autoantikörper gegen Laminin-5 führen zum vernarbenden Schleimhautpemphigoid und Antikörper gegen Kollagen VII zur *Epidermolysis bullosa aquisita* (Borradori u. Sonnenberg 1996, Moll et al. 1996).

Erbkrankheiten

Mutationen im Plektingen verursachen eine mit Muskeldystrophie assoziierte Form der *Epidermolysis bullosa simplex*. Mutationen in Genen von Laminin-5-Untereinheiten führen zur Herlitz-Variante der *Epidermolysis bullosa junctionalis* und Mutationen in der β-Untereinheit des $\alpha6\beta4$ zu einer mit Pylorusatresie assoziierten Form (Borradori u. Sonnenberg 1996, Küster 2000, Vidal et al. 1995).

1.8.2.2.4 Die Leukozytenintegrine $\alpha L\beta2$, $\alpha M\beta2$, $\alpha X\beta2$ und $\alpha D\beta2$

Die $\beta2$-Integrine kommen nur auf Leukozyten vor (Abb. 1.8.17 A). Integrin $\alpha L\beta2$ wird häufig auch als LFA-1 (CD11a/CD18) bezeichnet, $\alpha M\beta2$ als Mac-1 (CD11b/CD18), $\alpha X\beta2$ als CD11c/CD18 und $\alpha D\beta2$ als CD11d/CD18. Während $\alpha L\beta2$ von fast allen Leukozyten exprimiert wird, sind die anderen auf Subpopulationen beschränkt. Die Integrine $\alpha M\beta2$ und $\alpha X\beta2$ werden z.B. von Monozyten, Makrophagen und Granulozyten exprimiert. Das Integrin $\alpha D\beta2$ findet sich auf Makrophagen, und $\alpha X\beta2$ ist ein Marker für Haarzellleukämie (Barclay et al. 1993, Dustin u. Springer 1999c, Hemler 1999). Das weit verbreitete Integrin $\alpha L\beta2$ spielt eine wichtige

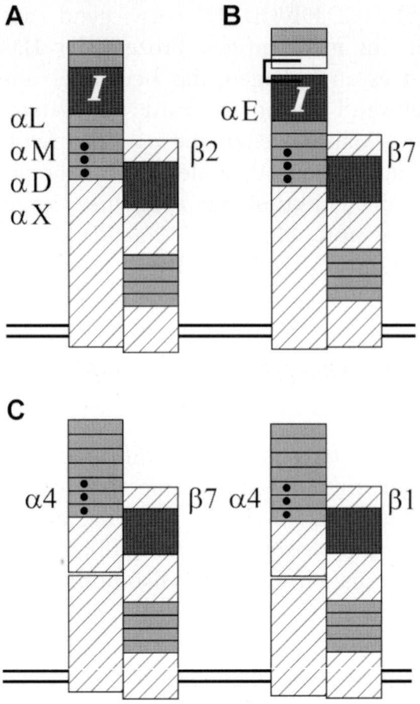

Abb. 1.8.17 A–C. Leukozytenintegrine: Integrine, die überwiegend auf Leukozyten vorkommen und mit Vertretern der IgSF (A, C) oder mit E-Cadherin (B) interagieren. *Doppellinie* Plasmamembran, *oben* extrazelluläre Aminotermini. Da die Tertiärstruktur ganzer Integrinuntereinheiten sowie die Details ihrer Wechselwirkung miteinander noch nicht bekannt sind, geben diese Schemen nur die Primärstrukturen wieder (Hemler 1999)

Rolle bei der T-Zell-abhängigen Zytotoxizität, bei der T-Zell-B-Zell-Interaktion im Kontext der Antikörperproduktion sowie bei der Adhäsion von Leukozyten an Kapillarendothel. Mäuse mit inaktiviertem $\beta2$-Gen, denen also alle $\beta2$-Integrine auf Leukozyten fehlen, zeigen Defekte im Adhäsionsverhalten von Leukozyten und eine beeinträchtigte Infektabwehr (Dustin u. Springer 1999c, Scharffetter et al. 1998).

Die $\beta2$-Integrine spielen bei der Interaktion von Leukozyten mit Endotheloberflächen eine wichtige Rolle, was eine Voraussetzung für ihre transendotheliale Wanderung in das umgebende Gewebe ist. Dabei binden sie an endotheliale Vertreter der IgSF, die zur ICAM-Rezeptor-Familie gehören (s. Abschnitt 1.8.2.3.1 „Proteine der Immunglobulinsuperfamilie (IgSF)", Unterabschnitt „Endothelzellrezeptoren für Leukozyten: ICAM, VCAM-1 und MAdCAM-1"). Diese Interaktion wird durch die in den α-Ketten der $\beta2$-Integrine (Abb. 1.8.17 A) enthaltene I-Domäne vermittelt, deren Struktur aufgeklärt werden konnte (Abb. 1.8.14). Bemerkenswert dabei ist, dass die Ligandenbindungseffizienz der Integrine und damit das Adhäsionsverhalten der Leukozyten dynamisch reguliert werden (Dustin u. Springer 1999c, Faull u. Ginsberg 1995, Gahmberg 1997, Hughes u. Pfaff 1998, Humphries 1996, Kooyk u. Figdor 2000, Springer 1994). Hierzu tragen wahrscheinlich 2 molekulare Mechanismen bei:

- die Regulation der Affinität durch Konformationsänderungen und
- die Regulation der Avidität durch Modulation von Zytoskelettwechselwirkungen.

Leukozyten-Adhäsionsdefizienz, Typ I

Mutationen im Gen der β2-Kette führen zum Typ I der Leukocyte adhesion deficiency (LAD-I), einer seltenen autosomal-rezessiven Erbkrankheit (Arnaout 1990, Fischer et al. 1988). Bei der LAD-I liegt ein Defekt in der β2-Integrin-abhängigen Adhäsion von Leukozyten an das Kapillarendothel vor. Dies führt u.a. zur verminderten Einwanderung von Leukozyten in entzündetes Gewebe, was zur verschlechterten Infektabwehr führt. Die Auswirkungen verschiedener Mutationen in der β2-Kette wurden auf molekular- und zellbiologischer Ebene untersucht. Normalerweise assoziieren die α- und β-Ketten der Integrine im endoplasmatischen Retikulum und erreichen die Zelloberfläche als Heterodimer. Bei einigen Patienten beeinträchtigen die Mutationen die Stabilität der β2-Kette (Arnaout et al. 1990) oder die Assoziation der α- und β-Ketten, was zu einem verminderten Transport zur Zelloberfläche führt (Wardlaw et al. 1990). Es sind aber auch Beispiele bekannt, bei denen die an der Leukozytenoberfläche vorhandene Menge des Proteins weitgehend normal ist, das Molekül jedoch aufgrund von Punktmutationen die Fähigkeit zur Ligandenbindung verloren hat (Hogg et al. 1999).

1.8.2.2.5 Die α4-Integrine und das Integrin αEβ7

Die Integrine $\alpha4\beta1$ (CD49d/CD29), $\alpha4\beta7$ und αEβ7 (Abb. 1.8.17B,C) finden sich überwiegend auf Leukozyten, werden aber teilweise auch von nicht hämatopoetischen Zellen exprimiert. Die β4-Integrine sind, ebenso wie die β2-Integrine, an der Leukozyteninteraktion mit Kapillarendothel beteiligt, beispielsweise bei der Rekrutierung in Entzündungsgebiete (Barclay et al. 1993, Springer 1994, Hemler 1999). Das Integrin $\alpha4\beta1$ bindet dabei an VCAM-1, ein endotheliales Mitglied der IgSF (s. Abschnitt 1.8.2.3.1 „Endothelzellrezeptoren für Leukozyten: ICAM, VCAM-1 und MAdCAM-1“). Die Analyse von α4-defizienten Mäusen legt jedoch

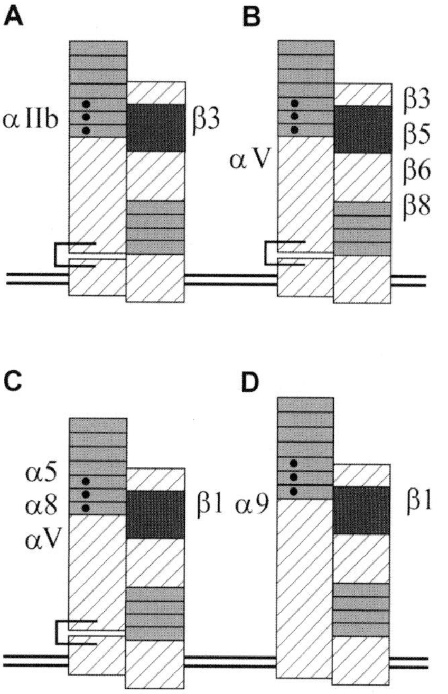

Abb. 1.8.18. Thrombozytenrezeptor für Von-Willebrand-Faktor und Fibrinogen (**A**) sowie Integrine, die überwiegend modular aufgebaute Proteine der extrazellulären Matrix erkennen (**B–D**). *Doppellinie* Plasmamembran, *oben* extrazelluläre Aminotermini. Da die Tertiärstruktur ganzer Integrinuntereinheiten sowie die Details ihrer Wechselwirkung miteinander noch nicht bekannt sind, geben diese Schemen nur die Primärstrukturen wieder (Hemler 1999)

nahe, dass $\alpha4\beta1$ auch für Funktionen nicht hämatopoetischer Zellen wichtig ist, da eine Deletion von α4 zu Herzentwicklungsstörungen führt und letal ist (Yang et al. 1995). Das 2. α4-Integrin, nämlich $\alpha4\beta7$, trägt zur Lokalisierung von Lymphozyten in Peyer-Plaques bei, durch Bindung an das dort exprimierte MAdCAM-1 (Berlin et al. 1993). Im Einklang damit haben α4-defiziente Mäuse eine verminderte T-Zell-Lokalisierung in Peyer-Plaques, und β7-defiziente Mäuse zeigen eine Verkleinerung der Peyer-Plaques (Arroyo et al. 1996, Wagner et al. 1996).

Integrin αEβ7 findet sich auf der Mehrzahl der intraepithelialen Lymphozyten und vermittelt durch Bindung an das von ihnen exprimierte E-Cadherin deren Wechselwirkung mit Epithelzellen (Cepek et al. 1994). Dementsprechend haben Knockout-Mäuse, denen die αE-Kette oder die β7-Kette fehlt, eine reduzierte Zahl intraepithelialer Lymphozyten (Schon et al. 1999). Zu dieser Subgruppe von Integrinen kann, aufgrund struktureller Ähnlichkeit zu $\alpha4\beta1$, auch das noch wenig verstandene Integrin $\alpha9\beta1$ (Abb. 1.8.18D) gerechnet werden.

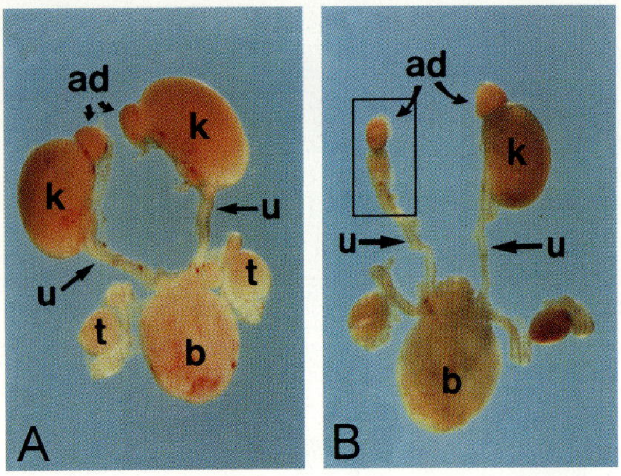

Abb. 1.8.19 A, B. Integrin $\alpha 8\beta 1$ und die Nierenentwicklung. Mäuse, deren $\alpha 8\beta 1$-Integrin genetisch inaktiviert wurde, zeigen Defekte in der Nierenentwicklung (Müller et al. 1997). Ein Vergleich der Normalsituation (**A**) mit der Knockout-Maus (**B**) zeigt, dass die Nieren (*k*) verkleinert sein oder ganz fehlen können (*Rechteck*), *ad* Nebennieren, *u* Harnröhre, *b* Blase, *t* Hoden. Mit Erlaubnis von Elsevier Science, Oxford

1.8.2.2.6 Die Integrine $\alpha 5\beta 1$, $\alpha 8\beta 1$ und $\alpha V\beta 1$

Die Integrine $\alpha 5\beta 1$ (CD49e/CD29), $\alpha 8\beta 1$ und $\alpha V\beta 1$ (CD51/CD29) bilden eine Fibronektin bindende Subgruppe und haben nahe verwandte α-Ketten (Abb. 1.8.18 C). Neben Fibronektin werden teilweise auch andere modular aufgebaute Komponenten der extrazellulären Matrix erkannt, wie Tenascin und Vitronektin, das auch im Blutplasma vorkommt (Tabelle 1.8.1). Das Integrin $\alpha 5\beta 1$ bindet außerdem an Osteopontin, ein u. a. in der ECM des Knochens vorkommendes Kalzium bindendes Phosphoprotein (Hemler 1999). Diesen Liganden ist gemeinsam, dass sie über ein so genanntes RGD-Motiv verfügen, das vom Integrin gebunden wird. Knockout-Mäuse, denen die $\alpha 5$- oder die αV-Kette fehlen, sterben in Utero und haben u. a. Gefäßdefekte (Goh et al. 1997). Analysen $\alpha 8$-defizienter Mäuse sprechen dafür, dass dieses Integrin an induktiven Wechselwirkungen zwischen Epithel- und Mesenchymgewebe während der Histogenese der Nieren beteiligt ist (Abb. 1.8.19) und zur Entwicklung mechanosensorischer Haarzellen im Innenohr beiträgt (Littlewood u. Müller 2000, Müller et al. 1997).

1.8.2.2.7 Integrin $\alpha IIb\beta 3$ und die αV-Integrine

Das Integrin $\alpha IIb\beta 3$ (GPIIb/IIIa oder CD41/CD61) und die Integrine $\alpha V\beta 3$ (CD51/CD61), $\alpha V\beta 5$, $\alpha V\beta 6$, und $\alpha V\beta 8$ bilden eine Subgruppe von Rezeptoren (Abb. 1.8.18 A, B), die überwiegend modular aufgebaute Proteine der extrazellulären Matrix erkennen, u. a. Fibronektin und Vitronektin (Tabelle 1.8.1). Während $\alpha IIb\beta 3$ weitgehend auf Thrombozyten beschränkt ist, findet sich $\alpha V\beta 3$ auf verschiedenen Zelltypen, darunter Makrophagen, Endothelzellen und Osteoklasten. Beide $\beta 3$-Integrine interagieren mit Fibrinogen und mit dem Von-Willebrand-Faktor. Das Integrin $\alpha V\beta 3$ bindet außerdem an 2 Mitglieder der IgSF, nämlich an L1-CAM und an PECAM-1, die beide u. a. auch auf Leukozyten exprimiert werden (Dunon et al. 1996, Hemler 1999, Kadmon et al. 1998). Knockout-Mäuse, denen die $\beta 3$-Kette fehlt, exprimieren weder $\alpha IIb\beta 3$ noch $\alpha V\beta 3$. Sie haben Defekte in der Hämostase, also bei Prozessen, die nach Verletzungen zu einem Gefäßverschluss führen, und können daher als Modell für die Erbkrankheit Glanzmann-Thrombastenie (s. unten) dienen (Hodivala et al. 1999). Außerdem zeigen diese Mäuse neben Plazentamissbildungen eine Osteosklerose, verbunden mit Hypokalzämie. Die Osteoklasten zeigen eine verminderte Resorption von Knochensubstanz, wahrscheinlich weil das $\alpha V\beta 3$ auf diesen Zellen fehlt (McHugh et al. 2000). Bei Knockout-Mäusen, denen die αV-Kette fehlt und die daher über keines der 5 αV-Integrine verfügen, treten ebenfalls Plazentamissbildungen auf, und sie sterben größtenteils in Utero (Bader et al. 1998). Eine biochemische Besonderheit des $\alpha V\beta 3$ besteht darin, dass es eine funktionell wichtige *cis*-Interaktion (Abb. 1.8.5D) mit einem Protein der IgSF eingeht, und zwar mit dem CD47-Protein, auch Integrin-associated-Protein genannt (Lindberg et al. 1996).

Integrin $\alpha IIb\beta 3$ auf Thrombozyten

Integrin $\alpha IIb\beta 3$ ist der Thrombozytenrezeptor für Fibrinogen und für den Von-Willebrand-Faktor und spielt eine zentrale Rolle bei der Hämostase (Barclay et al. 1993, Clemetson 1999, Parise 1999). Thrombozyten haben einen weiteren Rezeptor für den Von-Willebrand-Faktor, nämlich den Glykoproteinkomplex GPIb-IX-V, der strukturell nicht mit Integrinen verwandt ist (Ware u. Ruggeri 1999). Nach einer Gewebeverletzung binden Thrombozyten zunächst über den GPIb-IX-V-Komplex an den Von-Willebrand-Faktor, der an die Gefäßwand gebunden ist (Abb. 1.8.20). Dann wird das Integrin $\alpha IIb\beta 3$ durch eine komplexe Folge von Prozessen aktiviert, bei denen u. a. Kollagen aus der Gefäßwand beteiligt ist. Die Aktivierbarkeit, also die Regulierung der Effizienz ihrer Ligandenbindung, ist eine wichtige Eigenschaft mancher Integrine, wie auch der oben erwähnten $\beta 2$-Integrine. Dabei bewirken intrazelluläre Signale

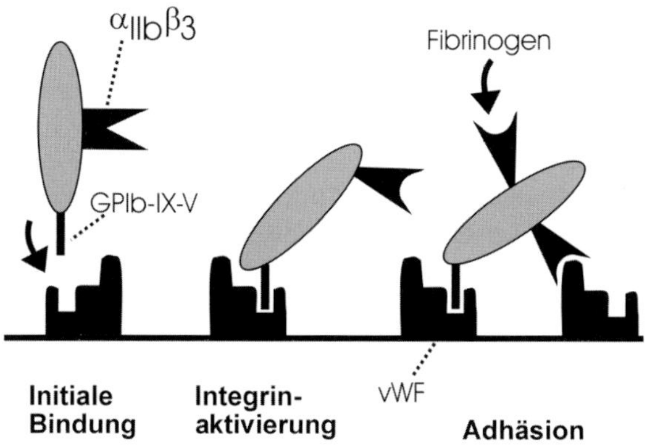

Abb. 1.8.20. Die Bindung von Thrombozyten (*graue Ellipsen*) an aktiviertes Endothel ist ein mehrstufiger Prozess, bei dem die Aktivierung des αIIbβ3-Integrins eine zentrale Rolle spielt. *vWF* Von-Willebrand-Faktor, *GPIb-IX-V* entsprechender Glykoproteinkomplex der Thrombozyten. Nicht maßstabsgetreu

eine Veränderung der Ligandenbindungsdomäne im extrazellulären Bereich des Integrins, wahrscheinlich u.a. über Konformationsänderungen (inside-to-outside signalling) (Faull u. Ginsberg 1995, Hughes u. Pfaff 1998, Kooyk u. Figdor 2000). Das aktivierte αIIbβ3 bindet nun ebenfalls an den Von-Willebrand-Faktor und verstärkt dadurch die Bindung der Thrombozyten an die Gefäßwand (Abb. 1.8.20). Außerdem bindet das aktivierte Integrin lösliches Fibrinogen und trägt dadurch indirekt zur Rekrutierung weiterer Thrombozyten bei (Clemetson 1999, Savage et al. 1996).

Glanzmann-Thrombasthenie

Die Glanzmann-Thrombasthenie ist ein relativ seltener vererbbarer Blutgerinnungsdefekt, der auf Mutationen in den Genen für die αIIb-Kette oder die β3-Kette zurückgeführt wird. Diese Mutationen können zu einer Verringerung der vorhandenen Menge des Integrins oder zu qualitativen Veränderungen seiner Struktur führen und eine starke Beeinträchtigung der Thrombozytenaggregation zur Folge haben. Bei Patienten mit Defekten in der β3-Kette ist nicht nur die Funktion von αIIbβ3, sondern auch die von αVβ3 beeinträchtigt (Clemetson u. Clemetson 1994, Coller et al. 1994, Hodivala et al. 1999).

1.8.2.3 Proteine der Immunglobulin-Superfamilie (IgSF)

Proteine mit mindestens einer Immunglobulin(Ig)-Domäne werden zur Immunglobulinsuperfamilie (IgSF) gerechnet. Diese Domäne, die ursprünglich in Antikörpermolekülen gefunden wurde (Poljak et al. 1973), zählt zu den im Lauf der Evolution erfolgreichsten Proteindomänen. Sie findet sich nicht nur in Antikörpermolekülen, sondern auch in mehreren hundert verschiedenen Zelloberflächenrezeptoren, in denen sie mit anderen strukturell und funktionell abgrenzbaren Domänen kombiniert vorkommen kann. Es sind Vertreter dieser Superfamilie bekannt, die nur eine einzige Ig-Domäne enthalten, beispielsweise die Proteine Thy-1 oder P_0, aber auch solche mit 17 Domänen, wie das Sialoadhesin (Abb. 1.8.21 A).

Ig-Domänen haben eine Ausdehnung von etwa 4 nm×2,5 nm×2,5 nm und können relativ flexibel oder weitgehend starr miteinander verknüpft sein (Abb. 1.8.21 B). Sie bestehen aus etwa 70–110 Aminosäuren, die eine Serie von 7 oder 9 β-Strängen ausbilden. Die β-Stränge sind in 2 β-Faltblättern angeordnet und durch Verbindungsabschnitte variabler Länge miteinander verbunden. Innerhalb der β-Stränge alternieren hydrophile, nach außen gerichtete Aminosäureseitenketten mit hydrophoben, nach innen gerichteten Seitenketten. Die Ig-Domänen haben also eine ähnliche Struktur wie die oben beschriebenen cadherintypischen Domänen (Abb. 1.8.8). Im Gegensatz zu den Cadherindomänen werden die meisten Ig-Domänen durch eine interne Disulfidbrücke stabilisiert. Ig-Domänen gehen intermolekulare, aber auch intramolekulare Wechselwirkungen ein. Dabei können sich funktionell wichtige Domänenkonglomerate ausbilden, beispielsweise beim Axonin-1, einem Protein, das an der Regulation des axonalen Wachstums beteiligt ist (Abb. 1.8.21 C). Ein möglicher Grund für die weite Verbreitung der Ig-Domäne ist ihre Stabilität, kombiniert mit einer großen Sequenzvariabilität, die eine Anpassung an immer neue Funktionen im Lauf der Evolution ermöglicht hat. (Amzel u. Poljak 1979, Branden u. Tooze 1998, Brümmendorf u. Rathjen 1995, Sonderegger 1998, Williams u. Barclay 1988).

Ähnlich wie die bereits besprochenen Cadherine und Integrine spielen die Mitglieder der IgSF in der Entwicklung und im adulten Organismus eine Rolle. Sie sind bei verschiedenen Zelladhäsionsprozessen im Immunsystem, aber auch im Nervensystem und in anderen Organen beteiligt. Dabei fungieren sie als Rezeptoren und als Liganden bei Zell-Zell-Wechselwirkungen (Abb. 1.8.7 a–d), als Rezeptoren für Komponenten der ECM (Abb. 1.8.7 a, b), aber auch als Rezeptoren für lösliche Polypeptide wie Wachstumsfaktoren. Vertreter der IgSF spielen beispielsweise bei der Regulation des kontaktabhängigen axonalen Wachstums in der Gehirnentwicklung

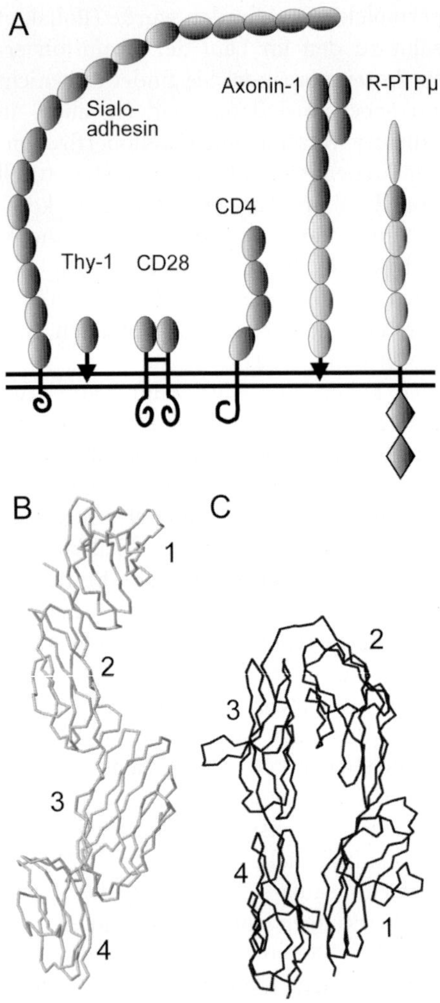

Abb. 1.8.21 A–C. Strukturelle Vielfalt der Immunglobulinsuperfamilie (IgSF). **A** Proteine der IgSF können unterschiedlich viele Ig-Domänen haben (*dunkle Ellipsen*), die mit verschiedenen anderen Typen von Domänen kombiniert sein können (*helle Ellipsen, lange Ellipse*). Die meisten haben Transmembrandomänen, manche sind GPI-verankert (*Dreiecke*) und andere bilden kovalent verknüpfte Dimere. Zytoplasmatische Abschnitte können Interaktionsmotive für intrazelluläre Wechselwirkungspartner aufweisen oder enzymatisch aktive Domänen (*Rauten*) enthalten. Vereinfachte Darstellung aus Brümmendorf u. Rathjen (1995). **B** Der CD4-Korezeptor, der von T-Zell-Subpopulationen exprimiert wird und deren Interaktion mit Antigen präsentierenden Zellen unterstützt, enthält 4 Ig-Domänen im extrazellulären Abschnitt, der eine längliche Form hat (Wu et al. 1997). **C** Dagegen bilden die 4 aminoproximalen Domänen des Axonin-1, einem am Axonwachstum in der Entwicklung des Nervensystems beteiligten Proteins, eine funktionell wichtige U-förmige Domänenanordnung aus (Freigang et al. 2000). Zur Darstellung wurden die Datenbankeinträge 1WIP und 1CS6 verwendet

(Abb. 1.8.7 b), bei der Kommunikation verschiedener Zelltypen des Immunsystems miteinander (Abb. 1.8.7 d) und bei der Adhäsion von Leukozyten an das Kapillarendothel (Abb. 1.8.7c) eine Rolle (Barclay et al. 1993, Brümmendorf u. Rathjen 1995, Clark u. Ledbetter 1994, Sonderegger 1998, Springer 1994, Tessier-Lavigne u. Goodman 1996).

Aus mehreren hundert Mitgliedern der IgSF werden hier 3 Vertreter aus dem Nervensystem und mehrere Vertreter aus dem Immunsystem herausgegriffen und exemplarisch vorgestellt. Dabei wurden Beispiele ausgewählt, für die eine Rolle bei der Entstehung einer Erbkrankheit belegt ist (L1, P_0). Endotheliale Rezeptoren (ICAM, VCAM-1 und MAdCAM-1) werden beschrieben, weil ihre Ligandeninteraktionen, v. a. die Bindung der Rhinoviren an ICAM-1, eingehend analysiert wurden. Außerdem werden Proteine vorgestellt, mit denen Strukturaspekte (CD2, LFA-3, ICAM-1) oder die Bedeutung posttranslationaler Modifikationen erläutert werden können (NCAM).

1.8.2.3.1 Endothelzell-Rezeptoren für Leukozyten: ICAMs, VCAM-1 und MAdCAM-1

Eine Reihe von Integrin bindenden Mitgliedern der IgSF werden auf Endothelzellen exprimiert. Hierzu zählen

- die „interzellulären Adhäsionsmoleküle" (ICAM),
- das VCAM-1 (vascular cell adhesion molecule-1) und
- das MAdCAM-1 (mucosal addressin cell adhesion molecule-1).

Gemeinsam ist diesen Rezeptoren, dass sie mehrere extrazelluläre Ig-Domänen, eine Transmembranregion und einen zytoplasmatischen Bereich haben (Abb. 1.8.22). Sie spielen bei der Rekrutierung von Leukozyten aus der Blutbahn ins Gewebe eine wichtige Rolle, indem sie mit Integrinen auf Leukozytenoberflächen interagieren. Einerseits bilden die ICAM eine Subgruppe von Proteinen und andererseits ist die Liganden bindende aminoterminale Domäne des MAdCAM-1 relativ ähnlich zu den Liganden bindenden Domänen des VCAM-1. Diese strukturellen Unterschiede reflektieren das Bindungsverhalten: Die ICAM binden an β2-Integrine (s. Abschnitt 1.8.2.2.4 „Leukozytenintegrine αLβ2, αMβ2, αXβ2 und αDβ2"), während VCAM-1 und MAdCAM-1 mit α4-Integrinen (s. Abschnitt 1.8.2.2.5 „α4-Integrine und Integrin αEβ7") interagieren (Barclay et al. 1993, Dunon et al. 1996, Springer 1994, Wang u. Springer 1998).

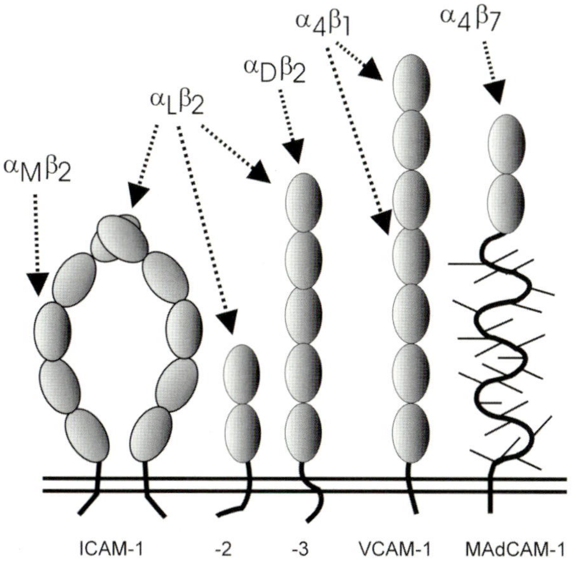

Abb. 1.8.22. Auswahl endothelialer Proteine der IgSF, die Leukozytenintegrine binden und dadurch Wechselwirkungen von Leukozyten mit Endothelzellen vermitteln. Die Aminotermini der Moleküle liegen *oben*. *Ellipsen* Ig-Domänen, *Wellenlinie* muzinähnliche Domäne. Die 4. Domäne des VCAM-1 sowie die muzinähnliche Domäne des MAdCAM-1 fehlen in bestimmten Isoformen. Elektronenmikroskopische Untersuchungen sprechen dafür, dass ICAM-1 als längliche, gebogene Struktur von etwa 17 nm Länge vorliegt

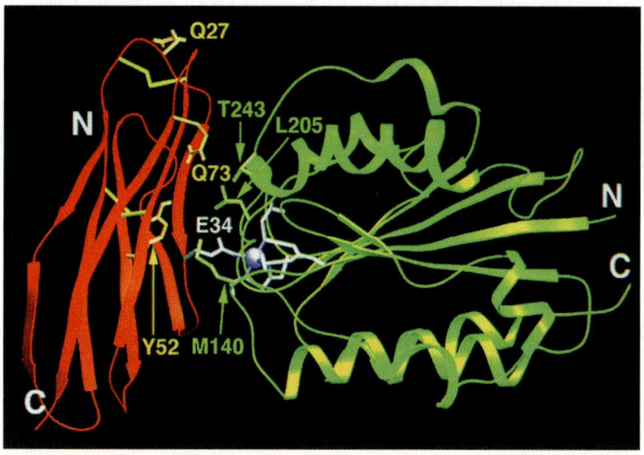

Abb. 1.8.23. Integrin-ICAM-1-Interaktion. Dargestellt ist die Bindung der I-Domäne von $\alpha L\beta 2$-Integrin an die aminoterminale Domäne des ICAM-1. Die I-Domäne des Integrins (*grün*) bindet an die von den β-Strängen *C*, *F* und *G* gebildete Seite der aminoterminalen Domäne (*rot*) des ICAM-1 (Bella et al. 1998). Das vom Integrin gebundene 2-wertige Kation (*grauer Punkt*) stabilisiert die Bindung durch Interaktion mit einem Glutaminsäurerest (E34) des ICAM-1. Mit Erlaubnis der National Academy of Sciences, USA

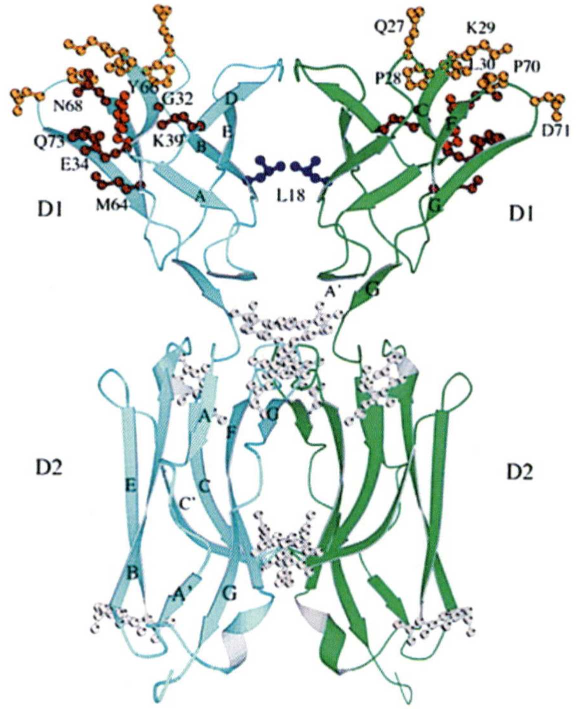

Abb. 1.8.24. Ligandenbindungsstellen in der aminoterminalen Domäne des ICAM-1. Homodimer zweier aminoproximaler Ig-Domänen des ICAM-1, *Pfeile* β-Stränge (Casasnovas et al. 1998). Aminosäureseitenketten, die zur jeweiligen Ligandenbindung substanziell beitragen, sind hervorgehoben: *rot* und *orange* Integrin $\alpha L\beta 2$, *gelb* und *orange* Rhinoviren, *dunkelblau Plasmodium falciparum*. Mit Erlaubnis der National Academy of Sciences, USA

ICAM-1 (*Intercellular adhesion molecule-1*)

Dieses Zelloberflächenprotein, auch als CD54 bezeichnet, ist der Prototyp einer Subgruppe endothelialer Integrin bindender IgSF-Rezeptoren. Es wird primär von Endothelzellen, aber auch von anderen Zelltypen exprimiert. Die Expression ist auf Transkriptionsebene regulierbar und wird bei Entzündungsprozessen durch verschiedene Mediatoren, darunter TNFα, Interleukin-1 und Interferon-γ, induziert. Dadurch trägt ICAM-1 zur Adhäsion von Leukozyten an das Endothel bei und spielt so eine wichtige Rolle bei der Rekrutierung von Leukozyten, beispielsweise neutrophilen Granulozyten, in Entzündungsherde. Hierbei bindet es $\beta 2$-Integrine (Abb. 1.8.17 C), v.a. das $\alpha L\beta 2$ (LFA-1) sowie das $\alpha M\beta 2$ (Mac-1) auf der Oberfläche der Leukozyten. Integrin $\alpha L\beta 2$ bindet dabei an die aminoterminale Domäne des ICAM-1 (Abb. 1.8.22), und zwar über die I-Domäne der α-Kette des Integrins (Abb. 1.8.23). Im Gegensatz dazu bindet $\alpha M\beta 2$ an die 3. Ig-Domäne des ICAM-1, ebenfalls über die I-Domäne des Integrins. ICAM-1 liegt auf der Zelloberfläche als Dimer vor (Abb. 1.8.22), und die Integrinbindungsstelle liegt auf der nicht in die Dimerisierung involvierten Seite des Moleküls (Abb. 1.8.24). Analysen ICAM-1-defizienter Mäuse bestätigen eine Rolle des Proteins bei der Leukozytenwanderung

(Dustin u. Springer 1999b, Gahmberg 1997, Van de Stolpe u. Van der Saag 1996, Wang u. Springer 1998).

ICAM-1 als Virusrezeptor

Pathophysiologisch wichtig ist, dass ICAM-1 verschiedenen Rhinoviren und Coxsackie-Viren als Zelloberflächenrezeptor dient. ICAM-1 bindet mindestens 80% der etwa 100 bekannten Serotypen von Rhinoviren, häufige Verursacher des Schnupfens. Mit biochemischen Analysen konnten einzelne Aminosäuren in der aminoterminalen Domäne des ICAM-1 identifiziert werden, die für die Bindung der Rhinoviren wichtig sind (Abb. 1.8.24). Sie liegen in relativ flexiblen Bereichen der ersten Ig-Domäne. Dies erklärt teilweise, dass verschiedene Varianten von Rhinoviren an die gleiche Region von ICAM-1 binden können. Die Rhinoviren binden an die Spitze der Domäne und damit des ganzen Proteins, nicht seitlich wie die β2-Integrine (Abb. 1.8.24). Dadurch ist es möglich, dass ICAM-1 nicht an einen exponierten Oberflächenbereich des Virus bindet, sondern an einer vertieften Stelle. Die vom ICAM-1 auf der Virusoberfläche erkannte Fläche ist kleiner als ein von einem Antikörpermolekül abgedeckter Bereich. Das Virus kann sich daher der Immunantwort durch Veränderung der Antikörperbindungsregion entziehen, bei gleichzeitigem Beibehalten der ICAM-1-Erkennungsregion (Bella et al. 1998, Casasnovas et al. 1998, Dustin u. Springer 1999b).

Außerdem interagiert ICAM-1 auch mit Proteinen nichtviraler Pathogene. Es bindet Erythrozyten, die mit dem Erreger der Malaria tropica (*Plasmodium falciparum*) infiziert sind (Abb. 1.8.24). Dies spielt sehr wahrscheinlich bei deren Bindung an Gefäßendothel eine Rolle (Smith et al. 2000).

ICAM-2, ICAM-3 und ICAM-4

Während ICAM-3 (CD50) die gleiche Domänenorganisation wie ICAM-1 aufweist, haben ICAM-2 (CD102) und ICAM-4 nur 2 Domänen. Für ICAM-2 und -3 konnten Interaktionen mit β2-Integrinen nachgewiesen werden (Abb. 1.8.22). Diese Proteine haben daher wahrscheinlich Funktionen, die mit denen von ICAM-1 teilweise überlappen. Dies könnte ein Grund dafür sein, dass keine Erbkrankheiten bekannt sind, bei denen ICAM-1 defekt ist (Dustin u. Springer 1999b, Gahmberg 1997).

VCAM-1 (*Vascular cell adhesion molecule-1*)

Dieses endotheliale Zelladhäsionsmolekül, auch CD106 oder INCAM-110 genannt, erfüllt ähnliche Funktionen wie ICAM-1, indem es zur Rekrutierung von Leukozyten aus der Blutbahn in Entzündungsgebiete beiträgt. Im Gegensatz zu ICAM-1 bindet VCAM-1 aber nicht an β2- sondern an α4-Integrine, primär an $\alpha 4\beta 1$ (Abb. 1.8.22), aber auch schwach an $\alpha 4\beta 7$. Den α4-Integrinen fehlt die I-Domäne (Abb. 1.8.17c), mit der die β2-Integrine an ICAM binden (Abb. 1.8.23). Daher binden sie VCAM-1 über einen anderen Mechanismus. Es wird davon ausgegangen, dass ein exponiert gelegener Asparaginsäurerest in der ersten Domäne des VCAM-1 für die Interaktion wichtig ist. Außerdem trägt auch die 2. Ig-Domäne zur Wechselwirkung bei. Das VCAM-1 kommt in 2 durch alternatives Spleißen entstandenen Isoformen vor, einer 7-Domänen-Form mit 2 Integrinbindungsstellen und einer 6-Domänen-Form mit 1 Integrinbindungsstelle (Abb. 1.8.22).

Integrin $\alpha 4\beta 1$ wird von fast allen Leukozyten, außer von neutrophilen Granulozyten, exprimiert. Daher bleibt bei Patienten mit Leukozytenadhäsionsdefizienz Typ I (s. Abschnitt 1.8.2.2.4 „Leukozytenintegrine $\alpha L\beta 2$, $\alpha M\beta 2$, $\alpha X\beta 2$ und $\alpha D\beta 2$“), denen funktionelle β2-Integrine fehlen, die Leukozytenrekrutierung teilweise erhalten.

Analysen VCAM-1-defizienter Mäuse legen eine weitere Funktion der Wechselwirkung von α4-Integrinen mit VCAM-1 nahe, und zwar in der Embryonalentwicklung. Beeinträchtigungen spezifischer Zell-Zell-Wechselwirkungen, an denen diese Proteine beteiligt sind, führen zu Störungen in der Histogenese der Plazenta und des Herzens. Ein kleiner Anteil dieser Tiere überlebt jedoch und zeigt, im Einklang mit der oben erwähnten Funktion bei der Leukozytenrekrutierung, eine erhöhte Zahl zirkulierender Leukozyten (Gurtner et al. 1995, Jones et al. 1995, Kwee et al. 1995, Wang et al. 1995).

MAdCAM-1
(*Mucosal addressin cell adhesion molecule-1*)

MAdCAM-1 wird konstitutiv von spezialisiertem Kapillarendothel exprimiert, beispielsweise in den Peyer-Plaques. Durch Interaktion mit dem Leukozytenintegrin $\alpha 4\beta 7$ (Abb. 1.8.22) trägt es zur Rekrutierung von Lymphozytensubpopulationen bei (Arroyo et al. 1996, Berlin et al. 1993, Wagner et al. 1996).

1.8.2.3.2 Das CD2-Protein, ein Korezeptor für T-Zell-Interaktionen

Für die Funktion des Immunsystems sind spezifische und kontrollierte Zell-Zell-Kontakte essenziell. Dabei nimmt die Wechselwirkung des T-Zell-Rezeptors auf T-Lymphozyten mit Molekülen des

MHC (Haupthistokompatibilitätskomplex) auf anderen Zellen eine Schlüsselstellung ein. Zellen, die mit Viren infiziert sind, präsentieren an MHC-Klasse-I-Proteine gebundene, virale Polypeptidfragmente auf ihrer Zelloberfläche. Sie können dann von zytotoxischen T-Lymphozyten identifiziert werden, vermittelt durch deren T-Zell-Rezeptor. Dies leitet eine komplexe Kaskade biochemischer Prozesse ein, die letztendlich zur Zytolyse der infizierten Zellen führen. In vergleichbarer Weise exponieren Antigen präsentierende Zellen Antigenfragmente, in diesem Fall gebunden an MHC-Klasse-II-Moleküle, auf ihrer Oberfläche. Die Antigen präsentierenden Zellen interagieren mit T-Helfer-Zellen, die dadurch aktiviert werden und letztendlich B-Zellen zur Antikörperproduktion veranlassen oder Makrophagen stimulieren können. Solche für die Funktion des Immunsystems kritischen zellulären Wechselwirkungen der T-Lymphozyten werden von verschiedenen Zelladhäsionsmolekülen unterstützt, wie den Adhäsionsrezeptorpaaren CD28 und B7 oder CD2 und LFA-3 (Alberts et al. 1994, Barclay et al. 1993, Clark u. Ledbetter 1994, Davis et al. 1998, Springer 1990). Hier wird exemplarisch auf das von den meisten T-Lymphozyten exprimierte CD2-Protein näher eingegangen.

CD2 bindet an das strukturell ähnliche LFA-3 (CD58), das u.a. von Antigen präsentierenden Zellen exprimiert wird. Beide Proteine haben 2 Ig-Domänen und gehören zu einer Subgruppe strukturell verwandter Proteine der IgSF (Abb. 1.8.25 A). Beide haben Transmembrandomänen und zytoplasmatische Anteile, von LFA-3 ist auch eine GPI-verankerte Isoform bekannt. Eingehende biochemische Analysen der Interaktionen dieser Proteine und die Röntgenstrukturaufklärung eines entsprechenden heterodimeren Komplexes sprechen dafür, dass die beiden Proteine über ihre aminoterminalen Domänen miteinander interagieren (Abb. 1.8.25 B). Damit überbrücken sie eine Zell-Zell-Distanz von etwa 14 nm, ebenso wie der mit dem MHC-Protein interagierende T-Zell-Rezeptor (Abb. 1.8.25 A). Der Kontaktbereich zwischen CD2 und LFA-3 ist relativ klein, ungewöhnlich hydrophil, enthält relativ viele geladene Aminosäureseitenketten und wenig komplementäre Oberflächenkonturen (Arulanandam et al. 1994, Bodian et al. 1994, Dustin u. Springer 1999 a, Wang et al. 1999). Dementsprechend enthält auch die gesamte aminoterminale Domäne des CD2 etwa doppelt so viele geladene Aminosäuren wie ein durchschnittliches Protein. Als Konsequenz daraus ist die Wechselwirkung der beiden Proteine zwar spezifisch, aber relativ kurzlebig (Abb. 1.8.25 C). CD2 und LFA-3 bilden wahrscheinlich im Kontakt-

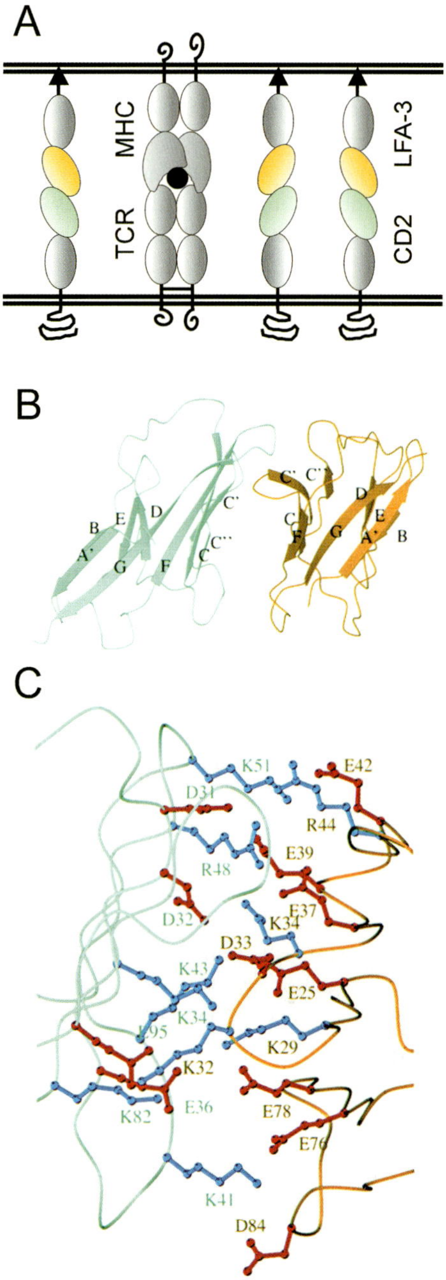

Abb. 1.8.25 A–C. Interaktion von CD2 mit LFA-3. **A** Eine T-Zelle (*unten*) wird durch Interaktion mit einer Antigen präsentierenden Zelle (*oben*) stimuliert. Dabei bindet der T-Zell-Rezeptor (*TCR*) an das antigenbesetzte MHC-Klasse-II-Protein (*MHC*) der Antigen präsentierenden Zelle. Dies wird unterstützt durch Bindung des CD2 an das LFA-3. *Schwarzer Punkt* Antigenfragment, *Dreieck* GPI-Anker. Der T-Zell-Rezeptor ist stark vereinfacht dargestellt, ohne assoziierte Proteine. **B** Die aminoterminale Domäne des CD2 (*blaugrün*) interagiert lateral mit der aminoterminalen Domäne des LFA-3 (*gelbrot*) (Wang et al. 1999). **C** Bei dieser molekularen Wechselwirkung interagieren negativ geladene Aminosäureseitenketten (*rot*) der einen Domäne mit positiv geladenen (*dunkelblau*) der anderen Domäne (Wang et al. 1999). **B, C** wiedergegeben mit Erlaubnis von Elsevier Science, Oxford

bereich der interagierenden Zellen dynamische Cluster aus kurzlebigen Rezeptor-Liganden-Paaren. Dadurch wird ein Abstand zwischen den Zellmembranen hergestellt, der für die Interaktion des T-Zell-Rezeptors mit dem MHC-Molekül optimal ist. Schätzungen gehen davon aus, dass dadurch die Effizienz der T-Zell-Interaktionen um mindestens eine Größenordnung gesteigert wird. Die aus etwa 115 Aminosäuren bestehende zytoplasmatische Domäne des CD2-Proteins wurde im Lauf der Evolution zwischen verschiedenen Spezies wenig verändert. Daher ist es denkbar, dass CD2 außerdem an Signaltransduktionsprozessen in T-Lymphozyten beteiligt ist (Davis u. Van der Merwe PA 1996, Davis et al. 1998, Dustin u. Springer 1999 a, Dustin et al. 1998, Wang et al. 1999).

1.8.2.3.3 Das „neurale Zelladhäsionsmolekül" (NCAM) und die Polysialinsäure

NCAM (CD56) ist der erste identifizierte Vertreter von Proteinen der Immunglobulinsuperfamilie (IgSF) im Nervensystem (Cunningham et al. 1987). Dieses Zelladhäsionsmolekül wird im sich entwickelnden und im adulten Nervensystem exprimiert. Während der Entwicklung ist es an Prozessen beteiligt, die mit dynamischen Zell-Zell-Wechselwirkungen einhergehen, wie der Wanderung von Zellen oder der Faszikulation und Wegfindung wachsender Axone (Abb. 1.8.1C, D). Im adulten Nervensystem wird es mit der Regulation synaptischer Plastizität in Zusammenhang gebracht. NCAM kommt auch außerhalb des Nervensystems vor, u. a. im Skelettmuskel (Cremer et al. 2000, Doherty et al. 1995, Edelman u. Jones 1998, Fields u. Itoh 1996, Rutishauser et al. 1988, Walsh u. Doherty 1997).

Der extrazelluläre Teil des Moleküls setzt sich aus 5 Ig-Domänen und 2 so genannten FNIII-Domänen zusammen (Abb. 1.8.26 A). FNIII-Domänen, die ursprünglich im Fibronektin gefunden wurden, haben eine ähnliche β-Faltblattstruktur wie die Ig-Domänen selbst und kommen in vielen Zelladhäsionsproteinen gemeinsam mit Ig-Domänen vor (Abb. 1.8.21). Von NCAM sind mehrere Isoformen bekannt, die durch reguliertes alternatives Spleißen entstehen und sich in der Art der Membranverankerung (Transmembrandomäne oder GPI-Anker) sowie in der Art und Länge des zytoplasmatischen Abschnitts unterscheiden. Weitere Isoformen zeichnen sich durch spezifische, kurze Aminosäuresequenzen aus, die das Interaktionsverhalten des Proteins modulieren, beispielsweise das so genannte VASE-Exon in der 4. Domäne. NCAM zeigt homophile Bindungsaktivität und interagiert dabei in *trans*-Orientierung, also mit einem Molekül der gegenüberliegenden Zellmembran.

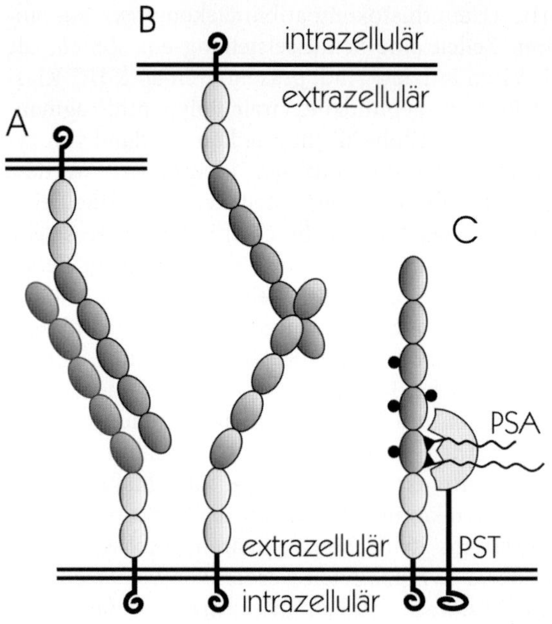

Abb. 1.8.26 A–C. Homophile Interaktion des NCAM und Synthese der Polysialinsäure. **A, B** 2 Modelle für die homophile *trans*-Interaktion zweier NCAM-Moleküle implizieren unterschiedliche Abstände der beteiligten Zellen. **C** Die Biosynthese der Polysialinsäure (*PSA*) an den beiden karboxyproximalen N-Glykosylierungsstellen des NCAM erfolgt durch die α2,8-Polysialyltransferase (*PST*). *Dunkle Ellipsen* Ig-Domänen, *helle Ellipsen* FNIII-Domänen, *schwarze Punkte* potenzielle N-Glykosylierungsstellen (Nelson et al. 1995)

Die gegenwärtig verfügbaren Daten sind mit 2 homophilen Interaktionsmodi vereinbar. Ein Modell geht von einer antiparallelen Anordnung der 5 Ig-Domänen aus, wobei die aminoterminale Domäne des einen Moleküls an die 5. des anderen Moleküls bindet (Abb. 1.8.26 A). Im 2. Modell interagieren beide aminoproximalen Domänen antiparallel und bilden eine kreuzförmige Struktur aus (Abb. 1.8.26 B). Eine solche kreuzförmige Anordnung ist im Einklang mit Röntgenstrukturanalysen dieser Domänen (Brümmendorf 1999, Cunningham et al. 1987, Doherty et al. 1992, Goridis u. Brunet 1992, Kasper et al. 2000, Ranheim et al. 1996).

Die Polysialinsäure beeinflusst die Eigenschaften des NCAM

Die Funktion des NCAM wird durch eine besondere posttranslationale Modifikation reguliert, die Polysialinsäure (PSA). Dieses Kohlenhydrat besteht aus linearen Ketten (n=8 bis >100) α2,8-verknüpfter Sialinsäureeinheiten (Abb. 1.8.27 A), bei Vertebraten

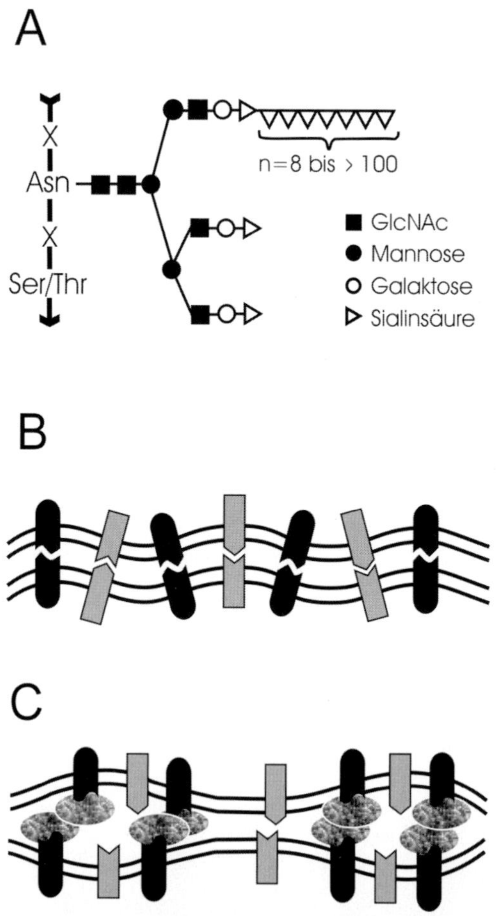

Abb. 1.8.27 A–C. Regulation von Zell-Zell-Interaktionen durch Polysialinsäure. **A** Polysialinsäure ist über N-glykosidisch verknüpfte Kohlenhydrate an das NCAM-Protein gebunden (Finne et al. 1983). *GlcNAc* *N*-Azetylglukosamin. **B** In Abwesenheit von PSA bindet NCAM (*dunkle Symbole*) homophil in *trans*-Orientierung und die Zelloberflächen liegen nahe beieinander. Andere Zelloberflächenrezeptoren (*helle Symbole*) interagieren ebenfalls. **C** Die Synthese von PSA (*graue Ellipsen*) vermindert nicht nur die homophile NCAM-Interaktion, sondern interferiert indirekt auch mit den Wechselwirkungen anderer Rezeptoren (Rutishauser 1998)

überwiegend repräsentiert durch 5-*N*-Azetylneuraminsäure. PSA wird von 2 verwandten α2,8-Polysialyltransferasen synthetisiert, die monosialylierte N-glykosidisch gebundene Kohlenhydrate vom Komplextyp erkennen (Abb. 1.8.27 A), und zwar nur im Kontext der 5. Ig-Domäne des NCAM (Abb. 1.8.26 C). Obwohl NCAM 6 N-Glykosylierungsstellen besitzt, findet sich PSA daher nur an den 2 karboxyproximalen Positionen (Finne et al. 1983, Mühlenhoff et al. 1998, Nelson et al. 1995). Diese Spezifität der Polysialyltransferase erklärt auch den Befund, dass NCAM praktisch das einzige bekannte PSA tragende Protein ist. Bemerkenswert ist, dass die Polysialylierung des NCAM im Lauf der Embryonalentwicklung stark reguliert wird, u. a. durch die Menge an vorhandener Transferase. Im embryonalen Gehirn überwiegt die PSA-reiche, im adulten die PSA-arme Form. Analysen anhand verschiedener Tiermodelle haben ergeben, dass dies funktionelle Konsequenzen hat, die mit den besonderen Eigenschaften der PSA zusammenhängen (Chuong u. Edelman 1984, Kiss u. Rougon 1997, O'Rourke 1996, Rutishauser 1998). Da PSA stark negativ geladen ist, interagiert das „embryonale" NCAM-PSA wesentlich schwächer homophil als das „adulte". Dies führt dazu, dass die Abstände gegenüberliegender NCAM tragender Zelloberflächen im embryonalen Gehirn größer sind als im adulten (Abb. 1.8.27 B, C). Indirekt beeinflusst die Polysialylierung dadurch auch die Interaktionen anderer Zelladhäsionsmoleküle (Rutishauser u. Landmesser 1991). Diese Eigenschaften von NCAM-PSA können teilweise die im Vergleich zum adulten Gehirn größere strukturelle Plastizität während der Entwicklung erklären. Im Einklang damit findet sich NCAM-PSA im adulten Gehirn vorwiegend in Bereichen, in denen Zellwanderungen (olfaktorisches System) oder synaptische Plastizität (Hippocampus) beobachtet werden.

Zur funktionellen Analyse des NCAM im sich entwickelnden Organismus wurde das NCAM-Gen in Mäusen mit genetischen Verfahren inaktiviert. Diese Knockout-Mäuse zeigen Defekte im Wanderungsverhalten bestimmter Zelltypen und in der Faszikulation bestimmter Axone. Außerdem haben sie eine beeinträchtigte Langzeitpotenzierung und zeigen Lerndefizite in Orientierungstests (Cremer et al. 1994, Muller et al. 1996, Tomasiewicz et al. 1993).

1.8.2.3.4 Das Zelladhäsionsmolekül L1 und vererbliche Entwicklungsstörungen des Gehirns

Das Zelladhäsionsmolekül L1 ist ein vorwiegend, aber nicht ausschließlich, im zentralen und peripheren Nervensystem exprimiertes Protein der Immunglobulinsuperfamilie (IgSF). Es besteht aus 6 Ig-Domänen, 5 FNIII-Domänen, 1 Transmembranregion und 1 konservierten zytoplasmatischen Abschnitt (Abb. 1.8.28). Es ist das erste identifizierte Mitglied einer Subgruppe strukturell und funktionell verwandter neuraler Zelladhäsionsproteine, zu der auch das Neurofaszin, das NrCAM und das CHL1 gehören (Brümmendorf et al. 1998, Hortsch 2000, Kamiguchi u. Lemmon 1997). L1 findet sich vorwiegend auf Axonen des sich entwickelnden und adulten Nervensystems, wird aber auch von Gliazellen,

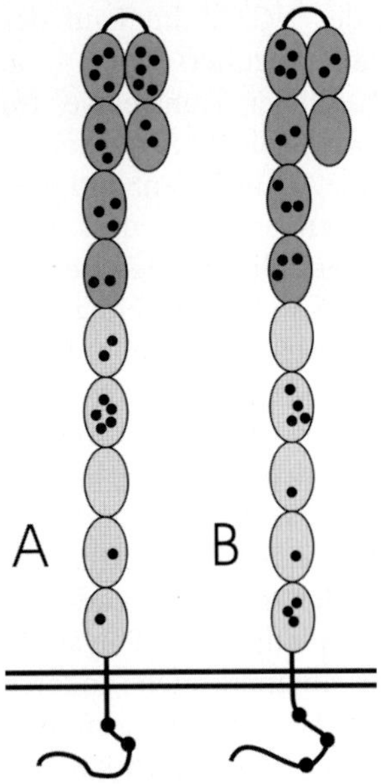

Abb. 1.8.28 A, B. Mutationen im L1-Protein, die zu Gehirnentwicklungsstörungen führen. Dargestellt ist die Domänenanordnung des L1 und die Verteilung von Mutationen (*schwarze Punkte*), die zu einem Austausch einzelner Aminosäuren führen (**A**) bzw. zu einer vorzeitigen Termination oder zu einer Verschiebung des Leserasters (**B**). *Dunkel* Ig-Domänen, *hell* FNIII-Domänen. Vereinfachte Übersicht aus Brümmendorf et al. (1998)

wie Schwann-Zellen, exprimiert. Zellkulturexperimente und Analysen L1-defizienter Mäuse sprechen dafür, dass L1 an einer Vielzahl von Prozessen, die von Zell-Zell-Wechselwirkungen abhängen, beteiligt ist. Hierzu gehören die Wanderung von Zellen, das Auswachsen und die Faszikulation von Axonen (Abb. 1.8.1 c, d) sowie deren Interaktion mit Schwann-Zellen. Im Einklang mit der Komplexität der histogenetischen Prozesse, bei denen L1 beteiligt ist, bindet es an eine Vielzahl verschiedener Interaktionspartner. Hierzu zählen andere Mitglieder der IgSF, Integrine und Komponenten der extrazellulären Matrix (Brümmendorf u. Rathjen 1995, Kadmon et al. 1998, Schachner u. Martini 1995, Walsh u. Doherty 1997).

Mäuse, bei denen das L1-Gen inaktiviert wurde, zeigen teilweise vergrößerte Ventrikel, Defekte des Kortikospinaltrakts und des Corpus callosum. Sie haben Schwierigkeiten, die Hinterbeine zu verwenden, eine verminderte Schmerzsensibilität und ein beeinträchtigtes Explorationsverhalten (Cohen et al. 1998, Dahme et al. 1997, Demyanenko et al. 1999, Fransen et al. 1998 a, b, Kamiguchi et al. 1998 a). Die anatomischen Veränderungen der L1-defizienten Mäuse sind in Teilaspekten denen ähnlich, die bei L1-assoziierten Erbkrankheiten beim Menschen auftreten.

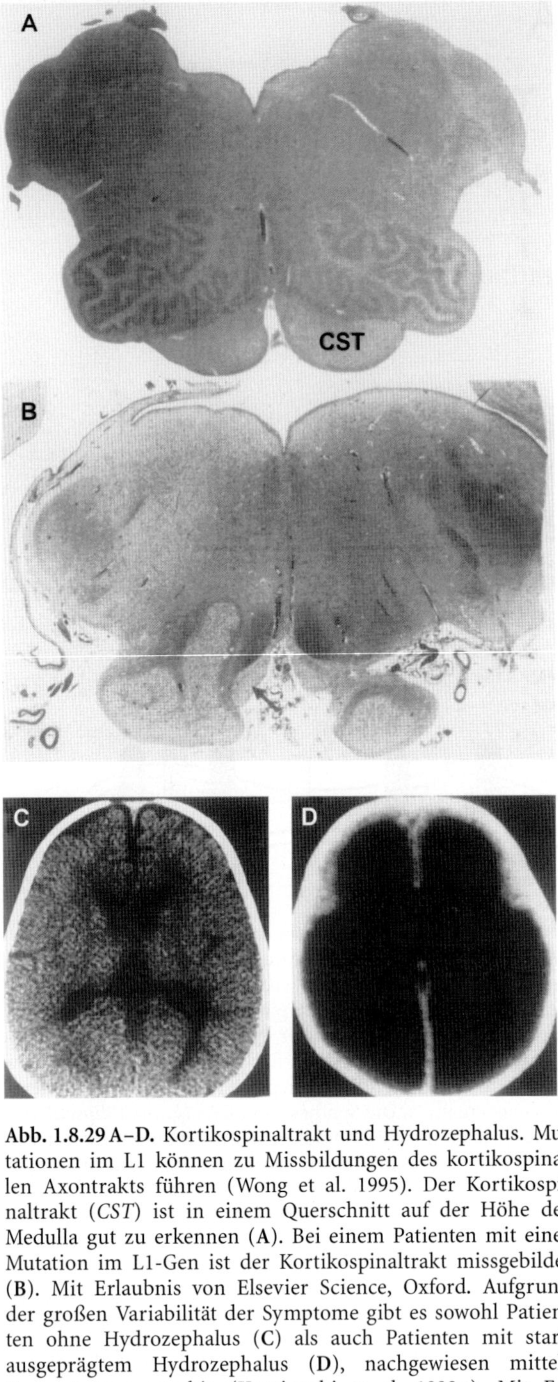

Abb. 1.8.29 A–D. Kortikospinaltrakt und Hydrozephalus. Mutationen im L1 können zu Missbildungen des kortikospinalen Axontrakts führen (Wong et al. 1995). Der Kortikospinaltrakt (*CST*) ist in einem Querschnitt auf der Höhe der Medulla gut zu erkennen (**A**). Bei einem Patienten mit einer Mutation im L1-Gen ist der Kortikospinaltrakt missgebildet (**B**). Mit Erlaubnis von Elsevier Science, Oxford. Aufgrund der großen Variabilität der Symptome gibt es sowohl Patienten ohne Hydrozephalus (**C**) als auch Patienten mit stark ausgeprägtem Hydrozephalus (**D**), nachgewiesen mittels Computertomographie (Kamiguchi et al. 1998 a). Mit Erlaubnis von Academic Press, Orlando

L1-assoziierte Erbkrankheiten

Das Gen für das L1-Protein liegt auf dem X-Chromosom, in der Region Xq28. Mutationen in diesem Gen verursachen rezessiv vererbliche Gehirnmissbildungen (Abb. 1.8.29), die mit einer Häufigkeit von 1:30 000 bei männlichen Neugeborenen auftreten (Rosenthal et al. 1992). Ursprünglich wurden diese Erkrankungen, die ein breites Spektrum an Symptomen aufweisen, unter verschiedenen Bezeichnungen geführt, wie

- HSAS (hydrocephalus due to stenosis of the aqueduct of Sylvius),
- MASA (mental retardation, aphasia, shuffling gait, und adducted thumbs),
- SPG-1 (X-linked spastic paraplegia syndrome) und
- ACC (X-linked agenesis of the corpus callosum).

Nachdem erkannt war, dass diese verschiedenen Symptome auf eine gemeinsame Ursache zurückgehen, nämlich auf Mutationen im L1-Gen (Fransen et al. 1997, Kamiguchi et al. 1998b, Kenwrick u. Doherty 1998, Wong et al. 1995), wurde vorgeschlagen, sie unter dem Akronym CRASH zusammenzufassen, für „*c*orpus callosum hypoplasia, *r*etardation, *a*dducted thumbs, *s*pastic paraplegia, *h*ydrocephalus" (Fransen et al. 1995). Die krankheitsverursachenden Mutationen, die über das gesamte Molekül verteilt sind, können die Oberflächeneigenschaften des Proteins verändern, das Protein destabilisieren oder zur Expression von Fragmenten führen (Abb. 1.8.28). Die Symptome variieren unter Patienten mit verschiedenen Mutationen, aber auch unter verwandten Patienten mit derselben Mutation beträchtlich. Trotz dieser Variabilität besteht teilweise ein Zusammenhang zwischen der Art der Veränderungen im L1-Protein und der Art und Schwere der auftretenden Symptome. Patienten, bei denen das L1-Protein im extrazellulären Bereich vorzeitig terminiert wird, haben das höchste Risiko für Hydrozephalus (Abb. 1.8.29D) und für schwere geistige Behinderungen sowie eine hohe Mortalität. Patienten mit Mutationen im zytoplasmatischen Abschnitt des L1 zeigen ein niedrigeres Risiko für Hydrozephalus und eine niedrige Mortalität (Fransen et al. 1998a, b, Yamasaki et al. 1997). Gegenwärtig sind die molekularen und zellbiologischen Einzelheiten der zugrunde liegenden histopathogenetischen Prozesse noch wenig erforscht. Es konnte jedoch gezeigt werden, dass krankheitsassoziierte Mutationen im L1-Protein die Wechselwirkungen mit Interaktionspartnern verändern und den Transport des Proteins an die Zelloberfläche beeinträchtigen können (De Angelis et al. 1999, Kenwrick et al. 2000, Moulding et al. 2000).

1.8.2.3.5 Protein P_0 und das Myelin

Viele Axone im zentralen und peripheren Nervensystem sind von einem mehrlagigen Membransystem umgeben, dem Myelin. Es dient der elektrischen Isolierung der Axone und erhöht ihre Reizleitungsgeschwindigkeit über einen Mechanismus, der saltatorische Erregungsleitung genannt wird. Das Myelin der peripheren Axone wird von spezialisierten Gliazellen gebildet, den Schwann-Zellen. In der Entwicklung des Nervensystems interagieren diese Zellen mit Axonen und bilden dabei Zytoplasmafortsätze aus, die das Axon sukzessive spiralförmig umschließen. In einem komplexen Prozess, der Kompaktion genannt wird, zieht sich das Zytoplasma aus den Fortsätzen zurück, sodass letztendlich ein System aufeinander folgender Lamellen aus jeweils 2 Schwann-Zellmembranen entsteht (Kandel et al. 2000).

Das häufigste Protein im peripheren Myelin ist das von den Schwann-Zellen synthetisierte P_0-Protein. Schätzungen gehen davon aus, dass es etwa 80% des gesamten Myelinproteins ausmacht. Dieses Transmembranprotein enthält eine extrazellulär gelegene Ig-Domäne und einen basischen zytoplasmatischen Abschnitt. Es trägt auf zweierlei Weise zur Kompaktion bei:

- Die extrazellulären Ig-Domänen interagieren homophil in *trans*-Orientierung.
- Der positiv geladene intrazelluläre Abschnitt bindet an die negativ geladene zytoplasmatische Oberfläche der gegenüberliegenden Schwann-Zellmembran.

Der molekulare Mechanismus der homophilen Wechselwirkung konnte durch Röntgenstrukturanalysen, ergänzt durch biochemische und elektronenmikroskopische Untersuchungen, aufgeklärt werden. Diese Experimente sprechen dafür, dass 4 P_0-Moleküle ein Homotetramer mit einem Durchmesser von etwa 7 nm und einer großen zentralen Öffnung ausbilden (Abb. 1.8.30A). Im Gegensatz zu typischen Interaktionen zwischen Ig-Domänen, bei denen größere Bereiche von β-Faltblättern beteiligt sein können, interagieren hier nur wenige Aminosäuren, die sich in Verbindungsabschnitten zwischen β-Strängen befinden. Die P_0-Tetramere einer Schwann-Zellmembran interagieren wiederum mit P_0-Tetrameren der gegenüberliegenden Membran (Abb. 1.8.30B, C) (Ding u. Brunden 1994, Doyle u. Colman 1993, D'Urso et al. 1990, Filbin u. Tennekoon 1992, Lemke u. Axel 1985, Shapiro et al. 1996).

Um den Beitrag des P_0 zur Struktur des Myelins im sich entwickelnden Organismus zu analysieren,

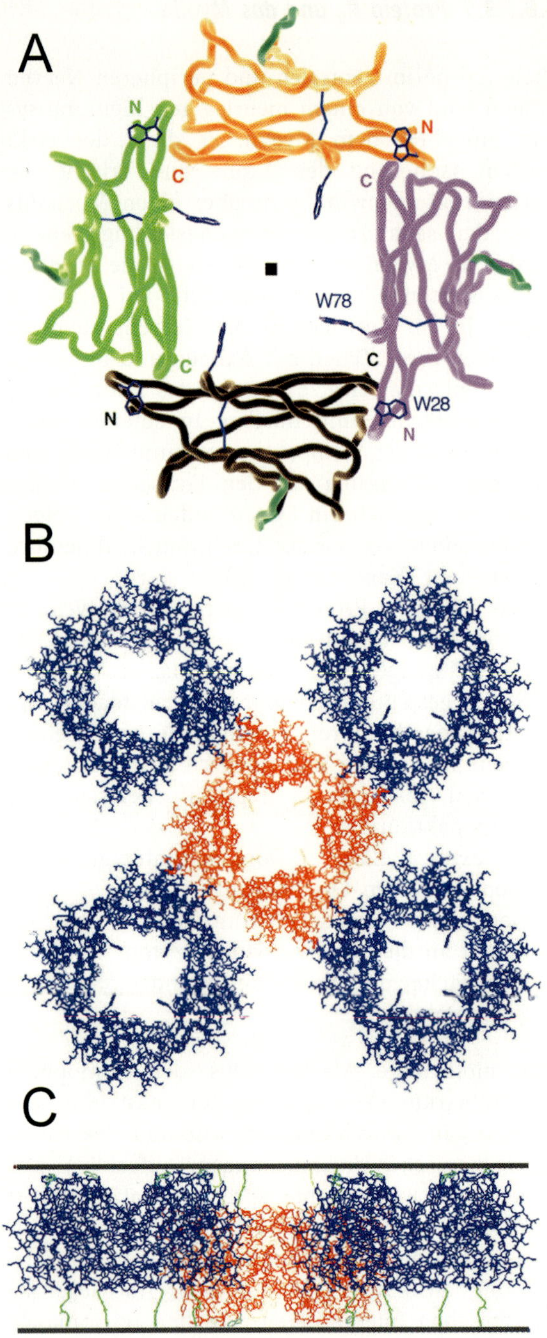

Abb. 1.8.30 A–C. Interaktionen des P_0-Proteins im Myelin. Modell für die Anordnung der extrazellulären Domänen des P_0 im Myelin, basierend auf Röntgenstrukturanalysen (Shapiro et al. 1996). 4 zu einer Schwann-Zellmembran gehörende P_0-Moleküle interagieren miteinander und bilden ein *cis*-Tetramer (**A**). Tetramere einer Schwann-Zellmembran (*blau*) binden in *trans*-Orientierung an Tetramere (*orange*) der gegenüberliegenden Membran (**B, C**). Abgebildet mit Genehmigung von Cell Press, Cambridge (USA)

wurden P_0-defiziente Mäuse hergestellt. Diese haben weniger kompaktes Myelin und elektrophysiologisch nachweisbare Reizleitungsdefizite (Giese et al. 1992, Martini et al. 1995).

Vererbliche Myelinisierungsdefekte peripherer Nerven

Mutationen im P_0-Gen, das auf Chromosom 1 liegt, führen zu einer Reihe vererblicher Myelinisierungsdefekte peripherer Nerven (Patel u. Lupski 1994). Darunter fällt die Chromosom-1-gekoppelte Form der Charcot-Marie-Tooth-Krankheit (CMT Typ Ib), bei der eine Demyelinisierung peripherer Nerven auftritt, verbunden mit beeinträchtigter Reizleitungsgeschwindigkeit. Bei bestimmten Formen des Dejerine-Sottas-Syndroms, bei dem u.a. auch Mutationen in P_0 gefunden wurden, treten qualitativ ähnliche, aber stärker ausgeprägte Symptome auf. Auch Formen der vererblichen Hypomyelinisierung wurden auf Mutationen im P_0-Gen zurückgeführt (Warner et al. 1996). Ähnlich wie bei L1-assoziierten Erbkrankheiten gehen hier mehrere Krankheiten mit teilweise überlappender Symptomatik auf Mutationen in einem einzigen Gen zurück. Das oben beschriebene Tetramermodell beruht auf der Strukturaufklärung des P_0-Proteins aus dem Nervensystem der Ratte. Dennoch erlaubt dieses Modell teilweise eine Interpretation der Auswirkung krankheitsassoziierter Mutationen auf molekularer Ebene, da das Protein des Menschen damit zu 97% identisch ist. Zum Beispiel können Cysteinreste, die auf der Proteinoberfläche durch Mutation entstanden sind, intermolekulare Disulfidbrücken ausbilden, die wiederum die Tetramerstruktur stören. Andere Mutationen verändern das Molekül an den intermolekularen Kontaktstellen, sodass bei den betroffenen Patienten die Tetramerisierung beeinträchtigt sein könnte. Auch die intrazelluläre Domäne ist an der Kompaktion des Myelins beteiligt, und es wurden Patienten beschrieben, bei denen dieser Bereich des P_0 verändert ist (Shapiro et al. 1996, Warner et al. 1996).

Periphere Myelinisierungsdefekte können auch auf Mutationen in anderen Proteinen des Myelin zurückgehen, wie PMP22 oder Connexin-32, ein Protein der Gap Junctions (Bergoffen et al. 1993). Im Zentralnervensystem gehen Myelinisierungsstörungen auf andere Ursachen zurück, da das P_0-Protein hier nicht vorkommt (Nave 1999).

1.8.2.4 Selektine und die Rekrutierung von Leukozyten

Leukozyten/Endothel-Interaktionen

Die transendotheliale Wanderung von Leukozyten (Diapedese) ist ein für die Funktionen des Immunsystems wichtiger Prozess, dessen molekulare Grundlagen in den letzten Jahren zunehmend besser verstanden wurden. T-Lymphozyten können die Blutgefäße verlassen, ins umgebende Gewebe einwandern und über das Lymphsystem wieder in das Blut zurückgeführt werden. Sie zirkulieren dabei präferenziell durch gerade den Gewebetyp, in dem sie zum ersten Mal mit Antigen konfrontiert wurden (lymphocyte homing). Auch Monozyten, die Vorläufer der Makrophagen, und Granulozyten können Blutgefäße verlassen, und zwar indem sie solche Endothelzelloberflächen spezifisch erkennen, die durch Entzündungsprozesse aktiviert wurden. Die bemerkenswerte Spezifität, die dem Homing der Lymphozyten und der Einwanderung von Monozyten oder Granulozyten in Entzündungsgebiete zugrunde liegt, geht auf ähnliche molekulare Mechanismen zurück. Diese Spezifität kommt durch einen obligat sequenziellen Prozess zustande, bei dem 3 verschiedene Rezeptor-Liganden-Paare beteiligt sind, die Selektine und ihre Liganden, die Chemokine und ihre Rezeptoren sowie endotheliale Proteine der IgSF (s. Abschnitt 1.8.2.3.1 „Endothelzellrezeptoren für Leukozyten: ICAM, VCAM-1 und MAdCAM-1"), die an Leukozytenintegrine binden (s. Abschnitte 1.8.2.2.4 „Leukozytenintegrine $\alpha L\beta 2$, $\alpha M\beta 2$, $\alpha X\beta 2$ und $\alpha D\beta 2$" und 1.8.2.2.5 „$\alpha 4$-Integrine und Integrin $\alpha E\beta 7$"). Nach Aktivierung des Endothels binden Selektine auf der Endothelzelloberfläche an bestimmte Kohlenhydratstrukturen (s. unten) auf den Leukozyten (Abb. 1.8.31 A, B). Diese Interaktion ist relativ schwach und erlaubt daher ein „Rollen" der Leukozyten über die Endotheloberfläche. Unter diesen Bedingungen können Chemokine, die vom aktivierten Endothel gebildet werden, an entsprechende Chemokinrezeptoren der Leukozyten binden. Dies bewirkt u. a. eine Aktivierung von $\beta 2$-Integrinen der Leukozyten (Abb. 1.8.17 A), die dann mit Endothelzellrezeptoren (Abb. 1.8.22), beispielsweise ICAM-1, interagieren. Hierdurch wird letztendlich die Wanderung der Leukozyten durch das Endothel eingeleitet (Abb. 1.8.31) (Baggiolini 1998, Butcher u. Picker 1996, Melchers et al. 1999, Springer 1994).

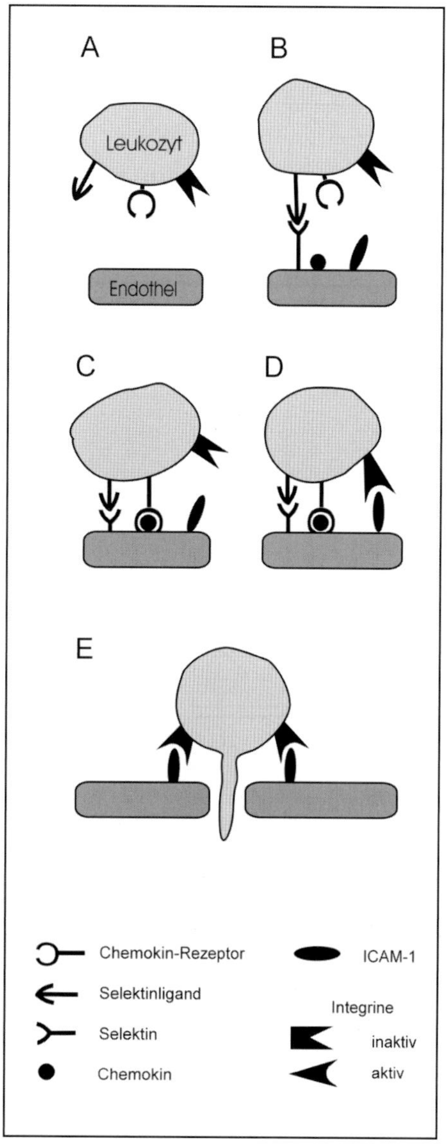

Abb. 1.8.31 A–E. Interaktion von Leukozyten mit aktiviertem Endothel. Subpopulationen zirkulierender Leukozyten verfügen über Chemokinrezeptoren, über Liganden für Selektine und haben inaktive $\beta 2$-Integrine (**A**). Aktiviertes Endothel exprimiert P-Selektin, ICAM-1 und spezifische Chemokine (**B**). Leukozyten binden über Selektine an das aktivierte Endothel und „rollen" auf der Endothelzelloberfläche. Dabei interagieren Chemokine mit entsprechenden Rezeptoren auf den Leukozyten und aktivieren dadurch deren Integrine (**C**). Aktivierte $\beta 2$-Integrine binden an das von den Endothelzellen exprimierte ICAM-1 (**D**), wodurch letztendlich die transendotheliale Wanderung der Leukozyten veranlasst wird (**E**)

Die Selektine binden an Kohlenhydratliganden

Der erste Schritt in oben beschriebenem Prozess, nämlich die Bindung eines sich im strömenden Blut verhältnismäßig schnell bewegenden Leukozyten an die Oberfläche des Endothels, stellt spezielle

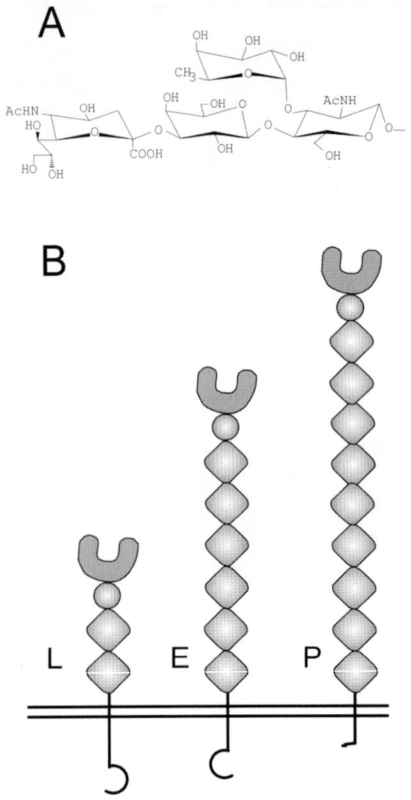

Abb. 1.8.32 A, B. Selektine und die Sialyl-Lewis^X-Struktur. Die Sialyl-Lewis^X-Struktur (sLe^x) ist ein verzweigtes Tetrasaccharid, das Fukose enthält (**A**). Die Selektine (**B**) haben eine aminoterminale lektinähnliche Domäne (*U-förmig*), ein EGF-ähnliches Motiv (*Kreis*) und unterschiedlich viele CR-Domänen (*Quadrate*). Elektronenmikroskopische Analysen haben gezeigt, dass P-Selektin eine Länge von etwa 48 nm hat

Anforderungen an die dabei beteiligten Selektine. Bemerkenswert ist, dass sie nicht wie die meisten anderen Zelladhäsionsmoleküle mit Proteinliganden interagieren, sondern mit einer Tetrasaccharidstruktur, genannt Sialyl-Lewis^X (sLe^x), die auf einer Reihe von Zelloberflächenproteinen vorkommt (Abb. 1.8.32A). Diese Struktur wird von einer konservierten Domäne am Aminoterminus der Selektine erkannt, die Ähnlichkeit zu kalziumabhängigen (C-Typ) Lektinen hat. Neben der lektinähnlichen Domäne enthalten sie noch ein Motiv mit Ähnlichkeit zum epidermalen Wachstumsfaktor (EGF-Motiv) und eine unterschiedliche Zahl so genannter CR-Domänen (Abb. 1.8.32B).

Gegenwärtig sind 3 Selektine bekannt:

- E-Selektin,
- L-Selektin und
- P-Selektin.

Ihre Gene liegen in einem Cluster auf Chromosom 1, im Einklang damit, dass sie über Genduplikationen aus einem gemeinsamen Vorläufer hervorgegangen sein könnten. Die Wechselwirkungen aller 3 Selektine mit sLe^x ist verhältnismäßig schwach, mit Dissoziationskonstanten <8 mM (Bevilacqua u. Nelson 1993, Rosen 1999, Vestweber 1999).

E-Selektin

E-Selektin (ELAM-1) findet sich auf aktiviertem Kapillarendothel, wo es an der Rekrutierung von Leukozyten in Entzündungsherde beteiligt ist. Seine Expression auf der Zelloberfläche wird dynamisch reguliert: Zytokine wie IL-1 bewirken eine schnelle (etwa 1 h) Heraufregulierung auf Transkriptionsebene. Anschließende Internalisierung sowie eine kurze Halbwertszeit der mRNA führen zur Herabregulierung innerhalb weniger Stunden. E-Selektin bindet an mindestens 3 Liganden auf Leukozyten, nämlich an PSGL-1, an ESL-1 und an ein anderes Selektin, das L-Selektin (Rosen 1999).

P-Selektin

Dieses Selektin, auch GMP-140 oder PADGEM genannt, wird einerseits von Kapillarendothel exprimiert, findet sich aber auch auf Thrombozyten. Auf Endothelzellen trägt es, ebenso wie E-Selektin, zur Rekrutierung von Leukozyten in Entzündungsherde bei. Im Gegensatz zu E-Selektin, dessen Menge auf Transkriptionsebene reguliert wird, liegt P-Selektin aber in intrazellulären Vesikeln gespeichert vor. Hieraus kann es sehr schnell mobilisiert werden, beispielsweise als Reaktion auf Histamin oder Thrombin. Da es schnell wieder internalisiert wird, bleibt es aber nur wenige Minuten auf der Zelloberfläche exprimiert. Ein wichtiger Interaktionspartner auf Leukozyten ist PSGL-1, ein homodimeres Transmembranprotein mit einem hohen Anteil O-glykosidisch gebundenen, sialinsäurereichen, Kohlenhydrats. Bemerkenswert ist, dass P-Selektin nicht nur an diesen Kohlenhydratanteil des PSGL-1 bindet, sondern auch an ein aminoproximales Peptidmotiv, welches sulfatiertes Tyrosin enthält (Bevilacqua u. Nelson 1993).

Auch in Thrombozyten liegt P-Selektin in intrazellulären Vesikeln gespeichert vor, aus denen es schnell mobilisierbar ist. Es wird davon ausgegangen, dass es zur Rekrutierung von Leukozyten in Thromben beiträgt (Rosen 1999).

Ein Vergleich von Knockout-Mäusen, denen E-Selektin oder P-Selektin fehlt, spricht für eine begrenzte funktionelle Redundanz dieser beiden endothelialen Selektine (Bullard et al. 1996, Frenette et al. 1996).

L-Selektin

L-Selektin (LAM-1, LECAM-1) wird von Leukozyten exprimiert und findet sich überwiegend auf den Mikrovilli dieser Zellen. Es ist das einzige konstitutiv exprimierte Selektin. N-glykosidisch gebundene Kohlenhydrate machen mehr als 40% der Molekülmasse aus, wobei Unterschiede zwischen verschiedenen Leukozytensubpopulationen bestehen. Das L-Selektin auf neutrophilen Granulozyten trägt die sLe^X-Struktur, sodass es hier als Ligand der endothelialen P- und E-Selektine fungieren kann. Ursprünglich wurde L-Selektin in erster Linie als „lymph node homing receptor" interpretiert, der für die Rekrutierung von Lymphozyten in die Lymphknoten wichtig ist. Analysen L-Selektin-defizienter Mäuse sowie die weite Verbreitung auf verschiedenen Subklassen von Leukozyten sprechen dafür, dass es zusätzlich auch bei der Rekrutierung von Leukozyten in Entzündungsherde eine Rolle spielt (Barclay et al. 1993, Tedder et al. 1995).

Leukozyten-Adhäsionsdefizienz, Typ II (Rambam-Hasharon-Syndrom)

Bei Patienten mit „leukocyte adhesion deficiency type II" (LAD-II), einer sehr seltenen Erbkrankheit, liegt ein Defekt in der Biosynthese von GDP-Fukose vor (Marquardt u. Freeze 2001). Da die sLe^x-Struktur Fukose enthält (Abb. 1.8.32 A), fehlen diese Selektinliganden bei den betroffenen Patienten. Sie haben u. a. eine Leukozytose und eine erhöhte Anfälligkeit für Infektionen. Ein Teil der Symptome der LAD-II verschwindet nach oralen Gaben von Fukose (Karsan et al. 1998, Marquardt et al. 1999).

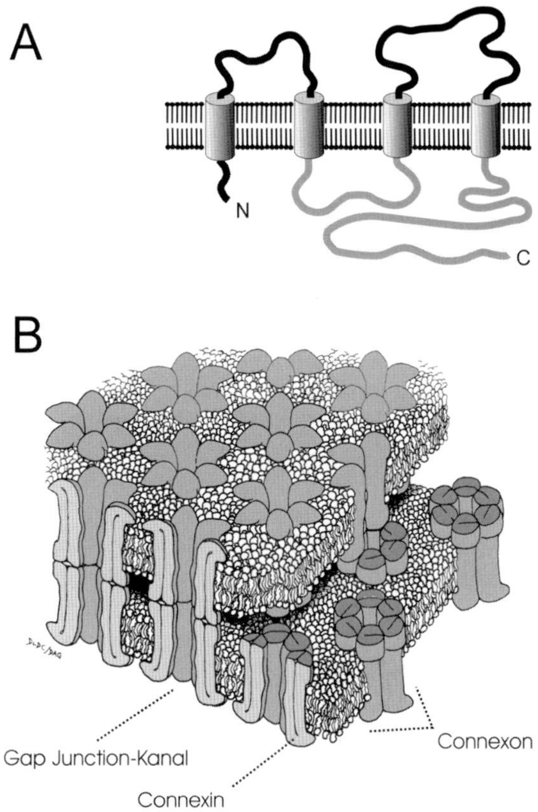

Abb. 1.8.33 A, B. Connexine und Gap Junctions. Connexine haben 4 Transmembrandomänen und intrazelluläre Amino- und Karboxytermini (**A**). Grau dargestellte intrazelluläre Abschnitte divergieren, hinsichtlich Sequenz und Länge, stark zwischen verschiedenen Connexinen. Schematische Darstellung eines Teils einer Gap Junction (**B**), abgeleitet aus Röntgenbeugungsdaten und elektronenoptischen Aufnahmen (Makowski et al. 1977). Teil **B** wiedergegeben mit Erlaubnis von Rockefeller University Press, New York

1.8.3 Connexine und die Gap Junctions

Die Connexine sind polytopische Membranproteine

Connexine bilden eine Multigenfamilie aus mindestens 14, wahrscheinlich mehr als 20, integralen Membranproteinen mit 4 α-helikalen Transmembrandomänen. Die beiden zytoplasmatischen Abschnitte divergieren am stärksten zwischen verschiedenen Connexinen (Abb. 1.8.33 A). Jeweils 6 dieser Moleküle bilden ein ringförmiges Hexamer, genannt Connexon, mit einer zentralen Öffnung von 1,5–2 nm Durchmesser. 2 Connexone gegenüberliegender Zellmembranen interagieren mit ihren extrazellulären Bereichen, und bilden dabei so genannte Gap-Junction-Kanäle aus (Abb. 1.8.33 B).

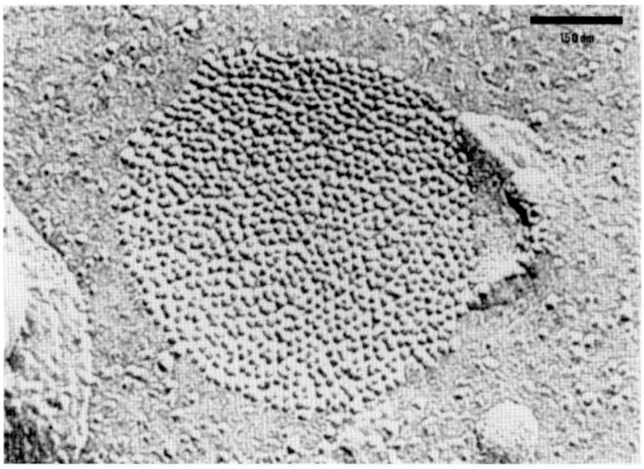

Abb. 1.8.34. Elektronenmikroskopische Aufnahme einer Gap Junction eines Hepatozyten (Gefrierbruchtechnik). *Maßstabsbalken* 150 nm. Aufnahme: Rolf Dermietzel

Im Gegensatz zu typischen Ionenkanälen sind die Gap-Junction-Kanäle weitgehend unselektiv und erlauben die Passage von wasserlöslichen Molekülen bis zu einem Durchmesser von etwa 1,2 nm. Somit sind sie für anorganische Ionen und viele Metaboliten, beispielsweise Aminosäuren, aber auch für sekundäre Botenstoffe, wie cAMP durchlässig. Ansammlungen von bis zu mehreren hundert Gap-Junction-Kanälen werden Gap Junctions genannt (Abb. 1.8.34). Sie treten im Elektronenmikroskop als bis zu 300 μm große Bereiche in Erscheinung, in denen sich die Membranen benachbarter Zellen bis auf 2–4 nm annähern (Lodish et al. 2000, Paul 1999, Unger et al. 1999, Willecke et al. 1991).

Gap Junctions

Gap Junctions finden sich in den meisten Geweben. Allerdings können in verschiedenen Geweben unterschiedliche Connexine exprimiert werden, die dann Gap-Junction-Kanäle mit unterschiedlichen physiologischen Eigenschaften, wie Permeabilität oder Regulierbarkeit, bilden. In Zellen, die gleichzeitig mehrere Connexine exprimieren, entstehen gemischt zusammengesetzte Connexone. Außerdem können benachbarte Zellen unterschiedlich zusammengesetzter Connexone zu Gap-Junction-Kanälen beitragen (Abb. 1.8.33 B).

Da die Gap Junctions Verbindungen des Zytoplasmas verschiedener Zellen herstellen, führen sie zur elektrischen und metabolischen Kopplung großer Zellpopulationen. Beispielsweise kann der hormoninduzierte Anstieg der cAMP-Konzentration in einer Zelle so zu einer Reaktion in benachbarten Zellen führen. Die kalziumabhängige Kontraktion glatter Muskelzellen wird durch Gap Junctions synchronisiert. Außerdem finden sich Gap Junctions in elektrischen Synapsen des Nervensystems. Die Permeabilität von Gap-Junction-Kanälen wird über Konformationsänderungen der Connexine reguliert, und zwar u.a. durch Kalziumionen. Wird die Zellmembran, beispielsweise einer Epithelzelle verletzt, strömt Kalzium in die Zelle ein. Dies induziert den Verschluss der Gap Junctions der geschädigten Zelle und schützt so ihre Nachbarn (Alberts et al. 1994, Simon u. Goodenough 1998, Spray u. Dermietzel 1995).

Erbkrankheiten

Mutationen im Connexin-32-Gen verursachen eine X-Chromosom-gekoppelte Form der Charcot-Marie-Tooth-Krankheit, die mit Myelindefekten und Axondegeneration im peripheren Nervensystem einhergeht. Es sind bereits >90 verschiedene Mutationen im Connexin-32 bekannt, darunter solche, die die Stabilität des Moleküls betreffen, und andere, die die Kanaleigenschaften verändern (Bergoffen et al. 1993, Simon u. Goodenough 1998). Mutationen im Gen des Connexin-26 führen zu Formen erblicher Taubheit und Mutationen im Connexin-46 oder im Connexin-50 zu bestimmten Ausprägungen vererblicher Linsenkatarakte (Kelsell et al. 1997, Mackay et al. 1999, Shiels et al. 1998).

1.8.4 Die Claudine, das Occludin und die Tight Junctions

Die Claudine und das Occludin

Claudine und Occludin sind polytopische Membranproteine mit 4 Transmembrandomänen (Abb. 1.8.35), die in den Tight Junctions vorkommen. Claudine bilden eine Molekülfamilie mit mindestens 16 Mitgliedern, die z.T. ubiquitär, z.T. aber auch gewebespezifisch exprimiert werden. Beispielsweise findet sich Claudin-5 in allen untersuchten Geweben, während Claudin-3 zwar in der Lunge, nicht aber im Gehirn vorkommt. Tight Junctions unterschiedlicher Gewebe enthalten daher wahrscheinlich verschiedene Repertoires an Claudinen (Anderson u. Van 1999, Goodenough 1999, Tsukita et al. 1999). Occludin war das erste in Tight Junctions identifizierte Protein. Es hat zwar keine Sequenzähnlichkeit mit den Claudinen, zeigt aber eine ähnliche Domänenorganisation (Abb. 1.8.35 B). Ungewöhnlich ist ein hoher Anteil von Glycin und Tyrosin im ersten extrazellulären Abschnitt des Proteins, dessen Bedeutung für die Funktion unklar ist. Der lange karboxyproximale Bereich bindet an ZO-1, eines von mehreren Adaptorproteinen, die indirekt die Verbindung zu Aktinfilamenten herstellen. Obwohl Occludin prak-

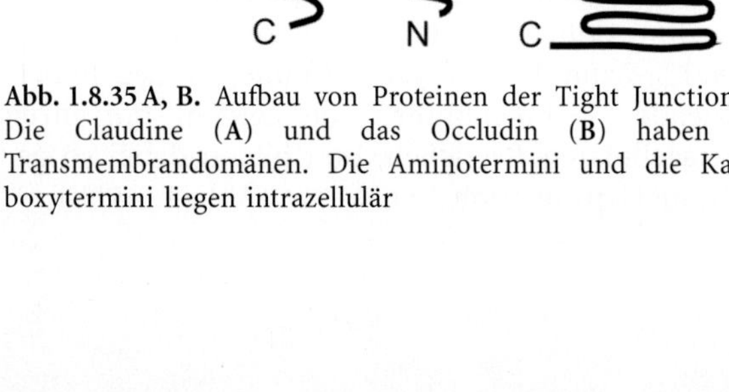

Abb. 1.8.35 A, B. Aufbau von Proteinen der Tight Junctions. Die Claudine (**A**) und das Occludin (**B**) haben 4 Transmembrandomänen. Die Aminotermini und die Karboxytermini liegen intrazellulär

tisch in allen Tight Junctions vorkommt, scheint es keine essenzielle Komponente darzustellen, da occludindefiziente Epithelzellen Tight Junctions ausbilden können (Mitic u. Anderson 1998, Tsukita u. Furuse 1999).

Tight Junctions

Die Tight Junctions (Zonulae occludentes) befinden sich im apikalen Bereich von Epithel- und Endothelzellen und umschließen diese als ringförmiges Band, das einen festen Kontakt zur Nachbarzelle herstellt (Abb. 1.8.2). Im Elektronenmikroskop tritt dieses Band als netzförmige Struktur, aufgebaut aus einzelnen, aneinander gereihten 3–4 nm großen Partikeln, in Erscheinung (Abb. 1.8.36). Diese Partikel enthalten u. a. die Proteine Claudin und Occludin, die über *trans*-Interaktionen ihrer extrazellulären Bereiche den Kontakt zur Nachbarzelle herstellen. Tight Junctions haben 2 wichtige Funktionen.

- Sie schränken die Lateralmobilität von Membranproteinen ein und teilen dadurch die Plasmamembran in 2 getrennte Domänen auf, den apikalen und den basolateralen Bereich.
- Sie regulieren die parazelluläre Diffusion löslicher Substanzen zwischen den Epithelzellen hindurch (Abb. 1.8.37 A).

Tight Junctions isolieren daher Körperhöhlen vom umgebenden Gewebe, beispielsweise in exokrinen Drüsen (Abb. 1.8.37 B), sowie im Magen-, Darm- oder Nierenepithel. Die Blut-Hirn-Schranke basiert auf Tight Junctions zwischen den Endothelzellen von Hirnkapillaren (Alberts et al. 1994, Lodish et al. 2000, Mitic u. Anderson 1998, Tsukita u. Furuse 1999).

Erbkrankheit

Mutationen im Gen des Claudin-16 (Paracellin-1) führen zu einem rezessiven Nierendefekt, der mit verminderter parazellulärer Rückresorption von Magnesium einhergeht und daher zu Magnesiumverlust in den Urin führt (Simon et al. 1999).

Abb. 1.8.36. Tight Junction im Epithelgewebe. Elektronenmikroskopische Aufnahme einer Probe, bei der 2 benachbarte Dünndarmepithelzellen eines Frosches mit der Gefrierbruchmethode voneinander getrennt wurden. Deutlich ist die netzartige Organisation der Tight Junctions erkennbar (Staehelin u. Hull 1978). Im rechten Teil (*) fehlt die Membran der oben liegenden Zelle, und netzförmig angeordnete Proteinaggregate werden sichtbar. Im mittleren Bereich (#) blieb ein Teil der oben liegenden Zellmembran erhalten. Nachdruck mit Genehmigung von Scientific American, New York

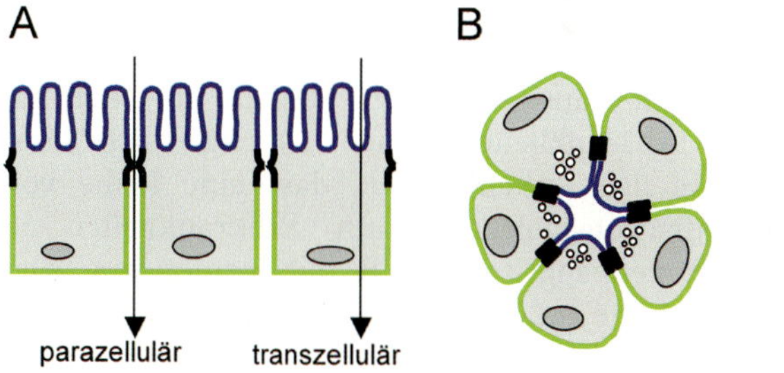

Abb. 1.8.37 A, B. Tight Junctions trennen apikale von basolateralen Bereichen der Zelloberfläche. Epithelzellen des Dünndarms (**A**) oder Azinuszellen des Pankreas (**B**, vereinfacht) enthalten Tight Junctions (*schwarz*), die den apikalen Bereich der Zelloberfläche (*blau*) vom basolateralen abtrennen (*grün*)

1.8.5 Zusammenfassung

Wechselwirkungen von Zellen untereinander und mit Komponenten der Extrazellulärmatrix spielen eine zentrale Rolle beim Aufbau aller mehrzelligen Organismen, von niederen Eukaryonten bis zum Menschen. Zelluläre Interaktionen werden überwiegend von speziellen Zelloberflächenproteinen vermittelt, die als Zelladhäsionsmoleküle bezeichnet werden. Die am besten untersuchten Klassen solcher Proteine sind die Cadherine, die Integrine, die Selektine und die Moleküle der Immunglobulinsuperfamilie.

Die meisten dieser Zelladhäsionsproteine wurden in den vergangenen 2 Dekaden identifiziert und hinsichtlich Struktur und Interaktionsverhalten zunächst mit biochemischen und molekularbiologischen Methoden charakterisiert. Erste Erkenntnisse zum übergeordneten Funktionszusammenhang, in dem sie stehen, wurden dann überwiegend mit Zellkulturverfahren und anderen In-vitro-Modellsystemen erarbeitet. Da die Zelladhäsion aber ein komplexer Prozess mit vielen beteiligten Komponenten ist, lässt sich das Verständnis der molekularen Zusammenhänge häufig mit In-vivo-Analysen von Modellorganismen verbessern. Ein Beispiel hierfür sind die so genannten Knockout-Mäuse, bei denen das zu untersuchende Protein auf genetischer Ebene inaktiviert wurde.

Mit Untersuchungen solcher Mäuse und in Einzelfällen auch durch die Identifikation der bei bestimmten menschlichen Erbkrankheiten betroffenen Gene konnten viele Zelladhäsionsmoleküle in einen konkreten Funktionszusammenhang gestellt werden. So konnte gezeigt werden, dass viele dieser Proteine eine Rolle in der Embryonalentwicklung spielen, z.B. bei der Kompaktion des frühen Embryos (E-Cadherin) oder bei der Entwicklung der Plazenta (β3-Integrine), der Nieren (Integrine $\alpha 3\beta 1$ und $\alpha 8\beta 1$), der Lungen ($\alpha 3\beta 1$), des Herzens (VCAM-1 und Integrin $\alpha 4\beta 1$) oder des Nervensystems (NCAM, L1-CAM, P_0-Protein und Integrin $\alpha 3\beta 1$). Andere Analysen von Knockout-Mäusen haben belegt, dass spezifische Zell-Zell-Interaktionen auch bei der Wanderung von Leukozyten (Selektine, ICAM-1, VCAM-1, β2-Integrine, $\alpha 4\beta 7$, $\alpha E\beta 7$) und bei der Hämostase ($\alpha IIb\beta 3$, $\alpha V\beta 3$) eine wichtige Rolle spielen. In manchen Fällen können solche Knockout-Mäuse sogar als Modelle für menschliche Erbkrankheiten dienen. Es zeigte sich nämlich in den letzten Jahren, dass eine Reihe von Zelladhäsionsmolekülen mit Erbkrankheiten in Zusammenhang stehen, z.B. mit Formen von Muskelschwäche (α7-Integrin), Ausprägungen der *Epidermolysis bullosa* (β4-Integrine) und Formen der Palmoplantarkeratose (Desmoglein). Weitere Beispiele sind die Typ-I-Form der Leukozytenadhäsionsdefizienz (β2-Integrine), die Glanzmann-Thrombasthenie (Integrin $\alpha IIb\beta 3$), das CRASH-Syndrom (L1-CAM) oder verschiedene Formen der Charcot-Marie-Tooth-Krankheit (P_0-Protein und Connexin-32). Auch funktionelle Nierendefekte (Claudin-16), Ausprägungen erblicher Taubheit (Connexin-26) und Formen von Linsenkatarakten (Connexine-46 und -50) gehen auf Mutationen in Zelladhäsionsmolekülen zurück.

Außerdem ist von medizinischer Bedeutung, dass manche Cadherine mit onkogenetischen Prozessen in Zusammenhang gebracht werden, dem E-Cadherin wird beispielsweise eine Rolle als Tumorsuppressor zugeschrieben.

Viele Erbkrankheiten, die auf fehlende oder veränderte Zelladhäsionsmoleküle zurückgehen, werden wahrscheinlich auf absehbare Zeit kaum für therapeutische Interventionen geeignet sein. Dagegen ist zu erwarten, dass die dynamischen zellulären Interaktionen, die im Immunsystem vorkommen, für Therapieansätze besser zugänglich sind. Zelladhäsionsmoleküle könnten hier als therapeutische Zielstrukturen in Frage kommen, z.B. um die Rekrutierung von Leukozyten aus der Blutbahn in das umgebende Gewebe gezielt zu beeinflussen.

Danksagung. Ich bedanke mich bei Frau Gabriele Kronmüller für die Anfertigung der Abbildungen. Frau Birgit Cloos danke ich für die Pflege unserer Literaturdatenbank, Herrn Michael Schäfer für die Durchsicht des Manuskripts, Herrn Rolf Dermietzel und Herrn Ulrich Müller für die Überlassung von Abbildungen und Herrn Philippe Valadon für das Programm *RasTop*. Dieses Kapitel leitet sich von einer Vorlesung ab, die ich an der TU Darmstadt gehalten habe. Meinen Kollegen in den Arbeitsgruppen von Fritz G. Rathjen, Udo Heinemann und Helmut Kettenmann am Max-Delbrück-Centrum Berlin, danke ich für ihre Unterstützung.

1.8.6 Literatur

Alberts B, Bray D, Lewis J, Raff M, Roberts K, Watson JD (1994) Molecular biology of the cell. Garland, New York

Amzel LM, Poljak RJ (1979) Three-dimensional structure of immunoglobulins. Annu Rev Biochem 48:961–997

Anderson JM, Van IC (1999) Tight junctions: closing in on the seal. Curr Biol 9:R922–R924

Arnaout MA (1990) Leukocyte adhesion molecules deficiency: its structural basis, pathophysiology and implications for modulating the inflammatory response. Immunol Rev 114:145–180

Arnaout MA, Dana N, Gupta SK, Tenen DG, Fathallah DM (1990) Point mutations impairing cell surface expression of the common β-subunit (CD18) in a patient with leukocyte adhesion molecule (Leu-CAM) deficiency. J Clin Invest 85:977–981

Arroyo AG, Yang JT, Rayburn H, Hynes RO (1996) Differential requirements for α4-integrins during fetal and adult hematopoiesis. Cell 85:997–1008

Arulanandam AR, Kister A, McGregor MJ, Wyss DF, Wagner G, Reinherz EL (1994) Interaction between human CD2 and CD58 involves the major β-sheet surface of each of their respective adhesion domains. J Exp Med 180:1861–1871

Bader BL, Rayburn H, Crowley D, Hynes RO (1998) Extensive vasculogenesis, angiogenesis, and organogenesis precede lethality in mice lacking all αV-integrins. Cell 95:507–519

Baggiolini M (1998) Chemokines and leukocyte traffic. Nature 392:565–568

Barclay AN, Birkeland ML, Brown MH et al. (1993) The leucocyte antigen facts book. Academic Press, London

Bause E, Hettkamp H (1979) Primary structural requirements for N-glycosylation of peptides in rat liver. FEBS Lett 108:341–344

Behrens J, Kries KJ von, Kuhl M et al. (1996) Functional interaction of β-catenin with the transcription factor LEF-1. Nature 382:638–642

Bella J, Kolatkar PR, Marlor CW, Greve JM, Rossmann MG (1998) The structure of the two amino-terminal domains of human ICAM-1 suggests how it functions as a rhinovirus receptor and as an LFA-1 integrin ligand. Proc Natl Acad Sci USA 95:4140–4145

Bergoffen J, Scherer SS, Wang S et al. (1993) Connexin mutations in X-linked Charcot-Marie-Tooth disease. Science 262:2039–2042

Berlin C, Berg EL, Briskin MJ et al. (1993) $\alpha 4\ \beta 7$ integrin mediates lymphocyte binding to the mucosal vascular addressin MAdCAM-1. Cell 74:185

Berx G, Becker KF, Hofler H, Roy F van (1998) Mutations of the human E-cadherin (CDH1) gene. Hum Mutat 12:226–237

Bevilacqua MP, Nelson RM (1993) Selectins. J Clin Invest 91:379–387

Birchmeier W (1995) E-cadherin as a tumor (invasion) suppressor gene. Bioessays 17:97–99

Birchmeier C, Birchmeier W (1993) Molecular aspects of mesenchymal-epithelial interactions. Annu Rev Cell Biol 9:511–540

Bodian DL, Jones EY, Harlos K, Stuart DI, Davis SJ (1994) Crystal structure of the extracellular region of the human cell adhesion molecule CD2 at 2.5 A resolution. Structure 2:755–766

Borradori L, Sonnenberg A (1996) Hemidesmosomes: roles in adhesion, signaling and human diseases. Curr Opin Cell Biol 8:647–656

Branden CI, Tooze J (1998) Introduction to protein structure. Garland, New York

Brümmendorf T (1999) Neural cell adhesion molecule (N-CAM). In: Kreis T, Vale R (eds) Guidebook to the extracellular matrix and adhesion proteins. Oxford University Press, Oxford, pp 260–263

Brümmendorf T, Rathjen FG (1995) Cell adhesion molecules 1: immunoglobulin superfamily. Prot Profile 2:963–1108

Brümmendorf T, Kenwrick S, Rathjen FG (1998) Neural cell recognition molecule L1: from cell biology to human hereditary brain malformations. Curr Opin Neurobiol 8:87–97

Bullard DC, Kunkel EJ, Kubo H et al. (1996) Infectious susceptibility and severe deficiency of leukocyte rolling and recruitment in E-selectin and P-selectin double mutant mice. J Exp Med 183:2329–2336

Burridge K, Chrzanowska WM (1996) Focal adhesions, contractility, and signaling. Annu Rev Cell Dev Biol 12:463–518

Butcher EC, Picker LJ (1996) Lymphocyte homing and homeostasis. Science 272:60–66

Casasnovas JM, Stehle T, Liu JH, Wang JH, Springer TA (1998) A dimeric crystal structure for the N-terminal two domains of intercellular adhesion molecule-1. Proc Natl Acad Sci USA 95:4134–4139

Cepek KL, Shaw SK, Parker CM et al. (1994) Adhesion between epithelial cells and T lymphocytes mediated by E-cadherin and the αE $\beta 7$ integrin. Nature 372:190–193

Christofori G, Semb H (1999) The role of the cell-adhesion molecule E-cadherin as a tumour-suppressor gene. Trends Biochem Sci 24:73–76

Chuong CM, Edelman GM (1984) Alterations in neural cell adhesion molecules during development of different regions of the nervous system. J Neurosci 4:2354–2368

Clark EA, Brugge JS (1995) Integrins and signal transduction pathways: the road taken. Science 268:233–239

Clark EA, Ledbetter JA (1994) How B and T cells talk to each other. Nature 367:425–428

Clemetson KJ (1999) Primary haemostasis: sticky fingers cement the relationship. Curr Biol 9:R110–R112

Clemetson KJ, Clemetson JM (1994) Molecular abnormalities in Glanzmann's thrombasthenia, Bernard-Soulier syndrome, and platelet-type von Willebrand's disease. Curr Opin Hematol 1:388–393

Cohen NR, Taylor JS, Scott LB, Guillery RW, Soriano P, Furley AJ (1998) Errors in corticospinal axon guidance in mice lacking the neural cell adhesion molecule L1. Curr Biol 8:26–33

Coller BS, Seligsohn U, Peretz H, Newman PJ (1994) Glanzmann thrombasthenia: new insights from an historical perspective. Semin Hematol 31:301–311

Colman DR (1997) Neurites, synapses, and cadherins reconciled. Mol Cell Neurosci 10:1–6

Cowin P (1999) Plakoglobin, β-catenin, and the ARM family. In: Kreis T, Vale R (eds) Guidebook to the extracellular matrix, anchor, and adhesion proteins. Oxford University Press, Oxford, pp 49–53

Cremer H, Lange R, Christoph A et al. (1994) Inactivation of the N-CAM gene in mice results in size reduction of the olfactory bulb and deficits in spatial learning. Nature 367:455–459

Cremer H, Chazal G, Lledo PM et al. (2000) PSA-NCAM: an important regulator of hippocampal plasticity. Int J Dev Neurosci 18:213–220

Critchley DR (1999) Talin. In: Kreis T, Vale R (eds) Guidebook to the extracellular matrix and adhesion molecules. Oxford University Press, Oxford, pp 82–85

Critchley DR (2000) Focal adhesions – the cytoskeletal connection. Curr Opin Cell Biol 12:133–139

Cunningham BA, Hemperly JJ, Murray BA, Prediger EA, Brackenbury R, Edelman GM (1987) Neural cell adhesion molecule: structure, immunoglobulin-like domains, cell surface modulation, and alternative RNA splicing. Science 236:799–806

Dahme M, Bartsch U, Martini R, Anliker B, Schachner M, Mantei N (1997) Disruption of the mouse L1 gene leads to malformations of the nervous system. Nat Genet 17:346–349

Dans MJ, Giancotti F (1999) Signalling via integrins. In: Kreis T, Vale R (eds) Guidebook to the extracellular matrix and adhesion molecules. Oxford University Press, Oxford, pp 134–139

Davis SJ, Van der Merwe PA (1996) The structure and ligand interactions of CD2: implications for T-cell function. Immunol Today 17:177–187

Davis SJ, Ikemizu S, Wild MK, Van der Merwe PA (1998) CD2 and the nature of protein interactions mediating cell-cell recognition. Immunol Rev 163:217–236

Dayhoff MO, Barker WC, Hunt LT (1983) Establishing homologies in protein sequences. Methods Enzymol 91:524–545
De Angelis E, MacFarlane J, Du JS et al. (1999) Pathological missense mutations of neural cell adhesion molecule L1 affect homophilic and heterophilic binding activities. EMBO J 18:4744–4753
Dedhar S, Hannigan GE (1996) Integrin cytoplasmic interactions and bidirectional transmembrane signalling. Curr Opin Cell Biol 8:657–669
Demyanenko GP, Tsai AY, Maness PF (1999) Abnormalities in neuronal process extension, hippocampal development, and the ventricular system of L1 knockout mice. J Neurosci 19:4907–4920
Ding Y, Brunden KR (1994) The cytoplasmic domain of myelin glycoprotein P0 interacts with negatively charged phospholipid bilayers. J Biol Chem 269:10764–10770
Doherty P, Moolenaar CE, Ashton SV, Michalides RJ, Walsh FS (1992) The VASE exon downregulates the neurite growth-promoting activity of NCAM 140. Nature 356: 791–793
Doherty P, Fazeli MS, Walsh FS (1995) The neural cell adhesion molecule and synaptic plasticity. J Neurobiol 26: 437–446
Dowling J, Yu QC, Fuchs E (1996) β4-integrin is required for hemidesmosome formation, cell adhesion and cell survival. J Cell Biol 134:559–572
Doyle JP, Colman DR (1993) Glial-neuron interactions and the regulation of myelin formation. Curr Opin Cell Biol 5:779–785
Duband JL, Nuckolls GH, Ishihara A et al. (1988) Fibronectin receptor exhibits high lateral mobility in embryonic locomoting cells but is immobile in focal contacts and fibrillar streaks in stationary cells. J Cell Biol 107:1385–1396
Dulabon L, Olson EC, Taglienti MG et al. (2000) Reelin binds $\alpha3\beta1$ integrin and inhibits neuronal migration. Neuron 27:33–44
Dunon D, Piali L, Imhof BA (1996) To stick or not to stick: the new leukocyte homing paradigm. Curr Opin Cell Biol 8:714–723
D'Urso D, Brophy PJ, Staugaitis SM et al. (1990) Protein zero of peripheral nerve myelin: biosynthesis, membrane insertion, and evidence for homotypic interaction. Neuron 4:449–460
Dustin ML, Springer TA (1999a) CD2/LFA-3. In: Kreis T, Vale R (eds) Guidebook to the extracellular matrix, anchor, and adhesion proteins. Oxford University Press, Oxford, pp 154–157
Dustin ML, Springer TA (1999b) Intercellular adhesion molecules (ICAM). In: Kreis T, Vale R (eds) Guidebook to the extracellular matrix and adhesion molecules. Oxford University Press, Oxford, pp 216–220
Dustin ML, Springer TA (1999c) LFA-1. In: Kreis T, Vale R (eds) Guidebook to the extracellular matrix, anchor, and adhesion proteins. Oxford University Press, Oxford, pp 228–232
Dustin ML, Olszowy MW, Holdorf AD et al. (1998) A novel adaptor protein orchestrates receptor patterning and cytoskeletal polarity in T-cell contacts. Cell 94:667–677
Edelman GM, Jones FS (1998) Gene regulation of cell adhesion: a key step in neural morphogenesis. Brain Res Rev 26:337–352
Faull RJ, Ginsberg MH (1995) Dynamic regulation of integrins. Stem Cells 13:38–46
Fields RD, Itoh K (1996) Neural cell adhesion molecules in activity-dependent development and synaptic plasticity. Trends Neurosci 19:473–480
Filbin MT, Tennekoon GI (1992) Myelin PO-protein, more than just a structural protein. Bioessays 14:541–547
Finne J, Finne U, Deagostini BH, Goridis C (1983) Occurrence of α2–8 linked polysialosyl units in a neural cell adhesion molecule. Biochem Biophys Res Commun 112:482–487
Fischer A, Lisowska GB, Anderson DC, Springer TA (1988) Leukocyte adhesion deficiency: molecular basis and functional consequences. Immunodef Rev 1:39–54
Fransen E, Lemmon V, Vancamp G, Vits L, Coucke P, Willems PJ (1995) CRASH syndrome – clinical spectrum of corpus callosum hypoplasia, retardation, adducted thumbs, spastic paraparesis and hydrocephalus due to mutations in one single gene, L1. Eur J Hum Genet 3:273–284
Fransen E, Van Camp G, Vits L, Willems PJ (1997) L1-associated diseases: clinical geneticists divide, molecular geneticists unite. Hum Mol Genet 6:1625–1632
Fransen E, D'Hooge R, Van Camp G et al. (1998a) L1 knockout mice show dilated ventricles, vermis hypoplasia and impaired exploration patterns. Hum Mol Genet 7:999–1009
Fransen E, Van Camp G, D'Hooge R, Vits L, Willems PJ (1998b) Genotype-phenotype correlation in L1 associated diseases. J Med Genet 35:399–404
Freigang J, Proba K, Leder L, Diederichs K, Sonderegger P, Welte W (2000) The crystal structure of the ligand binding module of axonin-1/TAG-1 suggests a zipper mechanism for neural cell adhesion. Cell 101:425–433
Frenette PS, Mayadas TN, Rayburn H, Hynes RO, Wagner DD (1996) Susceptibility to infection and altered hematopoiesis in mice deficient in both P- and E-selectins. Cell 84:563–574
Frotscher M (1998) Cajal-Retzius cells, Reelin, and the formation of layers. Curr Opin Neurobiol 8:570–575
Gahmberg CG (1997) Leukocyte adhesion: CD11/CD18 integrins and intercellular adhesion molecules. Curr Opin Cell Biol 9:643–650
Garrod D, Chidgey M, North A (1996) Desmosomes: differentiation, development, dynamics and disease. Curr Opin Cell Biol 8:670–678
Geiger B (1999) Vinculin. In: Kreis T, Vale R (eds) Guidebook to the extracellular matrix and adhesion molecules. Oxford University Press, Oxford, pp 92–95
Geiger B, Ayalon O (1992) Cadherins. Annu Rev Cell Biol 8:307–332
Georges LE, Messaddeq N, Yehia G, Cadalbert L, Dierich A, Le MM (1996) Absence of integrin a6 leads to epidermolysis bullosa and neonatal death in mice. Nat Genet 13:370–373
Giancotti FG, Ruoslahti E (1999) Integrin signaling. Science 285:1028–1032
Giese KP, Martini R, Lemke G, Soriano P, Schachner M (1992) Mouse P0 gene disruption leads to hypomyelination, abnormal expression of recognition molecules, and degeneration of myelin and axons. Cell 71:565–576
Goh KL, Yang JT, Hynes RO (1997) Mesodermal defects and cranial neural crest apoptosis in α5 integrin-null embryos. Development 124:4309–4319
Goodenough DA (1999) Plugging the leaks. Proc Natl Acad Sci USA 96:319–321

Goridis C, Brunet JF (1992) NCAM: structural diversity, function and regulation of expression. Semin Cell Biol 3:189–197

Green KJBEA (1999) Desmoplakins. In: Kreis T, Vale R (eds) Guidebook to the extracellular matrix, anchor, and adhesion proteins. Oxford University Press, Oxford, pp 102–105

Guilford P, Hopkins J, Harraway J et al. (1998) E-cadherin germline mutations in familial gastric cancer. Nature 392:402–405

Gumbiner BM (1993) Proteins associated with the cytoplasmic surface of adhesion molecules. Neuron 11:551–564

Gumbiner BM (1996) Cell adhesion: the molecular basis of tissue architecture and morphogenesis. Cell 84:345–357

Gumbiner BM (1997) Carcinogenesis: a balance between β-catenin and APC. Curr Biol 7:R443–R446

Gumbiner BM (2000) Regulation of cadherin adhesive activity. J Cell Biol 148:399–404

Gurtner GC, Davis V, Li H, McCoy MJ, Sharpe A, Cybulsky MI (1995) Targeted disruption of the murine VCAM-1 gene: essential role of VCAM-1 in chorioallantoic fusion and placentation. Genes Dev 9:1–14

Hall A (1998) Rho GTPases and the actin cytoskeleton. Science 279:509–514

Hanks SK, Polte TR (1997) Signaling through focal adhesion kinase. Bioessays 19:137–145

Hayashi YK, Chou FL, Engvall E et al. (1998) Mutations in the integrin α7-gene cause congenital myopathy. Nat Genet 19:94–97

Helbling LA, Zhang X, Topaloglu H et al. (1995) Mutations in the laminin α2-chain gene (LAMA2) cause merosin-deficient congenital muscular dystrophy. Nat Genet 11: 216–218

Hemler ME (1998) Integrin associated proteins. Curr Opin Cell Biol 10:578–585

Hemler ME (1999) Integrins. In: Kreis T, Vale R (eds) Guidebook to the extracellular matrix, anchor, and adhesion proteins. Oxford University Press, Oxford, pp 196–212

Hodivala DK, McHugh KP, Tsakiris DA et al. (1999) β3-integrin-deficient mice are a model for Glanzmann thrombasthenia showing placental defects and reduced survival. J Clin Invest 103:229–238

Hogg N, Stewart MP, Scarth SL et al. (1999) A novel leukocyte adhesion deficiency caused by expressed but nonfunctional β-2integrins Mac-1 and LFA-1. J Clin Invest 103:97–106

Hortsch M (2000) Structural and functional evolution of the L1 family: are four adhesion molecules better than one? Mol Cell Neurosci 15:1–10

Huber O, Kemler R (1999) α-catenin. In: Kreis T, Vale R (eds) Guidebook to the extracellular matrix, anchor, and adhesion proteins. Oxford University Press, Oxford, pp 31–33

Hughes PE, Pfaff M (1998) Integrin affinity modulation. Trends Cell Biol 8:359–364

Humphries MJ (1996) Integrin activation: the link between ligand binding and signal transduction. Curr Opin Cell Biol 8:632–640

Hynes RO (1992) Integrins: versatility, modulation, and signaling in cell adhesion. Cell 69:11–25

Hynes RO (1996) Targeted mutations in cell adhesion genes: what have we learned from them? Dev Biol 180:402–412

Hynes RO, Lander AD (1992) Contact and adhesive specificities in the associations, migrations, and targeting of cells and axons. Cell 68:303–322

Ilic D, Furuta Y, Kanazawa S et al. (1995) Reduced cell motility and enhanced focal adhesion contact formation in cells from FAK-deficient mice. Nature 377:539–544

Janeway CAJ, Bottomly K (1994) Signals and signs for lymphocyte responses. Cell 76:275–285

Jockusch BM, Bubeck P, Giehl K et al. (1995) The molecular architecture of focal adhesions. Annu Rev Cell Dev Biol 11:379–416

Johnson KR, Takeichi M (1999) Cadherins. In: Kreis T, Vale R (eds) Guidebook to the extracellular matrix and adhesion molecules. Oxford University Press, Oxford, pp 141–150

Jones EY, Harlos K, Bottomley MJ et al. (1995) Crystal structure of an integrin-binding fragment of vascular cell adhesion molecule-1 at 1.8 A resolution. Nature 373:539–544

Jones JC, Hopkinson SB, Goldfinger LE (1998) Structure and assembly of hemidesmosomes. Bioessays 20:488–494

Juliano RL, Haskill S (1993) Signal transduction from the extracellular matrix. J Cell Biol 120:577–585

Kadmon G, Montgomery AM, Altevogt P (1998) L1 makes immunological progress by expanding its relations. Dev Immunol 6:205–213

Kamiguchi H, Lemmon V (1997) Neural cell adhesion molecule L1: signaling pathways and growth cone motility. J Neurosci Res 49:1–8

Kamiguchi H, Hlavin ML, Lemmon V (1998a) Role of L1 in neural development: what the knockouts tell us. Mol Cell Neurosci 12:48–55

Kamiguchi H, Hlavin ML, Yamasaki M, Lemmon V (1998b) Adhesion molecules and inherited diseases of the human nervous system. Annu Rev Neurosci 21:97–125

Kandel ER, Schwartz JH, Jessel TM (2000) Principles of neural science. McGraw-Hill, New York

Karsan A, Cornejo CJ, Winn RK et al. (1998) Leukocyte adhesion deficiency type II is a generalized defect of de novo GDP-fucose biosynthesis. Endothelial cell fucosylation is not required for neutrophil rolling on human nonlymphoid endothelium. J Clin Invest 101:2438–2445

Kasper C, Rasmussen H, Kastrup JS et al. (2000) Structural basis of cell-cell adhesion by NCAM. Nat Struct Biol 7:389–393

Keely P, Parise L, Juliano R (1998) Integrins and GTPases in tumour cell growth, motility and invasion. Trends Cell Biol 8:101–106

Kelly DE (1966) Fine structure of desmosomes, hemidesmosomes, and an adepidermal globular layer in developing newt epidermis. J Cell Biol 28:51–72

Kelsell DP, Dunlop J, Stevens HP et al. (1997) Connexin 26 mutations in hereditary non-syndromic sensorineural deafness. Nature 387:80–83

Kenwrick S, Doherty P (1998) Neural cell adhesion molecule L1: relating disease to function. Bioessays 20:668–675

Kenwrick S, Watkins A, Angelis ED (2000) Neural cell recognition molecule L1: relating biological complexity to human disease mutations. Hum Mol Genet 9:879–886

Kiss JZ, Rougon G (1997) Cell biology of polysialic acid. Curr Opin Neurobiol 7:640–646

Klein J (1982) Immunology, the science of self-nonself-discrimination. John Wiley & Sons, New York

Koch PJ, Franke WW (1994) Desmosomal cadherins: another growing multigene family of adhesion molecules. Curr Opin Cell Biol 6:682–687

Koch AW, Bozic D, Pertz O, Engel J (1999) Homophilic adhesion by cadherins. Curr Opin Struct Biol 9:275–281

Kohmura N, Senzaki K, Hamada S et al. (1998) Diversity revealed by a novel family of cadherins expressed in neurons at a synaptic complex. Neuron 20:1137–1151

Kooyk Y, Figdor CG (2000) Avidity regulation of integrins: the driving force in leukocyte adhesion. Curr Opin Cell Biol 12:542–547

Kreidberg JA (2000) Functions of $\alpha 3\beta 1$ integrin. Curr Opin Cell Biol 12:548–553

Küster W (2000) Erbliche Hauterkrankungen. In: Ganten D, Ruckpaul K (Hrsg) Handbuch der Molekularen Medizin, Bd 7, Monogen bedingte Erbkrankheiten, Teil 2. Springer, Berlin Heidelberg New York, S 216–248

Kwee L, Baldwin HS, Shen HM et al. (1995) Defective development of the embryonic and extraembryonic circulatory systems in vascular cell adhesion molecule (VCAM-1) deficient mice. Development 121:489–503

Leckband D, Sivasankar S (2000) Mechanism of homophilic cadherin adhesion. Curr Opin Cell Biol 12:587–592

Lecuit M, Dramsi S, Gottardi C, Fedor CM, Gumbiner B, Cossart P (1999) A single amino acid in E-cadherin responsible for host specificity towards the human pathogen *Listeria monocytogenes.* EMBO J 18:3956–3963

Lee SW (1996) H-cadherin, a novel cadherin with growth inhibitory functions and diminished expression in human breast cancer. Nat Med 2:776–782

Lee JO, Rieu P, Arnaout MA, Liddington R (1995) Crystal structure of the A domain from the a-subunit of integrin CR3 (CD11b/CD18). Cell 80:631–638

Lemke G, Axel R (1985) Isolation and sequence of a cDNA encoding the major structural protein of peripheral myelin. Cell 40:501–508

Lindberg FP, Bullard DC, Caver TE, Gresham HD, Beaudet AL, Brown EJ (1996) Decreased resistance to bacterial infection and granulocyte defects in IAP-deficient mice. Science 274:795–798

Littlewood EA, Müller U (2000) Stereocilia defects in the sensory hair cells of the inner ear in mice deficient in integrin $\alpha 8\beta 1$. Nat Genet 24:424–428

Lodish H, Berk A, Zipursky SL, Matsudaira P, Baltimore D, Darnell J (2000) Molecular cell biology. Freeman, New York

Mackay D, Ionides A, Kibar Z et al. (1999) Connexin46 mutations in autosomal dominant congenital cataract. Am J Hum Genet 64:1357–1364

Makowski L, Caspar DL, Phillips WC, Goodenough DA (1977) Gap junction structures. II. Analysis of the X-ray diffraction data. J Cell Biol 74:629–645

Marquardt T, Freeze H (2001) Congenital disorders of glycosylation: glycosylation defects in man and biological models for their study. Biol Chem 382:161–177

Marquardt T, Luhn K, Srikrishna G, Freeze HH, Harms E, Vestweber D (1999) Correction of leukocyte adhesion deficiency type II with oral fucose. Blood 94:3976–3985

Marrs JA, Nelson WJ (1996) Cadherin cell adhesion molecules in differentiation and embryogenesis. Int Rev Cytol 165:159–205

Martini R, Zielasek J, Toyka KV, Giese KP, Schachner M (1995) Protein zero (p0)-deficient mice show myelin degeneration in peripheral nerves characteristic of inherited human neuropathies. Nat Genet 11:281–286

Mayer U, Saher G, Fassler R et al. (1997) Absence of integrin $\alpha 7$ causes a novel form of muscular dystrophy. Nat Genet 17:318–323

McHugh KP, Hodivala DK, Zheng MH et al. (2000) Mice lacking $\beta 3$-integrins are osteosclerotic because of dysfunctional osteoclasts. J Clin Invest 105:433–440

Melchers F, Rolink AG, Schaniel C (1999) The role of chemokines in regulating cell migration during humoral immune responses. Cell 99:351–354

Mitic LL, Anderson JM (1998) Molecular architecture of tight junctions. Annu Rev Physiol 60:121–142

Molenaar M, Van de Wetering M, Oosterwegel M et al. (1996) XTcf-3 transcription factor mediates β-catenin-induced axis formation in *Xenopus* embryos. Cell 86:391–399

Moll R, Bahn H, Bayerl C, Moll I (1996) Cell adhesion molecules and extracellular matrix components as target structures of autoimmunity. Verh Dtsch Ges Pathol 80: 67–79

Moulding HD, Martuza RL, Rabkin SD (2000) Clinical mutations in the L1 neural cell adhesion molecule affect cell-surface expression. J Neurosci 20:5696–5702

Mühlenhoff M, Eckhardt M, Gerardy SR (1998) Polysialic acid: three-dimensional structure, biosynthesis and function. Curr Opin Struct Biol 8:558–564

Muller D, Wang C, Skibo G et al. (1996) PSA-NCAM is required for activity-induced synaptic plasticity. Neuron 17:413–422

Müller U, Wang D, Denda S, Meneses JJ, Pedersen RA, Reichardt LF (1997) Integrin $\alpha 8\beta 1$ is critically important for epithelial-mesenchymal interactions during kidney morphogenesis. Cell 88:603–613

Nagar B, Overduin M, Ikura M, Rini JM (1996) Structural basis of calcium-induced E-cadherin rigidification and dimerization. Nature 380:360–364

Nave KA (1999) Zentrale Myelinisierungsstörungen: Biologische Grundlagen, transgene Modelle und molekulare Pathologie. In: Ganten D, Ruckpaul K (Hrsg) Handbuch der Molekularen Medizin, Bd 5, Erkrankungen des Zentralnervensystems. Springer, Berlin Heidelberg New York, S 370–391

Nelson RW, Bates PA, Rutishauser U (1995) Protein determinants for specific polysialylation of the neural cell adhesion molecule. J Biol Chem 270:17171–17179

Nose A, Nagafuchi A, Takeichi M (1988) Expressed recombinant cadherins mediate cell sorting in model systems. Cell 54:993–1001

Nose A, Tsuji K, Takeichi M (1990) Localization of specificity determining sites in cadherin cell adhesion molecules. Cell 61:147–155

O'Rourke NA (1996) Neuronal chain gangs – homotypic contacts support migration into the olfactory bulb. Neuron 16:1061–1064

Overduin M, Harvey TS, Bagby S et al. (1995) Solution structure of the epithelial cadherin domain responsible for selective cell adhesion. Science 267:386–389

Parise LV (1999) Integrin $\alpha IIb\beta 3$ signaling in platelet adhesion and aggregation. Curr Opin Cell Biol 11:597–601

Patel PI, Lupski JR (1994) Charcot-Marie-Tooth disease: a new paradigm for the mechanism of inherited disease. Trends Genet 10:128–133

Paul DL (1999) Connexins. In: Kreis T, Vale R (eds) Guidebook to the extracellular matrix and adhesion molecules. Oxford University Press, Oxford, pp 173–176

Perl AK, Wilgenbus P, Dahl U, Semb H, Christofori G (1998) A causal role for E-cadherin in the transition from adenoma to carcinoma. Nature 392:190–193

Pertz O, Bozic D, Koch AW, Fauser C, Brancaccio A, Engel J (1999) A new crystal structure, Ca^{2+} dependence and mutational analysis reveal molecular details of E-cadherin homoassociation. EMBO J 18:1738–1747

Poljak RJ, Amzel LM, Avey HP, Chen BL, Phizackerley RP, Saul F (1973) Three-dimensional structure of the Fab' fragment of a human immunoglobulin at 2,8-A resolution. Proc Natl Acad Sci USA 70:3305–3310

Qu A, Leahy DJ (1995) Crystal structure of the I-domain from the CD11a/CD18 (LFA-1, $\alpha L\beta 2$) integrin. Proc Natl Acad Sci USA 92:10277–10281

Ranheim TS, Edelman GM, Cunningham BA (1996) Homophilic adhesion mediated by the neural cell adhesion molecule involves multiple immunoglobulin domains. Proc Natl Acad Sci USA 93:4071–4075

Ranscht B, Dours ZM (1991) T-cadherin, a novel cadherin cell adhesion molecule in the nervous system lacks the conserved cytoplasmic region. Neuron 7:391–402

Redies C (1997) Cadherins and the formation of neural circuitry in the vertebrate CNS. Cell Tissue Res 290:405–413

Rice DS, Curran T (1999) Mutant mice with scrambled brains: understanding the signaling pathways that control cell positioning in the CNS. Genes Dev 13:2758–2773

Riethmacher D, Brinkmann V, Birchmeier C (1995) A targeted mutation in the mouse E-cadherin gene results in defective preimplantation development. Proc Natl Acad Sci USA 92:855–859

Rosen S (1999) Selectins. In: Kreis T, Vale R (eds) Guidebook to the extracellular matrix and adhesion molecules. Oxford University Press, Oxford, pp 290–297

Rosenthal A, Jouet M, Kenwrick S (1992) Aberrant splicing of neural cell adhesion molecule L1 mRNA in a family with X-linked hydrocephalus. Nat Genet 2:107–112

Rutishauser U (1998) Polysialic acid at the cell surface: biophysics in service of cell interactions and tissue plasticity. J Cell Biochem 70:304–312

Rutishauser U, Landmesser L (1991) Polysialic acid on the surface of axons regulates patterns of normal and activity-dependent innervation. Trends Neurosci 14:528–532

Rutishauser U, Acheson A, Hall AK, Mann DM, Sunshine J (1988) The neural cell adhesion molecule (NCAM) as a regulator of cell-cell interactions. Science 240:53–57

Ryu SE, Kwong PD, Truneh A et al. (1990) Crystal structure of an HIV-binding recombinant fragment of human CD4. Nature 348:419–426

Sano K, Tanihara H, Heimark RL et al. (1993) Protocadherins: a large family of cadherin-related molecules in central nervous system. EMBO J 12:2249–2256

Savage B, Saldivar E, Ruggeri ZM (1996) Initiation of platelet adhesion by arrest onto fibrinogen or translocation on von Willebrand factor. Cell 84:289–297

Sayle RA, Milner WE (1995) RASMOL: biomolecular graphics for all. Trends Biochem Sci 20:374

Schachner M, Martini R (1995) Glycans and the modulation of neural-recognition molecule function. Trends Neurosci 18:183–191

Scharffetter KK, Lu H, Norman K et al. (1998) Spontaneous skin ulceration and defective T cell function in CD18 null mice. J Exp Med 188:119–131

Schlaepfer DD, Hunter T (1998) Integrin signalling and tyrosine phosphorylation: just the FAKs? Trends Cell Biol 8:151–157

Schleiden MJ (1838) Beiträge zur Phytogenesis. Arch Anat Physiol Wiss Med 5:137–176

Schoenwaelder SM, Burridge K (1999) Bidirectional signaling between the cytoskeleton and integrins. Curr Opin Cell Biol 11:274–286

Schon MP, Arya A, Murphy EA et al. (1999) Mucosal T lymphocyte numbers are selectively reduced in integrin αE (CD103)-deficient mice. J Immunol 162:6641–6649

Schwann T (1839) Mikroskopische Untersuchungen über die Übereinstimmung in der Struktur und dem Wachstum der Tiere und Pflanzen. Sander, Berlin

Schwartz MA, Shattil SJ (2000) Signaling networks linking integrins and rho family GTPases. Trends Biochem Sci 25:388–391

Seed B, Aruffo A (1987) Molecular cloning of the CD2 antigen, the T-cell erythrocyte receptor, by a rapid immunoselection procedure. Proc Natl Acad Sci USA 84:3365–3369

Senzaki K, Ogawa M, Yagi T (1999) Proteins of the CNR family are multiple receptors for Reelin. Cell 99:635–647

Shapiro L, Colman DR (1999) The diversity of cadherins and implications for a synaptic adhesive code in the CNS. Neuron 23:427–430

Shapiro L, Fannon AM, Kwong PD et al. (1995a) Structural basis of cell-cell adhesion by cadherins. Nature 374:327–337

Shapiro L, Kwong PD, Fannon AM, Colman DR, Hendrickson WA (1995b) Considerations on the folding topology and evolutionary origin of cadherin domains. Proc Natl Acad Sci USA 92:6793–6797

Shapiro L, Doyle JP, Hensley P, Colman DR, Hendrickson WA (1996) Crystal structure of the extracellular domain from P0, the major structural protein of peripheral nerve myelin. Neuron 17:435–449

Shen Y, Schaller MD (1999) Focal adhesion kinase (FAK). In: Kreis T, Vale R (eds) Guidebook to the extracellular matrix and adhesion molecules. Oxford University Press, Oxford, pp 43–46

Shiels A, Mackay D, Ionides A, Berry V, Moore A, Bhattacharya S (1998) A missense mutation in the human connexin50 gene (GJA8) underlies autosomal dominant "zonular pulverulent" cataract, on chromosome 1q. Am J Hum Genet 62:526–532

Simon AM, Goodenough DA (1998) Diverse functions of vertebrate gap junctions. Trends Cell Biol 8:477–483

Simon DB, Lu Y, Choate KA et al. (1999) Paracellin-1, a renal tight junction protein required for paracellular Mg^{2+} resorption. Science 285:103–106

Singer SJ (1992) Intercellular communication and cell-cell adhesion. Science 255:1671–1677

Singer SJ, Nicolson GL (1972) The fluid mosaic model of the structure of cell membranes. Science 175:720–731

Smith JD, Craig AG, Kriek N et al. (2000) Identification of a *Plasmodium falciparum* intercellular adhesion molecule-1 binding domain: a parasite adhesion trait implicated in cerebral malaria. Proc Natl Acad Sci USA 97:1766–1771

Sonderegger P (1998) Ig superfamily molecules in the nervous system. Harwood Academic Publishers, Amsterdam

Spray DC, Dermietzel R (1995) X-linked dominant Charcot-Marie-Tooth disease and other potential gap-junction diseases of the nervous system. Trends Neurosci 18:256–262

Springer TA (1990) Adhesion receptors of the immune system. Nature 346:425–434

Springer TA (1994) Traffic signals for lymphocyte recirculation and leukocyte emigration: the multistep paradigm. Cell 76:301–314

Staehelin LA, Hull BE (1978) Junctions between living cells. Sci Am 238:140–152

Steinberg MS, McNutt PM (1999) Cadherins and their connections: adhesion junctions have broader functions. Curr Opin Cell Biol 11:554–560

Suzuki ST (1996) Structural and functional diversity of cadherin superfamily: are new members of cadherin superfamily involved in signal transduction pathway? J Cell Biochem 61:531–542

Takeichi M (1987) Cadherins: a molecular family essential for selective cell-cell adhesion and animal morphogenesis. Trends Genet 3:213–217

Takeichi M (1995) Morphogenetic roles of classic cadherins. Curr Opin Cell Biol 7:619–627

Tanaka H, Shan W, Phillips GR et al. (2000) Molecular modification of N-cadherin in response to synaptic activity. Neuron 25:93–107

Taraszka KS, Higgins JM, Tan K, Mandelbrot DA, Wang JH, Brenner MB (2000) Molecular basis for leukocyte integrin $\alpha E\beta 7$ adhesion to epithelial (E)-cadherin. J Exp Med 191:1555–1567

Tedder TF, Steeber DA, Pizcueta P (1995) L-selectin-deficient mice have impaired leukocyte recruitment into inflammatory sites. J Exp Med 181:2259–2264

Tessier-Lavigne M, Goodman CS (1996) The molecular biology of axon guidance. Science 274:1123–1133

Tomasiewicz H, Ono K, Yee D et al. (1993) Genetic deletion of a neural cell adhesion molecule variant (N-CAM-180) produces distinct defects in the central nervous system. Neuron 11:1163–1174

Townes P, Holtfreter J (1955) Directed movements and selected adhesion of embryonic amphibian cells. J Exp Zool 128:53–120

Tsukita S, Furuse M (1999) Occludin and claudins in tight-junction strands: leading or supporting players? Trends Cell Biol 9:268–273

Tsukita S, Furuse M, Itoh M (1999) Structural and signalling molecules come together at tight junctions. Curr Opin Cell Biol 11:628–633

Unger VM, Kumar NM, Gilula NB, Yeager M (1999) Three-dimensional structure of a recombinant gap junction membrane channel. Science 283:1176–1180

Van de Stolpe A, Van der Saag PT (1996) Intercellular adhesion molecule-1. J Mol Med 74:13–33

Van der Neut R, Krimpenfort P, Calafat J, Niessen CM, Sonnenberg A (1996) Epithelial detachment due to absence of hemidesmosomes in integrin $\beta 4$ null mice. Nat Genet 13:366–369

Vestweber D (1999) Selectin ligands. In: Kreis T, Vale R (eds) Guidebook to the extracellular matrix and adhesion molecules. Oxford University Press, Oxford, pp 298–303

Vidal F, Aberdam D, Miquel C et al. (1995) Integrin $\beta 4$ mutations associated with junctional epidermolysis bullosa with pyloric atresia. Nat Genet 10:229–234

Vleminckx K, Kemler R (1999) Cadherins and tissue formation: integrating adhesion and signaling. Bioessays 21:211–220

Wagner N, Lohler J, Kunkel EJ et al. (1996) Critical role for $\beta 7$-integrins in formation of the gut-associated lymphoid tissue. Nature 382:366–370

Walsh FS, Doherty P (1997) Neural cell adhesion molecules of the immunoglobulin superfamily: role in axon growth and guidance. Annu Rev Cell Dev Biol 13:425–456

Wang J, Springer TA (1998) Structural specializations of immunoglobulin superfamily members for adhesion to integrins and viruses. Immunol Rev 163:197–215

Wang J, Yan Y, Garrett TPJ et al. (1990) Atomic structure of a fragment of human CD4 containing two immunoglobulin-like domains. Nature 348:411–418

Wang JH, Pepinsky RB, Stehle T et al. (1995) The crystal structure of a N-terminal two-domain fragment of vascular cell adhesion molecule 1 (VCAM-1): a cyclic peptide based on the domain 1 C-D loop can inhibit VCAM-1-$\alpha 4$-integrin interaction. Proc Natl Acad Sci USA 92:5714–5718

Wang JH, Smolyar A, Tan K et al. (1999) Structure of a heterophilic adhesion complex between the human CD2 and CD58 (LFA-3) counterreceptors. Cell 97:791–803

Wardlaw AJ, Hibbs ML, Stacker SA, Springer TA (1990) Distinct mutations in two patients with leukocyte adhesion deficiency and their functional correlates. J Exp Med 172:335–345

Ware J, Ruggeri ZM (1999) Platelet GP Ib-IX-V complex. In: Kreis T, Vale R (eds) Guidebook to the extracellular matrix and adhesion molecules. Oxford University Press, Oxford, pp 288–290

Warner LE, Hilz MJ, Appel SH et al. (1996) Clinical phenotypes of different MPZ (P0) mutations may include Charcot-Marie-Tooth type 1B, Dejerine-Sottas, and congenital hypomyelination. Neuron 17:451–460

Willecke K, Hennemann H, Dahl E, Jungbluth S, Heynkes R (1991) The diversity of connexin genes encoding gap junctional proteins. Eur J Cell Biol 56:1–7

Williams AF, Barclay AN (1988) The immunoglobulin superfamily-domains for cell surface recognition. Annu Rev Immunol 6:381–405

Williams AF, Gagnon J (1982) Neuronal cell Thy-1 glycoprotein: homology with immunoglobulin. Science 216:696–703

Wilson HV (1907) On some phenomena of coalescence and regeneration in sponges. J Exp Zool 5:245–258

Wodarz A, Nusse R (1998) Mechanisms of Wnt signaling in development. Annu Rev Cell Dev Biol 14:59–88

Wong EV, Kenwrick S, Willems PJ, Lemmon V (1995) Mutations in the cell adhesion molecule L1 cause mental retardation. Trends Neurosci 18:168–172

Wu Q, Maniatis T (1999) A striking organization of a large family of human neural cadherin-like cell adhesion genes. Cell 97:779–790

Wu Q, Maniatis T (2000) Large exons encoding multiple ectodomains are a characteristic feature of protocadherin genes. Proc Natl Acad Sci USA 97:3124–3129

Wu H, Kwong PD, Hendrickson WA (1997) Dimeric association and segmental variability in the structure of human CD4. Nature 387:527–530

Yagi T, Takeichi M (2000) Cadherin superfamily genes: functions, genomic organization, and neurologic diversity. Genes Dev 14:1169–1180

Yamagata K, Andreasson KI, Sugiura H et al. (1999) Arcadlin is a neural activity-regulated cadherin involved in long term potentiation. J Biol Chem 274:19473

Yamasaki M, Thompson P, Lemmon V (1997) Crash syndrome: mutations in L1CAM correlate with severity of the disease. Neuropediatrics 28:175–178

Yang JT, Rayburn H, Hynes RO (1995) Cell adhesion events mediated by $\alpha 4$ integrins are essential in placental and cardiac development. Development 121:549–560

Yap AS, Brieher WM, Gumbiner BM (1997a) Molecular and functional analysis of cadherin-based adherens junctions. Annu Rev Cell Dev Biol 13:119–146

Yap AS, Brieher WM, Pruschy M, Gumbiner BM (1997b) Lateral clustering of the adhesive ectodomain: a fundamental determinant of cadherin function. Curr Biol 7:308–315

2 Modelle

2.1 Zellkulturtechniken, Zellmodelle und Tissue Engineering

Anna M. Wobus

Inhaltsverzeichnis

2.1.1 Einleitung

Die moderne Zell- und Molekularbiologie ist ohne den Einsatz von Zell- und Gewebekulturen nicht denkbar. Die „In-vitro-Zellbiologie" bildet heute die Grundlage für die Aufklärung grundlegender Wachstums- und Differenzierungsprozesse tierischer und pflanzlicher Systeme. Säugerzellkulturen finden Einsatz in der biomedizinischen Grundlagenforschung, der Virologie, Immunologie, Strahlenbiologie und Krebsforschung. Darüber hinaus spielen Zellkulturen in der medizinischen Diagnostik (u. a. pränatale Diagnose, Tumordiagnostik), zur Herstellung von biologischen Wirkstoffen für Diagnostik, Prophylaxe und Therapie, zur Produktion von Impfstoffen und Arzneimitteln und für toxikologische Untersuchungen eine große Rolle. Durch neueste Entwicklungen auf den Gebieten der Stammzellbiologie und des Tissue engineering werden Zellkulturen mehr und mehr Eingang in die regenerative Medizin finden.

Seit den ersten Versuchen der Kultivierung neuronaler Gewebeexplantate von Froschembryonen durch Harrison (1907) und der Entwicklung von Zellkulturtechniken durch Carrel (1912), die den Beginn der Zell- und Gewebezüchtung als eigenständige Disziplin begründeten, sind unzählige methodische Weiterentwicklungen erfolgt. Sie ermöglichen es heute, Zellen unter Bedingungen zu kultivieren, die diese zu komplexen Differenzierungs- und Stoffwechselleistungen befähigen und damit In-vivo-Bedingungen in vielen Aspekten nahe kommen.

Im folgenden Beitrag werden spezifische Zellkulturtechniken behandelt sowie häufig verwendete Zellmodelle und Kulturverfahren anhand von Beispielen vorgestellt. Der Schwerpunkt liegt auf der Darstellung komplexer Zellsysteme und Differenzierungsmodelle, wobei abschließend einige ausgewählte Verfahren des Tissue engineering vorgestellt werden[1].

[1] Ausgenommen sind die Hybridomtechnologie, transgene Zellkulturen und Stammzelltransplantation, da diese in den Kapiteln 3.3 „Monoklonale Antikörper", 4.2 „Methoden der Genübertragung" und 4.5 „Stammzelltherapie (Zelltransplantation)" behandelt werden. Im Hinblick auf methodische Grundlagen und Voraussetzungen der Zellkultur, wie Laborausrüstung, Sterilisationstechniken, Medienherstellung und Kulturgefäße, wird auf die einschlägige Literatur verwiesen [z. B. Doyle u. Griffiths (2000), Doyle et al. (1998), Freshney (1992, 1994), Lindl (2000), Masters (2000), Pollard u. Walker (1997), zur Terminologie der Zell- und Gewebekultur s. Schaeffer (1990)].

Ganten / Ruckpaul (Hrsg.)
Grundlagen der Molekularen Medizin,
2. Auflage

2.1.2 Zellkulturtechniken

2.1.2.1 Etablierung einer Zellkultur

Eine Zellkultur beginnt mit der sterilen Präparation und Dissoziation von Zellen aus Geweben oder Organen eines Organismus. Zellkulturen werden vorwiegend von Embryonen, fetalen Geweben, Gewebebiopsien oder Operationsmaterial angelegt, wobei fetale Zellen in der Regel besser wachsen als adulte Zellen.

Die Wahl geeigneter Kulturmedien und Seren, der Zusatz von Supplementen oder die Verwendung serumfreier Kulturen (Karmiol 2000, Maurer 1992) werden von vielen Faktoren bestimmt, u.a. vom Organismus, dem Zelltyp sowie der Aufgabenstellung und den spezifischen Anforderungen (Freshney 1992, 1994). Heute werden Zellkulturmedien fast ausnahmslos von kommerziellen Anbietern unter standardisierten Bedingungen nach den Regeln einer „Guten Herstellungspraxis“ (good manufacturing practice) hergestellt, nach Richtlinien für sachgemäße Lagerung (good storage practice) gelagert und vertrieben und in informativen Katalogen mit quantitativen und qualitativen Angaben der Bestandteile angeboten. So sind spezifische Medien zur Kultur von Insektenzelllinien (z.B. Schneider, SF, Grace), Mauszellen (z.B. Dulbecco's modifiziertes Eagle MEM), Hybridomzellen (z.B. RPMI, Iscove Medium) oder menschlichen Zellen (z.B. Ham's F10) verfügbar. Auch die Wahl der Kultivierungstemperatur richtet sich nach Organismus und Zelltyp. Die für die meisten Säugerzellen verwendete Temperatur von 37 °C muss für Zellen von Kaltblütern verringert werden, so z.B. für Fischzellkulturen auf 20 °C. Das verwendete Gasgemisch hängt in erster Linie von der Pufferung des Mediums ab. Natriumhydrogenkarbonat- und HEPES-gepufferte Medien werden am häufigsten eingesetzt. Meist wird ein Gasgemisch gewählt, das 5% CO_2 in Luft enthält.

Zu Beginn einer Zellkultur werden die Gewebestücke von Blut- und Plasmabestandteilen, von unerwünschten Geweben sowie von nekrotischen Anteilen befreit. An die mechanische Präparation unter einem Präparationsmikroskop mit Hilfe geeigneter Instrumente (Mikroskalpell, Uhrmacherpinzetten, Scheren) schließt sich in der Regel eine enzymatische Dissoziation der Gewebefragmente in Zellaggregate und Einzelzellen an. Häufig verwendete Enzymlösungen zur Gewebedissoziation sind Gemische mit Trypsin 0,1–0,25% oder Trypsin-EDTA z.B. im Verhältnis 0,2% Trypsin: 0,02% EDTA = 1:1, weiterhin u.a. Kollagenase zur Einzelzelldissoziation von Herzzellen (Isenberg u. Klöckner 1982) und Hepatozyten (Guguen-Guillouzo et al. 1983, Seglen 1973), Pronase als 0,5%ige Lösung zur Entfernung der Zona pellucida für Kultur oder Aggregation von Mausblastomeren (Bradley 1987) oder Hyaluronidase und Dispase. Ein synthetischer Puffer zur schonenden Zell- und Gewebedissoziation mit Protease- und Kollagenaseaktivität ist Accutase™. Enzymfreie Dissoziationspuffer erbringen jedoch bei vielen Geweben keine befriedigenden Ergebnisse.

Bei Explantatkulturen werden Gewebeexplantate in kleinen Medium- oder Serummengen aufgenommen und direkt auf die Kulturunterlage übertragen, wo nach einigen Tagen oder mehreren Wochen Zellen aus dem Explantat auswachsen. Diese Methode findet vielfach noch bei der Kultur menschlicher Fibroblasten Anwendung. Problematisch kann die Explantatkultur aber werden, wenn aufgrund unkontrollierten Wachstums „unerwünschter“ Zellen die eigentlich zu etablierenden Zellen überwachsen werden, so z.B. beim „Überwachsen“ einer Epithelzellkultur durch Fibroblasten. Eine unerwünschte Vermehrung von Fibroblasten kann durch kurzzeitige Kultur in 10% Pferdeserum verhindert werden. Zur gezielten Fraktionierung und Separation bestimmter Zelltypen können Separationstechniken, wie einfache Sedimentation, Dichtegradientenzentrifugation, flowzytometrische Sortierung und Isolierung, magnetische Separationsverfahren mit Hilfe von mit spezifischen Zelloberflächenantikörpern markierten magnetischen Partikeln (beads) oder Kulturunterlagen mit vorbehandelten Oberflächen (panning) eingesetzt werden (Freshney 1994).

Zur Erhöhung der Adhäsions- und Migrationseigenschaften von Zellen werden Kulturgefäße häufig mit extrazellulären Matrixproteinen, wie Fibronektin, Kollagen, Laminin oder Gelatine, mit synthetischen Proteinen, wie Poly-D-Lysin oder Polyornithin, oder mit fetalem Kälberserum beschichtet (Lindl 2000).

Präparationsprotokolle zum Anlegen von Primär- und Explantatkulturen aus menschlichem oder tierischem Gewebe sind u.a. bei Doyle et al. (1998), Freshney (1994) und Lindl (2000) detailliert beschrieben.

Im lebenden Organismus werden Zellen und Gewebe durch ein feinmaschiges Netz von Blutgefäßen mit Nährstoffen versorgt und von Stoffwechselprodukten entsorgt. Diese Aufgabe muss in statischen Monolayerkulturen adhärenter Zellen vom Medium allein wahrgenommen werden. Während

Nährstoffe, einschließlich Aminosäuren, Vitaminen und Spurenelementen, in der Regel in ausreichender Menge verfügbar sind, ist die Versorgung der Zellen mit Sauerstoff ein limitierender Faktor (Spier u. Griffith 1985). Eine Zellpopulation kann in Kultur eine Zelldichte von maximal 2×10^7 erreichen. Dabei werden die Nährstoffe des Mediums metabolisiert und toxische Stoffwechselprodukte, wie Ammonium und Laktat, akkumuliert, was zu einer Ansäuerung des Mediums und zu einer Verschiebung des pH-Werts in ein saures Milieu führt. Insbesondere Tumorzellen und undifferenzierte Stammzellen verfügen über sehr hohe Proliferationsraten, d.h. vermehren sich mit Zellverdopplungsraten von 8–10 h, während permanente Linien differenzierter Zellen wesentlich längere Generationszeiten von etwa 15–24 h und mehr besitzen und sich durch geringere Stoffwechselaktivitäten auszeichnen. Bei der routinemäßigen Zellkultur etablierter Zelllinien wird in der Regel einmal zwischen 2 Passagierungen ein Mediumwechsel durchgeführt und dadurch das verbrauchte Medium ersetzt. Die Passagierung (Subkultur) dient dazu, einer Zellpopulation, die aufgrund ihrer Zelldichte in ihrem weiteren Wachstum (s. Abschnitt 2.1.2.2 „Wachstumsverhalten von Zellen in Kultur", Unterabschnitt „Wachstumsphasen") gehemmt wäre, die weitere Proliferation zu ermöglichen. Dazu werden die Zellen z.B. mit Trypsin-EDTA-Gemischen von der Kulturunterlage abgelöst und in Abhängigkeit von der Proliferationsfähigkeit der Zellen im Verhältnis 1:2–1:10 auf neue Kulturgefäße übertragen.

2.1.2.2 Wachstumsverhalten von Zellen in Kultur

Nicht alle Zellen lassen sich leicht in eine Zellkultur überführen, als Zelllinie etablieren und vermehren. Beim Übergang vom Wachstum im Gewebeverband eines Organismus zum isolierten Zellwachstum in Kultur unterliegen kultivierte Zellen vielfältigen Veränderungen und Adaptionsprozessen. In morphologischer Hinsicht zeigen kultivierte Zellen vorwiegend eine „epithelioide" oder „fibroblastoide" Morphologie (Abb. 2.1.1), sie können genetische Veränderungen (Genmutationen, nummerische und/oder strukturelle Chromosomenaberrationen) erfahren oder biochemische Eigenschaften verlieren. In genetischer Hinsicht wird grundsätzlich zwischen

- diploiden „normalen" Zelllinien und
- permanenten, transformierten Zelllinien, die „spontan" (durch unbekannte Umweltfaktoren) während der Adaption an die Zellkultur oder gezielt durch Viren bzw. mutagene bzw. kanzerogene Substanzen maligne transformiert wurden,

unterschieden.

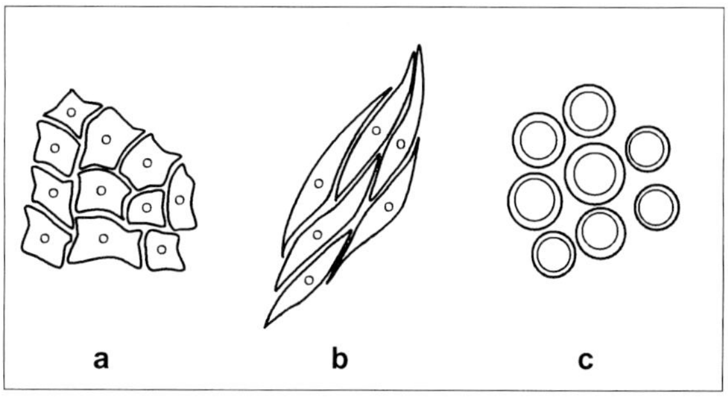

Abb. 2.1.1 a–c. Morphologie von Zellen etablierter Linien mit fibroblastoiden (**a**) und epitheloiden (**b**) Wachstumseigenschaften bzw. von Stammzellen oder von Tumorzellen (**c**)

Der Begriff der „malignen" Transformation ist von dem der „genetischen" Transformation zu unterscheiden: Mit der Einführung von DNA in Eukaryontenzellen ist nicht notwendigerweise eine maligne Transformation der Zellen verbunden, die Aufnahme von fremder DNA *kann* jedoch zur malignen Transformation führen. Während die Lebensfähigkeit diploider Zellen begrenzt ist, sind permanente (etablierte) Zelllinien zeitlich unbegrenzt kultivierbar (zu weiteren Eigenschaften etablierter Zelllinien siehe folgenden Abschnitt und Abschnitt 2.1.3.1 „Monolayerkulturen", Unterabschnitt „Diploide Zellstämme und permanente Zelllinien").

Wachstumsphasen. Die Lebensdauer von Zelllinien ist von der Spezies, dem Alter des Spenders, vom Zelltyp und den Kulturbedingungen abhängig. Dabei scheint ein Zusammenhang zwischen der maximalen Lebensdauer von Individuen einer bestimmten Art und deren Zellwachstum in Kultur zu bestehen. Hayflick u. Moorhead (1961) beschrieben, dass menschliche Fibroblasten in Kultur nicht unbegrenzt vermehrungsfähig sind, sondern dass bei der In-vitro-Kultur Mensch- und Mauszellen unterschiedliche Wachstumsphasen durchlaufen (Abb. 2.1.2): In Phase I adaptieren sich explantierte Zellen an die Kulturbedingungen, wachsen aus und bilden eine Primärkultur. Phase II ist durch Zellvermehrung mit konstanter Rate gekennzeichnet. Diese Phase II kann bei menschlichen Zellen etwa 50 Passagen betragen, während sie bei Mauszellen nur etwa 5–10 Passagen andauert. Demzufolge tritt Phase III, charakterisiert durch Absinken der Proliferationsfähigkeit und

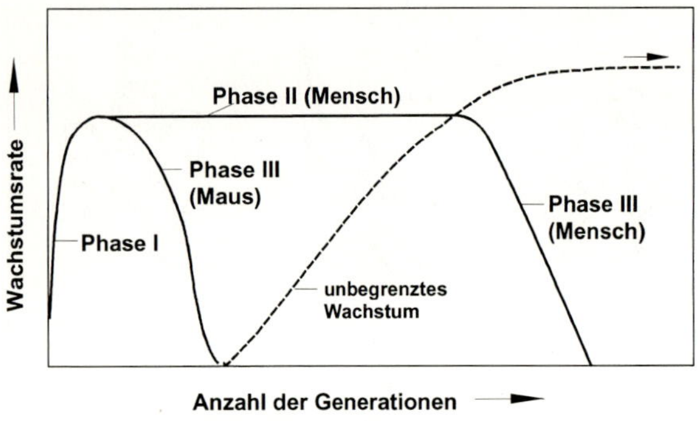

Abb. 2.1.2. Wachstumsphasen und Lebensdauer von Zellen des Menschen und der Maus in Kultur. *Phase I* Adaptionsphase, *Phase II* Wachstumsphase, bei der Maus 5–10, beim Menschen etwa 50 Passagen, *Phase III* degenerative Phase. Werden Zellen in diesem Stadium spontan transformiert, können unbegrenzt „permanent“ wachsende Linien etabliert werden. Nach neuesten Befunden kann durch effiziente Kulturmedien die *Phase II* bei Mauszellen signifikant verlängert werden

Auftreten irreversibler degenerativer Zellveränderungen, bei Zellen des Menschen oder der Maus sowie anderer Nager zu unterschiedlichen Zeiten der Subkultur ein. Sind Zellen in Phase III nicht spontan transformiert, können keine weiteren Subkulturen angelegt werden, die Zellkultur ist nicht mehr vermehrungsfähig (Ponten 1971). Werden Zellen in dieser Phase jedoch spontan „maligne“ transformiert, kann dies zur Etablierung einer permanenten Zelllinie führen, die dann unbegrenztes Wachstum zeigt. Während sich Zellen von Nagetieren, wie Maus, Ratte, Hamster – möglicherweise aufgrund endogener Viren – relativ leicht etablieren lassen, sind Zellen anderer Spezies, z.B. von Mensch, Huhn oder Rind, relativ stabil gegenüber einer Transformation zum unbegrenzten Wachstum (Theile u. Scherneck 1978) (s. Unterabschnitt „Zellalterung“).

Im Unterschied zu diploiden nichttransformierten Zellen zeichnen sich differenzierte Zellen permanenter etablierter Linien durch eine so genannte „Kontakthemmung“ aus, d.h. bei Erreichen eines konfluenten Zellrasens, des „Monolayers“, wird die Zellvermehrung blockiert (Tabelle 2.1.1). Dagegen bilden viele etablierte Zelllinien bei Erreichen der Konfluenz übereinander liegende Zellaggregate (Foci) aus, die über eine reduzierte Kontakt- und Zellteilungshemmung, verbunden mit einer verringerten Adhäsionsfähigkeit, verfügen und sich vom Zellrasen ablösen können. Transformierte Zellen lassen sich demzufolge relativ einfach in Suspensionskultur vermehren (s. Abschnitt 2.1.3.4 „Suspensionskulturen“). Während diploide Zellen meist mit einheitlicher Morphologie wachsen und über einen normalen (euploiden) Karyotyp verfügen, sind etablierte Zelllinien im Hinblick auf Größe, Morphologie und Karyotyp der Zellen oft heterogen. Ein Maß für die Heterogenität einer Linie in genetischer Hinsicht ist die „stem-line“ (Stammlinie), die die am häufigsten vorkommende Chromosomenzahl in Abhängigkeit vom prozentualen

Tabelle 2.1.1. Allgemeine Eigenschaften normaler und transformierter Zellen

Parameter	Normale Zellen (Primärkultur)	Transformierte Zellen (Permanente Zelllinie)
Kultivierbarkeit/Subkultur	Begrenzt Kaum Wachstum in Suspension	Unbegrenzt Wachstum in Suspension Koloniebildung in Softagar
Karyotyp	Diploid: Euploidie	Heteroploid: Aneuploidie, Polyploidie
Zellpopulation	Heterogen	Homogen
Zellmorphologie	Heterogen Zellen groß	Homogen Zellen kleiner, rund
Kern-Zytoplasma-Verhältnis	Gering	Hoch
Wachstumsrate	Niedrig	Hoch
Generationszeit	Etwa 36–48 h	Etwa 12–24 h
Klonierungseffizienz	Gering	Hoch
Serumabhängigkeit/Wachstumsfaktorabhängigkeit	Hoch (10–20% Serum)	Gering (5–10% Serum)
Tumorigenität	Gering	Hoch
Differenzierungsleistung	Meist vorhanden	Begrenzt
Adhäsionseigenschaften	Hoch „Kontakthemmung“ des Wachstums	Geringer Geringe „Kontakthemmung“, Bildung von „Foci“
Zellmembran/Agglutinierbarkeit	Keine Agglutinierbarkeit durch Lektine	Veränderte Membraneigenschaften, hohe Agglutinierbarkeit durch Lektine

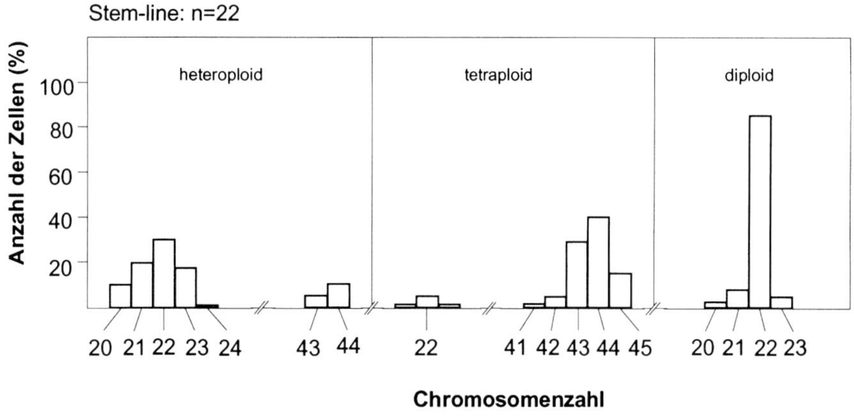

Abb. 2.1.3. Stammlinien, Stammzelllinienchromosomenzahl von Chinesischen Hamsterzellen ($n = 22$ Chromosomen) der Linie V79, mit heteroploidem, tetraploidem und diploidem Chromosomensatz

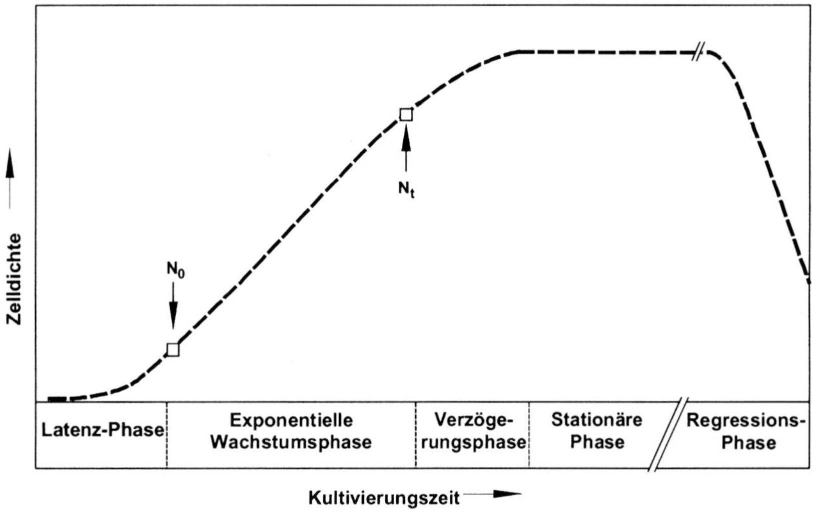

Abb. 2.1.4. Proliferationsphasen von Zellen etablierter Linien in Kultur: Aus der durchschnittlichen Wachstumsrate kann in der Phase der exponentiellen Zellvermehrung aus der Zellzahl (N_0) zum Zeitpunkt „0" und der Zellzahl (N_t) zum Zeitpunkt „t" die Generationszeit ermittelt werden

Anteil der Zellen repräsentiert (s. Abschnitt 2.1.2.3 „Charakterisierung zellulärer Leistungen", Abb. 2.1.3). Weitere Eigenschaften etablierter Zellen sind eine verringerte Adhäsionsfähigkeit, die auf veränderten Membraneigenschaften, z. B. Veränderungen in der Zusammensetzung von Glykolipiden, beruht. Transformierte Zellen zeigen eine erhöhte Agglutinierbarkeit durch pflanzliche Lektine. Darüber hinaus können transformierte Zellen unter Bedingungen mit niedrigen Serumkonzentrationen von ≤1% wachsen, während normale Zellen meist bei Serumkonzentrationen von ≥10% kultiviert werden müssen (Theile u. Scherneck 1978) (Tabelle 2.1.1, s. Abschnitt 2.1.3.1 „Monolayerkulturen", Unterabschnitt „Primär- und Kurzzeitkulturen").

Proliferation. Bei der Vermehrung von Zellen etablierter Linien können grundsätzlich 5 Wachstums- oder Proliferationsphasen (Abb. 2.1.4) unterschieden werden, deren Verlauf und Dauer vom Zelltyp, von der Einsaatzelldichte sowie den Kulturbedingungen, wie z. B. Nährstoffen und pH-Wert des Mediums, abhängen. Während der Latenzzeit oder lag-Phase adaptieren sich die Zellen nach der Passagierung wieder an die Wachstumsbedingungen der Zellkultur, ehe in der Phase des exponentiellen (logarithmischen) Zellwachstums vermehrt und gleichmäßig Zellteilungen stattfinden. In dieser Wachstumsphase können die durchschnittliche Wachstumsrate sowie die Generationszeit einer Zellpopulation ermittelt werden. Die durchschnittliche Wachstumsrate (W_r) von Zellen in der Phase logarithmischen Wachstums lässt sich nach folgender Formel berechnen (Halle 1976):

$$\begin{aligned} W_r &= (\log_2 N_t - \log_2 N_0) : t \\ &= 3{,}3219\ (\lg N_t - \lg N_0) : t \end{aligned} \qquad (2.1.1)$$

mit N_0 Zellzahl zum Zeitpunkt 0, N_t Zellzahl zur Kultivierungszeit t (in Tagen), log_2 Logarithmus zur Basis 2, *lg* Logarithmus zur Basis 10.

Aus dieser Formel leitet sich die Verdopplungszeit (t_v) der untersuchten Zellpopulation ab, wobei t_v der durchschnittlichen Generationszeit der Population nur in der Phase exponentiellen Wachstums entspricht:

$$t_v = 1 : W_r \tag{2.1.2}$$

Während der Verzögerungsphase verringert sich die Wachstumsrate, und die Zellpopulation geht bei einer Zelldichte von 5×10^4–5×10^5 Zellen/cm^2 allmählich in die stationäre Phase über. In dieser Plateauphase besteht ein Gleichgewicht zwischen Vermehrung und Absterben von Zellen. Diploide Zellen sind zu einem konfluenten Monolayer ausgewachsen, und aufgrund der Kontakthemmung der Zellen findet keine weitere Zellvermehrung statt. Dieser Gleichgewichtszustand kann über mehrere Wochen andauern. Der größte Teil der Zellpopulation befindet sich in der G_1-Phase des Zellzyklus. Zellen der stationären Phase können verwendet werden, um Medien zu „konditionieren", d.h. im Kulturüberstand von Zellen werden Proteine, Enzyme oder Wachstumsfaktoren angereichert, die das Wachstum anderer Zellen spezifisch unterstützen können, eine häufig verwendete Methode bei der Etablierung kritischer und schlecht wachsender Zellen. Bei längerer Kultur in der stationären Phase treten aufgrund von Nährstoffmangel, durch Akkumulation toxischer Substanzen im Medium und pH-Wert-Abfall in den sauren Bereich unphysiologische Bedingungen auf, so dass die Zellpopulation in die Regressions- oder Absterbephase übergeht (Abb. 2.1.4).

Es sind zahlreiche Methoden zum Nachweis der Proliferationsfähigkeit von Zellen entwickelt worden:

- Zellzählung mit dem Hämozytometer, die ohne apparativen Aufwand in jedem Zelllabor durchführbar ist (Doyle et al. 1998, Lindl 2000),
- Messung der Zellvermehrung über den Einbau radioaktiv markierten ^{3}H-Thymidins (Pulsmarkierung mit ^{3}H-TdR) (Wilson 1992),
- Bromdesoxyuridin(BrdU)-Markierung oder
- elektronische Zellzählung mit Zellcountern über Durchflussmessung (Coulter 1956) sowie
- fluorimetrische und spektrophotometrische Methoden (Doyle et al. 1998, Freshney 1994).

Methoden, die Aufschluss über die Dynamik einer individuellen Zellpopulation geben, sind

- die Zytophotometrie (Macieira-Coelho 1973) und
- die Time-lapse-Kinematographie (Absher u. Absher 1976).

Klonierung. Ein weiterer Parameter zur Charakterisierung einer Zellkultur ist ihre Plattierungs- oder Klonierungseffizienz (PE). Die PE gibt Auskunft darüber, welche Anzahl eingesäter Zellen in der Lage ist, eine Kolonie zu bilden. Nach Einsaat einer definierten Anzahl von Einzelzellen werden nach etwa 1-wöchiger Inkubation die Klone mit einem Proteinfarbstoff, z.B. Kristallviolett, angefärbt und der prozentuale Anteil gebildeter Kolonien (bestehend aus etwa 50–100 Zellen/Klon) ermittelt. Während die Bestimmung der Koloniebildungsrate von adhärent wachsenden etablierten Zelllinien relativ unproblematisch ist und auf gängigen Gewebekulturschalen mit normalen Kulturmedien erfolgt (Ham u. Keehan 1978), muss für Tumorzellen, hämatopoetische Stammzellen und verschiedene transformierte Linien eine Klonierung in semisoliden Medien, wie z.B. in Weichagar (Softagar, Noble-Agar) oder Methylzellulose, erfolgen. Es gibt Hinweise dafür, dass die in vitro ermittelte „colony forming efficiency", CFE, die Stammzellpopulation eines Tumors definiert. Es wurde eine Korrelation zwischen der TD_{50} (Anzahl von Tumorzellen, die erforderlich sind, in 50% der untersuchten Tiere einen Tumor zu induzieren) und der Koloniebildungsrate in vitro gefunden. Die PE kann variieren zwischen:

- 0,001 und 5% (primäre menschliche Tumoren, hämatopoetische Zellen),
- 1 und 5% (menschliche Keratinozyten),
- 20 und 60% (menschliche Fibroblasten) und
- 50 und 100% für etablierte Zelllinien.

Eine PE um 90% ist ein Maß für eine optimale und ausreichende Koloniebildungsrate etablierter Zelllinien.

Zur Selektion von spezifischen Antikörper produzierenden Klonen aus Hybridomapopulationen ist die Fibrin-clot-Technik entwickelt worden (Doyle et al. 1998).

Für viele Experimente, z.B. für Zytotoxizitätsuntersuchungen und Genmutationsanalysen zur Ermittlung zytotoxischer oder mutagener Eigenschaften von chemischen Verbindungen, ist eine hohe Koloniebildungsrate unbedingte Voraussetzung.

Lebensfähigkeit (Viabilität). Zum Nachweis der Lebensfähigkeit einer Zellpopulation kann eine Vitalfärbung mit Hilfe von Trypanblau (Lindl 2000) oder Erythrozin (Hay 1992) durchgeführt werden. Der Test beruht darauf, dass tote Zellen aufgrund von Membranschädigungen den Farbstoff aufnehmen und angefärbt werden, während lebende Zellen mit intakter, unbeschädigter Zellmembran farblos bleiben. Über die reproduktive Integrität einer als Monolayer wachsenden Zellpopulation gibt jedoch nur der Koloniebildungstest (PE-Assay, s. oben) Auskunft.

Für Zytotoxizitätsanalysen werden verschiedene Testverfahren eingesetzt, die nach Einwirkung toxischer Substanzen z. B. die Stoffwechselaktivität der Zellen erfassen und anschließend mit unterschiedlichen Färbereaktionen quantitativ nachgewiesen werden. So werden der Neutralrot- oder Tetrazolium(MTT)-Test (Borenfreund u. Puerner 1985, Borenfreund et al. 1988, Mosmann 1983) sowie der Kenazidblautest (Clothier et al. 1988) in Verbindung mit kolorimetrischen Messverfahren routinemäßig in Toxizitätsanalysen eingesetzt (Wilson 1992). Vergleichende Zytotoxizitätsstudien haben ergeben, dass eine Korrelation zwischen der akuten Toxizität in vivo, ausgedrückt als LD_{50} nach oraler Applikation, und der an kultivierten Zellen ermittelten Zytotoxizität, der IC_{50}, besteht (Halle u. Spielmann 1994). Diese Untersuchungen sind vor dem Hintergrund der weltweiten Bemühungen um die Schaffung von Ersatz- und Ergänzungssystemen zum Tierversuch [3R-Konzept: „*r*efine, *r*educe, *r*eplace", nach Russel u. Burch (1959)] von großer Bedeutung.

Zellzyklus. Die Generationszeit einer Zelle ist durch den Lebenszyklus (Zellzyklus) der Zellen definiert und lässt sich in 4 Phasen einteilen (Abb. 2.1.5). Der Zellzyklus beginnt mit einer postmitotischen G_1-Phase, danach folgt die DNA-Synthese- oder S-Phase, gefolgt von einer prämitotischen G_2-Phase, die in die Mitose- oder M-Phase übergeht. Die Mitosephase ist die kürzeste Phase des Zellzyklus. Liegen Zellen nach der mitotischen Teilung in einem Ruhestadium vor, wird von G_0-Phase gesprochen. Zellen in der G_0-Phase, z. B. Lymphozyten des peripheren Bluts, können durch Zytokine zur Zellteilung induziert werden und wieder in den Zellzyklus eintreten. Cyclinabhängige Kinasen, CDK, regulieren die Aktivität von Targetmolekülen, z. B. RB-Protein (Retinoblastomprotein) über Phosphorylierungsreaktionen. Die CDK selbst werden durch Aktivatoren (Cycline) oder Inhibitoren (p15, p16, p21, p27) reguliert. Darüber hinaus sind Tumorsuppressorgene, wie p53, und Wachstumsfaktoren, wie TGF*β*, an Regulationsprozessen des Zellzyklus beteiligt. Durch die Interaktion der CDK, Cycline und CDK-Inhibitoren werden Kon-

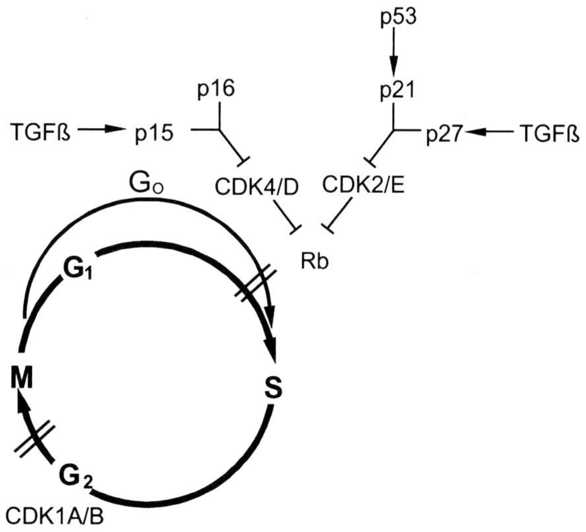

Abb. 2.1.5. Zellzyklusphasen und vereinfachte Darstellung der Regulation des Zellzyklus. Zellzyklusphasen sind: postmitotische G_1-Phase, DNA-Synthese- oder *S*-Phase, prämitotische Ruhe- oder G_2-Phase, Mitose- oder *M*-Phase, postmitotische Ruhe- oder G_0-Phase. *Doppelstriche* Kontrollpunkte (Checkpoints), an denen das Durchlaufen der G_1/S- und der G_2/M-Phase inhibiert werden kann. *CDK* cyclinabhängige Kinasen, deren Aktivität durch Inhibitoren (*p15, p16, p21, p27*) bzw. Aktivatoren (Cycline) reguliert werden, *p53* Tumorsuppressor, *RB* Produkt des Retinoblastomgens, *TGFβ* transformierender Wachstumsfaktor *β*. *Pfeile* Aktivierung, *Striche* Inhibierung, nach Kamb (1995)

trollpunkte im Zellzyklus, so genannte Checkpoints, an den Übergängen zwischen G_1- und S-Phase und zwischen G_2- und M-Phase reguliert (Kamb 1995) (Abb. 2.1.5).

Mit Hilfe der Flowzytometrie kann die Dauer der einzelnen Zellzyklusphasen ermittelt werden (Watson u. Erba 1992). Voraussetzung für flowzytometrische Analysen ist eine Einzelzellsuspension, d. h. Gewebe oder Zellaggregate müssen vor der Fixierung dissoziiert werden. Bessere Ergebnisse als mit Zellsuspensionen werden mit Suspensionen von Zellkernen erzielt. Als Färbelösungen werden DNA interkalierende Substanzen, wie Ethidium- oder Propidiumjodid, verwendet. Bei 488 nm Anregung zeigt der DNA-Propidiumjodid-Komplex eine maximale Emission bei etwa 615 nm und kann im fluoreszenzaktivierten Zellsorter (FACS) gemessen werden. Charakteristische DNA-Histogramme sind in Abb. 2.1.6 dargestellt, wobei der erste Peak der G_1-Phase und der kleinere Peak der G_2/M-Phase entspricht, im Zwischenbereich liegt die S-Phase. Die Kenntnis der Zellzyklusphasen erlaubt Einblicke in den Differenzierungszustand von Zelllinien, da in terminal differenzierten Zellen die G_1-Phase signifikant länger ist als in undifferen-

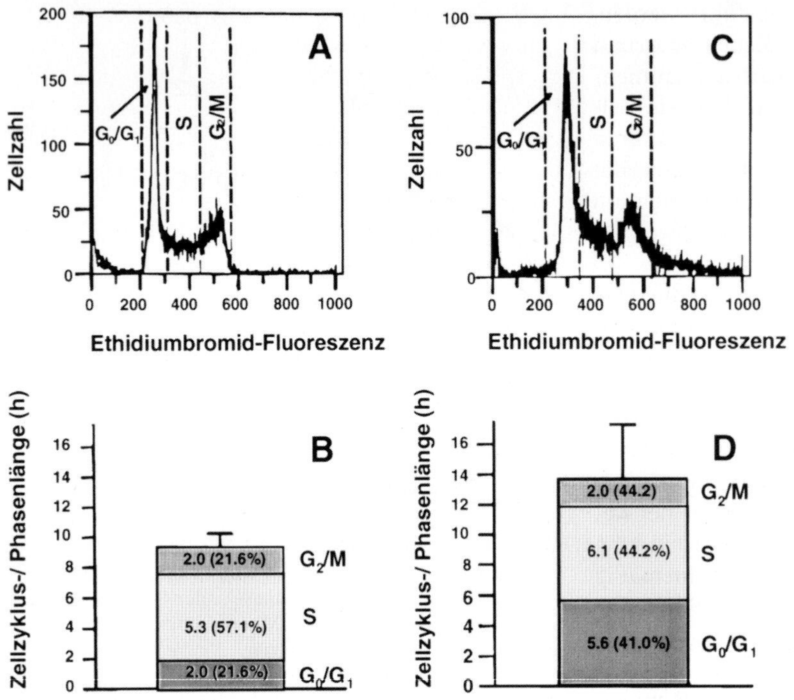

Abb. 2.1.6 A–D. DNA-Histogramme (**A, C**) und Zellzyklusphasenlängen (**b, c**) von undifferenzierten embryonalen P19-Zellen (**A, B**) und differenzierten epithelialen EPI-7-Zellen (**C, D**). Die G_0/G_1-Phase der differenzierten Zellen ist signifikant länger als die der undifferenzierten Stammzellen

zierten Zellen (Abb. 2.1.6). Auf der Grundlage von DNA-Histogrammen kann der Einfluss exogener Faktoren auf den Zellzyklus analysiert werden.

Synchronisation. Viele biochemische und molekularbiologische Experimente erfordern eine Anreicherung von Zellen in einer bestimmten Phase des Zellzyklus, die durch Zellsynchronisation erreicht wird. Eine Synchronisation kann durch chemische und physikalische Methoden oder durch fluoreszenzaktivierte Zellsortierung erzielt werden. Einfache physikalische Techniken sind die Temperatursynchronisation (Abkühlung der Kultur für 30 min auf 4 °C, danach Kultur bei 37 °C) oder eine Zellsynchronisation nach Isolierung mitotischer Zellen durch Abschütteln. In der Mitose liegen mitotische Zellen mit charakteristischer runder Morphologie auf dem Monolayer und können durch Schütteln abgelöst werden. Ein Nachteil dieser Methode, obwohl sie das schonendste Verfahren ist, sind die geringe Ausbeute (nur 5–8% der Gesamtzellzahl) und die Beschränkung auf adhärente Zellen. Dichtegradientenauftrennung in Ficollgradienten ermöglicht die Anreicherung von mitotisch aktiven Zellen aus statischen Suspensionskulturen (z. B. von Mauslymphomzellen oder menschlichen lymphoblastoiden Zellen), allerdings nur bis zu einem 60%igen Markierungsindex (Doyle et al. 1998). Um Zellen vorwiegend in der G_1-Phase anzureichern, kann eine Synchronisation durch Serumentzug oder Isoleucinmangel angewendet werden (Ley u. Tobey 1970, Lindl 2000). Mit Hilfe der FACS-Sortierung können Zellen nach ^{3}H-Thymidin-Markierung und Färbung mit einem Fluorochrom (z. B. Hoechst 33342) zu etwa 85% in der S-Phase angereichert werden (Doyle et al. 1998).

Chemische Synchronisationstechniken beruhen auf der Blockierung des Zellzyklus und der anschließenden Selektion von Zellen. So kann die DNA-Synthese durch Antimetaboliten, wie 5-Fluordesoxyuridin (Hemmung der Thymidylatsynthetase), durch Überschuss an Thymidin (Hemmung der Thymidinkinase) (Stubblefield 1968) oder durch Behandlung mit Hydroxyharnstoff blockiert werden. Der Nachteil dieser Methoden besteht jedoch in einer möglichen Induktion zytotoxischer Effekte und in der Folge in einem unbalancierten Wachstum der Zellpopulation. Aus diesen Gründen ist in der Regel physikalischen bzw. flowzytometrischen Techniken der Zellsynchronisation der Vorzug gegenüber chemischen Methoden zu geben.

Zellalterung. Vor 40 Jahren entdeckten Hayflick u. Moorhead (1961), dass kultivierte menschliche Zellen nur begrenzt kultivierbar sind, d. h., sich nur etwa 50 Passagen in Kultur vermehrten und danach abstarben, ein Phänomen, das als „Hayflick limit" beschrieben wurde (Hayflick 1965, Hayflick u. Moorhead 1961). Ursachen für den Prozess der Zellalterung, oder die „Seneszenz", liegen in den Chromosomenenden. Mit steigender Anzahl der DNA-Replikationen und Zellteilungen werden die Chromosomenenden, die Telomere, kürzer. Es wurde eine Korrelation zwischen der Verkürzung der Telomere und zunehmender Zellalterung beobachtet.

Die DNA der Telomere von Säugerzellen enthält Wiederholungen von Hexamersequenzen der Nukleotide TTAGGG. Das Enzym Telomerase synthetisiert und elongiert die Telomere während der DNA-Replikation und verhindert dadurch eine Verkürzung der Chromosomen. Während embryonale pluripotente Stammzellen (Thomson et al. 1998) (s. Abschnitt 2.1.3.5 „Differenzierungsmodelle“, Unterabschnitt „Differenzierung embryonaler Stammzellen: EC-, ES- und EG-Zellen“) sowie immortalisierte und Tumorzellen (Kim et al. 1994) eine hohe Telomeraseaktivität besitzen, zeichnen sich spezialisierte Körperzellen in erwachsenen Organismen durch eine geringe Telomeraseaktivität aus. Während der Zellkultivierung nimmt mit zunehmender Anzahl der Zellkulturpassagen in menschlichen Zellen die Telomeraseaktivität ab. Dies ist mit einer Verkürzung der Telomere verbunden und kann letztlich zum Verlust der Chromosomenenden, zu ihrer Fusion und dadurch zur so genannten „replikativen Seneszenz“ führen. Durch Übertragung des Telomerase kodierenden Gens in telomerasenegative menschliche Fibroblasten konnte die Lebensspanne der Zellen verlängert werden (Bodnar et al. 1998).

Die Beziehung zwischen Telomeraseaktivität und Krebsentstehung einerseits sowie Telomeraseaktivität und Zellalterung andererseits hat weitreichende biologische Konsequenzen und praktische Bedeutung in der Biotechnologie und Tumortherapie sowie für die Geweberegeneration. Durch die Einführung von Telomerase in normalerweise begrenzt kultivierbare menschliche Zellen könnte die Produktion von kommerziell wichtigen Proteinen gesteigert bzw. erst möglich werden (Shay u. Wright 2000). Da Tumorzellen eine erhöhte Telomeraseaktivität aufweisen, kann in der Tumordiagnostik mit Telomeraseassays (TRAP-Assay: telomeric repeat amplification protocol) (Piatyszek et al. 1995) maligne Entartung nachgewiesen werden (Shay u. Gazdar 1997). Darüber hinaus können Telomeraseinhibitoren, wie bestimmte Peptidnukleinsäuren, zur Tumortherapie eingesetzt werden (Herbert et al. 1999).

Im Gegensatz zum Menschen gibt es nach neuesten Befunden offenbar bei somatischen Zellen von Nagern, wie Maus und Ratte, keinen derartigen Kontrollmechanismus der replikativen Zellalterung. Es wurde kürzlich gezeigt, dass sich z. B. Oligodendrozyten (Tang et al. 2001) und Schwann-Zellen (Mathon et al. 2001) bis zu 50 Passagen – länger als bisher bekannt (für Fibroblastenkulturen war bisher von maximal 5–9 möglichen Passagen ausgegangen worden) – vermehren können. Ausschlaggebend für Alterungsprozesse in Nagerzellkulturen sind offensichtlich die Kulturbedingungen, die Wahl geeigneter Medien und Wachstumsfaktoren. Demzufolge ist die frühere Lehrmeinung, wonach somatische Zellen der Maus nur für eine begrenzte Zeit – ohne maligne Transformation – in Kultur gehalten werden können, nicht mehr aufrechtzuerhalten (s. Abschnitt 2.1.2.1 „Etablierung einer Zellkultur“, Unterabschnitt „Proliferation“). Das heißt, unter geeigneten Kulturbedingungen sind Nagerzellen im Gegensatz zu menschlichen Zellen in vitro zu kontinuierlichem Wachstum in der Lage. Als Erklärung könnte dienen, dass die meisten Nagerzellen 5- bis 10-mal längere Telomere als menschliche Zellen und eine hohe Telomeraseaktivität haben (Shay u. Wright 2001).

Hieraus ergibt sich die Frage, ob aus dem Verhalten der Telomere in kultivierten Zellen auf die Alterung des Organismus bzw. auf Tumorentwicklung geschlossen werden kann, d. h., ob das replikative Potenzial von humanen Zellen mit der Fähigkeit der Zellen zu normalem Wachstum, Reparatur und Zellerhaltung korreliert, Prozesse, die bei Tumorzellen dereguliert sind. Obwohl Alterungsprozesse nicht allein auf der Basis der Telomerlänge definiert werden können, besteht offenbar eine Korrelation zwischen Telomeraseaktivität und Alterung sowie Tumorentstehung (s. auch Abschnitt 2.1.3.1 „Monolayerkulturen“, Unterabschnitt „Diploide Zellstämme und permanente Zelllinien“).

Diese Frage hat neue Bedeutung im Zusammenhang mit der Reprogrammierung adulter somatischer Zellkerne erlangt, ein Verfahren, das zur Klonierung des Schafs „Dolly“ geführt hat (Wilmut et al. 1997). Die Fusion eines somatischen Zellkerns (mit kürzeren Telomerenden und geringerer Telomeraseaktivität) mit einer enukleierten Eizelle erlaubte die Überprüfung der Telomerhypothese der Zellalterung (Lanza et al. 2000 a). Die Untersuchungen ergaben ein überraschendes Resultat: Die Telomerlänge von Fibroblasten aus geklonten Tieren war vergleichbar mit der in den gealterten Donorzellen, und in den rekonstruierten Embryonen wurde sogar eine höhere Telomeraseaktivität als in den Donorzellen nachgewiesen. Das könnte bedeuten, dass durch den Kerntransfer die proliferative Kapazität der alternden Donorzellen wiederhergestellt wurde.

Der Befund, dass durch Kerntransfer in enukleierte Eizellen somatische (gealterte) Zellen phänotypisch wieder in ein jugendliches Stadium überführt werden können, wird u.U. in der Zukunft für die regenerative Zelltherapie Bedeutung haben [s. Abschnitt 2.1.3.5 „Differenzierungsmodelle“, Unterabschnitt „Differenzierung embryonaler Stammzellen: EC-, ES- und EG-Zellen“, s. Kapitel 4.5 „Stammzelltherapie (Zelltransplantation)“].

2.1.2.3 Charakterisierung zellulärer Leistungen

Etablierte Zelllinien werden neben ihren Wachstumseigenschaften durch definierte morphologische, genetische, biochemische und serologische Parameter charakterisiert.

Es gibt Bestrebungen, auch für die Zellkultur Richtlinien einer guten Zellkulturpraxis (good cell culture practice, GCCP) zur Standardisierung und Qualitätssicherung – ähnlich den Grundsätzen der GLP (good laboratory practice) – zu erarbeiten, die für alle Arbeiten mit Zellkulturen v.a. in der industriellen Forschung und für die Zulassung von Zellkulturprodukten bindend sein sollten. Solche Richtlinien enthalten Mindestanforderungen, die die Qualität, Aussagekraft, Vergleichbarkeit und Reproduzierbarkeit in der Zell- und Gewebekultur gewährleisten (Hartung et al. 2001).

Morphologische Eigenschaften. Während differenzierte Zellen von Primärkulturen, z.B. Skelettmuskelzellen, Endothelzellen, Keratinozyten oder hämatopoetische Zellen, häufig eine durchaus dem terminalen Entwicklungsstadium entsprechende Morphologie auch in Kultur behalten bzw. entwickeln, erlangen viele etablierte Zelllinien im Verlauf der Kultivierung als Monolayer eine „epithelioide“ (Abb. 2.1.1 a) oder „fibroblastoide“ (Abb. 2.1.1 b) Morphologie. Dabei wird die Morphologie der kultivierten Zellen sowohl von der spezifischen Wachstumsphase, z.B. dem Grad der Konfluenz des Monolayers, dem Differenzierungsstadium und dem Substrat, als auch der Zusammensetzung des Kulturmediums beeinflusst (Freshney 1994). Auch die Form der Kolonien ist nach Anfärben mit einem Proteinfarbstoff, z.B. Kristallviolett, ein wertvoller morphologischer Parameter zur Charakterisierung einer Zelllinie. So zeichnen sich viele epitheliale Zelllinien durch eine flache, gespreitete Kolonieform aus, während transformierte Zellen, Stammzellen und Tumorzelllinien häufig eine „aufgewölbte“ Klonmorphologie besitzen (Freshney 1994).

Ein Hinweis auf den Differenzierungszustand von Zellen gibt auch das Kern-Zytoplasma-Verhältnis: undifferenzierte Stammzellen und Tumorzellen zeichnen sich durch ein hohes Kern-Zytoplasma-Verhältnis aus, d.h. in diesen Zellen nimmt der Zellkern im Verhältnis zum Zytoplasma einen wesentlich größeren Anteil als in differenzierten Zellen ein (Abb. 2.1.1 c), was durch Hämatoxylin-Eosin- oder Pappenheim-Färbung einfach nachweisbar ist (Romeis 1989). So ist es vielfach möglich, Tumorzellen wegen ihres hohen Kern-Zytoplasma-Verhältnisses bereits durch einfache Kernfärbungen im Gewebeverband zu erkennen.

Genetische Parameter. Genetisch ist eine Zelllinie durch ihr Genom, die Gesamtheit der genetischen Information, definiert. Diese ist in jeder Körperzelle auf den Chromosomen lokalisiert. Ein leicht darstellbares Charakteristikum jeder Zelllinie ist deshalb der Chromosomensatz oder Karyotyp.

Die mikroskopische Analyse des Chromosomensatzes einer Zelllinie ist meist die erste direkte Untersuchungsmethode, um die Spezies und eventuelle Abnormalitäten in Anzahl und Struktur von Chromosomen festzustellen. Bei der pränatalen Diagnose (s. Abschnitt 2.1.3.1 „Monolayerkulturen“, Unterabschnitt „Primär- und Kurzzeitkulturen“) ist die Analyse der Anzahl der Chromosomen sowie eventueller struktureller Chromosomenabnormalitäten (Chromosomenaberrationen) die Grundlage der Diagnose.

Oft verändern Zellen während der Etablierung in permanente Zelllinien durch maligne Transformation ihren Chromosomensatz, d.h. werden aneuploid (z.B. hypo- oder hyperdiploid) oder vervielfältigen ihren Chromosomensatz und werden polyploid (z.B. tetraploid). Eine Aussage über die genetische Homogenität bzw. Heterogenität erlaubt die Stammzelllinie (stem-line, Abb. 2.1.3). Je höher der prozentuale Anteil von Zellen mit dem normalen speziesspezifischen Chromosomensatz ist, desto homogener ist eine Zelllinie. Die Stammzellrate einer permanenten Zelllinie sollte nicht >50% liegen, optimal ist eine Stammzellrate zwischen 75 und 95%.

Die Darstellung des Karyotyps einer Zelllinie allein erlaubt meist noch keine Aussage über die Struktur bzw. mögliche Strukturveränderungen einzelner Chromosomen. Insbesondere Chromosomen der Maus sind wegen ihrer vorwiegend akrozentrischen Morphologie schwer voneinander zu unterscheiden, und auch menschliche Chromosomen können nach konventioneller Chromosomenfärbung auf der Basis unterschiedlicher Zentromerlokalisierung nur in verschiedene Gruppen (A–E, XY) eingeteilt werden. Zur Identifizierung einzelner Chromosomen wurden verschiedenste Markierungstechniken entwickelt, die eine Identifizierung von Chromosomen nach ihren spezifischen Bandenmustern erlauben. Die verschiedenen Bandentechniken erfordern gute Chromosomenpräparationen im Hinblick auf Mitoseindex und Spreitung der Metaphasechromosomen. Die häufigsten angewendeten Chromosomenbandingtechniken sind:

1. G-Banden: Trypsin-Giemsa-Banden (Seabright 1972, Sumner et al. 1971),
2. Q-Banden: Quinacrinfluoreszenzbanden (Caspersson et al. 1971, Lin et al. 1980),
3. C-Banden: konstitutive Heterochromatinbanden (Arrighi u. Hsu 1971, Pardue u. Gall 1970) und
4. R-Banden: reverse Giemsa-Banden (Dutrillaux et al. 1972).

G- und R-Banden werden generell zur Identifizierung individueller Chromosomen eingesetzt. Es können Chromosomensegmente und interchromosomale Austausche identifiziert werden. Q-Banden ergeben ein ähnliches Muster wie G-Banden, werden aber v.a. angewendet, um Translokationen des menschlichen Y-Chromosoms zu untersuchen. Die C-Banden-Technik ist insbesondere bei ungenügender Qualität der Präparate, wie es u.U. bei Amniozenteseproben der Fall ist, erfolgreich. C-Banden identifizieren konstitutives Heterochromatin. Die Technik wird zur Charakterisierung des C-Banden-Polymorphismus des Menschen und zur Unterscheidung von aneuploiden Zellen aus Tumorgewebe eingesetzt. In Mensch-Maus-Hybriden erlaubt die C-Banden-Technik die Unterscheidung zwischen menschlichen und Mauschromosomen, da sich die Heterochromatinregion der Mauszellen von der menschlicher Zellen unterscheidet. Seit der Einführung der ersten Bandentechniken in den 70er Jahren sind zahlreiche Modifikationen beschrieben worden. Routinemethoden für die Durchführung der einzelnen Bandentechniken sind u.a. bei Doyle et al. (1998) aufgeführt.

Eine sehr genaue Typisierung von Zellen wird durch DNA-Fingerprinting erreicht. Die Methode ergibt individualspezifische Muster des Restriktionsfragmentlängenpolymorphismus (RFLP) von Zellen. Jedes Individuum verfügt über eine individuell definierte DNA-Zusammensetzung, die nach Verdauung der DNA mit Restriktionsendonukleasen, Auftrennung in Agarosegelen, Southern-Blotting, und Hybridisierung mit autoradiographisch markierten einzelsträngigen DNA-Proben nachgewiesen werden kann (Hay 1992, Jeffreys et al. 1985a). Aufgrund der individuellen Spezifität ist die DNA-Fingerprint-Technik zur Methode der Wahl in der forensischen Medizin (Gill et al. 1985, Jeffreys et al. 1985b) geworden und findet gezielt bei der Charakterisierung von Zelllinien (Gilbert et al. 1990) und zum Nachweis von Kreuzkontaminationen (s. Abschnitt 2.1.2.4 „Nachweis von Kontaminationen") Anwendung.

Eine weitere Möglichkeit zur genetischen Charakterisierung und Identifizierung von Zelllinien bietet die PCR (polymerase chain reaction) mit Hilfe von gewebespezifischen Gensequenzen. Darüber hinaus können mit der FISH-Technik (FISH: fluorescence in situ hybridization) individuelle Genorte auf Chromosomen lokalisiert werden: Nach Hybridisierung biotin- oder digoxigeninmarkierter spezifischer Nukleinsäureproben mit Chromosomen werden die gebildeten Komplexe durch Fluoreszenzsignale im Fluoreszenzmikroskop oder im konfokalen Laserrastermikroskop sichtbar gemacht. Die nichtisotopische, sensitive FISH-Technik erlaubt eine genaue Lokalisierung des spezifischen Genorts (Freshney 1994).

Biochemische und serologische Marker. Die spezifischen Synthese- und Sekretionsleistungen von Zelllinien, die durch das besondere Genexpressionsmuster des kultivierten Zelltyps definiert sind, haben für die In-vitro-Zellbiologie besondere Bedeutung. Die biochemischen Eigenschaften kultivierter Zellen sind durch die Spezies, den Zelltyp und das Entwicklungsstadium der Spenderzelle definiert.

Zur Charakterisierung einer Zelllinie kann ein Isoenzymprofil bestimmt werden. Die Isoenzymanalyse beruht auf der Eigenschaft von Isoenzymen, gleiche Substratspezifitäten, aber verschiedene Molekularstrukturen aufzuweisen und damit unterschiedliche elektrophoretische Mobilität nach Gelelektrophorese zu zeigen. Zusätzlich können Enzyme posttranslational während der Differenzierung modifiziert werden (Wright et al. 1981). Als besonders geeignete Parameter für Isoenzymanalysen gelten Glukose-6-Phosphat-Dehydrogenase (G6PDH), Laktatdehydrogenase (LDH) und Nukleosidphosphorylase (NP) (Hay 1992, O'Brien et al. 1980). Dabei werden spezies- und zelllinienspezifische Zymogramme erhalten, die deshalb auch Hinweise auf Kreuzkontaminationen geben können.

Für biochemische und molekularbiologische Arbeiten ist es oft erforderlich, synthetische Kulturmedien (Fischer u. Wieser 1983, Maurer 1992) zu verwenden, um definierte Proteine oder andere

Zellprodukte nachzuweisen sowie ihre Synthese oder ihren Abbau zu studieren.

Untersuchungen zum Kohlenhydratstoffwechsel oder Aminosäuremetabolismus kultivierter Zellen können mit Hilfe von HPLC- und MRT-Studien (Doyle et al. 1998) durchgeführt werden.

Auch unter Bedingungen der definierten Kultur in synthetischen Medien ist es heute möglich, zelluläre Differenzierungsleistungen in vitro zu erhalten. Eine spezifische Syntheseleistung nach Differenzierungsinduktion sind z. B. der Anstieg der spezifischen Aktivität der Kreatinkinase in myogenen Zelllinien, wie C2C12 oder L6, oder die Bildung des P450-Enzyms in Hepatozyten. Für die Charakterisierung funktioneller Eigenschaften differenzierter und spezialisierter Zellen, insbesondere von Nerven- und Muskelzellen, haben spannungsabhängige und rezeptoroperierte Ionenkanäle große Bedeutung erlangt (Hille 1992).

Zum Nachweis gewebespezifischer Differenzierung von kultivierten Zellen eignen sich weiterhin Zelloberflächenantigene (insbesondere für hämatopoetische und embryonale Stammzellen) und Histokompatibilitätsantigene (Hay 1992), sowie auch intrazelluläre Strukturproteine.

Hier sind es insbesondere Intermediärfilamentproteine des Zytoskeletts (Ramaekers et al. 1982, Rudnicki u. McBurney 1987), die mit einfachen immunhistochemischen Techniken eine Unterscheidung differenzierter Zellen erlauben. So sind endodermale und epitheliale Zellen durch das Vorkommen von Zytokeratinen (z. B. K8, K18, K19), kardiogene und myogene Zellen durch Desmin, neuronale Zellen durch Neurofilamentproteine (z. B. NF 96, NF160, NF200) und Astrozyten durch gliafibrilläres saures Protein (GFAP) charakterisiert. Vimentin ist charakteristisch für mesenchymale Zellen, es hat sich aber gezeigt, dass Vimentin als Zytoskelettbestandteil fast aller in vitro kultivierter Zellen vorkommt und deshalb als gewebespezifischer Zellmarker weniger geeignet ist.

Weiterhin sind viele kultivierte Zellen durch die Expression gewebe- und tumorspezifischer Antigene charakterisiert (Hay 1992). In zahlreichen Laboratorien wird die Hybridomtechnologie angewendet, um Zelllinien zu erhalten, die monoklonale Antikörper mit einem hohen Grad an Zelltypspezifität produzieren (s. Kapitel 3.3 „Monoklonale Antikörper").

Absterben von Zellen in Kultur: Seneszenz, Apoptose und Nekrose. Nichttransformierte Zellen haben in Kultur eine begrenzte Lebenszeit. Das Ende der Proliferationskapazität, die zur zellulären Seneszenz oder Zelltod führt (s. Abschnitt 2.1.2.2 „Wachstumsverhalten von Zellen in Kultur", Unterabschnitt „Zellalterung") kann jedoch sehr verschiedene Ursachen haben und unterschiedliche biochemische Prozesse beinhalten. Danach ist zwischen Seneszenz, Apoptose und Nekrose zu unterscheiden (zum Nachweis s. Kill u. Farragher 2000).

Seneszenz. Seneszenz, d. h. Zellalterung einer Population, oder das so genannte Phase-III-Phänomen tritt ein, wenn Zellen sich – auch in Anwesenheit von Mitosestimuli – nicht mehr teilen können.

Zellalterung wurde v. a. in normalen menschlichen Fibroblasten untersucht, die nach etwa 30–60 Zellverdopplungen ihr Wachstum einstellen (s. Abschnitt 2.1.2.2 „Wachstumsverhalten von Zellen in Kultur" und Abschnitt 2.1.3.1 „Monolayerkulturen", Unterabschnitt „Diploide Zellstämme und permanente Zelllinien").

Zelluläre Seneszenz ist vom so genannten Ruhestadium einer Population (quiescence) zu unterscheiden. Dieses wird durch Entzug von Wachstumsfaktoren, Serummangel oder Kontaktinhibition ausgelöst. Zellen im Ruhestadium gehen in die G_0-Phase über, sie können jedoch durch Zugabe von Wachstumsfaktoren, Serum oder nach Subkultivierung wieder in den Zellzyklus, die G_1-Phase, eintreten.

Zur Erklärung des Phänomens der zellulären Seneszenz werden mehrere Hypothesen diskutiert:

1. Der Verlust der proliferativen Kapazität basiert auf einer Akkumulation von Schäden auf DNA-, RNA- oder Proteinebene.
2. Zellalterung ist analog zu Differenzierungsprozessen genetisch programmiert.
3. Zelluläre Seneszenz entsteht als Folge rezessiver genetischer Veränderungen (Pereira-Smith u. Smith 1981).
4. Zellalterung erfolgt nach Überschreitung einer bestimmten Anzahl von Zellteilungen und Kulturpassagen aufgrund der Verkürzung der Telomere (replikative Seneszenz, s. Abschnitt 2.1.2.2 „Wachstumsverhalten von Zellen in Kultur", Unterabschnitt „Zellalterung").

Apoptose und Nekrose. Nicht nur im lebenden Organismus, sondern auch in Kultur unterliegen Zellen einem kontrollierten und genetisch determinierten Prozess, der zum Absterben der Zellen führt. Dieses zelluläre Suizidprogramm, auch „programmierter Zelltod" (Apoptosis) genannt, ist mit morphologischen, biochemischen und physiologischen Veränderungen verbunden und vom physiologischen Zelltod (Nekrose) zu unterscheiden, der durch unphysiologische Bedingungen, u.a. pH-Wert-Veränderungen und Nährstoffmangel, hervorgerufen wird (Wyllie 1981).

Programmierter Zelltod ist für die Entwicklung und Homöostase höherer Organismen von zentraler Bedeutung. Die Apoptose spielt eine Rolle bei gestörten Zell-Zell- und Zell-Matrix-Interaktionen (Anoikis) und ist bei zellulären Abwehrmechanismen, z.B. gegenüber Virusinfektionen, ionisierender Strahlung oder Tumorzellen, beteiligt (Steller 1995). Weiterhin führt das Fehlen von Wachstumsfaktoren zu programmiertem Zelltod, z.B. von hämatopoetischen Zellen oder von postmitotischen Neuronen in Kultur, während Apoptoseregulatorgene, wie das *bcl2*-Gen, Apoptoseprozesse verhindern oder vermindern können (Garcia et al. 1992, Reed 1994, Tushinski et al. 1982).

Während bei Nekrose eine Population membrangeschädigter Zellen lysiert, führt Apoptose zum Absterben einzelner Zellen. Merkmal der Apoptose ist die Bildung von charakteristischen DNA- bzw. Chromatinfragmenten. Ursache dieser Fragmentierung ist die Aktivierung einer endogenen, zellulären Endonuklease, die die DNA an spezifischen Orten schneidet (Wyllie 1980). Es entstehen Multimere von etwa 200 bp großen DNA-Fragmenten, die mit Histonproteinen (H2A, H2B, H3, H4) assoziiert sind. Dieser spezifische DNA-Abbau ermöglicht den quantitativen und qualitativen Nachweis von Apoptose in kultivierten Zellen.

Zum quantitativen Nachweis von Apoptose können eine Auftrennung in Agarosegelen mit anschließender Ethidiumbromidfärbung, ein Sandwich-ELISA oder die Flowzytometrie (Schwartz u. Osborne 1995) durchgeführt werden. Zum qualitativen Nachweis von Apoptose in situ wurde ein molekularbiologisch-zytochemischer Test auf der Grundlage der Bildung spezifischer Nukleosomen-DNA-Fragmente etabliert, der so genannte TUNEL-Assay (*T*dT-mediated d*U*TP *n*ick *e*nd-*l*abelling) (Kill u. Faragher 2000): An 3′-OH-Enden solcher doppel- oder einzelsträngiger DNA-Fragmente apoptotischer Zellen werden digoxigeninmarkierte Nukleotide gekoppelt, die über Bindung mit Fluoresceinkonjugaten immunhistochemisch nachgewiesen werden können (Schmitz et al. 1991). Da normale nichtapoptotische Zellen nur sehr wenige freie 3′-OH-Enden enthalten, erlaubt diese In-situ-Technik eine Lokalisierung des programmierten Zelltods auf zellulärer Ebene.

Aufgrund der Bedeutung von Apoptoseprozessen insbesondere für die Tumortherapie sind in den letzten Jahren zahlreiche neue Nachweistechniken eingeführt worden, die u.a. auf Veränderungen in der Zusammensetzung der Zellmembranphosphatidylserine (Annexin-V-Assay), der Aktivierung spezifischer Apoptoseenzyme (Caspase-3-Assay) oder veränderten Mitochondrienmembranpotenzialen beruhen (s. Kapitel 1.7 „Apoptose").

Für biotechnologische Verfahren ist es von großer Bedeutung, Apoptose infolge ungenügender Nährstoffversorgung zu verhindern, um Zellen lange in großtechnischen Anlagen kultivieren zu können. Darüber hinaus kann der Apoptoseprozess durch biochemische oder genetische Modifikation beeinflusst werden. So können antiapoptotische Gene, wie *bcl2*, in Zellen transfiziert werden, was zu einer erhöhten Überlebensrate führen und bei biotechnologischen Verfahren zur Produktsteigerung eingesetzt werden kann. Weiterhin ist eine biochemische Modifikation des Apoptoseprozesses durch proteinchemische Veränderungen von Caspaseinhibitoren möglich.

2.1.2.4 Nachweis von Kontaminationen

Zellkulturen können durch Bakterien, Viren, Mykoplasmen (pleuropneumonia-like organisms), Pilze oder Protozoen verunreinigt oder mit Zellen anderer Linien oder Spezies kontaminiert sein (Kreuzkontamination).

Kontaminationen durch Viren, Bakterien und Mykoplasmen. Mit Pilzen, Protozoen oder Bakterien verunreinigte Zelllinien sollten verworfen werden, da nach Antibiotikabehandlung meist eine Restkontamination bestehen bleibt (Nissen et al. 1993). Auch der Einsatz von Substanzen zur Eliminierung von Kontaminationen durch Viren (Gentamycin, Amphothericin B, Fungizon) und Mykoplasmen (BM-Cyclin) bringt meist nicht den gewünschten Erfolg, da die Zellproliferation durch hohe Konzentrationen der Antibiotika und Virustatika gehemmt wird und meist eine Restkontamination bestehen bleibt. Eine Quelle für Viren- oder Mykoplasmenkontaminationen liegt in der Verwendung von Serum (bovine Viren, Mykoplasmen) und Trypsin (Viren des Schweins). Auch Kontamination infolge unsteriler Handhabung ist möglich. Bei Veränderungen der zellulären Morphologie, der Proliferationskinetik, der biochemischen oder genetischen Eigenschaften einer Zelllinie sollte an die Möglichkeit einer viralen oder mykoplasmatischen Kontamination gedacht werden. Zum Nachweis von Mykoplasmen sind verschiedene Techniken entwickelt worden:

1. Kultur und Identifizierung der Mykoplasmen auf speziellen Nährböden,
2. Elektronenmikroskopie,
3. PCR-Analyse mit mykoplasmenspezifischen Markersequenzen,
4. DNA-Färbung mit Bisbenzimid-Hoechst 33258 (Chen 1977, Doyle et al. 1998, Hopert et al. 1993, Movles 1989). Es ist zu empfehlen, in regelmäßigen Abständen Zelllinien auf eventuelle Mykoplasmenkontamination zu überprüfen.

Virale Kontaminationen in Zellkulturen können durch Elektronenmikroskopie oder mit Hämadsorptionstests nachgewiesen werden (Petricciani 1991). Für den Nachweis einer Kontamination von Zelllinien mit viralen Sequenzen ist die PCR-Technik die Methode der Wahl. Sie erlaubt den Nachweis latenter, nur in wenigen Zellen und in geringer Menge erfolgter Infektionen. Neben proviraler DNA kann auch im Zytoplasma befindliche virale RNA (oder RNA der aus der Zelle ausgeschleusten Viren) mit der RT-PCR (Reverse-Transkriptase-PCR) erfasst werden. Retrovirale Sequenzen sind aufgrund ihrer Herkunft als human, murin, aviär, bovin oder felin definiert. Weiterhin besitzen einzelne Virusstämme zwar konservierte *gag*- und *pol*-Sequenzen, divergieren aber in den Sequenzen, die die Ausprägung des Hüllproteins, *env*, kodieren und damit den Wirtsbereich und die Immunantwort definieren. So kann durch Hybridisierung mit *env*-spezifischen Oligonukleotiden zwischen ökotropen, amphotropen, modifiziert polytropen und polytropen Mitgliedern unterschieden werden. Mit Hilfe der PCR ist eine Unterscheidung der exogenen von den in Nagern zahlreich vorkommenden verwandten endogenen retroviralen Sequenzen auch auf proviraler Ebene möglich. So haben z.B. viele endogene Retroviren aus BALB/c-Mäusen eine 170–190 bp umfassende Insertion in der LTR-Region (Khan u. Martin 1983, Stoye u. Coffin 1988).

Die Problematik viraler Kontaminationen ist insbesondere für die Vakzineproduktion oder die Herstellung monoklonaler Antikörper aus Zellkulturen für humane Diagnostik und Therapie von weit reichender Bedeutung (s. auch Abschnitt 2.1.3.1 „Monolayerkulturen“, Unterabschnitt „Primär- und Kurzzeitkulturen“). Dafür sind Screening-, Validierungs- und Sicherheitsstandards entwickelt worden, um die Kontamination menschlicher Populationen zu verhindern (Minor 1994).

Kreuzkontaminationen. Ein besonderes Problem stellen Kreuzkontaminationen mit anderen Zelllinien bzw. Zellen anderer Spender oder anderer Gewebe dar (Nelson-Rees et al. 1977, 1981). So wurde festgestellt, dass von 466 Zelllinien 62 durch Kreuzkontamination mit anderen Zelllinien kontaminiert waren (Lavappa et al. 1976). Eine Charakterisierung und Identifizierung der verwendeten Zelllinien kann aufgrund von Chromosomenanalysen (Nelson-Rees et al. 1974), Isoenzymmustern (z.B. Glukose-6-Phosphat-Dehydrogenase), durch serologische Methoden (Doyle et al. 1998), aber v.a. durch PCR- und DNA-Fingerprint-Techniken (Lubjuhn et al. 1994, McLeod et al. 1992) (s. oben und Abschnitt 2.1.2.3 „Charakterisierung zellulärer Leistungen“) erfolgen.

2.1.2.5 Kryokonservierung

Die Tiefkühlkonservierung von Zellkulturen ermöglicht eine Langzeitlagerung von Zellen, Zelllinien und Zellstämmen unter Erhalt ihrer spezifischen Merkmale und Eigenschaften. Wesentliches Ziel der Kryokonservierung besteht darin, ungewollte Veränderungen, insbesondere Differenzierung oder Dedifferenzierung und den Verlust von Syntheseleistungen während fortlaufender Zellkultur zu verhindern. In Abhängigkeit vom Ursprungsgewebe sind kultivierte Zellen in unterschiedlichem Maß zur Kryokonservierung geeignet. So sind z.B. Zellen der hämatopoetischen Linie, embryonale Stammzellen, aber auch viele Hybridomlinien besonders empfindlich. Als kritische Faktoren der Tiefkühlkonservierung gelten folgende Parameter:

1. Art und Qualität der kryoprotektiven Substanzen,
2. zeitliches Schema der Temperatursenkung während der initialen Phase des Einfriervorgangs,
3. Verhinderung von Kristallwasserbildung beim Einfrieren,
4. Lagerungstemperatur und
5. Auftauvorgang.

Kryoprotektive Substanzen (Vitrifikationsflüssigkeiten) verhindern beim Einfrieren eine Kristallwasserbildung in der Zelle (Cinatl u. Tolar 1971). Substanzen zur Verhinderung der Kristallwasserbildung sind Dimethylsulfoxid (DMSO, reinst), Glyzerol, Ethylenglykol sowie hohe Glukose- und Serumkonzentrationen, die dem auf 4 °C gekühlten Einfriermedium in definierten Konzentrationen zugegeben werden. In der Regel werden 5–10% DMSO einem 10–20% serumhaltigen Medium mit hohem Glukosegehalt zugesetzt: z.B. für Hybridomzellen: 10% DMSO 20% FKS (fetales Kälberserum) in RPMI-Medium, für embryonale Stammzellen: 8% DMSO 20% FKS in Medium mit 4,5 g/l Glukose. Da DMSO selbst ein Induktor der Differenzierung ist, muss insbesondere für embryonale Stammzelllinien der optimale Gehalt an DMSO im Kryokonservierungsmedium ermittelt werden. Sobald sich Zellen in DMSO-haltigem Medium befinden, sollte die Temperatur der Zellsuspension 4 °C nicht überschreiten. Eine Methode zur Kryokonservierung ist dann geeignet, wenn nach dem Auftauen der Zellen eine gute Überlebensfähigkeit (maximal 20% Vitalitätsverlust oder Zellschädigung) und keine Veränderung des Differenzierungsstatus erreicht werden.

Ein kritischer Faktor beim Einfriervorgang von lebenden Zellen ist die Kristallisationstemperatur. Es ist notwendig, dass Wärme, die während der Kristallisation entsteht, möglichst schnell abgeführt wird, um eine Kristallwasserbildung und damit verbundene Zellschädigung zu vermeiden. Langjährige empirische Erfahrung hat gezeigt, dass während der initialen Phase des Einfrierens die Temperaturabsenkung etwa 1 °C/min betragen sollte. Als einfache geeignete Methode für die Konservierung von kultivierten Säugerzellen zur Langzeitlagerung hat sich das Einstellen der gefüllten Kryoampullen in Styroporblöcke und 24 h Lagerung bei −80 °C und anschließende Überführung in flüssigen Stickstoff bei −196 °C erwiesen. Für erhöhte Anforderungen hinsichtlich des Einfrierprotokolls sowie hoher Durchsatzraten sind programmierbare ein- und mehrstufige Kryokonservierungsapparate entwickelt worden, die ein kontrolliertes Absenken der Temperatur gewährleisten (Doyle u. Griffiths 2000).

Während für eine kurzzeitige Lagerung von etwa 1–2 Wochen eine Temperatur von −80 °C ausreichend sein kann, ist für Langzeitlagerung von Zellen und Geweben eine Temperatur von mindestens −120 bis −130 °C erforderlich. Eine optimale Lagerung des Zellmaterials ist in flüssigem Stickstoff bei −196 °C gewährleistet, aber auch eine Lagerung in der Gasphase von flüssigem Stickstoff kann ausreichend sein. Es sind inzwischen auch Techniken verfügbar, die ein Einfrieren von adhärenten Zellen ohne vorheriges Ablösen direkt auf der Kulturschale (in situ freezing) ermöglichen (Ohno et al. 1991).

Entscheidend für die Überlebensfähigkeit der Zellen ist auch das rasche Auftauen der Zellsuspension. Zur Ermittlung der Lebensfähigkeit der Zellen nach der Kryokonservierung können der Trypanblautest und die Bestimmung der Klonierungseffizienz (s. Abschnitt 2.1.2.2 „Wachstumsverhalten von Zellen in Kultur") durchgeführt werden.

2.1.2.6 Biologische Sicherheit beim Umgang mit kultivierten tierischen Zellen

Beim Umgang mit tierischen Zellkulturen ist die Einhaltung von Maßnahmen der biologischen Sicherheit erforderlich, denn virusähnliche Sequenzen sind integraler Bestandteil aller bislang untersuchten Säugerzellen. Das betrifft insbesondere retrovirale Sequenzen, die normalerweise als funktionsfähige provirale Genome vorliegen und die z.B. in einigen Nagerzelllinien durch äußere Faktoren (UV-Strahlen, 5-Azathymidin) aktiviert werden können. Insbesondere Primärzellkulturen aus Säugerorganismen, einschließlich des Menschen, können mit Nukleinsäuresequenzen viraler Genome aus pathogenen Erregern (z.B. HIV, HBV, HCV) kontaminiert sein.

Weiterhin werden durch gentechnische Verfahren Zelllinien konstruiert, die durch den Einbau neuer genetischer Informationen in das Genom gezielt verändert werden. Diese Verfahren dienen z.B. in der genetischen Toxikologie zur Konstruktion gentechnisch modifizierter Zelllinien (z.B. für genotoxische Untersuchungen) und in der Pharmakologie zur Konstruktion gentechnisch manipulierter Zelllinien für die Produktion spezifischer Proteine oder zur Expression definierter Rezeptoren (Spier u. Griffith 1985).

Der Umgang mit gentechnisch modifizierten Organismen ist in Deutschland im „Gesetz zur Regelung von Fragen der Gentechnik (GenTG)" vom 20.6.1990 und in der Novellierung zum GenTG vom 23.12.1993, der „Gentechniksicherheitsverordnung (GenTSV)", sowie in zusätzlichen Stellungnahmen der Zentralen Kommission für die Biologische Sicherheit (ZKBS), Robert-Koch-Institut, Berlin, geregelt. Zusätzliche Erläuterungen zum GenTG und der GenTSV finden sich in der Unfallverhütungsvorschrift „Biotechnologie" (1988) und in den Merkblättern der Berufsgenossenschaft der chemischen Industrie (Berufsgenossenschaft der Chemischen Industrie 1989, 1991).

Für den Umgang mit lebenden Organismen wurden, entsprechend der Risikogruppe der betreffenden Organismen, je 4 Sicherheitsstufen für Laboratorien und Produktionsbereiche definiert (s. GenTG, GenTSV, Anhang I, Teil B). Für jede Sicherheitsstufe wurden Maßnahmen bezüglich Bau, Ausrüstung und Betrieb der gentechnischen Anlagen festgelegt. Die Einhaltung dieser Maßnahmen gewährt ein hohes Maß an Sicherheit für Mensch und Umwelt vor schädlichen Auswirkungen biologischer Agenzien (s. Kapitel 4.7 „Rechtliche Regelung der Gentechnik“).

Nicht kontaminierte Zellkulturen. In Kultur gehaltene Zellen und Gewebe von Mensch und Tier sind außerhalb der sterilen, in Zellkulturgefäßen eingehaltenen Umgebung nicht lebens- und vermehrungsfähig. Bereits geringe Abweichungen von den komplexen Kulturbedingungen (z.B. Temperatur, Versorgung mit Sauerstoff und Nährstoffen) führen zum Absterben der Zellen. Aufgrund dieser hohen Abhängigkeit von spezifischen Kulturbedingungen ist ein Risiko für die Umwelt durch unbeabsichtigte Freisetzung kultivierter tierischer Zellen nicht gegeben. Gemäß GenTSV werden „höhere Tiere und Pflanzen bei der Verwendung als Spender- oder Empfängerorganismus in die Risikogruppe 1 eingestuft, wenn keine schädlichen Auswirkungen auf die Rechtsgüter nach § 1, Nr. 1 GenTG zu erwarten sind“. Kultivierte Zellen und Zelllinien als Spender- und Empfängerorganismen werden dann in Risikogruppe 1 eingestuft, wenn sie keine Organismen einer höheren Risikogruppe abgeben. Enthalten sie Organismen höherer Risikogruppen, werden sie in die Risikogruppen dieser Organismen eingestuft. Daraus folgt, dass Zellkulturen, die nicht mit Krankheitserregern (Mikroorganismen oder Viren der Risikogruppen 2–4) kontaminiert sind, kein Risiko für Mensch und Umwelt darstellen. Gleiches gilt auch für Tumorzellen oder Hybridomzellen von Mensch und Tier.

Zellkulturen, bei denen Verdacht auf Kontaminationen mit pathogenen Erregern besteht. Besteht begründeter Verdacht, dass Zellen aus primären Kulturen übertragbare Krankheitserreger enthalten oder abgeben, muss von einem Risiko für das Laborpersonal ausgegangen werden. Das betrifft insbesondere Kontaminationen von primären Zellkulturen von Primaten mit humanpathogenen Viren. Auch für das Arbeiten mit menschlichen Zellen oder Blutproben in der medizinischen Diagnostik sind strenge Sicherheitsstandards erarbeitet worden (Caputo 1988, Grizzle u. Polt 1988).

Primäre menschliche Zellen aus klinisch unauffälligen Spendern sind nur dann in die Risikogruppe 1 einzuordnen, wenn durch immunologische Tests die Seronegativität des Spenders für die humanpathogenen Viren HIV, HBV, HCV nachgewiesen ist oder durch andere Verfahren gezeigt wurde, dass die Zellen frei von diesen Viren sind. Im Einzelfall, wenn ein begründeter Verdacht auf das Vorhandensein eines bestimmten Virus einer höheren Risikogruppe in den zu verwendenden Zellen besteht, sind die primären Zellen auf die Anwesenheit dieses Virus zu überprüfen. Sind Spender oder Zellen nicht auf die Anwesenheit der oben genannten Viren überprüft, sind die primären Zellen nur unter Einhaltung von Maßnahmen der Sicherheitsstufe 2 zu verwenden. Wenn primäre Zellen aus Geweben oder Körperflüssigkeiten stammen, bei denen aufgrund von Erkrankungen des Spenders bzw. aufgrund der Art des erkrankten Gewebes eine Abgabe viraler Erreger zu erwarten ist, erfolgt eine Einstufung des Materials entsprechend der Risikogruppe des Virus. Zum Beispiel enthalten mehr als 90% der Zervixkarzinome DNA von Papillomviren (Risikogruppe 2), und bei Patienten mit Burkitt-Lymphomen können Blut und lymphoides Gewebe (Knochenmark, Thymus, Milz, Lymphknoten) Epstein-Barr-Viren (Risikogruppe 2) enthalten.

Zellmaterial, das Primaten (außer Mensch) aus kontrollierten Zuchten entnommen wird, ist aufgrund der weiten Verbreitung interspeziesübertragbarer Viren zunächst der Risikogruppe 2 zuzuordnen. Primäres Material aus Herpes-B-Virus-infizierten virämischen Tieren darf nicht verwendet werden. Für Zellmaterial von Primaten aus Wildfängen ist eine auf den Einzelfall bezogene Risikoabschätzung vorzunehmen.

Primäre Zellen aus Vertebraten (außer Primaten) sind in die Risikogruppe 1 einzuordnen, wenn die Tiere keine Krankheitssymptome zeigen. Diese Zuordnung gilt insbesondere für Tiere aus veterinärmedizinisch überprüften Beständen. Im Einzelfall, wenn auch bei einem gesund erscheinenden Spender ein begründeter Verdacht auf das Vorliegen viraler Zoonoseerreger im primären Gewebe besteht, erfolgt eine Einstufung entsprechend der Risikogruppe des Erregers. Werden primäre Zellen verwendet, die aus Geweben oder Körperflüssigkeiten stammen, bei denen aufgrund von offensichtlichen Erkrankungen des Spenders bzw. aufgrund der Art des erkrankten Gewebes eine Abgabe von humanpathogenen viralen Erregern zu erwarten ist, sind ebenfalls Sicherheitsmaßnahmen entsprechend der Risikogruppe des Krankheitserregers zu treffen. Im Zweifelsfall sind Maßnahmen der Risikogruppe 2 anzuwenden.

Gentechnisch veränderte Zellen. Für Arbeiten mit gentechnisch manipulierten Zellen gelten die bisher ausgeführten und im GenTG, der GenTSV, den Stellungnahmen der ZKBS und den Rechtsverordnungen niedergelegten Grundsätze. Die Einstufung in die 4 Risikogruppen bzw. Sicherheitsstufen basiert auf der Risikobewertung der Spender- und Empfängerorganismen, der Vektoren sowie des gentechnisch veränderten Organismus (GVO). Insbesondere bei der Verwendung retroviraler Vektoren ist in die Risikoabschätzung die Einstufung der Empfängerzellen einzubeziehen. Werden retrovirale Vektoren verwendet, muss ausgeschlossen werden, dass die Empfängerzellen die passenden Helferviren enthalten. Ansonsten kann die Empfängerzelle Viruspartikel mit rekombiniertem Genom produzieren, wenn die Zellen mit einem vermehrungsfähigen Retrovirus superinfiziert werden (Döhmer et al. 1991). Biologische Sicherheitsmaßnahmen beruhen auf der Verwendung anerkannter biologischer Sicherheitsmaßnahmen in Bezug auf Vektoren und Empfängerorganismen, die in die Risikoabschätzung eingehen.

Durch die Entwicklung von Techniken zur Immortalisierung von Säugerzellen, z. B. mit Hilfe von SV40-large-T-Vektoren, wurde es möglich, aus verschiedenen differenzierten Geweben permanente Zelllinien zu etablieren (s. Kapitel 4.2 „Methoden der Genübertragung"). Weiterhin können permanent wachsende Linien auch aus transgenen Tieren, die immortalisierende Gensequenzen, wie SV40-large-T enthalten, etabliert werden (Delcarpio et al. 1991, Yanai et al. 1991).

2.1.3 Zellkulturmodelle

Die anfänglich verwendeten Kultursysteme, die meist von einschichtig wachsenden Explantatkulturen ausgingen, sind in den vergangenen 20 Jahren in einem Maß verfeinert worden, welches es heute erlaubt, Zellen unter Bedingungen zu kultivieren, die der In-vivo-Situation relativ nahe kommen. Dabei erlangen komplexe Differenzierungsmodelle eine immer größere Bedeutung und sollen deshalb im Folgenden anhand ausgewählter Beispiele vorrangig behandelt werden.

2.1.3.1 Monolayerkulturen

Die Kultur von Zellen in einschichtiger Lage wird auch als Monolayerkultur bezeichnet. Sie beruht auf der Eigenschaft von kultivierten Zellen, an Substrate zu adhärieren. Es wird unterschieden zwischen

- Primärkulturen, die nur über eine begrenzte Zeit in vitro kultiviert werden können, und
- Kulturen von diploiden Zellstämmen und etablierten Zelllinien. Nur Letztere besitzen unbegrenzte Vermehrungsfähigkeit.

Primär- und Kurzzeitkulturen. Von einer Primärkultur wird gesprochen, wenn direkt aus dem Organismus entnommene Zellen und Gewebe bis zur ersten Subkultur in vitro kultiviert werden. Werden Zellen nur für wenige Tage kultiviert, etwa für 72 h, wie Lymphozyten des peripheren Bluts, handelt es sich um Kurzzeitkulturen. Primärkulturen werden entweder nach enzymatischer Dissoziation von Gewebefragmenten oder aus Explantatkulturen erhalten (s. Abschnitt 2.1.2.1 „Etablierung einer Zellkultur"). Primärkulturen sind zunächst meist noch heterogen, verfügen aber in der Regel noch über gewebespezifische Enzymaktivitäten. Während der Phase der Adaption an die Kulturbedingungen (und insbesondere nach spontaner Transformation) verlieren Primärkulturen viele ihrer morphologischen und biochemischen Charakteristika. Der Grad der Dedifferenzierung hängt vom Zelltyp und von den Kulturbedingungen ab, und die In-vitro-Kultur ist oft von Veränderungen der Chromosomen begleitet. Trotzdem sind Primärkulturen nach wie vor für viele Untersuchungen repräsentativere Zellmodelle als etablierte Zelllinien, da sie dem ursprünglichen Zelltyp in vieler Hinsicht noch ähnlicher sind. Ein Nachteil liegt in ihrer begrenzten Verfügbarkeit. Im Folgenden werden einige Beispiele für wichtige Kurzzeit- und Primärkulturmodelle vorgestellt, die besondere Bedeutung in der Medizin und in der biologischen Grundlagenforschung erlangt haben.

Kurzzeitkultur menschlicher Lymphozyten

Bei der Einführung der Technik der Lymphozytenkultur des peripheren Bluts durch Hungerford et al. (1959) und Moorhead et al. (1960) waren noch relativ große Blutmengen erforderlich. Dagegen können heute Mikrokulturen eingesetzt werden, die nur noch etwa 0,2 ml (Feten und Neugeborene) bis 0,8 ml (Kinder >5 Jahre und Erwachsene) Ganzblut erfordern (Gosden et al. 1992). Beim Umgang mit menschlichem Blut sind aufgrund der Virusinfektionsgefahr biologische Sicherheitsmaßnahmen, wie das Tragen von Handschuhen und Arbeiten unter steriler Werkbank, zwingend vorgeschrieben (s. Abschnitt 2.1.2.6 „Biologische Sicherheit beim Umgang mit kultivierten tierischen Zellen"). Das normale Blut eines Erwachsenen enthält etwa 70% T-Lymphozyten, die sich aus Helfer-, Suppressor- und zytotoxischen T-Zellen zusammensetzen. Nach der Blutentnahme unter Heparinzusatz zur Verhinderung von Blutgerinnung werden die Lymphozyten (bei Erwachsenenblut nach Ficolldichtegradientenzentrifugation) in Medium (Ham's F10, modifiziertes RPMI 1640) überführt. Durch Zusatz von Mitogenen, wie Phytohämagglutinin und Interleukinen, werden die in der G_0-Phase arretierten Lymphozyten des peripheren Bluts mitotisch stimuliert und beginnen mit der Zellteilung. 48 h nach Kulturbeginn werden die Zellen mit Kolchizin versetzt, hypotonisch behandelt und fixiert. Nach der Herstellung von Präparaten können Chromosomenfärbungs- und Bandingtechniken zur Karyotypisierung (s. Abschnitt 2.1.2.3 „Charakterisierung zellulärer Leistungen") eingesetzt werden.

Die Lymphozytenkultur ist eine der wichtigsten diagnostischen Techniken in der Humangenetik zur Aufklärung von nummerischen und strukturellen Chromosomenaberrationen. Für die pränatale Diagnose (Rooney u. Czepulkowski 1992) werden neben der Kultur fetaler Blutzellen v. a. die Amnionzellkultur (Freshney 1994) und seit den frühen 80er Jahren die Kultur von Chorionvilli (Simoni et al. 1983) eingesetzt.

Die Amnionzellkultur beginnt mit der Durchführung der Amniozentese zur aseptischen Entnahme von Amnionflüssigkeit im ersten Trimester der Schwangerschaft. Die Amnionflüssigkeit enthält eine heterogene Population von Zellen, die von Amnion, Haut, Urogenitalsystem oder Respirationstrakt des Feten abstammen. Eine Kontamination mit maternen Zellen kann die Ergebnisse der pränatalen Diagnose verfälschen. In der Regel werden Zellen aus Amniozentesematerial in Ham's F10 oder Changs Medium für 10–14 Tage kultiviert, um eine genügend hohe Anzahl mitotisch aktiver Zellen zu gewinnen. Mit dem Fruchtwasserüberstand werden u. a. Bestimmungen der α-Fetoprotein- und Azetylcholinesteraseaktivität durchgeführt.

Die Chorionvillitechnik, die Entnahme von Trophoblastzellen der Plazenta („plazentale Biopsie", CVS-Technik) (Flori et al. 1985, Simoni et al. 1983), wurde entwickelt, um die Nachteile der Amniozentesetechnik (geringe Anzahl fetaler Zellen in der Amnionflüssigkeit in frühen Stadien der Schwangerschaft und die u. U. zu lange Kulturdauer von Amnionzellen) für die pränatale Diagnose zu vermeiden. Eine Zellmenge von 10 mg Chorionvilli ist ausreichend, um nach Zerkleinerung und/oder enzymatischer Dissoziation der Proben mit Trypsin/EDTA und Kollagenase die Zellen direkt (Simoni et al. 1983) oder nach Kultur (Flori et al. 1985) zu untersuchen.

Neben den konventionellen Bandingtechniken (s. Abschnitt 2.1.2.3 „Charakterisierung zellulärer Leistungen") werden in zunehmendem Maß einzelne Chromosomensegmente und Genorte auf den Chromosomen mit In-situ-Hybridisierungsmethoden (Lichter u. Cremer 1992), wie der FISH- (fluorescence in situ hybridization, s. Abschnitt 2.1.2.3 „Charakterisierung zellulärer Leistungen") und der CISS-Technik (CISS: chromosomal in situ suppression hybridization) (Lichter et al. 1988) spezifisch markiert (Lichter u. Cremer 1992). Mit Hilfe dieser Techniken ist eine Identifizierung von chromosomalen Genorten auch an Interphasechromosomen möglich (Lichter et al. 1991).

Chromosomenanalysen bei Erwachsenen können auch an Hautfibroblasten durchgeführt werden. Meist wird eine Explantatkultur von Hautbiopsiematerial angelegt, das in wenig Medium auf die Kulturunterlage gebracht wird und nach 1–2 Wochen Kulturdauer für die Chromosomendiagnostik zur Verfügung steht (s. Abschnitt 2.1.2.3 „Charakterisierung zellulärer Leistungen").

Primärkultur von Tumorzellen

Für die Tumordiagnostik ist es häufig erforderlich, Zellkulturen aus humanen Tumoren zu etablieren. Ausgangsmaterial können solide Tumoren, neoplastische Exsudate oder neoplastische Blutzellen sein. Die Kultur von Tumorzellen ist nicht unproblematisch und ergibt oft nur Erfolgsraten von 40–60%. Aufgrund der veränderten Zelleigenschaften von Tumorzellen, die z. B. eine unterschiedliche Expression von Wachstumsfaktorrezeptoren zur Folge hat, haben Tumorzellen offensichtlich andere Nährstoffanforderungen als normale Zellen. Ein weiteres Problem stellen die Kontamination mit „normalen" Fibroblasten und die Gefahr des „Überwachsens" der Tumorzellpopulation dar. Aus diesen Gründen wurden für die Kultur von Tumorzellen geeignete Techniken zur Isolierung, Disaggregation und Kultur entwickelt, die selektive Medien, Substrate, Feederlayer- und Klonierungstechniken umfassen (Freshney 1994).

Primärkultur von Hepatozyten

Hepatozyten sind im Organismus für die Entgiftung und Metabolisierung von Xenobiotika verantwortlich, eine Aufgabe, die von Enzymen des Cytochrom-P450-Systems geleistet wird. Hepatozytenkulturen werden für Mutagenitäts- und Kanzerogenitätstests, für Stoffwechseluntersuchungen von Xenobiotika und für die Entwicklung von extrakorporalen In-vitro-Lebersystemen für die Behandlung akuten Leberversagens eingesetzt. Adulte Hepatozyten sind vielkernig, und nur eine kleine Zellpopulation ist zur Zellteilung befähigt. Obwohl für die Hepatozytenkultur spezielle Isolierungsbedingungen, Medien und Substrate entwickelt wurden (Leffert et al. 1978, Savage u. Bonney 1978, Seglen 1973), verlieren Hepatozyten während der konventionellen Kultur ihre Lebensfähigkeit und die Enzymaktivität des Cytochrom-P450-Systems (Bissell et al. 1973, Michalopoulos et al. 1976, Rogiers et al. 1990).

Durch die Verwendung spezifisch optimierter Medien (Jauregui et al. 1986), von extrazellulären Matrixproteinen, insbesondere Kollagen und EHS (Engelbreth-Holm-Swarm)-Tumor-Matrixproteinen (Bissell et al. 1987, Dunn et al. 1989), die Kokultur mit anderen Zelltypen (Guguen-Guillouzo et al. 1983), eine Supplementation des Mediums mit Hormonen (Dich et al. 1988) und Aktivierung der Cytochrom-P450-Enzyme durch DMSO, Testosteron, polyzyklische Kohlenwasserstoffe oder Barbiturate (Miyazaki et al. 1989) können Hepatozyten auch unter Langzeitbedingungen kultiviert werden. Auf der Grundlage dieser optimierten Kulturbedingungen sind heute geeignete Verfahren zur Hepatozytenkultur verfügbar, die auch während längerer In-vitro-Kultur über mehrere Tage die Aktivität des Cytochrom-P450-Enzym-Komplexes aufrechterhalten und eine effiziente Metabolisierung von Xenobiotika ermöglichen (Bader et al. 1994, Lobo-Alfonso et al. 1995) (s. auch Abschnitt 2.1.3.2 „Kokulturen und organotypische Kulturen", Unterabschnitt „Kokulturen mit Hepatozyten").

Kultur von Herzmuskelzellen

Herzzellen von Säugern sind bereits zum Zeitpunkt der Geburt nahezu vollständig differenziert. Embryonale, neonatale oder adulte Herzzellen lassen sich jedoch als Primärkultur z. B. aus Huhn, Ratte, Maus oder Mensch über eine begrenzte Zeitdauer kultivieren und für biochemische, molekularbiologische und pharmakologisch-physiologische Untersuchungen einsetzen (Eppenberger et al. 1987, Halle u. Wollenberger 1971, Lindl 2000, Sperelakis 1989, Wollenberger 1984). Die Herzzellen verfügen zunächst über spontane rhythmische Aktivität, exprimieren kardiale Gene und Proteine, bilden hoch entwickelte Sarkomerstrukturen und zeigen charakteristische Aktionspotenziale (Sperelakis u. Pappano 1983). Primäre Kulturen embryonaler oder neonataler Herzzellen dedifferenzieren jedoch im Verlauf weiterer Subkulturen, die Zellen verlieren charakteristische Strukturproteine und ihre physiologische Aktivität (Bugaisky u. Zak 1989, Claycomb u. Lanson 1984).

Versuche, permanente Zelllinien durch Immortalisierung von Herzzellen zu etablieren (Jaffredo et al. 1991, Lanson et al. 1992, Sen et al. 1988) bzw. aus transgenen Tieren zu isolieren (Delcarpio et al. 1991, Steinhelper et al. 1990), brachten Teilerfolge, führten aber bisher nicht zur Etablierung voll funktionsfähiger, permanent kultivierbarer Herzzelllinien.

Durch verbesserte Kulturverfahren und den Einsatz von extrazellulären Matrixproteinen können Kardiomyozyten jedoch auch in komplexen Gewebeverbänden ihre Funktion erhalten (Eschenhagen et al. 1997). Darüber hinaus ist die Entwicklung von Herzzellen des Atriums, Ventrikels und des Schrittmacherzentrums aus pluripotenten embryonalen Stammzellen gezeigt worden (s. Abschnitt 2.1.3.5 „Differenzierungsmodelle", Unterabschnitt „Differenzierung embryonaler Stammzellen: EC-, ES- und EG-Zellen") (Wobus u. Guan 1998, Wobus et al. 1991).

Primärkultur von Skelettmuskelzellen

Skelettmuskelzellen können aus embryonalem oder neonatalem Muskelgewebe von Laborsäugern oder aus Hühnerembryonen kultiviert werden (Freshney 1994, Partridge 1997). Die Kultur von Skelettmuskelzellen adulter Spender, einschließlich des Menschen, ist über die Kultur von Satellitenzellen möglich, die teilweise das Differenzierungsprogramm der Skelettmuskeldifferenzierung rekapitulieren. Satellitenzellen proliferieren, migrieren und fusionieren in vielkernige Myotuben. Extrazelluläre Matrixproteine verbessern den Kulturerfolg erheblich (Hartley u. Jablonka-Reuveni 1990). Jedoch ist nach terminaler Differenzierung keine weitere Vermehrung der differenzierten Myotuben mehr möglich.

Primärkulturen von Nervenzellen

Auch Nervenzellen aus embryonalem Gewebe können zwar als Primärkultur in vitro über einen Zeitraum von etwa 3–4 Wochen in Kultur gehalten werden, sie verfügen jedoch nicht mehr über eine nennenswerte Proliferationskapazität (postmitotische Neuronen). An Primärkulturen sind neben der Analyse von Differenzierungsprozessen Untersuchungen zur neuronalen Physiologie, wie Synthese und Metabolismus von Transmittern, der Entwicklung und Funktion neuronaler Rezeptoren oder die Untersuchung von neurotoxischen Wirkungen möglich. Die Etablierung einer Nervenzellkultur, z. B. aus dem Kleinhirn von Mäusen, umfasst die mechanische Präparation der Gewebefragmente, eine enzymatische Dissoziation durch Behandlung mit Trypsin-DNAse und die Einsaat in Poly-D-Lysin- oder lamininbeschichtete Kulturgefäße (Lindl 2000).

Um die limitierte Kultivierbarkeit von Primärkulturen aus Nervenzellen zu umgehen, wurden Zelllinien von neuronalen und neuroendokrinen Tumoren (PC12) (Greene u. Tischler 1976) sowie von Teratokarzinomen (PCC7) (Pfeiffer et al. 1981) (s. Abschnitt 2.1.3.5 „Differenzierungsmodelle“, Unterabschnitt „Differenzierung embryonaler Stammzellen: EC-, ES- und EG-Zellen“) etabliert, die u. a. auch in der Neurotoxizitätstestung eingesetzt werden. Darüber hinaus wurden neuronale Zelllinien nach Immortalisierung, z. B. mit SV40 und retroviralen Vektoren erhalten bzw. aus transgenen Mäusen etabliert (Bartlett et al. 1988, Tixier-Vidal 1994). Auch neuronale und Gliazellen können aus embryonalen Stammzellen differenziert werden (Guan et al. 2001).

Diploide Zellstämme und permanente Zelllinien

Diploide Zellstämme

Für viele molekularbiologische und biochemische Untersuchungen sind homogene, leicht kultivierbare Zellpopulationen mit hohen Proliferationsraten erforderlich. Nach einer Anzahl von Subkulturen sterben Primärkulturen jedoch entweder ab oder transformieren in eine permanente Zelllinie mit unbegrenzter Lebensdauer (s. Abschnitt 2.1.2.2 „Wachstumsverhalten von Zellen in Kultur“).

Deshalb war die Entwicklung des menschlichen diploiden Zellstamms (cell strain) WI-38 durch Hayflick u. Moorhead (1961) ein Meilenstein in der Geschichte der Zellkultur. Zellen der Linie WI-38 haben einen diploiden Karyotyp und sind frei von endogenen Viren, was es ermöglicht, die Linie für die Produktion von Impfstoffen gegen menschliche Viren, wie Masern, Röteln, Mumps, Keuchhusten und Wundstarrkrampf, einzusetzen (Hayflick 1963, 1965). 1970 wurde eine 2. diploide Linie, MRC-5, beschrieben, die gleichermaßen für die Virusproduktion einsetzbar ist (Jacobs 1970). Beide diploide Zellstämme zeigen nach etwa 50 Zellgenerationen erste Anzeichen natürlicher Alterungsphänomene und sterben in Kultur ab (Phase-III-Syndrom) (s. Abb. 2.1.2) (s. Abschnitt 2.1.2.2 „Wachstumsverhalten von Zellen in Kultur“).

Veränderungen der Wachstumseigenschaften sind mit Veränderungen der Genexpression von Onkogenen oder Tumorsuppressorgenen (Marshall 1991) verbunden. Pereira-Smith u. Smith (1988) identifizierten 4 Komplementationsgruppen für das Merkmal „unbegrenzte Teilungsfähigkeit“. Die Immortalisierung menschlicher embryonaler Fibroblasten erforderte die Expression von mindestens 2 kooperierenden Onkogenen, wie z. B. *ras* und *myc* oder *ras* und SV40-large-T (Land et al. 1983).

Das Durchlaufen natürlicher Seneszenzerscheinungen in diploiden Zellen ermöglicht es, biologische Veränderungen zu untersuchen, die Zellen während der Alterung durchlaufen (Zytogerontologie) (Hayflick 1973, 1991) (s. Abschnitt 2.1.2.2 „Wachstumsverhalten von Zellen in Kultur“). Zellpopulationen, die von normalen adulten Geweben abstammen, haben längere Populationsverdopplungszeiten als solche, die von embryonalen Zellen angelegt werden (Hayflick 1965, 1980, 1991, Hayflick u. Moorhead 1961). Die Kryokonservierung erlaubt es, von praktisch allen Subkulturen Zellen einzufrieren, sodass nahezu unbegrenzte Zellmengen kultiviert werden können.

Diploide Zellpopulationen haben in Abhängigkeit von Spezies und Zelltyp unterschiedliche Wachstumscharakteristika. So wachsen embryonale Lungenzellen schneller als Fibroblasten, und diese wiederum vermehren sich schneller als epitheliale oder endotheliale Zellen. Von adulten Spendern wachsen Fibroblasten der Vorhaut im Allgemeinen am besten.

Eine Übersicht über Merkmale von nichtetablierten Primärzellkulturen und etablierten transformierten Zelllinien gibt exemplarisch Tabelle 2.1.1 (s. auch Abschnitt 2.1.2.2 „Wachstumsverhalten von Zellen in Kultur“)[2].

Permanente (etablierte) Zelllinien

Es wurden permanente Zelllinien aus verschiedensten Geweben des Organismus etabliert, die mehr oder weniger über zell- und gewebespezifische Eigenschaften verfügen (Tabelle 2.1.2) und für zell- und molekularbiologische sowie biochemische Untersuchungen große Bedeutung erlangt haben.

---

[2] Obwohl diploide Zelllinien für die Vakzineproduktion verwendet wurden, sind in der Vergangenheit Zwischenfälle der Kontamination von Virusimpfstoffen aus primären diploiden Zellen bekannt geworden: Während des 2. Weltkriegs kam es zu Kontaminationen in Gelbfiebervakzine mit Hepatitis-B-Virus, in den 50er Jahren waren Poliovakzine aus primären Rhesusaffennierenzellen mit SV40 kontaminiert. Weiterhin enthielten Gelbfiebervakzine Hühnerleukoseviren. In einer retrospektiven WHO-Studie wurde jedoch kein Anstieg der Tumorinzidenz beobachtet. Eine ausführliche Diskussion der Sicherheitsstandards von Zelllinien für die Vakzineherstellung findet sich bei Petricciani (1991) und Minor (1994).

Tabelle 2.1.2. Häufig verwendete diploide Zellstämme und permanente Zelllinien, nach Freshney (1994)

Name	Morphologie	Herkunft	Karyotyp	Charakteristika	Referenz
Diploide Zellstämme					
W1-38	Fibroblastoid	Mensch, Lunge	Diploid	Infektion durch menschliche Viren	Hayflick u. Moorhead (1961)
MRC-5	Fibroblastoid	Mensch, Lunge	Diploid	Infektion durch menschliche Viren	Jacobs (1970)
Permanente Zelllinien					
BHK21	Fibroblastoid	Syrischer Hamster, Niere	Aneuploid	Transformierbar durch Polyomavirus	Macpherson u. Stoker (1962)
Caco-2	Epitheloid	Mensch, Kolon	Aneuploid	Transport von Ionen und Aminosäuren	Fogh (1977)
HeLa	Epitheloid	Mensch, Zervix	Aneuploid	Expression von G6PDH Typ A	Gey et al. (1952)
L5178Y	Lymphozyt	Maus	Aneuploid	Suspensionskultur, Mutationstestung	
L929	Fibroblastoid	Maus	Aneuploid	L-Zell-Klon	Sanford et al. (1948)
P388	Lymphozyt	Maus	Aneuploid	Suspensionskultur	Dawe u. Potter (1957), Koren et al. (1975)
STO	Fibroblastoid	Maus	Aneuploid	Feederlayer für embryonale Stammzellen	Bernstein (1975)

Tabelle 2.1.3. Beispiele permanenter Zelllinien, die Eigenschaften differenzierter Zellen ausprägen können, nach Freshney (1994)

Zelllinie	Herkunft	Spezies	Marker	Referenz
Friend-Erythroleukämie	Milz	Maus	Hämoglobinsynthese	Scher et al. (1971)
HL60	Myeloische Leukämie	Mensch	Phagozytose	Olsson u. Ologsson (1981)
C6	Glioma	Ratte	GFAP-, G6PDH-Synthese	Benda et al. (1968)
L6	Skelettmuskel	Ratte	Myotubenbildung	Yaffe (1968 a)
MDCK	Niere	Hund	„Domes", Ionentransport	Gaush et al. (1966), Rindler et al. (1979)
HaCaT	Keratinozyten	Mensch	Keratinisierung	Boukamp et al. (1988)
MCF-7	Brustdrüsengewebe	Mensch	„Domes", Laktalbuminsynthese	Soule et al. (1973)
3T3	Embryo	Maus	Differenzierung in Adipozyten	Green u. Kehinde (1974)

Permanente Zelllinien werden in Zellbanken (s. Abschnitt 2.1.6 „Zellbanken") aufbewahrt und katalogisiert, über viele Jahre gelagert und auf Anfrage zur Verfügung gestellt. In der Regel erfolgt in den Zellbanken auch eine Zelltypisierung und Charakterisierung, die z.B. Angaben zu Spezies und Zelltyp, Kulturmedium, Subkultivierungsbedingungen, Morphologie, Virus- oder Mykoplasmenkontaminationen, Karyotyp und Angaben zu DNA-Fingerprints umfassen sowie Angaben zu Autor und Referenzen enthalten.

Da die Proliferation von Primärkulturen differenzierter somatischer Zellen, z.B. von Nerven- und Muskelzellen, in Kultur limitiert ist, wurden viele permanente Linien etabliert (Tabelle 2.1.3), z.B. neuronale (PC12) oder myogene (C2C12, L6) Linien, die zwar nicht mehr über das gesamte Potenzial an Differenzierungsleistungen verfügen, jedoch als kontinuierliche Zelllinie kultivierbar sind. So können bestimmte Fragen zur neuronalen bzw. myogenen Differenzierung (s. auch Abschnitt 2.1.3.4 „Suspensionskulturen"), zur Zytotoxizität oder Differenzierungsfähigkeit mit gewissen Einschränkungen auch an Neuroblastomzellen bzw. an myogenen C2C12- oder L6-Zellen untersucht werden (s. Abschnitt 2.1.3.1 „Monolayerkulturen", „Primär- und Kurzzeitkulturen" , Tabelle 2.1.3).

2.1.3.2 Kokulturen und organotypische Kulturen

Im folgenden Abschnitt stehen Kultursysteme im Mittelpunkt, die Zellen zu komplexen zellulären Leistungen befähigen.

Feederlayerkultur. Viele Zellen vermehren sich, lassen sich klonieren oder behalten eine bestimmte Differenzierungsleistung nur, wenn sie auf einem „Ammennährrasen", so genannten Feederlayern, kultiviert werden. Die Feederzellen werden durch Bestrahlung oder Mutagenbehandlung in ihrer Proliferation irreversibel blockiert, behalten aber ihre Adhäsionseigenschaften und verfügen weiter über Stoffwechselaktivität, sodass das Medium mit Enzymen und extrazellulären Matrixproteinen angereichert wird und den darauf wachsenden Zellen Matrix- und Wachstumsfaktoren bereitstehen. Dabei können neben dem wachstumsstimulierenden Effekt durch diffundierende Wachstumsfaktoren auch direkte Zell-Zell-Kontakte für den Feederlayereffekt verantwortlich sein. Aufgrund unterschiedlicher Adhäsionseigenschaften können Feederlayerkulturen auch zur selektiven Isolierung und Anreicherung von Zellen eingesetzt werden (Freshney 1994). Als Feederlayer werden häufig embryonale Mausfibroblasten (embryonale Stammzellen) (Wobus et al. 1984), peritoneale Makrophagen oder Thymozyten (Hybridomzellen) (s. auch Kapitel 3.3 „Monoklonale Antikörper") oder fetale Zellen des Dünndarms (Tumorzellen) (Freshney 1994) verwendet. Die Lebensfähigkeit von Neuronen kann z. B. durch Kultivierung auf einem Monolayer aus Gliazellen erheblich gesteigert werden (Lindsay 1979).

Kollagengelkulturen. Wechselwirkungen von Zellen mit extrazellulären Matrixproteinen spielen bei Entwicklungs- und Differenzierungsprozessen eine wesentliche Rolle. So sind z. B. Kollagene, Fibronektin, Laminine und Proteoglykane für die Differenzierung von Herz-, Skelettmuskel und glatten Muskelzellen essenziell. Laminine oder synthetische Makromoleküle, wie Poly-D-Lysin, ermöglichen bzw. induzieren das Auswachsen von Neuronen. Komplexe extrazelluläre Matrixpräparate (Matrigel), die aus EHS-Tumor isoliert wurden, und Laminine, Kollagen IV und Proteoglykane sowie Wachstumsfaktoren enthalten, steigern die Differenzierungsfähigkeit vieler Zelltypen. Darüber hinaus spielen ECM-Proteine, insbesondere Proteoglykane, bei der Modulation der Wachstumsfaktoraktivität eine wichtige Rolle. Ebenso wird die Polarität verschiedener Zelltypen (Hepatozyten, Epithelzellen) von Matrixproteinen bestimmt.

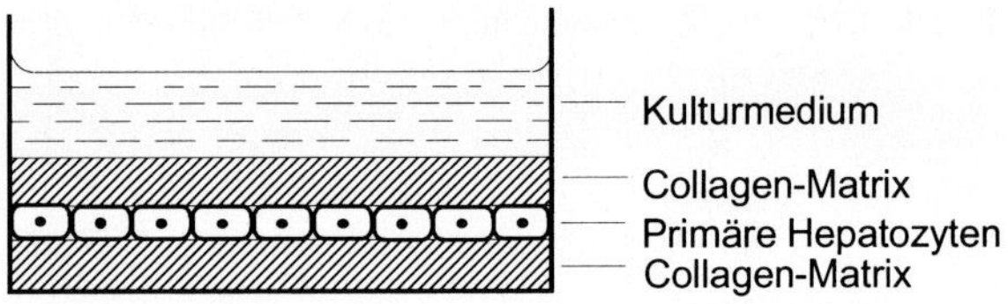

Abb. 2.1.7. Schematische Darstellung einer organspezifischen Hepatozytenkultur, die auf einer bipolaren Anheftung von primären Hepatozyten an Kollagenmatrix beruht, nach Bader et al. (1994)

Besondere Bedeutung für die organotypische Kultur von Hepatozyten und Epithelzellen hat insbesondere Kollagen I erlangt. Nach geeigneter Isolierung und unter dem Einsatz von Enzymen (Kollagenase, Hyaluronidase) können Hepatozyten aus nahezu allen Laborsäugern sowie der menschlichen Leber (Guguen-Guillouzo et al. 1983) gewonnen und unter Verwendung von Kollagen (Bader et al. 1994) (Abb. 2.1.7) oder komplexer ECM-Proteine, wie „Matrigel" (Bissel et al. 1987), kultiviert werden (s. Abschnitt 2.1.3.1 „Monolayerkulturen", Unterabschnitt „Primär- und Kurzzeitkulturen"). Eine noch weitere Optimierung im Hinblick auf die Zellfunktion wird durch Kokultur mit heterologen Zellen bzw. in Bioreaktoren erreicht (Bader et al. 1995, Gerlach u. Neuhaus 1994) (s. Abschnitt 2.1.3.2 „Kokulturen und organotypische Kulturen", Unterabschnitt „Perfusionskulturen").

In organotypischen Kultursystemen zur Untersuchung von Epithel-Mesenchym-Interaktionen werden Epithel- und Mesenchymzellen zusammen in einem Kulturgefäß unter Vermittlung einer Kollagenmatrix kultiviert (Abb. 2.1.8). Unter diesen Bedingungen erfolgt eine Reorganisation des mehrschichtigen Plattenepithels, das sowohl hinsichtlich der Gewebearchitektur als auch hinsichtlich der Zellproliferation sowie der Zellfunktion eine weitgehende Vergleichbarkeit mit den Wachstums- und Differenzierungsfunktionen der Haut erkennen lässt. So werden charakteristische Keratine differenzierter Epithelzellen, wie Involucrin, und Komponenten der Basalmembran gebildet (Fusenig 1992, 1994) (s. Abschnitt 2.1.4.3 „Konstruktion von Geweben in vitro", Unterabschnitt „Künstliche Haut").

Kokulturen mit Hepatozyten. Die Kokultur von metabolisch aktiven Hepatozytenkulturen mit anderen Zellsystemen, die über spezifische Reportersysteme verfügen, erlaubt die Aktivierung von Pharmaka und Toxinen für den gleichzeitigen Nachweis

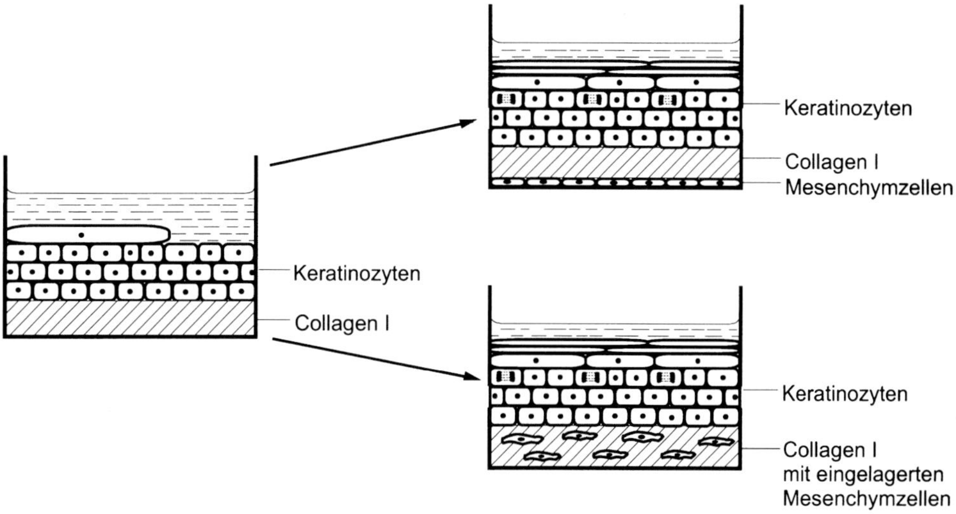

Abb. 2.1.8. Organotypische Kokultur von Epithel- und Mesenchymzellen unter Vermittlung einer Kollagenmatrix. Unter Kontrollbedingungen werden Keratinozyten nur auf Kollagen Typ I kultiviert (*links*). Kokulturen werden angelegt, indem mesenchymale Zellen unter (*oben rechts*) bzw. in das Kollagengel inkorporiert werden (*unten rechts*). Beide Kokulturen ermöglichen Proliferation und Differenzierung in normale Keratinozyten, die ein normal strukturiertes Epithel bilden können, nach Fusenig u. Boukamp (1994)

von Zytotoxizität, Genotoxizität bzw. Kanzerogenität, da viele mutagene bzw. kanzerogene Substanzen erst durch metabolische Aktivierung durch Leberenzyme (Cytochrom-P450-Enzym-Komplex) wirksam werden. Kokulturmodelle mit Leberzellen dienten zur Entwicklung eines In-vitro-Modells für den septischen Schock (Hartung u. Wendel 1993) oder führten zur Entwicklung von extrakorporalen Leberfunktionssystemen (Gerlach 1996).

Die komplexen Kultursysteme tragen damit ganz wesentlich auch zur Entwicklung von Zellmodellen zum Ersatz und zur Ergänzung von Tierversuchen sowie zu neuen Therapieverfahren mit Hilfe des Tissue engineering bei (s. Abschnitt 2.1.4 „Tissue engineering").

Perfusionskulturen. Durch die Beschichtung von Kulturunterlagen mit Matrixproteinen und die Verwendung komplexer Medien kann zwar die Differenzierungsleistung verbessert werden, die Ansammlung von zellschädigenden Stoffwechselmetaboliten wird jedoch nicht verhindert. Außerdem ist für viele Zelltypen, z.B. Nierenzellen oder Chondrozyten, das Wachstum als Monolayer untypisch. Um die Nachteile von Monolayerkulturen, insbesondere die Dedifferenzierung, zu umgehen, wurden verschiedene Methoden der Perfusionskultur entwickelt: Die permanente Durchströmung von Kulturen in Hohlfasersystemen, in Kapillarmembranbioreaktoren (Gerlach u. Neuhaus 1994, Knazek et al. 1972) oder in speziellen Perfusionskammern, wobei die Zellen auf Biopolymermembranen kultiviert werden (Minuth et al. 1992). Während die Kapillarmembranbioreaktoren kostenintensiv sind, ermöglicht die Membranperfusionskultur auf relativ einfache Weise eine Zellkultur auf einer individuellen Unterlage bei kontinuierlicher Nährstoffversorgung und erlaubt z.B. die Kultur von Knorpelzellen (Sittinger et al. 1994) sowie eine Differenzierung von Nierentubuluszellen (Aigner et al. 1994, Kloth et al. 1995, Minuth et al. 1999). Aufgrund der guten Differenzierungsfähigkeit können kultivierte Knorpelzellen bereits als Transplantat bei chirurgischen Implantationen (Sittinger et al. 1994, s. Abschnitt 2.1.4 „Tissue engineering") eingesetzt werden. Mit einer „artifiziellen Pulpahöhle" aus Dentinscheiben und Mesenchymzellen können Bioverträglichkeitsprüfungen für Zahnersatzmaterialien durchgeführt werden (Schmalz et al. 1995).

In zukünftigen Entwicklungen organotypischer Kulturen für Tissue engineering wird dem Einsatz von matrixbeschichteten perfundierbaren Bioreaktoren große Bedeutung zukommen.

2.1.3.3 Dreidimensionale Kulturen

Dreidimensionale Kulturen, z.B. Aggregatkulturen und Sphäroide, wurden entwickelt, um die Nachteile von Monolayerkulturen, wie die atypische Wachstumsform als Monolayer, die gewebeunspezifische Art der Sauerstoffversorgung, Nährstoffzufuhr und Entsorgung toxischer Stoffwechselprodukte, zu umgehen. Darüber hinaus sind Zellen unter Bedingungen der dreidimensionalen Kultur zu „histiotypischen" oder „organotypischen" Differenzierungsleistungen in der Lage.

Aggregatkulturen. Bereits seit den 50er Jahren ist bekannt, dass Zellen unter bestimmten Kulturbedingungen (Rundschütteln, „gyratory shaker") spontan dreidimensionale Aggregate bilden (Moscona 1952, 1961), und in der Folge zu homo- oder heterotypischen Aggregaten reaggregieren können. Die Aggregate sind in Kultur sehr lange haltbar. Die Zellen werden zu erhöhten Differenzierungsleistungen angeregt und können in den Aggregaten organoide Strukturen bilden. Aggregatkulturen finden Einsatz in der Neurobiologie und Neurotoxikologie. Für neurotoxikologische Untersuchungen werden z.B. Kulturen von Hirnzellen 14–17 Tage alter Rattenembryonen (Atterwill 1989) oder 7 Tage bebrütete Hirnzellen aus Hühnerembryonen [Stadium 29, nach Hamburger u. Hamilton (1951)] angelegt und neuronale Zellfunktionen nach der Einwirkung neurotoxischer Substanzen analysiert (Reinhardt 1991).

Sphäroide und Konfrontationskulturen. Eine besondere Form der dreidimensionalen Kultur sind die so genannten Sphäroide.

Multizelluläre Sphäroide können von Primärkulturen, immortalisierten, transformierten oder nichttransformierten, tumorigenen oder nicht tumorigenen Zellen erhalten werden. Als Beispiel für „histiotypische" Sphäroide sollen die Retinosphäroide aus dissoziierten embryonalen Zellen der Hühnchenretina erwähnt werden, bei denen sich nach Langzeitrotationskultur neben neuroepithelialen Zellen auch Pigment- und Gliazellen entwickeln und die Neuronen synaptische Funktionen ausprägen (Layer et al. 1992).

Tumorigene Zellen bilden in der Regel nach kürzerer Kulturdauer (10–30 Tage) größere Sphäroide (Durchmesser 1–3 mm) als normale Zellen, die meist nur Aggregate von 100–200 μm erreichen. Sphäroide bilden höher differenzierte Strukturen aus als die in Monolayerkultur gewachsenen Zellen. In diesem Zusammenhang wird auch von Mini- oder Mikroorganen oder organotypischen Kulturen gesprochen.

Besondere Bedeutung haben die Sphäroide für die Tumorforschung erlangt, da Tumorzellen in Sphäroiden über eine spezifische Wachstums-, Zell- und Stoffwechselkinetik – wie in soliden Tumoren – verfügen und komplexe Zell-Zell- und Zell-Matrix-Interaktionen entwickeln, die auch in Tumorgewebe ausgebildet sind (Mueller-Klieser 1987, Sutherland 1970, 1971, 1988) (Abb. 2.1.9). Aus diesem Grund stellen Sphäroide sehr geeignete Zellsysteme zur Untersuchung der Wirkung von Strahlen und zytotoxischen Agenzien auf Tumoren dar. Das Haupteinsatzgebiet der Sphäroide ist deshalb das Gebiet der experimentellen Krebsforschung. Sphäroide dienen als Tumormodelle für

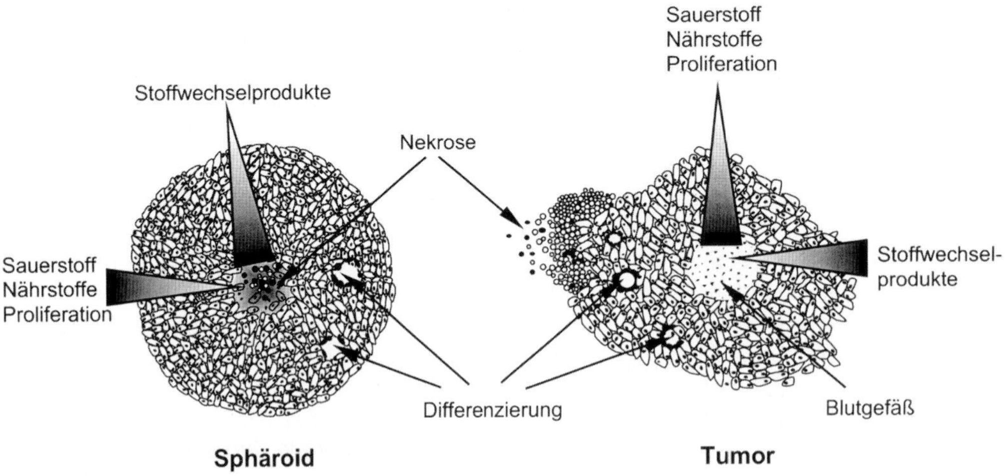

Abb. 2.1.9. Morphologie eines Tumorsphäroids: Vergleich einiger biologischer Parameter in Tumorsphäroiden und soliden Tumoren. Im Gegensatz zu Sphäroiden enthalten Tumoren Blutgefäße, die für das Wachstum der Tumorzellen ausschlaggebend sind. Sowohl in Tumoren als auch in Sphäroiden bilden sich Konzentrationsgradienten hinsichtlich Sauerstoffkonzentration, Nährstoffen, Proliferation und Stoffwechselendprodukten aus, die jedoch teilweise entgegengesetzt sind, nach Kunz-Schughart u. Mueller-Klieser (2000)

therapieorientierte Untersuchungen nach Bestrahlung und Zytostatikabehandlung (Olive u. Durand 1997). Im Sphäroid entwickeln sich Gradienten im Hinblick auf Proliferations- und Stoffwechselaktivität, Nekrose und Differenzierung, d.h. es bilden sich konzentrische Schichten unterschiedlich organisierter Zellen aus (Abb. 2.1.9). Dies ermöglicht Stoffwechseluntersuchungen an Tumormodellen in vitro (Mueller-Klieser 2000) sowie Untersuchungen zur Wirkung von Zytostatika mit Hilfe der konfokalen Laserscanningmikroskopie unter tumortypischen Bedingungen (Acker et al. 1984, Mueller-Klieser 1987). Es sind spezielle Testverfahren entwickelt worden, die das Wachstumsverhalten und die Viabilität von Sphäroiden nach Zytostatikabehandlung ermitteln (Doyle et al. 1998, Wilson 1992). Eine Weiterentwicklung der Tumorzellsphäroide stellt die „Alginatkulturtechnik“ (Boxberger u. Meyer 1994) dar. Weitere Methoden zur Kultur von multizellulären Sphäroiden sind bei Doyle et al. (1998) beschrieben.

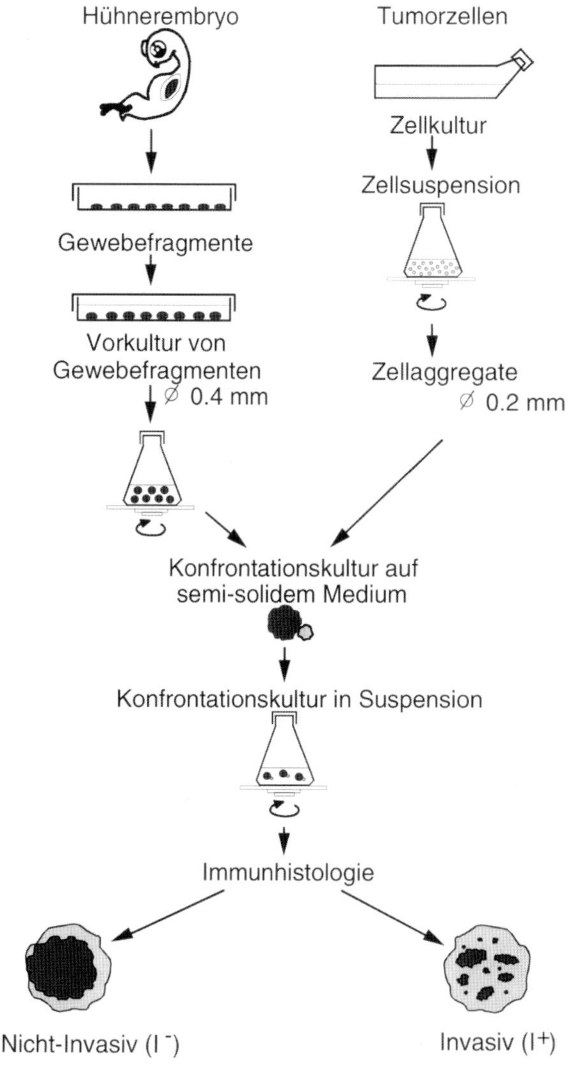

Abb. 2.1.10. Konfrontationskultur als Beispiel eines hoch komplexen Tumorinvasionsmodells. Gewebefragmente von embryonalem Hühnerherz, die unter Rotationsbedingungen 4 Tage vorkultiviert wurden, werden mit Tumorzellsphäroiden zunächst auf semisolidem Medium und anschließend in einer rotierenden Suspensionskultur als Konfrontationsaggregat kultiviert. Nach verschiedener Kulturdauer werden die Konfrontationsaggregate histologisch und immunhistochemisch untersucht. Die Infiltration der Tumorzellen in das normale Herzgewebe ist ein Maß für die Invasivität der Tumorzellen, nach Mareel et al. (1979)

Sphäroide sind weiterhin die Grundlage für die Entwicklung von Konfrontationskulturen zur Untersuchung der Invasivität von Zellpopulationen in vitro (Mareel et al. 1979, 1995). Eine Methode zur Etablierung von Konfrontationskulturen beruht darauf, dass Gewebefragmente normaler Zellen, z.B. aus dem Hühnerherz, mit Tumorzellsphäroiden auf semisoliden Medien in Kontakt gebracht und weiter kultiviert werden, und anschließend die Invasivität der Tumorzellen in die Aggregate der normalen Zellen mit histochemischen, immunologischen und elektronenmikroskopischen Techniken sowie der konfokalen Laserscanningmikroskopie (CLSM) untersucht wird (Abb. 2.1.10). Neben Hühnerherzzellen können auch Zellen der Lunge oder des Gehirns von Hühnerembryonen eingesetzt werden. Konfrontationskulturen erlauben eine Unterscheidung zwischen invasiven und nichtinvasiven Zelltypen sowie die Untersuchung von Therapiemöglichkeiten mit invasionsmodulierenden Agenzien unter standardisierten Bedingungen.

Ein weiteres Testverfahren zur Untersuchung von Invasivität in vitro ist z.B. mit dem „Knocheninvasivitätsassay (bone invasion system) entwickelt worden (Pauli et al. 1980, 1986).

2.1.3.4 Suspensionskulturen

Statische Suspensionskulturen. Viele Tumorzellen zeigen nach ihrer Etablierung als permanente Zelllinie eine verringerte Adhäsion an die Kulturunterlage. Die Zellen wachsen als so genannte „statische Suspensionskulturen“ in Einzelzellen oder in Zellaggregaten in Kulturgefäßen, ohne an die Unterlage zu attachieren. Ein solches Wachstumsverhalten zeigen lymphoblastoide Zellen, wie Raji- und Myelomzellen. Weiterhin können andere Tumorzelllinien oder transformierte Zellen, die normalerweise als adhärente Kultur wachsen (z.B. HeLa, BHK-21, L929), in Suspensionskulturen überführt werden, wenn die Kulturgefäße geschüttelt werden oder die Kulturflüssigkeit mit den Zellen mechanisch bewegt wird. Eine Adaption an die Bedingungen der Suspensionskultur gelingt mit hoch transformierten oder tumorigenen Zelllinien besser als mit solchen, die stark adhärent wachsen, wie z.B. die Nierenzelllinien MDCK und PK-15. Die Passagierung von Suspensionskulturen ist in der Regel einfacher und schonender, da keine Trypsinbehandlung erfolgen muss. Statische Suspensionskulturen können durch einfache Zellverdünnung und Splitting oder durch Zentrifugation und Zellzählung passagiert werden. Sollen adhärent wachsende Kulturen in Suspensionskultur überführt werden, ist insbesondere die Kontrolle des pH-Werts wichtig. Wegen des erhöhten Sauerstoffaustausches zwischen Gas- und Flüssigkeitsphase während mechanischer Bewegung werden bikarbonatgepufferte Medien durch Zusatz von 10–25 mM Hepes balanziert.

Vorteile der Suspensionskultur gegenüber adhärent wachsenden Zellen sind:

- einfache Subkulturregimes (Verdünnung oder Zentrifugation),
- keine proteolytischen Enzyme erforderlich,
- keine längeren lag-Phasen nach Passagierung,
- homogene Einzelzellsuspensionen,
- Ansätze in großen Volumina und mit hohen Zelldichten möglich,
- eine große Zelloberfläche ermöglicht effiziente Virusinfektion (Vakzineherstellung),
- Kontrolle und Überwachung des Kulturmediums sind möglich.

Es sind viele praktikable Systeme zur Suspensionskultur entwickelt worden, die z.B. darauf beruhen, dass teflonbeschichtete Magnetstäbe auf Magnetrührern die Kulturflüssigkeit bewegen (Bellco) oder dass Quirle oder Magnetrührer im Innern des Kulturgefäßes die Kulturflüssigkeit direkt bewegen (CellSpin, Super-Spinner) (Heidemann et al. 1994). Entscheidend für den Erfolg der Suspensionskultur sind eine optimale pH-, CO_2-, O_2- und Nährstoffkontrolle, die Verhinderung von Schaumbildung durch Antischaummittel sowie die Notwendigkeit, die durch die mechanische Bewegung verursachten Scherkräfte so gering wie möglich zu halten (Doyle et al. 1994). Durch spezielle Zusätze protektiver Agenzien, wie Pleuron F-68, können die Scherkräfte vermindert werden.

Massenkultur in Bioreaktoren. Eine Massenkultur von Zellen ist z.B. erforderlich

- zur Extraktion von Zellbestandteilen, wie DNA oder Mikrosomen,
- zur Virusproduktion bei der Vakzineherstellung,
- zur Bioproduktion von pharmakologischen Wirkstoffen, wie z.B. Interferon, Plasminogenaktivator und Interleukinen, oder
- zur Bioproduktion von Enzymen und Antikörpern.

Für die Isolierung von 7 mg DNA werden z.B. 10^9 Zellen benötigt. Ein Ansatz zur Virusisolierung für die Vakzineproduktion umfasst etwa 5×10^{10} Zellen. Die Kulturmenge kann zwischen 1000 und 10 000 l betragen.

Standardkulturen (so genannte „batch cultures") beginnen mit der Inokulation von Zellen in ein bestimmtes Flüssigkeitsvolumen. Die anschließende Zellproliferation ist charakterisiert durch Nährstoffverbrauch, pH-Wert-Verschiebung und Akkumulation von toxischen Stoffwechselprodukten. Je nach der Art, in der Medium zugefügt bzw. ausgetauscht wird, werden verschiedene Kulturverfahren unterschieden:

1. graduelle Addition frischen Mediums (fed batch),
2. Unterbrechung der Kultur durch Hinzufügen von frischem und Entfernen von verbrauchtem Medium (semi-continuous batch),
3. kontinuierliches Hinzufügen frischen Mediums bei gleichzeitiger Entfernung verbrauchten Mediums in einem rezirkulierenden System (Perfusionskultur),
4. homöostatische Kulturbedingungen ohne Fluktuation von Nährstoffen, Metaboliten und Zellen, erreicht durch Hinzufügen frischen Mediums bei kontinuierlichem Abführen von Medium und Zellen (continuous-flow culture).

Beim Vergleich der Effizienz der 4 Systeme ergibt die kontinuierliche Perfusionskultur die höchsten Produktraten pro l Kulturflüssigkeit.

Die Effizienz des Kultursystems für adhärente Zellen kann weiter vergrößert werden, indem durch zusätzlich eingebrachte Oberflächen, in Form von Röhren, Filterplatten oder kugelförmigen Partikeln, die Oberfläche um ein Vielfaches vergrößert wird. Oft werden Suspensionskulturen mit Trägermaterialien (Carrier) komplettiert. Die Zellen wachsen adhärent auf der Oberfläche der Mikrocarrier und werden in einer Suspensionskultur bewegt. Als Mikrocarrier werden Partikel aus Glas, Polystyren, Polyacrylamid, Dextran, Zellulose, aber auch aus Kollagen, Glukoglykan und Gelatine eingesetzt (Griffiths 1992). Eine besonders große Kulturoberfläche wird bei porösen Trägerpartikeln erreicht, die eine um 20- bis 50fache Erhöhung der Zelldichte ermöglichen. Die Scherkräfte sind verringert, und die Zellen können mit Hilfe von Trypsin aus den Mikrocarriern entfernt werden.

2.1.3.5 Differenzierungsmodelle

Im Gegensatz zur Untersuchung von Entwicklungs- und Differenzierungsprozessen an lebenden Organismen erlauben zelluläre Differenzierungsmodelle die Analyse einzelner Zellen und Zelllinien (lineages) und ihrer Interaktionen sowie eine Manipulation und Modulation des Differenzierungsprozesses in vitro. Mit Hilfe von In-vitro-Systemen ist auch die Untersuchung menschlicher Zellen möglich. Nachteil von In-vitro-Differenzierungsmodellen ist jedoch nach wie vor, dass die Kultursysteme letztlich nicht die gesamte Komplexität der differenzierten Zellen und ihrer Wechselwirkungen im Gewebeverband widerspiegeln.

Die Entwicklung von der befruchteten totipotenten Eizelle über pluripotente embryonale Stammzellen in determinierte (committed) pluripotente Stammzellen sowie Vorläuferzellen und deren anschließende Differenzierung bis zu terminalen Entwicklungsstadien (Abb. 2.1.11) ist durch den Verlust von Proliferations- und Entwicklungsfähigkeit gekennzeichnet. Terminal differenzierte Zellen können in der Regel nicht mehr in den Zellzyklus eintreten.

Zur Untersuchung von Differenzierungsprozessen stehen heute komplexe In-vitro-Zellsysteme zur Verfügung. Die Differenzierungsinduktion kann mit Differenzierungsinduktoren, aber auch durch Zell-Zell- und Zell-Matrix-Interaktion erzielt werden. Beispiele für physiologische Differenzierungsinduktoren sind autokrin oder parakrin wirkende Faktoren, wie:

1. Wachstumsfaktoren, z. B.
   - Nervenwachstumsfaktor (NGF) (Levi-Montalcini 1987),
   - transformierender Wachstumsfaktor (TGFβ) (Massague 1990),
   - epithelialer Wachstumsfaktor (EGF) (Osborne et al. 1980) oder
   - Hepatozytenwachstumsfaktor (HGF) (Krasnoselsky et al. 1994, Nakamura et al. 1989),
2. Hormone, wie
   - Hydrokortison,
   - Glukagon oder
   - Thyroxin,
3. Vitamine, wie
   - Vitamin D und dessen Abbauprodukte (All-*trans*-Retinsäure) (Boncinelli et al. 1991, Rohwedel et al. 1999, Wobus et al. 1994), oder
4. anorganische Ionen, insbesondere Kalzium oder Selen.

Nichtphysiologische Differenzierungsfaktoren sind z. B. Dimethylsulfoxid (DMSO) (Rossi u. Friend

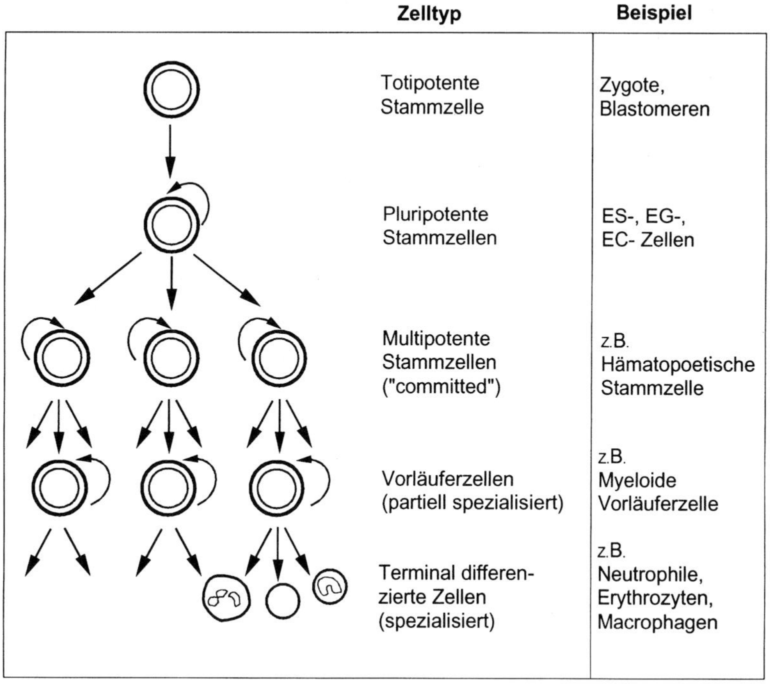

Abb. 2.1.11. Schematische Darstellung der Proliferations- und Differenzierungsfähigkeit totipotenter und pluripotenter Stammzellen, multipotenter Stammzellen und partiell spezialisierter Vorläuferzellen bis zu terminal differenzierten und spezialisierten Zellen

1967), Hexamethylenbisazetamid (HMBA) (Osborne et al. 1982), Natriumbutyrat, Hydroxyharnstoff oder Zytosinarabinosid (Takeda et al. 1970). Differenzierungsinduktion kann darüber hinaus auch über Mechanismen erfolgen, die bei homologen und heterologen Zell-Zell-Interaktionen involviert sind (Barritt 1992). Homologe Zellinteraktion erfordert eine hohe Zelldichte, die eine effiziente Kommunikation, wahrscheinlich über Gap Junctions ermöglicht. Heterologe Zellinteraktion liegt vor, wenn Zellen unterschiedlicher Linien, z. B. der mesodermalen und endodermalen Lineage, eng benachbart miteinander kommunizieren. Diese Prozesse, die in vivo insbesondere während der embryonalen Entwicklung ablaufen, können in Differenzierungsmodellen mit pluripotenten embryonalen Stammzellen auch in vitro untersucht werden (s. Unterabschnitt „Differenzierung embryonaler Stammzellen: EC-, ES- und EG-Zellen").

Terminale Differenzierung spezialisierter Zellen. Die terminale Differenzierung von determinierten (committed) Vorläuferzellen soll anhand von 2 Zellmodellen,

- der Gliazelldifferenzierung und
- der mesodermalen Entwicklung,

erläutert werden.

Am Beispiel der Gliazellentwicklung im Sehnerv (Abb. 2.1.12) konnte der experimentelle Nachweis erbracht werden, dass Differenzierung sowohl durch Zell-Zell-Interaktion als auch durch ein endogen kontrolliertes zelluläres Entwicklungsprogramm gesteuert wird (Raff 1989, Temple u. Raff 1985). Der Sehnerv neugeborener Ratten enthält lange neuronale Fortsätze (Axonen) von Neuronen des Retinaganglions – jedoch keine neuronalen Zellen – und verschiedene Typen von Gliazellen, die Oligodendrozyten und Astrozyten, welche isoliert und kultiviert werden können. Kulturen differenzierender Sehnerven enthalten 2 Typen von Astrozyten, die Typ-1 und Typ-2-Astrozyten. Die verschiedenen Gliazellen des Sehnerven entwickeln sich ausgehend von 2 „lineages". Typ-1-Astrozyten, die ersten Gliazellen am Tag 16, bilden PDGF (platelet-derived growth factor), welcher die Proliferation von O-2A-Vorläuferzellen induziert. Diese Vorläuferzellen migrieren und differenzieren in Oligodendrozyten (Hart et al. 1989). Typ-1-Astrozyten bilden auch CNTF (ciliary neurotrophic factor), einen Faktor, der die Differenzierung von Typ-2-Astrozyten aus O-2A-Vorläuferzellen zusammen mit Proteinen der extrazellulären Matrix induziert (Lillien et al. 1990).

Dieses Beispiel zeigt, dass in Kultur komplizierte Regulationsvorgänge zwischen Zellen analysiert werden können und dass Wachstumsfaktoren sowohl Proliferation (PDGF) als auch Differenzierung (CNTF) steuern.

Bereits in den 60er Jahren gelang Yaffe (1968 a, b) die Etablierung von myogenen Zelllinien (z. B. L6), die in Zellkultur Myotuben bildeten. Eine weitere wichtige mesenchymale Zelllinie ist die Mauszelllinie 10 T 1/2, die über ein hohes Entwicklungspotenzial verfügt: Wenn 10 T 1/2-Zellen mit mikromolaren Konzentrationen von 5-Azazytidin behandelt werden, werden 3 mesodermale Zelltypen,

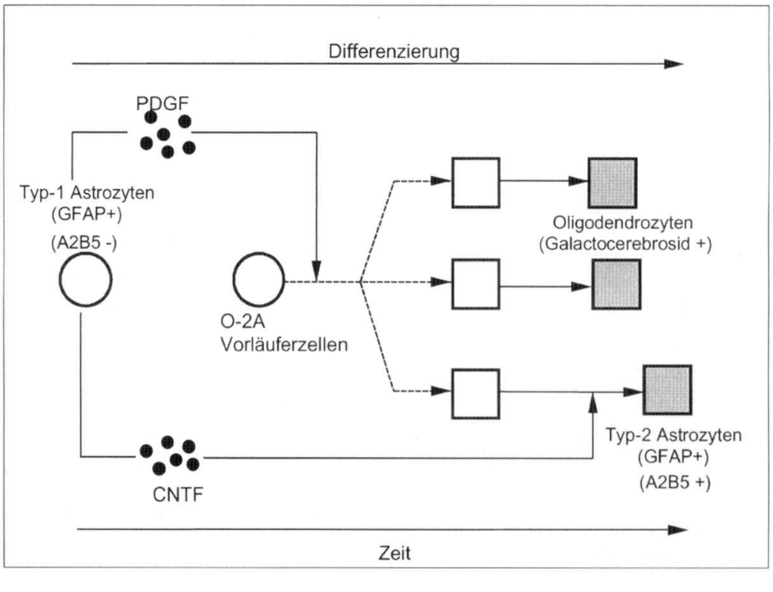

Abb. 2.1.12. Differenzierung von O-2A-Vorläuferzellen: Gliazelldifferenzierung im Sehnerv in Zellkultur. Erklärung im Text, nach Watt (1991)

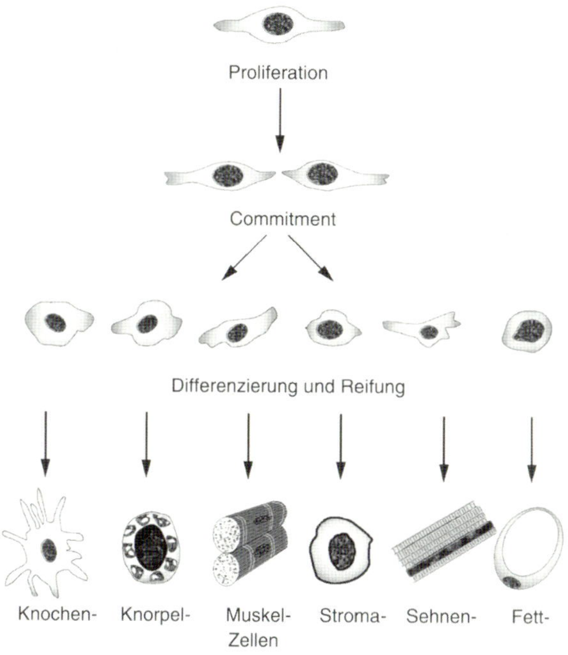

Abb. 2.1.13. Entwicklungspotenzial mesenchymaler Stammzellen aus dem Knochenmark: mesenchymale Stammzellen können isoliert und in vitro vermehrt werden. Sie besitzen das Potenzial, über die jeweiligen Vorläuferzellen in Knochen-, Knorpel-, Muskel-, Stroma-, Sehnen- und Fettzellen reifen zu können

- Adipoblasten,
- Chondroblasten und
- Myoblasten,

induziert, die weiter in
- Fettzellen,
- Knorpel- und
- vielkernige Myotuben

differenzieren können (Taylor u. Jones 1979). Obwohl die multipotenten Vorläuferzellen noch nicht isoliert werden konnten, muss davon ausgegangen werden, dass die 10 T 1/2-Linie multipotente mesenchymale Stammzellen enthält (Abb. 2.1.13). Mit Hilfe der myogenen Differenzierung von 10 T 1/2-Zellen wurden wesentliche Schritte der Regulation der Myogenese und der Expression der myogenen Regulatorgene *myf-5*, *MyoD*, Myogenin und *myf-6* aufgeklärt, nachdem gezeigt wurde, dass die Transfektion von Myoblasten-DNA von 5-Azazytidin-behandelten 10 T 1/2-Zellen oder die Transfektion des myogenen Regulatorgens, MyoD, in 10 T 1/2-Zellen die Differenzierung von myogenen Zellen induziert (Tapscott et al. 1988).

Differenzierung von pluripotenten hämatopoetischen Stammzelllinien. Alle Versuche, hämatopoetische Stammzellen aus Blut und Knochenmark direkt in vitro zu vermehren, sind trotz großer Anstrengungen bisher nicht erfolgreich gewesen. Obwohl sich hämatopoetische Stammzellen in vivo effizient vermehren, differenzieren oder sterben sie in vitro ab.

Es gelang jedoch die Etablierung von permanenten hämatopoetischen Zelllinien, die sich in vitro vermehren lassen und eine gewisse Differenzierungsfähigkeit besitzen. Folgende methodische Grundlagen waren dafür Voraussetzung:
1. die Entwicklung von Techniken zur Klonierung hämatopoetischer Zellen in Agar in Anwesenheit von Kolonie stimulierenden Faktoren (Burgess u. Metcalf 1980, Cross u. Dexter 1991, Metcalf 1989),
2. die Entwicklung der Knochenmarkfeederzellkultur (Dexter et al. 1977, 1984) und
3. die Etablierung lymphoblastoider und erythroider Zelllinien, die aus Vorläuferzellen differenzierte Zellderivate bilden können.

Neben menschlichen lymphoblastoiden Zelllinien von B- und T-Zellen und leukämischen Zelllinien (HL-60-Zellen) hat die Maus-Friend-Erythroleukämie(FEL)-Zelllinie (Rossi u. Friend 1967) besondere Bedeutung als Differenzierungsmodell erlangt. Während HL-60-Zellen in Abhängigkeit vom induzierenden Agens in 4 myeloide Zelltypen differenzieren können, und zwar nach Behandlung
- mit DMSO oder RA in Granulozyten,
- mit Vitamin D3 in Monozyten,
- mit Phorbolester in Makrophagen und
- mit G/M-CSF in Eosinophile (Collins et al. 1977),

durchlaufen FEL-Zellen nur die erythroide Differenzierung. Nach Einwirkung von DMSO oder HMBA verlieren sie ihre Proliferationskapazität und differenzieren in Erythrozyten, die Hämoglobin synthetisieren (Eisen et al. 1977).

Es wurde weiterhin aus Langzeitknochenmarkkulturen nach Infektion mit src-Moloney-Maus-Leukämievirus eine IL-3-abhängige Zelllinie „FDCP-mix“ etabliert, die nicht tumorigen ist, viele Charakteristika normaler hämatopoetischer Stammzellen besitzt und sich durch Entwicklung in mehrere Lineages auszeichnet (Freshney 1994).

Bis vor wenigen Jahren bestand die Auffassung, dass Stammzellen sich nur innerhalb ihres eigenen Systems in spezialisierte Zellen entwickeln können, d.h., hämatopoetische Stammzellen können nur Blutzellen, oder neurale Stammzellen nur Zellen des Nervensystems bilden. Erst in den vergangenen 3 Jahren ist gezeigt worden, dass gewebespezifische, wie hämatopoetische und neurale Stammzellen, eine größere Entwicklungsfähigkeit (Plastizität) besitzen als bisher bekannt. Diese Stammzellen konnten nicht nur in Zellen ihres eigenen Systems reifen, sondern in geeigneter Umgebung sich auch in Zellen anderer Linien entwickeln (Bjornson et al. 1999, Brazelton et al. 2000, rev. Fuchs u. Segre 2000).

So wurde gezeigt, dass Knochenmarkstammzellen sich nicht nur in Zellen des Blutsystems entwickeln, sondern auch zur Bildung von Skelettmuskel- und Leberzellen beitragen und Zellen in Gehirn, Herz und Gefäßsystem erneuern können (rev. Blau et al. 2001). Es wird davon ausgegangen, dass die extrazelluläre Umgebung, die Gesamtheit von hormonellen, Wachstums- und extrazellulären Matrixfaktoren und Signalmolekülen, die so genannte „extrazelluläre Nische", die Entwicklungsfähigkeit der Stammzellen determiniert (rev. Watt u. Hogan 2000).

Die Untersuchung dieser Plastizität von hämatopoetischen Stammzellen aus Blut und Knochenmark sowie anderer gewebespezifischer Stammzellen und die Aufklärung der Mechanismen der Proliferation und „Transdifferenzierung" stehen derzeit im Mittelpunkt der Stammzellforschung, die darauf gerichtet ist, Stammzellen aus dem adulten Organismus für regenerative Zelltherapien einzusetzen [s. Kapitel 4.5 „Stammzelltherapie (Zelltransplantation)"].

Differenzierung embryonaler Stammzellen: EC-, ES- und EG-Zellen. Ausgehend von den im Säugerorganismus vorliegenden totipotenten embryonalen Zellen, der Zygote und den Blastomeren (Abb. 2.1.14), sind 3 pluripotente Stammzelltypen bekannt:

1. embryonale Karzinomzellen (EC-Zellen),
2. embryonale Stammzellen (ES-Zellen) und
3. embryonale Keimzellen (EG-Zellen).

Während embryonale Karzinomzelllinien bereits seit den 70er Jahren existieren, sind ES-Zelllinien der Maus seit 1981 (Evans u. Kaufman 1981, Martin 1981), EG-Zelllinien der Maus seit 1992 (Matsui et al. 1992) und ES- und EG-Zelllinien des Menschen seit 1998 (Thomson et al. 1998) bekannt.

Diese pluripotenten embryonalen Stammzellen sind neben ihrer Proliferations- (self-renewal) und Entwicklungsfähigkeit in Zellen aller 3 primären Keimblätter, durch spezifische Eigenschaften charakterisiert:

1. undifferenzierter Phänotyp, gekennzeichnet durch hohes Kern-Zytoplasma-Verhältnis (s. Abb. 2.1.1),
2. hohe Aktivität an alkalischer Phosphatase,
3. Expression des keimbahnspezifischen Transkriptionsfaktors Oct-4 (Schöler et al. 1989),

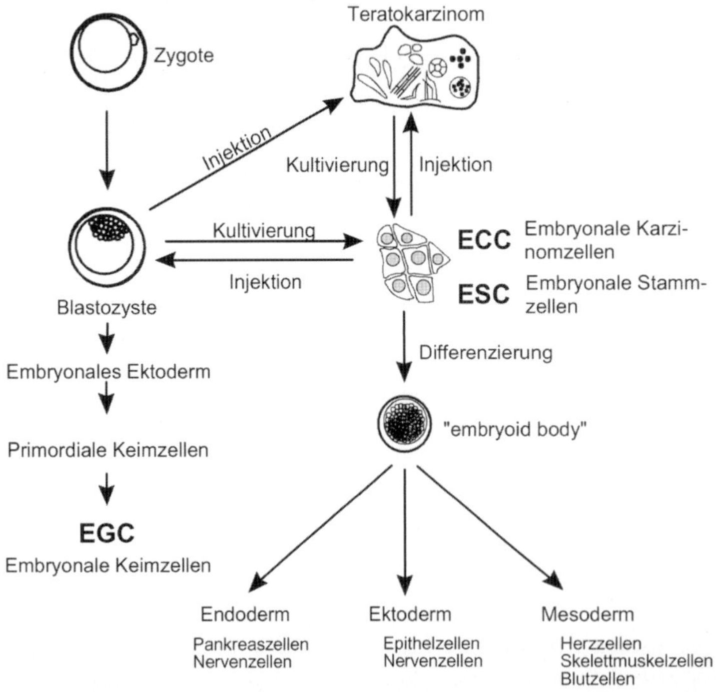

Abb. 2.1.14. Herkunft und Differenzierungspotenzial totipotenter/pluripotenter embryonaler Stammzellen (*ESC*), embryonaler Karzinomzellen (*ECC*) und embryonaler Keimzellen (*EGC*) der Maus. Die pluripotenten *ECC* sind die Stammzellen von Teratokarzinomen, *ESC*-Linien werden direkt aus den undifferenzierten Zellen früher Embryonalstadien und *EGC*-Linien aus primordialen Keimzellen des Embryos/Fetus etabliert. *ESC* und *EGC* sind pluripotent, d. h. sie können in vivo und in vitro Gewebe aller 3 Keimblätter, jedoch allein keinen vollständigen Organismus bilden

4. Expression stadienspezifischer embryonaler Antigene, z.B. SSEA-1,
5. Hypomethylierung der DNA,
6. hohe Telomeraseaktivität (Thomson et al. 1998) sowie
7. eine kurze G_1-Phase des Zellzyklus.

Diese Eigenschaften unterliegen nach Differenzierung in vitro zelltypspezifischen Veränderungen.

EC-Zellen repräsentieren die Stammzellen von Teratokarzinomen, die nach Transfer früher Embryonalstadien an extrauterine Orte gebildet werden (Martin 1980), sie zeigen sowohl in vivo als auch in vitro eine hohe Differenzierungsfähigkeit, müssen in vitro jedoch zur Differenzierung induziert werden (s. oben). Aus EC-Zellen wurden einige permanente Linien isoliert, die Eigenschaften früher differenzierter Linien verschiedener Keimblätter aufweisen: z.B. die endodermale END-2-, die epitheliale ektodermale EPI-7- und die mesodermale MES-1-Linie (Mummery et al. 1985, 1986).

Dagegen repräsentieren ES-Zellen pluripotente Stammzellen, die als permanente Linien direkt aus der inneren Zellmasse (Evans u. Kaufman 1981, Robertson 1987) oder aus einzelnen Blastomeren isoliert wurden und sowohl in vivo nach Retransfer in die Blastozyste (Bradley et al. 1984) als auch in vitro nach Differenzierung in dreidimensionalen Aggregaten, so genannte „embryoid bodies", in Zellderivate des Endoderms, Ektoderms und Mesoderms differenzieren (Doetschman et al. 1985) und sich in zahlreiche spezialisierte Körperzellen entwickeln können (rev. NIH-Report 2001). Es wurde gezeigt, dass ES-Zellen während der kardiogenen (Maltsev et al. 1993, Wobus et al. 1991), myogenen (Rohwedel et al. 1994), neuronalen (Strübing et al. 1995), hämatopoetischen (Wiles u. Keller 1991), epithelialen (Bagutti et al. 1996), endothelialen und vaskulären (Drab et al. 1997, Risau et al. 1988) Differenzierung gewebespezifische Gene exprimieren und funktionelle Eigenschaften (Ionenkanäle, Aktionspotenziale, pharmakologische Reaktionen) ausprägen und damit Prozesse der Entwicklung im Embryo rekapitulieren.

Ein weiterer pluripotenter Zelltyp sind embryonale Keimzellen (EG-Zellen), die aus primordialen Keimzellen der Maus (Matsui et al. 1992, Stewart et al. 1994) bzw. des Menschen (Shamblott et al. 1998) etabliert wurden und die wie ES-Zellen in vivo und in vitro in Zellen aller 3 Keimblätter differenzieren können. Die Entwicklungsfähigkeit von EG-Zellen ist im Vergleich zu ES-Zellen jedoch eingeschränkt: Während der Embryonalentwicklung werden einzelne Gene durch Modifikation der DNA selektiv inaktiviert, ein Phänomen, das als Imprinting bezeichnet wird. In den Vorläuferzellen der männlichen und weiblichen Keimzellen, die für die Entwicklung von EG-Zellen eingesetzt werden, ist dieser Modifikationsmechanismus aufgehoben. Der Transfer von Zellkernen aus EG-Zellen in enukleierte Eizellen führte zu Embryonen mit Entwicklungsdefekten, d.h., der Verlust des Imprintings in EG-Zellen beeinträchtigt ihr entwicklungsbiologisches Potenzial.

Die pluripotenten Eigenschaften der ES-Zellen bildeten die Grundlage der ES-Zell-Technologie, bei der nach homologer Rekombination spezifische Gene in ES-Zellen inaktiviert werden, die ES-Zellen anschließend in Blastozysten retransferiert und dadurch Mäuse mit bestimmten genetischen Defekten geschaffen werden (Thomas u. Capecchi 1987) (s. Kapitel 2.2 „Tiermodelle in der biomedizinischen Forschung"). Diese auch als Gene targeting bezeichnete Technologie hat zu einer großen Zahl mutanter Mäusestämme geführt, die infolge des Gendefekts Entwicklungsstörungen oder einen veränderten Phänotyp aufweisen bzw. infolge gravierender Fehlbildungen in frühen Stadien der Embryonalentwicklung absterben. In diesen Fällen bietet die Differenzierung von ES-Zellen in vitro eine exzellente Alternative, die Folgen von Gendefekten (loss of function) auf die embryonale Entwicklung zu untersuchen. Darüber hinaus können auch zusätzliche Genfunktionen in ES-Zellen überexprimiert (gain of function) und deren Folgen auf die Embryonalentwicklung untersucht werden (Rohwedel et al. 1995).

Die Entwicklungsfähigkeit von Maus-, aber insbesondere auch von humanen ES- und EG-Zellen (Shamblott et al. 1998, Thomson et al. 1998) in funktionell aktive spezialisierte Körperzellen erlaubt den Einsatz von ES-Zellen auf vielen Gebieten der Biowissenschaften:

1. In der entwicklungsbiologischen Grundlagenforschung zur Analyse früher embryonaler Entwicklungsprozesse in vitro,
2. In der Pharmakologie als Zellmodelle für ein Wirkstoffscreening (Wobus et al. 2001),
3. In der Embryotoxikologie als Testsystem zur Analyse der embryotoxischen, zytotoxischen und mutagenen Wirkung von Umweltfaktoren (Rohwedel et al. 2001, Spielmann et al. 1997),
4. In der Transplantationsmedizin als regenerative Quelle für Zell- und Gewebetherapie (NIH-Report 2001).

Hinsichtlich der biologischen Grundlagen von Stammzellen, therapeutischen Möglichkeiten und klinischen Erfordernisse der Transplantationsmedizin unter Einsatz von ES-Zellen wird auf Kapitel 4.5 „Stammzelltherapie (Zelltransplantation)" verwiesen.

Auf einige angewandte Aspekte der Zell- und Gewebekultur im Zusammenhang mit Tissue engineering, der Konstruktion künstlicher Gewebe oder Ersatzorgane, wird im folgenden Abschnitt eingegangen.

2.1.4 Tissue engineering

Der Bedarf an lebenswichtigen Organen für Transplantationen nach einem krankheitsbedingten Funktionsausfall, nach einem Unfall oder aufgrund altersbedingter Degenerationen ist in den vergangenen Jahren kontinuierlich angestiegen. Insbesondere aufgrund der zunehmenden Alterung der Bevölkerung wird der Bedarf an Spenderorganen und -geweben kontinuierlich weiter wachsen. Obwohl die Herstellung kompletter Organe, wie Herz oder Niere, heute noch nicht realisierbar ist und wahrscheinlich an biologische Grenzen stößt, ist es für einige Organsysteme bereits heute möglich, komplexe Gewebe in Kultur zu generieren. Dabei würde in vielen Fällen der Ersatz von geschädigtem Gewebe bereits zu einer Entlastung des Bedarfs an Spenderorganen führen, da in diesen Fällen bereits vor dem Organausfall eine Gewebereparatur erfolgen könnte.

Der Begriff Tissue engineering wurde 1987 vom Washington National Science Foundation Bioengineering Panel eingeführt und definiert die *„Anwendung von Prinzipien und Methoden der Technik und der Lebenswissenschaften mit dem Ziel der Erforschung von Struktur-Funktions-Beziehungen in normalen und pathologischen Geweben und die Entwicklung biologischer Substitute"* (s. Lanza et al. 2000b).

2.1.4.1 Grundlagen des Tissue engineering

Gewebe höherer Organismen bestehen aus gewebespezifischen Zellen, die von extrazellulären Matrixproteinen umgeben sind und die unter dem Einfluss von Wachstumsfaktoren und Signalmolekülen durch komplexe Zell-Zell-Interaktionsmechanismen miteinander kommunizieren. Die Konstruktion von funktionsfähigen Geweben außerhalb des Organismus mit Hilfe des Tissue engineering erfordert demzufolge eine Interaktion der 3 Fachgebiete Zellbiologie, Materialwissenschaften (Polymer- und Proteinbiochemie) und Biotechnologie.

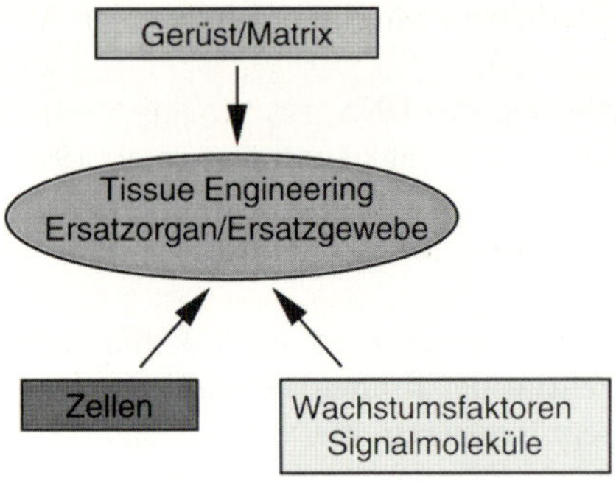

Abb. 2.1.15. Tissue engineering zur Herstellung von Ersatzgeweben oder -organen erfordert die Interaktion von Zellen mit Wachstumsfaktoren und Signalmolekülen im Zusammenhang mit Trägermaterialien, die aus abiotischen Gerüstsubstanzen und/oder biotischen Matrixmolekülen bestehen können

Prinzipiell gibt es 2 Strategien, nach denen eine Gewebereparatur im Körper des Patienten erfolgen kann:

1. Zellen eines Spenders (allogen) oder des Patienten selbst (autolog) werden in ein dreidimensionales Gerüst aus biologisch abbaubaren Trägermaterialien eingelagert. Das Gebilde aus Zellen und Trägermaterial wird danach in das defekte Organ oder zerstörte Gewebe transplantiert. Im Organismus vermehren sich die Zellen unter der Einwirkung körpereigener, gewebespezifischer Wachstumsfaktoren und Signalmoleküle und organisieren sich zu einem funktionierenden Gewebekompartment, während das Trägermaterial vom Körper resorbiert bzw. abgebaut wird. Diese Strategie wird beim Tissue engineering verfolgt (Abb. 2.1.15).
2. Spezifische Wachstumsfaktoren werden direkt in das defekte Gewebe injiziert und regen dort die Neubildung von gewebespezifischen Zellen an. Dies ist als eine in die fernere Zukunft gerichtete Therapiestrategie zur Geweberegeneration anzusehen.

Beide Strategien werden weltweit in Forschungsprogrammen verfolgt. Insbesondere die Erkenntnisse der Stammzellforschung werden das Gebiet des Tissue engineering und die zukünftige Entwicklung der regenerativen Medizin mit bestimmen.

Prinzipiell müssen beim Tissue engineering folgende Kriterien erfüllt sein:

- Blutversorgung (Vaskularisierung)
  Mit Ausnahme von Knorpel und den oberen Hautschichten benötigen alle inneren Gewebe ein funktionierendes System der Blutversorgung, d.h. es muss eine Versorgung der Gewebefragmente mit kleinen Blutgefäßen gewährleistet sein.
- Zellvermehrung
  Die Proliferation von Zellen ist eine entscheidende Voraussetzung für das Tissue engineering. Dies ist problematisch bei einigen Organen, wie z.B. Herz oder Niere, die terminal differenzierte Zellen enthalten, die sich nicht mehr vermehren lassen. Im Unterschied zur Stammzelltherapie werden beim Tissue engineering aber auch für diese Organsysteme Verfahren erarbeitet.
- Abstoßungsreaktionen
  Beim Einsatz immunologisch fremder Gewebe (allogen: gleiche Spezies, xenogen: fremde Spezies) ist z.T. mit erheblichen Abstoßungsreaktionen zu rechnen, sodass immunsuppressive Maßnahmen erforderlich sind. Bei xenogener Transplantation besteht außerdem die Gefahr der Übertragung von pathogenen Viren (z.B. porcine endogene Retroviren). Körpereigenen (autologen) Zellen oder Geweben ist der Vorzug zu geben, sie sind jedoch für viele Therapien nicht verfügbar, weil sie entweder infolge der Krankheit des Patienten geschädigt oder in kurzer Zeit durch Kulturverfahren nicht zu generieren sind.
- Überleben des Transplantats
  Die Integration und gewebespezifische Funktion des Transplantats sind für die Langzeitbehandlung eines Gewebe- oder Organdefekts ausschlaggebend: Bei einigen Krankheiten, so z.B. bei Autoimmunkrankheiten (rheumatoider Arthritis) würde auch Ersatzgewebe bald zerstört werden.
- Zellorientierung im Gewebeverband
  Zellen benötigen bestimmte gerichtete Zell-Substrat-Kontakte und mechanische Unterstützung, um gewebespezifische Leistungen zu erbringen.

Sowohl die zellulären als auch die azellulären Herstellungsverfahren des Tissue engineering unterliegen strengen Richtlinien des Arzneimittelgesetzes. Die Produktion und der Vertrieb von Gewebeimplantaten setzen eine Herstellungserlaubnis nach dem Arzneimittelgesetz voraus, die nur erteilt wird, wenn die Richtlinien der GMP erfüllt sind und die Herstellung in Reinstraumlaboratorien erfolgt.

Hinsichtlich der zellbiologischen Grundlagen des Tissue engineering hat die Erforschung der Mechanismen der Zell-Matrix-Interaktion besondere Bedeutung. Dabei sind 3 Kategorien von Zell-Matrix-Interaktionen zu unterscheiden (Martins-Green 2000):

1. Bei Typ-I-Zell-Matrix-Interaktionen sind Integrin- und Proteoglykanrezeptoren beteiligt, die bei Zelladhäsions- und Migrationsprozessen involviert sind, die z.B. die Bildung fokaler Kontakte und die Organisation intrazellulärer Aktinfilamente vermitteln.
2. Typ-II-Zell-Matrix-Interaktionen umfassen Prozesse, die Proliferation und Zellüberleben sowie Differenzierung und den Erhalt des Differenzierungsstatus kontrollieren, wie z.B. die Aktivierung intrazellulärer Signalkaskaden (z.B. Ras/Raf-MAPK-Kaskaden) oder ECM-vermittelte wachstumsfaktorkontrollierte Signalkaskaden.
3. Typ-III-Zell-Matrix-Interaktionen umfassen Prozesse, die zu Apoptose und epithel-mesenchymalen Transitionen führen und die z.B. ein Remodelling der extrazellulären Matrix regulieren (Martins-Green 2000).

2.1.4.2 Trägermaterialien

Trägermaterialien für das Tissue engineering müssen bestimmte Voraussetzungen erfüllen. Sie dürfen im Organismus des Patienten keine immunologischen Abstoßungsreaktionen bzw. allergenen Reaktionen hervorrufen oder zytotoxisch wirken. Die Trägermaterialien sollten biokompatibel sein und im Idealfall vom Körper resorbiert werden. Trägermaterialien müssen weiterhin eine gewebespezifische Organisation der Zellen und räumliche Integration im Gewebe ermöglichen, d.h. die gewebespezifische extrazelluläre Matrix muss in den Zell-Träger-Komplex integriert sein. Weiterhin muss das Trägermaterial eine ausreichende mechanische Unterstützungsfunktion gewährleisten und Formstabilität garantieren.

Trägermaterialien können abiotische Materialien, wie Metall, Plastik und Keramik, sein, so genannte „Bioprothesen", natürliche biologisch inerte synthetische Materialien, die aus resorbierbaren Polymeren bestehen, oder halbsynthetische Stoffe, die sich aus modifizierten natürlichen Materialien zusammensetzen, und natürliche Polymere, wie Proteine und Polysaccharide.

Neben traditionellen Materialien, wie Metall, Plastik und Keramik, finden bioresorbierbare Materialien, wie kollagenabgeleitete Bindegewebe, immer größere Anwendung. Jedoch dürfen die Abbauprodukte bioresorbierbarer Materialien keine unerwünschten zellulären Effekte haben.

Als Polymere kommen u.a. Polyglykolsäure (PGA), Polylaktat (PLA), Polykarbonat und Poly-ε-Caprolakton als Trägermaterialien für Knorpel, Urothel, glatte Muskelzellen und Haut zum Einsatz. Beispiele für natürliche Polymere sind modifizierte Polysaccharide (Glykosaminoglykane) oder Kollagen-Chondroitin-Sulfat-Aggregate, die bei Hauttransplantaten (s. Unterabschnitt „Künstliche Haut") eingesetzt werden. Weiterhin sind extrazelluläre Matrixbestandteile, wie Fibrinogen und Thrombin (fibrin glue), Elastin und Fibrin (Neuroplast) und Matrigel (aus Kollagen IV, Laminin, Proteoglykan und Wachstumsfaktoren) im Einsatz. Kollagengele (lattices) werden beim Tissue engineering mit Keratinozyten und endothelialen Zellen eingesetzt.

Trotz zahlreicher noch ungelöster Fragen im Hinblick auf die Konstruktion von künstlichen Geweben oder Organsystemen haben erste Anwendungen bereits Eingang in die klinische Praxis gefunden, die im Folgenden vorgestellt werden sollen. Eine ausführliche Darstellung des Tissue engineerings für zahlreiche andere Gewebe und Organe, die in den meisten Fällen jedoch noch in der Entwicklungsphase stehen, findet sich in Lanza et al. (2000b).

2.1.4.3 Konstruktion von Geweben in vitro

Künstliche Haut. Die Haut bildet das größte Organ des menschlichen Körpers. Sie setzt sich aus 2 Geweben zusammen,

- der Epidermis, die v.a. aus Keratinozyten besteht, und
- dem darunter liegenden Bindegewebe, der Dermis, die aus Fibroblasten gebildet wird und extrazelluläre Matrixproteine, wie Kollagene, Elastin und Glykosaminoglykane enthält (Abb. 2.1.16). Großflächige Verletzungen der Haut, z.B. nach Verbrennungen, stellen einen großen Bedarf für Hauttransplantate dar. Beim Tissue engineering der Haut ist es heute Bestreben, sowohl Zellen der Epidermis als auch der Dermis durch ein künstliches Zellimplantat zu ersetzen.

Erstmals gelang Rheinwald u. Green (1975) die Kultur von Keratinozyten als mehrschichtige differenzierende Zellen in einem serumhaltigen Medium, das Hydrokortison, epidermalen Wachstumsfaktor (EGF) und bestrahlte 3T3-Fibroblasten als Feederlayer enthielt. Durch weitere Supplementation des Mediums mit Insulin, Transferrin, Trijodthyronin (mitogen für Keratinozyten) und Choleratoxin (Steigerung des intrazellulären cAMP) konnte die Population neonataler Keratinozyten etwa 50- bis 60-mal verdoppelt werden. Auf diese Weise können Zellschichten von Keratinozyten (sheets), die eine bis zu 10000-mal größere Fläche als die originale Biopsie bildeten, gewonnen werden. Das bedeutet, dass aus einer Gewebeprobe von 2 cm^2 ein körpereigenes Hauttransplantat von etwa 2 m^2 gewonnen werden kann. Diese aus autologen Epithelzellen gewonnenen „sheet grafts" bildeten die ersten Hautzelltransplantate, die bei großflächigen Verbrennungen eingesetzt wurden (O'Connor et al. 1981) und auch heute noch in der Klinik verwendet werden.

Ein Problem dieser Therapie stellt jedoch die erforderliche 2- bis 3-wöchige Kultur der autologen Hautzellen (cultured epithelial autografts, CEA) dar. Keratinozyten von fremdem Spendergewebe (keratinocyte allografts) können das Problem nur vorübergehend lösen. Zwar werden sie nicht abgestoßen, da Keratinozyten keine MHC-II-HLA-Antigene besitzen, doch werden sie von körpereigenen Zellen überwuchert, sodass keine Langzeitüberlebensfähigkeit gewährleistet ist (Phillips u. Gilchrest 1991).

Wegen der Probleme möglicher Kontaminationen durch Serumbestandteile und Feederzellen wird intensiv an der Optimierung serumfreier Medien (in Abwesenheit von Feederzellen) unter Zusatz von extrazellulären Matrixfaktoren (Kollagene, Fibronektin, Laminin) sowie von Kalzium und Wachstumsfaktoren (Pomahac et al. 1998) gearbeitet.

Trotz der bisherigen klinischen Erfolge mit epithelialen Transplantaten erfordert die erfolgreiche Konstruktion künstlicher Haut den Ersatz sowohl der Epidermis als auch der Dermis. Letztere bereitet jedoch weitaus größere Probleme. Der wesentliche Bestandteil der Dermis sind Fibroblasten, welche eine extrazelluläre Matrix bilden, die aus Glykosaminoglykanen und Proteoglykanen (Chondroitin-, Dermatan-, Heparan- und Keratansulfat, Hyaluronsäure und Heparin) sowie fibrillären Matrixproteinen (Kollagene, Elastin) und Adhäsionsproteinen (Fibronektin, Laminin und Tenascin) besteht (Abb. 2.1.16). Die Dermis gibt mechanische Unterstützung, ist für die Elastizität der Haut verantwortlich und bildet den Anker für epitheliale Drüsen und Keratinstrukturen, z.B. Haare. Die Dermis unterstützt wesentlich die Reepithelialisierung und verbessert das Transplantationsergebnis in ästhetischer Hinsicht.

Die Entwicklung künstlicher Hautsubstitute aus Fibroblasten, Matrix und Epithelzellen hat deshalb

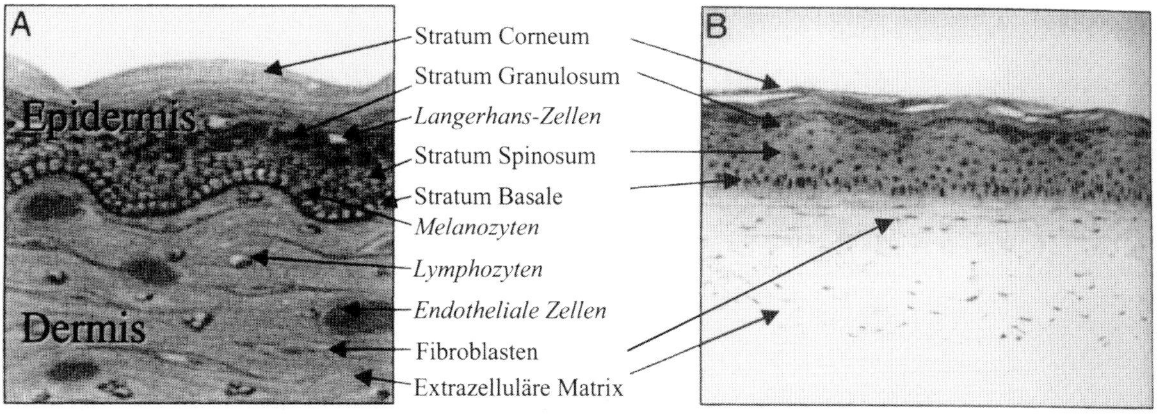

Abb. 2.1.16 A, B. Schematischer Querschnitt von Hautgewebe nach Entwicklung im lebenden Organismus (**A**) sowie nach Tissue engineering (**B**). Beim künstlich hergestellten Hautäquivalent fehlen Melanozyten (Pigmentzellen), Langerhans-Zellen, Lymphozyten und Endothelzellen, nach Parenteau et al. (2000)

besondere Bedeutung. Hierbei werden Fibroblasten mit Matrixproteinen (z. B. auf einem Netz aus Kollagenglykosaminoglykan) in Verbindung mit silikonunterstützten Epidermiszellen gleichzeitig oder in zeitlichem Abstand auf die geschädigten Hautbereiche aufgebracht (Burke et al. 1981, Yannas 1984). Auf dieser Grundlage sind verschiedene kommerzielle Produkte entwickelt worden, wie „Integra", „Dermagraft", „Apligraf" (Brown u. Porter 2000) oder „skin equivalent" („Skin^2", Freshney 1994), die sich in der Zusammensetzung der Matrixbestandteile und Gerüstsubstanzen unterscheiden. Auch diese „künstlichen Hautsubstitute" werden bei Verbrennungsschäden mit Erfolg eingesetzt (Navsaria et al. 1995).

Eine weitere Neuentwicklung ist die so genannte „Haut aus der Tube" (BioSeed), wobei es sich um ein autologes Hautersatzprodukt handelt, bei dem basale Vorläuferzellen der Haut des Patienten vermehrt und danach in einer Fibrinmatrix aufgenommen und übertragen werden. Hier wachsen die Zellen nach der Transplantation weiter und führen zum Wundverschluss, was insbesondere bei der Behandlung großflächiger Verbrennungswunden und chronischen therapieresistenten offenen Wunden zum Erfolg führte.

Regeneration von Knorpel- und Knochengewebe. Knorpel, Sehnen und Knochen sind Abkömmlinge mesenchymaler Stammzellen, die aus verschiedenen Geweben isoliert werden können. Knorpelgewebe benötigt nur wenig Nährstoffe und muss nicht über einsprossende Blutgefäße versorgt werden. Aus diesem Grund ist Knorpel neben Haut eines der wenigen bereits heute in Tissue-engineering-Verfahren hergestellten Implantate aus patienteneigenen Zellen. Bei jährlichen 85 000 künstlichen Hüft- und 20 000 Kniegelenkoperationen zur Behandlung von Arthrose ist auch hier der Bedarf außerordentlich hoch. Dazu können noch Hunderttausende orthopädische Fälle nach Unfällen und schwer heilende Knochendefekte gerechnet werden.

Eine besondere Anforderung bei der Knorpel- und Knochenregeneration wird an die mechanische Stabilität und Stützfunktion gestellt. Pionierarbeit auf dem Gebiet leisteten Benya u. Shaffer (1982), die Chondrozyten aus Gelenkknorpel von Kaninchen isolierten und in vitro kultivieren konnten. Basierend auf diesen und weiteren Vorarbeiten entwickelten Brittberg et al. (1994) die so genannte autologe Chondrozytentransplantation (ACT): Knorpelzellen aus dem gesunden Kniegelenk des Patienten werden durch Arthroskopie gewonnen, in Zellkultur vermehrt und in das geschädigte Kniegelenk transplantiert (Abb. 2.1.17). In ersten Langzeitstudien an 94 Patienten wurden gute bis sehr gute Ergebnisse der autologen Chondrozytentransplantation am Knie erzielt (Petersen et al. 2000).

Neben der Regeneration von Knorpelgewebe in Gelenken kann Knorpel bereits eingesetzt werden, um ganze Organe, wie Ohrmuscheln oder Nasenbeine, in der plastischen Chirurgie herzustellen. Zur Herstellung eines künstlichen Ohrknorpels wird z. B. eine ohrmuschelförmige Polymermatrix mit körpereigenen Knorpelzellen besiedelt oder ein künstliches Gerüst aus Polymeren in Form einer Nase mit Chondrozyten beimpft. Die Knorpelzellen wachsen in das Trägermaterial ein und ersetzen es, sodass es zur Transplantation eingesetzt werden kann (Mooney u. Mikos 1999).

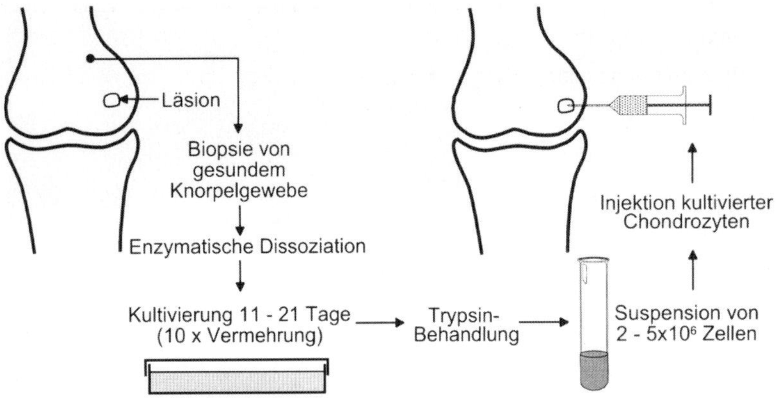

Abb. 2.1.17. Autologe Chondrozytentransplantation, Erklärung s. Text, nach McPherson u. Tubo (2000)

Eine Quelle für mesenchymale Stammzellen zur Generation von Knorpel-, Sehnen-, Knochen-, Fettzellen sowie weiteren Geweben (Abb. 2.1.13) stellt das Knochenmark dar. Es ist bereits heute möglich, mesenchymale Stammzellen aus dem Knochenmark zu isolieren und in Zellkultur zu vermehren. Auf diese Weise können aus einer kleinen Knochenmarkbiopsie mesenchymale Stammzellen gewonnen, über 30 Passagen kultiviert und effizient (auf über 1 Billion) vermehrt werden (Bruder u. Caplan 2000). Es wurden zahlreiche Faktoren und Signalmoleküle identifiziert, die die chondrogene und osteogene Differenzierung mesenchymaler Stammzellen regulieren. An Tiermodellen (canine femoral gap defect model) wurden keramische Materialien getestet, um als Stützsystem für humane mesenchymale Stammzellen aus Knochenmark zu dienen (ceramic cube assay). Diese künstlichen Knochenstrukturen wurden bereits erfolgreich in Tiermodellen implantiert und erwiesen sich auch in biomechanischer Hinsicht geeignet. Allerdings ist für Knochengewebe das Problem der fehlenden Vaskularisierung noch nicht gelöst (Bruder u. Kaplan 2000).

Weitere Kenntnisse der Biologie mesenchymaler Stammzellen sowie die Entwicklung geeigneter Trägersubstanzen werden zukünftig neue Möglichkeiten für den Ersatz von Knochen, Sehnen und anderen mesenchymalen Geweben ermöglichen.

Neben diesen ersten Beispielen für den erfolgreichen Einsatz von Tissue-engineering-Methoden sind auf einigen weiteren Gebieten Anwendungsmöglichkeiten in Sicht, so z.B. für kardiovaskuläre Erkrankungen (Kocher et al. 2001, Li et al. 2000, Steinhoff et al. 2000) sowie bei Herzinfarkt (Orlic et al. 2001), von künstlicher Hornhaut (Trinkaus-Randall 2000) sowie für die Entwicklung einer künstlichen Blase (Oberpenning et al. 1999). Für andere Organe, wie die Bauchspeicheldrüse, sind große Anstrengungen unternommen worden, z.B. über genetische Manipulation von somatischen Spenderzellen und Enkapsulierungsmethoden eine künstliche Bauchspeicheldrüse zu entwickeln (Shapiro et al. 2000, Wang u. Lanza 2000). Eine erfolgreiche Therapie zur Behandlung von Hunderttausenden von Diabetespatienten wird derzeit jedoch noch durch einen Mangel an Spenderzellen begrenzt (Zwillich 2000). Diesem Mangel könnte in der Zukunft durch den Einsatz von embryonalen sowie gewebespezifischen adulten Stammzellen begegnet werden.

2.1.5 Ausblick

Zelluläre Kommunikation im Gewebeverband spielt bei der Entwicklung und Funktion gesunder Gewebe und Organe sowie bei der Entstehung von Krankheiten eine wesentliche Rolle. Diese Mechanismen der zellulären Interaktion und der Zell-Matrix-Wechselwirkung sind von gravierender Bedeutung für die gewebespezifische Funktion im Organismus. Die Prozesse können – wie im vorliegenden Beitrag gezeigt – an vielen Zelltypen mit Hilfe kultivierter Zellen auch außerhalb des Organismus untersucht werden.

Die Methodik der Zellkultur ist heute dem empirischen Stadium entwachsen. Die Anwendung modernster molekular- und zellbiologischer Techniken im Zusammenhang mit der Entwicklung hoch komplexer Zellmodelle erlaubt es, von Zellkulturen der „2. und 3. Generation" zu sprechen. Darunter werden in erster Linie dreidimensionale Zellmodelle zusammengefasst, bei denen im Vergleich zu den vielfach noch gebräuchlichen zweidimensionalen Kulturen eine den In-vivo-Verhältnissen entsprechende Anordnung und Interaktion der Zellen erreicht wird. Unter diesen Bedingungen entwickeln Zellen auch in Kultur gewebespezifische Leistungen, die denen im lebenden Organismus bereits recht nahe kommen. Die Kultivierung von Zellen in dreidimensionalen Aggregaten und die Verwendung von Wachstums- und extrazellulären Matrixfaktoren erlaubt Untersuchungen von Zell-Zell- und Zell-Matrix-Interaktionen unter histiotypischen/organotypischen Bedingungen, ohne dass für derartige Untersuchungen lebende Tiere zur Organentnahme und zu unmittelbaren Versuchszwecken verwendet werden müssen.

Mit Hilfe von Zellkulturen sind eine Vielzahl von diagnostischen Verfahren entwickelt worden, angefangen von der pränatalen Diagnose bis hin zur Untersuchung komplexer pathologischer Zustandsformen, wie Metastasierung und Invasivität. Der vorangegangene Beitrag hat Beispiele für derartige zell- und molekularbiologische, genetische, entwicklungsbiologische und biochemische Untersuchungsverfahren mit Zellmodellen aufgezeigt, die in der medizinischen Grundlagenforschung und in der klinischen Medizin Anwendung finden.

Darüber hinaus ist die moderne Biotechnologie ohne Zellkulturen nicht mehr denkbar, und viele biotechnologische Verfahren und Produkte auf der Grundlage tierischer und humaner Zellen kommen der medizinischen Diagnostik und Therapie zugute.

Weiterhin wurde in den vorangegangenen Abschnitten an einigen Beispielen demonstriert, dass in Kultur generierte Zellen und Gewebe durch Verfahren des Tissue engineering bereits heute für einen Gewebeersatz in der klinischen Praxis eingesetzt werden können.

2.1.6 Zellbanken

Einige wichtige Zellbanken sind:

1. American Type Culture Collection (ATCC), 10801 University Boulevard, Manassas, VA 20110-2209, USA (Fax: ++1-703-365-2701, email: news@atcc.org, Internet: http://www.atcc.org/contact.cfm)
2. European Collection of Animal Cell Cultures (ECACC), Centre for Applied Microbiology and Research, Porton Dawn, Salisbury, Wiltshire SP4 OBR, UK (Fax: ++44-1980-611315, email: ecacc@camr.org.uk, Internet: www.ecacc.org.uk)
3. Deutsche Sammlung von Mikroorganismen und Zellkulturen GmbH (DSMZ) - Bereich Menschliche und Tierische Zellkulturen - Mascheroder Weg 1b, D-38124 Braunschweig (Fax: ++49-531-2616-150, email: mutz@dsmz.de, Internet: http://www.dsmz.de).

2.1.7 Literatur

Absher PM, Absher RG (1976) Clonal variation and aging of diploid fibroblasts. Exp Cell Res 103:247–255

Acker H, Carlsson J, Durand R, Sutherland RM (1984) Spheroids in cancer research: methods and perspectives. Springer, Berlin Heidelberg New York

Aigner J, Kloth S, Kubitza M, Kashgarian M, Dermietzel R, Minuth WW (1994) Maturation of renal collecting duct cells in vivo and under perifusion culture. Epithelial Cell Biol 3:70–78

Arrighi FE, Hsu TC (1971) Localization of heterochromatin in human chromosomes. Cytogenetics 10:81–86

Atterwill CK (1989) Brain reaggregate cultures in neurotoxicological investigations: adaptational and neuroregenerative processes following lesions. Mol Toxicol 2:489–502

Bader A, Zech K, Crome O et al. (1994) Use of organotypical cultures of primary hepatocytes to analyse drug biotransformation in man and animals. Xenobiotica 24:623–633

Bader A, Knop E, Böker K et al. (1995) A novel bioreactor design for in vitro reconstruction on in vivo liver characteristics. Artif Organs 19:368–374

Bagutti C, Wobus AM, Fässler R, Watt FM (1996) Differentiation of embryonale stem cells into keratinocytes: comparison of wild-type and $\beta 1$ integrin-deficient cells. Dev Biol 179:184–196

Barritt GJ (1992) Communication within cells. Oxford University Press, Oxford New York

Bartlett PF, Reid HH, Bailey KA, Bernard O (1988) Immortalization of mouse neural precursor cells by the *c-myc* oncogene. Proc Natl Acad Sci USA 85:3255–3259

Bell E (2000) Tissue engineering in perspective. In: Lanza RP, Langer R, Vacanti J (eds) Principles of tissue engineering. Academic Press, San Francisco New York, pp XXXV–XI

Benda P, Lightbody J, Sato G, Levine L, Swee W (1968) Differentiated rat glial cell strain in tissue culture. Science 161:370–371

Benya PD, Shaffer JD (1982) Dedifferentiated chondrocytes reexpress the differentiated collagen phenotype when cultured in agarose gels. Cell 1:215–224

Bernstein A (1975) Differentiation of clonal lines of teratocarcinoma cells: formation of embryoid bodies in vitro. Proc Natl Acad Sci USA 72:1441–1445

Berufsgenossenschaft der Chemischen Industrie (Hrsg) (1989) Sichere Biotechnologie, Teil 2 und 3, Merkblatt M 056 und M 057, 3/89. Jedermann-Verlag Dr. Otto Pfeffer, Heidelberg

Berufsgenossenschaft der Chemischen Industrie (Hrsg) (1991) Sichere Biotechnologie, Eingruppierung biologischer Agenzien: Viren. Berufsgenossenschaft der chemischen Industrie, Merkblatt B 004, 4/91 (ZH 1/344)

Bissell DM, Hammaker LE, Meyer UC (1973) Parenchymal cells from adult rat liver in nonproliferating monolayer culture. J Cell Biol 59:722–734

Bissell DM, Arenson DM, Maher JJ, Roll FJ (1987) Support of cultured hepatocytes by a laminin-rich gel. J Clin Invest 79:801–812

Bjornson CR, Rietze RL, Reynolds BA, Magli MC, Vescovi AL (1999) Turning brain into blood: a hematopoietic fate adopted by adult neural stem cells. Science 283:534–537

Blau HM, Brazelton TR, Weimann JM (2001) The evolving concept of a stem cell: entity or function. Cell 105:829–841

Böck P (ed) (1989) Romeis Mikroskopische Technik. Urban & Schwarzenberg, München Wien Baltimore

Bodnar AG, Ouellette M, Frolkis M et al. (1998) Extension of life-span by introduction of telomerase into normal human cells. Science 279:349–352

Boncinelli E, Simeone A, Acampora D, Mavilio F (1991) Hox gene activation by retinoic acid. Trends Genet 7:329–334

Borenfreund E, Puerner JA (1985) Toxicity determined in vitro by morphological alterations and neutral red absorption. Toxicol Letters 24:119–124

Borenfreund E, Babich H, Martin-Alguacil N (1988) Comparisons of two in vitro cytotoxicity assays – The neutral red (NR) and tetrazolium (MTT) test. Toxicol In Vitro 2:1–6

Boukamp P, Dzarliewa-Petrusevska RT, Breitkreutz D, Hornung J, Markham A, Fusenig NE (1988) Normal keratinization in a spontaneously immortalized aneuploid human keratinocyte cell line. J Cell Biol 106:761–771

Boxberger H-G, Meyer TF (1994) A new method for the 3-D in vitro growth of human RT112 bladder carcinoma cells using the alginate culture technique. Biol Cell 82:109–119

Bradley A (1987) Production and analysis of chimeric mice. In: Robertson EJ (ed) Teratocarcinomas and Embryonic Stem Cells: A Practical Approach. IRL Press, Oxford

Bradley A, Evans M, Kaufman MH, Robertson E (1984) Formation of germ-line chimaeras from embryo-derived teratocarcinoma cell lines. Nature 309:255–256

Brazelton TR, Rossi FMV, Keshet GI, Blau HM (2000) From marrow to brain: expression of neuronal phenotypes in adult mice. Science 290:1775–1779

Brittberg M, Lindahl A, Nilsson A, Ohlsson C, Isaksson O, Peterson L (1994) Treatment of deep cartilage defects in the knee with autologous chondrocyte transplantation. N Engl J Med 331:889–895

Brown RA, Porter RA (2000) Tissue engineering. In: Masters JRW (ed) Animal cell culture. Oxford University Press, Oxford New York, pp 149–173

Bruder SP, Caplan AI (2000) Bone regeneration through cellular engineering. In: Lanza RP, Langer R, Vacanti J (eds) Principles of tissue engineering, 2nd edn. Academic Press, San Francisco New York, pp 683–696

Bugaisky LB, Zak B (1989) Differentiation of adult rat cardiac myocytes in cell culture. Circ Res 64:493–500

Bundesminister für Arbeit und Sozialordnung (1988) Unfallverhütungsvorschrift, Abschnitt 31 „Biotechnologie" (VBG 102). Berufsgenossenschaft der chemischen Industrie vom 1. Januar 1988

Bundesregierung (1990) Gesetz zur Regelung der Gentechnik (Gentechnikgesetz, GenTG) vom 20. Juli 1990; erste Novellierung zum GenTG vom 23.12.1993. Bundesgesundheitsbl I:1080

Burgess AW, Metcalf D (1980) The nature and action of granulocyte-macrophage colony-stimulating factors. Blood 56:947–958

Burke JF, Yannas IC, Quinby WC Jr, Bondoc CC, Jung WK (1981) Successful use of a physiologically acceptable artificial skin in the treatment of extensive burn injury. Ann Surg 194:413–428

Caplan AI, Bruder SP (2001) Mesenchymal stem cells: building blocks for molecular medicine in the 21st century. Trends Mol Med 6:259–264

Caputo JL (1988) Biosafety procedures in cell culture. J Tissue Cult Methods 11:223–227

Carrel A (1912) On the permanent life of tissues outside of the organism. J Exp Med 15:516–528

Caspersson T, Lomakka G, Zech L (1971) 24 fluorescence patterns of human metaphase chromosomes – distinguishing characters and variability. Hereditas 67:89–102

Chen TR (1977) In situ demonstration of mycoplasma contamination in cell cultures by fluorescent Hoechst 33258 stain. Exp Cell Res 104:255–262

Choi KW, Bloom AD (1970) Cloning human lymphocytes *in vitro*. Nature 227:171–173

Cinatl J, Tolar M (1971) Die Technik der Zellkultivation. In: Mauersberger B (ed) Aktuelle Probleme der Zellzüchtung. Fischer, Jena

Claycomb WC, Lanson N (1984) Isolation and culture of the terminally differentiated adult mammalian ventricular cardiac muscle cells. In Vitro 20:647–651

Clothier RH, Hulme L, Ahmed AB, Reeves HL, Smith M, Balls A (1988) In vitro cytotoxicity of 150 chemicals to 3T3-L1 cells, assessed by the frame kenacid blue method. ATLA 16:84–95

Collins SJ, Gallo RC, Gallagher RE (1977) Continuous growth and differentiation of human myeloid leukaemic cells in suspension culture. Nature 270:347–349

Coulter WH (1956) High speed automatic cell counter and cell size analyzer. Proceedings of the National Electronics Conference, Chicago, 12:1034–1040

Cross M, Dexter TM (1991) Growth factors in development, transformation and tumorigenesis. Cell 64:271–280

Dawe CJ, Potter M (1957) Morphologic and biologic progression of a lymphoid neoplasm of the mouse in vivo and in vitro. Am J Pathol 33:603

Delcarpio JB, Lanson NA Jr, Field LJ, Claycomb WC (1991) Morphological characterization of cardiomyocytes isolated from a transplantable cardiac tumor derived from transgenic mouse atria (AT-1 cells). Circ Res 69:1591–1600

Dexter TM, Allen TD, Lajtha LG (1977) Conditions controlling the proliferation of haemopoietic stem cells in vitro. J Cell Physiol 91:335–345

Dexter TM, Spooncer E, Simmons P, Allen TD (1984) Long-term marrow culture: an overview of technique and experience. In: Wright DG, Greenberger JS (eds) Long-term bone marrow culture, Kroc Foundation Series 18. Liss, New York, pp 57–96

Dich J, Vind C, Grunnet N (1988) Long-term culture of hepatocytes: effect of hormones on enzyme activities and metabolic capacity. Hepatology 8:39–45

Doetschman TC, Eistetter HR, Katz M, Schmidt W, Kemler R (1985) The in vitro development of blastocyst-derived embryonic stem cell lines: formation of visceral yolk sac, blood islands and myocardium. J Embryol Exp Morph 87:27–45

Döhmer J, Erfle V, Hunsmann G et al. (1991) Gefährdungspotential durch Retroviren beim Umgang mit tierischen Zellkulturen. Bioforum 14:428–436

Doyle A, Griffiths JB (eds) (2000) Cell and tissue culture for medical research. Wiley, Chichester New York

Doyle A, Griffiths JB, Newell DG (eds) (1998) Cell & tissue culture: laboratory procedures. Wiley, Chichester New York

Drab M, Haller H, Bychkov R et al. (1997) From totipotent embryonic stem cells to spontaneously contracting smooth muscle cells: a retinoic acid and db-cAMP in vitro differentiation model. FASEB J 11:905–915

Dunn JCY, Yarmush ML, Koebe HG, Tompkins RG (1989) Hepatocyte function and extracellular matrix geometry: long-term culture in a sandwich configuration. FASEB J 3:174–177

Dutrillaux B, Finaz C, Grouchy J de, Lejeune J (1972) Comparison of banding patterns of human chromosomes obtained with heating, fluorescence, and proteolytic digestion. Cytogenetics 11:113–116

Eagle H (1955) Nutrition needs of mammalian cells in tissue culture. Science 122:501–504

Eisen H, Bach R, Emery R (1977) Induction of spectrin in Friend erythroleukaemic cells. Proc Natl Acad Sci USA 74:3898–4002

Eppenberger M, Hauser I, Eppenberger HM (1987) Myofibril formation in longterm-cultures of adult rat heart cells. Biomed Biochim Acta 46:640–645

Eschenhagen T, Fink C, Remmers U et al. (1997) Three-dimensional reconstitution of embryonic cardiomyocytes in a collagen matrix: new heart muscle model system. FASEB J 8:683–694

Evans MJ, Kaufman MH (1981) Establishment in culture of pluripotential stem cells from mouse embryos. Nature 291:154–156

Fischer G, Wieser RJ (1983) Hormonally defined media. Springer, Berlin Heidelberg New York

Flori E, Nisani I, Flori J, Dellenbach P, Ruch JV (1985) Direct fetal chromosome studies from chorionic villi. Prenat Diagn 5:287–289

Fogh J (1977) Absence of HeLa cell contamination in 169 cell lines derived from human tumors. J Natl Cancer Inst 58:209–214

Freshney RI (ed) (1992) Animal cell culture, a practical approach. The practical approach series, 2nd edn. IRL Press, Oxford

Freshney RI (1994) Culture of animal cells. A manual of basic techniques, 3rd edn. Wiley, Chichester New York

Fuchs E, Segre JA (2000) Stem cells: a new lease on life. Cell 100:143–155

Fusenig NE (1992) Cell interaction and epithelial differentiation. In: Freshney RI (ed) Culture of epithelial cells. Wiley-Liss, New York, pp 26–57

Fusenig NE (1994) Epithelial-mesenchymal interactions regulate keratinocyte growth and differentiation in vitro. In: Leigh I, Lane B, Watt F (eds) The keratinocyte handbook. Cambridge University Press, Cambridge, pp 71–94

Fusenig N, Boukamp P (1994) Carcinogenesis studies of human cells: reliable in vitro models. In: Fusenig NE, Graf H (eds) Cell culture in pharmaceutical research. Springer, Berlin Heidelberg New York, pp 80–102

Garcia I, Martinou I, Tsujimoto Y, Martinou J-C (1992) Prevention of programmed cell death of sympathetic neurons by the *bcl-2* protooncogene. Science 258:302–304

Gaush CR, Hard WL, Smith TF (1966) Characterization of an established line of canine kidney cells (MDCK). Proc Soc Exp Biol Med 122:931–933

Gerlach JC (1996) Development of a hybrid liver support system: a review. Int J Artif Organs 19:645–654

Gerlach JC, Neuhaus P (1994) Culture model for primary hepatocytes. In Vitro Cell Dev Biol 30A:640–642

Gey GO, Coffman WD, Kubicek MT (1952) Tissue culture studies of the proliferative capacity of cervical carcinoma and normal epithelium. Cancer Res 12:364–365

Gilbert DA, Reid YA, Gail MH et al. (1990) Application of DNA fingerprints for cell-line individualization. Am J Hum Genet 47:499–514

Gill P, Jeffreys AJ, Werrett DJ (1985) Forensic application of DNA 'fingerprints'. Nature 318:577–579

Gosden CM, Davidson C, Robertson M (1992) Lymphocyte culture. In: Rooney DE, Czerpulkowski BH (eds) Human cytogenetics – a practical approach, vol 1. IRL Press, Oxford, pp 31–54

Green H, Kehinde O (1974) Sublines of mouse 3T3 cells that accumulate lipid. Cell 1:113–116

Green LA, Tischler AS (1976) Establishment of a noradrenergic clonal line of rat adrenal pheochromocytoma cells which respond to nerve growth factor. Proc Natl Acad Sci USA 73:2424–2428

Griffiths B (2000) Scaling-up of animal cell cultures. In: Masters JRW (ed) Animal cell culture. Oxford University Press, Oxford New York, pp 19–67

Grizzle WE, Polt SS (1988) Guidelines to avoid personnel contamination by infective agents in research laboratories that use human tissues. J Tissue Cult Meth 11: 191–199

Guan K, Chang H, Rolletschek A, Wobus AM (2001) Embryonic stem cell-derived neurogenesis – Retinoic acid induction and lineage selection of neuronal cells. Cell Tissue Res 305:171–176

Guguen-Guillouzo C, Clement B, Baffet G et al. (1983) Maintenance and reversibility of active albumin secretion by adult rat hepatocytes co-cultured with another liver epithelial cell type. Exp Cell Res 143:47–54

Halle W (1976) Zell- und Gewebezüchtung bei Tieren. VEB Gustav Fischer, Jena

Halle W, Spielmann H (1994) Zur Qualität der Vorhersage der akuten Toxizität (LD50) aus der Zytotoxizität (IC50x) für eine Gruppe von 26 Neurotropika aufgrund der Daten des „Erweiterten Registers der Zytotoxizität". ALTEX (Alternat Tierexp) 11:148–153

Halle W, Wollenberger A (1971) Differentiation and behavior of isolated embryonic and neonatal heart cells in a chemically defined medium. Am J Cardiol 25:292–299

Ham RG, McKeehan WL (1978) Development of improved media and culture conditions for clonal growth of normal diploid cells. In Vitro 14:11–22

Hamburger V, Hamilton HL (1951) A series of normal stages in the development of the chick embryo. J Morphol 88: 49–92

Harrison RG (1907) Observations on the living developing nerve fibre. Anat Rec 1:116–118

Hart IK, Richardson WD, Bolsover SR, Raff MC (1989) PDGF and intracellular signaling in the timing of oligodendrocyte differentiation. J Cell Biol 109:3411–3417

Hartley RS, Yablonka-Reuveni Z (1990) Long-term maintenance of primary myogenic cultures on a reconstituted basement membrane. In Vitro Cell Dev Biol 26:955–961

Hartung T, Wendel A (1993) Entwicklung eines Zellkulturmodelles für das Organversagen im septischen Schock. ALTEX (Alternat Tierexp) 18:16–24

Hartung T, Gstraunthaler G, Coecke S, Lewis D, Blanck O, Balls M (2001) Good Cell Culture Practice (GCCP) – eine Initiative zur Standardisierung und Qualitätssicherung von in vitro Arbeiten. Die Etablierung einer ECVAM Task Force on GCCP. ALTEX (Alternat Tierexp) 18:75–78

Hay RJ (1992) Cell line preservation and characterization. In: Freshney RI (ed) Animal cell culture – a practical approach. IRL Press, Oxford, pp 95–148
Hayflick L (1963) Comparison of primary monkey kidney, heteroploid cell lines and human dipoid cell strains for human vaccine preparation. Annu Rev Dis 88:387–393
Hayflick L (1965) The limited in vitro lifetime of human diploid cell strains. Exp Cell Res 37:614–636
Hayflick L (1973) The biology of human aging. Am J Med Sci 265:433–445
Hayflick L (1980) The cell biology of human aging. Sci Am 242:58–66
Hayflick L (1991) Aging under glass. Mutat Res 256:69–80
Hayflick L, Moorhead PS (1961) The serial cultivation of human diploid cell strains. Exp Cell Res 25:585–621
Heidemann R, Riese U, Lütkemeyer D, Büntemeyer H, Lehmann J (1994) The Super-Spinner: a low cost animal cell culture bioreactor for the CO_2 incubator. Cytotechnology 14:1–9
Herbert B-S, Pitts AE, Baker SI et al. (1999) Inhibition of human telomerase in immortal human cells leads to progressive telomere shortening and cell death. Proc Natl Acad Sci USA 96:14276–14281
Hille B (1992) Ionic channels of excitable membranes, 2nd edn. Sinauer, Sunderland, MA
Hopert A, Uphoff CC, Wirth M, Hauser H, Drexler HG (1993) Specificity and sensitivity of polymerase chain reaction (PCR) in comparison with other methods for the detection of mycoplasma contamination in cell lines. J Immunol Meth 164:91–100
Hsie AW, Puck TT (1971) Morphological transformation of Chinese hamster cells by dibutyryl adenosine cyclic 3′:5′-monophosphate and testosterone. Proc Natl Acad Sci USA 68:358–361
Hungerford DA, Donelly AJ, Nowell PC, Beck S (1959) The chromosome constitution of a human phenotypic intersex. Am J Hum Genet 11:215–236
Isenberg G, Klöckner U (1982) Calcium tolerant ventricular myocytes prepared by preincubation in a "KB medium". Pflügers Arch 395:6–18
Jacobs JP (1970) Characteristics of a human diploid cell designated MRC-5. Nature 227:168–170
Jaffredo T, Chestier A, Bachnou N, Dieterlen-Lievre F (1991) MC29-immortalized clonal avian heart cell lines can partially differentiate in vitro. Exp Cell Res 192:481–491
Jauregui HO, McMillan PN, Driscoll J, Naik S (1986) Attachment and long term survival of adult rat hepatocytes in primary monolayer cultures: comparison of different substrata and tissue culture media formulations. In Vitro Cell Dev Biol 22:13–22
Jeffreys AJ, Brookfield JFY, Semeonoff R (1985a) Positive identification of an immigration test-case using human DNA fingerprints. Nature 317:818–819
Jeffreys AJ, Wilson V, Thein SL (1985b) Individual-specific 'fingerprints' of human DNA. Nature 316:76–81
Kamb A (1995) Cell-cycle regulators and cancer. Trends Genet 11:136–140
Kao F-T, Puck TT (1968) Genetics of somatic mammalian cells. VII. Induction and isolation of nutritional mutants in Chinese hamster cells. Proc Natl Acad Sci USA 60: 1275–1281
Karmiol S (2000) Development of serum-free media. In: Masters JRW (ed) Animal cell culture. Oxford University Press, Oxford New York, pp 105–121
Khan AS, Martin HA (1983) Endogenous murine leukemia proviral long terminal repeats contain a unique 190 bp-insert. Proc Natl Acad Sci USA 80:2699–2703
Kill IR, Faragher RGA (2000) Senescence, apoptosis and necrosis. In: Masters JRW (ed) Animal cell culture. Oxford University Press, Oxford New York, pp 281–302
Kim NW, Piatyszek MA, Prowse KR et al. (1994) Specific association of human telomerase activity with immortal cells and cancer. Science 266:2011–2015
Kloth S, Ebenbeck C, Kubitza M, Schmidbauer A, Röckl W, Minuth WW (1995) Stimulation of renal microvascular development under organotypic culture conditions. FASEB J 9:963–967
Knazek RA, Gullino P, Kohler PO, Dedrick R (1972) Cell culture on artificial capillaries. An approach to tissue growth in vitro. Science 178:65–67
Kocher AA, Schuster MD, Szabolcs MJ et al. (2001) Neovascularization of ischemic myocardium by human bone-marrow-derived angioblasts prevents cardiomyocyte apoptosis, reduces remodeling and improves cardiac function. Nat Med 7:430–436
Koren HS, Hardwerger BS, Wunderlich JR (1975) Identification of macrophage-like characteristics in a murine tumor cell line. J Immunol 114:894–897
Krasnoselsky A, Massay MJ, DeFrances MC, Michalopoulos G, Zarnegar R, Ratner N (1994) Hepatocyte growth factor is a mitogen for Schwann cells and is present in neurofibromas. J Neurosci 14:7284–7290
Kunz-Schughart LA, Mueller-Klieser W (2000) Three-dimensional culture. In: Masters JRW (ed) Animal cell culture. Oxford University Press, Oxford New York, pp 123–148
Land H, Parada LF, Weinberg RA (1983) Tumorigenic conversion of primary embryo fibroblasts requires at least two cooperating oncogenes. Nature 304:596–602
Lanson NA Jr, Glembotski CC, Steinhelper ME, Field LJ, Claycomb WC (1992) Gene expression and ANF processing and secretion in cultured AT-1 cells. Circulation 85:1835–1841
Lanza RP, Cibelli JB, Blackwell C et al. (2000a) Extension of cell life-span and telomere length in animals cloned from senescent somatic cells. Science 288:665–669
Lanza RP, Langer R, Vacanti J (2000b) Principles of tissue engineering, 2nd edn. Academic Press, New York
Lavappa KS, Macy ML, Shannon JE (1976) Examination of ATCC stocks for HeLa marker chromosomes in human cell lines. Nature 259:211–213
Layer PG, Weikert T, Willbold E (1992) Chicken retinospheroids as developmental and pharmacological in vitro models: acetylcholinesterase is regulated by its own and by butyrylcholinesterase activity. Cell Tissue Res 268: 409–418
Leffert H, Moran T, Sell S et al. (1978) Growth state-dependent phenotypes of adult hepatocytes in primary monolayer culture. Proc Natl Acad Sci USA 75:1834–1838
Levi-Montalcini R (1987) The nerve growth factor 35 years later. Science 237:1154–1162
Ley KD, Tobey RA (1970) Regulation of initiation of DNA synthesis in Chinese hamster cells: II. Induction of DNA synthesis and cell suspension culture. J Cell Biol 47:453–459
Li R-K, Yau TM, Weisel RD et al. (2000) Construction of a bioengineered cardiac graft. J Thorac Cardiovasc Surg 119:368–375
Lichter P, Cremer T (1992) Chromosome analysis by non-isotopic in situ hybridization, In: Rooney DE, Czerpul-

kowski BH (eds) Human cytogenetics – a practical approach, vol 1, 2nd edn. IRL Press, Oxford, pp 157–192
Lichter P, Cremer T, Borden J, Manuelidis L, Ward DC (1988) Delineation of individual human chromosomes in metaphase and interphase cells by in situ suppression hybridization using recombinant DNA libraries. Hum Genet 80:224–234
Lichter P, Boyle AL, Cremer T, Ward DC (1991) Analysis of genes and chromosomes by nonisotopic in situ hybridization. Genet Anal Techn Appl 8:24–35
Lillien LE, Sendtner M, Raff MC (1990) Extracellular matrix-associated molecules collaborate with ciliary neurotrophic factor to induce type-2 astrocyte development. J Cell Biol 111:635–644
Lin CC, Jorgenson KF, Sande JH van de (1980) Specific fluorescent bands on chromosomes produced by acridine orange after prestaining with base specific non-fluorescent DNA ligands. Chromosoma 79:271–286
Lindl T (2000) Zell- und Gewebekultur, 4. Aufl. Fischer, Stuttgart New York
Lindsay RM (1979) Adult rat brain astrocytes support survival of both NGF-dependent and NGF-insensitive neurones. Nature 282:80–82
Lobo-Alfonso J, Samrock R, Price P (1995) Isolation and culture of hepatocytes. Focus 17:6–9
Lubjuhn T, Schartl M, Epplen JT (1994) Methodik und Anwendungsgebiete des genetischen Fingerabdruckverfahrens. Biol Zeit 24:9–14
Maciera-Coelho A (1973) Cell cycle analysis. A. Mammalian cells. In: Kruse PF, Patterson MK (eds) Tissue culture methods and applications. Academic Press, New York, pp 412–422
Macpherson I, Stoker M (1962) Polyoma transformation of hamster cell clones – an investigation of genetic factors affecting cell competence. Virology 16:147–151
Maltsev VA, Rohwedel J, Hescheler J, Wobus AM (1993) Embryonic stem cells differentiate in vitro into cardiomyocytes representing sinusnodal, atrial and ventricular cell types. Mech Dev 44:41–50
Mareel M, Kint J, Meyvisch C (1979) Methods of study of the invasion of malignant C3H-mouse fibroblasts into embryonic chick heart in vitro. Virchows Arch 30:95–111
Mareel M, Bracke M, Roy F van (1995) Cancer metastasis: negative regulation by an invasion-suppressor complex. Cancer Detect Prevent 19:451–464
Marshall CJ (1991) Tumor suppressor genes. Cell 64:313–326
Martin G (1980) Teratocarcinomas and mammalian embryogenesis. Science 209:768–776
Martin G (1981) Isolation of a pluripotent cell line from early mouse embryos cultured in medium conditioned by teratocarcinoma cells. Proc Natl Acad Sci USA 78:7634–7638
Martins-Green M (2000) Dynamics of cell-ECM interactions. In: Lanza RP, Langer R, Vacanti J (eds) Principles of tissue engineering. Academic Press, New York, pp 33–55
Massague J (1990) The transforming growth factor-β family. Annu Rev Cell Biol 6:597–641
Masters JRW (2000) Animal cell culture – a practical approach, 3rd edn. Oxford University Press, Oxford
Mathon NF, Malcolm DS, Harrisingh MC, Cheng L, Lloyd AC (2001) Lack of replicative senescene in normal rodent glia. Science 291:872–875
Matsui Y, Zsebo K, Hogan BLM (1992) Derivation of pluripotential embryonic stem cells from murine primordial germ cells in culture. Cell 70:841–847
Maurer HR (1992) Towards serum-free, chemically defined media for mammalian cell culture. In: Freshney RI (ed) Animal cell culture – a practical approach. IRL Press, Oxford, pp 15–46
McLeod RAF, Drexler HG, Haene B (1992) Cells, lines and DNA fingerprinting. In Vitro Cell Dev Biol 28A:591–592
McPherson JM, Tubo R (2000) Articular cartilage injury. In: Lanza RP, Langer R, Vacanti J (eds) Principles of tissue engineering. Academic Press, New York, pp 697–709
Metcalf D (1989) The molecular control of cell division, differentiation, commitment and maturation of haematopoietic cells. Nature 339:27–30
Michalopoulos G, Sattler CA, GL Sattler, Pitot HC (1976) Cytochrom P-450 induction by phenobarbital and 3-methylcholanthrene in primary cultures of hepatocytes. Science 193:907–909
Minor PD (1994) Ensuring safety and consistency in cell culture production processes: viral screening and inactivation. Trends Biotechnol 12:257–261
Mintz B, Illmensee K, Gearhart JD (1975) Developmental and experimental potentialities of mouse teratocarcinoma cells from embryoid body cores. In: Sherma MI, Solter D (eds) Teratomas and differentiation. Academic Press, New York, pp 59–82
Minuth WW, Stöckl G, Kloth S, Dermietzel R (1992) Construction of an apparatus for perfusion cell cultures which enables in vitro experiments under organotypic conditions. Eur J Cell Biol 57:132–137
Minuth WW, Steiner P, Strehl R, Schumacher K, Vries U de, Kloth S (1999) Modulation of cell differentiation in perfusion culture. Exp Nephrol 7:394–406
Miyazaki M, Suzuki Y, Oda M, Kawai A, Bai L, Sato J (1989) Improved maintenance of adult rat hepatocytes in a new serum-free medium in the presence of barbiturates. In Vitro Cell Dev Biol 25:839–848
Mooney DJ, Mikos AG (1999) Growing new organs. Sci Am 280:60–65
Moorhead PS, Nowell PC, Mellman WJ, Battips DM, Hungerford DA (1960) Chromosome preparations of leukocytes cultured from human peripheral blood. Exp Cell Res 20:613–616
Moscona AA (1952) Cell suspensions from organ rudiments of chick embryos. Exp Cell Res 3:535–539
Moscona AA (1961) Rotation-mediated histogenetic aggregation of dissociated cells. Exp Cell Res 22:455–475
Mosmann T (1983) Rapid colorimetric assay for cellular growth and survival: application to proliferation and cytotoxic assays. J Immunol Meth 65:55–63
Movles JM (1989) Mycoplasma detection. In: Pollard JW, Walker JM (eds) Animal cell culture. Meth Mol Biol 5:65–74
Mueller-Klieser W (1987) Multicellular spheroids – a review on cellular aggregates in cancer research. J Cancer Res 113:101–122
Mueller-Klieser W (2000) Tumor biology and experimental therapeutics. Crit Rev Oncol Hematol 36:123–139
Mummery CL, Feijen A, Saag PT van der, Brink CE van den, Laat SW de (1985) Clonal variants of differentiated P19 embryonal carcinoma cells exhibit epidermal growth factor receptor kinase activity. Dev Biol 109:402–410
Mummery CL, Feijen A, Brink CE van den, Moolenaar WH, Laat SW de (1986) Establishment of a differentiated mesodermal line from P19 EC cells expressing functional PDGF and EGF receptors. Exp Cell Res 165:229–242

Nakamura T, Nishizawa T, Hagiya M et al. (1989) Molecular cloning and expression of human hepatocyte growth factor. Nature 342:440–443
National Institutes of Health (2001) Stem cells: scientific progress and future research directions. http://www.nih.-gov/news/stemcell/scireport.htm
Navsaria HA, Myers SR, Leigh IM, McKay IA (1995) Culturing skin in vitro for wound therapy. Trends Biotechnol 13:91–100
Nelson-Rees WA, Flandermeyer RR (1977) Inter- and intraspecies contamination of human breast tumor cell lines HBC and BrCa5 and other cell cultures. Science 195: 1343–1344
Nelson-Rees WA, Flandermeyer RR, Hawthorne PK (1974) Banded marker chromosomes as indicators of intraspecies cellular contamination. Science 184:10993–10996
Nelson-Rees WA, Daniels DW, Flandermeyer RR (1981) Cross-contamination of cells in culture. Science 212:446–447
Nissen E, Schulze P, Böthig B (1993) Erfahrungen mit der Eliminierung von Mycoplasmen aus kontaminierten Zellkulturen. Lab Med 17:347–349
Oberpenning F, Meng J, Yoo JJ, Atala A (1999) De novo reconstitution of a functional mammalian urinary bladder by tissue engineering. Nat Biotechnol 17:149–155
O'Brien SJ, Shannon JE, Gail MH (1980) Molecular approach to the identification and individualization of human and animal cells in culture: isozyme and allozyme genetic signatures. In Vitro 16:119–135
O'Connor NE, Mulliken JB, Banks-Schlegel S, Kehinde O, Green H (1981) Grafting of burns with cultured epithelium prepared from autologous epidermal cells. Lancet I:75–78
Ohno T, Saijo-Kurita K, Miyamoto-Eimori N, Kurose T, Aoki Y, Yosimura S (1991) A simple method for in situ freezing of anchorage-dependent cells including rat liver parenchymal cells. Cytotechnology 5:273–277
Olive PL, Durand RE (1994) Drug and radiation resistance in spheroids: cell contact and kinetics. Cancer Metast Rev 13:121–138
Olsson I, Ologsson T (1981) Induction of differentiation in a human promyelocytic leukemic cell line (HL-60). Exp Cell Res 131:225–230
Orlic D, Kajstura J, Chimenti S et al. (2001) Bone marrow cells regenerate infarcted myocardium. Nature 410:701–705
Osborne CK, Hamilton B, Tisus G, Livingston RB (1980) Epidermal growth factor stimulation of human breast cancer cells in culture. Cancer Res 40:2361–2366
Osborne HB, Bakke AC, Yu J (1982) Effect of dexamethasone on HMBA-induced Friend cell erythrodifferentiation. Cancer Res 42:513–518
Pardue ML, Gall JG (1970) Chromosomal localization of mouse satellite DNA. Science 168:1356–1358
Parenteau NL, Hardin-Young J, Ross RN (2000) Skin. In: Lanza RP, Langer R, Vacanti J (eds) Principles of tissue engineering. Academic Press, New York, pp 879–890
Partridge TA (1997) Tissue culture of skeletal muscle. Methods Mol Biol 75:131–144
Pauli BU, Anderson SN, Memoli VA, Kuettner KE (1980) Development of an in vitro and in vivo epithelial tumor model for the study of invasion. Cancer Res 40:4571–4580
Pauli BU, Arsenis C, Hohberger LH, Schwartz DE (1986) Connective tissue degradation by invasive rat bladder carcinomas: action of nonspecific proteinases on collagenous matrices. Cancer Res 46:2005–2012
Pereira-Smith OM, Smith JR (1981) Evidence for the recessive nature of cellular immortality. Science 221:964–966
Pereira-Smith OM, Smith JR (1988) Genetic analysis of indefinite division in human cells: identification of four complementation groups. Proc Natl Acad Sci USA 85:6042–6046
Peterson L, Minas T, Brittberg M, Nilsson A, Sjögren-Jansson E, Lindahl A (2000) Two- to 9-year outcome after autologous chondrocyte transplantation of the knee. Clin Orthop 374:212–234
Petricciani RL (1991) Regulatory philosophy and acceptability of cells for the production of biologicals. Dev Biol Stand 75:9–15
Pfeiffer S, Jakob H, Mikoshiba K et al. (1981) Rapid differentiation of a teratocarcinoma line: development of cholinergic neurons. J Cell Biol 88:57–66
Phillips TJ, Gilchrest BA (1991) Cultured epidermal allografts as biological wound dressings. Prog Clin Biol Res 365:77–94
Piatyszek MA, Kim NW, Weinrich SL et al. (1995) Detection of telomerase activity in human cells and tumors by a telomeric repeat amplification protocol (TRAP). Methods Cell Sci 17:1–15
Pohamač B, Svenskö T, Yao F, Brown H, Eriksson E (1998) Tissue engineering of skin. Crit Rev Oral Biol Med 9: 333–334
Pollard JW, Walker JM (eds) (1997) Basic cell culture protocols. In: Walker JM (ed) Methods in molecular biology, vol 75, 2nd edn. Humana Press, Totowa, NJ
Ponten J (1971) Spontaneous and virus induced transformation in cell culture. Springer, Berlin Heidelberg New York
Puck TT, Marcus PI (1955) A rapid method for viable cell titration and clone production with HeLa cells in tissue culture: the use of X-irradiated cells to supply conditioning factors. Proc Natl Acad Sci USA 41:432–437
Raff MC (1989) Glial cell diversification in the rat optic nerve. Science 243:1450–1455
Ramaekers FCS, Puts JJG, Kant A, Moesker O, Jap PHK, Vooijs GP (1982) Use of antibodies to intermediate filaments in the characterization of human tumors. Cold Spring Harbor Symp Quant Biol 46:331–339
Reed JC (1994) Bcl-2 and the regulation of programmed cell death. J Cell Biol 124:1–6
Reinhardt CA (1991) Auf der Suche nach in vitro-Modellen für die Neuroteratologie. ALTEX (Altern Tierexp) 14:25–38
Rheinwald JG, Green H (1975) Serial cultivation of strains of human epidermal keratinocytes: the formation of keratinizing colonies from single cells. Cell 3:331–343
Rindler MJ, Chuman LM, Shaffer L, Saier MH Jr (1979) Retention of differentiated properties in an established dog kidney epithelial cell line (MDCK). J Cell Biol 81:635–648
Risau W, Sariola H, Zerwes H-G et al. (1988) Vasculogenesis and angiogenesis in embryonic stem cell-derived embryoid bodies. Development 102:471–478
Robertson E (1987) Embryo-derived stem cell lines. In: Robertson EJ (ed) Teratocarcinomas and embryonic stem cells – a practical approach. IRL Press, Oxford, pp 71–112
Rogiers V, Vandenberghe Y, Callaerts A, Sonck W, Vercruysse A (1990) Effects of dimethylsulphoxide on phase I and II biotransformation in cultured rat hepatocytes. Toxicol In Vitro 4:239–442

Rohwedel J, Maltsev V, Bober E, Arnold H-H, Hescheler J, Wobus AM (1994) Muscle cell differentiation of embryonic stem cells reflects myogenesis in vivo: developmentally regulated expression of myogenic determination genes and functional expression of ionic currents. Dev Biol 164:87–102

Rohwedel J, Horak V, Hebrok M, Füchtbauer E-M, Wobus AM (1995) M-twist expression inhibits mouse embryonic stem cell-derived myogenic differentiation in vitro. Exp Cell Res 220:92–100

Rohwedel J, Guan K, Wobus AM (1999) Induction of cellular differentiation by retinoic acid. Cells Tissues Organs 165:190–202

Rohwedel J, Guan K, Hegert C, Wobus AM (2001) Embryonic stem cells as an in vitro model for mutagenicity, cytotoxicity and embryotoxicity studies: present state and future prospects. Toxicol In Vitro 15:741–753

Rooney DE, Czepulkowski BH (1992) Prenatal diagnosis and tissue culture. In: Rooney D, Czepulkowski BH (eds) Human cytogenetics – a practical approach. IRL Press, Oxford, pp 55–89

Rossi GB, Friend C (1967) Erythrocytic maturation of (Friend) virus-induced leukemic cells in spleen clones. Proc Natl Acad Sci USA 58:1373–1380

Rudnicki MA, McBurney MW (1987) Cell culture method and induction of differentiation of embryonal carcinoma cells. In: Robertson EJ (ed) Teratocarcinomas and embryonic stem cells – a practical approach. IRL Press, Oxford, pp 19–49

Russel WMS, Burch RL (1959) The principles of humane experimental technique. Methuen, London

Sanford KK, Earle WR, Likely GD (1948) The growth in vitro of single isolated tissue cells. J Natl Cancer Inst 9:229–246

Savage CR Jr, Bonney RL (1978) Extended expression of differentiated function in primary cultures of adult liver parenchymal cells maintained on nitrocellulose filters. Exp Cell Res 114:307–315

Schaeffer WI (1990) Terminology associated with cell, tissue and organ culture, molecular biology and molecular genetics. In Vitro Cell Dev Biol 26:97–101

Scher W, Holland JG, Friend C (1971) Hemoglobin synthesis in murine virus-induced leukemic cells in vitro. I. Partial purification and identification of hemoglobins. Blood 37:428–437

Schmalz G, Garhammer P, Schweiki H (1996) A commercially available cell culture device modified for dentin barrier tests. J Endod 22:249–252

Schmitz GG, Walter T, Seibl R, Kessler C (1991) Nonradioactive labeling of oligonucleotides in vitro with the hapten digoxigenin by tailing with terminal transferase. Anal Biochem 192:222–231

Schöler HR, Hatzopoulos AK, Balling R, Suzuki N, Gruss P (1989) A family of octamer-specific proteins present during mouse embryogenesis: evidence for germline-specific expression of an Oct factor. EMBO J 8:2543–2550

Schwartz LM, Osborne BA (1995) Cell death. Methods Cell Biol 46:XV–XVIII

Seabright M (1972) The use of proteolytic enzymes for the mapping of structural rearrangements in the chromosomes of man. Chromosoma 36:204–210

Seglen PO (1973) Preparation of isolated rat liver cells. Methods Cell Biol 13:29–83

Sen A, Dunnmon P, Henderson SA, Gerard RD, Chien KR (1988) Terminally differentiated neonatal rat myocardial cells proliferate and maintain specific differentiated functions following expression of SV40 large T antigen. J Biol Chem 263:19132–19136

Shamblott MJ, Axelman J, Wang S et al. (1998) Derivation of pluripotent stem cells from cultured human primordial germ cells. Proc Natl Acad Sci USA 95:13726–13731

Shapiro J, Lakey JRT, Ryan EA et al. (2000) Islet transplantation in seven patients with type 1 diabetes mellitus using a glucocorticoid-free immunosuppressive regimen. N Engl J Med 343:230–238

Shay JW, Gazdar AF (1997) Telomerase in the early detection of cancer. J Clin Pathol 50:106–109

Shay JW, Wright WE (2000) Hayflick, his limit, and cellular ageing. Nat Rev Mol Cell Biol 1:72–76

Shay JW, Wright WE (2001) When do telomeres matter? Science 291:839–840

Simoni G, Brambati B, Danesino C et al. (1983) Efficient direct chromosome analyses and enzyme determinations from chorionic villi samples in the first trimester of pregnancy. Hum Genet 63:349–357

Sittinger M, Bujia J, Minuth WW, Hammer C, Burmester GR (1994) Engineering of cartilage tissue using bioresorbable polymer carriers in perfusion culture. Biomaterials 15:451–456

Soule HD, Vasquez J, Long A, Albert S, Brennan M (1973) A human cell line from a pleural effusion derived from a breast carcinoma. J Natl Cancer Inst 51:1409–1416

Sperelakis N (1989) Developmental changes in membrane electrical properties of the heart. In: Sperelakis N (ed) Physiology and pharmacology of the heart. Kluwer Academic Publishers, Dordrecht, pp 595–623

Sperelakis N, Pappano AJ (1983) Physiology and pharmacology of developing heart cells. Pharmacol Therapeut 22:1–39

Spielmann H, Pohl I, Döring B, Liebsch M, Moldenhauer F (1997) The embryonic stem cell test, an in vitro embryotoxicity test using two permanent mouse cell lines: 3T3 fibroblasts and embryonic stem cells. In Vitro Toxicol 10:119–127

Spier RE, Griffith JB (1985) Animal cell biotechnology, vol 1, 2. Academic Press, London

Steinhelper ME, Lanson NA, Dresdner KP et al. (1990) Proliferation in vivo and in culture of differentiated adult atrial cardiomyocytes from transgenic mice. Am J Physiol 259:1824–1834

Steinhoff G, Stock U, Karim N et al. (2000) Tissue engineering of pulmonary heart valves on allogenic acellular matrix conduits. Circulation 102:III50–III55

Steller H (1995) Mechanisms and genes of cellular suicide. Science 267:1445–1449

Stewart C, Gadi I, Bhatt H (1994) Stem cells from primordial germ cells can reenter the germ line. Dev Biol 161:626–628

Stoye JP, Coffin JM (1988) Polymorphism of murine endogenous provirus revealed by using virus-class-specific oligonucleotide probes. J Virol 62:168–175

Strübing C, Ahnert-Hilger G, Shan J, Wiedenmann B, Hescheler J, Wobus AM (1995) Differentiation of pluripotent embryonic stem cells into the neuronal lineage in vitro gives rise to mature inhibitory and excitatory neurons. Mech Dev 53:1–13

Stubblefield E (1968) Synchronization methods for mammalian cell cultures. In: Prescott DM (ed) Methods in cell physiology. Academic Press, New York, pp 25–43

Sumner AT, Evans HJ, Buckland RA (1971) A new technique for distinguishing between human chromosomes. Nat New Biol 232:31–32
Sutherland RM (1988) Cell and environment interactions in tumor microregions: the multi-cell spheroid model. Science 240:177–184
Sutherland RM, Inch WR, McCredie JA, Kruuv J (1970) A multicomponent radiation survival curve using an in vitro tumour model. Int J Radiat Biol Relat Stud Phys Chem Med 18:491–495
Sutherland RM, McCredie JA, Inch WR (1971) Growth of multicell spheroids in tissue culture as a model of nodular carcinomas. J Natl Cancer Inst 46:113–120
Takeda K, Minowada J, Bloch A (1970) Kinetics of appearance of differentiation-associated characteristics in ML-1, a line of human myeloblastic leukaemia cells, after treatment with TPA, DMSO, or Ara-C. Cancer Res 42:5152–5158
Tang DG, Tokumoto YM, Apperly JA, Lloyd AC, Raff MC (2001) Lack of replicative senescence in cultured rat oligodendrocyte precursor cells. Science 291:868–871
Tapscott SJ, Davis RL, Thayer MJ, Cheng P-F, Weintraub H, Lassar AB (1988) MyoD1: a nuclear phosphoprotein requiring a *myc* homology region to convert fibroblasts to myoblasts. Science 242:405–411
Taylor SM, Jones PA (1979) Multiple new phenotypes induced in 10T1/2 and 3T3 cells treated with 5-azacytidine. Cell 17:771–779
Temple S, Raff MC (1985) Differentiation of a bipotential glial progenitor cell in single cell microculture. Nature 313:223–225
Theile M, Scherneck S (1978) Zellgenetik. Akademie-Verlag, Berlin
Thomas KR, Capecchi MR (1987) Site-directed mutagenesis by gene targeting in mouse embryo-derived stem cells. Cell 51:503–512
Thomson JA, Itskovitz-Eldor J, Shapiro SS et al. (1998) Embryonic stem cell lines derived from human blastocysts. Science 282:1145–1147
Tixier-Vidal A (1994) Cell division and differentiation of central nervous system neurons. Ann NY Acad Sci 733:56–67
Todaro GJ, Green H (1963) Quantitative studies of the growth of mouse embryo cells in culture and their development into established lines. J Cell Biol 17:299–313
Todaro GJ, Green H (1964) An assay for cellular transformation by SV40. Virology 23:117–119
Trinkhaus-Randall V (2000) Cornea. In: Lanza RP, Langer R, Vacanti J (eds) Principles of tissue engineering. Academic Press, New York, pp 471–491
Tushinski RJ, Oliver IT, Guilbert LJ, Tynan PW, Warner JR, Stanley ER (1982) Survival of mononuclear phagocytes depends on a lineage-specific growth factor that the differentiated cells selectively destroy. Cell 28:71–81
Wang TG, Lanza RP (2000) Bioartificial pancreas. In: Lanza RP, Langer R, Vacanti J (eds) Principles of tissue engineering. Academic Press, New York, pp 495–507
Watson JV, Erba E (1992) Flow cytometry. In: Freshney RI (ed) Animal cell culture – a practical approach, 2nd edn. IRL Press, Oxford, pp 165–212
Watt F (1991) Cell culture models of differentiation. FASEB J 5:287–294
Watt FM, Hogan BL (2000) Out of eden: stem cells and their niches. Science 287:1427–1430
Weiss MC, Green H (1967) Human-mouse hybrid cell lines containing partial complements of human chromosomes and functioning human genes. Proc Natl Acad Sci USA 58:1104–1111
Wiles MV, Keller G (1991) Multiple hematopoietic lineages develop from embryonic stem (ES) cells in culture. Development 111:259–267
Wilmut I, Schnieke AE, McWhir J, Kind AJ, Campbell KH (1997) Viable offspring derived from fetal and adult mammalian cells. Nature 385:810–813
Wilson AP (1992) Cytotoxicity and viability assays. In: Freshney RI (ed) Animal cell culture – a practical approach, 2nd edn. IRL Press, Oxford, pp 263–304
Wobus AM, Guan K (1998) Embryonic stem cell-derived cardiac differentiation: modulation of differentiation and "loss of function" analysis in vitro. Trends Cardiovasc Med 8:64–74
Wobus AM, Holzhausen H, Jäkel, Schöneich J (1984) Characterization of a pluripotent stem cell line derived from a mouse embryo. Exp Cell Res 152:212–219
Wobus AM, Wallukat G, Hescheler J (1991) Pluripotent mouse embryonic stem cells are able to differentiate into cardiomyocytes expressing chronotropic responses to adrenergic and cholinergic agents and Ca^{2+} channel blockers. Differentiation 48:173–182
Wobus AM, Rohwedel J, Maltsev V, Hescheler J (1994) In vitro differentiation of embryonic stem cells into cardiomyocytes or skeletal muscle cells is specifically modulated by retinoic acid. Roux Arch Dev Biol 204:36–45
Wobus AM, Guan K, Pich U (2001) In vitro differentiation of embryonic stem cells and analysis of cellular phenotypes. In: Tymms MJ, Kola I (eds) Gene knockout protocols. Meth Mol Biol Series, Humana Press, Totowa, NJ, USA, pp 263–286
Wollenberger A (1984) The cultured myocardial cell as model in heart research. In: Abe H, Ito Y, Tada M, Opic LH (eds) Regulation of cardiac function. Molecular, cellular and pathophysiological aspects. Japan Scientific Soc Press, Tokyo, VNU Science Press, BV Utrecht, pp 269–284
Wright WC, Daniels WP, Fogh WP (1981) Distinction of seventy-one cultured human tumor cell lines by polymorphic enzyme analysis. J Natl Cancer Inst 66:239–248
Wyllie AH (1980) Glucocorticoid-induced thymocyte apoptosis is associated with endogenous endonuclease activation. Nature 284:555–556
Wyllie AH (1981) Cell death: a new classification separating apoptosis from necrosis. In: Bowen ID, Lockshin RA (eds) Cell death in biology and pathology. Chapman & Hall, New York, pp 9–34
Yaffe D (1968 a) Developmental changes preceding cell fusion during muscle cell differentiation in vitro. Exp Cell Res 66:33–48
Yaffe D (1968 b) Retention of differentiation potentialities during prolonged cultivation of myogenic cells. Proc Natl Acad Sci USA 61:477–483
Yanai N, Suzuki M, Obinata M (1991) Hepatocyte cell lines established from transgenic mice harboring temperature-sensitive simian virus 40 large T-antigen gene. Exp Cell Res 197:50–56
Yannas IV, Hansbrough JF, Ehrlich HP (1984) What criteria should be used for designing artificial skin replacements and how well do the current grafting materials meet these criteria. J Trauma 24:S29–S39
Zwillich T (2000) Islet transplants not yet ready for prime time. Science 289:531–532

2.2 Tiermodelle in der biomedizinischen Forschung

Stefan Britsch, Michael Strehle und Carmen Birchmeier

Inhaltsverzeichnis

2.2.1 Einführung

Tierversuche spielen seit langem eine unersetzliche Rolle bei der Erforschung der Grundlagen, der Vorbeugung und der Behandlung von Erkrankungen. Sie sind unerlässlich für die Analyse komplexer physiologischer Prozesse und ihrer Kontrollmechanismen. Um molekulare Aspekte von physiologischen oder pathophysiologischen Prozessen zu verstehen, werden in den letzten Jahren vermehrt transgene Tiere eingesetzt.

Während in der Vergangenheit die Verfügbarkeit von genetischen Tiermodellen von zufällig identifizierten Mutationen abhing, erlauben moderne molekulare Techniken die gezielte Veränderung des Genoms und die Etablierung von Tierstämmen, die diese gezielten Veränderungen in ihrem Erbgut tragen. Damit können hypothetische Funktionen von Genen und ihren Genprodukten, die aus experimentellen Ansätzen in vitro abgeleitet wurden, hinsichtlich ihrer Relevanz für den Gesamtorganismus überprüft werden. Mutationen, die im Menschen als krankheitserregend erkannt werden, können in Tiere eingeführt werden. So können Mechanismen der Krankheitsentstehung untersucht und neue therapeutische Ansätze entwickelt werden.

Verschiedene Gründe sprechen für den Einsatz von Tiermodellen zur Analyse von komplexen physiologischen oder pathologischen Prozessen.

2.2.1.1 Bedeutung von Tierversuchen

Komplexität des Gesamtorganismus. Obwohl viele Untersuchungen zur Funktion von Molekülen in Zell- oder Organkultur durchgeführt werden können, haben solche Analysemethoden klare Limitierungen: Die Eigenschaften eines komplexen Systems lassen sich nicht immer aus den Eigenschaften seiner einzelnen Elemente rekonstruieren. Es kann z.B. nicht erwartet werden, dass aus den Eigenschaften einzelner Nervenzellen auf das Verhalten oder die Funktion von Nervenzellverbänden im komplexen menschlichen Gehirn geschlossen werden kann. Die Fähigkeit von Zellen, sich in Kultur zu bewegen, wird häufig nicht mit der Fähigkeit korrelieren, im Organismus zu metastasieren. Deshalb sind für gewisse Fragestellungen in

Ganten / Ruckpaul (Hrsg.)
Grundlagen der Molekularen Medizin,
2. Auflage

der medizinisch orientierten Forschung oder in der Grundlagenforschung Tierversuche unerlässlich.

Reproduzierbarkeit. Die Entstehung und der Verlauf von Krankheiten oder physiologischen Prozessen zeigen in menschlichen Populationen immer Varianz. Genetische Heterogenität und unterschiedliche Lebensführung von Individuen spielen dabei eine wichtige Rolle. Obwohl statistisch betrachtet das Lebensalter der Patienten einen wichtigen Risikofaktor bei der Entstehung von Tumoren darstellt, treten viele Krebserkrankungen im Menschen in einer breiten Altersspanne auf. Tumorprogression in einzelnen Individuen verläuft verschieden, d. h. die Tumoren haben

- eine unterschiedliche Größe,
- einen unterschiedlichen Differenzierungsgrad und
- ein unterschiedliches Metastasierungspotenzial.

Deswegen sind vergleichende Untersuchungen im Menschen oft schwierig. Tiermodelle für Krebserkrankungen, z. B. transgene Tiere mit einer Mutation im *apc*-Gen (s. Abschnitt 2.2.3.2 „Tumorsuppressorgen *apc*"), die in einem bestimmten Alter bestimmte Tumoren entwickeln und bei denen die Tumorprogression immer identisch abläuft, sind aus diesem Grund für experimentelle Arbeiten hilfreich. Genetische Varianz kann in Tiermodellen durch die Verwendung von Inzuchtstämmen ausgeschlossen werden, und unterschiedliche Tiere können unter identischen Bedingungen gezüchtet und gehalten werden.

Übertragbarkeit auf den Menschen. Versuche an Säugetieren ermöglichen es, entweder indirekt oder unter Berücksichtigung artspezifischer Gegebenheiten auch direkt Schlüsse auf die Verhältnisse beim Menschen zu ziehen. Ergebnisse vergleichender anatomischer und physiologischer Untersuchungen zeigen, dass es bei allen Säugetieren einschließlich des Menschen vielfältige Übereinstimmungen im Bauplan, im Stoffwechsel und in vielen physiologischen Abläufen gibt. Grundlegende Vorgänge des Lebens wie Wachstum, Differenzierung, Alterung oder krankhafte Veränderungen folgen allgemeinen Prinzipien, die sich in der Evolution herausgebildet haben. So zeigen angeborene oder erworbene Stoffwechselstörungen von Mäusen wie z. B. Diabetes mellitus in ihren Krankheitssymptomen große Ähnlichkeiten mit vergleichbaren Krankheiten beim Menschen und haben somit Modellcharakter (Coleman 1978, Coleman u. Brodoff 1982, Herberg u. Coleman 1977). Wir werden auf die Bedeutung von Tiermodellen bei der Erforschung von Diabetes mellitus ausführlich in Abschnitt 2.2.3.6 „Diabetes mellitus" eingehen. Tierexperimentelle Herzinfarktmodelle haben erheblich dazu beigetragen, das Bild der koronaren Herzkrankheit zu verstehen (Krege et al. 1995, Mullins et al. 1990, Rubin u. Smith 1994). Allerdings existieren auch speziesbedingte Unterschiede, wie z. B. unterschiedliche Größe, quantitative Unterschiede in der Verteilung von Rezeptormolekülen, oder Unterschiede im Stoffwechsel, die zur unterschiedlichen Metabolisierung von Chemikalien führen. So können z. B. chemische Substanzen wie Benzpyrene in der Leber durch eine Gruppe von Enzymen, die Cytochrome P-450, zu mutagenen und karzinogenen Epoxidderivaten metabolisiert werden. Diese metabolische Aktivierung verschiedener Substanzen ist wegen unterschiedlicher Eigenschaften der Zytochrome stark speziesabhängig. Unter Einbeziehung speziesbedingter Unterschiede können in vielen Fällen Erkenntnisse, die in Tierversuchen gewonnen wurden, auf den Menschen übertragen werden.

Ethische Aspekte. Ethische Prinzipien verbieten es, bestimmte medizinische Fragestellungen oder neue therapeutische Ansätze primär an Menschen zu erforschen. So gehört es zur selbstverständlichen Praxis, dass Chirurgen neue Operationsmethoden an Tieren erproben oder dass neue pharmakologische Substanzen zuerst in Tierversuchen auf ihre Wirksamkeit oder Toxizität untersucht werden. Gerade transgene Ansätze erlauben die gezielte Entwicklung von Tiermodellen. Sie können damit langfristig zu einer Reduktion von Tierversuchen beitragen.

2.2.1.2 Einsatz verschiedener Tierspezies in der biomedizinischen Forschung

Heute können rekombinante Gene in viele Säugerspezies und in Invertebraten eingeführt werden. Während große Säuger sich für die effiziente Herstellung von rekombinantem Protein z. B. in der Milch (Genpharming) eignen, machen kurze Generationszeiten, einfache Tierhaltung und die große Anzahl von Nachkommen Nager wie z. B. Mäuse und Ratten zum idealen Modell für genetische Analysen. Nagetiere sind die bei Weitem am häufigsten eingesetzten Versuchstiere in der biomedizinischen Forschung in Deutschland (Abb. 2.2.1). Obwohl für bestimmte Krankheitsbilder wie z. B. arterielle Hy-

a
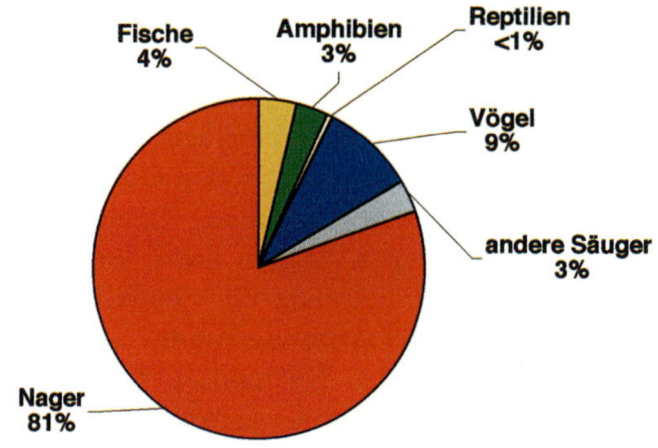

b
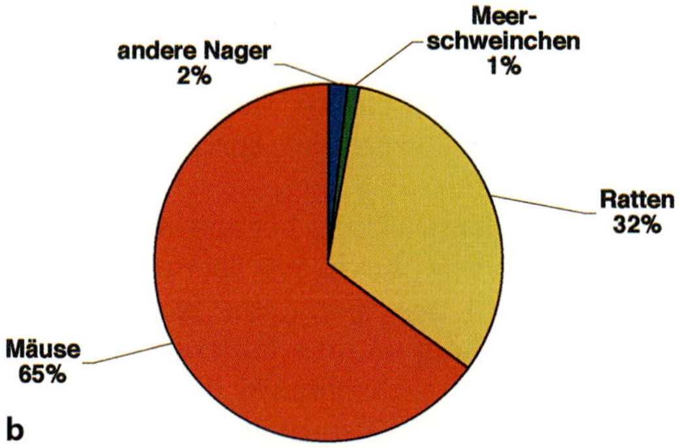

Abb. 2.2.1 a, b. Einsatz verschiedener Tierspezies als Versuchstiere. **a** Verteilung der 1996 in Deutschland eingesetzten Versuchstiere nach unterschiedlichen Wirbeltierklassen. **b** Verteilung der 1996 als Versuchstiere eingesetzten, unterschiedlichen Nagerspezies. Jeweils nach Angaben des BMELF, berücksichtigt wurden die Bereiche „Grundlagenforschung“ und „Erforschung oder Erprobung von Methoden zur Diagnostik, Prophylaxe oder Therapie“ (Birchmeier u. Britsch 1998)

pertonie wichtige Krankheitsmodelle in der Ratte existieren, ist die Maus innerhalb der Gruppe der Nager das am häufigsten verwendete Tiermodell (Birchmeier u. Britsch 1998). Für die Maus existiert das breiteste Spektrum von Methoden zur gezielten Veränderung des Genoms. Wir werden uns daher in den folgenden Kapiteln auf die Beschreibung dieses Tiermodells konzentrieren.

2.2.1.3 Klassische genetische Mausmodelle

Die Mausgenetik begann ihre Entwicklung um die Jahrhundertwende, als die ersten vererbten Merkmale beschrieben wurden. Klassische genetische Methoden, wie sie z.B. an Drosophila entwickelt wurden, konnten und können wegen der Größe des Genoms und der Komplexität der Phänotypenanalyse in Säugern (auch in der Maus) nur beschränkt eingesetzt werden. Deshalb waren bis vor wenigen Jahren die meisten der bekannten Mausmutanten dominant und durch leicht zugängliche, meist äußerliche phänotypische Merkmale gekennzeichnet. So sind z.B. 25 Allele im white(*w*)-Locus bekannt, und das erste Allel wurde bereits 1937 beschrieben (Lyon et al. 1996). Mutationen in *w* beeinflussen die Fellfarbe, aber nicht die Augenfarbe. Der Phänotyp ist auf eine Störung in der Migration und im Überleben von Melanozyten zurückzuführen. Ausgelöst wird dies durch eine Mutation im *c-kit*-Gen, das für einen Tyrosinkinaserezeptor kodiert (Nocka et al. 1990). Der *min*-Locus (min: multiple intestinal neoplasia) wurde erst 1990 entdeckt, und bisher ist nur ein zufällig entstandenes Allel beschrieben (Moser et al. 1992). Dagegen sind heute mehrere mutierte Allele vorhanden, die mittels transgener Techniken hergestellt wurden (Fodde et al. 1994, Ito et al. 1995). Das *min*-Gen der Maus ist homolog dem menschlichen *apc*-Gen (apc: adenomatous polyposis coli) (Su et al. 1992). Wie im Menschen *apc*-Mutationen, bewirkt das mutante *min*-Allel eine hohe Frequenz von intestinalen Adenomen (s. Abschnitt 2.2.3.2 „Tumorsuppressorgen *apc*“).

2.2.2 Transgene Techniken zur genetischen Veränderung von Versuchstieren

Transgene Techniken ermöglichen es, dem Genom eines Organismus genetische Information hinzuzufügen oder diese gezielt zu entfernen. Außerdem ist es durch die Entwicklung von Klonierungstechniken mittels Kerntransfer möglich geworden, das gesamte Genom eines Organismus beliebig oft auf einen neuen Organismus zu übertragen und damit zu kopieren. Gegenwärtig können die folgenden transgenen Techniken zur genetischen Veränderung eines Säugetierorganismus unterschieden werden:

- Injektion rekombinanter DNA in den männlichen Vorkern der Zygote,
- Gene targeting durch homologe Rekombination in embryonalen Stammzellen der Maus,
- Klonierung durch Kerntransfer.

Im Folgenden werden wir die einzelnen Techniken sowie zukünftige Weiterentwicklungen exemplarisch anhand ihrer Anwendung in der Maus darstellen.

Die Voraussetzung für eine genetische Manipulation von Versuchstieren war das Verständnis ihrer Fortpflanzungsbiologie. Techniken zur Isolierung von befruchteten Eizellen oder Embryonen, für ihre kurzzeitige Kultivierung in vitro und für den Transfer von Eizellen und Embryonen in Ammenmütter wurden für die Maus in den 50er und 60er Jahren des letzten Jahrhunderts entwickelt (Hogan et al. 1986, Wassarman u. DePamphilis 1993).

2.2.2.1 Entwicklungs- und fortpflanzungsbiologische Grundlagen

Wenige Tage nach der Geburt der weiblichen Maus sind schon alle Oozyten vorhanden, die im gesamten Leben eines Tieres gebildet werden. Die Oozyten sind in einem Übergangsstadium (Diktyotänstadium) zwischen der Pro- und Metaphase der ersten Reifeteilung arretiert und verharren in diesem Reifestadium bis zur Ovulation. Das bedeutet, dass während der ersten Reifungsschritte noch die gesamte Erbinformation der Mutter in den Oozyten vorhanden ist, diese Erbinformation kann auch abgelesen werden. Jede Oozyte ist von einem Follikel, d.h. von mehreren Schichten von Follikelzellen, umgeben, die Aufgaben im Wachstum und der Differenzierung der Oozyte übernehmen. Um die Oozyte herum bildet sich eine azelluläre Membran, die Zona pellucida, die von der Oozyte synthetisiert wird. Die weibliche Maus erreicht ihre Geschlechtsreife etwa 6 Wochen nach der Geburt. Zu dieser Zeit wird erstmals die Ovulation durch 2 Hormone (Follikel stimulierendes Hormon, FSH, und Luteinisierendes Hormon, LH), die von der Hypophyse ausgeschüttet werden, eingeleitet. Nach der Stimulation mit LH wird die 1. Reifeteilung vollendet und ein Polkörperchen abgeschnürt. In diesem Stadium verlässt das Ei den Follikel. Unmittelbar danach vollzieht sich die 2. Reifeteilung bis zur Metaphase. In diesem Stadium bleibt die Oozyte bis zu ihrer Befruchtung durch ein Spermium erneut arretiert.

Die Embryonalentwicklung beginnt mit der Befruchtung der Eizelle durch das Spermium (Abb. 2.2.2). Der Eintritt des Spermiums in die Eizelle löst die 2. Reifeteilung und die Bildung des 2. Polkörpers aus. Nukleäre Membranen bilden sich um den mütterlichen und väterlichen Chromosomen-

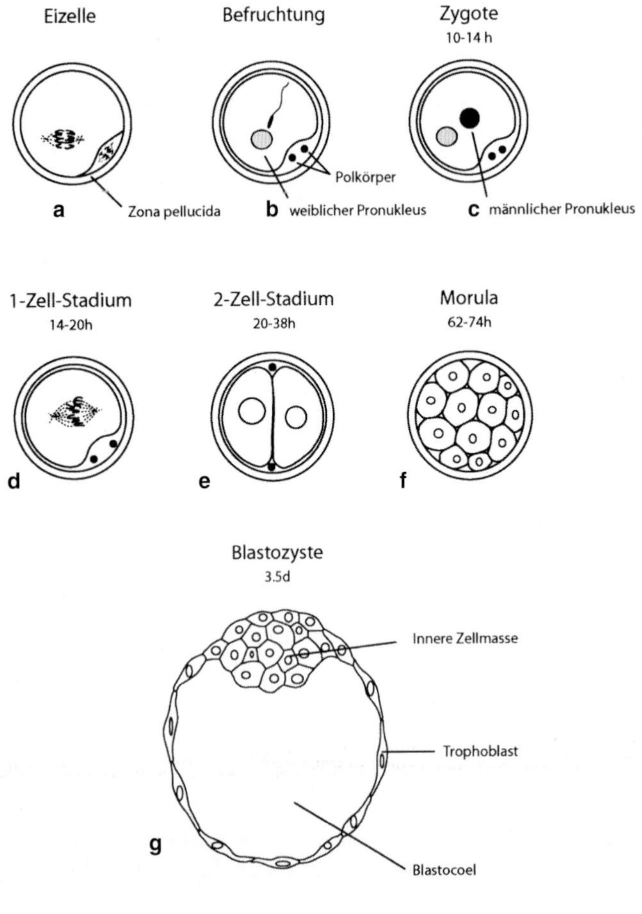

Abb. 2.2.2 a–g. Schematische Darstellung der frühen Mausentwicklung. **a** Eizelle nach der Ovulation, in der Metaphase der 2. Reifeteilung arretiert. **b** Ein Spermium ist in die Eizelle eingedrungen, diese hat die 2. Reifeteilung vollendet und das 2. Polkörperchen ausgestoßen. **c** Nach 10–14 h sind in der Zygote der männliche und weibliche Pronukleus vorhanden. **d–f** Die Vorkerne verschmelzen nach 14–20 h, um einen gemeinsamen Kern zu bilden (**d**). Nach 20–38 h ist das 2-Zell-Stadium erreicht (**e**). Nach 62–74 h wird die kompaktierte Morula gebildet (**f**). **g** Nach 3,5 Tagen ist das Blastozystenstadium erreicht. Nachdem die Blastozyste die azelluläre Hülle (Zona pellucida) verlassen hat, kann die Implantation in die Uteruswand stattfinden

satz und bilden so den weiblichen und männlichen Pronukleus. Diese Kerne verschmelzen. Danach werden die ersten Teilungen des Embryos eingeleitet (Abb. 2.2.2). In Nichtsäugerspezies, z. B. dem Frosch *Xenopus laevis*, läuft die frühe Entwicklung sehr schnell ab und schon nach 24 h sind mehr als 60 000 Zellen in komplexer Organisation vorhanden. Im Gegensatz dazu benötigen Säuger, auch die Maus, sehr viel Zeit für die ersten Entwicklungsschritte. Etwa 10 h nach der Befruchtung haben sich die Pronuklei gebildet, das 2-Zell-Stadium wird nach etwa 20 h erreicht und nach 3,5 Tagen sind etwa 64 Zellen, die eine Blastozyste bilden, vorhanden (Abb. 2.2.2). Die Implantation des Embryos in den Uterus findet nach etwa 4,5 Tagen statt. Der langsame Ablauf der frühen Entwicklung erlaubt es, während dieser Stadien am Embryo verändernd einzugreifen.

Während der ersten Teilungen im Embryo werden äquivalente Zellen produziert, die alle das gleiche Entwicklungspotenzial besitzen. Der erste klar definierte Differenzierungsschritt im Säuger läuft während der Bildung der Blastozyste ab, wenn die innere Zellmasse und das Trophektoderm entstehen (Abb. 2.2.2). Das Trophektoderm entwickelt sich nach der Implantation zu den extraembryonalen Membranen, die den Embryo umgeben und schützen und zur Bildung der Plazenta beitragen. Die innere Zellmasse entwickelt sich zum eigentlichen Embryo. Von Zellen der inneren Zellmasse können Zelllinien etabliert werden. Solche Zellen tragen auch nach der Kultivierung in vitro zu allen Strukturen des Embryos bei, und sie können sich in alle Zelltypen differenzieren. Sie werden deshalb pluripotente embryonale Stammzellen (ES-Zellen) genannt.

2.2.2.2 Herstellung von transgenen Tieren durch Zygoteninjektion

Transgene Mäuse werden seit den 80er Jahren durch Mikroinjektion von DNA in den männlichen Pronukleus von Zygoten hergestellt (Costantini u. Lacy 1981, Palmiter et al. 1982, Steward et al. 1982). Für diese Injektionen werden lineare DNA-Fragmente eingesetzt, die typischerweise aus dem jeweils zu exprimierenden Gen und einem geeigneten Promotorfragment bestehen. Etwa 5000 DNA-Moleküle werden in wässriger Lösung in den Kern injiziert (Abb. 2.2.3). Ein kleiner Anteil, d. h. zwischen 1 und 1000 Molekülen, wird stabil in das Genom eingebaut. Die übrigen Moleküle werden degradiert. Die DNA integriert im Allgemeinen in nicht homologer Weise, d. h. sie wird an zufälligen Stellen in das Genom eingebaut. Abhängig vom jeweiligen Integrationsort kann die Stärke der Transgenexpression durch benachbarte Enhancer- oder Repressorelemente beeinflusst werden. Der Integrationsort kann damit auch das gewebespezifische Expressionsmuster des Transgens beeinflussen. Das bedeutet praktisch, dass immer mehrere Mauslinien hergestellt werden müssen, die das Transgen an unterschiedlichen Orten integriert haben, um eindeutige Aussagen über die Funktion und die Expression des Transgens zu erhalten (Schenkel 1995). Das zu exprimierende Gen kann allerdings durch große Chromosomenabschnitte aus YAC (yeast artificial chromosome) umgeben werden. Diese enthalten nicht nur das gewünschte Promotorfragment, sondern einen definierten Kontext aus spezifischen Enhancer- und Repressorelementen. Dadurch wird eine Expression des Transgens ermöglicht, die vom jeweiligen Integrationsort in das Wirtsgenom unabhängig ist (Schedl et al. 1992).

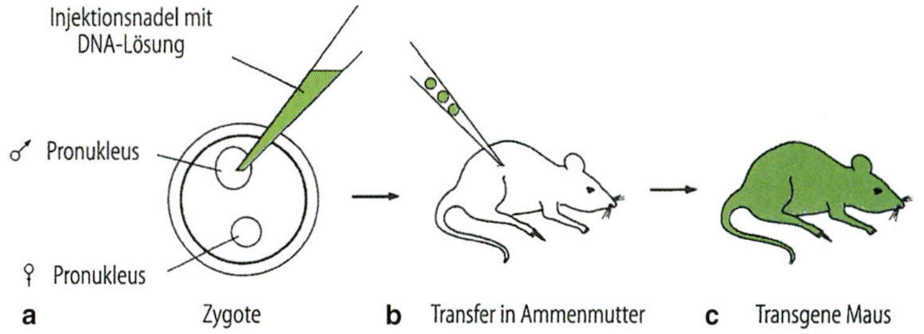

Abb. 2.2.3 a–c. Herstellung von transgenen Mäusen durch Injektion von DNA in den männlichen Pronukleus der Zygote. Befruchtete Eizellen werden aus der Eileiter isoliert. Mittels einer Injektionsnadel wird eine DNA-haltige Lösung in den männlichen Pronukleus der Zygote injiziert (**a**). Die injizierten Zygoten werden in die Eileiter einer Ammenmutter transferiert (**b**). Aus den injizierten Zygoten entwickeln sich transgene Mäuse (**c**, *grün* dargestellt)

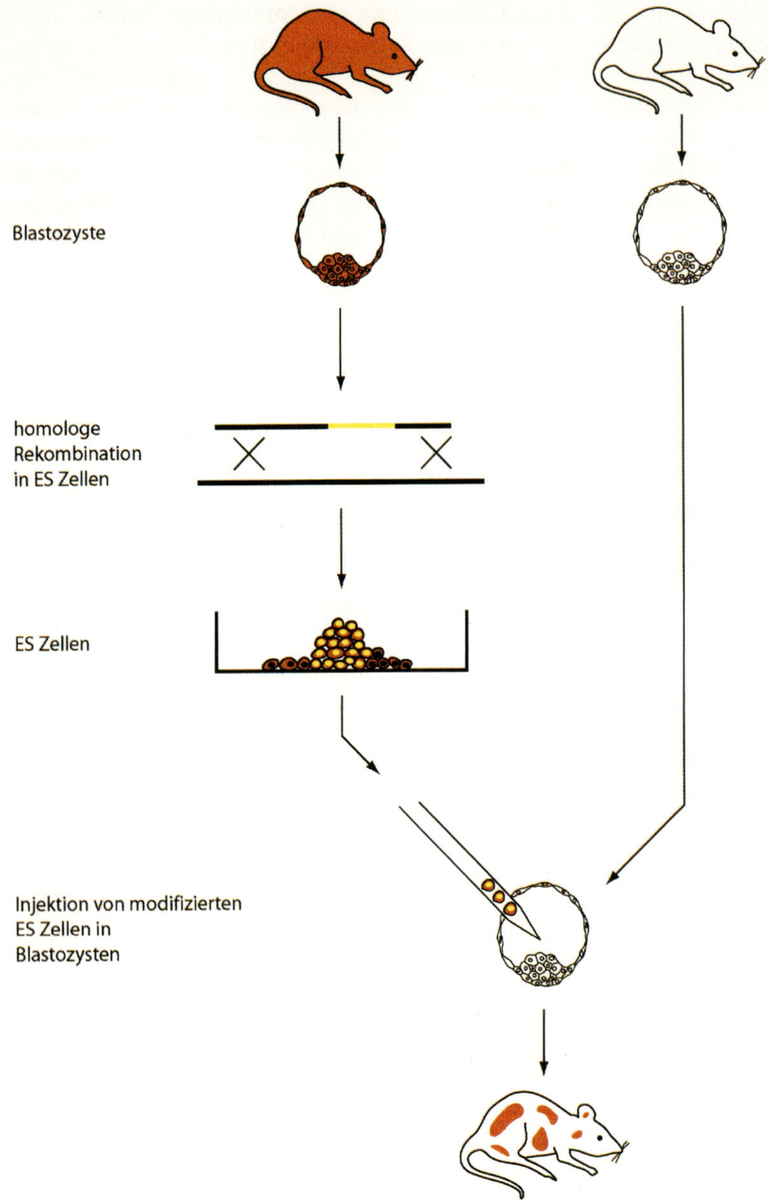

Abb. 2.2.4. Herstellung von transgenen Mäusen durch Einsatz der embryonalen Stammzelltechnologie. Blastozysten werden aus dem Uterus einer Maus isoliert, und die innere Zellmasse der Blastozyste wird in Kultur genommen (*oben links*). Solche in vitro kultivierten embryonalen Stammzellen behalten in Kultur ihr vollständiges Entwicklungspotenzial und können durch das Einbringen der DNA genetisch verändert werden. Blastozysten werden aus einem unterschiedlichen Mausstamm isoliert (*oben rechts*) und die veränderten embryonalen Stammzellen werden in diese Blastozysten mikroinjiziert (*unten Mitte*). Die injizierten Blastozysten werden in Ammenmütter transferiert. Aus solchen injizierten Blastozysten entwickeln sich chimäre Tiere (*unten Mitte*). Embryonale Stammzellen und Empfängerblastozysten stammen von unterschiedlichen Mausstämmen, die sich u. a. durch ihre Fellfarbe voneinander unterscheiden (schematisch durch die *gelbe* oder *weiße* Fell- bzw. Zellfarbe dargestellt). Chimäre Tiere, die sich aus injizierten Blastozysten entwickeln, besitzen deshalb ein geflecktes Fell

2.2.2.3 Embryonale Stammzelltechnologie

Embryonale Stammzelllinien wurden erstmals in den 80er Jahren etabliert (Evans u. Kaufman 1981, Magnuson et al. 1982, Martin 1981). In Kultur werden diese Zellen im Allgemeinen auf primären embryonalen Fibroblasten, so genannten Feederzellen, gehalten (Abb. 2.2.4). Diese Fibroblasten produzieren verschiedene Faktoren, die das Wachstum erleichtern und die Differenzierung hemmen. Die wichtigste Komponente ist LIF (leukaemia inhibitory factor), ein Proteinfaktor, der die Differenzierung der Stammzellen inhibiert und als rekombinanter Faktor zum Kulturmedium beigemischt werden kann (Smith et al. 1988). Um rekombinante DNA in die Zellen einzubringen werden unterschiedliche Techniken eingesetzt, z.B.:

1. Elektroporation
   Durch einen kurzen Stromimpuls wird vorübergehend die Zellmembranpermeabilität erhöht (Joyner 2000).
2. Kalziumphosphattransfektion
   Die Bildung eines DNA enthaltenden Kopräzipitats mit Kalziumphosphat ermöglicht die phagozytotische Aufnahme der DNA (Gossler et al. 1986). Die Zellen bauen mit einer geringen Fre-

quenz die aufgenommene DNA in ihr Genom ein. Von etwa 1000 Zellen, die fremde DNA aufnehmen, baut 1 Zelle die DNA stabil in ihr Genom ein.

2.2.2.4 Gene targeting durch homologe Rekombination in embryonalen Stammzellen

Das Verfahren der Vorkerninjektion ermöglicht die einfache Über- oder Missexpression eines beliebigen Transgens. Es ist jedoch nicht möglich, das Wirtsgenom gezielt zu verändern, indem z. B. Genabschnitte deletiert (knock-out) oder an spezifischen Orten des Genoms neu hinzugefügt werden (knock-in). Dies ist durch die Technik des Gene targeting möglich geworden. Grundlage dieser Technik ist die Beobachtung, dass DNA, die über große Bereiche zu entsprechenden Abschnitten des Empfängergenoms homolog ist, nicht nur zufällig, sondern auch mittels homologer Rekombination in ES-Zellen integriert wird (Abb. 2.2.5 a) (Doetschman et al. 1987, Thomas u. Capecchi 1987). Abhängig von der genauen Struktur und vom Genabschnitt, der eingebracht wird, findet in etwa 1–10% aller Fälle Integration durch homologe Rekombination statt. Zur Einführung rekombinanter DNA in ein Wirtsgenom mittels homologer Rekombination wird ein so genannter Targeting-Vektor eingesetzt (Abb. 2.2.5 a). In diesem Targeting-Vektor wird rekombinante DNA, über die eine gezielte Mutation in das Genom eingeführt werden soll, von längeren Abschnitten genomischer DNA flankiert, die homolog zu dem gewünschten Integrationsort sind. Außerdem enthält ein Targeting-Vektor Selektionsmarker, um das seltene Ereignis der homologen Rekombination identifizieren zu können. Meist werden hierzu das Bakteriengen für Neomycinphosphotransferase (*neo*-Gen) als positiver und das Thymidinkinasegen von Herpes-simplex-Virus als negativer Selektionsmarker (Mansour et al. 1988) verwendet (Abb. 2.2.5 a). G418 zeigt strukturelle Ähnlichkeiten mit dem Antibiotikum Neomycin und inhibiert die Proteintranslation von Säugerzellen. Es wird durch Neomycinphosphotransferase abgebaut. Nur Zellen, die den Targeting-Vektor stabil in ihr Genom einbauen, sind gegen G418 resistent und wachsen in der Gegenwart dieses Antibiotikums (positive Selektion). Thymidinkinase von Herpes-simplex-Virus phosphoryliert die Nukeotidanaloga Gancyclovir oder Acyclovir, die dann in die DNA eingebaut werden und diese schädigen. Falls homologe Rekombination stattfindet, geht das Thymidinkinasegen von Herpes simplex verloren und die Zellen werden resistent gegen Gancyclovir oder Acyclovir (negative Selektion). Isolierte, doppelresistente Zellen werden mit molekularen Techniken (Southern-Blot oder PCR) untersucht, um diejenigen zu identifizieren, die den Targeting-Vektor mittels homologer Rekombination in das Genom integriert haben (Joyner 2000).

Embryonale Stammzellen mit einem durch die oben beschriebenen Techniken veränderten Genom werden in Blastozysten injiziert (Abb. 2.2.4). Die injizierten Blastozysten werden in Ammenmütter transferiert und entwickeln sich zu chimären Mäusen, die aus 2 Zellpopulationen bestehen:
- Nachkommen der Blastozystenzellen und
- Nachkommen der veränderten ES-Zellen.

Um die beiden Populationen unterscheiden zu können, werden ES-Zellen, die von einem Mausstamm mit beiger Fellfarbe (Agouti) abstammen, und Blastozysten eines Stamms mit schwarzer Fellfarbe (C57/Black6) benutzt. Die Chimären können dann an ihrer gefleckten Fellfarbe erkannt werden (Bradley et al. 1984). Tragen veränderte ES-Zellen auch zur Bildung der Keimbahn bei, d.h. entwickeln sich auch Keimzellen aus diesen ES-Zellen, kann das veränderte Gen an die Nachkommen weitergegeben werden (Bradley et al. 1984). Durch Verpaarung von Chimären können deshalb Stämme etabliert werden, die eine Kopie der veränderten DNA in allen Zellen des Körpers tragen. Durch Verpaarung von solchen heterozygoten Tieren können schließlich Tiere mit 2 Kopien der veränderten DNA erzeugt werden. Die Mutation liegt dann im homozygoten Zustand vor.

Die ES-Zell-Technologie bietet den Vorteil, dass viele unabhängige ES-Zellklone schnell daraufhin getestet werden können, ob und wo DNA-Integration stattgefunden hat. Dies ist eine Grundvoraussetzung für die Identifizierung von homologen Rekombinationsereignissen. Wahrscheinlich findet homologe Rekombination mit vergleichbarer Frequenz in ES-Zellen und in der Zygote statt, erfolgreiche homologe Rekombination in der Zygote kann jedoch erst im transgenen Tier nachgewiesen werden. Bei niedrigen homologen Rekombinationsfrequenzen, wie sie z. B. in der Zellkultur beobachtet werden, wäre die Identifizierung dieses seltenen Ereignisses mit einem erheblichen Aufwand verbunden. Aus diesem Grund wird homologe Rekombination routinemäßig nur in embryonalen Stammzellen eingesetzt.

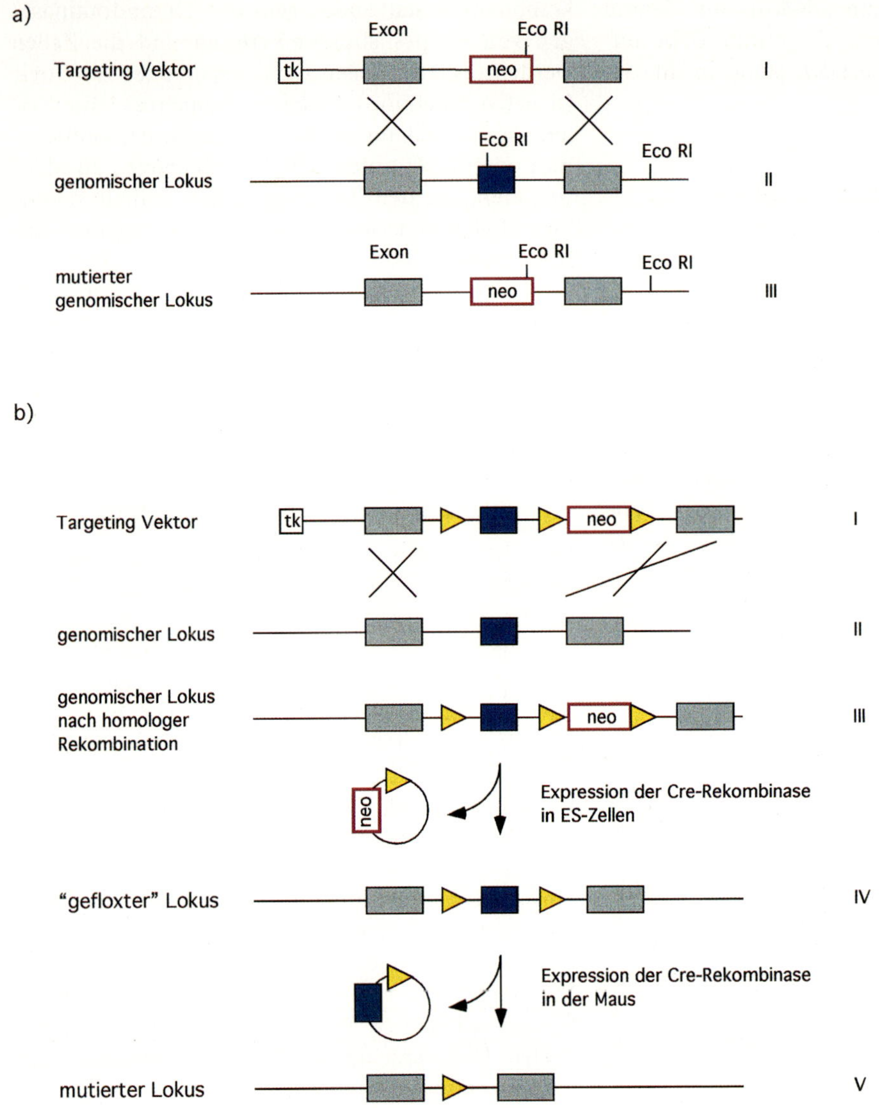

Abb. 2.2.5 a, b. Mutation von Genen durch homologe Rekombination. **a** Einführung einer einfachen Mutation mittels homologer Rekombination. *I* Schematische Darstellung eines Targeting-Vektors. Er enthält genomische Sequenzen des zu mutierenden Gens, *grau* Exonsequenzen, *blau* zu deletierendes Exon. Hypothetische Schnittstellen eines Restriktionsenzyms (*EcoRI*) sind markiert, die zur Identifizierung des veränderten Allels mittels Southern-Hybridisierung benutzt werden können. Zusätzlich enthält der Vektor das Neomycinphosphotransferasegen (*neo*) als positiven Selektionsmarker und das Thymidinkinasegen des Herpes-simplex-Virus (*tk*) als negativen Selektionsmarker. *II* Genlocus vor der Mutation. *III* Nach erfolgter homologer Rekombination ist ein Exon durch die *neo*-Gen-Kassette ersetzt. Der Genlocus liegt nun in mutierter Form in den ES-Zellen vor. **b** Konditionelle Mutagenese mittels des Cre-Lox-Systems. *I* Der Targeting-Vektor ist ähnlich wie in **a** aufgebaut. Er enthält zusätzlich 3 LoxP-Sequenzen (*gelbe Dreiecke*), die das Neomycinphosphotransferasegen und ein Exon umgeben. *II* Genomische DNA, wie sie vor der Mutation in den ES-Zellen vorliegt. *III* Genomische DNA nach erfolgter homologer Rekombination. *IV* Cre wird transient, d. h. zeitlich beschränkt exprimiert, erreicht wird dies durch das Einbringen von Cre kodierenden Sequenzen auf einem zirkulären Plasmid, das nicht in die DNA eingebaut werden kann. Durch Cre werden das Neomycinphosphotransferasegen und eine LoxP-Sequenz aus dem mutierten Gen entfernt, das dabei entstandene Episom geht verloren. Das nun vorliegende Gen enthält 2 LoxP-Sequenzen im Intron, die ein Exon umgeben, es wird von einem „gefloxten" Exon gesprochen. Dieses Gen ist ohne weitere Veränderung funktionsfähig. Die so veränderten embryonalen Stammzellen werden zur Herstellung eines transgenen Mausstamms eingesetzt. *V* Durch transgene Expression von Cre in bestimmten Zell- oder Gewebetypen kann nun eine zell- oder gewebespezifische Deletion des gefloxten Exons erzielt werden. Damit kann von diesem Gen kein funktionelles Protein mehr abgelesen werden

2.2.2.5 Konditionelles Gene targeting

Durch homologe Rekombination und ES-Zell-Technologie können Genabschnitte deletiert werden (knockout), Modifikationen der gleichen Technik erlauben es außerdem, kleine Veränderungen, wie Punktmutationen, einzuführen oder neue Genabschnitte (knock-in) einzubringen (Hanks et al. 1995). Es war bisher allerdings nicht möglich, den Zeitpunkt oder den Ort der Mutation im Organismus zu bestimmen. Dies führte im Fall eines embryonal letalen Phänotyps oder schwerer multipler Entwicklungsdefekte dazu, dass adulte oder möglicherweise überlagerte subtile Entwicklungsstörungen nicht analysiert werden konnten. Durch die Entwicklung der konditionellen, durch eine Rekombinase vermittelten Mutagenese konnte diese Einschränkung überwunden werden (Abb. 2.2.5 b) (Dymecki 1996, Gu et al. 1993, Kuhn et al. 1995). Es kommen dabei 2 verschiedene DNA-Rekombinasen, Cre und Flp, zur Anwendung. Cre ist ein Enzym aus dem Bakteriophagen P1, Flp entstammt der Hefe *Saccharomyces cerevisiae*. Beiden ist gemeinsam, dass sie spezifische Signalsequenzen erkennen und die gesamte DNA zwischen 2 solchen Sequenzen, die in gleicher Orientierung vorliegen müssen, entfernen. Die Erkennungssequenzen für Cre werden als loxP-Sequenzen bezeichnet, die für Flp als FRT-Sequenzen. Werden durch homologe Rekombination loxP- oder FRT-Sequenzen in ein Gen eingebaut, kann später durch Expression der Rekombinase die DNA zwischen den Erkennungssequenzen aus dem Genom deletiert werden (Abb. 2.2.5 b). Gewebe- oder zelltypspezifische Expression von Cre im Tier vermag somit eine gewebe- oder zelltypspezifische Mutation zu induzieren. Eine Deletion muss dabei nicht auf ein einzelnes Gen beschränkt sein, vielmehr können durch entsprechende Platzierung der Erkennungssequenzen ganze Chromosomenabschnitte entfernt bzw. interchromosomale Rekombination erzielt (Li et al. 1996, Matsusaka et al. 2000, Schlake et al. 1999, Smith et al. 1995, Su et al. 2000) werden. Dies eröffnet die Möglichkeit, chromosomale Aberrationen am Mausmodell zu studieren (Lewandoski u. Martin 1997, Puech et al. 2000).

Die spezifischen Eigenschaften der Rekombinase erlauben es zudem, „molekulare Schalter" zu entwerfen. Sind nämlich die Erkennungssequenzen in gegensätzlicher Orientierung zueinander angeordnet, wird die dazwischen befindliche DNA bei der Rekombination nicht deletiert, sondern invertiert. Auf diese Weise kann z. B. eine zuvor transkriptionell inaktive cDNA unter die Kontrolle eines Promotors gebracht werden (Kano et al. 1998) (Abb. 2.2.6 a). Eine entwicklungsbiologisch interessante Variante molekularer Schalter sind durch Rekombinasen aktivierbare Markergene wie lacZ oder GFP. Hier ist eine von Rekombinaseerkennungssequenzen flankierte Stoppkassette so in das Markergen integriert, dass dieses nicht aktiv ist. Durch Expression der Rekombinase wird die Stoppkassette irreversibel entfernt und das Markergen aktiviert (Akagi et al. 1997, Novak et al. 2000). Zellen, in denen die Rekombinase zu einem beliebigen Zeitpunkt der Entwicklung unter Kontrolle eines spezifischen Promotors exprimiert wurde, bleiben so dauerhaft markiert, ihr weiteres Schicksal kann durch nachfolgende Entwicklungsstadien hindurch verfolgt werden (Dymecki u. Tomasiewicz 1998, Zinyk et al. 1998). Schließlich besteht noch die Möglichkeit, DNA gezielt in einen genomischen Locus einzubringen. Dazu wird zunächst durch homologe Rekombination eine einzelne Erkennungssequenz in den Genlocus eingeführt, die zu integrierende DNA wird auf einem Plasmid mit 2 gleich gerichteten Erkennungssequenzen flankiert. Wird das Plasmid nun zusammen mit der Rekombinase in die Zelle eingeführt, findet Rekombination zwischen den Erkennungssequenzen des Plasmids und der Erkennungssequenz im Genom statt mit dem Ergebnis, dass die Fremd-DNA gerichtet in das Genom integriert wird (Kolb et al. 1999).

Seit Etablierung der konditionellen Mutagenese wurde eine Anzahl von Optimierungen und Verfeinerungen des Systems erzielt. So konnte die anfänglich geringere Rekombinationseffizienz von Flp in Säugetierzellen, die durch das Temperaturoptimum des Hefeenzyms bei 30 °C bedingt ist, durch eine modifizierte Variante FLPe auf ein der Rekombinase Cre vergleichbares Niveau angehoben werden (Rodriguez et al. 2000). Modifizierte Erkennungssequenzen, die jeweils nur untereinander rekombinieren, erlauben den Austausch von Genkassetten in einem Locus (Bouhassira et al. 1997, Schlake u. Bode 1994) (Abb. 2.2.6 b). Die Kombination von gewebespezifischen Promotoren mit induzierbaren Varianten von Cre oder Flp ermöglicht eine exakte zeitliche und räumliche Kontrolle über die Rekombination (Brocard et al. 1997, Kellendonk et al. 1996, Logie u. Stewart 1995) (Abb. 2.2.6 c).

Die vielfältigen Möglichkeiten der konditionellen Mutagenese haben eine entsprechende Zahl von murinen Cre-Stämmen hervorgebracht. Darunter sind für die Erforschung von Krankheiten interessante Cre-Transgene wie Myosin heavy chain oder Tie2, die im Herzen bzw. in Endothe-

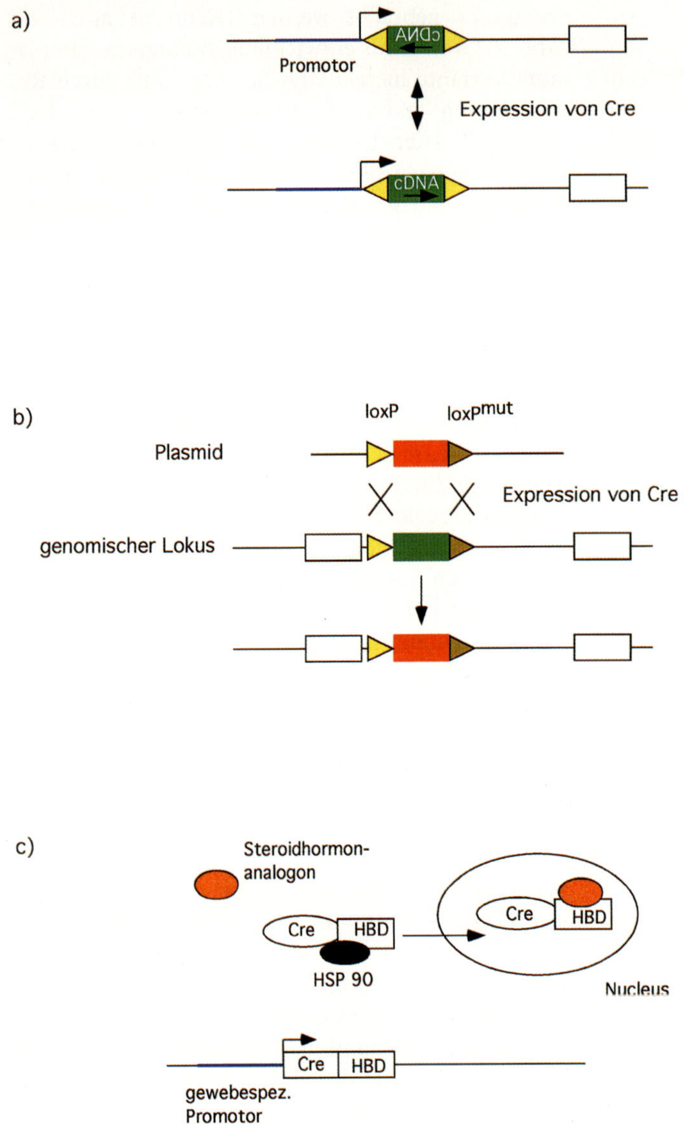

Abb. 2.2.6 a–c. Anwendungsbeispiele des Cre/loxP-Systems. **a** Molekularer Schalter. Das von invertierten loxP-Sequenzen flankierte Gen liegt in entgegengesetzter Orientierung zum Promotor vor und ist inaktiv. Die Expression von Cre führt zur reversiblen Invertierung des Gens und bringt es unter die Kontrolle des Promotors, was zur Expression des Gens führt. **b** Kassettenaustausch. Ein Genabschnitt wird von 2 unterschiedlichen loxP-Sequenzen flankiert, *loxP* und *loxP*^{mut}. Diese können jeweils nur untereinander rekombinieren. Wird in die Zelle ein Plasmid eingebracht, das eine äquivalente Genkassette trägt, kommt es durch Cre-vermittelte Rekombination zu einem Austausch der Genkassetten. **c** Induzierbare gewebespezifische Cre-Rekombination. Cre liegt als Fusionsprotein mit der Hormonbindungsdomäne eines Steroidhormonrezeptors vor und wird von einem gewebespezifischen Promotor exprimiert. In Abwesenheit des Liganden, eines Steroidhormonanalogons, befindet sich das Fusionsprotein im Zytoplasma. Die Bindung des Liganden führt zur Translokation des Fusionsproteins in den Zellkern, wo Cre als Rekombinase aktiv wird

lien exprimiert werden, ZNS-spezifische wie Nex oder CamKII oder das leberspezifische Albumin-Cre-Transgen (Kellendonk et al. 2000, Schwab et al. 2000, Theis et al. 2001, Tsien et al. 1996). Zur Zeit der Niederschrift dieses Kapitels waren mehr als 80 verschiedene Cre-Mausstämme publiziert, einen guten Überblick bietet die Cre-Transgene-Datenbank http://www.mshri.on.ca/nagy/cre.htm. Es ist abzusehen, dass in naher Zukunft für praktisch alle entwicklungsbiologisch oder klinisch interessanten Fragestellungen transgene Cre-Mäuse zur Verfügung stehen werden. Mit der konditionellen Mutagenese ist ein neues Kapitel in der Nutzung der Maus als Modellsystem für die biomedizinische Forschung aufgeschlagen worden.

2.2.2.6 Klonierung durch Kerntransfer

Bei der Klonierung durch Kerntransfer wird der Kern einer Zelle in eine unbefruchtete Eizelle, deren eigener Kern zuvor entfernt wurde, überführt. Dies geschieht entweder durch direkte Injektion des Spenderkerns in die entkernte Empfängereizelle oder durch Fusion der entkernten Empfängereizelle mit der Spenderzelle (Campbell et al. 1996, Wakayama u. Yanagimachi 1999 b). Nach Stimulation der Eizelle, welche die Befruchtung durch ein Spermium simuliert, setzt mit den ersten Zellteilungen die frühe Embryonalentwicklung ein. Wenn der frühe Embryo in eine Ammenmutter überführt wird, kann er sich in die Plazenta einnisten und sich zu einem vollständigen Organismus ent-

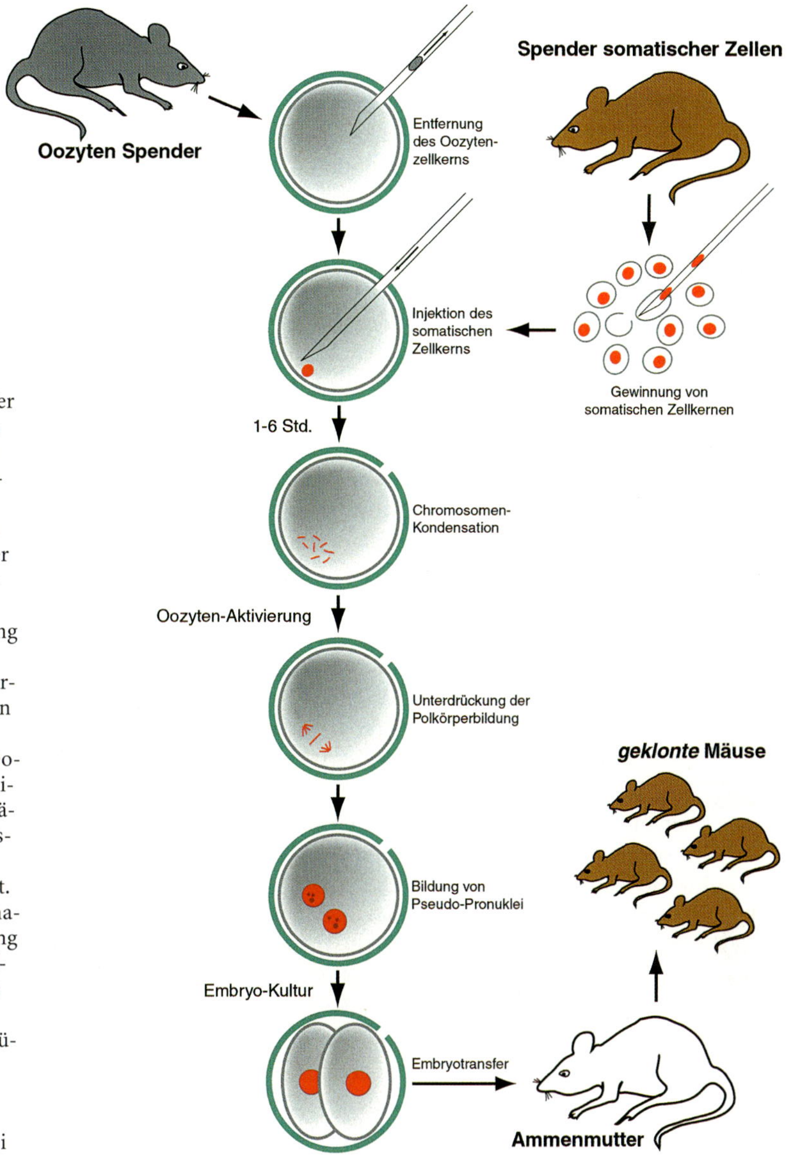

Abb. 2.2.7. Klonierung durch Kerntransfer am Beispiel der Klonierung von Mäusen mit dem von Wakayama u. Yanagimachi (1999b) und Wakayama et al. (1998) publizierten Verfahren: Empfängeroozyten werden aus superovulierten Mäusen mit schwarzer Fellfarbe gewonnen. Die in der Metaphase II arretierten Chromosomen-Spindel-Komplexe werden mikrochirurgisch entfernt. Nach der Gewinnung von Zellkernen aus somatischen Zellen von Mäusen mit der Fellfarbe Agouti werden diese Spenderkerne in die entkernten Oozyten mikroinjiziert. Nach einer mehrstündigen Ruhephase werden die Oozyten mit Sr^{2+} aktiviert. Sr^{2+} induziert einen periodischen Anstieg der intrazellulären Ca^{2+}-Konzentration, was eine Voraussetzung für die Oozytenaktivierung bei vielen verschiedenen Tierspezies darstellt. Durch die gleichzeitige Gabe von Zytochalasin wird außerdem die Polkörperbildung unterdrückt. Die aktivierten Oozyten bilden 2 oder mehrere Pseudopronuklei, in denen DNA-Replikation stattfindet. Die Embryonen werden schließlich nach vorübergehender Kultur in vitro in Ammenmütter mit weißer Fellfarbe transferiert. Alle ausgetragenen, geklonten Nachkommen tragen die Fellfarbe Agouti

wickeln (Abb. 2.2.7). Die Erbinformation dieses Organismus ist identisch mit der des Kernspenders. Dieser Vorgang kann beliebig oft und über mehrere Generationen klonierter Organismen wiederholt werden. Alle auf diesem Weg entstandenen Nachkommen sind damit klonalen Ursprungs (Wakayama u. Yanagimachi 1999b).

Klonierungen von Säugetieren (Schafe, Rinder, Kaninchen, Mäuse) wurden erstmals Mitte der 80er Jahre des vergangenen Jahrhunderts erfolgreich durchgeführt (Collas u. Robl 1990, Prather et al. 1987, Tsunoda et al. 1987, Willadsen 1986). Bei diesen Experimenten wurden Zellen als Kernspender verwendet, die aus sehr jungen Embryonen vor der Implantation stammten. Klonierungsversuche mit differenzierten Zellen oder Zellen aus adultem Gewebe blieben über lange Zeit erfolglos. 1996 gelang erstmals die Klonierung von 5 Schafen durch die Fusion enukleierter Oozyten mit Zellen einer in vitro kultivierten, differenzierten, fetalen Epithelzelllinie (Campbell et al. 1996). 1997 wurde von der gleichen Arbeitsgruppe das erste Schaf (*Dolly*) aus einer adulten, differenzierten Euterzelle kloniert (Wilmut et al. 1997). Mittlerweile wurden unter Verwendung von differenzierten, somatischen Zellen erfolgreich Kälber, Schweine und Mäuse kloniert (Cibelli et al. 1998, Kubota et al. 2000a, Polejaeva et al. 2000, Vignon et al. 1998, Wakayama et al. 1998).

Die Effizienz der Klonierung durch Kerntransfer ist mit etwa 0,3–1% sehr gering, die meisten Klone sterben während der Gestation oder unmittelbar nach der Geburt. Die Gründe hierfür sind bisher unklar – diskutiert werden neben dem genetischen Hintergrund von Spender und Empfänger Faktoren wie z. B. die Anzahl von Zellkulturpassagen, die Akkumulation genetischer Schäden, oder die Zellzyklusphase des jeweiligen Kernspenders (Rideout et al. 2000, Solter 1998). Es ist offensichtlich, dass bei der Klonierung durch Kerntransfer schwerwiegende Eingriffe in die normale Physiologie der Eizelle vorgenommen werden: Nach Aktivierung der Eizelle durch die Befruchtung mit einem Spermium setzt physiologischerweise die 2. Reifeteilung ein. Hierbei findet die äquivalente Verteilung der Erbinformation auf die Tochterzellen, aber eine extrem asymmetrische Verteilung des Zytoplasmas statt. Im Anschluss daran fusionieren mütterlicher und väterlicher Pronukleus zum ersten embryonalen Zellkern. Erst die anschließenden Zellteilungen sind äquivalente Teilungen (Mitosen). Im Gegensatz dazu erhält die kernlose, unbefruchtete Eizelle im Fall einer Kerntransplantation einen reifen Zellkern. Wird diese Eizelle künstlich stimuliert so muss die 2. Reifeteilung übersprungen und direkt die 1. mitotische Teilung eingeleitet werden (Abb. 2.2.7).

Darüber hinaus spielen wahrscheinlich Methylierung und spezifische Organisation der DNA im Zellkern eine bedeutsame Rolle. Die in der DNA festgelegte Erbinformation ist zwar in der befruchteten Eizelle (Zygote) und in Körperzellen prinzipiell identisch. Die DNA des Zellkerns ist jedoch spezifisch organisiert: Sie ist entweder teilweise oder vollständig kondensiert und mit Proteinen in Chromosomen verpackt. Außerdem ist die DNA chemisch durch Methylierung modifiziert. Nur bestimmte Regionen im Genom werden methyliert. Das Methylierungsmuster hängt vom Zelltyp und dem Differenzierungszustand der Zelle ab. Spezifische Methylierungsmuster differenzierter Zellen werden in identischer Weise an Tochterzellen weitergegeben, und die Genexpression wird durch Methylierung modifiziert. Falls ein transplantierter Zellkern aus einer differenzierten Körperzelle stammt, müssen sein Methylierungsmuster und die Organisation der Chromosomen in der Empfängereizelle reorganisiert werden. Von der Fähigkeit der Empfängereizelle, eine solche *epigenetische Reprogrammierung* des Spenderzellkerns vornehmen zu können, hängt möglicherweise wesentlich der Erfolg einer Klonierung ab (Rideout et al. 2000, Solter 1998, Wakayama u. Yanagimachi 1999 b).

Auch der Spenderzelltyp beeinflusst den Erfolg und die Effizienz von Klonierungsversuchen: Während Fibroblasten, Epithelzellen oder Cumuluszellen als Kernspender geeignet sind, waren Klonierungsversuche von Mäusen aus Nerven- oder Sertoli-Zellen bisher erfolglos (Wakayama u. Yanagimachi 1999 a, Wakayama et al. 1998, 2000).

2.2.2.7 Anwendungsperspektiven transgener Techniken

Die in den vorausgegangenen Kapiteln dargestellten transgenen Techniken besitzen methodische Grenzen, die ihr jeweiliges Anwendungsspektrum und ihre Leistungsfähigkeit einschränken. So ist Gene targeting durch homologe Rekombination in ES-Zellen bisher ausschließlich in der Maus anwendbar, da bisher nur für diesen Organismus keimbahnkompetente ES-Zellen etabliert werden konnten. Die Einführung von Mutationen mittels Gene targeting ist außerdem relativ langwierig, da bis zum homozygoten Vorliegen einer Mutation die Etablierung von Chimären und die Verpaarung mehrerer Mausgenerationen erforderlich sind (s. Abschnitt 2.2.2.4 „Gene targeting durch homologe Rekombination in embryonalen Stammzellen“). Durch die Kombination von Gene targeting mittels homologer Rekombination und Klonierung durch Kerntransfer sind jüngst neue Anwendungsperspektiven beider Verfahren eröffnet worden (Capecchi 2000 a, b). Ähnlich wie dies bereits routinemäßig in vielen Laboratorien an ES-Zellen der Maus durchgeführt wird, kann durch homologe Rekombination das Genom auch von anderen Zelltypen und in anderen Säugerspezies als der Maus gezielt genetisch verändert werden: Die Kombination von Gene targeting und Klonierung wurde erstmals 2000 in Schafen angewendet. Hierbei wurde zunächst durch homologe Rekombination in fetalen Schaffibroblasten eine gezielte Mutation eingeführt. Anschließend wurden die mutanten Fibroblasten als Kernspender zur Klonierung von Schafen verwendet (McCreath et al. 2000). Der Arbeitsgruppe von Rudolf Jaenisch am Whitehead Institute in Cambridge, Massachusetts, ist es außerdem kürzlich gelungen, Mäuse aus ES-Zellkernen zu klonieren, die zuvor in klassischer Weise durch Gene targeting genetisch verändert worden waren (Rideout et al. 2000). Bei dieser Technik ist es nicht mehr erforderlich, keimbahnchimäre Mäuse zu etablieren, da jede geklonte Maus die eingeführte Mutation bereits in allen Körperzellen trägt. Bemerkenswerterweise ist die Klonierungseffizienz bei Verwendung von ES-Zellen der Maus deutlich höher als bei den bisher berichteten Klonierungsexperimenten (Rideout et al. 2000, Wakayama et al. 1999).

In dieses noch junge Forschungsfeld wurden bereits sehr hohe Erwartungen hinsichtlich möglicher biomedizinischer Anwendungen gesetzt. Angesichts des enorm hohen, stetig wachsenden Organbedarfs in der Transplantationsmedizin wird über die Möglichkeit spekuliert, für die Xenotransplantation transgene Organspendertiere (z.B. Schweine) zu klonieren, bei denen zuvor durch Gene targeting jene Gene, die für eine Transplantatabstoßung verantwortlich sind, ausgeschaltet wurden (Capecchi 2000a).

Klonierung durch Kerntransfer kann außerdem mit Verfahren zur zufälligen Insertion rekombinanter DNA in das Genom des Kernspenders kombiniert werden. Dies ist bereits durchgeführt worden (Schnieke et al. 1997). Dabei wurde das Gen des menschlichen Gerinnungsfaktors IX in das Genom einer Schafszelle inseriert. Das Gen steht dabei unter der Kontrolle eines Promotors, der spezifisch in der Milchdrüse des Schafs aktiviert wird (β-Laktoglobulin-Promotor). Damit wird erreicht, dass der Gerinnungsfaktor in die Milch des Schafs sezerniert wird und aus dieser anschließend leicht gereinigt werden kann. Dieses transgene Verfahren zur Gewinnung von Gerinnungsfaktoren aus der Milch ist an sich nicht neu und wurde bereits zuvor durch DNA-Injektion in den Kern von befruchteten Eizellen durchgeführt. Der potenzielle Nutzen einer Kombination mit der Klonierung durch Kerntransfer liegt jedoch in der effizienteren Vermehrung jener Tiere, die besonders hohe Mengen an rekombinantem Faktor produzieren. Durch die zufällige Insertion der DNA in Donorkerne entstehen, je nach Insertionsort und Anzahl der inserierten Kopien, Unterschiede in der Aktivität des Transgens, d.h. Unterschiede in der Produktionsrate des rekombinanten Faktors (s. Abschnitt 2.2.2.2 „Herstellung von transgenen Tieren durch Zygoteninjektion"). Es ist daher sinnvoll, ausschließlich transgene Tiere, die besonders große Mengen an rekombinantem Faktor produzieren, einzusetzen. War das bisher ausschließlich durch Züchtung einer geeigneten transgenen Linie möglich, könnte dies in Zukunft direkt durch Klonierung erfolgen.

2.2.3 Wichtige Tiermodelle in der biomedizinischen Forschung

2.2.3.1 *nu*- und *scid*-Mutationen in der Maus

Mitte der 60er Jahre wurde erstmals eine rezessive Mausmutation beschrieben – nude, nu, die ursprünglich durch das Fehlen von Haaren auffiel (Flanagan 1966). Mäuse mit homozygoter Mutation zeigen neben der vollständig fehlenden Behaarung schwere Störungen in der Entwicklung des Thymus (Pantelouris 1968). Differenzierung des Thymusstromas in Kortex und Medulla, wie sie in normalen Mäusen am Tag 13 der Entwicklung beobachtet wird, findet in nu-Mäusen nicht statt (van Vilet et al. 1985). In den adulten Tieren findet sich deshalb lediglich ein zystisches, funktionsloses Organrudiment. Demgegenüber ist die Entwicklung anderer Derivate der pharyngealen Tasche, z.B. der Nebenschilddrüse, nicht beeinträchtigt (Cordier u. Haumont 1980). Der Thymus heterozygoter Tiere erreicht 50–80% der Organgröße normaler Tiere.

In Transplantationsexperimenten konnte gezeigt werden, dass das Thymusrudiment von nu-Mäusen nicht von lymphoiden Zellen besiedelt wird, lymphoide Zellen von nu-Mäusen können dagegen den Thymus normaler Tiere besiedeln (Pantelouris 1973). Alle thymusabhängigen Differenzierungsschritte von lymphoiden Zellen können in nu/nu-Mäusen nicht stattfinden, und als Folge tritt eine gestörte, thymusabhängige Immunantwort auf. Es wird eine reduzierte Gesamtlymphozytenpopulation beobachtet, die fast ausschließlich aus B-Lymphozyten besteht. Unter anderem führt dies dazu, dass allogene oder xenogene Gewebetransplantate nicht abgestoßen werden. Außerdem besitzen nu-Mäuse eine außerordentlich hohe Anfälligkeit gegenüber Infektionen (Kindred 1981). Werden diese Tiere keimfrei, d.h. unter SPF-Bedingungen (SPF: specific pathogen free), gehalten, kann die normalerweise beobachtete Reduktion der Fertilität und Lebensfähigkeit aufgehoben werden.

nu-Mäuse finden eine breite Anwendung in der Erforschung tumorbiologischer, immunologischer oder entwicklungsbiologischer Fragestellungen. Als in den 70er Jahren die Kultur von menschlichen Tumorzellen noch mit technischen Problemen verbunden war, wurden nu-Mäuse zur natürlichen Haltung und Vermehrung von Tumorzellen eingesetzt: Transplantate von menschlichen Tumoren oder von embryonalem Gewebe werden in nu-Mäusen nicht abgestoßen (Fogh u. Giovanella

1982). Solche Transplantate werden oft unter die Haut oder in die Nierenkapsel eingepflanzt. Wachstum von Tumoren und der Effekt von potenziellen therapeutischen Substanzen können so analysiert werden. nu-Mäuse finden auch häufige Anwendung in der Erforschung der Metastasierung.

Mitte der 90er Jahre wurde das *nude*-Gen identifiziert. Es kodiert für einen Transkriptionsfaktor der Winged-Helix-Protein-Familie, der spezifisch in der Thymusanlage und in der Haut während der Entwicklung exprimiert wird. In Tieren, welche die *nude*-Mutation tragen, ist die DNA-Bindungsdomäne deletiert (Nehls et al. 1994). Funktionen verwandter Gene waren zuvor in der Entwicklung der Fruchtfliege *Drosophila* und des Wurms *Caenorhabditis elegans* beschrieben worden, *nude* ist das erste Mitglied dieser Genfamilie in Vertebraten mit einer Funktion während der Entwicklung.

Eine andere Mausmutante, die ebenfalls für Transplantationsexperimente eingesetzt wird, und die wie nu-Mäuse unfähig ist, allogene oder xenogene Abstoßungsreaktionen zu zeigen, ist SCID (severe combinded immundeficiency) (Bosma et al. 1983). Homozygote Tiere besitzen nicht messbare oder sehr niedrige Immunglobulinkonzentrationen, die Größe der lymphoiden Organe ist um 90% reduziert, und B- und T-Lymphozyten-Funktionen sind nicht vorhanden. Der wesentliche Defekt scheint auf Stammzellebene zu liegen: Möglicherweise beruht er auf einer gestörten Rekombination, die für das Rearrangement der IgG- und T-Zell-Rezeptor-Gene verantwortlich ist. Funktionsfähige T- und B-Zellen können in SCID-Mäusen entstehen, wenn gesundes Knochenmark (d.h. hämatopoetische Vorläuferzellen) transplantiert wird (Custer et al. 1985, Dorshkind et al. 1984).

Auch die Transplantation von menschlichem Knochenmark führt zur Bildung von funktionstüchtigen lymphatischen Zellen in SCID-Mäusen. Solche Tiere werden für Untersuchungen von menschlichen Immunkrankheiten oder für Untersuchungen von humanspezifischen Viren benutzt. Mit menschlichen Lymphozyten rekonstituierte SCID-Mäuse werden z.B. für Untersuchungen von HIV eingesetzt. In solchen Tieren kann der Verlauf einer HIV-Infektion reproduziert werden, und sie eignen sich auch für die Analyse therapeutischer Substanzen oder für den Test von Impfstoffen (Aldrovandi et al. 1993).

2.2.3.2 Tumorsuppressorgen *apc*

***apc* und Tumorentstehung.** Kolonkarzinome sind genetisch einer der am besten untersuchten Tumortypen. Es ist bekannt, dass in sporadischen Kolonkarzinomen des Menschen 5–10 somatische Mutationen akkumulieren, bevor aus einer normalen Epithelzelle eine maligne Tumorzelle entsteht. Viele der kausal beteiligten Gene sind heute identifiziert. Eines dieser Gene ist *apc*, das beim Menschen auf Chromosom 5q21 lokalisiert ist (Peltomaki et al. 1993). *apc* spielt neben *p53*, *mcc* (mutated in colon carcinoma) und *K-ras* eine wichtige Rolle in der Entwicklung sporadisch auftretender Tumoren des Gastrointestinaltrakts (Vogelstein u. Kinzler 1994). In etwa 60% aller Kolonkarzinome des Menschen werden Mutationen im *apc*-Gen gefunden.

Zur Identifizierung des *apc*-Gens führte die Tatsache, dass Mutationen des Gens nicht nur bei der Entwicklung sporadischer Kolonkarzinome eine Rolle spielen, sondern auch für die familiäre Adenomatosis polyposis coli verantwortlich sind. In solchen Familien wird eine Kopie des mutierten *apc*-Gens vererbt (Groden et al. 1991, Kinzler et al. 1991). Bei Patienten, die diesen Gendefekt tragen, können Tausende von Polypen, also gutartigen Adenomen, im Dickdarm auftreten. Wenn diese Adenome nicht rechtzeitig erkannt und entfernt werden, entwickeln sie sich immer zu bösartigen Adenokarzinomen. In den Tumoren, aber auch in den gutartigen Vorstufen, wird ein Phänomen beobachtet, das als *Loss of heterozygosity* (LOH) bezeichnet wird: der Verlust der 2., intakten Kopie des *apc*-Gens. Damit liegt die Mutation nun homozygot im Tumorgewebe vor. *Loss of heterozygosity* ist ein typisches Merkmal für Mutationen in Tumorsuppressorgenen (Weinberg 1991). Dieser so genannte Second-hit-Mechanismus wurde bereits 1971 von Knudson für familiäre Tumoren postuliert (Knudson 1971). In sporadischen Tumoren findet eine erste zufällige Mutation in einem *apc*-Allel statt, in einem 2. unabhängigen Schritt erfolgt dann der Verlust der intakten Kopie. So wird auch in sporadischen Tumoren ein *Loss of heterozygosity* im *apc*-Locus beobachtet (Rowan et al. 2000).

Unabhängig von diesen Arbeiten war eine Mutation in der Maus identifiziert worden, die mit sehr hoher Frequenz Darmtumoren induziert (multiple intestinal neoplasia, Min) (Moser et al. 1990). Der Phänotyp wird autosomal-dominant vererbt, zeigt also den gleichen Erbgang wie die familiäre Form der Adenomatosis polyposis coli beim Menschen. Die Verteilung der Tumoren in Min-Mäusen unterscheidet sich von jener bei Patienten mit Adenomatosis polyposis coli. Die Tumoren im Menschen sind bevorzugt im Dickdarm lokalisiert (in etwa 50% der Fälle treten auch Adenome in Magen und Duodenum auf), während sie bei der Maus im Dünndarm auftreten. In beiden Spezies ist aber das identische Gen für die Erkrankung verantwortlich. Die Min-Mutation entspricht einer Punktmutation im *apc*-Gen der Maus (Su et al. 1992). Eine Nullmutation in diesem Gen wurde mittels homologer Rekombination induziert und bewirkt den gleichen Phänotyp wie die spontane Mutation (Fodde et al. 1994, Ito et al. 1995). In Kolonkarzinomen der Ratte, die sich nach der Behandlung mit verschiedenen Kanzerogenen entwickelten, wurden häufig Mutationen im *apc*-Gen identifiziert (Kakiuchi et al. 1995).

Das Min-Maus-Modell eignet sich für die Analyse von Mechanismen, die die Tumorentstehung modifizieren. Sie geben Hinweise auf molekulare Ursachen der variablen Penetranz des Phänotyps, die bei Mutationen im *apc*-Gen des Menschen beobachtet wird. Interessanterweise spielt das *apc*-Gen auch bei der Entstehung von familiären Darmerkrankungen eine Rolle, die sich von der Adenomatosis polyposis coli unterscheiden, z. B.:

- die attenuierte Adenomatosis polyposis coli, in der Patienten nur wenige Polypen entwickeln,
- die Gardner-Krankheit, in der neben Adenomen des Gastrointestinaltrakts (bevorzugt im Kolon) auch andere Neoplasien wie Knochen- und Hauttumoren auftreten, oder
- das familiäre Flat-adenoma-Syndrom, bei dem die Polypen eine veränderte Morphologie aufweisen (Lynch et al. 1992, Nishisho et al. 1991, Spirio et al. 1992).

Selbst innerhalb einer Familie, in der das gleiche *apc*-Allel vererbt wird, können große Unterschiede beobachtet werden: Manche Mitglieder entwickeln wenige, andere Hunderte von Polypen im Kolon, bei einigen treten zusätzlich Polypen im Magen oder auch Neoplasien außerhalb des Magen-Darm-Trakts auf (Leppert et al. 1990, Spirio et al. 1992). Individuen mit Mutationen im *apc*-Gen zeigen also eine starke Variabilität des resultierenden Phänotyps. Natürlich können solche Differenzen durch unterschiedliche Lebensführung, z. B. in den Ernährungsgewohnheiten, begründet sein. Darüber hinaus spielen jedoch, wenigstens im Mausmodellsystem, auch genetische Faktoren eine große Rolle.

In der Maus ist die Anzahl der Tumoren, die Tiere mit Min-Mutation entwickeln, stark vom genetischen Hintergrund abhängig. Die im Labor gebräuchlichen Mausstämme sind Inzuchtstämme und durch einen unterschiedlichen genetischen Hintergrund charakterisiert. Die Min-Mutation trat ursprünglich auf einem C57/Black6-Hintergrund auf. In diesem Mausstamm zeigt die Mutation 100%ige Penetranz und führt zur Entstehung von durchschnittlich 29 Tumoren innerhalb eines definierten Zeitraums und unter definierter Futterzusammensetzung. Bemerkenswerterweise korreliert der Anteil an gesättigten Fettsäuren im Futter mit der Tumorzahl. Nach Kreuzung mit einem anderen Mausstamm (AKR) werden in der F1-Generation in Tieren, die die Min-Mutation geerbt haben, nur 6 Tumoren beobachtet (Moser et al. 1992). Wie gezeigt werden konnte, ist für diesen Unterschied lediglich eine kleine Anzahl modifizierender Gene verantwortlich. Eines dieser Gene ist *mom-1* (modifier of Min), es ist auf dem distalen Chromosom 4 lokalisiert (Dietrich et al. 1993). Das Genprodukt von *mom-1* ist der sekretorische Subtyp II von Phospholipase A2. Der Inzuchtmausstamm C57/Black6, der in Gegenwart des mutierten *min*-Locus eine große Anzahl von Polypen entwickelt, trägt eine Nullmutation im Gen für diesen Subtyp (MacPhee et al. 1995).

Die Anzahl der Tumoren, die sich in Min-Mäusen entwickeln, wird ebenfalls stark durch DNA-Methyltransferase-Aktivität beeinflusst (Laird et al. 1995). DNA-Methyltransferase ist für die Methylierung von Cytosinen in CpG-Dinukleotiden der DNA verantwortlich. Beide, normales Cytosin oder Methylcytosin, können spontan deaminieren und bilden dadurch Uracil (Deamination von Cytosin) oder Thymidin (Deamination von Methylcytosin). Uracil wird von der DNA-Reparaturmaschinerie als falsch erkannt und entfernt. Wenn Replikation der Reparatur zuvorkommt, entsteht eine stabile C:T-Transition. Deshalb ist die Frequenz von Mutationen durch spontane Deamination für Cytosin bedeutend geringer als für Methylcytosin. C:T-Transition in CpG-Dinukleotiden ist in vivo ein wichtiger Mutationsmechanismus. Etwa 50% der Punktmutationen im *p53*-Gen, die in Tumoren gefunden werden, sind in solchen CpG-Dinukleotiden lokalisiert (Hollstein et al. 1991). In Tieren mit reduzierter Methyltransferaseaktivität werden bedeutend weniger CpG-Dinukleotide methyliert (Li et al. 1992). In Gegenwart der *min*-Mutation führt dies auch zu einer drastischen Reduktion der Zahl von Polypen (Laird et al. 1995). Die Korrelation von Methylaseaktivität und Polypenbildung könnte durch eine erniedrigte Mutationsfrequenz in CpG-Dinukleotiden bedingt sein. Es muss dann postuliert werden, dass neben dem

Verlust der 2. intakten Kopie von *apc* unabhängige Mutationen in anderen Genen akkumulieren müssen, bevor sich Polypen bilden.

APC und WNT. Grundlegend für das Verständnis der molekularen Funktionen von APC war die Beobachtung, dass APC direkt mit *β*-Catenin interagieren kann. *β*-Catenin übt eine duale Funktion aus: In membranassoziierter Form verknüpft es Cadherine über *α*-Catenin oder Vinculin mit dem Zytoskelett und ist damit an der Bildung von Zelladhäsionskomplexen beteiligt. In freier, zytoplasmatischer Form ist *β*-Catenin darüber hinaus ein zentraler Effektor des WNT-Signalwegs (Ben-Ze'ev u. Geiger 1998, Bienz 1999, Polakis 2000).

WNT-Proteine (sprich: *Wint*, der Name ist abgeleitet von i*nt*-1, dem ersten in der Maus entdeckten *wnt*-Gen und seinem Drosophilahomolog *w*ingless, einen ausgezeichneten Überblick zum Thema WNT gibt die WNT-Homepage: http://www.stanford.edu/~rnusse/wntwindow.html) bilden eine Familie von Signalmolekülen, die sowohl während der Embryonalentwicklung als auch im adulten Organismus exprimiert werden. Zu ihren Funktionen gehören grundlegende entwicklungsbiologische Vorgänge wie die Kontrolle von Zellproliferation und -determination und die Steuerung von Muster- und Achsenbildung (Wodarz u. Nusse 1998). Einzelne *wnt* besitzen außerdem protoonkogene Eigenschaften: So wurde WNT-1 in der Maus primär in aktivierter Form durch Integration von MMTV in Tumoren der Brustdrüse entdeckt (Nusse u. Varmus 1982).

WNT übertragen ihr Signal durch transmembranäre Rezeptoren der Frizzled-Familie (Bhanot et al. 1996). Die Stimulation von Frizzled führt in der Zelle zur Stabilisierung von freiem *β*-Catenin und dessen Translokation in den Zellkern. Dort bindet *β*-Catenin an Transkriptionsfaktoren der LEF-1/TCF-Familie, dieser Komplex aktiviert die Transkription spezifischer Zielgene. In unstimuliertem Zustand (d.h. in Abwesenheit von WNT-Signalen) wird in der Zelle freies *β*-Catenin degradiert und die Aktivierung von *wnt*-Zielgenen gehemmt (Behrens et al. 1996, Molenaar et al. 1996, Hart et al. 1999). Voraussetzung für die Degradierung von freiem *β*-Catenin ist seine Phosphorylierung durch die Serin-Threonin-Kinase GSK3*β* (Glykogensynthasekinase 3*β*). Die Phosphorylierung von *β*-Catenin durch GSK3*β* wird durch WNT-Signale gehemmt. Nur phosphoryliertes *β*-Catenin wird von der Ubiquitinylierungsmaschinerie der Zelle erkannt und in Proteosomen degradiert (Aberle et al. 1997, Orford et al. 1997). Die Mutation von GSK3*β* oder von GSK3*β*-Phosphorylierungsstellen im *β*-Catenin-Molekül führt deshalb zur Akkumulation von freiem *β*-Catenin in der Zelle und damit zur konstitutiven Aktivierung des WNT-Signalwegs (Morin et al. 1997, Pai et al. 1997, Peifer et al. 1994, Rubinfeld et al. 1997, Yost et al. 1996).

Eine effektive Phosphorylierung bzw. Degradierung von *β*-Catenin in der Zelle findet nur statt, wenn GSK3*β* und *β*-Catenin gemeinsam mit Axin und Conductin und APC in einem Multiproteinkomplex vorliegen (Behrens et al. 1998, Fagotto et al. 1999, Hart et al. 1998). Axin, wie auch das nahe verwandte und funktionell äquivalente Conductin, binden über unterschiedliche Proteindomänen sowohl an *β*-Catenin als auch an GSK3*β* und APC. Die Bindungsstellen für *β*-Catenin und GSK3*β* liegen dabei unmittelbar benachbart (Behrens et al. 1998, Hamada et al. 1999, Hart et al. 1998, Ikeda et al. 1998, Nakamura et al. 1998, Sakanaka et al. 1998, Yamamoto et al. 1998). Axin und Conductin bilden dadurch ein molekulares Gerüst, in dem die einzelnen Reaktionspartner zu einem Komplex zusammengeführt und die Interaktion der Einzelkomponenten miteinander ermöglicht bzw. erleichtert werden. So ist die Bindung von *β*-Catenin an Axin und Conductin essenziell für seine Phosphorylierung durch GSK3*β*. Darüber hinaus werden Axin und Conductin und APC selbst durch GSK3*β* phosphoryliert, wodurch deren Bindung an *β*-Catenin verstärkt wird (Hart et al. 1998, Ikeda et al. 1998, von Kries et al. 2000, Rubinfeld et al. 1997).

Neben Axin und Conductin kontrolliert APC die Degradation von freiem *β*-Catenin in der Zelle. Dies konnte v.a. in Tumorgeweben nachgewiesen werden. So korreliert in Kolontumoren das Auftreten von *apc*-Mutationen mit erhöhten *β*-Catenin-Spiegeln und transkriptionell aktiven *β*-Catenin-TCF-Komplexen (s. oben). Durch Transfektion mit Wildtyp-*apc* können die erhöhten *β*-Catenin-Spiegel gesenkt werden (Korinek et al. 1997, Morin et al. 1997, Munemitsu et al. 1995). Kolonkarzinome, in denen keine *apc*-Mutation nachweisbar ist, zeigen häufig Mutationen im *β*-Catenin-Gen. Interessanterweise handelt es sich dabei um Veränderungen von Serin- und Threoninresten, die von GSK3*β* phosphoryliert werden und für den Abbau von *β*-Catenin essenziell sind (Morin et al. 1997). Mäuse, in denen konstitutiv aktives *β*-Catenin als Transgen spezifisch in der Haut exprimiert wurde, entwickeln Tumoren der Haarfollikel (Gat et al. 1998). Diese Beobachtungen zeigen, dass APC über die Kontrolle von *β*-Catenin als Tumorsuppressor agieren kann.

Nahezu alle Mutationen des *apc*-Gens, die in Tumoren beobachtet werden, führen zum Verlust der Axinbindungsaktivität, wobei die Bindung an β-Catenin häufig erhalten bleibt (Polakis 2000). Werden Zellen, die eine derartige *apc*-Mutation tragen, mit einem trunkierten *apc*-Gen transfiziert, das lediglich für die Bindungsstellen von β-Catenin und Axin kodiert, kann hierdurch die β-Catenin-Konzentration gesenkt werden (Behrens et al. 1998, Fagotto et al. 1999, Itoh et al. 1998, Kishida et al. 1999, Zeng et al. 1997). Auch in einem transgenen Mausmodell konnte gezeigt werden, dass das Vorhandensein einer einzigen Axinbindungsstelle sowie der β-Catenin-Bindungsstellen ausreicht, um in den mutanten Tieren das Auftreten von Tumoren zu verhindern (Smits et al. 1999). Wird jedoch die Axinbindungsstelle deletiert, ist in den betreffenden Zellen die Regulation des β-Catenin-Spiegels gestört (Smits et al. 1999). Die Bindung an Axin ist daher offensichtlich für die Funktion von APC als Tumorsuppressor essenziell. Wird in Kolonkarzinomzellen, die durch eine *apc*-Mutation die Fähigkeit zur Kontrolle des β-Catenin-Abbaus verloren haben, Axin überexprimiert, kann dadurch der β-Catenin-Spiegel supprimiert werden. Dies wird auch beobachtet, wenn anstelle von Wildtypaxin ein mutantes Protein exprimiert wird, das keine APC-Bindungsstelle besitzt (Behrens et al. 1998, Hart et al. 1998, Nakamura et al. 1998). Dies zeigt, dass Axin unter bestimmten Bedingungen Funktionen von APC übernehmen kann.

Neben den beschriebenen Funktionen von *apc* als Tumorsuppressorgen ist *apc* für die normale Embryonalentwicklung von Säugern essenziell. Allerdings ist die klassische Nullmutation, wie sie in homozygoten Min-Mäusen auftritt, frühembryonal letal, und homozygot mutante Embryonen entwickeln kein primitives Ektoderm (Moser et al. 1995). Adulte Funktionen von APC wurden durch konditionelle Mutagenese im Kolonepithel der Maus untersucht – erwartungsgemäß rekapitulieren die mutanten Tiere in ihrem Phänotyp die Funktion von APC als Tumorsuppressor: Es kommt zur Ausbildung von Kolonadenomen und deren Progression zu invasiven Karzinomen (Shibata et al. 1997).

2.2.3.3 Tyrosinkinaserezeptoren der erbB-Familie

Die Familie der erbB-Tyrosinkinase-Rezeptoren umfasst 4 Mitglieder:
- EGF-Rezeptor (erbB1, HER1),
- erbB2 (HER2, Neu),
- erbB3 (HER3) und
- erbB4 (HER4).

Alle erbB-Rezeptoren besitzen einen einheitlichen Aufbau, der aus
- einer extrazellulären Ligandenbindungsdomäne,
- einer einfachen, transmembranären Domäne und
- einer zytoplasmatischen Tyrosinkinasedomäne

besteht. Die Bindung eines spezifischen Liganden führt zur Homo- (z.B. erbB1/erbB1) oder Heterodimerisierung (z.B. erbB2/erbB3) von erbB-Rezeptoren. In der Folge kommt es zur Tyrosinkinaseaktivierung und zur Phosphorylierung von Tyrosinresten der zytoplasmatischen Domäne, die als Bindungsstellen für intrazellulläre Signalübertragungsmoleküle wie z.B. grb2, grb7, PLCγ, shc oder p85 dienen (Burden u. Yarden 1997, Olayioye et al. 2000, Schlessinger 2000).

Spezifische Liganden von erbB-Rezeptoren sind neben EGF (epidermal growth factor) verwandte Faktoren wie HB-EGF (*h*eparin-*b*inding *EGF*-like growth factor), TGFα, β-Zellulin, Amphiregulin, Epiregulin und Neuregulin 1–4. Jeder dieser Liganden bindet mit hoher Affinität an einen oder mehrere Rezeptortypen (Burden u. Yarden 1997, Olayioye et al. 2000, Schlessinger 2000).

Eine Sonderstellung unter den erbB-Rezeptoren nimmt erbB2 ein: Trotz intensiver Suche wurde bisher kein Faktor identifiziert, der direkt an diesen Rezeptor bindet und die tyrosinspezifische Phosphorylierung von erbB2 induziert. Verschiedene Liganden können jedoch *indirekt* die Phosphorylierung von erbB2, d.h. die erbB2-vermittelte Signalübertragung auslösen. So bindet z.B. Neuregulin 1 mit hoher Affinität direkt an erbB3 und erbB4 (Carraway et al. 1994, Plowman et al. 1993, Tzahar et al. 1994). Dies induziert die schnelle tyrosinspezifische Phosphorylierung von erbB2 in Zellen, die erbB3- oder erbB4-Rezeptoren koexprimieren (Carraway u. Cantley 1994, Peles et al. 1993, Sliwkowski et al. 1994, Wallasch et al. 1995). Ähnliches wird bei Liganden des EGF-Rezeptors beobachtet, die zwar direkt an den EGF-Rezeptor, jedoch nicht an den erbB2-Rezeptor binden, aber die Autophosphorylierung von erbB2 induzieren, wenn beide Rezeptoren in der gleichen Zelle koexprimiert werden (King et al. 1988). Diese Beobachtungen deuten auf eine zentrale Rolle von erbB2 als Korezeptor in der Übertragung von Signalen hin, die durch die direkte Bindung eines spezifischen Liganden an EGF-, erbB3- oder erbB4-Rezeptoren ausgelöst wird. Diese Funktion von erbB2 konnte mit Hilfe genetischer Analysen in der Maus bestätigt werden (Burden u. Yarden 1997, Olayioye et al. 2000). Wir werden darauf in Unterabschnitt

„Entwicklungsbiologische Funktionen von erbB2" zurückkommen.

erbB2 und Tumorentstehung. Der erbB2-Rezeptor wurde ursprünglich wegen seines onkogenen Potenzials entdeckt (Bargmann et al. 1986, King et al. 1985, Yamamoto et al. 1986). Nach einmaliger Gabe der mutagenen Substanz *N*-Ethyl-*N*-Nitrosoharnstoff (EtNU) am postnatalen Tag 1 entwickeln Ratten mit hoher Frequenz Schwannome des Trigeminusganglions. In all diesen Tumoren findet sich die gleiche Punktmutation an Position 2012 der Nukleotidsequenz von erbB2 (Nikitin et al. 1991). Diese Punktmutation verändert eine Aminosäure in der transmembranären Domäne des Rezeptors. Das mutierte *erbB2*-Gen kann auf NIH3T3-Fibroblasten übertragen werden und induziert in solchen Zellen maligne Transformation (Bargmann et al. 1986). Die mutierte Variante des Gens wird deshalb als Onkogen bezeichnet. Außergewöhnlich an erbB2 ist, dass Überexpression des nichtmutierten Protoonkogens in Fibroblasten genügt, um maligne Transformation zu induzieren (Di Fiore et al. 1987). Überexpression wird häufig in menschlichen Tumoren beobachtet. Eine solche kann durch Amplifikation des Gens, aber auch durch andere molekulare Mechanismen erreicht werden (Hynes u. Stern 1994). In Karzinomen des Brustepithels und der Ovarien korreliert eine solche Überexpression mit einer schlechteren Prognose bei den betroffenen Patientinnen (Slamon et al. 1987).

Obwohl gezeigt worden war, dass erbB2 in Zellkultur, d.h. in NIH3T3-Zellen, maligne Transformation induziert, und dass somatische Mutationen oder Überexpression von erbB2 in Tumoren auftritt, stand lange ein direkter Beweis für eine Rolle in der Tumorentstehung in vivo aus. Dieser Beweis wurde in transgenen Tieren erbracht. Er war aus historischer Sicht für die generelle Akzeptanz der Erforschung von Onkogenen wichtig, die sich während der 80er Jahre rapide entwickelt hatte. Für den In-vitro-Nachweis von Onkogenen wurde und wird noch heute die maligne Transformation von NIH3T3-Zellen eingesetzt (Shih et al. 1979). Diese Methode ist außerordentlich einfach und funktioniert so nur in dieser oder in ähnlichen Zelllinien. Die Expression eines dominanten Onkogens reicht für die maligne Transformation in NIH3T3-Zellen aus, während in primären Fibroblasten dies nur durch die Expression mehrerer Onkogene erreicht werden kann (Land et al. 1983, Parada et al. 1984). Solche Zellkulturmodelle entsprechen der Situation in vivo jedoch nur sehr begrenzt. Es wird heute davon ausgegangen, dass in vivo im Allgemeinen 5–10 somatische Mutationen von Onkogenen und Tumorsuppressorgenen akkumulieren müssen (Multi-step-Modell der Tumorentwicklung), bevor eine maligne Transformation entstehen kann (Fearon u. Vogelstein 1990).

Transgene Expression der mutierten Variante von erbB2, unter der Kontrolle des MMTV (*m*ouse *m*ammary *t*umor *v*irus)-Promotors, induziert Brusttumoren (Bouchard et al. 1989, Muller et al. 1988). Abhängig von der transgenen Linie entwickeln sich die Tumoren scheinbar synchron oder asynchron. Wenn das Transgen schon früh während der Entwicklung im Brustepithel exprimiert wird, bilden sich Tumoren, die das gesamten Epithel umfassen. Wenn das Transgen spät während der Entwicklung der Brustdrüse exprimiert wird, werden asynchrone Tumoren, die zufällig im Epithel verteilt sind, beobachtet. Diese Tumoren, aber auch das umliegende normal erscheinende Epithel exprimieren das Transgen. Demnach müssen auch in diesem Gewebetyp zusätzliche genetische Veränderungen akkumulieren, bevor maligne Transformation eintritt. Dieses Modell reflektiert die menschliche Tumorentstehung im Brustepithel nur teilweise, weil in Brusttumoren des Menschen *erbB2*-Amplifikation und Überexpression, aber keine Mutationen beschrieben wurden. Deshalb wurden auch transgene Mausstämme hergestellt, die den normalen ERBB2-Rezeptor im Brustepithel überexprimieren (Guy et al. 1992). Transgene Überexpression des nichtmutierten ERBB2-Rezeptors führt ebenfalls mit hoher Frequenz zur Entwicklung von zufällig verteilten Brusttumoren. Diese Tumoren treten, abhängig vom transgenen Stamm, nach 6–9 Monaten auf. Die durchschnittliche Anzahl der Tumoren variiert in einzelnen transgenen Linien (2 bis 50 unabhängige Tumoren/Tier). Auch der Anteil der malignen Tumoren variiert in den verschiedenen Linien, wobei in allen Linien, die Tumoren entwickeln, auch maligne Karzinome beobachtet werden.

Neben den beschriebenen Mechanismen der Überexpression und Amplifikation von erbB2 spielt auch die Kooperation verschiedener erbB-Rezeptoren eine bedeutsame Rolle bei der erbB2-vermittelten Tumorentstehung. So steigert die gleichzeitige Expression von erbB3 die erbB2-vermittelte Transformation und das Tumorzellwachstum von NIH3T3-Zellen (Alimandi et al. 1995, Wallasch et al. 1995). Außerdem erhöht die Koexpression von erbB2 in vitro die Affinität des EGF-Rezeptors für EGF (Karunagaran et al. 1995, Sliwkowski et al. 1994). In Mammakarzinomen von

Mäusen, die erbB2 als Transgen überexprimieren, wurde die gleichzeitige Überexpression von erbB1 beobachtet (DiGiovanna et al. 1998). Der Verlust von erbB2 in Tumorzellen, mit autokriner, erbB1-vermittelter Wachstumsstimulation führt zur Hemmung des Tumorzellwachstums (Jannot et al. 1996). Koexpression von erbB2 und erbB4 wird in >50% kindlicher Medulloblastome beobachtet. Ein großer Anteil dieser Tumoren exprimiert außerdem Neuregulin 1. Die gleichzeitige Expression aller 3 Signalkomponenten ist ein prognostisch wichtiger Faktor für den Verlauf dieser Tumorerkrankungen (Gilbertson et al. 1997).

Angesichts der Bedeutung von erbB2 für die Entstehung und Progression vieler maligner Tumoren, wurde der Rezeptor auch als potenzieller Angriffspunkt neuer Therapieverfahren intensiv beforscht (Olayioye et al. 2000). So wurde beobachtet, dass monoklonale Antikörper, die gegen die extrazelluläre Domäne von erbB2 gerichtet sind, spezifisch das Wachstum von Tumorzellen, die erbB2 überexprimieren, in vitro hemmen (Hudziak et al. 1989, Lewis et al. 1993, 1996). Eine beim Menschen einsetzbare, kommerziell erhältliche Form dieses Antikörpers (Herceptin) wird mittlerweile erfolgreich bei Patientinnen mit metastasierendem Mammakarzinom, deren Tumorgewebe erbB2 überexprimiert, als Tumormedikament eingesetzt (Baselga et al. 1996, Cobleigh et al. 1999, Pegram et al. 1998). Allerdings sprechen nicht alle behandelten Patientinnen in gleicher Weise auf eine Therapie mit Herceptin an. Auch in vitro wurde beobachtet, dass nicht alle Tumorzelllinien, die erbB2 überexprimieren, durch den monoklonalen Antikörper in ihrem Wachstum gehemmt werden. Interessanterweise wird jedoch auch bei *Non-Respondern* eine Abnahme der Phosphorylierung von erbB2-Rezeptoren beobachtet (Lane et al. 2000). Dies deutet darauf hin, dass Herceptin nicht nur über die direkte Hemmung der Aktivierung von erbB2, sondern möglicherweise auch über weitere Mechanismen, wie z. B. die Kooperation mit anderen erbB-Rezeptoren, das Wachstum von Tumorzellen beeinflussen kann (Olayioye et al. 2000).

Entwicklungsbiologische Funktionen von erbB2. erbB2 und seine Korezeptoren erbB3 und erbB4 spielen nicht nur bei der Entstehung von Tumoren eine wichtige Rolle. Durch Gene targeting in der Maus konnte gezeigt werden, dass diese Rezeptoren und ihr spezifischer Ligand Neuregulin 1 außerdem essenzielle entwicklungsbiologische Funktionen ausüben (Adlkofer u. Lai 2000, Garratt et al. 2000a). Mäuse mit gezielten Mutationen des *erbB2*-, *erbB4*- oder des Neuregulin-1-Gens sterben innerhalb eines sehr ähnlichen Zeitfensters während ihrer frühen Embryonalentwicklung an den Folgen identischer Defekte der Herzentwicklung. Sie sind dadurch gekennzeichnet, dass der sich entwickelnde Herzmuskel keine normale Trabekulierung ausbildet. Während dieses Entwicklungsvorgangs werden erbB2 und erbB4 von embryonalen Herzmuskelzellen exprimiert. Der Ligand Neuregulin 1 wird von den benachbarten Endokardzellen exprimiert (Gassmann et al. 1995, Lee et al. 1995, Meyer u. Birchmeier 1994, 1995). erbB3 wird während der Embryonalentwicklung nicht im Herz, jedoch in Neuralleistenzellen exprimiert. Aus diesen Zellen entwickeln sich alle wesentlichen Bestandteile des peripheren Nervensystems wie z. B. Schwann-Zellen oder Neuronen des sympathischen Nervensystems. Mäuse mit Mutationen des *erbB3*-Rezeptor-Gens zeigen eine normale Herzentwicklung und überleben daher – in allerdings reduzierter Anzahl – bis zur Geburt. In diesen Mäusen werden komplexe Störungen bei der Entwicklung des peripheren Nervensystems beobachtet, die u. a. durch den Verlust von Schwann-Zellen, die sekundäre Degeneration von motorischen und sensorischen Nerven und eine schwere Hypoplasie des sympathischen Nervensystems gekennzeichnet sind. Diese Defekte sind mit dem Leben nicht vereinbar. Die betroffenen Mutanten sterben daher unmittelbar nach der Geburt (Britsch et al. 1998, Erickson et al. 1997, Riethmacher et al. 1997).

Mit Hilfe von 2 ähnlichen genetischen Strategien ist es gelungen, Funktionen von erbB2 während der späten Embryonalentwicklung zu untersuchen (Morris et al. 1999, Woldeyesus et al. 1999). Durch Knock-in und durch Expression von erbB2 als Transgen (s. Abschnitt 2.2.2.5 „Konditionelles Gene targeting") wurde eine normale Kopie des *erbB2*-Gens unter der Kontrolle eines Promotors exprimiert, der spezifisch in embryonalen Herzmuskelzellen exprimiert wird. Hierdurch wurde die essenzielle Funktion von erbB2 während der embryonalen Herzentwicklung ausschließlich im Herz erhalten, wohingegen in allen übrigen Zellen erbB2 in mutierter Form vorlag. Erwartungsgemäß ist die Herzentwicklung in diesen als *Heart rescues* bezeichneten erbB2-Mutanten normal, und die Tiere überleben bis zur Geburt. Interessanterweise treten in diesen Mutanten sehr ähnliche Entwicklungsdefekte des peripheren Nervensystems auf, wie sie in erbB3-Mutanten beobachtet werden (Morris et al. 1999, Woldeyesus et al. 1999).

Das Neuregulin-1-Gen wird in mehreren unterschiedlichen Spleißvarianten während der Embryonalentwicklung exprimiert. So wird die Embryogenese des Herzens, d.h. seine Trabekulierung, von der so genannten Typ-I-Variante gesteuert, während die Entwicklung des peripheren Nervensystems in den späteren Phasen v.a. durch die Typ-III-Variante gesteuert wird (Meyer u. Birchmeier 1994, Meyer et al. 1997). Mäuse mit einer gezielten Mutation der Typ-III-Variante haben ebenfalls eine unauffällige Herzentwicklung, zeigen jedoch wiederum ähnliche Entwicklungsdefekte des peripheren Nervensystems wie sie in erbB3-Mutanten und erbB2-Mutanten mit *Heart rescue* auftreten (Wolpowitz et al. 2000). Mit Hilfe von Gene targeting in der Maus konnten also in eleganter Weise Funktionen von erbB-Rezeptoren, wie sie aus In-vitro-Untersuchungen abgeleitet wurden (s.o.) genetisch bestätigt werden: Neuregulinsignale werden in vivo durch heterodimere Rezeptoren – erbB2/erbB3 und erbB2/erbB4 – übertragen (Adlkofer u. Lai 2000, Burden u. Yarden 1997, Olayioye et al. 2000).

Keine der bisher erwähnten Mausmutanten des Neuregulinsignalsystems ist postnatal lebensfähig. Potenzielle Funktionen dieses Signalsystems im adulten Organismus waren daher bisher mit klassischem Gene targeting nicht analysierbar. Mit Hilfe des Cre/loxP-Systems (s. Abschnitt 2.2.2.5 „Konditionelles Gene targeting") konnten kürzlich solche späten Funktionen des Neuregulinsignalsystems erstmals beobachtet werden. Dadurch konnten Funktionen von erbB2 bei der Ausbildung von Myelinscheiden im Bereich peripherer Nerven nachgewiesen werden (Garratt et al. 2000b).

2.2.3.4 Morbus Hirschsprung (kongenitales Megakolon)

Die Hirschsprung-Krankheit (kongenitales Megakolon, kongenitale intestinale Aganglionose) ist eine angeborene Fehlbildung, die gekennzeichnet ist durch das Fehlen von Neuronen des enterischen Nervensystems (ENS) in unterschiedlich langen Abschnitten des Enddarms. Als Folge dieser Störung entwickelt sich eine Engstellung des betroffenen Darmabschnitts. Durch die Passagebehinderung kommt es schließlich zum Aufstau des Darminhalts vor dem Hindernis und damit zur sekundären Überdehnung der proximalen Darmabschnitte (*Megakolon*). Abhängig von der Schwere des Krankheitsbilds kann bei den Betroffenen bereits nach der Geburt ein Darmverschluss auftreten. Die Therapie der Wahl besteht in der Resektion des betroffenen Darmabschnitts (Parisi u. Kapur 2000). Morbus Hirschsprung tritt bei etwa 1:5000 Neugeborenen auf, wobei 4-mal mehr männliche als weibliche Individuen betroffen sind (Parisi u. Kapur 2000). Hinweise auf genetische Ursachen dieser Fehlbildung lieferten schon früh epidemiologische Untersuchungen, wonach das Erkrankungsrisiko von Nachkommen Betroffener mit 4% vs. 0,02% gegenüber der Normalbevölkerung deutlich erhöht ist (Badner et al. 1990, Bodian u. Carter 1963). Als Ursachen von Morbus Hirschsprung sind v.a. Mutationen in Genen der GDNF/RET/GFRα- und EDN3/EDNR-B-Signalübertragungssysteme identifiziert worden. Transgene Mausmodelle haben bei der Erforschung der molekularen Ursachen des Morbus Hirschsprung eine wichtige Rolle gespielt (Parisi u. Kapur 2000).

GDNF-Familie und ihre Rezeptoren RET/GFRα. Glial cell line derived neurotrophic factor (GDNF) wurde ursprünglich als ein *Survival*-Faktor für embryonale Nervenzellen entdeckt, der von Gliomazellen in vitro sezerniert wird (Lin et al. 1993). Gemeinsam mit den verwandten Faktoren Neurturin (NRTN), Persephin (PSPN) und Artemin (ARTN) bildet er die Familie der GDNF-artigen Liganden (GFL: *GDNF family ligands*) (Baloh et al. 2000). GFL übertragen ihr Signal durch Rezeptoren, die aus 2 unterschiedlichen Komponenten aufgebaut sind: dem transmembranären Tyrosinkinaserezeptor RET und einem Korezeptor GFRα (*GDNF family receptor* α). GFRα sind über einen so genannten GPI-Anker in der Zellmembran verankert. Sie binden GFL mit hoher Affinität. Heute sind 4 verschiedene Korezeptoren bekannt – GFRα 1–4, wobei GFRα4 bisher nur im Hühnchen beschrieben wurde (Enokido et al. 1998). Jeder GFRα-Subtyp bindet bevorzugt einen ganz bestimmten Liganden der GDNF-Familie. RET selbst besitzt dagegen keine Ligandenbindungsaktivität, ist jedoch mit seiner intrazytoplasmatischen Kinasedomäne essenziell für die Übertragung des Signals in das Zellinnere. So interagiert z.B. GDNF bevorzugt mit RET/GFRα1-Heterodimeren, NRTN bevorzugt mit RET/GFRα2 und ARTN mit RET/GFRα3 (Baloh et al. 1997, 1998, Jing et al. 1997, Klein et al. 1997).

GFL und ihre Rezeptoren werden von verschiedenen Geweben während der Embryonalentwicklung exprimiert. So werden RET und GFRα1 z.B. von der Ureterknospe exprimiert, GDNF vom metanephrogenen Mesenchym. Während der Embryonalentwicklung wächst die Ureterknospe in das metanephrogene Mesenchym ein, verzweigt sich dort und induziert in ihm die Differenzierung zu normalem Nierengewebe (Sariola u. Sainio 1997).

RET und GFRα1 werden außerdem von Neuralleistenzellen exprimiert, die in das primitive Darmrohr einwandern und sich dort zu Neuronen und Gliazellen des enterischen Nervensystems differenzieren. GDNF wird dabei vom Mesenchym exprimiert, das die primitive Darmanlage umgibt (Cacalano et al. 1998, Enomoto et al. 1998, Moore et al. 1996, Pachnis et al. 1993, Pichel et al. 1996, Sanchez et al. 1996, Schuchardt et al. 1994).

Durch gezielte Mutationen in der Maus konnten die biologischen Funktionen einiger Signalmoleküle der GDNF-Familie während der Embryonalentwicklung aufgeklärt werden. Mäuse mit homozygoten Mutationen des *gdnf-*, *ret-* und des *gfra1*-Gens besitzen übereinstimmende mutante Phänotypen, die neben Anderem durch eine beidseitige Nierenaplasie und schwere Hypoplasie des enterischen Nervensystems charakterisiert sind. Die Konkordanz dieser mutanten Phänotypen war ein eleganter genetischer Beweis dafür, dass in vivo GDNF-Signale durch RET/GFRα1-Rezeptor-Heterodimere übertragen werden (Cacalano et al. 1998, Enomoto et al. 1998, Moore et al. 1996, Pichel et al. 1996, Sanchez et al. 1996, Schuchardt et al. 1994).

In den mutanten Tieren unterbleibt das Einwachsen des Ureters in das metanephrogene Mesenchym, was verhindert, dass dieser die Differenzierung zu nierentypischem Gewebe induziert. Interessanterweise entwickeln $GDNF^{+/-}$-Tiere in etwa 30% der Fälle eine einseitige Nierenaplasie, während sich in allen $RET^{+/-}$- und GFRα$1^{+/-}$-Tieren beide Nieren völlig normal entwickeln. Die Menge an verfügbarem GDNF, das vom Zielorgan (metanephrogenem Mesenchym) gebildet wird, scheint also kritisch zu sein für die Entwicklung des Rezeptororgans (Ureterknospe) – dieser Mechanismus stellt eine interessante Parallele zur Funktionsweise anderer Neurotrophine, wie z.B. der NGF-Familie, dar (Cacalano et al. 1998, Enomoto et al. 1998, Moore et al. 1996, Pichel et al. 1996, Sanchez et al. 1996, Schuchardt et al. 1994).

Neben der Nierenentwicklung ist in Mäusen mit homozygoten Mutationen des *gdnf-*, *ret-* und des *gfra1*-Gens v.a. die Entwicklung des ENS betroffen. In diesen Tieren lassen sich distal des Magens keine Neuronen mehr nachweisen, im Magen und in der Speiseröhre sind diese in allerdings reduzierter Zahl erhalten. GDNF und RET/GFRα1 sind dabei essenziell für die frühen Entwicklungsschritte des enterischen Nervensystems: Neuralleistenzellen, die sich später zu Neuronen und Gliazellen des ENS differenzieren, können zwar unabhängig von GDNF-Signalen in die primitive Darmanlage einwandern, GDNF-Signale sind jedoch essenziell für das Überleben und die Proliferation dieser Vorläuferzellen während ihrer Wanderung entlang des primitiven Darmrohrs (Cacalano et al. 1998, Durbec et al. 1996, Enomoto et al. 1998, Moore et al. 1996, Pichel et al. 1996, Sanchez et al. 1996, Schuchardt et al. 1994, Taraviras et al. 1999).

Defekte des ENS treten ebenfalls in *nrtn-* und *gfra2*-defizienten Mäusen auf. Mäuse mit diesen Mutationen sind im Gegensatz zu *gdnf-*, *ret-* und *gfra1*-Mutanten lebensfähig und zeigen keine offensichtlichen, schweren Entwicklungsdefekte (Heuckeroth et al. 1999, Rossi et al. 1999). Cholinerge Neuronen in bestimmten Teilen des ENS (Plexus myentericus) sind jedoch reduziert, und die Darmmotorik ist bei diesen Tieren gestört (Heuckeroth et al. 1999, Rossi et al. 1999). Interessanterweise besitzen GFRα1 und GFRα2 eine sequenzielle Expressionsdynamik, wobei GFRα1 während der Embryogenese exprimiert wird und seine Expression nach der Geburt abnimmt, wohingegen GFRα2 v.a. postnatal exprimiert wird. Gemeinsam mit den funktionellen Beobachtungen in Knockout-Mäusen zeigt dies, dass verschiedene GFL und ihre korrespondierenden Rezeptoren sequenziell unterschiedliche Schritte während der Entwicklung des enterischen Nervensystems steuern (Baloh et al. 1997, Heuckeroth et al. 1999, Naveilhan et al. 1998, Rossi et al. 1999, Widenfalk et al. 1997).

Die Fehlbildungen des ENS, wie sie bei den beschriebenen Mausmutanten beobachtet werden, besitzen große Ähnlichkeit mit jenen Veränderungen im ENS beim Morbus Hirschsprung. Koppelungsanalysen bei Familien mit dominant erblicher Hirschsprung-Krankheit ermöglichten die Identifizierung eines Locus auf Chromosom 10q11.2, der mit dem Auftreten der Erkrankung assoziiert ist und in unmittelbarer Nähe des *ret*-Gens liegt (Angrist et al. 1993, Lyonnet et al. 1993). Sequenzanalysen haben gezeigt, dass in solchen Familien das *ret*-Gen in mutierter Form vorliegt (Edery et al. 1994, Romeo et al. 1994). In systematischen Untersuchungen konnte gezeigt werden, dass Mutationen des Tyrosinkinaserezeptors RET 50% der familiären und 15–35% der sporadischen Fälle von Morbus Hirschsprung zugrunde liegen (Angrist et al. 1995, Attie et al. 1995, Hofstra et al. 2000, Seri et al. 1997).

Interessanterweise wurden in jüngerer Zeit ebenfalls Mutationen in den Genen für *gdnf* und *ntn* bei Patienten mit Morbus Hirschsprung beschrieben. Diese sind allerdings außerordentlich selten und scheinen bei manifester Erkrankung mit weiteren Mutationen vergesellschaftet zu sein (Angrist et al. 1996, Doray et al. 1998, Hofstra et al. 1997, Salomon et al. 1996). Mutationen im *gfra1*- oder *gfra2*-Gen wurden bisher beim Menschen nicht beobachtet (Parisi u. Kapur 2000).

Die konstitutive Aktivierung von *ret* spielt in der Entstehung von Tumoren eine wesentliche Rolle (Goodfellow 1994). Dominante *aktivierende* Mutationen im *ret*-Gen wurden schon in den 80er Jahren beschrieben. Es wurde damals beobachtet, dass solche Varianten von RET in experimentellen Systemen maligne Transformation induzieren (Takahashi et al. 1985). Auch in Neoplasien des Menschen werden Mutationen im *ret*-Gen beobachtet, und zwar ausschließlich in endokrinen Tumoren (Grieco et al. 1990, Hofstra et al. 1994, Mulligan et al. 1993, Santoro et al. 1990). Solche Mutationen können sowohl sporadisch als auch familiär auftreten. Die familiären Mutationen führen zu endokrinen Neoplasien, die nach dem Zusammentreffen von einzelnen Manifestationen der Krankheit in verschiedene Syndrome eingeteilt werden:

- FMTC (familial medullary thyroid carcinoma),
- MEN 2A (multiple endocrine neoplasia, medulläres Schilddrüsenkarzinom, Phäochromozytom, und Nebenschilddrüsenhyperplasie),
- MEN 2B (alle Tumortypen, die in MEN-2A-Patienten beobachtet werden, zusätzlich Ganglioneurinome, marfanoider Habitus und frühe Tumormanifestationen).

In diesen verschiedenen Typen werden unterschiedliche Mutationen im *ret*-Gen gefunden (Goodfellow 1994). FMTC und MEN 2A zeigen charakteristischerweise Mutationen in Genabschnitten, die für eine cysteinreiche Region der extrazellulären Domäne von RET kodieren. Dies führt zur konstitutiven Dimerisierung und damit Aktivierung des RET-Rezeptors. Im Gegensatz dazu liegt MEN 2B eine einzige Punktmutation zugrunde (Methionin wird gegen Threonin ausgetauscht), die zu einer Veränderung in der Kinasedomäne führt. Die Spezifität des Signals, das vom Rezeptor gegeben wird, verändert sich durch diese Mutation, was den ersten Schritt in der malignen Transformation darstellt (Songyang et al. 1995).

Endotheline und ihre Rezeptoren. Endotheline wurden ursprünglich aufgrund ihrer vasopressiven Effekte identifiziert. 3 verschiedene Endotheline sind bekannt, Endothelin 1, 2 und 3, die von verschiedenen Genen kodiert werden. In aktiver Form sind alle Endotheline Polypeptide mit einer Länge von 21 Aminosäuren. Sie entstehen aus längeren Vorläufermolekülen durch mehrfache proteolytische Spaltung. Ihre spezifischen Rezeptoren, Endothelinrezeptor A und B (EDNR-A und -B), gehören zur Familie der G-Protein-gekoppelten Zelloberflächenrezeptoren, die 7 transmembranäre Domänen besitzen. Rezeptor A interagiert mit Endothelin 1 und 2, Rezeptor B mit allen 3 Molekülen (Rubanyi u. Polokoff 1994, Yanagisawa 1994). Ursprünglich wurde die Funktion von Endothelinen und ihren Rezeptoren in der Blutdruckregulation erwartet (Douglas et al. 1994). Gezielte Mutationen der Gene, die für Endotheline oder ihre Rezeptoren kodieren, haben essenzielle Funktionen während der Embryonalentwicklung aufgedeckt. Zum Beispiel sterben Tiere mit homozygoter Nullmutation des Endothelin-1-Gens noch während der Embryonalentwicklung (Kurihara et al. 1994). Die abnorme Entwicklung von bestimmten Strukturen des Kopfs, die aus Neuralleistengewebe stammen, zeigte erstmals, dass Endotheline ebenfalls eine Funktion in der Entwicklung und Differenzierung von Neuralleistenzellen ausüben.

Die gezielte Mutation des *EDNR-B*-Gens demonstrierte weitere essenzielle Funktionen von Endothelinen in der Entwicklung von Neuralleistenzellen und ihren Derivaten auf (Hosoda et al. 1994). Auffällig an den homozygot mutanten Tieren ist die Fellfarbe mit großen, weißen, nicht pigmentierten Arealen – ein Hinweis auf eine abnorme Entwicklung der Melanozyten. Die Tiere sterben nach durchschnittlich 3 Wochen, wahrscheinlich an den Folgen eines Megakolons, das durch das Fehlen von enterischen Ganglien im Dickdarm hervorgerufen wird.

2 natürliche Mutationen der Maus, piebald und piebald-lethal, waren zuvor bereits beschrieben worden, die ähnliche phänotypische Veränderungen zeigten, nämlich weiße Fellflecken und Megakolon (Dunn u. Charles 1937, Lane 1966). Da piebald und das Gen für EDNR-B in ähnlichen chromosomalen Regionen lokalisiert worden waren, lag es nahe, zu untersuchen, ob piebald auf eine Mutation im *EDNR-B*-Gen zurückzuführen ist. Tatsächlich konnte eine Deletion des EDNR-B in der natürlichen piebald-Mutation nachgewiesen werden (Hosoda et al. 1994).

Der Phänotyp einer gezielten Mutation im Endothelin-3-Gen zeigt einen sehr ähnlichen Phänotyp wie die Mutation im *EDNR-B*-Gen (Baynash et al. 1994). Mäuse mit homozygoter Mutation von Endothelin-3 besitzen ein weißgeflecktes Fell und entwickeln ein Megakolon, da enterische Ganglien im Dickdarm fehlen. Die natürliche Mutation

„lethal spotting“ in der Maus ist auf eine Punktmutation im Endothelin-3-Gen zurückzuführen, und verändert eine Aminosäure des Endothelinvorläuferproteins (Baynash et al. 1994). Aufgrund dieser Veränderung kann das Vorläufermolekül nicht proteolytisch gespalten und Endothelin 3 damit nicht aktiviert werden.

Beide Zelltypen, Melanozyten und Neuronen des ENS, die von Mutationen des EDNR-B- und Endothelin-3-Gens betroffen sind, entwickeln sich aus undifferenzierten Neuralleistenzellen. Die Mechanismen über die EDNR-B und Endothelin-3 die Entwicklung von Melanozyten und Neuronen des ENS steuern, konnten während der vergangenen Jahre charakterisiert werden: So ist Endothelin-3 ein potentes Mitogen für Melanozytenvorläuferzellen in vitro (Lahav et al. 1996, Reid et al. 1996). Durch die konditionelle Expression von EDNR-B mit Hilfe eines tetrazyklininduzierbaren Systems konnte außerdem auf elegante Weise in vivo gezeigt werden, dass die Expression von EDNR-B nur zwischen dem Tag 10 und 12,5 der Embryonalentwicklung essenziell ist für die Entwicklung von Melanozyten (Shin et al. 1999). Dieser Zeitraum korreliert mit der Auswanderung von Melanozyten in die Haut. EDNR-B ist daher essenziell für die Steuerung dieses Entwicklungsschritts. Wird die Expression von EDNR-B vor dem Entwicklungstag 10, wenn die Bildung von Melanozytenvorläuferzellen aus Neuralleistenzellen stattfindet, oder nach dem Tag 12,5, während ihrer terminalen Differenzierung, ausgeschaltet, entwickeln sich Melanozyten unabhängig von EDNR-B normal (Shin et al. 1999).

Auch für die Entwicklung des ENS ist während dieses definierten Zeitraums (Tag 10–12,5) EDNR-B erforderlich. Während dieser Periode wandern neuronale Vorläuferzellen entlang des primitiven Darmrohrs zu ihren Zielregionen. In Abwesenheit von EDNR-B kommt es zur vorzeitigen Differenzierung dieser Zellen. Als Folge verlieren sie ihre mitotische Aktivität und ihre Fähigkeit, zu wandern. Dadurch unterbleibt die Besiedlung der am weitesten distal gelegenen Darmabschnitte mit neuronalen Vorläuferzellen (Hearn et al. 1998, Shin et al. 1999, Wu et al. 1999).

Das Endothelinsystem kann auch in Patienten, die an der Hirschsprung-Krankheit leiden, mutiert sein (Puffenberger et al. 1994). In einer großen mennonitischen Familie wurde eine Punktmutation in einem hoch konservierten Bereich des Endothelinrezeptor-B-Gens beobachtet, die mit dem Auftreten der Hirschsprung-Krankheit korreliert. Einige der Familienmitglieder mit homozygoter Punktmutation zeigen darüber hinaus Pigmentstörungen, z. B. eine weiße Haarsträhne, regional unterschiedlich ausgeprägte Hypopigmentation der Haut und zweifarbige Iris sowie Innenohrschwerhörigkeit, typische Anzeichen für ein Waardenburg-Syndrom Typ IV. Die Penetranz des Phänotyps ist allerdings nicht vollständig, und auch Individuen mit einer heterozygoten Mutation können Symptome entwickeln. Unter den Familienmitgliedern, die diese Mutation homozygot tragen, entwickeln 74% der Individuen Symptome, während nur 21% der Heterozygoten Krankheitssymptome zeigen. Der Effekt der Punktmutation ist also dosisabhängig, und die Mutation ist weder vollständig dominant noch vollständig rezessiv. Darüber hinaus ist die Penetranz des Phänotyps auch abhängig vom Geschlecht der Träger: Männer tragen ein größeres Risiko, die Krankheit zu entwickeln, als Frauen. Der Erbgang dieser Krankheit ist außerordentlich komplex, es kann daher erwartet werden, dass zusätzliche Gene bei der Entwicklung der Krankheit eine Rolle spielen (Parisi u. Kapur 2000).

2.2.3.5 Chronisch-entzündliche Darmerkrankungen

Chronisch entzündliche Darmerkrankungen (CED) sind wahrscheinlich nichtinfektiöse Erkrankungen, die entweder als oberflächliche, ulzerierende Entzündungen auf den Dickdarm beschränkt (*Colitis ulcerosa*) oder als granulomatöse Entzündung der gesamten Darmwand in allen Abschnitten des Gastrointestinaltrakts auftreten (*Morbus Crohn*). Ursachen und Pathogenese der CED sind weitgehend ungeklärt. Eine wesentliche pathogenetische Rolle scheint jedoch die abnormale, unkontrollierte Antwort des darmassoziierten Immunsystems gegenüber Antigenen zu spielen, die im Darm Gesunder keine Krankheit verursachen (Adler et al. 1993, Orchard et al. 2000, Podolsky 1997). Das Immunsystem des Darms muss einerseits auf potenzielle Pathogene im Darm reagieren, sollte aber andererseits nicht auf die große Anzahl von Antigenen reagieren, die die normalen Darmkomponenten bilden, also auf Nahrungsmittel oder die normale Darmflora. Dieses Gleichgewicht kann gestört sein. Eine Immunantwort auf normale Darmkomponenten könnte so zur Entzündung führen (Strober u. Ehrhardt 1993). Entsprechend werden in der Behandlung von CED überwiegend Substanzen mit immunsuppressiver Wirkung eingesetzt (z. B. Kortikosteroide, Azathioprin oder Ciclosporin A; Adler et al. 1993). In den vergangenen Jahren wurden verschiedene transgene Tiermodelle beschrieben, die entzündliche Darmerkrankungen entwickeln.

Tiere mit einer Mutation im Interleukin-2(IL-2)-Gen, die durch homologe Rekombination in embryonalen Stammzellen eingeführt wurde, entwickeln sich während der ersten 3–4 Lebenswochen zunächst normal (Sadlack et al. 1993). Im weiteren Verlauf sterben etwa die Hälfte der Tiere mit homozygoter Mutation von IL-2. Alle überlebenden Tiere entwickeln in den folgenden Monaten eine ulzerierende Entzündung des Dickdarms mit blutigen Durchfällen, die histologisch und in ihrem Verlauf dem Krankheitsbild der *Colitis ulcerosa* beim Menschen ähnelt. IL-2-defiziente Mäuse, die unter keimfreien Bedingungen aufgezogen werden, entwickeln keine Entzündungszeichen. Dies unterstützt die Hypothese, dass die Erkrankung durch nicht pathogene Darmbakterien ausgelöst wird. Derartige Mutanten zeigen eine erhöhte Anzahl von aktivierten B- und T-Lymphozyten in der Darmwand. Zusätzlich wird dort eine gestörte B-Zell-Reaktion beobachtet, d.h. eine gesteigerte Immunglobulinsekretion und die Bildung von Autoantikörpern (Sadlack et al. 1993). Es wurde daher vorgeschlagen, dass IL-2 direkt oder indirekt die Reaktion von B-Zellen auf die normale Darmflora kontrolliert. Das Fehlen von IL-2 könnte so eine unkontrollierte B-Zell-Aktivität bewirken, die schließlich zur Entwicklung entzündlicher Darmerkrankungen führt (Strober u. Ehrhardt 1993).

Mäuse mit Mutationen in den Genen verschiedener T-Zell-Rezeptor-Typen (TCRα, β, β+δ) oder MHC II (major histocompatibility complex II) entwickeln ebenfalls entzündliche Darmerkrankungen (Mombaerts et al. 1993). Die entzündlichen Darmveränderungen zeigen Ähnlichkeiten mit *Colitis ulcerosa*, d.h. die Entzündung ist auf den Dickdarm beschränkt und befällt die Darmwand nur oberflächlich, es treten jedoch keine blutigen Diarrhöen oder Ulzerationen auf. Nur ein Teil der mutanten Tiere entwickelt entzündliche Darmerkrankungen, und keine anderen Phänotypen wurden in solchen Tieren beobachtet. Gemeinsam ist allen diesen mutanten Mäusen, dass ihnen eine bestimmte Subpopulation von T-Zellen ($\alpha\beta$-T-Zellen) fehlt, während andere T- und B-Zellen normal gebildet werden (Mombaerts et al. 1993). Es wird deshalb angenommen, dass die Hemmung von B-Zellen durch spezifische T-Zellen fehlt; dies könnte letztendlich zu einer unkontrollierten Immunreaktion gegen Antigen präsentierende Zellen im Darm führen.

Interleukin 10 (IL-10) hemmt die Freisetzung zahlreicher Entzündungsmediatoren und die Aktivität von Makrophagen und Natural-Killer(NK)-Zellen. Mäuse mit Deletionen des IL-10-Gens besitzen normale B- und T-Zell-Funktion. Die meisten Tiere entwickeln eine Anämie und sind wachstumsretardiert. Zusätzlich manifestiert sich in IL-10-defizienten Tieren eine Enterokolitis, die im Gegensatz zu IL-2-Mutanten den Intestinaltrakt vom Duodenum bis zum Kolon befällt. Die betroffenen Darmregionen zeigen mikroskopische Veränderungen, die chronisch entzündlichen Darmerkrankungen beim Menschen ähneln. Werden diese Tiere unter SPF-Bedingungen aufgezogen, entwickelt sich nur eine milde Entzündung, die auf Teile des Dickdarms beschränkt bleibt (Kuhn et al. 1993).

Die beschriebenen transgenen Modelle haben das Verständnis grundlegender Regulationsvorgänge des Immunsystems bei der Entstehung dieser Krankheiten erheblich erweitert. Sie zeigen die Bedeutung von derartigen Störungen des Immunsystems für den Darm. Demnach können verschiedene primäre Defekte zu ähnlichen Krankheitsbildern, d.h. zu entzündlichen Darmerkrankungen, führen. Gerade das Immunsystem des Gastrointestinaltrakts, das mit einer immensen Zahl verschiedener Antigene konfrontiert wird, ist im besonderen Maß von einer subtilen Regulation abhängig, um pathogene Antigene von nicht pathogenen unterscheiden zu können. Dies mag erklären, weshalb die den gesamten Organismus betreffenden Defekte sich bevorzugt im Darm manifestieren, während in diesen Tiermodellen keine Entzündungen an anderen Oberflächenepithelien, z.B. der Atemwege oder der Haut, beobachtet wurden.

Darüber hinaus wurden transgene Tiermodelle beschrieben, bei denen entzündliche Veränderungen des Darms lediglich einen Teilaspekt eines allgemeineren Entzündungsgeschehens darstellen: So entwickeln z.B. Ratten, die HLA-B27 und β_2-Mikroglobulin als Transgen exprimieren, eine diffuse Entzündung des gesamten Darmtrakts, diese ist häufig mit Gelenkentzündungen und psoriasisähnlichen Entzündungen der Haut vergesellschaftet (Hammer et al. 1990). Mäuse mit einer gezielten Mutation des TGF-β1-Gens zeigen ebenfalls Entzündungen des Darms, die jedoch ebenfalls im Rahmen generalisierter entzündlicher Veränderungen bei diesen Mäusen auftreten (Geiser et al. 1993, Christ et al. 1994).

Nicht nur Störungen des Immunsystems können zu entzündlichen Darmerkrankungen führen, sondern auch Defekte, welche die Integrität des Darmepithels beeinflussen: So konnte durch das Einführen einer dominant-negativen Mutation die E-Cadherin vermittelte Zell-Zell-Adhäsion zerstört werden. Chimäre Tiere mit abnormer epithelialer Zelladhäsion entwickeln ebenfalls eine *Morbus-Crohn*-ähnliche entzündliche Darmerkrankung, die sich ausschließlich in den Arealen der Transgenexpression manifestiert (Hermiston u. Gordon 1995). Außerdem entwickeln Mäuse mit gezielter Mutation des Keratin-8-Gens, das für einen wesentlichen Zytoskelettbestandteil von Darmepithelzellen kodiert, abhängig vom genetischen Background Entzündungen und eine Hyperplasie der Darmschleimhaut (Baribault et al. 1994).

Keine der beobachteten pathologischen Darmveränderungen in den beschriebenen transgenen Tiermodellen ist für sich genommen identisch mit den Krankheitsbildern *Colitis ulcerosa* oder *Morbus Crohn* beim Menschen. Sie rekapitulieren jedoch wichtige Teilaspekte beider Krankheiten und werden damit zu einem wertvollen Instrument für das weitere Verständnis der Entstehung und des Verlaufs dieser Erkrankungen beim Menschen und für die Entwicklung und Erforschung von neuen therapeutischen Ansätzen (Podolsky 1997, Strober u. Ehrhardt 1993).

2.2.3.6 Diabetes mellitus

Das Modellsystem Maus eignet sich nicht nur zur genetischen Analyse von entwicklungsbiologisch relevanten Genen oder monogenen Defekten, es bietet sich auch zur Erforschung von komplexen polygenen Erkrankungen wie Diabetes mellitus an. Diabetes mellitus ist primär eine Störung des Kohlenhydratstoffwechsels. Die wichtigsten klinischen Symptome sind erhöhter Blutzucker, Zuckerausscheidung im Harn und vermehrte Harnmenge. In Spätstadien der Krankheit leiden die Patienten zudem an Gefäßschäden, Neuro-, Retino- und Nephropathien sowie einem erhöhten Risiko für Schlaganfall und koronare Herzerkrankungen (Kahn u. Weir 1994). Die Ursachen der Krankheit liegen in einer Sekretionsstörung des Hormons Insulin bzw. in einer Insulinresistenz der Zielorgane.

Insulin wird von den β-Zellen der Langerhans-Inseln des Pankreas gebildet und sezerniert. Es bindet im Zielorgan an den Insulinrezeptor und aktiviert diesen. Der Insulinrezeptor phosphoryliert zelluläre Proteine wie die Insulinrezeptorsubstrate (IRS) und beeinflusst über eine Signalübertragungskette die Expression zellulärer Gene. Wird vom Organismus Nahrung aufgenommen, führt der Anstieg des Blutzuckergehalts zur Ausschüttung von Insulin aus den β-Zellen. Dieses Signal veranlasst die Resorption und Speicherung der Nährstoffe in insulinsensitiven Organen. Leber und Skelettmuskulatur nehmen über Transportproteine Glukose auf und deponieren sie in Form von Glykogen. Auch das Fettgewebe kann Glukose aufnehmen und für die De-novo-Fettsynthese nutzen. Sinkt der Insulinspiegel, geben diese Organe Nährstoffe wieder an das Blut ab. Insulin ist somit entscheidend an der Regulation des Energiestoffwechsels und der Glukosehomöostase beteiligt, und eine Störung der Insulinwirkung führt längerfristig zu einer schweren Stoffwechselentgleisung (Kahn u. Weir 1994). Bei Diabetes mellitus werden 2 Hauptformen unterschieden:

1. insulinabhängiger Diabetes mellitus Typ 1
2. nicht insulinabhängiger Diabetes mellitus Typ 2.

Diabetes mellitus Typ 1. Beim so genannten juvenilen oder insulinabhängigen Diabetes Typ 1 sind die Insulin sezernierenden β-Zellen des Pankreas durch eine Autoimmunreaktion zerstört worden. Im Serum der Patienten werden meist lange vor der Zerstörung der β-Zellen Autoantikörper gegen Proteine dieser Zellen und gegen Insulin gefunden. Die Erkrankung manifestiert sich häufig in den ersten 2 Lebensjahrzehnten. Die Patienten leiden primär an Hyperglykämie und sind zur Regulierung des Blutzuckers auf die Injektion von Fremdinsulin angewiesen. Bei der Entstehung dieses Leidens spielen sowohl die genetische Prädisposition als auch Umweltfaktoren eine Rolle, der Vererbungsweg ist allerdings bisher noch nicht vollständig geklärt (Tisch u. McDevitt 1996). Es konnte jedoch gezeigt werden, dass der Genotyp des MHC II die wichtigste Determinante ist (Todd et al. 1987). Darüber hinaus könnten bis zu 19 weitere Genloci an der Entstehung der Krankheit beteiligt sein (Davies et al. 1994).

Es stehen einige Tiermodelle für Diabetes Typ 1 zur Verfügung, deren wichtigstes die NOD-Maus sein dürfte. NOD steht für „non obese diabetic". Die Maus wurde aus einer spontanen Mutante ausgezüchtet und zeigt in Vererbung und Immunpathologie Ähnlichkeit mit Diabetes Typ 1 im Menschen (Makino et al. 1980). Neben den durch Insulinmangel ausgelösten Stoffwechselstörungen ist dies v.a. die Zerstörung der β-Zellen durch eine Autoimmunreaktion. Die Erkrankung hat auch in der Maus eine polygene Basis, neben MHC II sind 2 weitere Loci beteiligt (Hattori et al. 1986, Prochazka et al. 1987). Durch Verabreichung der Autoantigene Inulin, Proinsulin und Glutaminsäuredekarboxylase (GAD) bzw. durch die Modulation ihrer Expression in vivo kann die Entstehung von Diabetes über eine Beeinflussung der T-Zell-Immunantwort in NOD-Mäusen verhindert werden (French et al. 1997, Tian et al. 1996 a, b, Yoon et al. 1999, Zhang et al. 1991). In der Folge wurden Studien initiiert, durch Insulingabe die Entstehung von Diabetes Typ 1 bei Patienten zu verhindern (Carel u. Bougneres 1996, Keller et al. 1993).

Diabetes mellitus Typ 2. Der so genannte nicht insulinabhängige Diabetes Typ 2, auch Altersdiabetes, macht über 90% aller Diabeteserkrankungen aus. Diese Form des Diabetes ist durch eine Resistenz der Zielorgane gegen die physiologischen Wirkungen von Insulin und eine Störung der Insulinsekretion gekennzeichnet. Er tritt meist erst im fortgeschrittenen Lebensalter auf. Bei Diabetes Typ 2 ist die Regulierung des Blutglukosespiegels häufig durch diätetische und medikamentöse Maßnahmen möglich, ansonsten ist aber ebenfalls die Injektion von Fremdinsulin notwendig (Kahn u. Weir 1994).

In einer Subform des Diabetes Typ 2, MODY (für „maturity onset of diabetes in the young"), entwickeln sich aufgrund einer Störung der Insulinsekretion die diabetischen Symptome bereits in jungen Jahren. Die genetischen Ursachen von MODY sind gut charakterisiert. Es sind 5 Gendefekte bekannt, die autosomal-dominant vererbt werden und zu einer Störung der Insulinsekretion führen:

- Transkriptionsfaktor HNF4A (MODY1),
- Transkriptionsfaktor HNF1A/TCF1 (MODY3),
- Transkriptionsfaktor IPF1 (MODY4) und
- Transkriptionsfaktor HNF1B/TCF2 (MODY5) sowie im
- Glukokinasegen (MODY2) (Froguel u. Velho 1999).

Es wird vermutet, dass Glukokinase (GK) als Glukosesensor der *β*-Zellen an der glukosestimulierten Insulinausschüttung beteiligt ist. Nullmutationen des GK-Gens in der Maus sind embryonal bzw. postnatal letal, die neugeborenen Mäuse sind diabetisch (Bali et al. 1995, Grupe et al. 1995, Terauchi et al. 1995). Zur genaueren Analyse des Phänotyps wurde mittels Cre/loxP-Technik ein konditionelles GK-Allel entwickelt und global, in Hepatozyten oder in *β*-Zellen inaktiviert (Postic et al. 1999). Mäuse, die das Nullallel homozygot in Hepatozyten oder *β*-Zellen tragen, sterben wenige Tage nach der Geburt an schwerem Diabetes, Heterozygote entwickeln eine moderate Hyperglykämie. Mäuse, denen GK nur in der Leber fehlt, zeigen eine milde Hyperglykämie und eine gestörte Glykogensynthese, zudem ist die glukosestimulierte Insulinsekretion beeinträchtigt. Offenbar ist Glukokinase also nicht nur in *β*-Zellen, sondern auch in Hepatozyten für eine glukosestimulierte Insulinausschüttung wichtig.

Transkriptionsfaktoren der HNF-Familie (HNF: hepatocyte nuclear factor) werden in Leber, Pankreas, Niere und Darm exprimiert und regulieren viele für die Funktion dieser Organe wichtige Gene. Eine Nullmutation des MODY3-Gens HNF1A in der Maus führt zu schweren Leber- und Nierenschäden und einer Beeinträchtigung der glukosestimulierten Insulinsekretion (Lee et al. 1998, Pontoglio et al. 1996, 1998). Die Deletion des MODY4-Gens IPF/PDX1 resultiert in einem vollständigen Fehlen des Pankreas, die Tiere sterben kurz nach der Geburt (Jonsson et al. 1994). Wird IPF/PDX1 spezifisch in *β*-Zellen inaktiviert, verlieren diese Zellen die Fähigkeit, Gene wie Insulin und Glut2 zu exprimieren, die Mäuse entwickeln Diabetes (Ahlgren et al. 1998). Nullmutationen in der Maus bestätigen somit, dass HNF-Transkriptionsfaktoren für die Bildung und Funktion des Pankreas bzw. der *β*-Zellen eine essenzielle Bedeutung haben.

Abgesehen von MODY ist die Genetik von Diabetes Typ 2 sehr komplex, an der Ausprägung der Krankheit sind verschiedene Gene sowie Umweltfaktoren beteiligt. Ein wichtiges Merkmal ist die Insulinresistenz von Skelettmuskel, Leber und Fettgewebe, die dem Vollbild eines Diabetes Typ 2 vorausgeht (Martin et al. 1992). Auch wenn die genetischen Ursachen von Diabetes Typ 2 beim Menschen noch nicht vollständig aufgeklärt sind, können Tiermodelle doch dazu beitragen, den Effekt von bestimmten Mutationen zu studieren. Das erste Tiermodell für Diabetes Typ 2 war die Goto-Kakizaki(GK)-Ratte, eine spontan aufgetretene Mutante. Die Krankheit konnte auf 3 unabhängige Loci gemappt werden, der Diabetes der GK-Ratte ist also, wie der des Menschen, polygen (Galli et al. 1996). Eine 2. Studie wies sogar 6 unabhängige Loci nach, die für Hyperglykämie, Glukoseintoleranz, veränderte Insulinsekretion und gesteigertes Körpergewicht in der GK-Ratte verantwortlich sind (Gauguier et al. 1996).

Eine Deregulation des Körpergewichts ist auch in der fa/fa-Ratte und bei den ob/ob- („ob" für „obese") bzw. db/db-Mäusen („db" für „diabetic") zu beobachten. Diese natürlichen Mutanten erreichen das bis zu 3fache Körpergewicht von Wildtypmäusen. Dazu entwickeln sie ein Syndrom aus Hyperglykämie, Hyperinsulinämie und Glukoseintoleranz, das Diabetes Typ 2 im Menschen ähnlich ist (Coleman 1973, 1978). Die Gene für ob und db konnten kloniert werden: ob kodiert für das Hormon Leptin, db für seinen Rezeptor (Tartaglia et al. 1995, Zhang et al. 1994). Leptin wird von Adipozyten sezerniert, es erhöht u.a. den Grundstoffwechsel und senkt Seruminsulin und Blutzucker (Halaas et al. 1995, Pelleymounter et al. 1995). Eine Störung der Leptinsignaltransduktion führt zur Deregulation des Körpergewichts und in der Folge zur Manifestation eines nicht insulinabhängigen Diabetes (Chen et al. 1996, Chua et al. 1996, Lee et al. 1996).

Abgesehen von den natürlich entstandenen Mutanten wurde schon bald nach der Etablierung des Gene targeting in der Maus damit begonnen, einzelne Komponenten in der Signalübertragungskette des Insulinsrezeptors auszuschalten oder gezielt zu verändern.

Die Nullmutation des Insulinrezeptors zeigte, dass die Mäuse kurz nach der Geburt schwere diabetische Stoffwechselstörungen entwickeln und innerhalb weniger Tage an Ketoazidose sterben (Accili et al. 1996, Joshi et al. 1996). Um die frühe Letalität des Phänotyps zu umgehen, wurde mit Hilfe der Cre/loxP-Technik ein konditionelles Allel des Insulinrezeptors hergestellt und gezielt in Skelettmuskeln inaktiviert (Bruning et al. 1998). Diese Tiere zeigen entgegen der Erwartung keine beeinträchtigte Glukosetoleranz, auch Seruminsulin und Blutzucker sind normal. Dafür ist der Fettmetabolismus verändert, die Mäuse haben mehr Körperfett sowie einen erhöhten Gehalt von Triglyzeriden und freien Fettsäuren im Serum. Wird der Insulinrezeptor spezifisch in den β-Zellen des Pankreas inaktiviert, verlieren diese Zellen die Fähigkeit zur glukoseabhängigen Insulinsekretion (Kulkarni et al. 1999). Die Inaktivierung des Rezeptors in Hepatozyten schließlich führt zum ausgeprägtesten Phänotyp (Michael et al. 2000). Die Mäuse zeigen massive Insulinresistenz, schwere Glukoseintoleranz und Hyperinsulinämie aufgrund gesteigerter Insulinproduktion und reduziertem Insulin-Clearing. Wird der Insulinrezeptor spezifisch im Gehirn ausgeschaltet, resultiert daraus eine milde Insulinresistenz und ein leicht erhöhter Plasmainsulin- sowie Triglyzeridspiegel (Bruning et al. 2000). Das überraschende Ergebnis dieser Experimente ist folglich, dass eine Insulinresistenz der Leber in hohem Maß zur Glukoseintoleranz bei Diabetes Typ 2 beiträgt, während die Bedeutung der Skelettmuskulatur offensichtlich überschätzt worden ist.

Eine wichtige Rolle für die Entstehung von Glukoseintoleranz wurde auch für den Glukosetransporter 4 (Glut4) vermutet, der im Skelettmuskel und Fettgewebe exprimiert wird (Charron et al. 1989, Garvey et al. 1988, Kahn 1992). Die homozygote Nullmutation von Glut4 in der Maus zeigte aber entgegen den Erwartungen keine Glukoseintoleranz, eine nur milde Insulinresistenz und keinen Diabetes, dafür treten pathologische Veränderungen im Fettgewebe und im Herzen auf, die Mäuse sterben früh (Katz et al. 1995). Ältere heterozygote männliche Tiere entwickelten allerdings ein Syndrom aus Hyperglykämie, Hyperinsulinämie, Bluthochdruck und Gewebeveränderungen in Herz und Leber, das Diabetes Typ 2 im Menschen ähnlich ist (Stenbit et al. 1997). Wird Glut4 mittels konditioneller Mutagenese selektiv im Skelettmuskel inaktiviert, zeigen die Mäuse eine schwere Insulinresistenz und Glukoseintoleranz (Zisman et al. 2000). Auch Mäuse, bei denen Glut4 spezifisch im Fettgewebe ausgeschaltet wurde, entwickeln Insulinresistenz, Glukoseintoleranz und Hyperinsulinämie (Abel et al. 2001). Diese Ergebnisse machen deutlich, wie hilfreich die konditionelle Mutagenese mittels Cre/loxP bei der Analyse von komplexen Phänotypen sein kann.

Im Gegensatz zu Glut4 wird der Glukosetransporter Glut2 in β-Zellen des Pankreas, Hepatozyten, Nieren- und Darmepithelzellen exprimiert. Aufgrund der Expression in β-Zellen wurde eine Rolle bei der glukosestimulierten Ausschüttung von Insulin vermutet. In der Tat entwickeln Mäuse, die homozygot für eine Nullmutation von Glut2 sind, Störungen in der Insulinsekretion und eine reduzierte Glukosetoleranz (Guillam et al. 1997).

Die Insulinrezeptorsubstrate 1 und 2 sind wichtige zytoplasmatische Phosphorylierungssubstrate des Insulinrezeptors. Homozygote Nullmutanten von IRS-1 zeigen ein verzögertes Wachstum und Insulinresistenz. Die Zahl der β-Zellen ist erhöht, um mit gesteigerter Insulinsekretion die Insulinresistenz der peripheren Organe zu kompensieren (Araki et al. 1994, Tamemoto et al. 1994). Mäuse, die homozygot für eine Nullmutation von IRS-2 sind, entwickeln einen Diabetes Typ 2 mit Insulinresistenz und einer Störung des Insulinrezeptorsignalwegs in der Leber, aber nicht in der Skelettmuskulatur (Kubota et al. 2000b). Im Gegensatz zum IRS-1-Knockout ist die Zahl der β-Zellen reduziert, die einzelnen Zellen schütten jedoch mehr Insulin aus, um die Insulinresistenz zu kompensieren.

Parallel zur Erzeugung von Nullmutationen einzelner Gene, die an der Entstehung von Diabetes mellitus beteiligt sein sollen, wurden auch Anstrengungen unternommen, die polygene Entstehung von Diabetes im Mausmodell nachzuvollziehen. Dazu wurden Nullmutanten einzelner Gene, die allein oder im heterozygoten Zustand keinen Diabetes hervorrufen, miteinander gekreuzt. Mäuse, die doppelt heterozygot für Nullallele des Insulinrezeptors und des IRS-1 sind, zeigen Insulinresistenz, stark erhöhte Plasmainsulinspiegel und entwickeln in 40% aller Tiere innerhalb von 4–6 Monaten Diabetes (Bruning et al. 1997). Auch Doppelmutanten, die homozygot null für Glukokinase und IRS-1 sind, entwickeln Diabetes mit Insulinresistenz, Glukoseintoleranz und gestörter Insulinsekretion (Terauchi et al. 1997). Werden Nullallele für IR, IRS-1 und IRS-2 im heterozygoten Zustand kombiniert, dann entwickeln IR/IRS-$1^{+/-}$-Tiere Insulinresistenz in Skelettmuskel und Leber, IR/IRS-$2^{+/-}$-Tiere v.a. in der Leber, was auf eine unterschiedliche Bedeutung von IRS-1 und -2 in verschiedenen Geweben hinweist (Kido et al. 2000).

Auch wenn es darum geht, neue Formen der Therapie zu suchen, wird auf Tiermodelle zurückgegriffen. Erst kürzlich wurden 2 viel versprechende Versuche einer Gentherapie des Diabetes Typ 1 unternommen. In diabetischen Ratten und Mäusen wurde ein Single-chain-Insulin-Analogon unter Kontrolle eines glukosesensitiven Promotors exprimiert, damit konnte über einen längeren Zeitraum hinweg eine Remission der Krankheit erzielt werden (Lee et al. 2000). In einem anderen experimentellen Ansatz wurde Humaninsulin unter Kontrolle eines glukosesensitiven Promotors in intestinalen K-Zellen produziert und verhinderte damit die Entstehung von Diabetes in Mäusen, in denen die β-Zellen gezielt zerstört worden waren (Cheung et al. 2000). Ansätze wie diese könnten in absehbarer Zukunft durch die Rekonstituierung der körpereigenen Insulinsekretion helfen, das Auftreten von schweren Spätschäden bei Diabetes mellitus zu reduzieren.

Diabetes mellitus Typ 1 und 2 sind komplexe polygene Erkrankungen, deren Entstehung noch nicht vollständig verstanden wird. Gerade die Beteiligung mehrerer Gene macht jedoch die Verwendung von Mausmutanten, bei aller gebotenen Vorsicht um die Übertragbarkeit der gewonnenen Daten, zu einem wertvollen Werkzeug bei der Aufklärung der genetischen und molekularen Ursachen dieser Erkrankung. Die Kombination von Nullmutationen einzelner Gene und der Einsatz von konditionellen gewebespezifischen Mutanten wird nicht nur zum besseren Verständnis des Diabetes mellitus, sondern auch seiner gravierenden Folgeschäden beitragen.

2.2.3.7 Prionenerkrankungen

Prionenerkrankungen bezeichnen eine Gruppe neurodegenerativer Erkrankungen, die in unterschiedlichen Erscheinungsformen beim Menschen und bei Säugetieren auftreten (Tabelle 2.2.1). Einzelne Krankheitsformen wie z.B. die Creutzfeldt-Jakob-Krankheit (CJD) sind seit der ersten Hälfte des 20. Jahrhunderts bekannt, fanden jedoch angesichts ihrer Seltenheit und der lange Zeit unbekannten Ätiologie keine breitere Beachtung (Prusiner et al. 1998). Die Übertragbarkeit der Erkrankung durch Gehirnextrakte verstorbener Patienten auf Schimpansen (Gibbs et al. 1968), der Nachweis von Prionen als Grundlage eines vollkommen neuartigen Übertragungsmechanismus (Prusiner 1982), v.a. aber die Verbreitung der durch Prionen verursachten Rinderseuche BSE (bovine spongiform encephalopathy) und die Übertragbarkeit der tödlichen Krankheit durch kontaminierte Nahrungsmittel auf den Menschen haben zu der heute enormen gesellschaftlichen Beachtung dieser Erkrankungen geführt.

Prionenerkrankungen sind histopathologisch durch das Auftreten von Vakuolen und den fortschreitenden Untergang von Neuronen des Zentralnervensystems sowie durch eine Vermehrung von Astrozyten bei gleichzeitigem Fehlen einer begleitenden Entzündungsreaktion gekennzeichnet (Hope 2000, Prusiner et al. 1998, Telling 2000). Prionenerkrankungen können durch die Übertragung infektiöser Prionen, durch Spontanmutationen oder durch die Vererbung von Mutationen des Priongens verursacht werden (Tabelle 2.2.1). Die Inkubationszeiten der einzelnen Erkrankungen sind mit Monaten bis Jahren sehr unterschiedlich und bei bestimmten Krankheitsformen außerordentlich lang. Klinisch sind die Erkrankungen u.a. durch fortschreitende Demenz, psychiatrische Symptome, extrapyramidale, pyramidale und zerebelläre Störungen gekennzeichnet (Tabelle 2.2.1).

Typisch für den Krankheitserreger (das infektiöse Prionprotein) ist die unterschiedliche interspezifische Übertragbarkeit. Diese kann sich in einer vollständigen Resistenz gegenüber artfremdem infektiösem Material äußern oder aber in einer verlängerten Inkubationszeit. Nachdem die Erkrankung von einer Spezies auf die andere übertragen wurde, und vom ersten infizierten Tier andere, artgleiche Tiere infiziert werden, verkürzt sich die Inkubationszeit: Das infektiöse Agens hat sich dem neuen Wirt angepasst (Prusiner et al. 1998).

Ein erster Durchbruch in der Erforschung dieser Krankheit war die Übertragung der Infektion

Tabelle 2.2.1. Prionenerkrankungen

Krankheit	Wirt	Klinik	Pathomechanismus
Kuru	Mensch	Ataxie±Demenz, Pyramidenbahnstörungen Mittleres Erkrankungsalter 40 Jahre Krankheitsverlauf 3–12 Monate	Ritueller Kannibalismus bei Eingeborenen Neuguineas
iCJD	Mensch	s. sCJD	Iatrogene Infektionen mit kontaminiertem Material (Hirnhauttransplantate, hGH, usw.)
vCJD	Mensch	Psychiatrische Symptome, späte Demenz, Dysästhesien, Ataxie Mittleres Erkrankungsalter 26 Jahre Protrahierter Krankheitsverlauf etwa 1,5 Jahre	Infektion durch BSE-Erreger
fCJD	Mensch	Demenz, Ataxie, Myoklonien Krankheitsbeginn typischerweise vor 60. Lebensjahr Krankheitsverlauf 1–5 Jahre	Keimbahnmutation im *prp*-Gen
GSS	Mensch	Ataxie, Dysarthrie, pyramidale und extrapyramidale Symptome, späte Demenz Krankheitsbeginn typischerweise vor 50. Lebensjahr Krankheitsverlauf 2–10 Jahre	Keimbahnmutation im *prp*-Gen
FFI	Mensch	Therapierefraktäre Schlaflosigkeit, Dysautonomie, pyramidale und extrapyramidale Symptome, späte Demenz Krankheitsbeginn typischerweise 45±10 Jahre Krankheitsverlauf 1–2 Jahre	Keimbahnmutation im *prp*-Gen
sCJD	Mensch	Rasch progrediente Demenz, Ataxie, Myoklonien Krankheitsbeginn 55–70 Jahre, selten vor 40 Krankheitsverlauf <1 Jahr	Somatische Mutation im *prp*-Gen oder spontane Konversion von prp^c zu prp^{sc}
FSI	Mensch	s. FFI	Somatische Mutation im *prp*-Gen oder spontane Konversion von prp^c zu prp^{sc}
Scrapie	Schaf		Infektion genetisch prädisponierter Schafe
BSE	Rind		Infektion durch kontaminiertes Tiermehl
TME	Nerz		Infektion mit Prionen von Schafen oder Rindern
FSE	Katze		Infektion mit kontaminiertem Futter
CWD	Maultier, Elch		?

iCJD iatrogene Form der Creutzfeldt-Jakob-Krankheit, *vCJD* variante Form der CJD, *fCJD* familiäre Form der CJD, *sCJD* sporadische Form der CJD, *GSS* Gerstmann-Sträussler-Scheinker-Syndrom, *FFI* „fatal familial insomnia", *FSI* „fatal sporadic insomnia", *BSE* „bovine spongiforme encephalopathy", *TME* „transmissible mink encephalopathy", *CWD* „chronic wasting disease", *FSE* „feline spongiform encephalopathy", nach Mastrianni u. Roos (2000), Telling (2000), Weissmann u. Aguzzi (1997).

vom Schaf oder dem Menschen auf Nagetiere. Dieses Modell der Krankheit erlaubte die Isolation des infektiösen Agens, das sehr ungewöhnliche Charakteristika aufweist: Es ist frei von Nukleinsäuren, enthält also keine DNA oder RNA, sondern besteht aus einem Protein, dem so genannten Prion (Bolton et al. 1982, Prusiner et al. 1984). Das infektiöse Prion, das in aggregierter Form vorliegt, ist extrem unlöslich und besitzt einen proteaseresistenten Anteil, durch den die Erkrankung übertragen werden kann. Die Stabilität des infektiösen Prions ist außerordentlich groß: UV-Bestrahlung, einfaches Aufkochen, oder Hitzesterilisation bei den üblichen Temperaturen führen zu keiner Zerstörung. Aufgrund dessen war es in der Vergangenheit zu Fällen von Krankheitsübertragung durch hitzesterilisiertes Operationsbesteck gekommen. Erst die Kombination verschiedener Verfahren oder Sterilisation bei hohen Temperaturen erlauben die Inaktivierung von Prionen (Taylor 1993).

Das Prionprotein existiert auch im Gehirn von Gesunden, bei denen keine Infektion stattgefunden hat. Es besitzt dort andere Eigenschaften, es ist löslich, proteasesensitiv und bildet keine Aggregate (Borchelt et al. 1990). Es existieren also 2 Isoformen des Prionproteins, sie werden als

- PrP^{c} (normales, nicht infektiöses Prionprotein) und
- PrP^{sc} (Scrapie d.h. infektiöses Prionprotein)

bezeichnet.

PrP^{sc} wird durch eine posttranslationale Modifikation gebildet und unterscheidet sich nach dem bisherigen Kenntnisstand lediglich in seiner Konformation vom normalen PrP^{c}, chemische Unterschiede zwischen den beiden Proteinen wurden nicht gefunden. Spektroskopische Untersuchungen zeigen, dass 40% der Aminosäuresequenz von PrP^{c} eine α-Helix bilden und keine β-Faltblatt-Struktur vorhanden ist. Demgegenüber besteht die Tertiärstruktur von PrP^{sc} zwar zu 40% aus α-Helix, zusätzlich ist jedoch zu mehr als 40% β-Faltblatt-Struktur vorhanden (Safar et al. 1993).

Der genaue Mechanismus der Konversion von PrP^{c} zu PrP^{sc} ist nicht vollständig geklärt. Nach neueren Untersuchungen scheint möglicherweise ein weiteres Molekül bei der Umlagerung von PrP^{c} zu PrP^{sc} beteiligt zu sein (Prusiner et al. 1998). Dieses als Protein X bezeichnete Molekül besitzt Eigenschaften so genannter Chaperone. Hierbei handelt es sich um Proteine, die anderen Proteinen bei der Ausbildung ihrer spezifischen Konformation helfen. Es wird angenommen, dass PrP^{c} zunächst an Protein X binden muss, damit es zu PrP^{sc} konvertieren kann. Interessanterweise existieren natürlich vorkommende Varianten von PrP^{c}, bei denen die Interaktion mit Protein X gestört ist. Diese PrP^{c}-Varianten scheinen einen gewissen Schutz vor Prioninfektionen zu bieten. Außerdem wurden im PrP^{c} verschiedene Aminosäurereste identifiziert, die für die Bindung von PrP^{c} und Protein X essenziell sind. Mutationen dieser Aminosäurereste wirken dominant negativ und können die Interaktion von PrP^{c} mit Protein X zu PrP^{sc} kompetitiv hemmen. Es wird erwartet, dass die transgene Expression derartiger PrP^{c}-Varianten therapeutisch genutzt werden kann (Prusiner et al. 1998).

Das Prionenmodell war aufgrund seiner vollkommenen Neuartigkeit und der Tatsache, dass es scheinbar zahlreichen medizinischen Dogmen widersprach, über lange Zeit stark umstritten und nicht allgemein wissenschaftlich akzeptiert. Die Überprüfung und grundlegende Erforschung dieses Krankheitskonzepts in transgenen Tiermodellen während der letzten Jahre markierte jedoch einen Durchbruch für das Verständnis der Biologie von Prionen und damit für die Akzeptanz dieses Krankheitskonzepts: Mitte der 90er Jahre wurden von verschiedenen Arbeitsgruppen unabhängig gezielte Mausmutanten hergestellt, die kein PrP^{c} bilden (Bueler et al. 1993, Prusiner et al. 1993, Sakaguchi et al. 1996). Diese mutanten Tiere sind resistent gegenüber einer Infektion mit PrP^{sc}. Nach der Inokulation mit Gehirnextrakt kranker Tiere werden ihre Gehirnextrakte selbst nicht infektiös und sie können die Krankheit nicht auf andere Tiere übertragen (Bueler et al. 1993, Prusiner et al. 1993, Sakaguchi et al. 1996). Interessanterweise sind heterozygot mutante Tiere, die etwa halb soviel endogenes PrP^{c} bilden, zwar infizierbar, die Inkubationszeit ist jedoch gegenüber normalen Wildtyptieren verlängert (Bueler et al. 1994, Manson et al. 1994b, Prusiner et al. 1993).

Über die physiologischen Funktionen des PrP^{c}-Moleküls ist nur wenig bekannt. Es ist über einen Glykophosphatidylinositolrest (so genannter GPI-Anker) an der Innenseite der Plasmamembran verankert (Stahl et al. 1987). 2 der Mausmutanten, die kein endogenes Prionprotein bilden, zeigen keine veränderte Lebenserwartung und eine normale Entwicklung (Bueler et al. 1992, Manson et al. 1994a). Adulte transgene Mäuse, bei denen die Expression eines PrP^{c}-Transgens mit Hilfe eines tetrazyklininduzierbaren Systems beliebig an- und abgeschaltet werden kann, zeigen in Abwesenheit von PrP^{c} ebenfalls keine biologischen Auffälligkeiten (Tremblay et al. 1998). Im Gegensatz dazu entwickeln ältere, homozygot PrP^{c}-mutante Tiere eines anderen Mausstamms nach etwa 70 Wochen eine Degeneration von Purkinje-Zellen des Kleinhirns (Sakaguchi et al. 1996). Die Gründe für diese unterschiedlichen mutanten Phänotypen sind nicht vollständig geklärt. Bei der letztgenannten Mausmutante wurden allerdings neben der eigentlichen PrP^{c} kodierenden Region auch Intronsequenzen und nicht kodierende Sequenzen im 3′-Bereich des *prp*-Gens deletiert, die möglicherweise bisher unbekannte regulatorische Funktionen ausüben (Telling 2000).

In jüngeren Untersuchungen konnten außerdem weitere, subtile Veränderungen in Mäusen mit einer Nullmutation des *prp*^{c}-Gens nachgewiesen werden, wie z.B. Veränderungen des zirkadianen Rhythmus und des Schlafverhaltens (Tobler et al.

1996). Durch Serumentzug aus dem Nährmedium kann außerdem bei in vitro kultivierten Hippocampusneuronen von PrP^{c}-mutanten Mäusen, nicht aber bei Neuronen aus Wildtypmäusen Apoptose induziert werden. Werden die mutanten Neuronen zuvor mit dem *prp*^{c}- oder dem *bcl2*-Gen transfiziert, von dem bekannt ist, dass es den Apoptosesignalweg negativ reguliert, kann der Zelltod in den mutanten Neuronen unterdrückt werden (Kuwahara et al. 1999). Eine wichtige physiologische Funktion von PrP^{c} könnte daher in der Kontrolle des Überlebens von Neuronen bestehen (Hope 2000).

Etwa 10–20% der Prionenerkrankungen beim Menschen sind erbliche Formen mit einem autosomal-dominanten Erbgang, und mehr als 20 verschiedene Mutationen im menschlichen *prp*^{c}-Gen konnten bisher charakterisiert werden (Prusiner et al. 1998, Telling 2000). So liegt z.B. beim Gerstmann-Sträussler-Scheinker-Syndrom, einer seltenen, hereditär beim Menschen auftretenden Prionenerkrankung, eine einzelne Punktmutation im *prp*^{c}-Gen vor (Hsiao et al. 1989). Wird in Mäusen ein murines *prp*-Transgen mit der entsprechenden Mutation exprimiert, entwickeln diese Mäuse ebenfalls spontan neurodegenerative Erkrankungen, und ihre Gehirnextrakte werden infektiös (Hsiao et al. 1990, 1994).

Durch die Etablierung transgener Mäuse, die PrP vom Rind exprimieren, konnte außerdem ein direkter Zusammenhang zwischen BSE und einer neuartigen Variante der Creutzfeldt-Jakob-Krankheit (vCJD) beim Menschen nachgewiesen werden: Mäuse, die PrP vom Rind als Transgen exprimieren, sind ohne Auftreten einer Speziesbarriere mit BSE-Erregern infizierbar und können die Infektion selbst weitergeben. Darüber hinaus sind sie sehr leicht mit vCJD und der natürlichen Form von Scrapie, wie sie bei Schafen vorkommt, infizierbar. Neuropathologische Veränderungen, klinischer Verlauf, Inkubationszeiten, sowie die nachweisbaren PrP-Isoformen sind dabei in transgenen Mäusen, die mit BSE oder vCJD infiziert wurden, jeweils identisch (Scott et al. 1999).

Aus dem oben Beschriebenen wird deutlich, dass transgene Tiermodelle in eindrucksvoller Weise dazu beigetragen haben, die molekularen Ursachen von Prionenerkrankungen aufzuklären und einen bis dahin völlig unbekannten, neuartigen Übertragungsmechanismus von Krankheiten, dessen Grundlage das Prionprotein ist, zu etablieren. Die enorme Bedeutung dieser Forschungen zeigte sich u.a. in der Verleihung des Medizinnobelpreises 1997 an Stanley Prusiner, dem Entdecker von Prionen (Prusiner 1998).

2.2.4 Zusammenfassung und Ausblick

In diesem Buchkapitel wurden einige Tiermodelle aus dem Bereich der Entwicklungsbiologie und für Krankheiten des Menschen beschrieben. Diese stellen nur einen kleinen und willkürlich gewählten Ausschnitt der vorhandenen Tiermodelle dar und konnten in dem zur Verfügung stehenden Rahmen auch nicht erschöpfend behandelt werden. Die Mehrzahl dieser Modelle basiert auf transgenen Techniken, insbesondere der embryonalen Stammzelltechnologie. Diese Technik, die eine gezielte Mutation von Genen in vivo erlaubt, wurde 1989 zum ersten Mal erfolgreich in den Arbeitsgruppen von Thomas Capecchi (Harvard University, Boston) und Oliver Smithies (University of North Carolina at Chapel Hill) angewendet und hat eine neue Ära in der Mausgenetik eingeleitet. Eine entscheidende methodische Weiterentwicklung gelang durch die Etablierung der konditionellen Mutagenese mit Hilfe des Cre/loxP-Systems durch Brian Sauer (DuPont) und Klaus Rajewsky (Universität Köln) Mitte der 90er Jahre. Durch diese Methode ist es möglich geworden, Ort und Zeitpunkt der Mutation im Organismus festzulegen, und dadurch wesentlich verfeinerte Modelle für Entwicklungsvorgänge und Krankheiten zu entwickeln. Vor dem Hintergrund der Sequenzierung des Mausgenoms, die bis zum Jahr 2003 abgeschlossen sein soll, und der Analyse globaler Genexpression mit Hilfe von Mikroarrays wird die ES-Zell-Technologie entscheidend zum besseren Verständnis komplexer physiologischer und pathologischer Vorgänge im Organismus beitragen. Aufgrund methodischer Schwierigkeiten ist die ES-Zell-Technologie jedoch bisher auf die Maus beschränkt geblieben. Durch die kürzlich entwickelte Technik des Transfers somatischer Zellkerne in entkernte Oozyten und die erfolgreiche Aufzucht derart klonierter Tiere ist es nun möglich, die gezielte Inaktivierung von Genen mittels homologer Rekombination auch in anderen Spezies einzusetzen. Für bereits etablierte Tiermodelle ergeben sich hiermit interessante neue Perspektiven. Homologe Rekombination und ES-Zell-Technologie werden so auch in absehbarer Zukunft ein unverzichtbares Werkzeug bei der Aufklärung von komplexen physiologischen und krankheitsbedingten Mechanismen im Modellorganismus und im Menschen bleiben.

2.2.5 Literatur

Abel ED, Peroni O, Kim JK et al. (2001) Adipose-selective targeting of the Glut4 gene impairs insulin action in muscle and liver. Nature 409:729–733

Aberle H, Bauer A, Stappert J, Kispert A, Kemler R (1997) Beta-catenin is a target for the ubiquitin-proteasome pathway. Embo J 16:3797–3804

Accili D, Drago J, Lee EJ et al. (1996) Early neonatal death in mice homozygous for a null allele of the insulin receptor gene. Nat Genet 12:106–109

Adler G, Herbay A von, Starlinger M (1993) Morbus Crohn colitis ulcerosa. Springer, Berlin Heidelberg New York

Adlkofer K, Lai C (2000) Role of neuregulins in glial cell development. Glia 29:104–111

Ahlgren U, Jonsson J, Jonsson L, Simu K, Edlund H (1998) Beta-cell-specific inactivation of the mouse Ipf1/Pdx1 gene results in loss of the beta-cell phenotype and maturity onset diabetes. Genes Dev 12:1763–1768

Akagi K, Sandig V, Vooijs M et al. (1997) Cre-mediated somatic site-specific recombination in mice. Nucleic Acids Res 25:1766–1773

Aldrovandi GM, Feuer G, Gao L et al. (1993) The SCID-hu mouse as a model for HIV-1 infection. Nature 363:732–736

Angrist M, Kauffman E, Slaugenhaupt SA et al. (1993) A gene for Hirschsprung disease (megacolon) in the pericentromeric region of human chromosome 10. Nat Genet 4:351–356

Angrist M, Bolk S, Thiel B et al. (1995) Mutation analysis of the RET receptor tyrosine kinase in Hirschsprung disease. Hum Mol Genet 4:821–830

Angrist M, Bolk S, Halushka M, Lapchak PA, Chakravarti A (1996) Germline mutations in glial cell line-derived neurotrophic factor (GDNF) and RET in a Hirschsprung disease patient. Nat Genet 14:341–344

Araki E, Lipes MA, Patti ME et al. (1994) Alternative pathway of insulin signalling in mice with targeted disruption of the IRS-1 gene. Nature 372:186–190

Attie T, Pelet A, Edery P et al. (1995) Diversity of RET proto-oncogene mutations in familial and sporadic Hirschsprung disease. Hum Mol Genet 4:1381–1386

Badner JA, Sieber WK, Garver KL, Chakravarti A (1990) A genetic study of Hirschsprung disease. Am J Hum Genet 46:568–580

Bali D, Svetlanov A, Lee HW et al. (1995) Animal model for maturity-onset diabetes of the young generated by disruption of the mouse glucokinase gene. J Biol Chem 270:21464–21467

Baloh RH, Tansey MG, Golden JP et al. (1997) TrnR2, a novel receptor that mediates neurturin and GDNF signaling through Ret. Neuron 18:793–802

Baloh RH, Tansey MG, Lampe PA et al. (1998) Artemin, a novel member of the GDNF ligand family, supports peripheral and central neurons and signals through the GFRalpha3-RET receptor complex. Neuron 21:1291–1302

Baloh RH, Enomoto H, Johnson EM Jr, Milbrandt J (2000) The GDNF family ligands and receptors – implications for neural development. Curr Opin Neurobiol 10:103–110

Bargmann CI, Hung MC, Weinberg RA (1986) The neu oncogene encodes an epidermal growth factor receptor-related protein. Nature 319:226–230

Baribault H, J Penner, Iozzo RV, Wilson-Heiner M (1994) Colorectal hyperplasia and inflammation in keratin 8-deficient FVB/N mice. Genes Dev 8:2964–2973

Baselga J, Tripathy D, Mendelsohn J et al. (1996) Phase II study of weekly intravenous recombinant humanized anti-p185HER2 monoclonal antibody in patients with HER2/neu-overexpressing metastatic breast cancer. J Clin Oncol 14:737–744

Baynash AG, Hosoda K, Giaid A et al. (1994) Interaction of endothelin-3 with endothelin-B receptor is essential for development of epidermal melanocytes and enteric neurons. Cell 79:1277–1285

Behrens J, Kries JP von, Kuhl M et al. (1996) Functional interaction of beta-catenin with the transcription factor LEF-1. Nature 382:638–642

Behrens J, Jerchow BA, Wurtele M et al. (1998) Functional interaction of an axin homolog, conductin, with beta-catenin, APC, and GSK3beta. Science 280:596–599

Ben-Ze'ev A, Geiger B (1998) Differential molecular interactions of beta-catenin and plakoglobin in adhesion, signaling and cancer. Curr Opin Cell Biol 10:629–639

Bhanot P, Brink M, Samos CH et al. (1996) A new member of the frizzled family from *Drosophila* functions as a wingless receptor. Nature 382:225–230

Bienz M (1999) APC: the plot thickens. Curr Opin Genet Dev 9:595–603

Birchmeier C, Britsch S (1998) Chancen und Risiken der Entwicklung und Anwendung des Klonens sowie der Gentechnik und der Reproduktionstechnik bei der Züchtung von Tieren für die biomedizinische Forschung. Büro für Technikfolgen-Abschätzung beim Deutschen Bundestag, Berlin

Bodian M, Carter CO (1963) A family study of Hirschsprung's disease. Ann Hum Genet 26:261–277

Bolton DC, McKinley MP, Prusiner SB (1982) Identification of a protein that purifies with the scrapie prion. Science 218:1309–1311

Borchelt DR, Scott M, Taraboulos A, Stahl N, Prusiner SB (1990) Scrapie and cellular prion proteins differ in their kinetics of synthesis and topology in cultured cells. J Cell Biol 110:743–752

Bosma GC, Custer RP, Bosma MJ (1983) A severe combined immunodeficiency mutation in the mouse. Nature 301: 527–530

Bouchard L, Lamarre L, Tremblay PJ, Jolicoeur P (1989) Stochastic appearance of mammary tumors in transgenic mice carrying the MMTV/c-neu oncogene. Cell 57:931–936

Bouhassira EE, Westerman K, Leboulch P (1997) Transcriptional behavior of LCR enhancer elements integrated at the same chromosomal locus by recombinase-mediated cassette exchange. Blood 90:3332–3344

Bradley A, Evans M, Kaufman MH, Robertson E (1984) Formation of germ-line chimaeras from embryo-derived teratocarcinoma cell lines. Nature 309:255–256

Britsch S, Li L, Kirchhoff S et al. (1998) The ErbB2 and ErbB3 receptors and their ligand, neuregulin-1, are essential for development of the sympathetic nervous system. Genes Dev 12:1825–1836

Brocard J, Warot X, Wendling O et al. (1997) Spatio-temporally controlled site-specific somatic mutagenesis in the mouse. Proc Natl Acad Sci USA 94:14559–14563

Bruning JC, Winnay J, Bonner-Weir S, Taylor SI, Accili D, Kahn CR (1997) Development of a novel polygenic model of NIDDM in mice heterozygous for IR and IRS-1 null alleles. Cell 88:561–572

Bruning JC, Michael MD, Winnay JN et al. (1998) A muscle-specific insulin receptor knockout exhibits features of the

metabolic syndrome of NIDDM without altering glucose tolerance. Mol Cell 2:559–569
Bruning JC, Gautam D, Burks DJ et al. (2000) Role of brain insulin receptor in control of body weight and reproduction. Science 289:2122–2125
Bueler H, Fischer M, Lang Y et al. (1992) Normal development and behaviour of mice lacking the neuronal cell-surface PrP protein. Nature 356:577–582
Bueler H, Aguzzi A, Sailer A et al. (1993) Mice devoid of PrP are resistant to scrapie. Cell 73:1339–1347
Bueler H, Raeber A, Sailer A, Fischer M, Aguzzi A, Weissmann C (1994) High prion and PrPSc levels but delayed onset of disease in scrapie-inoculated mice heterozygous for a disrupted PrP gene. Mol Med 1:19–30
Burden S, Yarden Y (1997) Neuregulins and their receptors: a versatile signaling module in organogenesis and oncogenesis. Neuron 18:847–855
Cacalano G, Farinas I, Wang LC et al. (1998) GFRalpha1 is an essential receptor component for GDNF in the developing nervous system and kidney. Neuron 21:53–62
Campbell KH, McWhir J, Ritchie WA, Wilmut I (1996) Sheep cloned by nuclear transfer from a cultured cell line. Nature 380:64–6
Capecchi MR (2000a) How close are we to implementing gene targeting in animals other than the mouse? Proc Natl Acad Sci USA 97:956–957
Capecchi MR (2000b) Choose your target. Nat Genet 26: 159–161
Carel JC, Bougneres PF (1996) Treatment of prediabetic patients with insulin: experience and future. European Prediabetes Study Group. Horm Res 45:44–47
Carraway Kr, Cantley LC (1994) A neu acquaintance for erbB3 and erbB4: a role for receptor heterodimerization in growth signaling. Cell 78:5–8
Carraway Kr, Sliwkowski MX, Akita R et al. (1994) The erbB3 gene product is a receptor for heregulin. J Biol Chem 269:14303–14306
Charron MJ, Brosius FC, Alper SL, Lodish HF (1989) A glucose transport protein expressed predominately in insulin-responsive tissues. Proc Natl Acad Sci USA 86:2535–2539
Chen H, Charlat O, Tartaglia LA et al. (1996) Evidence that the diabetes gene encodes the leptin receptor: identification of a mutation in the leptin receptor gene in db/db mice. Cell 84:491–495
Cheung AT, Dayanandan B, Lewis JT et al. (2000) Glucose-dependent insulin release from genetically engineered K cells. Science 290:1959–1962
Christ M, McCartney-Francis NL, Kulkarni AB et al. (1994) Immune dysregulation in TGF-beta 1-deficient mice. J Immunol 153:1936–1946
Chua SC Jr, Chung WK, Wu-Peng XS et al. (1996) Phenotypes of mouse diabetes and rat fatty due to mutations in the OB (leptin) receptor. Science 271:994–996
Cibelli JB, Stice SL, Golueke PJ et al. (1998) Cloned transgenic calves produced from nonquiescent fetal fibroblasts. Science 280:1256–1258
Cobleigh MA, Vogel CL, Tripathy D et al. (1999) Multinational study of the efficacy and safety of humanized anti-HER2 monoclonal antibody in women who have HER2-overexpressing metastatic breast cancer that has progressed after chemotherapy for metastatic disease. J Clin Oncol 17:2639–2648
Coleman DL (1973) Effects of parabiosis of obese with diabetes and normal mice. Diabetologia 9:294–298
Coleman DL (1978) Obese and diabetes: two mutant genes causing diabetes-obesity syndromes in mice. Diabetologia 14:141–148
Coleman DL, Brodoff BN (1982) Spontaneous diabetes and obesity in rodents. In: Brodoff BN, Bleicher S (eds) Diabetes mellitus and obesity. Williams & Wilkins, Baltimore, pp 283–293
Collas P, Robl JM (1990) Factors affecting the efficiency of nuclear transplantation in the rabbit embryo. Biol Reprod 43:877–884
Cordier AC, Haumont SM (1980) Development of thymus, parathyroids, and ultimo-branchial bodies in NMRI and nude mice. Am J Anat 157:227–263
Costantini F, Lacy E (1981) Introduction of a rabbit beta-globin gene into the mouse germ line. Nature 294:92–94
Custer RP, Bosma GC, Bosma MJ (1985) Severe combined immunodeficiency (SCID) in the mouse. Pathology, reconstitution, neoplasms. Am J Pathol 120:464–477
Davies JL, Kawaguchi Y, Bennett ST et al. (1994) A genome-wide search for human type 1 diabetes susceptibility genes. Nature 371:130–136
Di Fiore Pp, Pierce JH, Kraus MH, Segatto O, King CR, Aaronson SA (1987) erbB-2 is a potent oncogene when overexpressed in NIH/3T3 cells. Science 237:178–182
Dietrich WF, Lander ES, Smith JS et al. (1993) Genetic identification of Mom-1, a major modifier locus affecting Min-induced intestinal neoplasia in the mouse. Cell 75: 631–639
Doetschman T, Gregg RG, Maeda N et al. (1987) Targeted correction of a mutant HPRT gene in mouse embryonic stem cells. Nature 330:576–578
Doray B, Salomon R, Amiel J et al. (1998) Mutation of the RET ligand, neurturin, supports multigenic inheritance in Hirschsprung disease. Hum Mol Genet 7:1449–1452
Dorshkind K, Keller GM, Phillips RA et al. (1984) Functional status of cells from lymphoid and myeloid tissues in mice with severe combined immunodeficiency disease. J Immunol 132:1804–1808
Douglas SA, Meek TD, Ohlstein EH (1994) Novel receptor antagonists welcome a new era in endothelin biology. Trends Pharmacol Sci 15:313–316
Dunn L, Charles D (1937) Studies on spotting pattern. I Analysis of quantitative variations in the pied spotting of the mouse. Genetics 22:14–42
Durbec PL, Larsson-Blomberg LB, Schuchardt A, Costantini F, Pachnis V (1996) Common origin and developmental dependence on c-ret of subsets of enteric and sympathetic neuroblasts. Development 122:349–358
Dymecki SM (1996) Flp recombinase promotes site-specific DNA recombination in embryonic stem cells and transgenic mice. Proc Natl Acad Sci USA 93:6191–6196
Dymecki SM, Tomasiewicz H (1998) Using Flp-recombinase to characterize expansion of Wnt1-expressing neural progenitors in the mouse. Dev Biol 201:57–65
Edery P, Lyonnet S, Mulligan LM et al. (1994) Mutations of the RET proto-oncogene in Hirschsprung's disease. Nature 367:378–380
Enokido Y, Sauvage F de, Hongo JA et al. (1998) GFR alpha-4 and the tyrosine kinase Ret form a functional receptor complex for persephin. Curr Biol 8:1019–1022
Enomoto H, Araki T, Jackman A et al. (1998) GFR alpha1-deficient mice have deficits in the enteric nervous system and kidneys. Neuron 21:317–324
Erickson SL, O'Shea KS, Ghaboosi N et al. (1997) ErbB3 is required for normal cerebellar and cardiac development:

a comparison with ErbB2- and heregulin-deficient mice. Development 124:4999–5011
Evans MJ, Kaufman MH (1981) Establishment in culture of pluripotential cells from mouse embryos. Nature 292: 154–156
Fagotto F, Jho E, Zeng L et al. (1999) Domains of axin involved in protein-protein interactions, Wnt pathway inhibition, and intracellular localization. J Cell Biol 145:741–756
Fearon ER, Vogelstein B (1990) A genetic model for colorectal tumorigenesis. Cell 61:759–767
Flanagan SP (1966) "Nude", a new hairless gene with pleiotropic effects in the mouse. Genet Res 8:295–309
Fodde R, Edelmann W, Yang K et al. (1994) A targeted chain-termination mutation in the mouse Apc gene results in multiple intestinal tumors. Proc Natl Acad Sci USA 91:8969–8973
Fogh J, Giovanella BC (1982) The nude mouse in experimental and clinical research. Academic Press, New York
French MB, Allison J, Cram DS et al. (1997) Transgenic expression of mouse proinsulin II prevents diabetes in nonobese diabetic mice. Diabetes 46:34–39
Froguel P, Velho G (1999) Molecular genetics of maturity-onset diabetes of the young. Trends Endocrinol Metab 10:142–146
Furth PA, St. Onge L, Boger H et al. (1994) Temporal control of gene expression in transgenic mice by a tetracycline-responsive promoter. Proc Natl Acad Sci USA 91:9302–9306
Galli J, Li LS, Glaser A et al. (1996) Genetic analysis of non-insulin dependent diabetes mellitus in the GK rat. Nat Genet 12:31–37
Garratt AN, Britsch S, Birchmeier C (2000a) Neuregulin, a factor with many functions in the life of a Schwann cell. Bioessays 22:987–996
Garratt AN, Voiculescu O, Topilko P, Charnay P, Birchmeier C (2000b) A dual role of erbB2 in myelination and in expansion of the Schwann cell precursor pool. J Cell Biol 148:1035–1046
Garvey WT, Hueckstead TP, Matthaei S, Olefsky JM (1988) Role of glucose transporters in the cellular insulin resistance of type II non-insulin-dependent diabetes mellitus. J Clin Invest 81:1528–1536
Gassmann M, Casagranda F, Orioli D et al. (1995) Aberrant neural and cardiac development in mice lacking the erbb4 neuregulin receptor. Nature 378:390–394
Gat U, DasGupta R, Degenstein L, Fuchs E (1998) De novo hair follicle morphogenesis and hair tumors in mice expressing a truncated beta-catenin in skin. Cell 95:605–614
Gauguier D, Froguel P, Parent V et al. (1996) Chromosomal mapping of genetic loci associated with non-insulin dependent diabetes in the GK rat. Nat Genet 12:38–43
Geiser AG, Letterio JJ, Kulkarni AB, Karlsson S, Roberts AB, Sporn MB (1993) Transforming growth factor beta 1 (TGF-beta 1) controls expression of major histocompatibility genes in the postnatal mouse: aberrant histocompatibility antigen expression in the pathogenesis of the TGF-beta 1 null mouse phenotype. Proc Natl Acad Sci USA 90:9944–9948
Gibbs CJJ, Gajdusek DC, Asher DM et al. (1968) Creutzfeldt-Jakob disease (spongiform encephalopathy): transmission to the chimpanzee. Science 161:388–389
Goodfellow PJ (1994) Inherited cancers associated with the RET proto-oncogene. Curr Opin Genet Dev 4:446–452
Gordon JW, Ruddle FH (1981) Integration and stable germ line transmission of genes injected into mouse pronuclei. Science 214:1244–1246
Gossler A, Doetschman T, Korn R, Serfling E, Kemler R (1986) Transgenesis by means of blastocyst-derived embryonic stem cell lines. Proc Natl Acad Sci USA 83:9065–9069
Grieco M, M Santoro, Berlingieri MT et al. (1990) PTC is a novel rearranged form of the ret proto-oncogene and is frequently detected in vivo in human thyroid papillary carcinomas. Cell 60:557–563
Groden J, Thliveris A, Samowitz W et al. (1991) Identification and characterization of the familial adenomatous polyposis coli gene. Cell 66:589–600
Grupe A, Hultgren B, Ryan A, Ma YH, Bauer M, Stewart TA (1995) Transgenic knockouts reveal a critical requirement for pancreatic beta cell glucokinase in maintaining glucose homeostasis. Cell 83:69–78
Gu H, Zou YR, Rajewsky K (1993) Independent control of immunoglobulin switch recombination at individual switch regions evidenced through Cre-loxP-mediated gene targeting. Cell 73:1155–1164
Guillam MT, Hummler E, Schaerer E et al. (1997) Early diabetes and abnormal postnatal pancreatic islet development in mice lacking Glut-2. Nat Genet 17:327–330
Guy CT, Webster MA, Schaller M, Parsons TJ, Cardiff RD, Muller WJ (1992) Expression of the neu protooncogene in the mammary epithelium of transgenic mice induces metastatic disease. Proc Natl Acad Sci USA 89:10578–10582
Halaas JL, Gajiwala KS, Maffei M et al. (1995) Weight-reducing effects of the plasma protein encoded by the obese gene. Science 269:543–546
Hamada F, Tomoyasu Y, Takatsu Y et al. (1999) Negative regulation of wingless signaling by D-axin, a *Drosophila* homolog of axin. Science 283:1739–1742
Hammer RE, Maika SD, Richardson JA, Tang JP, Taurog JD (1990) Spontaneous inflammatory disease in transgenic rats expressing HLA-B27 and human beta 2m: an animal model of HLA-B27-associated human disorders. Cell 63:1099–1112
Hanahan D (1985) Heritable formation of pancreatic beta-cell tumours in transgenic mice expressing recombinant insulin/simian virus 40 oncogenes. Nature 315:115–122
Hanks M, Wurst W, Anson-Cartwright L, Auerbach AB, Joyner AL (1995) Rescue of the En-1 mutant phenotype by replacement of En-1 with En-2. Science 269:679–682
Hart MJ, Santos R de los, Albert IN, Rubinfeld B, Polakis P (1998) Downregulation of beta-catenin by human Axin and its association with the APC tumor suppressor, beta-catenin and GSK3 beta. Curr Biol 8:573–581
Hart M, Concordet JP, Lassot I et al. (1999) The F-box protein beta-TrCP associates with phosphorylated beta-catenin and regulates its activity in the cell. Curr Biol 9:207–210
Hattori M, Buse JB, Jackson RA et al. (1986) The NOD mouse: recessive diabetogenic gene in the major histocompatibility complex. Science 231:733–735
Hearn CJ, Murphy M, Newgreen D (1998) GDNF and ET-3 differentially modulate the numbers of avian enteric neural crest cells and enteric neurons in vitro. Dev Biol 197:93–105
Herberg L, Coleman DL (1977) Laboratory animals exhibiting obesity and diabetes syndromes. Metabolism 26:59–99

Hermiston ML, Gordon JI (1995) Inflammatory bowel disease and adenomas in mice expressing a dominant negative N-cadherin. Science 270:1203–1207
Heuckeroth RO, Enomoto H, Grider JR et al. (1999) Gene targeting reveals a critical role for neurturin in the development and maintenance of enteric, sensory, and parasympathetic neurons. Neuron 22:253–263
Hofstra RM, Landsvater RM, Ceccherini I et al. (1994) A mutation in the RET proto-oncogene associated with multiple endocrine neoplasia type 2B and sporadic medullary thyroid carcinoma. Nature 367:375–376
Hofstra RM, Osinga J, Buys CH (1997) Mutations in Hirschsprung disease: when does a mutation contribute to the phenotype. Eur J Hum Genet 5:180–185
Hofstra RM, Wu Y, Stulp RP et al. (2000) RET and GDNF gene scanning in Hirschsprung patients using two dual denaturing gel systems. Hum Mutat 15:418–429
Hogan B, Costantini F, Lacy E (1986) Manipulating the mouse embryo. A laboratory manual. Cold Spring Harbor Press, Cold Spring Harbor
Holliday RA (1964) Mechanism for gene conversion in fungi. Genet Res 5:282–304
Hollstein M, Sidransky D, Vogelstein B, Harris CC (1991) p53 mutations in human cancers. Science 253:49–53
Hope J (2000) Prions and neurodegenerative diseases. Curr Opin Genet Dev 10:568–574
Hosoda K, Hammer RE, Richardson JA et al. (1994) Targeted and natural (piebald-lethal) mutations of endothelin-B receptor gene produce megacolon associated with spotted coat color in mice. Cell 79:1267–1276
Hsiao K, Baker HF, Crow TJ et al. (1989) Linkage of a prion protein missense variant to Gerstmann-Straussler syndrome. Nature 338:342–345
Hsiao KK, Scott M, Foster D, Groth DF, DeArmond SJ, Prusiner SB (1990) Spontaneous neurodegeneration in transgenic mice with mutant prion protein. Science 250:1587–1590
Hsiao KK, Groth D, Scott M et al. (1994) Serial transmission in rodents of neurodegeneration from transgenic mice expressing mutant prion protein. Proc Natl Acad Sci USA 91:9126–9130
Hudziak RM, Lewis GD, Winget M, Fendly BM, Shepard HM, Ullrich A (1989) p185HER2 monoclonal antibody has antiproliferative effects in vitro and sensitizes human breast tumor cells to tumor necrosis factor. Mol Cell Biol 9:1165–1172
Hynes NE, Stern DF (1994) The biology of erbB-2/neu/HER-2 and its role in cancer. Biochim Biophys Acta 1198:165–184
Ikeda S, Kishida S, Yamamoto H, Murai H, Koyama S, Kikuchi A (1998) Axin, a negative regulator of the Wnt signaling pathway, forms a complex with GSK-3beta and beta-catenin and promotes GSK-3beta-dependent phosphorylation of beta-catenin. EMBO J 17:1371–1384
Ito M, Miura S, Noda T (1995) [Mouse model for familial adenomatous polyposis coli and APC gene]. Tanpakushitsu Kakusan Koso 40:2035–2044
Itoh K, VE Krupnik, Sokol SY (1998) Axis determination in *Xenopus* involves biochemical interactions of axin, glycogen synthase kinase 3 and beta-catenin. Curr Biol 8:591–594
Jing S, Yu Y, Fang M et al. (1997) GFRalpha-2 and GFR-alpha-3 are two new receptors for ligands of the GDNF family. J Biol Chem 272:33111–33117
Jonsson J, Carlsson L, Edlund T, Edlund H (1994) Insulin-promoter-factor 1 is required for pancreas development in mice. Nature 371:606–609
Joshi RL, Lamothe B, Cordonnier N et al. (1996) Targeted disruption of the insulin receptor gene in the mouse results in neonatal lethality. EMBO J 15:1542–1547
Joyner AL (2000) Gene targeting. A practical approach. In: Rickwood D, Hames BH (ed) The practical approach series. Oxford University Press, Oxford New York
Kahn BB (1992) Facilitative glucose transporters: regulatory mechanisms and dysregulation in diabetes. J Clin Invest 89:1367–1374
Kahn CR, Weir GC (1994) Joslin's diabetes mellitus. Lea & Febiger, Philadelphia
Kakiuchi H, Watanabe M, Ushijima T et al. (1995) Specific 5′-GGGA-3′->5′-GGA-3′ mutation of the Apc gene in rat colon tumors induced by 2-amino-1-methyl-6-phenylimidazo[4,5-b]pyridine. Proc Natl Acad Sci USA 92:910–914
Kano M, Igarashi H, Saito I, Masuda M (1998) Cre-loxP-mediated DNA flip-flop in mammalian cells leading to alternate expression of retrovirally transduced genes. Biochem Biophys Res Commun 248:806–811
Karunagaran D, Tzahar E, Liu NL, Wen DZ, Yarden Y (1995) Neu differentiation factor inhibits egf binding: a model for trans regulation within the erbb family of receptor tyrosine kinases. J Biol Chem 270:9982–9990
Katz EB, Stenbit AE, Hatton K, DePinho R, Charron MJ (1995) Cardiac and adipose tissue abnormalities but not diabetes in mice deficient in GLUT4. Nature 377:151–155
Kellendonk C, Tronche F, Monaghan AP, Angrand PO, Stewart F, Schutz G (1996) Regulation of Cre recombinase activity by the synthetic steroid RU 486. Nucleic Acids Res 24:1404–1411
Kellendonk C, Opherk C, Anlag K, Schutz G, Tronche F (2000) Hepatocyte-specific expression of Cre recombinase. Genesis 26:151–153
Keller RJ, Eisenbarth GS, Jackson RA (1993) Insulin prophylaxis in individuals at high risk of type I diabetes. Lancet 341:927–928
Kido Y, Burks DJ, Withers D et al. (2000) Tissue-specific insulin resistance in mice with mutations in the insulin receptor, IRS-1, and IRS-2. J Clin Invest 105:199–205
Kindred B (1981) Deficient and sufficient immune systems in nude mouse. In: Gershwin ME, Merchant B (ed) Immunological defects in laboratory animals. Plenum Press, New York, pp 215–265
King CR, Kraus MH, Aaronson SA (1985) Amplification of a novel v-erbB-related gene in a human mammary carcinoma. Science 229:974–976
King CR, Borrello I, Bellot F, Comoglio P, Schlessinger J (1988) EGF binding to its receptor triggers a rapid tyrosine phosphorylation of the erbB-2 protein in the mammary tumor cell line SK-BR-3. EMBO J 7:1647–1651
Kinzler KW, Nilbert MC, Su LK et al. (1991) Identification of FAP locus genes from chromosome 5q21. Science 253:661–665
Kishida M, Koyama S, Kishida S et al. (1999) Axin prevents Wnt-3a-induced accumulation of beta-catenin. Oncogene 18:979–985
Klein RD, Sherman D, Ho WH et al. (1997) A GPI-linked protein that interacts with Ret to form a candidate neurturin receptor. Nature 387:717–721
Knudson AJ (1971) Mutation and cancer: statistical study of retinoblastoma. Proc Natl Acad Sci USA 68:820–823

Kolb, AF, R Ansell, J McWhir, and SG Siddell. (1999) Insertion of a foreign gene into the beta-casein locus by Cre-mediated site-specific recombination. Gene 227:21–31
Korinek V, Barker N, Morin PJ et al. (1997) Constitutive transcriptional activation by a beta-catenin-Tcf complex in APC-/- colon carcinoma. Science 275:1784–1787
Krege JH, John SW, Langenbach LL et al. (1995) Male-female differences in fertility and blood pressure in ACE-deficient mice. Nature 375:146–148
Kries JP von, Winbeck G, Asbrand C et al. (2000) Hot spots in beta-catenin for interactions with LEF-1, conductin and APC. Nat Struct Biol 7:800–807
Kubota C, Yamakuchi H, Todoroki J et al. (2000a) Six cloned calves produced from adult fibroblast cells after long-term culture. Proc Natl Acad Sci USA 97:990–995
Kubota N, Tobe K, Terauchi Y et al. (2000b) Disruption of insulin receptor substrate 2 causes type 2 diabetes because of liver insulin resistance and lack of compensatory beta-cell hyperplasia. Diabetes 49:1880–1889
Kuhn R, Lohler J, Rennick D, Rajewsky K, Muller W (1993) Interleukin-10-deficient mice develop chronic enterocolitis. Cell 75:263–274
Kuhn R, Schwenk F, Aguet M, Rajewsky K (1995) Inducible gene targeting in mice. Science 269:1427–1429
Kulkarni RN, Bruning JC, Winnay JN, Postic C, Magnuson MA, Kahn CR (1999) Tissue-specific knockout of the insulin receptor in pancreatic beta cells creates an insulin secretory defect similar to that in type 2 diabetes. Cell 96:329–339
Kurihara Y, Kurihara H, Suzuki H et al. (1994) Elevated blood pressure and craniofacial abnormalities in mice deficient in endothelin-1. Nature 368:703–710
Kuwahara C, Takeuchi AM, Nishimura T et al. (1999) Prions prevent neuronal cell-line death. Nature 400:225–226
Lahav R, Ziller C, Dupin E, Le Douarin NM (1996) Endothelin 3 promotes neural crest cell proliferation and mediates a vast increase in melanocyte number in culture. Proc Natl Acad Sci USA 93:3892–3897
Laird PW, Jackson GL, Fazeli A et al. (1995) Suppression of intestinal neoplasia by DNA hypomethylation. Cell 81: 197–205
Land H, Parada LF, Weinberg RA (1983) Tumorigenic conversion of primary embryo fibroblasts requires at least two cooperating oncogenes. Nature 304:596–602
Lane P (1966) Association of megacolon with two recessive spotting genes in the mouse. J Hered 57:29–31
Lane HA, Beuvink I, Motoyama AB, Daly JM, Neve RM, Hynes NE (2000) ErbB2 potentiates breast tumor proliferation through modulation of p27(Kip1)-Cdk2 complex formation: receptor overexpression does not determine growth dependency. Mol Cell Biol 20:3210–3223
Lanza RP, Cibelli JB, Diaz F et al. (2000) Cloning of endangered species (Bos gaurus) using interspecies nuclear transfer. Cloning 2:79–90
Lauth M, Moerl K, Barski JJ, Meyer M (2000) Characterization of cre-mediated cassette exchange after plasmid microinjection in fertilized mouse oocytes. Genesis 27:153–158
Lee KF, Simon H, Chen H, Bates B, Hung MC, Hauser C (1995) Requirement for neuregulin receptor erbb2 in neural and cardiac development. Nature 378:394–398
Lee GH, Proenca R, Montez JM et al. (1996) Abnormal splicing of the leptin receptor in diabetic mice. Nature 379: 632–635
Lee YH, Sauer B, Gonzalez FJ (1998) Laron dwarfism and non-insulin-dependent diabetes mellitus in the Hnf-1alpha knockout mouse. Mol Cell Biol 18:3059–3068
Lee HC, Kim SJ, Kim KS, Shin HC, Yoon JW (2000) Remission in models of type 1 diabetes by gene therapy using a single-chain insulin analogue. Nature 408:483–488
Leppert M, Burt R, Hughes JP et al. (1990) Genetic analysis of an inherited predisposition to colon cancer in a family with a variable number of adenomatous polyps. N Engl J Med 322:904–908
Lewandoski M, Martin GR (1997) Cre-mediated chromosome loss in mice. Nat Genet 17:223–225
Lewis GD, Figari I, Fendly B et al. (1993) Differential responses of human tumor cell lines to anti-p185HER2 monoclonal antibodies. Cancer Immunol Immunother 37:255–263
Lewis GD, Lofgren JA, McMurtrey AE et al. (1996) Growth regulation of human breast and ovarian tumor cells by heregulin: evidence for the requirement of ErbB2 as a critical component in mediating heregulin responsiveness. Cancer Res 56:1457–1465
Li E, Bestor TH, Jaenisch R (1992) Targeted mutation of the DNA methyltransferase gene results in embryonic lethality. Cell 69:915–926
Li ZW, Stark G, Gotz J et al. (1996) Generation of mice with a 200-kb amyloid precursor protein gene deletion by Cre recombinase-mediated site-specific recombination in embryonic stem cells. Proc Natl Acad Sci USA 93:6158–6162
Lin LF, Doherty DH, Lile JD, Bektesh S, Collins F (1993) GDNF: a glial cell line-derived neurotrophic factor for midbrain dopaminergic neurons. Science 260:1130–1132
Logie C, Stewart AF (1995) Ligand-regulated site-specific recombination. Proc Natl Acad Sci USA 92:5940–5944
Lynch HT, Smyrk TC, Watson P et al. (1992) Hereditary flat adenoma syndrome: a variant of familial adenomatous polyposis? Dis Colon Rectum 35:411–421
Lyon MF, Rastan S, Brown SDM (1996) Genetic variants and strains of the laboratory mouse. Oxford University Press, Oxford New York
Lyonnet S, Bolino A, Pelet A et al. (1993) A gene for Hirschsprung disease maps to the proximal long arm of chromosome 10. Nat Genet 4:346–350
MacPhee M, Chepenik KP, Liddell RA, Nelson KK, Siracusa LD, Buchberg AM (1995) The secretory phospholipase A2 gene is a candidate for the Mom1 locus, a major modifier of ApcMin-induced intestinal neoplasia. Cell 81:957–966
Magnuson T, Epstein CJ, Silver LM, Martin GR (1982) Pluripotent embryonic stem cell lines can be derived from tw5/tw5 blastocysts. Nature 298:750–753
Makino S, Kunimoto K, Muraoka Y, Mizushima Y, Katagiri K, Tochino Y (1980) Breeding of a non-obese, diabetic strain of mice. Jikken Dobutsu 29:1–13
Manson JC, Clarke AR, Hooper ML, Aitchison L, McConnell I, Hope J (1994a) 129/Ola mice carrying a null mutation in PrP that abolishes mRNA production are developmentally normal. Mol Neurobiol 8:121–127
Manson JC, Clarke AR, McBride PA, McConnell I, Hope J (1994b) PrP gene dosage determines the timing but not the final intensity or distribution of lesions in scrapie pathology. Neurodegeneration 3:331–340
Mansour SL, Thomas KR, Capecchi MR (1988) Disruption of the proto-oncogene int-2 in mouse embryo-derived stem cells: a general strategy for targeting mutations to non-selectable genes. Nature 336:348–352

Martin GR (1981) Isolation of a pluripotent cell line from early mouse embryos cultured in medium conditioned by teratocarcinoma stem cells. Proc Natl Acad Sci USA 78:7634–7638

Martin BC, Warram JH, Krolewski AS, Bergman RN, Soeldner JS, Kahn CR (1992) Role of glucose and insulin resistance in development of type 2 diabetes mellitus: results of a 25-year follow-up study. Lancet 340:925–929

Mastrianni JA, Roos RP (2000) The prion diseases. Semin Neurol 20:337–352

Matsusaka T, Kon V, Takaya J et al. (2000) Dual renin gene targeting by Cre-mediated interchromosomal recombination. Genomics 64:127–131

McCreath KJ, Howcroft J, Campbell KH, Colman A, Schnieke AE, Kind AJ (2000) Production of gene-targeted sheep by nuclear transfer from cultured somatic cells. Nature 405:1066–1069

Meselson MS, Radding C (1975) A general model of genetic recombination. Proc Natl Acad Sci USA 72:358–361

Meyer D, Birchmeier C (1994) Distinct isoforms of neuregulin are expressed in mesenchymal and neuronal cells during mouse development. Proc Natl Acad Sci USA 91:1064–1068

Meyer D, Birchmeier C (1995) Multiple essential functions of neuregulin in development. Nature 378:386–390

Meyer D, Yamaai T, Garratt A et al. (1997) Isoform-specific expression and function of neuregulin. Development 124:3575–3586

Michael MD, Kulkarni RN, Postic C et al. (2000) Loss of insulin signaling in hepatocytes leads to severe insulin resistance and progressive hepatic dysfunction. Mol Cell 6:87–97

Molenaar M, Wetering M van de, Oosterwegel M et al. (1996) XTcf-3 transcription factor mediates beta-catenin-induced axis formation in *Xenopus* embryos. Cell 86:391–399

Mombaerts P, Mizoguchi E, Grusby MJ, Glimcher LH, Bhan AK, Tonegawa S (1993) Spontaneous development of inflammatory bowel disease in T cell receptor mutant mice. Cell 75:274–282

Moore MW, Klein RD, Farinas I et al. (1996) Renal and neuronal abnormalities in mice lacking GDNF. Nature 382: 76–79

Morin PJ, Sparks AB, Korinek V et al. (1997) Activation of beta-catenin-Tcf signaling in colon cancer by mutations in beta-catenin or APC. Science 275:1787–1790

Morris JK, Lin W, Hauser C, Marchuk Y, Getman D, Lee KF (1999) Rescue of the cardiac defect in ErbB2 mutant mice reveals essential roles of ErbB2 in peripheral nervous system development. Neuron 23:273–283

Moser AR, Pitot HC, Dove WF (1990) A dominant mutation that predisposes to multiple intestinal neoplasia in the mouse. Science 247:322–324

Moser AR, Dove WF, Roth KA, Gordon JI (1992) The Min (multiple intestinal neoplasia) mutation: its effect on gut epithelial cell differentiation and interaction with a modifier system. J Cell Biol 116:1517–1526

Moser AR, Shoemaker AR, Connelly CS et al. (1995) Homozygosity for the Min allele of Apc results in disruption of mouse development prior to gastrulation. Dev Dyn 203: 422–433

Muller WJ, Sinn E, Pattengale PK, Wallace R, Leder P (1988) Single-step induction of mammary adenocarcinoma in transgenic mice bearing the activated c-neu oncogene. Cell 54:105–115

Mulligan LM, Kwok JB, Healey CS et al. (1993) Germ-line mutations of the RET proto-oncogene in multiple endocrine neoplasia type 2A. Nature 363:458–460

Mullins JJ, Peters J, Ganten D (1990) Fulminant hypertension in transgenic rats harbouring the mouse Ren-2 gene. Nature 344:541–544

Munemitsu S, Albert I, Souza B, Rubinfeld B, Polakis P (1995) Regulation of intracellular beta-catenin levels by the adenomatous polyposis coli (APC) tumor-suppressor protein. Proc Natl Acad Sci USA 92:3046–3050

Nakamura T, Hamada F, Ishidate T, Anai K, Kawahara K, Toyoshima K, Akiyama T (1998) Axin, an inhibitor of the Wnt signalling pathway, interacts with beta-catenin, GSK-3beta and APC and reduces the beta-catenin level. Genes Cells 3:395–403

Naveilhan P, Baudet C, Mikaels A, Shen L, Westphal H, Ernfors P (1998) Expression and regulation of GFRalpha3, a glial cell line-derived neurotrophic factor family receptor. Proc Natl Acad Sci USA 95:1295–1300

Nehls M, Pfeifer D, Schorpp M, Hedrich H, Boehm T (1994) New member of the winged-helix protein family disrupted in mouse and rat nude mutations. Nature 372: 103–107

Nikitin A, Ballering LA, Lyons J, Rajewsky MF (1991) Early mutation of the neu (erbB-2) gene during ethylnitrosourea-induced oncogenesis in the rat Schwann cell lineage. Proc Natl Acad Sci USA 88:9939–9943

Nishisho I, Nakamura Y, Miyoshi Y et al. (1991) Mutations of chromosome 5q21 genes in FAP and colorectal cancer patients. Science 253:665–669

Nocka K, Tan JC, Chiu E et al. (1990) Molecular bases of dominant negative and loss of function mutations at the murine c-kit/white spotting locus: W37, Wv, W41 and W. EMBO J 9:1805–1813

Novak A, Guo C, Yang W, Nagy A, Lobe CG (2000) Z/EG, a double reporter mouse line that expresses enhanced green fluorescent protein upon cre-mediated excision. Genesis 28:147–155

Nusse R, Varmus HE (1982) Many tumors induced by the mouse mammary tumor virus contain a provirus integrated in the same region of the host genome. Cell 31:99–109

Olayioye MA, Neve RM, Lane HA, Hynes NE (2000) The ErbB signaling network: receptor heterodimerization in development and cancer. EMBO J 19:3159–3167

Orchard TR, Satsangi J, Van Heel D, Jewell DP (2000) Genetics of inflammatory bowel disease: a reappraisal. Scand J Immunol 51:10–17

Orford K, Crockett C, Jensen JP, Weissman AM, Byers SW (1997) Serine phosphorylation-regulated ubiquitination and degradation of beta-catenin. J Biol Chem 272:24735–24738

Pachnis V, Mankoo B, Costantini F (1993) Expression of the c-ret proto-oncogene during mouse embryogenesis. Development 119:1005–1017

Pai LM, Orsulic S, Bejsovec A, Peifer M (1997) Negative regulation of Armadillo, a Wingless effector in *Drosophila*. Development 124:2255–2266

Palmiter RD, Brinster RL, Hammer RE et al. (1982) Dramatic growth of mice that develop from eggs microinjected with metallothionein-growth hormone fusion genes. Nature 300:611–615

Palmiter RD, Behringer RR, Quaife CJ, Maxwell F, Maxwell IH, Brinster RL (1987) Cell lineage ablation in transgenic

mice by cell-specific expression of a toxin gene. Cell 50:435–443
Pantelouris EM (1968) Absence of thymus in a mouse mutant. Nature 217:370–371
Pantelouris EM (1973) Athymic development in the mouse. Differentiation 1:437–450
Parada LF, Land H, Weinberg RA, Wolf D, Rotter V (1984) Cooperation between gene encoding p53 tumour antigen and ras in cellular transformation. Nature 312:649–651
Parisi MA, Kapur RP (2000) Genetics of Hirschsprung disease. Curr Opin Pediatr 12:610–617
Pegram MD, Lipton A, Hayes DF et al. (1998) Phase II study of receptor-enhanced chemosensitivity using recombinant humanized anti-p185HER2/neu monoclonal antibody plus cisplatin in patients with HER2/neu-overexpressing metastatic breast cancer refractory to chemotherapy treatment. J Clin Oncol 16:2659–2671
Peifer M, Sweeton D, Casey M, Wieschaus E (1994) Wingless signal and Zeste-white 3 kinase trigger opposing changes in the intracellular distribution of Armadillo. Development 120:369–380
Peles E, Ben LR, Tzahar E, Liu N, Wen D, Yarden Y (1993) Cell-type specific interaction of Neu differentiation factor (NDF/heregulin) with Neu/HER-2 suggests complex ligand-receptor relationships. EMBO J 12:961–971
Pelleymounter MA, Cullen MJ, Baker MB et al. (1995) Effects of the obese gene product on body weight regulation in ob/ob mice. Science 269:540–543
Peltomaki P, Aaltonen LA, Sistonen P et al. (1993) Genetic mapping of a locus predisposing to human colorectal cancer. Science 260:810–812
Pichel JG, Shen L, Sheng HZ et al. (1996) Defects in enteric innervation and kidney development in mice lacking GDNF. Nature 382:73–76
Plowman GD, Green JM, Culouscou JM, Carlton GW, Rothwell VM, Buckley S (1993) Heregulin induces tyrosine phosphorylation of HER4/p180erbB4. Nature 366: 473–475
Podolsky DK (1997) Lessons from genetic models of inflammatory bowel disease. Acta Gastroenterol Belg 60:163–165
Polakis P (2000) Wnt signaling and cancer. Genes Dev 14:1837–1851
Polejaeva IA, Chen SH, Vaught TD et al. (2000) Cloned pigs produced by nuclear transfer from adult somatic cells. Nature 407:86–90
Pontoglio M, Barra J, Hadchouel M et al. (1996) Hepatocyte nuclear factor 1 inactivation results in hepatic dysfunction, phenylketonuria, and renal Fanconi syndrome. Cell 84:575–585
Pontoglio M, Sreenan S, Roe M et al. (1998) Defective insulin secretion in hepatocyte nuclear factor 1alpha-deficient mice. J Clin Invest 101:2215–2222
Postic C, Shiota M, Niswender KD et al. (1999) Dual roles for glucokinase in glucose homeostasis as determined by liver and pancreatic beta cell-specific gene knock-outs using Cre recombinase. J Biol Chem 274:305–315
Prather RS, Barnes FL, Sims MM, Robl JM, Eyestone WH, First NL (1987) Nuclear transplantation in the bovine embryo: assessment of donor nuclei and recipient oocyte. Biol Reprod 37:859–866
Prochazka M, Leiter EH, Serreze DV, Coleman DL (1987) Three recessive loci required for insulin-dependent diabetes in nonobese diabetic mice. Science 237:286–289
Prusiner SB (1982) Novel proteinaceous infectious particles cause scrapie. Science 216:136–144
Prusiner SB (1998) Prions. Proc Natl Acad Sci USA 95: 13363–13383
Prusiner SB, Groth DF, Bolton DC, Kent SB, Hood LE (1984) Purification and structural studies of a major scrapie prion protein. Cell 38:127–134
Prusiner SB, Groth D, Serban A et al. (1993) Ablation of the prion protein (PrP) gene in mice prevents scrapie and facilitates production of anti-PrP antibodies. Proc Natl Acad Sci USA 90:10608–10612
Prusiner SB, Scott MR, DeArmond SJ, Cohen FE (1998) Prion protein biology. Cell 93:337–348
Puech A, Saint-Jore B, Merscher S et al. (2000) Normal cardiovascular development in mice deficient for 16 genes in 550 kb of the velocardiofacial/DiGeorge syndrome region. Proc Natl Acad Sci USA 97:10090–10095
Puffenberger EG, Hosoda K, Washington SS et al. (1994) A missense mutation of the endothelin-B receptor gene in multigenic Hirschsprung's disease. Cell 79:1257–1266
Reid K, Turnley AM, Maxwell GD et al. (1996) Multiple roles for endothelin in melanocyte development: regulation of progenitor number and stimulation of differentiation. Development 122:3911–3919
Rideout WM 3rd, Wakayama T, Wutz A et al. (2000) Generation of mice from wild-type and targeted ES cells by nuclear cloning. Nat Genet 24:109–110
Riethmacher D, Sonnenberg-Riethmacher E, Brinkmann V, Yamaai T, Lewin GR, Birchmeier C (1997) Severe neuropathies in mice with targeted mutations in the ErbB3 receptor. Nature 389:725–730
Rodriguez CI, Buchholz F, Galloway J et al. (2000) High-efficiency deleter mice show that FLPe is an alternative to Cre-loxP. Nat Genet 25:139–140
Romeo G, Ronchetto P, Luo Y et al. (1994) Point mutations affecting the tyrosine kinase domain of the RET protooncogene in Hirschsprung's disease. Nature 367:377–378
Rossi J, Luukko K, Poteryaev D et al. (1999) Retarded growth and deficits in the enteric and parasympathetic nervous system in mice lacking GFR alpha2, a functional neurturin receptor. Neuron 22:243–252
Rowan AJ, Lamlum H, Ilyas M et al. (2000) APC mutations in sporadic colorectal tumors: a mutational "hotspot" and interdependence of the "two hits". Proc Natl Acad Sci USA 97:3352–3357
Rubanyi GM, Polokoff MA (1994) Endothelins: molecular biology, biochemistry, pharmacology, physiology, and pathophysiology. Pharmacol Rev 46:325–415
Rubin EM, Smith DJ (1994) Atherosclerosis in mice: getting to the heart of a polygenic disorder. Trends Genet 10: 199–203
Rubinfeld B, Robbins P, El-Gamil M, Albert I, Porfiri E, Polakis P (1997) Stabilization of beta-catenin by genetic defects in melanoma cell lines. Science 275:1790–1792
Sadlack B, Merz H, Schorle H, Schimpl A, Feller AC, Horak I (1993) Ulcerative colitis-like disease in mice with a disrupted interleukin-2 gene. Cell 75:253–261
Safar J, Roller PP, Gajdusek DC, Gibbs CJ (1993) Conformational transitions, dissociation, and unfolding of scrapie amyloid (prion) protein. J Biol Chem 268:20276–20284
Sakaguchi S, Katamine S, Nishida N et al. (1996) Loss of cerebellar Pukinje cells in aged mice homozygous for a disrupted PrP gene. Nature 380:528–531
Sakanaka C, Weiss JB, Williams LT (1998) Bridging of beta-catenin and glycogen synthase kinase-3beta by axin and

inhibition of beta-catenin-mediated transcription. Proc Natl Acad Sci USA 95:3020–3023

Salomon R, Attie T, Pelet A et al. (1996) Germline mutations of the RET ligand GDNF are not sufficient to cause Hirschsprung disease. Nat Genet 14:345–347

Sanchez MP, Silos-Santiago I, Frisen J, He B, Lira SA, Barbacid M (1996) Renal agenesis and the absence of enteric neurons in mice lacking GDNF. Nature 382:70–73

Santoro M, Rosati R, Grieco M et al. (1990) The ret protooncogene is consistently expressed in human pheochromocytomas and thyroid medullary carcinomas. Oncogene 5:1595–1598

Sariola H, Sainio K (1997) The tip-top branching ureter. Curr Opin Cell Biol 9:877–884

Schedl A, Beermann F, Thies E, Montoliu L, Kelsey G, Schutz G (1992) Transgenic mice generated by pronuclear injection of a yeast artificial chromosome. Nucleic Acids Res 20:3073–3077

Schenkel J (1995) Transgene Tiere. Spektrum Akademischer Verlag, Heidelberg

Schlake T, Bode J (1994) Use of mutated FLP recognition target (FRT) sites for the exchange of expression cassettes at defined chromosomal loci. Biochemistry 33: 12746–12751

Schlake T, Schupp I, Kutsche K, Mincheva A, Lichter P, Boehm T (1999) Predetermined chromosomal deletion encompassing the Nf-1 gene. Oncogene 18:6078–6082

Schlessinger J (2000) Cell signaling by receptor tyrosine kinases. Cell 103:211–225

Schnieke AE, Kind AJ, Ritchie WA et al. (1997) Human factor IX transgenic sheep produced by transfer of nuclei from transfected fetal fibroblasts. Science 278:2130–2133

Schuchardt A, D'Agati V, Larsson BL, Costantini F, Pachnis V (1994) Defects in the kidney and enteric nervous system of mice lacking the tyrosine kinase receptor Ret. Nature 367:380–383

Schwab MH, Bartholomae A, Heimrich B et al. (2000) Neuronal basic helix-loop-helix proteins (NEX and BETA2/Neuro D) regulate terminal granule cell differentiation in the hippocampus. J Neurosci 20:3714–3724

Scott MR, Will R, Ironside J et al. (1999) Compelling transgenetic evidence for transmission of bovine spongiform encephalopathy prions to humans. Proc Natl Acad Sci USA 96:15137–15142

Seri M, Yin L, Barone V et al. (1997) Frequency of RET mutations in long- and short-segment Hirschsprung disease. Hum Mutat 9:243–249

Shibata H, Toyama K, Shioya H et al. (1997) Rapid colorectal adenoma formation initiated by conditional targeting of the Apc gene. Science 278:120–123

Shih C, Shilo BZ, Goldfarb MP, Dannenberg A, Weinberg RA (1979) Passage of phenotypes of chemically transformed cells via transfection of DNA and chromatin. Proc Natl Acad Sci USA 76:5714–5718

Shin MK, Levorse JM, Ingram RS, Tilghman SM (1999) The temporal requirement for endothelin receptor-B signalling during neural crest development. Nature 402:496–501

Slamon DJ, Clark GM, Wong SG, Levin WJ, Ullrich A, McGuire WL (1987) Human breast cancer: correlation of relapse and survival with amplification of the HER-2/neu oncogene. Science 235:177–182

Sliwkowski MX, Schaefer G, Akita RW et al. (1994) Coexpression of erbB2 and erbB3 proteins reconstitutes a high affinity receptor for heregulin. J Biol Chem 269:14661–14665

Smith AG, Heath JK, Donaldson DD et al. (1988) Inhibition of pluripotential embryonic stem cell differentiation by purified polypeptides. Nature 336:688–690

Smith AJ, De Sousa MA, Kwabi-Addo B, Heppell-Parton A, Impey H, Rabbitts P (1995) A site-directed chromosomal translocation induced in embryonic stem cells by Cre-loxP recombination. Nat Genet 9:376–385

Smithies O, Gregg RG, Boggs SS, Koralewski MA, Kucherlapati RS (1985) Insertion of DNA sequences into the human chromosomal beta-globin locus by homologous recombination. Nature 317:230–234

Smits R, Kielman MF, Breukel C et al. (1999) Apc1638 T: a mouse model delineating critical domains of the adenomatous polyposis coli protein involved in tumorigenesis and development. Genes Dev 13:1309–1321

Solter D (1998) Dolly is a clone – and no longer alone. Nature 394:315–316

Songyang Z, Carraway Kr, Eck MJ et al. (1995) Catalytic specificity of protein-tyrosine kinases is critical for selective signalling. Nature 373:536–539

Spirio L, Otterud B, Stauffer D et al. (1992) Linkage of a variant or attenuated form of adenomatous polyposis coli to the adenomatous polyposis coli (APC) locus. Am J Hum Genet 51:92–100

Stahl N, Borchelt DR, Hsiao K, Prusiner SB (1987) Scrapie prion protein contains a phosphatidylinositol glycolipid. Cell 51:229–240

Stenbit AE, Tsao TS, Li J et al. (1997) GLUT4 heterozygous knockout mice develop muscle insulin resistance and diabetes. Nat Med 3:1096–1101

Steward TA, Wagner EF, Mintz B (1982) Human beta-globin gene sequences injected into mouse eggs, retained in adults, and transmitted to progeny. Science 217:1046–1048

Strober W, Ehrhardt RO (1993) Chronic intestinal inflammation: an unexpected outcome in cytokine or T cell receptor mutant mice. Cell 75:203–205

Su LK, Kinzler KW, Vogelstein B et al. (1992) Multiple intestinal neoplasia caused by a mutation in the murine homolog of the APC gene. Science 256:668–670

Su H, Wang X, Bradley A (2000) Nested chromosomal deletions induced with retroviral vectors in mice. Nat Genet 24:92–95

Swift GH, Hammer RE, MacDonald RJ, Brinster RL (1984) Tissue-specific expression of the rat pancreatic elastase I gene in transgenic mice. Cell 38:639–646

Takahashi M, Ritz J, Cooper GM (1985) Activation of a novel human transforming gene, ret, by DNA rearrangement. Cell 42:581–588

Tamemoto H, Kadowaki T, Tobe K et al. (1994) Insulin resistance and growth retardation in mice lacking insulin receptor substrate-1. Nature 372:182–186

Taraviras S, Marcos-Gutierrez CV, Durbec P et al. (1999) Signalling by the RET receptor tyrosine kinase and its role in the development of the mammalian enteric nervous system. Development 126:2785–2797

Tartaglia LA, Dembski M, Weng X et al. (1995) Identification and expression cloning of a leptin receptor, OB-R. Cell 83:1263–1271

Taylor DM (1993) Inactivation of SE agents. Br Med Bull 49:810–821

Telling GC (2000) Prion protein genes and prion diseases: studies in transgenic mice. Neuropathol Appl Neurobiol 26:209–220
Terauchi Y, Sakura H, Yasuda K et al. (1995) Pancreatic beta-cell-specific targeted disruption of glucokinase gene. Diabetes mellitus due to defective insulin secretion to glucose. J Biol Chem 270:30253–30256
Terauchi Y, Iwamoto K, Tamemoto H et al. (1997) Development of non-insulin-dependent diabetes mellitus in the double knockout mice with disruption of insulin receptor substrate-1 and beta cell glucokinase genes. Genetic reconstitution of diabetes as a polygenic disease. J Clin Invest 99:861–866
Theis M, Wit C de, Schlaeger TM et al. (2001) Endothelium-specific replacement of the connexin43 coding region by a lacZ reporter gene. Genesis 29:1–13
Thomas KR, Capecchi MR (1987) Site-directed mutagenesis by gene targeting in mouse embryo-derived stem cells. Cell 51:503–512
Tian J, Atkinson MA, Clare-Salzler M, Herschenfeld A, Forsthuber T, Lehmann PV, Kaufman DL (1996a) Nasal administration of glutamate decarboxylase (GAD65) peptides induces Th2 responses and prevents murine insulin-dependent diabetes. J Exp Med 183:1561–1567
Tian J, Clare-Salzler M, Herschenfeld A et al. (1996b) Modulating autoimmune responses to GAD inhibits disease progression and prolongs islet graft survival in diabetes-prone mice. Nat Med 2:1348–1353
Tisch R, McDevitt H (1996) Insulin-dependent diabetes mellitus. Cell 85:291–297
Tobler I, Gaus SE, Deboer T et al. (1996) Altered circadian activity rhythms and sleep in mice devoid of prion protein. Nature 380:639–642
Todd JA, Bell JI, McDevitt HO (1987) HLA-DQ beta gene contributes to susceptibility and resistance to insulin-dependent diabetes mellitus. Nature 329:599–604
Tremblay P, Meiner Z, Galou M et al. (1998) Doxycycline control of prion protein transgene expression modulates prion disease in mice. Proc Natl Acad Sci USA 95:12580–12585
Tsien JZ, Chen DF, Gerber D et al. (1996) Subregion- and cell type-restricted gene knockout in mouse brain. Cell 87:1317–1326
Tsunoda Y, Yasui T, Shioda Y, Nakamura K, Uchida T, Sugie T (1987) Full-term development of mouse blastomere nuclei transplanted into enucleated two-cell embryos. J Exp Zool 242:147–151
Tzahar E, Levkowitz G, Karunagaran D et al. (1994) Erbb-3 and erbb-4 function as the respective low and high affinity receptors of all neu differentiation factor heregulin isoforms. J Biol Chem 269:25.226–25.233
Van Vilet E, Jenkinson EJ, Kingston R, Owen JJ, Van Ewijk W (1985) Stromal cell types in the developing thymus of the normal and nude mouse embryo. Eur J Immunol 15:675–681
Vignon X, Chesne P, Le Bourhis D, Flechon JE, Heyman Y, Renard JP (1998) Developmental potential of bovine embryos reconstructed from enucleated matured oocytes fused with cultured somatic cells. C R Acad Sci III 321:735–745
Vogelstein B, Kinzler KW (1994) Colorectal cancer and the intersection between basic and clinical research. Cold Spring Harb Symp Quant Biol 59:517–521
Wakayama T, Yanagimachi R (1999a) Cloning of male mice from adult tail-tip cells. Nat Genet 22:127–128
Wakayama T, Yanagimachi R (1999b) Cloning the laboratory mouse. Semin Cell Dev Biol 10:253–258
Wakayama T, Perry AC, Zuccotti M, Johnson KR, Yanagimachi R (1998) Full-term development of mice from enucleated oocytes injected with cumulus cell nuclei. Nature 394:369–374
Wakayama T, Rodriguez I, Perry AC, Yanagimachi R, Mombaerts P (1999) Mice cloned from embryonic stem cells. Proc Natl Acad Sci USA 96:14984–14989
Wakayama T, Shinkai Y, Tamashiro KL et al. (2000) Cloning of mice to six generations. Nature 407:318–319
Wallasch C, Weiss FU, Niederfellner G, Jallal B, Issing W, Ullrich A (1995) Heregulin-dependent regulation of her2/neu oncogenic signaling by heterodimerization with her3. EMBO J 14:4267–4275
Wassarman PM, DePamphilis ML (1993) Guide to techniques in mouse development. In: Abelson JN, Simon MI (eds) Methods in enzymology. Academic Press, San Diego New York Boston
Weinberg RA (1991) Tumor suppressor genes. Science 254:1138–1146
Weissmann C, Aguzzi A (1997) Bovine spongiform encephalopathy and early onset variant Creutzfeldt-Jakob disease. Curr Opin Neurobiol 7:695–700
Widenfalk J, Nosrat C, Tomac A, Westphal H, Hoffer B, Olson L (1997) Neurturin and glial cell line-derived neurotrophic factor receptor-beta (GDNFR-beta), novel proteins related to GDNF and GDNFR-alpha with specific cellular patterns of expression suggesting roles in the developing and adult nervous system and in peripheral organs. J Neurosci 17:8506–8519
Willadsen SM (1986) Nuclear transplantation in sheep embryos. Nature 320:63–65
Wilmut I, Schnieke AE, McWhir J, Kind AJ, Campbell KH (1997) Viable offspring derived from fetal and adult mammalian cells. Nature 385:810–813
Wit T de, Drabek D, Grosveld F (1998) Microinjection of cre recombinase RNA induces site-specific recombination of a transgene in mouse oocytes. Nucleic Acids Res 26:676–678
Wodarz A, Nusse R (1998) Mechanisms of Wnt signaling in development. Annu Rev Cell Dev Biol 14:59–88
Woldeyesus MT, Britsch S, Riethmacher D et al. (1999) Peripheral nervous system defects in erbB2 mutants following genetic rescue of heart development. Genes Dev 13:2538–2548
Wolpowitz D, Mason TB, Dietrich P, Mendelsohn M, Talmage DA, Role LW (2000) Cysteine-rich domain isoforms of the neuregulin-1 gene are required for maintenance of peripheral synapses. Neuron 25:79–91
Wu JJ, Chen JX, Rothman TP, Gershon MD (1999) Inhibition of in vitro enteric neuronal development by endothelin-3: mediation by endothelin B receptors. Development 126:1161–1173
Yamamoto T, Ikawa S, Akiyama T et al. (1986) Similarity of protein encoded by the human c-erb-B-2 gene to epidermal growth factor receptor. Nature 319:230–234
Yamamoto H, Kishida S, Uochi T et al. (1998) Axil, a member of the Axin family, interacts with both glycogen synthase kinase 3beta and beta-catenin and inhibits axis formation of *Xenopus* embryos. Mol Cell Biol 18:2867–2875
Yanagisawa M (1994) The endothelin system. A new target for therapeutic intervention. Circulation 89:1320–1322

Yoon JW, Yoon CS, Lim HW et al. (1999) Control of autoimmune diabetes in NOD mice by GAD expression or suppression in beta cells. Science 284:1183–1187

Yost C, Torres M, Miller JR, Huang E, Kimelman D, Moon RT (1996) The axis-inducing activity, stability, and subcellular distribution of beta-catenin is regulated in *Xenopus* embryos by glycogen synthase kinase 3. Genes Dev 10:1443–1454

Zeng L, Fagotto F, Zhang T et al. (1997) The mouse Fused locus encodes Axin, an inhibitor of the Wnt signaling pathway that regulates embryonic axis formation. Cell 90:181–192

Zhang ZJ, Davidson L, Eisenbarth G, Weiner HL (1991) Suppression of diabetes in nonobese diabetic mice by oral administration of porcine insulin. Proc Natl Acad Sci USA 88:10252–10256

Zhang Y, Proenca R, Maffei M, Barone M, Leopold L, Friedman JM (1994) Positional cloning of the mouse obese gene and its human homologue. Nature 372:425–432

Zinyk DL, Mercer EH, Harris E, Anderson DJ, Joyner AL (1998) Fate mapping of the mouse midbrain-hindbrain constriction using a site-specific recombination system. Curr Biol 8:665–668

Zisman A, Peroni OD, Abel ED et al. (2000) Targeted disruption of the glucose transporter 4 selectively in muscle causes insulin resistance and glucose intolerance. Nat Med 6:924–928

2.3 Molekülmodelle und Modellmoleküle: Strukturanalyse großer biologischer Moleküle für die Medizin

Yves A. Muller und Udo Heinemann

Inhaltsverzeichnis

2.3.1 Einleitung

Die Molekulare Medizin handelt von Molekülen und ihren vielfältigen Funktionen im gesunden und kranken Organismus. Diese Funktionen sind eng an die genaue dreidimensionale Molekülstruktur geknüpft: Die große Mehrzahl der Proteine und Nukleinsäuren einer Zelle besitzen eine definierte räumliche Struktur, die auf der Ebene einzelner Atome exakt beschrieben werden kann. Ein wichtiger Teil dieser Struktur sind charakteristisch geformte Oberflächen mit diskreten biophysikalischen Eigenschaften wie elektrostatisches Potenzial, Hydrophobizität oder die Fähigkeit zur Ausbildung gerichteter, nichtkovalenter Wechselwirkungen (z.B. durch Wasserstoffbrücken) mit anderen Molekülen. Die Komplementarität dieser Oberflächen ist für die Interaktion zwischen Molekülen und damit die Ausprägung ihrer Funktionalität entscheidend.

Mit der Kristallstrukturanalyse und der kernmagnetischen Resonanzspektroskopie stehen gut etablierte Methoden zur Generierung exakter dreidimensionaler *Molekülmodelle* von Proteinen oder Nukleinsäuren zur Verfügung. Sie werden durch biophysikalische Techniken mit geringerer Orts-, aber häufig höherer Zeitauflösung ergänzt, mit denen Strukturumwandlungen von Molekülen oder Komplexbildung zwischen Molekülen untersucht werden können. Durch Kombination dieser Methoden ist es gelungen, viele biologische Makromoleküle strukturell und funktionell eingehend zu charakterisieren. Insbesondere haben sie zu einem weitgehenden Verständnis der biophysikalischen Prinzipien der Molekülstrukturen und intermolekularer Wechselwirkungen geführt. Diese Prinzipien sollen im Folgenden ebenso kurz zusammengefasst werden wie die wichtigsten strukturanalytischen Methoden, wobei wir uns auf Proteine beschränken wollen. Am Beispiel einiger *Modellmoleküle* soll dann beschrieben werden, wie Proteinstrukturen zu einem vertieften Verständnis biologischer Vorgänge beitragen. Schließlich soll gezeigt werden, dass dreidimensionale Proteinstrukturen darüber hinaus in sehr direkter Weise für die gezielte Entwicklung von Arzneimitteln eingesetzt werden können.

Ganten / Ruckpaul (Hrsg.)
Grundlagen der Molekularen Medizin,
2. Auflage

2.3.1.1 Biophysikalische Prinzipien der Molekülstrukturen

Biologische Makromoleküle sind bei chemischer Betrachtung kovalent verknüpfte, lineare Polymere von definierter Länge. Die einzelnen Moleküle bestehen aus einer limitierten Anzahl sich in unterschiedlicher Reihenfolge wiederholender Bausteine, nämlich den 4 Nukleotiden bei DNA und RNA und den 20 Aminosäuren der Proteine. Durch Verknüpfung unterschiedlicher Makromoleküle, wie z.B. bei der posttranslationalen Glykosylierung von Proteinen, können Verzweigungen auftreten.

Während sich die sequenzielle Zusammensetzung eines Proteins unmittelbar aus dem genetischen Kode ergibt, ist seine biologische Funktionsfähigkeit davon abhängig, ob das Protein eine definierte dreidimensionale Struktur ausbildet, in welcher die Seitenketten bestimmte räumliche Anordnungen zueinander einnehmen. Für Enzyme bildet diese räumliche Positionierung der Seitenketten die Voraussetzung für die effektive Katalyse chemischer Reaktionen. Im Falle von Rezeptor-Liganden-Wechselwirkungen bildet die spezifische Verteilung unterschiedlicher Seitenketten an der Proteinoberfläche die Grundvoraussetzung für hochspezifische und hochaffine molekulare Erkennungsprozesse.

Anhand von Rückfaltungsexperimenten an Ribonuklease S hat Anfinsen (1973) gezeigt, dass die dreidimensionale Struktur eines Proteins allein durch dessen Aminosäuresequenz bestimmt ist. Obwohl mittlerweile einige Fälle bekannt sind, bei denen die räumliche Teilstruktur eines Proteins vom Faltungsweg (Dobson 1999) oder vom Vorhandensein oder der Abwesenheit eines spezifischen Bindungspartners abhängt (Schumacher et al. 2001), und obwohl bekannt ist, dass die Proteinfaltung in vivo oft von Helferproteinen abhängig ist (Ellis u. Hemmingsen 1989, Fischer u. Schmid 1990, Freedman 1989), ist die Allgemeingültigkeit der Anfinsen-Schlussfolgerungen kaum eingeschränkt. Eine detaillierte Vorhersage der dreidimensionalen Struktur, ausgehend von der Sequenz, ist jedoch bis heute nicht möglich. Deshalb müssen die Strukturen biologischer Makromoleküle immer noch aufwändig experimentell bestimmt werden.

2.3.1.2 Physikalische Prinzipien intermolekularer Wechselwirkungen

Die unterschiedlichen Kräfte, welche die Struktur biologischer Makromoleküle stabilisieren, können unterteilt werden in
- polare Wechselwirkungen und
- apolare Wechselwirkungen.

Polare Wechselwirkungen. Zu den polaren Wechselwirkungen gehören ionische Wechselwirkungen zwischen entgegengesetzten Ladungen. An der Oberfläche von Proteinen sind oft Salzbrücken zu finden, welche zwischen den Seitenketten von basischen und sauren Aminosäuren gebildet werden können. Interessanterweise treten solche Salzbrücken gehäuft bei thermostabilen und halophilen Proteinen auf, und sie scheinen eines der wenigen Merkmale zu sein, welche diese Proteine von den nicht thermostabilen und halophilen Proteine unterscheiden (Karshikoff u. Ladenstein 1998, Pace 2000, Perl et al. 2000).

Wasserstoffbrückenbindung

Eine der wichtigsten polaren Wechselwirkungen ist die Wasserstoffbrückenbindung, welche zwischen einem Donoratom, wie z.B. dem Sauerstoff einer Hydroxylgruppe, und dem Wasserstoffbrückenakzeptor, wie z.B. einem freien Elektronenpaar an einem Stickstoff- oder Sauerstoffatom, gebildet werden kann. Von allen möglichen Wasserstoffbrücken in Proteinen besitzen die Wasserstoffbrücken, welche zwischen Atomgruppen der Hauptkette gebildet werden, nämlich zwischen dem Wasserstoff der (N-H)-Gruppe und dem Sauerstoff der Karbonylgruppe, eine herausragende Bedeutung für das Verständnis von Proteinstrukturen. Schon in den frühen 50er Jahren schlugen Pauling et al. (1951) anhand der Betrachtung möglicher Wasserstoffbrückenbindungsmuster der Hauptkette mehrere verschiedene lokale Faltungsmotive für Proteine vor. Da diese Motive nur Hauptkettenatome involvieren, sollten sie unabhängig von der Sequenz eines Proteins sein und somit in sehr unterschiedlichen Proteinen vorkommen können. Erst in den 60er Jahren, als die Kristallstrukturen von Myoglobin und Hämoglobin von John Kendrew und Max Perutz experimentell aufgeklärt wurden (Kendrew et al. 1960, Perutz et al. 1968), konnte die herausragende Rolle dieser Wasserstoffbrücken bestätigt werden. Heute ist bekannt, dass die von Pauling vorgeschlagenen Motive wie α-Helices und β-Faltblätter fester Bestandteil fast aller Proteine und prägend für deren Struktur sind (Schulz u. Schirmer 1979).

Dipol-Dipol-Wechselwirkungen

Eine weitere Klasse polarer Wechselwirkungen bilden die Dipol-Dipol-Wechselwirkungen. So besitzen z.B. α-Helices wegen der Ausrichtung der Hauptkettenatome einen makroskopischen Dipol (Hol et al. 1978, Wada 1975). Dieser Dipol ist der Grund, weshalb negativ geladene Liganden, wie z.B. die Phosphatgruppen des Nukleotids ATP, oft am N-terminalen Ende von α-Helices gebunden werden.

Apolare Wechselwirkungen. Apolare hydrophobe Wechselwirkungen zwischen aliphatischen und aromatischen Seitenketten führen dazu, dass Wassermoleküle aus hydrophoben Umgebungen herausgedrängt werden. Dies ist nicht unähnlich der Tröpfchenbildung von Lipiden in Wasser. In Proteinen führt dies zu einer spezifischen Verteilung der unterschiedlichen Aminosäuren. Während polare Aminosäuren sich hauptsächlich auf die Oberfläche von Proteinen verteilen, bilden Aminosäuren mit hydrophoben Seitenketten mehr oder weniger ausgedehnte zusammenhängende hydrophobe Bereiche im Inneren des Proteins aus. Die Bildung eines solchen hydrophoben Kerns wird als eine der treibenden Kräfte während der Faltung angesehen (Kauzmann 1959).

Den apolaren Wechselwirkungen gemeinsam ist, dass sie nur über sehr kurze Distanzen wirken, d.h., dass sich hauptsächlich benachbarte Atomgruppen gegenseitig beeinflussen und sich aneinander ausrichten. Bemerkenswert ist weiter, dass die polaren und apolaren Wechselwirkungen in ihrer Summe einen sehr großen Stabilisierungsbeitrag zur Struktur liefern. Dieser große Beitrag wird jedoch fast vollständig durch den Verlust an Entropie, welcher aus den extremen Einschränkungen der Konformationsfreiheitsgrade resultiert, aufgebraucht (Pace et al. 1991). Übrig bleibt eine nur sehr geringe Gesamtstabilität. Die freie Faltungsenergie eines Proteins beträgt typischerweise 20–65 kJ/mol (5–15 kcal/mol). Dies entspricht in etwa dem Beitrag, welchen 4–5 Wasserstoffbrücken zur Stabilität eines Proteins liefern. Dies bedeutet auch, dass eine singuläre Punktmutation dazu führen kann, dass ein mutiertes Protein destabilisiert wird und seine native Faltung nicht mehr einnehmen kann. Solche destabilisierenden Punktmutationen sind der Grund für viele „molekulare“ Erkrankungen.

2.3.1.3 Faltungsprinzipien von Proteinen

Eine sehr einfache Beschreibung des Aufbaus von Proteinstrukturen unterscheidet zwischen

- Primärstruktur,
- Sekundärstruktur,
- Tertiärstruktur und
- Quartärstruktur.

Während die *Sequenz* eines Proteins als *Primärstruktur* bezeichnet wird, werden unter der *Sekundärstruktur* typische lokale Strukturelemente verstanden, welche durch Wasserstoffbrücken zwischen Atomgruppen der Hauptkette stabilisiert werden (Branden u. Tooze 1999, Schulz u. Schirmer 1979). Die wichtigsten Sekundärstrukturelemente sind die *α-Helix*, das *β-Faltblatt* und die *β-Schleifen* (Abb. 2.3.1). In α-Helices bildet die Hauptkette eine rechtsgängige helikale Struktur mit Wasserstoffbrücken zwischen der CO-Gruppe des Restes i und der NH-Gruppe des Restes i+4. In β-Faltblättern liegt die Hauptkette in einer langgestreckten Konformation vor, und Wasserstoffbrücken werden zwischen benachbarten Segmenten ausgebildet, ähnlich den Sprossen zwischen den Steigen einer Leiter. β-Faltblätter bestehen aus einem regelmäßigen Geflecht solcher Wasserstoffbrücken zwischen mehreren benachbarten Segmenten. Verlaufen die benachbarten Segmente in derselben Richtung, d.h. parallel zueinander, wird von einem parallelen β-Faltblatt gesprochen. Verlaufen die Segmente in entgegengesetzter Richtung, liegt ein antiparalleles β-Faltblatt vor. Als β-Schleifen werden Strukturmotive aus 4 Aminosäuren, in denen eine Hauptkettenwasserstoffbrücke zwischen den Resten i und i+3 gebildet wird, bezeichnet (Venkatachalam 1968). Dies hat zur Folge, dass sich die Richtung der Kette umkehrt.

α-Helices und β-Faltblätter unterscheiden sich nicht nur im Muster der Wasserstoffbrücken, sondern auch in der Konformation der Hauptkette. Die Konformation der Hauptkette wird über die Dihedralwinkel φ und ψ beschrieben. Die Bindungen N-Cα und Cα-C sind wegen der partiellen Tautomerie der Peptidbindung die beiden einzigen Bindungen entlang der Hauptkette, um die frei gedreht werden kann. Die dazu gehörigen Winkel φ und ψ können aus sterischen Gründen jedoch nicht beliebige Werte einnehmen. Diese Tatsache wurde erstmals von Ramachandran u. Sasisekharan (1968) systematisch untersucht. Die Auftragung der φ- und ψ-Werte mehrerer Proteinstrukturen in einem Ramachandran-Diagramm zeigt,

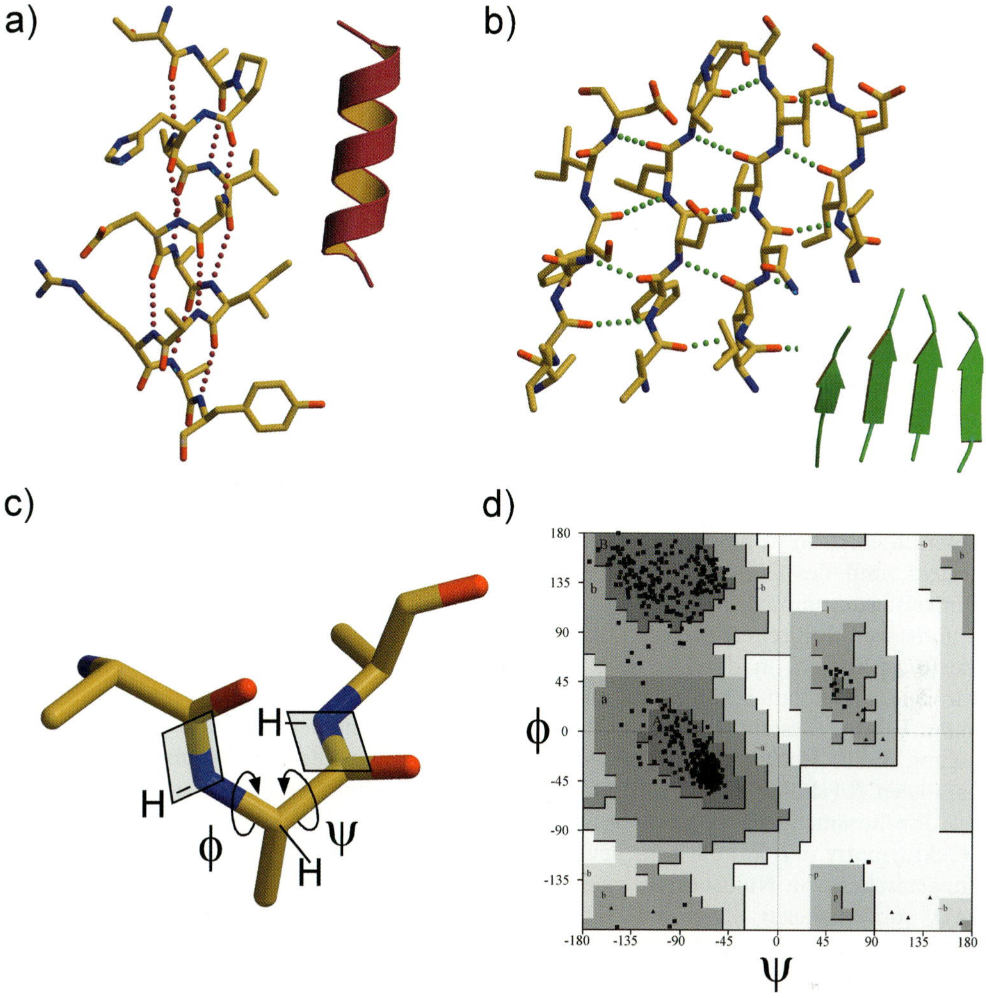

Abb. 2.3.1 a–d. Hauptkettengeometrie in Proteinen. (**a**) Wasserstoffbrückenbindung (*rot gestrichelte Linien*) zwischen den Resten i und i+4 in α-Helices sowie schematische Bänderdarstellung einer α-Helix. (**b**) 4-strängiges paralleles β-Faltblatt in einer Strichdarstellung und einer schematischen Bänderdarstellung in *grün*. In β-Faltblättern werden Wasserstoffbrücken (*grün gestrichelte Linien*) zwischen benachbarten Segmenten ausgebildet. (**c**) Rotationsfreiheitsgrade entlang der Hauptkette, dargestellt an einem Tripeptid. Wegen der Planarität der Peptidbindung (*graue Parallelogramme*) sind nur die Winkel φ und ψ in Grenzen frei rotierbar. (**d**) Ramachandran-Diagramm: Die Auftragung aller φ- und ψ-Winkel eines 610 Reste langen Proteins zeigt, dass sich die Winkel in bestimmten, sterisch erlaubten Bereichen häufen. Die Darstellungen wurden mit den Programmen Molscript, Raster3d und Procheck erzeugt (Kraulis 1991, Laskowski et al. 1993, Merritt u. Murphy 1994)

dass Reste in α-Helices Dihedralwinkel im Bereich um $\varphi = -60^\circ$ und $\psi = -40^\circ$ und Reste in β-Faltblätter im Bereich um $\varphi = -120^\circ$ und $\psi = +140^\circ$ besitzen.

Mit *Tertiärstruktur* wird die dreidimensionale Gesamtstruktur des Proteins bezeichnet. Besteht das Protein aus mehreren verschiedenen Aminosäureketten, d.h. aus mehreren Untereinheiten, wird die räumliche Orientierung der einzelnen Untereinheiten zueinander als *Quartärstruktur* bezeichnet. Anhand des Sekundärstrukturanteils können die Tertiärstrukturen in verschiedene Klassen eingeteilt werden, z.B. werden Proteine, die nur aus α-helikalen bzw. β-Faltblattstruktur-Elementen bestehen, als α-Strukturen und β-Strukturen bezeichnet. α/β-Strukturen bezeichnen Proteinstrukturen, die aus einem zentralen β-Faltblatt bestehen, welches von α-Helices flankiert ist, während $\alpha+\beta$-Strukturen Tertiärstrukturen beschreiben, welche aus räumlich separaten α-helikalen und β-Faltblatt-Bereichen bestehen (Branden u. Tooze 1999).

2.3.1.4 Supersekundärstruktur, Strukturmotiv, Domänenstruktur

Zuzüglich zur systematischen Beschreibung von Strukturen anhand unterschiedlicher Strukturebenen finden bei der Diskussion von Proteinstrukturen eine Reihe anderer Begriffe Anwendung. Als Supersekundärstruktur werden lokale Überstrukturen von Sekundärstrukturelementen bezeichnet. Ein Beispiel hierfür bildet der α-helikale Coiled-coil, welcher aus 2 umeinander gewundenen α-Helices besteht und eine linksgängige Superhelix ausbildet. Die Helices können sowohl parallel als auch antiparallel zueinander angeordnet sein. Ein prominentes Beispiel für einen Coiled-coil enthält der Transkriptionsfaktor GCN4 (Ellenberger et al. 1992); hier werden die einzelnen Helices von 2 unterschiedlichen Untereinheiten zur Verfügung gestellt, und der Coiled-coil stellt das eigentliche Dimerisierungsmotiv dar.

Eine weit verbreitete Supersekundärstruktur ist die [$\beta\alpha\beta$]-Einheit, in der 1 α-Helix 2 benachbarte parallele β-Faltblatt-Stränge verknüpft. Die Rossmann-Faltung besteht aus einer 2fachen Wiederholung dieses Motivs, nämlich einem 3-strängigen parallelen β-Faltblatt mit 2 verbrückenden α-Helices. Die Rossmann-Faltung ist ein weit verbreitetes Strukturmotiv und kommt sehr häufig in den Bindungstaschen von Nukleotiden, wie z. B. ATP oder FAD, vor. In vielen dieser Nukleotide bindenden Strukturen binden die Nukleotide entlang dem β-Faltblatt auf der C-terminalen Seite dieses Faltungsmotivs, und die N-terminale Seite einer der beiden α-Helices ist durch das ihr eigene Dipolmoment an der Stabilisierung der negativen Ladungen der Phosphatgruppen beteiligt. Ein weiteres weit verbreitetes Strukturmotiv stellt das [α-Helix-Schleife-α-Helix]-Motiv dar, welches häufig in Transkriptionsfaktoren, wie z. B. 434 Cro, vorkommt und hier unmittelbar an der Bindung der DNA beteiligt ist (Anderson et al. 1987). In diesem Strukturmotiv lagert sich die 2. Helix in die tiefe Furche der DNA ein, und Reste an der Oberfläche der Helix sind für die sequenzspezifische Erkennung der DNA verantwortlich. Die Vielzahl der mittlerweile bestimmten Proteinstrukturen hat gezeigt, dass ähnliche Strukturmotive ähnliche Funktionen in sehr unterschiedlichen Proteinen erfüllen und dass das Vorhandensein eines bestimmten Strukturmotivs auch unmittelbare Rückschlüsse auf die Funktion eines Proteins erlaubt. Jedoch können ähnliche Aufgaben in Proteinen auch durch unterschiedliche Strukturmotive erfüllt werden.

Eine weitere nützliche Beschreibung von Strukturen liefert die Betrachtung der Domänenstruktur eines Proteins. Als Domänen werden kompakte, strukturell unabhängige Faltungseinheiten bezeichnet, welche typischerweise aus 80–200 Aminosäuren bestehen (Branden u. Tooze 1999). Viele Proteine können als Abfolge von Domänen beschrieben werden. Hier sind die verschiedenen Domänen wie Perlen auf einer Kette aufgereiht. Zum Beispiel besteht der Gerinnungsfaktor FVIIa aus einer γ-karboxyreichen Domäne, gefolgt von 2 EGF-Domänen (Epidermal-growth-Faktor-ähnliche Domänen) und einer Serinproteasedomäne. Eine sehr bekannte Domäne ist die Immunglobulindomäne. Eine typische Immunglobulindomäne besteht aus ungefähr 100 Resten, welche sich zu 2 flach aufeinander liegenden β-Faltblättern anordnen. Oft sind die beiden Faltblätter über eine Disulfidbrücke miteinander verknüpft. IgG-Antikörper bestehen aus 12 solcher Immunglobulindomänen, welche sich auf 4 Ketten verteilen. Jedoch kommen Immunglobulindomänen nicht nur in Antikörpern vor, sondern u. a. auch in den extrazellulären Domänen von Rezeptoren. Da die verschiedenen Domänen nicht nur über ihre dreidimensionale Struktur charakterisiert sind, sondern auch durch eine ähnliche Sequenz, lässt sich die Domänenstruktur eines neuen Proteins relativ leicht durch Sequenzvergleich vorhersagen. Probleme gibt es jedoch bei der genauen Abgrenzung der Domänen. In der molekularbiologischen Literatur wird der Begriff „Domäne“ häufig fälschlicherweise zur Bezeichnung eines Sequenzmotivs verwendet. Während charakteristische Sequenzmotive allein solche Bereiche hervorheben, welche eine hohe Sequenzübereinstimmung aufweisen, kann die eigentliche Domäne deutlich größer sein und flankierende Segmente einschließen, welche für die korrekte Faltung und thermodynamische Stabilität der Domäne benötigt werden. Eine Proteindomäne im eigentlichen Sinn zeichnet sich durch Kompaktheit aus; ihre Oberfläche verhält sich zur Oberfläche einer Kugel gleichen Volumens wie $1{,}64 \pm 0{,}08:1$.

In vielen Fällen lässt das Vorhandensein einer bestimmten Domäne Rückschlüsse auf eine mögliche Funktion zu, andere Domänen wie z. B. Immunglobulindomänen können fast ubiquitär in funktionell sehr unterschiedlichen Proteinen vorkommen. Interessanterweise scheint es jedoch eine Unterteilung zu geben zwischen Domänen, die intrazellulär vorkommen, und solchen, die bevorzugt in extrazellulären Proteinen auftreten.

2.3.2 Strukturbiologische Methoden

Unsere intime Kenntnis der räumlichen Strukturen biologischer Makromoleküle und ihrer vielseitigen Wechselwirkungen verdanken wir einer Kollektion strukturbiologischer Methoden, die im Lauf einiger Jahrzehnte entwickelt und perfektioniert wurden. Hier ist nicht der Ort, diese Methoden im Detail darzustellen. Dennoch ist für ein Verständnis von Proteinstrukturen und Protein-Ligand-Wechselwirkungen eine gewisse Vertrautheit mit modernen biophysikalischen Techniken von großem Vorteil. Im Folgenden sollen daher die wichtigsten strukturbiologischen Methoden in ihren Grundzügen kurz skizziert und in den Grenzen ihrer gegenwärtigen Anwendbarkeit dargestellt werden.

2.3.2.1 Kernmagnetische Resonanzspektroskopie

Als Methode zur strukturellen Analyse organischer Moleküle wird die kernmagnetische Resonanzspektroskopie (NMR-Spektroskopie) seit etwa 50 Jahren eingesetzt. Sie beruht darauf, dass die magnetischen Kernmomente (Kernspins) der Atome eines Moleküls mit einem äußeren Magnetfeld wechselwirken. Durch Anregung der Kerne mit einer Radiofrequenz kommt es zu Energieübergängen einzelner Kernspins, es entsteht ein Spektrum. Dieses Spektrum kann außerordentlich detailreich sein, da jeder Kern eines geordneten Moleküls ein unterschiedliches Magnetfeld erfährt. Das äußere Feld wird nämlich durch die Spins der umgebenden Kerne in seiner Stärke moduliert, sodass im Prinzip jeder Kern an einer charakteristischen Stelle im Spektrum erscheint, welche durch seine räumliche Umgebung, mithin durch die Molekülstruktur, bestimmt wird.

Die Anwendbarkeit der NMR-Spektroskopie auf die Strukturanalyse biologischer Makromoleküle wurde mit der Entwicklung spezieller Techniken zur Aufnahme mehrdimensionaler Spektren möglich (Ernst et al. 1987). Mit diesen Techniken wird durch den Einbau zusätzlicher NMR-aktiver Kerne (^{13}C, ^{15}N) in das Protein und den Transfer der Magnetisierung zwischen diesen und ^{1}H eine Dekonvolution der sehr komplexen Spektren erreicht, entsprechend einer Aufweitung in 2 oder 3 Dimensionen (Wüthrich 1995). Mit diesen neu entwickelten Techniken konnten in den 1980er Jahren die ersten NMR-Strukturen von Proteinen bestimmt werden (Braun et al. 1986, Kline et al. 1986, Williamson et al. 1985). Die NMR-Spektroskopie ist auch geeignet, räumliche Strukturen von Nukleinsäuren zu bestimmen, obwohl für diese Moleküle einige zusätzliche Schwierigkeiten auszuräumen sind (Wemmer 1991). Mittlerweile hat sich die NMR-Spektroskopie fest als Methode zur Analyse der dreidimensionalen Struktur von Proteinen und Nukleinsäuren in Lösung

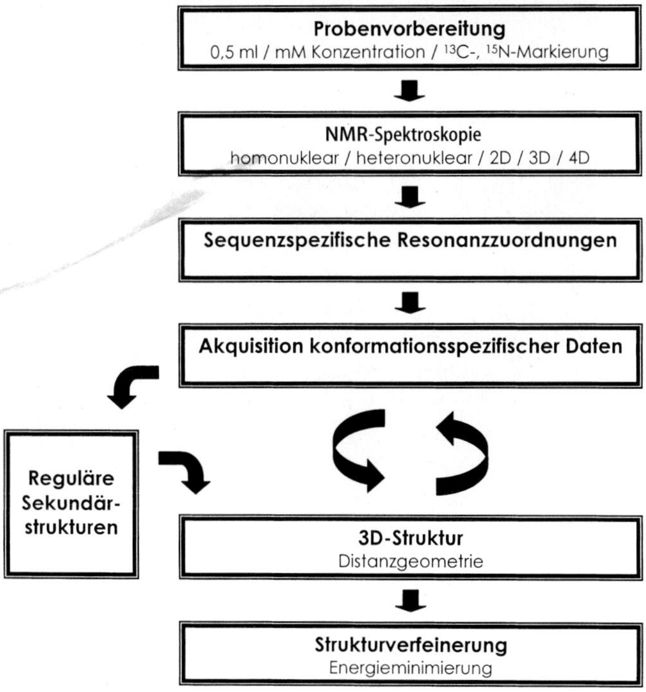

Abb. 2.3.2. Generisches Protokoll einer NMR-Strukturanalyse, adaptiert nach Wüthrich (1995)

etabliert. Sie kann nach grundsätzlich bekannten Protokollen (Wüthrich 1995) für die Proteinstrukturanalyse eingesetzt werden (Abb. 2.3.2).

Die NMR-Spektroskopie ist der Kristallstrukturanalyse (s. unten) in vielen Aspekten komplementär. Sie wird in der Regel für die Strukturanalyse von Molekülen in wässriger Lösung eingesetzt. NMR-spektroskopisch bestimmte Proteinstrukturen stimmen in der Regel mit Kristallstrukturen der gleichen Moleküle weitgehend überein (Decanniere et al. 2000, Kline et al. 1986, Pflugrath et al. 1986, Starich et al. 1996, Wüthrich 1995), wenngleich Strukturunterschiede im Detail nicht ausgeschlossen werden können. Grundsätzliche Beschränkungen der NMR-Spektroskopie liegen in der erreichbaren Auflösung und der Größe untersuchbarer Moleküle. Die Auflösung ist im Vergleich mit vielen Kristallstrukturen gering, da die NMR-Strukturen in der Regel experimentell unterbestimmt sind: Sie müssen mit weniger experimentellen Daten auskommen, als zur Festlegung der Ortskoordinaten aller Atome des Moleküls erforderlich wären. Eine derzeit noch bestehende Größenbeschränkung auf Moleküle mit einer relativen Molekülmasse von etwa ≤30 kDa wird durch neu entwickelte Verfahren u. U. bald aufgehoben sein (Riek et al. 2000).

2.3.2.2 Kristallstrukturanalyse

Viele wasserlösliche Proteine und auch einige integrale Membranproteine können durch kontrollierten Entzug von Lösungsmittel kristallisiert werden. In diesen Proteinkristallen bleiben die Moleküle von wässrigem Medium umgeben; nur ein geringer Anteil der Oberfläche ist in der Regel an der Ausbildung von Gitterkontakten beteiligt. Solche Proteinkristalle (Abb. 2.3.3) erlauben die exakte Analyse der dreidimensionalen Struktur von Proteinen, Protein-Ligand-Komplexen und makromolekularen Assoziaten durch Röntgenbeugungsmethoden. Dabei werden Kristalle mit monochromatischem Röntgenlicht bestrahlt, und die Reflexintensitäten des Beugungsmusters (in der Regel einige 10 000) werden ermittelt. Die Reflexe werden mit Miller-Indizes h, k, l bezeichnet. Ihre Intensitäten sind den Quadraten der so genannten Strukturfaktoramplituden proportional

$$F_{hkl} \propto \sqrt{I_{hkl}} \qquad \text{(Gl. 2.3.1)}$$

aus denen wiederum durch eine Fourier-Summation die Elektronendichte an jedem Ort x, y, z des Kristalls (der Elementarzelle) berechnet werden kann:

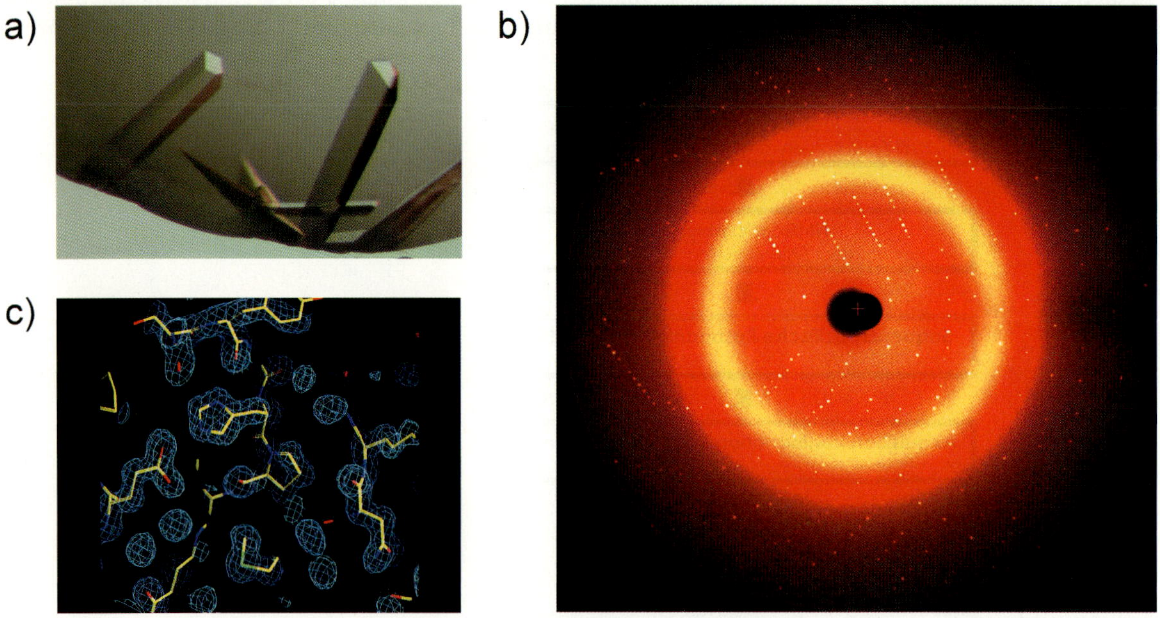

Abb. 2.3.3 a–c. Röntgenstrukturanalyse von biologischen Makromolekülen. Die Strukturanalyse führt über die Kristalle der Makromoleküle (**a**) und deren Diffraktionsmuster (**b**) zur Elektronendichte (**c**). Die Elektronendichte (*blau*) hüllt das Atommodell (*Strichdarstellung*) ein. Je höher die Auflösung, desto detailreicher ist die resultierende Elektronendichte, und umso genauer wird das Atommodell sein. Die hier gezeigte Elektronendichte hat eine Auflösung von 1,3 Å. Für die Abbildung wurden Kristalle des „sex hormone binding globulin“ (Grishkovskaya et al. 2000), Diffraktionsmuster und Elektronendichte eines VEGF (vascular endothelial growth factors) (Heiring et al., pers. Mitteilung) verwendet

$$\rho_{xyz} = \frac{1}{V}\sum_h \sum_k \sum_l F_{hkl} e^{i\alpha_{hkl}} e^{-2\pi i(hx+ky+lz)} \quad \text{(Gl. 2.3.2)}$$

Aus Gl. 2.3.2 wird ein grundsätzliches Problem der Kristallstrukturanalyse deutlich: Während das Volumen V der Elementarzelle und die Strukturfaktoramplituden experimentell bestimmt werden können, ist dies für die zugehörigen Phasen α_{hkl} der Reflexe nicht möglich. Weitgehend allgemein anwendbare Methoden zur Lösung des Phasenproblems bei der Proteinstrukturanalyse stehen mittlerweile allerdings zur Verfügung (s. unten). Wurde die Elektronendichte im Sinn eines atomaren Proteinmodells interpretiert (Abb. 2.3.3), ist es nun leicht möglich, Strukturfaktoramplituden $F_{hkl,calc}$ durch eine reziproke Fourier-Summation aus diesem Modell zu berechnen. Deren Übereinstimmung mit den experimentell bestimmten Amplituden, $F_{hkl,obs}$, kann als

$$R = \frac{\sum_{hkl} |F_{hkl,obs} - F_{hkl,calc}|}{\sum_{hkl} F_{hkl,obs}} \quad \text{(Gl. 2.3.3)}$$

dargestellt werden und dient als Qualitätsmerkmal einer Kristallstruktur: Je kleiner R und je größer die Zahl experimenteller Daten (die Auflösung der Struktur), umso höher ist die Qualität der Analyse.

Seit ihren ersten Anfängen (Kendrew et al. 1960, Perutz et al. 1968) hat sich die Proteinkristallographie als Methode zur Strukturanalyse stetig und teilweise revolutionär weiter entwickelt. Zu den bedeutendsten Fortschritten des letzten Jahrzehnts zählen

- die Einführung von Kryotechniken (Hope 1990) und
- die fast allgemeine Verfügbarkeit von Synchrotronstrahlungsquellen für Diffraktionsexperimente (Helliwell 1997),
- die Methode der anomalen Dispersion bei verschiedenen Wellenlängen (MAD) nach Einführung von Selenomethionin in Proteine zur Lösung des Phasenproblems (Hendrickson et al. 1990) und
- die Entwicklung von Computeralgorithmen auf dem Weg zur automatischen Generierung, Interpretation und Verfeinerung der Elektronendichte und abgeleiteter Proteinmodelle (De la Fortelle u. Bricogne 1997, Perrakis et al. 1999, Sheldrick 1997, Terwilliger u. Berendzen 1999, Weeks u. Miller 1999).

Diese und andere Entwicklungen haben dazu geführt, dass in den letzten Jahren eine große Zahl von Strukturen komplexer makromolekularer Gebilde hoher biologischer Signifikanz mit Röntgenbeugungsmethoden bestimmt werden konnten. An dieser Stelle soll beispielhaft lediglich auf die Strukturen des Nukleosomenkernpartikels (Luger et al. 1997), des Hefeproteasoms (Groll et al. 1997), des Bluetongue-Virus (Grimes et al. 1998), der RNA-Polymerase II (Cramer et al. 2000) und der ribosomalen Untereinheiten (Ban et al. 2000, Schluenzen et al. 2000, Wimberly et al. 2000) verwiesen werden.

2.3.2.3 Elektronenmikroskopie und -diffraktion

Noch größere Partikel sowie Strukturen, die sich der Kristallisation entziehen, können mit Hilfe der Kryoelektronenmikroskopie untersucht werden. Mit dieser Methode ist es möglich, die Gestalt ungefärbter Einzelpartikel aus einer vitrifizierten wässrigen Lösung mit einer Auflösung von <4 Å zu untersuchen (Kühlbrandt u. Williams 1999). Zentraler Bestandteil der Kryoelektronenmikroskopie sind computergestützte Bilderkennungsverfahren, bei denen in jüngster Zeit bedeutende Fortschritte erzielt wurden. Zu den mittels Kryoelektronenmikroskopie bei einer Auflösung von ≤ 12 Å bestimmten Strukturen großer Molekülkomplexe gehören das didekamere Hämozyanin des Mollusken *Haliotis tuberculata* (Meissner et al. 2000), die große ribosomale Untereinheit (Matadeen et al. 1999) und das Hämagglutinin des Influenzavirus (Böttcher et al. 1999).

Neben tiefgefrorenen Einzelmolekülen können auch Membranen und zweidimensionale Kristalle mittels Elektronenmikroskopie untersucht werden. Hoch geordnete Proben können in der Elektronendiffraktion fast atomare Ortsauflösung erlauben, wie beispielsweise bei der 3,4-Å-Struktur eines pflanzlichen Lichtsammlerkomplexes gezeigt werden konnte (Kühlbrandt et al. 1994). Allerdings wird die hohe Auflösung in der Regel nur in der Präparatebene erreicht und nicht senkrecht dazu.

2.3.2.4 Andere biophysikalische Methoden

Als strukturanalytische Methoden mittlerer bis hoher Ortsauflösung tendieren die Elektronenmikroskopie, die NMR-Spektroskopie und die Röntgenstrukturanalyse dazu, statische Molekülstrukturen zu suggerieren. Selbstverständlich entspricht dieses vereinfachte Bild nicht der Wirklichkeit: Alle makromolekularen Strukturen und Komplexe besitzen eine Dynamik, die durch Fluktuationen der Struktur oder globale Strukturänderungen auf unterschiedlichsten Zeitskalen charakterisiert ist. Die Elektronenmikroskopie, die NMR-Spektroskopie und auch die Röntgenstrukturanalyse können einige Aspekte dieser Dynamik sehr wohl beschreiben. Andere bleiben ihnen verschlossen und erfordern zusätzliche, biophysikalische Methoden, die häufig eine hohe Zeitauflösung, aber begrenzte Ortsauflösung liefern. Dynamische Prozesse wie Strukturumlagerungen, Assoziation und Dissoziation und (enzymkatalysierte) chemische Umsetzungen können mit Hilfe der optischen Spektroskopie (UV/Vis, CD, IR, Raman), von hydrodynamischen Untersuchungen, mit Licht- und Röntgenstreuung sowie kalorimetrisch beschrieben werden. Aus Platzgründen muss auf eine detaillierte Diskussion der verschiedenen experimentellen Ansätze hier verzichtet und auf die einschlägige Literatur verwiesen werden (z. B. Holtzhauer 1996).

2.3.2.5 Modellierung von Molekülen und intermolekularen Wechselwirkungen

Manche Zustände von oder Prozesse zwischen biologischen Makromolekülen bleiben der experimentellen Untersuchung grundsätzlich oder wegen im Einzelfall ungünstiger Randbedingungen verschlossen. Der Prozess der Faltung einer Polypeptidkette zur nativen Proteinstruktur gehört zu diesen Vorgängen. Obwohl es für eine Reihe von Proteinen gute Modellvorstellungen zum Faltungsprozess gibt (Baker 2000, Bryngelson et al. 1995, Dobson u. Karplus 1999) und in einigen Fällen auch Faltungsintermediate nachgewiesen und strukturell charakterisiert wurden (Baldwin u. Rose 1999), bleibt der vollständige Faltungsweg eines Proteins der experimentellen Charakterisierung unzugänglich. Durch Kombination experimenteller Daten mit computergestützter Modellierung kann das Verständnis des Vorgangs gefördert werden (Dinner et al. 2000, Duan u. Kollman 1998, Zhou u. Karplus 1999). Dabei können scheinbar sehr einfache Computermodelle zu überraschenden Einsichten in den Prozess der Proteinfaltung führen (Shakhnovich 1998).

Die Grundlage vieler Modellierungstechniken für Makromoleküle und ihre Wechselwirkungen bilden atomare Kraftfelder der Form

$$\begin{aligned} E(R) = & \frac{1}{2} \sum_{\text{Bindungen}} K_b (b - b_0)^2 \\ & + \frac{1}{2} \sum_{\substack{\text{Bindungs-}\\ \text{winkel}}} K_\Theta (\Theta - \Theta_0)^2 \\ & + \frac{1}{2} \sum_{\substack{\text{Torsions-}\\ \text{winkel}}} K_\phi [1 + \cos(n\phi - \delta)] \\ & + \sum_{\substack{\text{Atom-}\\ \text{paare}}} \left(\frac{A}{r^{12}} - \frac{B}{r^6} + \frac{q_1 q_2}{Dr} \right) \end{aligned} \qquad \text{(Gl. 2.3.4)}$$

welche die Energie $E(R)$ eines Ensembles von Atomen mit kartesischen Koordinaten R wiedergeben (Karplus u. Petsko 1990). Die Energie hängt von der Struktur des von diesen Atomen gebildeten Moleküls ab. Referenzwerte für die Länge der kovalenten Bindungen (b_0), die Bindungswinkel (Θ_0) und Torsionswinkel sind bekannt, und die relativen Beiträge dieser Werte zur Gesamtenergie werden durch Kraftkonstanten K_i skaliert. Die Gesamtenergie hängt weiterhin von paarweisen nichtkovalenten interatomaren Wechselwirkungen ab, die in Gl. 2.3.4 über Lennard-Jones-6/12-Terme und ein Coulomb-Potenzial beschrieben werden. Kraftfelder in unterschiedlichen Parametrisierungen finden vielfältige Anwendung für die Simulation von Strukturfluktuationen bis hin zur vollständigen Ent- und Rückfaltung der Proteinkette und von intermolekularen Assoziations- und Dissoziationsprozessen. Kraftfelder können auch mit experimentellen Daten kombiniert und erfolgreich bei der Bestimmung und Verfeinerung von Röntgen- und NMR-Strukturen eingesetzt werden (Brünger et al. 1987).

2.3.3 Molekülstrukturen in Biologie und Medizin

Indem sie Aspekte der biologischen Funktion von Proteinen und anderen Makromolekülen auf atomarer Ebene erklären und damit grundlegende Erklärungsmodelle für biologische Prozesse liefern, sind Kristall- und NMR-Strukturen häufig von direkter medizinischer oder pharmakologischer Relevanz. Dies gilt insbesondere für Strukturen von menschlichen Proteinen, von Proteinen aus eukaryotischen Modellorganismen und aus humanpathogenen Mikroorganismen. Unter den menschlichen Proteinen sind wiederum diejenigen von besonderem Interesse, die medizinisch relevante chemische Umsetzungen als Enzyme katalysieren oder an Signaltransduktionsprozessen beteiligt sind. Aus der großen Fülle von Proteinen, die in diese Kategorie fallen, sollen nachfolgend 4 biochemische Systeme bzw. Proteinfamilien exemplarisch vorgestellt werden.

2.3.3.1 Cytochrom-P450-System

Die große Familie der Cytochrome P450 umfasst Proteine mit vielfältigen enzymatischen Aktivitäten. Die membranständigen P450-Enzyme von Säugern sind an der Umsetzung vieler Xenobiotika, dem Metabolismus von Arzneimittelmolekülen und Kanzerogenen sowie der Biosynthese von Steroidhormonen und Prostaglandinen beteiligt (Ortiz de Montellano 1995, Peterson u. Graham 1998). Die Kristallstrukturen einiger löslicher, bakterieller Cytochrome P450 sind seit einiger Zeit bekannt (Cupp-Vickery u. Poulos 1995, Hasemann et al. 1994, Park et al. 1997, Poulos et al. 1985, Ravichandran et al. 1993, Yano et al. 2000). Kürzlich wurde erstmalig über die dreidimensionale Struktur eines Cytochroms P450 aus einem Säugetier (Kaninchen) berichtet (Williams et al. 2000).

In der mitochondrialen Matrix von Nebennieren katalysiert Cytochrom P450scc (CYP11A1) die Konversion von Cholesterin zu Pregnenolon, dem ersten Schritt in der Biosynthese der Steroidhormone (Bernhardt 1995). Die für die Generierung aktiver Sauerstoffspezies aus molekularem Sauerstoff zur Hydroxylierung und schließlich Spaltung der Seitenkette am Cholesterin nötigen Elektronen erhält das Enzym von NADPH über ein Elektronentransfersystem, zu dem zunächst die membranassoziierte Adrenodoxinreduktase und dann das lösliche Adrenodoxin gehören. Die Adrenodoxinreduktase ist ein Flavoprotein, in dem Elektronen von NADPH auf FAD übertragen werden. Diese Elektronen wandern einzeln weiter zu dem [2Fe-2S]-Zentrum des Adrenodoxins und werden schließlich von diesem auf die Hämgruppe des Zytochroms übertragen. Die Strukturen und Wechselwirkung dieser beiden Proteine wurden kürzlich eingehend charakterisiert (Abb. 2.3.4).

Die Kristallstruktur eines verkürzten Adrenodoxins, Adx(4–108), zeigte zunächst, dass das Protein aus 2 strukturell getrennten Subdomänen besteht (Müller et al. 1998). [2Fe-2S]-Ferredoxine aus Pflanzen sind ähnlich aufgebaut, unterscheiden sich jedoch in der Region der Proteine, die für die Wechselwirkung mit Redoxpartnern in erster Linie verantwortlich ist (Müller et al. 1999). Saure Seitenketten, die für die Wechselwirkung des Proteins sowohl mit der Adrenodoxinreduktase als auch mit Cytochrom P450scc verantwortlich sind, liegen eng benachbart an der Oberfläche des Adrenodoxins. Diese Anordnung macht eine gleichzeitige Bindung beider Proteine an das Adrenodoxin unwahrscheinlich und spricht damit für einen Elektronentransfer über frei bewegliches Adrenodoxin.

Die Adrenodoxinreduktase ist der Glutathionreduktase strukturell verwandt und ist ebenfalls

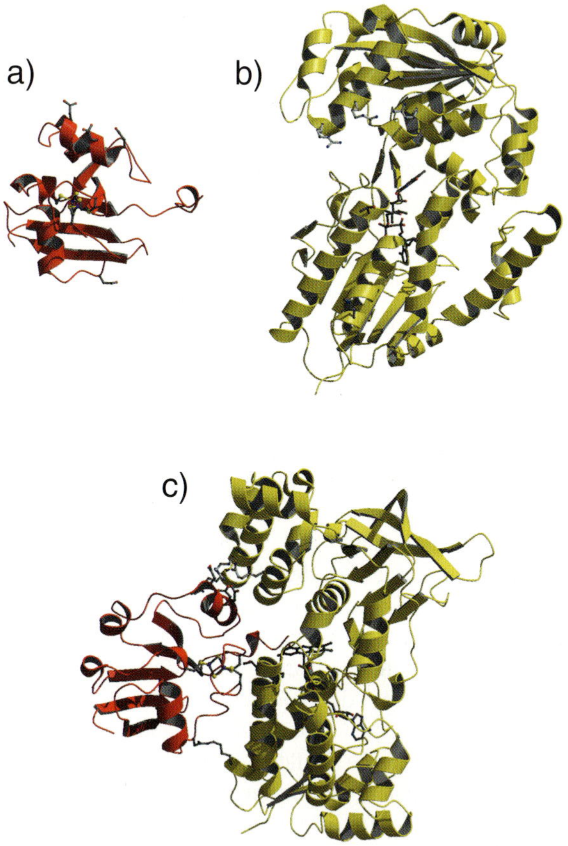

Abb. 2.3.4a–c. Elektronenübertragung im Cytochrom-P450-System. Das Enzym Adrenodoxinreduktase (**b**) bindet NADPH und transferiert ein Elektron über FAD auf das lösliche Ferredoxin Adrenodoxin (**a**). Im Komplex zwischen beiden Proteinen (**c**) hat der Isoalloxazinring des FAD von Adrenodoxinreduktase einen Abstand von etwa 10 Å vom [2Fe-2S]-Zentrum des Adrenodoxins. Das Elektron überbrückt diesen Abstand vermutlich durch Wanderung entlang kovalenter Bindungen und Wasserstoffbrücken (Müller et al. 2001). Ausgehend von der Orientierung der Proteine im Elektronentransferkomplex wurde in der Abbildung die freie Adrenodoxinreduktase (Ziegler et al. 1999) um 60° nach rechts und das freie Adrenodoxin (Müller et al. 1998) um 60° nach links gedreht. In den Bänderdarstellungen beider Proteine wurden die prosthetischen Gruppen und die für die Komplexbildung wichtigsten Aminosäureseitengruppen explizit eingetragen. Mit freundlicher Genehmigung von Dr. J. J. Müller, Max-Delbrück-Zentrum

ein in 2 globuläre Domänen getrenntes Protein (Ziegler et al. 1999). Eine Domäne (Abb. 2.3.4 c) bindet das FAD durch nichtkovalente Wechselwirkungen. Das NADPH assoziiert so mit der anderen Domäne des Proteins, dass sein Adeninring in optimalem Stapelabstand über dem Isoalloxazinring des FAD positioniert wird (Ziegler u. Schulz 2000). Diese Anordnung erlaubt die Übertragung eines Hydridions auf das Flavin, welches nach 2fachem Transfer jeweils eines einzelnen Elektrons auf Adrenodoxin und Abgabe eines Protons an seine Umgebung in seinen Grundzustand zurückkehrt.

In der Kristallstruktur eines chemisch quer vernetzten Komplexes aus Adrenodoxin und Adrenodoxinreduktase (Müller et al. 2001) weist das [2Fe-2S]-Zentrum des Adrenodoxins einen Abstand von etwa 10 Å vom Isoalloxazinring des reduktasegebundenen FAD auf. Die Struktur erlaubt, wahrscheinliche Pfade für den Elektronentransfer vom FAD zum [2Fe-2S]-Zentrum des Adrenodoxins vorherzusagen. Im Vergleich zur Kristallstruktur des freien Proteins lassen sich darüber hinaus durch Bindung des Adrenodoxins ausgelöste Strukturänderungen der Reduktase erkennen: Durch geringfügige Rotation der beiden globulären Domänen gegeneinander wird die Kontaktfläche zum Adrenodoxin optimiert.

2.3.3.2 Wachstumsfaktoren

Extrazelluläre Proteine, welche eine hormonelle Funktion besitzen und über die Aktivierung von Zelloberflächenrezeptoren die Genexpression regulieren, werden oft unter dem Begriff Wachstumsfaktor zusammengefasst. Obwohl sich die dreidimensionalen Strukturen dieser Wachstumsfaktoren sehr stark unterscheiden, lassen sie sich in verschiedene Strukturklassen einteilen (Abb. 2.3.5).

Die Cystinknotenwachstumsfaktoren sind vorwiegend homodimere Proteine, d.h., sie bestehen aus 2 identischen Untereinheiten. Das Monomer enthält ein zentrales, unregelmäßiges, 4-strängiges *β*-Faltblatt, welches auf der einen Seite durch mehrere Schlaufen abschließt und auf der anderen das Cystinknotenmotiv enthält. Dieses Motiv besteht aus 3 Disulfidbrücken; 2 Disulfidbrücken bilden eine ringartige Struktur und verbrücken 2 benachbarte *β*-Faltblatt-Stränge. Eine 3. Disulfidbrücke durchdringt diese Ringstruktur und verknüpft die 2 restlichen *β*-Faltblatt-Stränge. Zu dieser Klasse von Wachstumsfaktoren gehören TGF-*β*, die BMP, GDNF, *β*-NGF, NT3, NT4/5, PDGF und VEGF (McDonald u. Hendrickson 1993, Sun u. Davies 1995).

Eine weitere Klasse von Wachstumsfaktoren besitzt eine 4-Helixbündel-Struktur. In dieser Struk-

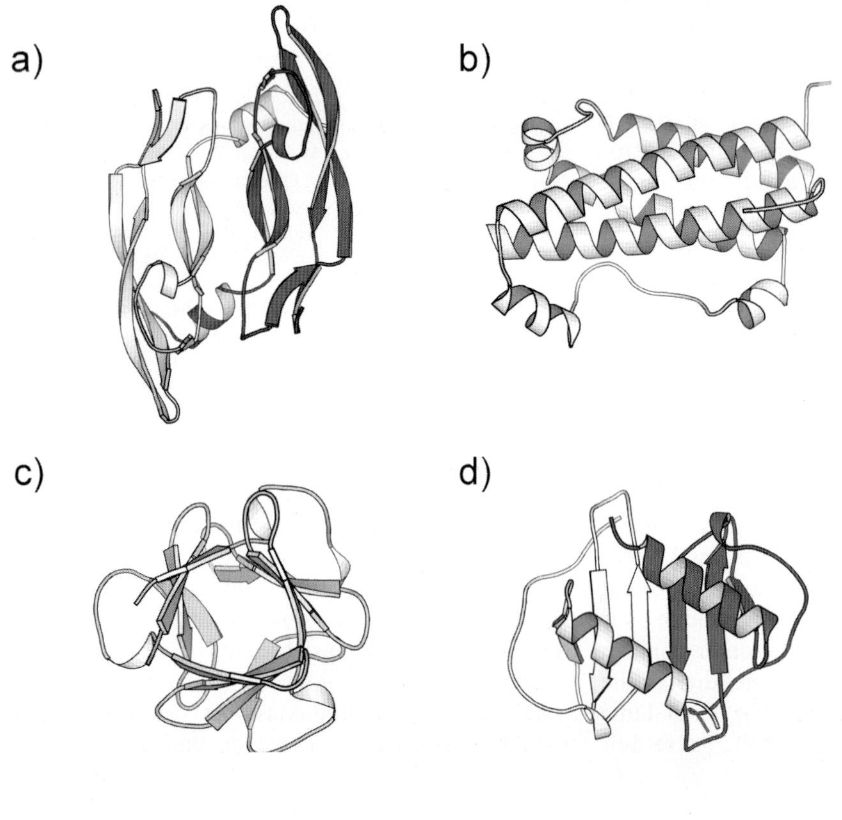

Abb. 2.3.5 a–d. Vertreter unterschiedlicher Strukturklassen von Wachstumsfaktoren. (**a**) VEGF (vascular endothelial growth factor), ein Vertreter der Cystinknotenwachstumsfaktoren, (**b**) humaner Wachstumsfaktor, ein Vertreter der langen Varianten der 4-Helixbündel-Wachstumsfaktoren, (**c**) *β*-Kleeblatt-Wachstumsfaktor-Fibroblasten-Wachstumsfaktor-2 (FGF-2), (**d**) Interleukin 8, ein Vertreter der Klasse der C-X-C-Chemokine

tur sind 4 α-Helices parallel zueinander gepackt. Die 1. α-Helix ist parallel zur 2. ausgerichtet, die 3. parallel zur 4. Jedoch sind die beiden Letzteren antiparallel zu den ersten beiden angeordnet, was zu einer so genannten Up-up-down-down-Topologie führt (Wells u. De Vos 1996). Die Helices können unterschiedlich lang sein. Zur kurzen Variante der 4-Helixbündel-Wachstumsfaktoren gehören Interleukin-2 (IL-2), IL-3, IL-4, GM-CSF. Prominente Vertreter der langen Varianten sind der eigentliche Wachstumsfaktor (z. B. human growth factor), Erythropoetin (EPO), Leukemia-inhibitory-Faktor (LIF) sowie IL-6. Einige dieser Wachstumsfaktoren sind nur als Dimer aktiv, wie z. B. der Steel factor (SCF) oder M-CSF. Die Helixbündelwachstumsfaktoren einer weiteren Klasse bestehen nicht aus 4, sondern aus 6 Helices und können sowohl als Monomer (Interferon-α, Interferon-β) sowie als Dimer vorkommen (Interferon-γ und Interleukin-10).

Die Gruppe der Fibroblastenwachstumsfaktoren (fibroblast growth factor, FGF-1–FGF-18) sowie IL-1α und IL-1β gehören zur Gruppe der β-Kleeblatt-Wachstumsfaktoren. Sie sind monomere Proteine, bestehend aus einem sich 3-mal wiederholenden Motiv aus β-Faltblättern, welches ihnen das Aussehen eines Kleeblatts verleiht (Zhu et al. 1991).

Chemokine sind homodimere Wachstumsfaktoren, welche aus einem β-Faltblatt bestehen und einer quer hierzu liegenden α-Helix. Abhängig von einem bestimmten Sequenzmotiv wird zwischen

- der Gruppe der C-C-Chemokine und
- der Gruppe der C-X-C-Chemokine

unterschieden (Clore u. Gronenborn 1995). Zur 1. Gruppe gehören Rantes, MIP-1α und MIP-1β; zur 2. Gruppe gehören IL-8 und MGSA. Beide Gruppen unterscheiden sich des Weiteren in der Art, wie die beiden Monomere dimerisieren. Alle bekannten Chemokine binden an Oberflächenrezeptoren, welche zur Klasse der 7-Transmembran-Helix-Rezeptoren gehören und deren Signaltransduktion über G-Proteine verläuft. Deshalb werden sie auch als G-Protein-gekoppelte Rezeptoren bezeichnet. Weitere spezifische Strukturtypen von Wachstumsfaktoren bilden die Klassen der EGF-Familie, die TNF-α-Familie und die Insulinfamilie.

Obwohl die meisten Wachstumsfaktoren sich einer dieser Strukturklassen zuordnen lassen, bedeutet dies nicht, dass die Wachstumsfaktoren einer Klasse an eine bestimmte Gruppe ähnlicher Rezeptoren binden und innerhalb der Zelle dieselben Signalübertragungsprozesse auslösen. Einige klassenspezifische Merkmale gibt es jedoch: Wie oben erwähnt aktivieren beispielsweise die Chemokine die G-Protein-gekoppelten Rezeptoren, und die meisten der 4-Helixbündel-Proteine aktivieren die JAK-Kinasen, welche ihrerseits die STAT-Transkriptionsfaktoren aktivieren. Auffällig ist auch, dass die meisten der Cystinknotenwachstumsfaktoren sowie alle bekannten β-Kleeblatt-Wachstumsfaktoren an Rezeptoren der Klasse der Rezeptortyrosinkinasen binden (Krauss 1997). Jedoch gibt es viele Ausnahmen von diesen simplen Strukturfunktionsschemen. Zum Beispiel wirken die dimeren 4-Helixbündel-Wachstumsfaktoren über Rezeptortyrosinkinasen, und die TGF-β-ähnlichen Cystinknotenwachstumsfaktoren wirken nicht über Rezeptortyrosinkinasen, sondern über Rezeptoren mit Serin-Threonin-Kinase-Aktivität, ähnlich wie die Wachstumsfaktoren der TNF-α-Familie.

2.3.3.3 Cystinknotenwachstumsfaktoren

Wie weiter oben erwähnt, sind die Cystinknotenwachstumsfaktoren durch das Cystinknotenmotiv charakterisiert. Die einzelnen Wachstumsfaktoren lassen sich jedoch noch einmal in verschiedene Untergruppen unterteilen, abhängig von der Verteilung der verschiedenen Cysteinreste auf die Sequenz sowie der Anzahl der Aminosäureninsertionen zwischen den Cysteinresten. In den verschiedenen dreidimensionalen Strukturen führt dies z. B. zu unterschiedlich großen Ringstrukturen, welche durch 2 Disulfidbrücken ausgebildet werden und durch den die 3. Disulfidbrücke hindurchgefädelt ist.

Ein weitaus größerer Unterschied entsteht jedoch durch die unterschiedliche Quartärstruktur der verschiedenen Mitglieder. Während die Faltung der Monomere aller Mitglieder sehr ähnlich ist, ergeben sich durch die unterschiedliche Dimerisierung 3 verschiedene Klassen. Diese Klassen lassen sich am besten anhand eines orthogonalen Achsensystems beschreiben. In allen Dimeren können die Monomere über eine Rotation um 180° ineinander überführt werden. Ausgehend von einem Monomer und je nach Ausrichtung dieser 2-zähligen Rotationsachse entlang den 3 Raumrichtungen werden 3 unterschiedliche Dimere erzeugt.

Im Fall von NGF, NT3 und NT4/5 verläuft die 2fache Rotationsachse parallel zur Strangrichtung der β-Stränge im zentralen 4-strängigen β-Faltblatt. Als Folge hiervon bilden beide 4-strängige β-Faltblätter eine Art β-Sandwich. Im Fall von TGF-β und GDNF verläuft die 2fache Rotationsachse senkrecht zur Einzelstrangrichtung, jedoch immer noch parallel zur β-Faltblatt-Ebene. Auch hier entsteht ein β-Sandwich, jedoch mit den beiden N-Termini der beiden Monomeren an entgegengesetzten Polen. Im Fall von VEGF und PDGF ist die 2fache Rotationsachse entlang der noch übrig bleibenden Raumrichtung ausgerichtet. Die Rotationsachse ist senkrecht zu den β-Faltblatt-Strängen und zur Ebene des β-Faltblatts orientiert. Als Folge hiervon besteht das Dimer aus 2 β-Faltblättern, welche flach nebeneinander angeordnet sind. Eine 4. Klasse bildet die Struktur des humanen Choriongonadotropin; dieses besteht aus 2 unterschiedlichen Untereinheiten, und die Dimerisierung lässt sich keiner der 3 obigen Klassen zuordnen (Sun u. Davies 1995).

Die Cystinknotenwachstumsfaktoren sind ein gutes Beispiel dafür, wie bei gleichbleibender Tertiärstruktur durch unterschiedliche Quartärstruktur molekulare Vielfalt erzeugt wird. Diese molekulare Vielfalt erweitert unmittelbar die Möglichkeiten, mit denen diese Wachstumsfaktoren Rezeptoren aktivieren können. Ihnen allen ist gemeinsam, dass sie ihre biologische Funktion durch die Dimerisierung der extrazellulären Domäne der Rezeptoren erfüllen. Da diese Wachstumsfaktoren selbst Homodimere sind und somit jede potenzielle Bindungsstelle an der Oberfläche des Wachstumsfaktors 2fach vorkommt, ist intuitiv ersichtlich, wie diese an 2 identische Rezeptoren binden können und somit diese dimerisieren. In den letzten Jahren sind die Kristallstrukturen von Vertretern dieser verschiedenen Cystinknotenwachstumsfaktoren im Komplex mit Domänen ihrer spezifischen Rezeptoren aufgeklärt worden, nämlich von VEGF im Komplex mit Domäne 2 des Flt-Rezeptors (Wiesmann et al. 1997), NGF im Komplex mit Domäne 5 des TrkA-Rezeptors (Wiesmann et al. 1999) und BMP-2 im Komplex mit BMPR-IA (Kirsch et al. 2000). Diese Strukturen zeigen, dass als Folge der unterschiedlichen Dimerisierung sehr unterschiedliche Rezeptorbindungsstellen an der Oberfläche der verschiedenen Wachstumsfaktoren benutzt werden, dass in allen Komplexen die einzelnen Rezeptordomänen jeweils Kontakte mit beiden Monomeren gleichzeitig ausbilden und dass die Dimere im Komplex so orientiert sind, dass im zellulären Kontext die 2fache Rotationsachse, welche die Dimere charakterisiert, senkrecht zur Zelloberfläche ausgerichtet sein würde (Wiesmann u. De Vos 2000). Dieses Beispiel zeigt sehr schön, wie die Quartärstruktur bei vergleichbarer Tertiärstruktur der Einzelkomponenten das Repertoire von Erkennungsprozessen substanziell erweitert.

2.3.3.4 Hämatopoetische Wachstumsfaktoren

Eine wichtige Klasse von 4-Helixbündel-Wachstumsfaktoren bilden die hämatopoetischen Wachstumsfaktoren. Sie regulieren die Differenzierung von Rückenmarkstammzellen in rote und weiße Blutzellen und Blutplättchen. Die dazu gehörigen Rezeptoren bestehen aus einer ausgedehnten, extrazellulären N-terminalen Domäne, die aus mindestens 2 Fibronektin-Typ-III-Domänen gebildet wird, einem kurzem Transmembransegment von ungefähr 20 Aminosäuren und einer intrazellulären C-terminalen Domäne.

Strukturbiologische Fragen zur Funktion dieser Rezeptoren betreffen die Ligandenspezifität und den Mechanismus der Signaltransduktion. Sehr lange wurde angenommen, dass es nach der Bindung des Liganden zu einer allosterischen Konformationsänderung kommt. Nach dieser Hypothese induziert der Ligand im extrazellulären Teil eine Konformationsänderung, welche über das Transmembransegment an den intrazellulären Teil des Rezeptors weitergegeben wird. Diese Strukturänderung ermöglicht dann die Wechselwirkung mit intrazellulären Liganden. Solche allosterischen Konformationsänderungen treten in vielen biochemischen Prozessen auf und sind durch Hilfe der dreidimensionalen Strukturaufklärung auf atomarer Ebene verstanden. Zum Beispiel wird die Sauerstoffkonzentration im Blut durch positive und negative Effektoren des Hämoglobins reguliert. Die Bindung dieser Effektoren verändert hierbei die Affinität des Hämoglobins zum Sauerstoff (Baldwin u. Chothia 1979, Perutz et al. 1987).

Dieser Mechanismus scheint jedoch nicht für die hämatopoetischen sowie voraussichtlich alle Rezeptoren mit nur einem einzigen Transmembransegment zu gelten. Die Kristallstruktur der extrazellulären Domäne des Rezeptors im Komplex mit dem Hormon zeigt, dass die Bindung des Hormons die Dimerisierung des Rezeptors herbeiführt (De Vos et al. 1992). Auffallend ist, dass die C-terminalen Reste der extrazellulären Domäne, nämlich das Segment, welches zur Membran führt, keine definierte Konformation besitzen und im Kristall ungeordnet sind. Durch die fehlende Ordnung dieses Segments muss geschlossen werden, dass evtl. auftretende Konformationsänderungen bei Bindung des Hormons nicht an die intrazelluläre Domäne weitergeleitet werden können, sondern dass die Dimerisierung der extrazellulären Domäne zur Dimerisierung der intrazellulären Domäne führt und dies das eigentliche Signal ist. Dieses Modell erklärt auch den glockenförmigen Verlauf der Hormonaktivierung in Abhängigkeit von der Hormonkonzentration in vivo. Werden Zellen in Kultur durch Zugabe des Wachstumshormons zur Teilung bewegt, wird zunächst ein Anstieg der Proliferationsrate mit Zunahme der Hormonkonzentration beobachtet, ab einer bestimmten Konzentration nimmt die Proliferationsrate jedoch wieder stetig ab. Im Modell wird dies elegant durch die Verdrängung des 2. Rezeptors aus dem Komplex unter Bildung inaktiver 1:1-Komplexe bei zunehmender Hormonkonzentration erklärt.

Ein sehr elegantes Experiment zeigte, dass die Dimerisierung hinreichend für die Aktivierung des Rezeptors ist. Versuche, durch Phagendisplay ein Peptid zu erzeugen, welches die Bindung des Hormons Erythropoetin an seinen Rezeptor verhindert, führten zu einem Peptid, welches nicht nur das natürliche Hormon verdrängt, sondern seinerseits den Rezeptor aktivieren kann (Wrighton et al. 1996) und die Proliferation von Stammzellen induziert. Die Kristallstruktur des Komplexes zeigt, dass das Peptid als Dimer an den Rezeptor bindet und so 2 Rezeptormoleküle dimerisiert. Hormon-Rezeptor-Wechselwirkungen sind nicht nur von fundamentaler biochemischer Bedeutung, sondern spielen auch bei pathologischen Prozessen eine herausragende Rolle. Strukturbiologische Untersuchungen liefern hier entscheidende Beiträge zum Verständnis dieser Prozesse.

2.3.3.5 G-Proteine als molekulare Schalter

Die obigen Beispiele beschränkten sich auf die strukturbiologische Beschreibung solcher Prozesse, welche an der Zelloberfläche während der Signaltransduktion stattfinden. Im Folgenden wird noch ein Beispiel eines zentralen intrazellulären Prozesses diskutiert. In vielen Signaltransduktionsprozessen konvergieren die unterschiedlichen Rezeptoraktivierungsmechanismen bei den G-Proteinen. Von diesen ausgehend werden über eine Kaskade von Kinasen sehr unterschiedliche Transkriptionsprozesse ausgelöst. Obwohl die G-Proteine nur die relativ simple Reaktion der Hydrolyse von GTP zu GDP durchführen, also eine GTPase-Aktivität besitzen, werden sie doch als zentrale Schalter von Signaltransduktionsprozessen betrachtet. G-Proteine spielen, zuzüglich zur Signaltransduktion, auch eine Rolle beim nukleären Import (Ran), dem Aufbau des Zytoskeletts (Rho, Rac), dem zellulären Proteintransport (Rab, ARF) und bei den ribosomalen Elongationsprozessen (EF-Tu) (Krauss 1997).

G-Proteine kommen in 2 verschiedenen Zuständen vor, einem ruhenden inaktiven Zustand, in dem GDP an das Protein gebunden ist, und einem aktiven Zustand, in dem GTP gebunden ist. Im letzteren Zustand kann das Protein das Signal weiterleiten und nachgeschaltete Kinasen aktivieren. Die eigentliche Hydrolyse von GTP zu GDP verläuft spontan, jedoch relativ langsam ab, und die Kinetik dieser Reaktion bestimmt in Abwesenheit von regulatorischen Proteinen das Zeitfenster für die Signaltransduktion. Durch Wechselwirkung mit unterschiedlichen Proteinen können G-Proteine in verschiedenen Zuständen reguliert werden (Abb. 2.3.6). GEF-Proteine (Guanin-Nukleotid-Exchange-Faktoren) bewirken den Austausch von GDP durch GTP. Da G-Proteine hierdurch aktiviert werden, stellen die GEF-Proteine das eigentliche hereinkommende Signal dar. Dieses Signal wird an so genannte Effektormoleküle, welche G-Proteine im GTP-gebundenen Zustand binden, weitergeleitet. GAP-Proteine (GTPase activating proteins) beschleunigen die Hydrolyse von GTP zu GDP und stellen das Signal ab, indem sie G-Proteine in den inaktiven Zustand überführen. Des Weiteren wechselwirken G-Proteine mit GDI-Proteinen, den „guanine nucleotide dissociation inhibitors". Diese scheinen sowohl die Hydrolyse als auch den Austausch von GDP durch GTP zu inhibieren. Am wichtigsten könnte jedoch die Eigenschaft der GDI sein, G-Proteine durch Binden des Isoprenankers von der Membranoberfläche abzulösen (Hoffman et al. 2000).

Wegen der herausragenden Rolle von G-Proteinen in biochemischen und pathogenen Prozessen, wie z. B. Krebs, werden diese Proteine intensiv strukturbiologisch untersucht (Geyer u. Wittinghofer 1997, Sprang 1997). Es wird geschätzt, dass in 25–30% aller humanen Tumoren Mutationen im G-Protein RAS vorkommen. Ein Teil der strukturbiologischen Untersuchungen fokussiert auf der eigentlichen Hydrolysereaktion. Mit Hilfe von Substratanaloga wie z. B. nicht hydrolysierbarem GTP (GDP-NHP, GDP-CH_2P oder GDP-$[AlF_4]^-$) konnten die verschiedenen Zustände entlang der Reaktionskoordinate detailliert charakterisiert werden. Die Unterschiede in den Nukleotiden GDP und GTP bewirken unterschiedliche Konformationen in den so genannten Switchregionen, und diese Strukturänderungen ermöglichen unterschiedliche Interaktionen mit den regulierenden Proteinen (Branden u. Tooze 1999).

Die strukturbiologische Aufklärung des Komplexes zwischen RAS und SOS (Boriack-Sjodin et al. 1998) ermöglichte erste Einblicke in den Me-

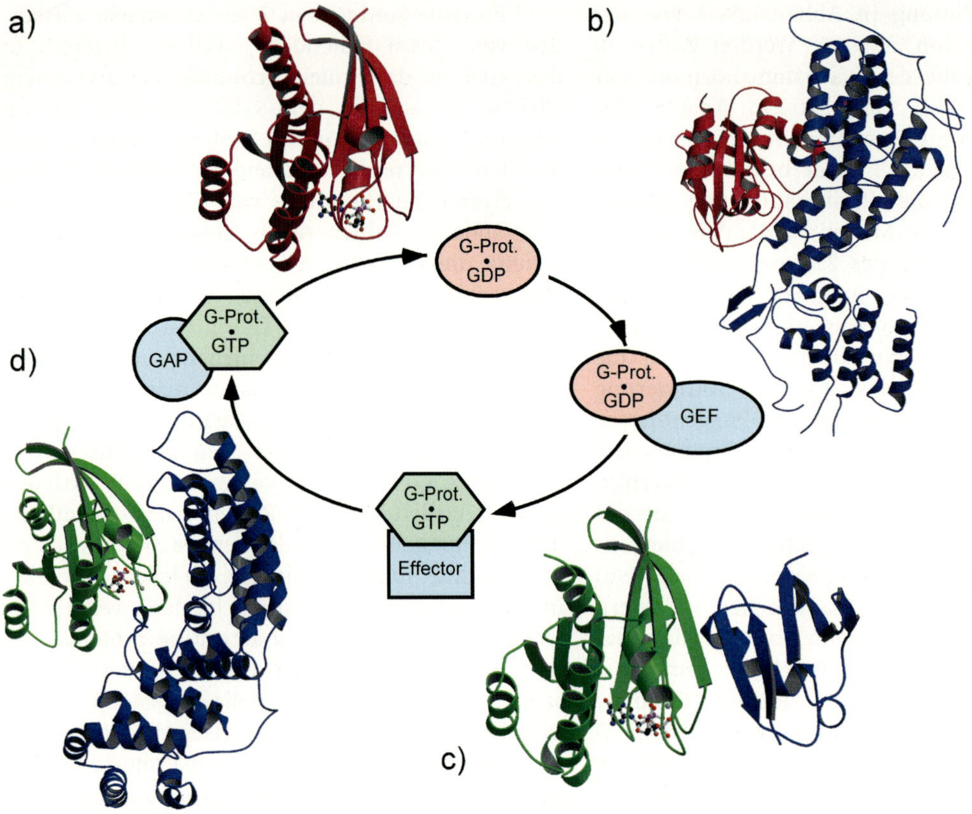

Abb. 2.3.6 a–d. G-Proteine als molekulare Schalter. (**a**) Inaktives G-Protein im Komplex mit GDP (Tong et al. 1991), (**b**) Komplex zwischen G-Protein und einem Nukleotidaustauschfaktor (GEF) (Boriack-Sjodin et al. 1998), (**c**) Komplex zwischen G-Protein und Effektor (Nassar et al. 1995), (**d**) Komplex zwischen G-Protein und GTPase aktivierendem Protein (GAP) (Scheffzek et al. 1997)

chanismus, wie die Bindung von GEF-Proteinen den Austausch von GDP durch GTP unterstützt. In der Struktur ist klar zu sehen, dass es zu einer Aufweichung der Wechselwirkung zwischen dem Nukleotid und dem Protein kommt. Während die Bindungstasche der Phosphate verändert wird, bleibt die Nukleosidbindungstasche unverändert. Dies legt nahe, dass in diesem Komplex die Affinität für GDP und GTP gleich hoch sein sollte und dass allein die im Vergleich zu GDP ungefähr 10-fach höhere zelluläre GTP-Konzentration den Austausch bewirkt.

Durch die Strukturaufklärung des Komplexes Ras-RasGAP (Scheffzek et al. 1997) und weiterer Komplexe ist inzwischen sehr gut vorstellbar, wie GAP-Proteine zur Beschleunigung der Hydrolyse von GTP zu GDP beitragen. Es stellte sich heraus, dass GAP-Proteine entweder indirekt die Geometrie des aktiven Zentrums stabilisieren, welche die Hydrolyse unterstützt, oder sogar direkt die Seitenkette einer Aminosäure zum aktiven Zentrum beisteuern, welche sich unmittelbar an der Katalyse beteiligt. Mittlerweile ist auch die Struktur eines Komplexes zwischen einem G-Protein und einer Domäne eines Effektorproteins bekannt (Nassar et al. 1995) sowie die Struktur eines G-Protein-GDI-Komplexes (Hoffman et al. 2000). Strukturbiologische Untersuchungen an G-Proteinen werden von der Hoffnung getragen, dass die Aufklärung der verschiedenen Mechanismen zur Entwicklung von Wirkstoffen führen könnte, welche Fehlfunktionen dieser wichtigen Schalter korrigieren könnten.

2.3.4 Moleküle beflügeln die Arzneimittelentwicklung

Mit den Fortschritten bei der Strukturanalyse geht die Hoffnung einher, dass die Kenntnis der dreidimensionalen Struktur eines Proteins es ermöglichen kann, am Computer Wirkstoffe zu entwickeln, welche die Funktion dieses Proteins inhibieren und somit als potenzielle Arzneimittel einsetzbar wären. Obwohl auch hier die Methoden kontinuierlich verbessert wurden, kann die Methode des computergestützen De-novo-Designs das klassische Durchmustern von Substanzbibliotheken nach Leitstrukturen und deren anschließende Optimierung durch gezielte organische Synthese nicht vollständig ersetzen. Die Anwendung des De-novo-Designs ist dadurch eingeschränkt, dass die exakten geometrischen Abmessungen der Bindungstaschen, welche durch die Strukturanalyse erhalten werden, es noch nicht ermöglichen, exakte Bindungsbeiträge von möglichen Wechselwirkungen zwischen Liganden und Protein genau abzuschätzen. Hierfür gibt es mehrere mögliche Gründe. Es ist bekannt, dass Proteine beweglicher und adaptiver sind, als dies eine einzelne Kristallstruktur suggeriert. Abhilfe kann hier durch die Strukturbestimmung einer Vielzahl unterschiedlicher Protein-Liganden-Komplexe geschaffen werden, welche in ihrer Summe Einblicke in die Plastizität des aktiven Zentrums liefern. Des Weiteren scheint es, dass die theoretischen Modelle, welche zur Berechnung von Bindungsaffinitäten benutzt werden, im Moment noch zu simpel sind. Einen Überblick über aktuelle Methoden zum Design von Wirkstoffen gaben Böhm et al. (1996).

Am Beispiel der HIV-Protease soll gezeigt werden, welche konkreten Beiträge die Strukturanalyse zur Entwicklung von Inhibitoren und damit Pharmaka leisten kann (Wlodawer u. Vondrasek 1998). Die HIV-Protease ist eines von 3 Enzymen, welches von der RNA des humanen Immundefizienzvirus (HIV) kodiert wird. Inhibitoren der reversen Transkriptase, wie z. B. das Nukleosidanalogon AZT [3′-Azidothymidin (Sandstrom u. Oberg 1993)], werden schon seit den frühen Stadien der Ausbreitung der erworbenen Immunschwäche Aids bei der Bekämpfung der Infektion eingesetzt. 1989 wurde die erste Kristallstruktur der HIV-Protease bestimmt (Navia et al. 1989, Wlodawer et al. 1989). Das Protein ist ein Homodimer, besteht überwiegend aus β-Faltblättern und ist durch 2 große Lappen ausgezeichnet, welche sich über das aktive Zentrum falten. Die Struktur zeigt, dass die HIV-Protease zur Familie der sauren Proteasen gehört. Im aktiven Zentrum dieser Enzyme spielen 2 Aspartatreste eine zentrale Rolle; diese unterstützen die nukleophile Addition eines Wassermoleküls an die Karbonylgruppe der Amidbindung.

Die Suche nach möglichen Inhibitoren zeigte, dass Pepstatin, ein Inhibitor der Proteasen Renin und Cathepsin D, auch die HIV-Protease inhibiert. Pepstatin enthält die nicht natürliche Aminosäure Statin, eine γ-Amino-β-Hydroxykarbonsäure, welche an die Aspartatreste bindet und nicht hydrolysiert werden kann. Bei der Entwicklung der Inhibitoren wurde diese zentrale funktionelle Gruppe beibehalten, und die flankierenden Reste wurden im Sinn der beobachteten Substratspezifität der HIV-Protease variiert (West u. Fairlie 1995). Röntgenstrukturanalysen der verschiedenen Inhibitor-Protease-Komplexe dienten zur Überprüfung der Bindungsmodi der Inhibitoren und lieferten ihrerseits wieder Vorschläge zur Optimierung des Inhibitors. Die dabei aufgestellten Hypothesen mussten dann erneut durch Synthese der Verbindungen überprüft werden. Diese zyklische Vorgehensweise von Design, Synthese und Strukturaufklärung stellt das zentrale Dogma des strukturunterstützten rationalen Wirkstoffdesigns dar.

In den Kristallstrukturen der Komplexe der HIV-Protease mit Pepstatinderivaten wurde beobachtet, dass in allen Fällen ein zwischen dem Inhibitor und den Amidgruppen von Ile50 und Ile50′ der dimeren Protease eingelagertes Wassermolekül konserviert ist. Dies gab Anlass zu der Hoffnung, durch Substitution des Wassers durch eine funktionelle Gruppe des Inhibitors einen entscheidenden Entropiegewinn zu erzielen und damit zu einer höher affinen Bindung zu kommen. Ausgehend von dieser Überlegung wurden zyklische Harnstoffderivate synthetisiert. Obwohl die Moleküle sehr gute Bindungseigenschaften hatten, zeichneten sie sich jedoch durch schlechte pharmakologische Eigenschaften aus und finden heute keine Anwendung mehr. Die Entwicklung der jetzt erhältlichen Inhibitoren, wie z. B. der Verbindung Saquinavir (Roche), machte ausführlich Gebrauch von der Strukturanalyse. Allein bis 1996 wurden ungefähr 400 verschiedene Kristallstrukturen der HIV-Protease mit unterschiedlichen Inhibitoren bestimmt (Vondrasek u. Wlodawer 1996). Zusammenfassend ist zu sagen, dass die Strukturbiologie mittlerweile routinemäßig bei der Entwicklung neuer Wirkstoffe eingesetzt wird, der hierfür benötigte Aufwand ist jedoch beträchtlich.

2.3.5 Ausblick

Es wurde dargestellt, wie dreidimensionale Proteinstrukturen grundsätzlich beschaffen sind und welche Methoden zu ihrer Analyse eingesetzt werden. An ausgewählten Beispielen wurde gezeigt, wie Proteinstrukturen zur Erklärung biologischer Prozesse und medizinischer Fragen beitragen. Dabei haben wir uns im Wesentlichen von unserem Interesse leiten lassen und solche Proteinfamilien diskutiert, die uns besonders wichtig und relevant erschienen. Wir sind damit dem klassischen, „hypothesengetriebenen" Vorgehen gefolgt, das in den Biowissenschaften bis vor kurzem die Norm war.

Diesem Vorgehen wird jetzt auch in der Strukturbiologie mehr und mehr ein systematischer, „proteomweiter" Ansatz gegenüber gestellt, so wie in der Biologie „genomweite" Analysen in der Folge der Genomsequenzierungsprojekte Bedeutung erlangt haben. Entsprechend dem neuen Paradigma der strukturellen Genomforschung (structural genomics) wird nämlich in einer internationalen Initiative versucht, Proteinstrukturen systematisch und mit hohem Durchsatz so zu bestimmen, dass in absehbarer Zeit für jede Proteinsequenzfamilie mindestens eine Kristall- oder NMR-Struktur in Datenbanken verfügbar ist (Blundell u. Mizuguchi 2000, Burley 2000, Montelione u. Anderson 1999, Terwilliger et al. 1998). An diesem internationalen Großprojekt sind auch europäische Gruppen beteiligt (Heinemann 2000, Heinemann et al. 2000). Ist es erfolgreich, wird es in wenigen Jahren möglich sein, auf dem Wege der Homologiemodellierung zu jeder beliebigen Proteinsequenz zumindest ein grobes dreidimensionales Modell im Computer zu erzeugen (Brenner 2000, Gaasterland 1998, Koonin et al. 1998, Linial u. Yona 2000, Šali 1998, Shapiro u. Lima 1998). Über erste Erfolge der systematischen Proteinstrukturanalyse mit hohem Durchsatz wurde bereits berichtet (Christendat et al. 2000).

Es ist aber nicht zu erwarten, dass die strukturelle Genomforschung die klassische, an der Analyse ausgewählter Systeme und hochkomplexer supramolekularer Gebilde orientierte, Strukturbiologie ablösen wird. Vielmehr darf erwartet werden, dass sie diese ergänzt und es dem Molekularbiologen erlauben wird, mit geringem Aufwand Hypothesen aus computergenerierten dreidimensionalen Proteinmodellen zu erzeugen. Zur gleichen Zeit gibt die strukturelle Genomforschung Anlass, die Methodik der Proteinstrukturanalyse weiter zu entwickeln und auf hohen Durchsatz zu optimieren (Abola et al. 2000, Lamzin u. Perrakis 2000, Montelione et al. 2000).

2.3.6 Literatur

Abola E, Kuhn P, Earnest T, Stevens RC (2000) Automation of X-ray crystallography. Nat Struct Biol 7:973–977

Anderson JE, Ptashne M, Harrison SC (1987) Structure of the repressor-operator complex of bacteriophage 434. Nature 326:846–852

Anfinsen C (1973) Principles that govern the folding of protein chains. Science 181:223–230

Baker D (2000) A surprising simplicity to protein folding. Nature 405:39–42

Baldwin J, Chothia C (1979) Hemoglobin: the structural changes related to ligand binding and its allosteric mechanism. J Mol Biol 129:175–220

Baldwin RL, Rose GD (1999) Is protein folding hierarchic? II. Folding intermediates and transition states. Trends Biochem Sci 24:26–33

Ban N, Nissen P, Hansen J, Moore PB, Steitz TA (2000) The complete atomic structure of the large ribosomal subunit at 2.4 Å resolution. Science 289:905–920

Banner DW, D'Arcy A, Janes W et al. (1993) Crystal structure of the soluble human 55 kd TNF receptor-human TNFβ complex: implications for TNF receptor activation. Cell 73:431–435

Baumgärtner KH (1830) Beobachtungen über die Nerven und das Blut. Groos, Freiburg

Bernal JD, Crowfoot D (1934) X-ray photographs of crystalline pepsin. Nature 133:794–795

Bernhardt R (1995) Cytochrome P450: structure, function, and generation of reactive oxygen species. Rev Physiol Pharmocol 127:137–221

Bloch F (1946) Nuclear induction. Phys Rev 70:460–474

Blundell TL, Mizuguchi K (2000) Structural genomics: an overview. Prog Biophys Mol Biol 73:289–295

Böhm H-J, Klebe G, Kubinyi H (1996) Wirkstoffdesign. Spektrum Akademischer Verlag, Heidelberg Berlin, Oxford

Boriack-Sjodin PA, Margarit SM, Bar-Sagi D, Kuriyan J (1998) The structural basis of the activation of Ras by Sos. Nature 394:337–343

Böttcher C, Ludwig K, Herrmann A, Heel M van, Stark H (1999) Structure of influenza haemagglutinin at neutral and at fusogenic pH by electron cryo-microscopy. FEBS Letters 463:255–259

Bragg WH, Bragg WL (1913) The structure of the diamond. Nature 91:557

Branden C, Tooze J (1999) Introduction to protein structure, 2nd edn. Garland Publishing, New York

Braun W, Wagner G, Wörgötter E, Vašák M, Kägi JHR, Wüthrich K (1986) Polypeptide fold in the two metal clusters of metallothionein-2 by nuclear magnetic resonance in solution. J Mol Biol 187:125–129

Brenner SE (2000) Target selection for structural genomics. Nature Struct Biol 7:967–969

Brünger AT, Kuriyan J, Karplus M (1987) Crystallographic R-factor refinement by molecular dynamics. Science 235:458–460

Bryngelson JD, Onuchic JN, Socci ND, Wolynes PG (1995) Funnels, pathways, and the energy landscape of protein folding: a synthesis. Proteins Struct Funct Genet 21:167–195

Burley SK (2000) An overview of structural genomics. Nat Struct Biol 7:932–934

Christendat D, Yee A, Dharamsi A et al. (2000) Structural proteomics of an archaeon. Nat Struct Biol 7:903–909

Clore GM, Gronenborn AM (1995) Three-dimensional structures of α and β chemokines. FASEB J 9:57–62

Cramer P, Bushnell DA, Fu J et al. (2000) Architecture of RNA polymerase II and implications for the transcription mechanism. Science 288:640–649

Cupp-Vickery JR, Poulos TL (1995) Structure of cytochrome P450eryF involved in erythromycin biosynthesis. Nat Struct Biol 2:144–153

Davisson C, Germer LH (1927) The scattering of electrons by a single crystal of nickel. Nature 119:558–560

Decanniere K, Babu AM, Sandman K, Reeve JN, Heinemann U (2000) Crystal structures of recombinant histones HMfA and HMfB from the hyperthermophilic archaeon *Methanothermus fervidus*. J Mol Biol 303:35–47

Deisenhofer J, Epp O, Miki K, Huber R, Michel H (1985) Structure of the protein subunits in the photosynthetic reaction centre of *Rhodopseudomonas viridis* at 3 Å resolution. Nature 318:618–624

De la Fortelle E, Bricogne G (1997) Maximum-likelihood heavy-atom parameter refinement for multiple isomorphous replacement and multiwavelength anomalous diffraction methods. Methods Enzymol 276:472–494

De Vos AM, Ultsch M, Kossiakoff AA (1992) Human growth hormone and extracellular domain of its receptor: structure of the complex. Science 225:306–312

Dinner AR, Šali A, Smith LJ, Dobson CM, Karplus M (2000) Understanding protein folding via free-energy surfaces from theory and experiment. Trends Biochem Sci 25: 331–339

Dobson CM (1999) Protein misfolding, evolution and disease. Trends Biochem Sci 24:329–332

Dobson CM, Karplus M (1999) The fundamentals of protein folding: bringing together theory and experiment. Curr Opin Struct Biol 9:92–101

Duan Y, Kollman PA (1998) Pathways to a protein folding intermediate observed in a 1-microsecond simulation in aqueous solution. Science 282:740–744

Ellenberger TE, Brandl CJ, Struhl K, Harrison SC (1992) The GCN4 basic region leucine zipper binds DNA as a dimer of uninterrupted α-helices: crystal structure of the protein-DNA complex. Cell 71:1223–1237

Ellis RJ, Hemmingsen SM (1989) Molecular chaperones: protein essential for the biogenesis of some macromolecular structures. Trends Biochem Sci 14:339–342

Ernst RR, Anderson WA (1966) Application of Fourier transform spectroscopy to magnetic resonance. Rev Sci Instrum 37:93–102

Ernst RR, Bodenhausen G, Wokaun A (1987) Principles of nuclear magnetic resonance in one and two dimensions. Clarendon, Oxford

Fischer G, Schmid FX (1990) The mechanism of protein folding. Implications of in vitro refolding models for de novo protein folding and translocation in the cell. Biochemistry 29:2205–2212

Freedman RB (1989) Protein disulfide isomerase: multiple roles in the modification of nascent secretory proteins. Cell 57:1069–1072

Friedrich W, Knipping P, Laue M (1912) Interferenz-Erscheinungen bei Röntgenstrahlen. Sitzungsberichte der mathematisch-physikalischen Klasse der Königlichen Bayerischen Akademie der Wissenschaften zu München, 303–322

Gaasterland T (1998) Structural genomics taking shape. Trends Genet 14:135

Geyer M, Wittinghofer A (1997) GEFs, GAPs, GDIs and effectors: taking a closer (3D) look at the regulation of Ras-related GTP-binding proteins. Curr Opin Struct Biol 7:786–792

Grimes JM, Burroughs JN, Gouet P et al. (1998) The atomic structure of the bluetongue virus core. Nature 395:470–478

Grishkovskaya I, Avvakumov GV, Sklenar G, Dales D, Hammond GL, Muller YA (2000) Crystal structure of human sex hormone-binding globulin: steroid transport by a laminin G-like domain. EMBO J 19:504–512

Groll M, Ditzel L, Löwe J et al. (1997) Structure of the 20 S proteasome from yeast at 2.4 Å resolution. Nature 386: 463–471

Harrison SC, Olson AJ, Schutt CE, Winkler FK, Bricogne G (1978) Tomato bushy stunt virus at 2.9 Å resolution. Nature 276:368–373

Hasemann CA, Ravichandran KG, Peterson JA, Deisenhofer J (1994) Crystal structure and refinement of cytochrome P450terp at 2.3 Å resolution. J Mol Biol 236:1169–1185

Heinemann U (2000) Structural genomics in Europe: Slow start, strong finish? Nat Struct Biol 7:940–942

Heinemann U, Frevert J, Hofmann K-P et al. (2000) An integrated approach to structural genomics. Prog Biophys Mol Biol 73:347–362

Helliwell JR (1997) Overview of synchrotron radiation and macromolecular crystallography. Methods Enzymol 276: 203–217

Hendrickson WA, Horton JR, LeMaster DM (1990) Selenomethionyl proteins produced for analysis by multiwavelength anomalous diffraction (MAD): a vehicle for direct determination of three-dimensional structure. EMBO J 9:1665–1672

Hoffman GR, Nassar N, Cerione RA (2000) Structure of the Rho family GTP-binding protein Cdc42 in complex with the multifunctional regulator RhoGDI. Cell 100:345–356

Hol WG, Duijnen PT van, Berendsen HJ (1978) The α-helix dipole and the properties of proteins. Nature 273:443–446

Holtzhauer M (Hrsg) (1996) Methoden in der Proteinanalytik. Springer, Berlin Heidelberg New York

Hope H (1990) Crystallography of biological macromolecules at ultra-low temperature. Annu Rev Biophys Chem 19:107–126

Jeener J (1971) Lecture. Ampère Summer School, Basko Polje, Yugoslavia

Karplus M, Petsko GA (1990) Molecular dynamics simulations in biology. Nature 347:631–639

Karshikoff A, Ladenstein R (1998) Proteins from thermophilic and mesophilic organisms essentially do not differ in packing. Protein Eng 11:867–872

Kauzmann W (1959) Some factors in the interpretation of protein denaturation. Adv Protein Chem 14:1–63

Kendrew JC, Dickerson RE, Strandberg BE et al. (1960) Structure of myoglobin. A three-dimensional Fourier synthesis at 2 Å resolution. Nature 185:422–427

Kim SH, Suddath FL, Quigley GJ et al. (1974) Three-dimensional tertiary structure of yeast phenylalanine transfer RNA. Science 185:435–439

Kirsch T, Sebald W, Dreyer MK (2000) Crystal structure of the BMP-2-BRIA ectodomain complex. Nat Struct Biol 7:492–496

Kline AD, Braun W, Wüthrich K (1986) Studies by ^{1}H nuclear magnetic resonance and distance geometry of the solution conformation of the α-amylase inhibitor tendamistat. J Mol Biol 189:377–382

Koonin EV, Tatusov RL, Galperin MY (1998) Beyond complete genomes: from sequence to structure and function. Curr Opin Struct Biol 8:355–363

Kraulis PJ (1991) MOLSCRIPT: a program to produce both detailed and schematic plots of protein structures. J Appl Crystallogr 24:946–950

Krauss G (1997) Biochemie der Regulation und Signaltransduktion. Wiley-VCH, New York

Kühlbrandt W, Williams KA (1999) Analysis of macromolecular structure and dynamics by electron cryo-microscopy. Curr Opin Chem Biol 3:537–543

Kühlbrandt W, Wang DN, Fujiyoshi Y (1994) Atomic model of plant light-harvesting complex by electron crystallography. Nature 367:614–621

Lamzin VS, Perrakis A (2000) Current state of automated crystallographic data analysis. Nat Struct Biol 7:978–981

Laskowski RA, MacArthur MW, Moss DS, Thornton JM (1993) Procheck: a program to check the stereochemical quality of protein structures. J Appl Crystallogr 26:283–291

Linial M, Yona G (2000) Methodologies for target selection in structural genomics. Prog Biophys Mol Biol 73:297–320

Lonsdale K (1928) The structure of the benzene ring. Nature 122:810

Luger K, Mäder AW, Richmond RK, Sargent DF, Richmond TJ (1997) Crystal structure of the nucleosome core particle at 2.8 Å resolution. Nature 389:251–260

Matadeen R, Patwardhan A, Gowen B et al. (1999) The *Escherichia coli* large ribosomal subunit at 7.5 Å resolution. Structure Fold Des 7:1575–1583

McDonald NQ, Hendrickson WA (1993) A structural superfamily of growth factors containing a cystine knot motif. Cell 73:421–424

Meissner U, Dube P, Harris JR, Stark H, Markl J (2000) Structure of a molluscan hemocyanin didecamer (HtH1 from *Haliotis tuberculata*) at 12 Å resolution by cryoelectron microscopy. J Mol Biol 298:21–34

Merritt EA, Murphy MEP (1994) Raster3D version 2.0, a program for photorealistic molecular graphics. Acta Crystallogr D 50:869–873

Montelione GT, Anderson S (1999) Structural genomics: Keystone for a human proteome project. Nat Struct Biol 6:11–12

Montelione GT, Zheng D, Huang YJ, Gunsalus KC, Szyperski T (2000) Protein NMR spectroscopy in structural genomics. Nat Struct Biol 7:982–985

Müller A, Müller JJ, Muller YA, Uhlmann H, Bernhardt R, Heinemann U (1998) New aspects of electron transfer revealed by the crystal structure of a truncated bovine adrenodoxin, Adx(4–108). Structure 6:269–280

Müller JJ, Müller A, Rottmann M, Bernhardt R, Heinemann U (1999) Vertebrate-type and plant-type ferredoxins: crystal structure comparison and electron transfer pathway modelling. J Mol Biol 294:501–513

Müller JJ, Lapko A, Bourenkov G, Ruckpaul K, Heinemann U (2001) Adrenodoxin reductase – adrenodoxin complex structure suggests electron transport path in steroid biosynthesis. J Biol Chem 276:2786–2789

Nassar N, Horn G, Herrmann C, Scherer A, McCormick F, Wittinghofer A (1995) The 2.2 Å crystal structure of the Ras-binding domain of the serine/threonine kinase c-Raf1 in complex with Rap1 A and a GTP analogue. Nature 375:554–560

Navia MA, Fitzgerald PMD, McKeever BM et al. (1989) Three-dimensional structure of aspartyl protease from human immunodeficiency virus HIV-1. Nature 337:615–620

Ortiz de Montellano PR (Hrsg) (1995) Cytochrome P450: structure, mechanism and biochemistry. Plenum Press, New York

Pace CN (2000) Single surface stabilizer. Nat Struct Biol 7:345–346

Pace CN, Heinemann U, Hahn U, Saenger W (1991) Ribonuclease T1: structure, function, and stability. Angew Chem Int Ed Engl 30:343–360

Park SY, Shimizu H, Adachi S et al. (1997) Crystal structure of nitric oxide reductase from denitrifying fungus *Fusarium oxysporum*. Nat Struct Biol 4:827–832

Pauling L, Corey RB, Branson HR (1951) The structure of proteins: two hydrogen-bonded helical configurations of the polypeptide chain. Proc Natl Acad Sci USA 37:205–211

Perl D, Mueller U, Heinemann U, Schmid FX (2000) Two exposed amino acid residues confer thermostability on a cold shock protein. Nat Struct Biol 7:380–383

Perrakis A, Morris R, Lamzin VS (1999) Automated protein model building combined with iterative structure refinement. Nat Struct Biol 6:458–463

Perutz MF, Muirhead H, Cox JM, Goaman LC (1968) Three-dimensional Fourier synthesis of horse oxyhaemoglobin at 2.8 Å resolution: the atomic model. Nature 219:131–139

Perutz M, Fermi G, Luisi B, Shaanan B, Liddington RC (1987) Stereochemistry of cooperative mechanisms in hemoglobin. Cold Spring Harbor Symp Quant Biol 52:555–565

Peterson JA, Graham SE (1998) A close family resemblance: the importance of structure in understanding cytochromes P450. Structure 6:1079–1085

Pflugrath J, Wiegand E, Huber R, Vértesy L (1986) Crystal structure determination, refinement and the molecular model of the α-amylase inhibitor Hoe-467 A. J Mol Biol 189:383–386

Poulos TL, Finzel BC, Gunsalus IC, Wagner GC, Kraut J (1985) The 2.6-Å crystal structure of *Pseudomonas putida* cytochrome P-450. J Biol Chem 260:16122–16130

Purcell EM, Torrey HC, Pound RV (1946) Resonance absorption by nuclear magnetic moments in a solid. Phys Rev 69:37–38

Ramachandran GN, Sasisekharan V (1968) Conformation of polypeptides and proteins. Adv Protein Chem 23:283–437

Ravichandran KG, Boddupalli SS, Hasemann CA, Peterson JA, Deisenhofer J (1993) Crystal structure of a hemoprotein domain of P450, BM3, a prototype for microsomal P-450s. Science 261:731–736

Riek R, Pervushin K, Wüthrich K (2000) TROSY and CRINEPT: NMR with large molecular and supramolecular structures in solution. Trends Biochem Sci 25:462–468

Robertus JD, Ladner JE, Finch JT et al. (1974) Structure of yeast phenylalanine tRNA at 3 Å resolution. Nature 250:546–551

Röntgen WC (1895) Über eine neue Art von Strahlen. Sitzungsberichte der Würzburger Physikalisch-Medizinischen Gesellschaft, 132–141

Šali A (1998) 100,000 protein structures for the biologist. Nat Struct Biol 5:1029–1032

Sandstrom E, Oberg B (1993) Antiviral therapy in human immunodeficiency virus infections. Current status (Part I). Drugs 45:488–508

Scheffzek K, Ahmadian MR, Kabsch W et al. (1997) The Ras-RasGAP complex: structural basis for GTPase activation and its loss in oncogenic Ras mutants. Science 277:333–338
Schluenzen F, Tocilj A, Zarivach R et al. (2000) Structure of functionally activated small ribosomal subunit at 3.3 Å resolution. Cell 102:615–623
Schulz GE, Schirmer RH (1979) Principles of protein structure. In: Cantor CR (ed) Springer advanced texts in chemistry. Springer, Berlin Heidelberg New York
Schumacher MA, Hurlburt BK, Brennan RG (2001) Crystal structures of SarA, a pleiotropic regulator of virulence genes in *S. aureus*. Nature 409:215–219
Shakhnovich EI (1998) Folding nucleus: specific or multiple? Insights from lattice models and experiments. Fold Des 3:108–111
Shapiro L, Lima CD (1998) The Argonne Structural Genomics Workshop: Lamaze class for the birth of a new science. Structure 6:265–267
Sheldrick GM (1997) Patterson superposition and ab initio phasing. Methods Enzymol 276:628–641
Sprang SR (1997) G proteins, effectors and GAPs: structure and mechanism. Curr Opin Struct Biol 7:849–886
Stanley WM (1935) Isolation of a crystalline protein possessing the properties of tobacco-mosaic virus. Science 81: 644–645
Starich MR, Sandman K, Reeve JN, Summers MF (1996) NMR structure of HMfB from the hyperthermophile, *Methanothermus fervidus*, confirms that this archaeal protein is a histone. J Mol Biol 255:187–203
Sun PD, Davies DR (1995) The cystine-knot growth-factor superfamily. Annu Rev Biophys Biomol Struct 24:269–291
Terwilliger TC, Berendzen J (1999) Automated structure solution for MIR and MAD. Acta Crystallogr D 55:849–861
Terwilliger TC, Waldo G, Peat TS, Newman JM, Chu K, Berendzen J (1998) Class-directed structure determination: foundation for a protein structure initiative. Protein Sci 7:1851–1856
Tong LA, Vos AM de, Milburn MV, Kim SH (1991) Crystal structures at 2.2 Å resolution of the catalytic domains of normal ras protein and an oncogenic mutant complexed with GDP. J Mol Biol 217:503–516
Venkatachalam CM (1968) Stereochemical criteria for polypeptides and proteins. V. Conformation of a system of three linked peptide units. Biopolymers 6:1425–1436
Vondrasek J, Wlodawer A (1996) New database. Science 272:337–338
Wada A (1975) The α-helix as an electric macro-dipole. Adv Biophys 9:1–63
Watson JD, Crick FHC (1953) Molecular structure of nucleic acids. Nature 171:737–738
Weeks CM, Miller R (1999) Optimizing shake-and-bake for proteins. Acta Crystallogr D 55:492–500
Wells JA, Vos AM de (1996) Hematopoietic receptor complexes. Annu Rev Biochem 65:609–634
Wemmer DE (1991) The applicability of NMR methods to solution structure of nucleic acids. Curr Opin Struct Biol 1:452–458
West M, Fairlie D (1995) Targeting HIV-1 protease: a test of drug-design methodologies. Trends Pharmacol Sci 16:67–75
Wiesmann C, Vos AM de (2000) Variations on ligand-receptor complexes. Nat Struct Biol 7:440–442
Wiesmann C, Fuh G, Christinger HW, Eigenbrot C, Wells JA, Vos AM de (1997) Crystal structure at 1.7 Å resolution of VEGF in complex with domain 2 of the Flt-1 receptor. Cell 91:695–704
Wiesmann C, Ultsch MH, Bass SH, Vos AM de (1999) Crystal structure of nerve growth factor in complex with the ligand-binding domain of the TrkA receptor. Nature 401:184–188
Williams PA, Cosme J, Sridhar V, Johnson EF, McRee DE (2000) Mammalian microsomal cytochrome P450 monooxygenase: structural adaptations for membrane binding and functional diversity. Mol Cell 5:121–131
Williamson MP, Havel TF, Wüthrich K (1985) Solution conformation of proteinase inhibitor IIA from bull seminal plasma by ^{1}H nuclear magnetic resonance and distance geometry. J Mol Biol 182:295–315
Wimberly BT, Brodersen D, Clemons WM et al. (2000) Structure of the 30 S ribosomal subunit. Nature 407:327–339
Wing R, Drew H, Takano T et al. (1980) Crystal structure analysis of a complete turn of B-DNA. Nature 287:755–758
Wlodawer A, Vondrasek J (1998) Inhibitors of HIV-1 protease: a major success of structure-assisted drug design. Annu Rev Biophys Biomol Struct 27:249–284
Wlodawer A, Miller M, Jaskolski M et al. (1989) Conserved folding in retroviral proteases: crystal structure of a synthetic HIV-1 protease. Science 245:616–621
Wrighton NC, Farrell FX, Chang R et al. (1996) Small peptides as potent mimetics of the protein hormone erythropoietin. Science 273:458–464
Wüthrich K (1995) NMR – This other method for protein and nucleic acid structure determination. Acta Crystallogr D 51:249–270
Yano JK, Koo LS, Schuller DJ, Li H, Ortiz de Montellano PR, Poulos TL (2000) Crystal structure of a thermophilic cytochrome P450 from the archaeon *Sulfolobus solfataricus*. J Biol Chem 275:31086–31092
Zhou Y, Karplus M (1999) Interpreting the folding kinetics of helical proteins. Nature 401:400–403
Zhu X, Komiya H, Chirino A et al. (1991) Three-dimensional structures of acidic and basic fibroblast growth factors. Science 251:90–93
Ziegler G, Schulz GE (2000) Crystal structures of adrenodoxin reductase in complex with NAPD$^+$ and NADPH suggesting a mechanism for the electron transfer of an enzyme family. Biochemistry 36:10986–10995
Ziegler G, Vonrhein C, Hanukoglu I, Schulz GE (1999) The structure of adrenodoxin reductase of mitochondrial P450 systems: electron transfer for steroid biosynthesis. J Mol Biol 289:981–990

2.4 Datenanalyse von Biochips: Von der Sequenz zum System

Ralf Herwig, Johannes Schuchhardt, Holger Eickhoff, Hanspeter Herzel und Hans Lehrach

Inhaltsverzeichnis

2.4.1 Einführung

Die traditionelle biologische Forschung war in der Vergangenheit auf die Analyse einzelner biologischer Vorgänge fokussiert. Für spezielle Fragestellungen sind die entsprechenden Datensätze für den Beweis einzelner Hypothesen generiert und manuell analysiert worden. Da sich aber in der Evolutionsgeschichte in einem Zeitraum von mehreren Milliarden Jahren einzelne biologische Prozesse zu sehr fein regulierten und dabei sehr komplexen Netzwerken entwickelt haben, die die Komplexität der modernen Genomforschung ausmachen, haben die von einzelnen Hypothesen getriebenen Ansätze die Grenzen ihrer Effektivität erreicht. In den letzten 15 Jahren, verbunden mit der Erfindung von PCR-Reaktionen und der automatischen DNA-Sequenzierung, ist der eher hypothesengerichtete Ansatz durch die Anwendung von systematischen Ansätzen komplementiert worden. Diese breiter gefächerten Ansätze sind durch neue hoch parallele und automatisierte Methoden in der molekularbiologischen Praxis möglich geworden. Obwohl anfänglich für Kartierungs- und Sequenzierungsprojekte entwickelt, werden die Methoden wie Hochdurchsatzsequenzierung und Biochiptechnologien immer mehr in der funktionellen Genomforschung angewendet.

Während auf der Laborseite die Geschwindigkeit der Rohdatenproduktion so exponentiell beschleunigt wurde, ist die Analyse der Rohdaten für lange Zeit im Stadium der Einzelgenanalyse stehen geblieben. In den letzten Jahren wurden erste bioinformatische Werkzeuge geschaffen, die es erlauben, große Datensätze systematisch zu durchforsten und auszuwerten. Schon jetzt ist klar, dass es die momentan entwickelten und auch die noch zu entwickelnden Methoden mit den erzeugten großen Datenmengen ermöglichen werden, genauere Einsichten in kom-

Ganten / Ruckpaul (Hrsg.)
Grundlagen der Molekularen Medizin,
2. Auflage

plexe biologische Systeme zu erlangen, als es mit rein manuellen Techniken möglich wäre. Neue Methoden schließen dabei die Entwicklung von mathematischen und statistischen Verfahren sowie von speziellen Algorithmen ein, die es erlauben, Muster in sehr großen Datenmengen zu erkennen, wie sie beispielsweise in Biochipexperimenten vorliegen. Gleichzeitig sollen die Methoden und Programme es dem Anwender aber auch erlauben, Versuchsergebnisse zu analysieren und zu visualisieren, die für Tausende von Genen oder Proteinen simultan gemessen werden. Ergänzend zu den statistischen Analysemethoden gibt es Entwicklungen für die Simulation von biologischen Interaktionen und Prozessen. So werden große Datenmengen mit Hilfe von Modellorganismen erzeugt, die spezielle Vorteile für das Studium von komplexen biologischen Vorgängen aufweisen. Bioinformatik wird in Zukunft auch benötigt, um die Verbindung zwischen den in den verschiedenen Modellorganismen erhaltenen Daten herzustellen. In wenigen Jahren wird die Bioinformatik somit in der Lage sein, bestimmte experimentelle Ergebnisse (Expressionsmuster, Modifikationen von Genen und Genprodukten usw.) aufgrund von simulierten Prozessen vorherzusagen.

Der fortschreitende Prozess in der Vollsequenzierung von Genomen (Mensch, Maus, Ratte, Zebrafisch, Drosophila, Hefe) ist die Basis für die Erstellung von Biochips, die eine genomweite Analyse von DNA-DNA- oder DNA-RNA-Interaktionen erlauben. DNA-Chips sind eine Schlüsseltechnologie in der modernen molekularen Medizin und gestatten einen komplexen Einblick in fundamentale Prozesse wie Zellentwicklung, Wachstum und Differenzierung. Der dieser Technik eigene hohe Parallelisierungsgrad erlaubt die Visualisierung und die simultane Analyse von komplexen genetischen Veränderungen.

Für die Erstellung der Chips und deren Produktion sind automatisierte Methoden in der Genomanalyse unerlässlich. Hochdurchsatz-PCR, schnelle Aufreinigungsmethoden sowie die roboterunterstützte Übertragung auf Trägermaterialien in einem industriellen Maßstab sind Voraussetzungen für die Herstellung und die Verwendung von Biochips. Die Analyse der Experimente erfordert neue Instrumente und Techniken.

So wird neben der physikalischen Erstellung der Biochips gegenwärtig mit Hochdruck an neuen Bild- und Datenanalyseverfahren gearbeitet, welche die teilweise immensen Datenmengen bearbeiten, auswerten und aufbereiten können.

Die Bioinformatik hilft dabei, die unübersichtlichen Datensätze zu strukturieren und z. B. durch mathematische Clusteranalysen Gruppen von ähnlichen und verschiedenen Datenpunkten zu bilden. Dies hat zwei wesentliche Vorteile:

1. Reduktion der Redundanz
2. eine erste Mustererkennung.

Die Verringerung der Redundanz erlaubt es, die erhaltenen Datensätze zu filtern und somit eine wesentliche Kostenreduzierung sowohl *upstream* (welche Gene kommen auf einen Chip) als auch *downstream* (Verifizierung der Ergebnisse durch Northern-Blot oder RT-PCR-Experimente) zu erreichen. Die erste Mustererkennung kann dabei auch eine Verbindung des durchgeführten Experiments mit schon bekannten Literaturdaten darstellen.

Die Masse der erzeugten Daten in Expressionsexperimenten sind selbst für moderne Computersysteme eine echte Herausforderung. Jedes Experiment enthält Zehntausende von Datenpunkten. Konsequenterweise ist die Analyse von Genen oder Gruppen koregulierter Gene (Gencluster) über eine Reihe von Experimenten daher im Moment zwar ein computerunterstützter, aber noch nicht vollautomatischer Prozess.

2.4.2 Techniken der Datengenerierung für Biochips

2.4.2.1 Messung des kompletten Transkriptionszustandes

Der Fokus der Genomforschung hat sich in den letzten Jahren von der reinen Sequenzierung der DNA hin zur funktionellen Analyse des Genoms verschoben (Lander 1996). Interessierende Fragen hierbei sind:

- Was ist die Funktion einzelner Gene und an welchen zellulären Prozessen sind sie beteiligt?
- Wodurch werden die einzelnen Gene reguliert, wie sind dabei die Wechselwirkungen der Gene und ihrer Produkte (Proteine), und wie können diese Wechselwirkungen modelliert werden?
- Wie variieren Genexpressionsniveaus in verschiedenen Zelltypen und wie ändert sich die Genexpression unter dem Einfluss von chemischen Behandlungen und Krankheiten?
- Lassen sich einzelne Krankheitsbilder durch den globalen Expressionszustand der beteiligten Gene differenzieren?

Um diese Fragen zu beantworten, muss das Genexpressionsniveau von Tausenden von Genen in verschiedenen Geweben, Entwicklungsstadien und anhand verschiedener Behandlungen gemessen werden. Obwohl die mRNA und damit das Transkriptionsniveau nicht das endgültige Genprodukt darstellt und daher nur in beschränktem Maß auf die tatsächliche Funktion des Proteins oder in der Kombination aller Proteine auf den gesamten Phänotyp geschlossen werden kann, bildet das Transkriptionsniveau die unverzichtbare Basis bei der Modellierung regulativer Netzwerke. Die Kenntnis wann, wo und in welchem Maß ein Gen exprimiert ist, ist fundamental für die Funktion des zugehörigen Proteins. Die Möglichkeit, diese Genexpressionsniveaus in genügend hohem Durchsatz und mit der nötigen experimentellen Sensitivität und Reproduzierbarkeit zu messen, ist eng an den technischen Fortschritt in der so genannten Biochiptechnologie geknüpft.

Diesen Techniken ist folgendes Prinzip gemein: Auf einer festen Oberfläche werden eine Vielzahl von Repräsentanten verschiedener Gene immobilisiert (probes). Diese immobilisierten Proben sollen dazu dienen, das zu untersuchende Gewebe (target) zu charakterisieren. Dazu wird aus dem Gewebe mRNA isoliert, markiert und in einer Lösung vermischt. In einem Hybridisierungsexperiment lagert sich die zugehörige cDNA je nach Konzentration in der Zelle mehr oder weniger redundant an die komplementären Genrepräsentanten an, was durch die Markierung quantifiziert werden kann. Der wesentliche Fortschritt bei dieser Technik ist die Tatsache, dass in einem Hybridisierungsexperiment alle auf dem Chip immobilisierten Genrepräsentanten reagieren und somit Information sowohl über den globalen Transkriptionszustand des Gewebes liefern als auch über das lokale Transkriptionsniveau jedes einzelnen Gens.

Die wesentlichen mit dieser Technologie verbundenen Techniken werden im Folgenden aufgeführt. Dabei unterscheiden sich die Technologien im Wesentlichen durch das Oberflächenmaterial, auf dem die Genrepräsentanten aufgebracht sind, sowie die Art der Markierung des zu untersuchenden Gewebes (Lockhart u. Winzeler 2000).

2.4.2.2 cDNA-Filter

Historisch waren cDNA-Filter die ersten Hochdurchsatzverfahren für Hybridisierungsexperimente. Bereits in den späten 1980er Jahren wurde in einigen Labors an der nötigen Robotertechnik und Hybridisierungstechniken gearbeitet (Lehrach et al. 1990, Maier et al. 1994, 1997, Meier-Ewert et al.

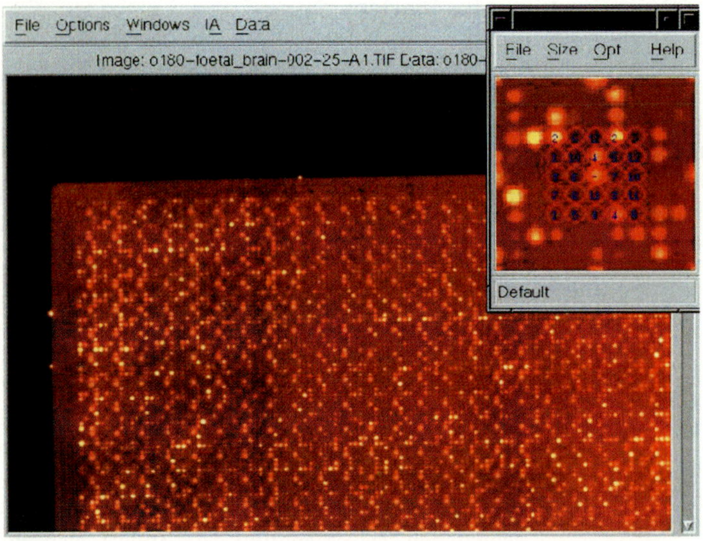

Abb. 2.4.1. cDNA-Nylonfilter nach Hybridisierung mit einer radioaktiv markierten, synthetisch hergestellten kurzen DNA-Sequenz. In regelmäßiger Anordnung sind PCR-Produkte von 57 000 menschlichen cDNA-Klonen immobilisiert. Um eine bessere Reproduzierbarkeit des gemessenen Signals zu erreichen, wurden die cDNA-Klone in Duplikaten auf der Membran aufgebracht. Das Aufbringen der PCR-Produkte erfolgt durch Robotertechnik in kleinen Einheiten, Blöcken zu 5×5 Punkten. *Vergrößerung* 1 Block. In diesem Fall leuchten Klone 2 und 4 jeweils mit ihren Duplikaten. In der Mitte eines jeden Blocks leuchtet ein so genannter Führungspunkt (guide dot), der aus genetischem Material besteht, das immer aufleuchtet. Dies ermöglicht die Orientierung an einem regelmäßigen Gitter für die Folgeanalyse. Die Stärke der gebundenen Radioaktivität wurde durch einen Phosphor imager gemessen und durch das Programm Xdigitise visualisiert (MPI-MG, http://www.molgen.mpg.de/~lh_bioinf/programs)

1993, Poustka et al. 1989). Dabei werden große Mengen an PCR-Produkten von oft unbekannten klonierten cDNA-Sequenzen (cDNA-Klone) auf einer porösen Schicht, die zumeist aus Nylon besteht, immobilisiert und mit radioaktiv markierten (^{33}P) mRNA-Proben hybridisiert. cDNA-Filter sind mit 22 cm×22 cm relativ groß und fassen bis zu 80 000 verschiedene cDNA-Klone (Abb. 2.4.1). In Publikationen wurden mit 8 cm×12 cm auch kleinere Filter erwähnt, die bis zu 2000 cDNA-Sequenzen aufnehmen können. Die gebundene Radioaktivität wird durch einen *Phosphor imager* detektiert.

Entwickelt wurde diese Technologie ursprünglich im Rahmen der genomweiten Sequenzierungsprojekte, da nach Alternativen zur Hochdurchsatzsequenzierung gesucht wurde. Klonierte cDNA-Sequenzen unbekannter Gene werden dabei durch Hybridisierungsexperimente charakterisiert (oligonucleotide fingerprinting, sequencing by hybridization, SBH), was die Redundanz von cDNA-Bibliotheken erheblich reduziert (Lennon u. Lehrach 1991, Schmitt et al. 1999). Studien an verschiedenen Modellorganismen wie Maus, Ratte oder Zebrafisch sind z. B. in Pietu et al. (1996), Meier-Ewert et al. (1998) oder Hennig et al. (2000) detailliert aufgeführt. Einhergehend mit diesen Studien zur Genexpressionsanalyse mit radioaktiv markierten mRNA-Proben finden sich in Gress et al. (1992, 1996), Nguyen et al. (1996), Granjeaud et al. (1996), Jordan (1998) und Dickmeis et al. (2001) weitere Anwendungen der sehr sensitiven Nylonfiltertechnologie.

2.4.2.3 cDNA-Glaschips

Bei diesem Ansatz werden einzelsträngige cDNA-Sequenzen an bestimmte Stellen auf dem Chip immobilisiert, und mRNA des interessierenden Gewebes sowie eines Kontrollgewebes wird isoliert und mit zwei verschiedenen Fluoreszenzfarbstoffen markiert (z. B. Cy3 und Cy5, Amersham Pharmacia Biotech, Santa Clara, USA). Die während der reversen Transkription markierten RNA werden gemischt. Analog zu den Nylonfilterexperimenten binden die mRNA-Sequenzen in der Hybridisierung an ihre komplementären Einzelstränge auf dem Chip (Abb. 2.4.2). Nach erfolgter Inkubation und den entsprechenden Waschschritten zum Entfernen falsch-positiver Signale wird der Chip durch ein oder zwei Laser angeregt, und in zwei verschiedenen Kanälen werden zwei digitale Bilder erzeugt, die für jeden Ort auf dem Chip den Grad der gemessenen Fluoreszenz wiedergeben.

Die Art der Einfärbung für jede immobilisierte cDNA lässt dann Rückschlüsse auf ihre Häufigkeit in den zu untersuchenden mRNA-Proben zu. Wird z. B. die mRNA des interessierenden Gewebes rot markiert und die mRNA des Kontrollgewebes grün, indiziert ein roter Bildpunkt das überwiegende Vorkommen der cDNA in der interessierenden mRNA-Probe, ein grüner Bildpunkt indiziert das überwiegende Vorkommen der cDNA in der mRNA-Kontrollprobe, ein gelber Bildpunkt indiziert eine identische Menge in beiden mRNA-Proben und ein schwarzer Bildpunkt bedeutet, dass die immobilisierte cDNA-Sequenz in der transkribierten mRNA entweder nicht vorkommt oder nicht nachgewiesen werden kann (Abb. 2.4.3).

Diese Chips sind sehr klein (1,8 cm×1,8 cm) und erlauben die Aufnahme von bis zu 15 000 verschiedenen cDNA-Sequenzen (Bittner et al. 2000, DeRisi 1996, 1997, Heller et al. 1997, Iyer et al. 1999, Schena 1995, 1996, Spellman et al. 1998).

Neben der Detektion fluoreszenzmarkierter mRNA-Proben mit auf Glaschips immobilisierter cDNA gibt es in der Literatur auch Ansätze, die radioaktiv markierte Proben benutzen (Eickhoff et al. 2000). Radioaktiv markierte mRNA-Proben bieten dabei den Vorteil, dass sie sensitiver sind, d. h. geringere Expressionsunterschiede können detektiert werden (Bertucci et al. 1998).

2.4.2.4 Oligonukleotidglaschips

Bei Oligonukleotidglaschips handelt es sich um kleine Glasplättchen, auf die in einer Punktrasteranordnung viele verschiedene DNA-Oligonukleotide mit bekannten Sequenzen fixiert werden. Es werden photolithographische Verfahren genutzt, um an exakten Positionen auf dem Chip einzelsträngige DNA-Sequenzen durch lichtgesteuerte Kupplungsreaktionen aufzubauen. Am Ende enthält jede Position rund 10 Mio. Moleküle des jeweiligen Oligonukleotids. Alternativ dazu wird eine ähnliche Technik wie beim Tintenstrahldrucker eingesetzt, um winzige Tröpfchen der zur Oligonukleotidsynthese benötigten Reaktionslösungen auf kleinste Flächen zu dosieren. Anfang 2000 waren DNA-Chips erhältlich, auf denen 64 000 verschiedene DNA-Oligonukleotide auf einer Fläche von 1,28 cm×1,28 cm untergebracht sind.

Die Detektion der interessierenden mRNA-Probe erfolgt dann wie in Abschnitt 2.4.2.3 „cDNA-Glaschips“ beschrieben: Die mRNA wird isoliert, mit einem fluoreszierenden Farbstoff markiert und auf den Chip gegeben. Auf dem Chip binden sich

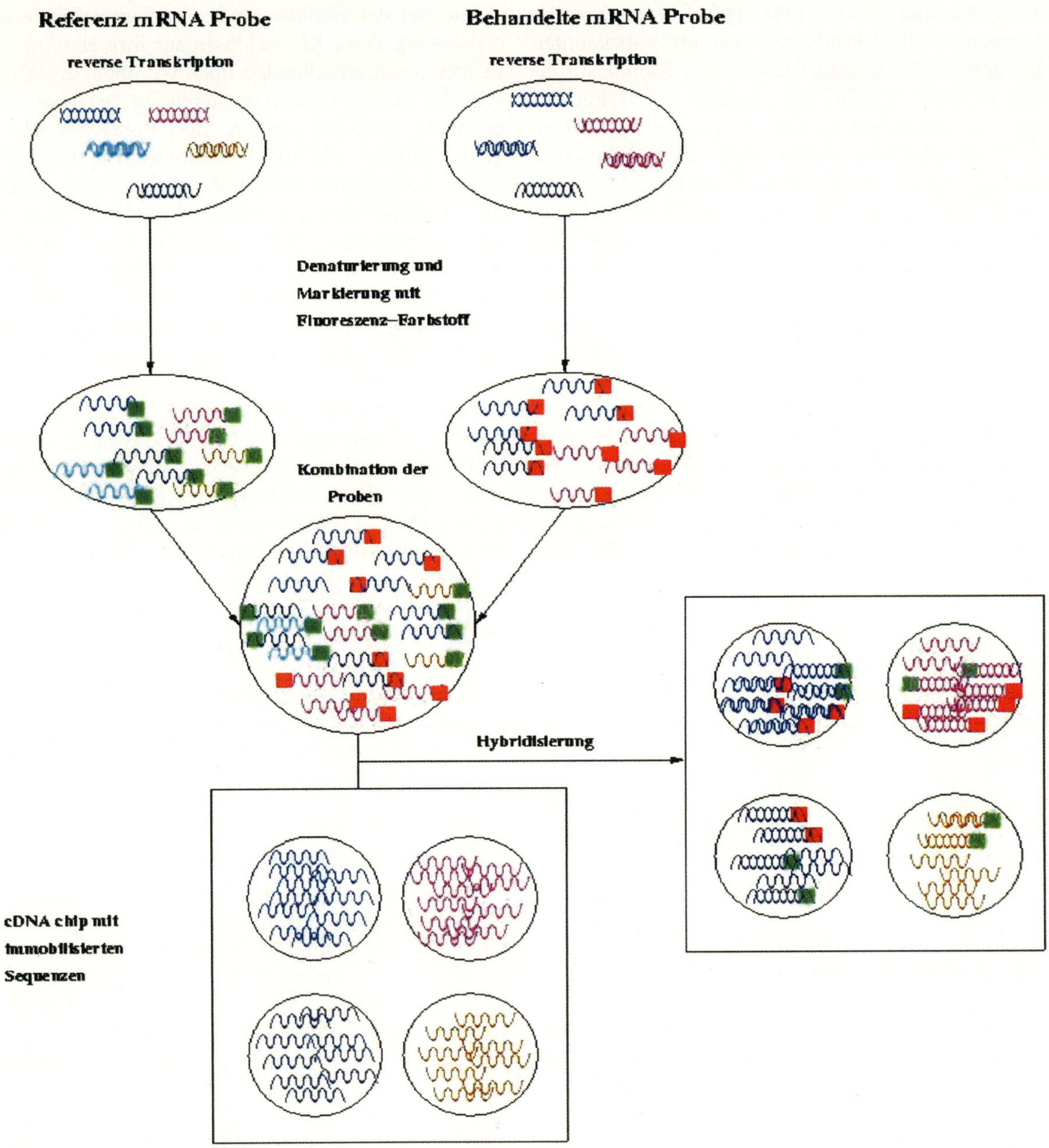

Abb. 2.4.2. Prinzip der Zwei-Farben-Fluoreszenzmarkierung. mRNA aus zwei verschiedenen Geweben wird mit verschiedenen Farbstoffen markiert (Cy3 und Cy5). Die Proben werden kombiniert und gemäß den Hybridisierungsregeln lagern sich die markierten mRNA-Moleküle an ihre auf dem Biochip immobilisierten einzelsträngigen cDNA-Komplemente an

die verschiedenen – jeweils einzelsträngigen – mRNA-Moleküle gemäß den Hybridisierungsregeln spezifisch an die fixierten Oligonukleotide. Bei geeigneter Belichtung erscheint ein charakteristisches Muster von farbig leuchtenden Punkten, dem sich über die bekannten Sequenzen der Oligonukleotide an den entsprechenden Positionen entnehmen lässt, welche Gene „angeschaltet" waren. Wird die andersfarbig markierte cDNA eines anderen Zellzustands hinzugegeben, wird ein weiteres Punktmuster erhalten, das die Genaktivität dieses Zustands widerspiegelt. Je nach Technologie sind die verwendeten Oligonukleotide 20–25 Basenpaare lang und werden mit photochemischen Verfahren synthetisiert (Affymetrix; Cho et al. 1998, Lipshutz et al. 1999, Lockhart et al. 1996, Wodicka et al.

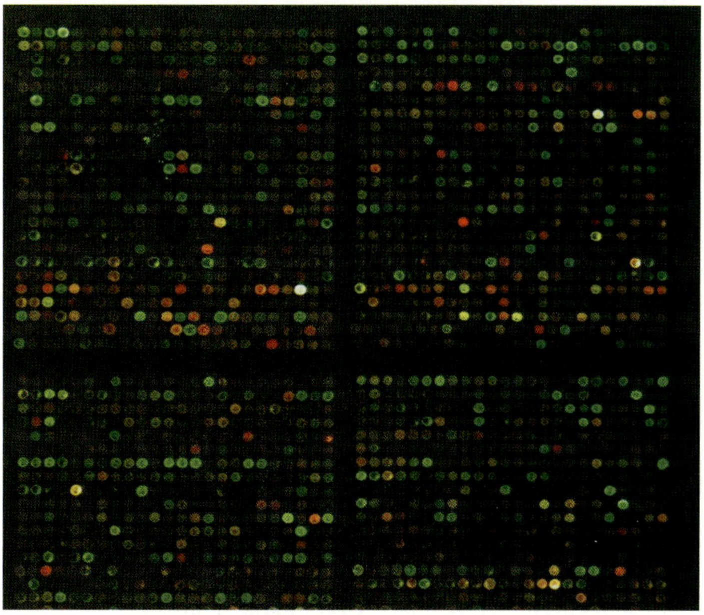

Abb. 2.4.3. Darstellung eines Biochips nach Hybridisierung mit zweifarbig fluoreszenzmarkierten Proben-mRNA-Molekülen (Cy3, Cy5). Immobilisiert wurden klonierte cDNA-Sequenzen von *Arabidopsis thaliana*, die mit zwei fluoreszenzmarkierten Probenmengen aus je 100 mg *Arabidopsis*-RNA hybridisiert wurden, die in Licht bzw. Dunkelheit gezogen wurden. Das Vorkommen einer bestimmten cDNA-Sequenz wird anhand der Farbmarkierung widergespiegelt. *Grüne Punkte* Sequenzen mit einem überwiegenden Auftreten in der *grün* markierten Probe, *rote Punkte* Sequenzen, die überwiegend in der *rot* markierten Probe auftreten. *Farbmischungen* Auftreten der Sequenz in beiden Proben. Abgebildet sind vier Blöcke mit $24 \times 24 = 576$ klonierten cDNA-Sequenzen. Insgesamt sind 16 Blöcke auf dem Chip immobilisiert, was einer Dichte von 9216 klonierten cDNA-Sequenzen entspricht (http//info.med.yale.edu/wmkeck/DNA_arrays.htm)

1997) oder 60–80 Basenpaare lang und werden mit der so genannten Piezo-Tintenstrahldrucktechnik synthetisiert (Agilent; Hughes et al. 2000, 2001).

2.4.3 Auswahl des DNA-Materials

2.4.3.1 Genomweite Sequenzierung und Kartierung

Obwohl es vor wenigen Jahren noch unvorstellbar erschien, sind mittlerweile die Genome von über 40 Organismen inklusive des Menschen vollständig sequenziert (Lander et al. 2001, Hattori et al. 2000). Dabei hat sich neben der Sequenzierung der DNA in den letzten zehn Jahren neben einer enormen technischen Weiterentwicklung auch ein Paradigmenwechsel vollzogen. Wurde die DNA-Sequenz im ersten Teil des humanen Genomprojekts noch sehr geordnet, d.h. immer an vorher kartierten Regionen generiert, hat sich mittlerweile das so genannte *Shotgun sequencing* durchgesetzt. In der DNA-Sequenzierung nach der *Shotgun*-Methode werden DNA-Fragmente zufällig kloniert, amplifiziert und sequenziert (Weber u. Myers 1997). Die mehr oder weniger zufällig erhaltenen DNA-Fragmente werden nachfolgend mit Hilfe von Computern zusammengesetzt, was durch die Bestimmung von gemeinsamen Überlappungsfragmenten der erhaltenen DNA-Fragmente möglich wird. Anfangs, und mit einer relativ gering ausgestatteten Rechenleistung versehen, nur für kleine und wenig komplexe Genome angewendet, hat sich diese Methode mittlerweile durchgesetzt und wird in nahezu allen Sequenzierprojekten mit Erfolg, unter Einbeziehung von Daten aus Kartierungsprojekten, angewendet.

Auf dem Weg zum fertig assemblierten Genom werden Programme benötigt, die die von den Sequenziermaschinen gelieferten Rohdaten (ABI- oder SCF-Formate) in Basen übersetzen und dann diese Reads in zusammenhängende Stücke assemblieren. Bevorzugt eingesetzt werden dazu die Programme

- Phred (Ewing et al. 1998) zur Identifizierung und Qualitätsbewertung der Basen und
- Phrap zur Durchführung der Assemblierung (http://www.genome.washington.edu/UWGC/analysistools/phraphtm).

Diese Programme sind mit einer ganzen Serie weiterer Module, die etwa der Filterung störender Vektorregionen dienen, im Programm Pregap4 im Softwarepaket Staden zusammengefasst (Bonfield u. Staden 1996; http://www.mrc-lmbcamacuk/pubseq).

Ist ein größeres Fragment fertig assembliert, können gängige schnelle *Alignment*-Programme, wie BLAST oder PSIBLAST, verwendet werden (Altschul et al. 1990), um bereits bekannte homologe Sequenzen in Datenbanken zu suchen. Ist die erwartete Homologie nur gering, kann der Einsatz sensitiverer Verfahren, die etwa auf dynamischer Programmierung oder auf Hidden-Markov-Modellen beruhen, zum Erfolg führen.

Die erhaltene komplette Sequenz eines Organismus ist die Grundlage für die Vorhersage und Annotation von Genen. Die dafür eingesetzten Programme zur Erkennung von Mustern im genetischen Viereralphabet sind vielfältig und unter den Namen GENSCAN, GRAIL, SIGNAL SCAN, PATTERN SEARCH, ConsInspector, MATRIX SEARCH, MatInspector, TESS, SiteScan, SITEVIDEO, Fun SiteP, PROMOTER SCAN oder TSSG/TSSW bekannt (Durbin et al. 1998, Salzberg et al. 1998).

Die Identifizierung von Genen in großen genomischen Sequenzen, z. B. einem gesamten Chromosom oder einer bestimmten Region auf dem Chromosom, ist ein rechenaufwändiger Prozess, da z. B. Intronsequenzen berücksichtigt werden müssen (Cross u. Bird 1995). Als Möglichkeit, Gene zu modellieren und damit zu identifizieren, haben sich Hidden-Markov-Modelle erwiesen (Krogh 1998). Dabei wird die Eigenschaft genutzt, biologische Sequenzen auf reguläre Grammatiken abzubilden, was die Modellierung der komplizierten Struktur eines Gens mit Promotorsequenz, 5′-UTR-Bereich, Exon-Intron-Abfolge und der Auslesung von Kodons ermöglicht. Hidden-Markov-Modelle werden auch bei der Alinierung von Proteinen und Genen zu Familien verwendet (Baldi et al. 1994, Krogh et al. 1994).

Die so annotierten Gene ermöglichen eine spezifische Amplifikation und Klonierung, was sich für einzelne Gene und für medizinische Applikationen als erfolgreich herausgestellt hat.

2.4.3.2 Gewebespezifische Biochips

Es gibt im Wesentlichen zwei Ansätze bei der Auswahl von DNA-Sequenzen, die auf dem Biochip immobilisiert werden:

1. in möglichst hoher Dichte alle bzw. die meisten Gene eines Organismus zu immobilisieren;
2. in kleiner Anzahl solche Gene zu immobilisieren, die spezifisch für ein bestimmtes Gewebe sind.

Der Vorteil des 1. Ansatzes liegt darin, dass der Chip universell einsetzbar ist und die höchste Komplexität bei der Untersuchung erreichen wird. Der Vorteil des 2. Ansatzes liegt darin, dass er eine hohe Anzahl von positiven und damit messbaren Hybridisierungssignalen sicherstellt und damit die Sensitivität des Chips in Bezug auf die zu untersuchende Probe erhöht. Ein einfaches Modell soll dies veranschaulichen:

Sei n die Anzahl verschiedener Gene auf dem Chip, sei K die Anzahl verschiedener Gene in der zu untersuchenden Probe und sei M die Anzahl der verschiedenen Gene des entsprechenden Organismus. X bezeichne eine Zufallsvariable, die die Anzahl der positiven Hybridisierungen beschreibt, d. h. die Anzahl der komplementären Sequenzen auf dem Chip und in der mRNA-Probe. Sind die cDNA auf dem Chip unabhängig voneinander ausgewählt, d. h. der Chip ist nicht spezifisch für das zu untersuchende Gewebe, so wird die Anzahl der komplementären Sequenzen, X, nicht sehr groß sein. Die Zufallsvariable X ist hypergeometrisch verteilt, d. h. für die Wahrscheinlichkeit, dass es genau k komplementäre Sequenzen gibt, gilt

$$prob(X = k) = \frac{\binom{K}{k}\binom{M-k}{n-k}}{\binom{M}{n}}, 0 \leq k \leq \min\{n, K\}. \quad (2.4.1)$$

Der Erwartungswert der Verteilung ist $E(X) = nK/M$, d. h. der Anteil der Sequenzen auf dem Chip, die ein positives Signal geben, ist linear zur Anzahl verschiedener Gene im zu untersuchenden Gewebe. In den meisten Fällen wird dieser Anteil nicht über 20% liegen, es sei denn, es werden sehr komplexe Gewebe untersucht. Werden noch falsch-negative Signale hinzugerechnet, wird der Anteil noch weiter sinken. Gewebespezifische Biochips, die aus cDNA-Sequenzen bestehen, die spezifisch für das Gewebe sind, sichern dagegen einen Anteil von weit über 70% positiven Signalen.

Es gibt daher internationale Bestrebungen, neben den universell einsetzbaren Biochips kleinere und spezifischere Biochips herzustellen, z. B. „lymphochips“, „immunochips“, „cancer chips“.

Die Suche nach geeigneten Genen in Datenbanken (GenBank, EMBL) oder Proteinen (SwissProt, PDB) ist ein relevantes Feld beim so genannten Biochipdesign. Dies erfordert idealerweise eine Kenntnis über die Funktion des zum Gen gehörenden Proteins. In hohem Maß wird in Zukunft die Qualität eines Biochips davon abhängen, wie spezifisch ausgewählt die Gene für das entsprechende interessierende Gewebe oder die interessierende Krankheit bzw. Gruppen von Krankheiten sind.

2.4.3.3 Experimentelle Versuchsplanung

Neben der biologischen Qualität und Aussagekraft des ausgewählten Genmaterials spielt die Reproduzierbarkeit der gemessenen Hybridisierungssignale eine entscheidende Rolle. Die Erfassung des relativen Expressionsniveaus durch 2-Farben-Markierung oder die Erfassung des absoluten Expressionsniveaus durch radioaktive Markierung hat sich als anfällig gegenüber experimentell bedingten Variationen gezeigt. Variationen bestehen z.B. in der unterschiedlichen Menge der immobilisierten cDNA, der verschiedenen individuellen Hybridisierungsraten der cDNA-Sequenzen mit den entsprechenden komplementären mRNA-Sequenzen oder in der unterschiedlichen Aufnahme des jeweiligen Farbstoffs. Die verschiedenen Quellen experimenteller Variation sind relativ genau charakterisiert worden, doch fehlt es in den bisherigen Versuchsanordnungen noch an genügender experimenteller Versuchsplanung, um diesen Variationen gerecht zu werden (Bandemer u. Bellmann 1994, Cochran 1992, Pukelsheim 1993, Silvey 1980). In den meisten Experimenten werden cDNA-Sequenzen einmal auf dem Biochip immobilisiert, was die Messung der Reproduzierbarkeit des Signals unmöglich macht. Dies hat seinen Grund hauptsächlich darin, dass versucht wird, möglichst viele Gene auf dem Biochip unterzubringen, sodass aus „Platzgründen" keine Wiederholungen möglich sind. In der nachfolgenden nummerischen Analyse wird dann versucht, durch Normalisierung der Daten die Vergleichbarkeit von Hybridisierungssignalen zwischen verschiedenen Experimenten herzustellen, indem Störparameter und Einflussfaktoren geschätzt und eliminiert werden (Beißbarth et al. 2000, Herzel et al. 2001, Schuchhardt et al. 2000, Vingron u. Hoheisel 1999). In der Oligonukleotidtechnologie (Abschnitt 2.4.2.4 „Oligonukleotidglaschips") wird die Quantifizierung der Variation dadurch zu erreichen versucht, dass etwa 20 verschiedene Oligonukleotidsequenzen auf dem Glaschip nebeneinander immobilisiert sind, die dasselbe Gen charakterisieren.

Gewebespezifische Biochips bieten die Möglichkeit, wenige cDNA-Sequenzen in ausreichender Wiederholung zu immobilisieren, was eine experimentelle Versuchsplanung möglich macht. Die Ergebnisse können dann z.B. bei der Herausrechnung globaler – also chipspezifischer – und lokaler – also genspezifischer – Einflussfaktoren benutzt werden.

Im Allgemeinen wird bei der Analyse von Einflussfaktoren von linearen Modellen ausgegangen. Bei einem linearen Modell wird vom additiven Einfluss aller beteiligten Einflussfaktoren ausgegangen (Christensen 1996). Diese Modelle erlauben auch die Einbeziehung von Wechselwirkungen zwischen den Einflussfaktoren. Mit den Mitteln der Varianzanalyse (ANOVA) werden dann Schätzwerte für die Einflussfaktoren, bzw. bereinigte Schätzwerte für die Hybridisierungssignale geliefert. Die Güte dieser Schätzwerte variiert mit dem Versuchsaufbau, also der Verteilung der cDNA-Sequenzen auf dem Biochip, sodass für jedes vorgegebene Modell gute Versuchsanordnungen berechnet werden können.

Umfassende Untersuchungen über die Güte solcher „geplanten" Biochips im Vergleich zu „ungeplanten" Biochips – wie etwa in anderen Forschungsgebieten – stehen derzeit noch aus. Eine Pilotstudie wurde von Kerr et al. (2000) veröffentlicht.

2.4.4 Bildauswertung für Biochips

2.4.4.1 Datenakquirierung

Üblicherweise erfolgt die digitale Quantifizierung der hybridisierten Biochips über einen Laserscanner (Abb. 2.4.4). Der Scanner liefert für jeden Ort auf dem Biochip einen Wert, der den Grad der aufgenommenen Fluoreszenz oder Radioaktivität beschreibt. Die gescannte Region wird dabei in kleine Flächen aufgeteilt (Pixel). Der von der Auflösung bestimmte Wert für einen Pixel schwankt zwischen 0 und 65536 (16-Bit-Bild). Bei radioaktiv markierten mRNA-Proben wird ein digitales Bild des Biochips erzeugt, bei fluoreszenzmarkierten mRNA-Proben werden zwei Bilder in getrennten Scannerprozeduren erzeugt. Dabei wird die Tatsache genutzt, dass die verwendeten Farbstoffe (Cy3 und Cy5) Licht mit verschiedenen Wellenlängen absorbieren und emittieren, das dann in den entsprechenden Bereichen detektiert werden kann. Bei den Zyaninfarbstoffen sind die Bereiche 510–550 nm für Cy3-Farbstoff und 630–660 nm für Cy5-Farbstoff. Die entsprechenden Prozeduren werden nacheinander durchgeführt.

Die zentrale Annahme bei der digitalen Quantifizierung von Biochips besteht darin, dass die Konzentration der mRNA in der Probe durch die Intensitätswerte, die die gebundene Radioaktivität oder Fluoreszenz messen, annähernd linear wiedergegeben werden kann. Wird die errechnete Intensität als Funktion der Konzentration betrachtet, sollte diese Funktion also mathematisch „plausible" Eigenschaften haben. Im Idealfall ist diese Funktion linear, experimentell kann allerdings beobachtet werden, dass Sättigungseffekte auftreten, die es nicht mehr erlauben, sehr kleine bzw. sehr

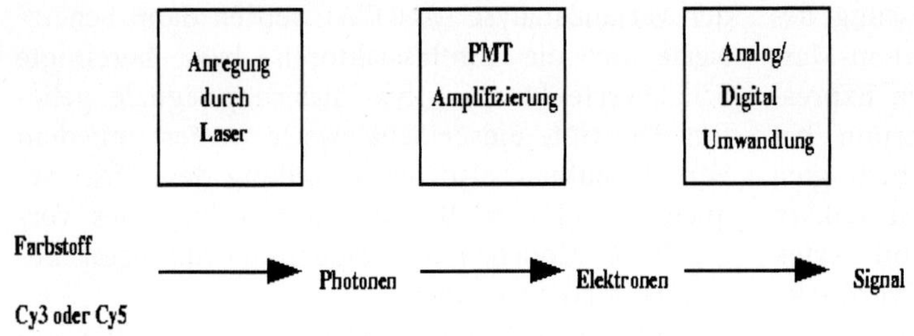

Abb. 2.4.4. Prinzip der digitalen Datenakquirierung durch einen Laserscanner. Der Laser generiert Photonen, die auf kleine Einheiten auf dem Glaschip fokussiert werden. Fluoreszierende Moleküle in diesen Einheiten absorbieren die Photonen und emitieren ihrerseits Photonen. Diese emitierten Photonen werden durch einen Detektor im Scanner aufgenommen. Der Detektor wandelt die emitierten Photonen in elektrischen Strom um. Diese Detektion kann z.B. über eine so genannte PMT (photomultiplier tube) erfolgen. Hierbei wird jedes Photon zu einer Vielzahl von Elektronen amplifiziert (bis zu 1 Mio.). Der Grad der Amplifikation richtet sich nach der eingestellten Spannung (500–2000 V). Ein Analog-Digital-Umwandler rechnet die Elektronen in digitale Signale um

große Konzentrationen reproduzierbar wiederzugeben. Daher ist es für die Versuchsdurchführung sehr wichtig, dass die mRNA-Probenkonzentration in einem Bereich gewählt wird, in dem sich die Messung annähernd linear verhält.

2.4.4.2 Module der Bildverarbeitung

Das Problem der Bildverarbeitung besteht darin, der jeweiligen immobilisierten Probe (Bildpunkt) eine Gruppe von Pixeln in dem digital abgespeicherten Bild zuzuordnen und diese zu quantifizieren (Lim 1990, Wolberg 1990).

Die meisten Bildverarbeitungsprogramme sind zweistufige Verfahren: Im ersten Schritt wird versucht, die Mittelpunkte der Bildpunkte zu finden, also die exakte Position der einzelnen Zielproben auf dem Biochip (Gitterdetektion), und im zweiten Schritt wird für jeden Bildpunkt in einer vordefinierten Pixelumgebung über eine mathematische Funktion die Intensität berechnet (Quantifizierung). Die Genauigkeit der Quantifizierung ist dabei von der Auflösung abhängig, mit der der Biochip aufgenommen wurde (Abb. 2.4.5). Für eine korrekte Analyse der einzelnen Bildpunkte sollten diese nach der Bildaufnahme aus mindestens $5 \times 5 = 25$ Pixeln bestehen. Die entstehende Pixelmatrix kann für die Integration des Bildpunkts mit verschiedenen Faktoren versehen werden, die beispielsweise das Zentrum des Bildpunkts anders gewichten als die äußeren Bezirke. Die meisten Quantifizierungen gehen dabei von einer festen Pixelfunktion aus, z.B. einer Gauß-Verteilung, sodass die Gewichte entsprechend der Verteilungsdichtefunktion eingestellt werden können. Ein wesentliches Element bei der Quantifizierung der Bildpunkte ist neben der Errechnung der Bildpunktintensität die Berechnung eines lokalen Hintergrundes, um chipspezifische Einflussfaktoren zu eliminieren. Daher geht meist nicht nur die direkte Umgebung der Bildpunkte in die Quantifizierung mit ein, sondern auch deren weitere Nachbarschaft.

Weitaus die meisten Bildverarbeitungsprogramme sind semiautomatische Verfahren und erfordern eine nutzergesteuerte Einstellung des Bildpunktgitters. Diese semiautomatischen Verfahren haben zwei entscheidende Nachteile:

1. Die Nutzerinteraktion ist bei durchaus realistischen Größenordnungen ab 10 000 Bildpunkten sehr zeitaufwändig.
2. Die Nutzerinteraktion ist oft fehlerhaft und führt zu schlecht reproduzierbaren Resultaten.

Vermehrt wird daher an vollautomatischen Verfahren gearbeitet, die das Bildpunktgitter automatisch finden. Dabei müssen Rotation des Gitters und lokale Verschiebungen der einzelnen Bildpunkte berücksichtigt werden (Steinfath et al. 2000).

In der Praxis genutzte Bildverarbeitungsprogramme sind:

1. ImaGene (www.biodiscovery.com)
2. VisualGrid (www.gpc-biotech.com)
3. AIDA (www.raytest.com)
4. ArrayVision (www.imagingresearch.com)
5. FA (www.molgen.mpg.de/~lh_bioinf/projects/image_analysis/image_analysis.html)
6. GeneSpotter (www.microdiscovery.com).

Die beiden Letztgenannten erlauben eine vollautomatische Prozessierung des Hybridisierungsbilds, d.h. die Gitterpunkte werden ohne Interaktion des Nutzers gefunden.

Bei der korrekten Herausrechnung eines Intensitätswerts für den jeweiligen Bildpunkt gibt es eine

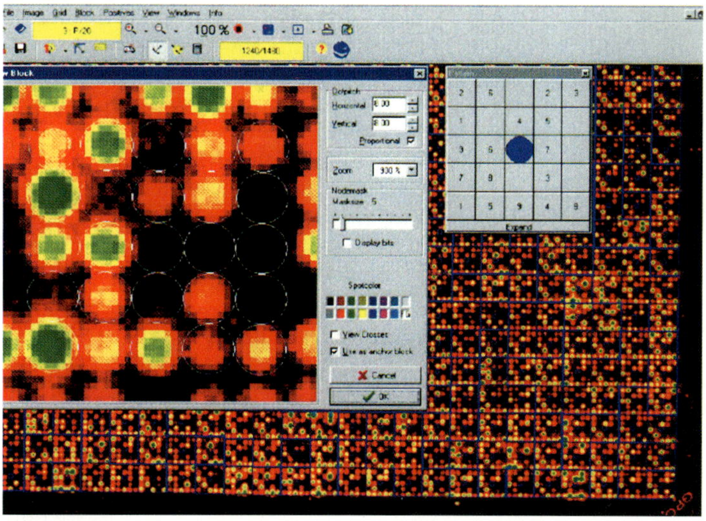

Abb. 2.4.5. Datenauswertung bei der Bildverarbeitung (VisualGrid; GPC-Biotech, München), Nylonfilter nach Hybridisierung mit radioaktiv markierter mRNA. *Rechte Vergrößerung* Struktur eines Blocks, der aus 5×5 Datenpunkten besteht. Die cDNA-Klone sind in Duplikaten aufgebracht, gleiche Nummern entsprechen gleichen cDNA-Molekülen. Einige Positionen wurden *leer* gelassen und dienen zur Errechnung eines lokalen Hintergrundwerts für die Datenpunkte in diesem Block. *Linke Vergrößerung* ein Block. Jeder Datenpunkt besteht aus kleinsten Bildeinheiten, Pixeln, die einem digitalen Intensitätswert im abgespeicherten Bild entsprechen. Alle Pixel einer fest definierten Umgebung um jeden Datenpunkt (*weiße Kreise*) werden zur Quantifizierung des Datenpunkts herangezogen

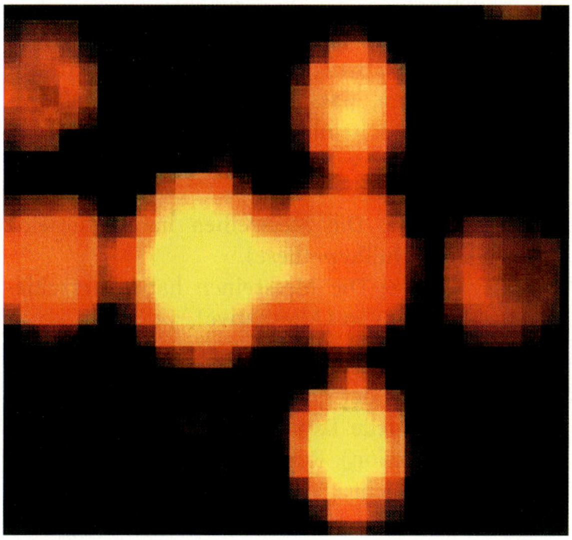

Abb. 2.4.6. Probleme bei der Datenerfassung. Überstrahlungseffekte durch benachbarte Pixel entstehen, wenn die räumliche Trennung zweier Datenpunkte nicht ausreicht. Zwei Datenpunkte (*mittlere Reihe, Punkte 2 und 3*) haben einen wechselseitigen Störeffekt bei der Quantifizierung

Reihe von Problemen, die berücksichtigt werden müssen. Ein Problem besteht z. B. in der wechselseitigen Beeinflussung von Bildpunkten, die nicht klar voneinander getrennt sind (Abb. 2.4.6).

Ein Vergleich der Qualität dieser Bildverarbeitungsprogramme steht in der Literatur noch aus. Simulierte Hybridisierungsbilder können hierbei einen wichtigen Beitrag leisten. Am Max-Planck-Institut für Molekulare Genetik werden zurzeit Studien erstellt, die anhand solcher simulierter verrauschter Bilder einen Vergleich der Güte der Quantifizierung der einzelnen Verfahren erlauben.

2.4.5 Detektion differenziell exprimierter Gene

2.4.5.1 Methoden zur Analyse differenziell exprimierter Gene

Eine wichtige Anwendung von Biochips besteht in der Identifizierung differenziell exprimierter Gene, d. h. Genen, die bei Hybridisierung mit mRNA-Proben unterschiedlicher Gewebe eine signifikante Änderung des Expressionsniveaus beobachten lassen. Die mRNA-Proben können dabei z. B. aus gesundem und krankem Gewebe stammen, was Rückschlüsse auf die an der Krankheit beteiligten Gene und deren Proteine zulässt, oder aus unterschiedlichen Stadien der Entwicklung eines Organismus, was die Charakterisierung entwicklungsspezifischer Gene erlaubt. Biochips ermöglichen die parallele Detektion differenziell exprimierter Gene und somit die Detektion einer großen Menge von Kandidatengenen und erlauben detaillierte Rückschlüsse auf ganze Signalübertragungswege und funktionelle Eigenschaften, was ihren Einsatz für die pharmazeutische Forschung sehr attraktiv macht.

Hybridisierungsbasierte Studien zur differenziellen Expression variieren mit der speziellen Technik der Datengenerierung (s. Abschnitt 2.4.2 „Techniken der Datengenerierung für Biochips"):

1. Auf Glaschips immobilisierte cDNA-Moleküle, die mit fluoreszenzmarkierten mRNA-Proben hybridisiert werden.
2. Auf Glaschips immobilisierte Oligonukleotidproben, die mit fluoreszenzmarkierten mRNA-Proben hybridisiert werden.

3. Auf Nylonfiltern immobilisierte cDNA-Proben, die mit radioaktiv markierten mRNA-Proben hybridisiert werden.

Um die differenzielle Expression eines Gens zu beurteilen, wurde ursprünglich lediglich der Expressionsquotient, also der Quotient aus gemessener Intensität bei Hybridisierung mit der Kontrollprobe und der behandelten Probe, als Kriterium verwendet (DeRisi et al. 1996, 1997, Iyer et al. 1999, Schena et al. 1995, 1996). Gene, deren Expression um mehr als einen bestimmten Schwellwert variierten, wurden als differenziell exprimiert bezeichnet. Als „zuverlässige" Schwelle galt lange Zeit ein Faktor von mindestens 2, d.h. Genexpressionsunterschiede <2 wurden als nicht signifikant eingestuft.

In ihrer Studie über differenzielle Expression in *Arabidopsis thaliana* benutzten Schena et al. (1995) Kontrollgene in den mRNA-Proben, um die beiden Farbstoffsignale vergleichen zu können, und kamen zu dem Schluss, dass sogar erst ein Faktor von 5 als signifikant angesehen werden kann. DeRisi et al. (1997) benutzten eine ausgezeichnete Menge so genannter Housekeeping-Gene, d.h. Gene die in beiden mRNA-Proben in derselben Konzentration vorkommen und daher ihr Expressionsniveau nicht ändern sollten, und errechneten einen Faktor von 3 als signifikant.

Dieses Vorgehen ist allerdings zu ungenau und hängt auch ganz wesentlich von der Güte der Experimente und der Anzahl der Wiederholungen ab. Gerade geringe Expressionsunterschiede, wie sie signifikant erst in einer Anzahl von wenigstens 4 Experimenten nachgewiesen werden können, sind interessant, z.B. um eine Krankheit in einem frühen Stadium zu erkennen. Außerdem ist zu beobachten, dass der Expressionsquotient umso stärker ist, je schwächer das absolute Expressionssignal ist. Zahlreiche statistische Auswerteverfahren wurden – oft in Abhängigkeit von der Technologie – entwickelt, um den Expressionsquotienten zu bewerten (Chen et al. 1997, Greller u. Tobin 1999, Hilsenbeck et al. 1999, Lee et al. 2000, Manduchi et al. 2000, Newton et al. 2001, Roberts et al. 2000). Meist basieren diese Verfahren auf bestimmten Verteilungsannahmen an die Struktur der Daten, z.B. durch Modellierung mit geeigneten Dichtefunktionen.

2.4.5.2 Statistische Modellierung von Genexpressionsunterschieden

Die Verwendung von statistischen Tests zur Detektion differenziell exprimierter Gene hat sich als sehr zuverlässig und sensitiv erwiesen (Baldi u. Long 2001, Callow et al. 2000, Claverie 1999, Herwig et al. 2001, Ideker et al. 2000, Thomas et al. 2001).

Hierbei muss allerdings vorausgesetzt werden, dass Wiederholungen der Hybridisierungsexperimente vorliegen. Abbildung 2.4.7 illustriert das experimentelle Schema. Werden Versuche genügend oft wiederholt, können statistische Tests zur Bewertung der Signifikanz der differenziellen Expression eingesetzt werden.

Dabei handelt es sich um ein so genanntes 2-Stichproben-Lokationsproblem (Best u. Rayner 1987, Lehmann 1975). Für jede Zielprobe werden bei Wiederholung des Experiments zwei Reihen von Intensitätswerten, $X_1,\ldots,X_N$ und $Y_1,\ldots,Y_M$, erzeugt. Bei der statistischen Modellierung wird davon ausgegangen, dass die Messreihen einer bestimmten Wahrscheinlichkeitsverteilung genügen, z.B. einer Normalverteilung. Es werden dann zwei Hypothesen getestet:

1. H_0-Hypothese: Die Messreihen haben dieselbe Verteilung (Nullhypothese).
2. H_1-Hypothese: Die Messreihen haben verschiedene Verteilungen (Alternative).

Statistische Tests erlauben also die Bewertung, ob diese Reihen aus der gleichen Population stammen (keine differenzielle Expression) oder nicht (differenzielle Expression). Relevante Tests sind hierbei:

- t-Test mit gleichen Varianzen
- t-Test mit ungleichen Varianzen
- Wilcoxon-Rangsummentest
- Permutationstests.

Allen Tests ist gemeinsam, dass sie über eine Teststatistik, d.h. eine mathematische Funktion auf den Daten, einen p-Wert errechnen, der es erlaubt, die Signifikanz der differenziellen Expression zu bewerten. Beim t-Test hat die Teststatistik z.B. die Form

$$T(X_1,\ldots,X_N,Y_1,\ldots,Y_M) = \frac{\overline{X}-\overline{Y}}{\sqrt{\frac{(N-1)S_X^2+(M-1)S_Y^2}{N+M-2}}} x \sqrt{\frac{NM}{N+M}} \tag{2.4.2}$$

wobei S_x^2 und S_y^2 die empirischen Varianzen der Kontrollgruppe und der behandelten Gruppe sind, d.h.

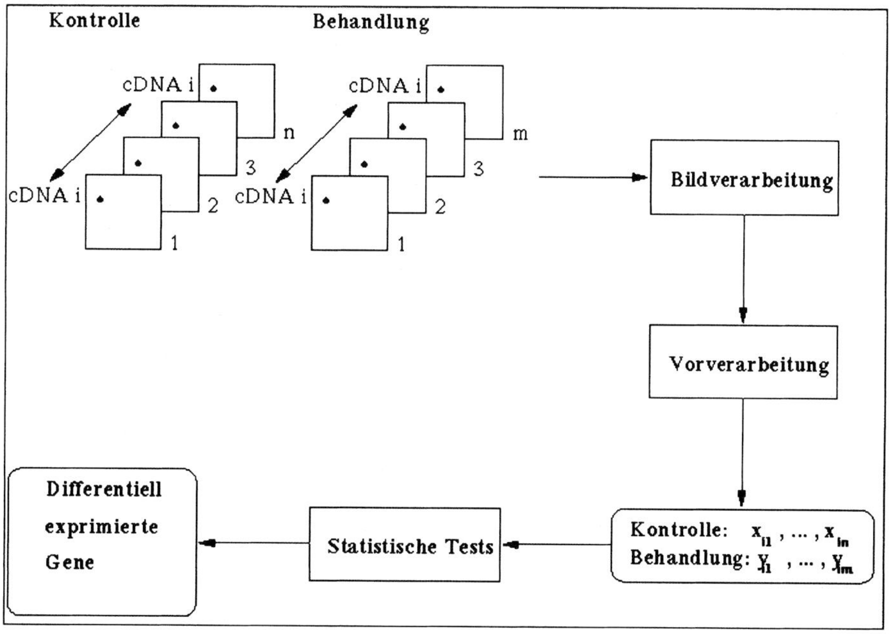

Abb. 2.4.7. Module der Datenanalyse bei der Detektion differenziell exprimierter Gene. Kontrollprobe und behandelte Probe werden mit den auf den Filtern immobilisierten cDNA-Klonen wiederholt hybridisiert. Dies liefert für jede cDNA eine Kontrollreihe und eine behandelte Reihe von Intensitätswerten, die Rückschlüsse auf die Signifikanz der differenziellen Expression zulassen. Wichtige Module der Datenanalyse sind Bildverarbeitung, Vorverarbeitung der Rohdaten und statistische Signifikanztests

$$S_X^2 = \frac{1}{N-1}\sum_{i=1}^{N}(X_i - \overline{X})^2 \qquad (2.4.3)$$

bzw.

$$S_Y^2 = \frac{1}{M-1}\sum_{i=1}^{M}(Y_i - \overline{Y})^2 \qquad (2.4.4)$$

und weiterhin

$$\overline{X} = \frac{1}{N}\sum_{i=1}^{N} X_i \qquad (2.4.5)$$

und

$$\overline{Y} = \frac{1}{M}\sum_{i=1}^{M} Y_i \qquad (2.4.6)$$

die Mittelwerte von Kontrollreihe und Behandlungsreihe sind.

Diese Teststatistik hat eine vorgegebene Verteilung. Unter der Bedingung, dass Kontrolle und Behandlung beide normalverteilt sind, ist dies eine t-Verteilung mit $M+N-2$ Freiheitsgraden. Zu jedem experimentellen Ergebnis kann daher ein p-Wert berechnet werden, der die Wahrscheinlichkeit angibt, mit der diese t-Verteilung einen noch extremeren Wert annimmt als den beobachteten Wert unter der Nullhypothese H_0. Somit ist der p-Wert ein Maß für die Signifikanz der Abweichung der Daten von der Nullhypothese, und daher indiziert ein kleiner p-Wert, dass das entsprechende Gen differenziell exprimiert ist.

Die t-Tests sind so genannte parametrische Verfahren, die voraussetzen, dass die Daten einer parametrisierbaren Wahrscheinlichkeitsverteilung folgen, in diesem Fall einer Normalverteilung, während der Wilcoxon-Test und der Permutationstest nichtparametrische Verfahren sind, die eine wesentlich schwächere Verteilungsannahme benötigen. Ist also in der Praxis nicht klar, dass die Intensitätswerte normalverteilt sind, muss auf die nichtparametrischen Verfahren zurückgegriffen werden.

Bei einem statistischen Test treten zwei Fehler auf.

1. Wird aufgrund der Teststatistik positiv entschieden, d.h. der Test suggeriert differenzielle Expression, aber das Gen ist nicht differenziell exprimiert (falsch-positiv), wird vom Fehler 1. Art gesprochen.
2. Wird aufgrund der Teststatistik negativ entschieden, d.h. der Test suggeriert keine diffe-

Tabelle 2.4.1. Klassifizierung der Fehler von Testentscheidungen

Differenziell exprimiert	Nicht differenziell exprimiert	
Kein Fehler	Fehler 1. Art	Teststatistik signifikant
Fehler 2. Art	Kein Fehler	Teststatistik nicht signifikant

renzielle Expression, aber das Gen ist differenziell exprimiert (falsch-negativ), liegt ein Fehler 2. Art vor (Tabelle 2.4.1).

Im Allgemeinen wird nur der Fehler 1. Art kontrolliert werden können. Dazu wird ein Signifikanzniveau α vorgegeben (im Allgemeinen $\alpha=0{,}01$ bzw. $\alpha=0{,}05$), und alle Gene, die einen *p*-Wert unterhalb dieser Schwelle haben, werden als „signifikant differenziell exprimiert" klassifiziert. Bei zutreffenden Verteilungsannahmen bedeutet dies, dass der Fehler 1. Art kleiner als das vorgegebene Signifikanzniveau ist.

Da jedoch die Verteilungsannahmen in der Praxis nur unzureichend erfüllt sind, werden weitere Korrekturen vorgenommen werden müssen. Eine Möglichkeit zur Adjustierung der Signifikanzschwelle liegt darin, den *p*-Wert für bestimmte bekannte Gene zu benutzen, die Komplemente in konstanter Konzentration in allen zu untersuchenden mRNA-Proben haben, z.B. in Form von so genannten Housekeeping-Genen oder in Form von zusätzlichen mRNA-Proben, die mit den zu untersuchenden mRNA-Proben markiert und vermischt werden. Abbildung 2.4.8 zeigt ein solches Vorgehen (Herwig et al. 2001). Bei einem Versuch mit Zebrafisch-mRNA-Proben wurde *Arabidopsis-thaliana*-mRNA in konstanter Konzentration der behandelten und der Kontrollprobe beigemischt. 4608 Kopien eines Arabidopsisgens wurden auf dem Filter verteilt, was im Experiment für jede dieser 4608 Kopien einen Wert für die Teststatistik des t-Tests liefert. Das zugehörige Histogramm dieser Werte beschreibt dann die Verteilung der Teststatistik unter der Nullhypothese, d.h. dass keine differenzielle Expression vor-

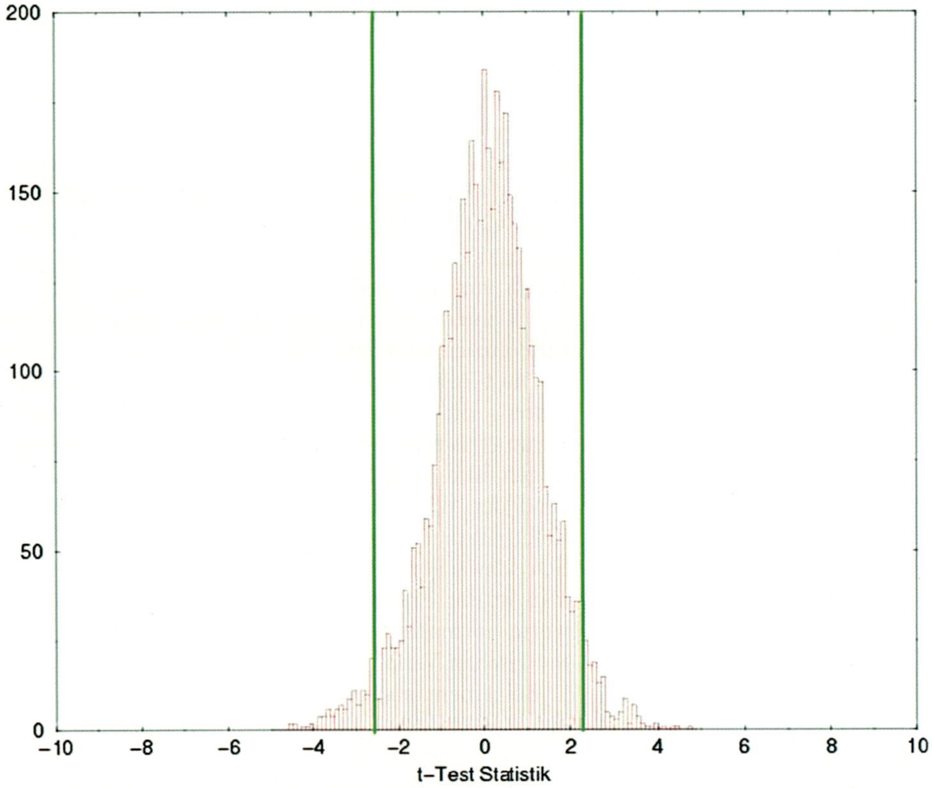

Abb. 2.4.8. Histogramm über die t-Test-Statistik für cDNA-Kontrollen. Histogramm von 4608 Kontrollgene aus *Arabidopsis thaliana*. Dieses Histogramm spiegelt die Verteilung der Daten bei konstanter experimenteller Genexpression wider, da *Arabidopsis*-mRNA in konstanter Konzentration der Kontroll-mRNA und der behandelten mRNA (Lithiumbehandlung) beigemischt wurde. Werden der 95%-Bereich dieser Verteilung (*vertikale Linien*) und die zugehörigen *p*-Werte markiert, gilt ein *p*-Wert als signifikant, wenn er kleiner als der minimale *p*-Wert des 95%-Bereichs ist. Dieses Vorgehen sichert eine Kontrolle der falsch-positiven Rate (≤5%)

liegt. Anhand des Histogramms kann der p-Wert folgendermaßen adjustiert werden:

1. Zu einem vorgegebenen Signifikanzniveau, z. B. $\alpha = 0{,}05$, werden die obere und die untere Grenze in der Verteilung bestimmt (vertikale Linien), d. h. zwischen den Linien liegen die Werte der Teststatistik von 95% der Kontrollproben.
2. Der adjustierte p-Wert ist der kleinste p-Wert der Kontrollproben, die innerhalb des 95%-Bereichs liegen.

Auf diese Art wird ein vorgegebenes Signifikanzniveau experimentell eingehalten, auch wenn die Ausgangsdaten der Verteilungsannahme nicht genügen.

Ein weiteres Problem stellt das so genannte multiple Testen dar. Selbst wenn das vorgegebene Signifikanzniveau eingehalten werden kann, bedeutet z. B. ein Niveau von $\alpha = 0{,}05$, dass 5% aller Gene falsch-positiv klassifiziert werden. Bei einem durchschnittlichen Durchsatz von 10 000 Genen

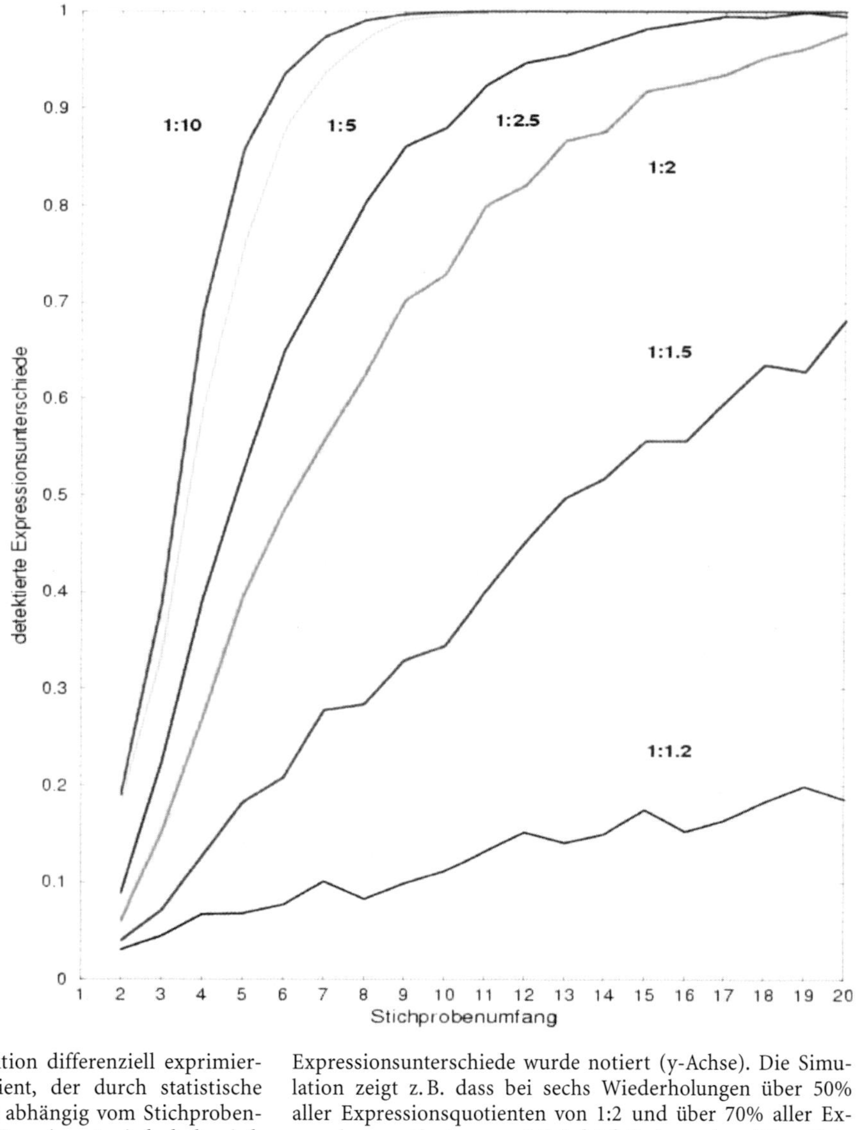

Abb. 2.4.9. Simulation zur Detektion differenziell exprimierter Gene. Der Expressionsquotient, der durch statistische Tests detektiert werden kann, ist abhängig vom Stichprobenumfang, d. h. davon wie oft das Experiment wiederholt wird. Hierzu wurden aus simulierten Verteilungen entsprechend dem eingestellten Grad der differenziellen Expression (z. B. 1:2) und entsprechend dem Stichprobenumfang Daten gezogen (x-Achse). Die t-Test-Statistik wurde berechnet, und es wurde notiert, ob die differenzielle Expression signifikant zum Niveau 0,05 detektiert wurde. Der Vorgang wurde 1000-mal wiederholt, und der Anteil korrekt detektierter Expressionsunterschiede wurde notiert (y-Achse). Die Simulation zeigt z. B. dass bei sechs Wiederholungen über 50% aller Expressionsquotienten von 1:2 und über 70% aller Expressionsquotienten von 1:2,5 detektiert wurden. Diese Rate fällt bei nur wenigen Wiederholungen auf <20%. Kleinere Expressionsunterschiede können nur mit genügenden Wiederholungen reproduzierbar detektiert werden. Der experimentelle Fehler wurde bei diesen Simulationen mit 50% relativ hoch eingestellt, sodass bei wirklichen Experimenten (Fehler etwa 10–20%) bessere Ergebnisse erwartet werden können

bedeutet dies immerhin eine Menge von 500 falsch-positiven Kandidaten. Um mögliche Folgekosten, etwa bei Northern-Blots oder RT-PCR-Experimenten, zu vermeiden, können also strengere Kriterien angesetzt werden. Bei der so genannten Bonferroni-Korrektur wird der angestrebte *p*-Wert durch die Anzahl der durchgeführten Tests, also die Anzahl der Gene auf dem Biochip, dividiert und nur solche Gene als signifikant angesehen, deren *p*-Wert unterhalb dieser korrigierten Schwelle liegt. Dies bedeutet bei 10 000 Genen und einem *p*-Wert von 0,05 eine korrigierte Schwelle von 5×10^{-6}.

Die Bonferroni-Korrektur ist allerdings zu streng und lässt in der Praxis zu wenig interessante Kandidaten zu. Daher wurden Verfahren entwickelt, die das multiple Testen durch so genannte Resambling-Methoden bewerten (Shaffer 1995, Westfall u. Young 1993). Diesen Methoden liegt folgende Überlegung zugrunde: Für ein Gen wird der Wert anhand der Teststatistik berechnet. Dies geschieht durch die bekannte Gruppeneinteilung von N Werten der Kontrolle und M Werten der Behandlung. Werden diese Werte permutiert, d. h. die $N+M$ Werte willkürlich in zwei Gruppen der Größe N und M geteilt, und für diese Permutation der Wert der Teststatistik errechnet, resultiert ein Wert, der unabhängig von der differenziellen Expression ist. Dieses Vorgehen wird für alle möglichen Permutationen wiederholt, und es werden diejenigen Fälle gezählt, bei denen für die Teststatistik ein noch kleinerer Wert erhalten wurde als der errechnete Wert. Als adjustierter *p*-Wert resultiert der Quotient aus denjenigen Fällen, die gezählt wurden, und der Anzahl aller möglichen Permutationen. Die Anzahl der Permutationen wächst sehr rasch, sodass ab einer bestimmten Gruppengröße nicht mehr alle Permutationen durchgezählt werden können. So existieren für $N=M=3$ 20 mögliche Permutationen, für $N=M=6$ bereits 924 und für $N=M=12$ 2 704 156 Permutationen.

2.4.5.3 Simulationen

Eine wichtige Frage bei der Detektion differenziell exprimierter Gene ist die Höhe der differenziellen Expression, d. h. welcher Intensitätsquotient ist signifikant, sowie die Frage nach der Anzahl der Wiederholungen des Hybridisierungsexperimentes, die eine verlässliche Berechnung des Intensitätsquotienten zulassen. Vor allem bei den ersten Experimenten dieser Art wurden Hybridisierungsexperimente lediglich 2- bis 3-mal wiederholt. Dies führte zu wenig verlässlichen Ergebnissen gerade im niedrigen Intensitätsbereich.

Eine einfache Simulation zeigt, wie die Höhe der zu detektierenden differenziellen Expression von der Anzahl der Wiederholungen abhängig ist (Abb. 2.4.9).

Während augenfällige Expressionsunterschiede von 1 : 10 oder 1 : 5 bereits mit geringem Stichprobenumfang mit hoher Wahrscheinlichkeit detektierbar sind, kommt es gerade bei den geringen Expressionsunterschieden auf die Anzahl der Versuche an. Da gerade die geringen Expressionsunterschiede interessant sind, z. B. soll eine bestimmte Krankheit in einem frühen Stadium erkannt werden, müssen Experimente moderat wiederholt werden. Zum Beispiel können bei 8facher Wiederholung des Experiments bereits 70% der Expressionsunterschiede des Faktors 1 : 2 detektiert werden.

2.4.6 Erstellung von Genexpressionsprofilen

2.4.6.1 Fragestellungen

Eine wichtige Fragestellung beim Einsatz von Biochips besteht darin, die Expression von Genen über eine Reihe von Zeitpunkten zu messen, z. B.

- um Änderungen bei der Zugabe von Medikamenten zu untersuchen,
- um die Transkriptionsstärke in verschiedenen Stadien der Entwicklung eines Organismus zu analysieren oder
- um die Transkriptionsstärke in verschiedenen Geweben zu unterscheiden.

Dazu wird entsprechend der biologischen Fragestellung für jeden Zeitpunkt ein Hybridisierungsexperiment durchgeführt und für jede cDNA-Sequenz auf dem Biochip ein so genanntes Genexpressionsprofil erstellt, also ein Vektor von Intensitätswerten, der die Stärke der Transkription in den entsprechenden Experimenten beschreibt.

Ein anderes Ziel besteht darin, verschiedene Gewebe oder verschiedene Formen einer Krankheit durch den globalen Expressionszustand zu unterscheiden. Dies hat einen wichtigen Einfluss auf die Behandlung, da sich verschiedene Formen einer Krankheit im Allgemeinen im Krankheitsverlauf, der Behandlung und dem Behandlungserfolg stark unterscheiden.

Eine Reihe von Studien beschreibt den Einsatz von Biochiptechnologien an klinischen Proben, menschlichen Zelllinien und anhand von Tiermodellen von menschlichen Krankheiten.

An klinischen Proben wurden Expressionsstudien an Brustkrebs und Darmkrebs (Alon et al. 1999, Perou et al. 1999) durchgeführt. Gene von potenzieller Funktion wurden identifiziert und bestimmten Krankheitsbildern zugeordnet. Eine umfassende Untersuchung von mehr als 60 menschlichen Krebszelllinien lieferten Ross et al. (2000) und Scherf et al. (2001).

Die Klassifizierung von Genexpressionsprofilen hat in der Literatur zur Klassifizierung von Krankheiten und deren Subtypen geführt. Golub et al. (1999) konnten zwei Typen von Leukämie,

- akute myeloische Leukämie (AML) und
- akute lymphatische Leukämie (ALL),

auf der Basis von 50 Genen klassifizieren, die aus einer Gesamtanzahl von 6817 Genen ausgesucht wurden. In dieser Studie gelang es, 36 von 38 Patienten korrekt zu klassifizieren. Die 50 relevanten Gene enthielten dabei solche, deren differenzielle Expression in den Subformen bekannt war, sowie auch bisher unbekannte Gene. Alizadeh et al. (2000) klassifizierten B-Zell-Lymphome (DLBL) in zwei getrennte Subformen und benutzten dazu einen Biochip mit 17 856 Genen.

2.4.6.2 Auffinden koregulierter Gene mittels Clusteranalyse

Das Auffinden von Genen mit ähnlichen Genexpressionsprofilen (Genexpressionscluster) führt zu der Annahme, dass diese Gene regulative Faktoren gemein haben müssen. Ferner bietet dieses Vorgehen die Möglichkeit, bisher uncharakterisierte Gene durch bekannte Gene im gleichen Cluster zu charakterisieren.

Ziel der mathematischen Clusteranalyse ist es, die verschiedenen Gene so in Gruppen zu unterteilen, dass Gene mit gleichem Regulationsverhalten in dieselbe Gruppe eingeteilt werden und Gene mit unterschiedlichem Regulationsverhalten in verschiedene Gruppen (Duda u. Hart 1973, Jain u. Dubes 1988, Mirkin 1996).

Werden an N Genen P verschiedene Versuche durchgeführt, z. B. Hybridisierungen zu P verschiedenen Zeitpunkten oder Hybridisierungen mit mRNA aus P verschiedenen Geweben, führt das zu einer $N \times P$-Datenmatrix, in der jede Zeile dem Genexpressionszustand eines Gens auf dem Biochip entspricht und in der jede Spalte den Genexpressionszustand einer Probe widerspiegelt.

Die mathematische Ähnlichkeit zweier Datenpunkte (Gene) wird üblicherweise durch ein Distanzmaß bzw. Ähnlichkeitsmaß gemessen, das die Genexpressionszustände numerisch bewertet. Ist also $X=(x_1,\ldots,x_P)$ der Vektor, der die Expression von Gen X über die P Versuche beschreibt, und ist $Y=(y_1,\ldots,y_P)$ der Vektor, der die Expression von Gen Y über die P Versuche beschreibt, so ist z. B. die Euklid-Distanz ein häufig benutztes Distanzmaß:

$$d(X,Y) = \sqrt{\sum_{i=1}^{P} (x_i - y_i)^2} \qquad (2.4.7)$$

Sind die Genexpressionsprofile der Gene über die P Versuche ähnlich, wird dieses Maß einen kleinen Wert liefern, also eine hohe Ähnlichkeit indizieren, weichen die Genexpressionsprofile voneinander ab, liefert dieses Maß einen großen Wert.

In der Literatur benutzte Distanz- bzw. Ähnlichkeitsmaße sind:

- Euklid-Distanz
- Hamming-Distanz
- Pearson-Korrelationskoeffizient
- Rangkorrelationskoeffizient
- Transinformation.

Ein Clusteralgorithmus entscheidet anhand eines solchen Ähnlichkeitsmaßes, ob 2 Gene in dieselbe Gruppe gehören oder nicht. Sind mehrere Expressionsvektoren im gleichen Cluster, wird ein gemeinsamer, den Cluster repräsentierender Genexpressionsvektor berechnet, z. B. als Mittelwert der dem Cluster zugeordneten Genexpressionsvektoren. Dadurch kann wiederum die Ähnlichkeit zwischen zwei Clustern berechnet werden.

Clusterverfahren sind z. B.

- hierarchische Verfahren
- *K*-means
- graphentheoretische Ansätze
- selbst organisierende Karten (SOM).

Hierarchische Verfahren starten mit N Clustern, d. h. jeder Datenpunkt wird einem Cluster zugeordnet. In jedem Schritt des Algorithmus werden diejenigen Cluster zusammengeführt, die die geringste Distanz (die größte Ähnlichkeit) voneinander haben. Bestehen die Cluster aus nur einem Datenpunkt, werden die Genexpressionsprofile direkt verwendet, die Distanz zweier Cluster mit zwei oder mehr Elementen wird entweder über die Distanz der Mittelwertsvektoren der den Clustern zugeordneten Datenpunkte (average linkage), über die minimale Distanz von Elementen aus beiden

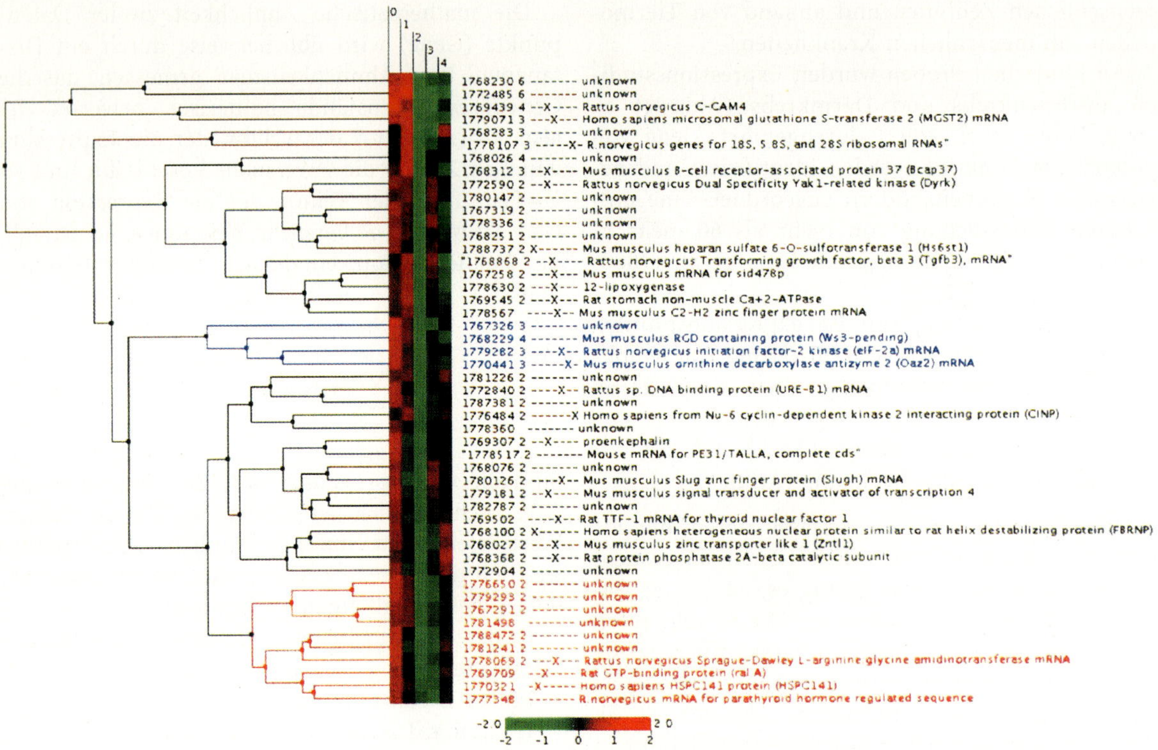

Abb. 2.4.10. Clustering von differenziell exprimierten Genen in einem Experiment zum induzierten Bluthochdruck bei der Ratte (R. Mrowka, pers. Mitteilung). Gruppen von Genen mit ähnlichem Profil werden durch den Clusteralgorithmus in Klassen zusammengefasst. Zwei deutlich abgesetzte Cluster sind in *rot* und *blau* markiert. Das Auftreten von Genen in einer Gruppe deutet darauf hin, dass die Gene in einem gemeinsamen biochemischen Prozess verknüpft sind. Auf diese Weise können auch Sequenzen mit bisher unbekannter Funktion in einen funktionalen Zusammenhang gestellt werden

Clustern (single linkage) oder über die maximale Distanz von Elementen aus beiden Clustern (complete linkage) berechnet. Der Algorithmus ist dann beendet, wenn alle Genexpressionsvektoren demselben Cluster zugeordnet sind. Hierarchische Verfahren liefern also keine direkte Information über die Anzahl der im Datensatz enthaltenen Gruppen. Die Ergebnisse eines hierarchischen Clusterverfahrens lassen sich allerdings sehr übersichtlich in Form eines Dendrogramms darstellen (Abb. 2.4.10), weshalb sie häufig benutzt werden (Alon et al. 1998, Eisen et al. 1998, Wen et al. 1998).

Beim K-means-Verfahren muss die Anzahl der zu berechnenden Cluster vorgegeben werden. Dies geschieht zumeist dadurch, dass K zufällig ausgewählte Datenpunkte als Clustermittelpunkte initialisiert werden. Dann wird in einem iterativen Verfahren jeder Datenpunkt dem Ähnlichsten der K initialisierten Datenpunkte zugeordnet, anschließend werden die Mittelpunkte der K Cluster als Mittelwertsvektoren der jeweils den Clustern zugeordneten Datenpunkte neu berechnet usw. Die Iteration wird so lange wiederholt, bis eine vorher festgelegte Anzahl von Iterationen überschritten ist oder bis sich die Partition stabilisiert hat (Tavazoie et al. 1999). K-means-Algorithmen sind abhängig von der zufälligen Initialisierung der Cluster (Abb. 2.4.11). Daher wurde an Modifikationen gearbeitet, die die Anzahl, K, der Cluster aus den Daten selbst berechnet (Herwig et al. 1999, 2000).

Graphentheoretische Ansätze arbeiten oft mit so genannten Schwellwertgraphen. Ein Graph ist eine Menge von Ecken, die mit Kanten verbunden sind. Bei einem Schwellwertgraphen entsprechen die Ecken den Datenpunkten, und die Kanten zwischen zwei Ecken werden gewichtet mit der paarweisen Ähnlichkeit der zugehörigen Genexpressionsvektoren. Zu einer vorgegebenen Ähnlichkeitsschwelle werden diejenigen Kanten aus dem Graph gestrichen, die unterhalb der Ähnlichkeitsschwelle liegen. Cluster entstehen dabei als mehr oder weniger vollständige Teilgraphen, die mit speziellen Algorithmen berechnet werden können

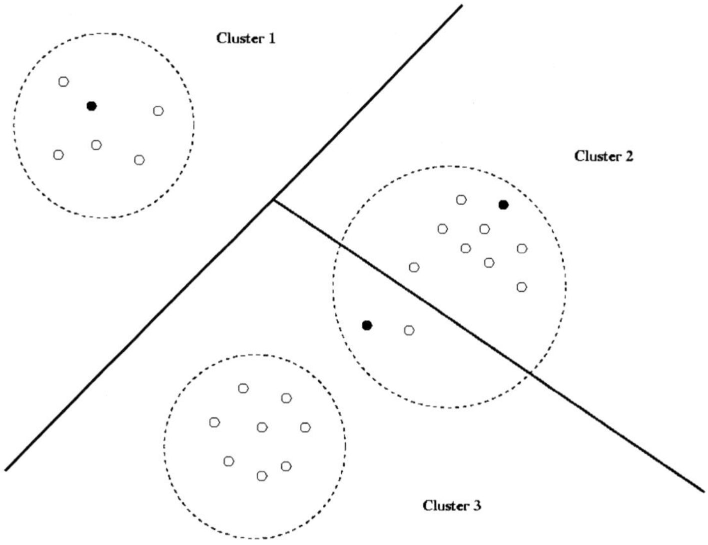

Abb. 2.4.11. Initialisierungsproblem beim *K*-means-Algorithmus. Drei Cluster von Datenpunkten (*gestrichelte Kreise*) werden fehlerhaft partitioniert durch zufällige Initialisierung dreier Clustermittelpunkte. *Schwarz gefärbte Punkte* initialisierte Clustermittelpunkte. Cluster 1 wird korrekt gefunden. Cluster 2 wird geteilt, da zwei Datenpunkte im Initialisierungsschritt des Algorithmus als Mittelpunkte verschiedener Cluster gesetzt wurden. Cluster 3 wird einem falschen Clustermittelpunkt zugeordnet

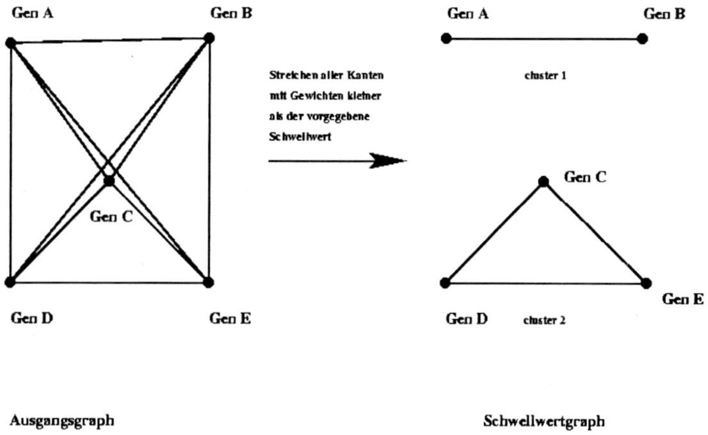

Abb. 2.4.12. Prinzip eines Schwellwertgraphen. *Ecken* Datenpunkte, *Kanten* werden gemäß der paarweisen Ähnlichkeit der zugehörigen Genexpressionsvektoren gewichtet. Im Ausgangsgraph sind alle Datenpunkte mit allen anderen verbunden. Dann werden alle Kanten gestrichen, deren Gewicht unterhalb einer vorgegebenen Schwelle liegen. Dadurch werden Teilgraphen erhalten, die aus Datenpunkten bestehen, die ähnlich zueinander sind. Im Beispiel resultieren zwei Cluster der Größe 2 bzw. 3. Diese Teilgraphen können dann durch entsprechende Algorithmen herausgerechnet werden

(Abb. 2.4.12). Graphentheoretische Ansätze sind ebenfalls zur Clusteranalyse von Genexpressionsdaten verwendet worden (Ben-Dor et al. 1999, Sharan u. Shamir 2000).

Weitere Clusteralgorithmen für Genexpressionsdaten sind

- selbst organisierende Karten (Tamayo et al. 1999, Törönen et al. 1999),
- das so genannte „gene-shaving" (Hastie et al. 2001),
- Hauptkomponentenanalyse (Jolliffe 1986, Yeung u. Ruzzo 2001) und
- Sambling-Methoden (Heyer et al. 1999).

2.4.6.3 Unüberwachte und überwachte Datenanalyse

Der Begriff des überwachten Lernens kommt ursprünglich aus dem Bereich der statistischen Lerntheorie. Alle bisher aufgeführten Verfahren sind unüberwachte Clusterverfahren, der Zweck ist es, Genexpressionsprofile für bestimmte Gruppen von koregulierten Genen zu finden und diese Gene mit bestimmten Funktionen zu verbinden.

Beim überwachten Lernen werden Klassifizierungsmethoden konstruiert [lineare Diskriminanzanalyse, Entscheidungsbäume, SVM (support vector machines)], die einem Genexpressionsprofil eine vordefinierte Klasse zuordnen, z.B. einen bestimmten Subtyp einer Krankheit. Dies ist in der Praxis für die medizinische Diagnostik von Bedeutung (Abb. 2.4.13).

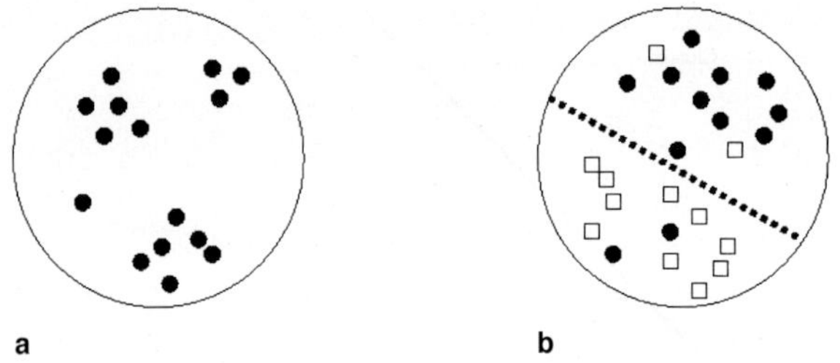

Abb. 2.4.13 a, b. Überwachtes und unüberwachtes Lernen. Aufgabe der unüberwachten Klassifizierung (**a**) ist es, die Datenpunkte in Gruppen zu partitionieren, die ein ähnliches Genexpressionsniveau haben. Wird ein metrisches Ähnlichkeitsmaß, z. B. die Euklid-Distanz, verwendet, bedeutet das die Gruppierung in nah beieinander liegende Mengen von Datenpunkten. Im Beispiel würde so eine Partition der Datenpunkte vier Gruppen mit jeweils 6, 5, 3 und 1 Element ergeben. Aufgabe der überwachten Klassifizierung (**b**) ist es, bekannte Gruppen möglichst gut voneinander zu trennen. Im Beispiel gibt es zwei Gruppen (*Kreise* und *Quadrate*), die durch eine Gerade getrennt werden. Der Fehler, also die Anzahl der fehlerhaften Klassifizierungen, beträgt hier 4. Ist ein solcher Algorithmus an genügend Beispielen trainiert, können unbekannte Datenpunkte durch die Klassifizierungsmethode eingruppiert werden

Die überwachten Klassifizierungsmethoden werden im ersten Schritt anhand einer a priori gegebenen Trainingsmenge von Datenpunkten trainiert und an einer Testmenge mit bekannter Partition getestet. Anschließend wird die Methode auf bisher unbekannte Daten angewendet.

In der Praxis kamen solche Methoden bereits zum Einsatz. Brown et al. (1999) verglichen verschiedene überwachte Lernmethoden anhand von sechs funktionellen Klassen von Hefegenen. Dabei lagen Messungen der Genexpression an 79 Zuständen vor. Für bekannte Gene aus bestimmten funktionellen Klassen, z. B. ribosomale Proteine und Histone, wurde dabei eine gute Klassifizierung erreicht. In diesem Vergleich schnitt die SVM-Klassifizierungsmethode am besten ab (Cristianini u. Shawe-Taylor 2000, Furey et al. 2000).

2.4.6.4 Bewertung von Genexpressionsclustern

Während die Entwicklung neuer Clusteralgorithmen im Lauf der letzten Jahre stetig vorangetrieben wurde, fehlen vergleichende Studien über die Güte der einzelnen Verfahren sowie Kriterien zur Bewertung des erhaltenen Clusterergebnisses.

Die Validierung von Clustern ist jedoch in der Praxis sehr wichtig, da oft das Problem besteht, welches der erhaltenen Clusterergebnisse die Daten am besten gruppiert, sei es, wenn derselbe Datensatz mit verschiedenen Algorithmen bearbeitet wird, oder sei es, wenn für denselben Algorithmus

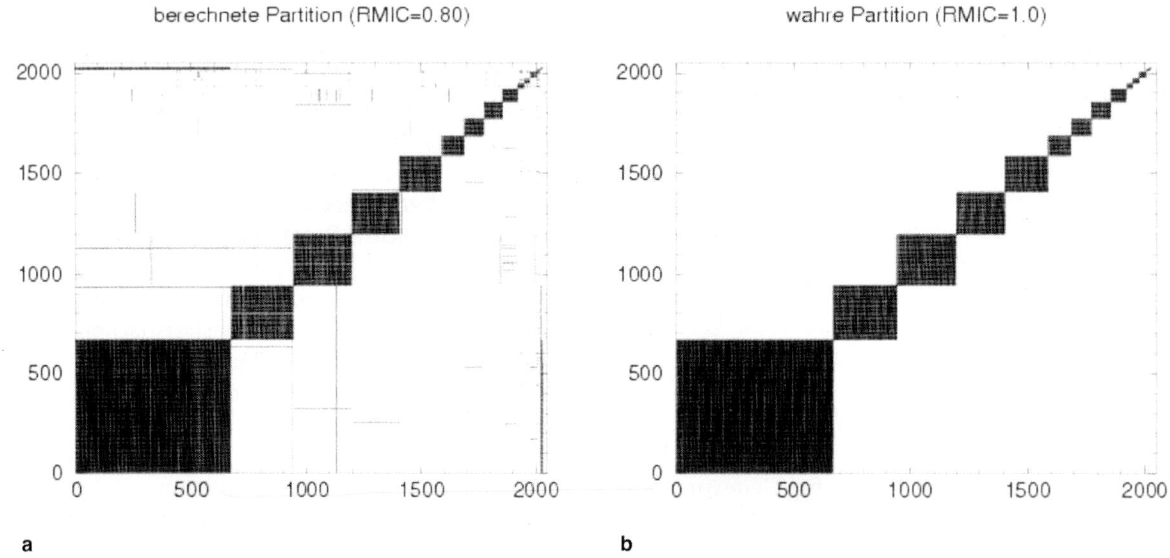

Abb. 2.4.14 a, b. Bewertung von Clusterergebnissen. Clusterergebnis für einen Datensatz von 2019 cDNA-Klonen, deren wahre Partition bekannt ist. Die Klone wurden durchnummeriert und die Cluster nach Größe sortiert. Der größte Cluster beinhaltet 669 cDNA-Klone, der kleinste 2. Für jedes Paar von cDNA-Molekülen wurde ein *schwarzer Punkt* gemalt, wenn die cDNA-Moleküle im selben Cluster liegen. Die Qualität des Clusteralgorithmus wurde nummerisch durch ein informationstheoretisches Maß bewertet (RMIC: relative mutual information coefficient) (Herwig et al. 1999). Für die wahre Partition ist dieses Maß gleich 1 (**b**). Für die errechnete Partition ergibt sich ein kleinerer Wert (RMIC=0,8), da einige cDNA-Moleküle aufgrund fehlerhafter Hybridisierungssignale falsch zugeordnet wurden (**a**)

verschiedene Parametereinstellungen (Anzahl der Cluster, Schwellwerte bei graphentheoretischen Ansätzen usw.) gewählt wurden.

Jain u. Dubes (1988) und Mirkin (1996) veröffentlichten einige Funktionen, mit denen Clusterergebnisse bewertet werden können. Es lassen sich zwei Klassen von Kriterien zur Validierung von Clusterergebnissen unterscheiden:

- externe Kriterien
- interne Kriterien.

Bei externen Kriterien wird die berechnete Partition des Datensatzes mit a-priori-Wissen verglichen. Bei Simulationen etwa, bei denen die korrekte Partition bekannt ist, wird die errechnete Partition mit der wahren Partition durch nummerische Funktionen bewertet. Nummerische Funktionen dieser Art sind z.B. der Jaccard-Koeffizient, der Rand-Index, die Fowlkes- und die Mallows-Statistik oder Huberts-Statistik. So intuitiv diese Verfahren sind, sie lassen sich nur anwenden, wenn genügend a-priori-Wissen vorhanden ist. Ihr Einsatz ist daher v.a. für Simulationsexperimente interessant (Abb. 2.4.14).

Interne Kriterien bewerten die errechnete Partition aus dem Datensatz selbst. Sinnvolle Konzepte zur Bewertung eines errechneten Genexpressionsclusters sind etwa „Kompaktheit“ und „Isolation“. Kompaktheit bewertet die clusterinterne Abweichung der zugehörigen Datenpunkte, also wie ähnlich die dem Cluster zugeordneten Datenpunkte sind. Isolation bewertet die Abweichung eines Clusters von den anderen errechneten Clustern, also ob der Cluster genügend isoliert von anderen Clustern ist. Die mathematische Bewertung erfolgt wiederum durch Funktionen, die die paarweise Distanz von Datenpunkten und Clustern beschreiben. Es ist klar, dass diejenigen Cluster gut bewertet werden, die kompakt und isoliert sind, während bei nicht kompakten, nicht isolierten Clustern davon auszugehen ist, dass sie keine biologische Bedeutung haben.

Künftige Methodenentwicklungen werden in viel stärkerem Maß als bisher vergleichend orientiert sein müssen, um die individuelle Verfälschung der Ergebnisse durch die einzelnen Verfahren interpretieren und eliminieren zu können.

2.4.6.5 Motivsuche nach regulativen Elementen

Unter Genen mit ähnlichem Expressionsprofil sollten sich gemeinsame regulative Elemente finden lassen. Daher wird die Suche nach Genexpressionsclustern üblicherweise mit der Suche nach möglichen gemeinsamen Promotorsequenzen verbunden. In Anlehnung an die erfolgreiche Identifikation von Transkriptionsfaktorbindungsstellen beim Zellzyklus der Hefe (Van Helden u. Collado-Vides 1998) wird in vielen Organismen in den regulatorischen Regionen der gefundenen Cluster nach gemeinsamen Motiven gesucht. Auf diese Weise werden Promotorregionen identifiziert und regulatorische Mechanismen aufgeklärt (Pilpel et al. 2001, Tavazoie et al. 1999, Vilo et al. 2000).

Dabei kann auf schon vorhandene Datenbanken zurückgegriffen werden, die Sammlungen von eukaryontischen Promotorsequenzen beinhalten [FUNSITE, SITEVIDEO: Kel et al. (1993, 1995), TRANSFAC: Wingender (1997), EPD: Cavin-Perier et al. (1998), Perier et al. (2000)].

Durch Sequenzhomologiesuche unter den *cis*-Regionen der im Cluster befindlichen Gene können gemeinsame Sequenzmotive gefunden und deren statistische Signifikanz bewertet werden [Brazma et al. (1998), Fickett u. Hatzigeorgiou (1997): PromoterInspector; Bussemaker et al. (2001), Scherf et al. (2000, 2001)].

Als Beispiel für die Kombination der Clusteranalyse von Genexpressionsprofilen und der Homologiesuche von *cis*-Regionen der beteiligten Gene kann die Publikation von Tavazoie et al. (1999) herangezogen werden. Die Autoren benutzten einen *K*-means-Algorithmus und gewannen aus 6000 Hefegenen, dem kompletten Transkriptom von *Saccharomyces cerevisiae*, 30 Genexpressionscluster. Die Größe der Cluster variierte zwischen 49 und 186 Genen. Die Cluster wurden mit Genen ähnlicher Funktion ergänzt. Danach wurde mit dem dafür entwickelten Algorithmus AlignACE (Roth et al. 1998) nach gemeinsamen Sequenzmustern gesucht, und es wurden kurze Sequenzmotive in 12 Clustern, die eine große clusterspezifische Signifikanz aufwiesen, identifiziert.

2.4.7 Genetische Netzwerke

2.4.7.1 Modellierung der Transkription

Ein zentrales Anliegen der molekularen Biologie ist das Verständnis der Proteinsynthese. Diese beinhaltet in verschiedenen Stadien mannigfaltige zelluläre Vorgänge, darunter Transkriptionskontrolle, RNA-Spleißvorgänge, Transport von mRNA, Translationskontrolle, posttranslationale Modifikationen und Degradierung von mRNA- und Proteinprodukten.

Die Modellierung der Gesamtheit dieser zellulären Vorgänge ist äußerst komplex und mit den bisher zur Verfügung stehenden Daten nur schwer bzw. gar nicht möglich. Da bei der Datengenerierung (Abschnitt 2.4.2 „Techniken der Datengenerierung für Biochips") im Wesentlichen Genexpressionsmessungen durchgeführt werden, bleibt die Modellierung zellulärer Vorgänge v.a. auf die Modellierung der Transkription beschränkt. Die Zelle wird dabei als Netzwerk von Genprodukten (mRNA, Proteine) interpretiert, die Interaktionen resultieren aus der Transkription eines Gens und dem Effekt seines Proteins auf die Aktivierung anderer Gene. Der Zustand der Zelle zu einem bestimmten Zeitpunkt wird dabei über das Genexpressionsniveau aller zu diesem Zeitpunkt gemessenen Gene definiert und bestimmt das Verhalten der Zelle zum nächsten Zeitpunkt. Es werden somit im Wesentlichen Änderungen des Genexpressionszustands in der Zeit betrachtet.

Vom analytischen Standpunkt aus können genetische Netzwerke entweder als deterministische oder als stochastische Systeme angesehen werden. In einem deterministischen System (z.B. einem Boole-Modell) bestimmt ein Zustand in einem bestimmten Zeitpunkt eindeutig den Zustand des darauf folgenden Zustands, es gibt also nur einen Nachfolgezustand für den aktuellen Zustand. Bei stochastischen Systemen kann ein Zustand zu einem bestimmten Zeitpunkt mehr als einen Nachfolgezustand haben, die Nachfolgezustände werden gemäß einer bestimmten Wahrscheinlichkeitsverteilung angenommen.

2.4.7.2 Vorwärtsmodellierung und Simulation genetischer Netzwerke

Bei der Vorwärtsmodellierung bilden deterministische regulatorische Beziehungen den Startpunkt, insofern als die Interaktionen der verschiedenen Elemente des zu modellierenden Systems vorgegeben sind. Die Elemente können Gene, Proteine oder auch komplexere Elemente sein (Abb. 2.4.15).

Ein bekanntes öffentliches Projekt in dieser Richtung ist das E-Zellen-Projekt (http://www.e-cell.org, Tomita et al. 2000). Das E-Zellen-System soll die Definition der Funktionen von Proteinen, Protein-Protein-Interaktionen, Protein-DNA-Interaktionen und anderer zellulärer Prozesse gestatten und deren Modellierung ermöglichen.

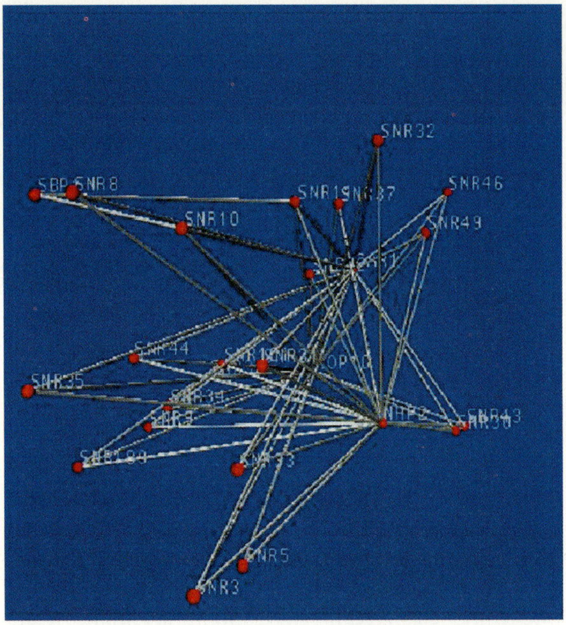

Abb. 2.4.15. Visualisierung von wechselseitigen physikalischen Interaktionen bei Hefegenen. Bekannte physikalische Wechselwirkungen von Hefegenen (*Saccharomyces cerevisiae*, http://mips.gsf.de/proj/yeast/CYGD/db/index.html) wurden graphisch dargestellt und der resultierende Graph nach Zusammenhangskomponenten untersucht. Ein Interaktionsnetzwerk aus 25 Genen wurde durch einen dreidimensionalen Graphen visualisiert (BioMiner, MicroDiscovery, Berlin)

Die Parameter für die Interaktionen, z.B. Konzentrationen, Reaktionsraten, usw., werden dabei meistens durch intensive Literaturrecherche gewonnen. Ein Problem dieses Vorgehens ist das Auffinden geeigneter Startparameter. Sind diese gefunden, liefert die deterministische Vorwärtsmodellierung die Änderung dieser Parameter in der Zeit.

Interessante Fragen bei der Vorwärtsmodellierung sind dann z.B. das Verhalten des Systems, wenn ein bestimmtes Gen ausgeschaltet wird (Knockout-Experimente), oder das Verhalten des Systems bei Zugabe eines bestimmten Medikaments. Das ultimative Ziel der Vorwärtsmodellierung ist es, ein möglichst genaues Modell der biochemischen Vorgänge in der Zelle zu bekommen, um dann in-silico-Behandlungen durchzuführen, was eine erhebliche Bedeutung für die klinische und pharmazeutische Forschung hat. Im Bereich der kombinatorischen Therapie könnten dann Wechselwirkungen verschiedener Medikamente simuliert und geeignete Behandlungen gefunden werden, um einen bestimmten – den gewünschten – Genexpressionszustand der Zelle herzustellen.

Diese Entwicklungen werden allerdings noch Jahre auf sich warten lassen, da die dafür nötigen Daten weder in der entsprechenden Quantität noch in der entsprechenden Qualität vorliegen. Nichtsdestotrotz liefern Hochdurchsatzverfahren die einzige Möglichkeit, die entsprechenden Daten für die Interaktionsparameter dieser sehr komplexen Systeme zu gewinnen.

Beim Auffinden der nötigen Parameter kann nur umfangreiches Expertenwissen helfen, die relevante Literatur muss durchforstet werden, und die regulativen Interaktionen zwischen den Elementen des Netzwerks müssen identifiziert werden.

Beim Aufbau der Modellierungsumgebung muss die Klasse von Gleichungen definiert werden, die die Interaktionen beschreiben. Meistens dienen hierzu gewöhnliche Differenzialgleichungen, es gibt aber auch Varianten, die stochastische Differenzialgleichungen und so genannte dynamische Bayes-Netze verwenden.

2.4.7.3 Reverse Engineering

Der Zweck des so genannten reverse engineerings ist die Schätzung eines genetischen Netzwerks, also der wechselseitigen Regulation der beteiligten Gene, aus den experimentellen Daten. Wurde etwa eine Zeitreihe gemessen, z. B. Hybridisierungsexperimente zu verschiedenen Zeitpunkten in der Entwicklung eines Organismus oder während der Antwort auf Medikamentenzugabe bzw. Umwelteinfluss, stellt jedes Experiment die Messung des Zustands der Genexpression zu einem festen Zeitpunkt dar, und das Experiment am nächsten Zeitpunkt sollte durch die Regeln und Parameter des berechneten Netzwerks möglichst gut wiedergegeben werden können.

Die Ansätze unterscheiden sich dabei nach der Art der Dateninterpretation. Werden die Expressionsdaten selbst verwendet, handelt es sich um stetige Modelle. Werden die Expressionsvektoren durch eine Vorverarbeitung, z. B. einen geeigneten Schwellwert, auf 0/1 abgebildet, wird von Boole-Modellen gesprochen (Kauffman 1993, Somogyi et al. 2001). Bei Boole-Modellen interessiert also nur, ob ein Gen im momentanen Expressionszustand aktiviert ist oder nicht, nicht aber die Stärke der Aktivierung. Boole-Modelle können durch Tabellen beschrieben werden, in denen für jedes beteiligte Gen notiert wird, ob es aktiv ist oder nicht und in denen für jeden möglichen Zustand sein Nachfolgezustand definiert ist. Ein Boole-Modell mit n Genen hat 2^n verschiedene Zustände. Tabelle 2.4.2 veranschaulicht die möglichen Zustände eines Systems mit drei Genen ($2^3 = 8$ Zustände) mit den jeweiligen Nachfolgezuständen, die durch bestimmte Interaktionsregeln der Gene definiert sind. Zusätzlich beinhaltet ein Boole-Modell eine Reihe von Regeln, die die wechselseitige Regulation der Gene beschreiben (Abb. 2.4.16). Dabei kann die Konnektivität des Modells, also die Anzahl der für die Regulation eines Gens relevanten Gene, variieren. Die Konnektivität ist ein wichtiger Parameter, da er die Komplexität des Netzwerks und damit seine nummerische Berechnung erheblich beeinflusst. Jeder Zustand hat dann aufgrund der Regeln einen klar definierten Folgezustand.

Tabelle 2.4.2. Zustandsbeschreibung eines Boole-Modells von drei Genen

Aktueller Zustand	Nächster Zustand
0 0 0	0 0 0
0 0 1	0 0 0
0 1 0	1 0 1
0 1 1	0 0 1
1 0 0	0 1 0
1 0 1	0 1 0
1 1 0	1 1 1
1 1 1	0 1 1

In den letzten Jahren sind Algorithmen entwickelt worden, die eine Berechnung der wechselseitigen Regulationen erlauben (Akutsu et al. 1999, 2000, Liang et al. 1998). Diese Algorithmen sind für eine kleine Anzahl von Genen ($n < 50$) und geringe Konnektivität ($k = 3$) brauchbar, erreichen aber schnell ihre obere Leistungsgrenze.

Bei den stetigen Modellen wird auf die Binarisierung der Expressionsdaten verzichtet (Arkin et al. 1997, 1998, Chen et al. 1999, McAdams u. Arkin 1997, McAdams u. Shapiro 1995, Mjolsness et al. 1991, Weaver et al. 1999). Hierbei kann zwischen Modellen unterschieden werden, die auf paarweisen Vergleichen der Genexpressionsvektoren beruhen, und Methoden, die die Gesamtheit der Geninteraktionen modellieren.

Bei den letzteren Modellen wird davon ausgegangen, dass jedes Gen einen regulativen Einfluss auf alle anderen Gene hat und dass dieser regulative Einfluss durch Gewichte geschätzt werden kann. Diese Gewichte können auch gleich Null oder negativ sein, sodass dieser Fall auch beinhaltet, dass ein Gen von einer Reihe von Genen nicht beeinflusst oder gehemmt wird. Alle in der Literatur beschriebenen Modelle dieser Art lassen sich in folgender mathematischer Differenzialgleichung unterbringen:

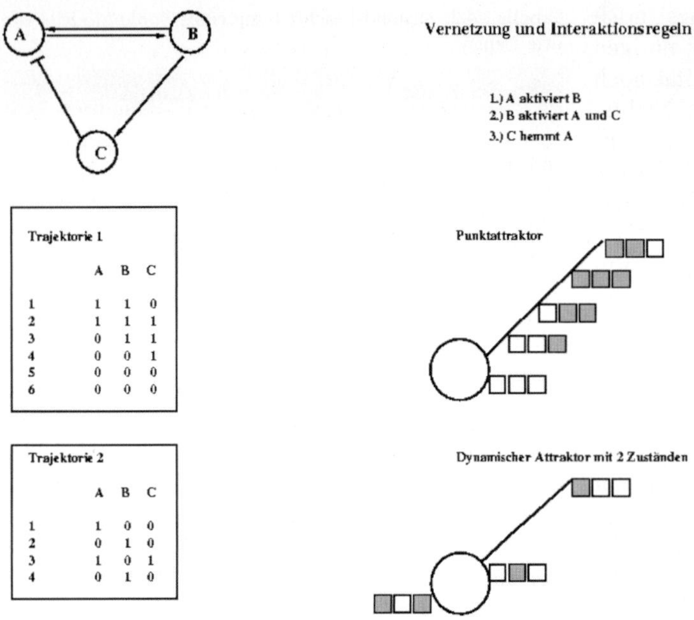

Abb. 2.4.16. Darstellung eines Boole-Netzwerks aus 3 Genen (vgl. Tabelle 2.4.2). Jeder Zustand des Netzwerks hat genau einen Folgezustand, der durch die Vernetzungsregeln definiert ist. Dies führt bei gegebenen Anfangswerten zu einer Abfolge von Zuständen. Zustände, die immer wieder angestrebt werden, sind so genannte Attraktoren, im 1. Fall ein Punktattraktor und im 2. Fall ein dynamischer Attraktor, bestehend aus 2 Zuständen (Somogyi et al. 2001)

$$\frac{dx_i(t)}{dt} = r_i f\left(\sum_{j=1}^{J} w_{ij}x_j(t) + \sum_{k=1}^{K} v_{ik}u_k(t) + b_i\right) - \lambda_i x_i(t) \qquad (2.4.8)$$

Hierbei sind

- $f()$: Funktion, die die Aktivierung der Expression beschreibt
- $x_i(t)$: Genexpression von Gen i zum Zeitpunkt t
- r_i: Reaktionsrate von Gen i
- w_{ij}: Gewicht, das den Einfluss von Gen j auf Gen i beschreibt
- $u_k(t)$: externer Input (z. B. Medikament) zum Zeitpunkt t
- v_{ik}: Einfluss des k-ten externen Inputs auf Gen i
- b_i: Basisexpressionslevel von Gen i
- λ_i: Degradierungskonstante des i-ten Genprodukts.

Die Aktivierungsfunktion f wird dabei als monoton angenommen. Dies folgt der experimentellen Beobachtung: Mit Zunahme der Konzentrationen der regulierenden Signale nimmt die individuelle Genaktivierung ebenfalls zu. Meistens haben diese Funktionen sigmoide Form, sodass Sättigungseffekte und die unterschiedlich schnelle Zunahme der Genaktivierung berücksichtigt werden können, z. B.

$$f(z) = (1 + e^{-z})^{-1} \qquad (2.4.9)$$

Ein zweiter Satz von Parametern berücksichtigt externen Input, z. B. Chemikalien, Temperaturänderungen, Abbau von Nährstoffen, usw. Die Degradierungskonstante berücksichtigt den individuellen Abbau des Genprodukts.

Eine wichtige Teilmenge dieser Modelle sind lineare Modelle. Hierbei ist die Aktivierungsfunktion linear, d. h. $f(z)=z$, die Reaktionsraten werden als konstant angenommen, sodass das vereinfachte Modell (Gl. 2.4.10) erhalten wird (D'Haeseleer 1998, 1999):

$$\frac{dx_i(t)}{dt} = \sum_{j=1}^{J} w_{ij}x_j(t) + b_i \qquad (2.4.10)$$

Die interessierenden Parameter, die Gewichte w_{ij}, werden dann mit bekannten statistischen Modellen (Lineare Regression, *simulated annealing*) aus den Daten geschätzt.

Neben diesen Ansätzen gibt es auch graphentheoretische Modelle (s. Abschnitt 2.4.5.2 „Statistische Modellierung von Genexpressionsunterschieden"), die der Stochastizität wechselseitiger Genregulierung größere Rechnung tragen. Durch so genannte Bayes-Netzwerke (Jensen 1996) werden Gene und die an ihrer Regulation beteiligten Gene durch eine Wahrscheinlichkeitsverteilung beschrieben. Diese Bayes-Netzwerke haben den Vorteil, dass sie eine lokale Modellierung zulassen (Friedman et al. 2000, Pe'er et al. 2001, Tanay u. Shamir 2001).

2.4.8 Datenbanken und Ontologien

Es ist klar, dass die Flut von Daten nicht nur aus Biochipexperimenten gespeichert, sortiert und vergleichbar gemacht werden muss (Zehetner u. Lehrach 1994). Zum Beispiel sind idealerweise nicht nur Informationen über die Genexpressionsniveaus aller Gene gewünscht, sondern auch Informationen über deren Proteine. Viel versprechende Vergleiche von Gen- und Proteinniveaus wurden bereits publiziert (Anderson u. Seilhammer 1997, Ideker et al. 2001).

Proteindaten liegen in sehr heterogenen Datenstrukturen vor, was daran liegt, dass es eine Vielzahl konkurrierender Technologien gibt (Cellis et al. 2000), wie z.B. Massenspektrometrie oder 2D-PAGE (two-dimensional polyacrylamide gel electrophoresis). Weiterhin werden zur Modellierung zellulärer Prozesse nicht nur Informationen über einzelne Proteine, sondern auch über Protein-Protein-Interaktionen benötigt.

Hierbei kommt der Annotierung von Genen und Proteinen eine große Bedeutung zu. Es existieren eine Vielzahl von öffentlichen Datenbanken, die mehr oder weniger zuverlässige Informationen liefern (z.B. GenBank, EMBL, IMAGE, SwissProt, PDB), aber in der Annotierung oft sehr unterschiedlich vorgehen. Der Vereinheitlichung von Datenformaten und der Definition von einheitlichen Strukturen und Grammatiken für biologische Daten hat sich das *Gene Ontology Consortium* verschrieben (http://www.geneontology.org). Das Konsortium setzt sich aus mehreren Datenbanken von Modellorganismen zusammen:

- SGD (*Saccharomyces*genomdatenbank) (Ball et al. 2000),
- FlyBase (Datenbank zum Genom von *Drosophila*) (FlyBase Consortium 1999) und
- MGD/GXD (Mausgenomdatenbank) (Blake et al. 2000, Ringwald et al. 2000).

Weitere Datenbanken von Modellorganismen sind bereits integriert worden, wie z.B. von Arabidopsis (TAIR) (Huala et al. 2000).

Neben der Vereinheitlichung der Annotation gibt es Bestrebungen, die Qualität von Biochips und den Folgeanalysen zu erhöhen (Microarray Gene Expression Database Group MGED, http://www.mged.org), um deren Nutzung in der klinischen Praxis zu ermöglichen. MGED ist ein Diskussionsforum zur Definition von Standards in Biochipanalysen, wie Annotierung, Datenrepräsentation, standardisierte Protokolle, Normalisierungsmethoden und dem Austausch von Informationen aus verschiedenen Datenbanken sowie der Definition von gemeinsamen Schnittstellen zur öffentlichen Zugänglichkeit der Daten durch Internetanbindungen.

2.4.9 Ausblick

Eine große Herausforderung der Datenanalyse in der Genom- und Proteomforschung ist es, die in der Literatur schon erzeugten Daten in die Analyse von neuen Experimenten zu integrieren. Die dazu notwendigen Datenbanken befinden sich größtenteils im Aufbau und sind Repositorien für regulatorische genomische Sequenzen wie auch einzelne Proteine, die mit den Daten der Genexpression und -regulation sinnverknüpfend in Verbindung gebracht werden sollen. Dabei gibt es im Detail neben der Datenbankstruktur noch viel Arbeit in Gebieten wie neuen Computermethoden für die Analyse und Identifikation von regulatorischen genomischen Sequenzen, neuen Ansätzen für die Untersuchung von funktionellen Bindungsdomänen von Genen und Genprodukten und deren Gen- oder Proteinstrukturen.

Die meisten kommerziell erhältlichen Genomanalyseprogrammpakete erreichen bisher mit einer einfachen Ausgabe der Resultate und Visualisierungsmethoden ihre Grenzen. Dabei wird gegenwärtig dem Nutzer die Entscheidung überlassen, ob diese Ergebnisse in Übereinstimmung mit dem schon existierenden Wissen stehen oder nicht.

Die bioinformatische Arbeit in den kommenden Jahren wird in verstärktem Maß integrativ und komplex sein, neben die bisherigen Aufgaben von Datenerfassung, Datenanalyse und Datenspeicherung werden zunehmend die Datenintegration und die Interpretation der Daten treten.

2.4.10 Literatur

Akutsu T, Miyano S, Kuhara S (1999) Identification of genetic networks from a small number of gene expression patterns under the Boolean network model. In: Altman R (ed) Proceedings of the Pacific Symposium on Biocomputing. World Scientific, Singapore, pp 17–28

Akutsu T, Miyano S, Kuhara S (2000) Algorithms for identifying Boolean networks and related biological networks based on matrix multiplication and fingerprint function. J Comp Biol 7:331–343

Alizadeh AA, Eisen MB, Davis RE et al. (2000) Distinct types of diffuse large B-cell lymphoma identified by gene expression profiling. Nature 403:503–511

Alon U, Barkai N, Notterman DA et al. (1999) Broad patterns of gene expression revealed by clustering analysis of tumor and normal colon tissues probed by oligonucleotide arrays. Proc Natl Acad Sci USA 96:6745–6750

Altschul SF, Gish W, Miller W, Myers EW, Lipman DJ (1990) Basic local alignment search tool. J Mol Biol 215:403–410

Anderson L, Seilhammer J (1997) A comparison of selected mRNA and protein abundances in human liver. Electrophoresis 18:533–537

Arkin A, Shen P, Ross J (1997) A test case of correlation metric construction of a reaction pathway from measurements. Science 277:1275–1279

Arkin A, Ross J, McAdams HH (1998) Stochastic kinetic analysis of developmental pathway bifurcation in phage lambda-infected *Escherichia coli* cells. Genetics 149:1633–1648

Arndt J, Herzel H, Bose S, Falcke M, Schöll E (1997) Quantification of transients using empirical orthogonal functions. Chaos Solitons Fractals 8:1911–1920

Arnone MI, Davidson E (1997) The hardwiring of development: organization and function of genomic regulatory systems. Development 124:1851–1864

Baldi P, Long AD (2001) A Bayesian framework for the analysis of microarray expression data: regularized t-test and statistical inferences of gene changes. Bioinformatics 17:509–519

Baldi P, Chauvin Y, Hunkapiller T, McClure MA (1994) Hidden Markov models of biological primary sequence information. Proc Natl Acad Sci USA 91:1059–1063

Ball CA, Dolinski K, Dwight SS et al. (2000) Integrating functional genomic information into the Saccharomyces Genome Database. Nucleic Acids Res 28:77–80

Bandemer H, Bellmann A (1994) Statistische Versuchsplanung, 4. Aufl. Teubner, Leipzig

Barkal N, Leibler S (1997) Robustness in simple biochemical networks. Nature 387:913–917

Beißbarth T, Fellenberg K, Brors B et al. (2000) Processing and quality control of DNA array hybridization data. Bioinformatics 16:1014–1022

Ben-Dor A, Shamir R, Yakhini Z (1999) Clustering gene expression patterns. J Comp Biol 6:281–297

Bertucci F, Bernard K, Loriod B et al. (1999) Sensitivity issues in DNA array-based expression measurements and performance of nylon microarrays for small samples. Hum Mol Genet 8:1715–1722

Best DI, Rayner CW (1987) Welch's approximate solution for the Behrens-Fisher problem. Technometrics 29:205–220

Bittner M, Meltzer P, Chen Y et al. (2000) Molecular classification of cutaneous malignant melanoma by gene expression profiling. Nature 406: 536–540

Blake JA, Eppig JT, Richardson JE et al. (2000) The Mouse Genome Database (MGD): expanding genetic and genomic resources for the laboratory mouse. Nucleic Acids Res 28:108–111

Bonfield JK, Staden R (1996) Experiment files and their application during large-scale sequencing projects. DNA Seq 6:109–117

Bower JM, Bolouri H (eds) (2001) Computational modelling of genetic and biochemical networks. MIT Press, Cambridge, MA

Brazma A, Jonassen I, Villo J, Ukkonen E (1998) Predicting gene regulatory elements in silico on a genomic scale. Genome Res 8:1202–1215

Brown M, Grundy W, Lin D et al. (1999) Knowledge-based analysis of microarray gene expression data using support vector machines. Proc Natl Acad Sci USA 97:262–267

Bulyk ML, Huang X, Choo Y, Church GM (2001) Exploring the DNA-binding specificities of zinc fingers with DNA microarrays. Proc Natl Acad Sci USA 98:7158–7163

Bussemaker HJ, Li H, Siggia ED (2001) Regulatory element detection using correlation with expression. Nat Genet 27:167–171

Callow MJ, Dudoit S, Gong EL, Speed TP, Rubin EM (2000) Microarray expression profiling identifies genes with altered expression in HDL-deficient mice. Genome Res 10:2022–2029

Cavin Perier R, Junier T, Bucher P (1998) The Eukaryotic Promoter Database EPD. Nucleic Acids Res 28:353–357

Cellis JE, Kruhoffer M, Gromova I (2000) Gene expression profiling: monitoring transcription and translation products using DNA microarrays and proteomics. FEBS Lett 480:2–16

Chen Y, Dougherty E, Bittner M (1997) Ratio-based decisions and the quantitative analysis of cDNA microarray images. J Biomed Optics 2:364–374

Chen T, He HL, Church GM (1999) Modeling gene expression with differential equations. In: Altman R (ed) Proceedings of the Pacific Symposium on Biocomputing. World Scientific, Singapore, pp 29–40

Cho RJ, Campbell MJ, Winzeler EA et al. (1998) A genome-wide transcriptional analysis of the mitotic cell cycle. Mol Cell 2:65–73

Christensen R (1996) Plane answers to complex questions. The theory of linear models, 2nd edn. Springer, Berlin Heidelberg New York

Claverie JM (1999) Computational methods for the identification of differential and coordinated gene expression. Hum Mol Genet 8:1821–1832

Cochran WG, Cox GM (1992) Experimental design. Wiley, New York

Cristianini N, Shawe-Taylor J (2000) An introduction to support vector machines. Cambridge University Press, Cambridge

Cross CH, Bird AP (1995) CpG islands and genes. Curr Opin Genet Dev 5:309–314

DeRisi J, Penland L, Brown P et al. (1996) Use of a cDNA microarray to analyse gene expression patterns in human cancer. Nat Genet 14:457–460

DeRisi J, Iyer VR, Brown P (1997) Exploring the metabolic and genetic control of gene expression on a genomic scale. Science 278:680–686

Dickmeis T, Aanstad P, Clark M et al. (2001) Identification of nodal signaling targets by array analysis of induced complex probes. Dev Dyn 222:571–580

Duda RO, Hart PE (1973) Pattern classification and scene analysis. Wiley, New York

Durbin R, Eddy S, Krogh A, Mitchison G (1998) Biological sequence analysis: probabilistic models of proteins and nucleic acids. Cambridge University Press, Cambridge

Eickhoff H, Schuchhardt J, Ivanov I et al. (2000) Tissue gene expression analysis using arrayed normalized cDNA libraries. Genome Res 10:1230–1240

Eisen MB, Spellman PT, Brown PO, Botstein D (1998) Cluster analysis and display of genome-wide expression patterns. Proc Natl Acad Sci USA 95:14863–14868

Ewing B, Green P (1998) Base-calling of automated sequencer traces using phred II: error probabilities. Genome Res 8:186–194

Ewing B, Hillier LD, Wendl MC, Green P (1998) Base-calling of automated sequencer traces using phred I: accuracy assessment. Genome Res 8:175–185

Fickett JW, Hatzigeorgiou AC (1997) Eukaryotic promoter recognition. Genome Res 7:861–878

Friedman N, Linial M, Nachman I, Pe'er D (2000) Using Bayesian networks to analyze expression data. J Comp Biol 7:601–620

Furey TS, Cristianini N, Duffy N, Bednarski DW, Schummer M, Haussler D (2000) Support vector machine classification and validation of cancer tissue samples using microarray expression data. Bioinformatics 16:906–914

Gene Ontology Consortium (2001) Creating the gene ontology resource: design and implementation. Genome Res 11:1425–1433

Golub TR, Slonim D, Tamayo P et al. (1999) Molecular classification of cancer: class discovery and class prediction by gene expression monitoring. Science 286:531–538

Granjeaud S, Nguyen C, Rocha D, Luton R, Jordan BR (1996) From hybridisation image to numerical values: a practical high-throughput quantification system for high density filter hybridisations. Genet Anal 12:151–162

Greller LD, Tobin FL (1999) Detecting selective expression of genes and proteins. Genome Res 9:282–296

Gress TM, Hoheisel JD, Lennon G, Zehetner G, Lehrach H (1992) Hybridization fingerprinting of high-density cDNA library arrays with cDNA pools derived from whole tissues. Mamm Genome 3:609–619

Gress TM, Muller-Pillasch F, Greg T et al. (1996) A pancreatic cancer-specific expression profile. Oncogene 13:1819–1830

D'Haeseleer P, Wen X, Fuhrman S, Somogyi R (1998) Inferring gene relationships from large-scale gene expression data. In: Holcombe M, Paton R (eds) Information processing in cells and tissues. Plenum Press, New York, pp 203–212

D'Haeseleer P, Wen X, Fuhrman S, Somogyi R (1999) Linear modeling of mRNA expression levels during CNS development and injury. In: Altman R (ed) Proceedings of the Pacific Symposium on Biocomputing. World Scientific, Singapore, pp 41–52

Hastie T, Tibshirani R, Eisen MB et al. (2000) Gene shaving as a method for identifying distinct sets of genes with similar expression patterns. Genome Biol 1: 0003.1–0003.21

Hattori M, Fuijyama A, Taylor TD et al. (2000) The DNA sequence of human chromosome 21. Nature 405:311–319

Helden J van, André B, Collado-Vides J (1998) Extracting regulatory sites from the upstream region of yeast by computational analysis of oligonucleotide frequencies. J Mol Biol 281:827

Heller RA, Schena M, Chai A et al. (1997) Discovery and analysis of inflammatory disease-related genes using cDNA microarrays. Proc Natl Acad Sci USA 94:2150–2155

Hennig S, Herwig R, Clark M et al. (2000) A data-analysis pipeline for large-scale gene expression analysis. In: Shamir R (ed) Proceedings of the 4th Annual International Conference on Computational Molecular Biology (RECOMB). ACM Press, New York, pp 165–173

Herwig R (2000) Ein Normalisierungs- und Clusteranalyseprogramm zur Bearbeitung großer genomischer Datenmengen. In: Plesser T, Hayd H (Hrsg) Forschung und wissenschaftliches Rechnen. Beiträge zum Heinz-Billing Preis 1999. GWDG, Göttingen, S 93–109

Herwig R, Poustka A, Müller C, Bull C, Lehrach H, O'Brien J (1999) Large-scale clustering of genetic fingerprinting data. Genome Res 9:1093–1105

Herwig R, Aanstad P, Clark M, Lehrach H (2001) Statistical evaluation of differential expression on cDNA nylon arrays with replicated experiments. Nucleic Acids Res 29:E117

Herzel H (1998) How to quantify small-world networks? Fractals 6:301–303

Herzel H, Ebeling W (1990) Effects of noise and inhomogeneous attractors in biochemical systems. Biomed Biochem Acta 49:941–949

Herzel H, Beule D, Kielbasa S et al. (2001) Extracting information from cDNA arrays. Chaos 11:98–106

Heyer LJ, Kruglyak S, Yooseph S (1999) Exploring expression data: identification and analysis of coexpressed genes. Genome Res 9:1106–1115

Hilsenbeck SG, Friedrichs WE, Schiff R et al. (1999) Statistical analysis of array expression data as applied to the problem of tamoxifen resistance. J Natl Cancer Inst 91:453–459

Huala E, Dickerman AW, Garcia-Hernandez M et al. (2001) The Arabidopsis information resource (TAIR): a comprehensive database and web-based information retrieval, analysis and visualization system for a model plant. Nucleic Acids Res 29:102–105

Hughes T, Marton MJ, Jones AR (2000) Functional discovery via a compendium of expression profiles. Cell 102:109–126

Hughes T, Mao M, Jones AR et al. (2001) Expression profiling using microarrays fabricated by an ink-jet oligonucleotide synthesizer. Nat Biotechnol 19:342–347

Ideker T, Thorsson V, Siegel AF, Hood LE (2000) Testing for differentially-expressed genes by maximum-likelihood analysis of microarray data. J Comp Biol 7:805–817

Ideker T, Thorsson V, Ranish JA et al. (2001) Integrated genomic and proteomic analyses of a systematically perturbed metabolic network. Science 292:929–933

Iyer V, Eisen MB, Ross DT et al. (1999) The transcriptional program in the response of human fibroblasts to serum. Science 283:83–87

Jain AK, Dubes RC (1988) Algorithms for clustering data. Prentice-Hall, Englewood Cliffs, NJ

Jensen FV (1996) An introduction to Bayesian networks. UCL Press Limited, London

Jolliffe IT (1986) Principal component analysis. Springer, Berlin Heidelberg New York

Jordan BR (1998) Large-scale expression measurement by hybridisation methods: from high-density membranes to DNA chips. J Biochem 124:251–258

Kauffman SA (1971) Differentiation of malignant to benign cells. J Theor Biol 31:429–451

Kauffman SA (1993) The origins of order, self-organization and selection in evolution. Oxford University Press, Oxford

Kel A, Ponomarenko P, Likhachev E et al. (1993) SITEVIDEO: a computer system for functional site analysis and recognition. Investigations in human splice sites. Comp Appl Biosci 9:617–627

Kel A, Kondrakhin Y, Kolpakov P et al. (1995) Computer tool FUNSITE for analysis of eukaryotic regulatory genomic sequences. In: Rawlings C (ed) Proceedings of the 3rd International Conference on Intelligent Systems in Molecular Biology ISMB. AAAI Press, Cambridge, pp 197–205

Kerr MK, Martin M, Churchill GA (2000) Analysis of variance for gene expression microarray data. J Comp Biol 7:819–837

Krogh A (1998) An introduction to Hidden Markov Models for biological sequences. In: Salzberg SL, Searls DB, Kasif S (eds) Computational methods in molecular biology. Elsevier, Amsterdam New York, pp 45–64

Krogh A, Brown M, Mian S, Sjölander K, Haussler D (1994) Hidden Markov Models in computational biology – applications to protein modelling. J Mol Biol 235:1501–1531

Lander ES (1996) The new genomics: global views of biology. Science 274:536–539

Lander ES, Linton LM, Birren B et al. (2001) Initial sequencing and analysis of the human genome. Nature 409:860–921

Lee ML, Kuo FC, Whitmore GA, Sklar J (2000) Importance of replication in microarray gene expression studies: statistical methods and evidence from repetitive cDNA hybridisations. Proc Natl Acad Sci USA 97:9834–9839

Lehmann EL (1975) Nonparametrics: statistical methods based on ranks. Holden-Day, San Francisco, CA

Lehrach H, Drmanac R, Hoheisel J et al. (1990) Hybridization fingerprinting in genome mapping and sequencing. In: Davies KE, Tilghman S (eds) Genome analysis, vol 1: Genetic and physical mapping. Cold Spring Harbor Laboratory Press, Cold Spring Harbor, pp 39–81

Lennon G, Lehrach H (1991) Hybridization analyses of arrayed cDNA libraries. Trends Genet 7:314–317

Liang S, Fuhrman S, Somogyi R (1998) REVEAL, a general reverse engineering algorithm for inference of genetic network architectures. In: Altman R (ed) Proceedings of the Pacific Symposium on Biocomputing. World Scientific, Singapore, pp 18–29

Lim JS (1990) Two-dimensional signal and image processing. Prentice Hall, Englewood Cliffs, NJ

Lipshutz RJ, Fodor SP, Gingeras TR, Lockhart DJ (1999) High density synthetic oligonucleotide arrays. Nat Genet 21:20–24

Lockhart DJ, Winzeler EA (2000) Genomics, gene expression and DNA analysis. Nature 405:827–836

Lockhart DJ, Dong H, Byrne MC et al. (1996) Expression monitoring by hybridization to high-density oligonucleotide arrays. Nat Biotechnol 14:1675–1680

Maier E, Meier-Ewert S, Ahmadi A, Curtis J, Lehrach H (1994) Application of robotic technology to automated sequence fingerprint analysis by oligonucleotide hybridisations. J Biotechnol 35:191–203

Maier E, Meier-Ewert S, Bancroft D, Lehrach H (1997) Automated array technologies for gene expression profiling. Drug Discovery Today 2:315

Manduchi E, Grant GR, McKenzie SE, Overton GC, Surrey S, Stoeckert C (2000) Generation of patterns from gene expression data by assigning confidence to differentially expressed genes. Bioinformatics 16:685–698

McAdams HH, Arkin A (1997) Stochastic mechanisms in gene expression. Proc Natl Acad Sci USA 94:814–819

McAdams HH, Shapiro S (1995) Circuit simulation of genetic networks. Science 269:650–655

Meier-Ewert S, Maier E, Ahmadi A, Curtis J, Lehrach H (1993) An automated approach to generating expressed sequence catalogues. Nature 361:375–376

Meier-Ewert S, Lange J, Gerst H et al. (1998) Comparative gene expression profiling by oligonucleotide fingerprinting. Nucleic Acids Res 26:2216–2223

Mestl T, Bagley RY, Glass L (1997) Common chaos in arbitrary complex feed-back networks. Phys Rev Lett 79:653

Mirkin B (1996) Mathematical classification and clustering. Kluwer Academic Publishers, Dordrecht

Mjolsness E, Sharp DH, Reinitz J (1991) A connectionist model of development. J Theor Biol 152:429–453

Newton MA, Kendziorski CM, Richmond CS, Blattner FR, Tsui KW (2001) On differential variability of expression ratios: improving statistical inference about gene expression changes from microarray data. J Comp Biol 8:37–52

Nguyen C, Rocha D, Granjeaud S et al. (1996) Differential gene expression in the murine thymus assayed by quantitative hybridization of arrayed cDNA clones. Genomics 29:207–216

Niehrs C, Pollet N (1999) Synexpression groups in eukaryotes. Nature 402:483–487

Novak B, Tyson JJ (1997) Modeling the control of DNA replication in fission yeast. Proc Natl Acad Sci USA 94: 9147–9152

Pe'er D, Regev A, Elidan G, Friedman N (2001) Inferring subnetworks from perturbed expression profiles. In: Brunak S (ed) Proceedings of the 9th International Conference on Intelligent Systems for Molecular Biology. Oxford University Press, Oxford, pp 215–224

Perier RC, Junier T, Bucher P (2000) The eukaryotic promoter database (EPD). Nucleic Acids Res 28:302–303

Perou CM, Jeffrey S, Rijn M van de et al. (1999) Distinctive gene expression patterns in human mammary epithelial cells and breast cancers. Proc Natl Acad Sci USA 96: 9212–9217

Pietu G, Alibert O, Guichard V et al. (1996) Novel gene transcripts preferentially expressed in human muscles revealed by quantitative hybridisation of a high density cDNA array. Genome Res 6:492–503

Pilpel Y, Sudarsanam P, Church GM (2001) Identifying regulatory networks by combinatorial analysis of promoter elements. Nat Genet 29:153–159

Poustka A, Pohl T, Barlow DP et al. (1989) Molecular approaches to mammalian genetics. Cold Spring Harb Symp Quant Biol 51:131–139

Pukelsheim F (1993) Optimal design of experiments. Wiley, New York

Ringwald M, Eppig JT, Kadin JA et al. (2000) GXD: a gene expression database for the laboratory mouse-current status and recent enhancements. Nucleic Acids Res 28: 115–119

Roberts CJ, Nelson B, Marton MJ et al. (2000) Signaling and circuitry of multiple maps pathways revealed by a matrix of global gene expression. Science 287:873–880

Ross DT, Scherf U, Eisen MB et al. (2000) Systematic variation in gene expression patterns in human cancer cell lines. Nat Genet 24:227–235

Roth FP, Hughes J, Estep P, Church GM (1998) Finding DNA regulatory motifs within unaligned noncoding sequences clustered by whole genome mRNA quantitation. Nat Biotechnol 16:939–945

Salzberg SL, Searls DB, Kasif S (eds) (1998) Computational methods in molecular biology. Elsevier, Amsterdam New York

Schena M, Shalon D, Davis RW, Brown PO (1995) Quantitative monitoring of gene expression patterns with a complementary DNA microarray. Science 270:467–470

Schena M, Shalon D, Heller R, Chai A, Brown P, Davis R (1996) Parallel human genome analysis: microarray-based expression monitoring of 1000 genes. Proc Natl Acad Sci USA 93:10614–10619

Scherf M, Klingenhoff A, Werner T (2000a) Highly specific localization of promoter regions in large genomic sequences by PromoterInspector: a novel context analysis approach. J Mol Biol 297:599–606

Scherf U, Ross DT, Waltham M et al. (2000b) A gene expression database for the molecular pharmacology of cancer. Nat Genet 24:236–244

Scherf M, Klingenhoff A, Frech K et al. (2001) First pass annotation of promoters on human chromosome 22. Genome Res 11:333–340

Schmitt AO, Herwig R, Meier-Ewert S, Lehrach H (1999) High-density cDNA grids for hybridization fingerprinting experiments. In: Innis MA, Gelfand DH, Sninsky JJ (eds) PCR applications protocols for functional genomics. Academic Press, San Diego, pp 457–472

Schuchardt J, Beule D, Malik A et al. (2000) Normalization strategies for cDNA microarrays. Nucleic Acids Res 28:e47

Shaffer JP (1995) Multiple hypothesis testing. Annu Rev Psychol 46:561–584

Sharan R, Shamir R (2000) CLICK: a clustering algorithm with applications to gene expression analysis. In: Altman R (ed) Proceedings of the 8th International Conference on Intelligent Systems for Molecular Biology (ISMB). AAAI Press, Menlo Park, pp 307–316

Silvey S (1980) Optimal design, Chapman & Hall, London

Somogyi R, Fuhrman S, Wen X (2001) Genetic network inference in computational models and applications to large-scale gene expression data. In: Bower JM, Bolouri H (eds) Computational modelling of genetic and biochemical networks. MIT Press, Cambridge, MA, pp 119–157

Spellman P, Sherlock G, Zhang M et al. (1998) Comprehensive identification of cell cycle-regulated genes of the yeast *Saccharomyces cerevisiae* by microarray hybridisation. Mol Biol Cell 9:3273–3297

Steinfath M, Wruck W, Seidel H, Lehrach H, Radelof U, O'Brien J (2001) Automated image analysis for array hybridisation experiments. Bioinformatics 17:634–641

Tamayo P, Slonim D, Mesirov J et al. (1999) Interpreting patterns of gene expression with self-organizing maps: methods and applications to hematopoietic differentiation. Proc Natl Acad Sci USA 96:2907–2912

Tanay A, Shamir R (2001) Computational expansion of genetic networks. In: Brunak S (ed) Proceedings of the 9th International Conference on Intelligent Systems for Molecular Biology. Oxford University Press, Oxford, pp 270–278

Tavazoie S, Hughes JD, Campbell MJ, Cho RJ, Church GM (2000) Systematic determination of genetic network architecture. Nat Genet 22:281–285

Thomas JG, Olson JM, Tapscott SJ, Zhao LP (2001) An efficient and robust statistical modelling approach to discover differentially expressed genes using genomic expression profiles. Genome Res 11:1227–1236

Tomita M, Hashimoto K, Takahashi K et al. (2000) E-CELL: software environment for whole-cell simulation. Bioinformatics 15:72–84

Törönen P, Kolehmainen M, Wong G, Castren E (1999) Analysis of gene expression data using self-organizing maps. FEBS Lett 451:142–146

Vilo J, Brazma A, Jonassen I, Robinson A, Ukkonen E (2000) Mining for putative regulatory elements in the yeast genome using gene expression data. In: Altman R (ed) Proceedings of the 8th International Conference on Intelligent Systems for Molecular Biology (ISMB). AAAI Press, Menlo Park, pp 384–394

Vingron M, Hoheisel J (1999) Computational aspects of expression data. J Mol Med 77:3–7

Weaver DC, Workman CT, Stormo GD (1999) Modeling regulatory networks with weight matrices. In: Altman R (ed) Proceedings of the Pacific Symposium on Biocomputing. World Scientific, Singapore, pp 112–123

Weber JL, Myers EW (1997) Human whole-genome shotgun sequencing. Genome Res 7:401–409

Wen X, Fuhrman S, Michaels GS et al. (1998) Large-scale temporal gene expression mapping of CNS development. Proc Natl Acad Sci USA 95:334–339

Westfall PH, Young SS (1993) Resampling-based multiple testing: examples and methods for *p*-value adjustment. Wiley, New York

Wingender E, Kel A, Kel O et al. (1997) TRANSFAC, TRRD and COMPEL: towards a federated database system on transcriptional regulation. Nucleic Acids Res 25:265–268

Wodicka L, Dong H, Mittman M, Ho MH, Lockhart DJ (1997) Genome-wide expression monitoring in *Saccharomyces cerevisiae*. Nat Biotechnol 15:1359–1367

Wolberg G (1990) Digital image warping. IEEE Computer Society Press, Los Alamitos

Wolf J, Heinrich R (2000) Effect of cellular interaction on glycolytic oscillations in yeast. A theoretical study. Biochem J 345:321–334

Yeung KY, Ruzzo WL (2001) Principal component analysis for clustering gene expression data. Bioinformatics 17: 763–774

Yue H, Eastman PS, Wang BB et al. (2001) An evaluation of the performance of cDNA microarrays for detecting changes in global mRNA expression. Nucleic Acids Res 29:e41

Zehetner G, Lehrach H (1994) The Reference Library System – sharing biological material and experimental data. Nature 367:489–449

3 Diagnostik

3.1 Genomanalyse und Gendiagnostik

Simone Würtz, Jens Hanke, Sabina Solinas-Toldo und Jörg D. Hoheisel

Inhaltsverzeichnis

3.1.1 Einführung

Eine Revolution ist im Gang, eine Revolution auf dem Gebiet der Medizin. Neue Erkenntnisse in der Molekularen Genetik und speziell die Entwicklungen in der Genomforschung führen zu bisher nicht da gewesenen Fertigkeiten und Perspektiven. Dabei finden diese rasanten Veränderungen parallel auf 3 Ebenen statt:

1. Der hohe Erkenntnisgewinn aus den Untersuchungen und methodischen Entwicklungen der Genomanalyse vergrößert das grundlegende, das molekulare Verständnis biologischer Vorgänge und ihres Nachweises und führt damit zu direkten Verbesserungen in medizinischen Anwendungen.
2. Als Ergebnis der Gentechnologie werden neue Methoden zur Verfügung stehen, die umwälzende Behandlungsformen ermöglichen.
3. Zumindest ein Teil der biomedizinischen Forschung wandelt sich weg von der Untersuchung von Einzelaspekten in einem relativ kleinen Rahmen und hin zu breit angelegten Projekten zur Analyse gesamtzellulärer Zusammenhänge, ein Vorgang der auch ein Umdenken der betroffenen Wissenschaftler erfordert.

Die resultierende Kenntnis komplexer Zusammenhänge hat wiederum unmittelbare Auswirkungen auf das Verständnis von Krankheiten und den Wegen zu ihrer Behandlung. Dieser Wandel im wissenschaftlichen Arbeiten und der Forschungskonzeption begann mit der Genomforschung und setzt sich mittlerweile in der Projektierung und Abwicklung derjenigen Studien fort, die sich daran anschließen.

Zeitlich befinden sich die weltweiten Anstrengungen der Genomanalyse bereits in einer dritten Phase, die sich mehr und mehr mit der funktionellen Interpretation der gewonnenen Daten beschäftigt. Zu Beginn bestand der Hauptteil der Arbeit darin, grundlegende Konzepte zu entwickeln und in praktischer Anwendung zu bestätigen, die solches Arbeiten überhaupt möglich machen, gefolgt von einer zweiten Periode, die stark durch die reine (Sequenz-)Datenproduktion geprägt war. Inhaltlich konzentriert sich die Genomanalyse auf Aspekte und Fragestellungen, wie sie in Abb. 3.1.1 schematisch zusammengefasst sind.

Lange stand die Bestimmung der Primärstruktur, der Sequenz, der Nukleinsäuren und die Aufklärung der elementaren Strukturierung der Baseninformation im Mittelpunkt. Mittlerweile verschiebt sich dies hin zur Bestimmung der aus dieser Information abzuleitenden zellulären Funktionen. Dieses Buchkapitel beschreibt eine Auswahl an Methoden, die zum Grundhandwerkszeug der medizinisch orientierten Genomanalyse zu zählen sind, wobei aber eine Vielzahl ebenfalls wichtiger

Ganten / Ruckpaul (Hrsg.)
Grundlagen der Molekularen Medizin,
2. Auflage

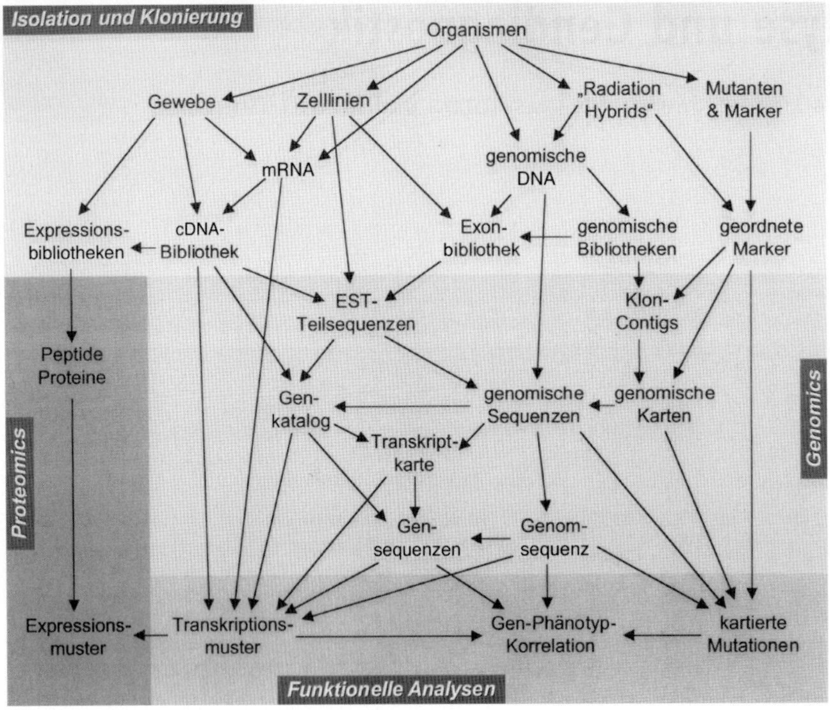

Abb. 3.1.1. Vernetzung einzelner Aspekte heutiger Genomanalyse auf dem Niveau der Nukleinsäuren. Die Überlappung mit der Proteomforschung ist nur angedeutet und gewinnt zurzeit enorm an Gewicht. Viele weniger wichtige Zusammenhänge wurde aus grafischen Gründen nicht dargestellt; modifiziert nach Hugue Crollius und Hans Lehrach

Techniken keine Erwähnung finden konnte. Auch die dynamische Ausweitung der umfassenden Studien in andere Molekülklassen wie etwa durch die Proteom- und Metabolomforschung wird nur am Rand gestreift.

3.1.2 DNA-Isolation

Die Klonierung der zellulären Nukleinsäuren, also die Isolierung bestimmter Abschnitte der genetischen Information und ihre dauerhafte Bereitstellung zur experimentellen Nutzung, bilden eine Grundvoraussetzung zu ihrer Analyse. Zum einen werden die z. T. sehr langen Moleküle in Fragmente zerlegt, die handhabbar sind, zum anderen sind die gewonnenen Materialien nur so jederzeit in genügend großen Mengen verfügbar. Die Fragmentierung der DNA hat allerdings den großen Nachteil, dass die Reihenfolge, in der die isolierten Fragmente im Originalmolekül vorliegen, durch komplizierte Verfahren erst wieder ermittelt werden muss und dass die Strukturierung der ursprünglich langkettigen DNA-Moleküle aufgelöst wird. Zusätzlich wird die DNA meistens in eine andere zelluläre Umgebung gebracht, vielfach in Zellen des Bakteriums *Escherichia coli* und der Bäckerhefe *Saccharomyces cerevisiae*.

Ein Aspekt, der beim Hantieren mit klonierten Nukleinsäuren immer beachtet werden muss, ist die Tatsache, dass die DNA nur noch als eine Kopie der Ausgangssubstanz vorliegt und durch die vielfachen Kopiervorgänge selbst und auch durch die andere zelluläre Umgebung Veränderungen stattgefunden haben. Basenaustausche können beispielsweise während der Replikation aufgrund einer unterschiedlichen Genauigkeit der Polymerasen bei bestimmten Basenabfolgen oder durch Effizienzunterschiede in den Reparaturmechanismen der Wirtsorganismen (*E. coli*, Hefe) hervorgerufen werden. Auch beeinflusst der G:C-Gehalt der Sequenz die Stabilität der DNA. So ist bekannt, dass Sequenzen mit hohem oder niedrigem G:C-Gehalt in *E. coli* weniger stabil sind als Sequenzen mit einem mittleren Anteil an G:C-Basenpaaren. Aber auch andere Faktoren können die Struktur der DNA wesentlich beeinflussen. Wird beispielsweise DNA aus Säugetierzellen in *E. coli* eingebracht, verliert sie ihre spezifische Methylierung, die u. a. für Regulationsvorgänge an der DNA wichtig ist (Cross u. Bird 1995) und sogar direkten Einfluss auf die Sekundärstruktur der DNA – wie etwa rechtshelikale oder linkshelikale Windung (Rich et al. 1984) – haben kann. Daher ist es wichtig, dass Ergebnisse, die an kloniertem Material gewonnen werden, unter Berücksichtigung solch möglicher Einflüsse interpretiert werden.

3.1.2.1 Klonierung genomischer DNA

***E.-coli*-Systeme.** Das Bakterium *Escherichia coli* ist seit längerem der am besten charakterisierte Organismus zur Klonierung von DNA, da es über Jahrzehnte als *das* biologische Modellsystem weltweit untersucht wurde. Erste Plasmide, relativ kurze Stücke extrachromosomaler DNA (z. B. ColE1), die von Natur aus in diesem Bakterium vorkommen, und auch das virale System des Bakteriophagen Lambda wurden seit den Anfängen der molekularen Genetik untersucht und als Vektoren zur Einbringung von Fremd-DNA in *E. coli* verwendet (z. B. Clarke u. Carbon 1976). Beide Systeme wurden im Lauf der Zeit immer weiter mit gentechnologischen Methoden verändert, sodass durch eine Mischung natürlicher Fragmente und synthetischer DNA eine Vielzahl an Vektorkonstrukten geschaffen wurden, die den unterschiedlichen Erfordernissen einer DNA-Klonierung angepasst sind.

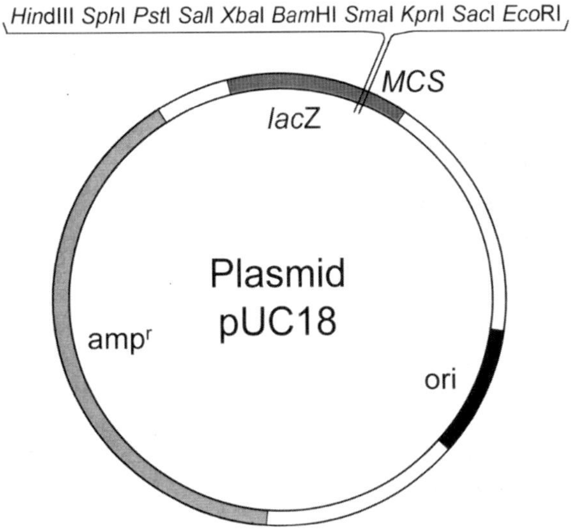

Abb. 3.1.2. Schematische Darstellung eines Plasmids der pUC-Serie. *MCS*: Position der „multiple cloning site"; die Restriktionsschnittstellen sind angegeben. *lacZ*: Genabschnitt für das α-Komplement der β-Galaktosidase; *amp*^{r}: Gen für Resistenz gegen Ampicillin; *ori*: Replikationsursprung

Plasmide

Zur Klonierung genomischer DNA sind Plasmidvektoren in ihrer Handhabung relativ einfach und erlauben prinzipiell die Klonierung auch langer Fragmente. Meilensteine in der Entwicklung waren sicherlich das Plasmid pBR322 (Bolivar et al. 1977) und v. a. die Derivate der pUC-Serie (Yanish-Perron et al. 1985) (Abb. 3.1.2). Letztere bieten bereits eine breite Palette an Schnittstellen für Restriktionsenzyme, die nur einmal im gesamten Plasmid vorliegen und damit zur Linearisierung des Moleküls und Klonierung genomischer Fragmente genutzt werden können. Zusätzlich sind diese Schnittstellen in einer Position – einer „multiple cloning site" – konzentriert, sodass durch Schnitt mit 2 Restriktionsenzymen beispielsweise gerichtet kloniert werden kann. Diese „multiple cloning site" liegt in einem Teil des Gens für β-Galaktosidase, sodass mittels eines Tests der Enzymaktivität über eine Farbreaktion Klone mit Insert (eingebauter Fremd-DNA; weiß gefärbt) von solchen mit reinem Vektor (Blaufärbung) unterschieden werden können. Außerdem existieren Plasmidpaare, wie etwa pUC18/pUC19, in denen die „multiple cloning site" in unterschiedlicher Orientierung vorliegt, um ein Fragment in entgegengesetzter Ausrichtung in den pUC-Plasmidvektor einzubringen. Parallel wurden noch Derivate des Bakteriophagen M13 entwickelt, deren DNA die gleichen Klonierungsstellen trägt, um so Fragmente einfach umklonieren zu können; aus den resultierenden M13-Phagen kann dann einzelsträngige DNA zur Sequenzierung gewonnen werden (Yanish-Perron et al. 1985). Mittlerweile haben sich ein Vielzahl anderer Vektorsysteme entwickelt, die zusätzliche Funktionen in sich tragen, wie etwa Polymerasestartsequenzen zur direkten Produktion einzelsträngiger Moleküle aus dem Plasmid selbst oder zur Herstellung von RNA-Kopien in vitro. Auch sind DNA-Kassetten eingebaut worden, die ein einfacheres Umklonieren ohne die Nutzung von Restriktionsenzymen erlauben oder die Expression des eingebrachten DNA-Fragments als Peptid möglich machen.

Zur Klonierung von Fremd-DNA wird das Plasmid mit einem Enzym linearisiert, das in der „multiple cloning site" schneidet. Die zu klonierende DNA wird mit einem Restriktionsenzym geschnitten, das passende Enden produziert. Das Enzym *Mbo*I schneidet beispielsweise die Sequenz d(GATC). Die Enden der DNA-Fragmente sind identisch zu denen der *Bam*HI-Klonierungsstelle, die in den meisten Plasmiden vorhanden ist, obwohl *Bam*HI die längere Sequenz d(GGATCC) erkennt. Durch Zugabe einer Ligase, eines Enzyms das die DNA-Fragmente kovalent miteinander verbindet, wird die geschnittene DNA in den Vektor inseriert. Grundsätzlich handelt es sich dabei um einen rein zufälligen Vorgang, sodass die Bedingungen – etwa die Verhältnisse der Molekülmengen oder die DNA-Konzentration – so eingestellt werden sollten, dass möglichst nur ein Fragment pro Plasmidmolekül eingebaut wird.

Die Moleküle werden anschließend in Zellen eingebracht. Dazu werden die Zellen entweder mit Ionen vorbehandelt oder einem starken elektrischen Feld ausgesetzt (Elektroporation). Zur Analyse werden die Bakterien auf einem Nährboden ausgestrichen, der ein Antibiotikum (häufig Ampillicin für Plasmidvektoren) enthält. Dadurch können selektiv nur solche Zellen wachsen, die mit einem Plasmid infiziert wurden und dadurch das Resistenzgen erworben haben. Aufgrund der Verdünnung wächst aus jedem *einzelnen* Bakterium eine Kolonie identischer Zellen (Klone), die mit bloßem Auge sichtbar und deshalb leicht zu isolieren ist. Zur weiteren Analyse werden die Klone im Allgemeinen individuell gelagert, um jederzeit auf das entsprechende Stück Fremd-DNA zugreifen zu können.

Cosmide

Ein Nachteil einer Klonierung in Plasmidvektoren liegt in der manchmal geringen Stabilität der klonierten DNA, ausgelöst durch die große Zahl an Replikationsvorgängen und intramolekularen Torsionsspannungen, sowie der Tatsache, dass die Effizienz der Einschleusung in die Zelle mit zunehmender Größe des Inserts sehr stark abfällt. Mit Derivaten des Bakteriophagen Lambda kann unter Ausnutzung des Infektionssystems des Phagen eine hohe Klonierungseffizienz erreicht werden. Sie erlauben allerdings nur die Klonierung relativ kurzer DNA-Bruchstücke, und aufgrund der vom Phagen verursachten Zelllyse liegt die DNA nicht kontinuierlich in einer lebenden Zelle vor.

Cosmidvektoren kombinieren die Vorteile beider Systeme und erlaubten erstmals, komplexe genomische Klonbibliotheken mit relativ großen Insertlängen anzulegen, die die Grundlage der Genomforschung bilden. Die Vektor-DNA besteht aus einem zirkulären Plasmid (Abb. 3.1.3), das neben einem Replikationsursprung (ori: „origin of replication"), einem Gen, das eine Antibiotikumresistenz kodiert (z. B. *neo* zur Resistenz gegen Kanamycin), und einer singulären Klonierungsschnittstelle (z. B. *Bam*HI) auch 2 Kopien der 12 Basenpaaren (bp)

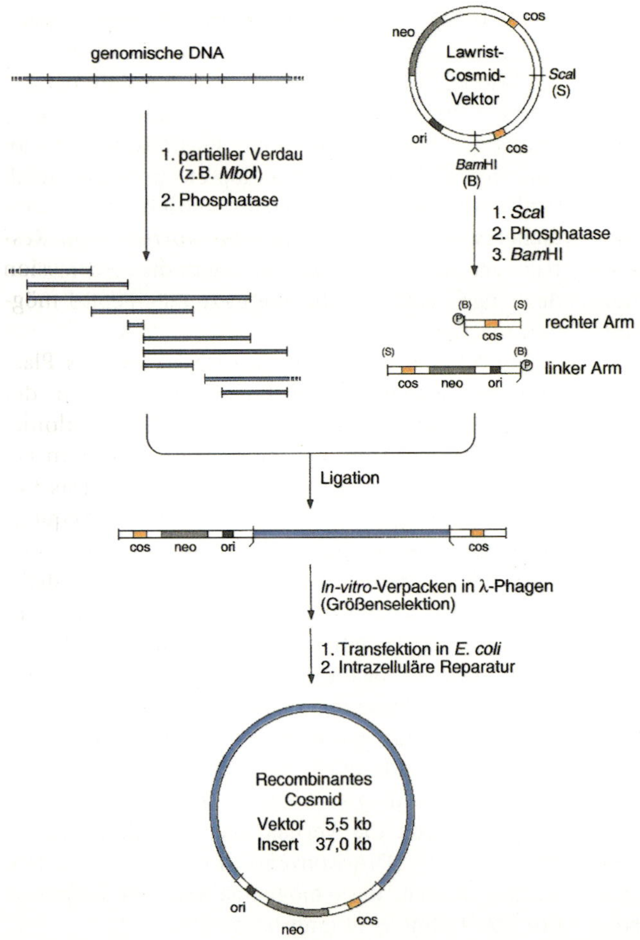

Abb. 3.1.3. Cosmidklonierung genomischer DNA (für Details s. Text). Genomische DNA wird partiell geschnitten und über die passenden DNA-Enden zwischen die beiden Vektorarme R und L ligiert. Nach Verpacken in Phagenpartikel des Lambda-Phagen und Transfektion in *E.-coli*-Zellen werden die Cosmide über die beiden cos-Sequenzen zirkularisiert. *ori*: Replikationsursprung; *neo* Gen für Kanamycinresistenz

langen cos-Sequenz enthält, die durch eine 2. singuläre Schnittstelle (z.B. *Sca*I) getrennt sind. Die cos-Sequenz stammt aus dem Lambda-Phagen und ist für das Verpacken in Phagenpartikel essenziell. Zur Klonierung wird die isolierte Plasmid-DNA mit *Sca*I linearisiert. Eine Dephosphorylierung soll verhindern, dass die entstandenen Enden später wieder miteinander verbunden werden können. Anschließend erfolgt ein 2. Schnitt in der Klonierungsschnittstelle (*Bam*HI). Die entstandenen Vektorarme sind nun zur Aufnahme genomischer Fremd-DNA bereit.

Die genomische DNA wird vorher mit einem Enzym geschnitten, dessen Schnittstelle in der DNA häufig vorkommt. Das Enzym *Mbo*I schneidet beispielsweise statistisch alle 256 bp, und die Enden passen zur *Bam*HI-Klonierungsstelle eines Lawrist-Cosmid-Vektors (Abb. 3.1.3). Die Inkubation mit *Mbo*I erfolgt unter Bedingungen, bei denen nur ein Bruchteil aller Schnittstellen tatsächlich geschnitten werden; dies kann u.a. durch eine Limitierung der Inkubationsdauer oder der Enzymmenge erreicht werden. Es entsteht ein Gemisch an Restriktionsfragmenten unterschiedlicher Größe, wobei durch die Zufälligkeit der Reaktion jede Region des Genoms in verschiedenen, überlappenden Fragmenten vorliegt. Zur Klonierung hat sich eine *mittlere* Größe von etwa 60 000 bp als vorteilhaft erwiesen. Auch die Enden der genomischen DNA werden dephosphoryliert, um eine Ligation zwischen den Bruchstücken zu vermeiden. Nach Mischung der DNA mit Vektor werden die beiden Vektorarme (R und L in Abb. 3.1.3) an die Enden jedes genomischen Fragments ligiert. Die DNA wird mit Proteinpräparationen des Lambda-Phagen gemischt, die alle Proteine in aktiver Form enthalten, die zum Aufbau der Phagenpartikel und der Verpackung der DNA notwendig sind. Mit den intakten Phagen werden *E.-coli*-Zellen infiziert, wobei jede Zelle höchstens ein Molekül aufnimmt. Intrazellulär schließlich wird die lineare DNA über die Position der beiden cos-Sequenzen „repariert", sodass ein zirkuläres Molekül mit nur einer cos-Sequenz entsteht, das an die Tochterzellen als Plasmid mit etwa 50 identischen Kopien pro Zelle weitergegeben wird.

Tatsächlich entstehen während der Ligation natürlich nicht nur die gewünschten Moleküle, sondern auch solche mit identischen Armen an beiden Enden der genomische DNA bzw. alle Kombinationen der Vektorarme mit sich selbst (R-R; L-L; R-L). Erstere werden zwar verpackt, sind nach Transfektion in *E. coli* aber nicht stabil. Ligierte Vektorarme ohne genomische DNA wiederum sind zu klein; der Zusammenbau der Phagen produziert nur dann infektiöse Partikel, wenn die verpackte DNA zwischen etwa 30 000 und 50 000 bp (30–50 kb) lang ist (Head-full-Mechanismus; Sambrook et al. 1989).

Diese Größenselektion ist auch der Grund für das Beenden des partiellen (*Mbo*I-)Verdaus der genomischen DNA bei einer Verteilung der Fragmentlängen um etwa 60 kb. Da während der Ligationsreaktion immer ein Hintergrund an chimären Produkten entsteht, d.h. eine Verbindung zweier genomischer Fragmente vor Anlagerung der Vektorarme, wird die Größenselektion des Phagen genutzt, um solche Konstrukte zu eliminieren. Da nur ein kleiner Teil der genomischen Fragmente in klonierbarer Länge (ca. 40 kb) vorliegt, wobei noch kürzere DNA-Bruchstücke noch wesentlich seltener sind, ist das Produkt einer Aneinanderlagerung zweier genomischer Fragmente mit hoher Wahrscheinlichkeit zu groß, um verpackt zu werden. Das Verfahren reduziert allerdings die Gesamtausbeute, die aber immer noch bei etwa 20 000 Klonen/µg DNA liegt.

Bakteriophage P1, PAC- und BAC-Vektoren

In den letzten Jahren wurden vermehrt alternative Klonierungssysteme genutzt, die eine Brücke zwischen YAC-Klonen (yeast artificial chromosome), künstlichen Hefechromosomen mit Insertgrößen bis hin zu Millionen Basenpaaren (Mb), und Cosmiden schlagen. Der Umgang mit YAC und speziell die Isolierung der DNA sind aufwändig, mit gleichzeitig geringen Ausbeuten, bieten jedoch den Vorteil großer Inserts und guter Stabilität der klonierten DNA. Cosmide wiederum sind aufgrund der selektiven Marker, wie etwa Kanamycin, relativ unproblematisch zu bearbeiten, mit wesentlich weniger chimären Klonen, bei gleichzeitig einfacher und ergiebiger Methodik zur Isolierung der DNA.

Die Verwendung des Bakteriophagen P1 als Klonierungssystem (Pierce et al. 1992) erlaubt die Klonierung genomischer DNA bis zu einer Größe von etwa 120 kb. Im Durchschnitt sind die Inserts einer P1-Klonbibliothek um die 80 kb lang und entsprechen damit etwa dem Doppelten eines Cosmidinserts. Gleichzeitig liegt das Molekül in der *E.-coli*-Zelle in nur einer Kopie vor. Dadurch ist die Gefahr eines Rekombinationsereignisses und damit beispielsweise einer Deletion bestimmter Bereiche geringer als in Cosmiden. Ein Nachteil des P1-Systems ist die Notwendigkeit, die genomische DNA vor der Ligation mit der Vektor-DNA auf Größe zu selektionieren, da die Größenselektion der Phagen nicht so effizient ist. Auch der Klonierungsvorgang selbst ist aufwändiger (Francis et al. 1994), obwohl prinzipiell dem der Cosmide sehr ähnlich.

In einer Weiterentwicklung wurden Derivate des P1-Vektors konstruiert (P1 artificial chromosomes), die nicht mehr über den Phagen in die Zelle gebracht werden, sondern durch Elektroporation der Zellen, einer Transfektionsmethode, die die Rate der direkten Einschleusung von DNA wesentlich verbessert hat. Dadurch entfällt eine Begrenzung der Insertgröße durch die Kapazität des Phagenpartikels, und es werden durchschnittliche Insertlängen von etwa 130 kb erreicht (Ioannou et al. 1994). Wie bei dem P1-System erlaubt das *sac*B-Gen eine positive Selektion auf rekombinante Klone. Wird das Gen nicht durch einen Insert unterbrochen, wird Saccharose aus dem Wachstumsmedium genutzt, um Levan zu produzieren, das für die *E.-coli*-Zellen toxisch ist.

Einen weiteren, wesentlichen Fortschritt in der Insertlänge boten schlussendlich BAC-Vektoren (bacterial artificial chromosome), die aufgrund dessen mittlerweile fast ausschließlich zur Klonierung großer Genome genutzt werden. Mit diesem System, das auf dem natürlichen F-Faktor des Bakteriums *E. coli* beruht, lässt sich eine Durchschnittsgröße der Inserts von etwa 300 kb erreichen (Shizuya et al. 1992). Auch in diesem Fall befindet sich nur eine Kopie zirkulärer DNA in der Wirtszelle, wodurch die Rekombinationsrate gering gehalten wird. Ein Nachteil der BAC ist das Fehlen einer direkten Selektion auf rekombinante Klone. Da zirkuläre Ligationsprodukte über Elektroporation in die Wirtszellen eingebracht werden, können diese auch mit reiner Vektor-DNA transformiert werden. Nichtsdestotrotz machen BAC-Bibliotheken inzwischen den Hauptteil der Klonbibliotheken aus, die in großen Genomprojekten Verwendung finden.

Künstliche Hefechromosomen (YAC-Klone). Die DNA-Klonierung als künstliche Hefechromosomen wurde von Burke et al. (1987) eingeführt. Mit dieser Methode und der zur fast gleichen Zeitpunkt entwickelten Technik der Pulsfeldgelelektrophorese zur Auftrennung großer DNA-Fragmente (Smith u. Cantor 1987) schloss sich eine länger bestehende Lücke in der Handhabung und Klonierung von DNA. Während DNA, die in *E. coli* kloniert werden kann, um grob eine Größenordnung kürzer ist, erlaubt die Verwendung von Hybridzellen (s. Unterabschnitt „Hybridzelllinien“) die Bearbeitung von Bereichen, die etwa eine Größenordnung länger sind. Bei YAC-Vektoren handelt es sich um

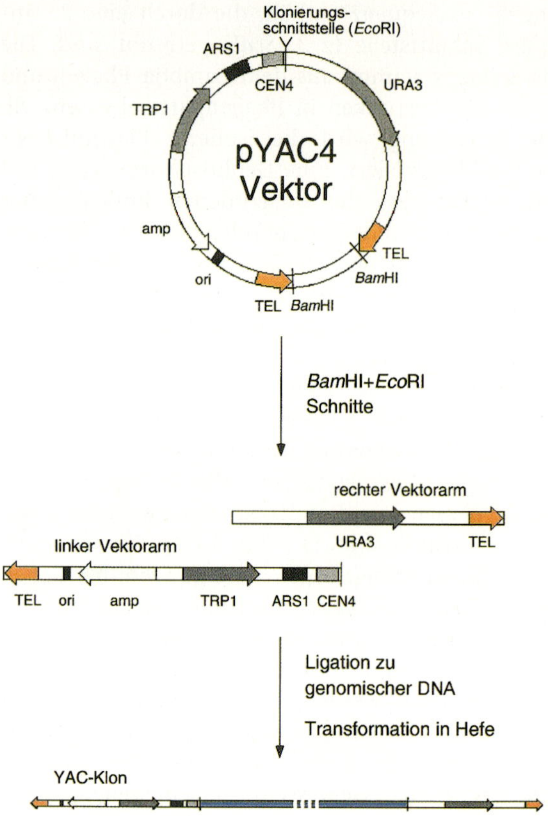

Abb. 3.1.4. YAC-Klonierung. Ein gentechnisch zusammengestellter Klonierungsvektor wird zu Produktionszwecken als Plasmid in *E. coli* gehalten und kann so in großen Mengen isoliert werden. Die DNA enthält außer *E.-coli*-spezifischen Elementen (*ori*: Replikationsursprung; *amp*: Gen für Ampicillinresistenz) und einer Klonierungsschnittstelle (z. B. EcoRI) auch Hefesequenzen zur Selektion (*TRP1* und *URA3*; Gene, die im Tryptophan- bzw. Uracilstoffwechsel notwendig sind), Replikation (*ARS1*), Verteilung auf die Tochterzellen bei Zellteilung (*CEN4*) und Stabilität der Chromosomenenden in der Hefezelle (*TEL*). Durch einen Schnitt mit 2 Restriktionsenzymen (z. B. *Bam*HI und *Eco*RI) werden 2 Vektorarme erzeugt, zwischen die genomische Fremd-DNA ligiert wird. Nach dem Einbringen in Hefezellen werden die Konstrukte intrazellulär als 17. Chromosom behandelt und an die Tochterzellen weitergegeben

gentechnisch zusammengestellte Plasmide, die neben Elementen, die zum Wachstum in *E. coli* notwendig sind (im Speziellen einen bakteriellen Replikationsursprung und einen selektierbaren Marker), auch alle essenziellen Elemente eines Hefechromosoms enthalten (Abb. 3.1.4). Dies sind neben 2 Genmarkern – URA3 und TRP1 sind für den Uracil- bzw. Tryptophanstoffwechsel notwendig – ein hefespezifischer Replikationsursprung (ARS: autonomously replicating sequence), eine Zentromerstruktur (CEN) und 2 Telomere (TEL) in der richtigen Orientierung, die für den Verbleib eines linearen Hefechromosoms in der Zelle verantwortlich sind.

Ähnlich einer Klonierung in Cosmide wird die Vektor-DNA mit 2 Restriktionsenzymen geschnitten, um 2 Vektorarme herzustellen. Zwischen diese Vektorarme wird dann die genomische DNA ligiert. Anschließend wird das Produkt der Reaktion mit Zellen eines Laborstamms der Bäckerhefe *Saccharomyces cerevisiae* vermischt, deren Zellwand mittels einer enzymatischen Reaktion aufgelöst wurde. Da die verwendeten Hefestämme selbst keine funktionsfähigen URA3- und TRP1-Gene besitzen, können nur Zellen, die einen YAC aufgenommen haben, auf einem Medium wachsen, das kein Tryptophan und Uracil enthält. Die Transformationsrate der YAC-Klone ist umso höher je kleiner die Ligationsprodukte sind; daher müssen die Moleküle der gewünschten Länge vor der Transformation über eine Pulsfeldgelelektrophorese von kürzeren Fragmenten, im Speziellen einer möglichen Kontamination durch ungeschnittenen Vektor, getrennt werden. Durchschnittsgrößen von 500 kb bis hin zu mehr als 1 Mb (z.B. Chumakov et al. 1995) sind nichts Außergewöhnliches mehr.

Neben den großen Inserts besteht der Vorteil von YAC auch darin, dass die klonierte DNA in den Zellen nur in einer Kopie vorliegt und dass es sich bei dem Wirt (der Hefe) um einen eukaryontischen Organismus handelt. Im Vergleich zur Klonierung in *E. coli* ist die DNA deshalb häufig stabiler, d.h. es treten weniger Artefakte wie z.B. Deletionen auf. Ein großes Problem bei der Klonierung in YAC ist der z.T. sehr hohe Anteil an Chimären, Klonen mit 2 DNA-Fragmenten, die aus unterschiedlichen Bereichen des Genoms stammen und während der Klonierung zufällig zusammengelagert wurden. Dazu kommt, dass während der Transformation auch mehr als nur ein YAC in eine Zelle aufgenommen werden kann, was zu ähnlichen Auswirkungen führt. Der Prozentsatz chimärer Klone liegt bei den meisten YAC-Bibliotheken mit bis zu 50% recht hoch. Ein weiteres, mehr technisches Problem ist die schlechte Reproduzierbarkeit der YAC-Klonierung. Obwohl von einer Reihe von Gruppen detaillierte Protokolle publiziert wurden (z.B. Larin et al. 1993), ist die Effektivität der Klonierung immer noch wesentlich schlechter vorherzusagen als beim Klonieren in *E. coli*. Durch die Entwicklung der BAC-Vektoren und gleichzeitige Veränderungen in den Strategien zur Sequenzierung eines Genoms sind YAC nach einer kurzen Blütezeit bereits wieder in den Hintergrund gerückt. Vor allem die sehr aufwändige und komplizierte Präparation der YAC-DNA macht sie für Hochdurchsatztechniken ziemlich ungeeignet.

Hybridzelllinien. Hybridzelllinien sind Konstrukte, die aus einer Verschmelzung menschlicher Zellen mit meist Hamster- oder Mauszelllinien entstehen. Dabei bilden sich vorübergehend Zellen mit 2 Kernen, die jedoch bei der ersten Mitose ebenfalls miteinander verschmelzen. In den folgenden Mitosen gehen menschliche Chromosomen verloren, sodass am Ende noch ein zufälliger Anteil des menschlichen Chromosomensatzes in der Zelle vorliegt. Diese somatischen Zelllinien finden weniger als echtes Werkzeug der Genomanalyse Verwendung, sondern vielmehr als Quelle für chromosomenspezifisches Material, etwa zur Herstellung chromosomenspezifischer Klonbibliotheken (z.B. Nizetic et al. 1991). Eine Weiterentwicklung mit tatsächlicher Anwendung in der Kartierung des menschlichen Genoms sind Bestrahlungshybridzellen (radiation hybrids; Cox et al. 1990). Dazu wird eine Hybridzelle, die ein oder mehrere menschliche Chromosomen enthält, mit hohen Strahlendosen behandelt, wodurch die chromosomale DNA in Stücke zerfällt, die in Abhängigkeit von der Strahlungsintensität zwischen 0,5 und 15 Mb groß sind. Diese Zellen werden nun mit unbehandelten Maus- oder Hamsterzellen fusioniert, wodurch eine Zelllinie entsteht, die ein gewisses Bruchstück des menschlichen Genoms repräsentiert. Entsprechend zu Klonbibliotheken können diese Zellen untersucht werden und bilden eine weitere Ebene innerhalb der integrierten Kartierung des menschlichen Genoms.

Repräsentation. 5 ist eine mystische Zahl für Wissenschaftler, die sich mit der Herstellung von Klonbibliotheken beschäftigen, denn mit einer (rein) statistischen Wahrscheinlichkeit von 99% ist in einer Bibliothek einer 5fachen Abdeckung jedes Fragment eines klonierten Genoms zumindest einmal vorhanden (Clarke u. Carbon 1976). Eine solche Abdeckung ist generell für die Identifizierung und Isolierung eines bestimmten, individuellen DNA-Stücks ausreichend. Wenn jedoch große Genombereiche oder gar vollständige Genome untersucht werden sollen, ist eine 5fache Repräsentation meist nicht ausreichend. In vielen Bereichen ist dann die tatsächliche Abdeckung so gering, sodass die Redundanz, die für viele Analysen notwendig ist, nicht mehr gewährleistet wird. Das Problem ergibt sich dadurch, dass bei der Bearbeitung großer Datenmengen vermehrt rein statistische Methoden zur Auswertung herangezogen werden müssen, die aber nur dann aussagekräftig sind, wenn die Datenmenge ausreichend redundant ist. Das Phänomen der ungenügenden Abdeckung wird intensiviert durch stärker als nur statistische Schwankungen in der Klonierbarkeit zwischen einzelnen Genombereichen, die biologisch bedingt sind. Um eine ausreichende und möglichst homogene Abdeckung zu erreichen, können verschiedene Strategien verfolgt werden.

Zum einen sollte versucht werden, es nicht bei dem scheinbar sinnvollen Wert einer 5fachen Repräsentation zu belassen. Zum zweiten sollte für die Fragmentation der Insert-DNA mehr als eine Methode verwendet werden, um einen methodisch bedingten Einfluss auf die Repräsentation zu vermeiden. Restriktionsenzyme zeigen beispielsweise eine z.T. sehr unterschiedliche Präferenz zu scheinbar identischen Schnittstellen selbst innerhalb eines DNA-Moleküls. Auch sind Schnittstellen in der nicht zufälligen Sequenz eines Organismus nicht gleichmäßig verteilt, sodass in manchen Genombereichen keine Schnittstellen selbst für statistisch häufig schneidende Enzyme vorliegen, während sie woanders überproportional vertreten sind. Als Alternative zur enzymatischen Spaltung kann genomische DNA durch Scherkräfte mechanisch gebrochen werden. Die so gewonnenen Fragmente werden dann in einer enzymatischen Reaktion mit glatten Enden versehen. Vor der Klonierung werden die Fragmente noch über eine Gelelektrophorese auf eine für den Vektor passende Größe selektioniert (z.B. Ajioka et al. 1991). Eine dritte Möglichkeit zum Erreichen einer möglichst gleichmäßigen Abdeckung liegt schließlich in einer kombinierten Nutzung verschiedener Klonierungssysteme. Dadurch können Probleme, die beispielsweise in einem Wirt auftreten, dadurch ausgeglichen werden, dass gleichzeitig für den entsprechenden Bereich eine andere Bibliothek bearbeitet wird. Mit Einschränkungen gibt es mittlerweile auch die Möglichkeit, biologische Komponenten der Klonierung durch physiko-chemische Praktiken zu ersetzen, wie etwa bei einem gänzlichen Ersatz lebender Organismen für die Vermehrung von DNA durch eine rein enzymatische Amplifikation in vitro (s. Abschnitt 3.1.3.2 „PCR“).

3.1.2.2 Klonierung von Genen

cDNA-Isolierung. Die Genome der meisten eukaryontischen Lebewesen bestehen nur zu einem kleinen Teil aus kodierenden Bereichen. Zwischen den Genen liegen große, nicht kodierende Bereiche. Aber auch die Gene selbst unterteilen sich nochmals in kodierende (Exons) und nicht kodierende Abschnitte (Introns). Im Zug der Transkription werden die kodierenden DNA-Sequenzen in Form von Boten-RNA (mRNA) kopiert, welche wiederum während der Translation in eine Aminosäuresequenz übersetzt wird. Zur Isolation der kodierenden Information eines Gens ist es folglich meist günstiger, die zugehörige mRNA zu untersuchen. RNA ist jedoch mit molekularbiologischen Methoden weit weniger einfach zu bearbeiten als DNA, da passende Enzyme wie beispielsweise Restriktionsnukleasen fehlen. Zum anderen sind kontaminierende RNAsen – RNA abbauende Enzyme – weit verbreitet (etwa an den Händen des Experimentators). Sie sind auch unter extremen Bedingungen stabil und nur schwer zu inhibieren. Anfang der 1970er Jahre wurden Protokolle entwickelt, mit denen RNA in DNA umgeschrieben werden kann (Ross et al. 1972, Verma et al. 1972). Da dies den umgekehrten Vorgang zur Transkription darstellt, werden die genutzten Enzyme „Reverse Transkriptasen“ genannt. Die erzeugte DNA wird cDNA („copy“ DNA oder „complementary“ DNA) genannt. Bei der Verwendung von cDNA ist es wichtig, daran zu denken, dass nicht alle Gene in jeder Zelle exprimiert werden, und somit auch nicht jedes Gen in einer cDNA-Präparation repräsentiert sein kann.

Zur cDNA-Synthese (Abb. 3.1.5) wird üblicherweise aus dem verwendeten Zellmaterial zunächst Gesamt-RNA präpariert, und aus dieser dann mRNA isoliert. Dazu wird die Poly-A-Kette am 3′-Ende der mRNA genutzt, indem fixierte dT-Oligonukleotide zur Bindung angeboten werden und dadurch RNA mit Poly-A-Kette (PolyA$^+$-RNA) von der restlichen RNA getrennt wird. Neuere Modifikationen der Protokolle ermöglichen eine Isolation von PolyA$^+$-RNA direkt aus dem Zellmaterial. Wichtig bei einer RNA-Präparation ist v.a., sauber und RNAse-frei zu arbeiten. Kontaminationen führen zu geringen Ausbeuten und v.a. zu einer Isolation von verkürzten RNA-Molekülen, von denen sich nur kurze cDNA-Moleküle synthetisieren lassen.

Wie andere DNA-Polymerasen, benötigen auch die Reverse Transkriptasen ein Primermolekül zur Initiation der Synthese. Als Endprodukt einer solchen Reaktion (Erststrangsynthese) resultiert ein RNA-DNA-Duplex. Die Synthese des 2. Strangs der cDNA wird üblicherweise mit *E.-coli*-DNA-Polymerase I durchgeführt. Als Primer wurde für die Zweitstrangsynthese früher eine Rückfaltung des

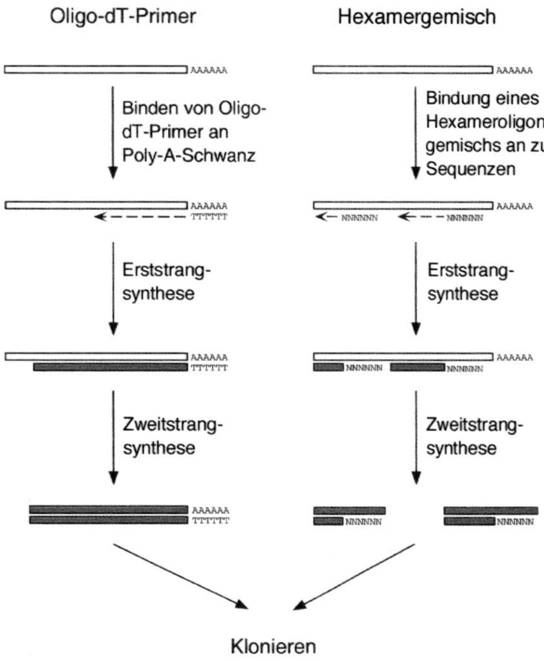

Abb. 3.1.5. cDNA-Synthese. Durch die Bindung von entweder einem Oligo-dT-Primer oder eines Gemisches aller möglichen Hexameroligonukleotide an die RNA wird durch das Enzym reverse Transkriptase eine Erststrang-DNA-Kopie (*blau*) hergestellt. Nach Verdau des RNA-Strangs werden daraus Doppelstrangmoleküle synthetisiert

Erststrangs verwendet, die sich aus nicht verstandenen Gründen häufig am 3′-Ende der Erststrang-cDNA bildet (z. B. Efstratiadis et al. 1976). Heute wird in der Regel die effizientere Verdrängungssynthese eingesetzt (Gubler u. Hoffman 1983), bei der das DNA-RNA-Hybrid als Vorlage für eine „Nicktranslation" verwendet wird. Dazu werden mittels des Enzyms RNAse H Strangbrüche („Nicks") in die RNA eingeführt, die als Startpunkte für die DNA-Polymerase I dienen. Der RNA-Strang wird dann durch mehrere neu synthetisierte DNA-Stränge ersetzt, welche durch zugesetzte T4-DNA-Ligase zu einem einzigen Strang zusammengefügt werden.

Bei qualitativ hochwertiger cDNA sollten möglichst viele cDNA-Moleküle einer Präparation den entsprechenden mRNA-Strang vollständig abdecken. Zudem sollten alle Sequenzen aus der mRNA-Population auch in der cDNA entsprechend ihrer ursprünglichen Verteilung repräsentiert sein.

Primermoleküle

Für die Erststrangsynthese werden hauptsächlich 2 Primersysteme verwendet (Abb. 3.1.5):

Oligo-dT-Primer binden an den Poly-A-Schwanz der mRNA, sodass die Synthese am 3′-Ende der mRNA beginnt. In der Regel wird eine solche cDNA den 3′-Bereich aller mRNA-Moleküle abdecken und sich nur in einigen Fällen bis zum 5′-Ende erstrecken, da die cDNA-Synthese häufig schon früher abbricht. Häufig wird an den Oligo-dT-Primer noch die Erkennungssequenz eines Restriktionsenzyms angefügt, um die cDNA gerichtet klonieren zu können.

Eine Mischung aller möglichen Hexameroligonukleotide bewirkt einen über die gesamten mRNA-Bereiche statistisch gleichmäßig verteilten Synthesebeginn. Da an jedes mRNA-Molekül mehrere Primer binden können, sind die entstehenden cDNA-Moleküle im Durchschnitt kürzer als bei der Verwendung von Oligo-dT-Primern; dafür erhöht sich aber die Wahrscheinlichkeit, Sequenzen von den 5′-Enden der mRNA-Moleküle in der cDNA-Bibliothek zu finden.

Reverse Transkriptasen

AMV(avian myoblastosis virus)-reverse-Transkriptase besitzt neben der RNA- und DNA-abhängigen DNA-Polymeraseaktivität eine RNAse H-Aktivität, welche RNA in den RNA-DNA-Hybriden schneidet, wodurch es zu einem Verlust an RNA kommen und die Länge deutlich verringert werden kann.

M-MLV-reverse-Transkriptase stammt aus einem Retrovirus, welches Mäuse infiziert (Moloney-murine-leukemia-Virus). Das Enzym besitzt neben der Reversen-Transkriptase-Aktivität auch eine RNAse H-Funktion. Im Unterschied zur AMV-reversen-Transkriptase ist sie jedoch weniger ausgeprägt und erlaubt somit eher die Synthese langer cDNA. Durch Verwendung gentechnisch produzierter Varianten, deren RNAse H kodierender Bereich mutiert wurde (Punktmutation oder Deletion), kann die durchschnittliche Länge der cDNA noch erhöht werden.

Tth-Polymerase ist eine DNA-Polymerase, die aus dem Eubakterium *Thermus thermophilus* isoliert wurde. Sie besitzt in Gegenwart von Manganionen eine Reverse-Transkriptase-Aktivität. In Anpassung an die extrem hohen Temperaturen, unter denen das Bakterium lebt, liegt das Temperaturoptimum >65 °C, und erlaubt somit sehr stringente Reaktionsbedingungen. Dies ist v. a. interessant, wenn genspezifische Primer oder eine RNA mit starken Sekundärstrukturen verwendet werden. Aufgrund der kombinierten DNA- und RNA-abhängigen DNA-Polymeraseaktivität und der hohen Thermostabilität ist dieses Enzym gut für RT-PCR (s. Abschnitt 3.1.3.2 „PCR", Unterabschnitt „RT-PCR") geeignet.

Normalisierung von cDNA-Bibliotheken

Die Transkription von Genen unterliegt einer strengen Regulation. Die Transkripte einer Zelle liegen deshalb in sehr unterschiedlichen Mengen vor. In einer durchschnittlichen Säugerzelle werden etwa 3000–10 000 der vorhandenen Gene exprimiert. Ungefähr 30% davon liegen in einer Kopienzahl von 1–10 RNA-Molekülen pro Zelle vor. Auf der anderen Seite gibt es einige wenige Transkripte, die in einer Kopienzahl von bis zu 2×10^5 pro Zelle vorkommen. Unter der Voraussetzung, dass die cDNA-Synthese und deren Klonierung keinen selektiven Einfluss besitzen, findet sich dieses Verhältnis in der cDNA-Bibliothek wieder. Die meisten der Klone werden Kopien häufig transkribierter RNA und nur etwa 30% cDNA von selten transkribierten Genen enthalten. Unter Umständen finden sich bestimmte, sehr seltene Gene überhaupt nicht in einer Bibliothek.

Zur Anreicherung seltener Gene dient die Herstellung einer normalisierten Bibliothek. 2 Populationen einzelsträngiger Nukleinsäuren, in denen aber zu jeder Sequenz jeweils auch der komplementäre Strang vorhanden ist, werden vermischt. Unter geeigneten Bedingungen hybridisieren bevorzugt die komplementären Stränge solcher Sequenzen, die häufig zu finden sind. Jene, die selten vorkommen, werden länger brauchen, um ihren Hybridisierungspartner zu finden. Diese Kinetik ermöglicht somit eine Differenzierung der seltenen und der häufigen Sequenzen. Das Abtrennen der einzelsträngigen DNA-Stränge von den doppelsträngigen kann über eine Hydroxylapatitsäule oder über das Koppeln der einen Population an eine feste Matrix, wie beispielsweise Latexpartikel, erfolgen. Nach dem mehrfachen Durchlaufen dieser Prozedur kann eine Anreicherung der seltenen Transkripte um einen Faktor zwischen 100 und 1000 erreicht werden (Sasaki et al. 1994). Diese Methode kann auch auf 2 cDNA-Populationen aus unterschiedlichen Geweben angewendet werden. In diesem Fall – genannt subtraktive Hybridisierung – erfolgt eine Anreicherung von den Sequenzen, in denen sich die beiden Populationen quantitativ oder qualitativ unterscheiden.

Isolierung von Genenden

Ein sehr häufig auftretendes Problem bei Arbeiten mit cDNA-Bibliotheken ist die Tatsache, dass die wenigsten Klone eine Kopie der gesamten mRNA beinhalten. Bei der Verwendung von cDNA, die mit Hilfe von Oligo-dT-Primern synthetisiert wurde, fehlen oftmals die Sequenzen aus dem 5′-Bereich der mRNA. Werden diese Sequenzen benötigt, müssen weitere Klone gesucht werden. Dies ist zum einen sehr zeitraubend und zum anderen aus den erwähnten Gründen nicht immer erfolgreich. Eine Methode, mit der gezielt nach den Enden von cDNA gesucht werden kann, wird RACE (rapid amplification of cDNA ends) genannt. Dabei werden die Enden einer individuellen cDNA mit Hilfe eines genspezifischen und eines universellen Primers in einer PCR in vitro amplifiziert. Voraussetzung ist aber genügend Sequenzinformation über das Zielgen zum Entwurf des genspezifischen Primers. Wird nach dem 3′-Ende gesucht, kann als universeller Primer Oligo-dA verwendet werden, da die Erststrang-cDNA an ihrem einen Ende die Oligo-dT-Sequenz besitzt. Das Amplifizieren des 5′-Endes benötigt einen zusätzlichen Schritt, da dort keine universelle Sequenz vorkommt. An die Erststrang-cDNA, die unter Verwendung des genspezifischen Primers gebildet wird, wird durch das Enzym Terminale Transferase ein Poly-A-Schwanz angehängt, der dann in einer anschließenden PCR als Zielsequenz für den Oligo-dT-Primer dient. Unglücklicherweise eignen sich Oligomere, die aus nur einem Nukleotidbaustein bestehen, nicht gut für PCR-Reaktionen, da sie zur Artefaktbildung neigen. Um Abhilfe zu schaffen, wurden Protokolle entwickelt, bei denen entweder doppelsträngige Kassetten an cDNA, oder, mit Hilfe des Enzyms T4-RNA-Ligase, einzelsträngige Oligoribonukleotide an die mRNA ligiert werden (Schaefer 1995). Letztere Methode verhindert zusätzliche Probleme, die durch das vorzeitige Abbrechen der cDNA-Synthese entstehen, da die Zielsequenz direkt an das Ende der mRNA und nicht an das Ende der cDNA ligiert wird.

Positionelles Klonieren von Genen. Konventionelles Klonieren von cDNA erlaubt die Isolation nur solcher Gene, die im entsprechenden Gewebe exprimiert werden. Für einige Fragestellungen ist es jedoch vorteilhaft, alle kodierenden Bereiche einer genomischen Region zu isolieren, unabhängig von ihrer Expression. Zu diesem Zweck wurden die beiden Methoden der direkten Exonklonierung (Exon-Trapping: Buckler et al. 1991, Duyk et al. 1990) und der cDNA-Affinitätsselektion (z. B. Korn et al. 1992) entwickelt.

Exon-Trapping

Während bei der cDNA-Synthese RNA als Ausgangsmaterial dient, können beim direkten Klonieren der Exons Klone einer genomischen Bibliothek verwendet werden (Abb. 3.1.6). Die DNA dieser Klone wird durch einen Restriktionsverdau fragmentiert und in einen speziellen Vektor subkloniert. Dieser Vektor besitzt neben einem sehr starken Promotor einen prokaryontischen und einen eukaryontischen Replikationsursprung, wodurch er sowohl in Bakterienzellen als auch in eukaryontische Zellen eingebracht werden kann. Die Klonierungsstelle wird an beiden Seiten von so genannten Spleißakzeptor- und Spleißdonorsequenzen flankiert. Dies sind Sequenzen, die an den Intron-Exon-Grenzen liegen und als Signale für das Herausschneiden der Introns (Spleißen) während der Reifung der Primärtranskripte dienen.

Zur Isolierung der Exons wird die Klonbibliothek der subklonierten, genomischen Fragmente in eukaryontische Zellen (COS-Zellen) eingebracht, in denen aufgrund eines integrierten Promotors eine starke Transkription erfolgt. Die erzeugten Transkripte bestehen aus den flankierenden Spleißsequenzen des Vektors und den dazwischen liegenden, genomischen Fragmenten. Entscheidend ist nun, ob in den genomischen Fragmenten Exons vorliegen, die ebenfalls von Spleißsequenzen flankiert werden. In diesem Fall werden sie nach dem Herausschneiden der Introns mit den beiden Vek-

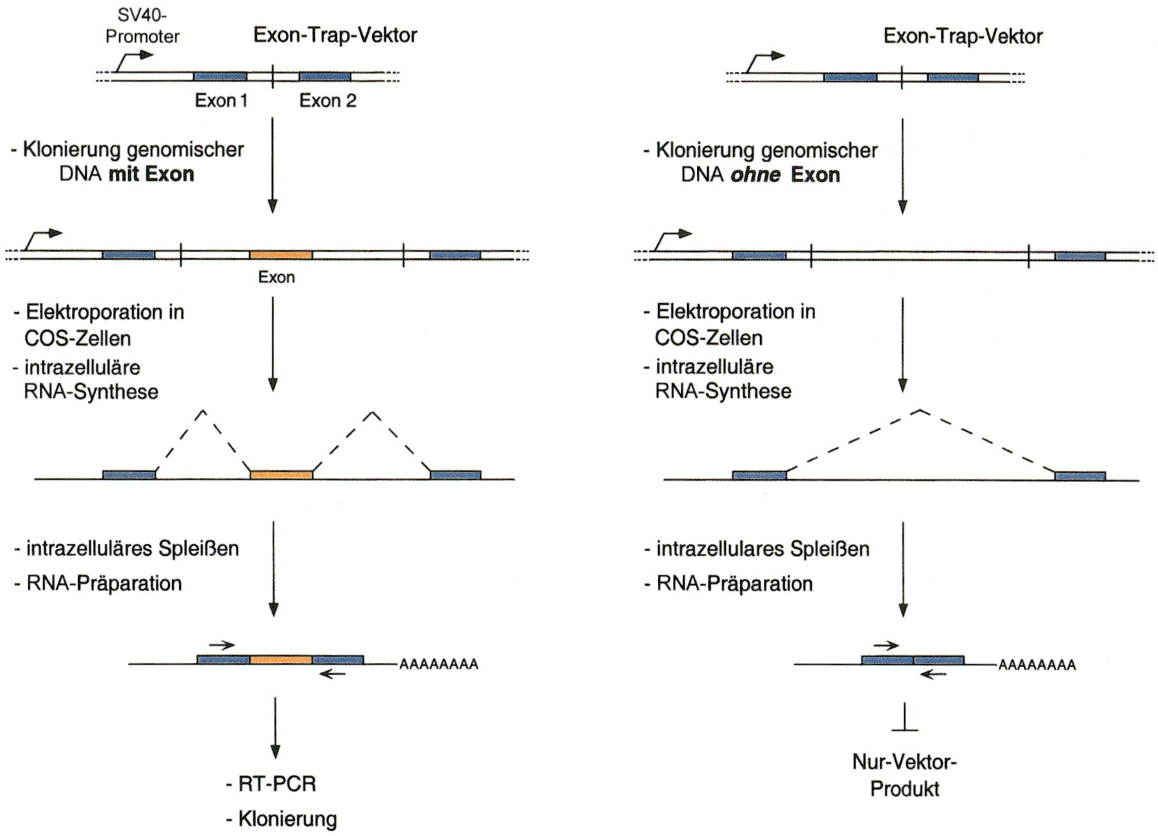

Abb. 3.1.6. Exon-Trapping. Ein genomisches DNA-Fragment wird in einen Exon-Trap-Vektor kloniert. Nach Einbringen des Konstrukts in eine COS-Zelllinie wird der Insert unter Nutzung des SV40-Promotors transkribiert. Intrazellulär werden die Spleißdonor- und Spleißakzeptorsequenzen der 2 Exons der Vektor-DNA mit etwaigen Exons innerhalb des genomischen Inserts verbunden. Die reife RNA wird aus den Zellen isoliert und klonierte Exons über RT-PCR amplifiziert

torenden zusammengefügt. Sind keine Exons vorhanden, werden lediglich die beiden Vektorenden verbunden. Diese „reife" RNA kann dann mit üblichen Methoden isoliert, in cDNA umgeschrieben und kloniert werden. Unter Ausnutzung der natürlichen, intrazellulären Intron-Exon-Erkennung können somit aus genomischen Sequenzen kodierende Bereiche isoliert werden. Ein Nachteil dieser Methode ist neben der aufwändigen Prozedur, dass sie nur die Analyse von kurzen Segmenten erlaubt. Dies ist in der relativ kurzen Länge der Exons begründet, deren Durchschnittslänge bei interner Lage im Gen 100–200 bp und bei flankierenden Exons etwa 600 bp beträgt. Auch werden meist nicht alle Exons eines Gens kloniert.

cDNA-Affinitätsselektion

Für eine cDNA-Affinitätsselektion wird als Ausgangsmaterial genomische DNA verwendet, aus der repetitive Bereiche entfernt wurden. Sie wird durch Binden an einen Nylonfilter (Lovett et al. 1991) oder an magnetische Partikel (Korn et al. 1992) immobilisiert. Aus einer möglichst repräsentativen Mischung verschiedener cDNA-Bibliotheken werden mittels PCR die Kloninserts heraus amplifiziert. Dadurch wird zum einen die DNA vervielfältigt, zum anderen werden Vektorsequenzen entfernt. Diese amplifizierte cDNA wird anschließend auf die immobilisierte, genomische DNA hybridisiert, wodurch komplementäre Sequenzen vermehrt an die feste Phase gebunden werden. Nach mehreren Waschschritten zum Entfernen von unspezifisch gebundener DNA wird eluiert, und das Isolat wird in einer PCR amplifiziert. Nach mehreren Zyklen verbleiben hauptsächlich die cDNA-Moleküle, die komplementäre Sequenzen zu der verwendeten genomischen DNA besitzen.

3.1.3 Grundlegende Analysetechniken

3.1.3.1 Hybridisierungstechniken

Grundlagen. Hybridisierung ist die Ausnutzung der grundlegenden Eigenschaft von Nukleinsäuren, sich zu Doppelstrangstrukturen zusammenzulagern, wenn die beiden Einzelmoleküle eine komplementäre Sequenz aufweisen. Aufgrund dieser Eigenschaft ist es möglich, eine bestimmte Sequenzfolge in einem Gemisch aus Nukleinsäuren zu detektieren, indem ein komplementäres Fragment als markierte Sonde zugesetzt wird. Dies ist auch dann möglich, wenn die Sequenz selbst nicht bekannt ist, da nur die Komplementarität zwischen Sonde und den untersuchten Nukleinsäuren nachgewiesen wird. Wichtig für die Stabilität eines DNA-Doppelstrangs sind nicht nur die Basenpaarungen, sondern auch sehr wesentlich die Stapelung der Basen, wie auch Effekte etwa der (Hydrat-)Hülle auf das Phosphatrückgrat. Daher wird die Spezifität einer Hybridisierung nicht nur durch den Grad der Komplementarität der Sequenz, sondern auch durch Faktoren wie etwa chemische Modifikation der Nukleotide, Pufferzusammensetzung und Hybridisierungstemperatur stark beeinflusst. Gleichzeitig kann über die Inkubationsdauer regulierend eingegriffen werden. Sequenzen, die in vielen Kopien vorliegen oder sich durch eine einfache und sich vielmals wiederholende Basenabfolge wie etwa d(GT):d(CA) auszeichnen, finden schneller einen Partner als Sequenzen, die in nur geringer Kopienzahl vorhanden sind. Grundsätzlich basieren viele der nachfolgend beschriebenen Methoden der Gentechnik auf dem Effekt der Doppelstrangbildung, sprich Hybridisierung. Auch zur Initiation der DNA-Sequenzierung (Abschnitt 3.1.3.5 „Sequenzanalyse") oder DNA-Amplifikation (Abschnitt 3.1.3.2 „PCR") lagern sich vor Beginn der Polymerasereaktion zuerst Primermoleküle an einen vorliegenden Einzelstrang an.

Bei allen Hybridisiertechniken ist häufig eine der Nukleinsäuren auf einem Träger fixiert, während die andere frei in der Lösung vorliegt und eine Markierung trägt. Nach Inkubation unter Bedingungen, die eine mehr oder minder spezifische Bindung erlauben, wird nicht oder unspezifisch gebundene Sonde weggewaschen, und die Markierung wird detektiert (z.B. durch Autoradiographie bei radioaktiver Markierung). Die Position der Markierung auf dem Träger identifiziert die Nukleinsäuren, an die die Sonde binden konnte, und gibt ggf. durch die Signalintensität Auskunft über die Stärke der Bindung. Die Vorteile der Hybridisierung als Technik liegen einmal in der Tatsache, dass eine Vielzahl verschiedener Moleküle zusammen untersucht werden kann; gleichzeitig ist eine vollkommene Komplementarität zwischen Ziel-DNA und Sonde nicht notwendig. Bei geeigneten Bedingungen können selbst nur ähnliche (homologe) Sequenzen identifiziert werden (etwa Genfamilien oder Sequenzen zwischen verschiedenen Organismen). Auch können mit Hybridisierungsmethoden alle Ebenen der Genomanalyse, von Zelllinien bis hinunter zu kurzen Oligonukleotiden miteinander verglichen werden. Da jede Nukleinsäure sowohl als Sonde als auch als Ziel einer Hybridisierung verwendet werden kann, können die Untersuchungen je nach Fragestellung so gestaltet werden, dass möglichst viel Information mit möglichst geringem Aufwand gewonnen werden kann.

Eine thematische Sonderstellung nimmt die DNA-Chip-Technologie ein, die sich fast gänzlich auf Hybridisierung gründet. Da sie aber inzwischen so wichtig und umfassend anwendbar geworden ist, wird sie in einem eigenen Abschnitt (3.1.3.6 „DNA-Chip-Technologie") getrennt behandelt.

Fluoreszenz-in-situ-Hybridisierung (FISH). Die In-situ-Hybridisierung ist eine wichtige zytogenetische Technik, welche die Lokalisation von DNA-Sequenzen an DNA-Präparaten aus Geweben, wie ganzen Zellkernen der Interphase oder Chromosomen der Metaphase, erlaubt. Eine denaturierte, d.h. einzelsträngige DNA-Sequenz (Sonde) wird auf eine denaturierte Ziel-DNA der Zellpräparate hybridisiert und über eine Markierung sichtbar gemacht. In den letzten Jahren haben nicht radioaktive Methoden v.a. unter Nutzung von Fluorochromfarbstoffen die ursprünglich verwendete Inkorporation radioaktiver Nukleotide weitgehend ersetzt. Diese Technik ist als Fluoreszenz-in-situ-Hybridisierung oder FISH bekannt. Insgesamt ist die FISH-Analyse heute eine Technik, die bereits eine breite Anwendung in verschiedenen Disziplinen der zytogenetischen Forschung und der molekularen Diagnostik findet.

Bei FISH-Analysen wird unterschieden zwischen
- direkter Markierung der Sonde und
- indirekter Markierung der Sonde.

Bei der direkten Markierung wird die Sonde mit fluoreszierenden Molekülen gekoppelt, in der Regel durch den Einbau von markierten Nukleotiden, die nach der Hybridisierung direkt detektiert werden können. Diese Methode wird v.a. genutzt, wenn die Zielregion der Hybridisierung relativ groß ist.

Zum Erreichen einer höheren Sensitivität wird dagegen meist eine indirekte Markierung bevorzugt. Nukleotide, die während der Markierungsreaktion in die Sonde inkorporiert werden, sind in diesem Fall mit Reportermolekülen konjugiert, die anschließend durch Immunfluoreszenz sichtbar gemacht werden, d.h. durch Bindung von Fluorochrome tragenden Antikörpern an die Reportermoleküle und damit indirekt an die hybridisierte Sonden-DNA. Die Antikörper werden dann über die Fluorochrome detektiert. Falls notwendig, erlaubt diese Methode eine Verstärkung der Hybridisierungssignale. Dabei binden in einem schrittweisen Prozess mehrere Antikörper an jeweils ein einzelnes Molekül des vorherigen Anlagerungsschritts, sodass es zu einer Ansammlung mehrerer Fluoreszenzmoleküle kommt. Meistens werden für diese Art der Markierung Nukleotide verwendet, die mit Biotin oder Digoxigenin konjugiert sind, es können jedoch auch andere Verbindungen eingesetzt werden. Für die Detektion dienen Antikörper, welche mit gelb/grün (z.B. FITC, Cy3) oder rot fluoreszierenden Molekülen (z.B. Rhodamin, Cy5) gekoppelt sind. Neben der Verwendung von Antikörpern wird auch sehr häufig die hochspezifische Bindung zwischen Biotin und Avidin oder Streptavidin genutzt, weil dieses System eine noch höhere Bindungsaffinität zwischen den beiden Komponenten aufweist als eine Interaktion zwischen Antikörper und Antigen (Pinkel et al. 1986). Die Verfügbarkeit verschiedener Fluorochrome erlaubt die gleichzeitige Verwendung multipler Sonden, die sich differenziell darstellen lassen. Die Analyse der Hybridisierungssignale erfolgt mit Hilfe der Fluoreszenzmikroskopie, wobei meistens sensitive Kameras mit integrierten Bildanalysesystemen zum Einsatz kommen.

Dank vielfältiger Anwendungen hat sich die Fluoreszenz-in-situ-Hybridisierung in den letzten Jahren sehr schnell entwickelt und wird heute in vielen Bereichen der klinischen Zytogenetik verwendet. So dient sie beispielsweise zum Nachweis nummerischer und struktureller chromosomaler Aberrationen in Metaphase- und Interphasekernen, zur Detektion chromosomaler Imbalancen und Genamplifikationen, zur Lokalisation viraler Integrationsorte, neben anderen wichtigen Bereichen wie etwa der Genkartierung und Analyse der Nukleusorganisation. Im Folgenden werden nur einige Ansätze zur Anwendung von FISH dargestellt.

FISH auf Metaphasechromosomen

Eine markierte DNA-Sonde wird gegen die intakten und kondensierten Chromosomenstrukturen hybridisiert, welche von Zellen im Metaphasenstadium präpariert sind. Je nach Fragestellung können als Sonde die Sequenz eines Gens, einer nicht kodierenden, chromosomalen Subregion oder gar eine komplexe Kollektion chromosomenspezifischer Sequenzen eingesetzt werden. Die Methode wird häufig für die physikalische Genkartierung angewendet, d.h. für die chromosomale Zuweisung und Anordnung von Genen oder anderer DNA-Sequenzen, die im Genom vorzugsweise nur einmal vorkommen sollten (Single-copy-Moleküle). Eine

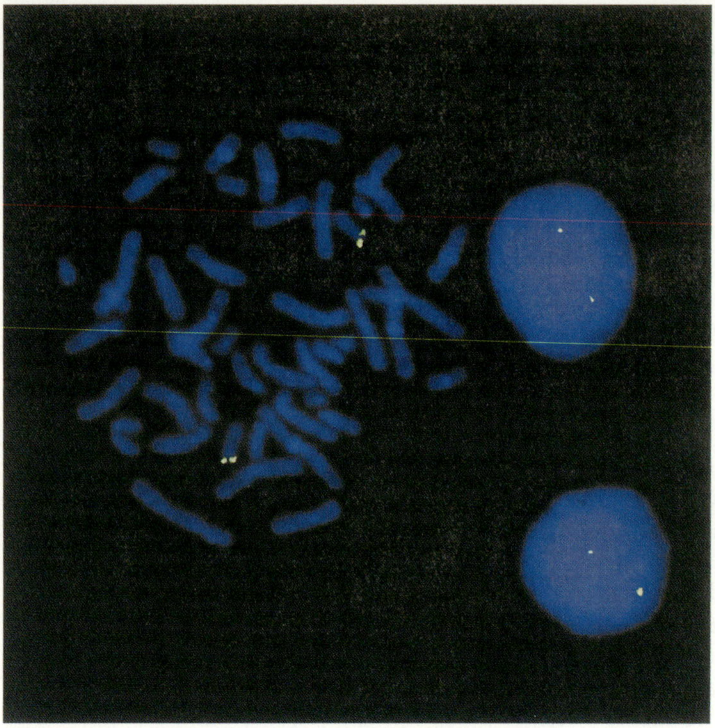

Abb. 3.1.7. Hybridisierung einer DNA-Sonde auf menschliche Metaphasechromosomen (aus einer Zusammenarbeit mit Uta Lichter-Konecki und David Konecki, Marshfield Clinic, Madison, USA). Das spezifische Hybridisierungssignal ist am Telomer beider homologen Chromosomen und auf den Interphasekernen ersichtlich. Die Sonde ist mit Biotin markiert und mit Avidin-FITC nachgewiesen, die Chromosomen sind mit DAPI gegengefärbt

weitere Anwendung ist die Überprüfung genau dieses Faktums der Einmaligkeit. In Abb. 3.1.7 ist beispielhaft die Lokalisierung einer DNA-Sequenz am Telomer des kurzen Arms von Chromosom 17 (17pter) gezeigt.

Eine Voraussetzung für den Nachweis des Hybridisierungssignals ist eine gewisse Länge der Sonde, wobei diese in Abhängigkeit von der tatsächlichen Sequenz der Sonden-DNA sehr stark variieren kann. Verschiedene Vektormoleküle, wie (in aufsteigender Insertlänge) Plasmide, Lambda-Phage, Cosmide, P1-Phage und YAC, ermöglichen die Klonierung genomischer DNA-Fragmente verschiedener Länge und Komplexität. Eine solch lange und komplexe Sonde enthält jedoch häufig auch ubiquitär vorkommende, repetitive Elemente innerhalb der Einzelsequenz. Diese repetitiven Elemente führen zu unspezifischen Hybridisierungssignalen, die auf den Chromosomen verteilt sind und eine Unterdrückung des spezifischen Single-copy-Signals bewirken können. Zur Umgehung des Problems wurde die so genannte Chromosomal-in-situ-Suppression, CISS, eingeführt (Landegent et al. 1987, Lichter et al. 1990). Noch vor der Hybridisierung wird die markierte Sonde mit einem hohen Überschuss an unmarkierter, hoch repetitiver DNA gemischt, der so genannten Cot1-Fraktion der genomischen DNA. Das Gemisch wird durch Erhitzen denaturiert und anschließend bei 37 °C wieder reassoziiert. Da die repetitiven Sequenzen aufgrund ihrer Reassoziationskinetik schneller als die Einzelsequenzen hybridisieren, werden nach einer bestimmten Zeitspanne hauptsächlich die repetitiven Sequenzen der Sonde durch diejenigen der unmarkierten DNA gebunden sein. Einzelsträngig und für die Hybridisierung zur Ziel-DNA verfügbar bleiben deshalb hauptsächlich die nicht repetitiven Sequenzen der markierten Sonde. Die CISS-Hybridisierung wird normalerweise für alle Sonden angewendet, die eine bestimmte Länge und Komplexität aufweisen. Je größer die Komplexität der Sonde ist, desto mehr Cot1-DNA muss in der Regel zugegeben werden.

Wenn die Sonde aus DNA-Fragmenten besteht, die ein ganzes Chromosom repräsentieren (chromosomenspezifische Bibliotheken), wird das entsprechende Chromosom durch die Hybridisierungssignale hervorgehoben. Dieser Ansatz wird als „chromosome painting“ bezeichnet und dient z. B. der Analyse nummerischer und struktureller Aberrationen in Tumorzellen (Cremer et al. 1988). Eine andere Anwendung ist die Identifizierung des chromosomalen Materials eines Markerchromosoms; hier können FISH-Experimente mit den Bibliotheken der Kandidatenchromosomen Hinweise auf die Identität des Markerchromosoms geben.

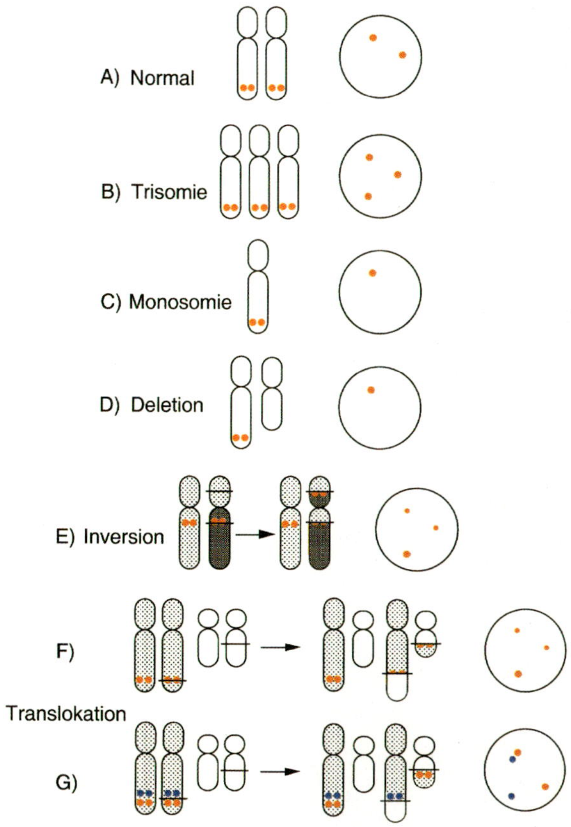

Abb. 3.1.8 A–G. Beispiele nummerisch und strukturell chromosomaler Aberrationen, die mittels Interphasezytogenetik nachgewiesen werden können. *Links* Chromosomen, *rechts* entsprechende Hybridisierungssignale auf einem skizzierten Interphasekern nach FISH mit spezifischen DNA-Sonden: (**A**) normale Zelle, (**B–D**) Veränderungen der Kopienzahl einer Sequenz, (**E, F**) bei Verwendung einer bruchpunktüberspannenden Sonde ändert sich durch das chromosomale Bruchereignis die Anzahl der Hybridisierungssignale auf den Interphasekernen, (**G**) bei Verwendung zweier den Bruchpunkt flankierenden Sonden, die mit 2 verschiedenen Fluorochromen nachgewiesen werden, ändert sich ihre gegenseitige Position auf dem Interphasekern

Interphasezytogenetik

Die Präparation der Metaphasespreitungen aus Tumormaterial ist häufig erfolglos oder bleibt für FISH-Experimente von ungenügender Qualität. Außerdem sind die teilungsfähigen Zellen, die in Metaphase präpariert werden, oft nicht für die klonale Zusammensetzung der Zellpopulation in vivo repräsentativ. Die Interphasezytogenetik bietet deshalb eine wichtige Alternative, wenn numerische oder strukturelle Aberrationen in solchen Tumoren diagnostiziert werden sollen. Die FISH-Sonden werden so ausgesucht, dass die Anzahl und die räumliche Beziehung der verschiedenen Signale im Interphasekern von diagnostischem Wert sind (Cremer et al. 1986). Das Prinzip der Interphasezytogenetik ist in Abb. 3.1.8 dargestellt und ein Beispiel mit Hybridisierungssignalen auf Interphasekernen ist in Abb. 3.1.7 gegeben.

Gegenüber chromosomenspezifischen Bibliotheken geben regionspezifische repetitive Sequenzen, wie z.B. chromosomenspezifische alphoide DNA-Sonden, ein kleineres und besser definiertes Signal und eignen sich deshalb besser für die FISH auf Interphasekernen. Mit diesen alphoiden Sequenzen wird in der Regel eine hohe Hybridisierungseffizienz erzielt, die eine zuverlässige Auswertung der Signale ermöglicht. Deshalb werden sie heute in vielen Labors mit Erfolg für den Nachweis nummerischer Aberrationen eingesetzt. Sie ermöglichen Aussagen über Monosomien und Hyperploidien. Für die Analyse struktureller Veränderungen sind spezifisch lokalisierte Einzelsequenzsonden nötig, mit denen Deletionen, Inversionen und Translokationen nachgewiesen werden können. Inversionen und Translokationen werden mit Hilfe der mehrfarbigen Interphasezytogenetik diagnostiziert. Ein häufig gewählter Weg ist der Einsatz von 2 oder mehr Sonden, die die Bruchpunktregion flankieren oder überspannen; diese werden gleichzeitig hybridisiert und mit verschiedenen Farben nachgewiesen. Die Anzahl und relative Position der verschiedenen Sonden auf dem Kern geben Auskunft über die evtl. vorhandene Aberration (Abb. 3.1.8). Im Interphasekern ist das Chromatin weniger kondensiert als in Metaphasechromosomen, weshalb FISH auf Zellkernen auch für die Herstellung physikalischer Genkarten mit höherer Auflösung verwendet wird (z.B. Trask et al. 1989).

FISH auf Chromatinfibern

Die relative Lage zweier nahe beieinander liegender DNA-Sequenzen kann auf Metaphasechromosomen nur bestimmt werden, wenn die Sequenzen mindestens etwa 1 Mb voneinander entfernt liegen; selbst auf Interphasekernen wird nur eine Auflösung von etwa 50–100 kb erreicht. Heng et al. (1992) konnten zeigen, dass auf „freiem Chromatin" eine Auflösung von bis zu 20 kb erreicht werden kann, und seitdem sind mehrere Protokolle für die Präparation dekondensierter DNA auf Objektträgern, so genannte Chromatinfibern, entwickelt worden (z.B. Parra u. Windle 1993). FISH auf Chromatinfibern wird heute für die Feinkartierung von Genanhäufungen und für die Herstellung von Karten subklonierter Fragmente angewendet, welche die genomische Organisation einer bestimmten chromosomalen Region darstellen. Die reziproke chromosomale Lage zweier oder mehre-

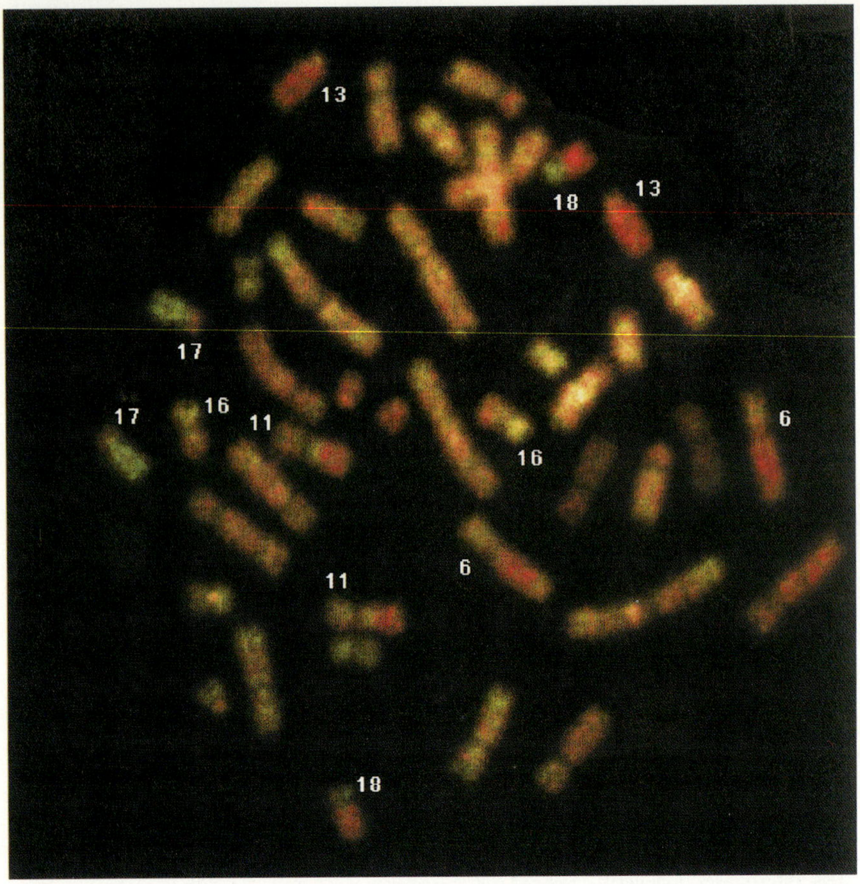

Abb. 3.1.9. Vergleichende genomische Hybridisierung (CGH) mit der DNA eines Pankreaskarzinoms, *grüne chromosomale Regionen* (FITC-Fluorochrom) überrepräsentierte Regionen im Genom des Tumors, *rote Regionen* (Rhodaminfluorochrom) unterrepräsentierte Regionen im Genom des Tumors, *gleichmäßige Rot-grün-Färbung* balancierter Karyotyp in der entsprechenden Region des Tumors

rer nahe liegender Sequenzen und die Anzahl Kopien einer amplifizierten Sequenz werden untersucht. Da eine solche Karte direkt von der Reihenfolge und Anzahl der Hybridisierungssignale erzeugt wird, wurde dieser Ansatz von Parra u. Windle (1993) DIRVISH genannt (direct visual hybridisation).

Vergleichende genomische Hybridisierung (comparative genomic hybridisation, CGH)

Die vergleichende genomische Hybridisierung (Kallioniemi et al. 1992; als Übersichtsartikel siehe Lichter et al. 2000) ermöglicht eine umfassende Analyse des Zugewinns und Verlusts von chromosomalem Material in einem Genom, etwa einem Tumor. Diese Analyse basiert auf dem Vergleich von Hybridisierungssignalen von Tumor-DNA und normalen Referenz-DNA. Gesamtgenomische Tumor-DNA wird beispielsweise mit Biotin und Referenz-DNA mit Digoxigenin markiert. Die gleichen Mengen beider DNA werden dann gemischt und unter Suppressionsbedingungen auf normale Metaphasechromosomen hybridisiert. In diesem Fall wird von „chromosomaler CGH" gesprochen. Die biotinilierte DNA wird anschließend mit Avidin-FITC und die digoxigeninmarkierte DNA mit einem rhodaminkonjugierten Antikörper nachgewiesen. Auch eine direkte Markierung beider DNA eignet sich bei der CGH besonders gut. Die Referenz-DNA zeigt eine homogene Fluoreszenzfärbung auf allen Chromosomen. Teile des Genoms, die im Tumor in höherer oder niedrigerer Kopienanzahl als der balancierte (z. B. diploide) Karyotyp vorkommen (Überrepräsentationen wie z. B. Trisomien und Unterrepräsentationen wie z. B. Deletionen), werden in der entsprechenden chromosomalen Region im Vergleich zur Referenz-DNA eine stärkere bzw. schwächere Fluoreszenzintensität aufweisen (Abb. 3.1.9). Das Verhältnis beider Fluorochrome entlang jedes Chromosoms wird aus dem Durchschnitt der Analyse mehrerer Metaphasen errechnet und als Profil neben die ideogrammatische Darstellung der Chromosomen gezeichnet. Obwohl die Abweichungen der Intensitätsfluoreszenz auf den verschiedenen Regionen häufig schon für das Auge sichtbar sind, ist für eine genaue Untersuchung eine quantitative Messung notwendig, die durch eine digitalisierte Kamera und geeignete

Bildanalyseprogramme erfolgt (z.B. du Manoir et al. 1995).

Bei der chromosomalen CGH ist die Ziel-DNA in den Chromosomen besonders kondensiert, sodass auch einzelne Sequenzen innerhalb einer chromosomalen Bande genügend häufig sind, um die komplementären Sondensequenzen im Hybridisierungsvolumen zu treffen. Die relativ komplexe Tertiärstruktur der DNA in Form von Chromosomen hat jedoch den Nachteil, die Auflösung der chromosomalen CGH zu limitieren. Sie beträgt ungefähr 10 Mb für über- und unterrepräsentierte einzelne Sequenzen und ungefähr 2 Mb für „high level amplifications", d.h. Überrepräsentationen, bei welchen das Verhältnis beider Fluorochrome einen Wert >2 erreicht und/oder das Hybridisierungssignal als starke, gut definierte Fluoreszenzregion erkennbar ist.

Die Auflösung der chromosomalen CGH kann bedeutend verbessert werden, indem die Chromosomen durch DNA-Präparationen ersetzt werden, die aus definierten DNA-Sequenzen bestehen, wie z.B. Sammlungen von Sequenzen, die ein Chromosom oder einen Chromosomenarm darstellen oder auch Einzelsequenzen. Die DNA-Sequenzen werden in Vektoren wie YAC, BAC, PAC, Cosmide oder sogar Plasmide kloniert und eine sehr kleine Menge davon, im Nanoliterbereich, wird mit der Hilfe eines Roboters auf einen Glasträger („Matrix") aufgetropft und fixiert. Die Prozedur der Hybridisierung erfolgt in etwa wie für die chromosomale CGH, nur einige experimentelle Schritte sind der Matrix angepasst (Pinkel et al. 1998, Pollack et al. 1999, Solinas-Toldo et al. 1997) (s. auch Abschnitt 3.1.3.6 „DNA-Chip-Technologie").

Die bessere Auflösung der Matrix-CGH hängt von der Komplexität der ausgewählten Sequenzen auf der Matrix ab, die auch aus kleinen Sequenzen bestehen kann, was in der chromosomalen CGH nicht der Fall ist. Die Belegpunkte sind auf dem Objektträger so geordnet, dass ihre Position durch Koordinaten genau definiert ist. Es ist offensichtlich, dass solche Matrizen ideal für die Automatisierung bei der Herstellung und Auswertung sind. Außerdem fällt der große Aufwand der Chromosomenidentifizierung bei der chromosomalen CGH aus. Durch ihre höhere Auflösung und Automatisierbarkeit füllt die Matrix-CGH wichtige Voraussetzungen, um eine breite Applikation als diagnostische Prozedur in klinischen Fragen zu finden. Die DNA-Sequenzen, die auf der Matrix aufgebracht werden, können so ausgewählt werden, dass sie spezifisch für die klinische Frage von genomischen Veränderungen bei einer Krankheit sind. Es kann auch ein DNA-Chip (s. Abschnitt 3.1.3.6 „DNA-Chip-Technologie") hergestellt werden, der die DNA von pathogenetisch interessanten Genen, wie Protoonkogenen und Tumorsuppressorgenen enthält. Ein solcher Chip wäre für eine erste Analyse vieler Tumoren von großer Bedeutung. Durch die Klonierung und Sequenzierung des menschlichen Genoms ist die Herstellung eines DNA-Chips mit dem gesamten menschlichen Genom realistisch, d.h. analysierbar geworden.

Die CGH-Daten definieren neue Ansatzpunkte für die Isolierung von Genen, die bei Verlust oder Amplifikation zur malignen Transformation von Zellen führen. Einen besonderen Vorteil bietet dabei die Möglichkeit, unbalancierte chromosomale Aberrationen nachzuweisen, auch wenn Metaphasen nicht präpariert werden können (häufig bei soliden Tumoren) sowie die hohe Sensitivität für den Nachweis von DNA-Amplifikationen. Außerdem kann archiviertes, kryopräserviertes sowie paraffineingebettetes Material analysiert werden. Eine Limitierung der Methode ist jedoch, dass balancierte Veränderungen (z.B. balancierte Translokationen und Inversionen) nicht erfasst werden können. Inzwischen ist CGH in vielen Labors etabliert und ermöglicht die zytogenetische Analyse einer Vielzahl von Tumoren.

Southern- und Northern-Analysen. Diese Art der Untersuchung von DNA wurde 1975 von Edwin Southern eingeführt, dessen Name auch zum Synonym für die Methode wurde. Soll beispielsweise die Kolinearität zwischen klonierter DNA und genomischer DNA überprüft werden, wird genomische DNA mit einem Restriktionsenzym geschnitten und gelelektrophoretisch aufgetrennt. Durch die Vielzahl der entstehenden Fragmente sind im Gel keine distinkten Banden zu erkennen, sondern ein DNA-„Schmier". In diesem „Schmier" verstecken sich allerdings alle Fragmente, die durch die Restriktionsendonuklease produziert werden. Die DNA wird dann von dem Gel auf einen Filter übertragen (Southern-Blot) und fixiert. Jetzt können Klone auf diesen Filter hybridisiert werden. Eine Sonde sollte nur an Fragmente der genomischen DNA binden, die in dem entsprechenden Kloninsert enthalten sind. Da auf dem Filter die DNA so fixiert ist wie sie im Gel aufgetrennt wurde, kann die Größe der positiven genomischen Fragmente ermittelt werden. Über einen Vergleich der Fragmentgrößen mit denen des Klons lässt sich rasch feststellen, ob der Insert mit dem entsprechenden genomischen Bereich identisch ist oder ob durch die Klonierung Veränderungen (etwa Deletionen) stattgefunden haben. Eine weitere Anwendung (von noch vielen) der Technik besteht beispielsweise in der Lokalisierung einer cDNA auf genomischen YAC-Klonen. Ein Restriktionsverdau der Hefe-DNA, die neben dem YAC auch die DNA der 16 Hefechromosomen enthält, wird im Gel aufgetrennt und auf einen Filter überführt. Eine Hybridisierung mit einer cDNA zeigt, ob und wenn ja auf welchen Fragmenten des YAC die Exons des Gens lokalisiert sind.

In Anlehnung an die Bezeichnung Southern-Blot wurde der Transfer eines RNA-Gels als Northern-Blot bezeichnet. Das Prinzip entspricht vollständig dem eines Southern-Blots. Eine Anwendung ist etwa in Untersuchungen der Genexpression. RNA wird aus unterschiedlichen Geweben gewonnen und soll daraufhin untersucht werden, ob ein bestimmtes Gen in den Geweben transkribiert wird oder nicht bzw. ob durch bestimmte Wachstumsbedingungen (in einer Zellkultur) die Aktivität eines Gens beeinflusst wird. Dazu wird eine passende Sonde (z. B. die cDNA) auf die Gesamt-RNA eines Northern-Blots hybridisiert, um die individuelle RNA nachzuweisen. Eine weitere Anwendung wäre z. B. die Identifizierung eines homologen Gens in einem anderen oder auch demselben Organismus. Wenn für dieses homologe Gen bereits Daten über seine Struktur oder gar Funktion vorliegen, kann dies die Analyse des ersten Gens wesentlich erleichtern.

Oligomerhybridisierung. Die Verwendung kurzer Oligomere ist in vieler Hinsicht ein spezielles Teilgebiet der Nukleinsäurehybridisierung. Meist sind Oligonukleotide synthetisch hergestellt, sodass ihre Sequenz vollständig bekannt und definiert ist. Der Einfluss der Hybridisierungsbedingungen und damit die Selektivität eines Experiments sind wesentlich stärker als bei längeren Sonden. Liegt eine Basenfehlpaarung zur Ziel-DNA in der Mitte eines kurzen Oligonukleotids, ist die Duplexstabilität meist so stark reduziert, dass zwischen Oligomeren mit dieser Fehlpaarung oder einer vollständig komplementären Sequenz einfach diskriminiert werden kann. Liegt eine Fehlpaarung am Ende eines Moleküls, ist der Effekt schwächer; die Länge an *kontinuierlicher* Sequenz bestimmt den Grad der Selektivität.

Auch die Kürze einer Oligonukleotidsonde ist meist von Vorteil. So kann beispielsweise mit nur einem oder einigen wenigen Oligomeren DNA auf bestimmte Strukturen hin untersucht werden. So lassen sich Alu-Sequenzen oder DNA-Motive wie Homöobox- oder Zinkfingerproteinsequenzen leicht durch ein degeneriertes Oligonukleotid darstellen. Für die Lokalisierung von Exon-Intron-Grenzen etwa konnten Melmer u. Buchwald (1994) zeigen, dass in >50% der Fälle zumindest eine Spleißstelle für jedes Gen in Cosmiden identifiziert werden konnte, indem nur 2 degenerierte Oligonukleotide hybridisiert wurden, die einer Konsensussequenz der Exon-Intron-Übergänge entsprachen. Auf der anderen Seite können Oligomere aufgrund ihrer Kürze spezifischer hybridisieren als lange Sonden. Während diese häufig auch Sequenzen beinhalten, die – wie etwa Alu-Sequenzen – im Genom sehr häufig auftreten und damit nur schwer als Sonde eingesetzt werden können, tritt dieses Phänomen bei Oligomerhybridisierungen nicht auf.

Insgesamt lässt sich sagen, dass die Hybridisierung von Oligonukleotiden für viele Anwendungen die bevorzugte Methode darstellt; einziger, aber gewichtiger Nachteil ist, dass die Hybridisierungen sich z. T. technisch schwieriger gestalten. Je besser allerdings die Einzeleffekte der Doppelstrangbildung verstanden sind und beeinflusst werden können, um so mehr wird die Oligomerhybridisierung auch in standardisierten Testverfahren etabliert werden.

Oligomer-Fingerprinting. Zur Charakterisierung bzw. einer vergleichenden Analyse einer großen Zahl an Klonen kann eine Anzahl kurzer Oligonukleotide auf diese Klone hybridisiert werden. Aufgrund der Bindung oder Nichtbindung der Sonden wird für jeden Klon ein binärer Kode erzeugt. Da für Klone, deren Insert-DNA aus demselben Bereich stammt und daher überlappt, die Sequenz z. T. identisch sein muss, ist der Grad der Ähnlichkeit der binären Kodierung ein Mittel zur Identifizierung überlappender Klone. Gegenüber einer Restriktionsanalyse hat diese Methode den Vorteil, dass wesentlich weniger Aufwand erforderlich ist, da die Klone nicht individuell untersucht werden müssen. Gleichzeitig ist die Zahl der Experimente *unabhängig* von der Zahl der zu untersuchenden Klone. Eine Oligonukleotidsequenz kommt mit einer bestimmten Frequenz in der untersuchten DNA vor. Durch eine Verdoppelung der Klonzahl verdoppelt sich auch der gewonnene Informationsgehalt aus jeder Hybridisierung. Neben der Kartierung – sprich sequenziell richtigen Anordnung – genomischer Fragmente (z. B. Craig et al. 1990) eignet sich diese Methode daher auch sehr gut zur Normalisierung von cDNA-Bibliotheken, wobei gleichzeitig noch partielle Sequenzinformation über die gesamte Länge jedes einzelnen Klons gewonnen wird. Dazu werden (möglichst viele) Klo-

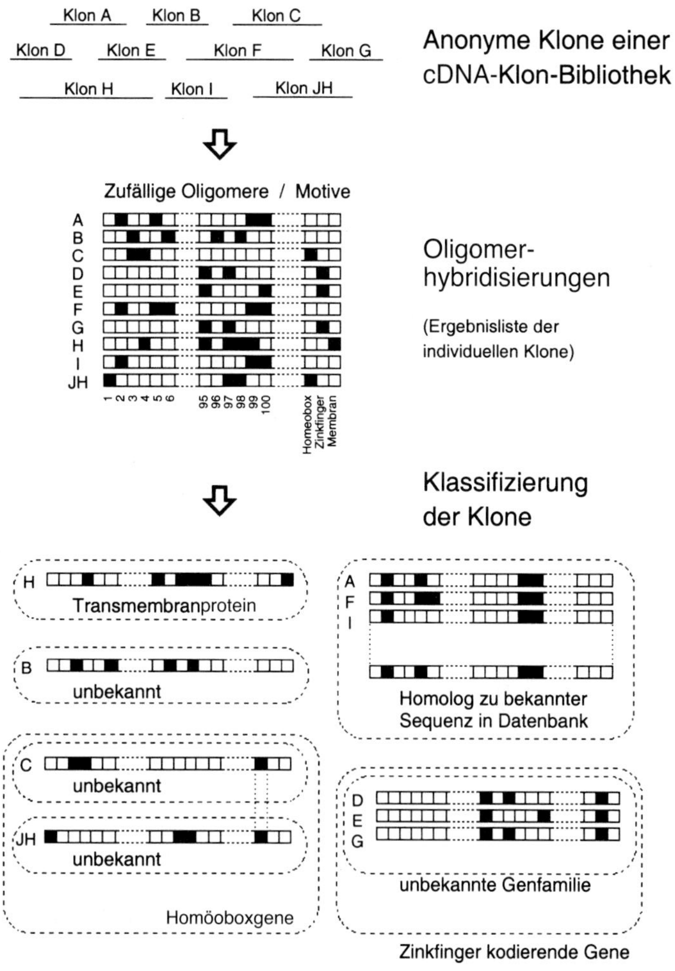

Abb. 3.1.10. Klonklassifizierung über Oligomer-Fingerprinting. Zur Erstellung eines Genkatalogs werden anonyme Klone einer repräsentativen cDNA-Bibliothek in einem geordneten Raster auf Filter aufgetragen. Durch Hybridisierungen mit einer Vielzahl kurzer Oligonukleotide (Oktamere bis Dekamere) wird für jeden Klon ein binärer Kode (Signal oder kein Signal) erstellt. Ein statistischer Vergleich dieser Kodierungen erlaubt, Ähnlichkeiten zwischen Sequenzen zu identifizieren und damit die Klone zu katalogisieren, modifiziert nach Hoheisel (1994)

ne aus verschiedenen cDNA-Bibliotheken in einem geordneten Raster auf Nylonfiltern oder anderen Trägermaterialien fixiert und mit sehr kurzen Oligonukleotiden hybridisiert (Drmanac et al. 1996, Meier-Ewert et al. 1993; 1998). Die Ergebnisse der einzelnen Oligomerhybridisierungen werden für jeden individuellen Klon als binärer Kode dargestellt (Abb. 3.1.10). Auf der Basis dieses Kodes können die Klone verglichen und katalogisiert werden. Die partielle Sequenz reicht häufig aus, um die Klone zu charakterisieren, wie beispielsweise durch die Identifizierung homologer Gene. Dabei können auch elektronisch gespeicherte Sequenzen in eine solche Analyse mit einbezogen werden, da von ihnen in silico ein binärer Kode erstellt werden kann. Zusätzliche funktionelle Information kann experimentell dadurch gewonnen werden, dass in den Hybridisierungen Oligonukleotide benutzt werden, die Konsensussequenzen bestimmter DNA-Motive darstellen. So kann u.U. aufgrund der Hybridisierungsdaten bereits eine Aussage über die Struktur und damit eine mögliche Funktion des kodierten Genprodukts getroffen werden (Abb. 3.1.10). Wird eine genügend große Zahl an cDNA-Klonen untersucht, lassen sich aus den Ergebnissen auch Unterschiede in der Transkription der Gene zwischen 2 Geweben oder zellulären Zuständen feststellen, da gewisse Kodes in unterschiedlicher Häufigkeit vorkommen.

3.1.3.2 PCR

Neben den zur Klonierung notwendigen Methoden wie etwa Restriktionsanalyse hat sich die PCR (polymerase chain reaction) in kürzester Zeit zu einem der Standbeine der molekularen Genetik entwickelt. Die PCR ist eine enzymatische Methode zur In-vitro-Amplifikation spezifischer DNA-Abschnitte (Abb. 3.1.11). Synthetische Oligonukleotidprimer, deren Sequenzen komplementär zu dem rechten und linken Ende eines DNA-Stücks sind,

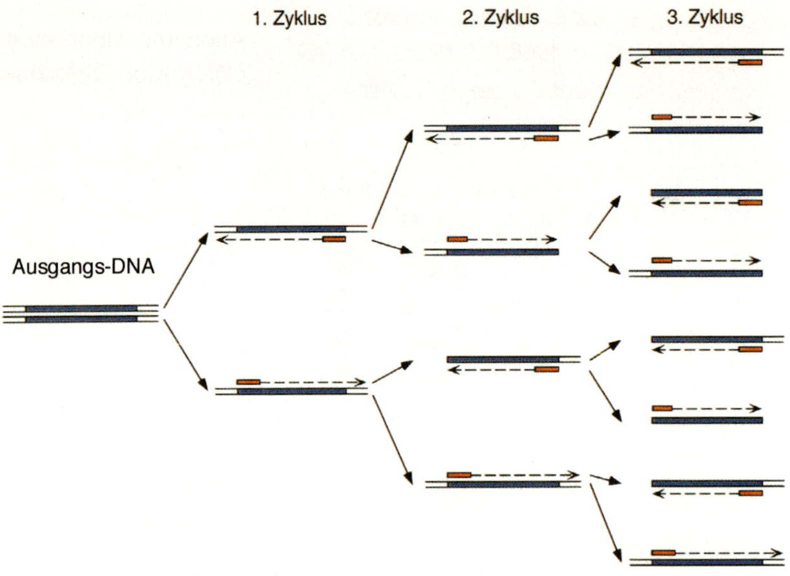

Abb. 3.1.11. Exponentielle DNA-Amplifikation durch PCR. Ein DNA-Doppelstrang wird in Gegenwart eines Überschusses passender Primermoleküle (*orange*) thermisch denaturiert. Beim Abkühlen binden die Primeroligonukleotide an ihre Bindungsstellen und werden anschließend durch eine hitzestabile DNA-Polymerase verlängert. Bei jedem Zyklus verdoppelt sich die Kopienzahl der DNA-Region, die zwischen den beiden Primermolekülen liegt (*blau*)

werden nach ihrer Bindung durch eine DNA-Polymerase verlängert. Anschließend werden die DNA-Moleküle durch eine Temperaturerhöhung in ihre Einzelstränge denaturiert, wodurch die Zielsequenzen für die Primer wieder zugänglich werden und somit die Reaktion von vorn beginnen kann. Da jeder neu synthetisierte Strang in dem folgenden Zyklus als Vorlage zur Polymerasereaktion dienen kann, kommt es jeweils zu einer Verdopplung der zwischen den Primern liegenden Sequenz. Durch mehrfaches Wiederholen erfolgt somit eine exponentielle Vervielfältigung. Dies macht diese Methode so empfindlich, dass beispielsweise DNA-Sequenzen aus einem einzigen Haar amplifiziert und nachgewiesen werden können.

Anfangs wurde als Polymerase das Klenow-Enzym (großes Fragment der DNA-Polymerase I aus *E. coli*) verwendet (Mullis u. Faloona 1987). Da es bei den hohen Temperaturen, die zur Strangtrennung notwendig sind, ebenfalls denaturiert, musste nach jedem Zyklus neue Polymerase zugegeben werden. Die Einführung der hitzestabilen DNA-Polymerase des thermophilen Bakteriums *Thermus aquaticus* (*Taq*-Polymerase) revolutionierte die Methode (Saiki et al. 1988) und ermöglichte eine Vielzahl praktischer Anwendungen.

Zyklen einer PCR. In einer Standard-PCR wird in einem anfänglichen Denaturierungsschritt die DNA in ihre beiden Einzelstränge aufgeschmolzen, um die Bindungsstellen für die Primer zugänglich zu machen (Abb. 3.1.12). Die Temperatur beträgt üblicherweise 93–97 °C; je höher der GC-Gehalt der Zielsequenz ist, umso höher muss die Temperatur sein, um das Matrizen-DNA sicher zu denaturieren. Mit zunehmender Temperatur sinkt jedoch die Halbwertszeit der Aktivität der *Taq*-Polymerase. Während sie bei 92,5 °C noch mehr als 2 h beträgt, verringert sie sich bei einer Temperatur von 95 °C auf 40 und bei 97,5 °C auf 5 min.

Anschließend wird die Reaktion auf eine Temperatur abgekühlt, bei der beide Primermoleküle an die DNA binden können (Annealing). Sie ist sowohl von der Länge der Sequenz als auch vom GC-Gehalt der Primer abhängig. Danach wird die Temperatur üblicherweise auf etwa 72 °C erhöht, um optimale Temperaturbedingungen für die Polymerisation zu schaffen. Trotz der relativ kurzen Zeit, in der die Reaktion auf diese Elongationstemperatur gebracht wird, kommt es dabei nicht zu einem Wiederablösen der Primer, da diese bereits während des Aufheizens von der Polymerase verlängert werden. Die Dauer der Elongation richtet sich u. a. nach der Größe der zu amplifizierenden DNA. Dabei werden bei 72 °C zwischen 35 und 100 Nukleotide/s eingebaut. Somit sollte 1 min Elongationszeit für ein Fragment von 2 kb ausreichend sein. Üblicherweise wird jedoch eine Zeit von 1 min/kb gewählt, da in späteren Zyklen die Konzentration des Produkts im Verhältnis zur Konzentration des Enzyms ansteigt und sich dadurch auch die zur Verlängerung aller gebundenen Primer benötigte Zeit erhöht. Im Anschluss an die Elongationsphase wird die Reaktion wieder auf die Schmelztemperatur erhitzt, und ein neuer Zyklus beginnt. Die Anzahl der Zyklen richtet sich hauptsächlich nach der Ausgangskonzentration der Matrizen-DNA (Tabelle 3.1.1).

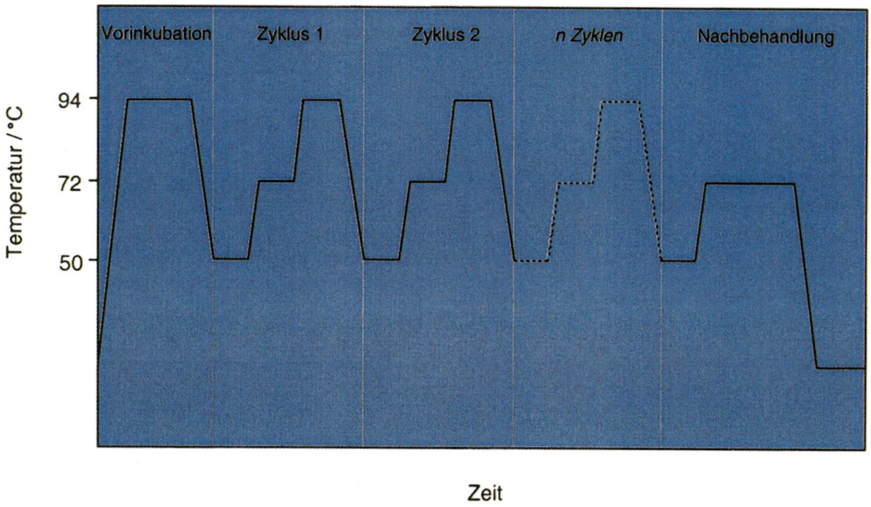

Abb. 3.1.12. Temperaturprofil einer typischen PCR. Nach einer Vorinkubation zur vollständigen Strangdenaturierung werden in jedem Zyklus 3 Temperaturstufen durchlaufen. Bei etwa 50 °C binden die Primer an ihre Zielsequenz, bei 72 °C findet die Polymerisation unter optimalen Temperaturbedingungen statt, und bei etwa 94 °C werden die neu synthetisierten Doppelstränge voneinander getrennt, um im nächsten Zyklus wieder die Anlagerung der Primer zu ermöglichen. Nach Durchlaufen der notwendigen Zyklenzahl werden noch bestehende Einzelstrangbereiche in einer Nachbehandlung möglichst weit aufgefüllt

Tabelle 3.1.1. Anzahl der PCR-Zyklen in Abhängigkeit von der Ausgangskonzentration

Moleküle und Zyklen	Anzahl			
Zielmoleküle	10^5	10^4	10^3	50
Zyklen	25–30	30–35	35–40	40–45

Nachdem die gewünschte Zahl an Zyklen durchlaufen wurde, erfolgt meist eine abschließende Inkubation bei 72 °C, um unvollständige Produktmoleküle noch fertigzustellen.

Häufig wird auch die 2-Temperatur-PCR angewendet, bei der die Anlagerungstemperatur der Primer der Elongationstemperatur entspricht. Da pro Zyklus nur 2 statt 3 Temperaturen erforderlich sind, wird die Gesamtdauer einer PCR durch dieses Verfahren wesentlich verkürzt.

Allgemeine Arbeitsbedingungen. Der große Vorteil der PCR – ihre extreme Empfindlichkeit – ist zugleich auch ein nicht zu unterschätzendes Problem. Kleinste Verunreinigungen, etwa durch Pipettieren übertragene Aerosole, können ein falsch-positives Ergebnis herbeiführen. Negativ- und Positivkontrollen sind Voraussetzung jeder PCR. Die Positivkontrolle sollte eine Reaktion sein, die unter den gegebenen Bedingungen zuverlässig abläuft, und Aufschluss darüber gibt, ob alle Reaktionskomponenten zugegeben wurden und noch aktiv sind. Die Negativkontrolle besteht aus einem kompletten Reaktionsansatz, jedoch ohne Ziel-DNA, zur Detektion möglicher Kontaminationen.

Wenn Untersuchungen mittels PCR neu etabliert werden, muss in vielen Fällen zunächst eine Optimierung der Reaktionsbedingungen, wie der Magnesium- und Nukleotidkonzentration, der Anlagerungstemperatur der Primer und der Zyklenzahl, aber auch der Primer-, Enzym- und DNA-Konzentration erfolgen. Wichtige Faktoren sind auch das Reaktionsvolumen und das Reaktionsgefäß. Beide beeinflussen die Temperaturübertragung.

Das Zusammenpipettieren der Reaktionen sollte unbedingt auf Eis erfolgen. *Taq*-Polymerase hat zwar bei Raumtemperatur nur eine sehr geringe Polymeraseaktivität von etwa 0,25 Nukleotide/s, diese reicht jedoch aus, um Primer zu verlängern, welche bei dieser Temperatur auch an falsche Stellen binden und zu unerwünschten Nebenprodukten führen. Um dieses Problem gänzlich zu umgehen, sollte die Reaktion vor der Zugabe aller notwendigen Komponenten auf die Denaturierungstemperatur erhitzt werden (Hot-start-PCR). Meist erfolgt diese Variante unter Verwendung von Wachs, welches zu einem Teil des Reaktionsgemisches gegeben wird. Durch kurzes Erhitzen schmilzt das Wachs und schwimmt auf der wässrigen Lösung. Beim anschließenden Abkühlen bildet es eine feste Barriere, auf die der fehlende Teil der Reaktion gegeben wird. Somit kommen die

Komponenten erst beim Erreichen der Schmelztemperatur des Wachses in Kontakt.

Primer-Design

Obwohl in einer PCR viele Parameter optimiert werden müssen, kommt der Auswahl der Primer eine besondere Bedeutung zu. Deshalb wurde versucht, Regeln zu finden, nach denen Primer ausgewählt werden sollten. Sie beruhen zumeist auf empirischen Beobachtungen und ihre Beachtung macht eine erfolgreiche Amplifikation zwar wahrscheinlich, ist jedoch kein Garant für einen Erfolg.

- Die Sequenz der Primer sollte in der Matrizen-DNA nicht mehrfach vorkommen, um sicherzustellen, dass die Primer an die Zielsequenz binden und somit nur das gewünschte Produkt synthetisiert wird. Besonderen Wert sollte dabei auf das 3′-Ende des Primers gelegt werden, da an diesem Ende die Verlängerung durch die Polymerase erfolgt.
- Die Primer dürfen keine selbstkomplementären Sequenzen enthalten. Sie würden die Bildung von Sekundärstrukturen ermöglichen und eine effiziente Bindung der Primer an die Zielsequenz verhindern.
- Ebenfalls sehr wichtig ist, dass ein Primermolekül nicht mit einem anderen (sowohl homologe als auch nicht homologe) Basenpaarungen ausbilden kann. Die entstehenden Primerdimeren reduzieren nicht nur die Konzentration freier Primer, sondern sind im Fall einer Duplexbildung am 3′-Ende auch Substrate für die Polymerase. Die kurzen DNA-Stücke konkurrieren mit der eigentlichen Zielsequenz um die freien Primer und werden aufgrund ihrer geringen Größe bevorzugt amplifiziert.
- Die Basenverteilung in den Primern sollte zufällig sein. Polypurine und Polypyrimidine sind zu vermeiden. Der GC-Gehalt der Primer sollte ungefähr dem der Zielsequenz entsprechen.
- Die Schmelztemperatur der beiden Primer muss annähernd gleich groß sein, um ein gleichzeitiges Binden bei einer definierten Temperatur zu ermöglichen.
- Die Länge der Primer sollte zwischen 16 und 25 Nukleotiden liegen. Je länger der Primer ist, desto größer wird die Wahrscheinlichkeit, dass Sekundärstrukturen auftreten.
- Der günstigste Abstand zwischen den beiden Primern liegt bei der konventionellen PCR zwischen 100 und 600 bp. In der Regel können noch Fragmente bis 2 und 3 kb amplifiziert werden. Ist die Zielsequenz noch länger, müssen spezielle Long-range-Bedingungen gewählt werden (s. Unterabschnitt „Long-range-PCR").

Die oben aufgeführten Bedingungen sind z.T. schwierig zu berechnen, zumal sich viele der Faktoren gegenseitig beeinflussen. Deshalb gibt es spezielle Programme, die für eine gegebene Sequenz passende Primerpaare suchen (z.B. Haas et al. 1998, Rychlik u. Rhoads 1989).

Für manche Anwendungen werden Primer benötigt, die an einer bestimmten Position ein Gemisch von mehreren Basen besitzen. Dies ist etwa der Fall, wenn ein Gen amplifiziert werden soll, von dem lediglich die Peptidsequenz des Produkts bekannt ist. Das Übersetzen der Aminosäuresequenz in eine Nukleotidsequenz führt zu mehreren Ergebnissen, da verschiedene Kodons für die gleiche Aminosäure kodieren können. In solchen Fällen wird ein Primergemisch verwendet, das alle Sequenzvarianten abdeckt und somit auch die tatsächliche Sequenz amplifizieren sollte. Obwohl es sich um ein Primergemisch handelt, wird von einem „degenerierten Primer" gesprochen. Da ein degenerierter Primer immer unspezifischer bindet als ein Primer mit klar definierter Sequenz, sollte er so ausgewählt werden, dass möglichst wenig Sequenzvariationen vorhanden sind, etwa aus einem Bereich, in dem hauptsächlich Aminosäurentripletts hoher Spezifität liegen. Für Methionin und Tryptophan existieren beispielsweise nur jeweils ein Kodon, im Fall von Arginin, Leucin und Serin dagegen jeweils 6 Kodons. Bei der Verwendung degenerierter Primer muss ein Kompromiss zwischen optimaler Bindung und maximaler Spezifität gesucht werden. Als günstig hat es sich erwiesen, in den ersten 3–5 Zyklen eine niedrige Bindungstemperatur, in den darauf folgenden Zyklen Bedingungen höherer Stringenz zu wählen.

Magnesiumkonzentration

Die Magnesiumkonzentration ist ein sehr wichtiger Faktor einer PCR. Zum einen benötigen DNA-Polymerasen freie Magnesiumionen als Kofaktor, zum anderen erleichtern divalente Kationen aber auch die Duplexbildung von 2 Nukleinsäuresträngen. Mit zunehmender Magnesiumkonzentration binden Primer deshalb vermehrt unspezifisch und führen so zu unerwünschten Nebenprodukten. Wird die Magnesiumkonzentration zu stark gesenkt, sinken die Aktivität und die Genauigkeit der *Taq*-Polymerase. Die freie Mg^{2+}-Konzentration sollte normalerweise 0,5–2,5 mM über der Nukleotidkonzentration liegen, da die Nukleotide Magnesiumionen binden.

Polymerasen

Im Folgenden wird auf einige Polymerasen näher eingegangen:

1. *Taq*-Polymerase
   Die DNA-Polymerase des Organismus *Thermus aquaticus* ist das klassische „PCR-Enzym". *Thermus aquaticus* ist ein Eubakterium, das aus heißen Quellen im Yellowstone-Nationalpark isoliert wurde (Brock u. Freeze 1969). Ein Nachteil der *Taq*-Polymerase ist ihre Eigenschaft, falsche Nukleotide mit einer relativ hohen Frequenz einzubauen. Der Grund dafür liegt im Fehlen einer 3′-5′-Exonukleaseaktivität, die bewirkt, dass das zuletzt eingebaute Nukleotid nochmals überprüft und im Fall eines Falscheinbaus wieder abgetrennt wird. Die Genauigkeit des Enzyms ist stark von der Konzentration der Nukleotide abhängig und ist mit 10^{-5} um etwa 2 Größenordnungen schlechter als die der *E.-coli*-DNA-Polymerase I. Für manche Experimente, beispielsweise für zufallsgesteuerte Mutagenese (Leung et al. 1989), kann dieser Effekt jedoch nützlich sein.
2. Vent-Polymerase
   Vent-DNA-Polymerase stammt aus dem Archaebakterium *Thermococcus litoralis*, einem Organismus, der in heißen Tiefseequellen bei Temperaturen von bis zu 98 °C lebt. Der Vorteil des Enzyms gegenüber *Taq*-Polymerase ist seine erhöhte Temperaturresistenz (Halbwertszeit bei 97,5 °C beträgt 130 min). Dies erlaubt höhere Zyklustemperaturen und führt somit zu einer Verringerung von Sekundärstrukturen. Dadurch eignet sich das Enzym besonders zur Amplifikation GC-reicher Sequenzen. Weitere Vorteile sind die hohe Prozessivität (Amplifikation von 7–10 kb Fragmenten) und die 3′-5′-Exonukleaseaktivität, aufgrund derer ihre Genauigkeit etwa 10-mal höher ist als die der *Taq*-Polymerase (Eckert 1991).
3. *Pfu*-DNA-Polymerase
   Dieses Enzym stammt aus dem Organismus *Pyrococcus furiosus* (Lundberg et al. 1991). Es besitzt ebenfalls eine 3′-5′-Exonukleaseaktivität, die ihr eine gegenüber *Taq*-Polymerase 12-mal größere Genauigkeit verleiht. Ihr Temperaturoptimum liegt zwischen 72 °C und 78 °C und die Halbwertszeit bei 95 °C beträgt mehr als 2 h.

Spezielle PCR-Anwendungen

RT-PCR

Prinzipiell ist die RT-PCR (Reverse Transkriptase-PCR; Veres et al. 1987) eine Amplifikation von RNA-Sequenzen. Da jedoch RNA nicht als Matrize für die üblichen PCR-Polymerasen dient, wird der PCR eine reverse Transkription vorangestellt. Die produzierte Erststrang-cDNA kann in einer anschließenden PCR selektiv amplifiziert werden. Der Vorteil dieser Methode gegenüber anderen Techniken zur Untersuchung von RNA-Molekülen liegt in der für die PCR typischen Sensitivität. Durch RT-PCR können Transkripte nachgewiesen werden, die in einer nur geringen Kopienzahl pro Zelle vorliegen. Ähnlich sensitiv ist nur die In-situ-Hybridisierung, jedoch ungleich aufwändiger.

Für die reverse Transkription kommen im Allgemeinen 3 Enzyme zur Anwendung: Die beiden viralen reversen Transkriptasen von AMV (avian myoblastosis virus) und M-MuLV (Moloney murine leukemia virus), die sich durch eine hohe Prozessivität (Transkripte bis 10 kb) und ein relativ niedriges Temperaturoptimum zwischen 37 °C und 42 °C auszeichnen. Im Gegensatz dazu besitzt das dritte Enzym, die *Tth*-DNA-Polymerase, ein Temperaturoptimum zwischen 60 °C und 70 °C und eine niedrige Prozessivität (Transkripte zwischen 1 und 2 kb). Neben dem hohen Temperaturoptimum ist die *Tth*-Polymerase v. a. deshalb für die RT-PCR interessant, weil sie sowohl RNA als auch DNA als Vorlage für die DNA-Synthese verwenden kann. Dies ermöglicht das Ausführen der reversen Transkription und der PCR in einem Schritt, was sowohl den Zeitaufwand als auch die Gefahr von Kontaminationen deutlich reduziert.

In-situ-PCR

In-situ-PCR kombiniert die extreme Empfindlichkeit der PCR mit der Möglichkeit der In-situ-Hybridisierung. Zunächst werden spezifische Sequenzen in einer einzelnen Zelle mittels PCR amplifiziert und anschließend direkt oder mittels Hybridisierung nachgewiesen (Haase et al. 1990). Die Schwierigkeit der Technik liegt darin, die Zellen bzw. das Gewebe so zu permeabilisieren, dass die PCR-Komponenten relativ frei, die DNA der Zelle und die PCR-Produkte dagegen wenig diffundieren können. Hierzu können 2 Ansätze verwendet werden:

1. In-situ-PCR in suspendierten intakten Zellen
   Diese wird wie ein normaler PCR-Ansatz in kleinen Reaktionsgefäßen durchgeführt.
2. PCR auf Objektträgern
   Diese PCR wird direkt auf dem Objektträger durchgeführt. Dazu werden die Objekte mit dem PCR-Mix überschichtet und mit einem Deckglas abgedeckt.

Im Vergleich zu einer normalen PCR ist die Amplifikation der Zielsequenzen in einer In-situ-PCR sehr gering. Für eine PCR mit 30 Temperaturzyklen an suspendierten Zellen ergaben Schätzungen eine Vervielfältigung um einen Faktor von etwa 50. Bei In-situ-PCR auf Objektträgern dürfte sie noch geringer sein. Die Detektion der PCR-Produkte erfolgt *direkt* durch die Zugabe markierter Nukleotide (z. B. Fluorescein-dUTP oder Digoxigenin-dUTP) zur PCR. Bei *indirekter* Detektion einer In-situ-PCR wird das PCR-Produkt erst anschließend mit einer markierten Sonde hybridisiert und somit sichtbar gemacht. Diese Methode ist zwar schneller, hat sich aber in der Praxis als weniger verlässlich erwiesen. Eine ausführliche Zusammenfassung über In-situ-PCR ist bei Komminoth et al. (1995) zu finden.

Multiplex-PCR

Als Multiplex-PCR wird eine Amplifikation von 2 oder mehreren Zielsequenzen mit 2 oder mehreren Primerpaaren in einem Reaktionsansatz bezeichnet (Chamberlain et al. 1988). Theoretisch sollte eine PCR mit einem Gemisch aus mehreren Primerpaaren, die gleiche Spezifität aufweisen wie eine PCR, bei der die entsprechenden Primerpaare alleine verwendet werden. Jedoch erhöht die vergrößerte Anzahl von Primern in der Reaktion auch die Wahrscheinlichkeit, Nebenprodukte und Primerartefakte zu erhalten. Aus diesem Grund müssen die Primer besonders sorgfältig ausgewählt werden. Dabei ist v. a. eine gleiche Anlagerungstemperatur der Primer wichtig.

Amplifikation fossiler DNA

Molekulare Untersuchungen an Fossilien gehen auf die frühen 1970er Jahre zurück. Sie konzentrierten sich zunächst auf Proteine und waren nur von geringer phylogenetischer Bedeutung, da die Proteine stark modifiziert waren. Nicht viel anders war es bei Experimenten, die sich mit fossiler DNA beschäftigten. Versuche diese zu klonieren, erwiesen sich als schwierig und häufig nicht reproduzierbar. Dies änderte sich mit der Entwicklung der PCR. Mit dieser Methode wurde es möglich, intakte DNA-Moleküle herauszufiltern (Pääbo 1990). Allerdings ist die Größe der möglichen Amplifikationsprodukte aufgrund der starken Modifikationen der DNA eingeschränkt. Auch wenn es schon erfolgreiche Vervielfältigungen von DNA-Fragmenten bis zu einer Größenordnung von Kilobasen gab, sind doch eher kürzere Fragmente die Regel. Erstaunlicherweise finden sich in den Präparationen der Ausgangs-DNA häufig noch nicht einmal Fragmente dieser Größe. Dass in solchen Fällen eine PCR dennoch erfolgreich sein kann, liegt daran, dass solche Bruchstellen quasi übersprungen werden können. Erfolgt die Bindung eines Primers an einem DNA-Fragment, das nur eine Primerbindungsstelle besitzt, wird er durch die Polymerase bis zum Ende des Strangs verlängert. In der nächsten Runde der PCR bindet der so verlängerte Primer mit seinem neuen 3′-Ende an ein DNA-Stück, das mit der Sequenz des ersten überlappt, und wird um ein weiteres Stück verlängert. Dieser Vorgang wiederholt sich, bis die DNA-Synthese über die 2. Primerbindungsstelle hinweg verläuft.

PCR und DNA-Sequenzierung

Da die PCR nicht nur die Synthese von größeren DNA-Mengen ermöglicht, sondern auch bestimmte Sequenzen aus einem Gemisch heraus amplifiziert, ist sie eine Alternative zur konventionellen Klonierungsstrategie. Obwohl die beiden Methoden prinzipiell ähnlich sind, besteht doch ein gravierender Unterschied: Bei dem Sequenzieren klonierter DNA ergibt sich immer eine eindeutige Sequenz, da die in der Reaktion eingesetzten Moleküle alle gleich sind: Sie gehen aus einem einzigen Molekül hervor. Für PCR-Produkte trifft das nicht zu. Sie können durchaus verschiedene Moleküle als Ursprung haben. Wird beispielsweise ein Bereich aus dem diploiden menschlichen Genom amplifiziert, der in 2 Allelen vorkommt, die sich in nur einer Base unterscheiden, setzt sich das PCR-Produkt aus 2 unterschiedlichen DNA-Fragmenten zusammen, eine fehlerfreie Amplifikation vorausgesetzt. Bei der anschließenden Sequenzreaktion ist dann an der entsprechenden Stelle keine eindeutige Basenzuweisung möglich. Die hohe Fehlerrate der *Taq*-Polymerase dagegen hat kaum einen Effekt auf das Sequenzergebnis. Liegt am Beginn der PCR nur ein einziges Matrizenmolekül vor, und wird direkt im ersten Zyklus ein Fehler eingebaut, tragen am Ende der PCR 1/4 aller Moleküle den Fehler. Meist wird jedoch von einer erheblich größeren Molekülzahl ausgegangen. Soll beispielsweise ein einzelnes Gen aus 1 ng menschlicher DNA heraus amplifiziert werden, liegen am Beginn der PCR etwa 500 Matritzenmoleküle vor. Selbst wenn ein Fehler im ersten Zyklus auftritt, tragen am Ende der PCR $<1\%$ der Moleküle den Fehler.

Long-range-PCR

Die Verwendung der PCR ist durch die Größe der amplifizierbaren DNA limitiert. Erfolgreiche PCR von Fragmenten um 9–10 kb wurden zwar schon länger beschrieben, waren aber die Ausnahme. In der Regel war die Größe der PCR-Produkte auf etwa 5 kb limitiert. Durch bestimmte Variationen in den Reaktionsbedingungen können jedoch erfolgreiche Amplifikationen von Fragmenten mit einer Größe von >30 kb durchgeführt werden. Solche PCR, die unter Standardbedingungen nicht mehr durchführbar sind, werden als Long-range-PCR bezeichnet (Barnes 1994).

Anstatt einer einzigen Polymerase werden 2 Polymerasen eingesetzt, wobei die eine 3'-5'-Exonuklease-Aktivität besitzt (z.B. *Pfu*-Polymerase), die andere jedoch nicht (z.B. *Taq*-Polymerase). Diese Enzymmischung ermöglicht Amplifikationslängen, die mit nur einem der beiden Enzyme nicht erreicht werden. Der Effekt wird dadurch erklärt, dass die Fehlerrate der *Taq*-Polymerase zu Basenfehlpaarungen führt, die in einer Reaktion ohne 2. Polymerase zu einem Abbruch der Elongation führen können. In Reaktionen, für die nur *Pfu*-Polymerase verwendet wird, werden zwar die Basenfehlpaarungen entfernt, häufig werden jedoch aufgrund der starken 3'-5'-Exonuklease-Aktivität gleich die gesamten DNA-Stränge abgebaut. Das für die Long-range-PCR verwendete Polymerasegemisch enthält nur wenig *Pfu*-Polymerase, sodass die Exonukleaseaktivität im Verhältnis zur Polymeraseaktivität sehr gering ist. Es werden Basenfehlpaarungen entfernt, die DNA-Stränge jedoch anschließend weiter verlängert, anstatt abgebaut. Obwohl es die Größe der erzeugten Produkte anders erwarten ließe, funktioniert die Reaktion besser mit kurzen Denaturierungszeiten, relativ langen Primern (30–35 Nukleotide) und bei höherem pH-Wert. Ein positiver Nebeneffekt der Long-range-PCR ist die geringere Fehlerrate.

Genetic profiling; PCR in der forensischen Medizin

In den letzten Jahren war in den Medien immer häufiger der Begriff des genetischen Fingerabdrucks zu lesen oder zu hören („genetic fingerprinting" oder „genetic profiling"). Darunter wird die Analyse bestimmter genetischer Eigenschaften verstanden, deren Kombination für jedes Individuum einzigartig ist. Somit können analog zum klassischen Fingerabdruck unbekannte DNA-Proben (z.B. aus Blut, Knochen, Haut, Haare oder Sperma) mit dem genetischen Material bekannter Personen verglichen und bestimmten Personen zugeordnet werden. Die meisten Analysesysteme basieren auf der Tatsache, dass sich im menschlichen Genom viele nicht kodierende Bereiche befinden. Während Veränderungen in den Genen zu Defekten führen können, unterliegen diese Bereiche keinem so starken Selektionsdruck. Veränderungen werden weitervererbt, ohne dass sich für den Träger daraus ein positiver oder negativer Effekt ergibt. Aus diesem Grund liegen nicht kodierende Bereiche in einer Population sehr heterogen vor. Ein Teil besteht aus wiederholten Sequenzen („Repeats"). Ein spezieller Typ sind Tandem-Repeats, sich direkt mehrfach wiederholende Sequenzen. Sie liegen bei allen Individuen einer Population vor, unterscheiden sich jedoch individuell in der Anzahl der Repeat-Einheiten, die aufeinander folgen.

Die klassische Methode, um diese Unterschiede sichtbar zu machen, ist die so genannte RFLP-Analyse (RFLP: restriction fragment length polymorphism, Restriktionsfragmentlängenpolymorphismus). Bei dieser Technik wird genomische DNA mit Hilfe eines Restriktionsenzyms geschnitten. Die dabei entstehenden unterschiedlich großen Fragmente werden anhand ihrer Größe in einer Gelelektrophorese aufgetrennt. Von diesem Gel wird ein Southern-Blot angefertigt, sodass die DNA-Fragmente letztlich nach ihrer Größe getrennt auf einem Filter fixiert sind. Durch das Hybridisieren einer markierten Sonde der Repeat-Sequenz können nun entsprechende DNA-Fragmente sichtbar gemacht und anhand ihrer Position auf dem Filter ausgemessen werden. Da die Restriktionsenzyme an definierten Stellen schneiden, unterscheiden sich die Längen solcher Fragmente aufgrund der Sequenz, die sich zwischen den Schnittstellen befindet. Liegt an einem bestimmten Ort im Genom (Locus) bei 2 Individuen eine unterschiedliche Anzahl an Tandem-Repeats vor, zeigt sich dies in der RFLP-Analyse durch 2 verschieden große Fragmente. Wenn eine solche Untersuchung für mehrere Loci durchgeführt wird, ergibt sich ein Muster, welches für jeden Menschen einzigartig ist. Einschränkungen dieser Technik ergeben sich aus der Notwendigkeit, dass die DNA in ausreichenden Mengen (mindestens 50 ng) und in einem guten Zustand zur Verfügung stehen muss. Zudem ist eine RFLP-Analyse aufwändig und langwierig. Diese Nachteile lassen sich durch eine PCR umgehen.

Es werden Primer verwendet, die für bekannte Sequenzen direkt rechts und links solcher hypervariablen Loci spezifisch sind. Die Größe der PCR-Produkte ist von der Anzahl der Tandem-Repeats zwischen den beiden Primern abhängig und ermöglicht somit die Anfertigung eines individuumspezifischen Bandenprofils. Im Vergleich zu der RFLP-Analyse, bei der die Lage der Restriktionsschnittstellen und somit auch die Fragmentgröße vorgegeben sind, kann in der PCR die Lage der Primer frei gewählt werden. Es können somit wesentlich kürzere DNA-Bereiche untersucht werden, wobei als Ausgangsmaterial wenige DNA-Moleküle genügen.

Dies ermöglicht eine Nutzung in der forensischen Medizin zur Identifizierung eines Individuums oder z. B. zur Klärung von Verwandtschaftsverhältnissen, da die Länge der Repeat-Sequenzen nach Mendel-Regeln vererbt wird. Selbst Untersuchungen an alten Skelettteilen waren erfolgreich. In alten Knochen findet sich, abhängig von ihrem Alter und den Expositionsbedingungen, mehr oder weniger degradierte DNA. Trotzdem kann häufig ihre Herkunft bestimmt werden; ein spektakulärer Beweis dafür war die Identifizierung der Leichname der 1918 erschossenen Zarenfamilie (Gill et al. 1994).

Anwendungen in der Diagnostik. Die Verwendungsmöglichkeiten der PCR in der Diagnostik sind sehr vielfältig. Die Vorteile, die sie gegenüber herkömmlichen molekularbiologischen Methoden bietet, sind v. a.

- Schnelligkeit,
- hohe Sensitivität und
- geringe Kosten.

Im Gegensatz zu Anwendungen in der reinen Forschung stehen jedoch in der klinischen Diagnostik v. a.

- Zuverlässigkeit und
- Reproduzierbarkeit

im Vordergrund. Eine PCR, die nur unter Schwierigkeiten durchgeführt werden kann oder trotz genauem Einhalten der Reaktionsbedingungen zu unterschiedlichen Ergebnissen führt, ist im analytischen Bereich nicht zu verwenden. Bei der Etablierung neuer PCR-Methoden sind deshalb die Optimierung aller Reaktionsparameter und das Entwickeln von Strategien zum Aufdecken falsch-positiver oder falsch-negativer Ergebnisse besonders wichtig. Anwendung in der klinischen Diagnostik findet die PCR beispielsweise in folgenden Bereichen:

- Nachweis pathogener Mikroorganismen, einschließlich latenter Infektionen durch Retroviren, deren Genom in Wirtschromosomen integriert ist.
- Untersuchungen von Tumoren und Erbkrankheiten auf Deletionen, Insertionen und Translokationen sowie auch Punktmutationen. Damit bietet sich die PCR zum Nachweis tumorspezifischer Veränderungen und somit zum Klassifizieren von Tumoren an. Eine interessante Variante ist die gezielte Untersuchung bestimmter Bereiche eines mikroskopischen Schnitts. Bei dieser Methode, SURF genannt (selectiv ultraviolet radiation fractionation), wird die Tatsache genutzt, dass mit UV-Licht bestrahlte DNA nicht mehr in einer PCR amplifiziert werden kann. Auf einem Gewebeschnitt wird der zu untersuchende Bereich mit einer lichtundurchlässigen Farbe abgedeckt, bevor der Objektträger im UV-Licht exponiert wird. Anschließend kann ausschließlich die DNA als Matrize dienen, die durch die Farbe verdeckt war.
- Pränatale Diagnostik.
- Nachweis von veränderter Genexpression mittels RT-PCR und quantitativer PCR; wichtig ist dabei, dass die Anzahl der Amplifikationszyklen gering gehalten wird. Die PCR muss im exponentiellen Bereich bleiben, da ein Plateaueffekt das Ergebnis verfälschen würde.

3.1.3.3 Transkriptionsanalyse

Die Kenntnis der Transkriptionsraten ist für das Verständnis zellulärer Vorgänge auf molekularer Ebene eine Voraussetzung, obwohl aus dieser Information keine direkten Aussagen über Aktivität, Lebensdauer oder gar Funktion des Genprodukts getroffen werden können. Nichtsdestotrotz kann, speziell bei komplexen Untersuchungen an vielen Transkripten gleichzeitig, die Reaktion einer Zelle auf beispielsweise Änderungen der Umweltbedingungen oder auf ein toxisches oder krankheitserregendes Agens wichtige Information darüber liefern, welche Effekte in der Zelle auftreten. Bei Kenntnis dieser zellulären Reaktionen wiederum lässt sich u. U. aus den Ergebnissen solcher Untersuchungen auf die Ursachen zurückschließen.

Northern-Analyse. Die ältesten Untersuchungen dieser Art wurden an Northern-Blots (s. Abschnitt 3.1.3.1 „Hybridisierungstechniken“, Unterabschnitt „Southern- und Northern-Analysen“) durchgeführt. Bei Verwendung von RNA-Präparationen aus Zellen, die unter unterschiedlichen Bedingungen kultiviert wurden, lassen sich durch Hybridisierung einer genspezifischen Sonde und Auswertung der Bandenstärke Transkriptionsunterschiede leicht feststellen. Auch ist es möglich, durch einen Vergleich der Fragmentgrößen Unterschiede im Spleißen der RNA nachzuweisen. Ein großer Nachteil ist jedoch die Komplexität des Systems, das keinen hohen Durchsatz erlaubt. Vorteilhafter sind Mechanismen, bei denen die Unterschiede selektiv isoliert werden, oder Systeme, die eine gleichzeitige Bearbeitung vieler Gene möglich machen.

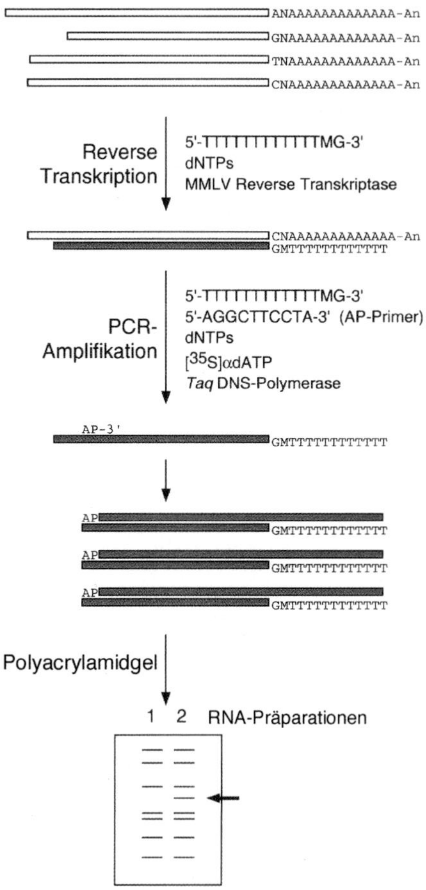

Abb. 3.1.13. Schematische Darstellung des Differential display. mRNA wird aus Zellen isoliert. Über einen verankerten Oligo-dT-Primer (*M* Basen A, G, und C) wird von einer Subpopulation der RNA eine Erststrang-cDNA (*blau*) hergestellt. Ein 2., kurzer und deshalb häufig bindender Primer zufälliger Sequenz (*AP*) wird dann zusammen mit dem Oligo-dT-Primer zur PCR genutzt. Die resultierende DNA repräsentiert die 3′-Enden der untersuchten RNA-Subpopulation. Durch vergleichende Gelelektrophorese der Produkte aus 2 verschiedenen RNA-Präparationen können Banden identifiziert werden, die in nur einer der Präparationen vorliegen; zur Klonierung kann die DNA aus dem Gel extrahiert werden

Differential display. Differential display (Liang u. Pardee 1995) und die nah verwandte Methode der zufällig initiierten PCR an RNA (RAP-PCR: RNA arbitrary primed PCR; Welsh et al. 1992) waren die ersten Methoden, die den oben genannten Vorgaben entsprachen. Sie erlauben den unmittelbaren Vergleich zweier RNA-Populationen und die Isolation solcher Gene, die in nur einer Population vorliegen (Abb. 3.1.13). Zelluläre RNA wird isoliert und über eine reverse Transkriptionsreaktion in cDNA umgeschrieben. Essenziell ist dabei, dass vor der cDNA-Synthese durch einen Verdau mit DNAse I jede Kontamination der RNA durch chromosomale DNA ausgeschlossen wird. Solch eine Kontamination ist die Hauptursache für falsch-positive Ergebnisse. Zur reversen Transkription werden meist Oligo-dT-Primer genutzt, die an ihrem 3′-Ende eine spezifische und eine degenerierte Base tragen. Zur PCR wird dann ein 2., etwa 10 Nukleotide langer, degenerierter Primer zugegeben. Für RAP-PCR werden dagegen vollständig degenerierte Primer für sowohl die reverse Transkription als auch die PCR verwendet, wobei während der PCR am Anfang Bedingungen geringer Stringenz gefolgt von Zyklen bei hoher Stringenz Anwendung finden. In beiden Fällen wird das PCR-Produkt auf einem Acrylamidgel aufgetrennt. Im Vergleich zwischen 2 Präparationen können dann Banden identifiziert und aus dem Gel isoliert werden, die in nur einer Spur auftreten, folglich nur in dieser ursprünglichen RNA-Präparation als Transkript vorlagen.

Repräsentative Differenzanalyse (RDA). Die RDA ist eine noch wesentlich sensitivere Methode zur Entdeckung von Unterschieden zwischen 2 DNA-Populationen. Ursprünglich wurde sie entwickelt, um genomische DNA zu untersuchen. Mit einigen Modifikationen kann sie jedoch auch zum Vergleich zweier RNA-Populationen herangezogen werden (Hubank u. Schatz 1994). Der Hauptvorteil ist ihre extrem hohe Selektivität; dies bedeutet aber gleichzeitig, dass bei der Durchführung der Experimente und auch der Interpretation der Ergebnisse mit peinlicher Genauigkeit vorgegangen werden muss. Die starke Selektivität gründet sich auf dem sowohl subtraktiven als auch kinetischen Charakter der RDA. Von 2 RNA-Populationen werden so genannte Repräsentationen hergestellt. Dazu wird die RNA in cDNA umgeschrieben und dann mit einem häufig schneidenden Enzym (z.B. *Dpn*II) geschnitten. An die Enden der Fragmente wird eine DNA-Kassette ligiert. Anschließend werden die Fragmente mit einem Primer PCR-amplifiziert, der in der Kassette bindet. Für die Herstellung der 2 DNA-Repräsentationen werden 2 Kassetten unterschiedlicher Sequenz genutzt. Um Fragmente zu isolieren, die in einer Population (Tester) vorliegen, in der anderen Population jedoch nicht (Driver), werden beide in einem bestimmten Verhältnis (von 50:1 bis zu 200 000:1) gemischt (Abb. 3.1.14). Je höher das Verhältnis „Driver" zu „Tester" ist, desto höher ist die Selektivität. Die DNA wird thermisch denaturiert und wieder renaturiert. Für Fragmente, die in beiden Populationen vorliegen, ist es wahrscheinlich, dass die Einzelstrangsegmente aus dem „Tester"

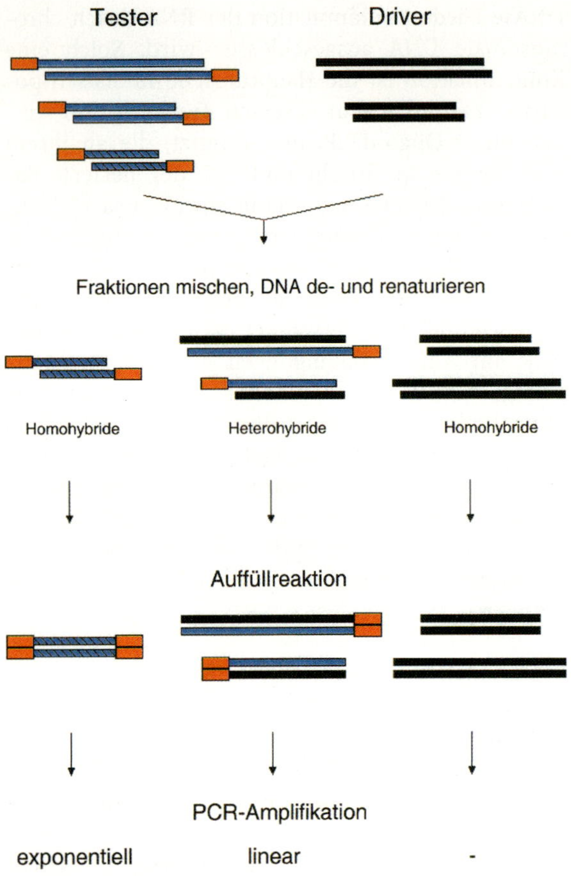

Abb. 3.1.14. Vergleich zweier Nukleinsäurepopulationen durch repräsentative Differenzanalyse (RDA). DNA aus 2 Präparationen wird mit einem Enzym geschnitten und nach Anlagerung von DNA-Kassetten PCR-amplifiziert. Die beiden Populationen (*blau* Tester, *schwarz* Driver) werden gemischt, wobei der Driver im Überschuss vorhanden ist. Nach thermischer Denaturierung können nur solche Einzelstrangmoleküle des Tester miteinander einen Doppelstrang bilden und über ihre Primerbindungsstelle (*orange*) PCR-amplifiziert werden, für die keine komplementären Moleküle im Driver vorliegen

mit komplementären Molekülen aus dem „Driver" Heterohybride bilden, während nur solche Moleküle ohne ein Gegenstück in der Driver-Repräsentation wieder mit sich selbst hybridisieren werden. In einer anschließenden PCR können nur diese Moleküle exponentiell amplifiziert und damit aus dem Rest heraus selektioniert werden. Noch wesentlich mehr als beim Differential display ist bei einer RDA die Gefahr einer Kontamination gegeben, da mit dieser Technik eine Selektivität von bis zu 1 in 10^6 erreicht werden kann.

Serielle Sequenzierung. Auf eine bereits bestehende Infrastruktur zur DNA-Sequenzierung greift die Methode der seriellen Analyse der Genexpression (SAGE) zur quantitativen Bestimmung von Transkriptionsraten zurück (Velculescu et al. 1995). Dazu werden die cDNA-Moleküle über das Oligo-dT-Ende an eine Oberfläche gebunden und anschließend mit einem Restriktionsenzym geschnitten. An die am Trägermaterial verbliebenen Restfragmente wird eine Kassette ligiert, die eine Schnittstelle für eine Restriktionsendonuklease besitzt, welche von den cDNA-Restmolekülen ein 9 bp langes Fragment abschneidet. Diese kurzen Fragmente werden über eine Ligation in zufälliger Reihenfolge zu einem langen Molekül zusammengelagert, das dann durch normale Sequenzierverfahren gelesen werden kann. Jedes 9-bp-Fragment kommt mit hoher Wahrscheinlichkeit nur in einem bestimmten Gen vor und dient somit als dessen Repräsentant. Durch die Häufigkeit, mit der es in der Sequenz auftaucht, lässt sich die Transkriptionsrate des entsprechenden Gens bestimmen.

DNA-Chip-Analyse. In den letzten Jahren hat sich die DNA-Chip-Technologie als derzeit am besten geeignete Methode zur globalen Analyse von Transkriptionsänderungen erwiesen. Dabei werden für jedes Gen repräsentative PCR-Produkte oder Oligonukleotide einer Länge von 15–80 Nukleotiden in einem geordneten Raster auf einen planaren Träger aufgebracht. Auf solche DNA-Chips kann dann mit einer fluoreszenzmarkierten Sonde der mRNA hybridisiert werden, um den Grad der Transkription der individuellen Gene durch eine Messung der Signalintensitäten an den verschiedenen Positionen des Chiprasters quantitativ zu bestimmen. Für weitere Details s. Abschnitt 3.1.3.6 „DNA-Chip-Technologie".

3.1.3.4 Mutationsanalyse

Immer mehr Gene des Menschen werden identifiziert, die für Erbkrankheiten verantwortlich sind. Dabei wird ihre Zahl in den kommenden Jahren weiter ansteigen. Gleichzeitig wächst für die bereits gefundenen Gene die Zahl bekannter Mutationen, die für die Änderungen der Funktion des Genprodukts und damit für die tatsächliche Ausprägung der Krankheit verantwortlich sind. Zur Bestimmung neuer Mutationen und zur diagnostischen Erkennung bekannter Mutationen im genetischen Material eines Individuums werden entsprechende Testverfahren immer wichtiger. Entsprechend der beiden Aufgabenstellungen lassen sich die Methoden grob in 2 Klassen unterteilen (Cotton 1993):

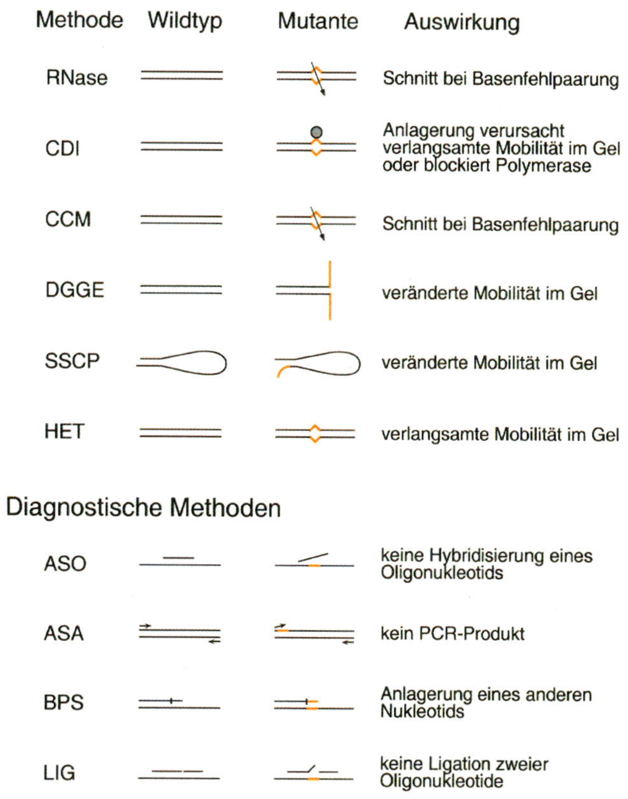
Methode
Wildtyp
Mutante
Auswirkung
RNase
Schnitt bei Basenfehlpaarung
CDI
Anlagerung verursacht verlangsamte Mobilität im Gel oder blockiert Polymerase
CCM
Schnitt bei Basenfehlpaarung
DGGE
veränderte Mobilität im Gel
SSCP
veränderte Mobilität im Gel
HET
verlangsamte Mobilität im Gel
Diagnostische Methoden
ASO
keine Hybridisierung eines Oligonukleotids
ASA
kein PCR-Produkt
BPS
Anlagerung eines anderen Nukleotids
LIG
keine Ligation zweier Oligonukleotide

Abb. 3.1.15. Zusammenfassende Darstellung verschiedener Methoden zur Identifizierung von Mutationen oder Polymorphismen, nach Cotton (1993); für Details s. Text

- Identifizierung unbekannter Mutationen und
- diagnostische Untersuchungen auf bekannte Basenaustausche,

wobei die Übergänge fließend sind. Die dazu genutzten Techniken werden im Folgenden erklärt und sind in Abb. 3.1.15 zusammengefasst. Die DNA-Sequenzierung nimmt eine Sonderstellung ein, da sie mittlerweile sowohl vom Durchsatz als auch von der Genauigkeit her einen Stand erreicht hat, dass sie zu beiden Zwecken verwendet werden kann.

Testmethoden zur Identifizierung unbekannter Mutationen. Zur Bestimmung und Lokalisation neuer Mutationen gibt es 2 grundlegende verfahrenstechnische Möglichkeiten:

1. Die DNA kann modifiziert werden, wobei diese Techniken relativ große Bereiche mit guter Auflösung untersuchen können und auch eine hohe Effizienz in der Identifizierung *aller* Mutationen besitzen.
2. Die technisch einfacheren Methoden beruhen auf einer Änderung der elektrophoretischen Eigenschaften einer DNA, die durch eine Mutation verursacht werden. Ihr Nachteil ist, dass die Fragmentlängen, die bearbeitet werden können, kürzer sind, und nur das Vorhandensein bzw. die Abwesenheit einer Mutation oder eines Polymorphismus geprüft werden kann, während ihre genaue Position und Art nachträglich mit anderen Mitteln, im Speziellen einer Sequenzanalyse, festgestellt werden müssen.

Nukleaseverdau

Viele Ribonukleasen (RNAsen) schneiden einzelsträngige RNA an Pyrimidinresten (Thymidin und Cytidin). Diese Eigenschaft kann genutzt werden, um einen Heteroduplex – ein Bereich falsch gepaarter und deshalb einzelsträngiger DNA in einem sonst doppelsträngigen Molekül – zu identifizieren, selbst wenn er durch eine Punktmutation (Austausch einer einzelnen Base) hervorgerufen wird (Freeman u. Huang 1981). In dem RNA-Doppelstrang können 2 Nukleotide aufgrund der Mutation in einem der beiden Stränge keine Basenpaarung eingehen. Dieses einzelsträngige Stück wird durch die RNAse erkannt und geschnitten, wenn in der Sequenz ein Pyrimidin vorliegt. Durch die Isolation von RNA-Polymerase, wie etwa denen der SP6- oder T7-Phagen, lässt sich RNA einfach und in großen Mengen in vitro herstellen. Eine prinzipiell gleiche Anwendung für DNA ist durch die äquivalente Aktivität der S1-Nuklease möglich.

Chemische Reaktionen

Hier sind zu nennen:

- Carbodiimidmodifikation (CDI)
  Die Chemikalie Carbodiimid reagiert mit den Iminofunktionen des Thymidins und des Guanosins. Diese Reaktion erfolgt um Größenordnungen schneller, wenn die entsprechende Base ungepaart vorliegt. Ursprünglich wurde die Modifikation über eine Veränderung der elektrophoretischen Mobilität, Nukleaseverdau oder die Bindung von Antikörpern detektiert. In den letzten Jahren wird fast ausschließlich der Effekt ausgenutzt, dass die Modifikation der DNA eine Polymerasereaktion verhindert (Ganguly u. Prockop 1990). Ein in der Nähe der Mutation gebundener Primer kann somit nur bis zur Position der Mutation verlängert werden, während im Homoduplex kein Abbruch der Reaktion erfolgt.
- Chemisches Schneiden (CCM: chemical cleavage of mismatch)
  Wie CDI reagieren die beiden Chemikalien Hydroxylamin und Osmiumtetroxid bevorzugt mit den Basen des Cytidins und Thymidins, wenn diese einzelsträngig vorliegen. Die Stelle einer solchen Reaktion kann durch eine anschließende Inkubation mit Piperidin lokalisiert werden, da das Produkt durch dieses 2. Reagenz geschnitten wird. Je nachdem, welcher Strang des Originalmoleküls durch Hybridisierung einer unmutierten Sequenz untersucht wird, können mit dieser Methode auch Mutationen der Purinnukleotide Adenosin und Guanosin untersucht werden. Durch die sehr gute Effizienz der chemischen Reaktion werden praktisch alle vorliegenden Mutationen gefunden (Roberts et al. 1992). Der große Nachteil der Methode liegt in der hohen Toxizität der Reagenzien.

Gelelektrophoretische Testverfahren

Hier sind anzuführen:

- Denaturierende Gradientengelelektrophorese (DGGE, TGGE)
  Läuft doppelsträngige DNA in einem Gel, das eine zunehmende Konzentration einer Chemikalie enthält (DGGE: denaturing gradient gel electrophoresis), durch die die Doppelstrangstruktur aufgelöst wird (z.B. Formamid), trennen sich zuerst A:T-reiche Bereiche der DNA, da sie einen niedrigen Schmelzpunkt besitzen, während G:C-reiche Regionen weiterhin als Duplex vorliegen. Durch die Struktur der DNA nach dem partiellen Aufschmelzen des Doppelstrangs wird die DNA im Gel fixiert. Liegt nun in der Sequenz niedriger Stabilität eine Mutation vor, ändert sich die Formamidkonzentration, bei der eine Strangtrennung erfolgt. Dies hat zur Folge, dass die Bewegung des Fragments erst an einer anderen Stelle des Gels unterbunden wird, wodurch das Vorliegen einer Mutation nachgewiesen ist. Die Differenz zwischen den zurückgelegten Wegstrecken der mutierten DNA und des Wildtyps ist größer, wenn zur Analyse ein Heteroduplexmolekül genutzt wird.

  Statt auf die für die Analyse notwendige, natürliche Variabilität des GC-Gehalts einer DNA angewiesen zu sein, wird heute in der praktischen Anwendung eine synthetische Sequenz mit einem extrem hohen GC-Gehalt mittels PCR an ein Ende der DNA platziert (Sheffield et al. 1989). Damit ist der gesamte Rest, nämlich die natürliche Sequenz, eine Domäne relativ niedriger Schmelztemperatur und kann auf Mutationen untersucht werden.

  Eine technische Variation der Methode ist die Nutzung eines Temperaturgradienten (TGGE: temperature gradient gel electrophoresis). Äquivalent zu Gelen mit ansteigender Konzentration an Formamid findet bei einer spezifischen Temperatur eine partielle Denaturierung des Doppelstrangs statt, die die DNA im Gel arretiert.
- SSCP- und Heteroduplexanalyse
  Die SSCP-Methode (SSCP: single-strand conformation polymorphism) beruht darauf, dass Einzelstrang-DNA in Lösung eine definierte Sekundärstruktur besitzt. Diese Struktur wird verändert, wenn Basen ausgetauscht werden. Die Wandlung schlägt sich in einem geänderten Laufverhalten in nicht denaturierender Gelelektrophorese nieder, durch das der normale und der mutierte Strang unterschieden werden können (Orita et al. 1989). Die Methode ist weitgehend analog zu DGGE-Analysen, ist technisch jedoch wesentlich einfacher. Die Fragmentlängen können einige hundert Nukleotide betragen, und die Erfolgsrate der Mutationsdetektion liegt bei etwa 80%, wobei Untersuchungen an RNA bessere Ergebnisse zu liefern scheinen. Mittels einer zweidimensionalen Auftrennung lassen sich auch größere Bruchstücke untersuchen. Dabei wird die DNA mit einem Restriktionsenzym in kleinere Fragmente zerlegt, die in einem denaturierenden Gel der Größe nach aufgetrennt werden und anschließend in der zweiten Dimension in einem nicht denaturierenden Gel einer SSCP-Analyse unterzogen werden.

  In einem sehr ähnlichen Ansatz können doppelsträngige Heteroduplexmoleküle mit mehreren Bereichen, die an der Stelle eines Nukleotids keine Basenpaarung eingehen können, sehr gut von solchen Heteroduplexmolekülen unterschieden werden, die sich um nur eine weitere Mutation von denen der ersten Population unterscheiden (Heteroduplexanalyse: HET), wenn sie in einem nicht denaturierenden Gel aufgetrennt werden. Die Fragmentlängen, die mit dieser Methode untersucht werden können, und auch die Erfolgsrate sind ähnlich wie bei SSCP-Analysen (Keen et al. 1991).

Diagnostische Methoden. Kürzliche Entwicklungen auf dem Gebiet der Oligonukleotidsynthese erlauben eine parallele Synthese tausender, verschiedener Oligonukleotide auf einem planaren Träger (Pease et al. 1994, Southern et al. 1992). Solche Oligomerchips (s. auch Abschnitt 3.1.3.6 „DNA-Chip-Technologie“) können zur Detektion der Mutationen in der hybridisierten DNA genutzt werden. Dabei kommen alle in diesem Abschnitt aufgeführten Methoden zur Anwendung. Im Gegensatz zu Einzelanalysen erlauben Oligomerchips jedoch - aufgrund des hohen Durchsatzes und der Flexibilität des Systems sowie der inzwischen erreichbaren Genauigkeit der Technik - eine gleichzeitige Abdeckung vieler, wenn nicht aller möglichen Mutationen. Deshalb dürften in Zukunft die meisten Untersuchungen in diesem Format erfolgen.

Oligonukleotidbindung

Die allelspezifische Oligonukleotidbindung (ASO) ist die wohl älteste Methode zur gezielten Identifizierung von Mutationen. Gleichzeitig dürfte sie aufgrund neuer technischer Entwicklungen über kurz oder lang die meisten anderen Methoden verdrängen. Prinzipiell wird eine Mutation dadurch erkannt, dass bei einer Hybridisierung eines Oligonukleotids, das die Wildtypsequenz repräsentiert, im Vergleich zum gleichen Experiment mit dem Oligonukleotid der mutierten Sequenz eine stark reduzierte Bindung an die Zielsequenz erfolgt (Wallace et al. 1981). In der praktische Anwendung ist meist eine der beiden Komponenten an einen festen Träger fixiert.

Eine Modifikation obiger Methode ist die allelspezifische Amplifikation (ASA). Wird ein Primer eines PCR-Primerpaars so positioniert, das er an die Stelle einer Mutation bindet, kann eine Amplifikation der DNA nur dann erfolgreich durchgeführt werden, wenn der Primer in seiner Sequenz dem der Zielsequenz entspricht (Ye et al. 1992). Ist die potenzielle Mutation am 3′-Ende des Oligonukleotids lokalisiert, kann alternativ zur Diskriminierung über die Hybridisierung des Primers auch über das Verhalten der Polymerase auf eine Mutation getestet werden. Sind Zielsequenz und Primer am 3′-Ende des Primers nicht komplementär, kann er nach Bindung an die Ziel-DNA nicht durch die *Taq*-Polymerase verlängert werden.

Einzelbasensequenzierung (BPS)

Bei dieser Technik wird ein Primer verwendet, der direkt neben der potenziell mutierten Base bindet. Nach Zugabe der 4 möglichen Nukleotide, die eine jeweils spezifische (z. B. Farb-)Markierung tragen, kann nach einer Polymerasereaktion und anschließendem Wegwaschen der freien Nukleotide sehr einfach detektiert werden, welche Base an der Position der Mutation eingebaut wurde. Dadurch entfällt die Notwendigkeit einer gelelektrophoretischen Auftrennung der Produkte (Solokov 1989).

Ligationsverfahren (LIG)

Bei diesem Testverfahren werden 2 Oligonukleotide genutzt, die direkt nebeneinander an die Ziel-DNA binden. Die Primer sind dabei so gewählt, dass der Ort der Mutation dem 3′-Ende des ersten Oligonukleotids entspricht. Das 5′-Ende des 2. Primers kann nur dann an dieses 3′-Ende ligiert werden, wenn die Ziel- und die Primersequenz an dieser Stelle zueinander komplementär sind. Bei einem Basenaustausch können die beiden Oligonukleotide nicht miteinander verbunden werden. In praktischen Anwendungen ist das erste Oligonukleotid an ein Trägermaterial gebunden. Nach Zugabe und Bindung der Ziel-DNA wird der 2. Primer zugegeben, dessen Anwesenheit über eine Farbreaktion festgestellt werden kann. Nach der Ligationsreaktion wird aller nicht gebundener Primer weggewaschen, sodass nur an solchen Stellen des Trägers ein Farbsignal detektiert werden kann, an denen die Ligationsreaktion erfolgreich verlaufen ist (Landegren et al. 1988).

Ein alternatives Detektionsverfahren bietet die Ligationsamplifikationsreaktion (LAR oder auch LCR: ligase chain reaction). 2 Primerpaare, wie sie oben beschrieben wurden, je ein Paar für einen Strang an der Position einer Mutation, werden in einem großen Überschuss mit der Ziel-DNA gemischt. Nur wenn beide Primerpaare miteinander ligiert werden können, liegen sie nach einer Strangtrennung durch Hitzedenaturierung der DNA im folgenden Zyklus als Vorlage für die Bindung des komplementären Primerpaars vor. Nur unter diesen Bedingungen kann dieser DNA-Abschnitt über mehrere Zyklen hinweg äquivalent zur PCR über Ligation exponentiell amplifiziert und schließlich nachgewiesen werden. Wie in der PCR werden für solche Experimente hitzestabile Enzyme verwendet, um nicht nach jedem Zyklus neue Ligase zugeben zu müssen.

DNA-Sequenzierung. Aufgrund des extremen Anstiegs im Durchsatz hat sich die DNA-Sequenzierung so weit entwickelt, dass an vielen Patienten bereits Routineuntersuchungen durchgeführt werden können. Neben der großen Genauigkeit der Methode in der Bestimmung der Position und der Art einer Mutation liegt ein weiterer Hauptvorteil des Sequenzierens darin, dass bei einer Fragmentlänge von mittlerweile bis zu 1000 bp *jede* Mutation festgestellt wird. Deshalb ist zurzeit die Sequenzierung die Methode der Wahl zur Identifizierung neuer Mutationen und auch der Standard in diagnostischen Untersuchungen. Erst weitere Verbesserungen im Bereich der Oligomerchiptechnologie werden sie schließlich ersetzen, wie beispielsweise kürzlich für primären Lungenkrebs gezeigt wurde (Ahrendt et al. 1999).

3.1.3.5 Sequenzanalyse

Methode. Zur Sequenzierung der DNA muss die Abfolge der Nukleotide in eine detektierbare Größe umgewandelt werden. Die Elektrophorese in Acrylamidgelen besitzt eine Auflösung, mit welcher auch Längenunterschiede von einer einzelnen Base festgestellt werden können. Durch die grundlegenden Arbeiten von Sanger et al. (1977) und Maxam u. Gilbert (1977) wurde es möglich, von einer DNA eine Population kürzerer Fragmente herzustellen, die Repräsentanten für *jedes* mögliche Fragment enthält – deshalb jedes Nukleotid der Sequenz in endständiger Position vorliegt – und die Fragmentgröße gleichzeitig mit der Art der terminal gelegenen Base zu korrelieren.

Bei der chemischen Sequenzierung (Maxam u. Gilbert 1977) wird die DNA in 4 getrennten Reaktionen chemisch geschnitten, wobei es für jede Base eine spezifische bzw. eine Kombination spezifischer Reaktionen gibt, ähnlich wie für die Mutationsanalyse bei Cytidin und Thymidin in Abschnitt 3.1.3.4 „Mutationsanalyse“, Unterabschnitt

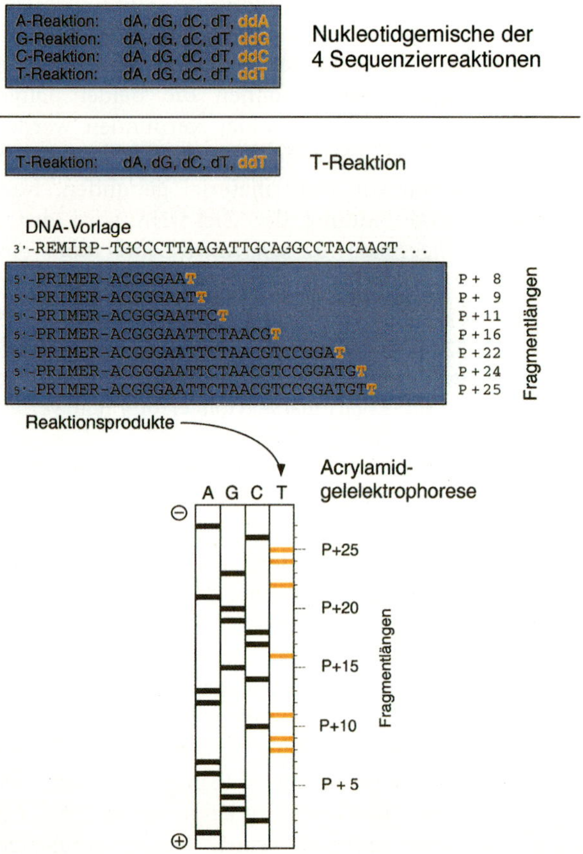

Abb. 3.1.16. Enzymatisches Sequenzieren; die Zusammensetzung der Nukleotidgemische für die 4 Sequenzierreaktionen ist oben angegeben. Für die T-Reaktion ist das Prinzip gezeigt: Nach Bindung eines Primermoleküls an die Vorlage wird über eine Polymerasereaktion der Komplementärstrang synthetisiert. Zufällig wird an jeder Position eines T für einen Teil der Moleküle das Didesoxynukleotid (ddT) eingebaut, worauf die Reaktion abbricht. Dadurch entstehen Moleküle, die alle ein T am 3′-Ende tragen und eine distinkte Länge besitzen. Aus der Abfolge der Fragmentgrößen aus allen 4 Reaktionen in einer gelelektrophoretischen Auftrennung lässt sich die Sequenz ablesen

„Chemische Reaktionen" beschrieben. Allerdings laufen die Reaktionen unter Bedingungen ab, bei denen die DNA nur partiell geschnitten wird. Da es sich um einen quasi statistischen Vorgang handelt, treten in jeder der 4 Reaktionen alle möglichen Fragmente mit dem entsprechenden Nukleotid in der terminalen Position auf.

Nach dem gleichen Prinzip funktioniert das enzymatische Sequenzieren (Sanger et al. 1977; Abb. 3.1.16). Nach Anlagerung eines definierten Primermoleküls an einen bekannten Teil der Ziel-DNA (z.B. im Vektoranteil eines Klons direkt benachbart zum Insert unbekannter Sequenz), wird dieser in einer Polymerasereaktion verlängert. Neben den 4 Desoxynukleotiden wird in getrennten Reaktionen jeweils eine Base zusätzlich als Didesoxynukleotid zugegeben. An der Position eines Adenosins (dA) in der Vorlagen-DNA beispielsweise wird nun entweder das Desoxythymidin (dT) oder das Didesoxythymidin (ddT) eingebaut, wieder in einem statistischen Vorgang, der vom Mischungsverhältnis der beiden Thymidinnukleotide abhängt. Während Moleküle mit einem dT durch die Polymerase weiter verlängert werden, bricht die Reaktion nach Einbau eines ddT ab. Dadurch ist eine Korrelation zwischen der Länge der Moleküle und der Art der endständigen Base gegeben, da alle Moleküle, die kein ddT an dieser Stelle tragen, um mindestens ein Nukleotid länger - oder durch den Einbau eines anderen Didesoxynukleotids an einer früheren Position kürzer - sind.

Durch eine Automation der Einzelschritte hat sich das enzymatische Sequenzieren zur Standardtechnologie entwickelt. Die DNA wird in den 4 Reaktionen mit basenspezifischen Fluoreszenzfarbstoffen markiert, die im Acrylamidgel automatisch detektiert werden. Bei der Verwendung unterschiedlicher Farbstoffe können dabei alle 4 Reaktionen in einer Gelspur aufgetrennt werden, wobei allerdings die unterschiedliche Mobilität der Farbstoffe zur Auswertung ausgeglichen werden muss. Alternativ können pro Spur nur die Fragmentprodukte einer basenspezifischen Reaktion (etwa der T-Reaktion) geladen werden, aber dafür die Produkte mehrerer Zielsequenzen gleichzeitig. Üblicherweise ist der Farbstoff entweder an den Primer oder an die Didesoxynukleotide gebunden.

Außer einer gewissen Redundanz in der Sequenzinformation, die dazu dient, experimentelle Artefakte kompensieren zu können, ist es für eine „fehlerfreie" Sequenzbestimmung unbedingt notwendig, beide Stränge der DNA zu sequenzieren. Bestimmte Sequenzen, wie etwa eine Abfolge alternierender C:G-Basenpaare, können Sekundärstrukturen ausbilden, aufgrund derer die verschieden langen Fragmente in der Gelelektrophorese nicht getrennt werden und somit in einer Bande laufen. Auch kommt es aus z.T. nicht verstandenen Gründen vor, dass eine einzelne Base im Gel nicht als Bande sichtbar ist. Diese und andere Probleme lassen sich meist durch eine Reaktion am Gegenstrang lösen, da dort das entsprechende Artefakt nicht oder an anderer Stelle auftritt. Trotz standardisierter Techniken und einer guten Kenntnis möglicher Probleme wird es jedoch nie möglich sein, eine vollständig fehlerfreie Sequenz zu generieren. Meist wird eine Fehlerrate von weniger als 1 in 10000 bp als akzeptabel angesehen.

Als Polymerasen werden häufig Modifikationen der T7-DNA-Polymerase genutzt, die sich durch einen gleichmäßigen Einbau der Basen auszeichnen und deshalb anderen Polymerasen vorzuziehen sind. Das automatische Lesen der Sequenz erfolgt durch einen Vergleich der Signalintensitäten aller 4 Reaktionen an den Positionen, an denen im Gel eine Bande zu erwarten ist; daher sind eine gleichmäßige Einbaurate und damit ähnliche Intensitätsstärke in den 4 Reaktionen zur Auswertung vorteilhaft. Prinzipiell kann aber jede DNA-Polymerase zur Sequenzierung genutzt werden; allerdings müssen die Reaktionsbedingungen, und im Speziellen das Verhältnis der Desoxy- und Didesoxynukleotide für jedes Enzym verändert werden.

Strategien. Sequenzieren erfordert das Zusammenbauen der Gesamtsequenz aus kleinen Teilsequenzen, da die Substrate für eine Sequenzanalyse meist als relativ kleine Fragmente wie etwa Plasmid-DNA vorliegen, in die die zu sequenzierende DNA fragmentiert kloniert wurde. Doch selbst für Reaktionen an längeren Bruchstücken, die prinzipiell möglich sind, ergibt sich durch die Enzymatik und auch die Trennkapazität der Gelelektrophorese eine Beschränkung auf Leselängen zwischen maximal 1 kb und 2 kb. Soll nun ein wesentlich längeres DNA-Molekül sequenziert werden, gibt es mehrere Strategien, um eine Gesamtsequenz aus den Teilstücken zu erhalten.

Geordnetes Sequenzieren

In den ersten Jahren der Sequenzierung wurden eine Reihe an Verfahren zur geordneten Abfolge von Sequenzreaktionen entwickelt. Prinzipiell kann dies erreicht werden, indem entweder der Startpunkt der Sequenzreaktion für jede Reaktion gezielt verlegt wird (Deletionsmutanten, Primer Walking) oder die Klone vor der Sequenzierung in die richtige Reihenfolge gebracht werden (Template Mapping). Zur Herstellung von Deletionsmutanten hat sich v.a. die Verkürzung der Insert-DNA über eine enzymatische Reaktion bewährt (z.B. Henikoff 1984). Bei Verwendung der Exonuklease III wird die DNA beispielsweise zuerst mit 2 Restriktionsenzymen geschnitten, die beide das Molekül nur einmal schneiden und deren Schnittstellen relativ dicht beieinander liegen. Eine weitere Voraussetzung ist, dass ein Enzym ein DNA-Ende mit einem 4 Nukleotide langen 3′-Überhang produziert, während das andere einen 5′-Überhang oder ein glattes Ende herstellen sollte. Der so linearisierte Klon (das kleine Fragment zwischen den Schnittstellen ist vernachlässigbar klein und für die folgenden Reaktionen unerheblich) wird mit Exonuklease III behandelt. Dieses Enzym knabbert in einer kontrollierbaren Reaktion vom Ende des 5′-Überhangs her einen Strang der DNA weg; das andere Ende ist aufgrund seines 3′-Überhangs kein Substrat. Durch entweder eine Hitzedenaturierung des Enzyms oder Wegfangen des Kofaktors Mg^{2+} wird der Verdau gestoppt, und der verbliebene Einzelstrang wird mit S1-Nuklease entfernt. Das restliche, doppelsträngige Molekül kann nun wieder zirkularisiert und zur Vermehrung in *E. coli* eingebracht werden. Je nach der Dauer der Inkubation mit Exonuklease III wird das Ursprungsmolekül unterschiedlich weit verkürzt. Ein Primermolekül, das an dem Ende bindet, das durch die Exonuklease III nicht verändert wurde, kann somit genutzt werden, in den unterschiedlich weit verkürzten Klonen unterschiedliche Bereiche des Inserts zu sequenzieren. Statt mittels einer Exonukleasereaktion können Primerbindungsstellen innerhalb einer DNA auch dadurch geschaffen werden, dass Transposons, so genannte springende DNA-Elemente, an zufälligen Positionen der DNA insertieren und als Startpunkt für die Polymerasereaktion genutzt werden (Devine u. Boeke 1994).

Die Technik des Primer Walking ist prinzipiell die einfachste Methode zur DNA-Sequenzierung. Ein DNA-Fragment wird von einem Ende aus ansequenziert. Die neu gewonnene Sequenzinformation wird sofort genutzt, um einen neuen Primer zu synthetisieren, der innerhalb des gerade sequenzierten Bereichs bindet und es deshalb erlaubt, weiter in die unbekannte DNA hinein zu sequenzieren. Durch diese Strategie kann die Redundanz sehr stark gedrückt werden. Gleichzeitig werden die Teilsequenzen geordnet gewonnen, sodass der Zusammenbau zur Gesamtsequenz sehr vereinfacht ist. Der Nachteil dieser Technik besteht in der Notwendigkeit vieler verschiedener Primermoleküle.

Eine Alternative zu den beiden oben genannten Strategien ist eine Anordnung der Sequenziervorlagen vor dem Start der Sequenzanalyse (Template Mapping; Scholler et al. 1995). Diese Strategie kombiniert die Vorzüge des Shotgun-Sequenzierens und des Primer Walking. Zum einen ist nur ein Primer notwendig, der im Vektoranteil der Klone bindet. Gleichzeitig wird die Redundanz des Sequenzierens dadurch stark vermindert, dass nach einer Sequenzreaktion an einem Klon der nächste Klon so ausgewählt werden kann, dass er möglichst wenig bereits bekannte Sequenz beinhaltet.

Shotgun-Sequenzieren

Die am längsten genutzte Strategie des Sequenzierens beruht auf einer zufälligen Klonierung der Gesamtsequenz in kleine Untereinheiten. Aus der Vielzahl der möglichen Konstrukte werden einige wiederum zufällig (Shotgun meint nach dem Schrotschussverfahren) ausgewählt und sequenziert. Während am Anfang eines solchen Projekts praktisch immer neue Sequenz gelesen wird, stammen gegen Ende die meisten Klone aus Regionen, deren Sequenzen bereits bekannt sind. Aufgrund des zufälligen Charakters müssen deshalb relativ viele Klone analysiert werden, um auch die letzte Lücke zu schließen und eine kontinuierliche Sequenz zu erhalten. Ein Vorteil der Strategie ist die Tatsache, dass fast die gesamte Sequenz in hoher Redundanz aus den Daten der überlappenden Teilsequenzen vorliegt und deshalb von hoher Qualität sein sollte.

Genomprojekte. Die Frage der Strategie hat sich bei Genomprojekten (Tabelle 3.1.2) auf einer höheren Ebene fortgesetzt. Grundsätzlich wurde bei fast allen – mit wenigen Ausnahmen – mittels der Shotgun-Methode gearbeitet. Allerdings dienten als Ausgangsmaterial zur Herstellung der Shotgun-Plasmide meist geordnete BAC- oder Cosmidklone (s. Abschnitt 3.1.2.1 „Klonierung genomischer DNA“), deren Lage im Genom und zueinander bekannt war. Dies ist mit darin begründet, dass lange Zeit keine Möglichkeit bestand, nur mittels Computeralgorithmen alle Einzelsequenzen aus einem Genom zu einer Gesamtsequenz zusammenzusetzen, während es für Abschnitte bis zur Größe eines BAC-Klons durchführbar war. Später wurde es aber mit verbesserten Algorithmen und schnelleren Computern grundsätzlich möglich, das gesamte Genom direkt in Shotgun-Plasmide zu klonieren und in einem Stück zu sequenzieren. Wie für die Insert-DNA sollte sich auch für das gesam-

Tabelle 3.1.2. Liste wegweisender Genomprojekte

Sequenz	Länge	Contigs	Publikation
Menschliches Genom	Etwa 3 286 000 000	Viele	The Genome International Sequencing Consortium (2000)
Drosophila melanogaster	135 600 000	Viele	Adams et al. (2000)
Menschliches Chromosom 21q	33 827 000	5	Hattori et al. (2000)
Menschliches Chromosom 22q	33 573 000	12	Dunham et al. (1999)
Arabidopsis thaliana	115 409 000	12	The Arabidopsis Genome Initiative (2000)
Caenorhabditis elegans	97 100 000	Wenige	The C. elegans Sequencing Consortium (1998)
Escherichia coli	4 639 000	1	Blattner et al. (1997)
Saccharomyces cerevisiae	12 068 000	17	Goffeau et al. (1996)
Haemophilus influenzae Rd	1 830 138	1	Fleischmann et al. (1995)
Saccharomyces cerevisiae Chromosom 3	315 339	1	Oliver et al. (1992)
Menschlicher Zytomegalievirus	229 354	1	Chee et al. (1989)
Epstein-Barr-Virus	172 281	1	Baer et al. (1984)
Bakteriophage Lambda	48 502	1	Sanger et al. (1982)
Menschliches Mitochondrium	16 569	1	Anderson et al. (1981)
Bakteriophage phi X174	5 375	1	Sanger et al. (1977)

te Genom die Reihenfolge der Einzelsequenzen grundsätzlich aus den Überlappungen bestimmen lassen, die sich aufgrund der 8- bis 12fachen Redundanz der Sequenzdaten ergeben.

Wie so häufig liegt das wohl optimale Verfahren in der Mitte zwischen den beiden Extrempositionen, die speziell bei der Sequenzierung des menschlichen Genoms medienwirksam (da finanziell von enormer Bedeutung) von den jeweiligen Exponenten vertreten wurden. Während die öffentlich finanzierten Projekte (The Genome International Sequencing Consortium 2000) zumeist auf Klonkarten aufbauten, wurde die Sequenz des Privatunternehmens Celera im reinen Shotgun-Verfahren erstellt (Venter et al. 2000). Auch das erste vollständig sequenzierte Genom (*Haemophilus influenzae* Rd.; Fleischmann et al. 1995) wurde nach dem Shotgun-Prinzip sequenziert, während das erste zusammenhängende Chromosom (Oliver et al. 1992), das erste vollständige eukaryontische Genom (die Bäckerhefe; Goffeau et al. 1996) und beispielsweise das erste Pflanzengenom (The Arabidopsis Genome Intiative 2000) nach dem Klon-für-Klon-Verfahren sequenziert wurden. Richtig ist, dass bisher *keine* publizierte Genomsequenz *ohne* die Zuhilfenahme von Kartierungsinformation an größeren Fragmenten angefertigt wurde. Auch zur Zusammenstellung der Sequenz von *Haemophilus influenzae* oder der vielen anderen mikrobiellen Genome war eine solche Information notwendig. Gleiches gilt für die Sequenz von *Drosophila* und die des Menschen, für die von Celera die frei zugänglichen Daten der öffentlich finanzierten Projekte mit genutzt wurden. Und trotz der ungefähr doppelten Sequenzinformation (durch Kombination eigener Daten und der öffentlich zugänglichen) ist die Genauigkeit der Celera-Sequenz des Menschen nicht besser als die des öffentlich finanzierten Konsortiums. Auf der anderen Seite ist es mittlerweile unumstritten, dass eine erste reine Shotgun-Phase von direkt klonierter genomischer DNA wesentlich zur Beschleunigung solcher Projekte beiträgt. Erst zu einem späteren Zeitpunkt wird dann zur Fertigstellung zusätzliche Information benötigt, wobei diese Kartierungsinformation durchaus auch durch das Ansequenzieren der Enden von BAC- oder Cosmidklonen hergestellt werden kann oder durch gänzlich andere Verfahren wie etwa einer optischen Kartierung (Lin et al. 1999).

EST-Sequenzierung. Trotz der enormen Geschwindigkeit, mit der weltweit genomische Sequenzierprojekte durchgeführt werden, ist es häufig nützlich, nur die kodierenden Bereiche identifiziert und zumindest teilweise charakterisiert zu haben. Ausgangspunkt für solche Untersuchungen sind cDNA-Bibliotheken aus vielen Geweben und Entwicklungsstadien, um nach Möglichkeit für jedes Gen einen Klon in der Gesamtbibliothek finden zu können. Um die Redundanz der Analyse zu erniedrigen, wurden auch Methoden zur Normalisierung der Bibliotheken (s. Abschnitt 3.1.2.2 „Klonierung von Genen", Unterabschnitt „Normalisierung von cDNA-Bibliotheken") angewendet. Zur Etablierung eines Genkatalogs müssen Gene mit einem Kode belegt werden, um sie miteinander vergleichen zu können. Die prinzipiell einfachste

Möglichkeit dazu bietet die Sequenz selbst. J. Craig Venter et al. schlugen 1991 vor, viele zufällig ausgewählte cDNA-Klone von einem Ende her durch nur einen Sequenzierlauf von 300–500 bp anzusequenzieren (EST-Sequenzierung) und damit zu charakterisieren. Seitdem wurde diese Technik in vielen Labors angewendet. Mit Abstand am meisten Daten wurden jedoch von 2 Zentren produziert,

- dem *Institute for Genetic Research* (TIGR; Rockville, USA) und
- dem *Washington University Genome Sequencing Center* (St. Louis, USA).

Aus etwa 600 000 individuellen Sequenzreaktionen wurden durch einen Vergleich der gewonnenen Sequenzen ein Katalog von etwa 50 000 potenziell einzigartigen Genen identifiziert (z. B. Adams et al. 1995), wobei die aus der genomischen Sequenzierung identifizierten Gene bisher bei etwa 35 000 liegen. Neben dem Vorteil eines frühen Zugriff auf den menschlichen Gensatz sind EST-Sequenzen immer noch sehr hilfreich, um in der genomischen Sequenz Gene zu identifizieren. Noch sind die Algorithmen zur Interpretation der genomischen Sequenz zu unsicher, um allein damit die Position und die Länge von Genen zu bestimmen. Mittels der zwar kurzen, aber meist auch redundant vorliegenden EST-Sequenzen wird dieser Prozess wesentlich vereinfacht.

Neue Methoden der Sequenzierung. Alternativ zu dem etablierten Sequenzierverfahren der automatisierten Detektion enzymatisch hergestellter und gelelektrophoretisch aufgetrennter Strangabbruchprodukte befinden sich einige Methoden in der Entwicklung, die den Durchsatz potenziell um Größenordnungen erhöhen können, allerdings alle auch nach Jahren der Entwicklung noch nicht in Konkurrenz zur etablierten Methodik treten können. Ursprünglich war erwartet worden, dass die Sequenzierung ganzer, zumindest eukaryontischer Genome ohne einen solchen Quantensprung nicht möglich sei. Weniger bahnbrechende, aber nichtsdestotrotz wesentliche Verbesserungen im Bereich der vorhandenen Technologie haben sich aber als überlegen erwiesen. Optimierung und Automatisierung der einzelnen Schritte sowie Parallelisierung der Elektrophorese durch immer engere Gelspuren und schließlich Kapillarelektrophorese haben eine Sequenzierung ganzer Genome dem Anschein nach fast schon zur Routine werden lassen, obwohl jedes Genom tatsächlich immer noch eine neue Herausforderung darstellt. Ein mögliches Anwendungsgebiet neuer Methoden liegt deshalb weniger auf dem Gebiet der genomweiten De-novo-Sequenzierung von DNA als vielmehr auf dem diagnostischen Feld der *vergleichenden* Sequenzierung, bei der eine individuelle Sequenz (z. B. eines Patienten) mit einer bekannten Sequenz verglichen wird.

Eine Variation der enzymatischen Sequenzierung basiert auf schnelleren Detektionsverfahren. Statt Gelelektrophorese kann prinzipiell die Massenspektroskopie zur Bestimmung der Molekulargewichte verwendet werden, wodurch sowohl die Probenmengen als auch die aktuelle Analysezeit wesentlich verkürzt werden würden (z. B. Gut u. Beck 1995). Alternativ könnte zu einer DNA, die an einen festen Träger gebunden ist, erst Primer und dann 4 Nukleotidderivate zugegeben werden, die jeweils mit einem anderen Farbstoff markiert sind. Durch eine Positionierung der Farbstoffe an der 3′-Position kann die Synthese nach Einbau der passenden markierten Base nicht fortschreiten. Nach Wegwaschen der freien Nukleotide wird der Farbstoff des eingebauten Nukleotids abgespalten und dadurch die Base charakterisiert. An das nun wieder zugängliche 3′-Ende kann im nächsten Zyklus wieder ein neues Nukleotid angelagert werden, um die nächste Base zu lesen (Canard u. Sarfati 1994). Eine Variation dieser Methode, bei der der Nachweis eines Baseneinbaus über das freigesetzte Pyrophosphat erfolgt (Ronaghi et al. 1998), wird bereits für kurze, diagnostische Sequenzreaktionen erfolgreich eingesetzt.

Auf einem gänzlich anderen Prinzip beruht das Sequenzieren durch Hybridisieren (SBH: sequencing by hybridisation). Dazu wird ein vollständiger Satz an Oligonukleotiden [etwa alle möglichen 65 536 Oligomere einer Länge von 8 Nukleotiden (Oktamere)] in einem geordneten Raster auf einem planaren Träger gebunden (Abb. 3.1.17). Die zu untersuchende DNA wird markiert und auf diesen Oligomerchip hybridisiert, sodass sie nur an solche Oligomere bindet, die zu einer Oktamersequenz innerhalb des Fragments *vollständig* komplementär sind. Nach Detektion der Bindungskoordinaten auf dem Chip lässt sich aus den dann bekannten Oktamerteilsequenzen die Gesamtsequenz des DNA-Fragments bestimmen. Wie bereits für die Mutations- (Abschnitt 3.1.3.4 „Mutationsanalyse“, Unterabschnitt „Diagnostische Methoden“) und die Transkriptionsanalyse (Abschnitt 3.1.3.3 „Transkriptionsanalyse“, Unterabschnitt „Serielle Sequenzierung“) angedeutet, lässt sich die Technologie des Oligomerchips durch Variation der gebundenen Oligonukleotide auch für ei-

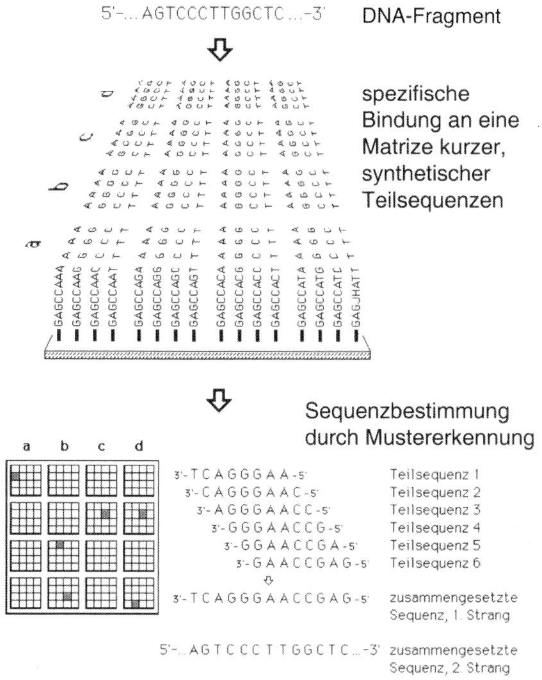

Abb. 3.1.17. Prinzip des Sequenzierens durch Hybridisierung (SBH). Auf eine Matrize aus allen möglichen Oligonukleotidsequenzen (z. B. alle 65536 Oktamere) wird ein DNA-Fragment hybridisiert. Unter gegebenen Bedingungen bindet es nur an solche Oligomere, deren vollständig komplementäre Sequenzen im Fragment vorliegen. Aufgrund ihrer Position und der Redundanz der Information kann die Gesamtsequenz des Fragments bestimmt werden, modifiziert nach Hoheisel et al. (1993)

ne Vielzahl anderer Anwendungen nutzen (s. Abschnitt 3.1.3.6 „DNA-Chip-Technologie").

Die Sequenzierung durch exonukleolytischen Verdau an einem Einzelmolekül und Detektion des abgespaltenen Nukleotids ist eine weitere, potenziell extrem schnelle Sequenziermethode (Harding u. Keller 1992). Dazu muss ein *einzelnes* DNA-Molekül, dessen Nukleotide alle eine basenspezifische (Farb-)Markierung tragen, mit einem Ende an eine feste Oberfläche gekoppelt werden. Mit Hilfe einer Exonuklease wird dann ein Nukleotid nach dem anderen abgespalten und über seine Markierung charakterisiert. Wegen der vielen komplexen Einzelschritte ist diese Technik jedoch von allen genannten Verfahren noch am weitesten von einer routinemäßigen Nutzung entfernt.

Weitere Verfahren beruhen auf dem rasterelektronenmikroskopischen Abtasten einzelner DNA-Stränge oder der Messung des Stromflusses beim Transport kurzer DNA-Fragmente durch Nanoporen. Welche Methode sich tatsächlich durchsetzt, bleibt abzuwarten.

3.1.3.6 DNA-Chip-Technologie

Für eine Reihe funktioneller Untersuchungen kann die inhärente Eigenschaft einzelsträngiger Nukleinsäuremoleküle genutzt werden, nur bei Vorliegen komplementärer Sequenzen durch Basenpaarung spezifisch aneinander binden zu können. Durch die Selektivität dieses Hybridisierungsvorgangs (s. Abschnitt 3.1.3.1 „Hybridisierungstechniken") sind sehr genaue Analysen möglich. Seit dem Ende der 1980er Jahre wird dafür weltweit – unter dem Schlagwort *DNA-Chip-Technologie* – an der Entwicklung von Verfahren gearbeitet, die durch hohe Parallelität einen großen Datendurchsatz erlauben. Als Sensoren werden DNA-Moleküle bekannter Sequenz in einem geordneten Raster auf einem Träger fixiert. Zu dieser Matrize wird als Probe die zu untersuchende Nukleinsäure gegeben, die beispielsweise mit einem Fluoreszenzfarbstoff markiert wird. Eine Hybridisierung an trägergebundene DNA-Sensormoleküle passender Sequenz wird dann durch ein Farbsignal an der entsprechenden Rasterposition angezeigt. In Abb. 3.1.17 ist dieses Prinzip für eine Anwendung – die Sequenzbestimmung eines DNA-Fragments – grundsätzlich gezeigt. Zusätzlich kann über die Signalintensität eine Aussage über die Anzahl gebundener Sondenmoleküle getroffen werden. Damit sind neben dem Nachweis des statischen (Sequenz-)Zustands der DNA auch die Bestimmung dynamischer Veränderungen auf der Ebene der Nukleinsäuren möglich, etwa das Auftreten genomischer Amplifikationen bzw. Deletionen [Stichwort CGH; s. Abschnitt 3.1.3.1 „Hybridisierungstechniken", Unterabschnitt „Vergleichende genomische Hybridisierung (comparative genomic hybridisation, CGH)"] oder Änderungen in Transkriptmengen. Basierend auf dem grundlegenden Prinzip sind eine Vielzahl von Anwendungen möglich, wodurch der DNA-Chip inzwischen beim Entschlüsseln funktioneller Zusammenhänge eine zentrale Rolle in der Genomforschung spielt.

Herstellungstechniken und Formate. DNA-Chips können auf sehr unterschiedliche Art und Weise hergestellt werden. Am bekanntesten ist die fotolithografisch gesteuerte Synthese von Oligonukleotiden direkt auf der Chipoberfläche (Pease et al. 1994). Für die In-situ-Oligomersynthese stehen aber auch alternative Verfahren wie etwa elektrochemische Methoden (Southern 1996) oder Siebdruckverfahren (Ermanntraut et al. 1997) zur Verfügung. Fotolithografie ist eine Technik, die zur Herstellung elektronischer Bauteile bis zum Ext-

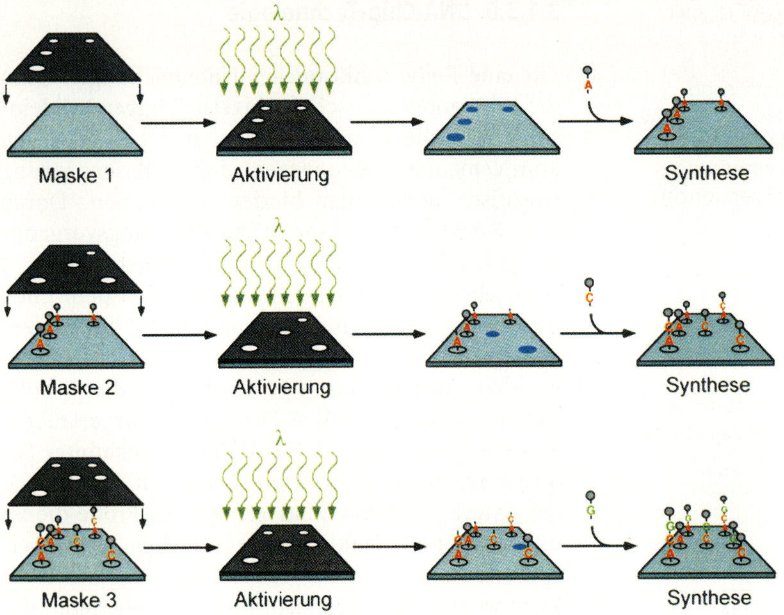

Abb. 3.1.18. Fotolithografische Steuerung der Oligonukleotidsynthese auf planaren Oberflächen. Durch das Einstrahlen von Licht an bestimmten Positionen wird die Chipoberfläche aktiviert bzw. werden Schutzgruppen an den Enden bereits vorliegender DNA-Stränge entfernt. In einer nachfolgenden chemischen Reaktion wird dann gezielt ein weiteres Nukleotid angehängt. Durch ein iteratives Durchlaufen des Prozesses unter Nutzung verschiedener Masken lassen sich so an verschiedenen Positionen unabhängige Oligonukleotidsequenzen synthetisieren. Abbildung entnommen aus BioSpektrum, Hoheisel u. Vingron (1998)

rem verfeinert wurde. Durch aufgelegte Masken wird Licht gezielt auf bestimmte Teile des Chips gestrahlt, wodurch dort eine Aktivierung der Oberfläche bzw. bereits vorhandener Oligonukleotidmoleküle stattfindet, an die sich dann in einer chemischen Reaktion ein weiteres Nukleotid anlagert. Durch eine Folge solcher Reaktionen unter Verwendung verschiedener Masken kann eine sehr große Zahl unterschiedlicher DNA-Moleküle parallel synthetisiert werden (Abb. 3.1.18). Die Belegungsdichte ist durch die Genauigkeit in der Ausrichtung der Masken begrenzt und liegt zurzeit bei rund 100 000 Positionen/cm^2. Auch die Ausbeuten der Synthese auf dem Chip erreichen durch neu entwickelte chemische Prozesse mittlerweile nahezu quantitative Werte, wie sie von der normalen Oligonukleotidsynthese her bekannt sind (Beier u. Hoheisel 2000). Neben dieser Methodik wird aber auch das einfachere Prinzip der Bestückungsrobotik für die Herstellung von DNA-Chips genutzt. Kleine Flüssigkeitstropfen mit Oligonukleotiden oder PCR-Produkten werden aus Vorratsgefäßen entnommen und durch einen in 3 Dimensionen beweglichen Roboterarm direkt auf die Oberflächen aufgebracht und dort fixiert (Schena et al. 1995, Yershov et al. 1996).

Grundsätzlich werden derzeit 2 Chipformate genutzt. Entweder sind Oligonukleotide aufgebracht oder DNA-Fragmente, die über PCR gewonnen werden. Die Hauptvorteile der PCR-Produkte liegen im besseren dynamischen Bereich bei der quantitativen Bestimmung der gebundenen Molekülzahl und der relativen Einfachheit in der Herstellung einer großen Zahl verschiedener PCR-Produkte in den Laboratorien der Anwender. Da inzwischen auch recht lange Oligonukleotide hoher Qualität synthetisiert werden können und gleichzeitig Verfahren und Geräte auf den Markt kommen, die ein flexibles Design der Oligomerchips vor Ort ermöglichen, werden diese Vorteile jedoch bald nicht mehr ins Gewicht fallen. Zusätzlich ist die Qualitätskontrolle bei chemischer Oligonukleotidsynthese besser durchführbar und eine mögliche Kreuzhybridisierung kann mit Oligonukleotiden besser vermieden werden. Insbesondere aber können viele Anwendung nur mit kurzen Sequenzen durchgeführt werden, da sie auf dem Nachweis einzelner Basenaustausche basieren. Deshalb werden mittelfristig für alle Anwendungen Oligomerchips zum Einsatz kommen.

Experimentelle Durchführung. Zur Analyse wird das Probenmaterial markiert und auf den Chip gegeben. Zurzeit erfolgt das Auslesen der DNA-Chips viel über den Nachweis von Fluoreszenzsignalen. Durch ständig verbesserte Farbstoffe unterschiedlicher Wellenlängen – auch damit sie parallel verwendet werden können – höherer Quantenausbeute, geringerer Ausbleichung und auch mittels anderer, technischer Entwicklungen – etwa einer lateralen Anregung durch das Trägermaterial des Chips anstelle eines Ausleuchtens des gesamten Reaktionsraums (Stimpson et al. 1995) – wird die Nachweisgrenze immer weiter verbessert. Anstatt die

Wellenlängen der Farbstoffe auszuwerten, können auch deren Abklingzeiten gemessen werden. Aber auch die altmodische radioaktive Markierung erlebt aufgrund der hohen Sensitivität des Nachweises eine Renaissance. Auch völlig anders geartete Detektionsmethoden sind in der Entwicklung, wobei die direkte elektronische Auslesung (z.B. Hintsche et al. 1997) sicherlich die potenziell elegantes-te und schnellste Option aus einer Reihe von Möglichkeiten darstellt.

Häufig wird bei Chipexperimenten zu wenig Beachtung auf das weitere Umfeld gelegt. Denn neben der Qualität des Chip sind eine Vielzahl anderer Parameter mindestens ebenso wichtig, um aus den Untersuchungen relevante Daten gewinnen zu können. Dabei werden oft selbst einfache Faktoren übersehen. Da häufig große Datenmengen bearbeitet werden, ist es beispielsweise zu erwarten, dass eine experimentell verursachte Streuung auftritt, deren Breite u.a. allein von der Zahl der Datenpunkte abhängt. Deshalb können solche Datensätze nur über eine statistische Auswertung sinnvoll bewertet werden. Im Folgenden werden einige Punkte aufgelistet, die für vernünftige DNA-Chip-Analytik eine Grundvoraussetzung bilden:

- gute Chipqualität
- zielgerichtetes experimentelles Design
- adäquate Probenpräparation
- empfindliche und genaue Signaldetektion
- statistische Datenanalyse
- unterstützende Bioinformatik.

Dabei wird die Bioinformatik bis auf Weiteres nicht die menschliche Interpretation ersetzen, sondern die hochkomplexe Information nur in einer Form darstellen, die sie für eine Deutung durch den Menschen zugänglich macht. Erst wenn die Analyseverfahren wirklich ausgereift und ihre Aussagekraft grundlegend verstanden sind, wird es eine automatische Analyse der Ergebnisse für bestimmte, gut definierte und hinsichtlich der Komplexität begrenzte Untersuchungsmethoden etwa in der Diagnostik geben. Selbst die statische Sequenzinformation eines Organismus lässt sich zurzeit nur bedingt automatisch interpretieren. Für Informationen, die dynamisch die zellulären Gegebenheiten repräsentieren, dürfte dies um noch Einiges schwieriger zu erreichen sein.

Nachweisverfahren. Die Einsatzmöglichkeiten der DNA-Chip-Technologie sind sehr weit gefächert. Damit trägt diese Methode wesentlich dazu bei, dass bald weite Bereiche der Diagnostik und Prognostik vermehrt auf molekularer Basis erfolgen werden, was inhärent dazu führt, dass die individuellen Unterschiede beim Patienten, aber gleichzeitig auch beispielsweise beim krankheitsverursachenden Pathogen verstärkt erkannt und damit in die Therapie mit einbezogen werden können.

Transkriptanalysen

Die derzeit am meisten genutzte Anwendung von DNA-Chips ist der Bereich des „transcriptional profiling“, der Bestimmung der Transkriptmengen vieler oder aller Gene eines Organismus. Obwohl schon länger diskutiert und auch auf Nylonfiltern angewendet (z.B. Gress et al. 1992), erregte speziell eine wegweisende Publikation von 1995 über Analysen an 27 Pflanzengenen auf Glasoberflächen (Schena et al. 1995) breite Aufmerksamkeit und machte DNA-Chips allgemein zum Thema. Das

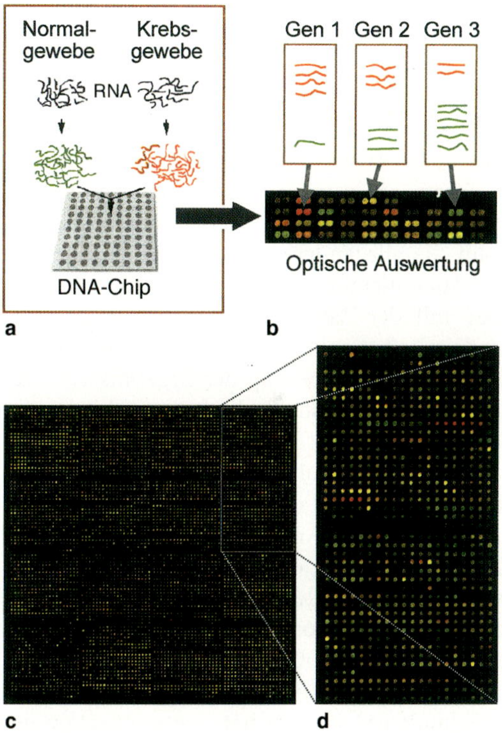

Abb. 3.1.19 a–d. Prinzip des Nachweises von Transkriptmengenänderungen. Aus Zellen, die unterschiedlich behandelt wurden oder aus verschiedenen Geweben stammen, wird RNA isoliert und – meist durch eine reverse Transkriptionsreaktion – mit Fluoreszenzfarbstoffen markiert. Nach gemeinsamer Hybridisierung auf einen DNA-Chip (**a**) binden die einzelnen Transkriptmoleküle an die passenden Belegpunkte des Chips. Unterschiede in Transkriptmengen können dann unmittelbar über die Färbung jedes Belegpunkts bestimmt werden (**b**). **c, d** Teil des Ergebnisses einer solchen Reaktion, die auf einem DNA-Chip produziert wurde, der 12000 Genfragmente trägt, die mit der Ausbildung von Krebs assoziiert sind

Grundprinzip des Analyseverfahrens ist einfach (Abb. 3.1.19). Aus 2 Zellpopulationen (etwa Krebs- und Normalgewebe) wird die RNA isoliert und üblicherweise in eine einzelsträngige cDNA umgeschrieben. Bei diesem Vorgang wird gleichzeitig jeweils ein anderer Fluoreszenzfarbstoff eingebaut. Werden die beiden Präparationen nun gemischt auf einen DNA-Chip hybridisiert, lassen sich unmittelbar Unterschiede in den Transkriptmengen nachweisen. Liegt ein bestimmtes Transkript in beiden Geweben in gleichen Mengen vor, bildet sich auf den Belegpunkten des Chips, die das entsprechende Gen repräsentieren, eine Mischfarbe der beiden Fluoreszenzfarbstoffe, beispielsweise gelb, wenn ein roter und ein grüner Farbstoff genutzt wurden. Ist ein Transkript dagegen in einem der beiden Gewebe häufiger vorhanden, verschiebt sich das Signal in Abhängigkeit von der Differenz in Richtung rot oder grün. Selbstverständlich sind bereits vor einer solch ersten Auswertung eine große Zahl an Analyseschritten notwendig, wie etwa eine Subtraktion des Hintergrundsignals, eine Korrektur der Intensitätsfaktoren zwischen den Farbstoffen und eine Normalisierung der Daten. Sollen mehr als nur 2 Zustände - etwa ein zeitlicher Verlauf - untersucht werden, wird einer der beiden Farbstoffe meist für eine Standardbedingung genutzt, auf die alle anderen Präparationen bezogen werden. Aber nicht nur die Auswertung wird unmittelbar mit der Zahl der Bedingungen komplexer, sondern selbst solch scheinbar triviale Aspekte wie die grafische Darstellung der Ergebnisse. Unter anderem dienen Clusteranalysen verschiedenster Art dazu, die Information in einer Weise zu ordnen, dass sie überschaubar gezeigt werden kann.

Neben Variationen der Transkriptmenge sind aber auch vermehrt Änderungen in der Reifung der RNA von Interesse, da diese ebenfalls ein regulatives Element darstellen. Zwar ist es dabei nicht so wichtig, wie oft kolportiert, dass sich die Gesamtzahl der menschlichen Gene von den ursprünglich geschätzten 80 000–100 000 auf tatsächlich etwa 40 000 Gefundene reduziert hat - was ist schon ein Faktor von 2 im Vergleich zur hochkomplexen Funktionalität eines menschlichen Körpers - nichtsdestotrotz macht diese Tatsache deutlich, dass eine von vielen Ebenen der Regulation auch in der Reifung der RNA liegt. Liegen auf einem DNA-Chip nun Repräsentanten der einzelnen Blöcke (Exons) eines Gens vor, lässt sich wiederum äquivalent zum Verfahren des Nachweises der Transkriptmengen eine Änderung in der Zusammenstellung des endgültigen RNA-Genprodukts aus den einzelnen Exons nachweisen (Abb. 3.1.20).

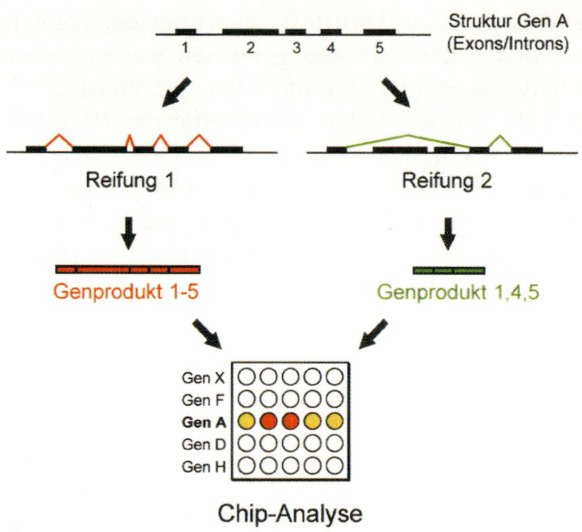

Abb. 3.1.20. Schematische Darstellung eines chipbasierenden Nachweises von Änderungen in der RNA-Reifung. Von einem Gen wird in den jeweiligen Zellen eine hnRNA produziert, die dann in verschiedenen Geweben u. U. unterschiedlichem Spleißen unterworfen ist. Die endgültige mRNA wird dann gefärbt auf einem Chip analysiert, der für jedes Exon (mindestens) einen Belegpunkt trägt. Aufgrund der Differenz der Färbung wird unmittelbar sichtbar, welche Unterschiede in der Reifung bestehen; hier dargestellt ist das Fehlen der Exons 2 und 3 im *grün* gefärbten Genprodukt

Genotypisierung

Ein weiterer Schwerpunkt der gegenwärtigen Nutzung von DNA-Chips liegt im Nachweis einzelner Basenaustausche, Mutation und Polymorphismen der DNA-Sequenz (s. auch Abschnitt 3.1.3.4 „Mutationsanalyse“, Unterabschnitt „Diagnostische Methoden“). Dafür lassen sich auf dem Chip grundsätzlich 3 Verfahren durchführen (Abb. 3.1.21). Die wohl ungenaueste Methode ist eine direkte Hybridisierung auf chipgebundene Oligomere unterschiedlicher Sequenz. Zumindest für komplexere Untersuchung ist es überraschend schwierig, einen Satz an Oligonukleotiden zu definieren, der für die zu untersuchenden Basenaustausche spezifisch und gleichzeitig hinsichtlich der Stabilität der entstehenden Bindungen für alle Oligomere ähnlich ist. Wesentlich genauere Unterscheidungen - um den Faktor 10–100 besser - lassen sich durch enzymatische Reaktionen erzielen (Pastinen et al. 2000). So reagieren einige Polymerasen und die meisten Ligasen sehr spezifisch darauf, ob die endständige Base eines Moleküls eine Basenpaarung mit dem komplementären Strang eingeht. Alternativ kann auch die Basenpaarung selbst als diskriminierender Faktor eingesetzt werden. Nur passende Nukleotide, die beispielsweise unterschiedliche Fluoreszenzmarkierungen tragen, werden in einer kur-

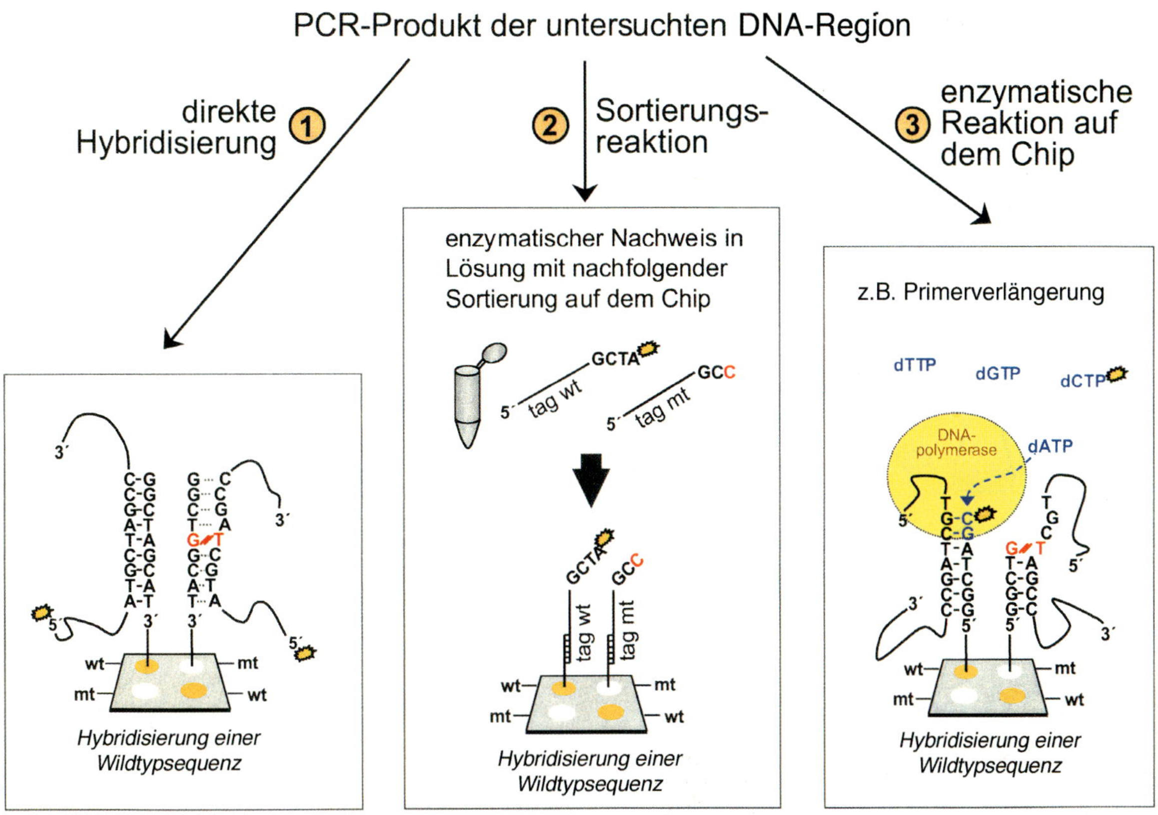

Abb. 3.1.21. Methoden der Genotypisierung auf DNA-Chips. Bei direkter Hybridisierung (*1*) wird aufgrund der unterschiedlichen Bindungsstärke der untersuchten DNA an Oligonukleotide gemessen, die die Normal- (*wt*: Wildtyp) bzw. die mutierte Version (*mt*) der Sequenz repräsentieren (ASO). Die beiden anderen Verfahren nutzen eine enzymatische Reaktion zur Diskriminierung; dargestellt ist eine Polymerasereaktion. Alternativ ist aber beispielsweise auch eine Ligation möglich (s. Abb. 3.1.15). In einem Verfahren (*2*) arbeitet das Enzym in Lösung an einem Gemisch an Oligonukleotiden, die die verschiedenen *wt*- und *mt*-Sequenzen repräsentieren und anschließend über einen bekannten Sequenzanteil (tag), der für jedes Oligomer spezifisch ist, an den Chip gebunden und dadurch zur Analyse getrennt werden. Bei entsprechender Konfiguration des DNA-Chips ist diese enzymatische Reaktion auch direkt an den chipgebundenen Molekülen möglich (*3*)

zen Sequenzreaktion eingebaut. Solche Analysen können entweder als Gemisch verschiedener Moleküle in Lösung durchgeführt werden, die in einem 2. Schritt über bekannte Sequenzanteile mittels des DNA-Chips nur voneinander getrennt werden, oder sie finden unmittelbar an den einzelnen DNA-Molekülen auf dem Chip statt.

Andere Anwendungen

Analysen mit DNA-Chips erschöpfen sich aber nicht nur in den oben genannten Untersuchungen. Selbst recht einfache Variationen der oben genannten Methodik können zu anderen Untersuchungsfeldern führen. Ein Beispiel dafür ist die Untersuchung des Methylierungszustands genomischer DNA. Cytidin liegt bekanntermaßen in 2 Varianten vor, methyliert oder unmethyliert. Der Methylierungszustand wird intrazellulär durch Enzyme geändert, wodurch beispielsweise die Zugänglichkeit und damit die Aktivität eines Genpromotors – und damit des Gens selbst – variiert werden. Deshalb ist eine Kenntnis der Änderungen des Methylierungszustands wichtig zum Verständnis der zellulären Regulation. Für eine solche Analyse wird genomische DNA isoliert und mit Bisulfit behandelt. Unmethyliertes Cytidin wird dabei durch eine chemische Reaktion in Thymidin umgewandelt, d.h. es findet in der Sequenz ein Basenaustausch statt, der über eine Genotypisierung nachgewiesen werden kann.

Eine Analyse vollkommen anderer Art ist die Untersuchung, ob der Verlust einzelner Gene einen Einfluss auf das Wachstum von Zellen ausübt (Shoemaker et al. 1996). Dazu werden gezielt einzelne Gene in Zellen so modifiziert, dass sie ihre Funktion verlieren. Dies kann beispielsweise durch

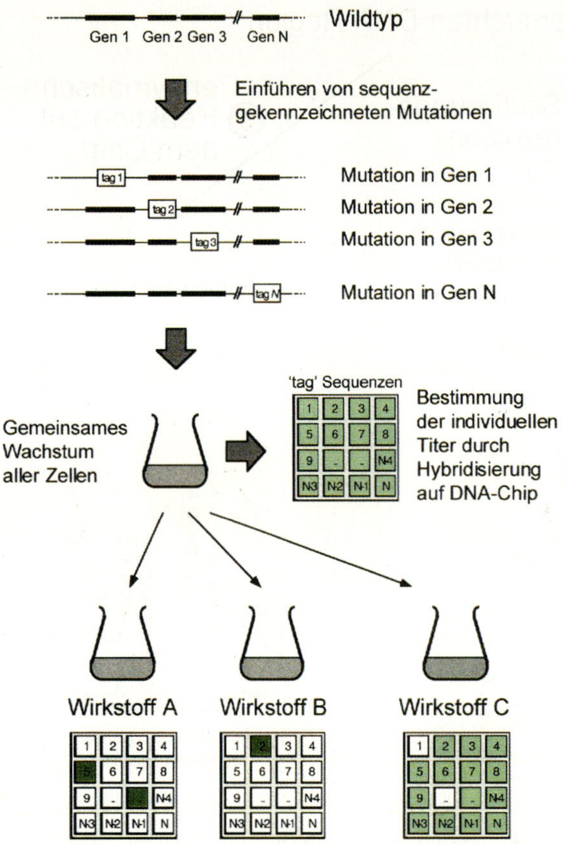

Abb. 3.1.22. Parallele Untersuchung von Deletionsmutanten. Für jedes Gen wird eine Deletionsmutante hergestellt, wobei anstelle des jeweiligen Gens eine kurze 20-mer-Sequenz eingeführt wird (in Realität meist 2), die für die spezielle Mutante charakteristisch ist. Rechts und links jeder Markierungssequenz liegen Sequenzen, die allen Mutanten gemeinsam sind. Dadurch können nach Mischen der Deletionsmutanten die Markersequenzen aller Zellen gemeinsam über PCR isoliert werden. Durch Hybridisierung auf einen DNA-Chip zeigen sie den Titer jeder einzelnen Mutante im Gemisch an. Dadurch können Unterschiede im Wachstum unter verschiedenen Inkubationsbedingungen nachgewiesen werden, was beispielsweise Rückschlüsse auf die molekulare Funktion des deletierten Gens und/oder der zugesetzten Wirkstoffe zulässt

den Einbau einer DNA-Kassette geschehen, die das Gen unterbricht (Abb. 3.1.22). Zudem wird mit dieser Kassette ein kurzes Stück DNA in die individuelle Zellmutante eingeführt, das für diese Mutante spezifisch ist. Gleichzeitig besitzen aber alle Kassetten identische Primerbindungsstellen, sodass aus allen Zellen mit einem einzigen Primerpaar die jeweiligen Markersequenzen gemeinsam isoliert werden können. Dadurch können Mutanten zusammen inkubiert werden. Nach Wachstum unter bestimmten Bedingungen kann der Titer jeder einzelnen Mutante in dem Gemisch über die Menge an vorhandener Markersequenz im gemeinsamen PCR-Produkt bestimmt werden. Dadurch sind Unterschiede im Zellwachstum einfach zu analysieren, die wiederum Rückschlüsse auf mögliche Funktionen der deletierten Gene geben.

Insgesamt sind die Möglichkeiten der Chiptechnologie bei Weitem noch nicht ausgereizt. Sie reichen heute schon von der Typisierung von pathogenen Organismen oder Tumoren (Khan et al. 2001) über den Nachweis viraler oder mikrobieller Infektionen oder behandlungsbegleitender Untersuchungen auf mögliche Resistenzausbildungen (etwa beim Aidsvirus HIV; Chee et al. 1997) bis zur Bestimmung von Proteinbindungsstellen in genomischer DNA (Lieb et al. 2001). An sich bedeutungslose Unterschiede in einzelnen Basen zwischen Bevölkerungsgruppen (single nucleotide polymorphisms: SNP) (Wang et al. 1998) dienen als Markierungen im Genom und erlauben mittels Chipanalysen eine schnelle und relativ genaue Lokalisierung von Krankheitsgenen. Außerdem können allelische Variationen direkt charakterisiert werden (Winzeler et al. 1998). Eine Vielzahl anderer Prozesse befinden sich in der Entwicklung und werden – ähnlich wie bei der PCR von einem Grundprinzip ausgehend – zu einer weiten Anwendungsbreite der Chiptechnologie führen.

3.1.4 Humanes Genomprojekt

Das humane Genomprojekt bestand ursprünglich aus 3 aufeinander aufbauenden Projektteilen:

1. Herstellung einer genetischen Karte des Menschen,
2. Klonierung des Genoms und Anordnung der isolierten DNA-Fragmente sowie
3. der anschließenden Sequenzierung des gesamten Genoms.

Gleichzeitig sollten einige (Modell-)Organismen sequenziert werden, um die Analyse der menschlichen Sequenz zu vereinfachen bzw. überhaupt zu ermöglichen. Im Verlauf der Arbeiten hat sich die tatsächliche Reihenfolge etwas gewandelt, da erst nach der vollständigen Sequenzierung auf sequenzbasierende genetische Marker – SNP – zugegriffen werden konnte. Außerdem hat sich die Analyse um funktionelle Studien erweitert, die zum Verständnis der in der Sequenz kodierten Information essenziell sind. Insgesamt sind die 3 ersten Ziele grundsätzlich abgeschlossen, obwohl eine tatsächlich endgültige Sequenz, die sich mit einigem Recht „vollständig" nennen darf und in Gänze zuverlässig annotiert, d. h. erstmals auf ihren Informationsgehalt hin interpretiert, ist, wohl erst 2003 zu erwarten ist. Auch die genetische Kartierung ist noch im Gang, allerdings mehr darauf ausgerichtet, aus der Vielzahl an schon vorhandenen Markern diejenigen zu finden, die wirklich informativ sind. Die Sequenzierung einer ganzen Reihe von Modellorganismen ist bereits abgeschlossen. Allgemeine und spezielle Informationen über den aktuellen Stand der weltweiten Arbeiten lassen sich über das Internet beispielsweise über www.ebi.ac.uk/genomes abrufen.

3.1.4.1 Genomsequenzierung

Grundlage für jedes biomedizinische Verständnis der komplexen molekularen Vorgänge in einem Organismus bildet die Sequenz des Genoms. Dort ist der Hauptteil der Information gespeichert, die zum Aufbau und Erhalt der biologischen Vorgänge notwendig ist. Als Erster schlug der Japaner Wada vor, das menschliche Genom vollständig zu sequenzieren (Wada 1987). Umgesetzt wurde dieser Vorschlag aber hauptsächlich in den USA und in Großbritannien, wo das Genom in wenigen Sequenzierzentren zum Großteil entschlüsselt wurde. Nur relativ kleine Beiträge wurden von anderen Gruppen geleistet (The Genome International Sequencing Consortium 2000; Venter et al. 2000). Während ursprünglich neue Methoden (s. Abschnitt 3.1.3.5 „Sequenzanalyse", Unterabschnitt „Neue Methoden der Sequenzierung") für die Bestimmung der Gesamtsequenz notwendig zu sein schienen, erwies sich letztendlich eine fertigungsorientierte Umsetzung bestehender Methoden im großtechnischen Produktionsrahmen als ausreichend und tatsächlich überlegen. Als erster Schritt zur Bestimmung der Sequenz wurde das Genom in kleine Teile zerlegt, die technisch zu bearbeiten waren. Die Fragmente wurden in Form von Klonbibliotheken bereits vor ihrer Sequenzierung kartiert, also in ihre richtige Ordnung gebracht. Auch wegen der Redundanz der Genomsequenz war eine solche Stückelung vorteilhaft. Erst spät war es möglich, auch sehr große Bereiche bis zu ganzen Genomen erst über das Shotgun-Verfahren (s. Abschnitt 3.1.3.5 „Sequenzanalyse", Unterabschnitt „Genomprojekte") zu analysieren und zusammenzusetzen, um im Anschluss daran die verbliebenen Lücken mit Hilfe der Kartierungsinformation zu schließen und die bereits zusammengesetzte Sequenz auf ihre Kolinearität (Übereinstimmung mit dem Genom) zu prüfen. Zusätzlich bilden die Klonkarten auch für Testverfahren wie beispielsweise CGH [s. Abschnitt 3.1.3.1 „Hybridisierungstechniken", Unterabschnitt „Vergleichende genomische Hybridisierung (comparative genomic hybridisation, CGH)"] die technische Grundlage.

Genomische Kartierung

STS-Kartierung

Die grundsätzliche Idee der Kartierung des Genoms durch STS(sequence tagged site)-Sequenzen wurde 1989 von Olson et al. postuliert und war überaus erfolgreich. Jeder STS repräsentiert ein kurzes, einzigartiges Stück DNA – Mikrosatelliten, Teilsequenzen von cDNA-Klonen (EST: expressed sequence tags) und rein genomische Sequenzen – die spezifisch über PCR amplifiziert werden kann. Ein Nachteil der Methodik ist, dass zumindest die Sequenz der Primerbindungsstellen bekannt sein muss. Der wesentliche Vorteil liegt in der Möglichkeit, die STS-Marker über ihre Primersequenzen zu charakterisieren, sodass mit den gleichen Sequenzen in jedem Labor der Welt derselbe Satz an Marker-DNA isoliert werden kann. Die Anordnung der STS-Marker wurde durch kombiniertes Kartieren mit YAC-Klonen und Bestrahlungshybridzellen festgestellt (z. B. Hudson et al. 1995). Je näher STS-Marker beieinander liegen, um so größer ist die Wahrscheinlichkeit, dass sie auf einem Klon vorhanden sind und über PCR amplifiziert werden können. Gleichzeitig mit der Anordnung der STS-Marker wurden selbstverständlich auch die Klone geordnet, sodass schon 1995 etwa 95% des menschlichen Genoms in YAC-Klonen oder Hybridzellen kartiert vorlagen (Chumakov et al. 1995). Allerdings reichten die Auflösung und auch die Genauigkeit dieser Karten für eine Sequenzierung nicht aus, aber sie bildeten das Grundgerüst für eine Analyse.

Feinkartierung

Zur weiteren Analyse wurden chromosomale Fragmente in Cosmiden, P1-Phagen, PAC- und BAC-Klonen eingebracht. Solche hochredundante Klonbibliotheken bildeten die Grundlage zur Feinkartierung. Diese Karten wurden hauptsächlich über eine Restriktionsanalyse der Klone gewonnen. Isolierte DNA wurde mit einem Enzym geschnitten, das eine 6 bp lange Sequenz als Substrat erkennt. Die Enden wurden markiert, worauf die DNA ein 2. Mal geschnitten wurde, diesmal mit einem Enzym, das nur 4 Basen als Erkennungssequenz benötigt und deshalb wesentlich häufiger schneidet. Die Fragmente wurden anschließend gelelektrophoretisch aufgetrennt. Durch einen Vergleich der Fragmentgrößen lassen sich überlappende Klone identifizieren. Der gesamte Prozess wurde weitgehend automatisiert, um den notwendigen Durchsatz erzielen zu können. In die Karten wurden bekannte STS-Marker integriert, und die Abfolge der Klone wurde durch FISH-Experimente kontrolliert. Eine alternative Methode zur Kartierung großer Genombereiche beruht auf Hybridisierungstechniken (Lehrach et al. 1990). Dazu werden die Klone in einem geordneten Raster hoher Dichte auf Nylonfilter aufgebracht. Für jeden individuellen Klon kann nun durch die Hybridisierung von DNA- oder Oligomersonden ein Fingerprint erstellt werden, aufgrund dessen äquivalent zur Analyse über Restriktionsmuster überlappende Klone mittels eines statistischen Vergleichs der Information identifiziert werden können (z.B. Hoheisel et al. 1993).

Transkriptionskarten

Nach Fertigstellung der genomischen Karten war die Lokalisierung der Gene der nächste Schritt der Analyse. Während dies ursprünglich dadurch geschah, dass Gensequenzen als STS verwendet oder cDNA-Klone als Sonden auf die genomischen Bibliotheken hybridisiert wurden, findet die Lokalisierung inzwischen in silico über einen Vergleich von EST-Sequenzen und genomischen Sequenzen in den Datenbanken statt. Zusätzlich wurden die Algorithmen zur Erkennung kodierender Genombereiche (ORF: open reading frames) verbessert, sodass zumindest ein Teil auch ohne Vorkenntnis identifiziert werden kann. Die Leistungsfähigkeit einer solchen Strategie wurde durch die Analysen der allerdings weit kompakteren Genome des Nematoden *Caenorhabditis elegans* (The C. elegans Sequencing Consortium 1998) oder der Fruchtfliege *Drosophila melanogaster* (Adams et al. 2000) eindrucksvoll dokumentiert.

Genomische Sequenzierung. Mit der weitgehenden Automation der enzymatischen Sequenziertechnik hat sich ihr Durchsatz so weit erhöht, dass die vollständige Sequenzierung selbst großer Genome in absehbaren Zeiträumen durchführbar geworden ist. Lagen bis Ende 1995 weniger als 10 Mb menschlicher Sequenz in Einzelsequenzen länger als 15 kb in den Datenbanken vor, das sind nur 0,3% des gesamten Genoms, ist mittlerweile faktisch die gesamte Genomsequenz zumindest als reine Sequenzinformation vorhanden, abgesehen von relativ kleinen Bereichen, die technisch schwer zu analysieren sind (The Genome International Sequencing Consortium 2000; Venter et al. 2000). Etwas überraschend war, dass die Analyse von sehr gut annotierten Bereichen – zuerst der Chromosomen 21 und 22 (Dunham et al. 1999, Hattori et al. 2000) – und auch der restlichen Daten zeigte, dass sich der Mensch in der Zahl der Gene mit offensichtlich 30000–40000 nicht wesentlich von scheinbar niederen Organismen unterscheidet. Die Reduzierung der tatsächlichen Genzahl um einen Faktor von 2–3 von der ursprünglich geschätzten Anzahl ist biologisch betrachtet wenig bedeutend, zieht man die enorme Komplexität des menschlichen Körpers in Betracht, und zwischenzeitliche Schätzungen in der Größenordnung von bis zu 160000 waren mehr kommerziell als wissenschaftlich motiviert. Trotzdem betont dieses Ergebnis, dass ein Organismus wohl weniger von der reinen Existenz bestimmter Gene als mehr dem Zusammenwirken der Genprodukte in Abhängigkeit von den zellulären Bedingungen bestimmt wird.

Mit der Sequenz sind eine Reihe von Analysen durchführbar, die mit vermehrter Einbindung anderer biomedizinischer Information an Relevanz gewinnen. Datenbanken wie etwa www.ncbi.nlm.nih.gov oder www.ebi.ac.uk/genomes versuchen, die Datenfülle in einem überschaubaren Format verfügbar zu machen (Abb. 3.1.23). Dabei sollte angemerkt werden, dass die Entwicklung des Internets einer der wesentlichen Beiträge zur Genomforschung darstellt und einen gewichtigen Anteil an ihrem Erfolg hatte.

Vergleichende Gen- und Genomanalysen. Ein wichtiger Aspekt des humanen Genomprojekts ist die gleichzeitige Charakterisierung anderer Organismen. Diese sind dabei nicht nur für sich selbst interessant, sondern essenziell, um die Informationsmengen, die durch die Sequenzierung des Menschen anfallen, verstehen zu können. Selbst evolutionär relativ weit entfernte Organismen wie die Hefe tragen wesentlich zum Verständnis bei. So besteht zwischen vielen Genen der Hefe und menschlichen (Krankheits-)Genen eine eindeutige Homologie (Bassett et al. 1996), die z.T. sogar funktioneller Art sein kann (Tugendreich et al. 1994), d.h., wenn das Hefegen ausgeschaltet wird, kann seine Funktion in einigen Fällen durch ein in die Hefe eingebrachtes, menschliches Homolog übernommen werden.

1995 wurden die ersten vollständigen Sequenzen zweier bakteriellen Genome (Fleischmann et al. 1995; Fraser et al. 1995) und kurz darauf mit den 12 Mb der Bäckerhefe *Saccharomyces cerevisiae*

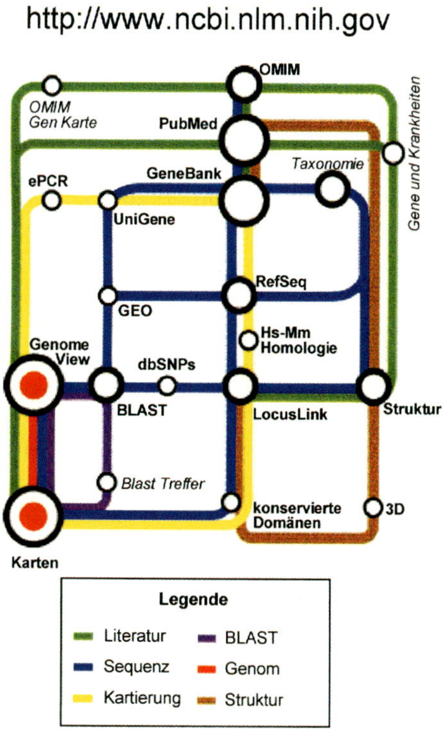

BLAST: Sequenzvergleich mit Genom oder Genprodukten.
dbSNP: Datenbank von SNP's und anderen genetischen Variationen.
e-PCR: "elektronisches" PCR; Sequenzvergleiche.
GeneBank: Gensequenzen.
Genome View: Zusammenfassung der menschlichen Sequenz.
GEO: Gene Expression Omnibus, eine Datenbank für Expressionsdaten.
HS-Mm Homologie: konservierte Sequenzbereiche zwischen Maus und Mensch.
Konservierte Domänen: Homologien zwischen Mensch, Maus, Ratte und Zebrafisch.
LocusLink: Verbindung zwischen Genen und assoziierter Information.
OMIM: Gene und vererbte Krankheiten.
PubMed: Publikations-Datenbank.
RefSeq: Referenzsequenzen genomischer Contigs, mRNA-Moleküle und Proteine.
Karten: Interaktive Ansicht genomischer Karten, Sequenzen und Gene.
UniGene: Zusammenbau transkribierter Sequenzen zuGenen.
3D: Vorhersagen dreidimensionaler Strukturen.

Abb. 3.1.23. Übersicht über gesamtgenomische Information, die über das Internet zugänglich ist. Beispielhaft wurde die Strukturierung der Daten am US-amerikanischen National Institute of Health dargestellt. Ähnliche Internetseiten finden sich auch anderswo (s. Text) (abgebildet mit freundlicher Genehmigung des NCBI)

das erste eukaryontische Genom in Gänze publiziert (Goffeau et al. 1996). Mittlerweile sind eine große Zahl an mikrobiellen Genomen analysiert – mit rasch steigender Tendenz – wie auch die Genome der Modellorganismen *Caenorhabditis elegans* (The C. elegans Sequencing Consortium 1998), *Drosophila melanogaster* (Adams et al. 2000), *Arabidopsis thaliana* (The Arabidopsis Genome Initiative 2000) und anderer mehr. Einen Überblick über den Stand genomischer Sequenzierprojekte bietet u.a. die Internetseite www.ebi.ac.uk/genomes. Neben der Sequenzierung offensichtlich interessanter Genome, wie die der Maus, des Zebrafischs oder kommerziell wichtiger Organismen, werden auch eine Reihe anderer Genome untersucht, deren Analyse rein durch den Vergleich zu anderen Sequenzen wichtig sind. Ein Beispiel dafür ist das Genom des Pufferfischs *Fugu rubripes* (Brenner et al. 1993). Der Pufferfisch besitzt wahrscheinlich die gleiche Zahl an Genen wie der Mensch. Die Größe des Genoms beträgt allerdings nur 400 Mb und ist somit etwa 7,5fach kleiner als das menschliche. Dieser Unterschied ist bedingt durch wesentlich kürzere Intronsequenzen in den Genen, kleinere intergenische Bereiche, einem wesentlich geringeren Gehalt an repetitivem Heterochromatin und dem fast vollständigen Fehlen verstreuter repetitiver Elemente wie etwa Alu-Sequenzen, sodass deren Einflüsse untersucht werden können.

3.1.4.2 Genotypisierung, positionelles Klonieren

Zum Erstellen einer genetischen Karte und der damit einhergehenden Lokalisierung von (Krankheits-)Genen werden genetische Marker in Kopplungsstudien daraufhin untersucht, wie häufig sie während der Meiose durch Rekombinationsereignisse getrennt werden. Je weiter 2 Marker voneinander entfernt sind, um so häufiger sollte dies im Mittel der Fall sein. Die daraus errechnete Entfernung zwischen den Markern wurde ursprünglich in Zentimorgan (cM) angegeben, wobei ein cM einer Wahrscheinlichkeit von 1% entspricht, dass 2 Marker voneinander getrennt werden. Allerdings wird mit der Fertigstellung der Gesamtsequenz diese Distanz nun auch in Basenpaaren angegeben. Gerade für das Aufspüren polygenischer Erbkrankheiten, die eine wesentlich höhere Inzidenz und damit medizinische Bedeutung als monogenische Defekte haben, schafft eine genetische Karte hoher Dichte die Grundvoraussetzung für die statistischen Untersuchungen, die zur Lokalisierung notwendig sind. Wird ein genetischer Defekt häufig mit einem bekannten Marker zusammen weitervererbt, lässt sich aus dieser Kopplung der Genombereich vorhersagen, in dem das verantwortliche Gen liegen sollte. Je dichter die Karte genetischer Marker ist, umso genauer ist diese Vorhersage. Bisher wurden hauptsächlich monogenische Erbkrankheiten erfolgreich untersucht, da die Datenanalyse zur Lokalisierung solcher Erbkrankheiten einfacher ist, als für polygenische Defekte. Erfolgreiche Klonierungen wie etwa die der Gene der Duchenne-Muskeldystrophie (Monaco et al. 1986) und der Huntington-Krankheit (Huntington's Disease Collaborative Research Group 1993) waren große Erfolge der sich entwickelnden Genomanalyse. Es wurden aber bereits auch mögliche chromosomale Regionen für polygenisch verursachte Krankheiten wie beispielsweise Diabetes oder auch Schizophrenie gefunden. Mittlerweile gibt es im MIM-Katalog (MIM: Mendelian inheritance in man) mehr als 13000 Einträge über menschliche Gene und Gendefekte. Dieser Datensatz kann über Internet unter www.ncbi.nlm.nih.gov eingesehen werden und wird ständig auf dem neusten Stand gehalten. 2 für medizinische Zwecke besonders wichtige Elemente der MIM-Datenbank sind eine Liste der Mutationen, die die molekulare Basis für Erbkrankheiten darstellen, und eine Zusammenfassung der Karte des menschlichen Genoms mit speziellem Augenmerk auf die Lokalisation genetischer Defekte.

Die genetische Karte des menschlichen Genoms besteht zurzeit aus etwa 1 Mio. Markern, neben recht wenigen Restriktionsfragmentlängenpolymorphismen (RFLP) und einigen Tausend Mikrosatelliten hauptsächlich Einzelbasenpolymorphismen (SNP). RFLP (de Martinville et al. 1982) sind Mutationen (Deletionen oder auch einzelne Basenaustausche), die dazu führen, dass Erkennungssequenzen von Restriktionsenzymen verschwinden, was über einen Verdau mit dem passenden Enzym nachgewiesen werden kann. Mikrosatelliten (Dib et al. 1996) sind Wiederholungssequenzen, die sich aus nur 2 oder einigen mehr Nukleotiden zusammensetzen. Die Zahl der Wiederholungseinheiten [etwa $(AC)_n$] variiert von einem Individuum zum anderen. Unter Verwendung von PCR-Primern, die rechts und links von diesen Mikrosatelliten binden, kann die Länge der Wiederholungssequenz leicht bestimmt werden. Um für eine Kartierung überhaupt nützlich zu sein, müssen Mikrosatellitenmarker sehr heterozygot sein, d.h. ihre Länge sollte möglichst häufig variieren. Für einen wirklichen Durchbruch in der genetischen Kartierung sind aber die Einzelbasenpolymorphismen verantwortlich, die erst mit dem Fortschreiten der genomischen Sequenzierung überhaupt identifiziert und genutzt werden konnten. An sich bedeutungslose Sequenzunterschiede in einzelnen Basen zwischen Bevölkerungsgruppen (SNP) (Wang et al. 1998) dienen als Markierungen im Genom. In einer beispiellosen weltweiten Kollaboration von 12 Firmen und akademischen Sequenzierzentren wurden bisher mehr als 1 Mio. solcher Basenaustausche gefunden, die in einer frei zugänglichen Datenbank für Jedermann nutzbar vorliegen (snp.cshl.org). Die mittlere Dichte an Markern liegt bei etwa 1 Polymorphismus/3000 bp. Allerdings sind die Markersequenzen nicht gleichmäßig über das Genom verteilt, sodass es immer noch Bereiche gibt, für die zusätzliche Marker notwendig sind.

Zum Studium polygenischer Krankheiten sind neben den genetischen Markern auch entsprechend große Sammlungen von Zellmaterial notwendig, die die Basis für die Kopplungsanalysen bilden. Lange Zeit war Material aus der Sammlung von CEPH (Centre du Etude Polymorphisme Humain) eine Art Standard, da die Sammlung relativ groß, nach strengen Kriterien sortiert und für Forscher weltweit zugänglich war. Größere Sammlungen bestimmter Populationsgruppen wurden und werden auch an anderen Orten gefertigt und analysiert. Eine Sonderstellung nehmen dabei Island und Estland ein, wo im großen Rahmen eine Sammlung aus der dortigen Bevölkerung gewonnen wird (Abbott 2000), um – kombiniert mit anderer Information über die (anonymen) Individuen, wie Familiengeschichte und Krankheitsverläufe usw. – in Kopplungsstudien genutzt zu werden. Ein Unterschied zwischen der isländischen und estnischen Sammlung liegt darin, dass es sich bei der isländischen Bevölkerung um eine isolierte Population handelt, während dies bei Estland nicht der Fall ist. Welches Material tatsächlich bessere Auskunft liefert, ist immer noch umstritten. Die beiden Projekte unterscheiden sich auch dadurch, dass in Island eine private Firma federführend ist, während in Estland ein staatliches, wissenschaftliches Institut die Leitung innehat (www.genomics.ee) und schärfere Bestimmungen hinsichtlich der Einwilligung der Individuen bestehen. Durch Studien an solch großen Populationsgruppen wird mit Hilfe der vielen isolierten genetischen (SNP-)Marker die Isolation der für einen polygenen Defekt verantwortlichen Gene grundsätzlich möglich. Limitierend ist derzeit immer noch der Durchsatz an Analysen. Der Zugriff auf die Gene selbst ist allerdings mit der (fast) abgeschlossenen Sequenzierung des menschlichen Genoms sehr einfach geworden.

3.1.4.3 Funktionelle Analysen

Die DNA-Sequenz gibt nur den *statischen* Zustand des Informationsträgers „Genom" wieder. Bereits aufgrund dieser Information ist ein gewisser Grad an Interpretation der kodierten Funktion möglich, wie beispielsweise durch Genomvergleiche. Die sehr dynamischen Prozesse und Regelwerke jedoch, die zu einer Umsetzung dieser grundlegenden Information zu einem komplex funktionierenden Organismus führen, können daraus häufig nicht deduziert werden. Gleichzeitig liegt selbst die genomische Sequenz in einer Zelle nur scheinbar statisch vor. Über Modifikationen - wie etwa Methylierungszustände - topologische Veränderungen oder Interaktion mit anderen Molekülen finden bereits auf dieser Ebene Veränderungen statt, die unmittelbare Auswirkungen haben und für dynamische, zelluläre Veränderungen verantwortlich sind. Deshalb sind funktionelle Analysen, die auf der Kenntnis der reinen Sequenz aufbauen, der nächste Schritt zum Verständnis zellulärer Aktivität. Solche Untersuchungen sind nur noch bedingt allein auf der Ebene der Nukleinsäuren möglich, da hierzu Interaktionen zwischen Molekülklassen, wie die Bindung von Enzymen an DNA, notwendig sind. Doch selbst die rein auf Nukleinsäuren basierenden Analysen, wie etwa die Bestimmung globaler transkriptioneller Veränderungen, sind aufgrund ihres dynamischen Charakters so umfangreich, dass eine umfassende Kenntnis solcher Vorgänge derzeit weit jenseits der technischen Möglichkeiten gesamtgenomischer Analysen liegen. Nur bestimmte Ausschnitte können beobachtet und interpretiert werden. Aber auch die vollständige Sequenzierung des menschlichen Genoms schien vor 2 Dekaden noch sehr weit in der Zukunft zu liegen. In Anbetracht der ungeheuer schnell verlaufenden Entwicklung ist das Erreichen einer vollständigen Sicht der funktionellen Aspekte - aber sicher nicht das daraus folgende Verständnis aller Prozesse - in ähnlichen Zeiträumen durchaus im Bereich des Möglichen.

3.1.5 Literatur

Abbott A (2000) Manhattan versus Reykjavik. Nature 406:340–342

Adams MD, Kerlavage AR, Fleischmann RD et al. (1995) Initial assessment of human gene diversity and expression patterns based upon 83 million nucleotides of cDNS sequence. Nature [Suppl] 377:3–174

Adams MD, Celniker SE, Holt RA et al. (2000) The genome sequence of *Drosophila melanogaster*. Science 287:2185–2195

Ahrendt SA, Halachmi S, Chow JT et al. (1999) Rapid sequence analysis in primary lung cancer using an oligonucleotide probe array. Proc Natl Acad Sci USA 96:7382–7387

Ajioka JW, Smoller DA, Jones RW et al. (1991) *Drosophila* genome project: one-hit coverage in yeast artificial chromosomes. Chromosoma 100:495–509

Anderson S, Bankier AT, Barrell BG et al. (1981) Sequence and organization of the human mitochondrial genome. Nature 290:457–465

Ashworth LK, Batzer MA, Brandriff B et al. (1995) An integrated metric physical map of human chromosome 19. Nat Genet 11:422–447

Baer R, Bankier AT, Biggin MD et al. (1984) DNA sequence and expression of the B95-8 Epstein-Barr virus genome. Nature 310:207–211

Barnes WM (1994) PCR amplification of up to 35-kb DNS with high fidelity and yield from lambda bacteriophage templates. Proc Natl Acad Sci USA 91:2216–2220

Bassette Jr DE, Boguski MS, Hieter P (1996) Yeast genes and human disease. Nature 379:589–599

Beier M, Hoheisel JD (2000) Production by quantitative photolithographic synthesis of individually quality-checked DNA microarrays. Nucleic Acids Res 28:e11

Bolivar F, Rodriguez RL, Greene PJ, Betlach MC, Heyneker HL, Boyer HW (1977) Construction and characterization of new cloning vehicles. II. A multipurpose cloning system. Gene 2:95–113

Brenner S, Elgar G, Sandford R, Macrae M, Venkatesh B, Aparicio S (1993) Characterization of the pufferfish (*Fugu*) genome as a compact model vertebrate genome. Nature 366:265–268

Brock TD, Freeze H (1969) *Thermus aquaticus* gen. n. and sp. n, a non sporulating extreme thermophile. J Bacteriol 98:289–297

Buckler AJ, Chang DD, Graw SL et al. (1991) Exon amplification: a strategie to isolate mammalian genes based on RNS splicing. Proc Natl Acad Sci USA 88:4005–4009

Burke DT, Carle GF, Olson MV (1987) Cloning of large segments of exogenous DNS into yeast by means of artificial chromosome vectors. Science 236:806–812

Canard B, Sarfati RS (1994) DNS polymerase fluorescent substrates with reversible 3′-tags. Gene 148:1–6

Chamberlain JS, Gibbs RA, Ranier JE, Nguyen PN, Caskey CT (1988) Deletion screening of the Duchenne muscular dystrophy locus via multiplex DNS amplification. Nucleic Acids Res 16:11141–11156

Chee MS, Bankier AT, Beck S et al. (1990) Analysis of the protein-coding content of the sequence of human cytomegalovirus strain AD169. Curr Top Microbiol Immunol 154:125–169

Chee M, Yang R, Hubbell E et al. (1996) Accessing genetic information with high-density DNS arrays. Science 274:610–614

Chumakov IM, Rigault P, Le Gall I et al. (1995) A YAC contig map of the human genome. Nature 377:175–297

Clarke L, Carbon J (1976) A colony bank containing synthetic ColE1 hybrid plasmids representative of the entire *E. coli* genome. Cell 9:91–99

Cotton RGH (1993) Current methods of mutation detection. Mutat Res 285:125–144

Cox DR, Burmeister M, Price ER, Kim S, Myers RM (1990) Radiation hybrid mapping: a somatic cell genetic method

for constructing high-resolution maps of mammalian chromosomes. Science 250:245–250
Craig A, Nizetic D, Hoheisel JH, Zehetner G, Lehrach GH (1990) Ordering of cosmid clones covering the herpes simplex virus type I (HSV-I) genome: a test case for fingerprinting by hybridisation. Nucleic Acids Res 18:2653–2660
Cremer T, Landegent J, Brückner A et al. (1986) Detection of chromosome aberrations in the human interphase nucleus by visualization of specific target DNSs with radioactive and non-radioactive in situ hybridization techniques, diagnosis of trisomy 18 with probe L1.84. Hum Genet 74:346–352
Cremer T, Lichter P, Borden J, Ward DC, Manuelidis L (1988) Detection of chromosome aberrations in metaphase and interphase tumor cells by in situ hybridization using chromosome specific library probes. Hum Genet 80:235–246
Cross SH, Bird AP (1995) CpG islands and genes. Curr Opin Genet Dev 5:309–314
De Martinville B, Wyman AR, White R, Francke U (1982) Assignment of first random restriction fragment length polymorphism (RFLP) locus (D14S1) to a region of human chromosome 14. Am J Hum Genet 34:216–226
Devine SE, Boeke JD (1994) Efficient integration of artificial transposons into plasmid targets in vitro: a useful tool for DNS mapping, sequencing and genetic analysis. Nucleic Acids Res 22:3765–3772
Dib C, Fauré S, Fizames C et al. (1996) A comprehensive genetic map of the human genome based on 5,264 microsatellites. Nature 380:152–154
Drmanac S, Stavropoulos NA, Labat I et al. (1996) Gene-representing cDNA clusters defined by hybridisation of 57,419 clones from infant brain libraries with short oligonucleotide probes. Genomics 37:29–40
Dunham I, Shimizu N, Roe BA et al. (1999) The DNA sequence of human chromosome 22. Nature 402:489–495
Duyk JM, Kim S, Myers RM, Cox DR (1990) Exon trapping: a genetic screen to identify candidate transcribed sequences in cloned mammalian genomic DNS. Proc Natl Acad Sci USA 87:8995–8999
Eckert KA, Kunkel TA (1991) The fidelity of DNS polymerases used in PCR. In: McPherson MJ, Quirke P, Taylor GR (eds) Polymerase chain reaction: a practical approach. IRL Press, Oxford, pp 227–246
Efstratiadis A, Kafatos FC, Maxam AM, Maniatis T (1976) Enzymatic in vitro synthesis of globin genes. Cell 7:279–288
Ermantraut E, Köhler JM, Schulz T, Wohlfart K, Wölfl S (1997) Verfahren zur Herstellung von strukturierten, selbstorganisierten molekularen Monolagen einzelner molekularer Spezies, insbesondere von Substanzbibliotheken. Deutsches Patent DE 197 06 570 C1
Fleischmann RD, Adams MD, White O et al. (1995) Whole-genome random sequencing and assembly of *Haemophilus influenzae* Rd. Science 269:496–512
Francis F, Zehetner G, Hoglund M, Lehrach H (1994) Construction and preliminary analysis of the ICRF human P1 library. Genet Anal Tech Appl 11:148–157
Fraser CM, Gocayne JD, White O et al. (1995) The minimal gene complement of *Mycoplasma genitalium*. Science 270:397–403
Freeman GJ, Huang AS (1981) Mapping temperature-sensitive mutants of vesicular stomatitis virus by RNS heteroduplex formation. J Gen Virol 57:103–117
Ganguly A, Prockop DJ (1990) Detection of single base mutations by reaction of DNS heteroduplexes with a water-soluble carbodiimide followed by primer extension: application to products from the polymerase chain reaction. Nucleic Acids Res 18:3933–3939
Gill P, Ivanov PL, Kimpton C et al. (1994) Identification of the remains of the Romanov family by DNS analysis. Nat Genet 6:130–135
Goffeau A, Barrell BG, Bussey H et al. (1996) Life with 6000 genes. Science 274:546–567
Gress TM, Hoheisel JD, Lennon GG, Zehetner G, Lehrach H (1992) Hybridization fingerprinting of high density cDNS-library arrays with cDNS pools derived from whole tissues. Mamm Genomes 3:609–619
Gubler U, Hoffman BJ (1983) A simple and very efficient method for generating cDNS libraries. Gene 25:263–269
Gut IG, Beck S (1995) A procedure for selective DNS alkylation and detection by mass spectrometry. Nucleic Acids Res 23:1367–1373
Haas S, Vingron M, Poustka A, Wiemann S (1998) Primer design for large scale sequencing. Nucleic Acids Res 26:3006–3012
Haase AT, Retzel EF, Staskus KA (1990) Amplification and detection of lentiviral DNS inside cells. Proc Natl Acad Sci USA 87:4971–4975
Harding JD, Keller RA (1992) Single-molecule detection as an approach to rapid DNS sequencing. Trends Biotechnol 10:55–57
Hattori M, Fujiyama A, Taylor TD et al. (2000) The DNA sequence of human chromosome 21. Nature 405:311–319
Heng HH, Squire J, Tsui LC (1992) High-resolution mapping of mammalian genes by in situ hybridization to free chromatin. Proc Natl Acad Sci USA 89:9509–9513
Henikoff S (1984) Unidirectional digestion with exonuclease III creates targeted breakpoints for DNS sequencing. Gene 28:351–359
Hintsche R, Paeschke M, Uhlig A, Seitz R (1997) In: Scheller FW, Schaubert F, Fedrowitz J (eds) Frontiers in biosensors: fundamental aspects. Birkhäuser, Stuttgart, pp 267–283
Hoheisel JD (1994) Application of hybridization techniques to genome mapping and sequencing. Trends Genet 10:79–83
Hoheisel JD, Vingron M (1998) DNS-Chip Technologie. Biospektrum 6:17–20
Hoheisel JD, Maier E, Mott R et al. (1993) High-resolution cosmid and P1 maps spanning the 14-Mbp genome of the fission yeast *Schizosaccharomyces pombe*. Cell 73:109–120
Hoheisel JD, Maier E, Meier-Ewert S, Lehrach H (1993) Relational genome analysis based on hybridisation techniques. Ann Biol Clin 50:827–829
Hubank M, Schatz DG (1994) Identifying differences in mRNS expression by representational difference analysis of cDNS. Nucleic Acids Res 22:5640–5648
Hudson TJ, Stein LD, Gerety SS et al. (1995) An STS-based map of the human genome. Science 270:1945–1954
Huntington's Disease Collaborative Research Group (1993) A novel gene containing a trinucleotide repeat that is expanded and unstable on Huntington's Disease chromosomes. Cell 72:971–983
Ioannou PA, Amemiya CT, Garnes J et al. (1994) A new bacteriophage P1-derived vector for the propagation of large human DNS fragments. Nat Genet 6:84–89
Kallioniemi A, Kallioniemi OP, Sudar D et al. (1992) Comparative genomic hybridization for molecular cytogenetic analysis of solid tumors. Science 258:818–821

Keen J, Lester D, Inglehearn C, Curtis A, Bhattacharya S (1991) Rapid detection of single base mismatches as heteroduplexes on hydrolink gels. Trends Genet 7:5

Khan J, Wei JS, Ringner M et al. (2001) Classification and diagnostic prediction of cancers using gene expression profiling and artificial neural networks. Nat Med 7:673 - 679

Komminoth PMD, Long AA et al. (1995) In situ polymerase chain reaction-methodologie, applications and nonspecific pathways. In: Boehringer Mannheim (ed) PCR application manual. Boehringer Mannheim, Mannheim, pp 97–106

Korn B, Sedlacek Z, Manca A et al. (1992) A strategy for the selection of transcribed sequences in the Xq28 region. Hum Mol Genet 1:235–242

Landegent J, Jansen E, Wal N in de, Dirks RW, Baas F, Ploeg M van der (1987) Use of whole cosmid cloned genomic sequences for chromosomal localization by non-radioactive in situ hybridization. Hum Genet 77:366–370

Landegren U, Kaiser R, Sanders J, Hood L (1988) A ligase-mediated gene detection technique. Science 241:1077–1080

Larin Z, Monaco AP, Meier-Ewert S, Lehrach H (1993) Construction and characterization of yeast artificial chromosome libraries from the mouse genome. Methods Enzymol 255:623–637

Lehrach H, Drmanac R, Hoheisel JD et al. (1990) Hybridisation fingerprinting in genome mapping and sequencing. In: Davies KE, Tilghman S (eds) Genome analysis, vol 1: Genetic and physical mapping. Cold Spring Harbor Laboratory Press, Cold Spring Harbor, NY, pp 39–81

Leung DW, Chen E, Goeddel DV (1989) A method for random mutagenesis of a defined DNS segment using a modified polymerase chain reaction. Technique 1:11–15

Liang P, Pardee AB (1995) Recent advances in differential display. Curr Opin Immunol 7:274–280

Lichter P, Tang CC, Call K et al. (1990) High resolution mapping of human chromosome 11 by in situ hybridization with cosmid clones. Science 247:64–69

Lichter P, Joos S, Bentz M, Lampel S (2000) Comparative genomic hybridization:uses and limitations. Semin Hematol 37:348–357

Lieb JD, Liu X, Botstein D, Brown PO (2001) Promotor-specific binding of Rap1 revealed by genome-wide maps of protein-DNA association. Nat Genet 28:327–334

Lin J, Qi R, Aston C et al. (1999) Whole-genome shotgun optical mapping of *Deinococcus radiodurans*. Science 285:1558–1562

Lovett M, Kere J, Hinton LM (1991) Direct selection: a method for the selection of cDNSs encoded by large genomic regions. Proc Natl Acad Sci USA 88:9628–9632

Lundberg KS, Shoemaker DD, Adams MW, Short JM, Sorge JA, Mathur EJ (1991) High fidelity amplification using a thermostable DNS polymerase isolated from *Thermococcus furiosus*. Gene 108:1-6

Manoir S du, Kallioniemi OP, Lichter P et al. (1995) Hardware and sofware requirements for quantitative analysis of comparative genomic hybridization. Cytometry 19:4–9

Maxam AM, Gilbert W (1977) A new method for sequencing DNS. Proc Natl Acad Sci USA 74:560–564

Meier-Ewert S, Maier E, Ahmadi AR, Curtis J, Lehrach H (1993) An automated approach to generating expressed sequence catalogues. Nature 361:375–376

Meier-Ewert S, Lange J, Gerst H et al. (1998) Comparative gene expression profiling by oligonucleotide fingerprinting. Nucleic Acids Res 26:2216–2223

Melmer G, Buchwald M (1994) Screening cosmid libraries with oligonucleotides corresponding to splice-site consensus sequences. Genet Anal Tech Appl 11:39–42

Monaco AP, Neve RL, Colletti-Feener C, Bertelson CJ, Kurnit DM, Kunkel LM (1986) Isolation of candidate cDNSs for portions of the Duchenne muscular dystrophy gene. Nature 323:646–650

Mullis KB, Faloona FA (1987) Specific synthesis of DNS in vitro via a polymerase-catalysed chainreaction. In: Wu R (ed) Methods in enzymology, vol 155. Academic Press, San Diego, pp 335–350

Nizetic D, Zehetner G, Monaco AP, Gellen L, Young BD, Lehrach H (1991) Construction, arraying and high density screening of large insert libraries of human chromosomes X and 21: their potential use as reference libraries. Proc Natl Acad Sci USA 88:3233–3237

Oliver SG, Aart QJM van der, Agostoni-Carbone ML et al. (1992) The complete DNA sequence of yeast chromosome III. Nature 357:38–46

Olson M, Hood L, Cantor C, Botstein D (1989) A common language for physical mapping of the human genome. Science 245:1434–1435

Orita M, Iwahana H, Kanazawa H, Hayashi K, Sekiya T (1989) Detection of polymorphisms of human DNS by gel electrophoresis as single-strand conformation polymorphisms. Proc Natl Acad Sci USA 86:2766–2770

Pääbo S (1990) Amplifying ancient DNS. In: Innis MA, Gelfand DH, Sninsky JJ (eds) PCR protocols: a guide to methods and applications. Academic Press, San Diego, pp 159–166

Parra, I, Windle B (1993) High resolution visual mapping of stretched DNS by fluorescent hybridization. Nat Genet 5:17–21

Pastinen T, Raitio M, Lindroos K, Tainola P, Peltonen L, Syvänen AC (2000) A system for specific, high-throughput genotyping by allele-specific primer extension on microarrays. Genome Res 10:1031–1042

Pease AC, Solas D, Sullivan EJ, Cronin MT, Holmes CP, Fodor SPA (1994) Light-generated oligonucleotide arrays for rapid DNS sequence analysis. Proc Natl Acad Sci USA 91:5022–5026

Pierce JC, Sauer B, Sternberg N (1992) A positive selection vector for cloning high molecular weight DNS by the bacteriophage P1 system: improved cloning efficiency. Proc Natl Acad Sci USA 89:2056–2060

Pinkel D, Straume T, Gray JW (1986) Cytogenetic analysis using quantitative, high-sensitivity, fluorescence hybridization. Proc Natl Acad Sci USA 83:2934–2938

Pinkel D, Segraves R, Sudar D et al. (1998) High resolution analysis of DNS copy number variation using comparative genomic hybridization to microarrays. Nat Genet 20:207–211

Pollack JR, Perou CM, Alizadeh AA et al. (1999) Genome-wide analysis of DNS copy-number changes using cDNS microarrays. Nat Genet 23:41–46

Rich A, Nordheim A, Wang AH-J (1984) The chemistry and biology of left-handed Z-DNS. Annu Rev Biochem 53:791–846

Roberts RG, Bobrow M, Bentley DR (1992) Point mutations in the dystrophin gene. Proc Natl Acad Sci USA 89:2331–2335

Ronaghi M, Uhlen M, Nyren PA (1998) A sequencing method based on real-time pyrophosphate. Science 281:363–365

Ross J, Aviv H, Scolnick E, Leder P (1972) In vitro synthesis of DNS complementary to puryfied rabbit globin mRNS. Proc Natl Acad Sci USA 69:264–268

Rychlik W, Rhoads RE (1989) A computer program for choosing optimal oligonucleotides for filter hybridization, sequencing and in vitro amplification of DNS. Nucleic Acids Res 17:8543–8551

Saiki RK, Gelfand DH, Stoffel S et al. (1988) Primer-directed enzymatic amplification of DNS with a thermostable DNS polymerase. Science 239:487–491

Sambrook J, Fritsch EF, Maniatis T (1989) Molecular cloning, a laboratory manual. Cold Spring Harbor Laboratory Press, Cold Spring Harbor, NY

Sanger F, Air GM, Barrell BG et al. (1977) Nucleotide sequence of bacteriophage phi X174 DNA. Nature 265:687–695

Sanger F, Nicklen S, Coulson AR (1977) DNS sequencing with chain-terminating inhibitors. Proc Natl Acad Sci USA 74:5463–5467

Sanger F, Coulson AR, Hong GF, Hill DF, Petersen GB (1982) Nucleotide sequence of bacteriophage lambda DNA. J Mol Biol 162:729–773

Sasaki YF, Ayusawa D, Oishi M (1994) Construction of a normalized cDNS library by introduction of a semi-solid mRNS-cDNS hybridization system. Nucleic Acids Res 22:987–992

Schaefer BC (1995) Revolutions in rapid amplification of cDNS ends: new strategies for polymerase chain reaction cloning of full-length cDNS ends. Anal Biochem 227:255–273

Schena M, Shalon D, Davis RW, Brown PO (1995) Quantitative monitoring of gene expression patterns with a complementary DNS microarray. Science 270:467–470

Scholler P, Karger AE, Meier-Ewert S, Lehrach H, Delius H, Hoheisel JD (1995) Fine-mapping of shotgun template-libraries; an efficient strategy for the systematic sequencing of genomic DNS. Nucleic Acids Res 23:3842–3849

Sheffield VC, Cox DR, Lerman LS, Myers RM (1989) Attachment of a 40-base-pair G+C-rich sequence (GC-clamp) to genomic DNS fragments by the polymerase chain reaction results in improved detection of single-base changes. Proc Natl Acad Sci USA 86:232–236

Shizuya H, Birren B, Kim U-J et al. (1992) Cloning and stable maintenance of 300-kilobase-pair fragments of human DNS in *Escherichia coli* using an F-factor-based vector. Proc Natl Acad Sci USA 89:8794–8797

Shoemaker DD, Lashkari DA, Morris D, Mittmann M, Davies RW (1996) Quantitative phenotypic analysis of yeast deletion mutants using highly parallel molecular bar-coding strategy. Nat Genet 14:450–456

Smith CL, Cantor CR (1987) Purification, specific fragmentation, and separation of large DNS molecules. Methods Enzymol 155:449–467

Solinas-Toldo S, Lampel S, Stilgenbauer S et al. (1997) Matrix-based comparative genomic hybridization: biochips to screen for genomic imbalances. Genes Chromosoms Cancer 20:399–407

Solokov BP (1989) Primer extension technique for the detection of single nucleotide in genomic DNS. Nucleic Acids Res 18:3671

Southern EM (1975) Detection of specific sequences among DNS fragments separated by gel electrophoresis. J Mol Biol 98:503–517

Southern EM (1996) International Patent PTO WO 93/22480

Southern EM, Maskos U, Elder JK (1992) Analysing and comparing nucleic acid sequences by hybridisation to arrays of oligonucleotides: evaluation using experimental models. Genomics 13:1008–1017

Stimpson DI, Hoijer JV, Hsieh W-T et al. (1995) Real-time detection of DNA hybridisation and melting on oligonucleotide arrays by using optical wave guides. Proc Natl Acad Sci USA 92:6379–6383

The Arabidopsis Genome Intiative (2000) Analysis of the genome sequence of the flowering plant *Arabidopsis thaliana*. Nature 408:796–815

The *C. elegans* Sequencing Consortium (1998) Genome sequence of the nematode *C. elegans*: a platform for investigating biology. Science 282:2012–2018

The Genome International Sequencing Consortium (2000) Initial sequencing and analysis of the human genome. Nature 409:860–921

Trask BJ, Pinkel D, Engh G van den (1989) The proximity of DNS sequences in interphase cell nuclei is correlated to genomic distance and permits ordering of cosmids spanning 250 kilobase pairs. Genomics 5:710–717

Tugendreich S, Bassett DE Jr, McKusick VA, Boguski MS, Hieter P (1994) Genes conserved in yeast and humans. Hum Mol Genet 3:1509–1517

Velculescu VE, Zhang L, Vogelstein B, Kinzler K (1995) Serial analysis of gene expression. Science 270:484–487

Venter JC, Adams MD, Myers EW et al. (2000) The sequence of the human genome. Science 291:1304–1351

Veres G, Gibbs RA, Scherer SE, Caskey CT (1987) The molecular basis of the sparse fur mouse mutation. Science 237:415–417

Verma IM, Temple GF, Fan H, Baltimore D (1972) In vitro synthesis of DNS complementary to rabbit reticulocyte 10 S RNS. Nature N Biol 235:163–167

Wada A (1987) Automated high-speed DNA sequencing. Nature 325:771–772

Wallace RB, Johnston MJ, Hirose T, Miyake T, Kawashima EH, Itakura K (1981) The use of synthetic oligonucleotides as hybridization probes. II. Hybridization of oligonucleotides of mixed sequence to rabbit B-globin DNS. Nucleic Acids Res 9:879–895

Wang DG, Fan JB, Siao CJ et al. (1998) Large-scale identification, mapping, and genotyping of single-nucleotide polymorphisms in the human genome. Science 280:1077–1082

Welsh J, Chada K, Dalal SS, Chang R, Ralph D, McClelland MM (1992) Arbitrary primed PCR fingerprinting of RNS. Nucleic Acids Res 20:4965–4970

Winzeler EA, Richards DR, Conway AR et al. (1998) Direct allelic variation scanning of the yeast genome. Science 281:1194–1197

Yanisch-Perron C, Vieira J, Messing J (1985) Improved M13 phage cloning vectors and host strains: nucleotide sequence of the M13mp18 and pUC19 vectors. Gene 33:103–119

Ye S, Humphries S, Green F (1992) Allele specific amplification by tetra-primer PCR. Nucleic Acids Res 20:1152

Yershov G, Barsky V, Belgovsky A et al. (1996) DNS analysis and diagnostics on oligonucleotide microchips. Proc Natl Acad Sci USA 93:4913–4918

3.2 Enzym- und Proteinanalytik

Peter Westermann und Brigitte Wittmann-Liebold

Inhaltsverzeichnis

Ganten / Ruckpaul (Hrsg.)
Grundlagen der Molekularen Medizin,
2. Auflage

3.2.1 Bedeutung von Enzymen und Proteinen

Proteine (Eiweißstoffe) sind für eine Vielfalt dynamischer Lebensfunktionen wie Bewegung, Kraftentwicklung, Stoffwechselkontrolle sowie Signaltransduktion, Differenzierung, Entwicklung und Regulation verantwortlich. Andere Proteine bilden intrazelluläre Strukturen und bestimmen die Form und die Funktion von Organismen. Schließlich gibt es Proteine mit enzymatischen Eigenschaften, die die Verknüpfung oder die Auflösung von kovalenten Bindungen katalysieren. Zur Realisierung dieser vielfältigen Funktionen enthält das menschliche Genom, das etwa 10^9 Basenpaare umfasst, etwa 30000–40000 Gene. Die Produkte dieser Gene sind die Proteine, die zu verschiedenen Zeiten und in unterschiedlichen Konzentrationen in den einzelnen Zellen und Geweben gebildet werden. Das physiologische Geschehen einer Zelle wird wesentlich durch das Zusammenspiel der Gene und der jeweils angeschalteten Proteine reguliert.

Wenn auch die Entzifferung des gesamten menschlichen Genoms inzwischen weitgehend erfolgt ist (vgl. die Presseberichte von Craig Venter, Fa. Celera, USA und von Francis Collins, Leiter des Human-genome-Projekts) und damit die Sequenzen für die verschiedensten menschlichen Gene zugänglich werden, kann einem großen Teil der Gene bzw. den von ihnen abgeleiteten Proteinsequenzen keine voraus bestimmbare biochemische oder physiologische Funktion zugeordnet werden. Der gegenwärtige Kenntnisstand weist erst etwa 5800 identifizierte menschliche Proteine auf (bezogen auf die Proteindatensammlung SwissProt, November 2000) und erst 86000 Proteine bezogen auf alle bekannten Proteinsequenzen. Hinzu kommt, dass viele Proteine in mehreren Isoformen und Varianten vorkommen oder durch Modifikationen posttranslational verändert sind. Diese Isoformen sind für spezifische biochemische Reaktionen verantwortlich und können biochemische Prozesse an- oder abschalten. Ihre Entstehung kann aber auf der Ebene der Gene nicht identifiziert werden.

Mit der Kenntnis der Gensequenz und der aus ihr abgeleiteten bzw. experimentell gewonnenen Proteinsequenz ist daher nur die erste Informationsebene erschlossen, die Primärstruktur. Diese baut sich aus langen Ketten der 20 natürlichen Aminosäuren auf, deren Sequenz für jedes Protein spezifisch ist. Proteine können aus Sequenzen von 50 bis zu 2000 Aminosäuren in Form langer Polypeptidketten aufgebaut sein; kürzere Ketten werden als Peptide bezeichnet. Zu diesen zählen viele Peptidhormone, wie z.B. das Insulin.

Da jede Polypeptidkette entsprechend ihrer Aminosäuresequenz mit Hilfe von nicht kovalenten Bindungen Sekundärstrukturelemente (α-Helices, β-Faltblätter und Haarnadelstrukturen) ausbildet und sich in eine typische dreidimensionale Struktur faltet, die spezifisch für jedes Protein und essenziell für seine Funktion ist, muss in einem 2. Schritt die Raumstruktur der einzelnen Proteine (Tertiärstruktur) aufgeklärt werden, um Eigenschaften und Interaktionen mit anderen Molekülen verstehen zu können. Bisher sind etwa 13000 Raumstrukturen ermittelt worden, die mehreren hundert verschiedenen Proteinfamilien zuzuordnen sind.

Aufgrund der fundamentalen Bedeutung der strukturellen und katalytischen Eigenschaften von Proteinen für alle Lebensprozesse ist es notwendig, neben der Strukturanalyse eine umfassende Funktionsanalyse mit Hilfe biologischer, chemischer, biochemischer, physikalischer und molekulargenetischer Methoden durchzuführen, um die spezifischen Eigenschaften der Proteine zu verstehen und Abweichungen in dem Ablauf von Zellprozessen erkennen zu können. Veränderungen können entweder auf Mutationen in den proteinkodierenden Genen, auf Spleißvarianten auf der RNA-Ebene oder auf posttranslationale Modifikationen zurückgeführt werden. Zusätzlich wurden Veränderungen oder Fehlfunktionen aber auch bei der Proteinbiosynthese selbst oder bei der Auslösung einzelner Zellprozesse nachgewiesen. Veränderte Eigenschaften oder Veränderungen in der Expression eines essenziellen Proteins können wichtige zelluläre Funktionen beeinträchtigen, was bis zur Auslösung pathologischer Prozesse führen kann (Tabelle 3.2.1). Die Analyse der Eigenschaften und Funktionen von Proteinen und Enzymen ist daher für die biologische und biomedizinische Forschung von grundlegender Bedeutung und stellt die Voraussetzung sowohl für präventive Maßnahmen als auch für die Entwicklung von neuen Therapieansätzen dar. Darüber hinaus dienen die Ergebnisse der Proteinforschung der Auffindung neuer Wirkstoffe auf der Basis von Proteinbiomarkern oder Proteinzielmolekülen (Targets). Zudem dient die gezielte Veränderung der Eigenschaften bestimmter Enzyme durch Herstellung rekombinanter Proteine oder der Synthese neuer Peptid- oder Proteinarzneimittel der Verbesserung ihrer Eigenschaften oder biotechnologischen Herstellungsverfahren.

Tabelle 3.2.1. Beispiele für Veränderungen bei Synthese und Strukturbildung von Proteinen und Enzymen und den daraus resultierenden pathologischen Veränderungen

Typ des Defekts	Protein/Enzym	Molekulare Veränderung	Fehlfunktion/ Molekularer Phänotyp	Krankheit
Aminosäure-austausch	Hämoglobin	Glu6-Val-Mutation der β-Kette	Präzipitation von HbS	Sichelzellanämie
Verringerte oder fehlende Expression	Phenylalaninhydroxylase	Fehlende Expression	Fehlender Abbau von Phenylalanin	Phenylketonurie
	Phosphorylase (Muskel)	Fehlende Aktivität		McArdle-Krankheit
	Insulin	Verringerte Synthese aufgrund von β-Zell-Schädigung	Insulinmangel	Insulinabhängiger Diabetes mellitus
	Blutgerinnungsfaktor VIII	Mangelnde Biosynthese	Verminderte Blutgerinnung	Hämophilie A
	Proteoglykan	Fehlende Biosynthese der Sulfotransferase	Keine Sulfatierung von Kohlenhydratketten	Achondrogenesis, Typ IB
	Lysosomale Hydrolasen	Fehlende Biosynthese	Mangelhafter Abbau von Glykosaminoglykanen	Mukopoly-saccharidosen
	Kollagene	Etwa 200 Mutationen wurden charakterisiert	Strukturänderungen resultieren in fehlender Aktivität oder posttrans-lationalen Modifizierungen	Osteogenesis imperfecta
	Intermediärfilament	Veränderte Expressions-muster bei Keratingenen	Modifiziertes Zytoskelett	Epidermolysis, Bullosa simplex, Hyperkeratosis
Proteinmodifi-zierung	Stimulatorisches G-Protein	ADP-Ribosylierung durch Choleratoxin	Aktivierung von Chloridkanälen	Dehydratisierung bei Choleraerkrankung
	Synaptische Proteine	Proteolyse durch Botulinus- oder Tetanustoxine	Hemmung synaptischer Funktion	Botulinusvergiftung, Tetanus
Fehlerhafte Proteinfaltung	α-Prokollagen, Typ I	Mutationen oder defekte Chaperone verursachen Fehlfaltung	Mangel an Kollagen	Osteogenesis imperfecta
	Cystic fibrosis conduc-tance regulator	Glykosylierungsdefekt führt zu Fehlfaltung und Abbau	Fehlen eines Chloridkanals	Zystische Fibrose
	Fibrillin	Fehlfaltung		Marfan-Syndrom
	Prionprotein, Huntingtin	Toxische Faltung	Auftreten von infektiösen Proteinpartikeln	Creutzfeldt-Jakob-Krankheit, Hunting-ton-Krankheit
Defekte bei intrazellulärem Proteintransport und Reifung	β-Amyloid-Präkursor	Verändertes proteolytisches Prozessing und Protein-transport	Ablagerung von β-Amyloid-Peptid, Zer-störung von Neuronen	Alzheimer-Krankheit
	LDL-Rezeptor	Fehllokalisation	Verringerter Cholesterin-abbau	Familiäre Hyper-cholesterolemia
	α1-Antitrypsin	Fehltransport	α1-Antitrypsin-Mangel	
	β-Hexosaminidase	Fehltransport	Enzymmangel	Tay-Sachs-Krankheit
Verringerte Proteinstabilität	Glukose-6-Phosphat-Dehydrogenase	Thermische Instabilität des Enzyms		Hämolytische Anämie

Die genannten vielfältigen Aspekte der Proteinforschung erstrecken sich inzwischen auf die Analyse der Gesamtheit der Proteine von ganzen Zellen, Geweben oder intakten Organismen, d.h. auf die Proteomanalyse. Der von Wilkins et al. (1996) geprägte Begriff beschreibt die quantitative Proteinexpression einer Zelle, ggf. unter dem Einfluss von biologischen Veränderungen wie Krankheit oder dem Einfluss von Pharmaka. Während durch das Genom eines Organismus die Erbanlagen fixiert werden, die in jeder Zelle desselben Organismus unverändert vorkommen, erfasst das Proteom alle Proteine einer Zelle in einem genau definierten Zustand und bestimmt die Eigenschaften der unterschiedlichen Zellen (z.B. Leber-, Muskel- oder Blutzellen) (Abb. 3.2.1). Die Proteine sind da-

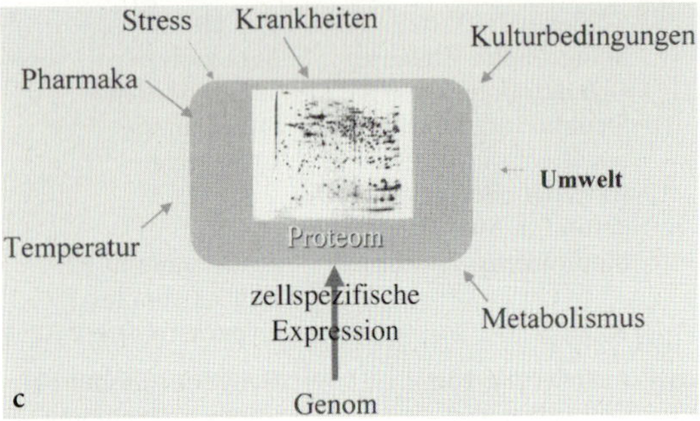

Abb. 3.2.1. Larve (**a**) und Schmetterling (**b**) als Beispiel für 1 Genom, aber 2 Proteomzustände. **c** Forschungsgebiete, die mit moderner Proteomanalyse (hoch aufgelöste 2DE-Geltechnik in Kombination mit Massenspektrometrie) untersucht werden können

mit die aktiven Moleküle, die uns mitteilen, was wirklich zu einem bestimmten Zeitpunkt in der Zelle geschieht. Damit eröffnen sich mit der Proteomforschung ganz neue Perspektiven für das Verständnis der grundlegenden Zellgeschehnisse im gesunden und kranken Organismus und neue Einsichten in die Pathogenese (Banks et al. 2000; Jollès u. Jörnvall 2000).

Das vorliegende Kapitel zeigt die Zielsetzung der modernen Protein- bzw. Enzymforschung auf, und erläutert die wesentlichen Methoden an subjektiv ausgewählten Beispielen. Der Zugang zu weitergehenden Informationen wird über die beigefügten Literaturzitate erleichtert.

3.2.2 Reinigung, Isolierung und Nachweis

Die Reinigung von Proteinen und Enzymen ist essenziell für die Ermittlung von posttranslationalen Veränderungen, z.B. beim Auftreten von Phosphoproteinen, Glykoproteinen oder Proteolipiden; ihre Eigenschaften können nur durch entsprechende Untersuchungen an den isolierten Proteinen bzw. Proteinkomplexen ermittelt werden. Die Reinigung ist eine notwendige Voraussetzung für die funktionelle Charakterisierung einzelner Enzyme und den Nachweis von komplexen Strukturen. Große Mengen an isolierten Proteinen werden für alle weiterführenden Untersuchungen zur Ermittlung der Raumstruktur mittels NMR (neutron magnetic resonance) und Röntgenstrukturanalyse notwendig.

3.2.2.1 Ausgangsmaterial und Fraktionierung der Zellbestandteile

Proteine können aus Geweben, Zellen, Zellüberständen oder Körperflüssigkeiten (z.B. Blut, Seren, Harn, spinale Flüssigkeiten) isoliert werden. Sind die Zellzahl oder die exprimierte Proteinmenge zu gering, kann – wenn das Gen kloniert ist – eine Überexpression in *Escherichia coli* oder einem anderen Organismus durchgeführt werden, um größere Mengen an Protein zu gewinnen. Dabei bestimmt der (heterologe) Wirt maßgeblich die Art und das Ausmaß der posttranslationalen Modifizierung. In Bakterien ist häufig eine Coexpression mit dem modifizierenden Enzyms notwendig, um das native Protein zu erhalten, während eukaryontische Zellen über entsprechende Enzyme verfügen. Problematisch bleibt die rekombinante Herstellung von glykosylierten Proteinen, da Modifika-

tionen durch Glykosylreste spezies- und zelltypspezifisch sein können.

Nach dem Aufschluss des Gewebes oder der Zellen durch hypotonische Lyse, Homogenisieren oder Behandlung mit Ultraschall werden Zellorganellen, Membranvesikel oder Plasmamembranen durch fraktionierte Zentrifugation vom löslichen Zytosol abgetrennt (Graham u. Higgins 1993).

Für die Gesamtproteinanalyse von intakten Zellen oder Geweben mittels moderner proteomanalytischer Verfahren werden die Proben in gefrorenem Zustand mit speziellem Lysispuffer zerrieben, dem Proteaseinhibitoren, Dithiothreitol (DTT) oder Tributylphosphin und/oder Urea/Harnstoff, 4% CHAPS, Tris und Ampholine zugesetzt sein können (Wrede u. Schneider 1994, vgl. Abschnitt 3.2.5.4 „Zellaufschluss").

3.2.2.2 Chromatographische Trennung

Nach der Grobfraktionierung durch Zentrifugation und Ammoniumsulfatfällung werden chromatographische Verfahren eingesetzt, die insbesondere bei der Kombination verschiedener Trennprinzipien die Isolierung reiner Proteine gestatten (Janson u. Rydén 1989). Proteine können aufgrund ihrer Größe durch Gelfiltration oder wegen ihrer positiven und negativen Ladungen durch Ionenaustauschchromatographie getrennt werden. Sie werden bei der hydrophoben Interaktionschromatographie durch Zusatz von Ammoniumsulfat an einen Träger gebunden und können – ohne zu denaturieren – bei Verringerung der Salzkonzentration fraktioniert eluiert werden. Mit Trifluoressigsäure denaturierte Proteine und Peptide binden mit hoher Affinität an hydrophobe Träger (z.B. an mit aliphatischen C4- oder C8-Ketten modifizierten Silikaten) und können mittels der Hochdruckflüssigkeitschromatographie (RP-HPLC) mit wässrig-organischen Lösungsmittelgradienten extrahiert werden (Kamp et al. 1997). Bei der Gelpermeationschromatographie werden kleinere und mittlere Proteine in Abhängigkeit von Molekulargewicht und Struktur aufgetrennt, während große Proteine und Proteinkomplexe auch durch Zentrifugation im Dichtegradienten gereinigt werden können (Rickwood u. Chambers 1984). Ein typisches Beispiel hierfür ist die Isolierung von Ribosomen und ihren Komponenten (Wittmann 1976; Giri et al. 1984).

Unter Ausnutzung der spezifischen Wechselwirkungen, die Proteine mit anderen Proteinen (Formosa et al. 1991), mit DNA oder RNA (Kadonaga 1991) sowie mit Lipiden, Kohlenhydraten, Peptiden oder Farbstoffen eingehen, können durch Immobilisierung dieser Liganden an inerte Träger Medien hoher Selektivität für die Affinitätschromatographie hergestellt werden (Janson u. Rydén 1989; Kamp et al. 1997). In analoger Weise lassen sich Enzyme an immobilisierten Substraten, Cofaktoren, Aktivatoren oder Inhibitoren reinigen (Jenö u. Thomas 1991; Woodgett 1991). Hohe Spezifität wird bei der Immunaffinitätschromatographie an immobilisierten Antikörpern erreicht (Kamp et al. 1997). Eine Besonderheit stellt die Chromatographie von Membranproteinen dar, die oft nur in Gegenwart von Detergenzien durchführbar ist.

3.2.2.3 Eindimensionale Gelelektrophorese

Da Proteine amphotere Moleküle sind, d.h. positive und negative Ladungen tragen, können sie im elektrischen Feld – je nach Ladungsüberschuss – als Anionen oder Kationen wandern. Die Wanderungsgeschwindigkeit wird von der Höhe der Nettoladung und der Größe der Proteine bestimmt. Die in freier Lösung auftretenden Unterschiede in der Wanderungsgeschwindigkeit werden in einer hydrophilen Matrix durch den „Sieb"-Effekt noch verstärkt, andererseits wird die Diffusion herabgesetzt. Daher ist die ursprünglich entwickelte Zonenelektrophorese in freier Lösung (Tiselius 1937) durch die Polyacrylamidgelelektrophorese (PAGE) verdrängt worden; sie wird aber heute noch in Form der Kapillarelektrophorese und der trägerfreien Elektrophorese zwischen 2 Glasplatten (Hanning 1982; Weber u. Bocek 1999) angewendet. Eine Besonderheit stellen Gele nach Schägger dar, die sich sowohl zur Trennung kleiner Proteine und Peptide wie auch zur Proteintrennung im Bereich bis zu einem Molekulargewicht (MG) von etwa 100 000 eignen (Schägger u. von Jagow 1987).

Inerte Gele mit variabler Porengröße für die Polyacrylamidgelelektrophorese (PAGE) werden durch Copolymerisation von Acrylamid mit *N,N'*-Methylen-bisacrylamid erzeugt. Agar- und Agarosegele finden bei der Immunelektrophorese und bei der Elektrophorese unter nativen Bedingungen Anwendung (vgl. Abschnitt 3.2.2.7 „Nachweis von Enzymen"), während Stärkegele nur noch von historischem Interesse sind. Der Zusatz von Natriumdodecylsulfat (SDS) erhöht die Löslichkeit, stabilisiert die Polypeptide in negativ geladenen Komplexen durch Addition von SDS an die Lysinseitenketten und verbessert die Trennung (Laemmli 1970; Weber et al. 1972). Elektrophoresen in Gegenwart

von Harnstoff oder SDS denaturieren die Proteine und spalten die Proteinkomplexe, sodass die Einzelkomponenten getrennt nachgewiesen werden können, was bei der Elektrophorese unter nativen Bedingungen vermieden wird. Proteinelektrophoresen werden bei der klinischen Diagnostik z. B. zur Analyse von Serumproteinen oder bei der Unterscheidung von krankhaften Zellprozessen eingesetzt. So kann bei der Sichelzellanämie zwischen dem Sichelzellhämoglobin und dem normalen, adulten Hämoglobin A durch Elektrophorese unterschieden werden, obwohl nur ein einziger Aminosäureaustausch (Glu/Val) dafür verantwortlich ist.

3.2.2.4 Isoelektrische Fokussierung

Da die Ionisierung der positiv und negativ geladenen Gruppen des Proteins vom pH-Wert der Lösung abhängt, gibt es für jedes Protein einen bestimmten pH-Bereich (isoelektrischer Punkt, pI), der zu einem Ladungsausgleich führt. Proteine werden an ihrem pI in einer Bande fokussiert, sodass in extrem flachen pH-Gradienten noch Proteintrennungen bei pI-Differenzen von 0,01 pH-Einheiten gelingen (Righetti 1983). Die verschiedenen Elektrophoresetechniken unter Verwendung von Trägerampholyten (carrier ampholytes) oder Immobilinen wurden eingehend von Westermeier (1993) beschrieben. Diese Stoffe sind Betaine und dienen dem Aufbau eines pH-Gradienten, mit dessen Hilfe die Proteine nach ihrer Ladung aufgetrennt werden und entsprechend ihrem pI im elektrischen Feld wandern. Während die Ampholyte (Klose 1975) lösliche Komponenten sind, sind die Immobiline am Träger immobilisiert (Görg et al. 2000) und eignen sich daher zur Herstellung von pH-Fertigstreifen (IPG-Strips), die zur Proteintrennung in den verschiedenen pH-Bereichen eingesetzt werden können.

3.2.2.5 Zweidimensionale Elektrophorese von Proteinen

Durch Kombination der isoelektrischen Fokussierung in der 1. Dimension mit der SDS-PAGE in der 2. Dimension wurden hocheffektive zweidimensionale Elektrophoresesysteme entwickelt, die je nach Technik eine Trennung von 2000–10 000 Proteinen auf einem Gel gestatten (O'Farrell 1975; Klose 1975; Klose u. Kobalz 1995; Görg et al. 2000). Mit dieser hohen Auflösung, die bisher von keiner chromatographischen oder sonstigen elektrophoretischen Trenntechnik erreicht wurde, ist die zweidimensionale Polyacrylamidgeltechnik zur Basistechnologie für die moderne Proteomanalytik geworden [vgl. Abschnitt 3.2.5 „Proteomanalytik (Proteomics)"].

Die im Gel getrennten Proteine können hochempfindlich durch Autoradiographie (O'Farrell 1975) oder durch Silber-, Coomassie- oder Fluoreszenzfärbung mittels organischer Farbstoffe (Celis 1994; Rabilloud 2000) sichtbar gemacht werden. Für die Durchführung von massenspektrometrischen Analysen der isolierten Proteinspots eignen sich nicht alle Färbemethoden; geeignet sind die Silberfärbung nach Blum et al. (1987), die mit SDS-Zink-Imidazol durchgeführte negative Färbung (Fernandez-Patron et al. 1995), die Coomassie-R250- und -G250-Färbemethode oder die Fluoreszenzfärbung mit CYPRO-Orange oder CYPRO-Ruby (Molecular Probes) (Rabilloud 2000).

Für die weitere Analytik können die Proteine aus dem Gel entweder durch Elektroelution in Puffer extrahiert oder auf Membranen fixiert werden (electroblotting) (Kamp et al. 1997) (s. Abschnitt 3.2.2.6 „Nachweis von Proteinen"). Zumeist wird jedoch die In-Gel-Spaltung mit einem proteolytischen Enzym (z. B. Trypsin) durchgeführt, da die Peptide sich danach leichter aus dem Gel eluieren lassen als die intakten Proteine. Der Elution der Peptide aus dem Gel folgen die Entsalzung und Konzentrierung des Peptidgemisches und die direkte Analyse mit Hilfe der Massenspektrometrie (vgl. Abschnitte 3.2.3.3 „MALDI-Massenspektrometrie" und 3.2.3.4 „ESI-Massenspektrometrie").

3.2.2.6 Nachweis von Proteinen

Bei der Charakterisierung von isolierten Proteinen oder der Kontrolle von rekombinanten Proteinen (insbesondere im Fall von Proteinpharmaka) sind die Ermittlung des Reinheitsgrads und ein empfindlicher Nachweis von verunreinigenden Nebenprodukten unerlässlich. Elektrophoretisch getrennte Proteine können im Gel anhand ihrer UV-Absorption oder empfindlicher mit Hilfe der oben genannten Färbemethoden nachgewiesen werden.

Die derzeit empfindlichste Detektion von Proteinen verbunden mit einer sehr hohen Spezifität erfolgt mit immunologischen Methoden. Beim Western-Blot (Towbin et al. 1979; Westermeier 1993) werden die durch SDS-PAGE getrennten Proteine mit Hilfe des Elektrotransfers auf eine hydrophobe Membran (Nitrozellulose, Teflon, PVDF) übertra-

gen, die dann mit Serumalbumin oder Laktalbumin blockiert und mit dem spezifischen Antikörper inkubiert wird. Der Antigen-Antikörper-Komplex kann durch Bindung von ^{125}Jod-markiertem Protein A oder durch einen 2., speziesspezifischen Anti-IgG-Antikörper nachgewiesen werden. Im Allgemeinen ist der sekundäre Antikörper mit einem Enzym, wie Peroxidase oder alkalischer Phosphatase, vernetzt, so dass beim Western-Blot oder ELISA (enzyme-linked immunoassay) bei der Reaktion von chromogenen Substraten Farbstoffkomplexe entstehen. Bei Verwendung anderer Substrate – Luminol bei Peroxidase (Josel 1992) bzw. 1,2-Dioxetan-phosphat bei Phosphatase (Bronstein u. Kricka 1992) – wird Fluoreszenzlicht erzeugt, das sehr empfindlich mit Hilfe eines Röntgenfilms nachweisbar ist. Der Nachweis des Antigen-Antikörper-Komplexes bei der Immunelektrophorese wurde von Karpatkin et al. (1992) beschrieben. Zusätzlich zum Immunnachweis besteht bei vielen Proteinen die Möglichkeit, die Bindung spezifischer Liganden (andere Proteine, Nukleinsäuren, Lipide, Enzymsubstrate u. Ä.) zu messen.

Reine Proteine können z. B. durch radioaktives Acylierungsreagenz (Bolton u. Hunter 1973) oder radioaktives Jod chemisch modifiziert werden und lassen sich durch Autoradiographie quantitativ bestimmen. Werden Biotin oder Digoxigenin kovalent an das Protein gebunden, kann unter Vermeidung radioaktiver Isotope ein Nachweis mit Streptavidin bzw. mit einem digoxigeninspezifischen Antikörper durchgeführt werden.

Die Detektion von in vitro exprimierten Proteinen ist dadurch erleichtert, dass Fusionsproteine mit zusätzlichen antigenen Peptidsequenzen erzeugt werden können. Der Nachweis dieser Fusionsproteine erfolgt mit Antikörpern gegen die Peptid-„Tags" (z. B. Myc- oder Hämagglutininpeptid). Die Detektion eines Proteins in der intakten, lebenden Zelle gelingt durch Fusion mit dem grün fluoreszierenden Protein aus *Aequorea victoria*, das mit Hilfe der Fluoreszenzmikroskopie lokalisiert werden kann (Kaether u. Gerdes 1995). Außerdem können Enzyme, wie β-Galaktosidase, oder ihre Fusionsproteine durch Farbreaktionen in Zellen nachgewiesen werden. Der Nachweis einer Vielzahl von Proteinen wird in der Serumdiagnostik z. B. zum Nachweis von entzündlichen Prozessen, von Leukämie oder der Schädigung von Geweben eingesetzt.

3.2.2.7 Nachweis von Enzymen

Der Erfolg der Enzymisolierung wird durch Messung der Enzymaktivität und Berechnung der spezifischen Aktivität pro mg Protein kontrolliert. Wird als letzter Reinigungsschritt eine Gelelektrophorese durchgeführt, ist es bei Proteasen möglich, diese im Gel nachzuweisen. Kinasen sind dagegen erst nach Western-Blot und Renaturierung detektierbar (Celis 1994).

Histochemische Verfahren gestatten einen Enzymnachweis in situ. Voraussetzungen sind, dass das Enzym die Fixierungsbedingungen übersteht und ein gut nachweisbares Produkt bildet. Beide Bedingungen sind z. B. bei der Peroxidase erfüllt, deren Produkt sowohl mit Hilfe der Licht- als auch der Elektronenmikroskopie nachweisbar ist. Der Nachweis von embryonalen Varianten oder regulatorisch wirkenden Enzymen, wie z. B. von Proteinkinasen, ist in der Tumordiagnostik von großer Bedeutung, während das Fehlen bestimmter Enzyme den Nachweis von Stoffwechselkrankheiten oder Infarkten (LDH, Kreatinphosphokinase) ermöglicht.

3.2.2.8 Reinheitskriterien, Proteinbestimmung

Die Homogenität von gereinigten Proteinen und Enzymen kann mit chromatographischen oder elektrophoretischen Methoden oder mit Hilfe der Massenspektrometrie überprüft werden. Die Zweckmäßigkeit der angewendeten Methode richtet sich nach den Eigenschaften der nachzuweisenden Beimengungen. Mikroheterogenitäten, die durch den Austausch einzelner Aminosäuren oder durch Substitution einer von mehreren gleichartigen Aminosäuren entstehen, können im Allgemeinen nur durch Sequenzieren identifiziert werden. Das Vorliegen mehrerer Faltungsformen oder einer partiellen Denaturierung wird durch Bestimmung der Aktivität des Präparats mit biochemischen oder biologischen Methoden oder durch Messung des CD-Spektrums nachgewiesen.

Isolierte Proteine oder Enzyme werden als molekular einheitlich angesehen, wenn sie bei der zweidimensionalen Elektrophorese in Form eines symmetrischen Flecks wandern und bei der chromatographischen Trennung eine Gauß-Verteilung aufweisen. Ein gutes Homogenitätskriterium bieten die Bestimmung der *N*-terminalen Aminosäuresequenz (vgl. Abschnitt 3.2.3.1 „Edman-Abbau") und die Bestimmung der Masse (vgl. Abschnitte 3.2.3.3

„MALDI-Massenspektrometrie“ und 3.2.3.4 „ESI-Massenspektrometrie“).

Quantitative Bestimmungen von Proteinen sind anhand der durch die aromatischen Aminosäuren Tryptophan, Tyrosin und Phenylalanin bedingten Absorption bei 280 nm möglich, aber wenig empfindlich. Die genaueste Bestimmung eines reinen Proteins geschieht durch Aminosäureanalyse nach Totalhydrolyse (Spackman et al. 1958; Kamp et al. 1997); sie benötigt aber etwa 5–20 pMol (picomol) Substanz. Die absolute Menge eines Proteins kann mit Hilfe seines molaren Absorptionskoeffizienten berechnet werden, der - falls nicht bekannt - aus der Aminosäurezusammensetzung ermittelt werden kann (Mach et al. 1992). Eine im Vergleich zur Messung der UV-Absorption höhere Nachweisempfindlichkeit wird mit Protein-Farbstoff-Komplexen erreicht (Graham u. Higgins 1993). Da aber alle bekannten Färbemethoden von der speziellen Aminosäurezusammensetzung abhängen, weichen die molaren Absorptionskoeffizienten der einzelnen Proteine deutlich voneinander ab.

Proteinbestimmungen werden gewöhnlich nach Bradford oder Lowry et al. (1979) durchgeführt. Bei einem weiteren Schnelltest, dem BCA-Test, bildet das Protein mit Cu^{2+}-Ionen in alkalischer Lösung einen Komplex (Biuret-Reaktion), wobei sich nach Reduktion zu Cu^{+}-Ionen mit Bicinchoninsäure (BCA) ein violetter Farbkomplex bildet; hierbei stören u.a. EDTA, Ammoniumsulfat, Glyzin, Zucker oder DTT. Beim Bradford-Test wird die Verschiebung des Absorptionsmaximums von 465 nm nach 595 nm durch Bindung von Coomassie-Brilliant-Blue G-250 an Proteine gemessen. Beim Lowry-Test bilden Cu^{+}-Ionen aus der Biuret-Reaktion mit dem Folin-Ciocalteau-Reagenz einen instabilen blauen Komplex, der als Maß der Proteinkonzentration dient. Beide Verfahren ergeben aber große Fehler, wenn Amine oder andere störende Stoffe (Detergenzien wie Triton X-100, SDS oder Chaps, Mercaptoethanol, Hepes) in der Lösung enthalten sind. Wegen der Variabilität der Farbreaktion mit unterschiedlichen Proteinen nützt eine Eichkurve mit einem Standardprotein bei der Bestimmung der Proteinkonzentration eines Proteinlysats (z.B. bei Proteomanalysen) wenig.

3.2.3 Sequenzanalyse von Proteinen

3.2.3.1 Edman-Abbau

Die Sequenzanalyse eines Proteins oder Peptids kann durch Edman-Abbau (Edman u. Begg 1967, 1975) erfolgen. Dieses ist ein schrittweiser, chemischer Abbau der Polypeptidkette vom aminoterminalen (N-terminalen) Peptidende, der nur gelingt, wenn die erste Aminosäure nicht blockiert vorliegt. Hierzu ist die Isolierung des Proteins in molekular einheitlicher Form zwingend; es können aber auch Proteinspots aus den Gelen nach Blotten verwendet werden, die sogar gefärbt vorliegen können. Heute werden für die N-terminale Sequenzanalyse etwa 0,5–5 pMol salzfreie Substanz benötigt; daher werden meist eine letzte Reinigungsstufe oder Entsalzung über Reversed-phase-HPLC vorgenommen.

Der chemische Abbau besteht aus 4 Teilprozessen:

1. Kopplung der N-terminalen Aminosäure des Polypeptids mit Phenylisothiocyanat (PITC) unter basischen Bedingungen. Hierbei entsteht ein Phenylthiocarbamylpeptid. Dieses wird durch Waschen mit organischem Lösungsmittel von Reagenzienresten befreit.
2. Abspaltung der N-terminalen modifizierten Aminosäure durch wasserfreie Trifluoressigsäure von der Restpeptidkette und Extraktion mit einem organischen Lösungsmittel.
3. Überführung des abgespaltenen Anilinothiazolinon der Aminosäure in den Converter (Wittmann-Liebold u. Ashman 1985). Dort wird das Anilinothiazolinon mit wässriger Säure in ein stabiles Phenylthiohydantoin der Aminosäure (PTH-Aminosäure) überführt.
4. Trennung der PTH-Aminosäure online mit Hilfe der Reversed-phase-HPLC und Identifizierung durch Vergleich des Elutionsverhaltens mit allen Standard-PTH-Aminosäuren (Wittmann-Liebold u. Ashman 1985; Wittmann-Liebold 1992).

Der erfolgte Abbau kann mit dem Restpeptid cyclisch wiederholt werden, was vollautomatisch im so genannten Sequenzer (engl. sequencer) erfolgt, sodass 30–70 Aminosäuren identifiziert werden können, je nach Qualität der Probe, vorgelegter Menge und Sequenz (Edman u. Begg 1975). Bei den heute üblichen Sequenzern, in der Pulsed-liquid-phase-Methode, werden Proteine oder Peptide an Glasfaserfilter oder PVDF-Membranen gebunden (Tarr et al. 1978; Hunkapiller et al. 1983; Wittmann-Liebold 1992). Jedoch werden heute zu-

meist nur noch kurze Sequenzen ermittelt. Dabei ist aber zu beachten, dass Isoformen oder Spleißvarianten vorliegen können, die dann nicht erkannt werden. Sobald charakteristische Teilsequenzen vorliegen, werden Proteindatenbanken durchsucht, um festzustellen, ob ähnliche oder identische Sequenzen vorhanden sind und ob das Protein bereits bekannt ist.

Eine Steigerung der Sequenzierempfindlichkeit kann mit fluoreszierenden Isothiocyanaten, wie dem PITC 311 [4-(3-Pyridylmethylaminocarboxypropyl)-Phenylisothiocyanat] (Patterson u. Aebersold 1995) erreicht werden. Leider konnte dieses Reagenz bisher im Automaten nicht verwendet werden, da es extreme Löslichkeitseigenschaften aufweist. Die entstehenden Aminosäurederivate können massenspektrometrisch oder durch Messung der Fluoreszenz identifiziert werden (Patterson u. Aebersold 1995; Wurzel u. Wittmann-Liebold 2000).

Methoden zur Sequenzierung vom C-terminalen Ende des Proteins wurden auf der Basis chemischer Abbaureaktionen mit Isothiocyanat (Kamp et al. 1997; Dupont et al. 2000) oder eines Abbaus mit Karboxypeptidasen entwickelt. Eine standardisierte Nutzung konnte durch Kombination des Karboxypeptidaseabbaus mit der MALDI-Technik erreicht werden (Thiede et al. 1995).

3.2.3.2 Spaltung zu Peptiden und interne Sequenzierung

Bei einer blockierten N-terminalen Aminogruppe muss das Protein chemisch oder enzymatisch in Peptide zerlegt werden, die nach chromatographischer Trennung und Reinigung sequenziert werden.

Für den enzymatischen Abbau stehen eine Reihe sequenzspezifisch spaltender Proteasen zur Verfügung. Bevorzugt werden 3 Enzyme:

- Trypsin, das nach Lysin und Arginin spaltet,
- Lysincarboxypeptidase (Lys-C), die nur nach Lysinresten spaltet und
- Glutamincarboxypeptidase (Glu-C), die bei pH 4,0 die Peptidbindung nach Glutaminsäure und bei pH 8,0 die Peptidbindung nach Glutamin- und Asparaginsäure angreift.

Die durch enzymatischen Abbau erhaltenen Peptidgemische sind für jedes Protein charakteristisch, da sie eindeutige Massenspektren liefern. Sie können aber auch mittels Edman-Abbau sequenziert werden.

Von den verschiedenen bekannten chemischen Methoden zur Proteinspaltung wird oft die Bromcyanspaltung eingesetzt, die das Protein C-terminal an Methioninen spaltet, welche relativ selten vorkommen (Kamp et al. 1997). Daher führt diese Spaltung zu größeren Spaltstücken, die im Sequenzer gut sequenziert werden können. Diese Methode wurde früher zur Zuordnung der proteolytisch gewonnenen Partialpeptide benutzt, wenn das Protein in seiner Gesamtlänge analysiert werden musste. Heute ist diese Methode weitgehend von der Gensequenzierung verdrängt (vgl. Abschnitt 3.2.3.6 „Sequenzierung mit molekularbiologischen Methoden") und wird nur dann angewendet, wenn das zugehörige Gen nicht aufgefunden wird.

Alternativ zur Bromcyanspaltung wird auch die partielle Säurehydrolyse unter milden Bedingungen durchgeführt, um längere Proteinbruchstücke zu erhalten (Kamp et al. 1997). Die saure Partialhydrolyse liefert ein Gemisch von Peptiden, die durch Spaltung nach Asparaginsäure und in geringerem Maß nach Glutaminsäure, Asparagin und Glutamin entstehen.

3.2.3.3 MALDI-Massenspektrometrie

Das Molekulargewicht von Proteinen bis zu einer Größe von 500 000 wird durch matrixunterstützte Laserdesorptions-Ionisations-Massenspektrometrie (MALDI-MS) bei einem Fehler zwischen 0,1 und 0,01% je nach Gerät bestimmt (Hillenkamp et al. 1991; Karas u. Hillenkamp 1988; Roepstorff 2000). Dagegen dient das durch SDS-PAGE bestimmbare scheinbare Molekulargewicht nur zur Abschätzung. Das Molekulargewicht kann bei größeren Proteinen oder Proteinkomplexen auch durch Sedimentations- und Diffusionsmessungen mittels Ultrazentrifuge ermittelt werden. Diese Methode wird angewendet, wenn der MALDI-Technik Grenzen gesetzt sind (Behlke u. Ristau 2000).

Die MALDI-MS wird heute vielfach in der Proteomanalytik [vgl. Abschnitt 3.2.5 „Proteomanalytik (Proteomics)"] zur Bestimmung der „Peptidmassenfingerprints" (Henzel et al. 1993) eingesetzt. Hierzu werden die Proteine in Peptide gespalten, die als Gemisch zur Messung eingesetzt werden, wobei ein für jedes Protein charakteristisches Peptidmassenspektrum erzeugt wird.

Das MALDI-MS-Gerät ist im Wesentlichen mit einem Probenteller in einer Vakuumkammer, einem Stickstofflaser (337 nm), einem Flugzeitanalysator (time of flight, TOF) und einem Detektionssystem für Ionen (Konversionsdiode mit Se-

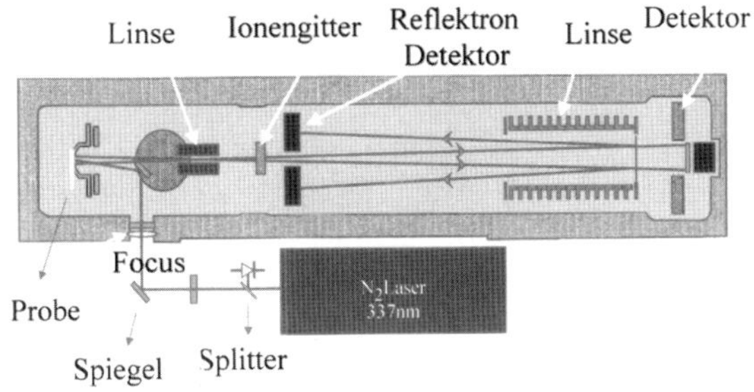

Abb. 3.2.2. Aufbau eines MALDI Massenspektrometers

kundärelektronenvervielfältiger (Abb. 3.2.2) ausgestattet. Um die Auflösung und die Genauigkeit zu erhöhen, kommen in modernen Geräten technische Möglichkeiten für eine verzögerte Extraktion der Ionen hinzu (delayed extraction, DE; Brown 1995), damit alle Ionen möglichst zur gleichen Zeit losfliegen; des Weiteren gibt es die Möglichkeit, im linearen Modus oder im Reflexmodus zu detektieren. Bei letzterer Technik werden die im Detektor ankommenden Ionen nochmals beschleunigt und reflektiert, sodass sich die Laufstrecke erhöht. Dadurch erhöht sich die Genauigkeit der Massenbestimmung, es werden aber höhere Ionenkonzentrationen benötigt.

Das synthetisierte Peptid oder isolierte Protein bzw. das Peptidgemisch in der Proteomanalytik werden zusammen mit einer Matrix auf einen Probenteller (Target) aufgetragen (Vorm et al. 1994), wobei entsprechend strukturierte Targets die Konzentrierung der Probe auf dem Probenteller erleichtern (Schuerenberg et al. 2000). Dieser wird in die Vakuumkammer eingeführt. Wichtig ist, dass die Probe sehr gut entsalzt wird, da sonst Addukte mit Natrium, Kalium usw. entstehen, die zu zusätzlichen Massenpeaks führen. Die Entsalzung kann über dünne Pipettierspitzen, gefüllt mit einigen Körnchen Reversed-phase-Material erfolgen (Otto et al. 1996) oder es werden käufliche Entsalzungsspitzen (so genannte ZipTips) verwendet. Die Matrix, eine organische Säure, wie α-Cyano-4-hydroxyzimtsäure oder Dihydroxybenzoesäure (rekristallisiert und gelöst in Acetonitril/Ethanol, 1:1), wird mit der Peptidlösung 1:1 vermischt aufgetragen, und es erfolgt eine Cokristallisation von Matrix und Analyt. Der Laserstrahl desorbiert die Moleküle von der Platte, wobei sowohl aus der Matrix als auch aus den Peptiden bzw. Proteinen Ionen entstehen, die im TOF-Teil des Massenspektrometers in einer langen Röhre (1–3,2 m lang) im elektrischen Feld zum Detektor fliegen, wo sie zu verschiedenen Zeiten ankommen (die kleinen Ionen fliegen schneller als die großen). Dadurch ergibt sich eine Zeitskala, die mit entsprechenden reinen Standardpeptiden (z.B. ACTH 18–39) oder Proteinen (Lysozym, Cytochrom c) bei jeder Messung kalibriert und entsprechend in Masseneinheiten umgewandelt wird. Etwa 1 µl Probe plus Matrix, etwa 10–50 fMol (Femtomol) genügen, werden auf das Target aufgetragen; es entsteht ein Fleck, auf dem der Laserstrahl nur einen winzigen Punkt trifft. Deshalb kann die Probe mehrmals auf demselben Fleck vermessen werden, bis ein gutes Spektrum erhalten wird, oder es wird über alle Spektren summiert (dies kann heute automatisch durchgeführt werden). Da vom Laser jeweils nur ein kleiner Punkt bestrahlt wird, lässt sich nie genau sagen, wieviel Substanz bei der Messung verwendet worden ist. Wird die Menge abgeschätzt, die der Laser jeweils trifft, dann sind das 25–125 aMol (Attomol). In Wirklichkeit liegt aber die Menge, die von der Peptidmischung auf das Target appliziert werden muss, wesentlich höher und es ist müßig, zu behaupten, dass für ein gutes Spektrum weniger als 1 fMol benötigt werden! Bei einem relativ neuen Verfahren der Probenvorbereitung wird die Peptidmischung direkt mit Nitrozellulose, die in Aceton gelöst wurde, gemischt und auf das Target aufgetragen; auf diese Weise wird eine homogene feste Oberfläche erzielt, die eine um etwa 10fach höhere Detektionsrate der Peptide ermöglicht (Landry et al. 2000).

In modernen Geräten kann die Masse mit einer Genauigkeit von 0,01% gemessen werden. Bei einem MG von 3000 kann die Abweichung ±0,3, bei einem kleinen Peptid mit einem MG von 800 ±0,08 betragen. Bei dieser Genauigkeit ist die Proteinidentifizierung mittels „Peptidmassenfingerprint“ möglich [vgl. Abschnitt 3.2.5 „Proteomanalytik (Proteomics)“].

Mittels Post-source-decay-Technik (PSD) können metastabile Ionen nachgewiesen werden, die Informationen über kurze Sequenzstücke (Tags) geben (Spengler et al. 1991; Keough et al. 1999); diese sind sehr wertvoll, wenn außer dem Massenfingerprint keine Informationen über Sequenzen der Peptide erhalten werden können.

Mit einem Infrarot-(IR-)Laser können auch Proteine von Blots nach tryptischer Spaltung vermessen werden (Eckerskorn et al. 1997). Des Weiteren wurden mit einem 2,94-µm-Er:YAG-IR-Laser in Kombination mit einem Fourier-Transform-Massenspektrometer (FTMS) labile Moleküle wie phosphorylierte oder O-glykosylierte und sulfatierte Peptide sehr empfindlich analysiert (Budnik et al. 2000).

Vorteile bei der MALDI-Technik sind, dass

1. einfach geladene Peptidionen $(M+H)^+$ resultieren, während 2- und 3fach geladene Ionen seltener auftreten;
2. dass große Proteine mit einem MG im Bereich von 100 000–300 000 messbar sind und
3. dass die auf dem Target aufgetragene Substanz mehrmals gemessen werden kann und auch nach der Messung nochmals mit Wasser gewaschen werden kann, wenn zu viel Salz enthalten war, oder sie kann mit Trypsin oder anderen proteolytischen Fermenten nachbehandelt werden.

Limitierende Faktoren sind dagegen,

1. dass die Massen nur im Bereich ab 500 interpretierbar sind, da die zahlreichen Matrixionen im unteren Massenbereich stören;
2. dass die Peptide möglichst positiv geladen sein müssen, um als Sequenztags erkannt zu werden (daher die bevorzugte Spaltung der Proteine mit Trypsin);
3. dass in Peptidmischungen einzelne Peptide nur niedrige Signale geben, während sie nach HPLC-Trennung und als Einzelpeptid gut nachweisbar werden; offensichtlich werden in einer Mischung immer einige Peptide vor Anderen desorbiert und ionisiert, während andere unterdrückt werden;
4. dass Komplexe aus Oligonukleotiden und Peptiden wesentlich schlechter ionisieren und getrennt vermessen werden müssen, d.h. die Peptide im positiven Modus und die Oligonukleotide im negativen Modus. Dies zeigten z.B. Messungen an quervernetzten Peptid-Oligonukleotid-Sequenzen aus Ribosomen (Urlaub et al. 1995).

3.2.3.4 ESI-Massenspektrometrie

Das Elektrosprayionisationsmassenspektrometer (ESI-MS) (Patterson u. Aebersold 1995; Hunt et al. 1986; Biemann u. Scoble 1987) besteht aus einer Ionenquelle und einem Triplequadrupolmassenspektrometer. In einem Hybridgerät, dem Q-TOF-MS, ist ein Quadrupol durch einen TOF-Analysator ersetzt (Abb. 3.2.3, vgl. Abschnitt 3.2.3.3 „MALDI-Massenspektrometrie“), um eine höhere Genauigkeit und Empfindlichkeit zu erreichen. Die Ionisierung des Analyten erfolgt durch Anlegen einer

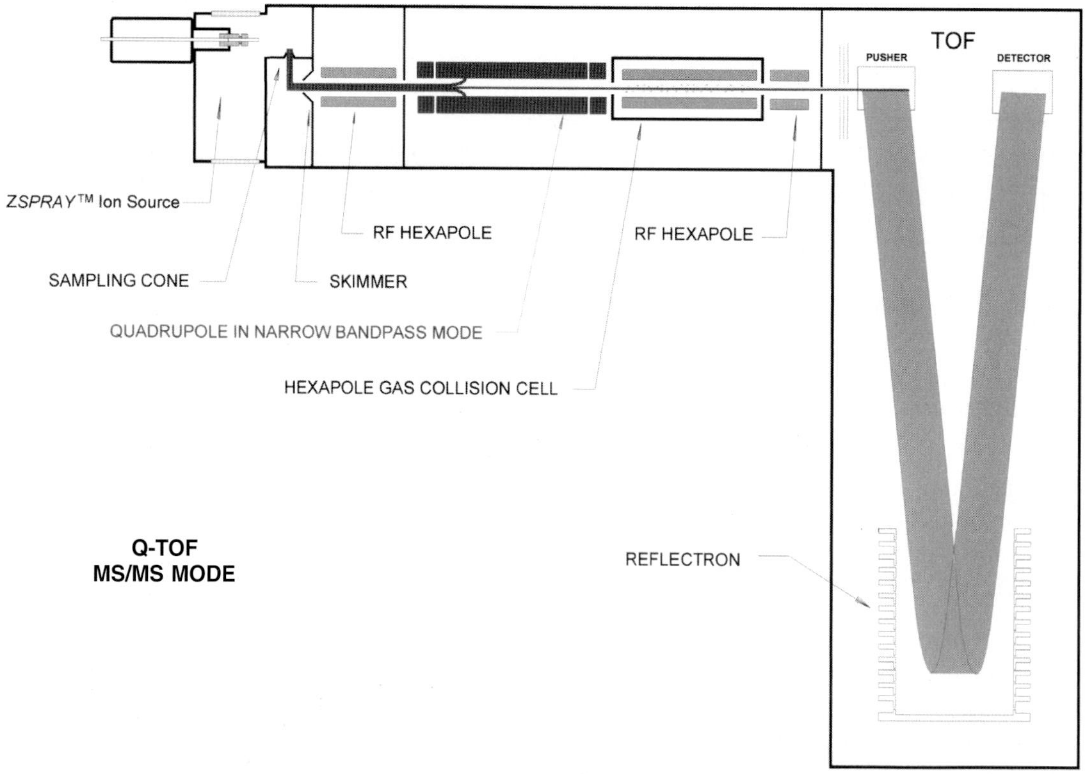

Abb. 3.2.3. Aufbau eines Nano-ESI-Quadrupol-TOF-Massenspektrometers

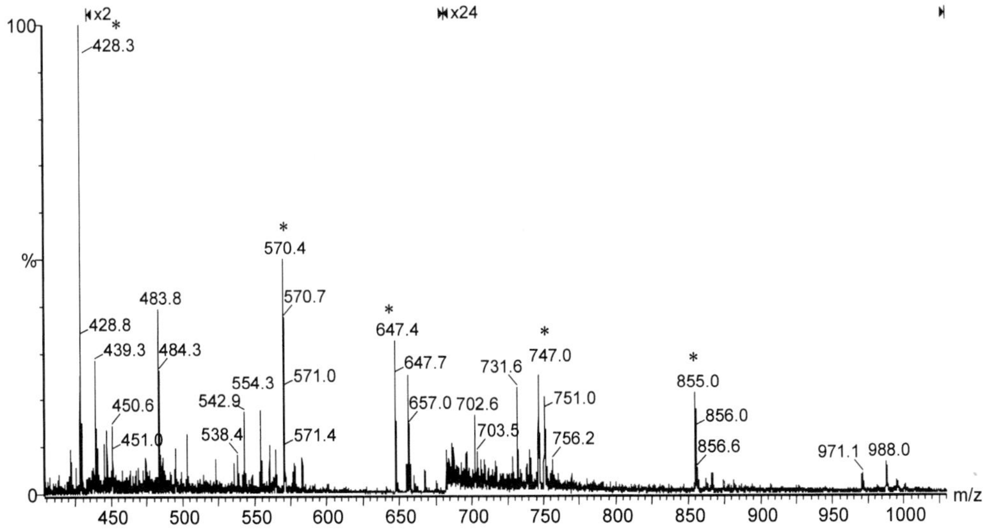

Abb. 3.2.4. Nanospray-ESI-Massenfingerprint eines In-Gel mit trypsingespaltenen 2DE-Gel-Spots. *Stern* Peptidionen, die in der Kollisionszelle weiter fragmentiert wurden (MS/MS-Fragmentierung), vgl. Abb. 3.2.5

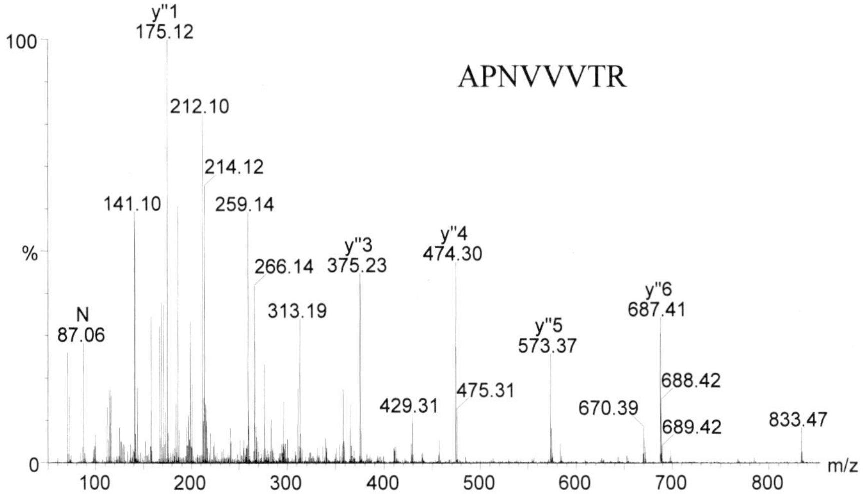

Abb. 3.2.5. MS/MS-Spektrum des Peptidions $(M+2H)^{2+}$ = 428,3 aus Abb. 3.2.4. Die entstandenen Fragmentionen *y″*6, *y″*5, *y″*4, *y″*3 und *y″*1 (Spaltschema) (Roepstorff et al. 1987) ergeben aus ihrer Differenz die Sequenz -Asn-Val-Val-(Val, Thr)-Arg. Zusammen mit den Sequenzen aus den übrigen Peptidionen (Abb. 3.2.4) (Kollisionsspektren hier nicht gezeigt) konnte das Protein in der SwissProt zweifelsfrei als RHO-GDP-Dissoziationsinhibitor 2 (humaner GDIS) identifiziert werden (Müller et al. 1999)

Hochspannung an die Spitze einer Kapillare. Die ESI führt zu einer Desolvatisierung der im elektrischen Feld bei Atmosphärendruck erzeugten Ionen des Analyten. Dabei korreliert der Ionenstrom mit der Konzentration der Lösung, nicht mit der Flussrate. Geringe Flussraten, wie sie bei einer Nanosprayionenquelle (Wilm et al. 1996) verwendet werden, ergeben eine Steigerung der Empfindlichkeit. Bei der Nanospraymethode werden etwa 1 µl Analytlösung (in Methanol/1% Essigsäure im Verhältnis 1:1) in eine feine, mit Gold bedampfte Glaskapillare eingeführt. In einer z-förmigen Ionenquelle (Fa. Micromass) gelangen nur die Ionen, nicht auch ungeladene Moleküle in das Massenspektrometer, dadurch wird das chemische Rauschen reduziert. Im Quadrupolteil werden unter Einfluss eines kombinierten Wechsel- und Gleichspannungsfelds nur Ionen mit einem bestimmtem Masse-Ladungs-Verhältnis zum Detektor durchgelassen. Durch Erhöhung der Spannung wird ein lineares Massenspektrum erhalten. Durch den TOF-Analysator werden Auflösung, Genauigkeit

und Empfindlichkeit entscheidend verbessert. Beim ESI-Prozess entstehen mehrfach geladene Ionen eines Proteins bzw. Peptids $(M+H)^+$, $(M+2H)^{2+}$, $(M+3H)^{3+}$ bis $(M+nH)^{n+}$. Die Ladung der mehrfach geladenen Ionen und damit das Molekulargewicht können bei einer Auflösung von 10000–20000 ermittelt werden (Shevchenko et al. 2000).

Nachdem das MS-Spektrum der Peptidmischung („Peptidmassenfingerprint") gemessen ist (Abb. 3.2.4), kann die Sequenz einzelner Peptidionen ermittelt werden. Dazu werden einzelne Peptidionen nacheinander ausgefiltert und in der Kollisionszelle mit neutralem Gas, Argon oder Helium, unter Erhöhung der Spannung zur Kollision gebracht. Hierbei entstehen Fragmentionen, die vorzugsweise aus der Spaltung der Peptidbindungen resultieren, die im 2. Analysator (Quadrupol- oder TOF-Analysator) analysiert werden. Aus dem selektierten Peptidion entstehen die jeweils um eine Aminosäure verkürzten Fragmentionen, woraus sich eine Partialsequenz errechnen lässt (Abb. 3.2.5, Leitersequenzierung) (Chait et al. 1993; Mann et al. 1993; Biemann u. Scoble 1987). Diese Sequenzspektren werden als MS/MS-Spektren bezeichnet. Während der Messung der Peptidmischung gelingt es in der Regel, zusätzlich zum MS-Spektrum von etwa 6 Peptiden MS/MS-Spektren zu erhalten, aus denen die Peptidsequenz oder Partialsequenzen (von je etwa 4–12 Aminosäuren) abgeleitet werden können (Wilm et al. 1996; Müller et al. 1999). MS/MS-Messungen ermöglichen die zweifelsfreie Identifizierung von Proteinen in den Fällen, in denen dies mit einem „Peptidmassenfingerprint" nicht gelingt, z.B. weil mehrere Proteine im Gelspot enthalten sind oder kleine Proteine nicht genügend Peptide zur Identifizierung ergeben.

Anstelle der Ionisierung der Probe in der Glasspitze kann ein HPLC-System verwendet werden, vorzugsweise in Form einer Mikrobore-HPLC oder per Kapillarsäule. Durch diese LC-MS-Kopplung können die Peptidmischungen in der Säule bereits vorgetrennt werden und nacheinander von jedem Peptid ein MS/MS-Spektrum aufgenommen werden (Gobom et al. 2000).

Folgende Punkte müssen erfüllt sein, um eine Identifizierung durchführen zu können:

1. Es ist eine Menge von etwa 25 fMol Peptidmischung (schwach gefärbte Spots) notwendig.
2. Es muss eine extrem salz- und kontaminationsfreie Probe vorliegen.
3. Es wird eine auf die Analyse der MS/MS-Spektren hervorragend adaptierte Auswertesoftware benötigt.

Aus den Peptiden entstehen neben den durch Spaltung der Peptidbindungen (C-N-Spaltung) gebildeten Fragmente (die C-terminalen Fragmente werden als y-Ionen bezeichnet und die N-terminalen Fragmente als b-Ionen) auch solche, die am N-C- oder C-C-Gerüst gespalten werden (so genannte z- und c-Serie bzw. x- und a-Serie). Hinzu kommt, dass bei der ESI-Technik mehrfach geladene Ionen entstehen, sowohl beim „Peptidmassenfingerprint" selbst als auch bei den in der Kollisionszelle erzeugten Fragmentionen. Das kompliziert die Auswertung sehr und bedingt eine entsprechende Auswertesoftware.

Manche Massenspektrometer sind mit einer Ionenfalle (ion trap) ausgerüstet; hier können die Peptidionen länger verweilen, so dass nicht nur die „Peptidmassenfingerprints" und die aus den selektierten Peptidmassen erhaltenen MS/MS-Spektren gewonnen werden können, sondern Einzelne dieser Fragmentionen weiter selektiert und fragmentiert werden können, so dass weitere wertvolle Informationen über das Peptid erhalten werden. Auf diese Weise können z.B. Aminosäuremodifikationen ermittelt werden. Dieses Verfahren wird als MS^2 (Selektion der Peptidionen zur Fragmentierung), MS^3 (Selektion der Peptidfragmentionen zur weiteren Fragmentierung) bzw. MS^n (weitere Selektionen) bezeichnet. Zur Analyse von (posttranslationalen) Modifikationen an Proteinen und Peptiden sind diese geschilderten massenspektrometrischen Methoden hervorragend geeignet, da sie bei hoher Empfindlichkeit sehr genaue molekulare Massen liefern.

Eine direkte Analyse von Proteinkomplexen per Massenspektrometrie ist möglich, wenn der Gesamtkomplex zunächst mit Trypsin gespalten und das große Gemisch von Peptiden dann direkt per LC-MS und LC-MS/MS analysiert wird (Link 1999; Haynes u. Yates III 2000; Yates III et al. 1999). Bei Messung mit Fourier-Transform-Infrarotspektroskopie (FTIR) kann eine Genauigkeit von 1 ppm (parts per million) erreicht werden (Berkenkamp et al. 1997). Mit Fourier-Transform-Massenspektrometrie können die Cysteinreste eines Proteinlysats mit einem chlorierten Jodacetamidreagenz (2,4-Dichlorbenzyl-jodacetamid; IDENT) alkyliert werden, so dass die Peptide aufgrund der natürlichen Isotopenverteilung des Chlors genauestens identifiziert werden können. Dies erlaubt die Identifizierung niedrig exprimierter Proteine (Goodlett et al. 2000).

Hochempfindliche Messungen von Proteinen im Zeptomolbereich wurden mit Hilfe eines ESI-Fourier-Transform-Ionen-Cyclotron-Resonance-Massenspektrometers berichtet (Belov et al. 2000).

3.2.3.5 Datenbank-Recherchen

Die computergestützte Proteinidentifizierung wird durch im Internet verfügbare Sequenzdatenbanken und entsprechende Such- und Vergleichsprogramme erleichtert. Eine gute Information über Datenbanken, Hilfsmittel und Software sowie Links zu anderen molekularbiologischen Servern finden sich unter http://www.expasy.ch/.

Als Basis für die Suche nach bereits bekannten Proteinen und zum Sequenzvergleich werden zumeist die folgenden Datenbanken benutzt:

- SwissProt (annotierte Proteinsequenzdatenbank von der Abteilung für Medizinische Biochemie der Universität Genf, www.ebi.ac.uk/swissprot/);
- PIR (Proteindatenbank NBRF, www-nbrf.georgetown.edu/);
- NRDB/NCBI (Proteindatenbank des National Center of Biotechnology Information, NIH, USA, www.ncbi.nlm.nih.gov/Genbank/index.html);
- TREMBL und
- TREMBLNEW (übersetzte Gendaten der EMBL-Datenbank mit Sequenzen, die noch nicht in die SwissProt übernommen worden sind).

Eine Tabelle über alle in den Datenbanken jeweils verfügbaren Einträge findet sich im Sequence Retrieval System des EMBL unter http://www.embl-heidelberg.de/srs5bin/cgi-bin/wgetz/. Weil die NRDB-Datenbank sehr redundant ist, sind die Daten nicht unmittelbar mit denen der SwissProt vergleichbar. Eine globale Zuordnung (Alignment zwischen Abfrage- und Datenbanksequenz) wird mit dem Programm FASTA durchgeführt, ein lokales Alignment mit BLAST.

Zur Auswertung der Peptidmassenfingerprints kann z.B. das Programm MASCOT herangezogen werden (http://194.42.244.117/cgi/index.pl?page=/search_form_select.html).

Die gefundenen Massen werden mit den theoretischen aus den Proteinen in den Sequenzdatenbanken abgeleiteten Massen verglichen, wobei angegeben wird, mit welchem Enzym die Proteine gespalten worden sind. Bei der Suche können auch Modifikationen berücksichtigt werden, wie N-terminale Acetylierung, Oxidation von Methionin, Acrylamidmodifikation von Cystein, Phosphorylierung u.a. mehr. Als Ergebnis wird eine Tabelle erstellt, die die Proteine enthält, deren Peptide innerhalb der angegebenen Genauigkeit mit den theoretischen Peptidmassen übereinstimmen. Eine detaillierte Darstellung gibt den prozentualen Anteil der gefundenen Peptide (sequence coverage) an und zeigt die Proteinsequenz mit den gefundenen Aminosäuren.

Datenbanksuchen zur Proteinidentifizierung aus ESI-MS/MS-Spektren können mit dem Programm PepSea
http://195.41.108.38/PA_PeptidePatternForm.html
oder
http://www.mann.embl-heidelberg.de/Services/PeptideSearch/FR_Peptide PatternForm/html
durchgeführt werden.

3.2.3.6 Sequenzierung mit molekularbiologischen Methoden

Da die für ein Protein kodierende Nukleinsäuresequenz in der entsprechenden mRNA, der abgeleiteten cDNA und in der Gensequenz vorliegt, stellen Genbibliotheken auf der Basis von cDNA oder genomischer DNA wichtige Informationsquellen zur Bestimmung von Aminosäuresequenzen dar. Durch die Kombination von molekularbiologischen und chemischen Methoden kann die Aminosäuresequenz des Proteins abgeleitet werden.

Hierzu werden N-terminale oder interne Peptidsequenzen in Basensequenzen übersetzt, von denen aufgrund der Degeneration des Kodes eine Gruppe von Oligonukleotiden synthetisiert werden, die radioaktiv markiert sind und für die Herstellung von Gensonden oder Primern benutzt werden, die das Durchsuchen von cDNA-Datenbanken oder die Amplifikation per Polymerasekettenreaktion (PCR) erlauben, um das Gen nach Hybridisierung der Sonde mit der genomischen DNA aufzufinden und zu sequenzieren. Alternativ kann durch reverse Transkription, gekoppelt mit PCR (RT-PCR), die spezielle mRNA-Sequenz in DNA umgeschrieben und amplifiziert werden. Durch Lasermikrodissektion kann hierbei die mRNA aus selektierten humanen Zellpopulationen von Gewebeschnitten extrahiert und zur Präparation und Analyse eingesetzt werden (Bonner et al. 1997). Fehlende Sequenzen und insbesondere posttranslationale Modifizierungen müssen dann wiederum am gereinigten Protein analysiert werden.

Mit Hilfe von Peptidsequenzen lassen sich aber auch peptidspezifische Antikörper erzeugen, die bei der Analyse von Expressionsdatenbanken einsetzbar sind (Huynh et al. 1985).

Die aus dem Gen abgeleitete Aminosäuresequenz kann Lesefehler durch Amplifikation enthalten; des Weiteren ist im nativen Protein oft das N-terminale *N*-Formylmethionin bereits abgespalten oder falsche Start- oder Stoppkodons sind erkannt worden. Hinzu kommen Lesefehler durch Verwenden des falschen Reading Frames, so dass

das abgeleitete Protein in dieser Form nicht existiert. Zur völligen Aufklärung der Primärstruktur gehören daher abschließend immer die genaue Charakterisierung des Proteins selbst und ein Nachweis evtl. vorliegender posttranslationaler Modifizierungen (vgl. unten).

Eine komplette Aufklärung der Proteinsequenz gewinnt besonders dadurch an Bedeutung, dass zunehmend Proteine und Peptide als Medikamente eingesetzt werden. Das inzwischen klassische Beispiel ist das Schweineinsulin, das sich nur in einer Aminosäure der B-Kette (Threonin-30/Alanin) vom menschlichen Insulin unterscheidet und trotzdem in seltenen Fällen eine Immunantwort hervorruft.

3.2.4 Posttranslationale Modifizierung

Viele Proteine werden nach erfolgter Translation der mRNA im Ribosom beim Austreten der Polypeptidkette aus dem Komplex zusätzlichen Modifizierungsschritten unterworfen; es können zahlreiche Modifikationen entstehen. Weit mehr als 500 verschiedene Modifikationen sind beschrieben worden (Wold 1981; Krishna et al. 1993): Die Polypeptidkette kann auch proteolytisch durch Abspalten des Signalpeptids vom N-Terminus oder durch die Abtrennung C-terminaler Sequenzen verkürzt werden. Es können wie beim Insulin durch Entfernen einer internen Sequenz 2 Bruchstücke – die α- und die β-Kette – entstehen.

Weitaus häufiger sind Proteine an den Seitenketten der Aminosäuren modifiziert und erlangen oft erst dann ihre biologische Aktivität. Dabei können alle Aminosäuren mit funktionellen Gruppen – einschließlich der endständigen Amino- und Karboxylgruppen – modifiziert werden. Als Modifikationen werden häufig Phosphorylierungen, Alkylierungen, Acetylierungen oder Glykosylierungen nachgewiesen, während die Aminosäuren Cystein, Methionin und Tryptophan oxidiert, Histidin und Tyrosin jodiert und Prolin und Lysin hydroxyliert werden können. Eine Übersicht über weitere Modifizierungen wurde von Krishna et al. (1993) publiziert. Zusätzlich werden Disulfidbrücken innerhalb der Polypeptidketten oder zwischen den – in der Tertiärstruktur – benachbarten Cysteinen ausgebildet, die für die Stabilität und Spezifität des Proteins bzw. Proteinkomplexes von großer Bedeutung sind. Der Nachweis von modifizierten Aminosäureseitenketten kann massenspektroskopisch an isolierten Peptidfragmenten geführt werden. Dies gilt besonders für Phosphorylierungen, Acetylierungen und die Identifizierung von S-S-Brücken (Happersberger et al. 2000), durch die die strukturellen und funktionellen Eigenschaften der Proteine erheblich geändert werden. Daher ist es entscheidend, die jeweiligen Modifizierungen eines Proteins aufzuklären und diese möglichen funktionellen Eigenschaften der Proteine zuzuordnen. Außerdem ist die Bestimmung der Modifikationen auch ein wichtiges Kriterium bei der Qualitätskontrolle biotechnologisch hergestellter Proteinpharmaka.

3.2.4.1 Proteolytische Prozessierung

Die proteolytische Reifung eines Proteins wird an der veränderten molekularen Masse erkannt, und die Spaltstelle wird durch Sequenzieren oder massenspektrometrische Bestimmung der Masse festgelegt. Neben der Präsequenz, die als Signalpeptid bei der Translokation des Proteins in das endoplasmatische Retikulum abgespalten wird, gibt es Prosequenzen, die zur Aktivierung von Enzymen, z. B. bei Caspasen, entfernt werden müssen. Die gespaltenen Proenzyme aktivieren Reihen von nachgeschalteten Enzymen und lösen Kaskaden von Enzymreaktionen aus (Fibrinogen, Procaspasen). Besondere Bedeutung kommt der proteolytischen Reifung von Peptidhormonen zu. Eine Veränderung der Spaltstelle führt beim Amyloidpräkursorprotein zur Bildung des Amyloidpeptids (Aβ), das sich bei der Alzheimer-Krankheit im Gewebe ablagert (Bayer et al. 2001).

3.2.4.2 Glykosylierung

Glykoproteine sind überwiegend extrazelluläre Proteine; zu ihnen gehören die meisten Plasmaproteine einschließlich der Antikörper, Blutgruppen- und Transplantationsantigene sowie Hormone wie FSH und TSH.

Die Glykosylierung ist eine Mehrschrittreaktion, die im Lumen des endoplasmatischen Retikulums beginnt und in den Kompartmenten des Golgi-Apparats fortgesetzt wird. Die O-Glykosylierung erfolgt an Serin oder Threonin und die N-Glykosylierung am Asparagin. Die Analyse der dabei mehrfach veränderten Kohlenhydratseitenketten kann durch Abbau mit Glykosidasen (Graham u. Higgins 1993), durch Oxidation des terminalen Kohlenhydrats mit Perjodat oder Glukoseoxidase

(Muller 1994b) oder durch Bindung kohlenhydratspezifischer Lektine (Sharon 1993) erfolgen. Die Untersuchung der Kohlenhydratstruktur von Glykoproteinen ist für die Diagnostik (Turner 1992) und für diverse Forschungsgebiete, wie die Untersuchung der Antigenität von (Tumor-) Zellen, der Funktion von Rezeptoren, des intrazellulären Proteintransports, der Zelladhäsion und der Proteinfaltung, von großem Interesse und besonders in den letzten Jahren wesentlich weiterentwickelt worden, so dass auf spezielle Monographien verwiesen werden muss (Lee et al. 1990; Dwek et al. 1993).

Neue Untersuchungen zeigen, dass nicht nur Sekret-, Matrix- und Zelloberflächenproteine glykosyliert werden, sondern dass Glykoproteine auch im Cytoplasma und im Zellkern auftreten (Hart et al. 1989). Bisher gibt es noch keine Erklärungen für die extreme Komplexität und Verschiedenartigkeit der Glykane (Gagneux u. Varki 1999). Die funktionellen Untersuchungen der Glykosylierungen stehen erst am Anfang; zunehmend gibt es aber Beispiele für ihre große Bedeutung in Biologie und Medizin.

Die Wechselwirkung von Kohlenhydraten mit Lektinen verändert die Wanderungsgeschwindigkeit bei der Elektrophorese (gel shift assay) und weist die Anwesenheit von Glykoproteinen nach. Dies kann durch Copolymerisierung von Concanavalin A (als Lektin) in der Auftragsschicht von SDS-Gelen erreicht werden, wodurch die Wanderungsgeschwindigkeit von glykosylierten Proteinen im Vergleich zu nicht glykosylierten Proteinen verlangsamt wird.

Die hochsensitive Sequenzierung der O- und N-glykosylierten Seitenketten in Proteinen in Proteomanalysen gestaltet sich noch recht schwierig, obwohl die Sichtbarmachung von glykosylierten Proteinen auf Gelen bzw. Blots mit Lektinfärbetests möglich ist. Die Kohlenhydratketten von Glykoproteinen, die mittels PAGE gereinigt worden sind, können durch Behandlung mit N-Glykanase (Peptid-N4-[*N*-Acetyl-β-glukosaminyl]-Asparaginamidase; N-Glykosidase F) abgespalten und nach weiterer Zerlegung mit Endoglykosidasen durch MALDI-MS analysiert werden (Mirgorodskaya et al. 2000; Mattu et al. 2000; Wheeler u. Harvey 2000). So lassen sich häufig auftretende Isoformen, z.B. in Allergenen, massenspektrometrisch identifizieren (Kristensen et al. 1997).

3.2.4.3 Phosphorylierung

Von besonderer Bedeutung für vielfältige Regulationsprozesse, so z.B. für die Steuerung des Stoffwechsels oder für die Signaltransduktion, sind Phosphorylierungen an Proteinen, Proteinkomplexen und Enzymen durch Proteinkinasen und die ebenfalls gesteuerte Dephosphorylierung durch Proteinphosphatasen. Die Phosphorylierung kann durch Serin-Threonin-Kinasen und auch durch Tyrosinkinasen erfolgen und lässt sich durch *In-vivo*-Phosphorylierung mit radioaktivem Phosphat oder durch In-vitro-Markierung mit [γ-^{32}P]-ATP nachweisen. Phosphoserin und Phosphothreonin werden nach der sauren Hydrolyse identifiziert, da sie säurestabil sind. Außerdem gibt es spezifische Antikörper, die gegen Phosphoserin, -threonin oder -tyrosin gerichtet sind, so dass diese in Immunoblots leicht erkannt werden können (Soskic et al. 1999a). Um den Phosphorylierungsort zu ermitteln, müssen die beim proteolytischen Abbau entstehenden Phosphopeptide identifiziert und nach speziellen Verfahren sequenziert oder massenspektrometrisch durch Suche nach den Phosphat enthaltenden Präkursorionen mit m/z 79 (im negativen Modus) analysiert werden. Phosphopeptide können chromatographisch mittels HPLC vor und nach Dephosphorylierung nachgewiesen werden, wobei die entstehenden Fraktionen massenspektrometrisch analysiert werden (Wang et al. 1988). Phosphoproteine lassen sich auch aufgrund der veränderten pI-Werte im Elektrophoresemuster darstellen und identifizieren (Wettenhall et al. 1991). Die Analyse der In-vivo-Phosphorylierung wird insbesondere dadurch kompliziert, dass die spezifische Aktivität des markierten Phosphats aufgrund der verschiedenen Phosphatreservoirs in der Zelle nicht eindeutig bestimmbar ist und daher der Grad der Markierung einzelner Aminosäuren nur schwer quantitativ zu bestimmen ist. Zusätzlich kompliziert wird die Analyse beim Auftreten mehrerer Phosphorylierungsstellen in einem Protein, besonders wenn die Phosphorylierung an den einzelnen Stellen nicht vollständig ist. Die besten Aussichten für eine positive Identifizierung der phosphorylierten Peptide besteht mit LC-MS/MS durch Anwendung von Nanospray-ESI-MS, Ionentrap- oder Fourier-Transform-Massenspektrometrie oder auch FAB-(fast atomic bombardment)-MS (Dreger et al. 1999). Auch Metallaffinitätschromatographie kombiniert mit Kapillarelektrophorese und Massenspektroskopie (IMAC/CE/ESI-MS) wurde angewendet, um phosphorylierte Zielmoleküle zu identifizieren und zu fragmentieren, so dass ei-

ne zuverlässige Zuordnung der phosphorylierten Peptide zu erreichen ist (Cao u. Stults 2000). Die funktionelle Rolle der multiplen posttranslationalen Modifizierungen für die Regulation und die Verknüpfung mit der Signaltransduktion wurde am Bradykinin-B2-Rezeptor in Hamsterovarien mittels Proteomanalytik in Kombination mit Massenspektrometrie untersucht (Soskic et al. 1999 b).

3.2.4.4 Acylierung

Bei den Acylierungsreaktionen werden unterschieden:

- die N-Acylierung an der N-terminalen Aminogruppe oder an der ε-Aminogruppe des Lysins und
- die O-Acylierung am Serin.

Der N-Terminus intrazellulärer Proteine kann durch Karbonsäurereste (Formyl-, Acetyl-, Myristoylreste) und die ε-Aminogruppe des Lysins durch Acetyl-, Lipoyl-, Biotinyl- und Ubiquitinylreste modifiziert werden. Zur Analyse der modifizierten Peptide ist die massenspektrometrische Analyse besonders geeignet.

Eine Modifizierung durch Sulfatreste kann sowohl an den Kohlenhydratseitenketten von Proteoglykanen (Kimura et al. 1984) als auch am Tyrosin (Niehrs et al. 1994) erfolgen. Für den qualitativen Nachweis sulfatierter Proteine eignet sich die Markierung mit radioaktivem Sulfat.

3.2.4.5 Alkylierung

Proteine können am N-Terminus, an der ε-Aminogruppe des Lysins oder der Guanidinogruppe des Arginins methyliert und am Cystein durch Terpenreste modifiziert werden. Der Nachweis der Methylgruppe wird durch Aminosäureanalyse oder besser durch Massenbestimmung des Peptids geführt. Alkylierungen durch Terpenreste, wie die Farnesyl- oder Geranylgeranylgruppe, werden am C-terminalen Cystein von kleinen GTP bindenden Proteinen (u.a. bei Ras) gefunden. Sie dienen als Membrananker und sind für die Aktivität essenziell. Die Modifizierung verläuft unter Verkürzung des C-Terminus der Polypeptidkette um 3 Aminosäuren, Veresterung des Cysteins und Bindung des Terpenrests an die SH-Gruppe (Clarke 1992). Der Nachweis gelingt durch die Inkorporation von ^{3}H-markiertem Mevalonat, einem Präkursor des Terpenrests (Sinensky u. Lutz 1992).

3.2.4.6 Modifizierung durch Lipide

Lipoproteine des Serums bestehen aus nicht kovalenten Assoziaten von Proteinen und Phospholipiden. Eine kovalente Verknüpfung eines Proteins mit einem Lipid ist dagegen relativ selten und dient, wie im Fall des Glykosylphosphatidylinositols (GPI), der Verankerung des Proteins an zellulären Membranen. Das Phosphoinositol ist über eine Ethanolaminphosphatglykosidbrücke mit der C-terminalen Aminosäure des Proteins verbunden. Zur Analyse können der Lipidanker durch Lipasen und das Glykosid durch Säurebehandlung abgespalten werden. Der GPI-Anker dient als Marker für den Proteintransport zur apikalen Plasmamembran.

3.2.5 Proteomanalytik (Proteomics)

3.2.5.1 Bedeutung der Proteomanalytik

Im Gegensatz zum Genom, das die ererbte, genetische Information eines Organismus enthält, beschreibt das Proteom die gesamte Vielzahl aller Proteine einer Zelle, eines Gewebes oder eines Organismus zu einem bestimmten Zeitpunkt unter definierten Bedingungen. Der Begriff Proteom ist abgeleitet von *Prote*in und Gen*om* (Wilkins et al. 1996). Von Zelle zu Zelle, von Gewebe zu Gewebe und während der verschiedenen Stadien der Entwicklung treten neben den normalen Housekeeping-Proteinen verschiedene Proteine in unterschiedlichen Konzentrationen auf, deren Expression während der einzelnen Zellprozesse je nach Bedarf an- oder abgeschaltet werden kann. Die Proteomanalytik befasst sich mit der Proteinexpression während dieser verschiedenen Zellzustände: Sie charakterisiert das dynamische Geschehen der Zellen. Damit kommt der Gesamtproteinanalyse eine neue, eminente Bedeutung in der biologisch-medizinischen Grundlagenforschung zu (Blobel u. Wozniak 2000 a, b). Im Gegensatz dazu resultiert aus der Genomanalyse jeder Zelle und jedes Gewebes eines Organismus ein stets gleiches genetisches Informationsmuster; daher stellt die Genomanalyse eine statische Zelldeterminante dar.

Durch hocheffektive, zweidimensionale Elektrophoresen können mehr als 2000 Proteine auf einem Gel getrennt werden (vgl. Abschnitt 3.2.2.5 „Zweidimensionale Elektrophorese von Proteinen"). Mit dieser Methode werden die Zell-Lysate

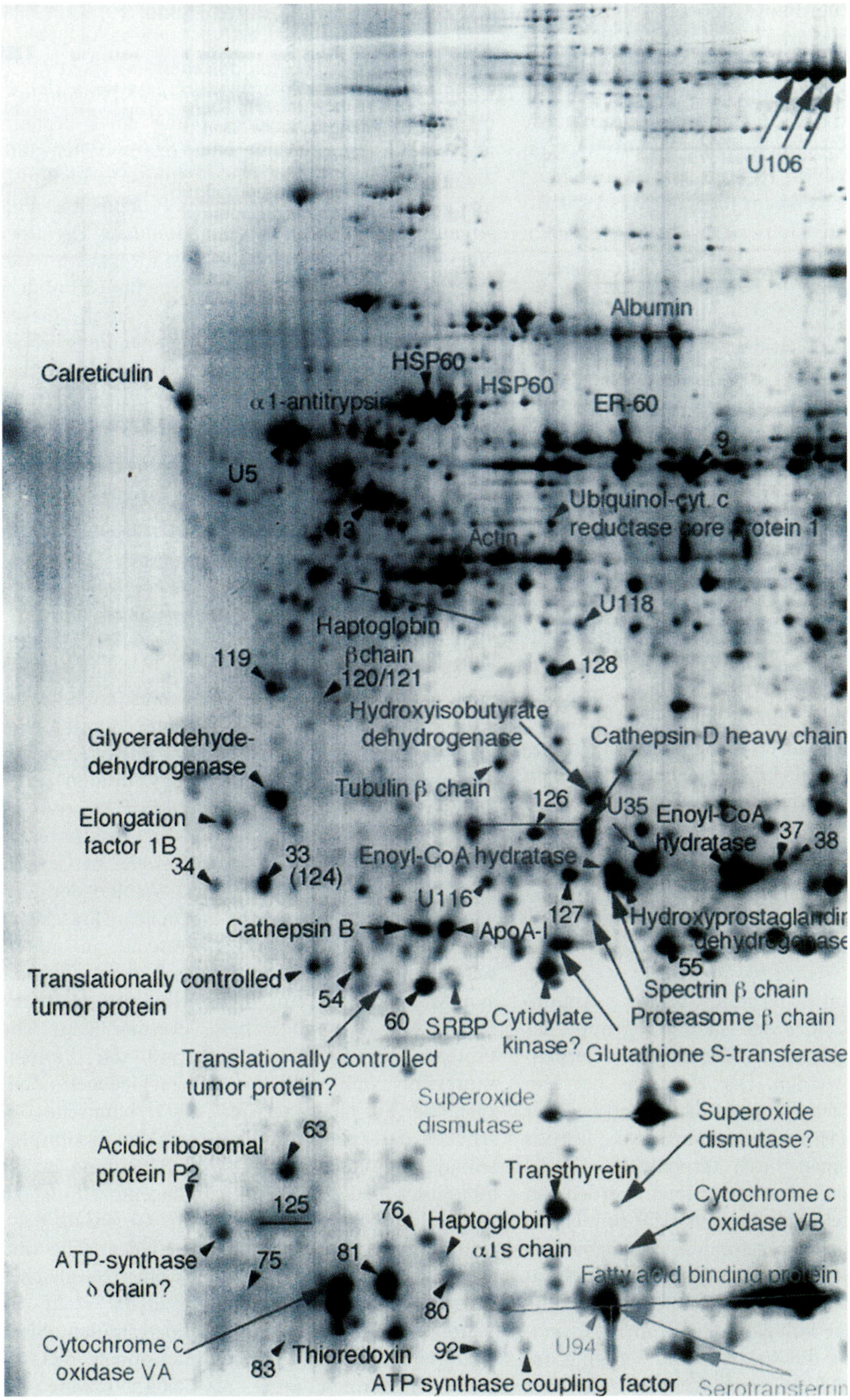

Abb. 3.2.6. Zweidimensionale elektrophoretische Auftrennung von Proteinen der menschlichen Leber, modifiziert nach Hughes et al. (1993). Einige der durch Proteomanalyse identifizierten Proteine sind in der entsprechenden 2DE-Datenbank eingetragen (vgl. 2DE-Datenbanken unter http://www.expasy.ch/ch2D/2D-index.html#db)

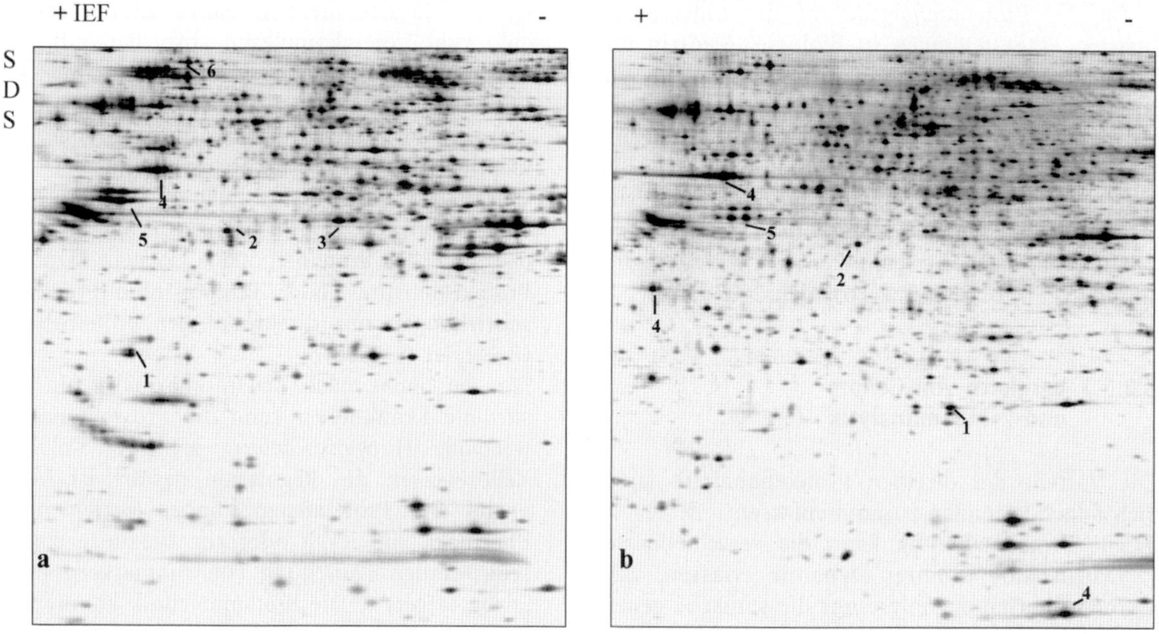

Abb. 3.2.7 a, b. Analytische 2DE-Gele von Proteinlysaten aus Burkitt-Lymphoma-Bl-60-Zelllinien: (**a**) normale Zellen, (**b**) apoptotische Zellen nach Anti-IgM-Induktion, Beispiele von Proteinen, die nach der Behandlung in ihrer Expressionsrate geändert sind: *1* D4-GDI (**a**), fragmentiert (**b**); *2* ribosomales Protein P0 (**a**), pI-Änderung (**b**); *3* neutrales Calponin (**a**), in **b** nicht exprimiert; *4* Aktin und Aktinfragmente (**a**, **b**); *5* hnRNP C1/C2 (**a**), pI-Änderung (**b**) vgl. Müller et al. (1999)

ganzer Zellen oder Organismen aufgetrennt, so z. B. die Proteine von Einzellern, wie von *Escherichia coli* (Vanbogelen et al. 1992). Mit der hochauflösenden Technik (Klose u. Kobalz 1997; Kamp et al. 1997), die 5000–10 000 Proteine in einem Großgel (24 cm×32 cm oder 40 cm×32 cm) aufzutrennen ermöglicht, können Proteine aus Geweebextrakten (Abb. 3.2.6) oder aus differenzierten Zellen höherer Organismen aufgetrennt und analysiert werden. Dies hat sich die Proteomanalytik zunutze gemacht, um verschiedene Zellzustände miteinander zu vergleichen, z. B. Zellen, Gewebe oder intakte Mikroorganismen vor und nach der Differenzierung oder nach der Behandlung mit diversen Pharmaka (Abb. 3.2.7). Die Technik wird in besonderem Maß dazu eingesetzt, um Krankheiten, deren molekulare Ursachen und damit verbunden Veränderungen von Zellprozessen nicht bekannt sind, zu erforschen. Aus der Analyse der veränderten Proteine können Rückschlüsse auf die Veränderungen im Zellgeschehen gezogen werden. Die identifizierten Proteine können als Biomarker zur Frühdiagnose (z. B. als Marker, um beginnende prämaligne Läsionen zu bestimmen) eingesetzt werden oder dienen als Target zur zielgerichteten Herstellung eines Arzneimittels. Des Weiteren wird die Proteomanalytik angewendet, um die Wirkungsweise von Pharmaka und Toxinen zu erforschen.

Eine Vielzahl zellulärer Proteine konnte aus den Gelen bereits durch Mikrosequenzierung, Aminosäureanalyse oder Massenspektrometrie identifiziert werden. Mit diesen Techniken ist es möglich, Größe und Ladung von Tausenden von Proteinen zu vergleichen, die Unterschiede zu charakterisieren und krankheitsbedingte Veränderungen, z. B. in Seren (Tissot et al. 1991), und Tumorzellen aus Neuroblastoma-, Brust-, Lungen-, Kolon- und Blasentumoren (Kovarova et al. 1994) oder Geweben (Hughes et al. 1993) zu erfassen. Ferner wurden die mit apoptotischen Vorgängen assoziierten Proteine charakterisiert (Müller et al. 1999).

Die identifizierten Proteine werden in Datenbanken, den so genannten 2DE-Datenbanken, katalogisiert. Zahlreiche 2DE-Datenbanken sind bereits publiziert worden, z. B. für humane Leber- und Nierenzellen, HepG2-Zellen und Sekretproteine, Plasma, rote Blutkörperchen, Lymphomazellen, promyeloische Leukämiezellen, zerebrospinale Flüssigkeiten, Makrophagen- und Erythroleukämiezellen, weiße Blutkörperchen, Apoptose und kolorektale Epithelzellen und viele weitere Zellen und Gewebe (Hoogland et al. 1999) (http://www.expasy.ch/ch2D/2D-index.html#db).

Da die Proteomanalytik auf die unterschiedlichsten Fragestellungen in Biologie, Medizin und Pharmaforschung anwendbar ist, kommt ihr eine rasch steigende Bedeutung zu: Sie vermittelt die Grundlage für die Erfassung aller Zellveränderungen, einschließlich von Proteinmodifikationen und auftretenden Proteinvarianten, die durch die bisherigen molekularbiologischen und proteinchemischen analytischen Techniken nicht zugänglich waren (vgl. z. B. Blobel u. Wozniak 2000 a).

3.2.5.2 Vergleich von Genom- und Proteomanalytik

Die Vorteile der direkten Proteomanalytik lassen sich folgendermaßen zusammenfassen:

1. Die Proteomanalytik kann die verschiedensten Zellzustände in ihrer Dynamik erfassen, während die Genomanalyse nur die statische genetische Information des Organismus vermittelt.
2. Ein weiterer Vorteil ist die Möglichkeit, die Modifikationen der Proteine zu erfassen, die oft im direkten Zusammenhang mit den physiologischen Eigenschaften der Proteine stehen. Dies kann durch Genanalyse nicht aufgezeigt werden.
3. Nur durch direkte Untersuchungen an den Proteinen können Rückschlüsse auf Spleißvarianten gezogen und die exakte Sequenz und Länge der Proteine erfasst werden; durch Genanalyse allein ist dies nicht möglich.
4. Nur die Proteomanalytik liefert Daten zur Defacto-Proteinexpression, während durch Expressionsanalyse auf der DNA- oder mRNA-Ebene die Menge und die biologische Aktivität des tatsächlich auftretenden Proteins nicht ermittelt werden können.
5. Die mRNA ist relativ instabil und zeigt eine deutlich stärkere Turnover-Rate als die Proteine; daher sind die Veränderungen auf Proteinebene wichtig für die Untersuchung der funktionellen Zustände der Zellen.
6. Der Vergleich von mRNA- mit Proteinexpressionsraten ergab Korrelationskoeffizienten $<0{,}5$ (Anderson u. Seilhammer 1997). Beide, der Vergleich von mRNA zu Protein in einem Zelltyp für viele Proteine oder von einem Gen für verschiedene Zelltypen, ergaben vergleichbar niedrige Korrelationsfaktoren. Diese und neuere Ergebnisse zeigen, dass es unabänderlich notwendig ist, die direkten Proteinexpressionsraten zu bestimmen.
7. Auch bei Fragen bezüglich der zellulären Regulation geben nur die direkten Proteindaten Aufschluss, da sich diese Vorgänge oft nur innerhalb von Proteinkomplexen abspielen, z. B. die Phosphorylierung/Dephosphorylierung bei G-Protein-gekoppelten 7-Transmenbran-Rezeptoren oder die proteolytischen Modifikationen der membranständigen Präkursorproteine bei der Entsendung von extrazellulären Signalmolekülen. So wirken die Auslösung von Signalkaskaden und die Protein-Protein-, Protein-Ligand-, Protein-Substrat- oder Protein-Inhibitor-Wechselwirkungen nur direkt auf der Proteinebene (Beeley et al. 2000).
8. Für die Suche nach neuen Pharmaka für bestimmte Krankheiten kann die Proteomanalyse wertvolle Hinweise liefern, z. B. bei welchen Zellprozessen die Regulation gestört ist. Aufgrund von Proteindaten können gezielt neue Pharmaka entwickelt oder zur Diagnose eingesetzt werden (Ableitung von Biomarkern oder „drug targets“). Die Proteomtechnik könnte daher die empirischen Strategien zur Suche nach geeigneten Pharmaka, wie die Großindustrie sie viele Jahrzehnte praktiziert hat, abkürzen und damit die enormen Kosten zur Entwicklung neuer Pharmaka in der pharmazeutischen Arzneimittelforschung wesentlich reduzieren. Deshalb wird die Proteomanalytik heute bereits von vielen Forschungslaboratorien und Pharmakonzernen genutzt oder diese arbeiten eng mit entsprechenden Speziallabors zusammen.

3.2.5.3 Strategie zur vergleichenden Proteomanalytik

Wichtig bei der vergleichenden Proteinanalyse von 2 oder mehreren verschiedenen Zellzuständen sind die Ausgangskriterien:

1. Sind ein Normalzustand oder eine Kontrolle, auf die sich der Vergleich beziehen soll, genau definiert und zeitlich unbeschränkt reproduzierbar?
2. Ist genügend Zellmaterial vorhanden, so dass parallele Probenaufschlüsse und mehrfache Elektrophoresen durchgeführt werden können?
3. Welcher Probenaufschluss ist geeignet?
4. Lassen sich die Proben vollständig aufschließen oder werden Rückstände (z. B. Membranproteine, nicht aufgeschlossene Zellen) erhalten?
5. Wie lassen sich die Proteine ohne partielle proteolytische Veränderungen gewinnen?

Sollen unterschiedliche Zellzustände untersucht werden, sollten mehrere Parallelproben vor und nach den Veränderungen zur Verfügung stehen.

Für quantitative Aussagen müssen jeweils mehrere Proben bereitstehen (z. B. 8–10 Normalproben und 8–10 definierte Proben, die die Veränderungen aufweisen), von denen je 2 bis mehrere Parallelgele angefertigt werden. Zunächst werden analytische Gele gefahren und von jeder der Serien nach computergestützem Einscannen so genannte Mastergele erstellt, die den Mittelwert der Intensität für jedes Protein ergeben. Aus den erhaltenen Intensitätsdaten lassen sich Unterschiede zwischen den diversen Zellzuständen statistisch gesichert angeben. Sollen mehrere verschiedene Zellzustände verglichen werden, ergibt sich der Unterschied in der Expressionsrate für die einzelnen Proteine immer im Bezug auf das Mastergel des Kontrollzustands. Fehlt ein Bezug auf einen reproduzierbaren Standardzustand, können keine quantitativen Analysen für die varianten Proteine angegeben werden. Wird ein Gewebe untersucht, das sich aus verschiedenen Zellen zusammensetzt, die je nach Probenentnahme unterschiedlich auftreten, lässt sich eine Aussage über unterschiedliche Expressionsraten nur machen, wenn pro Gewebe mehrere Proben entnommen und miteinander verglichen worden sind (z. B. aus einem Tumor an mehreren Stellen und dem zugehörigen Normalgewebe) und diese Ergebnisse miteinander gemittelt wurden. Alternativ kann ein ganzes Organ (z. B. Mausleber) insgesamt zum Zellaufschluss verwendet werden. Am günstigsten liegen die Verhältnisse, wenn isolierte, stabile und einheitliche Zellen oder Zell-Linien bzw. definierte Zellkompartmente zur Untersuchung verwendet werden.

3.2.5.4 Zellaufschluss

Eine gute Proteinauftrennung aus ganzen Zell-Lysaten gelingt nur, wenn die Proteine gut solubilisiert vorliegen, was bei Membranproteinen, Kernproteinen oder Proteinen aus Haut oder Haaren ein Problem sein kann; ferner gelingt der Aufschluss leichter bei eukaryontischen Zellen als bei prokaryontischen Organismen, die eine stärkere Membran besitzen. Für die Proteomanalyse werden daher unterschiedliche Zellaufschlüsse verwendet. Bei schwer aufschließbaren Proben müssen drastischere Bedingungen angewendet werden, z. B. unter Zerreiben mit Sand oder Alcoa, oder durch thermischen Druckaufschluss (Arbeitsdruck bis zu 2 mPa). Bei eukaryontischen Zellen oder Geweben genügt ein Zerreiben der gefrorenen Proben mit Probenpuffer unter flüssigem Stickstoff, wobei der Probenpuffer bereits eine Mischung verschiedener Proteaseinhibitoren unter Zusatz von Ampholyten, 50 mM DTT oder Tributylphosphin und 40 mM Tris enthält (Wrede u. Schneider 1994). Etwa 10^6–10^8 Zellen werden für die Durchführung der ersten analytischen und präparativen Gele benötigt (entspricht etwa 30–50 mg an feuchten Zellen). Der Aufschluss wird mit 6–8 M Harnstoff versetzt, um alle Proteinkomplexe zu denaturieren und evtl. restliche Proteaseaktivitäten zu zerstören. Er wird hochtourig abzentrifugiert und auf das Gel der ersten Dimension, das IEF-Gel (vgl. Abschnitt 3.2.2.4 „Isoelektrische Fokussierung"), aufgetragen. Alternativ kann bei Membranproteinen 4% CHAPS als Detergenz verwendet werden.

3.2.5.5 Probenmengen

Die optimalen Mengen an Protein, die aufgetragen werden können, schwanken je nach Auftreten von stark exprimierten Proteinen (wie Albumin im Serum) in der Probe. Es können etwa bis 1 mg Totalprotein pro analytischem Großgel (24 cm×30 cm) aufgetragen werden (entspricht etwa 1–10 ng pro Protein) und 10 mg Protein pro präparativem Gel. Mit der empfindlichen Silberfärbung können nur Proteine im Gel nachgewiesen werden, die in mindestens 10^3–10^5 Kopien pro Zelle (0,17–17 pMol) vorkommen. Meist reicht diese Menge jedoch nicht für die weiteren analytischen Techniken zur zweifelsfreien Identifizierung der Proteinspots aus. Dies gilt insbesondere für wichtige Proteine (Rezeptoren, Faktoren), die nur in sehr kleinen Mengen vorhanden sind. Auch bei der Verwendung von Fluoreszenzfarbstoffen (wie CYPRO-Ruby) werden solch niedrig exprimierten Proteine oft nicht erfasst. Hier müssen radioaktiv markierte Zell-Lysate eingesetzt oder Zellen mit Selenomethionin kultiviert werden. Einige neue Verfahren erlauben Konzentrierungsschritte durch fraktionierte Fällungen, Fraktionierungen per HPLC-Verfahren (Badock et al. 2001), oder mittels Mikrobore-HPLC/CE. Des Weiteren können mit modernen trägerfreien Elektrophoresen (FFE-Gerät der Fa. Dr. Weber GmbH, Kirchheim) Vorfraktionierungen von Zell-Lysaten durchgeführt werden (Weber u. Bocek 1999). Eine interessante Variante zur hochsensitiven Detektion und Identifizierung von Proteinen aus Gelen wurde durch Mikrokonzentrierung an einer C18-Phase in Kombination mit Kapillarelektrophorese und direkter Anbindung an ein Tandemmassenspektrometer erreicht (Figeys at al. 1996), bei dem Attomol-Mengen an Protein detektiert werden konnten.

3.2.5.6 Durchführung der hoch auflösenden 2D-Gelelektrophorese

Zur Auftrennung komplexer Proteinmischungen sind zahlreiche Elektrophoresetechniken entwickelt worden. Für die Durchführung der ersten Dimension mittels IEF-Elektrophorese werden Röhrchen verschiedener Durchmesser (0,7–3,2 mm) und verschiedener Länge (8, 10, 20 oder 30 cm) verwendet (Klose u. Kobalz 1995; Kamp et al. 1997) oder Fertiggelstreifen nach Rehydratisierung der Gele angewendet (Görg et al. 2000). Nachdem die Gele polymerisiert sind, wird das Proteinlysat unter Zusatz von Harnstoff, Tributylphosphin und Ampholinen auf das IEF-Gel aufgetragen und in der 1D-Kammer elektrophoretisch aufgetrennt. Danach muss das Gel umgepuffert und vorsichtig auf das bereits polymerisierte SDS-Gel der 2. Dimension transferiert und einpolymerisiert werden. Nach der Elektrophorese wird das Gel gefärbt, wofür verschiedene Möglichkeiten bestehen (vgl. Abschnitt 3.2.2.5 „Zweidimensionale Elektrophorese von Proteinen"). Das Gel wird zur Bestimmung der Intensitäten der Spots in einem Scanner digitalisiert und kann dann mit einer bildverarbeitenden Software (z.B. Melanie III, PDQuest, Phoretix) ausgewertet werden. Hierbei ist es nötig, die Gele in verschiedenen Konzentrationen der Proteinlysate herzustellen und einzuscannen, um die jeweils optimale Proteinkonzentrationen für eine geeignete Intensitätsmessung zu erhalten. Die Intensitätsmessung wird durch das Lambert-Beer-Gesetz limitiert, das für stark angefärbte Proteine, wie z.B. Albumin im Serum, seine Gültigkeit verliert. Die Silberfärbung ist im Bereich von 0,04–2 ng/mm^2 linear; die Coomassie-Blau-Färbung im Bereich von 10–200 ng/mm^2. Die Färbung mit Fluoreszenzfarbstoffen, wie z.B. CYPRO-Orange oder CYPRO-Ruby, die an das SDS und nicht direkt an die Proteine binden, sind den Färbemethoden mit Silber oder Coomassie-Blau überlegen, weil ein breiterer Bereich von über 4–5 Zehnerpotenzen linear messbar ist. Die Markierung der Proteine mit Radioisotopen erlaubt genaue quantitative Aussagen über die Expressionsrate der Proteine; jedoch reicht diese Menge nicht aus, um die Proteine aus dem Gel zu identifizieren.

Eine andere Strategie zur qualitativen und quantitativen Analyse der Proteine in der Proteomanalyse bedient sich der Isotopenverteilungsanalyse: Die primären Aminogruppen der Proteine werden in der Kontrolle mit Acetat und in der Probe mit Trideuteroacetat umgesetzt, anschließend werden die Proteine beider Ansätze gemischt und tryptisch gespalten. Die relativen Konzentrationen der Peptide in Kontrolle und Probe werden per MALDI- oder ESI-MS aus den Isotopenverhältnissen ermittelt. Die Histidin enthaltenen Peptide wurden hierbei per Affinitätschromatographie und Glykopeptide über Lektinsäulen angereichert (Ji et al. 2000). Entsprechend können auch ^{18}C-markierte Proben benutzt werden, z.B. als interner Standard (Mirgorodskaya et al. 2000). Proteinlysate können auch enzymatisch gespalten, die enthaltenen Cysteinpeptide biotinyliert und durch Affinitätschromatographie selektiert werden. Diese Peptide wurden durch LC-HPLC-MS/MS-Kopplung analysiert und die zugehörigen Proteine identifiziert (Spahr et al. 2000).

Die quantitative Bestimmung der Expressionsrate der Proteine aus den Gelen lässt sich nur erreichen, wenn genügend statistisch gesicherte Daten der Intensitäten vorliegen. Neben Auswertungen radioaktiv markierter Proteine können sehr genaue quantitative Analysen von Proteinen mittels stabiler isotopkodierter Affinitätstags (ICAT) durchgeführt werden. Hierzu werden die Cysteine der Proteine mit einem für Cysteinylgruppen spezifischen Reagenz umgesetzt, das einen 8fach deuterierten Linker und am anderen Ende einen Biotinaffinitätsmarker trägt (Gygi et al. 1999). Das normale Zell-Lysat (Zellstatus 1) wird mit dem leichten ICAT-Reagenz, das zu untersuchende Zell-Lysat (Status 2) mit dem deuterierten Reagenz markiert. Die Proteinproben werden gemischt und tryptisch gespalten. Die erhaltenen markierten Peptide werden über eine Avidinaffinitätssäule angereichert und per Kapillar-HPLC-MS/MS analysiert. Bei der Elution werden die relativen Mengen der Peptide massenspektrometrisch bestimmt und das entsprechende Protein mit den erhaltenen Sequenzen identifiziert (vgl. Abschnitt 3.2.3.4 „ESI-Massenspektrometrie"). Die relativen Signalintensitäten der deuterierten und nicht deuterierten ICAT-Reagenz-markierten Peptidionenpaare ergeben quantitative Aussagen über die Expressionsrate ihrer Proteine (Gygi et al. 1999; Mann 1999). Diese Methode ist deswegen so vorteilhaft, weil Unterschiede in den Intensitäten der Proteinflecke, die bei der Untersuchung von Gelen auftreten können, hier keine Rolle spielen. Allerdings können bei der Markierung mit dem ICAT-Reagenz nur Proteine erfasst werden, die Cystein enthalten.

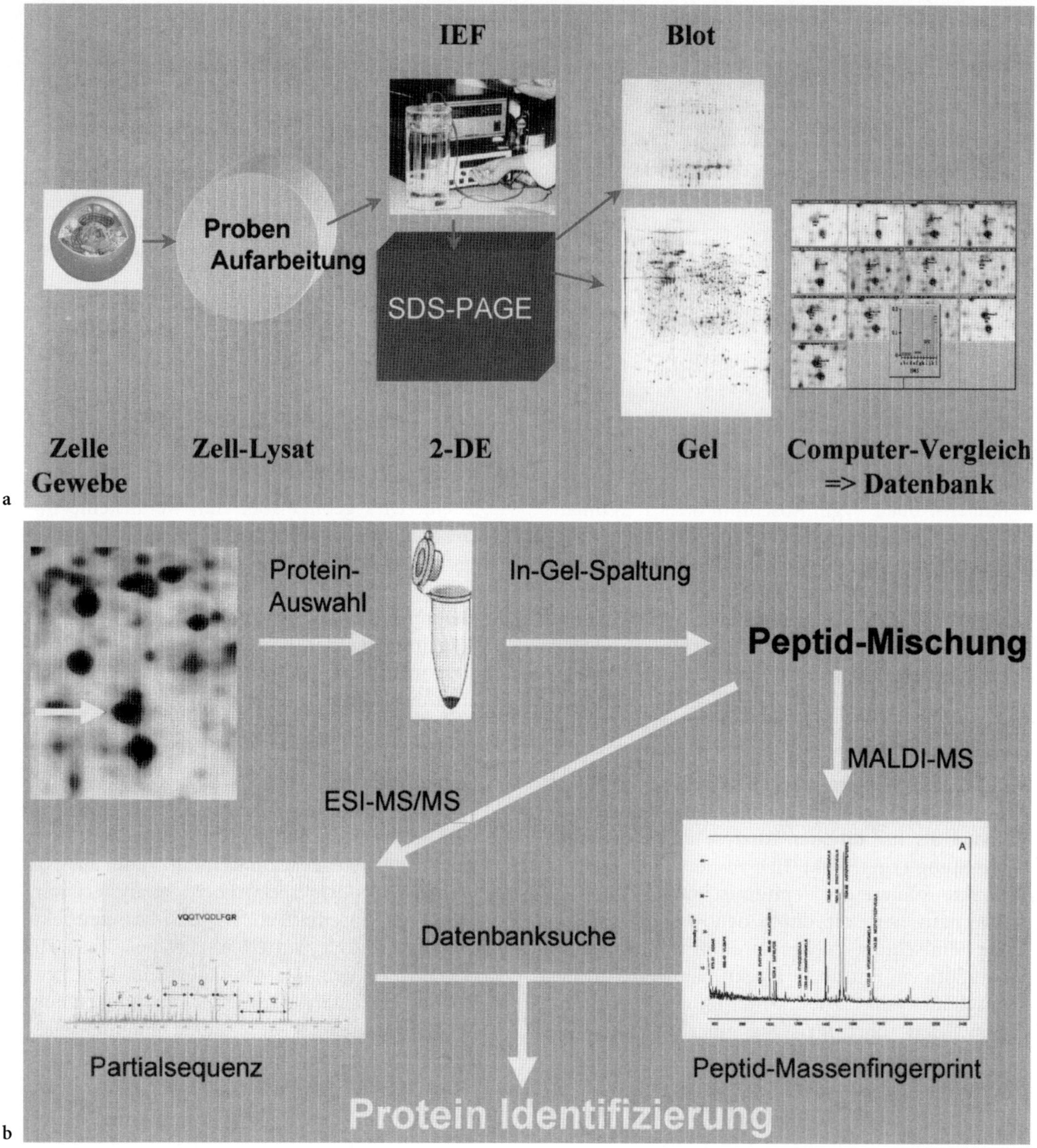

Abb. 3.2.8a–c. Strategien zur Identifizierung von Proteinen aus 2DE-Gelen: (**a**) Strategie zur Auftrennung eines komplexen Proteinlysats; (**b**) Proteomanalytik von 2DE-Gel-Spots; (**c**) verschiedene Strategien zur Charakterisierung von Proteinen in der Proteomanalyse

3.2.5.7 Analyse der Proteine aus 2D-Gelen

Abbildung 3.2.8 gibt die möglichen Strategien wieder, wie Proteine aus Gelen analysiert und identifiziert werden können (Gaevert u. Vandekerckhove 2000). Dies kann auf verschiedenen Wegen erreicht werden:

1. durch *in-situ*-proteolytische Spaltung des gefärbten Proteins und Analyse
   In der Regel wird das Protein aus dem Gel ausgestanzt und in situ im Gel mit Trypsin oder einer anderen Protease verdaut. Die Peptidmischung wird entweder per HPLC getrennt (vgl. Abschnitt 3.2.2.2 „Chromatographische Trennung“) und die einzelnen Fraktionen dem

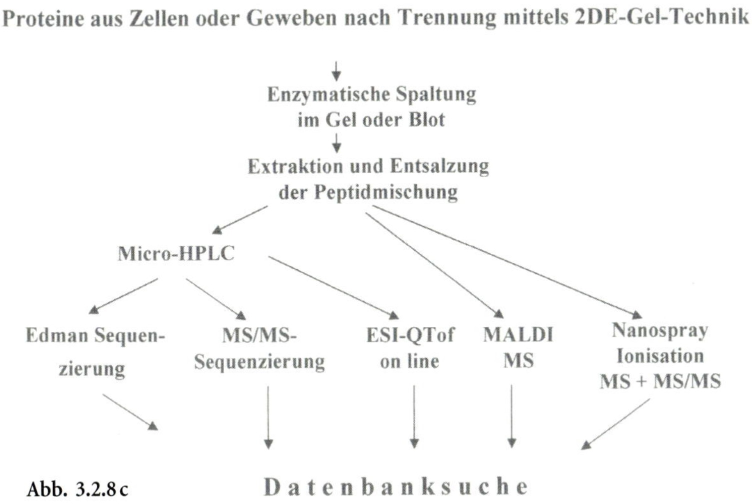

Abb. 3.2.8 c

Edman-Abbau (vgl. Abschnitt 3.2.3.1 „Edman-Abbau") unterworfen oder die Massen der Peptide werden aus den einzelnen Fraktionen per Massenspektrometrie ermittelt (vgl. Abschnitt 3.2.3.3 „MALDI-Massenspektrometrie"). Anhand der Partialsequenz oder mehrerer tryptischer Peptidmassen lassen sich sehr oft die Proteine in den entsprechenden Datenbanken auffinden. Nachteilig ist, dass durch die HPLC-Vortrennung mehr Proteinsubstanz eingesetzt werden muss; andererseits werden von einer größeren Anzahl von Peptiden genauere Massendaten erhalten als bei direkter Analyse der tryptischen Mischung (vgl. Punkt 2);

2. direkte Analyse der Peptidmischung
   Alternativ wird die durch den Verdau erhaltene Peptidmischung nicht getrennt, sondern nach sorgfältigem Entsalzen direkt massenspektrometrisch analysiert. Die Extraktion der Peptide aus den Gelen führt meist zu einer Ausbeute von 70–85%, die jedoch durch die notwendigen Färbe- und Entsalzungsschritte (Otto et al. 1996) gemindert wird (Speicher et al. 2000). Für die MS-Analyse bieten sich 2 Möglichkeiten an:
   - Mit der *MALDI-Massenspektrometrie* (vgl. Abschnitt 3.2.3.3 „MALDI-Massenspektrometrie") werden die Massen einiger tryptischer Peptide ermittelt (vgl. „Peptidmassenfingerprint", Abb. 3.2.4). Diese sind für jedes einzelne Protein charakteristisch, so dass mit Hilfe dieser Massendaten das zugehörige Protein oft zweifelsfrei in einer der Sequenzdatenbanken identifiziert werden kann. Auf diese Weise können Proteine in speziellen Geweben, z.B. menschlichem Hirn, nachgewiesen und quantitativ bestimmt werden (vgl. Gobom et al. 2000). Dies gelingt aber nur, wenn keine unbekannten Modifikationen in den Peptiden enthalten sind und die Massen sehr genau mit weniger als 10 ppm Abweichung von den theoretisch errechneten Massen der Peptide bestimmt werden können. Wichtig ist natürlich auch, dass das Protein bereits bekannt ist und tatsächlich in einer der Datenbanken enthalten ist. Wenn einer dieser Faktoren nicht erfüllt ist gelingt es nicht, das Protein zweifelsfrei mit der MALDI-Massenspektrometrie allein zu ermitteln. In diesem Fall kommt die ESI-Massenspektrometrie zum Einsatz.
   - Die tryptische Peptidmischung kann auch in einem *ESI-Massenspektrometer* analysiert werden (vgl. Abschnitt 3.2.3.4 „ESI-Massenspektrometrie"). Der Vorteil ist hierbei, dass zusätzlich zu dem Massenfingerprint Fragmentionen einzelner, selektierter Peptide erzeugt werden können. Diese ergeben Fragmentmassendaten der um jeweils eine bis mehrere Aminosäuren verkürzten Peptide, ein so genanntes MS/MS-Spektrum (Abb. 3.2.5), aus dem die Sequenz des selektierten Peptids errechnet werden kann. Ist genügend Protein zum tryptischen Verdau eingesetzt worden (etwa 500 fMol Protein), können mehrere Peptide nacheinander während der Messung selektiert und fragmentiert werden, so dass die Peptidmischung zur Ermittlung von etwa 4–8 Partialsequenzen führt (vgl. Abschnitte 3.2.3.3 „MALDI-Massenspektrometrie" und 3.2.3.4 „ESI-Massenspektrometrie"). Dies ergibt einen großen Vorteil, weil das Ausgangsprotein nun durch die erhaltenen Peptidmassen und die gefundenen Partialsequenzen wesentlich

besser definiert ist. Dadurch gelingt eine zuverlässige Identifizierung auch dann, wenn das Protein eine oder mehrere Modifikationen trägt oder aber nur ein homologes Protein in der Datenbank enthalten ist. Jedoch ist es oft nicht möglich, gleichzeitig die Natur der Modifikation zu bestimmen, weil hierzu eine individuelle, gezielte massenspektrometrische Messung mit mehr Substanz nötig wird.

3. Analyse nach Blotten der ungefärbten Gele
Eine Analyse der Proteine nach dem Blotten kann ebenfalls durchgeführt werden; hierbei werden die Proteine in situ auf dem Blot einer tryptischen Spaltung unterzogen (unter Zusatz des neutralen Detergenz NP40), eluiert und per Massenspektrometrie analysiert. Das Blotten wird dann ausgeführt, wenn Proteine mit spezifischen Antikörpern immunologisch sichtbar gemacht werden können oder um zu prüfen, ob Glykoproteine vorhanden sind (Lektinfärbung). Der Immunoblot wird zunächst mit spezifischen Antikörpern gefärbt und die übrigen Proteine können anschließend mit Goldfärbung sichtbar gemacht werden, um die genaue Lage des immunopositiven Spots zu lokalisieren. Da die Immunofärbung sehr sensitiv ist, werden zum Blotten analytische Gele eingesetzt. Diese Technik wird vielfach zum Testen von Patientenseren benutzt, während die Analyse der interessanten Proteine aus den mit Coomassie-Blue oder fluoreszenzgefärbten präparativen Gelen durchgeführt wird. Interessante Proteine können auch ohne radioaktive Markierung durch Chemilumineszenzfärbung sichtbar gemacht werden (Bronstein u. Kricka 1992; Josel 1992).

3.2.5.8 Automatisierung der Proteomanalytik

Erhebliche Anstrengungen werden gemacht, um die Durchführung der 2D-Elektrophorese, die Erfassung der Proteine und ihre Identifizierung automatisch ablaufen zu lassen. Das wird zunehmend notwendig, um mit den immensen neuen Forschungsprogrammen Schritt zu halten, die sich der Proteomanalytik bedienen und bedienen werden.

Bezüglich der Gele sind Fortschritte dadurch entstanden, dass Fertiggelstreifen Verwendung finden (Görg et al. 2000). Da diese jedoch nur dann optimale Trennleistungen ergeben, wenn die Auftrennung mit Streifen verschiedener pH-Bereiche durchgeführt wird, müssen pro Probe mindestens 2–4 verschiedene Gele hergestellt und nach der Entwicklung der Muster per Computer wieder zusammengesetzt werden. Dadurch potenziert sich der Arbeitsaufwand beim notwendigen Vergleich der Gele und bei der Auswertung und quantitativen Bestimmung der Expressionsrate der Proteine, d.h. die arbeitsintensive Phase wird zunehmend auf die computergestützte Auswertung verlagert. Bei Anwendung der Ampholin-Gele ist zumindest die Notwendigkeit, mehrere Gele in verschiedenen pH-Bereichen anfertigen und in Einklang bringen zu müssen, normalerweise nicht gegeben (Ausnahme basische Proteine, Proteine mit einem MG über etwa 150 000).

Zum Ausstanzen der Proteine aus den Gelen wurden Ausstanzroboter entwickelt (z.B. von der Fa. Bio-Rad und der Fa. Genomic Solutions), wobei die Schwierigkeit besteht, dass diese an die unterschiedlichen Formen und Größen der Spots angepasst werden müssen und dass die Gele mit der Zeit schrumpfen, so dass u.U. mehrmals eingescannt werden muss. Für Serienanalysen von Proteinspots aus Gelen wurden bereits Pipettierautomaten entwickelt, wie z.B. der DigestPro (Fa. Abimed), mit dem die Proteine automatisch mit Proteasen gespalten und aus dem Gel eluiert werden können (Ashman et al. 1997). Allerdings müssen der Entsalzungs- und Konzentrierungsschritt ebenfalls automatisch durchgeführt werden, um zu kleinsten Volumina zu kommen, wie sie für die Massenspektrometrie notwendig sind. Roboter für den automatischen Transfer der Peptidmischungen auf das MALDI-Target sind ebenfalls bereits erhältlich (z.B. von der Fa. Bruker Daltonik, Bremen), so dass vom Transfer der Proben bis zur Messung einschließlich der ersten Auswertung der Spektren und der Datenbankabfrage eine weitgehende Automatisierung erreicht ist. Auch für die LC-ESI-MS-Technik werden bereits automatische Lösungen für mehrere Proben angeboten. Ein schneller Ablauf aller dieser Teilprozesse wäre für die Genauigkeit und Reproduzierbarkeit der Proteomanalysen äußerst wünschenswert, desgleichen jede Vereinfachung der Methodik. Die automatische Datenerfassung und Recherchen beinhalten noch viele ungelöste Probleme (Quadroni u. James 1999). Diese bestehen bei der Probenaufarbeitung, bei der Trennung der komplexen Proteingemische und dem Auffinden großer, hydrophober Proteine, bei Membranproteinen (Santoni u. Rabilloud 2000; Ito et al. 1999) und bei sehr basischen oder sehr sauren Proteinen. Im MALDI-Verfahren können bereits viele Proben im automatischen Modus vermessen und ausgewertet werden, aber die Ergebnisse, d.h. die eindeutige Identifizierung ohne MS/MS-Daten, gelingt nur in etwa 30–60% der Fälle

(in Abhängigkeit von den bekannten Daten). Das Einscannen und Vergleichen vieler Gele und die automatische Auswertung der MS/MS-Spektren benötigen noch sehr viel Computerzeit. Zusammenfassend lässt sich sagen, dass es ohne individuelle Inspektion der Daten derzeit noch nicht möglich ist, eine große Zahl von Proben schnell und eindeutig auszuwerten.

3.2.6 Raumstruktur

3.2.6.1 Sekundärstruktur

Regelmäßige Strukturen begrenzter Bereiche der Polypeptidkette waren durch die theoretische Vorhersage von α-Helix- und β-Faltblatt-Struktur bereits lange postuliert, bevor Methoden zu ihrer Bestimmung entwickelt werden konnten.

Chirooptische Methoden wie die Untersuchung des Zirkulardichroismus oder schwingungsspektroskopische Untersuchungen mit Hilfe der Fourier-Transform-Infrarotspektroskopie (FTIR) oder der Raman-Spektroskopie erlauben es, v. a. quantitative Aussagen zu dem Anteil an Sekundärstrukturelementen in einem Protein zu treffen. Die Zuordnung der Sekundärstrukturanteile zu bestimmten Sequenzabschnitten ist dagegen nur durch eine Kombination biophysikalischer Messungen mit der Berechnung von Strukturmodellen und in zunehmendem Maß durch den Vergleich mit bekannten 3D-Strukturen mit einiger Sicherheit vorherzusagen. Eine endgültige Bestimmung ist nur durch eine vollständige Aufklärung der Raumstruktur mittels Röntgenkristallstrukturanalyse oder NMR-Spektroskopie zu erreichen.

Da die Raumstruktur der Proteine durch ihre Aminosäuresequenz bestimmt wird (Chou u. Fasman 1978; Gierasch u. King 1990), ist die Kenntnis der Sequenz eine notwendige, aber, wie der Vergleich mit den bekannten Raumstrukturen zeigt, keine hinreichende Voraussetzung für die Vorhersage der Sekundärstrukturelemente eines Proteins. Die Ausbildung von α-Helix und β-Faltblatt (β-sheet) wird zu einem wesentlichen Teil von den unmittelbar benachbarten Resten bestimmt (Janek et al. 1999). Daneben spielen aber auch solche Gruppen eine große Rolle, die, obgleich in der Sequenz weit entfernt, in der kompakten Raumstruktur eng benachbart sind und durch ihre Wechselwirkungen die Stabilität von Sekundär- und Tertiärstruktur wesentlich beeinflussen. Aufgrund der komplexen Wechselwirkungen sterischer und energetischer Faktoren in einem Protein ist eine Berechnung der dreidimensionalen Struktur nur auf der Basis der Aminosäuresequenz derzeit nicht möglich. Generell ergibt sich eine durchschnittliche Vorhersagewahrscheinlichkeit von 65–70% (Schulz u. Schirmer 1979; Rost u. Sander 2000). Experimentell wird der Gehalt eines Proteins an Sekundärstrukturelementen v. a. durch spektroskopische Methoden, d. h. durch die Bestimmung des Zirkulardichroismus (Provencher u. Glöcker 1981) oder der Rotationsdispersion analysiert. Die im Infrarotbereich messbaren Kernschwingungen sind gleichfalls zur Bestimmung von Proteinsekundärstrukturen geeignet. Erst die Entwicklung des FTIR-Spektrometers machte jedoch eine breite Anwendung möglich (Haris u. Chapman 1994), die durch die Auswertung der Raman-Daten ergänzt wird. Spektroskopische Untersuchungen an Proteinen erlauben v. a. qualitative und quantitative Aussagen zum Auftreten von α-Helix- und β-Faltblatt-Strukturen.

3.2.6.2 Tertiärstruktur

Die Raumstruktur eines Proteins wird durch die Art und die Anzahl der Sekundärstrukturelemente und durch die Struktur der diese verbindenden Schlaufen (Loops) und Biegungen (Turns) bestimmt. Die Interaktion zwischen den einzelnen Strukturelementen wird v. a. durch Wechselwirkungen zwischen den Seitenketten vermittelt. Selbst eine Beschränkung auf ionische und hydrophobe Wechselwirkungen resultiert in einer solchen Vielzahl von Möglichkeiten, dass eine mathematische Modellierung der Tertiärstruktur aus der Aminosäuresequenz heute ein noch ungelöstes Problem darstellt. Ausgehend von der Beobachtung, dass hydrophobe Aminosäuresequenzen vorwiegend im Inneren einer Proteinstruktur angeordnet sind, wurden statistische Methoden zur Analyse bekannter Proteinstrukturen herangezogen, um hydrophobe Wechselwirkungen quantitativ zu beschreiben (Lawrence u. Bryant 1991) und für eine Strukturvorhersage zu verwenden.

Spektroskopische Methoden. Einen experimentellen Zugang zur Messung von Tertiärstrukturänderungen erlauben die verschiedenen spektroskopischen Methoden, die auf der Wechselwirkung elektromagnetischer Strahlung mit dem Protein beruhen. Die Absorption von UV- oder sichtbarem Licht beruht auf der Anregung von Elektronen, die in

einen energetisch höheren Zustand übergehen. Im Fall von Proteinen, aber auch bei Farbstoffen oder Nukleinsäuren sind v.a. π-π^*-Übergänge für die Aufnahme von Lichtquanten verantwortlich. Die längerwelligen Absorptionsbanden von Phenylalanin (257 nm), Tyrosin (274 nm) und Tryptophan (280 nm) resultieren aus solchen Übergängen. Mit höher energetischem UV-Licht können auch σ-Elektronen und nicht bindende Elektronen angeregt werden. In diesem Bereich werden charakteristische Banden für die Peptidbindung bei 190 und 220 nm und für Cystin (250 nm) und Cystein (235 nm) gemessen. Die Absorptionsmessung erlaubt zum einen die quantitative Bestimmung der Gruppen und damit die Bestimmung der Proteinkonzentration, zum anderen weisen Veränderungen im spektralen Verhalten auf Änderungen in der Konformation oder der Faltung von Proteinen hin, so dass Aussagen zur Struktur und zur Proteinstabilität gemacht werden können. So verringert z.B. die Ausbildung einer α-Helix die Absorption (hypochromer Effekt), während ein β-Faltblatt das Absorptionsmaximum zu längeren Wellenlängen verschiebt (bathochromer Effekt). Zur Messung derartiger Effekte werden Lösungsmittelzusammensetzung, Konzentration an denaturierenden Stoffen oder die Temperatur gezielt verändert und spektrale Änderungen ausgewertet (Perturbationsspektroskopie).

Die Absorption von sichtbarem Licht hängt von speziellen Gruppen, so genannten Chromophoren ab, die als intrinsische Chromophore in Form von Liganden oder Cofaktoren an Proteine gebunden sein können. Am bekanntesten ist das Häm des Hämoglobins, weitere sind das Chlorophyll, Flavin (Pyruvatdehydrogenase) oder Retinal (Rhodopsin) sowie Komplexe mit Schwermetallionen: z.B. Cu^{2+} im Zäruloplasmin oder Eisen im Ferredoxin. Änderungen der spektralen Eigenschaften zeigen Veränderungen am Liganden, wie z.B. beim Übergang von Oxi- zu CO-Hämoglobin, oder aber Strukturänderungen in der Umgebung des Chromophors an. Durch chemische Modifizierung einzelner Aminosäuren lassen sich extrinsische Chromophore in ein Protein einbringen, die dann für analoge Untersuchungen genutzt werden können.

Wird die durch die angeregten Elektronen gespeicherte Energie wieder als Photon abgegeben, tritt entweder kurzlebiges Fluoreszenzlicht auf oder Lumineszenzstrahlung, die mehrere Sekunden anhalten kann. Die Intensität der Fluoreszenz ist von der Umgebung des Chromophors, insbesondere von Änderungen in der Hydrophobizität der benachbarten Gruppen, abhängig und stellt einen empfindlichen Indikator für Strukturänderungen dar. Da die Fluoreszenzstrahlung eines Chromophors von einem zweiten niederenergetischen Chromophor aufgenommen werden kann, ist eine Fluoreszenzkopplung möglich. Das Ausmaß der Kopplung ist sowohl von der Entfernung der Chromophore als auch von ihrer Ausrichtung abhängig, so dass mit gewissen Einschränkungen Rückschlüsse auf die Entfernung der Gruppen im Proteinmolekül möglich sind.

In Analogie zu den optischen Sonden können Gruppen, die stabile Radikale – d.h. ungepaarte Elektronen – enthalten, als magnetische Sonden in Proteine eingeführt werden. Die Analyse mit Hilfe der Elektronenspinresonanzspektroskopie (ESR) ermöglicht eine empfindliche Untersuchung der Umgebung des Spinmarkers bei verschiedenen strukturellen Zuständen.

Da die stabile Proteinstruktur im Allgemeinen einen thermodynamisch günstigen Zustand repräsentiert, können verschiedene Faltungszustände der Polypeptidkette und auch die Auffaltung von Sekundärstrukturen anhand von differenzierbaren energetischen Zuständen mit Hilfe der Mikrokalorimetrie bestimmt werden. Mikrokalorimetrische Untersuchungen haben sich daher besonders bei der Untersuchung von Faltungs- und Denaturierungsvorgängen bewährt.

NMR-Studien. Eine völlige Aufklärung der Tertiärstruktur eines Proteins ist zurzeit nur durch Röntgenkristallstrukturanalyse oder durch NMR-Untersuchungen (Wüthrich 1989; Parrage u. Klevit 1991) möglich. Durch Auswertung von zweidimensionalen Nuklear-Overhauser-Spektren kann die 3D-Struktur kleiner Proteine ermittelt werden. Die NMR-Techniken werden durch die aufwändige Analyse der Protonenresonanzspektren limitiert. Selbst kleine Proteine von 100 Aminosäuren enthalten über 600 Protonen, deren Signale nur mit zweidimensionalen Techniken bestimmbar sind (Hoffmann u. Rüterjans 1988). Die erhaltenen Werte können dann zur Berechnung der kompletten Tertiärstruktur verwendet werden. Die Größe der mit den gegenwärtigen NMR-Techniken analysierbaren Proteine ist auf etwa 20000 begrenzt. Ein wesentlicher Vorteil gegenüber der Röntgenkristallstrukturanalyse besteht darin, dass die Messungen in Lösung durchgeführt werden können, so dass sich die Kristallisation erübrigt. NMR-Untersuchungen an konzentrierten Proteinlösungen (5–30 mg/ml) erlauben es, die Bindungsoberflächen in großen Protein-Protein-Komplexen zu untersuchen (Takahashi et al. 2000) und den Einfluss von Liganden und die in Lösung induzierbaren schnellen und langsamen Strukturänderungen zu studieren. Die letzten Jahre haben eine Anzahl neuer multidimensionaler NMR-Methoden gebracht, die ein Studium molekularer dynamischer Vorgänge in einem breiten Zeitablauf ermöglichen bzw. funktionelle Studien, z. B. an der Bindungsoberfläche von Enzym I und dem Histidin enthaltenden Phosphocarrierprotein HPr des *E.-coli*-Phosphoenolpyruvat-Glykophosphotransferase-Systems.

Durch solche Studien werden zur Kristallstrukturanalyse komplementäre Ergebnisse erhalten, und diese ermöglichen, Struktur-Funktions-Beziehungen im Detail zu verstehen (Takahashi et al. 2000).

Kristallstrukturanalyse. Auch die Kristallstrukturanalyse von Proteinen und Proteinkomplexen hat in der letzten Zeit stürmische Fortschritte gemacht. Wenn die Kristallisierbarkeit eines Proteins und der isomorphe Austausch von Schwermetallionen gesichert werden können, ist die Neutronenbeugung an Kristallen die Methode der Wahl zur Bestimmung der Proteinstruktur, d. h. zur Festlegung der Atomkoordinaten. Auch die Automatisierung bei der Datenkollektion ist verbessert worden (Muchmore et al. 2000) und in neuen Projekten, wie der Berliner „Proteinstrukturfabrik“, soll der gesamte Arbeitsablauf von den geklonten Genen über die Isolierung der Proteine bis zu der Kristallherstellung und der Auswertung automatisiert werden (Heinemann 2000). Alle experimentell ermittelten 3D-Proteinstrukturen von Proteinen, Nukleinsäuren und anderen biologischen Makromolekülen (etwa von 9000 Strukturen) stehen in der Brookhaven-Datenbank zur Verfügung (Sussman et al. 1999). Als schwierig hat sich die Kristallisation von Membranproteinen erwiesen (Sutton u. Sohi 1994), so dass bisher nur verhältnismäßig wenige Strukturen entschlüsselt werden konnten. Inzwischen sind viele Kristallstrukturen mit hoher Auflösung aufgeklärt worden und der Einfluss von Struktur und Bindungspartnern auf die Konformation und funktionelle Rolle des Proteins bekannt. Beispiele sind das Bakteriorhodopsin, die Untersuchung des Elektronentransfers zwischen der NADPH-abhängigen Adrenodoxinreduktase und Cytochrom P450 (Grinberg et al. 2000) und die Analyse der Thermostabilität des bakteriellen Kälteschockproteins aus *Bacillus caldolyticus* und *Bacillus subtilis* (Mueller et al. 2000 b).

3.2.6.3 Proteindomänen

Domänen sind als sich selbständig strukturierende Einheiten eines Proteins oder Enzyms anzusehen. Sie sind häufig durch konservierte Aminosäurereste oder durch die Wiederholungen von Sequenzmotiven charakterisiert; ihnen können bestimmte Funktionen zugeordnet werden. Ein Vergleich von Primärstrukturen funktionell verwandter Proteine hat zur Charakterisierung zahlreicher Domänen geführt: Neben den enzymatisch aktiven Domänen wie der GTPase-Domäne in GTP bindenden Signaltransduktionsproteinen (Noel et al. 1993), der Tyrosinkinasedomäne von Rezeptoren oder der Serin-Threonin-Kinase-Domäne sind Domänen charakterisiert worden, die spezifisch mit anderen Proteinen interagieren. Zu den letzteren gehören die Pleckstrin-Homologie-Domäne (PH-Domäne) (Fushman et al. 1995), die Sarc-Homologie-Domänen (SH2-, SH3-Domänen), die durch Tryptophan und Asparaginsäure begrenzte WD-Domäne, die Immunglobulindomäne oder die Leucinzipperdomäne. Ein dritte Gruppe, zu der die Zinkfinger- und die Helix-Turn-Helix-Domänen (Harrison u. Agrawal 1990) gehören, binden spezifisch an DNA.

Die Identifizierung und Strukturanalyse von Proteindomänen werden analog zu den vorstehend für Proteine und Enzyme beschriebenen Methoden durchgeführt. Der Vorteil liegt in der geringeren Größe der Domänen, die etwa im Bereich von 100 Aminosäuren liegen. Die Besonderheit der Domänen, sich selbständig zu falten, ermöglicht ihre Charakterisierung bei der Entfaltung von Proteinen (vgl. Abschnitt 3.2.6.4 „Proteinfaltung und Chaperone“) als thermodynamisch fassbare Zwischenstufen. Als besonders geeignet hat sich die Mikrokalorimetrie erwiesen, da die stufenweise Entfaltung eines Proteins mit entsprechenden Energieaufnahmen verbunden und daher kalorimetrisch nachweisbar ist. Domänen können auch mit biochemischen Methoden, z. B. durch limitierte Proteolyse von Proteinen (Fimmel et al. 1989; Kamp et al. 1997) nachgewiesen oder durch In-vitro-Expression in isolierter Form gewonnen werden. Ihre Eigenschaften lassen sich durch Fusionierung mit anderen Proteinen oder Proteindomänen studieren. Strukturelle und funktionelle Analysen von physiologisch wichtigen Domänen werden auch durch NMR-Studien möglich (Marcias et al. 2000; Pauli et al. 2000).

Innerhalb einer Proteinfamilie kann die Domänenstruktur dadurch variieren, dass die charakteristischen Strukturelemente durch unterschiedliche Peptidsequenzen verbunden sind. Die Analyse der

GTPase-Domäne von GTP-Bindungsproteinen zeigte, dass die homologen GTP-Bindungssequenzen durch Peptidschleifen unterschiedlicher Größe verbunden sind. Letztere interagieren offenbar mit den spezifischen Rezeptoren und Effektoren, die GTP-Bindung und GTPase-Aktivität steuern und daher für die spezifische Signalübertragung der individuellen G-Proteine verantwortlich sind.

3.2.6.4 Proteinfaltung und Chaperone

Als Proteinfaltung wird ein Prozess bezeichnet, der während und nach der Proteinbiosynthese abläuft und über Zwischenformen zur Ausbildung der Tertiärstruktur und damit zur Anordnung der Polypeptidkette in ihrer nativen Konformation führt (Matthew 1993a). Bei oligomeren Proteinen oder Proteinkomplexen wird die Ausbildung der Quartärstruktur in die Betrachtung mit einbezogen.

Da die Information für die Faltung der Polypeptidkette in der Aminosäuresequenz enthalten ist und sogar der Begriff eines 2. genetischen Kodes formuliert wurde (Gierasch u. King 1990), sollte erwartet werden, dass eine entfaltete Polypeptidkette über Zwischenstufen notwendigerweise ihren thermodynamisch günstigsten Faltungszustand annimmt. Tatsächlich sind auch viele Proteine, die z. B. in 6 M Guanidiniumchlorid völlig aufgefaltet wurden, nach Entfernung des Denaturierungsmittels wieder in der Lage, ihre native Struktur auszubilden (Jaenicke 1991; Jaenicke u. Seckler 1992). Voraussetzungen sind eine stufenweise Verringerung der Konzentration des Denaturierungsmittels und eine geringe Proteinkonzentration. Auf diese Weise wird der native Endzustand über Zwischenformen erreicht, und intermolekulare Wechselwirkungen zwischen den teilweise gefalteten Proteinmolekülen, die zu Aggregationen führen können, werden vermieden. Das Auftreten und die Art von Zwischenformen hängen von den jeweiligen Proteinen ab. Zwischenformen werden mitunter auch als Nebenwege, d. h. als kinetisch bedingte Fehlfaltungen interpretiert. Einen allgemeinen Faltungsmechanismus gibt es bisher nicht. Derzeit werden 2 Faltungshypothesen diskutiert:

1. Die sequenzielle Faltung verläuft über die Formierung lokaler Strukturen (α-Helix und β-Faltblatt), die sich unter Ausbildung hydrophober Wechselwirkungen zu einem „molten globule“ aggregieren. Letzterer besitzt bereits 60–90% der Sekundärstruktur des nativen Proteins. Durch eine Reorganisation der Struktur, die aber nur einen Energiegewinn von 41,9–83,8 kJ/Mol liefert, wird schließlich die native Form gebildet.
2. Eine alternative Faltungshypothese postuliert, dass es durch die Zusammenlagerung hydrophober Sequenzen zu einem hydrophoben Kollaps kommt, worauf die native Struktur durch lokale Reorganisation ausgebildet wird (Graham u. Higgins 1995).

Ein neuer Ansatz zur Voraussage der Tertiärstruktur (Rost u. Sander 2000) und zur Proteinfaltung (Baker 2000) wurde formuliert. Eine experimentelle Untersuchung der Proteinfaltung wird unter Bedingungen durchgeführt, die eine reversible Entfaltung und Rückfaltung gewährleisten. Zur Erfassung von Zwischenzuständen hat sich die Mikrokalorimetrie bewährt, die es gestattet, energetisch differente Faltungszustände zu analysieren (Bundle u. Sigurskjold 1994). Zusätzlich werden mathematische Methoden eingesetzt, um elektrostatische Effekte (Allewell u. Oberoi 1991) und hydrophobe Potentiale (Lawrence u. Bryant 1991) abzuschätzen.

Neben der Aminosäuresequenz des Proteins wirken sich auch posttranslationale Modifizierungen [vgl. Abschnitt 3.2.5 „Proteomanalytik (Proteomics)“] auf die Faltung aus. Zur Untersuchung des Einflusses einzelner Seitenketten, der Natur ihrer Modifizierung oder bestimmter Sequenzabschnitte sind molekularbiologische Methoden, wie die ortsgerichtete Mutagenese (Gierasch u. King 1990; Villafranca 1990; Matthews 1993b) besonders geeignet. Es können einzelne, posttranslational modifizierte Aminosäurereste ausgetauscht und damit eine Modifizierung verhindert oder vice versa durch das Einfügen entsprechender Reste zusätzliche Möglichkeiten für Modifizierungen geschaffen werden. Ziel der Untersuchung von Faltungsvorgängen und des gezielten Proteindesigns ist es häufig, die Thermostabilität von Proteinen bzw. ihre Resistenz gegen Oxidation oder pH-Änderungen zu erhöhen.

Die Fehlfaltung eines Proteins kann in vivo den vorzeitigen Abbau des Proteins und damit den Ausfall einer spezifischen Funktion oder Stoffwechselleistung verursachen (Thomas et al. 1995) (Tabelle 3.2.1). Andererseits führt die offenbar autokatalytische Faltung des Prionproteins (PrP) zu einem stabilen, toxischen Produkt, das sich insbesondere im Nervengewebe ablagert und zur Creutzfeldt-Jakob-Krankheit führt. Auch bei der Alzheimer-Krankheit führt die Umfaltung zum β-Amyloid-Protein (Aβ) zu Ablagerungen (Tabelle 3.2.1). Bei der Huntington-Krankheit kommt es durch Verlängerung der N-terminalen Glutaminsequenzen des Huntingtin-Proteins zu unlöslichen Aggregaten im Hirn (Scherzinger et al. 1997; Armstrong et al. 2001).

Neben den thermodynamischen Parametern, die die Stabilität des Faltungszustands bestimmen, kann die Kinetik der Faltung gemessen werden, die Aussagen zur Proteindynamik gestattet (Sturtevant 1994).

Die Faltung von Proteinen im Verlauf ihrer Synthese lässt sich aufgrund der hohen zellulären Proteinkonzentration nicht direkt messen. Mit Hilfe des Proteindesigns gelingt es aber, bestimmte posttranslationale Modifizierungen zu blockieren und Zwischenzustände zu isolieren. Dass trotz der hohen Proteinkonzentration in der Zelle die Faltung der Proteine im Statu nascendi mit ausreichender Geschwindigkeit erfolgt, könnte 2 Gründe haben:

1. Die Synthese der Polypeptidkette beginnt am N-Terminus, so dass sich im Verlauf einer vektoriellen Faltung während der Synthese bereits einzelne Strukturen ausbilden können, die die Faltung des restlichen Teils der Polypeptidkette unterstützen.
2. Jede Zelle besitzt Chaperone, die sich an die naszierende Peptidkette binden, bereits schon, während diese den Tunnel des Ribosoms (Yonath et al. 1987) verlässt. Sie unterstützen die Faltung, unterdrücken die unspezifische Aggregation und setzen die gefalteten Proteine nach Bindung von ATP wieder frei (Kelley u. Georgopoulos 1993). Der Einfluss bestimmter Chaperone auf die Faltung von Proteinen ist insbesondere bei der heterologen Expression zu berücksichtigen und wird intensiv untersucht (Hendrick u. Hartl 1993).

Weitere die Faltung unterstützende Enzyme sind die Disulfidisomerase, die über Thiol-Disulfid-Austausch die Ausbildung der korrekten Disulfidbrücken katalysiert und die Peptidyl-Prolyl-*cis-trans*-Isomerase, die benötigt wird, um die Umwandlung der bei der Biosynthese gebildeten *cis*-Peptidbindung am Prolin in die *trans*-Form zu beschleunigen. Das in *E. coli* mit den Ribosomen assoziierte Enzym wurde ursprünglich als Chaperon GrpE klassifiziert (Stoller et al. 1995).

3.2.6.5 Proteindynamik

NMR-Spektroskopie, Fluoreszenzspektroskopie und Röntgenbeugung beweisen, dass die Atome eines gefalteten Proteins keine statische Position einnehmen, sondern dynamische Bewegungen ausführen. Die Dynamik von Atomen und Atomgruppen kann mit spektroskopischen Methoden, wie der NMR-Spektroskopie (Roder 1995; Williams 1993), mit der zeitaufgelösten Fluoreszenzspektroskopie im ns- und ps-Bereich (Jameson et al. 1991) und der Messung mit der FTIR (Haris u. Chapman 1994) untersucht werden. Weitere Daten werden durch unelastische Neutronenstreuung (Martel 1992) sowie durch Bestimmung der Proteinkompressibilität mit Hilfe von Ultraschallmessungen (Sarvazyan 1991) gewonnen. Die erhaltenen Daten lassen sich durch molekulardynamische Computersimulationen interpretieren und zur Formulierung neuer Ansätze verwenden. Da Proteine zu komplex sind, um sich durch lösbare Schrödinger-Gleichungen beschreiben zu lassen, müssen die Simulationsverfahren auf klassisch-mechanische Ansätze zurückgreifen, die aber für die meisten biochemischen Fragestellungen ausreichend genaue Resultate liefern (Gunsteren u. Mark 1992). Schnelle Schwingungen über eine mittlere Distanz von 0,7 Å sind die Voraussetzung für größere Konformationsänderungen im Protein. So konnte durch NMR-Untersuchungen wahrscheinlich gemacht werden, dass der „molten globule“ ein notwendiger Zwischenzustand bei der Proteinfaltung ist (Roder 1995; Arai u. Kuwajima 2000). Durch Neutronenstreuung wurden die dynamischen Änderungen im Zustand des „molten globule“ des nativen Faltungsprozesses untersucht (Bu et al. 2000).

3.2.6.6 Quartärstruktur von Proteinen

Enzyme bilden häufig Homooligomere (Dimere, Tetramere usw.) oder Heterooligomere, wie z. B. Hämoglobin, das aus 2 α- und 2 β-Ketten besteht. Bei den Proteinen werden neben analogen Oligomeren, z. B. in Form von Rezeptorkomplexen, auch polymere Proteine wie Aktin oder Kollagen, die statische Funktionen wahrnehmen, gefunden. Daneben gibt es Komplexe von Proteinen mit verschiedenartigen Liganden wie Nukleinsäuren, Lipiden oder Kohlenhydraten. Zur Beschreibung der daraus resultierenden Strukturen wurde der Begriff der Quartärstruktur geprägt. Quartärstrukturen können mit chemischen, biochemischen, biophysikalischen und molekulargenetischen Methoden untersucht werden. Die Spezifität und biologische Relevanz der nachgewiesenen Komplexe sollten durch eine Kombination von *In-vitro*- und *In-vivo*-Methoden gesichert werden.

3.2.6.7 Nachweis von Protein-Protein-Wechselwirkungen

Bei ausreichender Stabilität kann der Nachweis von Proteinkomplexen nach den klassischen Verfahren der Proteinisolierung unter Vermeidung denaturierender Bedingungen geführt werden. Durch die Anwendung präzipitierender Antikörper gegen eine Komponente lässt sich die Isolierung eines Proteinkomplexes an geeigneten Immunsorbenzien (Protein-A- oder Protein-G-Sepharose) erheblich vereinfachen. Besondere Bedeutung haben Autoantikörper erlangt, die durch Bindung an native Proteine und Proteinkomplexe pathologische Veränderungen hervorrufen.

Sind das zu untersuchende Protein oder der Ligand in reiner Form zugänglich, können sie kovalent oder adsorptiv an einen inerten Träger gebunden werden, der eine Affinitätsreinigung des Bindungspartners gestattet. Sind mehrere Bindungspartner zu erwarten, sollten diese elektrophoretisch getrennt und in Analogie zum Western-Blot auf Nitrozellulose übertragen werden. Nach ihrer Renaturierung werden sie beim Overlay-Assay (Celis 1994) mit dem reinen, gelösten Protein oder dem Liganden inkubiert. Der Nachweis des Letzteren kann durch radioaktive Markierung oder wie beim Western-Blot mit spezifischen Antikörpern erfolgen. Alternativ kann die Wechselwirkung durch eine Kombination von Affinitätschromatographie mit Massenspektroskopie studiert werden (Rüdiger et al. 1999).

Zur Identifizierung schwach bindender oder nur in geringer Konzentration exprimierter Proteine haben sich 2 molekularbiologische Verfahren durchgesetzt, die Genbanken nutzen, mit deren Hilfe eine große Anzahl von Peptid- oder Proteinsequenzen auf eine mögliche Bindung getestet werden:

1. Beim Two-Hydrid-Assay wird das Akzeptorprotein mit der DNA-Bindungsdomäne eines Transkriptionsfaktors fusioniert, während die genbankkodierten Sequenzen an die Aktivierungsdomäne des Faktors gekoppelt werden. Erfolgt eine Interaktion zwischen den beiden Hybridproteinen, induziert der rekonstituierte Transkriptionsfaktor in der Hefezelle die Expression eines Reportergens (LacZ oder His3), was durch eine Farbreaktion oder durch das Wachstum in Histidinmangelmedium nachgewiesen wird. Die Sequenzierung der positiven Klone liefert die bindende(n) Proteinsequenz(en) (Fields u. Song 1989).
2. Bei der Phagen-display-Methode werden statistisch variierte, synthetische DNA-Sequenzen für Peptide von 6–8 Aminosäuren mit einem Phagenproteingen fusioniert. Die so erhaltenen mutierten Lambda-Phagen präsentieren die Peptidsequenz dem immobilisierten, zu untersuchenden Protein. Die aufgrund von Protein-Peptid-Wechselwirkung gebundenen Phagen werden isoliert, in *E. coli* vermehrt und erneut gebunden. Nach mehrfacher Selektion sind die am festesten bindenden Phagen angereichert, und die entsprechende Peptidsequenz wird durch Analyse des durch den Phagen kodierten Fusionsproteingens ermittelt (Goeoffroy et al. 1994).

Die in beiden Fällen nachgewiesene Bindung muss in weiteren Tests auf ihre biologische Relevanz untersucht werden (Rizo u. Gierasch 1992; Allen et al. 1995). Die mit der Phagen-display-Methode selektierbaren Peptidsequenzen, deren Struktur zusätzlich durch eine Disulfidbrücke stabilisiert werden kann, sind als synthetische, monovalente Peptidliganden verwendbar. Durch die geringe Größe der bindenden Peptidsequenz im Vergleich zur Antigenbindungsdomäne eines Antikörpers ist die Wechselwirkung mit dem Akzeptorprotein auf engsten Raum begrenzt, so dass eine sterische Beeinflussung benachbarter Bereiche minimiert wird. In der Proteinanalytik hat diese Methode inzwischen eine breite Anwendung erfahren.

Soll die Bindung zwischen 2 Komplexpartnern optimiert und quantifiziert werden, lässt sich vorteilhaft die biomolekulare Interaktionsanalyse (BIA) einsetzen. Dazu wird ein (gereinigter) Bindungspartner an einer hydrophilen Dextranoberfläche, die Teil einer optischen Durchflusszelle ist, chemisch immobilisiert. Der durch die Messzelle gepumpte, gelöste Ligand bindet an das immobilisierte Protein und kann durch Änderung des Brechungsindexes mit Hilfe der Oberflächenplasmonresonanz (vgl. Abschnitt 3.2.8.2 „Bindung von Liganden, BIACORE-Technik") im Echtzeitmodus nachgewiesen und quantifiziert werden. Durch Desorption des Liganden wird die bindende Oberfläche regeneriert, und weitere Messungen sind möglich. Die Vorteile der Methode sind der geringe Substanzbedarf und die Möglichkeit, Echtzeitmessungen durchzuführen, bei denen auch schwache Interaktionen nachgewiesen werden können. Protein-Liganden-Wechselwirkung in freier Lösung können durch die isotherme Titrationskalorimetrie nachgewiesen werden, die zwar einen höheren Substanzbedarf hat, aber eine Bestimmung von Bindungskonstanten und thermodynamischen Parametern erlaubt.

Sind die Komponenten eines funktionellen Proteinkomplexes, wie z.B. Myosin und Aktin, bekannt und soll ihr Einfluss auf die biologische Funktion, d.h. die Kraftentwicklung im Herzmuskel untersucht werden, lassen sich vorteilhaft In-vitro-Systeme anwenden. Dabei ist es möglich, die Wechselwirkungen zwischen Domänen und Peptiden beider Proteine zu studieren und so die Bedeutung einzelner Sequenzelemente festzulegen.

3.2.6.8 Bindung von Nukleinsäuren und Proteinen

Die Untersuchung von Protein-Nukleinsäure-Komplexen (Draper 1995) ist für das Verständnis der Regulation der Genexpression von essenzieller Bedeutung und dient unmittelbar der Erforschung von Entwicklung und Wachstum. Die Bildung von Protein-Nukleinsäure-Komplexen wird mit Nukleinsäuren oder Oligodesoxynukleotiden untersucht, die durch radioaktives Phosphat oder durch kovalent gebundene Gruppen, wie Digoxigenin oder Biotin, markiert sind. Die Komplexe lassen sich aufgrund unterschiedlicher Größe, Ladung oder selektiver Bindungseigenschaften von den einzelnen Komponenten abtrennen und werden mit Hilfe der Markierung identifiziert.

Ein weiteres, sehr einfaches Verfahren bedient sich der Eigenschaft von Proteinen, fest an hydrophobe Oberflächen zu binden. Ein stabiler Komplex aus Nukleinsäure und Protein bindet daher über das Protein z.B. an Nitrozellulose, während die ungebundene Nukleinsäure abgetrennt werden kann (Woodbury u. von Hippel 1983). Filterbindungsansätze liefern z.B. in Form von Verdünnungsreihen Aussagen zur Zusammensetzung der Komplexe, und quantitative Messungen ermöglichen die Berechnung der Bindungskonstante. Unterschiede in Ladung und Größe der Komplexe verringern bei der Gelelektrophorese die Wanderungsgeschwindigkeit im Vergleich zur freien, markierten Nukleinsäure (gel shift assay). Zum Nachweis schwacher Wechselwirkungen, die keine stabile Komplexbindung zulassen, wird die Nukleinsäure bei der Affinitätscoelektrophorese (Lim et al. 1991) in ein Gel elektrophoretisiert, das unterschiedliche Konzentrationen des Bindungsproteins enthält. Beim Erreichen der kritischen Proteinkonzentration wird die Nukleinsäure komplexiert, und ihre Wanderungsgeschwindigkeit wird vermindert.

Bindungsstudien von Proteinen und Nukleinsäuren oder anderen Molekülen lassen sich mittels BIACORE-Technik bestimmen (Sonksen et al. 1998; vgl. Abschnitt 3.2.8.2 „Bindung von Liganden, BIACORE-Technik"). Die Identifizierung von Protein-Nukleinsäure-Komplexen wird in zunehmendem Maß auch durch massenspektrometrische Untersuchungen vorgenommen (Deterding et al. 2000; Nordhoff et al. 1999; vgl. Abschnitt 3.2.8.2 „Bindung von Liganden, BIACORE-Technik").

3.2.6.9 Untersuchung der Quartärstruktur mit chemischen Methoden

Da die physikalische und funktionelle Wechselwirkung von Proteinuntereinheiten eines Komplexes durch bestimmte, an den Grenzflächen interagierenden Gruppen bewerkstelligt wird, muss die Bedeutung einzelner Aminosäureseitenketten berücksichtigt werden. Durch ihre chemische Modifizierung werden Aussagen zur Oberflächenlokalisation des jeweiligen Sequenzbereichs sowie Aussagen zur Funktion bestimmter Aminosäurereste gewonnen. Da die meisten reaktiven Gruppen mehrfach im Protein auftreten, ist eine selektive Modifizierung schwierig zu erreichen. Ein Ausweg eröffnet hier die In-vitro-Mutagenese, die es gestattet, nahezu an beliebiger Stelle einen Cysteinrest einzuführen. Durch Verwendung SH-reaktiver Reagenzien lassen sich Proteine selektiv mit fluoreszierenden oder radikalen Gruppen modifizieren und für Fluoreszenz- oder Elektronenspinresonanzuntersuchungen nutzen. Da die Vielfalt der möglichen Proteinmodifizierungen den Rahmen dieser Übersicht übersteigt, wird auf entsprechende Übersichten verwiesen (Lundblad et al. 1984).

Eine spezielle Form der chemischen Modifizierung ist die ligandeninduzierte Photoaffinitätsmarkierung. Dazu wird ein Ligand, der eine photoaktivierbare Azido-, Diazirino- oder Phenacylgruppe trägt, an das zu untersuchende Protein oder den Proteinkomplex gebunden. Beim Bestrahlen mit UV- oder Laserlicht bildet sich ein reaktives Nitren bzw. Carben, das mit C-H- und N-H-Bindungen reagieren kann und eine kovalente Bindung zwischen dem Liganden und dem bindenden Protein herstellt, das dann anhand der Modifizierung identifiziert wird.

Photoaffinitätsliganden können auch in vitro synthetisiert werden, wie bei der Untersuchung des Transmembrantransports von Proteinen gezeigt wurde (Mothes et al. 1994).

Wird die chemische Modifizierung von Proteinkomplexen mit bifunktionellen Reagenzien durchgeführt, lassen sich benachbarte Proteine kovalent vernetzen, so dass Informationen zur Raumstruktur von Komplexen erhalten werden (Middaugh et al. 1983). Durch Vernetzung mit UV-Licht oder Laserlicht können auch Protein-Nukleinsäure-Komplexe untersucht werden. Breite Anwendung haben diese Techniken bei der Analyse der Quartärstruktur des Ribosoms gefunden (Brimacombe et al. 1985; Westermann et al. 1985). Urlaub et al. (1995) konnten nach Quervernetzung der RNA mit ihren Bindungsproteinen in *E.-coli*-Ribosomen die genauen Quervernetzungsstellen auf der Aminosäure- und Nukleotidebene lokalisieren, wozu massenspektrometrische Methoden (vgl. Abschnitt 3.2.4.4 „Acylierung") herangezogen wurden.

3.2.6.10 Untersuchung der Quartärstruktur mit enzymatischen Methoden

Da niedermolekulare Reagenzien in der Lage sind, Proteinmoleküle mindestens teilweise zu penetrieren, empfiehlt sich für Strukturuntersuchungen an Proteinen und Proteinkomplexen eine Modifizierung durch Enzyme, die aufgrund ihrer Größe nur mit exponierten Sequenzen eines Proteins in Kontakt treten können. So wurden Lactoperoxidase zur Jodierung exponierter Tyrosinreste (Muller 1994 a) und Proteasen zur Spaltung exponierter Sequenzen der Polypeptidkette verwendet (Kruft u. Wittmann-Liebold 1991). Bei allen Enzymen sind kinetische Messungen notwendig, um die Spezifität der Modifizierung zu kontrollieren. Insbesondere bei Proteasen können zu lange Inkubationszeiten auch zur Spaltung interner Sequenzen und schließlich zum Abbau des gesamten Proteins führen.

3.2.6.11 Untersuchung der Quartärstruktur mit biophysikalischen Methoden

Oligomere Proteine können in Analogie zu den monomeren Proteinen mit den verschiedenen biophysikalischen Methoden (vgl. Abschnitte 3.2.4.3 „Phosphorylierung" und 3.2.4.4 „Acylierung") untersucht werden. Daneben gibt es eine Reihe von Methoden, die z. T. einen erheblichen experimentellen und technischen Aufwand bedingen und die im Folgenden kurz genannt werden sollen. Zur Bestimmung der Molmasse von Komplexen wird zunehmend die Massenspektrometrie eingesetzt, während die Sedimentation in der Ultrazentrifuge bevorzugt bei der Bestimmung des S-Werts (Svedberg-Konstante) und bei der Untersuchung von Assoziationsgleichgewichten Anwendung findet. Größe und Form gelöster Proteinkomplexe können zusätzlich mit der Röntgenkleinwinkelstreuung (Damaschun et al. 1979; Durchschlag 1993) bestimmt werden, während die quasielastische Lichtstreuung Aussagen zum Molekulargewicht und zur Oligomerisierung von Proteinen liefert (Phillies 1990).

Enzym- und Proteinkomplexe sind bei ausreichender Größe und charakteristischer Form der Untersuchung mit elektronenmikroskopischen Methoden zugänglich, was besonders eindrucksvoll am Acetylcholinrezeptor demonstriert wurde (Utkin et al. 2000). Durch moderne Kontrastierungs- und Auswerteverfahren können die zweidimensionalen Bilder für die Berechnung dreidimensionaler Modelle genutzt werden (Schatz u. van Heel 1990). Bei Protein-Nukleinsäure-Komplexen lassen sich zusätzlich sequenzspezifisch bindende Proteine und hochorganisierte Nukleoproteinstrukturen (Dodson u. Echols 1991) v. a. nach Spreitung der Nukleinsäure auf positiv geladenen Membranen (Dubochet et al. 1971) darstellen. Für die Differenzierung verschiedener Proteine in einem Komplex lässt sich mit gutem Erfolg die Immunelektronenmikroskopie einsetzen, wie bei der Analyse von ribosomalen Untereinheiten gezeigt wurde (Stöffler et al. 1985; Lutsch et al. 1990; Herfurth u. Wittmann-Liebold 1995).

Da Proteine, die Deuterium anstelle des Wasserstoffisotops H^1 tragen, ein anderes Neutronenbeugungsverhalten zeigen, können Lage, Form und gegenseitige Orientierung der deuterierten Proteine durch Neutronenstreuungsanalyse bestimmt werden (Nowotny et al. 1985).

Voraussetzung zum Verständnis der Genregulation und der Translation der mRNA ist die Analyse der Struktur von Protein-DNA- und Protein-RNA-Komplexen. Die Strukturaufklärung solcher Komplexe hat in den letzten Jahren große Fortschritte gemacht: So gelang es, die Anordnung von Proteinen und RNA in U1-snRNP (kleinen nukleären Ribonukleoproteinkomplexen) des Spleißosoms aufzuklären (Stark et al. 2001). Die Struktur der 30S-Untereinheit aus *Thermus-thermophilus*-Ribosomen bei einer Auflösung von 3,3 Å wurde durch „multiple isomorphous replacement" mit kovalent gebundenen großen Organometallclustern und „single isomorphous replacement" mit Schwermetallatomderivaten gelöst (Schluenzen et al. 2000). Die Struktur der 50S-Untereinheit konnte bei einer Auflösung von 2,4 Å (Ban et al. 2000) ermittelt werden. Die Strukturuntersuchung solch riesiger Komplexe erschien zunächst unlösbar. Aber die Aufklärung der Quartärstruktur der Ribosomen aus *Thermus thermophilus*, *Haloarcula marismortui* und *Escherichia coli* wurde durch eine

Kombination von dreidimensionalen Bildrekonstruktionen zweidimensionaler kryoelektronenmikroskopischer Schichten (Berkovitch et al. 1990; Mueller et al. 2000 a) und Röntgenstrukturanalyse an isomorphen Kristallen (Volkmann et al. 1990) ermöglicht. Die Ribosomen sind die zentralen Organellen, die die Translation der genetischen Information in die Proteine in der Zelle bewerkstelligen; die hiermit verbundenen funktionellen Prozesse der Initiation am mRNA-Dekodierungszentrum in der 30S-Untereinheit und das Andocken der beladenen tRNA und Elongationsfaktoren an die 50S-Untereinheit sowie der Ablauf der Peptidelongation und der Translokation der mRNA auf atomarer Ebene stehen kurz vor der Aufklärung (Agrawal et al. 2000; Mueller et al. 2000 a; Stark et al. 2000; VanLook et al. 2000; Wadzak et al. 1997).

3.2.7 Lokalisation von Proteinen und Enzymen

3.2.7.1 Intrazelluläre Lokalisation

Transport und Lokalisation von Proteinen in der Zelle werden durch die Struktur kurzer Sequenzabschnitte (targeting signals) reguliert. Alle Proteine, die keine derartigen Sequenzen enthalten, werden ins Cytoplasma abgegeben. Das häufigste Peptidsignal ist die N-terminale, hydrophobe Signalsequenz, die bei Sekretproteinen den Transport in das Lumen des endoplasmatischen Retikulums bzw. bei Membranproteinen die Membraninsertion induziert. Andere Sequenzabschnitte steuern Sortierung, Transport, Sekretion und Endozytose. Ihr Nachweis in der Proteinsequenz liefert erste Hinweise auf die mögliche Lokalisation eines Proteins in der Zelle.

Experimentell kann die Lokalisation von Proteinen durch Fraktionierung von Zellorganellen (s. oben) oder an fixierten Zellen oder Zellschnitten nach Bindung fluoreszierender Antikörper durch Immunfluoreszenzmikroskopie bestimmt werden. Bei Verwendung verschiedener Fluorophore sind Doppel- oder 3fach-Färbungen möglich, so dass sich mehrere Antigene im gleichen Präparat nachweisen lassen. Durch konfokale Laserscanningmikroskopie kann die Lage der verschiedenen Fluorophore dreidimensional analysiert und auf diese Weise bestimmten Zellorganellen und -strukturen zugeordnet werden.

Zum Nachweis von Antigenen an Strukturen, die im Lichtmikroskop nicht mehr dargestellt werden, wird die Immunelektronenmikroskopie eingesetzt. Die an Ultradünnschnitte von fixierten Zellen gebundenen (spezifischen) Antikörper werden mit Protein A oder einem IgG-spezifischen Antikörper markiert. Beide Marker sind an kolloidales Gold adsorbiert und werden anhand der elektronendichten Goldpartikel im kontrastierten Zellschnitt detektiert. Eine Lokalisierung verschiedener Antikörper im gleichen Präparat ist mit Goldpartikeln unterschiedlicher Größe möglich.

Proteine an der Oberfläche von intakten Zellen können mit chemischen oder biochemischen Methoden modifiziert werden: Da sie häufig glycosyliert sind, können sie durch Oxidation mit Perjodat und Reduktion mit [^{3}H]-Borhydrid markiert werden. Ein milderes, enzymatisches Verfahren zur Oxidation des terminalen Kohlenhydratrests besteht in der Abspaltung der Sialinsäure mit Neuraminidase, der Oxidation der freigesetzten Galaktose mit Galaktoseoxidase und der anschließenden reduktiven Markierung (Muller 1994 b). Eine alternative Methode bedient sich der Biotinylierung von Lysinresten bei Zelloberflächenproteinen (Deziel u. Mau 1990; Meier et al. 1992) oder Membranproteinen (Nesbitt et al. 1992).

Die Lokalisation vieler Proteine, die regulatorische Funktionen wahrnehmen oder den Transport von Makromolekülen vermitteln, wechselt zwischen verschiedenen Zellkompartmenten. So sind viele regulativ wirkende Proteine, wie z.B. Transkriptionsfaktoren oder Proteinkinase C, in der Lage, vom Zytoplasma in den Zellkern zu wechseln und dort ihre Wirkung zu entfalten. Andererseits wurde bei Gicht, wenn die phagozytierten Uratkristalle die Lysosomenmembran zerstören, die destruktive Wirkung lysosomaler Enzyme im Zytoplasma nachgewiesen.

Die Dynamik des vesikulären Proteintransports konnte in der lebenden Zelle mit Hilfe des grün fluoreszierenden Proteins (GFP) aus *Aequorea victoria* studiert werden (Yeh et al. 1995), wobei insbesondere Chimären aus dem GFP und dem zu untersuchenden Protein wichtige Informationen liefern.

Fehler beim intrazellulären Proteintransport (Tabelle 3.2.1) können zum Fehlen von organellenspezifischen Proteinen, wie bei den lysosomalen Speicherkrankheiten, führen oder aber, wie im Fall des β-Amyloid-Peptids, pathologische Ablagerungen im Gewebe verursachen. Die Untersuchung des Transports und der zellulären Lokalisation von Proteinen gewinnt daher zunehmend an Bedeutung und ist eine wichtige Voraussetzung zum Verständnis zellulärer Fehlleistungen.

3.2.7.2 Sekret- und Matrixproteine

Sekretierte Proteine und extrazelluläre Enzyme werden mit immunologischen und elektrophoretischen Techniken in großem Umfang bei der Serumdiagnostik bestimmt. Für die Durchführung der einzelnen Tests wird auf die einschlägigen Lehrbücher verwiesen. Die Anwendung der zweidimensionalen Elektrophorese eröffnet prinzipiell die Möglichkeit, alle Serumproteine nachzuweisen und quantitativ zu bestimmen, so dass krankheitsbedingte Abweichungen diagnostiziert werden können.

Extrazelluläre Matrixproteine und damit auch ihre Analytik haben in den letzten Jahren besondere Bedeutung erlangt, da Zell-Matrix-Wechselwirkungen die Proliferation und die Differenzierung von Zellen nachhaltig beeinflussen. Matrixproteine, wie z. B. das Fibronektin, können selbst Signalfunktion besitzen und an zelluläre Rezeptoren binden oder, wie Proteoglykane, mit Hilfe spezieller Domänen Zytokine binden und den Zellen präsentieren.

Struktur und Wirkungsweise einer weiteren Gruppe extrazellulärer Proteine, der für die Osteogenese essenziellen Kollagene, sind intensiv untersucht worden (Prockop u. Kivirikko 1995). Die Struktur des superhelikalen Proteinkomplexes aus 3 Kollagenpolypeptidketten, der Tripelhelix, ist mit Hilfe der Elektronenmikroskopie (Hauser u. Paulsson 1994) und durch *In-vitro*-Mutagenese (Haudenschild et al. 1995) aufgeklärt worden. Ein Mangel an bestimmten Kollagenen oder ausbleibende posttranslationale Modifizierungen können zu arteriellen Aneurismen, fehlender Stabilität der Knochen und der Gelenke sowie zu einer verringerten Heilungsfähigkeit der Haut führen.

Zusätzlich unterliegen die Kollagene einer altersabhängigen kovalenten Vernetzung, die zur Bildung kovalenter Brücken zwischen benachbarten Peptidketten führt. Kollagene sind daher ein interessantes Objekt für gerontologische Studien.

Während Kollagene nur an Hydroxylysinen glykosyliert werden, besitzen Proteoglykane, die Grundbausteine des Bindegewebes, ausgedehnte und verzweigte Kohlenhydratketten, die zusätzlich durch Sulfatreste modifiziert sind. Die Funktionen einzelner Proteoglykane sind aufgrund einer unzureichenden Glykoproteinanalytik erst teilweise charakterisiert.

3.2.7.3 Membranproteine

Während periphere Membranproteine nur an eine Seite der Membran binden, durchdringen integrale Membranproteine, wie Rezeptoren, Ionenkanäle und Transportproteine, mit ihren hydrophoben Transmembransequenzen die Membran ein- oder mehrmals. Sie benötigen für die Integration in die Membran Signalpeptide, Transmembransequenzen und Stopptransfersignale, die durch Analyse der Hydrophobizität und der Ladungsverteilung aus der Primärstruktur abgeleitet werden können (Wrede u. Schneider 1994). Weitere, nur z. T. charakterisierte Signale im Transmembranbereich oder in der zytoplasmatischen Domäne sind für die organellenspezifische Lokalisation oder die Endozytose von Plasmamembranproteinen verantwortlich.

Experimentell lassen sich integrale Membranproteine von peripheren Membranproteinen trennen, in dem die Membran mit Detergenz behandelt wird. Dabei reichern sich die integralen Membranproteine in der Triton X114-Phase an, während die peripheren Proteine in der wässrigen Phase verbleiben. Außerdem können adhärente Proteine durch erhöhte Ionenkonzentration oder durch Behandlung der Membranen mit Carbonatpuffer bei pH 11,0 abgewaschen werden. Zur Analyse der Topologie von Transmembranproteinen werden die äußeren Peptidschleifen biotinyliert (Celis 1994), in Gegenwart von Lactoperoxidase mit radioaktivem Jod substituiert (Celis 1994) oder proteolytisch abgebaut (Fimmel et al. 1989). Die Sequenzierung der proteaseresistenten Peptide kann zur Bestimmung der Transmembransequenz dienen. In zunehmendem Maß werden auch peptidspezifische Antikörper und gentechnische Methoden (Hennessey u. Broome-Smith 1993) zur Untersuchung der Membrantopologie angewendet.

Die Spinmarkierung bietet eine attraktive Alternative zur Untersuchung von Struktur und Dynamik vieler Membranproteine, bei denen die Anwendung von Röntgenkristallographie oder NMR gegenwärtig noch schwierig ist. Bei der Spinmarkierung wird ein stabiles, freies Nitroxidradikal an spezielle Seitenketten gebunden, um aus der Analyse des Elektronenspinresonanzspektrums Informationen zur Struktur und Dynamik der lokalen Umgebung des Spinmarkers abzuleiten. Mit dieser Methode werden Lipide und Proteine in Membranen und auch Proteine in Lösung untersucht. Durch ortsgerichtete Mutagenese der Proteine können z. B. Cysteine an beliebiger Stelle eingefügt werden, die eine spezifische Spinmarkierung gestatten. Die Messung der Spinresonanz gestattet Aussagen zu Membrantopologie, Sekundärstruktur, elektrostatischem Potential, sowie zu Dynamik und Kinetik von Proteinfaltung und Membraninsertion.

Durch analoge Bindung von Fluorophoren ist es möglich, mit Hilfe der Fluoreszenzspektroskopie Protein-Protein- (Graham u. Higgins 1994) und Protein-Lipid-Wechselwirkungen in Membranen (Lee 1994) zu untersuchen. Durch Verwendung von Vernetzungsreagenzien können benachbarte Domänen von Proteinen in der Plasma- oder Organellenmembran vernetzt und die Struktur von Membranproteinkomplexen analysiert werden (Staros et al. 1992). Die aus der Membran extrahierbaren, hydrophoben Proteine sind oft nur in Detergenzmizellen oder unter denaturierenden Bedingungen, d.h. in Gegenwart von Harnstoff und ionischen Detergenzien wie SDS oder CHAPS, gut löslich. Trotzdem konnten Bedingungen gefunden werden, die eine nicht denaturierende Immunelektrophorese von Membranproteinen zulassen (Karpatkin et al. 1992).

Da Proteine und Proteinkomplexe in der Plasmamembran und auch in den Organellenmembranen wichtige Funktionen beim Transport und der Signaltransduktion ausführen, stellt ihre Analyse einen unverzichtbaren Beitrag zur Erforschung der Steuerung zellulärer Leistungen und der Regulation von Wachstums- und Differenzierungsprozessen dar. Die an dem Wachstumsfaktor-β-Rezeptor gekoppelte Signaltransduktionskette in Mausfibroblasten wurde z.B. mittels Proteomanalytik analysiert (Soscik et al. 1999a).

3.2.7.4 Zelltyp-spezifische Proteinexpression

Die Expression eines Proteins ergibt sich aus dem Verhältnis von Synthese und Abbau und wird streng reguliert. Eine erhöhte Synthese oder ein verringerter Abbau von Lipoproteinen in der Leber können zu Hyperlipidämien führen, während die fehlende Synthese von Apolipoprotein B-100 das Fehlen von VLDL und LDL bei der β-Lipoproteinämie nach sich zieht.

Die verschiedenen Entwicklungs- und Differenzierungsphasen von Zellen sind durch die Expression der speziellen, jeweils benötigten Proteine charakterisiert. Eine Analyse ist sowohl anhand der synthetisierten Proteine, z.B. durch zweidimensionale Elektrophorese [vgl. Abschnitt 3.2.5 „Proteomanalytik (Proteomics)"], als auch durch Vergleich der mRNA-Populationen verschiedener Zellstadien möglich. Ein Vergleich der etwa 10 000 mRNA-Spezies, die einen Zelltyp charakterisieren, gelingt durch Amplifizierung zunächst unbekannter Bereiche mit Hilfe der RT-PCR und deren Vergleich auf Sequenzgelen. Die als Differential display bezeichnete Methode (Liang u. Pardee 1992) gestattet die Klonierung der verstärkt oder vermindert exprimierten Basensequenzen und damit die Identifizierung der zelltypspezifischen Proteine. Soll die zelltyp- oder differenzierungsabhängige Expression bestimmter Proteine in einem Gewebe untersucht werden, kann die Immunfluoreszenzmikroskopie an Gewebeschnitten eingesetzt werden. Alternativ lässt sich die Transkription der entsprechenden Gene durch *In-situ*-Hybridisierung nachweisen.

3.2.8 Funktionsanalyse von Proteinen

Mit der ständig steigenden Zahl zellulärer Prozesse, die in zellfreien Systemen durchgeführt werden können, erweitern sich die Möglichkeiten, die Funktionen von Proteinen zu analysieren. Im System vorhandene Proteine können z.B. durch Fraktionierung oder Immundepletierung entfernt und die Folgen ihres Fehlens analysiert werden. In Kontrollansätzen kann durch Zugabe des gleichen oder eines homologen Proteins die Funktion wieder hergestellt werden. Andererseits können im Zellextrakt fehlende Proteine zugesetzt werden, um ihre Wirkung zu untersuchen.

Im Folgenden sind einige der experimentellen Ansätze geschildert, die zu wichtigen Erkenntnissen über die Funktion von Proteinen geführt haben.

3.2.8.1 Sequenz- und Strukturhomologien

Sind die Sequenzen eines Proteins bekannt, können durch Recherchen in Proteindatenbanken identische oder verwandte Proteinsequenzen oder Domänen ermittelt werden, die Hinweise auf mögliche Funktionen liefern. Strukturhomologien, die innerhalb von Proteinfamilien, so z.B. bei ribosomalen Proteinen verschiedener Spezies, oder von den aktiven Zentren in Enzymfamilien beobachtet werden, sind oft nicht an einer generellen Sequenzhomologie, sondern nur an gemeinsamen, für die Funktion essenziellen Sequenzmotiven zu erkennen. Entsprechende Suchprogramme, wie

BLAST oder FASTA (Pearson 1998) werden zur Bewältigung der ständig wachsenden Flut an Sequenzdaten weiterentwickelt.

3.2.8.2 Bindung von Liganden, BIACORE-Technik

Proteine können neben Wasser und Ionen eine Vielzahl weiterer Liganden binden: Nukleotide, wie z.B. ATP und GTP, aber auch Lipide, Kohlenhydrate, Peptide, Proteine oder Nukleinsäuren (Celis 1994). Die Identifizierung eines Liganden oder die Erkennung einer liganden-spezifischen Bindungsdomäne geben wichtige Hinweise auf die mögliche Funktion des Proteins.

Die Interaktion zwischen Protein und Ligand wird durch Gleichgewichtsdialyse, Cofraktionierung bei der Gelchromatographie oder durch Affinitätschromatographie nachgewiesen. Darüber hinaus können die zuvor beschriebenen physikalischen und biochemischen Methoden zum Nachweis von Proteinkomplexen angewendet werden.

Zur Analyse der Ligandenbindung an zelluläre Rezeptoren, die die Stimulierung von Ionenkanälen auslöst, wurden elektrophysiologische Methoden, wie die „Patch-clamp"-Technik, etabliert, die durch Kombination mit der heterologen Expression wichtige Aussagen zur Signaltransduktion liefert.

Eine weitere Möglichkeit, die Interaktion von Biomolekülen mit einer Bindungsoberfläche zu untersuchen und zu charakterisieren besteht in der Anwendung der BIACORE-Technik. Hierbei werden das Protein oder sein Antikörper auf einem Chip gebunden und die Bindung von Liganden studiert. Die Bindungskinetik und die Gleichgewichtskonstanten können durch Beobachtung der Adsorptionsisothermen ermittelt werden (Hall 2001). So wurden z.B. rekombinant exprimierte Proteine aus dem Lysat von *E. coli* an einen Sensorchip gebunden, mit Trypsin gespalten und per Mikrokapillar-RP-HPLC-MS/MS online durch ESI-MS/MS analysiert (Natsume et al. 2000). Ein Rezeptor kann zur Extraktion eines Liganden oder Antikörpers immobilisiert und das Zielmolekül qualitativ und quantitativ bestimmt werden (surface plasmon resonance biomolecular analysis chip: SPR-BIA; Sonksen et al. 1998; Rich u. Myszka 2000; Sevin-Landais et al. 2000). Bei der Affinitäts-MS wird die Oberfläche eines Chips so modifiziert, dass Zielproteine aufgrund biochemischer oder intermolekularer Wechselwirkungen aufgefangen werden; die Proteine werden auf einer SELDI(surface enhanced laser desorption/ionization)-Oberfläche mittels chromatographischer Methoden, z.B. per Ionenaustauscher, gereinigt und der SELDI-Chip direkt per MALDI-MS analysiert (Merchant u. Weinberger 2000).

3.2.8.3 Mikroinjektion

Nach der Mikroinjektion eines gereinigten Proteins in Zellen, die das Protein nicht oder nur in geringem Maß exprimieren (Celis 1994), kann seine Funktion in vivo untersucht werden. Die Mikroinjektion erlaubt eine direkte Applikation in das Cytoplasma oder den Zellkern verbunden mit einer exakten Dosierung. Der Nachteil besteht in der relativ geringen Zellzahl, die manuell injiziert werden kann. Durch computerunterstützte Mikroinjektion lassen sich inzwischen bis zu 1500 Zellen/h behandeln, so dass eine ausreichende Zellzahl für eine Mikropräparation zur Verfügung steht (Celis 1994). Es können aber auch Oozyten von *Xenopus laevis* injiziert werden, wobei aufgrund des relativ großen Volumens und des geringen Gehalts an eigener aktiver mRNA oft schon eine Zelle für einen Test ausreicht. Soll für präparative Zwecke ein Protein in eine große Anzahl von Zellen transportiert werden, muss die Zellmembran durch Abschaben der Zellen von der Unterlage (Celis 1994), durch Detergenzbehandlung (Henrich 1994) oder durch Elektroporation (Graham u. Higgins 1994) durchlässig gemacht werden. In diesen Fällen sind die Zellen in der Lage, ihre Plasmamembran wieder zu reparieren und die Funktion des Proteins kann *in vivo*, d.h. in der intakten Zelle, studiert werden. Bei der Behandlung von Zellen mit α-Toxin oder Streptolysin O entstehen dagegen permanente Poren, so dass ein laufender Austausch zwischen Cytoplasma und Medium erfolgt (Celis 1994). Eine Einschleusung von Proteinen kann aber auch durch Verpacken in Liposomen und Fusionieren der Liposomen mit den Zellen erreicht werden (Gregoriadis 1994). In Abhängigkeit von der metabolischen Stabilität des zugesetzten Proteins kann die Wirkung auf zelluläre Eigenschaften und Prozesse über Stunden oder Tage studiert werden.

Eine alternative Methode besteht in der Mikroinjektion eines spezifischen Antikörpers, der an das Protein bindet und es inaktiviert. Der bei essenziellen Proteinen nachweisbare Phänotyp erlaubt eine Bestimmung der Funktion.

3.2.8.4 Expression in kultivierten Zellen

Die heterologe Expression von Proteinen und der durch Mutation oder Deletion gewonnenen Mutanten stellt ein äußerst vielseitiges Methodenrepertoire zur Analyse der Funktion dar (Hahn u. Heinemann 1995). Transformierte Zellen können mit Hilfe von Resistenzfaktoren selektiert und mit induzierbaren Promotoren, wie z. B. dem Metallothionein- oder dem tet-Promoter, beliebig zur Proteinexpression gebracht werden. Dabei lässt sich ein nicht vorhandenes Protein exprimieren, ein vorhandenes überexprimieren oder ein durch *In-vitro*-Mutagenese verändertes, möglicherweise dominant-negatives Protein analysieren. Als besonders informativ für Funktionsstudien haben sich die Mutation, Deletion oder Insertion von Proteindomänen erwiesen, wie neuere Untersuchungen zur Signaltransduktion beweisen. Statt der Transformation von Zellen mit Plasmiden können sie mit rekombinanten Vakziniaviren oder Adenoviren infiziert werden, die anstelle eines stark exprimierten viralen Proteins das gewünschte Protein zur Expression bringen (Celis 1994). Zunehmende Bedeutung erlangen Retroviren, die eine stabile Transformation und damit die Isolierung entsprechender Zelllinien ermöglichen.

3.2.8.5 Antisensetechnologie

Soll die Expression eines Proteins unterbunden werden, kann entweder das Gen durch homologe Rekombination mit einem Selektionsmarker inaktiviert oder die Stabilität der mRNA vermindert werden. In beiden Fällen wird die Neusynthese des Proteins blockiert. Zum Abbau einer speziellen mRNA werden komplementäre Oligodesoxynukleotide, die eine Antisensesequenz aufweisen, in die Zelle eingeschleust. Es bildet sich ein DNA-RNA-Hybrid aus dem Oligodesoxynukleotid und der komplementären mRNA, das durch die zelluläre Ribonuklease H degradiert wird. In analoger Weise kann Antisense-RNA durch Transkription des zum kodierenden Strang komplementären Strangs in Zellen erzeugt werden. Die komplementäre RNA bindet an die mRNA und hemmt – in Abhängigkeit von der Bindungsregion – die Prozessierung der mRNA oder verringert ihre Stabilität. Durch die Zerstörung der mRNA stoppt die Neusynthese, und das vorhandene Protein wird durch den metabolischen Abbau eliminiert, so dass phänotypische Veränderungen nachweisbar werden.

3.2.8.6 Transgene Organismen

Durch die Transformation von weiblichen Keimzellen werden Organismen erhalten, die in allen Zellen eine Kopie des zu untersuchenden Gens enthalten. Die Expression des Transgens im Verlauf der Entwicklung kann zu phänotypischen Veränderungen führen, die Rückschlüsse auf die Funktion des Proteins zulassen. Soll ein vorhandenes Protein eliminiert werden, kann ein alternativer Weg beschritten werden: Zunächst wird ein Allel durch eine selektierbare Insertion inaktiviert. Dann werden aus der Nachkommenschaft von heterozygoten Eltern homozygote Nachkommen selektiert, bei denen beide Allele inaktiviert sind. Damit ist die Expression des zu untersuchenden Proteins unterbunden und der durch die Knockout-Mutation entstehende Phänotyp gibt Auskunft über die Funktion(en) des Proteins. Für eine detaillierte Information wird auf das Kapitel 2.2 „Tiermodelle in der biomedizinischen Forschung“ in diesem Band verwiesen.

3.2.8.7 Funktionelle Analyse der Membranproteine

Bei der funktionellen Analyse von Membranproteinen muss beachtet werden, dass diese der hydrophoben Membranumgebung angepasst sind und oft nur in Form von Detergenzkomplexen oder in Detergenz-Lipid-Mizellen solubilisiert und getestet werden können. Hier haben sich nicht ionische Detergenzien (Triton X 100, Oktylglukosid oder Lubrol) sowie zwitterionische Detergenzien (CHAPS) bewährt. Da die Eigenschaften der Membranproteine aber wesentlich von der Wechselwirkung mit Lipiden und anderen Membranproteinen abhängen können, kann es notwendig sein, sie nach der Reinigung wieder in Membranen zu integrieren und in situ zu untersuchen (Labarca et al. 1992).

Wenn Proteine der Plasmamembran, insbesondere Rezeptoren und Ionenkanäle, in Zellen exprimiert werden, die das Protein selbst nicht aufweisen, kommt es zur Ausbildung von neuen Signaltransduktionswegen, die es gestatten, die spezifische Funktion der Membranproteine zu analysieren (Rout et al. 2000; Blobel u. Wozniak 2000 a). Dabei kann es notwendig sein, zusätzlich die in der Zelle nicht vorhandenen Effektoren, z. B. trimere G-Proteine oder Adenylatcyclase, zu exprimieren, um eine Signaltransduktion messen zu können (Claudio 1992; Karschin et al. 1992). Eine Anreicherung der mit Proteinen der Zellmembran transformierten Zellen ist durch fluoreszenzaktivierte Zellsortierung möglich. Sind gereinigte Membranproteine verfügbar, kann ihre Funktion auch in vitro nach Insertion in eine artifizielle Membran untersucht werden (Cerione u. Ross 1991).

3.2.8.8 Funktionelle Proteomanalyse (functional proteomics)

Ein moderner Ansatz zur Analyse von biologischen Zellprozessen und ihren Veränderungen aufgrund verschiedener Faktoren (Stress, Kulturbedingungen, Umwelteinflüsse, Pharmaka- oder Toxineinwirkungen) wird durch die Proteomanalyse [vgl. Abschnitt 3.2.5 „Proteomanalytik (Proteomics)“] ermöglicht. Mit dieser Technik

- lassen sich z. B. Mikroorganismen verhältnismäßig schnell charakterisieren, deren Diagnose normalerweise Tage oder Wochen benötigt;
- können Pharmaka verglichen werden, um herauszufinden, welche am effektivsten einen normalen Proteinzustand in der Zelle wieder herstellen können; oder
- lassen sich auf diese Weise neurodegenerative Krankheiten studieren, deren Ursache und biomedizinische Zusammenhänge noch nicht erkannt sind;
- lässt sich herausfinden, warum bestimmte Bakterienstämme resistent gegen Antibiotika geworden sind.

Im Prinzip lassen sich alle dynamischen Veränderungen, z. B. bei der Differenzierung, Reizleitung oder anderen wichtigen Zellprozessen, durch die Gesamtanalyse der Expression zellulärer Proteine vor und nach den Veränderungen durch diese hypothesefreie Analytik untersuchen. Dies bedeutet, dass es nicht nötig ist, die beteiligten Proteine bereits zu kennen, da alle Proteine unabhängig von den vorhandenen Kenntnissen untersucht werden. Die Anwendung dieser Methode hat inzwischen zu zahlreichen Untersuchungen von Tumorzellen (Zeindl-Eberhart et al. 1994; Celis 1999) geführt. Außerdem wurden neue Erkenntnisse über die Hormonstimulation bei der Ovulation (Brockstedt et al. 2000) gewonnen und durch die Analyse apoptotischer Vorgänge die Zuordnung apoptoseassoziierter Proteine ermöglicht (Brockstedt et al. 1999; Müller et al. 1999). Die Proteindaten, die auf diese Weise erhalten werden können, lassen die gezielte Entwicklung von Pharmaka (Targets) zu. Wenn die identifizierten Proteine, die mit einer Krankheit assoziiert werden können, zu bestimmten biochemischen Cyclen gehören, wird es möglich, gezielt Pharmaka zu entwickeln, die in diesen Synthesezyklus eingreifen. Andererseits eignen sich die identifizierten Proteine zur Frühdiagnose von Krankheitszuständen (Biomarker), z. B. zur Entwicklung von Diagnosechips. Die Anwendung aller dieser Strategien könnte in den nächsten Jahren zu einem signifikanten kommerziellen Potenzial in der pharmazeutischen Industrie führen.

Als eine weitere Möglichkeit, über die Funktion zahlreicher Proteine in Zellen, Geweben oder Körperflüssigkeit Auskunft zu erhalten, werden zunehmend Analysen mit Gen-, Peptid- oder Protein-Arrays auf Chips durchgeführt. Diese Technik erlaubt ein schnelles Screening von Bindungseigenschaften an synthetischen Peptiden oder an intakten Proteinen, die in Zellen exprimiert sind. Auf diese Weise können Funktionsanalysen an Tausenden von Proteinen ausgeführt werden, z. B. um Bindungsaktivitäten an DNA und mRNA oder Protein-Protein- und Protein-Ligand-Wechselwirkungen zu messen. Dies setzt allerdings voraus, dass die Gene (in Form der DNA-Chips) oder die zu untersuchenden Proteine, Peptiddomänen und Peptidmotive bereits bekannt bzw. isoliert sind, oder dass riesige Peptidbibliotheken zur Verfügung stehen (Qureshi u. Cagney 2000). Es bestehen jedoch viele Einschränkungen bei der Anwendung dieser Techniken und es ist noch ein weiter Weg, bis ein ganzes Proteom, z. B. vom Menschen, auf einem Chip platziert werden kann. Aber es ist vorauszusehen, dass Proteinchips bald in der Proteomanalytik in Kombination mit massenspektrometrischen Analysen einsetzbar werden (Figeys u. Pinto 2001).

3.2.8.9 Rasterelektronenmikroskopie

Die Rasterelektronenmikroskopie (REM; atomic force microscopy) ermöglicht die Beobachtung von Molekülen an Oberflächen dadurch, dass eine scharfe Spitze, angeheftet an einen weichen, frei tragenden Arm (cantilever), rastermäßig über die Oberfläche geführt wird, wobei die Ablenkung der Spitze entsprechend der Oberfläche registriert wird. Auf diese Weise können Biomoleküle an der Oberfläche von Strukturen in ihrer nativen Umgebung studiert werden. Es können submolekulare Details oder Konformationsänderungen beobachtet werden (Engel et al. 1999). So können auch dreidimensionale Bilder von Membranen und deren Biomolekülen unter physiologischen Bedingungen und während dynamischer Prozesse gewonnen werden, was z.B. in der kardiovaskulären Forschung bereits mit Erfolg angewendet wird (Arnsdorf u. Xu 1996; Dalen et al. 1998). Anwendungsbeispiele mit konvokaler Laserrasterelektronenmikroskopie betreffen z.B. Studien der Dynamik von zytoplasmatischem Kalzium (Siegmund et al. 2000) oder das Studium der Wechselwirkungskräfte mit Liganden oder mit Drogen.

3.2.8.10 Einzelmoleküldetektion (Nanostrukturuntersuchungen)

Neueste, ultrasensitive Instrumentenentwicklungen ermöglichen die Detektion, Identifizierung und dynamische Studien an Einzelmolekülen und Molekülkomplexen (Weiss 1999; Nie u. Zare 1997) sowie an Einzelzellen (Reichle et al. 2001) durch laserinduzierte Fluoreszenzmessungen. Mittels eines Kryopartikeldetektors, gekoppelt an ein Massenspektrometer, konnten einzelne Makromoleküle detektiert werden (Twerenbold et al. 1996). Sytnik et al. (1999) beobachteten die funktionellen Abläufe bei der Proteinbiosynthese an einzelnen mRNA-programmierten Ribosomenkomplexen in Picosekunden-Auflösung, wobei die wachsende Polypeptidkette an ihrem N-terminalen Ende mit dem Fluorophor Tetramethylrhodamin markiert war. Rigler et al. (1999) haben die Funktion der spezifischen Bindung des Proinsulin-C-Peptids, das günstige Effekte bei Diabetes auslöst, an verschiedenen humanen Zellmembranen untersucht. Durch Messung von pathologischen Prionenaggregaten, die mit spezifischen fluoreszenzmarkierten Antikörpern mittels konvokaler Mikroskopie detektiert werden können, wurde ein Diagnoseverfahren von Prionenkrankheiten wie der Creutzfeldt-Jakob-Krankheit oder der Alzheimer-Erkrankung entwickelt, die 2 fMol Proteinaggregat zu detektieren erlaubt (Bieschke et al. 2000). Durch Einzelmolekülfluoreszenzdetektion und Fluoreszenzkorrelationsspektroskopie (FCS) mit konfokaler Mikroskopie und optischer Nahfeldscanningmikroskopie wurde die Natur des Leuchtmechanismus der Ser-65/Thr-Mutanten des grün fluoreszierenden Proteins (GPF) analysiert (Garcia-Parajo et al. 2000) und Untersuchungen zum Einzelmolekülmechanismus des Myosinmotors durchgeführt (Yanagida et al. 2000). Diese Beispiele verdeutlichen die große Zukunft der Einzelmoleküldetektion für vielfältige Funktionsuntersuchungen an biologischen oder medizinischen Systemen.

3.2.9 Funktionsanalyse von Enzymen

Enzyme zeichnen sich gegenüber Strukturproteinen durch ihre Eigenschaft aus, die Bildung oder Auflösung kovalenter Bindungen zu katalysieren. Die außerordentlich große Substratspezifität, die gebildeten Produkte, die notwendigen Cofaktoren und die Regulierbarkeit der Enzymreaktion können zur funktionellen Charakterisierung der Enzyme herangezogen werden. Mögliche enzymatische Eigenschaften lassen sich anhand homologer Sequenzen oder charakteristischer Sequenzmotive erkennen. Wichtige Indikatoren für pathologische Veränderung von Enzymaktivitäten sind entweder das unerwartete Auftreten von Stoffwechselzwischenprodukten, deren Modifizierung oder Abbau aufgrund eines Enzymmangels blockiert ist, oder aber das Fehlen von Proteinmodifizierungen oder essenziellen Enzymaktivitäten. Das Studium krankhafter Veränderungen liefert daher wichtige Hinweise auf die Funktion einzelner Enzyme bzw. auf den Ablauf komplexer Folgeprozesse. Zusätzlich ist zu beachten, dass viele Enzyme in Abhängigkeit von der Entwicklung und der Differenzierung exprimiert werden oder dass ihre Expression erst durch entsprechende Substrate induziert wird.

3.2.9.1 Strukturhomologien und funktionelle Domänen

Die Interaktion mit speziellen Substratmolekülen und deren Umsetzung sowie die Koordinierung von Cofaktoren und Coenzymen bedingen eine exakte Positionierung bestimmter Aminosäureseitenketten, die das aktive Zentrum bilden, in der Polypeptidstruktur. Homologien zwischen den aktiven Zentren von Enzymen erlauben die Zuordnung zu einer Enzymfamilie, wie bei Proteasen und GTPasen gezeigt wurde. Bei Multidomänenenzymen (Doolittle 1995) weisen insbesondere die katalytischen Domänen große Ähnlichkeit auf, so dass es z.B. möglich war, unbekannte Proteinkinasen anhand ihrer Kinasedomäne zu identifizieren.

3.2.9.2 Messung der Enzymaktivität

Das Vorliegen von Isoenzymen oder die Veränderung einer Enzymkinetik durch Punktmutationen machen es bei krankhaften Veränderungen notwendig, die Aktivität bestimmter Enzyme zu messen. Dazu können Enzymsubstrate oder die Produkte der Enzymreaktion im Serum oder Gewebe bestimmt werden oder die Enzymaktivität in Gewebeextrakten wird in vitro mit Hilfe spezieller Substrate bestimmt. Zur Festlegung der Enzymkinetik wird die Reaktionsgeschwindigkeit v in Abhängigkeit von der Substratkonzentration [S] gemessen. Bei konstanter Enzymmenge ergibt sich bei Substratsättigung eine maximale Reaktionsgeschwindigkeit v_{max}, die praktisch aber nicht erreicht werden kann, so dass die halbmaximale Substratkonzentration K_M in die Michalis-Menten-Gleichung eingeführt wurde:

$$v = v_{max}[S]/K_M + [S] \qquad \text{(Gl. 3.2.1)}$$

Die graphische Darstellung der Gleichung in Abb. 3.2.9 demonstriert, dass sich bei Erhöhung der Substratkonzentration die Reaktionsgeschwindigkeit asymptotisch der Maximalgeschwindigkeit annähert. Zur Bestimmung von v_{max} und K_M aus experimentellen Werten ist es vorteilhaft, eine doppelreziproke Darstellung (Lineweaver-Burk-Diagramm) zu benutzen, die statt der hyperbolischen Kurve eine Gerade ergibt (Abb. 3.2.10). Der K_M-Wert charakterisiert die Affinität des Enzyms für das Substrat. So gestattet der niedrige K_M der mitochondrialen Aldehyddehydrogenase eine schnelle Entfernung des aus Ethanol gebildeten Azetaldehyds. Fehlt das Enzym, setzt die zytoplasmatische Dehydrogenase, die einen höheren K_M-Wert aufweist, erst bei höheren Aldehydkonzentrationen ein, wodurch eine genetisch bedingte Ethanolempfindlichkeit erklärbar wird.

Zur Theorie der Enzymkatalyse soll hier nur angemerkt werden, dass die Voraussetzung für die katalytische Eigenschaft eines Enzyms die Fähigkeit ist, das Substrat spezifisch zu binden und den Übergangszustand zu stabilisieren, der bei der katalysierten Reaktion durchlaufen werden muss. Struktur und Dynamik des Übergangszustands können durch optische Methoden, z.B. durch Fluoreszenzmessungen, näher untersucht werden (Demchenko 1994). Für weitergehende Informationen zur Enzymkatalyse wird auf spezielle Monographien verwiesen (Schellenberger 1989).

Ist die Reaktionsgeschwindigkeit wie in dem oben dargestellten Fall nur von der Konzentration eines Substrats abhängig, liegt eine Reaktion 1. Ordnung vor. Sind mehrere Substrate beteiligt, handelt es sich um Reaktionen höherer Ordnung.

Bei der experimentellen Ermittlung von Enzymaktivitäten ist zu beachten, dass diese von der Struktur und der Dynamik der Proteinmoleküle mit bestimmt werden und daher nicht nur von

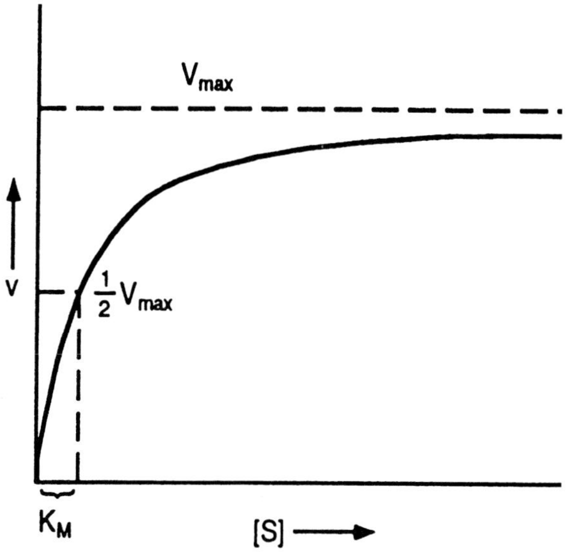

Abb. 3.2.9. Darstellung der Michaelis-Menten-Gleichung $v = v_{max}[S]/K_M + [S]$ verdeutlicht die Beziehung zwischen Umsatzgeschwindigkeit v, Substratkonzentration [S] und Michalis-Menten-Konstante K_M

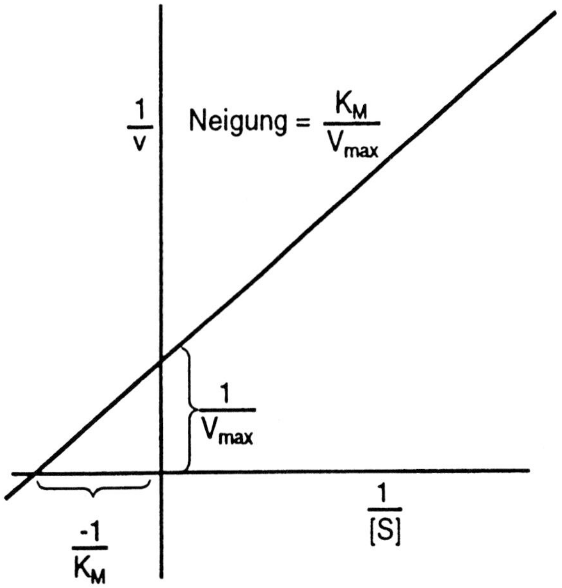

Abb. 3.2.10. Lineweaver-Burk-Diagramm, doppelreziproke Darstellung von Umsatzgeschwindigkeit und Substratkonzentration, dient zur Bestimmung von v_{max} und K_M

der Substratkonzentration, sondern auch von der Temperatur, dem pH-Wert der Lösung und der Konzentration von Ionen und Cofaktoren abhängen. Durch Optimierung der einzelnen Werte kann die Enzymreaktion standardisiert werden. Generell kann das Produkt einer Reaktion entweder direkt oder durch den Abbau mittels einer 2., schnellen enzymatischen Reaktion in Form eines Folgeprodukts quantitativ ermittelt werden.

Eine direkte Messung der Konzentration des Reaktionsprodukts ist im Ansatz möglich, wenn es sich wie bei den Redoxpaaren NAD/NADH oder FAD/$FADH_2$ um Substanzen mit gut unterscheidbaren Absorptionsbanden handelt. Häufig können auch gefärbte Reaktionsprodukte – entweder direkt oder über eine Zwischenreaktion – erhalten werden, die photometrisch quantitativ bestimmbar sind. In Verbindung mit einer immunologischen Reaktion können nicht nur Enzyme, sondern alle mit Antikörpern bestimmbaren Stoffe über eine gekoppelte Farbreaktion mit Hilfe des ELISA-Verfahrens analysiert werden. Analog lassen sich ausgesandtes Licht – z. B. bei der ATP-Bestimmung mit Hilfe der Luciferasereaktion – oder auch eine Änderung der Emission von Fluoreszenzlicht messen und für die quantitative Bestimmung einer Reaktion verwenden. Darüber hinaus sind viele Reaktionsprodukte, die elektrochemisch spezifisch oxidiert oder reduziert werden können, im Reaktionsansatz messbar (Scheller et al. 1991; Wollenberger et al. 1993).

In allen Fällen, in denen eine Messung im Reaktionsansatz nicht möglich ist, muss das Produkt durch Fällung, Elektrophorese, Chromatographie oder andere Verfahren abgetrennt und dann quantitativ analysiert werden. Das untersuchte Enzym kann schließlich durch Substrat, Produkt, K_M-Wert, Temperatur, pH-Optimum und optimale Ionenkonzentrationen so weit charakterisiert werden, dass es durch einen Vergleich mit bekannten Enzymen identifiziert werden kann.

Da der Gehalt und die Aktivität an Enzym stark von den Isolierungsbedingungen abhängen, wird die Qualität einer Enzympräparation durch die Enzymaktivität (z. B. µMol Umsatz/h) bestimmt. Wird die Enzymaktivität auf die eingesetzte Proteinmenge bezogen, resultiert die spezifische Aktivität in µMol/h und mg Protein. Die metrische Einheit für die Enzymaktivität ist das Katal (1 kat = 1 Mol/s), d. h. die Enzymmenge, die 1 Mol Substrat/s umsetzt.

Der Nachweis von „diagnostischen“ Enzymen liefert wichtige Hinweise auf die Art und den Verlauf von Krankheiten und wird für die unterschiedlichsten Enzyme durchgeführt. Als Beispiel sei auf das sequenzielle Auftreten von Kreatinphosphokinase und Laktatdehydrogenase im Serum nach einem Herzinfarkt hingewiesen.

3.2.9.3 Regulation der Enzymaktivität

Die Regulation der zellulären Enzymaktivität kann prinzipiell immer durch die zur Verfügung stehende Enzymmenge erfolgen, die durch das Verhältnis von Biosynthese und Abbau bestimmt wird. Zur Anpassung an externe Stimuli oder zur Aufrechterhaltung von Stoffwechselgleichgewichten ist es aber notwendig, Enzymaktivitäten kurzfristig zu modulieren. Dazu können die Verfügbarkeit von Cofaktoren, die Konzentrationen von Substrat oder Produkt, aktivierende oder hemmende Liganden oder kovalente Modifizierungen des Enzyms dienen.

3.2.9.4 Wirkung von Cofaktoren

Cofaktoren sind essenzielle Bestandteile vieler Enzyme. Sie stellen solche Gruppen für das aktive Zentrum bereit, die in den Apoenzymen nicht vorhanden sind, wie z. B. reaktive Carbonylgruppen oder Redoxsysteme. Bei vielen Holoenzymen wirken einfache Metallionen (Na^+, K^+, Mg^{2+}, Ca^{2+}, Zn^{2+}, Co^{2+}, Mn^{2+}, Fe^{2+}) als Cofaktoren. Andere Enzyme benötigen zur Ausübung ihrer Funktion komplizierte organische Verbindungen, die als Coenzyme bezeichnet werden. Letztere können als prosthetische Gruppe fest an das Enzym gebunden sein (FAD, Flavinmononukleotid, Pyridoxalphosphat) oder als Cosubstrate cyklisch regeneriert werden (NAD, Coenzym A). Die Bindung von Vitamin B_6 (Pyridoxalphosphat) aktiviert z. B. die Cystathionase, die bei der Synthese von Cystein, einer essenziellen Aminosäure, benötigt wird. Im Fall der Cystathionurie hat das mutierte Apoenzym eine geringere Affinität zum Vitamin B_6, es kann aber bei Gabe von Vitamin B_6 aufgrund der höheren Konzentration im Körper aktiviert werden.

Cofaktoren sind durch charakteristische Absorptionsbanden nachweisbar, und ihre Umsetzung kann häufig durch Änderung des Spektrums quantitativ bestimmt werden. Die in den aktiven Zentren vieler Enzyme koordinativ gebundenen Schwermetallionen lassen sich, wie z. B. das Eisen im Hämin von Cytochromen oder im Hämoglobin, durch ihre spektralen Eigenschaften nachweisen.

Die Beteiligung von Schwermetallionen an einer Enzymreaktion kann an der Hemmung durch Chelatbildner, wie z.B. Ethylendiamintetraessigsäure (EDTA), erkannt werden. EDTA bildet stabile Komplexe mit 2-wertigen Metallionen, die dann für das Enzym nicht mehr zur Verfügung stehen.

3.2.9.5 Produkthemmung

Eine unmittelbare Regulation der Enzymaktivität wird auch dadurch erreicht, dass das Produkt der Reaktion eine Affinität zum Enzym besitzen und das aktive Zentrum blockieren kann. Die Enzymkinetik ist bei der Produkthemmung (feed-back control) von der Produktkonzentration abhängig. Eine Enzymkette kann auf effektive Weise durch eine Interaktion des Endprodukts der Enzymkette mit dem Eingangsenzym reguliert werden. Dazu muss neben der Substratbindungsstelle ein 2. Bindungsort für dieses Produkt vorhanden sein, bei dessen Besetzung eine allosterische Strukturumwandlung des Enzyms induziert wird, die seine Aktivität reduziert. Allosterische Enzyme können aber auch durch ihre Substrate oder durch Inhibitoren zu Strukturänderungen veranlasst werden, die mit Veränderungen der Enzymaktivität verbunden sind. Die oft subtilen, allosterischen Strukturänderungen lassen sich analysieren, wenn beide Formen stabil und kristallisierbar sind. So konnte der Übergang von der aktiven R- zur inhibierten T-Form am Komplex aus Aspartat-Carbamoyl-Transferase und ihrem Inhibitor N-Phosphonoacetyl-L-Aspartat durch Röntgenbeugung vermessen werden (Krause et al. 1984) (Abb. 3.2.11).

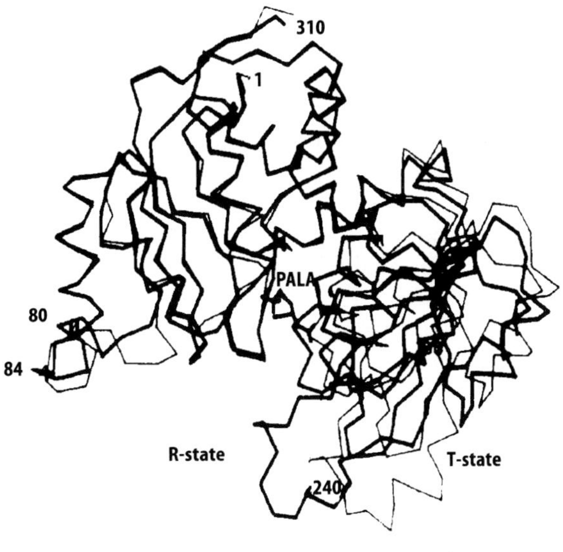

Abb. 3.2.11. Allosterischer Strukturübergang der Aspartat-Carbamoyl-Transferase von der aktiven T- in die inaktive R-Form durch Bindung des Inhibitors, N-Phosphonacetyl-L-Aspartat, nach Krause et al. (1984)

3.2.9.6 Enzymliganden

Aktivierende Liganden, wie Kalzium oder cyclisches AMP, dienen in der Zelle als Second messenger und sind in der Lage, z.B. Proteinkinasen zu stimulieren. Eine Wirkung von Kalzium besteht darin, dass es zusammen mit Diacylglycerol an die regulatorische Domäne der (monomeren) Proteinkinase C (PKC) bindet, worauf diese von der katalytischen Domäne dissoziiert, das aktive Zentrum dadurch freisetzt und die Kinase aktiviert. Bei der dimeren cAMP-abhängigen Proteinkinase A bindet cyclisches AMP an die regulatorische Untereinheit, die darauf von der katalytischen Untereinheit dissoziiert, wodurch das Enzym aktiviert wird. Für die Aufklärung des Regulationsmechanismus von PKC war neben der Charakterisierung der externen Liganden der Nachweis eines inhibitorischen Peptids als Bestandteil der regulatorischen Domäne besonders wichtig. Das inhibitorische oder Pseudosubstratpeptid bindet als Inhibitor an das aktive Zentrum, kann aber selbst nicht phosphoryliert werden, da ein entsprechendes Serin oder Threonin fehlt.

Die verschiedenen Formen der inhibitorischen Liganden werden nachstehend behandelt (vgl. Abschnitt 3.2.9.8 „Charakterisierung des aktiven Zentrums").

3.2.9.7 Kovalente Modifizierung von Enzymen

Enzyme des Verdauungssystems und der Blutgerinnungskaskade können durch proteolytische Spaltung inaktiver Proenzyme aktiviert werden. Modifizierungen von Seitenketten, wie die Phosphorylierung von Serin oder Threonin durch Proteinkinasen bzw. die Dephosphorylierung durch Phosphatasen, beeinflussen die Struktur von Enzymen und ihre funktionellen Eigenschaften, wie z.B. die Substratbindung. Receptortyrosinkinasen sind z.B. in der Lage, Bindungsproteine oder sich selbst zu phosphorylieren und auf diese Weise intrazelluläre Signaltransduktionskaskaden zu modulieren.

3.2.9.8 Charakterisierung des aktiven Zentrums

Erste Versuche zur Ermittlung der aktiven Zentren von Enzymen bedienten sich des Nachweises konservierter Aminosäuren in einer Enzymfamilie. Neben der Sequenzanalyse wurde zu diesem Zweck die gezielte chemische Modifizierung von Aminosäureseitenketten genutzt (Matthews 1993b). Auf diese Weise lassen sich Gruppen im aktiven Zentrum charakterisieren, und es können Enzymklassen differenziert werden. So werden z.B. Serinproteasen durch Chlormethylketone oder Sulfofluoride gehemmt, während Cysteinproteasen durch *p*-Chlormercuribenzoat inhibiert werden. Eine substratspezifische Markierung des aktiven Zentrums wird bei der Affinitätsmarkierung mit photochemisch aktivierbaren Substratderivaten beobachtet. Mit dieser Methode konnten Peptide oder Nukleotide (Haley 1991) zur Identifizierung von Kinasen eingesetzt werden.

Komplementär zur chemischen Modifizierung werden zunehmend genetische Methoden eingesetzt. Bei Enzymdefekten lassen sich anhand der spontanen Mutationen essenzielle Aminosäuren identifizieren. Andererseits ist die gezielte Veränderung des Enzyms durch ortsgerichtete Mutagenese eine besonders aussagefähige Methode.

Ein enormer Fortschritt wurde durch die Röntgenstrukturanalyse von kristallisierten Enzymen, Enzym-Substrat- und Enzym-Inhibitor-Komplexen erreicht.

Unter Nutzung der inzwischen für viele Enzymfamilien bekannten Daten über die dreidimensionale Struktur des aktiven Zentrums und die Bedeutung einzelner Gruppen für die Funktion können essenzielle Aminosäuren oft schon aufgrund theoretischer Überlegungen mit hoher Wahrscheinlichkeit festgelegt werden.

Die so gewonnenen Daten bilden die Basis für das Enzymdesign: Neben einer – im Allgemeinen nicht erwünschten – Blockierung der Enzymaktivität gelingt es durch den konservativen Austausch von Aminosäuren mitunter, den Substratbindungsort so zu verändern, dass die Bindungsfestigkeit oder die Umsatzgeschwindigkeit oder beide beeinflusst werden. Auf diese Weise können Enzyme speziellen Anforderungen angepasst oder mit neuen Funktionen ausgestattet werden. Durch die Veränderung mehrerer Reste zeigte sich, dass bei Doppelmutationen additive, synergistische oder antagonistische Effekte auftreten können. Zur Bestimmung der für die katalytische Aktivität notwendigen Strukturen hat sich die Deletion von Teilsequenzen bewährt. Alternativ konnte gezeigt werden, dass enzymatisch aktive Proteindomänen auf andere Proteine übertragen werden können, so dass chimäre Moleküle mit neuen Eigenschaften resultieren. Das Enzymdesign wurde z.B. bei der Entwicklung neuer Thrombolytika angewendet.

Analog konnten potente Inhibitoren entwickelt werden, die unerwünschte Reaktionen unterdrücken, z.B. Angiotensinogenkonvertierungsenzym(ACE)-Inhibitoren oder Inhibitoren von HIV-Proteasen.

Da das aktive Zentrum eines Enzyms den Übergangszustand seines Substrats stabilisiert, kann seine Struktur z.B. durch einen Antikörper imitiert werden, der gegen eine dem Übergangszustand ähnliche Struktur gerichtet ist. Werden daher bestimmte hochaffine Enzyminhibitoren, deren Struktur dem Übergangszustand ähnelt, als Haptene verwendet, können Antikörper isoliert werden, die katalytische Eigenschaften besitzen (Lewis u. Hilvert 1991). Auf diese Weise wurden monoklonale Antikörper erhalten, die in der Lage sind, die Hydrolysegeschwindigkeit von Estern um den Faktor 1000 zu beschleunigen, wobei enzymatische Eigenschaften wie Substratspezifität, Sättigungskinetik und kompetitive Inhibition nachweisbar sind (Janda et al. 1994). Inzwischen wurden katalytische Antikörper für eine Anzahl weiterer Reaktionen beschrieben (Wrede u. Schneider 1994).

3.2.9.9 Oligomere Enzyme und Enzymkomplexe

Zur Untersuchung von Enzymkomplexen können alle bei den monomeren Enzymen beschrieben Methoden angewendet werden. Als Besonderheit wird bei oligomeren Enzymen beobachtet, dass die aktiven Zentren der Monomeren funktionell verknüpft sind, so dass bei Bindung eines Substratmoleküls die Bindungskonstanten für die weiteren Substratmoleküle kooperativ verändert werden. Zum Verständnis der Interaktionen zwischen den Oligomeren ist eine Untersuchung von Struktur und Dynamik der Wechselwirkungsorte notwendig. Bei vielen Enzymkomplexen findet eine funktionelle Differenzierung in regulatorische und katalytische Untereinheiten statt. Es gibt aber auch Multienzymkomplexe, bei denen verschiedene Enzymaktivitäten mechanistisch und kinetisch abgestimmt sind. Dabei ist entweder die durch Diffusion vermittelte Übertragung von Zwischenprodukten optimiert (Tryptophansynthase, Komplex aus Glycerolaldehyd-3-Phosphat-Dehydrogenase und Aldolase) oder die kovalent gebundenen Intermediärprodukte werden von einer Enzymuntereinheit zur nächsten weitergereicht (Fettsäuresynthetase, Gramicidin-S-Synthetase, α-Ketosäure-Dehydrogenase, ribosomenfreie Peptidsynthese) (Stein et al. 1996). Eine Übersicht wurde von Schellenberger (1989) publiziert.

Auch die für den regulierten Abbau von Proteinen verantwortlichen Proteasomen treten als 20S-Komplexe auf, die kurzlebige oder abnormale Proteine ATP-abhängig degradieren und mit 2 19S-Komplexen zu 26S-Proteasomen assoziieren, die mit Ubiquitin konjugierte Proteine abbauen (Hershko u. Ciechanover 1992; Hilt u. Wolf 1995; Baumeister et al. 1998).

Die Analyse von oligomeren Enzymen und Enzymkomplexen basiert auf der Präparation der nativen Komplexe und ihrer funktionellen Charakterisierung. Häufig sind aber die Assoziationskonstanten zu gering, um den Komplex während der Präparation zu stabilisieren. In diesen Fällen muss der Einfluss der Komplexbildung auf die katalytischen Aktivitäten mit Hilfe der isolierten Komponenten *in vitro* untersucht werden.

3.2.9.10 Enzyminhibitoren und -aktivatoren

In der Enzymanalytik spielen Enzyminhibitoren zur Charakterisierung von Enzymen eine wichtige Rolle (Hübner 1989). Inhibitoren, die wie das Substrat an das aktive Zentrum binden und mit diesem um die Bindung kompetitieren (kompetitive Inhibitoren), erhöhen die Michaelis-Menten-Konstante konzentrationsabhängig.

Nicht kompetitive Inhibitoren binden unabhängig vom Substrat, außerhalb des aktiven Zentrums. Es bildet sich ein Enzym-Substrat-Inhibitor-Komplex, der den gleichen K_M-Wert für das Substrat aufweist, dessen Zerfallsgeschwindigkeit v_{max} aber in Abhängigkeit von der Inhibitorkonzentration verringert ist. Beide Inhibitortypen können mit Hilfe der Lineweaver-Burk-Darstellung (s. oben) unterschieden werden. Daneben gibt es hochaffine Inhibitoren, die Bindungskonstanten im nanomolaren Bereich aufweisen, und irreversibel reagierende Inhibitoren. Letztere sind meist gruppenspezifische Reagenzien, die kovalent mit dem aktiven Zentrum reagieren und z.B. in Proteasen essenzielle Serin- oder Cysteinreste modifizieren. Da die Inhibitoren Substrate imitieren, mit dem aktiven Zentrum reagieren oder spezifisch an Enzyme binden, können sie zur Unterscheidung der verschiedenen Gruppen innerhalb einer Enzymfamilie

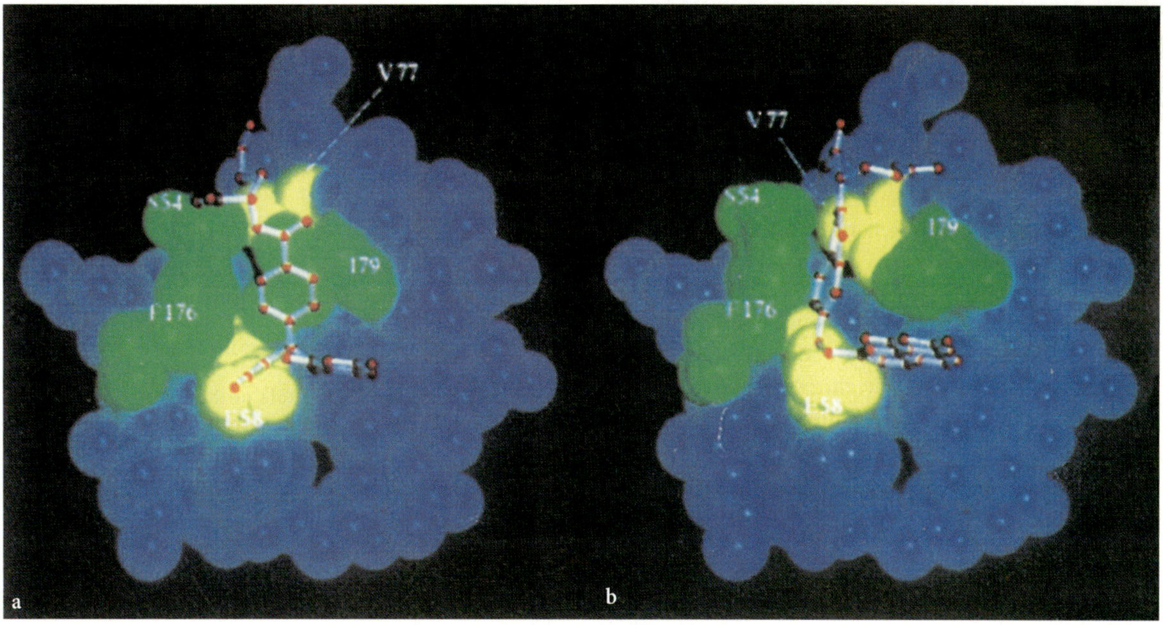

Abb. 3.2.12 a, b. Darstellung des Komplexes aus Thymidylatsynthase – als raumfüllendes Modell – und dem (toxischen) Inhibitor CB3717 (**a**) bzw. dem in subnanomolaren Konzentrationen wirksamen Inhibitor 1843U89 (**b**). Der Inhibitor 1843U89 verdrängt den Kofaktor der Synthase, Methylentetrahydrofolat, und wirkt als Proliferationshemmer bei Krebszellen, modifiziert nach Weichsel u. Montfort (1995)

herangezogen werden. Zu den kompetitiven Inhibitoren mit therapeutischer Bedeutung gehören die in Kapitel 4.5 „Antimetaboliten" beschriebenen Antimetaboliten. Strukturuntersuchungen an Enzym-Inhibitor-Komplexen dienen der Aufklärung des Wirkmechanismus und dem Design von Inhibitoren mit speziellen Eigenschaften (Abb. 3.2.12).

Aktivatoren binden reversibel an Enzyme und können sowohl die Substratbindung als auch die Reaktionsgeschwindigkeit erhöhen. Ihr Einfluss ist konzentrationsabhängig und wird durch das Verhältnis der Geschwindigkeiten von aktivierter und nicht aktivierter Reaktion, der Dissoziationskonstanten und der Substratkonzentration beeinflusst (Hübner 1989).

3.2.10 Ausblick

Die steigende Anzahl an vollständig sequenzierten Genomen macht deutlich, dass neben der Genexpression und ihrer Regulation die Eigenschaften der Proteine selbst untersucht werden müssen. Selbst wenn Änderungen auf der Gen- oder mRNA-Ebene identifiziert werden, müssen wegen der unterschiedlichen Expressionsraten von Gen, mRNA und Protein die physiologischen Befunde auf der Proteinebene verifiziert werden (Anderson u. Anderson 1998; Yates III 2000). Zusätzlich müssen die posttranslationalen Modifizierungen, die dreidimensionale Struktur und ihre dynamischen Änderungen, die Veränderungen im Bereich der Proteinkomplexe während der Zellprozesse, die intrazelluläre Lokalisation und damit die funktionellen Eigenschaften im Zellgeschehen, auch im Zusammenwirken mit anderen Makromolekülen, erforscht werden, um die Lebensprozesse zu verstehen, die für Stoffwechsel, Differenzierung und Regulation des Organismus von Bedeutung sind. Dies gilt im besonderen Maß für die Entstehung von Krankheiten, die nur verstanden werden können, wenn die Beteiligung aller Proteine in dem Netzwerk der Lebensprozesse auf molekularer und atomarer Ebene verstanden wird. Umfassende Analysen der Proteine und ihrer Funktionen im gesamten Zellgeschehen sind hierzu vordringlich. Die Untersuchung auf Genebene (functional genomics) wird oft als wichtigstes zukünftiges Mittel zur Erforschung der Pathogenese angesehen und entsprechende Förderprogramme werden zurzeit als Weiterführung der Genomprojekte aufgelegt. Diese Tendenz ist jedoch korrekturbedürftig: Die funktionellen Untersuchungen müssen im besonderen Maß auf Proteinebene durchgeführt werden, weil nur die Proteine selbst das Zellgeschehen kontrollieren und beeinflussen. Mit anderen Worten: Anstelle von „functional genomics" – ein irreführender Begriff – müssen Programme für „functional proteomics" in Angriff genommen werden. Jedoch sind die wertvollen Daten, die durch die Gesamtgenanalyse der Organismen erreicht worden sind und in Zukunft um weitere Organismen erweitert werden, primär eine wichtige Basis für die proteomanalytischen Untersuchungen der Zukunft.

Es ist offensichtlich, dass, wenn zusätzlich zur Genomforschung vermehrt die Proteomforschung aktiviert werden wird, ein synergistischer Effekt zu erwarten ist, der mögliche Therapieansätze für viele der relevanten Krankheiten liefern kann und zur Entwicklung neuer Strategien und Medikamente führen wird. Die realistischen Vorstellungen, die bereits heute für die Erweiterung der Forschung in der molekularen Medizin realisiert werden können und die zukünftigen Perspektiven sind kritisch zusammengefasst worden (Gabor Miklos u. Maleszka 2001).

3.2.11 Literatur

Agrawal RK, Spahn CM, Penzek P, Grassucci RA, Nierhaus KH, Frank J (2000) Visualization of tRNA movements on the *Escherichia coli* 70 S ribosome at the elongation cycle. J Cell Biol 150:447–460

Allen JB, Walberg MW, Edwards MC, Elledge SJ (1995) Finding prospective partners in the library: the two-hydrid system and phage display find a match. Trends Biochem Sci 20:511–516

Anderson NL, Anderson NG (1998) Review: proteome and proteomics: new technologies, new concepts, and new words. Electrophoresis 19:1853–1861

Anderson L, Seilhammer J (1997) A comparison of selected mRNA and protein abundances in human liver. Electrophoresis 18:533–537

Arai M, Kuwajima K (2000) Role of the molten globule state in protein folding (review). Adv Protein Chem 53:209–282

Armstrong RA, Lantos PL, Cairns NJ (2001) The spatial patterns of prion protein deposits in Creutzfeldt-Jacob disease: comparison with beta-amyloid deposits in Alzheimer's disease. Neurosci Lett 298:53–56

Arnsdorf MF, Xu S (1996) Atomic (scanning) force microscopy in cardiovascular research. J Cardiovasc Electrophysiol 7:639–652

Ashman K, Houthaeve T, Clayton J et al. (1997) The application of robotics and mass spectrometry to the characterization of the *Drosophila melanogaster* indirect flight muscle proteome. Letters Peptide Sci 4:57–65

Badock V, Steinhusen U, Bommert K, Otto A (2001) Prefractionation of protein samples for proteome analysis using reversed-phase high-performance liquid chromatography. Electrophoresis 22:2856–2864

Baker D (2000) A surprising simplicity to protein folding. Nature 405:39–42

Ban N, Nissen P, Hansen J, Moore PB, Steitz TA (2000) The complete atomic structure of the large ribosomal subunit at 2.4 A resolution. Science 289:905–920

Banks RE, Dunn MJ, Hochstrasser DF et al. (2000) Proteomics: new perspectives, new biomedical opportunities. Lancet 356:1749–1756

Bartel PL, Fields S (1995) Analyzing protein-protein interactions using the two-hybrid system. Methods Enzymol 254:241–263

Baumeister W, Walz J, Zühl F, Seemüller E (1998) The proteasome: paradigm of a self-compartmentalizing protease. Cell 92:367–380

Bayer TA, Wirths O, Majtenyi K et al. (2001) Key factors in Alzheimer's disease: beta amyloid precursor protein processing, metabolism, and intraneural transport. Brain Pathol 11:1–11

Beeley LJ, Malcolm Duckworth D, Southan C (2000) The impact of genomics on drug discovery: In: King FD, Oxford AW (eds) Progress in medicinal chemistry, vol 37. Elsevier Science, Amsterdam New York, pp 1–43

Behlke J, Ristau O (2000) Analysis of protein self-association under conditions of the thermodynamic ideality. Biophys Chem 87:1–13

Belov ME, Gorshkov MV, Udseth HR, Anderson GA, Smith RD (2000) Zeptomole sensitivity electrospray ionization-Fourier transform ion cyclotron resonance mass spectrometry of proteins. Anal Chem 72:2271–2279

Berkenkamp S, Menzel C, Karas F, Hillenkamp F (1997) Performance of infrared matrix-assisted laser desorption/ionization mass spectrometry with lasers emitting in the 3 mm wavelength range. Rapid Commun Mass Spectrom 11:1399–1406

Berkovitch-Yellin Z, Wittmann HG, Yonath A (1990) Low-resolution models for ribosomal particles reconstructed from electron micrographs of tilted two-dimensional sheets. Acta Crystallogr B 46:637–643

Biemann K, Scoble HA (1987) Characterization by tandem mass spectrometry of structural modifications in proteins. Science 237:992–998

Bieschke J, Giese A, Schulz-Schaeffer W et al. (2000) Ultrasensitive detection of pathological prion protein aggregates by dual-color scanning for intensely fluorescent targets. Proc Natl Acad Sci USA 97:5468–5473

Blobel G, Wozniak RW (2000 a) Proteomics for the pore. Nature 403:835–836

Blobel G, Wozniak RW (2000 b) Proteomics: quantitative and physical mapping of cellular proteins. Trends Biotechnol 17:121–127

Blum H, Beier H, Gross HJ (1987) Improved silver staining of plant proteins, RNA and DNA in polyacrylamide gels. Electrophoresis 8:93–99

Bolton AE, Hunter WM (1973) The labeling of proteins to high specific radioactivities by conjugation to a ^{125}I-containing acylating reagent. Biochem J 133:529–539

Bonner RF, Emmerbuck M, Cole K et al. (1997) Laser capture microdissection: molecular analysis of tissue. Science 278:1481–1483

Brimacombe R, Atmadja J, Kyriatsoulis A, Stiege W (1985) RNA structure and RNA-protein neighborhoods in the ribosome. In: Hardesty B, Kramer G (eds) Structure, function and genetics of ribosomes. Springer, Berlin Heidelberg New York, pp 184–202

Brockstedt E, Otto A, Rickers A, Bommert K, Wittmann-Liebold B (1999) Preparative high resolution two-dimensional gel electrophoresis enables the identification of RNA polymerase B transcription factor 3 as an apoptosis-associated protein in a human BL-60-2 Burkitt lymphoma cell line. J Protein Chem 18:225–231

Brockstedt E, Peters-Kottig M, Badock V, Hegele-Hartung C, Lessl M (2000) Luteinizing hormon induces mouse vas deferens protein expression in the murine ovary. Endocrinology 141:2574–2581

Bronstein I, Kricka L-J (1992) Chemiluminescence: properties of 1,2.dioxetane chemiluminescence. In: Kessler C (ed) Non-radioactive labeling and detection of biomolecules. Springer, Berlin Heidelberg New York, pp 168–175

Bu Z, Neumann DA, Lee SH, Brown CM, Engelman DM, Han CC (2000) A view of dynamic changes in the molten globule-native folding step by quasielastic neutron scattering. J Mol Biol 301:525–536

Budnik BA, Jensen KB, Jorgensen TJD, Haase A, Zubarev RA (2000) Benefits of 2.94 micron infrared matrix-assisted laser desorption/ionization for analysis of labile molecules by Fourier transform mass spectrometry. Rapid Commun Mass Spectrom 14:578–584

Bundle DR, Sigurskjold BW (1994) Determination of accurate thermodynamics of binding by microcalorimetry. Methods Enzymol 247:288–305

Cao P, Stults JT (2000) Mapping the phosphorylation sites of proteins casing online immobilized metal affinity chromatography/capillary electrophopresis/electrospray ionization multiple stage tandem mass spectrometry. Rapid Commun Mass Spectrom 14:1600–1606

Celis JE (ed) (1994) Cell biology, a laboratory handbook. Academic Press, London

Celis A (1999) A comprehensive protein resource for the study of bladder cancer. Electrophoresis 20:300–309

Cerione RA, Ross EM (1991) Reconstitution of receptors and G proteins in phospholipid vesicles. Methods Enzymol 195:329–342

Chait BT, Wang R, Beavis RC, Kent SBH (1993) Protein ladder sequencing. Science 262:89–92

Chou PY, Fasman GD (1978) Prediction of the secondary structure of proteins from their amino acid sequence. Adv Enzymol 47:45–148

Clarke S (1992) Protein isoprenylation and methylation at carboxy-terminal cysteine residues. Annu Rev Biochem 61:355–386

Claudio T (1992) Stable expression of heterologous multisubunit protein complexes established by calcium phosphate- or lipid-mediated cotransfection. Methods Enzymol 207:391–408

Dalen H, Saetersdal T, Roli J, Larsen TH (1998) Effect of collagenase on surface expression of immunoreactive fibronectin and laminin in freshly isolated cardiac myocytes. J Mol Cell Cardiol 30:947–955

Damaschun G, Müller JJ, Bielka H (1979) Scattering studies of ribosomes and ribosomal components. Methods Enzymol 59:706–750

Demchenko AP (1994) Protein fluorescence, dynamics and function: exploration of analogy between electronically excited and biocatalytic transition. Biochim Biophys Acta 1209:149–164

Deterding LJ, Kast J, Przybylski M, Tomer KB (2000) Molecular characterization of a tetramolecular complex between dsDNA and a DNA-binding leucine zipper peptide dimer by mass spectrometry. Bioconjug Chem 11:335–344

Deziel MR, Mau MM (1990) Biotin-conjugated reagents as site specific probes of membrane protein structure. Application to the study of the human erythrocyte hexose transporter. Anal Biochem 190:297–303

Dodson M, Echols H (1991) Electron microscopy of protein-DNA complexes. Methods Enzymol 208:168–196

Doolittle RF (1995) The multiplicity of domains in proteins. Annu Rev Biochem 64:287–314

Draper DF (1995) Protein-RNA recognition. Annu Rev Biochem 64:593–620

Dubochet J, Duconmun M, Zollinger M, Kellenberger E (1971) A new preparation method for dark-field electron microscopy of biomacromolecules. J Ultrastruct Res 55:147–157

Dupont DR, Bozzini M, Boyd VI (2000) The alkylated thiohydantoin method for C-terminal sequence analysis, review. EXS 88:119–131

Durchschlag H (1993) Small angle X-ray scattering of proteins. In: Baianu IC, Pessen H, Kumosinski TF (eds) Physical chemistry of food processes, vol 2. ITP Thompson Publishing, London, pp 18–117

Dwek RA, Edge CJ, Harvey DJ, Wormald MR, Paregh RB (1993) Analysis of glycoprotein-associated oligosaccharides. Annu Rev Biochem 62:65–100

Eckerskorn C, Strupat K, Schleuder D et al. (1997) Analysis of proteins by direct scanning infrared-MALDI-mass spectrometry after 2D page separation and electroblotting. Anal Chem 69:2888–2892

Edman P, Begg G (1967) Ein Protein Sequenator. Eur J Biochem 1:80–91

Edman P, Begg G (1975) Sequence determination. In: Needleman SB (ed) Protein sequence determination. Springer, Berlin Heidelberg New York, pp 232–279

Engel A, Lyubchenko Y, Muller D (1999) Atomic force microscopy: a powerful tool to observe biomolecules at work. Trends Cell Biol 9:77–80

Fernandez-Patron C, Calero M, Rodriguez Collazo P et al. (1995) Protein reverse staining: high-efficiency microanalysis of unmodified proteins detected on electrophoresis gels. Anal Biochem 224:203–211

Figeys D, Pinto D (2001) Proteomics on a chip: promising developments, review. Electrophoresis 22:208–216

Figeys D, Ducret A, Yates III JR, Aebersold R (1996) Protein identification by solid phase microextraction-capillary zone electrophoresis-microspray-tandem mass spectrometry. Nat Biotechnol 14:1579–1583

Fimmel S, Choli T, Dencher NA, Büldt G, Wittmann-Liebold B (1989) Topography of surface-exposed amino acids in the membrane protein bacteriorhodopsin determined by proteolysis and microsequencing. Biochim Biophys Acta 978:231–240

Formosa T, Barry J, Alberts BM, Greenblatt J (1991) Using protein affinity chromatography to probe structure of protein machines. Methods Enzymol 208:24–45

Fushman D, Cahill S, Lemmon MA, Schlessinger J, Cowburn D (1995) Solution structure of pleckstrin homology domain of dynamin by heteronuclear NMR spectroscopy. Proc Natl Acad Sci USA 92:816–820

Gabor Miklos GL, Maleszka R (2001) Integrating molecular medicine with functional proteomics: realities and expectations. Electrophoresis 1:30–41

Gaevert K, Vandekerckhove J (2000) Protein identification methods in proteomics. Electrophoresis 21:1145–1154

Gagneux P, Varki A (1999) Mini review: evolutionary considerations in resulting oligosaccharide diversity to biological function. Glycobiology 9:747–755

Garcia-Parajo MF, Segers-Nolten GM, Veerman JA, Greve J, Hulst NF van (2000) Real time light-driven dynamics of the fluorescence emission in single green fluorescent protein molecules. Proc Natl Acad Sci USA 97:7237–7242

Gierasch LM, King J (eds) (1990) Protein folding: deciphering the second half of the genetic code. AAAS Press, Washington, DC

Giri L, Hill WE, Wittmann HG, Wittmann-Liebold B (1984) Ribosomal proteins: their structure and spatial arrangement in prokaryotic ribosomes. Adv Protein Chem 36:1–78

Gobom J, Kraeuter KO, Persson R, Stehen H, Roepstorff P, Ekman R (2000) Detection and quantification of neurotensin in human brain tissue by matrix assisted laser desorption/ionization time-of-flight mass spectrometry. Anal Chem 72:3320–3326

Goeoffroy F, Sodoyer R, Aujame L (1994) A new phage display system to construct multicombinatorial libraries of very large antibody repertoires. Gene 151:109–113

Goodlett DR, Bruce JE, Anderson GA et al. (2000) Protein identification with a single accurate mass of a cysteine-containing peptide and constrained database searching. Anal Chem 72:1112–1118

Görg A, Obermaier C, Boguth G et al. (2000) The current state of two-dimensional electrophoresis with immobilized pH gradients. Electrophoresis 21:1037–1053

Graham JM, Higgins JA (eds) (1993) Methods in molecular biology, vol 19, Biomembrane protocols I. Isolation and analysis. Humana Press, Totowa, NJ, pp 19–28

Gregoriadis G (1994) Liposomes as immunoadjuvants and vaccine carriers: antigen entrapment. Immunomethods 4:210–216

Grinberg AV, Hannemann F, Schiffler B, Mulller J, Heinemann U, Bernhardt R (2000) Adrenodoxin: structure, stability, and electron transfer properties. Proteins 40:590–612

Gygi SP, Rist B, Gerber SA, Turecek F, Gelb MH, Aebersold R (1999) Quantitative analysis of complex protein mixtures using isotope-coded affinity tags. Nat Biotechnol 10:994–999

Hage DS (1998) Survey of recent advances in analytical applications of immunoaffinity chromatography. J Chromatogr B Biomed Sci Appl 715:3–28

Hahn U, Heinemann U (1995) Structure determination, modeling and site-directed mutagenesis studies. In: Wrede P, Schneider G (eds) Concepts in protein engineering and design. de Gruyter, Berlin, pp 109–168

Haley BE (1991) Nucleotide photoaffinity labeling of protein kinase subunits. Methods Enzymol 200:477–487

Hall D (2000) Use of optical biosensors for the study of mechanistically concerted surface adsorption processes. Anal Biochem 15:109–125

Hanning K (1982) New aspects in preparative and analytical continuous free-flow cell electrophoresis. Electrophoresis 3:235–243

Happersberger HP, Bantscheff M, Barbirz S, Glocker MO (2000) Multiple and subsequent MALDI-MS on-target chemical reactions for the characterization of disulfide bonds and primary structures of proteins. Methods Mol Biol 146:167–184

Haris PI, Chapman D (1994) Analysis of polypeptide and protein structures using Fourier transform infrared spectroscopy. Methods Mol Biol 22:183–202

Harrison SC, Aggarwal AK (1990) DNA recognition by proteins with the helix-turn-helix motif. Annu Rev Biochem 59:933–969

Hart GW, Haltiwanger RS, Gordon GD, Kelly WG (1989) Glycosylation in the nucleus and cytoplasm. Annu Rev Biochem 58:841–874

Harvey DJ, Bateman RH, Bordoli RS, Tyldesley R (2000) Ionisation and fragmentation of complex glycans with quadrupol time of flight mass spectrometer fitted with a matrix-assisted laser desorption/ionization ion source. Rapid Commun Mass Spectrom 14:2135–42

Haselbeck A, Hösel W (1992) Labeling and detection of proteins and glycoproteins. In: Kessler C (ed) Non-radioactive labeling and detection of biomolecules. Springer, Berlin Heidelberg New York, pp 56–69

Haudenschild DR, Tondravi MM, Hofer U, Chen Q, Goetinck PF (1995) The role of coiled-coil alpha-helices and disulfide bonds in the assembly and stabilization of cartilage matrix protein subunits – a mutational analysis. J Biol Chem 270:23150–23154

Hauser N, Paulsson M (1994) Native cartilage matrix protein (CMP) – an compact trimer of subunits assembled via a coiled-coil alpha-helix. J Biol Chem 269:25747–25753

Haynes PA, Yates III JR (2000) Proteome profiling – pitfalls and progress, review. Yeast 17:81–87

Heinemann U (2000) Structural genomics in Europe: slow start, strong finish? Nature Struct Biol 7:940–942

Hendrick JP, Hartl F-U (1993) Molecular chaperone functions of heat shock proteins. Annu Rev Biochem 62:349–384

Hendrickson CL, Emmett MR (1999) Electrospray ionization Fourier transform ion cyclotron resonance mass spectrometry. Annu Rev Phys Chem 50:517–536

Hennessey ES, Broome-Smith JK (1993) Gene-fusion techniques for determining membrane-protein topology. Curr Opin Struct Biol 3:524–531

Henzel WJ, Billeci TM, Stults JT, Wong SC, Grimley C, Watanabe C (1993) Identifying proteins from two-dimensional gels by molecular mass searching of peptide fragments in protein sequence data bases. Proc Natl Acad Sci USA 90:5011–5015

Herfurth E, Wittmann-Liebold B (1995) Determination of peptide regions exposed at the surface of the bacterial ribosome with antibodies against synthetic peptides. Biol Chem Hoppe-Seyler 376:81–90

Hershko A, Ciechanover A (1992) The ubiquitin system for protein degradation. Annu Rev Biochem 61:761–808

Hillenkamp F, Karas M, Beavis RC, Chait BT (1991) Matrix-assisted laser desorption/ionization mass spectrometry of biopolymers. Anal Chem 63:1193A–1203A

Hilt W, Wolf DH (1995) Proteasomes of the yeast *S. cerevisiae*: genes, structure and functions. Mol Biol Rep 21:3–10

Hoffmann E, Rüterjans H (1988) Two-dimensional 1-H-NMR investigation of ribonuclease T1. Resonance assignment, secondary and low resolution tertiary structures of ribonuclease T1. Eur J Biochem 177:539–560

Hoogland C, Sanchez JC, Tonella L et al. (2000) The 1999 Swiss-2DPAGE database update. Nucleic Acids Res 28:286–288

Hübner G (1989) Enzymkinetik. In: Schellenberger A (Hrsg) Enzymkatalyse. Fischer, Jena, S 72–132

Hughes GJ, Frutiger S, Paquet N et al. (1993) Human liver protein map: update 1993. Electrophoresis 14:1216–1222

Hunkapiller MW, Hewick RM, Dreyer WJ, Hood LE (1983) High-sensitivity sequencing with a gas phase sequenator. Methods Enzymol 91:399–413

Hunt DF, Yates III JR, Shabanowitz J, Winston S, Hauer CR (1986) Protein sequencing by tandem mass spectrometry. Proc Natl Acad Sci USA 83:6233–6237

Ito K, Matsuo E, Akiyama Y (1999) A class of integral membrane proteins will be overloooked by the proteome study that is based on two-dimensional gel electrophoresis. Mol Microbiol 31:1600–1601

Jaenicke R (1991) Protein folding: local structures, domains, subunits, and assemblies. Biochemistry 30:3147–3161

Jaenicke R, Seckler R (1992) Protein folding and protein refolding. FASEB J 6:2545–2552

Jameson DM, Hazlett TL (1991) Time-resolved fluorescence in biology and biochemistry. In: Dewey TG (ed) Biophysical and biochemical aspects of fluorescence spectroscopy. Plenum Press, New York

Janda KD, Lo CH, Barbas CF, Wirsching P, Lerner RA (1994) Direct selection for a catalytic mechanism from combinatorial antibody libraries. Proc Natl Acad Sci USA 91: 2532–2536

Janek K, Behlke J, Zipper J et al. (1999) Water-soluble beta-sheet models which self-assemble into fibrillar structure. Biochemistry 38:8246–8252

Janson JC, Ryden L (eds) (1989) Protein purification. Principles, high resolution methods, applications. VCH, Weinheim

Jenö P, Thomas G (1991) Affinity purification of protein kinases using adenosine 5′-triphosphate, amino acid, and peptide analogs. Methods Enzymol 200:178–187

Ji JY, Chakraborty A, Geng M et al. (2000) Strategy for qualitative and quantitative analysis in proteomics based on signature peptides. J Chromatogr B Biomed Sci Appl 745:197–210

Joachimiak A, Sigler PB (1991) Crystallization of protein-DNA complexes. Methods Enzymol 208:82–99

Jollès P, Jörnvall H (eds) (2000) Proteomics in functional genomics. Birkhäuser, Basel Boston Berlin

Josel H-P (1992) Chemoluminescence. Luminol. In: Kessler C (ed) Non-radioactive labeling and detection of biomolecules. Springer, Berlin Heidelberg New York, pp 185–188

Kadonaga JT (1991) Purification of sequence-specific binding proteins by DNA affinity chromatography. Methods Enzymol 208:10–23

Kamp RM, Choli-Papadopoulou T, Wittmann-Liebold B (eds) (1997) Protein structure analysis, preparation, characterization and microsequencing. Springer, Berlin Heidelberg New York

Karas M, Hillenkamp F (1988) Laser-desorption ionization of proteins with molecular masses exceeding 10,000 daltons. Anal Biochem 60:2299–2301

Karpatkin S, Shulman S, Howard L (1992) Crossed immunoelectrophoresis of human platelet membranes. Methods Enzymol 215:440–455

Karschin A, Thorne BA, Thomas G, Lester HA (1992) Vaccinia virus as vector to express ion channel genes. Methods Enzymol 207:408–423

Kelley WL, Georgopoulos C (1993) Chaperones and protein folding. Curr Opin Cell Biol 4:984–991

Keough T, Youngquist RS, Lacey MP (1999) A method for high-sensitive peptide sequencing using postsource decay matrix-assisted laser desorption ionization mass spectrometry. Proc Natl Acad Sci USA 96:7131–7136

Klose J (1975) Protein mapping by combined isoelectric focusing and electrophoresis of mouse tissues. A novel approach to testing for induced point mutations in mammals. Humangenetik 26:231–243

Klose J, Kobalz U (1995) High resolution two-dimensional gel electrophoresis. Electrophoresis 16:1043–1049

Kovarova H, Stulik J, Hochstrasser DF, Bures J, Melichar B, Jandik P (1994) Two-dimensional electrophoretic study of normal colon mucosa and colorectal cancer. Appl Theor Electrophor 4:103–106

Krause KL, Volz KW, Lipscomb WN (1984) Structure at 2.9-Å resolution of aspartate carbamoyltransferase complexd with the bisubstrate analogue N-(phosphonoacetyl)-L-aspartate. Proc Natl Acad Sci US 82:1643–1647

Krishna RG, Wold F (1993) Post-translational modification of proteins. Adv Enzymol 67:265–289

Kristensen A, Schou C, Roepstorff P (1997) Determination of isoforms, N-linked glycan structure and disulfide bond linkages of the major cat allergen Fel D1 by mass spectrometric approach. Biol Chem 378:899–908

Kruft V, Wittmann-Liebold B (1991) Determination of peptide regions on the surface of the eubacterial and archaebacterial ribosome by limited proteolytic digestion. Biochemistry 30:11781–11787

Labarca P, Latorre R (1992) Insertion of ion channels in planar lipid bilayers by vesicle fusion. Methods Enzymol 207:447–463

Laemmli UK (1970) Cleavage of structural proteins during the assembly of of the head of bacteriophage T4. Nature 227:680–685

Landry F, Lombardo CR, Smith JW (2000) A method for application of samples to matrix-assisted laser desorption ionization time-of-flight targets that enhances peptide detection. Anal Biochem 279:1–8

Lawrence CE, Bryant SH (1991) Hydrophobic potentials from statistical analysis of protein structures. Methods Enzymol 202:20–31

Lee AG (1994) Measurement of lipid-protein interactions in reconstituted membrane vesicles using fluorescence spectroscopy. Methods Mol Biol 27:101–107

Lee KB, Loganathan D, Merchant CM, Linhardt RJ (1990) Carbohydrate analysis of glycoproteins. A review. Appl Biochem Biotechnol 23:53–80

Lewis CT, Hilvert D (1991) Engineered antibodies. Curr Opin Struct Biol 1:624–629

Liang P, Pardee AB (1992) Differential display of eukaryotic messenger RNA by means of the polymerase chain reaction. Science 257:967–971

Link AJ (1999) 2-D proteome analysis protocolls. In: Link AJ (ed) Methods in molecular biology, vol 12. Humana Press, Totowa, NJ

Lowry OH, Rosebrough NJ, Farr AL, Randall RJ (1979) Protein measurement with the folin phenol reagent. Anal Biochem 100:201–220, 193:265–275

Lundblad RL, Noyes CM (1984) Chemical reagents for protein modification, vol I, II. CRC Press, Boca Raton, FL

Lutsch G, Stahl J, Kärgel HJ, Noll F, Bielka H (1990) Immunoelectron microscopic studies on the location of ribosomal proteins on the surface of the 40 S ribosomal subunit from rat liver. Eur J Cell Biol 51:140–150

Mach H, Middaugh CR, Lewis RV (1992) Statistical determination of the values of the extinction coefficients of tryptophan and tyrosine in native proteins. Anal Biochem 200:74–80

Machold J, Weise C, Utkin YN, Franke P, Tsetlin VI, Hucho F (1995) A new class of photoactivatable and cleavable derivatives of neurotoxin II from *Naja naja oxinana*. Synthesis, characterization, and application for affinity labeling of the nicotinic acetylcholine receptor of Torpedo. Eur J Biochem 228:947–954

Mann M (1999) Quantitative proteomics? Nat Biotechnol 17:954

Mann M, Wilm M (1995) Electrospray mass spectrometry for protein characterization. Trends Biochem Sci 20:219–224

Mann M, Hojrup P, Roepstorff P (1993) Use of mass spectrometric molecular weight information to identify proteins in sequence databases. Biol Mass Spectrom 22:338–345

Marcias MJ, Gervais V, Civera C, Oschkinat H (2000) Structural analysis of WW domains and design of a WW prototype. Nat Struct Biol 7:375–379

Martel P (1992) Biophysical aspects od neutron scattering from vibrational modes of proteins. Prog Biophys Mol Biol 57:129–179

Matthew RC (1993a) Pathways of protein folding. Annu Rev Biochem 62:653–684

Matthews BW (1993b) Structural and genetic analysis of protein stability. Annu Rev Biochem 62:139–160

Mattu TS, Royle L, Langridge J et al. (2000) O-Glycan analysis of natural human neutrophil gelatinase B using a combination of normal phase HPLC and online tandem mass spectrometry: implication of the domain organization of the enzyme. Biochemistry 39:1595–19704

Meier T, Arni S, Malarkannan S, Poincelet M, Hoessli D (1992) Immunodetection of biotinylated lymphocyte-surface proteins by enhanced chemiluminiscence: a nonradioactive method for cell-surface protein analysis. Anal Biochem 204:220–226

Merchant M, Weinberger SR (2000) Recent advancements in surface-enhanced laser desorption/ionization time-of-flight mass spectrometry. Electrophoresis 21:1164–1177

Middaugh CR, Vanin EF, Ji TH (1983) Chemical crosslinking of cell membranes. Mol Cell Biochem 50:115–141

Mirgorodskaya OA, Kozmin YP, Titov MI, Korner R, Sonksen CP, Roepstorff P (2000a) Quantitation of peptides and proteins by matrix-assisted laser desorption/ionization mass spectrometry using (18)O-labeled internal standards. Rapid Commun Mass Spectrom 14:1226–1232

Mirgorodskaya E, Krogh TN, Roepstorff P (2000b) Characterization of protein glycosylation by MALDI-TOF-MS. Methods Mol Biol 146:273–292

Mothes W, Prehn S, Rapoport TA (1994) Systematic probing of the environment of a translocating secretory protein during translocation through the ER membrane. EMBO J 13:3973–3982

Muchmore SW, Olson J, Jones R et al. (2000) Automated crystal mounting and data collection for protein crystallography. Structure 8:R243–R246

Müller E-C, Schümann M, Rickers A, Bommert K, Wittmann-Liebold B, Otto A (1999) Study of Burkitt lymphoma cell line proteins by high resolution two-dimensional gel electrophoresis and nanospray mass spectrometry. Electrophoresis 20:320–330

Mueller F, Sommer I, Baranov P et al. (2000a) The 3D arrangement of the 23 S and 5 S rRNA in the *Escherichia coli* 50S ribosomal subunit based on cryo-electron microscopic reconstitution at 7.5 A resolution. J Mol Biol 298: 35–59

Mueller U, Perl D, Schmidt FX, Heinemann U (2000b) Thermal stability and atomic-resolution crystal structure of the *Bacillus caldolyticus* cold shock protein. J Mol Biol 297:975–988

Muller WA (1994a) Determination of cell surface polarity by solid-phase lactoperoxidase iodination. Methods Mol Biol 27:19–30

Muller WA (1994b) Biochemical methods to determine cell-surface topography. Methods Mol Biol 27:31–42

Natsume T, Nakayama H, Jansson O, Isobe T, Takio K, Mikoshiba K (2000) Combination of biomolecular interaction analysis and mass spectrometric amino acid sequencing. Anal Chem 72:4193–4198

Nesbitt SA, Horton MA (1992) A nonradioactive biochemical characterization of membrane proteins using enhanced chemiluminiscence. Anal Biochem 206:267–272

Nie S, Zare RN (1997) Optical detection of single molecules. Annu Rev Biophys Biomol Struct 26:567–596

Niehrs C, Beiswanger R, Huttner WB (1994) Protein tyrosine sulfation, 1993 – an update. Chem Biol Interact 92:257–271

Noel JP, Hamm HE, Sigler PB (1993) The 2.2 Å crystal structure of transducin α-complex with GTP-γ-S. Nature 366:654–663

Nordhoff E, Krogsdam AM, Jorgensen HF et al. (1999) Rapid identification of DNA-binding proteins by mass spectrometry. Nat Biotechnol 17:884–888

Nowotny V, May RP, Nierhaus KH (1985) Neutron-scattering analysis of structural and functional aspects of the ribosome: the strategy of the glassy ribosome. In: Hardesty B, Kramer G (eds) Structure, function and genetics of ribosomes. Springer, Berlin Heidelberg New York, pp 101–111

O'Farrell PH (1975) High resolution two-dimensional electrophoresis of proteins. J Biol Chem 250:4007–4021

Otto A, Thiede B, Müller E-C, Scheler C, Jungblut P (1996) Identification of human myocardial proteins separated by two-dimensional gel electrophoresis using an effective sample preparation for mass spectrometry. Electrophoresis 17:1643–1650

Parrage G, Klevit RE (1991) Multidimensional nuclear magnetic resonance spectroscopy of DNA-binding proteins. Methods Enzymol 208:63–82

Pappin DJC, Hojrup P, Bleasby AJ (1993) Rapid identification of proteins by peptide-mass fingerprinting. Curr Biol 3:327–332

Patterson SD, Aebersold R (1995) Mass spectrometric approaches for the identification of gel-separated proteins. Electrophoresis 16:1791–1814

Pauli J, Rossum B van, Forster H, Groot HJ de, Oschkinat H (2000) Sample optimization and identification of signal patterns of amino acid side chains in 2D RFDR spectra of the alpha-spectrin SH3 domain. J Magn Reson 143:411–416

Pearson WR (1998) Empirical statistical estimate for sequence similarity searches. J Mol Biol 276:71–84

Peters K, Richards FM (1977) Chemical crosslinking reagents and problems in studies of membrane structure. Annu Rev Biochem 46:523–551

Phillies GDJ (1990) Quasi-elastic light scattering. Anal Chem 62:1049A–1057A

Prockop DJ, Kivirikko KJ (1995) Collagens: molecular biology, diseases, and potentials for therapy. Annu Rev Biochem 64:403–434

Provencher SW, Glöckner J (1981) Estimation of globular protein secondary structure from circular dichroism. Biochemistry 20:33–37

Quadroni M, James P (1999) Proteomics and automation. Electrophoresis 20:664–677

Qureshi Emili A, Cagney G (2000) Large-scale functional analysis using peptide or protein arrays. Nat Biotechnol 18:393–397

Rabilloud T (2000) Detecting proteins separated by 2D gel electrophoresis. Anal Chem 72:48A–55A

Reichle C, Sparbier K, Müller T, Schnelle T, Walden P, Fuhr G (2001) Combined laser tweezers and dielectric field cage for the analysis of receptor-ligand interactions on single cells. Electrophoresis 22:272–282

Rich RL, Myszka DG (2000) Survey of the 1999 surface plasmon resonance biosensor literature. J Mol Regocnit 13:388–407

Righetti PG (1983) Isoelectric focusing: theory, methodology and applications. Elsevier Biomedical Press, Amsterdam

Rigler R, Pramanik A, Jonasson P et al. (1999) Specific binding of proinsulin C-peptide to human cell membranes. Proc Natl Acad Sci USA 96:13318–13323

Rizo J, Gierasch LM (1992) Constrained peptides: models of bioactive peptides and protein substructures. Annu Rev Biochem 61:387–418

Roder H (1995) Watching protein folding. Direct NMR observation of a transient folding intermediate provides new evidence for the importance of molten globules as general intermediates in protein folding. Nat Struct Biol 2:817–820

Roepstorff P (2000) MALDI-TOF mass spectrometry in protein chemistry, review. EXS 88:81–97

Rost B, Sander C (2000) Third generation prediction of secondary structures. Methods Mol Biol 143:71–95

Rout MP, Aitchison JD, Suprapto A, Hjertaas K, Zhao Y, Chait BT (2000) The yeast nuclear pore complex: composition, architecture, and transport mechanism. J Cell Biol 148:635–651

Rüdiger AH, Rüdiger M, Carl UD, Chakraborty T, Roepstorff P, Wehland J (1999) Affinity mass spectrometry-based approaches for the analysis of protein-protein interaction and complex mixtures of peptide-ligands. Anal Biochem 275:162–170

Santoni V, Molloy M, Rabilloud T (2000) Membrane proteins and proteomics: un amour impossible? Electrophoresis 21:1054–1070

Sarvazyan AP (1991) Ultrasonic velocimetry of biological compounds. Annu Rev Biophys Biophys Chem 20:321–342

Schägger H, Jagow G von (1987) Tricine-sodium dodecyl sulfate-polyacrylamide gel electrophoresis for the separation of proteins in the range from 1 to 100 kDa. Anal Biochem 166:368–379

Schatz M, Heel M van (1990) Invariant classification of molecular views in electron micrographs. Ultramicroscopy 32:255–264

Schellenberger A (1989) Enzymkatalyse. Einführung in die Chemie, Biochemie und Technologie der Enzyme. Fischer, Jena, S 196–292

Scheller FW, Schubert F, Neumann B et al. (1991) Second generation biosensors. Biosens Bioelectron 6:245–253

Scherzinger E, Lurz R, Turmaine M et al. (1997) Huntingtin-encoded polyglutamine expansions from amyloid-like protein aggregates in vito and vivo. Cell 90:549–558

Schluenzen F, Tocilj A, Zarivach R et al. (2000) Structure of functionally activated small ribosomal subunit at 3.3 angstroms resolution. Cell 102:615–623

Schuerenberg M, Luebbert C, Eickhoff H, Kalkum M, Lehrach H, Nordhoff E (2000) Prestructured MALDI-MS sample supports. Anal Chem 72:3436–3442

Schulz GE, Schirmer RH (1979) Principles of protein structure. Springer, Berlin Heidelberg New York

Sevin-Landais A, Rigler P, Tzartos S, Hucho F, Hovius R, Vogel H (2000) Functional immobilization of the nicotinic acetylcholine receptor in tethered lipid membranes. Biophys Chem 85:141–152

Sharon N (1993) Lectin carbohydrate complexes of plants and animals. An atomic view. Trends Biochem Sci 18:221–223

Shevchenko A, Loboda A, Shevchenko A, Ens W, Standing KG (2000) MALDI quadrupol time-of-flight mass spectrometry: a powerful tool for proteomics research. Anal Chem 72:2132–2141

Siegmund E, Pommerenke H, Jonas L, Nizze H, Hollerich I, Rohring A, Schuff-Werner P (2000) Inositol 1,4,5-triphosphate formation, cytoplasmatic calcium dynamics, and alpha-amylase secretion of pancreatic acini isolated from aged and chronically alcohol-fed rats. Int J Pancreatol 27: 39–50

Sinensky M, Lutz RJ (1992) The prenylation of proteins. Bioessays 14:25–30

Smalla M, Schmieder P, Kelly M et al. (1999) Solution structure of the receptor tyrosine kinase EphB2 SAM domain and identification of two distinct homotypic interaction sites. Protein Sci 8:1954–1961

Sonksen CP, Nordhoff E, Jansson O, Malmqvist M, Roepstorff P (1998) Combining MALDI mass spectrometry and biomolecular interaction analysis using a biomolecular interaction analysis instrument. Anal Chem 70:2731–2736

Soskic V, Görlach M, Poznanovic S, Boehmer FD, Godovac-Zimmermann J (1999a) Functional proteomics analysis of signal transduction pathways of the platelet-derived growth factor β-receptor. Biochemistry 38:1757–1764

Soskic V, Nyakutura E, Roos M, Müller-Esterl W, Godovac-Zimmermann J (1999b) Correlation in palmitoylation and multiple phosphorylation of rat bradikinin B_2 receptor in Chinese Hamster ovary cells. J Biol Chem 274: 8539–8545

Spackmann DH, Stein W, Moore S (1958) Automatic recording apparatus for use in the chromatography of amino acids. Anal Chem 30:1190–1206

Spahr CS, Susin SA, Bures EJ et al. (2000) Simplification of complex peptide mixtures for proteomic analysis: reversible biotinylation of cysteinyl peptides. Electrophoresis 21:1635–1650

Speicher KD, Kolbas O, Harper S, Speicher DW (2000) Systematic analysis of peptide recoveries from in-gel digestions for protein identifications in proteome studies. J Biomol Techn 11:74–86

Spengler B, Kirsch D, Kaufmann R (1991) Metastabile decay of peptides and proteins in matrix-assisted laser-desorption mass spectrometry. Rapid Commun Mass Spectrom 5:198–202

Stark H, Rodnina MN, Wieden HJ, Heel M van, Wintermeyer W (2000) Large-scale movement of elongation factor G and extensive conformational change of the ribosome during translocation. Cell 100:301–309

Stark H, Dube P, Lührmann R, Kastner B (2001) Arrangement of RNA and proteins in the spliceosomal U1 small nuclear ribonucleoprotein particle. Nature 409:539–542

Staros JV, Kotite NJ, Cunningham LW (1992) Membrane-impermeant cross-linking reagents for structural and functional analyses of platelet membrane glycoproteins. Methods Enzymol 215:403–419

Stein T, Vater J, Kruft V et al. (1994) Detection of 4′-phosphopantetheine at the thioester binding site for L-valine of gramicidine S synthetase 2. FEBS Lett 340:39–44

Stein T, Vater J, Kruft V et al. (1996) The multiple carrier model of non-ribosomal peptide biosynthesis at modular multienzymatic templates. J Biol Chem 271:15428–15435

Stöffler G, Stöffler-Meilicke M (1985) Immuno electron microscopy on *Escherichia coli* ribosomes. In: Hardesty B, Kramer G (eds) Structure, function and genetics of ribosomes. Springer, Berlin Heidelberg New York, pp 28–46

Stoller G, Rücknagel KP, Nierhaus KH, Schmid FX, Fischer G, Rahfeld J-U (1995) A ribosome-associated peptidyl prolyl cis/trans isomerase identified as the trigger factor. EMBO J 14:4939–4948

Sturtevant JM (1994) The thermodynamic effects of protein mutations. Curr Opin Struct Biol 4:69–78

Sussman JL, Abola EE, Lin D, Jiang J, Manning NO, Prilusky J (1999) The protein data bank; bridging the gap between the sequence and 3D structure world. Genetica 106:149–158

Sutton BJ, Sohi MK (1994) Crystallisation of membrane proteins for X-ray analysis. Methods Mol Biol 27:1–18

Sytnik A, Vladimirov S, Jia Y, Li L, Cooperman BS, Hochstrasser RM (1999) Peptidyl transferase center activity observed in single molecules. J Mol Biol 285:49–54

Takahashi H, Nakanishi T, Kami K, Arata Y, Shimada I (2000) A novel NMR method for determining the interfaces of large protein-protein complexes. Nat Struct Biol 7:220–223

Tarr GE, Beecher JF, Bell M, McKean D (1978) Polyquaternary amines prevent peptide loss from sequenators. Anal Biochem 84:822–827

Thiede B, Wittmann-Liebold B, Bienert M, Krause E (1995) MALDI-MS for C-terminal sequence determination of peptides and proteins degraded by carboxypeptidase Y and P. FEBS Lett 357:65–69

Thomas PJ, Qu B-H, Pedersen PL (1995) Defective protein folding as a basis of human disease. Trends Biochem Sci 20:456–459

Tiselius A (1937) A new apparatus for electrophoretic analysis of colloidal mixtures. Trans Faraday Soc 33:524–531

Towbin H, Staehelin T, Gordon J (1979) Electrophoretic transfer of proteins from polyacrylamide gels to nitrocellulose sheets: procedure and some applications. Proc Natl Acad Sci USA 76:4350–4354

Turner GA (1992) N-glycosylation of serum proteins in disease and its investigation using lectins. Clin Chim Acta 208:149–171

Twerenbold D, Vuilleumier JL, Gerber D, Tadsen A, Brandt B von der, Gillevet PM (1996) Detection of single macromolecules using a cryogenic particle detector coupled to a biopolymer mass spectrometer. Appl Phys Lett 68:3503–3505

Urlaub H, Kruft V, Bischof O, Müller E-C, Wittmann-Liebold B (1995) Protein-rRNA binding features and their functional effects in ribosomes as determined by cross-linking studies. EMBO J 14:4578–4588

Utkin YN, Tsetlin VI, Hucho F (2000) Structural organization of nicotinic acetylcholine receptors. Membr Cell Biol 13:143–164

Vanbogelen RA, Sankar P, Clark RL, Bogan JA, Neidhardt FC (1993) The gene-protein data base of *Escherichia coli*, edn 5. Electrophoresis 13:1014–1054

VanLook MS, Agrawal RK, Gabashvili IS, Qi L, Frank J, Harvey SC (2000) Movement of the decoding region of the 16 S ribosomal RNA accompanied with tRNA translocation. J Mol Biol 304:507–515

Villafranca JJ (ed) (1990) Current research in protein chemistry: techniques, structure, and function. Academic Press, New York

Volkmann N, Hottentrager S, Hansen HA et al. (1990) Characterization and preliminary crystallographic studies on large ribosomal subunits from *Thermus thermophilus*. J Mol Biol 216:239–241

Vorm O, Roepstorff P, Mann M (1994) Matrix surfaces made by fast evaporation yield improved resolution and very high sensitivity in MALDI-TOF. Anal Chem 66:3281–3287

Wadzak J, Burkhardt N, Junemann R et al. (1997) Direct localization of the tRNAs within the elongating ribosome by near neutron scattering (proton-spin contrast-variation). J Mol Biol 266:343–356

Wang Y, Fiol CJ, DePaoli-Roach AA, Bell AW, Hermodson MA, Roach PJ (1988) Identification of phosphorylation sites in peptides using a gas-phase sequencer. Anal Biochem 174:537–547

Weber G, Brocek P (1999) Recent developments in preparative free flow isoelectric focusing. Electrophoresis 19:1649–1653

Weber K, Pringle JR, Osborn M (1972) Measurements of molecular weights by electrophoresis in SDS-acrylamide gel. Methods Enzymol 26:3–27

Weichsel A, Montfort WR (1995) Ligand-induced distortion of an active site in thymidylate synthase upon binding anticancer drug 1843U89. Nature Struct Biol 2:1095–1101

Weiss S (1999) Fluorescence spectroscopy of single biomolecules. Science 283:1676–1683

Westermann P, Benndorf R, Lutsch G, Bielka H, Nygard O (1985) Arrangement of eukaryotic initiation factor 3 and messenger RNA within preinitiation complexes. In: Hardesty B, Kramer G (eds) Structure, function and genetics of ribosomes. Springer, Berlin Heidelberg New York, pp 642–657

Westermeier R (1993) Electrophoresis in practice. A guide to theory and practice. Verlag Chemie, Weinheim

Wettenhall REH, Aebersold RH, Hood LE (1991) Solid-phase sequencing of ^{32}P-labeled phosphopeptides at picomole and subpicomole levels. Methods Enzymol 201:186–199

Wheeler SF, Harvey DJ (2000) Negative ion mass spectrometry of sialylated carbohydrates: discrimination of N-acetylneuraminic acid linkages by MALDI-TOF and ESI-TOF mass spectrometry. Anal Chem 72:5027–5039

Wilkins MR, Sanchez J-C, Gooley AA et al. (1996) Progress with proteome projects: why all proteins expressed by a genome should be identified and how to do it. Biotechnol Genet Eng Rev 13:19–50

Williams RJP (1993) Protein dynamics studied by NMR. Eur Biophys J 21:393–401

Wilm M, Shevchenko A, Houthaeve T et al. (1996) Femtomole sequencing of proteins from polyacrylamide gels by nano-electrospray mass spectrometry. Nature 379:466–469

Wittmann HG (1976) The Seventh Sir Hans Krebs Lecture, structure, function and evolution of ribosomes. Eur J Biochem 61:1–13

Wittmann-Liebold B (1992) High sensitive protein analysis. Pure Appl Chem 64:537–543

Wittmann-Liebold B, Ashman K (1985) On line detection of amino acid derivatives released by automated Edman degradation of polypeptides. In: Tschesche H (ed) Modern methods in protein chemistry. deGruyter, Berlin, pp 303–327

Wold F (1981) In vivo modification of proteins. Annu Rev Biochem 50:783–814

Wollenberger U, Schubert F, Pfeiffer D, Scheller FW (1993) Enhancing biosensor performance using multienzyme systems. Trends Biotechnol 11:255–262

Woodbury CP jr, Hippel PH von (1983) On the determinations of deoxyribonucleic acid-protein interaction parameters using the nitrocellulose filter-binding assay. Biochemistry 22:4730–4737

Woodgett JR (1991) Use of synthetic peptides mimicking phosphorylation sites for affinity purification of protein-serine kinases. Methods Enzymol 200:169–178

Wüthrich K (1989) Determination od three-dimensional protein structure in solution by nuclear magnetic resonance. An overview. Methods Enzymol 177:125–131

Wurzel C, Wittmann-Liebold B (2000) In: Jollès P, Jörnvall H (eds) Proteomics in functional genomics. Birkhäuser, Basel Berlin

Yanagida T, Esaki S, Iwane AH et al. (2000) Single-motor mechanisms and models of the myosin motor. Philos Trans R Soc Lond B Biol Sci 355:441–447

Yates III JR (2000) Mass spectrometry, from genomics to proteomics. Trends Genet 16:5–8

Yates III JR, Carmack E, Hays L, Link AJ, Eng JK (1999) Automated protein identification using microcolumn liquid chromatography-tandem mass spectrometry. Methods Mol Biol 112:553–569

Yeh E, Gustafson K, Boulianne GL (1995) Green fluorescent protein as a vital marker and reporter gene expression in *Drosophila*. Proc Natl Acad Sci USA 92:7036–7040

Yonath A, Leonhard KR, Wittmann HG (1987) A tunnel in the large ribosomal subunit revealed by three-dimensional image reconstruction. Science 236:813–816

Zeindl-Eberhart E, Jungblut P, Otto A, Rabes HM (1994) Identification of tumor-associated protein variants during hepatocarcinogenesis in the rat. J Biol Chem 269:14589–14594

3.3 Monoklonale Antikörper

BURKHARD MICHEEL

Inhaltsverzeichnis

3.3.1 Einleitung

Die biologischen Wissenschaften haben die Entwicklung in den letzten Jahrzehnten des vergangenen Jahrhunderts nachhaltig geprägt, und es wird erwartet, dass sich der rasante Erkenntniszuwachs im 21. Jahrhundert noch weiter beschleunigen wird. Die praktische Nutzung von Erkenntnissen aus der Biologie ist durch eine Reihe von methodischen Entwicklungen vorangetrieben worden. Hier ist an 1. Stelle sicher die Gentechnik zu nennen, den 2. Platz nimmt zweifelsohne die Entwicklung der Hybridomtechnik (Köhler u. Mistein 1975) ein, die es erlaubt, Antikörper einer definierten Spezifität zu entwickeln.

3.3.2 Eigenschaften von Antikörpern

Antikörper (Janeway et al. 1999, Jerne 1973, Roitt et al. 1998) werden vom Immunsystem aller Wirbeltiere zur Bekämpfung von „Fremdsubstanzen" – in der Immunologie Antigene genannt – eingesetzt, bei denen es sich unter natürlichen Bedingungen in erster Linie um Bestandteile von Infektionserregern handelt. Chemisch können Antigene Proteine, Kohlenhydrate, Lipide, Nukleinsäuren und auch synthetische Verbindungen sein. Antikörper sind geradezu zum „Sinnbild" der Immunabwehr geworden, obwohl sie nur einen Teil der Abwehrmechanismen ausmachen. Antikörper werden von ausdifferenzierten B-Lymphozyten (Plasmazellen) bei Bedarf synthetisiert und sezerniert. Sie zirkulieren dann in den Blut- und Lymphbahnen und gelangen damit an die Orte im Organismus, an welchen sie für die Abwehr benötigt werden. Im Lauf einer solchen Immunantwort binden sie genau die Substanzen, die

Ganten / Ruckpaul (Hrsg.)
Grundlagen der Molekularen Medizin,
2. Auflage

ihre Synthese ausgelöst haben. Antikörper zeichnen sich durch eine große Spezifität und eine enorme Vielfalt aus. Es wird angenommen, dass in einem menschlichen Organismus bis zu 10^{11} verschiedene Antikörper ständig vorliegen (Janeway et al. 1999). Theoretisch ist damit gewährleistet, dass gegen jeden potenziellen Infektionserreger eine Antikörperbildung erfolgen kann. Ein B-Lymphozyt synthetisiert in jedem Fall nur einen Antikörper einer einzigen Spezifität (Burnet 1959, Nossal 1993). Die Rationalität des Immunsystems besteht darin, dass die Fähigkeit, einen spezifischen Antikörper synthetisieren zu können, vor dem ersten Antigenkontakt angelegt wird, und die vielen verschiedenen B-Lymphozyten damit in der „Erwartung des Unvorhersehbaren" bei Bedarf, d.h. bei Kontakt mit einem neuen Krankheitserreger, Antikörper gegen diesen Erreger bilden können (Ada u. Nossal 1987, Burnet 1959, Weissman u. Cooper 1993) (auf die genetischen Grundlagen der Antikörpervariabilität wird in Abschnitt 3.3.7.1 „Klonierung von Antikörpergenen" eingegangen).

Antikörper sind, verglichen mit anderen Proteinen, wie bestimmten Enzymen, sehr stabile Moleküle. Alle Antikörper haben eine ähnliche kompakte globuläre Struktur. Sie werden wegen ihrer Assoziation mit Immunprozessen auch als Immunglobuline (Ig) bezeichnet, die in verschiedene Klassen eingeteilt sind. In ihrer Grundstruktur sind sie aus 2 identischen Heterodimeren (bestehend aus je einer leichten und einer schweren Kette) aufgebaut, die zu einem symmetrischen Molekül mit einer Y-Form assoziieren (Abb. 3.3.1) (Edelman 1970, Porter 1967). Diese Struktur entspricht einem Molekül der Immunglobulinklasse IgG. Das Molekül ist in Domänen organisiert, die dreidimensionale Struktur wird durch Disulfidbrücken zwischen den Ketten und innerhalb der Ketten garantiert. In den Immunglobulinklassen IgA und IgM können diese Grundstrukturen Oligomere bilden. Sie enthalten einen Kohlenhydratanteil, der bei der Antigenbindung aber keine Rolle spielt. Wie aus ihrer Vielfalt zu erwarten ist, unterscheiden sich Antikörper unterschiedlicher Spezifitäten voneinander in ihrer Aminosäuresequenz. Die variablen Bereiche mit unterschiedlichen Aminosäuresequenzen sind im N-Terminus sowohl der leichten als auch der schweren Kette lokalisiert. In diesem Bereich des Antikörpermoleküls befindet sich die Antigenbindungsregion, die von je 3 hypervariablen Loops (auch CDR genannt, complementarity determining region) der leichten und der schweren Kette gebildet wird. Das Vorhandensein von jeweils 2 gleichen leichten und schweren Ketten pro Antikörpermolekül bedeutet, dass jeder Antikörper 2 identische Antigenbindungsregionen besitzt und damit bivalent ist. Die Bereiche des Antikörpermoleküls, die nicht direkt an der Antigenbindung beteiligt sind, sind in ihrer Aminosäuresequenz von einem Antikörper zum anderen (innerhalb einer Antikörperklasse und -subklasse) identisch (konstante Bereiche). Hier kann eine Bindung des Antikörpers an verschiedene körpereigene Effektormoleküle oder Effektorzellen erfolgen, wodurch von einem Antikörper gebundene Fremdsubstanzen eliminiert und damit für den Organismus unschädlich gemacht werden. Ein Antikörper ist damit ein bifunktioneller Adaptor, der die Bindung aktiver körpereigener Moleküle bzw. Zellen zu Fremdantigenen herstellt (Abb. 3.3.1).

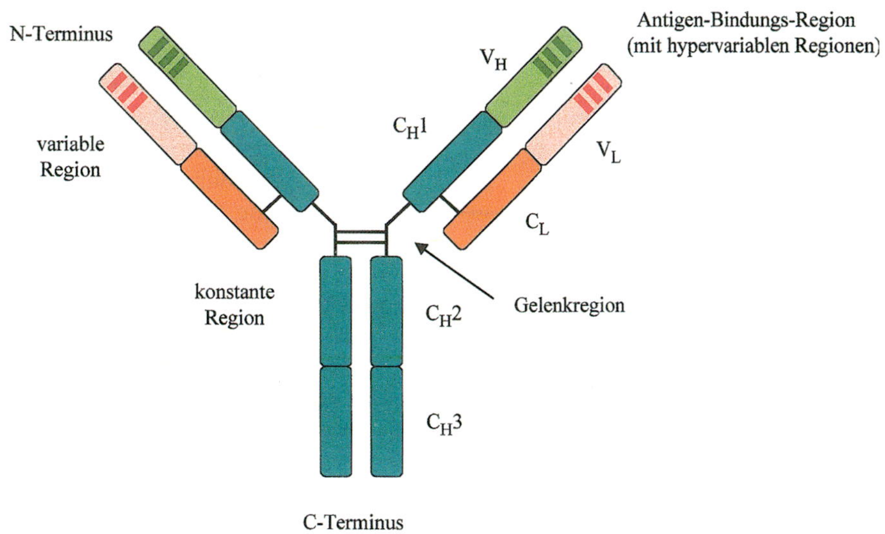

Abb. 3.3.1. Grundschema eines Antikörpers der IgG-Klasse, V_H und V_L variable (*V*) Bereiche der schweren (*H*) und der leichten (*L*) Kette im N-Terminus. *CL* konstante Domäne der leichten Kette, C_H1, C_H2, C_H3 die 3 konstanten Domänen der schweren Kette. Die Antigenbindungsregion wird von den variablen Bereichen beider Ketten gebildet. Die Ketten sind untereinander durch Disulfidbrücken verknüpft

Antikörper können aus ihrem ursprünglichen Milieu herausgenommen werden und entfalten in vitro, wie andere biologische Moleküle auch, ihre Bindungsfunktionen. Hier zeigt sich, dass sie besonders robust sind.

Die Mechanismen der Immunabwehr sind im Lauf der Evolution der Wirbeltiere zum Schutz gegen Infektionserreger selektiert worden. Das Immunsystem kann a priori nicht zwischen gefährlichen und ungefährlichen Antigenen unterscheiden. Das Problem wurde durch die Unterscheidung von „fremd" und „selbst" gelöst (Cohen 1988), weshalb gegen alle Fremdsubstanzen eine Immunabwehr induziert werden kann, auch wenn sie harmlos sind. Diese Tatsache können wir uns zunutze machen, indem wir gegen Substanzen immunisieren, gegen die spezifische Bindungsreagenzien erforderlich sind. Das theoretisch unerschöpfliche Potenzial der Antikörper erlaubt es somit, gegen fast jede Substanz auch einen spezifischen Antikörper zu erzeugen, wenn sie die Voraussetzung erfüllt, für die für eine Immunisierung eingesetzte Spezies „fremd" zu sein. Eine Immunisierung gegen „kleinere" Moleküle (in der Immunologie als Haptene bezeichnet) ist allerdings nur nach einer kovalenten Kopplung an Trägerproteine möglich.

Schon zu Beginn des 20. Jahrhunderts wurden Antikörper praktisch eingesetzt, zuerst als Immuntherapeutika zur Behandlung von akuten Infektionserkrankungen des Menschen in Form einer passiven Immunisierung durch Emil von Behring und dann für die Bestimmung der AB0-Blutgruppen durch Landsteiner (Silverstein 1989).

Antikörper wurden dann auch bald für Untersuchungen in der Gerichtsmedizin und der Lebensmittelindustrie und natürlich in der biomedizinischen Forschung eingesetzt. Heute sind sie auf einer Vielzahl von Gebieten zum unmittelbaren Methodenrepertoire geworden, insbesondere in der medizinischen Diagnostik.

3.3.3 Immunisierungen

Für die Bildung und Gewinnung von Antikörpern ist eine Immunisierung mit dem entsprechenden Antigen erforderlich (Harlow u. Lane 1988). Diese Immunisierung kann die Folge einer Infektion mit einem Krankheitserreger oder eines natürlichen Kontakts mit einem Antigen sein. In den meisten Fällen werden die Spender der Antikörper jedoch einer vorherigen Immunisierung mit dem Antigen unterzogen, d.h. das Antigen wird in erster Linie injiziert. Um einen hohen Antikörpertiter zu erzeugen und die Bereitstellung von vielen Antikörper bildenden Zellen zu bewirken, wird das Antigen zur so genannten Hyperimmunisierung mehrere Male injiziert. Beim Menschen erfolgt die Immunisierung mit einer Vakzine zum Schutz gegen Infektionserkrankungen. Bei einem Versuchstier kann jedes beliebige Antigen injiziert werden, gegen das Antikörper erforderlich sind. Dabei gibt es unterschiedliche Immunisierungsstrategien, die von Antigen zu Antigen verschieden und teilweise nur empirisch zu ermitteln sind. Generell kann gesagt werden, dass lösliche Antigene eine schlechtere Immunantwort hervorrufen als partikuläre. Die gleichzeitige Verabreichung mit Adjuvanzien (Warren et al. 1986) verbessert den Immunisierungseffekt. Dabei handelt es sich um Substanzen, die selbst nicht immunogen sind, aber eine allgemeine Verstärkung der Immunantwort hervorrufen. Die Wirkung beruht darauf, dass z.B. bei der Verwendung des Freund-Adjuvans aus einer Wasser-in-Öl-Emulsion eine langsame Antigenfreisetzung in vivo erfolgt und außerdem wahrscheinlich Entzündungsmechanismen durch Induktion einer Zytokinfreisetzung hervorgerufen werden. Beim Menschen wird wegen der zahlreichen Nebenwirkungen der meisten Adjuvanzien bisher nur Aluminiumhydroxid eingesetzt.

Für die Immunisierungen können entsprechend der jeweiligen Fragestellung

- ganze Zellen,
- Zelluntereinheiten oder
- Moleküle

injiziert werden. Sollen Antikörper gegen kleine Moleküle gewonnen werden (Haptene oder Peptide), müssen diese für die Immunisierung an Trägermoleküle gekoppelt werden.

Zur Vakzinierung gegen unterschiedliche Krankheitserreger wird heute neben der Nutzung von rekombinanten Impfstoffen (Mäkelä 2000) (bei der z.B. nur immunogene und vollkommen ungefährliche Bestandteile eines Infektionserregers injiziert werden) der genetischen Immunisierung (Gurunathan et al. 2000) eine große Bedeutung beigemessen. Bei dieser Methode wird anstelle des eigentlichen Antigens das Gen injiziert, das, mit einem entsprechenden Promotor versehen und intramuskulär bzw. subkutan appliziert, in einigen Zelltypen transient exprimiert wird. Gegen dieses Genprodukt erfolgt dann eine Immunantwort, einschließlich der Bildung von Antikörpern. Der Vorteil dieser Methode besteht darin, dass genetisches

Material appliziert werden kann, das für immunogene, aber nicht pathogene Bestandteile eines Infektionserregers kodiert. Als weiterer Vorteil ist die exakte humane posttranslationale Modifikation in den menschlichen Zellen zu erwähnen. Da die Gewinnung von genetischem Material methodisch einfacher ist als die Gewinnung der entsprechenden Polypeptide, erscheint diese Methode für eine aktive Immunisierung beim Menschen sehr attraktiv. Es gibt ebenso Ansätze, sie auch für die Gewinnung von Antikörpern in Versuchstieren zu nutzen (Kilpatrick et al. 2000).

Die Immunisierungen werden im Allgemeinen am lebenden Versuchstier vorgenommen. Es wäre in vieler Hinsicht günstiger, wenn Vorläufer-B-Lymphozyten in vitro so aktiviert werden könnten, dass sie in der Zellkultur zu Antikörper bildenden Plasmazellen ausdifferenziert werden könnten. Besonders interessant wäre ein solches Verfahren für die Gewinnung humaner Antikörper, da Menschen aus nahe liegenden Gründen nicht wie ein Versuchstier gegen die verschiedensten Antigene hyperimmunisiert werden können. Einige Protokolle für eine erfolgreiche In-vitro-Immunisierung wurden beschrieben (Duenas et al. 1996), ein für alle Fragestellungen einsetzbares Routineverfahren existiert bisher leider noch nicht.

Die Tatsache, dass das Immunsystem „fremd“ von „selbst“ unterscheidet, macht es erforderlich, bei der Auswahl der Antikörperspender die jeweilige Spezies in Betracht zu ziehen. Sollen Antikörper gegen Proteine einer bestimmten Tierspezies hergestellt werden, kann es beim Einsatz einer nahe verwandten Spezies bei der Immunisierung zu Misserfolgen kommen, wenn eine sehr große Sequenzhomologie besteht. Andererseits erfolgt in einigen Fällen auch eine sehr starke Immunantwort gegen sehr konservative Proteine.

3.3.4 Gewinnung polyklonaler Antikörper

Das übliche Verfahren vor der Ära der monoklonalen Antikörper war die Gewinnung der erforderlichen Antikörper aus dem Serum von artifiziell (oder, in einigen wenigen Fällen, auch natürlich) (hyper)immunisierten Spendern (Abb. 3.3.2). Der spezifische Antikörper kann aus solchen Immunseren durch Isolierung der Immunglobulinfraktionen oder durch Affinitätschromatographie mit Hilfe des immobilisierten Antigens angereichert werden (Harlow u. Lane 1988, 1999).

Die bei einer Immunreaktion gebildeten Antikörper binden eine limitierte Region auf der Oberfläche des Antigens. Diese gebundene Region wird als Antigendeterminante oder Epitop bezeichnet und umfasst für Proteine etwa 7–10 Aminosäurereste. Da jedes Antigen zahlreiche Epitope auf seiner Oberfläche trägt (ein einziges Epitop bewirkt keine Immunreaktion), wird bei jeder Immunreaktion die Bildung zahlreicher Antikörper induziert, da verschiedene B-Lymphozyten, die jeweils Immunglobulinrezeptoren für gerade diese Epitope tragen, aktiviert werden. Diese B-Lymphozyten differenzieren zu Antikörper produzierenden Klo-

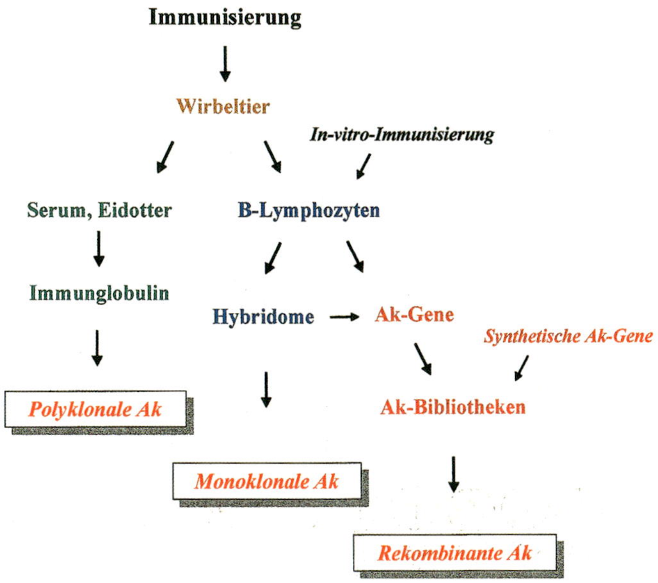

Abb. 3.3.2. Möglichkeiten der Antikörpergewinnung. Polyklonale Antikörper werden aus dem Serum immunisierter Säugetiere bzw. aus dem Eidotter immunisierter Hühner gewonnen, monoklonale Antikörper durch Kultivierung von Hybridomzellen, die durch Fusion von B-Lymphozyten und Myelomzellen hergestellt wurden. Voraussetzung für die Gewinnung *rekombinanter Antikörper* ist die Klonierung der Antikörpergene. Aus Genbibliotheken, die die Information für eine Vielzahl von Antikörpern enthalten, lassen sich über Display-Techniken spezifische Antikörper gewinnen. Die Variabilität der Bibliotheken kann durch den Einbau synthetischer Nukleotidsequenzen erhöht werden

nen. Eine normale Antikörperantwort unter natürlichen Bedingungen ist demzufolge immer polyklonal, selbst wenn mit gereinigtem Antigen immunisiert wurde. Ein Immunserum enthält deshalb immer ein Gemisch von verschiedenen Antikörpern gegen ein bestimmtes Antigen (Weiterhin sind natürlich immer die unterschiedlichsten Antikörper vorhanden, die den Schutz gegen überall vorkommende Antigene, einschließlich der potenziellen Pathogene gewährleisten.). Selbst wenn dann zur Reinigung immobilisiertes Antigen eingesetzt wird, resultiert ein polyklonales Antikörpergemisch.

Für einige Fragestellungen kann es jedoch geradezu notwendig sein, ein solches Antikörpergemisch mit möglichst vielen unterschiedlichen Antikörpern gegen ein bestimmtes Antigen zur Verfügung zu haben. In solchen Fällen können polyklonale Antikörper äußerst wertvolle Reagenzien sein, die im Vergleich zu monoklonalen Antikörpern viel leichter und billiger herstellbar sind. In der Natur wird diese Strategie auch verfolgt, um einen Infektionserreger zu eliminieren. Mit der Bildung vieler verschiedener Antikörper ist die Chance größer, auch einige Antikörper zu erhalten, die zur Inaktivierung des Erregers führen, d.h. gegen essenzielle Epitope gerichtet sind.

Auf dem Gebiet der polyklonalen Antikörper kann aus diesem Grund der in den letzten Jahren verstärkte Einsatz von Hühnern für eine Antikörperproduktion viel versprechend sein. Die Immunantwort bei Hühnern ist mit der der Säuger hinsichtlich der Antikörpervielfalt vergleichbar. Der Vorteil der Immunisierung von Hühnern besteht in der Gewinnung der Antikörper aus den Eiern (Hlinak et al. 1996, Janson et al. 1995). Antikörper werden bei Vögeln an die Nachkommen mit dem Ei als natürliche passive Immunisierung weitergegeben und stellen damit einen ersten Immunschutz nach dem Schlüpfen dar (ein Mechanismus, der der Plazentapassage von Immunglobulinen bei Säugern vergleichbar ist).

3.3.5 Gewinnung monoklonaler Antikörper

Polyklonale Immunseren sind schwer zu standardisieren. Die Immunantwort ist ein sehr dynamischer Prozess, der zur Folge hat, dass die Zusammensetzung eines Immunserums hinsichtlich seiner Antikörper bei jeder Blutabnahme und von Individuum zu Individuum unterschiedlich ist. Weiterhin enthält ein Immunserum immer verschiedene Antikörper, selbst bei Immunisierung mit einem hochreinen Antigen.

Zur Gewinnung von Antikörpern gegen einzelne Epitope ist es deshalb erforderlich, diejenigen Zellen zu isolieren, die diese Antikörper produzieren (Abb. 3.3.2). Da B-Lymphozyten nur eine begrenz-

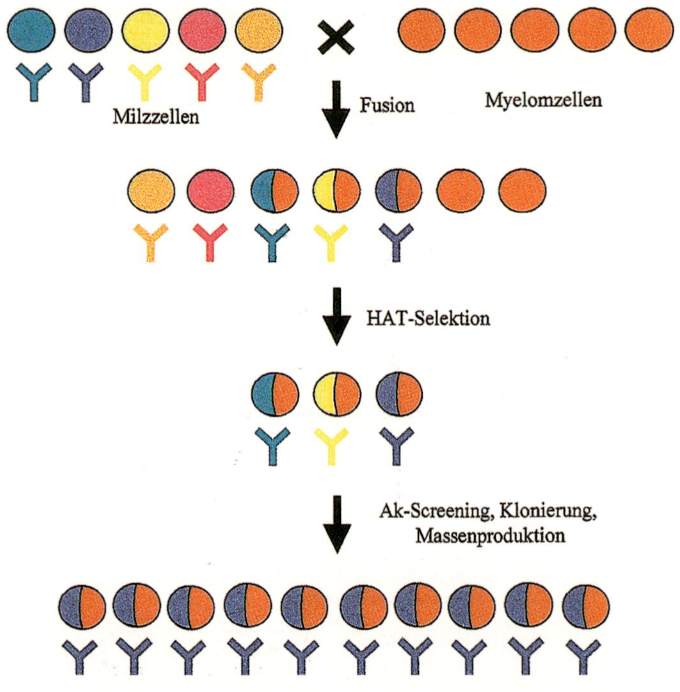

Abb. 3.3.3. Herstellung monoklonaler Antikörper. B-Lymphozyten von immunisierten Versuchstieren werden mit unbegrenzt wachsenden Myelomzellen (Krebszellen der B-Zell-Reihe) fusioniert, wodurch unbegrenzt wachsende Antikörper produzierende Hybridomzellen erhalten werden. Nach der Zellfusion erfolgt mit Hilfe von speziellen Zellkulturmedien die Selektion der fusionierten Zellen. Anschließend werden mit immunologischen Tests diejenigen Hybridomzellen identifiziert, die die gewünschten Antikörper produzieren. Hybridomzellen eines Klons gehen auf eine einzige B-Zelle zurück und synthetisieren somit monoklonale, vollkommen identische Antikörper

te Lebensdauer haben, müssen sie in unbegrenzt teilungsfähige Klone umgewandelt werden. Dies ist mit Hilfe der Hybridomtechnik möglich, die es erlaubt, monoklonale Antikörper zu gewinnen (Abb. 3.3.3) (Köhler u. Milstein 1975, Milstein 1980, 2000).

3.3.5.1 Zellfusionen

Bei dieser Technik werden B-Lymphozyten immunisierter Spender mit unbegrenzt wachsenden Myelomzellen (malignen Zellen der B-Zell-Reihe, die für diese Anwendung selbst keine Immunglobuline mehr produzieren) fusioniert, sodass Hybridzellen entstehen, die die Eigenschaften beider Zellen,

- Antikörperproduktion und
- unbegrenzte Teilungsfähigkeit,

in sich vereinen (Galfré u. Milstein 1981, Köhler u. Milstein 1975). Da diese jeweils von einer Zelle abstammen, produzieren sie in ihrer Aminosäuresequenz und damit auch in ihren Bindungseigenschaften identische Antikörper, die aufgrund ihrer Herkunft von einem Klon als monoklonale Antikörper bezeichnet werden. Der größte Teil der heute verfügbaren monoklonalen Antikörper stammt von der Maus.

Praktisch läuft das Verfahren so ab, dass Mäusen nach einer möglichst intensiven Immunisierung Milzzellen entnommen werden, die dann in vitro mit den Myelomzellen fusioniert werden. Um eine Zellfusion zu erzielen, werden die Zellen mit Polyethylenglykol (PEG) behandelt, dabei wird 1 Hybridzelle auf etwa 1000–10 000 Elternzellen erhalten. Durch den Einsatz einer Elektrofusionseinrichtung lässt sich diese geringe Ausbeute um den Faktor 10–100 steigern (Karsten et al. 1988).

Zur Isolierung der hybridisierten Zellen wird ein einfaches Selektionsverfahren verwendet. In dem eingesetzten Selektionsmedium (HAT-Medium, das Hypoxanthin, Aminopterin bzw. Azaserin und Thymidin enthält) können die verwendeten Myelommutanten aufgrund eines Enzymdefekts nicht wachsen. Da die nicht fusionierten B-Lymphozyten nur eine begrenzte Lebensdauer haben, überleben in diesem Medium nur fusionierte Hybridzellen.

3.3.5.2 Antikörperscreening

Die Zellen werden nach der Fusion in der Regel so in Mikrotiterplatten eingesät, dass in jeder Vertiefung nur wenige Zellkolonien wachsen. Diese Kolonien müssen nun auf ihre Antikörperproduktion getestet werden, um die gewünschten, Antikörper produzierenden Hybridome identifizieren und weiterführen zu können. Für dieses Screening sind schnelle und einfache Festphasenimmuntests in Mikrotiterplatten am besten geeignet (Harlow u. Lane 1999). Als Indikator werden in den Immuntests heute in erster Linie Enzyme eingesetzt, die ein farbloses Substrat in ein farbiges (in seltenen Fällen in ein fluoreszierendes) Produkt umwandeln. Die Auswertung erfolgt in entsprechenden Plattenphotometern. Im Gegensatz zu diesen Enzymimmuntests (ELISA: enzyme-linked immunosorbent assay) wurden in früheren Jahren sehr häufig Radioimmuntests (RIA: radioimmunoassay) eingesetzt. Für die weitere Charakterisierung der Antikörper wird dann entsprechend der jeweiligen Fragestellung das gesamte Repertoire an immunologischen Nachweisverfahren genutzt. Wenn beim ersten Screening kein einfacher Festphasentest zum Einsatz kommen kann (wie z. B. beim Nachweis von intrazellulären Antigenen, die nicht in isolierter Form vorliegen), kann die Suche nach den erforderlichen Antikörpern sehr aufwändig werden.

3.3.5.3 Klonierungen

Sind die Hybridome identifiziert, die den gewünschten Antikörper produzieren, müssen sie vermehrt werden (Galfré u. Milstein 1981). Nach der Fusion sind Zellhybride in ihrem genetischen Material noch sehr instabil. Sie können Chromosomen und infolgedessen auch die Fähigkeit zur Antikörperproduktion verlieren, ohne dabei ihre Vitalität einzubüßen. Zur Isolierung der stabilen Antikörperproduzenten werden die Zellen zum frühestmöglichen Zeitpunkt kloniert, d. h. man lässt einzelne Klone heranwachsen, die dann wiederum auf ihre Antikörperproduktion getestet werden. Nach mehreren Wiederholungen dieser Klonierung sind stabile Antikörper produzierende Klone etabliert. Aber selbst stabile Klone müssen von Zeit zu Zeit wieder rekloniert werden, da sich die während der Zellteilungen auftretenden Nichtproduzenten in der Regel schneller vermehren und die Produzenten aus der Kultur verdrängen würden.

3.3.5.4 Antikörperproduktion und -reinigung

Zur Produktion der monoklonalen Antikörper für Laborzwecke reicht im Allgemeinen die Vermehrung der Zellen in Kulturflaschen (Galfré u. Milstein 1981). Für eine Großproduktion werden unterschiedliche Verfahren eingesetzt, wovon die schonendsten sicher Hohlfasersysteme darstellen (Gramer u. Britton 2000). In einigen wenigen Fällen lassen sich Hybridomzellen auch im Fermenter kultivieren (Zamboni et al. 1994).

Die Hybridomzellen können in flüssigem Stickstoff aufbewahrt werden und sind nach dem Auftauen wieder für eine Antikörperproduktion einsetzbar. Damit ist gewährleistet, dass die Produzenten identischer Antikörper theoretisch ewig zur Verfügung stehen.

In den ersten Jahren der Hybridomtechnik wurden die Hybridomzellen für die Antikörperproduktion in syngene Mäuse (d.h. Inzuchtmäuse des Stamms, aus dem die Myelomzellen und die B-Lymphozyten stammen) intraperitoneal injiziert. Die im Bauchraum ausgewachsenen malignen Hybridomzellen produzieren sehr große Mengen an Antikörpern, die dann in der Aszitesflüssigkeit enthalten sind. Dieses Verfahren wird aus Tierschutzgründen heute abgelehnt.

Um Antikörper in der Praxis einsetzen zu können, müssen sie aus dem Kulturüberstand der entsprechenden Hybridome isoliert werden, da dieser einen großen Überschuss an anderen Substanzen enthält. Für die Reinigung haben sich verschiedene Varianten der Immunaffinitätschromatographie durchgesetzt (Harlow u. Lane 1999). Affinitätschromatographische Verfahren beruhen auf der Tatsache, dass Rezeptor-Ligand-Kopplungen nicht kovalent und damit reversibel sind. Zunächst wird ein affiner Träger hergestellt, indem ein Ligand kovalent an das feste Trägermaterial gekoppelt wird. Dieser Träger wird anschließend mit der rezeptorhaltigen Lösung inkubiert. Nicht gebundene Lösungsbestandteile werden ausgewaschen. Durch Änderung des pH-Werts oder der Ionenstärke kann die Rezeptor-Ligand-Bindung aufgebrochen und damit der reine Rezeptor gewonnen werden.

In erster Linie wird für die Antikörperreinigung Protein A bzw. auch Protein G eingesetzt (Godfrey 1993, Yan u. Huang 2000, Zola u. Neoh 1989). Hierbei handelt es sich um bakterielle Produkte, die Immunglobuline der Klasse IgG binden. Schwierigkeiten ergeben sich bei der Isolierung von Antikörpern anderer Klassen (wie z.B. IgM), für die andere Verfahren, oft in Kombination, eingesetzt werden müssen.

3.3.5.5 Speziesherkunft monoklonaler Antikörper

Wie schon erwähnt, wurde die überwiegende Mehrheit der heute zur Verfügung stehenden monoklonalen Antikörper ursprünglich aus der Maus gewonnen. Das hängt in erster Linie mit der leichten Haltung von Versuchsmäusen und v.a. der leichten Immunisierbarkeit der Mäuse zusammen. Aus einigen anderen Spezies (z.B. Ratte, Hamster, Kaninchen, Huhn) wurden inzwischen auch monoklonale Antikörper gewonnen, wobei die Hybridome entweder mit Myelomlinien der Maus oder aus der jeweiligen Spezies hergestellt wurden (Kuo et al. 1985, Mallender u. Voss 1995, Moldenhauer et al. 1982, Nishinaka et al. 1991).

In geringem Umfang wurden auch humane monoklonale Antikörper hergestellt. Die besten Fusionserfolge wurden dabei mit Fusionslinien erzielt, die das Ergebnis einer Fusion aus Mausmyelomzellen mit humanen B-Zellen waren [Heteromyelomlinien ohne eigene Immunglobulinproduktion (Jahn et al. 1986)]. Erst mit diesen Zellen wurden stabile, humane, Antikörper produzierende Hybridome erhalten. Das größte Problem bei der Herstellung humaner Hybridome war und ist jedoch die geringe Zahl an Antikörper produzierenden B-Lymphozyten, die für eine Fusion zu Verfügung stehen. Unter den für diese Fragestellung einsetzbaren peripheren Blutlymphozyten befinden sich (bedingt durch eine fehlende Hyperimmunisierung) nur wenige B-Lymphozyten, die den gewünschten Antikörper produzieren. Um die Anzahl fusionierbarer Zellen zu erhöhen, wurden B-Lymphozyten in vitro durch eine Infektion mit dem Epstein-Barr-Virus in proliferierende Linien überführt, wodurch jedoch nicht die Zahl der spezifisch reagierenden B-Zellen erhöht werden kann (Jahn et al. 1990). Hier wäre eine effektive In-vitro-Immunisierung die einzige Lösung.

3.3.6 Chemische und biochemische Modifizierung von Antikörpern

Für die praktische Anwendung werden Antikörper oft in einer Form eingesetzt, die sich von den ursprünglich synthetisierten Antikörpern unterscheidet. Für derartige Modifikationen stehen diverse Methoden zur Verfügung.

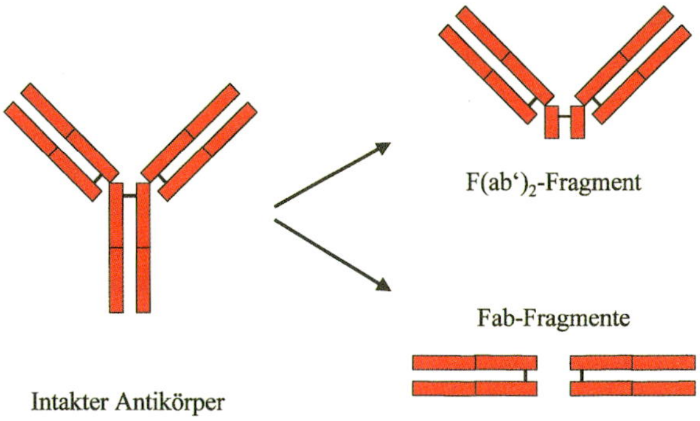

Abb. 3.3.4. Biochemische Herstellung von Antikörperfragmenten. Durch Pepsinverdau von Antikörpern wird ein Großteil ihres konstanten Bereichs in kleinere Bruchstücke zerlegt; das verbleibende Antigen bindende Fragment [$F(ab')_2$] ist bivalent. Durch Papainverdau entstehen univalente, Antigen bindende Fragmente (*Fab*: fragment antigen-binding) und ein Fc-Fragment (fragment crystallizable)

3.3.6.1 Gewinnung von Antikörperfragmenten

Für Anwendungen, in denen z. B. die Bindung von Effektorzellen oder -molekülen unerwünscht ist, werden Antigen bindende Fragmente der Antikörper hergestellt, denen der C-Terminus fehlt, der den größten Teil der konstanten Region der beiden schweren Ketten enthält (Abb. 3.3.4) (Harlow u. Lane 1988). Durch Spaltung mit Pepsin wird der Fc-Teil in einzelne Bruchstücke zerlegt, und es werden bivalente F(ab2')-Fragmente erhalten. Aus dem Verdau mit dem pflanzlichen Enzym Papain resultieren univalente Antigen bindende Fab-Fragmente und das Fc-Fragment (von „fragment crystallizable"). Die Gewinnung von Antikörperfragmenten hat wesentlich zur Aufklärung der Antikörperstruktur beigetragen. Heute ist die Herstellung von Fab-Fragmenten ein wesentlicher Schritt bei der Aufklärung der molekularen Struktur der Antigenbindungsregion einzelner Antikörper mit Hilfe der Röntgenstrukturanalyse.

3.3.6.2 Markierung von Antikörpern

Antikörper sind Bindungsmoleküle, die ihre eigentliche Abwehrfunktion im Organismus nur in Kooperation mit anderen Molekülen und Zellen ausüben. In Ausnahmefällen genügen Antikörper allein zur Abwehr von infektiösen Prozessen (z. B. bei der Neutralisierung von bakteriellen Toxinen oder Viren, wenn sie genau gegen die Epitope gerichtet sind, die Toxine oder Viren zum Anheften an Zelloberflächenrezeptoren benötigen). Meistens ist die Bindung des Fc-Teils des Antikörpermoleküls an Effektorzellen (wie z. B. Makrophagen) oder Effektormoleküle (wie Komplementbestandteile) erforderlich, um Fremdzellen und/oder -moleküle zu inaktivieren.

Auch bei der Nutzung von Antikörpern in der Forschung, z. B. in einem Immuntest, sind diese unmodifiziert kaum einsetzbar. Direkte Methoden, die vor etwa 30 Jahren in großem Umfang zum Nachweis von Antigen-Antikörper-Reaktionen verwendet wurden (wie z. B. Präzipitationstests oder Agglutinationstests), sind mit monoklonalen Antikörpern nur in Ausnahmefällen zu realisieren; sie sind darüber hinaus relativ insensitiv und haben einen hohen Antikörperverbrauch.

Für die meisten Tests werden die Antikörper mit einer leicht nachweisbaren Substanz gekoppelt (Aslan u. Dent 1998). Die ersten Antikörper, die nach einer Kopplung in breiterem Umfang eingesetzt wurden, waren mit einem Fluoreszenzfarbstoff markiert. Der am häufigsten verwendete Farbstoff ist noch immer Fluoresceinisothiozyanat (FITC), das im alkalischen pH-Bereich sehr leicht an die NH_2-Gruppen von Proteinen bindet. Fluorescein wird mit Hilfe eines Fluoreszenzmikroskops bzw. eines Fluorometers nachgewiesen. Weitere, in größerem Maßstab eingesetzte Marker sind, wie bereits erwähnt, Radioisotope, die aufgrund ihrer Strahlung nachweisbar sind, und Enzyme. Die Kopplung von Enzymen ist problematischer, da hier 2 biologisch aktive Moleküle kovalent gebunden werden müssen, ohne dass ihre Aktivität verloren geht. Die am häufigsten eingesetzten Markerenzyme sind Peroxidase (aus Meerrettich) und alkalische Phosphatase (aus dem Kälberdarm), in geringerem Umfang auch β-Galaktosidase (aus Bakterien). Es werden noch zahlreiche weitere Marker für unterschiedliche Zwecke eingesetzt (wie z. B. kolloidales Gold in der Elektronenmikroskopie oder in Teststreifen).

Die für eine Kopplung der Antikörper an andere Moleküle oder feste Träger genutzten funktionellen Gruppen sind in erster Linie NH_2- oder COOH-Gruppen. Probleme können auftreten, wenn nach der Kopplung die Antigenbindung verloren geht, d. h. die Kopplungsgruppe in oder in unmittelbarer Nähe der Antigenbindungsregion lokalisiert ist. Dann müssen Alternativmethoden mit anderen Kopplungsgruppen (Kohlenhydrate, SH-Gruppen) ausprobiert werden.

An dieser Stelle muss auch das Avidin-Biotin-System hervorgehoben werden (Wilchek u. Bayer 1989). Beim Avidin handelt es sich um ein Protein aus Hühnereiern (das ähnlich reagierende Streptavidin wird aus Bakterien isoliert), das mit einer sehr hohen Affinität (10^{-15} Mol/l) das Vitamin Biotin bindet. Dies ist die stärkste bisher bekannte nicht kovalente Bindung. Biotin ist inzwischen in verschiedenen Derivaten erhältlich, die eine leichte Kopplung an Proteine erlauben. Avidin kann relativ einfach mit verschiedenen Markern (wie z. B. mit Enzymen) gekoppelt werden. Dadurch kann das Avidin-Biotin-System als universelles Nachweisverfahren in verschiedenen immunologischen Tests eingesetzt werden, wodurch z. B. die Markierung jedes einzelnen Antikörpers mit einem Markerenzym umgangen werden kann. Auch alternative universelle Nachweissysteme wurden entwickelt, haben jedoch bisher nicht die weite Verbreitung des Avidin-Biotin-Systems gefunden (Micheel et al. 1988).

3.3.7 Rekombinante Antikörpertechniken

Wie auf allen Gebieten der Biowissenschaften haben die Möglichkeiten der rekombinanten DNA-Techniken auch in der Antikörpergewinnung, besonders bei der Suche nach humanen Antikörpern, zu einem gewaltigen Aufschwung geführt (Abb. 3.3.2).

3.3.7.1 Klonierung von Antikörpergenen

Voraussetzung für jede gentechnische Manipulation eines Proteins sind die Klonierung, die Sequenzierung und die Expression in einem Organismus, der eine hohe Produktionsrate garantiert. Antikörper sind verhältnismäßig komplizierte Moleküle. Die Gene, die für die leichten und schweren Ketten kodieren, sind auf 2 verschiedenen Chromosomen lokalisiert, und der Teil der Antikörper, der für die Bindung verantwortlich ist, unterscheidet sich von einem Antikörper zum anderen, teilweise auch am N-Terminus. Damit sind auch diese Genbereiche unterschiedlich. Die Probleme bei der Klonierung der Antikörpergene sind eine Folge der Entstehung der Antikörpervariabilität. Diese entsteht auf somatischer Ebene bei der Reifung der B-Lymphozyten, wobei aus über die Keimbahn weitergegebenen Antikörpergensegmenten durch somatische Rekombination die eigentlichen Antikörpergene zusammengefügt werden, und zwar in jedem B-Lymphozyten eine neue, einzigartige Kombination (Abb. 3.3.5) (Tonegawa 1993). Damit müssen für die Amplifikation des Gens für einen bestimmten Antikörper mit der Polymerasekettenreaktion (PCR), im Gegensatz zu „normalen" Genen, Primergemische (so genannte entartete Primer) eingesetzt werden. Die Erfolgsrate ist hierbei nicht sicher vorhersagbar. Bei allen vorrangig untersuchten Säugerspezies (Mensch, Maus, Ratte) traten diese Probleme auf. Dagegen genügt bei der Klonierung von Antikörpergenen aus Hühnern ein Primerpaar. Im Huhn entsteht die Antikörpervielfalt durch Genkonversion, wodurch die Termini der Antikörper auch im variablen Teil identisch sind (Sayegh et al. 1999). Eine Genklonierung von Hühnerantikörpern ist damit ungleich leichter (Andris-Widhopf et al. 2000).

3.3.7.2 Gentechnische Herstellung von Antikörperfragmenten

Bei zahlreichen praktischen Anwendungen von Antikörpern ist nur der bindende Teil, d. h. der variable Bereich, von Bedeutung. Um bindende Antikörperfragmente zu erhalten, genügt es, diese Bereiche zu klonieren und zu exprimieren (Skerra u. Plückthun 1988). Auch bei In-vivo-Anwendungen von Antikörpern erscheinen Antikörperfragmente in einigen Fällen vorteilhafter, da sie in Gewebe eindringen könnten, die normalen Antikörpern möglicherweise unzugänglich sind. Durch Verknüpfung der beiden Genabschnitte, die jeweils für die variablen Bereiche der leichten und der schweren Kette kodieren, mit einem Genabschnitt, der für eine Peptidsequenz (in der Regel aus etwa 15 Glycin- und Serinresten bestehend) kodiert, wird ein Gen erhalten, das in einen entsprechenden Vektor kloniert, für einen Einzelkettenantikörper (single chain antibody: scAb) kodiert. Solche Fragmente werden richtiger als scFv (single chain Fv) bezeichnet, da sie nur Genabschnitte der variablen Bereiche enthalten (Abb. 3.3.6). Sie werden in unterschiedlichen Organismen exprimiert. Von besonderem Interesse ist dabei die Expression in Bakterien (z. B. *Escherichia coli*), da sich Bakterien im Vergleich zu Säugerzellen viel schneller vermehren, ihre Ansprüche an die Nährmedien viel bescheidener sind und sie für eine Kultivierung viel robuster sind (Breitling u. Dübel 1997, Worn u. Plückthun 2001). Damit lassen sich sehr große Antikörpermengen in relativ kurzer Zeit gewinnen, was für kommerzielle Fragestellungen besonders interessant ist. Bisher lassen sich jedoch nicht alle Antikörper als reaktive scFv-Fragmente in *E. coli* exprimieren. Das Hauptproblem ist eine unzureichende oder falsche Faltung der Antikörperfragmente, woraus eine gestörte oder mangel-

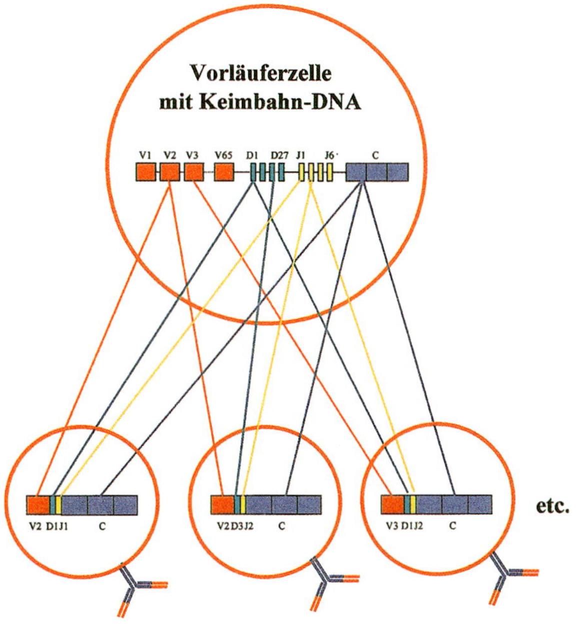

Abb. 3.3.5. Genetische Grundlagen der Antikörpervariabilität. Die Antikörpervielfalt ist in erster Linie auf somatische Rekombinationen zurückzuführen. Rekombiniert werden *V*-, *D*- und *J*-Gensegmente (von engl. variable, diversity und joining), die in ihrer Gesamtheit über die Keimbahn an die Nachkommen weitergegeben werden. Vorläuferzellen der B-Lymphozyten und alle somatischen Zellen (außer den B-Lymphozyten) enthalten diese Gensegmente. Die *V(D)J*-Rekombination erfolgt in den B-Lymphozyten nach dem Zufallsprinzip (Janeway et al. 1999, Roitt et al. 1998). Der Genabschnitt, der den variablen Bereich einer schweren Kette eines Antikörpermoleküls kodiert, besteht aus einem *V*-Segment, einem *D*-Segment und einem *J*-Segment, der Genabschnitt, der den variablen Bereich einer leichten Kette kodiert, besteht aus einem *V*-Segment und einem *J*-Segment. Die Gene, die die schweren und leichten Antikörperketten kodieren, sind auf verschiedenen Chromosomen lokalisiert [beim Menschen ist das für die schwere Kette Chromosom 14 und für die leichte λ-Kette Chromosom 22 und für die leichte κ-Kette Chromosom 2 (Roitt et al. 1998); für die leichte Kette existieren bei allen Säugern 2 Varianten]. Die Kombination von *V*-, *D*- und *J*-Segmenten zum funktionsfähigen Genabschnitt erfolgt auf somatischer Ebene. Hierbei werden während der Differenzierung der B-Lymphozyten beim Menschen aus einem Satz von 65 *V*-Gensegmenten für die schweren Ketten, 40 *V*-Gensegmenten für die κ-Ketten und 30 *V*-Gensegmenten für die λ-Ketten, sowie 27 *D*-Gensegmenten für die schweren Ketten und 6 *J*-Gensegmenten für die schweren Ketten, 5 *J*-Gensegmenten für die κ-Ketten und 4 *J*-Gensegmenten für die λ-Ketten (Janeway et al. 1999) (bei der Maus ist die Anzahl beträchtlich größer) jeweils ein *V*-, *D*- und *J*-Gensegment für die schwere Kette und je ein *V*- und *J*-Gensegment für die leichte Kette in einem B-Lymphozyten rekombiniert, die dann jeweils den funktionellen Genbereich zur Kodierung der variablen Region eines bestimmten Antikörpermoleküls bilden. Ein B-Lymphozyt erhält damit eine einmalige Kombination der Gensegmente und exprimiert demzufolge einen einmaligen Antikörper. Die enorme Antikörpervielfalt wird zusätzlich zu dieser *V(D)J*-Rekombination durch Ungenauigkeiten in der Verknüpfungsstelle, die Zufallskombination von schweren und leichten Ketten und im Lauf der Immunantwort durch Mutationen in der Antigenbindungsstelle (somatische Hypermutation) erhöht. Bis auf die somatische Hypermutation führen die gleichen Mechanismen zur Vielfalt der T-Zell-Rezeptoren. Dargestellt sind nur die Gensegmente für die Kodierung der schweren Kette: *im oberen Teil* die nicht rekombinierten *V*-, *D*- und *J*-Gensegmente für den variablen Bereich und ein *C*-Gensegment für den konstanten Bereich in somatischen bzw. in Vorläuferzellen der B-Lymphozyten und *im unteren Teil* rekombinierte *VDJ*-Genbereiche verbunden mit einem C-Segment in reifen B-Lymphozyten

hafte Bindung an das Antigen resultiert. Versuche, den gesamten Fab-Teil der Antikörper als scFab zu exprimieren, erbrachten auch keine generelle Lösung des Problems. Aus diesem Grund wurden andere Expressionssysteme erprobt, wie z.B. Hefen, Insektenzellen, Säugerzellen, zellfreie Systeme usw. (Verma et al. 1998).

Die Antigenbindung erfolgt in der Regel durch die hypervariablen Regionen beider Ketten des Antikörpermoleküls. In einigen Fällen überwiegt jedoch der Anteil der schweren Kette an dieser Bindung. In solchen seltenen Fällen konnten so genannte Einzeldomänenantikörper (single domain: sdAb) gewonnen werden, die nur aus der jeweiligen bindenden Domäne bestehen. Diese Ergebnisse waren besonders interessant aufgrund der Tatsache, dass es bei *Cameliden* (Kamelen und Lamas) 2 Immunglobulinsubklassen gibt, die nur schwere und keine leichten Ketten haben. Die Antigenbindung durch solche Antikörper erfolgt somit an einer Bindungs-

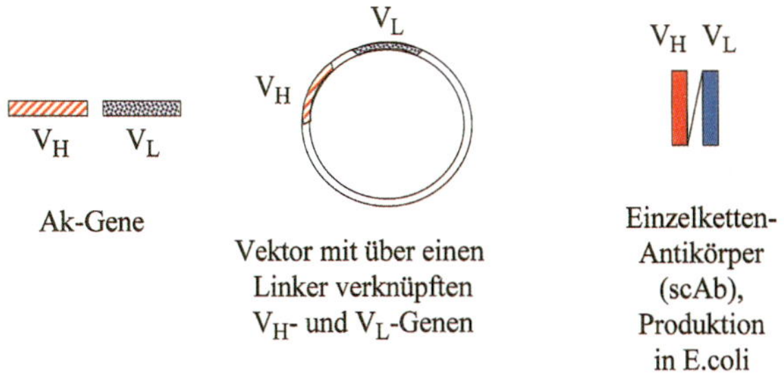

Abb. 3.3.6. Herstellung von Einzelkettenantikörpern. Aus Hybridomen bzw. aus B-Zell-Gemischen können durch Polymerasekettenreaktion (PCR) die Gene der variablen Bereiche der schweren (V_H) und der leichten (V_L) Ketten der Antikörper amplifiziert und in entsprechende Vektoren kloniert werden. Die Variabilität der Aminosäuren in diesen Regionen bedingt die Variabilität der Nukleotidsequenzen; deshalb sind Primergemische für die Amplifikation mit Hilfe der PCR erforderlich. Zur Verknüpfung beider Gene wird eine Nukleotid„brücke" in den Vektor eingeführt, die für eine kurze Peptidregion kodiert, die einen Linker zwischen beiden Polypeptidketten darstellt. Der Peptidlinker ermöglicht die Expression als Einzelkettenantikörper (single chain antibody: *scAb*; single chain variable fragment: *scFv*)

region, die nur von der schweren Kette gebildet wird (Hamers-Casterman et al. 1993). Derartige Antikörper lassen sich daher leichter klonieren, und die Aussicht, ein solches „camelising" auch mit Antikörpern anderer Spezies mit rekombinanten Techniken durchzuführen, erscheint sehr attraktiv (Riechmann u. Muyldermans 1999).

3.3.7.3 Rekombinante Antikörper

Der Vorteil rekombinanter Techniken besteht nicht nur in der Möglichkeit, Genprodukte außerhalb des Ursprungsorganismus in großen Mengen zur Expression bringen zu können. Die Genprodukte können weiterhin auf der Genebene mit anderen Proteingenen fusioniert werden, sodass Produkte mit vollkommen neuen Eigenschaften erhalten werden. Theoretisch können enzymmarkierte Antikörper deshalb auch gentechnisch hergestellt werden. Ein Problem ist in diesen Fällen die Expression der Markerenzyme. Die rekombinante Expression von Peroxidase ist bisher nicht gelungen, da sie für ihre Aktivität Koenzyme benötigt, die nicht eingebaut werden. Alkalische Phosphatase aus *E. coli* dagegen wurde zusammen mit Antikörpern erfolgreich als Fusionsprotein exprimiert (Kerschbaumer et al. 1997). Beschrieben wurden auch Fusionsproteine aus Antikörpern und GFP (green fluorescing protein), die für immunologische Nachweisverfahren einsetzbar sein sollten (Casey et al. 2000).

Da sich Antikörper für Nachweisverfahren jedoch relativ leicht mit chemischen Methoden koppeln lassen, werden rekombinante Techniken in erster Linie für andere spezielle Zwecke eingesetzt. Von großer Bedeutung sind Antikörperfusionsproteine für therapeutische Anwendungen (z. B. in der Immuntherapie von Tumoren). Hier sind v. a. Antikörper-Toxin-Fusionsproteine von Interesse (Matthey et al. 2000). Solche Immuntoxine, die sowohl chemisch als auch gentechnisch hergestellt vorliegen, werden in In-vitro- und In-vivo-Studien intensiv auf ihre Effektivität untersucht.

Für den In-vivo-Einsatz wurden zudem zahlreiche monoklonale Mausantikörper mit gentechnischen Methoden so modifiziert, dass sie nach Applikation beim Menschen eine möglichst geringe Immunogenität aufweisen (Abb. 3.3.7). Durch die Rekombination von variablen Regionen der leichten und der schweren Ketten von einem Mausantikörper und von konstanten Regionen der leichten und der schweren Kette von Immunglobulinen des Menschen wurden so genannte chimäre

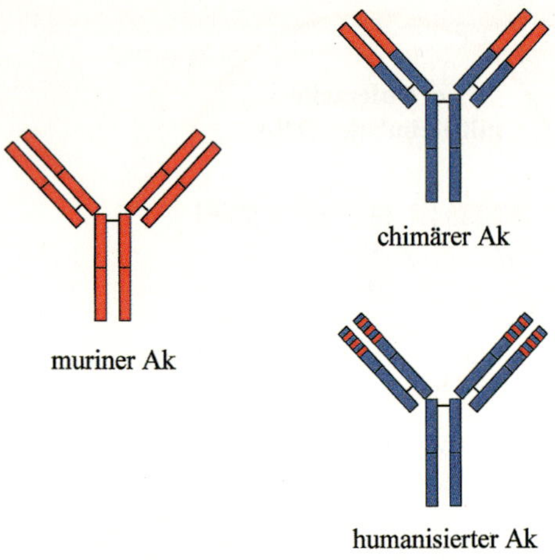

Abb. 3.3.7. Rekombinante Antikörper für therapeutische Zwecke. Nach Injektion muriner Antikörper kommt es in Patienten zu immunologischen Reaktionen gegen die Mausproteine (HAMA: human anti-mouse antibodies). Zur Vermeidung dieser Reaktionen werden mit Hilfe gentechnischer Methoden die konstanten Bereiche der Mausantikörper gegen humane konstante Bereiche „ausgetauscht". Es entstehen chimäre Mensch-Maus-Antikörper, die noch den variablen Bereich der ursprünglichen murinen Antikörper enthalten. Werden nur die hypervariablen Regionen der Mausantikörper, die vorrangig für die Antigenbindung verantwortlich sind, in das Gerüst eines humanen Immunglobulins eingebaut, entstehen so genannte humanisierte Antikörper. Solche rekombinanten Antikörper können in eukaryontischen Expressionssystemen in den für eine Therapie erforderlichen Mengen produziert werden

Antikörper hergestellt, die in Patienten weniger immunogen sind als komplette Mausantikörper (Glennie u. Johnson 2000, Tan et al. 1985). Durch den gentechnischen Austausch der 6 hypervariablen Regionen eines humanen Antikörpers gegen die hypervariablen Regionen eines Mausantikörpers mit bekannter Spezifität können Antikörper erhalten werden („humanisierte" Antikörper), die im Menschen keine Immunreaktionen hervorrufen sollten, aber die gleiche Spezifität aufweisen wie die ursprünglichen Mausantikörper (Glennie u. Johnson 2000, Queen et al. 1989). Chimäre und „humanisierte" Antikörper werden wegen der Komplexität des Moleküls in eukaryontischen Systemen exprimiert. Alle Probleme sind damit jedoch nicht gelöst, da sich die Bindungsstärke und die Spezifität des ursprünglichen Antikörpers ändern können, weil die Gerüstregionen ebenfalls bei der Bindung eine Rolle spielen können. Weiterhin könnten auch solche Antikörper u. U. Immunreaktionen auslösen, die sich dann gegen die Antigenbindungsregion richten. Die in solchen, wahrscheinlich eher seltenen Fällen entstehenden antiidiotypischen Antikörper können unter bestimmten Bedingungen auch gegen Antikörper aus der eigenen Spezies entstehen; sie wurden sogar im autologen System, d.h. im gleichen Individuum, unter experimentellen Bedingungen beschrieben. Die von Jerne (1974) vorgeschlagene Netzwerkhypothese geht von der Vorstellung aus, dass bei allen Immunreaktionen antiidiotypische Antikörper gebildet werden, die in einem Netzwerk zur Homöostase des Immunsystems beitragen und damit regulatorische Funktionen haben.

3.3.7.4 Antikörper-display-Techniken

Die Klonierung von Antikörpergenen und die Herstellung von scFv ermöglichten nicht nur die gentechnische Manipulation von Antikörpern und ihre Expression in anderen Zellsystemen, sie erlaubten auch die Herstellung von Antikörperbibliotheken, aus denen, vergleichbar mit der Selektion von Antikörpern aus einem Versuchstier, Antikörper einer gewünschten Spezifität selektiert werden können. Das erste erfolgreich eingesetzte System war das Phagen-display (Abb. 3.3.8).

Hierfür werden aus B-Lymphozyten immunisierter oder nicht immunisierter Spender die Gene für die verschiedenen variablen Regionen der leichten und der schweren Ketten der Antikörper isoliert und als scFv-Gene in diejenige Region von filamentösen fd/M13-Phagen übertragen, die für das pIII-Protein an der Phagenoberfläche kodiert, über das die Anheftung des Phagen an *E.-coli*-Zellen erfolgt. Die auf solchen Phagen basierenden Plasmide (Phagemide) bewirken nach Transfer in Bakterien und Superinfektion mit Helferphagen die Freisetzung eines Phagengemisches, das verschiedene rekombinante pIII-scFv-Fusionsproteine an der Oberfläche exprimiert. Aus diesem Gemisch können durch Bindung an das entsprechende Antigen diejenigen Phagen isoliert werden, die auf ihrer Oberfläche die entsprechenden Antikörperfragmente und im Phagengenom die Gene enthalten, die für dieses Fragment kodieren. Diese Phagen können dann wiederum unbegrenzt vermehrt werden (Barbas et al. 1991, Clackson et al. 1991, Little et al. 1974). Mit solchen „Phagenantikörpern" selbst kann kaum gearbeitet werden. Daher werden die Antikörperfragmente durch separate Expression der scFv-Fragmente in speziellen *E.-coli*-Stämmen gewonnen. Da Antikörperfragmente mit Hilfe einer entsprechenden Bibliothek viel schneller erhalten werden können als mit der Hybridomtech-

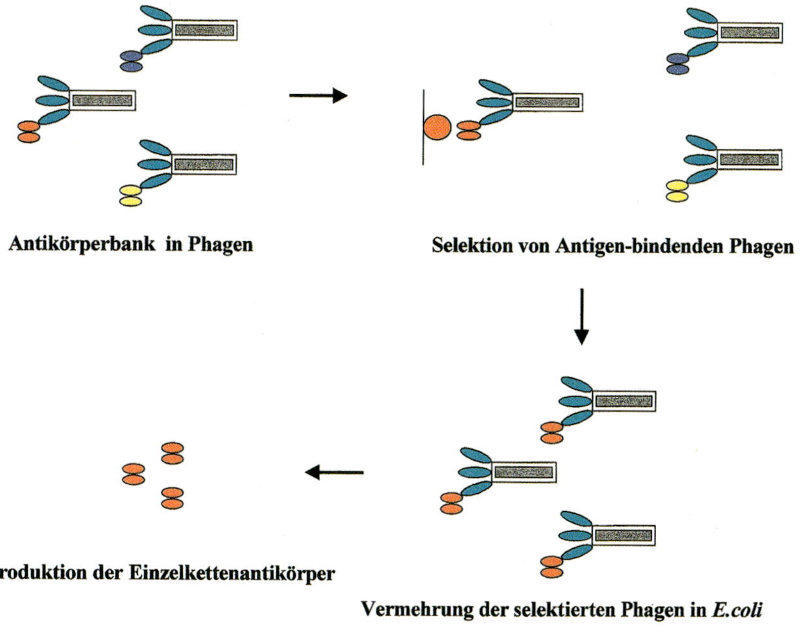

Abb. 3.3.8. Gewinnung rekombinanter Antikörper mit Hilfe des Phagen-display. Die Gene der variablen Bereiche von Antikörpern (V_H und V_L) werden mit den Genen fusioniert, die für Oberflächenproteine von *E. coli* infizierenden filamentösen Phagen kodieren. Dadurch werden die Antikörperfragmente an der Phagenoberfläche exprimiert. Damit können mit Hilfe der Phagen große Antikörperbibliotheken neuer, unbekannter Spezifitäten angelegt werden, aus denen, ähnlich wie aus einem immunisierten Tier, spezifische Antikörper isoliert werden können. Der isolierte, spezifisch bindende Phage enthält auch die genetische Information für die Synthese des Antikörperfragments. Er kann unbegrenzt vermehrt und für die Herstellung von Einzelkettenantikörpern eingesetzt werden

nik, ist diese Methode eine echte Konkurrenz zur konventionellen Hybridomtechnik geworden (obwohl natürlich auch hier zahlreiche technische Probleme zu überwinden sind, bevor ein spezifischer Antikörper vorliegt). Die Variabilität der Antikörperbibliotheken aus B-Lymphozyten wurde durch Einführung synthetischer Nukleotidsequenzen erweitert, sodass in einigen Bibliotheken bis zu 10^{12} verschiedene Antikörperspezifitäten vertreten sein können. Da die Phagenbanken in erster Linie aus B-Lymphozyten vom Menschen hergestellt wurden, können mit dieser Methode humane rekombinante Antikörper gewonnen werden. Damit ist ein Nachteil der Hybridomtechnik in Bezug auf humane Antikörper umgangen worden. Durch die enorme Vielfalt der zur Verfügung stehenden Spezifitäten und die verhältnismäßig kurze Zeit, die für die Selektion benötigt wird, ist das Phagen-display zum wichtigen Werkzeug der Antikörperherstellung geworden. Da bei der Nutzung von humanen Antikörperbibliotheken überwiegend Antikörper mit niedrigen Affinitäten selektiert werden, ist oftmals eine Affinitätsverbesserung durch eine so genannte In-vitro-Evolution unter Einsatz von weiteren Selektionen erforderlich. Die Affinitätsprobleme sind jedoch nur in wenigen Fällen wirklich gelöst worden.

Neben dem Phagen-display sind noch einige weitere Verfahren (Bakterien-, Hefen- bzw. Ribosomen-display) entwickelt worden, die bisher jedoch nur begrenzte Verbreitung gefunden haben, obwohl das Ribosomen-display offensichtlich zahlreiche Nachteile des Phagensystems überwinden kann (Hanes et al. 2000).

Im Gegensatz zur Hybridomtechnik, die vollkommen frei zugänglich ist, sind die Display-Verfahren patentrechtlich im weiten Maß geschützt.

Vor der Selektion von Antikörpern war das Phagensystem für das Screening von Peptidbibliotheken eingesetzt worden (Scott u. Smith 1990). Dabei werden Nukleotidsequenzen, die für Peptide mit einer zufälligen Aminosäuresequenz kodieren, in die pIII-Region der Phagen übertragen, sodass große Peptidbibliotheken mit unterschiedlichen Sequenzen zur Verfügung stehen. Aus diesen Bibliotheken können mit dem betreffenden monoklonalen Antikörper diejenigen Phagen selektiert werden, die das Epitop exprimieren, mit dem der Antikörper spezifisch reagiert. Über die Nukleotidsequenz kann dann die Aminosäuresequenz des Epitops bestimmt werden. Dieses Epitopmapping ist nur für Sequenzepitope (die von der direkten Aminosäuresequenz abhängig sind) erfolgreich, nicht jedoch für Konformationsepitope [die im nativen Antigenmolekül aufgrund der Tertiärstruktur entstehen (van Regenmörtel u. Pellequer 1994)]. In einigen Fällen können so genannte Mimotope identifiziert werden, die chemisch nicht mit dem eigentlichen Epitop identisch sind, das von dem Antikörper gebunden wird, aber aufgrund einer zufälligen Konformationsähnlichkeit in die Antigenbindungsregion passen (Böttger et al. 1999). Die Identifizierung der von Antikörpern erkannten Epitope ist auch mit Bibliotheken chemisch synthetisierter Peptide möglich (Kramer u. Schneider-Mergener 1998).

3.3.7.5 Antikörpergewinnung aus „humanisierten" und transgenen Mäusen

Zur Herstellung humaner Antikörper mit definierter Spezifität gab es, neben den Display-Techniken, mehrere Ansätze, solche Antikörper auch in vivo zu erhalten. Versuche zur Übertragung humaner hämatopoetischer Stammzellen in immundefekte SCID(severe combined immunodeficiency disease)-Mäuse (die weder spezifische Antikörper noch T-Zell-Rezeptoren bilden können) brachten keine befriedigenden Resultate (Nguyen et al. 1997). Die beabsichtigte Reifung der Stammzellen zu ausdifferenzierten humanen B- und T-Lymphozyten blieb meistens aus. Eine normale Immunisierung dieser Mäuse, die letztendlich zu hochaffinen humanen Antikörpern führen könnte, war dadurch nur in Ausnahmefällen möglich.

Inzwischen ist es jedoch gelungen, transgene Mäuse herzustellen, die mit den humanen Keimbahngenen für die Antikörperentstehung ausgestattet sind (Abb. 3.3.9) (Davis et al. 1999, Jakobovits 1994). Der erste Schritt waren Knockout-Mäuse, die keine funktionellen Mausantikörpergensegmente mehr enthielten. Die nächsten Schritte bestanden in der Herstellung transgener Mäuse durch die Einführung von humanen Antikörpergensegmenten in die Keimbahn. Durch Kreuzung wurden dann Mäuse erhalten, die mit der Bildung von humanen Antikörpern auf jedes Antigen reagierten, das für den Mausorganismus „fremd" ist, also auch auf Antigene menschlichen Ursprungs. Die Mäuse sind damit die idealen Spender für B-Lymphozyten, aus denen mit Hilfe der Hybridomtechnik hochaffine humane Antikörper gewonnen werden können. Diese Antikörper können auch für eine In-vivo-Therapie am Menschen eingesetzt werden, ohne dass eine Immunreaktion gegen die injizierten Antikörper zu erwarten ist.

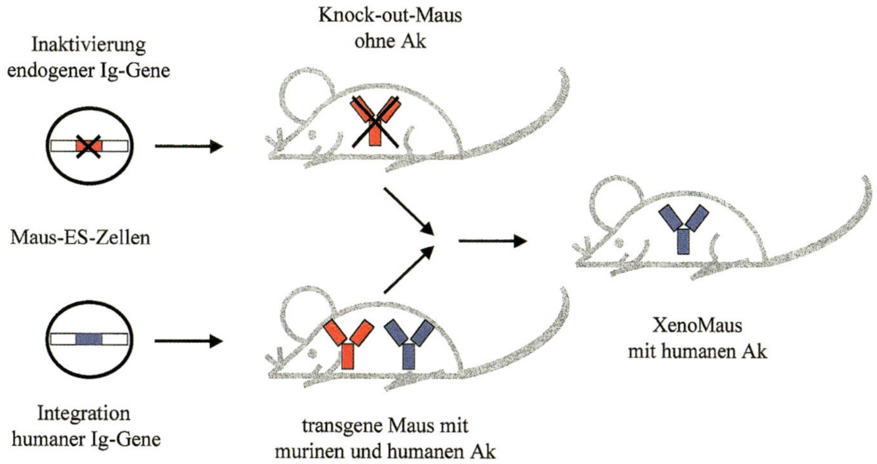

Abb. 3.3.9. Herstellung transgener Mäuse zur Produktion humaner Antikörper, verändert nach Jakobovits (1994). Durch Inaktivierung der endogenen murinen Immunglobulin(*Ig*)-Gene in embryonalen Stammzellen (*ES*) und anschließender Übertragung dieser Zellen in scheinträchtige Mütter wurden Mäuse gewonnen, die keine Antikörper (*Ak*) produzierten (so genannte Knockout-Mäuse). In andere embryonale Stammzellen wurden zusätzliche humane Immunglobulingene eingeschleust und die Zellen danach in scheinträchtige Mütter überführt. Mit diesem Ansatz konnten Mäuse gewonnen werden, die sowohl murine als auch humane Antikörper produzierten. Durch Kreuzungen der beiden Mausstämme konnten Mäuse selektiert werden, die nur humane Antikörper produzierten (so genannte Xeno-Mäuse)

Es wird sich zeigen, inwieweit diese transgenen, humane Antikörper produzierenden Mäuse die bisherigen Probleme in der Therapie beseitigen können. Da Antikörper Unikate sind, ist kaum zu erwarten, dass in allen Fällen versucht werden wird, für bisherige sehr gute Antikörper neue Äquivalente zu finden. Für diese wird eher der Weg der „Humanisierung" der Antikörper mit gentechnischen Methoden begangen werden.

3.3.7.6 Bispezifische Antikörper

Unter natürlichen Bedingungen vorkommende Antikörper sind mindestens bivalent und, da sie identische Antigenbindungsregionen haben, monospezifisch. Mit biochemischen, zelltechnischen und gentechnischen Methoden können Antikörper mit 2 unterschiedlichen Bindungsregionen gewonnen werden (Abb. 3.3.10) (Cao u. Suresh 1998, Carter P 2001, Holliger u. Winter 1993). Bei der biochemischen Methode wird das Fc-Fragment des Antikörpermoleküls abgetrennt. Anschließend werden die Disulfidbrücken zwischen den beiden schweren Ketten(resten) reduktiv gespalten. Durch Mischung von 2 unterschiedlich reagierenden Antikörperfragmenten und anschließender oxidativer Reassoziation werden Antikörper mit 2 verschiedenen Bindungsregionen erhalten. Aus der Fusion von 2 Hybridomen, die unterschiedliche Antikörper produzieren, resultieren Hybridhybridome, die die Gene zur Expression von 2 verschiedenen Antikörpern besitzen (Karawajew et al. 1987). Ein Teil der synthetisierten schweren und leichten Ketten assoziiert zu bispezifischen intakten Antikörpermolekülen.

Mit gentechnischen Methoden wurden durch unterschiedliche Klonierungsstrategien ebenfalls bispezifische Antikörperfragmente erhalten (Abb. 3.3.10). Es ist weiterhin gelungen, Antikörpermoleküle mit mehr als 2 unterschiedlichen Antigenbindungsregionen herzustellen (Hudson u. Kortt 1999).

Generell finden bispezifische Antikörper dort Anwendung, wo es wichtig ist, Moleküle und Zellen zu verbinden und andere Methoden nicht den gewünschten Erfolg haben. Bispezifische Antikörper wurden u.a. in Immuntests und in der Immunhistologie eingesetzt. Dabei werden Antikörper verwendet, die mit der einen Bindungsregion mit dem nachzuweisenden Antigen und mit der anderen Bindungsregion mit einem Markerenzym (z.B. Peroxidase) reagieren. Der größte Nutzen wird vom Einsatz bispezifischer Antikörper für immuntherapeutische Zwecke in der Tumorbehandlung erwartet. Hierfür werden z.B. Antikörper genutzt, die mit der einen Bindungsregion mit einem Antigen auf der Oberfläche der Tumor-

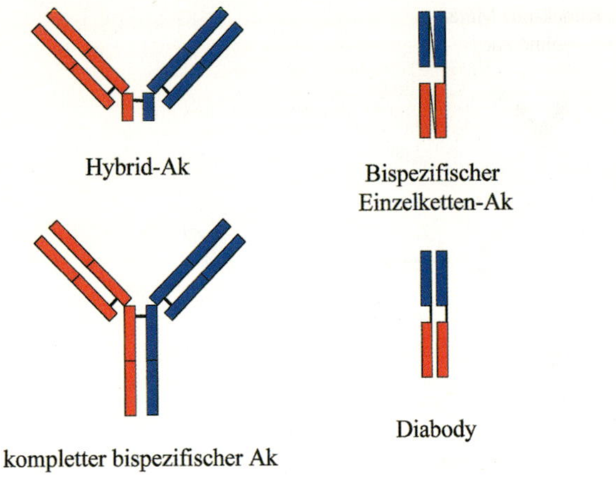

Abb. 3.3.10. Bispezifische Antikörper und Antikörperfragmente. Bispezifische Antikörper können biochemisch durch Abspaltung des Fc-Fragments, reduktiver Spaltung der Disulfidbrücken, Mischung von Fragmenten mit unterschiedlichen Spezifitäten und anschließender Reoxidation gewonnen werden (so genannte Hybridantikörper: *Hybrid-Ak*). Hybridhybridome entstehen durch Fusion von Hybridomen, die Antikörper unterschiedlicher Spezifität synthetisieren, und produzieren infolge der Kombination der unterschiedlichen Ketten einen definitiven Anteil an intakten *bispezifischen Antikörpern*. Durch rekombinante Techniken können bispezifische Antikörperfragmente hergestellt werden. Dabei kann sich die Information für den bispezifischen Antikörper auf einem Vektor befinden, wobei die jeweiligen schweren und leichten Ketten und die beiden Antikörper durch Peptidlinker verknüpft sind (*bispezifischer Einzelkettenantikörper*). Eine andere Möglichkeit ist die Klonierung der Antikörpergene auf 2 verschiedene Vektoren, wobei durch die Verwendung eines kurzen Peptidlinkers und die Klonierung von jeweils nur einer Kette des einen Antikörpers und nur einer Kette des anderen Antikörpers auf je einem Vektor bei der Expression eine korrekte Assoziation zum „richtigen" bispezifischen Antikörper erfolgt (so genannter *Diabody*)

zellen und mit der anderen Bindungsregion mit einem Epitop von Effektormolekülen oder -zellen reagieren (van Spriel et al. 2000).

3.3.7.7 Katalytische Antikörper

Eine besondere Entwicklung auf dem Gebiet der Antikörperherstellung hängt mit der gewaltigen potenziellen Vielfalt der Antikörper zusammen. Da wahrscheinlich eine Vielfalt von 10^{11} verschiedenen Antikörpern in einem menschlichen Individuum vorhanden ist (in der kleineren Maus ist die Anzahl zwar geringer, aber immer noch unvorstellbar groß), sollten einige der Antikörper nicht nur Antigene binden, sondern aufgrund einer zufälligen enzymähnlichen Struktur in ihrer Antigenbindungsregion auch den Umsatz einer Substanz hervorrufen können. Da die Anzahl der Enzyme auf „nur" 5000 geschätzt wird, sollten unter den vielen Antikörpern auch einige katalytisch wirkende vorhanden sein, die Substratspaltungen hervorrufen bzw. sogar Synthesen beschleunigen könnten, wofür bisher keine Enzyme bekannt sind (Jencks 1986).

Das Konzept der Herstellung solcher katalytischer Antikörper (auch Abzyme - „abzymes" - genannt, von „antibody enzymes") geht von der Vorstellung aus, dass ein Antikörper gegen ein stabiles Übergangszustandsanalogon des jeweiligen Produkts, ähnlich wie ein Enzym, die Aktivierungsenergie der Reaktion durch Stabilisierung des Übergangszustands verringert. Damit wird (wie durch Enzyme) eine Umsetzung möglich. Mit dieser Strategie wurden zahlreiche katalytische Antikörper, sowohl über die Hybridomtechnik als auch über das Phagen-display, gewonnen, die einige chemische Bindungen spalten, wobei es sich in erster Linie um esterolytische Antikörper handelt (Wentworth u. Janda 1998). Allerdings sind die Umsatzraten geringer als beim Einsatz von Enzymen. Der spektakulärste katalytische Antikörper, der bisher hergestellt wurde und auch kommerzielle Anwendung gefunden hat, besitzt Aldolaseaktivität (Wagner et al. 1995).

Eine weiterer Weg führte über die Herstellung monoklonaler Antikörper, die an das aktive Zentrum eines gewählten Enzyms binden und dabei dessen Aktivität hemmen. Gegen diese Antikörper wurden antiidiotypische Antikörper generiert, von denen einige die katalytischen Eigenschaften des Enzyms imitierten (Kolesnikov et al. 2000). Einige katalytische Antikörper wurden auch aus nicht immunisierten Spendern gewonnen (Paul 1998). Diese Entwicklungen sind jedoch auf wenige Arbeitsgruppen beschränkt.

3.3.8 Nutzung von monoklonalen Antikörpern

Die Anwendungsgebiete von Antikörpern sind heute so umfassend, dass hier nur ein sehr kleiner Überblick gegeben werden kann. Probleme beim Einsatz ergeben sich aus den speziellen Ansprüchen und aus der absoluten Individualität der monoklonalen Antikörper. Ist für eine bestimmte Fragestellung ein entsprechender monoklonaler Antikörper nicht vorhanden (wie z.B. gegen zahlreiche Tumoren), kann seine Herstellung sehr aufwändig sein, ohne dass der Erfolg vorhergesagt werden kann. Es muss deshalb entschieden werden, ob für den jeweiligen Zweck polyklonale Antikörper ausreichend sind. Die Gewinnung dieser Reagenzien ist verglichen mit monoklonalen oder rekombinanten Antikörpern erheblich einfacher und billiger. Für die Gewinnung der Antikörper spielt zunächst die Auswahl der Spezies, die immunisiert werden sollen, eine große Rolle. Dabei ist mitentscheidend, ob der Antikörper „nur" als Nachweisreagens oder evtl. als Therapeutikum benutzt werden soll. Antikörper in der Therapie müssen erheblich strengeren Ansprüchen an Reinheit und Verträglichkeit genügen als in der Diagnostik. Wird mit Antikörpern gearbeitet, muss nach evtl. Manipulationen die ursprüngliche Bindungsfähigkeit erhalten bleiben. Markierungen mit chemischen Methoden können in einigen Fällen die Bindungsfähigkeit beeinträchtigen. Ebenso ist ein Verlust der Antikörperaktivität nach Expression in anderen Systemen möglich. Die Beschaffenheit des vom Antikörper erkannten Epitops ist von großer Bedeutung. Da ein monoklonaler Antikörper nur ein einziges Epitop erkennt, ist die Charakterisierung dieses Epitops in vielen Fällen von Nutzen, teilweise unbedingt erforderlich. Konformationsepitope, die auf nativen Proteinmolekülen aufgrund der Faltung entstehen, werden durch denaturierende Maßnahmen zerstört. Damit sind für Tests, die solche Behandlungen einschließen (z.B. Fixierungen von Gewebeschnitten oder beim Immunoblotting), Antikörper gegen Sequenzepitope erforderlich. Bei Untersuchungen nativer Moleküle werden Antikörper gegen Konformationsepitope benötigt. Das bedeutet, dass schon bei den Immunisierungen und Selektionen der spätere Anwendungsbereich der Antikörper berücksichtigt werden muss.

3.3.8.1 Antikörper als Nachweisreagenzien

Für den Nachweis von löslichen Antigenen mit Hilfe von Antikörpern stehen sehr viele immunologische Tests zur Verfügung, die teilweise eine außerordentlich hohe Sensitivität besitzen (Harlow u. Lane 1999). Die meisten Antigennachweise werden heute mit Enzymimmuntests durchgeführt (obwohl in klinischen Bereichen auch noch zahlreiche Radioimmuntests eingesetzt werden). Wegen der leichten Handhabbarkeit werden Festphasentests bevorzugt, bei denen ein Bindungspartner irreversibel an eine feste Phase adsorbiert wird. Obwohl die verschiedensten Varianten angewendet werden,

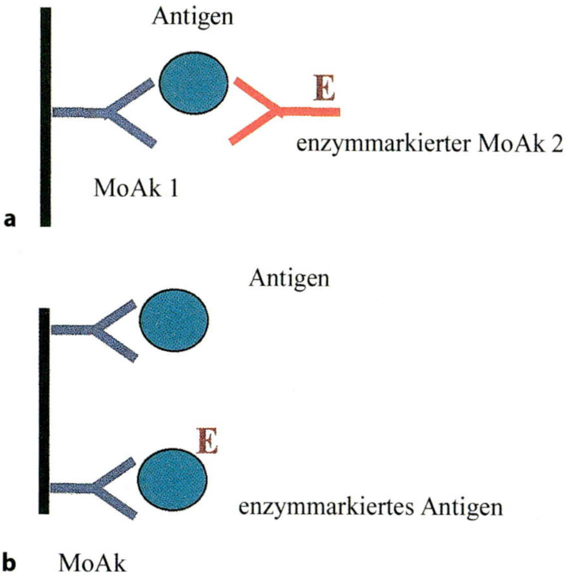

Abb. 3.3.11 a, b. 2 Grundprinzipien von Festphasenenzymimmuntests. In beiden Fällen wird ein Antikörper (monoklonaler Antikörper: *MoAk 1* bzw. *MoAk*) an eine feste Phase (in vielen Fällen Mikrotiterplatten) adsorbiert: **a** im 2-Seiten-Bindungstest erfolgt anschließend die Inkubation mit dem nachzuweisenden Antigen und danach eine Inkubation mit einem enzymgekoppelten Antikörper (*MoAk 2*), der gegen ein anderes Epitop des Antigens gerichtet ist. Anschließend wird durch das gebundene Enzym ein farbloses Substrat in ein farbiges Produkt umgewandelt. Das Signal ist der Antigenkonzentration proportional; **b** im Kompetitionstest konkurriert das nachzuweisende Antigen mit dem enzymmarkierten Antigen um den an der festen Phase adsorbierten Antikörper. Ein hohes Signal zeigt in diesem Fall eine niedrige Antigenkonzentration an

laufen die meisten Tests nach 2 Grundprinzipien ab (Abb. 3.3.11):

1. Heterogene Immuntests
   2-Seiten-Bindungs-Tests oder Sandwich-Tests können zum Nachweis größerer Moleküle eingesetzt werden (Schuurs u. van Weemen 1977), wobei „größere" in diesem Zusammenhang bedeutet, dass auf dem Molekül wenigstens 2 Epitope vorhanden sein müssen, die von 2 Antikörpern gleichzeitig gebunden werden können. Dieses Testprinzip ist für alle Proteine einsetzbar. Beim 2-Seiten-Bindungs-Test wird der 1. Antikörper an einen festen Träger (vorrangig Mikrotiterplatten aus Polystyrol) adsorbiert, dann erfolgt die Inkubation mit der Probe, die das Antigen enthalten kann und anschließend die Inkubation mit einem enzymmarkierten Antikörper gegen das Antigen. Zuletzt werden über den Enzymnachweis das Vorhandensein und evtl. die Konzentration des Antigens be-

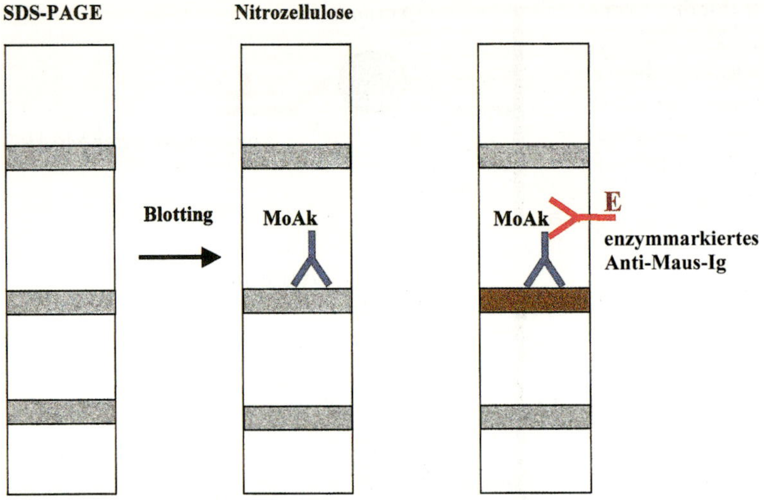

Abb. 3.3.12. Immunoblot (Western-Blot). Nach Auftrennung von Proteingemischen in einer Elektrophorese (SDS-PAGE: sodium dodecyl sulfate polyacrylamide gel electrophoresis) erfolgt die Übertragung der Proteinbanden auf einen Flächenträger (z.B. Nitrozellulose), an dem die Proteine adsorbieren. Anschließend wird ein Immuntest durchgeführt, bei dem zuerst mit dem spezifischen Antikörper (z.B. einem murinen monoklonalen Antikörper) und danach mit einem speziesspezifischen enzymmarkierten Antikörper (z.B. Antimausimmunglobulinantikörper) inkubiert wird. Die Enzymreaktion zeigt an, in welcher Bande das gesuchte Antigen zu finden ist, und auch welches Molekulargewicht es hat

stimmt. Zum Nachweis kleinerer Moleküle, die selbst nur ein Epitop darstellen (Haptene), werden zunächst ebenfalls Antikörper gegen das Hapten an die feste Phase adsorbiert. Anschließend wird mit einer Mischung aus enzymmarkiertem Hapten und der Probe, die das Antigen enthalten kann, inkubiert. Markiertes und unmarkiertes Hapten konkurrieren um die Bindung an die Antikörper, wodurch auf die Konzentration des Haptens in der untersuchten Probe geschlossen werden kann. Bei allen Tests erfolgt das Auswaschen nicht gebundener Reagenzien. Durch den Einsatz von Mikrotiterplatten und die Messung der Enzymreaktionen in Plattenphotometern kann ein sehr großer Probendurchsatz gewährleistet werden.

2. „Homogene" Immuntests
Die Inkubationszeiten und die Waschprozeduren bei den heterogenen Immuntests bedeuten einen beträchtlichen Zeitverlust. Die vollkommensten Tests wären dagegen solche, bei denen die Proben nur mit den Nachweisreagenzien in Kontakt gebracht werden und dann ohne irgendwelche Waschprozeduren und ohne mehrere Inkubationen eine Auswertung, ähnlich wie bei Biosensoren auf der Basis von Enzymen, erfolgen kann. Derartige „homogene" Immuntests sind bisher eher die Ausnahme (Morgan et al. 1996, Self u. Cook 1996). Ein allgemein gültiges Testprinzip, das für alle Antigene einsetzbar ist, gibt es noch nicht. Ein Teil dieser Tests erfordert teure Messapparaturen [wie z.B. das BiaCore (Alfthan 1998)], andere Tests sind nur für spezielle Antigene [wie Fluoreszenzpolarisationstests (Rabbany et al. 1994)] bzw. nur für eine visuelle Auswertung [wie z.B. Schwangerschaftsschnelltests (Asch et al. 1988)] verfügbar.

Die Vielfalt der immunologischen Verfahren ist riesengroß. Hier sollen noch einige erwähnt werden, die zum Routinerepertoire vieler biomedizinischer Laboratorien gehören:

- Immunoblotting
  Beim Immunoblotting wird die elektrophoretische Auftrennung von Proteingemischen mit einem immunologischen Nachweis kombiniert (Abb. 3.3.12): Zuerst wird ein Antigengemisch (z.B. ein löslicher Zellextrakt) mit Hilfe der Polyacrylamidgelelektrophorese aufgetrennt. Die aufgetrennten Komponenten werden anschließend auf einen Flächenträger (z.B. Nitrozellulose) übertragen, auf dem sie adsorbieren. Mit Hilfe eines markierten spezifischen Antikörpers können dann die Antigene (semiquantitativ) nachgewiesen werden. Dabei wird auch ihr Molekulargewicht angezeigt. Da Proteine bei der elektrophoretischen Auftrennung denaturiert werden, sind für das Immunoblotting Anti-

körper gegen Sequenzdeterminanten erforderlich.

- Nachweis zellulär lokalisierter Antigene
  Zellulär lokalisierte Antigene werden mit einer Vielzahl hochspezifischer monoklonaler Antikörper und Detektionsmethoden nachgewiesen. Hierbei ist in erster Linie die Immunfluoreszenz zu nennen, die in verschiedensten Varianten besonders in der Immundiagnostik von Infektions- und Tumorerkrankungen Anwendung gefunden hat (Abb. 3.3.13). Am häufigsten werden indirekte Immunfluoreszenztests eingesetzt, bei denen fixierte oder unfixierte Gewebeproben – es kann sich um Zellen in Suspension oder Gewebeschnitte handeln – zuerst mit einem monoklonalen Antikörper gegen ein zellulär lokalisiertes Antigen und danach mit einem fluoreszenzfarbstoffmarkierten Antimausimmunglobulinantikörper (von einer anderen Spezies wie Ziege oder Kaninchen) inkubiert werden. Zwischen den Inkubationen müssen die Proben gewaschen werden. Die Auswertung erfolgt in einem Fluoreszenzmikroskop oder (bei der Analyse von Zellsuspensionen) mit Hilfe eines Durchflusszytometers.
- Charakterisierung von neuen Genprodukten
  Eine spezielle Anwendungsmöglichkeit für Antikörper ist die Charakterisierung von neuen Genprodukten, die nur auf der Ebene ihrer genetischen Information bekannt sind. Ein potenziell immunogener Bereich des noch nicht bekannten Genprodukts wird ausgewählt, aus der Nukleotidsequenz wird die Peptidsequenz abgeleitet, und gegen diese Peptidsequenz wird ein Antikörper hergestellt. Mit Hilfe dieses Antikörpers können dann die intrazelluläre Lokalisation des Genprodukts und seine Organverteilung ermittelt werden. Schließlich kann er auch für die Isolierung des Genprodukts aus dem Ursprungsgewebe bzw. nach dessen rekombinanter Expression benutzt werden. Für erste Untersuchungen werden sicher polyklonale Antikörper genügen, für spätere Tests wird die Herstellung monoklonaler Antikörper unumgänglich sein.

Antikörper sind inzwischen als Bestandteile unzähliger Tests in allen Forschungslaboratorien in der Biologie und Medizin zu finden. Weiterhin gibt es zahlreiche kommerzielle Testbestecks auf der Basis monoklonaler Antikörper in der Landwirtschaft, Veterinärmedizin, Lebensmitteltechnologie, Umweltanalytik usw. Hierbei werden, der jeweiligen Fragestellung angepasst, die unterschiedlichsten Nachweisverfahren eingesetzt. Eine interessante Neuentwicklung auf diesem Gebiet betrifft u.a. Versuche, Antikörper in organischen Lösungsmitteln einzusetzen (Stöcklein et al. 2000). Unter natürlichen Bedingungen erfolgen Antigen-Antikörper-Reaktionen im wässrigen isotonischen Milieu. Bei vielen Umweltanalysen sind Extraktionen mit organischen Lösungsmitteln erforderlich, und erste Untersuchungen haben gezeigt, dass einige Antikörper auch unter diesen Bedingungen noch aktiv sein können. Damit eröffnen sich für Antikörper neue Anwendungsmöglichkeiten in der Chemie als Nachweisreagenzien und evtl. als Katalysatoren.

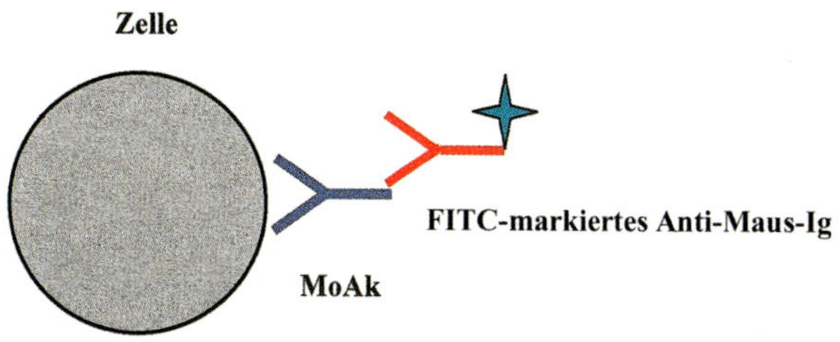

Abb. 3.3.13. Immunfluoreszenztest. Zellen oder Gewebeschnitte werden (in vielen Fällen nach entsprechender Vorbehandlung – z.B. durch Permeabilisierung) mit spezifischen murinen monoklonalen Antikörpern (*MoAk*) und danach mit einem Fluoreszenzfarbstoff (z.B. Fluoresceinisothiozyanat, *FITC*)-markierten Antimausimmunglobulinantikörper (*Anti-Maus-Ig*) inkubiert. Die Auswertung zur Lokalisation der zellulären Antigene erfolgt in einem Fluoreszenzmikroskop oder zur Bestimmung des Anteils Antigen tragender Zellen in einer Zellsuspension in einem fluoreszenzaktivierten Zellsortierer (FACS: fluorescence-activated cell sorter), der auch eine Quantifizierung des Signals erlaubt

3.3.8.2 Antikörper zur Isolierung von Molekülen und Zellen

Da die Antigen-Antikörper-Bindung reversibel ist, d.h. unter bestimmten Bedingungen wieder gelöst werden kann, sind Antikörper auch für die Reinigung der entsprechenden Antigene einsetzbar. Mit Hilfe der Immunaffinitätschromatographie können prinzipiell alle löslichen Antigene, für die ein spezifischer Antikörper zur Verfügung steht, einfach und schnell gereinigt werden (Abb. 3.3.14). Antikörper können auch zur Isolierung von Zellen genutzt werden. Die Bindung von fluoreszenzfarbstoffmarkierten Antikörpern an Oberflächenantigene von Zellen in Suspension erlaubt ihre Erkennung und Charakterisierung im fluoreszenzaktivierten Zellsortierer (FACS) und auch ihre Iso-

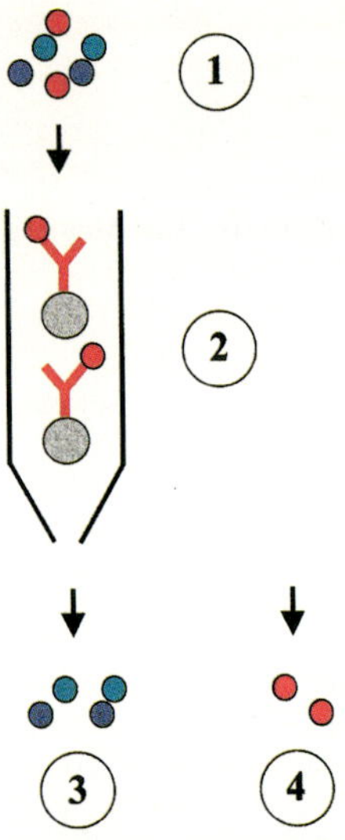

Abb. 3.3.14. Schematische Darstellung einer Immunaffinitätschromatographie zur Reinigung von Antigenen. Spezifische monoklonale Antikörper werden kovalent an Trägerpartikel gebunden, die in eine Chromatographiesäule gefüllt werden. Beim Durchlauf von Proteingemischen (*1*) bei neutralem pH-Wert wird das entsprechende Antigen von den immobilisierten Antikörpern gebunden (*2*), während alle anderen Substanzen die Säule verlassen (*3*). Da die Antigen-Antikörper-Reaktion reversibel ist, wird sie durch Änderung des Milieus (z.B. sauren pH-Wert) gespalten, und das Antigen kann ausgewaschen werden (*4*)

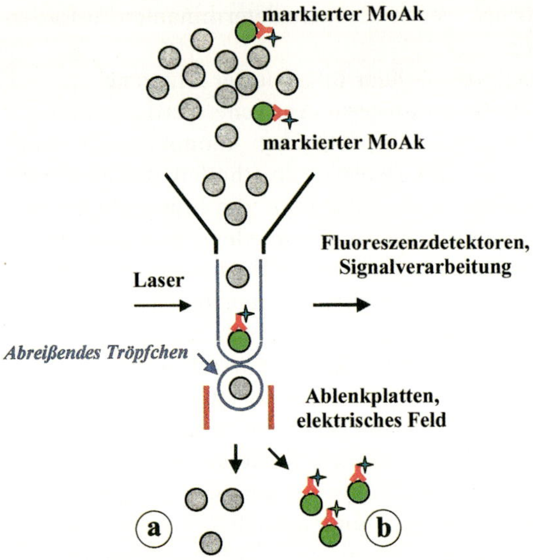

Abb. 3.3.15. Isolierung von Zellen mit Hilfe eines fluoreszenzaktivierten Zellsortierers (FACS: fluorescence-activated cell sorter). Zellsuspensionen werden mit monoklonalen Antikörpern (*MoAk*) inkubiert, die mit einem Fluoreszenzfarbstoff markiert sind. Die Zellsuspension wird im FACS durch eine Düse geschickt, der Flüssigkeitsstrom wird mit einem Laser fokussiert und die abbrechenden Tröpfchen entsprechend der Fluoreszenz- und Streulichtsignale der Zellen in separate Sammelgefäße abgelenkt (*b*), während die nicht markierten Zellen gesondert aufgefangen werden (*a*). Ein FACS erlaubt die Isolierung hochreiner Zellpopulationen, die Verwendung mehrerer Parameter erhöht die Trennungsmöglichkeiten

lierung (Abb. 3.3.15) (Herzenberg et al. 1976, Herzenberg u. De Rosa 2000). Dabei kann die markierte Zellpopulation in einer Reinheit von >99% angereichert werden. Da verschiedene Fluoreszenzfarbstoffe detektiert werden können, können Zellen isoliert werden, die ganz bestimmte Oberflächenantigenkombinationen tragen. Mit dieser Methode wurden z.B. auch Hybridhybridome zur Produktion bispezifischer Antikörper isoliert, deren Ursprungszellen vor der Fusion mit unterschiedlich fluoreszierenden Farbstoffen markiert worden waren (Karawajew et al. 1987).

Eine einfachere Methode zur Isolierung von Zellen, die allerdings keine Doppelmarkierung erlaubt und auch nicht zu Reinheiten wie mit einem FACS führt, ist die magnetische Zellseparierung [z.B. mit einem MACS: magnetic cell sorter (Miltenyi et al. 1990)]. Hier werden Antikörper verwendet, die an magnetische Mikropartikel gekoppelt sind. Erfolgt die Bindung der markierten Antikörper an Zellen, können diese mit einem Magneten aus einer Zellsuspension separiert werden (Abb. 3.3.16).

3.3.9 Antikörper in der Medizin

Der gewaltige Aufschwung, den die Technik zur Herstellung monoklonaler Antikörper erfahren hat, ist nicht zuletzt der Tatsache zuzuschreiben, dass sie für die Grundlagenforschung auf dem medizinischen Sektor, für die medizinische Diagnostik und sicher auch für die Therapie von unschätzbarem Wert ist. Die ersten Publikationen zur Entwicklung monoklonaler Antikörper, die an Histokompatibilitäts- und Differenzierungsantigene binden (Galfré et al. 1977, Williams et al. 1977), waren auch die eigentlichen Auslöser des großen Interesses der wissenschaftlichen Gemeinschaft an der Hybridomtechnik. In der Medizin werden monoklonale Antikörper inzwischen als Reagenzien zum Nachweis der unterschiedlichsten zellulären und löslichen Antigene eingesetzt, und ständig kommen neue Anwendungsbereiche hinzu (Milstein u. Waldman 1999). Im Zusammenhang mit der Entzifferung des humanen Genoms ist vom Einsatz spezifischer Antikörper ein heute noch

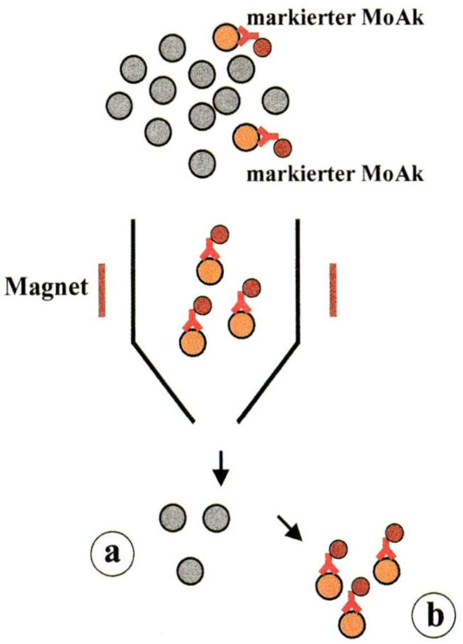

Abb. 3.3.16. Isolierung von Zellen mit Hilfe einer magnetvermittelten Sortierung. Zellsuspensionen werden mit monoklonalen Antikörpern (*MoAk*) inkubiert, an die paramagnetische Kügelchen gekoppelt sind. In einer Säule, an die ein starkes magnetisches Feld angelegt wird, werden die markierten Zellen zurückgehalten, während die nicht markierten Zellen im Durchlauf erscheinen (*a*). Wird das magnetische Feld entfernt, können die markierten Zellen gesammelt werden (*b*). Mit Hilfe der magnetischen Isolierung können größere Zellmengen angereichert werden

nicht überschaubarer Aufschwung zu erwarten. In dem Maß, wie die Genprodukte zu den jeweiligen Genen identifiziert werden, besonders diejenigen, die im Zusammenhang mit bestimmten Krankheiten stehen, werden Antikörper erforderlich sein. Neben ihrer Rolle als Nachweis- und Isolierungsreagenzien werden sie auch ihren Platz bei der Identifizierung der Regionen der Proteinmoleküle finden, die für bestimmte Funktionen verantwortlich sind.

3.3.9.1 Antikörper in der Diagnostik

Seit ihrer Entdeckung sind Antikörper eng mit der Medizin verbunden. Heute spielen die monoklonalen Antikörper sowohl für die Diagnostik als auch für die Therapie eine wichtige Rolle (Borrebaeck 2000, Dordick 1988).

Zur Diagnostik von pathologischen oder „speziellen" Zuständen ist der Nachweis bestimmter löslicher Antigene von Infektionserregern (Viren, Bakterien, Pilzen, Parasiten) und von Tumoren oder auch von normalen Antigenen in unnatürlich hohen Konzentrationen in Körperflüssigkeiten (Blut, Urin usw.) mit Hilfe von Immuntests in klinischen Laboratorien Routine. Enzymimmuntests werden am häufigsten eingesetzt. Beispiele hierfür sind

- Tests zum Nachweis von Tumormarkern [α-Fetoprotein: AFP, karzinoembryonales Antigen: CEA (Duffy 2001, Weber et al. 1988)] und
- Schwangerschaftstests auf der Basis des Nachweises von HCG [humanes Choriongonadotropin (Asch et al. 1988)].

Das Problem bei solchen Tests ist die Auswahl von relevanten Merkmalen. Besonders auf dem Gebiet der Krebsforschung ist die Identifizierung von neuen und zuverlässigen Tumormarkern (Tabelle 3.3.1) eine Voraussetzung für eine verbesserte Tumordiagnostik und -therapie. Da es bei Krebs keine einheitlichen Tumorantigene gibt, und auch bei zahlreichen Tumorformen bisher keine spezifischen Tumorantigene bekannt sind, wird in zahlreichen Laboratorien nach derartigen Markern gesucht (Shu et al. 1997). Nachgewiesene Tumormarker im Serum können ein Anzeichen dafür sein, ob (aber nicht wo) im Organismus ein Tumor wächst, und, wenn der Tumormarker spezifisch für eine bestimmte Tumorform ist, um welchen Tumor es sich handelt. Besonders nach der operativen Entfernung eines Tumors können diese Marker als Indikatoren für Rezidive oder Metastasen im so genannten Tumormonitoring herangezogen werden (Zusman u. Ben-Hur 2001).

Auch bei den verschiedenen Infektionserregern muss geklärt werden, welches der unterschiedlichen Antigene des Erregers als diagnostischer Marker geeignet ist, um dann die entsprechenden Antikörper produzieren zu können. Welche

Tabelle 3.3.1. Mit Antikörpern nachgewiesene Tumorantigene, aus Micheel (1998)

Tumorantigene	
Virusinduzierte Tumorantigene	
Tumorantigene, die auf genetische Veränderungen zurückzuführen sind	
Normale Zellbestandteile als Tumorantigene	Onkofetale Antigene
	Kohlenhydratantigene
	Muzine
	Differenzierungsantigene
	Individuelle Antigene in malignen Zellklonen
	Rezeptoren
„Tumorantigene", die nicht auf den Tumorzellen lokalisiert sind	

Schwierigkeiten mit der Identifizierung von Infektionserregern verbunden sein können, zeigt sich bei der Diskussion um zuverlässige, diagnostisch relevante Immuntests zum Nachweis der übertragbaren spongiformen Enzephalopathien (TSE: transmissable spongiform encephalopathy), wie z. B. BSE [bovine spongiform encephalopathy (Deslys et al. 2001)]. Die als Prionen (proteinacious infectious particles) bezeichneten Erreger, die keine Nukleinsäuren enthalten, werden mit Antikörpern nachgewiesen. Wegen der Ähnlichkeit zu den normalen nicht infektiösen Prionproteinen müssen besonders hohe Ansprüche an die Spezifität und – wegen der relativ späten Diagnostizierbarkeit der Erkrankung – an die Sensitivität des Tests gestellt werden. Ein einfacher, dringend benötigter Schnelltest am lebenden infizierten Organismus steht bisher nicht zur Verfügung.

Antigene in oder auf Zellen bzw. in Geweben haben diagnostische Relevanz für zahlreiche Erkrankungen.

Am geeignetsten für Tests an Geweben mit Verdacht auf maligne Entartungen sind Antikörper, die ihre Antigene auch noch nach einer denaturierenden Vorbehandlung durch Fixierung und Einbettung der Gewebe in Paraffin erkennen können, eine Voraussetzung, die nur in wenigen Fällen realisierbar ist. Tests zum Nachweis von Oberflächenantigenen von Zellen in Suspension werden am häufigsten mit Hilfe der Durchflusszytofluorometrie [der analytischen Variante eines FACS (fluorescence activated cell sorter)] durchgeführt. Diese Untersuchungen haben einen gewaltigen Erkenntniszuwachs bei der Charakterisierung von Blutzellen gebracht und sind damit auch in der immunologischen und hämatologischen Diagnostik zur allgemeinen Praxis geworden (Herzenberg u. De Rosa 2000).

Bei diagnostischen Tests mit Zellen und Geweben werden auch zahlreiche normale Antigene untersucht, weil sich aus ihrer Verteilung Rückschlüsse auf pathologische Zustände bzw. Konsequenzen für eine Therapie ergeben können. Für eine erfolgreiche Bluttransfusion ist die Ermittlung der Blutgruppen mit Antikörpern erforderlich, auch hier spielen monoklonale Antikörper heute die wichtigste Rolle. Für eine erfolgreiche Transplantation müssen in jedem Fall die MHC(major histocompatibility complex)-Antigene [beim Menschen als HLA (human leukocyte antigens) bezeichnet] der Spender und Empfänger bestimmt werden, um eine möglichst große Ähnlichkeit in den MHC zu erzielen und damit die Abstoßungswahrscheinlichkeit übertragener Organe zu verringern. Auch hierfür werden monoklonale Antikörper genutzt (Williams 1979).

Von großer Bedeutung haben sich nicht nur für die Grundlagenforschung, sondern auch für die Diagnostik monoklonale Antikörper gegen die CD(cluster of differentiation)-Marker erwiesen, durch die sich bisher besonders die Zellen des hämatopoetischen Systems, einschließlich der Lymphozyten, voneinander unterscheiden lassen. Da der Anteil immunologisch aktiver Zellen sowie die Expression bestimmter CD-Marker durch diese Zellen in Abhängigkeit vom Immunstatus beträchtlichen Veränderungen unterworfen sind, sind solche Oberflächenantigene ideale diagnostische Indikatoren. Diese Untersuchungen werden, wie die meisten derartigen Untersuchungen an Leukozyten, mit einem Durchflusszytofluorometer durchgeführt. Ein bekanntes Anwendungsbeispiel für die Nutzung der CD-Marker ist die Ermittlung des Anteils an zytotoxischen T-Lymphozyten (T_C-Zellen) und T-Helfer-Lymphozyten (T_H-Zellen) der peripheren Blutlymphozyten von Aids-Patienten, der sich aus der Bestimmung von CD8-positiven (Indikator für T_C-Zellen) und CD4-positiven Zellen (Indikator für T_H-Zellen) ergibt (Wood et al. 1986). Weiterhin lässt sich durch die Bestimmung von Adhäsionsmolekülen (die für die Anlagerung von Zellen an andere Zellen verantwortlich sind) der Aktivierungszustand von Immunzellen ermitteln.

Auch für die Tumordiagnostik sind einige normale Differenzierungsantigene bedeutsam, die auf einem Zelltyp nachweisbar sind, auf einem anderen Zelltyp jedoch nicht. So kann der immunhistologische Nachweis von Zytokeratinen in Zellen des Lymphknotengewebes darauf hindeuten, dass metastasierte Tumorzellen epithelialen Ursprungs in den Lymphknoten anwesend sind.

Die meisten diagnostischen Verfahren werden in vitro durchgeführt. Es gibt aber, besonders in der Onkologie, auch erste Ansätze der Nutzung von Antikörpern für eine In-vivo-Diagnostik mit Hilfe der Immunszintigraphie (Schuhmacher et al. 2001). Hierbei werden einem Patienten mit einem Radioisotop markierte Antikörper, die mit einem Tumorantigen auf der Oberfläche der Tumorzellen reagieren, injiziert, und der Tumor wird durch eine Szintigraphie lokalisiert. Eine Routineanwendung der Immunszintigraphie ist bisher allerdings nicht möglich. Die bisher ungelösten Probleme bestehen v. a. darin, dass nur ein geringer Teil der markierten Antikörper den Zielort erreicht, dass Antikörper möglicherweise in anderen Organen akkumulieren und dass sie eine Immunantwort auslösen. Es sind die gleichen Probleme, die bei einer In-vivo-Anwendung für eine Therapie auftreten.

3.3.9.2 Antikörper als Therapeutika

Da die natürliche Funktion von Antikörpern in der Abwehr von Infektionserregern besteht, war es nahe liegend, auch nach einer Isolierung von Antikörpern aus immunisierten Spendern und anschließender Injektion in einen Empfänger eine passive Immunisierung zu erreichen. Diese Antikörpertherapie hat zu Beginn des 20. Jahrhunderts bei akuten Infektionen auch sehr spektakuläre Ergebnisse gebracht (Silverstein 1989). Sie entspricht damit exakt dem von Paul Ehrlich formulierten Konzept der „Zauberkugeln", die nur an ihrem Zielort ihre Wirkung entfalten, ohne den Organismus zu schädigen (zitiert nach Sauerteig 2000). Diese passive Immunisierung wird bei einigen Indikationen (bestimmten akuten Infektionen, Schlangenbissen) auch heute noch mit polyklonalen Antikörpern durchgeführt.

Die meisten Therapieansätze mit monoklonalen Antikörpern gibt es bisher bei Tumorerkrankungen (Tabelle 3.3.2). Bei anderen Erkrankungen wurden ebenfalls erste Versuche beschrieben. So wird z.B. bei der Behandlung von Entzündungsreaktionen die Neutralisierung des Tumornekrosefaktors (TNFα) mit monoklonalen Antikörpern erprobt (Bell u. Kamm 2000). Die Neutralisierung von Schlangentoxinen erfolgt immer noch mit polyklonalen Antikörpern. Hier gibt es jedoch viel versprechende Ansätze zur Herstellung humaner monoklonaler Antikörper über eine DNA-Vakzinierung transgener Mäuse (Green 1999, Harrison et al. 2000). Zur Aktivierung der Fibrinolyse bei der Beseitigung von Blutgerinnseln wird mit bispezifischen Antikörpern experimentiert, die mit einer Bindungsregion mit Fibrin und mit der anderen Bindungsregion mit dem Gewebeplasminogenaktivator reagieren (Tada et al. 1994).

Die Probleme bei der In-vivo-Anwendung von Antikörpern wurden schon erwähnt.

Da Antikörper unter natürlichen Bedingungen über die Blutbahn fast jeden Bereich des Organismus erreichen können, ist dies auch nach einer i.-v.-Injektion möglich. Ist der Zugang für Antikörper erschwert, wie z.B. bei bestimmten soliden Tumoren, kann durch eine Injektion in den Tumor eine bessere Wirkung erzielt werden. Allerdings sind diese Probleme noch längst nicht befriedigend gelöst. Die Ablagerung in anderen Organen (wie z.B. der Niere) kann zu schädigenden Wirkungen führen, besonders im Fall von Antikörpern, die mit Radioisotopen oder Toxinen gekoppelt sind. Wege, um dies zu vermeiden, müssen von Fall zu Fall gelöst werden, generelle Richtlinien existieren bisher nicht.

Da Antikörper, wie alle biologischen Moleküle, in vivo eine begrenzte Lebensdauer haben, ist die Kenntnis der Pharmakokinetik der Antikörper für den Erfolg einer passiven Immunisierung von großer Bedeutung. Die Halbwertszeiten von Antikörpern sind von ihrer Klasse und Subklasse abhängig, sie können damit auch bei monoklonalen Antikörpern sehr unterschiedlich sein. Antikörperfragmente werden in der Regel schneller als intakte Antikörper abgebaut, sodass auch Einzelkettenantikörper verkürzte Halbwertszeiten haben (Chapman et al. 1999), wobei nicht sicher ist, ob dieser Nachteil durch den Vorteil der besseren Gewebepenetration aufgewogen wird. Antikörper aus der Maus werden im Menschen generell schneller abgebaut als humane Antikörper, weshalb Letztere sich u.a. für eine Therapie in jedem Fall besser eignen. Das Hauptproblem besteht jedoch in der Immunogenität von Antikörpern fremder Spezies. Die Abwehrreaktion des Empfängerorganismus

Tabelle 3.3.2. Auswahl therapeutisch eingesetzter monoklonaler Antikörper, verändert und gekürzt nach Glennie u. John (2000)

Indikation	Zielantigen	Bezeichnung des Antikörpers	Typ
Transplantatabstoßung	CD3	Orthoclone/OKT3	Muriner Antikörper
	CD25	Zenapax	Humanisierter Antikörper
Angina pectoris	Glykoprotein-IIbIIIa-Rezeptor	ReoPro (Abciximab)	Chimärer Antikörper
Morbus Crohn	TNFα	Infliximab	Chimärer Antikörper
Chronische lymphatische Leukämie	CD52	Campath-1H	Humanisierter Antikörper
Non-Hodgkin-Lymphom	CD20	Rituxan	Chimärer Antikörper
Kolonkarzinom	17-1A	Panorex	Muriner Antikörper
Mammakarzinom	Her2/neu	Herceptin	Humanisierter Antikörper

führt schon nach kurzer Zeit zur Unwirksamkeit des therapeutischen Antikörpers. In einigen Fällen kann es zu schweren Nebenwirkungen kommen, die zuerst als „Serumkrankheit" nach dem Einsatz von Immunseren bei der Behandlung von akuten Infektionen beschrieben wurden. Bei der Verwendung von monoklonalen murinen Antikörpern wurden wiederholt Antimausimmunglobulinantikörper [so genannte HAMA (human anti-mouse antibodies) (Hasholzner et al. 1997)] nachgewiesen, obwohl die Nebenwirkungen bei hohen Konzentrationen offensichtlich verhältnismäßig gering sind (vielleicht aufgrund einer Toleranzinduktion, wie nach der Injektion von sehr hohen Proteinmengen in Versuchstiere beobachtet werden kann). Wenn auch zu Beginn einer Studie oft monoklonale Antikörper von der Maus eingesetzt werden, wird immer angestrebt, mit humanen Antikörpern zu arbeiten. Wie oben beschrieben, ist dies über die Chimärisierung oder „Humanisierung" von murinen Antikörpern möglich. Außerdem können „humanisierte" Mäuse immunisiert werden, um humane hochaffine Antikörper zu gewinnen.

Der Einsatz humaner Antikörper ist aber noch aus einem anderen Grund wichtig. Wie am Anfang betont wurde, sind an der Vernichtung von Infektionserregern durch Antikörper auch immer Effektormechanismen des Organismus beteiligt. Auf welche Weise bei der passiven Immuntherapie der eigentliche Schutz durch Antikörper funktioniert, ist weitgehend unbekannt, wenn auch davon ausgegangen wird, dass hierbei die gleichen Mechanismen wirken müssen, die in vitro als wirksam identifiziert wurden (Abb. 3.3.17) (Glennie u. Johnson 2000). Antikörper, die lösliche Moleküle gebunden haben, werden über ihre Fc-Region an Fc-Rezeptoren phagozytisch aktiver Zellen (wie z. B. Makrophagen) gebunden, die den Komplex dann aufnehmen und zerstören. Dieser Mechanismus ist wahrscheinlich auch für die Eliminierung von Toxinen, die in vivo infolge einer passiven Immunisierung von den applizierten Antikörpern gebunden werden, verantwortlich.

Wenn Antikörper an Zellen binden, kann durch die Aktivierung der Komplementkaskade eine Lyse der Zellen (der letzte Schritt bei diesem Prozess ist der Einbau von Poren bildenden Molekülen in die Membran) erfolgen. Diese komplementabhängige Lyse erfolgt jedoch vorrangig bei Zellen des Blutsystems. Für die Lyse anderer Zellen ist die so genannte antikörperabhängige zelluläre Zytotoxizität (ADCC: antibody-dependent cellular cytotoxicity) verantwortlich. Hierbei binden NK-Zellen (natural killer cells) mit ihren Fc-Rezeptoren an den Fc-Teil

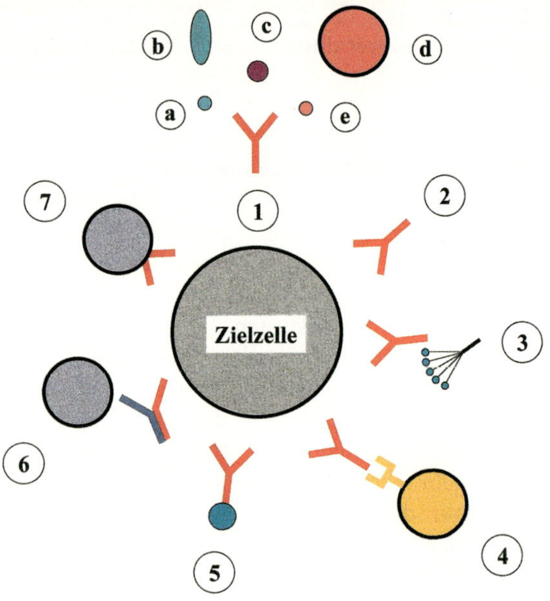

Abb. 3.3.17. Möglichkeiten der therapeutischen Wirksamkeit von Antikörpern in vivo. Die Antikörper können dem Schutz von Zellen dienen (*1a–1e*) bzw. zur Wachstumsinhibition oder Zerstörung von Zellen (in erster Linie von Tumorzellen) beitragen (*1d* und *1e*; *2–7*). *1* Hemmung von externen Faktoren, die auf Zellen einwirken können, *a* Hemmung eines Toxins, *b* Bindung an ein Bakterium, dadurch Inaktivierung der pathogenen Wirkung, *c* Bindung an ein Virus, dadurch Verhinderung des Eindringens in Zellen, *d* Bindung an Rezeptoren anderer Zellen, dadurch Inhibition von Signalwirkungen (Wachstumsförderung, Zerstörung) auf die Zielzelle, *e* Neutralisierung von löslichen Zytokinen oder Wachstumsfaktoren, *2* Hemmung der Zellteilung durch Blockierung von Rezeptoren für Wachstumsfaktoren bzw. Bindung an Rezeptoren, die eine Induktion von intrazellulären Mechanismen bewirken, die die Zellteilung beeinflussen (z. B. Induktion von Apoptose). *3* Zelllyse nach Anlagerung von Komplement und Aktivierung der Komplementkaskade, *4* Zelllyse nach Bindung von zytotoxischen körpereigenen Effektorzellen an die Fc-Region eines Antikörpers über die Fc-Rezeptoren dieser Zellen (so genannte ADCC: antibody-dependent cellular cytotoxicity), *5* Zelllyse durch an die Antikörper gebundene toxische Komponenten (radioaktive Isotope; pflanzliche oder bakterielle Toxine; Chemotherapeutika; Enzyme, die nichttoxische Substanzen am Tumor in toxische Moleküle umwandeln, Prodrug-Konzept), *6* Zelllyse durch zytotoxische körpereigene Zellen, die über bispezifische Antikörper an den Tumor gebunden und aktiviert werden, *7* Zelllyse durch körpereigene T-Zellen, die nach gentechnischer Manipulation Tumorantigen bindende Antikörperfragmente (so genannte T-Bodies) exprimieren

von Antikörpern, die auf den Zielzellen fixiert sind. Dabei werden sie aktiviert und lysieren die entsprechenden Zellen. Diesem Mechanismus wird die größte Bedeutung bei der Zerstörung von Tumorzellen bei einer passiven Antikörpertherapie beigemessen. Wahrscheinlich wirken jedoch die verschiedensten Abwehrmechanismen in einer

Weise zusammen, die in vitro nur bedingt simuliert werden kann, sodass über einen Therapieerfolg letztendlich nur die In-vivo-Studien entscheiden. Da nicht alle Fc-Regionen der Mausantikörper von den Fc-Rezeptoren der humanen Zellen gebunden werden, ist auch in dieser Hinsicht die Anwendung humaner Antikörper geboten. Neben der Nutzung von intakten Antikörpern wird für therapeutische Zwecke auch der Einsatz von artifiziell veränderten Antikörpern aktiv betrieben. In erster Linie sind hier die bispezifischen Antikörper zu nennen, die gegen Tumorantigene und Aktivierungsantigene von Effektorzellen reagieren. Mit diesen Antikörpern können auch körpereigene zytotoxische T-Zellen aktiviert werden, die normalerweise nicht in Kooperation mit Antikörpern wirken, aber aufgrund ihrer natürlichen Abwehrfunktion gegen virusinfizierte Zellen ein starkes zytotoxisches Potenzial besitzen (van Spriel et al. 2000). Zur Aktivierung der zytotoxischen Aktivität von T-Zellen wurde eine weitere Strategie erprobt, der Einsatz so genannter T-Bodies (Eshhar 2001, Hombach et al. 2000). Das sind Fusionsproteine aus einem Einzelkettenantikörper mit Antitumoraktivität und einem Protein der Signalübertragungskette, welches zur Aktivierung der zytotoxischen Wirkung von T-Zellen erforderlich ist. Mit Hilfe der T-Bodies kann die Antigenerkennung von T-Zellen umgangen werden, die normalerweise nur im Zusammenhang mit einer Peptidpräsentation durch MHC-Moleküle erfolgt. Bei dieser Strategie werden den Tumorpatienten T-Zellen entnommen und in vitro so manipuliert, dass sie an ihrer Oberfläche die Antitumorantikörper im Kontext mit Proteinen der Signalübertragungskaskade tragen. Diese Zellen werden in vitro vermehrt und dann reinfundiert. Nach Kontakt mit den tumorantigentragenden Tumorzellen wird die zytotoxische Aktivität dieser manipulierten T-Zellen aktiviert. Da dieses Konzept noch mit zahlreichen Schwierigkeiten verbunden ist, wird sicher noch einige Zeit vergehen, bis die Erfolgsaussichten abgeschätzt werden können.

Für therapeutische Ansätze stehen heute zahlreiche monoklonale Antikörper zur Verfügung, die Tumorantigene auf der Oberfläche von Tumorzellen erkennen (Farah et al. 1998, Glennie u. Johnson 2000, Murray 2000, White et al. 2001). Die ersten Studien wurden mit unmodifizierten Mausantikörpern durchgeführt. Darüber hinaus wurden Antikörper verwendet, die mit Radioisotopen oder pflanzlichen oder bakteriellen Toxinen gekoppelt waren (Immuntoxine) (Thrush et al. 1996). Die Heilungserfolge waren eher gering, in erster Linie war bei Tumoren des Blutsystems eine Zerstörung der malignen Zellen zu beobachten. Die Immunreaktionen gegen die Fremdantikörper waren erstaunlicherweise nicht sehr heftig. Das kann mit den relativ großen Dosen an injizierten Fremdproteinen zusammenhängen, die zur Toleranz beitragen. Außerdem wurden die Studien an Patienten im fortgeschrittenen Krankheitsstadium durchgeführt, die ein teilweise durch die Chemotherapie geschwächtes Immunsystem besaßen. Unbestreitbare Erfolge wurden beim Einsatz von Antikörpern zur Verhinderung von Mikrometastasen nach einer konventionellen Therapie erzielt (Riethmüller et al. 1994). Diese Effekte lassen sich am besten mit der natürlichen Funktion von Antikörpern erklären, da das Immunsystem auch unter natürlichen Bedingungen nur eine begrenzte Anzahl von Infektionserregern vernichten kann.

Weiterhin werden verschiedene bispezifische Antikörper zur Aktivierung unterschiedlicher toxischer Prinzipien verwendet, von denen einige so Erfolg versprechend erscheinen, dass sie sicher in Zukunft als Medikament eine Rolle spielen werden (Löffler et al. 2000, van Spriel et al. 2000). Die meisten der heute eingesetzten Antikörper sind aus den schon erwähnten Gründen humane oder in irgendeiner Art humanisierte Antikörper. Zahlreiche Antikörper befinden sich in der klinischen Erprobung. Bei einigen Antikörpern waren die klinischen Erfolge so gut, dass sie eine Zulassung erhalten haben. Allerdings ist im Gesamtmaßstab gesehen die Erfolgsrate immer noch eher bescheiden. Da sich aber auf dem Gebiet der Antikörperherstellung und -manipulation neue Richtungen herausgebildet haben, ist zu erwarten, dass die Anzahl der zu testenden Substanzen zunehmen wird und dass auch die Wirkungsweise in vivo einer besseren Klärung zugänglich gemacht wird. Damit dürften die Heilungschancen für Krebspatienten erheblich verbessert werden.

Neben diesen In-vivo-Therapieansätzen wurde auch eine Ex-vivo-Therapie mit monoklonalen Antikörpern entwickelt, die keine „Humanisierung" der Antikörper erfordert. Voraussetzung hierfür sind Antikörper, die Tumorzellen unter einer Vielzahl anderer Zellen eindeutig identifizieren und eliminieren. Grundlage der Ex-vivo-Therapie ist eine Kombination aus Strahlentherapie und autologer Knochenmarktransplantation bei der Krebsbehandlung. Vor einer radikalen Radiotherapie, die möglichst alle Tumorzellen im Organismus abtötet, werden den Patienten Knochenmarkzellen entnommen, die nach Abschluss der Bestrahlung zur Regeneration der Blutzellen reinfundiert werden. Zur Eliminierung evtl. metastasierter Tumorzellen aus dem entnommenen Knochenmark (so genanntes Purging) werden spezifische monoklonale Antikörper entweder zusammen mit Komplement oder als Immuntoxin eingesetzt, um die Tumorzellen abzutöten. Außerdem können mit Antikörpern beladene Magnetkügelchen zur Entfernung der Tumorzellen benutzt werden (Champlin 1996).

3.3.9.3 Antikörper in der Gentherapie

Es ist zu erwarten, dass Antikörper in Zukunft auch für die Gentherapie eine Rolle spielen werden. Bei der In-vivo-Gentherapie, bei der nach der Injektion der gentherapeutischen Konstrukte diese ihre Zielzellen „finden“ müssen, sind anstelle der meistens eingesetzten viralen Vektoren auch Antikörper als „Genfähren“ denkbar, die spezifisch mit diesen Zielzellen reagieren und dazu noch eine besonders gute Internalisierung erlauben. Die Nutzung solcher Antikörper erscheint auch bei einer Ex-vivo-Gentherapie möglich (Yano et al. 2000). Allerdings ist ein solches Konzept bisher nur in ersten Ansätzen realisiert worden.

Ein weiterer potenzieller Anwendungsbereich von Antikörpern soll hier noch erwähnt werden, der auf experimenteller Ebene intensiv bearbeitet wird, über dessen Anwendbarkeit in der Medizin aber noch keine abschließende Aussage gemacht werden kann. Die Konzepte der Gentherapie beinhalten nicht nur den Ersatz „defekter“ Gene durch voll funktionsfähige Äquivalente, sondern auch eine Beeinflussung von Genaktivitäten in der Zelle auf unterschiedlichen molekularen Ebenen. Hierbei wird an Antikörper gedacht, die in der Zelle an entsprechende Ziele binden und dadurch permanent oder transient ein Abschalten von intrazellulären Aktivitäten ermöglichen. Die prinzipielle Realisierbarkeit solcher Ansätze wurde durch Injektion von Antikörpern in Zellen bzw. auch durch Expression von Antikörperfragmenten im Zytoplasma nach Übertragung von Antikörpergenen (so genannten Intrabodies) gezeigt (Marasco 1995). Das Konzept der Intrabodies ist jedoch mit zahlreichen Problemen verbunden, da Antikörper im Zytoplasma oft nicht die für eine Antigenbindung erforderliche Konformation haben und deshalb speziell für diese Zwecke verändert werden müssen.

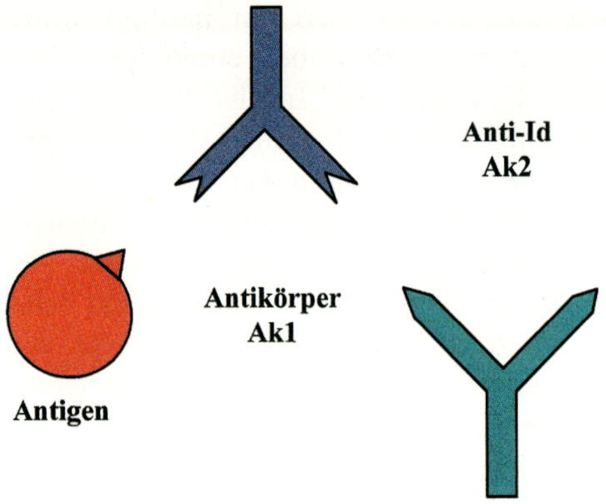

Abb. 3.3.18. Schematische Darstellung einer Idiotyp-anti-Idiotyp-Kaskade. Antiidiotypische Antikörper, die gegen die Antigendeterminante eines anderen Antikörpers gerichtet sind, können in einigen Fällen eine molekulare Mimikry der Antigendeterminante darstellen, gegen die der erste Antikörper reagiert. Solche Antikörper sind nur ein Bruchteil der gebildeten Antiidiotypen; der größte Teil enthält keine Mimikrystrukturen des Antigens

3.3.9.4 Antikörper als Vakzine

Einige antiidiotypische Antikörper, die mit der Antigenbindungsregion eines anderen Antikörpers (Antikörper 1) reagieren, können eine molekulare Mimikry des Antigens (bzw. genauer der Antigendeterminante) sein, gegen die der Antikörper 1 reagiert (Jerne et al. 1982). Im Falle einer solchen Mimikry kann ein antiidiotypischer Antikörper anstelle des Antigens als dessen Ersatz für eine Immunisierung genutzt werden (Abb. 3.3.18). Besonders in den Fällen, in denen das betreffende Antigen schwer in reiner Form darstellbar ist, erscheint eine solche Immunisierung sehr attraktiv (Bhattacharya-Chatterjee et al. 2000). Sie wurde deshalb auch in einigen experimentellen Tumorsystemen erprobt. Einige Vakzinierungsstudien mit antiidiotypischen Antikörpern werden auch bei Tumorpatienten durchgeführt. Erste Erfolge wurden beschrieben, jedoch ist eine Generalisierung kaum möglich, da der größte Teil der antiidiotypischen Antikörper keine Mimikrystrukturen des Antigens enthält.

3.3.10 Ausblick

Der Wert monoklonaler Antikörper für die biomedizinische Forschung und Praxis ist offenkundig. Es ist davon auszugehen, dass die Zahl der einsetzbaren monoklonalen Antikörper noch zunehmen wird, was auch eine weitere Kommerzialisierung bedeutet. Für die unterschiedlichen Anwendungsbereiche werden die vielfältigsten Modifikationen eingesetzt werden, wobei der Anteil gentechnisch veränderter Antikörper eine besondere Rolle spielen wird. Die Veränderungen werden sich in Zukunft nicht auf die Herstellung von Fragmenten, die Veränderungen im konstanten Teil (z.B. durch „Humanisierung“) oder die Gewinnung von Antikörperfusionsproteinen beschränken, sondern es werden verstärkt Untersuchungen zur Manipulation der Antigenbindungsregion (z.B. zur Affinitätserhöhung oder Veränderung der Spezifität) durchgeführt werden. Erste Ergebnisse dazu liegen vor. Eine Erhöhung der Affinität wurde bisher jedoch kaum durch gezielte Mutationen am Antikörper erzielt, sondern in erster Linie durch den Einsatz von Systemen mit evolutionärem Charakter, wie z.B. durch Phagen-display (Hoogenboom u. Chames 2000, Jermutus et al. 2001). Neben der konventionellen Herstellung monoklonaler Antikörper über die Immunisierung von Mäusen werden sich in zunehmendem Maß Antikörperbanken durchsetzen. Hier dominiert bisher das Phagendisplay. Inwieweit andere Systeme, wie das Ribosomen-display (Hanes et al. 2000, Irving et al. 2001) eine größere Bedeutung erlangen werden, müssen zukünftige Untersuchungen zeigen. Die Selektion spezifischer Antikörper ist bei Nutzung dieser Systeme, verglichen mit der Hybridomtechnik, einfacher. Allerdings ist, bei vorhandenem Hybridom, die Gewinnung praktisch nutzbarer Antikörper in größeren Mengen direkt aus den Hybridomen leichter als aus *E. coli*, da nur ein Teil der rekombinanten Antikörper gut in Bakterien exprimiert wird.

Alternative Expressionssysteme wurden bisher routinemäßig in großem Umfang kaum genutzt (Verma et al. 1998). Auch transgene Pflanzen und transgene Tiere wurden für die Gewinnung einzelner spezifischer Antikörper eingesetzt (Larrick et al. 1998, Pollock et al. 1999). Allerdings ist die Herstellung der jeweiligen Antikörperproduzenten sehr aufwändig und deshalb wahrscheinlich nur für bestimmte Zwecke einsetzbar. Die Gewinnung humaner monoklonaler Antikörper scheint mit Hilfe transgener „humanisierter“ Mäuse, die das gesamte humane Antikörperrepertoire enthalten, verhältnismäßig einfach zu sein (Bruggemann 1997, Green 1999). Limitierungen ergeben sich hier eher durch patentrechtliche Beschränkungen, die die Verbreitung dieser Mäuse und damit eine allgemeine Nutzung behindern. Deshalb werden Versuche zur Entwicklung einer einfachen In-vitro-Immunisierung auch in Zukunft einen hohen Stellenwert haben. Es kann somit kaum ausgesagt werden, welcher Methode die Zukunft gehören wird.

Erschwerend ist bei der Herstellung der monoklonalen Antikörper mit Hilfe der Hybridomtechnik der Mangel an Automatisierbarkeit, sodass ein Großteil der Arbeiten in mühevoller „Handarbeit“ erfolgen muss.

Es ist aber auch nicht auszuschließen, dass in Zukunft andere Bindungsmoleküle die Antikörper ersetzen werden. Sicher ist, dass eine Reihe von Alternativen zur Komplementierung führen wird. Hierbei kommt In-vitro-Methoden mit evolutionärem Charakter eine besondere Bedeutung zu. Neue Proteine mit antikörperähnlichen Bindungseigenschaften wurden bereits beschrieben (Beste et al. 1999). Weiterhin wird intensiv nach Peptiden gesucht, die Antikörper ersetzen könnten (Dimasi et al. 1997). Seit Jahren wird an molekularen Imprints gearbeitet, die als synthetische Polymere in Anwesenheit der zu bindenden Substanzen gebildet werden (Ansell et al. 1996). Als weiteres Forschungsgebiet muss in diesem Zusammenhang die Suche nach bindenden bzw. katalytisch aktiven RNA-Molekülen erwähnt werden, die als Aptamere bzw. Aptazyme oder Ribozyme bekannt wurden (Hoffman et al. 2001, Nolte et al. 1996, Seetharaman et al.2001). Diese Moleküle sind sicher eine ernst zu nehmende Konkurrenz und damit Alternative für Antikörper. Entscheidend für die Nutzung von alternativen Bindungsmolekülen wird in jedem Fall sein, wie leicht sich diese Moleküle gewinnen lassen, wie spezifisch sie sind und wie gut sie sich für eine praktische Anwendung in vitro und in vivo eignen. Da besonders für eine Anwendung der Antikörper in vivo noch zahlreiche Hürden zu überwinden sind, könnten auch einige der neuen Bindungsmoleküle sehr schnell zu einer In-vivo-Erprobung geführt werden. Hier sind für alle Moleküle

- die Klärung der Pharmakokinetik,
- die Erprobung verschiedener Freisetzungssysteme,
- die Klärung des eigentlichen Wirkprinzips,
- die Standardisierung,
- die Klärung der Wirkungsweise von Gemischen verschiedener Moleküle usw.

im Einzelfall zu prüfen.

Danksagung. Für die kritischen Hinweise und die Unterstützung bei der Abfassung des Manuskripts möchte ich Herrn Olaf Behrsing, Frau Gudrun Scharte, Herrn Jörg Schenk und Herrn Frank Sellrie herzlich danken.

3.3.11 Literatur

Ada GL, Nossal G (1987) The clonal-selection theory. Sci Am 257:62–69

Alfthan K (1998) Surface plasmon resonance biosensors as a tool in antibody engineering. Biosens Bioelectron 13:653–663

Andris-Widhopf J, Rader C, Steinberger P, Fuller R, Barbas CF 3rd (2000) Methods for the generation of chicken monoclonal antibody fragments by phage display. J Immunol Methods 242:159–181

Ansell RJ, Ramstrom O, Mosbach K (1996) Towards artificial antibodies prepared by molecular imprinting. Clin Chem 42:1506–1512

Asch RH, Asch B, Asch G, Asch M, Bray R, Rojas FJ (1988) Performance and sensitivity of modern home pregnancy tests. Int J Fertil 33:154, 157–158, 161

Aslan M, Dent A (1998) Bioconjugation – Protein coupling techniques for the biomedical sciences. Macmillan, London

Barbas CF 3rd, Kang AS, Lerner RA, Benkovic SJ (1991) Assembly of combinatorial antibody libraries on phage surfaces: the gene III site. Proc Natl Acad Sci USA 88:7978–7982

Bell S, Kamm MA (2000) Antibodies to tumour necrosis factor alpha as treatment for Crohn's disease. Lancet 355: 858–860

Beste G, Schmidt FS, Stibora T, Skerra A (1999) Small antibody-like proteins with prescribed ligand specificities derived from the lipocalin fold. Proc Natl Acad Sci USA 96:1898–1903

Bhattacharya-Chatterjee M, Chatterjee SK, Foon KA (2000) Anti-idiotype vaccine against cancer. Immunol Lett 74: 51–58

Borrebaeck CA (2000) Antibodies in diagnostics – from immunoassays to protein chips. Immunol Today 21:379–382

Böttger V, Peters L, Micheel B (1999) Identification of peptide mimotopes for the fluorescein hapten binding of monoclonal antibody B13-DE1. J Mol Recognit 12:191–197

Breitling F, Dübel S (1997) Rekombinante Antikörper. Spektrum, Heidelberg Berlin

Bruggemann M, Taussig MJ (1997) Production of human antibody repertoires in transgenic mice. Curr Opin Biotechnol 8:455–458

Burnet FM (1959) The clonal selection theory of acquired immunity. Cambridge University Press, London

Cao Y, Suresh MR (1998) Bispecific antibodies as novel bioconjugates. Bioconjug Chem 9:635–644

Casey JL, Coley AM, Tilley LM, Foley M (2000) Green fluorescent antibodies: novel in vitro tools. Protein Eng 13:445–452

Carter P (2001) Bispecific human IgG by design. J Immunol Methods 248:7–15

Champlin R (1996) Purging: elimination of malignant cells from autologous blood or marrow transplants. Curr Opin Oncol 8:79–83

Chapman AP, Antoniw P, Spitali M, West S, Stephens S, King DJ (1999) Therapeutic antibody fragments with prolonged in vivo half-lives. Nat Biotechnol 17:780–783

Clackson T, Hoogenboom HR, Griffiths AD, Winter G (1991) Making antibody fragments using phage display libraries. Nature 352:624–628

Cohen IR (1988) The self, the world and autoimmunity. Sci Am 258:52–60

Davis CG, Gallo ML, Corvalan JR (1999) Transgenic mice as a source of fully human antibodies for the treatment of cancer. Cancer Metast Rev 18:421–425

Deslys JP, Comoy E, Hawkins S et al. (2001) Screening slaughtered cattle for BSE. Nature 409:476–478

Dimasi N, Martin F, Volpari C et al. (1997) Characterization of engineered hepatitis C virus NS3 protease inhibitors affinity selected from human pancreatic secretory trypsin inhibitor and minibody repertoires. J Virol 71:7461–7469

Dordick JS (1988) Monoclonal antibodies for clinical applications. Patents and literature. Appl Biochem Biotechnol 19:271–296

Duenas M, Chin LT, Malmborg AC, Casalvilla R, Ohlin M, Borrebaeck CA (1996) In vitro immunization of naive human B cells yields high affinity immunoglobulin G antibodies as illustrated by phage display. Immunology 89:1–7

Duffy MJ (2001) Carcinoembryonic antigen as a marker for colorectal cancer: is it clinically useful? Clin Chem 47: 624–630

Edelman GM (1970) The structure and function of antibodies. Sci Am 223:34–42

Eshhar Z, Waks T, Bendavid A, Schindler DG (2001) Functional expression of chimeric receptor genes in human T cells. J Immunol Methods 248:67–76

Farah RA, Clinchy B, Herrera L, Vitetta ES (1998) The development of monoclonal antibodies for the therapy of cancer. Crit Rev Eukaryot Gene Expr 8:321–356

Galfré G, Milstein C (1981) Preparation of monoclonal antibodies: strategies and procedures. Methods Enzymol 73: 3–46

Galfré G, Howe SC, Milstein C, Butcher GW, Howard JC (1977) Antibodies to major histocompatibility antigens produced by hybrid cell lines. Nature 266:550–552

Glennie MJ, Johnson PW (2000) Clinical trials of antibody therapy. Immunol Today 21:403–410

Godfrey MA, Kwasowski P, Clift R, Marks V (1993) Assessment of the suitability of commercially available SpA affinity solid phases for the purification of murine monoclonal antibodies at process scale. J Immunol Methods 160:97–105

Gramer MJ, Britton TL (2000) Selection and isolation of cells for optimal growth in hollow fiber bioreactors. Hybridoma 19:407–412

Green LL (1999) Antibody engineering via genetic engineering of the mouse: XenoMouse strains are a vehicle for the facile generation of therapeutic human monoclonal antibodies. J Immunol Methods 231:11–23

Gurunathan S, Klinman DM, Seder RA (2000) DNA vaccines: immunology, application, and optimization. Annu Rev Immunol 18:927–974

Hamers-Casterman C, Atarhouch T, Muyldermans S et al. (1993) Naturally occurring antibodies devoid of light chains. Nature 363:446–448

Hanes J, Jermutus L, Plückthun A (2000a) Selecting and evolving functional proteins in vitro by ribosome display. Methods Enzymol 328:404–430
Hanes J, Schaffitzel C, Knappik A, Plückthun A (2000b) Picomolar affinity antibodies from a fully synthetic naive library selected and evolved by ribosome display. Nat Biotechnol 18:1287–1292
Harlow E, Lane D (1988) Antibodies – A laboratory manual. Cold Spring Harbor Laboratory, Cold Spring Harbor
Harlow E, Lane D (1999) Using antibodies – A laboratory manual. Cold Spring Harbor Laboratory, Cold Spring Harbor
Harrison RA, Moura-Da-Silva AM, Laing GD et al. (2000) Antibody from mice immunized with DNA encoding the carboxyl-disintegrin and cysteine-rich domain (JD9) of the haemorrhagic metalloprotease, Jararhagin, inhibits the main lethal component of viper venom. Clin Exp Immunol 121:358–363
Hasholzner U, Stieber P, Meier W, Lamerz R (1997) Value of HAMA-determination in clinical practice – an overview. Anticancer Res 17:3055–3058
Herzenberg LA, De Rosa SC (2000) Monoclonal antibodies and the FACS: complementary tools for immunobiology and medicine. Immunol Today 21:383–390
Herzenberg LA, Sweet RG, Herzenberg LA (1976) Fluorescence-activated cell sorting. Sci Am 234:108–117
Hlinak A, Schade R, Bartels T, Ebner D (1996) Das Huhn als Versuchstier und Quelle spezifischer Dotterantikörper. Erfahrungen zur Haltung, Immunisierung und Legeleistung. Tierärztl Umschau 51:402–408
Hoffman D, Hesselberth J, Ellington AD (2001) Switching nucleic acids for antibodies. Nat Biotechnol 19:313–314
Holliger P, Winter G (1993) Engineering bispecific antibodies. Curr Opin Biotechnol 4:446–449
Hombach A, Schneider C, Sent D et al. (2000) An entirely humanized CD3 zeta-chain signaling receptor that directs peripheral blood t cells to specific lysis of carcinoembryonic antigen-positive tumor cells. Int J Cancer 88: 115–120
Hoogenboom HR, Chames P (2000) Natural and designer binding sites made by phage display technology. Immunol Today 21:371–378
Hudson PJ, Kortt AA (1999) High avidity scFv multimers; diabodies and triabodies. J Immunol Methods 231:177–189
Irving RA, Coia G, Roberts A, Nuttall SD, Hudson PJ (2001) Ribosome display and affinity maturation: from antibodies to single V-domains and steps towards cancer therapeutics. J Immunol Methods 248:31–45
Jahn S, Kiessig S, Grunow R, Specht U, Mau H, Baehr R von (1986) Production of human monoclonal antibodies by heterohybridization of human B lymphocytes of the spleen with mouse myeloma cells. Z Gesamt Inn Med 41:493–497
Jahn S, Walper A, Grunow R, Heym S, Volk HD, Baehr R von (1990) The hybridization of EBV-immortalized human B-lymphocytes with a human-mouse heteromyeloma cell line. Allerg Immunol 36:359–365
Jakobovits A (1994) YAC vectors. Humanizing the mouse genome. Curr Biol 4:761–763
Janeway CA Jr, Travers P, Walport M, Capra JD (1999) Immunobiology – The system in health and disease, 4th edn. Current Biology Publications and Garland Publishing, London New York
Janson AK, Smith CI, Hammarstrom L (1995) Biological properties of yolk immunoglobulins. Adv Exp Med Biol 371A:685–690
Jencks WP (1986) Catalysis in chemistry and enzymology. McGraw-Hill, New York
Jermutus L, Honegger A, Schwesinger F, Hanes J, Plückthun A (2001) Tailoring in vitro evolution for protein affinity or stability. Proc Natl Acad Sci USA 98:75–80
Jerne NK (1973) The immune system. Sci Am 229:52–60
Jerne NK (1974) Towards a network theory of the immune system. Ann Immunol (Paris) 125C:373–389
Jerne NK, Roland J, Cazenave PA (1982) Recurrent idiotopes and internal images. EMBO J 1:243–247
Karawajew L, Micheel B, Behrsing O, Gaestel M (1987) Bispecific antibody-producing hybrid hybridomas selected by a fluorescence activated cell sorter. J Immunol Methods 96:265–270
Karsten U, Stolley P, Walther I et al. (1988) Direct comparison of electric field-mediated and PEG-mediated cell fusion for the generation of antibody producing hybridomas. Hybridoma 7:627–633
Kerschbaumer RJ, Hirschl S, Kaufmann A, Ibl M, Koenig R, Himmler G (1997) Single-chain Fv fusion proteins suitable as coating and detecting reagents in a double antibody sandwich enzyme-linked immunosorbent assay. Anal Biochem 249:219–227
Kilpatrick KE, Danger DP, Hull-Ryde EA, Dallas W (2000) High-affinity monoclonal antibodies to PED/PEA-15 generated using 5 microg of DNA. Hybridoma 19:297–302
Köhler G, Milstein C (1975) Continuous cultures of fused cells secreting antibody of predefined specificity. Nature 256:495–497
Kolesnikov AV, Kozyr AV, Alexandrova ES et al. (2000) Enzyme mimicry by the antiidiotypic antibody approach. Proc Natl Acad Sci USA 97:13526–13531
Kramer A, Schneider-Mergener J (1998) Synthesis and screening of peptide libraries on continuous cellulose membrane supports. Methods Mol Biol 87:25–39
Kuo MC, Sogn JA, Max EE, Kindt TJ (1985) Rabbit-mouse hybridomas secreting intact rabbit immunoglobulin. Mol Immunol 22:351–359
Larrick JW, Yu L, Chen J, Jaiswal S, Wycoff K (1998) Production of antibodies in transgenic plants. Res Immunol 149:603–608
Little M, Breitling F, Micheel B, Dübel S (1994) Surface display of antibodies. Biotechnol Adv 12:539–555
Löffler A, Kufer P, Lutterbuse R et al. (2000) A recombinant bispecific single-chain antibody, CD19 x CD3, induces rapid and high lymphoma-directed cytotoxicity by unstimulated T lymphocytes. Blood 95:2098–2103
Mäkelä PH (2000) Vaccines, coming of age after 200 years. FEMS Microbiol Rev 24:9–20
Mallender WD, Voss EW Jr (1995) Primary structures of three Armenian hamster monoclonal antibodies specific for idiotopes and metatopes of the monoclonal anti-fluorescein antibody 4-4-20. Mol Immunol 32:1093–1103
Marasco WA (1995) Intracellular antibodies (intrabodies) as research reagents and therapeutic molecules for gene therapy. Immunotechnology 1:1–19
Matthey B, Engert A, Barth S (2000) Recombinant immunotoxins for the treatment of Hodgkin's disease. Int J Mol Med 6:509–514
Micheel B (1998) Tumorantigene und ihre Nutzung für eine Therapie von Tumoren. In:Ganten D, Ruckpaul K (Hrsg)

Tumorerkrankungen. Springer, Berlin Heidelberg New York, S 160–185
Micheel B, Jantscheff P, Bottger V et al. (1988) The production and radioimmunoassay application of monoclonal antibodies to fluorescein isothiocyanate (FITC). J Immunol Methods 111:89–94
Miltenyi S, Muller W, Weichel W, Radbruch A (1990) High gradient magnetic cell separation with MACS. Cytometry 11:231–238
Milstein C (1980) Monoclonal antibodies. Sci Am 243:66–74
Milstein C (2000) With the benefit of hindsight. Immunol Today 21:359–364
Milstein C, Waldmann H (1999) Optimism after much pessimism: what next? Curr Opin Immunol 11:589–591
Moldenhauer G, Haustein D, Huppe T, Wagner A, Hartmann KU (1982) A new murine cell surface differentiation antigen (Leugp90) defined by a rat monoclonal antibody: cellular distribution and biochemical characterization. J Immunol 128:2664–2669
Morgan CL, Newman DJ, Price CP (1996) Immunosensors: technology and opportunities in laboratory medicine. Clin Chem 42:193–209
Murray JL (2000) Monoclonal antibody treatment of solid tumors: a coming of age. Semin Oncol 27:64–70
Nguyen H, Sandhu J, Hozumi N (1997) Production of human monoclonal antibodies in SCID mouse. Microbiol Immunol 41:901–907
Nishinaka S, Suzuki T, Matsuda H, Murata M (1991) A new cell line for the production of chicken monoclonal antibody by hybridoma technology. J Immunol Methods 139:217–222
Nolte A, Klussmann S, Bald R, Erdmann VA, Furste JP (1996) Mirror-design of L-oligonucleotide ligands binding to L-arginine. Nat Biotechnol 14:1116–1119
Nossal GJ (1993) Life, death and the immune system. Sci Am 269:52–62
Paul S (1998) Autoantibody catalysis: no longer hostage to Occam's razor. Ann N Y Acad Sci 865:238–246
Pollock DP, Kutzko JP, Birck-Wilson E, Williams JL, Echelard Y, Meade HM (1999) Transgenic milk as a method for the production of recombinant antibodies. J Immunol Methods 231:147–157
Porter RR (1967) The structure of antibodies. Sci Am 217: 81–87
Queen C, Schneider WP, Selick HE et al. (1989) A humanized antibody that binds to the interleukin 2 receptor. Proc Natl Acad Sci USA 86:10029–10033
Rabbany SY, Donner BL, Ligler FS (1994) Optical immunosensors. Crit Rev Biomed Eng 22:307–346
Regenmörtel MH van, Pellequer JL (1994) Predicting antigenic determinants in proteins: looking for unidimensional solutions to a three-dimensional problem? Pept Res 7:224–228
Riechmann L, Muyldermans S (1999) Single domain antibodies: comparison of camel V_H and camelised human V_H domains. J Immunol Methods 231:25–38
Riethmuller G, Schneider-Gadicke E, Schlimok G et al (1994) Randomised trial of monoclonal antibody for adjuvant therapy of resected Dukes' C colorectal carcinoma. German Cancer Aid 17-1A Study Group. Lancet 343: 1177–1183
Roitt I, Brostoff J, Male D (1998) Immunology, 5th edn. Mosby, St Louis
Sauerteig L (2000) Mit Chemie gegen die Syphilis – Anfänge der Chemotherapie um Paul Ehrlich und die DMW. Dtsch Med Wochenschr 125:95–96
Sayegh CE, Drury G, Ratcliffe MJ (1999) Efficient antibody diversification by gene conversion in vivo in the absence of selection for V(D)J-encoded determinants. EMBO J 18: 6319–6328
Schuhmacher J, Kaul S, Klivenyi G et al. (2001) Immunoscintigraphy with positron emission tomography: Gallium-68 chelate imaging of breast cancer pretargeted with bispecific anti-MUC1/anti-Ga chelate antibodies. Cancer Res 61:3712–3717
Schuurs AH, Weemen BK van (1977) Enzyme-immunoassay. Clin Chim Acta 81:1–40
Scott JK, Smith GP (1990) Searching for peptide ligands with an epitope library. Science 249:386–390
Seetharaman S, Zivarts M, Sudarsan N, Breaker RR (2001) Immobilized RNA switches for the analysis of complex chemical and biological mixtures. Nat Biotechnol 19:336–341
Self CH, Cook DB (1996) Advances in immunoassay technology. Curr Opin Biotechnol 7:60–65
Shu S, Plautz GE, Krauss JC, Chang AE (1997) Tumor immunology. JAMA 278:1972–1981
Silverstein AM (1989) The history of immunology. In: Paul W (ed) Fundamental immunology, 2nd ed. Raven Press, New York, pp 21–38
Skerra A, Plückthun A (1988) Assembly of a functional immunoglobulin Fv fragment in *Escherichia coli.* Science 240:1038–1041
Spriel AB van, Ojik HH van, Winkel JG van de (2000) Immunotherapeutic perspective for bispecific antibodies. Immunol Today 21:391–397
Stöcklein WFM, Rohde M, Scharte G et al. (2000) Sensitive detection of triazine and phenylurea pesticides in pure organic solvent by enzyme linked immunosorbent assay (ELISA): stabilities, solubilities and sensitivities. Anal Chim Acta 405:255–265
Tada H, Kurokawa T, Seita T, Watanabe T, Iwasa S (1994) Expression and characterization of a chimeric bispecific antibody against fibrin and against urokinase-type plasminogen activator. J Biotechnol 33:157–174
Tan LK, Oi VT, Morrison SL (1985) A human-mouse chimeric immunoglobulin gene with a human variable region is expressed in mouse myeloma cells. J Immunol 135:3546–3547
Thrush GR, Lark LR, Clinchy BC, Vitetta ES (1996) Immunotoxins: an update. Annu Rev Immunol 14:49–71
Tonegawa S (1993) The Nobel lectures in immunology. The Nobel Prize for Physiology or Medicine, 1987. Somatic generation of immune diversity. Scand J Immunol 38: 303–319
Verma R, Boleti E, George AJ (1998) Antibody engineering: comparison of bacterial, yeast, insect and mammalian expression systems. J Immunol Methods 216:165–181
Wagner J, Lerner RA, Barbas CF 3rd (1995) Efficient aldolase catalytic antibodies that use the enamine mechanism of natural enzymes. Science 270:1797–1800
Warren HS, Vogel FR, Chedid LA (1986) Current status of immunological adjuvants. Annu Rev Immunol 4:369–388
Weber P, Weberova D, Martinek K (1988) Alpha-fetoprotein, carcinoembryonic antigen and various biochemical tests in patients with tumorous and inflammatory liver diseases. Neoplasma 35:605–613

Weissman IL, Cooper MD (1993) How the immune system develops. Sci Am 269:64–71
Wentworth P, Janda KD (1998) Catalytic antibodies. Curr Opin Chem Biol 2:138–144
White CA, Weaver RL, Grillo-Lopez AJ (2001) Antibody-targeted immunotherapy for treatment of malignancy. Annu Rev Med 52:125–145
Wilchek M, Bayer EA (1989) Avidin-biotin technology ten years on: has it lived up to its expectations? Trends Biochem Sci 14:408–412
Williams AF (1979) Monoclonal antibodies in transplantation research. Transplantation 27:152–155
Williams AF, Galfre G, Milstein C (1977) Analysis of cell surfaces by xenogeneic myeloma-hybrid antibodies: differentiation antigens of rat lymphocytes. Cell 12:663–673
Wood GS, Burns BF, Dorfman RF, Warnke RA (1986) In situ quantitation of lymph node helper, suppressor, and cytotoxic T cell subsets in AIDS. Blood 67:596–603
Worn A, Plückthun A (2001) Stability engineering of antibody single-chain Fv fragments. J Mol Biol 305:989–1010
Yan Z, Huang J (2000) Cleaning procedure for protein G affinity columns. J Immunol Methods 237:203–205
Yano L, Shimura M, Taniguchi M et al. (2000) Improved gene transfer to neuroblastoma cells by a monoclonal antibody targeting RET, a receptor tyrosine kinase. Hum Gene Ther 11:995–1004
Zamboni A, Giuntini I, Gianesello D, Maddalena F, Rognoni F, Herbst D (1994) Production of mouse monoclonal antibodies using a continuous cell culture fermenter and protein G affinity chromatography. Cytotechnology 16:79–87
Zola H, Neoh SH (1989) Monoclonal antibody purification: choice of method and assessment of purity and yield. Biotechniques 7:802, 804–808
Zusman RM, Ben-Hur H (2001) Serological markers for detection of cancer. Int J Mol Med 7:547–556

4 Therapie

4.1 Paradigmenwechsel in der Therapie – Eine kritische Bestandsaufnahme

KLAUS LINDPAINTNER

Inhaltsverzeichnis

suum cuique...
Cicero, de officiis I, 5, 15
Motto von Friedrich I von Preußen

4.1.1 Einleitung

Die bedeutenden Fortschritte in molekularer Biologie und Genetik, die uns die letzten Jahrzehnte gebracht haben, haben vor etwa 30 Jahren zu einem klaren „Paradigmenwechsel" in der Forschung nach neuen Medikamenten geführt, indem das Primat der Chemie durch das Primat der Biologie abgelöst wurde. Seitdem wird versucht, sich nach biologischen Zielmolekülen zu orientieren und entsprechende Substanzen zu finden, anstatt, wie früher, primär neue Verbindungen zu synthetisieren und sie nachträglich auf ihre möglichen biologischen Effekte zu untersuchen.

Hat in der Anwendung von Medikamenten bzw. in der ärztlichen Praxis ein ähnlicher „Paradigmenwechsel" – oft genug in verschiedenen Medien v. a. im Zusammenhang mit Gentherapie einerseits und Pharmakogenetik andererseits erörtert – stattgefunden? Ziel dieses Artikels ist es, eine Bestandsaufnahme durchzuführen und den Einfluss neuer Technologien auf ihre effektiven, gegenwärtigen Auswirkungen in der Behandlung von Patienten zu untersuchen sowie eine realistische Einschätzung der kurz- bis mittelfristig zu erwartenden Einflüsse dieser Technologien auf die Therapie abzugeben. Der Schwerpunkt wird dabei auf den oben genannten Gebieten – in Einschätzung des realistischen Potenzials relativ knapp bezüglich Gentherapie und ausführlicher in Bezug auf die Pharmakogenetik – liegen. Auswirkungen auf dem Gebiet der reproduktiven Medizin, die aus einer Reihe von Gründen sowohl im Hinblick auf die bioethische Dimension als auch bezüglich zulassungsbehördlicher Vorschriften eine Sonderstellung einnimmt, sind aus diesem Abriss explizit ausgeklammert.

Um das Fazit vorwegzunehmen: Während uns die heute verfügbaren Technologien die Möglichkeit bieten, weitere logische Schritte des medizinischen Fortschritts entlang längst etablierter und wohlverstandener Marschrichtungen zu machen, und dies möglicherweise etwas schneller, so werden sich die therapeutischen und vorbeugenden Möglichkeiten, die im klinischen Alltag zur Behandlung von Patienten zur Verfügung stehen, nicht radikal und „revolutionär" ändern, sondern organisch und evolutionär fortentwickeln.

Ganten / Ruckpaul (Hrsg.)
Grundlagen der Molekularen Medizin,
2. Auflage

4.1.2 Gentherapie

Wie wenige andere Themen in der Medizin wurden gentherapeutische Möglichkeiten im Verlauf der letzten 10 Jahre im Hinblick auf ihre realistischen Möglichkeiten über- und bezüglich der damit verbundenen Schwierigkeiten unterschätzt. Kaum irgendwo gab es höhere Erwartungen und größere Enttäuschungen. Die Realität, nach mehr als 10 Jahren klinischer Experimente und weit über 100 Studien, ist ernüchternd: In einer einzigen Erkrankung, SCID-X1 (severe combined immunodeficiency), konnte bisher ein zumindest mittelfristiger Erfolg erzielt werden (wobei es sich hierbei um einen in vieler Hinsicht schwer zu verallgemeinernden Sonderfall der extrakorporalen Behandlung von hämatopoetischen Stammzellen handelt). Gleichzeitig ist das gesamte Feld der Gentherapie in den letzten Jahren wie kaum eine andere Sparte der medizinischen Forschung wegen fahrlässiger Versuchsprotokolle ins Kreuzfeuer der Kritik geraten, vielleicht nicht zuletzt deshalb, weil es unter einem so hohen Erwartungsdruck stand.

Keimzellgentherapie, die an sich (theoretisch) sauberste und effektivste Art der Gentherapie, wird höchstwahrscheinlich weiterhin praktisch irrelevant bleiben, einerseits wegen der ethischen Aspekte sowie der hohen Hürden hinsichtlich der Sicherheit einer solchen Behandlung, und andererseits, weil mit der Präimplantationsdiagnose und -selektion eine heute bereits weit praktizierte und zumindest vom Sicherheitsstandpunkt mehr oder weniger unbedenkliche Alternative zur Verfügung steht.

Selbst die somatische Gentherapie sieht sich mit fundamentalen Problemen konfrontiert: Eine „Heilung“ würde den dauerhaften Einbau des den Defekt korrigierenden Gens ins Genom der angepeilten Zellen voraussetzen – dies ist, nachdem ein zielgerichteter Einbau ins Genom einer differenzierten Zelle technisch momentan und auf absehbare Zukunft nicht zur Debatte steht, von Haus aus unpräzise und kann zur Disruption anderer Gene, mit entsprechenden Konsequenzen v. a. neoplastischer Art, führen. Die epigenetische Einbringung von genetischem Material, auf der anderen Seite, wird wahrscheinlich immer nur eine kürzer- oder längerfristige, aber schlussendlich zeitlich begrenzte Expression des eingebrachten Gens erlauben. Im Vergleich mit der Behandlung mit dem entsprechenden biosynthetisch hergestellten Protein, speziell wenn durch Kopplung an Stabilisatoren wie etwa Polyethylenglykol die notwendige Verabreichungshäufigkeit substanziell gesenkt werden kann, werden die potenziellen Vorteile einer somatischen, epigenetischen Gentherapie sehr schnell fraglich. (Konzeptionell könnte, im Sinn der „medizinischen Revolution“, auch durchaus diskutiert werden, ob eine derartige „epigenetische“ Therapie letztlich nichts anderes als eine galenische Variante oder einen speziellen Fall einer Prodrug darstellt.)

Ein weiterer, in der Diskussion über Gentherapie meist stillschweigend übergangener, aber pragmatisch äußerst wichtiger Punkt im Hinblick auf das Potenzial der Gentherapie überhaupt ist, dass diese – verständlicherweise – nur für monogene Erkrankungen in Frage kommt. Sosehr diese für die Betroffenen und ihre Familien von zentraler Bedeutung sind, so sind sie, im Hinblick auf das öffentliche Gesundheitswesen und die Morbidität der breiten Bevölkerung – die ganz überwiegend auf häufigen, komplexen Erkrankungen beruht, fast irrelevant.

4.1.3 Pharmakogenetik

4.1.3.1 Konzept der „chemischen Individualität“

Voltaire beklagte sich, dass Medizin Medikamente, die sie nicht kenne, in Körper bringe, die sie ebensowenig kenne. Tatsächlich wusste im 18. Jahrhundert die Wissenschaft nicht, welche wirksamen Substanzen sich in nachweislich nützlichen und hilfreichen Arzneimitteln wie dem Pulver der Chinarinde oder dem Extrakt des Fingerhuts befinden und wie diese aufgebaut bzw. zusammengesetzt sind. Glücklicherweise hielt dies Ärzte nicht davon ab, die verfügbaren Mittel zu verschreiben, um die Leiden ihrer Patienten zu lindern. Im Verlauf des 19. Jahrhunderts lernten Pharmazeuten, Chemiker und Mediziner dann, die natürlichen Wirkstoffe zunächst analytisch zu bestimmen und später, diese zu synthetisieren. Inzwischen sind die Medikamente, die verabreicht werden, in nahezu allen Details bekannt, und es wird immer mehr von den Zusammenhängen zwischen molekularer Struktur und Wirkung verstanden.

Schwieriger ist es, die Körper zu verstehen, von denen Voltaire sprach; der Grund dafür ist leicht einzusehen. Denn im Gegensatz zu der gleichbleibenden Struktur eines jeden Medikaments (in der synthetischen Form, notabene, nicht in der heute von der Alternativmedizin häufig bevorzugten Extraktform!) sind alle Menschen individuell verschieden. Jeder Patient stellt etwas Besonderes – sozusagen seinen eigenen Fall – dar, und dies macht eine Standardisierung jedweder Behandlung äußerst schwierig. Zu Beginn des 20. Jahrhunderts stellte die Frage, wie die „organische Individualität" einer Person zustande komme, wissenschaftlich argumentierende Ärzte vor ein unlösbares Rätsel. Natürlich sehen wir, rein äußerlich, alle verschieden aus, und selbst über die inneren Organe lassen sich mit klinischer Erfahrung, gepaart mit verschiedenen Bild gebenden (imaging) Technologien (wie etwa Röntgen, CT, MRT, Ultraschall) Aussagen machen. Worauf beruhen jedoch diese Unterschiede auf der Ebene der Zellen oder der Moleküle? Welche Strukturen vermitteln jene Individualität, aufgrund derer Medikamente ihre von Person zu Person verschiedenartige Wirkung entfalten?

Dem britischen Arzt Archibald Garrod wird – um die Jahrhundertwende – die erste Beobachtung eines derart individuell unterschiedlichen Ansprechens auf ein Medikament und die Prägung des Begriffs der „chemische Individualität" des Patienten zugeschrieben. Er beobachtete, dass die Gabe des Schlafmittels Sulphonal in einzelnen Personen zum Auftreten von akuter Porphyrie führte, und postulierte, dass ein gewisser Mechanismus, der dem Körper helfe, diese Arznei zu „entgiften", wohl in manchen Menschen unzulänglich ausgebildet sei. Er baute seine Beobachtungen später auch auf individuell verschiedene Anfälligkeiten gegenüber Infektionskrankheiten und dem Behandlungserfolg verschiedener Medikamente aus und erarbeitete erste Daten bezüglich der Erblichkeit dieser „Anlagen". Garrod forderte im ersten Jahrzehnt des 20. Jahrhunderts die Wissenschaft auf, alle Anstrengungen darauf zu richten, die Grundlage dieser genetischen Besonderheit zu finden, um sie für die Bemühungen der Medizin um die Gesundheit der Menschen nutzbar zu machen.

4.1.3.2 Individualität und Genetik

Der Wunsch von Garrod nähert sich damit heute – rund 100 Jahre später – endlich seiner Erfüllung, dank des wesentlich grundlegenderen, molekularen Verständnisses normaler und krankhafter Organ- und Zellfunktion, das mittlerweile besteht bzw. welches weiterhin hoffentlich gewonnen werden wird. Dieses baut zu einem wichtigen Anteil auf den Erkenntnissen und Errungenschaften der Genomforschung auf, deren endgültiges Ziel ein umfassendes Verständnis der Struktur, Funktion und Interaktion aller Gene ist. Das humane Genomprojekt (HGP) wurde ins Leben gerufen, um, als erstes wichtiges Ziel auf dem Weg dorthin, die Reihenfolge (Sequenz) der Bausteine zu ermitteln, die das gesamte menschliche Erbgut (Genom), das in jeder Zelle vorhanden ist, ausmachen. Mit Hilfe der in seinem Rahmen erzielten Ergebnisse besteht inzwischen die Möglichkeit, die chemische Individualität eines Menschen zumindest teilweise zu beschreiben.

Während das HGP sozusagen ein „Standardgenom" sequenziert, gibt uns die Kenntnis dieser primären Sequenz die Möglichkeit, diese Information auf ihre Konstanz bzw. auf ihre Variation von Person zu Person hin zu überprüfen, und dabei mögliche Unterschiede festzustellen. Das Schlüsselwort heißt dabei Vielgestaltigkeit – Polymorphismus in der Fachsprache. Dieser Ausdruck beschreibt die Tatsache, dass sich zwar alle Menschen den gleichen Satz von etwa 50 000–100 000 Genen teilen, dass es aber von Mensch zu Mensch viele geringgradige – punktuelle – Unterschiede in einzelnen Genen gibt, die z. T. in einer unterschiedlichen Gestalt und Funktion oder Spiegel (Expression) der von diesen Genen aus aufgebauten Eiweißmoleküle resultieren. Diese bestimmen als Bausteine und Informationsträger wiederum die Gestalt und Funktion der Zellen und Organe. Diese geringfügigen, aber eben manchmal ungemein folgenschweren Unterschiede gehen meist auf den Austausch eines jener 4 Bausteine – der Nukleotide A, T, C, G – zurück, aus denen die DNA aufgebaut ist, und werden deshalb auch als „single nucleotide polymorphisms" (Einzelnukleotidvielgestaltigkeit) oder SNP bezeichnet. Heute wird geschätzt, dass insgesamt etwa 1–5 Mio. solcher Polymorphismen von Person zu Person existieren, von denen die weitaus größte Anzahl sicherlich stumm bleibt. Der geringe Bruchteil jedoch, der gewisse funktionelle Auswirkungen hat, ist ausschlaggebend für den genetischen Anteil unserer Individualität und damit für die Vielgestaltigkeit oder Diversität der Spezies Mensch. (Notabene, unsere Umweltprägung und Lebenserfahrung tragen mindestens gleichermaßen dazu bei – deshalb sind eineiige Zwillinge auch durchaus eigenständige Persönlichkeiten, auch wenn sie einander äußerlich ähneln.)

4.1.3.3 Kontrast: klassische Erbkrankheiten – häufige, komplexe Erkrankungen

Der Nachweis für die Existenz und Auswirkung von relevanten individuellen Genvarianten wurde bislang hauptsächlich im Bereich der seltenen klassischen, so genannten „monogenetischen" Erkrankungen geführt, bei denen Veränderungen in nur einem Gen ausreichen, um in jedem Träger die volle Symptomatik mit einer sehr hohen Voraussagbarkeit auszulösen. Als Beispiel seien die Mukoviszidose oder die Chorea Huntington genannt, bei denen heute ganz konkret das jeweils betroffene Gen und die darin vorkommenden Mutationen bekannt sind. Dies erlaubt es, Patienten wesentlich spezifischer, als es bisher (aufgrund einer positiven Familiengeschichte) möglich war, zu beraten. Andererseits gibt der deterministische Charakter dieser Mutationen auch Anlass zur Sorge, und zwar v. a. bezüglich der potenziellen psychischen Auswirkungen, die derartige Eröffnungen für den Patienten haben können, und auch im Hinblick auf den möglicherweise stigmatisierenden Charakter solcher Daten und den damit verbundenen Fragen bezüglich Datenschutz und Diskriminierung am Arbeitsplatz bzw. durch Versicherungen.

Andererseits gehen wir aufgrund wohl dokumentierter familiärer Häufung der meisten jener häufigen Erkrankungen, die volksgesundheitlich von hoher Bedeutung sind, davon aus, dass auch dort vererbte Anfälligkeiten zumindest eine beitragende Rolle spielen. Die Charakterisierung dieser Gene und ihrer krankheitsrelevanten molekularen Varianten bzw. das Zusammenspiel mit den bei diesen Krankheiten natürlich wohlbekannten äußerlichen Risikofaktoren gestalten sich allerdings wesentlich schwieriger als die Erforschung der oben besprochenen monogenetischen Erkrankungen. Dies hängt mit dem multifaktoriellen Charakter dieser Krankheiten zusammen, wobei davon ausgegangen wird, dass Einzelnen dieser Faktoren – seien sie nun genetisch bedingt oder äußerlichen Ursprungs – jeweils meist nur mäßiges Gewicht zukommt. Dadurch ergibt sich ein ungünstiges Verhältnis zwischen Signal und Rauschen, im Hinblick auf die Beforschung und den Einfluss jedes Einzelnen der zu einer Erkrankung möglicherweise beitragenden Faktoren. Das Verständnis dieser zusammenspielenden Faktoren ist nichtsdestoweniger von fundamentaler Bedeutung für jeden Fortschritt, der in der Behandlung bzw. der Vermeidung dieser Erkrankungen erreicht werden soll.

4.1.3.4 Revolution oder Evolution – Paradigmenwechsel oder logische Entwicklung?

Dass sich die Heilkunde im Lauf der Zeiten kontinuierlich ändert, ist eine Tatsache. Wird die Art und Weise, wie Patienten behandelt werden, sich aber nun, aufgrund der Anwendung molekulargenetischer Technologien zu „individualisierter" Behandlung, tatsächlich so radikal und fundamental – also revolutionär – ändern, wie es oft dargestellt wird? Wenn über die Zukunft spekuliert wird, ist es oft hilfreich, sich auf die Vergangenheit zu besinnen und die Dinge dementsprechend aus einer etwas längeren Perspektive zu betrachten. Medizinischer Fortschritt hat, aus einem etwas vereinfachten, auf das für die Praxis tatsächlich Ausschlaggebende zusammenfassenden Blickwinkel während der letzten Jahrhunderte, und speziell im letzten Jahrhundert, v. a. auf dem Gebiet der Differenzialdiagnose und der prospektiven Risikoerfassung stattgefunden. Es ist nun vielleicht überraschend, aber andererseits auch durchaus logisch, festzustellen, dass der Einfluss der Genetik und der Genomik sich genau entlang dieser beiden Stoßrichtungen primär manifestieren wird. In gewisser Hinsicht spielt sich also, konzeptionell, gar nichts so besonders Neues ab, obwohl natürlich die große Aussagekraft der molekulargenetischen Ansätze die Entwicklung sicherlich beschleunigen kann.

4.1.3.5 Leitmotiv medizinischen Fortschritts: Differenzialdiagnose

Seit jeher war es das Ziel der medizinischen Forschung, den Erfolg ärztlichen Handelns zu verbessern. Dies erforderte immer in erster Linie ein besseres Verständnis der Krankheiten und ihrer Ursachen. Die Geschichte der Medizin ist geprägt von einem schrittweisen sich Annähern an dieses Ziel und damit einer immer genaueren und spezifischeren Differenzialdiagnose, in Abhängigkeit von den zur jeweiligen Epoche zur Verfügung stehenden Ansätzen und deren Genauigkeit bzw. Auflösungsvermögen, von einem sich fortwährend weiter verästelnden „Stammbaum" differenzieller Diagnose. So bewegte sich die Ebene, auf der Krankheiten verstanden und klassifiziert wurden – mit anderen Worten: diagnostiziert wurden – schrittweise von einer rein auf der Symptomatologie beruhenden Diagnose hin zu einer anatomischen, dann histologischen bzw. mikrobiologischen Beschreibung von Erkrankungen und einem auf die Wirkung von Umweltfaktoren bezogenen Verständnis von Krankheitsrisiken. Bislang bestand jedoch immer eine fundamentale Kluft zwischen der Ebene, auf der Medikamente seit jeher wirken – nämlich der molekularen Ebene – und der Ebene, auf der Krankheit und Heilmittelwirkung verstanden, beschrieben und klassifiziert werden konnten, nämlich der sehr viel unpräziseren und gröberen Ebene klinischer Diagnose.

Die Errungenschaften der Biologie und Biotechnologie der letzten 30 Jahre haben hier nun zu einer grundlegenden „Wachablösung" geführt, indem nun Krankheiten erstmalig auf *derselben* Erkenntnisebene verstanden und diagnostiziert werden, auf der sich sowohl die grundsätzlichen Krankheitsmechanismen als auch die Heilmittelwirkungen abspielen: nämlich der molekularen Ebene.

Dies ist in zweierlei Hinsicht bedeutungsvoll:

1. Hiermit wurde – im Bezug auf die Biologie und die dissoziative Beschreibung ihrer Komponenten – wahrscheinlich die fundamentalste, letzte Ebene der Forschung und Erkenntnis erreicht, damit liegt der Schlüssel zu einem so umfassend wie möglichen Verständnis des Lebens in unserer Hand. Wenn auch die geschichtliche Entwicklung, die uns zu dem heute Erreichten geführt hat, durchaus evolutionär und, in gewissem Sinn, logisch war, hat das Erreichen dieser letzten, molekularen Ebene der Auflösungsgenauigkeit sicherlich Schwellenwertbedeutung.
2. Es ist nun endlich in unserem Verständnis der Lebensvorgänge jene Stufe erreicht, in der Pharmaka seit jeher ansetzen. Damit wird es – zumindest theoretisch – nun möglich, dem historischen Dilemma, welches die konzeptionelle Lücke zwischen klinischer Diagnose und Medikamentenwirkung darstellte, zu entkommen und aufgrund eines integrierteren Verständnisses nun spezifischer und damit hoffentlich erfolgreicher behandeln zu können.

4.1.3.6 Pharmakogenetik: Versuch einer systematischen Klassifizierung

Eben dieser Schulterschluss vom molekularen Wirkungsmechanismus unserer *Pharmaka* und einem molekular*genetischen* Verständnis der – „normalen" und pathologischen – Biologie ist letztlich in dem Begriff „Pharmakogenetik" enthalten. Der Begriff ist daher eigentlich viel spezifischer zu sehen als die meist sehr vage Beschreibung einer „von Patient zu Patient unterschiedlichen Wirkung von Medikamenten in Abhängigkeit vom individuellen genetischen Hintergrund", als der er oft verwendet und missverstanden wird. Vielmehr enthält er das Versprechen, einerseits differenzierter auf an sich nicht pathologische Eigenheiten eines einzelnen Patienten eingehen zu können und andererseits Erkrankungen differenzierter diagnostizieren und damit gezielter – und häufig erfolgreicher – behandeln zu können. Darauf beruhend sollen hier der Versuch einer systematischen Klassifizierung des Phänomens „Pharmakogenetik" versucht und damit den Erwartungen, die weithin an die Molekulargenetik geknüpft werden, eine hoffentlich etwas rationalere, wenn auch vielleicht nüchternere Perspektive gegeben werden.

Zum Unterschied zwischen den Begriffen

- „Pharmakogenetik" und
- „Pharmakogenomik",

die oft austauschsweise und ohne klare Definition verwendet werden, sei auf das Glossar verwiesen.

Die Klassifizierung des Oberbegriffs „Pharmakogenetik" beruht zunächst auf der Trennung von Pharmakogenetik im engeren Sinn, d. h. sowohl

- den seit langer Zeit etablierten *pharmakokinetischen* als auch
- den erst in jüngerer Zeit vermehrt beachteten *pharmakodynamischen*

interindividuellen Unterschieden, die die medikamentöse Behandlung beeinflussen, und dem üblicherweise auch unter dem Begriff „Pharmakogenetik" mit eingeschlossenen Phänomen einer unterschiedlichen Medikamentenwirkung in Abhängigkeit von der molekularen Krankheitsursache.

Die Verbindung dieser 2 an sich konzeptionell sehr unterschiedlichen Phänomene unter dem Überbegriff „Pharmakogenetik" ist zwar wissenschaftlich anfechtbar, aber eine De-facto-Tatsache und macht auch hinsichtlich ihrer praktischen Auswirkungen Sinn. In beiden Fällen ist die praktische, klinische Konsequenz eine Stratifizierung einer konventionell als einheitlich angesehenen Diagnose bzw. eines Patientenkollektivs, in neu definierte Untergruppen, die sich bezüglich der zur Diskussion stehenden Substanz verschieden verhalten.

Pharmakogenetik im engeren Sinn. Als Ausdruck an sich nicht pathogener individueller Variation, die das Ansprechen auf Medikamente beeinflusst, ist Pharmakogenetik eine Disziplin, die sich seit Anfang/Mitte des letzten Jahrhunderts schrittweise entwickelt hat. Ihren ersten großen Schub erfuhr

Tabelle 4.1.1. Chronologie der Pharmakogenetik, nach Weber u. Cronin (2000)

Pharmakogenetischer Phänotyp	Beschrieben	Gen/Mutation	Identifiziert
Sulphonalporphyrinurie	Etwa 1890	Porphobilinogendeaminase?	1985
Suxamethoniumüberempfindlichkeit	1957–1960	Pseudocholinesterase	1990–1992
Primaquinüberempfindlichkeit; Favismus	1958	G-6-PD	1988
Langes QT-Syndrom	1957–1960	Herg etc	1991–1997
Isoniazid, langsame/schnelle Azetylierung	1959–1960	*N*-Azetyltranferase	1989–1993
Maligne Hyperthermie	1960–1962	Ryanodinrezeptor	1991–1997
Fruktoseunverträglichkeit	1963	Aldolase B	1988–1995
Vasopressinunempfindlichkeit	1969	Vasopressinrezeptor 2	1992
Alkoholanfälligkeit	1969	Aldehyddehydrogenase	1988
Debrisoquinüberempfindlichkeit	1977	CYP2D6	1988–1993
Retinoic acid resistance	1970	PML-RARA-Fusions-Gen	1991–1993
6-Mercaptopurin-Toxizität	1980	Thiopurinmethyltransferase	1995
Mephenytoinresistenz	1984	CYP2C19	1993–1994
Insulinunempfindlichkeit	1988	Insulinrezeptor	1988–1993

sie in den 1950er- und 1960er Jahren durch das Zusammentreffen der Entwicklung einer großen Anzahl neuer Pharmaka und dem zu diesem Zeitpunkt etablierten bzw. sich vertiefenden biochemischen Verständnis metabolischer Abbauwege. Mit der Reifung molekularbiologischer und -genetischer Techniken kam dann ein 2. Schub, den wir momentan erleben, in dem viele der früheren Erkenntnisse nun ihre molekulare Definition finden (Tabelle 4.1.1).

Pharmakokinetische Effekte. Sie beziehen sich auf das individuell unterschiedliche Ansprechen von Patienten auf ein Medikament aufgrund unterschiedlicher Aufnahme, Verteilung, Aktivierung (bei Prodrugs), Abbau oder Ausscheidung von Medikamenten in Abhängigkeit von interindividuellen Unterschieden in dem chemisch-biologischen Repertoire, welches unser Körper für diese Vorgänge besitzt. Diese Unterschiede bedingen dabei letztlich immer unterschiedliche (aktive) Wirkstoffkonzentrationen am eigentlichen Zielort, was sich entweder in mangelnder Effektivität (bei zu niedrigen Konzentrationen) oder in toxischen Effekten (bei zu hoher Konzentration) äußert (Tabelle 4.1.2). Es ist wichtig, sich vor Augen zu halten, dass es hierbei nicht nur um Medikamentenabbau (Metabolismus), sondern u.U. auch um Absorption, Verteilung und Elimination geht; sowie möglicherweise auch um die enzymatische Aktivierung von „Prodrugs".

Weiterhin – und das rückt vielleicht auch das häufig wohl als zu hoch eingestufte zukünftige Potenzial dieser Ansätze in ein zwar etwas bescheideneres, aber doch vielleicht eher realistisches Bild, sollte man sich vor Augen halten, dass trotz der viele Jahre zurück reichenden Kenntnis vieler, einen metabolischen Abbauweg beeinflussenden Polymorphismen die praktischen Auswirkungen dieses Wissens bislang äußerst gering geblieben sind. Dies hängt sicher einerseits damit zusammen, dass selbst signifikant unterschiedliche Abbaukinetiken irrelevant sind, wenn die Dosis-Wirkungs-Kurve eines Pharmakons relativ flach verläuft, d.h. die therapeutische Breite ausreichend groß ist. Dazu kommt, dass viele Pharmaka nicht nur über einen, sondern über mehrere, parallele Abbauwege metabolisiert werden können. Diese mögen in ihrer Substrataffinität zwar unterschiedlich sein, sich jedoch durchaus komplementär verhalten, sodass beim Versagen des einen Schenkels des Abbauweges der Andere kompensatorisch eingreifen kann. So ist im Augenblick die Zahl der Polymorphismen, deren Untersuchung tatsächlich Eingang in die klinische Praxis gefunden hat, sehr begrenzt und beschränkt sich derzeit praktisch auf die Untersuchung auf das Vorhandensein einer funktionell defizienten Variante der Thiopurinmethyltransferase vor der Behandlung mit Purinanaloga.

Pharmakodynamische Effekte. Pharmakodynamische Effekte beziehen sich auf Unterschiede hinsichtlich der eigentlichen Wirkung des Medikaments bei an sich optimalen Wirkstoffkonzentrationen am Zielort. Hierbei können, in Anlehnung an die beiden

Tabelle 4.1.2. Enzyme und Testsubstanzen zur Feststellung von Varianten

Enzyme	Testsubstanz
Phase-I-Enzyme	
Aldehyddehydrogenase	Azetaldehyd
Alkoholdehydrogenase	Ethanol
CYP1A2	Koffein
CYP2A6	Nikotin, Kumarin
CYP2C9	Warfarin
CYP2C19	Mephenytoin, Omeprazol
CYP2D6	Dextromethorphan, Dbrisoquin, Spartein
CYP2E1	Chloroxazon, Koffein
CYP3A4	Erythromyzin
CYP3A5	Midazolam
Serumcholinesterase	Benzoylcholin, Butrylcholin
Paraoxonase/Arylesterase	Paraoxon
Phase-II-Enzyme	
Azetyltransferase (NAT1)	Paraaminosalizylsäure
Azetyltransferase (NAT2)	Isoniazid, Sulfamethazin, Koffein
Dihydropyrimidindehydrogenase	5-Fluorouracil
Glutathiontransferase (GST-M1)	Transstilbenoxid
Thiomethyltransferase	2-Mercaptoethanol, D-Penicillamin, Captopril
Thiopurinmethyltransferase	6-Mercaptopurin, 6-Thioguanin, 8-Azathioprin
UDP-Glukuronosyl-Transferase (UGT1A)	Bilirubin
UDP-Glukuronosyl-Transferase (UGT2B7)	Oxazepam, Ketoprofen, Estradiol, Morphin

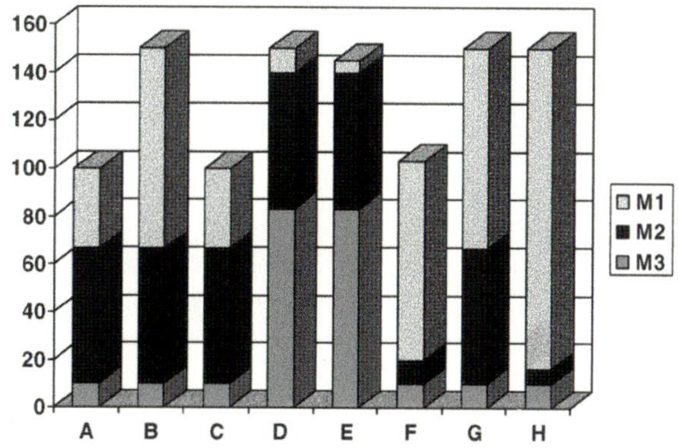

Abb. 4.1.1. *A* Normale Physiologie: 3 parallele Mechanismen *M1*, *M2*, *M3*, beeinflussen den Phänotyp additiv, *B* Erkrankung molekularer Typ 1 (>*M1*): Mechanismus *M1* ist krankhaft verändert (überaktiv), *C* Erkrankung molekularer Typ 1; kausale Behandlung mit einem M1-Hemmer – ein Beispiel für pharmakogenetisch selektiv erfolgreiche Behandlung (Erkennen einer pathologischen Untereinheit durch Ansprechen auf ein mechanistisch „passendes Medikament"), *D* Erkrankung molekularer Typ 3 (>*M3*): Mechanismus *M3* ist krankhaft verändert (überaktiv); Mechanismus *M1* ist kompensatorisch abreguliert und trägt nicht ursächlich zum Krankheitsbild bei, *E* Erkrankung molekularer Typ 3, kausal auf die >*M3*-Untereinheit der Krankheit nicht zutreffende Behandlung bleibt erfolglos, obwohl das Medikament an sich mit dem Zielmolekül in normaler Weise interagiert, *F* Erkrankung molekularer Typ 1, palliative Behandlung mit *M2*-Hemmer. Ähnliche Symptombesserung wie bei Behandlung mit *M1*-Hemmer, allerdings nicht kausal, *G* Erkrankung molekularer Typ 1, palliative Behandlung mit *M2*-Hemmer; *M2*-Hemmer-refraktäre Mutation in *M2*, daher kein Erfolg, *H* Erkrankung molekularer Typ 1, palliative Behandlung mit *M2*-Hemmer; *M2* nicht symptomrelevant (Situation ähnlich wie in *E*)

prinzipiellen Wirkarten aller eingesetzten Pharmaka,

- „ursächlich krankheitsbezogene" von
- „palliativ" wirkenden

Substanzen unterschieden werden.

Ursächlich wirkende Mittel greifen direkt an der die Krankheit hervorrufenden Fehlsteuerung ein und führen zur Symptomlinderung und – zumindest potenziell – Heilung, indem sie diese Fehlsteuerung korrigieren (Abb. 4.1.1, Situation A, B); palliativ wirkende Medikamente lindern Symptome, indem sie durch Beeinflussung biologischer Mechanismen, die den ursächlichen Mechanismen parallel geschaltet sind, gegensteuern, aber greifen – definitionsgemäß – die Ursache der Krankheit nicht an und heilen sie deshalb nicht (Abb. 4.1.1, Situation A, F). Als Beispiel sei die Schilddrüsenüberfunktion (Hyperthyreose) genannt. Schilddrüsenhormon erhöht, neben einer Reihe anderer Wirkungen, die Herzfrequenz und den Blutdruck, 2 der von Patienten als unangenehmste Folgen dieser Erkrankung empfundene Symptome. Diese beiden biologische Parameter werden auch vom sympathischen Nervensystem und seinem Hormon, Adrenalin, beeinflusst. Die Symptome der Schilddrüsenüberfunktion – Herzrasen und Bluthochdruck – können heute einerseits mit ursächlich wirkenden Medikamenten (die zu einem Absterben eines Teils der überaktiven Drüse führen) bekämpft werden; andererseits aber auch – palliativ – mit Medikamenten, welche Adrenalin hemmen, also die Herzfrequenz und den Blutdruck über einen zwar völlig anderen Mechanismus, aber durchaus auch effektiv, vermindern. Während eine langfristige „Heilung" natürlich nur durch die erstgenannten Medikamente erzielt werden kann, sind Letztere – z.B. die so genannten β-Blocker – im akuten Fall zunächst sogar effizienter, um die Symptome zu lindern. Der weitaus größte Anteil un-

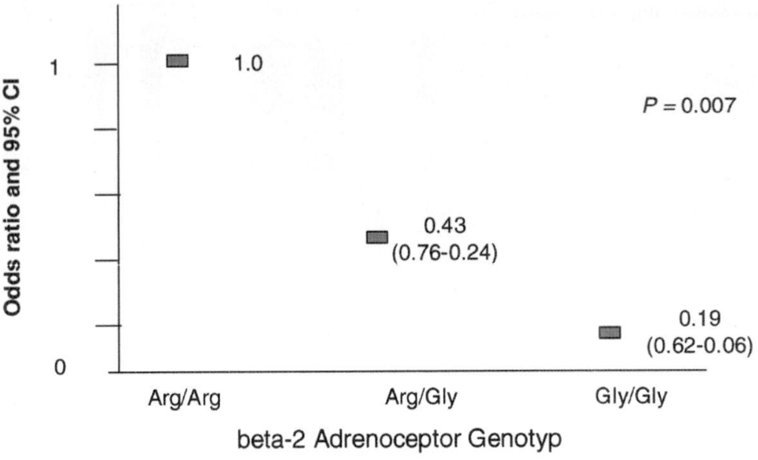

Abb. 4.1.2. Ansprechen auf β2-Agonisten ist etwa 5fach besser in Patienten, welche homozygot die Argininvariante tragen, verglichen mit jenen die homozygot die Glycinvariante aufweisen, modifiziert nach Martinez et al. (1997)

serer heutigen Medikamente fällt in die Kategorie der palliativen Arzneimittel, da für die meisten Erkrankungen eben die Ursachen (noch) nicht bekannt sind. In Anbetracht dieser Tatsache darf es dann natürlich auch nicht überraschen, dass der Erfolg vieler unserer Medikamente zu wünschen übrig lässt.

Im Fall eines palliativ wirkenden Medikamentes muss das Zielmolekül – zur vollen Wirksamkeit einer solchen Arznei – in Form und Funktion *normal* sein. Wenn ein solches Molekül in seiner Struktur dergestalt verändert ist, dass das betreffende Medikament (auf molekularer Ebene) nicht mehr oder nur bedingt mit ihm interagieren kann, wird natürlich eine Beeinflussung der krankheitsbedingten Symptomatologie über eine Modulation dieses Mechanismus nicht mehr oder nur begrenzt möglich sein (Abb. 4.1.1, Situation G). Gleichermaßen wird, selbst bei an sich erhaltener Interaktion der Substanz mit dem molekularen Ansatzpunkt, eine Beeinflussung der Symptomatologie dann nicht zu erwarten sein, wenn der angesprochene Mechanismus – aufgrund einer Veränderung im eigentlichen Zielmolekül oder aber auch anderweitig in dem diesbezüglichen Regelkreis – gar nicht zu der Symptomatologie beiträgt, d.h. an dem pathophysiologischen Geschehen überhaupt nicht teilnimmt (Abb. 4.1.1, Situation H). Beispiele für diese beiden Fälle sind im Feld der Asthmabehandlung vorhanden. Hier finden2 palliative Ansätze breite Anwendung:

1. Die Aktivierung des β2-Adreno-Rezeptors, was zu einer direkten, allgemeinen Bronchienerweiterung führt,
2. die Hemmung der Leukotriene, einer Klasse von biologischen Mediatoren, die bronchienverengend wirken.

Es ist bekannt, dass gewisse molekulare Varianten (beruhend auf dem Austausch eines einzelnen Bausteines in der Sequenz) des β2-Rezeptors – die, und dies ist hier von konzeptionell kritischer Bedeutung, aber ihrerseits in keinerlei Zusammenhang mit der Erkrankung selbst stehen (Dewar et al. 1998; Reishaus et al. 1993) und nach gegenwärtigem Verständnis physiologisch durchaus normal funktionieren – nur unzureichend auf β2-Agonisten ansprechen. Dies scheint direkt mit der durch die Mutation bedingten strukturellen Veränderung des Rezeptors zusammenzuhängen (Abb. 4.1.2). Dermaßen betroffene Patienten zeigen im Schnitt eine 5fach niedrigere Wahrscheinlichkeit, auf diese Pharmaka anzusprechen (Drysdale et al. 2000; Martinez et al. 1997; Tan et al. 1997).

Im Fall der Leukotriene ist die Situation umgekehrt: Hier sind molekulare Varianten eines der in diesem System wichtigen Gene, ALOX5, bekannt, die eine signifikante Unterproduktion von Leukotrienen bedingen. Während dies naturgemäß ursächlich nichts mit der Erkrankung zu tun hat (im Gegenteil), ist es andererseits aber auch einsichtig, dass bei solchen Patienten – bei denen das Leukotriensystem also nicht zum Grundtonus der Bronchien beiträgt – eine Hemmung dieses Systems ohne Erfolg bleiben wird; dies hat sich in der Tat bestätigt (Abb. 4.1.3) (Drazen et al. 1999, In et al. 1997; McGraw et al. 1998).

Pharmakogenetik als „molekulare Differenzialdiagnose" der Erkrankung. Es besteht heute weitgehende Übereinstimmung, dass alle volksgesundheitlich wichtigen Erkrankungen, die so genannten „häufigen „komplexen" Erkrankungen (common complex diseases), in Wahrheit Überbegriffe für ursächlich heterogene und multifaktorielle pathologi-

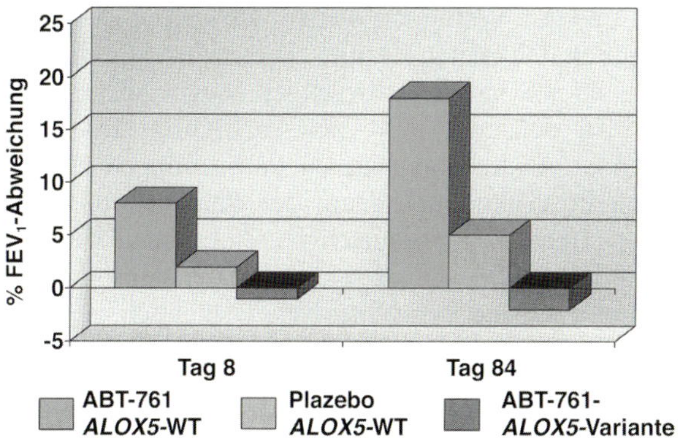

Abb. 4.1.3. Träger der ABT-761-Variante im ALOX5-Gen sprechen nicht auf Leukotrienhemmer an

sche Prozesse sind, die alle letztlich in jenen gemeinsamen Symptomenkomplex münden, der dann klinisch als ein „einheitliches" Krankheitsbild diagnostiziert wird. Auf dem Hintergrund dieser Tatsache wird sehr schnell klar, dass ein einheitliches Ansprechen dieser ursächlich unterschiedlichen Krankheitsprozesse, die in einer klinischen Diagnose „zusammengewürfelt" sind, auf nur eine ursächlich ansetzende Arznei gewiss nicht zu erwarten ist. Vielmehr wird ein Medikament naturgemäß nur jenem Bruchteil der Patienten mit der unspezifischen, klinischen Diagnose optimal und im kurativen Sinn helfen, deren eigentliche Krankheitsursache oder krankheitsbeitragende Pathomechanismen spezifisch von dieser Arznei angesprochen und korrigiert werden, falls solch eine Untergruppe überhaupt existiert und das Medikament nicht rein palliativ wirkt (Abb. 4.1.1, Situation C). Demgemäß ist das Ansprechen auf ein derartiges Medikament dann de facto nichts anderes als die Erstellung oder Bestätigung einer spezifischen *Unter*differenzialdiagnose auf molekulardiagnostischer Ebene oder – mit anderen Worten – eine „retrospektive Differenzialdiagnose" aufgrund der Reaktion auf das Medikament. Was sich primär als „pharmakogenetisches" Phänomen präsentierte, ist hier letztlich nichts Anderes als der Ausdruck des Ansprechens auf das Medikament in Abhängigkeit vom Vorliegen der richtigen Indikation im Sinn eben einer solchen molekularen Differenzierung eines ätiologisch heterogenen, aber klinisch (relativ) einheitlichen Krankheitsbilds bzw. des Nichtansprechens auf das Medikament, falls der damit angesprochene Mechanismus nicht krankheitsbeitragend ist (Abb. 4.1.1, Situation D, E).

Ein gutes Beispiel für diese Spielart der Pharmakogenetik bietet das vor kurzer Zeit auf dem Markt eingeführte Brustkrebsmittel Trastuzimab (Herceptin). Dabei handelt es sich um einen Antikörper, der spezifisch einen Krebswachstumsfaktor – das Onkogen *her2* – „neutralisiert" (Baselga et al. 1996). Dieser Wachstumsfaktor ist in etwa 1/4–1/3 aller Krebspatientinnen aufgrund einer somatisch-genetischen Variation in erhöhter Konzen-

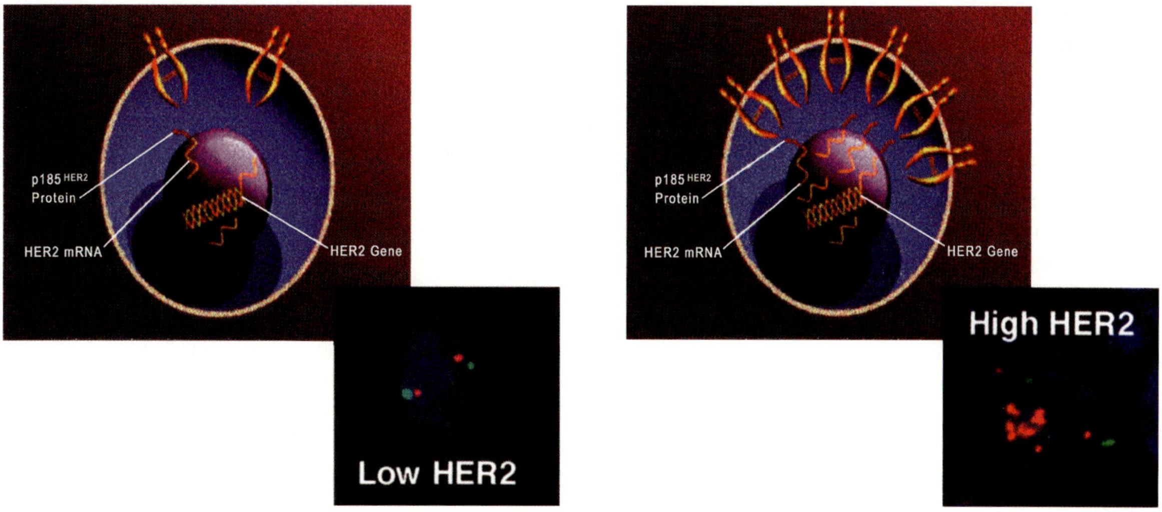

Abb. 4.1.4. Pathogenetisch relevanter Hintergrund der „pharmakogenetischen" Aktivität von Herceptin: Bei 2/3 der Patientinnen nimmt der Wachstumsfaktor in der Tumorpathophysiologie keine prominente Rolle ein, und seine Hemmung bewirkt daher wenig; in 1/3 der Patientinnen besteht eine somatische Mutation mit multiplen Kopien des *her2*-Gens in der genomischen DNA, verbunden mit einer entsprechenden Überproduktion des Wachstumsfaktors, der in diesen Tumoren eine entscheidende Rolle bei ihrem aggressiveren Wachstum spielt; Hemmung in dieser Situation greift kausal in die Tumorbiologie ein

tration vorhanden und trägt kausal zu einem besonders bösartigen und aggressiven Tumorwachstum bei. Die „pharmakogenetische“ Beobachtung, dass dieses Medikament in 2/3 der Patientinnen (nämlich jenen, bei denen HER2 nicht abnormal erhöht ist), keinen Effekt aufweist, während es bei jenem Drittel, in dem die pathologische „Überexpression“ vorliegt, die Lebenserwartung um bis zu 50% verbessert, ist also auf nichts Anderes zurückzuführen als auf eine - im Hinblick auf die molekulare Differenzialdiagnose - entweder nicht indizierte oder aber zutreffende Verabreichung des Medikaments (Abb. 4.1.4). Es ist daher auch nicht verwunderlich, dass in der klinischen Praxis, aufbauend auf dieses Verständnis, Trastuzimab heute nur nach vorangegangener molekularer Diagnose verschrieben werden kann.

Konzeptionell ist festzuhalten, dass bei dieser Art pharmakogenetischer Interaktionen das Medikament dann entweder überhaupt oder zumindest optimal wirksam ist, wenn es eine biologische „Entgleisung“ korrigiert, also in Patienten, in denen das Zielmolekül krankhaft verändert, *abnormal* in Struktur oder Konzentration ist.

Genetische Zielmoleküle – deus ex machina für die Medikamentenforschung? Die Diskussion dieser Spielart der Pharmakogenetik wirft logischerweise die Frage nach der realen Durchführbarkeit von Projekten auf, die an so genannten „neuen“ Zielmolekülen (targets) ansetzen. Dem klaren - theoretischen - Vorteil, den solche Zielmoleküle bieten, nämlich einer pathogenetisch relevanten Beteiligung am jeweiligen Krankheitsgeschehen und dementsprechend eines Ansatzes für kausal, nicht lediglich palliativ-symptomatisch wirkende Pharmaka, stehen auf der anderen Seite auch wieder viele neue Schwierigkeiten und Anforderungen gegenüber, denen sich Medikamente, die bereits länger bekannte und erforschte Zielmoleküle ansprechen, wesentlich weniger ausgesetzt sehen. Zum einen wird bei einem neu entdeckten Molekül natürlich oft biologisches Neuland betreten, und all jene Arbeiten, die sonst in der Literatur vorzufinden sind, müssen erst noch durchgeführt werden. Weiterhin sagt die kausale Beteiligung eines Moleküls an einer Krankheit überhaupt nichts über die chemisch möglichen Ansätze aus, eine mit einem solchen Molekül interagierende Verbindung zu finden („drugability, targetability“). Konzeptionell ist es durchaus möglich, dass unsere heutige Kenntnis chemisch verfolgbarer oder chemisch nicht angreifbarer Zielmolekülfamilien letztendlich Ausdruck einer Selbstauswahl ist, die auf der uns zur Verfügung stehenden, begrenzten chemischen Diversität beruht. Dies würde bedeuten, dass es wesentlich schwieriger sein wird, zumindest in den uns heute zur Verfügung stehenden chemischen Substanzbanken Verbindungen zu finden, die gegenüber neuen, der Pharmakopöe bislang fremden biologischen Zielmolekülfamilien Aktivität aufweisen. Die Erfahrung wird zeigen, inwiefern diese Befürchtungen tatsächlich gerechtfertigt sind.

4.1.3.7 Probabilistische, nicht deterministische Voraussagen

Von konzeptioneller Bedeutung, weil hier von der weit verbreiteten Anschauung des Mendel-Paradigmas, nämlich einer strengen Gen(-Variante)-Phänotyp-Korrelation Abstand genommen wird, ist die Tatsache, dass bei pharmakogenetischen Effekten der beiden besprochenen Hauptspielarten der Einfluss des pharmakogenetisch relevanten Parameters von probabilistischer und nicht von mit dem Begriff „Genetik“ meist verbundener deterministischer Qualität ist. Die weit verbreitete Anschauung, anhand dieser Parameter, wenn sie einmal gefunden sind, könnten die Patienten in 2 klar definierte Gruppen von

- „Ansprechern“ (responders) und
- „Nichtansprechern“ (non-responders)

eingeteilt werden, stellt daher eine sehr naive Interpretation dar. Aufgrund der komplexen Biologie multifaktorieller Erkrankungen, bei denen diverse genetische und auch umweltbedingte Faktoren eine wichtige Rolle spielen, wird es vielmehr so sein, dass es beim Vorliegen eines pharmakogenetischen Effekts 2 nur bedingt von einander zu trennende, zumindest z.T. überlappende Verteilungen geben wird, sodass es dann auch unter den „genotypischen Ansprechern“ Nichtansprecher geben wird, und umgekehrt. Die Bestimmung des pharmakogenetisch relevanten Genotyps wird daher lediglich eine Voraussage mit relativer, aber gewiss nicht absoluter Sicherheit ermöglichen.

4.1.3.8 Bioethisch-gesellschaftliche Aspekte

Eine wichtige Schlussfolgerung dieser eben besprochenen Überlegungen ist die Erkenntnis, dass in deutlichem Kontrast zu den monogenen, klassischen Erberkrankungen mit hoher Penetranz, bei denen der Genotyp das Schicksal des Einzelnen mit hoher Genauigkeit voraussagen kann und daher eine Reihe von wichtigen ethisch-gesellschaftlichen Problemkreisen angeschnitten werden, die v.a. die Thematik der persönlichen und familiären psychischen Belastung sowie der möglichen Benachteiligung – speziell im Hinblick auf Versicherbarkeit und Arbeitsplatz – beinhalten, die genetische Diagnostik im Bereich der Pharmakogenetik sicherlich wesentlich weniger dramatische Fragestellungen aufwerfen wird. Dies hängt zum einen damit zusammen, dass pharmakogenetische Effekte im engeren Sinn ja per se keine krankheitsrelevante, pathologische Bedeutung haben und allein deshalb für den Einzelnen überhaupt nur bedingt – nämlich wenn er/sie ein davon betroffenes Medikament nehmen muss – von Bedeutung sind. Speziell wenn es sich dabei um einen Parameter handelt, aufgrund dessen die Wahrscheinlichkeit einer bedeutsamen Nebenwirkung als vermindert gesehen werden kann, ist auch a priori nicht anzunehmen, dass dies negative Auswirkungen haben könnte.

Allerdings ist es durchaus nicht von der Hand zu weisen, dass die Verwendung pharmakogenetische Daten auch zum Zweck des Risikomanagements, etwa im Bereich des Versicherungswesens, von Interesse sein könnte und dementsprechend auch wiederum wichtige bioethische und gesellschaftliche Fragen aufgeworfen werden können. Es ist einzusehen, dass genauso wie ein genetisch bedingtes erhöhtes Krankheitsrisiko auch eine verminderte Ansprechwahrscheinlichkeit (besonders falls kein alternatives Medikament zur Verfügung steht) ein verändertes Risiko für Versicherer und Arbeitgeber darstellt. Dies mag je nach Betrachtungsweise durchaus unterschiedlicher Natur sein: Eine geringe Wahrscheinlichkeit auf Behandlungserfolg in einer dadurch schneller zum Tod führenden Krankheit kann durchaus entgegengesetzte wirtschaftliche Konsequenzen etwa für den Kranken- bzw. den Lebensversicherer haben (positiv für den Ersteren, negativ für den Letzteren), während im Fall chronischer Erkrankungen, bei denen Ansprechen oder Nichtansprechen auf ein Medikament die Behandlungskosten deutlich beeinflussen, wiederum andere Aspekte zum Tragen kommen, je nachdem ob dadurch eine Verminderung langfristiger Behandlungskosten oder die Verschiebung einer an sich schnell tödlichen Erkrankung in eine chronische, mit hohen laufenden Behandlungskosten einhergehende Behinderung erwirkt wird (im ersten Fall ist das Risiko für den Krankenversicherer möglicherweise niedriger, im letzteren Fall höher). Es kann zwar davon ausgegangen werden, dass jene Spielart der Pharmakogenetik, bei der de facto eine pathologische Untergruppe identifiziert wird, eher Anlass zu den erwähnten möglichen Konfliktsituationen bieten wird, im Augenblick können aber auch die „klassischen" pharmakokinetischen und -dynamischen Szenarien nicht ausgeschlossen werden.

Es liegt auf der Hand, dass dieser Problematik im Bereich der Pharmakogenetik (und auch im Hinblick auf primär mit Krankheitsrisiken assoziierte genetische Parametern) nicht mit der heutzutage hinsichtlich des „Informationsrisikos" fast ausschließlich betonten Datensicherheit oder -sicherstellung begegnet werden kann: Liegt es doch in der Natur pharmakogenetischer Daten (noch deutlicher als im Fall pathogenetischer Daten), dass diese – um sinnvoll eingesetzt werden zu können – kommuniziert werden müssen, zumindest innerhalb eines sehr bald nicht länger rigoros zu kontrollierenden Kreises von an der medizinischen Versorgung Beteiligten. Teilt der Patient doch, im Fall der Verschreibung eines nur für eine bestimmte, pharmakogenetisch definierte Untergruppe zulässigen Medikaments implizit dem Apotheker, dem Kassenfräulein, dem in der Versicherung für Vergütung zuständigen Beamten seinen Genotyp mit.

4.1.3.9 Klinische Entwicklung

Eine zielgerichtetere, sich auf Probanden mit a priori höherer Ansprechwahrscheinlichkeit beschränkende klinische Entwicklungsstrategie wird oft als einer der einschneidenden Vorteile pharmakogenetisch bestimmten Vorgehens aufgeführt. Dies würde es theoretisch erlauben, kleinere und vielleicht auch kürzer dauernde klinische Phase-II- und -III-Studien durchzuführen. Demgegenüber steht allerdings das schwierigere Rekrutieren von Patienten, die nun eine weitere Bedingung erfüllen müssen, sowie eine Reihe von im Augenblick offenen Fragen sowohl im Hinblick auf die behördlichen Auflagen einer Medikamentenentwicklung unter Einbezug pharmakogenetischer Kriterien als auch im Hinblick auf die Bedingungen und Beschränkungen, die Ethikkommissionen hier stellen werden. So ist unbekannt, ob die Zulassungsbehörden nicht zusätzlich zu den Effizienz- und Sicherheitsdaten in den zur „Ansprecher"-Gruppe gehörenden Patienten auch Sicherheitsdaten für die „Nichtansprecher"-Gruppe verlangen werden, da natürlich nicht indizierte Verschreibungen befürchtet werden müssen. Bestimmte, u.U. sehr teure Maßnahmen zum Datenschutz sowie bezüglich genetischer Beratung werden möglicherweise verlangt werden. Die Frage von „aktiven" Kontrollen – die nun möglicherweise einem ganz unpassenden Patientenkollektiv gegeben werden, ist gegenwärtig ungeklärt. Eine weitere Problematik stellt die Notwendigkeit dar, parallel zur klinischen Entwicklung des Medikaments ein entsprechendes Diagnostikum entwickeln, behördlich zulassen und in Referenzlaboratorien etablieren zu müssen, da das Medikament sonst nicht verschrieben werden kann. Obwohl es sich hier prinzipiell um nichts anderes handelt als eine Stratifizierungsstrategie hinsichtlich der Entwicklung und späteren Verschreibung eines Medikaments, wie sie an sich – unter Verwendung klinischer Prinzipien – durchaus nicht unüblich ist, stellt die Tatsache, dass es sich hier häufig um einen relativ neuen Stratifizierungssparameter handeln wird, mit dem die medizinische Allgemeinheit weniger vertraut sein mag als mit klinischen Stratifizierungskriterien (wie etwa Schwere der Erkrankung), sowie dass es sich um einen der von der Gesellschaft besonders kritisch betrachteten „Gentests" handelt, sicherlich große zusätzliche Hindernisse dar, die es zu überwinden gelten wird.

4.1.3.10 Verbesserte Effizienz oder verminderte Nebenwirkungen?

Eine persönlichere, mehr „maßgeschneiderte" Therapie kann, theoretisch, Vorteile in 2 Richtungen bieten

1. im Sinn einer höheren Wahrscheinlichkeit, auf das Medikament im gewünschten Sinn anzusprechen, und
2. im Sinn einer verminderten Wahrscheinlichkeit, Nebenwirkungen zu erleiden.

Das Versprechen einer verbesserten Effizienz erscheint durchaus plausibel, ja sogar logisch, v.a. im Hinblick auf jene Spielart der Pharmakogenetik, bei der eine „molekulare Subdifferenzialdiagnose" einer Erkrankung vorliegt, wie etwa im Fall des Herceptin. Von Bedeutung ist, dass derartige Krankheitsbilder durchaus in einer Häufigkeit vorkommen, die eine biostatistisch gültige Unterscheidung der „Ansprechergruppe" gegenüber den „Nichtansprechern" erlaubt. Dies ist von Bedeutung, da Zulassungsbehörden aller Wahrscheinlichkeit nach derartige Daten verlangen werden. Vor allem ist aber wichtig, dass bei den unweigerlich vorkommenden Fehlverschreibungen eines solchen Medikaments – vorausgesetzt es liegen keine Sicherheitsprobleme vor – die Konsequenzen – nämlich Ausbleiben der angestrebten Wirkung – relativ wenig schwer wiegende Folgen haben werden. Aus all diesen Gründen erscheint es nicht unwahrscheinlich, dass derartig „pharmakogenetisch" zu verschreibende Medikamente erfolgreich zugelassen und sich in der Praxis etablieren werden können.

Etwas anders gelagert ist die Situation bei der möglichen Vermeidung von ernstlichen Nebenwirkungen bei Medikamenten, die durchaus auf dem Vorliegen genetisch verankerter Anfälligkeiten beruhen können. Es läge dann allerdings in der Natur einer derartigen erblichen Anfälligkeit, dass sie nur sehr selten vorkommt – sonst wäre das Medikament gar nicht erst behördlich zugelassen worden. Derart seltene, schwere Nebenwirkungen, die in der Entwicklungsphase eines Medikaments nicht zur Beobachtung kommen, führen allerdings bei ihrem Auftreten nach Beobachtung einer relativ geringen Anzahl von solchen Fällen üblicherweise zu einer Zurücknahme des Medikaments vom Markt. Nachdem derartige Entscheidungen demgemäß letztlich dem hippokratischen Prinzip des „primum non nocere" folgen und daher konservativ und letztlich auf rein empirischer bzw. „anekdotenhafter" Ebene gefällt werden, liegen in den meisten Fällen bei Weitem nicht jene Fallzahlen vor, die nötig wären, um ausreichend robuste, statistisch belegte und für die Behörden akzeptierbare Daten zu erheben, mit Hilfe deren das Argument gemacht werden könnte, dass die eine Untergruppe das Medikament ohne signifikantes Risiko einnehmen kann. Selbst wenn es gelingen sollte, solch eindeutige Daten zu erheben, bleibt in dieser Situation die brisante Problematik, dass bei Fehlverordnungen nun natürlich schwer wiegende Folgen zu befürchten sind – eine Gefahr, die letztendlich seitens der Zulassungsbehörden doch wieder zum Schluss führen könnte, dass es insgesamt sicherer sei, das betreffende Medikament gänzlich vom Markt zu nehmen. Die andere Hürde, die hier zu nehmen wäre, ist eine ökonomische und hängt mit dem „positiv prädiktiven Werte" (positive predictive value) eines Tests zusammen, die indirekt proportional zur Prävalenz einer Diagnose und direkt proportional zur Spezifität des Tests ist. Selbst bei sehr hoher Spezifität (z.B. 99%), aber niedriger Prävalenz der Nebenwirkung (z.B. 10 pro 100000) ergeben sich hier extrem ungünstige Werte um 0,01% – d.h. die Kosten-Nutzen-Rechnung verläuft hier extrem ungünstig, und die Kosten, die insgesamt pro positivem Test entstehen, machen ihrerseits die Verschreibung des Medikaments so problematisch, dass es möglicherweise kommerziell uninteressant wird.

Eine mögliche Ausnahme lässt sich bei Medikamenten voraussehen, deren Indikationsgebiet schwere, tödlich verlaufende Erkrankungen sind, für die es keine alternativen pharmakologischen Behandlungsmöglichkeiten gibt, wie etwa in der Onkologie oder bei Aids. Hier liegt die Toleranzgrenze für ernste Nebenwirkungen von Anfang an wesentlich höher, und es mag möglich sein, ausreichende Fallzahlen zu sammeln, um biostatistisch robuste Analysen durchzuführen. Ein solches Beispiel wurde kürzlich für die Assoziation dreier HLA-Marker mit dem Auftreten einer Hypersensitivitätsreaktion bei der Verschreibung des Reverse-Transkriptase-Hemmers Abacovir beschrieben – aber auch hier werden in dem begleitenden Editorial bereits Zweifel erhoben, ob die Verwendung des Tests wirtschaftlich durchführbar sei (Mallal et al. 2002).

4.1.3.11 Von der Theorie zur Praxis: Die Herausforderung der „postgenomischen" Phase

Es erheben sich folgende Fragen:

- Wo stehen wir in der tatsächlichen Verwirklichung all dieser Versprechen?
- Inwieweit haben bzw. wann werden die Errungenschaften und Fortschritte der molekularen Biologie und Genetik tatsächlich in die Arena der praktischen Auswirkungen Einzug halten, im Sinn der medizinischen Praxis?

Diese Fragen können in zweierlei Art und Weise beantwortet werden:

Überschätzt... Einerseits hat die Entwicklung bereits zu ganz konkreten Auswirkungen geführt, die die tagtägliche Behandlung unserer Patienten schon sehr direkt beeinflussen. Biomedizinischer Fortschritt findet ja nicht in einer diskontinuierlichen Art und Weise statt, sondern stellt ein Kontinuum dar, dessen Erfolge entsprechend kontinuierlich in der medizinische Praxis umgesetzt werden. Die obigen Fragen – die mit besonderer Vorliebe von Börsenanalysten an die pharmazeutische Industrie gestellt werden – sind daher dahingehend zu beantworten, dass sich die Früchte dieses Fortschritts bereits laufend einstellen. Es kann durchaus behauptet werden, dass jedes im letzten Jahrzehnt entwickelte Medikament seine Entstehung direkt oder indirekt der praktischen Anwendung dieser Errungenschaften verdankt, sei es in der Anwendung rekombinanter Methoden im Aufbau von Assays für chemisches Screening, sei es in der Verwendung transgener Tiere in der biomedizinischen-physiologischen oder pharmakologischen Forschung.

... und unterschätzt. Wenn es dagegen ganz speziell um den Einfluss der Sequenzierung des menschlichen Genoms geht, deren „Fertigstellung" vielerorts als die Öffnung eines bislang geschlossenen Tors gefeiert wurde, die nunmehr auf einmal eine Flutwelle neuer biomedizinischer Entwicklungen zulasse, muss festgestellt werden, dass diese Erwartungen völlig naiv sind. Was dadurch erreicht wurde, ist zunächst rohe DNA-Information, die funktionell, und gar in Bezug auf ihren gesundheitsrelevanten Gehalt, weitestgehend uncharakterisiert ist. Die Leistung, die die Sequenzierung des Genoms selbstverständlich darstellt, wird allerdings völlig in den Schatten gestellt von der Größe der Herausforderung, welche die Herstellung dieses Bezugs zwischen genomischer Rohinformation und biologischen Prozessen bzw. klinisch-medizinischen Daten erfordern wird. Die Metapher, die gern verwendet wird, ist jene des Telefonbuchs, das ursprünglich nur weiße Seiten enthielt. Nun ist es „gelungen", sämtliche Telefonnummern einzutragen, indem sie einfach in aufsteigender Reihenfolge gedruckt wurden. Der nächste Schritt ist es nun, den Bezug zwischen jeder Nummer und dem entsprechenden Teilnehmer herzustellen. Oder, mit anderen Worten, während es – rückblickend über die Dauer des HGP berechnet – etwa 1 h erforderte, um ein Gen in durchschnittlicher Länge zu sequenzieren, ist es heute bereits klar, dass es Jahre benötigen wird, um die Funktion jedes dieser Gene im komplexen Netzwerk eines lebenden Organismus auch nur annähernd zu beschreiben und zu verstehen.

Die Aufgabe, die damit vor uns steht, ist von einschüchternden Dimensionen, v.a. deshalb, weil es – im Gegensatz zur Sequenzierungsarbeit, die von einer sie exponentiell beschleunigenden Automation profitierte (und die damit früher – allerdings auch mit großen Abstrichen an die geforderte Qualität – als ursprünglich projiziert „fertiggestellt" werden konnte), geringe Hoffnung gibt, diese nun anstehenden Arbeiten durch Automatisierung massiv zu beschleunigen.

Was die Korrelation genomischer Daten mit klinischen Daten betrifft, steht vor uns die Herausforderung der „genetischer Epidemiologie", also das In-Beziehung-Setzen von genomischen Daten mit klinischen Phänomenen. Es geht dabei letztlich um das nur in menschlichen Populationen und unter Verwendung von klinischen Daten vorzunehmende Überprüfen, welche wenige Tausend (?) von den Millionen von SNP, die bereits gefunden wurden bzw. werden, hinsichtlich der Inzidenz bzw. Prävalenz welcher Erkrankungen tatsächlich eine signifikante Assoziation zeigen und damit wahrscheinlich eine medizinisch-epidemiologisch relevante Rolle spielen könnten, die ihre Anwendung für die Diagnostik oder die Therapie erst möglich machen wird. Anstrengungen in dieser Richtung werden natürlich seit Jahren unternommen, und die Zahl der diesbezüglichen Publikationen zeigt exponentielles Wachstum. Leider ist bislang die Qualität der meisten dieser Publikationen unbrauchbar, eine Tatsache die kürzlich durch eine Untersuchung der in den angesehensten medizinischen Zeitschritten publizierten Artikel dieser Art unterstrichen wurde, bei der <10% der Artikel einer Reihe fundamentaler Qualitätskriterien für gute klinisch-epidemiologische Forschung genügten (Bogardus 1999). Im Klartext bedeutet dies, dass erhebliche Mittel zur Verfügung gestellt und wohlkoordinierte Anstrengungen unternommen werden müssen, um hier die nötigen, groß angelegten, von der Datenqualität her hochwertigen, replikativen klinischen Studien durchzuführen, ohne welche die Genomsequenzierung letztlich für die medizinische Praxis irrelevant bleiben wird.

4.1.4 Ausblick

Die Antwort auf die eingangs gestellte Frage:

„Paradigmenwechsel in der Therapie?"

ist somit sehr davon abhängig, unter welchem Blickwinkel sie gestellt wird: Aus der Sicht des behandelnden Arztes mag sie, in gewisser Hinsicht, durchaus mit „ja" beantwortet werden, besonders im Hinblick auf die zunehmende Rolle der molekularen In-vitro-Diagnostik, auch wenn klar sein muss, dass es sich weit weniger um fundamentale Änderungen, sondern vielmehr um schrittweise Verbesserungen handeln wird. Konzeptionell dagegen wird die Einbringung dieser neuen Erkenntnisse den medizinischen Fortschritt weiterhin auf genau den beiden Bahnen, auf denen er sich seit Paracelsus abgespielt hat, als logische Weiterentwicklung der Methodik, voranbringen: im Sinn einer verbesserten Differenzialdiagnose einerseits und einer präziseren prädiktiven Risikoabschätzung andererseits. Wenn wir die Frage im Hinblick auf die Entwicklung neuer Medikament stellen, dann ist festzuhalten, das hier der Paradigmenwechsel vor etwa 20–30 Jahren vollzogen wurde, als das Primat der Arzneimittelforschung von den Chemikern an die Biologen abgegeben wurde.

Es ist klar, dass zukünftiger medizinischer Fortschritt nur durch ein besseres Verständnis der Biologie und Pathologie ermöglicht werden kann, und dazu sind die Methoden und Ansätze der molekularen Biologie und Genetik, der Genomik und der genetischen Epidemiologie absolut unerlässlich. Auf der anderen Seite müssen wir uns hüten, sowohl die Erwartungen hinsichtlich des Einflusses dieser Forschung als auch hinsichtlich des Zeitrahmens, in dem sie vollzogen werden kann, unrealistisch hoch zu setzen. Es ist klar, dass wir uns stetig auf eine bessere Medizin zu bewegen, allerdings: Es wird ein schrittweiser Fortschritt sein und wir werden nie Perfektion erreichen. Dies lässt die Natur nicht zu.

4.1.5 Literatur

Baselga J, Tripathy D, Mendelsohn J et al. (1996) Phase II study of weekly intravenous recombinant humanized anti-p185(HER2) monoclonal antibody in patients with HER2/neu-overexpressing metastatic breast cancer. J Clin Oncol 14:737–744

Bogardus ST, Concato J, Feinstein AR (1999) Clinical epidemiological qualityin molecular genetic research. The need for methodological standards. JAMA 281:1919–1926

Dewar JC, Wheatley AP, Venn A, Morrison JFJ, Britton J, Hall IP (1998) β_2 adrenoceptor polymorphisms are in linkage disequilibrium, but are not associated with asthma in an adult population. Clin Exp Allergy 28: 442–448

Drazen JM, Yandava CN, DubeL et al. (1999) Pharmacogenetic association between ALOX5 promoter genotype and the response to anti-asthma treatment. Nat Genet 22:168–170

Drysdale CM, McGraw DW, Stack CB et al. (2000) Complex promoter and coding region β2-adrenergic receptor haplotypes alter receptor expression and predict in vivo responsiveness. Proc Natl Acad Sci USA 97:10483–10488

In KH, Asano K, Beier D et al. (1997) Naturally occurring mutations in the human 5-lipoxygenase gene promoter that modify transcription factor binding and reporter gene transcription. J Clin Invest 99:1130–1137

Mallal S, Nolan C, Witt C et al. (2002) Association between presence of HLA-B*5701, HLA-DR7, and HLA-DQ3 and hypersensitivity to HIV-1 reverse-transcriptase inhibitor abacovir. Lancet 359:727–732

Martinez FD, Graves PE, Baldini M, Solomon S, Erickson R (1997) Association between genetic polymorphisms of the beta2-adrenoceptor and response to albuterol in children with and without a history of wheezing. J Clin Invest 100:3184–3188

McGraw DW, Forbes SL, Kramer LA, Liggett SB (1998) Polymorphisms of the 5′ leader cistron of the human beta2-adrenergic receptor regulate receptor expression. J Clin Invest 102:1927–1932

Reihsaus E, Innis M, MacIntyre N, Liggett SB (1993) Mutations in the gene encoding for the beta 2-adrenergic receptor in normal and asthmatic subjects. Am J Respir Cell Mol Biol 8:334–349

Tan S, Hall IP, Dewar J, Dow E, Lipworth B (1997) Association between beta 2-adrenoceptor polymorphism and susceptibility to bronchodilator desensitisation in moderately severe stable asthmatics. Lancet 350:995–999

Weber WW, Cronin MT (2000) Pharmacogenetic testing. In: Meyers RA (ed) Encyclopedia of analytical chemistry. Wiley & Sons, Chichester

4.2 Methoden der Genübertragung

RÜDIGER RÜGER und STEFAN SEEBER

Inhaltsverzeichnis

4.2.1 Kurzer historischer Abriss des Gentransfers

Die Begriffe Gentransfer und Genübertragung werden heute meist sofort mit Gentherapie in Beziehung gesetzt. Gentherapie ist allerdings nur die letztendliche Entwicklung, welche sich aus dem Wissen der Genetik und v.a. aus den Erkenntnissen der Molekularbiologie durch den Nachvollzug natürlicher Vorgänge im Reagenzglas ergeben hat.

Ziel der Bücher „Handbuch der Molekularen Medizin“ ist, die Anwendung neuester Methoden der Biowissenschaften in der Humanmedizin und v.a. in der Therapie von Krankheiten vorzustellen. Damit werden bei der folgenden Beschreibung synthetischer Genvehikel und der Methoden zu deren Transfer in Zellen immer der therapeutische Nutzen des Gentransfers und damit die heute so populäre Gentherapie im Vordergrund stehen.

Organismen tauschen genetisches Material aus. Dies ist ein Grundprinzip des Lebens. Allerdings transferieren Organismen nicht nur zur individuellen Fortpflanzung und Erhaltung einer Spezies Nukleinsäuren. Das bekannteste Beispiel hierfür ist das 1944 erstmals beschriebene transformierende Prinzip. Es konnte damals gezeigt werden, dass die Zugabe von DNA-Extrakten virulenter Pneumokokken zu avirulenten Stämmen diese in virulente Bakterien transformiert. Damit wurde überhaupt erst Desoxyribonukleinsäure als die Grundlage des genetischen Materials erkannt (Avery et al. 1944).

Das wohl bekannteste Beispiel des Transfers fremden genetischen Materials in eine Zelle ist die Infektion mit Viren und Phagen. Diese Organismen sind natürlicherweise nicht in der Lage, sich durch Zellteilung zu vermehren, sondern stellen obligate Parasiten von prokaryoten und eukaryoten Zellen dar. Viren haben im Lauf der Evolution verschiedenste Methoden entwickelt, um ihre Genome in Wirtszellen zu transferieren und den gesamten Syntheseapparat der infizierten Zelle zur Replikation zu nutzen.

Damit stellen sie neben den Plasmiden die interessantesten Modelle für die Entwicklung von synthetischen Transfervehikeln für Nukleinsäuren dar. Abgeleitet aus der Infektiologie wird für synthetische Nukleinsäurevehikel der Begriff Vektor verwendet.

Ganten / Ruckpaul (Hrsg.)
Grundlagen der Molekularen Medizin,
2. Auflage

Watson u. Crick haben 1953 die Struktur der DNA bestimmt. Die Jahre von 1960–1970 waren in der Genetik sowohl von der Entschlüsselung des genetischen Kodes als auch von der Entdeckung von Restriktionsendonukleasen geprägt. Die schnelle Anhäufung von genetischen Erkenntnissen, in den meisten Fällen allerdings bei Bakterien, führte 1973 zur Etablierung der Techniken zur Rekombination von Genen. Damit waren die Grundlagen für die Verwendung von Genen außerhalb ihres natürlichen genetischen Umfelds, in neuartigen Verknüpfungen und in Zellen heterologer Spezies gelegt.

Anfang dieses Jahrzehnts wurden zum 1. Mal genetisch markierte eukaryote Zellen isoliert, wie z. B. Zellen, welche das Gen der Hypoxanthin-Guanin-Phosphoryl-Transferase exprimieren (Szybalska u. Szybalski 1962), oder thymidinkinasenegative Zellen (Kao u. Puck 1968). Anhand dieser Zelltypen und unter Verwendung entsprechender Selektionsmedien konnte der Transfer von genetischen Merkmalen mittels gesamter chromosomaler DNA in eukaryote Zellen gezeigt werden.

Im gleichen Zeitraum wurde in der Virologie erkannt, dass Viren eukaryoter Zellen sowohl durch den Transfer und die Aktivität als auch die Persistenz ihres Genoms Zellen transformieren und damit die Eigenschaften dieser Zellen grundlegend verändern können. Vor allem Papovaviren wie das SV40-Virus oder die Polyomaviren wurden als Modelle untersucht. Diese Erkenntnisse führten sehr bald zu dem Vorschlag, transformierende Viren als Gentransfervehikel zu verwenden.

Bereits 1971 wurde am Fogarty International Center des National Institutes of Health eine erste Konferenz über die Aussichten von Gentherapie veranstaltet (Freese 1971). Verschiedenste Ideen zur Anwendung von Viren, von Plasmiden sowie von gesamten Chromosomen als Genvektoren wurden diskutiert. Als Ziel der Gentherapie wurde damals die Korrektur von Erbleiden gesehen.

1973 wurden durch Graham u. van der Eb (1973) der Transfer von Nukleinsäuren in eukaryote Zellen mit Hilfe der Kalziumphosphattransfektion beschrieben und die Grundlage für die gezielte Expression fremder Gene in eukaryoten Zellen gelegt.

In diesem Jahr wurde allerdings auch erfolglos versucht, Patienten, welche an Argininämie erkrankt waren, durch die Infektion mit Shope-Papillomavirus zu behandeln. Dabei wurde fälschlicherweise angenommen, das virale Genom würde für Arginase kodieren und das Enzym würde mit dem Virus in Patientenzellen in vivo transferiert werden. Diese Studie war ein klarer Fehlschlag.

1976 wurde das NIH Recombinant DNA Advisory Committee gegründet. Diese Organisation sollte in NIH-geförderten Forschungsprojekten mit rekombinanten Organismen die Einhaltung von entsprechend festgelegten Richtlinien überwachen.

Trotzdem konnte 1979/1980 ein nicht autorisierter Versuch, das Globingen in Knochenmarkzellen von Thalassämiepatienten zu transferieren und diese Zellen in die Patienten zu reinfundieren, realisiert werden. Diese Studie, von M. Cline in Israel und in Italien initiiert, war völlig erfolglos, zeigte jedoch, dass die Gentherapie sowohl in technischer als auch in ethischer Hinsicht problematischer war als angenommen.

Grundlegende Studien in Zellkultur ergaben 1981, dass das bakterielle Xanthin-Guanin-Phosphoribosyl-Transferase-Gen in vitro transferiert werden kann. In Zellen von Lesh-Nyhan-Patienten, welche einen Defekt im *hprt*-Gen aufweisen, konnte eine Korrektur erreicht werden (Mulligan u. Berg 1981).

1981–1982 wurden Retroviren als Vektoren für den stabilen Transfer von Genen in Zellkultur etabliert (z. B. Doehmer et al. 1982; Tabin et al. 1982). Die Banbury-Konferenz zum Thema Gentherapie war bereits weniger spekulativ ausgerichtet als frühere Tagungen mit ähnlichem Thema. Es wurden hauptsächlich technische Fragen zum Gentransfer diskutiert. Die klinische Erprobung gentherapeutischer Ansätze schien zum Greifen nahe. Diese frühe Euphorie spiegelt z. B. ein Artikel von W. French Anderson in Science wider (Anderson 1984).

Technische Schwierigkeiten verzögerten allerdings den Start der klinischen Gentherapie noch bis in das neue Jahrzehnt: Am 14.9.1990 wurde der erste Gentherapieansatz in einer Patientin mit Adenosindeaminasemangel mit Zellen gestartet, welche nachweislich dieses Gen exprimierten. Zu diesem Zweck wurden Lymphozyten der Patientin ex vivo mit einem retroviralen Vektorvirus transduziert, welches das *ada*-Gen exprimierte. Erst 1995 wurden hierzu die ersten wissenschaftlichen Daten publiziert (Blaese et al. 1995; Bordignon et al. 1995). Seither wurde Gentransfer bei Krebs und einer Reihe von monogenetischen Erkrankungen angewendet. Mittlerweile sind hunderte von klinischen Gentherapiestudien mit mehreren tausend Patienten durchgeführt worden. Außer anekdotischen Berichten eines Erfolgs konnten bisher jedoch keine statistisch absicherbaren Ergebnisse erhalten werden. Lange Zeit konnte mit diesen Studien die Unbedenklichkeit der meisten Transfertechnologien gezeigt werden. Dies änderte sich allerdings schlagartig, als 1999 ein junger Patient, welcher an einem Mangel des Leberenzyms Ornithintranscarbamylase litt, durch eine sehr hohe Dosis adenoviraler Vektoren, welche direkt in die Leber injiziert wurden, zu Tode kam. Seit diesem Zeitpunkt hat sich in der klinischen Prüfung gentherapeutischer Medikamente eine größere Zurückhaltung entwickelt. Eine klinische Bestätigung, dass gentherapeutische Ansätze eine grundlegende Verbesserung von Symptomen oder auch einen bedeutenden Beitrag bei der Heilung eines Krankheitszustands erzielt hätten, fehlt – basierend auf größeren klinischen Studien – nach wie vor. Berichte über Erfolge gibt es in Einzelfällen, aber dies bleiben bisher anekdotische Situationen.

4.2.2 Begriffsdefinitionen zu Gentransfer und Gentherapie

4.2.2.1 Vektor

Der Vektorbegriff ist zentral für Gentransfertechniken und für Gentherapie. Unter *Vektoren* sind genetische Einheiten zu verstehen, welche für ein oder mehrere Gene kodieren und entsprechende Regulationssequenzen enthalten. Vektoren werden mit rekombinanten Techniken der Molekularbiologie hergestellt. Das einfachste Beispiel für einen Vektor ist ein rekombinantes Plasmid zur Klonierung von Genen in Bakterien. Hierfür werden notwendige Sequenzen zur gezielten Selektion (z. B. ein Antibiotikaresistenzgen) und zur Replikation des Plasmids in prokaryoten Wirtszellen, meist *Escherichia coli* (*E. coli*), mit einem Promotor und der kodierenden Sequenz eines zu klonierenden Gens verknüpft. Dieses Gen kann prokaryoten oder eukaryoten Ursprungs sein. Nach Transfer des rekombinanten Plasmids in das Wirtsbakterium, der so genannten Transformation, kann die klonierte Nukleinsäure vervielfacht werden. Außer zur Vermehrung von Nukleinsäuren kann diese Methode auch zur Herstellung von Proteinen in Bakterien verwendet werden.

Wie später noch erläutert wird, sind Plasmidvektoren für den Gentransfer in eukaryote Zellen im Prinzip entsprechend aufgebaut. Die Transformation von Plasmiden in Bakterienzellen ist ein relativ einfacher Vorgang: Die Zellen werden mit $CaCl_2$ permeabel gemacht, sodass DNA aus dem umgebenden Milieu leicht aufgenommen werden kann. Diese DNA-Aufnahme wird durch einen leichten Hitzeschock erleichtert. Für eukaryote Zellen ist die notwendige Formulierung komplexer, und die Entwicklung ist noch längst nicht abgeschlossen.

4.2.2.2 Transduktion und Transfektion

Sehr häufig verwendete Begriffe im Rahmen von Gentransfertechniken sind *Transduktion* und *Transfektion.*

- Mit Transduktion wird der Transfer von genetischem Material von einer Bakterienzelle in eine andere durch Bakteriophagen verstanden. In der Eukaryotengenetik und der Virologie wurde dieser Begriff für die Infektion einer Zielzelle mit einem viralen Vektor übernommen. Ein viraler Vektor ist ein Virus, dessen Genom derartig verändert wurde, dass es heterologe Sequenzen in eine eukaryote Zelle transferieren kann.
- Transfektion ist das externe Zuführen von DNA in eukaryote Zellen ohne die Hilfe eines Virus, wobei sowohl die Größe des übertragenen Materials als auch die Methode des Transfers beliebig sein können. Derselbe Vorgang wird, wie oben beschrieben, bei prokaryoten Zellen als Transformation bezeichnet. Bei eukaryoten Zellen wird unter Transformation allerdings die Erlangung der Eigenschaft der ungehemmten und unkontrollierten Vermehrung verstanden.

4.2.2.3 Begriffe aus dem Bereich der Gentherapie

Im Folgenden sollen, da sich dieses Kapitel hauptsächlich auf die Anwendung der Genübertragung in der Gentherapie bezieht, einige Begriffe aus diesem Bereich diskutiert werden.

Ziel des Gentransfers in Organismen bzw. in Patienten ist das Einbringen von funktionierenden Genen, welche im Wirtsorganismus und speziell im Zielorgan entweder defekt sind, nicht exprimiert werden oder überhaupt nicht vorhanden sind. Im Fall der Gentherapie im engeren Sinn werden Gene transferiert, um genetische Erkrankungen zu korrigieren oder um eine Überexpression von Genen zu erreichen – zur Produktion von Proteinen für die Behandlung von Krebszellen oder für die Bereitstellung fehlender Enzymfunktionen.

Völlig neue Gene, z. B. prokaryoten oder viralen Ursprungs, werden hauptsächlich für das Markieren von Zellen, das Gen-Marking, oder zur Zerstörung von Zellen mit so genannten Suizidgenen angewendet. Hierbei ist anzumerken, dass in der klinischen Anwendung Gen-Marking nur noch als historischer Schritt in der Gentherapie zu sehen ist und heute keine Rolle mehr spielt.

In der Gentherapie wird prinzipiell zwischen Ex-vivo- und In-vivo-Therapie unterschieden.

- Im Fall der Ex-vivo-Gentherapie werden die Zielzellen des Gentransfers, z. B. Blutzellen oder Leberzellen, aus dem Organismus entnommen, transduziert oder transfiziert und wieder reimplantiert. Dies ist ein höchst arbeitsaufwändiger Vorgang, hat jedoch den Vorteil, dass die rekombinanten Zellen sehr gut zu charakterisieren sind und evtl. die transferierten Zellen vor der Rückgabe in den Körper des Patienten selektioniert und vermehrt werden können.
- Im Gegensatz hierzu werden die Vektoren bei der In-vivo-Gentherapie direkt in das Zielorgan eingebracht, z. B. durch Injektion, oder, im Idealfall einer zukünftigen Gentherapie, per i.-v.-Injektion.

Grundlegend werden somatische *Gentherapie* und *Keimbahntherapie* unterschieden.

- Somatische Gentherapie bedeutet die Behandlung bestimmter Zielzellen und die Veränderung des Expressionsmusters dieser Zellen in einem Individuum. Dies ist eine mittlerweile anerkannte experimentelle Ausrichtung der Medizin, mit dem Ziel, durch die Expressionsverstärkung bestimmter Proteine Krankheiten zu behandeln.
- Im Gegensatz hierzu würde die Keimbahntherapie stehen. Hierbei würden sämtliche Zellen der Nachkommen eines Patienten die neuen Eigenschaften enthalten und schließlich auch in folgende Generationen weitergeben werden. Diese Ausrichtung der Gentherapie ist derzeit beim Menschen technisch noch nicht verwirklichbar. In der Diskussion hierzu sollte nicht die Frage der Technik, sondern die Frage nach dem Sinn eines derartig massiven Eingriffs in das genetische Potenzial der Menschheit im Mittelpunkt stehen.

4.2.3 Transfersysteme

4.2.3.1 Überblick

Nukleinsäuretransfersysteme haben zum Ziel, genetisches Material in Zellen zu importieren und die transferierten Gene zur Expression zu bringen. Das genetische Material kann je nach Fragestellung DNA oder RNA sein. Im Fall von DNA sind dies in den meisten Fällen definierte Sequenzen, welche für ein oder mehrere Gene kodieren. Im Rahmen therapeutischer Ansätze werden auch Oligonukleotide transferiert werden, z. B. zur Antisense-Therapie. Hierbei soll das in die Zelle eingebrachte Oligonukleotid mit Transkripten oder mit genomischen Sequenzen interagieren, um zur Inhibition oder Modulation von zellulären Funktionen zu führen. Die Expression der transferierten Nukleinsäure spielt daher hierbei keine Rolle. Unter gleicher Zielrichtung werden auch Ribozymsequenzen in Zellen transferiert. Das Thema dieses Artikels ist jedoch die Genübertragung im engeren Sinn, sodass die weiteren Ausführungen keine Diskussion von Oligonukleotidsequenzen und von Ribozymtransfer enthalten werden.

Bis zur erfolgreichen Expression von Genen im Kern einer Zelle hat ein Transfervehikel bzw. haben seine verschiedenen Bausteine eine Reihe von Hürden zu überwinden:

- Bindung an die Zelloberfläche
- Eindringen in die Zelle – Fusion oder Endozytose
- in den meisten Fällen Freisetzung aus dem Endosom
- Transfer zur Kernmembran
- Eindringen in den Zellkern
- Expression der kodierten Gene mit Hilfe der zellulären Transkriptionsmechanismen

Der Transfer von Genen ist daher keine triviale Aufgabe und verlangt für jeden einzelnen Schritt unterschiedliche Techniken, um effizient zu sein.

Für die Anwendung von Transfertechnologien in der Gentherapie wird eine hohe Sicherheit der genetischen Medikamente vorausgesetzt. Außerdem soll sich Gentherapie vom experimentellen Stadium einer Sondertherapie mit hohen technischen Voraussetzungen für den behandelnden Arzt in eine breiter anwendbare Medizin für den Spezialisten der entsprechenden Krankheit entwickeln. Eine ideale genetische Medizin würde die folgenden Voraussetzungen erfüllen:

- Stabilität der Formulierung im zu behandelnden Organismus, z. B. im Blutkreislauf nach i.-v.-Applikation

- niedrige bis keine Reaktion mit dem Immunsystem des Wirtsorganismus, um wiederholte Behandlungen zu ermöglichen
- zell- bzw. organspezifische Adhäsion durch Bindung an zellspezifische Rezeptoren
- Umgehung des zellulären Endosoms bzw. schnelle und effiziente Freisetzung daraus
- hocheffizienter Transfer in den Zellkern (Kerntargeting)
- regulierbare Expression der transferierten Gene, z. B. über zellspezifische Promotoren
- Steuerung der Persistenz der transferierten Sequenzen im Zellkern
- steuerbare und gezielte Integration im Fall einer Interaktion der transferierten Nukleinsäure mit dem Genom der Wirtszelle

Die hier aufgeführte Wunschliste an Funktionen für ein optimales Gentransfervehikel kann derzeit keine bekannte Technik gleichzeitig erfüllen. Im Fall der Ex-vivo-Gentherapie kann auf einige der Anforderungen verzichtet werden, da die Zielzellen bereits isoliert in Kultur vorliegen und dadurch spezifische Target- und Expressionsmechanismen nicht notwendig sind. Die genetisch veränderten Zellen können nach der Behandlung mit dem Transferagens noch einmal gereinigt werden, und außerdem können die Zellen vor einer Retransplantation in den Patienten auf ihre Funktionen überprüft werden.

Zielt ein gentherapeutischer Ansatz auf eine In-vivo-Behandlung ab, sind je nach Zielorgan und Indikation eine Reihe der oben genannten Parameter zu erfüllen.

Welche Modelle existieren in der Natur, an welchen eruiert werden kann, wie Gene funktionsfähig in Zellen zu transferieren sind?

Viren sind die kleinsten Partikel, welche genetisches Material enthalten. Sie sind jedoch nicht in der Lage, sich ohne die Hilfe einer Zelle zu replizieren. Eine unbedingte Voraussetzung zur Virusvermehrung ist der Transfer des viralen Genoms in passende Wirtszellen. War dieser erfolgreich, werden die zellulären Funktionen zur Transkription und Translation viraler Gene benutzt, um neue Viruspartikel zu generieren. Neben der akuten Vermehrung ihres Genoms und der Produktion neuer Viruspartikel verwenden manche Viren ihre Wirtszellen auch zur längerfristigen Lagerung ihres genetischen Materials, es kommt zu einer persistierenden Infektion. Verschiedenste Ursachen können zu einer Reaktivierung des viralen genetischen Materials führen und damit in der Produktion von neuen Viruspartikeln resultieren.

Viren existieren bereits seit vielen Millionen von Jahren als Parasiten sowohl von prokaryoten als auch von eukaryoten Zellen. Sie haben sich, wie hier schon an der sehr kurzen Beschreibung des Lebenszyklus von Viren ersichtlich ist, im Lauf der Evolution zu idealen Trägern und Transfervehikeln für genetische Information entwickelt. Daher ist sicherlich ein wichtiges Ziel aller Bemühungen, Nukleinsäuretransfertechniken zu entwickeln, die entscheidenden Schritte eines Virus zum Einbringen von Nukleinsäure in Zellen zu erkennen und zu imitieren.

Viren haben allerdings nicht nur den Transfer von genetischem Material zum Ziel, sondern wollen sich als infektiöse Partikel vermehren. Dies führt im Fall einer so genannten lytischen Infektion nach der Bildung neuer Viruspartikel zur Zerstörung der Wirtszelle. Picornaviren und Adenoviren sind Beispiele für diesen Vermehrungsweg. Eine persistierende Infektion kann zu Schüben von Virusproduktion führen und dabei eine dauerhafte Zerstörung des infizierten Organs zur Folge haben. Beispiele sind Herpesviren, Hepatitis-B-Viren und Retroviren.

Viren als Experten des Gentransfers bedeuten somit gleichzeitig auch große Gefahren für die infizierte Zelle und schließlich auch für den infizierten Organismus. Dennoch wurde versucht, diese natürlichen Gentransferspezialisten für die Forschung und die Medizin zu nutzen. Allerdings waren zum einen die molekularen Mechanismen der Infektion durch verschiedenste Virusarten in der Pionierzeit der Entwicklung der Molekularbiologie noch nicht so weit bekannt, dass sie als Vektoren verwendet werden konnten. Zum anderen wurden zunächst in der sich rasch entwickelnden Molekulargenetik der Bakterien, v. a. von *Escherichia coli*, physikalisch-chemische Methoden zum Transfer von Nukleinsäuren wie z. B. von Plasmiden entwickelt. Für eukaryote Zellen waren daher in den letzten 10 Jahren unterschiedlichste experimentelle Ansätze zum Gentransfer erhältlich und wurden v. a. auch für den Einsatz in der Gentherapie vehement entwickelt:

- Präzipitation von DNA auf Zellen unter Erhöhung der Permissivität der Zellmembran
- Zellfusion
- Mikroinjektion von Nukleinsäuren in Einzelzellen
- Transfer von Nukleinsäuren im elektrischen Feld – so genannte Elektroporation
- Transfer von Nukleinsäuren im Jetstream von Impfpistolen

- Beschuss der zu behandelnden Zellen und Gewebe mit Mikropartikeln, welche die Nukleinsäuren gebunden enthalten (gene gun)
- Kondensierung von Nukleinsäuren mit geladenen Lipiden und Transfer in Zellen
- Transfer von Genen in viralen Genomen durch Infektion der Zellen mit genetisch manipulierten Vektorviren
- Kombination von viralen und nichtviralen Funktionseinheiten zu artifiziellen Partikeln
- Verwendung von spezifischen Epitopen in Peptiden zum gezielten Targeting von Zellen und Geweben

Einige der oben genannten Techniken werden nur Anwendung in der Forschung finden, wie die Mikroinjektion von Einzelzellen. Gentherapie verlangt in jedem Fall den Transfer von Genen in mehr als eine Zelle, sodass die Injektion von Nukleinsäuren anderen Aufgaben, wie z. B. der Produktion von transgenen Tieren vorbehalten sein wird. Ähnliches trifft für die Technik der Zellfusion zu.

Präzipitationstechniken und Elektroporation werden sicherlich dem Ex-vivo-Gentransfer vorbehalten sein. Die sehr niedrige Erfolgsrate des Gentransfers über Präzipitation macht diese Methode jedoch in der Gentherapie wenig anwendbar.

Partikelbeschuss und die Anwendung von Impfpistolen sind derzeit ebenfalls in der Entwicklung, während die Verwendung von viralen Vektoren und von Liposomen im Vordergrund der aktuellen klinischen Studien stehen.

Im Folgenden sollen hauptsächlich Vektoren diskutiert werden, welche bereits Eingang in die Behandlung von Patienten gefunden haben oder noch finden werden. Nicht betrachtet werden Vektoren, welche zur Herstellung rekombinanter Medikamente, wie Insulin oder Erythropoetin, verwendet werden. Da auch mit rekombinant hergestellten Proteinen gezielt molekulare Targets behandelt werden, sind diese Technologien für die molekulare Medizin ebenfalls von Bedeutung. Es stehen dabei jedoch produktionstechnologische Fragestellungen im Vordergrund, eine weitere Besprechung dieser Technologien kann daher in einem Kapitel zur direkten therapeutischen Anwendung von Genen nicht weiter diskutiert werden.

4.2.3.2 Virale Vektoren

Einleitung. Es wurde bereits angeführt, dass Viren sowohl prokaryoter als auch eukaryoter Zellen die natürlichen Experten für den effizienten Transfer von Genen sind. Der Entwickler von Gentransfersystemen kann daher nicht nur von Viren lernen, sondern er kann natürlich auch versuchen, Viren für den gezielten Transfer von Genen einzusetzen.

Die Aufgabe eines Viruspartikels ist es, den Replikations- und Translationsapparat einer Wirtszelle zu benutzen, um neue infektiöse Partikel zu erzeugen und v. a., wie bei allen lebenden Systemen, sein Erbgut zu vermehren. Dies bedeutet aber auch, dass Viren stets das Ziel haben, weitere Zellen mit ihren Nachkommen zu infizieren und sich damit im Organismus eines Wirts auszubreiten.

Ein Nachteil in der Verwendung von Viren sind daher ihre Replikationsfähigkeit und damit die Ausbreitung nicht nur im Wirtsorganismus, sondern auch ihre Infektiosität für alle Kontaktpersonen des infizierten Organismus. Es sind somit zur Verwendung eines Virus als Vektor Bedingungen in dessen Funktionen zu erfüllen, damit das Virus im optimalen Fall nicht mehr in der Lage ist, sich zu vermehren bzw. Replikation nur unter kontrollierbaren Voraussetzungen stattfinden kann.

Mit dieser grundlegenden Manipulation eines Virus ist auch das Ziel verbunden, Folgen der Replikation von Viren, nämlich die mehr oder weniger schnelle Zerstörung der Zielzelle oder der Zielgewebe und damit u. U. des Wirts, zu unterbinden.

Ein optimales Vektorvirus hat daher folgende Eigenschaften von Wildtypviren verloren:

- Replikationsfähigkeit in der Zielzelle
- Infektion weiterer Zellen des Wirtsorganismus
- Infektiosität für die Umwelt des Wirts
- Zerstörung der infizierten Zelle bzw. Beeinträchtigung der Organfunktion eines infizierten Gewebes

Virale Genome interagieren zudem in vielen Fällen mit dem zellulären Genom des Wirts. Retroviren und adenoassoziierte Viren aus der Parvovirusfamilie integrieren in das Genom der infizierten Zelle. Auch dies beinhaltet Risiken für die infizierte Zelle und damit für den gesamten Wirtsorganismus. Integration in einen vorher nicht bestimmbaren Locus des zellulären Genoms wie bei Retroviren kann z. B. zur Aktivierung von Onkogenen oder zur Inaktivierung von Tumorsuppressorgenen führen. Diese Ereignisse könnten einen „onkogenen Hit“ in der Kaskade von Ereignissen der Transformation einer normalen Zelle in eine Tumorzelle darstellen.

Es ist daher klar, dass gerade bei der Verwendung von Viren als Vektoren zur Übertragung von Genen die Vektorviren sehr sorgfältig konstruiert werden müssen, um alle erdenklichen Nebenwirkungen der Wildtypeigenschaften des zugrunde liegenden Virus zu vermeiden. Außerdem müssen sowohl die Produktion als auch die Anwendung im Patienten von gründlichen Sicherheitstestungen begleitet sein. Dennoch müssen die Vektorviren für die Zielzelle infektiös bleiben, um die zu transferierenden Gene effizient zur Expression bringen zu können.

Grundbausteine von Viren sind Nukleinsäuren als Genom und das Capsid, welches aus Proteinen zusammengesetzt ist. Die genomische Nukleinsäure kann dabei entweder DNA oder RNA sein, jedoch nicht beides gleichzeitig in einem Partikel. Es werden daher DNA- und RNA-Viren unterschieden. Die Polypeptide des Capsids sind symmetrisch angeordnet, im Fall der humanpathogenen Viren entweder als Ikosaeder (Beispiel Adenoviren) oder in helikaler Form (Beispiel Influenzaviren). Manche Viren enthalten zwischen Capsid und Hülle noch weitere Proteine, das Tegument. Viele Viren besitzen Enzymfunktionen, z.B. im Fall der Retroviren die reverse Transkriptase. Eine Reihe von Viren trägt noch zusätzlich eine Hülle, welche ihren Ursprung in der Zell- oder Kernmembran der infizierten Zelle hat. Zusätzlich zur bekannten Struktur einer Zellmembran befinden sich in dieser Hülle noch virusspezifische Glykoproteine. Die Gesamtheit eines infektiösen viralen Partikels wird Virion benannt.

Der Aufbau eines viralen Vektors muss im Prinzip dem natürlichen Ausgangsvirus entsprechen, um zu einer entsprechend effizienten Bindung an den virusspezifischen Rezeptor auf der Zielzelle in der Lage zu sein. Der Wildtypvirus und der Vektor unterscheiden sich daher hauptsächlich im Genom. Hier zeigen die verwendeten Viren eine gewisse Flexibilität ihres Aufbaus. Relativ stark veränderte Genome werden in vielen Fällen trotzdem noch in das Capsid verpackt.

Das grundlegende Design von Vektorsystemen und Zellen zu ihrer Produktion hat daher 2 hauptsächliche Elemente:

1. Das Vektorgenom, welches alle Funktionen enthält, um zu einer möglichst starken Expression des oder der zu transferierenden Gene zu führen

   Es wird versucht, nur die absolut wichtigsten Elemente des viralen Genoms zu erhalten. Dies trifft hauptsächlich
   - für Sequenzen zur Verpackung des Genoms in Vektorpartikel,
   - für Sequenzen zur Integration oder zur Stabilisierung des Genoms und
   - für Regulationseinheiten wie Promotoren zu.

   Auch im Fall von komplexeren viralen Genomen, z.B. bei den Adenoviren, sind derartige Reduktionen des viralen Genoms wie bei Retroviren und adenoassoziierten Viren (AAV) mittlerweile möglich. Bei den so genannten Gutless-Vektoren handelt es sich um adenovirale Vektoren, bei denen bis auf die regulatorischen *cis*-Elemente alle *trans*-Elemente deletiert sind. Vorteil ist, dass diese Vektoren keine Immunreaktionen mehr hervorrufen. Anwendungsschwerpunkt dieser Vektoren sind gentherapeutische Ansätze zur Behandlung genetischer Defekte, bei denen Immunreaktionen unerwünscht sind und sehr große DNA-Fragmente transferiert werden sollen. Auf die Gutless-Vektoren wird im Folgenden noch näher eingegangen.

   Generell wird bei der Herstellung viraler Vektoren versucht, alle Sequenzen zu eliminieren, welche für den Start der Virusreplikation notwendig sind und Gene zu belassen, welche nur nach dieser initialen, jedoch im Vektor unterdrückten Phase zur Transkription kommen.
2. Die Verpackungs- oder Helferzelllinie, welche zur Produktion der Vektorviruspartikel dient

   Diese Zellen enthalten stabil oder transient die Gene, welche dem Vektorgenom fehlen und deren Genprodukte zur Herstellung von infektiösen Partikeln notwendig sind. Dabei muss verhindert werden, dass diese Helferfunktionen (oder Helfergene) selbst zur Bildung von infektiösen Partikeln führen und dass durch Rekombination entweder mit endogenen Virussequenzen der entsprechenden Produktionszelle oder mit den Vektorsequenzen replikationsfähige Partikel entstehen können.

Im Folgenden sollen die derzeit in klinischen Studien gebräuchlichsten Vektorviren, nämlich die Retroviren und die Adenoviren im Detail diskutiert werden, während in grundlegender Entwicklung befindliche neue Vektorsysteme auf viraler Basis, wie z.B. die adenoassoziierten Viren, abschließend kurz vorgestellt werden sollen.

Fakten allgemeiner Art zu Viren und ihren Eigenschaften sowie zu den wichtigsten humanpathogenen Virusfamilien können im grundlegenden Lehrbuch „Virology“, herausgegeben von B. Fields (1990), nachgeschlagen werden.

Retrovirale Vektoren.

Infektionszyklus von Retroviren. Retroviren sind weit verbreitet und werden sowohl bei Invertebraten als auch bei Vertebraten und dabei auch bei den meisten Säugetieren gefunden (Weiss et al. 1985).

Zur Familie der Retroviren sind derzeit 3 Subfamilien bekannt:
- Oncoviridae
- Lentiviridae
- Spumaviridae oder auch „Foamy"-Viren

Am besten untersucht sind die *Onkoviren* (früher auch Oncornaviren genannt), welche v.a. bei Nagetieren und Vögeln aufgrund ihres Potenzials zur Induktion von Tumoren als Modelle der virusbedingten Tumorgenese von Interesse waren. Bekannte Vertreter sind das Rous-Sarkomavirus und das Moloney-murine-leukemia-Virus (MoMULV). Vor allem das zuletzt genannte Virus spielt in der Entwicklung von Vektorviren eine wichtige Rolle.

Die *Lentiviren* sind erst seit Entdeckung der Erreger des Syndroms der erworbenen Immundefizienz (aquired immune deficiency syndrome: Aids), der humanen Immundefizienzviren (HIV), in der Pathologie der Infektionskrankheiten von Bedeutung.

Spumaviridae konnten bisher nicht mit Krankheiten in Verbindung gebracht werden, daher wurden sie auch noch nicht detailliert untersucht. Allerdings zeichnet sich für diese Viren eine mögliche Funktion als Vektoren ab.

Retroviren sind RNA-Viren und enthalten 2 identische Kopien des RNA-Genoms pro Partikel. Zur Infektion einer Zelle bindet das Viruspartikel über spezifische Glykoproteine an den entsprechenden zellulären Rezeptor. Nach dem Eindringen des viralen Capsids entweder über Endozytose oder über Fusion mit der Zellmembran (abhängig vom Virustyp) wird die virale Nukleinsäure freigesetzt und in den Zellkern transportiert. Während dieses Vorgangs wird die RNA des viralen Genoms über die im Virion mitgeführte reverse Transkriptase in DNA umgeschrieben und zirkularisiert. Reverse Transkriptase produziert DNA auf der Basis eines RNA-Templates. Dies ist eine typische Eigenschaft von Retroviren, reverse Transkriptase wurde zuerst 1970 von Baltimore (1970) und Temin u. Mizutani (1970) beschrieben.

Die DNA-Kopie des viralen Genoms wird im Zellkern mit Hilfe des Enzyms Integrase in das Genom der Wirtszelle kovalent inseriert. Dieser Schritt ist nur in replikationsaktiven Zellen möglich. Die integrierte Form des viralen Genoms wird als Provirus bezeichnet. Das Virusgenom ist damit für die gesamte Lebensdauer der Zelle vorhanden und wird durch Zellteilung auf alle Nachkommen der Zelle übertragen, es liegt daher eine persistierende Infektion vor.

Das virale Genom wird durch Transkription zu neuen Kopien vermehrt. Virale Proteine werden durch Spleißen und durch Prozessierung des viralen Polyproteins mit Hilfe zellulärer und viraler Proteasen gebildet und an der Innenseite der Zellmembran zum Capsid zusammengesetzt. Durch Sprossung von der Zellmembran werden neue Viruspartikel gebildet.

Der Lebenszyklus eines Retrovirus, die Schritte bis zur Integration sowie zum Zusammenbau des infektiösen Virus, dem Virus-Assembly, sind in Abb. 4.2.1 dargestellt.

Das in der Gentherapie am häufigsten verwendete Retrovirus ist das MoMULV. Daher soll die weitere Biologie von Retroviren an diesem Beispiel diskutiert werden.

Das MoMULV-Provirus hat eine Größe von 8264 Basen. An beiden Enden des proviralen Genoms liegen als Duplikat *cis*-aktive Sequenzen in den langen terminalen Reiterationen (long terminal repeats: LTR) vor. Die LTR sind für den Integrationsvorgang notwendig und enthalten sowohl Enhancer als auch Promotor für die Transkription der viralen Gene. Zwischen den LTR-Sequenzen, welche etwa 600 Basen lang sind, liegen die kodierenden Sequenzen der viralen Gene.

Die LTR enthält folgende Sequenzen:
- ein dupliziertes Enhancerelement
- eine Promotorregion
- eine Polyadenylierungssignal

Unmittelbar auf die am 5′-Ende liegende LTR folgt die Bindungsstelle für die tRNA-Startsequenz (Primer), die Primerbindungsregion (primer binding site: PBS). An dieser Stelle wird nach Bindung des tRNA-Primers die reverse Transkription gestartet. Bei MoMULV wird tRNA von Prolin als Primer verwendet. Die viralen Genome enthalten bereits den gebundenen tRNA-Primer im Virion.

Der PBS folgt die Spleißdonorstelle (SD), welche für die Produktion der mRNA des Hüllproteins notwendig ist. Die folgende funktionelle Sequenz ist Voraussetzung für die Verpackung des viralen RNA-Genoms in das sich bildende Viruspartikel. Diese Region wird als Verpackungssignal *psi* bezeichnet. Nach der *psi*-Region schließt sich direkt der Start der ersten Protein kodierenden Region an. Das Genom unterteilt sich in 3 offene Leserahmen:
- gag für gruppenspezifisches Antigen
- pol für Polymerase
- env für Envelope (Hülle)

Das Polyprotein der *gag*-Region wird in 4 Polypeptide prozessiert:
- Matrixprotein p15
- p12

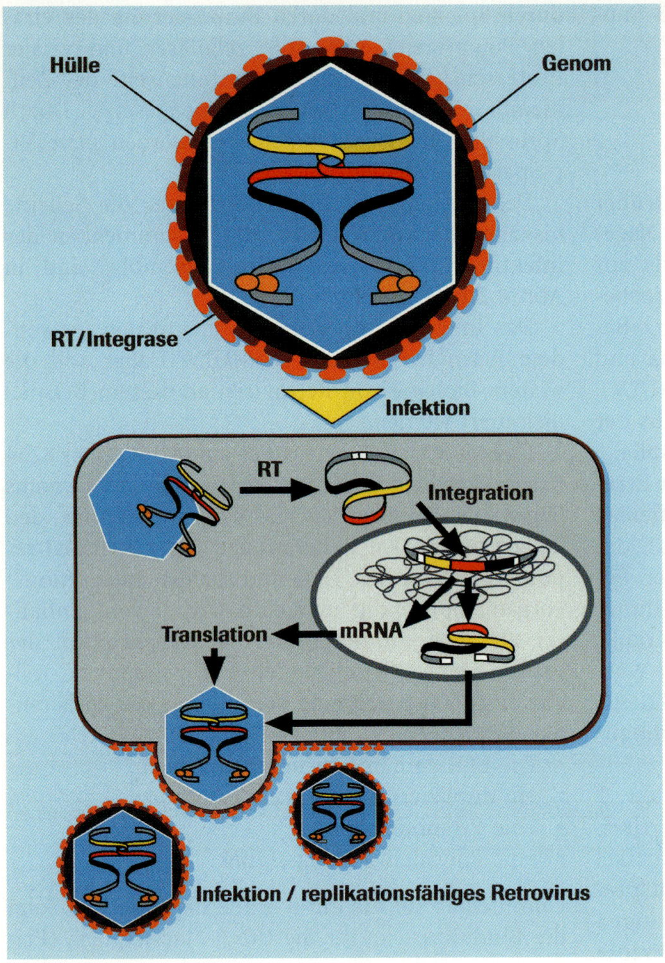

Abb. 4.2.1. Schematische Darstellung der Infektion einer Zelle mit Wildtyp(wt)-Retroviren. Die kodierenden Regionen sind als farbige Bänder dargestellt, *gelb* gag; *rot* pol; *blau* env

- Capsidprotein p30
- Nukleokapsidprotein p10

Die *pol*-Region enthält die Domänen für die Protease (PR), die reverse Transkriptase inklusive der RNAse H (RT) und für die Integrase (IN). Vor dem Ende der *pol*-Region liegt die Spleißakzeptorstelle (SA) zur Produktion der mRNA von *env*. Die *env*-Region wird in ein Polyprotein synthetisiert, welches durch eine zelluläre Protease in das Oberflächenprotein (Surface-Protein: SU) und in das Transmembranprotein (TM) prozessiert wird.

Eine purinreiche Region zwischen dem Ende des *env*-Gens und dem Beginn der 3′-LTR dient als Startpunkt der Plusstrang-cDNA. Die 3′-LTR ist identisch zur 5′-LTR und dient als Polyadenylierungssignal.

Nach diesem Exkurs in die Biologie von Onkoviren sollen im Folgenden die Möglichkeiten beschrieben werden, welche eine Anwendung dieser Viren als Vektoren ermöglicht.

Retroviren als Vektoren. Zuerst soll das genetische Grundprinzip einiger bekannter und gebräuchlicher Vektoren vorgestellt werden. Anschließend soll die Herstellung von Vektorviren in Verpackungszelllinien diskutiert werden.

Das Grundprinzip des Gentransfers mit retroviralen Vektoren ist in Abb. 4.2.2 dargestellt:

- Eine Verpackungszelllinie enthält die für die Produktion von viralen Partikeln notwendigen viralen Gene *gag*, *pol* und *env* (Helfergene) allerdings ohne Verpackungssequenzen, sodass in dieser Zelllinie im Prinzip keine Partikel mit genomischer RNA gebildet werden können.
- Das Genom eines Vektorvirus wird in einem Plasmid kloniert, wobei hauptsächlich LTR und die Verpackungssequenz erhalten bleiben und die viralen Strukturgene so gut wie möglich deletiert und durch das zu transferierende Gen ersetzt werden.
- Das Vektorgenom wird stabil in die Verpackungszelllinie, transferiert, die jetzt Partikel

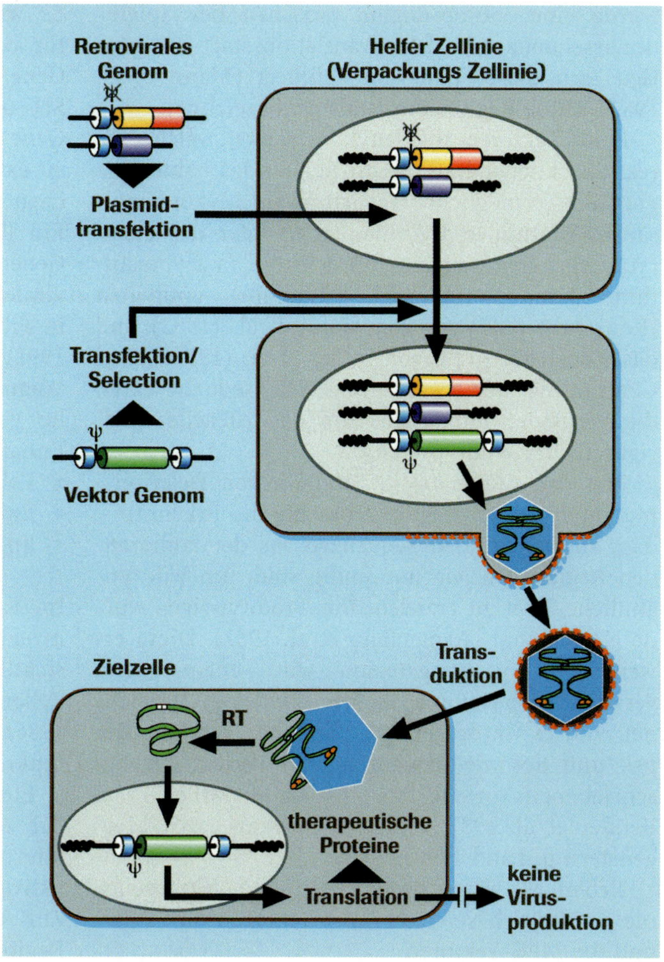

Abb. 4.2.2. In 3 Schritten werden die Herstellung einer Verpackungszelllinie für retrovirale Helferfunktionen, das Einbringen der Vektorgenoms in diese Zelllinie mit Produktion von Vektorviren und die Transduktion einer Zielzelle dargestellt. *gelb* gag; *rot* pol; *blau* env; *grün* Fremdgen im Vektorgenom

aus in trans zur Verfügung gestellten Helferproteinen (inklusive der reversen Transkriptase und der Integrase) und dem Vektorgenom produziert, welche nicht mehr replizieren können.

- Zielzellen werden mit Vektorviren infiziert, welche für die natürlichen Wirtszellen des Virus infektiös sind.
- Das Vektorgenom wird in das zelluläre Genom der Zielzelle integriert, und das transferierte Gen wird exprimiert, es erfolgt jedoch keine Produktion von Viruspartikeln, da die Zielzelle keinerlei virusspezifische Gene durch die Transduktion mit dem Vektor erhalten hat.

Die Retroviren der Familie Oncoviridae haben natürlicherweise das Prinzip von Vektorviren entwickelt. Die meisten Onkoviren nehmen ein zelluläres Onkogen an Stelle eines Teils oder aller ihrer Strukturproteine auf. Diese viralen Genome sind daher Defektgenome, und eine Replikation kann nur durch ein zusätzliches, genetisch komplettes Helfervirusgenom der gleichen Art ermöglicht werden.

Diese Eigenschaft von Onkoviren wurde auch bei den ersten retroviralen Vektoren genutzt. Hierzu wurde das Gen der Herpes-simplex-Virus-Thymidinkinase (HSV-TK) in das Genom verschiedener Retroviren eingebracht. Es wurde also ein den Onkoviren entsprechendes Defektvirus konstruiert. Ebenso wie die Onkoviren brauchen diese Vektoren natürlich ebenfalls ein Helfervirus zur Produktion infektiöser Partikel (Shimotono u. Temin 1981; Tabin et al. 1982; Wei et al. 1981). Da in jedem Fall Wildtypviren für die beschriebene Technik notwendig sind, ist sie für die Anwendung in der Gentherapie nicht brauchbar.

Der wichtigste Schritt, welcher zur Entwicklung der Prototypen der heute verwendeten retroviralen Vektoren führte, war die Beschreibung einer definierten Sequenz im viralen Genom für die Verpackung der genomischen RNA in die sich bildenden Capside (Shank u. Linial 1980). Für MoMULV wurde eine 350-bp-Region zwischen der Spleißdonorsequenz und dem Translationsstart des *gag*-Gens mit dieser Funktion definiert (Mann et al. 1982). Diese Region wurde als *psi* bezeichnet.

Erste Vektoren wurden konstruiert, welche direkt anschließend an die *psi*-Region das bakterielle *gpt*-Gen (ermöglicht Wachstum in Mykophenolsäure, Xanthin und Aminopterin) oder das eukaryote *hprt*-Gen (vermittelt Wachstum in Hypoxanthin, Aminopterin und Thymidin) enthielten [Konstrukt pMSVgpt von Mann et al. (1982) und das Konstrukt pLPL von Miller et al. (1983)]. Der Gentransfer war zwar erfolgreich, jedoch waren die Virustiter mindestens um das 10Fache niedriger als bei Wildtypviren.

Erst das systematische Studium von Deletionsmutanten der *psi*-Region erbrachte die Erkenntnis, dass zusätzlich noch Sequenzen aus der kodierenden Region von *gag* notwendig sind, um wildtypähnliche Titer zu erzielen. Das Prototypvirus wurde N2 benannt (Armentano et al. 1987). Diese erweiterte Verpackungsregion wird entsprechend verschiedener Autoren als *psi+* oder *gag+* bezeichnet, und es wurde gezeigt, dass eine Trennung der *psi-* und der *gag*-Sequenzen zum Verlust der beschriebenen Vorteile führt (Adam u. Miller 1988; Bender et al. 1987; Miller u. Rosman 1989; Morgenstern u. Land 1990).

Neben N2 waren weitere effiziente Vektorgenome der Frühphase retroviraler Vektoren die LNL6- und die MFG-Vektoren.

Neben der schon beschriebenen Eigenschaften enthält N2 ein Markergen, welches unter der Kontrolle des Promotors der viralen LTR steht. Dieses Gen kodiert für die bakterielle Neomyzinphosphotransferase II (neoR) und verleiht einer eukaryoten Zelle Resistenz gegenüber Neomyzin bzw. dem Analog G418. Dies ermöglicht die Titration von Vektorviren durch Bildung von G418-resistenten Kolonien. Da retrovirale Vektoren ihre biologischen Eigenschaften zur Vermehrung in Zellen eingebüßt haben, können sie auch nicht durch gängige virologische Nachweismethoden in Zellen quantifiziert werden.

LNL6 hat zusätzliche Veränderungen in der 5′- und der *psi+*-Region (Miller u. Rosman 1989):

- Austausch der *gag*-Startsequenz durch eine Stoppsequenz mit der Folge reduzierter unkorrekter Translation für das insertierte Gen
- Austausch der 5′-LTR von MoMULV gegen die von Moloney-sarcoma-Virus (MoMSV) mit dem Ergebnis reduzierter Homologie zur Helfersequenz in der Packaging-Zelllinie und der Unterdrückung von GAG-Vorläuferproteinen.

Es wurde angenommen, dass der Spleißvorgang für das *env*-Gen Vorteile für die Expression der Gene ergibt. Daher wurden im MFG-Vektor die SD- und die SA-Sequenz nach Deletion der viralen Gene erhalten. Dadurch startet die Translation des zu exprimierenden Gens entsprechend der natürlichen Position des *env*-Gens (Ohashi et al. 1992). Ein Problem der LTR-gesteuerten Expression von Genen liegt in der Inaktivierung (Silencing) dieses viralen Promotors in manchen Zelltypen, wie z.B. in Fibroblasten (Hoeben et al. 1991; Palmer et al. 1991) oder in embryonalen Zellen (Boulter u. Wagner 1987). Als Lösung hierzu wurden eine Reihe von Vektoren konstruiert, welche alternative Enhancersequenzen in der LTR-Region enthalten:

- Polyomaenhancersequenzen (Valerio et al. 1989)
- Enhancer der schweren Kette des Immunglobulingens (Moore et al. 1991)

Im Fall von EC-Zellen wurde gefunden, dass das myeloproliferative Sarkomavirus (MPSV) offensichtlich LTR-Sequenzen enthält, welche in diesen Zellen nicht abgeschaltet werden (Franz et al. 1986). Vektoren auf dieser Grundlage sollten somit funktionsfähig sein.

Ein weiterer Weg, das Problem des Silencings der viralen LTR zu umgehen, ist der Einbau eines internen Promotors, z.B. des in vielen Zelltypen aktiven und relativ starken Promotors von SV40. Zur Vermeidung von Interferenzen mit der LTR-Region wird diese ausgeschaltet. Hierzu wird in der 3′-LTR des Vektors eine inaktivierende Mutation eingebracht. Die Transkripte der Vektorsequenz enthalten nur die 3′-LTR. Nur diese wird auch in das Viruspartikel verpackt. Nach Transduktion in die Zielzelle und reverser Transkription wird, wie auch bei der Infektion mit Wildtypvirus, die 3′-LTR dupliziert, sodass nach Integration die mutierte LTR an die 5′-Position gestellt wird. Derartige Vektoren werden als Suizid- oder selbst inaktivierende (SIN) Vektoren bezeichnet. Beispiele hierzu sind in Yu et al. (1986); Cone et al. (1987); Yee et al. (1987) sowie Guild et al. (1988) zu finden.

Der Transfer eines einzigen Gens macht für die Gentherapie nur in Ausnahmefällen einen Sinn, wie etwa beim Gen-Marking. In den meisten Fällen wird ein therapeutisches Gen zusammen mit einem Gen zur Selektion und/oder zum späteren sicheren Nachweis des Vektors im Körper des Patienten transferiert werden.

Der erste retrovirale Vektor, der zur Expression von 2 Genen entwickelt wurde, war pZIPNEOSV(X). Dieser Vektor verwendet die virale LTR als Promotor für die Expression eines ersten

Gens und die SD- und SA-Sequenzen zur Transkription eines 2. Gens über Spleißen (Cepko et al. 1984).

Allerdings lässt sich in diesen Vektoren die Spleißhäufigkeit nur schlecht voraussagen. Daher haben sich Vektoren, welche neben der LTR einen internen Promotor verwenden, in der Anwendung auch in klinischen Versuchen durchgesetzt.

Wichtige Beispiele für diese retroviralen Vektorvarianten sind:

- LXSN – LTR steuert das therapeutische Gen und der SV40-Promotor neoR
- LNSX – LTR steuert neoR und der SV40-Promotor das therapeutische Gen
- LNCX – LTR steuert neoR und der Promotor der Immediate-early-Region von HCMV das therapeutische Gen

Eine Zusammenfassung dieser Vektoren ist in Miller u. Rosman (1989) zu finden.

Eine Weiterentwicklung von Vektoren zur Expression von 2 Genen ist die Einführung einer internen Ribosomenstartstelle (internal ribosomal entry site: IRES) zwischen die beiden zu exprimierenden Gene. Hierdurch wird eine bizistronische mRNA produziert (Adam et al. 1991; Morgan et al. 1992). Die IRES-Sequenz hat ihren Ursprung in humanen Polioviren. IRES-Vektoren können bis zu 3 verschiedene Gene von einem einzigen Transkript exprimieren (z. B. Zitvogel et al. 1994).

Schließlich sollen noch Vektoren erwähnt werden, welche im Wirtsorganismus zur Duplikation von transferierten Genen führen. Hierzu wird entsprechend der SIN-Vektoren das therapeutische Gen in die 3′-LTR des Vektors kloniert. Über die Duplikation der 3′-LTR bei der reversen Transkription und bei der Zirkularisierung des Vektorgenoms wird das therapeutische Gen verdoppelt (Hantzopoulos et al. 1989).

Ein weiterer Nachteil retroviraler Vektoren ist die Beschränkung der Transduktion auf replizierende Zellen. Von diesem Problem wird angenommen, dass es durch die Entwicklung von Vektoren auf der Basis von Lentiviren, wie dem HIV, welches offenkundig auch Aktivitäten in ruhenden Zellen zeigt, gelöst werden kann.

Das humane Immundefizienzvirus (HIV), welches Aids verursacht, gehört zu den Lentiviren und hat die Eigenschaft, auch nicht in Teilung befindliche Zellen zu infizieren und in deren Genom zu integrieren (Lewis et al. 1992). Mit Vektoren auf der Basis von HIV wird erhofft, ausdifferenzierte Zellen wie neuronale oder hämatopoetische Zellen transduzieren zu können. Allerdings ist hierbei die grundlegende Voraussetzung, Rekonstitutionen des Vektorgenoms zu pathogenem HIV zu verhindern. Hierzu werden alle akzessorischen Genprodukte wie *vif*, *vpr*, *vpu* oder *nef* deletiert (Kim et al. 1998). Auf diese Weise soll keine Interaktion mit dem Zellzyklus der transduzierten Zelle zustande kommen. In diesen Systemen werden die viralen Verpackungsgene meist auf verschiedenen, mitunter bis zu 4 Plasmiden kodiert, während der Vektor die Transgene enthält. Eine Pseudotypisierung mit Vesikulostomatitisvirus-g-Protein (s. auch unten) wird zur Erlangung hoher Virustiter häufig durchgeführt. Eine Infektion von Makrophagen und von neuronalen Zellen konnte demonstriert werden (Blomer et al. 1997; Naldini et al. 1996; Zufferey et al. 1997). Allerdings fehlt noch der Nachweis der stabilen Integration der HIV-Vektoren in das Wirtsgenom. Natürlich stehen bei einem derartigen System die Sicherheitsfragen im Vordergrund. Ähnlich den schon beschriebenen SIN-Vektoren wurden selbstinaktivierende HIV-1-verwandte Vektoren konstruiert, welche bei der Transduktion die transkriptionellen Fähigkeiten der LTR verlieren (Miyoshi et al. 1998; Zufferey et al. 1998) Bisher konnte jedoch noch kein Vektor entwickelt werden, der sowohl im Hinblick auf die In-vivo-Effizienz als auch im Hinblick auf die Sicherheit überzeugen konnte.

Verpackungszelllinien sind die Grundlage für die Herstellung von retroviralen Vektorpartikeln. Diese Zellen liefern die Funktionen in trans, für welche das Vektorgenom nicht mehr kodiert, nämlich die funktionsfähigen viralen Gene. Das grundlegende Beispiel für eine Verpackungszelllinie ist *psi2* (Mann et al. 1983). Dabei wurde das provirale Genom von MoMULV unter Deletion der *psi*-Region in NIH-3T3-Zellen als Plasmid transfiziert. Wurde hierzu das Vektorgenom in Form eines Plasmids transfiziert, wurden Vektorviren und keine Wildtypviren produziert. Diese Methode führte jedoch nur zu einer transienten und schwer reproduzierbaren Produktion. Außerdem sind die Viren aus diesen Verpackungszellen ökotrop, sodass sie wiederum nur Maus- und Rattenzellen infizieren können. Ziel gentherapeutischer Ansätze sind jedoch humane Zellen. Dies bedeutet, dass amphotrope Viren als Vektoren notwendig sind. Amphotrope Retroviren sind Viren, welche neben der Ursprungsspezies, wie z. B. Maus bei MoMULV, auch Zellen anderer Spezies inklusive des Menschen infizieren können.

Die lange Zeit am meisten genutzte amphotrope Verpackungslinie ist PA 317 (Miller u. Buttimore 1986). Grundlage der meisten amphotropen Verpackungslinien sind *env*-Sequenzen des murinen Leukämievirusstamms 4070A, deren Expressionsprodukte an den Rezeptor humaner Zellen für amphotrope Viren binden können.

Sehr schnell wurde jedoch klar, dass in Verpackungszelllinien, welche die viralen Sequenzen in einem Molekül enthalten, Rekombinationen zwischen Helferfunktionen und Vektorsequenzen zur Bildung von rekombinanten replikationsfähigen Retroviren führen können.

Es wurden daher verschiedenste Deletionen und auch Insertionen in die Helfersequenzen von *gag/pol* und von *env* eingeführt (Danos u. Mulligan 1988).

Eine weitere Fortentwicklung stellte die Trennung von *gag/pol*- und *env*-Sequenzen dar. Zu diesem Zweck wurden die entsprechenden Sequenzen auf unterschiedlichen Plasmiden in die Verpackungszellen eingebracht. Das bekannteste Beispiel ist die GP+E-86-Zelllinie (Markowitz et al. 1988), eine ökotrope Linie. Die entsprechende amphotrope Zelllinie ist AM 12 (Markowitz et al. 1988).

Zur Erlangung weiterer Sicherheiten im Hinblick auf eine Rekombination zu replikationsfähigen Retroviren werden vermehrt auch Zellen anderer Spezies als Maus eingesetzt. Dabei wird zumindest die Rekombinationshäufigkeit mit endogenen Sequenzen verwandter Retroviren vermieden. Ein Beispiel hierzu ist die Verwendung von Hundezellen wie der Zelllinie D 17, welche keine Homologie zu Mausretroviren aufweisen (Dougherty et al. 1989). Auch in Verpackungszelllinien humanen Ursprungs ist eine niedrigere Wahrscheinlichkeit der Rekombination mit endogenen Viren zu erwarten (Rigg et al. 1996).

Der Transfer von Retroviren in Zielzellen erfolgt derzeit in der präklinischen Forschung und auch in klinischen Versuchen auf 3 Wegen:

- Transduktion von explantierten Zelle ex vivo
- Injektion von Vektor produzierenden Verpackungszellen
- direkte Injektion von retroviralen Vektoren

Der Ex-vivo-Gentransfer mit retroviralen Vektoren war in den klinischen Anfängen der Gentherapie die häufigste Methode, um neue Gene zur Therapie oder zum Genmarkieren in Zellen zu transferieren. Hierzu werden die Zellen entweder mit den Virus produzierenden Verpackungszellen kokultiviert oder es werden Überstände der Produktionszellen, welche Vektorviren enthalten, mit den Zielzellen inkubiert. Für die Therapie werden bevorzugt die besser definierbaren Überstände eingesetzt. Es wurden unterschiedliche Methoden zur Transduktion entwickelt, welche hauptsächlich durch die Herkunft der Zielzellen bedingt sind. So können die Inkubationszeiten von wenigen Stunden bis zu Tagen variieren. Außerdem wird empfohlen, die Zellen mit den Viren zu zentrifugieren oder bei verschiedenen Temperaturen zu inkubieren (Kotani et al. 1994). Wichtig ist ebenfalls, dass die zu transduzierende Zelle replikationsaktiv ist, da Retroviren ihr Genom nicht in ruhende Zellen integrieren und dann auch nicht zur Expression der transferierten Gene führen können. Hämatopoetische Stammzellen als ein derartiges Beispiel werden daher meistens mit Substanzen zur Förderung der Proliferation, wie z.B. Zytokinen, behandelt.

Ein Problem retroviraler Vektoren ist der relativ niedrige Titer. Meist werden nur Titer von 10^4–10^5 cfu/ml erreicht. Allerdings können durch verschiedenste Variationen der Kulturbedingungen der Produktionszelllinie heute routinemäßig 10^6–10^8 erhalten werden (Jolly 1995). Retroviren können durch Ultrafiltration um das ungefähr 10Fache konzentriert werden (Wolff et al. 1987). Sie sind relativ labil und können durch mechanische Belastungen, wie sie z.B. beim hochtourigen Zentrifugieren auftreten, zerstört werden. Daher wurden Vektorhybride konstruiert, welche statt dem retroviralen Hüllprotein ein entsprechendes Protein stabilerer Viren, wie dem Vesikulostomatitisvirus, enthalten. Diese Methode wird als „Pseudotypisieren" bezeichnet. Die Verwendung des Vesikulostomatitisvirus-g-Proteins (VSVg) hat zur 1000fachen Konzentrierung der Vektorviren geführt (Burns et al. 1993), hat allerdings den Nachteil, dass das Protein toxisch für die Produktionszellen ist und daher nur transient in die Zellen eingeführt werden kann. Dies ist jedoch von erheblichem Nachteil, da dann im Prinzip für jeden Transduktionsansatz erneut die Verpackungszelllinie erst mit dem *vsv-g*-Gen transfiziert werden muss. Dies ist für eine industrielle Produktion zu aufwändig und würde die Kosten erheblich erhöhen. Außerdem muss Vektormaterial für die klinische Anwendung entsprechend der Richtlinien der „Good-manufacturing-Praxis (GMP)" hergestellt werden, was eine hohe Reproduzierbarkeit des Verfahrens voraussetzt. Dies ist mit einer instabilen Produktionszelllinie nicht möglich.

Eine Möglichkeit der Erhöhung der Infektiosität der Vektorviren ist das Einbringen einer zusätzlichen rezeptorspezifischen Sequenz in die Hülle. So ist z.B. gezeigt worden, dass das Einfügen der Bindungssequenz für den Gibbonaffenleukämievirusrezeptor Glvr-1 zusätzlich zur Bindungssequenz des amphotropen Rezeptors Ram-1 die Infektiosität stark erhöhen kann. Beide Rezeptoren sind auf einer Vielzahl von Zellen zu finden (Miller u. Chen 1996).

Trotz der Virustiter, welche heute erreichbar sind, ist bei der In-vivo-Gentherapie mit Überständen allein in bestimmten Fällen noch keine wirkungsvolle Transduktion der Zielzellen zu erreichen. Daher werden z.B. bei der Behandlung von Glioblastomen mit Suizidgenen (weitere Information zu dieser Technik s. „4.2.6.3 Onkologie") Virus produzierende Verpackungszellen direkt in die Tumoren transferiert (Culver 1992, 1994). Bei der Verwendung von Verpackungszellen nichthumanen Ursprungs muss dieses Vorgehen als Xenotransplantation mit allen immunologischen Problemen betrachtet werden.

Die direkte Injektion von Vektorviruspräparaten in das Zielgewebe wurde für

- Lebergewebe (Caruso et al. 1993; Hatzoglou et al. 1988),
- Muskelzellen (Dai et al. 1992) und
- Endothelialzellen (Nabel et al. 1990)

berichtet und in Muskelzellen auch in klinischen Versuchen eingesetzt (Jolly et al. 1994). Hierbei ist, ähnlich wie bei den nichtviralen, lokal verabreichten Vektorplasmiden, mit einer lokal begrenzten Expression des therapeutischen Gens zu rechnen, da die Vektorviren nur eine bestimmte Zahl von Zellen infizieren können, jedoch aufgrund ihrer Replikationsunfähigkeit zu keiner weiteren Virusproduktion und Ausbreitung der Infektion führen können.

Retroviren werden durch das menschliche Komplementsystem inaktiviert (Bartholomew et al. 1978). Die systemische Administration von Retroviren ist daher aufgrund der geringen Halbwertszeit der Viren im Blutkreislauf zurzeit nicht möglich, es werden allerdings Untersuchungen zur Stabilisierung durch entsprechende genetische Variationen des viralen Hüllproteins oder Wahl der Verpackungslinien durchgeführt. So zeigen offensichtlich retrovirale Vektorviren, welche in humanen Zelllinien als Basis für die Verpackungslinie produziert werden (z.B. 293- oder HOS-Zellen) eine stärkere Resistenz gegen Komplementinaktivierung (Pensiero et al. 1996). Daher wurde mehr und mehr auf humane Verpackungszelllinien, die komplementresistente Virusvektoren generieren, übergegangen (Cosset et al. 1995; Davis et al. 1997; Sheridan et al. 2000). Humane Verpackungszelllinien haben jedoch einen Nachteil bezüglich der Sicherheit. So können von ihnen produzierte replikationskompetente Viren weit ungehinderter als xenogene Viren replizieren und Schaden verursachen. Des Weiteren wurden Arbeiten durchgeführt, die Komplemententempfindlichkeit durch genetische Veränderung des Hüllproteins zu reduzieren.

In diesem Kapitel wurden Probleme der Wirtsspezifität, der Sicherheit und der Anwendbarkeit der retroviralen Vektoren nur angerissen. Eine intensivere Diskussion dieser Themen ist in den Kapiteln 4.2.4 „Gezielter Gentransfer", 4.2.5 „Sicherheit von Gentransfervektoren" und 4.2.6 „Anwendungsbereiche von Gentransfervektoren in der Humanmedizin" zu finden.

Adenovirale Vektoren

Infektionszyklus von Adenoviren. Adenoviren sind unter Säugetieren und Vögeln weit verbreitet. Beim Menschen sind 47 verschiedene Serotypen bekannt (Ad1–Ad47), welche in 6 Gruppen gegliedert sind (A–F). Die Viren sind hochstringent in ihrer Speziesspezifität. Primär infizieren Adenoviren Epithelzellen. Adenoviren sind pathogene Organismen und können abhängig vom Serotyp verschiedene Erkrankungen des Gastrointestinaltrakts, des Respirationstrakts und der Konjunktiven verursachen. Die Erkrankungen sind meist relativ mild und nur selten lebensbedrohlich. Bekannte Symptome, die durch Adenoviren verursacht werden, sind

- Laryngitis,
- Pharyngitis,
- Gastroenteritis und
- Konjunktivitis.

Berichte über eine Rolle als Verursacher einer viralen Enzephalitis konnten nicht bestätigt werden. Nach der Primärinfektion führt die Virämie zu einer asymptomatischen Ausbreitung der Infektion in die Tonsillen oder die Nieren des Patienten und zur protrahierten Ausscheidung des Virus als Tröpfcheninfektion oder als oral-fäkale Schmierinfektionen über Monate bis Jahre.

Lebendimpfstoffe wurden gegen die Serotypen 4 und 7 entwickelt, welche hauptsächlich im amerikanischen Militär verwendet wurden (Top et al. 1971).

Die Adenoviren sind DNA-Viren, ihr Genom besteht aus doppelsträngiger DNA von etwa 36 kbp Länge Eingeteilt in 1–100 Map units (MU). Das Capsid der Adenoviren ist ein Ikosaeder von 60–90 nm Durchmesser, welches ein DNA-Protein-Core umschließt. Die Adenoviren haben keine Hülle. An den 12 Ecken des Capsids sitzen Penton-

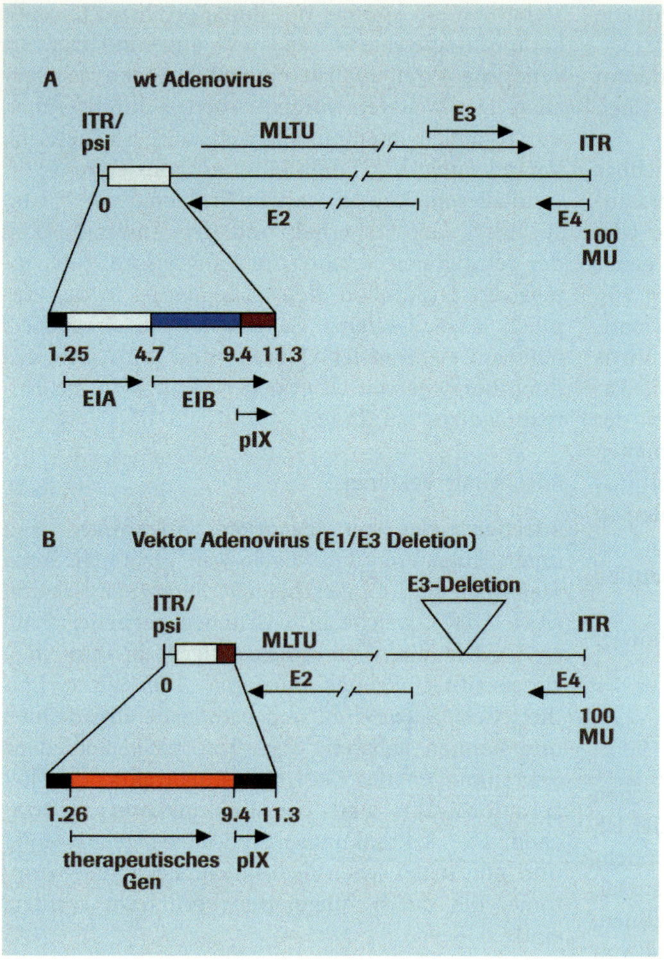

Abb. 4.2.3 A, B. Schematische Darstellung des Genoms der Adenoviren (**A**) und eines davon abgeleiteten Vektors (**B**), *grauer Balken* frühe Genomregion *EI*, *unterschiedliche Graustufen* die davon ableitbaren Gene *EIA*, *EIB* und *pIX*, *lila* die im Vektorgenom durch das Fremdgen ersetzte EIA/EIB- Region, *ITR* invertierte terminale Reiteration. *E3* Early-Gen 3, *E4* Early-Gen 4, *MLTU* major late transcription unit, *MU* map unit

basen, welche mit antennenförmigen Fibertrimeren nach außen weisen. Jedes Fibermonomer besteht aus einem Stiel, der in den Pentonbasen steckt, und einem Fiberknopf über den die Viren initial an den zellulären Coxsackie-Adenovirusrezeptor (CAR; gehört zur Familie der Immunglobuline) (Bergelson et al. 1997) binden. Vitronektin bindende Integrine spielen bei der Internalisierung der Partikel in die Zelle als sekundäre Rezeptoren eine Rolle (Wickham et al. 1993). Die Viruspartikel werden dabei in das Endosom aufgenommen. Das dort vorherrschende saure Milieu führt zu einer Konformationsänderung der Pentonbasen, einer damit verbundenen Dissoziation der Viren (Seth et al. 1984) und einem Platzen der Endosomen.

Das DNA-Genom der Adenoviren wird danach in den Kern transportiert. Dort wird 6–8 h nach der Infektion in der frühen Phase der Virusvermehrung die Replikation des viralen Genoms gestartet, welche durch das terminale, an den Enden des viralen Genoms gebundene Protein mit initiiert wird. Die Replikation der Adenoviren wird durch virale und zelluläre Proteine gesteuert. Das Assembly der Viruspartikel findet im Zytoplasma statt. Die neu generierten Viren werden durch Zelllyse freigesetzt (etwa 1000–10 000/Zelle).

Die beiden Enden des viralen Genoms enthalten kurze, invertierte Nukleinsäurereiterationen (ITR), welche 100–140 bp lang sind. Ebenso wie Retroviren besitzen Adenoviren spezifische Sequenzen zur Verpackung der viralen Genome in die Capside (Hearing et al. 1987). Diese Region liegt neben der linken ITR-Sequenz.

Das Virusgenom kodiert für 2 grundsätzliche Funktionen:

- frühe Gene (E1–E4)
- späte Gene (L1–L5)

Die Lokalisation der frühen Gene ist in Abb. 4.2.3 wiedergegeben.

Die Replikation des viralen Genoms sowie die Aktivität der frühen und der späten Gene des Vi-

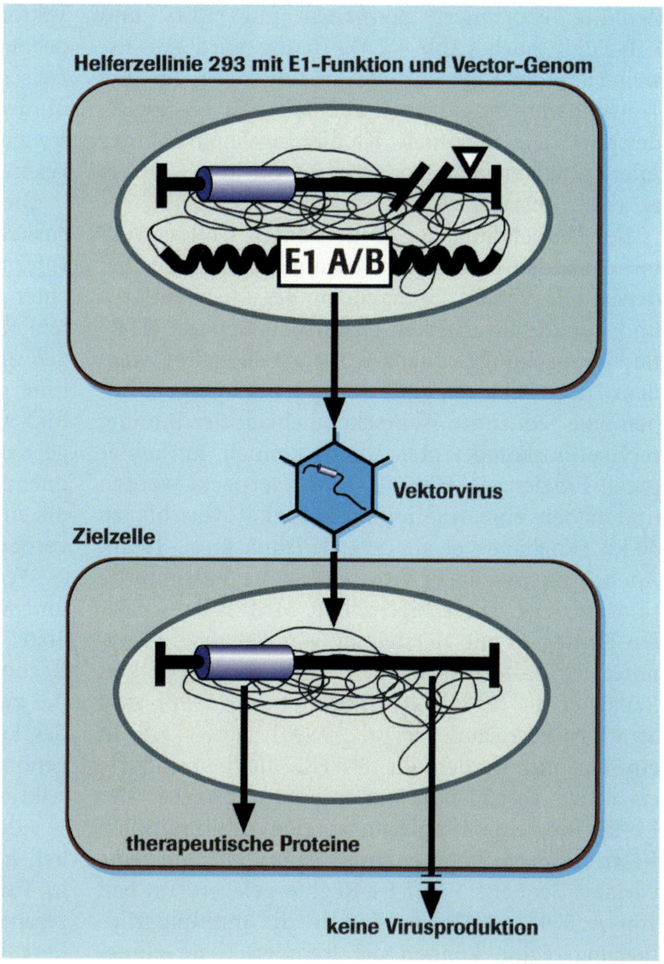

Abb. 4.2.4. Schematische Darstellung der Helferzelllinie 293 mit genomisch kodierten *EIA-* und *EIB-*Funktionen sowie einem Vektorgenom (*lila* Fremdgen) und Transduktion einer Zielzelle mit nicht integriertem Vektorgenom

rus unterliegen einer komplexen Regulation, welche hier nur kurz dargestellt werden soll. Die E1a-Genprodukte transaktivieren die Expression der weiteren viralen Gene. Die E1b-Region kodiert für 2 Genprodukte, welche für den Ablauf der produktiven lytischen Infektion der Zelle notwendig sind. Das DNA bindende E2a-Genprodukt ist hauptsächlich an der viralen DNA-Replikation beteiligt. Das E2b-Genprodukt kodiert für eine virale DNA-Polymerase sowie für einen Vorläufer des terminalen Proteins. Das E3-Protein assoziiert mit den Histokompatibilitätskomplex(MHC)-Klasse-I-Molekülen im endoplasmatischen Retikulum und schützt damit die infizierte Zelle vor einer Erkennung durch das Immunsystem des Wirts (Wold u. Gooding 1991). Dieses Gen ist daher für die Replikation der Viren nicht essenziell. Die E4-Region, welche für mindestens 7 Polypeptide kodiert, reguliert die Synthese der viralen Proteine und spielt beim Abschalten der Proteinsynthese der Wirtszelle eine wichtige Rolle (Bridge et al. 1989; Halbert et al. 1985). Die Aktivierung des Promotors der späten Proteine erfolgt ungefähr 8 h nach der Infektion der Zelle. Die späten Gene kodieren für eine Reihe von Strukturproteinen des Virus. Die Expression der späten Gene ist von der RNA-Polymerase II der Wirtszelle abhängig.

Adenoviren als Vektoren. Am häufigsten wurden bisher die Serotypen Ad2 und Ad5 für die Entwicklung von Vektoren verwendet.

Der bekannteste Weg, adenovirale Vektoren zu entwickeln, ist die Deletion der E1a- und der E1b-Funktionen. Damit sind sowohl die Aktivierung der viralen Promotoren als auch die Progression der lytischen Infektion unterdrückt. Viren mit einer E1a/E1b-Deletion sind replikationsinkompetent. In diese Region wird üblicherweise die zu transferierende Genkassette eingesetzt. Zur Herstellung von Vektorviren, welche von Helfersequenzen frei sind, können die E1-Deletionsmutanten in der Zelllinie 293 propagiert werden. Diese

Zelllinie exprimiert permanent die E1a- und E1b-Funktionen (Abb. 4.2.4). Häufig wird zur Erweiterung der Kapazität des Vektorgenoms für den Transfer von Fremdgenen ebenfalls die E3-Region deletiert. Die maximale Klonierungskapazität der Adenoviren erreicht dadurch 7,5–8,3 kbp (Bett et al. 1993, 1994).

Bei Verwendung der so genannten Gutless-Vektoren handelt es sich um Adenovirusvektoren, bei denen alle viralen kodierenden Regionen entfernt und nur die invertierten terminalen Repeats (ITR) und Verpackungssequenzen (psi) beibehalten wurden. Diese Vektoren sind weniger immunogen, haben eine reduzierte Wahrscheinlichkeit der Bildung replikationskompetenter Viren, können mit einer guten Effizienz in HEK293-Zellen verpackt werden und haben eine Klonierungskapazität von bis zu 30 kb (Kochanek et al. 1996; Krishna et al. 1996). Adenoviren zeigen in vitro eine hohe Rekombinationseffizienz. Diese Eigenschaft wird in den meisten Strategien zur Herstellung von Vektorviren benutzt. Grundlegend wurden diese Methoden von Ballay et al. (1985), Rosenfeld et al. (1990) und Stratford-Perricaudet et al. (1990) entwickelt. In ein Plasmid werden die 5′-ITR, die benachbarte *cis*-aktive Verpackungssequenz, der Enhancer der E1-Region, eine Klonierungsregion mit multiplen Restriktionsenzymerkennungssequenzen und eine variable Sequenz 3′ zur E1-Region gelegen (im Fall von Ad5 9–16 MU) kloniert. In die multiple Klonierungsregion können die fremden Gene eingesetzt werden. Dieses Plasmid wird in 293-Zellen transferiert, welche ein verkürztes Adenovirusgenom enthalten. Durch eine im Adenovirusgenom singuläre ClaI-Restriktionsstelle am 3′-Ende der E1-Region kann diese Sequenz vom Rest des viralen Genoms getrennt werden. Homologe Rekombination zwischen der 3′-E1-Sequenz im Plasmid und im verkürzten viralen Genom führen zu verpackungsfähigen, replikationsdefizienten Vektorgenomen. Plaques werden darauf selektiert und molekularbiologisch auf das Vorhandensein der transferierten Gene untersucht.

Adenovirale Vektorpartikel können in 293-Zellen in Titern bis zu 10^{10}–10^{12}/ml hergestellt werden. Zur Großproduktion von Adenoviren liegen bereits Erfahrungen von der Herstellung der Ad4- und Ad7-Impfstoffe vor. Alternativ können die Adenovirusvektoren auch in der rekombinant hergestellten Verpackungszelllinie PER-C6 vermehrt werden. Diese von Fallaux et al. (1998) beschriebene Zelllinie basiert wie HEK293 auf embryonalen Zellen, die jedoch nicht durch gescherte Virus-DNA, sondern durch E1A- und E1B-rekombinante Vektoren stabil transformiert wurden. Hierbei wurde besonders darauf geachtet, homologe Bereiche zwischen Vektor und Verpackungszelllinie zu minimieren und damit die durch Rekombination entstehenden, replikationskompetenten Adenoviren zu verhindern.

Die oben beschriebene Methode der Adenovirusherstellung wurde von McGrory et al. (1988) insofern modifiziert, dass das Adenovirusgenom in einer zirkulären Form als Plasmid mit prokaryotem Replikationsursprung und Ampizillinresistenzgen anstelle der E1-Region in die Produktionszelllinie gebracht wird. Hierzu wird ein Transferplasmid wie oben beschrieben kotransfiziert. Homologe Rekombination ersetzt dann die prokaryote Sequenz des Plasmids, welche die genomische Region enthält und führt dabei zu einem in Capsiden verpackbaren Vektorgenom.

Weitere Modifikationen führten He et al. (1998) und Mitzuguchi et al. (1998) durch. Während die erste Methode eine Transferplasmid-Adenovirus-Rekombination in *E.-coli*-Zellen beschreibt, erlaubt die zweite Methode eine reine In-vitro-Herstellung der kompletten, rekombinanten Adenovirusvektorgenome unter Verwendung von Rare-Cutter-Restriktionsenzymen.

Adenovirusvektoren infizieren Zellen mit ziemlich hoher Effizienz. Allerdings kann es besonders in Tumorzellen vorkommen, dass der Adenovirusrezeptor CAR in seiner Expression herunterreguliert ist. Dies kann jedoch durch genetisches Retargeting gegen einen anderen Rezeptor überwunden werden. So setzten Reynolds et al. (1999) und Kratzer et al. (2001) den RGD-Loop der Pentonbase in den Fiberknopf ein und erhielten eine verstärkte Transduktion CAR exprimierender, aber auch nicht exprimierender Zellen. Auf analoge Weise oder unter Verwendung von Adaptoren, die den Fiberknopf sowie einen Rezeptor binden, kann ein Targeting auch gegen andere Oberflächenproteine erreicht werden.

Adenovirale Genome und auch die Genome der davon abgeleiteten Vektoren integrieren üblicherweise nicht in das Genom der Wirtszelle. Das bedeutet, dass die transferierten Gene nur für eine begrenzte Dauer in den Zellen exprimiert werden können. Der Gentransfer ist damit im Gegensatz zu den Retroviren transient. Nach sehr hoher initialer Expression fällt die Produktion der transferierten Fremdgene in den meisten Fällen nach 2–4 Wochen sehr stark ab. Abhängig vom Ziel einer gentherapeutischen Behandlung müsste der Patient dann in monatlichen Intervallen mehrfach bis dauernd behandelt werden.

Demgegenüber ist ein Vorteil der adenoviralen Vektoren, dass sie praktisch jedes Gewebe infizieren können, eingeschlossen ruhender Zellen.

Adenoviren und damit auch die davon abgeleiteten Vektoren sind stabiler als Retroviren, da sie keine von der Zelle abgeleitete Hülle besitzen. Daher sind Adenoviren problemlos zu lyophilisieren. Außerdem werden sie bei direkter Injektion nicht so schnell wie Retroviren vom Komplement inaktiviert.

Allerdings haben Adenoviren einen großen Nachteil: Sie sind hochantigen und führen zu einer unmittelbaren Immunantwort durch Klasse-II-MHC-abhängige T-Helferzell- und B-Zell-Aktivierung gegen die Capsidproteine und damit zur Produktion neutralisierender Antikörper. Dies behindert v.a. eine mehrfache Gabe der Viren, welche z.B. bei der Behandlung einer monogenetischen Erkrankung wie der zystischen Fibrose unbedingt notwendig ist. Zur Unterdrückung dieser Immunantwort sind eine Reihe von Entwicklungen gestartet worden. So reduziert die Expression des 19000-Proteins der E3-Region die Immunantwort gegen infizierte Zellen (Lee et al. 1995). Erste Studien in Mäusen haben gezeigt, dass durch IL-12 die TH2-Subgruppe der T-Helferzellen inhibiert werden kann und damit eine mindestens 2fache Gabe von Adenoviren möglich ist (Yang et al. 1995, 1996). Ein weiterer Vorschlag zur Lösung dieses Problems ist die nacheinander folgende Gabe von Vektoren basierend auf verschiedenen Serotypen der Adenoviren (Kass-Eisler et al. 1996). Außerdem wurden im Tiermodell Depletion von CD4-Lymphozyten (Kolls et al. 1996) und Immunsuppression durch Cyclosporin A (Fang et al. 1995) getestet. Bei all diesen Vorgehen ist zu bedenken, dass dies eine zusätzliche Behandlung mit starker Beeinträchtigung des Patienten durch Immunsuppression bedeutet. Das Problem der starken Immunantwort gegen adenovirale Vektoren ist daher noch nicht als gelöst zu betrachten.

In den Kapiteln 4.2.4.2 „Gezielter Gentransfer mit viralen Vektoren", 4.2.5.2 „Virale Vektoren" und 4.2.6.2 „Genetische Erkrankungen" werden die Sicherheit und Anwendbarkeit dieser Vektoren in der Gentherapie diskutiert.

Weitere virale Vektortypen.

Überblick. Retrovirale und adenovirale Vektoren wurden sehr ausführlich beschrieben, da beide Vektortypen bereits mehrfach in der Klinik eingesetzt wurden. Eine Reihe weiterer Virustypen wurden als Alternativen entwickelt und zeigen aufgrund ihrer inhärenten Eigenschaften enorme Potenziale in definierten Anwendungsnischen der Behandlung von Krankheiten mittels Gentransfer. Da im Prinzip alle Viren diese grundlegende Eigenschaft haben, mussten v.a. folgende Probleme gelöst werden:

- Aufklärung der Sequenz des Virusgenoms
- Klonierbarkeit des Virusgenoms
- Definition deletierbarer Sequenzen
- Definition von Helfersequenzen
- Produktion von replikationsunfähigen Vektorpartikeln
- Interaktion mit dem Genom der Wirtszelle
- Expressionshöhe der Fremdgene in der Zielzelle

Die weiteste und rasanteste Entwicklung haben in dieser Hinsicht sicherlich die Vakziniavirusvektoren gemacht, die als Tumorvakzine in mehreren klinischen Studien, u.a. in einer Phase-II-Studie zur Behandlung von Prostatakrebs getestet wurden. Hierbei wurden die Gene, welche für das Tumorantigen MUC1 sowie das Zytokin IL-2 kodieren, übertragen. Die klinische Studie zeigte neben mäßiger, doch signifikanter Generierung einer antitumoralen Immunreaktion v.a. ein hervorragendes Sicherheitsprofil der Vakziniavirusvektoren.

Adenovirusassoziierten Viren (AAV) wurden ebenfalls in ersten klinischen Studien zur Gentherapie von zystischer Fibrose angewendet. Sie waren dort insofern erfolgreich, als keine signifikanten, gegen AAV gerichteten Immunreaktionen beobachtet werden konnten und die Persistenz des Transgens bis zu 10 Wochen nachgewiesen werden konnte (Wagner et al. 1998). Auch die Herpesvirusvektoren (HSV-1) haben bereits eine erste klinische Erprobung bei der Behandlung von Glioblastomen erfahren, liegen aber aufgrund von immer noch vorhandenen Sicherheits- und technischen Problemen im Vergleich zu den oben erwähnten Virusvektorsystemen am weitesten zurück.

Adenovirusassoziierte Viren. Adenovirusassoziierte Viren (AAV) gehören zur Familie der Parvoviridae. Die Viren dieser Familie teilen sich

- in replikationskompetente autonome Parvoviren und
- in helfervirusabhängige nichtautonome Parvoviren.

Zur Replikation benötigen AAV ein Helfervirus, im Allgemeinen Adeno- oder Herpesviren. Dies begründet auch den Namen der Viren. Es gibt 5 AAV-Virustypen, welche humane Zellen infizieren können. Bisher wurde keine Erkrankung mit diesen Viren assoziiert.

Das Genom besteht aus einzelsträngiger DNA von 4,7 kb mit reiterierten terminalen Sequenzen (ITR) von 145 Basen Länge. Durch Rückfaltung der ersten 125 Basen dieser Reiterationen erhält das Genom eine T-Form als Sekundärstruktur.

Das Virusgenom enthält 2 offene Leserahmen: *rep* für Genprodukte, welche eine Funktion bei der Replikation haben, und *cap* für Genprodukte, welche Capsidproteinen entsprechen.

Nach Infektion der Wirtszelle integrieren die viralen Genome als doppelsträngige DNA in das Genom der Wirtszelle. Diese Integration erfolgt in Zellkultur in bis zu 70% locusspezifisch in Chromosom 19 (Kotin et al. 1991, 1992; Samulski et al. 1991, 1993) und scheint abhängig von rep-Funktionen zu sein (Weizmann et al. 1994).

AAV infizieren eine Reihe von Zelltypen, v.a. Zellen der verschiedenen hämatopoetischen Linien. Für eine produktive Infektion ist Zellreplikation notwendig (Berns 1990).

Vektoren bestehen derzeit aus den beiden 145-bp-Reiterationen mit den dazwischen liegenden Fremdgenen. Die Vektoren haben eine maximale Klonierungseffizienz von 4,5 kb. Zur Herstellung der Vektorviren werden 3 Plasmide in adenovirusinfizierte Zelllinien transfiziert:

- Vektorplasmid
- *rep*-Gene exprimierendes Plasmid
- *cap*-Gene exprimierendes Plasmid

Nach der Transfektion wird 48 h inkubiert, dann werden die Zellen lysiert und die Adenoviren durch 56 °C-Behandlung inaktiviert (AAV ist bei dieser Temperatur stabil). Es werden Titer bis zu 10^7 Viruspartikel/ml erreicht. Der Nachteil dieser Produktionsmethode besteht darin, dass keine stabilen Produktionszelllinien etabliert werden konnten und dass Vektorpräparate mit replikationskompetenten AAV verunreinigt sein können. Neuerdings wurden jedoch auch hier stabile Verpackungszelllinien beschrieben, die hohe Titer und eine bessere Qualität der Virusüberstände gewährleisten (Gao et al. 1998). Auch die Verwendung von Helferplasmiden anstelle kompletter Helferviren war erfolgreich.

Für die Anwendung in der Gentherapie ist v.a. wichtig, dass mit diesen Vektoren hämatopoetische Zellen und sogar Stammzellen transduziert werden können (Miro-Cacho et al. 1992; Walsh et al. 1992; Zhou et al. 1993), wobei diese Funktion nicht dem Verhalten der Wildtypviren entspricht. Ebenso scheint die Genexpression der transferierten Gene relativ hoch zu sein.

Die vorher beschriebene locusspezifische Integration in Chromosom 19 ist bei Vektoren nicht mehr gegeben. Nachteile sind außerdem die hohe Durchseuchung der Bevölkerung mit AAV, sodass bereits bei einer Primärbehandlung mit einer hohen Zahl von Immunreaktionen zu rechnen ist (Grossman et al. 1992)

Die hauptsächlichen Einsatzmöglichkeiten dieser Vektoren liegen sicher in der Infektion hämatopoetischer Zellen. Die oben erwähnten, entscheidenden Verbesserungen bei der Virusherstellung lassen vermuten, dass AAV in den kommenden Jahren eine immer wichtigere Rolle in der Gentherapie spielen wird.

Vakziniaviren. Vakziniaviren gehören zur Familie der Poxviridae und wurden zur Impfung gegen Pocken verwendet, was zur weltweiten Ausrottung dieser Viren führte. Vektoren zur Expression von Fremdgenen unter der Kontrolle von Vakziniapromotoren wurden schon zu Beginn der 80er Jahre konstruiert (Mackett et al. 1982; Panicali u. Paoletti 1982) und haben mehrfach erfolgreiche klinische Anwendungen in der Tumorvakzinierung gefunden.

Vakziniaviren replizieren im Zytoplasma der infizierten Zelle. Die Viruspartikel, welche im Zellkulturüberstand gefunden werden, bestehen aus 2 Schichten von Hüllen, wobei die äußere von der Zellmembran stammt, und es sich bei der inneren um das Core handelt, welches die DNA und die Enzyme enthält. Die DNA ist 186 kbp groß und enthält 10,5 kbp lange, terminale Reiterationen an beiden Enden (ITR). Replikation wird durch Einzelstrangbruch eines Strangs und durch einen selbstinitiierenden Mechanismus ausgelöst. Aufgrund der enormen Virusgröße können mehr als 25 kbp Fremd-DNA, d. h. gleich mehrere Fremdgene, insertiert werden.

Das Virus zeigt hohe Replikationsraten in Zellkultur. Die größte Zahl der gebildeten Viren bleibt intrazellulär als so genannte intrazelluläre nackte Virionen (INV), welche noch keine äußere Membran besitzen.

Diese Viren können aus den Zellen durch physikalische Behandlung wie z.B. Sonifikation freigesetzt werden.

Zur Expression eines Fremdgens wird dieses über homologe Rekombination in eine nichtessenzielle Region insertiert. Gene können sowohl unter der Kontrolle von frühen als auch von späten Genen exprimiert werden. Es sind mindestens 30 Regionen zu Insertion von Fremdgenen beschrieben (Smith u. Mackett 1992). Zur Insertion wird ein Plasmid mit dem Fremdgen, flankiert von entsprechenden Vakziniasequenzen, in eine vakziniavirusinfizierte Zelle transfiziert. Da in das Vakziniavirusgenom mindestens 3 heterologe Gene eingeführt werden können, wird stets ein selektierbares Gen, wie Thymidinkinase oder β-Galaktosidase einbezogen werden. Damit können die Zellen mit erfolgreich rekombinierten Viren selektioniert und die Viren dann plaquegereinigt werden. Die Rekombinationshäufigkeit beträgt nur 0,1–1%. Ein wichtiges Problem ist die Terminationssequenz TTTTTNT der frühen Gene der Vakziniaviren, welche auch in der kodierenden Region des heterologen Gens gefunden werden kann. Diese Sequenz muss dann aus diesem Gen entfernt werden, was zusätzliche Klonierungsarbeit bedeutet.

In Zellkultur sind Titer bis zu 10^8 cfu/ml erreichbar. Die Viren sind bis etwa 3 Monate bei Raumtemperatur im getrockneten Zustand haltbar.

Die Expression heterologer Gene erfolgt nur kurzfristig für 1–4 Wochen. Das Virus wird durch Skarifikation der Haut verabreicht.

Rekombinante Pockenviren wurden zur Vakzinierung gegen Rabies in der Tiermedizin angewendet. In verschiedenen Spezies konnten damit neutralisierende Antikörper erhalten werden (Pastoret et al. 1992).

Rekombinantes Vakziniavirus, welches für das HIV-Oberflächenprotein gp160 kodierte, wurde zur Vakzinierung von Aids-Patienten eingesetzt (Cooney et al. 1993; Graham et al. 1993). Es wurden keine Nebenwirkungen gesehen. Eine interessante Beobachtung war bei bereits vorliegender Pockenimpfung die Inhibition einer Immunantwort gegen das Fremdgenprodukt.

Aufbauend auf dieser immunstimulatorischen Kapazität und der langjährigen Erfahrung als rekombinante Vakzine wurde Vakziniavirus als lebende Tumorvakzine weiterentwickelt. Mehrere klinische Versuche werden bzw. sind durchgeführt worden, in denen die antitumorale Effizienz von Vakziniaviren, die tumorspezifische Antigene wie karzinoembryonales Antigen (CEA), prostataspezifisches Antigen (PSA) und/oder kostimulatorische Moleküle (z. B. B7.1, IL-2, IL-12) exprimieren, bei der Behandlung verschiedener Tumoren untersucht wird bzw. wurde (McAnemy et al. 1996). Auch die Behandlung von durch das humane Papillomavirus (HPV) induzierten Zervixkarzinomen mittels Gentransfer der E6- und E7-Gene von HPV16 und 17 in Vakziniavektoren wurde in ersten klinischen Studien getestet.

Aufgrund der langjährigen Erfahrung mit Vakziniaviren als klassischem Pockenimpfstoff und der oben erwähnten erfolgreichen Anwendungen rekombinanter Vakziniaviren als Tumorvakzine ist zu erwarten, dass Vakziniavirus in dieser Applikationsform eine immer wichtigere Rolle spielen könnte.

Herpes-simplex-Viren. Herpes-simplex-Virus (HSV) gehört zur Familie der Herpesviridae, welche über 80 Virustypen enthält. Die Primärinfektion erfolgt entweder über die Haut, die Mukosa oder die Augen. Während der produktiven Primärinfektion mit lokaler Entzündung wird das Virus über Nervenenden aufgenommen und bis zu den entsprechenden Ganglien transportiert. Dort persistiert das virale Genom. Das Virus kann durch verschiedenste Einflüsse wie Immunsuppression oder UV-Strahlen wieder aktiviert werden und in der vom infizierten Ganglion innervierten Region zu erneuter produktiver Infektion führen. Herpes-simplex-Virus Typ I befällt typischerweise das Trigeminusganglion. Neben den bekannten bläschenförmigen Haut- und Schleimhauterosionen kann dieses Virus auch zu Enzephalitis und Kornealinfektion mit Erblindung führen.

Das Genom der Viren ist 152 kbp lang und besteht aus 2 singulären Sequenzabschnitten, welche jeweils von 2 invertierten Reiterationen umgeben sind.

Preliminare Vektortypen waren replikationskompetent (Kit 1989; Palella et al. 1989; Smiley et al. 1987). Diese Viren waren für die infizierten Zellen zytotoxisch, da HSV im Prinzip lytisch für Zellen ist, in denen es repliziert.

2 Entwicklungen führten zu replikationsinkompetenten Vektorviren.

1. Bei der ersten dieser Methoden wird der Replikationsursprung der Viren zusammen mit den heterologen Genen und den viralen Verpackungssequenzen in Zellen transfiziert und anschließend mit temperatursensitiven Helferviren überinfiziert. Bei der permissiven Temperatur dieser Viren (31 °C) werden dann Plasmidmultimere in Viruskapside verpackt. Bei 37 °C können nun die Plasmide durch Infektion mit den Vektoren in Zellen transferiert werden, ohne dass eine Replikation der Vektorviren stattfindet (Geller u. Breakefield 1988; Geller et al. 1990).
2. Im zweiten System wird eines der sehr früh im Infektionszyklus aktiven Gene (immediate early gene 3: IE3) im Virus deletiert. Diese Funktion wird in einer Helferzelle zur Verfügung gestellt. Diese wird mit einem Plasmid transfiziert, welches das Fremdgen flankiert von IE3-Sequenzen enthält, und anschließend mit der IE3-Deletionsmutante überinfiziert. Nach Rekombination

enthält das Virusgenom das heterologe Gen in der IE3-Region (DeLuca et al. 1987; Weir u. Narayanan 1988).

Die Virustiter dieser Vektoren liegen $<10^6$. Sie können jedoch, da sie recht stabil sind, relativ gut auf Titer $>10^{12}$ aufkonzentriert werden. Die Expression der Fremdgene ist jedoch ziemlich niedrig. Daher wurden neue replikationskompetente Vektoren entwickelt, welche gleichzeitig für die Wirtszelle weniger toxisch sind (Fink et al. 1992).

Aufgrund der enormen Genomgröße besitzen HSV-Vektoren eine Klonierungskapazität von bis zu 50 kb.

Nachteile sind die Toxizität und die wenig effiziente Produktion der Viren. Ein weiterer Nachteil sind die hohe Durchseuchung der Bevölkerung mit Herpes-simplex-Viren und die daraus folgende Immunität gegen virale Proteine.

Da das Virus im Zentralnervensystem persistiert, sollte es besonders für die Behandlung neuronaler Erkrankungen einsetzbar sein. Allerdings hat es neben dem ZNS ein breites Spektrum an Zielzellen, sodass derzeit eine gezielte In-vivo-Anwendung problematisch erscheint. Allerdings könnte es aufgrund dieser Tatsache auch zur Behandlung genetischer Defekte oder von Tumoren eingesetzt werden. Studien in Nacktmäusen konnten zeigen, dass eine Virusmutante mit 2 Deletionen (ICP3- und ICP34.5-Gen) in Gliomen ausreichend virale Thymidinkinase exprimiert, um durch Ganciclovirgabe einen toxischen Effekt in den Tumorzellen zu erzielen und das Wachstum der Tumoren zu verlangsamen. Darauf aufbauend wurden auch klinische Studien gestartet.

Es wird auch versucht, andere Herpesviren als Vektoren zu verwenden, wie z.B. das Epstein-Barr-Virus (EBV), das die Eigenschaft birgt, episomal im Kern zu persistieren und damit eine längere Verweildauer in der Zielzelle zu haben. Diese Entwicklungen sind noch weniger weit gediehen als bei HSV, sodass klinische Anwendungen noch in weiter Zukunft liegen.

Alphaviren. Zu den Alphaviren gehören die Sindbisviren und die Semliki-forest-Viren, die beide das Potenzial besitzen, als Gentherapievektoren eingesetzt werden zu können. Sie enthalten eine 12-kb-RNA als Positivstrang. Dies bedeutet, dass diese RNA direkt im Zytoplasma zur Translation verwendet werden kann. Die Replikation findet ebenfalls durch Umschreiben in einen Negativstrang der genomischen RNA, welche Matrize für die weitere Genomproduktion ist, im Zytoplasma statt. In ihrem Replikationszyklus interagieren diese Viren nicht mit dem Genom der Wirtszelle und führen zu einer hohen Expression der viralen Genprodukte.

Das virale Genom enthält in den ersten 2/3 am 5′-Ende die nichtstrukturellen Gene (nsP) und im letzten Drittel am 3′-Ende die Strukturgene (sP). Von beiden Regionen werden Polyproteine produziert, welche später durch virale und zelluläre Proteasen in einzelne Proteine prozessiert werden (Strauss u. Strauss 1994).

In den von Alphaviren abgeleiteten Vektoren wird die sP-Region deletiert und mit dem heterologen Gen substituiert, während die nsP-Region und die Verpackungssequenzen erhalten bleiben. Diese selbst replizierenden RNA (RNA-Replikons) werden in die Zielzelle transfiziert (Liljestrom u. Garoff 1991; Xiong et al. 1989). Von diesen heterologen Sequenzen werden große Mengen an subgenomischer mRNA gebildet, welche als Translationstemplate dienen. Bis zu 10^8 Moleküle eines heterologen Proteins können von diesen Vektoren exprimiert werden.

Allerdings ist die RNA-Transfektion wenig effizient. Daher wurden defekte Helfer-RNA-Moleküle entwickelt, welche die sP-Proteine exprimieren und *cis*-Sequenzen für die Replikation, jedoch keine Verpackungssignale enthalten. Diese werden mit den Replikons in Produktionszellen transfiziert, und Vektorpartikel werden gebildet (Berglund et al. 1993; Weiss et al. 1989). Hierbei können jedoch replikationskompetente Viren durch gleichzeitige Verpackung der beiden RNA-Stränge und durch Rekombination entstehen, was allerdings durch einige Modifikationen des Systems stark reduziert wurde.

Ein weiteres System, welches DNA-Plasmide als Grundlage für den Transfer der notwendigen Sequenzen für die Alphavirus-RNA-Replikationskaskade und das heterologe Gen enthält (Dubensky et al. 1996), ist zurzeit in der Entwicklung.

Die hohe Expressionsrate und das Umgehen einer Interaktion mit dem Zellkern machen dieses System trotz der noch umfangreichen notwendigen Arbeiten zur Entwicklung eines In-vivo-Vektorsystems sehr attraktiv.

4.2.3.3 Nichtviraler Gentransfer

Überblick. Die bisherige Betrachtung hat gezeigt, dass Viren ein großes Potenzial als Genvehikel besitzen. Dies hat zu einer sehr stürmischen Entwicklung verschiedener Vektorsysteme geführt. Allerdings ist, wie wir sehen konnten, die Entwicklung replikationsinkompetenter Vektoren schwierig und oft nur mit zellbiologischen und genetischen „Klimmzügen" zu erreichen. Oft werden dennoch, zumindest in geringem Ausmaß, zelltoxische virale Genprodukte gebildet, wie dies bei allen lytischen Viren mit komplexeren Genomen der Fall ist. Außerdem interagieren manche Viren direkt mit dem zellulären Genom, was den Vorteil langer Expression besitzt, jedoch auch den Nachteil einer potenziellen Transformation der Zielzelle bedingt. Ein weiteres Problem von viralen Vektoren ist die Produktion der Partikel, welche aufwändig ist und unter biologischen Sicherheitsvorkehrungen, meist der Stufe S2 durchgeführt werden muss. Sicherlich werden einige der oben besprochenen Vektorsysteme in bestimmten Anwendungen eine Zukunft finden. Aber für ein Arzneimittel, vergleichbar mit niedermolekularen Substanzen oder Proteinen, sind Produkte notwendig, welche all diese Probleme nicht mit sich tragen.

Daher wundert es auf den ersten Blick, wieso nicht von Anfang an nichtvirale, galenisch einfach formulierbare Substanzen entwickelt wurden. Natürlich waren derartige Technologien zugänglich, wie unser kurzer Exkurs in die Geschichte der Gentherapie am Anfang dieses Kapitels zeigte, allerdings mit extrem niedrigen Transferraten.

Der nichtviralen Gentransfer wird in 5 hauptsächliche Entwicklungsrichtungen eingeteilt:

- Injektion nackter DNA
- Nukleinsäurepräzipitation
- physikalische Transfermethoden
- artifizielle virusähnliche Partikel
- partikuläres Drug delivery wie z.B. mit Lipiden

Eine Nukleinsäurepräparation, welche in vivo angewendet werden soll, hat mehrere Schritte zu durchlaufen, bevor sie im Kern einer Zelle transkribiert und schließlich im Zytoplasma translatiert wird. Dies wurde bereits (Kapitel 4.2.3.1 „Überblick") allgemein für alle Transfersysteme besprochen. Allerdings hat ein nichtvirales System zusätzliche Hürden zu überschreiten, welche bei den meisten viralen Vektoren nur eine geringe bis untergeordnete Rolle spielen:

- Verabreichung in das Gewebe – Stabilität gegen Scherkräfte und Nukleasen
- Ausreichende Dispersion im Gewebe
- Bindung an die Zielzellen – nicht durch natürliche Liganden-Rezeptoren-Interaktion, wie bei Viren vermittelt
- Internalisierung in die Zielzelle – nicht natürlicherweise rezeptorvermittelt
- Ausschleusung aus dem Endosom – keine endosomolytischen Faktoren vorhanden wie z.B. bei Adenoviren
- Kerntargeting – keine natürlichen spezifischen Sequenzen vorhanden
- Stabilität der Expression

Es wurden viele Tricks entwickelt, um all diese Probleme zu umgehen und den nichtviralen Gentransfer vergleichbar effizient wie eine Virusinfektion zu machen. Im Folgenden sollen die eher klassischen Methoden des nichtviralen Gentransfers nur angeschnitten werden, v.a. wenn sie im Prinzip nur bei einer Ex-vivo-Gentherapie einsetzbar wären. Stärkeres Gewicht wird auf die neueren Entwicklungen zu tatsächlichen Nukleinsäurepharmazeutika gelegt.

Nukleinsäurepräzipitation. Dies ist eine der ältesten Methoden zum Transfer von Nukleinsäure in eukaryoten Zellen (Graham u. Van der Eb 1973). Primär wurde diese Methode entwickelt, um die Infektiosität von gereinigter Adenovirus-DNA zu testen. Grundlage der Methode ist die Kopräzipitation von DNA mit $CaPO_4$. Zur grundlegenden Methode wurden eine Reihe von Variationen des Transfektionsprotokolls beschrieben (Chen u. Okayama 1987). Es können auch DEAE (Ishikawa u. Homcy 1992; McCutchan u. Pagano 1968) oder andere Kationen wie Polylysin und Polybren verwendet werden (Kawai u. Nishizaw 1984).

DNA wird durch Endozytose in die Zelle aufgenommen und gelangt in das Endosom. Dort wird der größte Teil der DNA in kleine Fragmente bis zu 100 bp zerhackt. Die DNA wird weiter in die Lysosomen transportiert. Dort verweilt die DNA und wird hauptsächlich lysiert oder weiter zum Kern transportiert. Der Transfer zum Nukleus könnte über einen vesikulären Transportmechanismus vermittelt werden, was zu einer direkten Fusion mit der Kernmembran führt (Orrantia u. Chang 1990). Nur etwa 5% der endozytierten Nukleinsäure-$CaPO_4$-Komplexe erreichen den Kern. Die optimalsten In-vitro-Transferergebnisse liegen bei 10–50% der transfizierten Zellen. Dabei ist der Erfolg oft vom Zelltyp vorgegeben und von der Größe der geformten Präzipitate abhängig. Primäre Zellen lassen sich mit dieser Methode kaum transfizieren.

Grundsätzlich integriert die transferierte Nukleinsäure nicht in das Wirtsgenom, d.h. der Gentransfer ist nicht permanent. Sehr geringe Transfektionsraten von 10^4–10^5 Zellen sind zu erwarten. Hierbei spielen wahrscheinlich DNA-Reparaturmechanismen eine Rolle.

Im Prinzip ist diese Methode für den Ex-vivo-Gentransfer anwendbar, jedoch nicht für die direkte lokale und systemische Vergabe.

Physikalische Methoden.

Elektroporation. Elektroporation bzw. Elektrotransfektion ist eine im Forschungslabor weit verbreitete und bereits lange bekannte Methode (Neumann et al. 1982). Im Prinzip kann damit jede Säugerzelle transfiziert werden (Potter 1988). Die technischen Bedingungen müssen jedoch wiederum für jeden Zelltyp etabliert werden (Sukharev et al. 1994).

In der Gentherapie kann diese Methode einen Einsatz in der Transfektion explantierter Zellen finden. Es ist auch der In-situ-Transfer in die Hautoberfläche denkbar.

Funktionell bilden sich in der Zellmembran im elektrischen Feld hydrophile Poren. Von der Pulszahl der sich bildenden Poren ist die Effizienz des Gentransfers abhängig. Der Gentransfer kann in bis zu 90% der behandelten Zellen erfolgreich sein.

Mikroinjektion. Gene bzw. Oligonukleotide werden bei dieser Technik direkt in den Kern injiziert. Vereinzelt wird dabei eine Integration in das zelluläre Genom beobachtet (Capecchi 1980). Im Prinzip wird diese Methode nur verwendet, um transgene Tiere herzustellen. Eine größere Bedeutung für die Gentherapie wird nicht erwartet.

Partikelbombardierung. Partikelbombardierung beruht auf der Verwendung von Mikropartikeln, welche mit DNA beschichtet sind. Diese Partikel werden unter hoher Beschleunigung in Zellen bzw. in Gewebe geschossen. Die Technik wird auch als ballistische oder Gene-gun-Methode des Gentransfers bezeichnet. Die Gene-gun-Technologie wurde primär für den Transfer von DNA in Pflanzenzellen entwickelt.

Die Beschleunigung der DNA-beschichteten Mikropartikel erfolgt hauptsächlich entweder durch Hochspannungsentladung (McCabe et al. 1988; Sanford 1988) oder durch Druckentladung von Helium (Fitzpatrick-McElligott 1992; Williams et al. 1991).

In-vivo-Gentransfer konnte in Mäusen, Ratten, Hamstern, Kaninchen und Rhesusaffen in einer Reihe von Geweben nachgewiesen werden (Cheng et al. 1993; Yang et al. 1992). Die Transfermethode konnte auch zur Expression von Antigenen für die Vakzinierung in Tiermodellen eingesetzt werden (Eisenbraun et al. 1993; Fynan et al. 1993; Robinson et al. 1993; Tang et al. 1992; Wang et al. 1993).

Das Material der Mikropartikel ist meistens Gold, da es chemisch inert ist und keine zytotoxischen Effekte zeigt. Die DNA wird in der getroffenen Zelle langsam von den Partikeln freigegeben. Eine Vielzahl von Zellen können transfiziert werden, z.B. auch primäre Zellen wie Monozyten, Lymphozyten und Fibroblasten (Burkholder et al. 1993).

Expression eines Fremdgens erfolgt meist nur für wenige Tage bis zu 2 Wochen. Ein weiteres Problem ist die geringe Eindringtiefe der transferierten Nukleinsäuren. Effiziente Expression wird meist nur an der Oberfläche eines transfizierten Gewebes erreicht.

Injektion nackter DNA. Die direkte Gewebeinjektion von DNA, welche nicht mit einer zusätzlichen Substanz formuliert war und nur in Salzlösung vorlag, führte hauptsächlich in Muskelgewebe zur Expression eines transferierten Fremdgens (Jiao et al. 1992; Scadi et al. 1991; Wolff et al. 1990).

Die Effizienz des DNA-Transfers ist allerdings sehr niedrig und nur entlang des Injektionskanals zu sehen. Trotz dieser Probleme konnten jedoch mit dem intramuskulären Transfer von Genen, welche spezifisch für verschiedene virale Antigene waren, sowohl zelluläre als auch humorale Immunantworten im Tier erzielt werden (Davis et al. 1993, 1994; Ulmer et al. 1993). Obwohl auch in Tiermodellen der Duchenne-Muskeldystrophie bei direkter Injektion der cDNA des Dystrophingens Expression erhalten wurde, kann nicht davon ausgegangen werden, mit dieser Methode derzeit genug Expression zu erhalten, um die Erkrankung behandeln zu können (Ascadi et al. 1991; Danko et al. 1994a). Der Mechanismus der bevorzugten Aufnahme von DNA in Muskelzellen ist noch nicht bekannt.

Weitere Gewebe konnten mit nackter DNA transfiziert werden:

- follikulare Zellen der Schilddrüse (Sikes et al. 1994)
- Synovialzellen nach Injektion in die Synovialflüssigkeit (Yovandich et al. im Druck)
- Leberzellen (Hickman et al. 1995)
- Epidermis (Raz et al. 1994)
- Endothelialzellen über einen Ballonkatheder (Reissen et al. 1993)

Es wurde versucht, die Expressionshöhe in vivo durch Vorbehandlungen der Zielorgane z.B. mit hypertoner Saccharoselösung (Davis et al. 1993), mit Bupivicaine (Danko et al. 1994a, b) und mit Schlangenkardiotoxin von *Naja nagricollis* (Davis et al. 1984) zu verbessern. Allerdings ist ganz klar zu erkennen, dass diese Art der Vorbehandlung für den Patienten belastend ist und außerdem eine Komplizierung des Behandlungsschemas ergibt. Eine bessere Verteilung der transferierten Vektoren im Gewebe im Vergleich zur Injektion mit der Nadel wird mit der Jetinjektion erreicht (Furth et al. 1992). Vor allem Muskeln und epidermale Regionen als Zielgebiete der genetischen Behandlung bieten sich für diese Methode an (Haensler et al. 1999; Macklin et al. 1998; Sawamura et al. 1999). Die Methode wurde in Modellsystemen auch für die Injektion direkt in Tumorgewebe erfolgreich angewendet (Walther et al. 2001).

Zusammenfassend ist derzeit die größte Zukunft der Injektion von nackter DNA im Transfer von Antigen kodierenden Sequenzen in Muskelgewebe zur Vakzinierung gegen verschiedene Infektionskrankheiten zu erwarten (Donelly et al. 1995). Als Indikationen kommen dabei virale Erkrankungen wie Influenza, bakterielle bedingte Erkrankungen wie Tuberkulose und auch parasitäre Erkrankungen wie Malaria in Frage. Vorteil der genetischen Vakzine ist die Möglichkeit, auch Antigene präsentieren zu können, welche nicht einer stetigen Veränderung unterliegen. Dies ist z.B. bei der Impfung gegen Influenzaviren ein Problem, da deren Oberflächenantigene einem ständigen antigenen Shift und Drift unterliegen. Mit einer genetischen Vakzine können in diesem Fall auch Epitope des Viruskapsids exprimiert werden, womit auf einen dauerhafteren Impfschutz gezielt werden kann.

Lipidmediierter Gentransfer. Lipidmoleküle besitzen einen polaren und einen nichtpolaren Anteil, wobei jedes Molekül 2 hydrophobe Ketten enthält. In wässriger Lösung bilden Lipide eine Doppelschicht bzw. Lamelle („Bilayer") von 4 nm Dicke. Die hydrophilen Köpfe der Lipidmoleküle zeigen auf beiden Seiten der Lamelle zur Wasserphase, während die hydrophoben Enden zu Innenseite weisen. Zum Schutz der Ränder des Bilayers gegen die Lösung schließen sie sich zu sphärischen Gebilden, den Liposomen. Das bekannteste Beispiel und die Grundlage vieler medizinisch genutzter Liposomen ist Lecithin.

Liposomen können in einer Größenvarianz von 20–100 nm auftreten. Dabei können die Liposomen sowohl unilamillär sein als auch aus mehreren Schichten von Lamellen aufgebaut sein. In der Medizin am besten zum Transport von Wirkstoffen geeignet sind Liposomen in einer Größe von 80–200 nm. Im Fall des DNA-Transfers gibt es Studien, welche zeigen, dass multilaminäre Partikel bis zu 700 nm von Vorteil sein können (Felgner et al. 1994). Größere Liposomen über >5 nm sind meist unstabil und können auch Kapillaren verschließen.

Liposomen lassen sich relativ leicht in definierten Größen herstellen.

Für den Transfer von Nukleinsäuren werden Liposomen mit DNA oder RNA stabil komplexiert. Es gibt 2 hauptsächliche Gruppen von Liposomen, welche für den Nukleinsäuretransfer angewendet werden:
- kationische Liposomen mit positiver Ladung
- anionische Liposomen mit negativer Ladung, welche pH-sensitiv sind.

Kationische Liposomen bilden mit negativ geladener DNA Komplexe aufgrund der Ladungsinteraktion. Hierbei ist die DNA nicht im Lumen der Liposomenvesikel zu finden, sondern die Lipide formen durch Kondensation der DNA partikelähnliche Komplexe, wobei mehrere Nukleinsäuremoleküle an einem Partikel beteiligt sein können. Im Prinzip sind 2 Haupttypen periodischer Strukturen entdeckt worden. Zum einen gibt es planare Arrays von Lipidbilayern, welche die DNA zwischen der Lipiddoppelschicht enthält (periodisch wiederholte Strukturen von 5,5–6,5 nm). Andererseits wurden kleinere, periodisch wiederholte Strukturen von 3–4 nm entdeckt, wobei die DNA-Helices innerhalb des Lipidbilayer separiert zu sein scheinen (Radler et al. 1997).

Im Fall der negativ geladenen Liposomen wird die DNA im wässrigen Inneren des Liposoms gehalten. Die Membran dieser Liposomen ist im Allgemeinen pH-sensitiv, d.h. die Liposomen werden bei niedrigem pH destabilisiert.

Das erste und bekannteste kationische Lipid zur Verwendung für den Gentransfer ist DOTMA (Felgner u. Ringold 1989, Felgner et al. 1987). Dabei wird DNA mit kationischen Lipiden unter Zugabe eines neutralen Phospholipids wie z.B. DOPE formuliert. Dieses so genannten Kolipid stabilisiert die Komplexe, erleichtert jedoch auch den Transfer durch das Zytosol.

Mittlerweile sind eine Reihe von kationischen Lipiden zur Verwendung als Nukleinsäuretransfervehikel bekannt. DMRIE (Felgner et al. 1994), DOTAP (McLachlan et al. 1994) oder DC-CHOL (Gao u. Huang 1991) sind nur einige Beispiele der bekanntesten Substanzen.

Unterschiedlichste kationische Lipide zusammen mit verschiedenen Kolipiden (wie z.B. auch Monooleoglyzeride oder Cholesterol) zeigen unterschiedlichste Transfereffizienzen in verschiedenen

Zelltypen. Eine klare Systematik zur Optimierung der Formulierungen ist derzeit noch nicht bekannt. Optimale Formulierungen werden heute noch hauptsächlich empirisch gewonnen.

Der Mechanismus der Internalisierung kationischer Lipide ist noch nicht voll verstanden. Kationische Lipide zeigen aufgrund der Ladungsverhältnisse eine starke Bindung an die Zelloberfläche. Als ein möglicher Mechanismus wurde eine Fusion der Liposomenmembran mit der Zellmembran angenommen (Felgner et al. 1987). Der Hauptweg der Internalisierung scheint jedoch Endozytose zu sein, wobei Proteoglykane an der Zelloberfläche eine Rolle zu spielen scheinen (Li u. Huang 2000). Die Freisetzung der DNA aus dem Endosom beruht hauptsächlich auf dem niedrigen pH im Endosom (pH 5–6,5). Zusätzlich destabilisiert das Kolipid die Endosomenmembran zu weiterer Freisetzung von DNA. Dies alles hat sehr schnell zu geschehen, da sonst die Endosomen mit den Lysosomen fusionieren und die transferierte Nukleinsäure degradiert wird. Hier haben pH-sensitive Lipide, welche zwar schwächer an die Zelloberfläche binden und ebenfalls über Endozytose in die Zelle aufgenommen werden, einen Vorteil (Legendre u. Szoka 1992), da DNA hierbei schneller freigesetzt wird. Kolipide wie DOPE können hierbei einen fusogenen Effekt haben (Li u. Huang 2000). Zur Verbesserung der endosomalen Lyse werden verschiedene Techniken entwickelt. So ist bekannt, dass adenovirale Capside eine endosomolytische Aktivität haben, v.a. das Pentonprotein (Blumenthal et al. 1986; Seth 1994). Wie wir später noch sehen werden, wird die Zufügung von inaktivierten Adenoviruskapsiden hauptsächlich für die ligandenmediierte Transfektion mit artifiziellen Partikeln verwendet (Cotten et al. 1993). Vor allem die Komplexierung der DNA auf Adenoviruskapside durch kovalente Bindung mit Polylysin oder über Biotinylierung der Virusoberfläche und Bindung der DNA über Streptavidin ist erfolgreich getestet worden (Cristiano et al. 1993; Curiel 1994, Fisher u. Wilson 1994). Es wird derzeit noch immer nach den Domänen des Pentonproteins gesucht, welche für die Endosomolyse verantwortlich sind. Das Hämagglutininprotein von Influenza hat eine ähnliche Wirkung im Endosom, verbessert jedoch die Transfereffizienz weniger als Adenoviruspartikel (Wagner et al. 1992). Die Verwendung von Chloroquine und von Kolchizin (Cotten et al. 1990), welche ebenfalls die Freisetzung aus dem Endosom fördern, ist wahrscheinlich für den In-vivo-Gentransfer in therapeutischen Ansätzen aufgrund der Toxizität nicht vorstellbar.

Ein weiterer wichtiger Schritt ist der Transfer der Vektoren in den Zellkern. Der Mechanismus ist nicht völlig aufgeklärt, nukleäre Lokalisationssignale (NLS) scheinen hierbei eine wichtige Rolle zu spielen. So konnte durch Einbezug einer M9-Sequenz heterogener nukleärer Ribonukleoproteine (hnRNP) die Transfereffizienz um mehr als 60fach erhöht werden (Subramaniam et al. 1999).

Eine weitere Gruppe von Lipiden, Lipopolyamine, ist für den DNA-Transfer interessant, da diese Lipide keine Kolipide benötigen (Behr et al. 1989). Der Zusatz von Polymeren wie Polylysin oder Protamin kann zur Bildung virusähnlicher Partikel verwendet werden (Gao u. Huang 1996).

pH-sensitive Lipide konnten ebenfalls erfolgreich für den DNA-Transfer eingesetzt werden (Wang u. Huang 1987, 1989). Diese Liposomen bestehen im Allgemeinen aus DOPE und Palmitoylhomocystein, freien Fettsäuren oder Diacylsukzinylglyzerol. Allerdings ist die DNA-Beladung der Partikel wegen der negativen Ladung weniger effizient als die von Partikeln aus kationischen Lipiden.

Neuere pH-sensitive kationische Liposomen verbinden die Vorteile der besseren Endosomolyse und der effizienten DNA-Beladung. Transferergebnisse sind vergleichbar bis mehrfach besser als mit DOTMA (Budker et al. 1996).

Persistenz der Genexpression mit Lipiden liegt üblicherweise im Bereich von Tagen bis zu einem Monat. Transferierte Plasmid-DNA liegt im Zellkern episomal vor, die DNA wird graduell eliminiert. Eine Stabilisierung von Plasmiden in episomaler Form im Zellkern ist durch den Einbau von Sequenzen in das Plasmid, welche als Replikationsursprung in eukaryoten Zellen funktionieren, erreichbar. Derartige Sequenzen sind für eukaryote Genome noch nicht überzeugend isoliert und in ihrer Funktion demonstriert worden. Für einige eukaryote Viren wurden Replikationsursprünge beschrieben, z.B. für Herpes-simplex-Viren, Epstein-Barr-Viren oder für Papovaviren. Eine Langzeitexpression von bis zu 3 Monaten konnte von Plasmiden erhalten werden, welche durch den Replikationsursprung des humanen BK-Virus (ein Papovavirus) stabilisiert und in einer Liposomenformulierung systemisch verabreicht wurden. Expression wurde dabei v.a. in der Lunge, der Leber, der Milz, dem Herzmuskel und auch im Kolon gesehen (Thierry et al. 1995).

Die systemische Administration von Lipid-DNA-Komplexen ist noch relativ problematisch. Die physikalischen Eigenschaften eines derartigen Komplexes hängen von der umgebenden biologischen Flüssigkeit ab. Vor allem Serum kann zur Degradation und Freisetzung von DNA führen (Li u. Huang 2000; Li et al. 1999). Transfer von DNA mittels kationischer Lipide konnte für den Gentransfer in die Lunge optimiert werden (Liu et al. 1997). Generell kann jedoch gesagt werden, dass der gezielte Gentransfer in Organe entfernt vom Applikationsort noch immer relativ wenig effizient ist (Li u. Huang 2000).

Lipid-DNA-Partikel können sehr gut mit zellspezifischen Liganden oder Antikörpern gekoppelt werden. Damit ist es möglich, die beschriebenen Nachteile zu überkommen und einen gewebespezifischen Nukleinsäuretransfer zu ermöglichen. Die soll in Kapitel 4.2.4 „Gezielter Gentransfer" diskutiert werden und leitet dort zu den artifiziellen Partikeln und der ligandenspezifischen Transfektion über.

Die Anwendung von Lipid-DNA-Komplexen und die Sicherheit dieser Transfervehikel werden in Kapitel 4.2.5 „Sicherheit von Gentransfervektoren" und 4.2.6 „Anwendungsbereiche von Gentransfervektoren in der Humanmedizin" besprochen.

Polymerbasierende Gentransfervehikel. Kationische Polymere sind in der Kondensierung von DNA effizienter. Von vielen untersuchten Polymeren sind derzeit wohl die Polyethylenimine (PEI) die effizientesten Transfersubstanzen (Boussif et al. 1995). Der weitere Vorteil ist eine den Endosomen-pH puffernde Eigenschaft dieser Substanzen, sodass eine das Endosom aufbrechende Funktion nicht notwendig ist. Lunge, Gehirngewebe und Nierengewebe konnten mit derartigen Polymeren im Modellsystem erfolgreich transfiziert werden.

Es wurde auch versucht, natürliche Biopolymere zu verwenden. Beispiele sind Chitosan oder Gelatinase. Mit DNA vermischt formen diese Substanzen Nanopartikel, welche eine gute Stabilität besitzen (Roy et al. 1999). Versuche zum Transfer von DNA in Muskel zeigten eine bessere Effizienz als nackte DNA. Es scheint auch ein Gentransfer über den Magen möglich zu sein. Dies lässt an eine orale Gentherapie denken.

4.2.3.4 Bakterielle Gentransfervektoren

Es hat sich gezeigt, dass nicht nur Viren, sondern auch Bakterien in der Lage sind, Wirtszellen zu infizieren, diese jedoch nicht zu schädigen, sondern Gene zu übertragen. Dabei bedient man sich bekannter, attenuierter Stämme insbesondere der Spezies *Salmonella typhimurium*, *Shigella flexneri* und *Listeria moncytogenes* (Darji et al. 1997; Dietrich et al. 1998; Medina et al. 1999; Sizemore et al. 1997). Gemeinsames Prinzip sind hierbei, die attenuierten Bakterien (z.B. zugelassene Vakzinestämme) als oral applizierbares DNA-Transfervehikel zu verwenden. Über den natürlichen Infektionsweg der Bakterien werden die Magen-Darm-Bakterien von den Zielzellen (z.B. Makrophagen und dendritische Zellen des Darms) im Darmbereich aufgenommen, sterben aber dann aufgrund ihrer Attenuation bzw. eines eingebauten Suizidmechanismus ab, lysieren und setzen die beinhaltenden Plasmide frei, welche dann in den Zellkern gelangen und dort exprimiert werden können. Erste Erfolge bei der Generierung von Immunantworten gegen virale Infektionen und Tumoren konnten in Tierexperimenten gezeigt werden. Ein klinische Erprobung steht noch aus. Diese Gentransfersysteme sind aber aufgrund des attraktiven, weil oralen Verabreichungswegs, der erwiesenen Sicherheit der zugrunde liegenden Vakzinestämme und auch der einfachen Herstellung und guten Stabilität für die skizzierten Anwendungsgebiete von hohem Potenzial.

4.2.4 Gezielter Gentransfer

4.2.4.1 Überblick

Im Prinzip hatte Paul Ehrlich bereits die Idee des gezielten Transports von Medikamenten vor mehr als 80 Jahren vorgeschlagen als er postulierte, eine spezifische Krankheit sei mit einer silbernen Kugel zu treffen. Seine eigene Entdeckung von Salvarsan zur Behandlung der Syphilis war allerdings in keiner Weise eine „silberne Kugel". Es wurde also schon sehr früh klar, wie weit Anspruch und Wirklichkeit beim Thema des gezielten Transports und der locusspezifischen Wirkung von Pharmazeutika auseinander klaffen können.

Eine wichtige Voraussetzung für den Einsatz von Genen als Medikamente ähnlich niedermolekularen Substanzen oder Proteinen sind die gezielte Expression in den Zielgeweben und nicht unspezifische Genexpression in jeder Körperzelle. Damit hat sich die Gentherapie ein Ziel gestellt, welches auch von vielen herkömmlichen Medikamenten nicht erfüllt wird, z.B. Zytostatika.

Der gezielte Transfer von Genen in eine Ziel- oder auch Targetzelle ist bei der Ex-vivo-Gentherapie relativ leicht zu erzielen. Hierbei werden maximal alle Zellen, welche explantiert wurden und mit Vektoren im Reagenzglas oder der Zellkulturflasche versetzt wurden, transduziert oder transfiziert.

Es besteht natürlich auch die Möglichkeit, aus den explantierten Zellen einen bestimmten Zelltyp zu separieren. Zellen können aufgrund bestimmter Oberflächenproteine wie z.B. Rezeptoren mit spezifischen Antikörpern an eine Festphase gebunden und damit von der vorliegenden Zellmischung getrennt. Die häufigsten verwendeten Festphasen sind entweder magnetische oder Latexkügelchen („beads") bzw. in Säulen gepackte Sepharosen. Nach Abtrennung der unspezifischen Zellen von der Festphase werden die gebundenen Zellen entweder mechanisch oder enzymatisch von den Trägermaterialien entfernt. Mit diesen Technologien werden routinemäßig Zellen mit dem Oberflächenmarker CD34 aus Knochenmark oder aus peripheren Blutzellen gereinigt. CD34 exprimierende Zellen werden als die optimalste Näherung an Blutstammzellen gesehen. In der Gentherapie werden Stammzellen sowohl im Rahmen von Genmarkierungsexperimenten als auch für die Behandlung monogenetischer Erkrankungen eingesetzt. Dies ist z.B. bei der genetischen Behandlung von schweren Immunmangelsyndromen (SCID) wie der Adenosindeaminasedefizienz oder monogenetischen Erkrankungen wie der Gaucher-Krankheit der Fall.

Neben dieser durch die Gentransfermethode vorgegebenen Spezifität der Zielzellen ist der gezielte Transfer von Genen bei der In-vivo-Gentherapie weitaus komplexer und noch kaum gelöst.

Die bereits beschriebenen Gentransfervehikel für die In-vivo-Gentherapie (Kapitel 4.2.3 „Transfersysteme") sind derzeit durch die noch geringe Effizienz des Nukleinsäuretransfers sehr limitiert. Bei direkter Injektion ist die nachfolgende Expression meist nur auf den Einstichkanal der Kanüle beschränkt. Im Fall des Gentransfers mit beschleunigten Partikeln (gene gun) wird die Expression im Prinzip auf die Hautoberfläche oder auf die Organoberflächen limitiert. Die systemische Verabreichung von Vektoren durch i.-.v.-Injektion ist ebenfalls noch nicht zufriedenstellend gelöst. Das größte Problem hierbei ist die Antigenität der meisten viralen und nichtviralen Transferpartikel. Dies gilt nicht nur für Viren, sondern auch für lipid- und peptidkondensierte Nukleinsäurepartikel. Im Fall von viralen Vektoren kann bereits eine frühere Infektion mit entsprechendem Wildtypvirus und damit Immunität vorliegen, sodass die Vektoren aufgrund der spezifischen Immunantwort das Zielorgan überhaupt nicht erreichen können. In jedem Fall wird die Induktion einer Immunreaktion durch ein Vektorpartikel jedoch eine mehrfache Gabe erheblich behindern. Dies ist allerdings bei allen nicht persistierenden Vektorgenomen notwendig, um eine längere bis andauernde Behandlung bei chronischen, bei relapsierenden oder bei genetischen Erkrankungen zu gewährleisten. Gentherapeutische In-vivo-Ansätze sind daher heute hauptsächlich auf den behandelten Locus beschränkt. Diese locusspezifische Applikation der Vektoren wird auch als In-situ-Gentherapie bezeichnet. Allerdings ist zu bedenken, dass sämtliche Zielorgane durchblutet sind und daher bei In-situ-Gentherapie auch Blutzellen transfiziert und damit das Fremdgen in die Zirkulation geschleußt werden kann.

Die üblichsten Verfahren zur Erzielung von Gewebespezifität sind die Verwendung gewebespezifischer Promotoren oder Genregulationskassetten und die Entwicklung von Transfervehikeln, welche mit spezifischen Oberflächenmerkmalen der Zielzellen interagieren können.

Eine Reihe zellspezifischer Promotoren wurde beschrieben, welche hier nur in einigen Beispielen diskutiert werden sollen. Die muskelspezifische In-vivo-Expression des Dystrophingens in *mdx*-Mäusen (Tiermodell für die Duchenne-Muskeldystrophie) unter der Regulation des Enhancers des Muskelkreatinkinasegens wurde beschrieben (Lee et al. 1993). Promotoren der Surfactantproteine B und C sind für den Respirationstrakt spezifisch, was für die Entwicklung gentherapeutischer Ansätze in der Lunge, z.B. zur Behandlung der zystischen Fibrose, von Bedeutung ist. Es sind ebenfalls einige wenige tumorspezifische Regulationssequenzen beschrieben. Am bekanntesten ist der Promotor des α-Fetoproteingens, welcher nur in hepatozellulären Karzinomen aktiv ist. Der Melaninpromotor ist in malignen Melanomzellen aktiv. Kürzlich wurde ein Element des Promotors des prostataspezifischen Antigens (PSA) beschrieben, welches offensichtlich nur in Prostatakarzinomzellen aktiv ist (Pang et al. 1995). Weitere Promotorsysteme, welche eine gewisse Spezifität für verschiedene Tumoren, wie Magenkrebs, Brustkrebs, Lungenkrebs oder Schilddrüsenkrebs zeigen, sind bekannt (Asano 1995).

Ein weiteres wichtiges Ziel neuer Gentransfermethoden ist die Steuerung der Expressionsdauer und der Expressionshöhe von Fremdgenen. Die Expressionshöhe ist durch die Wahl der Promotoren in einem gewissen Rahmen beeinflussbar. Die Expressionsdauer kann entweder durch die kurze extrachromosomale Expression der Fremdgene, die stabilisierte episomale Persistenz der Fremdgene oder die locusspezifische Integration der Fremdgene erreicht werden. Episomale Persistenz wurde bereits in Kapitel 4.2.3 „Transfersysteme" angesprochen. Targeting in spezifische Genomloci ist sicherlich v.a. für eine dauerhafte Therapie genetischer Erkrankungen von hoher Bedeutung. Allerdings sind die bisherigen Ergebnisse, v.a. in vivo noch nicht sehr überzeugend, und weitere intensive Arbeit ist notwendig, um dies zu verwirklichen.

Das folgende Kapitel wird daher hauptsächlich die bekannten Daten zum gezielten Gentransfer mit Viren, mit virusähnlichen Partikeln und auch mit nichtviralen Vehikeln beschreiben.

4.2.4.2 Gezielter Gentransfer mit viralen Vektoren

Viele Viren zeigen einen mehr oder weniger strikten Zelltropismus. Dieser kann für den Transfer von Nukleinsäuren genutzt werden.

So ist die Eigenschaft der Retroviren, nur in replizierende Zellen zu integrieren und zur Expression von Transgenen zu führen, sehr nützlich, um selektiv in Tumoren Sensitivität für bestimmte Medikamente zu induzieren. Ein Beispiel hierzu ist der Transfer des Herpes-simplex-Virus-Thymidinkinasegens in Gliomazellen. In ruhenden Gehirnzellen wird das Retrovirus, im Gegensatz zu den replikativ aktiven Tumorzellen, keine Integration und Genexpression erzielen. Die systemische Gabe von Ganciclovir, einem Nukleotidanalogon, führt dann selektiv in den Thymidinkinase (TK) exprimierenden Zellen zur Phosphorylierung des Ganciclovirmoleküls, welches als „toxisches" Nukleotid zum Abruch naszierender DNA-Stränge und damit zum Tod der Zelle führt (Culver et al. 1992). Eine Reihe dieser „Enzym-Prodrug"- oder auch „Suizid"-Systeme sind beschrieben worden (Asano 1995), allerdings hat das HSV-TK-System den Vorteil, dass die toxischen Nukleotide auch an nicht TK exprimierende Zellen in der Art eines Bystandereffekts weitergegeben werden.

Die selektive Persistenz von Herpes-simplex-Viren wie auch von Varizella-zoster-Virus in neuronalen Zellen soll für gentherapeutische Ansätze im Gehirn genutzt werden.

Adenoviren können im Prinzip alle Zelltypen infizieren, da sie jedoch ein Pathogen der Atemwege sind, eignen sie sich theoretisch besonders zur Transduktion von Lungengewebe, z.B. zur Therapie der Mukoviszidose, dem wichtigsten und auch gefährlichsten Teilsyndrom der zystischen Fibrose. In klinischen Studien, welche den Transfer des Zystische-Fibrose-Transmembran-conductance(*cftr*)-Gens entweder in Nasenepithel oder direkt in die Lunge zum Ziel hatten, konnte eine sehr niedrige Expression des Gens (<1% der Zellen) ohne Korrektur des Defekts gesehen werden. Es wurden lokale toxische Effekte bzw. schwere Entzündungsreaktionen in der Lunge induziert, welche keine weitere Dosissteigerung der Viruspartikel zur Erreichung eines therapeutischen Effekts zuließen (Crystal et al. 1994; Knowles et al. 1995). Hier hat die Gentherapie bereits eine technologische Grenze erreicht, welche entweder Neuentwicklungen bei adenoviralen Vektoren erfordert oder zu völlig anderen Transfersystemen, wie Lipiden, führt. In Tierversuchen mit Mäusen und Hunden konnte transienter Gentransfer (β-Galaktosidase- und Low-density-Lipoprotein-Rezeptor) durch Injektion der Vektoren in die Pfortader bzw. i.-v.-Applikation in Hepatozyten gezeigt werden (Herz u. Gerard 1993; Li et al. 1993). Dabei scheint bei der systemischen Gabe von Adenoviren die Leber der primäre Infektionslocus zu sein. Die toxische Potenz von Adenoviren bei dieser Form der Gabe soll an späterer Stelle beleuchtet werden. An dieser Stelle soll aber auf das hepatotoxische Gefahrenpotenzial von Adenoviren hingewiesen werden. Adenoviren sind dennoch trotz aller Problematik nach wie vor in die Entwicklung von Vektoren für die Gentherapie einbezogen.

Die am häufigsten verwendeten retroviralen Vektoren sind ursprünglich murine Leukämieviren, d.h. mausspezifische so genannten ökotrope Viren (Kapitel 4.2.5.2 „Virale Vektoren", Abschnitt „Retrovirale Vektoren"). Ein Targeting für humane Zellen wird durch die Verwendung der Hüllsequenzen des Stamms 4070A der Moloney-murinen-Leukämieviren, welche eine amphotrope Hülle besitzen, erreicht. Dies ist die einfachste Form des Zelltargetings mit Retroviren.

In Stammzellen ist die Expression von Fremdgenen unter der Kontrolle der MLV-Vektor-LTR extrem niedrig und wird häufig völlig abgeschaltet (Moritz u. Williams 1994; Stocking et al. 1993). Dies ist offensichtlich in einer ungenügenden Transaktivierung der U3-Region und in der Bindung noch unbekannter Repressoren an die Primerbindungsstelle sowie an die Verpackungsregion begründet (Baum et al. 1996). Eine Virusrekombinante aus MoMLV und einem endogenen Virus, dl587 (Colicelli u. Goff 1987; Grez et al. 1990), zeigt diese Restriktion nicht.

Integration der Leadersequenz dieses Virus in MLV hat das murine embryonale Stammzellvirus (MESV) ergeben (Grez et al. 1990). Dieses und eine Reihe varianter, davon abgeleiteter Konstrukte zeigen die Transkriptionsblockierung in hämatopoetischen Stammzellen nicht mehr, d.h. die Zellspezifität dieser Viren konnte ausgeweitet werden (Baum et al. 1996; Grez et al. 1990).

Eine Ausweitung retroviral transduzierbarer Zelltypen und eine Erhöhung der Transferrate wurden auch für Pseudotypviren, welche das G-Protein des Vesikulostomatitisvirus in der Hülle tragen, für Hepatozyten und Stammzellen beschrieben (Akkina et al. 1996; Miyanohara et al. 1995). Allerdings bestehen Vorbehalte, ob diese erhöhte Transferrate nicht nur auf einer Kontamination der angereicherten Viren mit dem Fremdprotein aus der Verpackungszelllinie beruht (Liu et al. 1996).

Eine weitere Möglichkeit des Targetings mit retroviralen Vektoren ist die Verwendung von Viren anderer Speziespezifität als Maus. Es sind Vektoren in der Entwicklung, welche auf dem humanen Immundefizienzvirus 1 (HIV) basieren (Caruso u. Klatzmann 1992; Page et al. 1990; Shimada et al. 1991). Zum einen sollen damit gezielt Zellen transduziert werden, welche HIV-infizierbar sind, um mit einer HIV-Infektion zu intervenieren. Andererseits ist bekannt, dass HIV Stamm- und Progenitorzellen infizieren und zur Genexpression in diesen Zellen führen können.

Bei der gezielten Veränderung der Targetspezifität viraler Systeme stehen, je nach dem, was erreicht werden soll, 2 Überlegungen im Vordergrund, die die weitere Vorgehensweise bestimmen:

- Wenn die Targetspezifität lediglich erweitert werden soll, genügt es prinzipiell, dem viralen System eine neue Targetingkomponente hinzuzufügen.
- Wenn dagegen eine neue Spezifität erreicht werden soll, muss die alte Targetingkomponente vor Hinzufügen der neuen Targetingkomponente entfernt werden.

Vor allem im retroviralen System wurde versucht, die Zellspezifität durch 3 Modifikationsvarianten der Oberflächeneigenschaften zu erhöhen:

1. Bindung zellspezifischer Antikörper an die Hülle
   Die Bindung von zellspezifischen Antikörpern über Streptavidin an Retroviruspartikel hat zur erfolgreichen Infektion von spezifischen Zellen geführt. Beispiele sind Antikörper
   - gegen Klasse-I- und Klasse-II-Histokompatibilitätsantigen (Roux et al. 1989),
   - gegen epidermalen Wachstumsfaktor (Etienne-Julan et al. 1992) und
   - gegen Transferrin (Goud et al. 1988),

   allerdings fand eine Genomintegration nur sehr selten statt bzw. war negativ, sodass keine Genexpression in ausreichendem Maß zu erwarten war.
2. Bindung alternativer Liganden an die Hülle
   Chemische Modifikation der viralen Hülle durch Bindung von env an Laktose konvertiert env zu Asialoglykoprotein, welches spezifisch in Leberzellen aufgenommen wird (Neda et al. 1991).
3. Einbau neuer Liganden in die Hüllproteine
   Am häufigsten wird jedoch die genetische Variation des *env*-Gens und somit des Proteins verfolgt. Die Rezeptor bindenden Regionen von env gp70 sind beschrieben (Battini et al. 1992; Ott u. Rein 1992). Derartige chimäre Hüllproteine sind in mehreren Beispielen verwendet worden, um spezifisch Zellen zu infizieren:
   - leberspezifisches Targeting mit Einzelkettenfragmenten eines monoklonalen Antikörpers gegen den menschlichen Low-density-Lipoprotein-Rezeptor (Somia et al. 1995)
   - brustkrebszellspezifische Infektion mit Sequenzen von Heregulin, welches an den menschlichen epidermalen Wachstumsfaktorrezepzor (HER-2) bindet. Dieser Rezeptor ist auf etwa 20% der Brusttumoren überexprimiert (Han et al. 1995)
   - Histokompatibilitätskomplex-Klasse-I-positive Zellen mit Einzelkettenfragment gegen Histokompatibilitätsantigen-Klasse-I-Antigene (Marin et al. 1996)
   - Erythropoetinrezeptor exprimierende Zellen mit Erythropoetinsequenzen (Kasahara et al. 1994)

Viele dieser chimären Viren zeigen eine relativ schlechte Infektiosität, da wahrscheinlich über die entsprechenden Rezeptoren die Internalisierung der Viren nur stark reduziert stattfinden kann. Deswegen wurde vorgeschlagen, längere Spacer zwischen *env* und der am N-Terminus fusionierten Sequenz zu setzen (Valsesia-Wittmann et al. 1996) oder Verpackungszelllinien zu generieren, welche *env*-Sequenzen für den amphotropen Rezeptor Ram-1 und für den zweiten Zielrezeptor kodieren (Miller u. Chen 1996). Damit soll eine Bindung sowohl an den Rezeptor für amphotrope Viren als auch an den 2., zellspezifischen Rezeptor gesichert werden.

Bei Adenoviren funktioniert das Retargeting prinzipiell nach demselben Mechanismus. Im Folgenden sollen 2 Möglichkeiten dargestellt werden.

Adenovirusvektoren infizieren Zellen mit einer recht hohen Effizienz. Allerdings kann es besonders in Tumorzellen vorkommen, dass der Adenovirusrezeptor CAR herunterreguliert ist. Dies kann jedoch durch genetisches Retargeting gegen einen anderen Rezeptor überwunden werden. So setzten Reynolds et al. (1999) und Kratzer et al. (2001) den RGD-Loop der Pentonbase in den Fiberknopf ein und erhielten eine verstärkte Transduktion CAR exprimierender, aber auch nicht exprimierender Zellen. Auf analoge Weise sowie unter Verwendung von Adaptoren (wie sie auch oben für Retroviren beschrieben sind), die den Fiberknopf sowie einen Rezeptor binden, kann ein Targeting auch gegen andere Oberflächenproteine erreicht werden.

4.2.4.3 Rezeptormediierter Gentransfer mit nichtviralen Transfersystemen

Ebenso wie bei viralen Vektoren wird auch versucht, mit nichtviralen Partikeln, welche jedoch auch funktionelle Teile von Viren enthalten können, ein Rezeptortargeting zu erzielen. Im Allgemeinen sind in diesen Komplexen Nukleinsäure und rezeptorspezifische Moleküle miteinander gebunden, und die DNA wird durch Rezeptorbindung und Endozytose in die Zelle gebracht.

Grundsätzlich sind für derartige Transfervehikel 3 Funktionen von Bedeutung:

- DNA bindende Domäne
- Rezeptor bindende oder auch Ligandendomäne
- Endosomolyse unterstützende Domäne

Als DNA bindende Domäne wird ein Polykation verwendet, welches die Nukleinsäure kondensiert und reversibel bindet (Wagner et al. 1991). Gebräuchlich ist dafür Polylysin, dessen Wechselwirkung mit DNA auf seiner positiven Ladung beruht. Es werden jedoch auch Protamin (Wu u. Wu 1987), Histone (Wagner et al. 1991) oder das HMG1-Protein (HMG1: high mobility group 1) (Böttger et al. 1989) verwendet. Diese DNA bindende Domäne ist kovalent an einen Liganden für die Bindung an die Zielzelle gekoppelt.

Nach spezifischer Rezeptorbindung werden Komplexe aus Liganden und Rezeptoren in Membraninvaginationen, welche mit Clatherin ausgekleidet sind, angereichert. Diese Membranstrukturen dissoziieren von der Zellmembran und bilden kleine Vesikel, welche Endosomen genannt werden. Endosomen können dann zu verschiedenen subzellulären Kompartmenten transportiert werden.

In frühen Studien zur rezeptorvermittelten Endozytose von Nukleinsäuren wurde Insulin zum Targeting verwendet (Huckett et al. 1990). Die Arbeitsgruppe Wu entwickelte mit dieser Technik ein System zum Targeting von Leberzellen.

Hepatozyten exprimieren spezifisch Rezeptoren auf ihrer Oberfläche, welche Asialoglykoproteine (laktoseterminale Glykoproteine) erkennen können (Ashwell u. Morell 1974). Die leberspezifische Aufnahme eines Antagonisten zum Lebertoxin Galaktosamin, welcher an Asialoglykoproteine gebunden war, konnte in vivo gezeigt werden (Keegan-Rogers u. Wu 1990). Für die Präparation von auf diesem leberspezifischen Aufnahmeweg basierenden DNA-Transfervehikeln wurde desialyniertes Orosomukoid, so genanntes Asialoorosomukoid (ASO) verwendet. Orosomukoid kann ohne Schwierigkeiten aus dem menschlichen Serum gereinigt werden. In vitro zeigten Komplexe aus DNA und ASO-Polylysin-Konjugaten einen doppelt so hohen Gentransfer wie die Kalziumpräzipitation (Wu u. Wu 1987). In vivo wurden bis zu 85% der verabreichten Komplexe 10 min nach Gabe in der Leber wieder gefunden. Dabei war ein Indikatorgen, wie das prokaryote Chloramphenikolazetyltransferasegen in den transfizierten Zellen aktiv (Wu u. Wu 1992).

Familiäre Hypercholesterolämie, eine monogenetische Erkrankung bedingt durch Defekte des Rezeptorgens für Low-density-Lipoproteine (LDL) wurde als Modell für die Testung dieser leberspezifischen DNA-Transfermethode gewählt. Die monozygote Form dieser Erkrankung führt meist noch vor dem 30. Lebensjahr zum Tod durch Arteriosklerose der Herzkranzgefäße und dadurch bedingte multiple Infarkte. Die Patienten haben extrem hohe Cholesterolgehalte im Blut, was den Erfolg einer Therapie leicht messbar macht. Ein entsprechendes Tiermodell ist das Watanabe-Kaninchen (Watanabe 1980). Transferiert wurde das Gen des LDL-Rezeptors komplexiert mit ASO-Polylysin. Es wurden ebenfalls etwa 85% der verabreichten Plasmidmenge in der Leber gefunden, allerdings verschwanden die Komplexe nach 10 min aus dem Leberparenchym, LDL-Rezeptor-RNA wurde bis 24 h nach der Injektion der Komplexe detektiert (Wilson et al. 1992). Aktivierung der Replikation von Leberzellen, z. B. durch operative Entfernung von 2/3 des Lebergewebes führte zu einer Persistenz der Plasmide bis zu 7 Tage (Chowdhury et al. 1993). Diese Experimente demonstrieren In-vivo-

Targeting eines medizinisch interessanten Gens, allerdings muss das Problem der protrahierten Expression, welche hier eine Schädigung des Lebergewebes voraussetzt, durch eine Optimierung des Transfersystems angestrebt werden. Neben ASO wurden auch galaktosylierte Polylysine zum Gentransfer in die Leber eingesetzt, welche keine partielle Hepatektomie voraussetzen (Perales et al. 1994).

Weitere Liganden wurden für den Nukleinsäuretransfer mit Polykationenkomplexen genutzt:
- epidermaler Wachstumsfaktor, z. B. um Nukleinsäure in Lungentumoren zu transferieren (Cristiano u. Roth 1996)
- surfactantassoziiertes Protein B für Lungentargeting (Baatz et al. 1994)
- Integrin bindende Domäne mit breiterer Zellspezifität (Hart et al. 1995)

Um eine breitere Anwendung der rezeptormediierten Endozytose zu erlangen, wurde als Ligand Transferrin benutzt, da der entsprechende Rezeptor auf vielen Zellen zu finden ist. Transferrin kann in der Größenordnung von 1000 Molekülen/min internalisiert werden (Huebers u. Finch 1987; Thorstensen u. Romslo 1990). Eine Reihe von niedermolekularen Medikamenten (z. B. Zytostatika) und von Proteinen (z. B. Toxine) konnten damit in Tumorzelllinien oder in vivo in Tumoren transportiert werden (Zusammenfassung in Wagner et al. 1994).

Transferrinmediierter Gentransfer wurde zuerst mit transferrinbeschichteten Liposomen gezeigt (Stavridis et al. 1986). Transferrin-Polylysin-Konjugate zum endozytosevermittelten Gentransfer wurden durch Wagner et al. (1990) und Zenke et al. (1990) sehr intensiv untersucht, wobei in vitro Transfereffizienzen in bis zu 90% der Zellen berichtet wurden (Cotten et al. 1993). In diesen Partikeln befindet sich der Ligand an der Oberfläche und kann daher jederzeit mit einem spezifische Rezeptor binden. Die Partikel sind ungefähr 80–100 nm groß.

Allerdings ist mit diesem Transfersystem nur in etwa 1% der Zellen Expression zu finden. Dies beruht auf dem raschen Transport der Nukleinsäuren in die Lysosomen und der dort stattfindenden Degradation. Die Lyse der Endosomen wird durch die durch Adenoviruskapside bedingte pH-Änderung beschleunigt. Für den transferrinmediierten DNA-Transfer wurden daher inaktivierte Adenoviruskapside an Komplexe aus DNA und Transferrin-Polylysin-Konjugaten gebunden, wobei die Bindung zum Viruskapsid durch Biotinylierung des Capsids und Streptavidinkopplung des Polylysins oder durch virusspezifische Antikörper-Polylysin-Konjugate erhalten wurde (Curiel et al. 1992; Wagner et al. 1992; Zatloukal et al. 1992). In einer Serie von unterschiedlichsten Zelllinien konnte eine Expressionseffizienz von 90–100% und in primären Zellen wie Fibroblasten, Hepatozyten, Myoblasten, Epithel- und Endothelzellen von 20–90% erzielt werden. Um Adenoviruskapside humanpathogener Viren zu ersetzen, wurden Capside von CELO-Viren (Hühneradenoviren) und Influenzavirushämagglutinin verwendet, jedoch mit niedrigeren Transfektionsraten als Adenoviruskapside (Cotten et al. 1993; Wagner et al. 1992). Dieses Transfektionsystem (auch Transferrinfektion benannt) hat den Vorteil hoher Transferraten, jedoch den Nachteil der Antigenität von Adenoviren und der Herstellung der Partikel aus einer Reihe von Komponenten.

Eine starke Verbesserung der Liposomentransfektion in HeLa-Zellen von 3–4% mit Liposom alleine zu 98–100% mit Zusatz von Transferrin wurde berichtet (Cheng 1996).

Es wurden statt Liganden auch Antikörper gegen Rezeptoren wie CD3, CD4 und CD7 zum Transfizieren von T-Zellen (Buschle et al. 1995) und gegen den polymeren Ig-Rezeptor zum Targeting von Lungenepithelzellen (Fekol et al. 1995) eingesetzt.

4.2.5 Sicherheit von Gentransfervektoren

4.2.5.1 Überblick

In diesem Kapitel sollen einige Sicherheitsfragen von Vektoren für den Gentransfer auf biologischer Basis diskutiert werden. Gesetzliche und regulatorische Vorschriften und Voraussetzungen inklusive der Zusammenstellung notwendiger Sicherheitstestungen für die Anwendung gentherapeutischer Wirksubstanzen in klinischen Studien soll Thema des Beitrags „Praktische Umsetzung des Gentechnikrechts in der Forschung" dieses Buchs sein.

Die grundlegenden Bausteine eines gentherapeutischen Medikaments sind
- die Sequenzen der Fremdgene bzw. des Fremdgens,
- der Vektor und
- die Formulierung bzw. die Adjuvanzien des Vektors und nach Transfer und Expression in der Wirtszelle die Produkte des Fremdgens.

Alle Bausteine können mit dem behandelten Wirt interagieren und toxische Nebenwirkungen verursachen.

Die Fremdgene können mit dem Genom der Wirtszelle und ihrer genetischen Regulation in Wechselwirkung treten und bei nicht gesteuerter Integration die Aktivität von zellulären Genen beeinflussen. Dies kann v.a. dann ein Problem sein, wenn Gene aktiviert oder inaktiviert werden, welche die Zellproliferation beeinflussen.

Die Produkte des Fremdgens können neben einer therapeutischen Wirkung auch toxisch sein, denkt man z.B. an die Überexpression von Zytokinen oder von Toxingenen in der Onkologie. Außerdem können die Genprodukte immunogen sein, z.B. bei der Expression eines korrekten, bis dahin dem Patienten unbekannten Gens in der Behandlung von monogenetischen Erkrankungen oder beim Einbringen eines Markierungsgens wie dem Neomyzinresistenzgen.

Der Vektor tritt bei der Ex-vivo-Gentherapie entsprechend des Reinheitsstandards der vorgeschalteten Zellreinigung relativ exklusiv mit spezifischen Zielzellen in Kontakt. Bei der direkten In-situ-Behandlung eines Gewebes bzw. bei systemischer Gabe ergibt sich die Frage der Ausbreitung des Vektors im Körper des Patienten sowie der Weitergabe an Dritte. Außerdem kann ein Vektor wiederum auch immunogen und in bestimmten Dosen auch toxisch sein. Als virales Genom kann ein Vektor mit Wildtypviren rekombinieren und damit sowohl vermehrungsfähige als auch pathogene Viruspartikel produzieren. Virale Funktionen vermitteln im Allgemeinen auch die Interaktion der transferierten Nukleinsäuren mit dem Wirtsgenom, so z.B. die Integration retroviraler Genome.

Ebenso wie bei jedem anderen Medikament kann die Formulierung natürlich auch allergene oder toxische Wirkungen besitzen.

Eine wichtige Rolle spielt auch die Dauer der Persistenz von Vektoren und von Transgenen. Es existieren mit gentherapeutisch behandelten Patienten noch keinerlei Langzeiterfahrungen über die Wirkung einer dauerhaften und evtl. bei der Behandlung von Stammzellen lebenslangen Persistenz von Genen und Vektor. Auch sind die Patientenkohorten in den klinischen Studien heute noch zu klein, um überhaupt Aussagen zu diesen möglichen Langzeiteffekten zuzulassen (Moolten u. Cupples 1992).

Ein Transfer von gentherapeutischen Vektoren in die Keimbahn ist v.a. bei der In-vivo-Gentherapie ein wichtiges potenzielles Problem. Trotz der umfangreichen Tierversuche, welche vor einer klinischen Studie stehen, kann der Transfer in die Keimbahn natürlich nicht mit absoluter Sicherheit ausgeschlossen werden. Die amerikanische Gesellschaft für Gentherapie hat publiziert, dass trotz hoher Unwahrscheinlichkeit ein gewisses Restrisiko besteht. Dies soll jedoch klinische Studien in schweren Krankheitsbildern nicht unterbinden (American Society for Gene Therapy 1999).

Es besteht also eine Vielzahl von Möglichkeiten, in der Gentherapie unerwünschte Nebenwirkungen bzw. Zwischenfälle mit verschiedenen Gefahrengraden für den Patienten, den behandelnden Arzt oder das Pflegepersonal sowie für die Umwelt des Patienten zu erhalten.

Im Folgenden sollen kurz einige der besprochenen Transfersysteme spezifisch untersucht werden.

4.2.5.2 Virale Vektoren

Retrovirale Vektoren. 3 hauptsächliche Risiken der Insertionsmutagenese in funktionelle Einheiten von Onkogenen und von Tumorsuppressorgenen werden heute diskutiert:

- Eindringen der Vektoren in die Keimbahn
- Rekombination zu replikationskompetenten Retroviren (RCR)
- akute Toxizität der Vektorpartikel

Insertionsmutagenese mit Aktivierung eines Onkogens bzw. der Inaktivierung eines Tumorsuppressorgens wurde bisher weder in Patienten noch in Versuchstieren gesehen, wenn das Vektormaterial strikt auf die Freiheit von replikationsfreien Viren getestet war (Cornetta et al. 1990, 1991). Zur Replikation befähigte Retroviren können sicherlich durch Vermehrung im Wirt und extreme Vervielfältigung der Zellinfektionsrate und damit der Erhöhung der Wahrscheinlichkeit der zufälligen Integration in das Zellwachstum beeinflussende Regionen des Genoms die Tumorentstehung mit induzieren. Dies konnte außer bei einer Reihe von Nagern auch in Affen gefunden werden, jedoch nur in hoch immunsupprimierten Affen mit hochtitrigen replikationskompetenten Viren, was zur Generation von Tumoren, wie z.B. Lymphomen, führte (Donahue et al. 1992). Aus vorhandenen vielfältigen Daten im Tierexperiment sowie in der Klinik wird das Risiko der Insertionsmutagenese, allerdings ohne Quantifizierung, als extrem niedrig angenommen (Cornetta et al. 1991; Temin et al. 1990). Nur wenige Arbeiten versuchen, das Risiko der Insertionsmutagenese mit der Folge einer

Tumorentwicklung durch quantitative Schätzungen zu belegen (Ledley et al. 1991; Moolten u. Cupples 1992). In dem zuletzt genannten Zitat wird für das relative Risiko, einen zusätzlichen Tumor über 10 Jahre aufgrund der Vektorbehandlung zu induzieren, eine Spannbreite von 1,00000026–1,00000025 errechnet. Dies bedeutet jedoch wieder, falls die Berechnungen Substanz haben, dass derzeitige kleine Gentherapiestudien mit Patientenzahlen <50 keine wirkliche Aussage zum Risiko zulassen. Ein Eindringen retroviraler Vektoren in die Keimbahn wurde bisher mit replikationsinkompetenten Vektoren nicht beobachtet (Sajjadi et al. 1995).

Die RCR-Produktion im Rahmen der routinemäßigen Herstellung von retroviralen Vektoren wurde beschrieben (Vaccines Advisory Committee, 25. Oktober 1993). Daher ist die Untersuchung von retroviralen Produktionsansätzen auf RCR-Bildung im Zentrum regulatorischer Bestimmungen.

Ein Vorteil retroviraler Vektoren ist aufgrund des Konstruktionsprinzips das Fehlen der Expression virusspezifischer Genprodukte in der Wirtszelle, was das Risiko einer Immunreaktion gegen die transduzierte Zelle minimiert.

Insgesamt können die Wahrscheinlichkeiten möglicher Risiken aufgrund vorhandener Daten als sehr niedrig erwartet werden, wenn RCR-Freiheit sicher nachgewiesen wird. Es ist auch zu beachten, dass z. B. etablierte Tumortherapien mit zytostatischen Medikamenten und ionisierenden Strahlen ähnliche und z. T. höhere Risiken eines Sekundärmalignoms aufweisen. Hierzu liegen außerdem langjährige Erfahrungen an umfangreichen Patientenzahlen vor.

Trotz allem ist die Behandlung mit retroviralen Vektoren im Hinblick auf Sicherheit nicht als trivial einzustufen, und ein Einsatz wird vorerst auf lebensbedrohliche monogenetische Erkrankungen und persistierende Infektionen sowie auf Tumoren beschränkt sein.

Andere virale Vektoren. Adenoviren integrieren zwar nicht ihr komplettes Genom in Wirtszellen, jedoch werden zufällig Sequenzfragmente der Wildtypviren integriert (Doerfler 1991). Dies weist auf eine mögliche Gefährdung durch Insertionsmutagenese hin. Ein viel größeres Problem besteht in der Rekombinationsmöglichkeit mit Wildtypviren, wobei nicht ganz klar ist, was die Folge für den einzelnen Patienten bei der Rekombination eines mäßig pathogenen Virus sein kann.

Adenovirale Vektoren produzieren Genprodukte von ihrem Genom, welche zwar keine eigene Pathogenität besitzen, allerdings die Antigenität einer Wirtszelle verändern. Insgesamt ist die vorgegebene Immunität vieler potenzieller Patienten gegen Adenoviren ein Problem, v. a. wenn mehrfache Dosierungen geplant oder notwendig sind. Aufgrund der hohen Antigenität hat ein Patient, welcher hochdosiert in der Lunge wegen CF behandelt wurde, eine starke Entzündungsreaktion gezeigt (Vaccines Advisory Committee, 25. Oktober 1993). Derartige Ergebnisse wurden auch systematisch in einer Primatentoxikologiestudie gezeigt (Wilmott et al. 1996). Adenoviren zeigen also völlig andere Probleme als Retroviren, wodurch eine andere Einsatzpallette zustande kommt.

Die toxische Potenz von Adenoviren zeigte sich auch in dem tragischen Todesfall eines 18-jährigen, an Ornithin-Transcarbamylase(OTC)-Defizienz leidenden Patienten, der 1999 aufgrund einer Gentherapiebehandlung, bei der ein für das OTC-Gen kodierendes Adenovirus in die Pfortader der Leber injiziert wurde, an Leberversagen und einer systemischen Entzündungsreaktion verstarb. Auf der anderen Seite zeigt sich ein Behandlungsverfahren mit für das Tumorsuppressorgen *p53* kodierenden Adenoviren als sehr viel versprechend bezüglich der recht milden Nebenwirkungen sowie der möglichen antitumoralen Wirkung. Daher sind Adenoviren trotz aller Problematik nach wie vor in die Entwicklung von Vektoren einbezogen. Es muss allerdings aufgrund der toxischen Nebenwirkungen sowohl genau auf das Anwendungsgebiet als auch die Applikationsdosis geachtet werden.

Vakziniaviren zeichneten sich in den durchgeführten präklinischen und klinischen Phase-I- und -II-Studien vom Standpunkt der Vektorsicherheit und toxischen Nebenwirkungen bei der Behandlung als sicher aus. Dennoch ist hier das Hauptaugenmerk besonders auf die komplexe Struktur und Biologie und die den Vakziniaviren innewohnende Pathogenität zu richten.

Herpesviren sind bislang nur marginal getestet worden. Daher sind viele Sicherheits- und technologische Aspekte noch zu lösen. Dazu gehören

- die Reduktion der Toxizität nach Infektion,
- mögliche Inaktivierung zirkulierender Virusvektoren durch Wirtsantikörper,
- Verhinderung durch Rekombination entstehender, replikationskompetenter HSV-Viren und
- Verhinderung des Silencings exogener Promotoren.

Bei AAV-Vektoren, die ebenfalls in klinischen Studien getestet werden, steht dagegen wieder die Frage der Mutagenese durch Vektorintegration im

Vordergrund, da Vektorvirusgenome keinen spezifischen Integrationslocus im zellulären Genom aufweisen. Außerdem werden diese Viren ähnlich Adenoviren in 293-Zellen hergestellt. Daher ist auch hier wieder die Möglichkeit der Komplementierung durch Rekombination gegeben.

4.2.5.3 Nichtvirale Vektoren

Das Hauptproblem viraler Vektoren, die Insertionsmutagenese im Wirtsgenom, ist bisher mit nichtviralen Vektoren nicht detektiert worden. Trotz der Persistenz über mindestens 1 Monat wurde basierend auf dem Methylierungsmuster keine Integration in das zelluläre Genom gefunden (Sikes et al. 1994; Stancovics et al. 1994; Wilson et al. 1992). Bisher wurde ebenfalls kein Vorkommen von DNA in Keimbahnzellen nachgewiesen (Nabel et al. 1992). Inwieweit die Dauer der Persistenz eines Plasmids mit viralen Replikationsursprüngen die Integrationshäufigkeit und das Targeting in die Gonaden verändern kann, ist heute noch nicht abschätzbar.

Eine Toxizität von DNA-Liposomen-Komplexen konnte in den meisten In-vivo-Untersuchungen nicht nachgewiesen werden. Dies war zumindest für Dotma (Canonoco et al. 1994), DC-CHOL (Stewart et al. 1992) und DMRIE (Parker et al. 1995) der Fall. In der Studie zu DMRIE waren selbst bei einer wiederholten Gabe mit einer kumulativen Dosis von 720 µg in nichthumanen Primaten keine Nebeneffekte aufgetreten. Andere Liposomen scheinen Toxizität zu zeigen. So konnte z. B. bei systemischer Gabe von mehr als 100 ng DLS-Liposomen in Mäusen eine Schädigung von Leber, Milz und Herzmuskel gesehen werden (Thierry et al. 1995).

Antikörperbildung gegen DNA bzw. antinukleäre Antikörper konnten bei lokaler oder i.-v.-Gabe von verschiedenen Liposomen-DNA-Komplexen in Mäusen und in Menschen nicht gefunden werden (Nabel et al. 1993; Parker et al. 1995; Stancovics et al. 1994).

Die im vorhergehenden Kapitel besprochenen Asialoorosomukoid-Polylysin-Komplexe, welche für die spezifische Transfektion von Lebergewebe geeignet sind, führten bei wiederholter Gabe in Mäusen zur Bildung eine Antikörperantwort (Stancovics et al. 1994). Der Vorteil des Targetings wird hier gegen den Nachteil der Antigenität komplexerer Transfervehikel, ähnlich den viralen Vektoren, aufgehoben.

Zusammenfassend kann gesagt werden, dass für einige nichtvirale Systeme zufrieden stellende Ergebnisse im Hinblick auf die Sicherheit bekannt sind, dass jedoch auch eine dosisabhängige Toxizität zu erwarten ist. Da aber wirksame Dosen im Menschen noch nicht bekannt sind, kann noch keine abschließende Beurteilung dieser Systeme gegeben werden.

4.2.6 Anwendungsbereiche von Gentransfervektoren in der Humanmedizin

4.2.6.1 Einführung

Dieses Kapitel soll andere Kapitel, welche sich auf klinische Entwicklungen beziehen, nicht vorwegnehmen. Es sollen lediglich die beschriebenen Vektoren in ihrer Anwendbarkeit aufgrund ihrer biologischen Eigenschaften diskutiert werden. In den vorhergehenden Abschnitten wurde bereits immer wieder auf Beispiele der Anwendung der Vektoren in der Gentherapie hingewiesen. Für viele der in Entwicklung stehenden Vektoren wird der Aufwand nur gerechtfertigt, wenn diese Vektoren in der Medizin verwendet werden können.

In die Auswahl eines Vektors für spezifische gentherapeutische Ansätze gehen verschiedene Kriterien ein:

- Grundkrankheit bzw. therapeutische(s) Gen(e)
- Ex-vivo- oder In-vivo-Therapie
- Genexpression transient oder persistierend
- Zelltyp- bzw. Gewebespezifität
- notwendige Expressionshöhe
- Zugängigkeit der Zielzellen bzw. -organe
- Reparatur/Erhalt von Zellen oder Desintegration von Zellen als Therapieziel
- Gesamtsituation des Patienten (Immunsystem, Krankheitsstadium usw.)

Im Folgenden ist kein erschöpfender Bericht zu den Möglichkeiten der Gentherapie zu erwarten, sondern es sollen das Potenzial und die Grenzen der wichtigsten Vektoren an ausgewählten Beispielen diskutiert werden. Die Entwicklungsmöglichkeiten der Gentherapie werden hauptsächlich am Beispiel der Behandlung von genetischen Erkrankungen und von Krebs dargestellt. Viele klinische Studien sind zurzeit in Phase I oder II aktiv. Dabei ist zu bedenken, dass im Allgemeinen keine klassische Phase-I-Studie an gesunden Probanden durchgeführt wird, sondern dass die meisten Studien als Phase I/II einzustufen sind mit Testung der Sicherheit der Vektoren in Patienten. Ein Nebenziel ist dabei auch eine präliminare Prüfung der Effizienz, was in der Gentherapie Vektorpersistenz und Expression bedeutet, jedoch noch nicht direkt die Effizienz des Wirkprinzips beweisen muss. Es sind eine Reihe von Phase-II-Studien mit größeren Patientenzahlen aktiv mit dem Ziel, das therapeutische Prinzip verschiedener gentherapeutischer Ansätze zu zeigen. Publikationen zu klinischen Studien in der Gentherapie sind noch nicht sehr häufig, sodass die meisten Aussagen zur Sicherheit und auch dem Gefährdungspotenzial von Vektoren vorliegen, und nach wie vor nur anekdotische Berichte eines Erfolgs in Einzelpatienten zu finden sind.

4.2.6.2 Genetische Erkrankungen

McKusick führte in der von ihm herausgegebenen Übersicht über alle Erbkrankheiten des Menschen, den „Mendelian inheritance in man" mehr als 4000 unterschiedliche Krankheiten auf (McKusick 1991). Mit der vollständigen Sequenzierung des humanen Genoms und der immer schneller vorangehenden Aufklärung von Genfunktionen in der Postgenomära wird auch der Zugang zu vielen Genen, welche bei diesen Krankheiten eine Rolle spielen, stark beschleunigt. Ideal wäre für die Gentherapie von genetisch bedingten Erkrankungen der direkte und dauerhafte Ersatz der defekten Gene in den von der Fehlfunktion betroffenen Zellen. Dies setzt voraus, dass die entsprechenden Gene und ihre Interaktion bzw. die Interaktion ihrer Genprodukte bekannt sind. Für einige monogenetisch bedingte Erkrankungen sind entsprechende Gene identifiziert worden. Allerdings sind für Stoffwechselerkrankungen wie Diabetes oder Arteriosklerose, welche auf einer komplexen Interaktion verschiedenster Genprodukte und auch auf Umwelteinflüssen basieren, derzeit weder die molekularen Regelmechanismen noch die dazu gehörigen Gene vollständig bekannt, sodass an eine direkte Behandlung der Defekte noch nicht zu denken ist. Selbst die Substitution entsprechender Proteine in physiologischer Weise ist mit Gentherapie in diesen Fällen noch nicht erreichbar, wie das Beispiel Diabetes zeigt, da hier noch nicht genau der genetische Hintergrund der zuckerspiegelregulierten Ausschüttung von Insulin bekannt ist.

Für eine aktuelle Anwendung der Gentherapie bleiben also nur die monogenetisch bedingten Erkrankungen. Mit den beschriebenen Methoden ist es möglich, Nukleinsäuren in Zellen zu addieren, jedoch ist es noch nicht möglich, Gene auszutauschen. Homologe Rekombination erlaubt zwar die Integration von Genen in definierte Genloci in vitro, allerdings mit einem hohen Hintergrund unspezifischer Integration und insgesamt sehr niedriger Effizienz. Zellen, welche das Gen an der geplanten Stelle im Genom integriert haben, müssen in zeitraubender Arbeit selektioniert werden. Daher sind beim aktuellen Entwicklungsstadium des Gentransfers auch nur genetische Defekte behandelbar, deren defektes Gen nur durch das Fehlen der entsprechenden Proteinfunktion bedingt sind.

Kodiert ein defektes Gen für ein Protein, welches direkt an der Ursache der Krankheitssymptomatik beteiligt ist, ist mit der verfügbaren Gentransfer- und Expressionstechnologie keine Behandlung möglich. Ein Beispiel hierfür ist die Huntington-Krankheit. Diese Einschränkungen begründen auch die Tatsache, dass derzeit nur etwa 10% aller klinischen Gentherapiestudien im Bereich genetischer Erkrankungen zu finden sind.

Für eine länger dauernde Expression von Fremdgenen sind hauptsächlich persistierende Viren und mit Replikationsursprüngen versehene nichtvirale episomal persistierende Systeme als Vektoren einsetzbar. Außerdem kann natürlich die über mehrere Monate gehende Persistenz von Plasmiden im Muskelgewebe genutzt werden.

Beispiele sind v.a. die retroviralen Vektoren und die von adenovirusassoziierten Viren (AAV) abgeleiteten Vektoren, welche beide in das Wirtszellgenom integrieren. Dabei werden diese Vektorgenome mit der Zellteilung in die Tochterzellen weitergegeben, d.h. sie existieren im Patienten im Prinzip lebenslang, jedoch mindestens so lange, wie sich die transduzierten Zellen teilen und im Körper des Patienten zu finden sind. Klare Nachteile dieser Vektoren sind die mit der Integration und mit der lebenslang vorliegenden Expression von Fremdgenen verbundenen Sicherheitsfragen, wie

- potenzielle Beteiligung an einer Tumorinduktion,
- auf lange Sicht mögliche Rekombination mit Wildtypviren und damit
- Erzeugung neuer Pseudotypviren, deren Eigenschaften nicht bekannt sind sowie
- dauerhafte Expression von Fremdgenen oder Überexpression von eigentlich stummen Genen mit der Gefahr der dauerhaften Präsentation eines Immunstimulanz.

Ein weiteres Problem ist die graduelle Abschaltung der Genexpression (Silencing) nach Transfer, v.a. in den persistierenden Genomen von retroviralen Vektoren. Manche der in vitro hochaktiven Promotoren bzw. Regulationseinheiten werden offenkundig im Organismus und in bestimmten Zellen relativ schnell abgeschaltet oder kommen überhaupt nicht zu einer nennenswerten Expression. Dies ist z. B. für die Retrovirus-LTR in Stammzellen bekannt. Ebenso gelangt der in vitro hochaktive Enhancer bzw. Promotor der sehr früh nach der Infektion transkribierten Gene des Zytomegalievirus (immediate early gene) in Muskelzellen zu keiner ausreichenden Expressionshöhe.

Episomal persistierende Systeme haben zwar den Vorteil, kaum mit dem Genom der Wirtszelle zu interagieren, allerdings sind, wie wir bereits gesehen haben, Transferraten mit nichtviralen Systemen noch immer nicht in einem Bereich, der für die dauerhafte Behandlung genetischer Defekte ausreichen wird.

Als Zielzellen bieten sich für den persistierenden Gentransfer Stammzellen an, hier v. a. hämatopoetische Stammzellen, welche aus peripherem Blut bzw. aus Knochenmark relativ leicht zu gewinnen sind. Theoretisch könnte hiermit die lebenslange Expression von Fremdgenen bei genetischen Erkrankungen erwartet werden. Allerdings ist derzeit mit keiner Gentransfermethode eine Effizienz >10% routinemäßig in Stammzellen zu erhalten. Eine Möglichkeit, den Gentransfer zu erhöhen, ist die Zugabe verschiedener Lymphokinmischungen oder von Fibronektinfragmenten zum Transduktionsansatz. Auch ist an die Verwendung von Vektoren gedacht, welche von den Lentiviren und v. a. von HIV abgeleitet sind. Diese sollten in nichtreplikativen Zellen einen effizienten Gentransfer garantieren. Sicherheitsprobleme erlauben aber noch keine klinische Anwendung.

Das bekannteste Beispiel der Behandlung einer monogenetischen Krankheit mit Gentherapie ist die Adenosindeaminase(ADA)-Defizienz welche zum Formenkreis der sehr seltenen SCID-Erkrankungen (SCID: severe combined immune deficiency) gehört. Ursache sind Defekte des Adenosindeaminasegens. Das Fehlen dieser Genfunktion führt zur Akkumulation von Deoxy-ATP, welches toxisch für T- und B-Zellen ist. Die Lebenserwartung beträgt 1–2 Jahre. Derzeit besteht die Behandlung in Knochenmarktransplantation und der sehr häufigen Gabe des Enzyms, beide Ansätze sind nicht kurativ, d. h. die Prognose ist trotzdem infaust. Die Erkrankung ist autosomal-rezessiv, und bereits 10% des normalen Enzymspiegels reichen für einen therapeutischen Effekt aus. Diese Erkrankung erschien daher ideal, um das Konzept der Gentherapie mit verfügbaren Werkzeugen durch Transfer eines Gens in hämatopoetische Zellen zu zeigen.

Der erfolgreiche Ex-vivo-Gentransfer mit retroviralen Vektoren und Expression des *ada*-Gens in T-Zellen, welche von peripheren Lymphozyten der Patienten stammten, führte zu einer niedrigen, aber über 2 Jahre persistierenden Expression des Gens in 2 Patienten (Blaese et al. 1995). Der Immunstatus der Patienten wurde verbessert, allerdings wurde die Enzymsubstitutionstherapie beibehalten. Eine 2. Studie verwendete neben T-Zellen auch Knochenmark, und die Langzeitrekonstitution der Immunfunktion dieser Patienten ist offensichtlich auf die Transduktion des Gens in Progenitorzellen zurückzuführen (Bordignon et al. 1995). Auch hier wurde die Enzymsubstitution fortgeführt. Die Transplantation separierter und transduzierter Stammzellen kann beim Nachweis einer sicheren Langzeitexpression des Gens in hämatopoetischen Zellen der Patienten ein Absetzen des Enzyms rechtfertigen. Erst dann ist die Wirkung dieser Gentherapie tatsächlich nachgewiesen.

Die gentherapeutische Behandlung von 2 Patienten mit einer anderen Form der SCID-Erkrankung, der SCID-X1-Erkrankung, zeigte einen Hinweis, dass der Transfer von Genen alleine einen Krankheitsprozess positiv beeinflussen kann (Cavazzana-Calvo 2000). SCID-X1 ist eine X-Chromosom-gekoppelte Erkrankung, bei der die T- und NK-Zellen (NK: natural killer) in frühen Differenzierungsphasen gestört sind. Ursache ist eine Mutation des Gens, welches für eine Untereinheit der Rezeptoren für IL-2, -4, -7, -9 und -15 kodiert. Die Erkrankung ist letal und kann in seltenen Fällen erfolgreich mit Knochenmarktransplantation beeinflusst werden. Transfer des Gens mit einem retroviralen Vektor in $CD34^+$-Stammzellen von 2 Patienten hat zu einer am Berichtszeitpunkt 10-monatigen Expression des Gens in T- und NK-Zellen geführt. Die Immunabwehr der Patienten war normal. Dies ist mit Sicherheit ein Hinweis, dass Gentherapie mit dauerhafter klinischer Verbesserung eines Krankheitszustandes einhergehen kann. Allerdings ist die Studie mit 2 Patienten zu klein, um eine statistisch relevante Aussage zuzulassen.

Ein weiterer Versuch war die Behandlung der familiären Hypercholesterolämie, einer Erkrankung, welche auf Defekten des Rezeptorgens für LDL beruht. Die Grundlagen dieser Erkrankung wurden bereits in Kapitel 4.2.4.3 „Rezeptormediierter Gentransfer mit nichtviralen Transfersystemen" näher beschrieben.

Der gentherapeutische Versuch bestand in der Teilresektion der Leber, Transduktion der Leberzellen mit einem retroviralen Vektor, der für den korrekten Rezeptor kodiert, und Reimplantation transduzierter Zellen über die Pfortader (Grossman et al. 1994). Eine Persistenz der Genexpression war 18 Monate nach der Behandlung bei einer Patientin zu sehen, der Cholesterolspiegel wurde zwar reduziert und auch das Verhältnis LDL/HDL war verbessert, jedoch hatte die Behandlung insgesamt keine Auswirkung auf den weiteren Verlauf der Krankheit. Bei weiteren Patienten konnte keine länger dauernde Genexpression erzielt werden.

Offensichtlich lohnt das Ergebnis einen derart invasiven Eingriff nicht, und Retroviren scheinen nicht ideal für eine Leberzellbehandlung zu sein. Eine häufige Behandlung eines Patienten mit diesem Protokoll, um eine dauerhafte Expression zu erzielen, ist nicht realistisch. Wie bereits früher angeführt, sind eine Reihe von präklinischen Studien im Gang, um alternative Virussysteme oder nichtvirale Systeme mit leberspezifischer Transfektion zu erzielen. Es wird erhofft, eine weniger invasive, dafür aber häufiger zu wiederholende Therapie zu erzielen.

Zystische Fibrose ist als ein weiteres Beispiel für eine genetische Erkrankung besprochen worden. Die Krankheit beruht auf Defekten des *cftr*-Gens. Das Hauptsymptom, die Mukoviszidose der Lunge, soll durch Einbringen des korrekten Gens in das Lungenepithel korrigiert werden. Retroviren eignen sich nicht besonders gut, dieses Gewebe zu infizieren. Die nahe liegende Idee war, Adenoviren zu verwenden, welche natürlicherweise das Epithel des Respirationstrakts infizieren, was präklinische Studien in Mausmodellen mit CFTR exprimierenden Adenovektoren auch gut belegten (Engelhardt et al. 1993, Rosenfeld et al. 1992). Klinische Anwendung bei In-vivo-Gabe der Vektoren in das Nasenepithel und Bronchialepithel war jedoch ziemlich enttäuschend, da die Patienten bei niedrigen Expressionshöhen leichte bis schwere Entzündungsreaktionen gegen die adenovirustransduzierten Zellen zeigten (Crystal et al. 1994, 1995, Vaccines Advisory Committee, 28. Oktober 1993). Als weiterer viraler Vektor wurde auch AAV in der Klinik eingesetzt. Hierbei wird kein spezifischer Tropismus ausgenutzt, sondern die Fähigkeit des Virus, nahezu jeden Zelltyp infizieren zu können. Obwohl AAV integriert, ist bei CF nicht mit einer extrem langen Persistenz in der Lunge zu rechnen, da sich das Lungenepithel erneuert und die integrierten Genome wieder verloren gehen. Eine mehrfache Behandlung mit Viruspartikel führt wieder zum Problem der Immunreaktion. Tiefgehende Ergebnisse aus einigen Studien, welche bereits durchgeführt wurden, sind derzeit noch nicht publiziert. Es wurden jedoch von den beteiligten Studiensponsoren Phase-II-Studien initiiert.

Folgerichtig wurde auch versucht, mit nichtviralen Vektoren, hauptsächlich Liposomen, die direkte Behandlung des respiratorischen Epithels zu testen. Studien in Mausmodellen der CF wiesen auf gute In-vivo-Transferraten mit verschiedenen Liposomenformulierungen hin (Alton et al. 1993; Hyde et al. 1993). Die Ergebnisse einer klinischen Studie sind publiziert, welche zwar eine Persistenz der DNA über mehrere Tage zeigte, die Expression war jedoch marginal (Caplen et al. 1995). Es waren jedoch auch keinerlei toxischen Effekte zu sehen. Der nichtvirale Gentransfer könnte ein wichtiges Entwicklungsgebiet für die Zukunft sein.

Hier muss natürlich noch einmal die fatale Behandlung eines 18-jährigen Patienten, welcher an OTC-Defizienz litt, mit Gentherapie unter Verwendung von adenoviralen Vektoren eingebracht werden (Hollon 2000). Die OTC-Defizienz ist ein X-Chromosom-gekoppeltes Leiden mit einem Defekt des Harnsäurezyklus. Häufige Symptome sind Krampfanfälle und geistige Retardierung. Substratsubstitution ist die einzige Therapie. Todesfälle sind häufig. Adenovirale Vektoren, welche für OTC kodieren, wurden in dieser Studie mit steigender Dosis in die Pfortader der Leber von Patienten mit OTC-Defizienz injiziert. Bei dem erwähnten Patienten führte der Transfer der Vektoren in die Leber zu einem Leberversagen und zu akutem respiratorischem Versagen sowie zu einem systemischen Entzündungssyndrom. Dieser Fall führte die Gentherapie im Bereich klinischer Studien in eine sicher nicht positive öffentliche Diskussion. Andere klinische Studien wurden stark verzögert, Vorgaben der Behörden in den USA wurden verändert und werden zu einer stärkeren Information der Öffentlichkeit zu Nebenwirkungen in klinischen Studien der Gentherapie führen.

Derzeit liegt sehr viel Hoffnung in klinischen Studien zu Behandlung der Hämophilie A und B. Im ersten Fall wurde eine klinische Studie durchgeführt, bei der Faktor VIII, welcher in Hämophilie A defekt ist, ex vivo in Hautfibroblasten von 6 Patienten transfiziert wurde. Faktor VIII exprimierende Zellen wurden kloniert und expandiert. Diese wurden über Laparoskopie ins Omentum im Bauchraum der Patienten injiziert. Nach 12 Monaten waren keine ernsten Nebenwirkungen zu sehen. Die Faktor-VIII-Spiegel waren höher als vor der Behandlung, die Blutungszeiten waren verbessert. Die längste Wirkungsdauer war 10 Monate (Roth et al. 2001). Im 2. Fall wurden in einer Sicherheitsstudie Faktor IX exprimierende AAV-Vektoren in die Beinmuskeln von 3 Patienten injiziert. Es ergaben sich keine Nebeneffekte, und der Faktor wurde in Muskel und Blut nachgewiesen (Kay et al. 2000). Jetzt ist eine Studie geplant, bei der dieser Vektor in die Leberpfortader von Hämophilie-B-Patienten injiziert werden soll (Gura 2001).

Dies war nur eine kurze Betrachtung der Probleme, welche für den Gentransfer zur Anwendung in der Klinik sowohl in technischer Hinsicht als auch im Hinblick auf die Sicherheit entstanden sind und gelöst werden müssen, soll Gentherapie eine Standardmethode der Therapie werden.

4.2.6.3 Onkologie

Die Entwicklung von Konzepten zur Bekämpfung von Tumoren nimmt heute den größten Teil der Entwicklung in der Gentherapie ein.

In der Onkologie wird Gentransfer mit 2 Zielen eingesetzt:

- Genmarkierung
- kurativ

Im Rahmen der Transplantation von Knochenmarkzellen und peripheren Blutzellen wurden eine Reihe von Genmarkierungsstudien durchgeführt, um über das Verhalten von Transplantaten und auch über deren Rolle im weiteren Verlauf der Erkrankung Erkenntnisse zu gewinnen. Es konnte damit gezeigt werden, dass Stammzellen aus dem peripheren Blut offensichtlich eine bessere Rekonstitution zeigen als aus dem Knochenmark (Dunbar et al. 1995) und dass bei einer Transplantation ein Wiederauftreten der Erkrankung durch Kontamination des Transplantats durch Tumorzellen verursacht werden kann (Brenner et al. 1993). Hiermit können für eine weitere Entwicklung der Behandlung von Tumorpatienten mit Stammzelltransplantation neue Entwicklungen, z. B. zur effizienteren Reinigung autologer Transplantate von Tumorzellen, eingeleitet werden. Alle diese Studien wurden mit Retroviren als Vektoren durchgeführt, da diese derzeit die besten Vehikel für Blut- und Stammzellen sind und bei diesen Fragestellungen eine Langzeitexpression des Markierungsgens, meist des prokaryoten Neomyzinresistenz vermittelnden Gens, notwendig ist.

Zur Behandlung von Tumoren werden hauptsächlich 3 Konzepte geprüft:

- Induktion einer Immunreaktion des Patienten gegen die Tumorzellen
- selektive Zerstörung von Tumorzellen
- Veränderung des malignen Phänotyps der Tumorzellen

Die Wahl der Vektoren ist auch hier wieder davon abhängig, wie lange ein Transgen exprimiert werden soll. Im Fall der Induktion der Zerstörung von Tumorzellen ist im Prinzip keine übermäßig lange Expression notwendig, allerdings werden trotzdem nach wie vor Retroviren als Vektoren eingesetzt, da diese v. a. in den sich schnell teilenden Tumorzellen bessere Transduktionsraten als andere Systeme zeigen. Ebenso sind Retroviren gut geeignet, selektiv Tumorzellen in Geweben mit sehr niedriger bis nicht vorhandener Zellteilung (z. B. Gehirn) zu infizieren. Es werden allerdings derzeit hauptsächlich Adenoviren aufgrund ihrer hohen, jedoch nicht selektiven Transduktionseffizienz eingesetzt. Hier werden in dem früher diskutierten Nachteil dieser Viren, der starken Antigenität, sogar Vorteile in Hinsicht auf eine Immunstimulation gegen das transduzierte Tumorgewebe gesehen. Nichtvirale Systeme werden hauptsächlich bei der In-vivo-Injektion von Genen in Tumoren eingesetzt.

Zytokine regulieren die Reifung, die Aktivierung und die Wanderung von Zellen des Immunsystems und regulieren damit entzündliche Reaktionen des Körpers gegen fremdes Material. Die meisten Tumoren haben offensichtlich Mechanismen entwickelt, um zumindest in bestimmten Stadien ihrer Entwicklung vom Immunsystem des Patienten nicht mehr erkannt zu werden. Ein Konzept der Onkologie ist es, durch systemische oder lokale Gabe von Zytokinen Immunreaktionen gegen Tumorzellen zu induzieren. Dieses Konzept scheiterte jedoch bis auf wenige Ausnahmen wie der Behandlung des Nierenzellkarzinoms an der Toxizität und der kurzen Halbwertszeit der Zytokine. Konzept der Gentherapie ist es, diese Zytokine entweder lokal in hoher Konzentration im Tumor zu exprimieren oder über Tumor infiltrierende Lymphozyten (TIL) in die Tumoren transportieren zu lassen. Mit TIL konnte allerdings lokal in den Tumoren in einer Reihe von Patienten keine ausreichende Konzentration von IL-2 oder von Tumornekrosefaktor α (TNF α) nach Transduktion der Zellen ex vivo mit einem retroviralen Vektor erhalten werden, um im Tumor eine entsprechende Entzündungsreaktion zu induzieren (Rosenberg 1993).

Ein weiteres Konzept besteht in der Transduktion von Fibroblasten mit Zytokingenen, Mischung der Zytokin produzierenden Zelle mit explantierten Tumorzellen und Injektion dieser Präparation in den Patienten (meist subkutan). Dieses System hat den Vorteil, dass Fibroblasten viel besser und in größerer Zahl transduzierbar sind als Tumorzellen, welche zusätzlich zur Transduktion auch disseminiert werden müssen (Lotze et al. 1994).

Die meisten Ansätze zur Stimulierung einer Immunantwort basieren jedoch auf dem Transfer von Zytokingenen in Tumorzellen. Hierzu werden die Tumorzellen entweder ex vivo behandelt oder die Gene werden direkt in den Tumor injiziert. Am häufigsten werden die Gene ex vivo mit Retroviren in die Tumorzellen eingebracht. Beispiele aus vielen sind

- Melanombehandlung mit IL-2 (Cassileth 1994; DasGupta 1994; Economu 1994; Fearon et al. 1990; Gansbacher et al. 1990, 1992; Karp et al. 1993; Osanto 1993),
- Nierenzellkarzinombehandlung mit GM-CSF (Dranoff et al. 1993; Simons 1994) oder
- Neuroblastombehandlung mit IL-2 (Brenner 1992).

Die Berichte über klinische Studien beziehen sich dabei auf die Freiheit von toxischen Effekten und auf die mehr oder weniger effiziente Expression der Fremdgene, ein Beweis des Konzepts im Patienten wurde bisher im Gegensatz zur Antitumorwirkung dieser Ansätze im Tier bisher nicht erbracht. In Melanompatienten konnte mit der Vakzinierung mit autologen, GM-CSF exprimierenden Tumorzellen eine immunologische Wirkung erzielt werden (Soiffer et al. 1998). In einer jüngeren Studie (Wittig et al. 2001) konnte mit einem nichtviralen Gentherapieansatz mit autologen Tumorzellen gezeigt werden, dass in 10 Patienten mit Kolonkarzinom, Melanom oder Nierenzellkarzinom eine Expression der Transgene stattfand, eine Immunreaktion gegen Tumorzellen in den Patienten zu finden war und auch klinische Reaktionen (Wachstumsstopp, Regression) der Tumoren für eine kurze Zeit zu erzielen waren. Die transferierten Gene waren IL-7 und GM-CSF, zusätzlich wurde ein Oligodeoxyribonukleotid verabreicht, welches NK-Zellen stimulieren kann.

Auf die selektive Zerstörung von Tumorzellen durch den Transfer eines Enzymgens, dessen Genprodukt eine 2. Substanz, eine so genannte Prodrug zu einer toxischen Substanz für die behandelte Zelle verwandelt, wurde in diesem Kapitel schon öfter hingewiesen. Das in der Klinik getestete Suizidsystem ist die Kombination des Transfers des Gens für die Herpes-simplex-Virus-Thymidinkinase und die Gabe von Ganciclovir, einem Nukleotidanalogon, welches nur durch HSV-TK phosphoryliert werden kann und durch Strangabbruch in der Nukleinsäurereplikation sowie durch Kompetition um die DNA-Polymerase die behandelte Zelle zerstört. Außerdem ergibt sich durch Weitergabe des toxischen Nukleotids der gleiche Effekt in Nachbarzellen, „Bystandereffekt“ genannt. Im Prinzip müssen nur 10% der Zellen eines experimentellen Tumors HSV-TK exprimieren (Culver et al. 1992). Erste klinische Untersuchungen wurden in Glioblastompatienten durchgeführt. Gehirntumoren eignen sich besonders für diesen Ansatz, da durch eine Infektion mit Retroviren die Expression nur in den replikativ aktiven Tumorzellen zu erwarten ist. Da schon die Tierexperimente zeigten, dass die Infektion durch direkte Injektion mit Viren nicht ausreichend sein wird, wurden für eine effiziente Transduktion Virus produzierende Verpackungszelllinien injiziert. Präliminare Daten zu einer derartigen Studie sind erhältlich: Von 7 Gliomapatienten zeigten 5 eine Reduktion der Tumorgröße im Gehirn (Culver 1994). Eine größere Studie unter Beteiligung mehrerer Zentren konnte allerdings die Hoffnungen der frühen Studie nicht erfüllen. Eine statistisch relevante Wirksamkeit des Vorgehens konnte nicht gezeigt werden. Eine der prominenten Nebenwirkungen waren Krampfanfälle, die durch den Transfer der Xenotransplantate verursacht wurden.

Alternativ zu Retroviren werden präklinisch mit Erfolg auch Adenoviren zum Transfer der HSV-TK in vivo in verschiedenen Tumorindikationen eingesetzt (Chen et al. 1994; O'Malley et al. 1995). Vorteil ist hierbei die hohe Transfereffizienz mit Vektorviren alleine ohne Produktionszellen. Auf diesem Gebiet werden derzeit verschiedene klinische Studien durchgeführt.

Ein weiterer Weg zur Tumorbehandlung könnte der Ersatz defekter Gene, wie z. B. von Tumorsuppressorgenen in den Tumorzellen sein. Damit könnten ein Stopp des Tumorwachstums und v. a. eine Hemmung der Metastasierung erzielt werden. Im Mausmodell für Tumoren des Nasen-Rachen-Raums konnte ein Tumor inhibierender Effekt durch den Transfer eines korrekten *p53*-Gens mit Adenovirusvektoren gesehen werden (Clayman et al. 1995). Auch in Lungenkrebspatienten konnten Effekte gesehen werden (Roth et al. 1996). Aus bisher bekannten Ergebnissen kann geschlossen werden, dass auch beim Transfer des *p53*-Gens mit einem Bystandereffekt gerechnet werden kann, welcher auch bei weniger effektiven Vektoren eine klinische Effizienz erwarten lässt.

Zusammenfassend kann gesagt werden, dass die Gentherapie von Krebs noch in einem sehr frühen Stadium ist. Bisherige Erfolge im Tiermodell für alle der oben beschriebenen Konzepte haben sich im Patienten bisher noch kaum reproduzieren lassen und außer anekdotischen Teilerfolgen fehlt ein Nachweis der Wirkung. Ein häufig verfolgtes Konzept in neueren Studien ist die Kombination gentherapeutischer Ansätze mit klassischer Zytostatika- oder Bestrahlungstherapie. Wahrscheinlich müssen die Ergebnisse größerer, derzeit aktiver Studien für eine valide Aussage abgewartet werden.

4.2.6.4 Andere Indikationen

Onkologie und Humangenetik sind natürlich nicht die einzigen Indikationsgebiete für Gentherapie. Ausgehend von den verschiedenen Eigenschaften der Vektoren sind unterschiedlichste Anwendungen in praktisch allen Geweben des Menschen vorstellbar. Die am häufigsten diskutierten Konzepte sind im Folgenden kurz zusammengestellt.

- Vakzinierung
  Unter Nutzung der guten Transferierbarkeit von Nukleinsäuren in Muskelzellen sollen Plasmide, welche für antigene Epitope von Infektionserregern kodieren, intramuskulär zur Induktion eines Impfschutzes injiziert werden.
- Persistierende Infektionen
  Replikation und Expression persistierender Infektionserreger sollen durch den Transfer von Genen, welche mit dem Regulations- und Prozessierungsapparat dieser Erreger interagieren, spezifisch in die infizierten Zellen transferiert werden. Ebenso wie in der Onkologie sind durch den gezielten Gentransfer auch die Transduktion und Transfektion persistent infizierter Zellen zur Induktion von Suizid- und auch von Apoptosemechanismen vorstellbar.
- Endothelzellgentherapie
  Die lokale Applikation von Genen könnte z. B. für die Behandlung von Restenose oder periphere Gefäßverschlüsse verwendet werden.
- Drug delivery
  Gewebe, welche mit bestimmten Vektoren transduziert/transfiziert werden können und bestimmte Gene über eine längere Zeit exprimieren, sind potenziell für die Produktion spezifischer therapeutischer Proteine, z. B. Wachstumshormon im Muskel oder Insulin in der Leber, geeignet.
- Neuronales Gewebe
  Wiederherstellung zerstörter Regionen im Zentralnervensystem.

In all diesen Gebieten ist natürlich eine starke präklinische Aktivität gegeben. Die meiste Hoffnung war auf die Behandlung von peripheren Gefäßverschlüssen oder auch Restenosen gesetzt worden, allerdings konnten frühe Daten, welche bei Gentherapietagungen 1998 und 1999 vorgetragen wurden, nicht bestätigt werden, und klinische Versuche wurden unterbrochen.

4.2.7 Ausblick

Es existieren eine Vielzahl von potenten Methoden zum Transfer von Genen in Zellen. Viele dieser Techniken werden bereits routinemäßig in zellbiologischen und molekularbiologischen Labors zum In-vitro-Transfer von Nukleinsäuren angewendet. Gentransfermethoden sind zudem in verschiedensten Anwendungsbereichen im Tierversuch getestet worden. Theoretisch gibt es viele Optionen, in der Medizin Gene zur Behandlung von Krankheiten einzusetzen, sei es zur wirklich kausalen Behandlung genetischer Defekte, sei es zur effizienteren lokalen Wirkung von Proteinen oder sei es, um die Regulation von Genen bzw. den Lebenszyklus von Zellen mit neuen Mechanismen zu beeinflussen. Gentherapie hat ein sehr großes Potenzial und kann in einer auf molekulare Targets abzielenden modernen Medizin eine große Auswirkung haben. Außerdem verändert diese Art von Behandlungsmöglichkeiten den Begriff des Pharmazeutikums und rückt individuell anpassbare Therapieschemen mehr in den Vordergrund.

Allerdings ist nach mehrjähriger intensiver Anstrengung in keinem der getesteten Beispiel bisher das Grundkonzept der Gentherapie, nämlich die reproduzierbare Korrelation der Expression eines transferierten Gens mit der Veränderung der Symptomatik einer Krankheit in Patienten gezeigt worden. Weiterhin wurde die ganze Palette von leichten bis tödlichen Nebenwirkungen in den klinischen Studien gesehen. Eine starke Rückbesinnung auf die technische Effizienz und die Sicherheit von Vektoren, aber auch von Behandlungsstrategien stehen seit dem Tod eines Patienten Ende 1999 ganz im Vordergrund.

Eine große Rolle spielen bei dem Problem, die Machbarkeit der Gentherapiekonzepte aufzuzeigen, die derzeit nach wie vor noch nicht ausgereiften Transfertechnologien.

Eine Reihe von Verbesserungen sind in der Grundlagen- und angewandten Forschung notwendig, um die notwendige Dosierung zum geplanten Zeitpunkt in den Zellen des Patienten zu erzielen:

- Stabilität der Vektorformulierung
- Applikationsform (in vivo statt ex vivo)
- Transfereffizienz und Targetspezifität

- Nukleinsäurefreisetzung und Expression in der Zelle
- Expressionshöhe und Regulation der Expression
- Interaktion der Transfervehikel mit dem Wirt

Es ist heute schon ganz offensichtlich, dass es keinen Universalvektor in der Gentherapie geben wird. Es werden gewebe- und indikationsspezifische Vektoren notwendig sein. Es ist schließlich auch klar, dass nur in Ausnahmefällen mehr oder weniger unregulierte Expression ausreichend sein wird. Induzierbare und auch wieder abschaltbare Regulationssysteme mit einfachen Aktivierungstechniken bzw. dafür notwendige Wirksubstanzen werden für eine breitere Anwendung notwendig sein. Die Problematik der regulierten Expression wurde hier nicht behandelt.

Ein weiterer wichtiger Punkt ist die Sicherheit der Medikamente, wie dies schon mehrfach in diesem Kapitel angeführt wurde. Hier müssen neue Standards gesetzt werden, wenn wieder in eine intensive klinische Forschung eingestiegen werden soll, wie sie vor dem Tod des vielzitierten Patienten 1999 der Fall war. Derzeit noch häufige Interaktionen mit dem Wirtsorganismus (z. B. Zellspezifität und Immunogenität) sind noch nicht gelöst.

Aktuelle Entwicklungen können sicher in der einen oder anderen Form auch als Produkte auf den Markt kommen, es wird jedoch sicher noch ziemlich lange dauern, bevor neue Generationen an gentherapeutischen Medikamenten getestet worden sind, welche direkt als Arzneimittel im klassischen Sinn in oraler, parenteraler oder subkutaner Form applizierbar sein werden.

4.2.8 Literatur

Acsadi G, Dickson GD, Love DR et al. (1991) Human dystrophin expression in mdx mice after intramuscular injection of DNA constructs. Nature 352:815–818

Adam MA, Miller AD (1988) Identification of a signal in a murine retrovirus that is sufficient for packaging of nonretroviral RNA into virions. J Virol 62:3802–3806

Adam MA, Ramesh N, Miller AD, Osborne WRA (1991) Internal initiation of translation in retroviral vectors carrying picornavirus 5′ nontranslated regions. J Virol 4985–4990

Akkina RK, Walton RM, Chen ML, Li QX, Planelles V, Chen ISY (1996) High-efficient gene transfer into CD34$^+$ cells with a human immunodeficiency virus type I-based retroviral vector pseudotyped with vesicular stomatitis virus envelope glycoprotein G. J Virol 70:2581–2585

Alton EWFW, Middleton PG, Caplen NJ et al. (1993) Non-invasive liposome-mediated gene delivery can correct the ion transport defect in cystic fibrosis mutant mice. Nat Genet 5:135–142

American Society of Gene Therapy (1999) Potential risk of inadvertent germ-line gene transmission, statement from the American Society of Gene therapy to the NIH Recombinant DNA Advisory Committee, March 12, 1999. Hum Gene Ther 10:1593–1595

Anderson WF (1984) Prospects for human gene therapy. Science 226:401–409

Armantano DS, Yu F, Kantoff PW, Ruden T von, Anderson WF Gilboa E (1987) Effect of internal viral sequences on the utility of retroviral vectors. J Virol 61:1647–1650

Asano S (1995) Selective drug delivery. Gene Ther 2:594

Ashwell G, Morell AG (1974) The role of surface carbohydrates in the hepatic recognition and transport of circulating glycoproteins. Adv Enzymol Relat Areas Mol Biol 44:99–129

Avery OT, McLeod CM, McCarty M (1944) Studies on the chemical nature of the substance inducing transformation of the pneumococcal types. J Exp Med 79:137–158

Baatz JE Bruno MD, Ciraolo PJ et al. (1994) Utilization of modified surfactant-associated protein B for delivery of DNA to airway cells in culture. Proc Natl Acad Sci USA 91:2547–2551

Ballay A, Levrero M, Buendia M-A, Tiollais P, Perricaudet M (1985) In vitro and in vivo synthesis of the hepatitis B virus surface antigen and of the receptor of polymerized human serum albumin from recombinant human adenoviruses. EMBO J 65:3861–3865

Baltimore D (1970) RNA-dependent DNA polymerase in virions of RNA tumor viruses. Nature 226:1209–1211

Bartholomew RM, Esser AF, Muller-Eberhardt HJ (1978) Lysis of oncornaviruses by human serum: isolation of the viral complement (Cl) receptor and identification as pl5 E. J Exp Med 147:844–853

Battini J-L, Heard JM, Danos O (1992) Receptor choice determinants in the envelope glycoproteins of amphotropic, xenotropic and polytropic murine leukemia viruses. J Virol 66:1468–1475

Baum C, Eckert H-G, Ostertag W (1996) Contribution of the retroviral leader to gene transfer and expression in packaging cells and myeloid stem and progenitor cells. In: Zander AR, Ostertag W, Afansiev BV, Grosveld F (eds) Nato ASI Series, vol H 94, Gene Technology. Springer, Berlin Heidelberg New York

Behr JP, Demeneix B, Loeffler, P, Perez-Mutu IJP (1989) Efficient gene transfer into mammalian primary endocrine cells with lipopolyamine-coated DNA. Proc Natl Acad Sci USA 86:6982–6986

Bender MA, Palmer TD, Gelinas RE, Miller AD (1987) Evidence that the packaging signal of Moloney murine leukemia virus extends into the gag region. J Virol 61: 1639–1646

Bergelson JM, Cunningham JA, Droguett G et al. (1997) Isolation of a common receptor for coxsackie B viruses and adenoviruses 2 and 5. Science 275:1320–1323

Berglund P, Sjoberg M, Atkins G, Sheahan BJ, Garoff H, Liljestrom P (1993) Semliki Forest virus expression system: production of conditionally infectious recombinant particles. Biotechnology 11:916–920

Berns KI (1990) Parvovirus replication. Microbiol Rev 54: 316–329

Bett AI, Prevec L, Graham FI (1993) Packaging capacity and stability of human adenovirus 5 vectors. J Virol 67:5911–5921

Bett AJ, Haddara W, Prevec L, Graham FL (1994) An efficient and flexible system for construction of adenovirus vectors with insertions or deletions in early regions 1 and 3. Proc Natl Acad Sci USA 91:8802–8806

Blaese RM, Culver KW, Miller AD et al. (1995) T-lymphocyte-directed gene therapy for ADA-SCID: initial trial results after 4 years. Science 270:475–480

Bloemer U, Naldini L, Kafri T, Trono D, Verma IM, Gage FH (1997) Highly efficient and sustained gene transfer in adult neurons with a lentiviral vector. J Virol 71:6641–6649

Blumenthal R, Seth P, Willingham MC, Pastan I (1986) pH-dependent lysis of liposomes by adenovirus. Biochemistry 25:2231–2237

Bordignon C, Notarangelo LD, Nobili N et al. (1995) Gene therapy in peripheral lymphocytes and bone marrow for ADA-immunodeficient patients. Science 270:470–475

Bottger M, Vogel F, Platzer M, Kiessling U, Grade K, Strauss M (1988) Condensation of vector DNA by the chromosomal protein HMG 1 results in efficient transfection. Biophys Acta 950:221–228

Boulter CA, Wagner EF (1987) An universal retroviral vector for efficient constitutive expression of exogenous genes. Nucleic Acids Res 15:7194

Boussif O, Lezoualch F, Zanta MA et al. (1995) A versatile vector for gene and oligonucleotide transfer into cells in culture and in vivo:polyethylenimine. Proc Natl Acad Sci USA 92:7297–7301

Brenner M K (principal investigator) (1992) Phase I study of cytokine-gene modified autologous neuroblastoma cells for treatment of relapsed/refractory neuroblastoma. Hum Gene Ther 3:665–676

Brenner MK, Rill DR, Moen RC et al. (1993) Gene-marking to trace origin of relapse after autologous bone marrow transplantation. Lancet 341:85

Bridge E, Ketner G (1989) Redundant control of adenovirus late gene expression by early region 4. J Virol 63:631–668

Budker V, Gurevich V, Hagstrom JE, Bortzov F, Wolff JA (1996) pH-sensitive, cationic liposomes: a new synthetic virus-like vector. Nat Biotechnol 14:760–764

Burkholder JK, Decker J, Yang NS (1993) Transgene expression in lymphocyte and macrophage primary cultures after particle bombardement. J Immunol Methods 165:149–156

Burns JC, Friedmann T, Driever W, Burrascano M, Yee J-K (1993) Vesicular stomatitis virus G glycoprotein pseudotyped retroviral vectors: concentration to very high titer and efficient gene transfer into mammalian and nonmammalian cells. Proc Natl Acad Sci USA 90:8033–8037

Buschle M, Gotten M, Kirlappos H (1995) Receptor-mediated gene transfer into human T-lymphoctes via binding of DNA/CD3 antibody particles to the CD3 T-cell receptor complex. Hum Gene Ther 6:753–761

Canonico AE, Plitman JD, Conray JT, Meyrick BO, Brighman KL (1994) No lung toxicity after repeated aerosol or intravenous delivery of plasmid-cationic liposome complexes. J Appl Physiol 77:415–419

Capecchi MR (1980) High efficiency transformation by direct miroinjection or DNA into cultured mammalian cells. Cell 22:479–488

Caplen NJ, Alton EWFW, Middleton PG et al. (1995) Liposome-mediated *CFTR* gene transfer to the nasal epithelium of patients with cystic fibrosis. Nat Med 1:39–46

Caruso M, Klatzmann D (1992) Selective killing of $CD4^+$ cells harboring a human immunodeficiency virus-inducible suicide gene prevents viral spread in an infected cell population. Proc Natl Acad Sci USA 89:182–186

Caruso M, Panis Y, Gagandeep S (1993) Regression of established macroscopic liver metastasis after in situ transduction of a suicide gene. Proc Natl Acad Sci USA 90:7024–7028

Cassileth P (principal investigator) (1994) Clinical protocol/resubmission. Phase I study of transfected cancer cells expressing the interleukin 2 gene product in limited stage small-cell lung cancer. Hum Gene Ther 5:93–96

Cavazza-Calvo M, Hacein-Bey S, Saint Basile G de et al. (2000) Gene therapy of human severe combined immunodeficiency (SCID)-X1 disease. Science 288:669–672

Cepko CL, Roberts BE, Mulligan RC (1984) Construction and applications of a highly transmissible murine retrovirus shuttle vector. Cell 37:1053–1062

Chen C, Okayama H (1987) High-efficiency transformation of mammalian cells by plasmid DNA. Mol Cell Biol 7:2745 -2752

Chen S-H, Shine D, Goodman JC, Grossman RG, Woo SLC (1994) Gene therapy for brain tumors: regression of experimental gliomas by adenovirus-mediated gene transfer in vitro. Proc Natl Acad Sci USA 91:3054–3057

Cheng P-W (1996) Receptor ligand-facilitated gene tranfer: enhancement of liposome-mediated gene transfer and expression by transferrin. Hum Gene Ther 7:275–282

Cheng L, Ziegelhoffer PR, Yang NS (1993) A novel approach for studying in vivo transgene activity in mammalian systems. Proc Natl Acad Sci USA 90:4455–4459

Chowdhury NR, Wu CH, Wu GY, Yemeni PC, Bommineni VR, Chowdhury JR (1993) Fate of DNA targeted to the liver by asialoglycoprotein receptor mediated endocytosis in vivo. Prolonged persistence in cytoplasmic vesicles after partial hepatectomy. J Biol Chem 268:11265–11271

Clayman GL, El-Naggar AK, Roth JA et al. (1995) In vivo molecular therapy with p53 adenovirus for microscopic residual head and neck squamous carcinoma. Cancer Res 55:1–6

Colicelli J, Goff SP (1987) Isolation of a recombinant murine leukemia virus utilizing a new primer tRNA. J Virol 57:37–45

Cone RD, Weber-Benarous A, Baorto D, Mulligan RC (1987) Regulated expression of a complete human beta-globin gene encoded by a transmissible retrovirus vector. Mol Cell Biol 7:887–897

Cooney EL, McElrath MJ, Corey L et al. (1993) Enhanced immunity to human immunodeficiency virus (HIV) envelope elicited by a combined vaccine regimen consisting of priming with a vaccinia recombinant expressing HIV envelope and boosting with gp 160 protein. Proc Natl Acad Sci USA 90:1882–1886

Cornetta K, Moen RC, Culver K et al. (1990) Amphotropic murine leukemia virus is not an acute pathogen for primates. Hum Gene Ther 1:15–30

Cornetta K, Morgan RA, Anderson WF (1991) Safety issues related to retroviral mediated gene transfer in humans. Hum Gene Ther 2:5–14

Cosset FL, Takeuchi Y, Battini JL, Weiss RA, Collins MK (1995) High-titre packaging cells producing recombinant retrovirus resistant to human serum. J Virol 69:7430–7436

Cotten M, Langle-Rouault F, Kirlappos H et al. (1990) Transferrin-polycation-mediated introduction of DNA into human leukemic cells: stimulation by agents that affect the survival of transfected DNA or modulate transferrin receptor levels. Proc Natl Acad Sci USA 87:4033–4037

Cotten M, Wagner E, Zatloukal K, Birnstiel M L (1993) Chicken adenovirus (CELO-virus) particles augment receptor mediated DNA delivery to mammalian cells and yield exceptional levels of stable transformants. J Virol 67:3777–3785

Cristiano J R, Roth J (1996) Targeted DNA delivery into lung tumor cells via the epidermal growth factor receptor. Cancer Gene Ther 3:4–10

Cristiano JR, Smith LC, Kay MA, Brinkley BR, Woo S (1993) Hepatic gene therapy: efficient gene delivery and expression in primary hepatocytes utilizing a conjugated adenovirus-DNA complex. Proc Natl Acad Sci USA 90: 11548–11552

Crystal RG (1995) The gene as the drug. Nat Med 1:15–17

Crystal RG, McElvaney NI, Rosenfeld MA et al. (1994) Administration of an adenovirus containing the human CFTR cDNA to the respiratory tract of individuals with cystic fibrosis. Nat Genet 8:42–51

Culver KW (1994) Gene therapy – a handbook for physicians. Liebert, New York

Culver KW, Ram Z, Walbridge S, Ishii H, Oldfield EH, Blaese RM (1992) In vivo gene transfer with retroviral vector producer cells for treatment of experimental brain tumors. Science 256:1550–1552

Curiel DT (1994) High-efficiency gene transfer employing adenovirus-polylysine-DNA complexes. Nat Immun 13:141–164

Curiel D, Wagner E, Gotten M et al. (1992) High-efficiency gene transfer by adenovirus coupled to DNA-polylysine complexes. Hum Gene Ther 3:147–154

Dai Y, Roman M, Naviaux R, Verma IM (1992) Gene therapy via primary myoblasts: long-term expression of factor IX protein following transplantation in vivo. Proc Natl Acad Sci USA 89:10892–10895

Danko I, Fritz JD, Latendresse JS, Herweiler H, Schultz E, Wolff JA (1994a) Dystrophin expression improves myofiber survival in mdx muscle following intramuscular plasmid DNA expression. Hum Mol Genet 2:2055–2061

Danko I, Fritz JD, Jiao S, Hogan K, Latendresse JS, Wolff JA (1994b) Pharmacological enhancement of in vivo foreign gene expression in muscle. Gene Ther 1:114–121

Danos O, Mulligan RC (1988) Safe and efficient generation of recombinant retroviruses with amphotropic and ecotropic host range. Proc Natl Acad Sci USA 85:6460–6464

Darji A, Guzman CA, Gerstel B et al. (1997) Oral somatic transgene vaccination using attenuated *S. typhimurium*. Cell 91:765–775

DasGupta T K (principal investigator) (1994) Clinical protocol/resubmission. Pilot study of toxicity of immunization of patients with unresectable melanoma with IL 2 secreting allogeneic human melanoma cells. Hum Gene Ther 5:93–96

Davis HL, Michel ML, Whalen RG (1993a) DNA-based immunization induces continuous secretion of hepatitis B surface antigen and high levels of circulating antibodies. Hum Mol Genet 2:1847–1851

Davis HL, Whalen RG, Demenex BA (1993b) Direct gene transfer into sceletal muscle in vivo: factors affecting efficiency of transfer and stability of expression. Hum Gene Ther 4:151–159

Davis HI, Michel ML, Mancini M, Schlief M, Whalen RG (1994) Direct gene transfer in skeletal muscle: plasmid DNA-based immunization against the hepatitis B virus surface antigen. Vaccine 12:1503–1509

Davis JL, Rochelle MW, Gross PR et al. (1997) Retroviral particles produced from stable human-derived packaging cell line transduce target cells with high efficiencies. Hum Gene Ther 8:1459–1467

DeLuca NA, McCarthy AM, Schaffer PA (1985) Isolation and characterization of deletion mutants of herpes simplex virus type 1 in the gene encoding immediate early regulatory protein ICP4. J Virol 56:558–570

Dietrich G, Bubert A, Gentschev I et al. (1998) Delivery of antigen-encoding plasmid DNA into the cytosol of macrophages by attenuated suicide *Listeria monocytogenes*. Nat Biotechnol 16:181–185

Doehmer J, Barinaga M, Vale W, Rosenfeld MG, Verma IM, Evans RM (1982) Introduction of rat growth hormone into mouse fibroblasts via a retroviral DNA vector: expression and regulation. Proc Natl Acad Sci USA 79:2268–2272

Doerfler W (1991) The abortive infection and malignant transformation by adenoviruses: integration of viral DNA and control of viral gene expression by specific patterns of DNA methylation. Adv Virus Res 39:89–128

Donahue RE, Kessler SW, Bodine D et al. (1992) Helper virus induced T cell lymphoma in nonhuman primates after retroviral mediated gene transfer. J Exp Med 176: 1125–1135

Donelly JJ, Friedman A, Martinez D et al. (1995) Preclinical efficacy of a prototype DNA vaccine: enhanced protection against antigenic drift in influenza virus. Nat Med 1:583–587

Dougherty JP, Wisniewski R, Yang S, Rhode BW, Temin HM (1989) New retrovirus helper cells with almost no nucleotide sequence homology to retrovirus vectors. J Virol 63:3209–3212

Dranoff G, Jaffee E, Lazenby A et al. (1993) Vaccination with irradiated tumor cells engineered to secrete murine granulocyte-macrophage colony-stimulating factor stimulates potent, specific, and long-lasting anti-tumor immunity. Proc Natl Acad Sci USA 90:3539–3543

Dubensky TW, Driver DA, Polo JM et al. (1996) Sindbis virus DNA-based expression vectors: utility for in vitro and in vivo gene transfer. J Virol 70:508–519

Dunbar CE, Cottier-Fox M, O'Shaugnessy JA et al. (1995) Retrovirally marked CD34-enriched peripheral blood and bone marrow cells contribute to long-term engraftment after autologous transplantation. Blood 85:3048–3057

Economu JS (principal investigator) (1994) Clinical protocol/amendment. Genetically engineered autologous tumor vaccines producing interleukin 2 for the treatment of metastatic melanoma. Hum Gene Ther 5:93–96

Eisenbraun MD, Fuller DH, Haynes JR (1993) Examination of parameters affecting the elicitation of humoral immune response by particle bombardement-mediated genetic immunization. DNA Cell Biol 12:791–797

Engelhardt JF, Yang Y, Stratford-Perricaudet LD et al. (1993) Direct gene transfer of human CFTR into human bronchial epithelia of xenografts with E1-deleted adenovirus. Nat Genet 4:27–34

Engelhardt JF, Ye X, Doranz B (1994) Ablation of E2A in recombinant adenoviruses improves transgene persistence and decreases inflammatory response in mouse liver. Proc Natl Acad Sci USA 91:6169–6200

Etienne-Julan M, Roux P, Carillo S, Jeanteur P, Piechaczyk M (1992) The efficiency of cell targeting by recombinant retroviruses depends on the nature of the receptor and the composition of the artificial cell-virus linker. J Gene Virol 73:3251–3255

Fallaux FJ, Bout A, Velde I van der et al. (1998) New helper cells and matched early region 1-deleted adenovirus vectors prevent generation of replication-compentent adenoviruses. Hum Gene Ther 9:1909–1917

Fang B, Eisensmith RC, Wang H et al. (1995) Gene therapy for hemophilia B: host immune suppression prolongs the therapeutic effect of adenovirus-mediated factor IX expression. Hum Gene Ther 6:1039–1044

Fearon ER, Pardoll DM, Itaya T et al. (1990) Interleukin-2 production by tumor cells bypasses T helper function in the generation of an antitumor response. Cell 60:397–403

Fekol T, Perales JC, Eckman E, Ketzel CS, Hanson RW, Davis PB (1995) Gene transfer into the airway epithelium of animals by targeting the polymeric immunoglobulin receptor. J Clin Invest 95:493–502

Feigner JH, Ringold GM (1989) Cationic liposome-mediated transfection. Nature 337:387–388

Feigner JH, Gadek TR, Holm M et al. (1987) Lipofection: a highly efficient, lipid-mediated DNA-transfection procedure. Proc Natl Acad Sci USA 84:7413–7417

Feigner JH, Kumar R, Sridhar CN et al. (1996) Enhanced gene delivery and mechanism studies with a novel series of cationic lipid formulations. J Biol Chem 269:2550–2561

Fields BN, Knipe DM (eds) (1990) Virology, vol 1,2. Raven Press, New York

Fink DJ, Sternberg LR, Weber PC, Mata M, Goins WF, Glorioso JC (1992) In vivo expression of beta-galactosidase in hippocampal neurons by HSV-mediated gene transfer. Hum Gene Ther 3:11–19

Fisher KJ, Wilson JM (1994) Biochemical and functional analysis of an adenovirus-based ligand complex for gene transfer. Biochem J 299:49–58

Fitzpatrick-McElligott S (1992) Gene transfer to tumor-infiltrating lymphocytes and other mammalian somatic cells by micro projectile bombardement. Biotechnology 10: 1036–1046

Fogarty International Center Conference (1971) The prospects of gene therapy, May 24–26. DHEW Publication (NIH) 72–61

Franz T, Hilberg F, Seliger B, Stocking C, Ostertag W (1986) Retroviral mutants efficiently expressed in embryonal carcinoma cells. Proc Natl Acad Sci USA 83:3292–3296

Freese E (1971) The prospects of gene therapy. Fogarty International Center Conference Report, NIH

Fynan EF, Robinson HL, Webster RG (1993) Use of DNA encoding influenca hemagglutinin as an avian influenca vaccine. DNA Cell Biol 12:785–789

Gansbacher B (principal investigator) (1992) Clinical protocol. A pilot study of immunization with HLA-A2-matched allogeneic melanoma cells that secrete interleukin-2 in patients with metastatic melanoma. Hum Gene Ther 3: 677–690

Gansbacher B, Zier K, Daniels B, Cronin K, Bannerji R, Gilboa E (1990) Interleukin 2 gene transfer into tumor cells abrogates tumorigenicity and induces protective immunity. J Exp Med 172:1217–1224

Gao XA, Huang L (1991) A novel cationic liposome reagent for efficient transfection of mammalian cells. Biochem Biophys Res Commun 179:280–285

Gao X, Huang L (1996) Potentiation of cationic liposome-mediated gene delivery by polycations. Biochemistry 35: 585–594

Gao GP, Qu G, Faust LZ et al. (1998) High-titer adeno-associated viral vectors from Rep/Cap cell line and hybrid shuttle virus. Hum Gene Ther 9:2353–2362

Geller AI, Breakefield XO (1988) A defective HSV-1 vector expresses *Escherichia coli* beta-galactosidase in cultured peripheral neurons. Science 24:1667–1669

Geller AI, Keyomarsi K, Bryan J, Pardee AB (1990) An efficient deletion mutant packaging system for defective herpes simplex virus: potential applications to human gene therapy and neuronal physiology. Proc Natl Acad Sci USA 87:8950–8954

Goud B, Legrain P, Buttin G (1988) Antibody-mediated binding of a murine ecotropic moloney retroviral vector to human cells allows internalization but not the establishment of the proviral state. Virology 163:251–254

Graham FL, Eb AJ van der (1973) A new technique for the assay of infectivity of human adenovirus 5 DNA. Virology 52:456–567

Graham BS, Matthews TJ, Belshe RB (1993) Augmentation of human immunodeficiency virus type 1 neutralizing antibody by priming with rgp 160 in vaccinia-naive adults. J Infect Dis 167:533–537

Grez M, Akgiin E, Hilberg F, Ostertag W (1990) Embryonic stem cell virus, a recombinant murine retrovirus with expression in embryonic cells. Proc Natl Acad Sci USA 87:9202–9206

Grossman Z, Mendelson E, Brok-Simoni F et al. (1992) Detection of adeno-associated virus type 2 in human peripheral blood cells. J Gen Virol 73:961–966

Grossman M, Raper SE, Kozarsky K et al. (1994) Successful ex vivo gene therapy directed to liver in a patient with familial hypercholesterolaemia. Nat Genet 6:335–341

Guild BC, Finer MH, Housman DE, Mulligan RC (1988) Development of retrovirus vectors useful for expressing genes in cultered murine embryonal cells and hematopoietic cells in vivo. J Virol 62:3795–3801

Gura T (2001) After a setback, gene therapy progresses... gingerly. Science 291:1692–1697

Halbert DN, Cutt JR, Shenk T (1985) Adenovirus early region 4 encodes functions requiredfor efficient DNA replication, late gene expression and host cell shut-off. J Virol 56:250–257

Han X, Kasahara N, Kan YW (1995) Ligand-directed retroviral targeting of human breast cancer cells. Proc Natl Acad Sci USA 92:9747–9751

Hantzopoulos PA, Sullenger BA, Ungers G, Gilboa E (1989) Improved gene expression upon transfer of the adenosine deaminase minigene outside the transcriptional unit of a retroviral vector. Proc Natl Acad Sci USA 86:3519–3523

Hart SL, Harbottle RP, Cooper R, Miller A, Williamson R, Coutelle C (1995) Gene delivery and expression mediated by an integrin-binding peptide. Gene Ther 2:552–554

Hatzoglou M, Park E, Wynshaw-Boris A, Kaung HC, Hanson RW (1988) Hormonal regulation of chimeric genes containing the phosphoenolpyruvate carboxykinase promoter regulatory region in hepatoma cells infected by murine retroviruses. J Biol Chem 263:17798–17808

He TC, Zhou S, DaCosta LT, Yu J, Kinzler KW, Vogelstein W (1998) A simplified system for generating recombinant adenoviruses. Proc Natl Acad Sci USA 95:2509–2514

Hearing P, Samulski R, Wishart WL, Shenk T (1987) Identification of a repeated sequence element required for efficient encapsidation of the adenovirus type 5 chromosome. J Virol 61:2555–2558

Herz J, Gerard RD (1993) Adenovirus-mediated transfer of low density lipoprotein receptor gene acutely accelerates cholesterol clearance in normal mice. Proc Natl Acad Sci USA 90:2812–2816

Hickman MA, Malone RW, Lehmann K et al. (1995) Gene expression following direct injection of DNA into liver. Hum Gene Ther 5:1477–1483

Hoeben RC, Migchielsen AAJ, Jagt RCM van der, Ormondt H van, Eb AJ van der (1991) Inactivation of the Moloney murine leukemia virus long terminal repeat in murine fi-

broblast cell lines associated with methylation and dependent on its chromosomal position. J Virol 65:904–912
Hollon T (1999) Researchers and regulators reflect on first gene therapy death, news section. Nat Med 6:6
Huckett B, Ariatti M, Hawtrey AO (1990) Evidence for targeted gene transfer by receptor-mediated endocytosis: stable expression following insulin-directed entry of neo into HepG2 cells. Biochem Pharmacol 40:253–263
Huebers H, Finch C (1987) The physiology of transferrin and transferrin receptors. Physiol Rev 67:520–582
Hyde SC, Gill DR, Higgins CF et al. (1993) Correction of the ion transport defect in cystic fibrosis transgenic mice by gene therapy. Nature 362:250–255
Ishikawa Y, Homey J (1992) High efficiency gene transfer into mammalian cells by a double transfection protocol. Nucleic Acids Res 20:4367
Jiao S, Williams P, Berg RK et al. (1992) Direct gene transfer into non-human primate myofibers in vivo. Hum Gene Ther 3:21–33
Jolly DJ (1994) Viral vector systems for gene therapy. Cancer Gene Ther 1:3–16
Jolly DJ, Warnaer JF, Merchant B (1994) Retroviral vectors as directly administered therapeutics for HIV infection. J Cell Biochem Suppl 18A:220
Kao FT, Puck TT (1968) Genetics of somatic mammalian cells: induction and isolation of nutritional mutants in Chinese hamster cells. Proc Natl Acad Sci USA 60:1275–1281
Karp SE, Farber A, Salo JC et al. (1993) Cytokine secretion by genetically modified nonimmunogenic murine fibrosarcoma. J Immunol 150:896–908
Kasahara N, Dozy AM, Kan JW (1994) Tissue-specific targeting of retroviral vectors through ligand-receptor interactions. Science 266:1373–1376
Kass-Eisler A, Leinwand L, Gall J, Bloom B, Falck-Pedersen E (1996) Circumventing the immune response to adenovirus-mediated gene therapy. Gene Ther 3:154–162
Kawai S, Nishizawa M (1984) New procedure for DNA transfection with polycation and dimethyl sulfoxide. Mol Cell Biol 4:1172–1174
Kay MA, Manno CS, Ragni MV et al. (2000) Evidence for gene transfer and expression of factor IX in haemophilia B patients treated with an AAV vector. Nat Genet 24:257–261
Keegan-Rogers V, Wu G (1990) Targeted protection of hepatocytes from galactosamine toxicity in vivo. Cancer Chemother Pharmacol 26:93–96
Kim VN, Mitrophanous K, Kingsman SM et al. (1998) Minimal requirement for lentivirus vector based on human immunodeficiency virus type 1. J Virol 72:811–816
Kit S (1989) Recombinant-derived herpesvirus vaccines. Adv Exp Med Biol 251:219–236
Knowles MR, Hohnecker KW, Chou Z et al. (1995) A controlled study of adenoviral-vector-mediated gene transfer in the nasal epithelium of patients with cystic fibrosis. N Engl J Med 333:823–831
Kochanek S, Clemens PR, Mitani K, Chen HH, Chan S, Caskey CT (1996) A new adenoviral vector: replacement of all viral coding sequences with 28 kb of DNA independently expressing both full-length dystrophin and beta-galactosidase. Proc Natl Acad Sci USA 93:5731–5736
Kolles JK, Lei D, Odom G, Nelson S, Summer WR, Gerber MA, Shellito JE (1996) Use of transient CD4 lymphocyte depletion to prolonged transgene expression of El-deleted adenoviral vectors. Hum Gene Ther 7:489–497
Kotani H, Newton PB, Zhang S et al. (1994) Improved methods of retroviral transduction and production for gene therapy. Hum Gene Ther 5:19–28
Kotin RM, Siniscalo M, Samulski RJ et al. (1990) Site-specific integration by adeno-associated virus. Proc Natl Acad Sci USA 87:2211–2215
Kotin RM, Menninger JC, Ward DC, Berns KI (1991) Mapping and direct visualization of a region-specific viral DNA integration site on chromosome 19ql3-qter. Genomics 10:831–834
Kratzer S, Mundigl O, Dicker F, Seeber S (2001) Digital imaging microscopy of firefly luciferase activity to directly monitor differences in cell transduction efficiencies between adCMVLuc and Ad5LucRGD vectors having different cell binding properties. J Virol Methods 93:175–179
Krishna J, Choi H, Burda J et al. (1996) Recombinant adenovirus deleted of all viral genes for gene therapy of cystic fibrosis. J Virol 217:11–22
Ledley FD (1991) Clinical considerations in the design of protocols for somatic gene therapy. Hum Gene Ther 2:77–94
Lee CC, Pons F, Jones PG et al. (1993) Mdx transgenic mouse: restoration of recombinant dystrophin to the dystrophic muscle. Hum Gene Ther 4:273–281
Lee MG, Abina MA, Haddadan H (1995) The constitutive expression of the immune modulatory gp 19 k protein in El-, E3-adenoviral vectors strongly reduces the host cytotoxic T cell response against the vector. Gene Ther 2:256–262
Legendre JY, Szoka FC (1992) Delivery of plasmid DNA into mammalian cell lines using pH-sensitive liposomes: comparison with cationic liposomes. Pharmacol Res 9:1235–1242
Lewis P, Hensel M, Emerman M (1992) Human immunodeficiency virus infection of cells arrested in the cell cycle. EMBO J 11:3053–3058
Li S, Huang L (2000) Nonviral gene therapy: promises and challenges. Gene Ther 7:31–34
Li Q, Kay MA, Finegold M, Stratford-Perricaudet LD, Woo SL (1993) Assessment of recombinant adenoviral vectors for hepatic gene therapy. Hum Gene Ther 4:403–409
Li S, Tseng WC, Stolz DB, Wu SP, Watkins SC, Huang L (1999) Dynamic changes in the characteristics of cationic lipidic vectors after exposure to mouse serum: implications for intravenous lipofection. Gene Ther 6:585–594
Li S, Wu SP, Whitmore M et al. (1999) Effect of immune response on gene transfer to the lung via systemic administration of cationic lipidic vectors. Am J Physiol 276: L796–L804
Liljestrom P, Garoff H (1991) A new generation of animal cell expression vectors based on the Semliki Forest virus replicon. Biotechnology 9:1356–1361
Liu M-L, Winther BL, Kay MA (1996) Pseudotransduction of hepatocytes by using concentrated pseudotyped vesicular stomatitis virus G glycoprotein (VSV-G)-Moloney murine leukemia virus-derived retrovirus vectors: comparison of VSV-G and amphotropic vectors for hepatic gene transfer. J Virol 70:2497–2502
Liu Y, Mounkes LC, Liggitt HD et al. (1997) Factors influencing the efficiency of cationic liposome-mediated intravenous gene gene delivery. Nat Biotechnol 15:167–173
Lotze MT, Rubin JT (principal investigators) (1994) Clinical protocol. Gene therapy of cancer: a pilot study of Il-4-gene-modified fibroblasts admixed with autologous tumor to elicit an immune response. Hum Gene Ther 5:41–55

Mackett M, Smith GL, Moss B (1982) Vaccinia virus: a selectable eucaryotic cloning and expression vector. Proc Natl Acad Sci USA 79:7415–7419
Mann R, Mulligan C, Baltimore D (1983) Construction of a retrovirus packaging mutant and its use to produce helper-free defective retrovirus. Cell 33:153–159
Marin M, Noel D, Valsesia-Wittmann S et al. (1996) Targeted infection of human cells via major histocompatibility complex class I molecules by moloney murine leukemia virus-derived viruses displaing single-chain antibody fragment-envelope fusion proteins. J Virol 70:2957–2962
Markowitz D, Goff S, Bank A (1988a) A safe packaging line for gene transfer: separating viral genes on two different plasmids. J Virol 62:1120–1124
Markowitz D, Goff S, Bank A (1988b) Construction and use of a safe and efficient amphotropic packaging cell line. Virology 167:400–406
McAnemy D, Ryan CA, Beazley RM (1996) Results of a phase I trial of a recombinant vaccinia virus that expresses carcinoembryonic antigen in patients with advanced colorectal cancer. Ann Surg Oncol 3:395–500
McCabe D, Swain W, Martinell P, Christou B (1988) Stable transformation of soy bean (glycine max) by particle acceleration. Biotechnology 6:923–926
McCutchan JH, Pagano JS (1968) Enhancement of the infectivity of Simian virus 40 desoxyribonucleic acid with diethylamino-ethyl-dextran. J Natl Cancer Inst 41:351–356
McGrory WJ, Bautista DS, Graham FL (1988) A simple technique for the rescue of early region 1 mutations into infectious human adenovirus type 5. Virology 163:614–617
McKusick VA (ed) (1991) Mendelian inheritance in man. Hopkins, Baltimore London
McLachlan G, Davidson H, Davison D, Dickinson P, Dorin J, Porteous D (1994) DOTAP as a vehicle for efficient gene delivery in vitro and in vivo. Biochemia 11:19–21
Medina E, Guzman CA, Staendner LH, Colombo MP, Paglia P (1999) Salmonella vaccine carrier strains: effective delivery system to trigger anti-tumor immunity by oral route. Eur J Immunol 29:693–699
Miller AD, Buttimore C (1986) Redesign of retrovirus packaging cell lines to avoid recombination leading to helper virus production. Mol Cell Biol 6:2895–2902
Miller AD, Chen F (1996) Retrovirus packaging cells based on 10A1 murine leukemia virus for production of vectors that use multiple receptors for cell entry. J Virol 70:5564–5571
Miller AD, Rosman GJ (1989) Improved retroviral vectors for gene transfer and expression. Biotechniques 7:980–990
Miller AD, Jolly DJ, Friedmann T, Verma IM (1983) A transmissible retrovirus expressing human hypoxanthine phosphoribosyltransferase (HPRT): gene transfer into cells obtained from humans deficient in Hprt. Proc Natl Acad Sci USA 80:4509–4513
Mitzuguchi H, Kay MA (1998) Construction of a recombinant adenovirus vector by an improved ligation method. Hum Gene Ther 9:2577–2583
Miyanohara A, Yee J-K, Bouic K, LaPorte P, Friedmann T (1995) Efficient in vivo transduction of the neonatal mouse liver with pseudotyped retroviral vectors. Gene Ther 2:138–142
Miyoshi H, Bloemer U, Takahashi M, Gage FH, Verma IM(1998) Development of a self-inactivating lentivirus vector. J Virol 72:8150–8157
Moolten FL, Cupples A (1992) A model for predicting the risk of cancer consequent to retroviral gene therapy. Hum Gene Ther 3:479–486
Moore KA, Scarpa M, Kooyer S, Utter A, Caskey CT, Belmont JW (1991) Evaluation of lymphoid enhancer addition or substitution in a basic retrovirus vector. Hum Gene Ther 2:307–315
Morgan RA, Couture L, Elroy-Stein O, Ragheb J, Moss B, Anderson WF (1992) Retroviral vectors containing putative internal ribosomal entry sites: development of a polycistronic gene transfer system and applications to human gene therapy. Nucleic Acids Res 20:1293–1299
Morgenstern JP, Land H (1990) Advanced mammalian gene transfer: high titre retroviral vectors with multiple drug selection markers and a complimentary helper-free packaging cell line. Nucleic Acids Res 18:3587–3596
Moritz T, Williams DA (1994) Gene transfer into the hematopoietic system. Curr Opin Hematol 1:423–428
Mulligan RC, Berg P (1981) Selection of animal cells that express the *Escherichia coli* gene for xanthine-guanine phosphoribosyltransferase. Proc Natl Acad Sci USA 78: 2072–2076
Muro-Cacho CA, Samulski RJ, Kaplan D (1992) Gene transfer in human lymphocytes using a vector based on adeno-associated virus. J Immunother 11:231–237
Nabel EG, Plautz G, Nabel GJ (1990) Site-specific gene expression in vivo by direct gene transfer into the aterial wall. Science 249:1285–1288
Nabel EG, Gordon D, Yang ZY et al. (1992) Gene transfer in vivo with DNA-liposome complexes: lack of autoimmunity and gonadal localization. Hum Gene Ther 3:649–656
Naldini L, Bloemer U, Gallay et al. (1996) In vivo gene delivery and stable transduction of nondeviding cells by a lentiviral vector. Science 272:263–267
Neda H, Wu CH, Wu GY (1991) Chemical modification of an ecotropic murine leukemia virus results in redirection of its target cell specificity. J Biol Chem 266:14143–14146
Neumann E, Schafer-Rider M, Wang Y, Hofschneider PH (1982) Gene transfer to mouse myeloma cells by electroporation in high electric fields. EMBO J 1:841–845
O'Malley jr BW, Chen S-H, Schwartz MR, Woo SLC (1995) Adenovirus-mediated gene therapy for human head and neck squamous cell cancer in a nude mouse model. Cancer Res 55:1080–1085
Ohashi T, Boggs S, Robbing P (1992) Efficient transfer and sustained high expression of the human glucocerebrosidase gene in mice and their functional macrophages following transplantation of bone marrow transduced by a retroviral vector. Proc Natl Acad Sci USA 89:11332–11336
Orrantia E, Chang PL (1990) Intracellular distribution of DNA internalized through calcium phosphate precipitation. Exp Cell Res 190:170–174
Osanto S (principal investigator) (1993) Clinical protocol. Immunization with interleukin 2 transfected melanoma cells. A phase I-II study in patients with metastatic melanoma. Hum Gene Ther 4:323–330
Ott D, Rein A (1992) Basis for receptor specificity of non ecotropic murine leukemia virus surface glycoprotein gp 70SU. J Virol 66:4632–4638
Page K A, Landau N R, Littman D R (1990) Construction and use of a human immunodefiency virus vector for analysis of virus infectivity. J Virol 64:5270–5276
Palella TD, Hidaki Y, Silverman L, Levine M, Glorioso J, Kelley WN (1989) Expression of human HPRT mRNA in brains of mice infected with a recombinant herpes simplex virus-1 vector. Gene 80:137–144
Palmer TD, Rosman GJ, Osborne WRA, Miller AD (1991) Genetically modified skin fibroblasts persist long after

transplantation but gradually inactivate introduced genes. Proc Natl Acad Sci USA 88:1330–1334
Pang S, Taneja S, Dardashti K et al. (1995) Prostate tissue specificity of the prostate-specific antigen promoter isolated from a patient with prostate cancer. Hum Gene Ther 6:1417–1426
Panicali D, Paoletti E (1982) Construction of poxviruses as cloning vectors: insertion of the thymidine kinase gene from herpes simplex virus into the DNA of infectious vaccinia virus. Proc Natl Acad Sci USA 79:4927–4931
Parker SE, Vahlsing LH, Serfilippi LM et al. (1995) Cancer gene therapy using plasmid DNA: safety evaluations in rodents and non-human primates. Hum Gene Ther 6:575–590
Pastoret P-P, Brochier B, Blancou J (1992) Development and deliberate release of a vaccinia-rabies recombinant virus for the oral vaccination of foxes against rabies. In: Binns MM, Smith GL (eds) Recombinant poxviruses. CRC Press, Boca Raton, FA, pp 163–206
Pensiero MN, Wysocki CA, Nader K, Kikuchi GE (1996) Development of amphotropic murine retrovirus vectors resistant to inactivation by human serum. Hum Gene Ther 7:1095–1102
Perales J C, Ferkol T, Begen H, Ratnoff OD, Hanson RB (1994) Gene transfer in vivo: sustained expression and regulation of genes introduced into the liver by receptor-targeted uptake. Proc Natl Acad Sci USA 91:4086–4090
Potter H (1988) Electroporation in biology: methods, applications and instrumentations. Anal Biochem 174:361–373
Radler JO, Koltover I, Salditt T, Safinya CR (1997) Structure of DNA-cationic liposome complexes: DNA intercalation in multilamellar membranes in distinct interhelical packing regimens. Science 275:810–814
Raz E, Carlson DA, Parker SE et al. (1994) Intradermal gene immunization: the possible role of DNA uptake in the induction of cellular immunity to viruses. Proc Natl Acad Sci USA 91:9519–9523
Reissen R, Rahimizadeh H, Blessing E, Takeshita S, Barry JJ, Isner JM (1993) Arterial gene transfer using pure DNA applied directly to a hydrogel-coated angioplastic balloon. Hum Gene Ther 4:749–758
Reynolds PN, Dmiitriev I, Curiel DT (1999) Insertion of an RGD motif into the HI loop of adenovirus fiber protein alters the distribution of transgene expression of the systematically administered vector. Gene Therapy 6:1336–1339
Rigg RJ, Chen J, Dando JS, Forestell SP, Plavec I, Bohnlein E (1996) A novel human amphotropic packaging cell line: high titer complement resistance, and improved safety. Virology 218:290–295
Robinson HL, Hunt LA, Webster RG (1993) Protection against a lethal influenza virus challenge by immunization with a hemagglutinin-expressing plasmid DNA. Vaccine 11:957–960
Rosenberg S (1992) Immune therapy and gene therapy of cancer. Cancer Res 51:5074–5079
Rosenfeld MA, Siegfried W, Yoshimura K (1991) Adenovirus-mediated transfer of a recombinant alpha 1-antitrypsin gene to the lung epithelium in vivo. Science 252:431–434
Rosenfeld MA, Yoshimura K, Trapnell BC et al. (1992) In vivo transfer of the human cystic fibrosis transmembrane conductance regulator gene to the airway epithelium. Cell 68:143–155
Roth JA, Nguyen D, Lawrence DD et al. (1999) Retrovirus-mediated wild-type p53 gene transfer to tumors of patients with lung cancer. Nat Med 2:985–991
Roth DA, Tawa NE, O'Brien JM, Treco DA, Selden RF, for the Factor VIII Transkaryotic Therapy Study Group (2001) Nonviral transfer of the gene encoding coagulatio factor VIII in patients with severe hemophilia A. N Engl J Med 344:1735–1742
Roux P, Jeanteur P, Piechaczyk M (1989) A versatile and potentially general approach to the targeting of specific cell types by retroviruses: application to the infection of human cells by means of major histocompatibility complex class I and class II antigens by mouse ecotropic murine leukemia virus-derived viruses. Proc Natl Acad Sci USA 86:9079–9083
Roy K, Mao HQ, Huang SK, Leong KW (1999) Oral gene delivery with chitosan-DNA nanoparticles generates immunologic protection in a murine model of peanut allergy. Nat Med 5:387–391
Russel SJ (1994) Replicating vectors for cancer therapy: a question of strategy. Semin Cancer Biol 5:437–443
Sajjadi N, Kamantigue E, Edwards et al. (1994) Recombinant retroviral vector delivered intramuscularly localizes to the site of infection in mice. Hum Gene Ther 5:693–699
Samulski RJ (1993) Adeno-associated virus. Integration at a specific chromosomal locus. Curr Opin Gen Dev 3:74–80
Samulski RJ, Zhu X, Xiao X et al. (1991) Targeted integration of adeno-associated virus (AAV) into human chromosome 19. EMBO J 10:3941–3950
Sanford J (1988) The biolistic process. Trends Biotechnol 6:299–302
Seth P (1994) Adenovirus-dependent release of choline from plasma membrane vesicles at an acidic pH is mediated by the penton base protein. Virol 68:1204–1206
Seth P, Fitzgerald DJ, Willingham MC (1984) Role of a low-pH environment in adenovirus enhancement of the toxicity of *Pseudomonas* exotoxin-epidermal growth factor conjugate. J Virol 51:650–655
Shank PR, Linial M (1980) Avian oncovirus mutant (SE21Qlb) deficient in genomic RNA: characterization of a deletion in the provirus. Cell 26:67–78
Sheridan PL, Bodner M, Lynn A et al. (2000) Generation of retroviral packaging and producer cell lines for large-scale vector production and clinical application: improved safety and high titer. Mol Ther 2:262–275
Shimada T, Fuji H, Mitsuya H, Nienhuis AW (1991) Targeted and highly efficient gene transfer into $CD4^+$ by recombinant human immunodeficiency virus retroviral vector. J Clin Invest 88:1043–1047
Shimotohno K, Temin HM (1881) Formation of infectious progeny virus after insertion of herpes simplex thymidine kinase gene into DNA of an avian retrovirus. Cell 26:67–78
Sikes M, O'Malley BW, Finegold MJ, Ledley FD (1994) In vivo gene transfer into rabbit thyroid follicular cells by direct DNA injection. Hum Gene Ther 5:837–844
Simons J (principal investigator) (1994) Clinical protocol. Phase I study of non-replicating autologous tumor cell injections using cells prepared with or without granulocyte-macrophage colony stimulating factor gene transduction in patients with metastatic renal cell carcinoma. Hum Gene Ther 5:112
Sizemore DR, Branstrom AA, Sadoff JC (1997) Attenuated bacteria as a DNA delivery vehicle for DNA-mediated immunization. Vaccine 15:804–807

Smiley JR, Smibert C, Everett RD (1987) Expression of a cellular gene cloned in herpes simplex virus: rabbit beta-globin is regulated as early viral gene in infected fibroblasts. J Virol 61:2368–2377

Smith GL, Mackett M (1992) The design, construction, and use of vaccinia virus recombinants. In: Binns MM, Smith GL (eds) Recombinant poxviruses. CRC Press, Boca Raton, FA, pp 81–122

Soiffer R, Lynch T, Mihm M et al. (1998) Vaccination with irradiated autologous melanoma cells engineered to secrete human granulocyte-macrophage colony-stimulating factor generates potent antitumor immunity in patients with metastatic melanoma. Proc Natl Acad Sci USA 95: 13141–13146

Somia NV, Zoppe M, Verma IM (1995) Generation of targeted retroviral vectors by using single-chain variable fragment: an approach to in vivo gene delivery. Proc Natl Acad Sci USA 92:7570–7574

Stankovics J, Andrews E, Crane AM, Wu CT, Wu GY, Ledley FD (1994) Overexpression of human methylmalonyl CoA mutase in mice after in vivo gene transfer with asialoglycoprotein/polylysine/plasmid complexes. Hum Gene Ther 5:1095–1104

Stavridis JC, Deliconstantinos G, Psallidopoulos MC, Armenakas NA, Hadjiminas DJ, Hadjiminas J (1986) Construction of transferrin-coated liposome for in vivo transport of exogenous DNA to bone marrow erythroblasts in rabbits. Exp Cell Res 164:568–572

Stewart MJ, Plautz GE, Del Buono L et al. (1992) Gene transfer in vivo with DNA-liposome complexes: safety and acute toxicity in mice. Hum Gene Ther 3:267–275

Stocking C, Grez M, Ostertag W (1993) Regulation of retrovirus infection and expression in embryonic and hematopoietic stem cells. In: Doerfler W, Boehm P (eds) Virus strategies. Molecular biology and pathogenesis. VCH, Weinheim, pp 433–455

Stratford-Perricaudet LD, Levrero M, Chasse J-F, Perricaudet M, Briand P (1990) Evaluation of the transfer and expression in mice of an enzyme-encoding gene using a human adenovirus vector. Hum Gene Ther 1:241–256

Strauss JH, Strauss EG (1994) The alphaviruses: gene expression, replication and evolution. Microbiol Rev 58:491–562

Subramanian A, Rangranathan P, Diamond SL (1999) Nuclear targeting peptide scaffolds for lipofection of nondividing mammalian cells. Nat Biotechnol 17:873–877

Sukharev SI, Klenchin VA, Serow SM, Chernomordik LV, Chizmadzhev JA (1992) Electroporation and electrophoretic DNA transfer into cells. The effect of DNA interaction with electropores. Biophys J 63:1320–1327

Szybalska EH, Szybalski W (1962) Genetics of human cell lines, IV. DNA-mediated heritable transformation of a biochemical trait. Proc Natl Acad Sci USA 48:2026–2032

Tabin CJ, Hoffmann JW, Goff SP, Weinberg RA (1982) Adaption of a retrovirus as a eucaryotic vector transmitting the herpes simplex thymidine kinase gene. Mol Cell Biol 2:426–436

Tang DC, DeVit M, Johnston SA (1992) Genetic immunization is a simple method for eliciting an immune response. Nature 356:152–154

Temin HM (1990) Safety considerations in somatic gene therapy of human disease with retrovirus vectors. Hum Gene Ther 1:111–123

Temin HM, Mazutani S (1970) RNA-directed DNA polymerase in virions of Rous sarcoma virus. Nature 226:1211–1213

Thierry AR, Lunardi-Iskandar Y, Bryant JL, Rabinovich P, Gallo RC, Mahan LC (1995) Systemic gene therapy: biodistribution and long term expression of a transgene in mice. Proc Natl Acad Sci USA 92:9742–9746

Thortensen K, Romslo I (1990) The role of transferrin in the mechanism of cellular iron uptake. Biochem J 271:1–10

Top FH, Buescher EL, Bancroft WH, Russell PK (1971) Immunization with live types 7 and 4 adenovirus vaccines. II. Antibody response and protective effect against acute respiratory disease due to adenovirus type 7. J Infect 124:155–160

Ulmer JB, Donnelley JJ, Parker SE et al. (1993) Heterologous protection against influenza by injection of DNA encoding a viral protein. Science 259:1745–1749

Vaccines Advisory Committee of the US FDA (1993) Transcript of the October 25, 1993 Meeting. Available from the Center for Biologies, FDA, Bethesda, MD 20205, USA

Valerio D, Einerhand MPW, Wamsley PM, Bakx TA, Li CL, Verma IM (1989) Retrovirus mediated gene transfer into embryonal carcinoma and hematopoietic stem cells: expression from a hybrid long terminal repeat. Gene 84: 419–427

Valesia-Wittmann S, Morling FJ, Nilson BHK, Takeuchi Y, Russell SJ, Cosset F-L (1996) Improvement of retroviral retargeting by using amino acid spacers between an additional binding domain and the N terminus of moloney murine leukemia virus SU. J Virol 70:2059–2064

Wagner E, Zenke M, Gotten M, Beug H, Birnstiel ML (1990) Transferrin-polycation conjugates as carriers for DNA uptake into cells. Proc Natl Acad Sci USA 87:3410–3414

Wagner E, Gotten M, Foisner R, Birnstiel ML (1991) Transferrin-polycation DNA complexes: the effect of polycations on the structure of the complex and DNA delivery to cells. Proc Natl Acad Sci USA 88:4255–4259

Wagner E, Plank C, Zatloukal K, Gotten M, Birnstiel ML (1992a) Influenza virus hemagglutinin HA-2 N-terminal fusogenic peptides augment gene transfer by transferrin-polylysine-DNA complexes: toward a synthetic virus-like gene transfer vehicle. Proc Natl Acad Sci USA 89:7934–7938

Wagner E, Zatloukal K, Gotten M et al. (1992b) Coupling of adenovirus to transferrin-polylysin/DNA complexes greatly enhances receptor-mediated gene delivery and expression of trans-fected genes. Proc Natl Acad Sci USA 89:6099–60103

Wagner E, Curiel D, Gotten M (1994) Delivery of drugs, proteins and genes into cells using transferrin as a ligand for receptor-mediated endocytosis. Adv Drug Delivery Rev 14:113–135

Wagner JA, Reynolds T, Moran ML et al. (1998) Efficient and persistent gene transfer of AAV-CFTR in maxillary sinus. Lancet 351:1702–1703

Walsh CE, Liu J M, Xiao X, Young NM, Nienhuis AW, Samulski RJ (1992) Regulated high level expression of a human gamma-globin gene introduced into erythroid cells by an adeno-associated virus vector. Proc Natl Acad Sci USA 89:7257–7261

Walther W, Stein U, Fichtner I, Malcherek L, Lemm M, Schlag PM (2001) Nonviral in vivo gene delivery into tumors using a novel low volume jet-injection technology. Gene Ther 8:173–180

Wang CY, Huang L (1987) pH-sensitive immunoliposomes mediate target-cell-specific delivery and controlled expression of a foreign gene in mouse. Proc Natl Acad Sci USA 84:7851–7855

Wang CY, Huang L (1989) Highly efficient DNA delivery mediated by pH-sensitive immunoliposomes. Biochemistry 28:9508–9514

Wang B, Ugen KE, Srikantan V et al. (1993) Gene inocculation generates immune reponses against human immunodeciciency virus type 1. Proc Natl Acad Sci USA 90: 4156–4160

Watanabe Y (1980) Serial inbreeding of rabbits with hyperlipidemia. Atherosclerosis 36:261–268

Wei C-M, Gobson M, Spear PG, Scolnick EM (1981) Construction and isolation of a transmissible retrovirus containing the src gene of Harvey murine sarcoma virus and the thymidine gene of herpes simplex type I. J Virol 39: 935–944

Weir JP, Narayanan PR (1988) The use of beta galactosidase as a marker gene to define the regulatory sequences of the herpes simplex type 1 glycoprotein C in recombinant herpes virus. Nucleic Acids Res 16:10267–10282

Weiss RA, Teich N, Varmus HE, Coffin JM (1985) Molecular biology of tumor viruses, 2nd edn. Cold Spring Harbor Laboratory, Cold Spring Harbor, NY

Weiss B, Nitschko H, Ghattas I, Wright R, Schlesinger S (1989) Evidence for specificity in the encapsidation of Sindbis virus RNAs. J Virol 63:5310–5318

Weitzman MD, Kyostio SR, Kotin RM, Owens RA (1994) Adeno-associated virus (AAV) Rep proteins mediate complex formation beween AAV DNA and its integration site in human DNA. Proc Natl Acad Sci USA 91:5808–5812

Wickham TJ, Mathias P, Cheresh DA, Nemerow GR (1993) Integrins avb3 and avb5 promote adenovirus internalization but not virus attachement. Cell 73:309–319

Williams RS, Johnston SA, Riedy M, DeVit MJ, McElligott SG, Sanford JC (1991) Introduction of foreign genes into tissues of living mice by DNA-coated micro projectiles. Proc Natl Acad Sci USA 88:2726–2730

Wilmott RW, Amin RS, Perez CR et al. (1996) Safety of adenovirus-mediated transfer of the human cystic fibrosis transmembrane conductance regulator cDNA to the lungs of non-human primates. Hum Gene Ther 7:301–318

Wilson JM, Grossman M, Wu CH, Chowdhury NR, Wu GY, Chowdhury R (1992a) Hepatocyte-directed gene transfer in vivo leads to transient improvement of hepatocholesterolemia in low density lipoprotein deficient rabbits. J Biol Chem 267:963–967

Wilson JM, Grossman M, Cabrera JA, Wu CH, Wu GY (1992b) A novel mechanism for achieving transgene persistence in vivo after somatic gene transfer into hepatocytes. J Biol Chem 267:11483–11489

Wittig B, Maerten A, Dorbic T et al. (2001) Therapeutic vaccination against metastatic carcinoma by expression-modulated and immunomodified autologous tumor cells: a first clinical phase I/II trial. Hum Gene Ther 12:267–278

Wold WSM, Gooding LR (1991) Region E3 of adenovirus: a cassette of genes involved in host immunosurveillance and virus-cell interactions. Virology 184:1–8

Wolff JA, Yee J-K, Skelly HF et al. (1987) Expression of retrovirally transduced genes in primary cultures of adult rat hepatocytes. Proc Natl Acad Sci USA 84:3344–3348

Wolff JA, Malone RW, Williams P et al. (1990) Direct gene transfer into mouse muscle in vivo. Science 247:1465–1468

Wu G, Wu C (1987) Receptor mediated in vitro gene transformation by a soluble DNA carrier system. J Biol Chem 262:4429–4432

Wu G, Wu C (1992) Targeted delivery and expression of foreign genes in hepatocytes. In: Wu G, Wu C (eds) Liver diseases. Dekker, New York Basel, pp 127–149

Xiong C, Levis R, Shen P, Schlesinger S, Rice CM, Huang HV (1989) Sindbis virus: an efficient, broad host range vector for gene expression in animal cells. Science 243: 1188–1191

Yang NS (1992) Gene transfer into mammalian somatic cells in vivo. Crit Rev Biotechnol 12:335–356

Yang Y, Nunes FA, Berencsi K, Furth EE, Gonczol E, Wilson JM (1994) Cellular immunity to viral antigens limits El-deleted adenoviruses for gene expression. Proc Natl Acad Sci USA 91:4407–4411

Yang Y, Trinchieri G, Wilson JM (1995) Recombinant 11-12 prevents formation of blocking IgA antibodies to recombinant adenovirus and allows repeated gene therapy to mouse lung. Nat Med 1:890–893

Yang Y, Grenough K, Wilson JM (1996) Transient immune blockade prevents formation of neutralizing antibody to recombinant adenovirus and allows repeated gene transfer to mouse liver. Gene Ther 3:412–420

Yee IK, Moores JC, Jolly D, Wolff JA, Respess G, Friedman T (1987) Gene expression from transcriptionally disabled retroviral vectors. Proc Natl Acad Sci USA 84:5197–5201

Yovandich J, O'Malley BW, Sikes M (1995) Gene transfer to synovial cells by intraarticular administration of plasmid DNA. Hum Gene Ther 6:603–610

Yu S-F, Ruder T von, Kantoff PW (1986) Self-inactivating retroviral vectors designed for transfer of whole genes into mammalian cells. Proc Natl Acad Sci USA 83:3194–3198

Zatloukal K, Wagner E, Gotten M et al. (1992) Transferrinfection: a highly efficient way to express gene constructs in eukaryotic cells. Ann NY Acad Sci USA 660:136–153

Zenke M, Steinlein P, Wagner E, Gotten M, Beug H, Birnstiel ML (1990) Receptor-mediated endocytosis of transferrin-polycation conjugates: an efficient way to introduce DNA into hematopoietic cells. Proc Natl Acad Sci USA 87:3655–3659

Zhou SZ, Broxmeyer HE, Cooper S, Harrington MA, Srivastava A (1993) Adeno-associated virus 2-mediated gene transfer in murine hematopoietic progenitor cells. Exp Hematol 21:928–933

Zitvogel L, Tahara R, Cai Q et al. (1994) Construction and characterisation of retroviral vectors expressing biologically active human interleukin 12. Hum Gene Ther 5:1493–1506

Zuffery R, Nagy D, Mandel RJ, Naldini L, Trono D (1997) Multiple attenuated lentiviral vector achieves efficient gene delivery in vivo. Nat Biotechnol 15:871–875

Zuffery R, Dull T, Mandel RJ et al. (1998) Self-inactivating lentivirus vector for safe and efficient in vivo gene delivery. J Virol 72:9873–9880

4.3 Mutagenese und DNA-Reparaturmechanismen

WOLFGANG GOEDECKE und PETRA PFEIFFER

Inhaltsverzeichnis

4.3.1 Mutagenese und DNA-Reparatur

Die Weitergabe der genetischen Information ist ein äußerst akkurater, aber nie ganz fehlerfrei ablaufender Vorgang. Gewährleistet wird diese hohe Genauigkeit durch die chemische Stabilität des DNA-Moleküls, einen hinreichend genauen Replikationsmechanismus und das Vorhandensein von Reparatursystemen, die aufgetretene DNA-Schäden eliminieren. Kommt es trotzdem zu einer vererbbaren Veränderung der genetischen Information, wird von einer Mutation gesprochen.

Bei vielzelligen Organismen können entweder Keimbahnzellen oder somatische Zellen von Mutationen betroffen sein. Während Keimbahnmutationen an die folgende Generation weitergegeben werden können, bleiben somatische Mutationen auf das betroffene Individuen beschränkt. Durch mitotische Teilungen kann eine mutierte, somatische Zelle jedoch zu einem Klon von Zellen heranwachsen, der die betreffende Mutation trägt. Bei der Ermittlung von Mutationsraten spielt die Art der Mutation eine große Rolle, da nicht alle möglichen Formen genetischer Veränderungen gleich wahrscheinlich sind. Des Weiteren schwankt die Mutationsrate in unterschiedlichen Geweben, und auch innerhalb einer Zelle kann die Mutationsrate in verschiedenen Genen unterschiedlich sein. Als Durchschnittswert kann beim Menschen von etwa 1 Basenveränderung pro 10^{10} Nukleotiden pro Zellteilung ausgegangen werden. Derartige Daten stammen entweder aus Tiermodellsystemen wie z. B. der Maus oder aber aus der Messung der Mutationsraten in menschlichen Indikatorgenen. Für das Faktor-IX-Gen des Menschen ergibt sich in der Keimbahn eine Mutationsrate, die bei jedem Mensch dem Auftreten von etwa 20 Neumutationen in seinem diploiden Genom entspricht (Sommer u. Ketterling 1996).

Es gibt viele Einflüsse, die eine mutagene Wirkung auf das genetische Material einer Zelle haben (Hussain u. Harris 2000; Moustacchi 2000). Viele dieser Vorgänge laufen spontan und als Folge des allgemeinen Stoffwechselgeschehens in der Zelle ab, sie sind unvermeidbar und bilden die Grundlage für spontane Mutationen. Dazu gehören Zerfallserscheinungen der DNA wie Depurinierung oder Depyrimidierung, aber auch chemische Modifikationen wie die Desaminierung der Basen (Lindahl 1993). Die zum Wachstum und zur Regeneration von Geweben notwendige Verdopplung des genetischen Materials führt zu Replikationsfehlern (Kunkel u. Bebenek 2000). Sauerstoffradikale, die im Zellstoffwechsel anfallen, bedingen oxidative Schäden, aber auch Brüche im doppelsträngigen DNA-Molekül (Lindahl 1993; Marnett 2000). Zu diesen endogenen Faktoren kommen weitere umweltbedingte Ursachen hinzu, die aber im Vergleich zu endogen hervorgerufenen DNA-

Ganten / Ruckpaul (Hrsg.)
Grundlagen der Molekularen Medizin,
2. Auflage

Schäden nur einen Bruchteil der auftretenden Mutationen ausmachen (Ames et al. 1995; Nilsen u. Krokan 2001). Hierzu gehören Tabakkonsum und UV-Licht, aber auch medizinisch relevante Agenzien wie Röntgenstrahlen oder Chemotherapeutika. Die allgemeinen Ernährungsumstände haben ebenfalls einen nicht zu unterschätzenden Einfluss auf die Mutationsrate (Ames 2001).

Den mutationsauslösenden Prozessen entgegen wirken Reparatursysteme, deren Aufgabe es ist, Schäden des genetischen Materials zu entfernen. Viele Reparaturmechanismen sind evolutionär sehr alt und haben sich von den Prokaryonten bis zu den Säugetieren erhalten. Die Mechanismen dieser DNA-Reparaturvorgänge laufen in Organismen unterschiedlicher Evolutionsstufen ähnlich ab, und auch Sequenzhomologien der beteiligten Proteine weisen auf einen gemeinsamen Ursprung in der Entwicklungsgeschichte hin. Andere Systeme wie etwa bakterielle Photolyasen sind beim Menschen allerdings nicht mehr nachzuweisen (Li et al. 1993). Die wichtigen Reparatursysteme in Säugetieren sind

- die Nukleotidexzisionsreparatur (NER),
- die Basenexzisionsreparatur (BER),
- die postreplikative Korrektur von Basenfehlpaarungen (mismatch-repair: MMR) und
- Mechanismen der Transläsionssynthese (TLS).

Die Entfernung von DNA-Doppelstrangbrüchen erfolgt über 2 Mechanismen

1. die nicht homologe Verknüpfung von DNA-Enden (non-homologous end-joining: NHEJ) und
2. die homologe Rekombinationsreparatur (HRR).

Diese Reparatursysteme arbeiten unabhängig voneinander und sind auf die Beseitigung spezifischer prämutagener DNA-Schäden spezialisiert. Sind alle Reparaturmechanismen funktionstüchtig, kommt es zu einem Gleichgewicht zwischen mutagenen Einflüssen und Reparatur, das Genom ist stabil (Hoeijmakers 2001). Ein stabiles Genom ist also durch eine „typische" Mutationsrate gekennzeichnet und nicht etwa durch die Abwesenheit mutagener Prozesse.

4.3.2 Bedeutung der DNA-Reparatur für den Menschen

Im menschlichen Genom sind etwa 125 Gene direkt an der DNA-Reparatur beteiligt (Ronen u. Glickman 2001; Wood et al. 2001). Viele dieser Gene werden mit der Entstehung von Tumoren in Verbindung gebracht. Auch die meisten genetisch bedingten Krankheiten, die auf Defekten in DNA-Reparaturgenen beruhen, gehen mit einem erhöhten Risiko für die Tumorgenese einher (Hoeijmakers 2001). Von Tumorzellen ist schon lange bekannt, dass sie zur Akkumulation von Mutationen neigen, genetisch also sehr instabil sind. Es liegt somit nahe, einen Zusammenhang zwischen der genetischen Instabilität von Tumorzellen und dem Ausfall einzelner DNA-Reparaturgene zu vermuten. Je nach Tumortyp können sowohl Punktmutationen als auch Chromosomenmutationen auftreten, je nachdem, welches der DNA-Reparatursysteme betroffen ist (Ferguson et al. 2000; Harfe u. Jinks-Robertson 2000; Hoeijmakers 2001; Peltomaki 2001; Van Gent et al. 2001).

Die geringe Mutationsrate von etwa 10^{-10} Mutationen pro Base pro Zellteilung reicht jedoch nicht aus, die beobachtete Anreicherung von Mutationen in Tumorzellen zu erklären. Im Lauf eines Lebens finden einfach nicht genügend Mitosen statt, eine für die Tumorentstehung kritische Zahl von Mutationen hervorzubringen (Jackson u. Loeb 2001; Loeb 2001). Ein allgemein akzeptiertes Modell sieht daher vor, dass sich durch eine primäre Mutation in einem DNA-Reparaturgen die Mutationsrate in einem somatischen Zellklon stark erhöht. Dieser Klon zeigt dann einen Mutatorphänotyp (eine 100- bis 1000fach erhöhte Mutationsrate) (Loeb 2001). Als eine Folge der geänderten Mutationsrate können weitere Gene mutieren, die für die Manifestation des Tumors vorteilhaft sind. Zu diesen gehören Tumorsuppressorgene oder Protoonkogene. Klonale Selektion der für das Tumorwachstum positiven Kombinationen mutierter Gene bewirkt die irreversible Manifestation des Tumors (Cahill et al. 1999) (Abb. 4.3.1). Der Mutatorphänotyp verkürzt die Zeit, bis sich eine kritische Zahl von Mutationen angehäuft hat.

Auch Alterungsphänomene hängen mit dem DNA-Reparaturvermögen der Zellen zusammen. Im Lauf eines Lebens häufen sich somatische Mutationen an, die eine Ursache für das Altern sind (Vijg 2000). Ein Wegfall der DNA-Reparatur beschleunigt diesen Vorgang, und so ist es nicht verwunderlich, dass einige genetisch bedingte Krankheiten außer der Prädisposition für Tumoren auch Symptome des vorschnellen Alterns aufweisen (Vijg 2000).

In den letzten Jahren ist man dazu übergegangen, transgene Mausmodelle mit definierten DNA-Reparaturdefekten zu etablieren und diese mit Krankheiten des Menschen zu vergleichen. Maus-

Abb. 4.3.1 A–C. Modell zur Rolle von DNA-Reparaturgenen in der Tumorgenese. **A** Durch ein Primärereignis, der Inaktivierung beider Allele eines DNA-Reparaturgens, wird in einer Zelle (*rot*) ein Mutatorphänotyp erzeugt. **B** Dieses Ereignis bedingt eine erhöhte Mutationsrate in den Tochterzellen (*orange*). Sekundärmutationen reichern sich in den Zellen an und können Tumorsuppressorgene oder Protoonkogene betreffen. **C** Ist eine für das Tumorwachstum günstige Kombination von Genen mutiert, beginnt die Entstehung des eigentlichen Tumors (*blau*)

modelle werden noch viele nützliche Informationen zum Verständnis der Phänotypen bei defekten DNA-Reparaturmechanismen liefern können, auch wenn eine einfache lineare Übertragbarkeit des beobachteten Phänotyps bei der Maus auf krankheitsbedingte Symptome beim Menschen oft nicht möglich ist (De Boer u. Hoeijmakers 1999; Meira et al. 2001; Peltomaki 2001).

4.3.3 Reparatur von Basenschäden

In diesem Kapitel sollen einzelne Mechanismen der Reparatur von Basenschäden besprochen werden. Jeder dieser Mechanismen erfüllt eine bestimmte Funktion und leistet damit einen Beitrag zur Genomstabilität. Diskutiert werden die Reparaturmechanismen im Zusammenhang mit den vom jeweiligen Mechanismus hauptsächlich eliminierten Schäden, was aber nicht bedeuten soll, dass bestimmte DNA-Schäden nicht von mehreren verschiedenen Reparaturmechanismen entfernt werden können (Nilsen u. Krokan 2001). Allen Mechanismen der Eliminierung von Basenschäden ist eine bestimmte Prozessabfolge gemein, die in der Erkennung des Schadens, dem Ausschneiden des Schadens auf einem Stück Einzelstrang sowie der Auffüllung der verbleibenden Einzelstranglücke und anschließenden Ligation des Zucker-Phosphat-Rückgrats besteht. Wichtig ist dabei, dass nur der geschädigte Strang entfernt wird, wohingegen der intakte Gegenstrang als Matrize dient, um die ursprüngliche Sequenzinformation exakt wiederherstellen zu können. Dies steht im krassen Gegensatz zur Reparatur von DNA-Doppelstrangbrüchen, die in Abschnitt 4.3.4 „Reparatur von DNA-Doppelstrangbrüchen“ ausführlich besprochen wird.

4.3.3.1 Postreplikative Basenfehlpaarungsreparatur (MMR)

Die Replikation ist eine der Hauptursachen für Mutationen. Auch wenn die Fehlerrate der an der Replikation beteiligten Polymerasen aufgrund der Anwesenheit von 3′-5′-Exonuklease-assoziierten Korrekturlesefunktionen (proof-reading) sehr gering ist, kommt es doch mit einer Häufigkeit von etwa 10^{-6} zum Einbau eines falschen Nukleotids. Dieser Fehler führt zu einer Basenfehlpaarung in der replizierten DNA. Ein weiterer häufiger Mutationstyp der Replikation besteht in der Erzeugung kurzer Deletionen oder Insertionen im Bereich repetitiver DNA oder monotoner DNA-Abschnitte (z.B. GACGACGAC). Diese entstehen durch Verschiebungen des neu synthetisierten Strangs am Matrizenstrang. In der replizierten DNA entsteht eine Insertions- oder Deletionsschlaufe, je nachdem, ob der Primerstrang oder der Matrizenstrang verschoben wurde (Abb. 4.3.2).

Wie in Abschnitt 4.3.1 „Mutagenese und DNA-Reparatur“ erläutert, wird die Mutationsrate pro Nukleotid und Replikation mit 10^{-10} angegeben. Biochemische Messungen im SV40-Replikationssystem haben ergeben, dass die Fehlerrate der eukaryontischen Replikation mit $<6{,}2\times10^{-6}$ bzw. $<1\times10^{-7}$ nicht an diesen Wert heranreicht. Die unterschiedlichen Messwerte kommen durch Berücksichtigung oder Vernachlässigung von Insertionen und Deletionen zustande (Kunkel u. Bebenek 2000). Es muss also zusätzliche Mechanismen geben, die die Kopiergenauigkeit erhöhen.

Einen entscheidenden Beitrag dazu leistet das MMR-System. Es hat die Aufgabe, bei der DNA-Replikation auftretende Basenfehlpaarungen oder Deletions- und Insertionsschlaufen zu erkennen und zu reparieren. Das MMR-System ist evolutionär sehr alt, und als MutHLS-System schon in *E. coli* vorhanden. Wenn dieses *E.-coli*-MMR-System nicht funktioniert, zeigen die Zellen einen Mutatorphä-

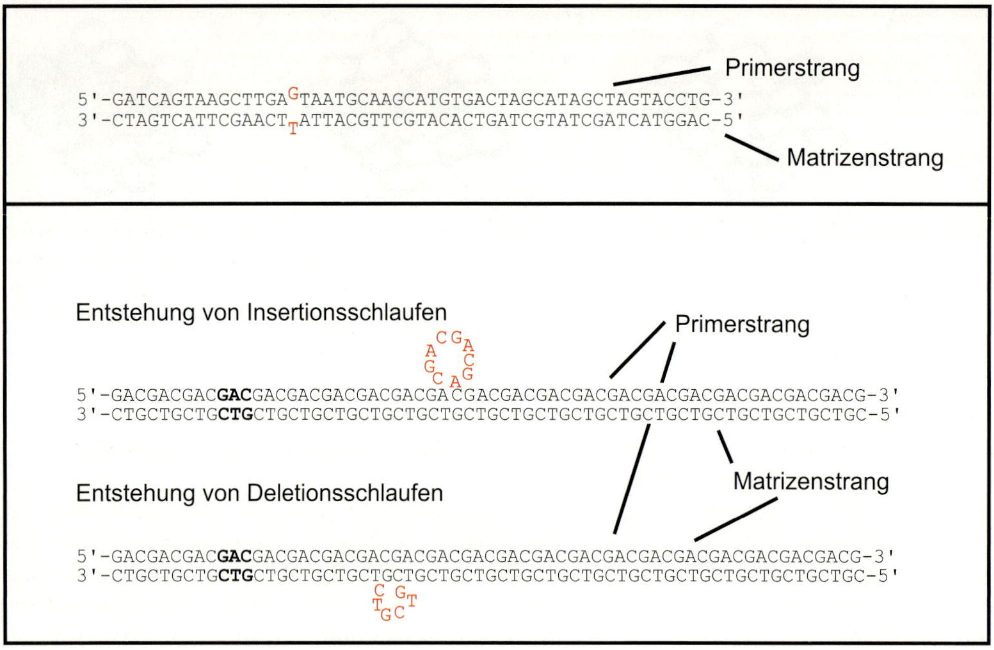

Abb. 4.3.2 a, b. Entstehung von DNA-Schäden während der Replikation. **a** Entstehung einer Basenfehlpaarung. Durch Einbau einer nicht komplementären Base, hier als Beispiel ein Guanin gegenüber eines Thymins, entsteht eine G:T-Basenfehlpaarung. **b** In repetitiven Sequenzen, hier als Beispiel die Wiederholung eines GAC-Motivs (*fett*) kann es zur Schlaufenbildung (*rot*) kommen. Je nachdem, ob diese Schlaufen im Primerstrang oder im Matrizenstrang entstehen, ist die neu synthetisierte Sequenz länger oder kürzer als die ursprüngliche Sequenz. Es entstehen Insertionen oder Deletionen. Sowohl Basenfehlpaarungen als auch Schlaufen sind Substrate für das MMR-System

notyp mit einer gegenüber dem Normalfall um das 100- bis 1000fache erhöhten Mutationsrate. Mutationen der humanen Gene des MMR-Systems sind verantwortlich für die familiäre und spontane Form des Dickdarmkrebses. Etwa 1–5% aller Darmkrebserkrankungen sind der familiären Form zuzuschreiben, die auch als HNPCC (hereditary nonpolyposis colon cancer) bezeichnet wird. Es handelt sich dabei um eine häufige, genetisch bedingte Tumorerkrankung (Peltomaki 2001).

Die Funktionsweise des bakteriellen MutHLS-Systems ist recht einfach und soll daher kurz erläutert werden. Die Erkennung des Replikationsfehlers übernimmt das MutS-Protein, welches die Basenfehlpaarung oder die Insertions- und Deletionsschlaufe erkennt und an diese bindet. Unter Beteiligung des MutL-Proteins kommt es zu einer Translokation vom DNA-Schaden weg, und die 3. Komponente, das MutH-Protein wird aktiviert. Dessen Aufgabe besteht darin, den neu synthetisierten DNA-Strang zu schneiden und damit die Reparatur des Schadens einzuleiten. Dabei wird die Tatsache ausgenutzt, dass die frisch replizierte *E.-coli*-DNA hemimethyliert ist, was bedeutet, dass der parentale Strang methyliert ist, der neu synthesierte Tochterstrang hingegen noch nicht. MutH schneidet die von der dam-Methylase am Adenin methylierte Sequenz – GATC – spezifisch nur im nicht methylierten, daher neu synthesierten DNA-Strang. Der MutH-induzierte Einzelstrangbruch wird von einer Exonuklease (ExoI, ExoVII oder RecJ) entweder in 5′-Richtung oder in 3′-Richtung erweitert. Abschließend wird die fehlerhafte Stelle von Komponenten des PolIII-Holoenzyms aufgefüllt. Mit Ausnahme von C:C-Basenfehlpaarungen können alle anderen möglichen Kombination fehlgepaarter Basen (G:G; A:A; T:T; G:T; A:C) durch das MMR-System erkannt und repariert werden (Hsieh 2001).

So übersichtlich der Mechanismus bei *E. coli* ist, wird die MMR bei Eukaryonten allein dadurch kompliziert, dass für einige der beteiligten Proteine des *E.-coli*-Systems meist mehrere homologe Proteine vorhanden sind, deren genaue Funktionen noch nicht vollständig bekannt sind. Das MMR-System des Menschen weist 5 zu MutS homologe Proteine (MSH2–MSH6) und 4 zu MutL homologe Proteine (MLH1, MLH3, PMS1 und PMS2) auf. Es konnte aber kein homologes Protein zum bakteriellen MutH gefunden werden (Peltomaki 2001).

Für die MMR in mitotischen Zellen sind nur die MSH2-, MSH3- und MSH6-Proteine relevant.

Bei den verbleibenden Homologen MSH4 und MSH5 dagegen handelt es sich um Proteine, die an der Kontrolle der Genauigkeit homologer Rekombination während der Meiose beteiligt sind. Im Unterschied zu *E. coli* erfolgt die Fehlererkennung in Eukaryonten mit 2 verschiedenen Systemen, je nachdem ob es sich um eine Basenfehlpaarung oder eine Insertions- oder Deletionsschlaufe handelt. An die Basenfehlpaarungen bindet ein Proteinkomplex aus MSH2/MSH3, auch MutSα genannt, während ein Komplex aus MSH2/MSH6 oder MutSβ zusätzlich auch Insertions- und Deletionsschlaufen erkennt. Das menschliche MMR-System läuft nach einem ähnlichen Schema ab wie das in *E. coli* und ist ebenfalls nicht dazu in der Lage, C:C-Basenfehlpaarungen zu reparieren (Fang u. Modrich 199; Thomas et al. 1991).

Die Aktivierung der weiteren Prozesse der MMR erfordert Heterodimere aus MLH1/PMS2 und wahrscheinlich auch andere Kombinationen aus MutL-homologen Proteinen (Peltomaki 2001). Es sind wie bei *E. coli* Komponenten der Replikation beteiligt, eine Exonuklease, vermutlich Exo1, RFA (replication factor A) und PCNA (proliferating cell nuclear antigen). Die enge Kopplung des MMR-Systems an den Replikationsvorgang scheint bei Prokaryonten über das β-clamp-Protein und bei Eukaryonten über die analoge Struktur PCNA zustande zu kommen. Interaktion zwischen MutS-Protein und β-clamp-Protein in *E. coli* und auch zwischen Komplexen aus MSH2/MLH1 und MSH2/MLH3 in *Saccharomyces cerevisiae* wurden nachgewiesen. In menschlichen Zellen gibt es einen aus MSH2, MLH1, PMS1 und PCNA bestehenden Komplex (Budd u. Campbell 2000; Harfe u. Jinks-Robertson 2000; Lopez de Saro u. O'Donnell 2001).

Das in *E. coli* für den Inzisionsschritt verantwortliche MutH-Protein fehlt in Eukaryonten, und es stellt sich die Frage, welches Enzym die Inzision des neu synthetisierten Strangs übernimmt. Ein Kandidat ist die Methyl-CpG bindende Endonuklease (Harfe u. Jinks-Robertson 2000). Andererseits zeigt die biochemische Analyse des *E.-coli*-MutHLS-Systems, dass auch existierende Einzelstrangbrüche verwendet werden können. Es ist daher auch möglich, dass Einzelstrangbrüche, die normalerweise während jedes Replikationsvorgangs im neu synthetisierten DNA-Strang entstehen, dazu genutzt werden, den Reparaturvorgang einzuleiten. Anders als bei *E. coli* wird der neu synthetisierte Strang in Säugerzellen nicht anhand seines Methylierungszustands erkannt, sondern anhand der vorhandenen Einzelstrangbrüche.

Auf einen besonderen Aspekt der MMR von G:T-Basenfehlpaarungen soll noch hingewiesen werden. Diese können nicht nur durch falschen Einbau von G gegenüber T während der Replikation entstehen, sondern auch durch Desaminierung von 5-Methylcytosin zu Thymin [vgl. Abschnitt 4.3.3.2 „Basenexzisionsreparatur (BER)"]. Die G:T-Fehlpaarung kann auch durch das BER-System entfernt werden. Da die BER nicht über einen Diskriminierungsmechanismus verfügt, sondern immer das Thymin eliminiert, ist dann allerdings nicht gewährleistet, dass die Base im neu synthetisierten Strang korrigiert wird. An diesem Beispiel wird deutlich, dass von Reparaturprozessen selbst ein Risiko für die Entstehung von Mutationen ausgehen kann.

Zellen aus Tumorgewebe von HNPCC-Patienten sind MMR-defizient. Dies konnte auch für einige spontane Darmtumoren nachgewiesen werden (Peltomaki 2001). Daraus ergibt sich, dass in diesen Tumorzellen beide Kopien eines an der MMR beteiligten Gens durch eine Mutation betroffen sein müssen. Gesunde Zellen eines betroffenen Tumorpatienten haben MMR-Aktivität und keinen erkennbaren Phänotyp. Es hat sich herausgestellt, dass bei der familiären Form des Dickdarmkrebses meist eine Keimbahnmutation im *MSH2*-, *MSH6*-, *MLH1*- oder *PMS2*-Gen vorliegt und dass die betroffenen Personen heterozygot für eines dieser Gene sind. In den Tumorzellen geht das 2. Wildtypallel entweder verloren (loss of heterozygosity) oder erfährt eine weitere spontane Mutation. In sporadischen Tumoren wurden Mutationen außer in den 4 oben genannten Genen auch in MSH3 nachgewiesen (Peltomaki 2001). Tumorzellen zeigen eine um den Faktor 100–1000 erhöhte Mutationsrate und, wie für ein MMR-defizientes System erwartet, auch eine Mikrosatelliteninstabilität, da die bei der Replikation hochrepetitiver DNA auftretenden Insertions- und Deletionsschlaufen nicht repariert werden. Derartige DNA-Bereiche sind daher instabil und möglicherweise für die Tumorgenese im Dickdarm verantwortlich, da einige der ursächlich für Dickdarmkrebs verantwortlichen Onko- und Tumorsuppressorgene besonders reich an solchen repetitiven DNA-Sequenzen sind. Der Nachweis solcher Mikrosatelliteninstabilitäten durch die Polymerasekettenreaktion (PCR) ist daher ein wichtiges diagnostisches Kriterium für die Beurteilung von Tumormaterial von HNPCC-Patienten (Abb. 4.3.3).

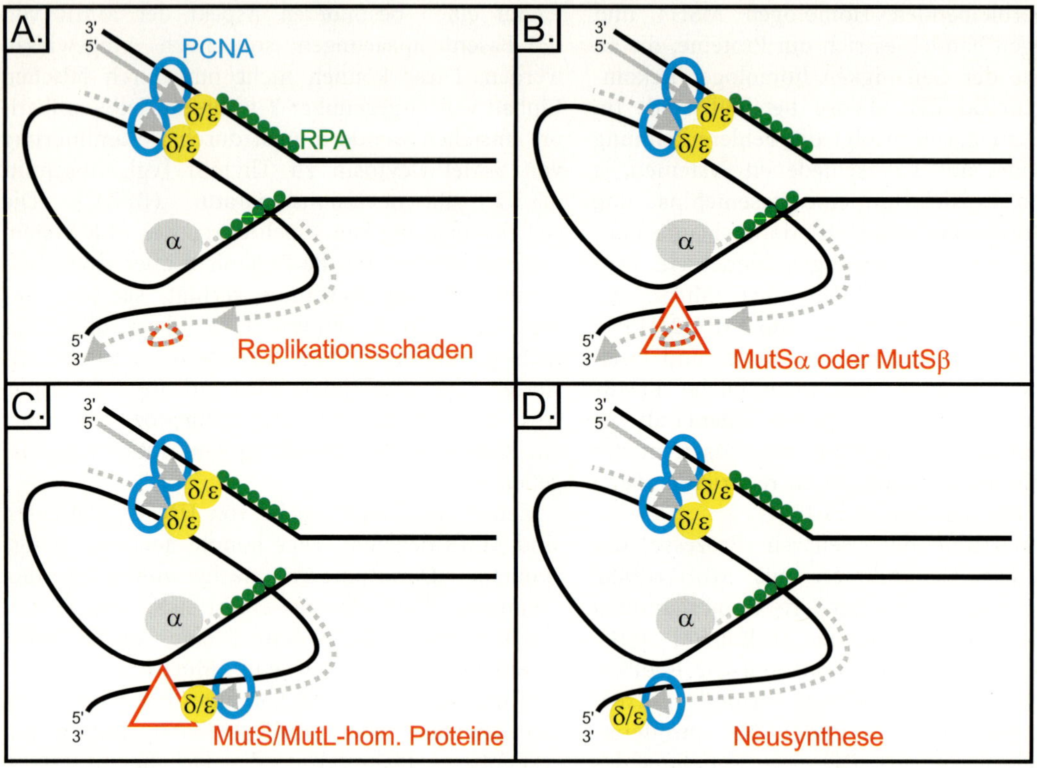

Abb. 4.3.3 A–D. Modell der Mismatch-Reparatur: Dargestellt ist in allen Abbildungen eine Replikationsgabel. Die gebildete Schlaufe ermöglicht die Synthese beider DNA-Stränge übereinstimmend mit der Wanderungsrichtung der Replikationsgabel. Einige wichtige Komponenten, wie die DNA-Polymerasen δ und ε (*gelb*) und die Primase (*grau*), sind angedeutet. *Pfeilenden* 3′-Enden der DNA. Einzelsträngige DNA-Bereiche werden durch RPA (*grün*) stabilisiert. **A** Als Folge der Replikation ist es zu einem Replikationsschaden, einer Basenfehlpaarung oder Insertions- bzw. Deletionsschlaufe (*rot*), gekommen. **B** Dieser Schaden wird durch *MutS* (in Eukaryonten *MutSα* oder *MutSβ*) erkannt (*rotes Dreieck*), indem es an den Schaden bindet. **C** Mit Hilfe des *MutL* (oder MutL-homologer Proteine in Eukaryonten) wird der neu synthetisierte Einzelstrang unter Mitwirkung hier nicht dargestellter Nukleasen entfernt, und eine neue DNA-Polymerasen δ und ε (*gelb*) bindet das 3′-OH-Ende. **D** An dem freien 3′-Ende kann die DNA-Synthese neu einsetzen

4.3.3.2 Basenexzisionsreparatur (BER)

Viele DNA-Schäden entstehen in den Zellen spontan im Rahmen des allgemeinen Stoffwechselgeschehens (Lindahl 1993). Derartige Schäden werden in erster Linie durch die Basenexzisionsreparatur entfernt. Es ist daher nicht verwunderlich, dass sowohl Prokaryonten als auch Eukaryonten ähnliche Enzyme für die BER entwickelten und die Mechanismen nach dem gleichen Grundmuster ablaufen (Sancar 1994). Die BER läuft in 5 Schritten ab:

1. Erkennung des Schadens,
2. Erzeugung einer apurinischen oder apyrimidinischen Stelle (AP-Stelle),
3. Öffnen und Bearbeiten des Zucker-Phosphat-Rückgrats des geschädigten Strangs an genau der AP-Stelle,
4. Auffüllung der entstandenen Lücke mit Hilfe einer DNA-Polymerase und
5. Ligation des verbleibenden Einzelstrangbruchs mit einer Ligase.

Je nachdem, ob in der Auffüllreaktion nur das beschädigte Nukleotid ersetzt wird oder ein längerer Sequenzabschnitt neu synthetisiert wird, werden ein Short-patch- und ein Long-patch-Modus der BER unterschieden (Abb. 4.3.4).

Die Erkennung der geschädigten Base und deren hydrolytische Abspaltung erfolgt durch eine DNA-Glykosylase. Da diese Enzyme nur eine begrenzte Substratspezifität für bestimmte DNA-Schäden besitzen, ist das Spektrum der von einer einzelnen DNA-Glykosylase erkennbaren Schäden begrenzt (Cadet et al. 2000; Mitra et al. 2001). Somit sind eine Reihe von unterschiedlichen DNA-Glykosylasen erforderlich, um die große Vielfalt unterschiedlicher Basenschäden zu erfassen.

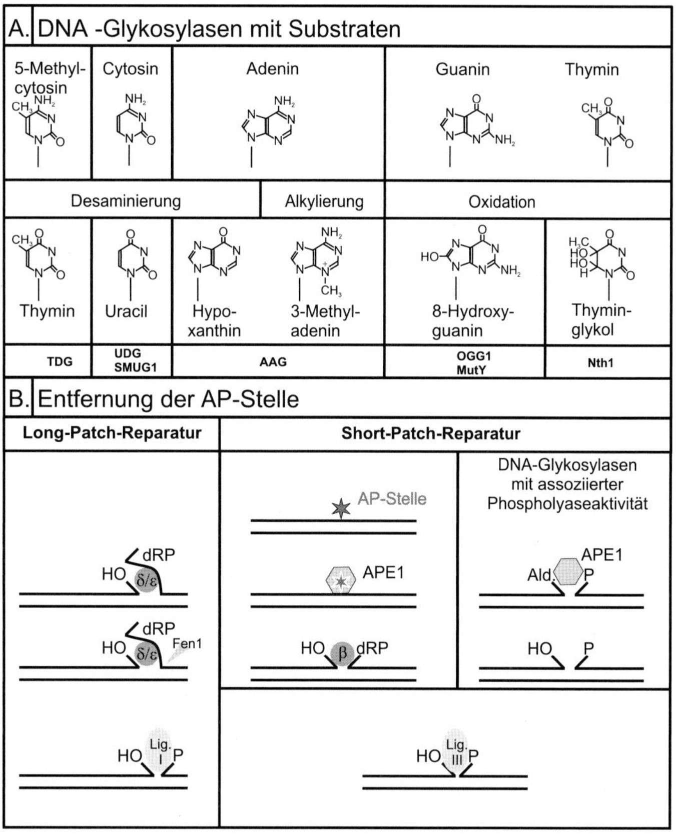

Abb. 4.3.4 A, B. Modell der Basenexzisionsreparatur. **A** Durch chemische Modifikation wie z. B. Desaminierung, Alkylierung und Oxidation werden natürlicherweise in DNA vorkommende Basen (*obere Reihe*) in potenziell mutagene Basenderivate (*untere Reihe*) umgewandelt. Die dargestellten Fälle sind Beispiele, die Möglichkeiten der Basenschädigungen sind weitaus größer. Jeder dieser DNA-Schäden wird durch bestimmte DNA-Glykosylasen erkannt und entfernt (TDG, UDG, hSMUG1, AAG, OGG1, MutY, Nth1) und die schadhafte Stelle so in eine AP-Stelle umgewandelt. **B** Die AP-Stelle wird weiter prozessiert, indem das Zucker-Phosphat-Rückgrat hydrolysiert wird. Dies kann entweder durch eine DNA-Glykosylase-assoziierte Phospholyaseaktivität (*rechts*) oder ein extra Enzym APE1 (*Mitte*) erfolgen. Je nach Reaktionsweg entsteht ein Aldehyd- (*Ald*) oder Desoxyriboserest (*dRP*), der im weiteren Verlauf der Reparatur entfernt wird, um für die Ligation notwendige 3′-OH- und 5′-Phosphatenden bereitzustellen. Dieser Reaktionsweg heißt „short-patch-repair“. In einer alternativen Reaktion (*links*), werden mehrere Nukleotide durch Polymerase δ/ε aufgefüllt und der verdrängte Strang durch Fen-1 geschnitten. Dieser Reaktionsweg wird „long-patch-repair“ genannt

Die Basenexzisionsreparatur ist der vorherrschende Mechanismus, wenn es um die Beseitigung chemischer Modifikationen von Purin- oder Pyrimidinbasen geht. Bislang sind keine menschlichen Krankheiten mit Defekten in der BER gefunden worden (Mitra et al. 2001), was darauf schließen lässt, dass dieser Reparaturweg sehr bedeutend ist und ein Ausfall desselben für die betreffende Zelle wahrscheinlich letal ist. Dennoch hat die BER eine klinische Relevanz, da sie bei der unerwünschten Resistenzentwicklung von Tumorzellen gegenüber bestimmten Chemotherapeutika eine große Rolle spielt (Rajewsky et al. 2000).

DNA-Glykosylasen. Jede DNA-Glykosylase ist auf einen ganz bestimmten Schadenstyp spezialisiert und erkennt und entfernt chemisch modifizierte Basen. Ein Verbleib dieser modifizierten Basen bis in die S-Phase würde zu Fehlpaarungen während der Replikation führen und Mutationen induzieren. Im Sinn der Genomstabilität ist es daher wichtig, derartige Läsionen möglichst vor Beginn der Replikation zu entfernen, um eine mutagene Wirkung der primären Basenschädigung zu vermeiden. Während viele DNA-Glykosylasen das Zucker-Phosphat-Rückgrat intakt lassen und eine AP-Stelle erzeugen, sind andere mit einer Phospholyaseaktivität assoziiert, die das Zucker-Phosphat-Rückgrat spaltet und somit keine freie AP-Stelle hinterlässt. Einige wichtige Substrate und die für deren Entfernung verantwortlichen DNA-Glykosylasen beim Menschen werden im Folgenden beschrieben.

Eine wichtige spontane Basenmodifikationsreaktion ist die oxidative Desaminierung (etwa 100/Zelle und Tag). So führt beispielsweise die Desaminierung von Cytosin zur Bildung von Uracil in der DNA. Es ist dann die Aufgabe der Uracil-DNA-Glykosylase (UDG), die entstandene G:U-Fehlpaarung zu entfernen, indem Uracil hydrolysiert wird und eine AP-Stelle entsteht (Pearl 2000). Auf diese Weise wird verhindert, dass in der nächsten Replikation eine G:C-A:T-Transition entsteht. Für die Eliminierung von Uracil aus der DNA gibt es beim Menschen ein weiteres Enzym, hSMUG1, das hauptsächlich auf einzelsträngiger DNA aktiv zu sein scheint (Haushalter et al. 1999).

In eukaryontischer DNA liegen viele Cytosinbasen in methylierter Form als 5-Methylcytosin vor, dessen Desaminierung die Base Thymin ergibt.

Die Konsequenzen dieser Desaminierung sind ähnlich wie für das Uracil, da die Replikation zu einer G:C-A:T-Transition führen würde. Diese durch Desaminierung von 5-Methylcytosin induzierten Transitionen kommen sehr häufig vor und haben dazu geführt, dass 5-Methylcytosin als „endogenes Mutagen" bezeichnet wird (Lindahl 1993). Im Unterschied zu Uracil ist Thymin eine natürlich in der DNA vorkommende Base. Die Zelle löst dieses Problem durch eine gesonderte DNA-Glykosylase, die auch zur Familie der Uracil-DNA-Glykosylasen gehört, aber spezifisch für G:T-Basenfehlpaarungen ist (Pearl 2000). Beim Menschen wird das Enzym Thymin-DNA-Glykosylase (TDG) genannt. Es übernimmt den Hauptanteil der Reparatur von G:T-Basenfehlpaarungen. Die Aktivität der TDG ist allerdings gering, es ist ein langsames Enzym. Dies kann damit zusammenhängen, dass G:T-Basenfehlpaarungen, die durch Falscheinbau von Guanin während der Replikation entstehen, präferenziell durch MMR und damit spezifisch für den neu synthetisierten Strang eliminiert werden können (Waters u. Swann 2000).

Nicht nur Pyrimidinbasen, sondern auch Purinbasen können desaminiert werden. Als spontanes Desaminierungsprodukt des Adenins entsteht Hypoxanthin. Es kann durch Paarung mit Cytosin in der Replikation A:T-G:C Transitionen erzeugen und ist daher mutagen. Diese Schäden werden durch ein Enzym entfernt, das ein breites Substratspektrum hat und auch alkylierte Basen wie das 3-Methyladenin eliminiert. Aus dieser Reaktion leitet sich der Name des Enzyms, 3MeA-DNA-Glykosylase, her. Beim Menschen wird es AAG genannt (Lau et al. 2000; Lindahl 2000).

Eine andere Gruppe von Basenmodifikationen (etwa 20000/Zelle und Tag) entsteht bei der Oxidation durch Sauerstoff- oder Hydroxylradikale, die ein unvermeidliches Stoffwechselprodukt aerober Lebewesen sind. Auch bei der radiolytischen Spaltung von Wasser, wie sie in der Strahlentherapie erfolgt, treten Sauerstoffradikale auf, die so eine indirekte mutagene Wirkung haben (Marnett 2000). Sowohl Purine als auch Pyrimidine unterliegen solchen Oxidationsvorgängen. Die mutagene Wirkung des 8-Hydroxyguanins (auch als 8-Oxo-G bezeichnet) beruht auf der Tatsache, dass diese Base auch mit Adenin paaren kann, was zu G:C-T:A-Transversionen während der Replikation führt. Der Mensch hat 2 DNA-Glykosylasen, um 8-Hydroxyguanin aus der DNA zu entfernen (Lindahl 2000). Liegt es gepaart mit Cytosin vor, übernimmt das Enzym Oggl die Eliminierung des 8-Hydroxyguanins, und zwar unmittelbar nach der Oxidation. Kommt es jedoch erst zu einer Replikation mit einem fehlerhaften Einbau eines mit dem 8-Hydroxyguanin gepaarten Adenins, erkennt die spezielle DNA-Glykosylase MutY die 8-Oxo-G:A-Fehlpaarung und entfernt das Adenin. Nach dieser Reparatur kann das 8-Hydroxyguanin gepaart mit Cytosin vorliegen und ist dann ein Substrat für Oggl. Auf diese Weise führen auch nach der Replikation noch mehrere Reparaturzyklen zur mutationsfreien Entfernung der geschädigten Base (Dianov et al. 1998; Lindahl 2000; Slupska et al. 1996; Van der Kemp et al. 1996). Die Oxidationssprodukte Thyminglykol und Cytosinglykol, die sich aus den entsprechenden Pyrimidinbasen ableiten, werden durch das Enzym Nthl entfernt. Das an der NER beteiligte Protein XPD, das bei Xeroderma-pigmentosum-Patienten defekt sein kann [vgl. Abschnitt 4.3.3.3 „Nukleotidexzisionsreparatur (NER)"], hat eine unterstützende Wirkung bei der Reparatur von Thyminglykol und Cytosinglykol durch hNthl (Lindahl 2000).

Entfernung der AP-Stelle. Die von den DNA-Glykosylasen erzeugten AP-Stellen werden im weiteren Verlauf der BER in die ursprüngliche Sequenz umgewandelt. Dazu stehen 2 Reaktionswege zur Verfügung, die sich durch die beteiligten Proteine, aber auch durch die Länge der neu synthetisierten DNA-Abschnitte unterscheiden. Ein interessanter Aspekt der BER ist, ob es einen Einfluss der DNA-Glykosylase auf die folgenden Schritte gibt oder ob jede AP-Stelle, egal wie sie zustande gekommen ist, in jedem der möglichen Reaktionsabläufe repariert werden kann. Außer durch enzymatische Aktivität entstehen AP-Stellen nämlich auch durch spontanen Zerfall der DNA (etwa 10000/Zelle und Tag) (Lindahl 1993).

Der bei Säugetieren vorherrschende Mechanismus besteht in der Inzision des zu reparierenden DNA-Strangs an der AP-Stelle mit einer AP-Endonuklease. Beim Menschen sind bislang 2 AP-Endonukleasen bekannt, APE1 (HAP1, APEX, REF1) und ein weiteres Enzym APEXL2 (Wood et al. 2001). Bei allen DNA-Reparaturvorgängen, die nach dem BER-Mechanismus ablaufen, gibt es nur diesen einen Einzelstrangbruch im geschädigten Strang. Die AP-Endonuklease erzeugt ein freies 3′-OH-Ende, welches als „Primer" in der folgenden DNA-Polymerase-katalysierten Auffüllreaktion verwendet wird. Die beteiligte DNA-Polymerase β erfüllt 2 Aufgaben:

1. die Entfernung des am 5′-Ende verbliebenen Desoxyribosephosphats (dRP) und
2. die Auffüllung der entstandenen, 1 Nukleotid langen Lücke (Beard u. Wilson 2000).

Anschließend wird der verbleibende Einzelstrangbruch von der DNA-Ligase III geschlossen. Als Kofaktor der Reaktion ist das XRCC1-Protein nötig, welches sowohl an die Ligase III als auch an die Polymerase β bindet und vermutlich für die räumliche Koordination dieser beiden Reparaturenzyme sorgt.

Einige DNA-Glykosylasen, besonders die aus der Reparatur oxidativer Schäden, sind mit einer Phospholyaseaktivität assoziiert. Diese spaltet die AP-Stelle, aber anstelle eines dRP am 5′-Ende bleibt ein durch eine Aldehydgruppe blockiertes 3′-Ende zurück (Mitra et al. 2001). In diesem Fall muss das für die Auffüllreaktion notwendige 3′-OH-Ende, der „Primer" für die Polymerase β, noch bereitgestellt werden. Dieser Schritt wird ebenfalls durch APE1 katalysiert. Bei diesen beiden durch die DNA-Polymerase β katalysierten Auffüllreaktionen kommt es nur zum Austausch der geschädigten Base – es wird nur ein einziges Nukleotidtriphosphat neu eingebaut. Dieser BER-Modus wird daher Short-patch-Reparatur genannt.

In dem alternativen Reaktionsweg wird die Auffüllreaktion von replikativen DNA-Polymerasen, wahrscheinlich DNA-Polymerase δ, katalysiert. Unterstützt wird die DNA-Polymerase δ von PCNA. In dieser Reaktion wird der geschädigte Strang an der inzidierten AP-Stelle vom Matrizenstrang verdrängt und durch die Fen-1-Nuklease geschnitten. Auf diese Weise können etwa 2–8 Nukleotide neu synthetisiert werden, und es wird von Long-patch-Reparatur gesprochen (Krokan et al. 2000). In diesem Fall übernimmt die Ligase I das Wiederherstellen des kovalent geschlossenen Zucker-Phosphat-Rückgrats (Lindahl 2000) (Abb. 4.3.4).

4.3.3.3 Nukleotidexzisionsreparatur (NER)

Die Nukleotidexzisionsreparatur ist hinsichtlich des Schadensspektrums das wohl vielseitigste Reparatursystem (Hoeijmakers 2001). Sie eliminiert DNA-Schäden, die zu einer strukturellen Störung der DNA-Doppelhelix im Zusammenhang mit größeren, sterisch hinderlichen, chemischen Modifikationen (bulky adduct) in der DNA entstehen. Es wird hier von einer 2-teiligen Substraterkennung (bipartite substrate recognition) gesprochen, da sowohl die sterische Verzerrung der Helixstruktur sowie die chemische Modifikation gleichzeitig vorhanden sein müssen, um vom NER-System erkannt zu werden (Hess et al. 1997; Wood 1999). Typische Schäden sind Strahlenschäden, wie sie durch ultraviolettes Licht (UV) entstehen. Diese führen zu Quervernetzungen (cross-links), die die Transkription oder Re-

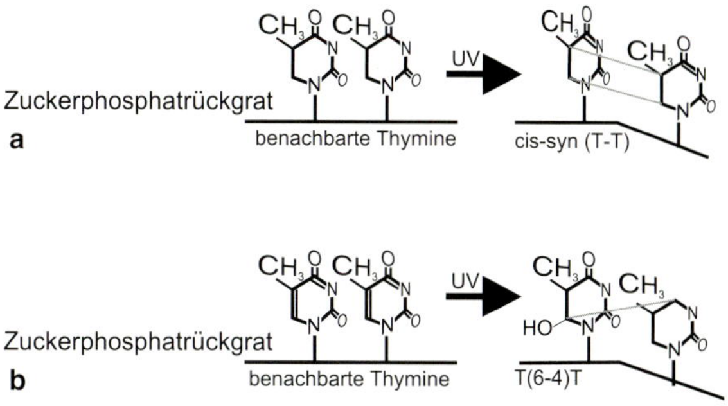

Abb. 4.3.5 a, b. Bildung typischer UV-Licht-induzierter Photoprodukte in der DNA, des *cis*-syn-Thymindimers (**a**) und des (6–4)Pyrimidin-Pyrimidon-Photoprodukts (**b**). Als Folge der kovalenten Bindung, die zwischen den benachbarten Thyminbasen entsteht, kommt es zu einem Knick in dem Zucker-Phosphat-Rückgrat, und die helikale Struktur der DNA an dieser Stelle ist gestört

plikation der DNA verhindern. Wichtige UV-Licht-induzierte Strahlenschäden sind das *cis*-syn-Pyrimidindimer, das unter Bildung eines Cyclobutanrings zwischen benachbarten Pyrimidinen (T-T; C-T; C-C) entsteht, oder die Bildung des (6–4)-Pyrimidin-Pyrimidon-Photoprodukts. Diese Schäden müssen unbedingt entfernt werden, bevor es zur Transkription eines DNA-Abschnitts kommt oder die Zelle in die S-Phase eintritt (Abb. 4.3.5).

Aufgrund des 2-teiligen Substraterkennungsmechanismus sind Basenfehlpaarungen und Einzelstrangschlaufen schlechte Substrate für die NER. Die Helixstruktur der DNA ist zwar gestört, aber chemische Veränderungen der Basen fehlen (Batty u. Wood 2000; Hess et al. 1997). Es soll aber darauf hingewiesen werden, dass das NER-System durchaus dazu in der Lage ist, auch andere Läsionen als die „bulky adducts" zu erkennen und zu reparieren. Dazu gehören DNA-Modifikationen, die durch Alkylierung oder Oxidation entstehen und in erster Linie durch BER entfernt werden. Für diese Schäden kann die NER als eine Art Sicherheitssystem betrachtet werden (Satoh et al. 1993; Smith u. Pereira-Smith 1996).

Es hat sich herausgestellt, dass DNA-Schäden in transkribierten Chromosomenabschnitten, also in aktiven Genen, mit einer höheren Geschwindigkeit eliminiert werden, als im restlichen Chromatin. Dies hat schon früh zu der Annahme geführt, dass die Reparatur in aktiven Genen anders abläuft, als die in nicht transkribierten Bereichen. Heute werden 2 Reparaturmechanismen unterschieden:

- die NER des globalen Genoms (global genome NER: GG-NER oder kurz: global genome repair: GGR) und

- die transkriptionsgekoppelte NER (transcription-coupled NER: TC-NER oder kurz: transcription-coupled repair: TCR).

Beide Reaktionswege folgen dem allgemeinen Reaktionsschema für die NER, unterscheiden sich aber hinsichtlich der Erkennung des Schadens. Es beginnt mit der Erkennung des Schadens, gefolgt von 2 Inzisionsereignissen auf der 5′-Seite und auf der 3′-Seite der Läsion. Dadurch wird ein kurzes DNA-Fragment (etwa 30 nt) mitsamt dem Schaden mittels einer DNA-Helikase aus dem Doppelstrang herausgewunden. Diese Einzelstranglücke wird mit einer DNA-Polymerase aufgefüllt und durch eine Ligase geschlossen.

Defekte der NER beim Menschen führen zu schwer wiegenden Krankheiten mit heterogenen Phänotypen, die sich in den klinischen Krankheitsbildern *Xeroderma pigmentosum (XP)*, *Cockayne-Syndrom (CS)* und *Thrichothiodystrophie (TTD)* widerspiegeln. Übereinstimmend mit der Hauptaufgabe der NER beim Menschen, der Elimination von Strahlenschäden durch UV-Licht, haben Patienten mit diesen Krankheiten eine stark erhöhte Empfindlichkeit gegenüber Sonnenlicht. Je nach Krankheit kommt es zu weiteren Symptomen wie Neurodegeneration (CS und TTD), Ichthyosis oder brüchigen Haare (TTD). Es kommen auch Mischformen der Krankheitsbilder vor (De Boer u. Hoeijmakers 2000). Insgesamt wurden beim Menschen 10 Komplementationsgruppen für NER-assoziierte Krankheiten gefunden, 7 für *XP* (XP-A–XP-G), 2 für *CS* (CS-A und CS-B) und 3 für *TTD* (XP-B, XP-D und TTD-A). Der Zusammenhang zwischen vorhandener Mutation und klinischer Erscheinungsform ist bislang sehr schlecht verstanden. So können unterschiedliche Mutationen selbst innerhalb eines Gens unterschiedliche Krankheitsbilder erzeugen. Ein extremes Beispiel ist das *XPD*-Gen. In diesem Gen können unterschiedliche Mutationen sowohl XP, TTD und auch eine Mischform aus XP und CS hervorrufen. Da das XPD-Genprodukt eine Helikase und essenzieller Bestandteil des Transkriptionsfaktors TFIIH ist, liegt allerdings die Vermutung nahe, dass Mutationen, die die NER-Funktion von XPD betreffen, den XP-Phänotyp hervorrufen, wohingegen Mutationen, die die Funktion des TFIIH beeinträchtigen, leichte Transkriptionsdefekte und damit die in TTD beobachteten Entwicklungsstörungen sowie eine eingeschränkte Keratinsynthese (Ichtyosis, brüchige Haare) verursachen. Ein weiterer unverstandener Aspekt ist die Tatsache, dass XP, nicht aber CS und TTD, eine Prädisposition für Tumoren erzeugt (De Boer u. Hoeijmakers 2000). Erstaunlicherweise gilt dies nicht für transgene Mausmodelle mit fehlenden CSA- und CSB-Proteinen. Diese Mäuse haben eine Tendenz, strahleninduzierte Tumoren zu entwickeln (De Boer u. Hoeijmakers 1999).

Nukleotidexzisionsreparatur des globalen Genoms (GG-NER). Die meisten der an der NER von Säugern beteiligten Proteine sind inzwischen bekannt, und die NER-Aktivität kann in vitro aus Proteinen rekonstituiert werden (Aboussekhra et al. 1995). Die Erkennung des DNA-Schadens erfolgt durch Bindung des XPC/hHR23B-Heterodimers (Sugasawa et al. 1998). Auch das XPE-Protein hat Affinität zu mit UV-Licht bestrahlter DNA und spielt womöglich bei der Erkennung des Schadens eine Rolle (De Boer u. Hoeijmakers 2000). Durch Bindung anderer Proteine leitet der XPC/hHR23B-Komplex die nachfolgenden Reparaturschritte ein. Bei starken Strukturveränderungen des Schadens ist der XPC/hHR23B-Komplex evtl. entbehrlich. Zumindest deuten In-vitro-Experimente an, dass bei Schäden, die Strukturveränderungen der DNA-Doppelhelix induzieren, XPC/hHR23B nicht erforderlich ist (Mu et al. 1997; Mu u. Sancar 1997).

Der nächste Schritt besteht in einer lokalen Entwindung der DNA um die Schadenstelle herum durch den Transkriptionsfaktor TFIIH und der Markierung des Schadens selbst durch das XPA-Protein und RPA (replication protein A). Das XPA-Protein bindet sowohl an TFIIH als auch an RPA und scheint das zentrale Protein dieses Multienzymkomplexes zu sein. Der TFIIH ist selbst ein Multienzymkomplex und beinhaltet die beiden Helikasen XPB ($3' \rightarrow 5'$) und XPD ($5' \rightarrow 3'$). Die Entwindung beträgt etwa 30 Basenpaare, und der unbeschädigte Einzelstrang wird durch RPA gebunden (De Laat et al. 1998). Nachdem der schadhafte Strang durch XPA markiert wurde, schneiden die Endonukleasen XPG auf der 3′-Seite und XPF/ERCC1 auf der 5′-Seite des Schadens ein 24–32 Nukleotide großes, einzelsträngiges DNA-Stück einschließlich der Läsion heraus. Die Auffüllreaktion benötigt RPA, RF-C, PCNA und die DNA-Polymerasen δ und ε. Abgeschlossen wird die Reaktion durch Ligation des verbleibenden Einzelstrangbruchs, wahrscheinlich durch Ligase I (Abb. 4.3.6).

Transkriptionsgekoppelte Nukleotidexzisionsreparatur (TC-NER). DNA-Schäden in aktiven Genen werden effizienter repariert als Schäden aus nicht transkribierten Bereichen des Genoms. Außerdem gibt es eine kinetische Präferenz für Läsionen im transkribierten Strang, der die kodierende Sequenz

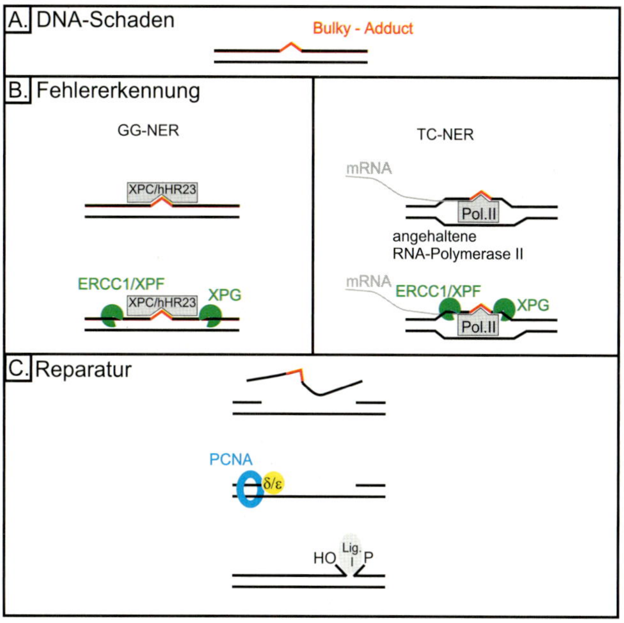

Abb. 4.3.6 A–C. Nukleotidexzisionsreparatur. **A** DNA-Schaden, „bulky adduct" (*rot*). Die DNA-Helix ist an dieser Stelle gestört. **B** Fehlererkennung. In der globalen Genomreparatur bindet der XPC/hHR23-Proteinkomplex den Schaden, während in der transkriptionsgekoppelten Reparatur die RNA-Polymerase II, die den Schaden nicht passieren kann, das Erkennungssignal darstellt. In der Folge wird der Schaden durch Exonukleasen ERCC1/XPF und XPG (*grün*) mit einem kleinen Stück Einzelstrang herausgeschnitten. **C** Reparatur: Die entstandene Lücke wird von der DNA-Polymerase δ und ε (*gelb*) unter Mitwirkung von PCNA (*blau*) geschlossen und von einer Ligase ligiert (*grau*)

enthält. Auf noch nicht verstandene Weise werden Schäden im kodierenden Strang schneller entfernt als Schäden im nicht kodierenden Strang (Vrieling et al. 1998). Der Grund ist ein besonderer DNA-Reparaturmechanismus, der als TC-NER bezeichnet wird. Er ist auf die Strukturgene beschränkt, die von der RNA-Polymerase II transkribiert werden. Dies legt die Annahme einer aktiven Rolle der RNA-Polymerase II in der TC-NER nahe (Hanawalt 2001). Umgekehrt können DNA-Schäden in aktiven Genen auch durch die GG-NER eliminiert werden (Vrieling et al. 1998) (Abb. 4.3.6).

Bis auf die Erkennung des Schadens entspricht der Mechanismus dem der GG-NER. Daher ist es nicht erstaunlich, dass einige der von Xeroderma pigmentosum bekannte Gene neben der GG-NER auch die TC-NER betreffen. Die einzige Ausnahme ist XPC, das mit dem Protein hHR23B an der Schadenserkennung beteiligt ist (De Boer u. Hoeijmakers 2000; Venema et al. 1991). In der TC-NER ist die RNA-Polymerase II das Signal für die Einleitung der Reparaturvorgänge, wenn sie aufgrund eines „bulky adducts" die Transkription nicht fortsetzen kann und anhält. Im Unterschied zu *cis*-syn-Thymindimeren ist das (6–4)-Pyrimidin-Pyrimidon-Photoprodukt kein Substrat für die TCR. Die beiden NER-Mechanismen scheinen sich daher in transkribierten Regionen des Genoms zu ergänzen, da sie etwas unterschiedliche Substratspezifitäten haben. Dies ist auch verständlich, da die Effektivität der Schadenserkennung mit der Transkription korreliert.

Weitere an der TC-NER beteiligte Faktoren sind die bei Cockayne-Syndrom-Patienten mutierten Gene *CSA* und *CSB*, über deren Funktion bisher nur wenig bekannt ist. Das CSB-Protein ist ein Transkriptionselongationsfaktor. In CSB-defizienten Zellen ist die Transkriptionsrate um etwa 50% vermindert, wahrscheinlich weil die RNA-Polymerase während der Transkription Pausen einlegt (Conaway u. Conaway 1999). Die Funktion von CSB im Mechanismus der TC-NER könnte darin bestehen, die Dissoziation der RNA-Polymerase II von der Schadensstelle zu ermöglichen, um den Zugang der Reparaturproteine zur Läsion zu ermöglichen (Hanawalt 2001), wobei der begonnene Transkriptionsvorgang nicht endgültig abgebrochen werden sollte. Dies ist so vorstellbar, dass die RNA-Polymerase II mit dem teilweise fertiggestellten Transkript von der DNA abdissoziiert, um später an dieser Stelle die Transkription fortzusetzen und das Transkript fertigzustellen (Hanawalt 1994). Unterstützung erhält dieses Modell durch die Beobachtung, dass ein gekürztes Transkript an einem „bulky adduct" freigesetzt werden kann. Dieser Vorgang ist vom Transkriptionsfaktor TFIIS abhängig (Donahue et al. 1994). Diese TFIIS-abhängige Transkriptkürzung wird vom CSB-Protein verhindert, aber eine Dissoziation von der DNA konnte in Eukaryonten nicht nachgewiesen werden (Selby u. Sancar 1997). Über das zweite beim Cockayne-Syndrom involvierte CSA-Protein ist noch sehr wenig bekannt, aber es scheint bei der Chromatinorganisation der TC-NER-abhängigen

Reparatur eine Rolle zu spielen (Kamiuchi et al. 2002).

Mutationen in den mit TFIIH assoziierten Genen XPB und XPD können auch zu Trichothiodystrophie (TTD) führen [vgl. Abschnitt 4.3.3.3 „Nukleotidexzisionsreparatur (NER)“]. Dabei entfallen die meisten der Mutationen auf XPD. Außer den seltenen XPB-Mutationen gibt es noch ein weiteres Gen TTD-A, das aber noch nicht kloniert ist (Itin et al. 2001).

4.3.3.4 Alkyltransferasen

Neben dem für Alkylierungsschäden hauptsächlich zuständigen BER-System besitzen Säugerzellen noch eine alternative Reparaturmöglichkeit, die auf der direkten Reversion des Schadens beruht. Die O^6-Methylguanin-DNA-Methyltransferase (MGMT) ist in der Lage, Alkylgruppen von den modifizierten Basen O^6-Methylguanin, O^6-Ethylguanin, O^6-Buthylguanin oder O^4-Methythymin zu entfernen (Sancar 1995). Diese werden dabei auf einen Cysteinrest des Proteins übertragen. Dieser Schritt ist irreversibel, und das so alkylierte Protein muss dem ubiquitinabhängigen proteolytischen System zugeführt werden (Hazra et al. 1997). An der Tatsache, dass die Zelle ein ganzes Proteinmolekül für die Eliminierung eines Basenschadens opfert, ist zu ermessen, wie wichtig es ist, eine potenziell mutagene DNA-Läsion zu beseitigen. Im Fall der Replikation würde das O^6-Methylguanin mit Thymin paaren und G:C-A:T-Transitionen hervorrufen. Der betriebene Aufwand erlaubt eine schnellere Reparatur dieser Schäden, als wenn die BER allein verantwortlich wäre.

Mit Defekten in der MGMT assoziierte Syndrome sind beim Menschen bislang nicht bekannt. Allerdings gibt es klinisch relevante Aspekte im Hinblick auf Tumorerkrankungen. Etwa 20% aller menschlichen Tumorzelllinien haben eine reduzierte MGMT-Aktivität, die allerdings nicht immer auf Mutationen im *MGMT*-Gen zurückzuführen sind. Zur Erklärung dieser Diskrepanz werden auch epigenetische Mechanismen vermutet (Sancar 1995; Wang et al. 1997). Ein weiterer wichtiger Aspekt bezieht sich auf die erworbene Resistenz von Tumorzellen während einer Chemotherapie mit alkylierenden Chemikalien, zu der MGMT beitragen kann (Rajewsky et al. 2000).

4.3.4 Reparatur von DNA-Doppelstrangbrüchen

Doppelstrangbrüche in chromosomaler DNA sind besonders gefährliche Läsionen. Schon ein einziger nicht reparierbarer Doppelstrangbruch kann zum Verlust essenzieller genetischer Information (z.B. auf dem distalen azentrischen Chromosomenfragment) und somit zum Zelltod führen (Khanna u. Jackson 2001). Außerdem bilden die durch den Doppelstrangbruch entstandenen DNA-Enden Initiationsstellen für Rekombinationsereignisse, die Chromosomenaberrationen verursachen können (Pfeiffer et al. 2000). Solche Chromosomenaberrationen können zur Deregulation von Genaktivitäten oder zur Bildung unerwünschter Fusionsproteine führen, die ursächlich für die Ausbildung von Tumoren sein können (Mitelman 2000). Auch bei defekter Doppelstrangbruchreparatur werden primär ein durch chromosomale Rearrangements hervorgerufener Verlust der Genomstabilität und sekundär die Akkumulation und Selektion von Mutationen, die das Tumorwachstum begünstigen, gefunden.

Im Gegensatz zur oben beschriebenen Reparatur von Basenschäden (vgl. Abschnitt 4.3.3 „Reparatur von Basenschäden“) entsteht bei der Doppelstrangbruchreparatur eine besondere Schwierigkeit dadurch, dass beide DNA-Stränge geschädigt sind und somit keine Matrize für die Wiederherstellung der ursprünglichen Sequenzinformation mehr vorhanden ist. Die Zelle verfolgt bei der Reparatur solcher Brüche 2 unterschiedliche Strategien. Erstens versucht sie, beliebige, durch Doppelstrangbrüche entstandene DNA-Enden wieder miteinander zu verknüpfen, unabhängig davon, welche Struktur und Sequenz diese Enden haben. Das kann zu Deletionen und Insertionen von wenigen Nukleotiden führen. Dieser als nicht homologes End-joining bezeichnete Mechanismus (NHEJ) ist daher potenziell mutagen (Pfeiffer 1998). Er ist von einfachen Eukaryonten (Hefen) bis hin zu Säugern nachzuweisen (Critchlow u. Jackson 1998). Während er jedoch in Hefe eine untergeordnete Rolle spielt, wird er im Säuger zum dominanten Reparaturmechanismus (Roth u. Wilson 1986; Siede et al. 1996). Bei der 2., erheblich genaueren Strategie versucht die Zelle, die ursprüngliche Sequenz an der Bruchstelle mit Hilfe der homologen Rekombinationsreparatur (HRR) zu rekonstruieren. In somatischen (mitotischen) Zellen steht dazu das in der S-Phase gebildete Schwesterchromatid zur Verfügung, weswegen die HRR weitestgehend auf die S- und G_2-Phase beschränkt ist

(Essers et al. 1997). Übereinstimmend mit dieser Zellzyklusabhängigkeit findet die Doppelstrangbruchreparatur nach dem NHEJ-Mechanismus hauptsächlich in der G_1-Phase statt, wenn kein homologes Schwesterchromatid vorhanden ist. Homologe Rekombination mit dem 2. homologen Chromosom ist zwar in somatischen Zellen denkbar, aber selten. Diese Form der Reparatur wird aber intensiv genutzt, wenn es um die Beseitigung von Doppelstrangbrüchen in der 1. meiotischen Reifeteilung geht.

4.3.4.1 Mechanismus des nicht homologen End-joining (NHEJ)

Der NHEJ-Mechanismus ist in der Lage, beliebige DNA-Enden, wie sie beispielsweise durch Restriktionsenzyme oder die Einwirkung ionisierender Strahlung entstehen, zu verknüpfen (Odersky et al. 2002, Pfeiffer u. Vielmetter 1988; Roth u. Wilson 1986). Ausführliche Untersuchungen in zellfreien Systemen haben gezeigt, dass diese Wiederverknüpfung nach ganz bestimmten Regeln abläuft und in 3 Teilschritten abläuft (Thode et al. 1990):

1. Die Wiederverknüpfung beginnt mit der Fixierung und der Ausrichtung (alignment) beider Enden zueinander. Dabei können zufällige Basenpaarungen zwischen den beiden nicht kom-

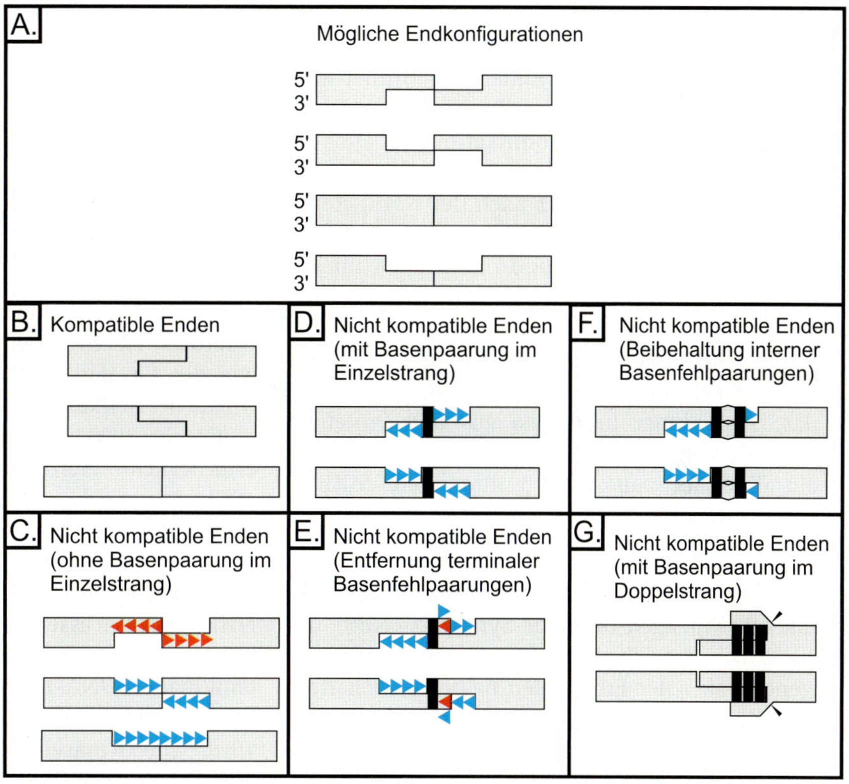

Abb. 4.3.7 A–G. Möglichkeiten der Reparatur nach dem NHEJ-Mechanismus. **A** Alle möglichen Endkonfigurationen, die als Substrate für die NHEJ-Reaktion zur Verfügung stehen. **B** Kompatible DNA-Enden lagern sich aneinander und werden ligiert. **C, D** Nicht kompatible Enden können ohne Basenpaarung oder unter Nutzung einer solchen Basenpaarung zwischen den Einzelsträngen verbunden werden: **C** Nicht kompatible DNA-Enden, die keine Basenpaarmöglichkeit besitzen, werden abgebaut (*rote Dreiecke*), wenn es sich um 3′-OH-Überhänge handelt, und aufgefüllt (*blaue Dreiecke*), wenn es sich um 5′-Phosphat-Überhänge handelt. Auch 3′-OH- und 5′-Phosphat-Überhänge können verbunden werden, indem die fehlenden Nukleotide vom 3′-OH-Ende her aufgefüllt werden. **D** Sind Basenpaarungen einzelsträngiger Bereiche möglich, werden sie genutzt (*schwarz*). **E** Entstehen dabei terminale Basenfehlpaarungen, werden diese erst entfernt (*rote Dreiecke*) und die Lücken dann geschlossen (*blaue Dreiecke*). **F** Interne Basenfehlpaarungen bleiben erhalten und die möglichen Basenpaarungen (*schwarz*) werden genutzt. **G** Es kann auch zur Verdrängung eines Strangs kommen, wenn sich dadurch Basenpaarungen (*schwarz*) ergeben. *Schwarze Bereiche* Basenpaarungen komplementärer Basen beider DNA-Enden, *blaue Pfeile* Auffüllreaktionen durch eine Polymerase, *rote Pfeile* nukleolytischer Abbau

plementären Strängen ausgenutzt werden, es wird dann von mikrohomologiegerichtetem End-joining gesprochen.
2. Im 2. Schritt werden nicht zusammen passende Enden so modifiziert, dass sie ligierbar werden (d.h. fehlende Nukleotide werden hinzugefügt oder überzählige Nukleotide deletiert und Lücken aufgefüllt).
3. Den Abschluss der NHEJ-Reaktion bildet eine Ligation, die die beiden gebrochenen DNA-Doppelstränge kovalent miteinander verknüpft (Abb. 4.3.7).

Dieses Grundschema der NHEJ-Reaktion ist in vielen Eukaryonten nachgewiesen und mit biochemischen und genetischen Methoden untersucht worden (Critchlow u. Jackson 1998; Daza et al. 1996). Von besonderem Interesse ist die Identifizierung des Alignment-Faktors, der für die Genauigkeit der NHEJ-Reaktion verantwortlich ist (Thode et al. 1990). Dieser Faktor bestimmt durch die Art und Weise, wie die Enden angeordnet werden, die zur abschließenden Ligation der DNA-Stränge erforderlichen Modifikationen. Da die Ausrichtung der DNA-Enden zueinander direkte Auswirkung auf die Sequenz nach der NHEJ-Reaktion hat, ist der Alignment-Faktor für die Genauigkeit des NHEJ-Vorgangs und damit auch für die mutagene Wirkung, die von diesem Prozess ausgeht, wichtig (Pfeiffer 1998).

2 Proteinkomplexe werden diskutiert, die als Alignment-Faktoren in Frage kommen:
- das Heterodimer bestehend aus den Proteinen Ku70/Ku80 und
- ein Komplex aus den 3 Proteinen MRE11, RAD50 und XRS2 (MRX-Komplex).

Das zu dem Hefeprotein XRS2 homologe Protein in Säugetieren ist NBS1, das in der menschlichen Erbkrankheit Nijmegen-breakage-Syndrom (NBS) defekt ist. Die Bezeichnung MRX-Komplex wird im Folgenden aber der Einfachheit halber beibehalten.

Das Ku70/Ku80-Heterodimer ist für die NHEJ-Reaktion essenziell. Hierfür gibt es Hinweise in Säugetierzellen (Featherstone u. Jackson 1999). Extrakte aus CHO-Zellen, denen das Ku80-Protein fehlt, weisen nur noch eine restliche NHEJ-Aktivität auf, die fehlerhafter als der „normale" Ku-abhängige Mechanismus arbeitet, was zu stärkerem Basenverlust an den Verknüpfungsstellen und somit zu verstärkter Mutagenität führt (Feldmann et al. 2000). Zellen mit fehlendem Ku70/Ku80 zeigen genomische Instabilität, die durch eine stark erhöhte Rate von Chromosomenaberrationen gekennzeichnet ist (Ferguson et al. 2000).

Auch Hefezellen mit Nullmutationen in den Genen *MRE11* und *RAD50* zeigen eine aberrante Doppelstrangbruchreparatur, und es ist wahrscheinlich, dass auch der MRX-Komplex einen Beitrag zum Alignment-Faktor leistet (Huang u. Dynan 2002, Moore u. Haber 1996; Paull u. Gellert 2000). Diese Annahme wird auch durch den Nachweis einer Interaktion zwischen MRE11 und dem Ku70-Protein gestützt (Goedecke et al. 1999).

Neben der Alignment-Funktion könnte der MRX-Komplex auch eine Rolle bei der Bearbeitung der DNA-Enden haben. Das beteiligte MRE11-Protein ist eine Nuklease und evtl. an der Entfernung terminaler Basenfehlpaarungen beteiligt. Zusammen mit dem Kofaktor XRCC4 ist die Ligase IV für den abschließenden Ligationsschritt im NHEJ-Mechanismus essenziell (Jackson 1997; Schar et al. 1997). Neben diesen Komponenten des NHEJ-Systems gibt es noch weitere Kandidaten, die möglicherweise an der Verknüpfung bestimmter DNA-Enden beteiligt sind. Dazu gehört das FEN1-Genprodukt, eine strukturspezifische Nuklease, die partiell denaturierte DNA-Doppelstränge abbauen kann. Diese Aktivität wird dann notwendig, wenn die Verknüpfungsstellen in doppelsträngige Bereiche fallen. Neben seiner Alignment-Funktion besitzt das Ku70/Ku80-Heterodimer auch Helikaseaktivität, die an der Denaturierung der doppelsträngigen Bereiche beteiligt sein könnte. Überdies ist es möglich, dass andere Helikasen, wie die für das Werner-Syndrom (WRN) verantwortliche Helikase, eine Rolle im NHEJ spielen (Li u. Comai 2000, Oshima et al. 2002). Die häufig erforderliche Auffüllung einzelsträngiger Lücken wird von noch unbekannten DNA-Polymerasen durchgeführt. Neben den oben genannten Funktionen hat das Ku70/80-Heterodimer noch eine weitere wichtige Aufgabe. Mit einer weiteren für den NHEJ-Prozess essenziellen Untereinheit, der katalytischen Untereinheit der DNA-abhängigen Proteinkinase (DNA-PK_{CS}), bildet es einen großen Proteinkomplex, der häufig als DNA-PK bezeichnet wird. Die Kinasefunktion dient vermutlich der Regulation der NHEJ-Reaktion, indem sie weitere Proteine phosphoryliert (Weaver 1995). Dabei phosphoryliert sich die DNA-PK_{CS} auch selbst und steuert so die Bindung an das Ku70/Ku80-Heterodimer. Die DNA-PK hat somit wahrscheinlich die Aufgabe, Doppelstrangbrüche zu erkennen und durch Phosphorylierung weitere Schritte der Reparatur einzuleiten (Muller et al. 1999; Weaver 1995). Eine defekte DNA-PK_{CS} ist für den Phänotyp der scid-Maus (severe combined immuno deficiency) verantwortlich. Diese Mäuse haben nicht nur ein unzureichend entwickeltes Immunsystem, was auf eine Beeinträchtigung der VDJ-Rekombination zurückzuführen ist, sondern leiden auch unter allgemeiner Strahlenempfindlichkeit. Dies erklärt auch, warum DNA-Reparaturdefekte im NHEJ-System in Tiermodellen häufig mit einer Tumorbildung im Immunsystem assoziiert sind. Der genetische Defekt, der zum Phänotyp der scid-Maus führt, ist nicht mit dem der SCID-Erkrankung des Menschen identisch.

4.3.4.2 Mechanismen der homologen Rekombinationsreparatur (HRR)

Die HRR benutzt als Matrize Sequenzinformation, die sie aus Genombereichen mit homologen Sequenzen erhält. Über einen ausgeklügelten Mechanismus ist sie in der Lage, diese Information an die Stelle zu kopieren, wo sich der Doppelstrangbruch befindet. Es gibt kein universelles Modell für die HRR, das alle genetischen Daten erklärt. Eine umfassende Diskussion dieser meist für Prokaryonten und einfache Eukaryonten wie Hefen entwickelten Modelle können Spezialartikeln entnommen werden (Paques u. Haber 1999b). Daher seien hier nur die 2 für Säugerzellen relevanten Modelle,

- das DSBR(double-strand-break-repair)-Modell und
- das SDSA(synthesis-dependent-strand-annealing)-Modell

kurz diskutiert (Lichten et al. 1990, Paques u. Haber 1999a; Sun et al. 1989, 1991) (Abb. 4.3.8).

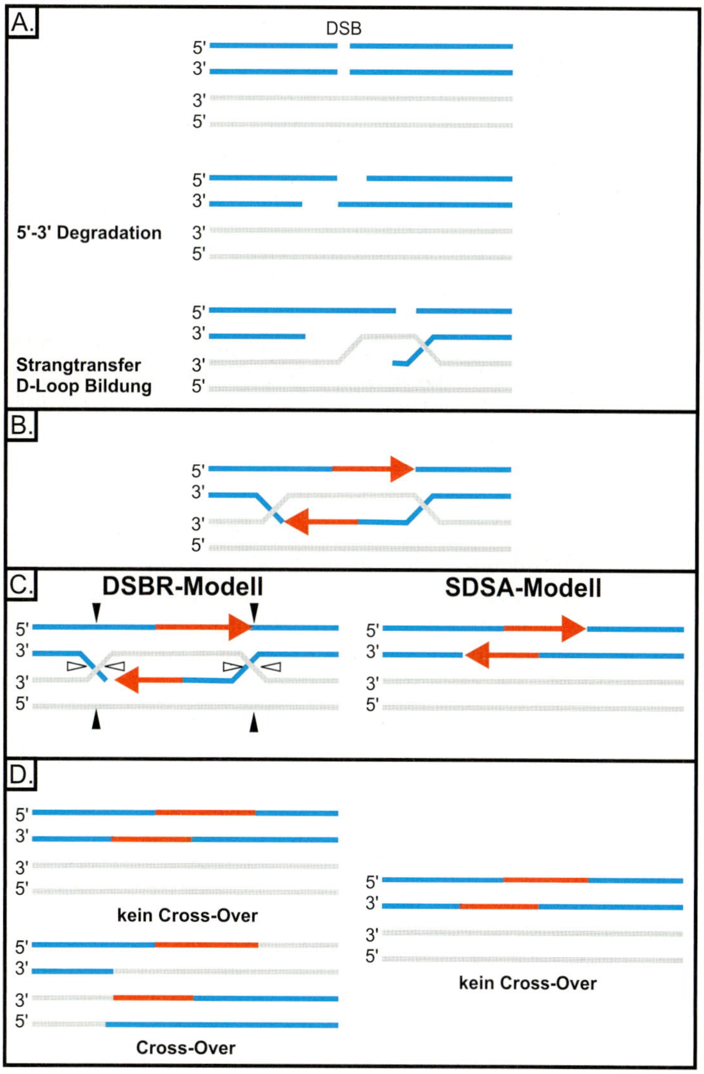

Abb. 4.3.8 A–D. Modelle zur homologen Rekombinationsreparatur. **A** Die Initiation der hier dargestellten Modelle, des DSBR-Modells und des SDSA-Modells, sind gleich. An den durch den Doppelstrangbruch entstandenen DNA-Enden werden lange 3′-Überhänge erzeugt, indem die komplementären Stränge in 5′-3′-Richtung abgedaut werden. Diese einzelsträngigen 3′-Überhänge werden dazu benutzt, eine Verdrängungsschlaufe (displacement-loop; D-Loop) zu bilden. **B** An den freien 3′-OH Enden kann DNA-Synthese beginnen. **C** Im DSBR-Modell wird die intermediäre Struktur nukleolytisch aufgelöst, und es entstehen ein Cross-over-Produkt (*schwarze Pfeile*) oder kein Cross-over (*weiße Pfeile*). Im SDSA-Modell hybridisieren die neu synthetisierten DNA-Stränge miteinander, und es entstehen nur Produkte ohne Cross-over. **D** Produkte, die sich aus der Auflösung der in **C** gezeigten Zwischenstufen ergeben

Das DSBR-Modell hat den Vorteil, dass es die durch Doppelstrangbrüche initiierte homologe Rekombination in meiotischen Zellen (meiotische Rekombination) erklärt, deren Genkonversionsereignisse in der Regel mit Cross-over-Ereignissen assoziiert sind (Storlazzi et al. 1995). Während der Reparatur von Doppelstrangbrüchen in somatischen Zellen ist dies jedoch weder bei Hefen noch bei Säugern zu beobachten, sodass im Moment ein anderes Modell, das SDSA-Modell, bevorzugt diskutiert wird (Johnson u. Jasin 2000).

Aufgrund der allgemeinen Bedeutung des DSBR-Modells und dessen Relevanz für die Reparatur meiotischer Doppelstrangbrüche sollen beide Modelle besprochen werden. Die Initiation des Rekombinationsvorgangs ist in beiden Modellen gleich. Sie beginnt vermutlich mit der Bindung des Rad52-Proteins an die Doppelstrangbruchenden, wodurch diese für die HRR und nicht für das NHEJ determiniert werden. Anschließend erfolgt eine Degradation beider Enden in 5′-3′-Richtung, wodurch 2 3′-überhängende Einzelstränge, die mehrere 100 bp lang sein können, erzeugt werden. An dieser Degradation ist der MRX-Komplex beteiligt (Paques u. Haber 1999a). In der Hefe *Saccharomyces cerevisiae* ist entsprechend genetischer und biochemischer Daten der MRX-Komplex für die Degradation verantwortlich. Vieles spricht dafür, dass der Vorgang in Säugerzellen ähnlich abläuft. Die so erzeugten langen 3′-Einzelstrangüberhänge werden mit RAD51 beschichtet und stabilisiert. Unter der Einwirkung von RAD51 ist der 3′-überhängende Einzelstrang dazu in der Lage, einen Strang aus der DNA-Duplex auf dem Schwesterchromatid zu verdrängen und mit der komplementären Sequenz zu hybridisieren. Da es sich um eine Verdrängungsreaktion handelt, wird die sich ausbildende Schlaufe auch als D-Loop (displacement loop) bezeichnet. Die sich dabei ausbildende Struktur aus 2 überkreuzten Strängen wird als Doppel-Holliday-Struktur bezeichnet, und in Hefe als Intermediat der meiotischen Rekombination nachgewiesen. Das DSBR-Modell und das SDSA-Modell unterscheiden sich in der Auflösung der Doppel-Holliday-Struktur. Nach dem DSBR-Modell wird die Struktur durch Nukleasen aufgelöst, indem entweder die sich überkreuzenden Stränge oder die sich nicht überkreuzenden Stränge geschnitten werden. Im ersten Fall führt die Auflösung zu einem Cross-over, im zweiten Fall ergibt sich kein Cross-over. Im SDSA-Modell wird der D-Loop aufgelöst, indem die neu synthetisierten Einzelstränge miteinander hybridisieren. In diesem Fall gibt es wiederum kein Cross-over.

4.3.5 Transläsionssynthese (TLS)

Die Transläsionssynthese ist kein DNA-Reparaturmechanismus, da der DNA-Schaden nicht entfernt wird. Dennoch hilft er der Zelle, mit einem besonderen Problem fertig zu werden, das sich aus der Schädigung von DNA während der S-Phase ergibt. Derartige Schäden verhindern den Fortgang der Replikation häufig dadurch, dass die an der Replikation beteiligten DNA-Polymerasen nicht über sie hinweg replizieren können (stalled replication fork). Dies führt zu einer Blockierung der Zellen in der S-Phase, sofern dieser Schaden nicht beseitigt oder, wie in der Transläsionssynthese, umgangen wird.

Viele DNA-Schäden wie AP-Stellen oder die durch UV-Licht induzierten „bulky adducts“ [z.B. das *cis*-syn-Cyclobutandimer oder das T-T(6–4)-Photoprodukt] führen zu einem Innehalten der Replikationsgabel. Zu diesem Zweck besitzen Zellen eine ganze Reihe weiterer DNA-Polymerasen, die über einige dieser DNA-Schäden hinweg replizieren können (Goodman u. Tippin 2000; Sutton u. Walker 2001). Diese Eigenschaft der DNA-Polymerasen wird allerdings dadurch erkauft, dass sie eine außerordentliche hohe Fehlerrate von 10^{-2}–10^{-3} aufweisen, also etwa alle 500 Nukleotide eine falsche Base einbauen. Die DNA-Synthese dieser Polymerasen ist hochgradig fehlerbehaftet (error-prone DNA synthesis).

In Säugerzellen sind mittlerweile 14 dieser DNA-Polymerasen bekannt, die die so genannte UmuC/DinB/Rev1/Rad30-Protein-Superfamilie bilden. Die biologische Funktionen dieser DNA-Polymerasen ist derzeit nur schlecht verstanden. Am besten ist beim Menschen wohl die Funktion der Polymerase η verstanden. Ist sie defekt, führt sie zu einer Variante der Krankheit Xeroderma pigmentosum, die daher als XP-V bezeichnet wird (Cleaver et al. 1999). Diese Form der Xeroderma pigmentosum ist nicht auf einen Fehler in der NER zurückzuführen, sondern auf die Unfähigkeit, durch UV-Schäden blockierte Replikationsgabeln mit Hilfe der DNA-Polymerase η zu reaktivieren. Dabei baut die DNA-Polymerase η komplementär zu einem Thymindimer meist korrekterweise 2 Adenine ein, macht also an der Stelle des DNA-Schadens selbst keinen Replikationsfehler im neu synthetisierten Strang. Allerdings wird der Schaden selbst nicht repariert. Die erhöhte Mutationsrate in XP-V-Zellen kommt wahrscheinlich dadurch zustande, dass bei einem Ausfall der DNA-Polymerase η andere unpräzise arbeitende DNA-

Polymerasen die Funktion von DNA-Polymerase η ersetzen, dabei aber an der Schadenstelle selbst Replikationsfehler erzeugen (Sutton u. Walker 2001).

Die große Zahl der fehlerhaft arbeitenden DNA-Polymerasen, die bislang in Säugerzellen gefunden wurden, könnte also darauf hinweisen, dass jede dieser DNA-Polymerasen die fehlerfreie Transläsionssynthese spezifischer DNA-Schäden erlaubt, an anderen DNA-Schäden aber Replikationsfehler erzeugt. Der Ausfall einer solchen DNA-Polymerase erhöht aufgrund des Ersatzes derselben durch eine nicht gleichwertige DNA-Polymerase die Mutationsrate in den Zellen. Es ist aber nicht klar, ob dies die einzige biologische Funktion dieser DNA-Polymerasen ist. Auch an anderen Vorgängen wie der somatischen Hypermutation von Immunglobulingenen ist zumindest die DNA-Polymerase τ beteiligt (Goodman u. Tippin 2000).

Eine weitere Möglichkeit, Replikationsgabeln über einen Schaden hinweg zu helfen, ist die HRR. An der Replikationsgabel kann es zu einem Vertauschen der Matrizenstränge zwischen den Schwesterchromatiden kommen, wodurch der DNA-Schaden umgangen werden kann. Dieser Reaktionsweg benötigt Komponenten der HRR. Dies erklärt, warum viele Proteine der HRR mit solchen der Replikation kolokalisieren. Die für familiäre Formen des Brustkrebs verantwortlichen Gene *BRCA1* und *BRCA2* sind an dieser Kopplung von homologer Rekombination und Replikation beteiligt.

4.3.6 DNA-Reparatur im Zellzyklus

Neben dem eigentlichen Reparaturgeschehen gibt es noch weitere zelluläre Reaktionen auf DNA-Schäden, die den Zellzyklus betreffen. Werden eukaryontische Zellen DNA schädigenden Chemikalien oder Strahlung ausgesetzt, reagieren sie mit einem vorübergehenden Innehalten des Zellzyklus an mindestens 2 Kontrollpunkten (checkpoints). Der erste ist der Übergang von der G_1-Phase zur S-Phase, der zweite der Übergang von der G_2-Phase zur M-Phase (Pellegata et al. 1996). Die Funktion dieser Kontrollpunkte erlaubt den Zellen, DNA-Schäden zu reparieren, bevor sie in kritische Phasen des Zellzyklus eintreten. Ist der Schaden repariert, kann der Zellzyklus fortgesetzt werden oder, wenn die Zelle zu stark geschädigt ist, die Apoptose eingeleitet werden (Colman et al. 2000; Enoch u. Norbury 1995; Pellegata et al. 1996). Über diese Checkpoint-Funktion hinaus gibt es aber noch weitere Verflechtungen zwischen Komponenten des Zellzyklus und DNA-Reparatursystemen. Diese Notwendigkeit ergibt sich daraus, dass die Zelle für den Fall der DNA-Schädigung ein geeignetes DNA-Reparatursystem bereithalten muss (Zhou u. Elledge 2000). Komponenten des Zellzyklus müssen daher Signale, die von der Erkennung eines DNA-Schadens ausgehen, mit der Einleitung geeigneter Reparaturmaßnahmen koordinieren.

Das *ATM*-Gen ist ein Regulationsfaktor des Zellzyklus, der unmittelbar durch die DNA-Schädigung aktiviert wird. Das Protein ist eine Kinase und gehört zur Supergenfamilie der PI-3-Kinasen, zu denen auch das *ATR*-Gen (ataxia related) und die oben genannten DNA-PK_{CS} gehören (Jeggo et al. 1998). Defekte im *ATM*-Gen führen zur Krankheit Ataxia telangiectatica, die durch Neurodegeneration, Störungen des Immunsystems, geringen Wuchs und eine Prädisposition für T-Zell-Tumoren und Lymphome geprägt ist. Auf zellulärer Ebene zeigen Zellen dieser Patienten erhöhte Strahlensensitivität und Beeinträchtigung des Zellzyklus (Jeggo et al. 1998). Dabei ist es schwer, auseinander zu halten, ob primär der DNA-Reparaturdefekt oder der Zellzyklusdefekt für den Phänotyp der ATM-defizienten Zellen verantwortlich ist. Das ATM-Protein wirkt auf den Zellzyklus, indem es das p53-Protein phosphoryliert. Allerdings sind im Unterschied zu ATM-Mutanten p53-defiziente Zellen strahlenresistent und nicht strahlenempfindlich. Dies kann so interpretiert werden, dass der primäre Defekt der ATM-defizienten Zellen auf zellulärer Ebene wohl auf einen DNA-Reparaturschaden zurückzuführen ist und der den Zellzyklus betreffende Phänotyp sekundärer Natur ist (Jeggo et al. 1998). Eine weitere Möglichkeit der Aktivierung des p53-Systems kann über die schon erwähnte, mit ATM strukturell verwandte ATR-Kinase erfolgen. Es scheint so zu sein, dass ATM und ATR Signale an die von p53 kontrollierte Zellzyklusregulation weitergeben. ATM und ATR sind demnach parallel arbeitende Kinasen, die wahrscheinlich in die Weiterleitung unterschiedlicher Schadenstypen involviert sind. ATM gibt Schäden, die zu DNA-Doppelstrangbrüchen führen, weiter, während ATR UV-induzierte Schäden vermittelt (Vogelstein et al. 2000). Dabei ist unklar, inwieweit ATM und ATR direkt an der Schadenserkennung beteiligt sind.

Der G_1-S-Phase-Kontrollpunkt ist unter der Kontrolle des p53-Proteins, während der G_2-M-Phase-Kontrollpunkt vermutlich aus 2 Komponenten besteht, von denen nur eine p53-abhängig ist. Die Funktion dieser Kontrollpunkte und des vorübergehenden Anhaltens des Zellzyklusgeschehens besteht darin, den Zellen mehr Zeit zu geben, DNA-Schäden zu reparieren bevor sie in die S-Phase oder Mitose eintreten. Ist der Schaden repariert, kann der Zellzyklus fortgesetzt oder, wenn die Zelle zu stark geschädigt ist, die Apoptose eingeleitet werden. Das p53-Protein integriert somit das Signal, das von gestressten und geschädigten Zellen ausgeht, und leitet eine zelluläre Reaktion ein (Colman et al. 2000; Pellegata et al. 1996).

Der Mechanismus, wie die Zelle zwischen einem vorübergehenden Anhalten des Zellzyklus und Apoptose unterscheidet, ist nicht ganz klar. Es kann sein, dass weitere Proteine (z. B. ASPP1 und ASPP2), die mit p53 interagieren, in die Regulation dieser p53-Antworten eingebunden sind (Lane 2001). Das p53-Protein steuert die weitere Reaktion der Zelle durch Induktion der Transkription weiterer Gene, indem es als Transkriptionsfaktor wirkt.

In jedem zweiten menschlichen Tumor, egal welcher Herkunft, ist es im Lauf der Tumorgenese zur Mutation beider p53-Allele gekommen (Colman et al. 2000). In solchen p53-defizienten Zellen wird die Replikation trotz DNA schädigender Einwirkungen fortgesetzt, was zur genomischen Instabilität führt. Aufgrund der schützenden Wirkung des intakten p53-Proteins auf die Genomstabilität wird dieses Protein auch als „Hüter des Genoms“ (guardian of the genome) bezeichnet (Lane 1992).

Unter der Kontrolle des *p53*-Gens stehen wiederum Komponenten der DNA-Reparatursysteme. Ein bedeutendes Protein ist das PCNA (proliferating cell nuclear antigen). Die Menge des nachweisbaren PCNA-Proteins schwankt stark innerhalb des Zellzyklus und ist während der letzten 5% der G_1-Phase und den ersten 35% der S-Phase nachweisbar. Es bildet eine ringartige Struktur aus und übernimmt 3 zelluläre Funktionen:

1. Es ist eine essenzielle Komponente des Replikationsapparats und stellt eine Art Trägerprotein für die an der Replikation beteiligten DNA-Polymerasen dar.
2. Das PCNA-Protein übernimmt die Ausführung des Zellzyklusarrests und steht dabei unter Kontrolle des p53-Proteins.
3. Die Abwesenheit von PCNA kann die Zellen in die Apoptose treiben (Paunesku et al. 2001).

Das PCNA-Protein ist in der Lage, mit vielen anderen Proteinen zu interagieren. Darunter sind viele Proteine, die direkt an der Durchführung von DNA-Reparaturaktivitäten beteiligt sind. Daher besteht die Bedeutung des PCNA-Proteins wahrscheinlich darin, die von p53 kontrollierte Antwort der Zelle auf DNA-Schäden umzusetzen (Paunesku et al. 2001). Die Long-patch-BER benötigt PCNA, die Short-patch-BER ist unabhängig von PCNA, da sie über die DNA-Polymerase β vermittelt wird, die unabhängig von PCNA arbeitet (Abb. 4.3.4).

4.3.7 Literatur

Aboussekhra A, Biggerstaff M, Shivji MK et al. (1995) Mammalian DNA nucleotide excision repair reconstituted with purified protein components. Cell 80:859–868

Ames BN (2001) DNA damage from micronutrient deficiencies is likely to be a major cause of cancer. Mutat Res 475:7–20

Ames BN, Gold LS, Willett WC (1995) The causes and prevention of cancer. Proc Natl Acad Sci USA 92:5258–5265

Batty DP, Wood RD (2000) Damage recognition in nucleotide excision repair of DNA. Gene 241:193–204

Beard WA, Wilson SH (2000) Structural design of a eukaryotic DNA repair polymerase: DNA polymerase beta. Mutat Res 460:231–244

Budd ME, Campbell JL (2000) Interrelationships between DNA repair and DNA replication. Mutat Res 451:241–255

Cadet J, Bourdat AG, D'Ham C et al. (2000) Oxidative base damage to DNA: specificity of base excision repair enzymes. Mutat Res 462:121–128

Cahill DP, Kinzler KW, Vogelstein B, Lengauer C (1999) Genetic instability and darwinian selection in tumours. Trends Cell Biol 9:M57–M60

Cleaver JE, Thompson LH, Richardson AS, States JC (1999) A summary of mutations in the UV-sensitive disorders: xeroderma pigmentosum, Cockayne syndrome, and trichothiodystrophy. Hum Mutat 14:9–22

Colman MS, Afshari CA, Barrett JC (2000) Regulation of p53 stability and activity in response to genotoxic stress. Mutat Res 462:179–188

Conaway JW, Conaway RC (1999) Transcription elongation and human disease. Annu Rev Biochem 68:301–319

Critchlow SE, Jackson SP (1998) DNA end-joining: from yeast to man. Trends Biochem Sci 23:394–398

Daza P, Reichenberger S, Gottlich B, Hagmann M, Feldmann E, Pfeiffer P (1996) Mechanisms of nonhomologous DNA end-joining in frogs, mice and men. Biol Chem 377:775–786

De Boer J, Hoeijmakers JH (1999) Cancer from the outside, aging from the inside: mouse models to study the consequences of defective nucleotide excision repair. Biochimie 81:127–137

De Boer J, Hoeijmakers JH (2000) Nucleotide excision repair and human syndromes. Carcinogenesis 21:453–460

De Laat WL, Appeldoorn E, Sugasawa K, Weterings E, Jaspers NG, Hoeijmakers JH (1998) DNA-binding polarity of human replication protein A positions nucleases in nucleotide excision repair. Genes Dev 12:2598–2609

Dianov G, Bischoff C, Piotrowski J, Bohr VA (1998) Repair pathways for processing of 8-oxoguanine in DNA by mammalian cell extracts. J Biol Chem 273:33811–33816

Donahue BA, Yin S, Taylor JS, Reines D, Hanawalt PC (1994) Transcript cleavage by RNA polymerase II arrested by a cyclobutane pyrimidine dimer in the DNA template. Proc Natl Acad Sci USA 91:8502–8506

Enoch T, Norbury C (1995) Cellular responses to DNA damage: cell-cycle checkpoints, apoptosis and the roles of p53 and ATM. Trends Biochem Sci 20:426–430

Essers J, Hendriks RW, Swagemakers SM et al. (1997) Disruption of mouse RAD54 reduces ionizing radiation resistance and homologous recombination. Cell 89:195–204

Fang WH, Modrich P (1993) Human strand-specific mismatch repair occurs by a bidirectional mechanism similar to that of the bacterial reaction. J Biol Chem 268: 11838–11844

Featherstone C, Jackson SP (1999) Ku, a DNA repair protein with multiple cellular functions? Mutat Res 434:3–15

Feldmann E, Schmiemann V, Goedecke W, Reichenberger S, Pfeiffer P (2000) DNA double-strand break repair in cell-free extracts from Ku80-deficient cells: implications for Ku serving as an alignment factor in non-homologous DNA end joining. Nucleic Acids Res 28:2585–2596

Ferguson DO, Sekiguchi JM, Chang S et al. (2000) The nonhomologous end-joining pathway of DNA repair is required for genomic stability and the suppression of translocations. Proc Natl Acad Sci USA 97:6630–6633

Goedecke W, Eijpe M, Offenberg HH, Aalderen M van, Heyting C (1999) Mre11 and Ku70 interact in somatic cells, but are differentially expressed in early meiosis. Nat Genet 23:194–198

Goodman MF, Tippin B (2000) The expanding polymerase universe. Nat Rev Mol Cell Biol 1:101–109

Hanawalt PC (1994) Transcription-coupled repair and human disease. Science 266:1957–1958

Hanawalt PC (2001) Controlling the efficiency of excision repair. Mutat Res 485:3–13

Harfe BD, Jinks-Robertson S (2000) Mismatch repair proteins and mitotic genome stability. Mutat Res 451:151–167

Haushalter KA, Todd Stukenberg MW, Kirschner MW, Verdine GL (1999) Identification of a new uracil-DNA glycosylase family by expression cloning using synthetic inhibitors. Curr Biol 9:174–185

Hazra TK, Roy R, Biswas T, Grabowski DT, Pegg AE, Mitra S (1997) Specific recognition of O^6-methylguanine in DNA by active site mutants of human O^6-methylguanine-DNA methyltransferase. Biochemistry 36:5769–5776

Hess MT, Schwitter U, Petretta M, Giese B, Naegeli H (1997) Bipartite substrate discrimination by human nucleotide excision repair. Proc Natl Acad Sci USA 94:6664–6669

Hoeijmakers JH (2001) Genome maintenance mechanisms for preventing cancer. Nature 411:366–374

Hsieh P (2001) Molecular mechanisms of DNA mismatch repair. Mutat Res 486:71–87

Huang J, Dynan WS (2002) Reconstitution of the mammalian DNA double-strand break end-joining reaction reveals a requirement for an Mre11/Rad50/NBS1-containing fraction. Nucleic Acids Res 30:667–674

Hussain SP, Harris CC (2000) Molecular epidemiology and carcinogenesis: endogenous and exogenous carcinogens. Mutat Res 462:311–322

Itin PH, Sarasin A, Pittelkow MR (2001) Trichothiodystrophy: update on the sulfur-deficient brittle hair syndromes. J Am Acad Dermatol 44:891–920

Jackson SP (1997) Genomic stability. Silencing and DNA repair connect. Nature 388:829–830

Jackson AL, Loeb LA (2001) The contribution of endogenous sources of DNA damage to the multiple mutations in cancer. Mutat Res 477:7–21

Jeggo PA, Carr AM, Lehmann AR (1998) Splitting the ATM: distinct repair and checkpoint defects in ataxia-telangiectasia. Trends Genet 14:312–316

Johnson RD, Jasin M (2000) Sister chromatid gene conversion is a prominent double-strand break repair pathway in mammalian cells. EMBO J 19:3398–3407

Kamiuchi S, Saijo M, Citterio E, Jager M de, Hoeijmakers JH, Tanaka K (2002) Translocation of Cockayne syndrome group A protein to the nuclear matrix: possible relevance to transcription-coupled DNA repair. Proc Natl Acad Sci USA 99:201–206

Khanna KK, Jackson SP (2001) DNA double-strand breaks: signaling, repair and the cancer connection. Nat Genet 27:247–254

Krokan HE, Nilsen H, Skorpen F, Otterlei M, Slupphaug G (2000) Base excision repair of DNA in mammalian cells. FEBS Lett 476:73–77

Kunkel TA, Bebenek K (2000) DNA replication fidelity. Annu Rev Biochem 69:497–529

Lane DP (1992) Cancer. p53, guardian of the genome. Nature 358:15–16

Lane D (2001) How cells choose to die. Nature 414:25–27

Lau AY, Wyatt MD, Glassner BJ, Samson LD, Ellenberger T (2000) Molecular basis for discriminating between normal and damaged bases by the human alkyladenine glycosylase, AAG. Proc Natl Acad Sci USA 97:13573–13578

Li B, Comai L (2000) Functional interaction between Ku and the Werner syndrome protein in DNA end processing. J Biol Chem 275:28349–28352

Li YF, Kim S, Sancar A (1993) Evidence for lack of DNA photoreactivating enzyme in humans. Proc Natl Acad Sci USA 90:4389–4393

Lichten M, Goyon C, Schultes NP et al. (1990) Detection of heteroduplex DNA molecules among the products of *Saccharomyces cerevisiae* meiosis. Proc Natl Acad Sci USA 87:7653–7657

Lindahl T (1993) Instability and decay of the primary structure of DNA. Nature 362:709–715

Lindahl T (2000) Suppression of spontaneous mutagenesis in human cells by DNA base excision-repair. Mutat Res 462:129–135

Loeb LA (2001) A mutator phenotype in cancer. Cancer Res 61:3230–3239

Lopez de Saro FJ, O'Donnell M (2001) Interaction of the beta sliding clamp with MutS, ligase, and DNA polymerase I. Proc Natl Acad Sci USA 98:8376–8380

Marnett LJ (2000) Oxyradicals and DNA damage. Carcinogenesis 21:361–370

Meira LB, Reis AM, Cheo DL, Nahari D, Burns DK, Friedberg EC (2001) Cancer predisposition in mutant mice defective in multiple genetic pathways: uncovering important genetic interactions. Mutat Res 477:51–58

Mitelman F (2000) Recurrent chromosome aberrations in cancer. Mutat Res 462:247–253

Mitra S, Boldogh I, Izumi T, Hazra TK (2001) Complexities of the DNA base excision repair pathway for repair of oxidative DNA damage. Environ Mol Mutagen 38:180–190

Moore JK, Haber JE (1996) Cell cycle and genetic requirements of two pathways of nonhomologous end-joining repair of double-strand breaks in *Saccharomyces cerevisiae*. Mol Cell Biol 16:2164–2173

Moustacchi E (2000) DNA damage and repair: consequences on dose-responses. Mutat Res 464:35–40

Mu D, Sancar A (1997) Model for XPC-independent transcription-coupled repair of pyrimidine dimers in humans. J Biol Chem 272:7570–7573

Mu D, Wakasugi M, Hsu DS, Sancar A (1997) Characterization of reaction intermediates of human excision repair nuclease. J Biol Chem 272:28.971–28.979

Muller C, Calsou P, Frit P, Salles B (1999) Regulation of the DNA-dependent protein kinase (DNA-PK) activity in eukaryotic cells. Biochimie 81:117–125

Nilsen H, Krokan HE (2001) Base excision repair in a network of defence and tolerance. Carcinogenesis 22:987–998

Odersky A, Panyutin IV, Panyutin IG et al. (2002) Repair of sequence-specific ^{125}I-induced double-strand breaks by nonhomologous DNA end joining in mammalian cell-free extracts. J Biol Chem 277:11.756–11.764

Oshima J, Huang S, Pae C, Campisi J, Schiestl RH (2002) Lack of WRN results in extensive deletion at nonhomologous joining ends. Cancer Res 62:547–551

Paques F, Haber JE (1999a) Multiple pathways of recombination induced by double-strand breaks in *Saccharomyces cerevisiae*. Microbiol Mol Biol Rev 63:349–404

Paques F, Haber JE (1999b) Multiple pathways of recombination induced by double-strand breaks in *Saccharomyces cerevisiae*. Microbiol Mol Biol Rev 63:349–404

Paull TT, Gellert M (2000) A mechanistic basis for Mre11-directed DNA joining at microhomologies. Proc Natl Acad Sci USA 97:6409–6414

Paunesku T, Mittal S, Protic M et al. (2001) Proliferating cell nuclear antigen (PCNA): ringmaster of the genome. Int J Radiat Biol 77:1007–1021

Pearl LH (2000) Structure and function in the uracil-DNA glycosylase superfamily. Mutat Res 460:165–181

Pellegata NS, Antoniono RJ, Redpath JL, Stanbridge EJ (1996) DNA damage and p53-mediated cell cycle arrest: a reevaluation. Proc Natl Acad Sci USA 93:15209–15214

Peltomaki P (2001) DNA mismatch repair and cancer. Mutat Res 488:77–85

Pfeiffer P (1998) The mutagenic potential of DNA double-strand break repair. Toxicol Lett 96–97:119–129

Pfeiffer P, Vielmetter W (1988) Joining of nonhomologous DNA double strand breaks in vitro. Nucleic Acids Res 16:907–924

Pfeiffer P, Goedecke W, Obe G (2000) Mechanisms of DNA double-strand break repair and their potential to induce chromosomal aberrations. Mutagenesis 15:289–302

Rajewsky MF, Engelbergs J, Thomale J, Schweer T (2000) DNA repair: counteragent in mutagenesis and carcinogenesis – accomplice in cancer therapy resistance. Mutat Res 462:101–105

Ronen A, Glickman BW (2001) Human DNA repair genes. Environ Mol Mutagen 37:241–283

Roth DB, Wilson JH (1986) Nonhomologous recombination in mammalian cells: role for short sequence homologies in the joining reaction. Mol Cell Biol 6:4295–4304

Sancar A (1994) Mechanisms of DNA excision repair. Science 266:1954–1956

Sancar A (1995) DNA repair in humans. Annu Rev Genet 29:69–105

Satoh MS, Jones CJ, Wood RD, Lindahl T (1993) DNA excision-repair defect of xeroderma pigmentosum prevents removal of a class of oxygen free radical-induced base lesions. Proc Natl Acad Sci USA 90:6335–6339

Schar P, Herrmann G, Daly G, Lindahl T (1997) A newly identified DNA ligase of *Saccharomyces cerevisiae* involved in RAD52-independent repair of DNA double-strand breaks. Genes Dev 11:1912–1924

Selby CP, Sancar A (1997) Human transcription-repair coupling factor CSB/ERCC6 is a DNA-stimulated ATPase but is not a helicase and does not disrupt the ternary transcription complex of stalled RNA polymerase II. J Biol Chem 272:1885–1890

Siede W, Friedl AA, Dianova I, Eckardt-Schupp F, Friedberg EC (1996) The *Saccharomyces cerevisiae* Ku autoantigen homologue affects radiosensitivity only in the absence of homologous recombination. Genetics 142:91–102

Slupska MM, Baikalov C, Luther WM, Chiang JH, Wei YF, Miller JH (1996) Cloning and sequencing a human homolog (hMYH) of the *Escherichia coli* mutY gene whose function is required for the repair of oxidative DNA damage. J Bacteriol 178:3885–3892

Smith JR, Pereira-Smith OM (1996) Replicative senescence: implications for in vivo aging and tumor suppression. Science 273:63–67

Sommer SS, Ketterling RP (1994) How precisely can data from transgenic mouse mutation-detection systems be extrapolated to humans?: lessons from the human factor IX gene. Mutat Res 307:517–531

Storlazzi A, Xu L, Cao L, Kleckner N (1995) Crossover and noncrossover recombination during meiosis: timing and pathway relationships. Proc Natl Acad Sci USA 92:8512–8516

Sugasawa K, Ng JM, Masutani C et al. (1998) Xeroderma pigmentosum group C protein complex is the initiator of global genome nucleotide excision repair. Mol Cell 2:223–232

Sun H, Treco D, Schultes NP, Szostak JW (1989) Double-strand breaks at an initiation site for meiotic gene conversion. Nature 338:87–90

Sun H, Treco D, Szostak JW (1991) Extensive 3′-overhanging, single-stranded DNA associated with the meiosis-specific double-strand breaks at the ARG4 recombination initiation site. Cell 64:1155–1161

Sutton MD, Walker GC (2001) Managing DNA polymerases: coordinating DNA replication, DNA repair, and DNA recombination. Proc Natl Acad Sci USA 98:8342–8349

Thode S, Schafer A, Pfeiffer P, Vielmetter W (1990) A novel pathway of DNA end-to-end joining. Cell 60:921–928

Thomas DC, Roberts JD, Kunkel TA (1991) Heteroduplex repair in extracts of human HeLa cells. J Biol Chem 266:3744–3751

Van der Kemp PA, Thomas D, Barbey R, De Oliveira R, Boiteux S (1996) Cloning and expression in *Escherichia coli* of the OGG1 gene of *Saccharomyces cerevisiae*, which codes for a DNA glycosylase that excises 7,8-dihydro-8-oxoguanine and 2,6-diamino-4-hydroxy-5-N-methylformamidopyrimidine. Proc Natl Acad Sci USA 93:5197–5202

Van Gent DC, Hoeijmakers JH, Kanaar R (2001) Chromosomal stability and the DNA double-stranded break connection. Nat Rev Genet 2:196–206

Venema J, Van Hoffen A, Karcagi V, Natarajan AT, Van Zeeland AA, Mullenders LH (1991) Xeroderma pigmentosum complementation group C cells remove pyrimidine dimers selectively from the transcribed strand of active genes. Mol Cell Biol 11:4128–4134

Vijg J (2000) Somatic mutations and aging: a re-evaluation. Mutat Res 447:117–135

Vogelstein B, Lane D, Levine AJ (2000) Surfing the p53 network. Nature 408:307–310

Vrieling H, Van Zeeland AA, Mullenders LH (1998) Transcription coupled repair and its impact on mutagenesis. Mutat Res 400:135–142

Wang L, Zhu D, Zhang C et al. (1997) Mutations of O^6-methylguanine-DNA methyltransferase gene in esophageal cancer tissues from Northern China. Int J Cancer 71:719–723

Waters TR, Swann PF (2000) Thymine-DNA glycosylase and G to A transition mutations at CpG sites. Mutat Res 462:137–147

Weaver DT (1995) What to do at an end: DNA double-strand-break repair. Trends Genet 11:388–392

Wood RD (1999) DNA damage recognition during nucleotide excision repair in mammalian cells. Biochimie 81:39–44

Wood RD, Mitchell M, Sgouros J, Lindahl T (2001) Human DNA repair genes. Science 291:1284–1289

Zhou BB, Elledge SJ (2000) The DNA damage response: putting checkpoints in perspective. Nature 408:433–439

4.4 Ribozyme in der molekularen Medizin

JENS KURRECK, JENS P. FÜRSTE und VOLKER A. ERDMANN

Inhaltsverzeichnis

4.4.1 Einleitung

Erst in den 80er Jahren wurde entdeckt, dass nicht nur Proteine, sondern auch Ribonukleinsäuren enzymatisch aktiv sein können. Diese katalytischen RNA-Moleküle werden als Ribozyme bezeichnet. Das erste beschriebene Ribozym war eine sich selbst spleißende rRNA-Sequenz aus dem Ziliaten *Tetrahymena thermophila* (Cech et al. 1981; Kruger et al. 1982), später wurden jedoch auch Nukleinsäuren beobachtet, die *in trans* aktiv sind, d. h. ein anderes Molekül umsetzen und damit das entscheidende Kriterium für ein echtes Enzym erfüllen (Guerrier-Takada et al. 1983). Aufgrund dieser Entdeckungen musste die klassische Vorstellung revidiert werden, dass RNA-Moleküle lediglich Informationsüberträger und Strukturbildner sind, während katalytische Aktivitäten ausschließlich Proteinen vorbehalten sind. Thomas Cech und Sidney Altman wurden für ihre bahnbrechenden Arbeiten 1989 mit dem Nobelpreis für Chemie geehrt.

Mittlerweile sind zahlreiche Typen von Ribozymen bekannt und z. T. strukturell und mechanistisch gut charakterisiert. Die natürlich vorkommenden Ribozyme katalysieren die Hydrolyse oder Umesterungen von Phosphodiesterbindungen zwischen Nukleotiden. Durch *In-vitro*-Selektion ist es aber gelungen, weitere neuartige Ribozyme zu erhalten, die zahlreiche Umsetzungen wie Diels-Alder-Reaktionen, die Ausbildung von glykosidischen Bindungen und Amidbindungen, Phosphorylierungen, Karbonesterhydrolysen, Alkylierungen und Acylierungen katalysieren [Übersichtsartikel: Jäschke u. Seelig (2000)]. Seit Mitte der 90er Jahre konnten *in vitro* auch katalytisch aktive DNA-Moleküle selektiert werden.

Im vorliegenden Beitrag werden schwerpunktmäßig Ribozyme und DNA-Enzyme behandelt, die im medizinischen Bereich angewendet werden können. Dabei handelt es sich v. a. um katalytisch aktive Nukleinsäuren, die spezifisch eine Ziel-mRNA spalten. Sie eignen sich prinzipiell als Therapeutika für Krankheiten, bei denen schädliche Gene exprimiert werden, etwa für Krebserkrankungen, virale Infektionen oder Resistenzen gegenüber Chemotherapeutika.

Traditionelle Pharmaka sind zumeist niedermolekulare Substanzen, die auf der Ebene der Proteine wirken und z. B. katalytische Zentren blockieren oder an Rezeptoren binden (Abb. 4.4.1). Durch unspezifische Bindungen an andere Zellkomponenten kann es hierbei zu Nebenwirkungen kommen. Antisense-Oligonukleotide setzen bereits

Ganten / Ruckpaul (Hrsg.)
Grundlagen der Molekularen Medizin,
2. Auflage

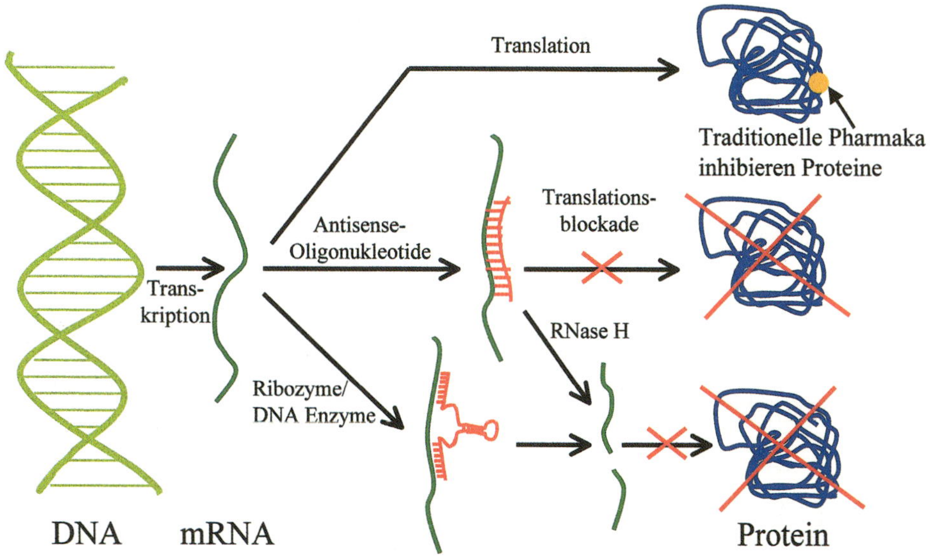

Abb. 4.4.1. Vergleich der Wirkweise von traditionellen Pharmaka mit der von Antisense-Oligonukleotiden und Ribozymen oder Desoxyribozymen

eine Ebene früher an und blockieren durch Bindung an eine Ziel-mRNA deren Translation. Außerdem initiieren sie die Spaltung der RNA durch RNAse H. Ein erstes Antisense-Medikament, Vitravene, wurde 1998 von der FDA zur Behandlung von zytomegalievirusinduzierter Retinitis zugelassen. Ribozyme und DNA-Enzyme binden ebenfalls durch komplementäre Basenpaarung an eine Ziel-mRNA. Sie besitzen eigene katalytische Aktivität und können so die RNA durch Hydrolyse einer Phosphodiesterbindung spalten (Abb. 4.4.1). Aufgrund der hohen Sequenzspezifität ist nur mit geringfügigen Nebenwirkungen zu rechnen.

Die wesentlichen Herausforderungen bei der Entwicklung von Ribozymen sind in Abb. 4.4.2 zusammengefasst:

1. Um zum Wirkungsort zu gelangen, muss das Ribozym effizient in eine Zelle oder auch ein bestimmtes Zellkompartment eingebracht werden.
2. Die Spaltstelle auf der Ziel-mRNA muss strukturell zugänglich sein.
3. Für effiziente Spaltungen muss das Ribozym die aktive Konformation im Komplex mit der mRNA einnehmen können.
4. Für den mehrfachen Spaltungsvorgang muss das Ribozym ausreichend stabil sein.

4.4.2 Klassifizierung der Ribozyme

Es sind inzwischen zahlreiche Typen von Ribozymen bekannt, die Umesterungen katalysieren oder RNA spalten. Sie können grob in 2 Klassen eingeteilt werden:

- große Ribozyme und
- kleine Ribozyme.

Bei den durch große Ribozyme katalysierten Reaktionen entstehen als Produkte eine RNA mit einer 3′-Hydroxylgruppe und eine zweite RNA mit einem 5′-Phosphatrest (Abb. 4.4.3 A); die Spaltungen von RNA durch eines der kleinen Ribozyme führen dagegen zu Produkten mit einem 2′-3′-Cyclophosphat und einer 5′-Hydroxylgruppe (Abb. 4.4.3 B). Neben den Ribozymen aus RNA gewinnen zunehmend die als Desoxyribozyme oder DNA-Enzyme bezeichneten, *in vitro* selektierten, enzymatischen DNA-Moleküle an Bedeutung. Ihr katalytischer Mechanismus ähnelt dem der kleinen Ribozyme (Santoro u. Joyce 1998).

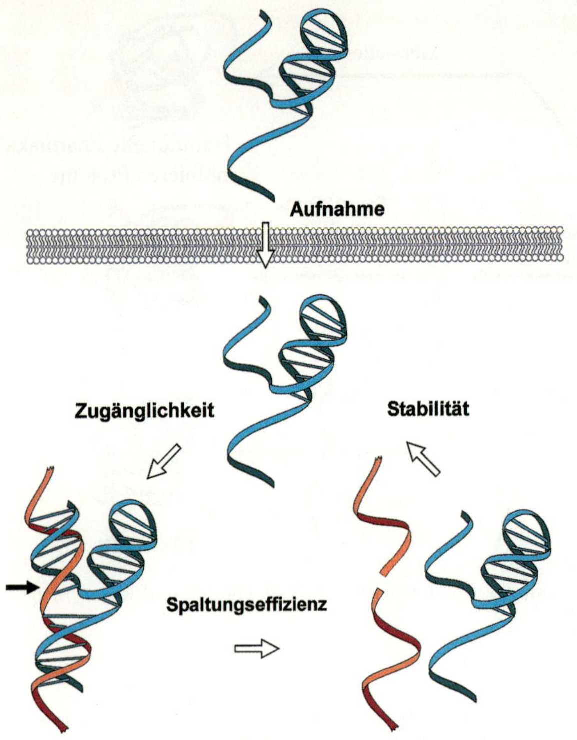

Abb. 4.4.2. Die vier Herausforderungen bei der Entwicklung von Ribozymen: Aufnahme in die Zelle oder auch ein bestimmtes Zellkompartment, Zugang zur Spaltstelle auf der Ziel-mRNA, Effizienz der Spaltung und Stabilität des Ribozyms

4.4.2.1 Große Ribozyme

Zu den großen Ribozymen zählen die Gruppe-I- und -II-Introns, die aus über 100 Nukleotiden bestehen, sowie die RNase P, die neben der Nukleinsäure auch eine Proteinkomponente enthält.

Gruppe-I-Introns. Das erste beschriebene Ribozym war ein Intron in der 26S-rRNA des Ziliaten *Tetrahymena thermophila* (Cech et al. 1981). Mittlerweile sind viele weitere Beispiele von Gruppe-I-Introns bekannt, u.a. in Mitochondrien von Pflanzen und Pilzen, in der RNA des T4-Phagen und in Chloroplasten-tRNA. Gruppe-I-Introns bestehen aus mehreren Hundert Nukleotiden und führen eine Spleißreaktion aus, bei der ein Guanosin oder ein Guanosinnukleotid als Kofaktor benötigt wird. Die Gruppe-I-Introns katalysieren magnesiumabhängige Umesterungen an Phosphatgruppen, bei denen zwei Exons miteinander verknüpft werden. Die Substratspezifität wird durch eine Sequenz innerhalb des Introns, die „internal guide sequence" (IGS) bestimmt. Außerdem wird ein U an Position −1 relativ zur Schnittstelle benötigt, das mit einem konservierten G in der IGS gepaart ist. Das herausgeschnittene, katalytisch aktive Intron kann durch eine kleine Deletion in ein echtes Enzym umgewandelt werden, das *in trans* aktiv ist und spezifische Substrate umsetzt. Das katalytische Zentrum der Gruppe-I-Introns wird von zwei

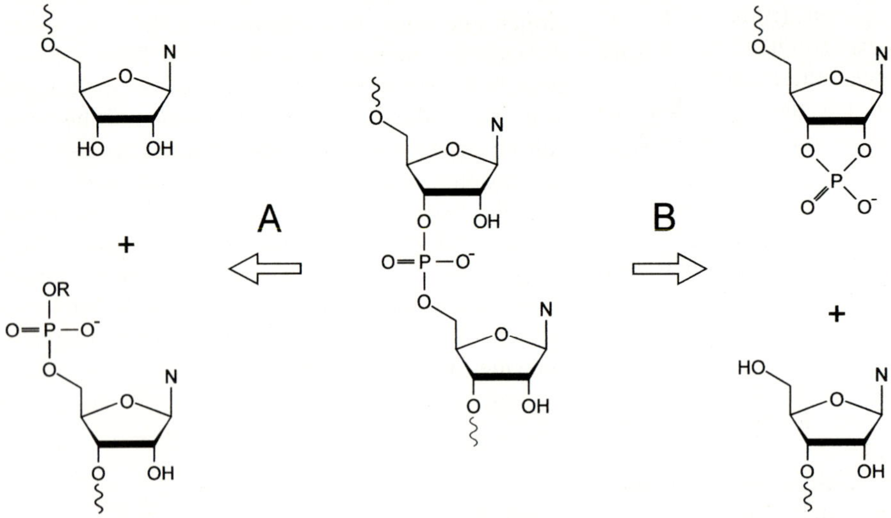

Abb. 4.4.3. Spaltung einer Substrat-RNA durch Ribozyme. *A* Die Spaltung durch große Ribozyme führt zu Fragmenten mit einer 3′-Hydroxylgruppe und einem 5′-Phosphatrest. *R* bei Gruppe-I-Introns: C-3′-Atom eines Guanosins, bei Gruppe-II-Introns: C-2′-Atom eines Adenosins, bei RNase P: Wasserstoff. *B* Spaltung der Substrat-RNA durch eines der kleinen Ribozyme (Hammerhead-Ribozym, Leadzym, Hepatitis-δ-Ribozym, Hairpin-Ribozym und DNA-Enzym) führt zu Spaltprodukten, die ein zyklisches 2′-3′-Phosphat und eine 5′-Hydroxylgruppe tragen

strukturellen Domänen geformt, von denen eine durch Kristallstrukturanalyse aufgeklärt werden konnte (Cate et al. 1996).

Durch entsprechende Modifikationen lassen sich therapeutisch nutzbare Gruppe-I-Ribozyme entwickeln, die mutierte Teile einer mRNA durch die korrekte Sequenz ersetzen. So konnte eine verkürzte Version des Gruppe-I-Ribozyms, die als L-21 bezeichnet wird, zur Reparatur von Globintranskripten in Erythrozytenvorläuferzellen von Patienten mit Sichelzellenanämie eingesetzt werden (Lan et al. 1998). Dabei spaltet das Ribozym zunächst den Teil der β^S-Globin-RNA ab, der die krankheitsauslösende Mutation enthält. Dann fügt es die RNA des γ-Globin-3′-Exons an, sodass ein γ-Globin-Transkript entsteht, das die Polymerisation des Hämoglobins verhindert.

In einer weiteren Arbeit konnte das Transkript der humanen myotonischen Dystrophieproteinkinase repariert werden (Phylactou et al. 1998). Die myotonische Dystrophie wird ähnlich wie die Huntington-Krankheit durch verlängerte Trinukleotidwiederholungen ausgelöst. Mit Hilfe eines Gruppe-I-Introns gelang es in vitro und in Eukaryontenzellen, 12 CUG-Wiederholungen am 3′-Ende des Transkripts durch nur 5 Wiederholungen zu ersetzen. Diese Studien zeigen, dass Ribozyme nicht nur zur Spaltung schädlicher Transkripte, sondern auch zur Korrektur mutierter mRNA bei einer Vielzahl von Erbkrankheiten eingesetzt werden können.

Gruppe-II-Introns. Introns der Gruppe II kommen in mitochondrialen Genen vor. Sie katalysieren ebenfalls selbst spleißende Reaktionen, benötigen aber im Gegensatz zu den Introns der Gruppe I keinen Kofaktor. Auch die katalytischen Zentren und die Reaktionsprodukte der beiden Gruppen enzymatischer Introns unterscheiden sich. Während bei den Gruppe-I-Introns neben den ligierten Exons das herausgeschnittene Intron mit einem 5′-Phosphat und einer 3′-Hydroxylgruppe entsteht, bildet sich bei den Spleißreaktionen der Gruppe-II-Introns durch die Umesterung ein Lariat. Modifizierte Introns der Gruppe II sind *in trans* aktiv (Müller et al. 1993). Sie können zur Insertion von Nukleotiden in definierte Zielstellen in doppelsträngiger DNA verwendet werden (Guo et al. 2000).

RNase P. Die Ribonuklease P (RNAse P) ist eine ubiquitär vorkommende RNase, die die 5′-Termini der Vorläufer-tRNA-Transkripte während der Prozessierung spaltet. RNase P besteht sowohl aus einer RNA als auch aus einer Proteinkomponente, wobei die RNA der prokaryontischen RNase P der katalytisch aktive Bestandteil ist (Guerrier-Takada et al. 1983). So konnte gezeigt werden, dass die RNA-Komponente der RNase P aus *E. coli* allein katalytisch aktiv ist, wohingegen die Proteine keine katalytische Aktivität aufweisen. Die eukaryontische RNase P ist weniger gut charakterisiert als die prokaryontische RNase P, doch scheint ihre RNA-Komponente keine enzymatische Aktivität zu besitzen (Tanner 1999). RNase P kann jede RNA spalten, die mit einem komplementären Oligonukleotid, der „external guide sequence“ (EGS), verbunden ist.

4.4.2.2 Kleine Ribozyme

Es gibt mehrere Typen kleiner Ribozyme, die aus weniger als 100 Nukleotiden bestehen:

- Hepatitis-δ-Ribozym,
- Hairpin-Ribozym,
- Hammerhead-Ribozym und
- Leadzym (Abb. 4.4.4).

Daneben ist ein Ribozym aus Mitochondrien verschiedener Neurosporaarten bekannt, das jedoch bislang nur wenig untersucht und kaum verstanden ist, sodass seine mögliche therapeutische Anwendung derzeit noch in weiter Ferne liegt. Das Hairpin- und das Hammerhead-Ribozym sind am besten charakterisiert und finden die breiteste Anwendung in der medizinischen Forschung und sollen daher in den folgenden Abschnitten am ausführlichsten behandelt werden.

Hammerhead-Ribozym. Das Hammerhead-Ribozym kommt natürlich als selbst spaltende RNA in Pflanzenpathogenen vor. Schon bald nach der Entdeckung des Hammerhead-Ribozyms wurden Varianten entwickelt, die RNA-Moleküle *in trans* spalten können (Haseloff u. Gerlach 1988; Uhlenbeck 1987). Diese für medizinische Anwendungen geeigneten Hammerhead-Ribozyme sind weniger als 40 Nukleotide lang und bestehen aus 2 Substraterkennungsarmen mit jeweils 7–9 Nukleotiden, die durch Watson-Crick-Basenpaarung an die Ziel-mRNA binden, sowie dem stark konservierten katalytischen Zentrum und einer weiteren Helix mit einem Loop (Abb. 4.4.4 c). Hammerhead-Ribozyme spalten eine Ziel-RNA hinter der Sequenzfolge NUH, wobei N ein beliebiges Nukleotid, U ein Uridin und H ein beliebiges Nukleotid außer G ist. Nach neueren Erkenntnissen können auch RNA-Moleküle mit NAH- und NCH-Tripletts mit nied-

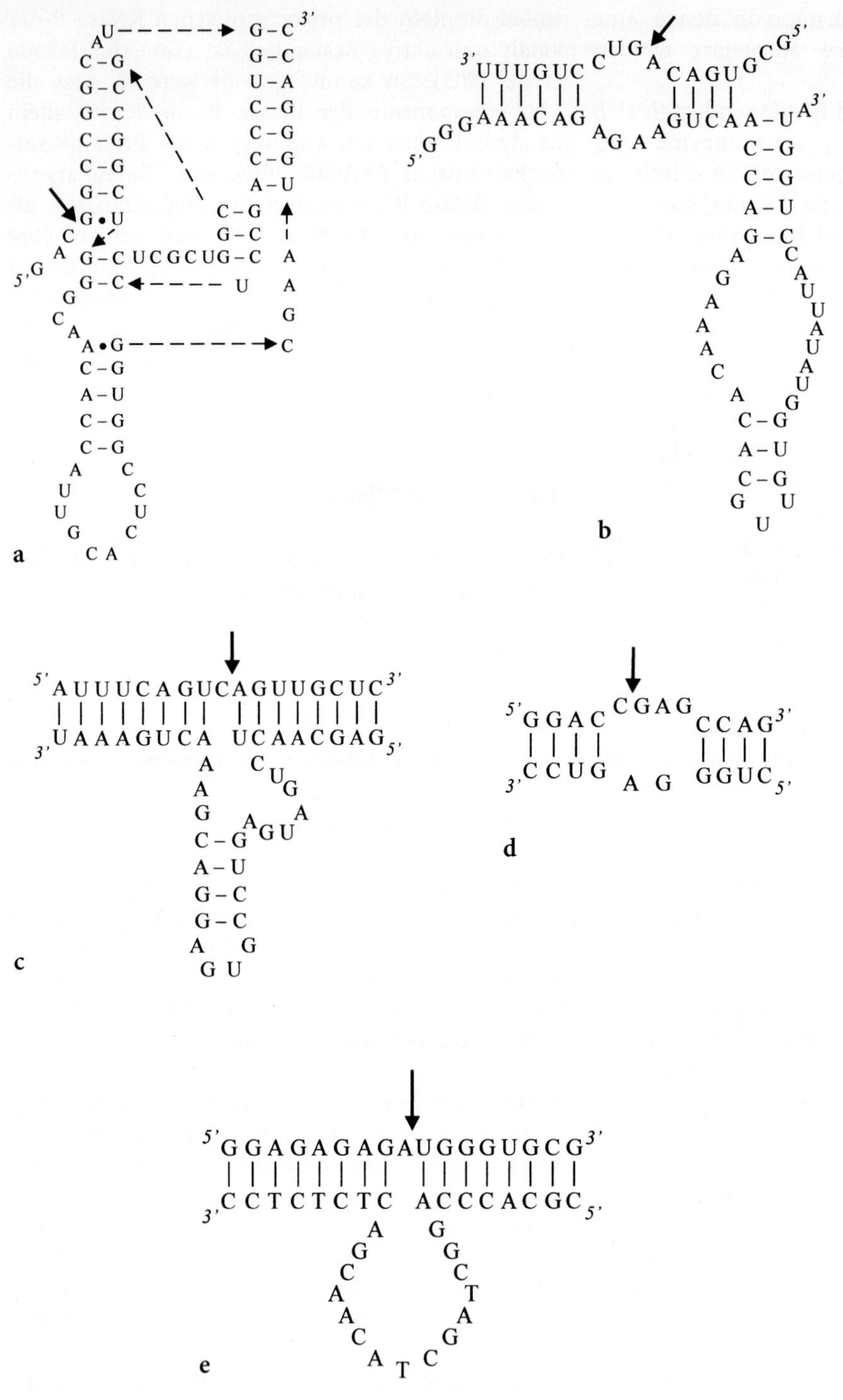

Abb. 4.4.4 a–e. Sekundärstrukturen des **a** Hepatitis-δ-Ribozyms [nach Ferré-D'Amaré et al. (1998)], **b** Hairpin-Ribozyms [nach Pérez-Ruiz et al. (1999)], **c** Hammerhead-Ribozyms [nach Hertel et al. (1992)], **d** Leadzyms [nach Pan u. Uhlenbeck (1992)] und **e** DNA-Enzyms [nach Santoro u. Joyce (1998)]. *Pfeile:* Spaltungsstellen

rigen Ratenkonstanten gespalten werden (Kore et al. 1998). Durch *In-vitro*-Selektion konnte ein Hammerhead-ähnliches Ribozym erhalten werden, das hinter Purinen spaltet und damit das Spektrum möglicher Spaltstellen erweitert (Vaish et al. 1998 a). Die Aktivitäten, die Sekundärstruktur und der Reaktionsmechanismus dieses Ribozyms sind vergleichbar mit denen des natürlichen Hammerhead-Ribozyms.

Weitere Details zur Struktur und zum Mechanismus des Hammerhead-Ribozyms sowie ausgewählte Anwendungsbeispiele werden unten gegeben.

Leadzym. Das Leadzym ist das kleinste bekannte Ribozym (Abb. 4.4.4 d). Es wurde durch *In-vitro*-Selektion erhalten und besteht aus einer RNA-Duplex mit einem einzigen asymmetrischen Loop (Pan u. Uhlenbeck 1992). Das Leadzym katalysiert die Spaltung von RNA in Gegenwart von Pb^{2+} und Mg^{2+} nach einem für Ribozyme ungewöhnlichen 2-Schritt-Mechanismus: Zunächst wird ein 2′,3′-zyklisches Phosphodiesterintermediat gebildet, das dann zu einem 3′-Phosphomonoester hydrolysiert wird. Da das Leadzym zur RNA-Spaltung Pb^{2+}-Ionen benötigt und eine nur geringe katalytische Aktivität aufweist, kommt es für medizinische Anwendungen kaum in Betracht. Durch seine geringe Größe eignet es sich für grundlegende strukturelle und mechanistische Untersuchungen.

Hepatitis-δ-Ribozym. Das Hepatitis-δ-Virus (HdV) ist ein Satellitenvirus des Hepatitis-B-Virus. Sowohl im (+)- als auch im (-)-Strang der 1700 Nukleotide langen zirkulären RNA enthält es katalytisch aktive Sequenzen (Abb. 4.4.4 a), die eine kationenabhängige Selbstspaltung der RNA durchführen. Das HdV-Ribozym ist die einzige katalytische RNA, die aus humanem Gewebe isoliert wurde. Es ist das schnellste aller derzeit bekannten, natürlich vorkommenden Ribozyme und zeichnet sich durch eine hohe Stabilität gegenüber denaturierenden Agenzien aus. Außerdem besitzt es keine ausgeprägte Spezifität für ein bestimmtes Metallion und ist auch in Gegenwart geringer Konzentrationen an divalenten Kationen aktiv. Für das HdV-Ribozym konnten effiziente, *in trans* spaltende Formen entwickelt werden [u. a. Kawakami et al. (1996)]. Die Aufklärung der Kristallstruktur des HdV-Ribozyms, die eine komplexe Struktur mit einem doppelten Pseudoknoten ergab (Ferré-D'Amaré et al. 1998), lässt weitere Fortschritte bei der Entwicklung therapeutischer HdV-Ribozyme erwarten.

Hairpin-Ribozym. Das Hairpin-Ribozym wurde aus dem negativen Strang der Satelliten-RNA des Tabak-Ringspot-Virus erhalten. Es besteht aus 2 Domänen, die durch einen flexiblen Bereich miteinander verbunden sind (Abb. 4.4.4 b). Eine der Domänen bindet die Substrat-RNA durch zwei helikale Bereiche, die durch einen einzelsträngigen Loop voneinander getrennt sind. In diesem einzelsträngigen Bereich findet die Spaltung 5′ des G einer NGUC-Sequenz statt. Eine systematische Untersuchung aller möglichen NGNN-Zielsequenzen ergab noch weitere spaltbare Zielsequenzen, die bei der Entwicklung eines therapeutischen Hairpin-Ribozyms verwendet werden können (Pérez-Ruiz et al. 1999).

Anders als das Hammerhead-Ribozym katalysiert das Hairpin-Ribozym nicht nur die Spaltung, sondern auch die Ligation von RNA-Molekülen. In einer kürzlich publizierten Studie wurde eine doppeltes Hairpin-Ribozym untersucht, das die Ziel-RNA zweimal spaltet (Schmidt et al. 2000). Da Hairpin-Ribozyme auch effiziente Ligasen sind, lassen sie sich möglicherweise nicht nur zur Spaltung einer RNA, sondern auch zum Herausschneiden eines falschen RNA-Fragments und anschließendem Ersatz durch die korrekte Sequenz einsetzen.

4.4.2.3 DNA-Enzyme

Während Ribozyme aus RNA natürlich vorkommen, wurden bislang keine katalytisch aktiven DNA-Moleküle in der Natur gefunden. Seit Mitte der 90er Jahre konnten jedoch einige Desoxyribozyme durch *In-vitro*-Selektion erhalten werden. Medizinisch bedeutungsvoll ist das von Santoro u. Joyce (1997) selektierte RNA-spaltende 10–23-DNA-Enzym (Abb. 4.4.4 e), dessen Name sich davon ableitet, dass es sich um den 23. Klon der 10. Selektionsrunde handelte. Das DNA-Enzym besteht aus 2 jeweils 7–9 Nukleotiden langen Erkennungsarmen, die komplemetär zu der zu spaltenden Ziel-mRNA sind, und einem aus 15 Nukleotiden bestehenden katalytischen Zentrum. Die Struktur des aktiven DNA-Enzyms konnte bislang noch nicht aufgeklärt werden. In einer 1999 veröffentlichte Arbeit war das DNA-RNA-Hybrid des DNA-Enzyms in einer katalytisch inaktiven, dimeren Form kristallisiert worden (Nowakowski et al. 1999).

Das DNA-Enzym hat gegenüber den klassischen Ribozymen aus RNA zahlreiche Vorzüge: Es spaltet jede Folge aus einem Purin und einem Pyrimidin mit hoher Effizienz. Diese im Vergleich zu Ribozymen geringeren Einschränkungen erleichtern die Suche nach einer gut zugänglichen Schnittstelle in der Ziel-mRNA. Da DNA-Moleküle wesentlich einfacher und kostengünstiger hergestellt werden können als RNA, kann bei der Optimierung eine größere Vielfalt potenzieller Kandidaten getestet werden. Die katalytische Aktivität gegen identische

Schnittstellen in der zu spaltenden RNA ist beim Desoxyribozym z. T. höher als beim Hammerhead-Ribozym (Kurreck et al. 2002). Außerdem sind Oligodesoxynukleotide in Zellkulturmedium und Serum stabiler als Oligoribonukleotide, die schon nach wenigen Minuten vollständig von RNasen abgebaut werden. Durch ein invertiertes Thymin am 3′-Ende eines DNA-Enzyms kann dessen Halbwertszeit in humanem Serum von 2 auf 20 h verzehnfacht werden (Sun et al. 1999). Da bei Desoxyribozymen weniger chemische Modifikationen zur Stabilisierung gegen nukleolytischen Abbau notwendig sind als bei Ribozymen aus RNA, ist mit geringeren Nebenwirkungen zu rechnen.

Den vielen Vorteilen der DNA-Enzyme im Vergleich zu Ribozymen stehen nur wenige Nachteile gegenüber. So können Desoxyribozyme nur exogen appliziert werden, eine Gentherapie (s. Abschnitt 4.4.4.4 „Exogene und endogene Applikation") ist ausschließlich mit Ribozymen möglich, da endogen nur RNA-Moleküle exprimiert werden können.

Aufgrund der zahlreichen Vorteile der DNA-Enzyme ist es nicht verwunderlich, dass ihre Anwendung intensiv erforscht wird. Obwohl das effiziente DNA-Enzym vom Typ 10–23 erst 1997 selektiert wurde, konnte es bereits zur Inhibition der Expression einer Vielzahl schädlicher Gene *in vitro* und *in vivo* verwendet werden. Ziele sind dabei – ähnlich wie bei Ribozymen aus RNA – hauptsächlich virale RNA, Onkogene und Rezeptoren [Übersichtsartikel: Sun et al. (2000); Jen u. Gerwirtz (2000)].

4.4.3 Struktur und Katalysemechanismus von Ribozymen

In den letzten Jahren konnten erstaunliche Fortschritte bei der strukturellen Untersuchung von Ribozymen erzielt werden. Die Kristallstruktur mehrerer Ribozyme konnte mit hoher Auflösung bestimmt werden. Obwohl damit die Grundlage für ein detailliertes Verständnis der Vorgänge auf atomarer Ebene gelegt ist, bleiben beim Spaltungsmechanismus der Ribozyme noch viele Fragen offen.

Der Mechanismus bei der RNA-Spaltung durch Enzyme wurde bereits an mehreren Beispielen aufgeklärt. Das Leitkonzept der enzymatischen Spaltung ist die allgemeine Säure-Base-Katalyse (Abb. 4.4.5 a). Bei der RNase A zieht ein Histidin als allgemeine Base das Proton der 2′-Hydroxylgruppe an (Richards u. Wyckoff 1971). Der nukleophile Sauerstoff kann dadurch das Phosphoratom angreifen. Ein zweites Histidin gibt als allgemeine Säure ein Proton an die abgehende 5′-Hydroxylgruppe.

Die Übertragung dieses Szenarios auf Ribozyme stößt auf Schwierigkeiten. Der Säure-Base-Mechanismus verlangt nach funktionellen Gruppen, deren pK-Werte nahe am physiologischen pH liegen. RNA besitzt jedoch keine derartigen funktionellen Gruppen (Narlikar u. Herschlag 1997). Als Ausweg bietet sich die Annahme an, dass die pK-Werte einer funktionellen Gruppe durch benachbarte Atome derart beeinflusst werden, dass ein Säure-Base-Mechanismus ermöglicht wird.

Ein zweites mögliches Szenario für den Mechanismus der Ribozymspaltung ist die Metallionenkatalyse (Abb. 4.4.5 b). Ein divalentes Metallion,

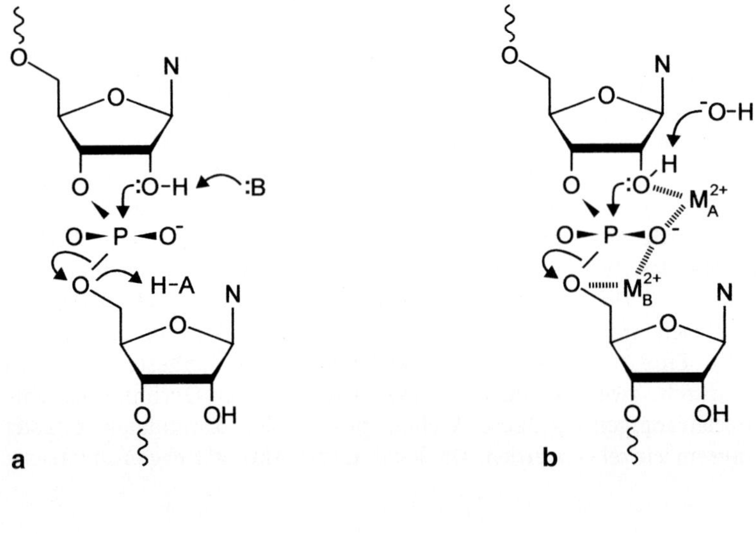

Abb. 4.4.5 a, b. RNA-Spaltung durch **a** Säure-Base-Katalyse und **b** Metallionenkatalyse. *:B* Base, *H-A* Säure, *gestrichelte Linien* koordinative Bindungen der 2-wertigen Metallionen M_A und M_B, *N* Purin- oder Pyrimidinbase

v. a. Magnesium, könnte die 2′-Hydroxylgruppe aktivieren. Der Sauerstoff würde dann nukleophil das Phosphoratom angreifen. Ein zweites Metallion könnte den Übergangszustand oder auch den abgehenden 5′-Sauerstoff stabilisieren.

Hammerhead-Ribozym. Als erstes Beispiel für die atomare Struktur einer katalytischen RNA wurde die Kristallstruktur des Hammerhead-Ribozyms gelöst. Zunächst gelang die Strukturaufklärung mit einem DNA-Substratstrang (Pley et al. 1994), dann mit einem RNA-Substratstrang, der an der Spaltstelle eine singuläre 2′-O-Methylgruppe trägt (Scott et al. 1995). Obwohl die beiden Konstrukte sehr unterschiedlich gewählt wurden, sind die dreidimensionalen Strukturen nahezu identisch. In beiden Strukturen nehmen die 3 Helices eine Y-förmige Position ein (Abb. 4.4.6). Diese Struktur wurde bereits durch Fluoreszenzmessungen (Tuschl et al. 1994) und elektrophoretische Untersuchungen (Bassi et al. 1995) vorhergesagt. Helix II und III liegen nahezu koaxial, während Helix I einen spitzen Winkel mit Helix II bildet. Die Krümmung an der Verbindung zwischen Helix II und III zwingt das Nukleotid C17 an der Spaltstelle mit Helix I in Wechselwirkung zu treten. Die spaltbare Phosphodiesterbindung am 3′-Terminus von C17 liegt oberhalb eines Hairpin-Turn, der durch die Nukleotide C3–A6 gebildet wird. Dieser CUGA-Turn zeigt hohe strukturelle Ähnlichkeit

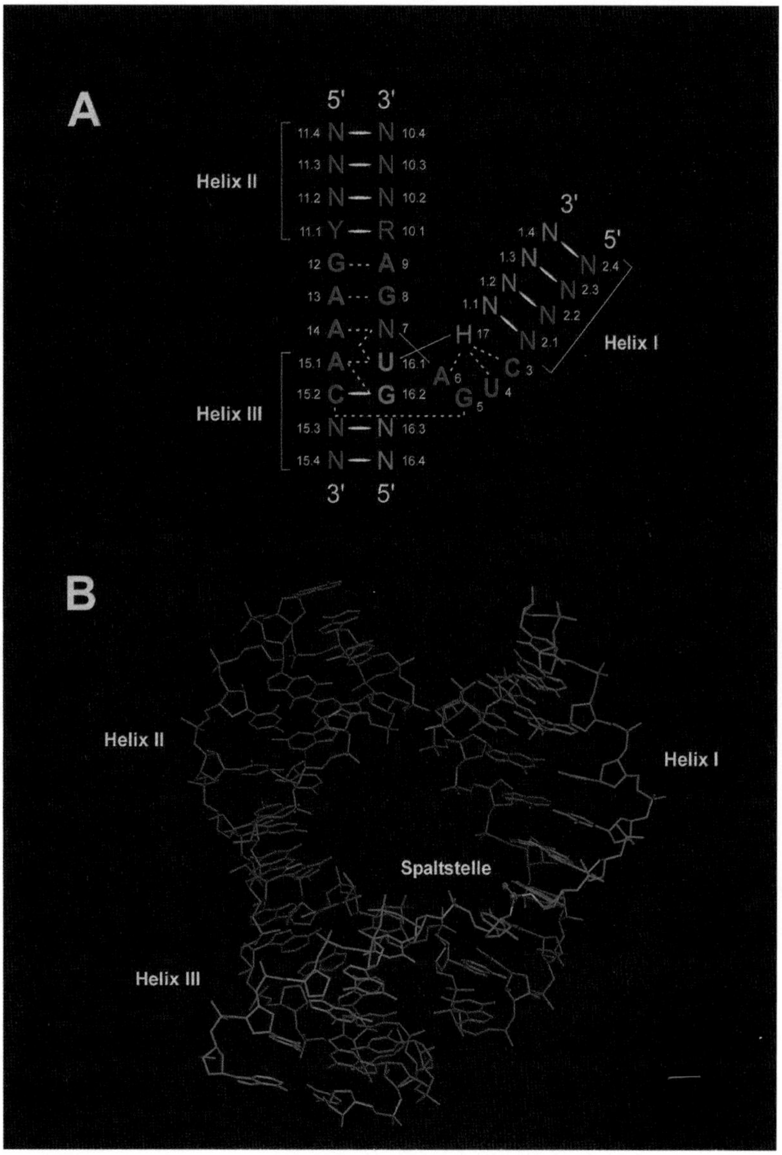

Abb. 4.4.6 A, B. Struktur des Hammerhead-Ribozyms nach Pley et al. (1994). **A** Schematisches Sekundärstrukturmodell, *blau* Ribozymstrang, *grün* Substratstrang, *Ellipsen* Watson-Crick-Basenpaare, *gestrichelte Linien* Nicht-Watson-Crick-Basenpaare, *durchgezogene Linien* Verbindungen des Zucker-Phosphat-Rückgrats. Die Numerierung der Helices ist in römischen Zahlen angegeben. Die Nukleotidpositionen sind neben den einzelnen Nukleotiden markiert. *N* beliebiges Nukleotid, *Y* Pyrimidinnukleotid, *R* Purinnukleotid, *H* A, C oder U. Die Spaltungsstelle befindet sich zwischen den Nukleotiden 17 und 1.1. **B** Röntgenkristallstruktur des Hammerhead-Ribozyms. Farben und Bezeichnungen wie in **A**. *Rot* Spaltungsstelle

mit dem Antikodon-Loop einer Transfer-RNA ($tRNA^{Phe}$), der als Metallbindungstasche dient (Jack et al. 1977).

Trotz der bekannten strukturellen Details ist der Spaltungsmechanismus des Hammerhead-Ribozyms weiterhin ungeklärt. Mechanistische Untersuchungen mit Schwefelsubstitutionen zeigten, dass die Spaltung durch den In-line-Angriff eines Nukleophils erfolgt (Slim u. Gait 1991; Van Tol et al. 1990). Die Untersuchungen mit Schwefelsubstitutionen legen weiterhin nahe, dass durch Wechselwirkung mit einem divalenten Metallion (oder einem metallionengebundenen Hydroxylion) die 2′-Hydroxylgruppe an der Spaltstelle deprotoniert wird und dann nukleophil das Phosphoratom angreift (Koizumi u. Ohtsuka 1991, Ruffner u. Uhlenbeck 1990). Zur Stabilisierung des bei der Spaltung frei werdenden Sauerstoffs wurde die Beteiligung eines zweiten Metallions postuliert (Lott et al. 1998; Pontius et al. 1997). Vor kurzem konnte allerdings gezeigt werden, dass bei hoher Ionenstärke die Spaltung auch in vollständiger Abwesenheit von divalenten Metallionen durchgeführt werden kann (Murray et al. 1998). Divalente Kationen scheinen demnach keine essenziellen Kofaktoren der Reaktion zu sein, obwohl unter physiologischen Bedingungen zumindest ein divalentes Metallion benötigt wird.

Die bisher vorliegenden Hammerhead-Strukturen konnten die Diskussion über die Rolle der Metallionen nicht endgültig klären. Obwohl mehrere gebundene Metallionen in der Struktur zugeordnet werden konnten, liegt kein Kation nahe genug an der Spaltstelle, um ohne Konformationsänderung eine direkte Rolle bei der Katalyse zu besitzen (Pley et al. 1994; Scott et al. 1995). Die Struktur eines Hammerhead-Ribozyms wurde daher unter Kryokühlung nochmals bestimmt, wobei ein Metallion lokalisiert wurde, das direkt mit dem Nichtbrückensauerstoffatom der spaltbaren Phosphodiesterbindung koordiniert (Scott et al. 1996). Ein Metallion, das in der Nähe des frei werdenden Sauerstoffs liegt, konnte allerdings nicht gefunden werden.

Mehrere funktionelle Gruppen, die durch Mutagenesestudien als wichtig für die Spaltungsreaktion identifiziert wurden, zeigen in der Kristallstruktur keine Wechselwirkungen mit anderen Gruppen (McKay 1996). Zudem besitzt die bei der Spaltung angreifende 2′-Hydroxylgruppe nicht die geeignete Orientierung für einen In-line-Mechanismus (Scott et al. 1996). Aus diesen Daten wird gefolgert, dass die durch Kristallisation bestimmte Struktur des Hammerhead-Ribozyms ein Grundzustand darstellt, der zur Spaltungsreaktion eine umfassende Konformationsänderung eingehen muss.

Leadzym. Das Leadzym besteht aus zwei kurzen Helices, die durch einen internen Loop miteinander verbunden sind. Die Spaltstelle befindet sich im Loop. Die Struktur des Leadzyms konnte durch MRT (Hoogstraaten et al. 1998) und Röntgenkristallstruktur (Wedekind u. McKay 1999) gelöst werden. Obwohl die Strukturen im Bereich des internen Loops Unterschiede aufweisen, besitzt die spaltbare Phosphodiesterbindung in keiner der beiden Formen eine geeignete Orientierung für einen nukleophilen In-line-Mechanismus. Das Leadzym scheint, wie das Hammerhead-Ribozym, eine große Flexibilität zu besitzen, die beim Spaltungsprozess zu umfangreichen Konformationsänderungen führt (Hoogstraten et al. 2000).

Hepatitis-δ-Ribozym. Das HdV-Ribozym ist im Gegensatz zu anderen Ribozymen extrem stabil. Es besitzt eine optimale Reaktionstemperatur bei 65 °C und kann noch in Gegenwart von hohen Konzentrationen an Harnstoff oder Formamid spalten. Die Röntgenkristallstruktur des HdV-Ribozyms begründet diese ungewöhnliche Stabilität (Ferré-D'Amaré et al. 1998). Das HdV-Ribozym ist in zwei Pseudoknoten gefaltet, die fünf helikale Bereiche kompakt zusammenfassen. Im Gegensatz zum Hammerhead-Ribozym oder Leadzym ist die spaltbare Bindung nicht zum Lösungsmittel hin exponiert, sondern befindet sich tief im Inneren des Ribozyms.

Auch das HdV-Ribozym benötigt für die Spaltungsreaktion niedrige Konzentrationen an divalenten Kationen (Murray et al. 1998). Allerdings zeigt die Abhängigkeit von Metallionen deutliche Unterschiede zu der von Hammerhead-Ribozymen. Die Untersuchungen mit Schwefelsubstitutionen (Jeoung et al. 1994) und die Abhängigkeit der Reaktion vom pH-Wert (Perrotta et al. 1999) deuten darauf hin, dass eine funktionelle Gruppe des Ribozyms direkt die Spaltungsreaktion initiiert.

Die Röntgenkristallstruktur legt nahe, dass eine Base die Schlüsselrolle bei der Reaktion spielt. Cytosin 75 liegt in der Struktur direkt neben der 5′-Hydroxylgruppe, die bei der Spaltung freigesetzt wird. Die Base befindet sich in einer Tasche, die aus mehreren negativ geladenen Phosphatgruppen besteht. Diese Umgebung könnte den pK_a-Wert der N_3-Iminofunktion des Cytosins deutlich erhöhen. Damit ist die Möglichkeit gegeben, dass Cytosin 75 als Base fungiert, um die nukleophile 2′-Hydroxylgruppe an der Spaltstelle zu aktivieren. Die N_3-Iminofunktion könnte dann als Säure das aufgenommene Proton an den abgehenden Sauerstoff übertragen. Dieses Modell wird dadurch unterstützt, dass die Mutation von Cytosin 75 zu einer anderen Base die Spaltungsreaktion vollständig unterbindet.

Hairpin-Ribozym. Die Spaltungsreaktion des Hairpin-Ribozyms scheint keine direkte Mitwirkung von divalenten Kationen zu benötigen. Variationen im pH-Wert und der Austausch von Sauerstoffatomen der spaltbaren Phosphodiesterbindung durch Schwefel haben minimale Effekte auf die Reaktionsrate (Nesbitt et al. 1997; Young et al. 1997). Wie beim HdV-Ribozym scheinen auch hier die katalytischen Prozesse von funktionellen Gruppen der RNA auszugehen.

Die Kristallstruktur des Hairpin-Ribozyms konnte unlängst aufgeklärt werden (Rupert u. Ferré-D'Amaré 2001). Die helikalen Bereiche der beiden Ribozymdomänen sind koaxial gepackt, wobei die beiden Domänen in direkte Nachbarschaft geraten. In Übereinstimmung mit den Untersuchungen zum Mechanismus des Ribozyms zeigt das Reaktionszentrum keine gebundenen Metallionen. Die Konformation der Nukleotide an der Spaltposition erlaubt einen direkten Angriff der nukleophilen 2′-Hydroxylgruppe nach dem In-line-Mechanismus. Als katalytisch aktive Gruppen der RNA kommen vier Purine in Betracht, die sich in direkter Nachbarschaft der angreifenden 2′-Hydroxylgruppe und des abgehenden 5′-Sauerstoffatoms befinden. Diese Gruppen könnten die Katalyse nach dem allgemeinen Säure-Base-Mechanismus durchführen.

4.4.4 Design von Ribozymen und DNA-Enzymen

4.4.4.1 Wahl geeigneter Spaltstellen

Bei der Entwicklung eines therapeutischen Ribozyms bzw. DNA-Enzyms müssen zahlreiche Schwierigkeiten überwunden werden. Zunächst muss eine geeignete Spaltstelle gefunden werden, wobei die Sequenzspezifität der verschiedenen Ribozymtypen von entscheidender Bedeutung ist. Für Hammerhead-Ribozyme gilt die NUH-Regel, die besagt, dass jede Abfolge eines beliebigen Nukleotids, eines Uridins und eines weiteren Nukleotids, das kein Guanin sein darf, gespalten wird. AUC- und GUC-Tripletts können am effizientesten gespalten werden. Nach einer neueren Untersuchung sollte die NUH-Regel zur NHH-Regel erweitert werden, da auch Tripletts mit einem Cytosin oder Adenin in der mittleren Position von Hammerhead-Ribozymen gespalten werden (Kore et al. 1998). Allerdings erfolgt diese Spaltung mit deutlich geringerer Effizienz, sodass ihre Eignung für die *In-vivo*-Anwendung noch nachgewiesen werden muss.

Hairpin-Ribozyme spalten NGUC-Folgen besonders effizient, aber auch andere NGNN-Sequenzen kommen als Ziele in Frage. Das DNA-Enzym von Typ 10–23 erlegt besonders geringe Beschränkungen bei der Auswahl einer geeigneten Spaltstelle auf: Jede Abfolge eines Purins und eines Pyrimidins wird effizient gespalten. Dieser Vorteil wurde bei Arbeiten zum *bcr-abl*-Fusionsgen deutlich, das durch eine Translokation im Chromosom 22, dem Philadelphia Chromosom, entsteht und die Ursache der chronisch-myeloischen Leukämie ist. In der Nähe der Fusionsstelle befindet sich keine geeignete Schnittstelle für Hammerhead-Ribozyme. Daher konnten zwar aktive Ribozyme entwickelt werden, diese schnitten aber sowohl die abnormale *bcr-abl*-Fusions-mRNA als auch die normale *abl*-mRNA. Im Gegensatz dazu konnten DNA-Enzyme gegen die Fusionsstelle gerichtet werden, die spezifisch nur die chimärische *bcr-abl*-mRNA spalteten (Kuwabara et al. 1997). Das zweite *in vitro* selektierte Desoxyribozym 8′–17′ benötigt dagegen eine Sequenz, die ein A gefolgt von einem G enthält (Santoro u. Joyce 1997).

Doch nicht jede Sequenz, die theoretisch von einer der katalytischen Nukleinsäuren gespalten werden sollte, kommt für die praktische Anwendung tatsächlich in Frage. Lange mRNA-Moleküle, die häufig aus mehreren Tausend Nukleotiden bestehen, bilden komplexe Sekundär- und Tertiärstrukturen aus. Ein Großteil der Basen liegt gepaart in Helices vor und ist daher schlecht zugänglich. Auch können RNA bindende Proteine die Spaltung einer mRNA in Zellkultur oder *in vivo* beeinflussen.

Das Problem der Selektion geeigneter Zielsequenzen tritt in ähnlicher Weise bei Antisense-Experimenten auf und ist in diesem Zusammenhang ausführlich behandelt worden [Übersichtsartikel: Sohail u. Southern (2000)]: Eine Möglichkeit für die strukturelle Untersuchung einer mRNA besteht in der Berechnung der Sekundärstruktur mit Hilfe von Computerprogrammen wie MFold oder RNA draw. Ob sich diese allerdings eignen, um die

Strukturen mehrerer Tausend Basen langer RNA-Moleküle vorherzusagen, ist umstritten. Daher wurden in den vergangenen Jahren zahlreiche Methoden zum Auffinden zugänglicher Bereiche einer mRNA entwickelt. Erfolgreich waren RNase H-basierte Screening-Ansätze: Dazu wurden randomisierte oder semirandomisierte Oligodesoxynukleotidbibliotheken in Gegenwart von RNase H zu den Ziel mRNA-Molekülen gegeben (Ho et al. 1996, 1998). Die RNase H schneidet RNA in einer DNA-RNA-Duplex, d.h. an Stellen, an denen ein Oligodesoxynukleotid an die mRNA binden kann. Die Spaltstellen wurden durch eine Primerextension identifiziert. Matveeva et al. (1997) haben den RNase H-basierten Ansatz weiterentwickelt und einen Pool aus zur Ziel-mRNA komplementären Fragmenten anstelle der randomisierten Bibliothek verwendet. Gegen die β-Globin-mRNA wurden effektive Antisense-Oligodesoxynukleotide mit Hilfe der Array-Technologie selektiert (Milner et al. 1997).

Gut für Antisense-Oligodesoxynukleotide zugängliche Bereiche der mRNA sollten auch gute Ziele für Ribozyme darstellen. Bei der Entwicklung von Ribozymen gegen die *c-myb*-mRNA wurde daher zunächst ein Screening mit 26 Oligonukleotiden gegen potenzielle Ribozymspaltungsstellen im RNAse H-Assay getestet (Jarvis et al. 1996). Anschließend wurden Hammerhead-Ribozyme gegen die am besten zugänglichen Bereiche untersucht: In den meisten Fällen waren Regionen der mRNA, die für Antisense-Oligodesoxynukleotide leicht zugänglich waren, auch geeignete Schnittstellen für die Ribozyme.

Außerdem wurden für die Isolation effizienter Ribozyme und DNA-Enzyme ausgefeilte Methoden entwickelt, die auf dem Einsatz von Bibliotheken basieren: Lieber u. Strauss (1995) haben eine Expressionskassette verwendet, die Hammerhead-Ribozyme mit randomisierten Substraterkennungsarmen erzeugte. Die Spaltprodukte, die während der Inkubation der Ziel-mRNA des humanen Wachstumshormons (hGH) mit dieser Ribozymbibliothek entstehen, wurden durch reverse Transkription und anschließende PCR identifiziert. Aus der Sequenz dieser Fragmente ließen sich die effizientesten Ribozyme ermitteln. In Zellkulturversuchen konnte die Sekretion des Hormons durch die mit dieser Methode isolierten Ribozyme um mehr als 99% verringert werden. Gegen das HIV-1-LTR-Transkript wurden effiziente Ribozyme aus einer chemisch synthetisierten Bibliothek bestehend aus Hammerhead-Ribozymen mit randomisierten Substraterkennungsarmen isoliert (Bramlage et al. 2000).

In einem alternativen Ansatz wurde eine Bibliothek aus sequenzspezifischen Hammerhead-Ribozymen verwendet (Pierce u. Ruffner 1998). Als Ziel diente der Transkriptionsaktivator ICP4 des Herpes-simplex-Virus. In einem ersten Schritt wurde durch partiellen Abbau der ICP4-cDNA mittels Nukleasen eine Bibliothek aus Fragmenten des Zielgens erzeugt. Es folgte der Einbau des katalytischen Ribozymzentrums in die Bibliothek. Durch diese elegante, aber aufwändige Methode kann eine Vielzahl gerichteter Ribozyme sowohl *in vitro* als auch in Zellkultur ausgetestet werden.

Im Gegensatz zu Ribozymen können Desoxyribozyme zwar nicht exprimiert werden, sind dafür aber einfach und kostengünstig herzustellen. Sriram u. Banerjea (2000) haben kombinatorische Bibliotheken vollständig oder partiell randomisierter DNA-Enzyme gegen das HIV-gag-Transkript getestet und aktive DNA-Enzyme durch Primerextension identifiziert. Gegen das E6-Transkript des humanen Papillomavirus wurde ein Pool bestehend aus 80 sequenzspezifischen DNA-Enzymen getestet (Cairns et al. 1999). Die Schnittstellen effizienter DNA-Enzyme wurden wiederum durch Primerextension identifiziert. Bei geringer Konzentration zeigten nur etwa 10% der Oligonukleotide eine signifikante Aktivität. Gegen die mRNA von *c-myc* aus Ratten wurden analog effiziente DNA-Enzyme identifiziert und in Zellkultur getestet (Cairns et al. 1999). Es zeigte sich eine gute Korrelation zwischen den Spalteffekten *in vitro* und der biologischen Aktivität in Zellkultur.

4.4.4.2 Stabilisierung von Ribozymen durch chemische Modifikation

Ein besonderes Problem beim Einsatz von Ribozymen in lebenden Systemen ist die geringe Stabilität. Unmodifizierte RNA wird in biologischen Systemen durch Nukleasen sehr schnell abgebaut. Für den Schutz gegen den Abbau wurden daher Ribozyme entwickelt, die aufgrund chemischer Modifikationen weniger häufig von Nukleasen gespalten werden.

Die chemische Festphasensynthese von Ribonukleinsäuren erlaubt den Einbau nahezu beliebiger Modifikationen an definierte Positionen. Der Einsatz modifizierter Bausteine kann allerdings mit Nachteilen verbunden sein. Modifikationen können zunächst die Struktur des Ribozyms derart beeinflussen, dass die katalytische Aktivität verringert oder sogar unterbunden wird. Anderseits besteht die Gefahr, dass toxische Effekte beobachtet werden oder die Biodistribution der Nukleinsäuren negativ beeinflusst wird. Weiterhin sind Modifikationen häufig mit zusätzlichen Kosten bei der Herstellung von Ribozymen verbunden, die bei präklinischen oder klinischen Studien zu einem wesentlichen Faktor werden können.

Um das Ausmaß an Modifikationen möglichst gering zu halten, haben sich Strategien zur Stabilisierung von Ribozymen auf die jeweils wichtigsten Nukleaseaktivitäten fokussiert. Während im Serum hauptsächlich 3′-Exonukleasen und pyrimidinspezifische Endonukleasen anzutreffen sind, dominieren intrazellulär 3′- und 5′-Exonukleasen (Heidenreich et al. 1994, 1996).

Die bisher umfangreichsten Untersuchungen zur Stabilisierung eines Ribozyms wurden am Hammerhead-Ribozym durchgeführt. Da die 2′-Hydroxylgruppe ein wesentliches Erkennungsmerkmal für Ribonukleasen ist, wurden zunächst die Ribonukleotide durch 2′-Desoxyribonukleotide substituiert (Perreault et al. 1990, 1991). Eine Ribozymvariante, die lediglich noch 7 Purinnukleoside im Kernbereich enthält, war gegenüber der unmodifizierten Form um den Faktor 1000 stabilisiert. Allerdings war auch die katalytische Aktivität dieser DNA-RNA-Chimäre 100fach reduziert. Weitere 2′-Modifikationen, die zum Schutz des Hammerhead-Ribozyms getestet wurden, umfassen die 2′-O-Methyl- und 2′-O-Allylmodifikation (Paolella et al. 1992) sowie die 2′-Amino- und die 2′-Fluor-Substitution (Pieken et al. 1991).

Ein Schutz gegen Nukleasen kann auch durch den Einbau von Phosphorothioatgruppen erreicht werden (Eckstein 1985). Allerdings kann diese Modifikation im Kernbereich des Ribozyms die katalytische Aktivität drastisch reduzieren (Shimayama et al. 1993). Der Einbau an den Enden des Ribozyms beeinflusst die Ribozymaktivität nicht, schützt allerdings nur gegen Exonukleasen (Heidenreich u. Eckstein 1992).

Durch kombiniertes Testen verschiedener Modifikationen konnten Ribozyme systematisch optimiert werden (Beigelman et al. 1995). Hier konnte gezeigt werden, dass lediglich an fünf Positionen nicht modifizierte Ribonukleotide benötigt werden, um die katalytische Aktivität des Ribozyms aufrechtzuerhalten. Die weiterführenden Arbeiten (Usman u. Blatt 2000) haben zu dem in Abb. 4.4.7 gezeigten Hammerhead-Ribozym geführt. Dieser Ribozymtyp hat eine *Ex-vivo*-Serumhalbwertszeit ($t_{1/2}$) von 10 Tagen. Die derart modifizierten Ribozyme werden gegenwärtig in klinischen Phasen getestet (s. Abschnitt 4.4.5.3 „Klinische Studien“).

Die bisherigen Arbeiten zur Stabilisierung von Ribozymen wurden vornehmlich mit Einzelsubstitutionen durchgeführt. Durch Interferenzverfahren

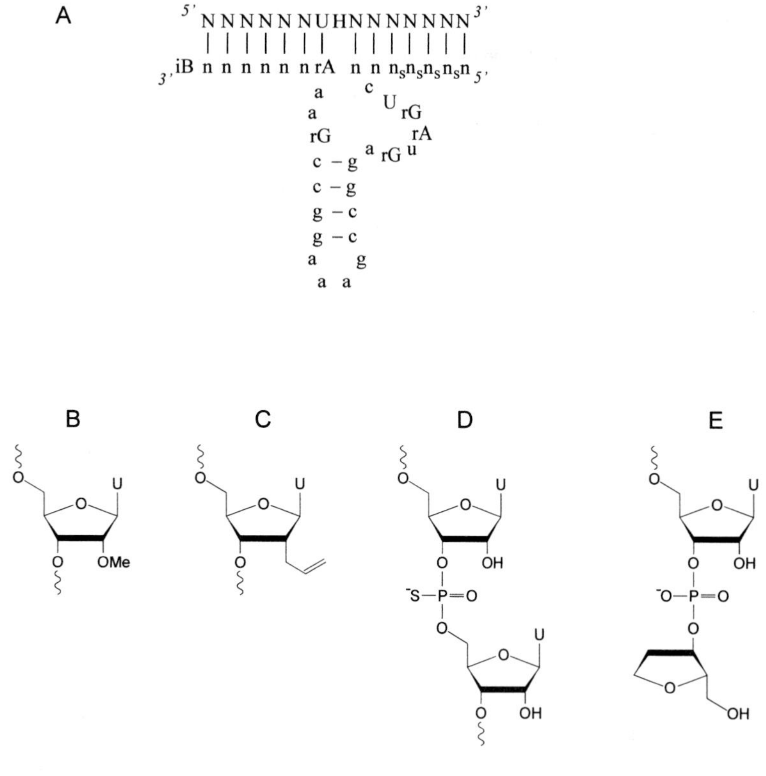

Abb. 4.4.7 A–E. Struktur eines nukleaseresistenten Hammerhead-Ribozyms (**A**) nach Usman u. Blatt (2000). Die fünf Purinnukleotide (*rA* oder *rG*) im katalytischen Zentrum sind für die Aktivität des Ribozyms essenziell. Das Ribozym besteht überwiegend aus 2′-O-Methyl-Nukleotiden (*Kleinbuchstaben*). Das 3′-Ende des Moleküls wird durch eine invertierte, abasische Desoxyribose (*iB*) geschützt. Der 5′-Terminus trägt vier Phosphorothioatgruppen (*s*). Zum Schutz des Kernbereichs wird in Position U4 eine 2′-Desoxy-2′-C-Allyl-Modifikation eingeführt. **B** 2′-O-Methyl-Ribonukleotid, **C** 2′-Desoxy-2′-C-Allyl-Ribonukleotid, **D** Phosphorothioatbindung, **E** invertierte, abasische Desoxyribose

kann der Einfluss von Modifikationen allerdings auch simultan erfasst werden. Obwohl diese Verfahren bei Ribozymen bereits zum Einsatz gekommen sind, lag der Fokus der Untersuchungen auf der Koordinierung von Metallionen und dem Reaktionsmechanismus (Knoll et al. 1997; Ruffner u. Uhlenbeck 1990). Das Potenzial von Interferenzverfahren zur Stabilisierung von Nukleinsäuren wurde für hochaffine Nukleinsäuren (Aptamere) eindrucksvoll unter Beweis gestellt (Eaton et al. 1997). Hier bestehen vielfältige Möglichkeiten für zukünftige Arbeiten.

Das Spektrum der Methoden zur Stabilisierung von Ribozymen wird durch die *In-vitro*-Selektion erweitert. Mit dieser Technologie konnte das 10–23-DNA-Enzym entwickelt werden, das eine wesentlich höhere Stabilität besitzt als die von der Natur vorgegebenen Ribozyme. Eine weitere attraktive Möglichkeit zur Entdeckung neuer Ribozyme könnte die Spiegelselektion sein (Klußmann et al. 1996; Nolte et al. 1996). In Analogie zur Selektion hochaffiner Nukleinsäuren könnten Ribozyme entwickelt werden, die aus den sehr stabilen, spiegelbildlichen Nukleotiden bestehen.

4.4.4.3 Kolokalisation von Ribozym und Ziel-RNA in der Zelle

Eine wichtige Voraussetzung für die effiziente Suppression einer Genexpression durch ein Ribozym ist die intrazelluläre Kolokalisation des Ribozyms und seiner Ziel-RNA. mRNA-Moleküle existieren in verschiedenen zellulären Kompartmenten wie dem Zytoplasma, dem Kern und dem Nukleolus. Es ist nicht endgültig geklärt, wo Antisense-Moleküle und Ribozyme am effizientesten wirken können.

Die Bedeutung der subzellulären Kolokalisation von Ribozym und Ziel-RNA für den Erfolg der Ribozymstrategie konnte bereits 1993 von Sullenger u. Cech nachgewiesen werden: Eine Zelllinie wurde mit zwei retroviralen Vektoren transfiziert, die das *lacZ*-Gen bzw. ein Hammerhead-Ribozym gegen die *lacZ*-RNA kodierten. Die *lacZ*-RNA konnte entweder im Zytoplasma translatiert oder in neue retrovirale Partikel verpackt werden. Durch das retrovirale Verpackungssignal wurde das Ribozym nur mit der viralen genomischen RNA, nicht aber mit der *lacZ*-mRNA kolokalisiert. Dadurch wurde zwar der Titer des freigesetzten Virus mit *lacZ* um 90% reduziert, die Translation der *lacZ*-mRNA im Zytoplasma blieb aber unbeeinflusst.

Samarski et al. (1999) gelang es, ein Ribozym an eine Small-nucleolar-RNA (snoRNA) zu koppeln und es auf dieses Weise in den Nukleolus zu transportieren. Das von den Autoren als „snorbozyme“ bezeichnete Ribozym spaltete in Hefe eine Ziel-RNA, die ebenfalls durch Kopplung an eine snoRNA in diesem subzellulären Kompartment lokalisiert war, mit fast 100%iger Effizienz. Dies war die erste Studie, in der es gelungen ist, eine Ziel-RNA durch ein Ribozym *in vivo* fast vollständig zu spalten. Obwohl für das Experiment ein künstliches Substrat gewählt worden war, eröffnet dieser Ansatz zahlreiche neue therapeutische Möglichkeiten (Rossi 2000). Es hat sich erwiesen, dass der Nukleolus mehr als lediglich der Ort der rRNA-Synthese ist. Unter anderem passieren Vorläufer der tRNA, die Telomerase kodierende RNA und mRNA-Moleküle von Onkogenen dieses Zellkompartment. Im Nukleolus akkumulieren auch virale Proteine und interagieren dort mit RNA-Molekülen. Mit Hilfe eines Ribozyms, das durch Kopplung an die U16-snoRNA in den Nukleolus geleitet wurde, konnte gezeigt werden, dass auch die HIV-1-RNA den Nukleolus durchquert (Michienzi et al. 2000). Die HIV-1-Replikation wurde durch das Ribozym stark supprimiert. Der Einsatz von Snorbozymen könnte sich somit als effizienter therapeutischer Ansatz bei Virusinfektionen oder Krebserkrankungen erweisen.

4.4.4.4 Exogene und endogene Applikation

Es gibt zwei grundsätzlich verschiedene Ansätze, um Ribozyme zur Inhibition einer Genexpression in eine Zelle einzubringen: Bei der exogenen Applikation wird ein zuvor chemisch synthetisiertes Ribozym direkt in die Zellen transfiziert, bei der endogenen Expression (Gentherapie) wird dagegen ein Vektor, auf dem das Ribozym kodiert ist, in die Zellen eingebracht und dort durch Transkription generiert.

Exogene Applikation. Da Ribozyme im zellulären Milieu nur eine begrenzte Zeit stabil sind, eignet sich deren exogene Applikation insbesondere zur Therapie temporärer und lokaler Erkrankungen. Das chemisch synthetisierte Ribozym wird den Zellen bzw. dem Tier oder Patienten ähnlich wie Antisense-Oligodesoxynukleotide verabreicht. Daher kann auf die umfangreichen Erfahrungen, die bereits für die Antisense-Strategie gesammelt wurden, zurückgegriffen werden.

Besondere Bedeutung kommt der Stabilisierung der Ribozyme durch den Einbau modifizierter Nukleotide zu (s. Abschnitt 4.4.4.2 „Stabilisierung von Ribozymen durch chemische Modifikation"). Weiterhin müssen exogen applizierte Ribozyme mindestens eine Zellmembran durchdringen, um die intrazelluläre Ziel-mRNA zu erreichen. Dieser Prozess ist aufgrund der negativen Ladungen der Phosphatgruppen von Nukleotiden sehr ineffizient. Daher werden gewöhnlich Carrier - häufig kationische Lipide wie DOTAP oder Lipofectin - eingesetzt, um die zelluläre Aufnahmen der Ribozyme zu verbessern. Die positiv geladenen Gruppen der Transfektionsreagenzien neutralisieren die negativen Ladungen der Phosphatgruppen von Nukleotiden und ermöglichen so die Endozytose der Lipid-Nukleinsäure-Komplexe.

Mit Hilfe eines Fluoreszenzmikroskops konnte die Aufnahme fluoresceinmarkierter Ribozyme in HeLa-Zellen beobachtet werden (Bramlage et al. 1999). In Abwesenheit eines Transfektionsreagenz wurden die Ribozyme gar nicht oder nur sehr schwach in die Zellen aufgenommen. In Gegenwart eines Gemisches kationischer Lipide, Tfx-50 (Promega), befanden sich die Ribozyme zunächst in Endosomen in den Zellen eingeschlossen und verteilten sich später in der Zelle. Ribozyme mit Phosphorothioatbindungen zeigten von Anfang an eine regelmäßigere Verteilung in der Zelle, wobei sie im Kern angereichert waren.

Wegen der Instabilität der kationischen Lipide, ihrer schlechten Biodistribution und ihrer Zytotoxizität werden auch andere kationische Reagenzien wie Polyspermine, Peptide und Porphyrine als Carrier untersucht (Jen u. Gerwitz 2000; Sun et al. 2000). Eine weitere Alternative besteht in der Kopplung des Ribozyms an Transferrin, das durch rezeptorvermittelte Endozytose in die Zellen aufgenommen wird. Durch einen Ribozym-Transferrin-Polylysin-Komplex konnte die Expression des Fibrillin-1-Gens in kultivierten Fibroblasten herunterreguliert werden (Kilpatrick et al. 1996). Sowohl der mRNA-Gehalt in der Zelle als auch die Fibrillinmenge in der extrazellulären Matrix waren reduziert. Hierdurch ergibt sich ein therapeutischer Ansatz für das Marfan-Syndrom, eine Bindegewebserkrankung, die durch Mutationen im Fibrillingen verursacht wird.

In einem neuen Ansatz wurde ein Blockpolymer-Pluronic-Gel (BASF P127) verwendet, um mit einem kationischen Reagenz komplexierte DNA-Enzyme in die Herzarterien von Ratten einzubringen (Santiago et al. 1999) (s. Abschnitt 4.4.5.2 „Wirksamkeit im Tiermodell"). Das Gel soll die kontinuierliche Abgabe von Oligonukleotiden über einen längeren Zeitraum gewährleisten und Artefakte durch eine höhere Dosis (unspezifische Wechselwirkungen, Akkumulation von Nukleotiden und deren Abbauprodukten) verhindern (Becker et al. 1999). Im Tiermodell war allerdings der Einsatz von Ribozymen auch ohne die Verwendung zusätzlicher Transfektionsreagenzien erfolgreich.

Endogene Applikation (Gentherapie). Für die endogene Expression eines Ribozyms wird die ribozymkodierende Sequenz in einen Expressionsvektor kloniert, und dieser wird in die Zellen transfiziert. Auf diesem Weg kann eine langfristige Expression des Ribozyms erreicht werden, sodass sich diese Strategie auch zur Therapie chronischer und systemischer Erkrankungen eignet. Hierbei stellen sich dieselben Probleme, die generell mit der Gentherapie verbunden sind: Es müssen Wege für die effiziente Transfektion der Vektoren in die Zellen gefunden werden, und die Expression der Ribozyme muss durch geeignete Promotoren gesteuert werden.

Retrovirale, adenovirale und adenoassoziierte virale Vektoren wurden bereits erfolgreich zur Expression verschiedenster Ribozyme eingesetzt. Retroviren ermöglichen eine effiziente Transfektion und die (ungerichtete) Integration der ribozymkodierenden Sequenz in das Genom einer sich replizierenden Zielzelle. Dadurch wird die ribozymexprimierende Einheit ebenfalls kontinuierlich repliziert.

Adenoviren, die zur Klasse der DNA-Viren gehören, können zur Übertragung von Genen verwendet werden, nachdem sie durch die Entfernung ihrer Replikationsgene unschädlich gemacht wurden. Sie ermöglichen allerdings nur eine transiente Expression von Genen und induzieren eine starke Immunreaktion, sodass die infizierten Zellen schnell entfernt werden und eine wiederholte Applikation nicht möglich ist.

Adenoassoziierte Viren stellen eine weitere Alternative für die Verabreichung von Ribozymen dar. Sie sind nicht pathogen und bieten den Vorteil der Integration von Genen in eine definierte Region des Zielgenoms, ohne dass eine Zellteilung notwendig ist (Vaish et al. 1998b). Beispiele für die Applikation von Ribozymen mit den verschiedenen Vektoren werden im folgenden Abschnitt dargestellt.

Neben der ribozymkodierenden Sequenz selbst und einer Sequenz zur Termination der Transkription ist der Promotor offensichtlich ein wichtiger Bestandteil des Ribozymexpressionsvektors. Sowohl RNA-Polymerase-II(Pol-II)- als auch RNA-Polymerase-III(Pol-III)-Promotoren wurden erfolgreich zur Expression von Ribozymen eingesetzt. Pol-II-Promotoren ermöglichen die gewebespezifische Expression der Ribozyme, steuern aber gewöhnlich die Expression langer, kodierender Regionen. Die RNA-Polmerase III dagegen synthetisiert große Mengen an kurzen RNA-Molekülen, sie ist aber nicht gewebespezifisch (Phylactou et al. 1999). Die Entwicklung induzierbarer Promotoren lässt hier weitere Fortschritte erwarten.

4.4.5 Anwendungen von Ribozymen

Der Einsatz von Ribozymen und DNA-Enzymen ist für ein breites Spektrum an Erkrankungen denkbar. Prinzipiell kann jede Krankheit, bei der ein schädliches Gen exprimiert wird - virale Infektionen, Krebserkrankungen, Resistenzen gegenüber Chemotherapeutika usw. -, auf diesem Weg behandelt werden. Entsprechend umfangreich ist die Literatur, die zu diesem Thema publiziert wurde und wird. Es ist daher weder möglich noch sinnvoll, einen umfassenden Überblick über alle Ansätze zur medizinischen Anwendung von Ribozymen zu geben. Vielmehr sollen im Folgenden anhand ausgewählter Beispiele das Prinzip und das Potenzial der Ribozymstrategien verdeutlicht werden.

4.4.5.1 Identifizierung und Validierung neuer Ziele (Targets)

Der erste Schritt bei der Entwicklung neuer therapeutischer Ansätze ist die Identifizierung und Validierung neuer Targets. Ähnlich wie Antisense-Oligonukleotide können hierbei auch Ribozyme eingesetzt werden. Beispielsweise konnte in einem inversen genomischen Ansatz eine Ribozymbibliothek zur Identifikation eines Regulatorgens verwendet werden (Beger et al. 2001): In sporadischen Brust- und Eierstockkrebsfällen ist die Expression des *brca1*-Gens herunterreguliert. Mit Hilfe randomisierter Hairpin-Ribozyme konnte in Zellkulturexperimenten der dominant-negative Transkriptionsregulator ID4 identifiziert werden, der die Expression von *brca1* steuert. Durch Inhibition der ID4-Expression steigt der *brca1*-mRNA-Spiegel. Die Identifikation eines Gens, das in die *brca1*-Regulation involviert ist, ermöglicht nun die Entwicklung neuer therapeutischer Ansätze.

Nach der Identifizierung und ersten Charakterisierung eines neuen Targets muss dieses validiert werden. Um die Funktion eines Gens *in vivo* zu studieren, werden häufig Knockout-Mäuse erzeugt. Da dies jedoch ein sehr langwieriger und aufwändiger Prozess ist, können alternativ Antisense- oder Ribozymstrategien eingesetzt werden. Mit Hilfe der Oligonukleotide wird in einem solchen Fall die Expression eines Gens heruntergeregelt, um die Auswirkungen in Zellkultur oder im Tiermodell studieren zu können. Eine partielle Inhibition einer Genexpression (knock down) ist häufig ein besseres Modell für ein zu entwickelndes Medikament als ein vollständiger Knockout, da auch niedermolekulare Wirkstoffe ihr Zielprotein zumeist nur teilweise blockieren.

4.4.5.2 Wirksamkeit im Tiermodell

Grundlage für den Einsatz von Ribozymen zu therapeutischen Zwecken ist der Nachweis ihrer Wirksamkeit im Tiermodell. Dies ist bereits in zahlreichen Studien gelungen, von denen einige im Folgenden exemplarisch dargestellt werden sollen. Die Wirkung im Tier konnte sowohl durch exogene Applikation als auch durch endogene Expression von Ribozymen gezeigt werden.

In einer der ersten *In-vivo*-Studien wurden Hammerhead-Ribozyme zur Inhibition der Amilogeninexpression bei neugeborenen Mäusen eingesetzt. Dadurch wurde die Amelogeninsynthese spezifisch inhibiert, und es kam zu einer unzureichenden Biomineralisation des Zahnschmelzes (Lyngstdaas et al. 1995). In einer weiteren Arbeit wurden Ribozyme gegen die Metalloprotease Stromelysin, die bei der Entstehung arthritischer Erkrankungen eine Rolle spielt, in die Kniegelenke von Kaninchen injiziert. Die Ribozyme wurden in die Synovialis aufgenommen und reduzierten die Interleukin-1-induzierte Stromelysin-mRNA (Flory et al. 1996).

Ein Beispiel für die endogene Applikation ist die Expression eines Ribozyms mit Hilfe eines Adenovirus in transgenen Mäusen, die das humane Wachstumshormon (hGH) im Gastrointestinaltrakt und in der Leber produzieren (Lieber u. Kay 1996). Damit gelang eine 96%ige Reduktion des hGH-mRNA-Spiegels über mehrere Wochen. In einem weiteren Beispiel wurde die Expression von α-Lactalbumin in doppelt transgenen Mäusen durch Hammerhead-Ribozyme reduziert (L'Huillier et al. 1996).

Ein wichtiger Beweis der Tauglichkeit des DNA-Enzyms für medizinische Anwendungen war die

Inhibition des Gefäßwachstums nach einer Ballondilatation der Herzarterien in Ratten (Santiago et al. 1999). Dazu wurde ein DNA-Enzym gegen den Transkriptionsfaktor Egr-1 (early growth response factor-1) gerichtet, der die Zellbewegung und die Replikation in Arterienwänden beeinflusst. Durch Spaltung der mRNA wurde die EGR-1-Proteinsynthese inhibiert und damit in Zellkultur die Proliferation von Muskelzellen unterbunden. Dabei war das DNA-Enzym in wesentlich geringeren Konzentrationen wirksam als ein vergleichbares, katalytisch aber inaktives Antisense-Oligodesoxynukleotid. Im Tiermodell konnte das DNA-Enzym die Verdickung der Arterienwand 14 Tage nach der Verletzung durch eine Ballondilatation um mehr als 50% inhibieren. Für die Versuche war das DNA-Enzym durch ein invertiertes Thymin am 3′-Ende gegen nukleolytischen Abbau stabilisiert.

4.4.5.3 Klinische Studien

Von Ribozyme Pharmaceuticals (Boulder, USA) wird in Zusammenarbeit mit der Chiron Corporation ein Hammerhead-Ribozym (ANGIOZYME) entwickelt, das die Ausbildung neuer Gefäße (Angiogenese) verhindern soll. Diese Neovaskularisierung wird allgemein für das Wachstum von Tumoren und Metastasen benötigt (Folkman 1971). Das Ribozym könnte daher bei verschiedenen Karzinomen oder Sarkomen zum klinischen Einsatz kommen.

ANGIOZYME ist gegen die mRNA des *flt1*-Gens gerichtet. Das Gen kodiert für die Rezeptortyrosinkinase FLT-1, die durch Wechselwirkung mit dem vaskularen, endothelialen Wachstumsfaktor (VEGF) die Zellteilung aktiviert (Thomas 1996).

Das Ribozym wurde in verschiedenen Tiermodellen getestet. Eine Wirkung von ANGIOZYM konnte zunächst in Ratten gezeigt werden. Bei Ribozymgabe ließ sich ein VEGF-induziertes Gefäßwachstum in der Kornea deutlich reduzieren (Parry et al. 1999). Die Wirkung des Präparats auf Karzinome wurde im Mausmodell untersucht. Die kontinuierliche i.-v.-Infusion des Ribozyms für 14 Tage inhibiert in Mäusen mit Lewis-Lungenkarzinomen das Tumorwachstum zu etwa 80% (Pavco et al. 2000). Weiterhin wurde die Wirkung des Ribozyms an menschlichen Tumorzellen getestet. Auch hier konnte eine dosisabhängige Wirkung gezeigt werden (Pavco et al. 2000).

Mit ANGIOZYME wurde zunächst eine klinische Phase-I-Studie mit Einzeldosis durchgeführt (Sandberg et al. 2000). Wie sich bereits in präklinischen Studien angedeutet hatte, kann das Ribozym nach i.-v.- oder subkutaner Administration für mehrere Stunden im Serum nachgewiesen werden. Das Präparat zeigte gute Verträglichkeit bei i.-v.-Infusion von maximal 100 mg/m^2 oder subkutaner Bolusinjektion von maximal 300 mg/m^2. Mit einer kombinierten Phase-I/II-Studie zur Erhebung des pharmakokinetischen Profils bei täglicher Dosis von maximal 300 mg/m^2 konnte ebenfalls eine gute Verträglichkeit des Präparats festgestellt werden (Weng et al. 2001).

Mit den Daten der ersten beiden Studien wird gegenwärtig eine Phase-II-Studie zum Wirkungsnachweis bei Patienten mit Mammakarzinomen und kolorektalen Karzinomen durchgeführt (Usman u. Blatt 2000).

Von Ribozyme Pharmaceuticals wurde ein weiteres Hammerhead-Ribozym der klinischen Entwicklung zugeführt. Das Ribozym (HEPTAZYME) ist gegen Hepatitis-C-Viren gerichtet. Die Zielsequenz liegt in der 5′-UTR-Region des Virusgenoms, die zwischen verschiedenen klinischen Isolaten hochgradig konserviert ist. In Zellkulturexperimenten konnte eine bis zu 90%ige Inhibition der viralen Replikation nachgewiesen werden (Macejak et al. 2000). Eine Phase-II-Studie zum Wirknachweis an Patienten mit chronischer Hepatitis C startete im Jahr 2001.

4.4.6 Ausblick

Nukleinsäuren besitzen im Vergleich zu Proteinen weniger funktionelle Gruppen und haben daher eine geringere strukturelle Diversität. Ribozyme bleiben in ihren Umsatzraten deutlich hinter Proteinenzymen zurück. Dennoch offerieren katalytische Nukleinsäuren durch ihre hohe Affinität für komplementäre Nukleinsäuren besondere Vorteile. Durch ihre Fähigkeit, Nukleinsäuresubstrate durch Basen-Basen-Wechselwirkungen selektiv erkennen zu können, kann mit hoher Präzision in biologische Systeme eingegriffen werden. Seit der Wahrnehmung dieser Möglichkeiten konnte die Forschung auf diesem Gebiet enorme Fortschritte verzeichnen.

Diese viel versprechenden Ansätze wurden nachhaltig verfolgt. Für die offensichtlichen Probleme bei der Anwendung von Ribozymen wurden bereits Lösungskonzepte erarbeitet. So konnten Strategien für die effiziente Aufnahme und Kolokalisation von Ribozymen entwickelt werden. Geeignete Schnittstellen in der mRNA lassen sich durch eine systematische Vorgehensweise identifizieren. Für exogene Anwendungen wurden chemische Modifikationen etabliert, die Ribozymen hohe Stabilität verleihen, ohne die katalytische Aktivität negativ zu beeinflussen.

Durch neue Techniken der *In-vitro*-Selektion können die Eigenschaften der Ribozyme verbessert werden. Zudem lassen sich völlig neuartige Ribozyme entwickeln. Das mit der Technologie identifizierte 10–23-DNA-Enzym besitzt für medizinische Anwendungen bessere Eigenschaften als die in der Natur auftretenden Ribozyme. Die besonderen Vorteile liegen bei der hohen Stabilität und der kostengünstigen Produktion von Desoxyribozymen. Es ist zu erwarten, dass durch Selektionsmethoden weitere Verbesserungen für den klinischen Einsatz von Ribozymen erzielt werden.

Der Fokus zukünftiger Entwicklungen wird sich vermehrt auf die Verbesserung der klinischen Profile richten. Mit der bereits etablierten Chemie steht ein breites Spektrum von Modifikationen zur Verfügung, die die pharmakokinetischen und pharmakodynamischen Eigenschaften von Ribozymen beeinflussen können. Zudem bietet es sich an, die Biodistribution durch geeignete Formulierungen zu beeinflussen. Hier könnten sich auch neue Wege der Administration eröffnen.

Mit dem Nachweis der Wirksamkeit in verschiedenen Tiermodellen und der guten Verträglichkeit im Patienten ist der Weg für den klinischen Einsatz von Ribozymen vorbereitet. Der Ausgang der gegenwärtigen klinischen Entwicklungen wird nicht nur vom Entwicklungsstand der Ribozymtechnologie abhängen. Maßgeblich ist auch die Auswahl der Zielindikationen. Der Erfolg der Studien wird davon abhängen, ob die Erkrankungen durch Regulierung einer Genaktivität bekämpft werden können. Es besteht allerdings die Möglichkeit, Ribozyme gegen mehrere Zielgene simultan einzusetzen oder mit anderen Wirkstoffen zu kombinieren.

4.4.7 Literatur

Bassi GS, Mollegaard NE, Murchie AI, Kitzing E von, Lilley DM (1995) Ionic interactions and the global conformations of the hammerhead ribozyme. Nat Struct Biol 2:45–55

Becker DL, Lin JS, Green CR (1999) Pluronic gel as a means of antisense delivery. In: Leslie RA, Hunter AJ, Robertson HA (eds) Antisense technology in the central nervous system. Oxford University Press, New York, pp 147–157

Beger C, Pierce LN, Krüger M et al. (2001) Identification of *Id4* as a regulator of *BRCA1* expression by using a ribozyme-library-based inverse genomic approach. Proc Natl Acad Sci USA 98:130–135

Beigelman L, McSwiggen JA, Draper KG et al. (1995) Chemical modification of hammerhead ribozymes. Catalytic activity and nuclease resistance. J Biol Chem 270:25702–25708

Bramlage B, Alefelder S, Marschall P, Eckstein F (1999) Inhibition of luciferase expression by synthetic hammerhead ribozymes and their cellular uptake. Nucleic Acids Res 15:3159–3167

Bramlage B, Luzi E, Eckstein F (2000) HIV-1 LTR as a target for synthetic ribozyme-mediated inhibition of gene expression: site selection and inhibition in cell culture. Nucleic Acids Res 28:4059–4067

Cairns MJ, Hopkins TM, Witherington C, Wang C, Sun L-Q (1999) Target site selection for an RNA-cleaving catalytic DNA. Nat Biotechnol 17:480–486

Cate JH, Gooding AR, Podell E et al. (1996) Crystall structure of a group I ribozyme domain: principles of RNA packing. Science 273:1678–1685

Cech TR, Zaug AJ, Grabowski PJ (1981) In vitro splicing of the ribosomal RNA precursor of *Tetrahymena*: involvement of a guanosine nucleotide in the excision of the intervening sequence. Cell 27:487–296

Eaton BE, Gold L, Hicke BJ et al. (1997) Post-SELEX combinatorial optimization of aptamers. Bioorg Med Chem 5:1087–1096

Eckstein F (1985) Nucleoside phosphorothioates. Annu Rev Biochem 54:367–402

Ferré-D'Amaré AR, Zhao K, Doudna JA (1998) Crystal structure of a hepatitis delta virus ribozyme. Nature 395:567–574

Flory CM, Pavco PA, Jarvis TC et al. (1996) Nuclease-resistant ribozymes decrease stromelysin mRNA levels in rabbit synovium following exogenous delivery of the knee joint. Proc Natl Acad Sci USA 93:754–758

Folkman J (1971) Tumor angiogenesis: therapeutic implications. N Engl J Med 285:1182–1186

Guerrier-Takada C, Gardiner K, Marsh T, Pace N, Altman S (1983) The RNA moiety of ribonuclease P is the catalytic subunit of the enzyme. Cell 35:849–857

Guo H, Karberg M, Long M, Jones III JP, Sullenger B, Lambowitz AM (2000) Group II introns designed to insert into therapeutically relevant DNA target sites in human cells. Science 289:452–457

Haseloff J, Gerlach WL (1988) Simple RNA enzymes with new and highly specific endoribonuclease activities. Nature 334:585–591

Heidenreich O, Eckstein F (1992) Hammerhead ribozyme-mediated cleavage of the long terminal repeat RNA of human immunodeficiency virus type 1. J Biol Chem 267:1904–1909

Heidenreich O, Benseler F, Fahrenholz A, Eckstein F (1994) High activity and stability of hammerhead ribozymes containing 2′-modified pyrimidine nucleosides and phosphorothioates. J Biol Chem 269:2131–2138

Heidenreich O, Xu X, Swiderski P, Rossi JJ, Nerenberg M (1996) Correlation of activity with stability of chemically modified ribozymes in nuclei suspension. Antisense Nucleic Acid Drug Dev 6:111–118

Hertel KJ, Pardi A, Uhlenbeck OC et al. (1992) Numbering system for the hammerhead. Nucleic Acids Res 20:3252

Ho SP, Britton DHO, Stone BA et al. (1996) Potent antisense oligonucleotides to the human multidrug resistance-1 mRNA are rationally selected by mapping RNA-accessible sites with oligonucleotide libraries. Nucleic Acids Res 24:1901–1907

Ho SP, Bao Y, Lesher T et al. (1998) Mapping of RNA accessible sites for antisense experiments with oligonucleotide libraries. Nat Biotechnol 16:59–63

Hoogstraten CG, Legault P, Pardi A (1998) NMR solution structure of the lead-dependent ribozyme: evidence for dynamics in RNA catalysis. J Mol Biol 284:337–350

Hoogstraten CG, Wank JR, Pardi A (2000) Active site dynamics in the lead-dependent ribozyme. Biochemistry 39:9951–9958

Jack A, Ladner JE, Rhodes D, Brown RS, Klug A (1977) A crystallographic study of metal-binding to yeast phenylalanine transfer RNA. J Mol Biol 111:315–328

Jarvis TC, Wincott FE, Alby LJ et al. (1996) Optimizing the cell efficacy of synthetic ribozymes. J Biol Chem 271: 29107–29112

Jäschke A, Seelig B (2000) Evolution of DNA and RNA as catalysts for chemical reactions. Curr Opin Chem Biol 4:257–262

Jen K-Y, Gerwirtz AM (2000) Suppression by targeted disruption of messenger RNA: available options and current strategies. Stem Cells 18:307–319

Jeoung YH, Kumar PK, Suh YA, Taira K, Nishikawa S (1994) Identification of phosphate oxygens that are important for self-cleavage activity of the HDV ribozyme by phosphorothioate substitution interference analysis. Nucleic Acids Res 22:3722–3727

Kawakami J, Yuda K, Suh Y-A et al. (1996) Constructing an efficient *trans* acting genomic HDV ribozyme. FEBS Lett 394:132–136

Kilpatrick MW, Phylactou LA, Godfrey M, Wu CH, Wu GY, Tsipouras P (1996) Delivery of a hammerhead ribozyme specifically down-regulates the production of fibrillin-1 by cultured dermal fibroblasts. Hum Mol Genet 5:1939–1944

Klussmann S, Nolte A, Bald R, Erdmann VA, Furste JP (1996) Mirror-image RNA that binds D-adenosine. Nat Biotechnol 14:1112–1115

Knoll R, Bald R, Furste JP (1997) Complete identification of nonbridging phosphate oxygens involved in hammerhead cleavage. RNA 3:132–140

Koizumi M, Ohtsuka E (1991) Effects of phosphorothioate and 2-amino groups in hammerhead ribozymes on cleavage rates and Mg^{2+} binding. Biochemistry 30:5145–5150

Kore AR, Vaish NK, Kutzke U, Eckstein F (1998) Sequence specificity of the hammerhead ribozyme revisited, the NHH rule. Nucleic Acids Res 26:4116–4120

Kruger K, Grabowski PJ, Zaug AJ, Sans J, Gottschling DF, Cech TR (1982) Self-splicing RNA: autoexcision and autocyclization of the ribosomal RNA intervening sequence of *Tetrahymena*. Cell 31:147–157

Kurreck J, Bieber B, Jahnel R, Erdmann VA (2002) Comparative study of DNA enzymes and ribozymes against the same full length messenger RNA of the vanilloid receptor subtype I. J Biol Chem 277:7099–7107

Kuwabara T, Warashina M, Tanabe T, Tani K, Asano S, Taira K (1997) Comparison of the specificities and catalytic activities of hammerhead ribozymes and DNA enzymes with respect to the cleavage of *BCR-ABL* chimeric L6 (b2a2) mRNA. Nucleic Acids Res 25:3074–3081

Lan N, Howrey RP, Lee S-W, Smith CA, Sullenger BA (1998) Ribozyme-mediated repair of sickle β-globin mRNAs in erythrocyte precursors. Science 280:1593–1596

L'Huillier PJ, Soulier S, Stinnakre MG et al. (1996) Efficient and specific ribozyme-mediated reduction of bovine alpha-lactalbumin expression in double transgenic mice. Proc Natl Acad Sci USA 93:6698–6703

Lieber A, Strauss M (1995) Selection of efficient cleavage sites in target RNAs by using a ribozyme expression library. Mol Cell Biol 15:540–551

Lott WB, Pontius BW, Hippel PH von (1998) A two-metal ion mechanism operates in the hammerhead ribozyme-mediated cleavage of an RNA substrate. Proc Natl Acad Sci USA 95:542–547

Lyngstadaas SP, Risnes S, Sproat BS, Thrane PS, Prydz HP (1995) A synthetic, chemically modified ribozyme eliminates amelogenin, the major translation product in developing enamel in vivo. EMBO J 14:5224–5229

Macejak DG, Jensen KL, Jamison SF et al. (2000) Inhibition of hepatitis C virus (HCV)-RNA-dependent translation and replication of a chimeric HCV poliovirus using synthetic stabilized ribozymes. Hepatology 31:769–776

Matveeva O, Felden B, Audlin S, Gesteland RF, Atkins JF (1997) A rapid in vitro method for obtaining RNA accessibility patterns for complementary DNA probes: correlation with an intracellular pattern and known RNA structures. Nucleic Acids Res 25:5010–5016

McKay DB (1996) Structure and function of the hammerhead ribozyme: an unfinished story. RNA 2:395–403

Michienzi A, Cagnon L, Bahner I, Rossi JJ (2000) Ribozyme-mediated inhibition of HIV 1 suggests nucleolar trafficking of HIV-1 RNA. Proc Natl Acad Sci USA 97:8955–5960

Milner N, Mir KU, Southern EM (1997) Selecting effective antisense reagents on combinatorial oligonucleotide arrays. Nat Biotechnol 15:537–541

Müller MW, Hetzer M, Schweyen RJ (1993) Group II intron RNA catalysis of progressive nucleotide insertion: a model for RNA editing. Science 261:1035–1038

Murray JB, Seyhan AA, Walter NG, Burke JM, Scott WG (1998) The hammerhead, hairpin and VS ribozymes are catalytically proficient in monovalent cations alone. Chem Biol 5:587–595

Narlikar GJ, Herschlag D (1997) Mechanistic aspects of enzymatic catalysis: lessons from comparison of RNA and protein enzymes. Annu Rev Biochem 66:19–59

Nesbitt S, Hegg LA, Fedor MJ (1997) An unusual pH-independent and metal-ion-independent mechanism for hairpin ribozyme catalysis. Chem Biol 4:619–630

Nolte A, Klussmann S, Bald R, Erdmann VA, Furste JP (1996) Mirror-design of L-oligonucleotide ligands binding to L-arginine. Nat Biotechnol 14:1116–1119

Nowakowski J, Shim PJ, Prasad GS, Stout CD, Joyce GF (1999) Crystal structure of an 82-nucleotide RNA-DNA complex formed by the 10–23 DNA enzyme. Nat Struct Biol 6:151–156

Pan T, Uhlenbeck OC (1992) A small metalloribozyme with a two-step mechnism. Nature 358:560–563

Paolella G, Sproat BS, Lamond AI (1992) Nuclease resistant ribozymes with high catalytic activity. EMBO J 11:1913–1919

Parry TJ, Cushman C, Gallegos AM et al. (1999) Bioactivity of anti-angiogenic ribozymes targeting Flt-1 and KDR mRNA. Nucleic Acids Res 27:2569–2577

Pavco PA, Bouhana KS, Gallegos AM et al. (2000) Antitumor and antimetastatic activity of ribozymes targeting the

messenger RNA of vascular endothelial growth factor receptors. Clin Cancer Res 6:2094–2103
Pérez-Ruiz M, Barroso-delJesus A, Berzal-Herranz A (1999) Specificity of the hairpin ribozyme. J Biol Chem 274: 29376–29380
Perreault JP, Wu TF, Cousineau B, Ogilvie KK, Cedergren R (1990) Mixed deoxyribo- and ribo-oligonucleotides with catalytic activity. Nature 344:565–567
Perreault JP, Labuda D, Usman N, Yang JH, Cedergren R (1991) Relationship between 2′-hydroxyls and magnesium binding in the hammerhead RNA domain: a model for ribozyme catalysis. Biochemistry 30:4020–4025
Perrotta AT, Shih I, Been MD (1999) Imidazole rescue of a cytosine mutation in a self-cleaving ribozyme. Science 286:123–126
Phylactou LA, Darrah C, Wood MJA (1998) Ribozyme-mediated *trans*-splicing of a trinucleotide repeat. Nat Genet 18:378–381
Phylactou LA, Darrah C, Everatt L, Maniotis D, Kilpatrick MW (1999) Utilization of natural catalytic RNA to design and synthesize functional ribozymes. Methods Enzymol 313:485–506
Pieken WA, Olsen DB, Benseler F, Aurup H, Eckstein F (1991) Kinetic characterization of ribonuclease-resistant 2′-modified hammerhead ribozymes. Science 253:314–317
Pierce ML, Ruffner DE (1998) Construction of a hammerhead ribozyme library: towards the identification of optimal target sites for antisense-mediated gene inhibition. Nucleic Acids Res 26:5093–5101
Pley HW, Flaherty KM, McKay DB (1994) Three-dimensional structure of a hammerhead ribozyme. Nature 372:68–74
Pontius BW, Lott WB, Hippel PH von (1997) Observations on catalysis by hammerhead ribozymes are consistent with a two-divalent-metal-ion mechanism. Proc Natl Acad Sci USA 94:2290–2294
Rossi JJ (2000) Ribozymes in the nucleolus. Science 285:1685
Ruffner DE, Uhlenbeck OC (1990) Thiophosphate interference experiments locate phosphates important for the hammerhead RNA self-cleavage reaction. Nucleic Acids Res 18:6025–6029
Rupert PB, Ferré-D'Amaré AR (2001) Crystal structure of a hairpin ribozyme-inhibitor complex with implications for catalysis. Nature 410:780–786
Samarsky DA, Ferbeyre G, Bertrand E, Singer RH, Cedergren R, Fournier MJ (1999) A small nucleolar RNA:ribozyme hybrid cleaves a nucleolar RNA target in vivo with near-perfect efficiency. Proc Natl Acad Sci USA 96:6609–6614
Sandberg JA, Sproul CD, Blanchard KS et al. (2000) Acute toxicology and pharmacokinetic assessment of a ribozyme (ANGIOZYME) targeting vascular endothelial growth factor receptor mRNA in the cynomolgus monkey. Antisense Nucleic Acid Drug Dev 10:153–162
Santiago FS, Lowe HC, Kavurma MM et al. (1999) New DNA enzyme targeting Egr-1 mRNA inhibits vascular smooth muscle proliferation and regrowth after injury. Nat Med 5:1264–1269
Santoro SW, Joyce GF (1997) A general purpose RNA-cleaving DNA enzyme. Proc Natl Acad Sci USA 94:4262–4266
Santoro SW, Joyce GF (1998) Mechanism and utility of an RNA-cleaving enzyme. Biochemistry 37:13.330–13.342
Schmidt C, Welz R, Müller C (2000) RNA double cleavage by a hairpin-derived twin ribozyme. Nucleic Acids Res 28:886–894
Scott WG, Finch JT, Klug A (1995) The crystal structure of an all-RNA hammerhead ribozyme: a proposed mechanism for RNA catalytic cleavage. Cell 81:991–1002
Scott WG, Murray JB, Arnold JR, Stoddard BL, Klug A (1996) Capturing the structure of a catalytic RNA intermediate: the hammerhead ribozyme. Science 274:2065–2069
Shimayama T, Nishikawa F, Nishikawa S, Taira K (1993) Nuclease-resistant chimeric ribozymes containing deoxyribonucleotides and phosphorothioate linkages. Nucleic Acids Res 21:2605–2611
Slim G, Gait MJ (1991) Configurationally defined phosphorothioate-containing oligoribonucleotides in the study of the mechanism of cleavage of hammerhead ribozymes. Nucleic Acids Res 19:1183–1188
Sohail M, Southern EM (2000) Selecting optimal antisense reagents. Adv Drug Deliv Rev 44:23–34
Sriram B, Banerjea AC (2000) In vitro-selected RNA cleaving DNA enzymes from a combinatorial library are potent inhibitors of HIV-1 gene expression. Biochem J 352:667–673
Sullenger BA, Cech TR (1993) Tethering ribozymes and a retroviral packaging signal for destruction of viral RNA. Science 262:1566–1569
Sun L-Q, Cairns MJ, Gerlach WL, Witherington C, Wang L, King A (1999) Suppression of smooth muscle cell proliferation by a *c-myc* RNA-cleaving deoxyribozyme. J Biol Chem 274:17.236–17.241
Sun LQ, Cairns MJ, Saravolac EG, Baker A, Gerlach WL (2000) Catalytic nucleic acids: from lab to applications. Pharmacol Rev 52:325–347
Tanner NK (1999) Ribozymes: the characteristics and properties of catalytic RNAs. FEMS Micrbiol Rev 23:257–275
Thomas KA (1996) Vascular endothelial growth factor, a potent and selective angiogenic agent. Biol Chem 271:603–606
Tuschl T, Gohlke C, Jovin TM, Westhof E, Eckstein F (1994) A three-dimensional model for the hammerhead ribozyme based on fluorescence measurements. Science 266: 785–789
Uhlenbeck OC (1987) A small catalytic ribonucleotide. Nature 328:596–600
Usman N, Blatt LM (2000) Nuclease-resistent ribozymes: developing a new class of therapeutics. J Clin Invest 106:1197–1202
Vaish NK, Heaton PA, Fedorva O, Eckstein F (1998a) In vitro selection of a purine nucleotide-specific hammerhead-like ribozyme. Proc Natl Acad Sci USA 95:2158–2162
Vaish NK, Kore AR, Eckstein F (1998b) Recent developments in the hammerhead ribozyme field. Nucleic Acids Res 26:5237–5242
Van Tol H, Buzayan JM, Feldstein PA, Eckstein F, Bruening G (1990) Two autolytic processing reactions of a satellite RNA proceed with inversion of configuration. Nucleic Acids Res 8:1971–1975
Wedekind JE, McKay DB (1999) Crystal structure of a lead-dependent ribozyme revealing metal binding sites relevant to catalysis. Nat Struct Biol 6:261–268
Weng DE, Usman N (2001) Angiozyme: a novel angiogenesis inhibitor. Curr Oncol Rep 3:141–146
Young KJ, Gill F, Grasby JA (1997) Metal ions play a passive role in the hairpin ribozyme catalysed reaction. Nucleic Acids Res 25:3760–3766

4.5 Antimetaboliten

Eckart Matthes und Peter Langen

Inhaltsverzeichnis

4.5.1 Allgemeiner Teil

4.5.1.1 Definition

Ein Antimetabolit ist eine Verbindung, die aufgrund ihrer Strukturähnlichkeit zu einem Enzymsubstrat dessen Bindungsort am Enzym besetzt. Dadurch wird die enzymatische Umsetzung entweder gehemmt oder läuft fehl, indem nicht das Substrat umgesetzt wird, sondern der Antimetabolit.

Da Enzymsubstrate im Allgemeinen Metaboliten des Intermediärstoffwechels sind, hat sich der Ausdruck „Antimetaboliten" (auch Strukturanaloga) eingebürgert.

Die Gewinnung von Antimetaboliten gehört zu den ersten erkannten Möglichkeiten des gezielten Designs spezifischer Pharmaka aufgrund molekularbiologischer Kenntnisse. Sie erlaubt nach Auswahl spezifischer molekularer Ziele, wie bestimmter Schlüsselenzyme für die Vermehrung pathogener Viren oder Bakterien, sowie für die Makromolekülsynthese oder Regulationsphänomene der Eukaryontenzelle, die gezielte Entwicklung von Verbindungen zum selektiven Angriff auf diese Ziele („magische Kugeln", ein Begriff, von Paul Ehrlich, dem „Vater der Chemotherapie", Anfang des Jahrhunderts geprägt) (Ehrlich 1909).

Nicht nur die Entwicklung von Antimetaboliten beruht auf Erkenntnissen der Molekularbiologie, umgekehrt hat auch die Molekularbiologie wichtige Erkenntnisse der Anwendung von Antimetaboliten in der Forschung zu verdanken. Dazu gehören die Erkenntnis des molekularen Mechanismus bestimmter Mutationen als Basenaustausche in der DNA durch den Einsatz von 5-Bromuracil und auch die Charakterisierung des Boten der Genexpression als RNA (mRNA) durch die Anwendung von 5-Fluoruracil.

4.5.1.2 Historische Entwicklung

Das Prinzip der Antimetabolitenwirkung lässt sich auf die zuerst 1928 von Quastel u. Woolbridge beschriebene kompetitive Hemmung der Sukzinatdehydrogenase durch das strukturanaloge Malonat zurückführen (Quastel, Wollbridge 1928). Aus diesem Befund wurden zunächst jedoch keine Konsequenzen für die Arzneimittelentwicklung gezogen. Es wurde im Gegenteil nicht verstanden, warum durch die chemische Abwandlung einer natürlichen Verbindung nicht nur eine biologisch inerte Verbindung entstand, sondern sogar eine toxische Verbindung.

Die eigentliche Entdeckung des Prinzips der Antimetabolitenwirkung ist Woods zu verdanken, der es 1940 aufgrund seiner Arbeiten über die Wirkung des Sulfanilamids, dem wirksamen Bestandteil der Sulfonamide, in allgemeiner Form beschrieb. Er fand, dass der Effekt dieser Verbindung auf Bakterien durch *p*-Aminobenzoesäure aufgehoben werden konnte und dass insgesamt das Resultat, Hemmung oder Nichthemmung, vom Verhält-

Ganten / Ruckpaul (Hrsg.)
Grundlagen der Molekularen Medizin,
2. Auflage

nis der Konzentrationen beider Stoffe abhängt. Woods Schlussfolgerung war: Die *p*-Aminobenzoesäure bindet in einer für die Erhaltung der Zelle notwendigen Reaktion an eine zelluläre Komponente, von der sie durch das Sulfanilamid verdrängt wird. Umgekehrt können hohe Konzentrationen von *p*-Aminobenzoesäure das Sulfanilamid wieder verdrängen und so die durch dieses bedingte Störung aufheben (Woods 1940).

Damals war die Folsäure noch unbekannt, und es war daher auch noch nicht möglich, zu folgern, dass das Sulfanilamid die Synthese der Folsäure aus ihren Bestandteilen, darunter auch die *p*-Aminobenzoesäure, hemmt.

Die ersten bezüglich einer klinischen Anwendung entwickelten Antimetaboliten waren die Folsäureanaloga Ende der 1940er Jahre, gefolgt von den Purinanaloga Anfang der 1950er Jahre. Beide Verbindungen wurden und werden heute noch gegen Krebs angewendet.

Diese Entwicklung stand unter dem Einfluss des Beginns der Molekularbiologie, als die ersten Zusammenhänge zwischen Zellproliferation und Nukleinsäurestoffwechsel bekannt wurden (ohne dass Letzterer schon im Detail aufgeklärt worden wäre).

Dass in dieser Zeit die Entwicklung von Antimetaboliten des Nukleinsäurestoffwechsels als besonders geeignet für die Chemotherapie von Krebs gehalten wurde, lag an den damaligen Vorstellungen dass

1. Krebszellen schneller proliferieren als Normalzellen und
2. die Synthese der Nukleinsäuren in Krebs und Normalzellen unterschiedlich verläuft.

Heute ist bekannt, dass Beides nicht stimmt. Die Proliferation ist in Krebsgeweben nicht schneller als in proliferierenden Normalgeweben und auch der Nukleinsäurestoffwechsel von Krebs- und Normalzellen unterscheidet sich nicht. (Beide unterschieden sich aber darin von nicht proliferierenden Geweben.) Die Unterschiede zwischen Krebs- und Normalzelle liegen in der Regulation der Abläufe, nicht in den Abläufen an sich.

Dementsprechend wirken Antimetaboliten zwar relativ spezifisch gegen proliferierende Zellen, aber ohne großen Unterschied zwischen Normal- und Krebszellen. Klinisch wirkt sich das so aus, dass bei der Behandlung mit Antimetaboliten die normalen „Mausergewebe" des Organismus in therapiebegrenzendem Ausmaß betroffen werden. Diesen Nachteil teilen Antimetaboliten mit allen Zytostatika anderer Gruppen, wie den alkylierenden Verbindungen und den Spindelgiften.

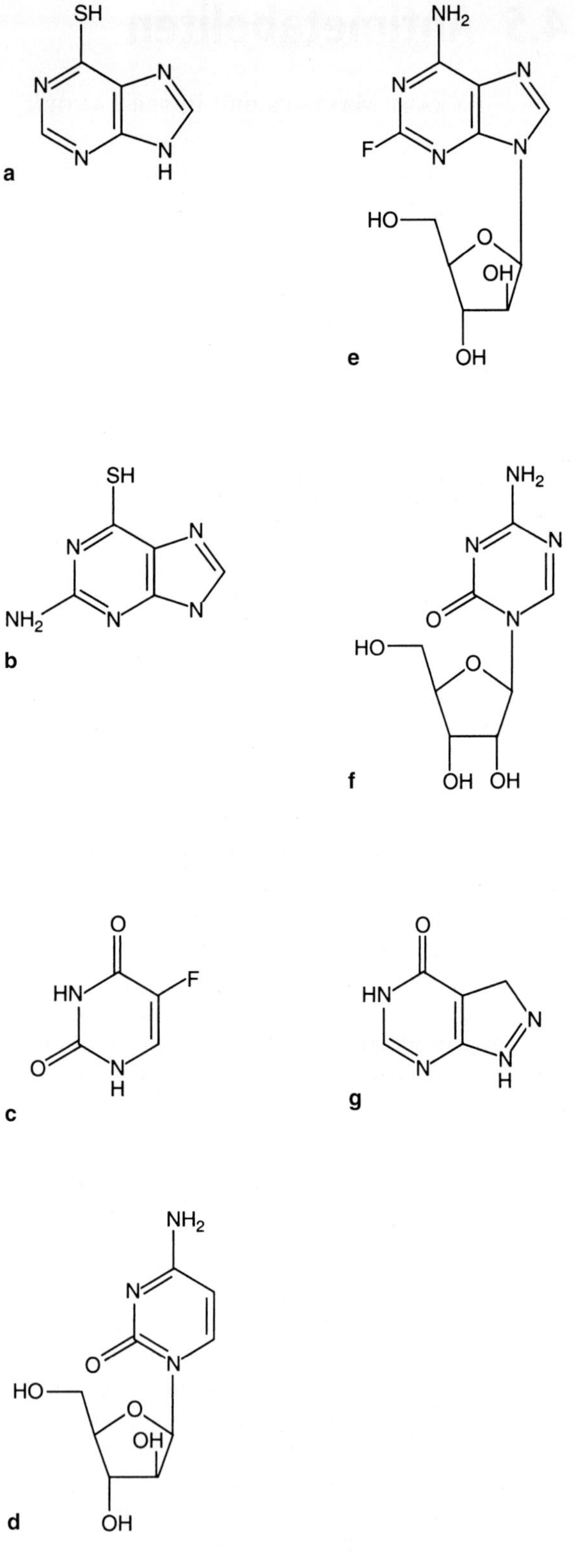

Abb. 4.5.1 a–g. Chemische Struktur einiger zytostatisch wirksamer Nukleinsäureantimetaboliten, **a** 6-Mecaptopurin, **b** 6-Thioguanin, **c** 5-Fluoruracil, **d** Cytarabin; Arabinofuranosylcytosin (AraC), **e** Arabinofuranosyl-2-Fluoradenin, **f** 5-Azacytidin, **g** Allopurinol; Pyrazolohypoxanthin

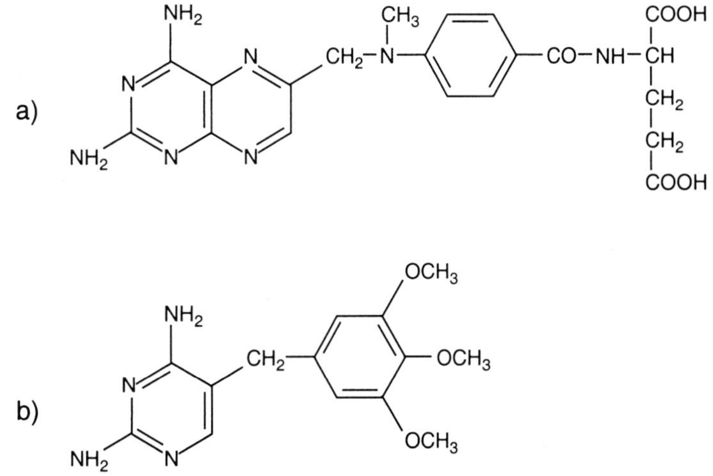

Abb. 4.5.2 a, b. Beispiele für die Wirkungsspezifität nicht klassischer Antimetaboliten an Enzymen gleicher katalytischer Aktivität, aber unterschiedlicher Herkunft, **a)** Amethopterin, klassischer Antimetabolit, der die Folsäurereduktase von Bakterien und Säugerzellen mit gleicher Effizienz hemmt, **b)** Trimethoprin [2,4-Diamino-5-(3′,4′,5′-Trimethoxybenzyl)-Pyrimidin], nicht klassischer Antimetabolit, der die bakterielle Folsäurereduktase 60 000-mal stärker hemmt als das entsprechende Enzym aus Säugerzellen

Dass dessen ungeachtet Antimetaboliten der „ersten Stunde" wie 6-Mercaptopurin (Abb. 4.5.1 a), 6-Thioguanin (Abb. 4.5.1 b), der Folsäureantagonist Methotrexat (Amethopterin Abb. 4.5.2, Formel a) oder auch die nur einige Jahre später entwickelten Verbindungen 5-Fluoruracil (Abb. 4.5.1 c) und Arabinofuranosylcytosin (Abb. 4.5.1 d) neben den Zytostatika der anderen, ebenso wenig selektiven Gruppen, zum festen Arsenal der Krebschemotherapie gehören, zeigt unsere derzeitige Hilflosigkeit bezüglich einer grundsätzlichen Verbesserung dieser Art von Krebsbehandlung. Erst in letzter Zeit sind Verbindungen in klinischen Versuchen, die Strukturanaloga von Lysophospholipiden sind und – leider nicht ausschließlich – als die gesuchten Korrektoren der fehlerhaften Regulation wirken können (s. auch Abschnitt 4.5.2.1 „Zytostatische Antimetaboliten", Unterabschnitt „Analoga von Lysophospholipiden mit Einfluss auf die Signaltransduktion" [Übersicht s. Brachwitz u. Vollgraf (1995)].

Obwohl einige Antimetaboliten zum wichtigsten Bestand der Krebstherapie gehören, ist ihre besondere Bedeutung auf dem Gebiet antiviraler aber auch antibakterieller Verbindungen hervorgetreten. Während jedoch bei Letzteren die Situation durch die Antibiotika und die – als Antimetaboliten wirkenden (aber nicht so entdeckten) – Sulfonamide trotz aller Resistenzprobleme als (noch) befriedigend gelten kann, ist die Entwicklung auf dem Gebiet der antiviralen Verbindungen, stark stimuliert durch die „neue" Krankheit AIDS, voll im Gang. Gerade am Beispiel AIDS hat sich die Güte des Antimetabolitenkonzepts an der Schnelligkeit erwiesen, mit der gezielt – ohne planloses Screening – mit chemotherapeutischen Maßnahmen reagiert werden konnte. Sobald bekannt war, dass ein Retrovirus Ursache der Krankheit war, das HIV mit der für Retroviren spezifischen reversen Transkriptase, wurden die Arsenale der bekannten Labors, in denen Nukleosidanaloga entwickelt wurden, auf geeignete Antimetaboliten für dieses Enzym geprüft. Es wurden verschiedenste Verbindungen ausgesucht, in denen die 3′-Hydroxylgruppe in 2′-Desoxyribosiden entweder eliminiert oder (z. B. mit der Azidogruppe) substituiert wurde. Obwohl diese Verbindungen nur die Verbreitung des Virus in AIDS-Patienten unterdrücken, es aber nicht eliminieren, ist durch die Kombination verschiedener solcher Verbindungen das derzeitige Optimum in den Behandlungsmöglichkeiten erreicht worden. Aus Gründen der vielfältigen modernen Entwicklungen bei den antiviralen Antimetaboliten wird darauf detailliert eingegangen.

Antimetaboliten werden nicht nur synthetisch hergestellt, sondern finden sich auch in der Natur. Das prominenteste Beispiel ist wohl das Penizillin, das durch Konkurrenz zu D-Aminosäuren enthaltenden Peptiden die Bildung der bakteriellen Zellmembran stört.

Für weitere Übersichten zu Antimetaboliten s. Langen (1975), Golovinsky (1984), Chu u. Baker (1993), DeVita et al. (1993).

4.5.1.3 Molekulare Grundlagen der Entwicklung und Wirkung

Allgemeine Möglichkeiten struktureller Veränderungen

Klassische Antimetaboliten. Das Design von Antimetaboliten setzt neben der Kenntnis der Zielenzyme die der möglichen Veränderungen voraus, die es erlauben, einen Metaboliten so zu modifizieren, dass er zu einem Antimetaboliten wird und nicht etwa völlig seine Passfähigkeit zum Enzym verliert. Diese Passfähigkeit, genannt Affinität, eines Substrats zu seinem Enzym hängt von bestimmten reaktiven Gruppen ab, die Verbindungen, z. B. Wasserstoffbrücken, zum Enzym ausbilden, aber auch von den sterischen Bedingungen, der molekularen Form der Verbindung. Die Stärke der Antimetabolitenwirkung hängt daher vom Verhältnis der Affinitäten von Antimetabolit und Metabolit zum Enzym ab. Antimetaboliten haben häufig eine viel höhere Affinität zum Enzym als die natürlichen Metaboliten (bis zum 100 000fachen bei den Folsäureantagonisten). In diesem Fall resultiert eine praktisch irreversible Inaktivierung des Enzyms. Das Gleiche kann sich ereignen, wenn die Antimetaboliten Gruppen enthalten, die zu einer kovalenten Bindung an das Enzym führen. Ein Beispiel dafür ist die kovalente Bindung des 2′-Desoxy-5-fluoruridin-5′-monophosphats an die Thymidylatsynthase.

Die Bindung an das Enzym kann nicht nur über das so genannte „katalytische Zentrum" erfolgen, sondern auch über das regulative, das „allosterische Zentrum". Hier binden bei verschiedenen Enzymen normalerweise Produkte einer enzymatischen Reaktion unter Hemmung des Enzyms. So wird durch eine Rückkopplung die Überproduktion eines Enzymprodukts verhindert. Ein Beispiel für diese Art der Antimetabolitenwirkung ist die Hemmung des ersten Schrittes der Purinbiosynthese durch das 6-Mercaptopurin- oder 6-Thioguanin-5′-monophosphat (normalerweise durch Inosin-5′-monophosphat).

Antimetaboliten können den imitierten Metaboliten auch so ähneln, dass sie an deren Stelle enzymatisch umgesetzt werden. In diesem Fall kommt die Störung des Zellstoffwechsels dadurch zustande, dass der Antimetabolit durch die enzymatische(n) Umsetzung(en) schließlich etwa in Makromoleküle der Zellen eingebaut wird, die dadurch in ihrer Funktion beeinträchtigt werden. Klinisch wichtige Beispiele dafür sind der Einbau der Antiherpetika Acyclovir (Zovirax, Abb. 4.5.8 a) und (E)-5-(2-Bromvinyl)-2′-desoxyuridin (Abb. 4.5.11) sowie des gegen AIDS angewendeten 3′-Azidothymidins (Ziduvidin, Abb. 4.5.14 a) in die DNA.

Weitere interessante Beispiele finden sich unter den 5-halogenierten Uracilen. Hier hängt die Art ihrer biochemischen Umsetzung von der Größe des Radius des Halogens in der Position C5 des Uracils ab. Der Radius von Fluor entspricht etwa dem des Wasserstoffs, und 5-Fluoruracil (Abb. 4.5.1 c) wird biochemisch wie Uracil umgesetzt, das in C5 Wasserstoff enthält, und so z. B. wie Letzteres in die RNA eingebaut. Zusätzlich wird es zum 5-Fluor-2′-desoxyuridin-5′-monophosphat, analog dem entsprechenden Uracilderivat, umgewandelt und hemmt als solches die Thymidylatsynthase und damit die DNA-Synthese. Beide Arten der uracilartigen Umwandlung tragen zur Wirkung des Zytostatikums 5-Fluoruracil bei.

Die Radien von Brom und Jod entsprechen etwa dem der Methylgruppe, und 5-Brom- oder 5-Joduracil werden daher wie Thymin (5-Methyluracil) umgesetzt und als Thyminanaloga in die DNA eingebaut. Dabei resultieren dann

- ein einbauabhängiger Verlust der Fähigkeiten der betroffenen Zellen, zu proliferieren oder sich zu differenzieren,
- eine erhöhte Mutationsrate sowie
- eine Strahlensensibilisierung.

Versuche etwa Letztere klinisch zu nutzen, haben sich wegen der hohen systemischen Toxizität nicht durchsetzen können. Lediglich das 5-Jod-2′-desoxyuridin (Abb. 4.5.6 a) wurde vor der Entwicklung besserer Verbindungen zur lokalen Therapie von Herpeskeratitis angewendet. In der biomedizinischen Forschung haben sich jedoch das 5-Bromuracil und dagegen gerichtete Antikörper zur Messung der Zellproliferation allgemein durchgesetzt.

Als auslösender Mechanismus für Mutationen, die durch den Einbau von 5-Bromuracil in die DNA verursacht werden, konnten Basenaustausche in der DNA festgestellt werden. Diese Austausche beruhen darauf, dass 5-Bromuracil mehr in der Enolform (und stärker ionisiert) vorliegt als (das überwiegend in der Ketoform und weniger ionisiert vorliegende) Thymin und sich in dieser Form nicht mit Adenin (wie Thymin), sondern mit Cytosin paart (Abb. 4.5.3). Das führt im nächsten Replikationsschritt zum Austausch eines Adenin-Thymin-Paars gegen ein Guanin-Cytosin-Paar (Hausmann 1995).

Der Austausch von Wasserstoff- oder Methylgruppen (in anderen Beispielen auch von Hydroxylgruppen) gegen Halogen ist eine sehr gut unter-

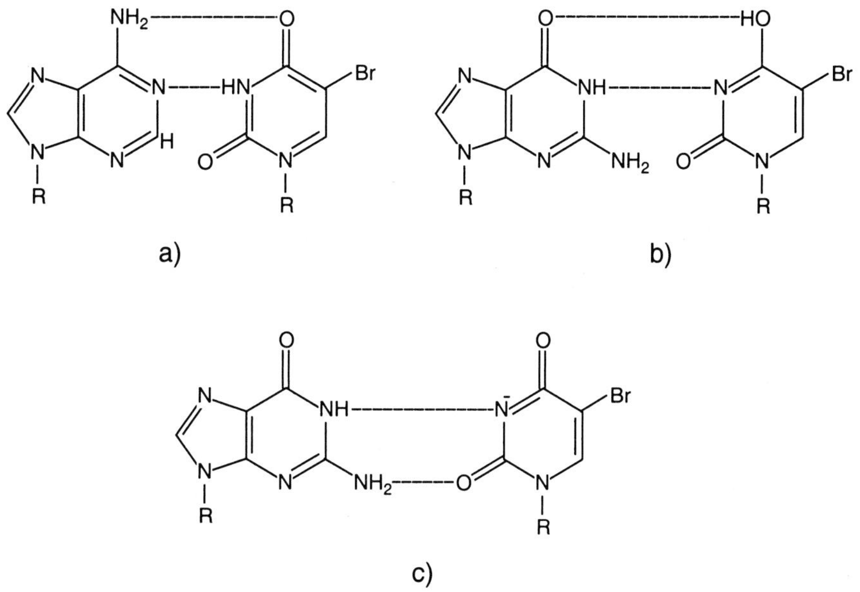

Abb. 4.5.3 a–c. Wasserstoffbrückenbindung zwischen **a**) Adenin und 5-Bromuracil, **b**) Guanin und der Enolform von 5-Bromuracil, **c** Guanin und der ionisierten Form von 5-Bromuracil

suchte Methode der Gewinnung von Antimetaboliten aus Metaboliten. Weitere sind der Austausch einer Hydroxylgruppe gegen eine Sulfhydrylgruppe (6-Mercaptopurin, 6-Thioguanin, Abb. 4.5.1 a, b), der Austausch eines C-Atoms gegen ein N-Atom (z. B. 5-Azacytidin, Abb. 4.5.1f) sowie der Platzwechsel von einem C-Atom mit einem N-Atom (Pyrazolo/3,4-d/pyrimidine) wie z. B. im Allopurinol (Abb. 4.5.1 g), einem Hemmstoff der Harnsäurebildung, der gegen Gicht eingesetzt wird. In Nukleosiden ist der Austausch der normalerweise vorkommenden Ribose oder 2-Desoxyribose gegen die Arabinose wie bei den Arabinosiden des Cytosins (Abb. 4.5.1 d) und 2-Fluoradenins (Abb. 4.5.1 e) Erfolg versprechend. Bei den Folsäureantagonisten trägt der Austausch einer Hydroxylgruppe gegen eine Aminogruppe (wie im Aminopterin und Amethopterin: Methotrexat, Abb. 4.5.2, Formel a) zur erwähnten hohen Affinität dieser Verbindungen zur Dihydrofolatreduktase bei.

Die so erhaltenen Antimetaboliten (also Antimetaboliten mit relativ geringfügigen strukturellen Abweichungen von der Struktur ihres Metaboliten) werden heute auch als „klassische Antimetaboliten" bezeichnet. Sie haben den Vorteil, dass sie sich mit großer Wahrscheinlichkeit gewinnen lassen. Sie hemmen selektiv ein oder nur wenige Enzyme, die einen bestimmten Metaboliten umsetzen, machen aber keinen Unterschied dabei, ob diese Enzyme aus einer Säuger- oder einer Bakterienzelle kommen oder von Viren gebildet werden. Ein Zugang zu speziesspezifischen Verbindungen, die natürlich für antibakterielle oder antivirale Verbindungen eine Voraussetzung sind, erlaubt die Entwicklung der so genannten „nicht klassischen Antimetaboliten".

Nicht klassische Antimetaboliten. Bei der Entwicklung von selektiv antibakteriellen und antiviralen Verbindungen wird die molekularbiologische Erkenntnis ausgewertet, dass in evolutionär niedrigen Spezies Gene noch nicht so optimal entwickelt wurden wie in den auf höchster Evolutionsstufe stehenden Organismen. So haben die durch sie kodierten Proteine, wie z. B. Enzyme, vielfach noch nicht die für eine Funktion optimale Spezifität, wie sie bei Enzymen in Säugerzellen vorliegt. Letztere dagegen besitzen eine sehr hohe Substratspezifität für bestimmte Substrate, was garantiert, dass mit hoher Genauigkeit nur die „richtigen" Substrate umgesetzt werden. Bakterien- und Virusenzyme haben dagegen eine sehr geringe Substratspezifität. Wird daher die Struktur eines Metaboliten größeren Abwandlungen als den „klassischen" unterworfen, entsteht dabei für Säugerenzyme eine völlig inerte Verbindung, die aber zu entsprechenden Bakterien- oder Virusenzymen aufgrund deren geringer Substratspezifität durchaus noch eine starke Affinität hat, d. h. hier selektiv wirken kann. Bakterien und Viren sind daher für den Angriff von Pharmaka nach Art der nicht klassischen Antimetaboliten spezifisch anfällig.

E. Fischer hat die Substratspezifität von Enzym und Substrat „wie es sich auch heute noch nicht treffender formulieren läßt“ (Hausmann 1995) als die Passfähigkeit von Schlüssel und Schloss gekennzeichnet. Danach würden also Enzyme, die durch ein Säugergenom kodiert werden, als ein Präzisionsschloss gekennzeichnet sein, in das nur ein sehr genau dafür gearbeiteter Schlüssel, im genannten Zusammenhang also Metabolit oder klassischer Antimetabolit, passen. Enzyme, die von einem Bakterien- oder Virusgenom kodiert werden, würden aber einem sehr einfachen Schloss ohne große Sicherheit gleichen, in das sowohl der eigentliche, aber auch sehr stark davon abweichende Schlüssel passen, ggf. auch ein gebogener Haken wie ein Dietrich. Extremes Beispiel für die erzielbare Speziesspezifität sind die Antiherpetika (s. dort) mit einer pharmakologischen Selektivität, von der wir früher kaum zu träumen wagten. Ein weiteres Beispiel für die selektive Wirkung nicht klassischer Antimetaboliten ist das antibakterielle Trimethoprin (Abb. 4.5.2, Formel b), das sich in seiner Struktur sowohl von der imitierten Folsäure als auch von dem klassischen Folsäureanalogon Methotrexat unterscheidet (Abb. 4.5.2, Formel a).

Nachteil der nicht klassischen Antimetaboliten ist, dass es für ihre Entwicklung keine solche „sicheren“ Regeln gibt, wie oben für die klassischen Antimetaboliten beschrieben. Nicht klassische Antimetaboliten können von der imitierten Metabolitenstruktur so unterschiedlich sein, dass kaum noch von einem gezielten Design gesprochen werden kann, wie das Beispiel Acyclovir zeigt. Häufig wird nichts anderes übrig bleiben als die Struktur eines Metaboliten schrittweise zu verändern. Für Antimetaboliten des Nukleinsäurestoffwechsels haben sich die Einführung voluminöser Gruppen an Base oder Zuckern von Nukleosiden oder der Ersatz von Zuckern (zyklische Verbindungen) durch azyklische Verbindungen bewährt. Das Konzept der nicht klassischen Antimetaboliten und entsprechende Realisierungsmöglichkeiten sind insbesondere von B.R. Baker entwickelt worden (Baker 1967).

Eine gerade für nicht klassische Antimetaboliten geeignete moderne Methode sollte die so genannte „Computermodellierung“ sein. Dazu werden Daten aus der Röntgenstrukturanalyse benutzt. Besonders günstig ist es dabei, wenn die dafür eingesetzten Kristalle aus dem Enzym-Hemmstoff-Komplex bestehen. Die aus einer Analyse solcher Komplexe erkannten Strukturen können auf dem Computerschirm aus verschiedenen Ansichten dargestellt, die Lage des Substrats oder klassischen Antimetaboliten am Enzym sichtbar gemacht und die Möglichkeiten einer weiteren Veränderung am Computer durchgespielt werden. Obwohl es bisher noch kaum Verbindungen gibt, die so entwickelt in die klinische Praxis überführt wurden, liegen hier große Möglichkeiten für zukünftige Entwicklungen (s. Abschnitt 4.5.2.3 „Antivirale Verbindungen“).

Resistenz durch Affinitätsänderung. Die Resistenz durch Affinitätsänderung wurde bei Zytostatika wie 5-Fluoruracil (Abb. 4.5.1 c) und Arabinofuranosylcytosin (Abb. 4.5.1 d) gefunden, aber nicht im Detail untersucht. Sie spielt bei den antiviralen Antimetaboliten gegen AIDS eine große Rolle, da das HIV durch eine besonders hohe Mutabilität ausgezeichnet ist. Dabei entstehen auch in der reversen Transkriptase, die das Angriffsziel aller derartigen Hemmstoffe ist, mutationsbedingte Strukturveränderungen, die zum Verlust der Affinität für die Molekülformen dieser Antimetaboliten führen.

Diese Mutationen sind auf der Aminosäuresequenz des Enzyms genau lokalisiert, worauf später (Abschnitt 4.5.2.3 „Antivirale Antimetaboliten“, Unterabschnitt „Probleme der antiviralen Therapie“, Unterabschnitt „Resistenz“) weiter eingegangen wird.

Letale Synthese

Aktivierung von Basen- und Nukleosidanaloga. Im Nukleinsäurestoffwechsel verläuft die Synthese der Purine ausschließlich, die der Pyrimidine überwiegend über phosphorylierte Zwischenstufen. Daher haben auch nur phosphathaltige Antimetaboliten die für die Wirksamkeit notwendigen Ähnlichkeiten in der Struktur. Da aber solche Verbindungen nicht in die Zelle aufgenommen werden, können sie nicht direkt angeboten werden. Man ist vielmehr darauf angewiesen, dass die Zelle selbst die applizierten, kein Phosphat enthaltenden Analoga in die Phosphate überführt. Dieser Prozess wird – nach dem Resultat für die Zelle – „letale Synthese“ genannt. Sie wird von Enzymen durchgeführt, die normalerweise die aus dem Nukleinsäureabbau anfallenden Nukleobasen oder Nukleoside einer Wiederverwertung zuführen (salvage pathway). Dazu gehören

- Nukleosidkinasen,
- Nukleosidphosphorylasen und
- Phosphoribosyltransferasen.

Verbindungen wie z.B. 6-Mercaptopurin (Abb. 4.5.1 a), 6-Thioguanin (Abb. 4.5.1 b), 5-Fluoruracil (Abb. 4.5.1 c) oder Arabinofuranosylcytosin (Abb.

4.5.1 d) sind also nach heutigem Wortgebrauch „Prodrugs“, die erst in der Zelle in ihre Wirkform umgewandelt werden. Folsäureanaloga, deren Hauptangriffsort auch der Nukleinsäurestoffwechsel ist, sind keine Prodrugs, da ihre Konkurrenz zu den Folsäurederivaten nicht über phosphorylierte Verbindungen verläuft.

Die Abhängigkeit der Nukleobasen und Nukleosidanaloga von der letalen Synthese hat sowohl Nachteile, so die Resistenzentwicklung, als auch Vorteile, wenn sie über spezifische virale Enzyme verläuft.

Resistenz durch Ausfall der letalen Synthese. Die an der letalen Synthese beteiligten Enzyme können in unterschiedlichem Ausmaß in der Zelle enthalten sein. Im Extremfall können sie völlig fehlen, da sie, als Enzyme zur Wiederverwertung präformierter Nukleinsäurebausteine aus dem Nukleinsäureabbau, nicht lebenswichtig für die Zelle sind und diese die Vorstufen für die Nukleinsäuresynthese auch de novo aufbauen kann. Im Tierversuch wurde nachgewiesen, z. B. für 5-Fluoruracil (Abb. 4.5.1 c) oder Arabinofuranosylcytosin (Abb. 4.5.1 d), dass die Empfindlichkeit verschiedener Transplantationstumoren gegen diese Mittel direkt mit dem Gehalt an aktivierenden Enzymen korreliert ist.

Der völlige Ausfall dieser Enzyme führt verständlicherweise zu einer totalen Resistenz gegenüber den betroffenen Antimetaboliten. Solche Fälle treten auch in der Klinik im Verlauf einer Behandlung auf. Die Ursache ist, dass es durch spontane Mutationen, die gerade in Krebszellen gehäuft auftreten, zum Verlust eines Enzyms der letalen Synthese in wenigen Zellen kommt, die dann aber infolge des damit unter Behandlungsbedingungen erworbenen Selektionsvorteils die ganze Population überwuchern, bis der Resttumor völlig resistent ist.

Virusspezifische Aktivierung. Die virusspezifische Aktivierung ist die Grundlage für die hervorragende Selektivität der Antiherpetika Acyclovir (Abb. 4.5.8 a) und (E)-5-(2-Bromvinyl)-2′-desoxyuridin (Abb. 4.5.11), weil das weiter oben über die Speziesspezifität der nicht klassischen Antimetaboliten Ausgeführte, nicht nur für die Zielenzyme für Antimetaboliten, sondern auch für die Enzyme der letalen Synthese gilt. Es gibt bisher allerdings nur ein Beispiel für die Praxis, nämlich die von Herpesvirusgenom kodierte Thymidinkinase. Diese Kinase katalysiert den ersten Schritt in der Phosphorylierung der genannten Verbindungen und leitet so die Umwandlungen ein, die schließlich zu ihrer intrazellulären Bereitstellung als 5′-Triphosphate führen, den Substraten zum virusinaktivierenden Einbau in die DNA.

Die Veränderungen, die diese Verbindungen im Vergleich zum imitierten Thymidin aufweisen, sind so groß, dass sie von der zellulären Thymidinkinase nicht mehr akzeptiert werden und so die letale Synthese in nicht infizierten Zellen unterbleibt. Die Herpes-Thymidinkinase dagegen leitet aufgrund ihrer sehr geringen Spezifität die letale Synthese in den virusinfizierten Zellen ein.

Auch die Herpes-DNA-Polymerase akzeptiert die 5′-Triphosphate der Analoga besser als die zellulären DNA-Polymerasen. Jedoch sind die Unterschiede bei Weitem geringer, und die besondere Größe der Selektivität der Wirkung besteht in der selektiven Aktivierung.

Moderne gentherapeutische Methoden zielen zurzeit darauf ab, dieses Prinzip auch in der Krebstherapie zu nutzen. Dazu wird versucht, Tumorzellen mit der Herpes-Thymidinkinase zu transfizieren. Hierauf wird im Abschnitt 4.5.2.1 „Zytostatische Antimetaboliten“, Unterabschnitt „Suizidgene zur Tumortherapie“ weiter eingegangen.

4.5.2 Spezieller Teil

4.5.2.1 Zytostatische Antimetaboliten

Eine Übersicht über zytostatische Antimetaboliten gibt Tabelle 4.5.1.

Antimetaboliten des Nukleinsäurestoffwechsels

Wie bereits erwähnt, werden Antimetaboliten des Nukleinsäurestoffwechsels je nach Art und Umfang hauptsächlich gegen Krebs eingesetzt, ungeachtet ihrer mangelnden Spezifität, die sie mit den anderen Zytostatika teilen. Da es – anders als bei den antiviralen Antimetaboliten – keine nennenswerten Neuentwicklungen gibt, liegen schon sehr viele Darstellungen vor. Deshalb wird hier nur eine tabellarische Übersicht gegeben. Für neuere Beschreibungen der klinischen Anwendung sei auf DeVita et al. (1994) und Zeller u. Zur Hausen (1995) verwiesen.

Suizidgene zur Tumortherapie

Prinzip. Wie schon erwähnt, müssen bei der bisherigen antiproliferativen Krebschemotherapie gravierende Nebenwirkungen auf proliferierende Normalgewebe in Kauf genommen werden, weil diese

Tabelle 4.5.1. Zytostatische Antimetaboliten

Verbindung	Letale Synthese	Wirkung	Anwendung
6-Mercaptopurin (Abb. 4.5.1 a)	Hypoxanthien-Guanin-Phosphoribosyl-transferase	Hemmung des 1. Schritts der Synthese des Purinrrings und der Synthese von Adenosin-5'-monophosphat und Guanosin-5'-monophosphat aus Inosin-5'-monophosphat; Als Triphosphat Einbau in die DNA	Akute Leukämien
6-Thioguanin (Abb. 4.5.1 b)	Wie 6-Mercaptopurin	Wie 6-Mercaptopurin	Wie 6-Mercaptopurin
5-Fluoruracil (Abb. 4.5.1 c)	Thymidinphosphorylase	Als 2'-Desoxy-5-Fluoruridin-5'-monophosphat: Hemmung der Thymidylatsynthese Als 5-Fluor-2'-desoxyuridin-5'-triphosphat Einbau in die DNA	Karzinome der Mamma, des Magen-Darm-Trakts, an Kopf und Hals und des Ovars
	Uridinphosphorylase 5-Phosphoribosyl-transferase	Als 5-Fluoruridin-5-triphosphat in RNA eingebaut: Hemmung des „RNA-Processing"	
Arabinofuranosyl-cytosin (Cytosinara-binosid) (Abb. 4.5.1 d)	2'-Desoxycytidinkinase	Als Triphosphat Hemmung der DNA-Synthese Einbau in die DNA Ausgeprägte S-Phasen-Spezifität	Wichtigstes Mittel gegen AML, auch in Kombinationen
Arabinofuranosyl-2-fluoradenin (2-Fluor-adeninarabinosid) (Abb. 4.5.1 e)	2'-Desoxycytidinkinase	Als Triphosphat Hemmung der DNA-Synthese	Refraktäre CLL
5-Azacyctidin (Abb. 4.5.1 f)	Uridin-Cytidin-Kinase	Nach Reduktion auf der Diphosphatstufe und weiterer Phosphorylierung Einbau in die DNA mit Hemmung der DNA-Methylierung; öffnet so supprimierte Gene	Leukämien
Amethopterin (Methotrexat) (Abb. 4.5.2: Formel a)	Keine	Hemmung der Reduktion von Dihydrofolat zu Tetrahydrofolat (und damit z. B. der Purinbiosynthese und Thymidylatsynthese)	Leukämien Karzinome der Mamma, des Kopf- und Nackenbereichs Lymphome Osteosarkome Choriokarzinome

Zytostatika nicht zwischen Normal- und Tumorzellen unterscheiden kann. Eine alternative Strategie sieht daher vor, durch Einführung geeigneter Gene in Tumorzellen biochemische Unterschiede gegenüber Normalzellen herzustellen und diese für eine selektive, auf den Tumor beschränkte Therapie auszunutzen.

Bei der Anwendung von Antimetaboliten müssen solche Gene für Enzyme kodieren, die im Säugergewebe nicht vorkommen oder sich in ihren Substrateigenschaften von den entsprechenden Säugerenzymen stark unterscheiden und deren Funktion darauf gerichtet ist, unwirksame Prodrugs in Tumorzellen zu hochwirksamen Antimetaboliten umzusetzen, die den Zelltod bewirken.

Die nicht transfizierten Normalzellen, die zu dieser Giftung nicht in der Lage sind, sollten daher vor der antiproliferativen Wirkung geschützt sein. Da es sich um Gene handelt, deren Expression in Tumorzellen deren Zelltod vermittelt, werden sie „Suizidgene" genannt (Moolten 1994; Mullen 1994).

Im Folgenden werden einige solcher Enzym-Antimetabolit-Kombinationen vorgestellt, mit denen sich dieses Konzept der kombinierten Gen- und Chemotherapie von Tumoren auch in vivo erfolgreich demonstrieren ließ.

Experimentelle Ansätze. Hier können aufgeführt werden:

1. Cytosindesaminase/Fluorcytosin
   Dieses Enzym aus Pilzen oder Bakterien katalysiert die Desaminierung von Cytosin zu Uracil, einen Schritt, der in Säugergeweben nicht auf

der Stufe der Base, sondern auf der Ebene der entsprechenden Nukleoside und Nukleotide erfolgt. Das analoge 5-Fluorcytosin kann daher auch nur in solchen Tumorzellen zu dem Zytostatikum 5-Fluoruracil (Abb. 4.5.1 c) umgewandelt werden, die dieses fremde Enzym exprimieren. Tatsächlich gelang es, solche mit dem Cytosindesaminasegen aus *E. coli* transfizierten kolorektalen Karzinomzellen im Tierversuch erfolgreich mit 5-Fluorcytosin zu behandeln (Huber et al. 1993). Es bleibt in weiteren Untersuchungen zu klären, ob dem 5-Fluoruracil zuzurechnende toxische Nebenwirkungen auf das Knochenmark dadurch vermeidbar sind.

2. HSV-1-Thymidinkinase/Ganciclovir
   Mit einer Übertragung dieses Enzyms aus HSV-1 erwirbt eine Tumorzelle die Fähigkeit, Nukleosidanaloga wie z.B. Ganciclovir (Abb. 4.5.8 b), Penciclovir (Abb. 4.5.8 c), Acyclovir (Abb. 4.5.8 a), Arabinofuranosylthymin oder (E)-5-(2-Bromvinyl)-2′-desoxyuridin (Abb. 4.5.11) zu phosphorylieren, was weder die zelleigenen Thymidinkinasen im Zytoplasma noch in den Mitochondrien vermögen.
   Nur in Zellen, die über diesen ersten virusspezifischen Aktivierungsschritt verfügen, können daher die genannten Verbindungen eine zytotoxische Wirkung entfalten.
   Von allen genannten Verbindungen hat Ganciclovir – intrazellulär zum 5′-Triphosphat umgesetzt – die stärksten Effekte auf zelluläre Polymerasen und entwickelt daher in HSV-1-Thymidinkinase exprimierenden Glioblastomzellen eine hohe Zytotoxizität, für die aber nur 1/1000 der Konzentration erforderlich ist, wie zur Proliferationshemmung der Wildtypzellen.
   Glioblastome in Ratten konnten nach viraler Transfektion mit dem HSV-1-Thymidinkinase-Gen durch Ganciclovir zur Regression gebracht werden (Culver et al. 1992). Inzwischen ist diese Behandlungsmethode erfolgreich auf mehrere andere Tumormodelle übertragen worden.
   Ganciclovir ist für diese Behandlungsstrategie sicher noch nicht die optimale Verbindung, weil es eine Zytotoxizität gegenüber hämatopoetischen Zellen besitzt, die die Folge einer Phosphorylierung durch bisher nicht identifizierte Enzyme (s. Abschnitt 4.5.2.3 „Antivirale Antimetaboliten") ist.
   Die anderen erwähnten Verbindungen zeigen in Bezug auf die Phosphorylierung durch die HSV-1-Thymidinkinase eine bedeutend höhere Selektivität. Sie sind aber als Virostatika so konzipiert, dass sie auch nach diesem selektiven Aktivierungsschritt in erster Linie virale und nicht, wie hier erforderlich, zelluläre Enzyme der DNA-Synthese hemmen. Zur Erfüllung dieser spezifischen Funktion in der Tumortherapie ist sicher noch die Entwicklung neuer, besser wirksamer Nukleosidanaloga erforderlich.
3. Purinnukleosidphosphorylase/6-Methylpurin-2′-desoxyribosid
   Dieses Enzym ist auch in Säugergeweben sehr verbreitet, es unterscheidet sich aber von dem zur Transfektion benutzten Purinnukleoside spaltenden Enzym aus *E. coli* durch seine Substratspezifität. So wird 6-Methylpurin-2′-desoxyribosid vollständig von der bakteriellen, aber kaum von zellulären Purinnukleosidphosphorylasen unter Bildung von 6-Methylpurin gespalten. Dieses kann dann von einem zellulären Enzym, der Phosphoribosyltransferase, in einem Schritt zum 6-Methylpurinribosid-5′-monophosphat umgesetzt werden, das als starker Hemmstoff der Nukleotidbiosynthese zur Hemmung der Zellteilung führt.
   Das ungespaltene 2′-Desoxyribonukleosid kann in nicht transfizierten Zellen nicht phosphoryliert werden und ist daher unwirksam. Mit der Transfizierung dieses „Suizidgens" erwerben Kolonkarzinomzellen eine hohe Empfindlichkeit gegenüber 6-Methylpurin-2′-desoxyribosid und lassen sich damit nach Transplantation in vivo erfolgreich behandeln (Sorscher et al. 1994).

Die hier vorgestellten Varianten einer Gentherapie sind natürlich mit allen Problemen belastet, die diese Therapieart derzeit noch hat, wie z.B. mit der mangelnden Aufnahme und Aktivität von Genen in Zellen, ganz abgesehen von einer auf den Tumor begrenzten Wirkung. Hierauf wird in diesem Buch noch an anderer Stelle eingegangen.

Weiterhin gelingt die Expression der zur Therapie genutzten Gene nur in einem bestimmten Anteil von Tumorzellen. Damit sollte auch die Sensibilisierung gegenüber den Prodrugs eigentlich auf solche Tumorzellen beschränkt bleiben. Trotzdem konnten mit dieser Art von Chemotherapie in vivo totale Remissionen erreicht und somit auch Tumorzellen erfasst werden, die sich in der Umgebung transfizierter Zellen befanden. Dieser so genannte Bystander-Effekt spielt bei diesem Konzept eine wichtige, ursächlich noch nicht geklärte Rolle (Mullen 1994). Zumindest lässt sich von der Art der enzymatisch umgesetzten Antimetaboliten ein unterschiedlicher Effekt auf die Nachbarzellen ableiten.

Während die HSV-1-Thymidinkinase Ganciclovir (und die anderen erwähnten Antiherpetika) zu dem die Zellmembran nicht mehr passierenden Monophosphat umsetzt, entstehen durch die Wirkung der bakteriellen Cytosindesaminase bzw. Purinnukleosidphosphorylase toxische Produkte (5-Fluoruracil, 6-Methylpurin), die permeabel sind und auf diese Weise in höherem Umfang Nachbarzellen beeinflussen können.

Analoga von Lysophospholipiden mit Einfluss auf die Signaltransduktion [Übersicht s. Brachwitz u. Vollgraf (1995)]

Als mögliche neuartige Zytostatika sind während der letzten 20 Jahre bestimmte Alkyllysophospholipide als Analoga von Phospholipiden in den Vordergrund des Interesses für Neuentwicklungen gerückt. Sie befinden sich jedoch überwiegend noch in der experimentellen Untersuchungsphase. Lediglich das Hexadecylphosphocholin (Miltefosin) ist für die lokale Behandlung von Mammakarzinomen zugelassen.

Durch ihre Strukturähnlichkeit mit den natürlichen Lysophospholipiden greifen diese Analoga in Prozesse ein, an denen natürliche Lysophospholipide beteiligt sind, wie phospholipidabhängige enzymatische Umsetzungen und Enzyme des Phospholipidstoffwechels.

Anders als bei den klassischen Antimetaboliten des Nukleinsäurestoffwechsels können Lysophospholipidanaloga in ihrer Struktur größere Abweichungen vom imitierten Original aufweisen. So kann die Alkyl- oder Acylglyzerogruppe z.B. durch eine einfache Alkylkette ersetzt werden, wie beim genannten Hexadecylphosphocholin.

Das Attraktive an den Analoga von Lysophospholipiden ist, dass sie nicht wie alle anderen Zytostatika in die Synthese und Funktionen von Nukleinsäuren eingreifen oder die Ausbildung der Mitosespindel stören, sondern mit regulativen Zellfunktionen interferieren (Abb. 4.5.4). So hemmen sie Enzyme, die Schlüsselreaktionen der Signaltransduktion katalysieren, wie die Proteinkinase

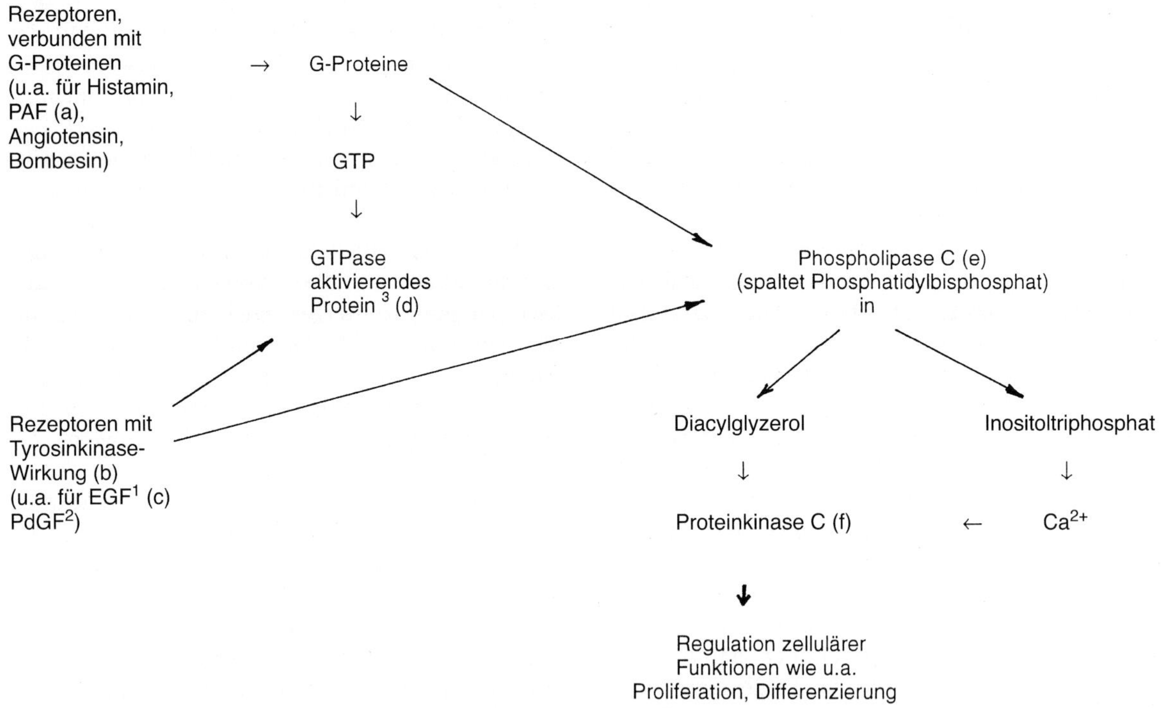

Abb. 4.5.4. Vereinfachtes Schema der zellulären Signalübertragung zur Regulation von Proliferation und Differenzierung mit Angabe beteiligter Protoonkogene und Angriffsorte für regulatorisch wirkende Antimetaboliten. Protoonkogene: *1 erb*-Protoonkogen, *2 sis*-Protoonkogen, *3 ras*-Protoonkogen. Angriffsorte für regulatorisch wirkende Antimetaboliten: (**a**) Bindung von Phospholipidanaloga an den Rezeptor für den Platelet-activating-Faktor (PAF), (**b**) Hemmung der Tyrosinphosphorylierung durch Verbindungen, die tyrosinanaloge Strukturen enthalten (Levitzki u. Gazit 1995), (**c**) Hemmung des Rezeptorrecyclings durch Phospholipidanaloga, (**d**) Hemmung der Farnesylierung des Ras-Proteins durch Farnesylatanaloga (Gibbs et al. 1994), (**e, f**) Hemmung durch Phospholipidanaloga. Eine ungebremste Signalübertragung infolge der Mutation eines der oben genannten Protoonkogene zu einem Onkogen sollte durch die Einwirkung der Antimetaboliten an den genannten Orten korrigierbar sein

C, die phosphatidylinositolabhängige Phospholipase C und die Phosphatidylinositol-3-Kinase. Durch die Interferenz mit dem Phosphatidylinositolstoffwechsel kommt es zu Veränderungen der regulativ bedeutenden Flüsse von Kalziumionen. Analoga von Lysophospholipiden beeinflussen außerdem die Internalisierung von Rezeptoren für Hormone und Wachstumsfaktoren sowie die Genexpression.

Da Krebs ja auf einer Störung in der zellulären Regulation von Zellproliferations- und Differenzierungsprozessen beruht und z. B. Onkogenprodukte Schlüsselreaktionen der Signaltransduktion vermitteln, sind von Antimetaboliten mit derartigen molekularen Zielen spezifischere Antitumorwirkungen zu erwarten als von Antimetaboliten des Nukleinsäurestoffwechsels.

Auf zellulärer Ebene wurden durch Lysophospholipidanaloga Hemmungen der Zellproliferation und (auch in vivo!) die Induktion von Differenzierungsprozessen bei Tumorzellen ausgelöst. Hemmungen der Hämatopoese finden sich nicht, im Gegensatz zur Wirkung der anderen zytostatischer Antimetaboliten.

Leider sind die bisher vorliegenden Phospholipidanaloga in ihrer Wirkung nicht auf Regulationsprozesse beschränkt. Sie hemmen z. B. auch die Synthese von Phospholipiden und haben eine allgemein lytische Wirkung und daher auch noch viele Nebenwirkungen. Die Weiterentwicklung bezüglich einer spezifischeren Wirkung auf Regulationsprozesse ist im Gang.

4.5.2.2 Antimikrobielle Antimetaboliten

Auf 5-Fluorcytosin wurde bereits im Zusammenhang mit Suizidgenen zur Tumortherapie eingegangen. Außerhalb dieser (sich noch im experimentellen Stadium befindlichen) Anwendung wird es als Antimykotikum eingesetzt. Seine selektive Wirkung beruht darauf, dass es wie das von ihm imitierte Cytosin in Säugerzellen nicht umgesetzt wird, wohl aber in Bakterien und pathogenen Pilzen [wobei 5-Fluoruracil (Abb. 4.5.1 c) gebildet wird]. Trotzdem hat es zytostatische Nebenwirkungen, offenbar durch Freisetzung mikrobiell gebildeter aktiver Produkte und deren Aufnahme in die Körperzellen.

Wie schon erwähnt, ist Penizillin ein natürlich vorkommender Antimetabolit, der durch seine Strukturanalogie mit D-Aminosäure enthaltenden Peptiden den Aufbau der Bakterienzellwand stört. Auch auf die Bedeutung des Sulfanilamids, des als Hemmstoff der Folsäuresynthese eigentlich wirksamen Bestandteils aller Sulfonamide, für die Erkennung des Mechanismus der Antimetabolitenwirkung wurde bereits hingewiesen, ebenso wie auf das Trimethoprin (Abb. 4.5.2, Formel b) als nicht klassischem Antimetabolit mit selektiver Wirkung auf die bakterielle Dihydrofolsäurereduktase. Die heute übliche Kombination von Trimethoprin mit einem Sulfonamid zur Bekämpfung von Infektionskrankheiten zeigt, dass die Interferenz mit Bildung und Funktion der Folsäure nicht nur von historischer, sondern auch von aktuell therapeutischer Bedeutung ist.

4.5.2.3 Antivirale Antimetaboliten

Antimetaboliten, vorzugsweise Nukleosidanaloga, aber auch Proteasehemmstoffe und Sialinsäureanaloga stehen bisher im Mittelpunkt der Bemühungen, eine zuverlässige, wirksame und nebenwirkungsarme Chemotherapie von Viruserkrankungen zu entwickeln. Bisher konnten solche antiviralen Therapien nur für wenige Virusinfektionen etabliert werden (verursacht z. B. durch Herpes-simplex-Viren, Varizella-zoster-Viren, Zytomegalieviren, Hepatitis-B-Viren, Influenza-A- und -B-Viren, HIV), während sie für eine Vielzahl weiterer Viruserkrankungen noch fehlen.

Aber selbst die für die Behandlung von chronischen Hepatitis-B-Virus- und HIV-Infektionen zugelassenen hochwirksamen Virostatika stehen nur einem verschwindend kleinen Teil von Patienten in den Industrieländern zur Verfügung. Bei HBV-Infektionen sind es weltweit etwa 350 Mio. Menschen und bei HIV-Infektionen etwa 40 Mio. Menschen, die eine wirksame Therapie benötigen. Es ist daher in einer globalisierten Welt ein dringendes Gebot an die Industrieländer, Wege zu finden, um Infizierten in allen Teilen der Welt zu helfen und sie an den Fortschritten der Medizin teilhaben zu lassen.

Ausgelöst durch AIDS sind in den letzten 12 Jahren bedeutende Fortschritte bei der Entwicklung von Virostatika gemacht worden. Diese haben also nicht nur zu einer wirksamen Therapie von HIV-Infektionen, sondern auch anderer Virusinfektionen geführt. Zum einen konnten Strategien, die gegen HIV-Infektionen erstmals entwickelt wurden, sehr erfolgreich auf andere Virusinfektionen übertragen werden (z. B. die Proteasehemmung), zum anderen sind die erreichten Erfolge eine entscheidende Motivation gewesen, die Suche nach Wirkstoffen gegen andere Virusinfektionen zu intensivieren. Darüber hinaus zeichnen

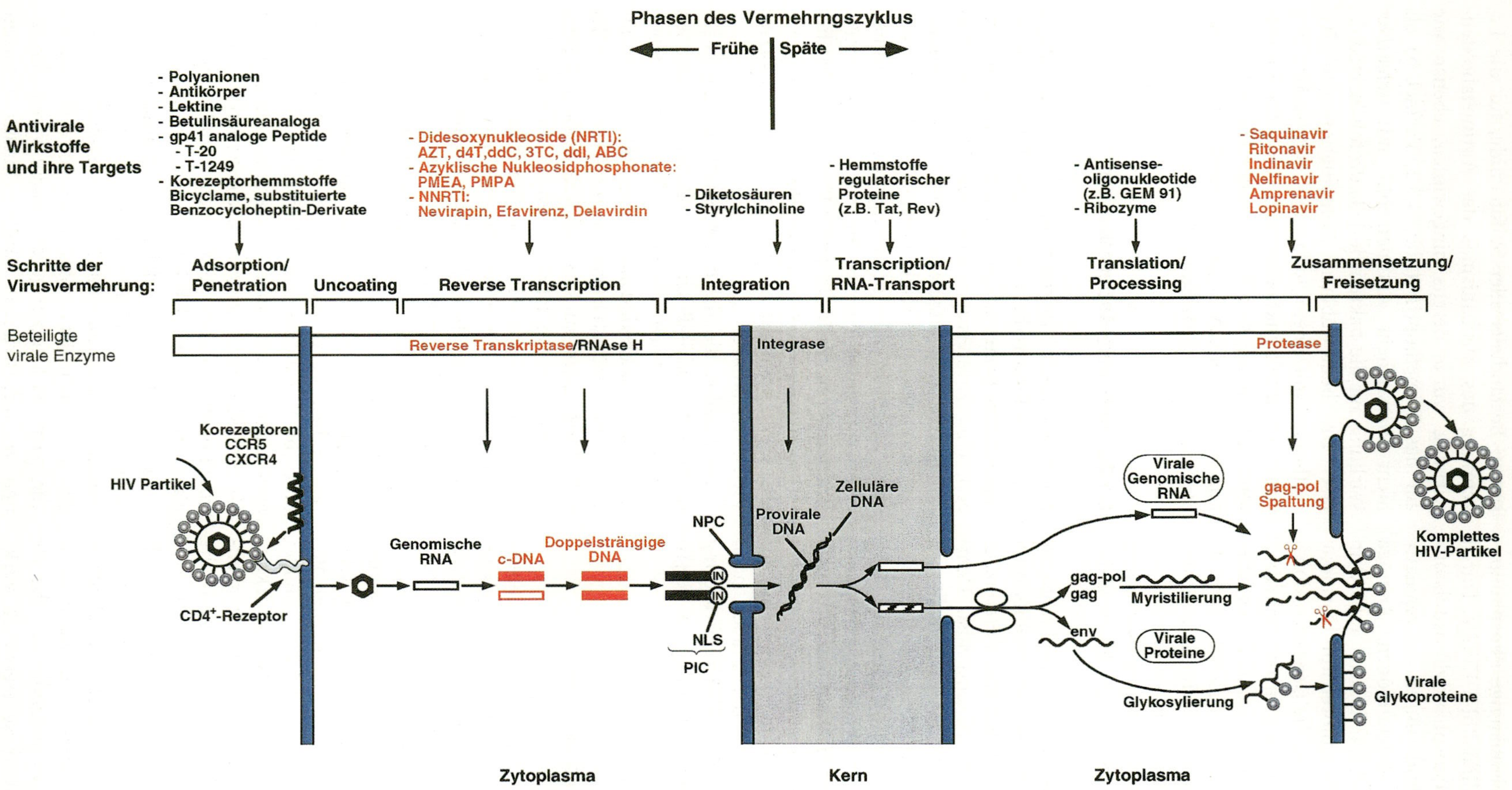

Abb. 4.5.5. Therapeutische Eingriffsmöglichkeiten in die verschiedenen Phasen des Replikationszyklus von Viren am Beispiel von HIV. Durch Blockierung der so genannten frühen Phasen des Vermehrungszyklus von HIV, die bis zur Integration des Genoms in die zelluläre DNA reichen, ist eine akute Infektion von Zellen vermeidbar, mit Hemmstoffen der späten Replikationsschritte, die mit der Synthese der viralen RNA beginnen, kann die Synthese neuer Viruspartikelverhindert werden. *env* virale Hüllproteine, *gag* virale Coreproteine, *gag-pol* Vorläuferprotein, enthält im Pol-Protein alle HIV-eigenen Enzyme (reverse Transkriptase, RNAse H, Integrase, Protease), *PIC* Präintegrationskomplex, *IN* Integrase mit *NLS* „nuclear localization signal", *NPC* „nuclear pore complex", *AZT* Zidovudin, *d4T* Stavudin, *ddC* Zalcitabin, *3TC* Lamivudin, *ddI* Didanosin, *ABC* Abacavir, *rot* für die Behandlung zugelassene Wirkstoffe und ihre Targets

sich Lösungswege z. B. für das Problem der Resistenzentwicklung bei HIV-Infektionen ab, die auch für Langzeitherapien anderer Viren prinzipielle Bedeutung haben.

Wir wollen deshalb sowohl über neue als auch bewährte Antimetaboliten und ihre molekularen Angriffsorte informieren, bekannte und neue Erkenntnisse über die Ursachen mangelnder Wirksamkeit und Selektivität darstellen, aber auch auf neue Behandlungskonzepte eingehen, die sich klinisch als sehr viel versprechend erweisen und daher Hoffnungen wecken, die Therapie auch anderer Viruserkrankungen entscheidend verbessern zu können.

Wahl und Spezifität viruseigener Targets

Viren sind deshalb chemotherapeutisch so schwer zu fassen, weil sie keinen eigenen Stoffwechsel haben. Außer dem genetischen Material und einer Proteinhülle, mit der sie eben noch die zu infizierende Wirtszelle ausfindig machen können, bringen sie kaum eigene Strukturen mit, um für ihre Vermehrung in den infizierten Zellen selbst zu sorgen. Die daraus resultierende weitgehende Abhängigkeit der Virusreplikation von zellulären Leistungen hat dazu geführt, dass lange Zeit angenommen wurde, eine selektive, die Wirtszellen bzw. den Organismus nicht schädigende antivirale Therapie sei nicht möglich. In den 1970er und 1980er Jahren sind aber eine Vielzahl ausgeklügelter Strategien und Einzelleistungen entdeckt worden, mit deren Hilfe Viren ihre Vermehrung in Zellen entscheidend steuern können, woraus sich eine Reihe möglicher Targets für eine antivirale Chemotherapie ergeben haben.

Dabei sind die einzelnen Schritte der Virusvermehrung vom Befall einer Zelle bis zur Freisetzung neuer Viren in ganz unterschiedlichem Maß für eine Therapie geeignet (Beispiel der HIV-Replikation, Abb. 4.5.5).

Die Bindung eines Virus an eine Zelle (Adsorption) ist ein aktiver Prozess und setzt häufig bestimmte Zellrezeptoren voraus, an denen die Oberflächenproteine der Viren ihre Wirtszellen erkennen. In vielen Fällen sind diese Bindungspartner noch nicht identifiziert. Ist das aber der Fall und gelingt es, von einem virusbindenden Rezeptor der Zelle geeignete Imitate herzustellen, sollte sich damit das Virus von dem tatsächlichen Rezeptor fernhalten und eine Infektion verhindern lassen.

Tatsächlich ist es in vitro mit einem gentechnisch hergestellten Köder des $CD4^{+}$-Rezeptors gelungen, die HIV über ihren wahren Bindungspartner zu täuschen und auf diese Weise die Wirtszellen vor einer Infektion zu schützen (Johnston u. Hoth 1993). Die vor einigen Jahren gewonnene Erkenntnis der Bindung des HIV an zusätzliche Rezeptoren, die Chemokinrezeptoren CCR5 und CXCR4 (Abb. 4.5.4), hat die therapeutischen Eingriffsmöglichkeiten vor dem Eintritt des HIV in die Zelle ganz wesentlich erweitert (Heveker 2001).

Auch Polyanionen, wie z. B. Dextransulfat, Heparin, Pentosansulfat oder Suramin, haben sich als wirksame Hemmstoffe der Adsorption von HIV erwiesen, deren Wirkung offenbar durch eine Bindung an den so genannten V_3-Loop des Oberflächenproteins gp 120 zustande kommt und damit die Bindung des Virus an den Zellrezeptor verhindert. Auch für andere umhüllte Viren, wie das Herpes-simplex-Virus (HSV), das Zytomegalievirus (CMV), das Influenza-A- und das Respiratory-syncytial-Virus (RSV) sind antivirale Wirkungen beschrieben worden. Obwohl eine systemische klinische Anwendung durch eine Reihe von Nachteilen (schlechte orale Wirksamkeit, Bindung an Serumproteine, antikoagulierende Wirkung usw.) ausgeschlossen ist, gewinnen Polyanionen zunehmend Interesse für eine lokale Anwendung zur HIV-Prophylaxe. Neuerdings wird auch für eine Reihe von Bizyklamen eine selektive Hemmung des Viruseintritts von HIV postuliert (De Clercq 1995).

Die folgenden Schritte des Eindringens des Virus in die Zelle (Penetration) und des Verlusts der das Genom umgebenden Virushülle (Uncoating) sind hauptsächlich zelluläre Leistungen und nur schwer zu beeinflussen (Abb. 4.5.5).

Trotzdem hat sich gezeigt, dass z. B. der Prozess der HIV-Zellfusion durch solche Peptide hemmbar ist, die Teile des an der Fusion beteiligten viralen Transmembranproteins gp41 simulieren (z. B. T20; Kilby et al. 1998, Root et al. 2001). Auch mit Pflanzenlektinen lässt sich dieser Schritt offenbar hemmen.

Als schon länger bekanntes Beispiel für einen selektiven Hemmstoff des Uncoating von Influenza-A2-Viren gilt Adamantin, das infektionsvorbeugend Anwendung findet. Die der Freisetzung des genetischen Materials nachfolgenden Schritte der Synthese viraler Nukleinsäuren und Proteine (Replikation, Transkription, Translation) sind als aussichtsreichste Angriffspunkte einer antiviralen Chemotherapie anzusehen. Denn die virale Nukleinsäuresynthese ist zwar mit der zellulären aufs Engste verbunden, erfordert aber zumindest einzelne virusspezifische Enzyme. Da Viren RNA oder DNA enthalten können, die wiederum einzel- oder doppelsträngig, ringförmig oder linear, kontinuierlich oder segmentiert, positiv- oder negativsträngig sein können, müssen viele von ihnen für ihre erfolgreiche Replikation zumindest eigene Polymerasen mitbringen, um sich in das Replikations-, Transkriptions- und Translationssystem der Zelle einzupassen.

Solche Enzyme, wie z.B. die reverse Transkriptase (RT), die RNA-abhängige RNA-Polymerase oder die Replikase, die in der Zelle gar nicht vorkommen, können daher als besonders geeignete Targets für eine Chemotherapie angesehen werden.

Die funktionellen Unterschiede zwischen der RT des HIV und den zellulären DNA-Polymerasen können gar nicht größer sein. Abgesehen davon, dass die zellulären DNA-Polymerasen α, β, γ, δ und ε eine sehr heterogene Gruppe von Enzymen darstellen, deren Rolle bei der zellulären DNA-Synthese und DNA-Reparatur teilweise noch nicht geklärt ist, handelt es sich dabei immer um eine DNA-abhängige DNA-Synthese, während die RT einzelsträngige RNA-Genome von Retroviren über eine Reihe von Teilschritten in doppelsträngige DNA umschreibt.

Eine starke Hemmung einer solchen viralen Polymerase kann mit modifizierten Desoxynukleosidtriphosphaten (dNTP) erreicht werden, vorausgesetzt ihre Affinität zu einem solchen Enzym ist viel höher als gegenüber den natürlichen dNTP-Substraten.

Viel schwieriger erreichbar als dieses Ziel ist die zusätzliche Forderung nach ausreichend hoher Selektivität gegenüber den zellulären DNA-Polymerasen, die bei den bisher zugelassenen Virostatika gegen HIV-Infektionen nur teilweise, d.h. gegenüber einigen zellulären DNA-Polymerasen erreicht werden konnte (z.B. gegenüber α-, δ- und ε-, aber nicht gegenüber β- und γ-DNA-Polymerasen). 3′-Azido-2′,3′-didesoxythymidin (AzT) (Abb. 4.5.14a) zeigt in dieser Hinsicht schon hervorragende Eigenschaften mit seiner extrem hohen Affinität zur HIV-RT (Inhibitorkonstante Ki = 0,05 µM) im Vergleich zu den zellulären DNA-Polymerasen α, δ und ε.

Langzeitbehandlungen mit AzT, wie sie bei AIDS notwendig sind, führen aber häufig zu erheblichen zytotoxischen Nebenwirkungen auf das Knochenmark, die hauptsächlich Folge einer dauernden Beeinträchtigung der zellulären DNA-Synthese sind (Schinazi et al. 1992a).

Bei der Entwicklung von solchen RT-Hemmstoffen ist zu bedenken, dass sie erst von zelleigenen Nukleosidkinasen aus Nukleosiden zu den entsprechenden Triphosphaten phosphoryliert werden müssen, da Retroviren nicht über solche Enzyme verfügen. Das bedeutet aber, dass der Spielraum für Nukleosidmodifikationen sehr begrenzt ist und dort endet, wo eine ausreichende zelluläre Phosphorylierung nicht mehr gesichert ist.

Es haben daher in den letzten Jahren solche Hemmstoffe der HIV-RT großes Interesse gefunden, die keine Nukleoside mehr sind und damit nicht mehr phosphoryliert werden müssen. Dabei handelt es sich um eine ständig wachsende Gruppe chemisch sehr unterschiedlicher Verbindungen, die als nicht nukleosidische RT-Inhibitoren zusammengefasst werden (NNRTI). Zu ihnen gehören z.B. Benzodiazepinone (TIBO), Dypyridodiazepinone (Nevirapin), Pyridinone, Piperazine (Delavirdin), Benzoxazinone (Efavirenz) und azyklische 6-(Phenylthio)-thymine (HEPT) (Pedersen et al. 1999) (Abb. 4.5.4).

Sie sind keine Analoga der natürlichen Substrate mehr und binden sich mit hoher Affinität außerhalb des aktiven Zentrums des Enzyms. Diese Bindung und Hemmung ist hochselektiv und betrifft nur die RT von HIV-1, nicht jedoch die RT anderer HIV-Stämme oder die zellulären DNA-Polymerasen. An Zellkulturen rufen sie daher so gut wie keine zytotoxischen Wirkungen hervor. Diese großen Vorteile werden aber durch eine ungewöhnlich schnelle Resistenzentwicklung der Viren weitgehend wieder aufgehoben, sodass fraglich ist, ob diese Verbindungen allein für eine Behandlung von AIDS-Patienten geeignet sind. In Kombination mit anderen Hemmstoffen der HIV-Replikation können sie dagegen von erheblichem Nutzen sein (De Clercq 1995).

Herpesviren, die zu den doppelsträngigen DNA-Viren gehören, besitzen im Gegensatz zu Retroviren neben einer eigenen DNA-Polymerase zusätzlich einige induzierbare Enzyme des DNA-Stoffwechsels, die einen selektiven Angriff auf die virale DNA-Synthese erleichtern. Trotz ähnlicher Funktion unterscheiden sich z.B. die von HSV kodierten Thymidinkinasen (HSV-TK) von dem gleichnamigen zellulären Enzym in Struktur, physikochemischen und Substratbindungseigenschaften gravierend und sollten daher eine virusspezifische Phosphorylierung von Nukleosidanaloga erlauben.

Tatsächlich hat sich gezeigt, dass die durch Herpes-simplex-Virus Typ 1 (HSV-1) induzierte Thymidinkinase (HSV-1-TK) auch extrem veränderte Nukleosidanaloga phosphorylieren kann, wozu die zelluläre (zytosolische) Thymidinkinase mit ihrer größeren Substratspezifität nicht mehr in der Lage ist. Eine in dieser Hinsicht optimale Verbindung ist das Acyclovir (Abb. 4.5.8a), welches statt einer Pyrimidin- eine Purinbase und statt eines Zuckerrings einen Alkylrest besitzt (9-(2-Hydroxyethoxymethyl)-guanin). Trotz dieser ungewöhnlichen Struktur wird Acyclovir von der viralen Thymidinkinase in HSV-1-infizierten Zellen phosphoryliert, während das zelluläre Enzym das Monophosphat nicht bilden kann. Dadurch kann auch der weitere Umsatz zum Triphosphat, obwohl durch zelluläre Enzyme katalysiert, nur in HSV-infizierten Zellen erfolgen (O'Brien et al. 1989) (Abb. 4.5.9).

In dieser Form wird Acyclovir wiederum mit hoher Selektivität von der viralen DNA-Polymerase in die HSV-1-DNA eingebaut. Der damit verbundene DNA-Kettenabbruch bleibt daher überwiegend auf die virale DNA beschränkt und verschont die zelluläre DNA. Diese Eigenschaften haben Acyclovir zu einem hochwirksamen und selektiven Virostatikum bei der Behandlung von HSV-1-Infektionen gemacht (Abb. 4.5.9).

Neben der Synthese eines viralen Genoms kann auch die Herstellung viraler Proteine ein geeigneter Angriffspunkt für eine antivirale Chemotherapie sein. Obwohl sich Transkription und Translation viraler und zellulärer Gene kaum unterscheiden, gelingt es mit Hilfe von Antisense-Oligonukleotiden oder Ribozymen, die Bildung einzelner viraler Proteine selektiv zu unterbinden.

Ein Antisense-Oligonukleotid ist eine Ribo- oder Desoxyribonukleotidsequenz von optimal 15–20 Basen, die zu einer spezifischen Basenfolge einer mRNA komplementär ist, sich daher mittels basenspezifischer Hybridisierung an sie bindet und sie damit von der Proteinsynthese ausschließt. Ribozyme sind ebenfalls Ribooligonukleotide, jedoch mit katalytischen Eigenschaften, die eine sequenzspezifisch gebundene RNA an bestimmten Zielsequenzen spalten kann. Die Möglichkeiten, sie zur selektiven Hemmung der Virusvermehrung einzusetzen, werden in Kap. 2.2 „Ribozyme in der molekularen Medizin“ (Molekular- und Zellbiologische Grundlagen, 1. Aufl.) behandelt.

Mit der Antisense-Oligonukleotid-Strategie gelang es, die Vermehrung einer Vielzahl von Viren [z. B. Respiratory-syncytial-Virus (RSV), HSV, Simian-Virus 40 (SV 40), HIV und Papillomaviren] in Zellkulturen zu hemmen (Whitton 1994). Eine In-vivo-Anwendung, die wegen zahlreicher ungelöster Probleme noch vor einigen Jahren für nicht realisierbar gehalten wurde, ist jetzt möglich, und erste klinische Erprobungen von Antisense-Oligonukleotiden gegen HIV- und Papillomavirusinfektionen machen deutlich, dass zukünftig auch mit Antisense-Oligonukleotiden als antiviralen Arzneimitteln zu rechnen ist (Zhang et al. 1995). Inzwischen ist ein erstes Oligonukleotid zur Behandlung von zytomegalievirusinduzierter Retinitis zugelassen worden (Henry et al. 2001).

Die viralen Proteine werden häufig erst aus einem Polyprotein mittels eigener viraler Proteasen freigesetzt. Unterbleibt diese Spaltung, entstehen zwar noch Viruspartikel, die aber ihre Infektiosität verloren haben. Virale Proteasen im Allgemeinen und die HIV-Protease im Besonderen haben sich daher als weitere viel versprechende Targets erwiesen (s. unten, Proteasehemmstoffe).

Damit sind wesentliche, für eine antivirale Therapie nutzbaren Targets genannt, für Influenzaviren kommt noch eine Oberflächenstruktur, das Enzym Neuraminsäure hinzu, die allerdings erst bei der Freisetzung der Viren aus den Zellen eine wichtige Funktion übernimmt.

Viele der genannten, therapeutisch noch wenig genutzten Targets werden bei der Entwicklung einer Kombinationstherapie, bei der Wirkstoffe gegen verschiedene virale Strukturen eingesetzt werden, eine zunehmend größere Rolle spielen.

Modifizierte Nukleoside als Virostatika

Zytostatische Nukleosidanaloga mit geringer antiviraler Selektivität. Die in dieser Gruppe zusammengefassten Nukleosidanaloga wurden in den 1960ern bzw. Anfang der 1970er Jahre synthetisiert und stehen am Anfang der Virostatikaentwicklung, als über spezifische viruseigene Targets noch wenig bekannt war.

5-Jod-2′-desoxyuridin (IDU), 5-Trifluormethyl-2′-desoxyuridin (TFT) und Arabinofuranosyladenin (AraA) (Abb. 4.5.6a, 4.5.6b, 4.5.7a) sind als Hemmstoffe der Nukleinsäuresynthese mit dem Ziel entwickelt worden, das Wachstum von Tumorzellen zu hemmen. Wenn das erreichbar war, sollte dann nicht ebenso eine Hemmung der viralen Nukleinsäuresynthese möglich sein?

Tatsächlich konnte mit IDU, TFT und AraA die Vermehrung einer Reihe von Viren, insbesondere der Herpesgruppe, gehemmt werden. IDU und TFT sind aber nicht nur gleich gute Substrate für virale und zelluläre Kinasen, sondern auch für virale und zelluläre DNA-Polymerasen. Ihr Einbau in zelluläre DNA ist mit mutagenen, teratogenen, karzinogenen und anderen schweren zytotoxischen Wirkungen verbunden, und eine Selektivität zwischen infizierten und nicht infizierten Zellen ist nicht erreichbar. Eine systemische Anwendung von IDU bzw. TFT war von schweren zytotoxischen Nebenwirkungen begleitet und konnte nicht akzeptiert werden. Als lokal anwendbare Antiherpetika sind beide Nukleoside dagegen auch heute noch

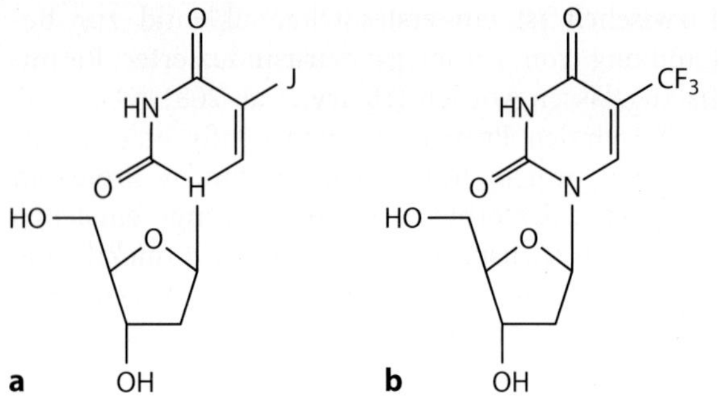

Abb. 4.5.6 a, b. Desoxyuridine-derivate mit unterschiedlichen C5-Modifikationen, **a** Idoxuridin, 5-Jod-2′-desoxyuridin (IDU), **b** Trifluorthymidin, 5-Trifluormethyl-2′-desoxyuridin (TFT)

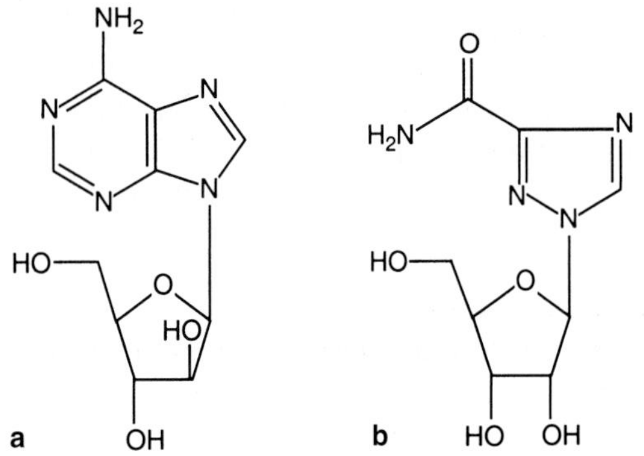

Abb. 4.5.7. a Vidarabin, Arabinofuranosyladenin (araA), **b** Ribavirin, Ribofuranosyl-1,2,4-triazol-3-carboxamid

zur Behandlung von Herpes labialis oder Herpeskeratitis in Gebrauch.

Auch für die Phosphorylierung von AraA (Abb. 4.5.7 a) sind zelluläre Enzyme erforderlich, ein Einbau erfolgt in virale und zelluläre DNA. Nur von der kompetitiven Hemmung sind virale DNA-Polymerasen mehr betroffen, und dieser Vorteil hat sich auch klinisch bei der erfolgreichen systemischen Anwendung bei VZV- und HSV-Infektionen niedergeschlagen. Für diese Indikationen steht jetzt jedoch Acyclovir zur Verfügung, das deutlich wirksamer ist und entscheidend weniger Toxizitätsprobleme mit sich bringt.

Ribavirin (Abb. 4.5.7 b) ist ein strukturell stark verändertes Nukleosid und schon im Rahmen einer gezielten Suche nach antiviralen Verbindungen synthetisiert worden.

Die mit Ribose verknüpfte, als Teil einer Purinbase kaum erkennbare Ringstruktur imitiert ein Ribonukleosid, das funktionell am meisten dem Guanosin ähnelt. In Zellen wird es zum Mono-, Di- und Triphosphat umgewandelt, hat aber keinen einheitlichen, klar definierten Wirkungsmechanismus. Als Monophosphat ist es ein starker Hemmstoff der Inosinmonophosphatdehydrogenase, eines Enzyms, das für die Synthese des Guanosinmonophosphats und damit auch für die Bereitstellung von Guanosin- bzw. Desoxyguanosintriphosphat (GTP, dGTP) essenziell ist und mit diesem Interventionsschritt zu einem Substratmangel für die zelluläre und virale RNA- bzw. DNA-Synthese führen kann.

Als Triphosphat hemmt es die Übertragung von GTP auf das 5′-terminale Triphosphat viraler mRNA (Capping-Reaktion). Bedeutsamer ist aber wohl die Hemmung der viralen RNA-abhängigen RNA-Polymerase, die für RNA-Viren charakteristisch ist, woraus sich die ausgeprägte Wirkung gegenüber Influenza-A- und -B-Viren und dem RSV ergibt, die auch für eine lokale Aerosoltherapie ausgenutzt wurde.

Das weit darüber hinaus gehende Wirkungsspektrum gegenüber RNA- und DNA-Viren (Reoviren, Arenaviren, Bunyaviren, HIV, Adenoviren, Herpesviren) lässt sich nur durch eine Kombination der erwähnten Angriffsorte erklären.

Die Toxizität von Ribavirin ist beträchtlich. Im Vordergrund stehen teratogene und embryotoxische Nebenwirkungen. Darüber hinaus muss mit dem Auftreten einer Anämie gerechnet werden, die weniger das Ergebnis zytotoxischer Wirkungen auf das Knochenmark als vielmehr Folge eines schnelleren Abbaus von Erythrozyten bzw. einer verminderten Ausschüttung von Retikulozyten aus dem Knochenmark ist (kompetitive Hemmung ATP-abhängiger Reaktionen durch das Triphosphat des Ribavirins).

Diese gravierenden Nachteile haben die Anwendung von Ribavirin zwar auf wenige, häufig jedoch tödlich verlaufende Viruserkrankungen eingeengt (z. B. das Lassa-Fieber), bei diesen Indikationen die Mortalität aber erheblich herabsetzen können (Smith et al. 1984).

Neuerdings wird Ribavirin in Kombination mit Interferon α für die Behandlung von Hepatitis-C-Infektionen empfohlen (Wang et al. 2001).

Wirksamkeit und Selektivität der hier genannten ersten Virostatika halten naturgemäß keinen Vergleich mit 10 oder 20 Jahre später entwickelten Verbindungen aus. Die erreichten Fortschritte beruhen aber teilweise auf der Fortführung von Strukturveränderungen, wie sie durch die C5-Modifikationen von Desoxyuridin oder den Ersatz der Desoxyribose durch Arabinose bei den erwähnten Nukleosidderivaten bereits realisiert sind. Hinzu kam die Erkenntnis, dass die Substratspezifität viraler Enzyme vielfach geringer ist als die zellulärer

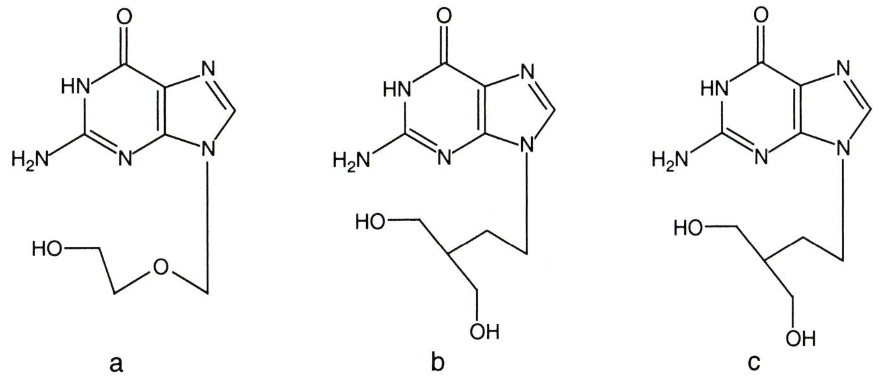

Abb. 4.5.8. **a** Acyclovir, 9-(2-Hydroxyethoxymethyl)-guanin (ACV), **b** Ganciclovir, 9-(1,3-Dihydroxy-2-propoxymethyl)-guanin (DHPG), **c** Penciclovir, 9-(4-Hydroxy-3-hydroxymethylbut-1-yl)-guanin (PCV)

Enzyme und damit stärkere Strukturänderungen an Nukleosiden die Chance bieten, virale Targets zu treffen, ohne zelluläre in Mitleidenschaft zu ziehen (s. nicht klassische Antimetaboliten).

Azyklische Guaninanaloga. Die azyklischen Guaninanaloga gehören zu den stark veränderten Nukleosidanaloga. Es handelt sich um Guaninderivate, die nicht mehr mit einem Zucker, sondern nur noch mit einer azyklischen Kohlenstoffkette verknüpft sind. Eine solche ungewöhnliche Struktur hat Acyclovir 9-(2-Hydroxyethoxymethylguanin, ACV) (Abb. 4.5.8 a), das vor etwa 25 Jahren als Hemmstoff der HSV-1-Replikation entdeckt wurde und zum Prototyp eines hochwirksamen und selektiven Virostatikums schlechthin geworden ist (Elion et al. 1977).

Der azyklische Teil des Moleküls imitiert offensichtlich wesentliche Teile des Zuckers und kann damit von der HSV-kodierten Thymidinkinase (HSV-TK), nicht jedoch von der zellulären TK phosphoryliert werden. Das virale Enzym besitzt neben einer Thymidinkinase- auch eine Desoxycytidinkinasefunktion, die offenbar für den Umsatz von ACV zuständig ist.

Die weitere Phosphorylierung dagegen wird ausschließlich von zellulären Enzymen durchgeführt (Abb. 4.5.9). Als Triphosphat entfaltet ACV eine überwiegend virusbezogene Wirkung, indem größtenteils die virale DNA-Replikation, kaum jedoch die zelluläre DNA-Synthese betroffen ist. ACV-Triphosphat verhält sich dabei wie das normale Substrat dGTP, hemmt aber die HSV-DNA-Polymerase und wird als Substratanaloges in die virale DNA eingebaut. Erst jetzt macht sich die fehlende 3′-OH-Gruppe gravierend bemerkbar: Der Einbau weiterer Desoxynukleotide ist nicht mehr möglich, die Synthese der HSV-DNA wird durch Kettenabbruch blockiert (chain termination; Abb. 4.5.9).

Entsprechend diesem Aktivierungs- und Wirkungsmechanismus ist die antivirale Aktivität von ACV nur auf Herpesviren [Herpes-simplex-Virus Typ 1 (HSV-1) und Typ 2 (HSV-2), Varicella-zoster-Virus (VZV) und Epstein-Barr-Virus (EBV)] beschränkt und eine Hemmung der DNA-Polymerasen nur möglich, wenn auch die virusabhängige Phosphorylierung gewährleistet ist. Wirkungsunterschiede gegenüber einzelnen Vertretern der Herpesviren, die durch die Abstufungen HSV-1>HSV-2>VZV>EBV charakterisiert sind, können auf die in gleicher Reihenfolge abfallende Fähigkeit der Viren zurückgeführt werden, ACV zu phosphorylieren, während die Empfindlichkeit der verschiedenen Herpesvirus-DNA-Polymerasen nicht gravierend differiert. Diese initiale Phosphorylierung von ACV unterschreitet beim Zytomegalievirus (CMV) eine kritische Grenze und ist damit für die Wirkungslosigkeit gegenüber diesen Viren verantwortlich (O'Brien et al. 1989).

In ähnlicher Weise bestimmen die beschriebenen Kriterien das Wirkungsspektrum von weiteren, in der Folge entwickelten, azyklischen Guaninderivaten. Zwei der wichtigsten Verbindungen sind

- das Ganciclovir (GCV) (Abb. 4.5.8 b) und
- das Penciclovir (PCV) (Abb. 4.5.8 c).

Generell lässt sich von ihnen sagen, dass sie von viralen Thymidinkinasen besser umgesetzt werden als ACV, aber in infizierten Zellen nicht nur zu höheren, sondern auch zu stabileren intrazellulären Triphosphatkonzentrationen führen, die selbst nach mehreren Tagen kaum abfallen. Dieser Vorteil wird allerdings durch ihre bedeutend geringere Wirksamkeit an der HSV-DNA-Polymerase wieder wettgemacht, sodass letztendlich eine dem ACV vergleichbare antivirale Wirkung erreicht wird.

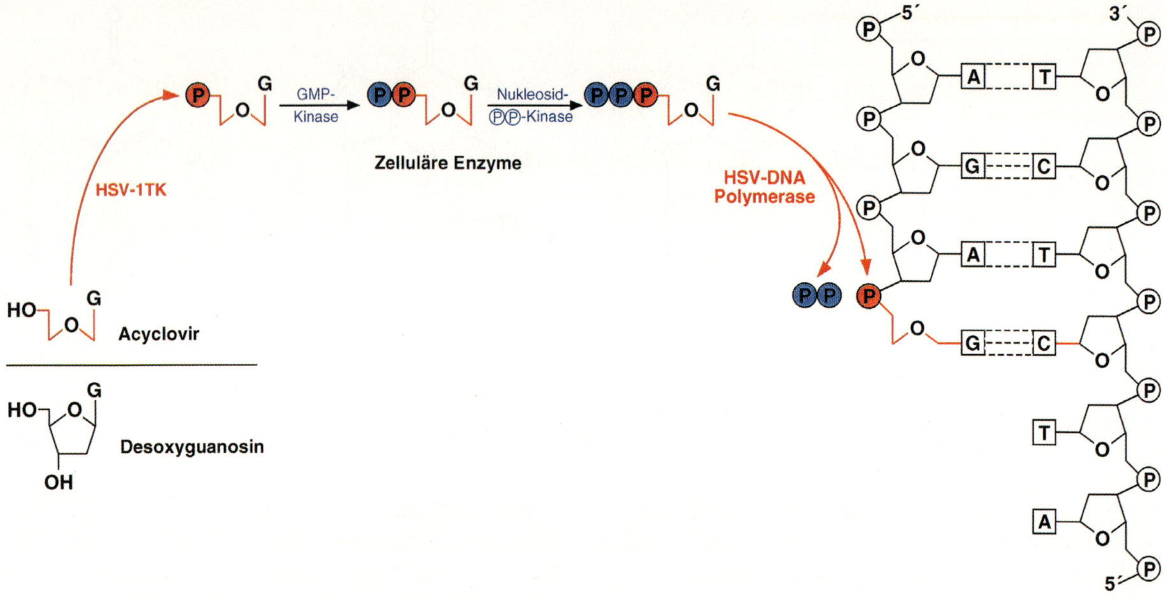

Abb. 4.5.9. Wirkungsmechanismus von Acyclovir (ACV). Dargestellt sind die Stoffwechselwege, die seine antivirale Selektivität begründen (*rot*). Das ist insbesondere der erste Schritt der Phosphorylierung, der ausschließlich in HSV-1-infizierten Zellen durch die HSV-1-spezifische Thymidinkinase (HSV-1-TK) erfolgt, während die weiteren Umwandlungen zum Triphosphat von zellulären Kinasen übernommen werden (*blau*). Als Triphosphat wird ACV hauptsächlich von der HSV-DNA-Polymerase in die virale DNA eingebaut (*rot*). Das bedeutet das Ende der viralen DNA-Synthese, da das ACV keine verlängerungsfähige 3′-OH-Gruppe besitzt

Wirkungsspektrum und -stärke von PCV entsprechen denen für ACV (HSV-1 > HSV-2 > VZV > EBV). Auch gegenüber CMV ist es unwirksam und ähnelt ACV auch darin, dass es kaum zytotoxische Wirkungen besitzt (Whitley u. Field 1993). Überraschenderweise zeigt es eine hohe Wirksamkeit gegenüber Hepadnaviren, die auf einer Hemmung ihrer DNA-Polymerasen beruht, ohne dass die dazu erforderlichen Phosphorylierungswege bisher bekannt sind (Shaw et al. 1994).

GCV besitzt 2 Eigenschaften, mit denen es sich von PCV gravierend unterscheidet:

1. Es hat eine starke Wirksamkeit gegenüber CMV-Infektionen.
2. Es besitzt in vivo starke zytotoxische Nebenwirkungen, insbesondere auf Knochenmarkzellen, welche seine Einsatzmöglichkeiten auf schwere, anders nicht behandelbare CMV-Infektionen bei immuninsuffizienten Patienten einschränken (Smee et al. 1983).

Offensichtlich besitzt GCV im Gegensatz zu den anderen azyklischen Guaninderivaten nicht die hohe, auf virale Enzyme beschränkte Aktivierungs- und Wirkungsselektivität. Vielmehr können proliferierende Zellen, z.B. des Knochenmarks, auch ohne virale Thymidinkinase GCV in genügendem Umfang zum Triphosphat umsetzen, das insbesondere die DNA-Polymerase δ hemmen kann (Ilsley et al. 1995).

Alle drei Guaninderivate besitzen, verstärkt durch die azyklische Kohlenstoffkette, eine geringe Wasserlöslichkeit, die zu einer schlechten oralen Bioverfügbarkeit führt. Für ACV und PVC stehen jetzt geeignete Prodrugs zur Verfügung, die oral sehr viel besser aufgenommen werden und aus denen die eigentlich wirksamen Verbindungen freigesetzt werden. Im Fall von ACV wird das durch den L-Valinester (Valacylovir, VACV) (Abb. 4.5.10a) erreicht, der im Darm gut absorbiert und sowohl hier als auch in der Leber enzymatisch wieder gespalten wird und auf diese Weise zu deutlich höheren ACV-Plasmakonzentrationen führt. Auch die für eine wirksame Behandlung von VZV-Infektionen erforderlichen hohen Plasmaspiegel werden durch VACV erreicht, was durch eine orale ACV-Applikation nicht gesichert ist. Nierenschäden, wie sie durch ACV beschrieben wurden, können durch VACV vermieden werden (Jacobson 1993).

Für PCV hat sich die zum Diacetyl-6-desoxyguanin-Derivat veränderte Verbindung (Famciclovir, FCV) (Abb. 4.5.10b) als eine geeignete, oral anwendbare Prodrug erwiesen. Beide Azetylgruppen werden wieder schnell und vollständig von Es-

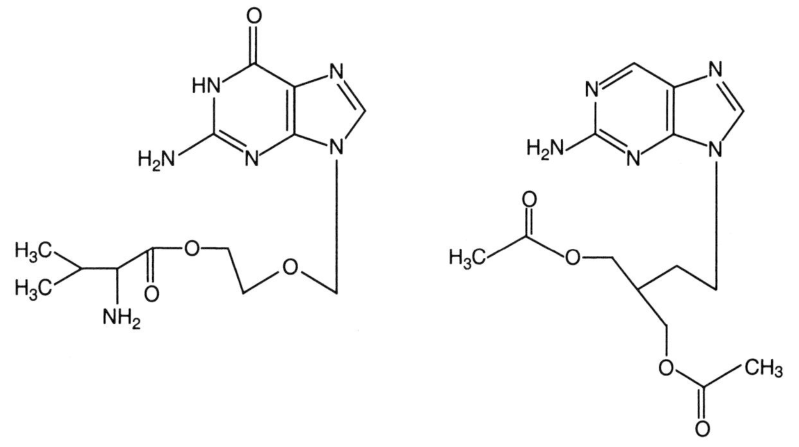

a b

Abb. 4.5.10. **a** Valacyclovir, L-Valylester des Acyclovirs (VACV), **b** Famciclovir, Diacetyl-6-desoxypenciclovir (FCV)

terasen des Darms und der Leber gespalten und zusätzlich der Purinring an der C6-Position von der Xanthinoxidase der Leber oxidiert (Whitley u. Field 1993).

Damit stehen auch für die orale Anwendung hochwirksame Derivate von ACV und PCV zur Verfügung.

5-Substituierte Pyrimidinnukleoside. Prinzipiell handelt es sich bei dieser Gruppe von Verbindungen um Abkömmlinge des erwähnten 5-Jod-2′-desoxyuridins (Abb. 4.5.6 a). Wie dieses sind die 5-substituierten Pyrimidinnukleoside Antiherpetika, doch dem 5-Jod-2′-desoxyuridin in Wirksamkeit und Selektivität weit überlegen. Der entscheidende Unterschied liegt in der Größe und der Struktur der C5-modifizierenden Substituenten.

Während mit dem IDU eine dem Thymidin sehr ähnliche Struktur vorliegt, die von der zellulären Thymidinkinase noch gut phosphoryliert werden kann, werden größere Strukturänderungen an der C5-Position von diesem Enzym nicht mehr toleriert und solche Nukleosidderivate nicht mehr umgesetzt. Damit ist die Zelle geschützt und eine antiherpetische Wirkung nur dann erreichbar, wenn die von den Herpesviren kodierten Thymidinkinasen diese stark modifizierten Nukleosidabkömmlinge noch phosphorylieren können (nicht klassische Antimetaboliten, s. oben).

Eine solches Nukleosidderivat ist (E)-5-(2-Bromvinyl)-2′-desoxyuridin (BVdU) (Abb. 4.5.11). Seine antiviralen Eigenschaften sind jedoch nur auf die stereoisomere Form beschränkt, in der der Pyrimidinring am C1 und der Bromsubstituent am C2 der Vinylgruppe in *trans*-Stellung stehen (E: entgegen). Seine Phosphorylierung durch virale Enzyme muss sogar bis zur Diphosphatstufe erfolgen, was durch eine mit der Thymidinkinase assoziierten Thymidinmonophosphatkinase Aktivität prinzipiell möglich ist. Aber nur die Enzyme des HSV-1 und VZV, nicht jedoch die des HSV-2, können BVdU bis zu diesem zweiten Phosphorylierungsschritt umsetzen, und nur die letzte enzymatische Aktivierungsreaktion zum BVdU-Triphosphat wird von einer zellulären Kinase durchgeführt. In dieser Form ist BVdU ein zu dTTP kompetitiver Hemmstoff der HSV-DNA-Polymerasen. Entscheidender für die antivirale Wirkung und besser korreliert mit ihr ist aber sein Einbau in die virale DNA, der die weitere DNA-Synthese nicht unmittelbar unterbricht, aber schließlich zu Strangbrüchen führt.

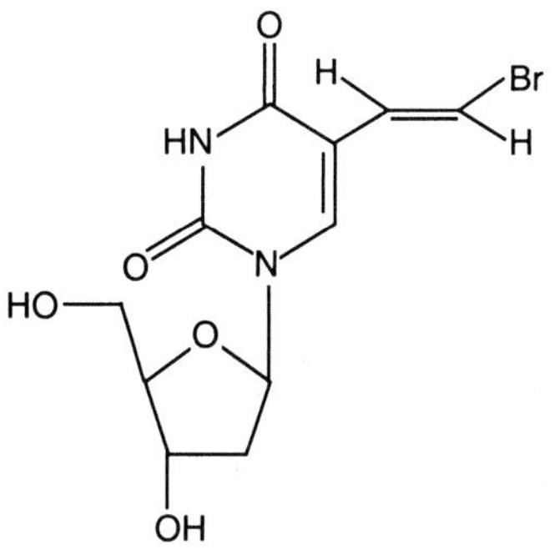

Abb. 4.5.11. Brivudin, (E)-5-(2-Bromvinyl)-2′-desoxyuridin (BVdU)

Auch mit isolierten zellulären DNA-Polymerasen lässt sich ein Einbau von BVdU-Triphosphat in die DNA nachweisen, der jedoch in vivo auf HSV-1-infizierte Zellen beschränkt bleibt und hier nur bei extrem hohen Konzentrationen nachweisbar ist, sodass bei therapeutischer Dosierung auch die zelluläre DNA infizierter Zellen weitgehend vor einem Einbau und seinen Folgen geschützt ist.

Dieser Mechanismus macht BVdU zu einem Virostatikum mit geringer Zytotoxizität. Es hat sich insbesondere gegenüber HSV-1- und VZV-Infektionen als wirksam erwiesen und lässt sich auch oral gut anwenden, während es gegenüber einer Reihe anderer Herpesviren, wie HSV-2, CMV und EBV unwirksam ist.

Bei systemischer Anwendung wird ein erheblicher Teil des Nukleosids durch Pyrimidinnukleosidphosphorylasen zum antiviral unwirksamen Bromvinyluracil gespalten. Es hat daher große Bemühungen gegeben, Derivate zu entwickeln, deren Nukleosidbindung stabil ist. Das karbozyklische BVdU erfüllt diese Forderung vollständig, während Arabinofuranosyl-(E)-5-(2-bromvinyl)-uracil (BVaraU) noch teilweise gespalten wird. Beide Verbindungen haben das gleiche Wirkungsspektrum wie BVdU, wobei aber auf die außerordentliche Wirksamkeit von BVaraU gegenüber VZV hingewiesen werden muss. Sie werden beide in gleicher Weise aktiviert, ihr Wirkungsmechanismus beruht jedoch hauptsächlich auf einer Hemmung viraler DNA-Polymerasen, viel weniger auf einem Einbau in virale DNA wie bei BVdU (De Clercq et al. 1979, 1993a; Reefschläger et al. 1982).

2′-Fluorarabinosylnukleoside. Unter den antiviral hochwirksamen Arabinosylderivaten befinden sich nur Pyrimidinnukleoside. Es handelt sich dabei um eine kleine Gruppe sehr ähnlicher Nukleosidanaloga, die durch vielfältige intrazelluläre Metabolisierungsschritte aus einer einzigen Verbindung entstehen können. Diese Stammverbindung ist das 2′-Desoxy-2′-fluorarabinofuranosyl-5-jodcytosin (FIAC) (Abb. 4.5.12). Sie wird als Cytosinderivat in großem Umfang desaminiert und damit zum 2′-Desoxy-2′-fluorarabinofuranosyl-5-joduracil (FIAU), das durch Dejodierung (zum FAU) und nachfolgender Methylierung (auf der Monophosphatstufe) zum 2′-Desoxy-2′-fluorarabinofuranosyl-5-methyluracil-monophosphat, (FMAUP) umgewandelt werden kann. Damit sind noch nicht alle möglichen Metaboliten genannt, aber die beiden wichtigsten Derivate (FIAU und FMAU), die auch als eigenständige Virostatika untersucht worden sind.

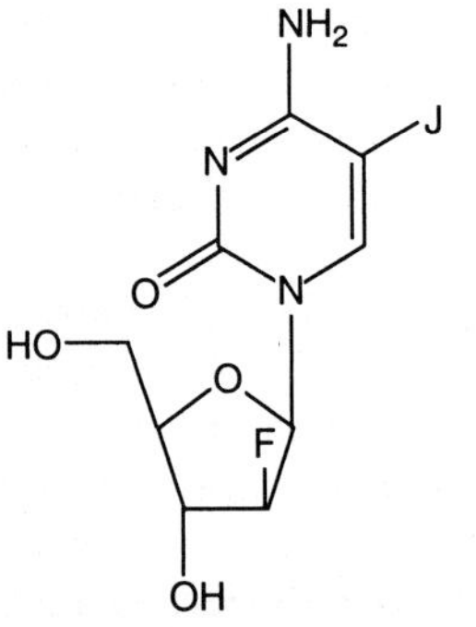

Abb. 4.5.12. 2′-Desoxy-2′-Fluorarabinofuranosyl-5-jodcytosin (FIAC)

Zunächst waren 2′-Fluorarabinosylnukleoside nur als Antiherpetika bekannt, hierbei spielt wieder die selektive Aktivierung zum Monophosphat durch die HSV-TK die entscheidende Rolle, aber es ist noch nicht klar, welche Enzyme die weiteren Phosphorylierungsschritte der einzelnen Verbindungen übernehmen. Als Triphosphate werden sie von HSV-DNA-Polymerasen in virale DNA eingebaut, was die Fortführung der DNA-Synthese durchaus noch erlaubt, doch später zu einer erhöhten Nukleaseempfindlichkeit mit der Konsequenz von Strangbrüchen führt. Die Hemmung ist an der Wirkung auch beteiligt, aber nicht auf die viralen Polymerasen beschränkt, sondern betrifft auch einige zelluläre DNA-Polymerasen.

Insbesondere die Funktion der DNA-Polymerase γ scheint stark beeinflusst zu werden und könnte zumindest teilweise die Toxizität dieser Verbindungen erklären. Sie hat die Anwendung von FIAC und FMAU trotz ihrer starken Wirksamkeit gegenüber HSV-1, HSV-2, VZV und CMV auf einige wenige klinische Studien beschränkt.

Für beide Verbindungen sind auch erhebliche zytostatische Wirkungen gegenüber verschiedenen Zelllinien beschrieben worden, die jedoch nur eine Erklärung finden, wenn noch andere Möglichkeiten als die erwähnten virusabhängigen Phosphorylierungswege angenommen werden. Ohne diese lässt sich auch die später entdeckte starke Wirkung der drei Nukleoside auf die HBV-Replikation nicht verstehen. Sie kommt durch eine starke Hemmung der HBV-DNA-Polymerase zustande und setzt damit eine Triphosphatbildung voraus. Eine virale Aktivierung zum Monophosphat ist allerdings nicht möglich, da diese Viren keine eigene TK besitzen.

FIAC und FMAU erwiesen sich in einem Tiermodell gegenüber einer Hepadnavirusinfektion durchaus als wirksam, ohne dass gravierende Nebenwirkungen registriert wurden. Eine klinische Anwendung von FIAU führte jedoch zu einem unerwarteten und nicht mehr beherrschbaren Zusammenbruch von Leberfunktionen und zu Schädigungen andere Organe, deren gemeinsame Ursachen im Versagen wichtiger Funktionen der Mitochondrien gesehen wird (s. unten, „Nebenwirkungen“). Damit wurde die Aufmerksamkeit auf bis

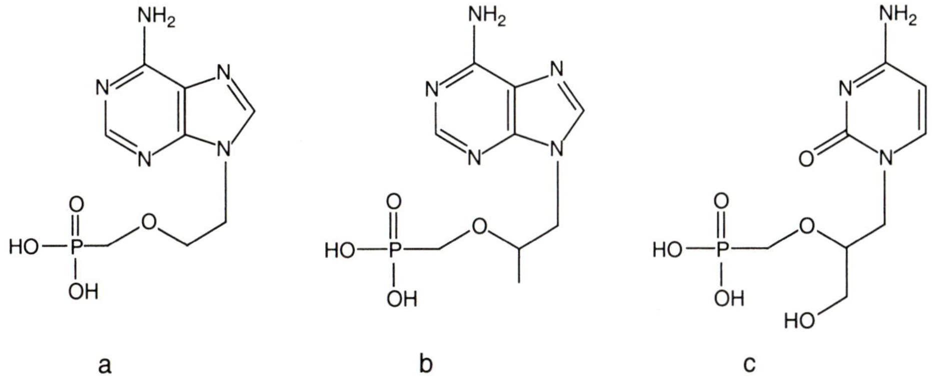

Abb. 4.5.13. **a** 9-(2-(Phosphonylmethoxyethyl)-adenin (PMEA), **b** (R)-9-(2-(Phosphonylmethoxypropyl)-adenin (PMPA), **c** Cidofofir, (S)-1-(3-Hydroxy-2-phosphonylmethoxypropyl)-cytosin (HPMPC)

dahin wenig beachtete, mögliche Nebenwirkungen von Virostatika gelenkt (Fox et al. 1988; Fourel et al. 1992, McKenzie et al. 1995).

Möglicherweise liegt jetzt mit dem L-Stereoisomer von FMAU (L-FMAU; s. unten, „L-Nukleoside") ein hochwirksamer und selektiver Hemmstoff der HBV-Replikation vor, dem diese Nebenwirkungen weitgehend fehlen (Chu et al. 1995).

Azyklische Nukleosidphosphonate. Die initiale Phosphorylierung eines Nukleosids zum Monophosphat durch virus- oder zelleigene Nukleosidkinasen ist ein für ihre antivirale Wirksamkeit entscheidender aber vielfach nicht erreichbarer Schritt.

So gibt es Nukleosidanaloga, die als Triphosphate zwar hochwirksame Hemmstoffe viraler Polymerasen sind, jedoch von der zellulären Kinase nicht phosphoryliert werden (z.B. 2′,3′-Didesoxythymidin, ddT). Zum anderen können die erforderlichen Kinasen auch unzureichend exprimiert werden, wie das z.B. bei proliferationsinaktiven Makrophagen der Fall ist, sodass die Monophosphatbildung in HIV-infizierten Makrophagen zum wirkungsbegrenzenden Schritt werden kann.

Mit den azyklischen Nukleosidphosphonaten ist eine Gruppe von Verbindungen entwickelt worden, mit welchen dieses Problem überwunden werden kann. Sie werden enzymatisch schon als Nukleosidmonophosphate angesehen, obwohl die Phosphatgruppe durch eine Phosphonatgruppe ersetzt ist. Wenngleich sich diese Phosphatimitation hinsichtlich ihrer Ladung nicht von einem entsprechenden Nukleosidmonophosphat unterscheidet und eine zelluläre Aufnahme daher kaum möglich erscheint, hat sich gezeigt, dass sie offenbar durch einen endozytoseähnlichen Prozess doch in ausreichenden Mengen ins Zellinnere gebracht werden kann.

Hier zeigt sich ein weiterer Vorteil der azyklischen Nukleosidphosphonate, nämlich, dass sie durch Phosphatasen und Nukleotidasen nicht mehr gespalten werden. Durch die Übertragung von zwei Phosphatgruppen werden sie zu hochwirksamen viralen Polymerasehemmstoffen aktiviert, die auch als Substratanaloga in virale DNA eingebaut werden. Diese Nukleosidphosphonatdiphosphate zeichnen sich durch eine ungewöhnlich hohe intrazelluläre Stabilität aus und entfalten eine tagelang anhaltende antivirale Aktivität. Die Funktion zellulärer Polymerasen wird dagegen kaum beeinflusst.

Typische Beispiele für azyklische Nukleosidphosphonate mit den beschriebenen Eigenschaften sind:

- 9-(2-(Phosphonylmethoxyethyl)-adenin (PMEA) (Abb. 4.5.13 a) und das entsprechende Diaminopurin-Derivat
- (R)-9-(2-(Phosphonylmethoxypropyl)-adenin (PMPA) (Abb. 4.5.13 b) und das entsprechende Diaminopurin-Derivat,
- das (S)-1-(3-Hydroxy-2-phosphonylmethoxypropyl)-cytosin (HPMPC) (Abb. 4.5.13 c) und das entsprechende Adenin-Derivat (HPMPA).

Das Spektrum ihrer antiviralen Aktivität wird entscheidend durch die Art der azyklischen Seitenkette beeinflusst. So besitzt das mit Adenin verknüpfte 2-Phosphonylmethoxyethyl-Derivat (PMEA) ein breites Wirkungsspektrum gegen RNA- und DNA-Viren (HIV, HBV, Papillomaviren, Herpesviren), während durch die nur geringfügige Veränderung dieser Kette zum (S)-3-Hydroxy-2-phosphonylmethoxypropyl-Rest das Adeninderivat (HPMPA) gegenüber DNA-Viren hochwirksam bleibt, seine Wirksamkeit gegenüber RNA-Viren aber fast völlig eingebüßt hat. Umgekehrt hemmt 9-(2-Phosphonylmethoxypropyl)-adenin (PMPA) ausschließlich Retroviren, aber keine Herpesviren mehr (De Clercq et al. 1997).

Unter den wirksamen Substanzen hat PMPA besondere Aufmerksamkeit als antiretrovirale Verbindung gefunden, nachdem gezeigt wurde, dass es Affen vor einer Infektion mit dem Simian-Immunodeficiency-Virus sicher schützen kann und außerdem eine etwa 100-mal geringere Toxizität als AzT besitzt. Sicher spielt dabei die erwähnte hohe Stabilität des gebildeten Diphosphats (PMPA-PP) eine entscheidende Rolle (Tsai et al. 1995).

Inzwischen sind oral wirksame Prodrugs von PMEA (als Adefovir-Dipivoxil) und auch von PMPA (als Tenofovir-Disoproxil) zur Behandlung von HIV-Infektionen zugelassen und auch erfolgreich gegen Hepatitis-B-Infektionen eingesetzt worden.

Ähnlich positive Ergebnisse liegen für HPMPC (Cidofovir) bei der Behandlung von HSV- bzw. CMV-Infektionen vor (De Clercq 2001; Safrin et al. 1999).

Didesoxynukleoside. Keine Gruppe antiviraler Nukleosidanaloga hat in den letzten Jahren so viel Aufmerksamkeit auf sich gelenkt wie die Didesoxynukleoside (ddN). Zu ihnen gehören Nukleoside, deren 2′- und 3′-Hydroxylgruppen in der Ribose durch Wasserstoff oder andere Substituenten ersetzt ist, während Veränderungen an den Pyrimidin- oder Purinbasen fehlen oder nur geringfügig sind.

Ausgelöst wurde die geradezu hektische Suche nach neuen, in dieser Weise modifizierten Nukleosiden durch 3′-Azido-2′,3′-didesoxythymidin (AzT) (Abb. 4.5.14 a), das 1985 als hochwirksamer Hemmstoff der HIV-Replikation in vitro entdeckt (Mitsuya et al. 1985) und schon 1987 erfolgreich in einer ersten klinischen Studie zur Behandlung von HIV-Infektionen eingesetzt wurde. AzT hat seit dieser Zeit seinen Platz in der Therapie von HIV-Infektionen neben einigen neuen, inzwischen zugelassenen Nukleosiden behaupten können, obwohl seine antiviralen Wirkungen als zu gering und die Nebenwirkungen als zu hoch eingeschätzt wurden.

Inzwischen gibt es keinen Zweifel daran, dass es eine einzige, optimal wirksame und selektive Verbindung nicht geben wird, mit der die chemotherapeutischen Probleme von HIV-Infektionen gelöst werden können.

Denn AzT sowie alle anderen klinisch angewendeten ddN sind bei Therapiebeginn durchaus nicht wirkungslos, sondern werden es erst im Verlauf einer monatelangen Behandlung durch die Selektion resistenter Virusstämme.

Ausgelöst durch dessen außergewöhnliche Wandlungsfähigkeit trifft jeder noch so wirksame Hemmstoff eines HIV-Proteins auf Virusvarianten, die seinem Angriff widerstehen und sich unter der Behandlung zur dominierenden Viruspopulation entwickeln. Deshalb wird jetzt auf eine Kombinationstherapie gesetzt, mit der nicht nur die Resistenz-, sondern auch die schwer wiegenden Toxizitätsprobleme einer Monotherapie gelöst werden sollen. Für diese neue Behandlungsstrategie stehen eine Vielzahl gleichwertiger ddN zur Verfügung, von denen hier nur einige beschrieben werden können (s. auch Schinazi et al. 1992 a).

Das Target aller in diesem Kapitel behandelten ddN ist eine virale Polymerase, und zwar die reverse Transkriptase des HIV bzw. anderer Retroviren. Neben der RT besitzen HIV eine Reihe weiterer für ihre Replikation essenzielle Enzyme; Nukleosidkinasen gehören jedoch nicht dazu, sodass alle Hemmstoffe der RT von zelleigenen Kinasen zu den Triphosphaten (ddNTP) umgesetzt werden müssen.

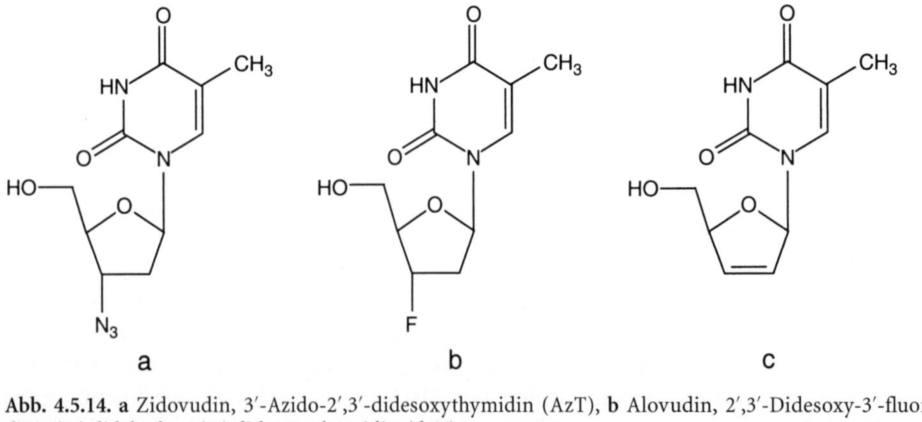

Abb. 4.5.14. **a** Zidovudin, 3′-Azido-2′,3′-didesoxythymidin (AzT), **b** Alovudin, 2′,3′-Didesoxy-3′-fluorthymidin (FLT), **c** Stavudin, 2′,3′-didehydro-2′,3′-didesoxythymidin (d4T)

In der Effizienz dieser zellulären Aktivierung und in der Art der daran beteiligten Enzyme unterscheiden sich die verschiedenen ddN. Die intrazellulären Triphosphatspiegel variieren erheblich, sind aber an der unteren Nachweisgrenze meist noch hoch genug, um eine wirksame Hemmung der HIV-RT zu bewirken. Sie sind auch in diesen kleinsten Konzentrationen hocheffektive, kompetitive Hemmstoffe der normalen dNTP-Substrate und werden darüber hinaus von der HIV-RT mit großer Effizienz als kompetitive Substrate in den viralen DNA-Strang mit der Konsequenz eines Kettenabbruchs eingebaut.

Zelluläre DNA-Polymerasen haben prinzipiell viel geringere Affinitäten zu den ddNTP. Aber bei höheren Konzentrationen und einer monate- bzw. jahrelangen Therapie gefährden sie auch die zelluläre oder mitochondriale DNA-Synthese, sowohl durch die Hemmung einiger DNA-Polymerasen als auch durch ihren Einbau in die DNA. Die Folgen eines Einbaus können aber vermieden werden, wenn Exonukleasen ihn wieder rückgängig machen. Das scheint für AzT möglich zu sein, aber es ist nicht klar, ob das für andere ddN auch zutrifft.

Aus diesem Spektrum möglicher viraler und zellulärer Interaktionen ergibt sich das allgemeine Wirkungs- und Toxizitätsprofil, das durch die Besonderheiten einzelner Verbindungen weiter modifiziert wird.

- 3′-Azido-2′,3′-didesoxythymidin (AzT)
  Über AzT, den ersten hochwirksamen In-vitro-Hemmstoff der Replikation von HIV und anderen Retroviren, ist schon am meisten bekannt. Es wird von den zellulären Thymidin phosphorylierenden Enzymen zum AzT-Triphosphat umgesetzt. Seine Konzentration ist sehr gering im Vergleich zu der von AzT-Monophosphat, das zu sehr hohen Konzentrationen (1 mM) akkumulieren und die Proteinglykosylierung in vitro hemmen und damit wesentliche Zellfunktionen stören kann (s. unten, Nebenwirkungen).
  Im Vordergrund der klinisch beobachteten Nebenwirkungen stehen Neutropenie und Anämie als Zeichen einer Hemmung der Hämatopoese, die bei 25% der behandelten Patienten vorkommt und so gravierend sein kann, dass die Therapie abgebrochen werden muss. Dafür gibt es eine Reihe möglicher Ursachen. Neben der Hemmung insbesondere der zellulären DNA-Polymerasen β, γ und δ kommt auch eine direkte und spezifische Hemmung der Transkription des Globingens in Frage. Außerdem wird AzT in der Leber teilweise zum 3′-Aminothymidin reduziert, das eine höhere Knochenmarktoxizität besitzt als AzT. Trotz dieser Nebenwirkungen hat sich AzT bei vielen AIDS-Patienten als zumindest zeitweise wirksamer Hemmstoff der HIV-Replikation erwiesen (De Clercq 1995; Schinazi et al. 1992a). Nach etwa 6-monatiger Behandlung muss aber damit gerechnet werden, dass die Empfindlichkeit der Viren gegenüber AZT abnimmt.
- 2′,3′-Didesoxy-3′-fluorthymidin (FLT)
  FLT (Abb. 4.5.14b) ist ein weiteres 3′-modifiziertes Thymidinderivat. In Zellkulturen hemmt es die HIV-Replikation etwa 5- bis 10-mal stärker als AzT. Ursache dafür ist eine stärkere intrazelluläre Phosphorylierung, sodass in infizierten T-Lymphozyten bedeutend höhere Triphosphatspiegel vorliegen als vom AzT, während die HIV-RT durch beide Verbindungen gleich stark hemmbar ist. Die höheren Triphosphatkonzentrationen können, wie erwähnt, eine stärkere Gefährdung der Funktion zellulärer DNA-Polymerasen mit sich bringen, obwohl z.B. die DNA-Polymerasen β und γ durch FLT-Triphosphat nicht stärker gehemmt werden als durch AzT-Triphosphat (Matthes et al. 1987). Der Einbau von FLT in zelluläre DNA ist geringer als durch AzT, induziert aber im Gegensatz zu AzT in hämatopoetischen Zellen Doppelstrangbrüche, die einen programmierten Zelltod (Apoptose) auslösen (Sundseth et al. 1996).
  Wird die Methylgruppe des FLT durch ein Chloratom ersetzt, entsteht mit dem 2′,3′-Didesoxy-3′-fluor-5-chloruridin ein Nukleosid, das sehr schlecht zum Triphosphat umgesetzt wird und keine nennenswerten zytotoxischen Wirkungen mehr auf Knochenmarkzellen, aber doch eine starke Hemmung auf die HIV-Replikation besitzt. Darüber hinaus hat sich gezeigt, dass die Empfindlichkeit der Viren gegenüber beiden 3′-Fluor-modifizierten Nukleosiden zumindest unter In-vitro-Bedingungen bedeutend länger erhalten bleibt als von anderen ddN bekannt ist. Die daraus erkennbare, deutlich verzögerte Resistenzentwicklung von HIV gegenüber diesen Verbindungen gehört zu ihren besonders positiven Eigenschaften (Daluge et al. 1994, Kong et al. 1992, Matthes et al. 1990).
  Während klinische FLT-Studien wegen zu hoher Toxizität abgebrochen werden mussten (Flexner et al. 1994), gibt es erneut Interesse an dieser Verbindung, nachdem sich gezeigt hat, dass HIV-Isolate, die sich als hochresistent gegenüber allen zugelassenen Therapeutika erwiesen haben, ihre extrem hohe Empfindlichkeit gegenüber FLT erhalten und teilweise noch weiter erhöht haben (Kim et al. 2001). Im Gegensatz

dazu hat sich 2′,3′-Didesoxy-3′-fluor-5-chloruridin in klinischen Studien als zu wenig wirksam herausgestellt.

- 2′,3′-Didehydro-2′,3′-didesoxthymidin (d4T)
  d4T (Abb. 4.5.14c) ist ein ungesättigtes Nukleosid, das als Triphosphat ein ebenso starker Hemmstoff der HIV-RT ist wie AzT oder FLT (Matthes et al. 1987). Es wird aber im Gegensatz zu diesen beiden durch die Thymidinphosphorylase z.B. in Knochenmarkzellen teilweise gespalten und damit inaktiviert, worauf auch die geringe Zytotoxizität gegenüber diesen Zellen zurückgeführt wird. Hauptphosphorylierungsprodukt ist das Triphosphat, das die zelluläre DNA-Synthese weniger beeinflusst als die mitochondriale, aber es bleibt unklar, ob es von den Mitochondrien aufgenommen werden kann oder erst in diesen Organellen entsteht (Hitchcock 1991).
- 2′-3′-Didesoxycytidin (ddC)
  ddC (Abb. 4.5.15) gehört zu den stärksten Hemmstoffen der HIV-Replikation in vitro. Es wird von der Desoxycytidinkinase aller untersuchten Zellen phosphoryliert, aber, im Gegensatz zu anderen Desoxycytidinderivaten, nicht desaminiert. Das Triphosphat ist für die HIV-RT ein starker Hemmstoff und ein alternatives Substrat. Von den zellulären DNA-Polymerasen ist nur die γ-Polymerase in ähnlicher Weise betroffen, allerdings mit erheblichen Folgen für die mitochondrialen Funktionen insbesondere der Nervenscheiden, sodass schmerzhafte Störungen der Nervenfunktionen im Vordergrund der Nebenwirkungen stehen. ddC ist daher nur in einer Kombinationstherapie mit AzT zugelassen, die sich allerdings gegenüber der Einzeltherapie mit einer der beiden Analoga als überlegen erwiesen hat (Schinazi et al. 1992a).
- 2′,3′-Didesoxy-3′-thiacytidin
  2′,3′-Didesoxy-3′-thiacytidin (Abb. 4.5.16a) ist eine weiteres erst in jüngster Zeit entwickeltes und für die Behandlung von HIV-Infektionen schon zugelassenes hochwirksames und selektives ddC-Derivat. Sein Zuckerteil hat durch den Ersatz des 3′-Ringkohlenstoffs durch ein Schwefelatom weiter an struktureller Ähnlichkeit mit einer Desoxyribose verloren. Zunächst lag diese Verbindung nur als Razemat vor, einer Mischung von 1-β-L- und 1-β-D-Stereoisomeren (s. unten, L-Nukleoside), und die beschriebene antivirale Wirkung bzw. die Metabolisierung bezogen sich darauf.
  Später stellte sich heraus, dass das L-Stereoisomere (β-L-2′,3′-Didesoxy-3′-thiacytidin, 3TC) die HIV-Replikation etwa 100-mal wirksamer hemmt als das D-Stereoisomere (Schinazi et al. 1992a) (Abb. 4.5.16a,b). Das L-Stereoisomere (3TC) bleibt außerdem weitgehend von der Desaminierung verschont, wird besser phosphoryliert und besitzt eine entscheidend geringere Zytotoxizität als die D-Form (s. unten, L-Nukleoside). Insbesondere fehlen ihm die für das ddC beschriebenen Wirkungen auf die Nervenfunktionen.
- 5-Fluor-2′,3′-didesoxy-3′-thiacytidin (FTC)
  Ähnliche Eigenschaften haben die Stereoisomeren von 5-Fluor-2′,3′-didesoxy-3′-thiacytidin (FTC) (Abb. 4.5.16a,b), deren unterschiedliche intrazelluläre Metabolisierung in Abb. 4.5.17 dargestellt ist (Furman et al. 1995; Paff et al. 1994).
- L-1,3-Dioxolancytosin und dessen 5-Fluorcytosin-Derivat
  Auch das L-1,3-Dioxolancytosin bzw. das entsprechende 5-Fluorcytosin-Derivat sind starke Hemmstoffe der HIV-Replikation und ihren D-Stereoisomeren in Wirkung und Selektivität weit überlegen (Kim et al. 1993).

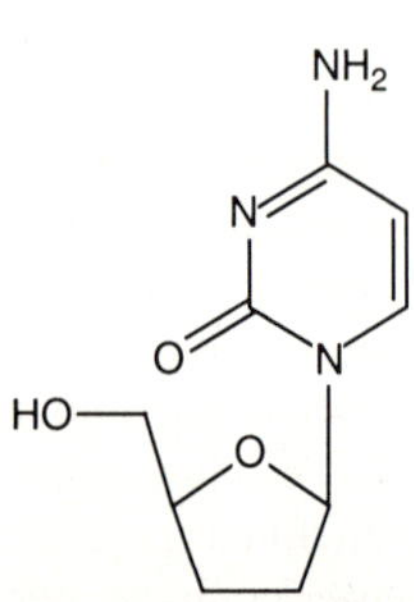

Abb. 4.5.15. Zalcitabin, 2′,3′-Didesoxycytidin (ddC)

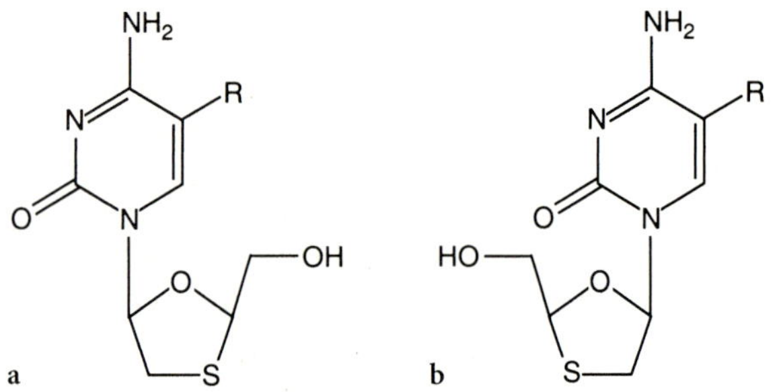

Abb. 4.5.16a,b. Stereoisomere Thiacytidin-Derivate, **a** L-Stereoisomere: *R*=H: Lamivudin, β-L-2′,3′-Didesoxy-3′-thiacytidin (3TC), *R*=F: β-L-5-Fluor-2′,3′-didesoxy-3′-thiacytidin (β-L-FTC), **b** D-Stereoisomere: R=H: β-D-2′,3′-Didesoxy-3′-thiacytidin, *R*=F: β-D-5-Fluor-2′,3′-didesoxy-3′-thiacytidin (β-D-FTC)

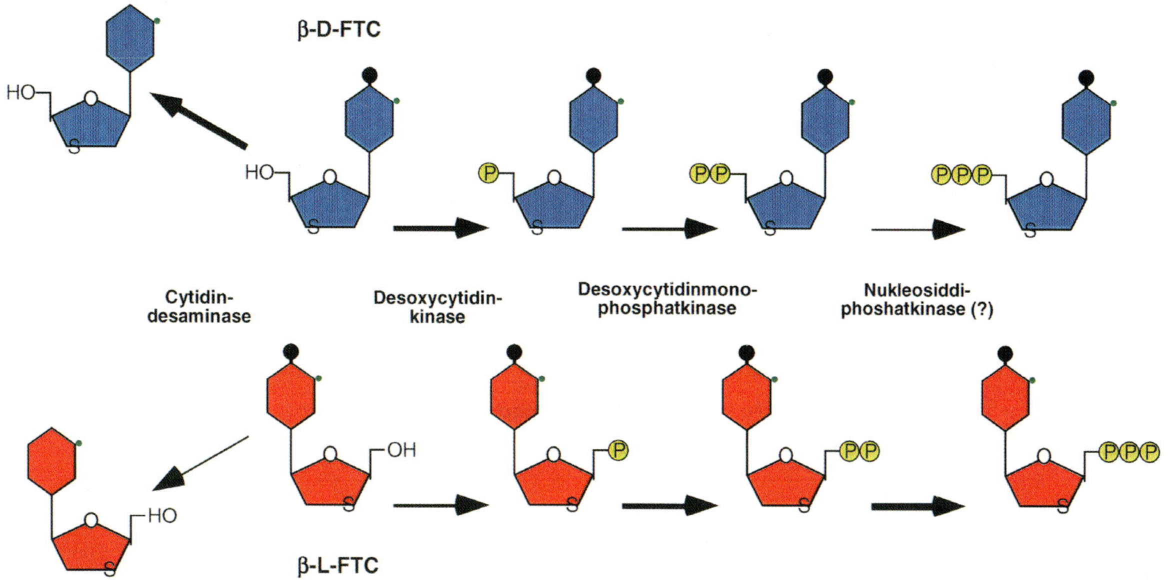

Abb. 4.5.17. Unterschiede in der intrazellulären Metabolisierung von D- und L-Nukleosiden, hier am Beispiel von β-D-FTC (*blau*) und β-L-FTC (*rot*). *Stärke der Pfeile* Umsatzraten, nach Furman et al. (1995)

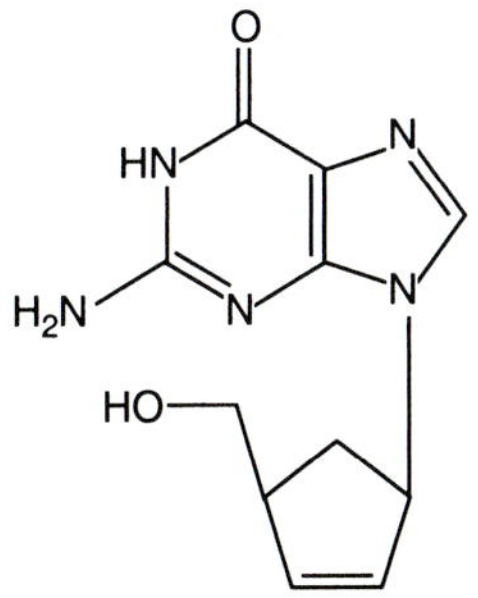

Abb. 4.5.18. Carbovir, carbozyklisches 2′,3′-Didehydro-2′,3′-didesoxyguanosin

- Karbozyklisches D-2′,3′-Didehydro-2′,3′-didesoxyguanosin (Carbovir)
  Zu den stark modifizierten Nukleosidanaloga gehört auch das karbozyklische D-2′,3′-Didehydro-2′,3′-didesoxyguanosin (Carbovir) (Abb. 4.5.18). Es ist wie d4T ein ungesättigtes Nukleosid, dessen modifizierter Zuckerteil aber durch den zusätzlichen Ersatz des Sauerstoffs durch eine Methylengruppe zu einer karbozyklischen Verbindung verändert ist. Im Gegensatz zu dem zuvor genannten Thiacytidin ist hier jedoch das D-Stereoisomere die wirksame und besser phosphorylierte Form. Als Triphosphat ist seine Wirkung weitgehend auf die HIV-RT begrenzt. Präklinische Studien haben in hohen Dosen zu unerwarteten Toxizitäten geführt, sodass eine Zulassung von Carbovir zur Behandlung von HIV-Infektionen nicht erfolgt ist (Schinazi et al. 1992a).
  Das L-Enantiomer von Carbovir (L-Carbovir) ist wirkungslos, obwohl das Triphosphat an der HIV-RT ebenso wirksam ist wie das der D-Form, sodass es offenbar nicht phosphoryliert werden kann.
- Abacavir (ABC)
  Abacavir (ABC), ein dem L-Carbovir sehr ähnliches Guanosinderivat, ist mit dem gleichen ungesättigten karbozyklischen Kohlenwasserstoff verknüpft wie L-Carbovir, aber an der C6-Position des Guanins mit einer Zyclopropylaminogruppe modifiziert, womit es zu einem Adenosinanalogen wird (Abb. 4.5.19). Die Verknüpfung mit einem karbozyklischen Kohlenwasserstoff statt mit einem Zucker macht Carbovir ebenso wie Abacavir unangreifbar für die inaktivierenden Purinnukleosidphosphorylasen. Allein die Modifizierung des Guanins bewirkt, dass Abacavir eine im Vergleich zu Carbovir (dem D-Derivat) extrem geringe Zytotoxizität besitzt und völlig andere intrazelluläre Aktivierungswege hat (Faletto et al. 1997) (Abb. 4.5.19).
  Der erste Schritt der Phosphorylierung zum Abacavirmonophosphat ist besonders hervorzuheben, weil er unerwarteterweise nicht durch eine Nukleosidkinase, sondern durch eine vor kurzem noch unbekannte Adenosinphosphotransferase erfolgt, welche Phosphat vom AMP oder dAMP auf AR oder AdR überträgt (Abb. 4.5.19).
  Auf der Monophosphatstufe wird die Zyclopropylaminogruppe am C6 des Guanins durch eine

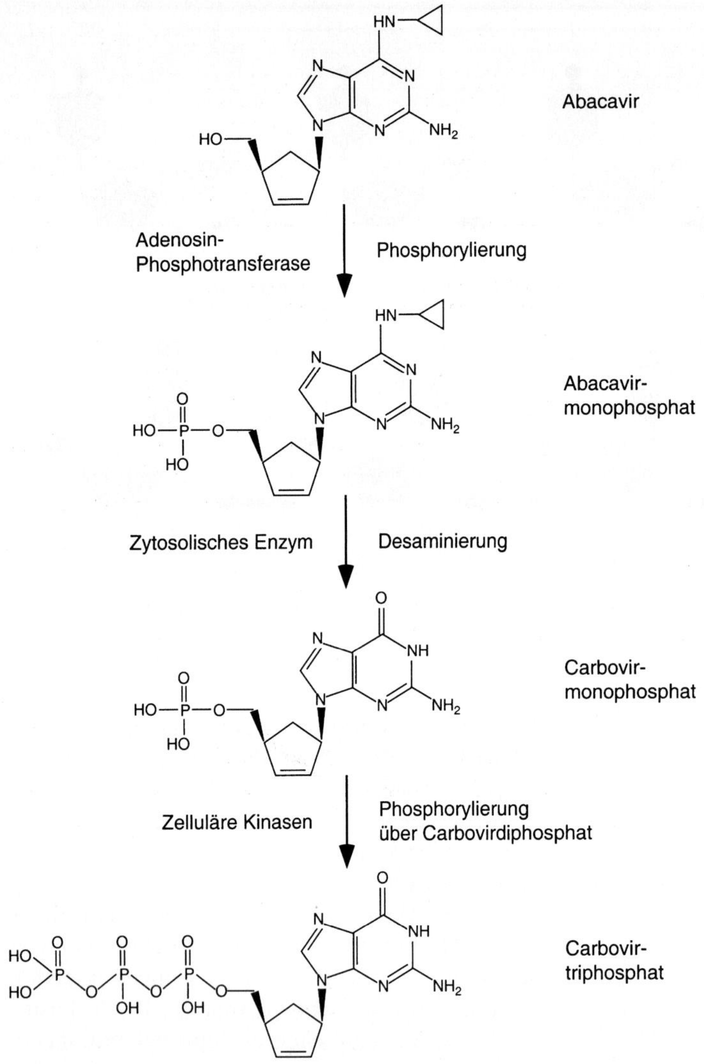

Abb. 4.5.19. Metabolismus von Abacavir zu L-Carbovirtriphosphat in menschlichen Zellen (nach Hervey et al. 2000)

neu entdeckte zytosolische Desaminase gespalten (Abb. 4.5.19) und nicht etwa durch die darauf am ehesten spezialisierte Adenylatdesaminase (oder die Adenosindesaminase auf der Nukleosidebene).

Das entstehende L-karbozyklische Didehydroguanosinmonophosphat (L-Carbovirmonophosphat) wird durch zelluläre Kinasen zum Triphosphat umgesetzt (L-Carbovirtriphosphat), der eigentlich wirksamen Verbindung. Sie hemmt hochkompetitiv den Einbau von dGTP durch die RT in die Virus-DNA (Ki=21 nM) und wird selbst anstelle des normalen Substrats in die DNA eingebaut, was einen Kettenabbruch zur Folge hat. Diese Wirkungen sind hochselektiv, d.h., zelluläre DNA-Polymerasen (α, β, γ und ε) sind kaum betroffen und die Zytotoxizität der Verbindung gegenüber menschlichen Knochenmarkzellen (BFU-E, CFU-GM) hat sich als gering erwiesen (ID_{50}=110 µM im Vergleich zu AZT: 0,67 und 4,7 µM). Effekte auf die mitochondriale DNA-Synthese wurden nicht gefunden.

Nur durch die zusätzliche Modifizierung des L-Carbovirs mit der Zyclopropylaminogruppe entsteht also ein Derivat, das zum Monophosphat phosphoryliert werden kann und jetzt auf der Monophosphatstufe dieses Ringsystem erst wieder verlieren muss, um weiter zum Carbovirtriphosphat metabolisiert zu werden. Die Zyclopropylaminomodifizierung macht Abacavir liquorgängig und verleiht dieser Verbindung außerdem bessere pharmakokinetische Eigenschaften. An klinischen HIV-Isolaten zeigt Abacavir in Zellkulturen (PBMC) eine mit AzT vergleichbare Wirksamkeit.

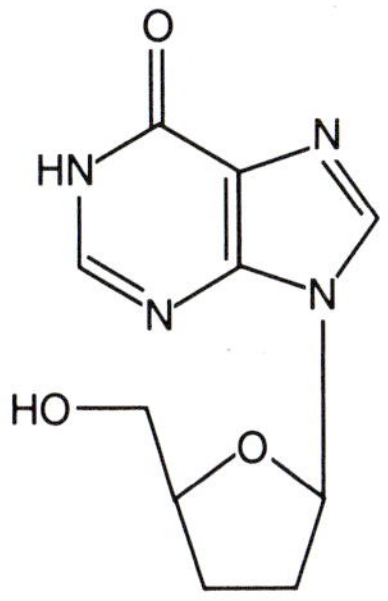

Abb. 4.5.20. Didanosin, 2′,3′-Didesoxyinosin (ddI)

Beste klinische Wirksamkeit wird bei der Erstbehandlung in Kombination mit ddC und AzT erreicht. Mit dieser Therapie kann nach 16-wöchiger Behandlung bei 75% der Patienten die Viruslast unter die Nachweisgrenze herabgesetzt werden (Hervey et al. 2000). Andere Kombinationen mit Abacavir werden derzeit klinisch geprüft. Die Zulassung schließt auch die Behandlung HIV-infizierter Kinder mit ein, ein Hinweis auf die geringe Zytotoxizität von ABC. Dagegen sind aber für Nukleosidanaloga ungewöhnliche Überempfindlichkeitsreaktionen vieler Organe, Hautausschläge und Fieber (bei >10% der Patienten) beschrieben worden (Hervey et al. 2000).

- 2′,3′-Didesoxyinosin (ddI)
  ddI (Abb. 4.5.20) ist ein Purinderivat, das für die AIDS-Therapie von solchen Patienten zugelassen ist, die AzT nicht tolerieren bzw. gegen AzT resistent geworden sind. Seine Wirksamkeit ist geringer als die von AzT, es besitzt dafür aber kaum Nebenwirkungen auf das Knochenmark. ddI wird durch eine Nukleosidspaltung teilweise inaktiviert, teilweise zum Monophosphat (ddIMP) umgesetzt und auf dieser Stufe zum ddAMP aminiert, welches als Triphosphat die eigentlich wirksame Form für die HIV-RT darstellt. Stärkere Nebenwirkungen sind offenbar die Folge einer zusätzlichen Hemmung der DNA-Polymerase γ, auf die Störungen der Nervenfunktion und des Pankreas zurückgeführt werden.

Die Reihe wirksamer Verbindungen erschöpft sich nicht mit den hier genannten ddN. Wichtiger als ihre vollständige Aufzählung ist sicher der Hinweis, dass ihre Wirkung nicht auf die reverse Transkriptase von HIV bzw. von anderen Retroviren beschränkt ist.

Die Umschreibung eines RNA-Templates in eine DNA, wie sie für Retroviren typisch ist, spielt auch bei der Replikation des HBV eine essenzielle Rolle. Obwohl das HBV wie alle anderen Hepadnaviren zu den DNA-Viren gehört, benutzt die HBV-eigene DNA-Polymerase nicht das ringförmige DNA-Molekül zur Genomsynthese, sondern erst ein von der Zelle hergestelltes RNA-Transkript. Damit erfüllt auch dieses Enzym die Funktion einer reversen Transkriptase, sodass es nahe lag, Hemmstoffe der HIV-RT auch an der HBV-DNA-Polymerase bzw. den entsprechenden zellulären und In-vivo-Modellen zu untersuchen.

Tatsächlich hat sich gezeigt, dass ddN auch als potenzielle Hemmstoffe der HBV-DNA-Polymerase gelten können (Matthes et al. 1991). Entscheidend dafür, ob sie in vivo eine wirksame Hemmung der HBV-Replikation entfalten können, ist die Fähigkeit der proliferationsinaktiven Leber, diese Nukleoside zu phosphorylieren. Damit scheiden Thymidinderivate wie AzT und FLT aus, deren Aktivierung durch die stark proliferationskorrelierte Thymidinkinase erfolgen muss, während die Aktivität der Desoxycytidin- oder Desoxyguanosin-phosphorylierenden Enzyme auch in der ruhenden Leber hoch genug ist, um entsprechende ddN zu aktivieren.

Folgende Didesoxynukleoside haben sich als besonders herausragende Hemmstoffe der HBV-Replikation erwiesen:

- 3TC,
- β-L-FTC (Furman et al. 1995),
- das L-Stereoisomere des ddC (β-L-ddC) (Schinazi et al. 1994) und
- 2′,3′-Didesoxy-3′-fluorguanosin (Hafkemeyer et al. 1996).

Diese und eine Reihe weiterer Nukleosidanaloga (z.B. L-FMAU s. unten) können als aussichtsreiche Verbindungen für die Behandlung von HBV-Infektionen angesehen werden, für die es bisher keine wirksame Therapie gab.

Es ist daher ein bedeutender Fortschritt, dass mit 3TC ein völliges Verschwinden der HBV-DNA im Serum von Patienten mit chronischer Hepatitis B erreicht werden kann, obwohl die Behandlungsdauer auf mindestens ein Jahr ausgedehnt werden muss, um auch das HBe-Antigen aus dem Serum zu eliminieren (Dienstag et al. 1999).

L-Nukleoside. Die natürlichen Nukleoside liegen in der 1-β-D-Konfiguration vor, wobei die Bezeichnung α und β die Lage der Base zum Zucker festlegt, welche unterhalb oder oberhalb der Ringebene des Zuckers sein kann, und sich die Angabe D- oder L-Form auf die Stellung der Substituenten am C1-Atom des Zuckers bezieht (Abb. 4.5.21). Eine allgemeinere, für jedes asymmetrische C-Atom

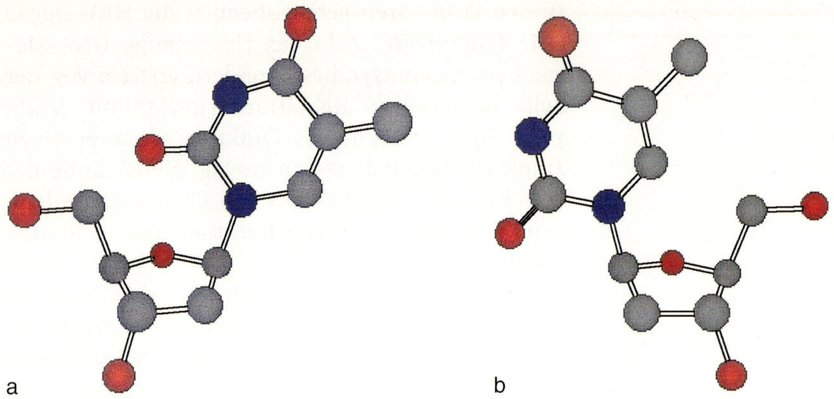

Abb. 4.5.21 a, b. Vergleich der räumlichen Strukturen von β-D- (**a**) und β-L-Thymidin (**b**)

gültige Nomenklatur bezeichnet die beiden enantiomeren Formen mit den Symbolen R oder S.

Noch so vielfältige chemische Modifikationen an den natürlichen Nukleosiden ändern ihre Konfiguration nicht, solange die glykosidische Bindung, also die Verknüpfung von Base und Zucker, erhalten bleibt, sodass die überwiegende Zahl der chemisch modifizierten Nukleosidanaloga, auch der hier besprochenen, der 1-β-D-Form zuzuordnen ist, ohne dass das extra kenntlich gemacht wurde.

Zunehmend wurden dagegen Nukleinsäurebasen z. B. mit Zucker imitierenden Ringsystemen verknüpft, die als Gemische der D- und L-Formen vorliegen und damit auch zu entsprechenden Razematen von D- und L-Nukleosidanaloga führen. Die oben genannten Verbindungen Carbovir, 3TC und FTC (Abb. 4.5.16, 4.5.18) sind Beispiele dafür. Die zunächst beschriebenen Wirkungen auf die HIV- und HBV-Replikation bezogen sich auf die Gemische der entsprechenden 1-β-D- und 1-β-L-Analoga.

Nachdem beide Enantiomere durch Trennmethoden, aber auch durch eine stereoselektive chemische Synthese zur Verfügung standen, zeigte sich überraschenderweise, dass durchaus nicht immer die 1-β-D-Konfiguration, sondern bei einer zunehmenden Zahl von Nukleosiden die 1-β-L-Enantiomere die wirksameren und weniger toxischen Formen sind. Das hat dazu geführt, dass verstärkt eine stereoselektive Synthese von solchen Nukleosiden angestrebt wurde, die sich als reine β-D-Nukleoside schon bewährt hatten (z. B. ddC, ddT, D4T, FMAU).

Aber selbst für die β-L-Enantiomere der unmodifizierten DNA-Nukleosidbausteine TdR, CdR und AdR, die schon lange bekannt sind, aber immer für wirkungslos gehalten wurden sind jetzt überraschende Befunde bekannt geworden. Das Triphosphat von β-L-TdR (β-L-TTP) hat sich als hochwirksamer Hemmstoff der HBV-DNA-Polymerase erwiesen, ohne dass die Funktion einer der fünf zellulären DNA-Polymerasen in Mitleidenschaft gezogen wird (von Janta-Lipinski et al. 1998). Inzwischen haben sich L-TdR, aber auch L-CdR und L-AdR als hochwirksame und hochselektive Hemmstoffe von Hepatitis-B-Virus-Infektionen auch in der Zellkultur erwiesen (Standring et al. 2001).

Die Ursachen für diese stereoselektiven antiviralen Wirkungen der β-L-Nukleoside können vielfältig sein, auf der zellulären Seite liegen, indem die Aufnahme und Metabolisierung dieser Enantiomere begünstigt wird, oder/und auf der viralen Seite, durch ihre höhere Wirksamkeit gegenüber den viralen Zielproteinen.

Allgemeingültige Regeln lassen sich aus den bisher vorliegenden Befunden nicht ableiten. Schon die beiden viralen Polymerasen, die HIV-RT und die HBV-DNA-Polymerase verhalten sich gegenüber den Triphosphaten von D- und L-Nukleosiden, z. B. von Carbovir, 3TC, ddC, ddT und d4T, völlig verschieden.

Während die Aktivität der HIV-RT zwischen D- und L-Enantiomeren der genannten Analoga nicht diskriminieren kann und von ihnen etwa gleich stark gehemmt wird, ist die HBV-DNA-Polymerase gegenüber den L-Stereoisomeren aller zitierten Verbindungen viel empfindlicher als gegenüber den entsprechenden D-Stereoisomeren (Furman et al. 1995). Die aus 3TC-resistenten Viren isolierte mutierte HIV-RT hatte allerdings überraschenderweise zwar ihre Empfindlichkeit gegenüber β-L-, nicht jedoch gegenüber β-D-dCTP-Analoga verloren; hier liegen also offenbar Mutanten mit stereospezifischer Resistenz vor (Faraj et al. 1994).

Auf zellulärer Ebene hat sich gezeigt, dass z. B. β-L-Carbovir im Gegensatz zu β-D-Carbovir von den phosphorylierenden Enzymen kaum umgesetzt wird. Diese Befunde an einem Desoxyguanosin Derivat sind jedoch nicht auf Desoxycytidinanaloga übertragbar, denn hier sind es umgekehrt die L-Desoxycytidinanaloga L-ddC, 3TC, L-FTC (Abb.

4.5.16), die zumindest von der Desoxycytidinkinase besser phosphoryliert werden als die spiegelbildlich gleichen Verbindungen der D-Reihe (Furman et al. 1995). Das könnte auch für L-1,3-Dioxolan-cytosin-Derivate zutreffen, deren antivirale Aktivität höher ist als die der entsprechenden D-Stereoisomere.

Die unterschiedlichen Phosphorylierungs- bzw. Desaminierungsraten für die beiden Enantiomeren von FTC sind in Abb. 4.5.17 dargestellt.

Trotz höherer intrazellulärer Triphosphatspiegel von β-L-FTC im Vergleich zu β-D-FTC ist damit jedoch keine stärkere Toxizität verbunden. Für andere Enantiomerenpaare wurden im Gegenteil deutlich geringere antiproliferative Wirkungen durch die L-Nukleoside (z. B. für 3TC) registriert (Furman et al. 1995; Nair u. Jahnke 1995).

Inzwischen liegen eine Reihe von Untersuchungen mit Enantiomerenpaaren an isolierten Enzymen vor, aus denen abgeleitet werden kann, dass ihre Fähigkeit, β-L- oder β-D-Nukleoside als Substrate umzusetzen und in der Folge die DNA-Polymerasereaktion damit zu hemmen, nicht das Ergebnis eines evolutionären Drucks ist, sondern sowohl vom Enzymmechanismus als auch von den Struktur der Nukleoside abhängt.

So bevorzugt die zelluläre Thymidinkinase (TK1) β-D-Thymidin für die Phosphorylierung, während die Thymidinkinase von HSV beide Enantiomere des β-Thymidins gut umsetzen kann.

Die zelluläre Desoxycytidinkinase phosphoryliert dagegen auch eine Reihe von β-L-Enantiomeren des Cytosins ebenso gut wie die entsprechenden β-D-Enantiomere und akzeptiert darüber hinaus auch β-L-Nukleoside des Adenins und Guanins. Damit nimmt die Desoxycytidinkinase eine wichtige strategische Position in der Aktivierung von β-L-Nukleosiden in der Zelle ein, insbesondere auch deshalb, weil deren weitere Phosphorylierung durch Nukleotidkinasen weniger enantiomerselektiv erfolgt.

Umgekehrt ist die Desaminierungsreaktion von Adenosin- und Cytidinderivaten fast vollständig auf β-D-Enantiomere beschränkt (siehe z. B. β-L-FTC und β-D-FTC, Abb. 4.5.16).

Unter den viralen DNA-Polymerasen zeichnen sich die von HIV und HBV durch geringe Enantiomerselektivität aus, sodass gute Chancen bestehen, sie auch mit β-L-Nukleosidtriphosphaten zu hemmen, wobei aber Wirksamkeit und auch Wirkungsmechanismus im Vergleich zu den entsprechenden β-D-Nukleosidtriphosphaten variieren können. Auf die HSV-DNA-Polymerase trifft das jedoch nicht zu. L-Enantiomere werden von ihr kaum als Substrate oder Hemmstoffe erkannt.

Das Verhalten der zellulären DNA-Polymerasen ist uneinheitlich, und es ist offenbar von der Art der Strukturänderung in Nukleosid abhängig, ob neben einem β-D- auch das entsprechende β-L-Derivat die Polymerasereaktion beeinflussen kann. Einzig die mitochondriale DNA Polymerase γ zeigt häufig eine höhere Empfindlichkeit gegenüber L-Nukleosidtriphosphaten (Maury 2000).

Über diese Erkenntnisse hinaus ist das ganze Ausmaß möglicher stereoselektiver Reaktionen in der Zelle bzw. an viralen Targets noch gar nicht zu übersehen, aber offensichtlich vielfältiger und verwirrender als angenommen werden konnte. Die erst vor wenigen Jahren begonnene gezielte Entwicklung von L-Nukleosiden dürfte nicht nur zu neuen Erkenntnissen über stereoselektive Reaktionen viraler und zellulärer Enzyme, sondern auch zu neuen hochwirksamen und selektiven Virostatika führen.

Phosphonoformiat

RNA- und DNA-Polymerasen bauen Nukleosidtriphosphate unter Abspaltung von Pyrophosphat (PP) in Nukleinsäureketten ein. Die Freisetzung von PP erfolgt an den PP-Bindungsorten der Polymerasen und kann durch Strukturanaloga gehemmt werden. Es war zu erwarten, dass damit eine unspezifische Störung aller Polymerasen verbunden ist. Für Phosphonoformiat (PFA) (Abb. 4.5.22) konnte aber gezeigt werden, dass einige virale Polymerasen offenbar eine höhere Affinität zu diesem Analogon besitzen und schon durch erheblich kleinere Konzentrationen hemmbar sind als zelluläre Polymerasen.

Dazu gehören die Polymerasen einiger Influenza-A-Viren, einiger Herpesviren, des Hepatitis-B-Virus und die reverse Transkriptase des HIV. Ein Vorteil gegenüber den Nukleosiden besteht darin, dass für seine Wirkung keine Aktivierung durch virale oder zelluläre Kinasen nötig ist, andererseits liegt PFA im physiologischen pH-Bereich als geladenes Molekül vor und kann daher nur schlecht über Zellmembranen aufgenommen werden.

Ein großer Teil (30%) der nur i. v. anwendbaren Verbindung wird in das Knochengewebe eingelagert. Daneben sind Störungen der Nierenfunktion und des Elektrolythaushalts vorherrschende

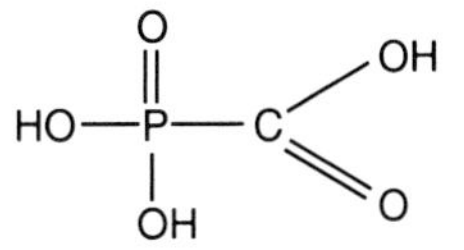

Abb. 4.5.22. Foscarnet, Phosphonoformiat (PFA)

Nebenwirkungen. Dabei kann PFA chelatähnliche Bindungen insbesondere mit Ca^{2+} eingehen und einen kritischen Abfall der Ca^{2+}-Ionenkonzentration im Serum bewirken. Trotz dieser Nebenwirkungen wird es erfolgreich zur Behandlung der CMV-Retinitis bei AIDS-Patienten und schweren acyclovirresistenten HSV- und VZV-Infektionen eingesetzt (Öberg 1989).

Proteasehemmstoffe

Proteasen erkennen bestimmte Peptidbindungen von Proteinen oder Polypeptiden und spalten sie. Die an der Peptidbindung beteiligten Aminosäuren können ebenso wie die zuvor besprochenen Nukleoside in vielfältiger Weise so verändert werden, dass sie zu kompetitiven Hemmstoffen der eigentlichen Substrate werden und damit die Spaltung von Proteinen verhindern.

Diese Strategie ist schon lange an verschiedenen Targets verfolgt worden, den Durchbruch brachten jedoch Hemmstoffe der HIV-Protease, mit denen die HIV-Replikation hochwirksam und selektiv unterdrückt werden kann.

Die HIV-Protease spielt bei der Bildung neuer infektiöser Viruspartikel eine entscheidende Rolle, denn die Zelle stellt nicht einzelne virale Proteine, sondern nur so genannte Präkursorproteine her (gag-pol bzw. env), aus denen die einzelnen funktionstüchtigen Proteine erst durch Proteasen herausgeschnitten werden müssen. Im Fall des p160 gag-pol-Präkursorproteins geschieht das nach Myristilierung und Membranfixierung (Abb. 4.5.5) durch die viruseigene Protease, die acht Peptidbindungen spaltet und dadurch die Strukturproteine (p17, p24, p9, p6) und die Enzyme Protease, RT und Integrase freisetzt.

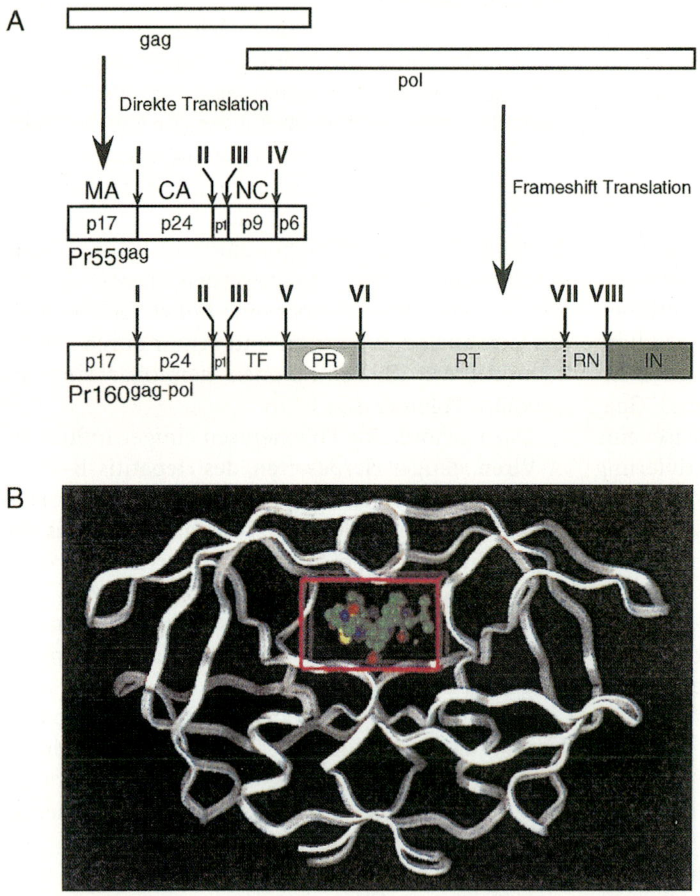

Abb. 4.5.23 A, B. HIV-1-Protease als Target für Peptid-imitierende Antimetaboliten, **A** Leserahmen für die *gag*- und *pol*-Gene, ihre Polyproteinprodukte und die Spaltstellen der Protease (*I–VIII*). *gag* gruppenspezifisches Antigen, *pol* Polymerase, *MA* oder *p17* Matrixprotein, *CA* oder *p24* Kapsidprotein, *NC* oder *p9* Nukleokapsidprotein, *TF* Transmembranprotein, *PR* Protease, *RT* reverse Transkriptase, *RN* RNAse H, *IN* Integrase (Tomasselli et al. 2000). **B** Modell der Protease mit dem gebundenen substratanalogen Hemmstoff Ritonavir (Mellors 1996)

Von einer wirksamen Hemmung dieses Enzyms konnte erwarten werden, dass zwar weiter Viruspartikel gebildet werden, diese aber ihre Infektiosität verloren haben sollten. Diese Annahme hat sich vollkommen bestätigt.

Die HIV-Protease war das erste Enzym dieses Virus, das kloniert, exprimiert, gereinigt, kristallisiert und für Röntgenkristallstrukturanalysen eingesetzt werden konnte. Die ermittelten Strukturdaten insbesondere des aktiven Zentrums wurden dann für ein computerunterstütztes Drug-Design eingesetzt (Abb. 4.5.23). Ein solches methodisches Herangehen ist seit vielen Jahren für die Entwicklung von Arzneimitteln propagiert worden, aber es ist noch niemals so erfolgreich angewendet worden wie bei der Entwicklung von Hemmstoffen der HIV-Protease und der Neuraminidase der Influenzaviren, wie noch zu beschreiben ist.

Die HIV-Protease ist ein Dimer aus zwei gleichen Polypeptiden. Jedes besteht aus jeweils aus 99 Aminosäuren und steuert eine charakteristische Sequenz zum aktiven Zentrum bei, nämlich ...Asp-Thr-Gly... Damit ist diese virale Protease unter den Aspartatproteasen einzugruppieren, zu denen auch eine Reihe zellulärer Enzyme, wie z.B. das Renin, Pepsin, Gastricin oder Kathepsin gehören. Wie diese zellulären Proteasen ist auch die HIV-Protease durch Pepstatin A hemmbar.

Trotz dieser Ähnlichkeit ist es gelungen, Hemmstoffe zu entwickeln, die im subnanomolaren Bereich die HIV-Protease hemmen, ohne jedoch bei vielfach höheren Konzentrationen die Funktion der erwähnten homologen zellulären Enzyme zu beeinflussen.

Saquinavir ist die erste Verbindung gewesen, die für die Behandlung von HIV-Infektionen zugelassen wurde. Sie ähnelt der -Phe-Gly-Struktur, welche in mehreren gag-pol-Spaltungsorten vorkommt. Ausgegangen wurde von bestimmten peptidähnlichen Leitstrukturen, die dieses Motiv imitieren und die mit Hilfe von Computersimulationen bezüglich ihrer Bindungseigenschaften weiter optimiert wurden zu dem extrem wirksamen und selektiven Hemmstoff Saquinavir. In ähnlicher Weise sind auch Ritonavir und Indinavir entwickelt worden.

Sie alle haben sich auch in der Klinik als hochwirksame Hemmstoffe der HIV-Replikation erwiesen (Mellors 1996). Nachteile dieser peptidähnlichen Hemmstoffe sind ihre geringe Bioverfügbarkeit (z.B. 4% bei einer Saquinavirdosis von 600 mg) und ihre Unfähigkeit die Hirn-Liquor-Schranke zu überwinden. Die neuesten Hemmstoffe, wie z.B. Nelfinavir und Amprenavir, besitzen keine Peptidstruktur mehr und haben entschieden bessere pharmakokinetische Eigenschaften.

Allen gemeinsam ist, dass sie zwar hochwirksam die HIV-Replikation bei Patienten hemmen können, dass es aber relativ schnell zu einer Resistenzentwicklung kommt (Pillay et al. 1995, Ren et al. 2001, Tomasselli et al. 2000).

In Kombination mit anderen Hemmstoffen dagegen haben sie entscheidend zu den großen Erfolgen bei der Therapie von HIV-Infektionen beitragen (s. unten, Kombinationstherapie). Allerdings wird das Auftreten von Nebenwirkungen, insbesondere der Lipodystrophie, nach Langzeittherapien auf die Proteasehemmstoffe zurückgeführt (s. unten, Nebenwirkungen).

Die für die HIV-Protease entwickelten Methoden des Drug-Design werden inzwischen mit großem Erfolg auf Proteasen anderer Viren und Erreger (Patick et al. 1998), aber auch auf solche zellulären Ursprungs (z.B. Caspasen, Metalloproteasen) übertragen.

Sialinsäureanaloga

Im Gegensatz zu den bisher besprochenen Viren ist man bei Influenzaviren mit Antimetaboliten gegen ein völlig anderes, spezifisches virales Target, nämlich der Neuraminidase, erfolgreich gewesen. Dieses Enzym und ebenso das Hämagglutinin sind Oberflächenstrukturen des menschlichen Influenzavirus, die beide von entscheidender Bedeutung bei der Infektion von Tracheal- und Bronchialepithelien sind.

Die Hämagglutinin-Spikes des Virus binden sich zunächst an Glykoproteine der Zelloberfläche, und zwar an deren endständige *N*-Azetylneuraminsäure (Sialinsäure)-Reste.

Erst dann werden spezifische zelluläre Proteasen aktiv, die das Hämagglutinin (HA_0) in 2 Untereinheiten spalten (HA_1 und HA_2). Als Folge dieses und möglicher weiterer Schritte wird ein hydrophobes fusogenes Peptid des HA freigelegt, welches die Fusion mit den endosomalen Membranen und damit den Eintritt in die Zelle auslöst (Endozytose).

Die Neuraminidase (Sialidase) wird erst aktiv, nachdem neu synthetisierte virale Gene und Proteine wieder zu Viruspartikeln zusammengesetzt die Zelle verlassen. Bei diesem Vorgang werden sie von Teilen der Zellmembran und damit auch mit Sialinsäure umhüllt.

Diese Oberflächenausrüstung der Viren mit beiden Bindungspartnern, also mit der Sialinsäure der Zellmembran und auch mit dem viruseigenen HA würde zur Verklumpung der Viren untereinander und mit der Zelle führen und damit wäre die Infektion weiterer Zellen unmöglich.

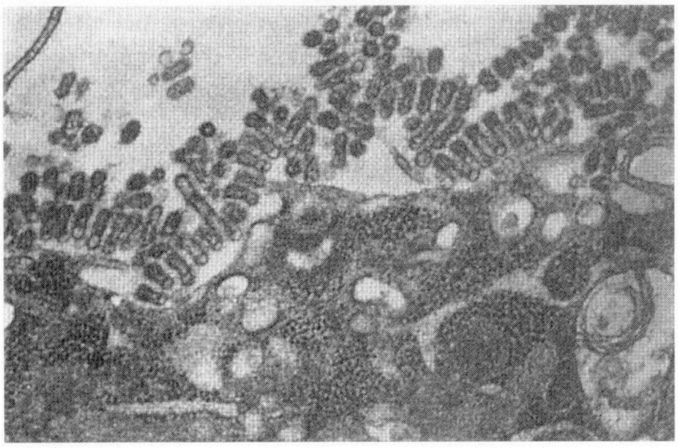

Abb. 4.5.24. Freisetzung von Influenzaviren aus Zellen, die mit Zanamivir behandelt wurden. Unter dem Einfluss dieses Neuraminidasehemmstoffs verklumpen die aus einer Zelle austretenden Influenzaviren miteinander zu kugel- und stäbchenförmigen Strukturen, wie auf der elektronenoptischen Aufnahme zu sehen ist (Dr. Richard Compans, Emory Universität, Atlanta, USA)

Hier kommt nun die Neuraminidase des Virus ins Spiel. Sie spaltet die glykosidische Bindung zwischen der terminalen Sialinsäure und dem benachbarten Kohlehydrat. Dadurch wird verhindert, dass die neu produzierten Viruspartikel untereinander und mit der alten Wirtszelle aggregieren, und damit steht ihrer ungehinderten Ausbreitung nichts mehr im Weg. Die Enzymaktivität hilft darüber hinaus auch Schleimbarrieren zu überwinden, die als Schutzmantel die infizierbaren Epithelien umgeben.

Damit ist das Szenario beschrieben, welches durch eine hocheffektive und selektive Hemmung der Neuraminidase entsteht. Die elektronenoptische Aufnahme (Abb. 4.5.24) zeigt solche verklumpten Virusbänder an der Oberfläche einer Epithelzelle, wie sie nach der Behandlung mit dem Neuraminidasehemmstoff Zanamivir entstehen, und tatsächlich kann von den morphologisch intakten, aber aggregierten Viren kaum noch eine Neuinfektion ausgehen.

Am Anfang der Entwicklung dieses hochwirksamen Hemmstoffs stand die Strukturaufklärung einer Neuraminidase, die unerwarteterweise von selbst kristallisierte und sich für eine dreidimensionale Strukturaufklärung anbot.

Sie führte zu der Erkenntnis, dass die Neuraminidase pilzähnliche Strukturen auf der Virusoberfläche bildet, die aus vier identischen kugelförmigen Untereinheiten bestehen und über einen gemeinsamen Stil in der Virusmembran verankert sind. Jede Untereinheit enthält ein katalytisch aktives Zentrum, dessen 24 Aminosäuren bei allen Influenza-A- und -B-Viren gleich sind, während die Sequenzen außerhalb des aktiven Zentrums bis zu 70% voneinander abweichen können.

Durch Aufklärung sowohl der räumlichen Struktur des aktiven Zentrums als auch der Kontaktstellen zwischen Sialinsäure und den beteiligten Aminosäuren wurde es möglich, mit Hilfe von Computermodellierungen einen Hemmstoff vorzuschlagen, aus dem schließlich Zanamivir hervorgegangen ist. Es hemmt die Neuraminidasen von allen getesteten Influenza-A- und -B-Virusstämmen im nanomolaren Bereich, nicht jedoch entsprechende Enzyme aus Bakterien und Säugetieren.

Hauptverantwortlich für die entschieden festere Bindung des Antimetaboliten gegenüber dem Metaboliten in aktiven Zentrum ist der Ersatz der Hydroxylgruppe am C4 der Sialinsäure durch eine Guanidingruppe (Abb. 4.5.25 a, b). Die positive Ladung und die Größe dieser Gruppe erlauben eine zusätzliche, von der Sialinsäure selbst nicht genutzte Interaktion mit Glutamatresten am Boden des aktiven Zentrums. Das neue Ladungszentrum führt allerdings auch dazu, dass Zanamivir von Darmepithelien kaum aufgenommen werden kann und daher oral nicht wirksam ist. Es wird deshalb als Aerosol mittels Inhalation verabreicht, die sich als hocheffektiv herausgestellt hat (im Gegensatz zu einer intranasalen Anwendung!).

Ein zweiter zugelassener Neuraminidasehemmstoff ist der Ethylester des Oseltamivirs (Abb. 4.5.25 c), mit dem eine hohe orale Wirksamkeit erreicht wurde. Es handelt sich nicht mehr um ein Zuckerderivat, sondern um eine Zyclohexanstruktur, die Glyzeringruppe ist durch eine andere hydrophobe Seitenkette ersetzt worden, die ähnliche Ankerfunktionen erfüllt wie die Guanidingruppe des Zanamivirs (Abb. 4.5.25 b, c). Die für eine Bindung im aktiven Zentrum unerlässliche Karboxylatgruppe ist verestert und damit maskiert. Dadurch gelangt diese Verbindung problemlos in die Blutbahn und erst hier und später auch in der Leber wird der Ester gespalten und damit das eigentlich wirksame Oseltamivir (Abb. 4.5.25 c) freigesetzt (Laver et al. 1999; Roberts 2001).

In groß angelegten Studien konnte gezeigt werden, dass beide Verbindungen die Dauer einer akuten Grippeerkrankung um etwa 1 1/2–3 Tage (also bis zu 1/3) verkürzen können, wenn mit der Behandlung innerhalb von 36 h nach Beginn der Symptome begonnen wird. Außerdem werden die Beschwerden stark abgemildert und die Gefahr bakterieller Sekundärinfektionen um etwa die Hälfte reduziert.

Bei prophylaktischen Anwendungen konnten bis etwa 60% der Infektionen verhindert werden, jedoch ist die dazu erforderliche Behandlungsdauer

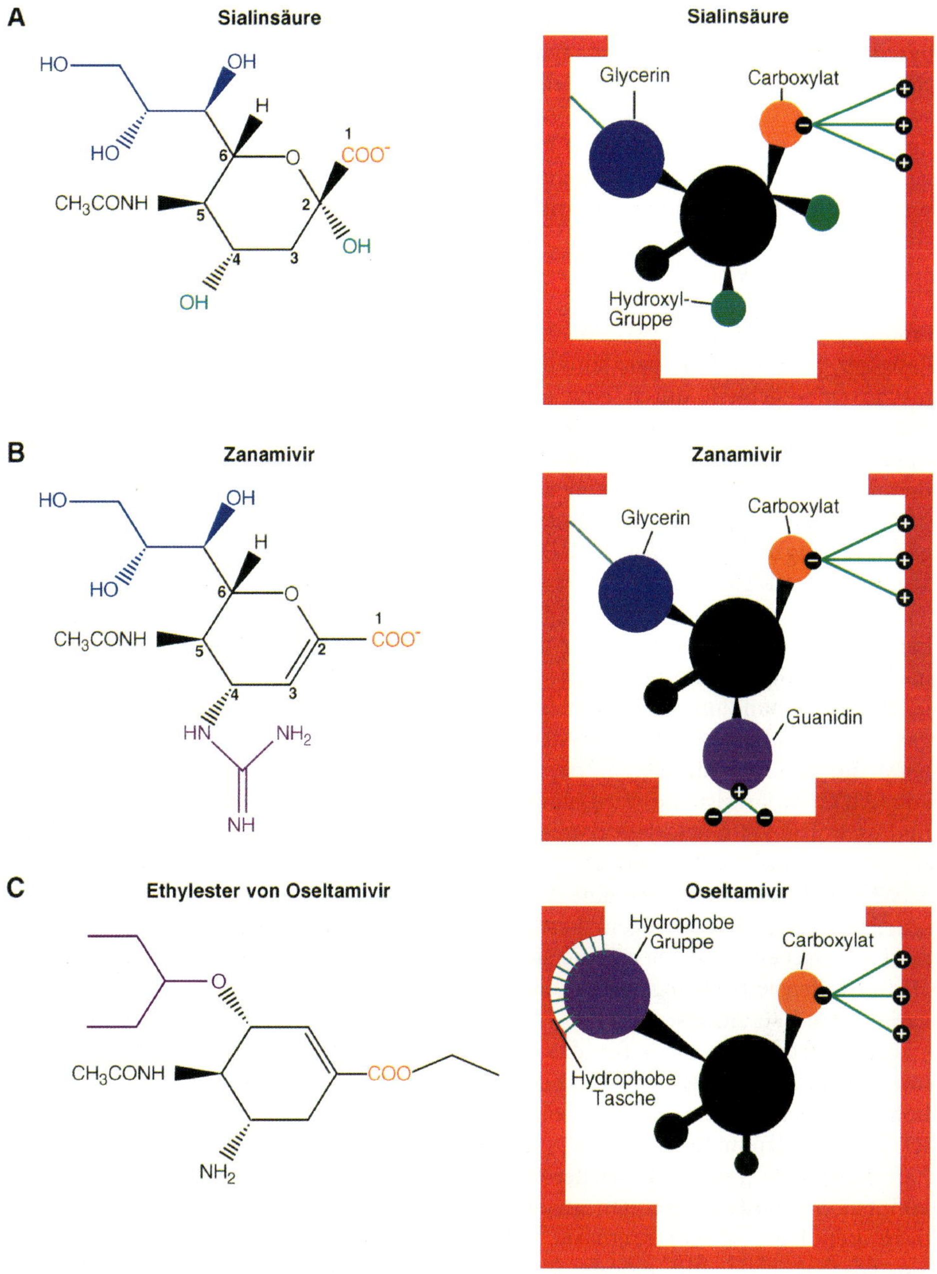

Abb. 4.5.25 A–C. Blockade des aktiven Zentrums der Neuraminidase von Influenzaviren durch die Hemmstoffe Zanamivir und Oseltamivir. **A** Struktur der Sialinsäure, des normalen Bindungspartners der Neuraminidase und die mit dem aktiven Zentrum des Enzyms in Kontakt tretende Glyzerin- bzw. Karboxylatgruppe; **B** Zanamivir, ein der Sialinsäure strukturell sehr ähnlicher Hemmstoff, dessen neue, positiv geladene Guanidingruppe mit zwei negativ geladenen Glutamatresten am Boden des aktiven Zentrums neue starke Bindungen eingeht; **C** Oseltamivir, dieser Hemmstoff besitzt keine Zuckerstruktur mehr; die für die Bindung wichtige Karboxylatgruppe muss zunächst aus einem Ester freigesetzt werden, erst dann kann eine hydrophobe Gruppe, die das Glyzerin ersetzt, zusätzliche hydrophobe Wechselwirkungen mit entsprechenden Aminosäuren herstellen

von 4–6 Wochen viel zu lang, um diese Verbindungen unkritisch für solche vorbeugenden Anwendungen einzusetzen. Von ihnen ist schon deshalb abzuraten, weil sie der Entwicklung von resistenten Viren Vorschub leisten. Obwohl solche resistenten Viren bisher noch nicht bekannt geworden sind, muss mit ihrem Auftreten gerechnet werden (McNicholl et al. 2001).

So groß der Fortschritt hier auch ist, der oben beschriebene Wirkungsmechanismus erklärt, dass Neuraminidasehemmstoffe nicht die Vermehrung, sondern nur die Ausbreitung von Influenzaviren hemmen können, sodass sich die klinischen Erfolge nur bei frühem Behandlungsbeginn einstellen und auf die Reduzierung von Krankheitsdauer und -intensität beschränken.

Probleme der antiviralen Therapie

Resistenz. Schon seit einigen Jahren ist die medizinische Öffentlichkeit durch eine starke Zunahme von Arzneimittelresistenzen gegenüber bakteriellen Infektionen alarmiert. Inzwischen werden auch therapieresistente Virusinfektionen zunehmend als gravierendes Problem erkannt, wozu die Erfahrungen mit Langzeittherapien von AIDS-Patienten wesentlich beigetragen haben.

Schon nach 6-monatiger Behandlung mit AzT ließen sich in Lymphozyten der Patienten Viren nachweisen, deren Empfindlichkeit gegenüber denjenigen zu Behandlungsbeginn etwa 100fach geringer ist. Nach 2-jähriger Monotherapie mit AzT hatte die Mehrheit der Patienten im Spätstadium von AIDS AzT-resistente Virusstämme entwickelt und es wurde vermutet, dass damit eine Progression der Krankheit verbunden ist.

Während Bakterien über eine Vielzahl von Resistenzmechanismen verfügen, besitzen Viren nur zwei Eigenschaften, mit denen sie sich potenziellen Hemmstoffen entziehen können: eine hohe Replikations- und Mutationsrate.

Beides trifft besonders für das HIV zu. Seine hohe Mutationsrate ist hauptsächlich Folge einer hohen Fehlerrate der RT. Zudem besitzt diese RT keine 3′-Exonuklease-Aktivität, mit der fehlerhaft eingebaute Nukleotide wieder entfernt werden könnten. So wurde aus Sequenzanalysen berechnet, dass bei jeder Genomsynthese (10 000 Basen) ein falsches Nukleotid eingebaut wird. Bei der Synthese von 10^{10} Viren pro Tag in einem HIV infizierten Menschen kann jede zur Arzneimittelresistenz führende Mutation erzeugt werden. Wegen der damit verbundenen extrem hohen Variabilität und Heterogenität kann von einer definierten HIV-Sequenz nicht die Rede sein, sondern es wird vom Auftreten von Quasispezies gesprochen.

In solchen Viruspopulationen unbehandelter Patienten wurden tatsächlich auch AzT-unempfindliche HIV-Varianten entdeckt, die unter dem Druck der Behandlung selektioniert werden. Da der Angriffsort des phosphorylierten AzT die RT ist, lag es nahe, an dieser Polymerase nach Mutationen zu suchen, die es ihr ermöglichen, sich den Wirkungen des AzT zu entziehen.

Tatsächlich kann die AzT-Resistenz auf insgesamt sechs Mutationen im RT-Gen zurückgeführt werden, die zum Ersatz folgender Aminosäuren führen: $Met^{41} \rightarrow Leu$, $Asp^{67} \rightarrow Asn$, $Lys^{70} \rightarrow Arg$, $Leu^{210} \rightarrow Trp$, $Thr^{215} \rightarrow Phe$ (Tyr), $Lys^{219} \rightarrow Gln$ (Glu) (Abb. 4.5.26, 4.5.27). Das Auftreten dieser Veränderungen in der RT ist mit einer maximalen Resistenz gegenüber AzT verbunden und steht am Ende eine Ablaufs, der über ein schrittweises und geordnetes Auftreten der einzelnen Mutationen führt (Larder u. Kemp 1989; Sluis-Cremer et al. 2000).

An Zellkulturen wurde nachgewiesen, dass sich die AzT-Resistenz auch auf andere 3′-azido-modifizierte Nukleoside wie 3′-Azido-2′,3′-Didesoxyuridin und 3′-Azido-2′,3′-Didesoxyguanosin erstreckt, nicht jedoch d4T, ddC, ddI, 3TC oder FLT betrifft, woraus die offenbar basenunabhängige, nur auf die Azidogruppe des Zuckers beschränkte hohe Spezifität dieser Resistenz deutlich wird.

Für die erwähnten 3′-modifizierten Nukleosidanaloga sind nicht nur andere, sondern auch unterschiedlich schnell auftretende Resistenz-erzeugende Aminosäureveränderungen beschrieben worden. In einigen Fällen kann der Austausch einer einzigen Aminosäure in der RT ausreichend sein, um eine Resistenz hervorzurufen, wie das z. B. beim ddI durch die Substitution von Valin anstelle von Leucin im Kodon 74 der Fall ist. Diese Virusmutante zeigt außerdem eine Kreuzresistenz gegenüber ddC (Abb. 4.5.26) (Boucher u. Larder 1995).

Von therapeutischer Bedeutung ist auch der Befund, dass sowohl diese Mutation im Kodon 74 als auch die durch 3TC und FTC erzeugte Mutation ($Met^{184} \rightarrow Val$) in der Lage sind, die für AzT entscheidende Mutation im Kodon 215 in der RT phänotypisch aufzuheben, sodass die Empfindlichkeit dieser Viren gegenüber AzT zumindest zeitweise wiederhergestellt werden kann (Abb. 4.5.26) (Tisdale et al. 1993).

Es gibt heute keinen Zweifel an einer Korrelation zwischen diesen Mutationen im RT-Gen und dem resistenten Phänotyp. Weniger Klarheit besteht dagegen bezüglich der Frage, wie das mutierte Enzym die Resistenz verursacht. Drei Mechanismen werden diskutiert, die sich einander nicht ausschließen, sondern offenbar in unterschiedlichen Ausmaß an der Resistenz gegen ein bestimmtes Nukleosidanalogon beteiligt sein können.

1. Die resistente HIV-RT diskriminiert im Gegensatz zum Wildtypenzym zwischen natürlichen

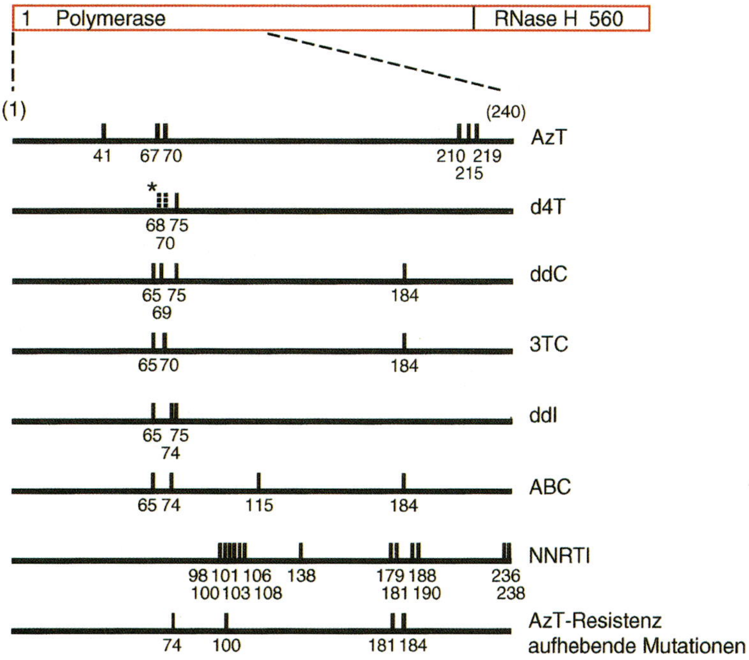

Abb. 4.5.26. Resistenzverursachende Mutationen in der HIV-RT. Dargestellt sind die Positionen der polymerasebezogenen Aminosäuresequenz, deren Veränderung mit der Resistenz gegenüber Nukleosidanaloga (NRTI) bzw. nichtnukleosidischen RT-Inhibitoren (*NNRTI*) verbunden ist. Auf der untersten Linie sind die Mutationen markiert, durch welche eine *AzT*-Resistenz phänotypisch aufgehoben werden kann, *Stern* zwei Aminosäureinsertionen (Ser), die zuerst in d4T-resistenten, später aber auch in Multidrug-resistenten HIV-Isolaten gefunden wurden

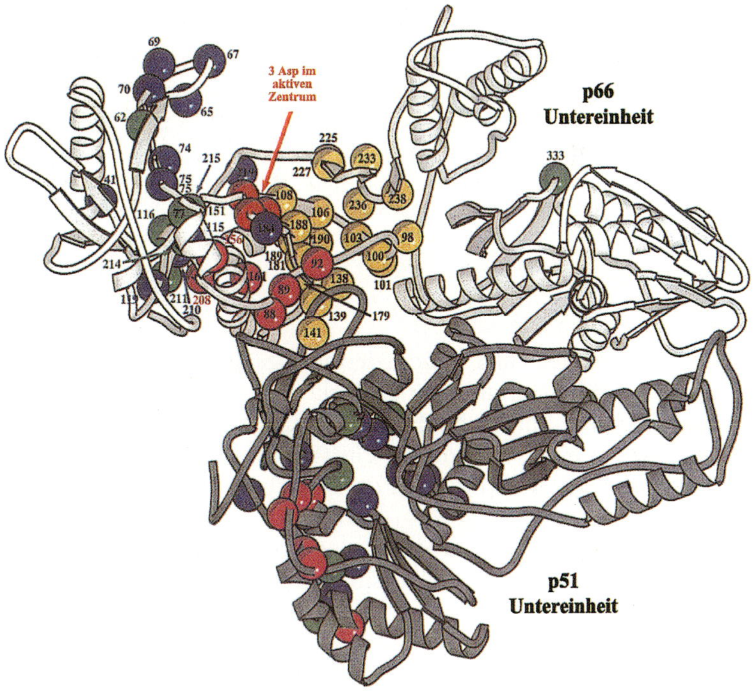

Abb. 4.5.27. Struktur der aus dem p66/p51-Heterodimer bestehenden reversen Transkriptase des HIV; *rot* die drei Aspartatreste des Substratbindungsorts, *blau* für NRTI charakteristische Mutationen, *gelb* für NNRTI gefundene Mutationen, *grün* Multidrug-Resistenz erzeugende Mutationen (Dr. R. Esnouf, Rega Institut, Leuven, Belgien)

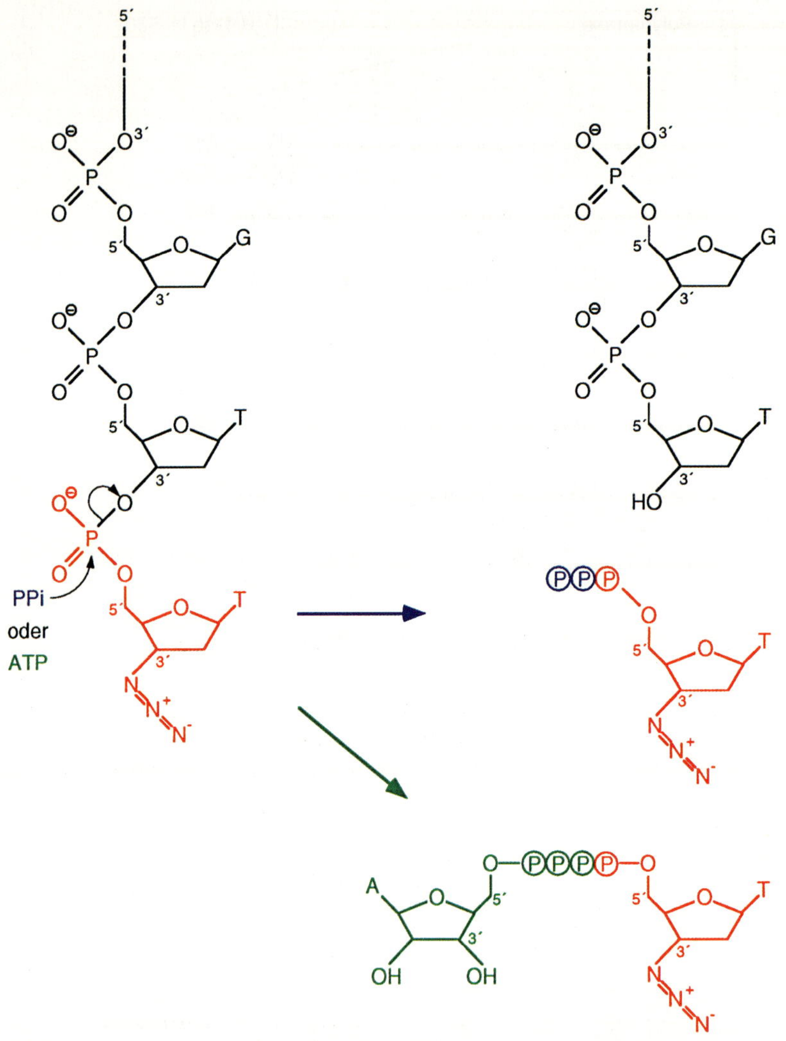

Abb. 4.5.28. Umkehr der Polymerasereaktion durch die resistente HIV-RT. Mit Hilfe von Pyrophosphat (*PPi*) oder auch von *ATP* kann insbesondere eingebautes AzT aus einem Primer entfernt werden. Dabei wird die dem endständigen AzT benachbarte Phosphodiesterbindung gespalten und das AzT als Triphosphat oder als Adenosin-AzT-5′,5′-Tetraphosphat freigesetzt

dNTP-Substraten und modifizierten dNTP in Bezug auf Affinität und/oder Einbau.

2. Das resistente Enzym bindet das Template-Primer-Paar in einer veränderten Position, mit der Konsequenz, dass modifizierte dNTP nicht mehr eingebaut werden.
3. Die resistente RT schneidet die eingebauten, Ketten terminierenden Nukleosidanaloga durch phosphorolytische Spaltung wieder heraus, und zwar in größerem Umfang als das Wildtypenzym. Es handelt sich dabei um die Pyrophosphat (PPi)-abhängige Rückreaktion der Polymerasereaktion wie Abb. 4.5.28 demonstriert (Sluis-Cremer et al. 2000).

Monotherapien von HIV-Infektionen mit Nukleosidanaloga konnten Mitte der 1990er Jahre durch eine hocheffektive Kombinationstherapie ersetzt werden (s. unten). Sie vereint hocheffiziente Wirkstoffe mit unterschiedlichen Targets, deren alleinige Applikation nach kurzer Zeit ebenfalls zu Resistenzen führen würde. Die Komponenten werden so ausgewählt, dass keine Kreuzresistenzen entstehen. Diese als HAART (highly active antiretroviral therapy) bezeichnete Behandlung hat sich nicht nur als außerordentlich wirksam erwiesen, sondern unterdrückt auch die Resistenzentwicklung über Jahre, ohne sie jedoch völlig vermeiden zu können.

A

B

C

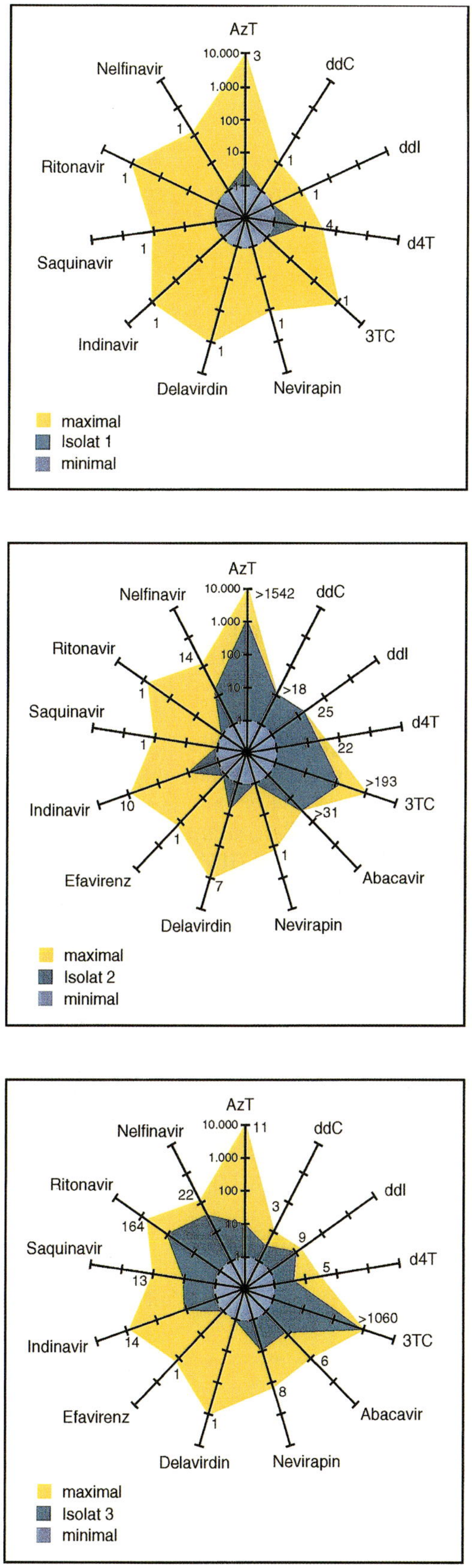

Ähnlich wie für die Nukleosidanaloga sind auch für die NNRTI und für Proteasehemmstoffe die zur Resistenz führenden Aminosäureaustausche bekannt (für NNRTI s. Abb. 4.5.26). Bei der HIV-Protease können 20 der insgesamt 99 Aminosäuren mutiert sein. Fünf Aminosäureaustausche, insbesondere in der Nähe des aktiven Zentrums, führen in der Regel zu einer Kreuzresistenz gegenüber allen in Abb. 4.5.5 erwähnten Proteaseinhibitoren (Miller 2001).

Untersuchungen, die darauf gerichtet sind, Mutationen in einem Virusgenom aufzufinden, werden als genotypische Testung bezeichnet. Eine phänotypische Testung dagegen ermittelt die Empfindlichkeit von rekombinanten HIV gegenüber relevanten Inhibitoren in der Zellkultur. Diese Viren werden dadurch erhalten, dass Zielgene aus HIV-Patienten-Isolaten, in denen Mutationen vermutet werden, auf entsprechende Deletionsmutanten übertragen werden.

Resistenzprofile weisen dann für jede gestestete Verbindung aus, um das Wievielfache sich die Empfindlichkeit von Patientenisolaten gegenüber Wildtypviren verändert hat (Abb. 4.5.29).

Solche genotypischen und phänotypischen Resistenzuntersuchungen während einer HIV-Therapie haben in den letzten Jahren immer mehr Eingang in die Klinik gefunden und sind sowohl für die Einschätzung der Therapieeffizienz als auch für die Entwicklung neuer resistenzunterdrückender Kombinationstherapien von großer Bedeutung (Schmidt et al. 2001).

Selbst für neu entwickelte Hemmstoffe der HIV-Replikation ist es üblich geworden, das entstehende Mutationsmuster und mögliche resistenzunterdrückenden Therapiekombinationen an infizierten Zellkulturen zu bestimmen, bevor eine klinische Prüfung überhaupt beginnt.

Abb. 4.5.29 A–C. Darstellung der phänotypischen HIV-Resistenz für klinisch angewendete Hemmstoffe der HIV-Replikation. *Markierungen des Strahlenkranzes* geben an, das Wievielfache der Hemmstoffkonzentrationen für resistente im Vergleich zu nicht resistenten Viren (innerer Kreis=1) erforderlich sind, um ihre Vermehrung in der Zellkultur um 50% zu hemmen. *Äußeres gelbes Netz* im Test bestimmte maximale Resistenzfaktoren für die einzelnen Wirkstoffe; *dunkelblauer Bereich* für ein bestimmtes Patientenisolat gefundenes Resistenzprofil. **A** Patientenisolat ohne nennenswerte Resistenz nach 1-jähriger Therapie mit d4T, Saquinavir und Nelfinavir. **B** Patientenisolat mit Multiresistenz gegenüber nukleosidischen RT-Inhibitoren und Teilresistenz für Proteaseinhibitoren. **C** Patientenisolat mit Resistenz gegenüber allen Proteaseinhibitoren und insbesondere gegenüber 3T3 (Schmidt et al. 2001)

Ähnlich wie bei der Behandlung von HIV-Infektionen hat sich bei chronischen HBV-Infektionen gezeigt, dass sie nur mit einer Langzeittherapie erfolgreich bekämpft werden können. Selbst die hochwirksame 3TC-Therapie muss mindestens ein Jahr lang beibehalten werden, damit alle Zeichen einer HBV-Infektion aus dem Blut verschwinden. Diese extrem lange Behandlungsdauer ist offenbar notwendig damit auch eine sehr langlebige und therapeutisch nicht angreifbare Form der HBV-DNA (cccDNA: covalently closed circular DNA) aus den Leberzellen eliminiert werden kann.

Das führt dazu, dass nach einjähriger Behandlung bei 16–43% der Patienten eine Resistenz auftritt. Sie ist an dem Anstieg der HBV-DNA im Serum erkennbar und kann im HBV-DNA-Polymerasegen durch den Nachweis hauptsächlich einer Mutation ($Met^{552} \rightarrow Val$) verifiziert werden (Zoulim 2001).

Viel länger und erfolgreicher als die bisher beschriebenen Analoga wird Acyclovir zur Behandlung von HSV-Infektionen eingesetzt. Trotzdem ist das Auftreten von acyclovirresistenten Viren bei systemischer Langzeitanwendung ein seltenes Ereignis geblieben, vorausgesetzt, man bezieht sich dabei auf die Erfahrungen mit HSV-Infektionen bei Patienten mit kompetentem Immunsystem. Durch die zunehmende Zahl behandlungsbedürftiger HSV-Infektionen bei immuninsuffizienten Patienten muss in etwa 5% dieser Fälle mit einer Acyclovirresistenz gerechnet werden. Ein intaktes Immunsystem kann diese resistenten Viren offenbar supprimieren, nicht jedoch ein geschwächtes Abwehrsystem.

Die resistenten Viren sind dadurch charakterisiert,

1. dass sie eine fehlende oder herabgesetzte Virus-Thymidinkinase-Aktivität besitzen oder
2. dass ihre Thymidinkinase oder/und DNA-Polymerase eine stark herabgesetzte Fähigkeit besitzen, Acyclovir bzw. das Acyclovitriphosphat als Substrate zu binden und umzusetzen und sich damit der antiviralen Wirkung entziehen (Field u. Biron 1994).

Als weitaus häufigste Resistenzursache wurden Thymidinkinase-defiziente Virusmutanten in Patientenisolaten gefunden. Als therapeutische Option bietet sich in diesen Fällen allenfalls Phosphonoformiat an, dessen Wirkung nicht wie bei allen anderen erwähnten Antiherpetika (BVdU, Penciclovir u. a.) von der Aktivierung durch die virale Thymidinkinase abhängig ist.

Diese Situation macht deutlich, dass es an neuen Antiherpetika fehlt, die von einer Phosphorylierung durch die virale Thymidinkinase unabhängig sind und eine Acyclovirtherapie wirkungsvoll ersetzen oder sich damit kombinieren ließen. Mögliche Kandidaten, die diese Lücke schließen könnten, werden in Phosphat-imitierenden Nukleotidanaloga wie z. B. HPMPC gesehen (De Clercq 1993 b).

In ähnlicher Weise treten bei immuninsuffizienten Patienten nach längerer Therapie (>3 Monate) in etwa 7% der Fälle CMV-Stämme auf, die zum überwiegenden Teil die Fähigkeit verloren haben, Ganciclovir zu phosphorylieren, während Resistenz-verursachende Veränderungen der CMV-Polymerase viel seltener sind. Diese phosphorylierungs-defizienten Virusisolate zeigen Mutationen in dem mit „*ul 97*" bezeichneten Gen und bestätigen damit, dass es tatsächlich die Phosphorylierung von Ganciclovir kontrolliert, obwohl die eigentliche Bedeutung der von ihm kodierten Proteinkinase (Phosphotransferase, „Ganciclovirkinase") für die Replikation bzw. Pathogenese des Virus bisher nicht bekannt ist (Field u. Biron 1994).

In der Klinik steht als Alternativtherapie bei Ganciclovirresistenz ebenfalls nur Phosphonoformiat zur Verfügung.

Nebenwirkungen. Kurzzeitbehandlungen von Virusinfektionen mit Nukleosidanaloga sind weitgehend komplikationslos. Erst mit Langzeitbehandlungen, wie sie bei der Behandlung von HIV- und wahrscheinlich auch von HBV-Infektionen erforderlich sind, tritt häufig ein so vielfältiges Muster von Nebenwirkungen und Komplikationen auf, welches nicht allein auf eine zusätzliche Hemmung der zellulären DNA-Replikation zurückgeführt werden kann. Dazu gehören

- Myopathien (AzT, FIAU),
- Kardiomyopathien (AzT, FIAU),
- Neuropathien (ddC, d4T, FIAU),
- Azidose (FIAU, d4T, AzT, ddI),
- Pankreatitis (ddI, d4T, FIAU),
- Leberschäden (FIAU, FLT, AzT, ddI, ddC),
- Leukopenie,
- Thombozytopenie,
- Anämie (FLT, AzT)

(Lewis u. Dalakis 1995; White 2000).

Zunächst schien es, dass alle diese unterschiedlichen toxischen Erscheinungen in so verschiedenen Organen nicht durch einen gemeinsamen Mechanismus erklärbar sind. Bei elektronenmikroskopischen Untersuchungen von Muskelbiopsien von Patienten mit einer durch AzT hervorgerufenen Myopathie fielen starke Veränderungen an den Mitochondrien auf. Sie waren der Ausgangspunkt für eine intensive Suche nach Ursachen und Folgen der mitochondrialen Strukturveränderungen.

Heute werden diese und der größte Teil der anderen erwähnten Störungen mit der Hemmung der mitochondrialen DNA-Synthese in Zusammenhang gebracht. Diese ist nicht wie die zelluläre DNA-Synthese an bestimmte Phasen des Zellzyklus gebunden, sondern verläuft unabhängig davon in der für jeden Zelltyp charakteristischen Zahl von Mitochondrien (etwa 100–1000) während aller Phasen des Zellzyklus mit Hilfe der mitochondrieneigenen DNA-Polymerase γ. Diese ist in isolierter Form tatsächlich außerordentlich empfindlich gegenüber den Triphosphaten der meisten der erwähnten Nukleosidanaloga und z. T. in der Lage, sie in die mtDNA (mitochondriale DNA) mit der Folge eines Kettenabbruchs einzubauen. Eine längere Behandlung mit den genannten Hemmstoffen der HIV- oder HBV-Replikation kann daher zu einem drastischen Verlust an mtDNA in Zellen führen und damit zu einem Mangel der von ihr kodierten Proteine.

Nachweislich ist davon die Cytochrom c-Oxidase-Aktivität betroffen und damit die oxidative Phosphorylierung. Dadurch erhöht sich das Laktat-Pyruvat-Verhältnis, was nicht nur im Blut von Patienten mit einer AzT-Myopathie, sondern auch in vitro nach Inkubation von Nervenzellen mit ddI oder ddC nachweisbar ist. Die vom ddC verursachten Störungen der Nervenfunktionen (Neuropathien) werden auf Schädigungen der Mitochondrienfunktionen in Nervenfasern bzw. in den sie umgebenden Schwann-Zellen zurückgeführt.

Welche der vielfältigen Störungen das klinische Erscheinungsbild prägen, hängt nach dieser Hypothese von mehreren Faktoren ab: sowohl vom Funktionszustand und der Zahl der Mitochondrien in den verschiedenen Geweben als auch von deren Fähigkeit, die Nukleosidanaloga aufzunehmen und zu phosphorylieren.

Mitochondrien haben zwar eine eigene Thymidinkinase (TK-2), die jedoch eine Reihe der genannten Nukleoside nicht phosphorylieren kann, sodass für sie eine Aufnahme der im Zytosol phosphorylierten Nukleoside angenommen werden muss.

Unbestritten ist jetzt auch, dass die DNA-Polymerase γ eine Exonukleaseaktivität besitzt, die einige der eingebauten 3′-modifizierten Nukleosidanaloga aus der mitochondrialen DNA wieder ausschneiden kann und auf diese Weise die Auswirkungen auf die „mitochondriale Toxizität" mitbeeinflusst.

Obwohl hier viele Details noch ungeklärt sind, kann doch eine Reihe von Virostatika-bedingten Komplikationen durch diesen „mitochondrialen" Mechanismus erklärt werden (White 2000).

Neben diesen schon länger bekannten Nebenwirkungen hat in den letzten Jahren die so genannte Lipodystrophie als unerwartete Spätfolge der sehr erfolgreichen antiretroviralen Kombinationstherapie (HAART) immer größere Beachtung gefunden. Es handelt sich dabei um eine Fettverteilungsstörung, welche einerseits zu einer Abnahme des Fettgewebes an den Extremitäten, am Gesäß, im Gesicht und an den Schläfen führt, andererseits durch seine Zunahme im Nacken und intraabdominal auffällt. Häufig sind damit auch eine Hyperlipidämie (insbesondere der VLDL- und LDL-Fraktion) und eine Insulinresistenz verbunden, die bis zur Ausbildung eines Diabetes mellitus Typ 2 reichen kann. Unklar ist bisher, ob alle Symptome miteinander zusammenhängen und auf eine einheitliche Stoffwechselstörung zurückgeführt werden können.

Zunächst waren Langzeitwirkungen der Proteaseinhibitoren für dieses Syndrom verantwortlich gemacht worden, später wurde aber beobachtet, dass auch die mit ihnen kombinierten Nukleosidanaloga (insbesondere das d4T) daran beteiligt sein können. Der mögliche Beitrag der Nukleoside wurde mit der mitochondrialen Toxizität, insbesondere der Hemmung der oxidativen Phosphorylierung, zu erklären versucht (Kravcik 2000).

Für die Proteaseinhibitoren zeichnet sich dagegen eine mögliche Ursache ab, nachdem es gelungen ist, allein mit einem Proteaseinhibitor (Ritonavir) die Symptome der Lipodystrophie bei gesunden Mäusen zu erzeugen. Die Analyse hat deutlich gemacht, dass zumindest Ritonavir die Proteasomenaktivität hemmen kann. Als Folge des gestörten Proteinabbaus kommt es zur Akkumulation zweier regulatorischer Proteine (SREBP1 und SREBP2), die Gene der Fettsäure- und Cholesterolsynthese in der Leber und in Fettzellen aktivieren.

Falls sich diese Befunde bestätigen und auch auf andere Proteaseinhibitoren zutreffen, lassen sich hieraus auch Strategien für eine Therapie der Lipodystrophie ableiten (Riddle et al. 2001).

Während Nebenwirkungen von Nukleosidanaloga bisher immer auf deren Triphosphate zurückgeführt werden, hat sich gezeigt, dass sie auch als Nukleosidmonophosphate lebenswichtige zelluläre Funktionen stören und damit zusätzliche Nebenwirkungen erzeugen. Sie liegen außerhalb des Nukleinsäurestoffwechsels und betreffen die Glykosylierung von Proteinen und Lipiden.

Insbesondere die im Golgiapparat ablaufende Übertragung endständiger Zucker (N-Acetylgluko-

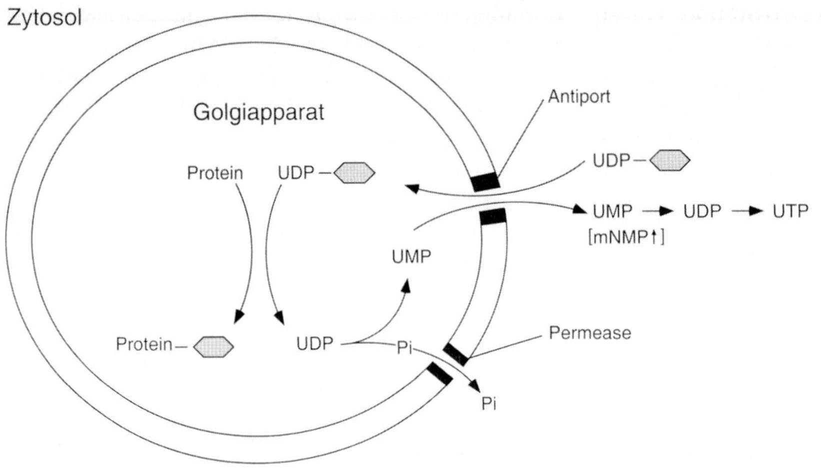

Abb. 4.5.30. Aufnahme von UDP-Zuckern durch die Membran des Golgi-Apparats im Austausch gegen UMP. Dieses Antiportsystem sorgt für einen gleich bleibenden Spiegel von UDP-Zuckern zur Glykosylierung von Proteinen. Hohe Nukleosidmonophosphat Konzentrationen, wie sie durch einige antiviral wirksame, modifizierte Nukleoside in der Zellen entstehen ([mNMP↑]), können dieses Gleichgewicht erheblich stören und damit die Proteinglykosylierung stark beeinträchtigen

samin, Galaktose, N-Acetylneuraminasäure) auf zuvor schon glykosylierte Proteine kann durch Nucleosidanaloga gehemmt werden.

Grund dafür ist, dass die zuständigen Glykosyltransferasen nur Zucker übertragen können, die über eine Esterbindung mit Nucleotiden [Uridindiphosphat (UDP), Guanosindiphosphat, Cytidinmonophosphat] verknüpft sind. Diese Nukleotid-Zucker-Derivate gelangen, wie z.B. UDP-Galaktose, über ein spezielles Transportsystem der Golgi-Membran zu den Zucker-übertragenden Enzymen (Abb. 4.5.30). Das bei der Transferreaktion freigesetzte Nukleosiddiphosphat (z.B. UDP) wird zu Orthophosphat (P_i) und Uridinmonophosphat (UMP) gespalten. Dieses verlässt den Golgi-Apparat wieder und wird in einem gekoppelten Transport (Austauschtransport, Antiport) mit der wieder aufzunehmenden UDP-Galaktose im Verhältnis 1:1 ausgetauscht.

Der UMP-Gradient zwischen Zytosol und Golgi-Apparat ist für diese Transportreaktion entscheidend und wird durch eine schnelle Phosphorylierung von UMP zu UDP im Zytosol aufrechterhalten. Erhöht sich auf der zytosolischen Seite der Golgi-Membran jedoch die UMP-Konzentration, kann die Aufnahme von Nukleotidzuckern in den Golgi-Apparat erheblich gestört werden.

Tatsächlich geschieht das auch durch Analoga des UMP, z.B. durch AzT-Monophosphat, welches als Hauptphosphorylierungsprodukt von AzT in proliferierenden Zellen zu extrem hohen Konzentrationen akkumulieren kann (1 mM). Diese sind viel höher als für eine komplette Hemmung des Transports von UDP-Zuckern erforderlich ist, sodass die Proteinglykosylierung im Golgi-Apparat stark beeinträchtigt wird. Es muss daher damit gerechnet werden, dass ein erheblicher Teil der Zytotoxizität von AzT auf eine Hemmung der Gykosylierungsreaktionen zurückgeführt werden kann (Hall et al. 1994).

Damit in Übereinstimmung sind Befunde an bestimmten Zelllinien, die zeigen, dass für die Zytotoxizität die Phosphorylierung zum Triphosphat kaum nötig ist und AzT-Monophosphat offenbar Hauptträger der zellulären Toxizität ist und der Beitrag, den das Triphosphat durch die Hemmung zellulärer DNA-Polymerasen liefert, offenbar geringer ist als bisher angenommen wurde (Törnevik et al. 1995).

Aus diesen neuen Erkenntnissen lassen sich Strategien ableiten, mit denen es möglich sein sollte, die beschriebenen Nebenwirkungen zu vermeiden (z.B. durch gleichzeitige Uridinapplikation). Auch andere Nukleosidanaloga, wie z.B. die Antiherpetika BVdU und 5-Propyldesoxyuridin, von denen ebenfalls hohe Monophosphatkonzentrationen in HSV-infizierten Zellen vorliegen, können als UMP-Analoga zur Hemmung der Glykosylierung Herpes-spezifischer Glykoproteine führen (Oloffson et al. 1988, 1993).

Obwohl dieser Mechanismus zur virostatischen Wirkung der genannten beiden Nukleosidanaloga offenbar nicht beiträgt, sei hier am Rande erwähnt, dass die Hemmung der Glykosylierung viraler Proteine prinzipiell geeignet ist, die Infektiosität einer Vielzahl von Viren stark herabzusetzen.

Als sensible Targets haben sich dabei Oligosaccarid-modifizierende Enzyme des endoplasmatischen Retikulums der Zelle (!) herausgestellt, deren Hemmung z. B. durch Iminozucker insbesondere das Glykosylierungsmuster viraler Hüllproteine stark verändert, mit der Folge, dass die davon abhängige spezifische Faltung viraler Hüllproteine unterbleibt und damit Viruspartikel entstehen, die nicht mehr infektiös sind (Block et al. 2002).

Kombinationstherapie

Nach Jahren unbefriedigender Behandlungsergebnisse von HIV-Infektionen mit einer AzT-Monotherapie ist nach Einführung einer Kombinationstherapie Ende 1995 aus einer tödlich verlaufenden Virusinfektion eine behandelbare Krankheit geworden.

Mehrere Umstände haben zu diesem Erfolg beigetragen: zum einen die Erfahrung, dass für Dauerbehandlungen die Toxizität von AzT und anderen Verbindungen zu hoch ist, zum anderen die Erkenntnis, dass die antiretrovirale Wirksamkeit aller zugelassenen Verbindungen durch die Entwicklung resistenter Viren verloren geht und nicht zuletzt durch die Entwicklung und Zulassung einer Vielzahl neuer, hochwirksamer Hemmstoffe der HIV-Replikation.

Dazu gehören die Nukleosidanaloga d4T, ddI, ddC, 3TC und ABC, von denen schon die Rede war, aber auch eine große Anzahl nicht nukleosidischer Hemmstoffe der HIV-RT (NNRTI; s. Abb. 4.5.5) mit sehr unterschiedlicher chemischer Struktur, die außerhalb des aktiven Zentrums der HIV-RT mit größter Affinität und Selektivität im nanomolaren Bereich binden und die Enzymaktivität völlig unterdrücken können und ein Arsenal ebenso wirksamer und selektiver Hemmstoffe der viruseigenen Protease, die verhindern, dass das virale Vorläuferprotein gag-pol ordnungsgemäß gespalten wird, wie es für die Bildung neuer infektiöser Viruspartikel erforderlich ist.

Mit diesen und weiteren Hemmstoffen der HIV-Replikation standen geeignete Verbindungen zur Verfügung, um die Vorteile einer Kombinationstherapie für die Behandlung von HIV-Infektionen ausnutzen zu können. Diese sind:

1. Höhere Wirksamkeit gegenüber einer Monotherapie.
   Die erwähnten Hemmstoffe haben unterschiedliche virale Targets (z. B. RT, Protease) oder innerhalb eines Proteins unterschiedliche Targets [z. B. Nukleosidanaloga (NRTI), NNRTI] und können auf diese Weise additive oder überadditive (synergistische) antivirale Wirkungen hervorrufen.
2. Herabgesetzte Toxizität, die zum einen auf einer Dosisreduktion der Einzelkomponenten, zum anderen auf ihrem unterschiedlichen Toxizitätsprofil beruht [z. B. Nukleosidanaloga, Proteasehemmstoffe (PI)].
3. Minderung bzw. Vermeidung des Resistenzrisikos durch Kombination von Substanzen, die keine Kreuzresistenz verursachen (z. B. AzT und 3TC, NRTI und PI).

Tatsächlich konnte mit einer Reihe von Substanzkombinationen, die als HAART Eingang in die Klinik gefunden haben, die Sterblichkeit um bis zu 75% gesenkt werden. Mit dieser Therapie gelang es, die Viruslast für lange Zeit unter die Nachweisgrenze zu senken und das Immunsystem zu rekonstituieren. Vorstellungen jedoch, mit einer Behandlungsdauer von 2–3 Jahren könnten alle Viren aus den Körper eliminiert und damit die Krankheit geheilt werden, haben sich nicht bestätigt. Patienten, deren Viruslast über 3 Jahre lang unterhalb der Nachweisgrenze gelegen hat (<50 Genomkopien/ml Plasma) reagieren nach dem Abbruch der Therapie mit einem sofortigen Anstieg der Viruslast im Plasma auf Werte vor der Behandlung (Weller et al. 2001). Diese dramatische Reaktion wird auf sehr langlebige T-Zellen (z. B. in Lymphknoten) zurückgeführt, die HIV-Proviren beherbergen und nach Absetzen der Therapie sofort wieder mit der Bildung infektiöser HIV-Partikel beginnen. Solche Befunde sind alarmierend und zwingen zur Fortführung der Therapie.

Daher müssen ärztliche Entscheidungen hauptsächlich im Hinblick auf Probleme der Dauertherapie getroffen werden. Denn mit Dauerbehandlungen treten bisher unbekannte Nebenwirkungen auf (z. B. die Lipodystrophie) oder Nebenwirkungen, die früher weniger häufig beobachtet wurden (Folgen der mitochondrialen Toxizität der NRTI, Belastung des Cytochrom-P450-Systems durch Proteasehemmstoffe und NNRTI) und späte Resistenzprobleme. Trotz dieser Nebenwirkungen darf die Behandlung nicht abgebrochen werden.

So ist man vorsichtiger mit dem Therapiebeginn geworden und empfiehlt ihn z. T. erst, wenn die T-Lymphozyten-Zahl <350/µl oder die Viruslast >30 000 Genomkopien/ml Plasma liegt. Auch Therapiepausen werden diskutiert, die natürlich den Therapieerfolg nicht gefährden dürfen, aber die Therapiebelastungen mildern und die Therapiedauer verlängern könnten.

Die Wahl zwischen verschiedenen hochwirksamen Kombinationen ist eine weitere Möglichkeit, eine optimale individuelle Verträglichkeit und Effizienz anzustreben. Hierfür stehen folgende hochwirksame Varianten zur Verfügung:

- 2NRTI+1PI;
- 2NRTI+1NNRTI;
- 2NRTI+2PI.

In der klinischen Prüfung befinden sich außerdem

- 3NRTI und
- 1NRTI+1NNRTI+1PI (Isada 2001).

Die bisherigen Erfahrungen lassen sich so zusammenfassen, dass die HAART ein bedeutender Fortschritte bei der Behandlung der HIV-Infektionen darstellt, dass eine Heilung damit aber nicht erreicht werden kann (Smith 2001). Dazu ist eine zusätzliche therapeutische Strategie erforderlich, mit der langlebige, das HIV-Provirus tragende Zellen vernichtet und damit eine Heilung von HIV Infektionen erreicht werden können.

Auch für die Behandlung von HBV-, CMV- und Influenzavirusinfektionen werden Kombinationstherapien angestrebt, obwohl es hierfür z.T. noch an geeigneten, kombinierbaren Verbindungen fehlt.

Structure-based drug design

Der herkömmliche Weg der Entwicklung von Virostatika beginnt mit einem Screening von Verbindungen auf ihre Fähigkeit, die Vermehrung von Viren in Zellkultur zu hemmen. Eine dabei auffallende Substanz kann eine Leitstruktur besitzen, die nun wiederholt chemisch modifiziert wird, um ihre antiviralen Eigenschaften zu verbessern und unerwünschte Nebenwirkungen zu eliminieren.

Die Umständlichkeit und Langwierigkeit dieses Vorgehens steht schon lange unter Kritik mit der Argumentation, dass immer mehr dreidimensionale Strukturen der therapeutisch wichtigen viralen Zielmoleküle bekannt werden und zur Verfügung stehen, um atomare Wechselwirkungen zunächst mit Substraten, dann aber mit Hemmstoffen im Computer zu simulieren und daraus in einem Optimierungsverfahren neue Virostatika zu entwerfen und so das Antimetabolitenprinzip auf einer höheren Qualitätsstufe zu nutzen.

Tatsächlich haben sich die Identifizierung, Isolierung und biophysikalische Charakterisierung von zellulären und viralen Zielproteinen außerordentlich beschleunigt. Solche Proteine sind jetzt durch die perfektionierten Techniken der Sequenzierung, Klonierung, Überexpression und Reinigung viel leichter in so großen Mengen zugänglich, wie sie zur Strukturaufklärung erforderlich sind.

Die dazu eingesetzte Röntgenstrukturanalyse ist auf Kristalle angewiesen, deren Herstellung wohl noch schwierig und langwierig sein kann, während Geschwindigkeit und Genauigkeit der Röntgenstrukturanalyse selbst stark zugenommen haben. Die zweite verwendete Methode, die Kernresonanzspektroskopie, hat eine Vervollkommnung erreicht, die es erlaubt, in kürzester Zeit auch größere Proteine (mit einem Molekulargewicht bis zu 20 000) in Lösung zu analysieren.

Auf der anderen Seite können aus großen Datenbanken Informationen über Raumstrukturen kleiner Moleküle abgerufen werden, deren Größe, Oberflächenstruktur und elektrostatische Eigenschaften so ausgewählt werden können, dass sie sich spezifisch an die dreidimensionale Struktur aktiver Zentren von Proteinen binden und deren Funktion optimal hemmen und wo das nicht der Fall ist, sollte die erforderliche Pass- und Bindungsfähigkeit des gesuchten Inhibitors durch Modifizierung der Strukturen am Computer erreichbar sein.

Theoretisch sollte auf diese Weise die Entwicklung eines optimalen Hemmstoffs möglich sein, dessen Qualität nur am Ende durch einen Zellkulturversuch zu überprüfen wäre. In der Praxis haben sich diese sehr hohen Erwartungen allerdings bisher nicht erfüllt (Hunter 1995; Verlinde et al. 1994).

Das kann nicht auf einen Mangel an verfügbaren Raumstrukturen für therapeutisch bedeutsame Proteine zurückgeführt werden. So sind z.B. die dreidimensionalen Strukturen aller 4 viruseigenen Enzyme des HIV, der Protease (Abb. 4.5.23), der RNAse H und der RT (Abb. 4.5.27) bzw. der Integrase bekannt, ohne dass diese detaillierten und präzisen Kenntnisse der aktiven Zentren dieser Enzyme in Verbindung mit simulierten Bindungsstudien zu den erhofften hochwirksamen Hemmstoffen der HIV-Replikation geführt haben.

Immerhin hat das Drug-Design bei der Entwicklung von Hemmstoffen der HIV-Protease eine maßgebliche Rolle gespielt, die vielleicht für seine zukünftige Bedeutung beispielhaft sein kann.

Am Anfang standen hier experimentell ermittelte Daten über die Hemmbarkeit des Enzyms durch Peptidanaloga. Erst der zweite Schritt, die Optimierung dieser Hemmstoffe mit dem Ziel, ihnen den nachteiligen Peptidcharakter zu nehmen, kann als ein durchaus erfolgreicher Einsatz des Struktur-basierten Drug Designs angesehen werden.

Eine weiteres überzeugendes Beispiel für die Leistungsfähigkeit der Methoden des Drug-Designs ist die Entwicklung von Neuraminidase Hemmstoffen. Hier wurden zunächst die genaue Struktur des aktiven Zentrums der Neuraminidase aufgeklärt und mit Hilfe von Computermodellierungen ein Hemmstoff entworfen, dessen Abwandlung zu dem hochwirksamen Influenzahemmstoff Zanamivir geführt hat (s. oben, Sialinsäureanaloga).

In diesem Sinn werden die Methoden zukünftig sicher breitere Anwendung finden, ohne jedoch das Screening von Verbindungen überflüssig zu machen. Vielmehr können die hierbei erhaltenen Daten für die Computerarbeit nutzbar gemacht werden und es erleichtern, den optimalen Hemmstoff zu entwerfen. Die kurz erwähnten NNRTI, die außerhalb des aktiven Zentrums an die HIV-RT binden und zu extrem starken Hemmstoffen dieses Enzyms gehören, wären sicher mit den Methoden des „rational drug design" allein nicht gefunden worden (Goody 1995). Es darf auch nicht vergessen werden, dass für ein Arzneimittel u. a. auch pharmakokinetische Eigenschaften von großer Bedeutung sind, die durch das Drug-Design nicht simulierbar sind.

Drug Targeting

Mit dem Begriff Drug Targeting verbindet sich eine Vielzahl von Strategien mit dem Ziel, Arzneimittelwirkungen im Körper auf die eigentlich zu behandelnden Zellen oder Gewebe zu beschränken und damit die nicht behandlungsbedürftigen gesunden Organe im Körper vor ihnen zu schützen. Die Bemühungen um eine effizientes Drug Targeting sind natürlich dort am größten, wo eine Chemotherapie am wenigsten selektiv ist und mit den größten Nebenwirkungen auf gesunde Gewebe gerechnet werden muss, wie das bei der Krebschemotherapie der Fall ist.

Aber auch die Virostatikatherapie ist mit starken Nebenwirkungen belastet, wenn sie über längere Zeit fortgeführt werden muss, wie das bei AIDS und anderen chronischen Virusinfektionen erforderlich ist.

So besitzt das oben erwähnte Arabinofuranosyladenin in Form seines besser wasserlöslichen 5′-Monophosphats zwar eine gewisse Wirksamkeit gegenüber der HBV-Replikation, eine breitere Anwendung bei der Behandlung der chronischen Hepatitis B fand es aber wegen seiner Zytotoxizität auf Knochenmarkzellen und anderer Nebenwirkungen nicht. Wird diese Verbindung jedoch an ein Makromolekül gekoppelt, das spezifisch von Leberzellen aufgenommen wird, lassen sich die unerwünschten Wirkungen auf andere Gewebe weitgehend vermeiden. Für diesen Zweck eignen sich z.B. Konjugate von Virostatika und Glykoproteinen, wie z.B. Asialofetuin oder Albumin. Letzeres muss allerdings erst durch die Verknüpfung mit Laktose zu einem solchen Glykoprotein gemacht werden.

Leberzellen verfügen über Kohlenhydrat-spezifische Rezeptoren, die z.B. solche galaktosehaltigen Glykoproteine binden, durch Endozytose aufnehmen und in Lysosomen abbauen. Hier erfolgt auch die Freisetzung des Virostatikums, das freilich gegenüber dem sauren pH und den spaltenden lysosomalen Enzymen resistent sein muss. Geeignete und Erfolg versprechende Bedingungen sind für diesen Ansatz in Tierversuchen gefunden worden (Ponzetto et al. 1991).

Über einen anderen Rezeptor, der sich vorzugsweise auf Makrophagen findet, lassen sich offenbar auch selektiv Virostatika einschleusen. Dieser so genannte Scavenger-Rezeptor bindet und internalisiert normalerweise bestimmte Lipoproteine (low density lipoproteins, LDL). Werden die LDL als Arzneimittelträger kovalent mit AzT verknüpft, kann dieses Konjugat spezifisch von Makrophagen aufgenommen und in den Lysosomen wieder freigesetzt werden. Werden hierfür HIV-infizierte Makrophagen benutzt, lässt sich zeigen, dass die volle antivirale Wirkung von AzT und FLT erhalten bleibt (Mankertz et al. 1996). Es bleibt abzuwarten, ob mit dieser Strategie auch unter In-vivo-Bedingungen die Wirksamkeit von AzT und FLT unverändert bleibt, ihre Toxizität aber entscheidend herabgesetzt werden kann.

Die größte Aufmerksamkeit für ein Drug Targeting haben seit vielen Jahren Liposomen auf sich gezogen. Diese aus Phospholipiddoppelmembranen bestehenden Vesikel eignen sich vorzüglich zur Aufnahme von Arzneimitteln. Im Körper von Tier und Mensch werden sie aber von Makrophagen und anderen Zellen des retikuloendothelialen Systems (RES) schnell aus dem Blut filtriert, was ihre Einsatzmöglichkeiten bisher sehr eingeschränkt hat. In den letzten Jahren ist es allerdings gelungen, die Oberflächeneigenschaften der Liposomen insbesondere durch Ethylenglykol so zu verändern, dass dieser Nachteil weitgehend aufgehoben wird und ihre Verweildauer im Blut um etwa das 100fache gestiegen ist. Diese so genannten stabilisierten Liposomen sollten sich durch eine zusätzliche Ausrüstung mit Antikörpern oder Liganden zu den gewünschten Zielgeweben dirigieren lassen (Lasic u. Papahadjopulos 1995).

Schon mit herkömmlichen Liposomen konnte gezeigt werden, dass Virostatika auf diese Weise wirkungs- und selektivitätsverbessernd eingesetzt werden können. Beispiel dafür sind die bessere

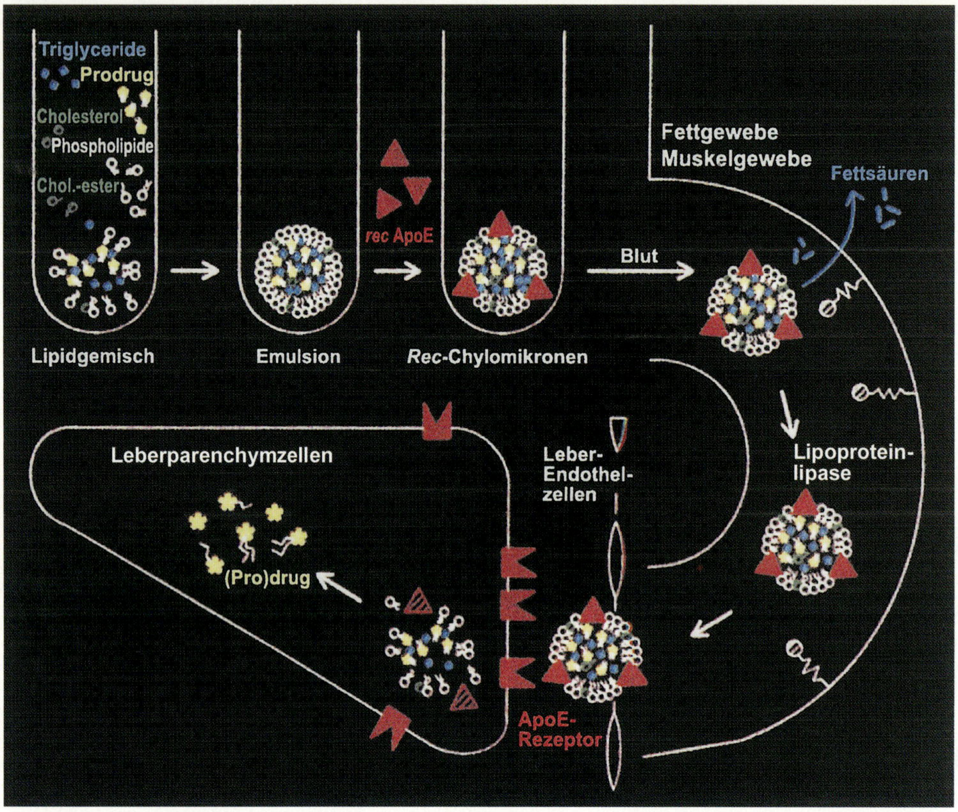

Abb. 4.5.31. Anwendung von rekombinanten (Rec) Chylomikronen für eine leberspezifische Chemotherapie. Die Abbildung verdeutlicht die einzelnen Schritte von der Herstellung der Rec-Chylomikronen und ihrer Beladung mit einem Arzneimittel über die Applikation und Aufnahme durch die Leber bis zur Freisetzung des Wirkstoffs in den Parenchymzellen. In einem Modellversuch an Ratten wurde das Virostatikum 5-Jod-2′-Desoxyuridin (IDU) mit Fettsäuren verknüpft (*Prodrug*), das in dieser Form in die geordnete Struktur natürlicher Lipidgemische eingeschlossen wird. Diese Lipidemulsion lässt sich durch den Zusatz gentechnisch hergestellten Apolipoproteins E (rec-apoE) zu den prodrugbeladenen Rec-Chylomikronen ergänzen. Nach ihrer i.-v.-Injektion wurde zwar ein Teil der Triglyzeride im Blut gespalten, ohne dass damit aber eine Freisetzung von IDU aus der Prodrug verbunden war. Diese erfolgte erst nach der leberspezifischen Aufnahme über den Apolipoprotein-E-Rezeptor und dem intrazellulären Abbau der Rec-Chylomikronen. Auf diese Weise konnte eine starke Anreicherung von IDU in der Leber erreicht werden, wie sie z.B. zur Behandlung von HBV-Infektionen mit entschieden wirksameren Nukleosidanaloga (z.B. 3TC) beim Menschen angestrebt werden könnte (nach Rensen et al. 1995)

zelluläre Aufnahme von geladenen Substanzen, wie z.B. Phosphonoformiat (Szoka u. Chu 1988), oder die höhere Verweildauer von ddC im zentralen Nervensystem von Ratten (Kim et al. 1990).

HSV-1-infizierte Zellen können effektiver mit Acyclovir behandelt werden, wenn es sich in Immunoliposomen befindet, die zusätzlich Antikörper gegen bestimmte HSV-spezifischen Proteine auf ihrer Oberfläche tragen (Norley et al. 1986). In ähnlicher Weise lassen sich antivirale Wirkstoffträger mit bevorzugter Bindung und Aufnahme durch HIV-infizierte Zellen herstellen. Hierfür eignen sich Liposomen, die z.B. durch Insertion des $CD4^{+}$-Rezeptors eine hohe Affinität zu dem viralen Protein gp 120 auf der Oberfläche infizierter Zellen gewinnen und damit eine bevorzugte Aufnahme und Freisetzung von Virostatika in diesen Zellen möglich machen (Renneisen et al. 1990).

Ein ganz anderer und neuer Weg, Virostatika speziell zur Behandlung der Hepatitis-B-Infektionen in der Leber freizusetzen, wird mit dem Einsatz künstlicher Chylomikronen gegangen (Abb. 4.5.31). In ihrer natürlichen Form transportieren sie normalerweise Lipide vom Darm zur Leber, werden dazu im Blutkreislauf in vielfältiger Weise umgewandelt und nehmen hier das Apolipoprotein E auf, das erst ihre Aufnahme durch einen leberspezifischen Rezeptor ermöglicht. In künstlich hergestellten Lipidemulsionen wurde an Fettsäuren gekoppeltes 5-Jod-2′-Desoxyuridin (IDU) gebunden und mit dem Zusatz von gentechnisch hergestelltem Apolipoprotein zu künstlichen Chylomikronen komplettiert, die, an Ratten gegeben, tatsächlich von Leberzellen spezifisch erkannt und internalisiert und aus denen hohe Konzentrationen von IDU freigesetzt wurden (Abb. 4.5.31).

Da sich auch andere hochwirksame Nukleosidanaloga der HBV-Replikation mit den erforderlichen hydrophoben Ankergruppen derivatisieren lassen, könnte dieses neue Drug-Carrier-System ganz neue Möglichkeiten der Therapie von Hepatitis-B-Infektionen eröffnen.

4.5.3 Ausblick

Pharmaka, die nach dem Mechanismus der Antimetaboliten wirksam sind, haben eine herausragende Bedeutung in der Chemotherapie. Sie schließen antibakterielle Verbindungen (Penizillin, alle Sulfonamide), Zytostatika (Nukleobasen-, Nukleosid-, Folsäureanaloga) und antivirale Verbindungen (Nukleosid- und Peptidanaloga) ein.

Das Antimetabolitenprinzip ist jedoch nicht auf die genannten Verbindungsklassen oder bestimmte Targets beschränkt, sondern kann z. B. auch zur Entwicklung neuartiger Zytostatika genutzt werden, die nicht mehr in die Nukleinsäuresynthese eingreifen, sondern auf eine Hemmung von Schlüsselenzymen der Signaltransduktion gerichtet sind. Dadurch soll die Korrektur bestimmter, bei Tumorzellen auftretender Fehlregulationen von Proliferations- und Differenzierungsprozessen erreicht werden.

Hilfreich werden sich hierbei auch die Methoden des Drug-Designs erweisen, die durch große molekularbiologische und methodische Fortschritte für viele therapeutisch bedeutsame Zielproteine einsetzbar werden.

Paradebeispiel dafür sind die Neuraminidase und die Protease des HIV, deren dreidimensionale Strukturen innerhalb weniger Jahre aufgeklärt und erfolgreich für das Design passfähiger und wirksamer Inhibitoren von Influenzaviren bzw. von HIV eingesetzt wurden.

Heute stehen z. B. eine Vielzahl hochwirksamer und selektiver Proteasehemmstoffe für die klinische Anwendung zur Verfügung, mit denen die Virusvermehrung bei AIDS-Patienten vollständig gehemmt werden kann (Mellors 1996; s. Abb. 4.5.5).

Der außerordentliche Erfolg dieser Strategie hat inzwischen zu einem ähnlichen Vorgehen bei einer Vielzahl anderer Viren angeregt (z. B. bei HSV-1, CMV, Epstein-Barr-Virus, Rhinoviren, Hepatitis-A-Virus, Hepatitis-C-Virus), deren Protease als Target bisher nur wenig Beachtung gefunden hat (Patick et al. 1998). Auch eine selektive Hemmung bestimmter zellulärer Proteasen wie z. B. der Caspasen und Metalloproteasen scheint möglich, womit sich neue Wege für die Krebstherapie eröffnen.

Auch beim HIV ist abzusehen, dass therapeutisch bisher nicht genutzte Targets, wie die RNAse H und die Integrase, mehr Aufmerksamkeit auf sich ziehen werden. Erste wirksame Hemmstoffe der Integrase sind bereits beschrieben worden (Abb. 4.5.5).

Ein großes Problem muss in der zunehmenden Resistenzentwicklung von Viren und Mikroorganismen gegenüber Arzneimitteln, d. h. auch gegenüber Antimetaboliten gesehen werden.

Insbesondere Langzeittherapien, wie sie für HIV- und HBV-Infektionen erforderlich sind, bergen dieses Gefahr. Sie haben sich als notwendig erwiesen, weil zumindest im Fall von HIV selbst nach jahrelanger Therapie das Virus nicht völlig aus dem Körper verschwindet, sondern in wenigen, langlebigen T-Lymphozyten als integriertes Provirus persistieren kann. Im Fall von HBV zwingt eine stabile, therapeutisch bisher nicht angreifbare Form der HBV-DNA (cccDNA: covalently closed circular DNA) in Leberzellen zu einer mindestens einjährigen Behandlungsdauer.

Durch geeignete Kombinationstherapien (Protease- und RT-Hemmstoffe) können HIV-Infektionen jetzt sehr erfolgreich behandelt und das Auftreten einer Resistenz über Jahre hinaus unterdrückt werden, aber gänzlich vermieden werden kann es nicht, sodass die Entwicklung immer neuer resistenzüberwindender Kombinationstherapien eine ständige Herausforderung an die Zukunft darstellt.

Hierfür sind insbesondere Hemmstoffe oder Antikörper gegen die an der Virus-Zell-Fusion beteiligten Partner (CD4-Rezeptor, CCR5-, CXCR4-Korezeptoren, Virusproteine gp41 und pg120) in der Entwicklung bzw. schon in der klinischen Testung (z. B. T20, ein gp41-analoges Peptid; s. Abb. 4.5.5), von denen man hofft, aufkommenden Resistenzproblemen begegnen zu können.

Eine Kombinationstherapie gibt es für HBV-Infektionen noch nicht, es ist aber anzunehmen, dass sie in absehbarer Zeit zur Verfügung steht. Eine Komponente dieser Kombinationstherapie für HIV-Infektionen ist 3TC, welches auch bei der Therapie von Hepatitis-B-Virus-Infektionen sehr erfolgreich eingesetzt wurde. Es gehört zu den so genannten L-Nukleosiden, einer Gruppe von Antimetaboliten, die erst seit wenigen Jahren gezielt entwickelt werden und von denen weitere hochwirksame und selektive Virostatika für die Klinik erwartet werden können. Sie scheinen aber schon über diesen Rahmen hinaus auch für die Therapie von Mikroorganismen interessant zu werden. So ist berichtet worden, dass das L-Enantiomer von Coformicin selektiv die Adenosindesaminase des Malariaerregers *Plasmodium falciparum* im pikomolaren (!) Bereich hemmt, nicht jedoch die entsprechenden zellulären Enzyme, und damit möglicherweise ein neuer selektiver Angriffspunkt für Antimalariamittel gefunden wurde (Brown et al. 1999). Diese Ergebnisse weisen darauf hin, dass mit L-Nukleosid-Antimetaboliten weitere überraschende Entdeckungen möglich sind.

Auf der Basis dieser ermutigenden Entwicklungen wächst die Hoffnung auch für eine Reihe bisher nicht behandelbarer und opferreicher Krankheiten in der Zukunft neue Wirkstoffe nach dem Antimetabolitenprinzip entwickeln zu können.

Unabhängig davon ist die Weltgemeinschaft (aber auch der jetzige Leser!) aufgerufen, nach Wegen zu suchen, damit alle Patienten dieser Erde von den Erfolgen neuer Therapien profitieren können.

4.5.4 Literatur

Baker RB (1967) Design of active site directed irreversible enzyme inhibitors. The organic chemistry of the enzymic active site. Wiley & Sons, New York

Balzarini J, Holy A, Jindrich J et al. (1993) Differential antiherpesvirus and antiretrovirus effects of the (S) and (R) enantiomers of acyclic nucleoside phosphonates: potent and selective in vitro and in vivo antiretrovirus activities of (R)-9-(2-phosphonylmethoxypropyl)-2,6-diaminopurine. Antimicrob Agents Chemother 37: 332–338

Block TM, Jordan R (2001) Iminosugars as possible broad spectrum anti hepatitis virus agents: the glucovir and alkovirs. Antivir Chem Chemother 12: 317–325

Boucher Ch, Larder B (1995) HIV variation: consequences for antiviral therapy and disease progression. Rev Med Virol 5: 7–21

Brachwitz H, Vollgraf C (1995) Analogs of alkyllysophospholipids: chemistry, effects on the molecular level and their consequences for normal and malignant cells. Pharmacol Ther 60: 39–82

Brown DM, Netting AG, Chun BK, Choi Y, Chu CK, Gero AM (1999) L-nucleoside analogues as potential antimalarials that selectively target *Plasmodium falciparum* adenosine deaminase. Nucleosides Nucleotides 18: 2521–2532

Chu CK, Baker DC (eds) (1993) Nucleosides and nucleotides as antitumor and antiviral agents. Plenum Press, New York

Chu CK, Ma T, Shanmuganathan K et al. (1995) Use of 2′-fluoro-5-methyl-β-Larabinofuranosyluracil as a novel antiviral agent for hepatitis B virus and Epstein-Barr virus. Antimicrob Agents Chemother 39: 979–981

Colman PM, Varghese JN, Laver WG (1983) Structure of the catalytic and antigenic sites in influenza virus neuraminidase. Nature 303: 41–44

Culver KW, Ram Z, Wallbridge S, Ishii H, Oldfield EH, Blaese RM (1992) In vivo gene tranfer with retroviral vector-producer cells for treatment of experimental brain tumors. Science 256: 1550–1552

Daluge SM, Purifoy DJM, Savina PM et al. (1994) 5-Chloro-2′,3′-dideoxy-3′-fluorouridine (935U83), a selective anti-human immunodeficiency virus agent with improved metabolic and toxicological profile. Antimicrob Agents Chemother 38: 1590–1603

Daluge SM, Good SS, Martin MT et al. (1997) 1592U89 succinate – a novel carbocyclic nucleoside analog with potent, selective anti-human immunodeficiency virus activity. Antimicrob Agents Chemother 41: 1082–1093

De Clercq E (1993) Antivirals for the treatment of herpesvirus infections. J Antimicrob Chemother [Suppl] 32A: 121–132

De Clercq E (1995) Toward improved anti-HIV chemotherapy: therapeutic strategies for intervention with HIV infections. J Med Chem 14: 2492–2517

De Clercq E (1997) Acyclic nucleoside phosphonates in the chemotherapy of DNA virus and retrovirus infections. Intervirology 40: 295–303

De Clercq E (2001) Antiviral drugs: current state of art. J Clin Virol 22: 73–89

De Clercq E, Descamps J, De Sommer P, Barr PJ, Jones AS, Walker RT (1979) (E)-5-(Bromovinyl-2′-deoxyuridine: a potent and selective anti-herpes agent. Proc Natl Acad Sci USA 76: 2947–2951

De Clercq E, Holy A, Rosenberg I, Sakuma T, Balzarini J, Maudgal PC (1986) A novel selective broad-spectrum anti-DNA virus agent. Nature 323: 464–467

DeVita Jr VT, Hellman S, Rosenberg SA (1993) Cancer, principles and practise of oncology. Lippincott, Philadelphia

Dienstag JL, Schiff ER, Wright TL et al. (1999) Lamividine as initial treatment for chronic hepatitis B in the United States. N Engl J Med 341: 1256–1263

Domagk G (1935) Ein Beitrag zur Chemotherapie der bakteriellen Infektionen. Dtsch Med Wochenschr 61: 250–253

Doong SL, Tsai CH, Schinazi RF, Liotta DC, Cheng YC (1991) Inhibition of the replication of hepatitis B virus in vitro by 2′,3′-dideoxy-3′-thiacytidine and related analogues. Proc Natl Acad Sci USA 88: 8495–8499

Duschinsky R, Pleven E, Heidelberger C (1957) The synthesis of 5-fluoropyrimidines. J Am Chem Soc 79: 4559–4560

Ehrlich P (1909) Beiträge zur experimentellen Pathologie und Chemotherapie. Akademische Verlagsgesellschaft, Leipzig

Elion GB, Burgi E, Hitchings GH (1952) Studies on condensed pyrimidine systems. IX. The synthesis of som 6-substituted purines. J Am Chem Soc 74: 411–414

Elion GB, Furman PA, Fyfe JA, de Miranda P, Beauchamp L, Schaeffer HJ (1977) Selectivity of action of an antiherpetic agent, 9-(2-hydroxyethoxymethyl)guanine. Proc Natl Acad Sci USA 74: 5716–5720

Eriksson BFH, Johansson KNG, Stenning GB, Öberg BF (1986) Novel medicinal use. The Swedish Patent Office, patent application nr: 8602981-6, 4th July 1986

Evans JS, Musser EA, Mengel GD, Forsblad KR, Hunter JH (1961) Antitumor activity of 1-β-D-arabinofuranosylcytosine hydrochloride. Proc Soc Exp Biol Med 106: 350–353
Faletto MB, Miller WH, Garvey EP, Clair MHST, Daluge SM, Good SS (1997) Unique intracellular activation of the potent anti-human immunodeficiency virus agent 1592U89. Antimicrob Agents Chemother 41: 1099–1107
Faraj A, Agrofoglio LA, Wakefield JK et al. (1994) Inhibition of human immunodeficiency virus type 1 reverse transcriptase by the 5′-triphosphate β enantiomers of cytidine analogues. Antimicrob Agents Chemother 38: 2300–2305
Farber S, Diamond LK, Mercer RD, Sylvester RF, Wolff JA (1948) Temporary remissions in acute leukemia in children produced by folic acid antagonist, 4-amino-pteroylglutamic acid (aminopterin). N Engl J Med 238: 787–793
Field AK, Biron KK (1994) The end of „innocence" revisited: resistance of herpesviruses to antiviral drugs. Clin Microbiol Rev 7: 1–13
Flexner C, Horst C van der, Jacobson MA et al. (1994) Relationship between plama concentrations of 3′-deoxy-3′-fluorothymidine (aluvudine) and antiretroviral activity in two concentration-controlled trials. J Infect Dis 170: 1394–1403
Fourel I, Li J, Hantz O, Jacquet C, Fox JJ, Trepo C (1992) Effects of 2′-fluorinated arabinosyl-pyrimidine nucleosides on duck hepatitis B virus DNA level in serum and liver of chronically infected ducks. J Med Virol 37: 122–126
Fox JJ, Watanabe KA, Chou TC et al. (1988) Antiviral activities of 2′-fluorinated arabinosyl-pyrimidine nucleosides. In: Taylor NF (ed) Fluorinated carbohydrates, chemical and biochemical aspects. American Chemical Society Symposium Series 374: 176–190
Furman PA, Wilson JE, Reardon JE, Painter GR (1995) The effect of absolute configuration on the anti-HIV and anti-HBV activity of nucleoside analogues. Antiviral Chem Chemother 6: 345–355
Gibbs JB, Oliff A, Kohl NE (1994) Farnesyltransferase inhibitors: RAS resaerch yields a potential cancer therapeutic. Cell 77: 174–178
Golovinsky E (1984) Biochemie der Antimetabolite. Fischer, Jena
Goody RS (1995) Rational drug design and HIV: hopes and limitations. Nat Med 1: 519–520
Hafkemeyer P, Keppler-Hafkemeyer A, Al Haya MA et al. (1996) Inhibition of duck hepatitis B replication by 2′,3′-dideoxy-3′-fluoroguanosine in vitro and in vivo. Antimicrob Agents Chemother 40: 792–794
Hall ET, Yan J-P, Melancon P, Kuchta RD (1994) 3′-Azidodeoxythymidine potently inhibits protein glycosylation. J Biol Chem 269: 14355–14358
Hausmann R (1995) Und wollten versuchen, das Leben zu verstehen. Betrachtungen zur Geschichte der Molekularbiologie. Wissenschaftliche Buchgesellschaft, Darmstadt
Heidelberger C, Chaudhury NK, Dannenberg P et al. (1957) Fluorinated pyrimidines, a new class of tumour-inhibitory compounds. Nature 179: 663–666
Henry SP, Miner RC, Drew WL et al. (2001) Antiviral activity and ocular kinetics of antisense oligonucleotides designed to inhibit CMV replication. Invest Ophthalmol Vis Sci 42: 2646–2651
Hervey PS, Perry CM (2000) Abacavir. A review of its clinical potential in patients with HIV infection. Drugs 60: 447–479
Heveker N (2001) Chemokine receptors as anti-retroviral targets. Curr Drug Targets 2: 21–39
Hitchcock MJM (1991) 2′,3′-Didehydro-2′,3′-dideoxythymidine (D4T), an anti-HIV agent. Antiviral Chem Chemother 2: 125–132
Huber BE, Austin EA, Good SS, Knick VC, Tibbels S, Richards CA (1993) In vivo antitumor activity of 5-fluorocytosine on human colorectal carcinoma cells genetically modified to express cytosine deaminase. Cancer Res 53: 4619–4626
Hunter WN (1995) Rational drug design: a multidisciplinary approach. Mol Med Today 1: 31–34
Ilsley DD, Lee SH, Miller WH, Kuchta RD (1995) Acyclic guanosine analogs inhibit DNA polymerases alpha, delta and epsilon. Biochemistry 34: 2504–2510
Isada CM (2001) New developments in long-term treatment of HIV: the hooneymoon is over. Cleve Clin J Med 68: 804–807
Itzstein M von, Wu WY, Kok GB et al. (1993) Rational design of potent sialidase-based inhibitors of influenza virus replication. Nature 363: 418–423
Jacobson MA (1993) Valacyclovir (BW256U87): the L-valyl ester of acyclovir. J Med Virol [Suppl] 1: 150–153
Johnston MI, Hoth DF (1993) Present status and future prospects fot HIV therapies. Science 260: 1286–1293
Kilby JM, Hopkins S, Venetta TM et al. (1998) Potent suppression of HIV-1 replication in humans by T-20: a peptide inhibitor of gp41-mediated virus entry. Nat Med 4: 1232–1233
Kim S, Scheerer S, Geyer MA, Howell SB (1990) Direct cerebrospinal fluid delivery of an antiretroviral agent using multivesicular liposomes. J Infect Dis 162: 750–752
Kim HO, Schinazi RF, Shanmuganathan K et al. (1993) L-β-(2S,4S)- and (2S,4R)-dioxolany nucleosides as potential anti-HIV agents: asymmetric synthesis and structure-activity relationships. J Med Chem 36: 519–528
Kim E-U, Vrang L, Öberg B, Merigan TC (2001) Anti-HIV type 1 activity of 3′-fluoro-3′-deoxythymidine for several different multidrug-resistant mutants. AIDS Res Human Retrovir 17: 401–407
Kong X-B, Zhu G-Y, Vidal PM et al. (1992) Comparison of anti-human immunodeficiency virus activities, cellular transport, and plasma and intracellular pharmacokinetics of 3′-fluoro-3′deoxythymidine and 3′-azido-3′-deoxythymidine. Antimicrob Agents Chemother 36: 808–818
Kravcik S (2000) HIV lipodystrophy: a review. HIV Clin Trials 1: 37–50
Langen P (1975) Antimetabolites of nucleic acid metabolism. Gordon & Breach, New York London Paris
Larder BA, Kemp SD (1989) Multiple mutations in HIV-1 reverse transcriptase confer high-level resistance to zidovudine (AzT). Science 246: 1155–1158
Lasic DD, Papahadjopulos D (1995) Liposomes revisited. Science 267: 1276–1276
Laver WG, Bischofberger N, Webster RG (1999) Entwaffnung von Grippeviren. Spektrum Wissenschaft 3: 71–79
Lin T-S, Schinazi RF, Prusoff WH (1987) Potent and selective in vitro activity of 3′-deoxythymidin-2′-ene (3′-deoxy-2′,3′-didehydrothymidine) against human immunodeficiency virus in vitro. Biochem Pharmacol 36: 2713–2718
Levitski A, Gazit A (1995) Tyrosine kinase inhibition: an approach to drug development. Science 267: 1782–1789
Lewis W, Dalakis MC (1995) Mitochondrial toxicity of antiviral drugs. Nat Med 1: 417–422
Mankertz J, Matthes E, Rokos K, Bayer H von, Pauli G, Riedel E (1996) Selective endocytosis of fluorothymidine

and azidothymidine coupled to LDL into HIV infected mononuclear cells. Biochim Biophys Acta 1317: 233–237
Matthes E, Lehmann Ch, Scholz D et al. (1986) Verfahren zur Herstellung eines Mittels gegen HIV-Infektionen beim Menschen. Patent: DD 292826, 24.7.1986
Matthes E, Lehmann Ch, Scholz D et al. (1987) Inhibition of HIV-associated reverse transcriptase by sugar-modified derivatives of thymidine 5′-triphosphate in comparison to cellular DNA polymerases α and β. Biochem Biophys Res Commun 148: 78–85
Matthes E, Scholz D, Sydow G, Janta-Lipinski M von, Rosenthal HA, Langen P (1990) 3′-Fluoro-substituted deoxynucleosides as potential anti-AIDS drugs. Z Klin Med 45: 1255
Matthes E, Reimer K, Janta-Lipinski M von, Meisel H, Lehmann C (1991) Comparative inhibition of hepatitis B virus DNA polymerase and cellular DNA polymerases by triphosphates of sugar-modified 5-methyldeoxycytidine and other nucleoside analogs. Antimicrob Agents Chemother 35: 1254–1257
Maury G (2000) The enantioselectivity of enzymes involved in current antiviral therapy using nucleoside analogues: a new strategy? Antiviral Chem Chemother 11: 165–190
McKenzie R, Fried MW, Sallie R et al. (1995) Hepatic failure and lactic acidosis due to fialuridine (FIAU), an investigational nucleoside analogue for chronic hepatitis B. N Engl J Med 333: 1099–1105
McNicholl IR, McNicholl JJ (2001) Neuraminidase inhibitors: zanamivir and oseltamivir. Ann Pharmacother 35: 57–70
Mellors JW (1996) Closing in on human immunodeficiency virus-1. Nat Med 2: 274–275
Miller V (2001) International perspectives on antiretroviral resistance. Resistance to protease inhibitors. J Acquir Immune Defic Syndr [Suppl 1] 26: 34–50
Mitsuya H, Broder S (1986) Inhibition of the in vitro infectivity and cytopathic effect of human T-lymphotropic virus type III/lymphadenopathy-associated virus (HTLV-III/LAV) by 2′,3′-dideoxynucleosides. Proc Natl Acad Sci USA 83: 1911–1915
Mitsuya H, Weinhold KJ, Furman PA et al. (1985) 3′-Azido-3′-deoxythymidine (BW A509U): An antiviral agent that inhibits the infectivity and cytopathic effect of human T-lymphotropic virus type III/lymphadenopathy-associated virus in vitro. Proc Natl Acad Sci USA 82: 7096–7100
Moolten FL (1994) Drug sensitivity ("suicide") genes for selective cancer chemotherapy. Cancer Gene Ther 1: 279–287
Mullen CA (1994) Metabolic suicide genes in gene therapy. Pharmacol Ther 63: 199–207
Nair V, Jahnke TS (1995) Antiviral activities of isomeric dideoxynucleosides of D- and L-related stereochemistry. Antimicrob Agents Chemother 39: 1017–1029
Navia MA, Fitzgerald PMD, Mc Keever BM et al. (1989) Three-dimensional structure of aspartyl protease from human immunodeficiency virus HIV-1. Nature 337: 615–620
Norley SG, Huang L, Rouse BT (1986) Targeting of drug loaded immunoliposomes to herpes simplex virus infected corneal cells: an effective means of inhibiting virus replication in vitro. J Immunol 136: 681–685
Öberg B (1989) Antiviral effects of phosphonoformate (PFA, foscarnet sodium). Pharmacol Ther 40: 213–285
O'Brien JJ, Campoli-Richards DM (1989) Acyclovir. An updated review of its antiviral activity, pharmacokinetic properties and therapeutic efficacy. Drugs 37: 233–309
Olofsson S, Milla M, Hirschberg C, De Clercq E, Datema R (1988) Inhibition of terminal N- and O-glycosylation specific for herpesvirus-infected cells: mechanism of an inhibitor of sugar nucleotides transport across Golgi membranes. Virolgy 166: 440–450
Olofsson S, Sjöblom I, Hellstrand K, Shugar D, Clairmont C, Hirschberg C (1993) 5-Propyl-2′-deoxyuridine induced interference with glycosylation in herpes simplex virus infected cells. Arch Virol 128: 241–256
Paff MT, Averett RD, Prus KL, Miller WH, Nelson DJ (1994) Intracellular metabolism of (−) and (+) -cis-5-fluoro-1-[2-(hydroxymethyl)-1,3-oxathiolan-5yl]cytosine in HepG 2 derivative 2.2.15 (subclone P5 A) cells. Antimicrob Agents Chemother 38: 1230–1238
Patick AK, Potts KE (1998) Protease inhibitors as antiviral agents. Clin Microbiol Rev 11: 614–627
Pedersen OS, Pedersen EB (1999) Non-nucleoside reverse transcriptase inhibitors: the NNRTI boom. Antiviral Chem Chemother 10: 285–314
Ponzetto A, Fiume L, Forzani B et al. (1991) Adenine arabinoside monophosphate and acyclovir monophosphate coupled to lactosaminated albumin reduce woodchuck hepatitis virus viremia at doses lower than do the unconjugated drugs. Hepatology 14: 16–24
Quastel JH, Woolbridge WR (1928) LXXXIV. Some properties of the dehydrogenating enzymes of bacteria. Biochem J 22: 689–702
Riddle TM, Kuhel DG, Woollett LA, Fichtenbaum CJ, Hui DY (2001) HIV protease inhibitor induces fatty acid and sterol biosynthesis in liver and adipose tissues due to the accumulation of activated sterol regulatory element-binding proteins in the nucleus. J Biol Chem 276: 37.514–37.519
Reefschläger J, Bärwolff D, Engelmann P, Langen P, Rosenthal H (1982) Efficiency and selectivity of (E)-5-(2-bromovinyl)-2′-deoxyuridine and some other 5-substituted 2′-deoxyprimidine nucleosides as antiherpes agents. Antiviral Res 2: 41–52
Ren S, Lien EJ (2001) Development of HIV protease inhibitors: a survey. Prog Drug Res Spec No: 1–34
Renneisen K, Leserman L, Matthes E, Schröder HC, Müller WEG (1990) Inhibition of expression of HIV-1 in vitro by antibody-targeted liposomes containing antisense RNA to the env region. J Biol Chem 265: 16.337–16.343
Rensen PCN, Dijk MCM van, Havenaar EC, Bijsterbosch MK, Kruijt JK, Berkel TJC van (1995) Selective liver targeting of antivirals by recombinant chylomicrons – a new therapeutic approach to hepatitis B. Nat Med 1: 221–225
Richman DD (2001) HIV chemotherapy. Nature 410: 995–1001
Roberts NA (2001) Anti-influenza drugs and neuraminidase inhibitors. Prog Drug Res 56: 195–237
Roberts NA, Martin JA, Kinchington D et al. (1990) Rational design of peptide based HIV proteinase inhibitors. Science 248: 358–361
Root MJ, Kay MS, Kim PS (2001) Protein design of an HIV-1 entry inhibitor. Science 291: 884–888
Safrin S, Cherrington J, Jaffe HS (1999) Cidofovir. Review of current and potential clinical uses. Adv Exp Med Biol 458: 111–120

Schinazi RF, Mead JR, Feorino PM (1992a) Insights into HIV chemotherapy. AIDS Res Hum Retroviruses 8: 963–990

Schinazi RF, Chu CK, Peck A et al. (1992b) Activity of the four optical isomers of 2′,3′-dideoxy-3′-thiacytidine (BCH-189) against HIV-1 in human lymphocytes. Antimicrob Agents Chemother 36: 672–676

Schinazi RF, Gosselin G, Faraj A et al. (1994) Pure nucleoside enantiomers of b-2′,3′-dideoxycytidine analogs are selective inhibitors of hepatitis B virus in vitro. Antimicrob Agents Chemother 38: 2172–2174

Shaw T, Amor P, Civitico G, Boyd M, Locarnini S (1994) In vitro antiviral activity of penciclovir, a novel purine nucleoside, against duck hepatitis B virus. Antimicrob Agents Chemother 38: 719–723

Seeger DR, Smith JM, Hultquist ME (1947) Antagonist for pteroylglutamic acid. J Am Chem Soc 69: 2567

Sluis-Cremer N, Arion D, Parniak MA (2000) Molecular mechanisms of HIV-1 resistance to nucleoside reverse transcriptase inhibitors (NRTIs). Cell Mol Life Sci 57: 1408–1422

Smee DF, Martin JC, Verheyden JPH, Matthews TR (1983) Antiherpes activity of the acyclic nucleoside 9-(1,3-dihydroxy-2-propoxymethyl) guanine. Antimicrob Agents Chemother 23: 676–682

Smith KA (2001) To cure chronic HIV infection, a new therapeutic strategy is needed. Curr Opin Immunol 13: 617–624

Smith RA, Knight V, Smith JAD (eds) (1984) Clinical applications of ribavirin. Academic Press, New York

Sorscher EJ, Peng S, Bebok Z, Allan PW, Bennett LLJ, Parker WB (1994) Tumor cell bystander killing in colonic carcinoma utilizing the *E. coli* Deo D gene to generate toxic purines. Gene Ther 1: 233–238

Sundseth RS, Joyner S, Moore JT, Dornsife RE, Dev IK (1996) The anti-human immunodeficiency virus agent 3′-fluorothymidine induces DNA damage and apoptosis in human lymphoblastoid cells. Antimicrob Agents Chemother 40: 331–335

Szoka FC, Chu CJ (1988) Increased efficacy of phosphonoformate and phosphonoacetate inhibition of herpes simplex virus type 2 replication by encapsulation in liposomes. Antimibrob Agents Chemother 32: 858–864

Tisdale M, Kemp SD, Parry NR, Larder BA (1993) Rapid in vitro selection of human immunodeficiency virus type 1 resistant to 3′-thiacytidine inhibitors due to a mutation in the YMDD region of reverse transcriptase. Proc Natl Acad Sci USA 90: 5653–5656

Tomasselli AG, Heinrikson RL (2000) Targeting the HIV-protease in AIDS therapy: a current clinical perspective. Biochem Biophys Acta 1477: 189–214

Törnevik Y, Ullman B, Balzarini J, Wahren B, Erikson S (1995) Cytotoxicity of 3′-azido-3′-deoxythymidine correlates with 3′-azidothymidine-5′-monophosphate (AzTMP) levels, whereas antihuman immunodeficiency virus (HIV) activity correlates with 3′-azidothymidine-5′-triphosphate (AzTTP) in cultured CEM T-lymphoblastoid cells. Biochem Pharmacol 49: 829–837

Tsai C-C, Follis KE, Sabo A et al. (1995) Prevention of SIV infection in macaques by (R)-9-(2-phosphonylmethoxypropyl)adenine. Science 270: 1197–1199

Verlinde CLMJ, Hol WGJ (1994) Structure-based drug design: progress, results and challenges. Structure 7: 577–587

Walwick ER, Roberts WK, Dekker CA (1959) Cyclisation during the phosphorylation of uridine and cytidine by polyphosphoric acid: a new route to the O^2, 2′-cyclonucleosides. Proc Chem Soc 84

Wang QM, Heinz BA (2001) Recent advances in prevention and treatment of hepatitis C virus infections. Prog Drug Res Spec No: 79–110

Weller IVD, Williams IB (2001) ABC of AIDS. Antiviral drugs. BMJ 322: 1410–1412

White AJ (2001) Mitochondrial toxicity and HIV-therapy. Sex Trans Inf 77: 158–173

Whitley R, Field HJ (eds) (1993) Famciclovir/penciclovir workshop. Antiviral Chem Chemother [Suppl] 1: 1–68

Whitton JL (1994) Antisense treatment of viral infection. Adv Virus Res 44: 267–303

Woods DD (1940) The relation of *p*-aminobenzoic acid to the mechanism of the action of sulfonamide. Br J Exp Pathol 21: 74–90

Zeller WJ, Hausen H zur (Hrsg) (1995) Onkologie: Grundlagen, Diagnostik, Therapie, Entwicklungen. Ecomed, Landsberg, Lech

Zhang RW, Yan JW, Shahinian H et al. (1995) Pharmacokinetics of an anti-human immunodeficiency virus antisense oligodeoxynucleotide phosphorothioate (GEM91) in HIV-infected subjects. Clin Pharmacol Thera 58: 44–53

Zoulim F (2001) Detection of hepatitis B virus resistance to antivirals. J Clin Virol 21: 243–253

4.6 Medizinische Perspektiven der Stammzellforschung

Marius Wernig, Björn Scheffler und Oliver Brüstle

Inhaltsverzeichnis

4.6.1 Einführung

4.6.1.1 Kernprobleme der Transplantationsmedizin: Spenderquellen und Kompatibilität

Medizinische Zellersatzstrategien und Transplantationsmedizin haben in den letzten Jahren enorme Fortschritte gemacht. In vielen Bereichen der Humanmedizin sind Organ- und Gewebetransplantationen mittlerweile zu einem Routineverfahren geworden. Dieser enorme Fortschritt täuscht allzu leicht über die noch bestehenden Probleme in diesem Bereich hinweg. An erster Stelle steht hier der Mangel an Spenderorganen und -geweben. Damit unmittelbar verbunden sind die langen Wartezeiten an nahezu allen Transplantationszentren. Zudem stellen auch heute noch Abstoßungsreaktionen in einigen Fällen ein nicht beherrschbares Problem dar. Schließlich bleiben Zellersatz und Transplantation für verschiedene komplexe Gewebe eine große wissenschaftliche Herausforderung. Dies gilt insbesondere für Krankheiten des Nervensystems. Die neuen Entwicklungen auf dem Gebiet der Stammzellbiologie eröffnen erstmals Perspektiven, diese seit Jahren bestehenden Probleme langfristig zu umgehen. Die Möglichkeit, pluripotente oder gewebespezifische Stammzellen in vitro zu vermehren, könnte es ermöglichen, Spenderzellen für verschiedenste Gewebe in großer Zahl zu erzeugen, ohne wie bisher für jedes Transplantat Frischgewebe heranzuziehen.

Neue Entwicklungen in der Erforschung adulter Stammzellen weisen darauf hin, dass Stammzellen aus regenerativen Geweben wie dem Knochenmark auch Zellen nicht regenerativer Gewebe ausbilden können. Da diese Zellen vom selben Individuum stammen, könnten durch eine solche „Transdifferenzierung" körpereigene Spenderzellen gewonnen und somit Abstoßungsreaktionen umgangen werden.

Noch weiter in die Zukunft weisen die jüngsten Entwicklungen auf dem Gebiet der Kernreprogrammierung. Dieses Verfahren, bei dem über eine

Ganten / Ruckpaul (Hrsg.)
Grundlagen der Molekularen Medizin,
2. Auflage

Fusion „adulter“ Zellkerne mit entkernten Eizellen pluripotente embryonale Stammzellen (ES-Zellen) entwickelt werden, könnte es langfristig erlauben, beide Vorteile zu kombinieren:

1. die Gewinnung nahezu uneingeschränkt vermehrungsfähiger Ersatzzellen und
2. die Vermeidung von Abstoßungsreaktionen.

Mit der letztgenannten Strategie hat die moderne Biomedizin jedoch auch eine Dimension erreicht, in der nicht mehr nur allein das technisch Machbare entscheidend ist. Eine sinnvolle Weiterentwicklung dieses faszinierenden Gebiets wird wesentlich davon abhängen, inwieweit es uns gelingt, diese neuen Technologien zu nutzen, ohne unsere ethischen und moralischen Grundwerte zu kompromittieren.

4.6.1.2 Zellersatz aus Stammzellen

Stammzelldefinition

Prinzipiell muss eine Stammzelle 2 Kriterien erfüllen:

- Vermehrbarkeit und
- die Fähigkeit, in reifere Tochterzellen auszudifferenzieren.

Diese Eigenschaften sind in verschiedenen Stammzellen völlig unterschiedlich ausgeprägt. So sind aus der Blastozyste gewonnene embryonale Stammzellen nahezu uneingeschränkt vermehrbar und können alle Körperzelltypen ausbilden. Gewebespezifische Stammzellen hingegen weisen eine begrenztere Vermehrungsfähigkeit auf und reifen überwiegend in Zellen ihres Ursprungsorgans aus. Zwischen beiden Extremen liegen eine Vielzahl von Stammzellvarianten. In diesem Zusammenhang kann auch von einer Stammzellhierarchie gesprochen werden: Während der Embryonalentwicklung wird das entwicklungsbiologische Potenzial voneinander abgeleiteter Stammzellen kontinuierlich eingeschränkt. Aus embryonalen Stammzellen entstehen sukzessiv keimblatt-, gewebe- und organspezifische Stammzellen; z. T. kommt es innerhalb eines Organsystems zur weiteren Ausbildung von kompartmentspezifischen Stammzellen (Abb. 4.6.1). Manche Stammzelltypen wie die embryonalen Stammzellen kommen nur während der Frühphase der Entwicklung vor. Andere wie z. B. hämatopoetische Stammzellen bleiben zeitlebens erhalten und tragen zu einem kontinuierlichen Zell- und Gewebeumsatz bei.

Während der Entwicklung können Stammzellen ihren Teilungsmodus ändern. In Stadien starker Zellproliferation kann die Teilung nur auf die Expansion des Stammzellpools ausgerichtet sein. Die Stammzelle teilt sich symmetrisch und bildet 2 identische Tochterzellen (Abb. 4.6.2). Während der Gewebedifferenzierung kann dieser symmetrische Teilungsmodus von einer so genannten asymmetrischen Teilung abgelöst werden. In diesem Fall gehen aus der Stammzelle eine differenziertere Tochterzelle und eine mit der Ursprungszelle identische Stammzelle hervor (Abb. 4.6.2). Letztere hat die Aufgabe, den Stammzellpool zu erhalten. Nicht selten wechseln Stammzellen zwischen beiden Teilungsformen.

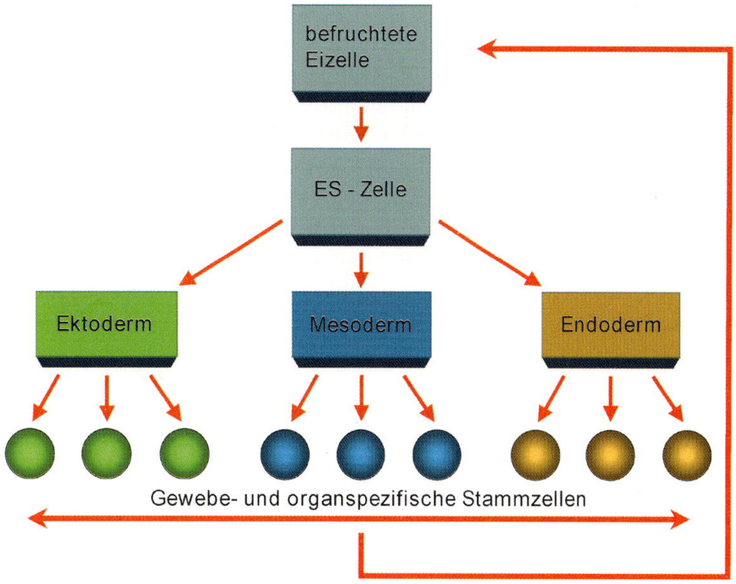

Abb. 4.6.1. Neue Konzepte zur Stammzellhierarchie. Das klassische Modell postuliert eine kontinuierliche Einschränkung des Differenzierungspotenzials voneinander abstammender Stammzellpopulationen. Die neuen Erkenntnisse zur Kernreprogrammierung und Transdifferenzierung gewebespezifischer Stammzellen haben diese Sicht in Frage gestellt (*Pfeile*). Durch den Transfer von Kernen somatischer Zellen in entkernte Eizellen können totipotente Zellen erzeugt werden. Darüber hinaus scheinen gewebespezifische Stammzellen unter entsprechenden Bedingungen auch in Zelltypen anderer Gewebe ausreifen zu können

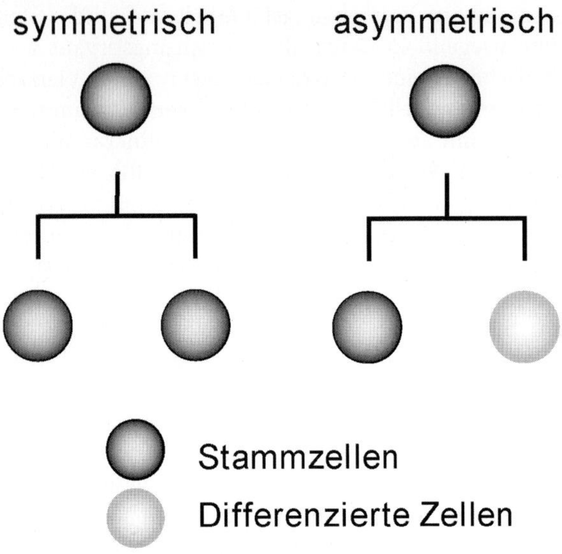

Abb. 4.6.2. Teilungsmuster sich selbst erneuernder Stammzellen. Bei der symmetrischen Teilung entstehen 2 mit der Ursprungszelle identische Tochterzellen. Aus der asymmetrischen Teilung gehen eine selbst erneuerungsfähige Stammzelle und eine differenziertere Tochterzelle hervor. Nicht selten wechseln Stammzellen zwischen beiden Teilungsmodi

Bereits klinisch verfügbare somatische Stammzellen
Gewebespezifische Stammzellen wurden in einer Vielzahl von Organen beschrieben. Dazu gehören u. a. Knochenmark, Nabelschnur, Haut, Darm, Leber und Gehirn. Trotz dieser Vielfalt blieb der medizinische Einsatz gewebespezifischer Stammzellen bislang auf wenige Populationen begrenzt. An erster Stelle sind hier Knochenmarkstammzellen zu nennen, die bereits seit vielen Jahren erfolgreich für die Rekonstitution des hämatopoetischen Systems eingesetzt werden (s. Abschnitt 4.6.2 „Hämatopoetische Stammzellen“). In den letzten Jahren hat darüber hinaus die Transplantation von Nabelschnurstammzellen insbesondere bei der Behandlung von Kindern klinische Bedeutung erlangt (Barker u. Wagner 2002). Ein weiteres sich entwickelndes Gebiet stellt die Transplantation von Stammzellen der Haut zur Behandlung von Verbrennungsopfern dar (Bianco u. Robey 2001, Kinner u. Daly 1992). Stammzellen aus Knochenmark, Nabelschnur und Haut zeichnen sich durch ihre vergleichsweise leichte Zugänglichkeit aus. Im Gegensatz dazu ist die Gewinnung neuraler Stammzellen mit gewichtigen technischen und ethischen Problemen verbunden. Dies dürfte einer der wesentlichen Gründe dafür sein, dass sich die therapeutische Nutzung neuraler Stammzellen größtenteils noch auf tierexperimentellem Niveau befindet.

Im Folgenden sollen die wesentlichen Konzepte der medizinischen Nutzung somatischer Stammzellen exemplarisch an hämatopoetischen und neuralen Stammzellen dargelegt werden.

4.6.2 Hämatopoetische Stammzellen

4.6.2.1 Hämatopoetisches Stammzellkonzept

Die frühesten Vorläuferzellen des blutbildenden Systems finden sich schon in den ersten Tagen nach der Verschmelzung von Spermium und Eizelle (Kennedy et al. 1997, Martin 1981). Das traditionelle Bild der Hämatopoese verbindet sich jedoch mit dem lebenslangen Nachschub kurzlebiger Blutzellen für den Körper. Schon 1909 wurde postuliert, dass eine einzige Klasse pluripotenter Vorläuferzellen hierfür verantwortlich sei (Maximov 1909). Seit mehr als 50 Jahren wird dieses System kontinuierlich erforscht und hat mittlerweile Modellcharakter für alle anderen Stammzellsysteme der Biologie (Graham u. Wright 1997).

Der formale Nachweis einer Stammzellaktivität war die Wiederherstellung des durch Bestrahlung zerstörten hämatopoetischen Systems einer Maus durch Transplantation eines einzelnen, chromosomal markierten Zellklons (Ford et al. 1956). Heute ist bekannt, dass 0,05% der Zellen im Knochenmark der Maus multipotent sind (Lord u. Schofield 1985). Es werden 3 Stammzellpopulationen unterschieden:

1. lt-HSC (long-term self-renewing hematopoietic stem cells),
2. st-HSC (short-term self-renewing hematopoietic stem cells) und
3. multipotente Progenitors ohne die Fähigkeit zur Selbsterneuerung (Morrison u. Weissman 1994, Morrison et al. 1997, Reya et al. 2001).

Diese Populationen stammen geradlinig voneinander ab: lt-HSC entwickeln sich in st-HSC, die wiederum in multipotente Progenitors differenzieren können (Abb. 4.6.3). In diesem hierarchischen System verlieren Stammzellen mit fortschreitenden Zellteilungen die Fähigkeit zur Selbsterneuerung, zeigen jedoch eine immer größere proliferative Aktivität. Während lt-HSC einer Maus lebenslang ausgereifte Blutzellen zur Verfügung stellen, können st-HSC und multipotente Progenitors diese Funktion nur für weniger als 8 Wochen in einer subletal bestrahlten Maus garantieren.

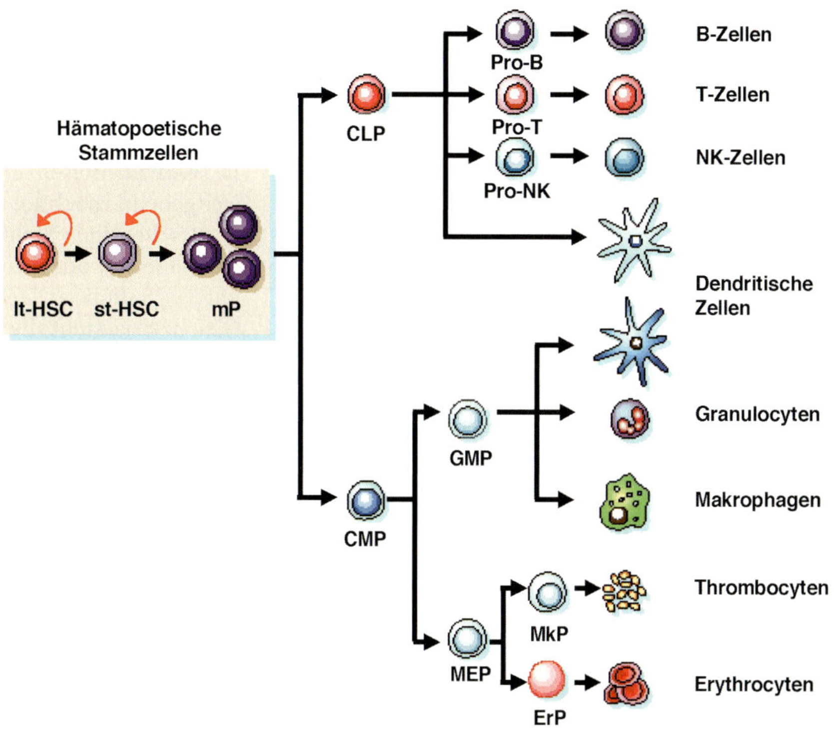

Abb. 4.6.3. Hierarchischer Stammbaum der Hämatopoese (frei nach Reya et al. 2001). *lt-HSC* long-term self-renewing hematopoietic stem cells, *st-HSC* short-term self-renewing hematopoietic stem cells, *MP* multipotent progenitors, *CLP* common lymphocyte progenitors, *CMP* common myeloid progenitors, *pro-B* B-cell progenitors, *pro-T* T-cell progenitors, *pro-NK* natural killer cell progenitors, *GMP* granulocyte-macrophage precursors, *MEP* megakaryocyte-erythrocyte precursors, *MkP* megakaryocyte precursors, *ErP* erythrocyte precursors

Aus den multipotenten Progenitors gehen ihrerseits weitere Subpopulationen von Vorläuferzellen hervor. Die Vorläufer der lymphoiden und myeloischen Reihe entwickeln sich gabelartig zu mehreren intermediären Vorläuferzellen, die letztendlich die Ausbildung der pro Tag 4×10^{11} terminal differenzierten Blutzellen sicher stellen. Um diese beeindruckende tägliche Last zu bewältigen, muss sich eine hämatopoetische Stammzelle theoretisch nur 1-mal in 3–4 Jahren teilen (Moore 1995).

Eine Schlüsselrolle in der Kontrolle des hämatopoetischen Systems kommt den Stromazellen im Knochenmark zu, die als Schnittstelle zwischen dem peripheren Blut und den Vorläuferzellen ein fein abgestimmtes Mikromilieu kreieren. Dutzende der für Zellteilung, Selbsterneuerung und die Zelltypspezialisierung verantwortlichen Faktoren sind inzwischen identifiziert und finden wie Erythropoetin intensive Anwendung in der Klinik; mindestens genau so viele sind weiterhin unentdeckt (Scheffler et al. 1999).

4.6.2.2 Transplantation hämatopoetischer Stammzellen

Stammzellen des Knochenmarks können genutzt werden, um das hämatopoetische System von bestrahlten oder chemotherapierten Patienten wiederherzustellen. Auch Patienten mit erworbener oder vererbter Dysfunktion des Knochenmarks können davon profitieren (Appelbaum 1996). Zu den Indikationen für hämatopoetische Stammzelltherapie zählen u. a. akute Leukämien, Lymphome, erworbene und kongenitale Knochenmarkerkrankungen (z. B. aplastische Anämien und Enzymdefekte) und Autoimmunerkrankungen (Jansen et al. 2002, Saba u. Flaig 2002). Eine viel versprechende klinische Anwendung hämatopoetischer Vorläuferzellen ist die der Ex-vivo-Gentherapie, wie z. B. zur Korrektur der schweren kombinierten Immundefizienz (severe combined immune deficiency, SCID) (Hacein-Bey-Abina et al. 2002).

Die Anwendung der Transplantation in der Klinik geht bis in die frühen 50er Jahre des 20. Jahrhunderts zurück und wird heute durch einfache

i.v. Infusion verwirklicht (Perry u. Linch 1996). Als Spender kommen 3 mögliche Quellen in Frage:
1. der Patient selbst, wenn Zellen vor Chemo- oder Radiotherapie gewonnen wurden (autologe Transplantation),
2. ein identischer Zwilling (syngene Donorquelle) und
3. eine andere Person (allogenes Transplantat).

Das Spendermaterial wird entweder direkt durch Knochenmarkpunktion oder – heutzutage bevorzugt – aus dem peripheren Blut durch so genanntes „purging" gewonnen. Beim „purging" wird eine Anreicherung von Stammzellen im peripheren Blut durch i.v. Verabreichung von Chemotherapeutika (wie z.B. Cyclophosphamid) und/oder die Gabe von hämatopoetischen Wachstumsfaktoren (wie z.B. granulocyte/macrophage-colony stimulating factor, GM-CSF) erreicht. Anschließend werden hämatopoetische Stammzellen aus dem Spendermaterial für die Transplantation mittels Leukapherese weiter angereichert und separiert. Für klinische Zwecke genügt die Selektion von Zellen anhand der Expression von nur 2 Oberflächenantigenen. Die 1–4% $CD34^+$-Zellen des Knochenmarks (Civin et al. 1984) werden negativ gegen den Marker CD38 selektiert, der auf 95% der $CD34^+$-Zellen nachweisbar ist (Sieff et al. 1982, Terhorst et al. 1981). Dieses Protokoll resultiert in einer mehr als 1000fachen Anreicherung von Zellen mit Stammzellqualitäten (Graham u. Wright 1997). Obwohl seit Jahrzehnten in klinischer Anwendung, werden die Protokolle und Applikationen der Transplantation hämatopoetischer Stammzellen ständig erweitert und verfeinert. Aktuelle Protokolle finden sich z.B. in der Übersichtsarbeit von Jansen et al. (2002).

4.6.3 Neurale Stammzellen

4.6.3.1 Besonderheiten des Zellersatzes im Zentralnervensystem

Was den Zellersatz anbelangt, nehmen Gehirn und Rückenmark in mehrfacher Hinsicht eine Sonderstellung ein. Kaum ein anderes Organsystem zeigt ein so geringes Regenerationspotenzial wie das Zentralnervensystem des Menschen. Von den wenigen Regionen mit nachgewiesener adulter Neurogenese abgesehen, scheinen Gehirn und Rückenmark des Erwachsenen im Lauf der Evolution die Fähigkeit zur Neurogenese und Geweberegeneration weitgehend verloren zu haben. Entsprechend bleiben im Rahmen traumatischer oder degenerativer Prozesse ausgefallene Neurone zeitlebens verloren – einer der Hauptgründe, warum die moderne Medizin diesen Erkrankungen auch heute noch weitgehend machtlos gegenüber steht.

Aus heutiger Sicht ist die neurale Transplantation eine der attraktivsten Perspektiven für die Reparatur zellulärer Defekte im Zentralnervensystem. Gleichzeitig stellt die enorme Komplexität des Zentralnervensystems für jeden zelltherapeutischen Ansatz eine große Herausforderung dar. Die Vielzahl der neuronalen und glialen Zelltypen und deren mannigfache Interaktionen lassen eine Transplantation von Gewebeverbänden oder bereits ausgereiften Zellen als unmöglich erscheinen. Ziel ist vielmehr, unreife, noch migrationsfähige Vorläuferzellen in eine geschädigte Architektur einzuschleusen und dort zur Ausreifung zu bringen.

Da neurale Vorläuferzellen in signifikanter Zahl nur während der Entwicklung des Nervensystems vorhanden sind, musste für derartige Strategien bislang fetales Spendergewebe eingesetzt werden. Bei einigen Erkrankung wie dem Morbus Parkinson und der Chorea Huntington befindet sich dieser Ansatz bereits in klinischer Erprobung. Insgesamt wurden weltweit bislang mehr als 350 Parkinson-Patienten mit neuralen Zellen transplantiert. Dabei konnte nachgewiesen werden, dass aus dem ventralen Mesenzephalon menschlicher Feten gewonnene Vorläuferzellen in dopaminerge Neurone ausreifen, über mehrere Jahre überleben und zu einer Verbesserung der Bewegungsstörungen führen (Lindvall 1994).

Einer der wesentlichen Nachteile dieses Verfahrens ist die limitierte Verfügbarkeit von Spendergewebe. So wurde für die Transplantation eines Parkinson-Patienten z.T. Gewebe von 6 und mehr menschlichen Feten eingesetzt (Kordower et al. 1996). Im Verlauf der letzten Jahre sind zahlreiche Versuche unternommen worden, diesen Engpass durch eine vorgeschaltete Vermehrung einmal gewonnener neuraler Vorläuferzellen oder die Verwendung anderer Spenderquellen zu umgehen (Abb. 4.6.4). Ein weiterer Nachteil der fetalen Zelltransplantation ist die Heterogenität der Spenderzellen: Die als Donorquelle verwendeten fetalen Gehirnabschnitte enthalten neben der gewünschten Zellpopulation eine Vielzahl anderer neuronaler Subtypen. In einer kürzlich publizierten plazebokontrollierten US-amerikanischen Transplantationsstudie wurde in einigen Parkinson-Patienten über erhebliche Nebenwirkungen in Form von

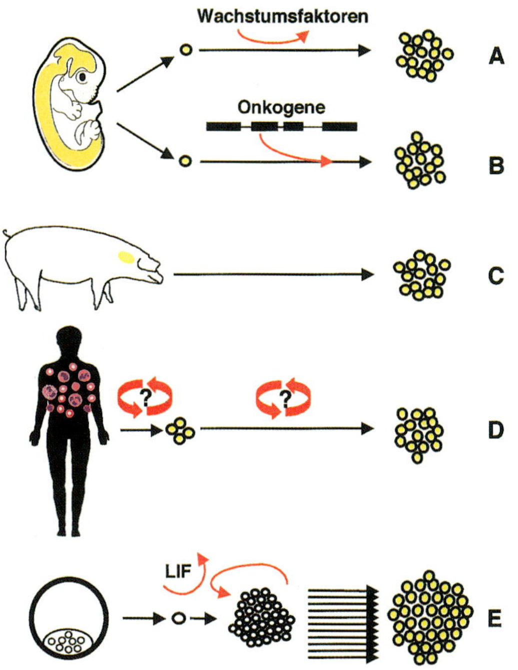

Abb. 4.6.4 A–E. Potenzielle Spenderquellen für klinische Zellersatzstrategien, dargestellt am Beispiel der neuralen Transplantation. (+) und (–) kennzeichnen die wichtigsten Vor- und Nachteile der einzelnen Strategien: **A** wachstumsfaktorvermittelte Expansion fetaler Spenderzellen, (+) rechtlich zulässige Quelle für menschliche Spenderzellen, (–) erfordert fetales Hirngewebe, begrenzte Expansionsfähigkeit, **B** onkogenvermittelte Immortalisierung, (+) uneingeschränkte Vermehrbarkeit, (–) potenzielle Tumorinduktion durch das eingefügte Onkogen, **C** Xenotransplantation, (+) kein menschliches Gewebe erforderlich, (–) potenzielle Übertragung tierischer Pathogene auf den Menschen, **D** Gewinnung neuraler Vorläuferzellen aus somatischen Stammzellen, (+) Spenderzellen könnten vom selben Patienten gewonnen werden, (–) bisher nicht gezielt in der Zellkultur durchführbar, Expansionsfähigkeit der somatischen Stammzellen vor und nach der Transdifferenzierung unklar, **E** Gewinnung neuraler Vorläuferzellen aus embryonalen Stammzellen, (+) nahezu uneingeschränkte Vermehrbarkeit, über Kernreprogrammierungsstrategien auch autolog durchführbar, gezielte Elimination krankheitsassoziierter Gene möglich, (–) als Ausgangspunkt werden humane Blastozysten benötigt

Dystonien und Dyskinesien berichtet (Freed et al. 2001). Im Zusammenhang mit der Beobachtung, dass die therapeutische Wirksamkeit nicht über die anderer invasiver Behandlungsmethoden wie der Pallidotomie und Stimulationsverfahren hinausgeht, haben diese Befunde zu einer eher zurückhaltenden Einschätzung des neuralen Zellersatzes zur Behandlung der Parkinson-Erkrankung geführt. Eine jüngst veröffentliche Arbeit eines auf dem Gebiet der Neurotransplantation ausgewiesenen schwedischen Wissenschaftlerteams hat diese Bedenken teilweise entkräftet. Im Gegensatz zu der US-amerikanischen Studie ließen sich in dieser Langzeit-Follow-up-Studie transplantierter Parkinson-Patienten nur sehr moderate Nebenwirkungen feststellen (Hagell et al. 2002). Ein genauer Vergleich beider Studienprotokolle zeigt denn auch deutliche Unterschiede. Während die in Schweden behandelten Patienten mit frisch präparierten Zellsuspensionen transplantiert worden waren, erhielten die Empfänger in der US-amerikanischen Studie Zellen, die längere Zeit in Zellkultur vermehrt oder in so genanntem Hibernationsmedium gekühlt gelagert worden waren. Diese Unterschiede verdeutlichen eindringlich die eingeschränkte Vergleichbarkeit von Studien mit abweichenden experimentellen Protokollen. Zusammenfassend kann gesagt werden, dass die bislang mit fetalem Spendergewebe durchgeführten Studien trotz ihrer noch eingeschränkten therapeutischen Wirksamkeit einen wichtigen Beitrag für die Entwicklung der klinischen Neurotransplantation geleistet haben. Die Tatsache, dass diese Zellen nach der Transplantation viele Jahre überleben, einen dopaminergen Phänotyp ausprägen und zu einer eindeutigen Verbesserung der Symptomatik beitragen stellt insgesamt einen „proof of principle“ für den Zellersatz im menschlichen Zentralnervensystem dar.

4.6.3.2 Neurale Stammzellen als alternative Spenderquelle

Neurales Stammzellkonzept

Die Frage, ob sich die Vielfalt neuraler Zelltypen aus einer Ursprungszelle entwickelt oder ob für neuronale und gliale Subpopulationen unterschiedliche Stammzellen existieren, galt lange Zeit als unentschieden. Die Beschreibung einer gemeinsamen Vorläuferzelle für Oligodendrozyten und Typ-2-Astrozyten, der so genannten O-2A-Vorläuferzelle, stellte einen wichtigen Beitrag zur Entwicklung eines Stammzellkonzepts für das Nervensystem dar (Raff et al. 1983). Diese Befunde zeigten nicht nur, dass sich 2 der 3 Hauptzelltypen des ZNS aus einer gemeinsamen Vorläuferzelle entwickeln, sondern dass sich die Differenzierung dieser Vorläuferzelle in Astro- oder Oligodendrozyten durch Variation des Zellkulturmediums steuern lässt.

Hinweise auf die Existenz multipotenter neuraler Vorläuferzellen ergaben sich bereits sehr früh aus so genannten retroviralen Lineage-Analysen („Abstammungsanalysen“). Hierbei wurden mit dem lacZ-Gen bestückte Retroviren in das embryonale Gehirn eingeschleust. Über eine Infektion sich teilender Zellen der Ventrikularzone gelang es, „Stammbäume" einzelner Vorläuferzellen in situ sichtbar zu machen. Die Ergebnisse dieser Untersuchungen zeigten, dass einzelne Zellen in alle 3 Zelltypen des ZNS ausreifen können – Neurone, Astrozyten und Oligodendrozyten (Golden u. Cepko 1996, Szele u. Cepko 1996). Darüber hinaus erbrachten diese Studien Hinweise auf das Vorliegen weiterer Stammzellen mit eingeschränkterem Differenzierungspotenzial, etwa für Neurone und Oligodendrozyten (Grove et al. 1993) oder Neurone und Astrozyten (Galileo et al. 1990).

Im Lauf der letzten 10 Jahre ist das Konzept einer gemeinsamen neuralen Stammzelle für Neurone, Astrozyten und Oligodendrozyten konsolidiert worden. Zahlreiche Studien haben belegt, dass einzelne, aus dem embryonalen Gehirn isolierte Stammzellen in diese 3 Zelltypen differenzieren können (Davis u. Temple 1994, Johe et al. 1996, Kilpatrick u. Bartlett 1993, Reynolds et al. 1992, Temple 1989). Von entscheidender Bedeutung bei der Entwicklung des neuralen Stammzellkonzepts war die Identifikation von Nestin, einem Intermediärfilament, das in unreifen neuralen Vorläuferzellen exprimiert wird und während der Ausreifung einer Vorläuferzelle von zelltypspezifischen Intermediärfilamenten wie dem sauren Gliafaserprotein (GFAP) oder Neurofilamenten abgelöst wird (Frederiksen u. McKay 1988, Hockfield u. McKay 1985, Lendahl et al. 1990). Obwohl Nestin auch in anderen Geweben und Zelltypen exprimiert wird und somit per se keinen Marker für neurale Stammzellen darstellt, ermöglicht dieses Antigen in Zusammenschau mit anderen, zelltypspezifisch exprimierten Markern ein Staging multipotenter Vorläuferzellen.

Nestinpositive neurale Stammzellen lassen sich in Anwesenheit von Fibroblastenwachstumsfaktor (FGF2) und epidermalem Wachstumsfaktor (EGF) über mehrere Passagen vermehren. Werden die Wachstumsfaktoren entzogen, reifen diese Stammzellen spontan in Neurone und Gliazellen aus. Ähnlich den an O-2A-Vorläuferzellen gemachten Beobachtungen kann dabei die Differenzierung in den einen oder anderen Zelltyp durch Zugabe definierter Faktoren gezielt gesteuert werden. So induziert CNTF (ciliary neurotrophic factor) in multipotenten Vorläuferzellen eine astrozytäre Differenzierung (Bonni et al. 1997, Johe et al. 1996, Rajan u. McKay 1998).

Im weiteren Verlauf wurden nestinpositive multipotente neurale Vorläuferzellen auch aus dem erwachsenen Gehirn und Rückenmark isoliert (Gage et al. 1995, Gritti et al. 1996, Johe et al. 1996, Reynolds u. Weiss 1992, Weiss et al. 1996). Diese an Nagetieren erzielten Ergebnisse ließen sich in den letzten Jahren auch auf aus dem fetalen und adulten menschlichen Gehirn isolierte Zellen übertragen (Brüstle et al. 1998, Flax et al. 1998, Kirschenbaum et al. 1994, Palmer et al. 2001).

Neben den in vivo durchgeführten Lineage-Analysen lieferten auch Zellkulturstudien der letzten Jahre Hinweise auf das Vorliegen von neuralen Stammzellen mit eingeschränkterem Differenzierungspotenzial. So wurden aus dem Neuralrohr und dem embryonalen Rückenmark Vorläuferzellen isoliert, die jeweils nur noch in gliale oder neuronale Phänotypen ausreifen können (Mayer-Proschel et al. 1997, Mujtaba et al. 1999, Rao u. Mayer-Proschel 1997).

Zusammengefasst untermauern diese Befunde die Existenz multipotenter glioneuronaler Stammzellen sowohl im embryonalen als auch im adulten Zentralnervensystem. Darüber hinaus weisen die Ergebnisse von In-vivo- und In-vitro-Untersuchungen auf die Existenz weiterer Untergruppen neuraler Stammzellen mit eingeschränkterem glialem oder neuronalem Differenzierungspotenzial hin. Allen Stammzellpopulationen gemeinsam ist die Fähigkeit zur wachstumsfaktorabhängigen Expansion in vitro. Damit stellen sie als Spenderquelle eine attraktive Alternative zu den bislang klinisch eingesetzten fetalen Primärzellpopulationen dar (McKay 1997, Svendsen u. Smith 1999).

Immortalisierte Stammzelllinien

Da die Vermehrbarkeit neuraler Stammzellen in vitro begrenzt ist, wäre ihre therapeutische Nutzung weiterhin von einem kontinuierlichen Zugang zu Gehirngewebe abhängig. Um dieses Problem zu umgehen, ist schon vor Jahren damit begonnen worden, frühe Vorläuferzellen des Zentralnervensystems zu immortalisieren. Durch Einschleusen von aktivierten Onkogenen gelang es, diese Vorläufer permanent vermehrungsfähig zu halten. Ein prominentes Beispiel ist die aus dem Kleinhirn gewonnene, durch das *v-myc*-Gen immortalisierte Linie C17.2 (Snyder et al. 1997), die nachfolgend für eine Vielzahl von Gentransferstrategien in Nagetiermodellen eingesetzt wurde (s. unten).

Temperatursensitive Mutanten des Simian-Virus-40(SV40)-Large-T-Antigens eröffneten die Möglichkeit, Proliferation und Differenzierung der transfizierten Vorläuferzellen zu steuern. Bei erniedrigter, so genannter permissiver Temperatur sind die Zellen uneingeschränkt vermehrbar. Bei 37 °C bzw. nach Transplantation ist das Onkogen instabil – es kommt zum Proliferationsstopp und zur Differenzierungsinduktion. Sowohl für die aus dem Hippocampus bzw. dem Hirnstamm gewonnenen temperatursensitiven Linien HiB5 und RN33B als auch für die C17.2-Linie wurde eine bemerkenswerte Fähigkeit zur regionalspezifischen Differenzierung nach Transplantation in verschiedene Gehirnregionen beschrieben (Onifer et al. 1993, Renfranz et al. 1991, Shihabuddin et al. 1995, Snyder et al. 1997). In einer Serie von Experimenten mit der RN33B-Linie konnte beispielsweise gezeigt werden, dass diese Zellen nach Transplantation in verschiedene Areale des neonatalen und adulten Gehirns regionalspezifische Phänotypen ausprägen (Shihabuddin et al. 1995). Die C17.2-Linie zeigte nach Transplantation in selektiv phototoxisch läsionierte Abschnitte der kortikalen Rindenschichten II und III eine Differenzierung in Neurone vom typischen pyramidalen Phänotyp (Snyder et al. 1997). In jüngster Zeit gelang es, immortalisierte neurale Vorläuferzelllinien mit glialem und neuronalem Differenzierungspotenzial auch aus fetalem humanem Gehirngewebe zu etablieren (Flax et al. 1998). Auch diese Zellen scheinen nach Transplantation in das Nagetiergehirn in regionalspezifische Phänotypen auszureifen (Flax et al. 1998).

Trotz dieser bemerkenswerten Befunde scheint ein klinischer Einsatz onkogenimmortalisierter Stammzellen wenig wahrscheinlich. Das Hauptproblem dieses Ansatzes ist das Verbleiben eines potenziell tumorigenen Gens in der Spenderzellpopulation. Zwar sind die für die Immortalisierung eingesetzten Onkogene von sich aus für eine Tumorinduktion nicht ausreichend. Im Zusammenspiel mit weiteren, nach der Transplantation erworbenen genetischen Alterationen könnten derartige Manipulationen jedoch die Schwelle für die neoplastische Transformation senken. Einen möglichen Ausweg bieten Verfahren, bei denen die für die Immortalisierung eingesetzten Konstrukte mit loxP-Sequenzen versehen sind, sodass das eingefügte Onkogen nach Abschluss der In-vitro-Proliferation mit Hilfe der Cre-Rekombinase wieder aus dem Genom der Spenderzellen entfernt werden kann (Westerman u. Leboulch 1996).

Plastizität und regionale Prägung

Eine entscheidende Frage im Hinblick auf eine therapeutische Transplantation neuraler Stammzellen ist, ob und inwieweit transplantierte Vorläuferzellen über eine ausreichende Plastizität verfügen, um am Zielort in den gewünschten Phänotyp auszureifen. Dies ist nicht nur eine Frage der zellautonomen Plastizität der Spenderzellen, sondern auch der Verfügbarkeit extrinsischer Signale, die eine Rekrutierung und regionalspezifische Differenzierung im Empfängergewebe ermöglichen.

Grundsätzlich stellt die heterotope Transplantation eines der aussagekräftigsten Modelle für die Untersuchung von Stamm- und Vorläuferzellplastizität dar. Während der Entwicklung des Nervensystems kann die Transplantation von Vorläuferzellen aus definierten Regionen des Gehirns in entfernte Abschnitte der Ventrikularzone Aufschluss darüber geben, ob und bis zu welchem Zeitpunkt Umgebungsfaktoren ortsfremde Vorläufer in einen lokalen Phänotyp „rekrutieren“ können. Technisch werden hierzu aus einer definierten Gehirnregion gewonnene Einzelzellsuspensionen in die Seitenventrikel embryonaler Empfängertiere implantiert. Die transplantierten Zellen verteilen sich frei innerhalb des Ventrikelsystems und haben so Zugang zu weiten Abschnitten der Ventrikularzone. Dieser Ansatz beruht auf der Annahme, dass innerhalb der Ventrikularzone, der „Geburtsstätte“ der Neurone, regional prägende Einflüsse am stärksten ausgeprägt sind. Die Ergebnisse zahlreicher derartiger Arbeiten weisen in der Tat darauf hin, dass aus dem embryonalen Gehirn gewonnene Vorläuferzellen eine große Plastizität aufweisen und – unabhängig von ihrem Herkunftsort – an der Neurogenese zahlreicher anderer Regionen teilnehmen können (Brüstle et al. 1995, Campbell et al. 1995, Fishell 1995). Werden neurale Vorläuferzellen aus dem ventralen oder dorsalen Telenzephalon eines 13–14 Tage alten Mausembryos in das Ventrikelsystem embryonaler Rattengehirne injiziert, migrieren und differenzieren die Zellen sehr effizient in verschiedensten Gehirnregionen (Brüstle et al. 1995, Campbell et al. 1995, Fishell 1995). Dies spricht dafür, dass die transplantierten Zellen in Abhängigkeit von den am Implantationsort vorhandenen Umgebungsfaktoren einen regional spezifischen Phänotyp ausbilden. Die Plastizität der jeweiligen Vorläuferzellpopulation ist jedoch abhängig vom Entwicklungsstadium ihrer Ursprungsregion. So haben neurale Vorläuferzellen aus dem Mittelhirn 13,5 Tage alter Mausembryonen im Gegensatz zu ihren Nachbarzellen im ventralen Telenzephalon diese Plastizität bereits verloren. Entsprechend der früheren Neurogenese im Mesenzephalon lassen sich heterotop integrationsfähige Vorläuferzellen nur aus früheren Stadien gewinnen. So konnte nachgewiesen werden, dass mesenzephale Vorläuferzellen eines 10,5 Tage alten Embryos noch in der Lage sind, in vielen Gehirnregionen regionalspezifisch auszureifen (Olsson et al. 1997).

Eine weitere wichtige Frage ist, ob das Differenzierungspotenzial von Vorläuferzellen aus Gehirn und Rückenmark auf Phänotypen des Zentralnervensystems beschränkt ist oder sich auch auf Zelltypen des peripheren Nervensystems erstreckt. In der Tat weisen die Ergebnisse einiger Studien darauf hin, dass zentralnervöse Stammzellen auch in p75- und Nestin exprimierende Neuralleistenstammzellen differenzieren können. Diese Zellen stellen die Vorläufer des peripheren Nervensystems dar und reifen während der Entwicklung u.a. in periphere Neurone, Schwann-Zellen und glatte Muskelzellen aus. Durch BMP2 und BMP4 (BMP: bone morphogenetic protein) kann die Überführung von zentralen in periphere neurale Stammzellen auf instruktive Weise verstärkt werden (Mujtaba et al. 1998, Panchision et al. 1998).

Inwieweit neurale Stammzellen aus dem adulten Gehirn eine ähnlich ausgeprägte Plastizität aufweisen, ist im Moment noch nicht ausreichend geklärt. Im erwachsenen Säugergehirn konzentriert sich die Neubildung von Nervenzellen v.a. auf zwei Regionen. Innerhalb des Hippocampus findet im Bereich des Gyrus dentatus eine ständige Neubildung der dort ansässigen so genannten Körnerzellen statt (Altman u. Das 1965, Kuhn et al. 1996). Dieses Phänomen der adulten Neurogenese konnte vor kurzer Zeit auch beim Menschen nachgewiesen werden (Eriksson et al. 1998). Zudem ist schon länger bekannt, dass im Nagetiergehirn eine Neubildung von Neuronen innerhalb der Subventrikularzone (SVZ) des anterolateralen Seitenventrikels stattfindet (Altman 1969). Von dort gelangen die neu gebildeten Nervenzellen über den so genannten „rostral migratory stream" in den Bulbus olfactorius, wo ein ständiger Umsatz an Neuronen stattfindet (Altman 1969, Doetsch et al. 1999).

Neurale Stammzellen aus dem Hippocampus erwachsener Tiere scheinen in der Lage zu sein, nach Transplantation in die SVZ des anterioren Seitenventrikels in den Bulbus olfactorius zu migrieren, ihre ursprüngliche Identität aufzugeben und typische Merkmale von Bulbusneuronen auszuprägen (Suhonen et al. 1996). Diese Beobachtungen könnten dahingehend interpretiert werden, dass das Milieu des Implantationsorts den ursprünglichen hippocampalen Phänotyp der Spenderzellen „umprogrammiert". Andere Befunde wiederum lassen vermuten, dass adulte neurale Stammzellen der SVZ eine nur sehr eingeschränkte Plastizität aufweisen. Nach Transplantation in das Ventrikelsystem embryonaler Ratten können adulte neurale Vorläuferzellen zwar in zahlreiche verschiedene Gehirnregionen einwandern. Dort scheinen sie jedoch präferenziell in Interneurone und nur sehr selten in regionalspezifische Projektionsneurone vom pyramidalen Zelltyp zu differenzieren (Lim et al. 1997). Insgesamt weisen diese Befunde auf eine eingeschränktere Plastizität adulter neuraler Vorläuferzellen im Vergleich zu Vorläuferzellen aus dem embryonalen Nervensystem hin.

Mögliche Anwendungsbereiche der Neurotransplantation

Aufgrund der enormen Komplexität von Gehirn und Rückenmark stellt der Zellersatz im Zentralnervensystem eine Herausforderung dar, die nur schrittweise angegangen werden kann. Solange die Interaktionen verschiedener Nerven- und Gliazelltypen innerhalb des Nervensystems selbst noch weitgehend unverstanden sind, bleibt die Behandlung komplexer, zahlreiche Zelltypen mit einbeziehender Erkrankungen mittels Neurotransplantation eine Zukunftsvision. Aus diesem Grund konzentrieren sich die gegenwärtig verfolgten Transplantationsansätze im Zentralnervensystem im Wesentlichen auf solche Krankheiten, bei denen sich der Verlust von Nervenzellen auf einen Zelltyp und überwiegend eine Gehirnregion konzentriert. Experimentell besteht darüber hinaus großes Interesse an der therapeutischen Nutzung glialer Zellen sowie an Strategien des zellvermittelten Gentransfers.

Umschriebene zelluläre Defekte. Die häufigsten Vertreter von auf überwiegend eine Gehirnregion und einen neuronalen Subtyp konzentrierten neurologischen Erkrankungen stellen die Parkinson-Erkrankung und die Chorea Huntington dar. Beide Krankheiten betreffen bevorzugt jeweils ein neuronales Transmittersystem. Im Fall der Parkinson-Erkrankung fallen die in das Striatum projizierenden dopaminergen Neuronen der Substantia nigra aus, während der Chorea Huntington GABAerge Neurone im Striatum selbst zum Opfer fallen. Aufgrund ihrer lokalisierten Ausprägung waren beide Erkrankungen die ersten Ziele neuraler Zellersatzstrategien. Entsprechend stehen seit längerer Zeit gut charakterisierte Tiermodelle für die funktionelle Evaluation neuraler Transplantate zur Verfügung.

Das klassische Tiermodell des Morbus Parkinson ist die Läsionierung dopaminerger Neurone durch stereotaktische Injektion von 6-Hydroxydopamin (6-OHDA). Diese Substanz wird lediglich von katecholaminergen Neuronen aufgenommen und wirkt dort zytotoxisch. Nach Injektion in das

Striatum werden selektiv die dopaminergen Neurone des ventralen Mittelhirns geschädigt. Auf ähnliche Weise wird durch Injektion von Ibotensäure in das Kaudatoputamen der Ratte ein Zelluntergang von striatalen Neuronen erreicht. In beiden Tiermodellen werden durch die einseitig induzierte neuronale Degeneration motorische Symptome induziert, die durch pharmakologische Substanzen sichtbar gemacht und quantifiziert werden können. Dabei werden im Wesentlichen die zwei Substanzen Apomorphin und Amphetamin verwendet, die das dopaminerge System durch direktes Binden an Dopaminrezeptoren bzw. durch vermehrte Freisetzung von Dopamin aus präsynaptischen Vesikeln stimulieren. Aufgrund der experimentell erzeugten Asymmetrie des motorischen Systems kommt es nach Injektion von Amphetamin zu einem charakteristischen Rotationsverhalten zur ipsilateralen Seite in beiden Modellen. Die Verabreichung von Apomorphin erzeugt im 6-OH-DA-Modell Rotationen zur kontralateralen Seite, während es beim Ibotensäuremodell je nach Lokalisation der Läsion zu ipsi- oder kontralateral gerichteten Rotationen kommt (Björklund et al. 1994b).

Transplantationsexperimente in beiden Tiermodellen erbrachten Befunde, wonach neurale Vorläuferzellen nicht nur in der Lage sind, in den geschädigten Gehirnregionen zu überleben, sondern auch dopaminerge bzw. GABAerge Neurone auszubilden und die durch die Läsionen induzierten motorischen Symptome zu beheben (Björklund et al. 1994a, b). Gerade das Parkinson-Transplantationsmodell verdeutlicht, dass für reparative Eingriffe bei Systemdegenerationen oft mehrere Regionen für die Transplantation in Betracht kommen. Im Fall des Parkinson-Syndroms besteht die Möglichkeit, dopaminerge Neurone entweder in das Striatum oder in die Substantia nigra selbst zu transplantieren. Während die Substantia nigra den Ort der eigentlichen neuronalen Degeneration darstellt, repräsentiert das Striatum das Hauptprojektionsgebiet der dopaminergen Neurone aus der Substantia nigra. Die überwiegende Zahl der bisher verfolgten Ansätze konzentrierte sich auf ein Einbringen dopaminerger Neuronen in das Striatum. Es sind jedoch auch Versuche unternommen worden, Spenderzellen in die Substantia nigra selbst zu implantieren. In diesem Fall sind für eine Rekonstitution des nigrostriatalen Systems ein Axonauswachsen und eine Innervation des Striatums durch transplantierte Neurone erforderlich. Während dies bei neonatalen Empfängertieren möglich ist, scheint eine solche Rekonstruktion einer Faserprojektion im ausgereiften Gehirn nicht ausreichend effizient zu erfolgen (Nikkhah et al. 1994).

Ein entscheidendes Erfolgskriterium des neuronalen Zellersatzes ist das Überleben der Spenderzellen in den ersten Tagen nach der Implantation. Unter Standardbedingungen geht ein Großteil der transplantierten Vorläuferzellen unmittelbar nach der Transplantation zugrunde. Im Tierexperiment ist es in den letzten Jahren gelungen, die Überlebensrate der Spenderzellen mit Hilfe von Wachstumsfaktoren oder Neurotrophinen deutlich zu verbessern (Clarkson et al. 2001, Mayer et al. 1993, Rosenblad et al. 1996, 1998, Sinclair et al. 1996, Yurek et al. 1996, Zawada et al. 1998). Auch oxidativer Stress scheint bei der Degeneration transplantierter Neurone eine wesentliche Rolle zu spielen. Die Verminderung von oxidativem Stress durch Überexpression von Cu/Zn-Superoxid-Dismutase oder Behandlung mit Lazaroiden führte im Tierexperiment zu einer deutlich verbesserten Überlebensrate dopaminerger Neurone (Nakao et al. 1994, 1995). Des Weiteren wird ein Überangebot an exzitatorischen Transmittern als ursächlich für die Schädigung neuraler Transplantate diskutiert. In diesem Zusammenhang konnte gezeigt werden, dass die Kalziumkanalblocker Nimodipin und Flunarizin das Überleben transplantierter Neurone verbessern (Brundin et al. 2000). Auch über eine Vorbehandlung der Spenderzellen mit antiapoptotisch wirkenden Substanzen wie Caspaseinhibitoren, p38-MAP-Kinase-Inhibitoren oder Tauroursodesoxycholsäure ließ sich ein signifikanter Anstieg der postoperativ überlebenden tyrosinhydroxylasepositiven Neurone erzielen (Brundin et al. 2000, Duan et al. 2002, Hurelbrink et al. 2001, Zawada et al. 2001).

Aufgrund der ermutigenden Erfolge im Tiermodell ist das Verfahren der neuralen Transplantation in den letzten Jahren zunehmend klinisch erprobt worden. Die ersten Berichte über zumeist wenige Fälle zeigten in einigen Parametern deutliche klinische Verbesserungen (Lindvall et al. 1990, Olanow et al. 1996). Die klinischen Effekte wie verlängerte Dauer des L-Dopa-Effekts und verminderte Rigidität und Hypokinesie in den Off-Phasen stellten sich dabei erst nach einem Intervall von etwa 2–3 Monaten ein (Hagell et al. 1999). Diese Beobachtungen lassen vermuten, dass die Integration transplantierter Vorläuferzellen und die Adaption des Empfängergehirns an das Transplantat einen längeren Zeitraum erfordern.

Durch bildgebende Verfahren wie die Positronenemissionstomographie (PET) ist es gelungen, fetale Transplantate auch noch nach Jahren anhand ihrer Aufnahme von 6-L-[^{18}F]-Fluorodopa nachzuweisen (Lindvall et al. 1990, 1992, 1994, Wenning et al. 1997). [^{11}C]-Racloprid-PET-Untersuchungen zeigten 10 Jahre nach der Transplantation noch eine signifikante Verminderung von D_2-Rezeptoren im transplantierten Bereich, was auf die funktionelle Integrität des Transplantats schließen lässt (Piccini et al. 1999). Das langfristige Überleben transplantierter dopaminerger Neurone konnte inzwischen auch anhand autoptischer Untersuchungen gesichert werden (Kordower et al. 1995, 1998).

Das Fehlen einer adäquaten Kontrollgruppe stellte für lange Zeit ein Problem bei der Beurteilung des therapeutischen Effekts klinisch durchgeführter neuraler Transplantate dar. Um dem Rechnung zu tragen, wurde in den USA vor wenigen Jahren eine zunächst umstrittene plazebokontrollierte Studie initiiert, bei der Parkinson-Patienten der Kontrollgruppe zwar einer Operation unterzogen wurden, aber kein Implantat erhielten (Cohen 1994, Felten 1994, Widner 1994). In dieser Studie ließ sich bei Patienten unter 60 Jahren ein therapeutischer Effekt der Transplantate belegen. Allerdings kam es bei einigen der transplantierten Patienten zu ungewöhnlich stark ausgeprägten Nebenwirkungen in Form von Dystonien und Dyskinesien (Freed et al. 2001), die sich deutlich von den Ergebnissen anderer Arbeitsgruppen abhoben und möglicherweise auf die in dieser Studie abweichende Vorbehandlung der Spenderzellen zurück gehen (Hagell et al. 2002; s. auch Abschnitt 4.6.3.1 „Besonderheiten des Zellersatzes im Zentralnervensystem“).

Generalisierte zelluläre Defekte. Die überwiegende Zahl der mit einem Zellverlust verbundenen neurologischen Erkrankungen bezieht große Teile von Gehirn und Rückenmark mit ein. Dementsprechend wäre für eine effiziente Rekonstruktion die Einschleusung von Spenderzellen in eine Vielzahl von Gehirnregionen erforderlich. Dieses Problem ist am erwachsenen Gehirn heute selbst im Tierversuch noch nicht lösbar. Anders verhält es sich mit der Behandlung generalisierter Defekte zu früheren Entwicklungsstadien. Sowohl im embryonalen Gehirn als auch kurz nach der Geburt ist es noch möglich, größere Zellmengen über das Ventrikelsystem zu applizieren. Auf diese Art ließen sich beispielsweise Myelin-bildende gliale Spenderzellen in das Gehirn myelindefizienter Ratten und Mäuse einschleusen, was in verschiedensten Regionen zum Aufbau neuer Myelinscheiden führte (Brüstle et al. 1999, Learish et al. 1999, Yandava et al. 1999). Inwieweit diese Beobachtungen auf größere Versuchstiere übertragbar sind, ist momentan noch unklar. Die Behandlung generalisierter Defekte im adulten ZNS wird entscheidend davon abhängen, ob die Migrationseigenschaften transplantierter neuraler Vorläuferzellen weiter optimiert und diese Zellen von den Defekten selbst rekrutiert werden können. Einige tierexperimentelle Befunde weisen in der Tat darauf hin, dass transplantierte neurale Vorläuferzellen einen Tropismus für geschädigte Gehirnareale aufweisen (Park et al. 2002). Auch ein Tropismus transplantierter neuraler Zellen für experimentell induzierte Gliome wurde beschrieben (s. unten).

Zellvermittelter Gentransfer. Neben dem klassischen Zellersatz eröffnet die Transplantation neuraler Stamm- und Vorläuferzellen interessante Perspektiven für den zellvermittelten Gentransfer. Ziel dieses Ansatzes ist nicht der Ersatz verloren gegangener oder defekter Zellen, sondern die Applikation therapeutisch wirksamer Faktoren über genetisch veränderte, in den Empfänger eingeschleuste Zellen. Insbesondere in schwer zugänglichen und besonders vulnerablen Geweben wie dem Zentralnervensystem bieten migratorisch aktive Vorläuferzellen eine attraktive Möglichkeit, systemisch nicht applizierbare Substanzen in größere Areale einzuschleusen.

Die effiziente Transfektion und nachfolgende Selektion der Spenderzellen erfordern eine hohe Proliferationskapazität. Für zellvermittelte Gentransferstrategien im Bereich des Nervensystems sind daher bislang v.a. immortalisierte Zelllinien eingesetzt worden.

Durch Transplantation der Zelllinie C17.2 (s. Abschnitt 4.6.3.2 „Neurale Stammzellen als alternative Spenderquelle“, Unterabschnitt „Immortalisierte Stammzelllinien“) ließen sich in Tiermodellen der Mukopolysaccharidose VII und der amaurotischen Idiotie Tay-Sachs die defekten Enzyme in therapeutischem Maß substituieren (Lacorazza et al. 1996, Snyder et al. 1995). Auch der zellvermittelte Gentransfer von Wachstumsfaktoren und Neurotrophinen hat in verschiedensten Modellen neurologischer Erkrankungen positive Effekte erbracht. So konnten z.B. durch die Transplantation von NGF (nerve growth factor) produzierenden neuralen Vorläufern in das Septum axotomierte cholinerge Neurone vor dem Untergang bewahrt werden (Martinez-Serrano et al. 1995). Einer sehr ähnlichen Strategie folgend gelang es, den Untergang dopaminerger Neurone im 6-OHDA-Modell durch zellvermittelten Gentransfer von GDNF (glial-derived neurotrophic factor) zu verringern (Akerud et al. 2001).

In letzter Zeit ist das Konzept des zellvermittelten Gentransfers auch auf die experimentelle Therapie von Gehirntumoren ausgeweitet worden. Im Tierversuch wurden nach Transplantation von Interleukin 4 überexprimierenden neuralen Vorläuferzellen eine Volumenreduktion experimenteller Gliome und eine verminderte Mortalität der betroffenen Empfängertiere beobachtet (Benedetti et al. 2000). Ähnliche Resultate zeigten sich nach Transplantation von C17.2-Zellen, welche Cytosindeaminase exprimieren, ein Enzym, das das Chemotherapeutikum 5-Fluorouracil zu seiner aktiven Form metabolisiert (Aboody et al. 2000). In dieser Studie wurde weiter ein ausgeprägter Tropismus der transplantierten neuralen Vorläuferzellen für die Tumorzellen beschrieben. Die C17.2-Zellen waren in der Lage, auch von entfernter Stelle und sogar nach intravasaler Applikation die Gliome aufzusuchen und zu infiltrieren. Diese Befunde weisen darauf hin, dass die Transplantation neuraler Stammzellen auch bei der Behandlung neoplastischer Erkrankungen des Nervensystems Bedeutung erlangen könnte.

Xenotransplantation. Eine weitere Möglichkeit, die limitierte Verfügbarkeit von humanem Spendergewebe zu umgehen, ist die Xenotransplantation. Gewebe tierischen Ursprungs wird bereits seit längerer Zeit für die Organteilrekonstruktion wie z.B. den Herzklappenersatz eingesetzt. Für diesen Ansatz hat sich insbesondere porcines Gewebe bewährt, da die Größe und die Funktion von Organen des Schweins denen menschlicher Organe sehr nahe kommen. Zwar birgt die Xenotransplantation ein besonderes Abstoßungsrisiko. Für Zelltransplantate ins Zentralnervensystem besteht jedoch insofern eine Sondersituation, als die intakte Blut-Hirn-Schranke den Zugriff des Immunsystems auf das ZNS einschränkt und dadurch die Problematik der Histoinkompatibilität relativiert wird. Wenn auch aktivierte Entzündungszellen das Gehirn „patrouillieren" können und das Zentralnervensystem in dieser Hinsicht kein komplett immunprivilegiertes Kompartiment darstellt (Lassmann 1997), sind die Voraussetzungen für das Langzeitüberleben artfremder Zellen doch günstiger als in nichtneuralen Geweben.

Aus dieser Überlegung heraus wurden bereits erste klinische Studien zur Transplantation porciner Neurone in Parkinson- oder Huntington-Patienten durchgeführt (Fink et al. 2000, Schumacher et al. 2000). Tatsächlich war in einem Teil der Parkinson-Patienten postoperativ eine signifikante Besserung der klinischen Symptome zu verzeichnen. Ähnlich den allogenen Transplantaten gelang es auch hier, in autoptisch gewonnenem Gewebe überlebende Spenderneuronen bis zu 7 Monate nach der Transplantation nachzuweisen (Fink et al. 2000).

Neuere Überlegungen gehen dahin, transgene Tiere mit „humanisierten" Oberflächenantigenen als Spender einzusetzen. Auf diese Art wäre es möglich, tierische Zellen mit humanen MHC-Antigenen zu erhalten, um so die Abstoßungsreaktionen zu dämpfen (Lee et al. 2002).

Ein zentrales Problem der Xenotransplantation ist die mögliche Übertragung tierischer Pathogene auf den Menschen. Die Folgen derartiger Infektionen sind kaum vorhersehbar, da sie kein natürliches Korrelat haben. Großes Aufsehen haben daher Arbeiten erregt, die zeigten, dass porcine Retroviren (porcine endogene retrovirus: PERV) auch humane Zellen in Kultur sowie Mauszellen nach der Transplantation infizieren können (Blusch et al. 2002, Van der Laan et al. 2000). Eine groß angelegte Untersuchung von 160 Patienten, die zuvor aus Schweinen gewonnenes Spendergewebe erhalten hatten, erbrachte jedoch keine Hinweise auf eine Infektion durch PERV (Paradis et al. 1999).

Alternativen zur Neurotransplantation: Stimulation endogener Stammzellen

Die Beobachtung, dass auch im adulten Säugergehirn noch eine Neubildung von Nervenzellen stattfindet, hat große Hoffnungen geweckt, diesen residenten Pool an Stammzellen langfristig für die Reparatur zentralnervöser Defekte nutzen zu können. Dabei scheint die Fähigkeit zur Neurogenese durchaus nicht nur auf die Subventrikularzone und den Hippocampus beschränkt zu sein. So ließen sich im Tierversuch nach phototoxischer Schädigung neu gebildete Neurone vom pyramidalen Phänotyp in umschriebenen Schichten der Großhirnrinde nachweisen. Die Axone dieser Neurone konnten z.T. bis in thalamische Kerngebiete verfolgt werden (Magavi et al. 2000). Diese Befunde könnten darauf hinweisen, dass Nervenzellen zumindest in umschriebenen Defekten des adulten Gehirns durch endogene Neurogenese ersetzt werden können. Derartige tierexperimentelle Modelle dürften es langfristig ermöglichen, die Mechanismen der Rekrutierung adulter Stammzellen zu studieren und die an diesem Prozess maßgeblich beteiligten Faktoren und Signalmechanismen zu identifizieren.

Bereits heute ist bekannt, dass die Wachstumsfaktoren FGF2 und EGF einen proliferativen Effekt auf Vorläuferzellen der Subventrikularzone ausüben (Craig et al. 1996, Kuhn et al. 1997). Die Infusion von TGFα (transforming growth factor α) bewirkte in einem Parkinson-Modell der Ratte eine Rekrutierung neuraler Vorläuferzellen – möglicherweise aus der Subventrikularzone – und eine De-novo-Entstehung von Neuronen und Gliazellen (Fallon et al. 2000). Einige der neu generierten Neurone exprimierten für dopaminerge Neuronen typische Marker wie Tyrosinhydroxylase und Dopamintransporter. In diesen Arbeiten wurde auch eine Besserung der motorischen Dysfunktion nachgewiesen. Diese Daten könnten darauf hinweisen, dass die selektive Schädigung eines neuronalen Systems Rekrutierungsmechanismen aktiviert, die endogene Vorläuferzellen und daraus hervorgegangene Neurone funktionell in eine geschädigte Architektur integrieren.

Interessant ist die Vielzahl extrinsischer Signale, die die Neurogenese im adulten Gehirn beeinflussen können. Die Neubildung von Körnerzellen im Hippocampus wird durch pathologische Stimuli wie Ischämie (Jin et al. 2001, Liu et al. 1998), epileptische Aktivität (Parent et al. 1997) und traumatische Läsionen (Gould u. Tanapat 1997) gefördert. Weiterhin scheinen eine an Umweltreizen reiche Umgebung (enriched environment; Kempermann et al. 1997), Lernaktivität (Gould et al. 1999), vermehrtes Laufen (Van Praag et al. 1999 b), aber auch Östrogene (Tanapat et al. 1999) die Neurogenese zu stimulieren. Umgekehrt stellen Stress, erhöhte Glukokortikoidspiegel und hohes Alter negative Stimuli für die hippocampale Neurogenese dar (Cameron u. McKay 1999, Gould u. Tanapat 1999). Inwieweit eine gesteigerte Neurogenese auch funktionelle Veränderungen nach sich zieht, ist bis heute nicht klar. Interessanterweise gibt es jedoch eine signifikante Korrelation zwischen durch körperliche Bewegung induzierter Neurogenese und verbessertem Lernverhalten (Van Praag et al. 1999 a). Kürzlich konnte in einer eleganten Studie gezeigt werden, dass die im Hippocampus neu entstehenden Neuronen auch elektrophysiologische Eigenschaften von Körnerzellen aufweisen und funktionell aktiv sind (Van Praag et al. 2002).

4.6.4 Transdifferenzierung somatischer Stammzellen

Die klassische Anschauung, dass adulte, gewebespezifische Stammzellen lediglich innerhalb ihres Organsystems ausdifferenzieren können, hat sich in den letzten Jahren durch zahlreiche aufregende experimentelle Befunde grundlegend gewandelt. Mittlerweile wird davon ausgegangen, dass zumindest bestimmte adulte Stammzellpopulationen ein weitaus breiteres Differenzierungspotenzial besitzen als bisher angenommen wurde.

So konnte gezeigt werden, dass neurale Stammzellen aus dem embryonalen und adulten Gehirn nach Injektion in bestrahlte Mäuse in verschiedene hämatopoetische Zelllinien ausreifen (Bjornson et al. 1999). Dieser Befund erregte großes Aufsehen, da das klassische Modell der fortwährenden Einschränkung des Differenzierungspotenzials während der Entwicklung in Frage gestellt wurde. Hinweise auf eine „schlummernde" Pluripotenz adulter, neuraler Stammzellen ergaben sich wenig später aus einem weiteren Experiment. Neurale Stammzellen aus dem erwachsenen Mäusegehirn wurden in Blastozysten injiziert, welche daraufhin in die Gebärmutter implantiert und zu Embryonen weiter entwickelt wurden. Abkömmlinge der neuralen Stammzellen fanden sich in zahlreichen Organen wie z.B. Darm, Herzmuskel, Haut und Gehirn (Clarke et al. 2000). Aus anderen Studien ergaben sich Daten, wonach hämatopoetische Stammzellen in Muskelfasern ausdifferenzierten, nachdem sie in das periphere Blutsystem von mdx-Mäusen – das Tiermodell der Duchenne-Muskeldystrophie – injiziert worden waren (Gussoni et al. 1999). Die umgekehrte Differenzierungsrichtung wurde ebenfalls untersucht; dabei stellte sich heraus, dass mononukleäre Zellen aus erwachsenem Muskelgewebe ebenfalls nach i.v. Applikation in reife, hämatopoetische Zellen differenzieren können. Allerdings ist noch ungeklärt, ob die hämatopoetischen Zellen in diesen Studien tatsächlich aus myogenen Vorläuferzellen, den so genannten Satellitenzellen, hervorgegangen sind. Letztere gelten als myogene Stammzellen, die beispielsweise nach einer Schädigung der erwachsenen Skelettmuskulatur neue Muskelfasern bilden können (Partridge 2000).

Auch die Regeneration von Lebergewebe scheint zumindest z.T. auf Stammzellen anderer Kompartmente zurückzugehen. Sowohl bei Versuchstieren als auch beim Menschen wurden Daten erhoben, die auf eine Transdifferenzierung hämatopoetischer Zellen in Leberzellen hindeuten. Mithilfe spezifischer DNA-Sonden kann der Besatz an Geschlechtschromosomen auf zellulärer Ebene festgestellt werden. Mit dieser Technik wurden Patientinnen untersucht, die im Rahmen einer Knochenmarktransplantation männliche Spenderzellen erhalten hatten. In Leberbiopsaten fand sich erstaunlicherweise eine große Zahl von Leberzellen, die ein Y-Chromosom besaßen – und damit aus dem transplantierten Knochenmark stammen mussten (Alison et al. 2000, Theise et al. 2000). Der reziproke Befund wurde bei männlichen Patienten erhoben, die eine Leber eines weiblichen Spenders transplantiert bekommen hatten (Theise et al. 2000).

Die Transdifferenzierung adulter Stammzellen wäre medizinisch v.a. dann interessant, wenn es gelänge, aus Stammzellen regenerativer Gewebe wie dem Knochenmark und der Haut Spenderzellen für Zellersatzstrategien in nicht oder wenig regenerativen Organen zu entwickeln. Zu Letzteren zählen insbesondere Herzmuskulatur, endokrines Pankreas und das Zentralnervensystem. Aus Knochenmarktransplantaten bei Versuchstieren ergaben sich in der Tat Hinweise darauf, dass Zellen aus dem Knochenmark in das Gehirn einwandern und dort zu einem geringen Prozentsatz neuronale Marker exprimieren können (Brazelton et al. 2000, Mezey et al. 2000, Priller et al. 2001). Ob es sich bei diesen Zellen tatsächlich um funktionell aktive Neurone handelt, ist derzeit noch unklar.

Eine kürzlich erschienene Arbeit berichtete von einer bislang nicht beschriebenen pluripotenten Zellpopulation, die aus dem adulten Knochenmark gewonnen wurde (Jiang et al. 2002). Diese so genannten „multipotent adult progenitor cells" oder MAPCs sind über zahlreiche Passagen vermehrbar und bilden in vitro neben mesenchymalen auch neuroektodermale und endodermale Zelltypen sowie Abkömmlinge des viszeralen Mesoderms aus. Unter anderem wurden Endothelzellen, Neurone, Gliazellen und Hepatozyten beobachtet. Nach der Injektion lacZ-markierter MAPCs in Blastozysten ließ sich das Transgen in zahlreichen somatischen Gewebe- und Zelltypen der daraus hervorgegangenen Mäuse nachweisen. Selbst nach i.-v.-Injektion in adulte Empfängertiere waren diese Zellen noch in der Lage, in Darmepithel, Leber, Lunge und das blutbildende System zu inkorporieren (Jiang et al. 2002).

Die Ergebnisse zweier aktueller Untersuchungen mahnen allerdings zu einer vorsichtigen Interpretation von Transdifferenzierungsstudien (Terada et al. 2002, Ying et al. 2002). Die beiden Wissenschaftlerteams hatten adulte Knochenmarkzellen bzw. adulte neurale Stammzellen mit embryonalen Stammzellen (ES-Zellen) kokultiviert. Nach der Kokulturperiode fand sich eine geringe Anzahl von Zellen, welche Eigenschaften sowohl der adulten als auch der ES-Zellen aufwiesen. In weiteren Experimenten stellte sich jedoch heraus, dass diesem Phänomen nicht eine Transdifferenzierung, sondern eine Fusion adulter und embryonaler Stammzellen zugrunde lag.

Ob und inwieweit adulte Stammzellen für den Zellersatz in nicht regenerativen Geweben genutzt werden können, wird entscheidend von der Überwindung zweier Schlüsselstellen abhängen. Einerseits muss es gelingen, den so genannten Transdifferenzierungsprozess gezielt in vitro nachzuvollziehen, also z.B. aus einer Stammzelle der Haut einen bestimmten Nervenzelltyp herzustellen. Andererseits ist es notwendig, die Zellen entweder vor oder nach dieser Umwandlung in einer klinisch signifikanten Größenordnung in vitro zu vermehren. Eine suffiziente Lösung dieser beiden Probleme bedarf zunächst intensiver Anstrengungen auf dem Gebiet der Grundlagenforschung.

4.6.5 Embryonale Stammzellen: Eine universelle Spenderquelle für den Zellersatz

4.6.5.1 Einführung

Embryonale Stammzellen (ES-Zellen) werden aus Embryonen im Blastozystenstadium gewonnen. Die Blastozyste besteht aus zwei Kompartimenten,
- der Blastozystenwand und
- der inneren Zellmasse.

Aus der Blastozystenwand entwickeln sich Trophoblast bzw. Plazentaanteile. Die innere Zellmasse beinhaltet die ES-Zellen, aus denen im Lauf der weiteren Entwicklung der eigentliche Embryo entsteht. ES-Zellen wurden erstmals 1981 erfolgreich aus Blastozysten der Maus isoliert (Evans u. Kaufman 1981, Martin 1981) und haben seither die Biowissenschaften revolutioniert. Das liegt im Wesentlichen an zwei herausragenden Eigenschaften dieser Zellen. Zum einen lassen sich ES-Zellen in Zellkultur unter entsprechenden Bedingungen praktisch uneingeschränkt vermehren (Smith et al. 1988, s. auch Kapitel 2.1 „Zellkulturtechniken, Zellmodelle und Tissue Engineering"). Zum anderen sind sie pluripotent und können noch in alle Gewebe- und Zelltypen des Organismus ausreifen. Pluripotenz und uneingeschränkte Vermehrbarkeit machen ES-Zellen zu einer im Prinzip unerschöpflichen Spenderquelle für gewebespezifische Vorläuferzellen – wenn es gelingt, die Differenzierung dieser Zellen in der Kulturschale ganz gezielt zu steuern. Da der Mangel an Spendergewebe nach wie vor ein zentrales Problem der Transplantationsmedizin ist, stellen ES-Zellen für die regenerative Medizin einen besonders interessanten Kandidaten dar.

Neben ihrer nahezu uneingeschränkten Vermehrbarkeit und ihrer Pluripotenz bieten ES-Zellen einen entscheidenden weiteren Vorteil, der sie von anderen Stammzellpopulationen abhebt: Da es sich um eine stark proliferationsaktive Zellpopulation handelt, sind an ES-Zellen auch komplexe genetische Veränderungen durchführbar. Insbesondere ist es möglich, mit Hilfe der homologen Rekombination jedes beliebige Gen zu ersetzen, zu inaktivieren oder zu modifizieren. In der Vergangenheit wurde diese Technik überwiegend für die Herstellung gendefizienter Mäuse eingesetzt, eine Methode, die sich mittlerweile zu einem essenziellen Werkzeug der entwicklungsbiologischen und biomedizinischen Forschung entwickelt hat (Zimmer 1992). Auf therapeutische Anwendungen übertragen könnte es diese Strategie erlauben, genetisch speziell auf die jeweilige Indikation abgestimmte Spenderzellen zu erzeugen oder Gene, die an der Pathogenese der jeweiligen Erkrankung beteiligt sind, vor der Transplantation aus den Zellen zu entfernen.

Während der letzten Jahre wurde intensiv daran gearbeitet, ES-Zellen gezielt in Kultur in therapeutisch relevante Zelltypen auszureifen. Eine Vielzahl von Zellpopulationen wurden in differenzierenden Kulturen muriner ES-Zellen beschrieben, so z. B. Neurone und Glia (Bain et al. 1995, Brüstle et al. 1999, Finley et al. 1996, Fraichard et al. 1995, Lee et al. 2000, Li et al. 1998, Okabe et al. 1996, Strübing et al. 1995), Herzmuskelzellen (Klug et al. 1996, Maltsev et al. 1994, Wobus et al. 1997), Insulin produzierende Zellen (Lumelsky et al. 2001, Soria et al. 2000), hämatopoetische Zellen (Gutierrez-Ramos u. Palacios 1992, Palacios et al. 1995, Wiles u. Keller 1991) und zahlreiche andere (Fuchs u. Segre 2000, Keller 1995). Einige dieser von ES-Zellen abgeleiteten Zelltypen sind am Tiermodell bereits mit Erfolg für Zelltransplantationen eingesetzt worden (Brüstle et al. 1999, Klug et al. 1996, Soria et al. 2000).

Mit der Verfügbarkeit humaner ES-Zellen öffnen sich nun Perspektiven, diese ersten Erfolg versprechenden Befunde auf die Humanmedizin zu übertragen.

4.6.5.2 Herausforderungen der ES-Zell-Technologie

Der therapeutische Einsatz von ES-Zellen ist nicht ohne Herausforderungen. Im Wesentlichen müssen zwei Hürden überwunden werden, bevor aus embryonalen Stammzellen medizinisch verwertbare Zelltypen entwickelt werden können. Dabei stellen beide Herausforderungen quasi die Kehrseite der Hauptcharakteristika embryonaler Stammzellen dar:

1. Das starke Proliferationspotenzial und die nahezu uneingeschränkte Vermehrbarkeit von ES-Zellen bedingen das Risiko der Tumorentstehung. Es ist seit langem bekannt, dass *undifferenzierte* ES-Zellen nach Transplantation zu Teratomen und Teratokarzinomen entarten können (Damjanov 1993). Daher ist es von essenzieller Bedeutung, robuste und verlässliche Protokolle zu entwickeln, die es erlauben, *stabildifferenzierte* Zellpopulationen in sehr hoher Reinheit herzustellen.
2. Das zweite Schlüsselproblem stellt die Zelltypspezifizierung dar. ES-Zellen haben keine weiter reichende embryonale Entwicklung durchlaufen und weisen dementsprechend keinerlei regionale Prägung oder Zelltypspezifizierung auf. Je nach zugrunde liegender Erkrankung sind für den Zellersatz jedoch verschiedene definierte Zelltypen erforderlich. Das heißt, es ist erforderlich, die Differenzierung embryonaler Stammzellen in der Kulturschale präzise zu steuern, sodass aus der Vielzahl der möglichen Differenzierungswege nur ein für die jeweilige Indikation relevanter Weg – etwa die Differenzierung in ein dopaminerges Neuron – beschritten wird.

Prinzipiell stehen zwei Verfahren zur Verfügung, um diese Probleme zu lösen (Abb. 4.6.5).

1. *Lineage-Selektion*
   Hierbei handelt es sich um eine konzeptionell einfache Methode. Die ES-Zellen werden weitgehend ungerichtet differenziert, um dann in einem zweiten Schritt den gewünschten Phänotyp über ein Selektionsverfahren zu isolieren. Da die Gewinnung großer Zellzahlen bei ES-Zellen kein Problem darstellt, können mit dieser Methode auch bei der In-vitro-Differenzierung selten entstehende Phänotypen effizient angereichert werden. Steht ein entsprechender Oberflä-

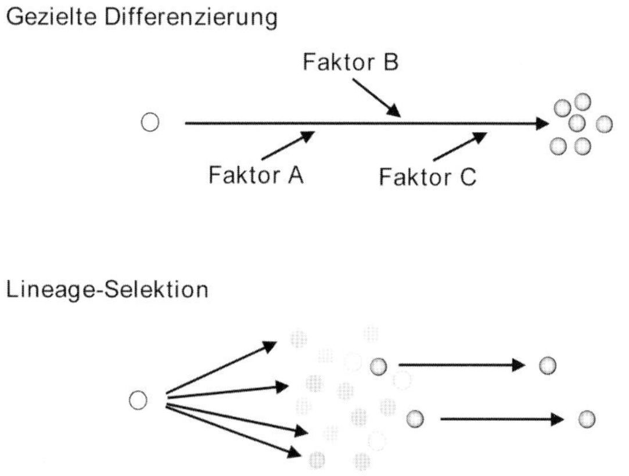

Abb. 4.6.5. Verfahren zur Gewinnung hoch aufgereinigter somatischer Zellpopulationen aus embryonalen Stammzellen. Bei der *gezielten Differenzierung* wird die Gesamtheit der undifferenzierten ES-Zellen durch Wahl entsprechender Zellkulturmedien und extrinsisch applizierter Faktoren in einen bestimmten Zelltyp überführt. Die *Lineage-Selektion* beruht auf einer zunächst wenig gerichteten, spontanen Differenzierung in verschiedene Zelltypen, aus denen die gewünschte Population mit Hilfe zelltypspezifisch exprimierter selektierbarer Marker isoliert wird. Häufig werden beide Methoden kombiniert angewandt

chenmarker für die gewünschte Zellpopulation zur Verfügung, kann die Selektion direkt mit fluoreszenzgestützten Sortierverfahren oder anderen antikörperabhängigen Methoden durchgeführt werden. Ansonsten bietet sich die Möglichkeit, einen selektierbaren genetischen Marker in die ES-Zellen einzuschleusen, der während der In-vitro-Differenzierung nur von der Zielzellpopulation exprimiert wird. Handelt es sich hierbei um ein Antibiotikaresistenzgen, kann der gewünschte Zelltyp durch Zugabe des entsprechenden Antibiotikums auf einfache Weise selektioniert werden; gleichzeitig werden alle andersartig differenzierten Zellen eliminiert.

2. *Gezielte Differenzierung*
   Ziel dieses Ansatzes ist es, die Differenzierung der gesamten Zellpopulation mittels definierter, in einer festgelegten zeitlichen Reihenfolge applizierter extrinsischer Faktoren in Richtung eines ganz bestimmten Phänotyps zu dirigieren (Abb. 4.6.5). Dies können Faktoren sein, die auch während der Embryonalentwicklung die Differenzierung in den jeweiligen Zelltyp steuern. Bei der ES-Zell-Differenzierung häufig verwendete Faktoren umfassen u. a. FGF (Fibroblastenwachstumsfaktoren), EGF (epidermaler Wachstumsfaktor), PDGF (platelet-derived growth factor), Retinsäure und LIF (leukemia inhibitory factor).

Zu betonen ist, dass der Einsatz embryonaler Stammzellen per se die Abstoßungsproblematik nicht tangiert. Aus allogenen ES-Zellen gewonnene somatische Spenderzellen bedürften deshalb nach Transplantation im selben Maß immunsuppressiver Vorkehrmaßnahmen wie allogene Primärgewebe und -zellen. In der Tat können humane ES-Zellen eine starke Expression von MHC-1-Proteinen aufweisen (Drukker et al. 2002). Im Gegensatz zu anderen Stammzellpopulationen bieten ES-Zellen jedoch die Möglichkeit, für Abstoßungsreaktionen relevante Proteine durch Inaktivierung der entsprechenden Gene über homologe Rekombination zu eliminieren. Ein anderer Ansatz, die Abstoßungsreaktion ES-Zell-abgeleiteter somatischer Zellen zu umgehen, ist die Herstellung genetisch identischer Spenderzellen durch das so genannte „therapeutische Klonieren" [s. Abschnitt 4.6.7.2 „Autologer Zellersatz aus klonierten ES-Zellen (therapeutisches Klonieren)"].

4.6.5.3 Gewinnung und Transplantation ES-Zell-abgeleiteter somatischer Zellpopulationen

Werden undifferenzierte ES-Zellen unter nicht adhärenten Bedingungen kultiviert, aggregieren sie zu größeren Zellverbänden, den so genannten Embryoidkörpern. Durch die Zellaggregation wird die spontane Differenzierung der ES-Zellen induziert. Dabei scheinen die differenzierenden Embryoidkörper frühe Stadien der Embryonalentwicklung mit Ausbildung eines primitiven Endoderms (Hypoblast) und Ektoderms (Epiblast) zu rekapitulieren (Doetschman et al. 1985). Allerdings bilden die verschiedenen Gewebe keine geordneten dreidimensionalen Strukturen, sodass Inseln von Zellen verschiedenster Differenzierung innerhalb der Embryoidkörper in chaotischer Anordnung vorliegen.

Hämatopoetische Zellen

Bereits die ersten Untersuchungen an solchen Embryoidkörpern zeigten, dass in ihnen zahlreiche hämatopoetische Vorläuferzellformen vorkommen können (Doetschman et al. 1985, Wiles u. Keller 1991). Gutierrez-Ramos u. Palacios (1992) verfolgten eine andere Strategie, um hämatopoetische Vorläufer aus ES-Zellen zu gewinnen. Durch Kokultur von undifferenzierten ES-Zellen mit einer aus dem Knochenmark gewonnenen Stromazelllinie gelang es ihnen, Joro75-positive T-Lymphoblasten und B-220-positive B-Lymphoblasten zu isolieren, die nach Injektion in subletal bestrahlte *scid*-Mäuse reife T- und B-Zellen generierten. Auf ähnliche Weise konnten PgP-1-positive hämatopoetische Zellen isoliert werden, die imstande waren, das Knochenmark von *scid*-Mäusen zu repopulieren und in myeloide, erythroide und lymphoide Zellformen auszureifen (Palacios et al. 1995).

Herzmuskelzellen

Auch die myogene Differenzierung war bereits früh Gegenstand von ES-Zell-Differenzierungsstudien. Embryoidkörper entwickeln nach längerer Kultivierung vielfach spontan kontrahierende Zellverbände. Wobus et al. (1991) konnten zeigen, dass diese Zellen typische elektrophysiologische Eigenschaften von Herzmuskelzellen aufweisen und für die Herzmuskulatur charakteristische Myosinproteine exprimieren (s. auch Kapitel 2.1 „Zellkulturtechniken, Zellmodelle und Tissue Engineering"). Eine weitere Studie zeigte, dass ES-Zell-abgeleitete Kardiomyozyten während der In-vitro-Differenzierung frühe, mittlere und späte Differenzierungsstadien geordnet durchlaufen. Den verschiedenen Reifestadien konnte zum einen die Expression bestimmter funktionell aktiver K^+-, Ca^{2+}- und Na^+-Kanäle sowie distinkter Myosinproteine zugeordnet werden (Maltsev et al. 1994). Weitergehende Untersuchungen aus jüngerer Zeit zeigen, dass ES-Zell-abgeleitete Kardiomyozyten in Embryoidkörpern elektrophysiologische und immunhistochemische Eigenschaften aufweisen, die denen fetaler Herzmuskelzellen entsprechen (Doevendans et al. 2000). Die Zahl der bei der Spontandifferenzierung von Embryoidkörpern entstehenden Kardiomyozyten ist insgesamt gering. Durch Zugabe von Retinsäure lässt sich die Effizienz der kardiomyozytären Differenzierung deutlich steigern. Allerdings entstehen mit dieser Methode präferenziell Kardiomyozyten vom ventrikulären Typ, während atriale und Schrittmacherzellen in viel geringerer Zahl auftreten (Wobus et al. 1997).

Kardiomyozyten gehören wie Neurone und andere Muskelzellen zu den erregbaren Zellen. Daher ist es nahe liegend, dass auch Veränderungen von Membraneigenschaften bei Differenzierungsvorgängen eine wichtige Rolle spielen. Interessanterweise scheint eine 1- bis 2-minütige Exposition von Embryoidkörpern in einem elektrischen Feld die Fraktion myogen differenzierter Zellen zu erhöhen (Sauer et al. 1999).

Um möglichst aufgereinigte Populationen ES-Zell-abgeleiteter Kardiomyozyten zu erhalten, wählten Klug et al. (1996) ein Lineage- Selektionsverfahren, bei dem in differenzierenden ES-Zellen ein Antibiotikaresistenzgen unter Kontrolle des α-MHC-Promotors (MHC: myosin heavy chain) exprimiert wird. Nach zunächst ungerichteter Differenzierung der ES-Zellen und nachfolgender Antibiotikaselektion wurden Herzmuskelzellen in sehr hoher Reinheit gewonnen. Die auf diese Weise aufgereinigten Kardiomyozyten wurden erfolgreich in die Ventrikelwand von mdx-Mäusen transplantiert. Dabei handelt es sich um ein Tiermodell der Duchenne-Muskeldystrophie, bei dem wie bei den betroffenen Patienten eine Mutation im Dystrophin-Gen vorliegt. Nach Transplantation der ES-Zell-abgeleiteten Kardiomyozyten konnten in 6 von 8 Tieren dystrophinpositive Zellen im Herzen nachgewiesen werden (Klug et al. 1996).

Insulin bildende Zellen

Der Diabetes mellitus stellt einen besonders attraktiven Kandidaten für Zellersatzstrategien dar. Die Erkrankung kann durch kontrollierte Applikation eines einzelnen Faktors – Insulin – suffizient behandelt werden. Die Transplantation Insulin bildender Zellen hätte den großen Vorteil, dass Insulinproduktion und -ausschüttung der endogenen Steuerung unterliegen. Dabei erfordert die Rekonstitution des insulinergen Systems nicht unbedingt eine Integration insulinerger Zellen in das Pankreas. Implantierte Zellen können auch in ektoper Lokalisation ihre Funktion erfüllen. Lediglich ein Zugang des Transplantats zum Blutsystem wäre erforderlich. Da β-Zellen des Pankreas nur sehr schwierig aus dem Gewebe zu isolieren sind, stellen pluripotente ES-Zellen eine besonders interessante, alternative Spenderquelle dar.

Mit Hilfe eines Lineage-Selektionsverfahrens ist es vor kurzem gelungen, Insulin produzierende Zellen in hoch aufgereinigter Form aus murinen ES-Zellen zu gewinnen. Dabei wurden die ES-Zellen mit einem Konstrukt transfiziert, das ein Antibiotikaresistenzgen unter der Regulation des humanen Insulinpromotors trägt. Die so selektionierten Zellen waren in der Lage, Insulin in Abhängigkeit von der Glukosekonzentration in das Zellkulturmedium abzugeben. Nach Transplantation von etwa 10^6 Zellen in die Milz hyperglykämischer Mäuse konnte eine temporäre Normalisierung des Blutglukosespiegels erzielt werden (Soria et al. 2000).

Andere Wissenschafter entwickelten Protokolle, die es erlauben, ES-Zellen durch gezielte Differenzierung in Insulin produzierende Zellen zu überführen (Lumelsky et al. 2001). Interessanterweise wurden die ES-Zellen dabei zunächst in neurale Vorläuferzellen differenziert, aus denen nach weiterer Kultivierung neben postmitotischen Neuronen auch die Insulin produzierenden Zellen entstanden. Auch diese Zellen bildeten vermehrt Insulin, nachdem sie in Kultur hohen Glukosekonzentrationen ausgesetzt worden waren. Eine Normalisierung der Glukosespiegel nach Transplantation in hyperglykämische Mäuse wurde jedoch nicht beobachtet (Lumelsky et al. 2001).

Neurale Zellen

Zahlreiche Studien haben gezeigt, dass Retinsäure eine effiziente Induktion neuraler Zellen in differenzierenden Embryoidkörpern erlaubt (Bain et al. 1995, Finley et al. 1996, Fraichard et al. 1995, Strübing et al. 1995). Nach Plattieren der Embryoidkörper finden sich unter den auswachsenden Zellen zahlreiche Neurone mit z. T. komplexen Morphologien. Diese von ES-Zellen abgeleiteten Neurone generieren Aktionspotenziale und weisen Glutamat- und GABA-vermittelte synaptische Potenziale auf (Bain et al. 1995, Finley et al. 1996). Ein Nachteil der Retinsäurebehandlung ist deren ausgeprägter differenzierungsfördernder Effekt. Dies führt dazu, dass der überwiegende Teil der gebildeten neuralen Vorläuferzellen unmittelbar in eine terminale Differenzierung übergeht. Neuere retinsäurefreie Protokolle erlauben es hingegen, noch vermehrbare neurale Vorläuferzellen in serumfreien Medien zu kultivieren. Hierbei werden die Embryoidkörper zunächst in ein definiertes Medium überführt, welches das Überleben neuraler Vorläuferzellen begünstigt. Im Anschluss an diese Selektionsphase werden die gewonnenen neuralen Zellen in Anwesenheit von FGF2 als multipotente Vorläufer weiter vermehrt. Durch Entzug des Wachstumsfaktors wird die Differenzierung induziert, wobei alle 3 Hauptzelltypen des Zentralnervensystems gebildet werden: Neurone, Astrozyten und Oligodendrozyten (Okabe et al. 1996).

Eine entscheidende Frage war, ob diese in vitro gewonnenen neuralen Zellen auch im lebenden Gehirn Vorläuferzelleigenschaften aufweisen. Um dies zu klären, wurden die Zellen während der Gehirnentwicklung in das Ventrikelsystem embryonaler Empfängertiere eingeschleust. Dabei zeigte sich, dass die transplantierten Zellen ähnlich wie Primärzellen in zahlreiche Gehirnregionen einwandern und reife Neurone und Gliazellen ausbilden (Brüstle et al. 1997). Diese Befunde weisen darauf hin, dass von ES-Zellen abgeleitete neurale Vorläuferzellen auch in vivo entwicklungsfähig sind und sich an der Gehirnentwicklung beteiligen können. Allerdings wurden in diesen Studien neben ins Wirtsgewebe inkorporierten Donorzellen auch Teratome beobachtet.

Mit der Etablierung eines komplexeren Differenzierungsprotokolls für gliale Vorläuferzellen gelang es erstmals, neurale Spenderzellen in einer für therapeutische Anwendungen ausreichenden Reinheit zu gewinnen (Brüstle et al. 1999; Abb. 4.6.6, 4.6.7, 4.6.8). Der erste Einsatz dieser Zellen erfolgte an myelindefizienten Ratten. Diese Mutante weist eine Mutation in dem für das Proteolipidprotein kodierenden Gen auf und stellt damit ein Tiermodell für die Pelizäus-Merzbacher-Erkrankung dar (Hudson 1990). Nach Transplantation in das Rückenmark betroffener Empfängertiere wanderten die Zellen in das erkrankte Gewebe ein, suchten myelindefiziente Axone auf und myelinisierten sie (Abb. 4.6.9). Diese Beobachtungen verdeutlichen, dass durch die Wahl entsprechender Zellkulturbedingungen die Differenzierung embryonaler

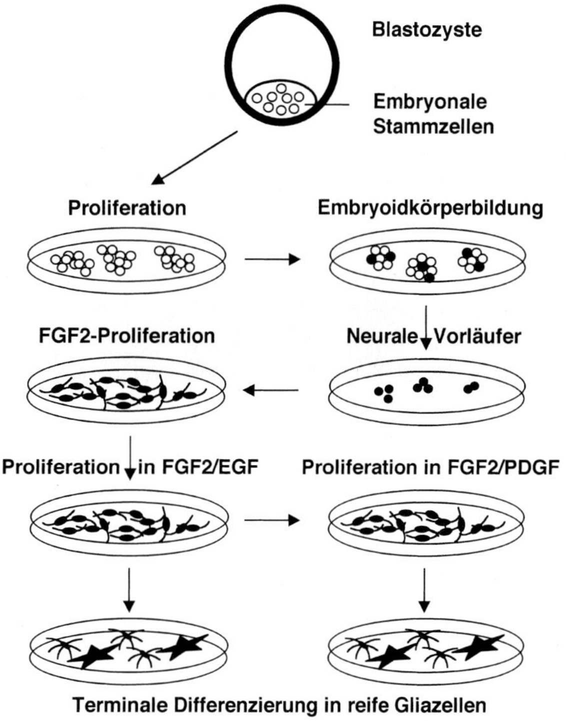

Abb. 4.6.6. Gezielte Differenzierung von murinen ES-Zellen in multipotente neurale und nachfolgend gliale Vorläuferzellen. Nach einer initialen Proliferationsphase werden die ES-Zellen zu so genannten Embryoidkörpern aggregiert. Diese frei im Zellkulturmedium schwimmenden Sphäroide werden nach wenigen Tagen plattiert und in ein serumfreies Medium überführt, welches das Überleben neuraler Vorläuferzellen begünstigt. Diese werden in Anwesenheit von FGF2 weiter vermehrt. Durch die sequenzielle Behandlung mit den Wachstumsfaktoren FGF2 und EGF bzw. FGF2 und PDGF entstehen hoch aufgereinigte gliale Vorläuferzellen. Nach Wachstumsfaktorentzug differenzieren diese Zellen in reife Astro- und Oligodendrozyten

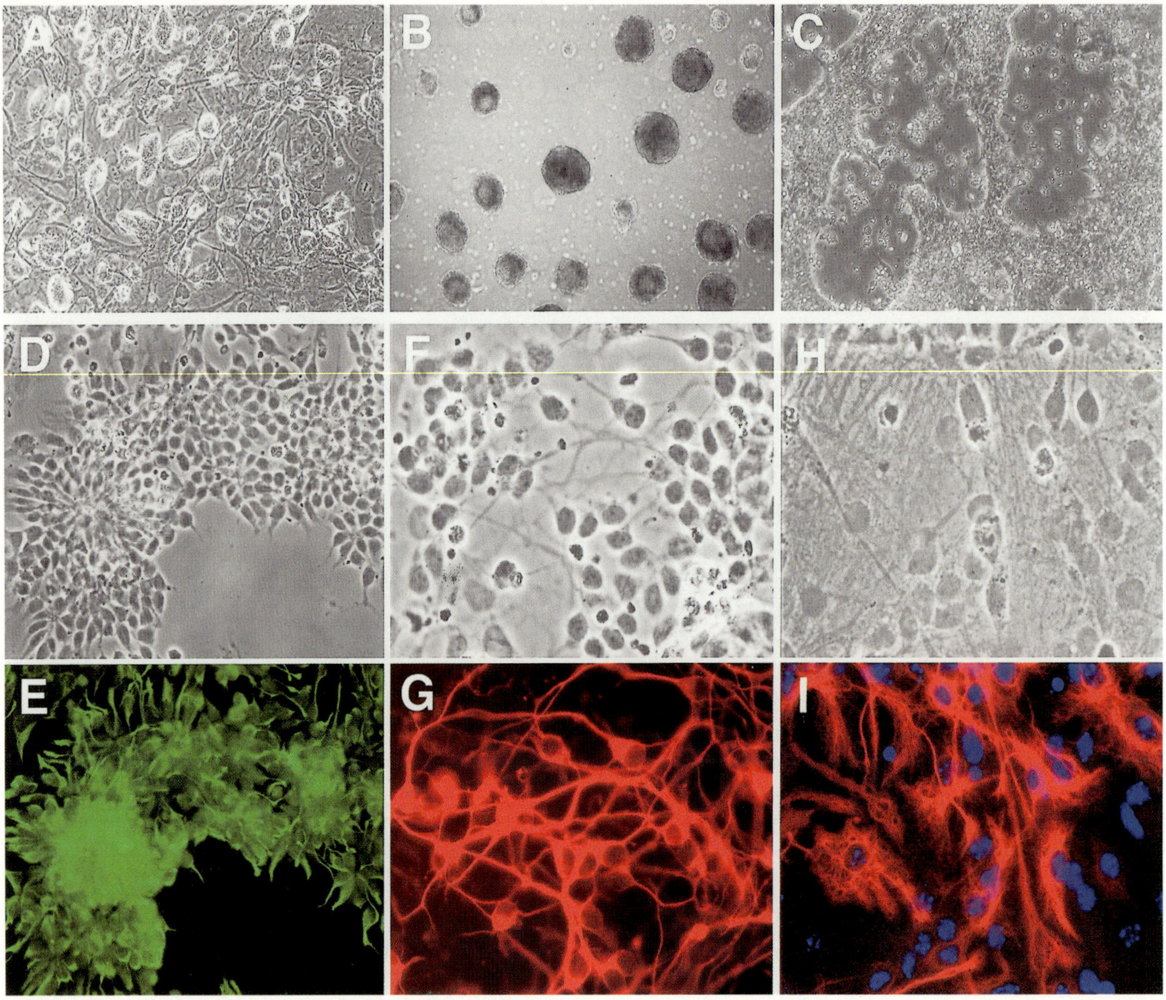

Abb. 4.6.7 A–I. Mikroskopische Aufnahmen differenzierender ES-Zellen in verschiedenen Stadien der neuralen Entwicklung. **A** Undifferenzierte ES-Zellen wachsen als Kolonien auf einem Rasen mitotisch inaktivierter embryonaler Fibroblasten (so genannte „Feeder-Zellen"). **B** Durch Aggregation undifferenzierter ES-Zellen entstandene Embryoidkörper. **C** Selektion neuraler Vorläufer nach Plattierung der Embryoidkörper in serumfreiem Medium. **D, E** Proliferation Nestin exprimierender multipotenter neuraler Vorläufer in FGF2 (**D** Phasenkontrastaufnahme, **E** Immunfluoreszenzdarstellung von Nestin). Nach Entzug von FGF2 differenzieren die Zellen in postmitotische Neurone und Gliazellen aus, **F** Phasenkontrastaufnahme 4 Tage nach FGF2-Entzug; die korrespondierende Immunfluoreszenzdarstellung in **G** zeigt β-III-Tubulin in ES-Zell-abgeleiteten Neuronen (*rot*). **H, I** 14 Tage nach Wachstumsfaktorentzug lassen sich zahlreiche Gliazellen anhand der Expression des sauren Gliafaserproteins (GFAP, *rot*) darstellen (**H** Phasenkontrast, **I** Immunfluoreszenz). Die mit Hoechst-Farbstoff markierten Zellkerne sind *blau* dargestellt

Stammzellen ganz gezielt in Richtung eines definierten somatischen Vorläuferzelltyps gesteuert werden kann. Zugleich stellen diese Befunde ein erstes Beispiel für einen erfolgreichen Einsatz ES-Zell-abgeleiteter somatischer Vorläuferzellen bei einem Tiermodell einer menschlichen Erkrankung dar.

Die Verwendung embryonaler Stammzellen zur Reparatur von Myelindefekten könnte langfristig auch für die Behandlung demyelinisierender Erkrankungen wie der Multiplen Sklerose interessant werden. Einschränkend sei gesagt, dass neurale Transplantate hier lediglich eine Reparatur bereits eingetretener Läsionen bewirken können, während der Krankheitsprozess selbst dadurch nicht beeinflusst wird. Eine weitere Schwierigkeit stellt die für viele neurologische Erkrankungen charakteristische multifokale Ausbreitung der Defekte über weite Abschnitte des Zentralnervensystems dar. Eine umfassende rekonstruktive Strategie würde es erfordern, Spenderzellen in viele Regionen des Gehirns und des Rückenmarks einzuschleusen. Die-

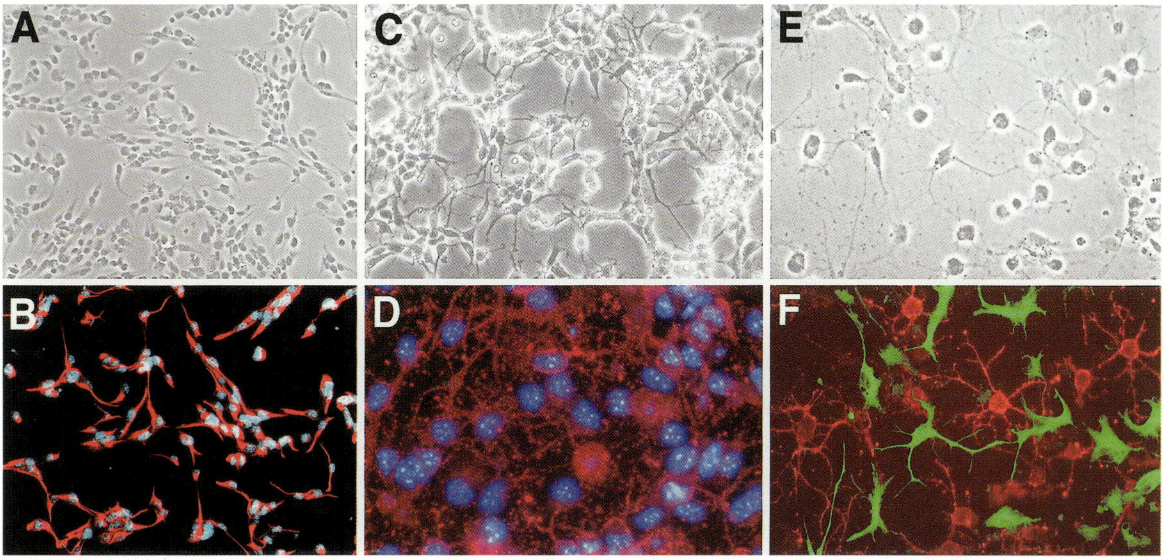

Abb. 4.6.8 A–F. ES-Zell-abgeleitete Gliazellen. Die weitere Proliferation multipotenter neuraler Vorläuferzellen in FGF2 und EGF (**A, B**) und nachfolgend FGF2 und PDGF (**C, D**) ermöglicht die Gewinnung hoch aufgereinigter bipotenter glialer Vorläufer. Diese differenzieren nach Entzug der Wachstumsfaktoren in GFAP-positive Astrozyten (*grün*) und 04-positive Oligodendrozyten (*rot*) (**E, F**). **A, C, E** Phasenkontrastaufnahmen, **B, D, F** Immunfluoreszenzanalysen mit Antikörpern gegen Nestin (**B**), A2B5 (**D**), GFAP (**F**, *grün*) und 04 (**F**, *rot*)

ses Problem lässt sich im Tierversuch zumindest teilweise dadurch lösen, dass die Spenderzellen nicht in das Gewebe selbst, sondern in das Ventrikelsystem eingebracht werden. So konnte wiederum am Beispiel der myelindefizienten Ratte gezeigt werden, dass ES-Zell-abgeleitete gliale Vorläuferzellen nach intraventrikulärer Transplantation in viele Gehirnregionen einwandern und neue Myelinscheiden bilden (Brüstle et al. 1999). Allerdings scheint dieses Verfahren bislang nur während der Gehirnentwicklung erfolgreich durchführbar.

Neben glialen Zelltypen wurden inzwischen auch Subpopulationen neuronaler Zellen aus pluripotenten ES-Zellen gezielt gewonnen. Die meisten dieser Arbeiten haben sich auf die Erzeugung dopaminerger Neurone zur Behandlung der Parkinson-Erkrankung konzentriert. Dazu wurden aus der Entwicklungsneurobiologie bekannte Mechanismen der Differenzierungssteuerung eingesetzt. Bereits seit längerer Zeit ist bekannt, dass FGF8 und Sonic hedgehog (Shh) eine wesentliche Rolle bei der Induktion eines ventralen mesenzephalen Phänotyps und damit der Entstehung dopaminerger Neurone spielen. Diese faktorvermittelte „regionale Prägung" lässt sich auch auf die Differenzierung von ES-Zellen übertragen. Lee et al. (2000) konnten nachweisen, dass durch Zugabe von FGF8, Shh und Askorbinsäure Kulturen mit einem bis zu 35%igen Anteil dopaminerger Neurone erhalten werden können. Ähnliche Ergebnisse wurden durch Kokultur von ES-Zellen mit aus Knochenmark gewonnenen Stromazelllinien erzielt, wenngleich die für den induktiven Effekt verantwortlichen Faktoren in diesem Modell noch nicht bekannt sind (Kawasaki et al. 2000).

In einer jüngst durchgeführten Studie gelang es die Effizienz der dopaminergen Differenzien durch Überexpression des Transkriptionsfaktors Nurr-1 bis über 70% zu steigern. Nach Transplantation im Rattenmodell zeigte sich, dass diese dopaminergen Neurone tatsächlich in der Lage sind, Bewegungsstörungen beim experimentell induzierten Morbus Parkinson zu reduzieren (Kim et al. 2002).

Neben der gerichteten Differenzierung mittels extrinsisch applizierter Faktoren wurde zur Gewinnung neuraler Zellen auch das Verfahren der Lineage-Selektion eingesetzt. Li et al. (1998) schleusten beispielsweise über homologe Rekombination ein Antibiotikaresistenzgen in den Sox-2-Locus ein. Da Sox-2 während der frühen Entwicklung nur im Nervensystem exprimiert wird, ließen sich durch eine Antibiotikaselektion nach Retinsäure-induzierter Differenzierung hoch aufgereinigte neurale Zellpopulationen gewinnen (Li et al. 1998).

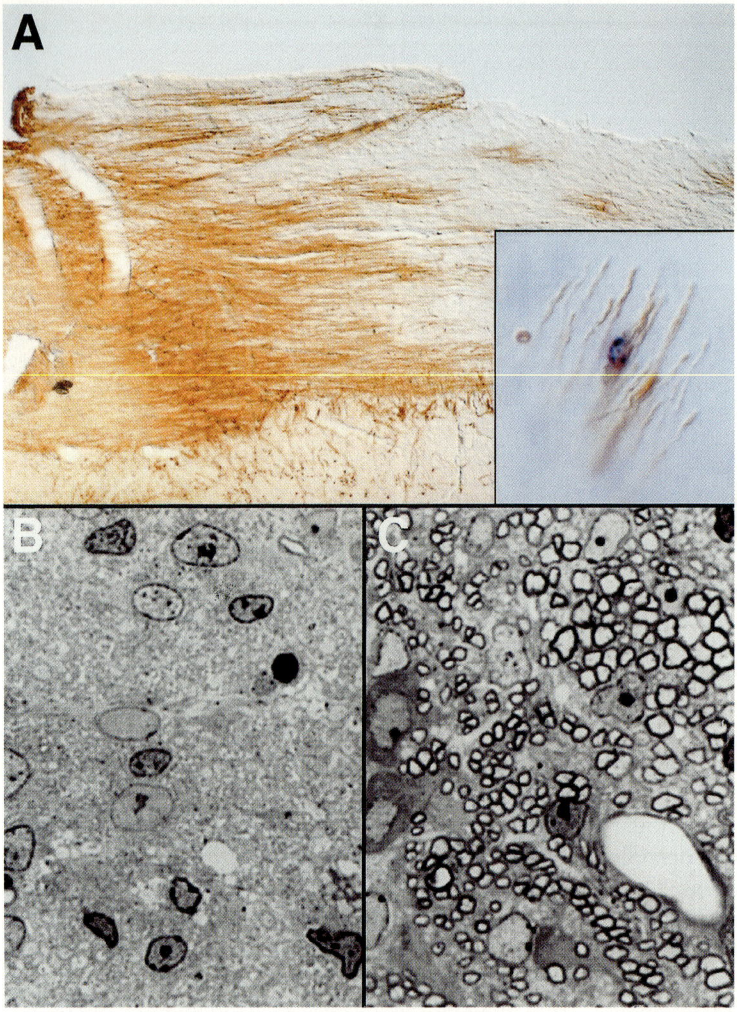

Abb. 4.6.9 A–C. Myelinreparatur durch murine ES-Zell-abgeleitete gliale Vorläuferzellen. **A** 2 Wochen nach Transplantation in das Rückenmark myelindefizienter Ratten lassen sich zahlreiche neu gebildete Myelinscheiden nachweisen (*braun* Detektion von Proteolipidprotein). Die Detailaufnahme zeigt einen ES-Zell-abgeleiteten Oligodendrozyten, der benachbarte Axone myelinisiert. Der Zellkern ist mit einer mausspezifischen DNA-Sonde markiert. **B** Querschnitt durch die Hinterstränge einer 3 Wochen alten myelindefizienten Ratte, **C** Darstellung derselben Region in einem Geschwistertier, das im Alter von 1 Woche eine Transplantation ES-Zell-abgeleiteter glialer Vorläuferzellen erhalten hatte. Die dunkel gefärbten Ringstrukturen entsprechen neu gebildeten Myelinscheiden

4.6.5.4 Humane ES-Zellen

Thomson et al. gelang es 1998 erstmals, humane embryonale Stammzelllinien zu etablieren. Hierfür wurden befruchtete Eizellen eingesetzt, die im Rahmen einer In-vitro-Fertilisation erzeugt, aber nicht mehr für eine Implantation und Herbeiführung einer Schwangerschaft verwendet wurden. Nach Kultivierung dieser befruchteten Eizellen bis zum Blastozystenstadium ließen sich aus der inneren Zellmasse Zelllinien gewinnen, die charakteristische Eigenschaften embryonaler Stammzellen aufwiesen. Wie murine ES-Zellen waren auch sie über lange Zeiträume vermehrbar und differenzierten in eine Vielzahl verschiedener Zelltypen aus. Nach Transplantation undifferenzierter humaner ES-Zellen in Nacktmäuse bildeten sich Teratome, die Gewebe aller 3 Keimblätter beinhalteten. Obwohl gewisse Unterschiede in Bezug auf die Wirkung einzelner Wachstumsfaktoren und die Expression von Differenzierungsmarkern verzeichnet wurden, entsprachen diese Eigenschaften weitgehend denen muriner ES-Zellen.

Die Verfügbarkeit humaner ES-Zell-Linien führte zu einer weltweiten Intensivierung der medizinisch orientierten Stammzellforschung (Itskovitz-Eldor et al. 2000, Reubinoff et al. 2000). Bald stellte sich heraus, dass somatische Zellen verschiedener Gewebe – wie bei Mauszellen – über eine Aggregation zu Embryoidkörpern und anschließende Differenzierung gewonnen werden können. Kehat et al. (2001) beschrieben spontan kontrahierende Zellen, die morphologische und immunzytochemische Eigenschaften von Kardiomyozyten aufweisen. Auf ähnliche Weise behandelte ES-Zellen bildeten Insulin produzierende Zellen, die auf Glukosestimulation Insulin ins Zellkulturmedium abgaben (Assady et al. 2001). Durch Ko-

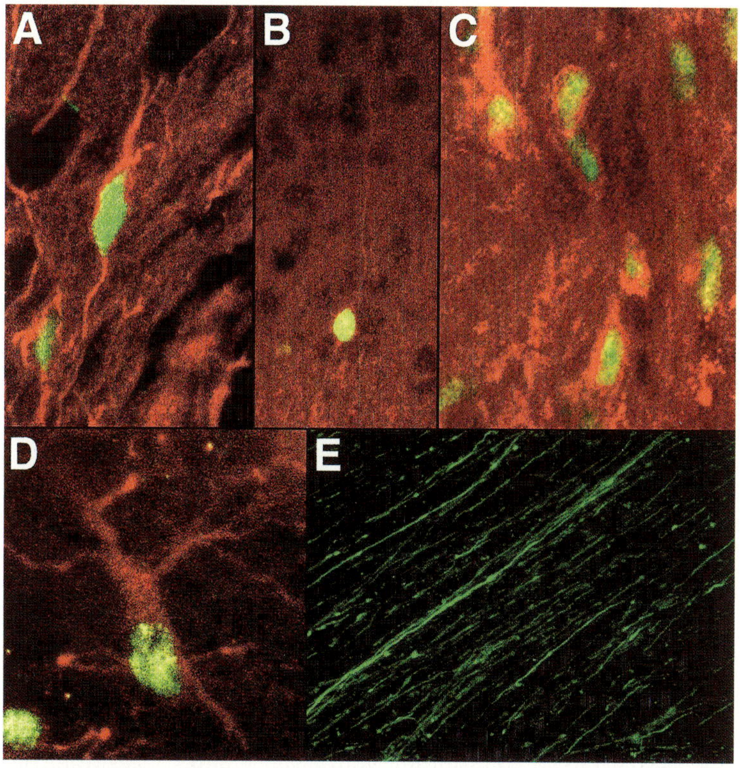

Abb. 4.6.10 A–E. Inkorporation und neuronale Differenzierung von humanen ES-Zell-abgeleiteten neuralen Vorläuferzellen nach Transplantation in das neonatale Mausgehirn. Konfokale Laserscanmikroskopie mit anschließender digitaler Rekonstruktion. Humane Neurone im Cortex (**A, B**) und in heterotoper Lokalisation im Corpus callosum (**C, D**), dargestellt mit einem humanspezifischen nukleären Marker (*grün*) und Doppelmarkierung mit Antikörpern gegen *β*-III-Tubulin (*rot*, **A, B**) und MAP2 (*rot*, **C, D**). **E** Humane Axone im Hippocampus eines Empfängertiers, dargestellt mit einem humanspezifischen Antikörper gegen Neurofilamentprotein

kultur mit der Knochenmarkzelllinie S17 der Maus gelang es, eine kleine Fraktion der differenzierenden humanen ES-Zellen erfolgreich in CD34-positive, hämatopoetische Vorläufer auszureifen (Kaufman et al. 2001). In einer weiteren Arbeit konnte gezeigt werden, dass humane ES-Zellen in vitro auch in Gefäßendothelzellen differenziert werden können (Levenberg et al. 2002). Mit Hilfe fluoreszenzaktivierter Zellsortierung (FACS) konnte diese Zellpopulation anhand der Expression des Oberflächenmoleküls PECAM-1 (CD31) aufgereinigt werden (Levenberg et al. 2002).

Während in diesen Studien die jeweils induzierten Zelltypen nur einen Teil der Gesamtzellpopulation ausmachten, konnten neurale Zellen bereits in einer Reinheit gewonnen werden, die erste Transplantationsexperimente am Tiermodell ermöglichte (Reubinoff et al. 2001, Zhang et al. 2001). Ähnlich wie murine ES-Zell-abgeleitete neurale Vorläufer zeigten diese Zellen nach Transplantation ins Ventrikelsystem neugeborener Mäuse ein ausgeprägtes Migrationspotenzial und wanderten in zahlreiche Gehirnregionen ein (Zhang et al. 2001). Dort differenzierten sie in Zellen, die morphologisch reifen Neuronen und Gliazellen entsprachen und entsprechende Markerantigene exprimierten (Abb. 4.6.10). Immunhistochemische Untersuchungen mit einem Antikörper gegen humanes Neurofilamentprotein zeigten, dass die inkorporierten humanen Neurone in den Empfängergehirnen ein dichtes Netz axonaler Fortsätze ausgebildet hatten (Abb. 4.6.10 e). Nachfolgende Studien werden prüfen müssen, ob humane ES-Zellen auch in Tiermodellen menschlicher Erkrankungen erfolgreich zu therapeutischen Zwecken eingesetzt werden können, wie dies für murine ES-Zellen schon an einigen Beispielen gezeigt wurde.

4.6.6 Humane EG-Zellen

Parallel zur Entwicklung humaner ES-Zelllinien durch die Arbeitsgruppe von Thomson ist es John Gearhart und seinen Mitarbeitern gelungen, humane pluripotente Stammzelllinien aus primordialen Keimzellen zu etablieren (Shamblott et al. 1998). Letztere wurden aus Feten der 5.–11. Schwangerschaftswoche nach induziertem Abort erhalten. Diese so genannten EG-Zellen (embryonic germ cells) weisen Eigenschaften auf, die denen humaner embryonaler Stammzellen ähneln. Aus Versuchen an Mäusen ist bekannt, dass sie sich über lange Zeiträume in der Zellkultur vermehren lassen, ebenfalls Embryoidkörper bilden und in eine Vielzahl somatischer Zelltypen ausreifen können. In differenzierenden EG-Zell-Kulturen wurden Nervenzellen, Kardiomyozyten, Skelettmuskelzellen und hämatopoetische Zellen beschrieben (Matsui et al. 1992, Ohtaka et al. 1999, Rich 1995, Rohwedel et al. 1996). Die Studien von Shamblott et al. (2001) belegten, dass aus humanen EG-Zellen gebildete Embryoidkörper u.a. in neurale Zellen, Endothel, Muskelzellen und verschiedene endodermale Zelltypen ausreifen. Somatische Zelllinien, die aus EG-Zellen abgeleitet wurden, lassen sich über lange Zeiträume vermehren und scheinen z.T. Marker verschiedener Gewebe simultan zu exprimieren (Shamblott et al. 2001).

Experimente an *murinen* Zellen weisen darauf hin, dass sich primordiale Keimzellen und EG-Zellen in Bezug auf DNA-Methylierung und genomisches Imprinting erheblich von ES-Zellen und gewebespezifischen somatischen Zellen unterscheiden (Kato et al. 1999, Labosky et al. 1994). Jüngst an *humanen* EG-Zellen durchgeführte Untersuchungen scheinen hingegen zu belegen, dass EG-Zell-abgeleitete Zelllinien ein somatischen Zellen vergleichbares Imprinting aufweisen können (Onyango et al. 2002). Inwieweit Unterschiede im Methylierungsstatus die Stabilität EG-Zell-abgeleiteter somatischer Zellpopulationen beeinflussen, kann gegenwärtig nicht beurteilt werden.

4.6.7 Kernreprogrammierung

Bereits in den frühen 1960er Jahren wurde bekannt, dass Zellkerne adulter Amphibien nach Implantation in entkernte Eizellen in ein totipotentes Stadium reprogrammiert werden können (Gurdon 1962). Mit der Geburt von Dolly gelang es mehr als 30 Jahre später, dieses bemerkenswerte Phänomen erfolgreich auf Säugetiere zu übertragen (Wilmut et al. 1997). Seither ist dasselbe Verfahren auf mehrere andere Säugetierspezies angewandt worden, darunter Mäuse, Ziegen, Schweine und Rinder (Baguisi et al. 1999, Cibelli et al. 1998, Polejaeva et al. 2000, Wakayama et al. 1998). Diese Befunde haben über ihre naturwissenschaftliche Bedeutung hinaus eine breite und kontrovers geführte gesellschaftliche Diskussion entfacht. Während das Klonieren menschlicher Individuen (das so genannte „reproduktive Klonieren") zu den Horrorszenarien wissenschaftlicher Machbarkeit zählt, eröffnet dasselbe Verfahren – auf Zellen begrenzt – faszinierende Perspektiven für die regenerative Medizin.

4.6.7.1 Medizinische Perspektiven des reproduktiven Klonierens

Bei den so genannten Kerntransferverfahren werden Zellkerne differenzierter Zellen in zuvor entkernte Eizellen eingebracht (Campbell et al. 1996, Gurdon 1962, Wilmut et al. 1997). Dies ist technisch möglich, da die Eizelle im Vergleich zu dem einzuführenden Kern sehr groß und insgesamt mechanischen Manipulationen leicht zugänglich ist. Durch einen Strompuls werden die weitere Entwicklung und nachfolgende Teilung der neu entstandenen Zelle initiiert (Campbell et al. 1996, Wilmut et al. 1997). Diese enthält von ihrem ursprünglichen Genom lediglich noch die mitochondriale DNA, während das Kerngenom aus dem implantierten Zellkern stammt. In diesem Zusammenhang kann von einem kerngenomidentischen Zellklon gesprochen werden. Durch noch nicht verstandene Mechanismen wird die Transkriptionsmaschinerie des eingebrachten Zellkerns in ein Stadium „reprogrammiert", das dem einer befruchteten Eizelle entspricht. Ein kleiner Teil der so reprogrammierten Zellen kann eine normale Entwicklung durchlaufen und sich nach Implantation in die Gebärmutter in ein Individuum weiterentwickeln.

Die Ergebnisse dieser Studien haben sowohl für die Grundlagenwissenschaft als auch für die anwendungsorientierte biomedizinische Forschung wichtige Implikationen. Aus entwicklungsbiologischer Sicht kann gefolgert werden, dass aus embryonalen, fetalen oder adulten Zellen gewonnene Zellkerne prinzipiell noch das Potenzial besitzen, die gesamte Embryonalentwicklung zu rekapitulieren. Diese Erkenntnis revolutioniert das bislang vorherrschende hierarchische entwicklungsbiologische Konzept einer stetig fortschreitenden und irreversiblen Spezialisierung und Determinierung von Stamm- und Vorläuferzellen (s. Abb. 4.6.1 und Abb. 4.6.3).

Aus medizinischer Sicht gesehen bietet die Kernreprogrammierung v.a. Perspektiven für die Gewinnung autologer Ersatzzellen [s. Abschnitt 4.6.7.2 „Autologer Zellersatz aus klonierten ES-Zellen (therapeutisches Klonieren)"]. Doch auch das so genannte reproduktive Klonieren könnte – auf bestimmte Säugetiere angewandt – zu medizinischen Anwendungen führen. Dies gilt insbesondere für die Herstellung gentechnisch veränderter

Tiere. So ist es bereits gelungen, transgene Ziegen zu erzeugen, die den humanen Gerinnungsfaktor Antithrombin III in der Milch produzieren (Baguisi et al. 1999). Allein für diese Anwendung – die Erzeugung großer Mengen therapeutisch wirksamer rekombinanter Faktoren – wäre der Bedarf enorm groß.

4.6.7.2 Autologer Zellersatz aus klonierten ES-Zellen (therapeutisches Klonieren)

Die für medizinische Anwendungen interessanteste Perspektive der Kernreprogrammierung ist die Gewinnung kerngenomidentischer pluripotenter Stammzellen. Über einen Kerntransfer erhaltene menschliche Zellen könnten in vitro bis zum Blastozystenstadium kultiviert werden, aus dem sich dann humane ES-Zellen gewinnen ließen. Aus Letzteren könnten wiederum eine Vielzahl somatischer Zelltypen entwickelt werden. Dieses Verfahren würde es erlauben, sehr große Mengen kerngenomidentische Spenderzellen für die Transplantationsmedizin zu gewinnen, wodurch sich das Problem der Transplantatabstoßung umgehen ließe (Abb. 4.6.11). Am Mausmodell wurde dieses Verfahren bereits dazu eingesetzt, eine Reihe therapeutisch relevanter Zelltypen zu gewinnen, darunter auch dopaminerge Neurone (Munsie et al. 2000, Wakayama et al. 2001).

Aus heutiger Sicht stehen einer klinischen Anwendung der Kernreprogrammierung noch eine Vielzahl ethischer und naturwissenschaftlicher Probleme entgegen. Das oben beschriebene Verfahren würde es erforderlich machen, menschliche Embryonen bis zum Blastozystenstadium für die Zellgewinnung zu kultivieren, was auf große ethische Bedenken stößt. Zum anderen wären für ein solches individualspezifisches Verfahren große Mengen an Eizellen erforderlich, was wiederum enorme ethische, aber auch praktische Probleme aufwirft.

Aus naturwissenschaftlicher Sicht muss angemerkt werden, dass die erfolgreiche, vollständige „Reprogrammierung" nach Kerntransfer ein äußerst seltenes Ereignis darstellt. Dem tragen auch die zahlreichen Fehlbildungen Rechnung, die in über Kerntransfer generierten Säugetieren beschrieben wurden (Young et al. 1998). In klonierten Mäusen und ES-Zellen wurden erhebliche Variationen im Methylierungsstatus festgestellt (Humpherys et al. 2001). Während der In-vitro-Differenzierung klonierter ES-Zellen in somatische Zellen würde der überwiegende Teil dieser Reprogrammierungsfehler unbemerkt bleiben. Daraus erwächst das Risiko, Spenderzellen mit geneti-

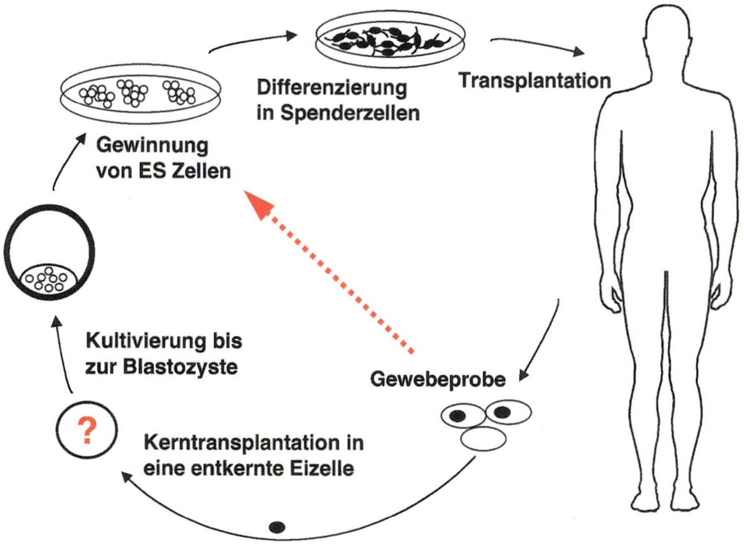

Abb. 4.6.11. Autologer Zellersatz über Kernreprogrammierung (therapeutisches Klonieren). Über Kerntransfer erzeugte Blastozysten könnten als Quelle autologer ES-Zellen dienen. Durch In-vitro-Differenzierung dieser ES-Zellen wäre es möglich, verschiedene somatische Zellpopulationen in nahezu unbegrenzter Menge vom Patienten selbst zu gewinnen. Hauptziel dieser jungen Forschungsrichtung ist es jedoch, die an der Kernreprogrammierung beteiligten Faktoren im Eizellplasma zu identifizieren – mit dem Ziel, sie langfristig direkt auf adulte Zellen anzuwenden. Dies könnte die Gewinnung pluripotenter Zellen ohne Eizellspende und die Erzeugung von Blastozysten erlauben (*Pfeil*)

schen Defekten für Transplantationszwecke einzusetzen.

Aus heutiger Sicht scheint es wahrscheinlich, dass Verfahren wie Kern- oder Zytoplasmatransfer primär als Werkzeuge eingesetzt werden, um die an der Kernreprogrammierung beteiligten Faktoren und Mechanismen zu identifizieren. Nicht nur das Zytoplasma von Eizellen, sondern auch das pluripotenter Stammzellen könnte Faktoren beinhalten, die eine Reprogrammierung von Zellkernen in frühere Entwicklungsstadien zulassen. Die Identifikation dieser Faktoren könnte es in Zukunft ermöglichen, adulte Zellen auf direktem Weg in ein pluripotentes, ES-Zell-ähnliches Stadium zu überführen, aus dem sich dann autologe somatische Zellen für Zellersatzstrategien entwickeln ließen – ohne Verwendung von Eizellen und ohne Erzeugung von Blastozysten. In diesem Zusammenhang wird die Forschung an embryonalen Stammzellen einen wichtigen Beitrag zur Weiterentwicklung von Verfahren zur Transdifferenzierung adulter Stammzellen leisten. Dies sollte auch dazu beitragen, den in der gesellschaftlichen Diskussion vielfach heraufbeschworenen Konflikt zwischen der Forschung an embryonalen und adulten Stammzellen zu entschärfen.

4.6.8 Resümee und Ausblick

Die Stammzellforschung eröffnet der modernen Medizin faszinierende Perspektiven auf verschiedenen Ebenen. Die grundlegenden Arbeiten zur Differenzierung embryonaler und gewebespezifischer Stammzellen werden dazu beitragen, die Mechanismen der Entstehung verschiedener Gewebe und Zelltypen besser zu verstehen. Diese Arbeiten werden uns neue Einblicke in die Entwicklungsbiologie des menschlichen Organismus gewähren. Die Entschlüsselung von Zelldifferenzierungsprogrammen wird es ermöglichen, die therapeutische Nutzung von Stammzellen kontinuierlich zu optimieren. Neben der Entwicklung neuer Zelltransplantationsstrategien wird es hierbei zunehmend auch darum gehen, residente, in vielen Geweben des Erwachsenen noch vorhandene Stammzellen im Sinn einer Rekrutierung für die Reparatur von Defekten zu nutzen. Im Bereich der Transplantationsmedizin wird die parallele Forschung an embryonalen und gewebespezifischen Stammzellen die Grenze zwischen beiden Gebieten immer unschärfer werden lassen. Von Synergieeffekten zwischen beiden Forschungsrichtungen ist insbesondere ein besseres Verständnis der bei adulten Stammzellen beschriebenen Transdifferenzierungsphänomene zu erwarten.

Was die therapeutische Nutzung embryonaler Stammzellen anbelangt, wird neben deren Vermehrbarkeit und Pluripotenz langfristig v.a. ihre genetische Manipulierbarkeit das entscheidende Kriterium darstellen. Dies wird den Weg für weit über das Konzept des klassischen zellvermittelten Gentransfers hinaus gehende Strategien öffnen. Durch gezielte Modifikation einzelner Gene oder auch ganzer Signalkaskaden könnten Zellen geschaffen werden, die nicht mehr nur einen Zelltyp ersetzen, sondern gezielt mit den pathologischen Prozessen im Wirtsgewebe interagieren und so funktionelle Defekte kompensieren.

Stammzellen werden aus medizinischer Sicht nicht nur für die Krankheitsbehandlung immer interessanter werden. Die aus verschiedenen humanen Stammzellpopulationen gewonnenen somatischen Zelltypen werden auch als wertvolle Werkzeuge für die Medikamententestung und toxikologische Untersuchungen dienen. Die Möglichkeit, in embryonalen Stammzellen Gene gezielt zu modifizieren, wird es erstmals erlauben, die molekularen Mechanismen vieler Erkrankungen in humanen Zellen zu „remodellieren". Die dabei entstehenden Modellsysteme werden uns ein besseres Verständnis der Pathogenese vieler Erkrankungen vermitteln. Besonders relevant dürfte dieser Ansatz für Krankheiten sein, die auf die Transformation oder die Dysfunktion gewebespezifischer Stammzellen zurückgehen. Ein Beispiel hierfür stellen bestimmte Gehirntumoren dar, für die bereits seit längerem ein Ursprung aus neuralen Stammzellen vermutet wird.

Der rasante Fortschritt auf dem Gebiet der Kernreprogrammierung lässt erwarten, dass viele der oben aufgeführten Anwendungen individualspezifisch gestaltet werden können. Im Bereich der Transplantationsmedizin ließe sich dadurch langfristig auch das Problem der Transplantatabstoßung umgehen.

Einschränkend sei gesagt, dass Stammzellen zwar eine attraktive und in vielerlei Hinsicht unübertroffene Spenderquelle darstellen. Die Grundprobleme der funktionellen Integration dieser Zellen in einen geschädigten Gewebeverband sowie das Fortschreiten einer etwaigen zugrunde liegenden degenerativen Erkrankung bleiben davon jedoch unberührt. Diese Tatsache sollte nicht zuletzt auch zu einer realistischen Einschätzung des Zeitrahmens für die Entwicklung stammzellbasierter Therapien beitragen.

4.6.9 Literatur

Aboody KS, Brown A, Rainov NG et al. (2000) From the cover: neural stem cells display extensive tropism for pathology in adult brain: evidence from intracranial gliomas. Proc Natl Acad Sci USA 97: 12.846–12.851

Akerud P, Canals JM, Snyder EY, Arenas E (2001) Neuroprotection through delivery of glial cell line-derived neurotrophic factor by neural stem cells in a mouse model of Parkinson's disease. J Neurosci 21: 8108–8118

Alison MR, Poulsom R, Jeffery R et al. (2000) Hepatocytes from non-hepatic adult stem cells. Nature 406: 257

Altman J (1969) Autoradiographic and histological studies of postnatal neurogenesis. IV. Cell proliferation and migration in the anterior forebrain, with special reference to persisting neurogenesis in the olfactory bulb. J Comp Neurol 137: 433–458

Altman J, Das GD (1965) Autoradiographic and histological evidence of postnatal hippocampal neurogenesis in rats. J Comp Neurol 124: 319–335

Assady S, Maor G, Amit M, Itskovitz-Eldor J, Skorecki KL, Tzukerman M (2001) Insulin production by human embryonic stem cells. Diabetes 50: 1691–1697

Baguisi A, Behboodi E, Melican DT et al. (1999) Production of goats by somatic cell nuclear transfer. Nat Biotechnol 17: 456–461

Bain G, Kitchens D, Yao M, Huettner JE, Gottlieb DI (1995) Embryonic stem cells express neuronal properties in vitro. Dev Biol 168: 342–357

Barker JN, Wagner JE (2002) Umbilical cord blood transplantation: current state of the art. Curr Opin Oncol 14: 160–164

Benedetti S, Pirola B, Pollo B et al. (2000) Gene therapy of experimental brain tumors using neural progenitor cells. Nat Med 6: 447–450

Bianco P, Robey PG (2001) Stem cells in tissue engineering. Nature 414: 118–121

Björklund A, Campbell K, Sirinathsingghij DJ, Fricker RA, Dunnett SB (1994a) Functional capacity of striatal transplants in the rat Huntington model. In: Dunnett SB, Björklund A (eds) Functional neural transplantation. Raven Press, New York, pp 157–195

Björklund A, Dunnett SB, Nikkhah G (1994b) Nigral transplants in the rat Parkinson model. Functional limitations and strategies to enhance nigrostriatal reconstruction. In: Dunnett SB, Björklund A (eds) Functional neural transplantation. Raven Press, New York, pp 47–69

Bjornson CR, Rietze RL, Reynolds BA, Magli MC, Vescovi AL (1999) Turning brain into blood: a hematopoietic fate adopted by adult neural stem cells in vivo. Science 283: 534–537

Blusch JH, Patience C, Martin U (2002) Pig endogenous retroviruses and xenotransplantation. Xenotransplantation 9: 242–251

Bonni A, Sun Y, Nadal-Vicens M et al. (1997) Regulation of gliogenesis in the central nervous system by the JAK-STAT signaling pathway. Science 278: 477–483

Brazelton TR, Rossi FM, Keshet GI, Blau HM (2000) From marrow to brain: expression of neuronal phenotypes in adult mice. Science 290: 1775–1779

Brundin P, Karlsson J, Emgard M et al. (2000) Improving the survival of grafted dopaminergic neurons: a review over current approaches. Cell Transplant 9: 179–195

Brüstle O, Maskos U, McKay RD (1995) Host-guided migration allows targeted introduction of neurons into the embryonic brain. Neuron 15: 1275–1285

Brüstle O, Spiro AC, Karram K, Choudhary K, Okabe S, McKay RD (1997) In vitro-generated neural precursors participate in mammalian brain development. Proc Natl Acad Sci USA 94: 14.809–14.814

Brüstle O, Choudhary K, Karram K et al. (1998) Chimeric brains generated by intraventricular transplantation of fetal human brain cells into embryonic rats. Nat Biotechnol 16: 1040–1044

Brüstle O, Jones KN, Learish RD et al. (1999) Embryonic stem cell-derived glial precursors: a source of myelinating transplants. Science 285: 754–756

Cameron HA, McKay RD (1999) Restoring production of hippocampal neurons in old age. Nat Neurosci 2: 894–897

Campbell K, Olsson M, Bjorklund A (1995) Regional incorporation and site-specific differentiation of striatal precursors transplanted to the embryonic forebrain ventricle. Neuron 15: 1259–1273

Campbell KH, McWhir J, Ritchie WA, Wilmut I (1996) Sheep cloned by nuclear transfer from a cultured cell line. Nature 380: 64–66

Cibelli JB, Stice SL, Golueke PJ et al. (1998) Cloned transgenic calves produced from nonquiescent fetal fibroblasts. Science 280: 1256–1258

Civin CI, Strauss LC, Brovall C, Fackler MJ, Schwartz JF, Shaper JH (1984) Antigenic analysis of hematopoiesis. III. A hematopoietic progenitor cell surface antigen defined by a monoclonal antibody raised against KG-1α cells. J Immunol 133: 157–165

Clarke DL, Johansson CB, Wilbertz J et al. (2000) Generalized potential of adult neural stem cells. Science 288: 1660–1663

Clarkson ED, Zawada WM, Bell KP et al. (2001) IGF-I and βFGF improve dopamine neuron survival and behavioral outcome in parkinsonian rats receiving cultured human fetal tissue strands. Exp Neurol 168: 183–191

Cohen J (1994) Is a new virus the cause of KS? Science 266: 1803–1804

Craig CG, Tropepe V, Morshead CM, Reynolds BA, Weiss S, Van der Kooy D (1996) In vivo growth factor expansion of endogenous subependymal neural precursor cell populations in the adult mouse brain. J Neurosci 16: 2649–2658

Damjanov I (1993) Teratocarcinoma: neoplastic lessons about normal embryogenesis. Int J Dev Biol 37: 39–46

Davis AA, Temple S (1994) A self-renewing multipotential stem cell in embryonic rat cerebral cortex. Nature 372: 263–266

Doetsch F, Caille I, Lim DA, Garcia-Verdugo JM, Alvarez-Buylla A (1999) Subventricular zone astrocytes are neural stem cells in the adult mammalian brain. Cell 97: 703–716

Doetschman TC, Eistetter H, Katz M, Schmidt W, Kemler R (1985) The in vitro development of blastocyst-derived embryonic stem cell lines: formation of visceral yolk sac, blood islands and myocardium. J Embryol Exp Morphol 87: 27–45

Doevendans PA, Kubalak SW, An RH, Becker DK, Chien KR, Kass RS (2000) Differentiation of cardiomyocytes in floating embryoid bodies is comparable to fetal cardiomyocytes. J Mol Cell Cardiol 32: 839–851

Drukker M, Katz G, Urbach A et al. (2002) Characterization of the expression of MHC proteins in human embryonic stem cells. Proc Natl Acad Sci USA 99: 9864–9869
Duan WM, Rodrigures CM, Zhao LR, Steer CJ, Low WC (2002) Tauroursodeoxycholic acid improves the survival and function of nigral transplants in a rat model of Parkinson's disease. Cell Transplant 11: 195–205
Eriksson PS, Perfilieva E, Bjork-Eriksson T et al. (1998) Neurogenesis in the adult human hippocampus. Nat Med 4: 1313–1317
Evans MJ, Kaufman MH (1981) Establishment in culture of pluripotential cells from mouse embryos. Nature 292: 154–156
Fallon J, Reid S, Kinyamu R et al. (2000) In vivo induction of massive proliferation, directed migration, and differentiation of neural cells in the adult mammalian brain. Proc Natl Acad Sci USA 97: 14.686–14.691
Felten DL (1994) Cell transplantation and research design. Science 263: 1546
Fink JS, Schumacher JM, Ellias SL et al. (2000) Porcine xenografts in Parkinson's disease and Huntington's disease patients: preliminary results. Cell Transplant 9: 273–278
Finley MF, Kulkarni N, Huettner JE (1996) Synapse formation and establishment of neuronal polarity by P19 embryonic carcinoma cells and embryonic stem cells. J Neurosci 16: 1056–1065
Fishell G (1995) Striatal precursors adopt cortical identities in response to local cues. Development 121: 803–812
Flax JD, Aurora S, Yang C et al. (1998) Engraftable human neural stem cells respond to developmental cues, replace neurons, and express foreign genes. Nat Biotechnol 16: 1033–1039
Ford CE, Hamerton JL, Barnes DWH, Loutit JF (1956) Cytological identification of radiation chimeras. Nature 177: 452
Fraichard A, Chassande O, Bilbaut G, Dehay C, Savatier P, Samarut J (1995) In vitro differentiation of embryonic stem cells into glial cells and functional neurons. J Cell Sci 108: 3181–3188
Frederiksen K, McKay RD (1988) Proliferation and differentiation of rat neuroepithelial precursor cells in vivo. J Neurosci 8: 1144–1151
Freed CR, Greene PE, Breeze RE et al. (2001) Transplantation of embryonic dopamine neurons for severe Parkinson's disease. N Engl J Med 344: 710–719
Fuchs E, Segre JA (2000) Stem cells: a new lease on life. Cell 100: 143–155
Gage FH, Coates PW, Palmer TD et al. (1995) Survival and differentiation of adult neuronal progenitor cells transplanted to the adult brain. Proc Natl Acad Sci USA 92: 11.879–11.883
Galileo DS, Gray GE, Owens GC, Majors J, Sanes JR (1990) Neurons and glia arise from a common progenitor in chicken optic tectum: demonstration with two retroviruses and cell type-specific antibodies. Proc Natl Acad Sci USA 87: 458–462
Golden JA, Cepko CL (1996) Clones in the chick diencephalon contain multiple cell types and siblings are widely dispersed. Development 122: 65–78
Gould E, Tanapat P (1997) Lesion-induced proliferation of neuronal progenitors in the dentate gyrus of the adult rat. Neuroscience 80: 427–436
Gould E, Tanapat P (1999) Stress and hippocampal neurogenesis. Biol Psychiatry 46: 1472–1479
Gould E, Beylin A, Tanapat P, Reeves A, Shors TJ (1999) Learning enhances adult neurogenesis in the hippocampal formation. Nat Neurosci 2: 260–265
Graham GJ, Wright EG (1997) Haemopoietic stem cells: their heterogeneity and regulation. Int J Exp Pathol 78: 197–218
Gritti A, Parati EA, Cova L et al. (1996) Multipotential stem cells from the adult mouse brain proliferate and self-renew in response to basic fibroblast growth factor. J Neurosci 16: 1091–1100
Grove EA, Williams BP, Li DQ, Hajihosseini M, Friedrich A, Price J (1993) Multiple restricted lineages in the embryonic rat cerebral cortex. Development 117: 553–561
Gurdon JB (1962) The developmental capacity of nuclei taken from intestinal epithelial cells of feeding tadpoles. J Embryol Exp Morphol 10: 622–640
Gussoni E, Soneoka Y, Strickland CD et al. (1999) Dystrophin expression in the mdx mouse restored by stem cell transplantation. Nature 401: 390–394
Gutierrez-Ramos JC, Palacios R (1992) In vitro differentiation of embryonic stem cells into lymphocyte precursors able to generate T and B lymphocytes in vivo. Proc Natl Acad Sci USA 89: 9171–9175
Hacein-Bey-Abina S, Le Deist F, Carlier F et al. (2002) Sustained correction of X-linked severe combined immunodeficiency by ex vivo gene therapy. N Engl J Med 346: 1185–1193
Hagell P, Schrag A, Piccini P et al. (1999) Sequential bilateral transplantation in Parkinson's disease: effects of the second graft. Brain 122: 1121–1132
Hagell P, Piccini P, Bjorklund A et al. (2002) Dyskinesias following neural transplantation in Parkinson's disease. Nat Neurosci 5: 627–628
Hockfield S, McKay RD (1985) Identification of major cell classes in the developing mammalian nervous system. J Neurosci 5: 3310–3328
Hudson LD (1990) Molecular genetics of X-linked mutants. Ann N Y Acad Sci 605: 155–165
Humpherys D, Eggan K, Akutsu H et al. (2001) Epigenetic instability in ES cells and cloned mice. Science 293: 95–97
Hurelbrink CB, Armstrong RJ, Luheshi LM, Dunnett SB, Rosser AE, Barker RA (2001) Death of dopaminergic neurons in vitro and in nigral grafts: reevaluating the role of caspase activation. Exp Neurol 171: 46–58
Itskovitz-Eldor J, Schuldiner M, Karsenti D et al. (2000) Differentiation of human embryonic stem cells into embryoid bodies compromising the three embryonic germ layers. Mol Med 6: 88–95
Jansen J, Thompson JM, Dugan MJ et al. (2002) Peripheral blood progenitor cell transplantation. Ther Apher 6: 5–14
Jiang Y, Jahagirdar BN, Reinhardt RL et al. (2002) Pluripotency of mesenchymal stem cells derived from adult marrow. Nature 418: 41–49
Jin K, Minami M, Lan JQ et al. (2001) Neurogenesis in dentate subgranular zone and rostral subventricular zone after focal cerebral ischemia in the rat. Proc Natl Acad Sci USA 98: 4710–4715
Johe KK, Hazel TG, Muller T, Dugich-Djordjevic MM, McKay RD (1996) Single factors direct the differentiation of stem cells from the fetal and adult central nervous system. Genes Dev 10: 3129–3140
Kato Y, Rideout WM 3rd, Hilton K, Barton SC, Tsunoda Y, Surani MA (1999) Developmental potential of mouse primordial germ cells. Development 126: 1823–1832

Kaufman DS, Hanson ET, Lewis RL, Auerbach R, Thomson JA (2001) Hematopoietic colony-forming cells derived from human embryonic stem cells. Proc Natl Acad Sci USA 98: 10.716–10.721

Kawasaki H, Mizuseki K, Nishikawa S et al. (2000) Induction of midbrain dopaminergic neurons from ES cells by stromal cell-derived inducing activity. Neuron 28: 31–40

Kehat I, Kenyagin-Karsenti D, Snir M et al. (2001) Human embryonic stem cells can differentiate into myocytes with structural and functional properties of cardiomyocytes. J Clin Invest 108: 407–414

Keller GM (1995) In vitro differentiation of embryonic stem cells. Curr Opin Cell Biol 7: 862–869

Kempermann G, Kuhn HG, Gage FH (1997) More hippocampal neurons in adult mice living in an enriched environment. Nature 386: 493–495

Kennedy M, Firpo M, Choi K et al. (1997) A common precursor for primitive erythropoiesis and definitive haematopoiesis. Nature 386: 488–493

Kilpatrick TJ, Bartlett PF (1993) Cloning and growth of multipotential neural precursors: requirements for proliferation and differentiation. Neuron 10: 255–265

Kim JH, Auerbach JM, Rodriguez-Gomez JA et al. (2002) Dopamine neurons derived from embryonic stem cells function in an animal model of Parkinson's disease. Nature 418: 50–56

Kinner MA, Daly WL (1992) Skin transplantation. Crit Care Nurs Clin North Am 4: 173–178

Kirschenbaum B, Nedergaard M, Preuss A, Barami K, Fraser RA, Goldman SA (1994) In vitro neuronal production and differentiation by precursor cells derived from the adult human forebrain. Cereb Cortex 4: 576–589

Klug MG, Soonpaa MH, Koh GY, Field LJ (1996) Genetically selected cardiomyocytes from differentiating embryonic stem cells from stable intracardiac grafts. J Clin Invest 98: 216–224

Kordower JH, Freeman TB, Snow BJ et al. (1995) Neuropathological evidence of graft survival and striatal reinnervation after the transplantation of fetal mesencephalic tissue in a patient with Parkinson's disease. N Engl J Med 332: 1118–1124

Kordower JH, Rosenstein JM, Collier TJ et al. (1996) Functional fetal nigral grafts in a patient with Parkinson's disease: chemoanatomic, ultrastructural, and metabolic studies. J Comp Neurol 370: 203–230

Kordower JH, Freeman TB, Chen EY et al. (1998) Fetal nigral grafts survive and mediate clinical benefit in a patient with Parkinson's disease. Mov Disord 13: 383–393

Kuhn HG, Dickinson-Anson H, Gage FH (1996) Neurogenesis in the dentate gyrus of the adult rat: age-related decrease of neuronal progenitor proliferation. J Neurosci 16: 2027–2033

Kuhn HG, Winkler J, Kempermann G, Thal LJ, Gage FH (1997) Epidermal growth factor and fibroblast growth factor-2 have different effects on neural progenitors in the adult rat brain. J Neurosci 17: 5820–5829

Labosky PA, Barlow DP, Hogan BL (1994) Mouse embryonic germ (EG) cell lines: transmission through the germline and differences in the methylation imprint of insulin-like growth factor 2 receptor (Igf2r) gene compared with embryonic stem (ES) cell lines. Development 120: 3197–3204

Lacorazza HD, Flax JD, Snyder EY, Jendoubi M (1996) Expression of human beta-hexosaminidase alpha-subunit gene (the gene defect of Tay-Sachs disease) in mouse brains upon engraftment of transduced progenitor cells. Nat Med 2: 424–429

Lassmann H (1997) Basic mechanisms of brain inflammation. J Neural Transm Suppl 50: 183–190

Learish RD, Brustle O, Zhang SC, Duncan ID (1999) Intraventricular transplantation of oligodendrocyte progenitors into a fetal myelin mutant results in widespread formation of myelin. Ann Neurol 46: 716–722

Lee SH, Lumelsky N, Studer L, Auerbach JM, McKay RD (2000) Efficient generation of midbrain and hindbrain neurons from mouse embryonic stem cells. Nat Biotechnol 18: 675–679

Lee JM, Tu CF, Yang PW et al. (2002) Reduction of human-to-pig cellular response by alteration of porcine MHC with human HLA DPW0401 exogenes. Transplantation 73: 193–197

Lendahl U, Zimmerman LB, McKay RD (1990) CNS stem cells express a new class of intermediate filament protein. Cell 60: 585–595

Levenberg S, Golub JS, Amit M, Itskovitz-Eldor J, Langer R (2002) Endothelial cells derived from human embryonic stem cells. Proc Natl Acad Sci USA 99: 4391–4396

Li M, Pevny L, Lovell-Badge R, Smith A (1998) Generation of purified neural precursors from embryonic stem cells by lineage selection. Curr Biol 8: 971–974

Lim DA, Fishell GJ, Alvarez-Buylla A (1997) Postnatal mouse subventricular zone neuronal precursors can migrate and differentiate within multiple levels of the developing neuraxis. Proc Natl Acad Sci USA 94: 14.832–14.836

Lindvall O (1994) Neural transplantation in Parkinson's disease. In: Dunnett SB, Björklund A (eds) Functional neural transplantation. Raven Press, New York, pp 103–138

Lindvall O, Rehncrona S, Gustavii B et al. (1988) Fetal dopamine-rich mesencephalic grafts in Parkinson's disease. Lancet 2: 1483–1484

Lindvall O, Brundin P, Widner H et al. (1990) Grafts of fetal dopamine neurons survive and improve motor function in Parkinson's disease. Science 247: 574–577

Lindvall O, Widner H, Rehncrona S et al. (1992) Transplantation of fetal dopamine neurons in Parkinson's disease: one-year clinical and neurophysiological observations in two patients with putaminal implants. Ann Neurol 31: 155–165

Lindvall O, Sawle G, Widner H et al. (1994) Evidence for long-term survival and function of dopaminergic grafts in progressive Parkinson's disease. Ann Neurol 35: 172–180

Liu J, Solway K, Messing RO, Sharp FR (1998) Increased neurogenesis in the dentate gyrus after transient global ischemia in gerbils. J Neurosci 18: 7768–7778

Lord BI, Schofield RH et al. (1985) Haematopoietic spleen colony-forming units. Churchill Livingstone, Edinburgh

Lumelsky N, Blondel O, Laeng P, Velasco I, Ravin R, McKay R (2001) Differentiation of embryonic stem cells to insulin-secreting structures similar to pancreatic islets. Science 292: 1389–1394

Magavi SS, Leavitt BR, Macklis JD (2000) Induction of neurogenesis in the neocortex of adult mice. Nature 405: 951–955

Maltsev VA, Wobus AM, Rohwedel J, Bader M, Hescheler J (1994) Cardiomyocytes differentiated in vitro from embryonic stem cells developmentally express cardiac-specific genes and ionic currents. Circ Res 75: 233–244

Martin GR (1981) Isolation of a pluripotent cell line from early mouse embryos cultured in medium conditioned by teratocarcinoma stem cells. Proc Natl Acad Sci USA 78: 7634–7638

Martinez-Serrano A, Lundberg C, Horellou P et al. (1995) CNS-derived neural progenitor cells for gene transfer of nerve growth factor to the adult rat brain: complete rescue of axotomized cholinergic neurons after transplantation into the septum. J Neurosci 15: 5668–5680

Matsui Y, Zsebo K, Hogan BL (1992) Derivation of pluripotential embryonic stem cells from murine primordial germ cells in culture. Cell 70: 841–847

Maximov AA (1909) Der Lymphozyt als gemeinsame Stammzelle der verschiedenen Blutelemente in der embryonalen Entwicklung und im postfetalen Leben der Säugetiere. Folia Hämatol (Leipzig) 8: 125–141

Mayer E, Fawcett JW, Dunnett SB (1993) Basic fibroblast growth factor promotes the survival of embryonic ventral mesencephalic dopaminergic neurons. II. Effects on nigral transplants in vivo. Neuroscience 56: 389–398

Mayer-Proschel M, Kalyani AJ, Mujtaba T, Rao MS (1997) Isolation of lineage-restricted neuronal precursors from multipotent neuroepithelial stem cells. Neuron 19: 773–785

McCredie KB, Hersh EM, Freireich EJ (1971) Cells capable of colony formation in the peripheral blood of man. Science 171: 293–294

McKay R (1997) Stem cells in the central nervous system. Science 276: 66–71

Mezey E, Chandross KJ, Harta G, Maki RA, McKercher SR (2000) Turning blood into brain: cells bearing neuronal antigens generated in vivo from bone marrow. Science 290: 1779–1782

Moore MA (1995) Hematopoietic reconstruction: new approaches. Clin Cancer Res 1: 3–9

Morrison SJ, Weissman IL (1994) The long-term repopulating subset of hematopoietic stem cells is deterministic and isolatable by phenotype. Immunity 1: 661–673

Morrison SJ, Shah NM, Anderson DJ (1997) Regulatory mechanisms in stem cell biology. Cell 88: 287–298

Mujtaba T, Mayer-Proschel M, Rao MS (1998) A common neural progenitor for the CNS and PNS. Dev Biol 200: 1–15

Mujtaba T, Piper DR, Kalyani A, Groves AK, Lucero MT, Rao MS (1999) Lineage-restricted neural precursors can be isolated from both the mouse neural tube and cultured ES cells. Dev Biol 214: 113–127

Munsie MJ, Michalska AE, O'Brien CM, Trounson AO, Pera MF, Mountford PS (2000) Isolation of pluripotent embryonic stem cells from reprogrammed adult mouse somatic cell nuclei. Curr Biol 10: 989–992

Nakao N, Frodl EM, Duan WM, Widner H, Brundin P (1994) Lazaroids improve the survival of grafted rat embryonic dopamine neurons. Proc Natl Acad Sci USA 91: 12.408–12.412

Nakao N, Frodl EM, Widner H et al. (1995) Overexpressing Cu/Zn superoxide dismutase enhances survival of transplanted neurons in a rat model of Parkinson's disease. Nat Med 1: 226–231

Nikkhah G, Bentlage C, Cunningham MG, Bjorklund A (1994) Intranigral fetal dopamine grafts induce behavioral compensation in the rat Parkinson model. J Neurosci 14: 3449–3461

Ohtaka T, Matsui Y, Obinata M (1999) Hematopoietic development of primordial germ cell-derived mouse embryonic germ cells in culture. Biochem Biophys Res Commun 260: 475–482

Okabe S, Forsberg-Nilsson K, Spiro AC, Segal M, McKay RD (1996) Development of neuronal precursor cells and functional postmitotic neurons from embryonic stem cells in vitro. Mech Dev 59: 89–102

Olanow CW, Kordower JH, Freeman TB (1996) Fetal nigral transplantation as a therapy for Parkinson's disease. Trends Neurosci 19: 102–109

Olsson M, Campbell K, Turnbull DH (1997) Specification of mouse telencephalic and mid-hindbrain progenitors following heterotopic ultrasound-guided embryonic transplantation. Neuron 19: 761–772

Onifer SM, Whittemore SR, Holets VR (1993) Variable morphological differentiation of a raphe-derived neuronal cell line following transplantation into the adult rat CNS. Exp Neurol 122: 130–142

Onyango P, Jiang S, Uejima H et al. (2002) Monoallelic expression and methylation of imprinted genes in human and mouse embryonic germ cell lineages. Proc Natl Acad Sci USA 99: 10.599–10.604

Palacios R, Golunski E, Samaridis J (1995) In vitro generation of hematopoietic stem cells from an embryonic stem cell line. Proc Natl Acad Sci USA 92: 7530–7534

Palmer TD, Schwartz PH, Taupin P, Kaspar B, Stein SA, Gage FH (2001) Cell culture. Progenitor cells from human brain after death. Nature 411: 42–43

Panchision D, Hazel T, McKay R (1998) Plasticity and stem cells in the vertebrate nervous system. Curr Opin Cell Biol 10: 727–733

Paradis K, Langford G, Long Z et al. (1999) Search for cross-species transmission of porcine endogenous retrovirus in patients treated with living pig tissue. The XEN 111 Study Group. Science 285: 1236–1241

Parent JM, Yu TW, Leibowitz RT, Geschwind DH, Sloviter RS, Lowenstein DH (1997) Dentate granule cell neurogenesis is increased by seizures and contributes to aberrant network reorganization in the adult rat hippocampus. J Neurosci 17: 3727–3738

Park KI, Ourednik J, Ourednik V et al. (2002) Global gene and cell replacement strategies via stem cells. Gene Ther 9: 613–624

Partridge T (2000) The current status of myoblast transfer. Neurol Sci 21: S939–S942

Perry AR, Linch DC (1996) The history of bone-marrow transplantation. Blood Rev 10: 215–219

Piccini P, Brooks DJ, Bjorklund A et al. (1999) Dopamine release from nigral transplants visualized in vivo in a Parkinson's patient. Nat Neurosci 2: 1137–1140

Polejaeva IA, Chen SH, Vaught TD et al. (2000) Cloned pigs produced by nuclear transfer from adult somatic cells. Nature 407: 86–90

Priller J, Persons DA, Klett FF, Kempermann G, Kreutzberg GW, Dirnagl U (2001) Neogenesis of cerebellar Purkinje neurons from gene-marked bone marrow cells in vivo. J Cell Biol 155: 733–738

Raff MC, Miller RH, Noble M (1983) A glial progenitor cell that develops in vitro into an astrocyte or an oligodendrocyte depending on culture medium. Nature 303: 390–396

Rajan P, McKay RD (1998) Multiple routes to astrocytic differentiation in the CNS. J Neurosci 18: 3620–3629

Rao MS, Mayer-Proschel M (1997) Glial-restricted precursors are derived from multipotent neuroepithelial stem cells. Dev Biol 188: 48–63

Renfranz PJ, Cunningham MG, McKay RD (1991) Region-specific differentiation of the hippocampal stem cell line

HiB5 upon implantation into the developing mammalian brain. Cell 66: 713–729
Reubinoff BE, Pera MF, Fong CY, Trounson A, Bongso A (2000) Embryonic stem cell lines from human blastocysts: somatic differentiation in vitro. Nat Biotechnol 18: 399–404
Reubinoff BE, Itsykson P, Turetsky T et al. (2001) Neural progenitors from human embryonic stem cells. Nat Biotechnol 19: 1134–1140
Reya T, Morrison SJ, Clarke MF, Weissman IL (2001) Stem cells, cancer, and cancer stem cells. Nature 414: 105–111
Reynolds BA, Weiss S (1992) Generation of neurons and astrocytes from isolated cells of the adult mammalian central nervous system. Science 255: 1707–1710
Reynolds BA, Tetzlaff W, Weiss S (1992) A multipotent EGF-responsive striatal embryonic progenitor cell produces neurons and astrocytes. J Neurosci 12: 4565–4574
Rich IN (1995) Primordial germ cells are capable of producing cells of the hematopoietic system in vitro. Blood 86: 463–472
Rohwedel J, Sehlmeyer U, Shan J, Meister A, Wobus AM (1996) Primordial germ cell-derived mouse embryonic germ (EG) cells in vitro resemble undifferentiated stem cells with respect to differentiation capacity and cell cycle distribution. Cell Biol Int 20: 579–587
Rosenblad C, Martinez-Serrano A, Bjorklund A (1996) Glial cell line-derived neurotrophic factor increases survival, growth and function of intrastriatal fetal nigral dopaminergic grafts. Neuroscience 75: 979–985
Rosenblad C, Martinez-Serrano A, Bjorklund A (1998) Intrastriatal glial cell line-derived neurotrophic factor promotes sprouting of spared nigrostriatal dopaminergic afferents and induces recovery of function in a rat model of Parkinson's disease. Neuroscience 82: 129–137
Saba N, Flaig T (2002) Bone marrow transplantation for nonmalignant diseases. J Hematother Stem Cell Res 11: 377–387
Sauer H, Rahimi G, Hescheler J, Wartenberg M (1999) Effects of electrical fields on cardiomyocyte differentiation of embryonic stem cells. J Cell Biochem 75: 710–723
Scheffler B, Horn M, Blumcke I et al. (1999) Marrow-mindedness: a perspective on neuropoiesis. Trends Neurosci 22: 348–357
Schumacher JM, Ellias SA, Palmer EP et al. (2000) Transplantation of embryonic porcine mesencephalic tissue in patients with PD. Neurology 54: 1042–1050
Shamblott MJ, Axelman J, Wang S et al. (1998) Derivation of pluripotent stem cells from cultured human primordial germ cells. Proc Natl Acad Sci USA 95: 13.726–13.731
Shamblott MJ, Axelman J, Littlefield JW et al. (2001) Human embryonic germ cell derivatives express a broad range of developmentally distinct markers and proliferate extensively in vitro. Proc Natl Acad Sci USA 98: 113–118
Shihabuddin LS, Hertz JA, Holets VR, Whittemore SR (1995) The adult CNS retains the potential to direct region-specific differentiation of a transplanted neuronal precursor cell line. J Neurosci 15: 6666–6678
Sieff C, Bicknell D, Caine G, Robinson J, Lam G, Greaves MF (1982) Changes in cell surface antigen expression during hemopoietic differentiation. Blood 60: 703–713
Sinclair SR, Svendsen CN, Torres EM, Martin D, Fawcett JW, Dunnett SB (1996) GDNF enhances dopaminergic cell survival and fibre outgrowth in embryonic nigral grafts. Neuroreport 7: 2547–2552
Smith AG, Heath JK, Donaldson DD et al. (1988) Inhibition of pluripotential embryonic stem cell differentiation by purified polypeptides. Nature 336: 688–690
Snyder EY, Taylor RM, Wolfe JH (1995) Neural progenitor cell engraftment corrects lysosomal storage throughout the MPS VII mouse brain. Nature 374: 367–370
Snyder EY, Yoon C, Flax JD, Macklis JD (1997) Multipotent neural precursors can differentiate toward replacement of neurons undergoing targeted apoptotic degeneration in adult mouse neocortex. Proc Natl Acad Sci USA 94: 11.663–11.668
Soria B, Roche E, Berna G, Leon-Quinto T, Reig JA, Martin F (2000) Insulin-secreting cells derived from embryonic stem cells normalize glycemia in streptozotocin-induced diabetic mice. Diabetes 49: 157–162
Strübing C, Ahnert-Hilger G, Shan J, Wiedenmann B, Hescheler J, Wobus AM (1995) Differentiation of pluripotent embryonic stem cells into the neuronal lineage in vitro gives rise to mature inhibitory and excitatory neurons. Mech Dev 53: 275–287
Suhonen JO, Peterson DA, Ray J, Gage FH (1996) Differentiation of adult hippocampus-derived progenitors into olfactory neurons in vivo. Nature 383: 624–627
Svendsen CN, Smith AG (1999) New prospects for human stem-cell therapy in the nervous system. Trends Neurosci 22: 357–364
Szele FG, Cepko CL (1996) A subset of clones in the chick telencephalon arranged in rostrocaudal arrays. Curr Biol 6: 1685–1690
Tanapat P, Hastings NB, Reeves AJ, Gould E (1999) Estrogen stimulates a transient increase in the number of new neurons in the dentate gyrus of the adult female rat. J Neurosci 19: 5792–5801
Temple S (1989) Division and differentiation of isolated CNS blast cells in microculture. Nature 340: 471–473
Terada N, Hamazaki T, Oka M et al. (2002) Bone marrow cells adopt the phenotype of other cells by spontaneous cell fusion. Nature 416: 542–545
Terhorst C, Van Agthoven A, LeClair K, Snow P, Reinherz E, Schlossman S (1981) Biochemical studies of the human thymocyte cell-surface antigens T6, T9 and T10. Cell 23: 771–780
Theise ND, Nimmakayalu M, Gardner R et al. (2000) Liver from bone marrow in humans. Hepatology 32: 11–16
Thomas ED, Lochte HL, Lu WC, Serebee JD (1957) Intravenous infusion of bone marrow in patients receiving radiation and chemotherapy. N Engl J Med 257: 491–496
Thomson JA, Itskovitz-Eldor J, Shapiro SS et al. (1998) Embryonic stem cell lines derived from human blastocysts. Science 282: 1145–1147
Van der Laan LJ, Lockey C, Griffeth BC et al. (2000) Infection by porcine endogenous retrovirus after islet xenotransplantation in SCID mice. Nature 407: 90–94
Van Praag H, Christie BR, Sejnowski TJ, Gage FH (1999a) Running enhances neurogenesis, learning, and long-term potentiation in mice. Proc Natl Acad Sci USA 96: 13.427–13.431
Van Praag H, Kempermann G, Gage FH (1999b) Running increases cell proliferation and neurogenesis in the adult mouse dentate gyrus. Nat Neurosci 2: 266–270
Van Praag H, Schinder AF, Christie BR, Toni N, Palmer TD, Gage FH (2002) Functional neurogenesis in the adult hippocampus. Nature 415: 1030–1034
Wakayama T, Perry AC, Zuccotti M, Johnson KR, Yanagimachi R (1998) Full-term development of mice from enu-

cleated oocytes injected with cumulus cell nuclei. Nature 394: 369–374

Wakayama T, Tabar V, Rodriguez I, Perry AC, Studer L, Mombaerts P (2001) Differentiation of embryonic stem cell lines generated from adult somatic cells by nuclear transfer. Science 292: 740–743

Weiss S, Dunne C, Hewson J et al. (1996) Multipotent CNS stem cells are present in the adult mammalian spinal cord and ventricular neuroaxis. J Neurosci 16: 7599–7609

Wenning GK, Odin P, Morrish P et al. (1997) Short- and long-term survival and function of unilateral intrastriatal dopaminergic grafts in Parkinson's disease. Ann Neurol 42: 95–107

Westerman KA, Leboulch P (1996) Reversible immortalization of mammalian cells mediated by retroviral transfer and site-specific recombination. Proc Natl Acad Sci USA 93: 8971–8976

Widner H (1994) NIH neural transplantation funding. Science 263: 737

Wiles MV, Keller G (1991) Multiple hematopoietic lineages develop from embryonic stem (ES) cells in culture. Development 111: 259–267

Wilmut I, Schnieke AE, McWhir J, Kind AJ, Campbell KH (1997) Viable offspring derived from fetal and adult mammalian cells. Nature 385: 810–813

Wobus AM, Wallukat G, Hescheler J (1991) Pluripotent mouse embryonic stem cells are able to differentiate into cardiomyocytes expressing chronotropic responses to adrenergic and cholinergic agents and Ca^{2+} channel blockers. Differentiation 48: 173–182

Wobus AM, Kaomei G, Shan J et al. (1997) Retinoic acid accelerates embryonic stem cell-derived cardiac differentiation and enhances development of ventricular Cardiomyocytes. J Mol Cell Cardiol 29: 1525–1539

Yandava BD, Billinghurst LL, Snyder EY (1999) "Global" cell replacement is feasible via neural stem cell transplantation: evidence from the dysmyelinated shiverer mouse brain. Proc Natl Acad Sci USA 96: 7029–7034

Ying QL, Nichols J, Evans EP, Smith AG (2002) Changing potency by spontaneous fusion. Nature 416: 545–548

Young LE, Sinclair KD, Wilmut I (1998) Large offspring syndrome in cattle and sheep. Rev Reprod 3: 155–163

Yurek DM, Lu W, Hipkens S, Wiegand SJ (1996) BDNF enhances the functional reinnervation of the striatum by grafted fetal dopamine neurons. Exp Neurol 137: 105–118

Zawada WM, Zastrow DJ, Clarkson ED, Adams FS, Bell KP, Freed CR (1998) Growth factors improve immediate survival of embryonic dopamine neurons after transplantation into rats. Brain Res 786: 96–103

Zawada WM, Meintzer MK, Rao P et al. (2001) Inhibitors of p38 MAP kinase increase the survival of transplanted dopamine neurons. Brain Res 891: 185–196

Zhang SC, Wernig M, Duncan ID, Brüstle O, Thomson JA (2001) In vitro differentiation of transplantable neural precursors from human embryonic stem cells. Nat Biotechnol 19: 1129–1133

Zimmer A (1992) Manipulating the genome by homologous recombination in embryonic stem cells. Annu Rev Neurosci 15: 115–137

4.7 Ethische Probleme der Molekularen Medizin – Grundlagen und Anwendungen

Carl Friedrich Gethmann und Felix Thiele

Inhaltsverzeichnis

4.7.1 Einleitung

Kaum eine moderne, wissenschaftlich-technische Entwicklung hat so tief greifende Kontroversen hervorgerufen wie die Gentechnik, die eine wichtige methodische Grundlage der molekularen Medizin bildet. Allerdings werden diese Kontroversen von den Teilnehmern sehr unterschiedlich interpretiert: Einige beurteilen die neuen Entwicklungen skeptisch und halten den Einspruch potenziell oder aktuell Betroffener oder in deren Namen auftretender Bürgergruppen für dringend geboten, wobei sie sich etwa auf „die Moral", „die Ethik" oder auch auf allgemeine Menschenrechte berufen – den Befürwortern und Betreibern biowissenschaftlicher Forschung unterstellen sie dabei gelegentlich Bedenkenlosigkeit, Gewinnsucht oder gar eine nicht gezügelte „Bastelsucht", wie sie explizit von E. Chargaff (1982) unterstellt wurde. Andere, darunter häufig auch Forscher auf dem Gebiet der Biowissenschaften, betrachten diese Skepsis als ein bloßes Forschungshemmnis, als Verhinderung eines notwendigen Fortschritts – und unterstellen den Skeptikern etwa einen Mangel an biologischer Bildung oder hysterische Furcht vor dem wissenschaftlichen Fortschritt. Vertreter der Wirtschaft sehen die skeptischen Einsprüche am ehesten als Investitionsbremse und Versagen vor den Aufgaben der Zukunft.

Bei allen Beteiligten besteht allerdings weitgehend – wenn auch sicher nicht durchgängig – ein Einverständnis darüber, dass diese Diskussionen nicht nach der Art eines Konfessionskriegs um Glauben oder Unglauben geführt werden sollten: Den Parteien in der Kontroverse sollen nur solche Lösungen als akzeptabel gelten, die durch Vorweisen guter Gründe für die eigene Position und argumentatives Zurückweisen der anderen Position gewonnen sind. Die Kontroversen können nur dauerhaft aufgelöst werden, wenn die Antworten nicht durch Macht oder Gewalt herbeigeführt werden, nicht auf Täuschung oder List beruhen, sondern durch Überzeugung der jeweils anderen Partei gewonnen sind. Ein entsprechender Überzeugungsversuch kann nur dann erfolgreich sein, wenn er den Standards des Begründens und Rechtfertigens genügt, die die jeweils andere Partei ebenfalls unterstellt. Stehen sich nicht nur 2 „Interessengruppen" mit holzschnittartigen Profilen ge-

Ganten / Ruckpaul (Hrsg.)
Grundlagen der Molekularen Medizin,
2. Auflage

genüber, wie sie oben exemplarisch umrissen wurden, werden vielmehr bei einem Thema von gesamtgesellschaftlichem Interesse zahlreiche Positionen mit noch zahlreicheren Gründen vertreten, wird es gemäß Gesichtspunkten rationaler Arbeitsteilung empfehlenswert sein, die kritische Rekonstruktion und Explikation solcher Standards in professionelle Hände zu geben.

Es ist seit jeher eine der Hauptaufgaben der Philosophie und – insofern Handlungen und Handlungsaufforderungen betroffen sind, insbesondere der Ethik – solche Standards rekonstruktiv zu entwickeln und auf ihre Eignung zur Bewältigung unterschiedlich gearteter Konfliktlagen zu prüfen; etwa typische Argumentationsweisen auf ihre Triftigkeit hin zu prüfen, vorgebrachte Gründe auf deren Verträglichkeit oder Unverträglichkeit mit anderen zu prüfen, verborgene Prämissen aufzuspüren und Ähnliches mehr. Aus dieser Beschreibung wird bereits deutlich, dass von der Ethik nicht zu erwarten ist, sie solle solche Konflikte *entscheiden*. Der Ethiker verfügt auch nicht über wie auch immer geartete „höhere" Einsichten, hat keinen privilegierten Zugang zu absolut gültigen moralischen Werten oder ewigen Prinzipien, der es ihm erlauben könnte, sich solche Kompetenz anzumaßen. Die spezifischen Leistungen des Ethikers sind vielmehr eher beratender Art, er kann den Parteien die Einigung auf bestimmte Standards und ggf. auch auf komplette Konfliktlösungsstrategien empfehlen. Die Kompetenz, über die er hierzu verfügen sollte, ist prinzipiell lehr- und lernbar und beruht – wie jede andere disziplinäre Kompetenz – v. a. auf methodisch geschulter Routine.

Entsprechend diesem Verständnis vermag die unter Ethikern geführte Fachdebatte die gesellschaftlichen Verfahren der Entscheidungsfindung auch nicht zu ersetzen. Gleichwohl wird sich die Gesellschaft von dem Fundus der in diesen Debatten entwickelten und oft in einer langen philosophischen Tradition aufbewahrten Vorschläge und Empfehlungen einigen Gewinn versprechen dürfen. Daher hat schon die antike Philosophie aufgrund der Komplexität der gesellschaftlichen Konflikte und dem Niedergang der Problemlösungskomplexität des Mythos die Institutionalisierung und Professionalisierung des Fachs „Ethik" betrieben Die Neuzeit hat die gesellschaftlichen Konfliktlagen noch verschärft, weil sie sich auf keine naturwüchsig gültigen, fraglosen Konventionen mehr verlassen konnte. Angesichts der rasanten Entwicklungen in den Wissenschaften und der abnehmenden Überschaubarkeit der Folgen dieser Entwicklungen wird die gegenwärtige Aufgabe der Ethik v. a. darin gesehen, das in der Ethik seither erarbeitete Reflexionspotenzial auf die neuen Fragestellungen zu beziehen, ggf. zu erweitern. Dies wird umso aussichtsreicher sein, je mehr eine interdisziplinäre Kooperation aller für eine Konfliktlage relevanten Fachwissenschaften erreicht wird (Gethmann u. Sander 1999).

Gemäß dem skizzierten und unten noch weiter auszuführenden Verständnis der praktischen Aufgabe der Ethik finden sich in diesem Kapitel auch keine endgültigen Antworten auf moralische Fragen bezüglich der Gentechnik aus dem Mund des Ethikers. Ziel dieses Kapitels ist es vielmehr, einige mögliche Beiträge der Ethik bei der Bewältigung moralischer Probleme moderner Wissenschaft und Technik zu explizieren und an derzeit viel diskutierten Beispielen zu illustrieren. In diesem Beitrag ist im Wesentlichen Fachliteratur angegeben. Zu Beginn der Bibliografie findet sich eine Aufstellung von Literatur, die zur Einführung in die (Bio-)Ethik geeignet ist.

4.7.2 Wissenschaftstheoretische Vorbemerkungen

Die Wissenschaftstheorie befasst sich u. a. mit der Frage nach den Kriterien, die herangezogen werden sollen, wenn eine Erkenntnis als eine spezifisch *wissenschaftliche* Erkenntnis qualifiziert werden soll [zur Einführung s. Kutschera (1972), Kliemt (1986), Janich (1997)]. Diese generelle Fragestellung ist in eine Reihe von Teilfragen zu zerlegen; so etwa wird untersucht, welche Arten wissenschaftlicher Erkenntnis sich unterscheiden lassen (empirische, analytische, synthetisch-apriorische, deskriptive, präskriptive u. a.) oder wie die jeweiligen wissenschaftlichen Erkenntnisse zustande kommen – eine Frage, die der Methodologie des wissenschaftlichen Erkennens zuzurechnen ist. Den methodologischen Fragestellungen wiederum ist auch das Bemühen um angemessene Rekonstruktionen des für einzelne Erkenntnisbereiche spezifischen Verhältnisses zwischen bestimmten Fertigkeiten und bestimmten Wissensformen zuzurechnen – des Verhältnisses von *Können* und *Wissen*. Die angemessene Bestimmung eines solchen Verhältnisses spielt v. a. auch für die Behandlung der ethischen Grundlagen der medizinbezogenen Biowissenschaften eine bestimmende Rolle, wie im Folgenden am Beispiel der Gentechnik illustriert werden soll (Gethmann 1996 a).

4.7.2.1 Herstellungsapriori der empirischen Wissenschaften

Genetisches Wissen ist zunächst ein „knowing how“, kein „knowing that“, es verdankt sich sowohl historisch als auch systematisch einem bestimmten Können: der gezielten Intervention in den Genbestand. Vor der Entstehung der molekularen Biologie vollzog sich dieses „knowing how“ unter den Bedingungen erfahrungsgestützten Züchtens, ohne dass eine Theorie über die relevanten biologischen Grundlagen zur Verfügung stand. Immerhin waren die Mendel-Gesetze als Versuch einer gesetzesmäßigen Verallgemeinerung der Züchtungserfahrung bereits ein gutes Beispiel für die Fundierung eines „knowing that“. Heute denkt man bei einem für das genetische Wissen einschlägigen Können eher z.B. an die Fähigkeit, DNA in das Genom eines Bakteriums zu integrieren. Dass das genetische Wissen auf einem Können „beruht“ bedeutet: Je mehr man wissen will, umso mehr muss man können.

Geht man davon aus, dass genetisches Wissen in relevantem Umfang erwünscht ist, da man auf diesem Weg bestimmte Zwecke (z.B. die Therapie von Krankheiten) besser als bisher zu erreichen hofft, gilt wissenschaftsethisch ein Maximierungsgebot: Damit mehr Wissen erworben werden kann, muss das zugrunde liegende Können verfügbar gemacht werden. Diese Haltung, Fähigkeiten und Fertigkeiten zu vergrößern, um bestimmte Zwecke realisieren zu können, kennzeichnet die Einstellung der meisten Fachwissenschaftler. Insofern ist der Vorwurf, im Rahmen der gentechnischen Forschung würde Forschung allein um der Forschung willen betrieben, vielleicht in Bezug auf die Motivation einzelner Forscher zutreffend, für die wissenschaftstheoretische Struktur dieser Wissenschaftsform jedoch generell uneinschlägig.

Dass Wissen auf Können aufbaut, ist in den Wissenschaften keineswegs die Ausnahme. So wie die Gentechnik darauf beruht, in den Genbestand von Organismen eingreifen zu können, ist die Mechanik in der lebensweltlichen Fähigkeit zum Gerätebau fundiert; sie setzt ein Können voraus, etwa die Beherrschung einer Messpraxis, in der es auf festgelegte Weise mit Messinstrumenten wie Metermaß, Uhr und Waage zu hantieren gilt, deren Verfügbarkeit wiederum die Beherrschung des Messgerätebaus voraussetzt (Janich 1997). Ähnliches gilt – mutatis mutandis – für die empirischen Wissenschaften generell: Das (Herstellen-)Können ist Bedingung der Möglichkeit des Erkennens. In terminologischer Anlehnung an Kant lässt sich auch sagen, Erkenntnisproduktion in den empirischen Wissenschaften sei durch ein *Herstellungsapriori* gekennzeichnet [vgl. hierzu Mittelstraß (1974), insbesondere S 75f.].

4.7.2.2 Praktisches und poietisches Handeln

Die empirischen Wissenschaften (z.B. Biologie und Physik) unterscheiden sich von den praktischen Wissenschaften (z.B. Medizin und Recht), insofern als sie es vorwiegend mit einem herstellenden – *poietischen* – Handeln zu tun haben. Im Kontext des Arzt-Patienten-Verhältnisses jedoch oder im Zusammenhang von Familie, Recht und Staat steht v.a. die Organisation des zwischenmenschlichen – *praktischen* – Handelns zur Debatte.

Praktisches Handeln unterscheidet sich vom Herstellen nicht durch Merkmale der Handlungsbeschreibung (eine Herstellungshandlung kann durchaus in einem praktischen Kontext stehen), sondern durch die Art des Misslingens. Während das Misslingen einer poietischen Handlung in im weitesten Sinn instrumentellen Störungen manifest wird, gilt eine praktische Handlung dann als gescheitert, wenn sie einen Konflikt zwischen den an der Handlung beteiligten Personen auslöst. So wird z.B. die genetische Modifikation von Pflanzen, die ja zunächst nur in die Sphäre des poietischen, des herstellenden Handelns gehört, dann auch mit den Kategorien des zwischenmenschlichen, praktischen Handelns beschreibbar, wenn sie (potenziell) Konflikte hervorruft, etwa zwischen demjenigen, der die Modifikation durchführen will oder sich vom Produkt Linderung seiner gesundheitlichen Beeinträchtigung verspricht, einerseits und demjenigen, der solche Modifikationen als Eingriff in komplexe Naturzusammenhänge für zu riskant hält, oder demjenigen, der ein rechtsgültiges Patent auf das anzuwendende Modifikationsverfahren besitzt, andererseits.

In diesem Zusammenhang werden in der Diskussion häufig 2 Funktionen des poietischen Handelns im Verhältnis zum Wissen miteinander vermengt:

- die Applikationsebene und
- die Konstitutionsebene.

Während auf der *Applikationsebene* die Umsetzung des schon verfügbaren Wissens in poietisches Handeln erfolgt und damit das (Grundlagen-)Wissen durch die „Anwendung“ primär nicht erweitert wird, handelt es sich auf der *Konstitutionsebene* um eine Erweiterung des Wissens durch eine Erweiterung des Könnens; das Können dient der Wissenserzeugung. Diese Unterscheidung ist für die moralische Beurteilung gerade der Handlungen von Forschern von Bedeutung. Zunächst führt sie für die Grundlagenforscher zu einer Entlastung von Verantwortung, da diese nicht für alle Folgen (und Folgen von Folgen) einstehen müssen, die sich durch die *Anwendung* des von ihnen erzeugten Wissens durch andere ergeben. Die moralischen Probleme der Wissens*erzeugung* sind jedoch dem Grundlagenforscher aufzubürden, weil jeder für die unmittelbaren Folgen seines Handelns aufzukommen hat. Es wird häufig übersehen, dass – unbeschadet der Freiheit der Forschung – der Forscher schon bei der Wissenserzeugung (etwa bezüglich der Laborsicherheit) und nicht erst bei der Wissensanwendung Verpflichtungen zu übernehmen hat – Wissenserzeugung spielt sich ebenso wenig wie Wissensanwendung in moralisch indifferenten Räumen ab, aber die Träger der Verpflichtungen sind jeweils andere Akteure.

4.7.2.3 Grundlagenforschung

Somit ist auch die „Grundlagenforschung" nicht moralisch indifferent; die Sphäre der Verpflichtung beginnt nicht erst mit der Anwendung von Erkenntnis. Es sind lediglich andere ethische Maßgaben, die bei der Wissenserzeugung und der Wissensanwendung zu beachten sind. In den Biowissenschaften, v.a. in der Gentechnik, verliert die Unterscheidung von Grundlagenforschung und angewandter Forschung daher auch zunehmend ihre Bedeutung. Wissenserzeugung und Wissensanwendung gehen zunehmend ineinander über und lassen sich immer weniger verschiedenen Professionen zuordnen (etwa nach dem Muster der Unterscheidung zwischen Naturforschern auf der einen und Ingenieuren oder Ärzten auf der anderen Seite).

4.7.3 Ethische Grundlagen

4.7.3.1 Moral und Ethik

In den Kontroversen um die Gentechnik stehen Fragen normativer Art zur Diskussion, d.h. Fragen danach, wie etwas sein *soll*, und nicht danach, wie etwas *ist*. Solcherart Fragen im Zusammenhang mit der Gentechnik sind z.B.:

- „Ist es verboten, Menschen zu klonen?"
- „Ist es erlaubt, transgene Tiere zu generieren?"
- „Ist es geboten, die Welternährung mittels der grünen Gentechnik sicherzustellen?"

Entsprechend ihrem Selbstverständnis unternimmt es die Ethik, Empfehlungen zu entwickeln und zu rechtfertigen, die geeignet sind, zur Lösung der kontroversen Fragen beizutragen. Zur Einführung in die Ethik wird auf die Literaturangaben zu Beginn der Bibliografie verwiesen.

Disziplin „Ethik"
Die Ethik ist eine akademische Subdisziplin der Philosophie und verfügt über alle dazugehörigen sozialen und kognitiven Attribute wie Lehrbücher, Axiomatiken und Methoden, Institute und Bibliotheken sowie Kongresse und Kontroversen. In der öffentlichen Debatte wird oftmals übersehen, dass sich die professionelle Ethik unter dem Titel „Bioethik" (Thiele 2001d) schon seit Jahren mit den Problemen der Gentechnik – besonders der auf den Menschen bezogenen „roten", aber auch der „grünen" Gentechnik – befasst. Dabei ist die Bioethik keine „neue" Ethik – vielmehr wird das methodische Instrumentarium der Ethik auf einen neuen Gegenstandsbereich angewandt. Insofern allerdings mit den durch die Gentechnik neu entwickelten Handlungsmöglichkeiten auch neues und z.T. eben auch für diesen Gegenstandsbereich spezifisches Konfliktpotenzial entsteht, sodass eine angemessene Beratung auch vertieftere Kenntnis der wissenschaftlich-technischen Zusammenhänge erfordert, vermag es nicht zu verwundern, dass hier eine Spezialisierung innerhalb der Ethik stattgefunden hat. Andere Formen der Spezialisierung sind etwa die Technikethik oder die Wirtschaftsethik (Gethmann 1998b).

Ethik und Moralen
Gegenstand der Ethik sind in erster Linie Handlungsweisen von Akteuren (zur Bestimmung der „praktischen Subjekte" s. Abschnitt 4.7.4.2 „Moralischer Status des menschlichen Embryos"): Es geht ihr nicht, jedenfalls nicht in der Hauptsache, um die Beurteilung einzelner empirisch beschreibbarer Handlungsvorkommnisse. Vielmehr werden Handlungen als Befolgung unterstellter Regeln rekonstruiert, die die Handlungs-„Üblichkeiten", die *Handlungsweisen* eines Einzelnen oder einer Gemeinschaft bestimmen. Ein Ensemble solcher Regeln formuliert das „Ethos" eines Einzelnen oder einer Gemeinschaft, am besten zu übersetzen als „das Übliche" oder „das, was üblich ist" (Mar-

quard 1995). Gleichbedeutend mit dem griechischen Wort „Ethos" ist der auf das Lateinische „mos" zurückgehende Ausdruck „Moral". Der entsprechende althergebrachte deutsche Ausdruck ist „Sitte"; gemeint ist ein Ensemble von Handlungsregeln, denen ein Mitglied einer Gemeinschaft meist implizit folgt, die ein Einzelner oder eine Gruppe als handlungsleitende Orientierung geltend machen, die sie als Rechtfertigungsgrund für ihr Handeln anerkennen oder denen sie unter gewöhnlichen Umständen fraglos folgen.

Das Wort „Ethik" sollte man, wie bei Disziplinennamen üblich, nur im Singular verwenden, auch wenn es mehrere Ansätze und Kontroversen gibt, sich verschiedene Ethiktypen oder ethische Theorien unterscheiden lassen. Moral(en) hingegen können auch im Plural auftreten: Moralen kann es so viele geben, wie es menschliche Gruppenbeziehungen gibt. So kann man Familienmoralen, Nachbarschaftsmoralen, Stammesmoralen, Standesmoralen, Klassenmoralen, religiöse Moralen, Staatsmoralen, Rassenmoralen, Wirtschaftsmoralen, Menschheitsmoralen u. a. m. unterscheiden. Eine Regel einer Familienmoral könnte z. B. lauten: „Bei uns soll es eine gemeinsame Mahlzeit pro Tag geben". Eine Handlungsanleitung einer Wirtschaftsmoral könnte lauten: „Man soll schlechtem Geld kein gutes hinterher werfen". Schließlich sind auch Sätze einer Gruppenmoral wie „Du sollst nicht begehren deines Nächsten Weib!" bekannt.

Für die ethische Beurteilung solcher – praktizierter oder postulierter – Moralen sind Kriterien notwendig, die aber nicht ihrerseits letztlich wieder von Moralen abhängig sein dürfen – eine Empfehlung einer Handlungsanleitung zum Zweck der Beilegung von Konflikten kann nämlich nur dann erfolgreich sein, wenn sie nicht eine Moral unterstellt, die derjenigen der anderen Konfliktparteien entgegensteht. Solche Kriterien sind Sollsätze, die nicht der Handlungsanleitung, sondern der Beurteilung von Handlungen dienen. Klassische Beispiele hierfür sind etwa die Goldene Regel: „Was du nicht willst, dass man dir tu' das füg' auch keinem andern zu!" (zitiert nach Tobias 4.16, in abgewandelter Form bereits bei Isokrates und Konfuzius zu finden) oder das so genannte Utilitätsprinzip: „Handle so, dass du durch deine Handlung das größte Glück der größten Zahl verwirklichst!" (Bentham 1970). Ebenfalls als Kriterium der Handlungsbeurteilung anzusehen ist der kategorische Imperativ Kants: „Handle so, dass die Maxime deines Handelns jederzeit eine allgemeine Norm sein könnte!" [in einer Kant (1994) nachempfundenen Kurzfassung]. Kant selbst gab verschiedene Fassungen an, unter denen die bekannteste Fassung wohl die erste Fassung ist: „Handle nur nach derjenigen Maxime, durch die du zugleich wollen kannst, dass sie allgemeines Gesetz werde". Diese Regeln geben keine materialen Handlungsanleitungen an die Hand; vielmehr stellen sie formale Kriterien dar, die eine Handlungsanleitung wenigstens erfüllen muss, wenn sie für alle Parteien akzeptabel sein und einen Konflikt mit einiger Tragfähigkeit beilegen soll.

Ethik als Konfliktbewältigung

Solche Kriterien greifen natürlich nur dort, wo normative Fragen zur Beantwortung anstehen, die konfliktrelevant sind, die also – potenziell oder faktisch – durch 2 Parteien wesentlich verschiedene Antworten erfahren. Unter einem Konflikt ist dabei eine Situation zu verstehen, in welcher 2 Handelnde unvereinbare Zwecke anstreben. Zwei Zwecke sind unvereinbar, wenn ihre Realisierung nicht zugleich möglich ist.

Es gibt vielerlei Weisen, einen Konflikt aus der Welt zu schaffen – darunter etwa diejenige, den Opponenten durch Anwendung von Gewalt oder List von seinen Zwecken abzubringen oder ihn gar zugleich mit seinen Zwecken zu liquidieren. Wird die Bewältigung von Konflikten mit den Mitteln argumentierender Rede versucht, sollte von *diskursiver* Konfliktbewältigung gesprochen werden. Die Ethik kann danach nun vereinfachend charakterisiert werden als die Kunst (und die Lehre ihrer Beherrschung), derartige konfliktbezogene Diskurse (Rechtfertigungsdiskurse) zu führen (Gethmann 1982; Gethmann u. Sander 1999).

Ethischer Universalismus

Der Erfolg solcher Diskurse ist von der Erfüllung einiger Voraussetzungen abhängig. Von besonderem Interesse ist die Entscheidung, wer als Teilnehmer an ethischen Diskursen zugelassen wird. 3 mögliche Typen von Entscheidungen sind denkbar:

1. Jemand könnte unterstellen, nur er selbst sei autorisiert, an moralischen Diskursen teilzunehmen und Verpflichtungen festzulegen (*ethischer Solipsismus*). Im Rahmen dieser Position können nur Konflikte gelöst werden, die der zugelassene Teilnehmer mit sich selbst hat. Obwohl es so scheinen mag, dass der ethische Solipsismus eine verbreitete Position ist, stellt er keine ernst zu nehmende Position der ethischen Reflexion dar.
2. Von größerer Bedeutung ist die Unterstellung, dass nur diejenigen, die einer bestimmten Gruppe angehören, am ethischen Diskurs teil-

nehmen dürfen (*ethischer Partikularismus*). Viele faktisch gültige Moralen sind von diesem partikularistischen Typ, weil sie die Teilnahme am Diskurs auf Personen mit bestimmten Merkmalen einschränken (Mitgliedschaft in einem bestimmten Stamm, einer sozialen Klasse, Religion, Rasse, Geschlecht usw.). Partikularistische Moralen können durchaus zufrieden stellend Konflikte innerhalb der jeweiligen Gruppe, für die sie gültig sind, lösen (z.B. als Standesmoral); sie finden allerdings dort ihre Grenze, wo Konflikte über Gruppengrenzen hinweg auftreten können.

3. Wird von einer Moral ein möglichst hohes Konfliktlösungspotenzial erwartet, sollte jedermann das Recht haben, an einem ethischen Diskurs teilzunehmen (*ethischer Universalismus*). Dementsprechend sind die 3 großen Modelle der Ethik,
   - die Tugendethik (Aristoteles),
   - die Verpflichtungsethik (Kant) und
   - die Nutzenethik (Bentham)

am Universalismus orientiert. Auch mit Blick auf die Ausweitung der Interaktions- und damit der Konfliktmöglichkeiten im Zug der Globalisierung ist der ethische Universalismus daher die angemessenste Position (Gethmann 2000).

4.7.3.2 Mensch und Natur

Der Mensch hat zur Sicherung seiner Existenz und zur Besserung seiner Lebensumstände in einer nicht stets nur menschenfreundlichen Natur schon vor langer Zeit durch Züchten in den genetischen Bestand verschiedener Tier- und Pflanzenspezies eingegriffen, um sie seinen Zwecken gemäß zu verändern. Kaum je ist dies in der Vergangenheit für *grundsätzlich* moralisch verwerflich erklärt worden, und es sind auch aus heutiger Sicht keine diesbezüglichen triftigen Argumente gegen züchterisches Handeln zu erkennen. Durch die Gentechnik werden zunächst lediglich die Instrumente der Intervention in den Genbestand verfeinert, ohne dass sich an der zweckgemäßen Planung des Züchtens und seiner moralischen Qualifikation etwas ändert. Dies wäre nur dann der Fall, wenn der direkte Eingriff in die genetische Konstitution eines Organismus moralisch anders zu bewerten wäre als der traditionelle Eingriff mittels Züchtung durch Reproduktion ganzer Individuen. Zwar werden gelegentlich solche Behauptungen vorgebracht, die allerdings notorisch unbegründet bleiben.

Wenn sich bestimmte Zwecke, die Menschen in Bezug auf die Natur haben, etwa Nahrungsmittelgewinnung oder die Behandlung von Krankheiten, gegenüber jedermann rechtfertigen lassen, ist eine Intervention in den Genbestand aus ethischer Sicht nicht nur eine erlaubte, sondern u.U. sogar eine gebotene Handlungsoption.

Natürliche Bedingungen und menschliche Zwecksetzungen

Zwecke, deren Realisierung Menschen planen, sind keine Naturphänomene, sondern kulturelle Setzungen. Sie können je nach Lebens- und Handlungsumständen sehr unterschiedlich sein und sich auch mit diesen ändern. Sie sind darum jedoch keineswegs der Beliebigkeit anheim gestellt. Die Realisierung solcher Zwecke hängt oft davon ab, was technisch möglich ist, was „die Natur zulässt". Jedoch zieht „die Natur" allenfalls Grenzen des Machbaren, nicht jedoch bereits von sich aus Grenzen des Erlaubten – sei es, dass Wasser aus einem Fluss auf einen Acker umgeleitet, sei es, dass Saatgut gentechnisch verändert werden soll: Für die Frage, ob eine Intervention in „die Natur" ethisch rechtfertigbar ist oder nicht, ist nicht der Hinweis auf die natürlichen Gegebenheiten, sondern der Hinweis auf die normativen Erfordernisse ausschlaggebend. Bei der Ermittlung dieser Erfordernisse spielt natürlich auch das durch die Naturwissenschaften bereitgestellte Kausalwissen eine bedeutende Rolle, da Konflikte ja gerade auch dann entstehen, wenn ein anderer von den (Fern-)Folgen einer Handlung in unwillkommener Weise betroffen ist (in Fortführung der Beispiele: Das Feld des Nachbarn liegt trocken, das Risiko evtl. entstehender Monokulturen schränkt die Handlungsmöglichkeiten zukünftiger Generationen ein). Argumente gegen gentechnische Interventionen lassen sich daher auch nicht allein auf die gegenüber der züchterischen Praxis so neuartigen Instrumente gewinnen – die ethische Beurteilung eines Einsatzes dieser Instrumente gründet allein auf der Verträglichkeit der mit deren Einsatz verbundenen sicheren und riskierten Folgen mit den Zwecksetzungen von *jedermann*.

Anthropozentrismus und Pragmazentrismus

In Beiträgen zur ökologischen Ethik wird häufig gefordert, dass der so genannte Anthropozentrismus, also diejenige Position, die *menschliches* Handeln als den Ausgangspunkt moralischer Überlegungen wählt, zugunsten eines Biozentrismus, der die Natur in den Mittelpunkt stellt, (und anderer Zentrismen) aufgegeben werden sollte [zur

Einführung in die ökologische Ethik s. Krebs (1997), Nida-Rümelin u. von der Pfordten (1995)]. Demgegenüber kann keine dieser Positionen daran vorbeigehen, dass sich ihre wie auch immer gerechtfertigten Aufforderungen an Menschen richten. Dies dokumentiert, dass der Mensch als Akteur für sich selbst und in seiner seine Handlungen fundierenden Wirklichkeitserfassung unhintergehbar ist. Natürliche Handlungsumstände sind nur als Bedingungen und Begrenzungen des menschlichen Machens und Handelns gegeben. Dies schließt allerdings nicht aus, dass der Mensch seine Handlungsumstände in vielen Fällen als „anders", als nichtmenschlich erlebt.

Ein solchermaßen verstandener struktureller *Pragmazentrismus* schließt aber keineswegs aus, dass der Mensch mit seinen Handlungszwecken in Konflikte mit Zwecken geraten kann, die in nichtmenschlichen, natürlichen Objekten gewissermaßen involviert sind (Gethmann 2002). Daher lässt sich in diesem Sinn auch problemlos von „Rechten der Natur" sprechen. Die nichtmenschlichen Naturwesen haben „Anspruch" darauf, vom Menschen verantwortlich behandelt zu werden [zu diesem so genannten *tutorischen* Modell der Verantwortung des Menschen gegenüber der Natur s. exemplarisch für den Tierschutz Gethmann (2001)]. Die Respektierung der Natur durch den Menschen hat aber dort ihre Grenzen, wo es um das Zweck-Mittel-Verhältnis zwischen moralischen Subjekten (s. Abschnitt 4.7.4.2 „Moralischer Status des menschlichen Embryos") und anderen Wesen geht. Im Konfliktfall darf das moralische Subjekt niemals instrumentalisiert werden, d.h. vollständiges Mittel für nichtmenschliche Wesen sein.

Naturgemäßes Handeln

Dem hier skizzierten Ansatz zufolge heißt naturgemäß zu handeln nicht, moralische Regeln an bestimmten natürlichen (biologischen oder physikalischen) Eigenschaften von Gegenständen und Lebewesen abzulesen, wie es gemäß bestimmter Lesarten von „Naturethik" und „Naturrecht" gesehen wird (Altner 1991, Meyer-Abich 1997, Speamenn u. Löw 1981). Naturgemäß handeln heißt demnach vielmehr, die Handlungsorientierungen mit Rücksicht auf die Tatsache zu setzen, dass vieles (einschließlich unserer selbst) ohne unser Zutun entstanden ist, dass wir und andere Gegenstände nicht als bloße Produkte unserer selbst behandeln werden. Dies lässt sich an dem schon von Aristoteles herangezogenen Beispiel des Verhältnisses des Bildhauers zu seinem Werk illustrieren: Der Bildhauer muss, um erfolgreich sein Werk zu schaffen, die Natur des Stoffes respektieren. Dieser Respekt vor der Natur schließt jedoch nicht aus, dass die Skulptur vollständig sein Werk ist. Der Bildhauer und niemand sonst, auch keine „Natur", hat etwas am Werk getan – der Bildhauer und die Natur treten nicht als Autorenkollektiv auf. Naturgemäß handeln heißt, anzuerkennen, dass das Spektrum der Handlungsmöglichkeiten beschränkt ist – es heißt nicht, dass das Spektrum auf genau eine Handlungsmöglichkeit eingeschränkt ist. Selbst wenn wir nicht machen können, was wir wollen, sagt uns die Natur nicht, was wir *sollen*.

Bei den Fragen nach der Zulässigkeit gentechnischer Interventionen werden stereotyp zweierlei Arten von Befürchtungen geäußert, die in der faktischen Diskussion oft vermischt auftreten:

- Zum einen geht es um eine Beurteilung der Gefahren, die dem Menschen und seiner natürlichen Umgebung durch die Gentechnik drohen – hier handelt es sich um eine Risiko-Chancen-Abwägung, die ein Abwägungsproblem aufwirft, bzw. um die Fragen, ob es prinzipielle Grenzen für die Abwägung von Chancen und Risiken gibt (vgl. dazu den folgenden Abschnitt).
- Zum anderen stößt die Gentechnik aber nicht nur wegen ihres Gefahrenpotenzials auf Ablehnung, sondern wegen eines Verlusts an Vertrautheit mit der natürlichen Umgebung, der durch sie vermeintlich oder tatsächlich herbeigeführt wird. Die „Schiege" – halb Schaf, halb Ziege – wird vermutlich nicht wegen ihres Risikopotenzials als bedrohlich empfunden. Vielmehr wird die Hervorbringung solcher Wesen wohl deshalb zumeist abgelehnt, weil sie als Angriff auf die Vertrautheit mit der Natur erfahren wird. Damit stellt sich die Frage, ob es so etwas wie das Recht auf Vertrautheit mit der natürlichen Umgebung, man könnte auch sagen: ein „Naturheimatrecht", gibt, das zwar keine Konstanz der natürlichen Umgebung, wohl aber so etwas wie ein Recht auf eine moderate Veränderungsgeschwindigkeit beinhaltet.

Man wird also, gerade im Blick auf die Gentechnik, nicht nur zu überlegen haben, ob die Naturveränderung in bestimmten Dimensionen gefährlich ist, sondern ob z.B. in bestimmten Bereichen die Verlangsamung von Veränderungsgeschwindigkeiten (etwa durch Moratorien) zu fordern ist.

Hare (1981, deutsch 1992, S 160–165) hat darauf hingewiesen, dass die Präferenzen eines Individuums in aller Regel eine Zeitorientierung besitzen. Er unterschied zwischen „Jetzt-für-Jetzt"-, „Jetzt-für-Dann"- und „Dann-für-Dann"-Präferenzen.

Aus moralpsychologischer Sich ist es daher verständlich, wenn jemand die „Jetzt-für-Jetzt"- und vielleicht auch die „Jetzt-für-Dann"-Präferenz hat, dass eine bestimmte Technik, z.B. die Keimbahntherapie, nicht zur Anwendung kommt. Es ist in vielen Fällen aber fraglich, ob, sollte die Keimbahntherapie einmal eine im technischen Sinn sichere Methode sein, die „Dann-für-Dann"-Präferenz immer noch gegen die Anwendung der Keimbahntherapie sprechen würde.

4.7.3.3 Grenzen des Abwägens

In Bezug auf die Wissenschaftsentwicklung erscheint es – zumindest prima facie – ratsam, sich so zu verhalten, wie man sich auf Neuerungen aller Art lebensweltlich verhält: Man sollte versuchen, die Chancen einer Entwicklung zu ergreifen und die mit ihr gegeben Risiken zu vermeiden. Insofern ist die Rationalität des Handelns hier wie in allen anderen lebensweltlichen Kontexten zunächst durch das Abwägen von Chancen gegen Risiken ausgezeichnet. Durch elementare Beispiele kann man sich jedoch leicht vor Augen führen, dass Menschen keineswegs immer bereit sind, ihre Urteilsbildung über Handlungsoptionen allein an dem Ergebnis eines solchen Abwägens auszurichten. Das Halten gegebener Versprechen, das Verwerfen des Lügens, das Gebot der Hilfeleistung sind elementare normative Überzeugungen, die viele für empfehlenswert halten und an denen sie auch dann festhalten, wenn die Nachteile des Festhaltens an diesen Überzeugungen im Einzelfall nahe legen, zu lügen, ein Versprechen nicht zu halten oder eine Hilfeleistung zu verweigern.

Kategorische und pragmatische Grenzen der Abwägbarkeit

Es bedarf keiner langen Debatte, in der Entwicklung der Gentechnik Chancen zu erkennen, die man nach Abwägung gegen die Risiken ergreifen möchte. Aber es ist zu fragen, ob es Grenzen des Abwägens zwischen Chancen und Risiken geben sollte und ob durch diese Grenzen ein Korridor der Handlungsoptionen auszuzeichnen ist, dessen Begrenzungen aus ethischen Gründen nicht überschritten werden dürfen, sodass für derartige Fälle ein unbedingtes, d.h. *kategorisches* Verbot gerechtfertigt wäre. Ein Beispiel für eine solche Grenze ist das Verbot, einen Menschen vollständig zu instrumentalisieren – d.h. lediglich als Mittel zu verwenden. (Dieses – auf eine der Fassungen von Kants kategorischen Imperativ zurückgehende – Verbot findet sich in der so genannten Objektformel auch in der richterlichen Auslegung des Menschenwürdeparagrafen des Grundgesetzes durch das Bundesverfassungsgericht.) So muss z.B. geprüft werden, ob bei der Forschung an menschlichen Embryonen bzw. beim (vorstellbaren) reproduktiven Klonen der Embryo bzw. der Klon in moralisch unzulässiger Weise instrumentalisiert wird [s. Abschnitt 4.7.4.2 „Moralischer Status des menschlichen Embryos", zur moralischen Beurteilung des reproduktiven Klonen, s. Gethmann u. Thiele (2001)].

Innerhalb eines solchen Korridors ist eine Lösung des beschriebenen Konflikts zwischen möglichem Schaden (Risiko) und möglichem Nutzen (Chance) durch eine Abwägung möglich, für die sich Rationalitätsstandards formulieren lassen. Zu diesen dürfte ein *Optimierungsprinzip* gehören, das besagt:

> „Wähle diejenige Handlungsoption, bei deren Realisierung die mögliche Chance das mögliche Risiko (maximal) übersteigt."

Ferner wird man in Bezug auf das zwischenmenschliche Handeln ein *Konsistenzprinzip* annehmen:

> „Lasse dir das Risiko zumuten, das du dir und andern auch sonst ceteris paribus zumutest." (Gethmann 1993a).

So einfach diese Normen der Optimierung und Konsistenz zu verstehen sind, so schwierig gestalten sich die Operationalisierungs- und Subsumtionsprobleme. Für die ordinale oder gar kardinale Vergleichbarkeit von Risiken und Chancen ist vorausgesetzt, dass die Wahrscheinlichkeit von Ereignissen sicher eingeschätzt werden kann, was bei seltenen Ereignissen aus methodischen Gründen nur sehr grob möglich ist. Ferner ist für eine Abwägung, die dem erforderlichen Präzisionsniveau genügt, eine einigermaßen sichere Einschätzung der erwartbaren Nutzen und Schäden erforderlich. Schließlich wirft die Aggregation von Risiko-Chancen-Abwägungen bei kollektiven Akteuren (Familien, Gruppen, Gesellschaften) große methodische Probleme auf. In Bezug auf das letztgenannte Problem ist es allerdings häufig hilfreich, die in Frage stehende Handlungsweise (z.B. die Präimplantationsdiagnostik) mit bestehenden und moralisch bereits bewerteten Handlungsweisen (z.B. die Abtreibung nach pränataler Diagnostik) zu vergleichen.

Zu den moralischen Problemen, die keiner grundsätzlichen Abwägung zugänglich sind, gehören die Rechte Angehöriger künftiger Generationen (*Langzeitverantwortung*). Würde man nämlich die Verpflichtung für künftige Generationen nach dem Muster von Chancen-Risiko-Abwägungen debattieren, würde die Verpflichtung aufgrund der Diskontierungseffekte schnell erlöschen (Birnbacher 1988, Gethmann u. Kamp 2000). Die Langzeitverpflichtung spielt in der Diskussion um die Gentechnik eine wichtige Rolle, z.B. im Zusammenhang mit der Forderung, aus Verpflichtung gegenüber dem „Erbe der gesamten Menschheit" sei eine Verantwortung für den Genpool zu übernehmen (UNESCO 1997). Das Grundproblem der Langzeitverpflichtung ist ihre Rechtfertigbarkeit (Gethmann 1993b). Einen möglichen Ansatz bildet die Überlegung, dass die Annahme einer befristeten Geltung von Menschenrechten in einen pragmatischen Widerspruch führen würde. Der Widerspruch zeigt sich, wenn man sich klarmacht, dass jede Befristung auf die n-te Generation gegenüber der n+1ten Generation Willkür wäre (Hofmann 1981).

Allerdings ist Vorsicht geboten, aus der unbeschränkt gültigen Zukunftsverpflichtung unmittelbar materielle Schlüsse zu ziehen. Der unbeschränkt gültigen Verpflichtung steht eine Abschattung der Verbindlichkeit gegenüber. Diese Abschattung könnte z.B. so operationalisiert werden, dass sich ab der Generation der Kinder der Enkel die Verbindlichkeit halbiert. Diese Verminderung lässt sich damit begründen, dass der Verantwortliche spätestens hier nicht mehr zur handelnden Generation gehört. Die Fernfolgenverantwortung beinhaltet dennoch, dass für keine Generation nach uns der Grad der Verantwortung=0 beträgt (Gethmann 1993b, 2001).

4.7.4 Ausgewählte Probleme der bioethischen Diskussion

Das breite Spektrum der in der Bioethik diskutierten Probleme sowie deren ethische Komplexität lässt sich anhand ausgewählter, in der aktuellen Diskussion besonders diskutierter Probleme exemplarisch dokumentieren; für weiterführende Literatur s. z.B. die Textsammlungen von Beauchamp u. Walters (1999), Kuhse u. Singer (1999), Sass (1989) sowie die Lexika von Chadwick (1998), Reich (1995) und Korff et al. (1998).

4.7.4.1 Fragestellungen

Grundsätzlich ist zwischen medizinethischen Fragestellungen im engeren Sinn – also von solchen Fragen, die primär im Rahmen der medizinischen Praxis entstehen – und im weiteren Sinn – also von Fragen, die die ethische Beurteilung biowissenschaftlicher Forschung betreffen – zu unterscheiden [zur Einführung in die medizinische Ethik: Beauchamp u. Childress (2001), Beckmann (1996), Patzig u. Schöne-Seifert (1995), Schöne-Seifert (1996), Wiesing (2000)]. Zu den medizinethischen Fragen im engeren Sinn gehören Fragen, die den Krankheitsbegriff (Lanzerath 2000; Wieland 1975) oder das Arzt-Patienten-Verhältnis (Wieland 1985) betreffen, aber auch Fragen, die sich am Beginn (z.B. Abtreibung und Therapiemaßnahmen bei schwerstgeschädigten Neugeborenen) und am Ende des menschlichen Lebens (z.B. Sterbehilfe) stellen, sowie Fragen der Allokation von Ressourcen im Gesundheitswesen. [In Kuhse u. Singer (1999) findet sich eine Auswahl von Texten, die verschiedene Positionen abdecken. Zur moralischen Problematik am *Lebensbeginn* s. auch Birnbacher (2000), Hoerster (1995a, 1995b) und Merkel (2001), zur *Sterbehilfediskussion* Battin et al. (1998), Gose et al. (1997), Hegselmann u. Merkel (1992), Hoerster (1998), Kutzer (1997, 2001), Singer (1994) Spaemann (1997) sowie Steinbock u. Norcross (1994), zur *Rationierung in der Medizin* Breyer et al. (2001), Ethik in der Medizin (2001), Kirch u. Kliemt (1997), Nagel u. Fuchs (1998)]. Zwar mögen sich manche dieser Fragen aufgrund von Entwicklungen der molekularen Medizin verschärft stellen, doch sind sie nicht primär durch die molekulare Medizin hervorgerufen. Demgegenüber sind durch die Entwicklung der molekularen Medizin Handlungsoptionen eröffnet worden, die die Arzt-Patienten-Sphäre grundsätzlich oder derzeit jedenfalls faktisch überschreiten. Durch die Ergebnisse der Humangenomforschung sind nie da gewesene Hoffnungen für die Prävention, Diagnose und Therapie von Erkrankungen geweckt worden. Diese Forschung birgt erhebliche Risiken. In diesem Kontext ist es sinnvoll, zwischen medikotechnischen Problemen der Humangenomforschung (z.B. den Sicherheitsstandards von Gentherapieprotokollen) und moralischen Problemen (z.B. der moralischen Akzeptabilität von Interventionen in das menschliche Genom) zu unterscheiden. Die folgende Darstellung beschränkt sich auf diese zuletzt genannten moralischen Probleme. Vor allem folgende Kontexte finden in der Öffentlichkeit derzeit besondere Beachtung:

- die Forschung an menschlichen Embryonen (Abschnitt 4.7.4.2 „Moralischer Status des menschlichen Embryos"),
- die Anwendung gentechnischer Methoden in der (medizinischen) Praxis (Abschnitte 4.7.4.3 „Genetische Testverfahren", 4.7.4.4 „Gentherapie am Menschen") sowie
- die mit der wirtschaftlichen Verwertung gentechnischer Forschungsergebnisse verbundenen Probleme (Abschnitt 4.7.4.5 „Patente auf Biomaterialien").

4.7.4.2 Moralischer Status des menschlichen Embryos

Die moralische Zulässigkeit der Forschung an menschlichen Embryonen bzw. der Präimplantationsdiagnostik wird derzeit kontrovers diskutiert [zur Einführung s. Friele (2001); vgl. auch Birnbacher (1996), Braudy (2001), Deutsche Forschungsgemeinschaft (2001), Hare (1987), Gerhardt (2001), Lauritzen (2001), Singer et al. (1990), Woopen (2000)].

Inhaltlich eng verbunden damit sind moralische Fragen der Abtreibung und das Schicksal schwerstgeschädigter Neugeborener. Letztere werden in diesem Kapitel, das den moralischen Problemen der Molekularen Medizin gewidmet ist, nicht behandelt. Allerdings sind die Problembereiche inhaltlich eng verbunden, sodass der Interessierte aus der reichlich vorhandenen Literatur viel für das vorliegende Thema profitieren kann.

Bei der Diskussion hinsichtlich der moralische Zulässigkeit der Forschung an menschlichen Embryonen bzw. der Präimplantationsdiagnostik stehen 2 Fragen im Vordergrund:

- Welche Eigenschaft muss ein menschlicher oder Primatenembryo, ein Fetus usw. haben, damit von einem *praktischen Subjekt*, ausgestattet mit bestimmten Rechten, wie z.B. dem Recht auf Leben, gesprochen werden kann?
- Unabhängig davon ist zu klären, ob diejenigen *Rechte, die wir praktischen Subjekten zuschreiben*, diesen immer und immer in vollem Umfang zukommen oder Abwägungen zugänglich sind.

Welche Eigenschaft muss etwas haben, damit es ein praktisches Subjekt ist?

Bezüglich dieser ersten Frage können 3 Positionen unterschieden werden (Gethmann 1998a):

1. Speziezismus

   Anhänger der ersten Position behaupten, dass alle und nur Mitglieder der Spezies *Homo sapiens* auch praktische Subjekte seien [Baumgartner et al. (1998), EKD/DBK (1989), Lübbe (1988). Spaemann (1996) beschränkte sich auf die Behauptung, dass alle Menschen praktische Subjekte seien, und hielt es für möglich, dass daneben auch noch andere Wesen praktische Subjekte sind]. Diese Position ist weit verbreitet und brächte es mit sich, dass zumindest ab dem Zeitpunkt der Verschmelzung von Ei und Samenzelle ein moralisches Subjekt vorliegt. (Es wird zumeist angenommen, dass Ei- und Samenzelle vor der Verschmelzung noch keine moralischen Subjekte sind. Warum das so sein soll, wird nicht begründet.) Diese Position wird als Speziezismus kritisiert, da sie auf starken, oft implizit religiösen, nicht begründeten Prämissen beruht. Deutlich wird der religiöse Bezug in EKD/DBK (1989); zur Kritik am Speziezismus sei auf Gethmann (1998a) und Singer (1993, besonders Kapitel 3) verwiesen.

   Zudem ist es in bestimmten Fällen gegenintuitiv anzunehmen, dass nur Mitglieder unserer Spezies moralische Subjekte sein können. Besonders aufschlussreich ist hierfür die Beschreibung von Singer (1994, Kapitel 8) des Lebens „einiger Leute" mit herabgesetzten intellektuellen Fähigkeiten – gemeint sind Menschenaffen –, die gleichwohl Anzeichen moralischen und politischen Handelns zeigen.

   Zur Unterstützung des Speziezismus werden oftmals so genannte Potenzialitätsargumente herangezogen: Danach sind Embryonen moralische Subjekte, weil sie sich, wenn ihre Entwicklung nicht unterbunden wird, aller Wahrscheinlichkeit nach zu voll ausgebildeten Menschen, die ja zweifelsfrei moralische Subjekte sind, entwickeln werden [Baumgartner et al. (1998), S 228ff]. Die Problematik dieses Arguments lässt sich an einem Beispiel zeigen: Wären Potenzialitätsargumente grundsätzlich korrekt, dann müsste auch folgendes Argument gelten:

   - Jeder erwachsene Bürger ist bei Bundestagswahlen wahlberechtigt.
   - Kinder sind potenzielle, erwachsene Bürger.
   - Daher müssen Kinder bei Bundestagswahlen ihre Stimme abgeben dürfen.

Nun haben Kinder in Deutschland kein Wahlrecht bei Bundestagswahlen. Zwar lässt sich darüber diskutieren, ob es zweckmäßig ist, das Wahlalter auf 18 Jahre festzulegen oder ob ein Mindestalter von 21 oder $12\,^3/_4$ Jahren angemessener sei. Nur wird eine solche Diskussion nicht mit Argumenten der Art geführt werden, dass Kinder bzw. Jugendliche das Potenzial hätten,

Erwachsen zu werden, sondern mit Argumenten, die sich auf bestimmte Fähigkeiten richten, die diese Kinder bereits an den Tag legen. Ebenso erscheint es fragwürdig, Embryonen schon deshalb als moralische Subjekte anzusehen, weil sie das Potenzial haben, voll ausgebildete Menschen zu werden. Eine gründliche Rekonstruktion der Potenzialitätsargumente würde zeigen, dass es sich um ein Ensemble sehr unterschiedlicher Argumentationstypen (mit Familienähnlichkeit) handelt [Merkel (2001), S 476].

2. Pathozentrismus
Die 2. Position ist durch die Auffassung gekennzeichnet, dass moralische Subjekte die Eigenschaft haben, „bewusstseinsfähig“ oder „leidensfähig“ zu sein (Birnbacher 1996; Hoerster 1995b; Singer 1993, besonders Kapitel 2). Folgt man diesem Ansatz, bedeutet dies zum einen, dass einige Mitglieder der Spezies *Homo sapiens* (evtl. Embryonen) möglicherweise keine praktischen Subjekte sind, und zum anderen, dass es moralische Subjekte geben kann, die nicht Mitglied der Spezies *Homo sapiens* sind – Kandidaten hierfür sind z.B. Primaten. Dies hätte dann Implikationen insbesondere auch für den Tierschutz (Nida-Rümelin 1996b; Nida-Rümelin u. von der Pfordten 1996; Thiele 2001b).

   Problematisch ist diese Position, wenn sie auf der Grundlage eines ethischen Naturalismus formuliert wird. [Einführung in die Debatte zum Naturalismus sind z.B. Frankena (1939) und Hare (1997), Kapitel 4, zu nennen.] Naturalistische Ansätze definieren normative Begriffe, wie z.B. „Das Gute“ oder auch „praktisches Subjekt“ mit Hilfe deskriptiver Begriffe wie z.B. „Leidensfähigkeit“. Es stellt sich aber für jede dieser Definitionen zunächst die Frage, ob sie adäquat ist. Vor allem aber besteht ein normatives Defizit: Eine Forderung ist nicht bereits dadurch gerechtfertigt, dass etwas der Fall ist.

3. Pragmazentrismus
Die dritte hier zu erwähnende Position ist die des oben schon angeführten Pragmazentrismus, der argumentiert, dass es sich bei praktischen Subjekten um diejenigen handelt, die Urheber ihrer eigenen Handlungen (Akteure) sind (Gethmann 1998a). Handlungen können, wie zu Beginn dieses Kapitels beschrieben, Konflikte erzeugen. Ethik zielt darauf, Strategien zur Konfliktbewältigung zu entwickeln und den konfligierenden Akteuren durch Gründe gerechtfertigt zu empfehlen. Die Definition praktischer Subjekte als Akteure fügt sich daher leicht in die Rekonstruktion der Ethik als Instrument der Konfliktbewältigung ein. In Bezug auf die Forschung an menschlichen Embryonen lässt diese Positionen erhebliche Zweifel daran zu, ob Embryonen in einem vernünftigen Sinn als Akteure angesehen werden können.

Anwendung der Kriterien. Für welche der 3 Positionen man sich auch entscheidet, es ist von besonderer Bedeutung, auf welche Weise in der Praxis festgestellt werden kann, ob etwas, von dem wir vermuten, dass es ein praktisches Subjekt ist, die dafür notwendigen Kriterien auch tatsächlich erfüllt. Mit Blick auf die menschliche Entwicklungsphase vor der Geburt, aber auch mit Blick auf extrem behinderte Menschen, bestehen erhebliche Probleme, dies festzustellen.

Am einfachsten würde dies – Einigkeit über den zugrunde gelegten Speziesbegriff unterstellt – noch beim Kriterium „Mitglied der Spezies *Homo sapiens*“ gelingen – z.B. durch einen Gentest oder eine andere Methode der Artbestimmung. Allerdings wurden oben einige Argumente skizziert, die gegen diesen Ansatz sprechen. Plausibler scheinen dagegen zunächst Kriterien wie Bewusstseinsfähigkeit oder Leidensfähigkeit. Allerdings bedarf es für diese Kriterien weiterer verhaltensbeschreibender Ausdifferenzierungen, um zu entscheiden, ob sie erfüllt sind oder nicht (wie unterscheidet man ein bewusstloses Wesen von einem bewussten usw.). Zudem bliebe auch hier das Naturalismusproblem ungelöst.

Aber auch dann, wenn Urheber von Handlungen (Akteure) moralische Subjekte sind, bleibt das Problem bestehen, ein praxistaugliches Verfahren zu etablieren, das die Differenzierung von Akteuren und Nichtakteuren erlaubt. Im Anschluss an Dummett (1975a,b) wird dies das Manifestationsproblem genannt.

Dabei wird man mit einer gewissen Fehleranfälligkeit rechnen müssen, die aber nicht, wie oft behauptet, gegen andere als das (wenig fehleranfällige) Speziekriterium spricht. Bei allen Praxisregeln tritt dieses Problem auf und lässt sich in der Regel mit einer „Sicherheitsmarge“ in akzeptabler Weise beheben. Allerdings ist die Festlegung von Praxisregeln keine rein philosophische Aufgabe; moralische Überlegungen dazu, welches geeignete Kriterien sind, sollten mit dem besten verfügbaren naturwissenschaftlichen Wissen für eine praxistaugliche Regelung kombiniert werden.

Rechte praktischer Subjekte und ihre Schranken

Wenn geklärt worden ist, was wir als praktisches Subjekt anerkennen sollten, muss immer noch die 2., davon unabhängige Frage untersucht werden, welche Rechte moralischen Subjekten zukommen und wann und in welchem Umfang dies der Fall ist. In der moralischen Debatte um die Zulässigkeit der Forschung an menschlichen Embryonen wird diese Differenzierung oft vernachlässigt: Auch wenn vorausgesetzt wird, dass Embryonen moralische Subjekte sind, was nach dem zuvor Gesagten keineswegs unumstritten ist, ist damit noch kein hinreichendes Kriterium dafür abgegeben, welche Rechte Embryonen dadurch zukommen. Es ist daher problematisch, wenn es in einem gemeinsamen Dokument der deutschen Kirchen heißt, dass „von der Sache her... die Verknüpfung des Gedankens der Gottebenbildlichkeit bzw. der Würde des Menschen mit dem unbedingten Lebensrecht des Menschen zwingend" sei (EKD/DBK 1989, IV.2).

Recht auf Leben. Das in diesem Zusammenhang zentrale Recht ist das Recht auf Leben. Zwar ist es nicht kontrovers (wenn auch nicht trivial), dass jedem moralischen Subjekt ein Recht auf Leben zukommt. Die für die Forschung an Embryonen entscheidende Frage ist aber nicht, ob Embryonen ein Recht auf Leben haben, sondern, ob dieses Recht auf Leben *uneingeschränkt* gilt. Sollte dies der Fall sein, wie oftmals behauptet wird, dann wäre die Forschung an Embryonen, aber auch die Abtreibung eines Fetus unter allen Umständen moralisch verwerflich.

Allerdings ist die Annahme eines uneingeschränkten Rechts auf Leben für Embryonen nicht plausibel: Wenn ausgewachsene Menschen kein unbedingtes Lebensrecht haben, wie dies bei Notwehr und im (gerechten) Krieg der Fall ist, aus welchen Gründen sollte dann ein uneingeschränktes Lebensrecht für Embryonen gerechtfertigt sein? Hier wird nicht behauptet, dass gegenüber dem Embryo eine Notwehrsituation bestünde; hier wird lediglich argumentiert, dass unter bestimmten Umständen das Lebensrecht in moralisch gerechtfertigter Weise eingeschränkt sein kann. Aus Gründen der Konsistenz erscheint es daher nicht plausibel anzunehmen, dass Embryonen ein uneingeschränktes Lebensrecht zukommen soll, wenn dies bei Erwachsenen und Feten nicht der Fall ist.

Abwägungen zwischen Handlungsoptionen. Wenn eine *Abwägung* zwischen den Schutzgründen zugunsten des Embryos und den Gründen, die für eine Einschränkung seines Lebensrechts gelten, getroffen werden muss, bedeutet dies nicht zwangsläufig, dass die Abwägung grundsätzlich oder auch nur meistens gegen das Lebensrecht des Embryos ausgeht.

Der Ausdruck „Güterabwägung" ist aus der ethischen Theorie in den lebensweltlichen moralischen Sprachgebrauch „abgesunken". Dadurch entsteht leicht der Eindruck, es ließen sich nur Güter, d.h. materielle Gegenstände, die für die Zweckrealisierung gewählt werden, abwägen. Daneben lassen sich jedoch auch Zwecke, Ziele und Mittel abwägen. Der Ausdruck *„abwägen"* erzeugt ferner bei vielen Diskussionsteilnehmern die Assoziation von Beliebigkeit und Willkür. Demgegenüber ist nach allen 3 klassischen ethischen Paradigmen das moralische Abwägen wesentlicher Teil der moralischen Urteilskraft („Gewissen"), und die Rekonstruktion verallgemeinerbarer Regeln des Abwägens folglich ein Teil der Aufgabe der Ethik. Im Rahmen der Tugendethik sind v.a. die Tugenden der Klugheit und des Maßhaltens auf das Abwägen bezogen, aber auch Tapferkeit und Gerechtigkeit sind Themen des Abwägens. Im Rahmen der Verpflichtungsethik werden Abwägungen keineswegs abgelehnt – es gilt lediglich die These, dass nicht alles abwägbar ist. Das nutzenethische Paradigma („Utilitarismus") lässt demgegenüber alle Zwecke zur Abwägung zu. Lediglich die Wertethik lässt aufgrund der Vorstellung einer „Werthierarchie" keine Abwägung zu; schon wegen dieses „Rigorismus" muss daher die Wertethik als moralisch kontraintuitiv gelten.

Abwägung des Lebensrechts. Grundsätzlich geht es beim moralischen Abwägen um Verfahren, die nach verallgemeinerbaren Regeln erfolgen. In der aktuellen bioethischen Diskussion wird gegenüber dieser Abwägungsthese eingewandt, dass man sich eine Gradierung des Lebensschutzes gar nicht vorstellen könne. Demgegenüber ist es durchaus möglich, den Schutzanspruch eines Embryos einer Gradierung zuzuordnen. So kann man bereits implantierte Embryonen als mit einem sehr hohen Lebensschutz ausgestattet ansehen, während zur Implantation vorgesehene Embryonen, „überzählige" aber adoptionsfähige Embryonen und schließlich nicht adoptionsfähige Embryonen schrittweise als mit weniger Lebensschutzrecht ausgestattet angesehen werden können. Die Abwägungsstufen wären also:

- implantierte Embryonen;
- zur Implantation vorgesehene Embryonen;
- „überzählige", aber zur Adoption anstehende Embryonen;
- nicht adoptionsfähige Embryonen.

Auch bezüglich des Zwecks der Vernichtung des Embryos lässt sich durchaus eine Gradierung angeben, wobei die Heilung eines konkreten, nahestehenden Individuums im Rahmen einer mit guten Heilungsaussichten ausgestatteten Standardtherapie als sehr hoher Zweck, über verschiedene Zwischenstufen ein unbestimmter Nutzen für die Menschheit als Ganzes als relativ niedrig anzusetzender Zweck unterstellt werden können. Die Rangfolge wäre etwa:

- Heilung eines *nahestehenden* Individuums: *Standardtherapie* (gute Heilungsaussichten);
- Heilung *irgendeines* Individuums: *Standardtherapie* (gute Heilungsaussichten);
- Heilung *irgendeines* Individuums: *Heilversuch* (schlecht bestätigte Therapie);
- Nutznießer ist eine *Klasse von* Individuen (z. B. der Parkinson-Patienten);
- Nutznießer ist die *Spezies* „Mensch" (Krankheiten überhaupt).

Hinsichtlich des Abwägungsproblems ist auch durchaus mit zu bedenken, dass die Frage des moralischen Status des Embryos in *pragmatischer Konsistenz* mit Antworten einer Gesellschaft zur Abtreibungsfrage stehen muss. Wer unter Rekurs auf den Personenstatus den Menschen mit einem kategorischen Lebensschutzanspruch ausgestattet sieht, muss logisch zwingend Abtreibungen jeder Abwägung entziehen. Wer per Kontraposition Abtreibungen unter gewissen Bedingungen (und sei es auch allein die medizinische Indikation) für zulässig hält, hat grundsätzlich zugestanden, dass der Lebensschutz des Menschen Abwägungen zugänglich ist (Bioethikkommission des Landes Rheinland-Pfalz 1999, besonders These II,9).

Missbrauchsrisiken. Abschließend soll auf ein Argument hingewiesen werden, das von denjenigen vorgebracht wird, die zwar den Nutzen der Embryonenforschung anerkennen, aber annehmen, dass die Missbrauchsgefahr dieser Forschung so groß ist, dass sie unterlassen werden sollte. Solche Argumente, die gewöhnlich als Schiefe-Ebene- oder Dammbruchargumente bezeichnet werden, beruhen zum einen auf empirischen Vermutungen darüber, wie eine Gesellschaft zukünftig mit einer neuen Technik umgehen wird. Darüber hinaus ist diesen Argumenten – meist implizit – die Annahme eingebaut, dass negative Folgen des Einsatzes dieser Technik auf jeden Fall eintreten würden und auch durch Gesetze nicht verhindert werden könnten. Bei näherer Betrachtung sind in aller Regel sowohl die den Schiefe-Ebene-Argumenten zugrunde liegenden empirischen Annahmen als auch die angenommenen gesellschaftlichen Gesetzmäßigkeiten nicht plausibel. Für die Kritik eines Schiefe-Ebene-Arguments im Zusammenhang mit der Keimbahntherapie wird auf Abschnitt 4.7.4.4 „Gentherapie am Menschen" verwiesen.

4.7.4.3 Genetische Testverfahren

Unter dem Begriff „genetischer Test" wird in der bioethischen Debatte häufig die direkte Analyse einer DNA-Sequenz verstanden. Diese Verwendungsweise ist aus wissenschaftstheoretischer Sicht fragwürdig, da eine direkte DNA-Analyse in der Medizin lediglich eine Variante einer genetischen Untersuchung ist – andere Varianten sind etwa biochemische Analysen von Genprodukten, die Rückschlüsse auf zugrunde liegende Gene erlauben, die phänotypische Analyse eines Individuums oder einer Familie. Die Durchführung von Tests, seien es DNA-Analysen, Familienanamnesen oder auch körperliche Untersuchungen, ergeben prädiktive und probabilistische Daten, sodass sie aus wissenschaftstheoretischer Sicht gleich zu bewerten sind. Einige Autoren befürchten, dass die prognostischen Daten von genetischen Tests im Rahmen der Risikofeststellung falsch interpretiert werden könnten, sodass einige Individuen schlechter eingestuft werden würden, als es ihrem biologischen Risiko entspricht. Zwar ist diese Befürchtung nicht von der Hand zu weisen, doch existiert die Gefahr der Fehlinterpretation für alle anderen Untersuchungsverfahren auch. Dass eine Fehlinterpretation in Bezug auf Ergebnisse von genetischen Tests besonders häufig vorkommt, ist empirisch bislang nicht überzeugend belegt (Low et al. 1998).

Anwendungsbereiche genetischer Tests

Die Erhebung einer Familienanamnese ist seit langem fester Bestandteil der medizinischen Praxis, ohne dass dies im Allgemeinen als moralisches Problem aufgefasst wurde und wird. Es ist daher zunächst verwunderlich, wenn im Gegensatz dazu direkte DNA-Analysen als moralisch problematisch angesehen werden. Der Grund dafür scheint zu sein, dass den „Genen" ein wesentlich größerer Einfluss auf unsere Persönlichkeit eingeräumt wird als ihnen tatsächlich zukommt. Zur Kritik am so genannten genetischen Determinismus sei auf Bartram et al. (2000), Kapitel 2, verwiesen.

Die Anwendung genetischer Tests im Gesundheitswesen, wie sie schon seit langer Zeit praktiziert wird, wirft durchaus moralische Fragen auf [zur Einführung s. Bartram et al. (2000), Kapitel 3, Chadwick (1999), Schöne-Seifert u. Krüger (1993)]. Allerdings hat dies weniger mit dem Umstand zu tun, dass dort *genetische* Tests genutzt werden, sondern vielmehr mit dem Beratungsbedarf, der den Patienten aus der Kenntnis bestimmter Untersuchungsergebnissen erwächst.

Dass die Debatte um die moralischen Probleme genetischer Testsverfahren in letzter Zeit sehr intensiv geführt wird, hat insbesondere mit dem Missbrauchspotenzial zu tun, das entstehen könnte, wenn solche Verfahren ohne großen zeitlichen und finanziellen Aufwand und möglicherweise ohne das Wissen und die Kontrolle des Getesteten durchgeführt und die Ergebnisse verbreitet werden können.

Genetische Testverfahren gehören zu den früh zur Anwendungsreife gebrachten Resultaten der Gentechnik. Die Ursache dafür liegt u.a. darin, dass die Kommerzialisierung dieser Tests ökonomisch viel versprechend erscheint. Im Folgenden werden 2 mögliche Anwendungsbereiche für genetische Tests diskutiert, die vielfach für moralisch problematisch gehalten werden und die daher einen aktuellen Testfall für die Integration der Ergebnisse der Genforschung in die medizinische Praxis darstellen. Dabei handelt es sich

1. um die Anwendung von genetischen Tests im Versicherungswesen und
2. um den Einsatz von genetischen Tests im Arbeitsmarkt.

Genetische Tests im Versicherungswesen. Im Zusammenhang mit der möglichen Anwendung von genetischen Tests im Rahmen medizinischer Untersuchungen vor Abschluss von Versicherungsverträgen wird befürchtet, dass Individuen mit einem erhöhten genetischen Risiko höhere Versicherungsprämien bezahlen müssten oder im Extremfall überhaupt keinen Versicherungsvertrag abschließen können [Bartram et al. (2000), Kapitel 4, Simon (2001), Sorrell (1998), Thiele (2001a), Thiele (2002b)].

Zunächst stellt sich die Frage, inwieweit sich DNA-Analysen überhaupt von anderen medizinischen Tests, die schon lange Verwendung im Versicherungswesen finden, unterscheiden. Die Familienanamnese, bei der ja auch genetisches Wissen erhoben wird, gehört zu den seit langer Zeit verwendeten Datengrundlagen im Versicherungswesen. Aus Gründen der moralischen Konsistenz gilt aber:

> „Sind die Erhebung einer Familienanamnese und die Durchführung einer körperlichen Untersuchung im Rahmen des Versicherungswesens moralisch akzeptabel, gilt dies auch für direkte Analysen der DNA-Sequenz."

Im Umkehrschluss gilt damit zugleich auch:

> „Sollte es sich herausstellen, dass die Anwendung von DNA-Tests im Versicherungswesen moralisch verwerflich ist, gilt dies auch für eine Familienanamnese."

Der Hinweis auf die gängige Versicherungspraxis allein reicht daher nicht als Rechtfertigung der Forderung nach Zulassung genetischer Tests im Versicherungswesen aus. Es bleibt daher zu fragen, ob es ein Recht auf Versicherungsschutz unabhängig vom genetischen Risiko gibt. Wird diese Frage bejaht, sollte die Anwendung genetischer Tests (auch der Familienanamnese) zu Versicherungszwecken verboten werden. Da der Zweck der Risikoprüfung vor Versicherungsabschluss nicht die Erhebung „genetischen" Wissen, sondern allgemein „prädiktiven" Wissens ist, gilt die Argumentation dieses Absatzes auch für andere medizinische Untersuchungen, wie z.B. HIV-Tests und sogar körperliche Untersuchungen, bei denen auch prognostische Daten gewonnen werden.

Um zu einer Lösung zu gelangen ist es hilfreich, zwischen 2 Versicherungstypen zu unterscheiden: zwischen solchen Versicherungsarten, bei denen nach Art etwa der Sozialversicherung die Beitragszahlungen auf dem gemittelten Risiko des Versichertenkollektivs – in der Regel einem Großteil der Bevölkerung – beruhen, und solchen Versicherungen, bei denen das individuelle Risiko die Höhe der Beitragszahlungen bestimmt, etwa den Privatversicherungen. Beim ersten Typ, der z.B. in der Gesetzlichen Krankenversicherung verwirklicht ist, spielt der Einsatz von genetischen (und anderen) Tests zumindest für die Berechnung der Beitragssätze keine Rolle, sodass gesetzliche Krankenversicherungen in den weiteren Überlegungen vernachlässigt werden dürfen.

Wenn in einer Privatversicherung im Rahmen der Risikoprüfung das individuelle Risiko des Versicherungsinteressenten geprüft werden soll, kommen für eine derartige Untersuchung auch genetische Tests in Frage. Im Fall eines erhöhten (genetischen) Risikos kann dann der Fall eintreten, dass die zu zahlenden Prämien so hoch sind, dass der Interessent sich eine Police nicht leisten kann.

Wäre dieser Fall moralisch akzeptabel? Anders gefragt: Gibt es ein Recht auf (Lebens- bzw. Kranken-)Versicherungsschutz? Keine dieser Fragen kann hier ausführlich behandelt werden. Es dürfte aber unbestritten sein, dass ein gewisses Maß an basalen Leistungen einer Krankenversorgung, die in der Regel über eine Krankenversicherung bereitgestellt werden, also eine Grundversorgung für jedermann, verfügbar sein sollten, sodass es moralisch geboten ist, ein Recht auf (Mindest-)Krankenversicherungsschutz einzuräumen. Ob dies allerdings auch für Lebensversicherungen gilt, die im Allgemeinen nicht die Grundversorgung, sondern die Zusatzversorgung abdecken, ist fraglich.

Genetische Tests in Beschäftigungsverhältnissen. Auch die Anwendung genetischer Testverfahren in Beschäftigungsverhältnissen birgt moralische Probleme [zu den juristischen Fragen der Thematik s. Wiese (1994), Kapitel 7]. Genetische Tests könnten in Zukunft zu einer Verbesserung des Arbeitschutzes führen und z. B. den gezielten Schutz von Allergikern vor einer Exposition mit Allergenen ermöglichen. Darüber hinaus sind Fälle denkbar, in denen der Arbeitnehmer besonders verantwortungsvolle Positionen einnimmt – paradigmatisch ist hier der Aufgabenbereich des Piloten –, bei denen sich der Arbeitgeber mit weitgehenden Sorgfaltspflichten und möglichen Schadensersatzansprüchen konfrontiert sieht. Hier könnte zukünftig eine Untersuchung auf bestimmte Risiken möglich werden. Darüber hinaus gehört auch der Schutz vor Täuschungen durch den Arbeitnehmer zu den legitimen Interessen des Arbeitgebers.

Die Anwendung von genetischen Tests in Arbeitsverhältnissen birgt daher Chancen, die sowohl im Interesse des Arbeitnehmers als auch im Interesse des Arbeitgebers begründet liegen können.

Allerdings gibt es auch berechtigte Bedenken, dass genetische Tests zu einer moralisch nicht akzeptablen (und rechtlich auch nicht akzeptierten) Diskriminierung und Stigmatisierung von (potenziellen) Arbeitnehmern führen: Evtl. kann noch nachvollziehbar sein, dass ein Arbeitgeber das Interesse hat, möglichst „leistungsfähige" Arbeitnehmer einzustellen – zumal krankheitsbedingte Kündigungen nur schwer durchzusetzen sind. Nur lässt die gängige Praxis eine solche Auswahl in der Regel nicht zu, um möglichst jedermann eine Chance auf Arbeit zu gewährleisten.

Darüber hinaus ist aber auch vorstellbar, dass aufgrund wissenschaftlich nicht aussagekräftiger Interpretationen von Testergebnissen (z. B. angebliche genetische Marker für Kriminalität) Arbeitsverhältnisse verweigert werden. Schließlich ist auch denkbar, dass die Ergebnisse genetischer Testverfahren unberechtigterweise an Dritte weitergegeben werden.

Die Anwendung genetischer Tests in Beschäftigungsverhältnissen erfordert daher eine sorgfältige Abwägung sowohl der Interessen des Arbeitnehmers als auch des Arbeitgebers. Sie sollte behutsam erfolgen, möglichst unter Anlehnung an die bestehende Arbeitsrechtspraxis. Interessant ist in diesem Zusammenhang der Vergleich mit dem HIV-Test: Die Frage, ob ein solcher Test durchgeführt wurde, ist dem Arbeitgeber in der Regel nicht erlaubt, wohl aber die Frage, ob eine manifeste Aids-Erkrankung vorliegt. Hierbei handelt es sich jedoch primär nicht um ein moralisches Problem, sondern um ein juristisches: Es muss geklärt werden, wie sich Vorschriften zum wirksamen Schutz der Rechte von Arbeitnehmer und Arbeitgeber in der Praxis verwirklichen lassen.

4.7.4.4 Gentherapie am Menschen

Von der Inkorporation menschlicher und nichtmenschlicher Gene in Körperzellen (somatische Gentherapie) und Keimbahnzellen (Keimbahntherapie) des Menschen wird ein erheblicher Fortschritt in der Therapie von Erkrankungen mit einer genetischen Komponente erwartet.

Somatische Gentherapie

Die somatische Gentherapie ist aus moralischer (nicht aus technischer) Sicht relativ unproblematisch, da die transferierten Gene nicht an die Nachkommen vererbt werden; zu den moralischen Problemen s. Birnbacher (1994), Rehmann-Sutter u. Müller (1995)]. Momentan gibt es auch bezüglich der somatischen Gentherapie noch schwer wiegende technische Probleme; darüber hinaus existieren auch bezüglich der experimentellen Durchführung der somatischen Gentherapie moralisch relevante Probleme – bekannt ist der so genannte Gelsinger-Fall. Hierbei handelt es sich um wichtige, aber nicht für die somatische Gentherapie spezifische Probleme, sondern um Fragen der moralisch akzeptablen *medizinischen Forschung am Menschen*. Zur Einführung in diese Thematik sei auf Helmchen u. Winau (1986), Kuhse u. Singer (1999), Teil VII, Wiesing (2000), sowie das Kapitel zu den rechtlichen Regelungen zur Gentechnik in diesem Band, verwiesen.

Keimbahntherapie

Die moralische Akzeptabilität der Keimbahntherapie dagegen wird kontrovers diskutiert: Einen spekulativen und vorsichtig optimistischen Blick in die Zukunft erlaubt die Arbeit von Silver (1998). Von Gegnern der Keimbahntherapie wird u. a. behauptet, dass die Keimbahntherapie zu einer „neuen" Eugenik – im Gegensatz zu einer „alten" Eugenik, mit der die rassenhygienische Bewegung des

19. und 20. Jahrhunderts gemeint ist [für eine Einführung in die Geschichte der „alten Eugenik" s. Kühl (1997), s. auch Buchanan et al. (2000)] – führen werde. Andere Debatten, die im Zusammenhang mit der Keimbahntherapie stehen, behandeln z.B. die Frage, ob es überhaupt moralisch akzeptabel ist, die „naturgegebene" oder auch „gottgegebene" genetische Konstitution zu verändern. Solche oft unter dem Titel „Heiligkeit des Lebens" diskutierten Ansätze sind besonders in religiösen Moralen zu finden, werden aber in diesem Kapitel nicht diskutiert (s. aber Kuhse 1987).

Die Begriffe „Eugenik" und „genetic enhancement" spielen für die folgende Argumentation eine wichtige Rolle und werden wie folgt verwendet [s. dazu auch Thiele (2002a)]:

- „*Eugenik*" ist die Intervention in genetische Prozesse menschlicher Individuen mit dem Ziel einer Verbesserung der *genetischen Anlagen einer Population.*
- „*Genetic enhancement*" ist die Intervention in die genetischen Prozesse eines menschlichen Individuums mit dem Ziel einer Verbesserung der *genetischen Anlagen dieses Individuums.*

Argument der schiefen Ebene. Ein Argument, das für ein Verbot der Keimbahntherapie angeführt und im Folgenden untersucht werden soll, lautet:

> „Die Anwendung der Keimbahntherapie wird in moralisch verwerflicher Weise eugenische Konsequenzen haben. Daher sollte die Keimbahntherapie verboten werden."

Dieser Typ Argument wird üblicherweise *Argument der schiefen Ebene* oder auch Dammbruchargument genannt: Dabei wird angenommen, dass eine Anfangshandlung, die moralisch akzeptabel ist (in diesem Fall die Behandlung schwerer Erkrankungen mit Hilfe der Keimbahntherapie) unausweichlich andere Handlungen zur Folge hat, die moralisch verwerflich sind – hier eugenische Konsequenzen, wie z.B. die Züchtung von „Arbeitssklaven" (Guckes 1997; Kamp 1998).

Schiefe-Ebene-Argumente, wie die angeführte Behauptung, enthalten eine empirisch-prognostische und eine moralische Komponente, von deren Korrektheit die Gültigkeit des Gesamtarguments abhängt: Um als Prognose überzeugend zu sein, müsste gezeigt werden, dass die Anwendung der Keimbahntherapie tatsächlich die vorhergesagten eugenischen Folgen verursachen würde. Darüber hinaus müsste auch gezeigt werden, dass die Folgen einer Anwendung der Keimbahntherapie moralisch verwerflich und damit verbietenswert sind. Beide Behauptungen sollen im Folgenden untersucht werden.

Eugenik als Folge der Gentherapie. Würde die Anwendung der Keimbahntherapie eugenische Folgen haben? Natürlich *kann* dies der Fall der sein: In den Händen eines totalitären Regimes könnte die Keimbahntherapie zum Zwecke eugenischen „Populationsdesigns" eingesetzt werden.

Aber nur wenn Eugenik in jedem Fall aus der Anwendung der Keimbahntherapie folgen würde, entfaltet das Argument gegen die Keimbahntherapie – d.h. das Argument, dass die Keimbahntherapie verboten werden sollte, weil es eugenische Folgen hat – seine volle Kraft. Problematisch ist an diesem Argument, dass es voraussetzt, dass die Anwendung der Keimbahntherapie *in quasi gesetzmäßiger Weise* bestimmte Folgen nach sich zieht; nur dass hier nicht von natürlichen Prozessen die Rede ist, die durch Naturgesetze beschrieben werden können, sondern von menschlichen Handlungen, von denen wir (zumindest in aller Regel) annehmen, dass sie freiwillig, d.h. eben nicht in gesetzmäßiger Weise zustande kommen. Aber auch die schwächere Behauptung, dass die Anwendung der Keimbahntherapie nicht auf jeden Fall, aber doch sehr wahrscheinlich zur Eugenik führen würde, bleibt problematisch, da hier eine moralische (d.h. präskriptive) Behauptung auf sehr weitgehenden empirischen (d.h. deskriptiven), kaum durch Prognosen abzusichernden Annahmen basiert.

Die Überzeugungskraft von Schiefe-Ebene-Argumenten leidet unter einer systematischen Schwäche der zugrunde liegenden Prognosen. Wichtiger ist aber noch, dass in unverständlicher Weise die Möglichkeit außer Acht gelassen wird, mittels Normdesign die möglichen Folgen menschlichen Handelns in gezielter Weise zu beeinflussen. Das in vielen Ländern eingeführte Verbot der Keimbahntherapie ist selbst ein Beispiel für die Möglichkeit des Normdesigns – ob es als Beispiel für ein gerechtfertigtes Design taugt, ist eine andere Frage.

Der Hinweis darauf, dass es möglich ist, die Folgen der Keimbahntherapie bestimmten Zwecken gemäß zu regulieren, beweist nicht, dass die Anwendung der Keimbahntherapie keine eugenischen Folgen hat oder haben kann. Aber er zeigt, dass es Möglichkeiten gibt, die Anwendung neuer Techniken wie z.B. der Keimbahntherapie moralischen Vorgaben gemäß zu regulieren.

Aber auch wenn sich eugenische Maßnahmen als Folge einer Anwendung der Keimbahntherapie verhindern lassen dürften, gilt dies für das „genetic enhancement" nicht in gleichem Maß: Die Anwendung der Keimbahntherapie würde zu Beginn vermutlich v. a. auf die Behandlung allgemein als besonders schwerwiegend anerkannter Krankheiten beschränkt bleiben; im Erfolgsfall würde aber sicherlich die Tendenz bestehen, die Therapie auch auf Fälle weniger schwerwiegender Erkrankungen und schließlich auch auf leichte Erkrankungen und solche Zustände, die heute nicht einmal als Erkrankungen eingestuft werden, auszudehnen. Spätestens dann würde die Keimbahn*therapie* zu einer Keimbahn*manipulation* werden.

Natürlich gilt auch hier, wie oben ausgeführt, dass sich im Prinzip der Gebrauch der Keimbahntherapie in einer Weise regulieren lässt, dass nur die Behandlung von Krankheiten zugelassen wird, aber nicht das „genetic enhancement". Allerdings kann eine Unterscheidung zwischen „Behandlung" und „Enhancement" nur auf der Basis einer Definition des Begriffs „Krankheit" gelingen. Ohne hier eine lange und nicht abgeschlossene Debatte über den Krankheitsbegriff darzulegen, lässt sich doch festhalten, dass jede brauchbare Definition des Krankheitsbegriffs eine subjektive Komponente beinhalten wird, d. h. das, was wir als Krankheit bezeichnen, wird nie allein durch empirische Parameter bestimmbar sein, sondern immer auch davon abhängen, wie der Krankheitswert eines bestimmte Zustands eingeschätzt wird. Dass die Bestimmung von Krankheit *auch* eine subjektive Komponente enthält, heißt aber nicht, dass diese Bestimmung *rein* subjektiv erfolgt – und auch nicht, dass der Krankheitswert eines Zustands von der subjektiven Einschätzung eines einzelnen Individuums abhängt [zum Krankheitsbegriff s. Gethmann (1996 a), Lanzerath (2000), Wieland (1975)]. Im Folgenden soll allerdings ein anderes Problem im Vordergrund der Untersuchung stehen.

Moralische Beurteilung der Folgen genetischer Therapie. Sind die Folgen einer Anwendung der Keimbahntherapie moralisch verwerflich und damit verbietenswert? Es besteht ein weitgehender Konsens darüber, dass die Durchführung eugenischer Maßnahmen aus moralischer Perspektive äußerst problematisch ist; im Folgenden wird daher davon ausgegangen, dass eugenische Maßnahme verboten werden sollten; allerdings stellt sich die Frage, ob dies auch für das „genetic enhancement" gelten sollte. Dazu soll im Folgenden ein Argument untersucht werden, das häufig gegen die Anwendung der Keimbahntherapie vorgebracht wird.

Oft wird argumentiert, dass der Embryo oder der Fetus nicht in eine Keimbahntherapie einwilligen könnten und der Eingriff daher zu unterbleiben habe. Zwar trifft es zu, dass der Embryo oder Fetus nicht hat zustimmen können, doch gilt dies auch für andere Kontexte, z. B. die pränatale Diagnostik durch Amniozentese, das (sogar gesetzlich vorgeschriebene) Neugeborenenscreening, aber auch für Operationen im Säuglingsalter. In diesen und ähnlich gelagerten Fällen erwarten wir von den Eltern oder dem Vormund, dass sie oder er im mutmaßlichen Interesse des Individuums handeln. Zumindest in der westlichen Welt werden die elterlichen bzw. vormundschaftlichen Rechte, über die Zukunft ihres Kindes mitzubestimmen, in starkem Maß geschützt; in dieser Traditionslinie, die uns im Großen und Ganzen akzeptabel scheint, liegt es daher an den Gegnern der Anwendung der Keimbahntherapie, zu zeigen, dass eine moderate Manipulation der genetischen Konstitution eines Individuums negative Auswirkungen auf dieses Individuum haben wird – Auswirkungen, die aus moralischer Sicht negativer einzuschätzen sind als andere Manipulationen, die wir bislang für moralisch akzeptabel halten: z. B. eine streng konfessionelle oder streng atheistische Ausbildung (Agar 1998). Akzeptiert man diese Argumentation, ist nur gezeigt, dass die fehlende Einwilligung des Betroffenen allein für ein Verbot der Keimbahntherapie aus moralischen Gründen nicht ausreicht. Es ist damit – auch wenn es den Autoren wenig wahrscheinlich erscheint – aber nicht ausgeschlossen, dass andere Argumente, z. B. die Irreversibilität der Intervention in den Genbestand, oder eine Kombination verschiedener Argumente ein Verbot vielleicht rechtfertigen können.

Dennoch könnte es sein, dass nach Abwägung der mit der Keimbahntherapie verbundenen Chancen und Risiken schwerwiegende moralische Bedenken bleiben, die ein Verbot der Keimbahntherapie ratsam erscheinen lassen. Ein generelles Verbot der Keimbahntherapie aus moralischen Gründen erscheint aber kaum gerechtfertigt. Ein Verbot aus sicherheitstechnischen Gründen ist dagegen zum gegenwärtigen Zeitpunkt (und vermutlich auch noch für lange Zeit) durchaus gerechtfertigt.

4.7.4.5 Patente auf Biomaterialien

Die Genforschung und ihre kommerzielle Verwertung haben eine Debatte über die moralische Akzeptabilität der Patentierung von menschlichen und nichtmenschlichen Genen und anderen Biomaterialien angestoßen. Obwohl es mittlerweile eine größere Zahl nationaler und internationaler Gesetze und Konventionen zur Patentierbarkeit von Biomaterialien gibt (Thumm 2000), bleibt eine erhebliche Unsicherheit darüber bestehen, was genau patentiert werden kann und welche Rechte aus diesen Patenten entstehen. Die moralische Debatte zu diesem Thema hat 3 Schwerpunkte:

1. Sind „Patente auf Leben" unmoralisch und sollten daher Patente auf Pflanzen und Tiere, insbesondere aber auf menschliche Gene aus moralischer Sicht verboten werden?
2. Behindert die Patentierung von Biomaterialien die biomedizinische Forschung?
3. Führt die Biopatentierung zu einer unfairen Verteilung von Ressourcen zwischen den reichen, industrialisierten Ländern und den sich entwickelnden Ländern?

Keine dieser Fragen kann zum gegenwärtigen Zeitpunkt als geklärt gelten, und starke politische und ökonomische Interessen machen diese Fragen zu einem weit über akademische Interessen hinaus wichtigen Thema [s. auch Thiele (2002c)].

Patente und Patentrecht

Patente sind ein wirtschaftspolitisches Instrument und sollen der Innovationsförderung dienen. Dazu gehören die Absicherung materieller Investitionen und der Schutz geistigen Eigentums (wie z.B. Erfindungen). Letzteres soll es dem Erfinder ermöglichen, eine angemessene Belohnung für seine der Allgemeinheit nützlichen Dienste zu erhalten (Strauss 1998). Die moralische Rechtfertigung von Patenten gründet letztlich darauf, dass durch die Vergabe von Patenten eine Steigerung des allgemeinen Wohlstands erreicht werden kann, indem der kreative Prozess nicht nur durch puren Erfindungsdrang gefördert wird, sondern auch durch den Anreiz materieller Vorteile durch eine Erfindung. Entdeckungen gelten (zumindest im europäischen Patentrecht) als nicht patentierbar.

So ist z.B. die Beschreibung einer „Gensequenz" – d.h. die Beschreibung der Basenabfolge im DNA-Strang – eine Entdeckung und keine Erfindung. Die Kenntnis eines „Gens" erfordert dagegen neben dem Wissen um die Sequenz auch die Kenntnis der Funktion dieser Sequenz. Wesentlich für die Vergabe von Patenten ist das Vorliegen einer Erfindung. Nun ist die bloße Beschreibung einer „Gensequenz", die im menschlichen Genom vorhanden ist, nur eine Entdeckung und damit nach den oben genannten Gründen für eine Patentvergabe nicht patentierbar. Wird allerdings mit der Sequenz des Gens auch seine Funktion beschrieben, d.h. das „Gen" beschrieben, so ist damit mehr als eine bloße Entdeckung verbunden. Die Beschreibung der Funktion eines Gens erfordert eine geistige Leistung – z.B. die Ausarbeitung eines geeigneten experimentellen Ansatzes. Es erscheint daher durchaus gerechtfertigt, im Fall der Beschreibung von Sequenz *und* Funktion von schützenswertem, geistigem Eigentum zu sprechen. Wird mit der Beschreibung von Sequenz und Funktion zudem noch der Plan einer gewerblichen Nutzung verbunden, ist die prinzipielle Patentierbarkeit gegeben.

Das Patentrecht ist nationalen und europäischen Rechtsvorschriften, durch die die Forschung und die Vermarktung von Forschungsergebnissen reguliert werden, nachgeordnet. So berechtigt ein Patent allein den Patentinhaber noch nicht, die geschützte Erfindung auch tatsächlich zu benutzen. Die Erlaubnis zur Nutzung ist von weiteren geltenden Regelungen wie z.B. dem Gentechnikgesetz oder dem Tierschutzgesetz abhängig. Ein Patent ist daher zunächst nur ein ausschließendes Nutzungsrecht; d.h. der Patentinhaber darf Dritte von der Nutzung des Patentinhalts ausschließen und für die Nutzung Lizenzen erteilen (und Gebühren verlangen).

Durch die EU-Biopatentrichtlinie sind solche Patente ausgeschlossen, die wider die öffentliche Ordnung oder die guten Sitten verstoßen. Damit ist dafür Sorge getragen, dass neben explizit gemachten Patentverboten – wie dem Verbot der Patentierung von Verfahren zur Manipulation der menschlichen Keimbahn und zur kommerziellen Verwendung menschlicher Embryonen – auch weitergehende moralische und rechtliche Erwägungen zu einer Verweigerung eines Patents führen können.

Zwar haben sich Patente seit langer Zeit bewährt, doch kann es im Einzelnen durchaus gerechtfertigt sein, moralische Bedenken gegen einzelne Patente bzw. die Vergabe von Patenten in bestimmten Bereichen zu erheben. Für die moralische Beurteilung der Patentierung von Biomaterialien sollte unterschieden werden zwischen Argumenten, die eine Patentierung unter allen Umständen ausschließen (kategorische Verbote), und solchen, die dies nur unter bestimmten Voraussetzungen tun (hypothetische Verbote).

Ethische Beurteilung der „Patente auf Leben"

Bei dem Argument, dass „Patente auf Leben" unmoralisch seien und die Patentierung von Pflanzen und Tieren, insbesondere aber von menschlichen Genen moralisch nicht akzeptabel sei, handelt es sich um den Versuch, ein kategorisches Verbot aufzustellen [z.B. Rifkin (1998), Kapitel 2]. Es dürfte schwierig sein, eine alle wesentlichen Fassetten aufnehmende Definition von „Leben" aufzustellen; aber auch nach der alltagssprachlichen Verwendung des Wortes ist ein Gen kein „Leben", sondern nur ein Bestandteil desselben. Weiterhin ist ein Mensch auch nicht allein die Summe seiner Gene, sodass die Patentierung aller Gene des Menschen immer noch nicht die Patentierung von Leben bedeuten würde. Darüber hinaus räumt das Patentrecht dem Inhaber desselben keine Verfügungsgewalt über das patentierte Lebewesen ein. Hält jemand z.B. das Patent für die Herstellung von transgenen Tieren, bedeutet dies nicht, dass er diese transgenen Tiere auch herstellen und nutzen darf. Letzteres ist ihm nur mit einer von der Patentvergabe unabhängigen Erlaubnis möglich. Das Patent erlaubt dem Inhaber lediglich, Dritte von der Nutzung auszuschließen. Im Zusammenhang mit der Patentierung von Lebewesen von einer neuen Form der „Sklaverei" zu sprechen, ist daher nicht begründet. Schließlich wird mit dem Patent auf ein Lebewesen oder ein Gen auch nicht das einzelne Exemplar dieses Lebewesens oder Gens patentiert, sondern die damit verbundene Erfindung. So kann daher ein bestimmtes menschliches Gen Gegenstand einer patentierten Erfindung sein. Kommt dieses Gen darüber hinaus im Genom des Menschen vor, werden aber nicht – wie zuweilen behauptet – Lizenzgebühren fällig, weil das betreffende Gen im Kontext des individuellen Genoms keine Erfindung des Patentinhabers darstellt.

Patente als Forschungsbehinderung

Lässt sich kein kategorisches Verbot der Patentierung menschlicher Gene begründen, könnte es dennoch sein, dass sich aus der Abwägung der mit der Patentierung von Genen verbundenen Chancen und Risiken schwerwiegende moralische Bedenken ergeben, die ein Ende dieser Praxis als moralisch geboten erscheinen lassen. Die Förderung der biomedizinischen Forschung mit dem mittelbaren Ziel der Gesundheitsförderung ist eine Aufgabe, die allgemein als moralisch akzeptabel, vielleicht sogar als moralisch geboten angesehen wird (Patzig 1989). Sollte die Patentierung von menschlichen Genen, wie vielfach behauptet wird, zu einer massiven Behinderung der biomedizinischen Forschung führen, weil binnen kurzer Zeit das gesamte menschliche Genom patentiert sein und die Patente in den Händen weniger marktbeherrschender Life-science-Unternehmen liegen werde, spräche dies gegen die Vergabe von Patenten auf menschliche Gene.

In den letzten Jahren haben hohe, zu einem großen Teil privatwirtschaftliche Investitionen in die Biotechnologie zu einer rasanten Zunahme der Forschungsaktivitäten in diesem Bereich geführt. Da diese Investitionen in Erwartung zukünftiger, d.h. noch nicht existierender Gewinne gemacht werden, besteht ein hohes Interesse der Kapitalgeber daran, die Investitionen abzusichern. Ein Instrument dazu ist die Beantragung von Patenten, um so eine zukünftige Verwertung der Forschungsergebnisse sicherzustellen. Es ist daher davon auszugehen, dass ein erheblicher Teil der heutigen Biotechnologieforschung überhaupt erst möglich geworden ist, weil die getätigten Investitionen u.a. durch Patente abgesichert werden konnten. Ob ein Verbot von Patenten auf menschliche Gene zu einem Rückgang der Investitionen in die Biotechnologie führen würde, bleibt empirisch zu prüfen.

Die Befürchtung, dass die Konzentration von Schlüsselpatenten (z.B. auf weite Teile des menschlichen Genoms) in den Händen einiger, ausschließlich am kommerziellen Gewinn orientierter Patentinhaber die zukünftige Entwicklung der biomedizinischen Forschung behindern könnte, erscheint als begründet. Bei den Ergebnissen des Humangenomprojekts handelt es sich aber zunächst nur um bloße Sequenzen des menschlichen Genoms, sodass aus den oben genannten Gründen keine Patentierbarkeit besteht. Darüber hinaus böte die EU-Biopatentrichtlinie Möglichkeiten, durch Aufhebung von existierenden Patenten bzw. durch die Vergabe von Zwangslizenzen *im öffentlichen Interesse* derartigen Entwicklungen entgegenzuwirken.

Patente und Verteilungsgerechtigkeit

Schließlich wird argumentiert, dass die Patentierung von menschlichen und anderen Genen zu einer ungerechten Verteilung von Ressourcen v.a. zwischen den reichen Industrieländern und den Entwicklungsländern führen würde. In diesem Zusammenhang wird auch von „Biokolonialismus" gesprochen [Rifkin (1998), S 88]. Es ist korrekt, dass es durch eine Patentvergabe zu einer moralisch nicht akzeptablen Ungleichverteilung von Ressourcen kommen könnte, die verhindert, zumindest aber kompensiert werden sollte. Es könnte beispielsweise dazu kommen, dass Entwicklungsländer für die Behebung von gesundheitlichen Missständen auf die Nutzung von Patenten angewiesen sind, wobei die Patentinhaber und damit auch die Nutznießer der Lizenzgebühren in den Industrieländern beheimatet sind. Dies ist allerdings auch schon heute der Fall. Viele wirksame Arzneimittel, die durch Patente geschützt sind, werden von den Patentinhabern zu einem Preis abgegeben, der für die Industrieländer akzeptabel, für die Entwicklungsländer allerdings zu teuer ist. Daraus ergibt sich eine moralische Verpflichtung, dieser Ungleichverteilung abzuhelfen, und es erscheint durchaus fraglich, ob die heute existierenden Kompensationsmechanismen etwa durch Entwicklungshilfe ausreichend sind (Developing World Bioethics 2001). Dennoch werden wenige fordern, die Patentvergabe auf Arzneimittel zu beenden. Letzteres müsste aus Gründen einer konsistenten Argumentation aber fordern, wer die Vergabe von Patenten auf Gene verhindern will, weil sie zu einer Ungleichverteilung von Ressourcen führe.

Resümee

Zusammenfassend kann gesagt werden, dass ein kategorisches Verbot der Patentierung menschlicher Gene aus moralischer Sicht nicht gerechtfertigt werden kann.

4.7.5 Schlussbetrachtung

Der Rekurs auf „die Ethik" dient in der öffentlichen Diskussion oft als Appell an eine Instanz, von der man Hilfsmittel gegen die durch die Forschungsentwicklung in den biomedizinischen Disziplinen eröffneten Handlungsmöglichkeiten erhofft (Geyer 2001). Die professionelle Wissenschaftsethik ist demgegenüber von Haus aus weder forschungsfreundlich noch forschungsfeindlich (Gethmann 1996b). Vielmehr versucht sie – stets am Zweck der Konfliktbewältigung orientiert – durch kritische Rekonstruktion moralischer Überzeugungen und deren Beurteilung am Leitfaden ethischer Kriterien eine kritische Sortierung der mutmaßlich eröffneten Handlungsoptionen. Dabei wird grundsätzlich vom Prinzip der Forschungsfreiheit ausgegangen, wie es auch dem deutschen Grundgesetz entspricht. Das heißt, dass die Einschränkung von Forschung einer Rechtfertigung durch Gründe bedarf, die es mit elementaren Lebensinteressen der Menschen zu tun haben. Dabei ist zu berücksichtigen, dass ein Forschungsverbot meistens einen unüberblickbaren Raum von unterlassenen Handlungsfolgen impliziert, die durchaus erwünscht sein können. Ein Forschungsverbot kann daher niemals mit „Argumenten der leichten Hand" wie religiös motivierten Antipathien, diffusen Befürchtungen oder Ressentiments gerechtfertigt werden. Vielmehr muss es sich um wahrscheinliche und für die Lebensbedingungen moralisch kompetenter Akteure bedrohliche Folgen handeln.

Die professionelle Ethik ist Teil des Rationalitätsparadigmas „Wissenschaft". Sie steht der Wissenschaft nicht in der Grundhaltung der Opposition gegenüber, sondern ist der Ort, an dem die Wissenschaften ihre normativen Präsuppositionen und Prämissen mit den Mitteln wissenschaftlicher Rationalität selbstkritisch überprüfen. Dies schließt die Bereitschaft ständiger Selbstkontrollen und auch ggf. der Revision des ethischen Urteils ein.

Dieses Selbstverständnis der Ethik ist zu beachten, wenn ihre Rolle im Feld der wissenschaftlichen Politikberatung bestimmt wird. Wissenschaft hat stets reversibel zu sein, politisches Handeln kann sich diese falsifikationistische Grundeinstellung nur in Grenzen erlauben. Gleichwohl hat die Gesellschaft einen Anspruch darauf, dass ihr nicht nur Forschungsergebnisse präsentiert werden, die möglichst verständlich und verlässlich sein sollen, sondern dass die Wissenschaft auch die Frage der ethischen Erlaubtheit der mit ihren Ergebnissen eröffneten Handlungsoptionen prüft und das Ergebnis öffentlich darstellt.

Hinsichtlich des Verhältnisses von professioneller Ethik und den moralischen Überzeugungen der Bürger muss gelten, was auch sonst für den Verkehr der Bürger in liberalen Gesellschaften gilt: Jeder Bürger darf erwarten, dass seine Überzeugungen so weit wie möglich respektiert werden. Er kann jedoch nicht beanspruchen, dass seine Überzeugungen ohne Weiteres Geltung für jedermann erhalten. Verbindlichkeiten für jedermann kann nur beanspruchen, was partei*en*invariant nach argumentativen Regeln ausgewiesen wird und darauf beruhend oft – keineswegs jedoch immer – nach den dafür festgelegten Prozeduren Gesetzeskraft (Thiele 2001c) erlangt.

Danksagung

Die Autoren danken G. Kamp für wertvolle Hilfe bei der Abfassung dieses Beitrags.

4.7.6 Literatur

4.7.6.1 Literatur zur Einführung in die Ethik und angewandte Ethik

Frankena WK (1963) Ethics. Prentice Hall, Englewood Cliffs. Deutsch: Frankena WK (1994) Analytische Ethik. Eine Einführung. DTV, München

Hare RM (1981) Moral thinking: its levels, method and point. Clarendon Press, Oxford. Deutsch: Hare RM (1992) Moralisches Denken: seine Ebenen, seine Methode, sein Witz. Suhrkamp, Frankfurt

Hare RM (1997) Sorting out ethics. Clarendon Press, Oxford

Morscher E, Neumaier O, Simons P (1998) Applied ethics in a troubled world. Kluwer, Dordrecht

Nida-Rümelin J (Hrsg) (1996) Angewandte Ethik. Die Bereichsethiken und ihre theoretische Fundierung. Ein Handbuch. Kröner, Stuttgart

Pieper A (1991) Einführung in die Ethik. Francke, Tübingen

Pieper A, Thurnherr U (Hrsg) (1998) Angewandte Ethik. Eine Einführung. Beck, München

Ricken F (1997) Allgemeine Ethik. Kohlhammer, Stuttgart

Singer P (ed) (1991) A companion to ethics. Blackwell, Oxford London

Schwemmer O (1971) Philosophie der Praxis. Versuch zur Grundlegung einer Lehre vom moralischen Argumentieren. Suhrkamp, Frankfurt

4.7.6.2 Literatur zur Einführung in die Bioethik

Beauchamp TL, Walters L (Hrsg) (1999) Contemporary issues in bioethics. Wadsworth, Belmont

Buchanan A, Brock DW, Daniels N, Wikler D (2000) From chance to choice. Genetics and justice. Cambridge University Press, Cambridge

Kitcher P (1997) The lives to come. Touchstone, New York. Deutsch: Kitcher P (1998) Genetik und Ethik. Die Revolution der Humangenetik und ihre Folgen. Luchterhand, München

Kuhlmann A (2001) Politik des Lebens – Politik des Sterbens. Biomedizin in der liberalen Demokratie. Fest, Berlin

Kuhse H, Singer P (eds) (1999) Bioethics. An anthology. Blackwell, Oxford London

4.7.6.3 Lexika

Chadwick R (ed) (1998) Encyclopedia of applied ethics, vol 4. Academic Press, San Diego

Chadwick R (ed) (2001) The concise encyclopedia of the ethics of new technologies. Academic Press, San Diego

Korff W, Beck L, Mikat P (Hrsg) (1998) Lexikon der Bioethik, Bd 3. Gütersloher Verlagshaus, Gütersloh

Mittelstraß J (Hrsg) (1984–1996) Enzyklopädie Philosophie und Wissenschaftstheorie, Bd 4. BI/Metzler, Mannheim Stuttgart

Reich WT (ed) (1995) Encyclopedia of bioethics, vol 5. MacMillan, New York

Sandkühler HJ (Hrsg) (1999) Enzyklopädie Philosophie, 2 Bände. Meiner, Hamburg

4.7.6.4 Zitierte Literatur

Altner G (1991) Naturvergessenheit. Grundlagen einer umfassenden Bioethik. Wissenschaftliche Buchgesellschaft, Darmstadt

Agar N (1998) Liberal eugenics. Public Affairs Q 12: 137–155

Arrington RL (1997) Ethics I (1945 to the present). In: Canfield JV (ed) Routledge history of philosophy, vol X. Routledge, London

Bartram C, Beckmann JP, Breyer F et al. (2000) Humangenetische Diagnostik. Wissenschaftliche Grundlagen und gesellschaftliche Folgen. Springer, Berlin Heidelberg New York

Battin M, Rhodes R, Silvers A (eds) (1998) Physician assisted suicide. Expanding the debate. Routledge, New York

Baumgartner HM, Honnefelder L, Wickler W, Wildfeuer AG (1998) Menschenwürde und Lebensschutz: Philosophische Aspekte. In: Rager G (Hrsg) Beginn, Personalität und Würde des Menschen. Alber, Freiburg, S 161–242

Beauchamp TL, Childress JF (2001) Principles of biomedical ethics. Oxford University Press, New York

Beauchamp TL, Walters L (1999) Contemporary issues in bioethics. Wadsworth, Belmont

Beckmann JP (Hrsg) (1996) Fragen und Probleme einer medizinischen Ethik. deGruyter, Berlin

Bentham J (1970) An introduction to the principles of morals and legislation. In: Burns JH, Hart HLA (eds) Principles of morals and legislation. Clarendon Press, Oxford

Bioethik Kommission des Landes Rheinland-Pfalz (1999) Bericht zur Präimplantationsdiagnostik. Thesen zu den medizinischen, rechtlichen und ethischen Problemstellungen. 20.6.1999, Mainz

Birnbacher D (1988) Verantwortung für zukünftige Generationen. Reclam, Stuttgart

Birnbacher D (1994) Genomanalyse und Gentherapie. In: Sass HM (Hrsg) Medizin und Ethik. Reclam, Stuttgart, S 212–231

Birnbacher D (1996) Ethische Probleme der Embryonenforschung. In: Beckmann JP (Hrsg) Fragen und Probleme einer medizinischen Ethik. deGruyter, Berlin, S 228–253

Birnbacher D (2000) Selektion von Nachkommen. Ethische Aspekte. In: Mittelstraß J (Hrsg) Die Zukunft des Wissens. Vorträge und Kolloquien des XVIII. Deutschen Kongresses für Philosophie, Konstanz 1999. Akademieverlag, Berlin, S 457–471

Braudy P (2001) Preimplantation genetic diagnosis and embryo research – human developmental biology in clinical practice. Int J Dev Biol 45: 607–611

Breyer F, Kliemt H, Thiele F (eds) (2001) Rationing in medicine. Ethical, legal, and practical aspects. Springer, Berlin Heidelberg New York

Buchanan A, Brock DW, Daniels N, Witzler D (2000) From Chance to Choice. Genetics and Justice. Cambridge University Press, Cambridge

Chadwick R (ed) (1998) Encyclopedia of applied ethics, vol 4. Academic Press, San Diego

Chadwick R, Shickle D, Have H ten, Wiesing U (eds) (1999) The ethics of genetic screening. Kluwer Academic Publishers, Dordrecht

Chargaff E (1982) Wenig Lärm um Viel. Bemerkungen zur genetische Bastelsucht. In: Chargaff E (Hrsg) Unbegreifliches Geheimnis. Lett-Cotta, Stuttgart, S 144–168

Developing World Bioethics (2001) Vol 1: 1

Deutsche Forschungsgemeinschaft (2001) Empfehlungen der Deutschen Forschungsgemeinschaft zur Forschung mit menschlichen Stammzellen, 3.5.2001. DFG, Bonn

Dummet M (1975 a) What is a theory of meaning? I. In: Guttenplan S (ed) Mind and language. Clarendon, Oxford, pp 97–138

Dummet M (1975 b) What is a theory of meaning? II. In: Evans G, McDowell J (eds) Truth and meaning. Essays in semantics. Clarendon, Oxford, pp 67–137

EKD/DBK (1989) Gott ist ein Freund des Lebens. Herausforderungen und Aufgaben beim Schutz des Lebens. Gemeinsame Erklärung des Rates der Evangelischen Kirchen in Deutschland und der Deutschen Bischofskonferenz. Paulinus, Trier

Ethik in der Medizin (2001) Themenheft: Gerechtigkeit im Gesundheitswesen bei knapper werdenden Ressourcen, Bd 13, Heft 1–2. Springer, Heidelberg

Faden RR, Beauchamp TL (1986) A history and theory of informed consent. Oxford University Press, Oxford

Frankena WK (1939) The naturalistic fallacy. Mind, XL VIII. Deutsch: Frankena WK (1974) Der naturalistische Fehlschluß. In: Grewendeorf G, Meggle G (Hrsg) Seminar: Sprache und Ethik. Zur Entwicklung der Metaethik. Surhkamp, Frankfurt, S 83–99

Frankena WK (1963) Ethics. Prentice Hall, Englewood Cliffs. Deutsch: Frankena WK (1994) Analytische Ethik. Eine Einführung. DTV, München

Friele MB (Hrsg) (2001) Embryo experimentation in Europe. Bio-medical, legal, and philosophical aspects. Europäische Akademie, Bad Neuenahr-Ahrweiler. Graue Reihe 24

Gerhardt V (2001) Der Mensch wird geboren. Kleine Apologie der Humanität. C.H. Beck, München

Gethmann CF (1982) Proto-Ethik. Zur formalen Pragmatik von Rechtfertigungsdiskursen. In: Stachowiak H, Ellwein T (Hrsg) Bedürfnisse, Werte und Normen im Wandel, Bd I. Fink, München, S 113–143

Gethmann CF (1993 a) Zur Ethik des Handelns unter Risiko im Umweltstaat. In: Gethmann CF, Kloepfer M (Hrsg) Handeln unter Risiko im Umweltstaat. Springer, Berlin Heidelberg New York, S 1–54

Gethmann CF (1993 b) Langzeitverantwortung als ethisches Problem im Umweltstaat. In: Gethmann CF, Kloepfer M, Nutzinger HG (Hrsg) Langzeitverantwortung im Umweltstaat. Economica, Bonn, S 1–29

Gethmann CF (1996 a) Heilen: Können und Wissen. Zu den philosophischen Grundlagen der wissenschaftlichen Medizin. In: Beckmann JP (Hrsg) Fragen und Probleme einer medizinischen Ethik. deGruyter, Berlin, S 68–93

Gethmann CF (1996b) Wissenschaftsethik. In: Mittelstraß J (Hrsg) (1984–1996) Enzyklopädie Philosophie und Wissenschaftstheorie, Bd 4. BI/Metzler, Mannheim Stuttgart

Gethmann CF (1998 a) Praktische Subjektivität und Spezies. In: Hogrebe W (Hrsg) Subjektivität. Fink, München, S 125–145

Gethmann CF (1998b) Umweltprobleme und Globaler Wandel als Thema der Ethik in Deutschland. Europäische Akademie, Bad Neuenahr-Ahrweiler, Graue Reihe 2

Gethmann CF (1999) Zumutbarkeit und Inkaufnahme von Risiken. In: Honnefelder L, Streffer C (Hrsg) Jahrbuch für Wissenschaft und Ethik, Bd 4. deGruyter, Berlin, S 283–291

Gethmann CF (2000) Das abendländische Vernunftprojekt und die Pluralität der Kulturen. In: Pinkau K, Stahlberg C (Hrsg) Zukunft der Aufklärung. Hirzel, München, S 23–44

Gethmann CF (2001) Tierschutz als Staatsziel – Ethische Probleme. In: Thiele F (Hrsg) Tierschutz als Staatsziel? Naturwissenschaftliche, rechtliche und ethische Aspekte. Europäische Akademie, Bad Neuenahr-Ahrweiler, Graue Reihe 25: 50–72

Gethmann CF (2002) Pragmazentrimus In: Ingensiep HW, Eusterschulte A (Hrsg) Philosophie der natürlichen Mitwelt. Grundlagen – Probleme – Perspektiven. Königshausen & Neumann, Würzburg

Gethmann CF, Kamp G (2000) Gradierung und Diskontierung von Verbindlichkeiten bei der Langzeitverpflichtung. In: Mittelstraß J (Hrsg) Die Zukunft des Wissens. Akademieverlag, Berlin, S 281–295

Gethmann CF, Sander T (1999) Rechtfertigungsdiskurse. In: Grunwald A, Saupe S (Hrsg) Ethik in der Technikgestaltung. Praktische Relevanz und Legitimation. Springer, Berlin Heidelberg New York, S 117–151

Gethmann CF, Thiele F (2001) Moral arguments against the cloning of humans. In: Gethmann CF, Thiele F (eds) Poiesis and praxis, vol 1. Springer, Berlin Heidelberg New York

Geyer C (2001) Biopolitik. Suhrkamp, Heidelberg

Gose W, Hoffmann H, Wirtz HG (Hrsg) (1997) Aktive Sterbehilfe? Zum Selbstbestimmungsrecht des Patienten. Paulinus, Trier

Guckes B (1997) Das Argument der schiefen Ebene. Schwangerschaftsabbruch, die Tötung Neugeborener und Sterbehilfe in der medizinethischen Diskussion. Fischer, Stuttgart

Hare RM (1987) Embryo experimentation: public policy in a pluralist society. Bioethics 1: 106–123. Deutsch: Embryonenforschung: Argumente in der politischen Ethik. In: Sass HM (Hrsg) (1989) Medizin und Ethik. Reclam, Stuttgart, S 118–138

Hare RM (1992) Moralisches Denken: seine Ebenen, seine Methode, sein Witz. Suhrkamp, Frankfurt

Hare RM (1997) Sorting out ethics. Clarendon Press, Oxford

Harris J (1997) „Goodbye Dolly?" The ethics of human cloning. J Med Ethics 23: 353–360

Hegselmann R, Merkel R (Hrsg) (1992) Zur Debatte über Euthanasie. Beiträge und Stellungnahmen. Suhrkamp, Frankfurt

Helmchen H, Winau R (Hrsg) (1986) Versuche mit Menschen in der Medizin, Humanwissenschaft und Politik. Springer, Berlin Heidelberg New York

Hoerster N (1995 a) Abtreibung im säkularen Staat. Argumente gegen den §218. Surhkamp, Frankfurt

Hoerster N (1995 b) Neugeborene und das Recht auf Leben. Suhrkamp, Frankfurt

Hoerster N (1998) Sterbehilfe im säkularen Staat. Suhrkamp, Frankfurt

Hofmann H (1981) Rechtsfragen der atomaren Entsorgung. Klett-Cotta, Stuttgart

Janich P (1997) Kleine Philosophie der Naturwissenschaften. Beck, München

Kamp G (1998) Artikel: Dammbruchargument. In: Korff W, Beck L, Mikat P (Hrsg) (1998) Lexikon der Bioethik, Bd 1. Gütersloher Verlagshaus, Gütersloh, S 453–455

Kant I (1994) Grundlegung zur Metaphysik der Sitten. Meiner, Hamburg

Kliemt H (1986) Grundzüge der Wissenschaftstheorie. Eine Einführung für Mediziner und Pharmazeuten. Fischer, Stuttgart New York

Kirch W, Kliemt H (1997) Rationierung im Gesundheitswesen. Roderer, Regensburg

Krebs A (1997) Naturethik. Grundtexte der gegenwärtigen tier- und ökoethischen Dikussion. Suhrkamp, Frankfurt
Kühl S (1997) Die Internationale der Rassisten. Aufstieg und Niedergang der internationalen Bewegung für Eugenik und Rassenhygiene im 20. Jahrhundert. Campus, Frankfurt
Kuhse H (1987) The sanctity-of-life-doctrine in medicine. Clarendon Press, Oxford. Deutsch: Kuhse H (1994) Die „Heiligkeit des Lebens" in der Medizin. Eine philosophische Kritik. Fischer, Erlangen
Kuhse H, Singer P (1985) Should the baby live? The problem of handicapped infants. Oxford University Press, Oxford. Deutsch: Kuhse H, Singer P (1993) Muss dieses Kind am Leben bleiben? Das Problem schwerstgeschädigter Neugeborener. Fischer, Erlangen
Kuhse H, Singer P (eds) (1999) Bioethics. An anthology. Blackwell Publishers, Oxford
Kutschera F von (1972) Wissenschaftstheorie. UTB, München
Kutschera F von (1999) Grundlagen der Ethik. deGruyter, Berlin
Kutzer K (1997) Wir brauchen keine neuen Gesetze zur Sterbehilfe. In besonderen Ausnahmefällen könnte auch eine Tötung auf Verlangen straffrei sein. Z Rechtspol 30, 3: 117–119
Kutzer K (2001) Rechtliche Aspekte der Behandlung Schwerstkranker bei irreversiblen Schädigungen. Europäische Akademie, Bad Neuenahr-Ahweiler, Newsletter 26: 1–2
Lanzerath D (2000) Krankheit und ärztliches Handeln. Zur Funktion des Krankheitsbegriffes in der medizinischen Ethik. Alber, Freiburg
Lauritzen P (ed) (2001) Cloning and the future of human embryo research. Oxford University Press, New York
Low L, King S, Wilkie T (1998) Genetic discrimination in life insurance: empirical evidence from a cross sectional survey of genetic support groups in the United Kingdom. BMJ 317: 1632–1635
Lübbe H (1988) Anfang und Ende des Lebens. Normative Aspekte. In: Lübbe H (Hrsg) Anfang und Ende des Lebens als normatives Problem. Steiner, Stuttgart, S 5–26
Marquard O (1995) Abschied vom Prinzipiellen: philosophische Studien. Reclam, Stuttgart
Merkel R (2001) Frueheuthanasie. Rechtsethische und strafrechtliche Grundlagen ärztlicher Entscheidungen über Leben und Tod in der Neonatalmedizin. Nomos, Baden-Baden
Meyer-Abich KM (1997) Praktische Naturphilosophie. Erinnerung an einen vergessenen Traum. Beck, München
Mittelstraß J (1974) Die Möglichkeit von Wissenschaft. Suhrkamp, Frankfurt
Mittelstraß J (Hrsg) (1984–1996) Enzyklopädie Philosophie und Wissenschaftstheorie, Bd 4. BI/Metzler, Mannheim Stuttgart
Nagel E, Fuchs C (1998) Rationierung und Rationalisierung im deutschen Gesundheitswesen. Thieme, Stuttgart New York
Nida-Rümelin J (Hrsg) (1996 a) Angewandte Ethik. Die Bereichsethiken und ihre theoretische Fundierung. Ein Handbuch. Kröner, Stuttgart
Nida-Rümelin J (1996 b) Tierethik I: Zu den philosophischen und ethischen Grundlagen des Tierschutzes. In: Nida-Rümelin J (Hrsg) Angewandte Ethik. Die Bereichsethiken und ihre theoretische Fundierung. Ein Handbuch. Kröner, Stuttgart, S 458–483
Nida-Rümelin J, von der Pfordten D (1995) Ökologische Ethik und Rechtstheorie. Nomos, Baden-Baden
Nida-Rümelin J, von der Pfordten D (1996) Tierethik II: Zu den ethischen Grundlagen des Deutschen Tierschutzgesetzes. In: Nida-Rümelin J (Hrsg) Angewandte Ethik. Die Bereichsethiken und ihre theoretische Fundierung. Ein Handbuch. Kröner, Stuttgart, S 484–509
Patzig G (1989) Gibt es eine Gesundheitspflicht? Ethik in der Medizin. Springer, Berlin Heidelberg New York, Heft 1, S 3–12
Patzig G, Schöne-Seifert B (1995)Theoretische Grundlagen und Systematik der Ethik in der Medizin. In: Kahlke W, Reiter-Theil S (Hrsg) Ethik in der Medizin. Enke, Stuttgart, S 1–9
Rehmann-Sutter C, Müller H (1995) Ethik und Gentherapie. Zum praktischen Diskurs um die molekulare Medizin. Attempto, Tübingen
Reich WT (ed) (1995) Encyclopedia of bioethics, vol 5. MacMillan, New York
Rifkin J (1998) The biotech century. Tarcher & Putnam, New York. Deutsch: Rifkin J (1998) Das biotechnische Zeitalter. Goldmann, München
Sass HM (Hrsg) (1989) Medizin und Ethik. Reclam, Stuttgart
Schöne-Seifert B (1996) Medizinethik. In: Nida-Rümelin J (Hrsg) Angewandte Ethik. Die Bereichsethiken und ihre theoretische Fundierung. Ein Handbuch. Kröner, Stuttgart, S 552–648
Schöne-Seifert B, Krüger L (1993) Humangenetik – Ethische Probleme der Beratung, Diagnostik und Forschung. Fischer, Stuttgart
Silver LM (1998) Remaking eden. How genetic engineering and cloning will transform the american family. Avon Books, New York
Simon J (2001) Gendiagnostik und Versicherung. Die internationale Lage im Vergleich. Biotechnologie und Recht, Bd 7. Nomos, Baden-Baden
Singer P (ed) (1991) A companion to ethics. Blackwell, Oxford
Singer P (1993) Practical ethics. Cambridge University Press, Cambridge. Deutsch: Singer P (1994) Praktische Ethik. Reclam, Stuttgart
Singer P (1994) Rethinking life & death. The Text Publishing Company, Melbourne. Deutsch: Singer P (1998) Leben und Tod. Der Zusammenbruch der traditionellen Ethik. Fischer, Erlangen
Singer P, Kuhse H, Buckle S (eds) (1990) Embryo experimentation. Ethical, legal and social issues. Cambridge University Press, Cambridge
Sorell T (ed) (1998) Health care, ethics and insurance. Routledge, London
Spaemann R (1996) Personen. Versuche über den Unterschied zwischen „etwas" und „jemand". Klett-Cotta, Stuttgart
Spaemann R (1997) Es gibt kein gutes Töten. In: Spaemann R, Fuchs T (Hrsg) Töten oder Sterben Lassen. Worum es in der Euthanasiedebatte wirklich geht. Herder, Freiburg, S 12–30
Spaemann R, Löw R (1981) Die Frage wozu? Geschichte und Wiederentdeckung des teleologischen Denkens. Piper, München
Steinbock B, Norcross A (eds) (1994) Killing and letting die. Fordham University Press, New York
Stingl M (1997) Ethics I (1900–45). In: Canfield JV (ed) Routledge history of philosophy, vol X. Routledge, London

Straus J (1998) Patentierung. In: Korff W, Beck L, Mikat P (Hrsg) (1998) Lexikon der Bioethik, Bd 2. Gütersloher Verlagshaus, Gütersloh, S 830–834

Thiele F (Hrsg) (2001 a) Genetische Diagnostik und Versicherungsschutz. Europäische Akdemie, Bad Neuenahr-Ahweiler, Graue Reihe 20

Thiele F (Hrsg) (2001 b) Tierschutz als Staatsziel? Naturwissenschaftliche, rechtliche und ethische Aspekte. Europäische Akademie, Bad Neuenahr-Ahweiler, Graue Reihe 25

Thiele F (2001 c) Bio-policy and the place of institutionalised ethics in political decision making. Europäische Akademie, Bad Neuenahr-Ahweiler, Newsletter 27: 1–3

Thiele F (2001 d) Bioethics. In: Smelser NJ, Baltes PB (eds) International encyclopedia of the social and behavioral sciences. Elsevier, Amsterdam New York

Thiele F (2002 a) A moral argument against human germline therapy? Poiesis Prax 1:160–164

Thiele F (2002 b) Genetic Tests in the Insurance System. Criteria for a Moral Evaluation. Poiesis Prax 3

Thiele F (2002 c) Zur moralischen Bewertung der Patentierung von Genen. In: Steigleder K, Düwell M (Hrsg) Bioethik – Eine Einführung. Suhrkamp, Frankfurt

Thumm N (2000) Intelectual property rights. National systems and harmonisation in Europe. Physika, Heidelberg

UNESCO (1997) Universal declaration on the human genome and human rights. UNESCO, Paris

Wiese G (1994) Genetische Analysen und Rechtsordnung. Luchterhand, Neuwied

Wiesing U (Hrsg) (2000) Ethik in der Medizin. Ein Reader. Reclam, Stuttgart

Wieland W (1975) Diagnose. Überlegungen zur Medizintheorie. deGruyter, Berlin

Wieland W (1985) Strukturwandel der Medizin und ärztliche Ethik. Philosophische Überlegungen zu den Grundfragen einer praktischen Wissenschaft. Winter, Heidelberg

Wilmut I (1998) Cloning for medicine. Scientific American 12

Woopen C (2000) Indikationsstellung und Qualitätssicherung als Wächter an ethischen Grenzen? Zur Problematik ärztlichen Handelns bei der Präimplantationsdiagnostik. In: Honnefelder L, Streffer C (Hrsg) Jahrbuch für Wissenschaft und Ethik, Bd 5. deGruyter, Berlin, S 117–139

4.8 Rechtliche Regelung der Gentechnik

Jochen Taupitz und Moritz Moeller-Herrmann

Inhaltsverzeichnis

4.8.1 Einleitung

Gentechnik im juristischen Sinn ist

> „die Untersuchung und die künstliche Veränderung von Erbinformationen“.

Mit diesen Worten wird die Gentechnik in Art. 74 I Nr. 26 Grundgesetz (GG) bei der Festlegung der Gesetzgebungskompetenzen in diesem Bereich umschrieben.

Eine geläufige Unterteilung der Gentechnik ist die Unterscheidung zwischen

- roter Gentechnik:
  unter diesem Begriff ist die Gentechnik am Menschen (Gendiagnostik, Gentherapie, Klonen) zu verstehen
- und grüner Gentechnik
  unter diesem Begriff ist die Gentechnik an Tieren, Pflanzen und sonstigen Organismen zu verstehen.

Auch der Gesetzgeber hat auf das Anwendungsgebiet abgestellt und für beide Bereiche unterschiedliche Regelungen in unterschiedlichen Gesetzen getroffen. Das Robert-Koch-Institut hält die meisten Vorschriften im Internet unter der Internetadresse http://www.rki.de/GENTEC/GESETZ/GESETZ.HTM bereit. Schwerpunkt der nachfolgenden Ausführungen sowie der gesetzgeberischen Tätigkeit ist die grüne Gentechnik.

4.8.2 Historische Entwicklung des Gentechnikrechts

Der Beginn der modernen Gentechnik im engeren Sinn lässt sich auf die Gordon-Conference 1973 zurückführen, auf der die erste Genübertragung auf Bakterien vorgestellt wurde. Erst durch diese neue Qualität der Technik, die weit über bisherige traditionelle mikrobiologische Verfahrensweisen wie Bierbrauen und herkömmliche Tier- und Pflanzenzucht hinauswies, entstand der Bedarf für ein spezifisches Gentechnikrecht.

Die Notwendigkeit einer Regulierung wurde sehr rasch auf der so genannten Asilomar-Konferenz im Jahr 1975 erörtert. Hier gibt es erste Versuche der Wissenschaftler, die Risiken der neuen Technologie systematisch zu erfassen. Zu Beginn

Ganten / Ruckpaul (Hrsg.)
Grundlagen der Molekularen Medizin,
2. Auflage

war das Gentechnikrecht also allein durch Selbstregulierung durch die beteiligte Forschergemeinde geprägt.

Folgende Risiken wurden gesehen:

1. Neuentstehung pathogener Organismen durch die Neukombination von Genen und Vektoren aus ursprünglich nichtpathogenen Organismen.
2. Entstehung neuer, „künstlicher" Antibiotikaresistenzen bei Bakterien durch die Verwendung von Resistenzgenen als Marker.
3. Unkontrollierte Verbreitung von Virengenen durch die Kombination mit Bakteriengenen, Vireninfektionen.
4. Erhöhtes Krebsrisiko durch Virengene von Krebs erzeugenden Viren in Bakterien.

Als Sicherheitsmaßnahme, die diese Risiken minimieren sollte, wurde das Containment (engl. für Eindämmung) angeregt. Dabei werden unterschieden:

1. Biologisches Containment
   Die Verwendung spezieller Organismen und Vektoren soll sicherstellen, dass diese außerhalb des Labors nicht lebensfähig oder vermehrungsfähig sind.
2. Physikalisches Containment
   Die unbeabsichtigte Freisetzung genetisch veränderter Organismen wird durch herkömmliche technische Mittel verhindert.

Die in Asilomar erarbeiteten Richtlinien wurden später von den US-amerikanischen National Institutes of Health (NIH) aufgenommen und dem Forschungsstand entsprechend angepasst. Sie stellen den Auslöser für die deutsche Entwicklung des Gentechnikrechts dar:

Am 21.3.1978 erließ der deutsche Bundesminister für Forschung und Technologie die „*Richtlinien zum Schutz vor Gefahren durch in vitro neu kombinierte Nukleinsäuren*". Dabei handelte es sich um kein Gesetz, sondern um eine behördeninterne Verwaltungsvorschrift. Diese hatte keinerlei unmittelbare Rechtswirkung außerhalb der vom Bund finanziell geförderten Projekte. Allerdings hatten diese Richtlinien eine erhebliche Ausstrahlungswirkung, da zahlreiche private Institutionen ihre Arbeit freiwillig den Richtlinien unterwarfen. Auch hielten sie für die Auslegung des sonstigen auf Gentechnik anwendbaren Rechts den aktuellen Stand von Wissenschaft und Technik fest, etwa bei der Anlagengenehmigung nach dem Bundesimmissionsschutzgesetz.

Die Richtlinien unterschieden – wie das heute geltende Gentechnikrecht – 4 unterschiedliche Gefahrenstufen, die jeweils eigene Sicherungsvorkehrungen voraussetzten. Die Einteilung der 4 Gefahrenstufen wird unten in Abschn. 4.8.3.3 „Gentechnikgesetz" im Zusammenhang näher erläutert (vgl. § 3 Nr. 12 und § 7 GenTG). Genetische Anlagen für Forschung und Produktion mussten im Vorfeld durch das Bundesgesundheitsamt registriert werden, welches unter festgesetzten Voraussetzungen durch einfachen Verwaltungsakt (vgl. § 35 Verwaltungsverfahrensgesetz: „*Verwaltungsakt ist jede Verfügung, Entscheidung oder andere hoheitliche Maßnahme, die eine Behörde zur Regelung eines Einzelfalles auf dem Gebiet des öffentlichen Rechts trifft und die auf unmittelbare Rechtswirkung nach außen gerichtet ist …* ") die Registrierung versagen konnte. Zu diesem Zeitpunkt ging das Gentechnikrecht also über einfache Selbstregulierung hinaus, indem durch öffentliche Einrichtungen eine gewisse Rechtsverbindlichkeit gegeben wurde.

1978 und 1979 gab es dann verschiedene Referentenentwürfe für ein umfassendes Gentechnikgesetz, die aber am fehlenden Interesse der Öffentlichkeit und am Widerstand der Forschergemeinschaft scheiterten. Zu diesem Zeitpunkt war der Umfang der genetischen Arbeiten in Deutschland sehr begrenzt. Man wollte auch die weitere internationale Entwicklung abwarten, um eine verfrühte Regelung ohne ausreichende naturwissenschaftliche Fundierung zu vermeiden.

Der nächste Meilenstein auf dem Weg zum heutigen Gentechnikrecht war die Einsetzung der Enquêtekommission „*Chancen und Risiken der Gentechnologie*" des Deutschen Bundestags im Jahr 1984. Deren Bericht, der 1987 vorgestellt wurde (Bundestagsdrucksache 10/6775), löste eine umfassende Diskussion über die Gentechnik in der breiten Öffentlichkeit aus. In über 200 Empfehlungen kamen die Sachverständigen und Abgeordneten zu dem Schluss, dass eine gesetzliche Regelung notwendig sei, um die Gefahren der Gentechnik zu kontrollieren. Im Einzelnen sah man die Bündelung aller Sicherheitsbestimmungen in einem „*Gesetz über biologische Sicherheit*", das die bestehenden Seuchengesetze umfassen sollte, mit Anmelde- und Genehmigungspflichten für Anlagen und Verfahren als geeignet an. Auch Verbote bestimmter Techniken und ein zeitlich begrenztes Moratorium bei Freisetzungen wurden erwogen.

Im selben Zeitraum beschleunigte sich die wirtschaftliche Anwendbarkeit und Nutzung der Biotechnologien, wobei die Entscheidung mehrerer deutscher Unternehmen, ihre Investitionen ins Ausland zu verlagern, als standortpolitisches Argument Eingang in die Debatte fand. Beklagt wurde auch die z.T. extrem lange Verfahrensdauer; bekannt wurde etwa eine Verzögerung von 8 Jahren, die eine Anlage der Hoechst AG zur Herstellung von Humaninsulin erleiden musste.

Die Verfahren unterfielen zu diesem Zeitpunkt primär dem Bundesimmissionsschutzgesetz, und zwar zunächst über die Generalklauseln; später erfolgte eine explizite Aufnahme: Die Gentechnik wurde vorläufig geregelt in der 4. BImSch-Verordnung vom 1.9.1988 Anhang 4.11 (BGBl 1988 I, 608, 622), welche die genehmigungsbedürftigen Anlagen auflistete. Auch in einigen weiteren Verordnungen und Gesetzen (Gefahrstoffverordnung, Gefahrgutverordnung Straße, Verordnung über Herkunftsbereiche von Abwasser, Unfallverhütungsvorschrift „Biotechnologie“ und Tierschutzgesetz) fanden im Anschluss an die Enquêtekommission punktuelle Ergänzungen statt, um die Gentechnik rechtlich zu erfassen.

Generell kam es jedoch – vor dem Hintergrund einer anstehenden (vgl. Entschließung des Rates im EG-Amtsblatt Nr. C 328/1 vom 7.12.1987) europaweiten Regelung, der Standortdiskussion und einer generellen Unzufriedenheit über die Lückenhaftigkeit der geltenden Gesetzeslage – zu Bestrebungen, eine umfassende gesetzliche Regelung auf nationaler Ebene zu schaffen. Zunächst erfolgte ein Entschließungsantrag des Bundesrats zur Gentechnologie (BR-DS 404/88) sowie im Anschluss daran der so genannte „Eckwerte“-Beschluss der Bundesregierung (BT-DS 11/3908), der die Grundzüge eines geplanten Gentechnikgesetzes festlegte.

Das nun folgende Gesetzgebungsverfahren war durch große Kontroversen gekennzeichnet. Ein erster Regierungsentwurf (BR-DS 387/89) vom 9.11.1989 wurde in der Stellungnahme des Bundesrats, bei deren Vorbereitung 8 Ausschüsse die Rekordzahl von mehr als 1000 Anträgen stellten, in großen Teilen abgelehnt. (Gentechnikrecht tangiert eine große Zahl von rechtlichen Interessen. Beteiligt waren u.a. die Ausschüsse für Finanzangelegenheiten, Umwelt, Recht, Wirtschaft und Agrarangelegenheiten.) Wesentliche Änderungswünsche waren ein weitgehend bei den Ländern liegender Verwaltungsvollzug und inhaltlich ein Abstellen auf die einzelne „gentechnische Anlage“ statt auf die einzelnen Tätigkeiten. Zudem wurde statt zahlreicher Einzelgenehmigungen eine einzige umfassende Genehmigung mit so genannter „Konzentrationswirkung“ gefordert.

Am 9.11.1989 ging die Bundesregierung auf die Kritik des Bundesrats ein und brachte einen zweiten Regierungsentwurf (BT-DS 11/5622) in den Bundestag ein, der diesen Forderungen entgegenkam. Ein dort eingesetzter Untersuchungsausschuss Gentechnikgesetz nahm nach kontroverser Debatte weitere weitgehende Änderungen vor, die schließlich in eine neue Fassung (BT-DS 11/6778) mündeten. Diese wurde gegen die Stimmen der Opposition von den Koalitionsparteien schließlich am 29.3.1990 im Bundestag angenommen.

Das Verfahren war gegen Ende von 2 Faktoren maßgeblich beeinflusst worden. Zum einen befürchtete die damalige unionsgeführte Bundesregierung, in anstehenden Landtagswahlen die Mehrheit im Bundesrat zu verlieren, und betrieb deshalb ein sehr gestrafftes Gesetzgebungsverfahren – eine Befürchtung die sich als berechtigt herausstellte, denn aus den am 13.5.1990 in Nordrhein-Westfalen und in Niedersachsen stattfindenden Landtagswahlen ging die SPD siegreich hervor.

Zum anderen hatte ein Beschluss (VGH Kassel NJW 1990, 336–339) des Hessischen Verwaltungsgerichtshofs vom 6.11.1989 – des höchsten Verwaltungsgerichts auf Landesebene – die rechtlichen Grundlagen aller bis zu diesem Zeitpunkt bereits betriebenen gentechnischen Anlagen in Frage gestellt. Das Gericht hatte entschieden, dass Klagen von Gegnern einer von der Verwaltung bereits abschließend genehmigten gentechnischen Produktionsanlage der Hoechst AG aufschiebende Wirkung zukommen müsse, obwohl die Verwaltung den sofortigen Vollzug der Genehmigung angeordnet hatte. Dabei stützte sich das Gericht auf grundsätzliche Überlegungen und führte aus, dass gentechnische Anlagen keine ausreichenden gesetzlichen Grundlagen hätten. Zu diesem Zeitpunkt ergingen die Genehmigungen nach dem Bundesimmissionsschutzgesetz, das aber laut VGH Hessen nicht ausreichte. Kernpunkt der Ausführungen war die mögliche Gefährdung von Leib und Leben, zu deren Schutz der Staat gemäß Art. 2 II Grundgesetz verpflichtet ist. Aus dieser Schutzpflicht des Gesetzgebers resultierte laut VGH, dass zunächst eine parlamentarische Grundentscheidung über die Gentechnik in Form eines Gesetzes erfolgen müsse, bevor gentechnische Anlagen rechtlich zulässig seien. Obwohl das Urteil nur in dem laufenden Verfahren Rechtswirkung entfaltete, befürchtete man weitere Standortnachteile für deutsche Unternehmen.

Das Urteil wurde – rechtlich – mehrheitlich als verfehlt betrachtet, da der VGH mit seiner grundsätzlichen Ablehnung der Gentechnik in den Kompetenzbereich des Bundesverfassungsgerichts eingegriffen habe (Murswiek 1990). Auch widerspricht der Beschluss mit seiner Begründung dem liberalen Rechtsgrundsatz, dass alles, was nicht gesetzlich verboten ist, grundsätzlich erlaubt ist, zumal sich auch das Unternehmen auf Grundrechte wie Eigentum und Forschungsfreiheit berufen konnte. Das Gericht hatte auch keine eigene, individuelle Risikoprognose vorgenommen – es ging um die Herstellung von Humaninsulin –, sondern aus dem Fehlen einer spezifischen Regelung auf die Unzulässigkeit des Vorhabens geschlossen. Schon das Fehlen einer gesetzlichen Regelung ist fraglich, da das Bundesimmissionsschutzgesetz trotz fehlender Anpassung an die neuen Techniken durch sein Anlehnen an den Stand der Technik (§ 5 I Nr. 2 BImSchG) grundsätzlich auf Offenheit gegen unbekannte und neue Gefahren hin ausgelegt ist.

Durch das schnelle Inkrafttreten des Gentechnikgesetzes (GenTG) am 1.7.1990 hatte das Urteil allerdings keine großen Auswirkungen auf die Praxis.

Parallel zum GenTG entstand auch das deutsche Embryonenschutzgesetz (ESchG), auf das unten im Abschn. 4.8.4 „Überblick über das „rote" Gentechnikrecht" eingegangen wird.

4.8.3 Überblick über das „grüne" Gentechnikrecht

Das Gentechnikrecht und insbesondere das Gentechnikgesetz ist in einem Spannungsfeld verschiedener verfassungsrechtlicher und europarechtlicher Werte gelagert. Die Gentechnik ist bis heute umstritten und sowohl Gegner als auch Befürworter berufen sich auf die Verfassung, um ihre Position zu stützen.

4.8.3.1 Verfassungsrechtliche Grundlagen des Gentechnikrechts

In der Anfangsphase war umstritten (Rahner 1990), ob der Bund (oder nicht vielmehr die Länder) für den Bereich der Gentechnik gesetzgebungsbefugt seien. Gentechnik als Gesetzgebungsmaterie ließ sich nicht ohne Probleme in den Katalog der Gesetzgebungskompetenzen der Art. 72–75 GG einordnen. Der Bund stützte sich daher beim Erlass auf ein Zusammenspiel mehrerer Kompetenzen, darunter Strafrecht (Art. 74 Nr. 1), Pflanzenschutz, Tierschutz und Seuchenbekämpfung (Art. 74 Nr. 19 und 20), Wirtschaftsrecht (Art. 74 Nr. 11), Arbeits(schutz)recht (Art. 74 Nr. 12), Abfallbeseitigung und Luftreinhaltung (Art. 74 Nr. 24) sowie auf die Rahmengesetzgebungskompetenz zum Naturschutz (Art. 75 I Nr. 3). Seit dem 27.10.1994 ist durch eine Verfassungsänderung in Art. 74 I Nr. 26 („... *künstliche Befruchtung beim Menschen, die Untersuchung und die künstliche Veränderung von Erbinformationen sowie Regelungen zur Transplantation von Organen* ...") klargestellt, dass die gesamte Gentechnik der konkurrierenden Gesetzgebungskompetenz zwischen Bund und Ländern unterfällt. Die Länder haben in diesem Bereich die Gesetzgebungskompetenz, so weit der Bund von seiner Kompetenz keinen Gebrauch gemacht hat. Da das Gentechnikgesetz eine abschließende Regelung durch den Bund darstellt, bleibt für Regelungen auf Landesebene kein Raum.

Menschenwürde

Für einige Fundamentalkritiker der Gentechnik stellt bereits die Manipulation des Erbguts von Tieren und Pflanzen einen Verstoß gegen die dem Menschen zukommende Rolle in der Schöpfung dar, da dieser dadurch Gott spiele. Demgegenüber besagt die ganzheitliche Meinung, dass dieser – zumeist religiös begründete – Ansatz nicht über den Begriff der Menschenwürde (Art. 1 I GG) in die rechtliche Ebene überführt werden kann. Die grüne Gentechnik stellt keinen Eingriff in die Würde des Menschen dar (Herdegen 2000).

Recht auf Leben und körperliche Unversehrtheit

Die meisten Vorbehalte gegen die Gentechnik stützen sich rechtlich auf Art. 2 II GG, da unkontrollierbare Gesundheitsrisiken durch gentechnisch veränderte Organismen befürchtet werden.

Der vorsätzliche Missbrauch der Gentechnik zu militärischen Zwecken ist durch internationale Abkommen geächtet: Bereits 1925 trat das Protokoll gegen biologische Kriegsführung zur Genfer Konvention in Kraft. Am 10.4.1972 wurde zusätzlich die „*Convention on the Prohibition of the Development, Production and Stockpiling of Bacteriological (Biological) and Toxin Weapons and on Their Destruction*" unterzeichnet, die 1975 in Kraft trat. Sie verbietet in Art. 1 den Vertragsstaaten jedwede Entwicklung, Herstellung und Lagerung von biologischen Agenzien von einer Beschaffenheit oder Menge, für die es keine prophylaktische, schützende oder sonstige friedliche Begründung gibt. Dieses Übereinkommen befindet sich momentan in Überarbeitung, v.a. sind – gegen den Widerstand v.a. der USA und der russischen Föderation – unangemeldete Kontrollbesuche geplant. Innerstaatlich ist u.a. die Entwicklung biologischer Waffen gemäß § 18 Kriegswaffenkontrollgesetz verboten. Ein Verstoß gegen dieses Verbot wird nach § 20 KrWaffG mit einer *Mindeststrafe* von 2 Jahren Freiheitsentzug bestraft. Da es sich hierbei um ein Verbrechen handelt, ist auch der Versuch strafbar.

Neben diesem geächteten vorsätzlichen Missbrauch der Gentechnik zu militärischen Zwecken kann auch die friedliche Forschung zu unvorhergesehenen Ergebnissen mit starken Implikationen für Leben und Gesundheit des Menschen führen, jüngst etwa die unbeabsichtigte Herstellung eines „Killervirus" für Mäuse, die auch in der allgemeinen Presse für Aufruhr sorgte (Spiegel 2001).

Unabhängig von vorsätzlichem Handeln besteht die Gefahr, dass neue Krankheitserreger für Mensch, Pflanzen oder Tiere entstehen, dass genmanipulierte Organismen sich unkontrolliert ausbreiten und Schäden in vorhandenen Ökosystemen anrichten. Wenn gentechnische Methoden in Medizin, Landwirtschaft und Nahrungsmittelindustrie Einzug halten, entstehen neue Gesundheitsrisiken, deren Umfang auch heute aufgrund der Komplexität der beteiligten Systeme nicht leicht abzuschätzen ist.

Das Grundrecht auf Leben und körperliche Unversehrtheit gibt nicht nur dem Einzelnen ein subjektives Recht gegen Eingriffe durch den Staat, sondern es verpflichtet den Staat auch zum aktiven Eingreifen, wenn Dritte, etwa Biounternehmen, eine Gefährdung hervorrufen und eine Eigenvorsorge des Betroffenen nicht möglich ist. Dann muss der Staat Schutzmaßnahmen ergreifen. Das Recht auf Leben und körperliche Unversehrtheit ist also nicht nur ein Abwehrrecht, auf das sich der einzelne berufen kann, sondern beinhaltet zugleich einen Auftrag und eine Schutzpflicht des Staates.

Dabei ist es nicht von Bedeutung, ob wirklich eine Grundrechtsbeeinträchtigung stattfindet. Das Grundrecht erstreckt sich auch darauf, frei von bloßen Gesundheitsrisiken zu sein. Auch auf die Frage, ob die Schaffung eines Risikos beabsichtigt oder unbeabsichtigt war, kommt es zur Feststellung eines Eingriffs in das Grundrecht nicht an (Murswiek 1999). Wichtig ist aber, zwischen Eingriff in ein Grundrecht und Verletzung des Grundrechts zu unterscheiden, denn ein Eingriff kann verfassungsrechtlich gerechtfertigt sein. Nur wo eine ausreichende Rechtfertigung fehlt, liegt eine Grundrechtsverletzung vor.

Diese Überlegungen gewinnen gerade bei der Gentechnik besondere Bedeutung, da hier oftmals der genaue Umfang des Risikos nicht erkennbar ist und immer ein Restrisiko bestehen bleibt. Die Schutzpflicht des Staates reicht aus dem Grundgesetz heraus nicht weiter als bis zur Gefahrenabwehr nach dem aktuellen Stand von Wissenschaft und Technik bis zu den Grenzen „praktischer Vernunft" (BVerfGE 49,8 9, 143). D.h., wenn ein Schadenseintritt praktisch ausgeschlossen scheint, kommt auch keine Verletzung des Grundrechts auf Leben und körperliche Unversehrtheit in Betracht.

Wissenschaftsfreiheit

Die in Art. 5 III 1 GG normierte Freiheit von Forschung und Lehre stellt die sichtbarste Begrenzung staatlicher Einflussnahme auf die Gentechnik und moderne Biologie dar. Hier ergibt sich ein großes Konfliktpotenzial zu den Schutzpflichten für Leben und körperliche Unversehrtheit aus Art. 2 II. Das Grundgesetz schützt prinzipiell jede wissenschaftliche, d.h. vom Streben nach Erkenntnis getragene Betätigung. Dabei kommt es nicht darauf an, ob die Forschung im Einzelfall zu richtigen Ergebnissen führt oder ob die Methoden korrekt sind, da Wissenschaft im Sinn der kritisch-rationalen Wissenschaftsphilosophie nach Popper prinzipiell nach Falsifizierung jeder Theorie strebt; der Wandel gehört zur Wissenschaft (BVerfGE 90, 1, 11 ff).

In der Vergangenheit gab es Versuche, die Wissenschaftsfreiheit schon von ihrem Schutzbereich her auf solche Forschungsgebiete zu beschränken, in denen andere Grundrechte nicht beeinträchtigt werden (Vitzthum 1990). Die Freiheit der Kunst ist auf diese Weise eingeschränkt. Die Gentechnik sollte als lebensgefährliche oder unmoralische Wissenschaft von vorneherein nicht Art. 5 III GG unterfallen. Doch gehört es gerade zum Wesen der Wissenschaftsfreiheit, nicht auf bestimmte „sozialkonforme" Zwecke eingeschränkt zu sein. Sie ist ohne ausdrücklichen Schrankenvorbehalt gewährleistet und findet ihre Grenzen nur in anderen Rechtsgütern von Verfassungsrang sowie in der Treue zur Verfassung. Darauf ist auch die Streitfrage um die Aufnahme von Tierschutz in das Grundgesetz zurückzuführen. Hierdurch wurde der Tierschutz zu einem Verfassungsgut und zugleich zu einer Schranke der Forschungsfreiheit mit der Konsequenz, dass Tierversuche grundsätzlich erst nach einer Abwägung zulässig sind.

Kommt es also zu einem Konflikt zwischen den Betreibern einer Forschungsanlage und Anwohnern, so bedarf es einer Abwägung der betroffenen Rechtsgüter. Es ist ein gerechter Ausgleich (die so genannte „praktische Konkordanz") zwischen der bedrohten Gesundheit und der Wissenschaftsfreiheit zu finden. Besondere Schwierigkeiten bereitet hier das Fehlen eines zielgerichteten Eingriffs in Art. 2 II GG, da die mit der Forschung verbundenen Beeinträchtigungen nicht beabsichtigt, ja noch nicht einmal sicher sind. Es handelt sich also nur um mögliche Gefährdungen, die dem Staat, also Gesetzgeber wie ausführender Verwaltung, eine Prognose abverlangen. Diese Prognosen sind gerichtlich nur eingeschränkt überprüfbar [zur Problematik ausführlich Kroh (2000), 102 ff].

Im nachfolgend dargestellten Gentechnikgesetz drückt sich die Wissenschaftsfreiheit in einer deutlichen verfahrensrechtlichen Privilegierung von Forschung gegenüber gewerblichen Tätigkeiten aus. Materiellrechtlich - was also die Abwehr von Gefahren und Risiken angeht - macht das Gesetz dagegen keinen Unterschied.

Berufsfreiheit

Ein weiteres Grundrecht, auf das sich Gentechniker, Mediziner und Zellbiologen stützen können, ist die in Art. 12 I/II GG normierte Berufsfreiheit, die jede „*auf eine gewisse Dauer angelegte, der Schaffung und Erhaltung einer Lebensgrundlage dienende Tätigkeit*" („Apothekenurteil" - BVerfGE 7, 377) schützt. Nur grob sozial unwertige Tätigkeiten wie Raub oder Zuhälterei unterfallen nicht dem Schutz. Der auf dem Gebiet der Gentechnik Tätige kann sich also auf dieses Grundrecht berufen, da seine Tätigkeit zwar mit Risiken verbunden sein mag, aber sicher nicht an sich verwerflich ist. Das Grundrecht umfasst sowohl die Berufswahl, in die etwa durch Schaffung von Qualifikationsvoraussetzungen für bestimmte Tätigkeiten eingegriffen wird, als auch die Berufsausübung, sodass sich jede Regelung und Beschränkung der Tätigkeit eines gentechnisch Tätigen als Eingriff darstellt.

Bei der Beurteilung der Rechtfertigung eines Eingriffs stellt das Bundesverfassungsgericht auf die so genannte 3-Stufen-Lehre ab, die eine besondere Ausprägung des Verhältnismäßigkeitsgrundsatzes darstellt. Eingriffe werden in 3 Stufen eingeteilt:

1. Objektive Zulassungsschranken
   Objektive Zulassungsschranken, auf die der Einzelne keinerlei Einflussmöglichkeiten hat, sind nur zulässig, wenn sie zur „*Abwehr nachweisbarer oder höchstwahrscheinlicher schwerer Gefahren für ein überragend wichtiges Gemeinschaftsgut*" notwendig sind.
2. Subjektive Zulassungsvoraussetzungen
   Subjektive Zulassungsvoraussetzungen, wie z. B. die Pflicht, Befähigungsnachweise zu erbringen, sind gerechtfertigt, wenn die Ausübung des Berufes ohne Erfüllung der Voraussetzungen „unmöglich oder unsachgemäß" wäre oder Gefahren oder Schäden für die Allgemeinheit drohten.
3. Berufsausübungsregelungen
   Einfache Berufsausübungsregelungen sind als am wenigsten eingreifende Maßnahmen mit der Verfassung schon vereinbar, wenn „Gesichtspunkte der Zweckmäßigkeit" sie erfordern (Pieroth u. Schlink 1999).

Da die Volksgesundheit als „überragend wichtiges Gemeinschaftsgut" eingestuft wird (BVerfGE 7, 377, 314 f), sind Eingriffe in die Berufsfreiheit gerechtfertigt, wenn sie der Abwehr der von der Gentechnik ausgehenden Gesundheitsgefahren dienen. Die meisten Regelungen des Gentechnikrechts sind zudem nur Berufsausübungsregelungen, die lediglich zweckmäßig sein müssen.

4.8.3.2 Europarechtlicher Rahmen

Überblick

Das „grüne" Gentechnikrecht in Deutschland ist stark vom europäischen Recht geprägt. Die EU ist eine historisch neuartige Staatengemeinschaft, die sich schrittweise ein gemeinsames Rechtssystem schafft. Der Schwerpunkt lag dabei in der Vergangenheit auf dem wirtschaftlichen Sektor. Da die Entwicklung der Gentechnik mit der sich verdichtenden europäischen Integration zeitlich zusammenfiel, haben sich bereits frühzeitig Organe der Europäischen Gemeinschaften mit der Gentechnik befasst, um europaweit harmonisierende Regelungen zu ermöglichen.

Die Europäische Gemeinschaft konnte sich dabei auf verschiedene Kompetenztitel stützen:

- Den größten Einfluss hat die Kompetenz zur Rechtsangleichung, um einen Gemeinsamen Markt zu gewährleisten (Art. 94, 95 EGV).
  Nationale Abweichungen sind nur in engen Grenzen gestattet (Art. 95 IV, V EGV), wenn wichtige Erfordernisse im Sinn des Art. 30 EGV (u. a. um die öffentliche Sicherheit zu gewährleisten und zum Schutz des Lebens von Menschen, Tieren und Pflanzen) vorliegen oder Arbeits- bzw. Umweltschutz dies rechtfertigen. Auch dann müssen diese einzelstaatlichen Maßnahmen binnen 30 Tagen der Kommission gemeldet werden, die wiederum innerhalb von 6 Monaten die Maßnahme entweder billigen oder ablehnen kann. Hier wird bereits deutlich,

wie stark die Mitgliedstaaten in die Europäische Gemeinschaft eingebunden sind.

- Ein weiteres Handlungsfeld der EG ist die Harmonisierung des Umweltrechts. Gemäß Art. 175 EGV kann die Gemeinschaft zum Schutz der Umwelt und Gesundheit Maßnahmen treffen. Dabei legt Art. 174 II EGV die EG auf ein hohes Schutzniveau fest, wobei sie die Grundsätze der Vorsorge und Vorbeugung sowie das Verursacherprinzip zu beachten hat. Abweichungen in Richtung auf ein höheres Schutzniveau auf mitgliedstaatlicher Ebene sind gemäß Art. 176 EGV möglich, so weit die Kommission benachrichtigt wird.
- Schließlich kann die EG gemäß Art. 137 EGV auf dem Gebiet des Arbeitsschutzes tätig werden. Beim Gesundheitsschutz und den Arbeitsbedingungen muss sich der Rat jedoch auf Mindestvorschriften beschränken, und einzelstaatliche Maßnahmen, die höheren Schutz gewährleisten, sind prinzipiell zulässig.

Die EG kann so genanntes Sekundärrecht, also von dem Primärrecht, den zugrundeliegenden zwischenstaatlichen Gründungsverträgen abgeleitetes Recht, in 2 verschiedenen Formen erlassen. Zum einen kann sie Verordnungen erlassen, die unmittelbar für jedermann direkt geltendes Recht darstellen. Häufiger wählt die EG aber die Form der Richtlinie, welche nur an die Mitgliedstaaten gerichtet ist und diese verpflichtet, ihr innerstaatliches Recht innerhalb eines gewissen Umsetzungszeitraums an den Inhalt der Richtlinie anzupassen. Auch nach Ablauf der Frist kann sich der einzelne Bürger nicht direkt auf die Richtlinie berufen, aber er kann u. U. den säumigen Mitgliedstaat in die Haftung nehmen, wenn ihm durch die Nichtumsetzung ein Schaden entstanden ist [zu den Voraussetzungen s. etwa Schweitzer u. Hummer (1999)].

Von großer Bedeutung bleiben die Richtlinien aber auch nach der Umsetzung in das nationale innerstaatliche Recht. Um einen europaweit einheitlichen Rechtsgebrauch zu gewährleisten, muss das innerstaatliche Recht nämlich richtlinienkonform ausgelegt werden. Bestehen also Unklarheiten über rechtliche Fragen, ist die zugrundeliegende Richtlinie zu berücksichtigen. Kommt es zu Differenzen in der Rechtsprechung einzelner nationaler Gerichte, kann der Europäische Gerichtshof angerufen werden, um die europäische Rechtseinheit sicherzustellen (vgl. insbesondere Art. 234 EGV).

Richtlinien zur Gentechnik

Die EU hat von ihren Rechtsetzungskompetenzen Gebrauch gemacht und dabei eine grundsätzliche Entscheidung für die Anwendung und Entwicklung der Gentechnik getroffen. Ein prinzipielles Verbot der Gentechnik ist also auf nationaler Ebene nicht mehr zulässig.

Von entscheidender Bedeutung sind dabei 2 Richtlinien:

1. Die „Systemrichtlinie“ vom 23.4.1990 über die Anwendung genetisch veränderter Mikroorganismen in geschlossenen Systemen (EG-RL 90/219/EWG, zuletzt geändert durch die RL 98/81/EG des Rates vom 26.10.1998).
2. Die kürzlich stark geänderte „Freisetzungsrichtlinie“ vom 23.4.1990 (neue Fassung EU-RL 2001/18/EG ersetzt die bisherige EG-RL 90/220/EWG) in der Neufassung vom 13.2.2001 über die absichtliche Freisetzung genetisch veränderter Organismen in die Umwelt und das Inverkehrbringen von gentechnischen Produkten.

Diese Freisetzungsrichtlinie ist in ihrer Ausgangsfassung zeitgleich mit der Systemrichtlinie erlassen worden.

Systemrichtlinie. Die Systemrichtlinie legt in Art. 2 einige Begriffe fest, um den Anwendungsbereich zu bestimmen. Von besonderer Bedeutung sind dabei folgende Begriffe:

1. Mikroorganismus ist die Bezeichnung für jede mikrobiologische Einheit, die entweder zur Vermehrung oder zur Weitergabe von genetischem Material fähig ist. Diese Definition umfasst sowohl Bakterien als auch Viren und Viroide sowie jegliche Zellkulturen.
2. Genetisch veränderter Mikroorganismus (GVM) ist ein Mikroorganismus, dessen genetisches Material durch Methoden, die unter natürlichen Bedingungen nicht vorkommen, künstlich verändert wurden.
   - Die Richtlinie legt dazu in Anhang I Teil A fest, was als künstlich gilt: DNA-Rekombination mittels Vektoren oder durch direkte Injektion des Erbguts und Zellfusionen oder Hybridisierungsverfahren.
   - In Teil B von Anhang I wird im Gegenstück dazu aufgelistet, welche Verfahren im Regelfall nicht zur genetischen Veränderung führen: In-vitro-Befruchtung, natürliche Prozesse wie Konjugation, Transduktion oder Transformation sowie die Polyploidieinduktion.

   Beide Listen sind nicht abschließend, sondern sollen nur für die aufgeführten Fälle eine

Grundentscheidung treffen. Sie erleichtern so die Zuordnung evtl. neu entwickelter Techniken und Verfahren.

3. Anwendung in geschlossenen Systemen umfasst jegliche Verwendung von GVM einschließlich der Herstellung, bei der spezifische Einschließungsmaßnahmen (Containment) angewendet werden, um den Kontakt derselben mit Bevölkerung und Umwelt zu begrenzen.

Der Anwendungsbereich der Richtlinie erfasst nur gentechnische Arbeiten in geschlossenen Systemen. Nicht erfasst sind gemäß Art. 3 die in Anhang II Teil A beschriebenen Techniken wie Mutagenese, Selbstklonierung und bestimmte Zellfusionen.

Ebenfalls weitgehend ausgenommen aus dem Geltungsbereich der Systemrichtlinie ist der Transport von GVM auf öffentlichen Verkehrswegen, nicht aber natürlich der Transport innerhalb einer Anlage. Auch GVM, die gemäß der unten besprochenen Freisetzungsrichtlinie in den Verkehr gebracht werden, sind gemäß Art. 4 RL nicht von der Systemrichtlinie erfasst.

Artikel 5 I der Richtlinie verpflichtet die Mitgliedstaaten, alle angemessenen Maßnahmen zu treffen, damit keine nachteiligen Folgen für Umwelt und Gesundheit eintreten. Dazu ist zunächst eine Bewertung der Risiken der verschiedenen Anwendungen von GVM in geschlossenen Systemen durchzuführen. Dabei sieht die Richtlinie 4 verschiedene Risikoklassen für bestimmte Tätigkeiten vor, an die wiederum bestimmte Sicherungsmaßnahmen und Einschließungsstufen anknüpfen, die geeignet sein müssen, die Risiken wirksam auszuschließen:

1. Klasse 1
   Diese umfasst Tätigkeiten, bei denen *kein oder nur ein vernachlässigbares Risiko* besteht.
2. Klasse 2
   Diese umfasst Tätigkeiten, bei denen ein *geringes Risiko* besteht.
3. Klasse 3
   Diese umfasst Tätigkeiten, bei denen ein *mäßiges Risiko* besteht.
4. Klasse 4
   Diese umfasst Tätigkeiten, bei denen ein *hohes Risiko* besteht.

Diese 4 Klassen – im deutschen Gentechnikgesetz umgesetzt als „Sicherheitsstufen" – sind elementar für das gesamte Gentechnikrecht, denn sie erlauben eine Einstufung einer bestimmten Tätigkeit und ermöglichen so überhaupt erst eine individuell angepasste Regulierung einzelner gentechnischer Unternehmungen. Bezüglich der Einteilung in die verschiedenen Klassen legt die Systemrichtlinie verschiedene Grundkriterien fest. So muss beim Vorliegen von Zweifeln über die Klassenzugehörigkeit eine Tätigkeit in die jeweils höhere Klasse eingeordnet werden und die Entsorgung muss bei der Risikoeinstufung berücksichtigt werden.

Um den Informationsfluss aus der Praxis zurück an die zuständigen Kontrollbehörden zu gewährleisten, müssen die Anwender [gemäß Art. 1 e) der Systemrichtlinie definiert als „*...natürliche oder juristische Person, die für die Anwendung von GVM in geschlossenen Systemen verantwortlich ist*"] der Gentechnik neue, für die Risikobewertung sachdienliche Informationen laut Art. 12 sofort melden. Um die Kontrolle schon vor Beginn der Anwendung von GVM zu ermöglichen und jegliches Risiko zu minimieren, besteht für jede Anlage, in der gentechnische Arbeiten im Sinn der Richtlinie stattfinden sollen, eine Anmeldepflicht. Die zur Risikoeinstufung erforderlichen Informationen sind der Anmeldung beizufügen. Die Einstufung einer Anwendung von GVM wirkt sich nicht nur auf die benötigten Angaben bei der Anmeldung, sondern auch auf das weitere Verfahren aus. Je nach Sicherheitseinstufung bestehen unterschiedliche Anmeldungs- und Genehmigungsfristen. Die Behörden können dabei umfangreiche Auflagen machen und sind verpflichtet, die Gentechnikanlagen und Tätigkeiten zu überwachen. Die Einzelheiten stimmen weitgehend mit den Regelungen des GenTG überein, sodass hier auf die noch folgenden Ausführungen verwiesen werden kann.

Eine wichtige Sicherungsmaßnahme auf europäischer Ebene stellt die Kooperation bei der Überwachung dar. Die Mitgliedstaaten tauschen sämtliche Unfallinformationen untereinander aus und informieren die Kommission, um ähnliche Unfälle für die Zukunft zu vermeiden. Die Richtlinie bildet in Art. 16 die Rechtsgrundlage für ein Informationsaustauschverfahren und ein Unfallverzeichnis, das den Mitgliedstaaten zur Verfügung steht.

Ein besonderes Informationserhebungsverfahren statuiert Art. 18 der Richtlinie, in dem die Mitgliedstaaten verpflichtet werden, jedes Jahr einen Bericht über alle Anwendungen der Klassen 3 und 4 bei der Kommission einzureichen. Alle 3 Jahre soll durch jeden Mitgliedstaat ein genereller Bericht über den Umgang mit der Richtlinie eingereicht werden, aus dem die Kommission eine Zusammenfassung erstellt. Auch kann die Kommission allgemeine statistische Informationen über die Durchführung der Richtlinie veröffentlichen. Dabei muss sie allerdings sowohl Rücksicht auf die Wettbewerbssituation der Anwender nehmen als auch einige Informationen auf begründeten Wunsch der Anwender gemäß Art. 19 vertraulich behandeln, v. a. wenn deren geistiges Eigentum bedroht scheint.

Freisetzungsrichtlinie. Die 2. wesentliche europäische Norm auf dem Gebiet der Gentechnik ist die so genannte Freisetzungsrichtlinie. Sie soll eine europaweit einheitliche Regelung für das absichtliche Freisetzen von genetisch veränderten Organismen und das Inverkehrbringen von gentechnischen Produkten schaffen. Sie wurde in ihrer ursprünglichen Fassung zeitgleich zur Systemrichtlinie erlassen und lehnt sich daher begrifflich stark an die dort getroffenen Regelungen an. Die in der Vergangenheit immer wieder vorgenommenen Modifikationen an der Richtlinie deuten auf die nach wie vor bestehenden gesellschaftlichen Kontroversen über die breite Anwendung der Gentechnik hin. Durch eine jüngst vorgenommene Neufassung wurde versucht, die weitgehende faktische Blockade von Neuzulassungen in den letzten Jahren aufzubrechen und den Bedenken der Kritiker durch mehr Offenheit und strengere Kontrollen Rechnung zu tragen.

Die ersten Änderungen erfolgten durch die Richtlinie 94/15/EG der Kommission vom 15.4.1994 zur ersten Anpassung der Richtlinie 90/220/EWG des Rates über die absichtliche Freisetzung genetisch veränderter Organismen in die Umwelt an den technischen Fortschritt und durch eine Entscheidung der Kommission vom 4.11.1994. Die letzte starke Überarbeitung und Neufassung erfolgte am 13.2.2001. Die Richtlinie 2001/18/EG findet sich (in englischer Fassung) im Internet unter http://www.rki.de.

Auch diese Richtlinie erfasst nicht den Transport genetisch veränderter Organismen. Sie berührt den Arbeitsbereich des Molekularmediziners nur am Rande. Schwerpunktmäßig kommen die Regelungen bei neuen landwirtschaftlichen Produkten zum Tragen. Grundsätzlich sind aber auch mögliche medizinische Anwendungen erfasst, v. a. wenn an die Bestrebungen gedacht wird, aus der Milch genmanipulierter Tiere Medikamente oder aus genmanipulierten Pflanzen Impfstoffe zu gewinnen. In Art. 2 finden sich mehrere Grunddefinitionen für die Richtlinie:

1. Genetisch veränderter Organismus (GVO) ist ein Organismus, dessen genetisches Material so verändert worden ist, wie es auf natürliche Weise durch Kreuzen und/oder natürliche Rekombination nicht möglich ist.
   Ausgenommen aus dem Geltungsbereich sind gemäß Art. 3 i. V. m. Anhang 1 B Veränderungen durch Mutagenese und durch die Zellfusion von Pflanzenzellen, die mittels herkömmlicher Züchtungstechniken genetisches Material austauschen können.
2. Freisetzung ist jedes absichtliche Ausbringen von GVO ohne Vorkehrungen zur Einschließung, wie physikalische Einschließung oder eine Kombination von physikalischen Einschließungen mit chemischen und/oder biologischen Einschließungen, die verwendet werden, um ihren Kontakt mit der allgemeinen Bevölkerung und der Umwelt zu begrenzen.
   Von besonderer Bedeutung ist hier, dass das Freisetzen nur „absichtlich" erfolgen kann. Eine unbeabsichtigte Freisetzung wird also nicht erfasst.
3. Produkt ist eine Zubereitung, die aus GVO besteht, solche oder eine Kombination von solchen enthält und in den Verkehr gebracht wird.
   Unter den Begriff des Produkts fallen insbesondere auch genmanipulierte Vektoren und v. a. auch Medikamente, die aus genmanipulierten Organismen bestehen.
4. Inverkehrbringen ist die entgeltliche oder unentgeltliche Bereitstellung für Dritte.
   Ausgenommen ist das Bereitstellen für die Verwendung in geschlossenen Systemen, da hier die Systemrichtlinie einschlägig ist. Ebenfalls ausgenommen ist das Bereitstellen zu Freisetzungszwecken.

Die Freisetzungsrichtlinie unterscheidet zwischen der bloßen Freisetzung und dem Inverkehrbringen, an das schärfere Anforderungen gestellt werden.

Freisetzen. Das Freisetzen unterliegt europarechtlich einer Genehmigungspflicht, die detailliert in der Richtlinie geregelt ist.

Eine kürzlich erfolgte Änderung in der Richtlinie hat zur expliziten Ausnahme von menschlichen Arzneimittelwirkstoffen mit GVO aus den Verfahrenserfordernissen zur Freisetzung geführt. Arzneimittelwirkstoffe sind nach anderen Vorschriften zuzulassen. Allerdings müssen in diesen Vorschriften ausdrücklich gleichwertige Regelungen zur Öffentlichkeitsbeteiligung und Transparenz getroffen worden sein und es muss ein expliziter Verweis auf die Umweltverträglichkeitsprüfung des Anhang II der Freisetzungsrichtlinie enthalten sein. Bisher sind noch keine europarechtlichen Vorschriften zur Zulassung von Humanmedikamenten auf GVO-Basis erlassen worden.

Für die übrigen GVO-Anwendungen sind 2 Verfahrenszüge zu unterscheiden:

- Das erste Verfahren ist das Standardzulassungsverfahren. Hier ist eine Anmeldung mit technischer Akte gemäß Art. 6 erforderlich. Deren genauer Umfang ist in Art. 6 II Freisetzungsrichtlinie vorgeschrieben: Einzureichen sind Informationen über das beteiligte Personal, den GVO, die Freisetzungsbedingungen, mögliche Wechselwirkungen mit der Umwelt, ein Überwachungsplan sowie Informationen über Kontrolle, Gegenmaßnahmen, Abfallbehandlung und Noteinsatzpläne. Daneben muss eine Umweltverträglichkeitsprüfung gemäß Anhang II D durchgeführt werden. Die Umweltverträglichkeitsprüfung dient insbesondere dazu, „*...etwaige direkte, indirekte, sofortige oder spätere schädliche Auswirkungen von GVO auf die menschliche Gesundheit und die Umwelt ... zu ermitteln und zu evaluieren*". Im Anhang II der Freisetzungsrichtlinie finden sich genaue Vorschriften zur Methodik (Anhang II C), zu den zulässigen Schlussfolgerungen und Bewertungskriterien, wobei zwischen höheren Pflanzen (Anhang II D.2) und sonstigen GVO (Anhang II D.1) unterschieden wird. Innerhalb einer Frist von 90 Tagen hat die Behörde laut Art. 6 V schriftlich entweder die Anmeldung abzulehnen oder zu gestatten. Bei der Fristberechnung werden – wie bei der Systemrichtlinie – die Wartezeit auf angeforderte zusätzliche Informationen vom Anmelder sowie die für eine gemäß Art. 9 mögliche Beteiligung der Öffentlichkeit nicht angerechnet, sodass sich die reale Wartezeit deutlich verlängern kann. Ohne schriftliche Zustimmung ist die Freisetzung verboten. Das Standardverfahren entspricht in großen Teilen dem heute geltenden Gentechnikgesetz.
- Das 2. Verfahren ist das so genannte „Differenzierte Verfahren" des Art. 7 Freisetzungsrichtlinie. Es ist eine der jüngst eingefügten Neuerungen und für GVO mit niedrigerem Gefahrenpotenzial bestimmt, für deren Freisetzung in bestimmten Ökosystemen bereits Erfahrungswerte gesammelt werden konnten. Daneben müssen der unveränderte Organismus sowie der veränderte Organismus, der GVO, einschließlich seines jeweiligen Gefahrenpotenzials gut bekannt sein. Es müssen ausreichende Kenntnisse über die genetische Veränderung vorliegen. Schließlich darf der GVO kein höheres Risiko für Gesundheit und Umwelt als der unveränderte Organismus darstellen. Die genauen Regelungen finden sich in Anhang V der Freisetzungsrichtlinie. Sind alle Voraussetzungen gegeben, kann eine zuständige Behörde der Kommission die Anwendung des differenzierten Verfahrens für bestimmte Arten von GVO vorschlagen. Die Kommission muss dann die zuständigen Behörden, die Öffentlichkeit und die entsprechenden wissenschaftlichen Ausschüsse informieren, die 60 Tage Zeit zur Stellungnahme erhalten. Die Kommission, genauer gesagt der ihr beigeordnete Regelungsausschuss aus Vertretern der Mitgliedstaaten [vgl. den Beschluss des Rates vom 28.6.1999 (1999/468/EG). Auf Art. 5 und 7 des Beschlusses wird in Art. 30 II der Freisetzungsrichtlinie verwiesen], entscheidet binnen 90 Tagen über den Vorschlag und legt ggf. den Mindestumfang der technischen Informationen aus Anhang III der Freisetzungsrichtlinie für die Anmeldung fest. Damit kann also im Fall einer Zustimmung der Kommission für einzelne Arten von GVO eine Verfahrenserleichterung eingeführt werden.

Im Vorfeld der Genehmigung sehen die Mitgliedstaaten gemäß Art. 9 ein Anhörungsverfahren zur Beteiligung der Öffentlichkeit vor, das innerhalb einer angemessenen Frist der Öffentlichkeit oder bestimmten Gruppen Gelegenheit zur Stellungnahme gibt. Bei genehmigten Freisetzungen regelt Art. 8 den Umgang mit neuen Informationen und Änderungen. Der Anmelder muss unverzüglich alle Maßnahmen treffen, die zum Schutz der Umwelt und der menschlichen Gesundheit erforderlich sind, und Änderungen – so weit möglich – der zuständigen Behörde vorher ankündigen oder zumindest die Behörde von unbeabsichtigten Änderungen benachrichtigen. Diese muss die Informationen dann der Öffentlichkeit zugänglich machen und kann nötigenfalls dem Anmelder entweder Auflagen machen oder die Freisetzung vorübergehend oder endgültig einstellen. Auch die getroffenen Maßnahmen muss die Behörde offenlegen. Nach Abschluss der Freisetzung muss der Anmelder gemäß Art. 10 die zuständige Behörde in regelmäßigen Abständen über die Ergebnisse der Freisetzung in Bezug auf die Gefahren für Mensch und Umwelt informieren.

Inverkehrbringen. Das Inverkehrbringen von GVO enthaltenden Produkten geht über die bloße Freisetzung hinaus und unterliegt daher strengeren Auflagen. Zunächst muss eine Anmeldung gemäß Art. 13 Freisetzungsrichtlinie bei der zuständigen Behörde des Mitgliedstaats erfolgen. Absatz II des Art. 13 bestimmt den vorgeschrieben Umfang der in der Anmeldung zu erbringenden Informationen.

Unter anderem anzugeben sind die Angaben nach Anhang III und IV, also detaillierte Informationen über den Anmelder, den GVO, den verwendeten Vektor, die Umstände der Freisetzung, Umweltwechselwirkungen, Vermehrungseigenschaften, Pläne zur Überwachung, Kontrolle, Abfallentsorgung und für die Reaktionen bei Notfällen (Anhang III) sowie die Handelsbezeichnung des Produkts, Name des Verantwortlichen und des Lieferanten von Kontrollproben, eine Beschreibung des Produkts und seiner vorgesehenen Verwendung, seines Verwendungsgebiets und die vorgesehenen Arten von Verwendern (Industrie, Landwirtschaft, breite Öffentlichkeit), schließlich die zur Aufnahme in ein Register der GVO-Produkte notwendigen Angaben und Identifikationsmerkmale, die vorgesehene Etikettierung mitsamt dem Hinweis auf die GVO sowie spezielle Anweisungen zur Lagerung und zum Einsatz mit Anwendungsbeschränkungen, zur Verpackung und zur geschätzten Produktionsmenge (Anhang IV). Eine Anmeldung bezieht sich dabei immer nur auf die Verwendung eines GVO für einen bestimmten Zweck, d.h. bei der Verwendung desselben GVO für eine andere Anwendung ist eine erneute Anmeldung erforderlich. Für bestimmte GVO-Arten können in einem gemeinschaftlichen Verfahren nach Art. 16 auch andere als die von Art. 13 aufgestellten Kriterien des Standardverfahrens vorgeschrieben werden.

Die zuständige Behörde leitet die vom Anmelder zu erstellende Zusammenfassung der Anmeldung unverzüglich an die zuständigen Behörden der anderen Mitgliedstaaten und an die Kommission weiter. Ist die Anmeldung unvollständig, ist der Anmelder zur Nachreichung der fehlenden Informationen aufzufordern. Anschließend erstellt die Behörde innerhalb von 90 Tagen einen Bewertungsbericht, aus dem hervorgeht, ob und unter welchen Bedingungen der GVO in den Verkehr gebracht werden sollte. Im Fall einer positiven Bewertung wird zunächst der Anmelder, nach mindestens 15 weiteren Tagen auch die Kommission informiert, durch die die Bewertung innerhalb von 30 Tagen an die übrigen Mitgliedstaaten weitergeleitet wird. Die Kommission und jede mitgliedstaatliche Behörde können in diesem Verfahrensabschnitt bis zu 60 Tage nach Weiterleitung des Bewertungsberichts weitere Informationen anfordern und Bemerkungen oder begründete Einwände zu dem Inverkehrbringen vorbringen. Dabei läuft die Kommunikation über die Kommission ab, die versucht, offene Fragen binnen einer Frist von 105 Tagen zu klären. Kommt keine europaweite Einigung zustande, findet binnen 120 Tagen eine letztentscheidende Abstimmung im Regelungsausschuss gemäß Art. 30 II Freisetzungsrichtlinie statt.

Ansonsten kommt es also nur, wenn die ursprüngliche Bewertung zugunsten des Inverkehrbringens ausfällt und keine andere Behörde oder die Kommission selbst Einwände erheben, zu einer Zustimmung zum Inverkehrbringen. Diese ist grundsätzlich auf 10 Jahre beschränkt und muss nach einem speziellen Verfahren gemäß Art. 17, das eine erneute Prüfung vorsieht, verlängert werden. Die Zustimmung gibt den Anwendungsbereich und die Auflagen für das Inverkehrbringen an und wird von den Mitgliedstaaten der Öffentlichkeit zugänglich gemacht.

Ist ein Produkt einmal in den Verkehr gebracht, unterliegt der Anmelder einer Verpflichtung, regelmäßig Kontrollproben zu erbringen. Das Produkt muss stets durch Kennzeichnung als gentechnisch verändert ausgewiesen sein. Ansonsten dürfen die Mitgliedstaaten den freien Handel – im Rahmen der richtlinienkonformen Zustimmung – gemäß Art. 22 Freisetzungsrichtlinie grundsätzlich nicht behindern, einschränken oder verbieten. Lediglich wenn durch neue, bei der Zustimmung nicht vorliegende Erkenntnisse die Umweltverträglichkeitsprüfung in Frage gestellt wird oder wenn Grund zur Annahme besteht, dass von dem Produkt eine Gefahr für Mensch oder Umwelt ausgeht, sind vorübergehende Einschränkungen oder Verbote durch die Mitgliedstaaten zulässig. Diese Maßnahmen müssen der Kommission und den Mitgliedstaaten gegenüber sofort begründet werden. Innerhalb von 60 Tagen entscheidet die Kommission dann gemäß Art. 23 Freisetzungsrichtlinie über eine eventuelle Modifikation oder Aufhebung der Zustimmung.

Allgemeine Regelungen. Neben dem Verfahren für die Anmeldung statuiert die Freisetzungsrichtlinie noch mehrere andere Vorschriften, die sich hauptsächlich auf den Informationsaustausch beziehen. Um in diesem recht kontroversen Bereich Transparenz für die Öffentlichkeit zu schaffen, verpflichtet Art. 24 Freisetzungsrichtlinie die Kommission, die Zusammenfassungen der Anmeldungen umgehend zu veröffentlichen. Auch positive Bewertungsberichte müssen bekanntgegeben werden. Eingeschränkt wird die Pflicht zur Offenlegung allerdings durch Art. 25 Freisetzungsrichtlinie, der die Weitergabe von vertraulichen Daten untersagt und die Berücksichtigung der Schutzinteressen am geistigen Eigentum des Antragstellers vorschreibt. Ebenfalls im informativen Bereich liegen die Einrichtung eines wissenschaftlichen Ausschusses in Art. 28 und eines Ethikausschusses in Art. 29, die bei der Entscheidungsfindung konsultiert werden und zugleich einer besseren gesellschaftlichen Akzeptanz der Gentechnik dienen können. Als letzte Regelung in diesem Bereich ist die Einrichtung eines oder mehrerer Register für Informationen über GVO in Art. 31 zu nennen. Die Register haben die doppelte Aufgabe, sowohl besorgten Bürgern Aufklärung zu verschaffen als auch den Informationsfluss zwischen den einzelnen Mitgliedsländern zu sichern. Dem gleichen Zweck dient auch die Pflicht, regelmäßig Berichte über den Stand der Anwendung der Richtlinie zu veröffentlichen. Schließlich schreibt die Richtlinie in Art. 33 noch vor, dass die Mitgliedstaaten für angemessene abschreckende Sanktionen bei Verstößen gegen die Richtlinie sorgen müssen.

Zu beachten ist, dass das deutsche Gentechnikrecht noch nicht die jüngsten Änderungen der Freisetzungsrichtlinie vom Beginn des Jahres 2001 widerspiegelt. Der Umsetzungspflicht müssen die Mitgliedstaaten der Europäischen Gemeinschaft innerhalb von 18 Monaten nach Inkrafttreten der Richtlinie nachkommen. Anmeldungen, die am Ende der Umsetzungsfrist noch nicht abgeschlossen sind, unterfallen gemäß Art. 36 Freisetzungsrichtlinie den neuen Regelungen und müssen dementsprechend ergänzt werden.

Sonstige europäische Normen. Auch außerhalb des eigentlichen Kernbereichs des Gentechnikrechts hat die EU weitere Normen erlassen.

Thematisch eng verknüpft ist die Richtlinie 2000/54/EG zum Schutz der Arbeitnehmer gegen Gefährdungen durch biologische Arbeitsstoffe bei der Arbeit vom 18.9.2000, welche die ursprüngliche 1990 erlassene Richtlinie 90/679/EWG zur selben Thematik neu fasst. Inhaltlich soll sie europaweite Mindestschutzvorschriften für die Arbeitsumwelt im Bereich der Biotechnologie herstellen. Vergleichbar zur Systemrichtlinie findet eine einheitliche Einteilung biologischer Arbeitsstoffe in 4 unterschiedliche Gefahrengruppen statt, an die sich umfangreiche Pflichten des jeweiligen Arbeitgebers knüpfen. Er muss das Risiko für Arbeitnehmer so weit wie möglich verringern. Dazu werden verschiedene Maßnahmen wie Hygiene, individuelle Schutzmaßnahmen, Unterweisung der Arbeitnehmer und evtl. die Führung eines Verzeichnisses exponierter Mitarbeiter angeordnet. Bei den höheren Risikogruppen soll eine Anmeldepflicht vor erstmaliger Anwendung bestehen. Die Mitgliedstaaten werden zur Überwachung der Vorschriften aufgefordert. Eine Umsetzung in das deutsche Recht ist durch die Biostoffverordnung (BGBl vom 29.1.1999, S 50–60) erfolgt.

Erwähnenswert sind auch die Novel-food-Verordnung [Verordnung (EG) Nr. 258/97 des Europäischen Parlaments und des Rates vom 27.1.1997 über neuartige Lebensmittel und neuartige Lebensmittelzutaten], durch die der freie und sichere Warenverkehr mit neuartigen Lebensmitteln bzw. deren Zutaten gesichert werden soll, und die so genannte Biopatentrichtlinie (Richtlinie 98/44/EG des Europäischen Parlaments und des Rates vom 6.7.1998 über den rechtlichen Schutz biotechnologischer Erfindungen), die den Schutz des geistigen Eigentums auf dem Gebiet der Biotechnologie vereinheitlicht.

Letztere gestattet in Art. 5 prinzipiell die Patentierbarkeit von menschlichen genetischen Sequenzen, so weit eine gewerbliche Anwendbarkeit konkret gezeigt wird. Die bloße Sequenzierung oder sonstige Entdeckung eines Teils des menschlichen Körpers ist dagegen nicht patentierbar. Nicht geschützt werden gemäß Art. 6 II der Richtlinie auch die Klonierung des Menschen, Keimbahnveränderungen desselben sowie die Verwendung von menschlichen Embryonen zu industriellen oder kommerziellen Zwecken. Bei sonstigen Lebewesen besteht eine Eingrenzung der Patentierbarkeit nur gegenüber herkömmlichen biologischen Methoden wie Kreuzung oder Züchtung, d.h. hierdurch erzeugte Tierrassen und Pflanzensorten sind nicht patentierbar, und gegenüber genetischen Veränderungen von Tieren, die geeignet sind, diesen Leiden zuzufügen, ohne zugleich von wesentlichem medizinischem Nutzen zu sein.

Schließlich enthält die In-vitro-Diagnostika-Richtlinie (RL 98/79/EWG) mehrere Bestimmungen zur Qualitätssicherung, die auch für genetische Tests gelten.

4.8.3.3 Gentechnikgesetz

Nach diesem Überblick über die verfassungsrechtlichen Wertungen und die europarechtlichen Normen wird deutlich, dass der deutsche Gesetzgeber vor einer schwierigen Aufgabe stand, als er das deutsche Gentechnikgesetz schuf. Das Gesetz ist die Umsetzung sowohl der System- als auch der Freisetzungsrichtlinie und stellt seinerseits wiederum die Grundlage für zahlreiche Verordnungen durch die Verwaltung dar. Zudem mussten die vielfach widerstreitenden Interessen der einzelnen Bundesländer, der verschiedenen politischen Parteien, der Gegner wie der Befürworter der Gentechnik, von Wirtschaft und Forschung berücksichtigt werden. Das Gesetz stellte sich somit als Kompromiss dar. Gewisse Kritik (Vitzthum 1992, S. 243ff) nach dem Jahr 1990 führte zu einer ersten Überarbeitung und Gesetzesnovelle im Jahr 1993. Deren Ziele waren v.a. eine Klärung bestimmter Streitfragen, die Anpassung an den durch die Erfahrungen erweiterten Erkenntnisstand, die Vermeidung von Wettbewerbsnachteilen und schließlich eine Anpassung an die Vorgaben der beiden Richtlinien, zu denen es verschiedene Diskrepanzen gegeben hatte.

Durch das 2. GenTG-ÄndG vom 16.8.2002 (BGBl. I, S. 3220) wurde das GenTG zwei Jahre nach Ablauf der Umsetzungsfrist den Änderungen der System-RL von 1998 angepasst. Kernpunkte dieser Änderungen sind administrative Erleichterungen im risikoarmen Bereich mit einer gleichzeitigen Verschärfung der Konditionen in höheren Sicherheitsstufen. Die bisherige Unterscheidung zwischen wissenschaftlichen und gewerblichen Projekten im Verwaltungsverfahren wurde weitestgehend aufgehoben.

Allgemeines

Prinzipiell ist Gentechnik in Deutschland unter den im Gentechnikgesetz vorgeschriebenen Voraussetzungen zulässig, allerdings muss meist ein Zulassungsverfahren vor den zuständigen Behörden durchgeführt werden.

Das GenTG steht nicht für sich allein, sondern ist die Rechtsgrundlage (s.v.a. § 30 GenTG) mehrerer Verordnungen, auf die, so weit möglich, im Zusammenhang näher eingegangen wird:

- Gentechniksicherheitsverordnung
- Gentechnikverfahrensordnung
- Gentechnikanhörungsverordnung
- Gentechnikaufzeichnungsverordnung
- ZKBSV-Verordnung
- Gentechnikbeteiligungsverordnung (Kosten)
- Gentechniknotfallverordnung.

Zweckbestimmung und Anwendungsbereich. Die Zweckbestimmung des deutschen Gentechnikgesetzes in § 1 GenTG spiegelt in exemplarischer Weise die Janusköpfigkeit der neuen Technologie wider. Zwecke sind:

1. Der Schutz von Leben und Gesundheit des Menschen, von Tieren und Pflanzen, der sonstigen Umwelt in ihrem Wirkungsgefüge und von Sachgütern vor den möglichen Gefahren der Gentechnik.
2. Die Förderung von gentechnischer Forschung, Entwicklung und Nutzung.

Bereits der einflussreiche Bericht der Bundestagsenquêtekommission hatte von „Chancen *und* Risiken der Gentechnik“ gesprochen. Und in dieser 2fachen Zielsetzung finden sich hier auch die beiden wichtigsten relevanten Verfassungswerte, das Recht auf Leben und körperliche Unversehrtheit (Art. 2 II GG) und die Wissenschaftsfreiheit (Art. 5 III GG) wieder. Bei der Auslegung sämtlicher Vorschriften in diesem Gesetz ist also immer beiden Aspekten Platz einzuräumen.

Der Anwendungsbereich des GenTG entspricht dem Regelungsgebiet der System- und der Freisetzungsrichtlinie; erfasst sind also gentechnische Anlagen und Arbeiten, das Freisetzen von GVO sowie das Inverkehrbringen. In § 2 III GenTG wird noch einmal explizit klargestellt, dass das GenTG nicht für die Anwendung von GVO am Menschen gelten soll.

Neu eingeführt wurde durch § 2 II GenTG eine Verordnungsermächtigung für die Bundesregierung mit Zustimmung des Bundesrates, die es gestattet, in Umsetzung europäischer Entscheidungen bestimmte gentechnisch veränderte Mikroorganismen aus dem Anwendungsbereich des GenTG herauszunehmen. Nicht davon betroffen sind die Haftungsvorschriften des GenTG.

Grundbegriffe. Der Begriff der Gentechnik selbst ist im GenTG nicht definiert, das Gesetz setzt ihn voraus. Auch in den EG-Richtlinien findet sich keine allgemeine Definition des Begriffs der Gentechnik. Allerdings werden einzelne gentechnische Methoden ausdrücklich erwähnt und erfasst. In starker Anlehnung an die bereits erörterten EG-Richtlinien werden auch in etwas unsystematischer Reihenfolge einige Grundbegriffe des GenTG in § 3 legaldefiniert. Im Zweifelsfall ist eine europarechtskonforme Auslegung der Definitionen vorzunehmen, d.h. Abweichungen sind so weit möglich zu vermeiden.

Zunächst finden sich einige biologische und technische Begriffe, deren juristische Bedeutung natürlich nicht gänzlich identisch mit der Verwendung in der Biologie ist. Wichtig sind insbesondere:

- § 3 Nr. 1 GenTG: Organismus (identisch zur Systemrichtlinie)
  „*jede biologische Einheit, die fähig ist, sich zu vermehren oder genetisches Material zu übertragen*“.
  Damit sind im Gegensatz zum naturwissenschaftlichen Begriff, der einen Metabolismus voraussetzt, auch Viren erfasst.
- § 3 Nr. 3 GenTG: gentechnisch veränderter Organismus [(GVO) entspricht der Systemrichtlinie]
  „*Organismus, dessen genetisches Material in einer Weise verändert worden ist, wie sie unter natürlichen Bedingungen durch Kreuzen oder natürliche Rekombination nicht vorkommt.*“

Dabei zählt das Gesetz wie die Richtlinie die Verfahren auf, die als künstliche Veränderung gelten, und die Verfahren, die nicht als solche angesehen werden. Unklar ist die Anwendbarkeit des Begriffs auf menschliche Zellkulturen. So soll zwar einerseits die somatische Gentherapie am Menschen nicht vom Gesetz erfasst werden, wie § 2 III GenTG klarstellt, andererseits aber ist die Grundlagenforschung an menschlichen Zellen in vitro nach dem Willen des Gesetzgebers vom Anwendungsbereich des GenTG umfasst [amtliche Begründung zum Gentechnikänderungsgesetz, abgedruckt in Eberbach et al. (1994)].

Daneben gibt es einige Begriffe, die für den Anwendungsbereich des GenTG von zentraler Bedeutung sind:

- § 3 Nr. 7 GenTG: Freisetzung
  Hier handelt es sich um das gezielte Ausbringen von GVO. Nicht erfasst ist die Entlassung von Patienten nach einer somatischen Gentherapie.
- § 3 Nr. 8 GenTG: Inverkehrbringen
  Inverkehrbringen ist die Abgabe von Produkten mit oder aus GVO an Dritte sowie der Import derselben.
- § 3 Nr. 2 GenTG: gentechnische Arbeiten
  Hierunter sind zu verstehen: die Erzeugung von GVO, sowie *„die Verwendung, Vermehrung, Lagerung, Zerstörung oder Entsorgung sowie der innerbetriebliche Transport, so weit noch keine Genehmigung für die Freisetzung oder das Inverkehrbringen“* erteilt wurde.
  Es fällt auf, dass nur der innerbetriebliche Transport erfasst ist, d.h. Transporte außerhalb von gentechnischen Anlagen unterfallen nicht dem GenTG. Allerdings hat die Regierung gemäß § 30 I Nr. 13 GenTG das Recht, hierzu eine Verordnung mit Sicherheitsvorschriften zu erlassen. Daneben gilt u.a. die Gefahrgutverordnung Straße. Grundsätzlich ist ansonsten von einer lückenlosen Erfassung sämtlicher Tätigkeiten auszugehen.
- § 3 Nr. 5 GenTG: gentechnische Arbeiten zu Forschungszwecken
  „eine Arbeit für Lehr-, Forschungs- oder Entwicklungszwecke oder eine Arbeit für nichtindustrielle bzw. nichtkommerzielle Zwecke in kleinem Maßstab“
  Wichtig bei der Auslegung ist die Tatsache, dass die Begrenzung auf Arbeiten im kleinen Maßstab sich nicht auf den ersten Teil der Definition bezieht. Auch Forschung im großen Maßstab kann sich auf die Wissenschaftsfreiheit berufen.
- § 3 Nr. 6 GenTG: gentechnische Arbeiten zu gewerblichen Zwecken
  Es handelt sich um jede Arbeit, die nicht zu Forschungszwecken im Sinn des vorangegangenen Begriffs durchgeführt wird.
  Der Gesetzgeber unterscheidet im GenTG an mehreren Stellen deutlich zwischen diesen beiden Zielrichtungen genetischer Arbeiten. Die wissenschaftlichen Tätigkeiten unterliegen, wie noch zu erörtern sein wird, weniger strengen Auflagen.
- § 3 Nr. 4 GenTG: gentechnische Anlage
  Einrichtung, in der genetische Arbeiten ... im geschlossenen System durchgeführt werden und bei der spezifische Einschließungsmaßnahmen angewendet werden, um den Kontakt der verwendeten Organismen mit Menschen und der Umwelt zu begrenzen und ein dem Gefährdungspotenzial angemessenes Sicherheitsniveau zu gewährleisten.
  Hierunter sind zunächst alle Betriebsgelände zu verstehen, daneben auch die einzelnen Labor- und Versuchsanlagen, in denen gentechnische Arbeiten vorgenommen werden. Es wird ein umfassender funktionaler Anlagenbegriff verwendet. Dies dient einem möglichst weitreichenden Schutz, denn gentechnische Arbeiten dürfen gemäß § 8 I GenTG ausschließlich in gentechnischen Anlagen stattfinden. Verstünde man den Begriff der gentechnischen Anlage zu eng, würden viele Einrichtungen gar keiner Genehmigung bedürfen. Das GenTG knüpft also konzeptionell nicht bei der einzelnen Tätigkeit, oder „Anwendung“ wie in der Systemrichtlinie formuliert, sondern bei der Anlage an. Dies stellt eine Abkehr der ursprünglich geplanten gesetzlichen Konzeption dar, macht aber durchaus Sinn, da sich eine einzelne gentechnische Tätigkeit nicht ohne Berücksichtigung des Umfelds, also der gentechnischen Anlage, einschätzen lässt. Nicht umfasst sein sollen therapeutische Einrichtungen, in denen nur somatische Gentherapie betrieben wird (Eberbach et al. 1994).
  Auch für den Anwender bringt der weit reichende Anlagebegriff Vorteile. Gemäß Art. 21 der Richtlinie bzw. § 22 I GenTG kommt der gentechnikrechtlichen Genehmigung so genannte „Konzentrationswirkung“ zu. D.h. die Anlagengenehmigung gemäß dem Gentechnikgesetz schließt alle sonstigen, nach anderen Rechtsvorschriften (ausgenommen sind atomrechtliche Vorschriften) notwendigen Genehmigungen, Erlaubnisse und Zulassungen mit ein. Damit findet eine Vereinfachung der Verwaltung statt, da

sich das gesamte Genehmigungsverfahren auf ein einziges Verwaltungsverfahren beschränkt. Inhaltlich – materiellrechtlich – müssen natürlich nach wie vor sämtliche einschlägigen öffentlich-rechtlichen Vorschriften eingehalten werden. In Betracht kommen insbesondere Baugenehmigungen nach der jeweiligen Landesbauordnung oder BauGB, aber auch beispielsweise Genehmigungen nach Wasserrecht, Tierschutzgesetz und Arzneimittelgesetz (Eberbach et al. 2000).

- § 3 Nr. 12 GenTG: Sicherheitsstufen „*Gruppen gentechnischer Arbeiten nach ihrem Gefährdungspotenzial*"

  Hier findet sich die bereits 1978 in den Sicherheitsrichtlinien des Bundesforschungsministeriums eingeführte Einteilung von genetischen Tätigkeiten in Gefahrenstufen. In Umsetzung von Art. 5 III der Systemrichtlinie statuiert § 7 I GenTG 4 Sicherheitsklassen. Auch hier wird zwischen
  a) risikofreien,
  b) mit geringem Risiko verbundenen,
  c) mit mäßigem Risiko verbundenen und
  d) mit hohem Risiko verbundenen
  Arbeiten unterschieden. Bei der Einstufung ist nicht auf die Gefährlichkeit des verwendeten Organismus, sondern auf die Risiken der Tätigkeit insgesamt abzustellen. Die Eigenschaften der Organismen und Vektoren resultieren unter Berücksichtigung möglicher Folgen der Tätigkeit für Mensch und Umwelt und der möglichen Gegenmaßnahmen in ein bestimmtes Risikopotenzial, dem wiederum eine Sicherheitsstufe entspricht.

  Der Gesetzgeber hat nicht immer die notwendige Fachkompetenz, um selbst eine Zuordnung für jeden Einzelfall zu treffen, zumal Gesetze nur selten und aufwändig geändert werden, die Gentechnik sich aber rasch fortentwickelt. Daher ermächtigt § 7 II GenTG die Bundesregierung zum Erlass einer Verordnung, die nach dem aktuellen Stand von Wissenschaft und Technik sowohl die Sicherheitsbewertung einzelner Empfängerorganismen und Vektoren regelt als auch die jeweils erforderlichen Sicherheitsmaßnahmen für den Labor- und Produktionsbereich, für Tierhaltungsräume und Gewächshäuser festlegt. Diese Ermächtigung hat die Bundesregierung mit der Verordnung über die Sicherheitsstufen und Sicherheitsmaßnahmen bei gentechnischen Arbeiten in gentechnischen Anlagen (Gentechniksicherheitsverordnung – GenTSV) umgesetzt [Letzte Bekanntmachung vom 14.3.1995, online zugänglich bei der Biologischen Bundesanstalt für Land- und Forstwirtschaft (BBA) http://www.bba.de/gentech/gentsv.pdf]. Kein Risiko – Sicherheitsstufe 1 – wird gemäß § 7 II GenTSV z.B. bei Arbeiten an Mikroorganismen im Produktionsbereich unter folgenden Bedingungen gesehen:
  a) Die Empfängerorganismen sind entweder harmlos (Risikogruppe 1 gemäß § 5 GenTSV i. V. m. Anhang I Teil A Nr. 1 GenTSV) mit experimentell erwiesener bzw. langer, sicherer Verwendung oder biologischen Sicherheitsmaßnahmen, die die Replikationsfähigkeit in der Umwelt begrenzen, oder es handelt sich um eukaryonte Zellen ohne die Fähigkeit, spontan zu Organismen zu regenerieren. Daneben dürfen sie auch keine Organismen höherer Sicherheitsstufen abgeben.
  b) Die Vektoren oder die zu überführenden Nukleinsäuren müssen gut beschrieben und ohne bekanntes Gefahrenpotenzial sein. Die Sequenzgröße ist auf das Minimum begrenzt. Sie dürfen die Umweltstabilität des Empfängerorganismus nicht unnötig erhöhen, müssen wenig mobilisierbar sein und dürfen keine Resistenzgene übertragen, welche die Antibiotikaverwendung bei Mensch oder Tier in Frage stellen.
  c) Der genetisch veränderte Organismus ist unter den gewählten Verwendungsbedingungen so sicher wie der Empfängerorganismus. Insbesondere ruft er keine Krankheiten bei Menschen, Tieren oder Pflanzen hervor.
  Für Forschungsvorhaben sind die Anforderungen in § 7 III GenTSV ähnlich, aber leicht vermindert, um dem Experimentiercharakter der Wissenschaft schon auf dieser Ebene Rechnung zu tragen. Für Arbeiten an Tieren und Pflanzen (§ 7 IV GenTSV) gelten eigene Kriterien. Höhere Sicherheitsstufen werden erreicht, wenn die Risiken größer werden oder der Kenntnisstand geringer ist, sodass die Gefahr für die Schutzgüter des § 1 Nr. 1 GenTG – Umwelt und Gesundheit – als höher erscheint. Ebenfalls in der GenTSV finden sich umfangreiche und detaillierte Bestimmungen, welche Sicherheitsmaßnahmen bei welcher Sicherheitseinstufung zu befolgen sind.

Beteiligte an genetischen Tätigkeiten. Ebenfalls in § 3 finden sich Legaldefinitionen der zentralen Personen, die wesentliche Verfahrensbeteiligte im Rahmen des GenTG sind. Bei ihnen dürfen gemäß § 13 I Nr. 1 GenTG keine Tatsachen vorliegen, aus denen sich Bedenken gegenüber ihrer Zuverlässigkeit ergeben, sonst können die jeweiligen Tätigkeiten oder Anlagen nicht genehmigt werden.

- § 3 Nr. 10 GenTG: Betreiber
  Betreiber ist eine juristische oder natürliche Person oder eine nichtrechtsfähige Personenvereinigung, die unter ihrem Namen eine gentechnische Anlage errichtet oder betreibt, gentechnische Arbeiten oder Freisetzungen durchführt oder Produkte mit oder aus GVO erstmalig in Verkehr bringt.
  Der Betreiber ist die zentrale Anknüpfungsfigur für die Pflichten aus dem GenTG. Betreiber ist, wer tatsächlich die maßgeblichen Entscheidungen in eigener Verantwortung trifft und dadurch nach außen als Verantwortlicher auftritt. Kein Betreiber ist der nur vorgeschobene „Strohmann" (Hirsch u. Schmidt-Didczuhn 1991, § 3 Rn 56, S 74) und auch nicht, wer mit einem bereits mit Genehmigung in den Verkehr gebrachten oder freigesetzten Produkt umgeht. Die grundlegenden Pflichten sind in § 6 GenTG festgelegt und werden unten im Einzelnen erläutert. Zu ihnen gehört die Pflicht, den Projektleiter und den Beauftragten für biologische Sicherheit zu bestellen.
- § 3 Nr. 10 GenTG: Projektleiter
  „eine Person, die im Rahmen ihrer beruflichen Obliegenheiten die unmittelbare Planung, Leitung oder Beaufsichtigung einer gentechnischen Arbeit oder einer Freisetzung durchführt."
  Gemeint ist hier anders als beim Betreiber nur eine natürliche Person, ein Mensch. Es ist jedoch zulässig, dass der Betreiber und der Projektleiter dieselbe Person sind. Allerdings muss der Projektleiter nachweisbare Kenntnisse insbesondere in klassischer und molekularer Genetik sowie Praxis im Umgang mit seinen Tätigkeitsobjekten haben und zudem die erforderlichen Kenntnisse über Sicherheitsmaßnahmen und Arbeitsschutz bei gentechnischen Arbeiten besitzen. Die genauen Anforderungen legt § 15 GenTSV fest, zu deren Erlass die Bundesregierung mit Zustimmung des Bundesrates durch § 30 I GenTG befugt ist. Benötigte Nachweise über die Kenntnisse umfassen ein fachbezogenes abgeschlossenes Hochschulstudium, 3-jährige Tätigkeit auf dem Gebiet der Gentechnik, insbesondere der Zellbiologie, Virologie und der Molekularbiologie sowie eine Bescheinigung über den Besuch einer Fortbildungsveranstaltung zum Nachweis der Kenntnis über Gefährdungspotenziale, Sicherungsmaßnahmen und einschlägige Vorschriften.
  Der Projektleiter trägt gemäß § 14 GenTSV umfassende Verantwortung bei der Beaufsichtigung. Er muss für eine ordnungsgemäße Anmeldung und Genehmigung seines Projekts sorgen und ist für die Einhaltung der gesetzlichen Fristen vor Beginn genetischer Arbeiten oder Freisetzungen verantwortlich. Er muss Auflagen und Anordnungen der Behörden befolgen und gegenüber den übrigen Beschäftigten seinen Aufsichtspflichten nachkommen. Bei Gefahren ist er für die unverzüglichen Schutzmaßnahmen für Gesundheit und Umwelt zuständig. Er ist verpflichtet, dem Betreiber alles Unvorhergesehene, bei dem der Verdacht einer Gefährdung besteht, zu melden. Schließlich muss er dem Beauftragten für die biologische Sicherheit sämtliche Informationen, die dieser zur Erfüllung seiner Pflichten benötigt, zukommen lassen.
- § 3 Nr. 11 GenTG: Beauftragter für die biologische Sicherheit
  Der Beauftragte für die biologische Sicherheit (BBS) ist eine Person oder ein Ausschuss, die bzw. der *„die Erfüllung der Aufgaben des Projektleiters überprüft und berät"*.
  Die Figur des BBS ist derjenigen des allgemeinen Umweltschutzbeauftragten nachgebildet. Die Überwachung der Sicherheit soll nicht nur durch Staatsorgane erfolgen, sondern es soll zusätzlich eine interne Kontroll- und Beratungsinstanz geschaffen werden. Auch der BBS muss die zur Erfüllung seiner Pflichten notwendigen Kenntnisse besitzen, die denen eines Projektleiters entsprechen. Neben der Überwachung und der Beratung des Projektleiters gehört auch die jährliche Berichterstattung gegenüber dem Betreiber zu seinen Pflichten. Dieser hat wiederum mit dem BBS zu kooperieren und diesem alle benötigten Hilfsmittel zur Verfügung zu stellen und ihn ausreichend und rechtzeitig vor Beschaffung von Einrichtungen und Betriebsmitteln zu konsultieren. Um seine Unabhängigkeit zu sichern, darf der BBS keinesfalls wegen der Erfüllung seiner Aufgaben benachteiligt werden. Einzelheiten regeln die § § 16–19 GenTSV. Werden mehrere Personen berufen, wird von einem Ausschuss für biologische Sicherheit gesprochen.

Zentrale Kommission für die biologische Sicherheit (ZKBS). Das GenTG sieht in § 4 eine Kommission für biologische Sicherheit beim Robert-Koch-Institut vor. Einen guten Tätigkeitsüberblick gibt die Homepage der Einrichtung (http://www.rki.de/GENTEC/ZKBS/ZKBS.HTM). Insbesondere finden sich hier die jährlichen Tätigkeitsberichte. Diese

Einrichtung geht bereits auf die Richtlinien des Bundesforschungsministeriums von 1978 zurück. Ihre Aufgaben bestehen in der Prüfung und Bewertung sicherheitsrelevanter Fragen, zu denen die Kommission Empfehlungen abgibt. So ist sie bei Erlass der GenTSV beratend tätig und bringt so den notwendigen fachspezifischen Sachverstand in Normsetzung und Verwaltungspraxis ein. Die ZKBS verfasst gemäß § 11 VIa GenTG und § 12 VIII GenTG Stellungnahmen zu häufig durchgeführten gentechnischen Arbeiten, die im Bundesgesundheitsblatt veröffentlicht werden und die dann, ohne verbindlich zu sein, für die einzelnen Behördenentscheidungen einen einheitlichen Maßstab bilden können.

Die Kommission ist zum einen mit 10 Sachverständigen besetzt, die über besondere Erfahrung in den Bereichen der Mikrobiologie, Zellbiologie, Virologie, Genetik, Hygiene, Ökologie und Sicherheitstechnik verfügen. Daneben sitzen 5 sachkundige Personen aus den Bereichen der Gewerkschaften, des Arbeitsschutzes, der Wirtschaft, des Umweltschutzes und der forschungsfördernden Organisationen. Die Mitglieder werden durch das Bundesministerium für Gesundheit im Einvernehmen mit anderen Ministerien ernannt und sind nicht weisungsgebunden.

Einzelheiten zur Berufung, zu den Aufgaben und dem Verfahrensablauf der Kommissionssitzungen finden sich in der auf Grundlage von § 4 IV GenTG durch die Bundesregierung erlassenen ZKBS-Verordnung.

Allgemeine Pflichten des Betreibers. In § 6 werden die allgemeinen grundlegenden Pflichten des Betreibers festgelegt [umfassend hierzu: Marx (1997)]. In Absatz 1 findet sich die Pflicht zur Risikobewertung. Diese beginnt bereits vor Beginn der angestrebten Tätigkeit. Sämtliche Anträge und Anmeldungen müssen die selbstverantwortliche Einschätzung des Risiko- oder Gefahrenpotenzials enthalten, wobei sich Risiko und Gefahr als Begriff nur in der Eintrittswahrscheinlichkeit unterscheiden. Die Bewertung durch den Betreiber muss sich dabei an eine bestimmte Sicherheitsstufe anlehnen und hat dem „Stand von Wissenschaft und Technik" zu entsprechen, d.h. neue wissenschaftliche Erkenntnisse müssen fortlaufend berücksichtigt werden. Durch diese Vorschrift wird nicht nur den Behörden eine Einschätzung erleichtert, zugleich wird der Betreiber selbst auf die Risiken seiner Tätigkeit aufmerksam gemacht.

§ 6 Absatz II GenTG legt dem Betreiber die Pflicht auf, selbstständig die Güter des § 1 Nr. 1 GenTG (Leben, Umwelt, Sachwerte ...) vor Gefahren zu schützen bzw. dem Entstehen dieser Gefahren vorzubeugen. Dazu muss er stets alle nach dem Stand von Wissenschaft und Technik notwendigen Vorkehrungen treffen. Was notwendig ist, ergibt dabei eine Verhältnismäßigkeitsprüfung zwischen dem Aufwand der Schutzvorkehrung und der Wahrscheinlichkeit und Schwere eines Schadenseintritts für die Schutzgüter. Gegen einen Gefahrenverdacht, der auf reiner Spekulation basiert und für den es keinerlei wissenschaftlichen Anhaltspunkt gibt, müssen keine Vorkehrungen getroffen werden. Eine niedrige Wahrscheinlichkeit eines potenziell gravierenden Schadensfalls (etwa die Freisetzung eines neuen Krankheitserregers) begründet dagegen eine Pflicht, vorbeugend und abwehrend tätig zu werden. Nicht notwendig dagegen ist die Reduktion des verbleibenden Risikos auf 0. Eine solche ließe sich nur durch den Verzicht auf die Gentechnik insgesamt erzielen, und in der grundsätzlichen Entscheidung des Gesetzgebers für die Gentechnik – § 1 Nr. 2 GenTG: Förderung der Gentechnik – liegt eine politische Entscheidung, ein gewisses, stets zu minimierendes Restrisiko als sozialadäquat zu akzeptieren.

Die eigenständige Bedeutung dieser allgemeinen Schutzpflicht wird allerdings dadurch relativiert, dass diese durch die GenTSV in vielen Einzelheiten (vgl. zu Einzelheiten v.a. den dritten Abschnitt „Sicherheitsmaßnahmen" §§ 8–13 GenTSV) konkretisiert wird. Zudem werden gemäß § 13 Nr. 3 Genehmigungen überhaupt nur erteilt, wenn sichergestellt ist, dass der Betreiber seinen diesbezüglichen Pflichten nachkommen wird. Wichtig ist auch § 6 II Satz 2: Auch nach einer Betriebseinstellung hat der Betreiber weiterhin für die Sicherheit zu sorgen, d.h. seine Pflichten reichen zeitlich über das Ende der genetischen Arbeiten hinaus.

Eine 3. Pflicht ist die Pflicht zur Führung von Aufzeichnungen in § 6 III GenTG, die der Betreiber auch dem Projektleiter übertragen kann. Diese Pflicht besteht seit der Änderung des GenTG jetzt ausdrücklich auch bei Freisetzungen. Um eine effektive Überwachung durch die Behörden zu ermöglichen, muss der Betreiber dafür Sorge tragen, dass umfangreiche Aufzeichnungen geführt werden. Diese müssen den zuständigen Behörden auf Ersuchen vorgelegt werden. Neben der erleichterten Aufsicht sollen sie den Betreiber auch zu verbesserter Eigenkontrolle animieren und bei Abweichungen Ursachenforschung ermöglichen. Schließlich kommt ihnen bei der Erfüllung von Auskunftsansprüchen bei einer eventuellen Haftung gegenüber Geschädigten nach § 35 GenTG

Bedeutung zu. Der genaue Umfang der vorgeschriebenen Aufzeichnungen ist in § 2 der Gentechnikaufzeichnungsverordnung geregelt und lehnt sich an die Sicherheitsstufe und den verfolgten Zweck der genetischen Arbeiten an. Die Aufzeichnungen sind gemäß § 3 GenTAufzV generell 30 Jahre aufzubewahren, nur in Sicherheitsstufe 1 beträgt die Frist lediglich 10 Jahre. Bei Betriebsstillegung vor Fristablauf sind die Aufzeichnungen der zuständigen Behörde auszuhändigen. Eine Verletzung der Aufzeichnungspflicht ist gemäß § 38 I Nr. 1 eine bußgeldbewehrte Ordnungswidrigkeit.

Die 4. und letzte Grundpflicht ist die Pflicht zur Bestellung geeigneter Personen als Projektleiter oder BBS. Zu den Anforderungen an die Eignung wird auf die vorherigen Ausführungen verwiesen.

Gentechnische Arbeiten in gentechnischen Anlagen
Grundsätzlich dürfen gemäß § 8 I GenTG gentechnische Arbeiten nur in gentechnischen Anlagen vorgenommen werden. Sowohl die einzelnen Arbeiten als auch die Anlage als solche erfordern ein Verwaltungsverfahren, bevor irgendwelche Tätigkeiten auf dem Gebiet der Gentechnik rechtlich zulässig sind. Das GenTG unterscheidet zwischen

- dem Anmeldungsverfahren nach § 12 GenTG und
- einem Genehmigungsverfahren nach § 10 GenTG.

Ist ein Tatbestand genehmigungspflichtig, ist ein positiver behördlicher Bescheid erforderlich. Ist dagegen nur eine Anmeldung erforderlich, muss das Vorhaben der Behörde nur angezeigt werden, die dann selbst tätig werden muss, falls Bedenken vorliegen.

Bezüglich der im Verfahren einzureichenden Unterlagen trifft das GenTG noch einige allgemeine Regelungen, die im Übrigen in gleicher Form auch für Freisetzungen und das Inverkehrbringen gelten. Danach sind, um überflüssige Wiederholungen und Formalismus zu vermeiden, Informationen, die bei der zuständigen Behörde bereits vorliegen, gemäß § 17 I GenTG nicht ein weiteres Mal einzureichen. Es kann auch auf bereits eingereichte Unterlagen anderer Verfahren Bezug genommen werden. Auch der Bezug auf Verfahren von Dritten ist mit deren schriftlicher Zustimmung zulässig. Dem ursprünglichen Ersteller der Unterlagen ist die Hälfte der ersparten Aufwendungen zu erstatten. Wenn Tierversuche Grundlage der Erkenntnisse waren, bedarf es keiner Zustimmung des Dritten, um unnötige Wiederholungen von Tierversuchen zu vermeiden. Dieser ist aber von Amts wegen zu informieren und kann gemäß § 17 II GenTG der Nutzung widersprechen und das Genehmigungsverfahren für einen gewissen Zeitraum, maximal 10 Jahre, blockieren. Müssen mehrere Antragsteller gleichzeitig die gleichen Tierversuche durchführen, um notwendige Unterlagen beizubringen, müssen sie sich auf eine Durchführung bei einem Antragsteller einigen und sich die Kosten teilen.

Weitere Regelungen für alle einzureichenden Unterlagen trifft § 17a GenTG, der 1993 eingefügt worden ist und sich mit dem Problem der Vertraulichkeit von Angaben auseinandersetzt. Danach können bestimmte Angaben unter Angabe einer Begründung als vertraulich gekennzeichnet werden, wenn sie ein Betriebs- oder Geschäftsgeheimnis beinhalten, bei dessen Offenbarung wirtschaftliche Schäden drohten, oder wenn sie personenbezogene Daten (zum Begriff der personenbezogenen Daten kann auf § 3 I Bundesdatenschutzgesetz zurückgegriffen werden) enthalten. Absatz 2 schließt diese Möglichkeit für bestimmte grundlegende Angaben, etwa zur Identität des Betreibers, zum GVO und in Bezug auf gewisse sicherheitsrelevante Aspekte aus. Bei der Anhörung gemäß § 18 GenTG ist dennoch durch eine Beschreibung der Unterlagen sicherzustellen, dass es Dritten möglich ist, ihre Betroffenheit durch das Vorhaben zu beurteilen.

Anmeldungs- und Genehmigungserfordernis. Das GenTG errichtet eine differenzierte Systematik von Kriterien, an die es anknüpft. Dabei greift es auf die bereits oben eingeführten Grundbegriffe der gentechnischen Anlage und der gentechnischen Arbeit zurück.

Für gentechnische Anlagen, in denen zum 1. Mal gentechnische Arbeiten im geschlossenen System stattfinden, ist eine Genehmigung erforderlich, außer bei Anlagen für gentechnische Arbeiten mit geringem Risiko (Sicherheitsstufen 1 und 2). Dann muss die Anlage lediglich angemeldet werden. Zu beachten ist aber, dass Genehmigungen aufgrund anderer Gesetze notwendig werden können, etwa eine Baugenehmigung oder Genehmigung nach Bundesimmissionsschutzgesetz.

Bei allen anderen Anlagen für die höheren Sicherheitsstufen 3–4 ist eine Anlagengenehmigung erforderlich. Eine neue Genehmigung der Anlage wird bei jeder wesentlichen Änderung der Lage, Beschaffenheit oder des Betriebs erforderlich. In jedem Fall wird eine neue Anlagengenehmigung für weitere Arbeiten einer höheren genehmigungspflichtigen Sicherheitsstufe erforderlich (§ 9 IV GenTG). Eine Anlagengenehmigung wird immer nur für bestimmte gentechnische Arbeiten ausgesprochen, andere Arbeiten bedürfen der gesonderten Genehmigung. Die Anlagengenehmigung umfasst gemäß § 22 GenTG alle anderen anlagebezogenen behördlichen Genehmigungen und Entscheidungen. Damit konzentriert sich in der Anlagengenehmigung eine umfassende Prüfung des gesamten einschlägigen Rechts (mit Ausnahme des Atomrechts). Es wird von einer Konzentrationswirkung, die widersprüchliche Entscheidungen unterschiedlicher Behörden vermeiden und das Verfahren bündeln soll, gesprochen.

Weitere Arbeiten der Sicherheitsstufe 1 in einer genehmigten Anlage erfordern keinerlei Anmeldung oder Genehmigung; allerdings besteht die Aufzeichnungspflicht aus § 6 GenTG weiter. Bei Arbeiten auf Stufe 2 ist eine Anmeldung erforderlich. Eingeführt durch die Gesetzesnovelle von 1993 ist der „Umzug" einer bereits angemeldeten oder genehmigten gentechnischen Arbeit der Stufe 2 von einer zugelassenen Anlage desselben Betreibers in eine andere; auch hier ist nur eine Anmeldung erforderlich.

Für riskantere Arbeiten der Stufen 3–4 ist stets eine gesonderte Genehmigung erforderlich, die so genannte Tätigkeitsgenehmigung.

Verfahren von Anmeldung und Genehmigung. Sowohl Anmeldung als auch Genehmigungsantrag müssen schriftlich erfolgen, und es müssen umfangreiche Unterlagen beigelegt werden. Es existieren ausführliche Antragsformularsätze, die bundesweit einheitlich gelten und deren Verwendung aufgrund § 3 der Gentechnikverfahrensverordnung (GenTVfV) inzwischen von den Behörden zwingend vorgeschrieben werden kann. Die notwendigen Informationen betreffen die Anlage, den Betreiber, Nachweise über Projektleiter und BBS, Risikobewertung gemäß § 6 I GenTG (jeweils für die Organismen, die Anlage und die Tätigkeit) sowie je nach Sicherheitsstufe weitere Angaben zu Sicherheitsmaßnahmen, Personal, Abfallentsorgung und Unfallverhütung. Die genauen Einzelheiten sind in § 4 und im Anhang 1 der GenTVfV geregelt.

Genehmigungsverfahren. Im Genehmigungsverfahren überprüft die Behörde die Vollständigkeit der Unterlagen. Reichen die eingereichten Unterlagen nicht aus, um eine Entscheidung über das Vorliegen aller Genehmigungsvoraussetzungen (§ 13 I GenTG) zu treffen, fordert sie den Antragsteller auf, die notwendigen Informationen nachzureichen. Die zuständige Landesbehörde bestätigt unverzüglich den Eingang der Anmeldung (§ 12 III GenTG) oder des Genehmigungsantrags (§ 10 IV GenTG). Dies ist wichtig für die Fristberechnung. Solange die Unterlagen allerdings noch nicht vollständig sind oder solange ein Anhörungsverfahren zur Öffentlichkeitsbeteiligung (dazu gleich) durchgeführt wird, ist der Fristablauf gehemmt. Für die Entscheidung über eine Genehmigung ist der Verwaltung ein ansonsten sehr enger Zeitrahmen eingeräumt.

Bei Anlagengenehmigungen muss binnen 90 Tagen eine schriftliche Entscheidung erfolgen. Die Behörde holt dabei eine Stellungnahme zur sicherheitstechnischen Einstufung bei der ZKBS ein. Deren Stellungnahmen sind nicht bindend, Abweichungen muss die Behörde aber schriftlich begründen, sodass eine faktische Bindungswirkung eintritt. Außerdem sind Stellungnahmen der anderen Behörden einzuholen, deren Entscheidung durch die Konzentrationswirkung der Anlagengenehmigung ersetzt wird. Bei Anlagengenehmigungen für Arbeiten der Sicherheitsstufe 2 ist sogar binnen 45 Tagen zu entscheiden, falls eine vergleichbare Arbeit bereits durch die ZKBS bewertet wurde und keine anderen Behörden gehört werden müssen.

Da die Gentechnik nach wie vor in der Öffentlichkeit umstritten ist und viele Vorbehalte bestehen, sieht das GenTG in § 18 für bestimmte Genehmigungsverfahren die Beteiligung der Öffentlichkeit in einem Anhörungsverfahren vor. Vorgeschrieben ist die Anhörung bei Anlagengenehmigungen der Sicherheitsstufen 3 und 4 sowie bei Sicherheitsstufe 2, wenn für die Anlage eine Anhörung nach § 10 BImSchG vorgeschrieben wäre. Ein Anhörungsverfahren ist im Regelfall auch bei den noch zu erörternden Freisetzungen durchzuführen. Das Anhörungsverfahren sieht eine Bekanntmachung des Vorhabens vor, der eine 1-monatige öffentliche Auslegung der Genehmigungsunterlagen folgt. Bis zu 1 Monat nach Ablauf der Auslegungsfrist kann jedermann schriftlich Einwendungen gegen das Vorhaben vorbringen, die in einem Erörterungstermin besprochen und von der Behörde bei der Entscheidung berücksichtigt werden. Der Erörterungstermin ist bei Freisetzungen nicht erforderlich. Rechtliche Folge des Anhörungsverfahrens ist, dass bei verwaltungsgerichtlichen Verfahren kein Widerspruchsverfahren vor Klageerhebung mehr notwendig ist. Näheres regelt die Gentechnikanhörungsverordnung (GenTAnhV).

Bei der Genehmigung weiterer gentechnischer Arbeiten liegt die Fristdauer bei 90 Tagen, wenn eine Konsultation der ZKBS erforderlich ist. Auf diese kann verzichtet werden, wenn bereits eine vergleichbare Arbeit durch die Kommission eingestuft wurde. Dann muss die Behörde unverzüglich (ohne schuldhaftes Zögern) entscheiden, spätestens nach 45 Tagen. Überschreitet eine Behörde die vorgeschriebenen Entscheidungsfristen, kommen Schadensersatzansprüche nach den Grundsätzen der Amtshaftung in Betracht.

Die Entscheidung der Behörde steht nicht in deren freiem Ermessen. Das Gentechnikgesetz hat die Gentechnik prinzipiell für zulässig erklärt. Die Behörde hat den Antrag also nach § 13 GenTG zu prüfen und, wenn dessen Voraussetzungen gegeben sind – und auch nur dann –, muss eine Genehmigung erteilt werden. Folgende Voraussetzungen (aufgezählt in § 13 I GenTG) sind zu prüfen:

1. Zuverlässigkeit des Betreibers sowie des Führungspersonals
2. Sachkunde von Projektleiter und Beauftragten für biologische Sicherheit
3. Sicherstellung der Erfüllung der Pflichten aus § 6 I und II GenTG (Bewertungspflicht und Gefahrenabwehrpflicht) sowie der GenTSV
4. Sicherstellung der angemessenen Sicherungsvorkehrungen für die Sicherheitsstufe zur Vermeidung von Schäden für die Rechtsgüter des § 1 Nr. 1 GenTG
5. Kein Verstoß gegen die Ächtung von Biowaffen im Kriegswaffenkontrollgesetz
6. Bei Anlagen: Sicherstellung, dass sonstige Vorschriften nicht entgegenstehen.

Ist auch die Entscheidung der Behörde gebunden, kann sie doch inhaltlich ihre Genehmigung mit Auflagen versehen. Sie kann beispielsweise eine Genehmigung befristen, von der Einhaltung bestimmter Sicherheitsvorkehrungen abhängig machen oder die Anschaffung zusätzlicher Anlagenbestandteile anordnen, wenn dies zur Sicherstellung der Genehmigungsvoraussetzungen notwendig ist.

Anmeldungsverfahren. Das Anmeldungsverfahren des § 12 GenTG entspricht dem Genehmigungsverfahren in weiten Teilen. Wesentlicher Unterschied ist die Tatsache, dass die Zustimmung der Behörde nach Ablauf einer gewissen Frist ohne Weiteres angenommen wird. Die Zustimmung ist dann ein so genannter „fiktiver Verwaltungsakt". Letztendlich nimmt die Behörde also eine ähnliche Prüfung des anzumeldenden Vorhabens vor, muss aber selbst aktiv gemäß § 12 VII GenTG ein Verbot des Vorhabens aussprechen, wenn die Voraussetzungen des § 13 I nicht erfüllt sind. Dann ist sie aber verpflichtet, gegen die Aufnahme oder die Fortführung des Vorhabens einzuschreiten, d.h. auch hier trifft die Behörde eine gesetzlich gebundene Entscheidung und hat kein Ermessen. Ebenfalls möglich gemäß § 12 VI GenTG ist die selbstständige Festsetzung bestimmter Auflagen und Bedingungen für die Zustimmung, um die Konformität des Vorhabens mit dem GenTG sicherzustellen.

Anmeldungen von genetischen Anlagen der Stufen 1 oder 2 (§ 8 II GenTG) berechtigen den Anmelder gem. § 12 V GenTG nach Ablauf einer Frist von 30 bzw. bei Sicherheitsstufe 2 von 45 Tagen, mit der Durchführung der beabsichtigten Arbeit zu beginnen. Weitere Arbeiten der Sicherheitsstufe 2 können bereits 30 Tage nach Anmeldung aufgenommen werden. Nach Ablauf dieser Fristen gilt die Zustimmung der Behörde als erteilt. Den Behörden steht es offen, durch eine explizite Zustimmung bereits vor Fristablauf den Tätigkeitsbeginn zu ermöglichen.

Nur für Arbeiten der Sicherheitsstufe 2 muss die Behörde gem. § 13 IV GenTG eine Stellungnahme der Kommission zur sicherheitstechnischen Einstufung einholen, wenn nicht bereits durch die Kommission eingestufte gentechnische Arbeiten vergleichbar sind. Dabei ist auch die Kommission gehalten, die Einhaltung der genannten Verfahrensfristen durch unverzügliche Bearbeitung zu ermöglichen. Wird eine Stellungnahme eingeholt, so muss die Behörde ihr eventuelles Abweichen schriftlich begründen.

Freisetzung und Inverkehrbringen

Ein weiterer Teil des GenTG dient der Umsetzung der Freisetzungsrichtlinie der EU. §§ 14–16 GenTG regeln sowohl das Freisetzen als auch das Inverkehrbringen von GVO bzw. von gentechnischen Produkten. Bundesweit für Genehmigungen zuständig ist das Robert-Koch-Institut. Wie bereits oben angesprochen, stehen beim Inverkehrbringen Genehmigungen anderer, im Sinn der Freisetzungsrichtlinie äquivalenter Behörden anderer Mitgliedstaaten der EU einer Genehmigung des Robert-Koch-Instituts gleich.

Der Antrag zur Freisetzung muss schriftlich erfolgen und umfangreiche Angaben zu der geplanten Freisetzung enthalten (§ 15 I GenTG). Neben Informationen über den Betreiber sind dies Informationen über das spezifische Freisetzungsvorhaben, eine Beschreibung der sicherheitsrelevanten Eigenschaften des freizusetzenden Organismus, darunter dessen Fortpflanzungs- und Verbreitungscharakteristika und vorangegangene Erfahrungen in geschlossenen Systemen und bei Freisetzungen sowie mögliche Auswirkungen auf Gesundheit und Umwelt. Bei einem Antrag auf Inverkehrbringen sind gemäß § 15 III GenTG ähnliche Informationen beizufügen, hier kommen Angaben zu Verwendung, Qualitätskontrolle, Kennzeichnung und Verpackung hinzu.

Bei einem Freisetzungsverfahren leitet das Robert-Koch-Institut die Unterlagen der Landesbehörde der Region zu, in der die Freisetzung stattfinden soll. Diese soll Gelegenheit zur unverbindlichen Stellungnahme erhalten und dadurch die Berücksichtigung regionaler Gegebenheiten ermöglichen.

Nicht auf lokaler, sondern auf europäischer Ebene sind dagegen, wie bereits oben beschrieben, Stellungnahmen beim Inverkehrbringen zu ermöglichen. Der Grund hierfür ist die Tatsache, dass ein 1-mal zugelassenes Produkt grundsätzlich keinen Beschränkungen im Handelsverkehr innerhalb der EU unterliegt. § 16 III schreibt daher, falls das Robert-Koch-Institut eine Genehmigung befürwortet, ausdrücklich das Verfahren der Art. 12 und 13 der Freisetzungsrichtlinie vor. Darüber können andere Länder Bedenken gegen Vorhaben in anderen Ländern vorbringen und Konflikte auf europäischer Ebene beigelegt werden. Näheres regelt die Gentechnikbeteiligungsverordnung, die auf Grundlage von § 16 VI GenTG mit Zustimmung des Bundesrats durch das Bundesministerium für Gesundheit erlassen wurde.

Sowohl bei Freisetzungen als auch beim Inverkehrbringen sind andere zusätzliche Bundeseinrichtungen zur Zustimmung aufgerufen, die besondere Sachkompetenz auf ihrem jeweiligen Gebiet einbringen. Immer zu berücksichtigen sind die Biologische Bundesanstalt für Land- und Forstwirtschaft und das Umweltbundesamt. Wenn Wirbeltiere genetisch verändert werden oder GVO an ihnen angewendet werden, ist auch die Bundesforschungsanstalt für Viruskrankheiten der Tiere zur Zustimmung aufzufordern, beim Inverkehrbringen darüber hinaus das Paul-Ehrlich-Institut. Wird eine Zustimmung verweigert, ist über die Aufsichtsbehörden (die jeweiligen Ministerien) eine Einigung, evtl. durch Modifikation des Vorhabens mit Auflagen, anzustreben. Kommt eine Einigung nicht zustande, ist das Vorhaben nicht genehmigungsfähig.

Schließlich ist gemäß § 16 V GenTG auch die ZKBS zu einer Stellungnahme über mögliche Gefährdungen für Gesundheit und Umwelt und einer Empfehlung für die Entscheidung aufgerufen. Wie bei gentechnischen Arbeiten ist die Stellungnahme nicht bindend, aber die Abweichung von ihr muss schriftlich begründet werden. Nur bei der Freisetzung ist auch ein Anhörungsverfahren zur Öffentlichkeitsbeteiligung in § 18 II GenTG vorgesehen, bei dem allerdings seit 1993 kein Erörterungstermin mehr stattfindet.

Für das gesamte Entscheidungsverfahren – einschließlich der Beteiligung anderer Länder auf europäischer Ebene – wird dem Robert-Koch-Institut eine vergleichsweise kurze Frist von 3 Monaten gegeben. Unberücksichtigt blieben allerdings wiederum Verzögerungen durch die Beteiligung der Öffentlichkeit und durch die Anforderung zusätzlicher Informationen vom Antragsteller.

Bei seiner Entscheidung ist das Robert-Koch-Institut nicht frei. Sind *„im Verhältnis zum Zweck“* keine *„unvertretbaren schädlichen Einwirkungen“* auf die Schutzgüter des § 1 Nr. 1 GenTG zu erwarten und sind bei Freisetzungen bei Betreiber, Projektleiter und BBS alle Voraussetzungen erfüllt und alle nach dem Stand von Wissenschaft und Technik erforderlichen Sicherheitsvorkehrungen getroffen, muss eine Genehmigung erteilt werden. Kritiker monieren hier das Prinzip der vertretbaren schädlichen Einwirkungen. Keinesfalls dürfen aber gravierende Schäden aufgrund des verfolgten Zwecks einfach hingenommen werden. Eine solche Interpretation verstieße zumindest im Bereich der Gesundheitsgefahren gegen Art. 2 II GG.

Behördliche Überwachung

Kontrolle. Auch nach Genehmigung bzw. Zustimmung bei anmeldepflichtigen Vorhaben bleibt der Staat (genauer die mit der Gesetzesdurchführung betrauten Länder) aufgerufen, seinen Schutzpflichten nachzukommen und die Einhaltung der Vorschriften des GenTG zu überwachen und kontrollieren. Dies stellt § 25 I GenTG noch einmal klar.

Dabei kommen ihm die auf dem Betreiber lastenden Pflichten (§ 6 GenTG) entgegen, zu denen die Pflicht gehört, Aufzeichnungen zu führen und auf Verlangen vorzulegen. Daneben sind in § 21 GenTG einige weitere Umstände normiert, die der Betreiber den Behörden anzuzeigen hat. So ist jede personelle Änderung bezüglich des Projektleiters oder des Beauftragten für biologische Sicherheit vorher anzuzeigen oder bei unvorhergesehenen Veränderungen unverzüglich zu melden. Ebenfalls anzuzeigen ist die beabsichtigte Betriebsstillegung einer genetischen Anlage, wobei zugleich Angaben zur notwendigen Nachsorge zur Gefahrenabwehr beizufügen sind. Auch Änderungen von sicherheitsrelevanten Einrichtungsgegenständen sind, auch wenn sich hierdurch die Sicherheitseinstufung nicht ändert, anzeigepflichtig. Zudem muss – selbstverständlich, dies ergibt sich schon aus den allgemeinen Gefahrenabwehrpflichten – jedes unerwartete Ereignis angezeigt werden, bei dem der Verdacht einer Gefährdung der Rechtsgüter des § 1 Nr. 1 GenTG besteht. Dabei muss der Betreiber auch alle notwendigen sicherheitsrelevanten Informationen insbesondere über bereits getroffene oder geplante Notfallmaßnahmen übermitteln. Näheres hierzu regelt die Gentechniknotfallverordnung (GenTNotfV).

Es versteht sich von selbst, dass sich der Staat nicht allein auf die Angaben der Beteiligten und deren Selbstkontrolle verlassen kann. Vielmehr können und müssen die Behörden auch selbst aktiv werden, indem sie z.B. gemäß § 25 II GenTG aktiv Auskunft von den Beteiligten verlangen. Weitergehend statuiert § 25 III GenTG das Recht, während der Geschäftszeiten die Grundstücke, Geschäfts- und Betriebsräume zu betreten und zu besichtigen. Dabei dürfen Proben entnommen werden und auch sonst alle erforderlichen Prüfungen durchgeführt werden. Auch können alle Unterlagen eingesehen und kopiert werden. Bestehen dringende Gefahren für die öffentliche Sicherheit, können die Räume und Gelände auch nachts betreten werden. Dies stellt einen Eingriff in die Unverletzlichkeit der Wohnung (Art. 13 GG) dar, den das Gesetz ausdrücklich erlaubt.

Grundsätzlich sind alle Beteiligten jederzeit zur Kooperation und Auskunft verpflichtet. Ausnahmen bestehen nur in den Fällen, in denen sie sich selbst oder Angehörige (der genaue Personenkreis ist in § 383 I Nr. 1–3 ZPO festgelegt) der Gefahr einer Verfolgung wegen Straftaten oder Ordnungswidrigkeiten aussetzen würden. Eine Pflicht zur Selbstbelastung verstößt gegen den Grundsatz

„nemo tenetur se ipsum accusare".

Mögliche Maßnahmen. Grundsätzlich haben die Behörden gemäß § 26 I 1 GenTG eine generelle Ermächtigung zu allen Maßnahmen, die zur Beseitigung oder Verhinderung von Verstößen gegen das GenTG erforderlich sind. Hierbei handelt es sich sozusagen um die gentechnikrechtliche „Generalklausel" und zugleich um eine Aufgabenzuweisung für die Behörden. Insbesondere können eine gentechnische Anlage, eine gentechnische Arbeit oder eine Freisetzung untersagt werden, wenn Anmeldung, Genehmigung oder Zustimmung fehlen, wenn ein Grund zur Rücknahme oder zum Widerruf einer Genehmigung nach den allgemeinen Verwaltungsverfahrensgesetzen (§ 48 VwVfG regelt die Rücknahme eines rechtswidrigen Verwaltungsakts, während § 49 VwVfG den Widerruf eines rechtmäßigen Verwaltungsakts normiert) gegeben ist, wenn gegen Nebenbestimmungen (Befristung, Bedingung und Auflage, vgl. § 36 VwVfG) oder nachträgliche Auflagen nach § 19 GenTG verstoßen wurde und auch wenn die sicherheitsrelevanten Einrichtungen oder Vorkehrungen nicht mehr ausreichen. Auch eine einstweilige Einstellung eines gentechnischen Betriebs ist explizit in § 20 GenTG vorgesehen.

Eingeschränkt ist die Ermächtigung der Behörden beim Inverkehrbringen. Wenn eine Genehmigung vorliegt, kann eine Untersagung nur vorläufig bis zu einer Entscheidung auf europäischer Ebene gemäß Art. 16 in Verbindung mit Art. 21 der Freisetzungsrichtlinie untersagt werden, wenn der begründete Verdacht besteht, dass die Voraussetzungen für ein Inverkehrbringen nicht vorliegen. Damit soll verhindert werden, dass nationale Maßnahmen den europäischen freien Warenverkehr beeinträchtigen. Wenn ein gentechnisches Produkt einmal rechtmäßig auf dem europäischen Markt zugelassen ist, kann es also endgültig nur auf europäischer Ebene untersagt werden.

Kosten. Eher am Rand der Thematik, aber für den Gentechnikanwender sicher nicht bedeutungslos, steht § 24 GenTG, der die Grundlage einer Verfahrenskostenregelung enthält. Grundsätzlich sind alle Amtshandlungen nach GenTG kostenpflichtig, d.h. es müssen Gebühren gezahlt werden und die Auslagen der Behörden erstattet werden. Von den Gebühren sind allerdings die als gemeinnützig anerkannten Forschungseinrichtungen befreit; sie müssen lediglich die Auslagen wie etwa die Kosten einer etwaigen ZKBS-Stellungnahme tragen.

Die Höhe der Gebühren für die Verfahren zur Freisetzung und zum Inverkehrbringen, die beim Robert-Koch-Institut in Bundesverwaltung abgewickelt werden, führt die Bundeskostenverordnung zum Gentechnikgesetz auf; sie schwanken im Regelfall je nach Vorhaben zwischen 2500 und 30750 EUR. Die Länder können für die sonstigen Verfahren Rahmensätze in eigenen Kostenordnungen festlegen, deren Höhe heute etwa zwischen 430 und 1720 EUR (Matzke 1999, S. 99, Fn. 105) liegt.

Drittschutz und Haftungsbestimmungen

Gefährdungshaftung § 32 I GenTG. Neben den öffentlich-rechtlichen Regelungen zur Gentechnik enthält das GenTG auch einen Abschnitt mit zivilrechtlichen Haftungsvorschriften. § 32 I GenTG gewährt einem durch einen GVO Geschädigten einen Schadensersatzanspruch gegen den Betreiber. Da dieser Anspruch keinerlei Verschulden, also weder Vorsatz noch Fahrlässigkeit, voraussetzt, sondern bei (erlaubter) Gefährdung ansetzt, wird von einer Gefährdungshaftung gesprochen. Anknüpfungspunkt ist also schon die freiwillige Schaffung einer Gefahrenquelle, nicht erst ein späteres Fehlverhalten etwa durch Verstoß gegen die Sicherheitsvorkehrungen des GenTG. Ein ursprünglich geplanter Haftungsausschluss bei höherer Gewalt hat keinen Eingang in das Gesetz gefunden.

Voraussetzung des Anspruchs ist eine Rechtsgutverletzung. Umfasst sind nur die Tötung eines Menschen, die Körper- und Gesundheitsverletzung und die Sachbeschädigung. Andere Rechtsgutverletzungen wie etwa ein Eingriff in die persönliche Freiheit in Folge einer Quarantänemaßnahme lösen keine Haftung nach § 32 GenTG aus.

Das Rechtsgut muss auch gerade durch solche Eigenschaften eines Organismus verletzt worden sein, die auf gentechnischen Arbeiten beruhen. Diesen Beweis zu führen dürfte aber in der Praxis mit Schwierigkeiten verbunden sein. Daher stellt § 34 GenTG die gesetzliche Vermutung auf, dass ein Schaden, den ein GVO verursacht hat, auf den gentechnischen Arbeiten beruht. Diese Vermutung kann der Betreiber aber widerlegen, wenn er zeigen kann, dass die Schäden wahrscheinlich auf anderen Eigenschaften des Organismus beruhen.

Schwierigkeiten bereitet einem Geschädigten auch die Tatsache, dass er kaum Einblick in den Betrieb einer genetischen Anlage oder in die genetischen Arbeiten hat, sodass er in Beweisnot gerät. Der Gesetzgeber hat diese Problematik gesehen und durch einen Auskunftsanspruch gemäß § 35 GenTG zu kompensieren versucht. Danach ist der Betreiber und nach Absatz 2 auch die Genehmigungs- oder Überwachungsbehörde verpflichtet, dem Geschädigten Auskunft über die Art und den Ablauf einer gentechnischen Arbeit zu erteilen, so weit dies zur Geltendmachung seines Schadenersatzanspruchs erforderlich ist und so weit keine gesetzlichen Vorschriften oder überwiegende Interessen des Betreibers oder Dritter entgegenstehen. Zu beachten ist hierbei, dass der Auskunftsanspruch nur einem konkret Geschädigten zusteht. Es wird kein allgemeines Auskunftsrecht für jedermann eingeführt, das zu einer Ausforschung dienen soll. Der Auskunft suchende Geschädigte muss daher Tatsachen anführen, die einen kausalen Zusammenhang zwischen dem Schaden und den gentechnischen Arbeiten plausibel erscheinen lassen.

Liegen alle Voraussetzungen vor, muss der Betreiber dem Geschädigten, im Fall der Tötung auch den Unterhaltsberechtigten, Schadensersatz leisten. Sind mehrere Betreiber zum Schadensersatz verpflichtet, haften sie gesamtschuldnerisch [zur Problematik ausführlich: Pfau (1999), S. 82 ff]. Gemäß dem neu eingefügten § 33 V 2 GenTG i.V. m. § 253 BGB kann nunmehr auch für immaterielle Schäden eine billige Entschädigung in Geld verlangt werden, d.h. der Schadensersatzanspruch umfasst auch Schmerzensgeld. Die Haftung ist in § 33 GenTG auf den Haftungshöchstbetrag von 85 Mio. EUR pro Schadensereignis beschränkt; weiter gehende Schäden werden also nicht ersetzt. In dieser Höhe besteht auch grundsätzlich eine Pflicht zur Deckungsvorsorge etwa durch eine Haftpflichtversicherung oder eine Gewährleistungsverpflichtung von Bund oder Ländern. Näheres regelt die Gentechnikdeckungsvorsorgeverordnung auf Grundlage des § 36 GenTG. Der Anspruch aus § 32 I GenTG verjährt gem. § 32 VIII GenTG, §§ 195, 199 I BGB drei Jahre nach Ablauf des Jahres, in dem der Anspruch entstanden ist und der Gläubiger von den den Anspruch begründenden Umständen Kenntnis erlangt hat oder ohne grobe Fahrlässigkeit Kenntnis erlangen musste. Kommt es zu keiner Kenntniserlangung, so verjähren Schadensersatzansprüche, die auf der Verletzung des Lebens, des Körpers, der Gesundheit oder der Freiheit beruhen, gem. § 199 II BGB in 30 Jahren von der Begehung der Handlung, der Pflichtverletzung oder dem sonstigen, den Schaden auslösenden Ereignis an. Sonstige Schadensersatzansprüche verjähren ohne Rücksicht auf die Kenntnis oder grob fahrlässige Unkenntnis in 10 Jahren von ihrer Entstehung und ohne Rücksicht auf ihre Entstehung und die Kenntnis oder grob fahrlässige Unkenntnis in 30 Jahren von der Begehung der Handlung, der Pflichtverletzung oder dem sonstigen, den Schaden auslösenden Ereignis an.

Ausgenommen von der Gefährdungshaftung ist die Haftung für Körperverletzungen und Tötungen durch für Menschen bestimmte Arzneimittel, die GVO enthalten. Der Begriff des Arzneimittels ist in § 2 Arzneimittelgesetz (AMG) definiert. Dort finden sich in den §§ 84 ff auch eigene einschlägige Haftungsvorschriften für Arzneimittel.

Das gleiche gilt für ordnungsgemäß in Verkehr gebrachte gentechnische Produkte, d.h. auch hier findet § 32 I GenTG keine Anwendung. Einschlägig ist aber das weniger strikte Produkthaftungsgesetz. Dessen Reichweite wird durch § 37 II 2 GenTG auch auf so genannte Entwicklungsschäden erweitert, bei denen zum Zeitpunkt des Inverkehrbringens ein Risiko noch nicht absehbar war.

Sonstige Ansprüche. Gemäß § 37 III GenTG bleiben Ansprüche aufgrund anderer Vorschriften unberührt. Im öffentlichen Recht kommen insbesondere Ansprüche nach §§ 25 ff Atomgesetz, § 1 Umwelthaftungsgesetz sowie § 22 Wasserhaushaltsgesetz (etwa bei Grundwasserbeeinträchtigungen) in Betracht. Weitere Ansprüche können sich aus Delikten ergeben, etwa aus der allgemeinen deliktischen Verschuldenshaftung nach § 823 I BGB (wegen Rechtsgutverletzung) oder wegen Verstoßes gegen ein Schutzgesetz nach § 823 II BGB. Da auch das Gentechnikgesetz zu weiten Teilen Schutzgesetzcharakter besitzt, kann ein schuldhafter Verstoß gegen dessen Vorschriften Schadensersatzansprüche auslösen (Pfau 1999, S. 101–106). Die besondere Bedeutung der deliktischen Haftung liegt in der fehlenden Haftungsgrenze, d.h. der Schädiger haftet unbegrenzt.

Daneben kommen weitere allgemeine zivilrechtliche Vorschriften zur Anwendung. Die Grundnorm des gesamten zivilen Umweltrechts ist § 1004 BGB, nach dem ein Eigentümer bei Beeinträchtigungen seines Eigentums Unterlassungsansprüche gegenüber dem Störer geltend machen kann. Stark einschränkend wirkt aber § 906 I BGB, der einem Grundstückseigentümer die Duldung ortsüblicher Beeinträchtigungen auferlegt, solange diese nicht eine wesentliche Beeinträchtigung darstellen. Wesentlich ist eine Beeinträchtigung im Regelfall aber nur, wenn sie die rechtlich festgelegten Richt- und Grenzwerte überschreitet. Soweit Beeinträchtigungen nicht durch wirtschaftlich zumutbare Maßnahmen beseitigt oder vermieden werden können, bestehen Entschädigungsansprüche gegenüber dem Störer gemäß § 906 II BGB.

Nach diesen Bestimmungen kann allerdings nicht die Betriebseinstellung von gentechnischen Anlagen oder die Beendigung von gentechnischen Arbeiten oder Freisetzungen verlangt werden, wenn deren Genehmigung unanfechtbar geworden ist und ein Anhörungsverfahren gemäß § 18 GenTG durchgeführt wurde. Dies legt § 23 GenTG fest, der den Beeinträchtigten auf Schutzmaßnahmen und evtl. Schadensersatzansprüche beschränkt. Diese Vorschrift dient dazu, potenziell Betroffene bereits während des Genehmigungsverfahrens zu einem Vorgehen gegen Vorhaben zu zwingen und nach der Genehmigung Rechtssicherheit für die Betreiber zu schaffen.

Der Drittschutz muss also bereits während des Verwaltungsverfahrens einsetzen, d.h. Betroffene müssen sich in einem verwaltungsgerichtlichen Verfahren gegen sie belastende Verwaltungsakte wie die Genehmigung einer gentechnischen Anlage wehren. Da das Gentechnikrecht zahlreiche drittschützende Bestimmungen enthält, die ein subjektives Recht gewähren, können Betroffene vielfach mittels der Anfechtungsklage die Nichteinhaltung dieser Bestimmungen geltend machen. Derartige Vorschriften dienen nicht (nur) dem Schutz der Allgemeinheit, sondern eines abgrenzbaren Personenkreises. Ein vorgerichtliches Widerspruchsverfahren ist bei Durchführung eines Anhörungsverfahrens gemäß § 18 GenTG entbehrlich. Ist ein Verwaltungsakt bestandskräftig, d.h. unanfechtbar geworden, besteht immer noch die Möglichkeit, die Behörde zur Rücknahme (§ 48 VwVfG) aufzufordern und notfalls auf ermessensfehlerfreie Entscheidung zu klagen [zur Drittschutzproblematik s. Beljin (2001), S. 525, 554–558].

Buß- und Strafbestimmungen

Weder eine behördliche Kontrolle noch Haftungsregelungen allein können allerdings den Regelungs- und Sicherungsanspruch des Staates vollständig durchsetzen. Daher greift der Staat im Gentechnikrecht auch auf das Strafrecht zurück. § 39 GenTG stellt Verstöße gegen verschiedene Tatbestände unter Strafe. Der Verstoß gegen das Gentechnikgesetz ist also teilweise als kriminelles Unrecht zu werten (Brocks et al. 1991, S. 123–130).

In § 39 II GenTG werden als so genannte abstrakte Gefährdungsdelikte der Betrieb einer gentechnischen Anlage, das Freisetzen und das Inverkehrbringen ohne Genehmigung unter Strafe gestellt. Der Strafrahmen beträgt bis zu 3 Jahre Freiheitsstrafe. Verdichtet sich die abstrakte Gefährdung zu einer „konkreten" Gefährdung für Leib oder Leben eines Anderen oder für fremde Sachen von bedeutendem Wert oder für Bestandteile des Naturhaushalts von erheblicher ökologischer Bedeutung, steigt der Strafrahmen auf bis zu 5 Jahre.

Nur bei einer konkreten Gefährdung (ebenfalls mit Strafe bis zu 3 Jahren) ist bedroht:

- Das Errichten einer gentechnischen Anlage ohne Genehmigung nach § 8 I 1 GenTG (§ 38 I Nr. 2 GenTG)
- Das Zuwiderhandeln gegenüber einer vollziehbaren Auflage nach § 19 Satz 2 GenTG oder einer vollziehbaren Anordnung nach § 26 GenTG (§ 38 I Nr. 8 GenTG)
- Die Verletzung der Anzeigepflichten (§ 38 I Nr. 9 GenTG)
- Die Verletzung von mit Bußgeld bedrohten Vorschriften in den auf Grundlage des GenTG erlassenen Verordnungen (§ 38 I Nr. 12 GenTG).

Grundsätzlich sind auch die fahrlässige Begehung und der Versuch strafbar.

Neben den Strafbestimmungen enthält das GenTG auch zahlreiche Bußgeldbestimmungen.

Eine Ordnungswidrigkeit enthält kein Unwerturteil im strafrechtlichen Sinn, aber der Gesetzgeber will durch die Bußgeldbewehrung in besonders hohem Maß auf die Erfüllung der jeweiligen Bestimmung hinwirken. Einen umfangreichen Katalog enthält § 38 I GenTG, der zugleich in Nr. 12 die Grundlage für weitere Bußgeldvorschriften in den jeweiligen Verordnungen enthält. Die Geldbuße darf den Betrag von 50 000,– EUR nicht überschreiten.

4.8.3.4 Biostoffverordnung

Eine recht neue Rechtsvorschrift ist die Biostoffverordnung (BioStoffV) (BGBl I vom 27.1.1999, S. 50–60), die das Arbeitsschutzrecht im Bereich der Biostoffe seit 1.4.1999 einheitlich regelt und zugleich einer lange nicht erfüllten Umsetzungspflicht aus der EU-Richtlinie zum Schutz der Arbeitnehmer gegen Gefährdungen durch biologische Arbeitsstoffe bei der Arbeit nachkommt. Erfasst sind alle Tätigkeiten mit biologischen Arbeitsstoffen oder in deren Gefahrenbereich. Zu den biologischen Arbeitsstoffen zählen gemäß § 2 I BioStoffV u.a. alle Mikroorganismen, insbesondere genmanipulierte, aber auch Zellkulturen und Prionen, die beim Menschen negative Wirkungen auslösen können. Wo das Gentechnikrecht strengere Vorschriften aufstellt, hat es Vorrang. Ähnlich wie das GenTG stellt auch die BioStoffV auf 4 verschiedene Risikogruppen ab. Für die Einstufung wird auf den Anhang der zugrunde liegenden europäischen Richtlinie [neu gefasst jetzt als: Richtlinie 2000/54/EG des Europäischen Parlaments und des Rates vom 18.9.2000 über den Schutz der Arbeitnehmer gegen Gefährdung durch biologische Arbeitsstoffe bei der Arbeit (7. Einzelrichtlinie im Sinn von Art. 16 Absatz 1 der Richtlinie 89/391/EWG] verwiesen, um einen europaweit einheitlichen Schutz zu gewährleisten. Eine weitere Unterscheidung wird zwischen gezielten und ungezielten Tätigkeiten getroffen. Eine Tätigkeit ist gemäß § 2 V BioStoffV nur gezielt, wenn zumindest die Spezies der Arbeitsstoffe bekannt sind, die Arbeit unmittelbar auf bestimmte Stoffe ausgerichtet ist und die Exposition der Beschäftigten abschätzbar ist.

Grundsätzlich muss sich der Arbeitgeber alle notwendigen Informationen zur Risikoeinschätzung beschaffen und eigenständig das Risiko für die Beschäftigten einschätzen. Auf dieser Grundlage muss er dann so weit wie möglich Maßnahmen treffen, um die Gefahren für die Angestellten zu verringern, indem er so weit wie möglich gefährliche Biostoffe durch weniger gefährliche substituiert. Der genaue Umfang der Schutzmaßnahmen ist in den §§ 10 und 11 BioStoffV geregelt. In den Anhängen der BioStoffV finden sich weitere Einzelheiten. Anhang 1 beinhaltet das Symbol für Biogefährdung (Abb. 4.8.1). Die Anhänge 2 und 3 regeln die genauen Sicherheitsmaßnahmen in jeder Schutzstufe, etwa ab wann ein eigener Verbrennungsofen für Tierkörper zwingend vorgesehen ist. Weitere Pflichten bestehen bezüglich der Unterrichtung der Beschäftigten (§ 12 BioStoffV) sowie der arbeitsmedizinischen Vorsorge (§ 15 BioStoffV). Gemäß § 13 BioStoffV müssen Tätigkeiten der Risikogruppen 3 oder 4 der zuständigen Behörde 30 Tage vor Aufnahme der Tätigkeit angezeigt werden, und es ist ein Verzeichnis der Beschäftigten zu führen. Die Nichteinhaltung der meisten Pflichten aus dieser Vorschrift ist gemäß § 18 BioStoffV eine Ordnungwidrigkeit. Führt eine Pflichtverletzung zu einer konkreten Gesundheitsgefährdung eines Beschäftigten, ist die Handlung mit einer Höchststrafe von bis zu 1 Jahr Freiheitsstrafe oder mit Geldstrafe strafbewehrt.

Abb. 4.8.1. Symbol für Biogefährdung

4.8.4 Überblick über das „rote" Gentechnikrecht

Während das Gentechnikgesetz eine umfassende, detaillierte Regelung für den Bereich der grünen Gentechnik trifft, ist im Bereich der Humangenetik bisher keine umfassende gesetzliche Regelung erfolgt. Die gesellschaftliche Konsensbildung gestaltet sich in diesem Bereich auch noch wesentlich schwieriger als bei der gentechnischen Manipulation von Tieren, Pflanzen und Kleinstlebewesen, da die Gentechnik mit ihren Möglichkeiten das traditionelle Menschenbild tangiert.

Dinge, die früher keine Regelung erforderten, weil sie einfach auf natürliche Weise „passierten", wie etwa die Fortpflanzung des Menschen, erscheinen nun steuerbar. Manche befürchten die grenzenlose Manipulierbarkeit über die Genetik oder zumindest eine genetische Auslese und Diskriminierung. Es sind dabei eher die mittelbaren sozialen Folgen als die unmittelbaren Gefahren der Humangenetik, die befürchtet werden; oft wird das Argument der „schiefen Ebene" gebraucht, auf die man gerate. Häufig spielen auch individuelle religiöse und philosophische Anschauungen eine gewichtige Rolle.

Den Befürchtungen stehen immer mehr aber auch Hoffnungen gegenüber, Hoffnungen v. a. auf neue Medikamente und diagnostische Mittel. Das neue Wissen durch den vorläufigen und unerwartet raschen Abschluss des humanen Genomprojekts hat diesen Hoffnungen neue Nahrung gegeben, weil man einen tieferen Einblick in den menschlichen Körper als je zuvor zu erlangen glaubt.

In diesem Spannungsfeld zwischen Ablehnung und Hoffnung sind bisher nur fragmentarische Regelungen getroffen worden. Auch sie stehen in der Kritik: Den einen gehen die Regelungen nicht weit genug, die anderen befürchten eine Verzögerung von lebensrettenden Forschungsfortschritten.

4.8.4.1 Internationale und europäische Regelungen

Die wichtigste völkerrechtliche Regelung zur Humangenetik stellt das Menschenrechtsübereinkommen zur Biomedizin (MRÜB) (ursprünglich als Bioethikkonvention bekannt; eine nicht amtliche deutsche Fassung findet sich unter http://www.kirchen.de/akademie/rs/highligh/konvent.htm) dar, das am 4. 4. 1997 durch den Europarat (der Europarat ist kein Organ der Europäischen Union, sondern eine davon unabhängige internationale Organisation von 43 Staaten, die die Förderung der Menschenrechte und der europäischen Integration anstrebt: http://www.coe.int) zur Zeichnung freigegeben wurde. In diesem Abkommen, das die Menschenwürde und den Vorrang des individuellen Wohlergehens des Menschen vor Wissenschaft und Gemeinwohl als Grundwerte statuiert, finden sich neben allgemeinen Bestimmungen zu Patientenrechten und zur wissenschaftlichen Forschung auch einige spezifische Regelungen zur Gentechnik.

Dazu gehört das Verbot der Diskriminierung einer Person wegen ihres genetischen Erbes (Art. 11 MRÜB). Zu der Problematik prädiktiver Gentests schreibt das Übereinkommen in Art. 12 vor, dass diese Tests nur zu Gesundheitszwecken oder zu gesundheitsbezogener Forschung und nur nach angemessener Aufklärung und Beratung des Getesteten durchgeführt werden dürfen (näheres Taupitz 2001 b). Eingriffe in das menschliche Genom sind gemäß Art. 13 nur zu präventiven, diagnostischen oder therapeutischen Zwecken zulässig und dürfen nicht darauf abzielen, das Erbgut der Nachkommen zu verändern. Eine vorsätzliche Veränderung der Keimbahn ist somit unzulässig.

Die Anwendung fortpflanzungsmedizinischer Techniken zur Geschlechtswahl wird im Übereinkommen auf die Fälle schwer wiegender geschlechtsgebundener Krankheiten beschränkt (Art. 14 MRÜB). Bezüglich des Embryonenschutzes beschränkt sich das Übereinkommen in Art. 18 auf einen Formelkompromiss, der lediglich „angemessenen Schutz" vorschreibt, ohne auszuführen, was angemessen ist. Hier bleibt also der nationalen Gesetzgebung der Unterzeichnerstaaten weitestgehender Freiraum. Lediglich die Erzeugung menschlicher Embryonen zu Forschungszwecken ist gemäß Art. 18 II untersagt.

In einem Zusatzprotokoll (Zusatzprotokoll zum MRÜB im Hinblick auf die Anwendung von Biologie und Medizin über das Verbot des Klonens von menschlichen Lebewesen vom 12. 1. 1998) wurde am 12. 1. 1998 dann das Verbot des Klonens von Menschen beschlossen. Es ist definiert als künstliche Erzeugung eines menschlichen Lebewesens, das mit einem anderen menschlichen Lebewesen genetisch identisch ist.

In Deutschland hat die Konvention ebenso wie das Protokoll zum Klonierungsverbot noch keine Rechtskraft erlangt, da die Bundesrepublik das Abkommen bisher weder unterzeichnet noch ratifiziert hat. Mitte 2002 waren 13 Staaten der Konvention beigetreten, 18 weitere Staaten haben unterzeichnet, aber noch nicht ratifiziert (Stand 23. 9. 2002).

4.8.4.2 Grundgesetzliche Vorgaben für die Humangenetik

Noch weit mehr als bei der industriellen und landwirtschaftlichen Anwendung der Gentechnik spielen grundgesetzliche Wertungen eine entscheidende Rolle bei der Humangenetik. Wichtig ist dabei nicht nur die Frage, was der Gesetzgeber entscheiden darf, sondern welche Gesetze er erlassen *muss*. Schreibt die Verfassung wie bei der Abtreibung, bei der die reine Fristenlösung vom Bundesverfassungsgericht für mit dem Grundgesetz unvereinbar erklärt wurde, bestimmte rechtliche Grenzen der Gentechnik vor, über die sich auch die demokratische Mehrheit nicht hinwegsetzen darf?

Menschenwürde

Nach Art. 1 I des Grundgesetzes ist die

> „Würde des Menschen ... unantastbar. Sie zu achten und zu schützen ist Verpflichtung aller staatlichen Gewalt."

Damit liefert der dem Staat aufgegebene Schutz der Menschenwürde als wichtigstes Prinzip des Grundgesetzes Vorgaben für sämtliche Bereiche des gesellschaftlichen Lebens und damit auch der biomedizinischen Wissenschaft und Forschung – Vorgaben, die nicht zur Disposition des „einfachen" Gesetzgebers stehen. Die Menschenwürde stellt eine absolute Grenze für Wissenschaft und Forschung dar, und gerade deshalb wird die Bezugnahme auf die Menschenwürde nicht selten als Scheinargument missbraucht: Wer sich auf die Menschenwürde beruft, ist einer weiteren Begründung offenbar enthoben. Der Verweis auf die Menschenwürde wird als hinreichend für die Forderung nach einem strikten gesetzgeberischen Verbot betrachtet.

Gegen eine solche Argumentationsweise spricht jedoch schon der Umstand, dass der Begriff der Menschenwürde von der Verfassung keineswegs statisch konzipiert ist. Er definiert und entwickelt sich erst in Wechselwirkung mit den gesellschaftlichen Wertvorstellungen, die ihrerseits dem Wandel der Zeit unterliegen. Vor allem aber hat es das Bundesverfassungsgericht bisher stets und aus gutem Grund vermieden, die Menschenwürde positiv zu bestimmen, also zu sagen, was von ihr alles umfasst ist, was mit anderen Worten „dem Menschenbild entspricht". Eine solche positive Festlegung würde nämlich zu einer schleichenden Versteinerung führen, weil im Lauf der Zeit immer mehr in die Menschenwürde hineininterpretiert und damit festgeschrieben werden würde. Vielmehr hat das Gericht lediglich einzelfallbezogen entschieden, ob durch eine bestimmte Handlung oder Maßnahme in concreto ein Verstoß gegen die Menschenwürde gegeben ist. Damit ist keine A-priori-Antwort auf neue Situationen gegeben; sie müssen vielmehr stets neu auf dem Boden der dann geltenden Auffassungen beurteilt werden.

Allgemeine Formeln wie die, der Mensch dürfe nicht zum bloßen Objekt der Staatsgewalt herabgewürdigt werden, können – so das Gericht (BVerfGE 30, 1, 25) – lediglich die Richtung andeuten, in der Fälle der Verletzung der Menschenwürde gefunden werden können. Hinzukommen müsse, dass der Mensch einer Behandlung ausgesetzt wird, die seine Subjektqualität prinzipiell in Frage stellt, oder dass in der Behandlung im konkreten Fall eine willkürliche Missachtung der Menschenwürde liegt. Subjektqualität (und zwar in prinzipieller Hinsicht) und Willkür erscheinen so als Schlüsselbegriffe der Diskussion um die Menschenwürde – was auf eine Abwägung (v. a. mit anderen Verfassungsgütern) und auf die Suche nach einer Rechtfertigung der in Frage stehenden Maßnahme hinausläuft, womit – und das ist besonders wichtig – die *Ziele* der fraglichen Maßnahme in das Blickfeld geraten. Zudem muss – insbesondere aus dem Blickwinkel der Willkür – der Blick auf vergleichbare Sachverhalte fallen, dürfen vergleichbare Sachverhalte nämlich nicht ohne hinreichenden Grund ungleich behandelt werden. Genau das aber ist es, was aus dem Blickwinkel des Slippery-slope-Arguments immer wieder gegeißelt wird, dass nämlich dem 1. Schritt unaufhaltsam der 2. und dann der 3. und 4. folgen werden. So richtig diese Sorge auch ist, so wichtig ist aber auch die Erkenntnis, dass – nicht zuletzt aus verfassungsrechtlicher Sicht – nur dort eine Zäsur gemacht werden darf, wo wirklich ein entscheidender Unterschied auszumachen ist. Wenn sich dagegen der 2. Schritt nicht wirklich vom 1. unterscheidet, dann kann und darf der Gesetzgeber nicht willkürlich den 2. Schritt verbieten, wenn er denn einmal den 1. Schritt zugelassen hat. Und auch der vermeintlich 1. Schritt ist – natürlich – sorgfältig darauf zu überprüfen, ob er wirklich den 1. Schritt darstellt, was häufig gar nicht der Fall ist.

Vor diesem Hintergrund beruht die juristische und damit auch und v. a. die verfassungsrechtliche Argumentationsweise ganz wesentlich auf dem Vergleich verschiedener Sachverhalte, auf dem Bemühen um Konsistenz innerhalb der Rechtsordnung, auf der Notwendigkeit, willkürliche Ungleichbehandlungen zu vermeiden. Und das bedeutet, dass jeder Schritt der technologischen oder medizinischen Entwicklung an der Beurteilung der vorherigen Schritte zu messen ist.

Zugleich ist die Argumentationsweise damit insofern rückwärts gewandt, als bisherige Argumente oder Regeln, die zur Lösung schon in der Vergangenheit aufgetretener Fragen und Konflikte verwendet wurden, auf die neue Fragestellung anzuwenden und dabei ggf. Schritt für Schritt zu modifizieren und zu verfeinern sind. Damit hat die Rechtsordnung sehr wohl eine retardierende Funktion, indem neue Sachverhalte an bisherigen

Lösungen zu messen sind. Sie hat v.a. auch insofern eine retardierende Funktion, als neuen Entwicklungen nicht leichtfertig und gedankenlos gefolgt werden darf, sondern ein Abwägungsvorgang einsetzen muss und insbesondere auch auf Seiten der Wissenschaft eine Begründungspflicht für ihr Tun oder auch Unterlassen besteht. Wichtig ist aber auch, dass in einer auf Freiheit beruhenden Gesellschaft, die (in Art. 5 GG) u.a. auch die Freiheit der Wissenschaft und Forschung als Grundrecht garantiert, *Einschränkungen dieser Freiheit der Begründung bedürfen* und diese Begründung nicht in einem bloßen Verweis auf das Neue oder in der Verwendung von Schlagworten wie einem undifferenzierten Verweis auf die Menschenwürde bestehen kann.

Dies sei an der Frage, ob Forschung mit embryonalen Stammzellen gegen die Menschenwürde verstößt, verdeutlicht: Eine verbreitete Argumentationsweise besteht bekanntlich darin, dass gesagt wird, auch der Embryo sei ein Mensch, dem von Beginn an (nämlich von der Verschmelzung von Ei und Samenzelle an) Menschenwürde (anders formuliert: Subjektqualität) zukomme. Die Inanspruchnahme für Zwecke Anderer (die wissenschaftliche Forschung) stelle eine Instrumentalisierung des Embryos dar. Zudem könne menschliches Leben nicht gegeneinander abgewogen werden, sodass auch therapeutische Ziele, die mit der Forschung verbunden sind, keine Bedeutung haben könnten. Der Zweck heilige schließlich nicht die Mittel.

Alle damit getätigten Grundaussagen sind für sich genommen richtig oder jedenfalls gut vertretbar. Nur folgt daraus keineswegs hinreichend, dass die in Frage stehende Forschung tatsächlich eine Verletzung der Menschenwürde beinhaltet: Das Tötungsverbot gilt keineswegs ohne Ausnahme, wie schon der Rechtfertigungsgrund der Notwehr (§ 32 StGB) deutlich zeigt. Bereits damit wird deutlich, dass dem *Ziel* der fraglichen Handlung eine ganz besondere Bedeutung zukommt. Zudem wird es von unserer Rechtsordnung hingenommen, dass das ungeborene Leben nicht nur zugunsten des konkret bedrohten Lebens eines anderen Menschen, sondern auch zugunsten anderer Rechtsgüter geopfert wird – Stichwort Abtreibung. Zwar sind die Embryonenforschung und die Abtreibung *insofern* nicht vergleichbar, als bei der Abtreibung eine konkrete *Konfliktsituation* der Frau und ihr *(auch körperliches) Selbstbestimmungsrecht* in Frage stehen. Jedoch ist der kategoriale Schutz des Embryos, wie ihn das Embryonenschutzgesetz gewährt, nach geltendem Recht keineswegs nur in der „einzigartigen Situation" der Schwangerschaft aufgehoben, sondern auch durch die Hinnahme der alltäglichen und routinemäßigen Verwendung von Spiralen und anderen Nidationshemmern. Wenn aber damit nach den heutigen gesellschaftlichen Vorstellungen keineswegs nur eine gravierende und konkret gefühlte bzw. erlebte *Konfliktsituation* für die Frau und werdende Mutter den Lebensschutz der frühen Leibesfrucht relativieren kann, dann müsste zumindest näher begründet werden, warum selbst hochrangige Heilungsziele nicht zu einem auch im Einzelfall abgewogenen und im Ergebnis abgestuften Lebensschutz frühester menschlicher Zellverbände (Embryonen) führen dürfen.

Schließlich ist auch deutlich darauf hinzuweisen, dass das Bundesverfassungsgericht dem Embryo zwar tatsächlich Menschenwürdeschutz zugesprochen hat, dass das Gericht aber keineswegs gesagt hat, dass dieser Menschenwürdeschutz von Beginn des menschlichen Lebens an, nämlich ab der Verschmelzung von Ei und Samenzelle, den gleichen *Umfang* und das gleiche Ausmaß wie bezogen auf den geborenen Menschen haben müsse; sehr vorsichtig hat das Gericht vielmehr formuliert, dass dem Embryo Menschenwürdeschutz „zumindest" ab der Nidation zukomme. Eine *Abstufung* des Schutzes in Abhängigkeit vom Entwicklungsstatus des Embryos und in Abwägung des unterschiedlichen Gewichts der mit einer Maßnahme verfolgten Ziele ist damit keineswegs verfassungsrechtlich ausgeschlossen, sondern aufgrund der allgemein geforderten Abwägung, wie sie eingangs dargestellt wurde, sogar geboten.

Aus diesem Blickwinkel wiederum ist auf einen Aspekt hinzuweisen, der die Sachlage *heute* in anderem Licht erscheinen lässt als zurzeit der Schaffung des Embryonenschutzgesetzes: Heute zeichnen sich konkrete Heilungsziele als Ziele der Forschung mit embryonalen Stammzellen ab. Damit geraten die Lebens- und Heilungsinteressen anderer Menschen, die ihrerseits Grundrechtsträger sind, in den Blick; sie stellen heute – angesichts der *Fortentwicklung* der medizinischen Wissenschaft – einen gewichtigen Abwägungsfaktor dar, wie er bei Schaffung des Embryonenschutzgesetzes nicht gegeben war. Deshalb stellt sich heute auch die verfassungsrechtliche Frage einer Zulässigkeit entsprechender Forschung ganz anders als damals – nicht weil sich das *Menschenbild* geändert hätte, sondern weil uns die Forschung neue Abwägungsfaktoren liefert oder anders gesagt sogar aufdrängt. Dem damit gebotenen Abwägungsvorgang können und dürfen wir uns nicht entziehen, und wir müssen ihn *offen* vornehmen.

Schließlich ein Wort zu der gängigen „Statusfrage“. Die Frage, welchen „Status“ der Embryo ab welchem Zeitpunkt hat, hat aus verfassungsrechtlicher Sicht keineswegs jene Bedeutung, die sie innerhalb anderer Disziplinen haben mag. Der Umstand, dass auch der Leichnam Menschenwürdeschutz genießt, zeigt, dass nicht einmal das Faktum „Leben“ (an seinem Beginn oder an seinem Ende) allein über die Frage entscheidet, ob der Menschenwürdeschutz „aktiv“ wird. Und der Umstand, dass dem Menschen nach der deutschen Rechtsordnung erst ab der Vollendung der Geburt „Rechtsfähigkeit“ (und damit ein besonderer Status) zugeschrieben wird (§ 1 BGB), zeigt ebenfalls, dass es in unserer Rechtsordnung unabhängig von der Grundfrage des „Ob“ des Menschenwürdeschutzes ganz unterschiedliche Ausprägungen hinsichtlich des „Wie“ gibt und geben kann. Die Kernfrage, ob und in welchem Ausmaß Embryonen im Frühstadium, die dem Tod geweiht sind, weil sie als so genannte „verwaiste“ oder „überzählige“ Embryonen aus Gründen, die bei der Spenderin der Eizelle liegen, auf Dauer nicht mehr zur künstlichen Befruchtung verwendet werden können, nicht doch zur Erreichung hochrangiger therapeutischer Ziele für die wissenschaftliche Forschung verwendet werden dürfen, lässt sich aus der Menschenwürde allein nicht beantworten.

Recht auf Leben und körperliche Unversehrtheit

Der Grundrechtsschutz von Leben und körperlicher Unversehrtheit ist in Art. 2 II 1 GG verankert. Auch medizinische Eingriffe in den Körper sind daher grundsätzlich rechtfertigungsbedürftig. Zur Rechtfertigung genügt keinesfalls die medizinische Indikation allein. Hinzutreten muss regelmäßig die aufgeklärte Einwilligung (informed consent) des Patienten. Nur wenn eine selbstverantwortliche Willensbildung des Patienten nicht möglich ist – bei Einwilligungsunfähigen –, kann der mutmaßliche Wille oder der Wille eines gesetzlichen Vertreters an deren Stelle treten. Liegt ein medizinischer Eingriff nicht oder nicht nur im Interesse des Betroffenen, insbesondere also bei Forschungsmaßnahmen ohne therapeutische Komponente, steigen die Anforderungen an die Einwilligung.

Beide Grundrechte sind – anders als die Menschenwürde – nicht vorbehaltlos gewährt, sondern es kann „aufgrund eines Gesetzes“ in sie eingegriffen werden, wenn der Eingriff zur Erreichung des angestrebten legitimen Zwecks verhältnismäßig ist. Beispiele hierfür sind die dem Einzelnen in Notfällen auferlegte Pflicht, lebensbedrohliche Gefahren auf sich zu nehmen, oder ein Impfzwang zum Schutz der Allgemeinheit. Wie insbesondere die verfassungsrechtliche Zulässigkeit eines gezielten tödlichen Rettungsschusses im Angesicht einer gegenwärtigen Bedrohung menschlichen Lebens zeigt, kommt es entscheidend auf eine Abwägung der beteiligten Interessen an. Humangenetische medizinische Maßnahmen müssen also individuell einer Wertung unterzogen werden. Das pauschale Verbot einer bestimmten gentechnischen therapeutischen Maßnahme kann u. U. selbst eine Verletzung der körperlichen Unversehrtheit darstellen, wenn etwa eine medizinisch indizierte, Erfolg versprechende Methode nicht angewendet werden könnte und der Patient dadurch zu Schaden käme. Was im Einzelfall zulässig ist und welche Vorsichtsmaßnahmen insbesondere bei neuen Methoden oder Techniken eingehalten werden müssen, kann und muss der Staat aber in den Grundzügen regeln, da die Grundrechte nicht nur Abwehrrechte darstellen, sondern zugleich Schutzpflichten enthalten.

Was den Schutz der körperlichen Unversehrtheit und des Lebens vor der Geburt angeht, kann auf die obigen Ausführungen zur Menschenwürde verwiesen werden, da der Schutz des Art. 2 II GG nicht weiter reicht als der Schutz der Menschenwürde. Spätestens ab der Einnistung der befruchteten Eizelle muss der Staat bei seinen Regelungen also die Grundrechte des werdenden Lebens berücksichtigen.

Recht auf informationelle Selbstbestimmung

Gentechnische Methoden schaffen nicht nur neue therapeutische und manipulative Möglichkeiten, sie ermöglichen auch ganz neue Formen der Erkenntnisgewinnung. So sind bereits heute über 400 Erbkrankheiten durch kommerziell erhältliche Gentests überprüfbar. Über 1000 genetisch bedingten Krankheiten kann eine bestimmte Gensequenz zugeordnet werden (http://www.ncbi.nlm.nih.gov/LocusLink/). In absehbarer Zeit wird mit Hilfe von Gen-Chips eine kostengünstige Methode zur Verfügung stehen, um eine große Zahl von genetischen Untersuchungen in kürzester Zeit bei einem Patienten durchzuführen. Da hierzu nicht zwingend ein körperlicher Eingriff erforderlich ist, bietet das Recht auf körperliche Unversehrtheit keinen umfassenden Schutz gegen derartige Tests.

Schutz gewährt dagegen das Recht auf informationelle Selbstbestimmung. Dieses Grundrecht wurde als Unterfall des allgemeinen Persönlichkeitsrechts in Art. 2 I GG in Verbindung mit der Menschenwürde durch die Rechtsprechung des Bundesverfassungsgericht herausgebildet (Volkszählungsurteil, BVerfGE 65, 1, 45). Ursprünglich richtete sich dieses Recht gegen neuartige Gefährdungspotenziale durch die moderne Informationstechnologie. Heute wird dieses Recht aber auch als ein geninformationelles Selbstbestimmungsrecht oder Recht auf Datenschutz in der Biomedizin aufgefasst. Es gewährt die Befugnis,

> „grundsätzlich selbst über die Preisgabe und Verwendung seiner persönlichen Daten zu bestimmen".

Damit gibt die Verfassung jedem Menschen sowohl das Recht, seine eigene genetische Konstitution zu erfahren, als auch das Recht, seine eigene Konstitution nicht erfahren zu müssen, das so genannte „Recht auf Nichtwissen" (Taupitz 2000b, S. 75–81).

Der Staat hat mit den Datenschutzbestimmungen Regelungen geschaffen, um diese Rechte zu schützen. Genetische Daten sind persönliche Daten im Sinn des § 3 I Bundesdatenschutzgesetzes (BDSG). Ihre Erhebung und Speicherung darf gemäß § 13 BDSG nur zu einem bestimmten Zweck erfolgen. In jedem Fall ist entweder die Einwilligung des getesteten Individuums oder aber eine gesetzliche Ermächtigungsgrundlage erforderlich. Derartige gesetzliche Eingriffsbefugnisse finden sich etwa in § 372a ZPO zur zivilprozessualen Vaterschaftsfeststellung und in den §§ 81e–81 g StPO zur Identitätsfeststellung und Beweisführung im Strafverfahren. Grundsätzlich ist dann eine richterliche Anordnung erforderlich.

Rechte der Forscher und Mediziner

Auch im Bereich der Humangenetik können sich die Anwender auf die bereits oben erörterte Forschungsfreiheit stützen. Diese findet ihre Grenze dort, wo sie mit anderen Rechtsgütern von Verfassungsrang in Konflikt gerät, insbesondere wenn die geschützten Rechte von Patienten oder anderer Personen betroffen sind. Grundsätzlich ist Forschung am Menschen – auch ohne körperlichen Eingriff – nur mit Zustimmung der Betroffenen zulässig, v. a. wenn die Forschung nicht auch dem Wohl des Patienten dient (vgl. hierzu die folgenden Ausführungen zur somatischen Gentherapie). Selbst wenn die Zustimmung nach angemessener Aufklärung erfolgt ist, bleibt die Forschung unzulässig, wenn dem Patienten erhebliche Gefahren drohen, die nicht in angemessenem Verhältnis zu dem individuellen Nutzen für den Patienten stehen.

Gleichermaßen tritt die Berufsfreiheit, auf die sich die Beteiligten ebenfalls stützen können, auf dieser Ebene regelmäßig hinter den Schutz der Patienten zurück.

4.8.4.3 Einzelne Problemfelder und ihre Regelung im geltenden Recht

Embryonenforschung und Stammzelltherapie

Das deutsche Embryonenschutzgesetz (http://www.bba.de/gentech/eschg.pdf) (ESchG) ist weltweit Vorreiter auf dem Gebiet des Embryonenschutzes gewesen. Es trat bereits am 1. 1. 1991 nach einer längeren Diskussion in Kraft, die sich zum damaligen Zeitpunkt allerdings überwiegend auf die künstliche Befruchtung und Fortpflanzungsmedizin bezog.

Vorläufer waren rein standesrechtliche Verbote der künstlichen Befruchtung, die erst im Jahr 1985 vollständig aufgehoben wurden, und zwar in den Richtlinien zur Durchführung der In-vitro-Fertilisation und Embryonentransfer (Bundesärztekammer 1985). Sehr einflussreich war auch – wie bei der Regelung der „grünen" Gentechnologie – der Abschlussbericht der Enquêtekommission „Chancen und Risiken der Gentechnologie" vom 20. 1. 1987. In diesem wurde ein strafrechtliches Verbot genetischer Eingriffe in die Keimbahn, des reproduktiven Klonens von Menschen und der Chimären- und Hybridbildung gefordert.

Das ESchG behandelt nicht nur Fragen der Gentechnik im engeren Sinn, sondern trifft v. a. Regelungen zur Fortpflanzungsmedizin, auf die hier nur am Rand einzugehen ist. Das EschG ist ein reines Strafgesetz. Das resultiert aus der bis 1994 fehlenden Gesetzgebungskompetenz des Bundes zum Erlass von Gesetzen zur Gentechnik und Fortpflanzungsmedizin; eine derartige Kompetenz wurde erst am 27. 10. 1994 in Art. 74 I Nr. 26 GG eingefügt. Der Bundestag stützte sich daher bei der Schaffung des Embryonenschutzgesetzes auf seine Kompetenz für das Strafrecht in Art. 74 I Nr. 1 GG. Strafgesetze sind wegen ihres Ausnahmecharakters und wegen Art. 103 II GG (Die Strafbarkeit muss durch das Gesetz bereits vor der Tat bestimmt sein. Eine Analogie würde erst nach der Tat eine neue Norm bilden. Ausschlaggebend ist die Wortlautgrenze.) restriktiv auszulegen. Die Bildung von Analogien zu Lasten des Täters ist unzulässig, d. h. verboten ist nur, was vom Gesetzeswortlaut erfasst wird.

Der Embryo wird in § 8 I ESchG gesetzlich definiert als

> „... befruchtete, entwicklungsfähige menschliche Keimzelle vom Zeitpunkt der Kernverschmelzung an, ferner jede einem Embryo entnommene totipotente Zelle, die sich bei Vorliegen der dafür erforderlichen Voraussetzungen zu teilen und zu einem Individuum zu entwickeln vermag".

Nicht erfasst werden also im Umkehrschluss die unbefruchteten Keimzellen sowie Zellen aus menschlichen Embryonen, die bereits das Stadium der Totipotenz hinter sich gelassen haben. Nicht ausdrücklich geregelt, aber aus der Gesetzesbegründung und Systematik abzuleiten, ist, dass der Schutz des Embryonenschutzgesetzes mit der Einnistung in die Gebärmutter endet. Ab diesem Zeitpunkt greifen die strafrechtlichen Regeln der §§ 218 ff StGB.

Elementar ist das in § 1 I Nr. 2 ESchG enthaltene Verbot, das es untersagt,

> „... eine Eizelle zu einem anderen Zweck künstlich zu befruchten, als eine Schwangerschaft der Frau herbeizuführen, von der die Eizelle stammt".

Damit ist die künstliche Herstellung von menschlichen Embryonen zu Forschungszwecken ausnahmslos verboten.

Auch die Veräußerung eines menschlichen Embryos und die Abgabe, der Erwerb und die Verwendung zu Zwecken, die nicht seiner Erhaltung dienen, sind in § 2 I ESchG unter Strafe gestellt. Folge dieser Vorschrift ist, dass auch die Forschung mit „überzähligen" Embryonen, die bei einer Infertilitätsbehandlung anfallen, verboten ist, da sie nicht der Erhaltung des Embryos dient. Gegner dieser Regelung wenden ein, dass diese Embryonen „todgeweiht" seien. Eine Einpflanzung ohne Einwilligung der Spenderin verstieße gegen deren Persönlichkeitsrecht, ihre körperliche Unversehrtheit und ihre Menschenwürde. Eine Übertragung auf andere Frauen ist gemäß § 1 I Nr. 1 ESchG zur Verhinderung einer gespaltenen Mutterschaft verboten. Das ESchG trifft allerdings keine Aussage darüber, wie mit den überzähligen befruchteten Eizellen zu verfahren ist. In der Praxis werden sie vernichtet.

Ebenfalls aus § 2 ESchG folgt nach verbreiteter Ansicht, dass die Entnahme einzelner Zellen aus einem existierenden Embryo verboten ist. Dies gelte unabhängig von der Tatsache, ob die Entwicklung des Embryos dabei Schaden nimmt oder nicht, da in jedem Fall eine nicht dem Embryo dienende Verwendung vorliege. Sind die fraglichen Zellen (möglicherweise) totipotent, hat der Embryo also noch nicht das 8-Zell-Stadium erreicht, verstößt die Entnahme zusätzlich gegen das Klonierungsverbot des § 6 ESchG (dazu unten), da die entnommenen Zellen als eigenständige Embryonen anzusehen sind.

Problematisiert wird das hieraus resultierende kategorische Verbot der Embryonenforschung v. a. im Rahmen der Stammzellforschung. An diese knüpfen sich große Erwartungen insbesondere in Bezug auf die Möglichkeit, unbegrenzt vermehrungsfähige Zellkulturen anzulegen, die dann als Ersatzquelle für unterschiedliche Zell- und Gewebetypen beim Menschen dienen könnten. Durch genetische Modifikation der Stammzellen könnten besondere Eigenschaften hinzugefügt und vorbeugend Immunreaktionen bei einer Transplantation vermindert werden. Kritiker weisen auf den Widerspruch zwischen dem kategorischen Schutz des Embryos vor dem Zeitpunkt der Einpflanzung und der deutlichen – allerdings aus dem Konflikt mit den Persönlichkeitsrechten der Mutter erklärbaren – Minderung des Schutzes nach diesem Zeitpunkt hin. Nach § 218 a StGB ist eine Abtreibung innerhalb der ersten 3 Monate der Schwangerschaft nach Beratung ohne jede Begründung straflos möglich.

Für Diskussionen sorgte eine zurückhaltend befürwortende Stellungnahme der DFG zum Problemkreis „Humane embryonale Stammzellen" vom 18. 3. 1999 (http://www.dfg.de/aktuell/StellungnahmenLebenswissenschaften/Eszell_D_99.html). Dort wird u. a. auch die Möglichkeit des so genannten „therapeutischen Klonens" erörtert, bei der man durch einen Zellkerntransfer in eine entkernte Keimzelle auf künstlichem Weg versucht, Stammzellen mit der genetischen Kodierung des Patienten herzustellen. Da aber auch hier der Weg über eine totipotente Zelle – und damit über einen Embryo im Sinn des ESchG – führt, ist diese Methode nach geltendem Recht unzulässig.

Die DFG hofft, dass sich in absehbarer Zeit durch Verwendung adulter Stammzellen Möglichkeiten finden lassen, den Weg über embryonale Stammzellen und über den Zellkerntransfer mit der Folge des Entstehens einer totipotenten Zelle zu vermeiden. Im Rahmen der Diskussion sind 2 alternative Zugriffsmöglichkeiten auf Stammzellen erörtert worden:

1. Zugriff auf primordiale Keimzellen aus abgetriebenen oder natürlich abgegangenen Feten
   Zur Forschung an derartigen embryonalen Zellen liegen Richtlinien der Bundesärztekammer (Bundesärztekammer 1991) vor, die den Zugriff auf die Zellen bei Zustimmung der Mutter unter weiteren Voraussetzungen für zulässig erklären, sofern keine Vergütung erfolgt.
2. Import von pluripotenten Stammzellen aus dem Ausland, die nach dortigem Recht legal aus Embryonen gewonnen wurden
   Da pluripotente Zellen keine Embryonen im Sinn des ESchG darstellen, unterfallen sie nicht dem Verbot des § 2 I ESchG.

Um zu vermeiden, dass von Deutschland aus eine Gewinnung embryonaler Stammzellen oder eine Erzeugung von Embryonen zu diesem Zweck veranlasst wird, ist das Stammzellgesetz (StZG – BGBl. 2002 I, S. 2277) vom deutschen Bundestag verabschiedet worden. Es enthält in § 4 I ein grundsätzliches Verbot des Imports und der Verwendung von embryonalen Stammzellen.

Pluripotente Stammzellen im Sinne des Gesetzes sind gemäß der Legaldefinition in § 3 Nr. 1 StZG alle menschlichen Zellen, die die Fähigkeit besitzen, in entsprechender Umgebung sich selbst durch Zellteilung zu vermehren, und die sich selbst oder deren Tochterzellen unter geeigneten Bedingungen zu Zellen unterschiedlicher Spezialisierung, jedoch nicht zu einem Individuum zu entwickeln vermögen. *Embryonale* Stammzellen liegen dann vor, wenn diese Zellen aus Embryonen produziert worden sind, die extrakorporal erzeugt und nicht zur Herbeiführung einer Schwangerschaft verwendet worden sind oder einer Frau vor Abschluss ihrer Einnistung entnommen wurden.

Um gleichwohl den Anforderungen der grundrechtlich garantierten Forschungsfreiheit gerecht zu werden, ist in § 4 II StZG die Möglichkeit einer Genehmigung von Einfuhr und Verwendung embryonaler Stammzellen unter bestimmten Voraussetzungen vorgesehen. Eine gravierende Einschränkung der Forschungsfreiheit zugunsten des Embryonenschutzes liegt in der Beschränkung der Genehmigungsmöglichkeit auf Stammzelllinien, die bereits vor dem 1.1.2002 gewonnen wurden (§ 4 II Nr. 1 a StZG). Damit ist den deutschen Forschern der Zugang zu neueren Zelllinien internationaler Herkunft ausnahmslos verwehrt. Daneben müssen auch ältere Stammzellen aus ursprünglich zur Fortpflanzung erzeugten Embryonen stammen, die zudem nicht im Rahmen einer Präimplantationsdiagnostik ausgesondert worden sein dürfen. Schließlich dürfen diese Embryonen nicht gegen Entgelt zur Stammzellgewinnung überlassen worden sein.

Die Forschung ist aber nicht nur materiell auf bestimmte Stammzelllinien begrenzt worden; vielmehr findet auch eine inhaltliche Kontrolle über § 5 StZG statt. So dürfen Forschungsarbeiten an Stammzellen nur für hochrangige Forschungsziele zur Grundlagenforschung und für die Erweiterung humanmedizinischer Kenntnisse verwendet werden. Forschung an Stammzellen ist nur zulässig, wenn die vorgesehenen Fragestellungen so weit wie möglich durch Tierversuche vorgeklärt worden sind und sich der wissenschaftliche Erkenntnisgewinn nur mit embryonalen Stammzellen erreichen lässt.

Die Darlegungspflicht für die Konformität eines Forschungsvorhabens mit diesen Bedingungen liegt gem. § 6 II Nr. 2 StZG beim Forscher. Dieser muss bei der zuständigen Behörde (§ 7 StZG) einen schriftlichen Antrag gem. § 6 II StZG stellen. Jedes Forschungsvorhaben wird zusätzlich von einer eigens eingerichteten Zentralen Ethikkommission (§ 8 StZG), die sich aus 9 sachverständigen Theologen, Ethikern, Biologen und Medizinern zusammensetzt, geprüft. Die resultierende Stellungnahme ist rechtlich nicht bindend, abweichende Entscheidungen müssen jedoch von der Genehmigungsbehörde schriftlich begründet werden. Die Genehmigung zum Import und zur Verwendung der Stammzellen kann auch unter Auflagen und Bedingungen erteilt werden. Sämtliche genehmigten Forschungsvorhaben werden gem. § 11 StZG in einem öffentlichen Register geführt.

Gemäß § 13 StZG ist die Verwendung und die Einfuhr von Stammzellen ohne Genehmigung mit bis zu drei Jahren Freiheitsstrafe oder Geldstrafe zu bestrafen. Der Versuch ist strafbar. Falsche Angaben bei der Antragstellung und die Nichtanzeige wesentlicher Änderungen, die die Zulässigkeit des Forschungsprojekts betreffen, werden als Ordnungswidrigkeit mit einem Bußgeld von bis zu 50 000,– EUR geahndet.

Präimplantationsdiagnostik

Äußerst umstritten [vgl. den „*Diskussionsentwurf zu einer Richtlinie zur Präimplantationsdiagnostik*" der Bundesärztekammer (2000), der für eine Zulassung bei schwerwiegenden genetischen Erkrankungen plädiert] sind auch die Verfahren der Präimplantationsdiagnostik (PID). Bei Paaren mit einem erhöhten Risiko für erblich belasteten Nachwuchs besteht heute die Möglichkeit, einem in vitro erzeugten Embryo in einem frühen Stadium einzelne Zellen zu entnehmen und auf einzelne genetische Anomalien zu untersuchen. Liegt eine derartige Anomalie vor, wird der Embryo nicht der Mutter eingepflanzt. Dadurch wird eine mögliche straffreie Abtreibung eines geschädigten Embryos zu einem späteren Zeitpunkt verhindert. Nach geltendem Recht können derartige Verfahren nicht durchgeführt werden. Sie stehen – nach herrschender Meinung – im Konflikt mit mehreren Vorschriften des Embryonenschutzgesetzes:

So kann die Zellentnahme vor Erreichen des 8-Zell-Stadiums einen Verstoß gegen das Verbot des Klonierens in § 6 I ESchG darstellen, da entnommene totipotente Zellen einen neuen Embryo mit gleicher genetischer Ausstattung wie der Ursprungsembryo darstellen. Da der Test auf genetische Anomalien destruktiv ist, liegt auch eine verbotene Verwendung der Zellen zu Zwecken, die nicht der Erhaltung des Embryo dienen, im Sinn des § 2 I ESchG vor.

Verfahren, die in späteren Entwicklungsstadien des Embryos angewendet werden, unterfallen nicht ohne weiteres den Strafvorschriften des Embryonenschutzgesetzes. Die entnommenen Zellen stellen keine Embryonen im Sinn des § 8 ESchG dar. Allerdings stellt sich die Frage, ob nicht die Entnahme einer Zelle eine Verwendung des Embryos zu einem nicht seiner Erhaltung dienenden Zweck im Sinn des § 2 I ESchG darstellt. Der Eingriff in den Embryo dient nicht einer eventuellen Heilung und Erhaltung des Embryos, sondern soll diesen auf seine genetische Gesundheit überprüfen. In diesem Prüfverfahren wird von Kritikern eine Verletzung der Grundrechte des Embryos – insbesondere von dessen Menschenwürde – gesehen. Insoweit kann auf die obigen Ausführungen zu den Grundrechten verwiesen werden.

Ein ursprünglich geplantes (vgl. z.B. die Rede der damaligen Bundesgesundheitsministerin Andrea Fischer zur Eröffnung des Symposiums *„Fortpflanzungsmedizin in Deutschland"* am 24. 5. 2000 in Berlin, http://www.dialog-gesundheit.de/imdialog/veranstaltungen/00/fortpfl/fischerrede.htm) Fortpflanzungsmedizingesetz, das in diesen Fragen mehr Rechtssicherheit schaffen sollte, ist in absehbarer Zeit nicht zu erwarten.

Klonen, Chimären- und Hybridbildung

§ 6 ESchG verbietet kategorisch das Klonen von Menschen. Es wird definiert als das Erzeugen von menschlichen Embryonen *„mit der gleichen Erbinformation wie ein anderer Embryo, ein Fötus, ein Mensch oder ein Verstorbener"*. Begründet wird das Verbot mit einer Verletzung der Menschenwürde, wenn einem Menschen das Erbgut eines Anderen zugeteilt wird und dabei die Individualität der menschlichen Persönlichkeit missachtet wird. Für die Fälle des reproduktiven Klonens gibt es auch keine höherwertigen Rechtsgüter, die zwingend für die Zulassung des Verfahrens sprächen. So ist zwar die Infertilität ein behandlungsbedürftiger Zustand, und das Recht auf Fortpflanzung wird auch von der allgemeinen Handlungsfreiheit (Art. 2 I GG) sowie bei Ehepaaren vom Schutz des Art. 6 GG umfasst; aber diese Rechte reichen nicht so weit, genetische Kopien seiner selbst anfertigen zu dürfen.

§ 7 ESchG verbietet es, menschliche Embryonen mit verschiedenen Erbinformationen zu einem Zellverband zu vereinen, gleichgültig ob dies durch eine anfängliche Verschmelzung oder durch ein späteres Hinzufügen einzelner Zellen geschieht. Erfasst ist sowohl das Hinzufügen menschlicher als auch sonstiger fremder Zellen. Ebenfalls verboten ist die Erzeugung von Interspezieshybriden durch Befruchtung zwischen menschlichen und tierischen Keimzellen und die Übertragung menschlicher Embryonen auf Tiere. Auch hier wird die Menschenwürde als verletzt angesehen.

Genmanipulation an der menschlichen Keimbahn

Eine klare Grenze zieht das ESchG bei Versuchen, genetische Veränderungen am Menschen vorzunehmen. § 5 ESchG stellt die künstliche Veränderung der Erbinformationen einer menschlichen Keimbahnzelle unter Freiheitsstrafe von bis zu 5 Jahren. Zusätzlich ist die Benutzung künstlich veränderter Zellen zur Befruchtung verboten. Auch der Versuch ist strafbar.

Grund für diese Vorschrift ist die Befürchtung, die Entwicklung dieser Manipulationen bedinge zwangsläufig Experimente am Menschen, die v.a. im Fall eines Fehlschlags nicht absehbare Folgen für das Leben, die körperliche Unversehrtheit und die Menschenwürde der Betroffenen hätten. Es sind also eher technisch-pragmatische Gründe, die angeführt werden. Andere Begründungsansätze – etwa die Verhinderung der Eugenik oder eine postulierte kollektive Komponente der Menschenwürde, in die durch Veränderungen eingegriffen werde – stehen bisher im Hintergrund. Es bleibt daher abzuwarten, ob nicht beim Vorliegen einer präzisen und fehlerarmen Genmanipulationstechnik zumindest bei schweren Erbkrankheiten eine genetische Korrektur auch für die Nachfahren zuzulassen wäre.

Ausdrücklich erlaubt ist gemäß § 5 IV ESchG die Genmanipulation an einer außerhalb des Körpers befindlichen Keimzelle, wenn ausgeschlossen ist, dass diese zur Befruchtung verwendet wird, sowie die Manipulation an Keim*bahn*zellen aus einer toten Leibesfrucht, von einem Menschen oder einem Verstorbenen, wenn ausgeschlossen wird, dass diese auf einen Menschen, Fetus oder Embryo übertragen werden oder dass aus ihnen eine Keimzelle entsteht. Diese Tatbestandseinschränkung soll der Forschungsfreiheit dort Rechnung tragen, wo keine Gefahr für die oben aufgeführten Rechtsgüter droht.

Im Gegensatz zum MRÜB ist auch die nur in Kauf genommene, also nicht mit direkter Absicht verfolgte Keimbahnveränderung verboten. Dies hat zur Folge, dass eine genetische Therapie zur Korrektur einer Erbkrankheit bei einem Embryo vor der Einpflanzung rechtlich nicht zulässig ist, wenn nicht auszuschließen ist, dass sie sich auf die Keimbahnzellen des Embryos auswirkt. Entnimmt man dagegen zu einem späteren Entwicklungsstadium eine nicht totipotente Zelle – die Entnahme einer totipotenten Zelle verstieße gegen das Klonierungsverbot – und korrigiert deren Erbgut, so darf sie wegen des bereits erörterten Verbots der Hybridbildung gemäß § 7 I Nr. 2 ESchG nicht wieder mit dem Embryo verbunden werden, da sie nun eine andere Erbinformation trägt. Rechtlich unverbindlich ist im Übrigen das Verbot des Gentransfers auf Embryonen gemäß den Berufsordnungen, die Abschnitt D IV Nr. 14 der (Muster-)Berufsordnung für die deutschen Ärztinnen und Ärzte (Bundesärztekammer 1997) folgen, da die Ärztekammern nur zur Regelung des Berufsrechts, nicht aber bestimmter Therapieformen befugt sind (Vesting 1997). Im Ergebnis ist somit genetische Therapie für Embryonen vor einer Implantation legal nur zu erreichen, wenn einzelne Zellen, die sich nicht mehr zu Keimbahnzellen ausdifferenzieren können, gezielt innerhalb des Zellverbunds des Embryos korrigiert werden könnten.

Somatische Gentherapie

Nicht erwähnt, also vom Tatbestand des ESchG nicht erfasst, und damit grundsätzlich zulässig ist die somatische Gentherapie zur Behandlung von Krankheiten, bei der keine Keimzellen vorsätzlich verändert werden. (§ 5 IV Nr. 3 ESchG schränkt das Verbot der Keimbahnveränderung ein, wenn diese nur unbeabsichtigte Nebenwirkung einer medizinischen Behandlung wie einer Impfung, einer Strahlen- bzw. Chemotherapie oder einer sonstigen Behandlung ist.) Es gibt bisher keinerlei spezialgesetzliche Regelungen für die somatische Gentherapie. Solche sind bisher auch nicht geplant, da eine Bund-Länder-Arbeitsgruppe zum Thema „Somatische Gentherapie" (vgl. bereits den Bericht der „Benda-Kommission" 1985, S. 78, 79) zum Ergebnis kam, spezialgesetzliche Regelungen seien wegen der Vergleichbarkeit mit sonstigen Heileingriffen nicht notwendig.

Es finden daher die allgemeinen Regelungen des Arzneimittelgesetzes (AMG) auf somatische Gentherapien Anwendung (Wagner u. Morsey 1996). Die dem Menschen verabreichten Erbinformationen und die zur Übertragung verwendeten Vektoren sind Arzneimittel im Sinn der §§ 2–4 AMG. Da gentherapeutische Maßnahmen sich heute noch in der Entwicklung befinden, müssen Studien, bei denen diese verwandt werden, gemäß § 67 AMG bei der zuständigen Landesbehörde angemeldet werden.

Ist der Anwender des gentechnischen Medikaments zugleich deren Hersteller, so bedarf er einer Herstellungserlaubnis gemäß § 13 AMG. Durch die zuständige Landesbehörde werden die Sachkenntnis und die Zuverlässigkeit der verantwortlichen Personen, des Herstellungsleiters, des Kontrollleiters und des Vertriebsleiters überprüft. Im Fall der ausschließlichen Herstellung von Arzneimitteln zur somatischen Gentherapie kann ein einzelner gemäß § 14 IIa AMG alle Funktionen in einer Person ausüben. Der Nachweis der Sachkenntnis setzt entweder die Approbation zum Apotheker oder ein fachrelevantes Hochschulstudium mit anschließender Prüfung voraus. Erforderlich ist darüber hinaus eine mindestens 2-jährige praktische Tätigkeit im Bereich der Arzneimittelherstellung oder -kontrolle (§ 15 I AMG) oder, wie § 15 IIIa AMG für die gentherapeutische Forschung vorsieht, in einem medizinisch relevanten Gebiet der Gentechnik (insbesondere Mikrobiologie, Zellbiologie, Virologie oder Molekularbiologie). Zu beachten ist, dass die Herstellung von Medikamenten mit GVO – im Gegensatz zu deren Anwendung – den umfangreichen Regelungen des GenTG unterfällt; insoweit wird auf die Ausführungen im Abschnitt zur grünen Gentechnik verwiesen.

Werden klinische Studien an Patienten durchgeführt, sind die §§ 40–42 AMG einschlägig, die u. a. die Einschaltung einer Ethikkommission vorsehen und zahlreiche weitere Vorschriften einschließlich des Erfordernisses einer Pflichtversicherung der Patienten aufstellen. Schwierigkeiten bereitet bei der Gentherapie die Abgrenzung der klinischen Studie vom individuellen Heilversuch, der nicht von den §§ 40 ff AMG erfasst wird. Eine klinische Studie wird v. a. durch die Absicht definiert, über den Einzelfall hinausreichende wissenschaftliche Erkenntnisse zu erlangen (Sander 1999, S. 13 f). Da gentherapeutische Maßnahmen häufig sehr individuell auf einen einzelnen Patienten und dessen Genom zugeschnitten sind, könnten die Vorschriften des §§ 40 ff AMG nur auf sehr wenige gentherapeutische Maßnahmen Anwendung finden. Gegen eine restriktive Auslegung spricht aber die Tatsache, dass Genmedizin gerade im Bereich der Pharmakogenomik immer sehr individualisierte Medizin bleiben wird. Die Vorschriften der §§ 40–42 AMG sind daher, soweit sie auf Gentherapie anwendbar sind, zu beachten, da sie von ihrer gesetzgeberischen Schutzintention für den Patienten auch gentherapeutische Medikamente erfassen.

Weitere Regelungen betreffen die „Richtlinien zum Gentransfer in menschliche Körperzellen" (Bundesärztekammer 1995) der Bundesärztekammer. Darin ist vorgesehen, dass somatische Gentherapien nur bei schweren, insbesondere anders nicht heilbaren Krankheiten anzuwenden sind. Die Regelungen des AMG aufgreifend ist auch hier eine Begutachtung durch eine Ethikkommission vorgesehen. Weitere Bestimmungen betreffen u.a. die Aufklärung des Patienten, die Abschätzung des Nutzen-Risiko-Verhältnisses und den Versicherungsschutz des Patienten.

Bis heute sind diese Bestimmungen nur in wenigen (z.B. in Baden-Württemberg, Berufsordnung, F. Anhang Nr. 1, http://laekbw.arzt.de/Homepage/kammer/Arztrecht/Berufsordnung.pdf) Berufsordnungen der Landesärztekammern aufgenommen worden und erfassen damit nur einen kleinen Teil der Ärzteschaft. So weit darin vom allgemeinen AMG abweichende Regelungen getroffen werden – das Verbot von jeglichem Gentransfer auf Embryonen ohne Einschränkung, das Verbot der Behandlung gemeinsam mit Genetikern und Zellbiologen ohne Approbation – bestehen erhebliche Zweifel an der rechtlichen Verbindlichkeit. Zum einen erlangen die Berufsordnungen ohnehin nur für die Berufsgruppe der Ärzte Geltung und sind daher z.B. für einen Genetiker unbeachtlich. Zum anderen überschreiten die getroffenen Bestimmungen teilweise die Regelungskompetenz der Landesärztekammern. Deren Rechtssetzungsbefugnis ergibt sich aus den Kammer- und Heilberufsgesetzen der Länder und erstreckt sich nur auf das Berufsrecht der Ärzte. Die Länder ihrerseits sind aber gemäß Art. 74 I Nr. 26 GG nur zur *konkurrierenden* Gesetzgebung auf dem Gebiet der Gentherapie befugt. Da der Bund aber, wie einschlägige Vorschriften zur Gentherapie im AMG zeigen, bereits eine abschließende Regelung in diesem Bereich getroffen hat, ist für Gesetze der Länder kein Raum. Damit sind die berufsrechtlichen Regelungen, so weit sie von den Vorgaben des AMG abweichen, nicht maßgebend (Vesting 1997).

4.8.5 Anhang – Deklaration von Helsinki zur medizinischen Forschung am Menschen in der Fassung von Edinburgh 2000

4.8.5.1 Einleitung

Die Deklaration von Helsinki des Weltärztebunds, die sich mit medizinischer Forschung am Menschen befasst, gilt als eines der wichtigsten Dokumente ärztlicher Standesauffassung. Obwohl es sich nicht um einen völkerrechtlich verbindlichen Rechtsakt handelt, ist ihr Einfluss auf die ärztliche Ethik und auf nationale Regelungen zur medizinischen Forschung am Menschen doch unbestritten. Ihre Regeln befassen sich zwar nicht speziell mit der Gentechnik und der Genmedizin. Sie sind darauf jedoch dem Grundsatz nach anwendbar (Deutsch u. Taupitz 2001), sodass nachfolgend die Neufassung der Deklaration von Helsinki in ihrer Fassung vom Oktober 2000 (beschlossen auf der 52. Hauptversammlung des Weltärztebunds in Edinburgh) in Gegenüberstellung zur bisherigen Fassung abgedruckt wird (Taupitz 2001 a).

Der Haupttitel der Deklaration lautet wie bisher „Deklaration von Helsinki des Weltärztebundes". Eine offizielle deutsche Übersetzung seitens des Weltärztebundes gibt es nicht. Auf der Homepage der World Medical Association (http://www.wma.net) ist die Deklaration in Englisch, Französisch und Spanisch verfügbar [wobei allerdings nur die englische Fassung in Edinburgh beschlossen worden ist, s. Doppelfeld (2000)]. Die Bundesärztekammer hat eine (z.T. recht freie) deutsche Übersetzung erarbeitet, die auf ihrer Homepage (http://www. bundesaerztekammer.de) abrufbar ist. Im nachfolgenden Beitrag wird eine möglichst wortgetreue Übersetzung geliefert, die nicht in allen Punkten mit derjenigen der Bundesärztekammer übereinstimmt; auf besonders wichtige Übersetzungsunterschiede wird jeweils besonders hingewiesen. Der Untertitel wurde dagegen geändert; anstelle von *„Empfehlungen für Ärzte, die in der biomedizinischen Forschung am Menschen tätig sind"*, heißt es jetzt ohne Nennung bestimmter Adressaten: *„Ethische Prinzipien für die medizinische Forschung am Menschen"* [kritisch hierzu s. Doppelfeld (2000)]. Hier klingt bereits an, dass sich die Deklaration nicht mehr nur an Ärzte, sondern an alle in der medizinischen Forschung Tätigen wenden will (s. dazu noch unten zu Nr. 1).

Die Nummerierung und Gliederung sind neu: Bisher begann jeder Abschnitt mit einer neuen Zählung. Jetzt reicht die Nummerierung übersichtlicher von 1–32.

Bisher gab es eine Unterteilung in 4 Abschnitte:

- Einleitung (1–8);
- I. Grundlegende Prinzipien (1–12);
- II. Medizinische Versuche in Verbindung mit ärztlicher Versorgung (klinische Versuche) (1–6);
- III. Nicht-therapeutische biomedizinische Forschung am Menschen (1–4).

Nunmehr gliedert sich die Deklaration in 3 Abschnitte, nämlich:

- A. Einleitung (1–9);
- B. Grundlegende Prinzipien medizinischer Forschung (10–27);
- C. Ergänzende Prinzipien für medizinische Forschung in Verbindung mit medizinischer Versorgung (28–32).

Damit ist die nicht-therapeutische medizinische Forschung jetzt in den allgemeinen Grundsätzen aufgegangen; nur Versuche in Verbindung mit ärztlicher Versorgung werden noch besonders thematisiert. Dies ist ausgehend von der auf Heilung von Kranken ausgerichteten „normalen" ärztlichen Tätigkeit überraschend; eher hätte erwartet werden können, dass die *nicht-therapeutische* Forschung als *Ausnahme* ärztlicher Tätigkeit behandelt wird. Allerdings ist gegen die jetzige Aufteilung nichts einzuwenden, wenn hervorgehoben werden soll, dass sich die Deklaration auch an nicht-ärztliche Forscher wendet (und überhaupt ganz auf Forschung und nicht auf medizinische Versorgung ausgerichtet sein soll) und Kranke, die in die medizinische Forschung einbezogen werden, besonders schutzbedürftig sind. In der Sache bleibt jedenfalls die bisherige [wenn auch auf einem Kontinuum zwischen individuellem Wohl und Gemeinwohl anzusiedelnde (Taupitz 2000a, S. 273, 379) und damit nicht trennscharf mögliche] Unterscheidung zwischen therapeutischer und nicht-therapeutischer Forschung aufrechterhalten, auch wenn sie nicht mehr so deutlich wie früher zum Ausdruck gebracht und aus dem Blickwinkel des Schutzes Einwilligungsunfähiger – wie zu zeigen sein wird – zu wenig akzentuiert wird.

4.8.5.2 Zu den einzelnen Bestimmungen

Nachfolgend werden die neue und alte Fassung im Wortlaut nebeneinander gestellt und hinsichtlich der wichtigsten Änderungen kommentiert.

Neue Fassung von Edinburgh

Einleitung: 1. Mit der Deklaration von Helsinki hat der Weltärztebund eine Erklärung ethischer Grundsätze als Leitlinie für Ärzte und andere Personen entwickelt, die in der medizinischen Forschung am Menschen tätig sind. Medizinische Forschung am Menschen schließt die Forschung an identifizierbarem menschlichem Material oder identifizierbaren (gemeint ist offenbar: personenbezogenen) Daten ein.

Bisherige Fassung

Einleitung 8: Da es notwendig ist, die Ergebnisse von Laborversuchen auch auf den Menschen anzuwenden, um die wissenschaftliche Erkenntnis zu fördern und der leidenden Menschheit zu helfen, hat der Weltärztebund die folgenden Empfehlungen als eine Leitlinie für jeden Arzt erarbeitet, der in der biomedizinischen Forschung tätig ist. Sie sollte in der Zukunft überprüft werden.

Kommentar: Es ist zu begrüßen, dass Zweck und Reichweite der Deklaration nun ganz am Anfang stehen. Nicht zu missbilligen ist, dass die Deklaration jetzt ausdrücklich auch nicht-ärztliche Forscher anspricht. Da die Deklaration den Anspruch erhebt, für einen ausreichenden Schutz der in medizinische Forschung einbezogenen Personen zu sorgen und die Schutzkriterien nicht einmal vom nationalen Gesetzgeber sollen relativiert oder unterlaufen werden können (s. Nr. 9), ist es nur konsequent, dass sich die Deklaration um die Formulierung von Kriterien bemüht, die über den ärztlichen Berufsstand hinaus Akzeptanz finden sollen. Schon bisher wandte sie sich Nr. I 8 a. F. (s. jetzt Nr. 27 n. F.) an Herausgeber von wissenschaftlichen Veröffentlichungen, also ebenfalls an Nicht-Ärzte. Im Übrigen kann die Deklaration nicht-ärztliche Forscher über eine allgemeine Überzeugungsbildung hinaus insofern mittelbar einbeziehen, als sich die Ärzteschaft verpflichten kann, nur in der Weise mit Nichtärzten zusammenzuarbeiten, dass hierbei von allen Beteiligten die Anforderungen der Deklaration erfüllt werden. Angesichts fehlender Rechtsverbindlichkeit der Deklaration selbst für Ärzte ist aber selbst diese Forderung nicht mehr als ein moralischer Appell [nur das jeweilige nationale Berufsrecht kann die Ärzte in rechtsverbindlicher Weise zur Befolgung der Deklaration verpflichten (Taupitz 1991). In den (satzungsförmigen) Berufsordnungen der deutschen Ärztekammern, die der Musterberufsordnung des Deutschen Ärztetags folgen, wird die Deklaration von Helsinki allerdings nur als Grundlage jener Beratung genannt, die die Ethikkommission dem Arzt auf dessen pflichtgemäße Anforderung hin vor Durchführung biomedizinischer Forschung am Menschen erteilt (§ 15 II MBO)].
Zu begrüßen ist es ferner, dass nunmehr auch Forschung an identifizierbarem menschlichem Material und mit personenbezogenen Daten in das Regelwerk einbezogen wird.

Neue Fassung von Edinburgh	Bisherige Fassung
2. Es ist die Pflicht eines Arztes, die Gesundheit der Menschen zu fördern und zu erhalten. Der Erfüllung dieser Pflicht dient der Arzt mit seinem Wissen und Gewissen.	Einleitung 1: Aufgabe des Arztes ist die Erhaltung der Gesundheit des Menschen. Der Erfüllung dieser Aufgabe dient er mit seinem Wissen und Gewissen.

Kommentar: Richtigerweise wird jetzt die Pflicht des Arztes besonders betont, die Gesundheit des Menschen zu fördern, d.h. wieder herzustellen und auch (präventiv) zu verbessern.

Neue Fassung von Edinburgh	Bisherige Fassung
3. Die Deklaration von Genf des Weltärztebunds verpflichtet den Arzt mit den Worten „*Die Gesundheit meines Patienten soll mein vornehmstes Anliegen sein*“, und der internationale Kodex ärztlicher Ethik legt fest: „*Ein Arzt soll nur im Interesse seines Patienten handelt, wenn er ihm eine medizinische Behandlung oder Beratung zuteil werden lässt, die geeignet ist, den physischen oder psychischen Zustand des Patienten zu beeinträchtigen*“.	Einleitung 2: Die Deklaration von Genf des Weltärztebunds verpflichtet den Arzt mit den Worten „*Die Gesundheit meines Patienten soll mein vornehmstes Anliegen sein*“, und der internationale Kodex ärztlicher Ethik legt fest: „*Ein Arzt soll nur im Interesse seines Patienten handelt, wenn er ihm eine medizinische Behandlung oder Beratung zuteil werden lässt, die geeignet ist, den physischen oder psychischen Zustand des Patienten zu beeinträchtigen*“.
4. Medizinischer Fortschritt beruht auf Forschung, die sich letztlich z.T. auch auf Versuche am Menschen stützen muss.	Einleitung 5: Medizinischer Fortschritt beruht auf Forschung, die sich letztlich z.T. auch auf Versuche am Menschen stützen muss.
5. Bei medizinischer Forschung am Menschen sollten [Dies wird in der Übersetzung der Bundesärztekammer – wie bei anderen Bestimmungen auch – nicht angemessen wiedergegeben; es heißt dort feststellend „*haben Überlegungen … Vorrang*“.] Überlegungen zum Wohl der Versuchsperson Vorrang vor dem Interesse der Wissenschaft und der Gesellschaft haben.	I 5 Satz 2: Die Sorge um die Belange der Versuchsperson muss gegenüber dem Interesse der Wissenschaft und Gesellschaft stets übergeordnet sein.
	III 4: Bei Versuchen am Menschen sollte das Interesse der Wissenschaft und der Gesellschaft niemals Vorrang vor Erwägungen haben, die das Wohlbefinden der Versuchsperson betreffen.

Kommentar: Die sprachlich merkwürdige Fassung, wonach bestimmte „Überlegungen“ Vorrang vor bestimmten „Interessen“ haben sollen, spiegelt das Dilemma wider, dass individuelles und kollektives Wohl kaum wirklich gegeneinander abgewogen werden können. Selbst bezogen auf das individuelle Wohl muss die Vorschrift mehrdeutig bleiben, da therapeutische und nicht-therapeutische (dem Betroffenen potenziell nützende oder eher fremdnützige) Forschung aus dem Blickwinkel „Nutzen“ und „nicht Schaden“ unterschiedliche Aspekte des Wohls berühren. Zu begrüßen ist, dass der Grundsatz, wonach die Interessen des Individuums Vorrang vor Allgemeininteressen haben, nunmehr weiter an den Anfang der Deklaration gerückt ist (wenn er auch eher an den Anfang der grundlegenden Prinzipien, nicht aber in die Einleitung gehört hätte).

Neue Fassung von Edinburgh	Bisherige Fassung
6. Primärer Zweck medizinischer Forschung am Menschen ist es, prophylaktische, diagnostische und therapeutische Verfahren sowie das Verständnis für die Ätiologie und Pathogenese der Krankheit zu verbessern. Selbst die besten erprobten prophylaktischen, diagnostischen und therapeutischen Methoden müssen ständig durch Forschung auf ihre Wirksamkeit, Leistungsfähigkeit, Verfügbarkeit und Qualität überprüft werden.	Einleitung 3: Zweck biomedizinischer Forschung am Menschen muss es sein, prophylaktische, diagnostische und therapeutische Verfahren sowie das Verständnis für die Ätiologie und Pathogenese der Krankheit zu verbessern.

Kommentar: In der Vorschrift wird nicht deutlich, welche anderen Zwecke außer dem genannten „primären" Zweck mit medizinischer Forschung legitimerweise verfolgt werden.

7. In der medizinischen Praxis und medizinischen Forschung schließen die meisten prophylaktischen, diagnostischen und therapeutischen Verfahren Risiken und Belastungen ein.	Einleitung 4: In der medizinischen Praxis sind diagnostische, therapeutische und prophylaktische Verfahren mit Gefahren verbunden. Dies gilt um so mehr für die biomedizinische Forschung.
8. Medizinische Forschung ist Gegenstand ethischer Standards, die den Respekt vor dem Menschen fördern und seine Gesundheit und Rechte schützen. Einige Betroffenengruppen (research populations) sind verletzlich und benötigen besonderen Schutz. Die besonderen Bedürfnisse der wirtschaftlich und gesundheitlich Benachteiligten müssen beachtet werden. Besondere Aufmerksamkeit ist zudem erforderlich bei denjenigen, die nicht für sich selbst eine Einwilligung geben oder verweigern können, bei denjenigen, die ihre Einwilligung möglicherweise in einer Zwangssituation abgeben, bei denjenigen, die keinen persönlichen Nutzen von der Forschung haben und bei denjenigen, bei denen die Forschung mit medizinischer Versorgung (care) verbunden ist.	

Kommentar: Nr. 8 ist neu. Zu begrüßen ist es, dass besonders schutzbedürftige Personengruppen jetzt explizit genannt werden. Wie allerdings der konkrete Schutz der jeweiligen Gruppenangehörigen aussehen soll, wird in der Deklaration nur für einige der genannten Gruppen [nämlich Einwilligungsunfähige (Nr. 24–26) und Patienten (Nr. 28 ff)] näher dargelegt. Merkwürdig ist umgekehrt, dass zwar in einigen Vorschriften ausdrücklich auf gesunde Freiwillige eingegangen wird (Nr. 16, 18), dass diese Personen aber nicht als besondere Gruppe in Nr. 8 genannt sind.

Neue Fassung von Edinburgh	Bisherige Fassung
9. Diejenigen, die Forschung durchführen, sollten sich der ethischen, gesetzlichen und verfahrensförmigen Erfordernisse medizinischer Forschung am Menschen ihres eigenen Landes ebenso wie der anwendbaren internationalen Regeln bewusst sein. Keine nationale ethische, gesetzliche oder verfahrensförmige Regel sollte irgendeines der in dieser Deklaration niedergelegten Kriterien zum Schutz des Menschen abschwächen oder aufheben dürfen.	Einleitung 8, Satz 3: Es muss betont werden, dass diese Empfehlungen nur als Leitlinie für die Ärzte auf der ganzen Welt gedacht sind. Kein Arzt ist von der straf-, zivil- und berufsrechtlichen Verantwortlichkeit nach den Gesetzen seines Landes befreit.

Kommentar: In Nr. 9 findet sich wieder die Erstreckung der Deklaration auf nicht-ärztliche Forscher. Zu schwach ausgeprägt ist die Verpflichtung des Forschers, sich der jeweiligen nationalen Bestimmungen bewusst zu sein; die frühere Fassung brachte viel deutlicher zum Ausdruck, dass die Deklaration nicht von der Befolgung nationaler Rechtsvorschriften entbinden kann. Ein wenig überheblich klingt die Forderung, dass nationales Recht nicht hinter dem von der Deklaration gewährten Schutz zurückbleiben darf. Rechtliche Wirkung hat diese Forderung angesichts fehlender Bindung der staatlichen Gesetzgeber ohnehin nicht.

B. Allgemeine Grundsätze medizinischer Forschung: 10. Es ist die Pflicht des Arztes, in der medizinischen Forschung Leben, Gesundheit, Privatsphäre und Würde des Menschen zu schützen.	III 1: In der rein wissenschaftlichen Anwendung der medizinischen Forschung am Menschen ist es die Pflicht des Arztes, das Leben und die Gesundheit der Person zu schützen, an der biomedizinische Forschung durchgeführt wird.

Kommentar: Es ist zu begrüßen, dass die in Nr. 10 getroffene Aussage nun nicht mehr nur für die nichttherapeutische Forschung gilt, sondern ganz allgemein. Zu Recht werden auch Privatsphäre und Würde jetzt ausdrücklich genannt. Allerdings hätte zusätzlich das Selbstbestimmungsrecht der Patienten und Probanden besonders erwähnt werden sollen.

11. Medizinische Forschung am Menschen muss den allgemein anerkannten wissenschaftlichen Grundsätzen entsprechen, auf umfassender Kenntnis der wissenschaftlichen Literatur, auf anderen relevanten Informationsquellen und auf ausreichenden Laborversuchen sowie, soweit angemessen (Unklar ist, warum die Übersetzung der Bundesärztekammer die ohnehin schwache Aussage durch die Formulierung „und ggf. Tierversuchen" noch weiter verwässert.), Tierversuchen basieren."	I 1: Biomedizinische Forschung am Menschen muss den allgemein anerkannten wissenschaftlichen Grundsätzen entsprechen; sie sollte auf ausreichende Laboratoriums- und Tierversuche sowie einer umfassenden Kenntnis der wissenschaftlichen Literatur aufbauen.

Kommentar: In der (inhaltlich allerdings wenig griffigen) Forderung, dass Tierversuche nur dort der Forschung am Menschen vorangehen sollten, wo dies „angemessen" ist, drückt sich die weltweit wachsende Sensibilität für den Tierschutz aus. In der Tat sollte an lebenden Wesen generell nur dann geforscht werden, wenn andere Formen der Forschung nicht hinreichend aussagekräftig sind.

12. Angemessene (Die Übersetzung der Bundesärztekammer belässt es erstaunlicherweise beim früheren Begriff „besondere".) Vorsicht muss bei der Durchführung von Versuchen walten, die die Umwelt in Mitleidenschaft ziehen können; das Wohl der Versuchstiere muss respektiert werden.	Einleitung 7: Besondere Vorsicht muss bei der Durchführung von Versuchen walten, die die Umwelt in Mitleidenschaft ziehen können; das Wohl der Versuchstiere muss respektiert werden.

Neue Fassung von Edinburgh

13. Die Planung und Durchführung eines jeden Versuchs am Menschen sollte klar formuliert in einem Versuchsprotokoll niedergelegt werden. Dieses Protokoll sollte zur Beratung, Stellungnahme, Orientierung und, soweit angemessen (auch hier lautet die Übersetzung der Bundesärztekammer „ggf.") Zustimmung einer besonders berufenen Ethikkommission vorgelegt werden, die unabhängig vom Forschungsteam, vom Sponsor und von irgend einer anderen unangemessenen Beeinflussung sein muss. Diese unabhängige Kommission sollte mit den Gesetzen oder Bestimmungen des Landes, in dem der Versuch durchgeführt wird, im Einklang sein. Die Kommission hat das Recht, die laufende Durchführung der Versuche zu überwachen. Der Forscher hat die Verpflichtung, der Kommission die zur Überwachung notwendigen Informationen, insbesondere zu schwer wiegenden unerwünschten Ereignissen (die Übersetzung der Bundesärztekammer spricht von „auftretenden ernsten Zwischenfällen") zu geben. Der Forscher sollte der Kommission ferner zum Zweck der Überprüfung Informationen betreffend finanzielle Unterstützung, Sponsoren, institutionelle Verbindungen, andere mögliche Interessenkonflikte und Anreize für die Versuchspersonen geben.

Bisherige Fassung

I 2: Die Planung und Durchführung eines jeden Versuchs am Menschen sollte klar formuliert in einem Versuchsprotokoll niedergelegt werden, welches einem besonders berufenen, vom Forschungsteam und Sponsor unabhängigen Ausschuss zur Beratung, Stellungnahme und Orientierung vorgelegt werden sollte. Dabei wird davon ausgegangen, dass dieser Ausschuss gemäß den Gesetzen oder Bestimmungen des Landes, in dem der Versuch durchgeführt wird, im Einklang anerkannt ist.

Kommentar: Mit der Neufassung wird die Beratungs- und Kontrollfunktion der Ethikkommission gestärkt. Zum einen wird der Umfang der Informationen, die der Ethikkommission vor Beginn des Versuchs zur Verfügung zu stellen sind, erweitert. Das Hauptaugenmerk wird dabei auf größere Transparenz und Aufdeckung möglicher Interessenkonflikte gerichtet. Zum anderen erhält die Kommission nun explizit das Recht, die Durchführung der Versuche begleitend zu überwachen. Durch das – wenn auch von einem Angemessenheitsvorbehalt erfasste – Erfordernis eines zustimmenden Votums der Ethikkommission wird allerdings die Tendenz verstärkt, die Ethikkommission entgegen ihrer früheren Funktion als Beratungsgremium zu einem genehmigenden Organ (wenn nicht gar zu einer Genehmigungsbehörde) werden zu lassen.

14. Das Versuchsprotokoll sollte stets die ethischen Überlegungen im Zusammenhang mit der Durchführung des Versuchs darlegen und aufzeigen, dass Übereinstimmung mit den Grundsätzen dieser Deklaration besteht.

I 12: Das Versuchsprotokoll sollte stets die ethischen Überlegungen im Zusammenhang mit der Durchführung des Versuchs darlegen und aufzeigen, dass die Grundsätze dieser Deklaration eingehalten werden.

15. Medizinische Forschung sollte nur von wissenschaftlich qualifizierten Personen und unter Aufsicht einer klinisch erfahrenen, medizinisch qualifizierten Person durchgeführt werden. Die Verantwortung für die Versuchsperson trägt stets eine medizinisch qualifizierte Person und nie die Versuchsperson selbst, auch dann nicht, wenn sie ihr Einverständnis gegeben hat.

I 3: Biomedizinische Forschung am Menschen sollte nur von wissenschaftlich qualifizierten Personen und unter Aufsicht einer klinisch erfahrenen, medizinisch qualifizierten Person durchgeführt werden. Die Verantwortung für die Versuchsperson trägt stets eine medizinisch qualifizierte Person und nie die Versuchsperson selbst, auch dann nicht, wenn sie ihr Einverständnis gegeben hat.

Kommentar: Unklar bleibt wie in der bisherigen Fassung, was eine „medizinisch qualifizierte Person" ist. In anderem Zusammenhang spricht die Deklaration jedenfalls deutlicher vom „Arzt", sodass der in Nr. 15 angesprochene Kreis von Personen offenbar über die Ärzteschaft hinaus reichen soll.

Neue Fassung von Edinburgh	Bisherige Fassung
16. Jedem medizinischen Forschungsvorhaben am Menschen sollte eine sorgfältige Abschätzung der voraussehbaren Risiken und Belastungen im Vergleich zu dem voraussichtlichen Nutzen für die Versuchsperson oder andere Personen vorausgehen. Dies schließt die Teilnahme von gesunden Freiwilligen an medizinischer Forschung nicht aus. Das Design aller Studien sollte öffentlich verfügbar sein.	I 5 Satz 1: Jedem biomedizinischen Forschungsvorhaben am Menschen sollte eine sorgfältige Abschätzung der voraussehbaren Risiken im Vergleich zu dem voraussichtlichen Nutzen für die Versuchsperson oder andere Personen vorausgehen.

Kommentar: Zu Recht werden nunmehr auch die mit der Forschung verbundenen Belastungen für die Versuchspersonen thematisiert. Satz 3 soll wie andere Vorschriften für eine größere (auch öffentliche) Transparenz medizinischer Forschung sorgen. Unklar ist allerdings die beabsichtigte Reichweite dieser Bestimmung (auch etwa die Frage, inwieweit Geheimhaltungsinteressen anzuerkennen sind).

Neue Fassung von Edinburgh	Bisherige Fassung
17. Ärzte sollen nicht bei Versuchen am Menschen tätig werden, wenn sie nicht darauf vertrauen können, dass die mit dem Versuch verbundenen Risiken angemessen beurteilt wurden und zufriedenstellend beherrschbar sind. Ärzte sollten den Versuch abbrechen, sobald sich herausstellt, dass das Risiko den möglichen Nutzen übersteigt oder wenn ein hinreichender Beweis für positive und nützliche Ergebnisse erbracht wurde.	I 7: Ärzte sollen nicht bei Versuchen am Menschen tätig werden, wenn sie nicht davon überzeugt sind, dass die mit dem Versuch verbundene Gefahr für vorhersagbar gehalten werden kann. Ärzte sollten den Versuch abbrechen, sobald sich herausstellt, dass die Gefahren den möglichen Nutzen übersteigen.

Kommentar: Zutreffend wird jetzt darauf hingewiesen, dass auch vorzeitige Ergebnisse zu berücksichtigen sind und zur Vermeidung überflüssiger Forschung Anlass zum Abbruch einer Studie geben können.

Neue Fassung von Edinburgh	Bisherige Fassung
18. Medizinische Forschung am Menschen sollte nur durchgeführt werden, wenn die Bedeutung des Versuchsziels die mit dem Versuch verbundenen Risiken und Belastungen für die Versuchsperson überwiegt. Dies ist von besonderer Bedeutung, wenn die Versuchspersonen gesunde Freiwillige sind.	I 4: Biomedizinische Forschung am Menschen kann legitimerweise nur durchgeführt werden, wenn die Bedeutung des Versuchsziels in einem angemessenen Verhältnis zum mit dem Versuch verbundenen Risiko für die Versuchsperson steht.

Kommentar: Mit der Neufassung werden der Forschung jetzt engere Grenzen gesteckt (auch wenn individuelle und kollektive Gesichtspunkte kaum wirklich miteinander verglichen werden können). Die Bedeutung des Versuchsziels muss jetzt die Risiken und Belastungen für die Versuchspersonen überwiegen. Auf die Gefahren und Belastungen für Personen, die als Gesunde von der entsprechenden Forschung keinen persönlichen Vorteil haben, wird besonders hingewiesen.

Neue Fassung von Edinburgh	Bisherige Fassung
19. Medizinische Forschung ist nur dann gerechtfertigt, wenn ein vernünftiges Maß an Wahrscheinlichkeit (die Übersetzung der Bundesärztekammer spricht von „großer Wahrscheinlichkeit") dafür besteht, dass die Bevölkerungsgruppen („populations"), an denen die Forschung durchgeführt wird, voraussichtlich einen Nutzen von den Forschungsergebnissen haben werden.	

Kommentar: Nr. 19 ist völlig neu. Allerdings ist der Sinn dieser Bestimmung unklar, weil nicht deutlich wird, nach welchen Kriterien „Bevölkerungsgruppen" voneinander abgegrenzt werden sollen (Alter, Krankheit usw. im Sinn von Nr. 24 und 26?). Offenbar soll damit aber ein Teil des Problems „ethischen Exports" und insbesondere ein Problem der Forschung in Entwicklungsländern gelöst, nämlich „Forschung an den Armen für die Reichen" unterbunden werden.

Neue Fassung von Edinburgh	Bisherige Fassung
20. Die Versuchspersonen müssen freiwillige Teilnehmer sein und über das Forschungsvorhaben aufgeklärt sein.	I 9: Bei jedem Versuch am Menschen muss jede Versuchsperson ausreichend über Absicht, Durchführung, erwarteten Nutzen und Risiken des Versuchs sowie über möglicherweise damit verbundene Unannehmlichkeiten unterrichtet werden. Die Versuchsperson sollte darüber informiert sein, dass es ihr freisteht, die Teilnahme am Versuch zu verweigern, und dass sie jederzeit eine einmal gegebene Zustimmung widerrufen kann. Nach dieser Aufklärung sollte der Arzt die freiwillige Zustimmung der Versuchsperson einholen; die Erklärung sollte vorzugsweise schriftlich abgegeben werden. III 2: Die Versuchspersonen sollten Freiwillige sein, entweder gesunde Personen oder Patienten, für die die Versuchsabsicht nicht mit ihrer Krankheit in Zusammenhang steht.
21. Das Recht der Versuchspersonen auf Wahrung ihrer Unversehrtheit muss stets geachtet werden. Es sollte alles getan werden, um die Privatsphäre der Versuchsperson und die Vertraulichkeit der Patienteninformationen zu wahren sowie die Auswirkungen des Versuchs auf die körperliche und geistige Unversehrtheit sowie die Persönlichkeit der Versuchsperson so gering wie möglich zu halten.	I 6: Das Recht der Versuchspersonen auf Wahrung ihrer Unversehrtheit muss stets geachtet werden. Es sollte alles getan werden, um die Privatsphäre der Versuchsperson zu wahren sowie die Auswirkungen des Versuchs auf die körperliche und geistige Unversehrtheit sowie die Persönlichkeit der Versuchsperson so gering wie möglich zu halten. III 1: In der rein wissenschaftlichen Anwendung der medizinischen Forschung am Menschen ist es die Pflicht des Arztes, das Leben und die Gesundheit der Person zu schützen, an der biomedizinische Forschung durchgeführt wird.
22. Bei jeder Forschung am Menschen muss jede Versuchsperson ausreichend über Ziele, Methoden, Quellen finanzieller Unterstützung und mögliche Interessenkonflikte, institutionelle Verbindungen des Forschers, erwarteten Nutzen und möglichen Risiken der Studie und die damit verbundenen Störungen des Wohlbefindens aufgeklärt werden. Die Versuchsperson sollte darüber aufgeklärt sein, dass sie das Recht hat, die Teilnahme am Versuch zu verweigern, und dass sie jederzeit und ohne Nachteil eine einmal gegebene Zustimmung widerrufen kann. Nachdem der Arzt sich vergewissert hat, dass die Versuchsperson die Aufklärung verstanden hat, sollte er die freiwillig erteilte Einwilligung (nach Aufklärung) der Versuchsperson einholen, vorzugsweise in Schriftform. Falls die Einwilligung nicht in schriftlicher Form eingeholt werden kann, muss die nicht schriftlich abgegebene Einwilligung formell dokumentiert und durch Zeugen bestätigt werden.	I 9: Bei jedem Versuch am Menschen muss jede Versuchsperson ausreichend über Absicht, Durchführung, erwarteten Nutzen und Risiken des Versuchs sowie über möglicherweise damit verbundene Unannehmlichkeiten unterrichtet werden. Die Versuchsperson sollte darüber informiert sein, dass es ihr freisteht, die Teilnahme am Versuch zu verweigern, und dass sie jederzeit eine einmal gegebene Zustimmung widerrufen kann. Nach dieser Aufklärung sollte der Arzt die freiwillige Zustimmung der Versuchsperson einholen; die Erklärung sollte vorzugsweise schriftlich abgegeben werden.

Kommentar: Mit der Neufassung wird jetzt stärker auf eine Information der Versuchsperson über mögliche Interessenkonflikte (einschließlich etwaiger Bindungen des Arztes und etwaiger Geldgeber) Wert gelegt. Außerdem wird zu Recht stärker betont, dass die Versuchsperson zu wissen hat, dass sie die Zustimmung jederzeit *ohne Nachteile* widerrufen kann. Ebenfalls wird eine Regel getroffen für den Fall, dass die als vorzugswürdig bezeichnete *Schriftform* der Einwilligung nicht eingehalten werden kann.

Neue Fassung von Edinburgh

23. Ist die Versuchsperson vom Arzt abhängig oder erfolgte die Einwilligung zu einem Versuch möglicherweise unter Druck, soll der Arzt beim Einholen der Einwilligung nach Aufklärung besondere Vorsicht walten lassen. In einem solchen Fall sollte die Einwilligung nach der Aufklärung durch einen gut unterrichteten Arzt eingeholt werden, der mit dem Forschungsvorhaben nicht befasst ist und vollkommen außerhalb des Abhängigkeitsverhältnisses steht.

24. Für eine Versuchsperson, die einwilligungsunfähig ist, physisch oder geistig nicht in der Lage ist, eine Einwilligung zu erteilen oder wegen Minderjährigkeit nicht einwilligungsfähig ist, muss der Forscher die Einwilligung nach Aufklärung vom gesetzlich ermächtigten Vertreter entsprechend dem anwendbaren nationalen Recht einholen. Diese Personengruppen sollten nicht in Forschung einbezogen werden, es sei denn, die Forschung ist erforderlich, um die Gesundheit der entsprechenden Gruppe zu fördern, und kann nicht an einwilligungsfähigen Personen durchgeführt werden kann.

Bisherige Fassung

I 10: Ist die Versuchsperson vom Arzt abhängig oder erfolgte die Einwilligung zu einem Versuch möglicherweise unter Druck, soll der Arzt beim Einholen der Einwilligung nach Aufklärung besondere Vorsicht walten lassen. In einem solchen Fall sollte die Einwilligung nach Aufklärung durch einen Arzt eingeholt werden, der mit dem Forschungsvorhaben nicht befasst ist und vollkommen außerhalb des offiziellen Abhängigkeitsverhältnisses steht.

I 11 Absatz 1: Ist die Versuchsperson nicht einwilligungsfähig, sollte die Einwilligung nach Aufklärung vom gesetzlichen Vertreter entsprechend dem nationalen Recht eingeholt werden. Die Einwilligung des mit der Verantwortung betrauten Verwandten (darunter war nach deutschem Recht der Personensorgeberechtigte zu verstehen) ersetzt die der Versuchsperson, wenn diese infolge körperlicher oder geistiger Behinderung nicht wirksam zustimmen kann oder minderjährig ist.

Kommentar: Ausdrücklich hervorgehoben wird jetzt zu Recht, dass Forschung mit Einwilligungsunfähigen nur dann zulässig (weil erforderlich) ist, wenn die Forschung nicht mit Einwilligungsfähigen möglich ist. Im Gegensatz zur bisherigen Fassung wird allerdings jetzt auch nicht-therapeutische Forschung mit Einwilligungsunfähigen für zulässig erklärt, sofern sie der jeweiligen Betroffenengruppe nützt [zur Bedeutung des Gruppennutzens s. etwa die Stellungnahme der Zentralen Ethikkommission bei der Bundesärztekammer zum Schutz nicht-einwilligungsfähiger Personen in der medizinischen Forschung (1997); erläuternder Aufsatz hierzu von Taupitz u. Fröhlich (1997)]. Zutreffend wird jetzt vom gesetzlich ermächtigten Vertreter (legally authorized representative) und nicht mehr vom Verwandten (responsible relative) gesprochen, der anstelle des Einwilligungsunfähigen zur Entscheidung über die Teilnahme zuständig ist.

25. Wenn eine Versuchsperson, die – wie ein minderjähriges Kind – als einwilligungsunfähig anzusehen ist, eine billigende Äußerung zu Entscheidungen bezüglich ihrer Teilnahme an Forschung abgeben kann, muss der Forscher diese Billigung zusätzlich zur Einwilligung des gesetzlich ermächtigten Vertreters einholen.

I 11 Absatz 2: Wenn das minderjährige Kind fähig ist, seine Zustimmung zu erteilen, muss neben der Zustimmung des Personensorgeberechtigten auch die Zustimmung des Minderjährigen eingeholt werden.

Kommentar: Die Achtung des Selbstbestimmungsrechts auch des Einwilligungsunfähigen wird nun zu Recht über den Kreis der Minderjährigen hinaus auf alle Einwilligungsunfähigen erstreckt. Die Deklaration unterscheidet jetzt zudem sauberer zwischen „consent“ (rechtfertigende Einwilligung) und „assent“ (nicht allein zur Rechtfertigung ausreichende Billigung).

Neue Fassung von Edinburgh

26. Forschung an Versuchspersonen, deren Einwilligung nicht eingeholt werden kann, und zwar auch nicht in Form einer Einwilligung eines Stellvertreters oder in Form einer vorherigen Einwilligung des Betroffenen, sollte nur durchgeführt werden, wenn der physische oder psychische Zustand, der der wirksamen Einwilligung nach Aufklärung entgegensteht, ein notwendiges Charakteristikum der fraglichen Versuchsgruppe ist. Die besonderen Gründe für die Einbeziehung der einwilligungsunfähigen Personen sollten im Versuchsprotokoll zur Bewertung und Zustimmung durch die Ethikkommission niedergelegt werden. Das Versuchsprotokoll sollte festlegen, dass die Einwilligung zur weiteren Teilnahme an dem Forschungsvorhaben so bald wie möglich von der betroffenen Person oder ihrem gesetzlich ermächtigten Vertreter eingeholt werden sollte.

Bisherige Fassung

II 5: Wenn der Arzt es für unentbehrlich hält, auf die Einwilligung nach Aufklärung zu verzichten, sollten die besonderen Gründe für dieses Vorgehen in dem für den unabhängigen Ausschuss bestimmten Versuchsprotokoll niedergelegt werden.

Kommentar: Nr. 26 ist in Satz 1 eine Präzisierung des Erforderlichkeitsprinzips, das bereits in Nr. 24 angesprochen wird. Entgegen der bisherigen Fassung, wonach *nicht-therapeutische* Forschung nur an Freiwilligen (und das heißt: Einwilligungsfähigen) durchgeführt werden sollte (Nr. III 2 a. F., s. oben bei Nr. 20; zudem war bisher nur bezogen auf medizinische Forschung *in Verbindung mit ärztlicher Versorgung* ausdrücklich davon die Rede, dass ggf. auf die Einwilligung nach Aufklärung verzichtet werden könne, Nr. II 5 a. F.), gibt die Deklaration jetzt implizit zu verstehen, dass auch nicht-therapeutische Forschung mit Einwilligungsunfähigen möglich ist. Zu kritisieren ist, dass dabei keinerlei Anbindung an den mutmaßlichen Willen des Betroffenen vorgesehen ist und auch keine absolute Grenze festgelegt wird (wie es etwa die Menschenrechtskonvention zur Biomedizin des Europarats mit dem Kriterium des „minimalen Risikos/der minimalen Belastung" versucht). Nicht einmal eine besonders strenge Nutzen-Risiko-Abwägung wird für die Einbeziehung von Einwilligungsunfähigen gefordert. Gerade aus dem Blickwinkel des Schutzes Einwilligungsunfähiger hatte sich die früher deutlichere (auch gliederungsmäßige) Herausstellung nicht-therapeutischer Forschung als bedeutsam erwiesen.
Zu begrüßen ist die neue Regelung, wonach die Einwilligung zur *weiteren* Teilnahme so bald wie möglich eingeholt werden sollte. Dies betrifft in Verbindung mit der Grundregel, wonach auch personenbezogene Daten von den Regeln der Deklaration erfasst werden, insbesondere auch die weitere Verwendung der gespeicherten Daten.

27. Sowohl Autoren als auch Verleger von Veröffentlichungen haben ethische Verpflichtungen. Bei der Veröffentlichung der Forschungsergebnisse sind die Forscher verpflichtet, die Ergebnisse genau wiederzugeben. Sowohl negative als auch positive Ergebnisse sollten veröffentlicht werden oder auf andere Weise öffentlich verfügbar sein. Quellen finanzieller Unterstützung, institutionelle Verbindungen und mögliche Interessenkonflikte sollten in der Veröffentlichung angegeben werden. Berichte über Forschung, die nicht in Übereinstimmung mit den in dieser Deklaration niedergelegten Grundsätzen durchgeführt wurde, sollten nicht zur Veröffentlichung angenommen werden.

I 8 Satz 1: Der Arzt ist bei der Veröffentlichung der Forschungsergebnisse verpflichtet, die Ergebnisse genau wiederzugeben.

Neue Fassung von Edinburgh	Bisherige Fassung
	I 8 Satz 2: Berichte über Forschung, die nicht in Übereinstimmung mit den in dieser Deklaration niedergelegten Grundsätzen durchgeführt wurde, sollten nicht zur Veröffentlichung angenommen werden.

Kommentar: Auch in Nr. 27 zeigt sich die Tendenz der Deklaration, Interessenkonflikte und Bindungen offenzulegen. Neu ist auch die Verpflichtung, negative Ergebnisse zu veröffentlichen; in der Tat können dadurch andere Forschungsvorhaben, die unnötige Risiken für die Versuchspersonen bringen, vermieden werden.

C. Besondere Grundsätze für medizinische Forschung in Verbindung mit medizinischer Versorgung: 28. Der Arzt kann medizinische Forschung nur insoweit mit medizinischer Versorgung verbinden, als die Forschung durch ihren möglichen prophylaktischen, diagnostischen oder therapeutischen Wert gerechtfertigt ist. Wenn medizinische Forschung mit medizinischer Versorgung verbunden wird, sind zusätzliche Standards anzuwenden, um die Patienten, die Versuchspersonen sind, zu schützen.	II 6: Der Arzt kann medizinische Forschung mit dem Ziel der Gewinnung neuer wissenschaftlicher Erkenntnisse mit der ärztlichen Betreuung nur so weit verbinden, als diese medizinische Forschung durch ihren möglichen diagnostischen oder therapeutischen Wert für den Patienten gerechtfertigt ist.

Kommentar: Im Gegensatz zur früheren Fassung wird nicht mehr verlangt, dass die fragliche Forschung einen Vorteil gerade für den Patienten erwarten lässt. Dies beinhaltet eine Abschwächung des Patientenschutzes. Man hätte hier (um z. B. Forschung zur Pathogenese einer Krankheit oder um die Bildung der für systematische Forschung notwendigen Vergleichsgruppen zu ermöglichen, deren Mitglieder von der entsprechenden Forschung häufig keinen eigenen Nutzen haben) zumindest einen Gruppennutzen (also einen Nutzen für die von derselben Krankheit Betroffenen) verlangen sollen. Nur unvollkommen erfasst Nr. 32 n. F. jetzt einen Teil des entsprechenden Patientenschutzes, indem zumindest dort auf den Individualschutz abgestellt wird.

29. Die Vorteile, Risiken, Belastungen und Wirksamkeit eines neuen Verfahrens sollten gegen diejenigen des derzeit besten prophylaktischen, diagnostischen und therapeutischen Verfahrens abgewogen werden. Dies schließt den Gebrauch von Plazebos ebensowenig aus wie das Unterlassen einer Behandlung, sofern kein erprobtes prophylaktisches, diagnostisches oder therapeutisches Verfahren existiert.	II 2: Die mit der Anwendung eines neuen Verfahrens verbundenen möglichen Vorteile, Risiken und Störungen des Befindens sollten gegen die Vorzüge der bisher bestehenden diagnostischen und therapeutischen Methoden abgewogen werden.
	II 3: Bei jedem medizinischen Versuch sollten alle Patienten – einschließlich diejenigen einer evtl. vorhandenen Kontrollgruppe – die beste erprobte diagnostische und therapeutische Behandlung erhalten. Dies schließt nicht die Verwendung von reinen Plazebos bei Versuchen aus, für die es kein erprobtes diagnostisches oder therapeutisches Verfahren gibt.

Kommentar: Vergleichsobjekt der Forschung soll nunmehr das beste verfügbare Verfahren sein; offen bleibt, ob dieses konkret oder abstrakt (z. B. in anderen Kliniken/Ländern) verfügbar sein muss. Die Forderung, dass *alle* Patienten – auch diejenigen einer Vergleichsgruppe – die beste erprobte diagnostische und therapeutische Behandlung erhalten sollten (Nr. II 3 S. 1 a. F.), gibt es als solche jetzt nicht mehr (s. aber unten Nr. 32); wörtlich genommen hätte sie auch jeden Versuch ausgeschlossen, weil das beste Verfahren durch die Studie gerade erst ermittelt werden soll und voraussehbarerweise nicht *beide* Gruppen (Studien- und Vergleichsgruppe) *gleichermaßen* das *beste* Verfahren erhalten werden; auch erhalten die Teilnehmer der Studiengruppe, bei denen das neue Verfahren angewendet wird, auf keinen Fall die beste *erprobte* Behandlung. Gleich geblieben ist die Bestimmung, dass eine Plazebogabe nur dann zulässig ist, wenn es kein erprobtes Verfahren gibt. Allerdings hält die herrschende Auffassung in Deutschland eine Plazebogabe (abgesehen vom Fehlen einer anerkannten Methode, gegen die getestet werden kann) auch dann für zulässig, wenn es um mindere Leiden geht, die so wenig ausgeprägt sind, dass die Plazebogabe keine besonderen Gefahren für den Patienten zur Folge hat [Deutsch (1999, 2001); noch enger Kloesel u. Cyran (1999): § 41 Anm. 1: Sofern eine Standardtherapie existiere, sei eine Plazebogabe „nicht angezeigt")]. In dieser Richtung wird auch aus international vergleichender Sicht argumentiert, dass eine plazebokontrollierte Studie bei Vorhandensein einer effektiven Therapie ethisch vertretbar sein kann, wenn die Patienten durch ihre Teilnahme keinen „erheblichen Risiken" ausgesetzt werden (Jost 2000). Viel zu weit geht jedenfalls die verbreitete Forderung, unabhängig von der Verfügbarkeit einer erprobten effektiven Therapie *grundsätzlich* plazebokontrollierte Versuche durchzuführen (Schou 2001; Jost 2000).

Neue Fassung von Edinburgh	**Bisherige Fassung**
30. Bei Beendigung einer Studie sollte gewährleistet werden, dass jeder darin eingeschlossene Patient Zugang zu denjenigen Verfahren erhält, die sich in der Erprobung als die besten prophylaktischen, diagnostischen und therapeutischen Verfahren erwiesen haben.	

Kommentar: Es handelt sich um eine sehr weit reichende neue Vorschrift. In erster Linie soll offenbar (ergänzend zu Nr. 19) das Dritte-Welt-Problem gelöst werden, indem es nicht mehr zulässig ist, eine Studie durchzuführen, ohne der betroffenen Bevölkerung anschließend auch die Vorteile zukommen zu lassen. Weitergehend kann die Vorschrift aber auch im Inland sämtlichen individuellen Versuchspersonen zugute kommen, wenn sie dahin interpretiert wird, dass allen Versuchspersonen die Studienmedikation (sofern sie sich als überlegen erwiesen hat) selbst dann so lange wie notwendig zur Verfügung gestellt werden muss, wenn die Kosten nicht von Sozial- oder Privatversicherungsträgern übernommen werden. Sogar ein „Konkurrenzprodukt", gegen das getestet wurde, muss dann offenbar allen Teilnehmern zur Verfügung gestellt werden. Wo die (auch zeitlichen) Grenzen einer derartigen Forderung liegen, wird noch für erhebliche Diskussionen sorgen.

31. Der Arzt sollte den Patienten umfassend (die Übersetzung der Bundesärztekammer lautet „ausführlich") über alle forschungsbezogenen Aspekte der Versorgung informieren. Die Weigerung eines Patienten, an einem Versuch teilzunehmen, darf niemals die Beziehung zwischen Arzt und Patient beeinträchtigen.	II 4: Die Weigerung eines Patienten, an einem Versuch teilzunehmen, darf niemals die Beziehung zwischen Arzt und Patient beeinträchtigen.

Kommentar: Die Regel in Satz 1 soll dem Patienten zu Recht verdeutlichen, welche Maßnahmen spezifisch studienbedingt sind und welche Maßnahmen im Rahmen seiner medizinischen Versorgung auch unabhängig von der Studie vorgesehen sind. Dadurch soll die Nutzen-Risiko-Abwägung hinsichtlich der Teilnahme an der Studie für den Patienten erleichtert werden.

Neue Fassung von Edinburgh

32. Sofern erprobte prophylaktische, diagnostische und therapeutische Verfahren fehlen oder sich als unwirksam erwiesen haben, muss der Arzt die Freiheit haben, bei der Behandlung eines Patienten mit dessen Einwilligung nach Aufklärung unerprobte oder neue prophylaktische, diagnostische und therapeutische Maßnahmen zu ergreifen, wenn sie nach seinem Urteil die Hoffnung bieten, das Leben des Patienten zu retten, seine Gesundheit wiederherzustellen oder seine Leiden zu lindern. So weit möglich (auch hier lautet die Übersetzung der Bundesärztekammer abschwächend „ggf.") sollten diese Verfahren zum Gegenstand von Forschung gemacht worden sein, um ihre Sicherheit und Wirksamkeit zu überprüfen. Auf jeden Fall sollten neue Informationen aufgezeichnet und, soweit angemessen, veröffentlicht werden. Die übrigen einschlägigen Bestimmungen dieser Deklaration sollten befolgt werden.

Bisherige Fassung

II 1: Bei der Behandlung eines Kranken muss der Arzt die Freiheit haben, neue diagnostische und therapeutische Maßnahmen anzuwenden, wenn sie nach seinem Urteil die Hoffnung bieten, das Leben des Patienten zu retten, seine Gesundheit wiederherzustellen oder seine Leiden zu lindern.

Kommentar: Der Heilversuch wird nun explizit auf jene Fälle beschränkt, in denen erprobte prophylaktische, diagnostische und therapeutische Verfahren fehlen oder sich als unwirksam erwiesen haben. Zudem wird jetzt zutreffend betont, dass vom individuellen Heilversuch so weit wie möglich in systematische Forschung übergegangen werden sollte und neue Informationen aufgezeichnet und – soweit angemessen – der Öffentlichkeit zugänglich gemacht werden sollten.

Erstaunlich und in der Sache abzulehnen ist es, dass der individuelle Heilversuch und der klinische Versuch nun offenbar überhaupt nicht mehr bei Einwilligungsunfähigen möglich sein sollen, und zwar selbst dann nicht, wenn die begründete Hoffnung besteht, dass durch den entsprechenden therapeutischen Versuch das Leben des Patienten gerettet, seine Gesundheit wiederhergestellt oder sein Leiden verringert wird: Nr. 32 verlangt ausnahmslos die Einwilligung des Patienten nach dessen Aufklärung (wobei auch nicht etwa pauschal – ohne Personenbezug – von der Einwilligung nach Aufklärung gesprochen wird, sodass nicht diejenige des gesetzlichen Vertreters im Sinn der Nr. 24 damit gemeint sein kann), ebenso wie Nr. 31 eine umfassende Information des *Patienten* fordert. Auch im Übrigen findet sich im neuen Abschnitt über medizinische Forschung in Verbindung mit medizinischer Versorgung keine vergleichbare Aussage wie früher unter II 5, wonach der Arzt in Verbindung mit ärztlicher Versorgung u.U. auf die Einwilligung nach Aufklärung verzichten kann (nämlich wenn er dies für „unentbehrlich" hält, s. oben bei Nr. 26). Richtigerweise hätten der Heilversuch und der klinische Versuch unter Anbindung an den mutmaßlichen Willen des Kranken ermöglicht werden sollen.

4.8.5.3 Zusammenfassende Beurteilung der Neufassung

Zusammenfassend sind folgende Punkte zu nennen:

1. Der überwiegende Teil der Veränderungen in der Deklaration von Helsinki ist positiv zu bewerten. Der Patienten- und Probandenschutz wurde in der Tendenz eher stärker denn schwächer ausgestaltet.
2. Forschung an Einwilligungsunfähigen ist allerdings nun in einer Weise geregelt, die die internationale Diskussion auf den Kopf stellt:
   Einerseits ist entgegen der bisherigen Fassung und entgegen international geltend gemachten Bedenken nun auch *nicht-therapeutische* Forschung zulässig (wenn auch eingeschränkt durch die Notwendigkeit der Einwilligung des gesetzlichen Vertreters, durch das Kriterium der Erforderlichkeit und des zu erwartenden Gruppennutzens, durch die Notwendigkeit einer Billigung des Einwilligungsunfähigen, so weit sie möglich ist, sowie durch die Erfordernis einer ggf. möglichen *späteren* Einwilligung als Voraussetzung einer *weiteren* Beteiligung an der Forschung); hier hätte des Weiteren zumindest eine besonders strenge Nutzen-Risiko-Abwägung, ggf. auch eine objektive Grenze („minimales Risiko") oder die Anbindung an den mutmaßlichen Willen vorgesehen werden müssen.
   Andererseits sind der *individuelle Heilversuch* und der *klinische therapeutische Versuch* bei Einwilligungsunfähigen offenbar überhaupt nicht mehr erlaubt, und zwar selbst dann nicht, wenn die begründete Hoffnung besteht, dass durch den entsprechenden therapeutischen Versuch das Leben des Patienten gerettet, seine Gesundheit wiederhergestellt oder sein Leiden verringert werden kann. Denn im gesamten Abschnitt über die medizinische Forschung in Verbindung mit ärztlicher Versorgung findet sich jetzt keine Ausnahmevorschrift mehr, wonach auf die Einwilligung des Betroffenen verzichtet und durch die Einwilligung des gesetzlichen Vertreters ersetzt werden kann. Richtigerweise hätten therapeutische Versuche zumindest unter Anbindung an den mutmaßlichen Willen des Patienten ermöglicht werden sollen. Unklar ist, ob es sich bei der jetzigen Regelung um ein unbeabsichtigtes Versehen oder um den Ausdruck falsch verstandenen Patientenschutzes handelt.
3. Zu begrüßen ist das Bemühen, medizinische Forschung für die Versuchspersonen wie auch für die Ethikkommission und die Öffentlichkeit transparenter auszugestalten und dabei insbesondere mögliche Interessenkonflikte offenzulegen.
4. Die Tatsache, dass sich die Deklaration jetzt über den ärztlichen Kreis hinaus an alle in der medizinischen Forschung Tätigen wendet, ist nicht zu missbilligen; sie führt allerdings in der Formulierung einiger Regeln zu Unklarheiten, weil nicht immer zu erkennen ist, warum gelegentlich doch nur Ärzte angesprochen werden (etwa in Nr. 2, 10 und 17 oder in Nr. 22 und 23 im Vergleich zu Nr. 24). Möglicherweise sollte insofern auch lediglich eine Variation in der Wortwahl ohne sachlichen Unterschied vorgenommen werden.
5. Unbefriedigend ist (wie in der früheren Fassung) der unterschiedliche Verpflichtungsgrad der verschiedenen Vorschriften. Viel häufiger hätten Mussbestimmungen formuliert werden sollen. In der Sache zutreffend, den Willen der Verfasser der Deklaration allerdings nicht richtig wiedergebend (Die englische Originalfassung unterscheidet deutlich zwischen „should" und „must", s. etwa Nr. 8, 11, 12, 13, 15, 20, 21, 22, 24, 25, 31, 32.), wird in der Übersetzung der Bundesärztekammer denn auch häufig – wenn auch nicht durchgängig (z. B. nicht in Nr. 9, 24, 27, 30, 32.) – aus dem weichen „should" ein deutlich verpflichtenderes „muss" (Nr. 9, 13, 14, 15, 16, 17, 18, 21, 22, 23, 26, 27, 29, 31; s. auch Nr. 5.).
6. Einige Bestimmungen sind in ihrer Reichweite völlig unklar (insbesondere Nr. 16, 19, 30) und gewinnen dadurch eine besondere Brisanz.
7. Die Deklaration hätte sprachlich-systematisch gestrafft werden sollen. Beispielsweise befassen sich 5 Vorschriften (16, 17, 18, 28 und 29) mit der Nutzen-Risiko-Abwägung, 5 Bestimmungen mit der Aufklärung und Einwilligung bei einwilligungsfähigen Personen (20, 22, 23, 31, 32) und zusätzlich 3 Bestimmungen mit der Einwilligung bei einwilligungsunfähigen Probanden (24, 25, 26).
8. Nicht alle in die Beratung eingebrachten Wünsche nach zusätzlichen (v. a. ausdifferenzierteren) Regeln sind berücksichtigt worden [s. dazu etwa das „Göttinger Papier", abgedruckt bei Deutsch u. Taupitz (2000), S. 365 ff; den Vorschlag der Bundesärztekammer, abgedruckt bei Deutsch u. Taupitz (2000), S. 429 ff; s. ferner Deutsch (2001)]. Beispielsweise wird epidemiologische Forschung nicht besonders thematisiert, fehlen Bestimmungen zum kontrollierten klinischen Versuch bezüglich der Bildung von

Test- und Kontrollgruppen, der Randomisierung, des Blind- und Doppelblindversuchs. Auch auf Sonderformen wie das Pilotprojekt und die Anwendungsbeobachtung sowie auf die Spezifika von multizentrischen Studien wird nicht eingegangen. Die Verwendung menschlicher Körpersubstanzen wird zwar in der Einleitung angesprochen, aber mit ihren besonderen Problemen (z.B. zur möglichen Reichweite der Einwilligung, Anlage von Biobanken, Folgeforschung, Kommerzialisierung) ebensowenig erfasst wie der gesamte Bereich der humangenetischen Forschung. Auch die Forschung an humanen Keimzellen, befruchteten Eizellen, Embryonen und Feten wird nicht angemessen thematisiert. Insofern wurde die Chance vertan, zu wichtigen Themen moderner Forschung Stellung zu beziehen und den Forschern in zahlreichen drängenden Fragen eine wirkliche Hilfestellung zu geben.

9. Die Deklaration von Helsinki des Weltärztebunds war auf internationaler Ebene lange Zeit das einzige einigermaßen umfassende und spezifische Regelwerk zur medizinischen Forschung am Menschen. Inzwischen hat sie Konkurrenz bekommen, und diese wird noch zunehmen: Die Menschenrechtskonvention zur Biomedizin des Europarates, die inzwischen von 10 der 43 Mitgliedstaaten des Europarats ratifiziert wurde [Slowakische Republik (15.1.1998), San Marino (20.3.1998), Griechenland (6.10.1998), Slowenien (5.11.1998), Dänemark (10.8.1999), Spanien (1.9.1999), Georgien (22.11.2000), Rumänien (24.4.2001), Tschechische Republik (22.6.2001) und Portugal (13.8.2001)] und damit in diesen Ländern in Kraft getreten ist, kann wohl als *das* kommende Grundgesetz biomedizinischer Forschung im europäischen Raum angesehen werden. Inwieweit sie über Europa hinausstrahlen wird, bleibt abzuwarten (Taupitz 2002). Hinzugetreten ist die Europäische Richtlinie zur Angleichung der Rechts- und Verwaltungsvorschriften der Mitgliedstaaten über die Anwendung der Guten Klinischen Praxis bei der Durchführung von klinischen Prüfungen mit Humanarzneimitteln (Richtlinie 2001/20/EG des Europäischen Parlaments und des Rates vom 4.4.2001, ABl. EG Nr. L 121/34 vom 1.5.2001). Beide letztgenannten Regelwerke schaffen – im Gegensatz zur Deklaration von Helsinki – unmittelbar verbindliches Recht. Angesichts der z.T. divergierenden Regeln sind die Ärztekammern vielleicht gut beraten, die Ethikkommissionen nicht mehr elitär auf die Beachtung der Deklaration von Helsinki zu verpflichten – und zwar schon deshalb, weil im Konfliktfall das „harte", wenn auch von den einzelnen Staaten erst in den nationalen Bereich zu überführende Recht der Menschenrechtskonvention und der Europäischen Richtlinie Vorrang vor dem „soft law" der Deklaration von Helsinki haben.

4.8.6 Internetadressen

Im Folgenden sind einige wichtige Internetadressen aufgelistet:

- http://conventions.coe.int
- http://europa.eu.int
- http://laekbw.arzt.de
- http://www.akademie-rs.de (vorher: http://www.kirchen.de)
- http://www.bba.de
- http://www.bmgesundheit.de/start.htm (vorher http://www.dialog-gesundheit.de)
- http://www.bundesaerztekammer.de
- http://www.coe.int/portalT.asp
- http://www.dfg.de
- http://www.ncbi.nlm.nih.gov/LocusLink/
- http://www.parlamentsspiegel.de
- http://www.rki.de
- http://www.wma.net/

4.8.7 Literatur

Bartram CR, Beckmann JP, Breyer F et al. (Hrsg) (2000) Humangenetische Diagnostik – Wissenschaftliche Grundlagen und gesellschaftliche Konsequenzen. Springer, Berlin Heidelberg New York

Bayertz K (Hrsg) (1995) Somatische Gentherapie: medizinische, ethische und juristische Aspekte des Gentransfers in menschliche Körperzellen, Fischer, Stuttgart New York

Beljin S (2001) Rechtliche Aspekte der Gentechnik. In: Raem AM (Hrsg) Gen-Medizin: eine Bestandsaufnahme. Springer, Berlin Heidelberg New York

Brocks D, Pohlmann A, Senft M (1991) Das neue Gentechnikgesetz: Entstehungsgeschichte, internationale Entwicklung, naturwissenschaftliche Grundlagen, gentechnische Arbeiten in gentechnischen Anlagen; Freisetzung von Organismen, Inverkehrbringen von Produkten, Genehmigungsverfahren; eine praxisgerechte Einführung. Beck, München

Bundesärztekammer (1985) Richtlinien zur Durchführung der In-vitro-Fertilisation und Embryonentransfer. DÄBl 1691

Bundesärztekammer (1991) Richtlinien zur Verwendung fetaler Zellen und fetaler Gewebe. DÄBl B-2788 ff

Bundesärztekammer (1995) Richtlinien zum Gentransfer in menschliche Körperzellen. DÄBl B-583

Bundesärztekammer (1997) (Muster-)Berufsordnung für die deutschen Ärztinnen und Ärzte. DÄBl A-2354

Bundesärztekammer (2000) Diskussionsentwurf zu einer Richtlinie zur Präimplantationsdiagnostik. DÄBl C-423 ff

Der Spiegel (2001) Nr. 3, S 149

Deutsch E (1999) Medizinrecht, 4. Aufl. Springer, Berlin Heidelberg New York

Deutsch E (2001) Klinische Forschung international: Die Deklaration von Helsinki des Weltärztebundes in neuem Gewand. NJW 857

Deutsch E, Lippert HD (2001), Kommentar zum AMG. Springer, Berlin Heidelberg New York

Deutsch E, Taupitz J (Hrsg) (2000) Forschungsfreiheit und Forschungskontrolle in der Medizin - Zur geplanten Revision der Deklaration von Helsinki. Springer, Berlin Heidelberg New York

Deutsch E, Taupitz J (2001) Die Deklaration von Helsinki des Weltärztebundes. In: Winter S, Fenger H, Schreiber H-L (Hrsg) Genmedizin und Recht. Beck, München, Rdnrn. 527ff

Deutscher Bundestag, Referat Öffentlichkeitsarbeit (Hrsg) (1987) Chancen und Risiken der Gentechnologie. Bundestags-Drucksache 10/6775

Doppelfeld E (2000) 52. Generalversammlung der WMA, ein Kompromiss „aus politischen Gründen". DÄBl A-2920 ff

Eberbach W, Lange P, Ronellenfitsch M (Hrsg) (1994–Dezember 2000) Recht der Gentechnik und Biomedizin, Loseblattsammlung. Müller, Heidelberg

Hasskarl H (Hrsg) (2000) Gentechnikrecht, 5. Aufl. Cantor, Aulendorf

Herdegen M (2000) Verfassungsrecht und Gentechnik. In: Eberbach W, Lange P, Ronellenfitsch M (Hrsg) Recht der Gentechnik und Biomedizin, Loseblattsammlung, B I, Stand Dezember 2000, Einl. GenTG, S 16, 17

Hirsch G, Schmidt-Didczuhn A (1991) Gentechnikgesetz. Beck, München

Iliadou E (1998) Forschungsfreiheit und Embryonenschutz: eine verfassungs- und europarechtliche Untersuchung der Forschung an Embryonen. Jur. Dissertation, Universität Regensburg

Jost T (2000) Are placebo-controlled studies permissible? In: Deutsch E, Taupitz J (Hrsg) Forschungsfreiheit und Forschungskontrolle in der Medizin. Springer, Berlin Heidelberg New York, S 315–325

Kapteina M (1998) Die Freisetzung von gentechnisch veränderten Organismen: Genehmigungsvoraussetzungen nach dem Gentechnikgesetz. Jur. Dissertation, Universität Münster

Keller R, Günther H-L, Kaiser P (1992) Embryonenschutzgesetz. Kohlhammer, Stuttgart

Kloesel A, Cyran W (Stand: 1.12.1999) Arzneimittelrecht. Deutscher Apothekerverlag, Stuttgart

Kroh HH (2000) Risikobeurteilung im Gentechnikrecht - Einschätzungsspielraum der Behörde und verwaltungsgerichtliche Kontrolle. DVBl 2: 102–106

Marx M (1996) Der Sicherheitsstandard der Betreiberpflichten im Gentechnikrecht. Jur. Dissertation, Universität Freiburg

Matzke U (1999) Gentechnikrecht. Nomos, Baden-Baden

Murswiek D (1990) Anmerkung zum Beschluß des VGH Kassel vom 06.11.1989. JuS 588

Murswiek D (1999) Art. 2 Rn. 160 f. In: Sachs M (Hrsg) Grundgesetz, 2. Aufl. Beck, München

Pfau M (1999) Gentechnikrecht, Industrierecht. Dr. Nickel, Edermünde bei Kassel

Pieroth B, Schlink B (1999) Staatsrecht: 2. Grundrechte, 15. Aufl. Müller, Heidelberg, Rn. 846 f

Raem AM, Braun RW, Fenger H et al. (Hrsg) (2001) Genmedizin. Eine Bestandsaufnahme. Springer, Berlin Heidelberg New York, S 525, 554–555

Rahner T (1990) Hat der Bundesgesetzgeber die Gesetzgebungskompetenz für ein Gentechnikgesetz? ZRP 63

Sachs M (1999) Grundgesetz, 2. Aufl. Beck, München, Art. 2 Rn. 160 f

Sander A (1999) Arzneimittelrecht, Bd I, Loseblattsammlung. Kohlhammer, Stuttgart

Schou J (2001) The Declaration of Helsinki and emergency medicine research. Eur J Emerg Med 8: 167f

Schweitzer M, Hummer W (1999) Europarecht, 5. Aufl. Luchterhand, Neuwied. Rn. 370 ff

Taupitz J (1991) Die Standesordnungen der freien Berufe. deGruyter, Berlin

Taupitz J (2000 a) Landesbericht Deutschland. In: Taupitz J (Hrsg) Zivilrechtliche Regelungen zur Absicherung der Patientenautonomie am Ende des Lebens. Springer, Berlin Heidelberg New York, S 273–489

Taupitz J (2000 b) Lässt sich aus der Verfassung ein Grundrecht auf Kenntnis der eigenen genetischen Konstitution ableiten? In: Bartram CR, Beckmann JP, Breyer F et al. (Hrsg) Humangenetische Diagnostik - Wissenschaftliche Grundlagen und gesellschaftliche Konsequenzen. Springer, Berlin Heidelberg New York, S 75–81

Taupitz J (2001 a) Die neue Deklaration von Helsinki. DÄBl A-2413 ff

Taupitz J (2001 b) Die Biomedizin-Konvention und das Verbot der Verwendung genetischer Informationen für Versicherungszwecke. In: Jahrbuch für Wissenschaft und Ethik Bd. 6, S 123–177

Taupitz J (Hrsg) (2002) Das Menschenrechtsübereinkommen zur Biomedizin des Europarates - taugliches Vorbild für eine weltweit geltende Regelung? Springer, Berlin Heidelberg New York

Taupitz J, Fröhlich U (1997) Medizinische Forschung mit nichteinwilligungsfähigen Personen - Stellungnahme der Zentralen Ethikkommission. VersR 911–918

Vesting J-W (1997) Somatische Gentherapie: Regelung und Regelungsbedarf in Deutschland. Jur. Dissertation, Universität Göttingen

Vitzthum W Graf (1990) VBlBW 48, 50 f

Vitzthum W Graf (1992) ZfG S. 243 ff

Wagner H, Morsey B (1996) Rechtsfragen der somatischen Gentherapie. NJW 1565

Winter S, Fenger H, Schreiber H-L (Hrsg) (2001) Genmedizin und Recht. Beck, München

Zentrale Ethikkommission bei der Bundesärztekammer (1997) Stellungnahme zum Schutz nicht-einwilligungsfähiger Personen in der medizinischen Forschung. DÄBl A-1011

Historischer Abriss

Geschichte der Zellbiologie im Überblick (Kapitel 1.1)

17. Jahrhundert
Bezeichnung der porenartigen Strukturen des Korks als „Zellen“ durch *R. Hooke*
Identifizierung von Amöben und Bakterien im Mikroskop durch *A. van Leeuwenhoek*

1838
Entdeckung, dass Pflanzen aus Zellen aufgebaut sind (*M. Schleiden*)

1839
Beschreibung der Zelle als strukturelle Einheit des Lebens durch *T. Schwann*

Um 1850
Mendel-Vererbungsgesetze

1855
Erkenntnis, dass Zellen nur durch Teilung aus anderen Zellen entstehen (*R. Virchow*)

1911
Tumorinduktion durch Viren (*P. Rous*)

1945
Erstes elektronenmikroskopisches Bild einer intakten Zelle durch *K.R. Porter*, *A. Claude* und *E.F. Fullam*

1951
Erste In-vitro-Kultur von humanen Zellen durch *G. Gey* (HeLa)

1953
Modell der DNA-Doppelhelix durch *J. Watson* und *F. Crick*

1961
Entschlüsselung des genetischen Kodes durch *M. Nirenberg*
Operon Modell von *F. Jacob* und *J. Monod*
Chemiosmotische Theorie der oxidativen Phosphorylierung von *P. Mitchell*

1970
Entdeckung der reversen Transkription durch *H. Temin* und *D. Baltimore*

1972
Fluid-mosaic-Modell der Zellmembran (*S. Singer* und *G. Nicholson*)

1973
Erstes rekombinantes DNA-Molekül

1975
Erzeugung von monoklonalen Antikörpern durch *C. Milstein* und *G. Köhler*

1976
Entdeckung des v-src-Onkogens durch *H. Varmus* und *M. Bishop*
Aufklärung des Rearrangements von Immunglobulingenen durch *S. Tonegawa*

1977
Entdeckung der rezeptorvermittelten Endozytose durch *M. Brown* und *J. Goldstein*

1980
Isolierung von G-Proteinen durch *A. Gilman*

1982
Prionenhypothese von *S. Prusiner*
DNA-Sequenzierungsmethoden nach *Sanger* und *Gilbert*

1983
Erfindung der Polymerasekettenreaktionsmethode durch *K. Mullis*

1989
Erzeugung von Knockout-Mäusen durch *M. Cappechi*

1996
Verwendung DNA-Mikroarrays zur Analyse der Genexpression

2000
Vollständige Sequenz des humanen Genoms

Ganten / Ruckpaul (Hrsg.)
Grundlagen der Molekularen Medizin,
2. Auflage

Geschichte der Zytogenetik (Kapitel 1.2)

Hier werden die wesentlichen Ereignisse bis zur Begründung der molekularen Zytogenetik im Jahr 1969 aufgeführt. Die sich anschließenden Beobachtungen sind zum großen Teil Gegenstand des Kapitels 1.2 „Zytogenetische Grundlagen der molekularen Medizin“ in diesem Band und des Kapitels „Chromosomopathien“ in „Monogen bedingte Erbkrankheiten 2“ (Ganten u. Ruckpaul 2000).

1833
Beschreibung des Zellkerns in Epidermiszellen von Orchideen als „areola“ durch *R. Brown*

1842
Beschreibung von Chromosomen („Cytoblasten“) in Pollen durch *K. Naegeli*

1875
Beschreibung der Befruchtung beim Seeigel und Hinweis auf die Bedeutung des Zellkerns für die Vererbung durch *O. Hertwig*

1879
Beschreibung der Längsspaltung der Chromosomen bei der Zellteilung und Einführung des Begriffes „Mitose“ durch *W. Flemming*

1882
W. Flemming prägt den Begriff „Chromatin“
J. Arnold zeichnet erstmals menschliche Chromosomen
Annahme von der Konstanz der Chromosomenzahl durch Untersuchungen an Pflanzen von *E. Strasburger*

1883
E. van Beneden weist nach, dass die Zygote von beiden Eltern die gleiche Anzahl von Chromosomen erhält und die Meiose zur Halbierung der Chromosomenzahl führt

1885
Keimbahntheorie von *A. Weismann*. Die Keimbahnzellen stammen nur von Keimbahnzellen ab und sind daher potenziell unsterblich, während die somatischen Zellen zugrunde gehen. Daher kann es auch keine Vererbung erworbener somatischer Eigenschaften geben

1887
Individualität der Chromosomen durch *T. Boveri* belegt. Danach bleiben die Chromosomen im Anschluss an die Anaphase auch im Interphasekern als distinkte Strukturen bestehen

1888
Bestätigung der Zahlenkonstanz auch für Tiere durch *Boveri*
Einführung des Begriffs „Chromosom“ durch *W. Waldeyer*

1891
Erste Beschreibung eines X-Chromosoms bei der Feuerwanze durch *H. Henking*

1902
Begründung der Chromosomentheorie der Vererbung durch *W.S. Sutton* und *T. Boveri*, die zeigten, dass die Chromosomen sich nicht nur in ihrer Form, sondern auch in ihrer Funktion unterscheiden

1906
Entdeckung des XY-Mechanismus der Geschlechtsbestimmung bei Insekten durch *E.B. Wilson*

1909
Beschreibung und richtige Interpretation der Chiasmata in der Meiose durch *F.A. Janssens*

1911
Erklärung des Faktorenaustauschs (Cross-over) durch Chiasmabildung und Nachweis der linearen Anordnung der Gene auf den Chromosomen durch *T.H. Morgan*

1912
Bestimmung der diploiden Chromosomenzahl des Menschen mit 47 durch *H. de Winiwarter*

1913
Nachweis von Non-disjunction bei *Drosophila* durch *E.B. Bridges*

1914
Chromosomentheorie der Krebsentstehung von *T. Boveri*

1923
Bestimmung der diploiden Chromosomenzahl des Menschen mit $2n=48$ durch *T.S. Painter*

1933
Einführung der Bezeichnung „Heterochromatin“ für stärker gefärbte Chromosomenregionen der Interphase durch *E. Heitz*

1949
Nachweis des Geschlechtschromatins bei Katzen durch *M.L. Barr* und *E.A. Bertram*

1953
Nachweis des Geschlechtschromatins beim Menschen durch *M.L. Barr* und *E.A. Bertram*

1956
Nachweis der diploiden Chromosomenzahl des Menschen mit 2n=46 durch *J.H. Tjio* und *A. Levan* sowie *C.E. Ford* und *J. L. Hamerton*

1959
47,XXY-Karyotyp beim Klinefelter-Syndrom durch *P.A. Jacobs* entdeckt
45,XO-Karyotyp beim Turner-Syndrom durch *C.E. Ford* entdeckt
Trisomie 21 beim Down-Syndrom durch *J. Lejeune* nachgewiesen

1960
Lymphozytenkultur zur einfachen Darstellung der menschlichen Chromosomen von *P.C. Nowell* und *P.S. Moorhead* beschrieben
Erstmals charakteristische somatische Chromosomenanomalie (so genanntes Philadelphia-Chromosom) bei Malignom (chronisch-myeloischer Leukämie) durch *P.C. Nowell* und *D.A. Hungerford* beschrieben

1961
M. Lyon findet funktionelles Mosaik der X-Chromosomen-Aktivität bei der Maus und formuliert das Konzept des Dosiskompensationsmechanismus beim weiblichen Säuger für X-chromosomale Gene

1963
Erste strukturelle Chromosomenanomalie, 5p- (Katzenschrei-Syndrom), beim Menschen durch *J. Lejeune* beschrieben

1964
Erste Erkrankung mit Chromosomeninstabilität (Fanconi-Anämie) durch *T.M. Schröder* beschrieben

1965
Chromosomeninstabilität von *J. German* beim Bloom-Syndrom gefunden

1966
M.W. Steele und *W.R. Breg* zeigen, dass Zellen der Amnionflüssigkeit nach Kultivierung zur Chromosomenanalyse des Fetus geeignet sind

1968
Differenzielle Darstellung der menschlichen Chromosomen nach Anfärben mit Quinacrin durch *T. Caspersson* und *L. Zech* beschrieben. Erstmals konnten sämtliche Chromosomen des Menschen unterschieden werden

1969
In-situ-Hybridisierung von DNA-DNA und RNA-DNA durch *J.R. Gall* und *M.L. Pardue*. Damit wurde die methodische Grundlage für die molekulare Zytogenetik gelegt

1973
J.D. Rowley weist nach, dass es sich beim Philadelphia-Chromosom um eine reziproke Translokation handelt

Molekulargenetische Grundlagen der molekularen Medizin unter Berücksichtigung der genetischen Epidemiologie (Kapitel 1.3)

1865
Aufstellung der Mendel-Gesetze durch *Mendel* (1865)

1908
Beschreibung des Hardy-Weinberg-Gleichgewichts durch *Hardy* (1908) und *Weinberg* (1908)

1918
R.A. Fisher vereinigt die Vorstellungen der Mendel-Vererbung und quantitativer Phänotypen (Fisher 1918)

1935
(Erkrankte) Geschwisterpaaranalyse durch *Penrose* (1935)

1949
Barnard beschreibt den LOD-Score (Barnard 1949)

1955
Morton entwickelt Sequenzielle Testverfahren in der Kopplungsanalyse (Morton 1955)

1971
Elston und *Stewart* etablieren den Elston-Stewart-Algorithmus (Elston u. Stewart 1971)

1972
Haseman u. *Elston* stellen die Haseman-Elston-Methode für quantitative Phänotypen vor (Haseman u. Elston 1972)

1987
Aufstellung des Lander-Green-Algorithmus zur Likelihood-Berechnung durch *Lander* u. *Green* (1987)

1995
Etablierung der Richtlinien für die Bewertung von Kopplungsergebnissen bei komplexen Phänotypen durch *Lander* u. *Kruglyak* (1995)

Mitochondriale DNA des Menschen (Kapitel 1.4)

1857
Erste mikroskopische Beobachtungen von Mitochondrien (Granulae) in Muskelzellen durch *Kölliker*

Ab 1890
Erste Formulierungen der Endosymbiontenhypothese durch *Schimper*, *Altmann* und *Mereschkowsky*

1898
Namensgebung Mitochondrien durch *Benda*

1909
Beschreibung der plasmatischen Vererbung durch *Bauer* und *Correns*

1953
Beschreibung von *Petite*-Mutanten bei der Hefe, Beginn der Mitochondriengenetik durch *Ephrussi*. *Palade* beschreibt die Ultrastruktur der Mitochondrien

1961
Mitchell veröffentlicht seine Chemiosmosetheorie der oxidativen Phosphorylierung

1963
Nachweis von DNA in Mitochondrien durch *Nass*

Ab 1970
Studien zur physikalischen Organisation, der Transkription und Replikation des mitochondrialen Genoms v. a. durch *Clayton* und *Attardi*

1979
Barrell et al. zeigen die Abweichungen des genetischen Kodes in Mitochondrien

1981
Komplette Sequenz des humanen mitochondrialen Genoms durch *Anderson* aufgeklärt

1982
Aufstellung der Bottleneck-Hypothese von *Hauswirth* und *Laipis* zur Vererbung der mtDNA in der Keimbahn

1987
Aufklärung der Phylogenie des humanen mitochondrialen Genoms, *Cann* stellt die „Out-of-Africa"-Hypothese auf

1988
Erste Beschreibung einer durch eine mtDNA-Mutation verursachten Erkrankung durch *Wallace*

1989
King und *Attardi* generieren mtDNA-depletierte rho-Zellen

1997
Krings analysiert mtDNA aus Knochenfunden des Neandertalers, die nur entfernte Verwandtschaft mit dem modernen Menschen zeigt

1998
Larsson stellt das Knockout-Mausmodell für den mitochondrialen Transkriptionsfaktor mtTFA vor, das zum Verlust von mtDNA führt

2000
Inoue erzeugt das erste Mausmodell mit einer mtDNA-Deletion

Transkription (Kapitel 1.5)

1894
Identifizierung von 3 Basen der DNA durch *Kossell* und *Neumann*

1934
Beschreibung der DNA als Makromolekül durch *Caspersson*

1944
Identifizierung der DNA als genetisches Material durch *Avery*, *McLeod* und *McCarthy*

1950
Beschreibung der Konsistenz der Basenverhältnisse von DNA verschiedener Spezies durch *Chargaff*

1952
Franklin vermutet, dass DNA Doppelhelixstruktur besitzt

1953
Erstmalige Beschreibung der DNA-Doppelhelix durch *Watson* und *Crick*

1955
Herstellung synthetischer mRNA durch *Ochoa*

1961
Entdeckung von mRNA durch *Sidney Brenner*. Entdeckung regulatorischer Mechanismen bei der Synthese von Proteinen am Beispiel des bakteriellen *lac*-Operons durch *Jakob* und *Monod*

1964
Beschreibung der Kolinearität von DNA und Proteinen durch *Yanofsky*

1967
Mark Ptashne beschreibt erstmals Repressoren im Bakteriophagen Lambda

1974
Spleißen von RNA durch *Phillip A. Sharp*

1976
Anhängen der Cap-Struktur an das 5′-Ende von mRNA durch *Furiuchy*

1977
Erstbeschreibung von unterbrochenen Genen und Spleißmechanismen durch *Richard Roberts*

1980
Entdeckung der Beteiligung von snRNP beim Spleißen durch *Joan Steitz*

1981
Beschreibung selbstspleißender katalytischer RNA durch *Thomas Cech*

1986
RNA-Editing durch *Rob Benne*

Translation (Kapitel 1.6)

Der Umfang dieses Kapitels gestattete es nicht, auf die historische Entwicklung der Translationsforschung einzugehen. Für den interessierten Leser bieten sich als Einstieg 2 Übersichtsartikel von Autoren an, die dieses Feld maßgeblich mit beeinflusst haben. Die frühen biochemischen Experimente, die die Grundlagen für das heutige Verständnis der Proteinsynthese etabliert haben, hat Paul Zamecnik (1979) zusammengefasst. Ein Buchbeitrag von Mathews et al. (2000) beschreibt die Anfänge der Forschung zur Kontrolle der Translation.

Im Folgenden sind darüber hinaus einige Wissenschaftler aufgelistet, deren Arbeiten maßgeblich zu den neueren Entwicklungen der Translationsforschung beigetragen haben.

1976
Beschreibung effizienter zellfreier Translationssysteme aus Kaninchenretikulozyten, die breite Anwendung zum Studium der Translationsmechanismen fanden, durch *Richard J. Jackson* (Craig et al. 1992, Pelham u. Jackson 1976)

1977
Nahum Sonenberg beschreibt die Rolle der Cap-Struktur und assoziierter Proteine bei der Translationsinitiation (Sonenberg u. Shatkin 1977)
Hans Trachsel führt Studien zur Regulation der Translation durch Phosphorylierung von Initiationsfaktoren durch (Farrell et al. 1977)

1978
Marylin Kozak stellt das Scanning-Modell der capabhängigen Translationsinitiation auf (Kozak 1978)

1981
Erkenntnisse zur Rolle der Cap-Struktur und interagierender Proteine bei der Translationsinitiation werden veröffentlicht (Sonenberg et al. 1981)
Lynn E. Maquat beschreibt den Abbau der β-Globin-mRNA in β-Thalassämie durch ein frühzeitiges Stoppkodon (Maquat et al. 1981)

1984
Marvin Wickens beschreibt das Polyadenylierungssignal und den daran bindenden zytoplasmatischen CPSF. Es folgen wichtige Beiträge zur Translationskontrolle und Poly(A)-Schwanz-Längenveränderung während der Oozytenreifung (Fox et al. 1989, Sheets et al. 1995, Wickens u. Stephenson 1984)

1986
Kozak beschreibt die Kontexteffekte für die Erkennung des Startkodons (Kozak 1986)

1987
Matthias W. Hentze entdeckt Iron-responsive Elemente in der 5′ UTR der Ferritin-mRNA (Hentze et al. 1987)

1988
Entdeckung der IRES-abhängigen Translationsinitiation (Pelletier u. Sonenberg 1988)

1989
Joel D. Richter entdeckt ein zytoplasmatisches Polyadenylierungskontrollelement (CPE) und daran bindender Faktoren (CPEB) (Hake u. Richter 1994, McGrew et al. 1989, Stebbins-Boaz et al. 1999)
Peter Sarnow beschreibt das 1. IRES Element in einer zellulären mRNA (Macejak u. Sarnow 1991, Sarnow 1989)

1990
Entdeckung einer Rolle von Translationsinitiationsfaktoren in der Zelltransformation (Lazaris-Karatzas et al. 1990)

1991
Marla J. Berry beschreibt ein 3′-UTR-Element, das die Dekodierung des Stoppkodons als Selenocysteinkodon steuert (Berry et al. 1991 a, b)
Anne Ephrussi klärt die Lokalisierung und Translationskontrolle von *oskar* am posterioren Pol von

Drosophilaeizellen auf (Ephrussi u. Lehmann 1992, Ephrussi et al. 1991, Gunkel et al. 1998)

1994
Beschreibung des ersten zellfreien Systems zum Studium der translationalen Synergie zwischen Cap-Struktur und poly(A)-Schwanz (Iizuka et al. 1994)
Beschreibung des Wirkmechanismus von Insulin auf die Proteinsynthese (Pause et al. 1994)

1995
Alan B. Sachs beschreibt einen molekularen Mechanismus für die Funktion des Poly(A)-Schwanzes in der Translationsinitiation (Tarun u. Sachs 1995, Wells et al. 1998)

1996
Elizabeth R. Gavis beschreibt die Kontrolle der *nanos*-mRNA-Translation in *Drosophila melanogaster* (Crucs et al. 2000, Gavis et al. 1996)

1998
Aufklärung von molekularen Mechanismen der Translationskontrolle durch RNA-Protein-Wechselwirkungen in der 5′- und 3′-UTR (Muckenthaler et al. 1998, Ostareck et al. 2001)

2000
Wichtige Beiträge zum Mechanismus der cap-stimulierten, poly(A)-stimulierten und IRES-abhängigen Translationsinitiation (Jackson 2000). Untersuchungen zur Signaltransduktion und Proteinsynthese (Sonenberg et al. 2000)

Apoptose (Kapitel 1.7)

Um 150
Galenus Galen entdeckt, dass das Foramen ovale des Herzens durch Geweberückbildung im Zug der Ontogenese entsteht (Thiene 1996)

1543
Wiederentdeckung des ontogenetischen Geweberückgangs in der Neuzeit durch *Vesalius* (Vesalius 1543)

1758, 1628
Entdeckung, dass Herzstrukturen durch Gewebeuntergang umgebaut werden durch *Haller* und *Harvey* (Haller 1758, Harvey 1628)

1825
Rathke beschreibt bei Säugetierfeten die Entwicklung von Kiemenbögen, die sich wieder zurückbilden (Rathke 1825)

1835
Dugès gibt eine detaillierte Beschreibung der Umbauvorgänge bei der Metamorphose von Kaulquappen (Dugès 1835)

1842
Erstbeschreibung des Zelltods im Verlauf der Amphibienmetamorphose durch *Vogt* (Vogt 1842)

1863
Weissmann prägt den Begriff der „Histolyse“ (Weissmann 1863)

1885
Beschreibung des „chromatolytischen Zelltods“ durch *Flemming* (Flemming 1885)

1951
Alfred Glucksmann führt den Untergang embryonalen Gewebes erstmalig auf Zelltod zurück (Glucksmann 1951)

1972
John Kerr, Andrew Wyllie und *Alastair Currie* zeigen, dass toxinbehandelte Leberzellen mit ähnlicher Morphologie wie Embryonalzellen sterben; Prägung des Begriffs „Apoptose“ (Kerr et al. 1972)

1980
Beschreibung der DNA-Leiter als Merkmal der Apoptose durch *Wyllie* (Wyllie 1980)

1989
Entdeckung von CD95/APO-1/Fas als erstem Todesrezeptor (Krammer et al. 1989, Yonehara et al. 1989, Trauth et al. 1989, Yonehara et al. 1989)

1991
Klonierung von CD95/APO-1/Fas (Itoh et al. 1991)

1993
Klonierung des Liganden von CD95 (Suda et al. 1993)

1995
Erstbeschreibung des AICD durch 5 verschiedene Gruppen (Alderson et al. 1995, Brunner et al. 1995, Dhein et al. 1995, Singer u. Abbas 1994, Van Parijs et al. 1996)
Erstbeschreibung des DISC (Kischkel et al. 1995)

1996
Klonierung von Caspase 8, der zentralen Initiatorcaspase (Muzio et al. 1996)
Erstbeschreibung des „Tumorcounterattacks“ (Strand et al. 1996)
Involvierung des CD95/APO-1/Fas-Systems in chemotherapieinduzierter Apoptose (Friesen et al. 1996)

1997
Entdeckung von FLIP als antiapoptotisches Protein (Thome et al. 1997)

1998
Beschreibung des caspaseunabhängigen Zelltods (Berndt et al. 1998)
Entdeckung der Typ-I- und Typ-II-Wege (Scaffidi et al. 1998)

Molekulare Mechanismen von Zell-Zell-Wechselwirkungen (Kapitel 1.8)

1838/1839
M.J. Schleiden und *T. Schwann* entdecken, dass Organismen aus Zellen aufgebaut sind (Schleiden 1838, Schwann 1839)

1907
Schwämme können aus vereinzelten Zellen reaggregieren (Wilson 1907)

1955
Townes und *Holtfreter* beschreiben die Reaggregation unterschiedlicher Zelltypen zu geschichteten Gewebeaggregaten (*Sorting out*) (Townes u. Holtfreter 1955)

1958–1962
Entdeckung humaner Leukozytenantigene durch verschiedene Arbeitsgruppen (1958–1962) (Klein 1982)

1959
Beschreibung der Lymphozytenzirkulation durch *Gowans* (Klein 1982)

1971
M.S. Bretscher charakterisiert ein integrales Membranprotein (Glykophorin) (Barclay et al. 1993)

1972
D. Allan entwickelt die Lektinaffinitätschromatographie zur Isolierung von Glykoproteinen (Barclay et al. 1993)
Singer u. *Nicolson* etablieren das *Fluid-mosaic-Model* der Zellmembran (Singer u. Nicolson 1972)

1975
A. Helenius und *K. Simons* solubilisieren Membranproteine mit Detergenzien (Barclay et al. 1993)
M.M. Letarte isoliert Leukozytenantigene über Immunaffinitätschromatographie (Barclay et al. 1993)

1979
Identifikation des N-Glykosylierungsmotivs durch Bause und Hettkamp (Bause u. Hettkamp 1979)
C.A. Sunderland und *P. Parham* verwenden monoklonale Antikörper zur Analyse von Zelloberflächenproteinen (Barclay et al. 1993)

1982
Williams und *Gagnon* stellen das Konzept der Immunglobulinsuperfamilie auf (Williams u. Gagnon 1982)

1986–1987
Klonierung der ersten Integrinuntereinheiten durch verschiedene Arbeitsgruppen (Hynes 1992)

1987
Seed und *Aruffo* führen die Expressionsklonierung von Leukozytenantigenen in COS-Zellen durch (Seed u. Aruffo 1987)
Klonierung von NCAM (Cunningham et al. 1987)

1987–1988
Klonierung der ersten Cadherine durch verschiedene Arbeitsgruppen (Geiger u. Ayalon 1992)

1989
Klonierung der 3 Selektine durch verschiedene Arbeitsgruppen (Bevilacqua u. Nelson 1993)

1990
Strukturaufklärung der ersten beiden Domänen des CD4 (Ryu et al. 1990, Wang et al. 1990)

1995
Strukturaufklärung der aminoterminalen Domäne des E-Cadherins (Overduin et al. 1995)
Strukturaufklärung der I-Domäne der Integrine (Lee et al. 1995, Qu u. Leahy 1995)

1996
Entdeckung, dass β-Catenin an Transkriptionsfaktoren bindet (Behrens et al. 1996, Molenaar et al. 1996)

1999
Genomorganisation der Protocadherine (Wu u. Maniatis 1999)

Zellkulturtechniken, Zellmodelle und Tissue Engineering (Kapitel 2.1)

1907
Kultivierung neuronaler Gewebeexplantate von Froschembryonen durch *Harrison* (Harrison 1907)

1912
Carrel etabliert erste Zellkulturen von Bindegewebe (Carrel 1912)

1948
Einzelzellklonierung von L-Zellen (Sanford et al. 1948)

1952
Moscona legt Aggregatkulturen von embryonalen Zellen des Hühnchens an (Moscona 1952)

1955
Entwicklung halbsynthetischer Zellkulturmedien durch *Eagle* (Eagle 1955)
Entwicklung der Feederlayertechnik (Puck u. Marcus 1955)

1960
Einsatz von Phytohämagglutinin als Mitoseinduktor in Leukozytenkulturen

1961
Kultivierung menschlicher diploider Fibroblasten, begrenzte Lebenszeit humaner diploider Fibroblasten (Hayflick u. Moorhead 1961)

1963
Etablierung der embryonalen Mausfibroblastenlinie 3T3 (Todaro u. Green 1963)

1964
Entwicklung eines zellulären Transformationsassays (Todaro u. Green 1964)
Zellzyklusstudien an kultivierten Säugerzellen

1967
Etablierung von Mensch-Maus-Hybrid-Zelllinien (Weiss u. Green 1967)
Etablierung der Maus-Friend-Erythroleukämiezelllinie (FEL) (Rossi u. Friend 1967)

1968
Yaffe etabliert myogene Zelllinien mit Erhalt der Differenzierungsfähigkeit in vitro (Yaffe 1968 a, b)
Induktion und Isolierung von Nährstoffmutanten in CHO-Zellen (Kao u. Puck 1968)

1970
Klonierung humaner Lymphozyten in vitro (Choi u. Bloom 1970)
Entwicklung multizellulärer Sphäroide als Modellsystem für solide Tumoren (Sutherland et al. 1970)

1971
Morphologische Transformation von CHO-Zellen (Hsie u. Puck 1971)

1975
Kultur von Hautepithelzellen als Grundlage für Hauttransplantationen (Rheinwald u. Green 1975)
Demonstrationen des Entwicklungspotenzials von in vitro kultivierten Mausteratokarzinomzellen (Mintz et al. 1975)

1977
Entwicklung der Feederzellkultur für Knochenmarkzellen (Dexter et al. 1977)

1980
Klonierung hämatopoetischer Zellen in Agarkulturen unter Anwesenheit von Kolonie stimulierenden Faktoren (Burgess u. Metcalf 1980)

1981
Etablierung pluripotenter Maus-ES-Zelllinien (Evans u. Kaufman 1981, Martin 1981)

1987
Homologe Rekombination in ES-Zellen zur Schaffung von Knockout-Tieren (Thomas u. Capecchi 1987)

1994
Autologe Chondrozytentransplantation (Brittberg et al. 1994)
Hämatopoetische Zelllinie „FDCP-mix" (Freshney 1994)

1998
Kultivierung pluripotenter humaner ES- und EG-Zellen (Shamblott et al. 1998, Thomson et al. 1998)

1999
Rekonstitution einer funktionierenden Blase mit Hilfe des autologen Tissue engineering beim Hund (Oberpenning et al. 1999)
Neurale Stammzellen können auch Zellen des hämatopoetischen Systems bilden (Bjornson et al. 1999)

2000
Adulte Knochenmarkstammzellen entwickelten sich nach Transplantation in bestrahlte Mäuse in neurale Zellen (Brazelton et al. 2000)

2001
Knochenmarkzellen der Maus regenerierten Herzgewebe nach Infarkt im Tiermodell (Orlic et al. 2001)

Historische Entwicklung von transgenen Techniken zur genetischen Manipulation von Säugetieren (Kapitel 2.2)

Gene targeting durch homologe Rekombination in ES-Zellen der Maus

1970er
Molekulares Modell der allgemeinen homologen Rekombination (Holliday 1964, Meselson u. Radding 1975)

1981
Isolierung pluripotenter ES-Zellen der Maus aus Präimplantationsblastozysten (Evans u. Kaufman 1981, Martin 1981)

1984
Demonstration der Keimbahnkompetenz von ES-Zellen der Maus nach Langzeitkultivierung in vitro (Bradley et al. 1984)

1985
Homologe Rekombination in Säugerzellen zwischen künstlichem Targeting-Vektor und β-Globin-Gen-Locus (Smithies et al. 1985)

1987
Homologe Rekombination in Maus-ES-Zellen am Beispiel des selektionierbaren *hprt*-Gen-Locus (Doetschman et al. 1987, Thomas u. Capecchi 1987)

1988
Homologe Rekombination in Maus-ES-Zellen am Beispiel des nicht selektionierbaren *int-2*-Gen-Locus (Mansour et al. 1988)

1994
Zelltypspezifisches Gene targeting in der Maus mit Hilfe des Cre/loxP-Systems (Gu et al. 1993)

2000
Kombination von Gene targeting in ES-Zellen der Maus und Klonierung von Mäusen durch Kerntransfer aus ES-Zellen (Rideout et al. 2000)

Klonierung durch Kerntransfer

1980er
Klonierung verschiedener Säugerspezies (Schaf, Rind, Kaninchen, Maus) durch Kerntransfer unter Verwendung von Präimplantationsembryonen als Kernspender (Collas u. Robl 1990, Prather et al. 1987, Tsunoda et al. 1987, Willadsen 1986)

1996/1998
Klonierung der ersten Schafe und Rinder durch Kerntransfer aus fetalen somatischen Zellen (Campbell et al. 1996, Cibelli et al. 1998)

1997
Klonierung des ersten Tieres (Schaf Dolly) durch Kerntransfer aus adulten somatischen Zellen (Wilmut et al. 1997)
Klonierung von transgenen Schafen, die humanen Gerinnungsfaktor IX mit der Milch produzieren, durch Kerntransfer von zuvor genetisch veränderten Fibroblasten (Schnieke et al. 1997)

1998
Klonierung der ersten Maus durch Kerntransfer aus adulten Kumuluszellen (Wakayama et al. 1998)

2000
Klonierung von Rindern durch Kerntransfer aus Fibroblasten nach deren Langzeitkultivierung in vitro (Kubota et al. 2000)
Kombination von Gene targeting in fetalen Fibroblasten und Klonierung durch Kerntransfer im Schaf (McCreath et al. 2000)
Erste interspezifische Klonierung durch Kerntransfer (Lanza et al. 2000)

Durch Injektion rekombinanter DNA in die Zygote erhaltene Transgene

1980
Integration mikroinjizierter, rekombinanter DNA in das Wirtsgenom und ihre Vererbung über die Keimbahn (Costantini u. Lacy 1981, Gordon u. Ruddle 1981, Steward et al. 1982)

1982
Erzeugung von transgenen (Riesen-)Mäusen durch Mikroinjektion eines rekombinanten Wachstumsfaktorgens (Palmiter et al. 1982)

1984/1985
Gewebespezifische, gezielte Expression von Transgenen (Hanahan 1985, Swift et al. 1984)

1987
Selektive Eliminierung von embryonalen Zelllinien mit Hilfe von mikroinjizierten Transgenen (Palmiter et al. 1987)

1992
Erzeugung von transgenen Mäusen durch Mikroinjektion von YAC (Schedl et al. 1992)

1994
Konditionelle Transgenexpression in der Maus (Furth et al. 1994)

1998
Kombination von Cre/loxP-System und Oozyteninjektion zur Erzeugung von „single copy transgenes“ in der Maus (de Wit et al. 1998)

2000
Kombination von Cre-vermitteltem Kassettenaustausch und Mikroinjektion in Oozyten (Lauth et al. 2000)

Strukturanalyse biologischer Makromoleküle (Kapitel 2.3)

1830
Beschreibung von Kristallen des Hämoglobins durch *Baumgärtner*

1895
Entdeckung der Röntgenstrahlen durch *Röntgen*

1912
Demonstration der Röntgenbeugung an Kristallen (Friedrich et al. 1912)

1913
Bragg und *Bragg* beschreiben die Kristallstruktur des Diamanten

1927
Davisson und *Germer* weisen die Elektronendiffraktion an Kristallen nach

1928
Lonsdale beschreibt die Kristallstruktur eines organischen Moleküls

1934
Bernal und *Crowfoot* führen Röntgenbeugungsexperimente an Pepsinkristallen durch

1935
Stanley beschreibt Kristalle des Tabakmosaikvirus

1946
Entdeckung der kernmagnetischen Resonanz (Purcell et al. 1946, Bloch et al. 1946)

1953
Watson und *Crick* beschreiben die Struktur des DNA-Doppelstrangs

1960
Beschreibung der Kristallstruktur des Myoglobins (Kendrew et al. 1960)

1966, 1971
Entdeckung der Fourier-Transformation und mehrdimensionalen MRT-Spektroskopie (Ernst u. Anderson 1966, Jeener 1971)

1968
Beschreibung der Kristallstruktur des Hämoglobins (Perutz et al. 1968)

1974
Beschreibung der Kristallstruktur der tRNAPhe (Kim et al. 1974, Robertus et al. 1974)

1978
Beschreibung der Kristallstruktur des Tomato-bushy-stunt-Virus (TBSV) (Harrison et al. 1978)

1980
Beschreibung der Kristallstruktur einer Windung von B-DNA (Wing et al. 1980)

1985
Beschreibung der MRT-Struktur des Proteaseinhibitors IIa aus Rindersperma (Williamson et al. 1985)
Beschreibung der Kristallstruktur eines integralen Membranproteins (Deisenhofer et al. 1985)

1987
Beschreibung der Kristallstrukturen des Repressor-Operator-Komplexes des Phagen 434 (Anderson et al. 1987)

1992, 1993
Beschreibung der Kristallstrukturen von Rezeptor-Ligand-Komplexen (De Vos et al. 1992, Banner et al. 1993)

2000
Beschreibung der Kristallstrukturen der ribosomalen Untereinheiten (Ban et al. 2000, Schluenzen et al. 2000, Wimberly et al. 2000)

Molekularbiologie und Bioinformatik (Kapitel 2.4)

1944
Einem US-Forscherteam gelingt der Nachweis, dass die DNA Trägerin der genetischen Information ist (Avery et al. 1944)

1951
Chargaff stellt die Chargaff-Regel auf: 4 Bausteine der DNA, die „Basen", liegen in bestimmten Verhältnissen zueinander vor. Dabei bilden Adenin (A) und Thymin (T) sowie Guanin (G) und Cytosin (C) jeweils ein Paar
Sanger und *Tuppy* entschlüsseln die Aminosäuresequenz von Insulin. Damit ist bewiesen, dass Eiweiße aus einer definierten Abfolge von Aminosäuren bestehen

1953
Watson und *Crick* entdecken die räumliche Struktur der DNA (Doppelhelix)

1961
Jacob und *Monod* führen die 1. allgemeine Studie zum Regulationsmechanismus von Genen durch

1961–1966
Entzifferung des genetischen Kodes: Je 3 DNA-Bausteine definieren jede der 20 Aminosäuren (Khorana et al. 1966, Nierenberg u. Matthaei 1961, Nierenberg et al. 1966, Speyer et al. 1963)

1968
Linn und *Arber* entdecken die Restriktionsenzyme, die DNA-Moleküle an definierten Stellen schneiden können

1969, 1970
Entwicklung erster Verfahren zur Sequenzanalyse (Dayhoff 1969, Needleman u. Wunsch 1970)

1970
Entdeckung des Enzyms Reverse Transkriptase, mit dessen Hilfe einige Retroviren ihre Erbinformationen umschreiben können, um sie in die Wirts-DNA einzubauen (Baltimore 1970, Temin u. Mizutani 1970)

1972
Mit Hilfe von Restriktionsenzymen gelingt es, DNA zu zerschneiden und mit einem weiteren Enzym (Ligase) wieder zu verbinden. So entsteht das erste vollständige rekombinante DNA-Molekül (Jackson et al. 1972)

1975–1977
Entwicklung leistungsfähiger Methoden zur DNA-Sequenzierung (Maxam u. Gilbert 1977, Sanger u. Coulson 1975)

1977
Klonierung des ersten menschlichen Gens – des Hormons Somatostatin, das u.a. die Ausschüttung von Insulin hemmt – und Herstellung eines menschlichen Proteins in einem Bakterium (Itakura et al. 1977)

1982
Das erste gentechnisch hergestellte Medikament (Insulin) wird in den USA vertrieben

1987
Polymerasekettenreaktion (PCR) zur enzymatischen Amplifikation von Nukleotidsequenzen (Mullis u. Faloona 1987)

1988
Die Initiative „Human Genome Project" wird in den USA und in Japan beschlossen. Sie soll die systematische Entschlüsselung des menschlichen Erbguts leisten

1988–1990
Entwicklung von Standardprogrammen zur Sequenzanalyse (FASTA, BLAST) (Altschul et al. 1990, Pearson u. Lipman 1988)

1989
Capecchi entwickelt eine zuverlässige Technik, mit der bestimmte Gene in Mäusen gezielt ausgeschaltet werden können (Knockout-Methode)

1990–1996
Entwicklung von Genchips zur parallelen Messung des Transkriptionszustands ganzer Genome durch Hybridisierungsexperimente (Lehrach et al. 1990, Lennon u. Lehrach 1991, Lockhart et al. 1996, Schena et al. 1995)

1995
Beitritt Deutschlands zum „Human Genome Project"

1997
Entwicklung der Shotgun-Methode zur Hochdurchsatzsequenzierung ganzer Genome (Weber u. Myers 1997)

1999
Sequenzierung des ersten menschlichen Chromosoms (Chromosom 22) (Dunham et al. 1999)

2000
Sequenzierung des menschlichen Chromosoms 21 (Hattori et al. 2000)

2001
Sequenzierung des kompletten menschlichen Genoms (International Human Genome Sequencing Consortium 2001, Venter et al. 2001)

Einige wichtige wissenschaftliche Leistungen der Genomforschung (Kapitel 3.1)

1953
Beschreibung der DNA-Struktur durch *James Watson* und *Francis Crick*

1972
Erstellung des ersten rekombinanten DNA-Moleküls durch *Paul Berg*

1977
Etablierung von Sequenziermethoden durch *Frederick Sanger* sowie *Allan Maxam* und *Walter Gilbert* (Maxam u. Gilbert 1977, Sanger et al. 1977)

1978
David Botstein führt die RFLP-Kartierung von Genen ein

1982
Vorschlag durch *Akiyoshi Wada* zur vollständigen Sequenzierung des menschlichen Genoms

1984
Etablierung der Pulsfeldelektrophorese durch *Charles Cantor* und *David Schwartz*

1985
Entwicklung der PCR durch *Kary Mullis* und *Faloona*

1986
Entwicklung des ersten automatischen Sequenziergeräts durch *Leroy Hood* und *Lloyd Smith*
Isolierung des ersten Krankheitsgens durch *Anthony Monaco* (Duchenne-Muskeldystrophie) (Monaco et al. 1986)

1987
David Burke, *Maynard Olson* und *George Carle* entwickeln YAC (Burke et al. 1987)

1989
Maynard Olson, *Leroy Hood*, *David Botstein* und *Charles Cantor* schlagen gemeinsam die STS-Strategie zur Kartierung des Genoms vor (Olson et al. 1989)

1991
J. Craig Venter führt die Strategie des EST-Sequenzierens zur Bestimmung aller Gene ein
Erster Kongress über DNA-Chips in Moskau, organisiert durch *Edwin Southern*, *Andrei Mirzabekov* und *Charles Cantor*

1992
Mel Simon entwickelt die ersten BAC-Vektoren
Erstmalige Sequenzierung eines vollständigen Chromosoms durch ein europäisches Konsortium (*Saccharomyces cerevisiae* Chromosom 3) unter Leitung von *Steven Oliver* und *Andre Goffeau*
Die Gruppen von *David Page* und *Daniel Cohen* publizieren die erste Karte eines menschlichen Chromosoms (Chromosom 21)
Die Gruppen von *Jean Weissenbach* und *Eric Lander* stellen die erste genetische Karte des Genoms fertig

1995
Fertigstellung der ersten vollständigen YAC-Karte des menschlichen Genoms durch die Gruppe von *Daniel Cohen*
Sequenzierung des ersten vollständigen Genoms eines frei lebenden Organismus (*Haemophilus influenzae*) (Fleischmann et al. 1995)
Erste Publikation über cDNA-Microarrays durch *Patrick Brown*

1996
Fertigstellung der Sequenzierung des ersten Genoms eines Eukaryonten (*Saccharomyces cerevisiae*) initiiert und koordiniert durch *Andre Goffeau* (Goffeau et al. 1996)

1997
Fred Blattner und Kollegen beenden die Sequenzierung des Genoms von *Escherichia coli*

1998
Die Gruppen von *John Sulston* und *Robert Waterston* stellen die Sequenz des *Caenorhabditis elegans*-Genoms fertig

1999
Publikation des ersten menschlichen Chromosoms (Chromosom 22) durch britische, US-amerikanische und japanische Gruppen (Dunham et al. 1999)

2000
Publikation der Sequenz des Drosophilagenoms durch die Gruppen von *Gerald M. Rubin* und *J. Craig Venter*
Publikation der ersten Grobfassung des menschlichen Genoms

2001
Fertigstellung einer SNP-Karte mit mehr als 1,4 Mio. Markern

Enzym- und Proteinanalytik (Kapitel 3.2)

1951
Sequenzanalyse des Insulins durch *Sanger* und *Tuppy* (Sanger u. Tuppy 1951)

1958
Entwicklung des ersten Aminosäureanalysators (Spackmann et al. 1958)

1961
Aufklärung der vollständigen Primärstruktur des adulten menschlichen Hämoglobins (Braunitzer et al. 1961)
Ansätze zur Entschlüsselung des genetischen Kodes durch *Wittmann*

1970
Laemmli etabliert die eindimensionale Gelelektrophorese
Kaltschmidt und *Wittmann* führen die erste zweidimensionale Gelelektrophorese durch (Kaltschmidt u. Wittmann 1970)

1972
Molekulargewichtsbestimmung von Proteinen mittels SDS-Gelelektrophorese (Weber et al. 1972)

1975
Durchführung der hochaufgelösten zweidimensionalen Gelelektrophorese von Proteinen (O'Farrell 1975, Klose 1975)

1976
Edman und *Begg* stellen einen Proteinsequenator vor (Edman u. Begg 1976)
Wittmann klärt die Struktur, Funktion und Evolution von Ribosomen auf (Wittmann 1976)

1978
Sekundärstrukturvoraussage von Proteinen (Chou u. Fasman 1978, Lowry et al. 1979)

1979
Elektrophoretischer Transfer von Proteinen aus Polyacrylamidgelen auf Nitrozellulosemembranen (Towbin et al. 1979)

1981
Bestimmung der Sekundärstruktur von Proteinen mit Zirkulardichroismus (Provencher u. Glöckner 1981)

1983
Hochempfindliche Aminosäuresequenzierung mit dem Gasphasensequenzer (Hunkapiller et al. 1983)

1984
Aufklärung der Struktur und Topographie ribosomaler Proteine (Giri et al. 1984)

1985
Automatische Online-Detektion der Aminosäurederivate im Sequenzierer (Wittmann-Liebold u. Ashman 1985)

1986
Proteinsequenzierung mittels Tandemmassenspektrometrie (Hunt et al. 1986, Biemann u. Scoble 1987)

1987
Nachweis eines Tunnels in der großen ribosomalen Untereinheit durch dreidimensionale Bilderkennung (Yonath et al. 1987)

1988
*M*atrix-*a*ssisted *L*aser-*D*esorptions-*I*onisations-Massenspektrometrie (MALDI-MS) (Karas u. Hillenkamp 1988)

1989
Synthese von Immobilonen zur immobilisierten Isoelektrofokussierung (Chiari et al. 1989)
Stabilitätsanalyse von Proteinstrukturen mittels thermodynamischer Methoden durch *Privalov* (1989)
Wüthrich führt eine dreidimensionale Proteinstrukturbestimmung in Lösung mit MRT durch (Wüthrich 1989)

1990
Ribosomale Partikelrekonstruktion mittels zweidimensionaler Kristallschichten (Berkovitch-Yellin et al. 1990)

1991
Jaenicke veröffentlicht seinen Beitrag über die lokalen Strukturen, Domänen, Untereinheiten und Anordnung der Proteinfaltung (Jaenicke 1991)
Erkenntnis der Überschneidung von Chemie und Immunologie (Lerner et al. 1991)
Detektion metastabiler Ionen in der MALDI-Massenspektrometrie (Spengler et al. 1991)

1992
Wittmann-Liebold führt eine hochsensitive Proteinanalyse durch (Wittmann-Liebold 1992)

1993
Analyse von glykoproteinassoziierten Oligosacchariden (Dwek et al. 1993)
Rasche Identifizierung von Proteinen mit Peptidmassenfingerprints (Pappin et al. 1993)
Proteinleitersequenzierung (Chait et al. 1993)

Matthew etabliert Routen für die Proteinfaltung (Matthew 1993)
Veröffentlichung über Chaperone und Proteinfaltung (Kelley u. Georgopoulos 1993)
Williams bestimmt die Proteindynamik mit MRT (Williams 1993)
Sammlung von Erkenntnissen über die posttranslationalen Modifikationen von Proteinen (Krishna u. Wold 1993)

1994
Konstruktion multifunktioneller Bibliotheken (Goeoffroy et al. 1994)
Haris und *Chapman* führen die Peptid- und Proteinstrukturanalyse mit Fourier-Transformations-Infrarotspektroskopie durch (Haris u. Chapman 1994)

1995
Entdeckung der Multiplizität von Proteindomänen (Doolittle 1995, Hilt u. Wolf 1995)
Draper klärt die Protein-RNA-Erkennung auf (Draper 1995)
Einführung der Elektrospraymassenspektrometrie für die Charakterisierung von Proteinen (Mann u. Wilm 1995)

1996
Proteine aus Polyacrylamidgelen werden durch Nanospraymassenspektrometrie im fMol-Bereich sequenziert (Wilm et al. 1996)

1997
Optische Detektion von Einzelmolekülen (Nie u. Zare 1997)
Entdeckung der Polyglutaminerweiterung in Huntingtin aus amyloidähnlichen Proteinaggregaten (Scherzinger et al. 1997)

1998
Veröffentlichung neuer Technologien, neuer Konzepte und neuer Terminologie über Proteome und Proteomics (Anderson u. Anderson 1998)
Hage schreibt seine Übersicht über die Immunoaffinitätschromatographie (Hage 1998)

1999
Weiss führt die Fluoreszenzspektroskopie von Einzelmolekülen durch (Weiss 1999)
Veröffentlichung der Untersuchungen über die Atomkraftmikroskopie als analytisches Mittel zur Beobachtung von Molekülen bei der Arbeit (Engel et al. 1999)
Quantitative Analyse komplexer Proteingemische durch isotopmarkierte Affinitätssonden (Gygi et al. 1999)
Elektrosprayionisations-Fourier-Transformations-Ionenzyklotronresonanzmassenspektrometrie (Hendrickson u. Emmett 1999)
Automatisierte Proteinidentifizierung durch Mikro-HPLC-gekoppelte Massenspektrometrie (Yates et al. 1999)

2000
Rost und *Sander* veröffentlichen die dritte Generation von Proteinsekundärstrukturvorhersagen (Rost u. Sander 2000)
Aufklärung der Rolle des Status des „molten globule" in der Proteinfaltung (Arai u. Kuwajima 2000)
Baker findet überraschend einfache Formen der Proteinfaltung (Baker 2000)
Aufklärung der dreidimensionalen Anordnung der 23 S- und 5 S-rRNA in *E.-coli*-Ribosomen (Mueller et al. 2000)
Aufklärung der Struktur der kleinen, funktionell aktiven ribosomalen Untereinheit bei 3,3 Å Auflösung (Schluenzen et al. 2000)
Veröffentlichung der kompletten Atomstruktur der großen ribosomalen Untereinheit bei 2,4 Å Auflösung (Ban et al. 2000)
Entdeckung der t-RNA-Bewegung in *E.-coli*-70 S-Ribosomen während des Elongationszyklus (Agrawal et al. 2000)
Arbeit über neue Perspektiven und neue biochemische Möglichkeiten mit der Proteomanalytik (Banks et al. 2000)
Einsatz der Proteomics zur Analyse des Porenkomplexes (Blobel u. Wozniak 2000)
Nutzung der zweidimensionalen Gelelektrophorese mit immobilisierten pH-Gradienten (Görg et al. 2000)
Aufklärung der strukturellen Organisation des Nikotin-Azetylcholin-Rezeptors (Utkin et al. 2000)

2001
Analyse von Proteomen mit Hilfe der Chiptechnologie (Figeys u. Pinto 2001)
Integration von funktionellen Proteomstudien in der molekularen Medizin (Gabor Miklos u. Maleszka 2001)
Aufklärung der RNA- und Proteinanordnung im U1-Partikel des Spleißosoms (Stark et al. 2001)
Untersuchung von Rezeptor-Ligand-Wechselwirkung an Einzelzellen (Reichle et al. 2001)

Monoklonale Antikörper (Kapitel 3.3)

1890
Entdeckung der Antitoxine und Begründung der Serumtherapie durch *Behring* und *Kitasato* (Silverstein 1989)

1900
Landsteiner entdeckt die AB0-Blutgruppenantigene (Silverstein 1989)

1906
Ehrlich formuliert die Seitenkettentheorie als Vorläufer des Konzepts der Oberflächenrezeptoren auf Lymphozyten (Silverstein 1989)

1935–1936
Reinigung von Antikörpern durch *Heidelberger* und *Kendall* (Grabar 1976, Silverstein 1989)

1938
Tiselius und *Kabat* weisen nach, dass Antikörper Gammaglobuline sind (Grabar 1976)

1942
Fluoreszenzmarkierung von Antikörpern durch *Coons* (Grabar 1976)

1948
Fagraeus weist nach, dass Antikörper von Plasmazellen gebildet werden (Grabar 1976)

1955–1957
Jerne und *Burnet* stellen die Selektionstheorien der Antikörperbildung auf (Burnet 1959, Grabar 1976, Silverstein 1989)

1959
Aufklärung der Struktur des Antikörpermoleküls durch *Porter*, *Edelmann* und *Nisonoff* (Grabar 1976, Porter 1967, Edelman 1970)

1975
Herstellung der ersten monoklonalen Antikörper (Köhler u. Mistein 1975)

1976
Tonegawa weist nach, dass die Antikörpervielfalt durch somatische Rekombination entsteht (Tonegawa 1993)

Ab 1988
Herstellung rekombinanter Antikörper (Barbas et al. 1991, Clackson et al. 1991, Skerra u. Plückthun 1988)

Chronologie der Pharmakogenetik
(modifiziert nach Weber u. Cronin, 2000) (Kapitel 4.1)

1890
Beschreibung der Sulphonalporphyrinurie

1957–1960
Entdeckung des Phänotyps der Suxamethoniumüberempfindlichkeit und Charakterisierung des langen QT-Syndroms

1958
Beschreibung der Primaquinüberempfindlichkeit sowie des Favismus

1959–1960
Beschreibung der langsamen und schnellen Azetylierung von Isoniazid

1960–1962
Beschreibung der malignen Hyperthermie

1963
Entdeckung der Fruktoseunverträglichkeit

1969
Vasopressinunempfindlichkeit wird nachgewiesen
Beschreibung der genetisch bedingten Alkoholanfälligkeit

1970
Berichte über die Retinoic acid resistance

1977
Entdeckung der Debrisoquinüberempfindlichkeit

1980
Beschreibung der Toxizität von 6-Mercaptopurin

1984
Entdeckung der Mephenytoinresistenz

1985
Defekt der Porphobilinogendeaminase ist wahrscheinlich für Sulphonalporphyrinurie verantwortlich

1988
Identifikation des G-6-PD-Gens als für die Primaquinüberempfindlichkeit sowie der Aldehyddehydrogenase als für die genetisch bedingte Alkoholanfälligkeit verantwortliches Gen
Beschreibung der Insulinunempfindlichkeit

1988–1993
Aufklärung der Rolle des Insulinrezeptors für die Insulinunempfindlichkeit und Beschreibung von CYP2D6 als für die Debrisoquinüberempfindlichkeit wichtiges Gen

1988–1995
Aufklärung der Rolle von Aldolase B bei der Fruktoseunverträglichkeit

1989–1993
Entdeckung dass *N*-Azetyltransferase für die langsame bzw. schnelle Azetylierung von Isoniazid verantwortlich ist

1990–1992
Pseudocholinesterasegen spielt bei der Suxamethoniumüberempfindlichkeit die entscheidende Rolle

1991–1993
PML-RARA-Fusions-Gen spielt für die Retinoic acid resistance eine entscheidende Rolle

1991–1997
Beschreibung der für das lange QT-Syndrom verantwortlichen Mutationen sowie der Rolle des Ryanodinrezeptors bei der malignen Hyperthermie

1992
Vasopressinrezeptor 2 ist für die Vasopressinunempfindlichkeit verantwortlich

1993–1994
Identifizierung der Rolle von CYP2C19 für die Mephenytoinresistenz

1995
Aufklärung der Rolle von Thiopurinmethyltransferase für die 6-Mercaptopurin-Toxizität

Methoden der Genübertragung (Kapitel 4.2)

1944
Avery beschreibt zum ersten Mal das transformierende Prinzip bei Pneumokokken und legt die Basis zur Detektion der DNA als Grundlage des genetischen Materials

1962, 1968
Szybalska und *Szybalski* (1962) und *Kao* und *Puck* (1968) wenden den Transfer gesamtchromosomaler DNA an, um genetische Marker in eukaryonte Zellen zu transferieren

60er Jahre
Viren werden als Gentransfervehikel vorgeschlagen

1971
1. Konferenz über die Aussichten des Gentransfers in medizinischer Anwendung (*Freese*, Fogarty Center, NIH)

1973
Graham und *van der Eb* gelingt der Transfer von Nukleinsäuren in eukaryonte Zellen mit Hilfe von Kalziumphosphattransfektion

1976
Gründung des NIH Recombinant DNA Advisory Boards

1979/1980
Illegaler Versuch, das Globingen in Knochenmarkzellen von Thalassämiepatienten zu transferieren

1981
Mulligan und *Berg* transferieren das bakterielle Xanthin-Guanin-Phospho-Ribosyltransferase-Gen in Zellen von Lesh-Nyhan-Patienten (in vitro)

1982
Etablierung von Retroviren als Vektoren durch *Doehmer* et al. und Tabin et al.

1983
1. Banbury Konferenz zum Thema Gentherapie

14. 9. 1990
1. Transfer von autologen Zellen, welche das *ada*-Gen exprimieren, in Patienten mit ADA-Defizienz (Blaese et al. 1995, Bordignon et al. 1995)

1991–1999
Stark ansteigende Zahl klinischer Studien mit gentherapeutischen Vehikeln in verschiedensten Indikationsgebieten wie monogenetische Erkrankungen, Onkologie oder Infektologie; außer anekdotischen Erfolgen kein Beweis, dass Gentherapie in statistisch relevanten Studien klinische Symptome dauerhaft beeinflusst

17. 9. 1999
Tod eines Patienten, der an Ornithin-Transcarbamylase-Defizienz litt, durch hoch dosierte Administration adenoviraler Vektoren in die Leber, seitdem vorsichtiges weiteres Vorgehen in der Anwendung von gentherapeutischen Vektoren in der Klinik (Hämophilien, zystische Fibrose, Onkologie)

Mutagenese und DNA-Reparaturmechanismen (Kapitel 4.3)

1960–1970
Grundlegende Untersuchungen zu DNA-Reparaturmechanismen in Bakterien

1964
Basenexzisionsreparatur wird an *E. coli* gefunden und stellt sich als universeller Reparaturmechanismus aller Lebewesen heraus

1968
An Zellen von Patienten mit der Krankheit Xeroderma pigmentosum wurde von *Cleaver* gezeigt, dass diese extrem UV-sensitiv sind, aber unempfindlich gegenüber Röntgenstrahlen, und dass ein Defekt in der Nukleotidexzisionsreparatur vorliegt

1975
Taylor konnte zeigen, dass Zellen von Patienten mit der Krankheit Ataxia telangiectatica empfindlich auf Röntgenstrahlen reagieren, aber unempfindlich gegenüber UV-Licht sind

1989
Doppelstrangbrüche werden physikalisch in der Meiose der Bäckerhefe nachgewiesen und stützen das DSBR-Modell

1990
Der NHEJ-Mechanismus wird als komplexe Reparaturmöglichkeit von DNA-Doppelsträngen erkannt

1992
Die Bedeutung von p53 als „Wächter des Genoms" wird erkannt

1994
Transkriptionsgekoppelte Nukleotidexzisionsreparatur wird an Zellen von Patienten gefunden, die den Xeroderma-pigmentosum-Phänotyp aufweisen, bei denen aber kein Defekt in der Nukleotidexzisionsreparatur vorliegt

Ribozyme (Kapitel 4.4)

1981
Entdeckung der ersten katalytisch aktiven Nukleinsäure (Cech et al. 1981)

1983
Entdeckung der katalytischen Untereinheit eines aktiven Ribozyms (Guerrier-Takada et al. 1983)

1987
Entwicklung des in trans spaltenden Hammerhead-Ribozyms (Uhlenbeck 1987, Haseloff u. Gerlach 1988)

1997
Selektion des RNA spaltenden '10–23'-DNA-Enzyms (Santoro u. Joyce 1997)

Antimetaboliten (Kapitel 4.5)

1909
Paul Ehrlich, der „Vater der Chemotherapie", entwickelt Vorstellungen über chemische Verbindungen, die ähnlich wie manche Farbstoffe nur pathogene, nicht aber normale Zellstrukturen treffen (Ehrlich 1909)

1928
Erste Beschreibung des Antimetabolitenprinzips durch *Quastel* und *Wooldrige*: Hemmung der Sukzinatdehydrogenase durch Malonat wird mit seiner Strukturähnlichkeit zum normalen Substrat Sukzinat erklärt (Quastel u. Wooldrige 1928)

1935
Domagk entdeckt den roten Farbstoff Prontosil und damit die Sulfonamide als erste antibakterielle Chemotherapeutika (Domagk 1935)

1940
Woods beschreibt die antagonistische Wirkung von Sulfonamiden, *p*-Aminobenzoesäure wird entdeckt und auf das Antimetabolit-Metabolit-Prinzip zurückgeführt, Beginn der Antimetabolitenforschung für therapeutische Zwecke (Woods 1940)

1948
Entwicklung von Folsäureantagonisten (z.B. Aminopterin, Amethopterin) (Seeger et al. 1947, Farber et al. 1948)

1950
Herstellung erster zytostatisch wirksamer Purinanaloga: 6-Mercaptopurin, 6-Thioguanin (Elion, Burgi, Hitchings et al. 1952)

1957
Synthese und zytostatische Wirkungen von 5-Fluoruracil (Duschinsky et al. 1957, Heidelberger et al. 1957)

1961
Synthese und erste kanzerostatische Befunde von Cytosinarabinosid (Arabinofuranosylcytosin) (Walwick et al. 1959, Evans et al. 1961)

1977
Entdeckung der selektiven Wirkung von Acyclovir auf Herpesviren (Elion et al. 1977)

1979
Synthese und Beschreibung der antiherpetischen Wirkungen von Bromvinyldesoxyuridin (De Clercq et al. 1979, Walker et al. 1979)

Ab 1985
Entdeckung von Didesoxynukleosiden als Hemmstoffe der HIV- bzw. HBV-Replikation: z.B. Azidothymidin, Didesoxycytidin, Didesoxyinosin, Fluorthymidin, Didehydrothymidin, Thiacytidin, Abacavir (Eriksson et al. 1986, Lin et al. 1987, Matthes et al. 1986, 1987, Mitsuya u. Broder 1985, Mitsuya et al. 1986, Schinazi et al. 1992b, Daluge et al. 1997)

1986
Beginn der Entwicklung von azyklischen Nukleosidphosphonaten mit breitem antiviralen Spektrum: z. B. PMEA (Adefovir), HPMPC (Cidofovir), PMPA (De Clercq et al. 1986)

1989, 1990
Nutzung von Proteinstrukturdaten zur Entwicklung von Hemmstoffen der HIV-Protease: Saquinavir (Navia et al. 1989, Roberts et al. 1990)

1983, 1993
Zanamivir, Hemmstoff der Influenza-Neuraminidase, wird mit Methoden des Drug-Design entwickelt (Colman et al. 1983, von Itzstein et al. 1993)

Medizinische Perspektiven der Stammzellforschung (Kapitel 4.6)

1909
Maximov postuliert das hämatopoetische Stammzellkonzept

1957
Erste allogene Knochenmarktransplantation beim Menschen (Thomas et al. 1957)

1962
Gurdon gelingt die Reprogrammierung von Amphibienzellkernen durch Kerntransfer in entkernte Eizellen

1969
Altman findet Hinweise auf Neurogenese im erwachsenen Säugetiergehirn

1971
Isolierung humaner hämatopoetischer Stammzellen aus dem peripheren Blut (McCredie et al. 1971)

1981
Etablierung der ersten murinen ES-Zell-Linien (Evans u. Kaufmann 1981, Martin 1981)

1988
Transplantation von fetalem, mesenzephalem Gehirngewebe zur Behandlung des Morbus Parkinson (Lindvall et al. 1988)

1989
Entwicklung des neuralen Stammzellkonzepts (Lendahl et al. 1990, Reynolds u. Weiss 1992, Temple 1989)

1997
Klonierung des Schafes „Dolly“ durch Transfer eines Zellkerns einer adulten Zelle in eine entkernte Eizelle (Wilmut et al. 1997)

1998
Lineage-Selektionsverfahren zur Gewinnung ES-Zell-abgeleiteter somatischer Zellpopulationen (Li et al. 1998)
Etablierung der ersten humanen ES-Zell-Linien (Thomson et al. 1998)
Etablierung der ersten humanen EG-Zell-Linien (Shamblott et al. 1998)
Experimentelle Bestätigung der adulten Neurogenese im humanen Hippocampus (Eriksson et al. 1998)

1999
Hinweise auf die Transdifferenzierungsfähigkeit adulter Stammzellen (Bjornson et al. 1999, Brazelton et al. 2000, Clarke et al. 2000, Mezey et al. 2000)
Erste erfolgreiche ES-Zell-basierte Transplantation in ein Tiermodell einer menschlichen Erkrankung (Brüstle et al. 1999)

2000
Gewinnung autologer dopaminerger Neuronen über Kernreprogrammierung (Tiermodell) (Munsie et al. 2000, Wakayama et al. 2001)

2002
Identifikation der Zellfusion als mögliche Erklärung vermeintlicher Transdifferenzierungsphänomene bei adulten Stammzellen (Terada et al. 2002, Ying et al. 2002)

Literatur[1)]

Agrawal RK, Spahn CM, Penzek P, Grassucci RA, Nierhaus KH, Frank J (2000) Visualization of tRNA movements on the *Escherichia coli* 70 S ribosome at the elongation cycle. J Cell Biol 150: 447–460

Alderson MR, Tough TW, Davis-Smith T et al. (1995) Fas ligand mediates activation-induced cell death in human T lymphocytes. J Exp Med 181: 71–77

Altman J (1969) Autoradiographic and histological studies of postnatal neurogenesis. IV. Cell proliferation and migration in the anterior forebrain, with special reference to persisting neurogenesis in the olfactory bulb. J Comp Neurol 137: 433–458

Altschul SF, Gish W, Miller W, Myers EW, Lipman DJ (1990) Basic local alignment search tool. J Mol Biol 215: 403–410

Anderson NL, Anderson NG (1998) Review: proteome and proteomics: new technologies, new concepts, and new words. Electrophoresis 19: 1853–1861

Anderson S, Bankier AT, Barrell BG et al. (1981) Sequence and organization of the human mitochondrial genome. Nature 290: 457–465

Anderson JE, Ptashne M, Harrison SC (1987) Structure of the repressor-operator complex of bacteriophage 434. Nature 326: 846–852

Arai M, Kuwajima K (2000) Role of the *molten globule* state in protein folding (review). Adv Protein Chem 53: 209–282

Arnold J (1879) Virchows Arch Pathol Anat 77: 181

Avery OT, McLeod CM, McCarty M (1944) Studies on the chemical nature of the substance inducing transformation of the pneumococcal types. J Exp Med 79: 137–158

Baker D (2000) A surprising simplicity to protein folding. Nature 405: 39–42

Baltimore D (1970) Viral RNA-dependent DNA polymerase. Nature 226: 1209–1211

Ban N, Nissen P, Hansen J, Moore PB, Steitz TA (2000) The complete atomic structure of the large ribosomal subunit at 2.4 Å resolution. Science 289: 905–920

Banks RE, Dunn MJ, Hochstrasser DF et al. (2000) Proteomics: new perspectives, new biomedical opportunities. Lancet 356: 1749–1756

Banner DW, D'Arcy A, Janes W et al. (1993) Crystal structure of the soluble human 55 kd TNF receptor-human TNFβ complex: implications for TNF receptor activation. Cell 73: 431–435

Barbas CF 3rd, Kang AS, Lerner RA, Benkovic SJ (1991) Assembly of combinatorial antibody libraries on phage surfaces: the gene III site. Proc Natl Acad Sci USA 88: 7978–7982

Barclay AN, Birkeland ML, Brown MH et al. (1993) The leucocyte antigen facts book. Academic Press, London

Barnard GA (1949) Statistical inference. J R Statist Soc B11: 115–139

Barr ML, Bertram EA (1949) Nature 163: 676

Barr ML, Bertram EA (1953) Surg Gynecol Obstet 96: 641

[1)] Da nicht immer die zitierten Entdecker auch die Erstautoren der entsprechenden Veröffentlichungen sind, wird dem Leser empfohlen, die gesuchte Pubklikation im zugehörigen Kapitel nachzuschlagen.

Barrell BG, Bankier AT, Drouin J (1979) A different genetic code in human mitochondria. Nature 282: 189–194

Baumgärtner KH (1830) Beobachtungen über die Nerven und das Blut. Groos, Freiburg

Bause E, Hettkamp H (1979) Primary structural requirements for N-glycosylation of peptides in rat liver. FEBS Lett 108: 341–344

Behrens J, Kries KJ von, Kuhl M et al. (1996) Functional interaction of β-catenin with the transcription factor LEF-1. Nature 382: 638–642

Beneden E van (1883) Arch Biol 4: 265

Berkovitch-Yellin Z, Wittmann HG, Yonath A (1990) Low-resolution models for ribosomal particles reconstructed from electron micrographs of tilted two-dimensional sheets. Acta Crystallogr B 46: 637–643

Bernal JD, Crowfoot D (1934) X-ray photographs of crystalline pepsin. Nature 133: 794–795

Berndt C, Mopps B, Angermüller S, Gierschik P, Krammer PH (1998) CXCR4 and CD4 mediate a rapid CD95-independent cell death in CD4(+) T cells. Proc Natl Acad Sci USA 95: 12.556–12.561

Berry MJ, Banu L, Larsen PR (1991 a) Type I iodothyronine deiodinase is a selenocysteine-containing enzyme. Nature 349: 438–440

Berry MJ, Banu L, Chen YY et al. (1991 b) Recognition of UGA as a selenocysteine codon in type I deiodinase requires sequences in the 3′ untranslated region. Nature 353: 273–276

Bevilacqua MP, Nelson RM (1993) Selectins. J Clin Invest 91: 379–387

Biemann K, Scoble HA (1987) Characterization by tandem mass spectrometry of structural modifications in proteins. Science 237: 992–998

Bjornson CR, Rietze RL, Reynolds BA, Magli MC, Vescovi AL (1999) Turning brain into blood: a hematopoietic fate adopted by adult neural stem cells. Science 283: 534–537

Blaese RM, Culver KW, Miller AD et al. (1995) T-lymphocyte-directed gene therapy for ADA-SCID: initial trial results after 4 years. Science 270: 475–480

Blobel G, Wozniak RW (2000) Proteomics for the pore. Nature 403: 835–836

Bloch F (1946) Nuclear induction. Phys Rev 70: 460–474

Bordignon C, Notarangelo LD, Nobili N et al. (1995) Gene therapy in peripheral lymphocytes and bone marrow for ADA-immunodeficient patients. Science 270: 470–475

Boveri T (1887) S-B Ges Morph Physiol 3: 71

Boveri T (1888) Jena Z Med Naturwiss 22: 685

Boveri T (1902) Verh Phys Med Ges Würzburg 35: 67

Boveri T (1914) Fischer, Jena

Bradley A, Evans M, Kaufman MH, Robertson E (1984) Formation of germ-line chimaeras from embryo-derived teratocarcinoma cell lines. Nature 309: 255–256

Bragg WH, Bragg WL (1913) The structure of the diamond. Nature 91: 557

Braunitzer G, Gehring-Müller R, Hilschmann N et al. (1961) Die Konstitution des normalen, adulten menschlichen Hämoglobins. Hoppe Seylers Z 325: 283–286

Brazelton TR, Rossi FMV, Keshet GI, Blau HM (2000) From marrow to brain: expression of neuronal phenotypes in adult mice. Science 290: 1775–1779

Bridges EB (1913) J Exp Zool 15: 587

Brittberg M, Lindahl A, Nilsson A, Ohlsson C, Isaksson O, Peterson L (1994) Treatment of deep cartilage defects in the knee with autologous chondrocyte transplantation. N Engl J Med 331: 889–895

Brown R (1833) Trans Linn Soc 16:
Brunner T, Mogil RJ, LaFace D et al. (1995) Cell-autonomous Fas (CD95)/Fas-ligand interaction mediates activation-induced apoptosis in T-cell hybridomas. Nature 373: 441–444
Brüstle O, Jones KN, Learish RD et al. (1999) Embryonic stem cell-derived glial precursors: a source of myelinating transplants. Science 285: 754–756
Burgess AW, Metcalf D (1980) The nature and action of granulocyte-macrophage colony-stimulating factors. Blood 56: 947–958
Burke DT, Carle GF, Olson MV (1987) Cloning of large segments of exogenous DNS into yeast by means of artificial chromosome vectors. Science 236: 806–812
Burnet FM (1959) The clonal selection theory of acquired immunity. Cambridge University Press, London
Campbell KH, McWhir J, Ritchie WA, Wilmut I (1996) Sheep cloned by nuclear transfer from a cultured cell line. Nature 380: 64–66
Cann RL, Stoneking M, Wilson AC (1987) Mitochondrial DNA and human evolution. Nature 325: 31–36
Capecchi M (1989) The new mouse genetics: altering the genome by gene targeting. Trends Genet 5: 70–76
Carrel A (1912) On the permanent life of tissues outside of the organism. J Exp Med 15: 516–528
Caspersson T, Zech L (1968) Exp Cell Res 49: 219
Caspersson T, Zech L (1970) Exp Cell Res 60: 315
Cech TR, Zaug AJ, Grabowski PJ (1981) In vitro splicing of the ribosomal RNA precursor of *Tetrahymena*: involvement of a guanosine nucleotide in the excision of the intervening sequence. Cell 27: 487–296
Chait BT, Wang R, Beavis RC, Kent SBH (1993) Protein ladder sequencing. Science 262: 89–92
Chargaff E (1951) Structure and function of nucleic acids as cell constituents. Fed Proc 10: 654–659
Chiari M, Casale E, Santaniello E, Righetti PG (1989) Synthesis of buffers for generating immobilized pH gradients: acidic/acrylamido buffers. Theor Appl Electr 1: 99–107
Choi KW, Bloom AD (1970) Cloning human lymphocytes in vitro. Nature 227: 171–173
Chou PY, Fasman GD (1978) Prediction of the secondary structure of proteins from their amino acid sequence. Adv Enzymol 47: 45–148
Cibelli JB, Stice SL, Golueke PJ et al. (1998) Cloned transgenic calves produced from nonquiescent fetal fibroblasts. Science 280: 1256–1258
Clackson T, Hoogenboom HR, Griffiths AD, Winter G (1991) Making antibody fragments using phage display libraries. Nature 352: 624–628
Clarke DL, Johansson CB, Wilbertz J et al. (2000) Generalized potential of adult neural stem cells. Science 288: 1660–1663
Collas P, Robl JM (1990) Factors affecting the efficiency of nuclear transplantation in the rabbit embryo. Biol Reprod 43: 877–884
Colman PM, Varghese JN, Laver WG (1983) Structure of the catalytic and antigenic sites in influenza virus neuraminidase. Nature 303: 41–44
Correns C (1937) Nichtmendelnde Vererbung. Bornträger, Berlin
Costantini F, Lacy E (1981) Introduction of a rabbit beta-globin gene into the mouse germ line. Nature 294: 92–94
Craig D, Howell MT, Gibbs CL, Hunt T, Jackson RJ (1992) Plasmid cDNA-directed protein synthesis in a coupled eukaryotic in vitro transcription-translation system. Nucleic Acids Res 20: 4987–4995
Crucs S, Chatterjee S, Gavis ER (2000) Overlapping but distinct RNA elements control repression and activation of nanos translation. Mol Cell 5: 457–467
Cunningham BA, Hemperly JJ, Murray BA, Prediger EA, Brackenbury R, Edelman GM (1987) Neural cell adhesion molecule: structure, immunoglobulin-like domains, cell surface modulation, and alternative RNA splicing. Science 236: 799–806
Daluge SM, Good SS, Martin MT et al. (1997) 1592U89 succinate – a novel carbocyclic nucleoside analog with potent, selective anti-human immunodeficiency virus activity. Antimicrob Agents Chemother 41: 1082–1093
Davisson C, Germer LH (1927) The scattering of electrons by a single crystal of nickel. Nature 119: 558–560
Dayhoff M (1969) Atlas of protein sequence and structure. National Biomedical Research Foundation, Silver Spring, MD
De Clercq E, Descamps J, De Sommer P, Barr PJ, Jones AS, Walker RT (1979) (E)-5-(Bromovinyl-2'-deoxyuridine: a potent and selective anti-herpes agent. Proc Natl Acad Sci USA 76: 2947–2951
De Clercq E, Holy A, Rosenberg I, Sakuma T, Balzarini J, Maudgal PC (1986) A novel selective broad-spectrum anti-DNA virus agent. Nature 323: 464–467
De Vos AM, Ultsch M, Kossiakoff AA (1992) Human growth hormone and extracellular domain of its receptor: structure of the complex. Science 225: 306–312
Deisenhofer J, Epp O, Miki K, Huber R, Michel H (1985) Structure of the protein subunits in the photosynthetic reaction centre of *Rhodopseudomonas viridis* at 3 Å resolution. Nature 318: 618–624
Dexter TM, Allen TD, Lajtha LG (1977) Conditions controlling the proliferation of haemopoietic stem cells in vitro. J Cell Physiol 91: 335–345
Dhein J, Walczak H, Baumler C, Debatin KM, Krammer PH (1995) Autocrine T-cell suicide mediated by APO-1/(Fas/CD95). Nature 373: 438–441
Doehmer J, Barinaga M, Vale W, Rosenfeld MG, Verma IM, Evans RM (1982) Introduction of rat growth hormone into mouse fibroblasts via a retroviral DNA vector: expression and regulation. Proc Natl Acad Sci USA 79: 2268–2272
Doetschman T, Gregg RG, Maeda N et al. (1987) Targetted correction of a mutant HPRT gene in mouse embryonic stem cells. Nature 330: 576–578
Domagk G (1935) Ein Beitrag zur Chemotherapie der bakteriellen Infektionen. Dtsch Med Wochenschr 61: 250–253
Doolittle RF (1995) The multiplicity of domains in proteins. Annu Rev Biochem 64: 287–314
Draper DF (1995) Protein-RNA recognition. Annu Rev Biochem 64: 593–620
Dugès A (1835) Recherche sur l'osteologie et la myologie des batracien à leurs différens ages. Mémoires présentés par divers savans à l'Academie royale de Science de l'Ínstitut de France, Science Mathématiques et Physiques 6: 1
Dunham I, Hunt AR, Collins JE et al. (1999) The DNA sequence of human chromosome 22. Nature 402: 489–495
Duschinsky R, Pleven E, Heidelberger C (1957) The synthesis of 5-fluoropyrimidines. J Am Chem Soc 79: 4559–4560
Dwek RA, Edge CJ, Harvey DJ, Wormald MR, Paregh RB (1993) Analysis of glycoprotein-associated oligosaccharides. Annu Rev Biochem 62: 65–100

Eagle H (1955) Nutrition needs of mammalian cells in tissue culture. Science 122: 501–504
Edelman GM (1970) The structure and function of antibodies. Sci Am 223: 34–42
Edman P, Begg G (1967) Ein Protein Sequenator. Eur J Biochem 1: 80–91
Ehrlich P (1909) Beiträge zur experimentellen Pathologie und Chemotherapie. Akademische Verlagsgesellschaft, Leipzig
Elion GB, Furman PA, Fyfe JA, de Miranda P, Beauchamp L, Schaeffer HJ (1977) Selectivity of action of an antiherpetic agent, 9-(2-hydroxyethoxymethyl)guanine. Proc Natl Acad Sci USA 74: 5716–5720
Elston RC, Stewart J (1971) A general model for the genetic analysis of pedigree data. Hum Hered 21: 523–542
Engel A, Lyubchenko Y, Muller D (1999) Atomic force microscopy: a powerful tool to observe biomolecules at work. Trends Cell Biol 9: 77–80
Ephrussi B (1953) Nucleo-cytoplasmic relations in microorganisms. Oxford University Press, London
Ephrussi A, Lehmann R (1992) Induction of germ cell formation by oskar. Nature 358: 387–392
Ephrussi A, Dickinson LK, Lehmann R (1991) Oskar organizes the germ plasm and directs localization of the posterior determinant nanos. Cell 66: 37–50
Eriksson BFH, Johansson KNG, Stenning GB, Öberg BF (1986) Novel medicinal use. The Swedish Patent Office, patent application no: 8602981-6, 4th July 1986
Eriksson PS, Perfilieva E, Bjork-Eriksson T et al. (1998) Neurogenesis in the adult human hippocampus. Nat Med 4: 1313–1317
Ernst RR, Anderson WA (1966) Application of Fourier transform spectroscopy to magnetic resonance. Rev Sci Instrum 37: 93–102
Evans MJ, Kaufman MH (1981) Establishment in culture of pluripotential stem cells from mouse embryos. Nature 291: 154–156
Evans JS, Musser EA, Mengel GD, Forsblad KR, Hunter JH (1961) Antitumor activity of 1-β-D-arabinofuranosylcytosine hydrochloride. Proc Soc Exp Biol Med 106: 350–353
Farber S, Diamond LK, Merker RD, Sylvester RF, Wolff JA (1948). N Engl J Med 238: 787
Farrell PJ, Balkow K, Hunt T, Jackson RJ, Trachsel H (1977) Phosphorylation of initiation factor elF-2 and the control of reticulocyte protein synthesis. Cell 11: 187–200
Figeys D, Pinto D (2001) Proteomics on a chip: promising developments, review. Electrophoresis 22: 208–216
Fisher RA (1918) The correlation between relatives on the supposition of Mendelian inheritance. Trans R Soc Edinb 52: 399–433
Fleischmann RD, Adams MD, White O et al. (1995) Whole-genome random sequencing and assembly of *Haemophilus influenzae* Rd. Science 269: 496–512
Flemming W (1879) Arch Mikr Anat 16: 302
Flemming W (1885) Über die Bildung von Richtungfiguren in Säugetiereiern beim Untergang Graaf'scher Follikel. Arch Anat Physiol 1885: 221
Ford CE (1959) Lancet I: 711
Ford CE, Hamerton JL (1956) Nature 178: 1020
Fox CA, Sheets MD, Wickens MP (1989) Poly(A) addition during maturation of frog oocytes: distinct nuclear and cytoplasmic activities and regulation by the sequence UUUUUAU. Genes Dev 3: 2151–2162
Freese E (1971) The prospects of gene therapy. Fogarty International Center Conference Report, NIH
Freshney RI (1994) Culture of animal cells. A manual of basic techniques, 3rd edn. Wiley, Chichester New York
Friedrich W, Knipping P, Laue M (1912) Interferenz-Erscheinungen bei Röntgenstrahlen. Sitzungsberichte der mathematisch-physikalischen Klasse der Königlichen Bayerischen Akademie der Wissenschaften zu München, 303–322
Friesen C, Herr I, Krammer PH, Debatin KM (1996) Involvement of the CD95 (APO-1/FAS) receptor/ligand system in drug-induced apoptosis in leukemia cells. Nat Med 2: 574–577
Furth PA, St Onge L, Boger H et al. (1994) Temporal control of gene expression in transgenic mice by a tetracycline-responsive promoter. Proc Natl Acad Sci USA 91: 9302–9306
Gabor Miklos GL, Maleszka R (2001) Integrating molecular medicine with functional proteomics: realities and expectations. Electrophoresis 1: 30–41
Gall JR, Pardue ML (1969) Proc Natl Acad Sci 63: 378, 64: 600
Ganten D, Ruckpaul K (2000) Monogen bedingte Erbkrankheiten. Springer, Berlin Heidelberg New York
Gavis ER, Lunsford L, Bergsten SE, Lehmann R (1996) A conserved 90 nucleotide element mediates translational repression of nanos RNA. Development 122: 2791–2800
Geiger B, Ayalon O (1992) Cadherins. Annu Rev Cell Biol 8: 307–332
German J (1965) Science 148: 505
Giri L, Hill WE, Wittmann HG, Wittmann-Liebold B (1984) Ribosomal proteins: their structure and spatial arrangement in prokaryotic ribosomes. Adv Protein Chem 36: 1–78
Glucksmann A (1951) Cell deaths in normal vertebrate ontogeny. Biol Rev 26: 59–86
Goeoffroy F, Sodoyer R, Aujame L (1994) A new phage display system to construct multicombinatorial libraries of very large antibody repertoires. Gene 151: 109–113
Goffeau A, Barrell BG, Bussey H et al. (1996) Life with 6000 genes. Science 274: 546–567
Gordon JW, Ruddle FH (1981) Integration and stable germ line transmission of genes injected into mouse pronuclei. Science 214: 1244–1246
Görg A, Obermaier C, Boguth G et al. (2000) The current state of two-dimensional electrophoresis with immobilized pH gradients. Electrophoresis 21: 1037–1053
Grabar P (1976) The historical background of immunology. In: Fudenberg HH, Stites DP, Caldwell IJ, Wells JV (eds) Basic and clinical immunology. Lange Medical Publications, Los Altos, pp 3–14
Graham FL, Eb AJ van der (1973) A new technique for the assay of infectivity of human adenovirus 5 DNA. Virology 52: 456–567
Gu H, Zou YR, Rajewsky K (1993) Independent control of immunoglobulin switch recombination at individual switch regions evidenced through Cre-loxP-mediated gene targeting. Cell 73: 1155–1164
Guerrier-Takada C, Gardiner K, Marsh T, Pace N, Altman S (1983) The RNA moiety of ribonuclease P is the catalytic subunit of the enzyme. Cell 35: 849–857
Gunkel N, Yano T, Markussen FH, Olsen LC, Ephrussi A (1998) Localization-dependent translation requires a functional interaction between the 5′ and 3′ ends of oskar mRNA. Genes Dev 12: 1652–1664

Gurdon JB (1962) The developmental capacity of nuclei taken from intestinal epithelial cells of feeding tadpoles. J Embryol Exp Morphol 10: 622–640

Gygi SP, Rist B, Gerber SA, Turecek F, Gelb MH, Aebersold R (1999) Quantitative analysis of complex protein mixtures using isotope-coded affinity tags. Nat Biotechnol 10: 994–999

Hage DS (1998) Survey of recent advances in analytical applications of immunoaffinity chromatography. J Chromatogr B Biomed Sci Appl 715: 3–28

Hake LE, Richter JD (1994) CPEB is a specificity factor that mediates cytoplasmic polyadenylation during *Xenopus* oocyte maturation. Cell 79: 617–627

Haller A (1758) Sur la formation du coeur dans le poulet. Bousquet, Lausanne

Hanahan D (1985) Heritable formation of pancreatic beta-cell tumours in transgenic mice expressing recombinant insulin/simian virus 40 oncogenes. Nature 315: 115–122

Hardy GH (1908) Mendelian properties in a mixed proportion. Science 28: 49–50

Haris PI, Chapman D (1994) Analysis of polypeptide and protein structures using Fourier transform infrared spectroscopy. Methods Mol Biol 22: 183–202

Harrison RG (1907) Observations on the living developing nerve fibre. Anat Rec 1: 116–118

Harrison SC, Olson AJ, Schutt CE, Winkler FK, Bricogne G (1978) Tomato bushy stunt virus at 2.9 Å resolution. Nature 276: 368–373

Harvey W (1628) Exercitatio anatomica de motu cordis et sanguinis in animalibus. Sumptibus Gulielmi Fitzeri, Francoforti

Haseloff J, Gerlach WL (1988) Simple RNA enzymes with new and highly specific endoribonuclease activities. Nature 334: 585–591

Haseman JK, Elston RC (1972) The investigation of linkage between a quantitative trait and a marker locus. Behav Genet 2: 3–19

Hattori M, Fujiyama A, Taylor TD et al. (2000) The DNA sequence of human chromosome 21. Nature 405: 311–319

Hauswirth WW, Laipis PJ (1982) Mitochondrial DNA polymorphism in a maternal lineage of Holstein cows. Proc Natl Acad Sci USA 79: 4686–4690

Hayflick L, Moorhead PS (1961) The serial cultivation of human diploid cell strains. Exp Cell Res 25: 585–621

Heidelberger C, Chaudhury NK, Dannenberg P et al. (1957) Fluorinated pyrimidines, a new class of tumour-inhibitory compounds. Nature 179: 663–666

Heitz E (1933) Z Zellforsch Abt Histochem 20: 237

Hendrickson CL, Emmett MR (1999) Electrospray ionization Fourier transform ion cyclotron resonance mass spectrometry. Annu Rev Phys Chem 50: 517–536

Henking H (1891) Z Wiss Zool 51: 685

Hentze MW, Caughman SW, Rouault TA et al. (1987) Identification of the iron-responsive element for the translational regulation of human ferritin mRNA. Science 238: 1570–1573

Hertwig O (1875) Abh Morph Jb 1: 347

Hilt W, Wolf DH (1995) Proteasomes of the yeast *S. cerevisiae*: genes, structure and functions. Mol Biol Rep 21: 3–10

Hitchings GH, Elion GB, Falco EK, Russell MB, Sherwood MB, Werf H van der (1950) J Biol Chem 183: 1

Holliday RA (1964) Mechanism for gene conversion in fungi. Genet Res 5: 282–304

Hsie AW, Puck TT (1971) Morphological transformation of Chinese hamster cells by dibutyryl adenosine cyclic 3′:5′-monophosphate and testosterone. Proc Natl Acad Sci USA 68: 358–361

Hunkapiller MW, Hewick RM, Dreyer WJ, Hood LE (1983) High-sensitivity sequencing with a gas phase sequenator. Methods Enzymol 91: 399–413

Hunt DF, Yates III JR, Shabanowitz J, Winston S, Hauer CR (1986) Protein sequencing by tandem mass spectrometry. Proc Natl Acad Sci USA 83: 6233–6237

Hynes RO (1992) Integrins: versatility, modulation, and signaling in cell adhesion. Cell 69: 11–25

Iizuka N, Najita L, Franzusoff A, Sarnow P (1994) Cap-dependent and cap-independent translation by internal initiation of mRNAs in cell extracts prepared from *Saccharomyces cerevisiae*. Mol Cell Biol 14: 7322–7330

Inoue K, Nakada K, Ogure A, Isobe K, Goto Y, Nonaka I, Hayashi JI (2000) Generation of mice with mitochondrial dysfunction by introducing mouse mtDNA carrying a deletion into zygotes. Nat Genet 26: 176–181

International Human Genome Sequencing Consortium (2001) Initial sequencing and analysis of the human genome. Nature 409: 860–921

Itakura K, Hirose T, Crea R et al. (1977) Expression in *E. coli* of a chemically synthesized gene for the hormone somatostatin. Science 198: 1056–1058

Itoh N, Yonehara S, Ishii A et al. (1991) The polypeptide encoded by the cDNA for human cell surface antigen Fas can mediate apoptosis. Cell 66: 233–243

Itzstein M von, Wu WY, Kok GB et al. (1993) Rational design of potent sialidase-based inhibitors of influenza virus replication. Nature 363: 418–423

Jackson RJ (2000) Comparative View of Initiation Site Selection Mechanisms. In: Sonenberg N, Hershey JBW, Mathews MB (eds) Translational control of gene expression. Cold Spring Harbor Laboratory Press, Cold Spring Harbor, NY, pp 185–244

Jackson D, Symons R, Berg P (1972) Biochemical method for inserting new genetic information into DNA of simian virus 40: circular SV40 DNA molecules containing lambda phage genes and the galactose operon of *E. coli*. Proc Natl Acad Sci USA 69: 2904–2909

Jacob F, Monod J (1961) Genetic regulatory mechanisms in the synthesis of proteins. J Mol Biol 3: 318–356

Jacobs PA (1959) Nature 83: 302

Jaenicke R (1991) Protein folding: local structures, domains, subunits, and assemblies. Biochemistry 30: 3147–3161

Janssens FA (1909) Cellule 25: 389

Jeener J (1971) Lecture. Ampère Summer School, Basko Polje, Yugoslavia

Kaltschmidt E, Wittmann HG (1970) Ribosomal proteins, XII. Number of proteins in small and large ribosomal subunits of *Escherichia coli* as determined by two-dimensional gel electrophoresis. Proc Natl Acad Sci USA 76: 1276–1282

Kao F-T, Puck TT (1968) Genetics of somatic mammalian cells. VII. Induction and isolation of nutritional mutants in Chinese hamster cells. Proc Natl Acad Sci USA 60: 1275–1281

Karas M, Hillenkamp F (1988) Laser-desorption ionization of proteins with molecular masses exceeding 10,000 daltons. Anal Biochem 60: 2299–2301

Kelley WL, Georgopoulos C (1993) Chaperones and protein folding. Curr Opin Cell Biol 4: 984–991

Kendrew JC, Dickerson RE, Strandberg BE et al. (1960) Structure of myoglobin. A three-dimensional Fourier synthesis at 2 Å resolution. Nature 185: 422–427

Kerr JF, Wyllie AH, Currie AR (1972) Apoptosis: a basic biological phenomenon with wide-ranging implications in tissue kinetics. Br J Cancer 26: 239–257
Khorana HG, Büchi H, Ghosh H et al. (1966) Polynucleotide synthesis and the genetic code. Cold Spring Harbor Symp Quant Biol 31: 39–49
Kim SH, Suddath FL, Quigley GJ et al. (1974) Three-dimensional tertiary structure of yeast phenylalanine transfer RNA. Science 185: 435–439
King MP, Attardi G (1989) Human cells lacking mtDNA: repopulation with exogenous mitochondria by complementation. Science 246: 500–503
Kischkel FC, Hellbardt S, Behrmann I et al. (1995) Cytotoxicity-dependent APO-1 (Fas/CD95)-associated proteins form a death-inducing signaling complex (DISC) with the receptor. EMBO J 14: 5579–5588
Klein J (1982) Immunology, the science of self-nonself-discrimination. John Wiley & Sons, New York
Klose J (1975) Protein mapping by combined isoelectric focusing and electrophoresis of mouse tissues. A novel approach to testing for induced point mutations in mammals. Humangenetik 26: 231–243
Köhler G, Milstein C (1975) Continuous cultures of fused cells secreting antibody of predefined specificity. Nature 256: 495–497
Kozak M (1978) How do eucaryotic ribosomes select initiation regions in messenger RNA? Cell 15: 1109–1123
Kozak M (1986) Point mutations define a sequence flanking the AUG initiator codon that modulates translation by eukaryotic ribosomes. Cell 44: 283–292
Krings M, Stone A, Schmitz RW, Krainitzki H, Stoneking M, Pääbo S (1997) Neandertal DNA sequences and the origin of modern humans. Cell 90: 19–30
Krishna RG, Wold F (1993) Post-translational modification of proteins. Adv Enzymol 67: 265–289
Kubota C, Yamakuchi H, Todoroki J et al. (2000) Six cloned calves produced from adult fibroblast cells after long-term culture. Proc Natl Acad Sci USA 97: 990–995
Laemmli UK (1970) Cleavage of structural proteins during the assembly of the head of bacteriophage T4. Nature 227: 680–685
Lander E, Kruglyak L (1995) Genetic dissection of complex traits: guidelines for interpreting and reporting linkage results. Nat Genet 11: 241–247
Lander ES, Green P (1987) Construction of multilocus genetic linkage maps in humans. Proc Natl Acad Sci USA 84: 2363–2367
Lanza RP, Cibelli JB, Diaz F et al. (2000) Cloning of endangered species (*Bos gaurus*) using interspecies nuclear transfer. Cloning 2: 79–90
Larsson NG, Wang J, Wilhelmsson H et al. (1998) Mitochondrial transcription factor A is necessary for mtDNA maintenance and embryogenesis in mice. Nat Genet 18: 231–236
Lauth M, Moerl K, Barski JJ, Meyer M (2000) Characterization of cre-mediated cassette exchange after plasmid microinjection in fertilized mouse oocytes. Genesis 27: 153–158
Lazaris-Karatzas A, Montine KS, Sonenberg N (1990) Malignant transformation by a eukaryotic initiation factor subunit that binds to mRNA 5′cap. Nature 345: 544–547
Lee JO, Rieu P, Arnaout MA, Liddington R (1995) Crystal structure of the A domain from the α-subunit of integrin CR3 (CD11b/CD18). Cell 80: 631–638
Lehrach H, Drmanac R, Hoheisel J et al. (1990) Hybridization fingerprinting in genome mapping and sequencing. In: Davies KE, Tilghman S (eds) Genome analysis, vol 1: Genetic and physical mapping. Cold Spring Harbor Laboratory Press, Cold Spring Harbor, pp 39–81
Lejeune J (1959) CR Acad Sci 248: 1721
Lejeune J et al. (1963) C R Acad Sci 257: 3098
Lendahl U, Zimmerman LB, McKay RD (1990) CNS stem cells express a new class of intermediate filament protein. Cell 60: 585–595
Lennon G, Lehrach H (1991) Hybridization analyses of arrayed cDNA libraries. Trends Genet 7: 314–317
Lerner RA, Benkovic SJ, Schultz PG (1991) At the crossroad of chemistry and immunology: catalytic antibodies. Science 252: 659–667
Li M, Pevny L, Lovell-Badge R, Smith A (1998) Generation of purified neural precursors from embryonic stem cells by lineage selection. Curr Biol 8: 971–974
Lin T-S, Schinazi RF, Prusoff WH (1987) Potent and selective in vitro activity of 3′-deoxythymidin-2′-ene (3′-deoxy-2′3′-didehydrothymidine) against human immunodeficiency virus in vitro. Biochem Pharmacol 36: 2713–2718
Lindvall O, Rehncrona S, Gustavii B et al. (1988) Fetal dopamine-rich mesencephalic grafts in Parkinson's disease. Lancet 2: 1483–1484
Linn S, Arber W (1968) Host specificity of DNA produced by *E. coli*, X. In vitro restriction of phage fd replicative form. Proc Natl Acad Sci USA 59: 1300–1306
Lockhart DJ, Dong H, Byrne MC et al. (1996) Expression monitoring by hybridization to high-density oligonucleotide arrays. Nat Biotechnol 14: 1675–1680
Lonsdale K (1928) The structure of the benzene ring. Nature 122: 810
Lowry OH, Rosebrough NJ, Farr AL, Randall RJ (1979) Protein measurement with the folin phenol reagent. Anal Biochem 100: 201–220
Lyon M (1961) Nature 190: 372
Lyon M (1962) Am J Hum Genet 14: 135
Macejak DG, Sarnow P (1991) Internal initiation of translation mediated by the 5' leader of a cellular mRNA. Nature 353: 90–94
Mann M, Wilm M (1995) Electrospray mass spectrometry for protein characterization. Trends Biochem Sci 20: 219–224
Mansour SL, Thomas KR, Capecchi MR (1988) Disruption of the proto-oncogene int-2 in mouse embryo-derived stem cells: a general strategy for targeting mutations to non-selectable genes. Nature 336: 348–352
Maquat LE, Kinniburgh AJ, Rachmilewitz EA, Ross J (1981) Unstable beta-globin mRNA in mRNA-deficient beta o thalassemia. Cell 27: 543–553
Martin G (1981) Isolation of a pluripotent cell line from early mouse embryos cultured in medium conditioned by teratocarcinoma cells. Proc Natl Acad Sci USA 78: 7634–7638
Mathews MB, Sonenberg N, Hershey JWB (2000) Origins and principles of translational control. In: Sonenberg N, Hershey JWB, Mathews MB (eds) Origins and principles of translational control. Cold Spring Harbor Laboratory Press, Cold Spring Harbor, NY, pp 1–32
Matthes E, Lehmann Ch, Scholz D et al. (1986) Verfahren zur Herstellung eines Mittels gegen HIV-Infektionen beim Menschen. Patent: DD 292826, 24.7.1986

Matthes E, Lehmann Ch, Scholz D et al. (1987) Inhibition of HIV-associated reverse transcriptase by sugar-modified derivatives of thymidine 5′-triphosphate in comparison to cellular DNA polymerases α and β. Biochem Biophys Res Commun 148: 78–85

Matthew RC (1993) Pathways of protein folding. Annu Rev Biochem 62: 653–684

Maxam AM, Gilbert W (1977) A new method of sequencing DNA. Proc Natl Acad Sci USA 74: 560–564

Maximov AA (1909) Der Lymphozyt als gemeinsame Stammzelle der verschiedenen Blutelemente in der embryonalen Entwicklung und im postfetalen Leben der Säugetiere. Folia Hämatol (Leipzig) 8: 125–141

McCreath KJ, Howcroft J, Campbell KH, Colman A, Schnieke AE, Kind AJ (2000) Production of gene-targeted sheep by nuclear transfer from cultured somatic cells. Nature 405: 1066–1069

McCredie KB, Hersh EM, Freireich EJ (1971) Cells capable of colony formation in the peripheral blood of man. Science 171: 293–294

McGrew LL, Dworkin-Rastl E, Dworkin MB, Richter JD (1989) Poly(A) elongation during *Xenopus* oocyte maturation is required for translational recruitment and is mediated by a short sequence element. Genes Dev 3: 803–815

Mendel GJ (1865) Versuche über Pflanzenhybride. Verhandlungen des Naturforschenden Vereins, Brünn

Meselson MS, Radding C (1975) A general model of genetic recombination. Proc Natl Acad Sci USA 72: 358–361

Mezey E, Chandross KJ, Harta G, Maki RA, McKercher SR (2000) Turning blood into brain: cells bearing neuronal antigens generated in vivo from bone marrow. Science 290: 1779–1782

Mintz B, Illmensee K, Gearhart JD (1975) Developmental and experimental potentialities of mouse teratocarcinoma cells from embryoid body cores. In: Sherma MI, Solter D (eds) Teratomas and differentiation. Academic Press, New York, pp 59–82

Mitsuya H, Broder S (1986) Inhibition of the in vitro infectivity and cytopathic effect of human T-lymphotropic virus type III/lymphadenopathy-associated virus (HTLV-III/LAV) by 2′,3′-dideoxynucleosides. Proc Natl Acad Sci USA 83: 1911–1915

Mitsuya H, Weinhold KJ, Furman PA et al. (1985) 3′-Azido-3′-deoxythymidine (BW A509U): An antiviral agent that inhibits the infectivity and cytopathic effect of human T-lymphotropic virus type III/lymphadenopathy-associated virus in vitro. Proc Natl Acad Sci USA 82: 7096–7100

Molenaar M, Van de Wetering M, Oosterwegel M et al. (1996) XTcf-3 transcription factor mediates β-catenin-induced axis formation in *Xenopus* embryos. Cell 86: 391–399

Monaco AP, Neve RL, Colletti-Feener C, Bertelson CJ, Kurnit DM, Kunkel LM (1986) Isolation of candidate cDNSs for portions of the Duchenne muscular dystrophy gene. Nature 323: 646–650

Moorhead PS et al. (1960) Exp Cell Res 20: 613

Morgan TH (1911) J Exp Zool 11: 365

Morton NE (1955) Sequential tests for the detection of linkage. Am J Hum Genet 7: 277–318

Moscona AA (1952) Cell suspensions from organ rudiments of chick embryos. Exp Cell Res 3: 535–539

Muckenthaler M, Gray NK, Hentze MW (1998) IRP-1 binding to ferritin mRNA prevents the recruitment of the small ribosomal subunit by the cap-binding complex eIF4F. Mol Cell 1: 383–388

Mueller F, Sommer I, Baranov P et al. (2000 a) The 3D arrangement of the 23 S and 5 S rRNA in the Escherichia coli 50 S ribosomal subunit based on cryo-electron microscopic reconstitution at 7.5 Å resolution. J Mol Biol 298: 35–59

Mulligan RC, Berg P (1981) Selection of animal cells that express the *Escherichia coli* gene for xanthine-guanine phosphoribosyltransferase. Proc Natl Acad Sci USA 78: 2072–2076

Mullis K, Faloona F (1987) Specific synthesis of DNA in vitro via a polymerase catalysed chain reaction. Methods Enzymol 55: 335–350

Munsie MJ, Michalska AE, O'Brien CM, Trounson AO, Pera MF, Mountford PS (2000) Isolation of pluripotent embryonic stem cells from reprogrammed adult mouse somatic cell nuclei. Curr Biol 10: 989–992

Muzio M, Chinnaiyan AM, Kischkel FC et al. (1996) FLICE, a novel FADD-homologous ICE/CED-3-like protease, is recruited to the CD95 (Fas/APO-1) death-inducing signaling complex. Cell 85: 817–827

Naegeli K (1842) Orell Füssli, Zürich

Nass MMK, Nass S (1963 a) Intramitochondrial fibers with DNA characteristics: I. Fixation and electron staining reaction. J Cell Biol 19: 593–611

Nass S, Nass MMK (1963 b) Intramitochondrial fibers with DNA characteristics: II. Enzymatic and other hydrolytic treatments. J Cell Biol 19: 613–629

Navia MA, Fitzgerald PMD, McKeever BM et al. (1989) Three-dimensional structure of aspartyl protease from human immunodeficiency virus HIV-1. Nature 337: 615–620

Needleman S, Wunsch C (1970) A general method applicable to the search for similarities in the amino acid sequence of two proteins. J Mol Biol 48: 443–453

Nie S, Zare RN (1997) Optical detection of single molecules. Annu Rev Biophys Biomol Struct 26: 567–596

Nierenberg MW, Matthaei JH (1961) The dependence of cell-free protein synthesis in *E. coli* upon naturally occurring or synthetic polynucleotides. Proc Natl Acad Sci USA 47: 1588–1602

Nierenberg MW, Caskey T, Marshall R et al. (1966) The RNA code and protein synthesis. Cold Spring Harbor Symp Quant Biol 31: 11–24

Nowell PC (1960) Cancer Res 20: 462

Nowell PC, Hungerford DA (1960) J Natl Cancer Inst 35: 85

Oberpenning F, Meng J, Yoo JJ, Atala A (1999) De novo reconstitution of a functional mammalian urinary bladder by tissue engineering. Nat Biotechnol 17: 149–155

O'Farrell PH (1975) High resolution two-dimensional electrophoresis of proteins. J Biol Chem 250: 4007–4021

Olson M, Hood L, Cantor C, Botstein D (1989) A common language for physical mapping of the human genome. Science 245: 1434–1435

Orlic D, Kajstura J, Chimenti S et al. (2001) Bone marrow cells regenerate infarcted myocardium. Nature 410: 701–705

Ostareck DH, Ostareck-Lederer A, Shatsky IN, Hentze MW (2001) Lipoxygenase mRNA silencing in erythroid differentiation. The 3′UTR regulatory complex controls 60 S ribosomal subunit joining. Cell 104: 281–290

Overduin M, Harvey TS, Bagby S et al. (1995) Solution structure of the epithelial cadherin domain responsible for selective cell adhesion. Science 267: 386–389

Painter TS (1923) J Exp Zool 37: 291

Palmiter RD, Brinster RL, Hammer RE et al. (1982) Dramatic growth of mice that develop from eggs microinjected with metallothionein-growth hormone fusion genes. Nature 300: 611–615

Palmiter RD, Behringer RR, Quaife CJ, Maxwell F, Maxwell IH, Brinster RL (1987) Cell lineage ablation in transgenic mice by cell-specific expression of a toxin gene [published erratum appears in Cell 1990 62: 608]. Cell 50: 435–443

Pappin DJC, Hojrup P, Bleasby AJ (1993) Rapid identification of proteins by peptide-mass fingerprinting. Curr Biol 3: 327–332

Pause A, Belsham GJ, Gingras AC et al. (1994) Insulin-dependent stimulation of protein synthesis by phosphorylation of a regulator of 5′-cap function. Nature 371: 762–767

Pearson R, Lipman DJ (1988) Improved tools for biological sequence comparison. Proc Natl Acad Sci USA 85: 2444–2448

Pelham HR, Jackson RJ (1976) An efficient mRNA-dependent translation system from reticulocyte lysates. Eur J Biochem 67: 247–256

Pelletier J, Sonenberg N (1988) Internal initiation of translation of eukaryotic mRNA directed by a sequence derived from poliovirus RNA. Nature 334: 320–325

Penrose LS (1935) The detection of autosomal linkage in data which consists of pairs of brothers and sisters of unspecified parentage. Ann Eugen 6: 133–138

Perutz MF, Muirhead H, Cox JM, Goaman LC (1968) Three-dimensional Fourier synthesis of horse oxyhaemoglobin at 2.8 Å resolution: the atomic model. Nature 219: 131–139

Porter RR (1967) The structure of antibodies. Sci Am 217: 81–87

Prather RS, Barnes FL, Sims MM, Robl JM, Eyestone WH, First NL (1987) Nuclear transplantation in the bovine embryo: assessment of donor nuclei and recipient oocyte. Biol Reprod 37: 859–866

Privalov PL (1989) Thermodynamic problems of protein structure. Annu Rev Biophys Biophys Chem 18: 47–69

Provencher SW, Glöckner J (1981) Estimation of globular protein secondary structure from circular dichroism. Biochemistry 20: 33–37

Puck TT, Marcus PI (1955) A rapid method for viable cell titration and clone production with HeLa cells in tissue culture: the use of X-irradiated cells to supply conditioning factors. Proc Natl Acad Sci USA 41: 432–437

Purcell EM, Torrey HC, Pound RV (1946) Resonance absorption by nuclear magnetic moments in a solid. Phys Rev 69: 37–38

Qu A, Leahy DJ (1995) Crystal structure of the I-domain from the CD11a/CD18 (LFA-1, $\alpha L\beta 2$) integrin. Proc Natl Acad Sci USA 92: 10.277–10.281

Quastel JH, Woolbridge WR (1928) LXXXIV. Some properties of the dehydrogenating enzymes of bacteria. Biochem J 22: 689–702

Rathke H (1825) Kiemen bey Säugethieren. Isis 747

Reichle C, Sparbier K, Müller T, Schnelle T, Walden P, Fuhr G (2001) Combined laser tweezers and dielectric field cage for the analysis of receptor-ligand interactions on single cells. Electrophoresis 22: 272–282

Reynolds BA, Weiss S (1992) Generation of neurons and astrocytes from isolated cells of the adult mammalian central nervous system. Science 255: 1707–1710

Rheinwald JG, Green H (1975) Serial cultivation of strains of human epidermal keratinocytes: the formation of keratinizing colonies from single cells. Cell 3: 331–343

Rideout WM 3rd, Wakayama T, Wutz A et al. (2000) Generation of mice from wild-type and targeted ES cells by nuclear cloning. Nat Genet 24: 109–110

Roberts NA, Martin JA, Kinchington D et al. (1990) Rational design of peptide based HIV proteinase inhibitors. Science 248: 358–361

Robertus JD, Ladner JE, Finch JT et al. (1974) Structure of yeast phenylalanine tRNA at 3 Å resolution. Nature 250: 546–551

Röntgen WC (1895) Über eine neue Art von Strahlen. Sitzungsberichte der Würzburger Physikalisch-Medizinischen Gesellschaft, 132–141

Rossi GB, Friend C (1967) Erythrocytic maturation of (Friend) virus-induced leukemic cells in spleen clones. Proc Natl Acad Sci USA 58: 1373–1380

Rost B, Sander C (2000) Third generation prediction of secondary structures. Methods Mol Biol 143: 71–95

Rowley JD (1973) Nature 243: 290

Ryu SE, Kwong PD, Truneh A et al. (1990) Crystal structure of an HIV-binding recombinant fragment of human CD4. Nature 348: 419–426

Sanford KK, Earle WR, Likely GD (1948) The growth in vitro of single isolated tissue cells. J Natl Cancer Inst 9: 229–246

Sanger F, Coulson AR (1975) A rapid method for determining sequences in DNA by primed synthesis with DNA polymerase. J Mol Biol 94: 444–448

Sanger F, Tuppy TT (1951) The amino acid sequence of the phenylalanin chain of insulin. Biochem J 49: 463

Sanger F, Air GM, Barrell BG et al. (1977) Nucleotide sequence of bacteriophage phi X174 DNA. Nature 265: 687–695

Sanger F, Nicklen S, Coulson AR (1977) DNS sequencing with chain-terminating inhibitors. Proc Natl Acad Sci USA 74: 5463–5467

Sarnow P (1989) Translation of glucose-regulated protein 78/immunoglobulin heavy-chain binding protein mRNA is increased in poliovirus-infected cells at a time when cap-dependent translation of cellular mRNAs is inhibited. Proc Natl Acad Sci USA 86: 5795–5799

Scaffidi C, Fulda S, Srinivasan A et al. (1998) Two CD95 (APO-1/Fas) signaling pathways. EMBO J 17: 1675–1687

Schedl A, Beermann F, Thies E, Montoliu L, Kelsey G, Schutz G (1992) Transgenic mice generated by pronuclear injection of a yeast artificial chromosome. Nucleic Acids Res 20: 3073–3077

Schena M, Shalon D, Davis RW, Brown PO (1995) Quantitative monitoring of gene expression patterns with a complementary DNA microarray. Science 270: 467–470

Scherzinger E, Lurz R, Turmaine M et al. (1997) Huntingtin-encoded polyglutamine expansions from amyloid-like protein aggregates in vitro and vivo. Cell 90: 549–558

Schinazi RF, Chu CK, Peck A et al. (1992b) Activity of the four optical isomers of 2′,3′-dideoxy-3′-thiacytidine (BCH-189) against HIV-1 in human lymphocytes. Antimicrob Agents Chemother 36: 672–676

Schleiden MJ (1838) Beiträge zur Phytogenesis. Arch Anat Physiol Wiss Med 5: 137–176

Schluenzen F, Tocilj A, Zarivach R et al. (2000) Structure of functionally activated small ribosomal subunit at 3.3 Å resolution. Cell 102: 615–623

Schnieke AE, Kind AJ, Ritchie WA et al. (1997) Human factor IX transgenic sheep produced by transfer of nuclei from transfected fetal fibroblasts. Science 278: 2130–2133

Schröder TM (1964) Humangenetik 1: 194

Schwann T (1839) Mikroskopische Untersuchungen über die Übereinstimmung in der Struktur und dem Wachstum der Tiere und Pflanzen. Sander, Berlin

Seed B, Aruffo A (1987) Molecular cloning of the CD2 antigen, the T-cell erythrocyte receptor, by a rapid immunoselection procedure. Proc Natl Acad Sci USA 84: 3365–3369

Shamblott MJ, Axelman J, Wang S et al. (1998) Derivation of pluripotent stem cells from cultured human primordial germ cells. Proc Natl Acad Sci USA 95: 13.726–13.731

Sheets MD, Wu M, Wickens M (1995) Polyadenylation of c-*mos* mRNA as a control point in *Xenopus* meiotic maturation. Nature 374: 511–516

Silverstein AM (1989) The history of immunology. In: Paul W (ed) Fundamental immunology, 2nd ed. Raven Press, New York, pp 21–38

Singer GG, Abbas AK (1994) The fas antigen is involved in peripheral but not thymic deletion of T lymphocytes in T cell receptor transgenic mice. Immunity 1: 365–371

Skerra A, Plückthun A (1988) Assembly of a functional immunoglobulin Fv fragment in *Escherichia coli*. Science 240: 1038–1041

Smithies O, Gregg RG, Boggs SS, Koralewski MA, Kucherlapati RS (1985) Insertion of DNA sequences into the human chromosomal beta-globin locus by homologous recombination. Nature 317: 230–234

Sonenberg N, Shatkin AJ (1977) Rheovirus mRNA can be covalently crosslinked via the 5′ cap to proteins in initiation complexes. Proc Natl Acad Sci USA 74: 4288–4292

Sonenberg N, Guertin D, Cleveland D, Trachsel H (1981) Probing the function of the eucaryotic 5′ cap structure by using a monoclonal antibody directed against cap-binding proteins. Cell 27: 563–572

Sonenberg N, Hershey JWB, Mathews MB (2000) Translational control of gene expression. Cold Spring Harbor Laboratory Press, Cold Spring Harbor, NY

Spackmann DH, Stein W, Moore S (1958) Automatic recording apparatus for use in the chromatography of amino acids. Anal Chem 30: 1190–1206

Spengler B, Kirsch D, Kaufmann R (1991) Metastabile decay of peptides and proteins in matrix-assisted laser-desorption mass spectrometry. Rapid Commun Mass Spectrom 5: 198–202

Speyer JF, Lengyel P, Basilio C, Wahba AJ, Gardner RS, Ochoa S (1963) Synthetic polynucleotides and the amino acid code. Cold Spring Harbor Symp Quant Biol 28: 559–567

Stanley WM (1935) Isolation of a crystalline protein possessing the properties of tobacco-mosaic virus. Science 81: 644–645

Stark H, Dube P, Lührmann R, Kastner B (2001) Arrangement of RNA and proteins in the spliceosomal U1 small nuclear ribonucleoprotein particle. Nature 409: 539–542

Stebbins-Boaz B, Cao Q, Moor CH de, Mendez R, Richter JD (1999) Maskin is a CPEB-associated factor that transiently interacts with elF-4E [published erratum appears in Mol Cell 2000 Apr,5(4): 766]. Mol Cell 4: 1017–1027

Steele MW, Breg WR (1966) Lancet I: 383

Steward TA, Wagner EF, Mintz B (1982) Human beta-globin gene sequences injected into mouse eggs, retained in adults, and transmitted to progeny. Science 217: 1046–1048

Strand S, Hofmann WJ, Hug H et al. (1996) Lymphocyte apoptosis induced by CD95 (APO-1/Fas) ligand-expressing tumor cells – a mechanism of immune evasion? Nat Med 2: 1361–1366

Strasburger E (1882) Arch Mikr Anat 21: 476

Suda T, Takahashi T, Golstein P, Nagata S (1993) Molecular cloning and expression of the Fas ligand, a novel member of the tumor necrosis factor family. Cell 75: 1169–1178

Sutherland RM, Inch WR, McCredie JA, Kruuv J (1970) A multicomponent radiation survival curve using an in vitro tumour model. Int J Radiat Biol Relat Stud Phys Chem Med 18: 491–495

Sutton WS (1902) Biol Bull 4: 402

Swift GH, Hammer RE, MacDonald RJ, Brinster RL (1984) Tissue-specific expression of the rat pancreatic elastase I gene in transgenic mice. Cell 38: 639–646

Szybalska EH, Szybalski W (1962) Genetics of human cell lines, IV. DNA-mediated heritable transformation of a biochemical trait. Proc Natl Acad Sci USA 48: 2026–2032

Tabin CJ, Hoffmann JW, Goff SP, Weinberg RA (1982) Adaption of a retrovirus as a eucaryotic vector transmitting the herpes simplex thymidine kinase gene. Mol Cell Biol 2: 426–436

Tarun SZ Jr, Sachs AB (1995) A common function for mRNA 5′ and 3′ ends in translation initiation in yeast. Genes Dev 9: 2997–3007

Temin HM, Mizutani S (1970) Viral RNA-dependent DNA polymerase. Nature 226: 1211–1213

Temple S (1989) Division and differentiation of isolated CNS blast cells in microculture. Nature 340: 471–473

Terada N, Hamazaki T, Oka M et al. (2002) Bone marrow cells adopt the phenotype of other cells by spontaneous cell fusion. Nature 416: 542–545

Thiene G (1996) The discovery of circulation and the origin of modern medicine during the Italian Renaissance. Cardiol Young 6: 109–119

Thomas KR, Capecchi MR (1987) Site-directed mutagenesis by gene targeting in mouse embryo-derived stem cells. Cell 51: 503–512

Thomas ED, Lochte HL, Lu WC, Serebee JD (1957) Intravenous infusion of bone marrow in patients receiving radiation and chemotherapy. N Engl J Med 257: 491–496

Thome M, Schneider P, Hofmann K et al. (1997) Viral FLICE-inhibitory proteins (FLIPs) prevent apoptosis induced by death receptors. Nature 386: 517–521

Thomson JA, Itskovitz-Eldor J, Shapiro SS et al. (1998) Embryonic stem cell lines derived from human blastocysts. Science 282: 1145–1147

Tjio JH, Levan A (1956) Hereditas 42: 1

Todaro GJ, Green H (1963) Quantitative studies of the growth of mouse embryo cells in culture and their development into established lines. J Cell Biol 17: 299–313

Todaro GJ, Green H (1964) An assay for cellular transformation by SV40[1]. Virology 23: 117–119

Tonegawa S (1993) The Nobel lectures in immunology. The Nobel Prize for Physiology or Medicine, 1987. Somatic generation of immune diversity. Scand J Immunol 38: 303–319

Towbin H, Staehelin T, Gordon J (1979) Electrophoretic transfer of proteins from polyacrylamide gels to nitrocellulose sheets: procedure and some applications. Proc Natl Acad Sci USA 76: 4350–4354

Townes P, Holtfreter J (1955) Directed movements and selected adhesion of embryonic amphibian cells. J Exp Zool 128: 53–120

Trauth BC, Klas C, Peters AM et al. (1989) Monoclonal antibody-mediated tumor regression by induction of apoptosis. Science 245: 301–305

Tsunoda Y, Yasui T, Shioda Y, Nakamura K, Uchida T, Sugie T (1987) Full-term development of mouse blastomere nuclei transplanted into enucleated two-cell embryos. J Exp Zool 242: 147–151

Uhlenbeck OC (1987) A small catalytic ribonucleotide. Nature 328: 596–600

Utkin YN, Tsetlin VI, Hucho F (2000) Structural organization of nicotinic acetylcholine receptors. Membr Cell Biol 13: 143–164

Van Parijs L, Ibraghimov A, Abbas AK (1996) The roles of costimulation and Fas in T cell apoptosis and peripheral tolerance. Immunity 4: 321–328

Venter JC, Adams MD, Myers EW et al. (2001) The sequence of the human genome. Science 291: 1304–1351

Vesalius A (1543) De Humani Corporis Fabrica. Basel

Vogt C (1842) Untersuchungen ueber die Entwicklung der Geburtshelferkroete (*Alytes obstetricans*). Jent & Gassmann, Solothurn

Wakayama T, Perry AC, Zuccotti M, Johnson KR, Yanagimachi R (1998) Full-term development of mice from enucleated oocytes injected with cumulus cell nuclei. Nature 394: 369–374

Wakayama T, Tabar V, Rodriguez I, Perry AC, Studer L, Mombaerts P (2001) Differentiation of embryonic stem cell lines generated from adult somatic cells by nuclear transfer. Science 292: 740–743

Waldeyer W (1888) Arch Mikro Anat 32: 1

Wallace DC, Singh G, Lott MT et al. (1998) Mitochondrial DNA mutation associated with Leber's hereditary optic neuropathy. Science 242: 1427–1430

Wang J, Yan Y, Garrett TPJ et al. (1990) Atomic structure of a fragment of human CD4 containing two immunoglobulin-like domains. Nature 348: 411–418

Watson JD, Crick FHC (1953) Molecular structure of nucleic acids: a structure of deoxyribose nucleic acids. Nature 171: 737–738

Watson JD, Crick FHC (1953) The structure of DNA. Cold Spring Harbor Symp Quant Biol 18: 123–131

Weber WW, Cronin MT (2000) Pharmacogenetic testing. In: Meyers RA (ed) Encyclopedia of analytical chemistry. Wiley & Sons, Chichester

Weber JL, Myers EW (1997) Human whole-genome shotgun sequencing. Genome Res 7: 401–409

Weber K, Pringle JR, Osborn M (1972) Measurements of molecular weights by electrophoresis in SDS-acrylamide gel. Methods Enzymol 26: 3–27

Weinberg W (1908) Über den Nachweis der Vererbung beim Menschen. Jahreshefte des Vereins für vaterländische Naturkunde in Württemberg 64: 368–382

Weismann A (1885) Fischer, Jena

Weiss S (1999) Fluorescence spectroscopy of single biomolecules. Science 283: 1676–1683

Weiss MC, Green H (1967) Human-mouse hybrid cell lines containing partial complements of human chromosomes and functioning human genes. Proc Natl Acad Sci USA 58: 1104–1111

Weissmann A (1863) Die Entwicklung der Dipterien im Ei nach Beobachtung an *Chironomus* spec. Z Wiss Zool 14: 187

Wells SE, Hillner PE, Vale RD, Sachs AB (1998) Circularization of mRNA by eukaryotic translation initiation factors. Mol Cell 2: 135–140

Wickens M, Stephenson P (1984) Role of the conserved AAUAAA sequence: four AAUAAA point mutants prevent messenger RNA 3′ end formation. Science 226: 1045–1051

Willadsen SM (1986) Nuclear transplantation in sheep embryos. Nature 320: 63–65

Williams RJP (1993) Protein dynamics studied by NMR. Eur Biophys J 21: 393–401

Williams AF, Gagnon J (1982) Neuronal cell Thy-1 glycoprotein: homology with immunoglobulin. Science 216: 696–703

Williamson MP, Havel TF, Wüthrich K (1985) Solution conformation of proteinase inhibitor IIA from bull seminal plasma by ^{1}H nuclear magnetic resonance and distance geometry. J Mol Biol 182: 295–315

Wilm M, Shevchenko A, Houthaeve T et al. (1996) Femtomole sequencing of proteins from polyacrylamide gels by nano-electrospray mass spectrometry. Nature 379: 466–469

Wilmut I, Schnieke AE, McWhir J, Kind AJ, Campbell KH (1997) Viable offspring derived from fetal and adult mammalian cells [published erratum appears in Nature 1997 386: 200]. Nature 385: 810–813

Wilson EB (1906) J Exp Zool 3: 1

Wilson HV (1907) On some phenomena of coalescence and regeneration in sponges. J Exp Zool 5: 245–258

Wimberly BT, Brodersen D, Clemons WM et al. (2000) Structure of the 30 S ribosomal subunit. Nature 407: 327–339

Wing R, Drew H, Takano T et al. (1980) Crystal structure analysis of a complete turn of B-DNA. Nature 287: 755–758

Winiwarter H de (1912) Arch Biol 27: 1

Wit T de, Drabek D, Grosveld F (1998) Microinjection of cre recombinase RNA induces site-specific recombination of a transgene in mouse oocytes. Nucleic Acids Res 26: 676–678

Wittmann HG (1961) Ansätze zur Entschlüsselung des genetischen Codes. Naturwissenschaften 24: 729–734

Wittmann HG (1976) The seventh Sir Hans Krebs Lecture, Structure, function and evolution of ribosomes. Eur J Biochem 61: 1–13

Wittmann-Liebold B (1992) High sensitive protein analysis. Pure Appl Chem 64: 537–543

Wittmann-Liebold B, Ashman K (1985) On line detection of amino acid derivatives released by automated Edman degradation of polypeptides. In: Tschesche H (ed) Modern methods in protein chemistry. deGruyter, Berlin, pp 303–327

Woods DD (1940) The relation of *p*-aminobenzoic acid to the mechanism of the action of sulfonamide. Br J Exp Pathol 21: 74–90

Wu Q, Maniatis T (1999) A striking organization of a large family of human neural cadherin-like cell adhesion genes. Cell 97: 779–790

Wüthrich K (1989) Determination of three-dimensional protein structure in solution by nuclear magnetic resonance. An overview. Methods Enzymol 177: 125–131

Wyllie AH (1980) Glucocorticoid-induced thymocyte apoptosis is associated with endogenous endonuclease activation. Nature 284: 555–556

Yaffe D (1968 a) Developmental changes preceding cell fusion during muscle cell differentiation in vitro. Exp Cell Res 66: 33–48

Yaffe D (1968b) Retention of differentiation potentialities during prolonged cultivation of myogenic cells. Proc Natl Acad Sci USA 61: 477–483
Yates III JR, Carmack E, Hays L, Link AJ, Eng JK (1999) Automated protein identification using microcolumn liquid chromatography tandem mass spectrometry. Methods Mol Biol 112: 553–569
Ying QL, Nichols J, Evans EP, Smith AG (2002) Changing potency by spontaneous fusion. Nature 416: 545–548
Yonath A, Leonhard KR, Wittmann HG (1987) A tunnel in the large ribosomal subunit revealed by three-dimensional image reconstruction. Science 236: 813–816
Yonehara S, Ishii A, Yonehara M (1989) A cell-killing monoclonal antibody (anti-Fas) to a cell surface antigen codownregulated with the receptor of tumor necrosis factor. J Exp Med 169: 1747–1756
Zamecnik PC (1979) Historical aspects of protein synthesis. Ann N Y Acad Sci 325: 268–301

Sachverzeichnis

D

E

H

J

K

Q

R

Aus dem Themenbereich der molekularen Medizin
sind bereits folgende Titel der Herausgeber
D. Ganten und K. Ruckpaul erschienen:

Molekular- und Zellbiologische Grundlagen (1997)
ISBN 3-540-61954-2

Tumorerkrankungen (1998)
ISBN 3-540-62463-5

Herz-Kreislauf-Erkrankungen (1998)
ISBN 3-540-62462-7

Immunsystem und Infektiologie (1999)
ISBN 3-540-62464-3

Erkrankungen des Zentralnervensystems (1999)
ISBN 3-540-64552-7

Monogen bedingte Erbkrankheiten 1 (2000)
ISBN 3-540-65529-8

Monogen bedingte Erbkrankheiten 2 (2000)
ISBN 3-540-65530-1

Molekularmedizinische Grundlagen
von hereditären Tumoren (2001)
ISBN 3-540-67808-5

Molekularmedizinische Grundlagen
von Endokrinopathien (2001)
ISBN 3-540-67788-7

Molekularmedizinische Grundlagen
von nicht-hereditären Tumoren (2002)
ISBN 3-540-41577-7